대 학
지구과학
개 론

Introduction to

Earth Science

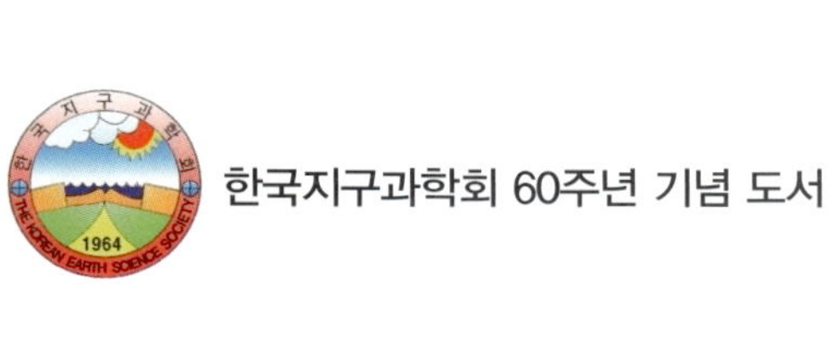

한국지구과학회 60주년 기념 도서

개정판

대학 지구과학 개론

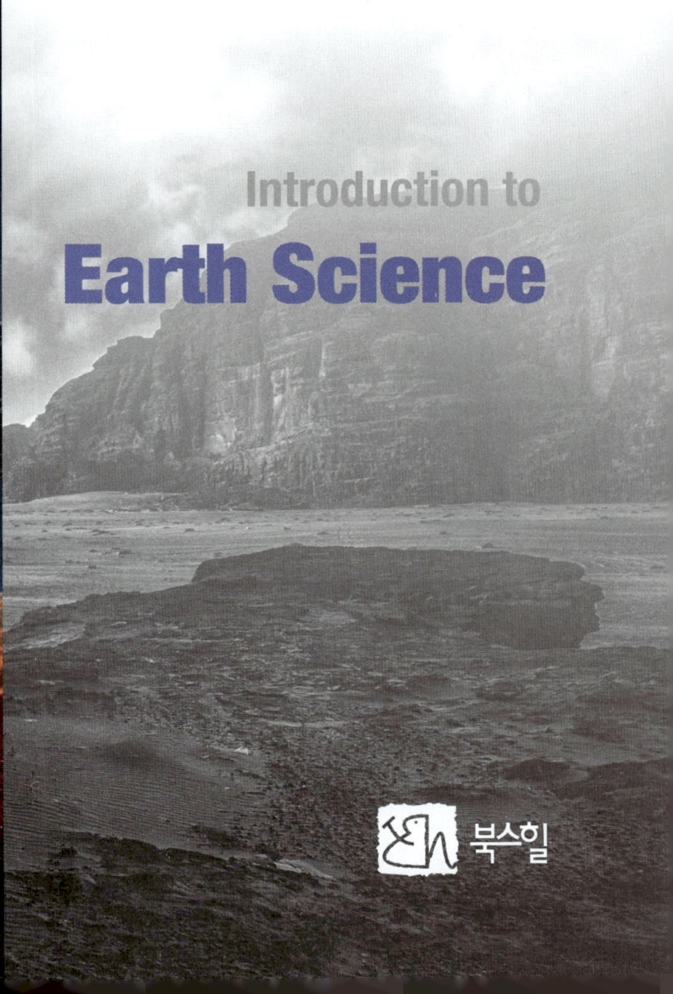

Introduction to **Earth Science**

한국지구과학회 교재편찬위원회

대표저자 조규성

북스힐

머리말

우주 공간에서 지구는 아주 작고 보잘것없는 존재지만 우리 인간들에게는 절대적인 존재이다. 우주가 신비로움과 수수께끼 같은 비밀을 간직한 것처럼 지구도 신비롭고 우리가 아직 알지 못하는 것이 많다. 지구과학은 우리가 살고 있는 고체지구와 해양 그리고 이를 둘러싸고 있는 대기 및 우주 공간에서 일어나는 자연 현상을 이해하고 이들의 구조 및 물질, 역사 등을 탐구하는 과학으로서 지구와 그 주변을 대상으로 하는 학문이다. 그래서 지구과학은 시간적으로 우주의 기원에서 미래까지, 공간적으로 지구의 중심부에서 우주의 끝까지를 대상으로 지구와 우주에서 일어나는 제반 자연 현상을 다루는 학문이라고 할 수 있다.

우리나라에서 지구과학이 1956년에 고등학교 교육과정에 채택되고 1968년부터 인문계 고등학교 공통 필수 과목으로 가르쳐 온 지 56년이 지났다. 수학, 물리학, 화학, 생명과학과 함께 기초과학의 한 축을 이루고 있으며 4개 과학 과목 중 하나이다. 특히 우리 인간이 살아가면서 겪는 자연재해와 이상 기후 등의 환경 변화로 인해 지구에 대한 이해와 연구가 더욱 절실한 상황에서 지구과학은 우리에게 매우 유익하고 중요한 학문이 되었다.

대학에 지구과학교육과가 개설되고 50여 년이 지나면서 그동안 여러 저서, 편저, 역서가 출판되었다. 열악한 상황에서 이 책들은 학생들에게 소중한 교재로 활용되었다. 특히 한국지구과학회에서 1998년 50여 명이 넘는 집필진으로 구성되어 편찬한 지구과학개론은 일반지구과학 교과서와 사전의 역할을 담당하였다. 그러나 20여 년이 지나도록 후속 교재가 등장하지 않는 것에 대한 안타까움이 있었고 빠른 학문의 발전과 변화에 대한 새로운 내용을 반영한 새 교재의 출판이 요구되어왔다. 한국지구과학회는 수년 전부터 이의 필요성을 공감하고 이러한 요구에 부응하는 일반 지구과학개론 교재를 집필하기로 결정하고 착수한 지 3년 만에 한국지구과학회 60주년을 기념하여 『대학 지구과학개론』을 출간하게 되었다.

이 책은 새로 개편된 중고등학교의 교육과정을 반영하되 학문적 내용 체계를 유지하고 가능한 한 최근 첨단 내용을 담으려 했다. 총 12개의 장으로 구성되어 있으며, 1장은 지구시스템과 환경, 2~4장은 고체지구, 5장은 지구물리, 6장과 7장은 해양, 8장과 9장은 대기, 마지막으로 10장부터 12장까지는 천문 분야로 이루어져 있다.

주요 독자는 대학의 과학교육계열 학생과 지구과학교육과 학생들로서, 지구과학 입문서로서의 역할과 지구과학 교사의 참고용 도서 및 대학 교양서로서의 역할도 할 수 있도록 구성하려고 했다. 특히 중등교사 임용시험을 준비하는 학생들에게 기초적 내용과 범위를 시사하는 역할도 할 수 있을 것으로 기대된다.

지구과학의 학문적 특성상 많은 저자가 참여하게 됨에 따라 책을 출판하기까지 어려움이 많았다. 그래서 분야별 책임 저자를 세워 각 분야 내 조율을 맡기고 책임 저자들이 여러 차례 모여 분야 간 조율을 하는 형태로 진행하였다. 최대한 같은 기준을 적용하여 일관성을 유지하려 노력하였으나 전공과 저자의 특성으로 인해 그렇지 못한 부분도 있을 것이다. 최선을 다하였으나 여러 사정에 따라 오류나 미흡한 부분에 대해선 미리 양해를 구하며 출판사 편집부 이메일(editor@bookshill.com)을 통해 기탄없는 지적과 따뜻한 권면을 부탁드린다.

어려운 여건에서도 이 교재의 출판을 흔쾌히 허락하시고 도움을 주신 북스힐 조승식 사장과 편집 과정을 주도한 이승한 부장께 고마움을 전하며 그동안 교재의 출판을 위해 전폭적으로 지원해준 한국지구과학회 김정빈 · 신동희 · 박경애 전 회장을 비롯한 전임 회장단과 문윤섭 현 회장, 그리고 모든 회원 여러분께 감사의 마음을 전하며 이 교재가 우리 학회의 60주년 기념물로서 의미 있게 남게 되길 바란다.

대표저자 조규성

목차

1 Chapter 지구시스템과 인간 생활

1.1 지구시스템 ··· 2
1) 시스템으로서의 지구 ··· 2
2) 지구시스템과학의 도입 배경 ··· 4
3) 지구시스템의 세부 구성 요소(권) ··· 6
4) 지구시스템의 에너지와 물질 순환 ··· 12

1.2 지구시스템으로 이해하는 자연재해 ··· 15
1) 화산 분화 ··· 15
2) 태풍 ··· 16

1.3 지구 자원의 이용과 환경 보존 ··· 17
1) 에너지 자원의 특성과 환경 문제 ··· 17
2) 지속 가능한 신 · 재생 에너지 ··· 18

1.4 기후 변화와 기후 위기 ··· 23
1) 인간 활동에 따른 기후변화(지구 온난화)가 환경에 미치는 영향 ··· 23
2) 지구 온난화의 되먹임 과정 ··· 24
3) 북대서양 해류의 순환 ··· 25

2 Chapter 지구 구성 물질과 변화

2.1 광물 ··· 28
1) 광물이란? ··· 28
2) 광물의 다양성 ··· 28
3) 광물의 분류 ··· 29
4) 규산염 광물 ··· 30
5) 광물의 물성 ··· 32
6) 편광 현미경 ··· 38

2.2 동위원소 ··· 41
1) 안정 동위원소 ··· 42
2) 방사성 동위원소 ··· 57

2.3 암석 ········· 62
1) 화성암 ········· 62
2) 퇴적암 ········· 76
3) 변성암 ········· 108

2.4 광화 작용 및 유형 ········· 122
1) 광상 및 광상 경제 요소 개론 ········· 122
2) 성인에 따른 광상 유형 ········· 126
3) 열수 광화 작용 개론 ········· 131

2.5 풍화 작용과 지형 ········· 137
1) 풍화 작용 ········· 137
2) 토양 ········· 141
3) 지형의 발달 ········· 145

3 Chapter 지질시대, 화석, 지구의 역사

3.1 지질시대 ········· 166
1) 상대연령과 수치(절대)연령 ········· 167
2) 층서학의 원리 ········· 169
3) 층서단위 ········· 178
4) 층서대비 ········· 183
5) 국제표준 층서구역 ········· 189

3.2 화석 ········· 190
1) 고생물학 ········· 190
2) 화석의 종류 ········· 191
3) 화석화 과정 ········· 193
4) 화석의 보존 양상 ········· 195

3.3 지구와 생명의 역사 ········· 197
1) 선캄브리아시대(Precambrian) ········· 197
2) 현생누대(Phanerozoic Eon) ········· 212

3.4 한반도의 역사 ········· 226
1) 선캄브리아시대 ········· 229
2) 고생대 ········· 231
3) 중생대 ········· 236

4) 신생대 ··· 240

3.5 지질유산, 지질공원과 지오투어리즘 ··· 242

1) 지질유산과 지질공원 ··· 242
2) 지질공원의 정의와 인증 ··· 244
3) 국가지질공원 현황 ··· 246
4) 세계지질공원 현황 ··· 263
5) 지오투어리즘과 교육적 이용 ··· 264

4.1 지진과 지구 내부 구조 ··· 268

1) 지진의 발생 ··· 268
2) 지진파의 전파 ··· 270
3) 지구 내부 구조 ··· 277
4) 지진 피해 ··· 284

4.2 화산활동 ··· 292

1) 화산 분출물 ··· 294
2) 화산 분화의 형식 ··· 299
3) 원추화산 및 그와 관련된 화산 형태 ··· 307
4) 화산의 분포와 화산활동의 특성 ··· 312
5) 화산작용과 인간 생활 ··· 315

4.3 판구조 운동과 지각 변동 ··· 318

1) 베게너의 대륙이동설과 판구조론의 성립 ··· 318
2) 판의 정의와 판 경계의 지구조적 특성 ··· 321
3) 판 운동의 기술 ··· 331
4) 판 운동의 원동력 ··· 337

4.4 열점과 플룸구조론 ··· 343

1) 열점 ··· 343
2) 맨틀 플룸의 구조와 기원 ··· 345
3) 맨틀 플룸과 판구조론 ··· 349

5

Chapter

지구물리학의 이해

5.1 지구중력장 ····· 356

1) 지구의 모양 ····· 356

2) 지구의 중력 ····· 358

3) 중력 측정 ····· 360

4) 중력 보정과 중력 이상 ····· 363

5) 밀도 결정 ····· 365

6) 지각 평형 ····· 366

5.2 지구자기장 ····· 368

1) 자석과 자기장의 이용 ····· 368

2) 현재의 지구자기장 ····· 369

3) 지구자기장의 변화 ····· 376

4) 지구자기장의 근원 ····· 385

5) 고지자기학 ····· 387

5.3 지구물리 탐사 기술과 활용 ····· 403

1) 어떻게 땅속 지도를 만들 수 있을까? ····· 403

2) 지구물리 탐사 기술의 종류와 활용법 ····· 409

3) 지구물리 탐사 자료의 해석 ····· 430

6.1 해양 관측 ····· 438

1) 과거의 해양 탐사 ····· 438

2) 현재와 미래 해양 관측 ····· 440

6.2 해수의 특성 ····· 449

1) 수온 ····· 449

2) 염분 ····· 451

3) 밀도 ····· 452

4) 수온 – 염분도 ····· 454

6.3 해양 순환 ····· 455

1) 해수에 작용하는 힘 ····· 455

2) 지구 자전 효과를 고려한 해양의 운동 ····· 459

3) 해양 대순환 ····· 463

6.4 파랑과 조석 ····· 474

1) 파랑(해파) ··· 474
2) 조석 ··· 484

6.5 해양 기후 변화 ··· 491
1) 해양의 열용량 ··· 491
2) 탄소 펌프 ··· 493
3) 해수면 상승 ··· 495
4) 해양 산성화 ··· 496

6.6 전 지구 해수면 변동 ··· 499
1) 빙하기와 간빙기 ··· 499
2) 전 지구 해수면 변화 ··· 502
3) 상대 해수면 변화와 해저 지층 ··· 503

6.7 해저 지질과 해양 자원 ··· 505
1) 해저 지형 ··· 505
2) 해저 퇴적층 ··· 511
3) 해양 자원 ··· 515

7 Chapter 한반도 주변의 해양 환경

7.1 해수면 변동과 해양 지질 ··· 520
1) 한반도 주변의 해수면 변동 ··· 520
2) 한반도 주변의 해저 지형 ··· 522
3) 연안 퇴적 ··· 523
4) 표층 퇴적물 ··· 525

7.2 수온 분포 ··· 528
1) 한반도 주변해 수온 측정 ··· 528
2) 해수 표층 수온의 분포 ··· 529
3) 해수 수온의 범위 ··· 531
4) 수온의 연직 분포 ··· 532

7.3 염분 분포 ··· 534
1) 염분의 분포 범위 ··· 534
2) 염분의 공간 분포 ··· 535
3) 염분의 계절 변화 ··· 535
4) 수심에 따른 염분의 공간 분포 ··· 537

7.4 해류 분포 ········ 538
1) 표층 뜰개 기반 해류 ········ 538
2) 인공위성 고도계 기반 해류 ········ 540
3) 과학적 지식 기반 한반도 주변해 해류도 ········ 541

7.5 동해 심층 해수와 순환 ········ 545
1) 동해 심층 해수 ········ 545
2) 동해 해수의 순환 ········ 548

7.6 황해 조석 특징 ········ 551

8 Chapter 대기의 관측적 특징

8.1 대기권의 구조 ········ 556
1) 기압 ········ 556
2) 화학적 조성 ········ 557
3) 연직 구조 ········ 558
4) 오존층 ········ 563
5) 정역학 평형 ········ 568

8.2 대기 중의 물 ········ 572
1) 증발, 응결 및 포화 ········ 572
2) 습도 ········ 574
3) 잠열 ········ 576
4) 이슬과 서리 ········ 577
5) 안개 ········ 579

8.3 대기 열역학 ········ 583
1) 열역학 제1법칙 ········ 583
2) 단열 과정 ········ 586
3) 습윤 대기의 열역학 ········ 588
4) 대기 안정도 ········ 590

8.4 구름과 강수 ········ 595
1) 구름 물방울의 성장 과정 ········ 595
2) 구름의 종류 ········ 599
3) 강수의 성장 과정 ········ 601
4) 강수의 형태 ········ 604

8.5 바람 606
1) 기압 경도력 606
2) 전향력과 마찰력 610

8.6 기상역학적 기술 612
1) 운동 방정식 612
2) 연속 방정식 614
3) 열역학 방정식 615
4) 연직 좌표 변환 616
5) 대기의 운동학적 표현 616
6) 소용돌이도 방정식 618
7) 온도풍 622
8) 유선과 유적 623

9.1 복사 에너지 626
1) 태양 복사와 지구 복사 626
2) 복사 법칙 627
3) 복사 수지 629
4) 온실효과 633

9.2 열대에서 극으로의 에너지 수송 636
1) 에너지 순환 636
2) 대기 대순환 637
3) 경압 불안정 파동 639
4) 제트류 642

9.3 중위도 날씨 시스템 644
1) 기상 요소의 이해 644
2) 고 · 저기압 시스템 647
3) 편서풍 파동 648
4) 상층 제트류와 고 · 저기압 시스템 649
5) 기단과 전선 651
6) 몬순 652
7) 태풍 654
8) 중위도 기상 예보 657

9.4 대기 경계층과 대기 오염 ········· **660**
1) 대기 경계층과 난류 ········· 661
2) 난류 혼합 ········· 662
3) 경계층의 일변화 ········· 664
4) 경계층의 바람 ········· 666
5) 난류 운동 에너지와 오염 물질의 분산 ········· 669

9.5 기후 변화 ········· **673**
1) 자연적 기후 과정들 ········· 673
2) 인위적 기후 변화 ········· 677
3) 미래 기후 변화 ········· 680

9.6 기후시스템 내의 여러 과정들 ········· **683**
1) 되먹임 ········· 684
2) 내부 변동 혹은 자연 기후 변동 ········· 689
3) 엘니뇨와 남방 진동(ENSO) ········· 692

10.1 천체의 움직임 ········· **698**
1) 좌표계 ········· 698
2) 일주 운동 ········· 700
3) 태양의 움직임 ········· 702
4) 달의 움직임 ········· 704
5) 행성의 움직임 ········· 707
6) 케플러 법칙 ········· 714
7) 뉴턴 역학 ········· 717

10.2 달과 행성 ········· **719**
1) 달의 구조와 기원 ········· 719
2) 태양계를 구성하는 천체의 일반적 특징 ········· 722
3) 지구형 행성 ········· 727
4) 목성형 행성 ········· 732

10.3 태양계의 소천체 ········· **737**
1) 소행성 ········· 738
2) 혜성 ········· 741

3) 유성과 운석 ···· 744
4) 태양계의 기원 ···· 746

10.4 외계 행성계와 우주생물학 ···· 749

10.5 태양 ···· 752
1) 항성으로서의 태양 ···· 752
2) 태양의 대기 ···· 760
3) 태양의 자기장 ···· 766
4) 태양의 활동 ···· 771

10.6 우주 환경 ···· 777
1) 행성 간 자기장 ···· 777
2) 자기권 ···· 778
3) 태양 활동 ···· 779
4) 오로라 ···· 780
5) 부폭풍과 지자기 폭풍 ···· 782
6) 우주 기상 ···· 783

10.7 연구와 탐사 ···· 785
1) 태양계 관측 위성(태양권 탐사선) ···· 785
2) 태양 관측 위성 ···· 786
3) 행성 탐사선의 임무 ···· 791

11.1 복사와 전달 ···· 794
1) 전자기파의 대기 투과 ···· 794
2) 흑체 복사 ···· 795
3) 천이선 복사 ···· 798
4) 복사 전달 ···· 800

11.2 별의 관측 ···· 803
1) 천문학에서의 거리 파섹 ···· 803
2) 별의 등급 ···· 804
3) 쌍성계 ···· 806
4) 별의 스펙트럼 ···· 810
5) H-R도 ···· 812

11.3 성간물질 ········· 814
1) 성간 먼지 ········· 814
2) 성간 가스 ········· 816
3) 성간물질에서의 에너지 평형 ········· 818

11.4 별의 탄생 ········· 819
1) 중력 불안정 ········· 819
2) 원시성 시스템 ········· 821
3) 외계행성 ········· 824
4) 질량이 큰 별의 탄생 ········· 827

11.5 별 내부의 물리적 과정들 ········· 830
1) 핵반응 ········· 830
2) 별 내부의 에너지 전달 ········· 833

11.6 별의 진화를 결정하는 원칙들 ········· 834
1) 정역학적 평형 ········· 834
2) 비리얼 정리와 별의 열용량 ········· 836
3) 빛에 의한 에너지 손실 ········· 838

11.7 주계열성의 성질 및 진화 ········· 840

11.8 주계열 이후의 진화 ········· 843
1) 작거나 중간 질량의 별: 태양 질량의 8배 이하 ········· 843
2) 질량이 큰 별(태양 질량의 8배 이상) ········· 849

11.9 초신성, 신성, 킬로노바 ········· 853

11.10 별과 물질의 순환 ········· 856

12.1 우리은하 ········· 860
1) 우리은하의 크기와 구조 ········· 860
2) 우리은하 내 별의 종족과 분포 ········· 864
3) 우리은하의 회전 ········· 866
4) 우리은하의 중심부 – 초대질량 블랙홀 ········· 872

12.2 외부은하 ········· 873

1) 외부은하의 발견 ······ 873
2) 형태에 따른 은하의 분류 ······ 873
3) 은하의 관측과 물리량 ······ 877
4) 활동은하 ······ 882
5) 은하들의 후퇴와 우주의 팽창 ······ 885

12.3 은하 집단과 거대 구조 ······ 890
1) 은하군과 은하단 ······ 890
2) 초은하단 ······ 892
3) 우주 거대 구조 ······ 894

12.4 우주론 ······ 899
1) 올버스의 역설과 우주의 크기 ······ 899
2) 대폭발 우주론 ······ 900
3) 급팽창 이론 ······ 904
4) 암흑물질과 암흑에너지 ······ 908
5) 우주의 운명 ······ 911

참고문헌(사진 및 그림출처) ······ 915

찾아보기 ······ 933

STORYLINE

지구(지구시스템)는 지권, 기권, 수권, 빙권, 우주권, 생물권 등 다양한 권역으로 구성되어 있다. 지구시스템을 구성하는 이들 요소들은 서로 영향을 주고받고 있으며 이들의 상호 작용을 통해 다양한 자연 현상이 일어난다. 또한 지구 대기 바깥으로 외권이 존재하며, 지구시스템은 태양계의 하위 요소로서 많은 영향을 받고 있다.

이 장에서는 지구를 지구시스템으로 다루는 것에 대한 역사적 배경과 그 의미에 대해 상세하게 다루고, 지구시스템의 세부 구성 요소(권)별 특징에 대해 설명한다. 또한 지구시스템에서 가장 중요한 에너지와 물질의 순환에 대해 다룬다. 지구시스템 내의 물질 순환은 지구시스템의 특징과 각 구성 요소의 상호 작용을 이해하는 데 핵심적인 주제이다. 예를 들어, 탄소의 순환은 지권, 수권, 기권에 존재하는 탄소의 특징뿐만 아니라 생물권과 인간 활동에 의해 끊임없이 변하고 있는 탄소에 대해 체계적으로 이해할 수 있다. 다음으로 지구상에서 발생하는 자연 재해(예: 화산 분화, 지진, 태풍)에 대해 지구시스템적 측면에서 다루고, 이를 통해 그 본질과 특성을 체계적으로 설명한다. 끝으로 지구 자원과 환경 보존에 대한 내용을 다루면서, 에너지 자원의 특성, 지구 환경 문제, 신재생 에너지 등을 설명한다. 또한 인간 활동이 지구시스템에 가장 크게 영향을 미치고 있고 심각한 악영향을 유발하고 있는 기후 변화(지구 온난화)에 대해 지구시스템 측면에서 그 중요성을 다룬다.

- 1.1 지구시스템
- 1.2 지구시스템으로 이해하는 자연재해
- 1.3 지구 자원의 이용과 환경 보존
- 1.4 기후 변화와 기후 위기

지구시스템과 인간 생활

1.1 지구시스템

1) 시스템으로서의 지구

지구시스템이라는 용어는 1980년대 미국의 NASA(National Aeronautics and Space Administration) 등 관련 기관에서 수행하였던 지구 환경에 대한 연구 결과에 따라 그 사용이 활성화되었다. 대표적으로 엘니뇨 현상에 대한 NASA의 연구 결과는 기존의 독립된 지구과학 분야(예: 지질학, 기상학, 해양학, 지구물리학, 지구화학 등)의 분절된 접근을 통해서는 지구 환경적인 현상이나 문제를 체계적으로 이해할 수 없고, 근본적인 해결 방법을 도출하는 데 한계가 있음을 밝혀냈다. 따라서 기존의 지구과학과 대비되는 새로운 접근 방법인 '지구시스템'이라는 접근 방법을 적용하고, 지구시스템의 구성 요소 간 상호 작용과 영향 등에 초점을 두는 '**지구시스템과학**(Earth System Science)'을 제안하고 차별화하였다(NASA, 1986).

지구시스템에 대한 정의와 세부 내용을 다루기 전에 지구과학에 대한 정의를 먼저 살펴보자. 지구과학이 물리학, 화학, 생명과학과 같이 독립된 자연과학의 한 분야로서 대등하게 다루어지고 정착되기 시작한 것은 그리 오래되지 않았다. 지구과학이라는 분야와 지구과학이라는 교과가 완성되고 정착된 것은 미국의 학문 중심 교육 사조의 영향이 크다. 이때 미국 NSF(National Science Foundation)의 지원을 통하여 지구과학자, 지구과학 교사, 지구과학 교육자가 공동으로 ESCP(Earth Science Curriculum Project)를 수행하였다. 이 지구과학 교육과정 프로젝트에서는 지구과학 교과서(예: Investigating the Earth), 교사용 지도서, 야외 답사 안내서, 지구과학 실험 장비 패키지 등을 개발하였다(AGI, 1967). 이러한 산출물을 통하여 지구과학에 대한 인식이 제고되었고, 독립 교과로서 정착되는 계기가 되었으며, 지구 및 우주과학과 관련하여 대중과 학계의 많은 흥미와 관심을 유발하였다.

지구과학이 완성되고 정착된 1970년대 이후부터 지구시스템이라는 개념이 본격적으로 도입된 것은 아니었다. 예를 들어 1983년에 출판된 『일반지구과학』이라는 대학 교재에 설명된 지구과학의 정의를 살펴보면, 지구과학은 지구와 관련된 과학 영역들이 종합적으로 결합된 학문 영역이라고 기술되어 있다.

> 지구과학은… (중략) …우리가 살고 있는 지구에 관하여 연구하는 자연과학으로서 분야별로 보면 지구과학은 오랫동안 독립되어 발전해온 지질학, 천문학 및 기상학과 비교적 새로운 학문 분야라 할 수 있는 해양학, 지구물리학, 지구화학 등이 결합된 것이다(나기창 외, 1983).

이처럼 1980년대까지는 지구 환경을 연구하는 일부 기관(예: NASA, NOAA 등)에서만 시스템적인 접근이나 '지구시스템'의 개념이 중요하게 다루어지기 시작하였다. 반면에 우리나라에서는 대학 교재

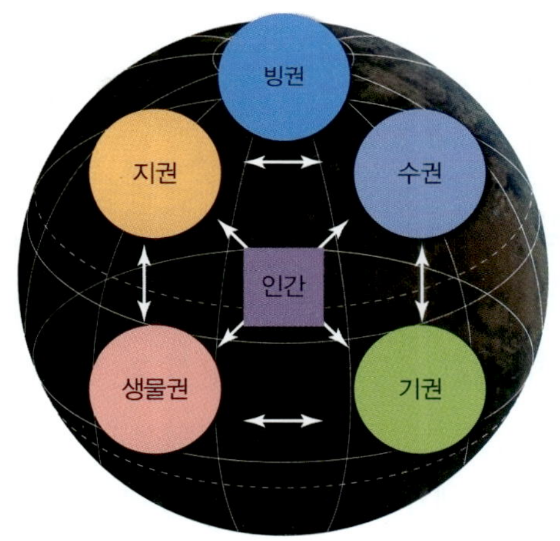

그림 1.1 지구시스템과 구성 요소

에 제시한 내용처럼 지구시스템은 구체적으로 학문 분야에 적용되지 못하였다. 또한 서울대학교에서는 기존의 자연과학대학 지질과학과는 지구시스템과학 전공으로, 해양학과는 해양학 전공으로, 기상학과는 대기과학 전공으로, 천문학과는 천문학 전공으로 구분했지만, 이를 통합하여 지구환경과학부로 명명하였다. 이후 천문학 전공은 물리천문학부로 통합되어 현재 지구환경과학부는 지질–해양–대기의 3개 전공 통합에 해당한다. 이 당시 전통적인 지구과학과 구분하여 지구시스템과학이란 새로운 학문 영역이 대학 수준과 연구 분야에서는 사용되었지만, 지구과학과 지구시스템과학을 구분하여 사용하기보다는 '지구과학'이란 학문의 정의에 지구시스템과 관련된 내용을 포함하여 사용하기도 하였다. 다음 인용을 보면 이러한 내용에 대하여 알 수 있다.

지구과학은 지구의 암석권, 수권, 대기권, 우주권을 연구하는 과학으로 지구와 행성을 구성하는 물질과 그 변화, 지구에 작용하는 힘과 운동, 에너지와 순환을 연구하고 해석하는 학문이다(이창진, 2006).

이 정의를 상세히 살펴보면, 지구과학을 정의하는 데 가장 큰 변화는 지질학, 기상학, 해양학, 천문학 등 독립된 학문 분야를 제시하지 않고 지구시스템의 세부 구성 요소인 암석권(지권), 수권, 대기권으로 그 정의를 설명하고 있다. 이것은 지구시스템의 하위 구성 요소를 강조하고 있는 것이며, 더 나아가 지구를 연구하는 데 있어 전체적인 시스템의 관점을 도입하고 있다는 것을 알 수 있다.

우리나라에서는 2000년대부터 본격적으로 적용되기 시작한 지구시스템의 개념은 우리 인간이 살고 있는 행성 지구에 대하여 체계적으로 이해하고 연구하기 위한 거시적이고 전체적인 접근 방법(holistic approach to study earth)의 적용이라고 할 수 있다. 행성 지구는 여러 가지 하위 시스템(subsystems) 또는 하위 권역으로 구성되어 있는데, 주요 권역은 지권, 수권, 빙권, 기권, 생물권으로 나눌 수 있다. 정리하자면 지구시스템은 지구 환경 내에서 서로 상호 작용하고 영향을 주고받는 지권, 수권, 빙권, 기권, 생물권 등과 같은 하위 권역(구성 요소)을 포함하는 하나의 통합된 시스템(system, 계)으로 지구를 다루는 것이다(그림 1.1).

2) 지구시스템과학의 도입 배경

지구시스템이 도입되고 지구시스템과학이라는 새로운 학문 분야가 발달하게 된 배경은 1980년대 과학 기술이 발달하면서 NASA에서 인공위성을 이용한 관측 자료를 토대로 수행한 엘니뇨 등 지구 환경 문제에 대한 연구 수행의 결과에 기인한다. 인공위성과 슈퍼컴퓨터 등의 발달로 그동안 지구 환경에 대하여 수집하기 어렵거나 한계가 있었던 데이터를 정확하게 측정하고 분석할 수 있게 되었다(그림 1.2). 엘니뇨 연구의 경우도 해양의 수온 변화로 인하여 발생하는 현상이라고 판단하여 해양학에 초점을 두고 연구하였지만 동-서 태평양의 수온 변화, 용승 변화 등을 설명하는 데 한계가 있었고, 기상학자와 공동으로 분석하면서 과학적인 해석이 가능해졌다. 더 나아가 지구시스템적인 구성 요소의 상호 작용과 영향을 기반으로 전 지구적인 영향을 분석할 수 있게 되었다. 이를 종합하여 NASA의 지구시스템과학위원회(1988)에서는 지구 환경을 이해하거나 재해석하는 데 새로운 접근 방법(연구 방법)으로의 전환이 필요함을 인식하게 된다. 그 연구 방법은 시스템적인 접근법으로 이를 holistic approach라고 부르기도 한다. 이 지구시스템적인 접근법(연구 방법)은 지구를 구성하는 각 권의 상호 역동적인 관계(작용)에 초점을 두고 있다(NASA, 1986).

지구시스템에 대한 내용이 축적되면서, 학교 교육에서도 지구시스템에 대한 내용을 도입하기 시작하였고, 가장 대표적인 교육적 시도가 지구시스템 교육(Earth Systems Education)이다. 1990~1994년까지 미국 NSF의 지원을 받아 오하이오 주립대학교를 중심으로 시작된 PLESE (Program for Leadership in Earth System Education) 프로젝트는 지구시스템 교육에 대한 리더(교사 교육)를 양성하고 지구시스템을 학교 교육에 도입하여 이에 대한 이해를 제고하는 데 크게 기여하였다. 이 PLESE 프

지구 환경을 이해(재해석)하는 새로운 접근 방법(연구 방법)의 필요

그림 1.2 지구시스템과학의 발달 배경

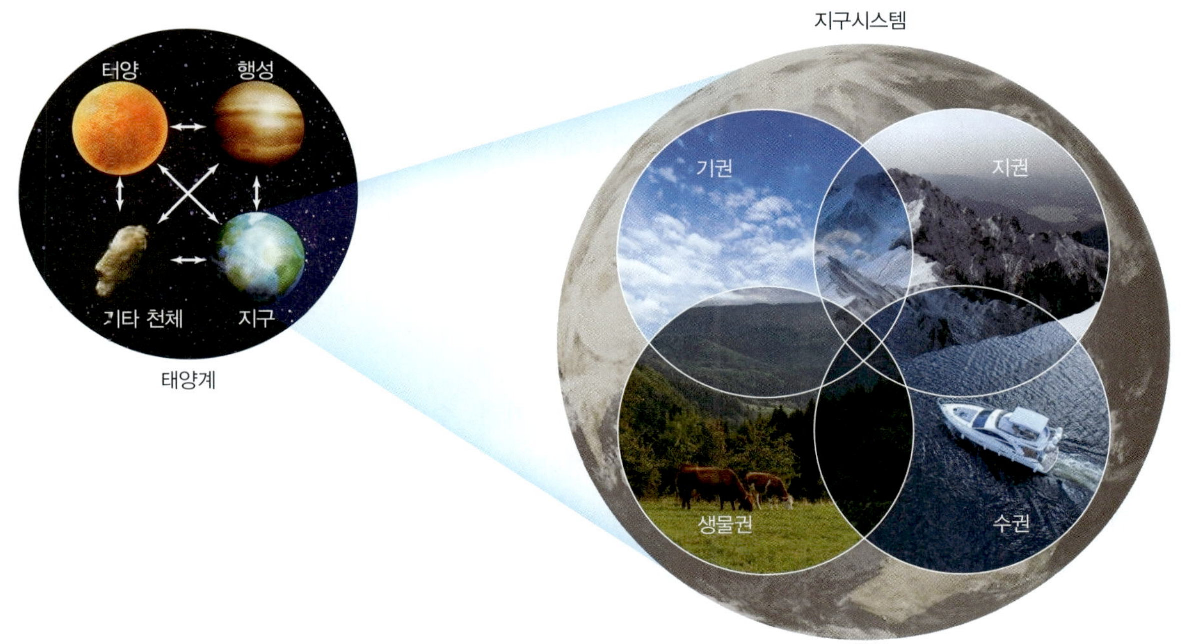

그림 1.3 태양계와 지구시스템

로젝트에서는 지구시스템 교육의 7가지 이해(목표들)를 개발하였고, 이 내용은 현재 지구시스템과 관련된 지구과학(과학, 통합과학) 교육 내용에 포함되어 다루어지고 있다. 이후 1996년 출판된 미국의 첫 국가과학 기준에서도 지구시스템이 강조되었고 이와 관련된 교과 내용을 제안하였다(NRC, 1996).

우리나라에서는 제7차 과학과 교육과정 중 지구과학I 교과목에서 '지구과학적 소양'을 강조하였고 지구시스템에 대한 내용을 처음으로 포함시켰다. 이후 2007 개정에서 지구계에 대한 내용이 포함되었고, 2009 개정 과학과 교육과정에서는 중고등학교 교과 내용에 확대 적용되었다. 특히 중학교 과학 교육과정에서는 단원명이 모두 지구시스템과 관련지어 변경되었다. 예를 들어 7학년(중학교 1학년) 과학에서는 지구계와 지권의 변화, 수권의 구성과 순환을 다루었으며, 8학년 과학에서는 기권과 우리 생활의 대단원이 설정되었고, 9학년에서는 태양계, 외권과 우주 개발 대단원이 포함되었다. 이후 개정된 2015, 2022 개정 교육과정에서는 모두 지구시스템의 내용과 관련된 현상, 환경 문제, 재해, 자원 문제, 인간 활동의 영향 등에 초점을 두어 다루고 있다(교육부, 2015, 2022; 교육인적자원부, 2000).

지구시스템은 태양시스템(계)을 구성하는 한 구성 요소이고, 외권(우주권)으로부터 많은 영향(예: 태양 복사 에너지, 태양풍, 조석 현상 등)을 받고 있다. 최근 들어 인간 활동은 지구시스템의 하위 요소뿐만 아니라 외권에도 영향을 주고 있는데, 우주 개발에 따른 우주 쓰레기는 그 대표적인 예시이다(그림 1.3).

3) 지구시스템의 세부 구성 요소(권)

우리 지구는 태양계의 구성 요소 중 하나인데, 태양계는 태양, 행성, 소행성, 혜성, 위성 등으로 구성되어 있다. 태양은 태양계 전체 질량의 99% 이상을 차지하고, 태양계의 다양한 천체들에게 영향을 미치고 있다. 예를 들어, 태양의 중력으로 인해 다양한 천체들은 일정한 궤도를 따라 공전하면서 서로 영향을 주고받으며 태양계 역학적 시스템이라는 하나의 거대한 시스템을 이룬다. 태양계의 구성 요소인 지구도 태양으로부터 다양한 영향을 받고 있는데, 일정한 타원 궤도를 따라 공전하고 있고 태양 복사 에너지를 흡수하여 지구시스템의 에너지로 사용한다.

이처럼 태양계 역학적 시스템의 하위 요소인 지구는 **기권**, **수권**, **지권**, **생물권**의 4가지 세부 권으로 구성되어 있다. 이들 권은 서로 상호 작용하며 영향을 주고받고 있으며 태양계 내에서 작은 지구시스템을 이루고 있다. 지구시스템을 구성하는 4개 권들 사이의 상호 작용은 매우 복잡하고, 인공위성 같은 과학 기술이 없었다면 그 세부 내용을 이해하기 힘들었을 것이다. 이제 지구시스템의 세부 구성 요소의 특징에 대해 살펴보자.

(1) 기권(Atmosphere)

기권은 다양한 기체로 구성되어 있다. 기권을 이루는 기체는 지구 중력의 영향이 미치는 범위인 약 1,000 km 높이까지 분포한다. 그러나 대기를 구성하는 기체의 약 99%는 지구 중력의 영향으로 인해 약 30 km 높이 이내에 집중되어 있다. 그러므로 고도에 따라 기압은 크게 변하게 된다. 특히 30 km 보다 높은 층에서 작용하는 기압이 매우 낮다.

대기는 어떤 기체로 구성되어 있을까? 깨끗하고 건조한 대기의 경우 약 78%의 질소, 21%의 산소, 0.9%의 아르곤으로 구성되어 있다. 그 외에 이산화탄소, 수소, 헬륨 등 미량 기체가 존재하고 위치에 따라 그 양이 변하는 수증기, 에어로졸, 오존 등이 포함된다. 이들 기체는 고도 약 80 km 미만의 균질권에서는 대류와 난류(대류가 난류에 비해 훨씬 주되므로)에 의해 균질하게 혼합되어 그 성분비가 거의 일정하며, 비균질권에서는 기체 분자의 질량에 따라 구분되어 층상 배치를 하고 있다.

기권은 고도에 따른 기온 분포를 기준으로 대류권, 성층권, 중간권, 열권으로 구분된다(그림 1.4). 대류권은 지표에서 약 10~11 km 정도이고 이 층에서는 수증기를 포함하고 있기 때문에 비, 눈, 바람 등의 기상 현상이 일어난다. 또한 이 층의 온도 분포는 지구에서 복사된 에너지가 고도에 따라 약해지므로 고도가 높아질수록 온도가 감소한다. 다음으로 성층권은 대류권의 위로부터 고도 약 50 km까지의 대기층이다. 이 층에는 오존이 존재하여 자외선을 흡수하므로 대류권과 반대로 높이가 증가함에 따라 기온이 상승한다. 오존은 고도 약 20~30 km 부근에 집중적으로 분포하는데, 이를 오존층이라고 한다. 그러므로 성층권에서는 대류가 일어나지 않는다. 중간권은 성층권과 열권 사이에 존재하

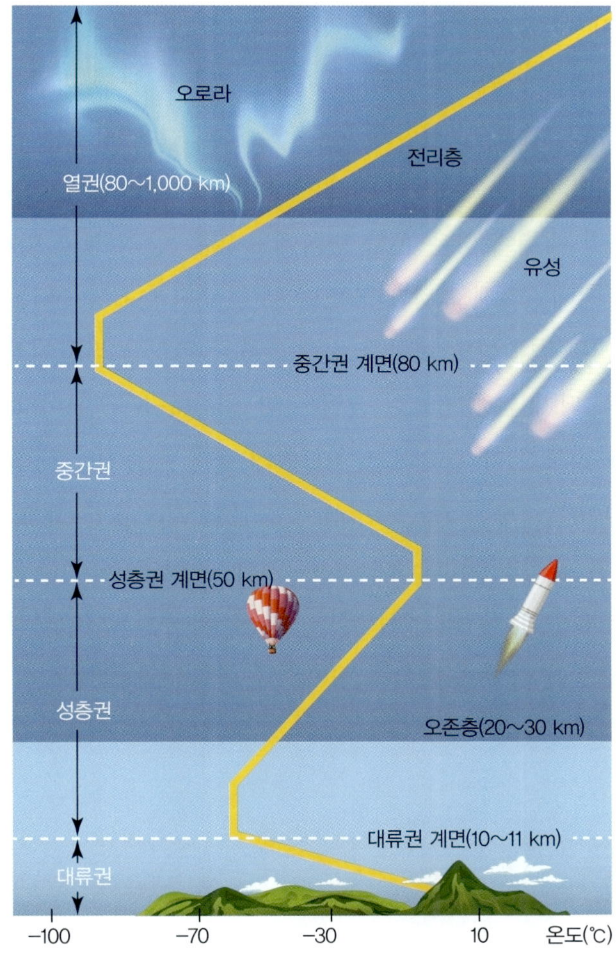

그림 1.4 높이에 따른 대기층의 온도 분포

고 있으며 대략적으로 고도 약 80 km까지의 대기층이다. 중간권에서는 높이 올라갈수록 기온이 하강하기 때문에 약한 대류 운동이 있지만 수증기가 거의 없기 때문에 기상 현상이 발생하지 않는다. 대기권에서 가장 기온이 낮으며, 중간권 상부와 열권의 하부에는 유성이 나타난다. 끝으로 열권은 대략 80 km에서 1,000 km 사이의 영역에 해당한다. 열권에서는 기체 밀도가 매우 낮기 때문에 공기 분자가 서로 충돌하는 일이 거의 일어나지 않는다. 따라서 열권에서는 온도를 정확하게 정의하기 힘들고 중성 입자와 이온화된 입자들이 독립적으로 운동하기 때문에 온도가 일정하게 나타나지 않는다. 이처럼 열권은 공기 밀도가 매우 낮지만, 열권의 기체들은 파장이 0.1 μm 이하인 자외선을 흡수하기 때문에 온도는 다시 높아지며, 대체로 고도 약 200 km까지 온도가 비교적 급격히 상승한다. 그러므로 열권에서도 성층권과 같이 대류가 일어나지 않는다. 이 열권은 태양 활동에 따라 온도 분포가 급격하게 변할 수 있고 낮과 밤의 기온 차가 매우 크다. 또한 고위도 상공에서는 오로라가 관측된다.

(2) 수권(Hydrosphere)

지구 표면은 많은 양의 물을 포함하고 있어 우주에서 지구를 보면 파랗게 보인다. 지구상에 있는 물의 대부분은 액체 상태지만 남극, 그린란드, 높은 산 등과 같은 지역에서는 고체 상태인 얼음이나 눈으로 존재한다. 또한 대기 중에서는 기체 상태인 수증기로 존재한다. 물은 열용량[1](또는 비열)이 다른 물질과 비교하여 크기 때문에 작은 온도 변화에도 많은 양의 열을 잃거나 필요로 한다는 것을 의미한다. 즉 물이 고체 · 액체 · 기체로 상태가 변할 때 흡수되거나 방출되는 열이 크다는 것이다. 물 분자 간 분자 결합을 깨고 완전한 상태 변화를 위해 필요한 열량을 잠열이라고 한다. 그림 1.5를 보면 1 g의 얼음(고체)이 액체가 되기 위해 필요한 잠열은 80 cal/g(a-b 구간)이다. 0°C의 물이 100°C의 물이 되는 데는 100 cal/g(b-c 구간)가 필요하고, 100°C의 물이 수증기(기체)로 상태가 변하기 위한 잠열은 540 cal/g(c-d 구간)이다. 그림 1.5를 보면 물이 증발할 때(vaporization, 기화) 가장 많은 잠열이 필요하고, 반대로 수증기가 응결될 때(condensation, 액화) 가장 많은 열을 잃는다. 이러한 물의 상태 변화에 따른 열의 방출과 흡수는 저위도에서 남는 에너지를 중위도나 고위도로 재분배하는 데 중요한 역할을 한다. 증발과 응결을 통한 순환으로 지구가 온화한 온도를 유지하고 지구상에 생명이 존재할 수 있게 된 것이다(이상룡 외, 2017).

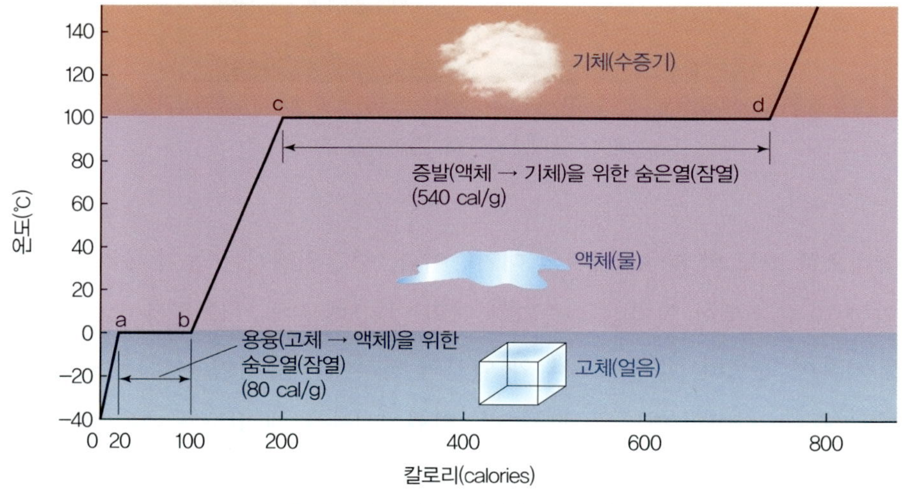

그림 1.5 물의 상태 변화에 따른 필요 열량

지구 표면의 물 분포를 보면 해수가 97%를 차지하고 있다. 나머지 3%는 담수인데 담수를 100%로

1) 열용량은 어떤 물질의 온도를 1℃ 올리는 데 필요한 열량이고, 비열은 어떤 물질 1 g의 온도를 1℃ 올리는 데 필요한 열량이다. 1 cal는 1 g 의 순수한 물을 1℃ 올리는 데 필요한 열량이다. 비열의 단위는 kcal/(kg · ℃), cal/(g · ℃)이다.

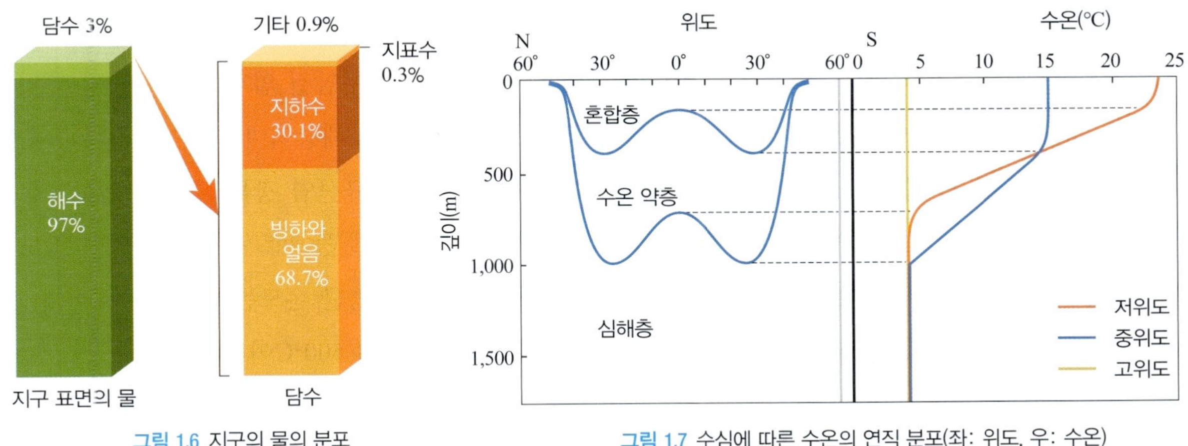

그림 1.6 지구의 물의 분포

그림 1.7 수심에 따른 수온의 연직 분포(좌: 위도, 우: 수온)

두고 고려해보면 약 69%가 빙하와 같은 얼음이고, 지하수가 약 30%를 차지한다. 그 외 강, 호수, 대기 중의 수증기 등으로 구성된다. 지구상에는 많은 물이 있지만 인간들이 직접적으로 사용할 수 있는 강과 호수 등의 물은 전체의 1% 정도이다(그림 1.6).

해수는 수심에 따른 수온 분포를 기준으로 **혼합층**(mixed layer), **수온 약층**(thermocline), **심해층**(deep water layer, deep sea layer, deep zone)으로 구분된다. 위도별로 깊이의 차이는 있지만 혼합층에서는 해수가 바람에 의해 잘 섞여 수온이 거의 일정하게 유지된다. 적도와 중위도를 비교할 때, 중위도에서는 더 강한 바람이 해수 표면에 불기 때문에 중위도가 적도보다 혼합 작용이 강하다. 그러므로 중위도의 혼합층은 두껍고, 적도 지방의 혼합층은 얇다. 혼합층 아래는 수온 약층이 분포한다. 이 층에서는 깊이에 따라 수온이 급격하게 변한다. 대략 수심이 1,000 m 정도이고 해수의 연직 운동과 혼합 작용을 억제한다. 수온 약층의 두께는 계절이나 지역적인 조건(예: 폭풍, 태풍 등)에 의해 달라질 수 있다. 그림 1.7에서 보는 것처럼 극지방의 경우 수온이 매우 낮기 때문에 온도에 따른 성층 구분이 나타나지 않는다. 그러므로 극지방에서는 수온 약층이 존재하지 않는다.

심해층은 수온 약층 아래에 나타나고 3개의 층 가운데 가장 수온이 낮은 층이다. 이 층은 태양 복사 에너지가 거의 도달하지 않아 수온이 낮고 수온 변화가 거의 없다. 수심이 깊어져도 계절이나 수심에 따른 온도 변화가 없고, 해수 전체 부피의 약 80% 정도를 차지한다.

(3) 지권(Geosphere)

지권은 기권, 수권을 제외한 지구의 고체 부분을 의미한다. 지권은 지구 내부를 구성하는 물질들의 화학적 조성과 물리적 특성에 따라 여러 개의 층으로 구분할 수 있다. 우선 지구의 내부 구조는 화학적 특성에 따라 지각, 맨틀, 핵으로 구분할 수 있다. 지권의 바깥쪽에 존재하는 지각은 지표면에서 깊이 약 30 km까지를 나타내고 고체 상태이며 평균 온도는 500°C 미만이다. 지각은 대체로 밀도가 낮고 가벼운 규산염 물질로 이루어져 있으며 대륙지각과 해양지각으로 구분한다. 대륙지각은 주로 화강암으로 구성되어 있고 밀도는 평균 2.7 g/cm^{3}이다. 해양지각은 현무암질 암석으로 구성되어 있고 밀도는 평균 3.0 g/cm^{3}이다. 맨틀은 깊이 30 km에서 2,900 km까지에 해당되며 지권 전체 부피의 약 80%를 차지한다. 온도는 약 2,500°C이고, 평균 밀도는 4.5 g/cm^{3}로 규산염 광물, 철, 마그네슘 등으로 구성되어 있다. 핵은 2,900 km에서 약 6,370 km 정도이고 철, 니켈 등으로 구성되어 있어 밀도가 가장 크다. 외핵의 경우 액체 상태이고 평균 밀도는 11.8 g/cm^{3}이고 평균 온도는 약 5,000°C이다. 내핵은 고체 상태이고 평균 밀도가 16.0 g/cm^3, 평균 온도는 약 4,000~4,500°C이다.

온도, 압력, 가해지는 힘의 크기 등과 같은 물리적 특성을 기준으로 지구 내부를 5개의 성층 구조로 구분할 수 있다. 즉 암석권, 연약권, 중간권(하부 맨틀), 외핵, 내핵으로 나눌 수 있다. 암석권은 지각과 맨틀 상부를 포함하여 평균 깊이 100 km까지이며, 딱딱하고 깨지기 쉬운 특성을 가지고 있고, 5개의 층 중에 가장 온도가 낮고 압력도 낮다. 지구과학에서 중요한 이론인 판구조론에서 판(plate)의 개념이 이 **암석권**(Lithosphere)에 해당한다. 판이 주로 단단한 암석으로 되어 있기 때문에 암석권이라고 부르고 있으며, 지구의 겉부분을 덮고 있는 10개 이상의 크고 작은 판들이 이동하면서 다양한 지각 변동과 화산활동이 발생한다. 이러한 판의 아래에 **연약권**(Asthenosphere)이 존재하기 때문에 판 운동이 가능하다. 연약권은 깊이 100~700 km 정도에 해당하고 암석의 용융점에 가까운 높은

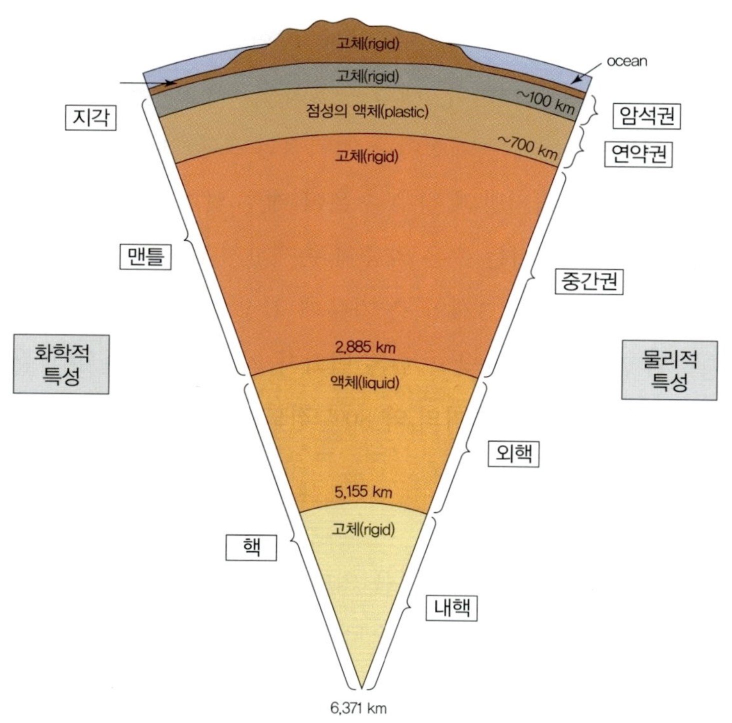

그림 1.8 화학적 특성과 물리적 특성에 따른 지구의 내부 구조

온도(1,100~1,200°C)를 나타내므로 유동성이 있어 대류가 일어난다. 100~200 km 정도에는 저속도층이 존재하며 부분 용융이 되어 있음을 알 수 있다.

물리적 특성으로 지구 내부를 구분할 때는 상부 맨틀(약 30~700 km)을 포함하지 않는다. **중간권**(Mesosphere)은 하부 맨틀이라고도 불리며, 지구 부피의 약 56% 정도를 차지한다. 깊이 700~2,900 km 정도에 해당되며 연약권과 중간권의 화학 조성은 유사하지만, 물리적 성질은 다르기 때문에 하부 맨틀로 구분한다. 압력 차이로 인해 밀도가 차이 나고 온도 범위도 다양하다. 온도는 최대 약 4,000°C까지 나타난다. **외핵**(outer core)은 점성이 있는 액체 상태이며, 깊이는 약 2,900~5,200 km에 해당한다. 온도는 4,400~5,500°C로 나타나고 평균 온도는 약 5,000°C이다. 외핵은 액체 상태이기 때문에 철과 니켈이 대류가 일어나 지구 자기장을 형성시킨다. 이러한 지구 자기장은 태양에서 오는 유해한 태양풍과 우주 방사선을 막아주며 지구의 생명체를 보호하는 중요한 역할을 한다. **내핵**(inner core)은 고체 상태이며 약 5,200~6,370 km이며 온도는 4,000~4,500°C로 나타난다(Marshark, 2022).

(4) 생물권(Biosphere)

지구시스템의 생물권은 지권의 지각과 토양 내부, 수권 및 기권의 대류권까지 포함한 지구에서 살아 있는 모든 것을 의미한다. 지구화학적으로 지구상의 생물 전체를 나타내고, 생물학적으로는 생물이 생활하고 있는 모든 장소를 말한다. 생물권은 인간을 포함하여 수백만 종으로 구분되는 크고 작은 여러 생물들이 해당되며, 아직 분해되지 않은 죽은 생물들까지도 포함한다. 지질시대를 살펴보면, 약 35억 년 전 지구상에 생물이 나타나기 시작하면서 생물권이 형성되었고 현재는 기권, 수권, 지권 등 모든 영역에 걸쳐 분포한다. 지구시스템의 구성 요소 간 상호 작용 측면에서 생물권을 살펴보면, 생물권의 식물, 미생물 등은 지권을 풍화시키고 토양층의 형성을 촉진한다. 또한 광합성과 호흡을 통해 기권의 이산화탄소, 산소 등 기체 성분을 변화시킨다. 또한 생물권은 기권, 수권, 지권 등과 물질 및 에너지를 주고받으며 상호 작용하고 있다. 외계의 환경과 비교할 때, 생물권이 존재하는 것은 지구시스템의 가장 큰 특징이다. 인간은 생물권의 일부로 기권, 수권, 지권 내에서 생존하고 있지만 최근 들어 인구가 급격하게 증가하고 인간 활동이 늘어나면서 지구시스템에 가장 큰 영향을 미치는 요소가 되고 있다.

생물권을 포함하여 지구시스템의 가장 대표적인 특징은 구성 요소 간 상호 작용을 하는 것이고, 물질이 각 구성 요소를 통해 순환하는 것이다. 그림 1.9와 같이 태양으로부터 지구에 입사하는 태양 복사 에너지는 지구시스템의 각 권역에 흡수되고 서로 상호 작용하며 다양한 현상을 유발한다. 이러한 에너지가 순환하면서 생명 활동을 가능하게 만든다. 생물권의 순환과 상호 작용을 시간적인 규모로 살펴보면, 인간이 사용하는 석탄, 석유 등도 과거 생물권(예: 식물)으로부터 유래된 것이고 퇴적암 중 석회암과 같은 것도 생물 기원의 암석으로 인간이 활발하게 이용한다(이효녕, 김승환, 2014).

그림 1.9 지구시스템 구성 요소의 상호 작용

(5) 외권(Exosphere)

외권은 지구 기권의 최외곽을 형성하는 대기층이다. 외권의 아래에는 열권이 존재하며, 외권의 바깥은 우주 공간이다. 지표면으로부터 약 1,000 km에서부터 약 1만 km까지 범위에 해당된다. 외권의 주된 기체는 수소와 헬륨이며, 외권 바닥층에는 일부 원자 상태의 산소도 존재한다. 이 층의 기체 분자의 밀도는 극도로 낮고 기체 간 충돌이 무시될 수 있다. 그러므로 인공위성이 약간의 마찰력을 받을 수는 있지만 무시할 수 있고, 궤도를 유지하는 데 문제가 발생하지 않는다. 그러나 최근 들어 이러한 인공위성의 수가 많아지면서, 수명을 다하거나 고장 등으로 기능을 수행하지 못하는 인공위성이 늘어나 우주 쓰레기가 급격하게 증가하고 있다. 우주 쓰레기는 지구 궤도를 돌고 있지만 이용할 수 없는 모든 인공 물체를 의미한다. 우주 쓰레기는 크기도 다양하고 다양한 고도에 존재하기 때문에 다른 위성이나 우주정거장과 충돌할 수 있는 가능성이 높다. 만약 충돌하면 많은 파편이 발생하여 우주 쓰레기가 되고 이것이 연쇄 반응을 일으켜 우주 쓰레기의 양은 계속해서 늘어날 수 있다. 이러한 우주 쓰레기 중 약 10 cm 이상의 큰 파편들은 지구상에서 상시 감시를 하고 있다.

최근 들어 외권은 기권 바깥의 태양계, 별, 은하 등을 모두 포함하는 개념으로도 사용되고 있다. 외권 중 태양계는 지구의 환경과 생명체에 가장 큰 영향을 미치고 있다. 지구는 태양계의 하위 요소 중 하나이고 태양으로부터 에너지와 다양한 영향을 받고 있기 때문에 태양계를 중요하게 다루고 있다(Lenton, 2016).

4) 지구시스템의 에너지와 물질 순환

지구시스템을 구성하는 각 권은 서로 상호 작용하고 있으며, 권과 권 사이에 영향을 주고받으면서 다양한 자연 현상을 일으킨다. 이 과정에서 에너지 흐름과 물질의 순환이 나타나고, 각 권은 에너지 또는 물질의 균형을 유지하게 된다. 지구에 필요한 에너지 중 가장 많은 양을 차지하는 태양 에너지는 지구시스템의 모든 구성 요소에 크게 영향을 미치는 근원적인 에너지이다. 지구의 위도별로 흡수하는 에너지의 양은 차이가 있지만, 이 에너지는 물의 상태를 변화시킨다. 또한 식물은 광합성을 통해 얻은 양분을 이용하여 성장하고, 이 양분은 다른 생물이 사용하게 된다. 인간은 이 태양 에너지를 이용하여 전기를 생산하여 일상생활에 사용하고 있다. 이처럼 태양 에너지는 지구의 외권으로부터 지구시스템에 영향을 미치는 중요한 요소이고 지구의 생명 활동에 다양한 측면으로 영향을 주고 있다. 아울러 다양한 기상 현상을 유발하고, 날씨 변화를 일으키며, 지구시스템 내의 다양한 물질 순환의 근원적인 원인이 된다(Marshark, 2022).

지구시스템 내의 에너지 순환과 연계하여 물질도 순환하고 있다. 대표적인 것이 물, 탄소, 암석 등의 순환이다. 예를 들어, 물은 태양 에너지의 흐름과 연계하여 고체, 액체, 기체로 상태가 변하면서 지구시스템의 각 권 사이를 순환한다. 물이 지구시스템의 각 권 사이를 순환하는 과정에서 다양한 현상이 발생하고 위도별 불균형적인 에너지의 재분배가 일어난다. 수권의 물이 태양 에너지를 흡수하면 증발이 일어나고 수증기가 되어 기권으로 이동한다. 기권으로 이동한 수증기는 비나 눈 등의 형태로 다시 지권 또는 수권으로 이동한다. 지표로 이동한 물은 지하로 스며들거나 지표를 따라 흐르면서 지형을 변화시키고 풍화 · 침식 현상을 일으키면서 지권과 상호 작용한다. 기권의 물은 생물권에 흡수되어 다양한 생명 활동에 이용된다. 이처럼 지권이나 수권의 물은 증발하여 기권으로 갔다가 다시 지권이나 수권으로 이동하는 과정을 반복한다(이상룡 외, 2017). 이렇게 지구시스템 내의 구성 요소 간 물이 돌고 도는 과정을 물의 순환이라고 한다(그림 1.10).

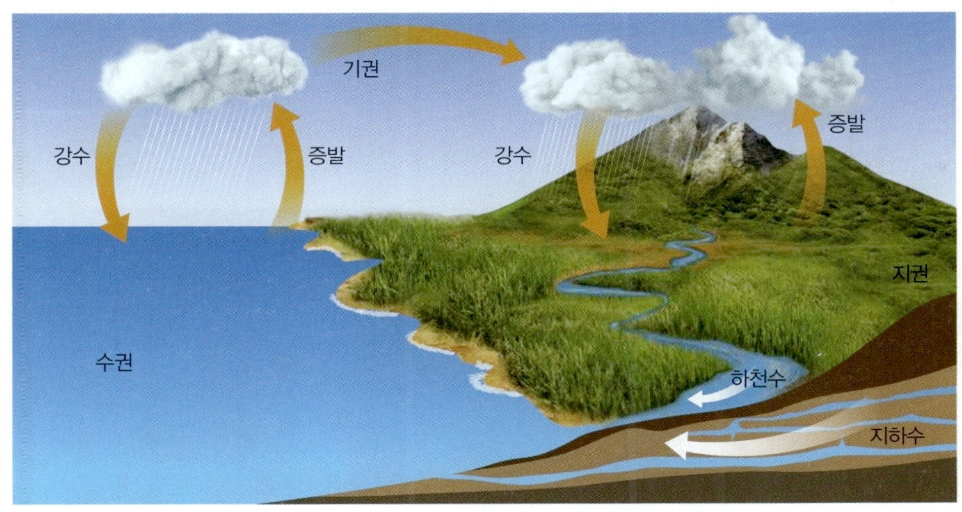

그림 1.10 물의 순환

지구시스템에서 물질 순환이 일어나는 다른 예로 탄소의 순환이 있다. 지구시스템 내에서 탄소는 다양한 형태로 존재하고 물의 순환과 더불어 에너지의 흐름과 연계되어 있다. 기권에서 탄소는 주로 이산화탄소나 메탄으로 분포한다. 기권의 탄소는 인간에 의한 화석연료의 연소, 화산 분출, 해수의 수온 상승 등으로 인해 기권에 공급된 것이다. 지구시스템 내의 탄소 분포량을 보면, 기권의 이산화탄소는 소량인데 최근 인간의 화석연료 사용 증가로 인해 기권의 이산화탄소 농도는 계속 증가하고 있다. 기권의 이산화탄소는 주로 바다나 강물에 녹아 탄산 이온의 형태로 수권에 분포한다. 이 탄산 이온은 칼슘 이온과 결합하여 탄산염을 생성하고 해저에 퇴적되는데, 오랜 시간이 지나면 석회암 형태로 해저 지층에 퇴적되거나 융기하여 지표면에 노출될 수 있다. 해양지각이나 대륙지각에 분포하는 석회암은 판의 이동에 따라 맨틀로 하강하면서 지구 내부로 들어가고 화산 분화를 통해 이산화탄소 형태로 다시 기권으로 되돌아간다. 또한 기권의 이산화탄소는 약한 산성비를 생성할 수 있고 이는 지권의 암석에 포함된 광물을 녹여 강이나 바다로 흘러간다. 이러한 석회암은 지구시스템 내에 가장 많은 양을 차지하고 있다. 생물권에서 탄소는 포도당과 같은 화합물로 존재하는데, 생물이 죽으면 그 사체는 석탄과 석유 같은 화석연료로 저장되고, 인간 활동에 의해 화석연료가 채취되어 연소되면 다시 기권으로 돌아간다(Wallace et al., 2023). 이렇게 지구시스템 내의 구성 요소 간 탄소가 돌고 도는 과정을 탄소의 순환이라고 한다(그림 1.11).

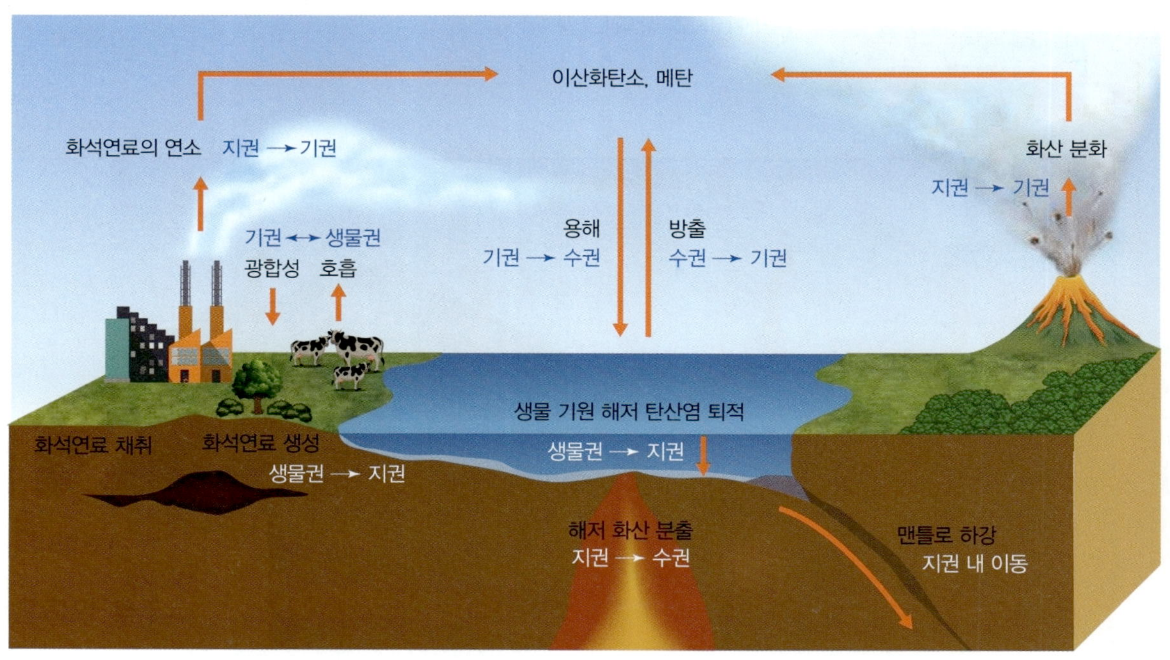

그림 1.11 지구시스템 내의 탄소 순환

1.2 지구시스템으로 이해하는 자연재해

앞서 살펴본 것처럼 지구시스템에서 발생하는 자연 현상은 각 권역에 영향을 미치고 상호 작용을 한다. 태풍, 홍수, 지진, 화산 분화, 해일 등과 같은 자연 현상은 인간이 피할 수 없기 때문에 이로 인해 재해가 발생하는데, 이를 자연재해라고 한다. 지구시스템 내에서 발생하는 자연재해 또한 지구시스템 측면으로 접근해야 그 본질과 특성을 체계적으로 이해할 수 있고 근본적인 대책을 세울 수 있다(Lenton, 2016). 여기에서는 지권의 대표적인 자연재해인 화산 분화와 수권의 대표적인 자연재해인 태풍에 대해 살펴본다.

1) 화산 분화

지권에서 일어나는 대표적인 자연 현상이 화산활동이다. 화산은 지하에서 생성된 마그마가 지표로 분화하는 현상이다. 화산은 마그마의 특성에 따라 다양한 유형으로 분류하지만, 폭발의 차이에 따라 분출형(일류형: effusive) 화산과 폭발형(explosive) 화산으로 구분한다. 마그마의 점성은 SiO_2 함량과 밀접한 관련이 있는데, SiO_2 함량이 높을수록 암석의 색은 밝은색을 띠며 점성도가 커진다. 화산이 분화하였을 경우 점성도가 큰 용암이 흐르는 속도는 유동성이 작아져 느려지므로 화산체의 높이는 높아지고 밑넓이는 좁아지게 된다. 폭발형 화산은 점성이 높은 마그마로 인해 이동이 천천히 이루어지고 높은 압력을 형성한다. 한계점에서 발생하는 폭발성 분화로 지진이 발생하고 화산가스, 화산쇄설류 등을 방출한다. 지권에서 발생한 화산 분화는 화산활동으로 대기 중에 화산재, 화산가스를 배출하고 기권에 영향을 미친다. 대표적인 것으로 태양 에너지의 차단으로 인한 지구의 평균 기온 하강

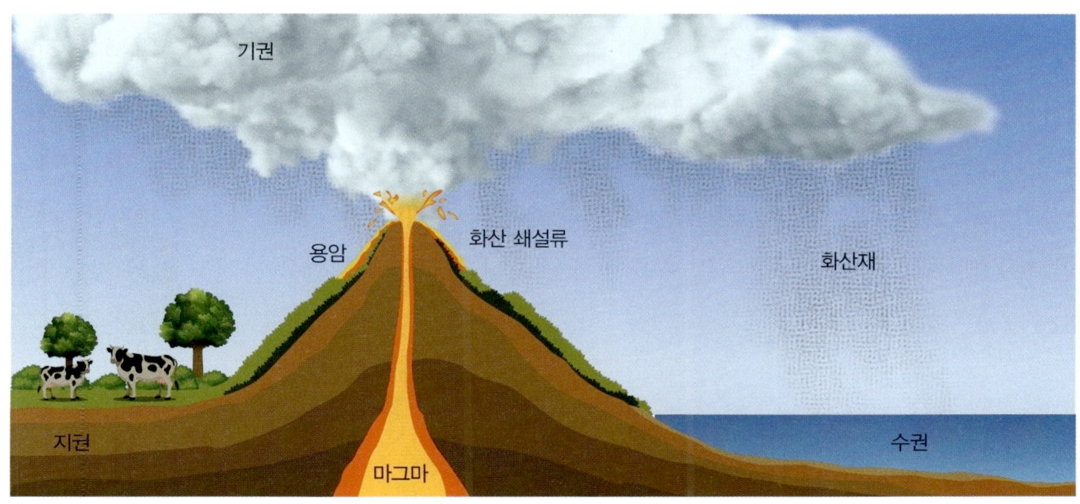

그림 1.12 지구시스템 내 화산 분화의 영향

을 들 수 있다. 화산재나 화산가스로 인해 대기 오염이 악화되고, 화산가스의 성분 중 이산화황 성분은 산성비를 생성하여 지권(토양 오염), 수권(수질 오염), 생물권에 영향을 미친다(그림 1.12).

용암이나 화성쇄설류는 지권의 지형을 변화시키고, 새로운 암석을 형성하고 토양의 성분과 수질을 변하게 한다. 또한 빠른 속도로 이동하는 화성쇄설류나 화산재는 생물권과 인간에게 큰 피해를 줄 수 있다. 대표적인 것이 식생의 변화, 생태계 파괴, 각종 질병 발생, 사상자 발생 및 사회 · 경제적 피해 발생 등이다. 대표적인 사회 · 경제적 피해는 화산재로 인한 항공기 운항 중지와 물류 수송 및 여객 수송에 차질을 빚는 것이고, 농작물이 냉해를 입어 피해가 발생하고 이는 식량 부족이나 농작물 공급 부족으로 연결될 수 있다. 이처럼 화산활동이나 화산 분화는 지권에서 발생하지만, 지구시스템 각 권의 상호 작용 측면에서 보면 다양한 구성 요소에 영향을 미치고 있다. 그러므로 피해를 줄이기 위한 대책의 수립도 지구시스템, 생명시스템과 같이 시스템적으로 접근하는 것이 필요하다(Marshark, 2022).

2) 태풍

태풍은 북태평양 남서부에서 발생하는 열대 저기압 중에 중심 부근의 최대 풍속이 17 m/s 이상으로 강한 폭풍우를 동반하는 자연 현상을 말한다. 이 태풍은 지구시스템의 구성 요소에 영향을 미치고, 생물권과 인간에게 큰 피해를 준다. 태풍은 일반적으로 해수면 온도가 27°C 이상인 열대 해역에서 발생하며, 수명은 발생부터 소멸까지 보통 1주일에서 10일 정도이다. 태풍은 적도 부근이 극지방보다 태양 에너지를 더 많이 받기 때문에 생기는 열적 불균형을 없애기 위해 저위도 지방의 따뜻한 공기가 해수로부터 수증기를 공급받으면서 강한 바람과 많은 비를 동반하며 고위도로 이동하게 된다. 강한 바람과 비는 인간 활동에 영향을 미치고 사회 · 경제적으로 막대한 피해를 발생시킨다. 그러나 태풍의 가장 큰 역할은 저위도의 남는 에너지를 고위도로 수송하여 지구의 에너지 평형에 기여하고, 열을 재분배하는 것이다. 또한 태풍은 저위도에서 고위도로 이동하면서 강한 비를 뿌려 물을 순환시키고 물 부족 현상을 해결하기도 한다. 태풍이 바다 위를 이동할 때는 강한 바람으로 인해 해수를 뒤섞어서 순환시킴으로써 수권의 생태계를 활성화시키는 데 기여한다. 이처럼 수권에서 발생하는 태풍은 기권, 수권, 생물권 등에 다양한 영향을 미치고 있으며 물의 순환, 에너지의 이동이나 순환에 크게 기여하고 있다. 태풍의 피해를 줄이기 위한 대책의 수립이 인간 활동에 중요하지만, 지구 시스템적인 측면에서 보면 태풍은 해로운 자연 현상이 아니라 중요한 역할을 가지고 있는 자연 현상이다(Wallace et al., 2023).

1.3 지구 자원의 이용과 환경 보존

1) 에너지 자원의 특성과 환경 문제

우리나라는 산업 · 수송 · 가정 · 상업 · 공공 분야 등에서 석유, 석탄, 원자력, 천연가스 등의 1차 에너지 자원과 전력, 가솔린, 도시가스 등 2차 에너지 자원의 소비가 계속해서 증가하고 있다. 그리고 아주 적은 양을 수력, 풍력, 태양광(열), 바이오매스, 지열 등에서 얻는다.

우리의 생활수준 향상도 석유, 석탄, 원자력, 천연가스 등의 에너지 수요를 증가시키고 있다. 그러나 석유, 석탄 및 천연가스 등의 화석연료는 연소 과정에서 심각한 공기 오염 문제를 일으킨다. 특히 화력 발전소와 석유 정제소 등은 여러 가지 환경 위험 요소뿐만 아니라 스모그, 산성비, 지구 온난화 등의 원인 물질을 제공하고 있다. 또한 화석연료를 채취하는 광산에서는 산성 폐수와 중금속으로 인해 물과 토양이 오염된다. 그리고 화석연료를 운반하는 과정에서는 해양 유류 오염 사고와 가스 폭발 등을 일으켜 그 지역의 생태계뿐만 아니라 막대한 경제적 손실과 인명 피해를 가져올 수 있다.

우리나라는 원자력 발전소의 건설을 통하여 전기 에너지를 안정하게 공급받고 있다. 원자력 발전소에 쓰이는 핵 원료인 우라늄과 토륨 등은 앞으로 수백 년 동안 현재 사용량을 유지하게 될 것이다. 그런데 핵연료의 채광에서 정제하기까지 방사능을 폐기 처분할 때 위험이 존재한다. 특히 1986년 체르노빌 원자력 발전소의 폭발 사고로 인해 일부 방사능이 누출되어 많은 인명 피해가 발생하였다.

65억이 넘는 전 세계 인구가 자신들의 경제 시스템에서 에너지 자원을 보다 많이 사용한다면 자연으로부터 사용 가능한 에너지는 점차 줄어들어 에너지 자원의 고갈 시대가 다가올 것이다. 그렇게 되면 우리 지역 사회와 지구 환경은 질이 낮은 에너지와 오염 물질로 가득 찰 것이다. 이와 같이 지구에서 화석연료 에너지는 유한하거나 재생 불가능한 자원이다. 현재의 화석연료 에너지 자원을 모두 소모해버린다면 우리는 현재의 풍부한 삶을 지속할 수 없을 것이다. 따라서 우리 인간이 생존할 수 있으면서도 지속 가능한 미래 에너지의 개발과 보급이 시급하다고 할 수 있다.

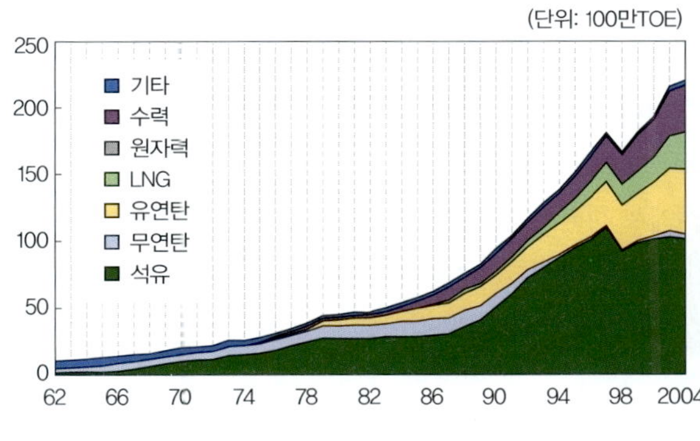

그림 1.13 우리나라 1차 에너지 소비 추이

그림 1.14 2007년 스피리트호 해양 유류 오염 사고에 의한 연안의 피해

[음극] (연료극) H_2(기상) = $2H^+$(액상) + $2e^-$

[양극] (공기극) $2H^+$(액상) + $O_2/2$(기상) + $2e^-$ = H_2O(액상)

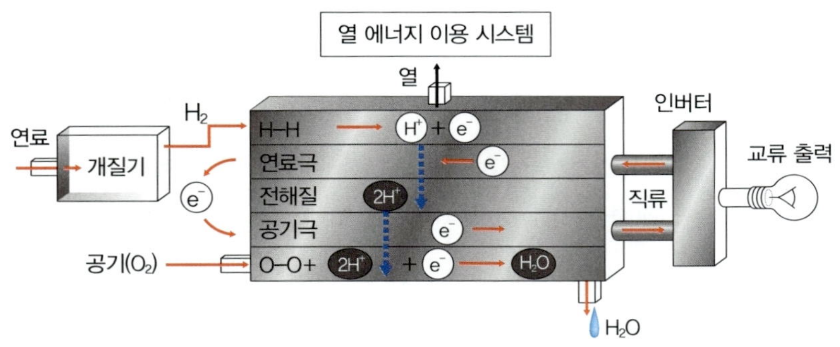

그림 1.15 수소–산소의 연료 전지

2) 지속 가능한 신 · 재생 에너지

2005년에 우리나라의 신 · 재생 에너지 자원의 소비는 약 2.5%에 해당한다. 지속 가능한 신 · 재생 에너지에는 연료 전지, 태양 에너지, 바이오매스, 폐열, 지열, 풍력, 조력, 수력 등이 있다. 일반적으로 연료 전지는 두 전극 사이에 수소연료를 공급하여 전기를 발생시키는 신에너지이다. 연료 전지에 수소연료를 공급하면 음극에서는 수소 양이온이 형성되고, 양극에서는 수소와 산소 분자의 산화 반응으로 물 분자가 생성된다. 이 과정을 통하여 양극에서 음극으로 전류가 발생하고 전기 에너지를 얻을 수 있다. 따라서 수소연료를 지속적으로 공급한다면 계속해서 전기 에너지를 생산할 수 있다.

그러나 연료 전지에 들어가는 수소연료는 메탄 또는 전기 분해를 통하여 생성하게 된다. 만약 메탄이나 바이오 연료로부터 수소를 생산한다면 이산화탄소의 배출은 줄어들지 않고 오히려 증가할 것이다. 또한 수소의 저장과 운송 과정에는 가스 폭발이라는 위험 요소가 있다.

탄소 제로

세계 곳곳에서 '탄소 제로 도시'가 건설되고 있다. 석유나 석탄을 쓰지 않아 이산화탄소를 거의 배출하지 않거나 이산화탄소 배출량만큼 청정 에너지를 자체 생산해 탄소 배출 효과를 상쇄시키는 환경 도시를 말한다. 중국, 리비아, 캐나다, 영국, 중동 등 많은 국가가 친환경 이미지를 위해 경쟁적으로 이런 도시를 만들고 있다고 한다. 특히 덴마크에서는 소규모지만 도시 차원에서 처음으로 수소 에너지를 본격 활용한다는 점에서 주목받고 있다. 태양열과 풍력 에너지로 수소연료 전지를 충전시켜 주택 수백 채와 자동차의 전원으로 쓸 예정이다.

미국 어느 대학의 한 교수는 이런 거대 사업이 추진되면 그 과정에서 친환경 기술 개발에 큰 진전이 이루어진다며 긍정적으로 평가하였다. 하지만 탄소 제로 도시 건설에 회의적인 몇몇 연구원들은 신도시를 만드는 데 드는 비용으로 기존 도시들이 배출하는 이산화탄소량을 획기적으로 줄일 수 있다고 주장하고 있다.

중앙일보 2008년 3월 15일자

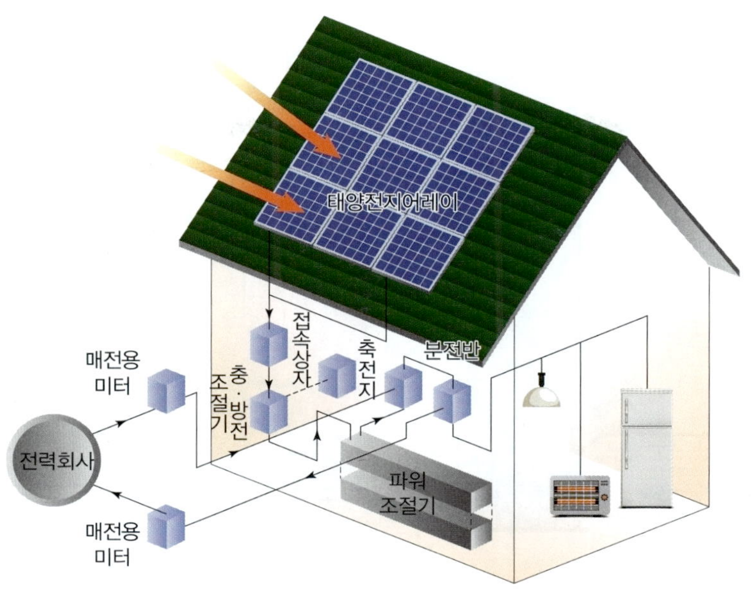

그림 1.16 태양열 급탕 시스템

가장 보편적이면서 경제적인 태양 에너지 이용 장치로는 집광기와 태양 전지가 있다. 태양 에너지 집광기는 태양열을 흡수하고 그 열로 열기관을 가동하여 전기를 생산하는 시스템이고, 태양 전지는 태양빛이 조사될 때 전기를 생산하는 고체 상태의 장치이다. 태양열 시스템과 태양 전지는 도달한 태양 복사 에너지의 일부만 전기로 전환된다. 최근 집광기의 효율이 높아지면서 건물이나 햇빛이 강한 장소에서는 태양광 발전소가 증가하고 있다.

특히 태양 전지는 단순한 형태로 운영비가 적으며 어떤 규모로도 설치가 가능하다는 장점이 있다. 또한 이들 시스템은 단위 전력당 생산 비용이 높다는 단점이 있지만 최근 집광기의 효율이 높아지면서 건물이나 특정 장소에서 태양광 발전소가 증가하고 있는 추세이다.

동물의 배설물은 유용한 연료로 전환될 수 있는 또 다른 형태의 바이오매스 에너지이다. 가축이나 인간의 배설물이 부식되는 과정이나 매립지의 도시 쓰레기 중에 포함된 유기 물질에서는 별도의 시설 없이 메탄가스를 발생하고 있다. 따라서 이곳에 열병합 발전 시설을 건설하여 난방이나 전기를 공급할 수 있다. 또한 이곳에는 유채, 포플러, 초목 등의 에너지 작물을 계획적으로 심어 에너지를 재생할 수 있다. 그리고 농작물을 이용한 바이오매스 연료는 열분해 과정에서 발효와 함께 탄수화물의 추출물로서 에탄올이 만들어진다. 에탄올은 가솔린과 섞어 차량의 연료로 사용된다. 현재 미국, 중국, 브라질 등에서는 옥수수와 사탕수수 등이 에탄올의 제조 원료로 사용되고 있다. 옥수수와 같은 바이오매스 연료의 이용은 화석연료에 의한 에너지의 50~60%를 줄일 수 있으며, 자동차가 배출하는 이산화탄소의 40%를 줄일 수 있다. 하지만 곡물을 재배하여 에탄올로 변환시키는 과정에서 화석연료가 다시 사용되며, 곡물의 가격 상승으로 인해 물가 상승을 초래할 수 있다. 무엇보다도 곡물 경작지 확

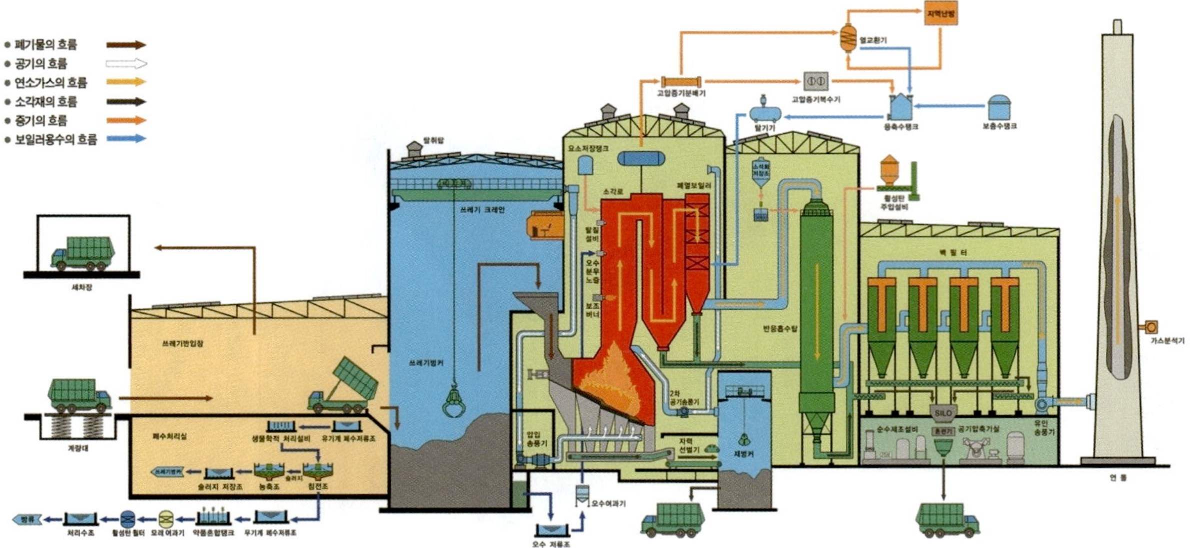

그림 1.17 우리나라 소각 시설의 일반적인 구성도

대로 아마존과 같은 무성한 숲이 파괴될 수 있다. 가정이나 산업에서 배출되는 일반 쓰레기와 산업폐기물의 경우는 소각 발전에 의한 에너지나 폐열을 회수할 수 있다. 또한 쓰레기를 고형으로 연료화하여 발전 시설에 재활용할 수 있다. 우리나라에서도 쓰레기나 폐기물의 소각 기술을 향상시켜 발전 에너지나 소각 폐열을 일부 활용하거나 계획 중에 있다. 그러나 쓰레기나 폐기물의 소각 과정에서는 다이옥신과 악취 등 공기 오염 물질이 발생하기 때문에 님비 현상이나 바나나 현상을 일으키고 있다.

지구 내부에 뜨거운 열의 형태로 저장된 지열 에너지는 화석연료 에너지 저장량보다 훨씬 크고 잠재적 개발이 가능하다. 천연의 지하수가 뜨거운 암석층과 접촉하면서 갈라진 틈을 따라 나올 수 있고, 증기도 가열된 지하수 층을 뚫어서 얻을 수 있지만 지역적으로 극히 제한적이다. 우리나라에서는 건물을 신축할 때 지열을 이용할 수 있도록 관련 설계를 권장하고 있다.

수천 년 전부터 풍력은 해양을 항해하는 배의 동력원으로 이용되어 왔다. 또한 곡식을 찧고 물을 이송시키는 데 풍력터빈 공장이 곳곳에 설치되었다. 현재 일반적인 풍력터빈은 높이가 50 m 또는 그 이상 높이에 설치된 3개의 블레이드를 가지고 있다. 바람이 불게 되면 날개가 달린 터빈이 회전하고 발전기를 통해 전기를 생산한다. 그러나 대규모 풍력터빈은 지속적인 바람 조건과 기계의 소음 때문에 대관령이나 제주도 같은 특정 지역에서만 볼 수 있다. 종종 새들이 블레이드에 충돌하여 죽는 경우도 있다.

바다의 수위가 주기적으로 오르내리는 조석 현상을 이용하여 기계적 동력을 얻을 수도 있다. 바다의 작은 만이나 강 하구에 댐을 건설하여 바다의 수위가 가장 높을 때 바닷물을 가둔다. 그리고 수위가 가장 낮을 때 가둔 물을 터빈이나 수차를 통해 바다로 보냄으로써 동력을 얻을 수 있다. 이러한 조

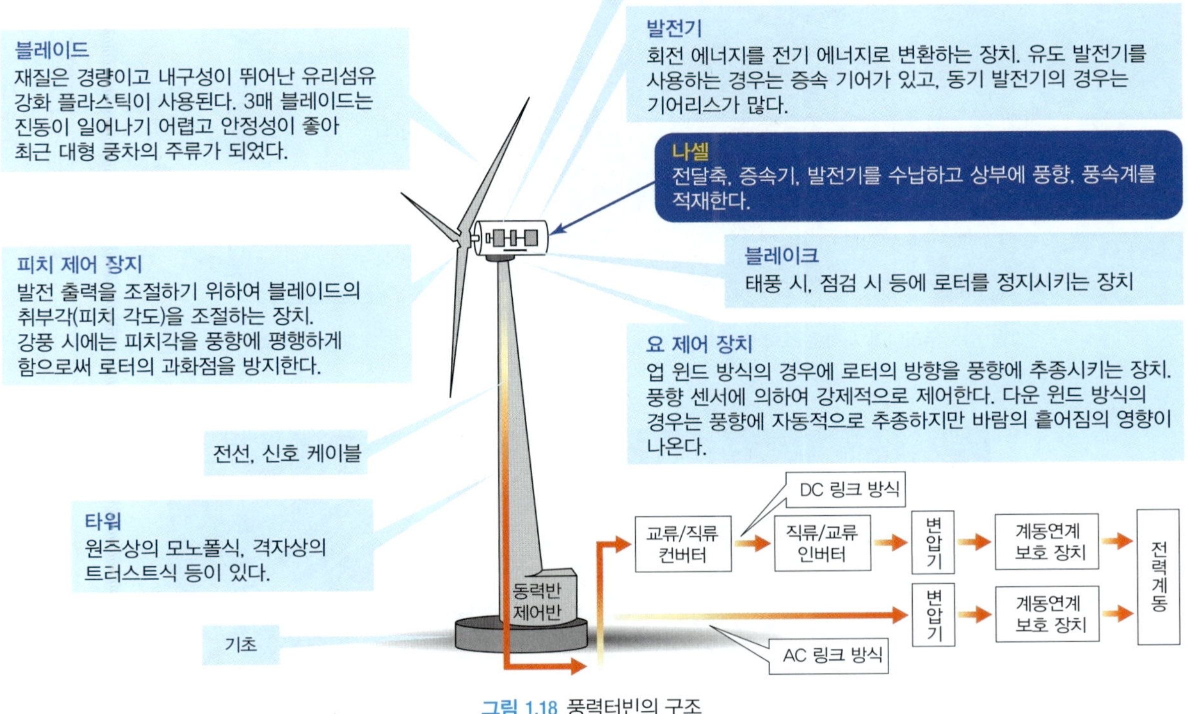

그림 1.18 풍력터빈의 구조

수 간만의 차는 그 높이가 적어도 몇 미터는 되어야 현실적으로 활용이 가능하다. 또한 댐의 건설은 해양 생태의 변화를 초래할 수 있다.

수력 발전은 비교적 깨끗한 형태의 전기 에너지 자원으로, 대부분의 강과 하천의 경사를 이용하여 전력을 생산하기 때문에 댐의 건설이 필요하다. 우리나라는 소수력 발전소가 담양호, 장성호 등 많은 곳에 건설되어 있다. 그러나 댐을 건설할 경우에는 강이나 하천 생태계가 위협을 받을 뿐만 아니라 그 지역 주민의 생계와 삶의 보금자리를 잃게 하므로 많은 문제점이 있다. 양쯔강과 같이 거대 수력 발전소가 새롭게 만들어지기는 했지만 다른 전기 에너지 자원과 비교해볼 때 새로운 수력 발전소의 건설은 눈에 띄게 줄어들었다.

기타 파도나 해양 온도 차를 이용하여 동력을 얻거나 열기관에 에너지를 공급하는 방법도 고려할 수 있다. 이와 같이 신 · 재생 에너지 자원의 개발은 화석 에너지 자원의 유한성을 부분적으로 해결해 주며, 에너지 자급 향상에 크게 기여할 것이다. 또한 신 · 재생 에너지 개발 과정에서 새로운 기술과 기기 개발을 통하여 관련 산업의 활성화를 촉진시킬 수 있다. 그러나 신 · 재생 에너지가 화석연료를 대체하는 최종적인 해결책은 아니다. 따라서 우리는 신 · 재생 에너지의 지속 가능성을 추구하면서도 그 한계성을 고려하여 기존 에너지에 대한 지나친 소비를 억제하고 이를 보존할 필요가 있다.

그림 1.19 우리나라 시화호 조력 발전소

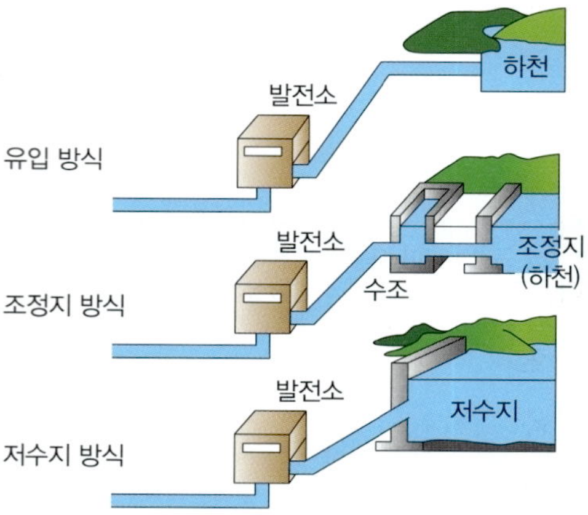

그림 1.20 중 · 소수력 발전소

그림 1.21 위성에서 바라본 중국 싼샤댐의 수력 발전

1.4 기후 변화와 기후 위기

연도별 지구의 온도 변화는 지구 대기에서의 이산화탄소의 변화 경향과 같은 경향을 나타내고 있다. 이산화탄소의 공급원은 화석연료에 의해 공급이 이루어지고 있다. 대표적인 것은 석탄과 석유이다. 따라서 화석연료의 사용은 필연적으로 대기 중의 이산화탄소량의 증가로 이어진다.

현재는 양극 쪽의 온도가 비교적 낮은 상태를 이루고 있지만 미래 예측에서는 양극에서 온난화가 더욱 심해지는 것으로 나타났으며 특히 북극 지방의 높은 온도 상승을 예측하고 있다. 눈(snow)의 경우 알베도가 높지만, 녹으면 낮은 알베도의 지표면이 노출되어 높은 온도 상승을 예측할 수 있다. 대기와 해수면의 온도 상승은 대기 중 수증기량이 증가되어 잠열 에너지에 의한 대기 중의 에너지 증가로 태풍, 호우와 같이 잠열과 관계 있는 현상은 더욱더 강화되어 나타날 수 있다. 이것이 지구 온난화에 있어 악영향이다.

1) 인간 활동에 따른 기후변화(지구 온난화)가 환경에 미치는 영향

생활의 고급화에 따라 증대하는 인간의 산업 활동은 지구 전체에 여러 가지 영향을 주고 있다. 지구 기온 상승으로 빙하를 녹여 해수면이 상승하고 있으며, 최근 들어 지구 대기 환경 문제가 전 세계적으로 큰 관심을 모으고 있다. 특히 이산화탄소와 같은 온실 기체의 증가로 인한 지구 온난화와 냉매 등으로 사용되는 프레온 가스(CFCs)의 배출 증가로 인한 오존층 파괴 등은 지금까지 우리가 겪어보지 못했던 기후 변화를 초래하여 우리 인간 생활은 물론 자연 생태계에도 심각한 영향을 끼칠 것으로 전망되고 있다. 이러한 현상들은 지구 환경의 자연적 변화에 기인한 것이 아니라, 바로 인류 사회 활동의 결과물이므로 원인 제공자인 인간 스스로가 해결해야 함은 너무도 당연한 일이다.

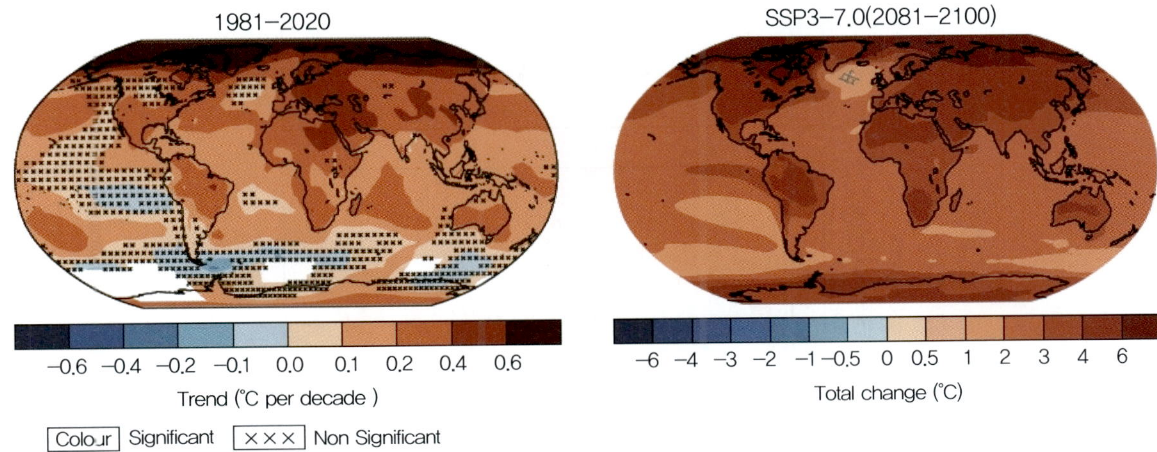

그림 1.22 지구의 온도 분포와 미래 온도 변화 분포도

2) 지구 온난화의 되먹임 과정

지구 온난화의 경향을 이야기할 때 이산화탄소와 다른 온실 기체 증가와의 밀접한 관련성과 **되먹임 순환 고리**(feedback loop)에 대해 살펴볼 필요가 있다. 그림 1.23은 남극 보스토크 빙하에서 얻은 이산화탄소, 산소 동위원소로 추론한 온도 및 메탄의 농도 변화이다. 15만 년 전부터 현재까지 이산화탄소 농도와 온도의 변화 경향이 유의미한 관계가 있음을 알 수 있고, 빙하가 덮인 면적의 변화에 따라 습지의 증가 또는 감소와 메탄 생성 박테리아의 온도에 민감한 증식 속도 등의 관계를 세 번째 그림에서 읽어낼 수 있다. 온난화 경향이 시작되면 온실 효과는 임계 온도나 그 이상의 온도 증가를 더하거나 줄이는 **음과 양의 되먹임 순환 고리**(negative-and positive-feedback loop)가 작동하기 시작하면서 일어난다.

양의 되먹임 순환 고리는 임계 온도 이상으로 지구 온난화를 촉진시킨다. 더 많은 수증기의 증가로 우주로 방출되는 태양 에너지가 대기 중에 좀 더 흡수된다든지, 해빙된 토양 유기물이 분해되면서 박테리아가 메탄을 생성하는 경우, 또 빙하와 만년설이 녹아 알베도가 감소함에 따라 대지로 더 많은 열이 흡수되고, 냉방 장치의 사용으로 이산화탄소 농도가 증가하는 경우가 이에 해당한다. 음의 되먹임

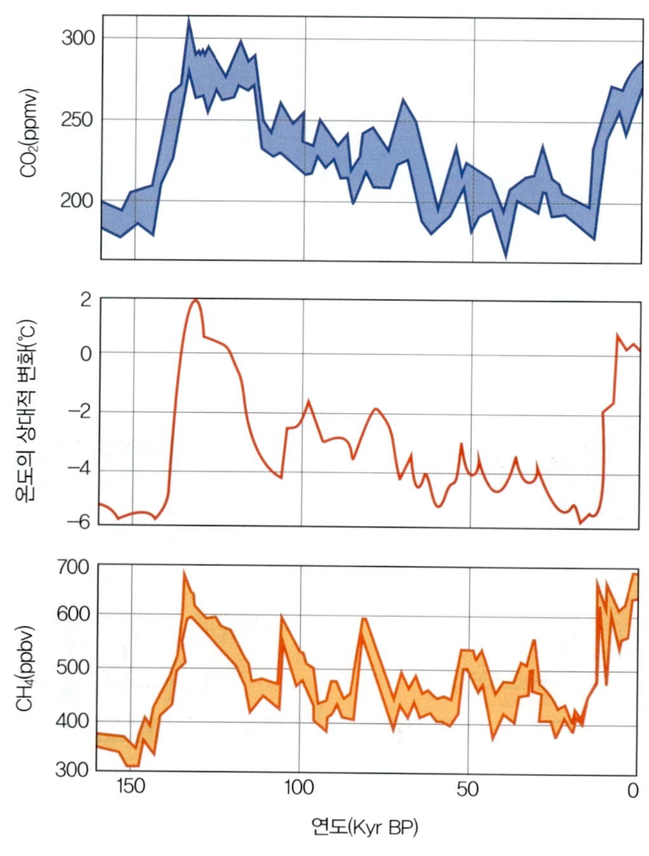

그림 1.23 과거 15만 년 동안의 CO_2 농도, 온도, CH_4 농도의 변화

임 순환 고리는 온난화로 인해 해양의 조류와 육지의 식생이 증가하면 이산화탄소가 대기에서 생물체로 흡수된다든지, 증발량이 늘어서 많아진 구름이 태양광선을 반사시켜 지표 도달량을 줄이는 것과 같은 작용이다.

음 · 양의 되먹임 과정 모두 지구 시스템에서 동시에 진행되고, 어떤 요소가 더 크게(혹은 덜) 작용하는지 현재로서는 알 수 없다. 그러나 전 지구적 모델링의 결과는 모두 예외 없이 지구 평균 온도가 증가할 것이라는 결과를 내놓고 있다.

3) 북대서양 해류의 순환

북대서양에는 멕시코만에서 영국으로 흐르는 따뜻한 해류인 멕시코 만류가 있다. 이 해류의 영향으로 영국을 비롯한 서부 유럽이 같은 위도의 다른 지역보다 따뜻한데, 해류 흐름 환이 없는 경우에 비해 5~10°C 정도 더 따뜻하게 유지될 수 있는 것이다. 이 컨베이어벨트를 작동시키는 엔진은 바로 밀도 차 때문에 발생하는 **열염 순환**(熱鹽循環)이다. 일반적으로 12~13°C 정도 되는 대서양 표면의 따뜻한 해수는 그린란드 부근까지 이동하면서 증발에 의해 염분이 증가한다. 이 해류는 그린란드 가까이에 도달했을 때 2~4°C 정도로 차가워져 밀도가 커지기 때문에 해저로 하강하고, 해저에서는 중남미를 거쳐 남쪽으로 이동한 다음 인도양과 태평양으로 유입된 후 표면으로 상승하게 된다. 이 같은 해류의 흐름은 전 세계적인 컨베이어벨트를 구성한다(그림 1.24). 대규모의 해수 하강과 상승은 균형을 유지하게 되며 전체 수송량은 초당 2,000만 m^3 정도 된다(Broker, W., 1997).

그림 1.24 해양 컨베이어 벨트 순환의 예

그런데 현재 가속되고 있는 지구 온난화로 인해 북극과 그린란드 등지의 빙하가 녹으면 해수가 차가워지고, 이 거대한 찬물 덩어리가 해류 컨베이어벨트의 흐름을 가로막아버리게 된다. 즉 엄청난 양의 담수가 유입되면 해류의 밀도가 낮아져 보통 상태와 같이 북극해에서 해저로 하강하지 못한다. 멕시코 만류가 북극권에 채 도달하지 못하고 침강해버리거나, 심지어는 해류 컨베이어벨트가 정지해버릴 수도 있는 것이다.

STORYLINE

지구 구성 물질과 변화에 대한 이해는 지구의 내부와 표면의 다양한 지질학적 현상을 파악하는 데 핵심적인 역할을 한다. 뿐만 아니라 행성 탐사, 재난 대비, 인간의 일상 환경문제 해결 및 에너지 · 자원 활용 등 현대 사회에서 발생하는 여러 문제에 대한 대응과 지속가능한 해결책 모색에도 큰 도움이 된다. 이 장에서는 지구물질의 중요한 구성요소인 광물과 암석의 생성과 변화, 연대 측정과 지구물질의 변화과정 추적에 사용하는 동위원소, 금속 원소가 지표에 집적되는 프로세스와 관련된 광화작용, 그리고 지표 지형변화를 일으키는 풍화작용과 퇴적작용에 대한 기본 원리를 다룬다.

- 2.1 광물
- 2.2 동위원소
- 2.3 암석
- 2.4 광화 작용 및 유형
- 2.5 풍화 작용과 지형

지구 구성 물질과 변화

2.1 광물

1) 광물이란?

지구과학 연구 방법은 매우 광범위하지만 기본적으로 지구 또는 행성 물질에 대한 관찰을 통해 이루어진다. 광물은 지구과학에서 관찰되는 물질 가운데 가장 작고 근원이 되는 물질이다. 광물은 화성암, 변성암, 퇴적암, 화석에서 관찰되는 기본 단위 물질로 지구 생성과 변화를 이해하려면 광물에 대한 이해가 선행되어야 한다. 의약품, 보석, 화장품, 반도체, 건설 재료, 환경오염 등 다양한 응용 분야에서도 핵심 원료나 재료로 광물이 사용되고 있기 때문에 광물에 대한 이해는 첨단 소재 개발에 매우 중요하다.

광물은 지질학적 과정으로 생성된 일정한 화학 조성과 규칙적인 원자 배열을 가지는 고체로 정의할 수 있다. 과거에는 무기적인(inorganic) 지질학적 과정으로 생성되어야 한다는 제한적 개념이 있었지만, 최근 미생물에 의해 생성된 광물 연구가 활발해지면서 지질학적 과정이 반드시 무기적 과정만을 의미하지는 않는다. 광물이 생성되는 지질학적 과정은 크게 마그마에서 정출되는 **화성**(igneous) 작용, 수용액에서 **침전**(precipitation), **변성**(metamorphic)과 **암석화**(lithification) 작용으로 분류할 수 있다. 마그마에서 정출된 광물로는 흔히 보웬(Bowen) 반응 계열에서 언급되는 감람석(olivine), 장석(feldspar), 휘석(pyroxene), 운모(mica), 석영(quartz) 등이 주요 화성 광물이다. 지표 환경이나 지하수 환경에 해당하는 수용액에서 침전 생성되는 광물에는 방해석(calcite), 암염(halite), 석고(gypsum) 등이 있으며, 열수(hydrothermal fluid)에 의해 암석의 단열에서 침전되는 광물은 주로 황철석(pyrite), 황동철석(chalcopyrite), 섬아연석(sphalerite) 등 황화 광물과 텅스텐 광물이 있다. 변성 작용으로 생성된 대표적인 광물로는 십자석(staurolite), 남정석(kyanite), 석류석(garnet), 홍주석(andalusite) 등이 있다. 심해저 퇴적물에서 흔히 관찰되는 토도로카이트(todorokite)와 같은 광물은 속성 작용으로 생성된다.

광물은 자연적 과정으로 생성된 물질이기 때문에 흔히 사용되는 '합성 광물'이나 '자연 광물'이라는 용어는 정확한 표현이라 할 수 없다. **고용체**(solid solution)의 경우, 특정 양이온의 화학 조성은 변할 수 있지만 양이온 자리의 전체 비율은 일정하다. 광물을 구성하고 있는 원자들은 3차원의 규칙적인 반복 패턴으로 배열되어 있어 유리와 같은 비정질(amorphous) 물질과 대비된다. 수증기와 물은 기체와 액체로 광물이 아니지만 고체인 얼음은 광물에 해당한다. 상온에서 액체상을 갖는 수은(Hg)은 예외적으로 금과 은처럼 원소 광물에 해당한다.

2) 광물의 다양성

2024년 3월 현재 국제광물학회연합에 등록된 광물의 수는 6,000여 개에 이른다(https://rruff.info/

ima/에서 확인할 수 있다). 2000년 초반에는 약 4,000개였는데, 이처럼 광물이 다양해진 이유는 과거에 감정할 수 없던 광물을 분석 기술의 발전으로 새롭게 감정할 수 있게 되었기 때문이다. 그러나 광물이 어느 한 시점에 한꺼번에 모두 생성되었다고 보기는 힘들다. 지질시대 동안 동적인 지구의 지질학적 이벤트에 따라 광물이 다양화된 것으로 바라보는 학설이 현재 널리 받아들여지고 있다. 이 학설에 의하면, 미행성들이 충돌하여 지구가 생성된 약 45.5억 년 전에는 현무암질 마그마의 주 구성 광물인 감람석, 휘석, 사장석 등 약 250개의 광물만이 존재한 것으로 추정된다. 지각과 맨틀 운동이 활발하던 45.5~25억 년 사이에서는 약 1,500개의 광물이 새롭게 생성되었고, 25억 년부터는 대기의 변화로 다양한 산화 광물과 수산화 광물이 생성되고 생물권과의 상호 작용으로 탄산염 광물이 침전되는 등 총 광물 개수가 약 4,000개 이상으로 급격하게 증가한 것으로 보고 있다. 진화의 관점에서 광물의 다양성을 바라보는 연구는 태양계 행성의 생성과 생명의 기원을 이해하는 연구에 크게 기여하고 있다.

3) 광물의 분류

광물은 수많은 원자나 이온들로 구성되어 있으며, 구성 원자와 이온은 서로 **공유 결합**(covalent bonding), **이온 결합**(ionic bonding), **금속 결합**(metallic bonding) 또는 **반데르발스 결합**(Van der Waals bonding)과 같은 화학 결합을 하고 있다. 광물의 물성, 구조, 대칭은 원자와 이온의 화학 결합 종류에 따라 결정된다. 원자끼리 서로 전자를 공유하는 공유 결합은 광물을 구성하는 화학 결합 중에서도 가장 강한 화학 결합으로, 공유 결합으로 이루어진 광물은 대체로 높은 경도, 낮은 용해도, 높은 용융점과 같은 성질을 가진다. 원자들 사이에서 원자가전자(valence electrons)의 교환으로 인한 이온 간의 정전기적 상호작용으로 이루어진 이온 결합은 공유 결합보다 상대적으로 결합이 약해서, 이온 결합으로 구성된 물질은 경도나 용융점 같은 성질이 공유 결합으로 이루어진 물질보다 낮은 값을 보인다. 금속 결합을 가지는 대표적인 예로는 금 · 은 · 동이 있으며, 이들을 구성하는 원자들은 대체로 원자 반경이 크다. 금속 결합을 구성하는 원소의 원자가전자는 원자핵과 상대적으로 멀리 떨어져 있어 원자핵과의 인력이 거의 작용하지 않아 물질 내에서 자유롭게 움직일 수 있기 때문에 금속 결합 물질은 전기전도도가 높다. 반데르발스 결합은 전하를 띠지 않는 원자들 사이에서 발생하는 순간적인 분극 사이의 약한 인력으로 화학 결합 가운데 가장 약한 결합력을 보인다. 흑연과 점토 광물은 판상의 형태로 쪼개지는 벽개(cleavage)가 잘 발달되어 있는데 이는 반데르발스 결합의 방향과 일치한다. 다이아몬드는 100% 공유 결합, 암염은 100% 이온 결합으로 이루어져 있지만, 많은 광물은 한 종류의 화학 결합보다는 혼합된 화학 결합의 성질을 갖는다. 예를 들면, 산화(oxides) 광물과 규산염(silicates) 광물은 이온 결합과 공유 결합 성질이 혼합되어 있으며, 황화(sulfides) 광물은 금속 결합과 공유 결합의 성질이 혼합되어 있다.

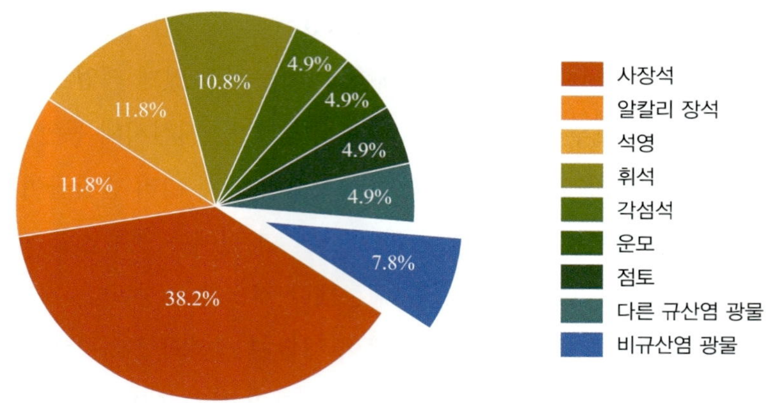

그림 2.1 지각을 구성하고 있는 광물의 상대적인 양(단위: vol%)

광물은 대개 구성 화학 조성, 특히 음이온이나 음이온 그룹에 따라 원소 광물, 규산염(SiO_4^{4-}) 광물, 인산염(PO_4^{4-}) 광물, 산화(O^{2-}) 광물, 황화(S^{2-}) 광물, 수산화(OH^-) 광물, 탄산염(CO_3^{2-}) 광물, 황산염(SO_4^{2-}) 광물 등으로 구분된다. 음이온이나 음이온 그룹에 따라 광물들이 비슷한 성질을 보이기 때문에 편의상 화학 조성을 기준으로 광물을 분류한다. 규산염 광물은 지각을 구성하는 광물의 약 90vol%를 차지할 정도로 흔한 광물이기 때문에(그림 2.1) 여기서는 규산염 광물 분류에 대해 자세히 알아본다.

4) 규산염 광물

그림 2.2는 규소 이온(Si^{4+})이 가장 가까운 거리에 4개의 산소 이온(O^{2-})과 결합하는 양이온의 결합 배위수(coordination number)가 4인 규산염(SiO_4^{4-}) 음이온 그룹을 보여준다. 규산염 광물은 규산염 음이온 그룹이 광물을 구성하는 기본 단위이다. 산소 이온이 −2 전하를 가지기 때문에 규산염 음이온은 전체적으로 −4 전하를 가진다. 그림 2.2에서 규소 양이온의 크기를 산소 음이온 크기보다 작게 그린 이유는 규소 양이온의 반지름이 0.4 Å ($1\ Å = 1 \times 10^{-10}$ m)으로 산소 이온의 반지름인 1.26 Å보다 상당히 작기 때문이다. 편의상 규산염 음이온 그룹을 사면체 배위다면체로 표현하기도 한다.

규산염 광물은 규산염 이온 그룹들이 3차원 공간에서 서로 산소를 공유하면서 연결 또는 중합되는 양상에 따라 **독립 사면체**(nesosilicates), **복사면체**(sorosilicates), **단일 사슬형**(single-chain inosilicates), **이중 사슬형**(double-chain inosilicates), **환형**(cyclosilicates), **층상형**(phyllosilicates), **3차원 망상형**(tectosilicates)로 구분한다(표 2.1). 감람석(olivine)은 독립 사면체형의 대표적인 광물로, $(Fe,Mg)_2SiO_4$ 화학식에서 알 수 있듯이 2가 양이온 2개가 규산염 이온 주위에 위치하여 사면체의 음전하를 상쇄시키는 방식으로 광물의 구조를 이해할 수 있다. 복사면체 광물로는 녹염석(epidote)이 있다. 복사면체의 경우, 2개의 사면체가 하나의 산소를 공유하여 전체적으로 규소 이온이 2개, 산소 이온이 7개

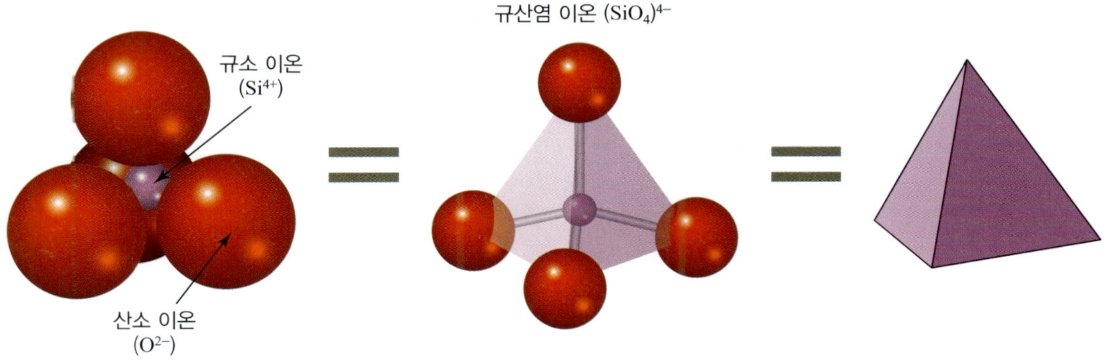

그림 2.2 규산염 광물을 구성하는 규산염 이온 그룹의 결합 구조. 복잡한 결정 구조를 나타낼 때 사면체 배위다면체가 흔히 사용된다.

로 전체 전하가 −6이 된다. Ca^{2+}, Fe^{3+}, Al^{3+} 등 양이온이 복사면체 주위에 위치하여 음의 전하를 상쇄시키는 구조이다. 단일 사슬형의 경우, 규산염 이온 사면체당 2개의 산소가 다른 사면체와 공유하여 1차원으로 무한히 반복되는 구조로 $Si_2O_6^{4-}$의 단위 화학식으로 나타낼 수 있다. 단일 사슬 구조는 복사면체에서와는 달리 2개의 산소가 공유되기 때문에 규소와 산소의 비가 2:6(=1:3)이 된다. 휘석(pyroxene)은 단일 사슬형 규산염 광물의 대표적인 광물로 Mg^{2+}, Fe^{2+}, Ca^{2+} 양이온이 단일 사슬 주위에 위치하여 음전하를 상쇄시킨다. 이중 사슬형의 경우, 구조를 나타내는 단위 화학식은 $Si_4O_{11}^{6-}$으로 규산염 이온 사면체당 3개의 산소를 다른 사면체와 서로 공유하기 때문에 규소와 산소의 비가 4:11이 된다(표 2.1). 각섬석(amphibole) 광물이 이중 사슬형 규산염 광물에 해당한다. 환형 구조에서는 규산염 사면체당 2개의 산소를 서로 공유하는 규소와 산소의 비가 1:3이 되고, 녹주석(beryl)이 대표적인 광물이다. 층상형 규산염 광물에서는 규산염 사면체가 2D 방향으로 무한히 연결 및 반복되는 사면체 층(tetrahedral sheet)을 이루는 구조이기 때문에 단위 화학식은 2개의 사면체가 3개의 산소를 공유하는 $Si_2O_5^{2-}$가 된다. 층상형 규산염 광물은 규소 사면체 층으로만 구성된 경우는 없고 Mg^{2+} 또는 Al^{3+} 양이온 팔면체 층(octahedral sheet)과 함께 적층되는 층상 구조를 이룬다. 마지막으로 3차원 망상 구조는 규산염 이온 사면체의 4개 산소 모두 다른 사면체와 서로 공유하여 무한히 반복되는 3차원 구조를 가지기 때문에 석영(SiO_2) 화학식에서도 알 수 있듯이 규소와 산소의 비가 1:2로 음전하를 상쇄시켜줄 타 양이온이 필요하지 않다. 장석(feldspar)은 대표적인 3차원 망상 구조 규산염 광물이다. 알칼리 장석($KAlSi_3O_8$)의 경우 3차원 망상 구조를 가지지만 엄격하게 화학식을 보면 규소와 산소의 비가 1:2도 아니고 규소 양이온 이외 다른 양이온이 존재한다. 이 같은 경우, 규소 이온 사면체의 네 자리 중 한 자리를 Al^{3+}이 치환하여 음의 전하가 발생하여($4Si^{4+} \rightarrow 3Si^{4+}Al^{3+}$), K^+ 양이온이 그 음전하를 상쇄시키는 구조로 이해할 수 있다.

표 2.1 규산염 이온 결합 구조에 따른 규산염 광물의 분류

결합 구조	Si:O 비	단위 화학식	광물	결정 구조
독립 사면체	1:4	$(SiO_4)^{4-}$	감람석	
복사면체	2:7	$(Si_2O_7)^{6-}$	녹염석	
단일 사슬형	2:6(1:3)	$(Si_2O_6)^{4-}$	휘석	
이중 사슬형	4:11	$(Si_4O_{11})^{6-}$	각섬석	
환형	6:18(1:3)	$(Si_6O_{18})^{6-}$	녹주석	
층상형	2:5	$(Si_2O_5)^{2-}$	운모, 점토 광물	
3차원 망상형	1:2	SiO_2	석영, 장석	

5) 광물의 물성

광물 감정(identification)은 지구 물질 관련 연구의 가장 기본적인 과정이다. 암석은 다양한 광물로 구성되어 있기 때문에 광물을 감정할 수 있으면 암석과 암상을 분류하고 형성 조건에 대해 이해할 수 있다. 식물의 형태나 색을 이해하면 굳이 DNA 분석 없이 식물을 구분할 수 있듯이 광물의 색, 응집 형태, 전체적인 모양 등 광물의 물성을 관찰하면 특별한 시료 처리 과정이나 고가의 분석 기기 없이도 감정할 수 있는 광물이 많다. 기술의 발전으로 최첨단 기기를 사용하여 광물을 식별할 수 있지만, 여기서는 광물 표품에 대해 광물을 감정할 수 있는 다양한 관찰 방법과 시험 방법에 대해 소개한다. 대부분 광물의 시각적 특성을 활용하며, 필요한 경우 간단한 도구를 활용한다. 광물을 분류 및 감정할 수 있는 주요 물성은 정벽, 벽개, 색, 광택, 조흔색, 경도, 비중 등이 있다.

(1) 정벽(habit)

결정(crystal)은 구성 원자나 이온의 규칙적인 배열이 외부로 나타나 평평한 평면으로 구성된 기

하학적 다면체를 말한다. 결정면의 발달 정도가 높은 순서에 따라 광물을 자형(euhedral), 반자형(subhedral), 타형(anhedral)으로 구분할 수 있다. **정벽**은 결정의 전체적인 모양을 일컫는 용어로, 대표적으로 주상(columnar), 침상(acicular), 섬유상(fibrous), 판상(tabular), 도변상(bladed), 엽편상(foliated), 수지상(dendritic) 등이 있다. 주상은 기둥 형태, 침상은 바늘과 같은 형태, 섬유상은 실과 같은 형태의 집합체, 판상은 평평한 판의 집합체, 도변상은 칼집처럼 신장되고 평평한 형태, 엽편상은 나뭇잎이 쌓인 형태, 수지상은 고사리 같은 형태를 일컫는다. **괴상**(massive)은 전체적으로 결정면이 발달되지 않은 경우이다. 대부분의 광물이 작은 입자의 응집 형태로 관찰되는데, 응집의 형태에 따라 입상(granular), 호상(banded), 유방상(mammillary), 포도상(botryoidal), 어란상(oolitic), 두상(pisolitic) 등으로 구분할 수 있다.

(2) 벽개(cleavage)

벽개는 광물을 구성하는 원자나 이온들의 배열에서 간격이 넓거나 결합력이 약한 방향을 따라 광물이 쪼개지는 특성을 의미한다. 많은 광물이 서로 구별되는 패턴으로 쪼개지기 때문에 광물을 감정할 때 도움이 될 수 있다. 벽개면의 방향이나 수는 광물의 대칭과 관련이 있으며, 벽개 종류에는 판상(planar), 주상(prismatic), 육면체(cubic), 능면체(rhombohedral), 팔면체(octahedral) 등이 있다. 판상 벽개는 한 방향으로 발달한 벽개로 백운모와 같은 운모류에서 주로 관찰된다. 주상 벽개는 신장된 결정에 두 방향으로 벽개가 발달해 일반적으로 결정학적 방향과 평행하다. 휘석과 각섬석은 암석에서 주로 검은색 작은 입자의 타형으로 관찰되는데, 두 벽개가 서로 교차하는 각도가 휘석은 약 90°이고 각섬석은 약 124°이기 때문에 벽개의 각은 두 광물을 구분할 수 있는 특성으로도 사용된다. 장석 역시 약 90°의 주상 벽개를 가진다. 육면체 벽개는 90°의 세 방향 벽개가 발달한 것으로 전반적인 모양은 거의 완벽한 정육면체를 가진다. 등축정계에 해당하는 암염이나 방연석(galena)이 육면체 벽개를 보여주는 대표적인 광물이다. 능면체 벽개 역시 세 방향으로 벽개가 발달되어 있지만 벽개의 각은 90°가 아닌 능면체를 이룬다. 방해석과 같은 탄산염 광물이 대개 능면체 벽개를 보인다. 팔면체 벽개는 네 방향으로 벽개가 발달한 것으로 팔면체의 모양을 가진다. 형석(fluorite)은 팔면체 벽개를 보여주는 대표적인 광물이다.

(3) 단구(fracture)

사실 대브분의 광물에서 벽개를 관찰하기 어렵다. 석영은 벽개를 보이지 않는 대표적인 광물로, 조개껍데기 표면처럼 흔히 깨져 있는 형태로 관찰된다. 이처럼 약한 화학적 결합을 따라 쪼개진 것이 아니라 물리적인 힘에 의해 깨진 매끈하지 않은 면을 단구라 한다. 조개껍데기 표면처럼 깨진 면은 패각상 단구(conchoidal fracture)라 불리며, 유리에서도 흔히 관찰되는 단구의 형태이다.

(4) 점착성(tenacity)

부러뜨리거나 변형하려는 물리적 힘에 대한 인성(toughness)과 저항(resistance)을 점착성이라 한다. 쉽게 부러지거나 변형이 되면 점착성이 낮고, 변형에 강한 광물은 점착성이 높다. 암염처럼 이온 결합 광물은 대체로 딱딱하고 잘 깨지는 취성(brittle) 성질을 보인다. 금, 은 그리고 구리와 같은 금속 결합 광물은 일반적으로 잘 늘어지는 연성(ductile) 성질과 모양이 쉽게 변하는 전성(malleable) 성질을 보인다.

(5) 경도(hardness)

경도는 광물이 긁힘이나 표면에 작용하는 물리적 힘에 저항하는 정도로, 1824년 광물학자 프리드리히 모스(Friedrich Mohs, 1773~1839)가 발표한 모스 굳기계(Mohs hardness scale)가 널리 사용된다(표 2.2). 10개의 흔한 광물로 구성된 모스 굳기계는 서로 표면이 긁히는 정도에 따라 1~10까지 상대적인 경도의 척도를 나타낸다. 높은 경도의 광물은 낮은 경도의 광물 표면을 긁을 수 있다. 석영보다 낮은 경도를 가지는 광물 시료의 경도를 파악할 때 상대적 경도가 알려져 있는 손톱, 동전, 칼, 유리 등이 사용된다.

표 2.2 광물의 모스 굳기계

경도(H)	광물 이름	화학식	비광물
1	활석(talc)	$Mg_3Si_4O_{10}(OH)_2$	
2	석고(gypsum)	$CaSO_4 \cdot 2H_2O$	손톱의 경도 ~2.2
3	방해석(calcite)	$CaCO_3$	구리 동전의 경도 ~3.2
4	형석(fluorite)	CaF_2	
5	인회석(apatite)	$Ca_5(PO_4)_3(F, Cl, OH)$	칼의 경도 ~5.1 유리의 경도 ~5.5
6	정장석(orthoclase)	$KAlSi_3O_8$	조흔판의 경도 ~6.5
7	석영(quartz)	SiO_2	
8	황옥(topaz)	$Al_2SiO_4(F, OH)_2$	
9	강옥(corundum)	Al_2O_3	
10	다이아몬드(diamond)	C	

그림 2.3은 모스 굳기계에서 사용되는 10가지 광물에 대해 스클레로미터(sclerometer)로 측정한 절대경도 값을 나타내는데, 모스 굳기계가 비선형적인 척도임을 잘 보여준다. 예를 들면 모스 굳기계에서는 다이아몬드 표면에 가해지는 물리적인 힘에 대한 저항이 활석과 비교하면 10배 정도 더 높지만, 절대경도 값으로는 1,000배 이상 더 높다는 것이다. 바다 모래사장에 석영이 많은 이유는 석영의 경

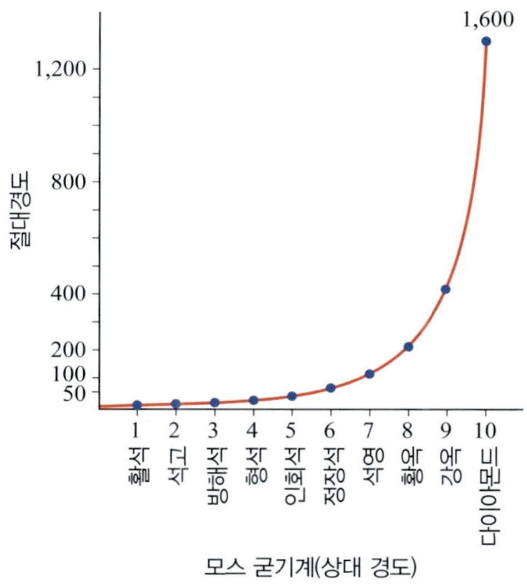

그림 2.3 모스의 상대경도와 절대경도 비교

도가 높아 풍화에 강하기 때문이다.

(6) 색(color)

색은 가장 쉽게 관찰할 수 있는 광물의 대표적 물성으로 광물 감정에 직접적인 단서가 될 수 있다. 광물이 색을 나타내는 원리는 다양하지만 기본적으로 400~700 nm(1 nm = 10 Å) 파장 영역에 해당하는 가시광선과 광물 사이의 상호 작용 결과로 볼 수 있다. 전자기파 가운데 가시광선만이 색을 띠는데, 짧은 파장의 가시광선은 푸른색-보라색을 띠고, 긴 파장의 가시광선은 붉은색을 띤다. 가시광선이 광물에 도달하여 일부 흡수되고 일부는 반사, 산란, 또는 투과되어 흡수되지 않은 가시광선의 파장 영역에 따라 광물의 색이 결정된다. 대표적인 예로 사파이어는 약 450 nm 영역의 가시광선이

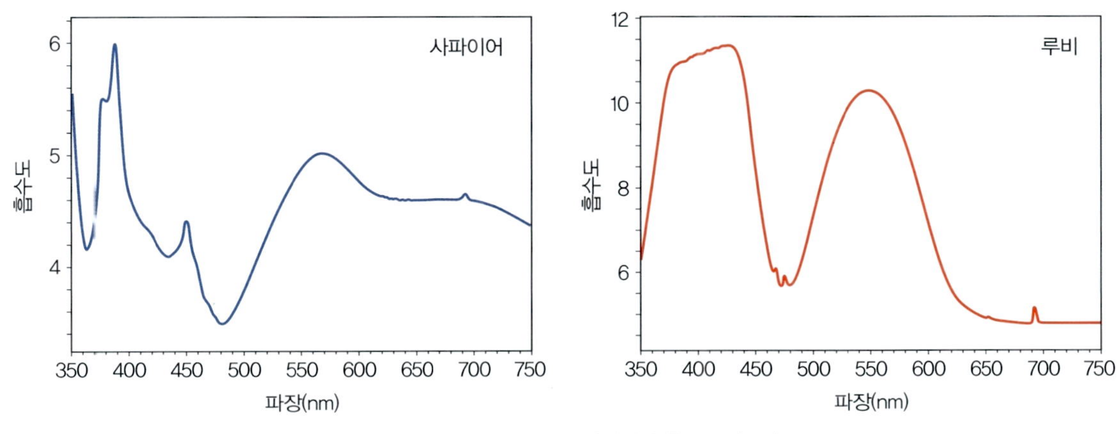

그림 2.4 사파이어와 루비의 가시광선 흡수 스펙트럼

가장 흡수가 되지 않기 때문에 푸른색을 띠고, 루비는 약 470과 670 nm 영역의 가시광선이 흡수되지 않아 붉은 계열의 색을 띤다(그림 2.4). 가시광선의 특정 파장을 흡수해 광물의 색을 결정짓는 원소를 발색 원소(chromophore)라 하는데, 발색 원소가 광물의 주 구성 원소이면 자색(idiochromatic) 광물, 불순물이면 타색 광물(allochromatic)로 분류한다. 능망간석($MnCO_3$)은 밝은 자홍색을 띠는데 발색 원소인 망가니즈 원소(Mn)가 광물의 주 구성 원소이기 때문에 자색 광물에 해당한다. 강옥(Al_2O_3)은 타색 광물의 대표적인 광물로, 불순물로 존재하는 발색 원소에 따라 광물의 색이 결정된다. 강옥은 Fe^{2+}와 Ti^{4+}가 불순물로서 Al^{3+} 자리에 치환되면 푸른색을 띠고, Cr^{3+}가 불순물로서 Al^{3+} 자리에 치환되면 붉은색을 띠는데, 푸른색을 띠는 강옥을 사파이어, 붉은색을 띠는 강옥을 루비라 부른다. 사파이어와 루비는 모두 강옥이지만 불순물에 따라 색이 결정되고 이름이 다른 경우이다. 자수정(amethyst)과 장미석영(rose quartz) 역시 타색 광물로 발색 원소는 각각 Fe와 Ti이다. 보석이나 재료과학에서는 발색 원소의 원리를 활용하여 원하는 색의 결정을 합성하기도 한다.

오팔(opal)은 방향에 따라 색채가 다양하게 변하는 변채(play of color)를 보이는데, 이는 오팔이 약 300 nm 일정한 크기의 SiO_2 비정질 구체로 구성되어 있어(광물의 정의에 벗어나지만) 가시광선이 회절되거나 산란되어 나타나는 결과이다. 광물 감정에는 색이 중요하지만 화학 조성에 따라 다양한 색을 가질 수 있기 때문에 색만으로 광물을 동정하기 어려운 경우가 있다.

(7) 광택(luster)

광택은 색과 달리 표면의 속성으로 빛의 반사에 의한 광물의 일반적인 외관으로, 반사되는 빛의 양에 따라 같은 광택이라도 강도가 다르다. 광택의 종류는 크게 금속광택과 비금속광택이 있다(표 2.3). 금속광택은 황철석, 방연석, 황동석 등 주로 불투명 광물에서 관찰되고, 비금속광택은 비금속 광물에서 관찰된다. 비금속광택은 또한 다이아몬드와 같은 굴절률이 높은 광물에서 볼 수 있는 금강광택(adamantine luster), 견사광택(silky luster), 유리광택(vitreous luster), 진주광택(pearly luster) 등이 있다.

표 2.3 광택의 종류와 예시

광택		뜻	광물
금속광택		금속 특유의 광택	황철석, 방연석, 황동석
비금속광택	금강광택	다이아몬드처럼 찬란한 광택	다이아몬드, 백연석
	견사광택	미세한 섬유 모양의 광택	석면, 석고
	유리광택	유리에서 볼 수 있는 광택	석영, 전기석
	진주광택	진주에서 볼 수 있는 광택	백운모, 활석
	수지광택	수지(resin)의 느낌을 주는 광택	섬아연석, 황

(8) 조흔색(streak)

광물 표품 자체의 색과 가루의 색이 크게 다를 수 있다. 광물 가루의 색을 조흔색이라 하며, 조흔색은 금속광택을 보이는 산화 광물과 황화 광물을 구별하는 데 도움을 줄 수 있다. 예를 들면 적철석(hematite, Fe_2O_3)과 자철석(magnetite, Fe_3O_4)은 갈색 · 회색 · 검정 등 다양한 색으로 산출되고 금속광택을 띠기도 하고 안 띠기도 하지만, 적철석의 조흔색은 언제나 붉은 갈색이고 자철석 조흔색은 검은색이기 때문에 특별한 기기 분석 없이 조흔색만으로 적철석과 자철석을 구분할 수 있다. 조흔색은 대개 광택이 없는 흰색 세라믹 판에 긁었을 때 가장 잘 보인다. 비금속광택 광물은 조흔색이 일반적으로 흰색이나 무색이다.

(9) 투명도(diaphaneity)

광물이 두꺼우면 빛이 투과하기 힘들지만, 투명(transparent) 광물에서는 대체로 빛이 투과한다. 반투명(translucent) 광물은 석영처럼 빛이 잘 투과할 수는 없지만 두께가 충분히 얇으면 빛이 투과할 수 있다. 불투명(opaque) 광물은 매우 얇은 경우를 제외하면 빛이 투과할 수 없다. 불투명 광물은 황철석처럼 대체로 금속광택을 가지고 있다.

(10) 비중(specific gravity)

비중은 G로 나타내며 기준 물질의 부피당 무게와 측정하고자 하는 물질의 같은 부피당 무게의 비율이다. 고체의 경우 물이 기준 물질로 사용되는데, 4°C 물의 밀도 대비 광물의 밀도로 정의된다. 비중은 상대적인 값이기 때문에 단위가 없다. 물에 녹지 않는 광물의 비중은 주로 졸리 천칭(Jolly balance)으로 측정한다. 금속광택 광물은 5 이상의 비중을 보이며, 대부분의 조암 광물은 2.6~3.3의 비중을 보인다. 암염처럼 상대적으로 가벼운 광물은 비중이 2.6보다 작으며 일반적으로 풍화에 약한 광물들이 여기에 해당한다.

(11) 자성(magnetism)

자성은 **자기 모멘트**(magnetic moment)라는 전자의 성질로 크게 강자성(ferromagnetic), 반자성(diamagnetic), 상자성(paramagnetic) 광물로 구분할 수 있다(5장 384~386쪽 참조). 자철석(magnetite)과 자황철석(자류철석, pyrrhotite)은 금속 철처럼 자기장이 없어도 강한 자성을 띠는 대표적인 강자성 광물이다. 강자성 광물이 타 광물과 혼합되어 있는 경우, 자석과의 반응으로 타 광물로부터 분리가 가능하다.

(12) 염산 용해도(solubility in HCl)

묽은 염산(HCl)을 방해석과 아라고나이트(aragonite)와 같은 탄산염 광물 표면에 떨어뜨렸을 때 광물이 용해되면서 산의 프로톤과 광물의 탄산이온의 화학 반응으로 이산화탄소가 기포처럼 발생한다. 그러나 백운석(dolomite), 마그네사이트(magnesite), 능철석(siderite), 능망간석(rhodochrosite)과 같은 탄산염 광물은 야외 조사 환경에서는 염산에 반응하지 않고, 높은 온도에서만 염산에 반응한다. 야외에서 암석 내 세립~중립질 입자의 밝은색 광물이 방해석인지 확인할 때 염산이 유용하게 사용된다.

6) 편광 현미경

기술의 발전으로 X선이나 전자빔을 활용한 다양한 첨단 분광 분석 기기를 통해 광물을 동정할 수 있게 되었다. 그러나 약 170년 전 암석기재학의 아버지라 불리는 헨리 소비(Henry Clifton Sorby, 1826~1908)에 의해 지질학에 처음으로 소개된 편광 현미경(polarized microscope)은 광물을 동정하는 도구로 여전히 널리 사용되고 있다. 당시 천문학 연구에서 망원경 사용은 당연한 것으로 받아들였지만 현미경을 이용해 지질학을 연구한다는 것은 학계에서는 조롱거리로 치부되던 시기였다. 빛이 투과할 수 있을 정도로 암석 샘플을 매우 얇게 연마하여 편광 현미경으로 암석을 연구하는 방법은 지질학의 전혀 새로운 개척 영역이었다. 근래에는 편광 현미경을 다루는 기회가 드물지만, 광물을 감정하고 암석을 연구하는 데 여전히 필수 도구이다. 다른 분석 기기에 비해 가성비가 높고 학생들도 쉽게 접근할 수 있는 매우 강력한 광물 감정 도구라 할 수 있다. 여기서는 광물의 광학적 성질을 이용하는 투과 편광 현미경의 기본 원리에 대해 다룬다.

(1) 편광 현미경의 기본 원리

광물 감정에 사용되는 편광 현미경은 편광판(polarizers)을 포함한 대안렌즈, 대물렌즈, 재물대, 조리개, 광원으로 구성된다(그림 2.5). 요즘 편광판은 필름으로도 쉽게 제작되지만, 초창기 편광 프리즘은 1828년 스코틀랜드의 윌리엄 니콜(William Nicol, 1768~1851)이 처음으로 발명하였고, 잉글랜드의 헨리 소비가 편광판을 암석 관찰에 처음으로 적용한 것이다. 일반적으로 빛의 파동은 빛의 진행 방향에 대해 수직인 모든 방향으로 진동하는데, 평면 편광판은 파동이 일정한 방향의 평면 내에서만 진동하도록 유도한다. 편광 현미경에서는 대안렌즈 아래와 재물대 아래에 각각 상부와 하부 편광판을 두고, 평면 진동 방향이 서로 수직이 되도록 편광판을 배열하여 사용한다(그림 2.5). 상하부 편광판의 평면 진동 방향이 서로 수직이 되도록 배열되어 있기 때문에 재물대에 박편이 없을 때는 빛이 상부 편광판을 통과할 수 없다. 따라서 재물대에 박편이 없을 때 대안렌즈에서 검게 보여야 편광판이 올바르게 배열된 것이다.

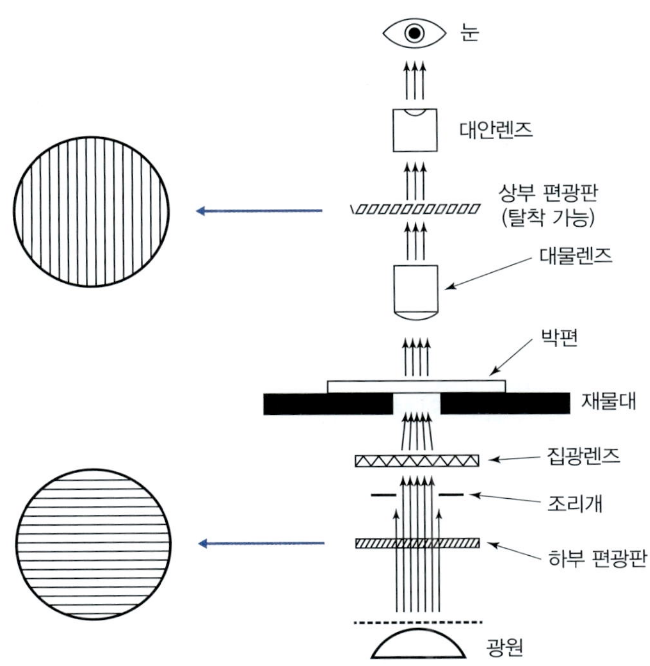

그림 2.5 편광 현미경의 모식도. 왼쪽 그림은 평면 편광 진동 방향이 서로 수직으로 배열된 상하부 편광판을 보여준다.

광원으로는 주광색 빛을 내는 전구가 사용되지만, 자연광에 가까운 빛을 사용하기 위해 푸른색 필터를 광원 위에 올려놓고 사용한다. 재물대 바로 아래 조리개는 개구수(numerical aperture)를 조절하는데, 조리개를 닫으면 집광되는 빛의 크기가 작아져 이미지의 콘트라스트를 높일 수 있다. 대개 배율이 높은 대물렌즈에는 조리개를 많이 열어 높은 개구수를 사용한다. 대물렌즈는 아래위로 이동이 가능하지만 초점을 맞출 때는 부주의로 대물렌즈가 재물대의 박편에 닿아 그 압력으로 인해 박편이 깨지지 않도록 조심해야 한다.

일반적으로 상부 편광판은 탈착이 가능하다. 상부 편광판을 사용하지 않고 박편을 관찰하는 평면 편광(plane polarized light) 상태에서는 광물의 고유한 색을 관찰할 수 있고, 상부 편광판을 사용하여 상하부 편광판의 편광 방향이 서로 수직인 교차 편광(cross polarized light) 상태에서는 광물의 간섭색(interference color)을 관찰할 수 있다. 간섭색은 광물을 통과한 다양한 파장의 빛이 상부 편광판에서 간섭의 결과로 광물 감정에 유용하게 사용된다. 평면 편광과 교차 편광에서 관찰되는 광물의 여러 광학적 성질을 학습하면 광물 감정에 유용하게 사용할 수 있다.

(2) 광학적 광물 분류

광학적 성질에 따라 광물을 분류하면 표 2.4와 같다. 우선 빛의 투과 정도에 따라 투명 광물과 불투명 광물로 구분할 수 있다. 황철석과 같은 불투명 광물은 반사 현미경을 활용한다. 투명 광물은 다시 광물 내에서 빛의 속도의 방향성에 따라 등방성(isotropic) 광물과 이방성(anisotropic) 광물로 구분된다. 빛이 광물을 통과할 때 광물 내에서의 속도는 공기 중에서의 속도보다 느린데, 광물 내 빛의 속도가 등방성 광물에서는 방향과 관계없이 항상 일정하고 이방성 광물에서는 방향에 따라 다르다. 많은 광물이 이방성 광물에 해당하며, 빛의 속도가 방향성을 갖는 이유는 광물을 구성하고 있는 원자나 이온들의 화학 결합이 방향성을 갖기 때문이다. 등방성 광물은 화학 결합에 방향성이 없다. 석류석(garnet), 다이아몬드(diamond), 형석과 같은 등축정계(isometric system) 광물이 등방성 광물에 해당한다. 굴절률(refractive index)은 공기 또는 진공에서의 빛의 속도 대비 광물 내부에서의 빛의 속도를 정량적으로 나타낸 값인데, 등방성 광물은 일정한 하나의 굴절률을 보이지만 이방성 광물은 빛의 입사 방향에 따라 가변적 굴절률을 보인다.

방해석과 같은 이방성 광물에서는 광물 아래에 놓인 하나의 글씨가 2개로 보이는 복굴절(birefringence) 현상이 관찰된다. 그러나 빛이 광축(optic axis)이라는 특별한 방향으로 입사하면, 글씨가 2개로 보이지 않고 하나로 보인다. 이방성 광물이지만 광축과 평행한 방향으로 빛이 통과할 때는 마치 등방성 광물과 같은 성질을 보인다. 이방성 광물은 광축의 개수에 따라 일축성(uniaxial) 광물과 이축성(biaxial) 광물로 분류되며, 굴절률의 분포에 따라 양(positive)이나 음(negative)의 광학 부호를 가진다.

편광 현미경의 교차 편광 상태에서 재물대를 360° 회전시키면 이방성 광물은 화려한 간섭색이 점점 흐려지다 검게 변하는 소광(extinction)이 네 차례 일어난다. 이에 반해 등방성 광물은 간섭색이 검은색이기 때문에 재물대를 회전시켜도 화려한 간섭색이 보이지 않고 마치 소광된 상태가 지속된 것처럼 보인다. 따라서 소광 현상을 이용하면 등방성 광물과 이방성 광물을 구분할 수 있다. 이방성 광물의 광축과 광학 부호는 간섭상(interference figure)이라고 하는 광학적 특징을 활용하여 결정한다.

표 2.4 광학적 성질에 따른 광물 분류

투명성	등방성	광축	광학 부호	예
불투명 광물				금, 은, 황철석, 자황철석
투명 광물	등방성 광물			석류석, 다이아몬드, 형석
	이방성 광물	일축성 광물	(+)	석영, 저어콘, 수활석, 금홍석
			(−)	인회석, 방해석, 돌로마이트, 강옥
		이축성 광물	(+)	엔스테타이트, 투휘석, 석고, 사장석
			(−)	K-장석, 백운모, 사장석, 녹염석

2.2 동위원소

동위원소(isotope)는 원자번호가 같지만 질량수가 다른 원소를 일컫는다. 원소의 화학적 성질은 양성자와 전자의 수에 의해 결정되기 때문에 동위원소의 화학적 성질은 원래 원소와 같지만 중성자의 수가 달라서 질량이 다르므로, 서로 다른 물리적 성질을 가진다(그림 2.6). 예를 들어 수소, 중수소, 삼

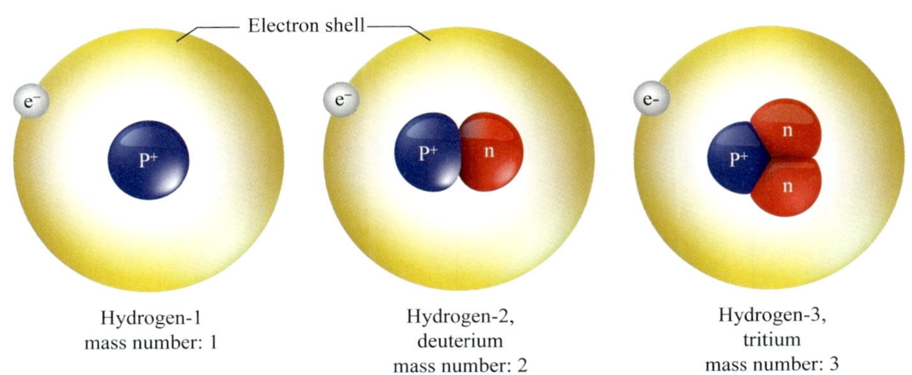

그림 2.6 수소 및 수소의 두 자연적인 동위원소, 중수소 및 삼중수소. 3가지 모두 같은 수의 양성자(p)를 가지고 있지만 중성자(n)의 수가 다르다.

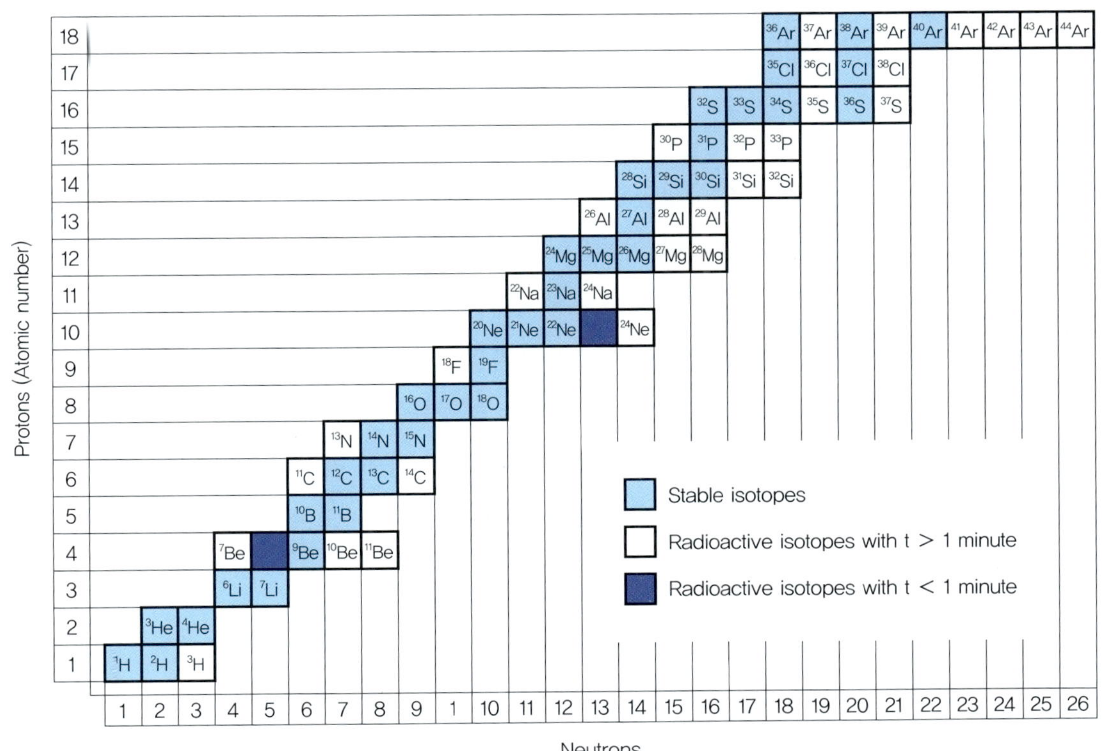

그림 2.7 원자 핵종 차트

중수소는 수소의 서로 다른 동위원소이며, 이는 각각 질량 1, 2, 3을 가진다. 수소의 원자번호는 1이며, 이는 모든 수소가 1개의 양성자를 가지며, 각각 중성자의 개수는 0, 1, 2이다. 동위원소는 방사성 동위원소와 안정 동위원소로 나누어진다.

표 2.5 자연계 동위원소 존재비

Element Hydrogen	Isotopes	Average Terrestrial Abundance(%)	Comments
Hydrogen	H	99.984	
	D	0.015	
	T	10^{-14} to 10^{-16}	$t_{1/2}$ = 12.35yr
Oxygen	^{16}O	99.76	
	^{17}O*	0.037	
	^{18}O	0.1	
Carbon	^{12}C	98.98	
	^{13}C	1.11	
	^{14}C	$\sim10^{-10}$	$t_{1/2}$ = 5730yr
Nitrogen	^{14}N	99.44	
	^{15}N	0.366	
Sulfur	S	95.02	
	^{33}S	0.75	
	^{34}S	4.21	
	^{36}S	0.02	

1) 안정 동위원소

안정 동위원소(stable isotope)는 방사성 붕괴를 하지 않는 안정한 동위원소를 말한다. ^{1}H에서 ^{208}Pb까지 254개의 안정 동위원소가 존재하며 이들은 모두 안정하다. 특히 ^{1}H에서 ^{92}Zr까지 90개의 안정 동위원소는 이론상으로 붕괴하지 않고 영원히 존재한다. 반면 ^{93}Nb와 같이 핵자수 93 이상에서 존재하는 164개의 동위원소는 이론적으로 매우 미약한 붕괴 가능성을 지니지만, 자연계에서는 붕괴가 관측되지 않을 만큼 반감기가 길어 사실상 안정동위원소로 분류된다. 하지만 가장 무거운 ^{208}Pb조차도 붕괴되는 모습이 관측되지 않았다. 만약에 이들이 붕괴한다고 해도 반감기가 매우 길기 때문에 먼 미래에도 관측이 불가능할 수도 있다. 하지만 관측상 안정 동위원소들도 이론과는 다르게 영원히 존재할 수도 있다.

(1) 델타(δ) 표기법

가벼운 동위원소에 대한 무거운 동위원소의 단순한 비율로 동위원소 존재비를 제시하게 되면 매우 작은 숫자가 나온다. 수소의 경우 D:^{1}H의 평균 비율은 ~0.00015이다. 따라서 동위원소비 비교 및 분별 정도를 나타낼 때 보다 편리한 값을 만들기 위해 표준 물질과 샘플 사이에 간단한 방정식을 적용한다. 이것은 델타 표기법으로 알려져 있으며, 샘플의 무거운 동위원소 대 가벼운 동위원소의 비율이 표준 물질의 무거운 동위원소 대 가벼운 동위원소의 비율과 비교된다. 수소를 예로 사용하여 D는 더 무거운 동위원소 ^{2}H를 나타낸다.

$$\delta D(‰) = \left(\frac{(D/H)\,smpl - (D/H)\,std}{(D/H)\,std}\right) \times 1{,}000 \qquad \text{(식 2.1)}$$

샘플의 D/H 비율이 표준의 D/H 비율보다 낮으면 결과 '델타 D' 값은 음수가 된다. 반대로 표준 D/H 값보다 높은 D/H 비율을 가진 샘플은 델타 D의 양수 값을 생성한다. −100에서 +100 사이의 대략적인 범위에서 값을 생성하려면 큰 괄호 안의 비율에 1,000을 곱한다. 식 2.1의 델타 표기법의 경우, 1,000을 곱하면 '퍼밀(per mil, ‰)', 즉 천분율로 표현되는 값이다. 안정 동위원소 표준 물질은 원소의 종류에 따라 다르다(표 2.6). 일반적으로 수소 및 산소의 경우 비엔나 표준 평균 해양수(VSMOW)가 사용된다.

표 2.6 안정 동위원소의 표준 물질 및 동위원소 비율

Element	Standard	Ratio
Hydrogen	V−SMOW[a]	$D/H=155.76\times10^{-4}$
Carbon	PDB[b]	$^{13}C/^{12}C=1123.75\times10^{-5}$
Oxygen	V−SMOW PDB	$^{18}O/^{16}O=2005.2\times10^{-6}$ $^{18}O/^{16}O=2067.2\times10^{-6}$
Nitrogen	Atmospheric N2	$^{15}N/^{14}N=361.3\times10^{-5}$
Sulfur	CDM[c]	$^{34}S/^{32}S=449.94\times10^{-4}$

[a]Vienna standard mean ocean water
[b]fossil from the Pee Dee Fm in South Carolina, USA
[c]Troilite (FeS) from the Canyon Diablo Meteorite (CDM)

(2) 동위원소 분별계수

동위원소 분별은 주어진 원소의 가벼운 동위원소와 무거운 동위원소와 관련된 진동 에너지의 차이로 인해 발생한다. 그 결과 주어진 원소의 무거운 동위원소는 같은 결합 부위에 있는 가벼운 동위원소보다 더 강한 공유 결합을 형성한다. 그러나 이러한 유형의 분별은 주로 공유 결합에만 적용된다. 이온 및 금속 결합은 전자를 공유하지 않으므로 동위원소 분별이 거의 또는 전혀 발생하지 않는다. 동위원소 분별에는 평형과 비평형 분별 작용이 존재한다. 동위원소 분별 작용은 대부분 비평형 분별 효과에 의해 지배되며, 이 경우 **운동 인자**(kinetic factor)에 의해 조절된다.

가. 온도 의존적 안정 동위원소 분별

주어진 원소의 동위원소 간의 질량 차이 외에도 온도는 안정 동위원소 분류를 제어한다. 진동 에너지의 차이는 저온에서 가장 두드러지며 온도가 상승함에 따라 가벼운 동위원소와 무거운 동위원소의 원자는 더 높은 주파수로 진동하고 주파수 차이는 온도가 높을수록 낮아진다. 그 결과 고온은 가벼운 동위원소와 무거운 동위원소의 거동 차이가 가장 큰 추운 조건에 비해 주어진 원소의 무거운 동위원소와 가벼운 동위원소 사이의 진동 에너지 차이가 더 작다. 이를 바탕으로 저온(예: 200°C)에서 결정화된 석영은 고온(예: 700°C)에서 결정화된 석영보다 ^{16}O 및 ^{18}O의 더 큰 분획을 나타낼 것으로 예측할 수 있다(Clayton et al. 1972). 어떤 시점에서 시스템이 충분히 뜨겁다면 주어진 원자의 가벼운 원소와 무거운 원소의 결합에 눈에 띄는 차이가 없다.

Urey(1947)와 Bigeleisen과 Mayer(1947)의 초기 이론 연구에 따르면, 분류의 온도 의존성은 $1/T^2$에 비례한다. 여기서 T는 켈빈 단위이고 분류는 산소를 예로 사용하여 δ^{18}OphaseA $-\delta^{18}$OphaseB로 표시된다. Savin과 Lee(1988)에 따르면, 대부분의 미네랄과 물 사이의 산소 동위원소의 분별은 δ^{18}OphaseA $-\delta^{18}$OphaseB 대 $1/T^2$로 표시될 때 거의 선형이다. 그림 2.8은 0~400°C의 온도 범위에서 석영과 물 사이의 산소 동위원소 분별의 강한 온도 의존성을 나타낸다. 안정 동위원소 지구화학의 많은 그래프의 경우와 같이 x축에 표시되는 온도 단위는 $10^6/T^2$이며 참고로 300 K(27°C)는 x축의 11.1

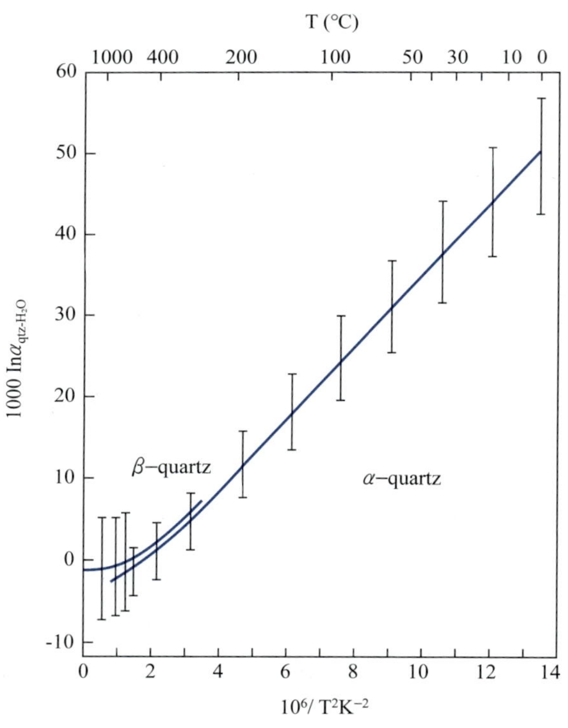

그림 2.8 온도와 물과 평형 상태에서 석영의 ^{16}O와 ^{18}O 분별 관계를 보여주는 계산된 값(Kawabe, 1978). 분별은 온도가 증가함에 따라 명확하게 감소한다.

과 같고 700 K(423°C)는 2.0의 x축 값에 해당한다.

물의 동위원소 분별은 자연의 여러 과정(생물학적 활동 및 다른 물질과의 교환)에 의해 발생한다. 기상학적 · 수문학적 · 빙하학적 관점에서 가장 흥미로운 점은 $H_2{}^{16}O$의 휘발성이 무거운 동위원소 조성을 가진 물($H_2{}^{18}O$, $HD^{16}O$, $HD^{18}O$ 등)보다 높다는 사실이다. 이것은 모든 응축 과정과 잘 혼합된 액체 물의 증발에서 분별을 일으킨다. 이러한 공정의 분별계수는 온도와 반응 속도에 따라 달라진다. 이 공정이 매우 느리게 진행되어 상 사이의 경계에서 평형 조건이 실제로 실현되면 액체 물의 증발에 대한 분별계수(α)는 단순히 가벼운 성분(P)의 증기압과 무거운 성분(P')의 증기압 사이의 비율이 된다($P' < P$).

$$\alpha = \frac{P}{P'} \qquad \text{(식 2.2)}$$

상온에서 $HD^{16}O$ 및 $H_2{}^{18}O$에 대한 α는 각각 1.08 및 1.009이다. 이는 물과 평형 상태에 있는 증기가 물에 비해 중수소(D)에서 80%, ^{18}O에서 9%가 고갈된다는 것을 의미한다.

온도 $t > 0°C$에 대한 α_D, α_{18} 값은 Merlivate et al.(1963)과 Zhavoronkov et al.(1955)에 의해 각각 측정되었다. 어는점 이하의 값은 측정하기 어렵지만 자연에서 응축 과정에 매우 중요하므로 $-20 < t < 0°C$에서 추정된 값을 사용해야 한다. α_{18} 값은 Zhavoronkov et al의 공식(식 2.3)이 사용되는 반면, α_D 값은 발견된 곡선에서 2차 외삽법으로 결정되었다(표 2.7).

$$\alpha_{18} = 0.9822 \exp(15.788/RT) \qquad \text{(식 2.3)}$$

표 2.7 온도에 따른 분별계수

t°C	α_D	α_{18}
100	1.029	1.0033_0
80	1.037	1.0045_2
60	1.046	1.0058_7
40	1.060	1.0074_0
20	1.079_1	1.0091_5
0	1.106_0	1.0111_9
−10	1.123_9	1.0123_0
−20	1.146_9	1.0135_0

나. 레일리 분별

레일리 분별 모델은 비평형 동위원소 분류를 설명하고 정량화하는 데 사용된다. 레일리 분별은 원래 열린계에서 상대적으로 더 큰 저장소(reservoir)에서 조금씩 물질이 점진적으로 제거되는 중요한 물리적 과정 중 하나이다(Kendall and McDonnell, 2008). 저장소와 물질이 조금씩 형성되는 즉시 계

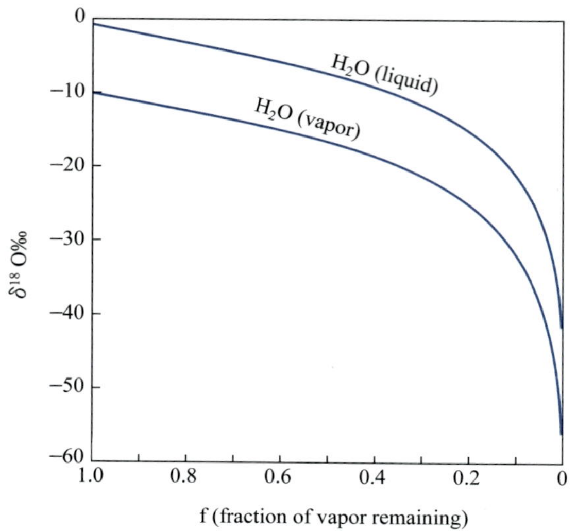

그림 2.9 25℃에서 수증기가 응축되는 동안 레일리 분별 모델에 의해 예측된 액체 물과 수증기의 $\delta^{18}O$ 값. 수증기의 초기 $\delta^{18}O$는 −10‰이고 응축에 의해 형성되는 첫 번째 액체 물의 값은 −0.9‰이다. 그런 다음 응축된 액체 물은 수증기와의 접촉에서 제거되므로(즉 비가 내림) 평형 상태를 설정할 수 없다. 수증기는 동위원소적으로 더 무거운 액체가 제거됨에 따라 점진적으로 가벼워지는(더 음수) 경향을 나타낸다. 이러한 경향은 기단이 열대 지방에서 고위도로 이동할 때 자연적으로 발생한다.

에서 제거되거나 고립될 때, **분배계수**(distribution coefficient) 또는 **평형상수**(equlibrium constant) 등으로 설명할 수 있다. 이러한 관계를 Rayleigh(1896)가 하나의 미분 방정식으로 만든 것이 레일리 분별 과정이다. 가장 많이 활용되는 예가 수증기의 응축(condensation), 증류(distillation), 마그마에서 결정이 형성되는 과정 등이다. 이러한 조건에서 남아 있는 물질의 동위원소 조성의 변화는 다음과 같이 설명할 수 있다(식 2.4).

$$R_A = R_0 F^{(\alpha-1)} \quad \textbf{(식 2.4)}$$

여기에서 R_A는 남아 있는 물질의 동위원소 비율이며, R_0는 저장소의 초기 동위원소 값이고, F는 남아 있는 물질의 비율이다($F = X/X_0$).

다. 운동 효과 분별에 영향을 주는 요인

증발과 관련된 운동 효과는 표면 온도(온도가 높을수록 증발 속도가 증가한다), 저수지의 염도(염분이 높을수록 증발을 방해할 수 있다), 풍속(바람이 수면에서 전단을 생성하고 증발을 향상시킨다), 마지막으로 가장 중요한 습도(낮은 습도는 증발 속도를 증가시키고 비평형 조건을 향상시킨다)의 영향을 받는다. 습도가 높은 조건에서는 증기와 액상의 교환이 가능하며, 습도가 100%에 가까워지면 증기−액체 시스템 평형에 접근한다. 응결을 고려할 때, 대기 중 $H_2O(g)$는 일반적으로 습도, 온도 및 응결핵의 존재 또는 부재의 영향을 포함하는 운동 인자/비평형 조건에 의해 제어되는 속도로 $H_2O(l)$로 응결될 것이다.

(3) 안정 동위원소의 지구과학적 활용

가. 물 안정 등위원소($\delta^{18}O$, δD)

수소는 ^1H(99.98%), ^2H(D, 0.01%) 2가지 형태의 안정 동위원소로 존재하며, 산소는 ^{16}O(99.7), ^{17}O(0.037%), ^{18}O(0.2%)의 3가지 형태가 존재한다. 산소 및 수소 안정 동위원소는 태평양에서 물을 수집 및 증류하여 제작한 VSMOW(Vienna Standard Mean Ocean Water)를 표준 물질로 사용한다(Craig, 1957). 해수의 경우 수소와 산소 안정 동위원소비는 일정하게 0‰에 근접하며, 담수 혹은 빙산이 녹은 물이 석이면 값의 변동을 가져온다. 물 안정 동위원소비는 증발과 응축의 과정을 거치면서 분별 작용으로 인해 값의 변동을 가져오며, **온도 효과**(temperature effect), **계절 효과**(seasonal effect), **고도 효과**(altitude effect), **우량 효과**(amount effect) 등에 의해 영향을 받는다. 즉 고위도로 갈수록, 고도가 높아질수록, 강수량이 많을수록, 내륙으로 갈수록 안정 동위원소비가 고갈된다.

- **천수선**(The meteoric water line)

물 순환 연구에서 물의 두 안정 동위원소인 산소와 수소의 선형 관계(기울기 및 세로축 절편)를 확인하는 방법이 가장 많이 사용되고 있다. 전 세계 강수의 δD에 대한 $\delta^{18}O$의 bi-plot은 지구 천수선(GMWL, Global Meteoric Water Line)으로 알려진 직선을 생성한다(식 2.5). 이 방정식은 1960년대 동위원소 지구화학자 하몬 크레이그(Harmon Craig, 1926~2003)에 의해 정량화되었다. GMWL은 기울기 8, 세로축 절편 10을 가진다(Craig, 1961). 선형 관계에서 기울기는 평형 분별(equilibrium fractionation)에 의해 발생하는 것으로, 두 안정 동위원소의 분별계수에 의해 결정된다.

$$\delta D = 8 \times \delta^{18}O + 10 \quad \text{(식 2.5)}$$

열대 지방의 강수량은 표준 평균 해수와 매우 유사한 $\delta^{18}O$ 및 δD 값을 가지고 있다. 하지만 위도가 증가함에 따라 강수량의 $\delta^{18}O$ 및 δD 값이 점차적으로 음수가 된다. 그림 2.10의 선 위에 또는 가까이에 표시되지 않는 유일한 물은 증발에 의해 상당한 영향을 받은 지표수이다. 이 물의 기울기는 GMWL보다 작으며 직선에서 벗어난다. 증발된 지표수의 감소된 기울기는 지표수에 ^{18}O가 D에 비해 더 큰 비율로 농축된다는 것을 나타낸다. 이러한 현상은 H_2O에 대해 $H_2{}^{18}O$ (11%)가 HDO (5.6%)보다 질량 차이가 더 크기 때문에 발생한다. 이 질량 차이에 비례하여 $H_2{}^{18}O$가 HDO보다 더 우선적으로 지표수로 부화되어 그림 2.10에 표시된 것과 같이 더 낮은 기울기의 궤적을 생성함을 의미한다.

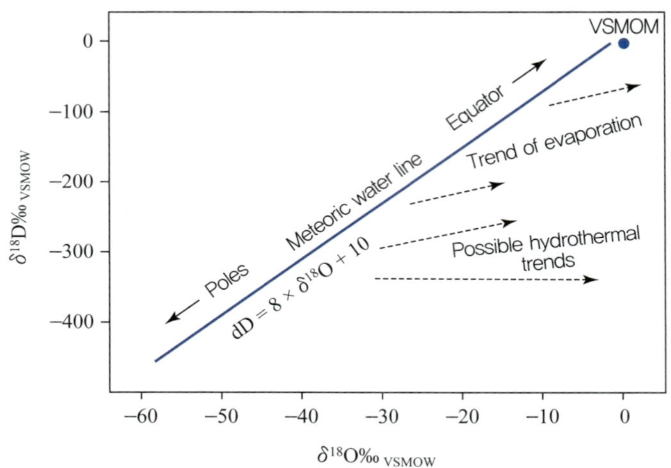

그림 2.10 지구 천수선(GMWL)에서 산소와 수소 동위원소의 선형 상관관계. 극지방(고위도)으로 향할수록 더 고갈된(더 음의) 동위원소 값은 레일리 증류법으로 설명된다.

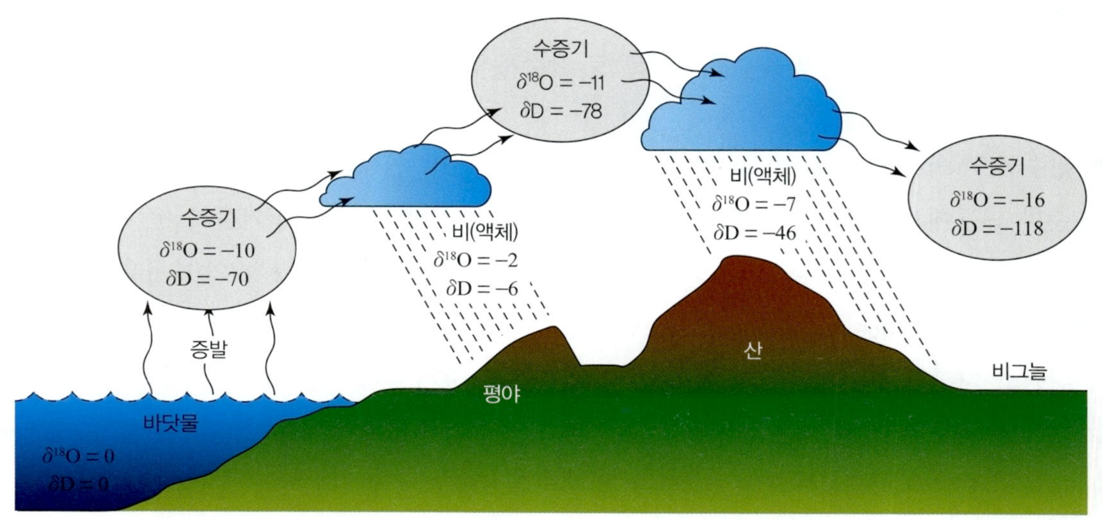

그림 2.11 수증기와 강수의 산소 및 수소 동위원소의 분별을 나타내는 개략도. 기단이 먼저 해수 위를 통과할 때(그리고 증발에 의해 수증기를 얻는다), 단열 냉각, 응결 및 강수를 일으키는 언덕과 산 위를 지나며 공기 덩어리에서 비가 내리며 남아 있는 수증기가 점차 고갈된 동위원소 조성을 가진다. 그 결과 응축되어 강수로 떨어지는 물의 동위원소 조성도 점차 고갈된다. $\delta^{18}O$, δD 값의 단위는 ‰이다.

● 강수 동위원소의 공간적 변화

수문 순환에서 동위원소 변화를 시각화하기 시작하는 한 가지 방법은 증기 공급원으로부터의 거리에 따른 동위원소 분별을 조사하는 것이다. 그림 2.11은 기단이 언덕이나 산 위로 올라갈 때 냉각되는 강수의 도식적인 예를 보여준다. 공기의 상승은 단열 냉각(높은 고도의 낮은 기압으로 상승하는 공기의 팽창으로 인한 결과)을 유발한다. 열역학적 고려 사항과 레일리 증류에 의해 설명된 동역학 제어에 의해 예측된 바와 같이 응결되는 강수는 남아 있는 수증기에 비해 ^{18}O 및 D가 풍부하다.

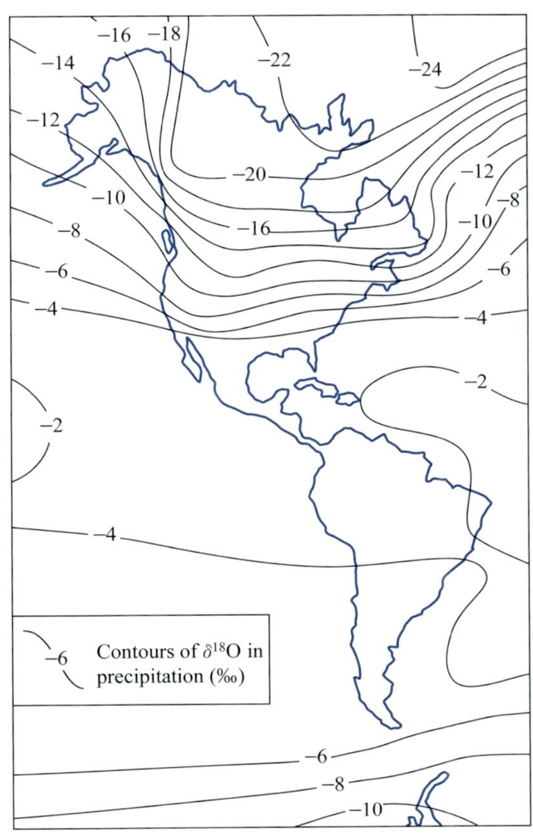

그림 2.12 서반구 강수의 $\delta^{18}O$(‰) 변화(Yurtsever and Gat, 1981). 더 고갈된(낮은 $\delta^{18}O$) 값으로의 일반적인 이동은 레일리 증류의 결과이다.

더 넓은 규모의 $\delta^{18}O$의 공간적 변동성은 그림 2.12에 나타나 있으며, 이는 서반구에서 위도의 함수로 변화되는 패턴을 보여준다. 적도에서 극지방 쪽으로 갈수록 강수의 $\delta^{18}O$, δD 값의 감소를 위도 효과(Faure, 1998)라고 하며, 주로 다음 요인에 의해 제어된다.

① 기단이 극지방 쪽으로 이동할 때 액체 물의 응축에 의해 기단에서 ^{18}O 및 D의 제거, 기단이 냉각됨에 따라 레일리 증류 및 증가하는 분별계수에 의해 주도되는 프로세스.

② 고위도에서 물의 증발은 더 낮은 온도에서 발생하므로 분별계수가 더 커지고 고위도에서 생성된 증기는 ^{18}O 및 D에서 상대적으로 고갈될 것이다.

③ 식물에서 일어나는 증산은 잎 내부 수분의 ^{18}O와 D를 상대적으로 농축시키는 분별을 유발하며, 이러한 동위원소 조성은 이후 식물 조직 화합물에도 반영된다(더 무거운 동위원소가 더 안정적인 결합을 형성한다).

● 강수 동위원소의 온도 의존성

$\delta^{18}O$(또는 δD) 값의 계절적 변화는 지표수가 증발할 때 산소(또는 수소) 동위원소의 분별에 영향을

미치는 온도 차이로 인해 발생한다. 더 따뜻한 여름 공기는 겨울 강수에 비해 무거운 동위원소 ^{18}O와 D가 농축된 강수를 초래한다.

그림 2.13은 북대서양 해안 관측소와 그린란드 만년설 관측소를 포함하는 매우 넓은 온도 범위에 걸쳐 강수의 연간 평균 $\delta^{18}O$ 값과 지표 기온(t) 사이의 선형 상관관계를 보여준다. 대체적으로 온도가 높은 지역일수록 강수의 $\delta^{18}O$ 값이 부화되어 나타남을 알 수 있다.

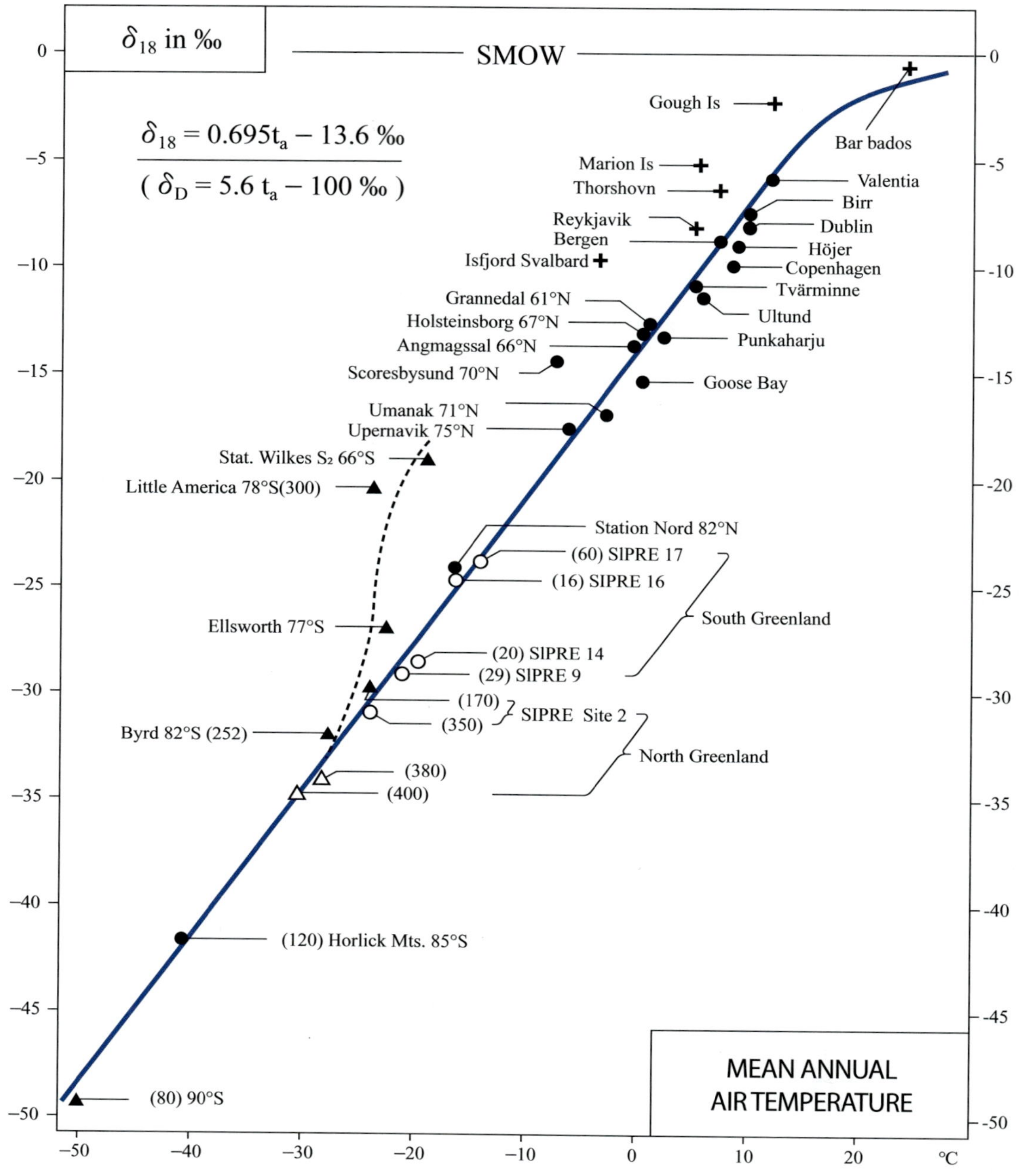

그림 2.13 연간 지표 평균 기온에 대한 강수의 연간 평균 $\delta^{18}O$ 값의 관계식(Dansgaard, 1964). 괄호 안의 수치는 조사된 적설층의 총 두께를 나타낸다.

● 온도 프록시로써 고기후 연구에 활용

강수에서 $\delta^{18}O$ 및 δD의 온도 의존성은 장기간에 걸쳐 온도의 함수로 변하며, 고기후를 분석하는 가장 중요한 수단 중 하나이다. 온도와 $\delta^{18}O$(또는 δD)의 관계를 고려하면, 과거 기후가 한랭했던 시기에는 강수의 동위원소 값이 더 낮게 기록되었을 것이며, 반대로 온난한 시기에는 상대적으로 높은 동위원소 값을 보였을 것으로 예측할 수 있다. 이러한 온도-동위원소 상관성은 홍적세까지 이어지

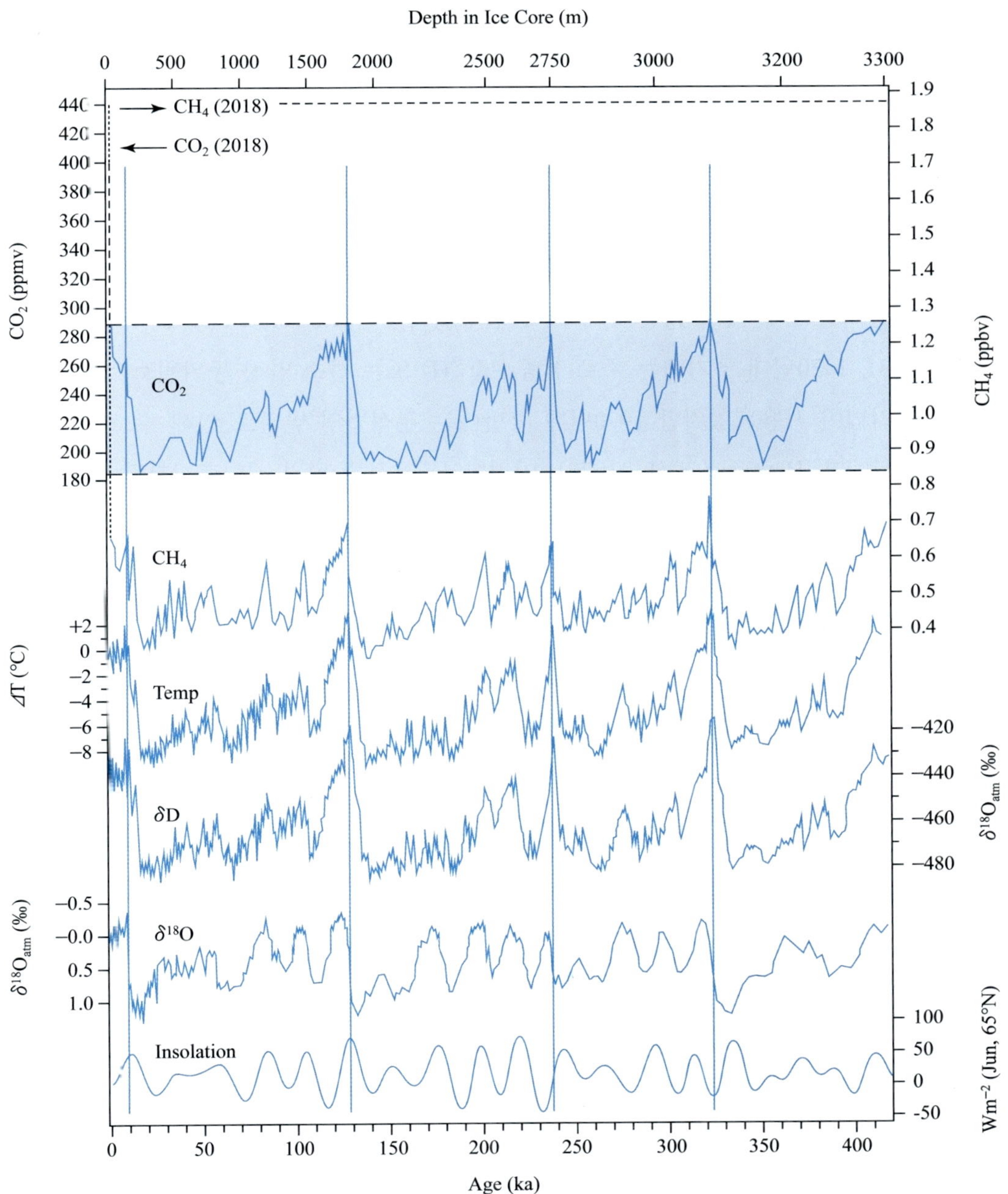

그림 2.14 지난 42만 년(420 ka) 동안 남극 보스토크 빙하 코어에 기록된 대기 CO_2 및 CH_4 농도(얼음에 갇힌 버블로 측정)와 물 안정 동위원소를 바탕으로 복원한 대기 온도 변화

는 고강수 기록을 해석하는 데 핵심적이며, 그 대표적인 사례는 남극 대륙과 그린란드에 형성된 두꺼운 빙상이다. 이 지역에서는 강수가 눈 형태로 퇴적되어 시간이 지나면서 압축되고, 결국 얼음 코어로 보존된다. 극지방의 빙하는 화산재의 주기적인 층을 포함하고 있어 방사성 연대 측정과 지구화학적 지문을 통해 퇴적 연대를 결정할 수 있다.

가장 긴 빙하 고온도 기록 중 2가지는 남극 대륙의 두꺼운 만년설에서 회수된 얼음 코어에서 나온 것이다(Petit et al. 1999; Augustin et al. 2004). 그림 2.14에 제시된 얼음 코어 데이터는 강수(지금은 빙하 얼음층에 보존된다)의 $\delta^{18}O_{atm}$ 및 δD가 지구의 온도 변화에 따라 주기적으로 변한다는 것을 나타낸다. 빙하 코어의 $\delta^{18}O$ 및 δD 측정은 인위적 기후 변화 이전의 온도와 CO_2 사이의 관계뿐만 아니라 온도의 자연적 변화(전 지구적 및 지역적)를 조사하는 데 매우 중요한 도구임이 입증되었다.

● **토양수 및 지하수 추적자로써의 활용**

지난 50여 년 동안 동위원소 추적자를 활용하여 지하수, 융설, 토양수, 강우 등이 어떠한 경로로 하천까지 이동하는가에 대해 많은 연구들이 진행되어왔다(McDonnell et al., 1990; Klaus and McDonnell, 2013). 1970년대 초기에는 주로 삼중수소(^3H) 또는 산소 안정 동위원소(^{18}O)를 이용한 동위원소 수문 분리법이 사용되었지만 1970년대 후반에는 분석법의 발달로 인해 수소 안정 동위원소(^2H)까지도 사용되었다(Hermann et al., 1978). 이러한 물 안정 동위원소를 추적자로 이용한 '강우 수문 곡선 분리(storm hydrograph separation)'는 많은 지역에서 수계의 특성을 이해하는 데 큰 기여를 해왔다. 특히 과거에는 강우가 발생해 모두 지표 밑으로 침투된 후 지하수로 충진되어 하천에 방출되는 1성분계(그림 2.15a)와 지표수 및 지하수를 고려하는 2성분계(그림 2.15b)에 대해 많은 연구가 수행되었지만, 최근 동위원소 수문 곡선 분리법(isotopic hydrograph separation)의 발달로 인해 지표수, 지하수뿐만 아니라 토양에 저장되어 있던 토양수도 함께 고려하는 3성분계(그림 2.15c)의 중요성이 강조되고 있다.

물 안정 동위원소 외에도 질산염 안정 동위원소를 붕소, 스트론튬, 황, 탄소, 리튬, 우라늄 동위원소와 함께 이용하여 오염원의 기여도를 산정하는 연구들이 꾸준히 진행되고 있다(Kendall et al., 2007; Jung et al., 2020). 이와 같이 다양한 동위원소 추적자를 이용한 수문 분리의 결과, 하천의 기저유출 기여도가 직접 유출보다 높음을 여러 연구들을 통해 알 수 있었다 (Durka et al., 1994; Taylor et al., 2001; Ohte et al., 2004; Barnes et al., 2008; Kim et al., 2017). 동위원소 및 화학 성분을 이용한 수문 분리법은 하천에 기여하는 성분의 순수한 동위원소 및 화학 조성을 단성분으로 규정 또는 가정하고, 이들이 하천에 어떤 비율로 혼합되었는지를 계산하여 수문 곡선을 분리하는 것이다(Lee, 2017). 동위원소를 이용한 수문 분리법 중에 물 안정 동위원소를 추적자로 이용한 연구는 다음과 같은 장점이 있다(Kendall and McDonnell, 1998; Klaus and McDonnell, 2013; Kim et al., 2017; Lee, 2017).

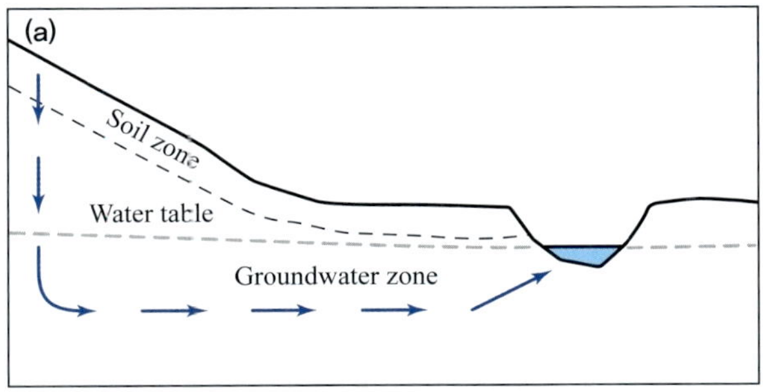

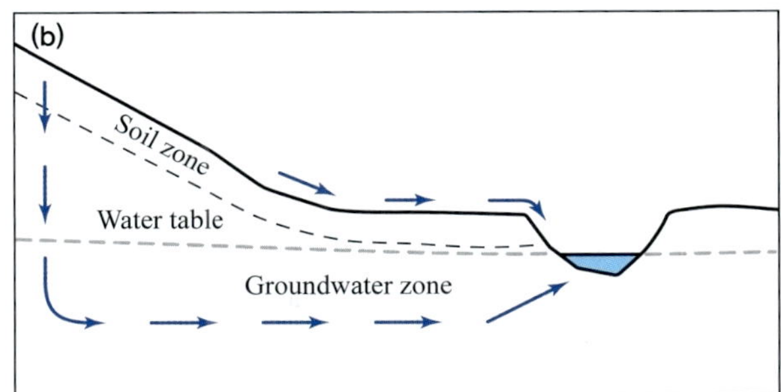

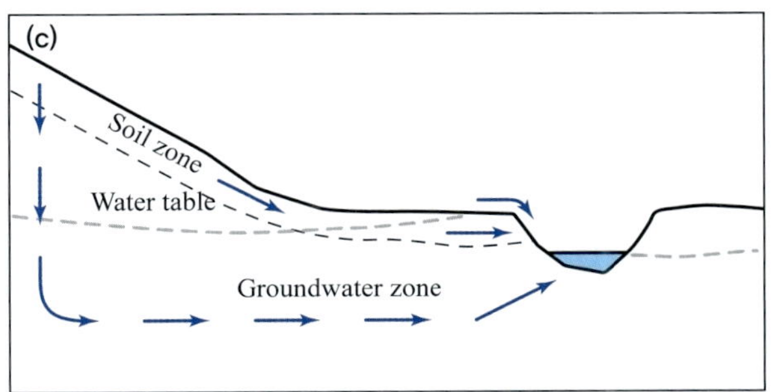

그림 2.15 하천수의 단성분들

① 물 안정 동위원소는 물 분자(H_2O) 그 자체가 추적자가 된다.

② 강우에 의해 자연적으로 추적자를 투입할 수 있다.

③ 상온에서는 암석 또는 광물 속의 물과 반응하지 않아 비반응(conservative)추적자이다. 200°C 이상에서는 암석과 물이 반응하여 물의 안정 동위원소 값을 변화시킬 수 있다.

④ 오직 혼합(mixing)과 증발만이 동위원소비(ratio)를 변화시킬 수 있다.

따라서 물 안정 동위원소는 물의 이동을 추적하는 데 이상적인 추적자로 여겨지며 이러한 특성을 활용하여 **질량보존 방정식**(mass balance equation)을 각 계(하천수, 지하수, 강우 등)에 적용하면 각각의 성분이 하천에 어떻게, 얼마만큼 기여하는가를 정량적으로 계산할 수 있다. Sklash and Farvolden(1979)은 다음과 같이 강수에 의한 직접 유출(new water)과 지하수에 의한 기저 유출(old water) 성분을 추적자의 조성이나 농도에 대한 질량보존 방정식을 이용하여 직접 유출이 하천에 기여하는 바를 다음과 같이 구하였다.

$$Q_t = Q_r + Q_g \quad \text{(식 2.6)}$$

$$C_t Q_t = C_r Q_r + C_g Q_g \quad \text{(식 2.7)}$$

$$x = \frac{C_t - C_g}{C_r - C_g} \quad \text{(식 2.8)}$$

Q_t는 하천에서 측정한 유량이며, Q_r과 Q_g는 각각 직접 유출과 기저 유출이 하천에 기여하는 양이다. C는 추적자의 농도 또는 동위원소 비율이며, x는 직접 유출이 하천에 기여하는 비율이다($x = Q_r/Q_t$).

나. 탄소 안정 동위원소($\delta^{13}C$)

탄소 안정 동위원소는 대부분 ^{12}C (98.9%)와 ^{13}C (1.1%)의 형태로 존재하며, 미국 사우스캐롤라이나 백악기 지층(peedee층)에서 수집한 벨렘니텔라 아메리카나(belemnitella americana, cretaceous belemnite: 백악기의 전석)로부터 생성된 탄산칼슘을 사용하여 탄소 안정 동위원소비를 측정한다(Craig, 1957). 탄소 안정 동위원소비는 생물 기원 메탄으로부터 동물의 조직, 식물 등에 이르기까지 그 범위가 100‰까지 넓은 범위에 걸쳐 존재한다. 육상 식물은 대기 중의 CO_2, 해양 생물의 경우에는 해수에 녹아 있는 용존 무기탄소(DIC)가 전체적인 탄소 안정 동위원소비의 변동에 영향을 미친다(Fry, 1988). 육상 식물의 경우에는 대기 중의 CO_2를 이용한 광합성 기작의 차이로 인하여 식물의 탄소 안정 동위원소비의 변동을 야기한다(Smith and Epstein, 1971).

C3 계열 식물(Calvin cycle: −35~−20‰)과 C4 계열 식물(Hatch-Slack cycle: −18~−7‰)은 서로 다른 광합성 과정을 가지기 때문에 탄소 안정 동위원소비의 차이를 가져오며(Sage and Monson, 1999), 광합성 과정 중에서 C3 식물이 C4, CAM 계열 식물보다 심한 분별 작용이 발생하기 때문에 탄소 안정 동위원소비가 무거운 값을 나타낸다(Farquhar, 1983). CAM (Crassulacean Acid Metabolism) 계열의 광합성 방식을 가지는 식물(−22~−10‰)은 C3 식물 및 C4 식물과 탄소 안정 동위원소비가 겹친다(O'Leary, 1988). 해양 생물의 경우에는 탄소 안정 동위원소비가 −18~−30‰로 다양하며, 고위도에 위치할수록 가벼운 값을 가진다(Rau et al., 1982). 이처럼 광합성에 필요한 인자인

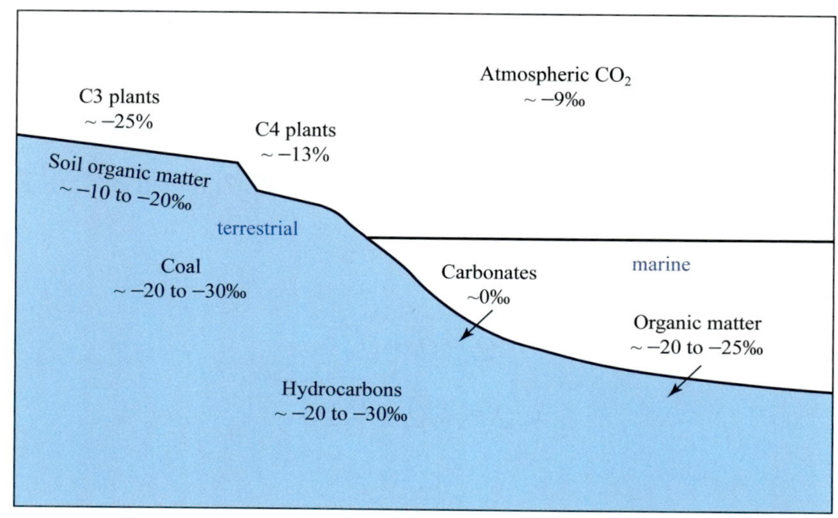

그림 2.16 지구 표면과 그 근처의 일반적인 탄소 저장소에 대한 $\delta^{13}C_{PDB}$ 값. 모든 저장소에 $\delta^{13}C$는 0‰ 이하의 값을 나타내며 C3 식물, 탄화수소 및 해양 유기물은 가장 고갈된(동위원소적으로 가장 가벼운) 값을 갖는다. 그에 반해 탄산염은 ~0‰의 값으로 가장 부화되어 있다.

이산화탄소의 존재 형태의 차이로 인해서 육상 식물(가스상, CO_2)과 해양 생물(용존상, HCO_3^-)의 탄소 안정 동위원소비의 차이가 발생하며, 이를 활용하여 생태계 내 유기물의 기원 파악, 먹이사슬 연구 등이 이루어지고 있다(Maberly et al., 1992).

다. 질소 안정 동위원소($\delta^{15}N$)

질소 안정 동위원소는 대부분 ^{14}N(99.6%)와 ^{15}N(0.4%)의 형태로 존재하며, 가장 거대한 질소 저장고인 대기 중의 질소(N_2)를 이용하여 질소 안정 동위원소비를 측정한다(Mariotti, 1983). 대기 중 질소의 안정 동위원소비는 0‰이며, 식물에 의한 생물학적 질소 고정(biological N_2 fixation) 과정 중의 동위원소 분별은 매우 작아서 질소 안정 동위원소비가 0‰에 가깝다(Fry, 1988). 대기 중의 질소를 이용하지 않는 식물은 질소 안정 동위원소비가 다양한 범위를 나타내며, 암모늄(NH_4^+) 또는 질산염(NO_3^-) 등과 같은 질소원의 기원에 영향을 받는다. 질산화 과정(nitrification)은 암모늄(ammonium)이 질화 박테리아에 의해 산화되어 아질산염(nitrite)을 거쳐 질산염(nitrate)으로 변화되는 것이다. 질소 저장고에 암모늄 이온의 농도 및 반응 속도 등에 따라서 최대 35‰까지 분별 작용이 나타난다(Binkley et al., 1985). 탈질소 과정(denitrification)은 질산염이 환원되어 아질산염, 산화질소 및 아산

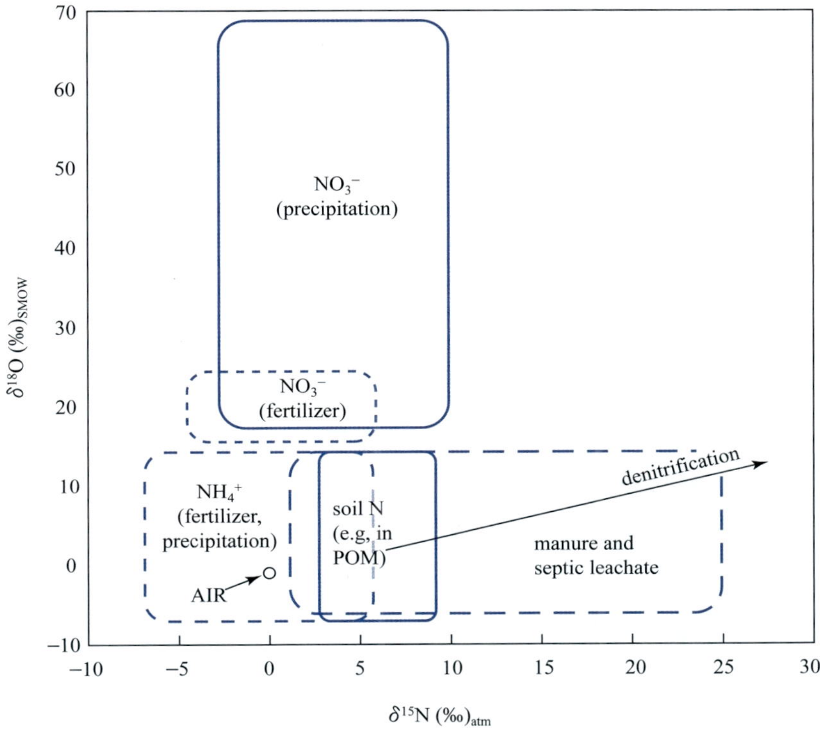

그림 2.17 $\delta^{15}N$ 및 $\delta^{18}O$를 기반으로 한 질산염 소스 구분. 탈질소화는 질산염 또는 기타 N 종이 N_2 가스로 환원되는 반응이며 동위원소적으로 가벼운 ^{14}N(및 ^{16}O)의 방출은 잔류 유기 고형물이 동위원소적으로 더 부화된 경향을 초래한다(Kendall and McConnell, 1998).

화질소를 거쳐 가스 상태의 질소로 된다. 이때 질소 안정 동위원소비는 기질에 비해서 −20‰까지 가벼워진다(Perez et al., 2000, 2001). 하버 제조법(Haber process)으로 만들어진 합성 비료의 경우 질소 안정 동위원소비($\delta^{15}N$)는 0‰에 가까우며, 가축 분뇨에서 발생한 암모니아 화합물로 만들어진 합성 비료는 20~30‰의 무거운 질소 안정 동위원소비를 나타내고 있어 이 차이를 이용한 질소 오염의 기원을 추적하는 연구가 진행되어왔다(Costanzo et al., 2001).

라. 황 안정 동위원소($\delta^{34}S$)

황 원소는 ^{32}S, ^{33}S, ^{34}S, ^{36}S의 4개의 동위원소가 존재한다. 그중 ^{32}S(95%), ^{34}S(4.2%)가 대부분의 비율로 존재하며, $^{34}S/^{32}S$의 비를 주로 사용한다. 황 안정 동위원소비는 CDT(Canyon Diablo Troilite, 협곡 디아블로 운석 중의 황철석 FeS)를 표준 물질로 사용한다(Thode et al., 1961). $\delta^{34}S$의 값은 일반적으로 −30‰에서 +30‰ 범위에 속하지만 드물게 −65‰(황화물에서)과 120‰(황산염에서; Hoefs 2009)만큼 높은 경우가 있다. 일반적으로 가장 고갈된 $\delta^{34}S$ 값은 퇴적성 황화물(예: 황철석)에서 발생하는 반면, 더 높은 값은 해양 황산염(+21‰; Kendall and Doctor 2003) 및 증발 황산염(+10‰~+30‰; Hoefs 2009)에서 발생한다.

황 안정 동위원소비의 변동은 주로 생물학적인 분별 과정에 기인한다(Bottrell and Raiswell, 2000). 분별 시 가벼운 ^{32}S는 기체상(H_2S)으로 날아가고 무거운 ^{34}S는 SO_4^{2-} 형태로 수용액 또는 고체상으로 남는다. 황 환원 박테리아에 의해 황산염(SO_4^{2-})이 황화물(H_2S)로 변하는 화학적 작용을 통해 기작과 생성물 사이에서 큰 분별 작용을 일으키며, 결과적으로 황화물의 안정 동위원소비는 −40‰까지 가벼

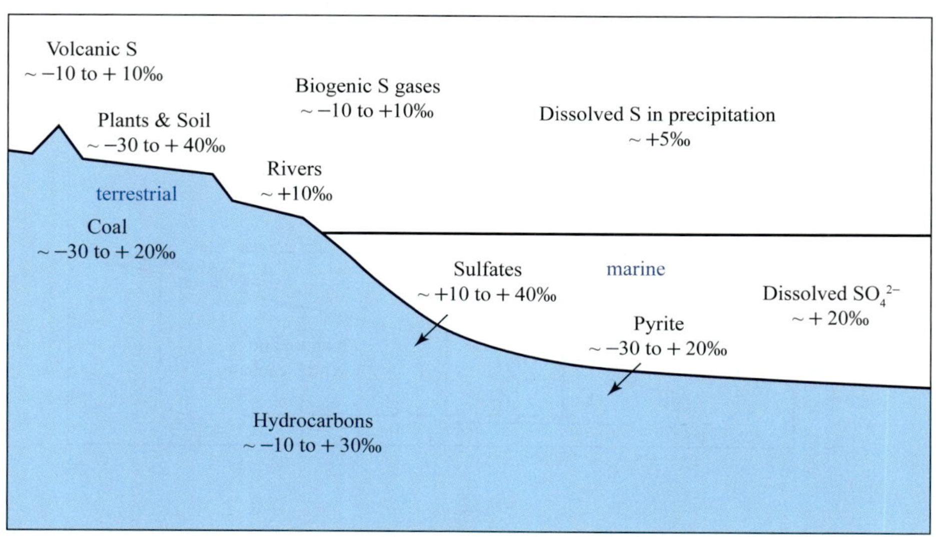

그림 2.18 지구 표면과 그 근처에 있는 일반적인 황 저장소에 대한 $\delta^{34}S_{CDT}$ 값. 이러한 저장소의 대부분은 $\delta^{34}S$의 넓은 범위를 가지며, 이는 부분적으로 황 순환에서 환원−산화 반응의 정도를 반영한다.

워질 수 있다(Habicht and Canfield, 1997). 육상 및 해양 식물은 황산염을 흡수하는 과정에서 황 안정 동위원소비의 미비한 분별 작용을 나타내기 때문에 무산소 환경의 지시자로써 사용되기도 하며, 먹이사슬에서 해양 기원 혹은 담수 기원 황산염을 판별하는 데 사용된다(MacAvoy et al., 1998).

2) 방사성 동위원소

(1) 정의

동위원소 중에 방사능이 있는 것을 **방사성 동위원소**(放射性同位元素)라고 하며, 이런 불안정한 원자핵을 가진 원자를 **방사성 핵종**(放射性核種)이라고 한다. 방사성 핵종은 감마선이나 다른 아원자 입자를 방출하며 방사성 감쇠를 하게 된다. 방사성 동위원소는 천연 상태로 산출되기도 하며, 인공적으로 합성되기도 한다.

(2) 반감기

반감기란 방사선 물질의 양이 처음의 반으로 줄어드는 데 걸리는 시간이다. 이 용어는 불안정한 원자들이 얼마나 빠른 속도로 핵분열을 하는지 알기 위해 핵물리학에서 빈번히 사용되지만, 지질학이나 고고학에서 지질 연대 측정에도 많이 이용된다. 특히 반감기가 긴 장반감기 핵종으로는 U(Th), Rb, Sm, Re, Lu, La, Os, Pt, Pa가 있으며 이와 관련된 반응 계열에는 U(Th)-Pb, K-Ar, Rb-Sr, Sm-Nd, Re-Os, Lu-Hf가 있다. 이러한 장반감기 핵종은 주로 지질 연대가 오래된 암석 시료의 연대 측정에 주로 이용된다. 반면에 비교적 반감기가 짧은 우주 기원 핵종으로는 ^{14}C, ^{10}Be, ^{129}I, ^{36}Cl가 있으며, 이러한 단반감기 핵종 중 ^{14}C가 고고학이나 제4기 지질학에 널리 이용되고 있다.

● 방사성 붕괴의 속도론을 이용한 반감기 유도

방사성 물질은 시간이 지남에 따라 방사선이나 입자를 방출하여 방사성 농도가 점차 변해간다. 즉 방출된 입자의 개수(cpm)를 매분마다 시간에 대하여 log로 도시하면 직선 관계가 얻어져 1차 반응을 나타낸다. 예를 들어 물질 A가 방사선 붕괴하여 B로 변한다고 하자.

$$A \rightarrow B$$

불안정한 방사성 동위원소 어미 핵종이 안정한 딸 원소로 붕괴하는 속도는 어떤 시간(t)에서 방사성 동위원소의 총 수 $N(t)$와 비례한다.

이때 1차 반응을 화학 반응 속도 법칙에서처럼 다음과 같이 나타낼 수 있다.

$$\upsilon = -\frac{dN}{dt} = \lambda N(t) \quad \text{(식 2.9)}$$

λ = 방사성 핵종의 붕괴 상수(decay constant)

$N(t)$ = 시간 t만큼 지난 후에 시료 속에 포함되어 있는 동위원소 핵종의 수

식 2.9에서 $\frac{dN}{dt}$은 방사성 핵종이 시간이 지남에 따라 붕괴하여 모원자의 수가 변화하는 비율이다. (−)의 기호는 시간이 지남에 따라 이 비율이 감소하기 때문이다.

예를 들면 어떤 화성암체가 마그마에서 결정화된 후 시간 t만큼 경과되었다면 화성암 시료 속의 어미 핵종이 붕괴하여 만들어진 딸 원자 양은 $N_D = N_0 - N(t)$으로 표현할 수 있다. N_0은 방사성 핵종이 붕괴하기 전($t = 0$)에 시료 속에 포함되어 있던 동위원소 핵종의 총 수이며 $N(t)$은 시간 t만큼 지난 후에 시료 속에 포함되어 있는 동위원소 핵종의 수이다. 이와 같은 논리적 개념에 근거하여 식 2.9를 적분 가능한 형식으로 정리하면 다음과 같다.

$$\frac{dN}{dt} = -\lambda N(t) \quad \text{(식 2.10)}$$

식 2.10에서 처음 시간 0에서 나중 시간 t까지의 적분 구간에서 적분하면,

$$\int_{N_0}^{N(t)} \frac{dN}{N} = -\lambda \int_0^t dt \quad \text{(식 2.11)}$$

$$\ln\left(\frac{N(t)}{N_0}\right) = -\lambda t \quad \text{(식 2.12)}$$

$$N(t) = N_0 e^{-\lambda t} \quad \text{(식 2.13)}$$

$N(t)$은 방사성 핵종이 붕괴 전에 존재하고 있던 핵종의 총 수 N_0을 포함하는 식이 나온다.

반감기인 $t_{1/2}$의 경우 처음 농도의 반이 되는 시점으로 식 2.13에 $N(t) = \frac{1}{2}N_0$을 대입하면

$$\frac{1}{2}N_0 = N_0 e^{-\lambda t} \quad \text{(식 2.14)}$$

$$\frac{1}{2} = e^{-\lambda t_{1/2}} \quad \text{(식 2.15)}$$

$$\ln 2 = \lambda t_{1/2} \quad \text{(식 2.16)}$$

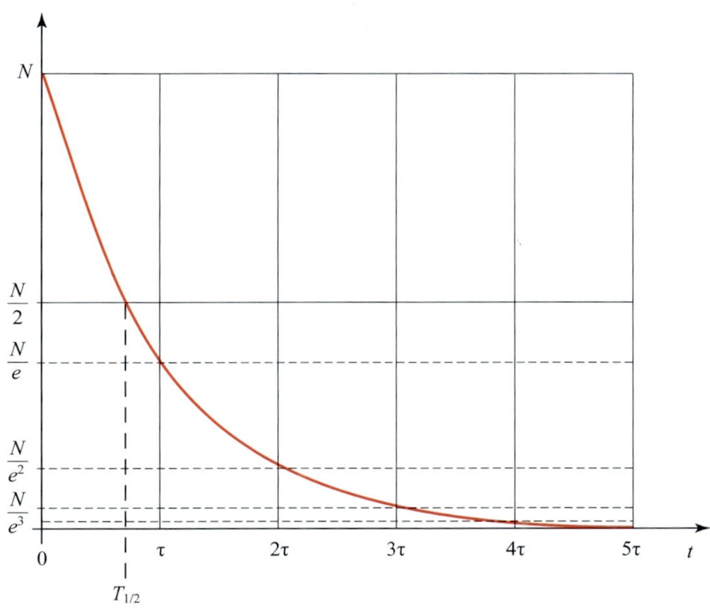

그림 2.19 반감기의 진행 횟수에 따라 남아 있는 물질의 비율

$$t_{1/2} = \frac{\ln 2}{\lambda} \quad \text{(식 2.17)}$$

핵종이 붕괴되어 그 양이 반으로 되는 데 걸리는 시간인 반감기가 나온다.

(3) 방사선 붕괴

가. 알파 붕괴(alpha decay)

원자핵이 알파 입자를 방출하면서 질량수는 4가 감소하고 또한 원자번호는 2가 감소하는 과정이다. 비교적 무거운 핵종(주로 원자번호 83 이상)에서 일어난다. 예시로 우라늄이 알파 붕괴하여 토륨을 만든다.

일반적으로 X 원소가 Y 원소로 알파 붕괴하는 과정은

$$^{A}_{Z}X \rightarrow {}^{A-4}_{Z-2}Y + {}^{4}_{2}\mathrm{He}\,(\alpha) \quad \text{(식 2.18)}$$

와 같이 표현되며, 이때 방출되는 운동 에너지는 Y 원소와 입자가 질량에 반비례하여 가지므로, 운동 에너지 스펙트럼이 불연속적이다.

예를 들어 우라늄이 알파 붕괴를 통해 토륨이 되는 과정은 다음과 같다.

$$^{238}_{92}\mathrm{U} \rightarrow {}^{234}_{90}\mathrm{Th} + {}^{4}_{2}\mathrm{He}(\alpha) \quad \text{(식 2.19)}$$

이 과정은 다음과 같이 간략하게 쓸 수 있다.

$$^{238}\mathrm{U} \rightarrow {}^{234}\mathrm{Th} + \alpha \quad \text{(식 2.20)}$$

알파 입자(α)는 헬륨 핵이며, 전체 원자량 및 원자번호는 보존된다. 알파 붕괴는 어미핵이 2개의 딸핵으로 나뉘는 핵분열에서 필수적인 과정이다. 알파 붕괴는 기본적으로 양자 터널링 과정이다. 베타 붕괴와 알파 붕괴가 동시에 일어나는 일부 방사성 물질에서는 헬륨 원자가 생겨난다.

대부분의 알파 입자는 대략 5 MeV의 에너지를 가지고 방출되며, 그중 98%는 운동 에너지이고, 환산하면 1만 5,000 km/s 정도의 속도이다.

지구에서 생산되는 헬륨 대부분은 지하에 매장된 우라늄 및 토륨 등의 광물에서 알파 붕괴로 인해 발생한 것이다. 발생 후에 일부는 천연가스 등에 녹아 있다가(최대 7%의 부피) 분별 증류와 같은 저온 분리 과정을 통해 부산물로 얻어진다.

헬륨은 지구 대기상에 오랫동안 머물러 있다가 서서히 우주 공간으로 빠져나간다. 이는 헬륨 자체가 가볍고 다른 원소와 화합물을 이룰 수 없기 때문에 매우 가벼워 지구 중력으로는 잡을 수 없기 때문이다.

나. 베타 붕괴(beta decay)

베타 붕괴는 원자핵의 중성자가 양성자로 변하면서 베타 입자(전자)를 방출하는 방사성 핵붕괴를 말한다. 중성자는 양성자보다 약간 질량이 크고 좀 더 높은 에너지 상태에 있어 자발적으로 베타 붕괴가 일어나면서 에너지를 방출한다. 베타 붕괴가 일어나면 핵 내부의 양성자가 1개 증가하므로 원자번호는 1이 커지지만, 양성자와 중성자의 합에는 변화가 없어 질량수는 변하지 않는다. 예로는 방사성 탄소 동위원소 붕괴가 베타 붕괴에 해당한다.

$$^{14}_{6}\mathrm{C} \rightarrow {}^{14}_{7}\mathrm{N} + e^{-} \quad \text{(식 2.21)}$$

핵물리학에서는 전자 대신 양전자(e^{+})가 방출되는 현상을 '양의 베타 붕괴(β+)'라고 부르며, 전자가 방출되는 경우를 '음의 베타 붕괴(β−)'라고 구별한다.

다. 감마 붕괴(gamma decay)

에너지를 많이 가진 원자핵이 불안정한 상태에서 안정한 상태로 가는 과정으로 감마(γ)선을 방출하는 현상. 알파(α) 붕괴나 베타(β) 붕괴와는 달리 핵을 이루는 소립자의 구성에는 변화가 없으므로 핵의 종류나 원자번호, 질량수는 변하지 않는다. 보통 지구에서의 감마선은 대부분 방사성 붕괴와 우주선 입자와의 대기 상호 작용에 의한 2차 방사선의 결과물이다. 감마선은 가장 짧은 파장의 전자기파를 가지고 있어 가장 높은 에너지를 갖는데, 감마선과 X선 간에 물리적인 차이는 없다. 즉 같은 가시광선인 태양빛과 달빛이 다른 이름인 것처럼, 감마선과 X선은 같은 전자기 복사이며 이름만 다를 뿐이다. 그러나 발생에서는 차이가 있다. 감마선은 고에너지 전자기 복사로 원자핵 전이에 의해 생겨나지만, X선은 고에너지 전자기 복사로 가속 전자의 에너지 전이에 의해 발생한다. 일부 전자 전이는 일부 원자핵 전이보다 높은 에너지의 전자기파를 발생시키는 것이 가능해 감마선과 X선이 전자기 스펙트럼에서 겹치게 된다. 감마선, X선, 가시광선, 자외선은 모두 전자기 복사의 일종이다. 다른 점은 주파수이며, 이로 인한 광자 에너지가 다르다는 것이다.

(4) 방사성 동위원소의 지구과학적 활용

가. 삼중수소(^3H)를 활용한 지하수 연대 측정

삼중수소는 방사능을 지니며, 반감기는 약 12.43년이다(Unterweger et al., 1980). 핵폭탄 실험이 시작된 1952년 이래 대기 중에 방출된 삼중수소가 지하수로 유입되어 그 농도는 증가하기 시작하며 1963~1964년에 최대치에 도달한 이후 점차 감소했다.

나. 방사성 탄소 동위원소(^{14}C)를 활용한 연대 측정

방사성 탄소 연대 측정법(radiocarbon dating)은 탄소화합물 중의 탄소에 극히 일부 포함된 방사성 동위원소인 ^{14}C의 조성비를 측정하여 그것이 만들어진 연대를 추정하는 방법이다. 간단하게 탄소 연대 측정이라고도 부른다. ^{14}C의 베타 붕괴는 반감기가 약 5,700±30년이며, 이를 이용하여 5만 년 이하의 연대를 측정할 수 있다.

탄소 연대 측정이 가장 많이 사용되는 대상은 유기물이 포함되어 있는 고고학 유물이다. 대기 중의 ^{14}C 비율이 일정했다고 알려져 있고 식물은 광합성, 동물은 호흡을 통해 대기 중에 있는 탄소를 주고받기 때문에 살아 있는 동물과 식물이 가지고 있는 ^{14}C의 비율은 공기 중의 비율과 일치한다. 사후에는 외부와 격리된 상태에서 ^{14}C만이 방사성으로 시간에 따라 감소하므로 반감기를 통해 경과 시간 추정이 가능해진다. 보정(calibration)을 거치지 않은 순 연대에 대해 흔히 1950년을 기준으로 거꾸로 올라가는 BP(Before Present)라는 단위를 쓰며, 보정을 통해 실제의 날짜와 일치시킨다. 1950년을 기준으로 삼는 것은 핵 실험에 의해 대기 중 ^{14}C의 양이 인위적으로 변화한 시점이 1950년이기 때문이다. 보정에 있어서는 일반적으로 매우 오랫동안 살아 있는 나무를 이용한다. 나이테 분석을 통해 나이를 정확히 알 수 있기 때문이다. 이 기술은 시카고 대학교의 윌러드 리비(Willard Frank Libby, 1908~1980)와 그의 동료들이 1949년에 발견하였다. 리비는 ^{14}C를 이용하면 1분에 단위 그램당 14개의 ^{14}C가 붕괴한다는 결과를 얻었고, 이로 인해 1960년 노벨 화학상을 수상하였다.

2.3 암석

1) 화성암

화성암은 마그마가 굳어진 암석이다. 화산에서 분출한 마그마가 땅에 쌓이거나 용암류로 흐르다 굳어진 암석을 화산암 또는 분출암이라 하고, 땅속으로 관입하여 굳어진 암석을 깊이에 따라 심성암이나 반심성암이라 한다.

(1) 화성암의 종류

화성암은 화학 성분, 조직과 구성 광물 등을 기준으로 분류한다(그림 2.20). 화학 성분에 의한 분류 중에서 가장 널리 이용되는 것은 규산염의 함량이다. 화성암에 포함된 SiO_2의 중량비(wt.%)에 따라 초고철질암(ultramafic), 고철질암(mafic), 중간질암(intermediate), 규장질암(felsic)으로 분류한다.

초고철질암은 SiO_2 함량이 45% 미만으로, 자주 관찰되는 암석은 감람석과 휘석으로 구성된 페리도타이트이다. 이 중에서 대부분 감람석으로 구성된 것을 감람암이라 하는데, 감람석이 황색이나 녹색의 반투명 광물이므로 이들의 집합체는 밝은색을 띤다. 페리도타이트는 휘석의 함량에 따라 세분한

			많음 — 63% (SiO_2 함량) 52% — 적음		
			규장질암	중간질암	고철질암
세립, 반상	분출	화산암	유문암	안산암	현무암
조립, 등립	관입	반심성암	화강반암	섬록반암	휘록암(조립 현무암)
		심성암	화강암	섬록암	반려암
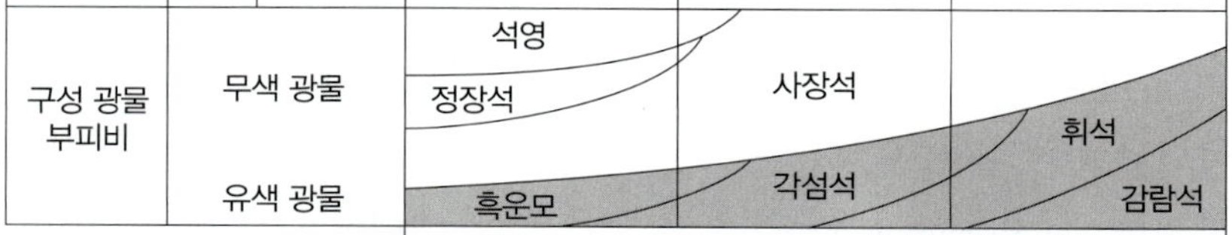 구성 광물 부피비	무색 광물		석영, 정장석	사장석	
	유색 광물		흑운모	각섬석	휘석, 감람석
			밝은색 — 어두운색		
			약 2.7 — 비중 — 약 3.2		

그림 2.20 규산염 함량과 조직에 의한 화성암의 분류

다. 고철질암은 SiO_2 함량이 52% 이하이며, 현무암과 반려암 등이 여기에 해당한다. 고철질암의 '고(苦)'는 마그네슘이라는 의미의 한자로, 마그네슘과 철이 중간질암이나 규장질암에 비해 많은 암석이다. 이 고철질암은 감람석과 휘석의 유색 광물의 많아 어두운색이다.

SiO_2 함량이 52%에서 63%까지인 중간질암에는 안산암과 섬록암 등이 있다. 여기에는 각섬석과 흑운모, 장석이 다양한 비율로 함유되어 있고, 암석의 색은 대부분 회색 계열이다. 규장질암은 SiO_2 함량이 63% 이상으로 유문암과 화강암 등이 있다. 이들을 규장질암으로 부르는 이유는 주 구성 광물이 규소로 이루어진 석영과 장석이기 때문이다. 규장질암의 유색 광물은 주로 흑운모이며, 각섬석을 포함하는 경우도 있다. 규장질 화산암을 데사이트와 유문암으로 나누는데, 데사이트는 SiO_2 함량이 70% 이하이고, 사장석이 정장석보다 많다. 유문암은 SiO_2 함량이 70% 이상이고 정장석이 사장석보다 많다.

화성암은 구성 광물 입자의 크기에 의해서도 나누는데, 입자의 직경이 1 mm 이하이면 세립질, 1~5 mm이면 중립질, 5 mm 이상이면 조립질이라 한다. 화산암 중에는 입자가 매우 작은 미정질이나 은미정질의 광물을 포함하거나 유리로 이루어진 흑요석도 있다. 화산암은 편광 현미경으로도 광물의 구성 비율을 측정할 수 없기 때문에 그림 2.21과 같이 SiO_2와 알칼리($Na_2O + K_2O$) 성분을 기준으로 분류한다. 현무암-안산암-유문암 계열은 조면현무암-조면안산암-조면암 계열에 비해 상대적으로 알칼리 성분이 적다. 알칼리 성분이 매우 많은 암석은 바사나이트, 포놀나이트 등이다.

구성 광물의 크기를 편광 현미경으로 측정할 수 있는 심성암은 광물의 부피비로 암석의 이름을 세분한다. 규장질 심성암은 석영(Q), 정장석(A), 사장석(P)의 함량비에 따라 그림 2.22와 같이 구분한다. QAP 삼각도에서 화강암은 세 광물의 함량비가 비슷하고, 토날나이트는 정장석이 매우 적으며, 몬조

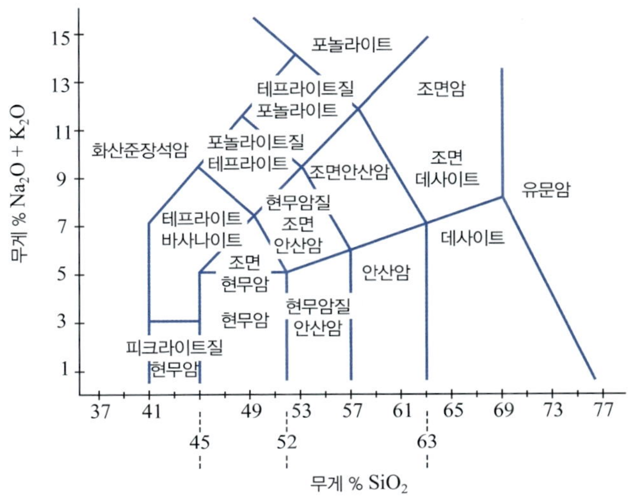

그림 2.21 화산암에 대한 IUGS 화학적 분류

나이트는 석영의 함량이 적은 암석이다. 중간질 심성암인 섬록암은 입자의 크기나 조직은 화강암과 유사하나 유색 광물이 많아 화강암보다는 짙은 회녹색 내지 회백색을 나타낸다. 주 구성 광물은 사장석과 각섬석이고, 흑운모와 휘석을 포함하는 경우도 있으며 석영과 정장석은 드물게 포함한다. 고철질 심성암인 반려암은 사장석(Pl)－휘석(Px)－각섬석(Hbl)의 함량비로 그림 2.23과 같이 세분하는데, 감람석을 포함하는 경우에는 사장석－휘석－감람석의 함량비로 분류한다. 지리산 북측의 마천 지역에서 산출하는 반려암은 감람석－휘석－각섬섬으로 구성되어 있다. 지리산 동쪽의 산청 지역에는 원생누대의 회장석이 분포한다.

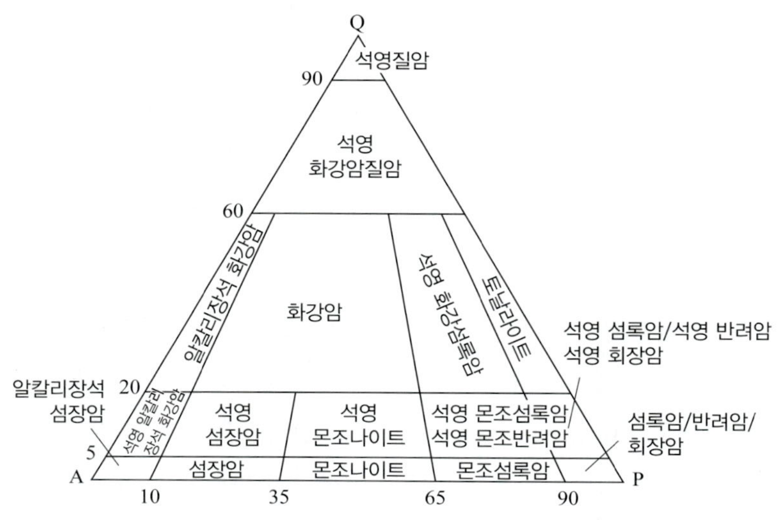

그림 2.22 화강암류의 IUGS 분류도

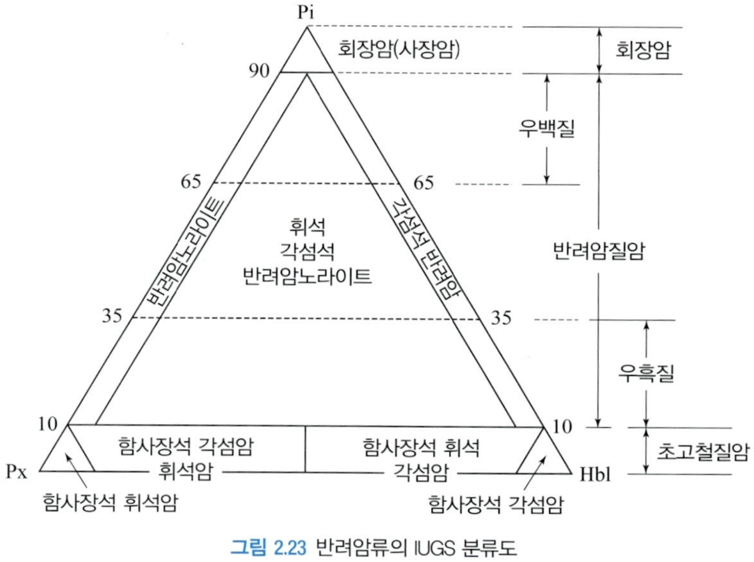

그림 2.23 반려암류의 IUGS 분류도

화성암을 조직에 의해 분류할 때 지표에 가까운 곳에서 암맥, 병반, 암상, 암경의 형태로 고결된 암석은 반심성암이다. 이들은 반상 조직을 나타내며 화강암, 섬장암, 섬록암과 구성 광물이 유사하여 각각 화강반암, 섬장반암, 섬록반암으로 불린다. 반심성암 중에서 고철질 마그마가 지표 가까이에 관입하여 암상이나 암맥으로 굳어지면 암녹색이나 회녹색의 **휘록암**(diabase)이 형성된다. 이 암석을 조립현무암 또는 **돌러라이트**(dolerite)라고도 부르며, 구성 광물은 반려암과 비슷하고 세립 내지는 중립질 반상 조직을 갖는다.

화산이 폭발성 분화할 때 공기 중으로 올라갔다 떨어진 화성쇄설물은 크기에 따라 나눈다. 쇄설물의 직경이 1/16 mm 이하이면 화산진, 1/16~2 mm이면 화산재, 2~64 mm이면 **화산력**(lapilli)이라 한다. 직경이 64 mm 이상인 덩어리 중에서 나선형이나 둥근 모양은 **화산탄**(bomb), 모가 난 것은 **화산암괴**(block)이다. 이들이 지표에 쌓이면 주 구성 입자의 크기에 따라 응회암, 화산력응회암, 집괴암 등으로 부른다(그림 2.24). 화산 분화로 공중에 올라간 물질이 고온 상태로 낙하하여 쌓이면 밀착되어 유상 구조를 가진 용결응회암이 형성된다. 이 과정에서 완전히 고화되지 않은 유리질의 부석은 납작하게 눌려 검은 렌즈나 나뭇가지 모양의 **피아메**(fiamme)가 된다(그림 2.25).

앞에서 소개한 암석 분류는 자연에 산출된 암석을 식별하고 근원 물질을 연구하고자 만든 인위적인 분류이며, 실제 암석의 모습은 훨씬 다양하다. 여기서는 우리나라에서 자주 관찰되는 화성암을 소개한다.

우리나라에 가장 넓게 분포하는 화성암은 중생대에 만들어진 화강암류이다. 우리나라 중생대 화강암류는 트라이아스기(약 2억 3,000만 년 전)의 송림변동 운동, 쥐라기(1억 8,000만~1억 3,000만 년 전)의 대보 조산 운동, 백악기(1억 3,000만~6,500만 년 전)의 불국사 변동 시기에 주로 관입되었다. 쥐라기 화강암을 대보화강암, 백악기 화강암을 불국사화강암으로 부른다. 대보화강암은 전체적으로 밝은색이나 회색을 나타내며 석영, 정장석, 사장석, 흑운모로 구성되고 가끔 각섬석을 포함한다(그림

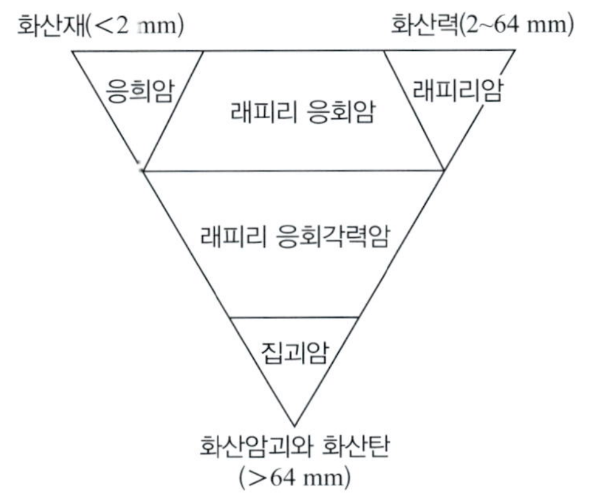

그림 2.24 화성쇄설암의 분류

그림 2.25 용결응회암에서 압축 신장된 피아메

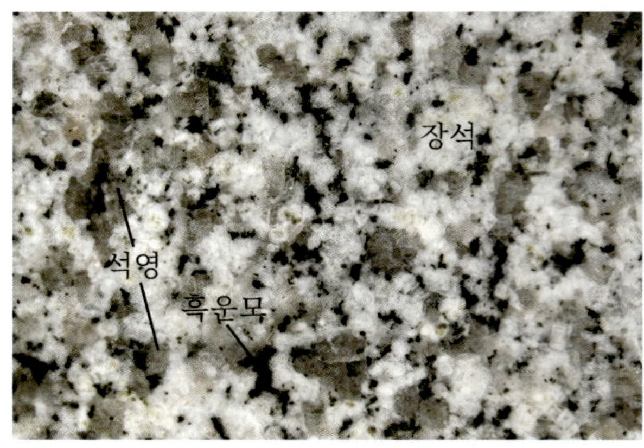

그림 2.26 회색의 대보화강암

그림 2.27 사장석 반정의 안산암

그림 2.28 유문암의 유상 구조

그림 2.29 감람암을 포획한 현무암

2.26). 옥천 습곡대 서남부의 호남 전단대에는 전단 작용을 받아 약한 줄무늬를 가진 엽리상 화강암이 분포한다. 불국사화강암은 옅은 분홍색의 정장석을 포함하는 것이 특징이며 광물 구성은 대보화강암과 유사하다. 백악기 화강암 중에 남해안을 따라 분포하는 미문상화강암 또는 그래노파이어라고 불리는 암석에는 미문상 조직이 현저하게 발달한다. 불국사화강암에는 수 밀리미터에서 수 센티미터 크기의 불규칙한 구멍이 발달하는데 이를 '정동'이라 한다.

우리나라에서 중성 화산암인 안산암은 중생대 화산활동이 활발했던 남부 지방에 유문암과 함께 자주 관찰된다. 안산암은 사장석의 반정을 포함하는 반상 조직이 흔하며 유색 광물은 휘석, 각섬석, 흑운모이다. 안산암은 노두의 신선한 표면에서는 회색 또는 녹회색으로 관찰된다. 백악기에 분출한 유문암과 응회암은 환경에 따라 녹색, 보라색, 적색, 회색의 다양한 색을 띤다. 그림 2.28은 무등산 동쪽에서 산출되는 유문암으로 붉은색 줄무늬가 형성되었다. 현무암은 제주도와 울릉도, 한탄강–임진강 유역에서 주로 산출되는데, 신생대 제4기 현무암은 대부분은 감람석과 휘석을 반정으로 포함한다.

현무암 내에서 맨틀 물질인 감람암을 포획한 현무암은 제주도(그림 2.29), 강원도 고성, 백령도, 충북 보은군 조곡리 등에서 발견된다. 감람암은 밝은 녹색의 감람석과 짙은 색의 휘석으로 구성된다. 제주도에는 알칼리암 계열에 속하는 조면암류가 분포하는데, 노두에서는 사각형의 백색 사장석 반정과 함께 세립질 광물이 석기를 이루고 있다.

(2) 화성암의 산출 상태와 조직

화성암의 산상은 마그마가 지표로 분출하여 형성된 화산암과 지하에서 굳어진 심성암의 형태가 다르다. 화산암은 화구에서 분화한 파편이 쌓인 것과 액체로 흘러나와 용암류로 흐르다 굳어진 것이 있다. 점성이 낮은 용암은 흐르면서 밧줄 모양으로 꼬여 실타래처럼 뭉쳐진 모양이지만, 표면은 광택이 나며 손으로 만져도 매끄럽다. 이런 용암을 파호이호이 용암이라 부른다. 그러나 점성이 높은 용암은 거칠고 불구칙한 덩어리 모양으로 굳어지는데 이를 아아 용암이라 한다(그림 2.30). 아아 용암은 크기나 모양이 불규칙하여 그 위를 걷는 것조차 힘들며, 표면에는 유리 바늘처럼 날카로운 결정으로 돋아 있는 경우가 있다. 점성이 낮은 용암이 흐르다 물과 만나면 표면이 급랭하여 둥근 형태로 굳어지는데 이를 베개 용암이라 부른다. 그림 2.31은 한탄강 아우라지에서 관찰되는 베개 용암의 단면으로 내부가 방사상으로 깨져 있다.

용암류가 흘러갈 때 공기와 접촉한 표면은 빨리 식어 굳어지고 내부는 온도가 높아 액체 상태를 유지하며 계속 흐른다. 내부의 용암이 모두 빠져나가면 큰 튜브 모양의 공간이 남는데 이를 용암 튜브라 한다. 제주도에는 만장굴을 비롯한 여러 개의 용암 튜브가 남아 있으며, 제주시 애월 해안에는 용암류가 원형으로 굳은 형태도 있다. 용암의 표층에는 용암이 냉각되는 동안에 물이나 이산화탄소 등의 가스가 빠져나와 공기구멍이 형성되는데 이를 기공이라 한다. 용암의 내부는 치밀한 암석이지만, 내부의 공기가 빠져나가며 만들어진 관(파이프) 모양의 길쭉한 기공이 다발을 이루기도 한다.

그림 2.30 하와이의 파호이호이 용암(마우나로아)과 아아 용암

그림 2.31 한탄강 베개 용암

그림 2.32 제주도 대포동 주상절리

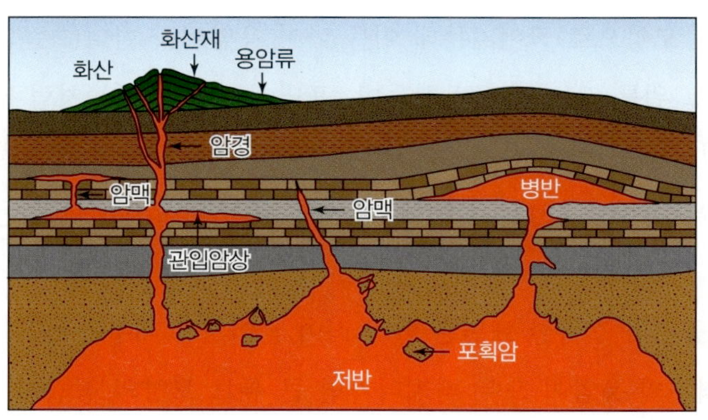

그림 2.33 화성암의 산출 상태

제주도 대포동에는 반듯하게 세워진 기둥 모양의 현무암이 해안선을 따라 분포한다(그림 2.32). 이러한 기둥 모양의 균열을 주상절리라 하는데, 제주도를 비롯하여 울릉도와 한탄강 등의 현무암, 남해와 통영 등의 안산암, 무등산의 데사이트에서 관찰된다. 경주 양남면에는 주상절리가 방사상으로 발달해 있다. 주상절리는 지표로 분출된 뜨거운 용암이 냉각할 때 수축되어 표면과 수직 방향으로 발달하는 균열이다. 수축 중심점이 고르게 분포하면, 수축점을 둘러싸고 발달한 균열이 서로 만나서 6각형, 5각형, 4각형 기둥을 만든다. 주상절리는 용암의 두께와 냉각 속도에 따라 형태가 다양하다.

지표에 도달하지 못한 마그마는 지하에서 고화되는데, 이런 화성암들은 기존의 암석들 사이로 뚫고 들어왔다는 의미로 관입암 또는 지하 심부에서 굳어진 암석이라는 의미로 심성암이라 부른다. 관입암 가운데 지하 깊은 곳에서 큰 규모로 관입하여 천천히 식어 굳어진 것을 저반이라 부르며, 이보다 규모가 작은 것을 암주라고 한다. 저반과 암주를 제외하면 대부분의 관입암체는 소규모로 산출된다. 이들은 굳어진 형태에 의해 지층면과 평행하게 관입한 암상, 호빵 모양의 병반, 나뭇가지 모양으로 가늘게 지표를 향해 뻗은 암맥, 마그마가 올라가는 길목이 굳어진 암경이 있다(그림 2.33).

그림 2.34 화성암의 조직. (a) 화강암의 조립질 조직, (b) 불국사화강암의 미문상 조직, (c)현무암의 반상 조직, (d) 안산암의 반상 조직.

미국의 팰리세이드 절벽에는 두께 수십 미터의 현무암질 마그마가 암상을 이룬다. 이 암상은 모암과의 상하 접촉부에서 현무암이 형성되고, 내부로 갈수록 결정 입자가 성장하여 조립현무암을 거쳐 반려암에 가까운 크기로 진화한다. 또한 초기에 정출한 감람석이 중력으로 침전하여 형성한 층과 결정화 최후 단계에서 형성된 규장질암까지 다양한 암석이 관찰된다. 암상은 마그마의 분화 작용에 대한 중요한 자료를 제공한다.

암석을 구성하는 크기가 다양한 광물들이 만드는 무늬를 조직이라 한다. 조직은 암석이 형성된 환경에 대한 정보를 제공한다. 광물 결정의 크기는 마그마가 냉각되어 굳어질 때 냉각되는 속도에 따라 달라진다. 지각 깊은 곳의 거대한 마그마 챔버에서는 냉각 속도가 상당히 느릴 것으로 예상된다. 지하 심부에서 광물의 성장 시간이 충분하다면, 입자는 비교적 굵고 유사한 크기의 등립질이며 조립질 조직을 갖는 심성암이 만들어진다.

화강암은 광물의 종류를 육안으로도 식별할 수 있는 대표적인 심성암이다(그림 2.34). 우리나라의 불국사화강암처럼 비교적 얕은 깊이에서 고화되는 경우에 광물 사이의 경계면이 뚜렷하지 않고, 석영과 정장석이 서로 연정을 이루는 경우가 있는데 이를 미문상 조직이라 한다.

지표로 분출된 용암은 급격히 냉각되어 유리질 조직이나 비현정질 조직의 화산암을 형성한다. 분출하기 이전에 마그마 내에서 광물 결정이 어느 정도 성장한 상태에서 마그마가 갑자기 지표로 분출한다면, 이미 성장한 광물과 액체 마그마가 함께 분출되어 고화된다. 이렇게 생성된 암석은 먼저 생성된 큰 광물(반정) 사이를 분출된 후에 만들어진 미립의 결정(석기)이나 유리가 채우는 형태가 되어 화산암의 반상 조직을 형성한다. 지하 심부에서 결정이 형성된 상태에서 마그마가 지하에서 이동하여 암맥, 암상, 병반을 형성하면 반심성암의 반상 조직이 만들어진다. 반상 조직에서 여러 개의 광물이 모여 하나의 반정을 이루면 취반상 조직이라 한다. 마그마 내에서 여러 개의 결정이 성장하고 있는 상태에서 이들을 포함하는 큰 광물이 형성되면, 마치 큰 결정 내부에 작은 결정들이 박혀 있는 모양을 갖는데 이를 포이킬리틱 조직이라 한다.

마그마가 공기 중에서 분화하여 냉각된 화산 유리는 결정 구조를 이루는 데 충분한 시간이 없을 때 형성된다. 천연 유리로 이루어진 대표적인 암석인 흑요석은 외관상 검정색 유리 덩어리이다. 또 다른 유리질 조직의 화산암으로 부석이 있다. 부석은 용암으로부터 많은 양의 기체가 이탈하면서 밝은색의 거품이 많은 덩어리를 형성할 때 만들어진다. 공기로 채워진 공간의 부피가 크기 때문에 대부분의 부석은 물에 뜬다. 부석처럼 기공이 매우 많지만 검고 무거운 암석은 스코리아이다.

(3) 마그마의 생성과 진화

마그마란 용어의 기원은 밀가루 반죽과 같은 상태의 혼합물을 뜻하는 그리스어이다. 상부 맨틀이나 지각 하부에서 암석이 부분적으로 용융된 액상의 규산염 물질을 마그마라 한다. 마그마는 전부 액체가 아니라 고체와 가스의 혼합물로서 보통 55% 이상이 용융 상태이면 마그마라 부른다.

마그마는 규소, 산소, 알루미늄, 철, 칼슘, 나트륨, 칼륨, 마그네슘 등으로 구성되어 있다. 마그마의 특성은 전체의 37~75% 정도를 차지하는 규산염(SiO_2)과 수증기(H_2O)의 함량에 따라 달라진다. 마그마 내에 소량으로 녹아 있는 가스는 마그마의 점성에 영향을 주고, 화산이 분화하는 형태를 결정하는 중요한 요소이다. 화산가스의 90% 이상은 수증기와 이산화탄소이다. 마그마는 규산염의 함량에 따라 현무암질 마그마, 안산암질 마그마, 화강암질(유문암질) 마그마로 나눈다. 현무암질 마그마는 분화된 마그마의 근원이라는 의미에서 본원 마그마라 부른다.

가. 현무암질 마그마

초고철질암인 맨틀 물질이 부분 용융하여 현무암질 마그마가 형성되는 방법은 온도 상승, 압력 하강, 물의 첨가의 3가지이다. 실제로는 이들이 복합적으로 작용하여 마그마가 생성될 것이다. 그림 2.35는 대륙지각과 해양지각의 지온 상승률과 함께 조건이 다른 2가지의 용융 곡선(a, b)을 보여준다. 지하 심부로 갈수록 온도와 압력은 지온 상승률 곡선을 따라 증가한다. 그러나 두 지온 상승률은 현무암의 용융 온도(곡선 a)보다는 낮으므로, 이 상태에서는 맨틀이 녹아 액체 마그마를 생성하지 못한다. 맨틀 물질이 용융 곡선 (a)에 도달하기 위해서는 지온 상승률보다 온도가 상승하거나 압력이 감

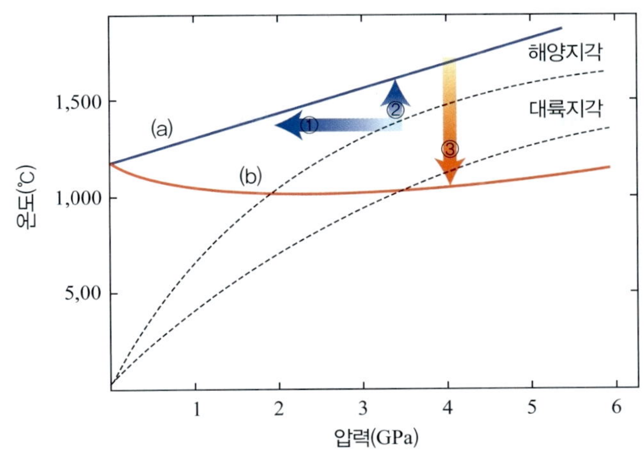

그림 2.35 감람암의 무수**(a)** 및 H_2O로 포화된**(b)** 조건에서의 고상선 온도와 지하 증온율

소해야 액체 상태가 될 수 있다.

어느 온도에서나 압력이 감소한다고 암석이 용융되는 것은 아니다. 고체 물질이 용융되어 액체 상태가 되면 부피가 증가한다. 물질의 온도가 충분히 높아 용융이 일어날 수 있는 조건임에도 불구하고 압력이 높아 부피가 늘어날 수 없는 경우에는 용융되지 않는다. 이와 같이 온도가 충분히 높은 조건에서 지표의 압력이 낮아지면 부피가 늘어날 공간이 확보되어 용융이 시작된다. 지구상에서 용융될 정도로 온도가 높으면서 압력이 감소되는 장소는 판과 판이 서로 멀어지는 해저 열곡이나 대륙의 열곡대 하부이다. 뜨거운 맨틀 물질이 맨틀 대류를 따라 열곡대 쪽으로 상승하여 압력이 감소되면 부분 용융이 일어난다. 맨틀을 구성하는 초고철질암인 감람암이 용융하면 현무암질 마그마가 형성된다.

용융 곡선 (b)는 물이 포화된 조건에서의 고상선이다. 즉 맨틀에 물이 첨가되면 용융 온도가 극적으로 하강하여 낮은 온도에서도 현무암질 마그마가 생성된다. 암석의 전암 성분을 **형광분석기**(XRF)로 분석하기 위해 유리 비드를 만들 때 백금 도가니에 암석 분말을 넣고 가스나 전기로 온도를 상승시킨다. 이대 용융제를 첨가하여 온도를 상승시켜도 쉽게 녹지 않지만 물을 첨가하면 극적으로 녹기 시작한다. 물을 첨가할 때 용융점이 낮아지는 이유는 규소와 산소가 결합된 SiO_4 사면체의 연결을 물(H_2O)이 수산기를 만들어 끊어내기 때문이다.

나. 화강암질(유문암질) 마그마

규장질 마그마의 성인에 대해서는 크게 2가지 설명이 있다. 하나는 화성암이 부분 용융되어 생성되는 화성 기원설이고, 또 하나는 변성 작용에 의해 생성되는 화강암화 작용이다. 그동안 많은 논쟁을 거쳐 얻은 결론은 국지적으로 화강암화 작용에 의한 것도 있겠지만, 조산대에서 산출되는 대규모의 화강암질 마그마는 화성 작용에 의해 형성된다는 것이다.

화성 기원설에 해당하는 2가지 이론은 '분별 결정 작용의 최종 산물'과 '하부 지각의 부분 용융'이다. 분별 결정 작용에 의한 과정은 이론적으로 잘 정립되어 있다. 그러나 최종 산물로 생성되는 화강암질 마그마의 양이 본원 마그마 총량의 5% 정도에 불과하여 대규모로 산출하는 화강암체의 형성을 설명하기는 곤란하다. 따라서 대량의 화강암질 마그마가 생성되는 요인으로 유력한 이론은 하부 지각의 부분 용융이다.

다. 안산암질 마그마

안산암질 마그마는 '불의 고리'라 불리는 환태평양 조산대에서 대량으로 산출된다. 섭입대인 호상열도와 대륙호에서 안산암질 마그마가 생성되는 과정은 마그마의 혼합으로 설명한다(그림 2.36). 섭입대에서 생성되는 대부분의 현무암질 마그마는 섭입하는 암석의 탈수 반응으로 나온 물이 연약권의 맨틀의 감람암에 유입된다. 뜨거운 감람암에 물이 유입되면 용융 온도가 내려가면서 부분 용융이 일어나고 이들이 모여 현무암질 마그마가 만들어진다.

액상의 현무암질 마그마는 맨틀 물질보다 밀도가 낮아 대륙지각 하부까지 상승한다. 대륙지각보다 밀도가 높은 현무암질 마그마는 지각에 균열이 많은 경우에는 직접 지표까지 분출되거나 지각 내부까지 상승하여 커다란 마그마 챔버(마그마 방)를 형성한다. 마그마 챔버를 형성한 마그마는 냉각되면서 결정분화 작용이 일어난다. 균열이 없는 대륙지각 하부에 모여진 마그마는 지각 물질을 부분적으로 용융시켜 화강암질 마그마를 생성한다. 화강암질 마그마는 현무암질 마그마에 비해 점성이 높아 상승하더라도 속도가 느리다.

마그마들이 지각을 통과하는 과정에서 속도가 느린 화강암질 마그마 뒤에서 속도가 빠른 현무암질 마그마가 상승할 경우에 이들은 혼합되어 중성 마그마(안산암질 마그마)로 변하게 된다. 현무암질 마

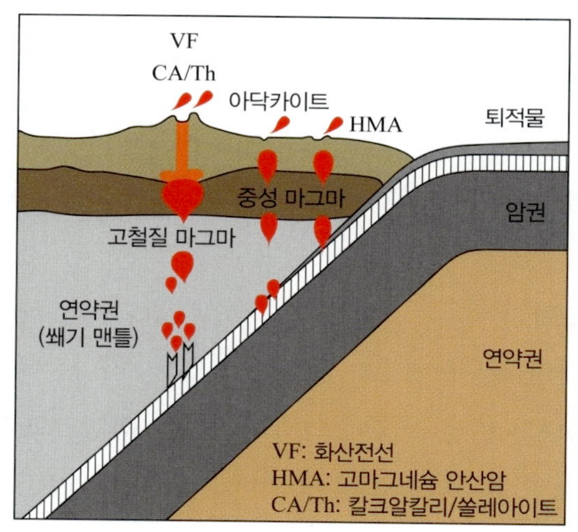

그림 2.36 호상열도 하부에서 마그마의 생성과 진화 과정

그마가 상승하는 과정에서 지각의 암편이 마그마 내부로 유입되어 녹으면 현무암질 마그마의 성분이 변할 수 있는데, 이를 동화 작용이라 한다.

(4) 현무암질 마그마의 분류와 진화

마그마와 화산암을 분류하는 다양한 방법이 있지만 여기서는 알칼리암 계열과 서브알칼리암 계열, 그리고 서브알칼리암 계열을 다시 칼크알칼리 계열과 쏠레아이트 계열로 나누는 과정만을 소개한다.

먼저 **알칼리암 계열**(alkali rock series)과 **서브알칼리암 계열**(subalkaline rock series)은 SiO_2와 알칼리($Na_2O + K_2O$)를 이용하여 구분한다. 그림 2.37에서 두 계열을 구분했던 4개의 경계선(a, b, c, d)을 함께 표시하였으며, 이들을 이용하여 구분할 수 있다. 서브알칼리암 계열의 화성암은 **칼크알칼리 계열**(calcalkaline series)과 **쏠레아이트 계열**(tholeiite series)로 나누는데, AFM(알칼리-FeO-MgO) 삼각도를 이용한다. 삼각도에서 곡선은 분화가 진행되는 경향을 나타낸다. 칼크알칼리 계열은 현무암에서 안산암, 데사이트, 유문암으로 진화하는데 그 과정에서 마그마 용액에 Fe/Mg 비가 그다지 증가하지 않는다. 그러나 쏠레아이트 계열은 분화 초기에 Fe/Mg 비가 급속하게 증가한 후 감소하는 경향을 나타낸다(그림 2.38).

현무암질 마그마가 냉각되는 과정에서 결정이 정출하여 마그마에서 분리되면서 잔류액의 성분이 변화하는 것을 분별결정 작용 또는 정출분화 작용이라 한다. 두 용어는 결과적으로 같지만, 전자는 '냉각에 의한 정출'을, 후자는 '중력에 의한 결정의 침강과 그로 인한 잔액의 분화'를 강조한 것이다.

보웬(Norman Levi Bowen, 1887~1956)은 실험을 통해 마그마가 냉각되면서 광물이 정출되는 과정을 이해하였다. 그에 의하면, 마그마의 온도가 하강하면 고온에서 감람석이 정출되기 시작하여 한동안 지속된다. 정출된 감람석의 일부는 액상의 마그마와 반응하여 휘석을 형성하거나 마그마에서 새로운 휘석이 만들어진다. 이러한 과정은 휘석과 각섬석, 각섬석과 흑운모 사이에도 일어난다. 이처럼

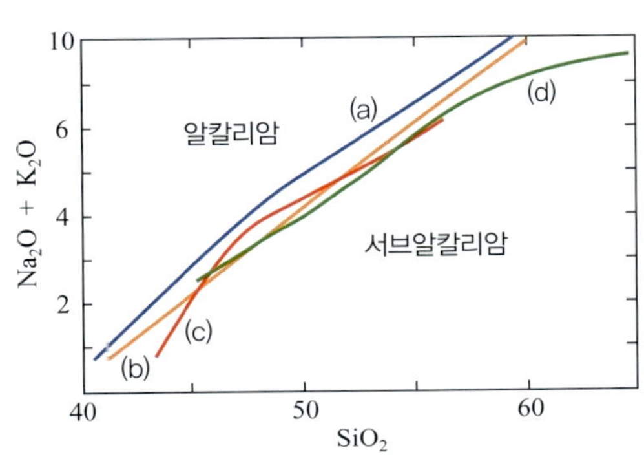

그림 2.37 알칼리암 계열 및 서브알칼리암 계열. (a) Irvine과 Baragar(1971), (b) MacDonald와 Katsura(1964), (c) (d) Hyndman(1972)

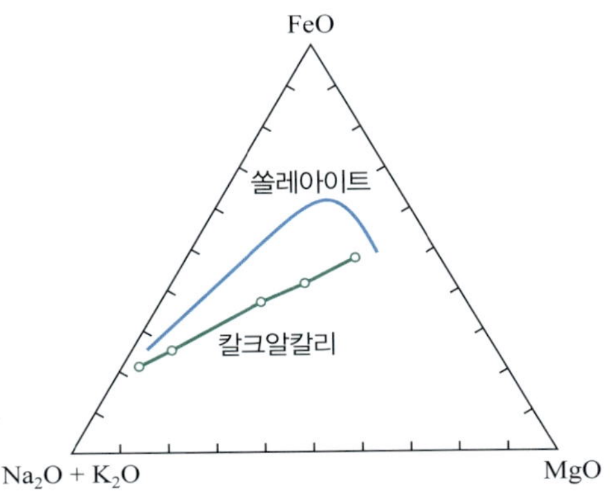

그림 2.38 AFM 삼각도 상에서 쏠레아이트 계열과 칼크알칼리 계열의 분화 경향

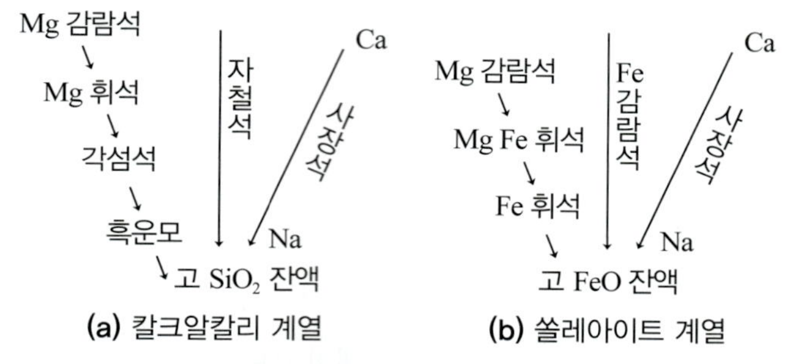

그림 2.39 칼크알칼리 계열과 쏠레아이트 계열의 결정분화 작용

단계적으로 감람석 → 휘석 → 각섬석 → 흑운모가 생성되는 계열을 불연속 반응 계열(그림 2.39a)이라 한다. 무색 광물로서 고온에서 가장 먼저 정출한 칼슘 사장석은 잔류 마그마와 반응하여 연속적으로 나트륨이 풍부한 사장석으로 변해가는데, 이를 연속 반응 계열이라 한다. 분별결정 작용 후반부에 칼륨장석, 백운모, 석영이 정출된다.

초기에 정출된 광물은 밀도가 액체보다 커서 바닥에 가라앉아 액체 마그마로부터 분리된다. 감람석이나 휘석과 같이 밀도가 큰 광물들은 마그마 내에서 침전한다. 침전되어 마그마에서 분리된 광물이 모이면 특정한 성분의 화성암이 생성된다. 정출된 광물이 분리되면 남아 있는 잔류 마그마의 성분은 원래의 마그마와 화학 조성이 달라진다. 이렇게 분화된 마그마에서 광물이 만들어지고 분리되면 다시 새로운 암석이 만들어진다. 그린란드의 스케어가드에서 관찰된 층상 반려암체는 이러한 분화 작용의 예로 알려져 있다. 이 반려암체에서는 하부에서 상부로 갈수록 유색 광물이 적어지고 무색 광물이 많아진다.

보웬의 분별결정 작용은 칼크알칼리 계열의 마그마 진화를 설명하는 데 적절하지만 쏠레아이트 계열의 진화를 설명하는 데는 다소 부족한 면이 있다. 이런 차이를 오스본(1959)은 산소 분압 차이로 설명했다(그림 2.39). 마그마가 정출하는 동안에 산소가 충분히 공급되면 철은 산소와 결합하여 자철석을 생성하여 규산염 광물과 함께 분리되어 칼크알칼리 계열처럼 분화되지만, 산소가 부족하면 잔류액에 Fe/Mg 비가 증가하여 쏠레아이트처럼 분화한다고 했다. 섭입대에서 칼크알칼리 계열의 마그마가 형성되는 데 물이 중요한 역할을 하고, 물은 산소를 공급할 수 있는 물질이다.

(5) 현무암질 마그마와 판구조적 위치

현재 지구상에서 마그마가 분출하는 곳을 살펴보면, 판의 확장 경계(해령, 열곡대), 섭입대(해구), 열점이라고 하는 3가지 형태이다.

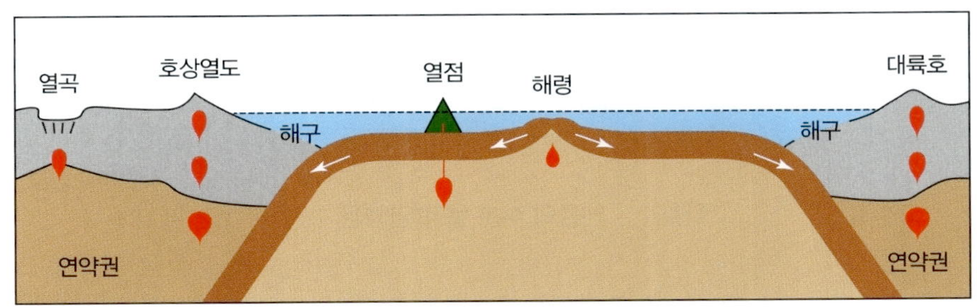

그림 2.40 판구조 운동에 따른 마그마의 생성과 분출 위치

가. 판의 확장 경계

태평양이나 대서양 해저에 있는 경사가 완만한 대규모 산맥이 해령이다. 해령은 판이 발산하는 장소로서 열곡이 형성되며 지각 하부를 누르는 압력이 감소한다. 해령 하부에서는 압력 하강으로 상부 맨틀 물질이 부분 용융하여 현무암질 마그마가 생성된다. 이 마그마들은 쏠레아이트 계열이며, 해령의 열곡을 따라 상승하여 새로운 해양지각을 생성한다. 해령에서 형성된 현무암은 판구조 운동으로 해령에서 해구까지 이동하므로 전체 해양저를 이룬다. 이 현무암을 중앙해령현무암(MORB)라 부른다. 대륙판이 갈라지는 동아프리카 열곡대에서는 유문암질과 현무암질 마그마가 함께 분출하는 것이 특징이다.

나. 섭입대

해양판이 대륙판 아래로 들어가는 섭입대에서는 주로 안산암질 마그마가 형성된다. 섭입대인 환태평양 화산대에서는 현무암 → 안산암 → 데사이트 → 유문암으로 진화하는 칼크알칼리 계열의 마그마가 분출한다. 섭입대에서는 물에 의해 용융점이 낮아진 연약권의 감람암이 부분 용융하여 현무암질 마그마가 만들어지고, 마그마 혼합 등의 과정으로 안산암질 마그마가 생성된다.

다. 열점

열점이라 부르는 장소는 지구 깊은 곳에서 뜨거운 물질이 기둥 모양(플룸)으로 솟아올라오는 곳이다. 이곳에서는 맨틀 대류에 의해 상승하는 고온의 물질이 압력 감소에 따라 부분 용융이 일어나 마그마가 생성된다. 열점으로 상승하는 마그마는 주로 알칼리 계열이지만, 초기에는 쏠레아이트 계열의 마그마가 분화된다. 열점 화산인 하와이 열도에서 새로운 화산인 킬라우에아에서 분화되는 용암은 쏠레아이트 계열에 속한다.

판구조론적으로 서로 다른 위치에서 생성되는 본원 마그마의 종류, 본원 마그마로부터 진화되는 과정, 최종적으로 고화되는 단계의 마그마들을 정리하면 표 2.8과 같다.

표 2.8 본원 마그마의 생성과 진화 과정 그리고 최종 마그마

암형	본원 마그마	최종 마그마	과정	판구조론적 위치
현무암 반려암	고철질	고철질	맨틀의 부분 용융(연약권)	1. 발산 경계 – 해양지각 형성 2. 판 내부 – 대지 현무암 – 화산열도(하와이)
안산암 섬록암	고철질 (일반적으로)	중간질	맨틀의 부분 용융(연약권) 결정 분화 작용 / 동화 작용 / 마그마의 혼합	수렴 경계
화강암 유문암	규장질	규장질	하부 지각의 부분 용융	1. 수렴 경계 2. 판 내부 – 맨틀 플륨

2) 퇴적암

퇴적암은 기존의 다양한 암석들이 풍화 · 침식된 후 쌓여 만들어지며, 지표상의 암석 중 약 70% 이상을 차지할 정도로 많이 분포한다. 퇴적암은 역암, 사암, 이암과 같은 쇄설성 퇴적암과 석회암, 처트와 같은 (생)화학적 퇴적암, 석탄, 오일셰일과 같은 탄질 퇴적암으로 구분된다. 퇴적암은 현생의 퇴적 환경과 유사한 과거의 다양한 환경에서 퇴적물이 쌓인 후 속성 작용을 거쳐 형성된 것이다. 따라서 현생 환경에서 일어나는 퇴적 작용에 대한 이해는 퇴적암이 형성된 환경과 기작을 이해하는 데 중요하다.

퇴적암에 대한 연구는 지구의 역사를 알아내는 데 중요한 단서를 제공한다. 퇴적암을 통해 과거의 퇴적 환경과 퇴적 작용, 고기후와 고지리, 고해양 등에 대해 이해할 수 있다. 또한 퇴적암 내에는 과거 생명체에 대한 기록이 화석의 형태로 남아 있기 때문에 생물의 진화에 대한 정보도 얻을 수 있다.

경제적인 측면에서도 퇴적암은 매우 중요하다. 대부분의 원유와 가스가 퇴적암에서 산출되며, 모든 석탄도 퇴적암에 포함되어 있다. 또한 퇴적암은 우라늄, 철과 같은 경제성이 높은 광물들의 공급에도 중요한 역할을 한다.

(1) 퇴적물과 퇴적 작용

가. 퇴적물의 조직

퇴적물의 조직(texture)은 퇴적물을 구성하는 입자들의 크기와 모양, 원마도, 표면 조직, 배열 상태 등을 의미한다. 이와 같은 퇴적물의 조직은 퇴적물의 밀도, 공극률, 투수율 등과 연관되어 있으므로 중요하다.

● **퇴적물의 입도와 분급, 왜도**

퇴적물의 입도(grain size)는 크게 Udden-Wentworth 규격과 파이(phi, ϕ) 규격으로 표현한다. Udden-Wentworth 규격은 입도 구분을 밀리미터의 2배수로 정하고, 퇴적물을 점토(clay), 실트(silt), 모래(sand), 역(gravel)으로 구분한다(표 2.9). 이 규격은 모래 크기 입자에 사용하기에는 편리하지만 모래보다 크거나 작은 입자들을 표현하기에는 불편하기 때문에 파이 규격이 제안되었다. 파이는 $\phi = -\log_2 d$로 표현할 수 있으며, 여기서 d는 mm로 나타낸 입자의 직경을 나타낸다.

역은 직경이 2 mm보다 큰 입자들을 통칭하며, 크기에 따라 다시 잔자갈(granule, 2~4 mm), 자갈(pebble, 4~64 mm), 왕자갈(cobble, 64~256 mm), 거력(boulder > 256 mm)으로 세분된다. 모래는 직경이 1/16 mm (4 ϕ)에서 2 mm (−1 ϕ) 범위이며, 극세립에서 극조립까지 5단계로 세분된다. 실트는 1/16 mm에서 1/256 mm (8 ϕ) 사이의 입자이며, 점토는 1/256 mm (약 4 μm)보다 작은 입자를 지칭한다. 일반적으로 편의를 위해 점토와 실트를 통칭하여 머드(mud)라고 한다.

표 2.9 퇴적물과 퇴적암의 입도에 따른 분류

mm	ϕ	입도 분류		암석명	
256	−8	거력(boulder)	역 (gravel)	역암 또는 각력암	
64	−6	왕자갈(cobble)			
4	−2	자갈(pebble)			
2	−1	잔자갈(granule)			
1	0	극조립(very coarse)	모래 (sand)	사암	
0.5	1	조립(coarse)			
0.25	2	중립(medium)			
0.125	3	세립(fine)			
0.0625	4	극세립(very fine)			
0.0036	8	실트(silt)		실트암	이암
		점토(clay)		점토암	

퇴적물의 분급(sorting)은 입자 크기의 분포가 얼마만큼 중앙 집중의 경향을 보이는가를 나타내는 지표이다. 즉 비슷한 크기의 입자들로 구성되어 있으면 분급이 좋고, 다른 크기의 입자들이 섞여 있으면 분급이 나쁘다고 할 수 있다. 왜도(skewness)는 입자 크기의 분포가 어느 정도 비대칭을 이루는가를 나타내는 척도이다. 소량 포함된 꼬리 부분이 오른쪽(세립질)에 있으면 양성 왜도라고 하고, 왼쪽(조립질)에 있으면 음성 왜도라고 한다. 퇴적물의 분급이나 왜도는 보통 퇴적 환경이나 퇴적 작용과 연관되어 있다. 일반적으로 풍성(eolian) 또는 해빈(beach) 퇴적물은 분급이 좋고, 하천이나 빙하 퇴적물은 분급이 나쁘다. 대부분 모래로 구성되지만 소량의 자갈이 포함된 해빈 퇴적물은 음성 왜도

를 보이고, 모래 크기 입자가 우세하지만 소량의 머드가 포함된 하천 퇴적물은 양성 왜도를 보인다.

● 입자의 모양과 원마도

퇴적물 입자의 모양과 원마도는 기원지에서 공급된 퇴적물 입자에 가해진 운반 과정의 영향을 알 수 있는 중요한 척도이다. 이는 운반 과정에서 발생하는 입자의 마모 작용, 용해 작용과 유수의 분급 작용이 입자의 모양과 원마도에 영향을 미치기 때문이다.

입자의 모양은 형태(shape)와 구형도(sphericity)로 구분된다. 형태는 입자의 장축(L)과 중간축(I), 단축(S)의 길이비로 나타내며, 구형(sphere)과 판상(disk), 칼날형(blade), 막대형(rod)으로 나눌 수 있다(그림 2.41). 구형도는 입자의 모양이 얼마만큼 구(sphere)에 가까운가를 나타내는 척도이다. 구형도 역시 장축과 중간축, 단축의 길이를 이용하여 구할 수 있으며, $\Psi_p = \sqrt[3]{S^2/LI}$ 로 계산할 수 있다. 완전한 구는 구형도가 1이며, 대부분의 퇴적물 입자들은 0.6에서 0.7 사이의 구형도를 갖는다(Folk, 1980). 퇴적물 입자의 모양에 따라 수력학적 거동(hydraulic behavior)이 달라지기 때문에 모양은 입자의 침강 속도에 중요한 영향을 미친다.

원마도(roundness)는 입자의 모서리가 마모된 정도를 의미한다. 마모 작용의 정도는 기원암의 종류, 기원지의 기복, 운반 작용과 입자의 광물 성분과 풍화 작용 등에 따라 다르게 나타난다. 원마도는 입자의 내접원과 외접원의 반경을 이용하여 수학적으로 계산할 수 있지만, 일반적으로는 표준 도표를 이용하여 육안으로 쉽게 확인할 수 있다(그림 2.42).

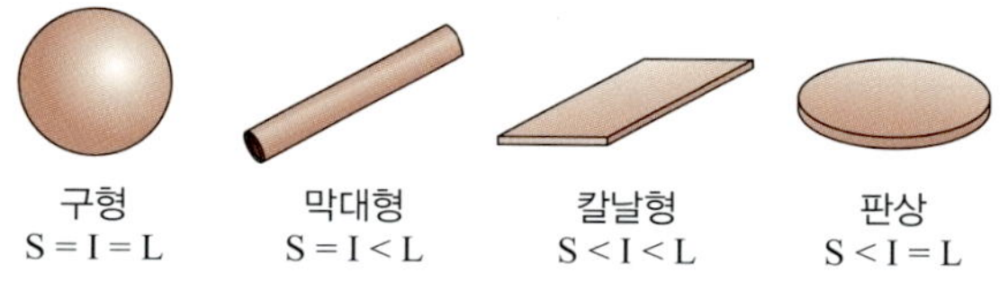

그림 2.41 퇴적물 입자의 형태 분류

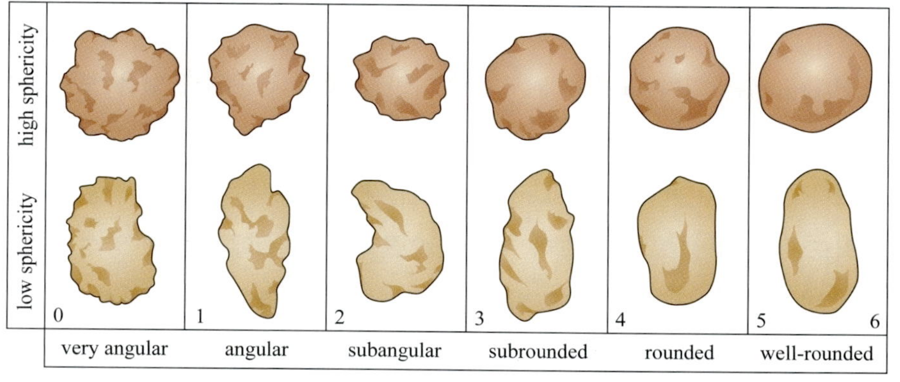

그림 2.42 퇴적물 입자의 원마도와 구형도 표준 도표

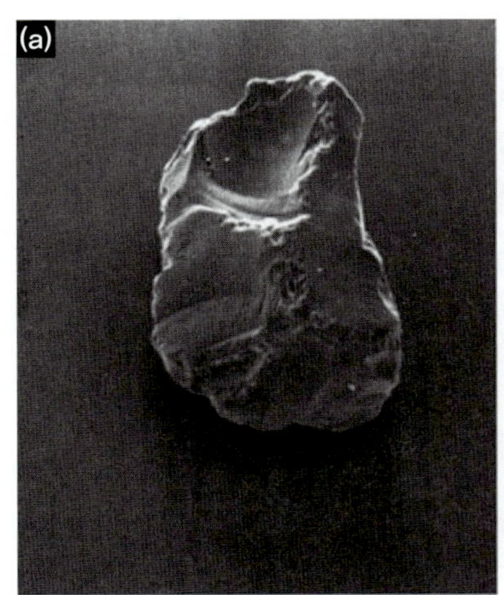

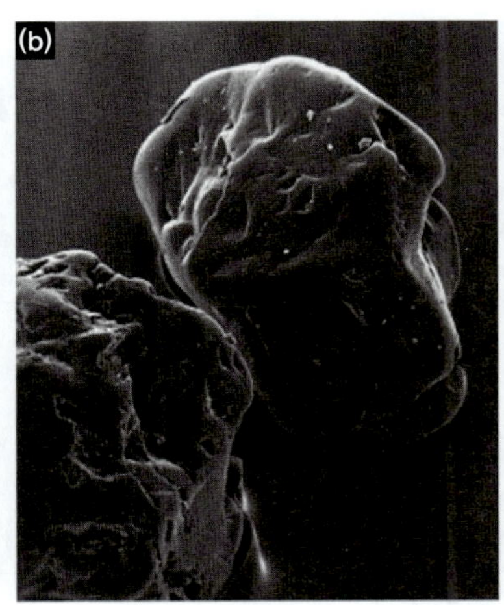

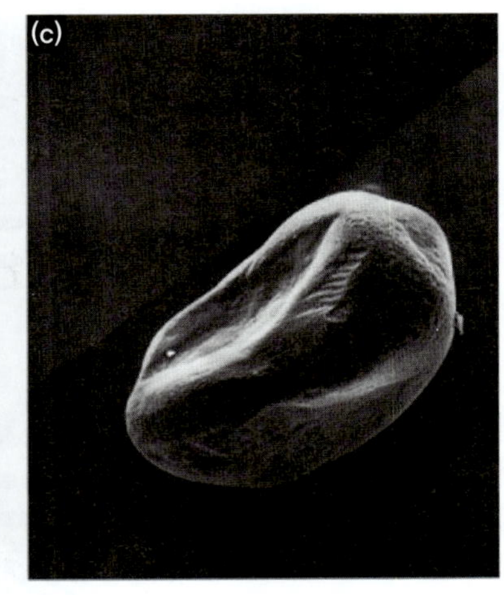

그림 2.43 주사 전자 현미경으로 관찰한 석영 입자의 표면 조직. (a) 빙하 환경: 패각상의 파쇄면과 각진 형태를 보이며 평행한 줄무늬가 있다. (b) 고에너지 해빈 환경: 원마도가 좋고 매끈한 표면을 가지고 있으며 V자형의 홈을 가지고 있다. (c) 사막 환경: 바람에 의한 입자들의 충돌로 인해 곰보형과 퍼각상 홈을 가지고 있다.

● 입자의 표면 조직

퇴적물 입자의 표면을 현미경이나 주사 전자 현미경(SEM)으로 관찰하면 표면 조직의 특징을 이용하여 퇴적물의 운반 과정이나 속성 작용에 대한 정보를 얻을 수 있다. 표면 조직 연구는 가장 흔하고 물리 · 화학적으로 안정한 석영에 대해 주로 이루어져 왔다. 이와 같은 연구는 서로 다른 퇴적 환경에서 쌓인 퇴적물들은 각기 다른 퇴적 기작에 의해 쌓이며, 이에 따라 입자 표면에 독특한 흔적을 남긴다는 가정에 의해 시작되었고, 실제로 유사한 경향이 관찰되었다(그림 2.43). 그러나 특정 표면 조직이 특정한 환경에서만 형성되는 것이 아니며, 퇴적 당시 형성된 표면 조직이 속성 작용을 거치며 변화될 수 있으므로, 입자의 표면 조직 특징으로 퇴적 환경을 판단할 때는 주의가 필요하다.

● 입자의 배열 상태

입자의 배열 상태(fabric)는 입자의 배열 방향(orientation), 패킹(packing), 입자 간의 접촉(contact) 관계를 나타낸다. 배열 방향은 입자의 장축이 배열된 주된 방향을 의미한다. 입자의 장축이 유수와 평행하게 배열된 경우에는 슬라이딩 방식으로 이동하며(그림 2.44a), 수직인 경우에는 바닥을 구르면서 이동한다(그림 2.44b). 하천 퇴적물에서 나타나는 인편(imbrication) 구조는 편평한 역들이 상류쪽으로 경사를 이루며 중첩되어 나타나는 구조로 고수류의 방향을 지시한다.

퇴적물 입자의 패킹은 공극률과 투수율에 영향을 미치는 특성으로 입자의 크기와 모양, 분급에 따라 달라진다. 완벽한 구형의 퇴적물을 가정하면 육방 패킹(cubic packing)은 48%의 공극률을 갖지만 능면체 패킹(rhombohedral packing)은 훨씬 치밀하여 26%의 공극률을 갖는다. 입자의 접촉 관계는 점(point) 접촉, 장(long) 접촉, 요철(concavo-convex) 접촉, 봉합상(sutured) 접촉으로 구분된

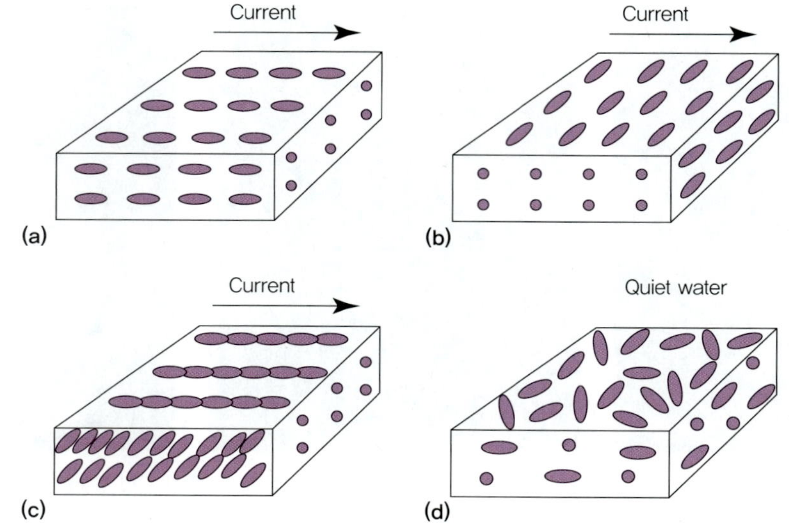

그림 2.44 퇴적물 입자의 배열 상태와 유수의 관계. (a) 장축이 유수와 평행, (b) 장축이 유수와 수직, (c) 인편 구조 (d) 무작위 배열

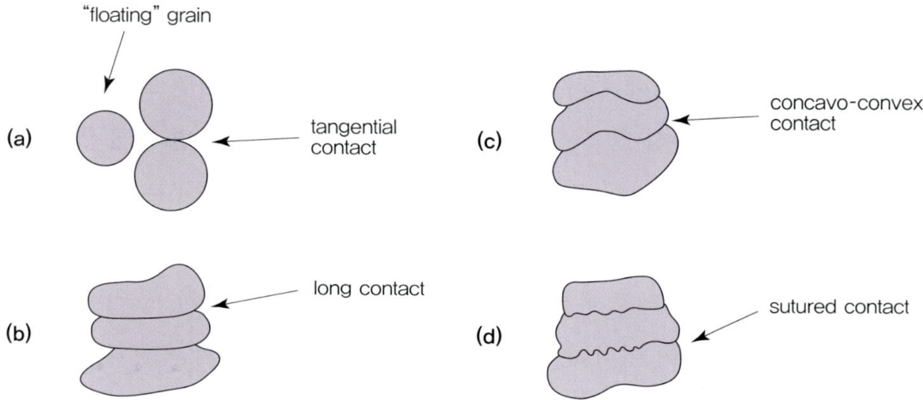

그림 2.45 퇴적물 입자의 접촉 관계 (a) 점 접촉, (b) 장 접촉, (c) 요철 접촉, (d) 봉합상 접촉

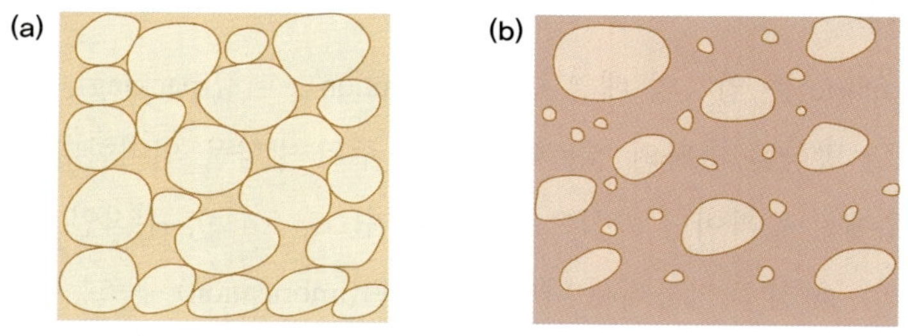

그림 2.46 퇴적물 내에서 입자와 기질의 관계. (a) 입자 지지 배열, (b) 기질 지지 배열

다(그림 2.45). 퇴적물의 매몰 깊이가 깊어지면 압력 증가에 의해 다짐 작용이 진행되면서 점 접촉에서 장 접촉으로 바뀌게 된다. 그 후 입자 간의 강도 차이가 있으면 요철 접촉으로, 강도 차이가 없으면 봉합상 접촉으로 변한다. 이와 같은 관계는 퇴적물의 입자들이 서로 접하는 입자 지지 배열 상태

(grain-supported fabric, 그림 2.46a)일 경우 관찰된다. 퇴적물 내에 기질(matrix)이 많은 경우에는 입자들이 서로 접촉하지 않고 기질 내에 떠 있는 상태로 나타나며, 이와 같은 배열 상태를 기질 지지 배열 상태(matrix-supported fabric, 그림 2.46b)라고 한다.

● 조직적 성숙도

퇴적물의 조직적 성숙도(textural maturity)는 기질의 함량과 분급, 원마도에 의해 결정된다(그림 2.47). 일반적으로 기질의 함량이 적고, 분급과 원마도가 좋을 경우 조직적 성숙도가 높다고 할 수 있다. 조직적 성숙도는 퇴적 환경의 수력학적 조건을 지시하는 것으로 체질 작용(winnowing), 분급 작용, 마모 작용의 정도에 의해 결정되며, 퇴적 속도와도 연관되어 있다. 퇴적 속도가 빠를 경우에는 다양한 크기의 입자들이 함께 쌓이므로 미성숙한 퇴적물이 형성된다. 반면 퇴적 속도가 느릴 경우에는 충분한 재동 작용(reworking)을 받기 때문에 기질 함량이 감소하고 분급과 원마도가 좋아져 성숙한 퇴적물이 형성된다. 조직적 성숙도가 높을 경우에는 일반적으로 공극률과 투수율이 증가한다.

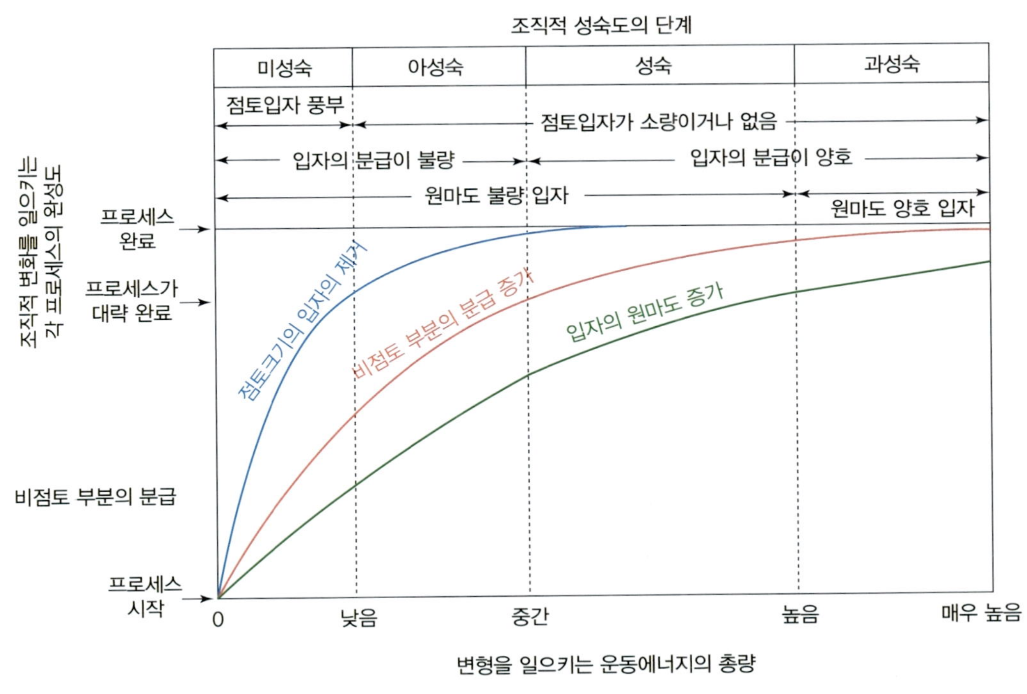

그림 2.47 조직적 성숙도의 분류

나. 퇴적물의 이동과 퇴적

● 유체의 특성

풍화작용에 의해 생성된 퇴적물은 바람과 물과 같은 유체에 의해 운반되어 퇴적되므로, 퇴적물의 이동과 퇴적작용을 이해하기 위해서는 유체의 물리적 특성에 대해 알아야 한다. 유체는 매우 복잡하게 거동하기 때문에 고체처럼 간단한 물리법칙으로 정확한 관계식을 얻을 수 없고 실험과 차원분석을 이용할 수밖에 없다.

유체의 이동을 이해하는 데 가장 기본이 되는 물성은 밀도와 동적점성도(dynamic viscosity)이다. 유체의 점성도는 유체가 얼마나 쉽게 이동할 수 있는가를 나타내는 물성으로 동적점성도를 밀도로 나눈 운동점성도(kinematic viscosity)로 표현하기도 한다. 물의 운동점성도는 공기에 비해 훨씬 작은데, 이는 물이 이동할 때 전단응력에 대한 저항이 낮아서 이동하기 쉽다는 것을 의미한다.

유체의 이동은 크게 정류(laminar flow)와 난류(turbulent flow)로 구분된다. 정류는 일정한 방향으로 같은 폭을 유지하면서 일직선으로 이동하는 흐름이며, 난류는 불규칙하고 소용돌이가 발생하는 흐름을 가리킨다. 일반적으로 물과 공기는 난류, 빙하와 이류는 정류에에 해당된다.

● 퇴적물의 이동과 퇴적작용

퇴적물 입자가 이동하기 위해서는 입자에 작용하는 힘이 입자의 관성력보다 커야 한다.

퇴적물 입자들을 가만히 있게 하는 관성력에는 중력과 입자사이의 마찰저항, 입자 사이의 점착력 등이 영향을 미치며, 입자들을 이동시키려는 힘에는 유체의 흐름에 의한 전단응력과 베르누이 효과에 의한 양력(lift force)이 있다. 입자들이 임계치 이상의 힘을 받아 바닥에서 들어 올려지면 하류 쪽으로 쉽게 이동할 수 있다. 퇴적물 입자를 움직일 수 있게 하는 힘의 크기는 퇴적물 입자의 모양, 크기, 분급, 바닥면의 거친 정도, 입자 사이의 점착력 등에 의해 달라진다.

퇴적물 입자들이 유체에 의해 이동하는 방식은 크게 세가지로 구분된다. 입자들이 바닥을 미끄러지거나 구르면서 이동하는 형태를 끌림이동(traction)이라고 하며, 바닥에서 뛰어오른 후 다시 떨어지는 과정이 반복되는 것을 도약이동(saltation)이라고 한다. 반면 세립질 입자들은 부유(suspension) 상태로 이동하게 된다. 바닥면을 따라 이동하는 퇴적물을 밑짐(bed load), 부유상태로 이동하는 퇴적물을 뜬짐(suspended load)이라고 한다.

유체에 의해 이동하던 퇴적물 입자들은 유속이 감소하게 되면 가라앉게 되는데, 퇴적물의 이동과 퇴적작용을 이해하기 위해서는 입자들의 침강속도가 중요하다. 퇴적물 입자를 유체에 떨어뜨리면 처음 얼마 동안은 중력에 의해 가속되지만, 곧 유체의 저항력으로 인해 입자에 작용하는 중력과 유체의 저항력이 같아지게 되고, 퇴적물 입자는 일정한 속도로 가라앉게 된다. 이처럼 유체 내에서 퇴적물 입자가 가라앉는 침강속도(Vs)는 스토크스의 법칙(Stokes' law)으로 설명할 수 있다.

$$V_s = \frac{1}{18}\frac{\rho_s - \rho_f}{\mu} g D^2$$

μ는 유체의 동적 점성도, g는 중력가속도, D는 입자의 직경이다. 즉, 퇴적물 입자와 유체의 밀도 차이가 크고, 유체의 점성도가 작고, 입자의 직경이 클수록 침강속도는 빨라지게 된다. 스토크스의 법칙은 입자의 크기가 작은(〈 0.1 mm) 경우에는 적용할 수 있지만 클 경우에는 사용할 수 없다. 이는 입자의 크기가 작을 경우에는 점성저항이 주된 힘이지만, 클 경우에는 표면저항이 주된 힘으로 작용하기 때문이다.

유수의 흐름에 따라 응집력이 없는 퇴적물이 이동하면 퇴적물의 표면에 여러 형태의 퇴적구조가 나타나게 되며, 이를 층면구조(bed form)라고 한다. 모래 퇴적물의 표면 위로 흐르는 물의 유속이 증가하게 되면 모래 퇴적물이 바닥을 따라 이동하게 되면 층면구조의 형태가 변화하게 된다(그림 2.48). 유속이 상대적으로 느린 하부유권(lower flow regime)에서는 처음에 소규모의 연흔(ripple)이 만들어지고, 유속이 증가하면서 모래파(sand wave)와 거대연흔(megaripple)이 형성되게 된다. 유속이 빨라지는

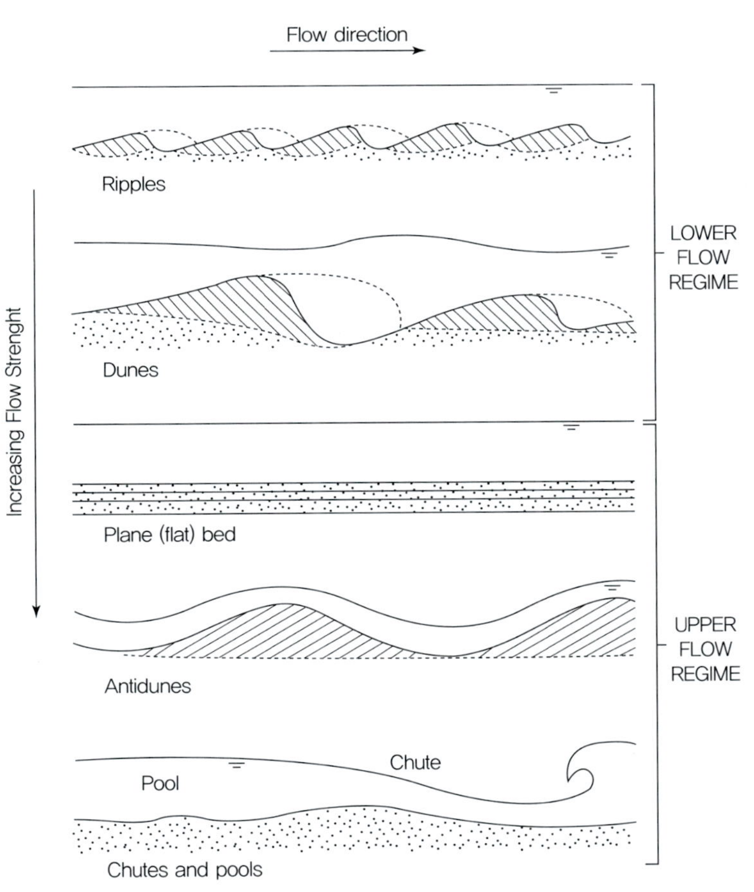

그림 2.48 한 방향으로 흐르는 유수에 의해 형성되는 층면구조의 발달양상

상부유권(upper flow regime)에서는 유속의 증가에 따라 평면층(plane bed), 반사구(antidune), 급류와 소(chute and pool)의 형태로 층면구조가 변하게 된다.

(2) 퇴적 구조

퇴적 구조는 퇴적물이나 퇴적암 내에 포함된 육안으로 관찰할 수 있는 큰 규모의 구조를 의미한다. 퇴적 구조는 퇴적 과정 동안 퇴적물과 유체의 상호 작용에 의해 생기거나 퇴적 이후 고화되기 이전까지 변형을 받아 생길 수 있으며, 퇴적물이 암석화되는 동안 속성 작용에 의해 형성될 수도 있다. 퇴적 구조는 퇴적 작용과 수심, 유속 등 퇴적 환경을 해석할 수 있는 정보를 제공하고, 지층의 상하를 판단하거나 과거 유수가 흘렀던 방향(고유향)을 알려주기 때문에 매우 중요하다.

가. 유수에 의한 퇴적 구조와 변형 구조

대부분의 퇴적 구조는 층(bed)을 기준으로 구분된다. 층은 암상과 조직, 구조적 통일성을 갖는 평판이나 렌즈상의 지층(layer)을 의미한다. 기본적인 1차 퇴적 구조에는 층의 외부적인 형태, 내부 구조, 층리면에 나타나는 자국과 퇴적동시성 변형 구조가 있다.

● 층리의 내부 구조

층리는 내부 구조에 따라 괴상층리, 엽층리, 사층리, 점이층리 등으로 구분할 수 있다. 괴상층리(massive bedding)는 육안으로 관찰할 때 층 내부에 퇴적 구조가 나타나지 않는 층리를 가리킨다. 괴상층리는 1차적으로 부유 상태에서 빠르게 퇴적이 일어나거나, 중력류에 의해 퇴적이 일어날 경우 형성될 수 있다. 2차적으로는 퇴적 이후에 광범위한 생교란 작용(bioturbation)이나 외부 충격에 의한 액상화(liquefaction) 현상이 발생할 경우 내부 구조가 지워지면서 형성될 수 있다.

엽층리(laminated bedding)는 두께가 1 cm 이하인 층리를 의미하며, 여러 퇴적 환경에서 형성될 수 있다. 엽층리는 부유 상태에서 세립질의 퇴적물이 가라앉거나, 모래 크기 입자들이 유수에 의해 밀짐 형태로 운반될 때도 형성될 수 있다. 엽층리는 일반적으로 환원 환경이나 무산소 환경, 퇴적률이 높은 환경 등 생물의 활동이 어려운 환경에서 잘 보존된다.

사층리(cross bedding)는 모래 크기 퇴적물에서 잘 나타나는 퇴적 구조로 하나의 퇴적 단위에서 나타나며, 내부적으로 층리나 엽층리가 경사를 갖는 전면세트(foreset) 층리에 나타난다. 사층리는 크게 평판형 사층리(planar cross bedding)와 트러프 사층리(trough cross bedding)로 나뉜다(그림 2.49). 층리면에서 관찰하면 트러프 사층리는 전면세트 층리면의 수평 단면이 유수가 흐른 방향 쪽으로 급한 곡선을 이루며 인접한 트러프 간에 서로 엇갈리게 나타나지만, 평판형 사층리에서는 거의 직선을 이룬다.

점이층리(graded bedding)는 층 내에서 입자의 크기가 위로 갈수록 작아지는 층을 가리킨다. 점이

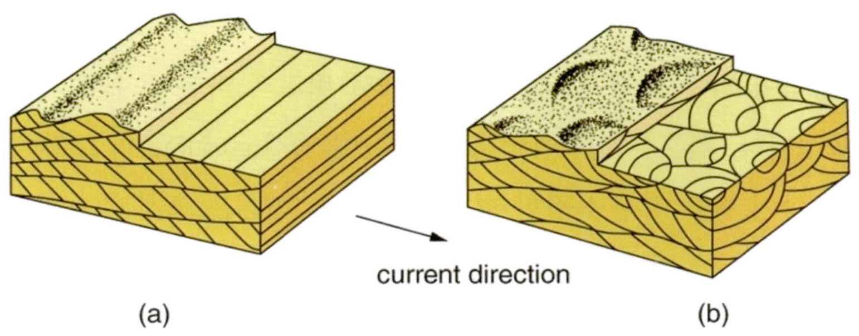

그림 2.49 (a) 평판형 사층리, (b) 트러프 사층리

그림 2.50 (a) 비대칭의 형태를 보이는 유수연흔(고수류의 방향은 하부에서 상부로 흐른다), (b) 대칭적이며 분지 구조(bifurcation)의 특징을 보이는 파도연흔

그림 2.51 (a) 사암의 바닥면에서 관찰되는 플루트 캐스트(고수류는 오른쪽에서 왼쪽으로 흘렀음을 지시한다), (b) 그루브 캐스트

층리는 퇴적물을 이동시키는 유수의 속도가 감소하면서 형성되며, 그 두께는 약 1 cm에서 수 미터까지 넓은 범위를 보인다. 점이층리와는 반대로 위로 갈수록 입자의 크기가 증가하는 경우도 나타나는데, 이를 **역점이층리**(inverse grading)라고 한다. 역점이층리는 점이층리에 비해 드물게 나타난다.

● 연흔

연흔(ripple)는 응집력이 없는 모래나 실트 퇴적물에서 비교적 약한 유수에 의한 소규모의 퇴적물 운반 작용에 의해 형성된다. 연흔은 평면상에서 보았을 때 정선(crestline)의 모양에 따라 다양하게 나타나며 일반적으로 유속이 빠를 경우 복잡한 형태를 갖는다. 연흔은 크게 유수에 의해 만들어지는 유수연흔(current ripple)과 파도에 의해 만들어지는 파도연흔(wave ripple)으로 구분된다(그림 2.50). 유수연흔은 상류 쪽이 완만하고 하류 쪽이 급경사를 보이는 비대칭 형태를 갖기 때문에 고수류의 방향을 정확히 알려준다. 반면 파도연흔은 거의 대칭 형태를 가지며 연흔의 정선이 2개로 갈라지는 분지 구조(bifurcation)를 보이는 특징이 있다. 퇴적물의 공급량이 많을 경우에는 연흔의 하류 쪽에 퇴적되는 정도가 증가하게 되어 각각의 연흔은 앞에 있는 연흔의 상류 쪽 부분 위로 올라타면서 형성되는데, 이를 등정연흔(climbing ripple), 또는 연흔표류(ripple drift)라고 한다.

● 침식 구조

침식 구조는 상부층이 퇴적되기 전에 퇴적층 표면이 유수나 물과 함께 운반되는 물체에 의해 긁히거나 침식을 받아 층리면에 형성된 구조이며, 퇴적층의 바닥면에 나타나기 때문에 **저면 구조**(sole

그림 2.52 (a) 짐 구조와 불꽃 구조, (b) 볼과 베개 구조, (c) 선회층리, (d) 접시 구조

mark)라고도 한다. 저면 구조에는 플루트 캐스트(flute cast)와 그루브 캐스트(groove cast) 등이 있다(그림 2.51). 플루트 캐스트는 약간 견고한 머드층 위에 형성되며 모래로 채워져 있고, 일반적으로 여러 개가 한꺼번에 나타난다. 플루트 캐스트는 상류 쪽에는 깊고 둥근 모양으로 패이고 하류 쪽에는 점차 형태가 없어지면서 층리와 맞닿는 형태를 갖는다. 플루트 캐스트는 유수의 국부적인 소용돌이 현상에 의해 형성되며 고수류의 방향을 정확히 지시해준다.

그루브 캐스트는 사암층의 바닥에 연속적인 선상으로 길게 튀어나온 구조로, 유수에 의해 운반되는 조개껍질이나 자갈 등이 하부의 머드층 표면을 길게 깎아서 만들어진다. 그루브는 운반되는 물질이 바닥면과 계속 접하면서 이동할 때 형성되며, 유수의 방향과 평행하게 형성되므로 고수류의 방향을 지시한다.

충돌 자국(impact mark)은 유수에 의해 운반되는 물체가 하부의 퇴적면과 부딪쳐 형성되는 구조이다. 충돌 자국은 충돌 방식에 따라 막대자국(prod mark), 튐자국(bounce mark), 뜀자국(skip mark), 구른자국(roll mark) 등으로 구분된다.

하도(channel) 구조와 침삭(scour) 구조는 모든 환경에서 나타난다. 하도 구조는 보통 수 미터에서 수 킬로미터 규모까지 나타날 수 있는 반면, 침삭 구조는 층의 하부 또는 층리면 내에 소규모로 나타난다. 이 구조들은 특징적으로 하부의 퇴적층을 침식하면서 형성되는 구조이다. 침삭 구조는 수직 단면에서 오목한 형태를 가지며, 평면에서는 길쭉한 형태를 보인다. 침삭 구조는 보통 짧은 기간의 침식에 의해 형성되는 반면, 하도 구조는 오랜 기간 물과 퇴적물의 통로로 사용되었던 장소이다. 하도 구조와 침삭 구조 모두 내부에는 주변보다 조립질 모래나 자갈이 채워져 있는 특징을 보인다.

나. 퇴적동시성 변형 구조

모래층은 퇴적되는 동안이나 퇴적된 직후, 그리고 고화 작용이 일어나기 전에 변형 작용을 받아 다양한 변형 구조가 생성되는데, 이와 같은 구조를 퇴적동시성(syndepositional) 변형 구조라고 한다(그림 2.52).

짐 구조(load cast)는 밀도가 높은 모래층이 밀도가 낮은 하부의 머드층으로 가라앉아 생성되는 구조이다. 짐 구조는 모래층 바닥면에 둥그런 형태로 튀어나와 있으며, 이들 사이는 하부에서 올라온 세립질 퇴적물이 채우고 있다. 짐 구조 사이에 하부에서 올라온 머드가 불꽃 모양을 보이는 경우 **불꽃 구조**(flame structure)라고 한다. 짐 구조가 형성되는 과정에서 상부의 모래 덩어리가 하부의 머드층으로 완전히 가라앉을 경우에는 **의사단괴**(pseudo-nodule), 또는 **짐 볼**(load ball)이라고 한다. 모래층의 하부가 갈라져서 둥근 베개 모양을 띠지만, 상부는 영향을 받지 않아 편평하게 나타날 경우에는 **볼과 베개 구조**(ball-and-pillow structure)라고 한다.

슬라이드(slide)와 **슬럼프**(slump)는 불안정한 사면에 쌓인 퇴적물이 외부 충격 등에 의해 하부로 이

그림 2.53 **(a)** 남일대 함안층에서 관찰되는 서관 구조, **(b)** 진주층의 공룡 발자국 화석, **(c)** 사천 비토도에서 관찰되는 천공 구조, **(d)** 남아프리카 공화국에서 산출되는 선캄브리아시대의 스트로마톨라이트 화석

동하며 변형된 구조이다. 덩어리째 흘러내려서 내부 구조가 거의 변형되지 않는 경우에는 슬라이드라고 하고, 내부 구조가 심하게 변형되는 경우에는 슬럼프라고 한다.

세립질의 모래 퇴적층 내에서 주로 관찰되는 특징적인 층 내 구조로는 **선회층리**(convolute bedding)가 있다. 선회층리는 층의 상하부 층리면에는 변형이 없고 층 내에서만 변형 구조가 나타난다. 이와 같은 구조는 퇴적물이 뜬짐 상태에서 빠르게 퇴적된 후 부분적인 액상화에 의해 소성 변형을 받거나, 층 내의 물이 빠져나가거나 퇴적층 위로 유수가 빠르게 지나가면서 전단응력(shearing)이 발생할 때 형성된다. 세립질의 모래나 실트 퇴적층에서 상부로 물이 빠져나갈 때 만들어지는 구조로는 접시기둥 구조(dish and pillar structure)가 있다.

다. 생물 기원 구조

퇴적물이 쌓인 후 저서성(benthic) 생물의 활동에 의해 퇴적층이 교란되어 만들어진 구조를 생물기원 구조(biogenic structure)라고 하고, 퇴적층의 표면에 생긴 생물 기원 구조를 흔적화석(trace fossil)

그림 2.54 **(a)** 석영질 사암에 발달하는 스타일로라이트, **(b)** 진주층 셰일 내에 발달한 방해석 노듈

또는 생흔화석(ichnofossil)이라고 한다. 생흔화석은 퇴적층에 기록된 1차 퇴적 구조를 파괴하고 퇴적물의 색깔을 변화시킬 수 있다. 생흔화석은 서관 구조(burrow)나 발자국과 같은 생교란 구조, 스트로마톨라이트와 같은 생층리(biostratification) 구조, 천공(boring)과 같은 생침식(bioerosion) 구조, 분석(coprolite)과 같은 분비물 구조로 구분된다(그림 2.53). 또한 성인에 따라 휴식 구조, 기어간 자국, 먹이 섭취 구조, 문양 구조, 거주 구조, 피난 구조 등으로 구분할 수도 있다. 생흔화석은 퇴적 환경을 지시하며 수심이나 퇴적률, 고수류의 방향, 지층의 상하를 구분할 수 있는 정보를 제공한다. 또한 이미 멸종되어 더 이상 존재하지 않는 생물의 행동 양식에 대한 정보를 얻을 수 있다는 점에서 중요하다.

라. 화학적 구조

퇴적물이 쌓인 이후에 용해 작용과 침전 작용에 의해 2차적으로 생성되는 퇴적 구조를 화학적 구조라고 한다. 화학적 구조에는 스타일로라이트(stylolite)와 단괴(nodule) 등이 있다. 스타일로라이트는 매몰 깊이에 따른 압력의 증가에 의해 압력 용해(pressure dissolution)가 일어나면서 점토나 철산화물 같은 불용성 물질이 남아 만들어지는 요철 형태의 띠 모양 구조를 의미한다. 스타일로라이트는 주로 불순물이 적게 포함된 석영질 사암이나 석회암에서 흔히 관찰된다(그림 2.54).

화학적 구조를 형성하는 데 가장 중요한 침전물로는 탄산염 광물이 있다. 특히 탄산염 광물 중 방해석이 교질물로 침전할 경우 단괴(nodule) 또는 결핵체(concretion)가 형성된다. 이들은 투수율이 높아 공극수가 잘 이동할 수 있는 퇴적물에서 쉽게 형성되며 일반적으로 층리면과 평행하게 발달하는 특징이 있다. 결핵체는 교질물이 채워져 형성되기 때문에 다짐 작용의 영향을 거의 받지 않는다. 따라서 결핵체 주위 층의 휘어짐 여부에 따라 결핵체가 형성된 시기를 추정할 수 있다.

(3) 퇴적암의 종류

가. 쇄설성 퇴적암

● **역암과 각력암**

역암(conglomerate)과 각력암(breccia)은 2 mm 이상의 조립질 입자를 다량 포함한 퇴적암이다. 대부분의 역암은 자갈 이상의 입자를 30~50% 포함한다. 조립질 입자의 함량이 30% 이하일 경우에는 역질 사암으로 분류한다. 역암과 각력암은 암석 내 역들의 원마도에 의해 구분하는데 원마도가 좋은 편이면 역암, 나쁘면 각력암이라 한다.

역질 퇴적물은 자갈과 같은 조립질 입자들과 그 사이를 채우는 기질로 구성된다. 해빈이나 하천처럼 유수의 작용이 우세한 환경에서 쌓일 경우에는 역들이 서로 접촉하는 입자 지지 조직을 보이며, 이와 같은 경우를 정역암(orthoconglomerate)이라고 한다. 반면 중력류와 같이 다양한 크기의 입자들이 빠르게 퇴적될 경우에는 역들이 기질 사이에 떠 있는 형태인 기질 지지 조직을 보이며, 이와 같은 역암을 준역암(paraconglomerate)이라고 한다. 일반적으로 정역암은 역과 기질 모두 분급이 좋은 편이며, 해빈에서 형성된 경우에는 원마도도 좋게 나타난다. 반면 준역암은 다양한 입자 크기를 가지고 있어 분급이 불량하다.

역암은 역암 내에 포함된 역의 종류에 따라서도 구분된다. 역암 내의 역들이 한 종류의 암상으로 되어 있으면 단암상질(oligomictic) 역암이라고 하며, 2가지 이상의 암상으로 구성될 경우에는 다암상질(polymictic) 역암이라고 한다(그림 2.55). 역암을 구성하는 역의 암상은 대체로 역을 공급하는 기원지의 암상 분포, 역의 크기, 운반 거리 등에 의해 결정된다. 또한 역암을 구성하는 역들이 퇴적분지 내에서 기원했는지, 또는 분지 밖으로부터 기원했는지에 따라 각각 층내성(intraformational)과 층외성(extraformational) 역암으로 구분하기도 한다. 일반적으로 풍화에 약한 이암 역을 다량 포함할 경우에는 퇴적분지 내에서 짧은 거리를 이동하여 쌓인 층내성 역암일 가능성이 높다(그림 2.55a).

그림 2.55 **(a)** 이암 역으로만 구성된 단암상질 역암. **(b)** 다양한 역들로 구성된 다암상질 역암

● 사암

사암은 주로 모래 크기(0.0625~2 mm)의 입자로 구성된 쇄설성 퇴적암이다. 대부분의 사암은 다양한 함량의 실트와 점토 크기 입자들을 포함한다. 사암을 구성하는 입자들은 대부분 육상으로부터 기원한 규산질 쇄설성(siliciclastic) 입자들이다. 즉 육상에 노출된 기존의 다양한 암석들이 풍화와 침식 작용을 받은 후 이동하여 퇴적된 것들이다. 사암의 구성 성분은 골격 구조를 이루는 모래 크기 입자, 입자 사이를 채우는 기질(matrix), 입자를 묶어주는 교질물(cement)과 공극의 4가지로 구분할 수 있다. 사암을 구성하는 모래 크기 입자들은 주로 석영과 장석, 암편으로 구성되어 있고 소량의 운모류와 중광물 등을 포함한다.

사암의 주요 광물 조성은 1차적으로 기원암의 종류에 의해 결정되지만 기원지로부터 퇴적 장소까지 운반되는 동안 여러 가지 조건에 따라 풍화에 약한 광물들이 선택적으로 제거되므로 사암의 광물 조성이 달라지게 된다. 일반적으로 사암의 광물 조성은 고지리나 고기후, 퇴적물 운반 매체의 종류, 퇴적 기작, 퇴적 환경 등에 의해 영향을 받으며, 퇴적 이후에 일어나는 속성 작용에 의해서도 광물 조성이 변할 수 있다.

사암은 일반적으로 기질에 해당되는 머드와 모래 크기 입자를 구성하는 석영, 장석, 암편을 이용하여 분류할 수 있다. 사암은 대체로 30 μm 이하의 크기를 갖는 기질의 함량에 따라 2가지 종류로 구분할 수 있는데, 기질이 15% 이하인 비교적 깨끗한 사암은 아레나이트(arenite), 15% 이상인 경우에는

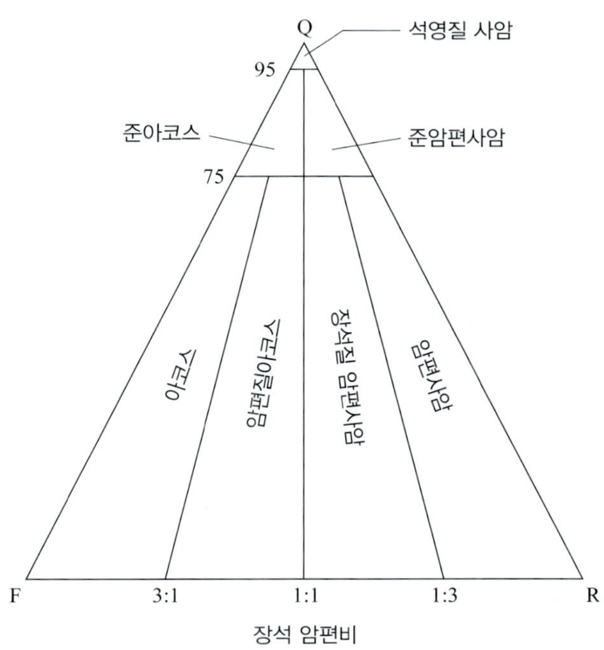

그림 2.56 사암의 분류. Q는 석영과 처트, F는 장석과 화강암의 암편, R은 불안정한 암편을 지시한다. 사암의 조성이 F와 R쪽으로 갈수록 물리적 성숙도와 화학적 성숙도가 감소한다.

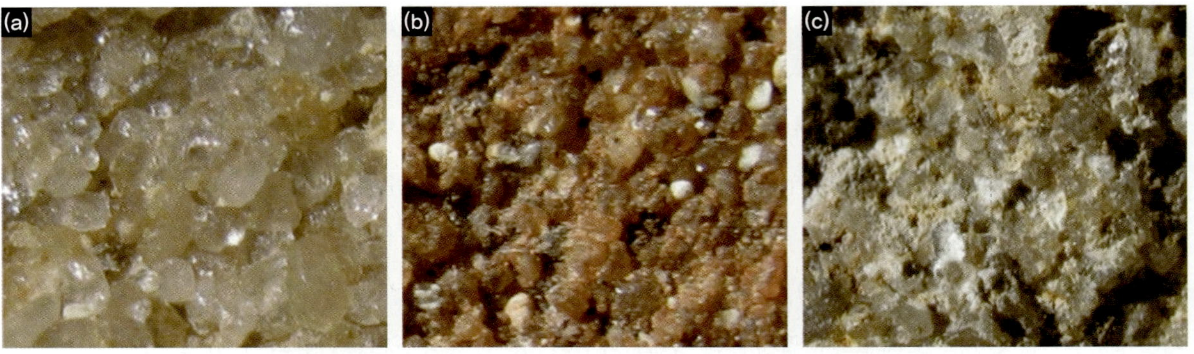

그림 2.57 (a) 대부분이 석영으로 구성된 석영질 사암, (b) 적철석에 의해 붉은색을 띠는 장석질 사암, (c) 암편을 다량 포함하고 있는 암편질 사암

와케(wacke)라고 한다.

석영질 사암(quartz arenite)은 장석이나 암편이 5% 미만이고 석영 함량이 95% 이상인 경우를 가리킨다(그림 2.56). 장석을 25% 이상 포함하고 암편의 함량이 낮은 사암은 장석질 사암(arkose), 암편의 함량이 높은 경우에는 암편질 사암(lithic sandstone)이라고 한다. 석영질 사암은 주로 사막과 같은 풍성 환경이나 해빈, 천해처럼 파도의 영향을 많이 받는 퇴적 환경에서 형성된다. 지형적으로는 기복(relief)이 낮은 편평한 지역에서 서서히 운반될 경우 형성된다. 석영질 사암은 일반적으로 분급과 원마도가 좋고 기질 함량이 적어 조직적 성숙도가 높은 특징을 보인다.

장석질 사암은 기본적으로 장석을 많이 포함하는 기원암으로부터 퇴적물이 공급될 경우에 형성되는데, 대부분은 조립질의 화강암이나 편마암처럼 화강암질 조성을 갖는 결정질 암석으로부터 퇴적물이 기원한 경우에 만들어진다. 하지만 장석은 석영에 비해 물리화학적으로 불안정한 광물이기 때문에 장석의 함량이 높은 기원암으로부터 퇴적물이 공급되더라도 기후와 지리적인 조건을 만족해야만 한다. 즉 화학적 풍화가 약한 춥고 건조한 기후 조건하에서 형성되거나, 따뜻하고 습윤한 기후일 경우에는 기복이 심하고 이동 거리가 길지 않아 풍화되는 기간이 짧은 경우에 형성될 수 있다. 선상지나 망상하천에 쌓인 사암과 화강암이 입상 붕괴(granular disintegration)된 풍화 산물이 중력에 의해 쓸려 내려가 쌓인 그라니트 워시(granite wash or grus)가 장석이 풍부한 사암의 좋은 예이다.

암편질 사암은 대부분 조립질이며 조직적 · 조성적 성숙도가 낮은 특징을 가진다. 일반적으로 불안정한 화산암편이나 변성암편들의 함량이 높지만 처트와 같은 안정한 암편을 일부 포함할 수도 있다. 이와 같은 종류의 사암은 보통 분급이 불량하며 상당량의 기질을 포함하는데, 기질의 상당 부분은 2차 기원일 수 있다. 기계적 풍화에 약한 암편의 함량이 높다는 것은 기본적으로 기복이 심한 기원지로부터 퇴적물이 공급되었다는 것을 의미한다. 육상 환경에서는 선상지 전면부나 상류 쪽의 하성 환경에서 퇴적될 수 있고, 큰 강에 의해 퇴적물이 공급되는 삼각주나 얕은 대륙붕 환경에서도 형성이 가능하다.

- **이질암**

세립질의 쇄설성 퇴적암에는 점토암, 실트암, 셰일, 이암, 이회암 등이 있다. 일반적으로 50% 이상의 머드를 포함하는 쇄설성 암석을 **이질암**(mudrock)이라고 한다. 이질암은 전체 퇴적암의 절반 정도를 차지하며 가장 많이 나타나는 암석이다. 하지만 이질암은 쉽게 풍화되기 때문에 실제로 노두상에서의 발달은 빈약하다. 이질암은 머드 입자의 크기와 고화 정도, 쪼개짐(fissility)의 발달 정도에 따라 여러 종류로 구분된다(표 2.10).

표 2.10 입자 크기와 쪼개짐의 발달 정도에 따른 이질암의 분류

입자의 분포	야외 특성	쪼개짐	
		유	무
실트 > 2/3	돋보기로 볼 때 실트 입자가 많음	실트-셰일	실트스톤
실트 1/3 ~2/3	촉감이 거침	머드-셰일	머드스톤
점토 > 2/3	촉감이 부드러움	점토-셰일	점토암

셰일(shale)은 얇은 엽층리로 구성된 암석으로 각각의 엽층리는 낮은 에너지 환경에서 주기적으로 반복되는 느린 퇴적 작용의 결과로 형성된다. 셰일은 엽층리 면을 따라 쉽게 떨어지는 쪼개짐이 잘 발달되어 있다. 실트스톤(siltstone)은 퇴적물의 2/3 이상이 실트 입자로 구성되며, 대체로 쪼개짐은 발달하지 않는다. 머드스톤(mudstone)은 실트와 점토의 함량이 비슷하게 포함된 퇴적암이며, 괴상을 띠고 쪼개짐이 발달하지 않는다. 머드스톤은 일반적으로 셰일에 비해 빠르게 퇴적이 일어날 때 형성된다. 세립질 퇴적물의 2/3 이상이 점토 크기 입자로 구성되고 괴상을 이루며 쪼개짐이 발달하지 않는 경우에는 점토암(claystone)이라고 한다. 이회암(marlstone)은 점토와 탄산염($CaCO_3$)이 25~75% 범위에서 혼합된 세립질 퇴적물을 가리킨다.

이질암의 광물 조성은 평균적으로 점토 광물(clay mineral)이 약 60%, 석영과 처트가 약 30%, 장석이 약 5%, 탄산염 광물이 약 4%, 그리고 유기물과 철 산화물이 약 1% 정도로 구성된다. 이질암의 색은 크게 유기물의 함량과 철 성분에 의해 결정된다. 유기물의 함량이 낮을 경우에는 밝은 회색을 띠지만 유기물 함량이 증가할수록 검은색에 가까워진다. 산화 환경에서 퇴적이 일어날 경우에는 이질암 내의 철 성분이 산화된 적철석(hematite, Fe_2O_3)으로 인해 붉은색을 띠지만, 환원 환경에서 형성된 경우에는 초록색을 보인다.

나. 석회암

석회암은 전 지질시대에 걸쳐 광범위하게 나타나며, 탄산염 골격을 갖는 무척추동물이 나타나기 시작한 캄브리아기 이후의 석회암 내에는 생물의 출현, 진화와 멸종에 대한 기록들이 잘 보존되어 있어 지구의 역사를 이해하는 데 중요하다. 또한 전 세계 원유 매장량의 절반 정도가 석회암에 포함되어 있으며 납, 아연과 같은 광상의 모암으로도 중요한 역할을 하기 때문에 경제적 중요성도 높다.

석회암은 열대－아열대 지역, 즉 적도를 중심으로 남 · 북위 30° 내에서 주로 형성되며, 햇빛이 들어오는 수심 10 m 미만의 얕고 정상 염분(salinity)을 갖는 바다에서 주로 형성된다. 또한 석회암이 형성되기 위해서는 쇄설성 퇴적물의 유입이 없어야 한다. 이는 해수가 혼탁할 경우 탄산염을 만드는 생물들이 살기 어렵기 때문이다.

● 석회암의 주요 성분

석회암은 생물의 골격 입자(skeletal grain), 골격 이외의 입자(non skeletal grain), 미크라이트(micrite), 교질물(cement) 등 4가지 성분으로 구성된다. 석회암에 포함된 생물의 골격 입자들은 탄산염을 분비하는 무척추동물과 조류(algae)의 시공간적 분포를 나타낸다. 생물체의 분포는 수심, 수온, 염분, 퇴적층과 교란의 정도, 환경적 요소 등에 의해 영향을 받는다. 생물의 골격 입자는 연체동물(이매패류, 복족류, 두족류 등)과 완족동물, 강장동물, 극피동물, 태선동물, 유공충, 절족동물, 해면류 등 다양한 무척추동물과 홍조류, 녹조류, 황록조류, 청록조류 등 여러 가지 조류로 구성된다.

생물 골격 이외의 입자에는 우이드(ooid)와 피조이드(pisoid), 펠로이드(peloid), 인트라클라스트(intraclast) 등이 있다. 우이드는 중심핵 둘레에 하나 이상의 규칙적인 방사상 또는 동심원상의 엽층리가 둘러싸고 있는 구형 또는 준구형의 입자를 지칭한다. 우이드는 보통 0.2~0.5 mm의 크기로 고에너지 환경에서 해저면을 따라 구르면서 움직이는 동안 해수로부터 탄산칼슘이 침전되어 형성된다. 직경이 2 mm보다 클 경우에는 피조이드라고 한다. 펠로이드는 내부 구조가 없고 미정질의 방해석으로 이루어진 구형에 가까운 입자를 의미한다. 펠로이드는 대략 0.1~0.5 mm의 크기를 갖는다. 펠로이드는 대부분 복족류나 갑각류 같은 생물체의 분비물인데, 이처럼 유기물 기원이 확실할 경우에는 펠릿(fecal pellet)이라고 한다. 인트라클라스트는 고화된 퇴적물의 파편을 가리키는데, 주로 갯벌의 머드 퇴적물이 건열에 의해 암편이 되어 공급된다.

미크라이트(micrite)는 미정질 방해석(microcrystallin calcite)의 줄임말이며, 일반적으로 4 μm 이하의 크기를 갖지만 결정 크기는 균일하지 않다. 미크라이트는 속성 작용을 거치며 조금 더 큰 결정인 마이크로스파(microspar)로 교대될 수 있다. 미크라이트는 석회질 조류의 분해, 화이팅스(whitings)와 같은 무기적 침전, 생침식 작용, 생물 골격 입자의 분해 등 여러 가지 성인에 의해 형성될 수 있다.

● 석회암의 분류

석회암의 분류에는 크게 3가지 방법이 있다. 첫 번째는 쇄설성 퇴적암처럼 구성 입자의 크기에 따

Original components not bound together during deposition				Original components bound together	Depositional texture not recognizable Crystalline carbonate	Original components not organically bound during deposition		Original components organically bound during deposition		
Contains lime mud			Lacks mud and is grain supported			> 10% grains > 2mm		Organisms act as baffles	Organisms encrust and bind	Organisms build a rigid framework
Mud – supported		Grain-supported				Matrix supported	Supported by > 2mm components			
Less than 10% grains	More than 10% grains									
Mudstone	Wackestone	Packstone	Grainstone	Boundstone	Crystalline	Floatstone	Rudstone	Baffle stone	Bindstone	Framestone

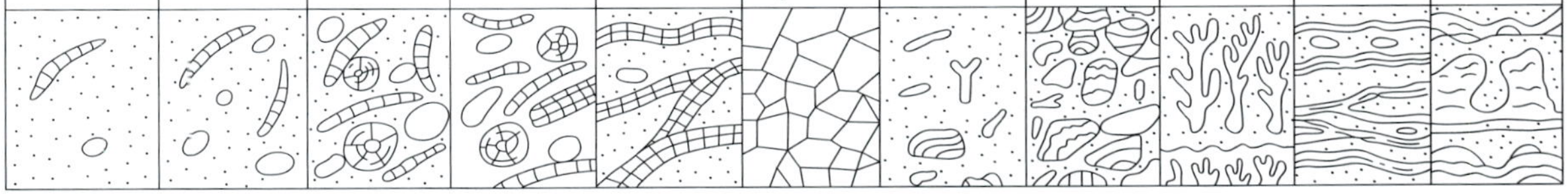

그림 2.58 Dunham (1962)의 석회암 분류

Principal grains in limestone	Limestone types	
	Cemented by sparite	With a micrite matrix
Skeletal grains (bioclasts)	Biosparite	Biomicrite
Ooids	Oosparite	Oomicrite
Peloids	Pelsparite	Pelmicrite
Intraclasts	Intrasparite	Intramicrite
Limestone formed in situ	Biolithite	Fenestral limestone-dismicrite

그림 2.59 Folk (1962)의 석회암 분류

라 분류하는 것이다. 입자의 크기가 2 mm 이상이면 석회역암(calcirudite), 0.0625~2 mm 사이는 석회사암(calcarentie), 63 μm 이하일 경우에는 크기에 따라 석회실트암(calcisiltite)이나 석회이질암(calcilutite)으로 분류한다.

두 번째는 석회암 내 입자의 양과 기질인 미크라이트의 존재 여부에 따라 분류하는 Dunham (1962)의 분류 방법이다(그림 2.58). 이 분류에서는 기질이 없으면 입자암(grainstone), 입자 지지의 조직이 보이며 미크라이트가 약간 포함되어 있으면 팩스톤(packstone), 기질 지지이면서 입자가 10% 이상과 미만일 경우 각각 와케스톤(wackestone)과 머드스톤(mudstone)으로 지칭한다(그림 2.58)

세 번째 Folk (1962)의 분류 방법은 구성 입자의 크기와 종류, 광물 조성에 따라 분류하는 방법이다

(그림 2.59). 이 방법에서는 석회암의 구성 성분을 입자를 나타내는 알로켐(allochem), 기질을 의미하는 미크라이트, 교질물인 스파라이트(sparite)로 구분한다. 알로켐은 다시 생쇄설물과 우이드, 펠로이드, 탄산염암 암편 등 4가지로 세분한다. 그리고 알로켐 사이의 공간을 기질인 미크라이트가 채우는지 아니면 교질물인 스파라이트가 채우는지를 나누고, 앞에 알로켐의 접두사를 붙여 명명한다. 예를 들어 알로켐이 생물 골격 입자로 되어 있고 빈 공간을 미크라이트가 채우면 biomicrite로 명명하게 된다.

● 탄산염암의 속성 작용

탄산염 퇴적물은 퇴적물이 쌓이는 해양 환경은 물론, 기상수(meteoric water) 환경에서부터 깊이 매몰된 환경에 이르기까지 광범위한 영역에서 속성 작용을 받으며 다양한 변화를 겪는다. 탄산염 퇴적물의 속성 작용은 교질 작용, 미크라이트화 작용, 신형태화 작용, 용해 작용, 다짐 작용, 규질화 작용, 백운석화 작용 등 크게 7가지로 구분할 수 있다.

교질 작용은 공극수가 방해석이나 아라고나이트 등의 교질 광물에 대해 과포화 상태에서 침전되어 일어난다. 교질물의 종류는 공극수의 P_{CO_2}와 Mg/Ca 비율, 탄산염의 공급 정도에 따라 영향을 받는다. 미크라이트화 작용은 골격 입자를 파고드는 청록조류에 의해 기존의 골격 입자 파편이 미크라이트로 변하는 작용이다. 신형태화 작용은 재결정화 작용과 광물의 종류가 변하기도 하는 교대 작용을 통칭하며, 광물 조성의 변화 없이 미크라이트나 방해석 결정의 크기가 커지는 경우와 아라고나이트가 방해석으로 교대되는 현상이 포함된다. 용해 작용은 보통 지표 근처에서 기상수의 영향에 의해 주로 일어나지만, 해저면과 심부 매몰 환경에서도 일어날 수 있다. 용해 작용은 탄산염 퇴적물의 2차 공극률을 증가시키는 역할을 한다. 다짐 작용을 받으면 퇴적물 입자들은 점차 조직이 치밀해지며, 궁극적으로는 압력 증가에 의해 입자들이 접촉하는 부분에서 압력용해가 일어나 스타일로라이트가 형성된다. 규질화 작용은 생물 골격이 선택적으로 규산염 광물로 교대 작용이 일어나거나 처트의 단괴와 층이 발달하는 현상을 가리킨다. 규질화 작용을 일으키는 규산의 주요 공급원은 석회암 내에 포함된 해면동물의 침골이나 규조, 방산충 등이다. 백운석화 작용은 석회암의 주요 변질 작용으로, 백운석은 지표 가까이에서 침전되거나 매몰 환경에서 기존의 아라고나이트와 방해석을 교대하여 형성된다. 백운석화 작용에 대해서는 지금까지 여러 가지 모델들이 제안되었으나 아직까지도 정확히 규명되지 않았다.

다. 기타 퇴적암

● 처트

처트(chert)는 대부분 미정질 또는 초미정질의 석영으로 구성되어, 치밀하고 단단한 퇴적암이다. 대부분의 처트는 거의 순수한 규산으로 구성되며 점토광물, 방해석, 적철석 등의 불순물이 소량 포함되어 있다. 처트는 포함된 불순물의 종류에 따라 여러 명칭으로 부르는데 적철석을 포함하여 붉은색을 띠면 벽옥(jasper), 유기물이 포함되어 회색이나 검은색을 띠면 플린트(flint)라고 부른다. 처트는 성분에 따라 생물에서 유래한 유기 기원과 화산재로부터 유래하거나 무기적 침전에 의해 형성되는 무기 기원으로 구분된다. 처트는 산출 상태에 따라 층상 처트(bedded chert)와 단괴상 처트(nodular chert)로 나뉜다. 층상 처트는 바다에서 방산충(radiolarian)이나 규조(diatom), 해면동물의 침골(sponge spicule) 등 규산으로 구성된 생물의 골격편이 쌓여서 만들어질 수 있고, 단괴상 처트는 교대 작용에 의한 속성 작용의 산물로 형성된다.

● **증발암**

증발암(evaporite)은 물의 증발에 의해 용존된 염(salt)의 농도가 높아지면서 증발광물이 침전되어 형성된 화학적 퇴적암으로 주로 건조한 기후의 사브카(sabkha)와 같은 환경에서 형성된다. 주요 증발광물로는 석고(gypsum, $CaSO_4 \cdot 2H_2O$)와 무수석고(anhydrite, $CaSO_4$), 암염(halite, NaCl) 등이 있다. 증발암층은 탄산염 저류암에서 주로 덮개암(cap rock)으로 작용하고 거대 유전과 밀접한 관련이 있어 경제적으로 중요할 뿐만 아니라, 특정 기후 조건하에서 형성되기 때문에 고기후 해석에도 매우 중요한 정보를 제공한다.

(4) 퇴적 환경

퇴적암을 단드는 퇴적물은 다양한 환경에서 퇴적될 수 있다. 육상의 경우 하성 환경(선상지와 하천), 호성 환경, 빙하 환경, 사막 등이 있으며 해양에는 삼각주, 사주, 대륙붕, 심해저 등의 환경이 있다. 퇴적물은 각각의 퇴적 환경에 따라 퇴적체의 크기와 기하학적 형태가 결정되고, 독특한 암상과 퇴적 구조, 화석 등의 특징을 포함하는 특징적인 퇴적상(sedimentary facies)을 갖게 된다.

가. 하성 환경(fluvial environments)

● **선상지**

사면의 경사가 급하고 좁은 산간 계곡을 따라 이동하던 조립질 퇴적물들이 경사가 완만한 산록 지역을 만나게 되면 급격한 퇴적 작용에 의해 부채꼴 형태의 퇴적물을 쌓게 되는데 이를 선상지(alluvial fan)라고 한다(그림 2.60). 선상지는 주로 대규모 단층 작용에 의해 만들어진 급경사지에 형성되며 기후 조건에 따라 다른 특성을 보인다. 일반적으로는 습윤한 기후보다 건조한 기후일 경우 선상지가 잘 발달하는데, 이는 건조할 경우 지표에 식생 발달이 미약하기 때문에 활발한 기계적 풍화에 의해 조립질 퇴적물이 쉽게 형성되며 사면을 따라 잘 이동할 수 있기 때문이다. 반면 습윤한 지역은 기계적 풍화보다는 화학적 풍화가 우세하여 조립질 퇴적물이 잘 형성되기 어렵고 식생에 의해 사면이 보호되기 때문에 선상지의 발달이 약하다. 선상지는 이와 같은 차이에 의해 쇄설류(debris flow)가 우세한 건

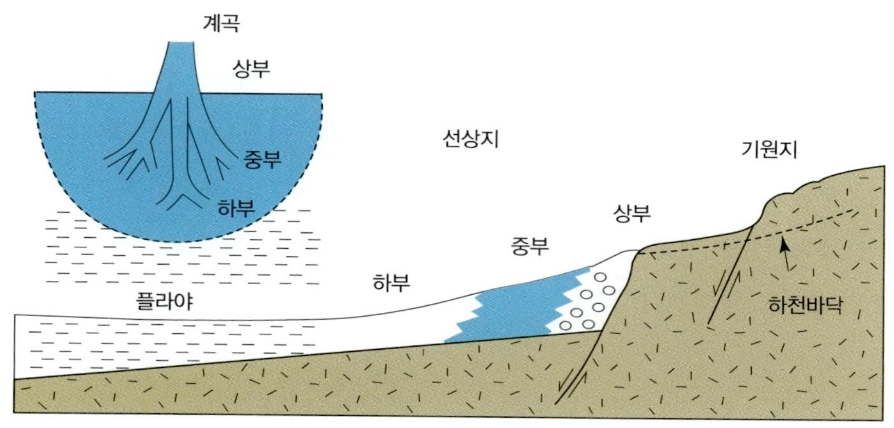

그림 2.60 건조형 선상지의 평면과 단면도. 선상지는 일반적으로 단층에 의한 기복 차이에 의해 형성되며 계곡 입구에서 하부로 가면서 입도가 감소한다.

조형 선상지와 하천(stream flow)의 영향이 우세한 습윤형 선상지로 구분할 수 있다(Schumm, 1977). 보통 건조형 선상지는 경사가 급하고 작은 특징을 가지며, 습윤형 선상지는 규모가 큰 특징을 보인다.

● 하천

하천(river)은 육상에서 풍화에 의해 생성된 퇴적물을 최종 퇴적 장소인 해양으로 이동시키는 가장 중요한 운반 매체이다. 하천은 형태에 따라 직선형 하천(straight river), 망상하천(braided river), 사행천(meander river), 이합천(anastomosed river)으로 구분한다. 이와 같은 분류는 기본적으로 만곡도(sinuosity)와 하천(channel)의 수를 이용하여 구분할 수 있다. 하천의 길이를 양쪽 끝 사이의 직선 거리로 나눈 값을 만곡도라고 하는데 직선형 하천과 망상하천은 만곡도가 1.5 이하이며, 사행천과 이합천은 1.5 이상이다. 또한 직선형 하천과 사행천은 하나의 하천으로 이루어져 있고, 망상하천과 이합천은 여러 개의 하천으로 구성된다. 하천은 사면의 경사도, 퇴적물의 양, 하천의 유량, 식생의 정도 등 다양한 환경적 차이에 의해 형태가 결정되므로 환경 변화에 따라 하나의 종류에서 다른 종류로 전이되며, 중간 형태로 나타날 수도 있다. 네 종류의 하천 중에서 가장 흔하게 나타나는 종류는 사행천과 망상하천이다.

망상하천은 일반적으로 고도가 높고 경사가 급한 상류 지역에 분포하며, 하류로 갈수록 경사도와 퇴적물의 입도가 감소하면서 사행천으로 전이된다. 망상하천은 식생 발달이 약할 경우 잘 형성되므로 건조한 기후에서 쉽게 관찰된다. 망상하천은 정해진 하천대(channel belt)의 폭 내에서 유량 변화에 의해 자연제방이 쉽게 침식되면서 유로가 지속적으로 변경되는 특징을 보인다. 망상하천은 사면의 경사도 변화에 따른 유속 감소에 의해 하천 내부에 종사주(longitudinal bar)와 횡사주(transverse bar)를 형성시키는데, 일반적으로 상류 부분에는 종사주가, 하류 쪽에는 횡사주가 만들어진다. 하도와 사주

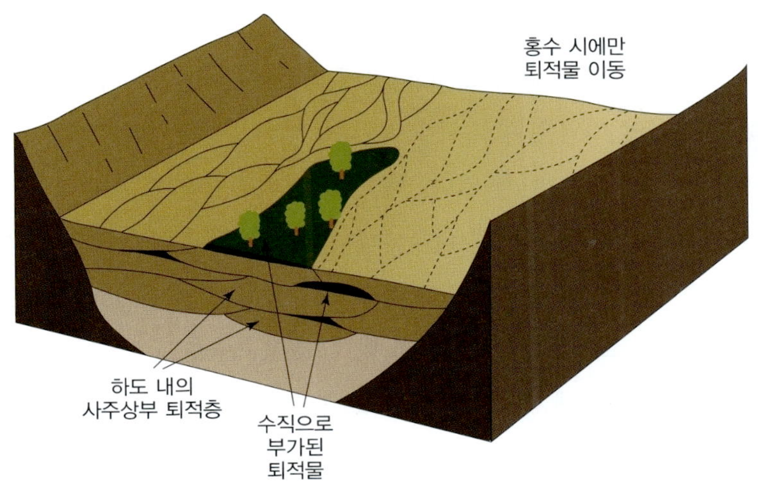

그림 2.61 망상하천 퇴적층의 모식도

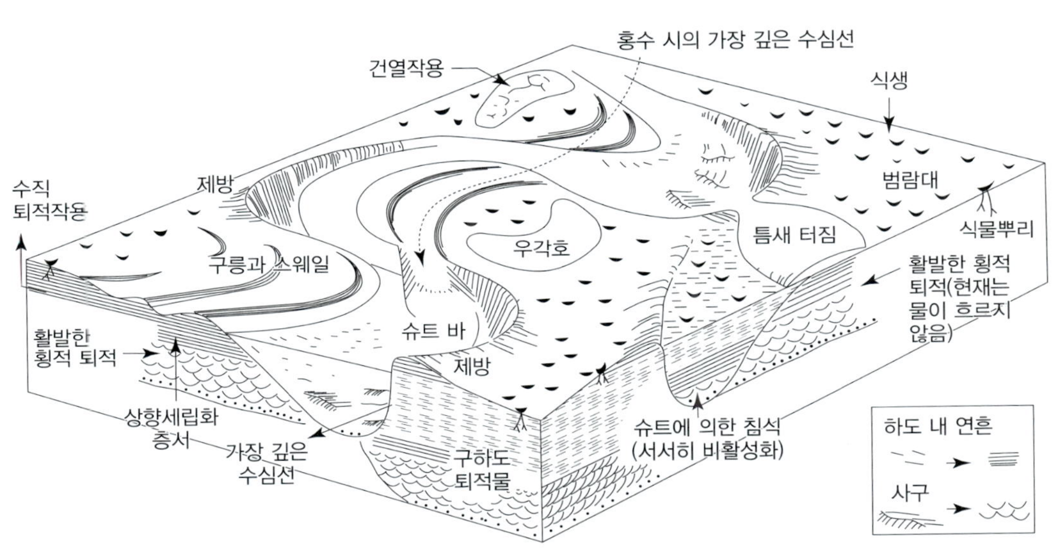

그림 2.62 사행천의 퇴적 환경과 주요 지형. 사암체는 우각사주에서 측면 누적에 의해 형성되고 상향 세립화 경향을 보인다.

에 형성된 퇴적물은 다음 홍수기에 심하게 침식되기 때문에 고기 퇴적층에서는 많은 침식면이 관찰되기도 한다. 이질 퇴적물은 드물지만 유기된 하도에 공급된 세립질 퇴적물이 침전되어 얇게 나타날 수 있다(그림 2.61).

사면의 경사가 완만해지면 하천은 망상하천에서 사행천으로 바뀌게 된다. 사행천은 만곡도가 심해 나선형 와류의 형태로 흐르게 된다. 이와 같은 형태적 특징에 의해 바깥쪽에서는 침식이 일어나고 안쪽의 우각사주(point bar) 부분에는 퇴적이 일어난다(그림 2.62). 사행천이 발달하는 범람원(floodplain) 지역은 자갈층에서부터 사질 퇴적물, 이질 퇴적물이 모두 퇴적될 수 있는 환경이다. 사행천의 바닥 부분에서는 가장 조립질에 해당되는 잔류 퇴적물(lag deposit)이 분포하는데, 이는 하도의 바깥쪽 부분에서 침식이 일어난 후 이동되지 않고 남은 것들이다. 사질 퇴적물은 주로 하도의 우각사주 부분에서 형성되는데 하도의 횡적 이동(lateral migration)에 의해 사층리를 보이는 사암이 형성될 수 있다. 범람원 환경에서 하천 이외의 지역은 주로 주기적인 하천의 범람에 의해 주로 실트 크기 이하의 유기물 함량이 높은 이질 퇴적물이 쌓이게 된다. 하도에서 멀리 떨어진 지역은 홍수기에 범람했던 물이 마르면서 건열이 형성되고 식생에 의해 나무뿌리 흔적화석이 나타나기도 한다. 습윤한 기후에서는 식생이 번성하므로 유기물이 많이 공급되어 탄질 퇴적물이 형성되지만, 아건조 지역에서는 토양화 작용을 심하게 받으면서 고토양의 형성과 함께 캘크리트(calcrete or caliche)가 형성된다.

이합천은 사행천이나 망상하천에 비해 상대적으로 드물게 나타난다. 이합천은 여러 개의 하천으로 구성된다는 점에서 망상하천과 유사하지만 망상하천에 비해 만곡도가 높고 망상하천이 하나의 하천대를 가지는 데 비해 여러 개의 하천대를 가진다는 차이가 있다(Makaske, 2001). 이합천은 경사가 낮고 비교적 좁고 깊은 하도를 가지고 있으며, 여러 개의 소규모 하천들이 그물망처럼 서로 연결되어 있다. 이합천의 하도 사이에는 식생이 발달한 섬이나 자연제방, 저습지 등으로 구성된 범람원이 분포하는데, 이합천의 자연제방은 세립질 퇴적물로 구성되어 있고 식생이 우거져 침식에 매우 강하다는 특징을 보인다. 이합천은 이처럼 강한 제방에 의해 망상하천보다 안정된 하도를 가지므로 측방 침식보다는 하방 침식이 우세하여 좁고 깊은 하도를 가지고, 넓은 지역에 세립질 퇴적물이 쌓이게 된다(그림 2.63).

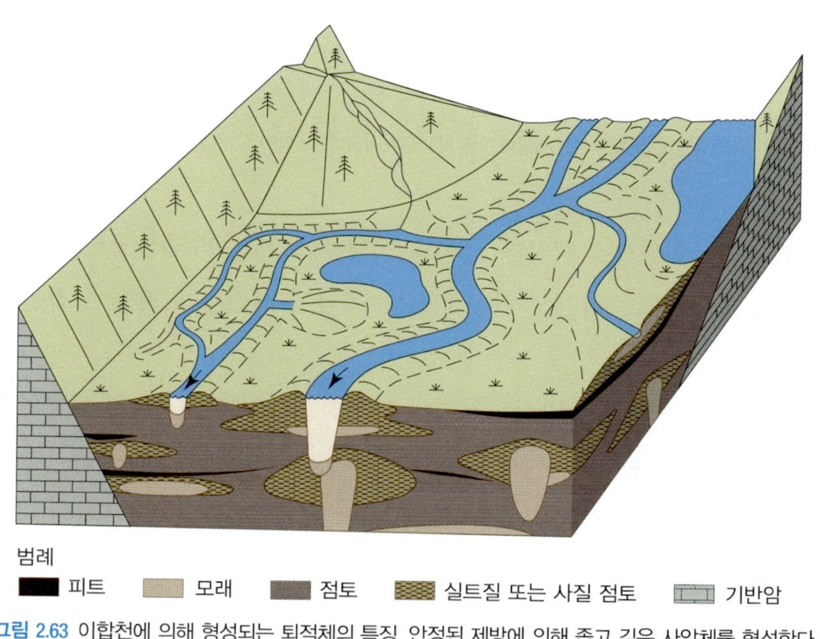

그림 2.63 이합천에 의해 형성되는 퇴적체의 특징. 안정된 제방에 의해 좁고 깊은 사암체를 형성한다.

나. 호수 환경(lacustrine environments)

호수는 지구 표면의 1~2%를 차지하며, 과거 지질 기록에서는 양적으로 많이 발견되지 않는다. 하지만 호수의 화학 조성이 기후변화에 민감하게 반응하고 호수 퇴적물은 연속적인 기록을 보존하고 있기 때문에 고기후 연구에 매우 중요하다. 또한 유기물을 다량 함유하는 특성으로 인해 호수 환경에서 형성된 퇴적암에는 많은 자원이 포함되어 있어 경제적 가치가 높다. 호수는 지형적으로 낮은 곳에 물이 유입된 후 정체된 수괴라고 할 수 있다. 호숫물은 강수나 침출수, 융빙수 등 여러 종류의 물이 유입되어 형성되지만 대부분은 강수에 의해 조절되므로 호수 환경에서 일어나는 퇴적 작용은 기후의 영향을 많이 받게 된다. 호수는 단층이나 열개 같은 조구조 운동이나 빙하 작용, 하천, 화산활동 등에 의해 형성된다. 호수의 규모는 보통 형성 기작에 의해 결정되는데 일반적으로 빙하나 조구조 운동에 의해 형성된 호수의 규모가 가장 큰 것으로 알려져 있다.

호수는 수문학적으로 크게 유출 수로(outflow)가 있는 열린 호수(open lake)와 유출 수로가 없는 닫힌 호수(closed lake)로 구분된다. 이와 같은 수문학적 특성은 호숫물의 화학 조성과 퇴적 작용에 중요한 영향을 미친다. 열린 호수의 경우 호수로 유입되는 물과 유출되는 물의 양이 유사하기 때문에 보통 안정된 수위를 갖는다. 따라서 쇄설성 퇴적 작용이 우세하고 호수로 유입되는 쇄설성 퇴적물의 양이 적을 경우에만 제한적으로 화학적 퇴적 작용이 일어난다. 반면 닫힌 호수의 경우 유입되는 물보다 유출되는 물의 양이 많이 때문에 수위의 변동이 크고 호숫물의 이온 농도가 높아지면서 화학적 또는 생화학적 퇴적 작용이 우세하게 된다.

호숫물의 화학 조성은 유입수의 조성과 유량의 계절적 변화 등에 의해 크게 영향을 받는다. 호숫물에 용해된 염류가 5% 이상일 경우 고철질호라고 하고, 그 이하이면 담수호라고 하는데 약 60%의 호수가 담수호에 해당한다. 또한 호수는 영양염류가 적고 생산성이 낮은 빈영양호(oligotrophic lake)와 영양염류 함량이 높은 부영양호(eutrophic lake)로 구분할 수 있는데, 빈영양호에서는 산소가 풍부하여 산화 조건이 일어나기 쉬운 반면 부영양호는 산소가 결핍되어 환원 작용이 우세하다. 이와 같은 차이는 호수 퇴적물 내에 포함된 유기물의 보존에 영향을 주게 된다.

호숫물의 수온은 기본적으로 밀도에 영향을 주기 때문에 깊이에 따른 수온의 수직적 분포는 호숫물의 순환을 조절하는 중요한 요소이다. 온대나 열대 지방의 호수에서는 상부에서 하부로 갈수록 수온이 낮아지는데, 그 사이에 수온이 급격히 감소하는 수온약층(thermocline)이 위치하여 호숫물의 층리화 현상이 발생한다. 열대 지방이나 극지역의 호수는 순환이 일어나기 어렵지만 중위도 지역의 경우 호숫물의 밀도 역전 현상에 의해 1년에 2회 순환이 일어날 수 있다.

다. 풍성 환경(eolian environments)

풍성 환경에서 형성되는 사암은 크게 사막 환경의 사암과 해안사구의 사암으로 구분할 수 있다. 사막은 보통 약 250 mm 이하의 연강수량을 가지는 것으로 알려져 있는데, 실제로 연강수량보다 중요한 것은 강수량보다 증발량이 많은 환경이라는 점이다. 현재 사막은 보통 저위도(10~30°)의 아열대 지역이나 물의 공급원인 바다로부터 멀리 떨어진 대륙 내부에 형성되며 큰 산맥 근처에서 비그늘(rain shadow) 효과에 의해 형성되기도 한다. 사막 환경에서는 강한 바람의 작용에 의해 거대한 모래바다(sand seas)나 보다 작은 규모의 사구가 형성된다.

라. 빙하 환경(glacial environments)

빙하 환경은 지구 표면의 약 10%에 해당되며 대부분 남극(86%)과 그린란드(11%)처럼 고위도 지역에 분포하며 나머지는 고도가 높은 고산 지대에 위치한다. 빙하 환경에서 형성되는 퇴적물은 빙하나 빙하가 녹은 물(융빙수)에 의해 운반되어 쌓이게 된다. 빙하가 지표 위를 이동하는 동안 일어나는 침식 작용은 크게 기반암에서 암편을 뜯어내는 굴식(plucking) 작용과 암석의 표면을 갈아내는 마식(abrasion) 작용으로 구분된다. 따라서 빙하에 의해 형성된 퇴적물은 커다란 암괴부터 미립질의 암분

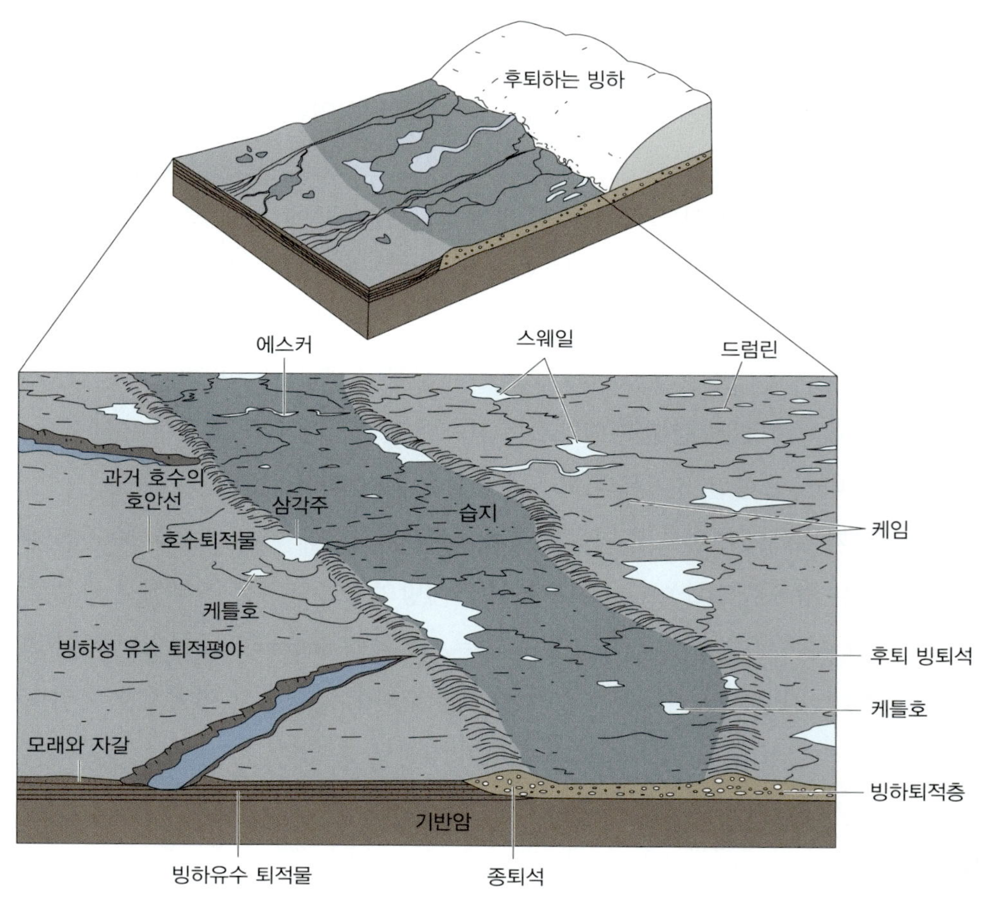

그림 2.64 육상 빙하 후퇴 지역의 저퇴석과 빙하성 유수 퇴적평야

(rock flour)까지 다양한 크기의 입자들을 포함하므로 분급이 매우 불량한 특징을 보인다.

빙하 환경에서 주로 퇴적이 일어나는 지역은 크게 **빙력토평원**(till plain)과 **빙하성 유수 퇴적평야**(glacial outwash plain)로 나뉜다(그림 2.64). 빙력토평원은 빙상 밑에서 저퇴석(ground moraine)이 쌓여 형성된 것으로 가장 규모가 큰 빙하 퇴적 지형이라고 할 수 있다. 저퇴석은 초기에는 움푹 팬 저지대에 선택적으로 쌓이지만 점차 시간이 지남에 따라 기복을 완전히 덮어버리기 때문에 빙하가 후퇴한 이후에는 매우 평평한 빙력토평원을 형성하게 된다. 빙력토평원에서 형성되는 퇴적물은 두껍고 분급이 매우 불량하며 층리 발달이 없는 특징을 보인다. 빙하성 유수 퇴적평야는 빙하 말단부에서 공급되는 융빙수에 의해 빙하 전면부에 퇴적물이 쌓여 형성되는 2차적인 퇴적평야를 의미한다. 빙하성 유수 퇴적평야는 빙하 전면부 수십 킬로미터까지 큰 규모로 발달할 수 있으며, 물에 의해 운반되므로 빙력토평원 퇴적물에 비해 어느 정도 층리가 발달된 퇴적암을 형성할 수 있다.

마. 삼각주 환경(deltaic environments)

삼각주는 하천이 바다나 호수와 만나는 지점에 형성되는 델타(Δ) 모양의 퇴적체를 가리킨다. 삼각주는 육지에서 바다 쪽으로 가면서 **삼각주 평원**(delta plain), **삼각주 전면**(delta front), **전삼각주**(prodelta)로 구성된다(그림 2.65). 하천으로부터 공급된 퇴적물의 일반적인 횡적 분포는 다음과 같다. 외해의 이질 퇴적물 상부에는 전삼각주에서 퇴적된 실트질 퇴적물이 쌓이게 되고, 그 상부에는 삼각주 전면에서 퇴적된 실트질과 사질 퇴적물이 덮게 된다. 최상부에는 사주에서 퇴적된 사질 퇴적물, 저습지의 이질 퇴적물, 하도 기원의 사질 퇴적물, 풍성 기원의 사질 퇴적물 등이 놓인다. 바다 쪽으로

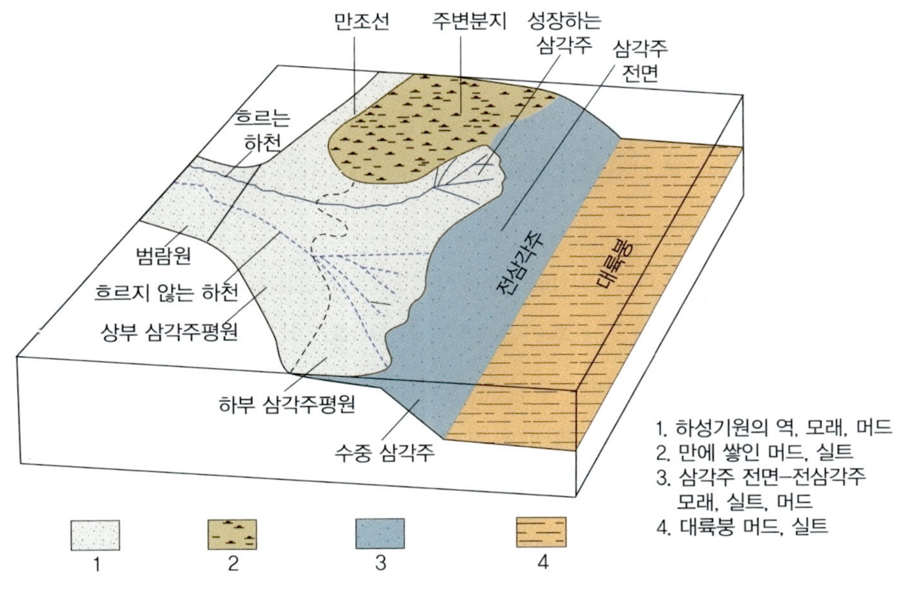

그림 2.65 삼각주 환경의 기본적인 형태

전진하는 삼각주(prograding delta)의 경우 이와 같은 전형적인 상향 조립화 경향을 보이게 된다. 삼각주에서 일어나는 퇴적 작용은 강물에 의해 운반되던 퇴적물이 고여 있는 수괴(호수나 바다)를 만나면서 일어나기 때문에 두 수괴의 밀도 차이에 의해 분산되고 혼합되는 과정을 이해하는 것이 중요하다.

삼각주는 하천과 파도, 조수의 영향을 모두 받는 복잡한 퇴적 환경이며, 삼각주 퇴적물의 종류는 주로 퇴적물을 공급하는 하천의 특성과 해양 환경의 파도 및 조수의 상호 작용에 의해 조절된다. 이와 같은 조건에 따라 삼각주는 크게 3가지 형태로 구분된다.

하천의 영향이 우세한 삼각주(fluvial-dominated deltas)는 조류와 파도, 연안류(longshore current)가 약하기 때문에 외해 쪽으로 빠르게 전진한다. 여러 방향의 분류하천(distributary channel)은 퇴적물을 이동시키다가 유속이 감소하는 하류에서 사주지상사(bar finger sand)를 쌓게 된다. 이와 같은 경우 특징적인 조족상(birdfoot) 삼각주를 형성한다. 파도의 영향이 우세한 삼각주(wave-dominated deltas)의 경우에는 강물에 의해 바다로 운반된 퇴적물이 파도에 의해 재동되고 연안류에 의해 영향을 받기 때문에 해안선과 평행한 사주나 사취(spit) 퇴적체를 형성하게 된다. 파도가 연안에 경사진 형태로 들어올 경우 강한 연안류가 형성되기 때문에 삼각주의 형태는 비대칭으로 바뀔 수 있고, 이와 같은 경우 석호가 형성될 수 있다. 조수 간만의 차이가 클 경우에는 강으로부터 공급된 퇴적물이 해안선에 수직 방향으로 움직이는 밀물과 썰물에 의해 재동되어 조류와 같은 방향의 사주가 형성되고 사주 사이에는 침식에 의해 만들어진 하도가 분포한다. 이처럼 해안선에 수직으로 길게 발달한 사주와 하도는 조수의 영향이 우세한 삼각주(tide-dominated deltas)의 특징적인 지형이다. 하지만 앞에서 분류한 삼각주의 3가지 형태는 극단적인 경우에 해당되며, 실제로 많은 삼각주들은 혼합된 형태로 나타난다.

바. 연근해 환경

● 해빈과 사주섬

해빈과 사주섬은 사질 퇴적물이 긴 띠 모양으로 해안선과 평행하게 발달하는 곳이다. 사주섬은 육지와의 사이에 석호(lagoon)가 존재하므로 해빈과 차이를 보인다. 해빈과 사주섬에서의 퇴적 작용은 기본적으로 파도에 의해 조절된다.

해빈은 육상에서 외해 방향으로 후안(backshore), 전안(foreshore), 해안 전면부(shoreface), 외안(offshore) 환경으로 구성된다(그림 2.66). 후안은 만조 시의 해수면 상부에 분포하는 환경으로 주로 풍성 기원의 사질 퇴적물로 구성되어 있다. 후안은 정단(berm)을 경계로 전안과 구분된다. 전안은 최고 해수면과 최저 해수면 사이의 지역으로 해빈 환경에서 가장 경사가 급한 지역이다. 이 지역은 세파대에 해당하며 밀려오는 파도에 의한 세파(swash)와 중력에 의해 내려가는 퇴파(backwash)가 형성된다. 이 지역에는 바다 쪽으로 기운 평행 엽층리를 보이는 사질 퇴적물이 형성된다. 해안 전면부는 최저 해수면부터 평상시 파도의 영향을 받는 약 10~20 m 수심인 파식 기준면까지의 지역으로 서프대와

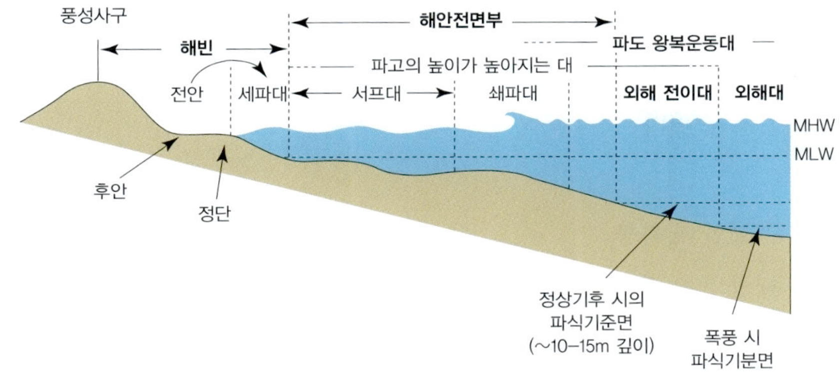

그림 2.66 해수면과 파도의 영향에 따른 해빈 환경의 분류

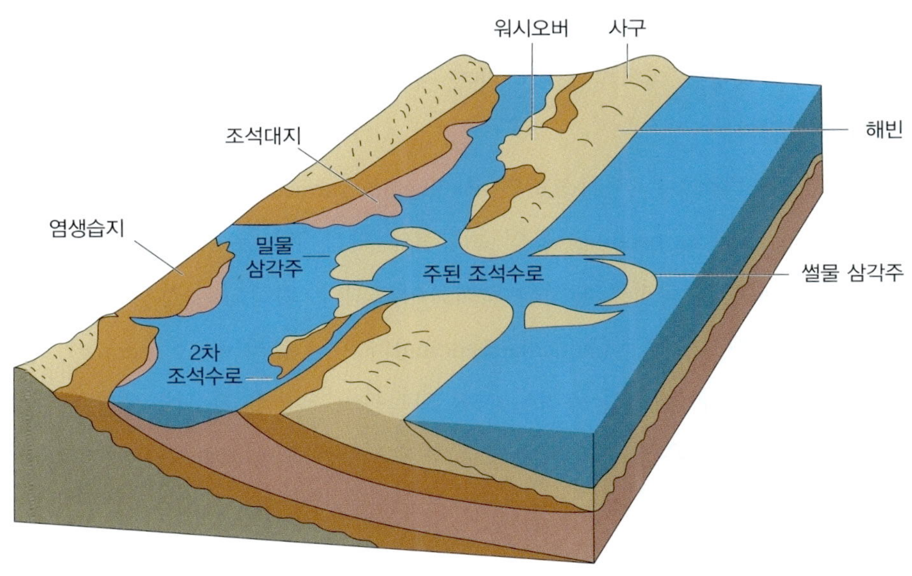

그림 2.67 사주섬 환경의 주요 지형

쇄파대를 포함한다. 이 지역은 파도의 작용이 우세하며 육지 쪽으로 이동하는 수류, 연안류를 따라 해안선에 평행하게 이동하는 수류, 이안류에 의해 바다 쪽으로 이동하는 수류 등 다양한 방향을 갖는 수류의 영향을 받으므로 곡사층리, 평상사층리, 평행층리 등이 형성될 수 있다.

사주섬은 석호에 의해 육지와 분리되어 있으며 해안선에 평행하고 긴 형태로 분포한다(그림 2.67). 사주섬은 여러 개의 조석 수로(tidal channel or tidal inlet)에 의해 잘려 있으며, 조석 수로는 석호와 외해를 연결시키는 통로 역할을 한다. 밀물이 우세한 경우에는 육지 쪽에, 썰물이 우세한 경우에는 바다 쪽에 조수 삼각주(tidal delta)가 형성된다. 조수 삼각주 퇴적물은 수십 미터 두께의 포물선 형태를 갖는 사질 퇴적물이 우세하며, 각각 육지 쪽과 바다 쪽으로 경사진 평상 사층리와 곡사층리 구조를 보일 수 있다.

해빈과 사주섬 환경에서는 파도에 의해 지속적으로 영향을 받기 때문에 퇴적물의 원마도가 좋아지고 분급도 양호해진다. 또한 강한 파도의 작용에 의해 불안정한 광물들이 제거되기 때문에 석영 입자의 상대적 함량이 증가하게 된다.

● **조수의 영향이 우세한 대륙붕**

조수(tide)는 달과 태양의 인력에 의한 해수면의 주기적인 변화에 의해 형성된다. 해수면이 높아지는 시기를 만조, 낮아지는 시기를 간조라고 한다. 만조와 간조 시의 수위 차이를 조수 간만의 차(tidal range)라고 하는데, 이는 지형적인 영향에 의해 지역별로 다르다. 한국의 경우 동해안은 수십 센티미터에 불과하지만 서해안의 경우에는 6 m 이상의 차이를 보인다. 조수의 영향이 우세한 대륙붕은 보통 조수 간만의 차이가 4 m 이상인 대조차(macrotidal) 환경에서 나타난다. 이와 같은 지역은 조수의 영향이 우세하고 파도의 영향이 미약하게 나타나기 때문에 세립질 퇴적물이 외해 쪽으로 빠져나가지 못해 주로 갯벌이 형성된다.

조수에 의해 형성되는 퇴적층은 재활성화면(reactivation surface), 조수 퇴적물 묶음(tidal bundle), 청어뼈 사층리(herringbone cross bedding) 등의 특징적인 퇴적 구조를 보인다. 유속이 느린 조간대에서는 유속의 차이에 의해 사질 퇴적물과 이질 퇴적물이 교대로 퇴적되는 경우가 흔히 관찰되며 이로 인해 외해 쪽으로 가면서 렌즈상 층리(lenticular bedding)와 파상 층리(wavy bedding), 우상 층리(flaser bedding)가 차례대로 형성된다. 렌즈상 층리는 이질 퇴적물이 우세한 가운데 사질 퇴적물이 렌즈상으로 포함되는 경우를 지칭하고, 우상 층리는 반대로 사질 퇴적물이 우세한 가운데 이질 퇴적물이 얇게

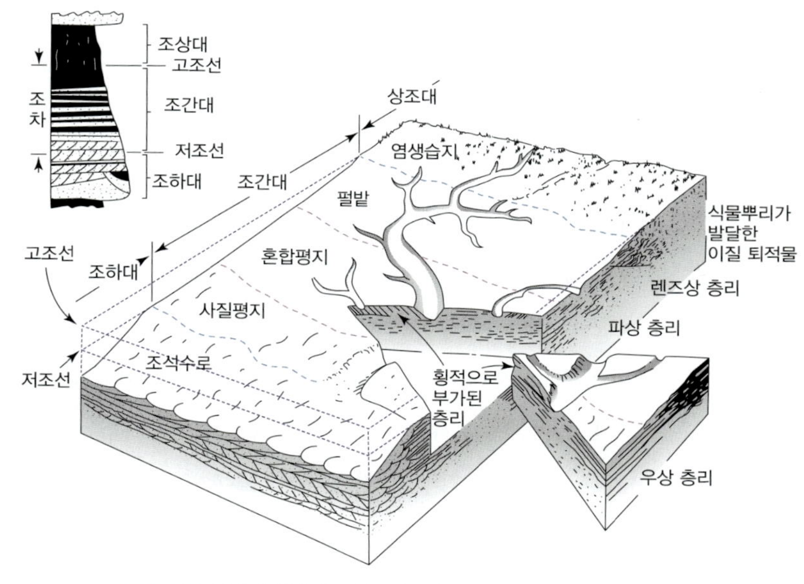

그림 2.68 조간대 환경의 모식도와 전형적인 조간대 퇴적층의 단면도

포함되는 경우를 말한다. 파상 층리는 사질 퇴적물과 이질 퇴적물이 비슷한 두께로 반복되어 나타나는 특징을 보인다.

조간대 환경은 만조선 상부인 조상대(supratidal)와 만조선과 간조선 사이인 조간대(intertidal), 만조선 하부에 해당되는 조하대(subtidal) 소환경으로 구분된다(그림 2.68). 조상대에는 주로 식생의 발달에 의해 염생 식물이 자라는 염습지(salt marsh)가 형성되고 식물의 뿌리에 의해 퇴적 구조가 교란받게 된다. 조간대는 하부에서 상부로 올라가면서 유속의 감소에 의해 사질 평지(sand flat), 혼합 평지(mixed flat), 펄밭(mud flat)으로 변해간다. 조간대의 펄밭에는 사행하는 작은 수로들이 발달하며, 이들은 바다 쪽으로 이동하면서 합쳐지고 넓어지는 특징을 보인다.

● 염하구

염하구는 해수면이 낮은 시기에 대륙붕 내에 발달했던 침식 계곡에 해수면이 상승하면서 형성된다. 염하구는 강과 바다로부터 모두 퇴적물을 공급받으며 조수와 파도, 하천에 의해 모두 영향을 받을 수 있다. 염하구가 외해 쪽으로 전진하는 경우에는 퇴적물이 채워지면서 염하구 환경이 파괴되고 삼각주 환경으로 전이된다.

파도의 영향이 우세한 염하구 환경에서는 염하구 입구 부분에 해안선과 평행한 사주가 발달하면서 염하구를 부분적으로 혹은 완전히 막을 수 있다. 해양으로부터 공급된 사질 퇴적물이 사주를 넘어오거나 좁은 조석 수로를 통해 들어오면서 밀물 삼각주나 썰물 삼각주가 형성되기도 한다. 육지 쪽으로는 석호와 조간대가 발달하고 하천으로부터 퇴적물의 공급량이 많을 경우에는 삼각주가 형성되기도 한다. 반대로 조수의 영향이 우세한 염하구의 경우에는 염하구와 평행한 종사주가 발달하므로 염하구 입구를 막지 못한다. 따라서 해양으로부터 공급되는 사질 퇴적물이 조류에 의해 염하구의 상당한 거리까지 운반될 수 있다.

사. 심해 환경

대륙붕에서 외해 방향으로 분포하는 대륙사면과 대륙대, 심해저 평원은 지구 표면의 약 65%를 차지하는 넓은 지역이다. 심해 환경에서 형성된 퇴적물 기록은 천해 환경에서 형성된 것들에 비해 양적으로 적은데, 이는 퇴적 속도가 느리기 때문이다. 심해 환경에서는 육상으로부터 공급된 이질 퇴적물과 생물 기원의 규질(siliceous) 및 석회질 연니(calcareous ooze)가 주로 퇴적된다. 하지만 사태나 저탁류와 같은 중력류에 의해 조립질 퇴적물이 심해 협곡을 통해 대륙사면 하부로 공급되어 해저 선상지(submarine fan)가 형성될 수도 있다. 해저 선상지 퇴적물은 보통 밀도류에 해당되는 저탁류에 의해 형성되므로 저탁암(turbidite)이라고 한다. 저탁류는 경사면의 바닥을 따라 흐르며 밀짐과 뜬짐을 함께 운반하는데, 밀짐은 사면의 기저부에 먼저 퇴적되고 뜬짐은 완만한 경사를 따라 해저 선상지를 가로

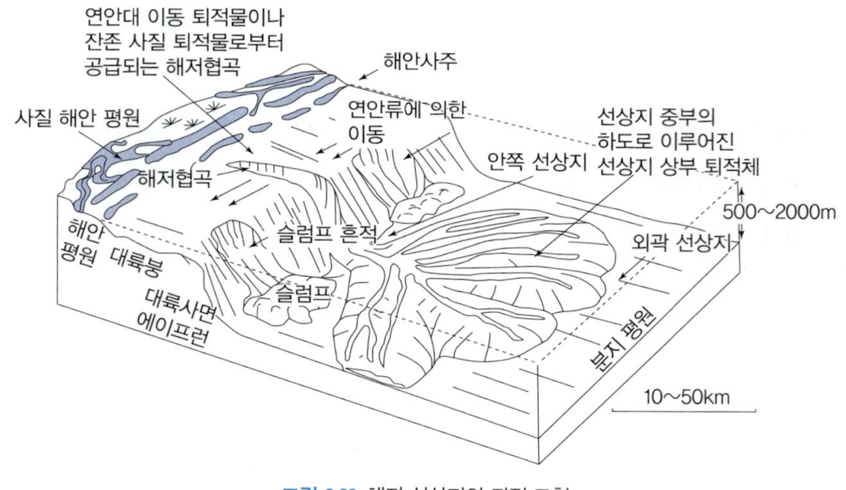

그림 2.69 해저 선상지의 퇴적 모형

질러 운반되며 쌓이게 된다(그림 2.69).

심해 환경에서 형성되는 사암은 주로 해수면이 낮을 때 형성된다. 해수면이 낮은 시기에는 퇴적물을 공급하는 유역 면적이 증가하고 대륙붕단 지역에 퇴적이 많이 일어나며 대륙사면에 사태가 잦아져 심해 협곡이 발달하게 된다. 또한 이 시기에는 강한 해저류에 의해 체질 작용이 활발해지므로 퇴적물의 분급이 좋아지게 된다.

3) 변성암

변성 작용은 기존의 암석이 열과 압력을 받아 구성 광물과 암석의 조직이 재구성되는 과정이다. 화성암과 퇴적암을 비롯하여 이미 변성된 암석이라도 온도와 압력이 달라지면 변성 작용의 대상이 된다. 변성 작용은 속성 작용을 비롯하여 용융 사이의 온도와 압력 조건에서 일어나는 모든 변화 과정을 포함한다.

(1) 변성 작용의 요인

변성 작용을 일으키는 중요한 요인은 지속적인 온도 변화와 일정한 응력이며, 활성화된 유체와 시간도 포함된다. 어떤 암석이 생성 당시의 조건과 다른 새로운 환경에 놓이면 안정 상태에서 불안정 상태로 바뀐다. 환경이 바뀌면 암석을 구성하고 있는 광물 조합이 평형 상태에서 이탈한다. 새로 부여된 에너지가 충분하다면, 이들은 새로운 조건에서 화학적 평형에 도달할 때까지 변해갈 것이다.

온도 변화는 광물을 재결정시키는 변성 작용의 가장 중요한 요인이다. 변성 작용이 일어나는 온도 조건은 비교적 잘 알려져 있다. 변성 작용의 온도 상한선은 그림 2.70과 같이 건조한 초고철질암이 용융되기 직전의 온도이다. 이 온도 상한선은 주어진 압력에 따라 다르지만 대략 1,200°C와 2,000°C 사

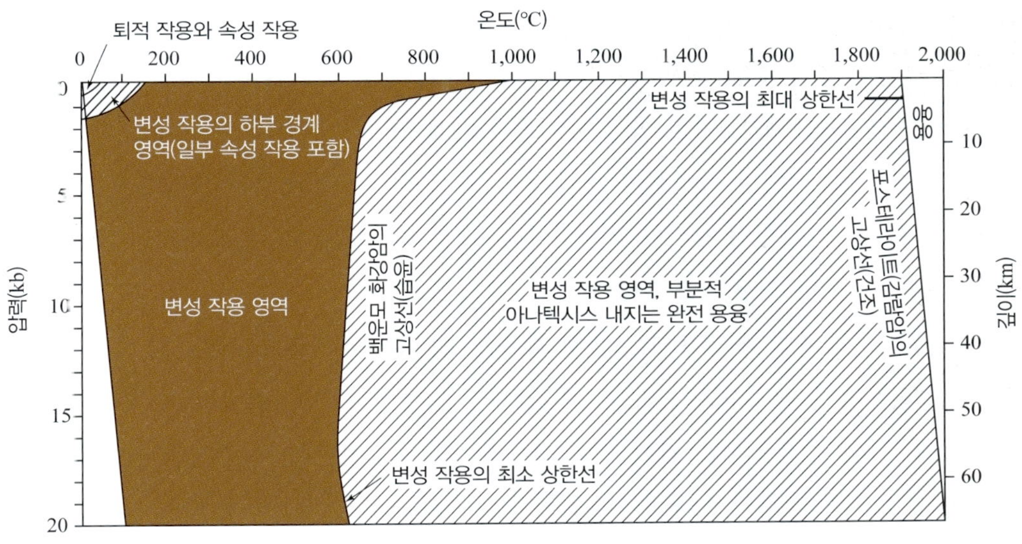

그림 2.70 변성 작용이 일어나는 온도와 압력 범위

이이다. 또한 암석이 용융되는 온도는 화학 조성에 따라 크게 다르므로 변성 작용의 온도 상한선도 전암 조성에 따라 달라진다. 화강암질암 또는 석영 – 장석 – 운모로 구성된 퇴적암이나 변성암에 대한 변성 작용의 최소 상한선은 물을 포함하는 화강암의 고상선인 600℃ 정도이다. 변성 작용의 온도 하한선은 명확히 규정되어 있지 않다. 실제로 속성 작용과 저압 변성의 한계를 명확히 구분하기는 어렵다.

변성 작용을 일으키는 열의 주된 근원은 깊이에 따른 압력의 증가, 방사성 원소의 붕괴, 마그마이다. 다양한 크기의 마그마가 상승하는 조산대에서는 마그마에서 방출되는 열이 변성 작용에 기여한다. 압력은 깊이에 따라 상승하는데, 매몰된 암석은 위에 놓인 물질의 하중을 받는다. 지각에서는 지하로 3.3 km 하강할 때마다 약 1 kb 정도로 압력이 증가한다. 변성 작용을 일으키는 압력 범위는 아주 넓지만, 주토 1 kb에서 약 15 kb 사이에서 발생한다. 온도와 압력 외에도 화학적으로 활성화된 고온의 유체 또한 변성 작용에 영향을 끼친다. 가장 흔한 고온의 유체는 물(수증기)이며, 물은 광물 사이에서 이온의 이동을 촉진하는 역할을 한다. 여기에 한 가지 요인을 추가한다면 시간이다. 변성 작용은 지질학적으로 긴 시간에 걸쳐 일어난다.

(2) 변성 작용의 유형

잘 알려진 변성 작용의 2가지 유형은 광역 변성 작용과 접촉 변성 작용이다. 광역 변성 작용은 변성 작용이 일어난 범위에 의한 것이고, 접촉 변성 작용은 변성 작용의 요인에 의한 것으로, 분류하는 기준이 달라 비교할 수 없지만 관습적으로 사용하고 있다.

변성 작용의 유형은 변성암체의 넓이에 따라서 국지적 변성과 광역적 변성으로 나눈다. 암체의 부피가 비교적 작은(100 km^3 이하) 경우가 국지 변성 작용이고, 판과 판이 충돌하는 조산대처럼 길이가 수천 킬로미터인 경우를 광역 변성 작용이라 한다. 중앙해령에서 발생하는 교대 작용을 변성 작용으로 취급한다면 변성 작용의 분포 범위로는 가장 넓다. 해령의 열곡에서는 마그마의 열과 해수가 반응하여 변질 작용이 발생하는데, 분출한 마그마가 냉각될 때 생기는 절리나 열극 내로 해수가 침투하여 불석이나 점토광물, 사문석이나 각섬석이 생성된다. 마그마가 지각 내부로 관입하여 모암에 열을 가하는 접촉 변성 작용은 변성대의 범위가 국지적이다. 접촉 변성 작용은 주로 지각의 얕은 곳, 즉 저압에서 발생하므로 저압 변성 작용으로 취급한다.

전단대에서 차등 응력에 의해 발생하는 변성 작용을 동력 변성 작용이라 부른다. 동력 변성 작용은 주향 이동 단층대를 따라 국지적으로 발달하여 압쇄암을 형성하지만, 광범위한 지역에 걸쳐 전단대가 형성되는 경우도 많다. 우리나라 남서부의 호남 전단대(광주전단대, 전주전단대)에서 관찰되는 엽리상 화강암은 변성 작용의 결과로 해석된다.

변성 작용은 강도가 증감하는 경향에 따라 전진 변성 작용과 후퇴 변성 작용으로 나누며, 여기에 시간의 개념을 추가하여 ptt (압력−온도−시간) 경로를 통해 변성대가 경험한 변성 과정을 해석한다. 변성 온도와 압력이 점차 상승하는 전진 변성 작용과 하강하는 후퇴 변성 작용은 직관적으로 이해할 수 있다(그림 2.71). 많은 변성암에서 전진 변성 작용은 온도와 압력이 상승하는 과정이므로 화학 반응이 쉽게 일어난다. 변성 반응은 주로 탈수 반응과 탈탄소 반응이다. 즉 반응을 통해 광물이 파괴되어 물이나 이산화탄소가 유체 상태로 배출되는 과정이다. 이때 배출된 유체는 화학 성분을 운반하는 데 이용되며, 이후에 지표로 이동해 없어진다. 한편 후퇴 변성 작용은 유체가 필요한 흡수 반응이지만 지하 심부에서는 필요한 만큼의 유체를 공급받기 어렵다. 결과적으로 후퇴 변성 작용은 발생하지 않거나 불완전하게 발생하여, 변성암은 변성도가 최고일 때의 광물이나 광물 조합이 보존될 가능성이 크다.

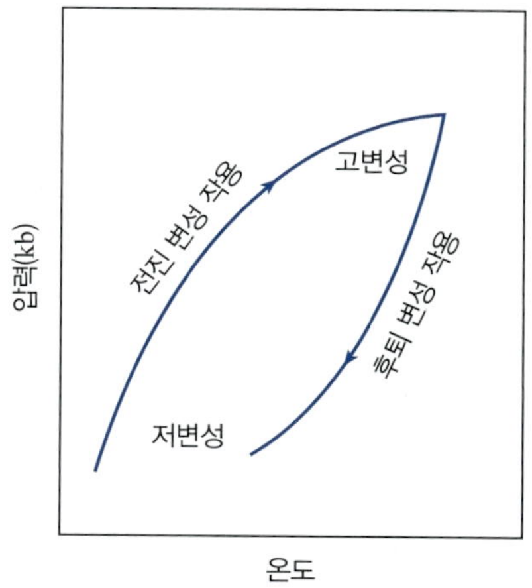

그림 2.71 전진 변성 작용과 후퇴 변성 작용

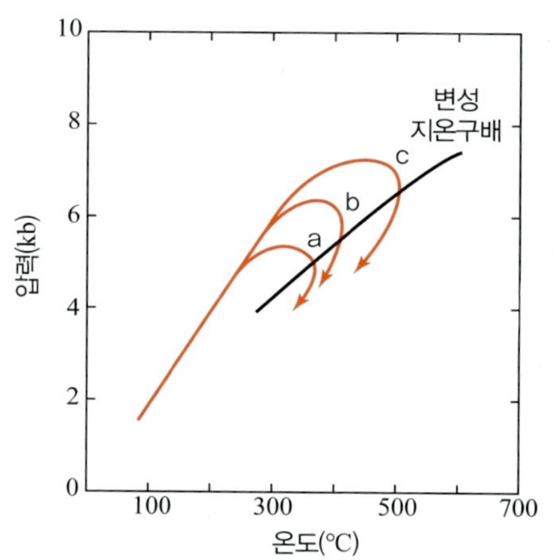

그림 2.72 누진 변성 작용과 압력–온도–시간 경로(뉴질랜드)

오래된 변성대는 여러 차례(그림 2.72의 a, b, c)의 전진과 후퇴 변성 작용이 중첩된 누진 변성 작용을 경험했다. 누진 변성대에서는 각 변성 작용의 최고 온도와 압력이 광물 조합으로 기록되어 전체적인 변성 지온구배를 나타낸다(그림 2.72).

(3) 광역 변성대와 변성분대

광역 변성 작용의 예로 가장 잘 알려진 곳이 영국 북부에 위치한 스코틀랜드 고지이다. 이곳은 세계에서 가장 상세하게 연구된 광역 변성 지역이며, 조지 배로우(George Barrow, 1853~1932)에 의해 처음으로 등변성도선(isograd)과 변성분대가 설정된 지역이다.

이 변성 작용은 고생대 이전의 칼레도니아 조산 운동에 의해 일어났다. 이 변성대는 그레이트글랜 단층과 하이랜드 경계단층 사이의 지역이다. 여기에는 선캄브리아시대에서 고생대 캄브리아기 사이에 퇴적된 사질 및 이질 퇴적암, 그리고 소량의 석회암과 고철질 화성암이 분포한다. 이 중에서 이질 및 고철질암은 온도와 압력의 변화에 대응하여 광물 조성이 민감하게 변화하기 때문에 변성 온도나 압력의 지시자로 이용된다.

바로비안 변성대에서는 변성 작용의 최대 온도가 북서쪽으로 높아지는 경향을 보인다. 변성도가 가장 낮은 곳의 이질암에는 변성받기 이전의 퇴적 광물도 남아 있다. 배로우는 이 지역에서 새로 생긴 광물 중의 하나인 녹니석을 지시광물로 하여 녹니석대라고 하였다(그림 2.73).

변성대에서는 변성 정도에 따라 새로운 광물이나 광물 조합이 형성되는데, 변성 정도를 알려주는

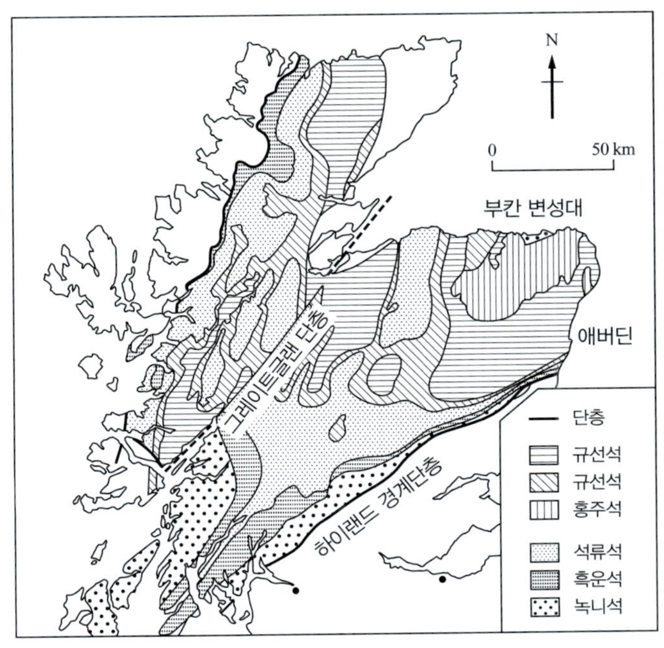

그림 2.73 바로비안 변성대에서 변성 이질암을 기준으로 설정한 변성분대

특징적인 광물을 표식광물 또는 지시광물이라 한다. 지도에 지시광물이 처음으로 출현하는 지점을 표시하고, 이들을 선으로 연결한다. 이 선상에 놓인 모든 지점은 동일한 변성 반응, 즉 동일한 온도-압력 조건에서 변성되었음을 의미한다. 즉 이 연결선은 변성도가 동일하므로 등변성도선이라 부른다.

녹니석대의 좀 더 북쪽에서 흑운모가 관찰되기 시작하는데, 배로우는 흑운모가 처음 출현하는 곳을 연결하여 흑운모 등변성도선으로 설정하였다. 흑운모가 출현하고 다음 표식광물이 출현하기 전까지를 흑운모대(biotite zone)라 하였다. 흑운모가 출현한 이후에 지시광물인 석류석, 십자석, 남정석, 규선석이 차례로 출현하였다. 변성대에서 새로운 광물이 출현하거나 소멸하는 등변성도선을 기준으로 석류석대, 십자석대, 남정석대, 규선석대로 정했다. 배로우의 연구가 발표된 이후 세계 여러 곳에서 유사한 등변성도선이 보고되어, 이러한 유형의 변성대를 바로비안 변성대라 부르게 되었다. 광역 변성대를 고압형, 중압형, 저압형과 같이 압력형으로 나누면 바로비안 변성대는 중압형에 해당한다. 바로비안 변성대 북동쪽에는 저압형의 부칸 변성대가 있다. 부칸 변성대의 이질암에서는 근청석이나 홍주석을 포함하는 변성대가 관찰된다.

바로비안 변성대에는 고철질 화성암이 분출암이나 관입암 형태로 여러 곳에 분포하며, 이들은 주변의 퇴적암들과 함께 동일한 정도의 변성 작용을 받았다. 이러한 변성암을 변성 고철질암이라 부른다. 녹니석대와 흑운모대의 변성 이질암 지역에 분포하는 변성 고철질암은 녹니석, 양기석, 녹염석과 같은 녹색 광물과 조장석으로 이루어져 녹색을 나타낸다. 이러한 변성 고철질암에 편리가 발달하면 녹색편암이라 부른다. 이질암에서의 변성 작용이 십자석대, 남정석대, 규선석대까지 진행한 지역의 변성 고철질암은 각섬석과 사장석으로 구성된 각섬암이 형성되었다. 여기서 '대(帶)'라는 용어는 좁고 긴 띠를 말하는데, 영어에서는 상대적으로 작은 것은 'zone'이라 쓰고 대규모인 것을 'belt'라 한다. 광역 변성대는 판구조 운동에서 충돌하는 두 판 사이에서 좁고 기다란 변성대(metamorphic belt)가 형성된다. 현재의 히말라야 산맥이나 알프스 산맥의 심부를 연상하면 된다.

그림 2.73과 같이 규모가 큰 변성대(belt)를 표식광물 또는 등변성도선을 기준으로 녹니석대나 흑운모대처럼 작게 나누는 것을 변성분대(zone)라 한다. 변성분대는 출현하거나 소멸하는 변성 광물을 기준으로 정하기 때문에 동일한 온도-압력 조건을 가진 변성대라도 원암의 종류에 따라 분대의 이름이 달라진다. 예를 들어 변성 이질암에서 십자석대라 부르는 변성분대와 같은 조건의 변성 고철질암에서는 각섬암대라 부른다.

(4) 변성암의 분류

변성암은 변성 정도를 나타내는 표식광물이나 광물 조합, 조직, 원암 등에 따라 여러 가지로 분류한다. 여기에서는 편의상 엽리의 유무에 따라 표 2.11과 같이 두 그룹으로 나눈다.

가. 엽리가 발달한 변성암

변성 작용을 받는 동안 판상 또는 주상의 광물들이 방향성을 가지고 배열된 줄무늬를 엽리라 한다. 엽리의 모양이 굵고 가느다란 형태는 암석을 구성하는 광물 입자의 크기와 배열에 따라 달라진다.

확대경 없이 구분할 수 없을 정도로 작은 광물 입자가 엽리를 이룬 세립질 변성암을 점판암 또는 슬레이트라 부른다. 엽리를 만드는 판상 광물로 인해 암석이 얇은 판자처럼 쪼개지는데 이를 '점판 벽개'라 한다. 점판암은 셰일이 낮은 변성 작용을 받아 형성되는데, 드물기는 하지만 화산재가 쌓인 응회암이 변성되어 만들어지기도 한다. 점판암을 구성하는 광물은 석영, 점토광물, 방해석 등이며 변성도가 약간 높은 것은 백운모나 녹니석을 포함한다. 점판암은 벽개면을 따라 평탄하게 쪼개지기 때문에 지붕을 덮는 기와, 바닥의 타일 또는 칠판으로 이용했다. 점판암은 소량의 탄질물에 의해 검은색을 보이거나, 산화철에 의해 붉은색 또는 보라색, 녹니석에 의해 녹색을 나타내는 것도 있다.

표 2.11 암석 조직과 구성 광물에 의한 변성암의 분류

조직	변성암	광물	변성도	원암	특징
엽리 뚜렷	점판암	점토, 운모, 녹니석	저변성	셰일, 응회암	세립질, 판상으로 쪼개짐
	천매암	석영, 운모, 녹니석	저-중	셰일	세립질, 표면의 광택
	편암	석영, 운모, 각섬석, 석류석, 십자석, 흑연	저-고	셰일, 석회질암, 고철질암	뚜렷한 편리, 광물 식별 가능
	편마암	석영, 장석, 운모	고	셰일, 사암	흑백 줄무늬 분리
	미그마타이트	석영, 장석, 운모	고	이질암, 화강암	화강암 렌즈와 편마암 혼합
엽리 미약	혼펠스	운모, 석영, 홍주석, 근청석, 석류석	저-중	셰일	세립 등립질, 치밀, 견고
	대리암	방해석, 돌로마이트	저-고	석회질암	방해석 등의 모자이크
	규암	석영	중-고	석영사암	석영의 모자이크, 치밀, 견고
	각섬암	각섬석, 사장석	중-고	고철질암	짙은 녹색
	백립암	단사휘석과 사방휘석	최고	이질암, 고철질암	조립질
	에클로자이트	석류석과 휘석	최고	고철질암	조립질

천매암은 백운모와 녹니석의 작은 광물로 이루어져 있다. 천매암의 벽개면은 녹니석과 운모로 이루어져 있는데, 녹색 광택이 아름다워 건축 외장 석재로 이용된다(그림 2.74). 천매암은 여러 방향에서 압력을 받아 킹크밴드나 파랑습곡이 형성되었다(그림 2.75).

편암은 판상 또는 주상의 결정을 육안으로 식별할 수 있을 정도로 입자가 크다. 편암의 엽리는 천매암보다 연속성이 증가하고, 광물이 이루는 띠도 넓어져서 '편리'라 부른다(그림 2.76). 대부분의 편암은 점토광물을 다량으로 포함한 퇴적암이 변성되어 생성된다. 편암은 변성도나 원암의 특성을 나

그림 2.74 천매암과 점판암 석재

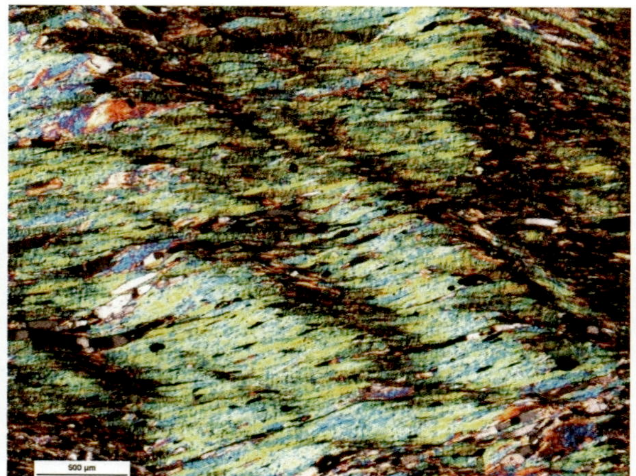

그림 2.75 천매암의 파랑습곡과 벽개

그림 2.76 운모편암의 편리

그림 2.77 경기육괴의 호상 편마암

그림 2.78 지리산육괴의 반상 변정질 편마암

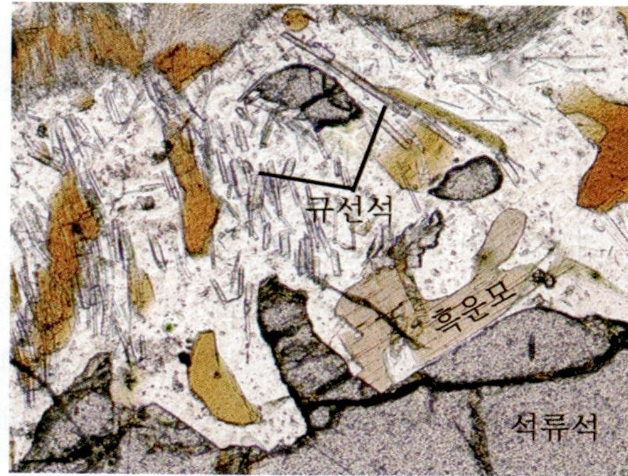

그림 2.79 편마암의 변성 광물

타내기 위해 독특한 광물의 이름을 접두어로 붙여 운모편암, 녹니석편암, 활석편암 등으로 부른다. 녹색편암은 현무암이 낮은 변성 작용을 받아 녹니석과 녹염석이 생성되었는데, 이 변성암은 광물이 아니라 특징적인 녹색을 강조하여 이름 붙였다.

편마암은 '편마 구조'라 부르는 굵은 줄무늬를 갖는 변성암이다. 편마암들은 대부분 석영이나 장석과 같은 조립질의 광물로 구성되어 있으며, 흑운모나 각섬석과 같은 판상 또는 주상 광물을 포함한다. 석영과 장석은 기본적으로 밝은 띠를 이루며, 흑운모나 각섬석은 어두운 띠를 이룬다. 우리나라에서 자주 관찰되는 편마암은 호상 편마암과 반상 변정질 편마암이 있다. 호상 편마암은 선명한 흑백 줄무늬를 가진 변성암으로 경기육괴와 지리산육괴에 잘 발달한다(그림 2.77). 지리산육괴에는 직경이 5 cm에 달하는 미사장석의 반상 변정을 포함하는 반상 변정질 편마암(그림 2.78)이 분포하며, 변성 정도에 따라 석류석과 규선석을 포함하는 것도 있다(그림 2.79).

변성 온도가 600°C에서 800°C 정도에 이르면 편마암을 구성하는 석영이나 장석이 용융점에 도달하여 부분적인 용융이 발생하는데, 이를 아나텍시스(anatexis)라 한다. 이 온도에서 고철질 광물은 용융점이 높아 고체 상태가 유지된다. 일부 용융된 물질이 이동하여 줄무늬의 백색 부분이 두꺼워지거나 복잡한 무늬가 만들어지는데, 이를 미그마타이트라 한다. 엄격한 의미에서 변성 작용은 고체 상태에서의 변화이므로 미그마타이트를 형성하는 과정을 변성 작용의 한계로 볼 수 있다.

나. 엽리가 미약한 변성암

엽리가 전혀 발달하지 않거나 있더라도 미약한 변성암은 직경이 유사한 광물로 구성되어 있다. 엽리가 없는 변성암은 접촉 변성 작용에 의한 혼펠스, 대리암이나 규암처럼 단일 광물로 구성된 암석, 고도의 변성 작용을 받은 백립암이나 에클로자이트가 있다.

혼펠스는 접촉 변성 작용으로 형성된 엽리가 없고 치밀한 암석이다. 이 암석은 입자 크기가 일정하고 세립질이다. 혼펠스의 구성 광물은 변성 받기 전의 원암에 따라 달라지는데, 원암은 주로 셰일 또는 석회암이다. 알루미늄(Al_2O_3)이 풍부한 이질 변성암이 접촉 변성 작용이나 저압 변성 작용을 받으면 홍주석이 성장한다(그림 2.80).

대리암은 세립에서 조립 입상질의 방해석이나 돌로마이트로 구성된 변성암이다(그림 2.81). 대리암은 석회암이나 돌로마이트가 접촉 변성 작용 또는 광역 변성 작용을 받아 형성된다. 순수한 대리암은 눈처럼 흰색을 띠지만, 원암인 퇴적암에 불순물이 섞여 있으면 분홍색, 녹색, 심지어 검은색까지 다양한 색의 대리암이 만들어진다. 대리암은 부드럽고, 조직이 일정하고 색이 다양하여 역사적으로 많은 건축물이나 조각 작품의 재료로 이용되어 왔다.

규암은 석영사암이 접촉 변성 작용 또는 광역 변성 작용을 받아 만들어진 단단하고 치밀한 변성암이다. 재결정 작용이 완벽하게 이루어진 규암은 균질한 강도를 갖는다. 순수한 규암은 백색이지만 철

그림 2.80 이질 변성암의 홍주석

그림 2.81 대리암의 방해석

그림 2.82 각섬암

그림 2.83 산청 지역의 백립암

분이나 다른 불순물이 섞이면 분홍색, 녹색 또는 담회색을 띤다. 규암은 판유리 및 철로의 바닥 재료로 이용된다.

각섬암은 주로 각섬석과 사장석을 주성분으로 하며(그림 2.82), 광물의 면 구조가 뚜렷하지 않은 괴상의 암석으로, 광범위한 온도와 압력 범위에서 형성된다. 일반적으로 각섬암의 원암은 고철질 화성암인 경우가 대부분이지만 여러 물질이 혼합된 석회질 퇴적암이 변성된 것도 존재한다.

백립암은 백립암상에 해당하는 변성 조건에서 형성된다. 백립암은 등립질 입자로 구성되어 있다고 해서 '그래뉼라이트'라 부르기도 하고, 단사휘석과 사방휘석을 동시에 포함한다는 의미에서 '양휘석암'이라고도 한다. 원암이 이질암인 백립암은 석영 및 장석과 함께 석류석, 근청석, 규선석, 사방휘석을 포함한다. 고철질암 기원의 백립암에는 사방휘석과 단사휘석이 포함하는 경우가 많다. 그림 2.83은 경남 산청 지역에서 산출되는 고철질 백립암의 현미경 사진(김종선 외, 2011)이다.

에클로자이트는 고철질 화성암이 매우 높은 압력에서 변성된 암석이다. 석류석과 휘석이 풍부하여 유휘암(榴輝岩)이라 부르기도 한다. 이 암석의 석류석은 주로 파이로프(Mg 단 성분)이며, 휘석은 Na가 많은 옴파사이트이다. 초고압 광물인 코에사이트를 포함하는 일부 에클로자이트는 25 kb 이상의 초고압에서 형성된다.

(5) 변성 상평형도

변성 작용이 일어나는 동안 암석 내에서 수증기나 이산화탄소 등의 휘발성 물질들이 추가되거나 방출될 뿐 주요 성분의 변화는 거의 없다. 따라서 변성 작용이 진행되는 동안에는 암석 전체의 화학 성분이 재분배되어 광물 조합만 변화된다.

20세기 초에 골트슈미트(Victor M. Goldschmidt, 1888~1947)와 에스콜라(Penti E. Eskola, 1883~1964)는 암석의 화학 조성이 다르면 생성되는 광물 조합이 달라짐을 발견했다. 에스콜라(Eskola, 1915)는 변성 작용으로 생성된 광물 조합을 단순한 도표에 나타내기 위해 알루미늄, 칼슘 또는 칼륨, 철이라는 세 성분을 꼭짓점으로 하는 ACF와 AKF 삼각도를 고안하였다. 이 삼각도가 임의의 변성 조건에서 화학적으로 평형을 이루는 안정한 광물 조합을 표시하는 상평형도(phase diagram)이다.

이들의 ACF도는 변성 고철질암, 그리고 AKF도는 변성 이질암의 공존 광물을 나타내는 데 유용하다. 그러나 변성 이질암의 유색 광물에 포함된 Mg/Fe 변화는 AKF도에 나타낼 수 없다. 이런 단점을 극복하기 위해 톰슨(J. B. Thompson, 1976)은 'F' 꼭짓점을 FeO와 MgO로 나누어 KAFM(K_2O, Al_2O_3, FeO, MgO) 사면체를 만들고, 백운모 성분에서 투영하는 삼각도를 고안했다. 이 상평형도를 AFM도라 하며, 변성 이질암과 변성 사암의 안정 광물 조합을 나타낸다.

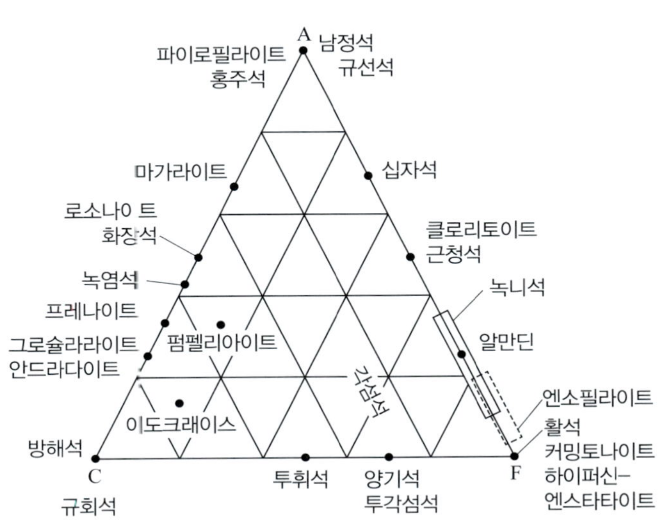

그림 2.84 ACF도에 표기한 변성 고철질 광물

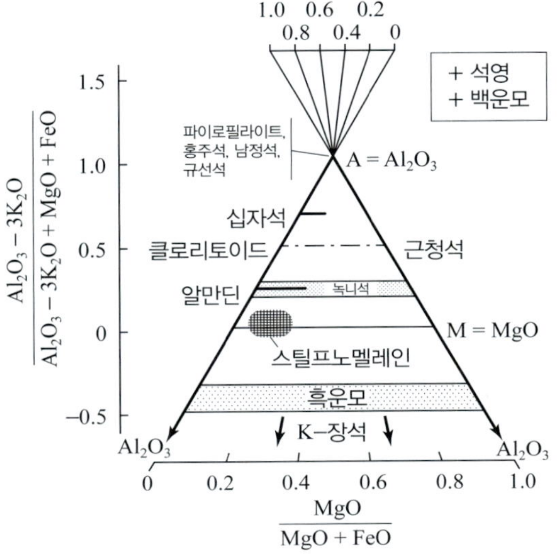

그림 2.85 AFM도에 나타낸 변성 이질암의 광물

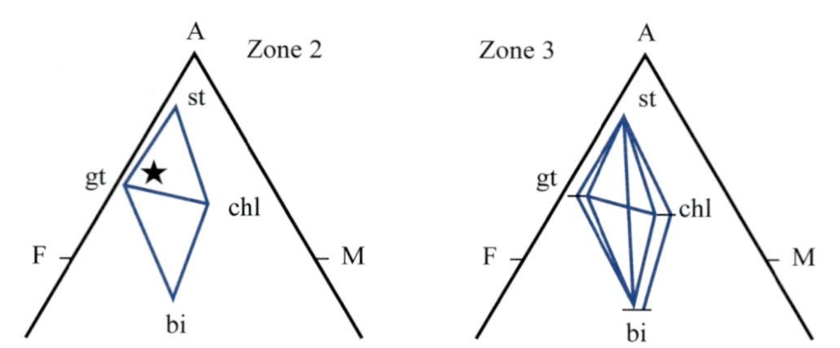

그림 2.86 AFM도에서의 남정석(ky), 흑운모(bi), 녹니석(chl), 십자석(st), 석류석(gt)의 공생 관계

자주 관찰되는 변성 고철질암의 광물을 ACF도(그림 2.84)에, 변성 이질암의 광물을 AFM도에 나타냈다(그림 2.85). ACF도에서 녹니석이나 각섬석 등은 동일 광물이라도 알루미늄의 함량이 달라 상하의 폭을 갖는다. 유사하게 AFM도에서 녹니석이나 흑운모와 같은 광물은 Fe/Mg비가 달라 좌우로 폭이 넓다.

이 상평형도를 이용하여 변성 조건의 변화에 따른 평형 상태의 변화를 나타낼 수 있다. 변성 조건이 변하면 삼각도에 나타나는 평형 광물 조합이 달라지는데, 이를 변성 반응으로 해석할 수 있다. 그림 2.86은 변성도가 증가하면서 관찰되는 두 변성분대의 평형 광물 조합을 AFM 삼각도에 나타낸 예이다. 전암 성분이 기호 ★에 해당하는 암석이라면 광물 조합이 석류석－십자석－녹니석(gt-st-chl)에서 석류석－십자석－흑운모(gt-st-bi)로 달라졌다. 즉 두 변성분대 사이에서 변성 반응(gt + chl = st + bi)이 일어났음을 나타낸다. 이러한 변성 반응이 앞에서 언급한 등변성도선에 해당한다.

(6) 변성상

변성상(metamorphic facies)이란 변성암의 구성 광물을 기준으로 변성 조건을 개략적으로 추정하는 개념 용어이다. 즉 변성암이 생성되는 넓은 범위의 온도와 압력 조건을 변성상이라 한다. 변성상의 개념은 지표에 성장하는 식물 집단으로 기후구를 구분하는 것과 유사하다. 예를 들면 양치식물, 야자나무, 넝쿨나무가 번성하는 지역은 온난 습윤한 기후구에 해당한다. 반면 야자나무, 선인장, 쑥의 식물 집단은 고온 건조한 기후로 해석하는 것과 유사하다.

에스콜라는 변성 현무암을 연구하여 변성상의 개념을 제안하였으므로 그가 사용한 변성상의 이름은 변성 현무암의 광물 조합에서 유래되었다. 예를 들어 녹색편암상은 녹니석과 녹염석이 나타내는 녹색에서, 각섬암상은 주 구성 광물인 보통각섬석에서 붙여진 이름이다. 그러나 변성상의 이름은 단지 이름일 뿐이며, 원암이 달라지면 구성 광물이 달라지는 점에 유의해야 한다. 예를 들어 변성 고철질암의 각섬암상과 동일한 변성 조건에서 원암이 석회암이라면 각섬석을 포함하지 않는다.

현재 변성상의 영역은 온도와 압력을 축으로 하는 공간에 11구역으로 나누어 이름을 붙였다(그림

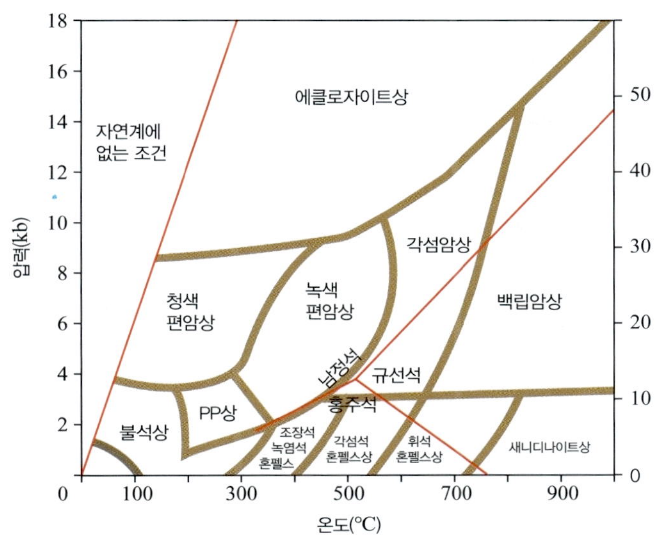

그림 2.87 변성상의 온도 압력 범위

2.87). 11개의 변성상 중에서 저압의 접촉 변성 작용에 해당하는 것은 알바이트-녹염석 혼펠스상, 각섬석 혼펠스상, 휘석 혼펠스상, 세니디나이트상의 4개이다. 조산대의 광역 변성 작용에서 관찰되는 변성상은 녹색편암상, 각섬암상, 백립암상이다. 섭입대에서 관찰되는 변성상은 불석상, 프레나이트-펌펠리아이트상, 청색편암상, 에클로자이트상이다. 최근에는 녹염석-각섬암상이라는 변성상을 녹색편암상과 각섬암상 사이에 설정하기도 한다.

변성 고철질암과 변성 이질암에서 변성상을 지시하는 특징적인 광물이나 광물 조합을 간단히 소개한다.

저압의 혼펠스상의 변성 온도는 녹니석이 불안정해지는 520°C부터 각섬석 혼펠스상이고, 650°C부터는 휘석 혼펠스상이며, 새니디나이트상은 800°C 이상이다.

광역 변성 작용에서 불석상과 프레나이트-펌펠리아이트상(PP상)은 가장 낮은 변성도를 나타내는 변성상이다. 잡사암이나 고철질 화성암에 온도와 압력이 가해지면 속성 작용을 거쳐 불석상으로 변성되며, 이어서 프레나이트-펌펠리아이트상에 도달한다. 불석상이라고 해서 반드시 불석이 출현하는 것은 아니다.

녹색편암상에 이르면 변성 고철질암에서는 녹니석-양기석-녹염석이 출현하는데, 세 광물 모두 녹색이다. 이 변성상의 변성 이질암에서는 홍주석 또는 경녹니석이 관찰된다. 녹색편암상의 변성 조건은 350~500°C, 2~8 kb 정도이다. 각섬암상을 지시하는 변성 고철질암의 광물 조합은 보통각섬석 + 사장석(An_{17} 이상)이다.

각섬암상의 변성 이질암에서 저압이면 홍주석, 고압이면 남정석, 고온이면 규선석이 출현한다. 이 변성상의 온도는 500~700°C, 압력은 2 kb에서 10 kb 이상까지 아주 넓다. 바로비안 변성대의 십자석대－남정석대－규선석대가 각섬암상에 해당한다.

백립암상의 변성암에는 물을 포함하는 규산염 광물이 전혀 없거나 있어도 극히 소량으로 존재한다. 백립암상의 고철질 변성암은 사방휘석＋단사휘석＋사장석＋석영의 광물 조합이 안정하다. 백립암상의 고압부에서는 사방휘석과 사장석이 반응하여 생성된 석류석이 자주 관찰된다. 백립암상의 변성 조건은 700~900°C, 2 kb에서 12 kb로 넓은 범위를 갖는다.

청색편암상은 프레나이트－펌펠리아이트상과 녹색편암상보다 고압이며, 에클로자이트상보다 저온의 변성상이다. 변성 고철질암에서는 Na가 풍부한 청색의 각섬석인 남섬석이 산출된다. 청색편암상의 고압부에서는 조장석이 분해된 경옥＋석영의 광물 조합이 안정하다. 청색편암상의 이질 변성암은 그다지 산출되지 않는다. 이 변성상의 변성 조건은 200~500°C, 5 kb~15 kb 정도이다. 청색편암상은 저온 고압하에서 일어나는 전형적인 섭입대에서 생성된다.

에클로자이트상은 청색편암상보다 고온이며, 각섬암상과 백립암상보다 고압이다. 이 상의 변성 고철질암은 옴파사이트＋석류석으로 구성되며, 사장석은 전혀 산출되지 않는다. 변성 이질암의 고온부에서는 남정석, 흑운모, 석류석이 형성된다. 변성 온도는 대략 750~900°C 범위로 추정되지만 1,100°C에 도달하는 경우도 있다.

(7) 변성상 계열

미국 동부의 애팔래치아 변성대에서는 불석상 → 프레나이트－펌펠리아이트상 → 녹색편암상 → 각섬암상 순으로 변성도가 증가한다. 이와 달리 미국 서부의 프란시스칸 변성대에서는 불석상 → 프레나이트－펌펠리아이트상 → 청색편암상이 차례로 출현한다. 조산대가 다르면 변성 조건이 다르므로 나타나는 일련의 변성상이 달라진다. 하나의 변성대에서 순차적으로 출현하는 일련의 변성상을 변성상 계열이라 한다. 변성상 계열은 변성대가 경험한 온도 압력의 형태의 경향, 즉 지온구배를 보여준다.

변성상 계열은 온도와 압력 상승 형태에 따라 저압형, 중압형, 고압형의 3가지 압력형으로 구분한다. 저압형(low P/T series)은 압력 상승이 온도 상승보다 적은 경우이며, 반대로 고압형(high P/T series)은 압력 상승이 온도 상승보다 큰 변성 경로를 말한다. 그림 2.88은 대표적인 변성대의 변성 경로를 세 압력형으로 나누어 나타낸 것이다.

저압형 변성상 계열을 고온－저압형 계열(high T, low P series) 혹은 홍주석－규선석 계열이라고도 한다. 조산대의 저압형 변성상 계열은 녹색편암상의 저압부 → 각섬암상의 저압부 → 백립암상의 저압부로의 변화를 보이는 경우가 많다. 이 계열의 변성 지온구배는 50°C/km 정도이며, 변성대의 저온측에서는 홍주석이 안정하다. 이 계열의 변성대에서는 편마암이나 화강암이 함께 산출되는데, 이는 화강암질 마그마가 상승하면서 지각 얕은 곳의 암석을 가열하여 지온 상승률을 높이는 경우이다. 이

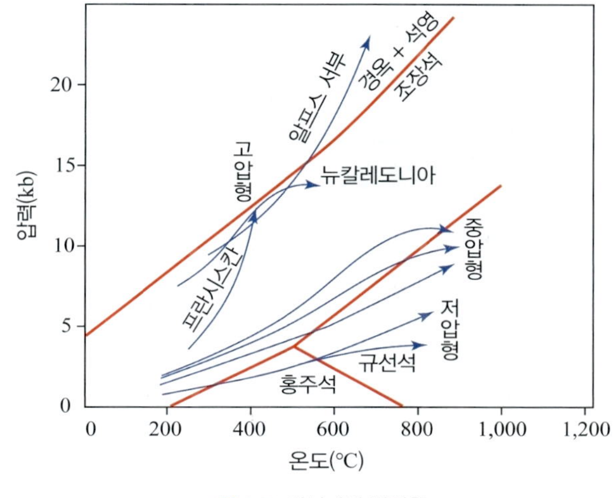

그림 2.88 변성대의 압력형

계열의 변성 작용이 일어나는 곳은 화산활동이 활발한 호상열도이다. 잘 알려진 저압형 변성대는 스코틀랜드 북부의 부칸(Buchan) 변성대이다.

중압형 변성상 계열은 남정석-규선석 계열 또는 바로비안 계열이라고도 한다. 이 계열의 지온구배는 약 30°C/km 정도이다. 중압형 변성대에서 관찰되는 변성상 계열은, 불석상 → 프레나이트-펌펠리아이트상 → 녹색편암상 → 각섬암상 → 백립암상이다. 각섬암상의 고온부에서는 이질 변성암과 고철질 변성암 모두에서 부분 용융이 일어날 가능성이 있다. 잘 알려진 중압형 변성대는 스코틀랜드의 바로비안 변성대, 미국 동부의 애팔래치안 변성대이다.

고압형 변성 계열을 저온-고압형 계열(low T, high P series) 또는 경옥-남섬석 계열이라고 한다. 이 계열의 변성 지온구배는 10°C/km 이하이며, 변성상은 불석상 → 프레나이트-펌펠리아이트상 → 청색편암상 → 에클로자이트상 순으로 출현한다. 이 변성 작용은 해양판의 섭입대에서 일어나며, 심부에서는 경옥+석영의 광물 조합이 산출된다.

(8) 판구조 운동과 변성 작용

변성대에서 관찰되는 변성상 계열로 변성 온도구배를 해석하고, 이를 판구조 운동에 적용할 수 있다(그림 2.89). 지표에서 선 A를 따라 수직으로 내려간다면 퇴적암 하부에서 불석상의 변성암이 산출되고, 이어서 프레나이트-펌펠리아이트상의 경계에 도달할 것이다. 이 깊이에서의 압력은 약 4 kb, 온도는 150°C이다. 더 깊게 들어간다면 청색편암상의 변성암을 볼 수 있다. 대륙판 내(수직선 B)에서 지하로 간다면 불석상 → 프레나이트-펌펠리아이트상 → 녹색편암상 → 각섬암상 → 백립암상이 차례로 관찰될 것이다. 한편 대륙지각 내로 대량의 마그마가 지속적으로 상승하는 C에서는 프레나이트-펌펠리아이트상이 출현하지 않고 불석상 → 녹색편암상 → 각섬암상 → 백립암상의 변성암이 관

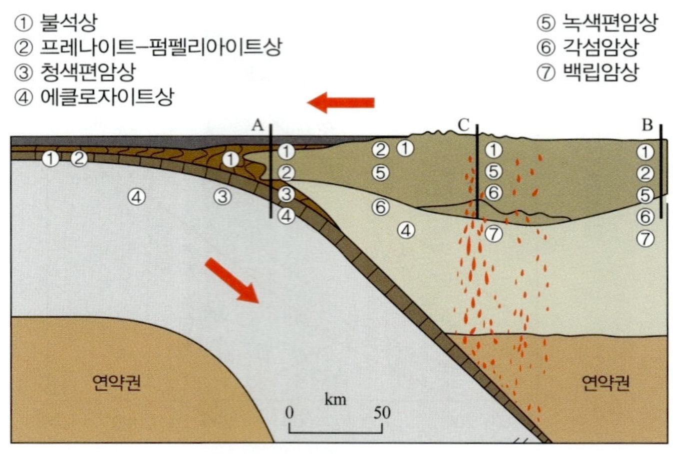

그림 2.89 변성상 계열의 판 구조론적 위치

찰될 것이다.

대륙판인 북중국판과 남중국판의 충돌한 스루-다비 변성대에서 다이아몬드와 함께 코에사이트가 발견되었다. 이 광물의 형성 조건으로 판단하면, 이 변성암의 생성 온도는 800°C 정도, 압력은 거의 30 kb 이상으로 판단된다. 이러한 변성암은 이탈리아 알프스의 변성암에서 발견된다. 따라서 초고압 변성 작용은 2개의 대륙판이 충돌하여 맨틀 깊이까지 하강하여 발생하는 것으로 해석하고 있다.

2.4 광화 작용 및 유형

1) 광상 및 광상 경제 요소 개론

(1) 광석과 맥석

광석(ore)이란 지표 혹은 지하에 존재하는 물질로서 개발하는 당시의 채굴 비용, 물질의 가치 등 경제적 상황을 고려하였을 때 경제적 이득을 얻을 수 있는 것들을 광석이라고 부른다. 광석들이 밀집되어 경제적 가치가 있는 것들을 광상(ore deposit)이라고 부르며, 단위 광상 내에서 독립적으로 나타나는 규모의 덩어리를 **광체**(orebody)라고 한다. 광상 탐사(mineral exploration) 단계에서 경제성 및 규모를 구체적으로 확인하는 전 단계를 탐사지(prospect)라고 부른다.

우리가 이용할 수 있는 지구상의 광석은 대개 상부 지각 중 지표 가까이에 위치하며, 이들은 토양, 광물, 암석, 용액 등의 다양한 특징의 **상**(phase)들로 이루어져 있다. 광석은 대개 유용 광물 혹은 유용 원소가 풍부한 광물 혹은 상들(광석 광물: ore mineral)로 이루어져 있고, 이들은 또한 경제적 가치가 없는 광물 혹은 상과 함께 섞여 존재하는 것이 보통이다. 광석 내에 포함된 경제성이 없는 광물 혹은 상들을 맥석(gangue)이라고 부른다. 광석 광물은 다양한 금속 및 비금속 유용 원소를 포함한 광물들이며, 맥석 광물은 광석 광물과 함께 자연적으로 형성되어 나타나는 광물들로 대개 석영, 방해석, 휘석, 각섬석 등 조암광물로 이루어지거나 일부 열수 광상에서 흔하게 나타나는 황철석 등이 대표적인 맥석 광물들이다. 광산(mine)에서 채광(mining) 작업을 통해 채굴한 광석 중 유용한 광물과 그렇지 않은 것들을 분리해내는 과정을 선광이라고 부른다.

(2) 산업 광물

광석 중 대개 금속이 포함되어 있지 않거나 광물, 암석 및 상 그 자체로 주로 사용되는 것들을 **산업 광물**(industrial mineral)이라 부른다. 석재로 사용되는 암석 및 암석편, 시멘트 소재로 사용되는 석회암, 제지 · 제약 등의 소재로 활용되는 대리암, 다양한 산업적 응용이 가능한 점토광물(clay mineral) 등이 대표적인 예이다. 금속이 주로 포함된 광석의 경우 금속의 국제적 거래 특성에 의하여 금속의 가격은 글로벌 경제 상황에 의한 영향을 많이 받는데(예: 금, 구리 등), 이에 비해서 산업 광물은 그 지역에서 생산되고 대부분 소비되는 특성 때문에 국제적 경제 상황에 따른 가격 변동 폭이 크지 않다.

(3) 선광

선광(mineral processing)은 광석에 포함된 유용 광물을 분리해내는 일련의 작업을 말한다. 이것을 통해서 유용 광물을 모은 것을 정광(ore concentrate)이라고 하고 그 외의 찌꺼기 광물들을 모아놓은 것을 광미(tailing)라고 한다. 정광은 대부분 광석 광물로 이루어져 있고, 광미는 대부분 맥석 광물로 이루어져 있지만, 아직까지는 선광 기술이 완벽하지 않기 때문에 일부 섞여 있기도 하다. 일부 광상의 경우 저품위(low-grade) 광석들이나 광미들을 야적(광석이 야적된 것을 heap이라고 부른다)하여 미래에 광물 가격 조정이나 선광 기술 발전에 대비하기도 한다. 선광은 대략적으로 다음 3가지 과정으로 이루어진다.

가. 광석의 파분쇄 과정(comminution)

선광 플랜트에 운반된 광석들을 **파쇄**(crushing)하고 **분쇄**(milling)하여 광석에 포함된 광석 광물과 맥석 광물이 충분히 분리될 수 있는 크기로 만드는 과정(단체 분리, liberation)이다.

나. 광석 분리 과정(separation)

단체 분리된 광석 파우더에서 유용 광물을 분리해내는 과정이다. 자철석 등 자성을 가지고 있는 광물은 자력 선별(magnetic separation)하기도 하고, 황화 광물(sulfide mineral) 등 소수성 광물(hydrophobic mineral)의 경우 부유식 선별(froth flotation)을 하기도 한다. 이 외에 광물의 정전기적 특

그림 2.90 미국 유타 빙햄 계곡의 구리 · 금 · 몰리브덴 광상의 부유 선광 시설

징 혹은 비중을 이용하여 광물을 선별하기도 한다.

다. 탈수(dewatering) 및 후처리

광석들의 파분쇄 및 광물 분리 과정은 대부분 물이 포함된 상태(slurry)에서 진행되기 때문에 분리된 정광 및 광미에서 물을 분리해내고 말리는 과정이 정광을 제련하기 전 마지막 단계이다. 광미 또한 물을 제거하여 대개 건설자재 등으로 활용한다.

(4) 광물 및 금속의 종류

금속 중 금, 은, 그리고 백금족 원소(주기율표의 다음 6가지 원소: Pt, Pd, Os, Ir, Rh, Ru)를 귀금속이라고 부른다. 또한 철을 제외한 금속(비철금속) 중 산업에 가장 흔하게 쓰이며 상대적으로 흔하고 귀금속보다 가격이 낮은 금속을 베이스 메탈−금속(base metal)이라고 부른다. 전통적으로 이들은 구리, 납, 니켈, 아연 4가지 금속을 일컬었으며, 최근에는 산업적으로 중요한 철, 알루미늄, 주석, 텅스텐, 몰리브덴 등을 베이스 메탈−금속으로 부르기도 한다. 금속성 광물 자원 중 가장 산업적으로 큰 규모를 가지고 있는 것은 철이며, 철과의 합금을 통해 다양한 물성의 강철(steel)을 제조할 수 있는 금속들은 철합금 금속이라고 부르기도 한다. 예를 들어 니켈, 크롬, 망간, 몰리브덴, 텅스텐, 바나듐, 코발트 등이 이에 속한다. 그 외에 상부 지각에 포함된 양이 적거나 기술적으로 광물에서 제련할 수 있는 양이 제한된 금속들은 **희유금속**(rare metal)이라고 부른다. 이들 중 일부 첨단 산업의 핵심 원료로 사용될 수 있는 금속 및 광물을 핵심 · **전략 광물**(critical mineral)이라고 부른다. 가장 대표적인 것들이 2차 전지, 연료 전지 등 수소 및 전기차 핵심 소재로서 리튬 · 니켈 · 망간 · 코발트 · 흑연 · 백금족 원소 · 구리 등이 있고 영구 전지, 비메모리 반도체, 그리고 디스플레이 핵심 소재에 필수적인 희토류 원소 · 니오븀 · 탄탈륨 · 인듐 · 갈륨 등의 광물들이다.

최근 미국 지질조사소(USGS, U. S. Geological Survey)는 미래 친환경 핵심 산업에 필수적인 금속 및 광물들을 선정하였다(Schulz et al., 2017). 이들은 다음과 같다. 안티몬, 중정석, 베릴륨, 코발트, 불소, 갈륨, 게르마늄, 인듐, 흑연, 리튬, 망간, 니오븀, 탄탈륨, 백금족 원소, 희토류 원소, 레늄, 셀레늄, 텔루륨, 주석, 티타늄, 바나듐, 지르코늄, 하프늄. 기존에 국내에서 필요한 광물들을 선정하여 6대 전략 광종(니켈, 구리, 아연, 우라늄, 석탄, 철)이라는 이름으로 불렸지만 첨단 산업 발전에 대비하여 2022년 현재 한국에서도 핵심 · 전략 광물을 선정하고 개발, 탐사, 선광 · 제련, 활용하기 위한 정책을 수립하고 있다.

(5) 광상의 평가

광상 탐사 과정에서 인프라 설비 구축 및 채광 등 추후 개발의 진행을 결정하기 위해 광상의 경제성 평가는 필수적이다. 광상의 경제성을 평가하기 위한 요소 중 대표적인 몇 가지는 다음과 같다.

① 광석 및 광상의 품위(ore grade)는 광석 및 광체에 포함된 목표 금속의 함량을 의미한다. 귀금속의 경우에는 g/ton 혹은 ppm 단위의 품위를 사용하고, 그 외의 금속들은 %(wt. %) 단위의 품위를 사용한다. 광석의 품위는 광상 개발 경제성의 가장 큰 요소이며, 광상 내에서 개발할 광체의 범위를 지시하기도 한다. 예를 들어 컷-오프(cut-off) 품위라는 것은 각 광상에서 여러 조건을 반영한 뒤 정한 가행 가능한 최소 품위를 말하며, 컷-오프 품위의 범위가 현재 개발하는 광체의 규모를 지시한다. 금광상의 경우 광산의 실험실 내에 암석 내 금 품위를 분석할 수 있는 설비를 갖추고 있는 경우가 많은데, 광석의 금속 품위를 특정하는 작업을 어세이(assay)라고 한다. 품위는 금속 광상의 경우에 매우 중요하지만, 산업 광물의 광상의 경우에는 크게 중요하지 않은 경우가 많다. 산업 광물 경우 광물의 물리 · 화학적 특징, 즉 품질이 더욱 중요하다. 예를 들어 고품질 대리석의 경우 고부가가치의 석자재로 사용된다.

② 원자재(commodity) 가격은 현재 광상의 개발 유무를 결정하는 데 핵심 요소가 된다.

③ 광석에 포함된 부산물(by-product)의 유무는 광상의 경제성을 결정하는 중요한 요인이 될 수 있다. 특정한 광석 광물의 경우 몇 가지 금속이 공존하고 있으며, 이들의 동시 판매가 가능하다면 광상의 가치가 올라갈 수 있다. 부산물의 경우 대표적으로 섬아연석에 포함된 인듐 · 은 · 카드뮴 그리고 휘수연석에 포함된 레늄 등이 있다. 만약 광물에 포함된 금속들에 환경을 해치는 원소들이 많다면 오히려 이들은 광상의 가치를 떨어뜨리는 요인으로 작용될 수 있다. 예를 들어 황철석 등 황화 광물에 포함된 비소 · 수은 · 카드뮴 등 중금속 그리고 희토류 광물에 포함된 우

라늄 · 토륨 등 방사성 원소는 광상의 가치를 저하시킨다.

④ 광상 및 광석의 특징과 형태 또한 광상의 경제성을 결정한다.

⑤ 광상 소유 국가의 정치 · 경제 · 금융 상황 또한 고려할 요소이다.

⑥ 광상의 위치 또한 매우 중요하다. 광상이 인프라가 부족한 대륙 중심부에 존재한다면 광석을 개발해 운반하기 위한 비용이 상당히 소모되며, 해안 인근에 위치한 광상에 비해 경제적으로 불리하다. 이렇게 다양한 요소들을 고려하여 탐사 후 발견된 광상의 경제적 가치를 측정하는 것을 자원량 혹은 매장량 평가(feasibility study)라고 한다. 이를 통해 자원(resource)의 경제성을 평가하게 되며, 현재 상황에서 경제성이 있는 자원을 매장 혹은 확정 자원(ore reserve) 혹은 자원량이라고 부르게 된다.

2) 성인에 따른 광상 유형

다양한 지질학적인 과정에 의해서 지각의 상부에는 광물자원이 나타나고 우리는 그것을 이용한다. 실제로 지질학적으로 광상이 형성되는 위치는 해저 · 토양을 포함한 지표면, 지각 내부 혹은 일부는 맨틀로서 다양하지만, 우리가 주목하는 광상은 이것들이 마그마의 상승, 지각 작용에 의한 융기(uplifting), 혹은 삭박(denudation) 작용으로 인간이 탐사하고 활용할 수 있는 깊이의 상부 지각에 위치하고 있다. 광상은 성인에 따라 크게 ① 지하에 존재하는 고온의 지질학적 유체에 의해 금속이 용해 · 이동 · 침전되어 형성된 열수 광상(hydrothermal ore deposit), ② 마그마의 이동 혹은 마그마 내부의 작용으로 형성되는 마그마 광상(magmatic ore deposit), ③ 토양 형성 등 지표의 풍화 작용으로 만

그림 2.91 미국 네바다 주의 라운드 마운틴 금광상. 금 광체 하부는 응회암 등 화산암에 형성된 천열수 광상, 상부는 삭박 이후 부정합면 위에 사광상 형태로 나타난다.

들어지는 잔류 광상(residual ore deposit), ④ 해수 및 지표수 내 퇴적물의 형성 혹은 물의 증발 과정에서 만들어지는 퇴적 광상(sedimentary ore deposit), ⑤ 쇄설성 퇴적물의 형성 과정에서 비중의 차이에 의하여 형성되는 사 광상(placer ore deposit), ⑥ 암석의 변성 과정에서 형성된 광물에 의한 변성 광상(metamorphic ore deposit)이 있다.

이 가운데 ③, ④, ⑤ 광상들의 경우 풍화 · 침식 · 퇴적 작용 과정에서 형성된다. 이외에 성인이 뚜렷이 설명되지 않거나 논란이 존재하는 광상 또한 일부 존재한다. 예를 들어 심해저 망간단괴 혹은 망간각은 해수에 용해된 유용 금속이 자생적으로(authigenic) 흡착되어 형성되었다고 한다. 하지만 아직 그 형성 과정에 대하여 많은 부분이 알려지지 않았다. 또한 남아프리카공화국의 위트워터즈랜드(Witwatersrand) 금광상 역시 그 기원에 대한 많은 논란이 존재한다(Agangi et al., 2015). 각각의 광상은 광상학 지질학자들이 설정한 기준에서 구분이 되기는 하지만, 실제 앞의 구분되는 광상 기준 중 2가지 이상이 과정이 동시에 이루어진 광상들도 많으며, 또한 시간 순서에 따라 중첩되어 나타나는 경우 또한 많다. 예를 들어, 미국 네바다 주의 라운드 마운틴(Round Mountain) 금광상의 경우(그림 2.91) 하부 응회암(tuff) 내에 천열수(epithermal) 금광상이 나타나고, 이후 삭박되어 나타난 부정합면 위로 사 금광상이 나타나기도 한다.

(1) 열수 광상

열수 광상은 지각에 존재하는 고온(지표수에 비하여 높은 온도)의 지질학적 유체에 의해 형성되는 광상이다. 지질학적 유체는 대부분 수용액이며, 일부 지질학적 환경에 따라 이산화탄소 혹은 메탄이 섞여 존재하기도 한다. 지각에 존재하는 지질학적 수용액 유체(aqueous hydrothermal fluids)는 온도와 압력에 따라 다양한 밀도(증기상 혹은 액체상)로 존재하며, 유체의 온도, pH, 산화 환원도, 염도에 따라 다양한 금속을 용융시킬 수 있으며, 이동시킬 수 있다. 유체에 용융된 금속은 특정한 물리 · 화학적 상황에 따라 지각의 특정한 암석 혹은 일부 지표면 · 해저면에 금속을 침전시키는데, 이러한 광상들을 통틀어 열수 광상(hydrothermal ore deposit)이라고 부른다. 열수 광상은 다양한 성인의 광상들 중 가장 많은 종류의 금속들을 대량 · 소량 형성시킬 수 있으며, 이후에 언급할 호상철광층(BIF, Banded Iron Formation) 다음으로 가장 큰 경제적 가치를 가진다. 열수 광상은 지각 내 고온의 수용액에 의해 형성되므로, 지각의 절리, 단층 등 구조대를 따라 순환하며 석영이 풍부한 맥(vein)을 형성하게 된다. 일부 열수의 성분 그리고 지역적 암석 특성에 따라 방해석 등 탄산염 광물이나 형석 등이 풍부한 맥을 형성하기도 한다. 대부분 열수 광상은 이러한 맥 내부 혹은 그 주위에 유용 광석들이 형성된다. 물론 일부 열수의 물리 · 화학적 조건 그리고 침전된 환경에 따라 맥이 형성되지 않는 경우도 존재한다.

열수의 순환은 열수의 온도, pH, 산화 환원 조건 그리고 순환하는 암석의 물성 그리고 성분에 따

그림 2.92 미국 네바다 주 예링턴 지역의 맥아더 반암형 광상의 트렌치

라 광상이 형성되는 암석 내에 새로운 2차 광물을 남기기도 하는데, 이를 열수 변질(hydrothermal alteration)이라고 부른다. 열수 변질의 경우 열수 광상을 형성하는 온도구배 그리고 열수 작용의 누대 구조를 지시하기 때문에 광상을 탐사하는 데 가장 중요한 지질학적 요소이다. 열수 광상은 가장 중요한 광상 유형 중 하나이며 매우 다양한 특징을 가지므로 열수 광상을 형성하는 지질학적 유체의 종류, 금속의 용융 · 이동 · 침전, 열수 변질, 유체 포유물, 대표적 열수 광상 유형들은 3)항에서 더 자세하게 설명하기로 한다.

(2) 마그마 광상

마그마 기원 광상은 크게 ① (초)고철질 화성암의 관입과 관련한 구리 · 니켈 · 크롬 · 백금족 원소 광상, ② 페그마타이트(pegmatite)와 관련한 광상, ③ 다이아몬드 광상으로 나뉜다.

①의 경우 지각의 열개(rifting) 환경 형성 혹은 소행성 충돌로 인하여 발생한 (초)고철질 화성암의 관입으로 구리 · 니켈이 풍부한 광상이 형성되기도 하고, 일부의 경우 관입된 화성암체 분화로 인한 화성 광물의 띠(layer)들이 나타나며(mafic layered intrusion) 이들 중 크롬철석(chromite)이 풍부한 띠 그리고 일부 띠의 경우 황화 광물들이 나타나며 니켈 · 구리 · 백금족 원소가 수반된다. ② 페그마타이트 광상은 대개 분화도가 매우 높은 우백질 화강암 내에서 주로 나타나며, 일부의 경우 보석 규모의 녹주석(beryl, 아쿠아마린, 에메랄드 등)이 나타나기도 하고, 리튬 · 베릴륨 · 니오븀 · 탄탈륨 등 화성암에 대한 지구화학적 불호정 원소(incompatible element)들이 풍부하게 나타나기도 한다. ③ 다이아몬드 광상의 경우 강괴(craton) 환경에서 나타나며, 강괴 아래 맨틀의 상대적으로 낮은 온도 환경에서 형성된 다이아몬드 등 맨틀 암석이 알칼리 화성암 등 맨틀 중 하부 기원 마그마의 관입에 의하

여 포획되어(xenolith) 이동하여 지표면에 폭발성 화산체(예: 마르)로 나타난다. 다이아몬드를 포함한 화성암을 킴벌라이트(kimberlite)라 부른다.

(3) 잔류 광상, 사 광상, 퇴적 광상, 증발염 광상

3가지 유형의 광상은 암석의 풍화 · 침식 · 퇴적 작용에 의하여 형성되는 지표면 작용에 의한 광상이다.

가. 잔류 광상

다양한 성분의 암석이 지표 및 지하수에 의하여 풍화되어 토양으로 나타나는 광상으로, 열대성 기후의 풍화로 나타나는 라테라이트(laterite) 작용에 의한 보크사이트(bauxite), 철 · 니켈 라테라이트 광상이 대표적이다. 규장질 화성암석과 같은 규소 · 알루미늄이 풍부한 암석이 라테라이트화되면 풍화 정도에 따라 알칼리 성분과 규소 성분이 풍화에 의해 제거된다. 남게 되는 것은 깁사이트(gibbsite)와 같은 알루미늄 산화 · 수산화 점토광물이 농축된 토양이 형성되는데 이것을 보크사이트라 한다. 보크사이트는 알루미늄의 주된 공급원이며 지구화학적으로 알루미늄과 거동을 유사하게 하는 갈륨(Ga) 또한 보크사이트에서 생산한다. 철 · 니켈 라테라이트는 융기된 해양지각인 오피올라이트 구조체(ophiolite complex)가 라테라이트화되어 형성된다. 지구화학적으로 호정 원소(compatible element)인 니켈은 지각보다는 맨틀에 농축되어 있으며, 지표로 노출된 오피올라이트 구조체 중 특히 초고철질 맨틀 암석이 라테라이트화 되어 형성된다. 맨틀에 풍부한 니켈 성분이 라테라이트 풍화 작용을 통해 더욱 농집된다. 기존에 형성된 황화 광물 광상이 지하수에 의해 산화되어 나타나는 천수 농축 작용(supergene enrichment) 또한 잔류 광상과 유사한 과정으로 형성된다고 할 수 있다. 이러한 천수 농축은 구리 황화 광상에서 특히 잘 나타나는데, 고기의 지하수 대수층을 기준으로 상부에는 구리의 산화 · 침출 작용이 활발하고, 대수층 아래에서는 구리가 다시 환원되어 농축되는 특징이 대표적이다.

나. 사 광상

기존에 형성된 광석의 하천(fluvial) 침식 작용으로 나타나며, 대개 비중이 높거나 경도가 높은 광물이 주로 사 광상으로 나타난다. 사 광상으로 나타나는 대표적 광물로는 금, 다이아몬드, 석석, 티탄철석, 금홍석 등이 있으며, 하천에서 모래가 주로 퇴적되는 포인트 바(point bar) 혹은 해빈(beach) 환경에서 나타난다.

다. 퇴적 광상

퇴적 광상에서 가장 대표적인 것들은 층상 철광상, 석회암, 석탄, 증발염(evaporite) 광상 등이 있다. 층상 철광상은 선캄브리아 누대(precambrian eon)의 심해저(pelagic) 환경에서 주로 퇴적된 철광상으로서 적철석 등 철이 풍부한 띠 그리고 심해 퇴적물인 처트가 교호하며 형성된 특징을 가지고 있다. 층상 철광상은 아마도 산소가 풍부해지기 전 해수에 용해된 철 등이 산화에 의해 침전되면서 형성되었을 것으로 생각된다. 층상 철광상은 가장 주요한 철 공급원이다.

표 2.12 광상의 종류

대 구분	중 구분	광상 유형
열수 광상 (hydrothermal deposit)	**마그마-열수 광상**(화성암 관입 작용과 조직적으로 관계가 나타나는 상대적으로 고온의 열수 광상)	반암형 광상(Cu-Mo-Au…), 'IOCG' Iron-Oxide-Copper-Gold 광상(Cu-Fe-Au-U-REE…), 스카른 광상(Cu-Fe-Mo-W-Sn-Au-Pb-Zn-Bi…), 맥상 Sn-W 화강암(Sn-W-Mo-Au-As…), 고온 천열수 광상(Cu-Pb-Zn-Au) 등
	열수 광상(관입 작용과 직간접적으로 관련 있을 수는 있지만 조직적 관계가 드러나지 않는 상대적 저온의 열수 광상)	중저온 천열수 광상(Cu-Au-Ag-Pb-Zn-As-Sb…), 칼린형 광상(Au-Ag-As-Sb-Hg…) 탄산염 교대 광상(Zn-Pb-Cu-Mg-magnesite-talc…), 'VMS' Volcanogenic Massive Sulfide 광상(Zn-Cu-Au…), 'SedEx' Sedimentary Exhalative 광상(Zn-Pb), 'MVT' Mississippi Valley Type 광상(Zn-Pb…), 층상 열수 광상(Kupferschiper, Zambian-Congo Cu belt, Cu-Pb-Zn-Co…) 등
마그마 광상 (magmatic deposit)	**정마그마 광상**(초고철질 혹은 고철질 화성암의 관입 작용으로 나타나는 광상)	Cu-Ni 광상, 고철질 관입암(Mafic Layered Intrusion) Cr-Ni-Cu-PGE 광상 등
	페그마타이트 광상(규장질 화성암 내 거정질-페그마타이트 내에 나타나는 광상)	녹주석(에메랄드-아쿠아마린) 광상, Li-Be-REE-Nb-Ta-Zr-Hr 광상 등
	다이아몬드 광상(킴벌라이트 등 강괴 내 맨틀 기원 화성암의 관입에 의하여 나타나는 광상)	맨틀 기원 킴벌라이트 광상 등
퇴적(sedimentary) - 증발(evaporation) - 사(placer) - 잔류(residual) 광상	**층상 철광상**(퇴적 과정 중 침전된 철에 의하여 형성된 광상)	Banded Iron Formation(BIF) Fe 광상, Ironstone 등
	증발 광상(해수 혹은 내륙 호수의 증발 작용에 의하여 침전된 광상)	암염 광상, K-Li 광상 등
	잔류 광상(지표수에 의한 침출 혹은 침전에 의하여 특정 성분이 농축된 토양)	라테라이트(보크사이트) Al-Ga-Ni… 광상 등
	사 광상(쇄설성 퇴적물의 이동 과정에서 비중 등에 의하여 농축된 광물)	Au-Sn-다이아몬드-저어콘… 등
변성 광상 (metamorphic deposit)	**변성 광상**(광역 변성 작용에 의한 반상변정 등 광물)	석류석 광상, 강옥(루비, 사파이어 등), 옥(비취) 광상 등

라. 증발염 광상

내해 혹은 육상 기원 호수 등이 건조한 기후에 의하여 증발하면서 물속에 녹아 있던 광물이 침전되어 형성된다. 해수가 증발되는 경우 암염(halite), 석고, 칼리암염(sylvite) 등이 대표적으로 나타난다. 지표수가 증발하는 경우 풍화되는 소스에 따라 다양한 염(salt)들이 나타나며, 화산 지대에 형성된 호수의 경우 일부 리튬이 풍부한 염들이 농축된 염호가 나타난다.

(4) 변성 광상

광역 변성 작용(regional metamorphism)으로 나타나는 광물들 중 경제적으로 중요한 광물은 석류석(garnet) 혹은 강옥(corundum, 루비, 사파이어 등)으로서 변성암 내 변성반정(porphyroblast)으로 나타난다. 석류석에 비하여 강옥을 형성할 수 있는 암석은 알루미늄이 풍부한 기원암을 요구한다. 광역 변성 중 대륙 암석에 대한 상대적으로 저온 · 고압의 변성 작용(예: 판의 충돌 등)이 일어난다면 휘석 광물인 비취(jadeite)가 형성될 수 있다.

3) 열수 광화 작용 개론

(1) 유체의 기원

지질학적 유체는 크게 다음과 같은 5가지 기원으로 구분되며, 이들은 지각 내에 다양한 유형의 열수 광상을 형성한다.

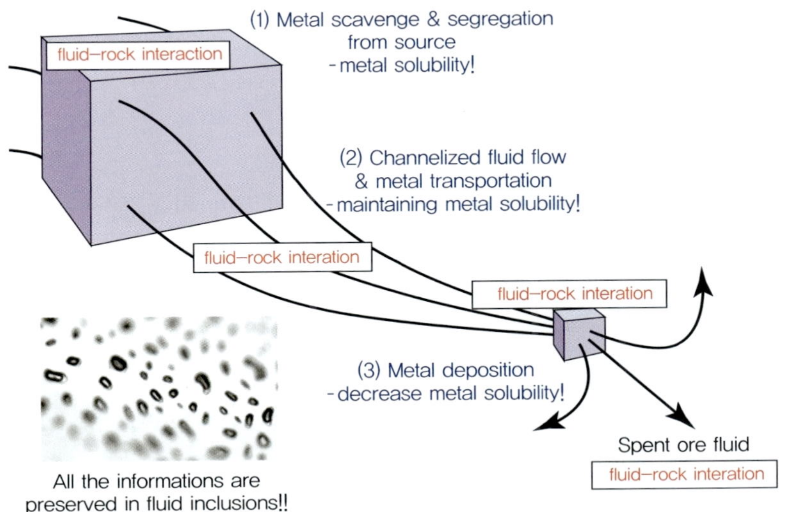

그림 2.93 열수 작용 모식도. 넓은 지역의 암석에서 금속을 잘 용해시키고(금속 기원지), 용해도를 유지하면서 유체를 집중화시키며(금속 이동), 작은 부피의 암석 내에 금속을 침전시켜서 광상을 형성한다(금속 침전: 광상 형성).

가. 마그마 유체

마그마에 용융되어 있다가 포화되어 외부로 배출된 **마그마 유체**(magmatic fluids)는 대개 온도가 높고 염도도 매우 높기 때문에 다양한 마그마의 성분 및 물리 · 화학적 상황에 따라 다양한 금속을 녹일 수 있어 열수 광상을 형성하는 데 아직 중요한 기원의 유체라고 생각된다. 마그마 기원 유체에 의하여 형성된 광상을 대개 마그마-열수 광상(magmatic-hydrothermal deposit)이라고 부르며, 반암형 구리-몰리브덴-금 광상(porphyry Cu-Mo-Au deposit)이 대표적이다.

나. 해수

해수(seawater)가 지각으로 포함되어 지열에 의하여 열수가 되는 경우도 많이 존재한다. 해양지각을 형성하는 중앙해령(mid-ocean ridge) 중심의 열개 분지(rift basin)에는 해수의 해양지각 순환에 기원한(일부 마그마 유체 포함) 열수가 배출되며, 그 열수 내에는 철 · 구리 · 아연 등 금속 황화물이 많이 포함되어 있다. 이들을 블랙 스모커(black smoker)라고 부르며, 이러한 작용으로 황화 광물의 괴상(massive) 광체가 형성된다. 추후 해양지각의 융기에 의해 이러한 광체가 지표로 노출되는 경우, 이들을 VMS(Volcanogenic Massive Sulfide) 광상이라고 부른다.

다. 천수

천수(meteoric water)는 빗물에서 기원한 모든 지표수를 말하며, 빙하 · 하천 · 호수 · 지하수 등에 포함된 물을 지칭하며, 지열 혹은 마그마 관입에 의해 온도가 상승하여 열수가 될 수 있다. 천수는 대개 낮은 온도 범위를 가지고 염도 또한 낮아서 그 자체로 광상을 형성하기는 어렵지만 일부 광상의 경우 형성에 중요한 역할을 한다. 예를 들어 지표 인근에 형성되는 천열수 광상의 금을 이동 · 침전하는 데 중요하며, 일부 마그마-열수 광상의 금속 침전에 천수가 중요한 역할을 하기도 한다.

라. 지층수

지층수(formation water)는 분지 유체(basinal fluids)라고 불리며 퇴적 분지에 오랜 기간 머물러 있던 천수 기원의 유체를 의미한다. 이들은 오랜 기간 지층에 머물며 지열 작용 및 지층의 암석과 반응을 통해 염도를 획득하고 금속을 일부 포함하기도 한다. 이들 지층수는 퇴적 분지 내 석유 · 가스 등 에너지 자원과 동시에 형성되기도 한다. 지층수의 순환이 이루어지게 되어 형성된 대표적 광상은 MVT(Mississippi Valley-type) 광상이며, 순환된 지층수의 탄산염암 교대 작용(carbonate replacement)에 의하여 형성된 아연 · 납 광상이다.

마. 변성 유체

변성 유체(metamorphic fluids)는 물을 포함한 광물의 변성 작용에 의해 일부 형성된 유체를 의미한다. 변성 작용은 대개 높은 압력을 수반하므로 변성 유체는 물에 이산화탄소(환원 정도가 강한 경우 일부 메탄)를 많이 포함한 특징을 가지고 있다. 판 경계와 같은 조산(orogenic) 환경의 경우 압력이 높아짐에 따른 다양한 변성 양상(녹색편암 · 각섬암 · 백립암)에 수반한 변성 기원의 유체가 발생하게 되고 이들은 조산 환경의 전단대(shear zone)를 따라 이동하며 일부 조산형 금광상(orogenic Au deposit)을 형성하기도 한다.

(2) 열수 내 금속의 용해 · 이동 · 침전 작용

상온의 순수한 물에 녹을 수 있는 금속의 용해도는 상대적으로 매우 낮다. 하지만 물의 온도가 높아지거나 착이온(complex)을 형성할 수 있는 리간드(ligand)가 풍부해 금속과 안정적인 배위(coordination) 결합을 이루게 된다면, 용액 속에 금속이 안정적으로 많이 존재할 수 있게 된다. 지각에 풍부한 리간드 원소들 중 금속과 착이온을 이룰 수 있는 것들은 대표적으로 할로겐 원소들이다. 할로겐 원소 이온들 중 가장 많은 양을 차지하는 것이 염소 이온(Cl^-)이며, 지질학적 유체 내 염소의 양은 유체의 염도(salinity)에 비례한다. 따라서 온도가 높고, 염도가 높은 유체(특히 마그마 기원 유체)가 많은 금속을 이동시킬 가능성을 가지고 있다. 구리, 주석, 철, 망간, 납, 아연, 은, 희토류 등 상당수의 금속이 자연적으로 열수 내에서 할로겐과 착이온을 형성한다. 할로겐 · 염소 이외에 중요한 자연적 리간드는 물의 수분해(hydrolysis)에 따른 OH^- 이온이며 텅스텐, 몰리브덴, 비소, 안티몬 등 원소의 용해에 중요한 역할을 한다. 또한 황화 이온(HS^-) 또한 일부 금속의 이동(특히 금)의 이동에 중요한 역할을 한다.

이렇게 배위 착이온을 형성한 금속들은 열수 내에서 이동을 하게 되는데, 열수의 지각 내 이동은 대개 ① 지각의 구조 활동(예: 조산운동) 등을 통해 발생한 수력 작용(hydraulics), ② 마그마의 관입 및 열 전달에 의한 열수 순환, ③ 물이 포화된 마그마의 물 분리에 따른 총 부피 증가에 의한 수압 파쇄(hydro-fracturing) 효과 등으로 암석 내에서 순환하게 된다. 이때 열수는 금속을 최대한 용해한 상태로 온도와 pH-산화 환원 등 물리 · 화학적 조건을 최대한 유지하며, 암석 내에서 이동하게 된다. 그렇지 못한 경우 광상 형성을 위한 금속의 농축은 제한된다. ① 큰 부피의 암석(낮은 유체/암석 비율)에서 금속을 최대한 용해하여 ② 효과적으로 이동된 유체는 ③ 최대한 작은 부피(높은 유체/암석 비율)로 이동하고 유체에 포함된 금속을 효과적으로 침전시킬 수 있게 된다. 작은 부피의 암석에 금속을 침전시키기 위해서는 효과적으로 유체의 물리 · 화학적 조건을 변화시킬 수 있어야 하는데, 이를 위한 유체의 온도 · pH · 산화 환원도 등이 획기적으로 변화할 수 있어야 한다. 따라서 이러한 유

그림 2.94 미국 네바다 주 리노(Reno) 지열 발전 지역 암석의 변질로 나타난 점토광물-자연 황

체의 물리 · 화학적 조건을 변화시킬 수 있는 지질학적 환경, 암석의 존재 유무가 열수 광상의 형성에 매우 중요하다. 차가운 해저에서(온도의 변화), 탄산염 암석 내에서(pH 변화), 흑색 셰일 내에서(산화 환원 정도 변화), 천수와의 혼합에 의해서(온도와 산화 환원 동시 영향) 다양한 열수 광상이 형성되는 이유이다.

(3) 열수 변질

광상이 형성되는 이러한 작은 부피의 암석들 내에서는 높은 열수/암석 비율로 인해 열수의 물리 · 화학적 특성에 따른 다양한 반응에 의한 2차 광물들이 형성되는데 이것을 열수 변질이라고 한다. 변질의 양상 및 규모를 결정하는 중요한 요소로는 ① 열수의 온도, ② 열수의 pH 혹은 일부 산화 환원 정도, ③ 유체/암석 비율, ④ 암석의 성분 및 물리적 특성[예: 투과성(permeability)]이 있다. 마그마-열수 광상의 경우 유체의 온도에 따라 마그마와 비슷한 온도의 경우에는 스카른(skarn) 광물 등 물을 포함하지 않는 광물들이 나타나고, 온도가 낮아질수록 각섬석-흑운모-백운모-점토광물의 순서에 따른 변질 양상이 나타난다. 이것들은 온도의 하강에 따라 포타식(potassic)-필릭(phyllic)-아질릭(argillic) 변질로 부른다. 이러한 유체의 온도 하강은 수분해 등 pH를 낮추는 작용을 동시에 하기에 고온 · 중성 변질에서 저온 · 산성 변질의 경향으로 진행되는 경우가 많다. 하지만 일부의 경우 이들 pH의 반응은 주변 암석과의 반응에 따라 다른 양상을 보이는 경우도 있다.

마그마-열수 광상의 경우 화성암의 관입 및 주변 유체의 순환 등으로 인한 저온 열 변성으로 녹니석 · 녹염석 등이 풍부하여 녹색이 우세한 광범위의 프로필리틱(prophyllitic) 변질을 수반하는 경우가 많은데, 이들을 잘 이용하여 광상 탐사에 이용하기도 한다.

그림 2.95 강원도 영월 상동 회중석(텅스텐) · 휘수연석(몰리브덴) 광상. 석류석 · 규회석 · 휘석 스카른을 석영맥이 절단하며, 석영맥 주위로 각섬석, 흑운모 변질이 나타난다. 아래쪽의 두꺼운 석영맥은 흑운모 변질을 수반하고 동시에 대부분의 회중석 침전 또한 수반한다.

(4) 유체 포유물(fluid inclusion)

열수 광상의 형성 과정에서 형성된 2차 광물 내에는 광상을 형성한 유체들의 일부가 포획된 유체 포유물이 남아 있다. 이들은 열수 광상이 형성될 당시 유체의 밀도 및 성분을 그대로 유지한다고 가정하기 때문에 이들을 연구하면 열수 광상의 온도 및 그 변화, 열수의 성분 및 그 변화를 연구하는 데 중요한 단서를 획득할 수 있다.

(5) 대표적 열수 광상 유형

열수 광상은 크게 2가지 유형으로 나눌 수 있는데, 고온성 마그마－열수 광상 그리고 저온성 열수 광상이다. 전자는 직접적인 마그마의 관입과 연관되는 광상이며 후자는 그렇지 않은 열수 광상으로서 이 둘을 나눌 수 있는 대략적 온도 기준은 약 300°C로 생각해볼 수 있다.

고온 마그마－열수 광상의 대표적 광상은 ① 반암형 구리 광상(porphyry Cu deposit)으로 부산물로 몰리브덴 · 금을 수반한다. 반암형 광상은 섭입대 반심성 화산활동으로 형성되며, 스톡워크(stockwork)상 석영 세맥 그리고 산점상(disseminated)으로 나타나는 구리 황화 광물들이 주요하다. 또 다른 유형으로는 ② IOCG(iron-oxide Cu-Au)형 광상으로 적철석 · 자철석 등 철 산화물이 우세하고 구리 황화 광물 또는 금이 나타난다. 일부 IOCG형 광상은 상당한 우라늄이 나타나기도 한다(호주 올림픽 댐 광상). ③ Sn-W 화강암 혹은 광상은 맥상으로 나타나며, 황옥(topaz)－백운모(muscovite) 등

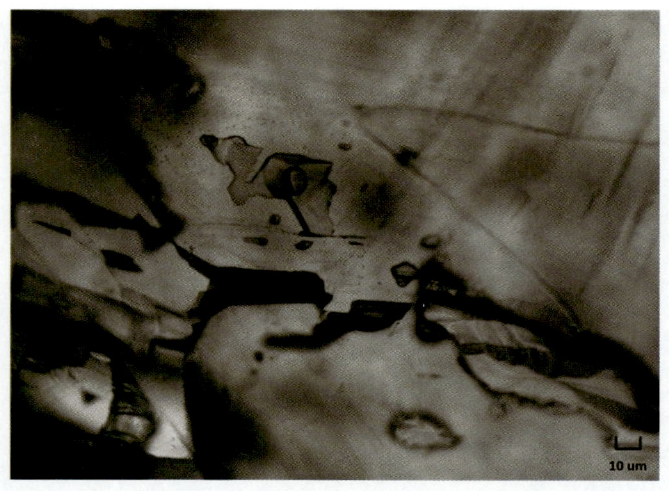

그림 2.96 일본 이즈 호상열도의 해저 화산인 히가시-아오가시마 칼데라의 해저 열수 작용으로 침전된 섬아연석 내 유체 포유물

이 우세한 변질을 보이며, 석석(cassiterite) 및 철망간중석(wolframite)을 주요 광물로 가진다. 마지막으로 ④ 스카른 광상은 마그마의 관입과 마그마－열수의 작용이 탄산염 암석에서 일어난 광상으로, 탄산염 광물이 Ca가 풍부한 규산염 광물로 바뀌는 것이 주요한 특징이며, 유용 광물의 침전이 동시 혹은 후기에 수반된다. 스카른 광상은 철 · 구리 · 몰리브덴 · 텅스텐 · 금 등 다양한 광종을 가지며, 이는 관입한 화성암의 지구화학적 특징에 의해 결정된다.

상대적으로 저온의 열수 환경에서는 주로 아연 · 납 · 구리 등 베이스 메탈 광상 혹은 금 · 은 · 비소 · 수은 등이 우세한 광상 등이 주요하며, 이들 광종이 동시에 나타나기도 한다. 저온 열수 광상 유형은 다음과 같다. ① 천열수(epithermal) 금 · 은 · 베이스 메탈 광상, ② 칼린형(Carlin-type) 금 광상, ③ 탄산염 · 교대(carbonate replacement) 아연 · 납 광상, ④ VMS(Volcanogenic Massive Sulfide) 구리 · 아연 · 금 광상, ⑤ SedEx(Sedimentary Exhalative) 혹은 MVT(Mississippi Valley type) 아연 · 납 광상, ⑥ 조산대형(orogenic) 금광상, ⑦ 층준 규제형(strata-bound) 열수 구리 · 아연 · 납 광상이 있다.

이들 중 천열수 광상은 화산활동과 관련 있으며, 지표 가까이 형성된다. 칼린형 광상은 미국 네바다 등지 일부 지역에 나타나며 쇄설성 퇴적암 내에 비소가 풍부한 황철석에 금이 포함된다. 탄산염 교대 광상은 석회암 혹은 대리암을 교대하며 나타나는 아연 · 납 광상인데, 이들 중 화성활동과 관계없이 나타나는 탄산염 교대 광상을 MVT 광상이라고 부른다. VMS는 해저의 중앙해령 혹은 섭입대 화산활동과 연관된 열수 작용으로 형성되어 융기된 괴상의 구리 · 아연 · 금 광상을 말한다. SedEx는 대륙지각의 열개 환경에서 순환된 해수 기원 열수의 해저 분출 과정에서 형성되며, 해저면에 평행한 층상의 아연 · 납 황화물 광체를 형성한다. 조산대형 광상은 변성 과정에서 형성된 유체에 의해 이동된 금들이 조산활동 관련 전단대를 따라 나타나는 맥상 금광상을 의미한다. 층준 규제형 상 열수 광상은 큰 규모의 대륙지각 내 분지 열수 순환에 의하여 형성된 광상이며, 대표적으로 독일 폴란드 일대에 나타나는 Kupferschiefer 구리 · 아연 · 납 광상대 그리고 콩코 잠비아 일대에 나타나는 Zambian 구리 · 코발트 광상대가 알려져 있다.

2.5 풍화 작용과 지형

지구의 표면은 크게 육지와 바다로 이루어져 있고, 육지는 다시 산과 골짜기, 평야 등 다양한 지형으로 구성된다. 육지는 바다에 비해 좁은 면적을 가지고 있지만 암석권, 대기권, 수권 및 생물권이 접하는 경계이며 지표의 지형은 이들의 상호 작용에 의해 끊임없이 변화하고 있다. 지표 변화는 기본적으로 풍화 작용에 의해 서서히 시작되며, 인류의 생존과 직결된 토양층을 형성하기도 한다. 지표의 지형은 중력, 하천, 파도, 바람, 빙하 등 다양한 매체에 의한 침식과 운반, 퇴적 작용에 의하여 형성된다.

1) 풍화 작용

비석이나 석탑, 건물 등 우리가 주위에서 흔히 볼 수 있는 오래된 석조물의 표면을 관찰해보면 표면이 거칠거나 녹아 나간 흔적을 쉽게 볼 수 있는데, 이는 **풍화 작용**(weathering)에 의한 것이다. 풍화 작용은 항상 일어나고 있지만 매우 느리기 때문에 우리가 쉽게 인지하기는 어렵다. 하지만 풍화 작용은 암석 순환의 초기 단계에 해당되고 지구시스템을 이해하는 데 매우 중요하기 때문에 학습할 필요가 있다.

(1) 풍화 작용의 종류

가. 물리적 풍화 작용

물리적 풍화(physical weathering)는 광물 성분의 변화 없이 암석이 작게 부서지는 현상을 가리킨다. 물리적 풍화는 암석을 작게 만들어 퇴적물로 운반하기 쉽게 만들며, 표면적을 넓게 만들어 화학적 풍화가 더 잘 일어날 수 있게 하기 때문에 매우 중요한 과정이다. 대부분의 물리적 풍화 작용은 압력 변화에 의한 부피 변화에 의해 일어난다.

물이 얼음으로 바뀌면 부피가 약 9% 증가하는데, 이때 발생하는 압력은 화강암을 쪼갤 수 있을 정도로 크다. 이와 같은 동결−융해의 반복 작용에 의해 발생하는 풍화 작용을 **동결쐐기 작용**(frost wedging)이라고 한다(그림 2.97a). 이 작용은 셰일이나 사암처럼 층리가 발달한 암석 또는 절리(joint)가 발달한 암석에서 특히 잘 일어난다. 급사면이나 절벽 지역에서 동결쐐기 작용이 발생하면 부서진 암석 파편이 하부에 쌓여 애추(talus)를 형성한다.

그림 2.97 물리적 풍화 작용의 종류와 예시. (a) 동결쐐기 작용에 의해 파쇄된 응회암(남극 바톤 반도), (b) 일사량 풍화에 의해 표면에 균열이 생긴 화강암(남극 장보고 기지), (c) 염 풍화 작용에 의해 형성된 타포니(사천 비토도), (d) 나무뿌리에 의해 암석의 절리가 벌어지는 모습(오대산)

암석의 표면이 햇빛을 받게 되면 온도가 상승하며 부피가 팽창하게 된다. 하지만 암석은 열전도도가 낮아 열이 내부까지 잘 전달되지 않으므로 암석의 내부는 덜 팽창한다. 이처럼 표면과 내부의 압력 차이에 의해 균열이 생기게 되는데, 이를 **일사량 풍화**(insolation weathering)라고 한다(그림 2.97b).

화강암과 같은 큰 암체가 상부의 암석이 침식되면서 지표에 노출되면 압력이 감소하므로 인장력에 의해 팽창하면서 표면에 평행한 균열이 생기는데 이를 층상박리 작용(exfoliation)이라고 하며, 이와 같은 풍화 작용을 하중제거 풍화(stress-release weathering)라고 한다.

반건조 기후나 해안가에서는 염 풍화(salt weathering) 현상이 흔히 관찰된다. 해수나 염분이 많은 지하수가 암석의 균열이나 공극에 침투한 뒤 증발하면 염의 결정이 성장하는데 이때 발생하는 압력이 미세한 균열을 형성시킬 수 있다. 또한 염이 수화되면서 팽창하는 압력과 햇빛을 받았을 때 염과 암석의 팽창률 차이에 의해 발생하는 압력도 암석의 풍화를 촉진시킨다. 염 풍화 현상은 타포니(tafoni)를 형성시키는 주요 기작으로 알려져 있다(그림 2.97c).

그 밖에 나무뿌리가 암석의 균열에서 성장하면서 균열을 크게 벌리는 현상(그림 2.97d), 점토광물의 수화나 광물의 변질에 의한 부피 변화에 의해 발생하는 풍화 등도 물리적 풍화에 해당한다.

나. 화학적 풍화 작용

화학적 풍화(chemical weathering)는 한 가지 이상의 화학적 성분 변화를 포함하는 풍화 작용을 의미한다. 화학적 풍화는 기본적으로 암석과 물의 상호 작용에 의해 일어나는데, 빗물에는 이산화탄소가 용해되어 약산성을 띠므로 지표상에서 쉽게 풍화 작용을 일으킨다. 화학적 풍화 작용에는 용해 작용, 가수분해, 산화 작용, 수화 작용, 이온 교환, 킬레이트화 작용 등이 있다(표 2.13).

표 2.13 화학적 풍화 작용의 종류와 예시

화학적 풍화 작용	풍화 작용의 예
용해 작용	$CaCo_3 + H_2O + CO_2 \rightarrow Ca^{2+} + 2HCO_3^-$ (방해석)
가수분해	$2KAlSi_3O_8 + 2H^+ + 9H_2O \rightarrow H_4Al_2Si_2O_9 + 4H_4SiO_4 + 2K^+$ (정장석) (고령석)
산화 작용	$2FeS_2 + 15/2O_2 + 4H_2O \rightarrow Fe_2O_3 + 4SO_4^{2-} + 8H^+$ (황철석) (적철석)
수화 작용	$Fe_2O_3 + H_2O \leftrightarrow 2FeOOH$ (적철석) (침철석)
이온 교환	$K - clay + Mg^{2+} \leftrightarrow Mg - clay + K^+$
킬레이트화	metal ions(cation) + chelating agent → H^+ + chelate

용해 작용(simple solution)은 암석을 구성하는 광물이 물에 의해 용해되는 작용으로 석회암이 탄산에 의해 용해되거나 석영이 규산으로 바뀌는 현상이 대표적이다. **가수분해**(hydrolysis)는 물의 H^+ 또는 OH^- 이온이 광물을 구성하는 이온을 치환하는 반응이다. 광물이 가수분해를 받게 되면 점토광물처럼 안정성이 높은 2차 광물이 생성된다. 규산염 광물의 풍화는 주로 가수분해에 의해 이루어지며, 가수분해가 잘 일어나기 위해서는 물에 탄산가스가 많이 녹아 있어야 한다. 정장석이 분해되어 고령석(kaolinite)으로 변하는 반응이 대표적인 가수분해 반응이다.

산화 작용(oxidation)은 하나의 원소나 기존 광물이 산소와 결합하는 과정으로 대기 중에서 일어나지만 물을 필요로 한다. 산화 작용 중에서는 철의 산화가 가장 대표적이다. 대부분의 암석은 철을 포함하고 있기 때문에 철이 산화되어 적철석(hematite)이 형성되면 붉은색을 띠게 된다. 광물은 물이 포함되었는지의 여부에 따라 함수광물과 무수광물로 구분할 수 있는데, 무수광물이 함수광물로 바뀌는 반응이 **수화 작용**(hydration)이다. 적철석이 침철석(goethite)으로 변하거나 경석고(anhydrite)가 석고(gypsum)로 바뀌는 현상이 대표적인 수화 작용이다. 광물은 보통 수화 작용을 받게 되면 팽창하므로, 이로 인해 물리적인 풍화가 일어나게 된다. 화강암이 풍화될 때 석영 입자가 잘 떨어져 나오는 것은 장석이 점토광물로 변하면서 팽창하기 때문이다. **이온 교환**(ion exchange)은 광물과 물에 있는 이온(주로 양이온)들이 교환되는 반응으로 점토광물의 K^+ 이온과 공극수 내의 Mg^+ 이온이 교환되는 것이 대표적인 반응이다. **킬레이트화 작용**(chelation)은 유기물이 금속 이온과 결합해 고리형의 착화합물인 킬레이트(chelate)를 형성하는 생화학적인 풍화 작용으로 생물이 분비하는 산이나 유기물이 부패할 때 발생하는 산에 의해 암석이 용해되는 작용을 가리킨다.

(2) 풍화 작용에 영향을 주는 요소

암석이 풍화되는 속도는 암석의 종류와 조직, 기후, 지형의 기복과 시간, 생물 등 여러 가지 요소에 의해 영향을 받게 되는데, 1차적인 요소는 암석의 종류이다. 예를 들어 화강암으로 만들어진 비석과 대리암으로 만들어진 비석을 비교해보면 대리암으로 만들어진 비석이 훨씬 빠르게 화학적 풍화를 받는 것을 알 수 있다. 이는 대리암이 방해석으로 구성되어 있어 약한 산성 용액에도 쉽게 용해되기 때문이다.

지표상에 가장 많이 포함된 규산염 광물들은 마그마에서 정출되는 순서대로 풍화가 잘 일어난다. 즉 보웬의 반응 계열(Bowen's Reaction Series)에서 볼 때 고온에서 정출되는 광물일수록 풍화에 약하며, 이를 골디치의 안정 계열(Goldich's Stability Series)이라고 한다. 이는 고온에서 정출되는 광물일수록 정출 온도가 지표 온도와 차이가 크기 때문이다. 따라서 사장석보다는 정장석이 풍화에 강하며,

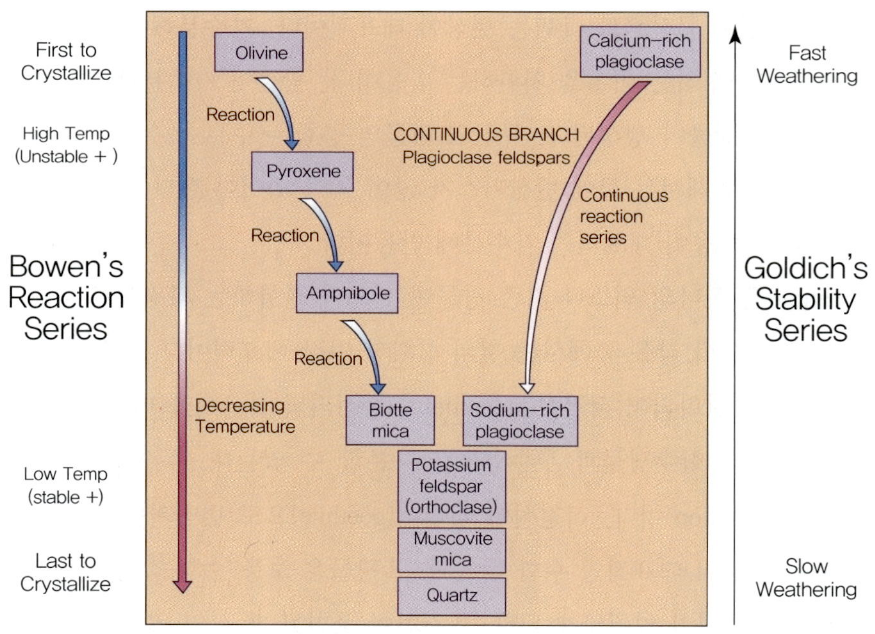

그림 2.98 규산염 광물들의 풍화에 강한 정도를 보여주는 골디치의 안정 계열. 보웬의 반응 계열과 반대 순서를 가지고 있다.

사장석 중에서도 Ca 함량이 높은 사장석이 Na 함량이 높은 사장석에 비해 풍화에 약하다. 또한 마그마에서 가장 먼저 정출되는 감람석(olivine)은 풍화에 매우 약하며, 가장 늦게 정출되는 석영은 화학적 풍화에 매우 강하다. 대부분이 석영으로 구성된 규암(quartzite)이 높은 능선을 이루는 것도 풍화에 강하기 때문이다.

암석의 풍화 속도는 암석의 종류뿐 아니라 암석의 조직이나 구조에 의해서도 영향을 받는다. 층리나 절리가 없는 괴상의 암석들은 상대적으로 풍화에 강하지만 퇴적암처럼 층리를 가지고 있거나 절리가 발달한 암석들은 물이 쉽게 침투할 수 있어 빠르게 풍화된다. 이처럼 다른 속도로 풍화되는 현상을 차별 풍화(differential weathering)라고 하며, 일반적으로 빠르게 풍화되는 암석들은 낮은 지형을 이루고 풍화에 강한 암석들은 능선과 같은 높은 지형을 형성한다.

기온이 높고 물이 많을수록 화학적 풍화가 촉진되기 때문에 기후 역시 암석의 풍화에 큰 영향을 주는 요소이다. 보통 고온 다습한 지역은 화학적 풍화가 훨씬 빠르고 깊은 심도까지 풍화가 진행된다. 반면 한랭 건조한 지역은 화학적 풍화의 매개체인 물이 부족하기 때문에 주로 물리적 풍화가 우세한 특징을 보인다. 화학적 풍화가 활발하면 암석 내에서 불안정한 광물들이 선택적으로 제거되고 안정한 광물만 남게 된다. 예를 들어 장석은 벽개면을 가지고 있고 화학적 풍화에 약하므로 화학적 풍화에 의해 선택적으로 제거되고 상대적으로 풍화에 강한 석영의 함량이 증가하게 된다.

지형의 기복(relief) 역시 풍화 속도를 조절하는 중요한 역할을 한다. 기복이 낮을 경우 사면의 경사가 완만하기 때문에 퇴적물이 서서히 이동하면서 오랜 기간 풍화를 받게 되고 불안정한 광물이 대부분 제거된다. 반면 기복이 높을 경우 가파른 사면에 의해 퇴적물이 빠르게 이동하므로 충분히 풍화될 시간이 부족하다. 즉 고온 다습한 기후에서도 기복이 높은 경우에는 퇴적물이 빠르게 이동하면서 불안정한 광물들이 보존될 가능성이 증가하게 된다.

2) 토양

육상의 표면은 풍화 작용에 의해 형성된 암석의 부스러기로 구성된 표토(regolith)로 덮여 있고, 토양(soil)은 식물의 성장을 유지해주는 표토의 일부로 광물과 유기물, 물과 공기가 섞여 있는 복합체이다. 토양층은 지권, 수권, 기권, 생물권의 경계면에 해당되며 지구상에 존재하는 생물체의 중요한 터전이므로 매우 중요하다.

(1) 토양 형성의 요인

토양은 다양한 요소들의 복합적인 상호 작용에 의해 형성된다. 이러한 요소들 중에서 가장 중요한 것은 모질 물질과 시간, 기후, 식생과 동물, 지형 등이다.

토양에서 약 45% 정도로 가장 많은 비중을 차지하는 광물질의 근원을 모질 물질(parent material)이라고 한다. 모질 물질은 토양층 하부의 기반암이 될 수도 있고, 하천에 의해 운반된 퇴적물일 수도 있다. 전자의 경우를 잔류 토양(residual soil)이라고 하고, 후자의 경우를 이동 토양(transported soil)이라고 한다. 모질 물질의 종류는 풍화 속도와 토양 형성 속도, 토양의 비옥도에 영향을 준다. 과거에는 모질 물질이 토양의 차이를 만드는 가장 중요한 요소로 간주되었지만, 동일한 모질 물질하에서도 전혀 다른 토양이 만들어질 수 있다는 것이 알려지면서 다른 요소들의 중요성이 부각되었다. 모질 물질과 토양의 성분 차이는 시간에 의해 영향을 받게 된다. 풍화나 토양 형성에 걸리는 시간이 길수록 토양층이 두꺼워지며 모질 물질과의 성분 차이가 커지게 된다.

기후는 토양 생성에 가장 큰 영향을 주는 요소이다. 기온과 강수량의 차이에 의해 화학적 풍화와 물리적 풍화의 비중이 결정되고, 풍화 속도와 심도가 달라진다. 예를 들어 고온 다습한 기후에서는 화학적 풍화에 의해 두꺼운 토양층이 형성되지만, 한랭 건조한 기후에서는 물리적 풍화가 우세해지면서 얇은 토양층이 만들어진다. 또한 강수량은 토양층에서 다양한 물질들이 용탈되는 정도에 영향을 미치기 때문에 토양의 비옥도에 영향을 준다. 그 외에도 기후는 서식하는 동식물의 종류를 결정하는 중요한 요소이다.

생물도 토양 형성에 중요한 역할을 한다. 모든 토양은 정도의 차이가 있지만 대부분 유기물을 포함하고 있는데, 식물과 동물은 토양에 유기물을 공급하는 역할을 하며 특히 주된 유기물의 근원은 식물이다. 반대로 토양 내의 유기물은 분해되어 식물과 동물, 미생물에게 중요한 영양분을 공급한다. 또한 유기물은 많은 양의 수분을 함유할 수 있어 토양층의 수분 유지에 도움을 준다. 지렁이처럼 굴을 파는 동물들은 토양층의 광물과 유기물을 혼합시키는 역할을 하고, 이들에 의해 형성된 굴과 구멍 등은 토양층에서 물과 공기가 통하게 해주는 통로가 된다.

지형 역시 형성되는 토양의 종류에 영향을 미치는데, 이는 사면의 길이와 경사도가 침식의 정도와 토양의 수분량을 결정하기 때문이다. 사면의 경사가 가파를 경우 토양 수분이 부족하여 식물 성장이 어렵고 침식이 잘 일어나기 때문에 토양층이 얇게 형성된다. 반면 배수가 잘 안 되는 평지의 경우에는 수분 함량이 높기 때문에 유기물 함량이 높은 검은색의 두꺼운 토양층이 형성된다. 사면의 경사 방향 역시 중요하다. 남향의 경사는 북향의 경사에 비해 일조량이 많고, 이와 같은 차이는 토양의 온도와 수분 함량에 영향을 주므로 식생의 종류와 토양의 특성에 차이를 발생시킨다.

(2) 토양 단면

토양의 형성은 지표에서 하부로 가면서 진행되므로 깊이에 따라 토양의 성분, 조직, 구조, 색깔이 달라진다. 시간이 흐름에 따라 커지는 이와 같은 수직적 차이로 인해 토양층(soil horizon)이 구분되고, 이런 모든 토양층이 나타나는 수직 단면을 토양 단면(soil profile)이라고 한다(그림 2.99a).

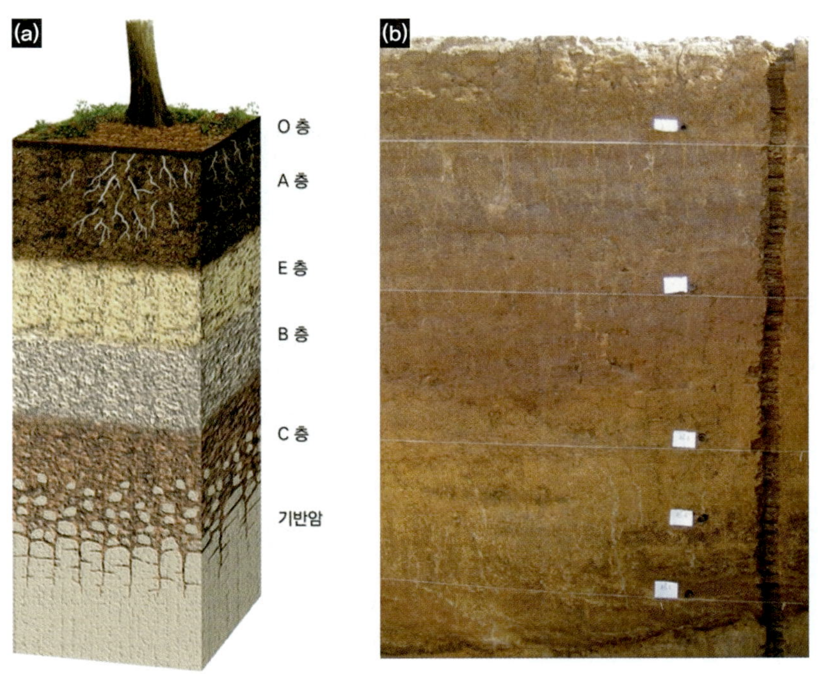

그림 2.99 (a) 온대 지역의 이상적인 토양 단면 모식도, (b) 아산 지역에서 발견되는 플라이스토세에 형성된 고토양 단면

온대 지역의 이상적인 토양 단면은 지표에서 아래로 가면서 O, A, E, B, C층으로 구성된다(그림 2.99a). 최상부의 O층은 대부분 유기물로 구성된다. O층의 상부는 낙엽과 식물의 파편 등 1차적 유기 물질을 포함하고 하부는 부분적으로 분해된 유기물로 구성된다. O층에는 식물뿐 아니라 박테리아와 균류, 곤충 등도 포함되며, 이들 생명체는 토양층에 산소와 이산화탄소, 유기산 등을 제공한다. O층 직하부의 A층 역시 다량의 유기물을 포함하지만 O층에 비해 광물질을 많이 포함하고 있다. O층과 A층 모두 유기물 함량이 높기 때문에 어두운색을 띠며, 두 층을 상층토(top soil)라고 한다. A층 하부에는 유기물이 거의 없는 밝은색의 E층이 존재한다. 상부에서 침투한 물이 E층에서 미립 입자들을 하부로 이동시키는데, 이와 같은 현상을 세탈 작용(eluviation)이라고 한다. E층 하부에는 하층토(subsoil)인 B층이 존재하는데, B층에는 E층에서 세탈 작용에 의해 씻겨 내려온 미립 입자들이 집적되는 특징을 보인다. 최하부인 B층과 기반암 사이에는 부분적으로 변질되었지만 암석의 조직이 남아 있는 C층이 나타난다. O층부터 B층까지를 진토양(true soil or solum)이라고 하고, C층은 풍화된 암석(saprolite)에 해당되므로 진토양에 포함되지 않는다.

토양층의 특징과 발달 범위는 형성 환경에 따라 다를 수 있으며, 토양층의 경계 역시 뚜렷하게 구분될 수도 있고 점이적으로 변하는 특징을 보일 수도 있다. 이는 토양의 성숙도의 차이에 기인하며 토양의 성숙도는 토양이 형성되는 시간과 사면의 경사도 차이 등에 의해 결정된다.

(3) 토양의 분류

여러 가지 요소들의 차이에 의해 매우 다양한 종류의 토양이 형성되기 때문에 토양에 대한 체계적인 연구를 위해서는 토양의 종류를 분류할 필요가 있다. 하지만 토양에 대한 연구는 지질학뿐만 아니라 농학과 공학 분야에서도 다루므로 분야에 따라 분류하는 기준이 상이하다. 일반적으로 많이 사용되는 토양 분류 시스템은 미국 농무부(USDA)에서 개발한 토양 분류법(soil taxonomy)이다. 이 시스템은 토양의 물리화학적 특성과 관찰 가능한 토양의 특성에 기초하여 만들어졌으며, 가장 광범위한 분류 체계인 목(order)에서 가장 세부적인 분류 체계인 통(series)까지 6단계로 구성된다. 이 분류 체계에는 12개의 토양목과 1만 9,000개 이상의 토양통이 포함되며, 대표적인 토양목은 표 2.14와 같다.

표 2.14 토양 분류법에 의한 토양목의 종류

토양목	토양의 특징
알피졸(Alfisols)	한대삼림 또는 활엽수림 지역에서 형성된 Fe와 Al이 풍부한 중간 정도 풍화된 토양 용출 작용에 의해 점토 입자들이 지표 하부에 축적되며, 비옥하고 생산성이 높은 토양
앤디졸(Andisols)	모질 물질이 최근의 화산활동에 의해 쌓인 화산재와 분석으로 된 젊은 토양
애리도졸(Aridosols)	건조 지역에서 발달한 토양. 수용성 광물을 제거할 수 있는 물이 부족. 하층토에 탄산칼슘과 석고 또는 염이 축적될 수 있고 유기물 함량이 낮음
엔티졸(Entisols)	모질 물질의 특징을 보이는 덜 발달된 젊은 토양. 생산성의 범위가 넓음
겔리졸(Gelisols)	영구동토층에서 나타나는 토양 단면의 발달이 거의 없는 젊은 토양. 저온과 동결 작용에 의해 토양 형성 작용이 느림
히스토졸(Histosols)	기후와 거의 무관한 유기질 토양. 기후와 관계없이 습지의 유기물이 집적된 곳에서 발견될 수 있음. 토탄(peat)이라 불리는 어둡고 부분적으로 분해된 유기물을 포함
인셉티졸(Inceptisols)	토양 발달의 초기 상태를 보이는 미약하게 발달한 젊은 토양. 습윤한 기후에서 가장 흔하며, 특정 지역에서 열대 지역까지 나타날 수 있음. 자연적인 식생은 주로 숲이 나타남
몰리졸(Mollisols)	초원 지역에서 발달하는 어두운색의 부드러운 토양. 부식 물질(humus)이 풍부한 표층에는 Ca와 Mg 함량이 높음. 비옥도가 높음. 한대 지역, 고산 지역, 열대 지역까지의 기후 범위를 보임
옥시졸(Oxisols)	모질 물질이 퇴적 이전에 심하게 풍화되지 않는 한 오래된 지표에서 형성되는 토양. 일반적으로 열대와 아열대 지역에서 발달. Fe와 Al 산화물이 풍부하고 심하게 용탈되어 농경에 부적합한 토양
스포도졸(Spodosols)	모래가 많은 습윤한 기후에서만 형성되는 토양. 북부 침엽수림과 한랭 습윤한 산림 지역에서 흔하게 관찰됨. 풍화된 유기물로 인해 어두운색을 띠는 상부층 하부에 용탈되어 밝은색을 띠는 토양층이 특징적으로 나타남
울티졸(Ultisols)	오랜 기간의 풍화 생성물로 이루어진 토양. 토양에 침투하는 물에 의해 점토 입자들이 하부 토양층에 농집되어 점토질층(argillic horizons)을 형성함. 식물 성장 기간이 긴 온대와 열대 지역의 습윤한 기후에 제한적으로 나타남. 물이 풍부하고 장기간 동결되지 않는 기후 때문에 강한 용탈 작용이 일어나 토양이 질이 좋지 않음
버티졸(Vertisols)	점토 함량이 높은 토양으로 수분 유무에 따라 수축과 팽창이 반복됨. 가뭄 이후 토양을 포화시킬 수 있는 충분한 물이 공급되는 아습윤–건조 기후에서 발달함

(4) 고토양

지질학적으로 과거에 형성된 토양을 고토양(paleosols 또는 fossil soils)이라고 한다. 고토양은 선캄브리아시대부터 보고되지만, 대부분은 제4기의 빙하 퇴적물이나 하성 퇴적물 상부에 형성된 것이 대부분이다. 고토양이 암석화된 경우에는 보통 이암으로 보이므로 구분하기 쉽지 않지만, 식물의 뿌리와 같은 생명의 흔적이 있거나 토양층 또는 토양 구조들이 명확히 관찰될 경우에는 고토양층을 식별할 수 있다. 한반도의 경우 홀로세에 형성된 토양층은 대부분 경작에 의해 교란되어 관찰하기 어렵지만, 플라이스토세에 형성된 고토양층은 전국 어디서나 쉽게 관찰할 수 있다(그림 2.99b). 또한 암석화된 고토양층은 하산동층처럼 백악기의 범람원 환경에서 형성된 퇴적암에서 많이 보고된다. 고토양층에 대한 연구는 상대적으로 부족하지만 이에 대한 토양학적 · 지화학적 연구를 통해 토양층이 형성되었던 과거의 환경과 기후 등에 대한 다양한 정보를 얻을 수 있기 때문에 그 중요성이 점차 증가하고 있다.

3) 지형의 발달

지각을 구성하는 여러 가지 암석은 지표의 기복, 즉 지형의 발달에 직간접적으로 영향을 미친다. 대륙과 해양으로 대표되는 지구의 1차적인 지형은 지판(plate)의 운동과 연관되어 형성된다. 우리 주위의 지형은 지구의 역사에 비하면 매우 짧은 시간 동안 유지되는 것이며, 끊임없이 변화한다. 높은 산지를 형성하는 지각 변동이나 화산을 형성하는 화산 작용처럼 지구 내부의 열에 의해 일어나는 작용들을 내적 작용(internal process)이라고 한다. 반면 태양 복사 에너지를 근원으로 하는 하천이나 바람, 파도 등에 의해 지형이 변화하는 작용을 외적 작용(external process)이라고 한다.

(1) 사면 활동

평지를 제외한 지표의 대부분은 사면(slope)으로 이루어져 있다. 사면에서 형성된 풍화 산물은 중력에 의해 하부로 이동하게 되는데, 이를 사면 활동(mass movement)이라고 한다. 사면 활동은 물이나 빙하, 바람과 같은 운반 매체를 필요로 하지 않고 중력에 의해 일어난다는 점에서 차이가 있으며, 일반적으로 사면의 경사가 급할수록 활발하게 일어난다.

가. 사면 활동의 유발 요인

중력은 사면 활동을 일으키는 지배적인 요인이지만 사면의 안정성을 임계점까지 약화시켜 사면 활동을 시작하게 하는 유발 요인은 물과 사면의 급경사, 식생의 제거, 지진동 등 여러 가지가 있다.

폭우나 해빙에 의해 사면의 퇴적물이 포화될 경우 사면 활동이 종종 발생한다. 사면 퇴적물에 물이 포화되면 입자 간의 점착력과 내부 저항력이 감소하여 쉽게 하부로 움직이게 된다. 즉 물이 윤활제 역할을 하게 되면서 사면 활동을 유발하는 것이다.

사면의 급경사는 사면 활동을 유발하는 또 다른 요인이다. 미고결된 모래 크기 이상의 입자들은 안식각(angle of repose)이라고 하는 안정한 각도를 가지고 있다. 안식각은 물질이 안정한 상태를 유지하는 가장 큰 각도를 의미한다. 안식각은 입자의 크기와 형태에 따라 25~40°까지의 범위를 갖는데, 보통 크고 각진 입자일수록 안식각이 증가한다. 사면의 경사가 안식각보다 커지게 되면 사면 활동이 시작된다.

지표를 덮고 있는 식생은 침식을 방지하며, 뿌리가 표토의 결합력을 증가시켜 사면을 안정시킨다. 하지만 산불이나 경작, 벌목과 같은 인간 활동에 의해 식생이 제거되면, 평소에 안정했던 사면이 불안정해지고 사면 활동이 쉽게 일어나게 된다.

평상시에 사면 활동이 없던 안정한 지역에서도 지진이 발생할 경우 사면 활동이 유발될 수 있다. 지진이 일어나게 되면 진동에 의해 매우 넓은 지역에서 사면 활동이 발생할 수 있으며, 특히 수분을 함유한 퇴적물의 경우 액상화(liquefaction) 현상에 의해 사면 활동이 촉진될 수 있다. 액상화는 지진과 같은 외부 충격에 의해 물을 포함한 퇴적물이 순간적으로 액체와 같은 상태로 바뀌는 현상을 의미하며, 평지와 사면을 가리지 않고 발생한다. 한국에서도 2017년 포항 지진에 의해 액상화 현상이 발생하였다.

나. 사면 활동의 종류

사면 활동은 유동성 이동과 활동성 이동, 낙하 등으로 세분된다. 사면 활동은 기본적으로 운반 매체 없이 중력에 의해 발생하는 현상이지만 물이나 얼음이 일종의 윤활제로 작용할 수 있다. 수분과 얼음을 포함한 상태에서 퇴적물이 이동하게 되면 마치 유체처럼 내부 구조를 변형시키면서 흐르기 때문에 이를 유동성 이동이라고 한다. 유동성 이동에는 토양포행(soil creep)과 솔리플럭션(solifluction), 토석류(earth flow), 이류(mud flow), 암석사태(rock avalanche) 등이 있다.

토양포행은 사면의 토양층이 매우 느리게 하부로 이동하는 현상으로 1년에 수 밀리미터에서 수 센티미터의 속도로 이동하는 가장 느린 사면 활동이다. 토양은 동결 융해와 수분 함량 여부에 따라 팽창과 수축을 반복한다. 토양이 팽창할 때는 사면에 수직인 방향으로 올라가지만 수축할 때는 중력 방향으로 내려가므로 팽창과 수축이 반복되면 토양은 지그재그 형태로 서서히 하부로 이동하게 되며, 이와 같은 현상에 의해 토양포행이 발생한다(그림 2.100a). 솔리플럭션은 수분을 많이 함유한 토양이 완만한 사면에서 흘러내리는 현상을 가리킨다. 솔리플럭션 현상은 툰드라 지역의 영구동토층(permafrost) 상부의 활동층(active layer)에서 흔히 발생한다. 여름철에 얼었던 활동층이 녹으면 하부의 영구동토층으로 물이 빠져나가지 못하므로 수분을 많이 함유하게 되고 완만한 사면을 따라 서서

그림 2.100 사면 활동의 종류와 예시. (a) 토양포행(영국 윌셔), (b) 여름철 집중호우에 의한 토석류(강원도), (c) 화성쇄설물로 구성된 라하 퇴적물(캐나다 앨버타), (d) 급사면 하부에 발달한 애추(밀양 얼음골)

히 흘러내리게 된다. 토석류는 습윤한 기후의 산지에서 점토가 풍부한 풍화층에서 잘 일어나는 비교적 빠른 사면 활동이다. 여름철 집중호우 시 발생하는 한국의 산사태는 대부분 토석류에 해당한다(그림 2.100b). 토석류는 유동성이 강하기 때문에 계곡이나 하도를 따라 이동하며 인구 밀집 지역에서는 큰 피해를 유발한다. 점토와 같은 세립질 퇴적물을 다량으로 포함한 토석류를 이류라고 한다. 이류는 반건조 기후의 산지에서 호우가 내린 직후 잘 발생하며 수분 함량이 높기 때문에 시속 100~1,000 km 속도로 이동할 수 있다. 이류 중에서 인도네시아처럼 화산 지역의 화성쇄설물로 구성된 것을 라하르(lahar)라고 한다(그림 2.100c). 암석사태는 유동성 이동 중에서 가장 속도가 빠르다. 암석사태는 높은 산에서 절리나 층리면을 따라 거대한 암체가 분리될 때 발생하는데, 처음에는 미끄러지는 방식으로 이동하지만 나중에는 암설로 부서지면서 유동성 이동의 방식으로 흘러내린다.

활동성 이동은 엄격한 의미로는 건조한 암석의 덩어리가 내부 구조의 변화 없이 하부로 미끄러져 내리는 현상이며, 암석 슬라이드(rock slide)와 슬럼프(slump)가 있다. 암석 슬라이드는 급사면에서 다양한 크기의 암괴들이 층리면이나 절리면을 따라 미끄러지는 현상이다. 그러나 큰 암괴가 빠르게 활강할 경우 작은 암설로 부서지며 유동성 이동으로 바뀔 수 있으므로 암석 슬라이드는 하부에서 암석사태로 전이될 수 있다. 슬럼프는 암석이나 미고결 물질이 오목한 면을 따라서 사면 하부로 미끄러지는 현상이며, 퇴적층의 단애에서 보통 소규모로 발생한다. 슬럼프는 범람원을 지나는 사행천의 공격면에서 쉽게 관찰할 수 있다. 공격면이 기저부의 침식으로 불안정해지면 오목한 형태의 전단면이 발달하며 불안정해진 부분의 퇴적층이 하부로 가라앉는데, 이때 가라앉는 퇴적층은 뒷부분이 가라앉고 앞부분이 약간 들리는 것과 같은 회전 운동을 한다.

급사면이나 절벽에서 분리된 암설이 자유롭게 하부로 떨어지는 현상을 **낙하**(fall)라고 한다. 풍화 작용에 의해 생성되는 암설이 쌓이지 못하는 이와 같은 급사면을 **단애면**(free face)이라고 하고, 단애면 하부에 쌓인 암설은 **애추**(talus)를 형성한다(그림 2.100d). 애추는 장기간에 걸친 암설의 낙하에 의해 형성되며, 중위도와 고위도의 산지에서는 주로 겨울에 얼었던 단애면이 녹으면서 발달한다. **애추사면**(talus slope)의 경사는 암설의 안식각에 의해 결정된다.

(2) 유수에 의한 지형

가. 지표 유출과 토양 침식

비가 내리면 일부는 증발하지만 대부분은 토양층으로 스며들거나 지표면을 따라 흘러내린다. 지표 유출(overland flow)은 사면을 따라 빗물이 흘러내리는 현상을 가리킨다. 지표 유출의 정도는 토양의 침투 능력(infiltration capacity)에 의해 결정되며, 침투 능력은 강우의 강도와 시간, 강우 이전 토양의 수분 함량, 토양의 조직, 사면의 경사, 식생 등에 의해 좌우된다. 지표 유출에는 2가지 유형이 있는데, 평평한 지표에서는 빗물이 얇은 막을 이루면서 판상류(sheet flow)의 형태로 흘러내리고, 식생이 없는 지역에서는 실개천(rill flow)의 형태로 흘러내린다. 지표 유출에 의해 풍화 산물이 제거되는 현상을 우세(rain wash)라고 한다. 우세는 서서히 진행되기 때문에 그 결과가 명확하게 보이지 않지만 장기적으로는 토양 침식을 일으키므로 농업과 목축에 큰 영향을 미친다. 일반적으로 토양 침식은 식생이 없는 지역이나 토양의 투수율이 낮은 지역에서 활발하게 일어난다.

나. 하천의 침식과 퇴적 작용

하천의 침식 작용을 하식 작용이라고 하며, **굴식**(plucking)과 **마식**(abrasion), **용식**(corrosion) 작용의 3가지 형태로 구분한다. 유수는 하천 양안과 바닥에 압력을 가하게 되는데 이와 같은 압력으로 하상에서 암괴를 뜯어내는 현상을 굴식이라고 한다. 마식은 하천이 운반하는 자갈이나 모래 등에 의해 암석을 갈아내는 작용으로 암반이 드러난 곳에서만 진행되기 때문에 침식되는 양은 굴식에 비해 미미하다. 하지만 마식 작용에 의해 기반암의 하상에 돌개구멍(pothole)이라는 독특한 하천 침식 지형을 형성한다. 돌개구멍은 하상의 암반에 항아리 모양으로 파인 구멍을 의미하는데, 이는 처음에 자갈이 오목한 부분에 들어가 회전 운동을 하면서 오목한 부분이 점차 깊게 파여 형성된다. 용식 작용은 가용성 광물이 유수에 의해 용해되어 제거되는 현상으로 암석의 화학적 풍화에 해당한다.

하식 작용은 침식되는 방향에 따라 **하방 침식**(downward erosion), **측방 침식**(lateral erosion), **두부 침식**(headward erosion)으로 구분된다. 하방 침식은 하천의 바닥면을 침식시키는 것으로 주로 계곡을 흐르는 상류 하천에서 우세하게 일어난다. 측방 침식은 하천의 측면을 침식시키는 작용으로, 하류 지역의 범람원을 지나는 사행천에서 활발하게 일어난다. 두부 침식은 하천의 가장 상류에서 윗부분을 침식시켜 하도를 상류 쪽으로 연장하는 역할을 한다. 하천이 하방 침식을 할 수 있는 하한을 침식 기준면(base level of erosion)이라고 하며 궁극적인 침식 기준면은 해수면에 해당된다. 해수면의 하강이나 지각의 융기로 인해 침식 기준면이 낮아지게 되면 측방 침식이 우세하던 사행천에서도 하방 침식이 우세해지며 감입곡류(incised meander)가 형성될 수 있다.

하천은 침식 작용과 동시에 퇴적 작용을 함께 일으키며 다양한 퇴적 지형을 형성한다. 하천 퇴적 지형에는 범람원, 선상지, 삼각주 등이 있다. 하천이 운반한 퇴적물이 쌓여 형성된 여러 가지 지형을 충적 지형(alluvial landform)이라고 하는데, 범람원(flood plain)은 대표적인 충적 지형이다. 범람원은 하천이 운반시킨 토사로 이루어진 하천 연안의 퇴적 지형으로 홍수 시에 범람하는 낮은 지대를 가리킨다. 범람원은 일반적으로 하류로 갈수록 넓어지는 특징을 보인다. 자연제방(natural levee)은 하도의 경계부를 따라 형성된다. 홍수 시 하천이 범람할 때 하도를 통해 운반되던 퇴적물은 하도 밖으로 넘치게 된다. 이때 세립질 퇴적물은 멀리 이동하지만 상대적으로 조립질의 모래들은 하도 양안에 퇴적되며 고도가 높은 제방이 형성된다. 자연제방의 뒤쪽에는 상대적으로 고도가 낮은 배후습지(backswamp)가 나타난다. 경우에 따라서는 범람원에서 사행천의 유로 변경에 의해 만들어지는 우각호에 퇴적물이 채워지면서 배후습지로 전이되기도 한다. 자연제방과 배후습지는 빙하기에 형성된 하곡이 간빙기의 해수면 상승에 의해 퇴적물로 채워지는 과정에서 형성된 지형으로 알려져 있다. 선상지와 삼각주에 대한 내용은 앞 장의 퇴적 환경에 기술되어 있다.

(3) 해안 지형

가. 해안 지역

해안은 바다와 육지가 만나는 띠 모양의 좁은 지역이지만 지구상에서 가장 활발한 퇴적 작용이 일어나고 파도에 의해 지속적인 침식 작용이 일어나며 끊임없이 변화하는 매우 동적인 환경이다. 해안 지형은 대략 수심 10 m에서부터 고도 약 10 m까지 바다의 영향을 받는 지역에서 형성된다.

해안선(shoreline)은 바다와 육지가 접하고 있는 선을 말하는데, 밀물과 썰물이 반복되며 지속적으로 움직인다. 해안(shore)은 간조 시 대기 중에 노출되고 만조 시 해수에 의해 잠기는 최대 범위를 의미한다. 해안은 전안(foreshore)과 후안(backshore)으로 나눌 수 있는데, 전안은 만조와 간조 시의 해안선 사이 영역을 의미한다. 반면 후안은 만조 시 해안선으로부터 연안선(coastline)까지의 범위를 나타낸다. 해안보다 깊은 바다는 연안대(nearshore)와 외해대(offshore)로 구분되는데, 연안대는 간조 시

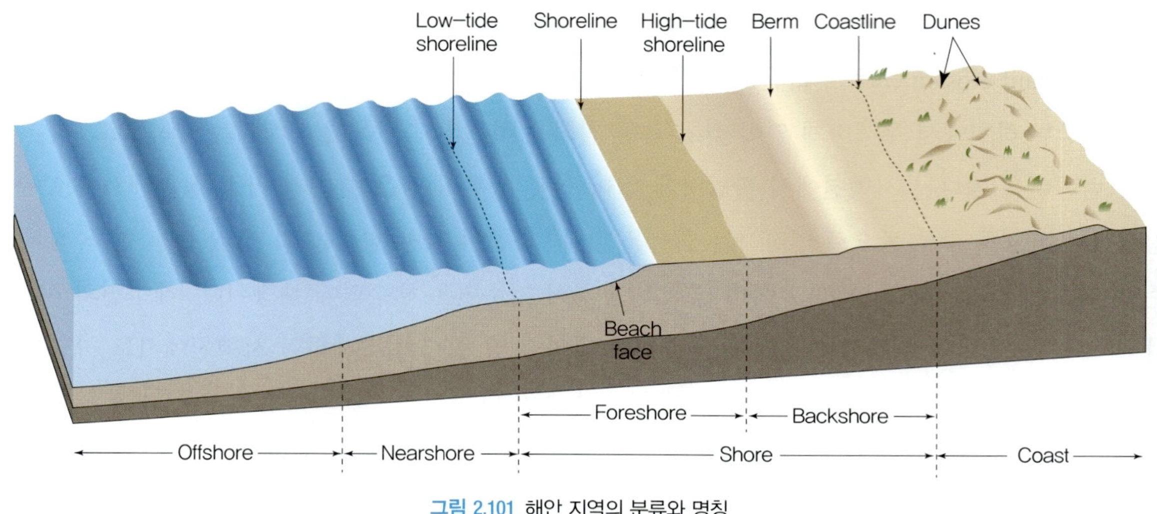

그림 2.101 해안 지역의 분류와 명칭

해안선에서 파식 기준면(wave base)까지의 수심을 가리키며, 더 깊은 바다를 외해대라고 한다. 후안에는 파도가 강한 겨울철이나 폭풍이 발생할 때 만들어지는 애도(berm)가 나타날 수 있고, 연안선보다 육지 쪽에는 바람에 의해 형성되는 해안 사구(coastal dune)가 흔히 관찰된다.

나. 파도의 특성

바다에서 흔히 관찰되는 파도는 바다와 대기의 경계면을 따라 움직이는 에너지의 흐름이며, 파도는 수천 킬로미터 떨어진 먼 바다에서 발생한 폭풍의 에너지를 전달할 수도 있다. 파도의 에너지와 방향은 보통 바람에 의해 결정된다. 파도의 가장 높은 지점을 물마루(crest)라고 하고, 가장 낮은 지점을 골(trough)이라고 한다. 물마루와 골의 수위 차이를 파고(wave height), 인접한 물마루 사이의 간격을 파장(wave length)이라고 한다. 파도는 아주 먼 거리를 이동할 수 있는데, 실제로 긴 거리를 이동하는 것은 물이 아니라 에너지이며, 파도가 움직일 때 물은 원형 궤도 운동을 통해 에너지를 통과시킨다(그림 2.102). 물의 원형 움직임은 수심이 깊어지면서 원의 크기가 작아지다가 파장의 절반에 해당하는 수심에 도달하면 거의 움직임이 없어지는데, 이 수심을 파식 기준면이라고 한다. 파도가 해안으로 접근하게 되면 수심이 파식 기준면보다 얕아지게 되는데, 이 경우 바닥면과의 마찰 저항이 발생하면서 속도와 파장이 짧아지고 파고가 높아지게 된다. 기파대(surf zone)에서는 한계점에 도달하면 파도의 경사가 급해지며 결국 파도가 부서지게 된다(그림 2.102).

파도는 해안으로 접근할 때 해안선에 직각에 가깝게 접근하기 때문에 튀어나온 곶(headland) 부분에는 에너지가 집중되어 침식 작용이 우세하고, 만(bay)처럼 움푹 들어간 부분에는 에너지가 약해지면서 퇴적 작용이 우세하게 된다(그림 2.103a). 따라서 요철이 심한 리아스식 해안은 시간이 지남에 따라 직선형의 해안으로 바뀌게 된다. 또한 파도가 해안으로 접근하면서 파도는 굴절에 의해 해안선과

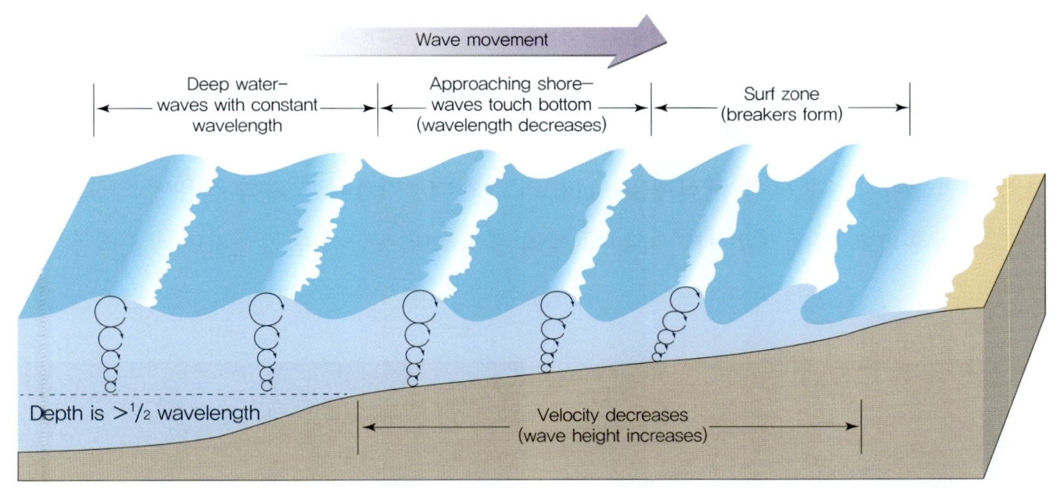

그림 2.102 파도가 해안으로 접근할 때 발생하는 변화. 파도는 파장의 절반에 해당하는 수심에 도달했을 때 퇴적물에 영향을 미치게 된다.

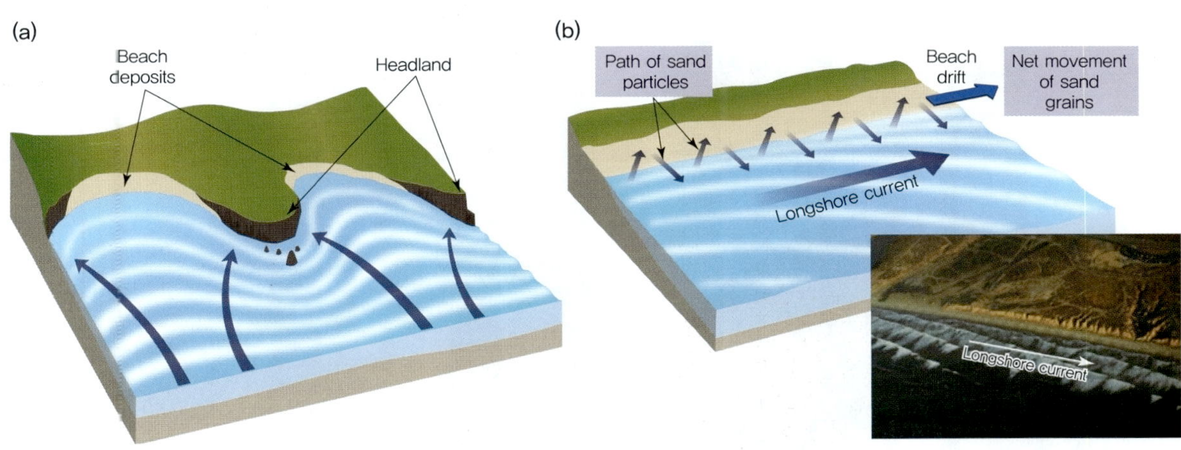

그림 2.103 (a) 요철 모양의 해안에서 발생하는 파도의 굴절, (b) 연안류와 해빈 이동

거의 평행하게 들어오지만 작은 각도를 가지므로 해안선에서 약간 비스듬하게 올라온 후 중력에 의해 수직으로 내려가면서 지그재그 형태로 이동하게 된다. 이처럼 파도에 의해 쇄파대에서 측면으로 이동하는 연안류(longshore current)가 발생하며, 연안류에 의해 퇴적물이 횡적으로 이동하는 현상을 해빈 이동(longshore drift or beach drift)이라고 한다(그림 2.103b). 또한 쇄파대 안쪽에 모이는 해수는 바다 쪽으로 쉽게 돌아가지 못하지만 수면이 충분히 높아질 경우에는 바다 쪽으로 빠르게 이동하는 흐름이 만들어지는데 이를 이안류(rip current)라고 한다. 이안류는 유속이 매우 빠르기 때문에 해수욕장에서 많은 인명 사고를 유발한다.

다. 해안 침식 지형

파도에 의한 침식 작용(파식 작용)은 다양한 침식 지형을 형성하는데, 특히 한국의 서해안이나 남해안처럼 침강되어 암석이 노출된 암석해안(rocky coast)이 우세할 경우 다양한 해안 침식 지형이 발달한다. 해수면 근처의 암석은 파식 작용에 의해 움푹 패게 되는데 이를 **파식와**(notch)라고 한다(그림 2.104a). 파식와가 형성되면 상부의 암석이 불안정해지므로 상부에서 암설이 떨어지면서 사면이 급해지며 절벽이 만들어지는데 이를 **해식애**(sea cliff)라고 한다. 지속적인 파식 작용에 의해 해식애가 육지 쪽으로 계속 후퇴할 때 암석의 약한 부분이 빨리 후퇴하며 동굴이 만들어지면서 해식동(sea cave)이

그림 2.104 (a) 태안 둔두리의 파식와, (b) 고성 상족암에 발달한 해식동, (c) 시아치인 울릉도 코끼리바위, (d) 시스택인 동해 추암

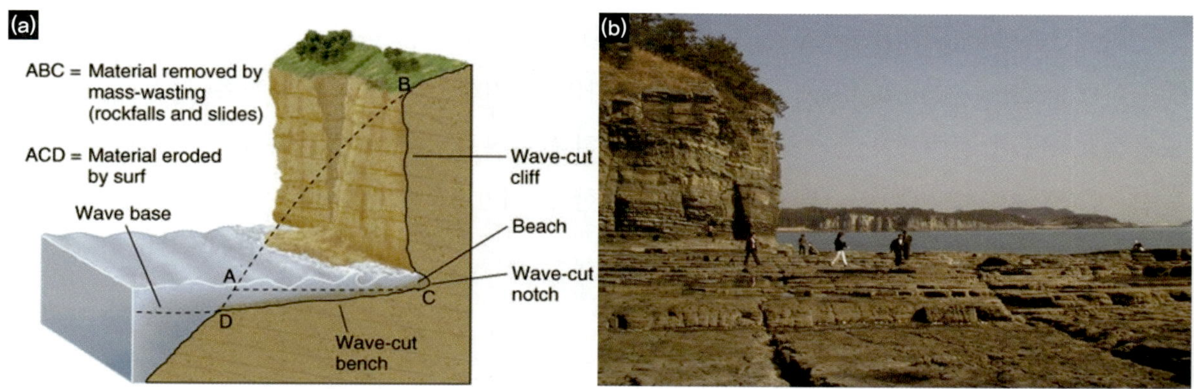

그림 2.105 (a) 해안 침식 지형의 발달 과정, (b) 해식애와 파식 대지의 모습

나 시아치(sea arch)가 형성되기도 한다(그림 2.104b, c). 반면 암석의 단단한 부분은 바위섬이나 암초로 떨어져 남게 되는데 이것을 시스택(sea stack)이라고 한다(그림 2.104d). 시간이 지나면서 해식애가 계속 후퇴하면 해식애 하부에 기반암의 평평한 침식면인 파식대(wave-cut platform)가 형성된다(그림 2.105).

라. 해안 퇴적 지형

해안 지역에서는 파도에 의한 침식뿐만 아니라 활발한 퇴적 작용이 일어나면서 다양한 퇴적 지형을 형성한다. 가장 보편적인 해안 퇴적 지형은 해빈(beach)이며, 모래로 이루어진 해빈을 사빈(sand beach), 역들로 이루어진 해빈을 역빈(pebble beach)이라고 한다. 역빈은 일반적으로 모래의 유입이 제한된 섬의 만입부에 소규모로 나타난다. 사빈의 뒤쪽에는 바람에 의해 이동된 모래가 쌓여 만들어지는 해안 사구(coastal dune)가 발달한다.

사취(spit)와 **사주**(sand bar)는 사빈과 사구로 구성된다. 파도와 연안류에 의해 모래가 이동하면서 사빈과 사구를 형성하고, 이들이 육지에서 분리되어 바다 쪽으로 뻗어나가면 사취를 이룬다. 사취의 끝부분은 파도에 의해 새의 부리처럼 육지 쪽으로 휘어지는 특징을 갖는다. 사취가 만의 입구 양쪽에서 성장하여 하나로 이어지면 사주가 되고, 만은 석호(lagoon)로 변하며, 만의 입구를 가로막은 사주를 만구사주(bay-mouth bar)라고 한다(그림 2.106a). 섬과 육지를 잇는 사주는 육계사주(tombolo)라고 하고 육계사주에 의해 육지와 이어진 섬은 육계도(land-tied island)라고 한다(그림 2.106b). 제주도의 성산 일출봉이 전형적인 육계도에 해당된다.

(4) 건조 지형

과거에는 연평균 강수량이 각각 250 mm와 500 mm 이하인 기후를 건조 기후와 반건조 기후라고 했지만, 최근에는 건조 상태를 상대적인 개념으로 규정하면서 연강수량이 잠재 증발량보다 적은 기후를 건조 기후로 정의한다. 물이 부족한 지역은 건조 기후인 사막(desert)과 반건조 기후인 스텝

그림 2.106 (a) 양양 남대천 앞에 발달한 사주, (b) 남해 지역의 육계사주와 육계도

(steppe)으로 구분할 수 있는데, 스텝 지역은 사막 지역의 주변부 또는 사막과 주변의 습윤한 지역의 전이대라고 생각할 수 있다. 사막과 스텝은 지표의 약 30%를 차지한다.

가. 사막

사막은 크게 저위도 사막과 중위도 사막, 비그늘 사막(rainshadow desert)으로 구분할 수 있다. 북회귀선과 남회귀선 근처에 위치하는 저위도 사막은 위도에 따른 기압과 바람 분포 차이에 의해 형성된다(그림 2.107). 적도 저기압대에서 가열되어 수증기를 많이 포함한 공기는 상승한 후 단열 팽창에 의해 냉각되어 다량의 비를 뿌리게 된다. 그 후 건조해진 공기는 아열대 고기압대에서 하강하면서 단열 압축에 의해 뜨거워지므로 사막이 형성되게 된다. 중위도 지역에서 형성되는 사막은 주로 대륙 내부에 위치하기 때문에 형성된다. 대륙의 내부는 강우를 형성하는 데 필요한 수분의 근원인 바다와 멀리 떨어져 있어 수증기의 공급이 제한되기 때문에 사막이 형성되는데, 중앙아시아의 고비 사막이 대표적인 예이다. 비그늘 사막은 탁월풍(prevailing wind)의 경로상에 산맥이 위치한 경우 형성된다. 탁월풍이 산맥을 만나게 되면 상승하면서 단열 팽창에 의해 냉각되어 많은 양의 비를 내리고, 반대쪽으로 하강하면서 단열 압축에 의해 건조하고 뜨거운 바람으로 바뀌기 때문에 사막이 형성될 수 있다. 북미 서부 해안의 산맥 동쪽에 발달하는 사막들이 대표적인 비그늘 사막이다(그림 2.107).

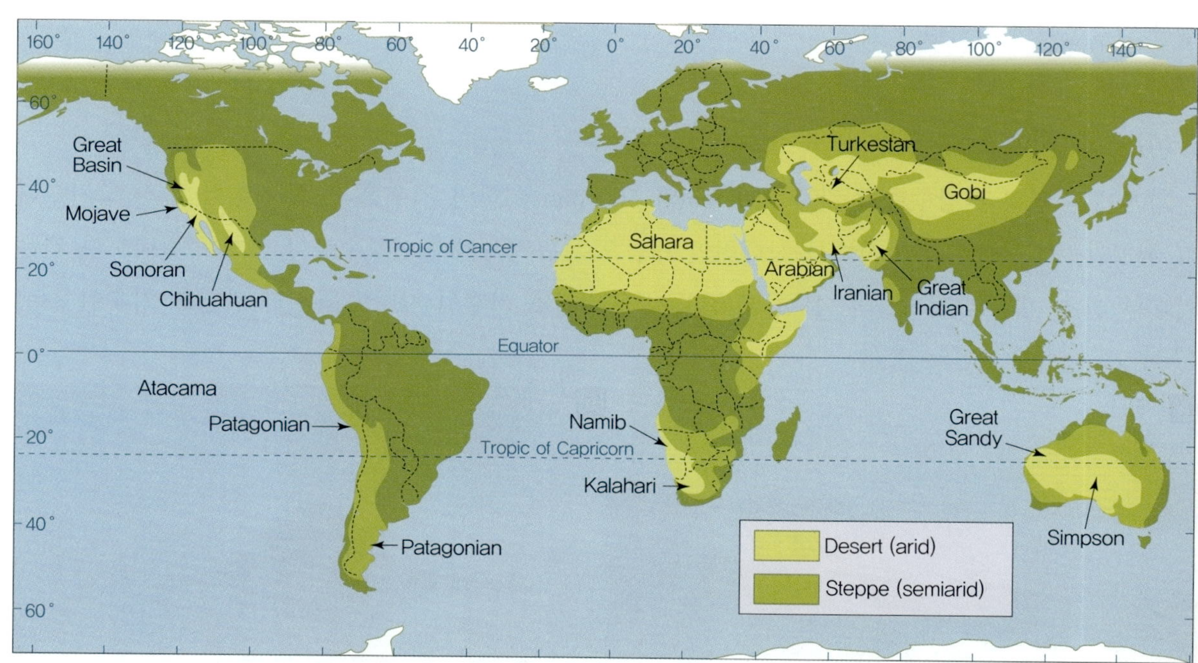

그림 2.107 건조 기후인 사막 지역과 반건조 기후인 스텝 지역의 분포도

나. 건조한 지역의 풍화와 침식

건조한 지역에서는 물이 부족하고 식생이 거의 발달하지 않기 때문에 화학적 풍화 작용이 일어나기 어렵고 물리적 풍화 작용이 우세하다. 따라서 토양화 작용도 일어나기 힘들기 때문에 얇은 토양층이 분포한다.

건조한 지역에서의 침식 작용은 유수와 바람에 의해 일어난다. 사막 지형을 형성하는 가장 중요한 침식 매체가 바람이라고 생각하기 쉽지만 실제로 사막 지역에서 발생하는 대부분의 침식 작용은 유수에 의해 발생한다. 사막에서는 바람에 의한 침식 작용이 다른 지역에 비해서는 중요하지만 대부분의 사막 지형은 유수에 의해 형성된다. 건조한 지역은 강수량이 적지만 비가 내릴 때는 한 번에 많이 오는 특성이 있다. 건조 기후에서 강우 시에만 흐르는 하천을 단명 하천(ephemeral stream)이라고 한다. 단명 하천은 몇 시간이나 며칠 동안만 흐르고 몇 년간 전혀 물이 흐르지 않을 수도 있다. 이처럼 제한적인 기간에만 물이 흐르지만 건조한 지역은 식생이 거의 없기 때문에 단명 하천에 의해서도 많은 양의 침식이 이루어질 수 있다(그림 2.108a). 또한 반대로 하천이 흐르기 때문에 하천에 의한 퇴적 작용 역시 일어날 수 있다.

바람은 유수나 빙하에 비해 중요한 침식 매체가 아니지만, 건조한 지역에서는 퇴적물 입자들을 결

그림 2.108 (a) 단명 하천에 의해 일어난 스텝 지역의 침식 지형(몽골), (b) 취식 작용에 의해 형성된 풍식와지(미국 텍사스), (c) 자갈이 얇게 덮여 있는 사막포도, (d) 바람에 의한 마식 작용에 의해 형성된 야르당(이란)

합시키는 수분이 부족하고 식생 발달이 미약하기 때문에 상대적으로 바람에 의한 침식이 효과적이다. 바람에 의한 침식 작용으로는 취식(deflation)과 마식 작용(abrasion)이 있다. 취식 작용은 고정되어 있지 않은 입자들을 들어 올려 제거하는 작용이다. 취식 작용이 일어날 경우 지표면 전체가 동시에 낮아지기 때문에 이를 인지하는 것은 쉽지 않지만 건조한 기후에서 매우 중요한 침식 작용임은 분명하다. 취식 작용에 의한 대표적인 지형은 **풍식와지**(blowout)와 **사막포도**(desert pavement)이다. 풍식와지는 취식 작용에 의해 움푹 팬 함몰지이며, 규모는 수 미터에서 수십 킬로미터까지 다양하다(그림 2.108b). 사막포도는 지표면이 자갈과 같은 조립질 입자들로 덮여 있고 하부에는 실트와 모래로 구성된 층이 나타나는 지형이다(그림 2.108c). 사막포도가 형성된 지역에서는 바람에 의해 자갈이 이동하기 어렵기 때문에 침식을 억제하는 효과가 있다. 빙하나 하천과 같이 바람도 마식 작용을 일으킬 수 있다. 바람에 의한 마식 작용의 대표적인 예는 삼릉석(ventifact)과 야르당(yardang)이 있다. 삼릉석은 바람에 의해 날린 모래들이 지표의 암석을 연마시켜 매끄러운 여러 면을 가지게 된 암석을 가리킨다. 보통 바람의 방향이 바뀌거나 암석이 회전하면서 여러 연마면을 가지게 된다. 야르당은 훨씬 큰 지형으로 탁월풍의 방향과 평행하게 배열된 유선형의 지형을 의미한다(그림 2.108d).

다. 바람에 의한 운반과 퇴적

건조한 지역에서 강풍이 불면 많은 양의 퇴적물을 운반시킬 수 있는 먼지바람(dust storm)이 발생한다. 먼지바람에 의해 이동되는 먼지 중에서 입자가 작은 것은 수 킬로미터 상공으로 분산되며 수천 킬로미터를 이동할 수 있다. 강력한 먼지바람은 한 번에 1억 톤 이상의 먼지를 운반할 수 있다고 알려져 있다.

유수와 마찬가지로 바람의 속도가 감소하여 퇴적물을 운반시키는 데 필요한 에너지가 감소하면 퇴적물들은 더 이상 운반되지 못하고 쌓이게 된다. 이처럼 바람에 의해 쌓여 언덕이나 돌출부의 형태로 퇴적된 모래 퇴적물을 사구(dune)라고 한다. 사구는 보통 바람이 불어오는 쪽은 완만하고 반대쪽인 활동면(slip face)은 가파른 비대칭적인 형태를 갖는다. 활동면은 안식각인 약 34°의 경사를 가지며, 유수에 의해 쌓일 때와 마찬가지로 사층리가 형성된다.

사구는 풍향과 풍속, 이용 가능한 모래의 양, 식생 분포 등에 의해 다양한 형태로 만들어진다(그림 2.109). 초승달 모양을 하고 뾰족한 끝부분이 바람의 하류 방향을 향하는 고립된 사구를 **바르한 사구**(barchan dune)라고 한다. 바르한 사구는 모래의 공급이 제한적이고 지표면이 비교적 평평하며 식생이 빈약할 경우에 형성된다. 반면 모래의 공급이 충분한 경우에는 탁월풍과 직각 방향의 능선을 갖는 횡사구(transverse dune)가 형성된다. 바르한 사구와 횡사구의 중간 형태로 바르한 사구가 나란히 놓인 것과 같은 형태의 사구를 바르한 사구군(barchanoid dune)이라고 한다. **종사구**(longitudinal dune)는 바람의 방향과 거의 평행한 긴 모래 능선으로 구성된 규모가 큰 사구로 모래의 공급이 보통인 지역에

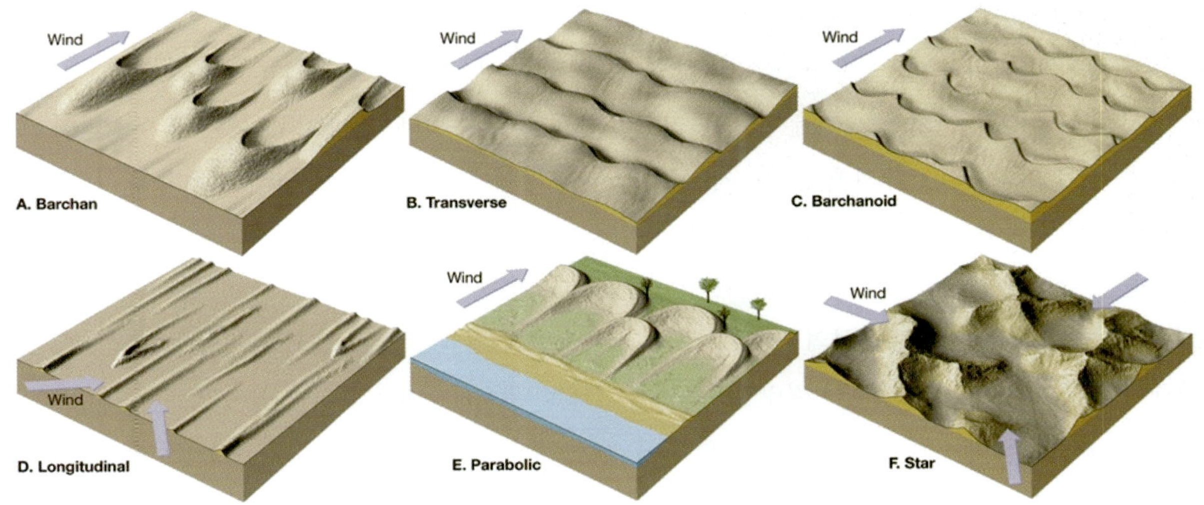

그림 2.109 사구의 종류 (a) 바르한 사구, (b) 횡사구, (c) 바르한 사구군, (d) 종사구, (e) 포물형 사구, (f) 별사구

서 발달한다. **포물형 사구**(parabolic dune)는 모래들이 부분적으로 식생에 의해 덮인 지역에서 형성된다. 포물형 사구의 모양은 사구 전면부가 바람과 동일한 방향으로 형성된다는 점을 제외하면 바르한 사구와 유사하다. 포물형 사구는 육지 쪽으로 해풍이 강하게 불고 모래가 풍부한 해안 지역에서 쉽게 형성된다. 복잡한 형태를 갖는 **별사구**(star dune)는 바람의 방향이 일정하지 않거나 여러 방향으로 바람이 부는 지역에서 발달하는데, 대개 사하라와 아라비아 사막의 일부 지역에 국한되어 분포한다.

황토라고도 불리는 뢰스(loess)는 바람에 의해 운반되어 쌓인 실트 크기의 퇴적층이다. 전 세계에 분포하는 뢰스 퇴적층은 주로 사막과 빙하 퇴적물 기원으로 알려져 있다. 지구상에서 가장 두꺼운 뢰스 퇴적층은 중국의 황토 고원(loess plateau)에 분포하는데 보통 30~100 m의 두께를 갖는다. 이들은 중앙아시아의 사막 지대로부터 운반되어 퇴적된 것이며 세립질의 담황색 퇴적물로 구성된다. 중국의 황하는 황토 고원을 지나면서 강물이 황색을 띠기 때문에 황하(yellow river)라는 이름이 붙여진 것이다. 한반도에 두껍게 분포하는 플라이스토세의 고토양층도 춥고 건조했던 지난 빙하기에 바람에 의해 운반되어 퇴적된 뢰스 퇴적층으로 알려져 있다.

(5) 빙하 지형

육상의 약 10%는 빙하로 덮여 있다. 빙하는 대부분 남극 대륙과 그린란드에 분포하며, 나머지는 고산 지대에 분포한다. 빙하의 분포 면적은 일반적으로 빙하기에 확장되고, 간빙기에 축소된다. 바다에서 증발한 수분이 빙하로 변해 대륙에 머물게 되기 때문에 빙하의 면적은 전 지구적 해수면 변화에 영향을 미친다. 현재 극지역의 빙하가 모두 녹아서 해양으로 유입되면 전 세계 해수면이 60 m 이상 상승할 것으로 추정된다.

가. 빙하의 형성과 이동

빙하는 물이 얼어서 만들어진 얼음이 아니고 눈이 얼어서 만들어진 얼음이다. 극지역이나 고산 지대에서 내린 눈은 기온이 낮기 때문에 녹지 않고 그대로 쌓이게 된다. 금방 내린 눈은 공기를 많이 포함하고 있어 비중이 0.1 내외에 불과하지만 계속 눈이 쌓이게 되면 압력에 의해 압축되어 치밀해져 만년설(firn)로 바뀌고, 만년설이 더욱 치밀해져 비중이 0.9 이상에 이르면 빙하빙(glacial ice)이 된다. 만년설이 형성되기 위해서는 연간 강설량이 융설량보다 커야 한다. 설선(snow line)이란 여름에도 녹지 않고 계속 쌓여 있는 만년설의 하한 고도를 가리키는데, 열대 지방은 높고 극지방으로 갈수록 낮아진다. 기온이 높은 아프리카의 킬리만자로에서는 해발 약 5,000 m에 설선이 위치한다.

산 정상부의 사면은 빙하에 의한 침식에 의해 움푹 파이게 되는데, 이와 같은 함몰 지형에 분포하는 빙하를 **권곡빙하**(cirque glacier)라고 한다. 권곡빙하는 계곡을 따라 하부로 확장되어 곡빙하(valley glacier)를 형성한다(그림 2.110a). 고산 지대에서는 곡빙하가 수십 킬로미터까지 연장되어 발달할 수 있다. 고위도 지역의 해안 지역에서는 대규모 곡빙하의 침식에 의해 U자형 계곡이 형성되는데, 이 계곡이 해수면 상승에 의해 침수되면 피오르드(fjord)라고 한다. 빙모(ice cap)는 고위도 지역 저지대에서 고지대까지 사방으로 두껍게 얼음과 눈으로 덮인 빙하를 가리킨다. 반면 대륙 전체를 덮고 있는

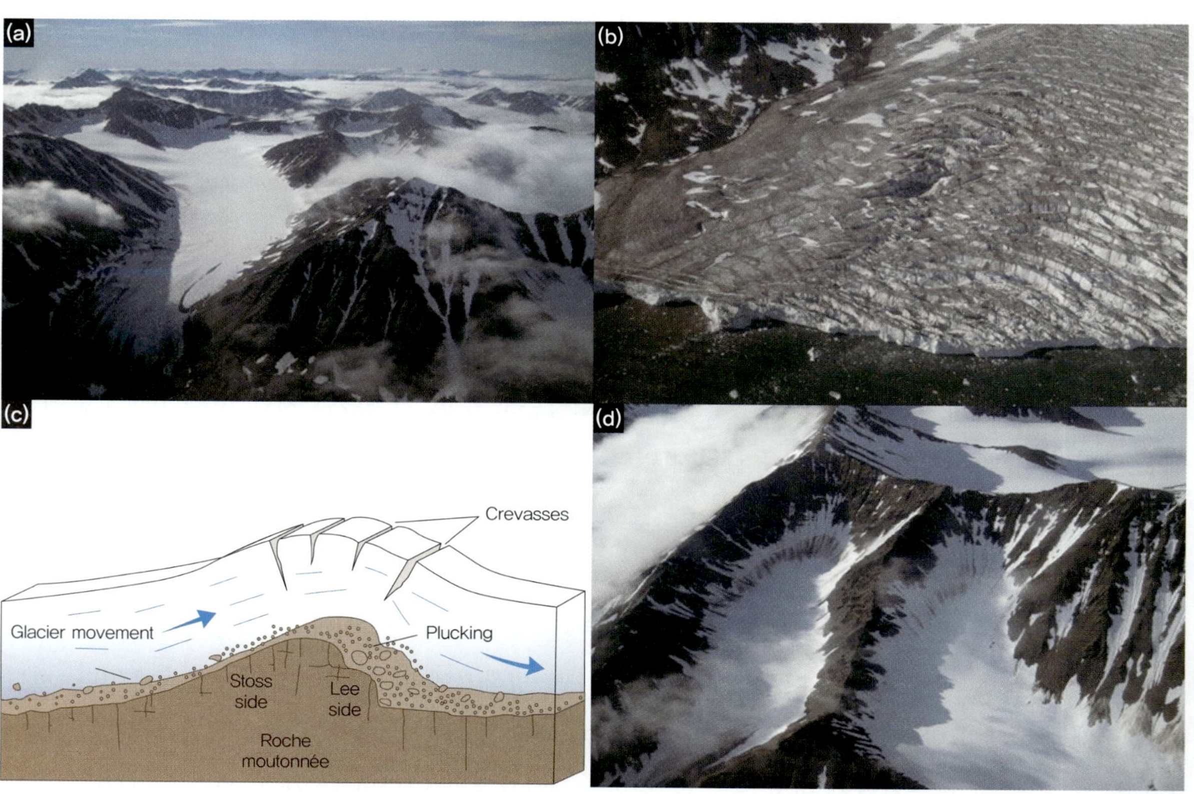

그림 2.110 (a) 계곡을 따라 흐르는 곡빙하(노르웨이), (b) 빙붕 말단부에 발달한 크레바스(노르웨이), (c) 굴식과 마식 작용을 모두 보여주는 양배암의 형성 과정 모식도, (d) 빙하에 의해 형성된 권곡과 즐형산릉(노르웨이)

면적 5만 km^2 이상의 대규모 빙하를 빙상(ice sheet)이라고 하는데, 빙상은 지구의 빙하 중 약 95% 이상을 차지한다. 현재 지구상의 빙상은 남극 대륙과 그린란드에만 존재한다.

빙하는 중력에 의해 높은 고도의 집적대에서 낮은 고도의 소모대로 흐른다. 빙하는 2가지 방식으로 이동한다. 첫 번째는 얼음 덩어리 전체가 사면을 따라 미끄러지는 방식이며 이를 기저 활강(basal slip)이라고 한다. 두 번째는 얼음 내부의 이동인 소성 유동(plastic flow)이다. 빙하의 상부는 취성 고체의 특징을 띠지만, 약 50 m 이상의 깊이 하부에서는 압력에 의해 소성 물질의 특성을 띠며 흐르게 된다. 빙하의 상부 50 m는 압력이 낮기 때문에 크레바스(crevass)라고 불리는 균열대를 형성한다(그림 2.110b).

나. 빙하 침식 지형

빙하도 유수와 같이 침식 작용을 일으키는데 엄청난 침식 능력을 가지고 있다. 빙하의 침식 작용은 굴식(plucking)과 마식(abrasion) 작용으로 구분된다. 빙하가 균열이 있는 기반암 상부를 흐르면서 암괴를 뜯어 내어 빙하 내부로 끌어들이는 작용을 굴식이라고 하는데 굴식 작용은 집채만 한 바위까지 빙하 하부로 포획할 수 있다. 반면 빙하가 암설을 운반하면서 기반암의 표면을 갈아내는 작용을 마식이라고 한다. 마식 작용을 받게 되면 암석이 분쇄되어 점토와 같은 돌가루(rock flour)가 만들어진다. 융빙수가 우윳빛을 띠는 것은 마식 작용에 의해 형성된 돌가루 때문이다. 또한 마식 작용은 기반암 표면에 빙하의 이동 방향과 평행한 길게 긁힌 흔적을 남기는데 이를 빙하조선(glacial striation)이라고 한다. 암석 표면에 남겨진 빙하조선은 과거 빙하가 흘렀던 방향을 알 수 있게 해준다. 양배암(roche moutonnée)은 굴식과 마식 작용을 모두 관찰할 수 있는 빙하 침식 지형이다. 빙하가 기반암 위를 지날 때 완단한 상류 쪽은 마식에 의해 매끄럽고 하류 쪽은 굴식에 의해 거칠고 가파른 사면을 갖게 되는데, 이 형태가 양의 등 모양을 닮았다고 해서 양배암이라 부른다(그림 2.110c).

빙하가 후퇴하게 되면 다양한 빙하 침식 지형이 나타난다. 하천에 의해 형성된 계곡이 보통 V자 형태를 띠는 반면, 빙하에 의해 형성된 계곡은 U자형의 빙하구(glacial trough)를 형성한다. 빙하는 넓고 깊은 계곡을 형성할 뿐 아니라 강력한 침식 능력을 통해 계곡을 직선화하는 특성이 있다. 빙하에 의해 침식되는 정도는 빙하의 크기에 따라 달라진다. 규모가 큰 본류에서는 측면에서 유입되는 지류에 비해 하방 침식이 많이 일어나므로 지류의 빙하가 본류가 남긴 빙하구 위에 남게 되는데 이를 현곡(hanging valley)이라고 한다. 빙하가 후퇴한 후 현곡에는 큰 규모의 폭포가 형성된다.

빙하 계곡의 상부에는 권곡(cirque)이라 불리는 독특한 곡빙하 지형이 분포한다. 권곡은 높은 산의 정상부에 형성되는 지형으로 세 면은 절벽으로 둘러싸이고 빙하가 이동하는 아래쪽만 트인 반원 극장 모양의 와지를 가리킨다(그림 2.110d). 빙하가 후퇴하면 권곡은 물로 채워져 권곡호(tarn)라는 호수로 바뀌게 된다. 높은 산봉우리를 중심으로 사방에서 권곡이 발달하면 가운데 부분에 호른(horn)이라고 불리는 뾰족한 바위산이 형성되는데, 알프스의 마테호른이 대표적인 예이다. 호른에서 하부로 이어지는 능선은 빙하의 침식 작용에 의해 날카롭게 발달하는데 이를 즐형산릉(arete)이라고 한다(그림 2.110d).

다. 빙하 퇴적 지형

빙하는 지표 위를 서서히 이동하지만 엄청난 양의 퇴적물을 운반하고 얼음이 녹으면서 퇴적시킨다. 일반적으로 빙하 퇴적물은 지형의 기복을 줄이고 고도를 높이는 역할을 한다. 빙하에 의해 쌓이는 퇴적물은 빙하에 의해 직접 퇴적되는 경우와 빙하가 녹은 물(융빙수)에 의해 퇴적되는 경우로 구분할 수 있다. 빙하에 의해 직접 퇴적된 퇴적물은 빙력토(till)라고 하는데 빙력토는 분급이 불량하고 층리가 없는 특징을 보인다. 반면 융빙수에 의해 쌓인 퇴적물은 분급이 불량하기는 하지만 어느 정도 층리가 발달하기 때문에 빙력토와 쉽게 구분할 수 있다. 빙하 퇴적 지형 중에서 가장 규모가 큰 것은 빙하 하부에서 저퇴석이 쌓여 형성된 빙력토 평원(till plain)이다(그림 2.111). 빙하 하부에서는 초기에는 우묵한 곳에 선택적으로 퇴적물이 채워지지만 시간이 지남에 따라 기복이 완전히 사라지기 때문에 빙하가 후퇴한 후에는 평평한 빙력토 평원이 드러나게 된다.

빙하에 의해 형성된 빙력토의 층 또는 이랑 형태를 띠는 퇴적체를 빙퇴석(moraine)이라고 하는데, 빙퇴석에는 여러 가지 종류가 있다(그림 2.111). 곡빙하의 측면에는 계곡으로부터 공급되는 많은 양의 쇄설물이 운반되어 계곡의 주변부를 따라 이랑 형태로 잔류하게 되는데 이를 측퇴석(lateral moraine)이라고 한다. 중퇴석(medial moraine)은 2개의 곡빙하가 하나로 합쳐질 때 형성되는데, 두 빙하의 경계부에 줄무늬의 형태로 발달한다(그림 2.112a). 빙하의 전면부에서 형성되는 이랑 형태의 빙력토를 종퇴석(end moraine)이라고 하는데, 종퇴석은 빙하의 소모와 축적이 평형을 이루는 상태에서 형성된

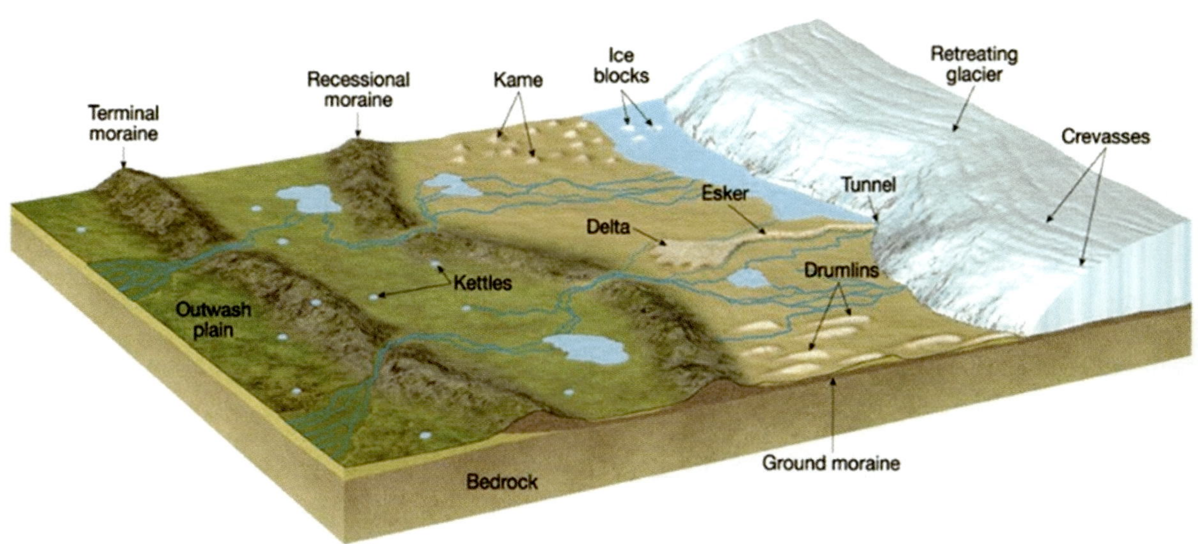

그림 2.111 빙하가 후퇴하는 환경에서 빙력토 평원과 빙하성 유수 퇴적 평야에서 형성되는 다양한 빙하 퇴적 지형의 모식도

그림 2.112 **(a)** 2개의 곡빙하가 합쳐지면서 형성된 중퇴석(현재는 빙하가 후퇴한 상태), **(b)** 케틀호(kettle lake, UGGS), **(c)** 빙력토 평원에서 발견되는 케임(노르웨이), **(d)** 융빙수가 흐르는 빙하성 유수 평야의 모습(노르웨이)

다. 평형 상태에서는 빙하의 전면부가 고정되어 있지만 빙하는 컨베이어 벨트처럼 계속 이동하며 퇴적물을 운반하기 때문에 시간이 오래될수록 종퇴석의 규모는 커진다. 반면 빙하가 소모되는 양이 빨라지게 되면 빙하는 서서히 후퇴하게 되는데, 이때 빙퇴석이 형성되는 완만한 기복을 가진 층을 저퇴석(ground moraine)이라고 한다. 종퇴석과 저퇴석의 퇴적 양상은 빙하가 완전히 사라질 때까지 여러 번 반복된다. 빙하가 가장 멀리 전진했을 때 형성된 최초의 종퇴석을 말퇴석(terminal moraine)이라고 하고, 빙하가 후퇴하는 시기에 일시적으로 안정화될 때 빙하 전면부에 형성되는 종퇴석을 후퇴종퇴석(recessional moraine)이라고 한다.

빙력토 평원에서 관찰할 수 있는 그 밖의 지형으로는 케틀(kettle)과 드럼린(drumlin), 에스커(esker), 키임(kame) 등이 있다. 빙하가 후퇴하면서 얼음 덩어리가 남겨졌던 곳에는 와지가 형성되는데 이를 케틀이라고 하며, 케틀은 보통 융빙수가 채워지면서 호수를 형성한다(그림 2.112b). 드럼린은 빙퇴석으로 이루어진 유선형의 비대칭 언덕을 가리킨다. 장축의 방향은 빙하의 이동 방향과 일치하고 빙하의 상류 쪽 사면이 급하고 하류 쪽 사면이 완만한 형태를 가지고 있다. 빙하 앞쪽에 빙력토가 꾸불꾸불한 이랑 형태로 쌓인 퇴적 구조를 에스커라고 하는데, 이는 빙하 내의 터널에 퇴적물이 채워지면서 형성된 지형이다. 케임은 에스커처럼 빙력토로 이루어진 가파른 측면을 가지는 언덕을 가리키는데, 이는 빙하 말단부의 움푹 팬 곳에 퇴적물이 채워지고, 빙하가 후퇴한 후 언덕 형태로 남아 있는 지형이다(그림 2.112c).

빙하의 말단부 앞에는 융빙수가 흐르고 융빙수에 의한 퇴적 작용이 일어나는 빙하성 유수퇴적 평야(glacial outwash plain)가 발달한다(그림 2.112d). 이 지역에서는 융빙수에 의한 퇴적 작용과 침식 작용이 동시에 일어나며, 물에 의해 퇴적 작용이 일어나기 때문에 어느 정도 층리를 보이므로 빙력토 평원의 퇴적물과 구분된다.

(6) 카르스트 지형

석회암이 분포하는 지역에서 지하수의 용해 작용에 의해 형성되는 독특한 지형을 **카르스트 지형**(karst topography)이라고 한다. 탄산칼슘이 주성분인 석회암은 탄산가스를 포함한 빗물이나 지하수에 잘 용해되기 때문에 다른 지역과는 다른 특이한 지형들을 형성하는데, 한국의 단양과 영월, 평창, 삼척 등 고생대 조선누층군의 석회암 분포 지역에 카르스트 지형이 발달하고 있다. 카르스트 지형은 석회암의 용해 작용이 활발하게 일어나기 때문에 지표면이 불규칙하고, **싱크홀**(sinkhole)에 의해 하천이 사라지기 때문에 수계명이 발달하기 어렵다는 특징이 있다(그림 2.113a).

석회암에는 방해석 외에 점토와 석영, 철분 등의 불순물이 포함되어 있는데, 석회암이 용해되어도 불순물은 남게 된다. 불순물 중에서 철분이 산화되면 붉은색을 띠게 되므로 석회암 지역에서는 붉은색 토양이 만들어지는데 이를 테라로사(terra rossa)라고 한다(그림 2.113b). 테라로사 하부에 있는 석회암의 용식면은 요철이 심한데, 이들은 토양층이 제거되면 카렌(karren) 또는 라삐에(lapie)라 불리는 독특한 지형을 형성한다(그림 2.113b).

카르스트 지형에서 가장 흔히 관찰되는 것은 돌리네(doline)이다. 돌리네는 지표의 석회암이 녹아서 형성되는 와지로서 대개 원형이나 타원형의 형태를 갖는다. 돌리네의 지름은 수 미터에서 수백 미터에 이른다. 돌리네는 보통 무리지어 발달하는데, 인접한 2개 이상의 돌리네가 연결되면 우발라(uvala)가 되고, 우발라가 더욱 확대되어 하천이 흐를 정도로 큰 규모의 분지가 형성되면 폴리에(polje)라고 한다. 폴리에의 가장 큰 특징은 하천이 흐르고 하천 양안에 충적지가 발달한다는 것이다. 폴리에 내에 발달한 하천은 포노르(ponor)라고 하는 동굴을 통해 외부로 흘러나간다.

석회암 지역에 발달하는 석회동굴(limestone cave)은 카르스트 지형의 대표적인 특징 중 하나이다. 석회동굴은 지하수면 밑에서 천천히 흐르는 지하수에 의해 석회암이 용해되어 형성된다. 지하수위의 하강으로 석회동굴이 지하수면 위로 올라오면 동굴 천장에서 스며 나오는 물에 의해 탄산칼슘이 침전하여 종유석과 석순, 석주 등이 형성되는데 이를 통칭하여 동굴 생성물(speleothem)이라고 한다. 동굴 생성물은 과거의 기후변화에 대한 기록을 보존하고 있어 중요한 고기후지시자로 사용된다.

석회암 지대에서 침식이 계속 진행되면 돌리네가 모두 없어지고 하천이 다시 지표 위를 흐르며 원추형의 잔구만 남게 되는데 이를 탑카르스트(tower karst)라고 한다. 탑카르스트는 습윤한 열대와 아열대 기후의 균열이 많이 발달한 석회암 지역에서 주로 형성된다. 이는 강우량이 많고 열대 식물의 분해에 의해 발생한 이산화탄소의 공급으로 석회암의 용해가 빠르게 진행되기 때문이다. 탑카르스트는 중국의 계림과 베트남의 하롱베이 지역에서 쉽게 관찰할 수 있다.

카르스트 지형에서 관찰할 수 있는 또 다른 독특한 지형으로는 그리크(grike)와 클린트(clint)가 있다. 기반암이 노출된 석회암 지역에서는 빙하 후퇴 후 형성된 석회암 포도(limestone pavement)에서 절리를 따라 용식 작용이 일어나 길게 갈라진 균열이 발달하게 되는데 이를 그리크라 하고, 그리크 사이의 석회암 덩어리를 클린트라고 한다.

그림 2.113 (a) 카르스트 지형의 일반적인 특성, (b) 붉은색 토양인 테라로사와 카렌(단양), (c) 돌리네가 발달한 모습(단양), (d) 카르스트 지역의 석회동굴(삼척 다금굴), (e) 탑카르스트의 모습(베트남 하롱베이), (f) 석회암 지역에서 발달하는 그리크와 클린트)

국 제 지 질 연 대 층 서 표

www.stratigraphy.org 국 제 층 서 위 원 회 v 2023/09

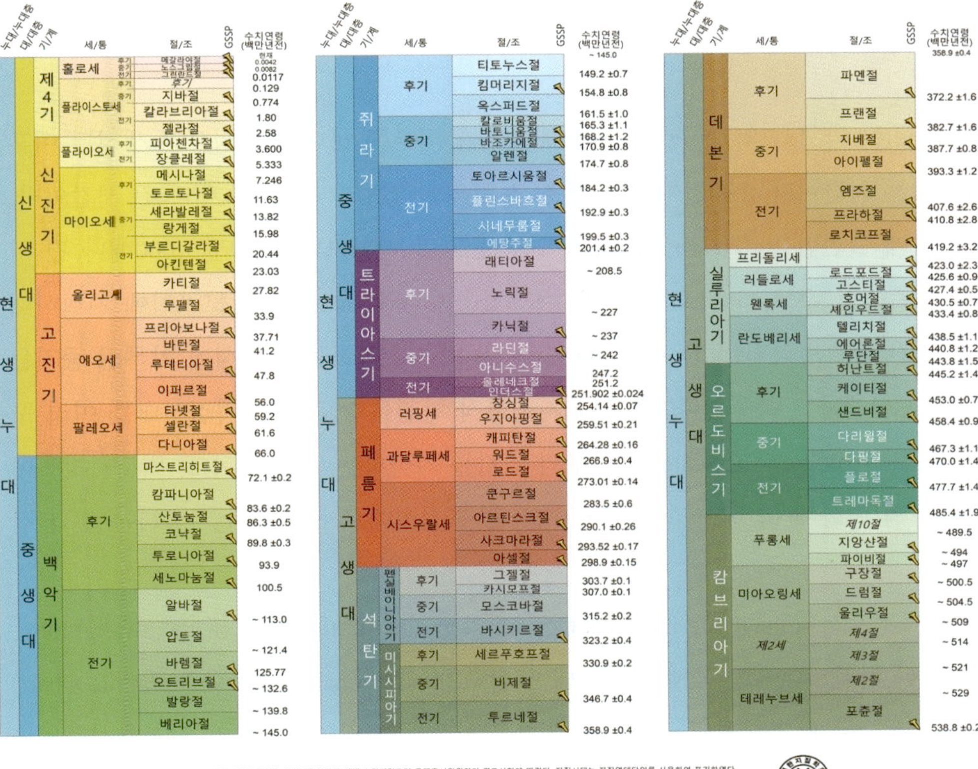

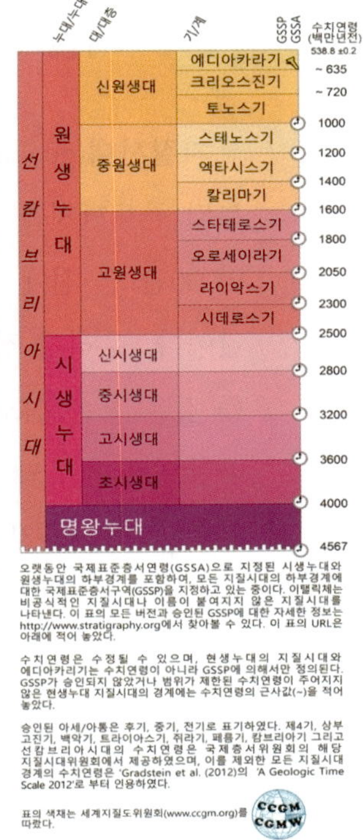

STORYLINE

지구가 약 46억 년 전에 만들어졌다는 것은 어떻게 알게 되었으며 지구의 역사를 선캄브리아시대, 고생대, 중생대, 신생대 등으로 어떻게 구분할 수 있었을까? 이는 암석에 기록된 지구의 역사를 시간으로 기술하는 지질학의 가장 기초적인 질문으로 이 장에서는 지질학자들이 이 질문에 대한 해답을 찾아가는 과정을 설명한다. 17세기부터 과학자들은 암석에 기록된 지구의 역사를 연구하기 시작하였고, 이후 지질학자들은 다양한 층서학 원리를 적용하여 오래된 지층과 젊은 지층을 구분하고 있다. 20세기 초 방사성 동위원소 연대측정법이 개발되면서 지질학자들은 지층의 나이를 비교적 정확하게 수치로 표현할 수 있게 되었다. 한 지층이 다른 지층보다 오래되었는지 아닌지는 불가역적인 생명 진화를 거쳐 암석에 기록된 화석으로 판단할 수 있다.

46억 년 동안 지구는 끊임없이 변해왔으며 현재도 변하고 있다. 지질학자들은 암석을 연구하여 암석권, 수권, 대기권, 생물권에서 일어난 중요한 지질학적 변화를 기록하고 있으며 이러한 변화가 일어난 원인을 밝혀내고 있다. 우리가 살아가고 있는 한반도 역시 현재의 모습이 되기까지 다양한 변화를 거쳤다. 한반도에서 일어난 중요한 지질학적 역사를 기록하고 있는 암석이 분포하는 지역은 우리가 후손에게 물려줄 유산으로 보존되어야 한다.

- 3.1 지질시대
- 3.2 화석
- 3.3 지구와 생명의 역사
- 3.4 한반도의 역사
- 3.5 지질유산, 지질공원과 지오투어리즘

지질시대, 화석, 지구의 역사

3.1 지질시대

지질시대(geologic time)는 약 45.7억 년 전 지구가 태양계를 이루는 하나의 행성으로 생성된 이후부터 현재까지를 나타내는 시간이다. 100년에 가까운 한 사람의 수명보다 4,500만 배나 긴 시간이며, 약 30만 년 전에 지구상에 출현한 인류(*Homo sapiens*)의 생물학적 역사보다 약 2만 3,000배나 긴 시간이다. 우리가 정확히 측정할 수도, 그리고 이해할 수도 없을지("unfathomable") 모르기에 지질시대를 깊은 혹은 심오한 시간으로 번역되는 'Deep Time'이라 한다. 지질학자들은 암석에 기록된 증거를 바탕으로 지구의 역사를 이해하고 복원한다. 중요한 지질학적 사건을 기준으로 지질시대를 여러 구간으로 구분한 지질연대표(geologic time scale)는 지구의 역사를 기술하는 기본 틀이다. 역사학자들이 우리나라의 역사를 왕조의 변화에 따라 고조선, 삼국, 고려, 조선시대로 구분하여 기술하는 것과 같다(그림 3.1).

1974년에 만들어진 국제층서위원회(International Commission on Stratigraphy, www.stratigraphy.org)는 매년 수정 · 보완한 지질연대표인 국제 지질연대 층서표(International Chronostratigraphic Chart)를 발간하고 있다(그림 3.2). 국제 지질연대 층서표에서 지질시대는 지질연대단위와 시간층서단위로 표시되며, 지질시대의 경계에는 '100만 년 전' 단위(Ma=million years ago 또는 million annum)로 표시된 수치연령이 적혀 있다.

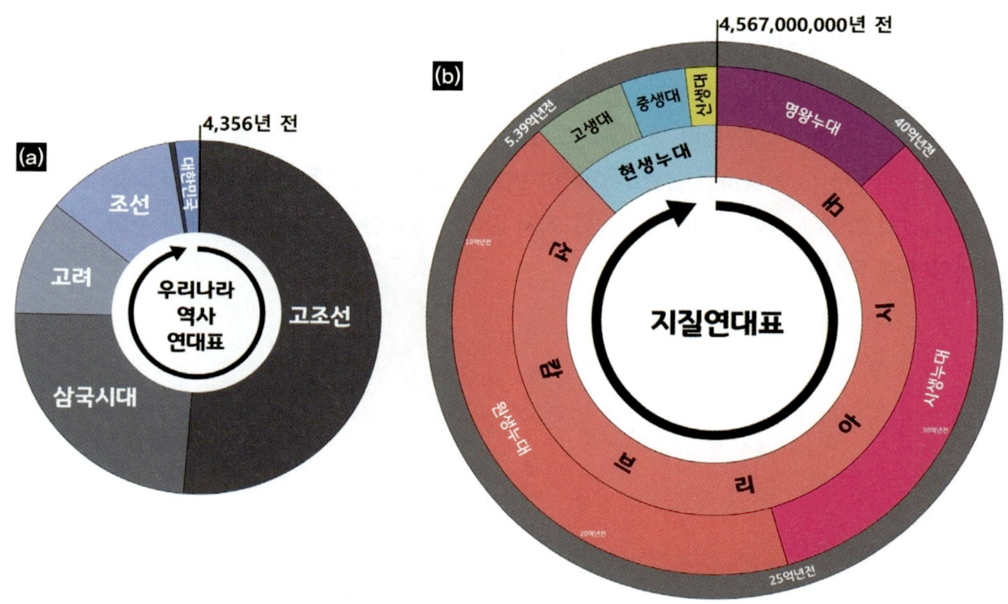

그림 3.1 시계 모양으로 표시한 우리나라 (a) 역사연대표와 (b) 지질연대표(2023년 기준)

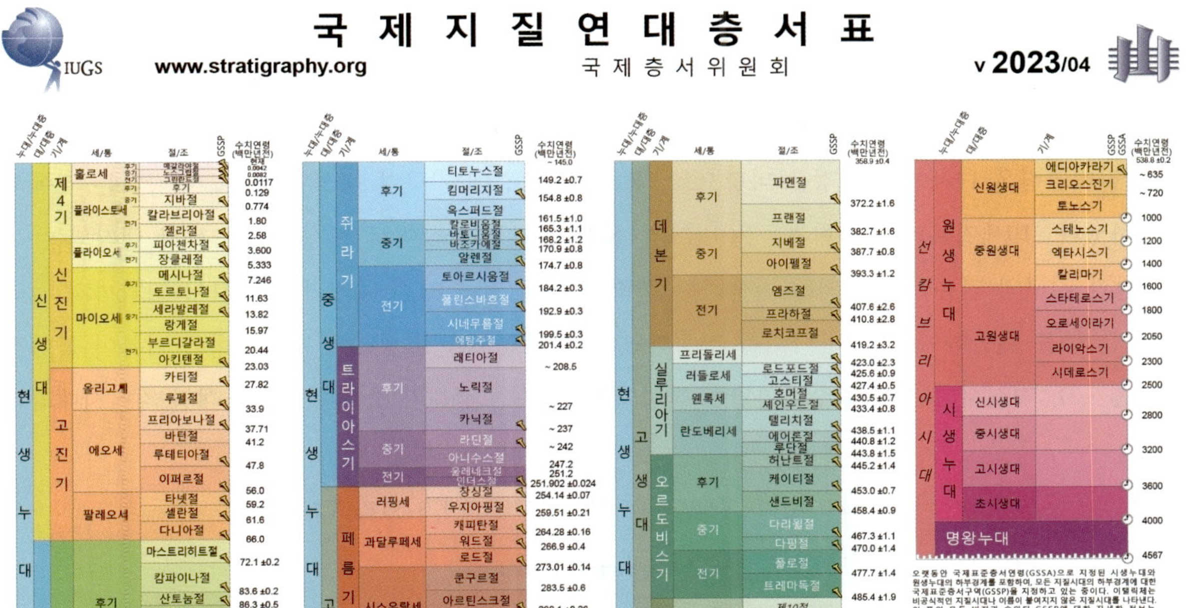

그림 3.2 국제지질연대 층서표(2023년)

1) 상대연령과 수치(절대)연령

지질시대는 지층의 선 · 후 관계를 나타내는 상대연령(relative age)과 지층이 형성된 시점을 나타내는 절대연령(absolute age)으로 결정한다. 상대연령은 "아버지가 나보다 나이가 많다"라고 말하는 것처럼 지층의 선 · 후 관계를 결정하는 것이고, 절대연령은 "나는 21살이다"라고 말하는 것처럼 지층이 형성된 시점을 단위를 포함한 숫자로 표시하는 것이다. **상대연령**은 층서학(stratigraphy) 원리를 이용하여 결정하고, 절대연령은 방사성 동위원소 연대 측정법(radiometric dating method)을 이용하여 결정한다. 상대연령은 "삼엽충이 산출되는 지층은 공룡이 산출되는 지층보다 먼저 형성되었다"라는 결론을 내리는 것이고 절대연령은 "우리나라에서 *Redlichia nobilis*라는 삼엽충이 산출되는 구랑리층은 약 5억 1,100만 년 전에 형성되었다"라는 결론을 내리는 것이다. 절대연령은 실험을 통해 측정하기 때문에 오류가 있을 수 있어 **수치연령**(numeric 혹은 numerical age)이라는 용어가 더 적합하다. 지층의 수치연령을 결정하는 지질학 세부 전공을 지질연대학(geochronology)이라 한다. 수치연령은 '66Ma (6,600만 년 전)'처럼 연(year) 단위로 표시된다. 지질시대 수치연령의 기본 단위는 Ma로 표시되는 100만 년이며, 10억 년 단위는 Ga(giga-years ago)로, 1,000년 단위는 Ka(kilo-years ago)로 표시한다.

지층의 상대연령은 17세기 지질학자들이 여러 가지 원리를 적용하여 결정하기 시작하였다. 이와 달리 절대연령은 17세기에 성경을 바탕으로 약 6,000년 전에 지구가 형성되었다고 주장하는 것에서 시작하였다. 19세기부터 지질학자들은 마그마 상태의 지구가 식어서 현재의 온도까지 냉각되는 시간, 달과 지구의 만유인력에 의해 발생하는 조력에 의해 지구 자전 주기가 24시간이 되기까지 걸리는 시간 등을 계산하여 지구의 나이를 추정하였다. 상대연령을 결정하여 지질시대의 이름이 붙여진 후(그림 3.3), 지질시대 경계의 수치연령이 결정되었다. 즉 고생대가 중생대보다 오래된 지질시대라는

ABRIDGED TABLE OF FOSSILIFEROUS STRATA.

Strata			
1. RECENT.	POST-TERTIARY.		NEOZOIC.
2. POST-PLIOCENE.	POST-TERTIARY.		NEOZOIC.
3. NEWER PLIOCENE.	PLIOCENE.	TERTIARY or CAINOZOIC.	NEOZOIC.
4. OLDER PLIOCENE.	PLIOCENE.	TERTIARY or CAINOZOIC.	NEOZOIC.
5. MIOCENE.	MIOCENE.	TERTIARY or CAINOZOIC.	NEOZOIC.
6. UPPER EOCENE.	EOCENE.	TERTIARY or CAINOZOIC.	NEOZOIC.
7. MIDDLE EOCENE.	EOCENE.	TERTIARY or CAINOZOIC.	NEOZOIC.
8. LOWER EOCENE.	EOCENE.	TERTIARY or CAINOZOIC.	NEOZOIC.
9. MAESTRICHT BEDS.	CRETACEOUS.	SECONDARY or MESOZOIC.	NEOZOIC.
10. UPPER WHITE CHALK.	CRETACEOUS.	SECONDARY or MESOZOIC.	NEOZOIC.
11. LOWER WHITE CHALK.	CRETACEOUS.	SECONDARY or MESOZOIC.	NEOZOIC.
12. UPPER GREENSAND.	CRETACEOUS.	SECONDARY or MESOZOIC.	NEOZOIC.
13. GAULT.	CRETACEOUS.	SECONDARY or MESOZOIC.	NEOZOIC.
14. LOWER GREENSAND.	CRETACEOUS.	SECONDARY or MESOZOIC.	NEOZOIC.
15. WEALDEN.	CRETACEOUS.	SECONDARY or MESOZOIC.	NEOZOIC.
16. PURBECK BEDS.	JURASSIC.	SECONDARY or MESOZOIC.	NEOZOIC.
17. PORTLAND STONE.	JURASSIC.	SECONDARY or MESOZOIC.	NEOZOIC.
18. KIMMERIDGE CLAY.	JURASSIC.	SECONDARY or MESOZOIC.	NEOZOIC.
19. CORAL RAG.	JURASSIC.	SECONDARY or MESOZOIC.	NEOZOIC.
20. OXFORD CLAY.	JURASSIC.	SECONDARY or MESOZOIC.	NEOZOIC.
21. GREAT or BATH OOLITE.	JURASSIC.	SECONDARY or MESOZOIC.	
22. INFERIOR OOLITE.	JURASSIC.	SECONDARY or MESOZOIC.	
23. LIAS.	JURASSIC.	SECONDARY or MESOZOIC.	
24. UPPER TRIAS.	TRIASSIC.	SECONDARY or MESOZOIC.	
25. MIDDLE TRIAS, or MUSCHELKALK.	TRIASSIC.	SECONDARY or MESOZOIC.	
26. LOWER TRIAS.	TRIASSIC.	SECONDARY or MESOZOIC.	
27. PERMIAN, or MAGNESIAN LIMESTONE.	PERMIAN.	PRIMARY or PALEOZOIC.	PALEOZOIC.
28. COAL-MEASURES.	CARBONIFEROUS.	PRIMARY or PALEOZOIC.	PALEOZOIC.
29. CARBONIFEROUS LIMESTONE.	CARBONIFEROUS.	PRIMARY or PALEOZOIC.	PALEOZOIC.
30. UPPER / 31. LOWER — DEVONIAN.	DEVONIAN.	PRIMARY or PALEOZOIC.	PALEOZOIC.
32. UPPER / 33. LOWER — SILURIAN.	SILURIAN.	PRIMARY or PALEOZOIC.	PALEOZOIC.
34. UPPER / 35. LOWER — CAMBRIAN.	CAMBRIAN.	PRIMARY or PALEOZOIC.	PALEOZOIC.

그림 3.3 18세기 영국 지질학자 찰스 라이엘이 1855년에 작성한 시간층서표. 현재 사용하고 있는 고생대에 해당하는 'Primary(제1)' 중생대에 해당하는 'Secondary(제2)' 같은 용어를 사용하고 있다.

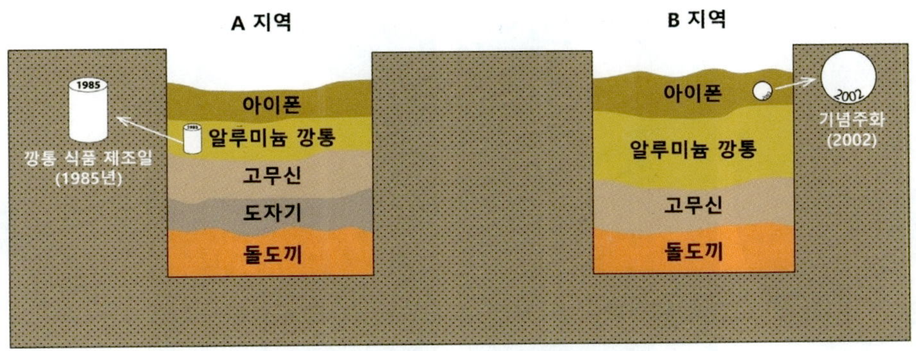

그림 3.4 두 지역에서 고고학 발굴 조사를 통해 발견된 유물

사실이 먼저 결정되었고, 그 경계가 약 2억 5,200만 년 전이라는 사실은 나중에 결정되었다.

상대연령과 수치연령의 개념은 고고학 발굴 조사와 비교하여 설명할 수 있다(그림 3.4). 고고학 유물을 발굴하고 조사할 때 토양에 고랑(트렌치)을 판다. 토양의 수직 단면에서 발견된 유물 중 아래에 놓인 것이 오래되었다는 사실을 직관적으로 알 수 있는데, 이러한 판단은 지질학적으로는 상대연령을 결정하는 것에 해당한다. 특정 토양층에서 수치로 표현된 시간을 알 수 있는 유물(예: 깡통 식품 제조일과 기념주화)이 발견되면 그 토양층이 퇴적된 시점을 알 수 있다. 아이폰이 발견되는 토양층이 2002년 즈음에 퇴적되었다는 사실을 알게 된 것은 지질학적으로 수치연령을 결정하는 것에 해당한다.

2) 층서학의 원리

지층의 선·후 관계를 파악하여 상대연령을 결정하는 지질학 세부 전공을 **층서학**(stratigraphy)이라 한다. 국제층서위원회에서 발간한 『국제 층서 가이드(International Stratigraphic Guide)』에 따르면 층서학은 "지각에서 형성된 모든 암석을 기재하고, 암석의 고유한 특성을 바탕으로 특징적이며 유용하고 지질도에 표시할 수 있는 단위를 기준으로 암석을 체계적으로 정리하여 암석의 시간상 변화와 공간상 분포 및 관계를 정립하고, 지질학적 역사를 해석하는 학문"으로 정의하고 있다. 층서학에서의 '층'은 라틴어 'stratum'을 번역한 것으로 주변의 암층과 구별되는 특징을 보이며 여러 켜(layer)로 이루어진 암층(layer of rock 혹은 layered rock)을 말한다.

층서학은 지층누중의 원리를 제안한 17세기 덴마크 지질학자인 니콜라스 스테노(그림 3.5a)에 의해 시작되었으며, 18세기 영국 지질학자인 제임스 허튼(그림 3.5b)은 층서학의 가장 핵심적인 원리인 동일과정설을 제안하였다. 이후 19세기 영국의 토목기사이자 지질학자인 윌리엄 스미스(그림 3.5c)는 아래 지층에 놓인 화석이 위 지층에 놓인 화석과 다르며 화석 군집이 일정한 순서로 변한다는 사실을 발견하고, 이를 같은 시기에 형성된 지층을 찾아내는 데 적용하는 생층서학의 기초를 만들었으며, 19세기 영국 지질학자인 찰스 라이엘(그림 3.5d)은 동일과정설을 자세히 설명하고 층서학의 중요성을 강

그림 3.5 층서학의 기초를 만든 지질학자들. (a) 니콜라스 스테노(Nicholas Steno), (b) 제임스 허튼(James Hutton), (c) 윌리엄 스미스(William Smith), (d) 찰스 라이엘(Charles Lyell)

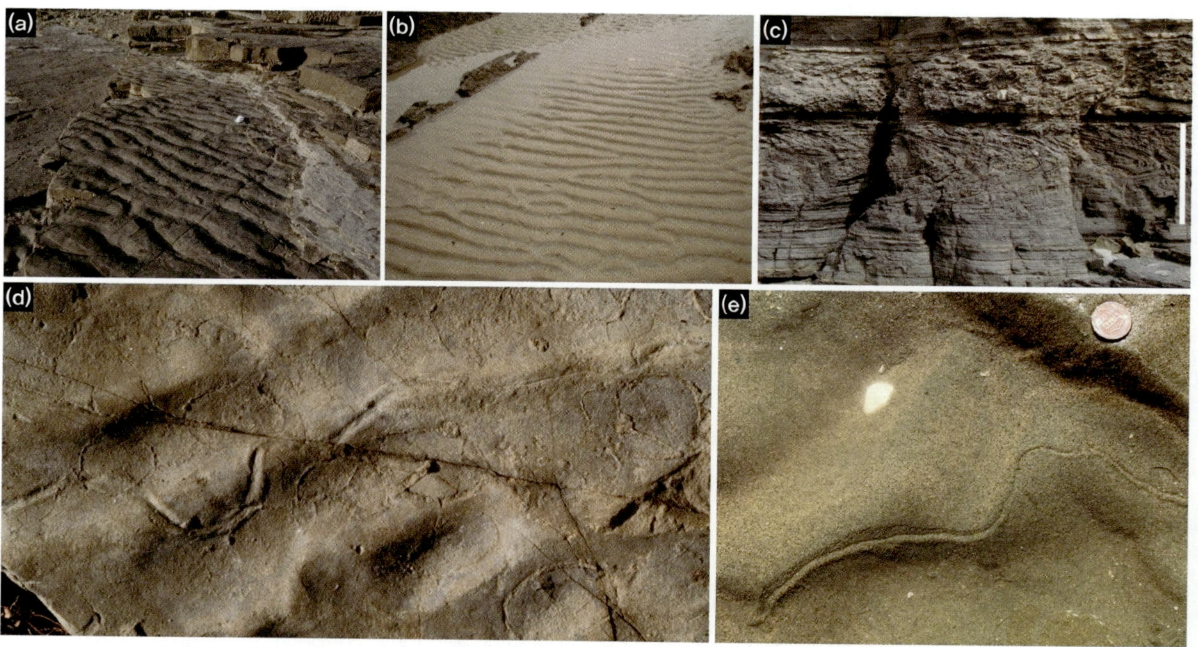

그림 3.6 (a) 사암 층리면에서 관찰되는 연흔(중생대 백악기 진주층, 경남 사천), (b) 해변의 모래층에서 관찰되는 연흔(현생, 전북 부안), (c) 화산 분출로 분지가 기울어져 형성된 사태(slump) 지층(중생대 백악기 격포리층, 전북 부안, 스케일 바=2 m), (d) 연흔 마루를 따라 발달한 생흔 화석(중생대 백악기 진주층, 경남 사천), (e) 연흔 마루를 따라 형성된 연체동물이 기어간 흔적(현생, 곰소 갯벌, 전북 고창/부안)

조한『지질학의 원리(Principles of Geology)』라는 책을 1830~1833년에 발간하였다.

지층을 구성하고 있는 암석이 어떻게 형성되었는지는 관찰할 수 없다. 그러므로 현재 지표에서 관찰되는 지질학적 과정이 지질시대에도 동일하게 작동하여 지층을 형성했다는 동일과정설(uniformitarianism)은 암석 형성을 포함하는 지질학적 과정을 이해하고 지층의 선·후 관계를 밝히는 데 중요한 역할을 한다. 지각 아래 깊은 곳에서 주로 일어나는 화성 작용이나 변성 작용은 대부분 직접 관찰할 수 없다. 화성 작용은 드물게 화산활동이 일어나고 있는 하와이나 아이슬란드에서 관찰할 수 있지만, 변성 작용은 온도와 압력이 높은 지하에서 일어나기 때문에 관찰할 수 없다. 이와 반대로 퇴적물의 풍화 · 침식 · 운반 · 퇴적은 지표에서 일어나기 때문에 흔히 관찰할 수 있다. 파도가 해변의 모래층에 연흔을 만드는 것이 관찰되므로 사암에 발달한 연흔은 파도에 의해 형성된 것으로 해석할 수 있다(그림 3.6a, b). 연체동물이 바닷가 모래 연흔 위를 기어 다니며 남긴 흔적과 비교하면, 사암의 연흔을 따라 발달한 구조는 물리적으로 형성된 것이 아니라 생흔 화석임을 알 수 있다(그림 3.6d, e). 물리학 · 화학 · 생물학적 조건을 재현한 실험(그림 3.7a, b)을 통해 암석 형성을 포함한 지질학적 과정을 이해할 수 있으며, 그 결과(그림 3.7c~e)는 동일과정설과 함께 지질학적 과정을 이해하는 데 큰 역할을 한다. 제임스 허튼과 찰스 라이엘은 지질학적 과정이 현재 지표에서 관찰되는 것처럼 아주 느리게 작동한다는 점진주의(gradualism)를 주장하였으나, 지질학적 과정 중에는 화산 폭발이나 지진과 같이 상대적으로 아주 짧은 시간 동안 작동하는 격변적인(catastrophic) 과정도 있으며, 이러한 과정에 의해 형성된 지층도 발견된다(그림 3.6c).

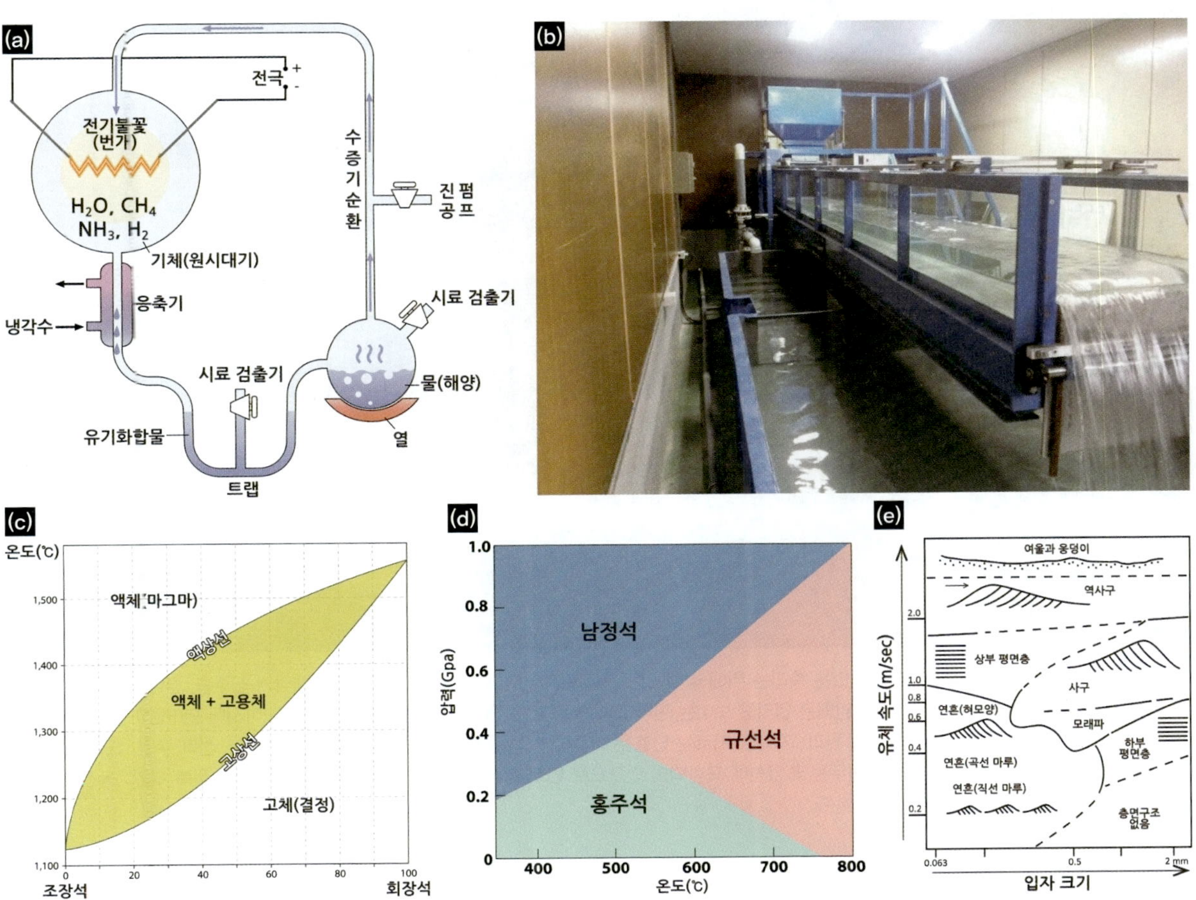

그림 3.7 지질학적 실험 장치와 결과. (a) 약 40억 년 전 원시 대기 상태에서 화학적으로 유기 화합물이 생성될 수 있다는 것을 증명한 밀러-유리(Miller-Urey) 실험 장치, (b) 퇴적 작용의 일부인 층면 구조의 형성을 이해하기 위한 수조 실험 장치, (c) 조장석과 회장석의 고용체 상평형도(화성 작용), (d) 남정석/홍주석/규선석의 상평형도(변성 작용), (e) 퇴적물 입자 크기와 유체의 속도에 따라 형성되는 층면 구조(퇴적 작용)

그림 3.8 노두와 시추공. (a) 습곡을 받은 고생대 오르도비스기 석회암 노두(충북 단양), (b) 왼쪽의 밝은색 중생대 백악기 화성암과 오른쪽의 어두운색 선캄브리아시대 변성암이 접촉하고 있는 노두(전북 부안), (c) 신생대 신진기 두호층의 시추공(경북 포항)

그림 3.9 (a) 지층누중의 원리: 아래 놓여 있는 층리는 위에 놓여 있는 층리보다 먼저 형성된 것이다(중생대 백악기 진주층, 경남 사천: 스케일 바=1 m), (b) 절단의 원리: 오른쪽 밝은색의 암맥은 엽리를 보이는 편마암을 자르므로 나중에 형성된 것이다(선캄브리아시대 편마암과 중생대 백악기 암맥, 전북 부안: 연필=15 cm), (c) 절단의 원리: 지층을 자르는 단층은 나중에 형성된 것이다(중생대 백악기 격포리층, 전북 부안: 노트=30 cm), (d) 포함의 원리: 밝은색 암석 덩어리는 어두운색 암석에 포함되어 있으므로 먼저 형성된 것이다(중생대 백악기 화성암, 전북 부안: 동전=2 cm).

지층의 상대연령을 결정하기 위해 암석이 지표에 노출된 노두(outcrop, 그림 3.8a, b) 혹은 지하에 있는 지층(subcrop)을 시추하여 얻은 시추공(그림 3.8c)을 조사한다. 지층의 상대연령은 지층누중의 원리(principle of superposition), 절단의 원리(principle of cross-cutting relationship), 포함의 원리(principle of inclusion)를 적용하여 결정한다.

퇴적물은 퇴적 분지의 바닥에서부터 쌓이므로 가장 바닥에 놓인 퇴적물 층리가 가장 먼저 형성된 것이다. 그러므로 퇴적암 노두에서 아래 놓여 있는 지층이 위에 놓여 있는 지층보다 먼저 형성된 것이다(그림 3.9a). 이를 지층누중의 원리라 하고 켜켜이 쌓인 퇴적암이나 용암이 차례로 흘러 형성된 분출암에 적용된다. 절단의 원리는 어떤 지층이나 지질 구조가 다른 지층을 관입하거나(그림 3.9b) 자르면(그림 3.9c), 관입하거나 자른 지층 또는 지질 구조가 나중에 형성되었다는 것을 알려준다. 포함의 원리는 포함된 암석이 포함하고 있는 암석보다 먼저 형성되었다는 것을 알려준다(그림 3.9d).

지층누중의 원리는 지층이 역전되지 않은 경우에만 적용할 수 있으므로 퇴적암에서 관찰되는 점이층리, 연흔, 사층리, 하중 구조, 건열 같은 상부 지시 구조(way-up structure)를 이용하여 지층의 상·하를 먼저 결정해야 한다. 퇴적암 층리 단면에서 입자의 크기가 위로 가면서 점차 작아지는 점이층리(graded bed)는 중력에 의해 커다란 입자가 먼저 가라앉기 때문에 입자가 작아지는 방향이 지층의 상부를 가리킨다(그림 3.10a). 대칭 연흔(symmetrical ripple)의 마루(crest)는 뾰쪽하거나 평평하고, 골(trough)은 둥글다(그림 3.6a, 3.10b). 그러므로 퇴적암 층리면이나 단면에서 연흔이 관찰되면, 연흔의

그림 3.10 상부 지시 구조. **(a)** 점이층리(중생대 쥐라기 덕적층, 경기 덕적도), **(b)** 뾰쪽한 마루와 둥근 골로 이루어진 대칭 연흔(중생대 백악기 진주층, 경남 사천), **(c)** 하중 구조와 불꽃 구조(중생대 백악기 격포리층), **(d)** 사층리(중생대 백악기 진주층, 경남 사천: 스케일 바의 위쪽 끝은 대칭 연흔의 단면에 놓여 있다) 스케일 바=7 cm

뾰쪽하거나 평평한 쪽이 지층의 상부를 가리킨다(그림 3.10b, 3.10d). 대칭 연흔 마루와 골의 형태가 유사하면(그림 3.6b) 지층의 상·하를 판단할 수 없다. 사층리(cross-bed)가 한 층리면으로는 휘어지면서 접하고, 다른 층리면으로는 직선으로 접하면서 잘린 형태를 보여주는 경우(그림 3.10d), 휘어지면서 접하는 쪽이 지층의 하부를 가리킨다. 아래 놓인 세립질 퇴적물이 고화되기 전, 물을 여전히 포함하고 있는 상태에서 밀도가 높은 조립질 퇴적물이 갑작스럽게 쌓이면 경계면을 따라 조립질 퇴적물이 세립질 퇴적물을 아래로 눌러 하중 구조(load structure)를 형성하고 동시에 세립질 퇴적물이 조립질 퇴적물로 삐져 들어가 불꽃 구조(flame structure)를 형성한다(그림 3.10c). 하중 구조의 둥글게 휘어지는 방향은 지층의 하부를, 불꽃 구조의 날카로운 부분은 지층의 상부를 가리킨다.

한 지역 지층의 선·후 관계가 결정된 후, 다른 지역 지층의 선·후 관계와 비교하여 같은 지층을 찾아내기 위해 수평 퇴적의 원리(principle of original horizontality)와 측방 연속성의 원리(principle of lateral continuity)를 적용한다. 퇴적물은 분지에 수평으로 쌓이므로, 퇴적암도 다른 영향을 받지 않았다면 수평 층리를 보여야 한다(그림 3.11a). 기울어진 퇴적암 지층(그림 3.11b)은 수평으로 퇴적된 후 오

그림 3.11 (a) 수평 퇴적의 원리: 약 1만 4,000년 전에 일어난 폭발성 분화로 공급된 화성쇄설성 퇴적물이 수평에 가깝게 쌓여 있다(신생대 화성쇄설성 퇴적암층, 제주도 수월봉). (b) 수평 퇴적의 원리: 석회암 지층이 약 45°가량 기울어져 있다(고생대 오르도비스기 석회암층, 충북 단양: 타원 안의 망치 길이=약 30 cm). 이 지층의 층리는 기울어져 있지만 서로 평행하므로 평행 층리(parallel bed)라 한다. (c) 퇴적암 지층은 기울어진 경사면을 따라 형성되기도 한다(중생대 백악기 격포리층의 삼각주 퇴적 지층, 전북 부안). (d) 측방 연속성의 원리: 미국 그랜드 캐니언 절벽에서 관찰되는 붉은색의 고생대 퇴적암 지층은 연속적으로 쌓인 후, 콜로라도 강이 흐르면서 침식되어 현재 계곡의 양쪽에 끊어진 채 놓여 있다.

랜 시간에 걸쳐 작용한 구조적인 힘에 의해 기울어진 것이다. 다른 지역의 지층과 대비할 때 기울어진 상태에서의 상대적 위치가 아니라, 수평이었음을 가정했을 때 상대적 위치를 기준으로 비교해야 한다. 이와 같이 지층은 원래 수평하게 쌓였다고 가정하는 것을 수평 퇴적의 원리라고 한다. 그러나 모든 지층이 수평으로 쌓이는 것은 아니다. 삼각주와 같은 환경에서 분지 중앙으로 공급되는 퇴적물의 양이 많으면 퇴적물이 경사면을 따라 쌓이기도 한다(그림 3.11c). 퇴적물은 대부분 분지 내에서 모든 방향으로 퍼져 쌓이므로 퇴적암 지층은 옆으로 연속적이어야 한다. 퇴적암 노두가 현재 강이나 계곡에 의해 침식되어 연속적이지 않을 경우, 침식이 일어나기 전에는 옆으로 연속적이었음을 가정하면, 같은 퇴적암 지층을 찾아낼 수 있다(그림 3.11d). 이를 측방 연속성의 원리라 한다.

한 지역 지층의 상대연령을 결정한 후 같은 시기에 형성된 지층을 다른 지역에서 찾아낼 때 화석이 가장 중요한 역할을 한다. 윌리엄 스미스는 18세기 말부터 19세기 초까지 영국 남부에서 운하 공사를 하면서 관찰한 암석과 화석의 분포를 기준으로 처음으로 영국 지질도를 제작하였다(그림 3.12a). 이 과정에서 여러 지역의 퇴적암 지층에서 같은 화석들이 발견되고, 아래 놓인 지층에서 위로 가면서 산출되는 화석 군집도 같은 순서로 변한다는 것을 발견하였는데 이를 동물군 천이의 원리(principle of fauna succession)라 한다(그림 3.12b). 스미스는 이 원리를 적용하여 여러 지역에서 같은 지층을 찾아낼 수 있었다. 거의 동시대 프랑스 고생물학자인 조지 퀴비에(George Cuvier, 1769~1832)도 파리 분지(Paris Basin)에서 산출되는 특정한 화석 군집을 이용하여 지층의 순서를 결정하였다. 동물군 천이의 원리는 지층의 선 · 후 관계를 밝히는 데 중요한 역할을 한 생층서학(biostratigraphy)의 핵심적인 원리이다. 식물 화석도 같은 역할을 하므로 포괄적으로 생물군 천이의 원리(principle of biotic

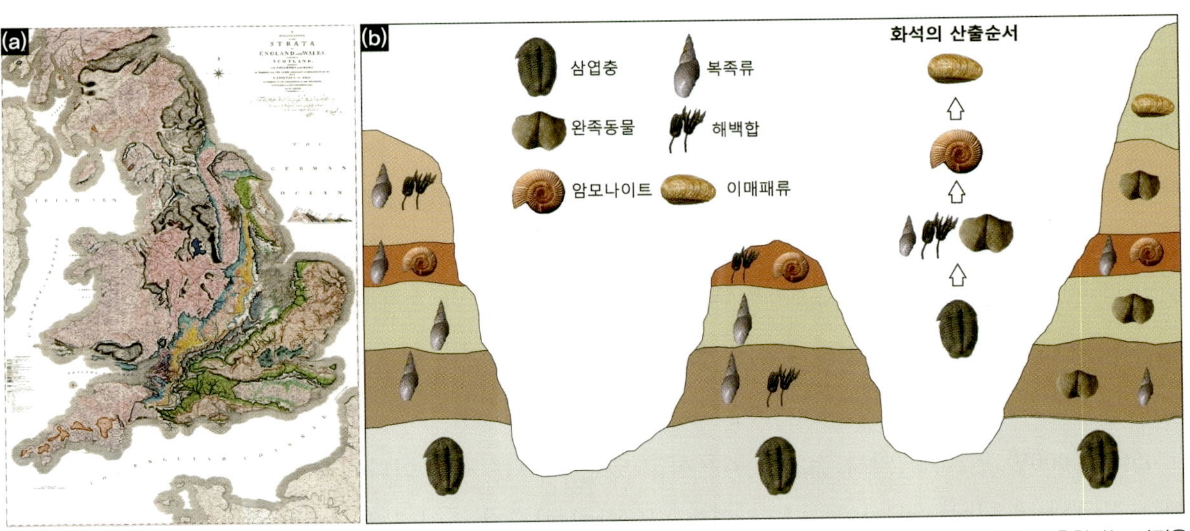

그림 3.12 (a) 윌리엄 스미스가 1815년에 제작한 영국 지질도, (b) 동물군 천이의 원리: 세 지역에서 산출되는 화석이 처음으로 출현하는 시점을 기준으로 아래로부터 삼엽충, 복족류/해백합/완족동물, 암모나이트, 이매패류 순으로 산출되는 것을 알 수 있다. 이러한 순서는 인접한 지역 지층의 상대연령을 결정하는 데 적용할 수 있다. 지층의 두께가 시간에 비례한다고 가정하면, 암모나이트는 모든 지역에서 나타나고 가장 짧은 시간 동안 분포하기 때문에 가장 유용한 표준화석이다.

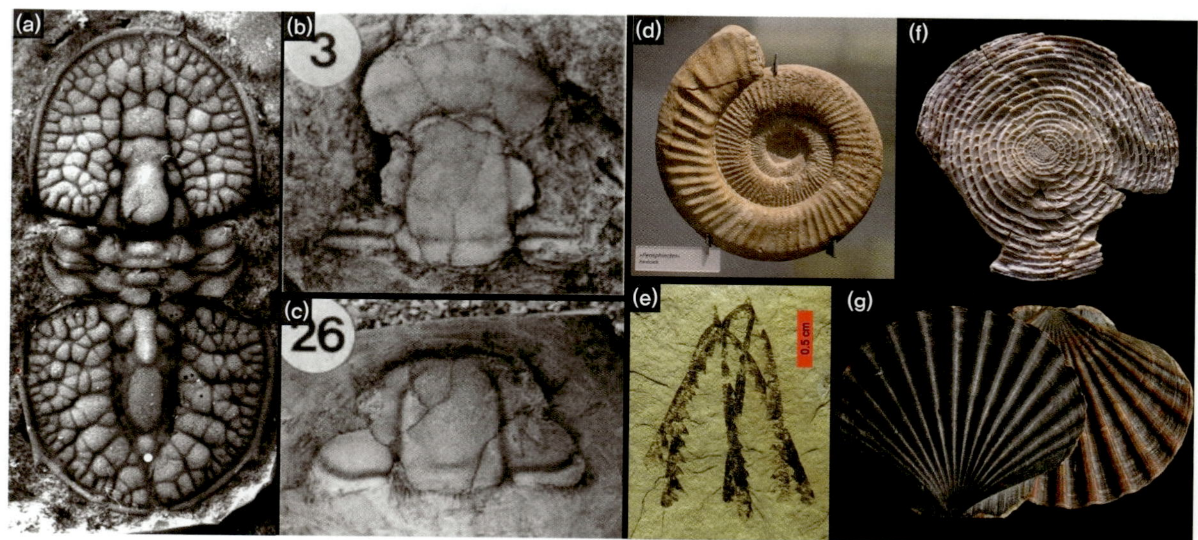

그림 3.13 표준화석. (a) *Glyptagnostus reticulatus*(삼엽충): 고생대 캄브리아기 푸롱세와 마이오링세 경계(약 4억 9,700만 년 전)를 알려주는 종으로 우리나라 영월층군 마차리층에서도 발견된다. (b, c) 고생대 오르도비스기의 시작을 지시하는 *Yosimuraspis* 생물대에 속하는 삼엽충인 *Yosimuraspis vulgaris*(b)와 *Jujuyaspis sinensis*(c)로 우리나라 영월층군 문곡층의 최하부에서 발견된다. (d) *Perisphinctes tiziani*(암모나이트): 중생대 백악기 표준화석, (e) *Tetragraptus fructicosus*(필석): 고생대 오르도비스기 표준화석, (f) *Nummulites*(화폐석): 신생대 고진기 에오세와 신진기 마이오세까지 표준화석, (g) *Pecten gibbus*(이매패류): 신생대 제4기 표준화석

succession)라 부르는 것이 합리적이다.

화석은 지질시대 동안 서식했던 생물의 유해로 40억 년 전부터 현재까지 일어나고 있는 진화의 결과물이다. 종(species)은 화석을 포함한 모든 생물 진화의 기본 단위이다. 종은 지구상에 출현하면 언젠가는 사라지므로 화석 종은 지질시대의 특정 시간 구간 동안만 지구상에 서식하였다. 그러므로 같은 화석 종이 여러 지역에서 발견되면, 그 화석이 발견되는 지층은 같은 시기에 형성되었다는 것을 알 수 있다. 표준화석(index fossil)은 특정한 지질시대를 알려주는 화석으로, 짧은 시간 동안 넓은 지역에서 서식했던 화석 종이 가장 유용한 표준화석이다(그림 3.12b, 3.13). 표준화석이 지시하는 지질시대의 길이는 종, 속, 과, 목, 강, 문, 계로 표현되는 분류학적 등급에 따라 다르다. 지금까지 약 2만여 종이 보고된 삼엽충은 절지동물의 한 강(class)이며 약 2억 8,000만 년에 해당하는 고생대의 표준화석이지만, *Glyptagnostus recticulatus*라는 삼엽충 종은 캄브리아기 푸롱세 파이비절의 표준화석으로 약 80만 년에 해당하는 지질시대의 표준화석이다. 분류학적 등급이 낮을수록 짧은 지질시대의 표준화석이다.

45억 7,000만 년 지구 역사 전체를 기록하고 있는 노두는 지구 어디에도 존재하지 않는다. 특정 시간 동안 퇴적이 일어나지 않았거나, 쌓였던 퇴적암이 침식되어 없어져 특정 시간 구간을 나타내는 지층이 없는 **결층**(hiatus)이 어디에나 존재한다. 결층은 지역의 지질학적 역사 복원에 반드시 포함되어야 한다. 결층은 아래 놓인 지층과 위에 놓인 지층이 접촉하고 있는 부정합(unconformity)으로 노두에

그림 3.14 부정합. **(a)** 경사부정합: 부정합면(흰색 점선) 아래에 실루리아기 란도버리세 잡사암(greywacke)이 거의 수직으로 놓여 있고, 그 위에 데본기 파멘절 올드 레드 사암(Old Red Sandstone)이 약 15°의 경사로 놓여 있다. 두 지층 사이에 약 6,500만 년의 결층이 존재한다(시카 포인트(Siccar Point), 영국 스코틀랜드). **(b)** 난정합: 시생누대 편마암과 붉은색 사암인 중원생대 후앙치코우(Huangqikou)층 사이의 부정합으로 약 10억 년 이상의 결층이 존재한다. 후앙치코우층의 하부에는 기저역암(basal conglomerate)이 관찰된다(중국 내몽고: 망치=30 cm). **(c)** 비정합: 부정합면(흰색 점선) 아래에 중기 오르도비스기 두위봉층(밝은색 석회암)이 놓여 있고, 그 위에 후기 석탄기 만항층(어두운색 사암)이 놓여 있다. 두 지층 사이에 약 1억 4,000만 년의 결층이 있다. 두 지층 경계를 따라 두위봉층이 침식되었다는 것이 관찰된다(강원 태백: 타원 안의 망치=30 cm). **(d)** 준정합: 부정합면(흰색 점선) 아래에 캄브리아기 푸롱세 아부치하이(Abuqiehai)층이 놓여 있고, 그 위에 중기 오르도비스기 산타오칸(Sandaokan)층이 놓여 있다. 두 지층은 평행하게 놓여 있으며 아래 놓인 아부치하이층이 침식되었다는 것이 관찰되지 않는다. 두 지층 사이에 적어도 전기 오르도비스기 전체에 해당하는 약 1,500만 년 정도의 결층이 존재한다(중국 내몽고: 타원 안의 망치=30 cm).

서 나타난다. 부정합은 위에 놓인 퇴적암 지층과 아래 놓인 암층의 경사와 구성 암석 그리고 침식면의 존재 여부에 따라 4가지로 구분된다. 기울어진 지층 위에 평행한 층리를 보이는 퇴적암 지층이 놓여 있으면 경사부정합(angular unconformity, 그림 3.14a), 아래 놓인 지층이 화성암 혹은 변성암이면 난정합(nonconformity, 그림 3.14b), 아래 · 위 지층이 모두 평행한 층리를 보이는 퇴적암이고 부정합면을 따라 침식면이 관찰되면 비정합(disconformity) 혹은 침식부정합(그림 3.14c), 침식면이 관찰되지 않으면 준정합(paraconformity) 혹은 평행부정합(parallel unconformity)이라 한다(그림 3.14d).

경사부정합은 아래 지층이 수평으로 쌓인 후 기울어지고 침식된 후 퇴적암 지층이 쌓여 형성되고, 난정합은 지하 높은 온도와 압력에서 형성된 화성암 혹은 변성암이 융기되어 침식된 후 퇴적암 지층이 쌓여 형성된다. 비정합과 난정합은 아래 퇴적암 지층이 쌓이고 융기되어 침식된 후 퇴적암 지층이 쌓여 형성되는데, 침식 흔적이 남아 있기도 하고 그렇지 않기도 하다. 아래 · 위 지층이 보이는 경사와 암석 종류의 차이는 상대적으로 뚜렷이 구별되는 지질학적 특징이기 때문에 경사부정합과 난정합은 노두에서 쉽게 인지할 수 있다. 그러나 비정합과 준정합은 부정합면을 경계로 지층의 경사나 암석 종류의 차이가 없고, 침식은 지질학적으로 아주 짧은 시간 동안에도 발달할 수 있으므로 아래 · 위 지층에서 산출되는 화석이 가리키는 상대연령이 지질학적으로 커다란 차이가 있어야지만 결층을 인지할 수 있다. 예를 들어 우리나라 조선누층군과 평안누층군 사이에서 관찰되는 비정합의 경우(그림 3.14c) 부정합면의 아래에 놓인 두위봉층에서는 오르도비스기 화석이 발견되고 위에 놓인 만항층에서는 석탄기 화석이 발견되며, 조선누층군과 평안누층군이 분포하는 지역 어디에서도 실루리아기와 데본기의 화석이 발견되지 않았다. 이를 통해 조선누층군과 평안누층군 사이에 '대결층(great hiatus)'이라 불리는 약 1억 4,000만 년의 결층이 있다는 사실을 알 수 있다.

부정합이 없는 퇴적암 지층은 정합적(conformable)으로 쌓였다고 한다. 정합적으로 쌓인 퇴적암 지층은 점이적(gradational)으로 변하기도 하고 뚜렷한 접촉면을 경계로 변하기도 한다. 점이적 접촉면은 연속적으로 퇴적이 일어났음을 나타내지만, 뚜렷한 접촉면은 퇴적이 일어나지 않았거나 쌓여 있던 퇴적물이 침식되어 사라졌음을 나타낸다. 퇴적 조건이 변했음을 나타내는 뚜렷한 접촉면은 퇴적 환경 변화를 이해하는 데 중요한 증거이다. 퇴적이 일어나지 않았거나 침식에 의해 형성된 뚜렷한 접촉면은 특정 시간에 대한 암석 기록이 없는 결층이다. 이러한 결층은 짧게는 몇 시간, 길게는 몇 년을 나타낼 수 있지만 지질학적으로 아주 짧은 시간이기에 부정합이라 부르지 않고 불연속면(discontinuity surface)이라 부른다. 불연속면은 부정합을 포함하는 넓은 개념으로 사용되기도 한다.

3) 층서단위

물체의 길이와 무게를 표시하기 위해 'm'나 'kg'과 같은 단위를 사용하는 것처럼 층서학에서도 단위를 사용하여 지층을 표시한다. 우리나라의 '자'와 '평', 미국의 'ft(피트)'와 'lb(파운드)'와 같이 나라마다 사용하는 단위가 다르듯이, 지층을 구분하는 기준에 따라 다른 층서단위(stratigraphic unit)를 사용한다.

암석의 특성을 기준으로 지층을 구분하면 암석층서학(lithostratigraphy), 화석을 기준으로 하면 생층서학(biostratigraphy), 부정합을 포함한 불연속면을 기준으로 하면 순차층서학(sequence stratigraphy), 자기 특성을 기준으로 하면 자기층서학(magnetostratigraphy)이라 하는데 각기 다른 층서단위를 사용한다.

암석층서학의 기준인 암상(lithofacies 혹은 lithologic properties)은 암석을 구성하는 광물의 종류, 광물 결정 혹은 입자의 크기, 형태, 방향성 및 상호 관계 등을 나타내는 조직(texture)과 구조(structure) 등을 일컫는다. 암석층서학에서는 규모가 커지는 순서로 층리(bed), 층원(member), 층(formation), 층군(group), 누층군(supergroup)을 단위로 사용하며, 층이 기본 단위이다. 암석층서단위는 켜(layer)로 이루어져 지층누중의 법칙이 적용되는 퇴적암체나 분출암체를 구분할 때 주로 사용하지만, 퇴적 작용과 화산 분출로 형성되었음을 알 수 있는 변성암체를 기재할 때도 사용된다. 예를 들어 태안층은 녹색편암상의 변성 정도를 보이는 암석으로 이루어져 있지만, 깊은 바다에서 쌓인 쇄설성 퇴적암이 모암이기 때문에 "층"으로 기재한다. 화성암은 '홍제사화강암', '분덕화강암'처럼 암상을 사용하여 기재한다. 화성암 혹은 변성암으로 이루어져 있으며 복잡한 지질 구조를 보이는 암체의 경우에는 '경기편마암 복합체', '지리산편마암 복합체'처럼 복합체(complex)라는 단위를 사용하여 기재한다.

가장 작은 암석층서단위인 층리는 두께가 1 cm 이상인 퇴적암 지층이고 두께가 1 cm 이하인 퇴적암 지층은 엽층리(lamina)라 한다. 층리는 층서학적으로 유용한 경우에만 이름을 붙인다. 예를 들어, 약 6,600만 년 전 운석이 충돌하여 형성된 점토층을 'K/P Boundary Clay'(이전에는 K/T Boundary Clay)라 부르는데, 지구에는 희귀한 이리듐(Ir)을 비정상적으로 많이 포함하고 있다. 이 층리는 중생대와 신생대의 경계를 지시하는 표식이다.

층은 인접한 층으로부터 뚜렷이 구분되는 특성을 보이는 3차원의 판상(tabular) 암체(body of rock)로 지질도에 표시할 수 있을 정도의 규모여야 하고, 지표뿐 아니라 지하에서도 분포가 확인되어야 하

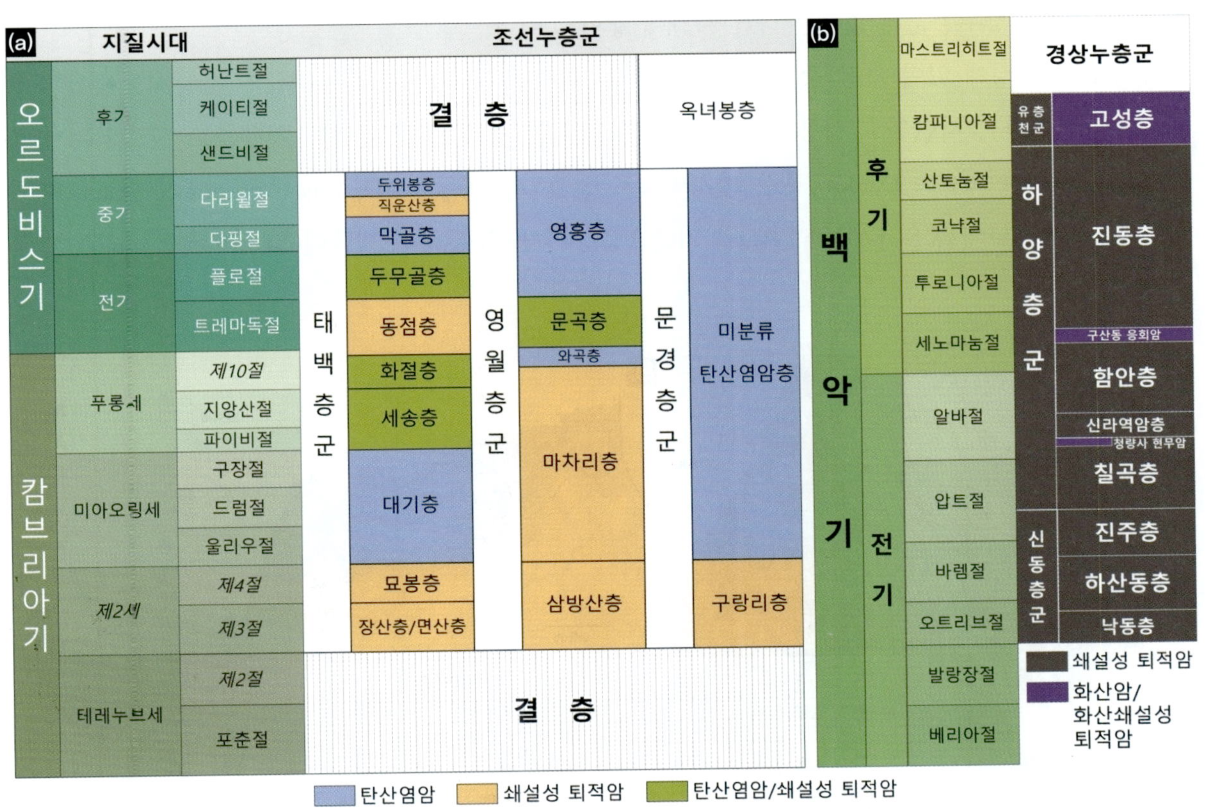

그림 3.15 암석 층서. (a) 조선누층군의 암석 층서. 각 암석층서단위의 상 · 하 경계는 수치연령을 기준으로 그어졌기 때문에 암석층서단위의 수직 길이는 실제 두께와 일치하지 않는다. 예를 들어, 가장 오랜 시간 동안 형성된 마차리층의 실제 두께는 약 200 m이지만 가장 짧은 시간에 형성된 와곡층의 실제 두께는 약 200~250 m이다. (b) 경상누층군(진주 소분지)의 암석 층서

며, 그 층이 분포하는 대표적인 지역 혹은 암석을 따라 이름 붙인다. 중기 오르도비스기 직운산층은 주로 쇄설성 퇴적암인 셰일로 이루어져 있어 탄산염암으로 이루어져 있는 아래 놓인 막골층과 위에 놓인 두위봉층으로부터 뚜렷이 구분되며(그림 3.15a), 축척이 1:50,000인 지질도에 약 2.5~3 cm 정도로 표시되고(그림 3.16b), 시추공에서도 그 분포가 확인된다. 직운산층은 강원도 영월과 정선에 위치한 직운산과 대표적인 암상인 셰일을 따라 처음에는 '직운산셰일'로 불렸지만, 현재는 공식적인 암석층서단위를 사용하여 직운산층으로 불린다. 층은 하나 이상의 층원으로 구분하기도 한다. 예를 들어 영월층군의 문곡층은 최하부로부터 가람층원, 배일재층원, 점말층원, 두목층원으로 구분한다.

지층누중의 원리를 적용하여 상대연령이 결정되었으며 정합적으로 쌓인 2개 이상의 층을 층군으로 묶기도 한다. 전기 고생대 동안 태백산 분지에 정합적으로 쌓인 층들은 지역에 따라 암상이 달라 다른 층군으로 구분한다(그림 3.16a). 태백 지역에 분포하는 하부 고생대 지층은 암상을 기준으로 11개 층, 영월 지역의 지층은 5개 층, 문경 지역의 지층은 2개 층으로 구분되며 각각 태백층군, 영월층군, 문경층군이라 한다(그림 3.15a, 3.16a). 이 층군들을 묶어 조선누층군이라 한다. 중생대 백악기 동안 경상분지에 쌓인 퇴적암 혹은 분출암 지층은 하부로부터 신동층군, 하양층군, 유천층군으로 구분되며 이 층군들을 묶어 경상누층군이라 한다(그림 3.15b). 조선누층군의 층군은 층서적으로 같은 시간에 쌓였지만 경상누층군의 층군은 다른 시간에 쌓인 것이다.

상대연령 결정에 있어 가장 중요한 역할을 하는 화석의 수직적 분포가 기준인 생층서학에서는 생물대(biozone)를 층서단위로 사용한다. 생물대의 상·하 경계는 화석 종이 처음으로 산출되는 층준(FAD, First Appearance Datum) 혹은 마지막으로 산출되는 층준(LAD, Last Appearance Datum)이다(그림 3.17). 한 화석 종의 FAD와 LAD를 기준으로 지층을 구분하면 생존대(taxon range zone), 한 종

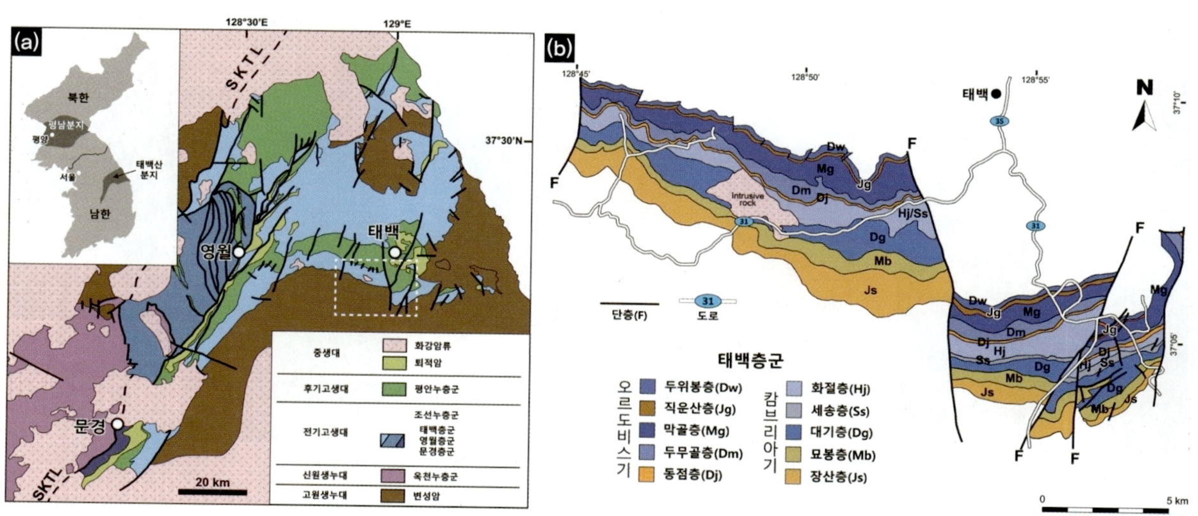

그림 3.16 (a) 전기 고생대 조선누층군 분포를 보여주는 태백산 분지 지질도(SKTL=South Korea Tectonic Line, 남한 구조선). (b) 그림 a의 점선 직사각형 부분을 확대한 태백층군의 지질도

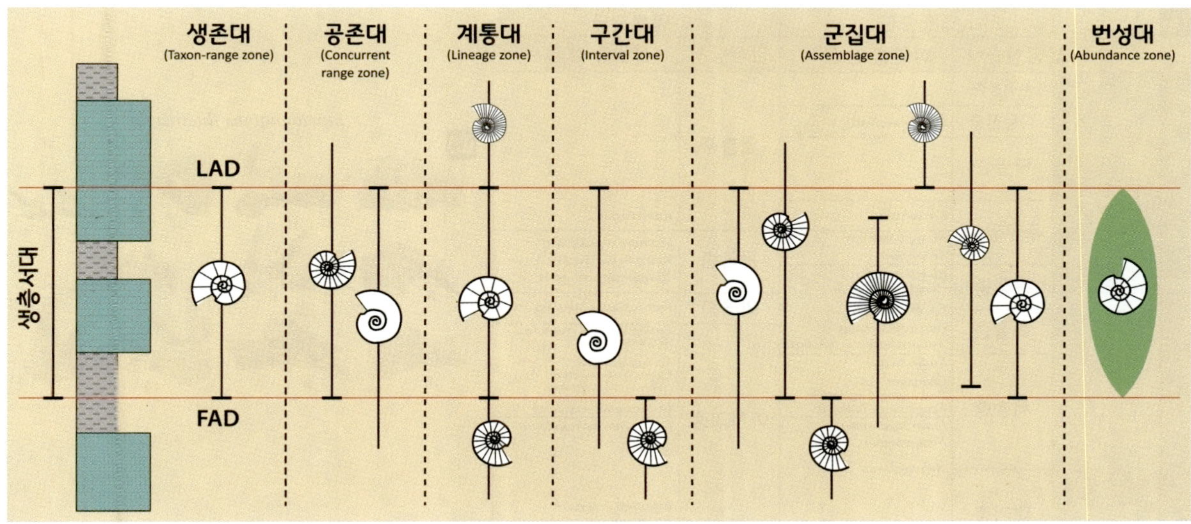

그림 3.17 각기 다른 기준으로 정의된 다양한 생물대

의 FAD와 다른 종의 LAD를 기준으로 하면 공존대(concurrent range zone), 여러 종의 FAD 혹은 LAD를 기준으로 하면 구간대(interval zone), 조상 종과 후손 종의 FAD와 LAD를 기준으로 하면 계통대(lineage zone), 여러 화석 종이 산출되는 구간에서 하나 이상 대표적인 종의 FAD 혹은 LAD를 기준으로 하면 군집대(assemblage zone), 한 종의 FAD와 LAD 그리고 개체 수의 변화를 기준으로 하면 번성대(abundance zone)라 한다.

가장 일반적으로 사용하는 생물대는 군집대이다. 군집대에 속한 모든 화석 종의 FAD와 LAD는 군집대의 상·하 경계와 일치하지 않으며, 다른 지역의 군집대와 대비할 경우, 군집대에 속한 모든 화석 종이 산출되지 않기도 한다. 생물대는 산출되는 화석 종 중 대표되는 화석 종의 속명(generic name) 또는 학명을 따라 이름을 붙인다. 예를 들어 우리나라 태백층군 세송층 최상부에서는 *Kaolishania* 군집대, 화절층의 최하부에서는 *Asioptychaspis subglobosa* 군집대가 정의되었는데, 각 군집대는 대표되는 삼엽충 속명이나 학명에 따라 이름이 붙여졌다(그림 3.18a).

부정합을 포함하는 불연속면과 그 사이에 놓인 퇴적암 지층이 해수면 변동, 지구조 운동, 퇴적물 공급의 상호 작용에 따라 어떤 변화를 보이는가를 기준으로 지층을 구분하는 순차층서학에서는 규모가 커지는 순서로, 인접한 퇴적상과는 구분되는 특정한 퇴적 조건에서 형성된 암상인 퇴적상(sedimentary facies), 특정한 퇴적 환경을 지시하는 퇴적상 조합(facies association), 정합적으로 쌓인 여러 퇴적상 조합으로 이루어져 있으며 상·하 경계가 동일한 시간을 나타내는 부정합면인 연층(sequence) 등을 사용한다. 퇴적상 조합을 암석층서단위를 정의하는 데 사용하기도 한다. 예를 들어 직운산층은 다양한 퇴적 구조를 보이는 쇄설성 퇴적암과 탄산염암으로 이루어져 있고, 퇴적 구조와 암상을 기준으로 여러 퇴적상으로 구분할 수 있다. 이 퇴적상들은 외부 대륙붕과 깊은 분지 환경을

(a)

지질시대		태백층군		영월층군	
		암석층서	삼엽충 생층서	암석층서	삼엽충 생층서
오르도비스기	다리윌절	두위봉층		영흥층	
		직운산층	*Dolerobasilicus*		
	다핑절	막골층			
	플로절	두무골층	*Kayseraspis*		*Kayseraspis*
	트레마독절		*Protopliomerops* *Asaphellus*	문곡층	*Shumardia pellizzarii* *Kainella euryrachis* *Yosimuraspis vulgaris* ★
		동점층	*Richardsonella* *Pseudokoldinioidia*		
캄브리아기	푸롱세		*Eosaukia*	와곡층	*Fatocephalus hunjiangensis*
		화절층	*Quadraticephalus* *Asioptychaspis subglobosa*	마차리층	*Pseudoyuepingia asaphoides* *Agnostotes orientalis* ★
		세송층	*Kaolishania* *Chuangia* *Prochuangia mansuyi* *Fenghuangella laevis*		*Eochuangia hana* *Eugonocare longifrons* *Hancrania brevilimbata* *Proceratopyge tenuis* *Glyptagnostus reticulatus* ★
	미아오링세		*Liostracina simesi* *Neodrepanua* *Jiulongshania*		*Glyptagnostus stolidotus*
		대기층	*Amphoton* *Crepicephalina*		*Lejopyge armata* *Ptychagnostus atavus* *Ptychagnostus sinicus* *Tonkinella*
	제2세	묘봉층	*Bailiella* *Mapania* (?) *Elrathia* *Redlichia*	삼방산층	*Megagraulos semicirculans* *Megagraulos sampoensis*
		장산층/면산층			

(b) *Iapetognathus fluctivagus*

그림 3.18 (a) 태백층군과 영월층군의 삼엽충 생물대. '★'은 '캄브리아기 푸롱세 파이비(Paibian)절의 시작을 알리는 *Glyptagnostus reticulatus* 생물대와 지앙산(Jiangshanian)절의 시작을 알리는 *Agnostotes orientalis* 생물대, 전기 오르도비스기 트레마독절의 시작을 알리는 *Yosimuraspis vulgaris* 생물대를 가리킨다. (b) 전 지구적으로 오르도비스기의 시작을 지시하는 코노돈트 *Iapetognathus fluctivagus*. '←'는 오르도비스기 시작점을 가리킨다.

지시하고, 얕은 조하대에서 쌓인 퇴적물로 이루어진 막골층과 두위봉층과 구분되어 암석층서단위인 직운산층을 정의하는 데 사용하고 있다. 자기 특성이 기준인 자기층서학에서는 인접한 지층과 구별되는 자기 극성을 보이는 암체인 자기극성대(magnetopolarity unit) 혹은 자기대(polarity zone)를 사용한다.

이러한 층서단위는 지역적인 규모에서 지층을 구분할 때 주로 사용한다. 전 지구적으로 지층을 구분하기 위해서는 시간층서단위(chronostratigraphic unit)와 지질연대단위(geochronologic unit)를 사용한다. 시간층서단위는 규모가 작아지는 순서로 누대층 · 대층 · 계 · 통 · 조를 사용하며, 이에 대응하는 지질연대단위는 누대 · 대 · 기 · 세 · 절이다(표 3.1). 시간층서단위는 어느 지질시대 동안 형성된 지층을 가리키며, 지질연대단위는 지질시대가 시작되는 시점과 끝나는 시점을 수치연령으로 표시한 시간 구간이다. 시간층서단위는 실제 지층이 지구상 어딘가에 존재하는 층서단위이지만, 지질연대단위는 암층을 나타내지 않는다. 오르도비스계(Ordovician System)는 고생대층(Paleozoic Erathem)을 세분한 6개 계 중 두 번째로 오래된 지질시대 동안 형성된 지층을 의미하며, 지역마다 암상과 두께가 다르고, 어떤 지역에서는 존재하지 않을 수도 있다. 오르도비스기(Ordovician Period)는 고생대(Paleozoic Era)를 세분한 6개 기 중 두 번째로 오래된 지질시대로 485.4±1.9 Ma부터 443.8±1.5 Ma까지의 시간으로 약 4,160만 년에 해당하는 지질시대 구간이다. 공식적으로 이름이 부여되지 않은 지질시대의 경우 시간층서단위는 하부 · 중부 · 상부를, 지질연대단위는 전기 · 중기 · 후기를 사용하여 구분한다(그림 3.2).

표 3.1 시간층서단위와 지질연대단위

시간층서단위	지질연대단위
누대층(累代層, Eonothem)	누대(累代, Eon)
대층(代層, Erathem)	대(代, Era)
계(系, System)	기(紀, Period)
통(統, Series)	세(世, Epoch)
조(組, Stage)	절(節, Age)

우리가 사용하는 시간 단위는 특정한 수치를 넘어서면 한 단계 규모가 큰 범주의 단위로 표시된다. 예를 들어 60분은 1시간으로, 24시간은 1일로 표시하게 된다. 그러나 시간층서단위와 지질연대단위는 주기성이 없는 지질학적 사건을 기준으로 정의하기 때문에 특정한 개수의 하위 단위가 모이면 자동으로 하나의 상위 단위가 되지 않는다. 예를 들어 고생대는 6개 기(period)로 이루어져 있지만, 중생대는 3개 기로 이루어져 있다. 또한 시간 길이, 예를 들어 1억 년 혹은 1억 5,000만 년이 지질연대단위를 정의하는 기준이 아니다. 예를 들어 고생대는 2억 8,690만 년 동안의 시간을 나타내지만, 중생대는 1억 8,590만 년 동안의 시간을 나타낸다. 선캄브리아시대의 지질시대는 지질학적으로 중요한 사건을 기준으로 하지 않고, 대부분 수치연령을 기준으로 정의되었기 때문에 지질연대단위 경계의 수치연령은 '2,500 Ma'처럼 대략적이다(그림 3.2). 선캄브리아시대 암석 연구를 통해 지질학적으로 중요한 사건이 밝혀지고, 이를 기준으로 지질시대를 구분하게 되면, 현생누대 지질시대 경계의 수치연령처럼 자세해질 것이다.

4) 층서대비

층서대비(stratigraphic correlation)는 여러 지역에 분포하는 지층을 비교하여 같은 시간에 형성된 지층을 찾아내는 것이다. 고고학 발굴 조사와 비교하여 설명하면(그림 3.19), 같은 유물이 산출되는 토양층은 같은 시기에 퇴적되었다고 판단하여 상 · 하 경계를 연결한 것은 지질학적으로 층서대비에 해당한다. 두 지역에서 아래로부터 발견되는 유물의 순서가 같으므로 가까운 지역에서는 유물이 이러한 순서로 발견될 것이라 예상할 수 있다. 이는 화석이 발견되는 순서가 여러 지역에서 같다면 새로운 지역을 조사할 때 이런 순서를 참고하여 화석이 산출되는 순서를 예상할 수 있는 '생물군 천이의 원리'에 해당한다.

A 지역에서는 도자기가 발견되지만, B 지역에서는 발견되지 않는다. 이는 A 지역에 살았던 사람

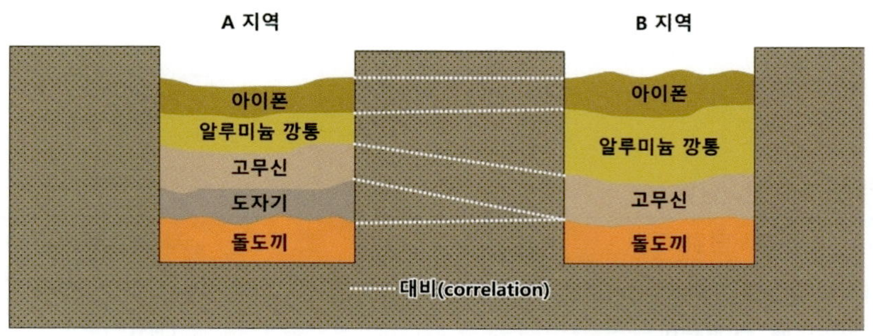

그림 3.19 두 지역의 고고학 발굴 조사를 통해 찾아진 유물을 기준으로 토양층을 대비한 결과

들은 도자기를 사용했지만 B 지역에 살았던 사람들은 사용하지 않았다고 해석할 수 있다. 이는 지질학적 상대연령을 결정하는 데 가장 중요한 역할을 하는 화석으로 보존된 생물이 B 지역에서는 서식하지 않았던 것으로 해석하는 것에 해당한다. 이와 달리 B 지역에 도자기를 포함하는 토양층이 침식을 받아 사라진 것으로 해석할 수도 있다. 이는 시간에 대한 기록이 없는 결층이 있다고 해석하는 것에 해당한다. 토양층의 형성 속도가 지역마다 달랐기 때문에 같은 시기에 형성된 토양층의 두께는 지역마다 다를 수 있는 것과 같이, 같은 시간 동안 형성된 퇴적암 지층의 두께는 퇴적물의 공급량과 속도에 따라 지역마다 차이가 있다.

지층을 대비한 결과 층서단위의 상 · 하 경계가 지질학적으로 동일한 시간을 나타내는 시간선(time line)을 가로지르는 경우가 있는데, 이를 이시성(diachroneity)이라 한다. 예를 들어 같은 퇴적암은 물리 · 화학적 조건이 같으면 다른 시간에도 형성될 수 있으므로 같은 암상을 기준으로 지층을 대비하면, 암석층서단위의 상 · 하 경계는 시간선을 가로지를 가능성이 아주 크다. 동일한 시간에 해안에는 모래가 쌓이는 동안 해안선으로부터 멀어지면서 입자가 작은 실트와 점토가 쌓인다고 가정해보자(그림 3.20). 해수면이 상승하여 해안선이 육지 쪽으로 이동하면 퇴적물은 해수면이 상승하기 전보다 육지 쪽에 가까이 쌓이게 된다. 점토로 이루어진 셰일이라는 암상만을 기준으로 대비하면 셰일 지층은 3개의 시간선을 포함하고 그 상 · 하 경계는 시간선을 가로지른다. 각 시간선이 급격한 해수면 상승에 따른 불연속면을 나타낸다면 사암, 실트암, 셰일이 쌓이는 환경은 급격하게 육지 쪽으로 이동하였다는 것을 의미하고 3개의 퇴적암은 하나의 동시적(synchronous) 층서단위를 구성하는 요소가 될 수 있다.

두 지역 지층을 각기 다른 기준으로 대비해보자(그림 3.21). 암석층서대비의 경우 'ㄷㄹ 셰일층'은 왼쪽 지역에서 먼저 쌓이고 오른쪽 지역에서 나중에 쌓였기 때문에 'ㄷㄹ 셰일층'의 상 · 하 경계가 시간선을 가로지른다(그림 3.21a). 왼쪽 지역에 'ㄷㄹ 셰일층'이 쌓이는 동안 오른쪽 지역에서는 'ㅁㅂ 사암층'이 쌓였다. 같은 시간에 두 지역의 퇴적 조건이 달라서 다른 퇴적암이 쌓이는 것이다. 삼엽충, 코노돈트, 층공충(stramotoporoid)과 같은 화석을 기준으로 영월층군의 영흥층은 태백층군의 두무골

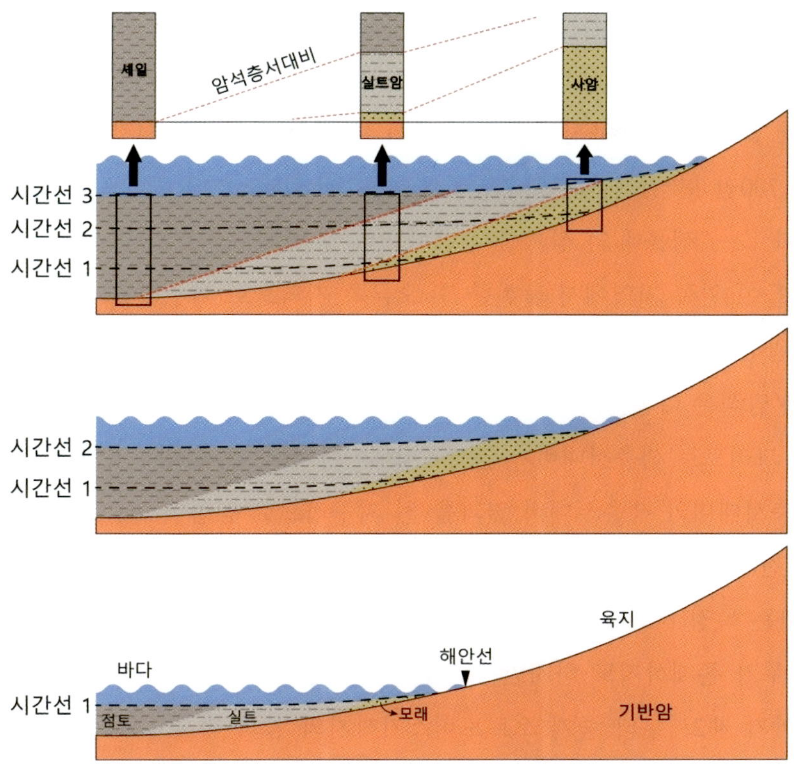

그림 3.20 암석층서대비의 이시성. 시간선은 동일한 시기에 쌓이는 퇴적암의 경계면을 나타내기 때문에 곡선으로 표시되었다. 층서대비의 해상도가 높아지면 그림에 표시한 시간선 사이에는 더 많은 시간선을 그을 수 있고, 이를 기준으로 지층을 대비할 수 있다.

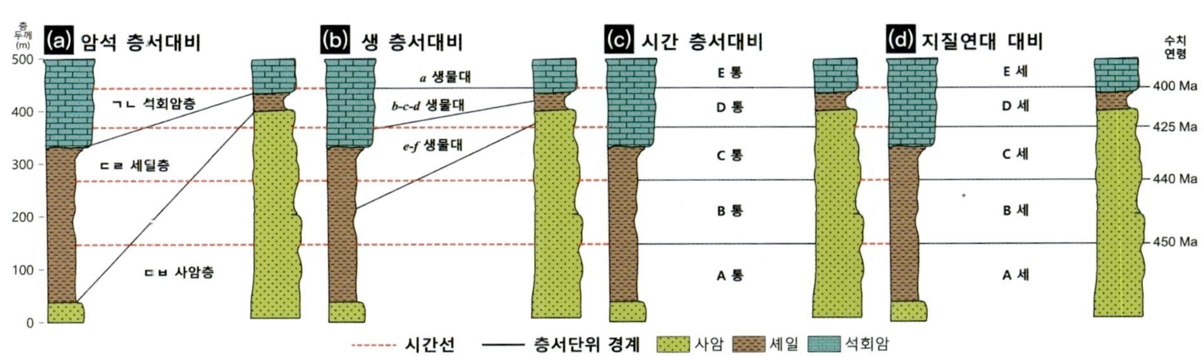

그림 3.21 다양한 층서단위와 층서대비. 퇴적물의 공급량, 퇴적 속도 등은 지역에 따라 다르므로 퇴적층의 두께는 수치연령의 길이에 비례하지 않는다. 즉 두꺼운 퇴적층이 긴 시간 구간을 나타내지 않는다.

층, 막골층, 직운산층, 두위봉층과 대비된다(그림 3.15a). 영흥층은 주로 돌로스톤(dolostone)으로 이루어져 있지만, 태백층군의 4개 층은 돌로스톤, 석회암 혹은 셰일로 이루어져 있다. 오르도비스기 전기부터 중기까지 태백 지역과 영월 지역의 퇴적 환경이 달랐기 때문에 다른 퇴적암이 쌓인 것이다. 만약 암상만을 기준으로 대비한다면 돌로스톤으로 이루어져 있다는 점에서 영흥층은 막골층과 대비되어야 할 것이다.

화석으로 보존된 생물은 지질시대의 특정 구간에만 서식했기 때문에 생층서단위를 연결한 상 · 하 경계선이 시간선을 가로지를 가능성은 상대적으로 작다. '*a* 생물대'의 하부 경계가 시간선과 일치하는 것은(그림 3.21b) '*a* 생물대'를 구성하는 화석 종이 두 지역에서 같은 시간에 출현했기 때문이다. 예를 들어 약 4억 9,700만 년 전에 출현한 *Glyptagnostus reticulatus*(그림 3.13a)가 처음 출현하는 층준은 시간선과 일치한다. '*e-f* 생물대'의 상 · 하 경계가 시간선을 가로지르는 이유는(그림 3.21b) 생물대를 구성하는 화석 종들이 왼쪽 지역에서 출현한 후 오른쪽 지역으로 이주하였기 때문으로 생각할 수 있다. 화석 기록이 완전하지 않지만, 일반적으로 생층서대비는 암석층서대비보다 시간선과 일치할 가능성이 크다. 같은 암석은 다른 지질시대 동안 형성될 수 있지만, 화석 종은 특정한 지질시대 동안 서식했기 때문이다. 그러므로 생층서대비가 암석층서대비에 비해 이시성이 작다.

지역적인 암석층서대비와 생층서대비 결과를 전 지구적으로 종합한 후, 특정 지질시대 구간 동안 형성된 지층을 시간층서단위로 정의한다(그림 3.21c). 지역마다 시간층서단위는 암상과 두께가 다르며, 어떤 지역에서는 특정 시간층서단위를 나타내는 지층이 존재하지 않기도 한다. 시간층서단위 전체를 나타내는 노두가 존재하기도 하지만 일부만 나타내는 노두가 존재하기도 한다. 우리나라 조선누층군은 캄브리아기 제2세부터 중기 오르도비스기까지의 암석 기록으로 캄브리아기나 오르도비스기 전체를 나타내지 않는다(그림 3.15a). 층서단위가 작아질수록 전체를 나타내는 노두가 존재할 가능성이 크다. 조선누층군의 경우 정합적으로 쌓였기 때문에 캄브리아기 제2세부터 중기 오르도비스기 각 절 전체에 대응하는 암석 기록이 존재한다. 시간층서단위가 결정된 후 상 · 하 경계의 수치연령이 결정되면 해당 시간층서단위에 대응하는 지질연대단위가 결정된다(그림 3.21d). 시간층서단위와 지질연대단위의 상 · 하 경계는 시간선과 일치한다.

퇴적암은 화성암이나 변성암과 달리 이미 형성된 암석이 지표에 노출된 후 풍화 · 침식되어 형성된 퇴적물이 쌓여 만들어진다. 화성암과 변성암의 형성 연대를 알려주는 대표적인 광물인 저어콘(zircon, $ZrSiO_4$)은 퇴적암에서도 산출된다. 화성암이나 변성암이 지표에 노출된 후 풍화를 받으면, 이 암석에 포함되어 있던 저어콘 결정이 퇴적물로 운반된 후 쌓여 쇄설성 퇴적암에서 발견되기에 퇴적암에서 발견되는 저어콘을 쇄설성 저어콘(detrital zircon)이라 한다. 쇄설성 저어콘은 퇴적물 공급지에 노출되어 있던 다양한 암석의 수치연령을 알려준다(그림 3.22a). 사암 ①과 ②에서 발견된 쇄설성 저어콘 연대를 비교하면 공급지에 분포했던 암석의 연대가 다름을 알 수 있으며, 두 사암은 다른 공급지로부터 퇴적물을 공급받아 형성되었다. 사암 ①과 ②의 쇄설성 저어콘 중 2억 년 전에 형성된 저어콘이 가장 젊기 때문에 2억 년 전에 형성된 암석이 지표에 노출된 후 풍화 · 침식되어 저어콘 결정이 퇴적물로 운반되어 쌓였다. 사암 ①과 ②는 적어도 2억 년 전 이후에 퇴적이 시작되었다는 것을 알 수 있다. 그러나 정확히 언제 퇴적이 시작되었는지는 알 수 없으며 또한 언제 퇴적이 끝났는지도 알 수 없다. 퇴적암에서는 화석을 기준으로 한 생층서대비를 바탕으로 시간층서단위를 결정하며, 전

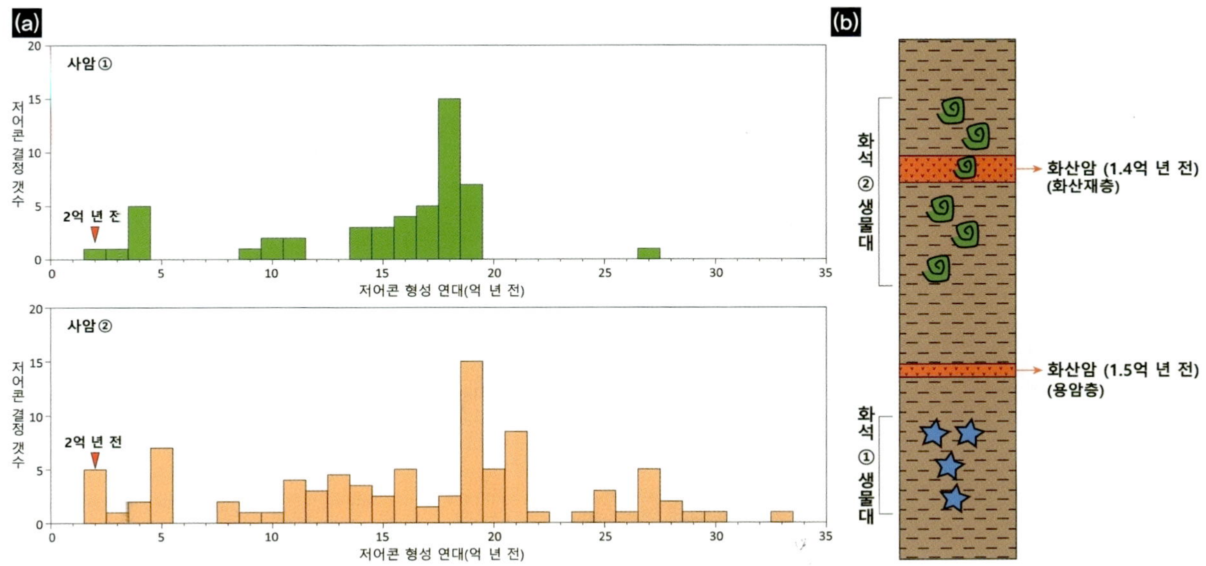

그림 3.22 퇴적암의 수치연령 결정. (a) 두 사암의 쇄설성 저어콘 연대: 다양한 지질시대에 형성된 암석이 퇴적물 공급지에 노출되어 있었음을 알 수 있으며 두 사암의 공급지는 달랐다는 사실도 알 수 있지만, 사암이 언제부터 쌓이기 시작했는지 그리고 언제 퇴적 작용이 끝났는지는 알 수 없다. (b) 퇴적암의 수치연령 결정 방법: 퇴적암과 함께 용암층이나 화산재층과 같은 화산암 지층이 산출되는 경우, 화산암에서 발견되는 저어콘 결정의 수치연령은 퇴적암에서 산출되는 화석의 수치연령을 비교적 정확히 알려준다.

지구적인 해수면 변동을 반영하는 순차층서대비를 기준으로도 시간층서단위를 결정할 수 있다.

화석이 발견되는 퇴적암 지층과 함께, 용암이 흘러 형성되거나 화산 분화에 의해 생성된 화성쇄설성 퇴적물이 쌓여 형성된 화산암 지층이 발견되는 경우, 화석에 의해 정의된 생물대의 수치연령을 결정할 수 있다(그림 3.22b). 화석 ①에 의해 정의된 생물대 위에 수치연령이 1억 5,000만 년 전인 용암층이 놓여 있기 때문에 화석 ① 생물대는 적어도 1억 5,000만 년 전보다 오래되었음을 알 수 있다. 화석 ②에 의해 정의된 생물대의 중간 지점에서 1억 4,000만 년 전에 형성된 화산재층이 발견되고 화산재층에서도 화석이 발견되기 때문에 화석 ② 생물대의 수치연령은 1억 4,000만 년 전 정도임을 알 수 있다. 이렇게 어떤 지역에서 생물대의 수치연령이 결정되면 이를 전 지구적으로 적용하여 시간층서단위 경계의 수치연령을 결정한다. 생물대의 수치연령을 결정할 수 있는 노두는 흔치 않지만, 층서학적으로 아주 중요한 증거이다.

암석층서단위 경계는 시간층서단위 경계와 일치하기도 하고 그렇지 않기도 하다(그림 3.15a). 예를 들어, 영월층군 문곡층의 하부는 오르도비스기의 시작과 일치한다. 문곡층의 최하부에서는 *Yosimuraspis vulgaris*와 *Jujuyaspis sinensis*라는 삼엽충이 산출되는데(그림 3.13b, c), 이들이 속한 *Yosimuraspis* 생물대는 전 지구적으로 오르도비스기의 시작을 지시한다. 국제층서위원회에서 승인한 국제표준 층서구역(GSSP)에 따르면 오르도비스기의 시작은 *Iapetognathus fluctivagus*라는 코노돈트(그림 3.18b)가 처음으로 산출되는 지점인데, 우리나라에서는 아직 이 코노돈트가 보고된 바 없다. 캄브리아기 푸롱세 지앙샨절의 시작을 가리키는 *Agnostotes orientalis*가 산출되는 지층의 암상은 인접한 지층과 차이를 보이지 않기 때문에 암석층서단위인 마차리층의 상부 경계는 시간층서단위 경계와 일치하지 않는다(그림 3.18a). 암석층서단위 경계가 생층서단위 경계와 일치하지 않는 경우는(그림 3.21a, b) 태백층군의 대기층부터 동점층에서 정의된 삼엽충 생물대에서 보는 바와 같이(그림 3.18a) 흔하게 관찰된다.

각 지역의 노두에서 관찰되는 지층의 수직적 분포와 각 지층에서 산출되는 화석의 분포는 주상도(columnar section)로 표현한다(그림 3.23). 세 지역에 분포하는 지층의 상대연령을 나타내는 시간층서단위는 Ⓐ부터 Ⓖ로 표시하였다. 세 지역 주상도를 시간층서단위에 따라 종합하여 복합층서단면도

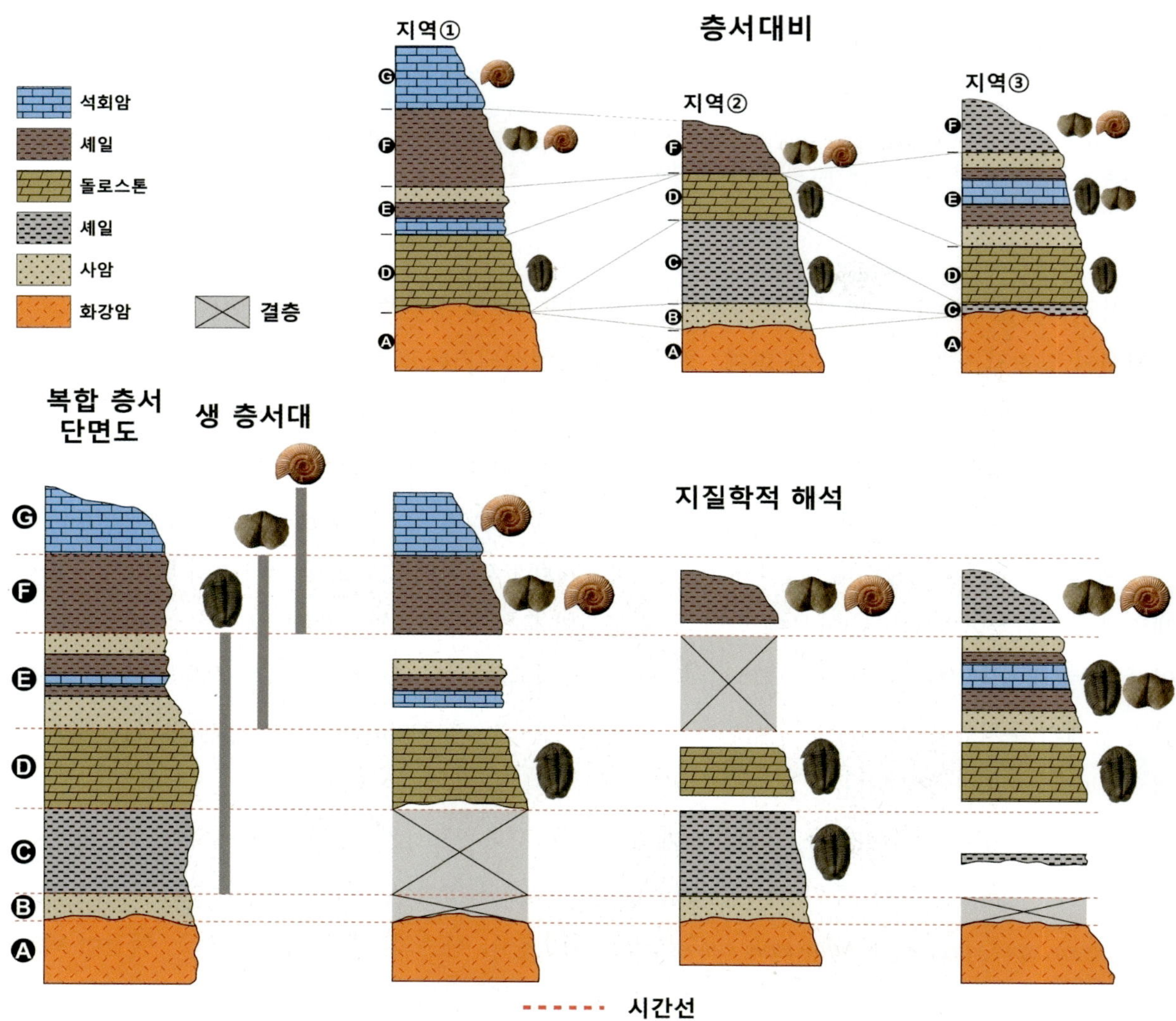

그림 3.23 주상도와 복합층서단면도. 세 노두에서 관찰되는 화석의 수직적 분포를 기준으로 시간층서단위를 결정한 후, 그 결과를 종합하여 표시한 복합층서단면도를 작성하고, 이를 각 지역의 주상도와 비교하면 지질학적 역사를 복원할 수 있다. 지질학적 해석에서 암상의 실제 두께를 표시하였기 때문에 상·하 경계는 시간층서단위의 상·하 경계와 일치하지 않는다. 암석층서단위는 표시하지 않았다.

(composite stratigraphic section)를 작성한다. 복합층서단면도는 실제로 노두에서 관찰되는 주상도가 아니며 새로운 지역을 조사할 때 참고 자료로 사용할 수 있고, 지층과 화석의 수직적 분포를 예측하는 데 사용할 수 있다.

복합층서단면도를 각 지역의 주상도와 비교하면 지역 ①에서는 시간층서단위 Ⓑ와 Ⓒ, 지역 ②에서는 시간층서단위 Ⓔ, 지역 ③에서는 시간층서단위 Ⓑ에 해당하는 결층이 존재한다. 이 결층이 지질학적으로 긴 시간이면 부정합으로 해석할 수 있다. 시간층서단위 Ⓐ 동안 세 지역 모두에서 화강암이 형성되었으며, 시간층서단위 Ⓑ 동안에는 지역 ②에서만 사암이 형성되었기에 지역 ①과 ③에서는 사암이 퇴적되지 않았거나 침식만이 일어난 것으로 해석할 수 있다. 지역마다 같은 시간층서단위를 나타내는 지층의 암상과 두께는 모두 다르다. 시간층서단위 Ⓔ와 Ⓕ 동안 지역 ①과 ③에서 관찰되는 암상의 차이는 같은 시간에 다른 퇴적 환경이 존재했던 것으로 해석할 수 있다. 시간층서단위 Ⓖ에 해당하는 암석 기록이 지역 ②와 ③에 없으므로 결층이 존재하는 것으로 표시할 수 없다. 이러한 지역적인 연구 결과를 종합하여 국제 지질연대 층서표(그림 3.2)가 작성되고 매년 수정 · 보완되는 것이다.

5) 국제표준 층서구역

시간층서단위와 지질연대단위가 결정되면 지질시대의 경계가 보존된 노두 중 여러 가지 다양한 기준을 근거로 그 경계를 대표하는 노두를 국제층서위원회에서 국제표준 층서구역(GSSP, Global Stratotype Section and Points)으로 승인하고 지질시대의 하부 경계를 가리키는 층준에 황금 못(golden spike)을 박아 표시한다(그림 3.24). 국제표준 층서구역은 다음과 같은 기준을 충족해야 한다. ① 층서학적으로 중요한 사건을 나타내는 증거인 표식(marker)이 있어야 한다. ② 하부 경계는 넓은 지역에 분포하는 표준화석에 해당하는 화석 종이 처음으로 나타나는 층준으로 정의해야 한다. ③ 화석이 산출되지 않으면 지화학적 변화 혹은 지자기 역전의 중요한 표식이 있어야 한다. ④ 수치연령을 측정할 수 있는 광물을 포함한 지층이 있어야 한다. ⑤ 표식은 암상과 상관없이 나타나야 한다. ⑥ 전 지구적 대비가 가능할 정도로 지층이 두꺼워야 한다. ⑦ 연속적으로 쌓여야 한다(즉 결층이 없어야 한다). ⑧ 지구조적 운동이나 변성 작용을 받지 않았어야 한다. ⑨ 연구를 위해 접근하기 쉬워야 한다. 2022년 현재 총 77개의 국제표준 층서구역이 국제층서위원회에 의해 승인되었으며(그림 3.2), 우리나라에는 현재 국제표준 층서구역으로 승인된 노두가 없다. 우리나라 영월층군 마차리층에서 산출되는 *Glyptagnostus reticulatus*와(그림 3.13a) *Agnostotes orientalis*는 고생대 캄브리아기 푸롱세 파이비절과 지앙산절의 국제표준 층서구역 표식이다.

그림 3.24 선캄브리아시대 신원생대 에디아카라기의 국제표준 층서구역. (a) 에디아카라기는 전 지구적인 눈덩이 지구 사건이 일어난 크리오스진기(Cryogenian Period)의 마지막 빙하기인 마리노(Marinoan) 빙하기 때 형성된 다이아믹타이트(diamictite)로 이루어진 엘라티나(Elatina)층과 빙하기가 끝나면서 형성된 덮개 석회암(cap carbonate)으로 이루어진 누칼리나(Nuccaleena)층의 경계에서 시작된다. 점선으로 표시한 직사각형 영역을 b에 확대하였다. (b) 누칼리나층 최하부에 국제표준 층서구역을 나타내기 위해 박아놓은 황금 못

3.2 화석

1) 고생물학

지질학에서 화석을 연구하는 분야를 고생물학(paleontology)이라 한다. 고생물학은 연구하는 화석을 기준으로 무척추고생물학, 척추고생물학, 고식물학, 미고생물학(코노돈트, 화분/포자 등), 생흔학(생흔화석)으로 구분한다. 화석은 40억 년 생명 진화의 과정과 양상을 연구하는 데 결정적인 증거를 제공한다. 고생물학은 화석 표본이 어떤 종(species)인지 그리고 어떤 상위 분류군에 속하는지를 밝혀내는 연구에서 출발한다. 이러한 분류학적 연구 결과는 40억 년 진화의 결과인 생명다양성(biodiversity)의 기록이며, 지층의 상대연령을 결정하는 생층서학뿐 아니라 진화의 기본 단위인 종의 조상-후손 관계를 밝혀내는 계통발생학(phylogenetics), 지질학적 현상과 진화의 연관성을 밝혀내는 고생물지리학(paleobiogeography), 대량멸종(mass extinction)과 적응방산(adaptive radiation) 같은 거진화(macroevolution) 양상을 알아내는 데 기초적인 자료로 사용된다(그림 3.25).

고생물학자들은 국제동물명명규약(ICZN, International Code of Zoological Nomenclature)에 따라 화석 표본을 종으로 동정하고 그 종을 등급에 따라 체계적으로 분류한다(그림 3.26). 기본적으로 사용하는 7개의 등급을 범주가 작은 것부터 나열하면 다음과 같다: 종(species) ⊂ 속(genus) ⊂ 과(family) ⊂ 목(order) ⊂ 강(class) ⊂ 문(phylum) ⊂ 계(kingdom). 화석 종은 현생 종과 마찬가지로 속명과 종소명으로

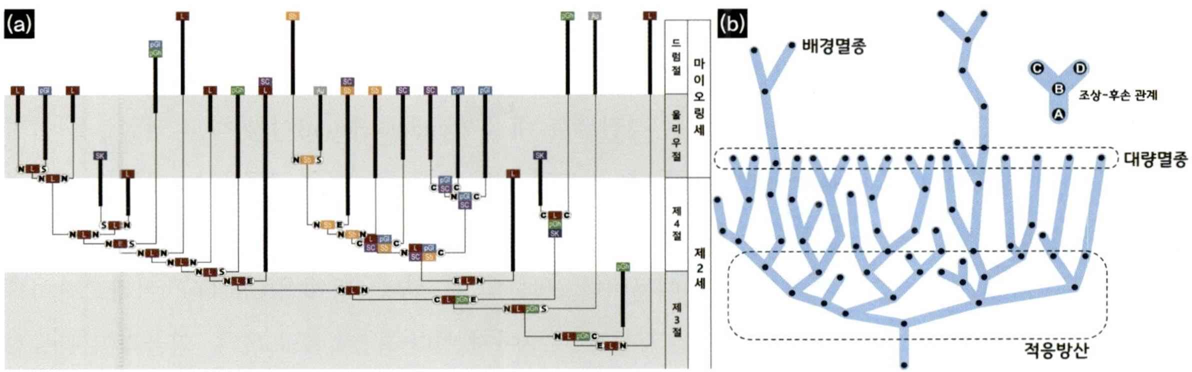

그림 3.25 (a) 캄브리아기 완족동물의 한 종류인 Nisusiidae에 속하는 종들의 고생물지리학적 역사를 분기도(cladogram)를 기반으로 추정하였다. 다양한 색깔로 표시된 직사각형은 이 완족동물 종이 서식했던 지역을 나타내고, 분기도가 갈라지는 지점이 나타내는 조상 종이 서식했던 지역을 알고리즘을 이용하여 추정한 결과이다. (b) 거진화 양상인 짧은 시간 동안 생물다양성이 급격히 증가하는 적응방산과 급격히 감소하는 대량멸종. 검은 동그라미로 표시된 모든 종은 조상-후손 관계로 연결되어 있다. 예를 들어 조상 종인 A종으로부터 후손 종인 B종이 출현하였고 시간이 흐르면 B종은 후손 종인 C와 D종의 조상 종이 된다.

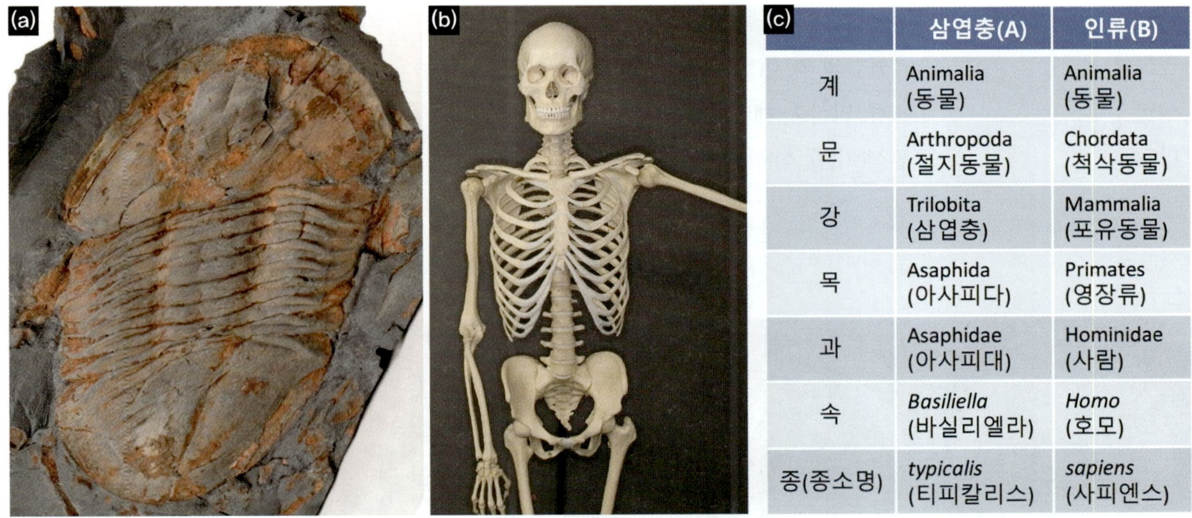

	삼엽충(A)	인류(B)
계	Animalia (동물)	Animalia (동물)
문	Arthropoda (절지동물)	Chordata (척삭동물)
강	Trilobita (삼엽충)	Mammalia (포유동물)
목	Asaphida (아사피다)	Primates (영장류)
과	Asaphidae (아사피대)	Hominidae (사람)
속	*Basiliella* (바실리엘라)	*Homo* (호모)
종(종소명)	*typicalis* (티피칼리스)	*sapiens* (사피엔스)

그림 3.26 (a) *Basiliella typicalis*, 삼엽충(고생대 오르도비스기 직운산층, 강원 태백), (b) *Homo sapiens*, 현생 인류, (c) 삼엽충(a)과 현생 인류(b)를 분류 체계에 따라 분류한 결과

이루어진 이명법(binomial nomenclature)을 적용하여 이름을 붙이고 이탤릭체로 기재한다(그림 3.26c).

2) 화석의 종류

화석(fossil)은 지질시대 동안 지구에 서식했던 생물체의 유해 그리고 생물의 행동을 나타내는 흔적이 암석에 보존된 것이다. 화석은 주로 퇴적암에서 산출되지만 약한 변성을 받은 암석에서도 발견된다. 신생대 제4기 홀로세가 시작되는 1만 1,700년 전 이전에 서식했던 생물체의 유해와 행동 흔적만이 엄격한 의미에서 화석에 해당한다. 화석은 생물의 골격에 해당하는 경질부(hard part) 및 소화, 신경, 호흡기관에 해당하는 연질부(soft part)가 암석에 보존된 체화석(body fossil)과 서식, 섭식, 이동과 같은 생물의 행동이 암석에 기록되어 있는 생흔화석(trace fossil)으로 구분한다. 대부분 경질부가 체화석으로 보존되는데, 연질부로 감싸여 있는 경질부를 내골격(endoskeleton)이라 하고 연질부를 감싸고 있는 경질부를 외골격(exoskeleton)이라 한다. 공룡과 같은 척추동물들의 경질부는 대부분 내골격이며 조개, 게, 곤충과 같은 무척추동물들의 경질부는 대부분 외골격이다. 경질부가 체화석으로 주로 보존되는 이유는 광물을 포함하고 있기 때문이다. 생물의 경질부는 방해석($CaCO_3$), 아라고나이트($CaCO_3$), 인회석($CaPO_4$), 석영(SiO_2)과 같은 광물로 이루어져 있다(표 3.2, 그림 3.27). 외골격이 광물질이 아닌 키틴이나 셀룰로스 같은 다당류로 이루어진 화석도 있다.

표 3.2 화석의 경질부를 이루는 광물들. †는 멸종한 분류군이다.

광물	화석의 종류
방해석	†산호, 유관절 완족동물, 연체동물, 태형동물, 극피동물, †삼엽충 등
아라고나이트	현생 산호, 연체동물 등
인회석	척추동물의 뼈, 이빨, 무관절 완족동물, †코노돈트 등
석영	규조류, 방산충, 해면동물 등
다당류	†필석(키틴), 식물(셀룰로스)

그림 3.27 화석의 경질부를 이루는 광물들. (a) 원래 방해석으로 이루어져 있던 삼엽충 골격이 석영으로 치환되어 보존된 경우(*Bolaspidella housensis*, 캄브리아기 마줌(Marjum)층, 미국 유타), (b) 방해석으로 이루어진 뿔산호로 재결정 작용을 받았을 가능성이 크다. (c) 탄화작용을 받아 탄소막만으로 보존된 필석, (d) 탄화작용에 의해 탄소막만으로 보존된 식물 잎(신생대, 경북, 포항), (e) 석영으로 이루어진 규조류(현생), (f) 석영으로 이루어진 방산충(현생), (g) 인회석으로 이루어진 무관절 완족동물, (h) 인회석으로 이루어진 상어 이빨 화석으로 바깥은 에나멜층으로 이루어져 있다.

3) 화석화 과정

생물이 죽은 후 유해가 퇴적물에 매몰되어 퇴적암에 보존되는 과정을 화석화 과정이라 한다. 생물의 유해는 생물체가 죽은 후 곧바로 다른 생물에 의해 먹히기도 하고 부패하는 생물학적 및 물리 · 화학적 작용에 영향을 받는다. 이 과정에서 연질부는 경질부보다 빠르게 사라진다. 이후 경질부가 강이나 바다와 같은 유체로 유입되면 퇴적물 입자와 같이 침식 · 운반 · 퇴적 · 고화 · 속성 작용을 거쳐 퇴적암에 화석으로 보존된다.

대부분의 체화석을 이루는 경질부는 다양한 과정을 거쳐 퇴적암에 보존된다(그림 3.28). 척추동물의 뼈는 관절로 연결되어 있으며, 이매패류의 2개 껍데기는 근육이나 인대로 연결되어 있고, 삼엽충이나 해백합 줄기는 여러 마디로 이루어져 있다. 골격이나 마디를 연결하고 있는 연질부가 부패하여 사라지면, 골격이나 마디가 분리된다(disarticulation, 관절/마디 분리). 경질부는 다른 생물에 의해 먹히거나 유체에 유입된 후 다른 입자와 부딪히는 과정에서 물리적으로 부서져 작은 크기의 파편이 되기도 하고(fragmentation, 파편화), 입자들과 부딪히면서 닳아 없어지기도 한다(abrasion, 마모). 경질부에 다른 생물이 물리적 혹은 화학적으로 구멍을 뚫는 생침식(bioerosion)이 일어나면, 파편화와 마모가 더욱 빠르게 진행된다. 경질부가 화학적으로 녹아나가는 용해(dissolution)도 일어난다. 경질부가

그림 3.28 화석화 과정. (a~d) *Redlichia nobilis*(삼엽충, 캄브리아기 문경층군, 경북 문경) (a) 관절/마디 분리 및 파편화를 거친 후 보존된 표본으로 황철석으로 치환된 후 산화되어 붉은색을 띤다. (b) 관절/마디 분리 후 보존된 얼굴 부분(cranidium, 위)과 마디가 연결된 상태(articulated)로 산출되는 표본(아래). (c) 마디가 연결된 상태로 보존된 표본. (d) 복원도. (e) 해백합 줄기: 해백합 줄기 마디(ossicle)가 하나씩 분리되어 산출되기도 하고 몇 개의 마디는 연결된 상태로 보존된 표본들(오르도비스기 씨아즌(Xiazhen)층, 중국 절강). (f) 관절/마디 분리, 파편화, 마모 과정을 거쳐 해변에 쌓인 이매패류 껍데기들(현생). (g) 이매패류 껍데기에 뚫린 생침식의 흔적(동그란 구멍, 현생)

그림 3.29 화석 노다지. (a) 고생대 캄브리아기 버지스 셰일 화석군의 복원도, (b) 선캄브리아시대 에디아카라 화석군의 복원도, (c) 중생대 쥐라기 솔렌호펜 석회암에서 발견된 시조새 표본, (d) 신생대 제4기 라 브레아 타르 피트에 빠져 있는 맘모스를 복원한 모형

퇴적물에 매몰되면 압력에 의해 납작해지기도 하고 형태가 변하기도 한다. 이러한 과정을 거치면서 생물의 유해로부터 알아낼 수 있는 고생물학적 정보는 점차 줄어들게 된다.

생물의 유해가 빨리 매몰되거나 산소가 없는 환경에서 매몰되면 연질부가 부패하지 않고 보존되기도 하는데 이렇게 화석이 보존된 지층을 화석 노다지(fossil lagerstätte)라 부른다. 화석 노다지는 고생물학 정보를 많이 포함하고 있으므로 생명 진화 연구에 아주 중요하다. 대표적인 화석 노다지로는 가장 오래된 동물 화석이 보존된 호주의 에디아카라(Ediacara) 화석군, 초기 동물의 진화에 있어 가장 중요한 사건인 캄브리아기 대폭발(Cambrian Explosion)의 기록인 캐나다 버지스 셰일(Burgess Shale) 화석군과 중국 쳉지앙(Chengjiang) 화석군, 고생대 후기 고생태를 복원하는 데 중요한 역할을 한 미국의 메이존 크릭(Mazon Creek) 화석군, 공룡으로부터 새로 진화하는 과정의 중단 단계 화석인 시조새(*Archaeopteryx*)가 산출되는 독일의 솔렌호펜 석회암(Solenhofen Limestone), 맘모스와 검치호랑이 등 신생대 제4기 플라이스토세에 서식했던 대형 포유동물 화석이 발견되는 미국의 라 브레아 타르 웅덩이(La Brea Tar Pit) 등이 있다(그림 3.29).

4) 화석의 보존 양상

체화석의 보존 양상은 경질부가 그대로 혹은 변질되어 보존되는 직접(direct) 보존과 경질부의 인상이 퇴적암에 보존되는 간접(indirect) 보존으로 구분된다(표 3.3).

표 3.3 체화석의 보존 양상

직접 보존		간접 보존	
생물체를 구성하는 물질이 바뀌지 않는 경우(unaltered preservation)	생물체를 구성하는 물질이 바뀌는 경우 (altered preservation)	본	캐스트
얼음, 타르, 호박 속에 보존되는 경우와 건조되어 보존되는 경우	재결정작용, 치환작용, 광충작용, 탄화작용	외형본 내형본	

직접 보존은 경질부를 이루는 물질이 변하지 않은 상태로 보존되는 경우와 변한 상태로 보존되는 경우로 구분된다. 건조한 지역에서 자연적으로 수분이 증발하여 생물체의 유해가 그대로 보존되는 미라화작용(mummification, 그림 3.30a), 생물의 유해가 냉동되어 보존되는 동결작용(그림 3.30b), 나무에서 방출되는 끈적끈적한 유기 화합물이 흘러내려 생물의 유해를 완전히 포획하여 형성되는 호박(amber) 속에 곤충이 보존되는 경우(그림 3.30c), 원유를 이루는 유기 물질이 증류되면서 나오는 점성이 높은 물질인 타르에 생물의 유해가 보존되는 경우(그림 3.30d)에는 생물체를 구성하는 물질이 바뀌지 않고 직접 보존되는 경우로 경질부뿐 아니라 연질부도 거의 변하지 않은 상태로 보존된다. 경질부를 이루는 광물은 속성 과정을 거치면서 다른 광물로 치환(replacement)되거나 광물 결정의 크기

그림 3.30 직접 보존. (a) 미라화된 공룡, (b) 동결된 매머드, (c) 호박 속의 곤충, (d) 타르 웅덩이에서 발견된 검치호랑이, (e) 규화목, (f) 광충 작용에 의해 보존된 공룡 뼈의 단면

가 커지는 재결정작용(recrystallization)을 거치기도 한다. 예를 들어, 방해석은 석영이나 황철석(FeS_2)으로 치환되는 경우가 흔하고(그림 3.27a, 3.28a), 아라고나이트는 매몰되면 방해석으로 변한다. 경질부를 이루는 유기 물질이 모두 빠져나가고 얇은 탄소막만이 남는 탄화작용(carbonization)이 일어나기도 하는데, 필석과 식물 잎 등은 이 과정을 거쳐 보존된다(그림 3.27c, d). 세포가 모두 광물로 치환되어 조직을 알아볼 수 없는 석화작용(petrification)이 일어나기도 하는데 규화목이 대표적인 예이다(그림 3.30e). 광물이 세포 공간을 채워 세포의 형태가 보존되는 광충작용(permineralization)이 일어나 공룡 뼈 내부 구조가 그대로 보존되기도 한다(그림 3.30f).

외형본(external mold), 내형본(internal mold), 캐스트(cast)가 3가지 간접 보존 양상이다(그림 3.31). 본(mold)은 경질부의 외부 구조를 보이는 외형본과 내부 구조를 보이는 내형본으로 구분한다. 이매패류를 예로 설명해보면, 외형본은 이매패류의 내부를 보고 있는 것처럼 오목하지만 실제는 이매패류의 외부 구조를 보여주며, 내형본은 이매패류의 외부를 보고 있는 것처럼 볼록하지만 이매패류의 내부 구조를 보여준다. 경질부가 매몰된 후 모두 용해되어 사라지고 연질부가 차지하고 있던 공간까

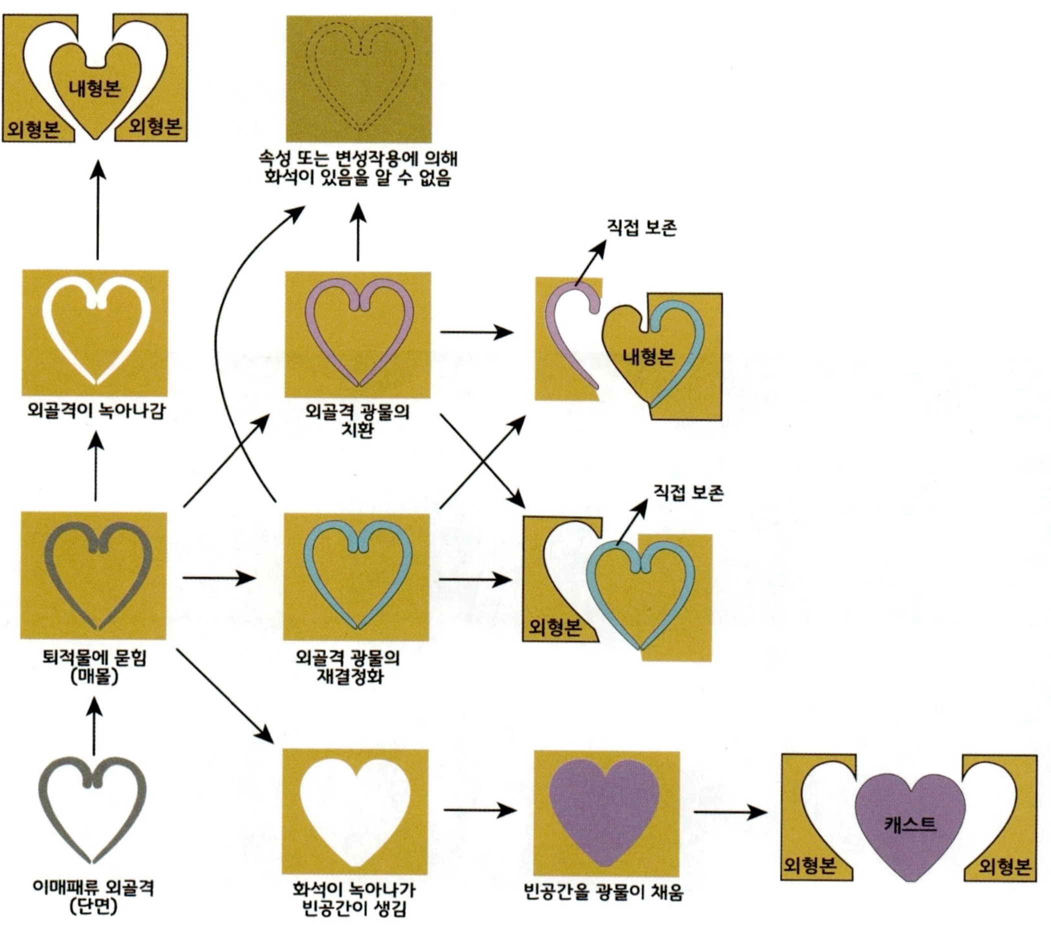

그림 3.31 화석의 간접 보존 양상인 외형본, 내형본, 캐스트가 형성되는 과정

지 다른 광물이 채우면 캐스트가 형성된다. 캐스트는 화석이 직접 보존된 것처럼 보이지만 단면상에서 골격의 흔적을 찾아볼 수 없다. 대부분의 경질부는 매몰되어 속성 작용을 거치거나 고화된 후 변성 작용을 받으면 그 흔적 자체가 사라져 화석이 있었다는 것을 알 수 없게 된다. 예를 들어 화석이 많이 산출되는 석회암이 속성 작용을 받아 돌로스톤으로 변하면 화석이 잘 발견되지 않으며 약하게 변성 작용을 받은 점판암에서는 종종 화석이 발견되지만 높은 온도와 압력에 의해 형성되는 편암이나 편마암에서는 화석이 발견되지 않는다.

3.3 지구와 생명의 역사

지질시대는 명왕누대, 시생누대, 원생누대, 현생누대로 구분된다. 현생누대를 제외한 3개의 누대는 선캄브리아시대에 속한다(그림 3.2). 지질시대는 대부분 고생물학적 연구를 통해 밝혀진 생물권에서 일어난 중요한 사건을 기준으로 구분된다(그림 3.32).

현재 지구에서는 3개의 시스템이 작동하고 있다(그림 3.33). 내핵과 외핵에서 자기장을 일으키는 지오다이나모(geodynamo) 시스템, 심부 맨틀, 연약권, 암석권의 상호 작용에 의해 지질학적 현상을 일으키는 판구조 운동(plate tectonics) 시스템, 대기권 · 수권 · 생물권 · 암석권의 상호 작용, 지구의 세차 운동, 태양과 지구의 궤도 운동에 의해 지표의 온도와 강우량 변화를 일으키는 기후(climate) 시스템이 작동하고 있다. 지구가 생성된 이래 지구시스템을 구성하는 각 권(sphere)에서 일어난 중요한 변화를 지질시대별로 알아보면 다음과 같다.

1) 선캄브리아시대(Precambrian)

선캄브리아시대는 지구가 형성된 45억 6,700만 년부터 5억 3,888만 년까지 약 40억 년의 지질시대로 지구 역사의 88%를 차지하지만, 국제층서위원회에서 승인되지 않은 비공식적인 지질시대이다(그림 3.2). 'Precambrian'은 '이전'이라는 의미의 'pre–'와 캄브리아(Cambria)의 합성어로 현생누대 첫 지질시대인 캄브리아기 이전 지질시대라는 의미이다. 화석이 많이 발견되는 캄브리아기와 화석이 거의 발견되지 않는 이전 시기를 구분한 것이다.

대륙지각에서만 발견되는 선캄브리아시대 암석은 지표에 노출된 후 침식되어 사라졌거나, 현생누대 지층에 덮여 있어 지하 깊은 곳에 놓여 있는 경우가 많다. 선캄브리아시대 암석의 90%가 사라졌다고도 한다. 지표에 노출된 이 시기의 암석도 대부분 심하게 변성을 받아 처음 형성되었을 당시 상태를 알아나기 쉽지 않다. 미화석이 발견되고 지화학적 연구 방법이 적용되기 시작한 1960년대 이후 선캄브리아시대의 중요한 지질학적 사건들이 밝혀지기 시작하였다. 이러한 증거들을 기준으로 상대

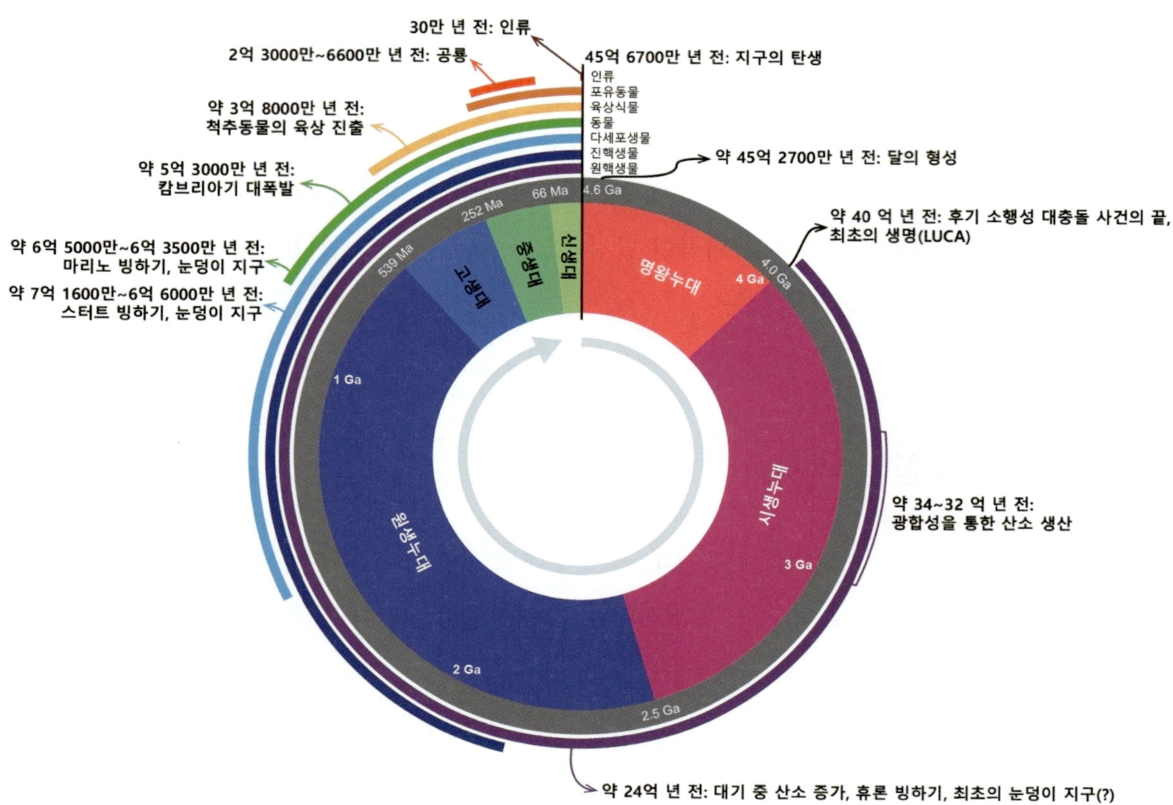

그림 3.32 지질시대와 생물권에 일어난 중요한 사건들

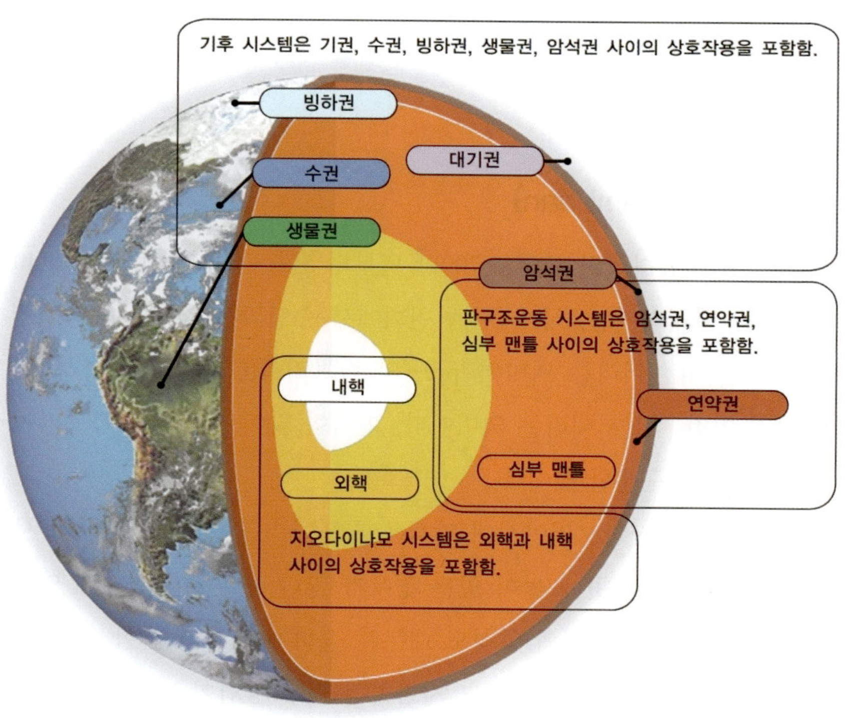

그림 3.33 지구에서 작동하는 3개의 시스템

연령을 결정하고 전 지구적으로 지층을 대비하기 위해서는 더 많은 자료와 연구 결과가 필요하기에 선캄브리아시대는 수치연령을 기준으로 구분한다(표 3.4). 선캄브리아시대를 공식적으로 세 누대를 합친 초누대(Supereon)로 승인하자는 의견도 있다.

표 3.4 선캄브리아시대의 명왕누대, 시생누대, 원생누대 경계의 수치연령

	누대(Eon)	수치연령(Ma)
	현생누대 Phanerozoic Eon	538.8±0.2
선캄브리아시대	원생누대 Proterozoic Eon	2,500
선캄브리아시대	시생누대 Archean Eon	4,000
선캄브리아시대	명왕누대 Hadean Eon	4,567

지구는 45억 6,700만 년 전에 생성된 것으로 추정하고 있다. 이 수치연령은 지구를 포함한 태양계를 생성시킨 초기 물질로부터 형성된 운석의 방사성 동위원소 연대 측정을 통해 결정되었다. 지구에 존재할지도 모르는 지구 초기 물질은 판구조 운동에 의해 순환되면서 방사성 동위원소의 모원소와 자원소의 함량이 변했을 가능성이 높다. 반면 우주를 떠돌아다니던 운석은 폐쇄계(closed system)를 유지하고 있었을 가능성이 커 운석으로부터 측정한 지구의 나이를 더 신뢰할 수 있다.

(1) 명왕누대(Hadean Eon)

'Hadean'은 그리스 지하 세계의 신 'Hades(하데스)'가 어원이며, 명왕누대(冥王累代)는 저승 세계의 왕인 '명왕'이 어원이다. 어원이 의미하는 것처럼 45억 6,700만 년 전 지구가 형성된 후 많은 미행성이 끊임없이 충돌하는 지옥과 유사한 상태였을 것으로 추정된다. 명왕누대 암석은 서호주와 캐나다 북서부 등 몇 개 지역에서만 발견되기 때문에 이 시기 지구의 상태에 대해 밝혀진 사실은 많지 않다.

대기는 주로 수소, 헬륨, 암모니아, 메탄, 수증기, 질소 등으로 이루어져 있었고 지구의 중력이 강하지 않아 수소와 헬륨 같은 가벼운 기체는 우주로 방출되었을 것으로 추정된다. 명왕누대에서 일어난 가장 중요한 사건은 지구가 형성되고 약 4,000만 년이 지난 약 45억 2,700만 년 전에 달이 형성된 것이다. 화성 정도 크기의 '테이아(Theia)'라는 가상의 원시 행성이 지구와 충돌하면서 만들어진 잔해들이 지구 주위를 돌면서 뭉쳐져 달이 형성되었다고 생각하는데, 이를 '거대 충돌설(giant-impact hypothesis)'이라 한다(그림 3.34a).

현재까지 알려진 지구에서 가장 오래된 물질은 서호주 잭 힐스(Jack Hills)에 분포하는 변성역암

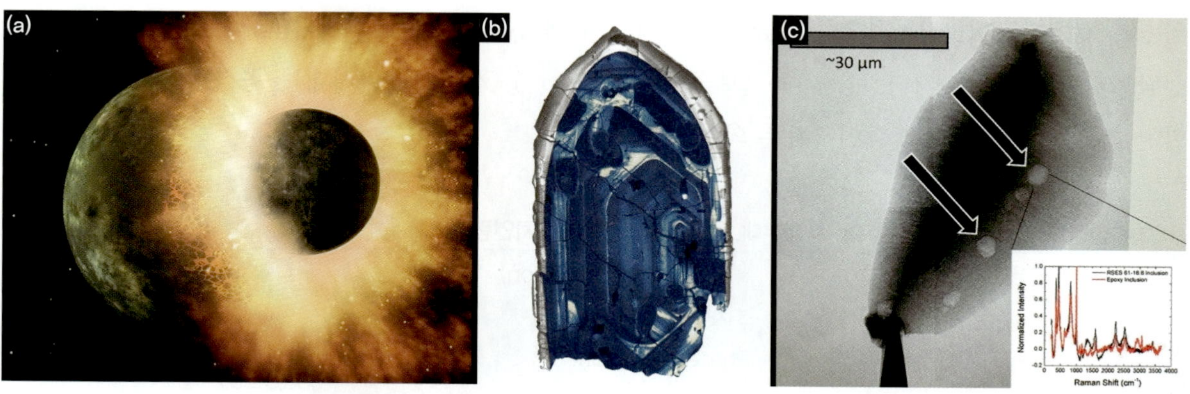

그림 3.34 (a) 약 45.3억 년 전 테이아가 지구에 충돌하는 상상도. (b) 44억 년 전에 형성된 저어콘 결정으로 현재까지 보고된 가장 오래된 지구 물질이다. (c) 41억 년 전에 형성된 저어콘 결정의 포유물(화살표)에서 유기적으로 형성된 탄소의 지화학적 특성이 발견되었다.

에서 발견된 저어콘 결정으로, 약 44억 년 전에 형성된 것으로 측정되었다(그림 3.34b). 이 결정의 산소 동위원소 분화비($\delta^{18}O$)를 포함한 지화학적 특징은 과거에 추정했던 것보다 이른 시점에 대륙지각과 해양이 존재했었음을 암시하고 있다. 같은 역암에서 발견된 41억 년 전 형성된 저어콘 결정의 탄소 동위원소 분화비($\delta^{13}C$)는 명왕누대에 이미 생명활동이 있었음도 암시하고 있다(그림 3.34c). 지구가 생성된 이후 미행성 충돌이 심하지 않았으며, 이산화탄소 함량이 높아 대기압이 현재의 20배 이상이었고, 지표 온도는 200°C 이하였다고 추정하고 있다. 명왕누대 동안 지구 표면을 '마그마 바다'라 표현했던 기존의 생각과 달리, 액체 상태의 물이 존재할 수 있었고 이에 따라 생명도 출현할 수 있었을 것으로 추정하고 있는데, 이를 '시원한 초기 지구(Cool Early Earth)' 가설이라 한다. 서호주 잭 힐스의 44억 년 전 저어콘 결정은 약 30억 년 전쯤 형성된 역암에 포함된 역에서 발견된 것으로 44억 년 전 형성된 암석 자체는 지금까지 발견되지 않았다. 현재까지 알려진 가장 오래된 암석은 캐나다 북서부에 분포하는 아카스타(Acasta) 편마암의 모암인 화강암류로 40~39억 년 전에 형성되었다. 캐나다 북동부의 누부아지투그(Nuvvuagittug) 녹암대의 고철질 각섬암이 약 42억 년 전에 형성된 것으로 최근 알려졌지만, 연대 측정 방법에 대한 문제가 있다는 지적이 있다.

달 표면에 많이 존재하는 충돌구에서 채취한 암석과 달로부터 기원한 운석의 수치연령은 명왕누대 말부터 시생누대 초까지 비정상적으로 많은 수의 미행성들이 지구를 포함한 태양계 안쪽 지구형 행성에 충돌했다는 것을 알려주는데, 이를 '후기 미행성 대충돌(Late Heavy Bombardment)' 사건이라 한다. 지구에서는 판구조 운동이 일어나 이 사건을 뒷받침하는 증거가 현재까지 발견되지 않았다. 물을 포함하고 있는 탄소질 운석(carbonaceous meteorite)이 현재 지구에 존재하는 상당한 양의 H_2O를 공급한 것으로 알려져 있다. 그러므로 후기 미행성 대충돌 결과로 많은 양의 물이 지구에 공급된 것으로 추정할 수 있다. 액체 상태의 물은 지구에 생명이 출현하기 위한 필수 조건이다. 현생 생물의 DNA 염기서열이 분기한 시점을 측정하는 분자시계(molecular clock) 모델을 적용한 최근 연구는 지구에 서식하고 있는 모든 생명의 공통 조상(LUCA, Last Universal Common Ancestor)이 후기 미행성 대충돌 사건 이전에 출현했다고도 한다.

(2) 시생누대(Archean Eon)

'Archean'의 어원은 '시작' 혹은 '기원'을 의미하는 그리스어 'arkhē'이며 시생누대(始生累代)는 생명이 시작한다는 의미이다. 지구 내부가 지각, 맨틀, 핵으로 구분되어 판구조 운동이 약 36억 년 전쯤 시작되었고, 스트로마톨라이트와 단세포 원핵생물 화석이 발견된다. 시생누대 중반기인 30~34억 년쯤 광합성 생물이 바다에 출현하여 산소를 생산하기 시작한 것으로 추정하고 있다.

선캄브리아시대 암석은 대부분 시생누대와 원생누대의 결정질 암석인 변성암 혹은 화성암이다. 이 암석들은 지각과 맨틀 최상부로 이루어진 대륙지각의 암석권을 이루며, 대륙 충돌과 같은 지구조적 움직임에 의해 사라지지 않아 안정한 대륙지각 내부를 이루고 있다. 선캄브리아시대 변성암이나 화성암으로 구성된 대륙지각의 안정한 부분을 강괴(craton)라 한다. 강괴가 지표에 노출되어 있으면 순상지(shield)라 하고 선캄브리아시대 이후의 퇴적물 혹은 퇴적암으로 덮여 있으면 대지(platform)라 한다(그림 3.35). 강괴는 퇴적물이 쌓이는 바닥인 퇴적 분지의 바탕을 이루는 기반암(basement rock)이다. 강괴 이외의 대륙지각은 대부분 현생누대 동안 일어난 조산 운동의 결과로 형성되었으므로 조산

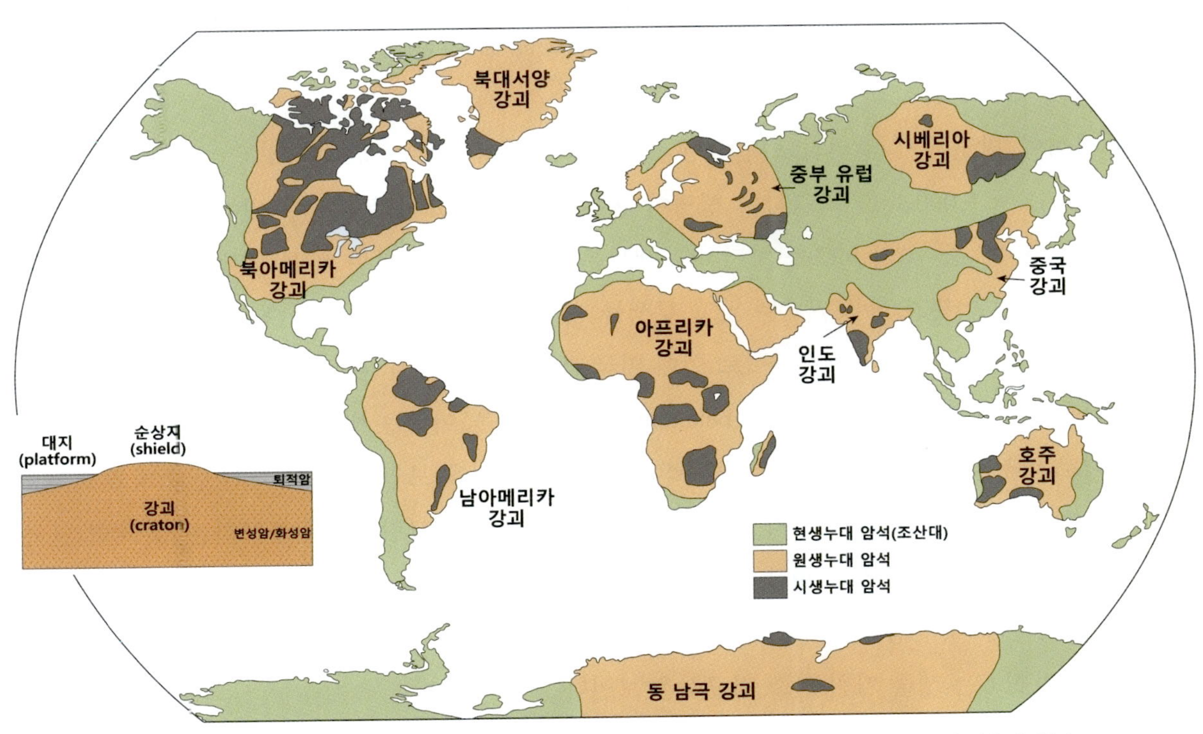

그림 3.35 시생누대와 원생누대 암석의 분포. 시생누대와 원생누대 암석은 현생누대 퇴적암으로 덮여 있을 수 있다.

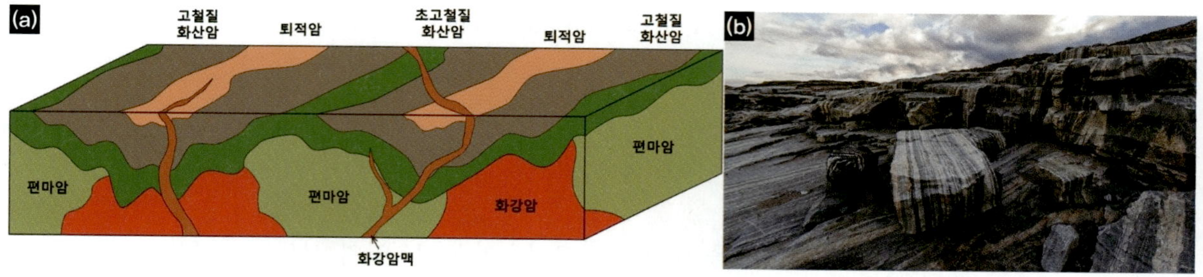

그림 3.36 (a) 녹암대의 전형적인 암석 분포, (b) 그린란드 남서쪽에 분포하는 시생누대 이수아(Isua) 녹암대(37~38억 년 전)

대(orogen)라 한다.

시생누대와 원생누대 강괴에는 녹암대(greenstone belt)라 불리는 암체가 특징적으로 분포한다. 녹암대에서는 화강암이나 편마암 사이에 퇴적암과 변성된 고철질 혹은 초고철질 화산암이 나타나고 녹니석(chrolite), 녹섬석(actinolite) 같은 녹색을 띠는 변성 광물이 많이 산출된다. 녹암대는 대륙지각 사이에 좁은 퇴적 분지와 해양지각 혹은 해양 화산 열도가 있었던 지역으로 해양지각이 만들어진 후 섭입하면서 마그마가 생성되었고 지표에 노출된 암석이 풍화 · 침식을 받아 퇴적암이 형성되는 초기 판구조 운동이 시생누대에도 일어났음을 가리킨다.

서호주에 분포하는 시생누대 암석에서 가장 오래된 화석이 발견되었다(그림 3.37a). 필라멘트 형태의 원핵생물인 미화석이 약 35억 년 전 형성된 에이펙스(Apex) 현무암에 협재하고 있는 처트에서 발견되었다. 이 미화석들은 광충 작용을 받아 처트에 보존되어 있으며 탄소로 이루어진 유기 물질로 구성되어 있다. 최근 다양한 지화학적 및 암석학적 분석을 통해 이 미화석이 무기적으로 형성된 구조라는 의견이 있기도 하다.

실제 화석이 발견되지 않더라도 암석에 포함된 탄소 동위원소 분화비($\delta^{13}C = (((^{13}C/^{12}C)_{시료}/(^{13}C/^{12}C)_{표준})-1) \times 1,000‰$)를 측정하여 생명이 존재했음을 간접적으로 알 수 있다. 탄소의 안정 동위원소인 ^{13}C와 ^{12}C 중 ^{12}C가 99%를 차지하고 생물은 상대적으로 가벼운 ^{12}C를 선택적으로 흡수한다. 그러므로 생물 기원 탄소의 $^{13}C/^{12}C$는 낮고 무생물 기원 탄소의 $^{13}C/^{12}C$는 높다. $\delta^{13}C$의 표준 시료는 PDB(Pee Dee Belemnite, 피디벨렘나이트)인데 미국 캐롤라이나 주에 분포하는 백악기 피디(Pee Dee)층에서 산출되는 두족류인 벨렘나이트(belemnite)의 내골격을 이루는 방해석이다. PDB의 $^{13}C/^{12}C$는 0.0112372로 비정상적으로 높아 대부분 시료의 $\delta^{13}C$는 음의 값을 보인다. 생물 기원 탄소의 $\delta^{13}C$ 평균값은 −25‰이고 무생물 기원 탄소의 $\delta^{13}C$ 평균값은 약 0‰이다. 그린란드에 분포하는 약 38억 년 전 암석의 $\delta^{13}C$는 생물 기원 탄소의 평균값보다 낮다(그림 3.37b). 그러므로 가장 오래된 화석이 산출되는 약 35억 년 이전에 이미 생명의 활동이 있었던 것으로 추정할 수 있다. 서호주 잭 힐스의 41억 년 전 저어콘 결정의 $\delta^{13}C$는 생물 기원 탄소 평균값을 보인다.

지질학자들은 실제 화석을 발견하고 연구하는 고생물학적 연구와 암석에 대한 지화학적 연구를 통

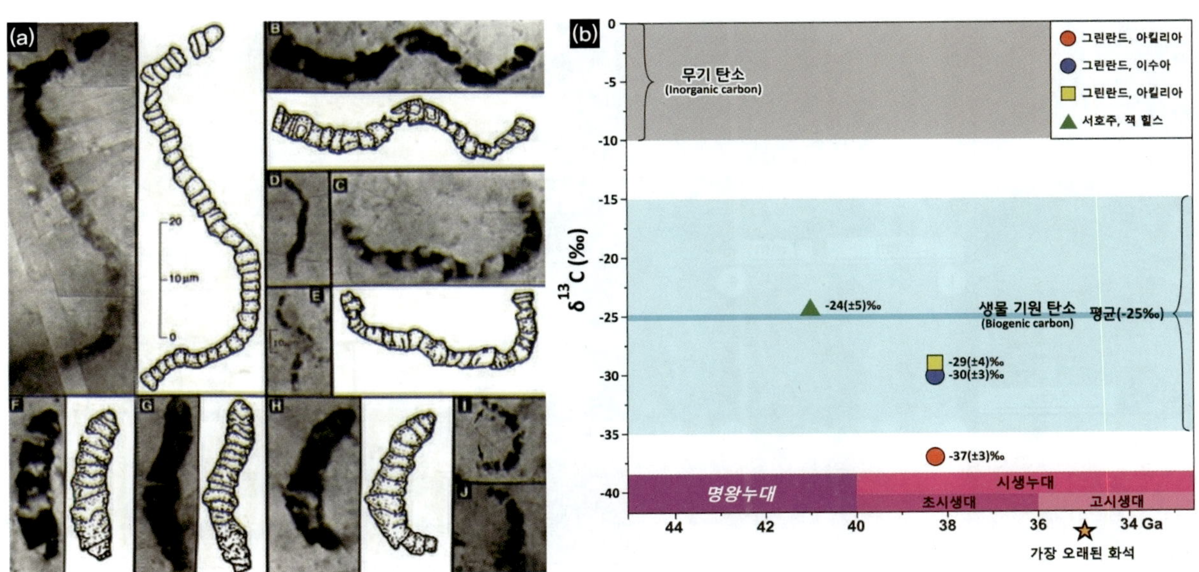

그림 3.37 (a) 현재까지 지구에서 발견된 가장 오래된 미화석으로 약 35억 년 전에 형성된 에이펙스 처트에서 발견된다. (b) 시생누대 초기 그린란드 암석의 탄소 동위원소 분화비($\delta^{13}C$)

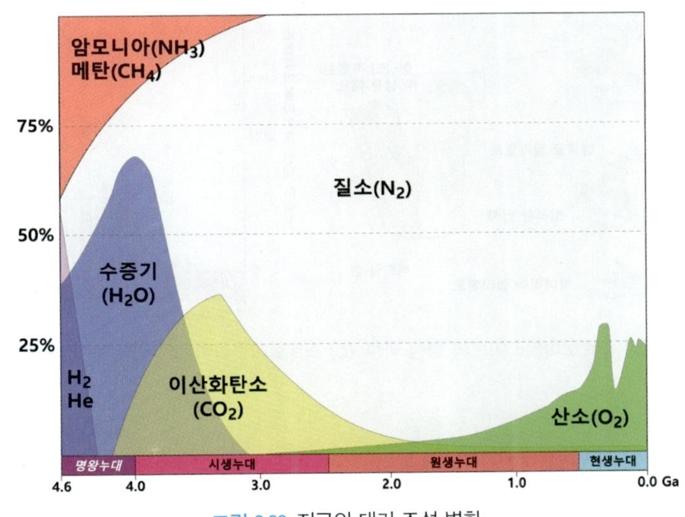

그림 3.38 지구의 대기 조성 변화

해 초기 생명 진화 현상을 이해하는 반면, 생물학자들은 DNA와 RNA 뉴클리오타이드(nucleotide) 서열의 돌연변이 발생 빈도를 기준으로 두 종이 분화한 시점을 측정하는 분자시계를 이용하여 생명이 시작된 시점, 산소성 광합성이 시작된 시점 등 생명 진화에서 중요한 사건이 언제 일어났는지를 추정하고 있다. 지질학과 생물학이 각기 독립적인 접근 방법을 이용하여 선캄브리아시대 동안 생명이 어떻게 진화했는지를 밝혀내고 있다.

시생누대의 대기는 주로 암모니아, 메탄, 수증기, 질소와 이산화탄소로 이루어졌을 것으로 추정된다(그림 3.38). 이 원시 대기에 번개와 같은 전기적 충격이 가해지면서 생명의 기초가 되는 아미노산과

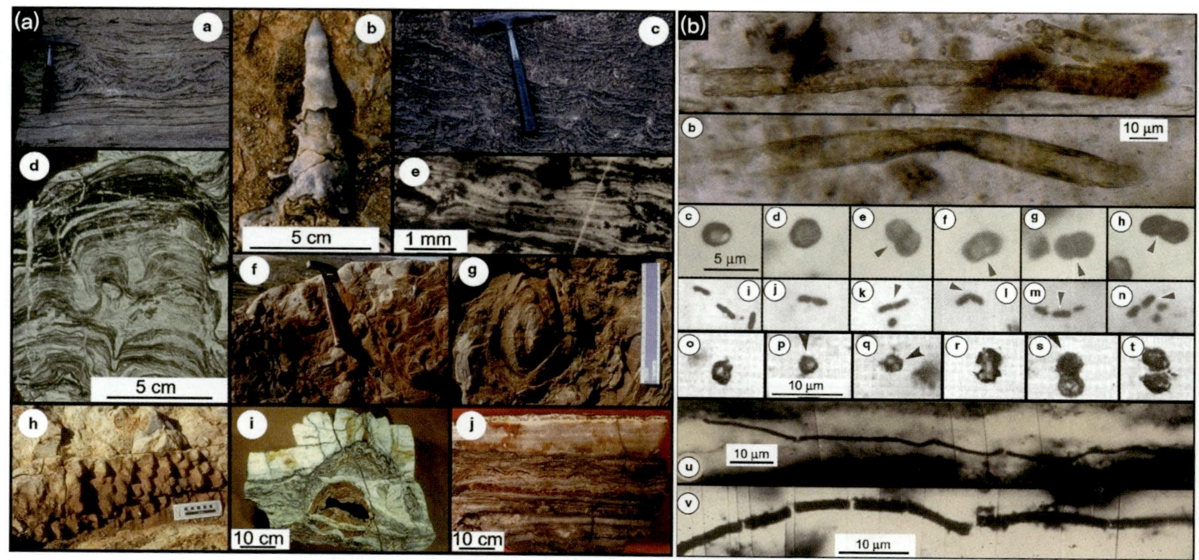

그림 3.39 (a) 시생누대 스트로마톨라이트의 대표적인 종류와 형태, (b) 대표적인 시생누대 미화석

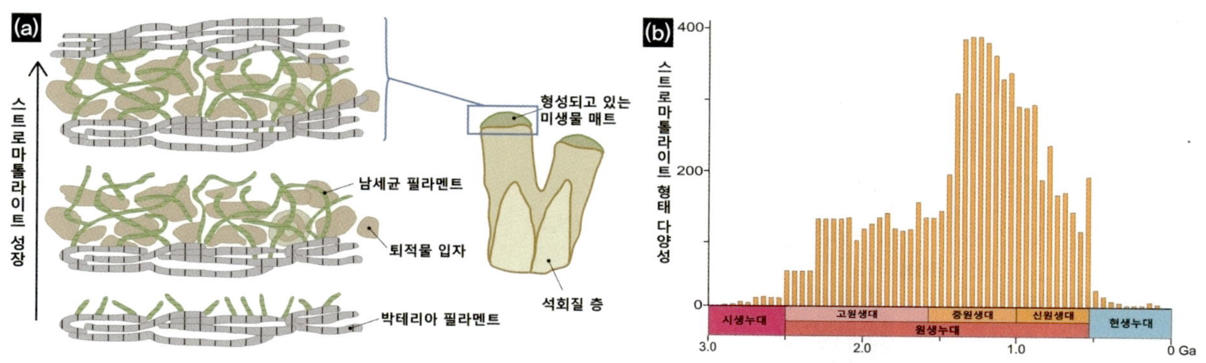

그림 3.40 (a) 스트로마톨라이트의 형성 과정, (b) 스트로마톨라이트의 형태적 다양성의 변화

같은 유기물 복합체가 형성되었을 것이다(그림 3.7a). 암모니아와 질소는 바다에 녹아 들어가 생명이 출현하는 데 필요한 물질을 형성하였고, 이산화탄소는 용해되어 탄산염 이온이 된 후 칼슘과 결합하여 탄산염 광물을 형성하였을 것이다.

가장 오래된 35억 년 전 미화석(그림 3.37a)을 포함한 시생누대 화석은 서호주의 필바라(Pilbara) 강괴와 남아프리카의 캅발(Kaapvaal) 강괴에 분포하는 스트로마톨라이트와 처트에서 발견된다(그림 3.39). 다른 대륙에 분포하는 시생누대 암석은 변성 작용을 심하게 받아 현재까지 화석이 보고되지 않았다.

스트로마톨라이트(stromatolite)는 광합성을 통해 영양분을 합성하고 끈적끈적한 점액을 분비하는 원핵생물이 형성한 얇은 막에 퇴적물 입자가 잡히고(trap), 묶이고(bind), 침전되는 과정이 반복적으로 일어나면서 위로 성장한 퇴적암이다(그림 3.40a). 현생 스트로마톨라이트는 남세균이 주로 형성하는데, 남세균이 형성한 막을 뜯어 먹는 생물이 살지 않는 염도가 높은 호수나 서호주의 샤크만(Shark Bay)

해멀린 풀(Hamelin Pool)과 같은 해안가의 석호(lagoon)에서 주로 발견된다. 스트로마톨라이트의 형태적 다양성은 고원생대부터 증가하기 시작하여 중원생대에 최고점에 이르고 현생누대에 접어들면서 스트로마톨라이트를 구성하는 박테리아를 먹는 생물이 등장하면서 급격히 감소하였다(그림 3.40b).

(3) 원생누대(Proterozoic Eon)

'Proterozoic'은 '보다 이른' 혹은 '이전'이라는 그리스어 'proteros'와 '생명'을 의미하는 그리스어 'zōē'의 합성어이며, 현생누대 이전에 생명이 나타난 시기라는 의미이다. 원생누대(原生累代)는 생명의 근원이라는 의미로 현생누대 생명의 조상이 나타난 시기라는 의미이기도 하다. 원생누대는 수치연령을 기준으로 고원생대, 중원생대, 신원생대로 구분된다. 원생누대는 수치연령을 기준으로 10개 기로 구분되는데, 각 기의 이름은 그 시기에 일어난 대표적인 지질학적 사건에서 유래한다(표 3.5).

현재 지구에 분포하는 대륙들은 시생누대와 원생누대 동안 충돌하여 초대륙을 형성한 것으로 알려져 있다. 이 중 가장 오래된 초대륙은 시생누대의 발바라(Vaalbara)로 남아프리카의 캅발 강괴와 서호

표 3.5 원생누대의 대(era)의 수치연령, 기(period)의 어원과 대표적인 지질학적 사건

대 수치연령(Ma)	기	어원	대표적인 지질학적 사건
신원생대	에디아카라기 Ediacaran	ediacara(에디아카라)	최초의 동물로 여겨지는 화석이 호주 에디아카라에서 처음으로 보고되었다.
	크리오스진기 Cryogenian	krýos(춥다)+génesis(기원)	눈덩이 지구(Snowball Earth)라는 대규모 빙하기가 있었다.
1000	토노스기 Tonian	tónos(늘어나다)	로디니아 초대륙이 분리되면서 대륙지각이 늘어났다.
중원생대	스테노스기 Stenian	stenós(좁다)	로디니아 초대륙이 형성되면서 좁은 변성대가 발달하였다.
	엑타시스기 Ectasian	éktasis(확장되다)	대지(platform)의 면적이 확장되었다.
1600	칼리마기 Calymmian	kálymma(덮이다)	강괴(craton)에 퇴적물이 쌓여 대지를 형성하였다.
고원생대	스타테로스기 Statherian	statherós(안정하다)	강괴 형성이 끝나 대륙이 안정하게 되었다.
	오로세이라기 Orosirian	oroseirá(산맥)	조산 운동이 활발히 일어났다.
	라이악스기 Rhyacian	rhýax(용암의 흐름)	부시벨드 화성암체(Bushveld Igneous Complex)와 같은 대규모 층상 화성암 관입이 있었다.
2500	시데로스기 Siderian	sídēros(철)	호상철광층이 많이 형성되었다.

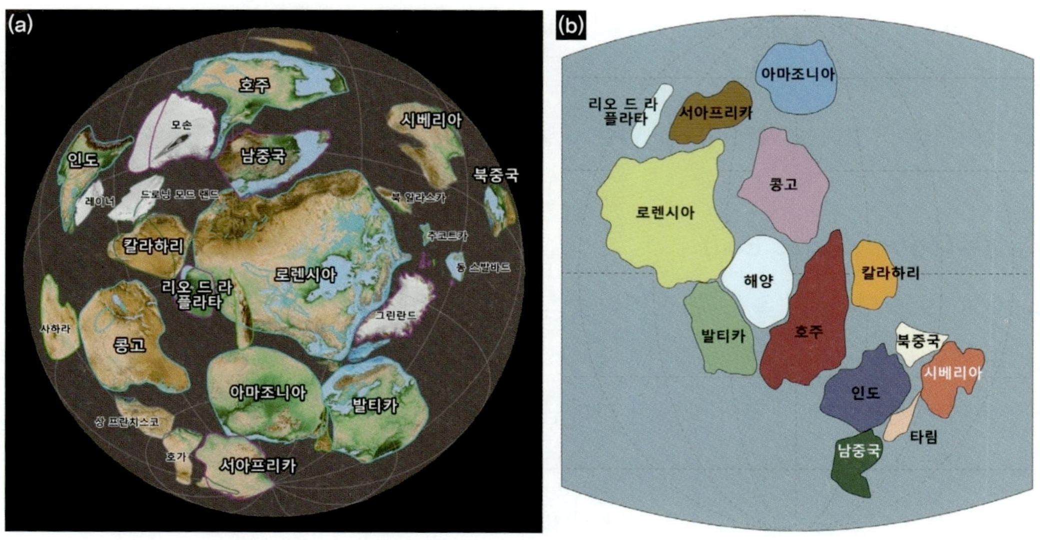

그림 3.41 로디니아 초대륙. (a) 약 9억 년 전 로디니아 초대륙. 모슨(Mawson)은 호주 남부와 남극 북부에 해당하며, 드로닝 모드 랜드(Dronning Maud Land)와 레이너(Rayner)는 남극에 포함되고, 상 프란치스코(São Francisco)는 남아메리카에 포함되며, 호가(Hoggar)와 사하라(Sahara)는 아프리카에 포함되고, 추코트카(Chukotka)는 시베리아에 포함된다. (b) 약 10억 7,000만 년 전 로디니아 초대륙. 두 복원도에서 남중국과 아마조니아의 위치를 포함하여 여러 대륙의 위치가 다르게 표시되어 있다.

주의 필바라 강괴가 합쳐져 만들어진 것으로 추정된다. 이후 우르(Ur), 키노랜드(Kenorland), 악티카(Arctica), 아틀란티카(Atlantica), 콜롬비아(Columbia), 로디니아(Rodinia)와 같은 초대륙들이 중원생대까지 존재했을 것으로 추정하고 있다. 중원생대 말에서 신원생대 초까지 존재했던 로디니아는 북아메리카 동부와 남부를 따라 일어난 그렌빌(Grenville) 조산 운동으로 대표되는 대륙 충돌 사건에 의해 형성되었으며 로디니아를 형성한 대륙 충돌의 증거는 북유럽, 남극, 인도, 호주, 아프리카, 남아메리카에서도 발견되지만 현재 대륙들의 위치는 여전히 논란이 되고 있다(그림 3.41).

현재 대륙과 고대륙(paleocontinent)의 크기와 형태가 비슷하면, 호주와 인도처럼 현재 대륙의 이름을 그대로 사용한다. 여러 대륙이 합쳐져 고대륙을 형성하였거나 여러 고대륙이 합쳐져 현재 대륙을 이루고 있는 경우, 현재 대륙과 다른 이름을 사용한다. 로렌시아(Laurentia) 혹은 북아메리카 강괴(그림 3.35)는 미국, 캐나다, 그린란드, 스코틀랜드 북서부로 이루어진 고대륙이다. 발티카(Baltica)는 유라시아 대륙의 북서부에 해당하며 스웨덴, 노르웨이, 핀란드, 덴마크, 폴란드, 벨라루스, 에스토니아, 라트비아, 리투아니아, 우크라이나, 러시아의 동부를 포함한다. 아프리카 남부의 칼라하리(Kalahari)는 남아프리카공화국, 보츠와나, 나미비아, 짐바브웨를, 남아메리카 북동부의 아마조니아(Amazonia)는 브라질의 북부, 베네수엘라, 가이아나, 수리남을, 남아메리카 남동부의 리오 드 라 플라타(Rio de la Plata)는 우르과이, 아르헨티나 동부, 브라질 남부를 포함한다. 로디니아 형성 당시 북중국의 일부인 한반도는 시베리아, 인도와 인접해 있었으며 적도 혹은 남위 20° 근처에 자리하고 있었던 것으로 추정된다. 로디니아는 신원생대 초기인 8억 5,000만 년 전부터 분리되기 시작한 것으로

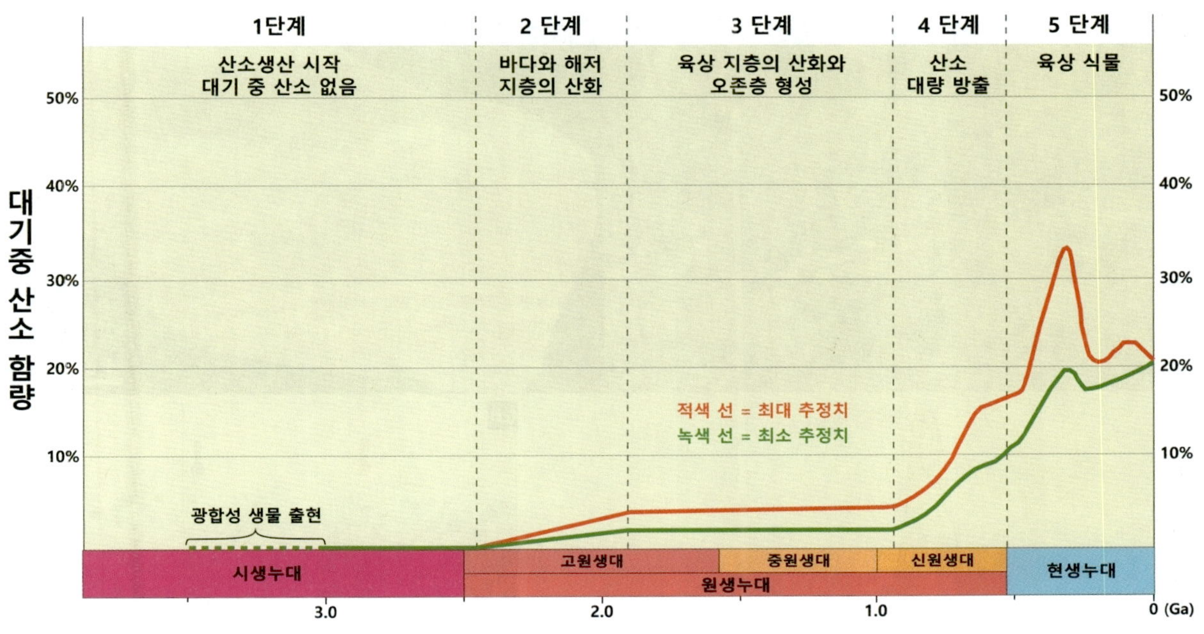

그림 3.42 시생누대부터 현재까지의 대기 중 산소 함량의 변화

추정된다.

유전체와 분자생물학적 자료를 분자시계 방법을 적용하여 분석한 연구 결과는 산소성 광합성을 하는 남세균이 30억 년 전쯤 출현한 것으로 추정하고 있다. 시생누대 미화석이 남세균일 가능성이 있어 산소는 이미 34억 년 전부터 바다에서 생산되었을 수도 있다. 이렇게 생산되기 시작한 산소의 대기 중 함량 변화는 다섯 단계로 구분한다(그림 3.42). 1단계는 산소가 생산되기 시작한 것으로 추정되는 시생누대 후반기로 대기 중에는 산소가 없었을 것이다. 2단계는 바다에서 산소가 활발히 생산되었던 고원생대로 산소가 바닷속 철 이온을 산화시켜 해저에 호상철광층을 형성시킨 후 대기 중으로 방출되기 시작한 시기이다. 3단계는 산소가 꾸준히 대기로 방출되었던 중원생대로 산소가 육상 지층을 산화시키고 태양의 자외선을 흡수하는 오존층을 형성한 시기이다. 이 단계는 남세균을 포함한 박테리아가 형성하는 스트로마톨라이트의 형태적 다양성이 가장 높았던 시기와 거의 일치한다(그림 3.40b). 4단계는 산소가 대기를 빠르게 채우는 신원생대로 대기 중 산소의 함량이 최소 10%에 달했기 때문에 '신원생대 산소화 사건(NOE, Neoproterozoic Oxygenation Event)'이라 부르기도 한다. 현생누대에 해당하는 5단계 동안 녹조류와 식물이 출현하면서 산소가 훨씬 빠르게 대기를 채웠으며, 석탄기 동안 식물이 번성하여 대기 중 산소의 함량이 최대 35%까지 이르렀을 것으로 추정하기도 한다.

대기 중 산소 함량 변화 2단계를 '대산소화 사건(Great Oxygenation Event)' 혹은 '산소 대위기(Oxygen Crisis)'라고 부른다. 이 사건의 대표적인 증거는 시생누대 후반기부터 고원생대 지층에서 많이 산출되는 호상철광층이다(그림 3.43a~c). 호상철광층(Banded Iron Formation)은 이산화규소(SiO_2)

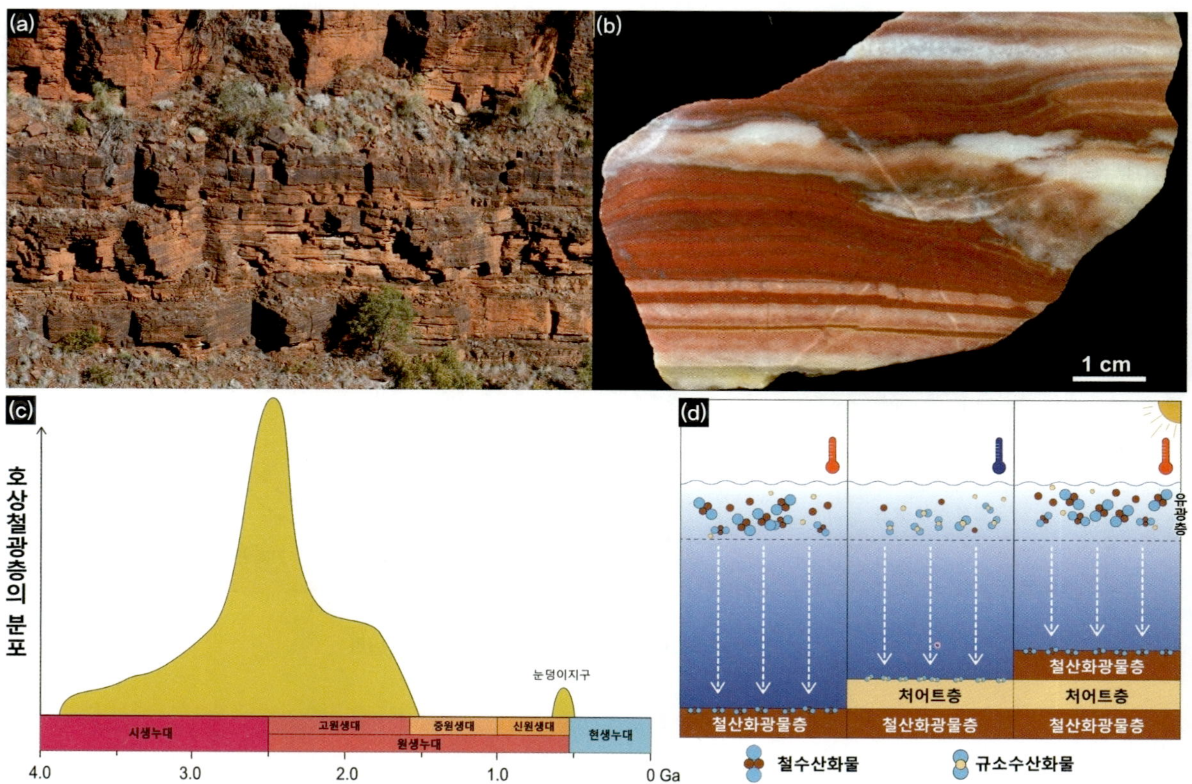

그림 3.43 호상철광층. (a) 고원생대 호상철광층(브록맨 아이언(Brockman Iron)층, 서호주 필바라 카리지니 국립공원). (b) 호상철광층의 철산화 광물층(붉은색)과 처트(흰색)층. (c) 지질시대에 따른 호상철광층의 분포. 신원생대 말 호상철광층은 '눈덩이 지구' 사건에 의한 것으로 추정된다. (d) 호상철광층의 철산화 광물층과 처트층은 해양 온도 변화에 따라 형성되는 것으로 추정된다.

로 이루어진 처트층과 적철석(Fe_2O_3)과 자철석(Fe_3O_4)으로 이루어진 철산화 광물층이 교대하는 퇴적암이다. 철 이온(Fe^{2+})이 해저 열수공 혹은 육지로부터 남세균이 번성하는 햇빛이 투과되는 얕은 바다로 공급되고, 남세균이 생산한 산소 그리고 물과 반응하여 철수산화물($Fe(OH)_3$)이 해저 바닥에 침전된 후 속성 작용을 거치면서 철산화 광물이 형성된다(그림 3.43d). 해수 온도가 높을 때 규소 이온보다 철 이온이 더 잘 산화되기 때문에 철산화 광물과 처트층의 교호는 해양의 주기적인 온도 변화에 의한 것으로 추정된다.

대산소화 사건은 이 당시 산소가 없는 바다에 서식하고 있던 혐기성(anaerobic) 원핵생물에는 치명적이어서 대량멸종이 일어났을 것으로 추정하고 있다. 대기로 방출된 산소는 또한 메탄을 산화하여 이산화탄소를 생성하는데($CH_4+2O_2 \rightarrow CO_2+2H_2O$), 이산화탄소보다 20배 정도 강한 온난화 기체인 메탄이 사라지면서 지구의 온도가 급격히 내려가 신원생대에 일어난 '눈덩이 지구'와 비견할 만한 휴론(Huronian) 빙하기가 있었을 것으로 추정하고 있다. 이 빙하기에 형성된 분급이 매우 불량한 역암인 다이아믹타이트를 포함하는 빙하 퇴적층은 주로 북아메리카에서 발견된다.

신원생대 크리오스진기에 지구 평균 온도가 최대 −50°C까지 떨어지고 바다까지 1~2 km 두께의

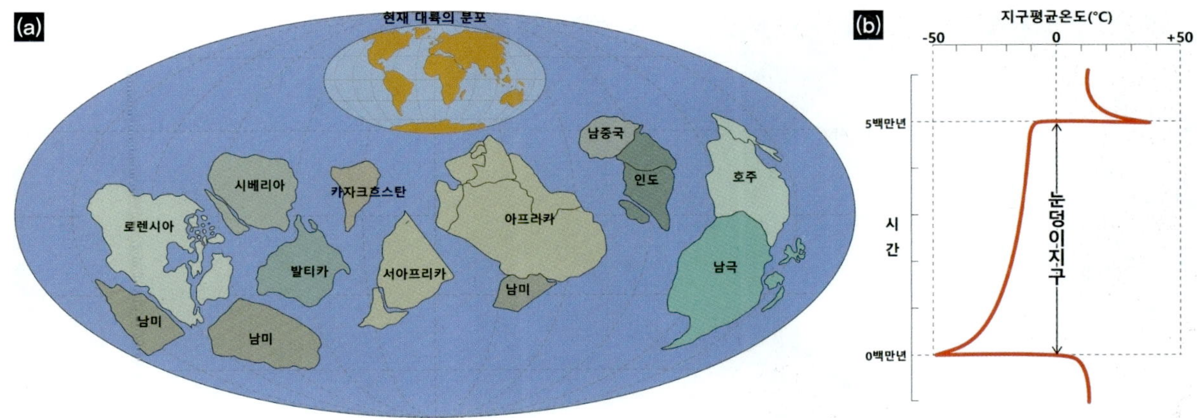

그림 3.44 (a) 신원생대 크리오스진기 첫 눈덩이 지구 사건인 스터트 빙하기가 시작될 당시인 약 7억 7,000만 년 전 고대륙의 분포와 현재 대륙의 분포, (b) 눈덩이 지구 사건 당시 알베도가 0.6이라고 가정한 상태에서 500만 년 동안 일어났을 것으로 추정되는 지구의 평균 온도 변화

빙하로 뒤덮인 '눈덩이 지구(Snowball Earth)'라는 대규모 빙하기가 두 번 있었다. 크리오스진기의 시작과 끝은 스터트(Sturtian) 빙하기의 시작과 마리노(Marinoan) 빙하기 끝과 일치한다. 로디니아가 분리되면서 대륙들은 적도 근처에 분포하였고 대륙 사이에 바다가 형성되었다(그림 3.44a). 햇빛이 수직으로 쬐는 적도 지방은 극지방보다 태양 에너지를 많이 흡수한다. 햇빛을 반사하는 비율인 알베도(albedo)는 대륙이 바다보다 두 배가량 높다. 신원생대 동안 대륙이 적도 근처에 분포하고 있었기 때문에 더 많은 햇빛을 반사했다. 또한 바다에서 공급된 수분은 강우량을 증가시켜 풍화 작용이 활발히 일어나 대기 중 이산화탄소가 수권과 암석권으로 유입되면서 기온이 내려가 극지방의 바다와 대륙에 빙하가 형성되기 시작하였다. 빙하는 바닷물보다 알베도가 8~9배 높아 햇빛을 더 많이 반사해 기온은 더 내려가게 되었고, 빙하의 면적이 늘어갈수록 더 많은 햇빛이 반사되어 기온이 더 빨리 내려가 빙하로 덮인 면적이 더욱 빠르게 증가하였다. 지구의 기온이 −50°C까지 떨어지고 적도의 바다까지 빙하로 덮이는 데 약 1,000년이 걸렸고, 약 500만 년 동안 이러한 빙하기가 지속되었을 것으로 추정된다(그림 3.44b). 지구 전체가 빙하로 덮여 마치 눈덩이처럼 생겼을 것이라 하여 이 대규모 빙하기를 '눈덩이 지구' 사건이라 한다(그림 3.45a).

눈덩이 지구 사건 동안 대부분 생물은 멸종했을 것이며 해저 열수공과 같이 상대적으로 온도가 높고 영양분의 공급이 많은 곳에서만 생물이 살아남았을 것이다. 춥고 건조한 대기 때문에 대륙 빙하는 더 이상 발달하지 못했고 빙하로 덮이지 않은 지역은 사막이 발달했을 것이다. 비가 내리지 않아 이산화탄소가 대기에 농축되어 기온이 상승하면서 빙하가 녹기 시작했을 것이다. 적도 지방에서 빙하가 사라지면서 해수가 태양 에너지를 흡수해 기온이 빠르게 상승하였고 뜨겁고 습한 기후로 변했을 것이다. 해수가 증발해 대기를 채운 수증기와 이산화탄소가 지구 평균 온도를 +40°C까지 빠르게 상승시켰을 것으로 추정된다(그림 3.44b). 풍화 작용이 심해지면서 많은 양의 탄산염 이온이 공급되어

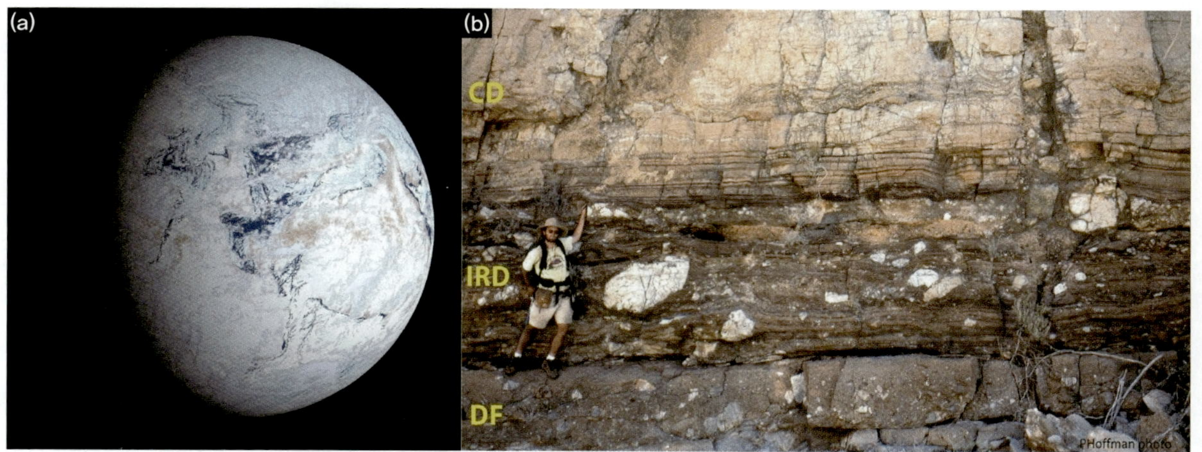

그림 3.45 **(a)** 눈덩이 지구 상상도, **(b)** 눈덩이 지구 사건의 지질학적 기록인 빙하에 의해 퇴적된 빙하 낙하석(IRD, Ice-Rafted Debris)이 포함되어 있는 다이아믹타이트(DF, Debris Flow)와 그 바로 위를 덮고 있는 덮개 탄산염암(CD, Cap Dolostone)(아프리카 나미비아)

석회암이 형성되었고 새로운 생명체들이 나타나게 되었다.

눈덩이 지구의 증거인 빙하에 의해 퇴적된 다이아믹타이트와 커다란 낙하석(dropstone)은 여러 대륙에서 발견된다(그림 3.45b). 빙하에 의해 바다가 덮여 있는 동안 바다와 대기 사이에 산소 순환이 일어나지 않아 철 이온이 바다에서 산화되어 호상철광층도 형성되었다(그림 3.43c). 다이아믹타이트 바로 위에 수 미터에서 수십 미터에 달하는 덮개 탄산염암(cap carbonate)이라 부르는 석회암이나 돌로스톤이 놓인다(그림 3.45b). 역암 바로 위에 탄산염암이 놓이는 것은 기온이 급격하게 상승했음을 의미한다.

신원생대 이전의 원생누대 지층에서는 시생누대부터 발견되는 원핵생물 화석과 단세포 혹은 다세포 진핵생물 화석이 발견된다(그림 3.46). 북아메리카에 분포하는 호상철광층인 고원생대 건플린트 아이언(Gunflint Iron)층의 처트에서 필라멘트 형태의 원핵생물 미화석이 발견된다(그림 3.46a). 이 미화석이 보고된 1965년 이후 고생물학자를 포함한 지질학자들은 선캄브리아시대 생명 진화에 많은 관심을 가지기 시작하였다. 아프리카 가봉에 분포하는 고원생대 프란스빌리안(Francevillian)층에서 군체를 이루는 진핵생물로 추정되며 야외에서 육안으로 관찰할 수 있는 다양한 형태의 화석이 발견된다(그림 3.46b). 튜브 형태로 감아져 있으며, 진핵세포로 이루어진 조류(algae)로 해석되는 그리파니아(*Grypania*)도 고원생대의 대표적인 화석이다(그림 3.46c). 현재까지 어떤 생물인지 알 수 없지만, 유기질 껍질을 가진 진핵생물로 추정되는 미화석인 아크리타치(acritarch)도 고원생대에 출현하였다(그림 3.46d~f). 이 화석들이 확실히 진핵생물인지는 여전히 논란이 되고 있다.

신원생대 눈덩이 지구 시기가 끝나고 따뜻하고 산소가 많은 바다에 에디아카라 생물군(ediacaran biota)으로 불리는 다양한 종류의 기능을 하는 여러 세포로 이루어진 다세포 진핵생물들이 출현하였다(그림 3.29b, 3.47). 이 생물군은 현재까지 알려진 가장 오래된 동물들로 추정된다. 19세기 후반 캐나

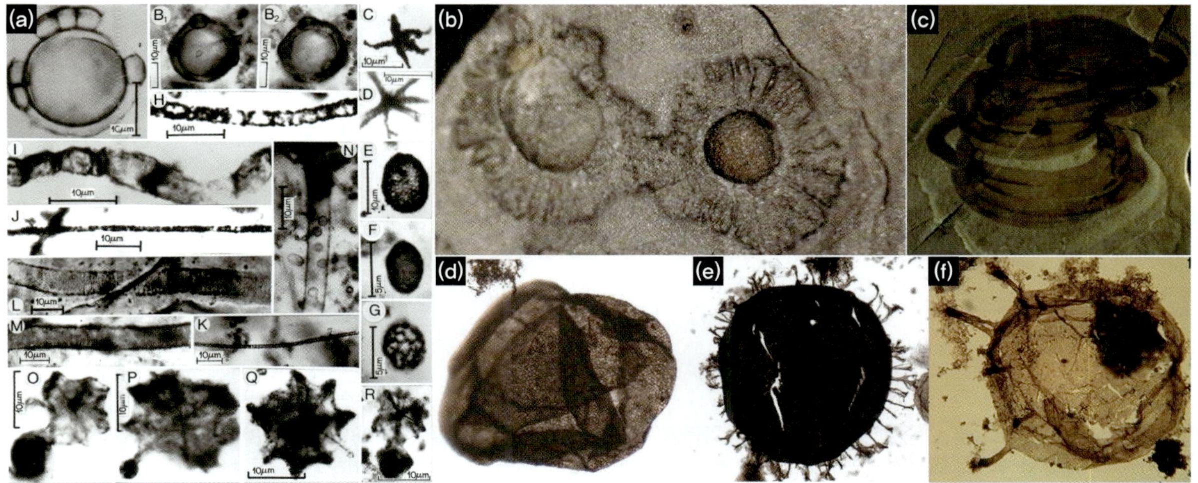

그림 3.46 고원생대와 중원생대 화석들. **(a)** 고원생대 건플린트 아이언층(19억 년 전)에서 산출되는 미화석, **(b)** 고원생대 프란스빌리안층(21억 년 전)에서 산출되는 진핵생물 화석, **(c)** 고원생대 진핵생물 조류로 추정되는 그리파니아, **(d~f)** 고원생대 진핵생물 화석인 아크리타치

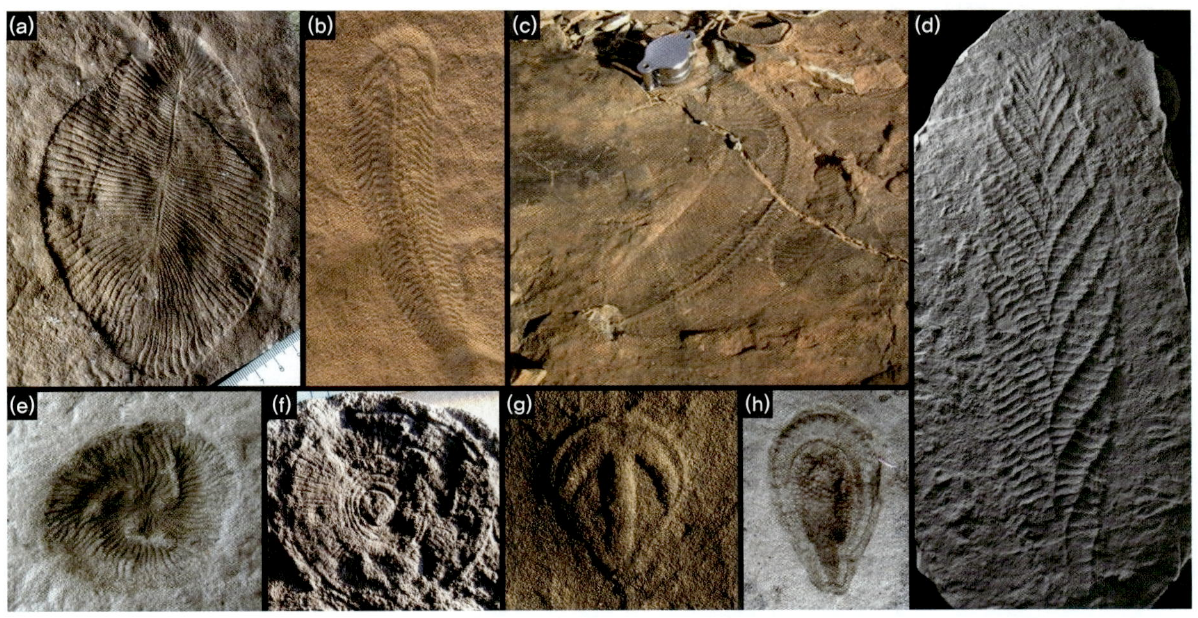

그림 3.47 에디아카라 생물군. **(a)** *Dickinsonia*, **(b)** *Spriggina*, **(c)** *Pteridinium*, **(d)** *Charnia*, **(e)** *Tribrachidium*(삼방사 대칭을 보임), **(f)** *Cyclomedusa*, **(g)** *Parvacornia*, **(h)** *Kimberella*

다 뉴펀들랜드에서 처음으로 발견된 에디아카라 생물군은 호주, 남중국, 인도, 시베리아, 발티카, 로렌시아, 아프리카 등 거의 모든 대륙에서 발견된다. 주로 사암에 보존된 에디아카라 생물은 대부분 연질부로만 이루어져 있다. 납작한 원형, 타원형, 나뭇잎 형태가 대부분이며, 표면에 주름이 발달해 있고, 대부분 이방사 대칭을 보이지만 방사 대칭 혹은 삼방사 대칭을 보이는 화석도 있다(그림 3.47). 해파리, 이끼, 산호, 환형동물, 해초 등과 유사하지만 현생 생물과 형태적으로 유사하지 않은 화석도

있다. 이러한 체화석과 함께 생물체가 퇴적물 표면을 기어 다닌 흔적도 발견된다. 최근 에디아카라 생물군의 상징적 화석인 *Dickinsonia*(그림 3.47a)에서 현생 동물에게서만 발견되는 콜레스테롤이 발견되어 에디아카라 생물군이 실제 동물의 화석이라는 사실을 뒷받침하고 있다.

2) 현생누대(Phanerozoic Eon)

'Phanerozoic'은 '보인다'는 의미의 고대 그리스어 'phanerós'와 '생명'을 뜻하는 'zōē'의 합성어이고 현

표 3.6 현생누대의 고생대, 중생대, 신생대의 수치연령과 각 기의 어원과 지질학적 의미. 트라이아스기는 제3기(Tertiary)가 사용될 때까지 'TR'로 표시했지만 제3기가 고원기와 신원기로 구분되면서 'T'로 표시하기도 한다.

대 시작 수치연령(Ma)	기	기호	어원	지질학적 의미
신생대 66.0	제4기 Quaternary	Q	Quaternary	4개로 구분한 지질시대 중 네 번째 지질시대
	신진기 Neogene	N	Neos (new) + génesis (origin)	새로운 근원 혹은 기원이라는 의미
	고진기 Paleogene	PE	Palaiós (old) + génesis (origin)	오래된 근원 혹은 기원이라는 의미
중생대 251.902±0.024	백악기 Cretaceous	K	Creta (chalk)	이 시기 특징적인 석회암인 백악(chalk)의 라틴어
	쥐라기 Jurassic	J	Jura mountains	이 시기 석회암이 분포하고 있는 산맥의 이름
	트라이아스기 Triassic	TR	Triás (three)	특징적인 3개 층(적색사암, 석회암, 흑색셰일)이 발달해 있다는 의미
고생대 538.8±0.2	페름기 Permian	P	Perm	이 시기 지층이 분포하고 있는 러시아 지역의 이름
	석탄기 Carboniferous	C	Carbō (coal) + ferō (bear)	석탄을 함유한 지층이라는 의미
	데본기 Devonian	D	Devon	이 시기 지층이 처음 연구된 영국의 지명
	실루리아기 Silurian	S	Silures	이 시기 지층의 이름이 처음으로 붙여진 영국 웨일스 지방에 살았던 켈트족의 이름
	오르도비스기 Ordovician	O	Ordovices	이 시기 지층의 이름이 처음으로 붙여진 영국 웨일스 지역에 살았던 부족의 이름
	캄브리아기 Cambrian	Є	Cambria	이 시기 지층이 분포하고 있는 영국 웨일스의 'Cymru' 지방의 이름을 라틴어화한 것

생누대(顯生累代)도 같은 의미이다. 삼엽충과 같은 화석이 많이 발견되어 생명이 시작되었던 시점으로 생각하여 붙여진 이름이다. 현생누대는 약 5억 3,880만 년부터 현재까지의 지질시대로 고생대, 중생대, 신생대로 구분되며 고생대는 여섯 개, 중생대는 세 개, 신생대는 세 개의 기로 구분된다(표 3.6). 현생누대 동안 지구시스템의 암석권, 대기권, 수권, 생물권에서 일어난 변화를 살펴보면 다음과 같다.

(1) 암석권(lithosphere)

암석권은 지각과 최상부 맨틀로 이루어진 고체지구의 가장 바깥쪽 껍데기이다. 암석권은 여러 판으로 쪼개져 있으며 이 판들의 상대적인 움직임은 대부분 지질학적 현상의 근본적인 원인이다. 이러한 판구조 운동에 의해 대륙이 이동하여 충돌하기도 하고 대륙이 갈라져 바다를 형성하기도 한다. 대륙 아래에서 마그마가 형성되어 상승하면, 지각이 얇아지고 열곡(rift)이 발달한다. 이에 따라 대륙이 분리되고, 대륙 사이에 해양지각이 생겨 바다가 형성된다. 반대로 대륙이 합쳐져 초대륙이 형성되면 대륙 사이에 존재하고 있던 바다가 사라지게 된다. 이렇게 판구조 운동에 의해 3억에서 5억 년 주기로 바다가 생기고 없어지는 과정을 윌슨 주기(Wilson Cycle)라 하고(그림 3.48), 1960년대 판구조론을 과학적으로 정립한 존 투조 윌슨(John Tuzo Wilson, 1908~1993)을 따라 이름이 붙여졌다. 대륙이 합쳐져 초대륙이 형성되는 시기에는 해양지각 형성이 활발하지 않고, 반대로 초대륙이 분리되어 대륙들이 흩어지는 시기에는 해양지각 형성이 활발하다. 이러한 변화는 해양의 부피와 이산화탄소 생산량 변화를 일으키고, 이에 따라 지구의 기후와 해수면이 변하였으며, 생명 진화에도 영향을 미쳤다.

지질시다 동안 현재 대륙이 어디에 있었는지는 자철석과 같은 준강자성(ferrimagnetic) 광물이 가리

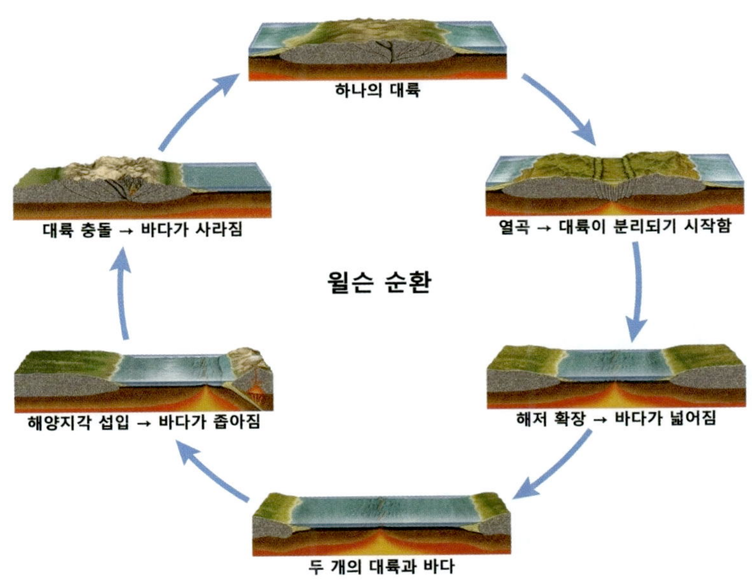

그림 3.48 대륙이 분리되어 바다가 형성되고 대륙이 충돌하여 바다가 사라지는 윌슨 순환

키는 북극의 위치를 알아내는 고지자기(paleomagnetism) 연구 결과와 화석의 공간적 분포를 이용하여 대륙이 얼마나 가까이 있었는가를 알아내는 고생물지리학적 연구 결과 등을 통해 알 수 있다.

중원생대에 형성된 로디니아가 여러 대륙으로 분리된 후(그림 3.44a), 신원생대 말에 일어난 범아프리카(Pan-African) 조산 운동에 의해 파노티아(Pannotia)라는 초대륙이 존재했던 것으로 추정하고 있다. 고생대에 들어서면서 파노티아는 로렌시아, 발티카, 시베리아 그리고 남아메리카, 아프리카, 호주, 인도, 남극 대륙으로 이루어진 곤드와나(Gondwana)로 분리되었고 이들은 대부분 남반구에 위치하고 있었다(그림 3.49a). 곤드와나는 적도에서 남극점까지 뻗어 있는 당시 가장 큰 대륙이었고, 중앙에 대륙을 동 · 서로 구분하는 8,000 km 이상 뻗어 있는 곤드와나 횡단 대산맥이 발달했던 것으로 추정된다. 북반구의 대부분은 판탈라사해가 차지하고 있었고, 로렌시아와 발티카 사이에는 이아페투스해가 존재했었다.

고생대 중반에 로렌시아와 발티카가 충돌하여 이아페투스해가 사라졌고, 곤드와나의 아프리카와 로렌시아가 충돌하였다(그림 3.49b). 이러한 충돌의 흔적이 현재 북아메리카 동부의 애팔래치아 산맥과 영국 북부와 북유럽에 걸쳐 뻗어 있는 칼레도니아 산맥이다. 고생대 후반에 적도를 따라 동쪽으로 열려 있는 고테티스해를 중심으로 대륙이 'C'자 모양으로 합쳐지면서 판게아(Pangea)가 형성되었다(그림 3.49c). 북반구에 분포하는 로라시아(Laurasia)는 로렌시아, 발티카, 시베리아, 카자크흐스타니아가 합쳐진 대륙으로 중생대에 북중국, 남중국을 포함한 작은 대륙들이 합쳐지면서 유라시아 대륙

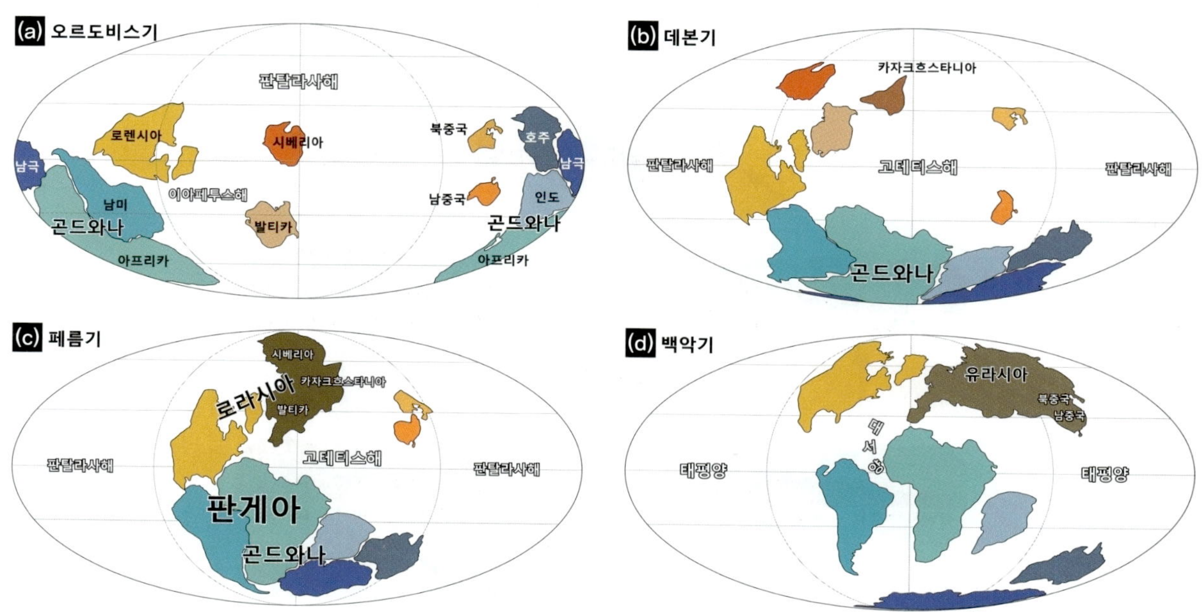

그림 3.49 현생누대 대륙 분포 변화. 오르도비스기 동안 곤드와나는 2개로 분리되어 있는 것처럼 보이지만 반대쪽에 모여 있는 것이다. 북중국과 남중국을 제외한 곤드와나 대륙 주변에 분포하고 있던 작은 땅덩어리들(terrane이라고 부름)은 표시하지 않았다. 카자크흐스타니아(b)는 여러 개의 작은 땅덩어리로 이루어져 있다.

을 형성하였다(그림 3.49d). 판게아가 분리되면서 중생대 쥐라기에 북대서양이 열렸고 백악기에 남대서양이 열렸다(그림 3.49d). 신생대 동안 인도는 북쪽으로 이동하여 유라시아와 충돌하여 히말라야 산맥이 형성되었고, 남극은 더 남쪽으로 이동하여 남극점에 위치하게 되었으며, 호주는 북쪽으로 이동하여 현재의 위치에 있게 되었다.

(2) 기권, 수권, 기후 변화

지난 20여 년 동안 지화학적 연구 기법을 적용하여 지질시대 동안 기권에서 일어난 변화를 밝히려는 노력이 진행되고 있다. 현재는 빙실 지구의 간빙기로 지구의 온도가 상승하는 시기이지만, 인류에 의해 가속화되고 있는 지구 온난화는 어쩌면 지구를 되돌릴 수 없는 상태로 만들 가능성이 크다. 특히 대표적인 온실 기체인 이산화탄소의 대기 중 함량은 화석연료 사용에 의해 지난 수세기 동안 급격히 증가하였다. 현재 상황을 정확히 이해하고 미래 상황을 예측하는 데 과거 지질시대 기후 변화 자료는 중요한 역할을 한다. 지질시대 대기 중 산소와 이산화탄소의 함량 그리고 지구 평균 온도와 같은 기후 자료는 직접 측정할 수 없기에 탄소, 황, 산소, 스트론튬 같은 원소의 안정 동위원소비를 프록시(proxy)로 측정한 후 물질 순환 모델에 입력하여 계산한다.

산소는 지구에 서식하는 동물에게 필수적인 물질이다. 산소는 식물과 남세균 같은 광합성 생물에 의해 대부분 생산된다. 이렇게 생산된 산소는 대기권, 수권, 암석권, 생물권을 순환한다. 현재 산소의 99% 이상이 규산염 광물이나 산화 광물의 형태로 암석권에 저장되어 있다. 생물학적으로 생산된 산소가 수택만 년에 걸쳐 지질학적으로 순환되는 과정은 산소가 공급원(source)과 저장소(sink) 사이에서 이동하는 모델로 설명할 수 있다. 강력한 산화제(oxidizing agent)인 산소가 O^{2-} 형태로 양이온과 결합하여 산화물을 형성하면 산소는 저장소로 이동하는 것이며, 산화 반응이 일어나지 않으면 공급원으로 이동하는 것이다. 산화 반응이 일어나는 대표적인 지질학적 과정은 산소가 유기물이나 광물과 반응하는 풍화이며 산화 반응이 일어나지 않게 하는 대표적인 지질학적 과정은 유기물이나 광물의 매몰이다. 매몰에 의해 공급원이 커지면 대기 중 산소 함량이 늘어나고 풍화에 의해 저장소가 커지면 대기 중 산소 함량이 줄어든다. 공급원과 저장소 사이의 지질학적 산소 순환을 화학식으로 간략하게 표시하면 다음과 같다(그림 3.50).

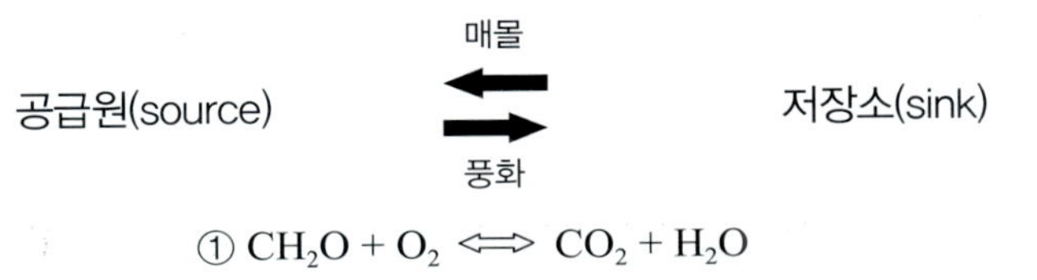

① $CH_2O + O_2 \Longleftrightarrow CO_2 + H_2O$

② $4FeS_2 + 16CaCO_3 + 8H_2O + 15O_2 \Longleftrightarrow 2Fe_2O_3 + 16Ca^{2+} + 16HCO_3^- + 8SO_4^{2-}$

그림 3.50 지질학적 산소 순환을 표시한 화학식. 두 화학식의 반응이 왼쪽으로 일어나 생기는 O_2는 대기 중으로 방출되는 산소가 아니다.

화학식 ①의 반응이 오른쪽으로 진행하면 풍화를 통해 유기물이 산화되면서 산소가 저장소로 이동하는 과정을, 왼쪽으로 진행하면 유기물이 형성되어 매몰되면서 산화 반응이 일어나지 않아 산소가 공급원으로 이동하는 과정을 의미한다. 화학식 ②의 반응이 오른쪽으로 진행하면 풍화를 통해 황철석과 방해석이 산화되면서 산소가 저장소로 이동하는 과정을, 왼쪽으로 진행하면 황철석과 방해석이 형성된 후 매몰되면서 산화 반응이 일어나지 않아 산소가 공급원으로 이동하는 과정을 의미한다. 지질시대 동안 대기 중 산소 함량 변화를 알아내기 위해 해양 퇴적암에서 측정한 탄소 동위원소 분화비($\delta^{13}C$)와 황 동위원소 분화비($\delta^{34}S$)를 프록시로 이용한다. 이 프록시는 탄소와 황이 매몰되어 저장소인 암석권으로 이동한 양을 알려준다. 해양의 $\delta^{13}C$는 고생대 말과 중생대 초에 상대적으로 높다(그림 3.51a). 데본기부터 번성하던 육상식물이 매몰되면 식물이 선택적으로 흡수한 ^{12}C가 암석권으로 유입됨에 따라 해양의 ^{12}C는 줄어들게 되고 따라서 해양의 $\delta^{13}C$는 높아진다. 이러한 유기물 매몰은 산소 공급원을 커지게 한다. 해양의 $\delta^{34}S$는 $\delta^{13}C$와 다르게 고생대 초에 높다가 고생대 말로 가면서 감소하지만, $\delta^{13}C$와 유사하게 고생대 말과 중생대 초에 높다(그림 3.51a). 황의 25개 동위원소 중 ^{32}S, ^{33}S, ^{34}S, ^{36}S가 안정하다. 95%를 차지하는 ^{32}S와 4.3%를 차지하는 ^{34}S의 비율을 이용하여 $\delta^{34}S$를 계산한다($\delta^{34}S = (((^{34}S/^{32}S)_{시료}/(^{34}S/^{32}S)_{표준})-1)\times 1,000‰$). 퇴적물에 서식하는 박테리아가 황철석을 형성할 때 ^{32}S를 선택적으로 많이 사용하기 때문에 해양의 ^{32}S가 줄어들고, 따라서 해양의 $\delta^{34}S$는 높아진다. 이렇게 형

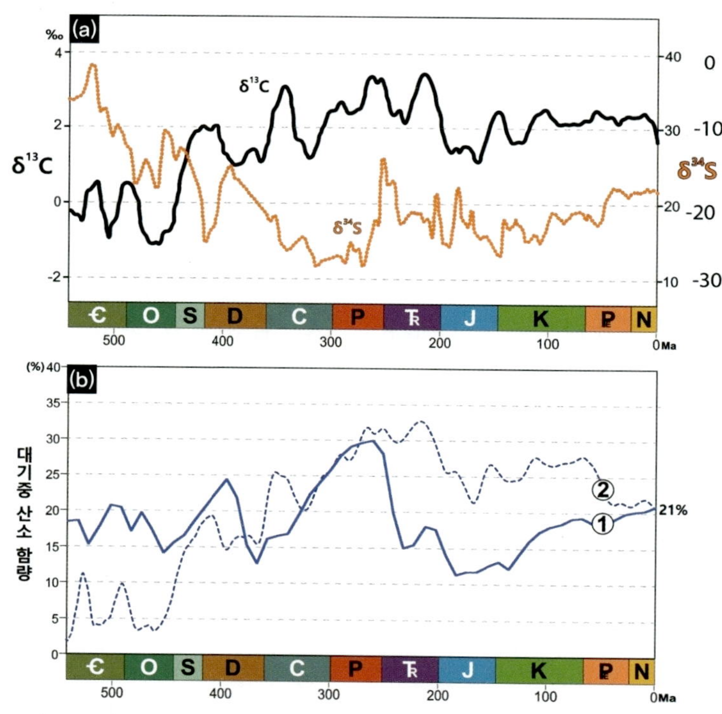

그림 3.51 (a) 현생누대 해양의 $\delta^{13}C$와 $\delta^{34}S$의 변화, (b) 현생누대 대기 중 산소 함량의 변화: ① 'GEOCARBSULF' 모델을 이용하여 계산한 결과 ② 'GEOCARBSULFOR' 모델을 이용하여 계산한 결과. 지질시대 '기' 기호는 표 3.6 참조

성된 황철석이 매몰되어 암석권으로 유입되면 산소 공급원이 커지게 된다. $\delta^{13}C$와 $\delta^{34}S$ 이외에 퇴적암의 부피 변화, 양이온을 공급하는 하천 흐름의 변화, 광합성 생물 다양성 변화 같은 변수를 사용하여 모델을 구축한 후 계산하기 때문에, 모델마다 대기 중 산소 함량 변화는 다르게 계산된다. 대부분 모델은 현생누대 동안 대기 중 산소 함량이 고생대 말과 중생대 초까지 증가하다가 감소하는 양상을 보인다(그림 3.51b). 고생대 초 육상식물이 출현하고 고생대 말로 가면서 번성한 식물 진화 양상과 유사한 경향을 나타낸다.

수백만 년에 걸쳐 일어나는 탄소의 지질학적 순환에 의해 대기 중 이산화탄소 함량은 변하였다. 탄소의 99% 이상이 탄산염 광물과 화석연료의 형태로 암석권에 저장되어 있다. 화산 폭발로 지구 내부로부터 대기권으로 공급된 이산화탄소는 광합성을 통해($CO_2 + H_2O \leftrightarrow CH_2O + O_2$) 생물권으로 유입된 후, 유기물이 매몰되면서 암석권으로 유입된다. 또한 칼슘과 마그네슘이 탄산염 광물을 형성하는 풍화 작용($CO_2 + CaSiO_3 \leftrightarrow CaCO_3 + SiO_2$; $CO_2 + MgSiO_3 \leftrightarrow MgCO_3 + SiO_2$)에 의해 수권을 거쳐 암석권으로 유입된다. 이후 변성 작용과 화성 작용을 거치면서 탄소는 이산화탄소의 형태로 대기권으로 다시 방출된다. 고토양의 탄산염 광물, 식물성 플랑크톤의 $\delta^{13}C$, 식물 잎 기공의 분포, 부유성 유공충의 $\delta^{11}B$ 같은 프록시 측정값을 지질학적 탄소 순환 모델에 입력하여 대기 중 이산화탄소 함량을 계산한다.

현생누대 동안 대기 중 이산화탄소 함량은 고생대 초 급격히 증가하였다가 고생대 말로 가면서 감소하였고, 중생대 중반부에 다시 증가하였다가 감소하여 현재 상태인 약 413 ppm에 이른 것으로 추정하고 있다(그림 3.52). 고생대 초, 특히 오르도비스기 동안 현재 이산화탄소 함량보다 15배 이상 높았던 것으로 추정되고, 중생대 중반에 현재의 5배 정도까지 증가했던 것으로 추정된다. 대기 중 이산화탄소 함량이 증가하는 시기는 해양지각이 활발히 형성되면서 해저 화산활동에 의해 이산화탄소가 많이 생산되던 시기와 일치하며, 함량이 감소하는 시기는 판게아가 형성되면서 해양지각 형성이 활

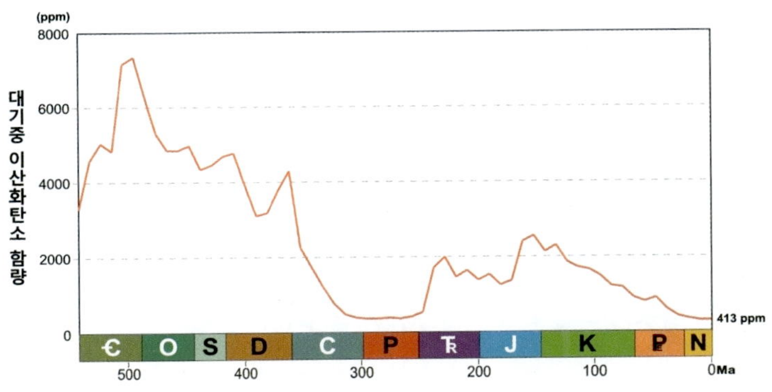

그림 3.52 지질학적 탄소 순환 모델 'GEOCARB Ⅲ'를 이용하여 계산한 현생누대 동안 대기 중 이산화탄소 함량 변화. 지질시대 '기' 기호는 표 3.6 참조

발하지 않았던 시기와 일치한다.

대기 중 이산화탄소 함량 변화는 기후에 커다란 영향을 미친다. 지질시대 동안 지구 기후 변화는 온실 지구(Greenhouse Earth)와 빙실 지구(Icehouse Earth) 상태로 구분한다. 온실 지구는 대륙에 빙하가 없으며, 이산화탄소를 포함한 온실 기체의 대기 중 함량이 높고, 해양 표면 온도가 적도에서 28°C, 극지방에서 0°C인 상태이다. 빙실 지구는 대륙에 빙하가 있으며, 대기 중 온실 기체의 함량이 낮고, 해양 표면 온도도 낮은 상태이다. 빙하기(glacial period)와 간빙기(inter-glacial period)는 빙실 지구 동안 일어나는 소규모 기후 변화에 적용되는 용어이다. 지구 역사의 85%가량은 온실 지구였다고 추정한다(그림 3.53a). 고원생대의 스터트 빙하 작용, '눈덩이 지구'로 알려진 신원생대 크리오스진기 빙하 작용, 그리고 현생누대 오르도비스기 말, 후기 고생대, 후기 신생대 빙하 작용 등 다섯 번의 빙실 지구가 있었다. 현재는 빙실 지구이고, 약 10만 년 전 시작하여 1만 2,000년 전쯤 끝난 '마지막 빙하기' 다음의 간빙기에 해당한다. 마지막 빙하기가 최고조에 달했던 약 3~2만 년 전, 지구 평균

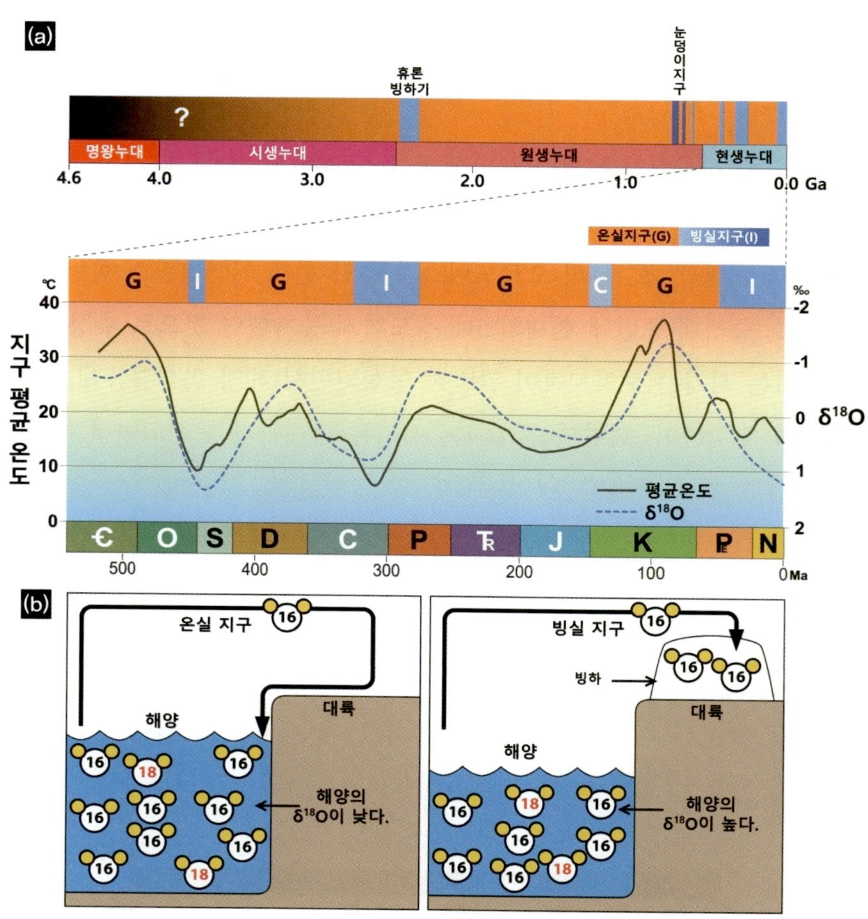

그림 3.53 (a) 지질시대 온실 지구와 빙실 지구, 현생누대 지구 평균 온도와 $\delta^{18}O$ 변화. 쥐라기와 백악기 경계의 빙실 지구는 그 강도가 약해 '시원한 지구(Cool Earth)'라 한다. (b) H_2O의 대기권–수권 순환과 빙하 존재 여부에 따른 $\delta^{18}O$ 변화. 현생누대 '기' 기호는 표 3.6 참조

온도는 11°C(현재 15°C)였고, 빙하가 지구 표면의 8%(현재 3%)를 덮고 있었으며, 해수면은 현재보다 최대 140 m 낮았다.

중요한 기후 요소인 지구 평균 온도는 산소 동위원소 분화비($\delta^{18}O$)로 추정한다($\delta^{18}O = (((^{18}O/^{16}O)_{시료}/(^{18}O/^{16}O)_{표준})-1) \times 1,000‰$). $\delta^{18}O$의 표준은 비엔나 표준 평균 해양수(VSMOW, Vienna Standard Mean Ocean Water)이다. 산소의 99% 이상은 ^{16}O로 이루어져 있고 ^{18}O는 미량 존재한다. 상대적으로 가벼운 ^{16}O를 포함하는 H_2O가 더 많이 증발하여 대기로 유입되고 강우로 다시 바다로 유입된다. 대륙에 빙하가 없으면 ^{16}O는 그대로 바다로 다시 유입되어 해양의 $\delta^{18}O$는 변하지 않는다. 반면, 빙하가 존재하면 ^{16}O를 포함하는 H_2O는 고체 상태로 빙하에 갇혀 바다로 유입되지 못하기 때문에 해양의 $\delta^{18}O$는 빙하가 없을 때보다 높아진다(그림 3.53b). 현생누대 동안 $\delta^{18}O$ 변화는 지구 평균 온도 변화와 거의 일치한다(그림 3.53a).

현재 인류가 초래하고 있는 지구 온난화에 의해 빙하가 녹으면서 해수면은 상승하고 있다. 지질시대 동안에도 여러 요인으로 전 지구적으로 해수면이 상승하기도 하고 하강하기도 하였다. 해수면 변동은 해양지각과 빙하 부피의 변화로 일어난다. 해양지각 부피가 증가하면 해저 바닥이 지구 중심으로부터 멀어지면서 높아져 해수면이 상승하고, 빙하의 부피가 줄면 액체 상태 H_2O가 많아져 해수면이 상승한다. 과거 해수면 변동은 해안선 근처에 쌓인 연안 혹은 조간대 퇴적층과 해수면 변동에 민감하게 반응하는 산호초와 같은 화석의 분포를 분석하여 추정한다. 고생대 오르도비스기의 해수면은 지금보다 최대 400 m가량 높았을 것으로 추정되며, 고생대 말로 가면서 해수면이 하강하였고, 중생대 말에 다시 상승했다가 다시 하강하였다(그림 3.54). 현생누대 해수면 변화는 대기 중 이산화탄소 함량 변화(그림 3.52)와 지구 평균 온도 변화(그림 3.53a)와 아주 유사한 경향을 보인다.

대부분 해양 무척추동물의 외골격은 $CaCO_3$로 이루어져 있다. $CaCO_3$는 해수의 Mg/Ca에 따라 방해석 혹은 아라고나이트로 침전된다. 현생누대 동안 해수의 Mg/Ca는 1에서 5.2까지 변했고, Mg/Ca가 2 이상이면 아라고나이트가 침전되고, 2 이하이면 방해석이 침전된다. 고생대 초부터 중반까지

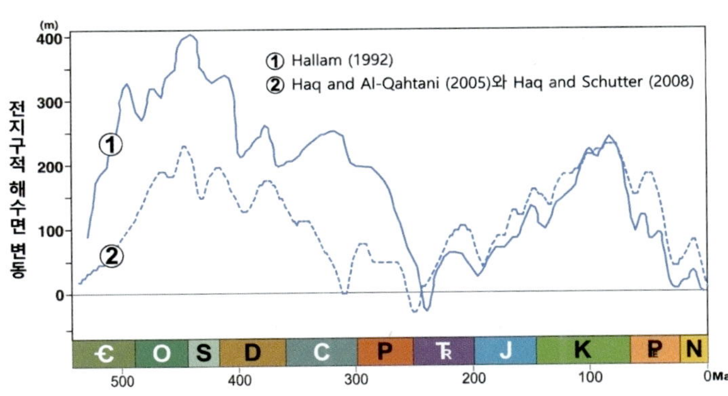

그림 3.54 현생누대 동안 전 지구적 해수면 변동. 지질시대 '기' 기호는 표 3.6 참조

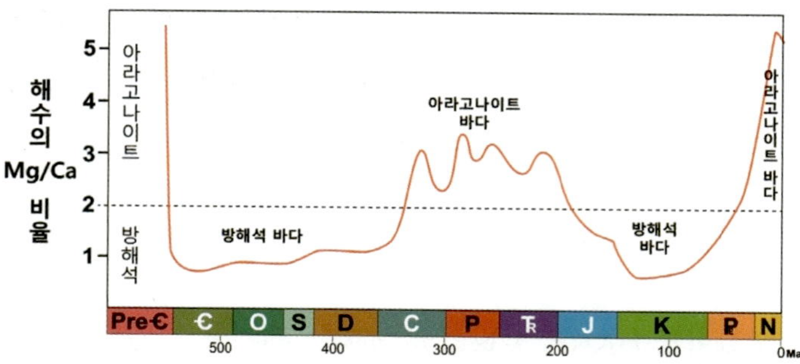

그림 3.55 현생누대 동안 해수의 Mg/Ca 변화에 따라 방해석이 침전되는 시기(방해석 바다)와 아라고나이트가 침전되는 시기(아라고나이트 바다)로 구분된다. 지질시대 '기' 기호는 표 3.6 참조

그리고 중생대 중반에 방해석이 주로 침전되는 상태를 '방해석 바다'라 하고, 고생대 후반부터 중생대 전반까지 그리고 신생대에 아라고나이트가 주로 침전되는 상태를 '아라고나이트 바다'라 한다(그림 3.55).

$CaCO_3$가 어떤 광물로 침전되는지는 해양저산맥에서 일어나는 열수변성 작용과 밀접한 관련이 있다. 해양저산맥 근처 해저 열수공이나 균열을 통해 해수가 순환하는 과정에서 300~400°C에 달하는 열수에 의해 해양저산맥을 이루는 현무암이 변성 작용을 받는다. 현무암이 열수변성되면 녹니석, 녹섬석과 같은 광물이 형성되면서 Mg^{2+}이 해양지각으로 흡수되고 따라서 해수의 Mg/Ca는 감소한다. 그러므로 해양지각 형성이 활발한 시기에는 Mg/Ca가 낮아져 방해석이 침전되고, 해양지각 형성이 활발하지 않은 시기에는 Mg/Ca가 상대적으로 높아져 아라고나이트가 침전된다. 또한 해양지각이 활발히 형성되어 해수의 이산화탄소 함량이 많아지면 탄산(H_2CO_3)의 농도가 증가하여 pH가 낮아지게 된다. 아라고나이트는 방해석보다 산에 잘 용해되기 때문에 pH가 낮으면 방해석이 침전된다.

생물학적으로 생산되는 산소를 제외하고, 대기 중 이산화탄소 함량 변화, 온실/빙실 지구 상태, 해수면 변동, 방해석/아라고나이트 바다는 근본적으로 현생누대 동안 해양지각 형성 변화와 밀접한 관련이 있다. 해양지각이 활발히 형성되는 시기, 즉 대륙이 분리되고 흩어지는 시기에는 대기 중 이산화탄소의 함량이 높아지고, 온실 지구 상태가 되며, 해수면은 상승하고, 방해석 바다가 된다. 반대로 해양지각의 형성이 활발하지 않은 시기, 즉 대륙이 합쳐져 초대륙이 형성되는 시기에는 대기 중 이산화탄소의 함량은 낮아지고, 빙실 지구 상태가 되며, 해수면은 하강하고, 아라고나이트 바다가 된다. 윌슨 순환을 일으키는 판구조 운동이 현생누대 동안 대기권과 수권에서 일어난 중요한 변화와 기후 변화의 근본적인 원인이라고 할 수 있다.

(3) 생명의 진화

생명 진화의 지질학적 기록인 화석의 분류학적 연구 결과를 분석하여 현생누대 동안 생물권에 어

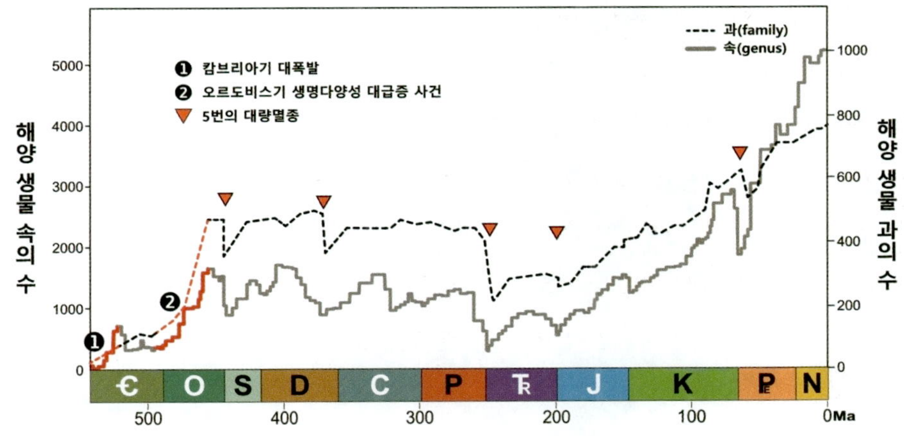

그림 3.56 현생누대 동안 생명다양성 변화와 다섯 번의 대량멸종 그리고 적응방산. 지질시대 '기' 기호는 표 3.6 참조

떤 변화가 일어났는지 알 수 있다. 현재 지구상에는 약 870만 종이 서식하고 있는 것으로 추정하고 있으며 650만 종이 육지에, 220만 종이 바다에 서식하는 것으로 추정하고 있다. 이 중 120만 종이 분류학적으로 기록되었다. 지질시대 동안에는 약 50억에서 500억 종이 서식했던 것으로 대략 추정하고 있고, 이 중 99%가 멸종하였고, 약 5%만이 화석으로 보존되어 있다고 추정하고 있다. 해양 동물 화석의 속(genus) 혹은 과(family)의 수로 표현하는 생명다양성은 현생누대 동안 꾸준히 증가하였으며, 생명다양성이 급격히 변하는 사건도 있었다(그림 3.56).

생명다양성이 짧은 시간에 급격히 증가하는 적응방산(adaptive radiation)은 새로운 서식지에 생물이 빠르게 적응하면서 많은 종이 급격히 출현하는 현상이다. 현생누대 동안 고생대 초 '캄브리아기 대폭발(Cambrian explosion)'과 '오르도비스기 생명다양성 대급증 사건(GOBE, Great Ordovician Biodiversification Event)'이라는 적응방산이 있었다(그림 3.55). 캄브리아기 대폭발은 5억 3,880만 년 전에 시작되어 약 2,000만 년 동안 척추동물을 포함한 다양한 현생 동물의 조상이 출현한 사건이다. 현재 지구상에 서식하고 있는 약 30개 동물 문(phylum)의 조상은 모두 캄브리아기 대폭발 동안 출현하였다. 이보다 많은 종류의 동물은 후손을 남기지 못하고 캄브리아기 대폭발 사건이 끝나면서 지구상에서 사라졌다. 신원생대 에디아카라 생물군의 동물들은 소화기관, 순환기관, 골격이 없는 단순한 형태이지만(그림 3.47), 캄브리아기 대폭발 동안 나타난 동물은 삼엽충이나 완족동물처럼 방해석 껍질을 가지고 있는 종류도 있고(그림 3.57d, j), 연질부만으로 이루어진 종류도 있는데, 대부분 다양한 기능을 하는 여러 개의 조직으로 몸이 이루어져 있어 에디아카라 동물보다 훨씬 복잡한 형태를 보인다(그림 3.57). 이 적응방산은 캄브리아기로 접어들면서 해수면이 상승하고, 육지로부터 영양분 공급이 많아지고, 산소 함량이 증가하고, 해수의 Ca^{2+} 농도가 증가하는 환경적 요인 때문에 일어난 것으로 해석하고 있다. 에디아카라 동물의 멸종에 따른 서식지 증가도 하나의 요인으로 생각되며, 시각기관이 생기면서 포식-피식 관계가 급속도로 발전하여 새로운 형태가 많이 출현하게 되었다는 해석도 있다.

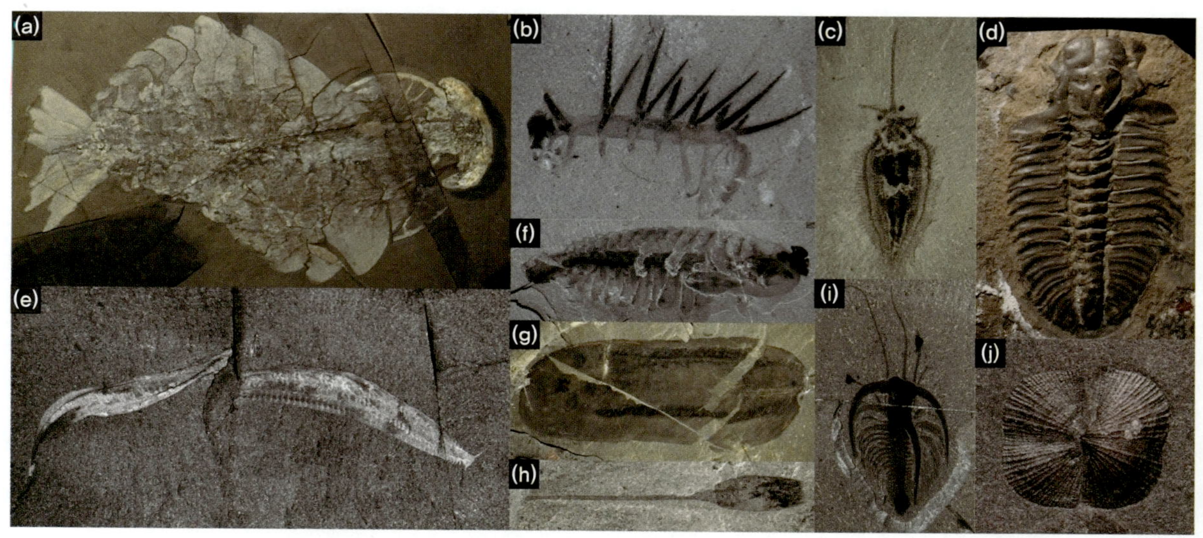

그림 3.57 캄브리아기 대폭발의 증거인 캐나다 버지스 셰일에서 발견되는 화석. (a) *Anomalocaris*, (b) *Hallucigenia*, (c) *Nectocaris*, (d) *Bathyuriscus*(삼엽충), (e) *Pikaia*, (f) *Opabinia*, (g) *Odontogriphus*, (h) *Dinomischus*, (i) *Marrella*, (j) *Nisusia*(완족동물)

현생 동물의 유전체 통제 요소 연구를 통해 캄브리아기 대폭발의 원인을 규명하려는 연구도 진행되고 있다. 캄브리아기 대폭발 동안 출현한 동물의 화석은 버지스 셰일(Burgess Shale) 동물군(그림 3.57)이 산출되는 캐나다 브리티시 콜롬비아 주의 버지스 셰일, 쳉지앙(Chengjiang) 동물군이 산출되는 중국 윈난성의 마오티안샨 셰일(Maotianshan Shale), 시리우스 파셋(Sirius Passet) 동물군이 산출되는 그린란드의 부엔(Buen)층 등에서 발견된다. 최근 중국 허베이성의 슈이징투오(Shuijingtuo)층에서 칭장(Qingjiang) 동물군이라고 불리는 새로운 증거가 발견되었다.

캄브리아기 대폭발 사건이 끝나고 약 4,000만 년이 지난 시점에 '오르도비스기 생명다양성 대급증 사건'이 일어났다. 갑작스럽게 증가한 생명다양성은 고생대 전 기간 중 가장 높고(그림 3.56), 새롭게 출현한 생물들은 현생 생물과 유사한 형태를 보이기 시작하였으며, 플랑크톤이 번성했고 이들을 먹는 고착성 동물과 바닷속을 헤엄치는 동물의 종류가 증가한 것이 특징이다(그림 3.58). 이 적응방산은 오르도비스기를 포함하는 약 4,500~5,000만 년에 걸쳐 일어난 것으로 추정되며, 지역마다 다른 생물들이 다른 시기에 출현하고 번성하였다. 오르도비스기는 남반구에 있었던 곤드와나를 제외한 대륙이 흩어져 있던 시기로(그림 3.49a) 해양지각 형성이 활발했고 이에 따라 이산화탄소 함량과 해수면도 높았으며 육지로부터 영양분 공급도 많았던 시기이다. 작은 땅덩어리들이 곤드와나 주변과 로렌시아, 발티카, 시베리아 사이에 분포하고 있어 지리적 격리에 따른 새로운 종의 출현도 활발했던 것으로 추정된다.

생물종은 지구상에 출현한 후 특정 기간 동안 서식하다 멸종하는데, 이를 배경멸종(background extinction)이라 한다. 1년에 0.1~1종이 사라지는 것으로 추정하고 있다. 지질학적으로 짧은 시간에

그림 3.58 오르도비스기 해양 생물

많은 종이 사라지는 현상을 대량멸종(mass extinction)이라 하는데, 약 200만 년 동안 75%가량의 종이 사라지는 것으로 정의하기도 한다. 현생누대 동안 오르도비스기 말, 후기 데본기, 페름기 말, 트라이아스기 말, 백악기 말에 대량멸종이 있었다(그림 3.56). 페름기 말 대량멸종으로 그 당시 지구에 서식하고 있던 종의 약 95%가 사라졌고, 백악기 말 대량멸종으로 약 75%가 사라졌다.

대량멸종은 생물권 외부 요인에 의해 일어난다. 화산 분출이 활발하여 용암이 폭우 때 홍수처럼 흐르는 현상을 홍수현무암(flood basalt)이라 한다. 화산활동이 활발하면 화산재 같은 물질이 대기로 방출되어 광합성을 방해하고, 분화되는 황산화물은 물에 용해되어 산성비가 내리고, 이산화탄소의 생산도 많아져 지구 평균 온도도 빠르게 상승한다. 페름기 말 대량멸종의 주요 요인은 이러한 홍수현무암이었다고 추정되며, 그 증거는 시베리아 고원으로 약 2억 5,200만 년 전에 용암이 분출하여 200만 km^2에 달하는 현무암 대지를 형성하였다. 해수면이 급격히 하강하면 생명다양성이 높은 대륙붕의 면적이 줄어들게 되어 대량멸종이 일어날 수 있다. 대륙붕 면적의 감소는 대륙이 합쳐지면서 일어나기도 하는데, 판게아가 형성되면서 대륙붕의 면적이 많이 줄어들었다(그림 3.49c). 다섯 번의 대량멸종은 해수면이 하강하는 시기와 대략 일치하고(그림 3.54), 페름기 말 대량멸종은 판게아 형성과도 연관이 있다(그림 3.49c).

운석이 충돌하면 먼지와 미세 입자가 대기 중으로 방출되어 광합성을 방해하며, 엄청난 규모의 쓰나미(tsunami)와 산불을 일으킬 수 있다. 백악기 말 대량멸종은 지름 약 10 km인 운석이 충돌하면서 시작되었는데, 멕시코 유카탄 반도 지하에서 발견된 지름 180 km에 달하는 칙술룹(Chicxulub) 분화

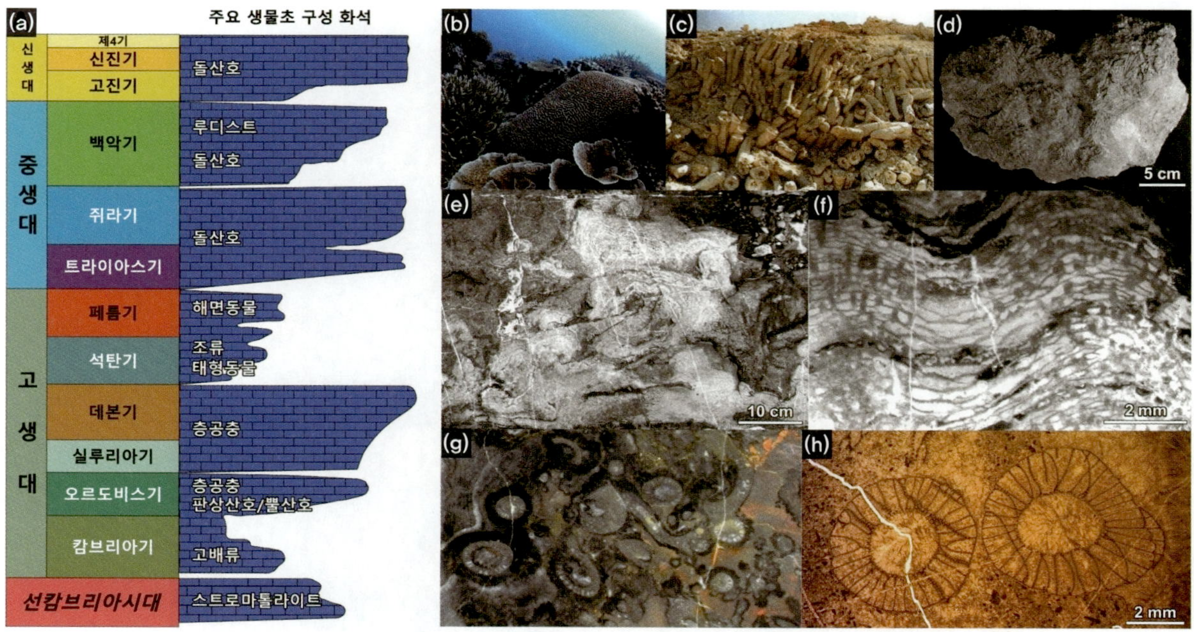

그림 3.59 **(a)** 지질시대별 주요 생물초 구성 화석의 변화, **(b)** 현생 돌산호로 이루어진 생물초, **(c)** 두 껍데기의 크기가 다른 이매패류인 루디스트로 형성된 백악기 생물초(오만), **(d)** 페름기 태형동물(동티모르), **(e)** 층공충 생물초 노두(영월층군 영흥층, 강원 영월), **(f)** 층공충 박편: 층리처럼 보이는 평행하게 발달한 골격 사이에 수직으로 발달한 기둥(pillar)이 관찰된다. **(g)** 고배류 노두 사진, **(h)** 고배류 박편: 2개의 원형 외벽으로 이루어져 있고 외벽 사이를 연결하는 격벽이 관찰된다. 지질시대 '기' 기호는 표 3.6 참조

구가 그 증거이다. 대량멸종은 지구 평균 온도가 아주 낮은 빙실 지구 상태에서 일어나기도 하는데, 이는 오르도비스기 말 대량멸종의 주요 원인 중 하나이다. 이외에도 해수 중간층에서 산소가 사라지는 사건, 해저에 고체 상태로 있던 메탄이 대기로 방출되어 지구 평균 온도가 급작스럽게 증가하는 사건 등을 대량멸종을 일으킨 원인으로 추정한다.

현생누대 해양 무척추동물 중 일부는 대륙붕에 군집을 이루어 서식하면서 위로 성장하여 생물초(reef)를 구성하였다. 생물초는 육지 쪽으로 생물이 서식하기 좋은 환경인 석호(lagoon)를 형성한다. 지질시대에 따라 생물초를 구성하는 생물이 변하였다(그림 3.59a). 캄브리아기에는 고배류(archaeocyatha, 그림 3.59g, h)라는 멸종한 해면동물의 한 종류가, 오르도비스기부터 데본기에는 멸종한 해면동물의 한 종류인 층공충(stromatoporoid, 그림 3.59e, f)과 판상산호가 생물초를 주로 이루었다. 중생대부터 현재까지는 돌산호(그림 3.59b)가 주로 생물초를 이루지만 백악기 말 루디스트(rudist, 그림 3.59C)라는 이매패류가 생물초를 이루기도 하였다.

현생누대 동안 일어난 가장 중요한 생명 진화 사건은 호모 사피엔스(*Homo sapiens*)의 출현일 것이다. 척추동물에 속하는 인류는 캄브리아기 대폭발 사건 동안 출현한 척삭동물(chordate, 그림 3.60a)로부터 진화하기 시작하였다. 척삭동물의 중요한 특징인 척삭(notochord)이 딱딱한 뼈로 이루어진 척추로 변하여, 캄브리아기에 무악어류(agnatha)가 출현하였다(그림 3.60b). 턱뼈가 없는 무악어류

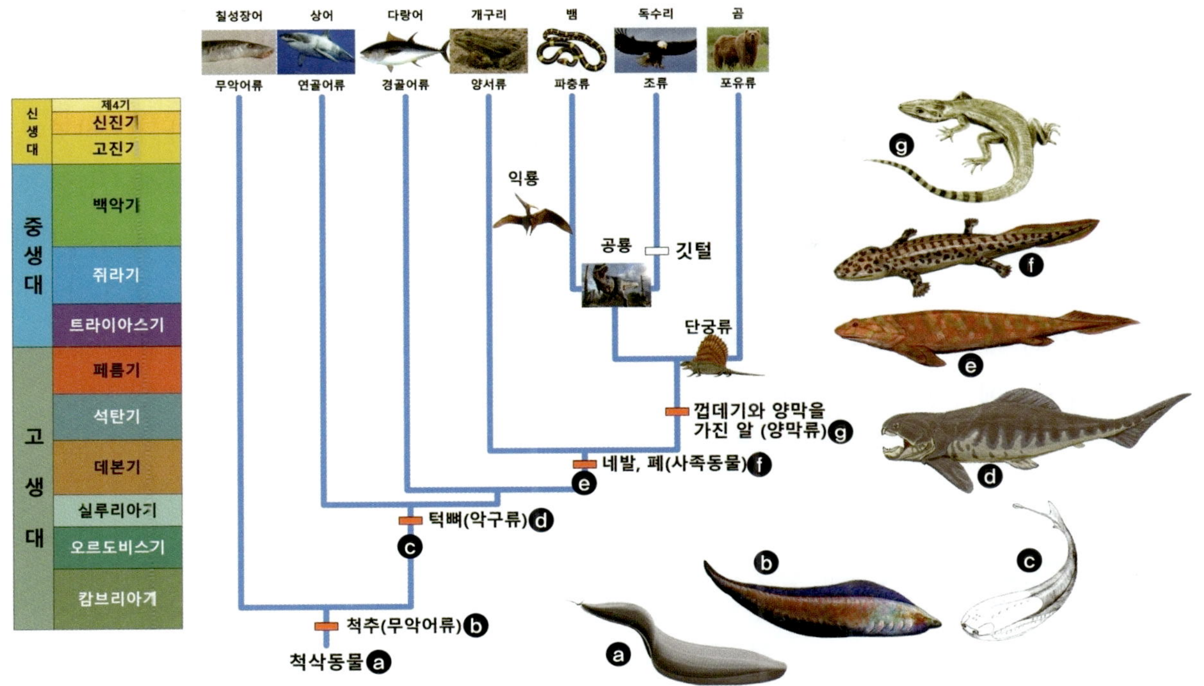

그림 3.60 현생누대 척추동물의 진화 과정과 중요한 화석들. (a) *Pikaia*(캄브리아기, 척삭동물), (b) *Myllokunmingia*(캄브리아기, 무악어류), (c) *Sacabambaspis*(오르도비스기, 무악어류 갑주어), (d) *Dunkleosteus*(데본기, 악구류 판피어류), (e) *Panderichthys*(데본기, 육기어류), (f) *Acanthostega*(데본기, 사족동물), (g) *Archaeothyris*(석탄기, 양막류)

는 머리 부분이 뼈로 덮여 있고 앞지느러미가 발달한 갑주어(ostracoderm, 그림 3.60c) 같은 다양한 형태로 진화하였다. 아가미를 지탱하던 골격이 턱뼈로 변하여 오르도비스기에 턱뼈가 있는 악구류(gnathostomata, 그림 3.60d)가 출현하였고, 현재 우리가 알고 있는 경골어류와 연골어류는 악구류로부터 진화하였다. 무악어류와 악구류를 포함한 어류가 번성한 데본기를 '어류의 시대'라 부른다. 악구류 중 엽상(lobe-shaped) 지느러미가 뼈와 근육으로 몸통에 연결되어 있는 육기어류(sarcopterygii, 그림 3.60e)가 실루리아기에 출현하였다. 육기어류 중 지느러미에 더 많은 근육이 붙고 더 많은 수의 뼈로 이루어진 네발과 대기 중 산소를 호흡할 수 있는 폐를 가진 최초의 사족동물(tetrapod, 그림 3.60f)이 데본기에 출현하면서 척추동물은 육지로 진출하게 되었다. 사족동물이 육상으로 진출하기 전인 실루리아기에 육상식물이 진화하여 산소를 생산하기 시작하였으며 데본기에 출현한 거대한 양치식물은 숲을 이루어 육상으로 진출할 사족동물이 서식하기 좋은 환경을 마련해놓았다. 석탄기에 여전히 물에 알을 낳아야 하는 양서류를 포함하는 사족동물 중 일부가 껍데기가 있고 안쪽에 태아를 보호하는 양막(amnion)이 있는 알을 낳기 시작하였다. 이러한 양막류(그림 3.60g)는 완전히 육상생활에 적응할 수 있었고, 석탄기와 페름기를 거치면서 이들로부터 공룡과 익룡을 포함한 파충류가 진화하였고, 수각류(theropod)라는 공룡의 피부에서 깃털이 생겨나 쥐라기에 새로 진화하였다. 쥐라기에 파충류와 포유류의 특징을 모두 가지고 있던 단궁류(synapsid)로부터 포유류가 진화하였다.

백악기 말 열대우림 지역에 서식했던 포유동물로부터 영장류(primates)가 출현하였다. 신생대 마이오세에 나무에서 생활하며 열매와 견과류를 먹는 영장류가 아프리카에서 출현하였고, 약 300만 년 전 이 영장류로부터 현생 인류와 가장 가까운 오스트랄로피테쿠스(*Australopithecus*)가 진화하였다. 약 200만 년 전 오스트랄로피테쿠스의 일부로부터 사람속(*Homo*)으로 분류되는 가장 오래된 종인 호모 하빌리스(*Homo habilis*)와 현생 인류와 비슷하게 직립보행을 한 호모 에렉투스(*Homo erectus*)가 진화하였다. 약 30만 년 전 호모 에렉투스의 후손으로 아프리카에서 출현한 현생 인류는 유럽과 아시아로 서식 영역을 확대하였으며, 마지막 빙하기 동안 해수면이 낮아져 육지가 된 베링 해협을 거쳐 북아메리카와 남아메리카 대륙으로까지 서식 영역을 확장하였다.

3.4 한반도의 역사

한반도는 지리적으로 동북아시아의 동쪽에, 지질학적으로 유라시아판의 동쪽 가장자리에 위치하고 있다. 한반도는 두께가 약 28~32 km인 대륙지각으로 이루어져 있다. 한반도를 둘러싸고 있는 서해와 남해의 해저는 대륙지각의 가장자리인 대륙붕이지만, 동해의 해저는 해양지각으로 이루어져 있는 지역도 있다. 한반도는 여러 지질시대의 다양한 암석으로 이루어져 있으며 변성암, 화성암, 퇴적

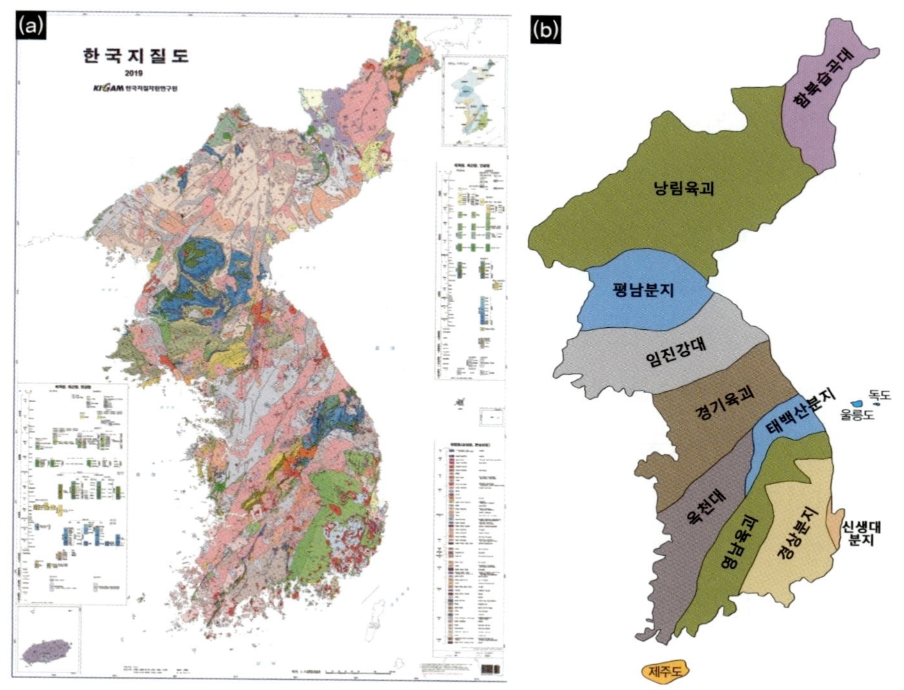

그림 3.61 (a) 한반도 지질도, (b) 한반도 지체구조도

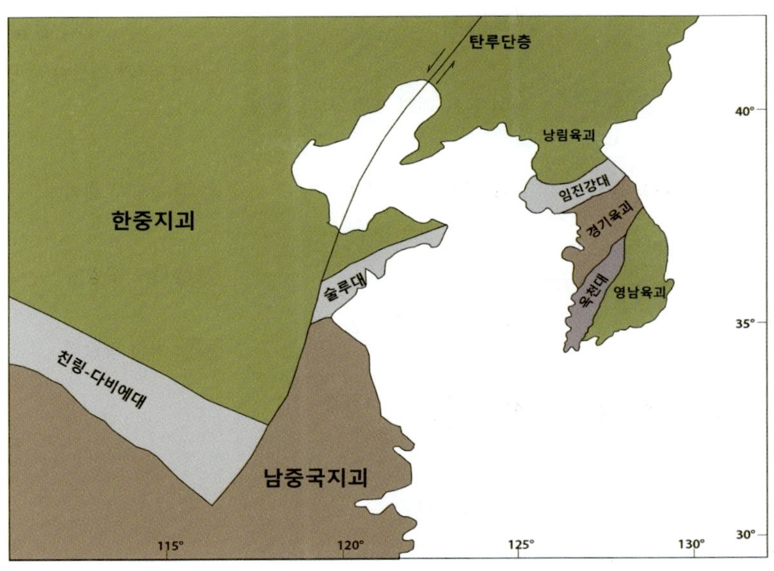

그림 3.62 한반도와 중국의 지체구조도

암이 한반도 전체의 1/3 정도씩 차지하고 있다(그림 3.61a).

비슷한 시기에 형성되었으며 거의 같은 지질학적 역사를 겪은 지역인 지체구조구(tectonic province)로 한반도를 구분하면 지질학적 역사를 더 쉽게 이해할 수 있다(그림 3.61b). 선캄브리아시대 변성암이 분포하는 낭림육괴, 경기육괴, 영남육괴는 한반도 대륙지각을 이룬다. 낭림육괴와 영남육괴는 한중지괴(Sino-Korean Block) 혹은 북중국지괴(North China Block)에 속하며 경기육괴는 남중국지괴(South China Block)에 속하는 것으로 여겨진다(그림 3.62). 그러나 암석학 및 지구화학적 연구 결과를 바탕으로 경기육괴가 북중국지괴의 일부였다고 해석하기도 한다. 가장 북쪽의 함북습곡대가 낭림육괴와 같이 한중지괴에 속했는지는 확실하지 않다. 낭림육괴 남쪽에 고생대 퇴적암이 분포하는 지역을 평남분지, 영남육괴 북쪽에 고생대 퇴적암이 분포하는 지역을 태백산분지, 영남육괴 남쪽에 중생대 퇴적암이 분포하는 지역을 경상분지라 한다. 낭림육괴와 경기육괴 사이의 임진강대와 영남육괴와 경기육괴 사이의 옥천대는 육괴가 충돌하여 합쳐진 흔적이 보이는 지역이다. 함북습곡대/낭림육괴/평남분지를 합쳐 북부지괴, 임진강대/경기육괴/옥천대를 합쳐 중부지괴, 태백산분지/영남육괴/경상분지를 합쳐 남부지괴 등 한반도를 3개의 지체구조구로 구분하자는 의견도 있다.

한반도 남부의 암석은 고원생대 변성암과 화성암, 신원생대와 현생누대 퇴적암, 현생누대 화성암으로 크게 구분된다(그림 3.63). 고원생대 변성암은 경기육괴와 영남육괴를 이루는 편암과 편마암이다. 경기육괴의 고원생대 지층은 경기편마암 복합체로 퇴적 기원 편마암류와 혼성암으로 이루어져 있으며 영남육괴의 고원생대 지층은 호남편마암 복합체, 소백산편마암 복합체, 태백산편마암 복합체로 혼성암질 편마암과 화강암질 편마암으로 이루어져 있다. 옥천대에 분포하는 신원생대 옥천누층군

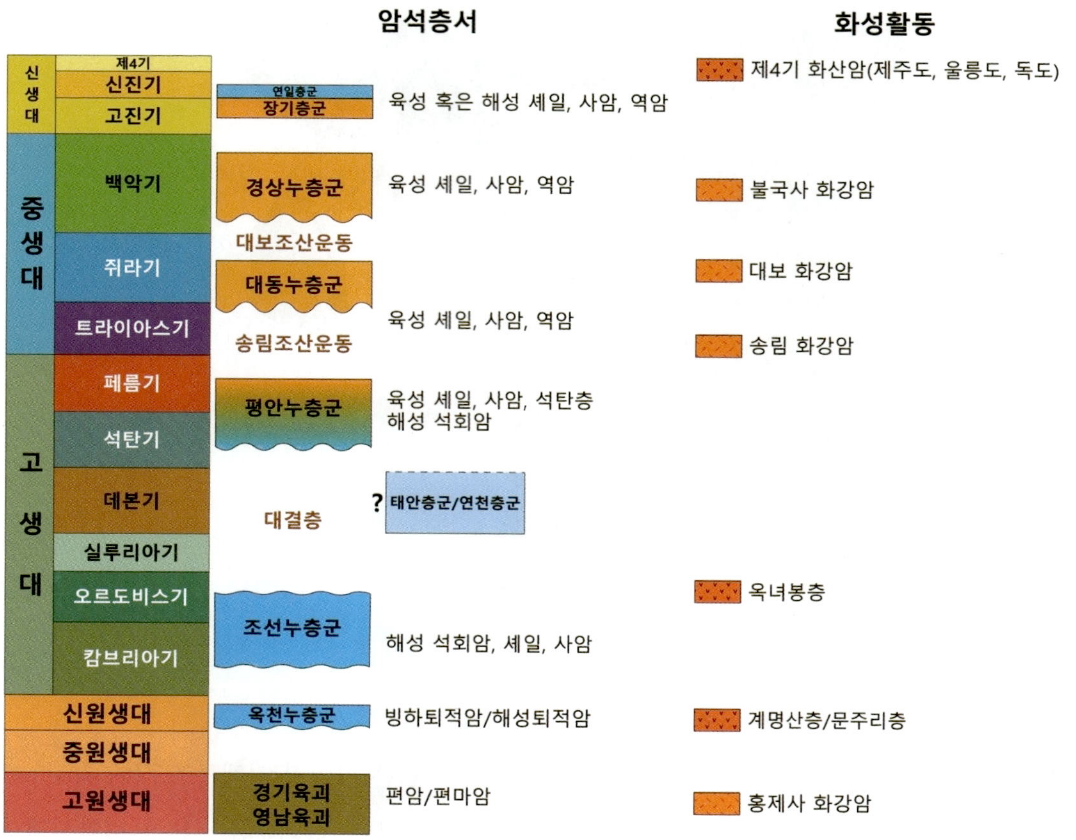

그림 3.63 한반도 남부의 층서

은 변성된 화산쇄설성, 해성, 빙하 기원 퇴적층과 화산암으로 이루어져 있다. 태백산분지에 분포하는 전기 고생대 조선누층군은 바다에서 쌓인 탄산염암(석회암 혹은 돌로스톤)과 쇄설성 퇴적암(사암, 셰일)으로 이루어져 있으며, 후기 고생대 평안누층군의 하부는 바다에서 쌓인 석회암과 육지에서 쌓인 쇄설성 퇴적암으로 이루어져 있고, 상부는 석탄층을 포함하는 육지에서 쌓인 쇄설성 퇴적암으로 이루어져 있다. 전기 고생대 퇴적암은 옥천대에도 소규모로 분포하고 있다. 중기 고생대 암석 기록이 없어 전기와 후기 고생대 사이에 '대결층'이 존재한다. 중기 고생대 데본기에 퇴적이 시작된 것으로 추정되는 태안층군과 연천층군이 경기육괴와 임진강대에 각각 분포하고 있지만, 화석이 발견되지 않아 연대는 확실하지 않다. 중생대 트라이아스기 – 쥐라기 대동누층군에 해당하는 김포층군, 남포층군, 반송층군은 경기육괴와 태백산분지에 분포하고 있으며, 육지에서 쌓인 역암을 포함한 쇄설성 퇴적암으로 이루어져 있다. 백악기 경상누층군은 경상분지에 분포하고 있으며, 육지에서 쌓인 쇄설성 퇴적암으로 이루어져 있고 화산암과 화산쇄설성 퇴적암도 포함하고 있다. 경기육괴에도 해남의 우항리층, 부안의 격포리층, 음성의 초평층 같은 소규모 백악기 퇴적암 지층이 분포하고 있다. 신생대 장기층군과 연일층군은 양남분지와 포항분지에 분포하고 있으며 육지와 바다의 경계에 쌓인 쇄설성 퇴적암으로 이루어져 있다.

고원생대 화성암인 홍제사화강암은 영남육괴 북동부에 분포하며, 고생대 조선누층군과 부정합으로 접하고 있다. 신원생대 화성활동을 나타내는 옥천누층군의 계명산층과 문주리층은 변성된 규장질과 고철질 화산암으로 이루어져 있다. 고생대 화성활동을 나타내는 옥녀봉층은 전기 고생대 문경층군 위에 놓이며 화산응회암, 응회질 사암, 조면암으로 이루어져 있다. 중생대 화성암으로는 페름기–트라이아스기 송림화강암, 쥐라기 대보화강암, 백악기 불국사화강암이 있다. 제주도, 울릉도, 독도에 분포하는 신생대 화성암은 주로 현무암으로 이루어져 있다.

한반도 북부에 대한 지질학적 정보는 제한적이지만 현재까지 알려진 바로는 선캄브리아시대 변성암은 낭림육괴를 이루고, 신원생대 퇴적암인 상원계는 임진강대에 분포하고 있다. 고생대 퇴적암인 황주계와 평안계는 평남분지에, 데본기의 임진계는 임진강대에 분포하고 있다. 중생대 퇴적암인 쥐라기 대동계는 평남분지에 분포하고 있으며, 백악기 퇴적암은 소규모로 평남분지와 낭림육괴에 분포하고 있다. 신생대 퇴적암은 함북습곡대의 길주–명천 분지에 분포하고 있다. 중생대의 대보화강암과 불국사화강암은 낭림육괴와 함북습곡대에 분포하고 있으며, 신생대 화성암은 백두산을 이루고 있는 화산암과 추가령구조곡을 따라 분출한 화산암이 임진강대에 분포하고 있다. 한반도 북부의 지층들은 대부분 화석 산출을 기준으로 시간층서단위로 구분되어 있다. 시간층서단위인 '계'는 암석층서단위인 '누층군'에 대응하는 것으로 생각할 수도 있지만 자세한 퇴적학 및 고생물학적 연구가 진행되어야 보다 명확한 암석층서단위로 구분할 수 있을 것이다.

1) 선캄브리아시대

선캄브리아시대 암석은 대부분 고원생대인 25~18억 년 전에 형성된 편암 혹은 편마암이다. 현재까지 알려진 한반도 남부에서 가장 오래된 암석은 인천 대이작도에 분포하는 토날리틱(tonalitic) 편마암으로 25억 년 전에 형성된 것으로 측정되었다(그림 3.64). 선캄브리아시대와 현생누대 암석에서 발

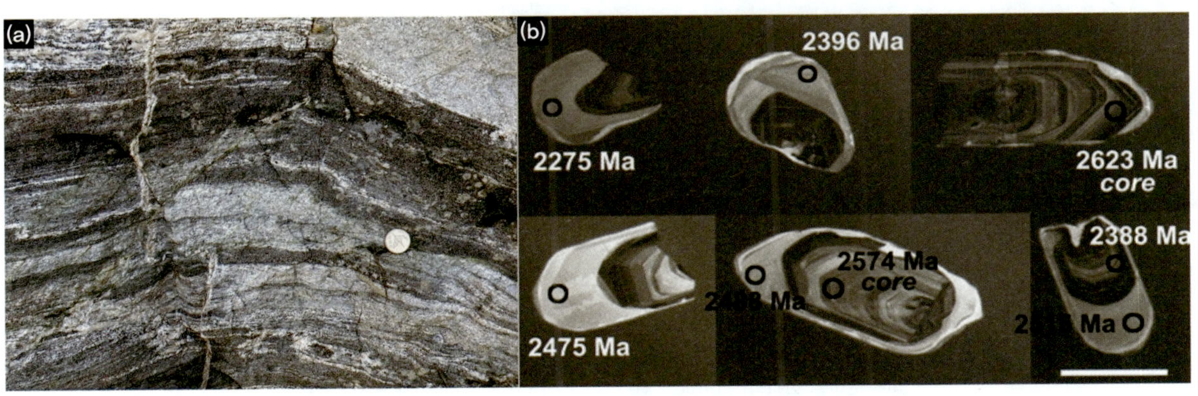

그림 3.64 한반도 남부에서 가장 오래된 암석인 대이작도에 분포하는 토날리틱 편마암(a)과 추출된 저어콘 결정 및 수치연령(b)

견되는 저어콘의 수치연령 연구에 따르면, 한반도 대륙지각은 약 36억 년 전인 시생누대 초기에 생성된 물질로부터 기원한 것으로 추정된다. 지각 형성 연대와 지각 물질 추출 연대를 추정하는 데 널리 이용되는 네오디뮴 동위원소비(^{143}Nd/^{144}Nd)와 사마리움/네오디뮴 동위원소비(^{147}Sm/^{144}Nd) 연구는 약 27억 년 전인 신시생대 동안 지각을 구성한 물질이 맨틀로부터 추출된 것으로 추정하고 있다. 이 물질로부터 형성된 영남육괴와 경기육괴는 약 25~23억 년 전인 고원생대 전반부에 현재와 유사한 크기로 성장하였고, 약 19~18억 년 전인 고원생대 후반부에 광역 변성 작용과 화성암 관입 작용을 수반한 지각화 과정(cratonization)을 거치면서 안정한 지각으로 완성되었다. 고원생대 화성활동으로 홍제사화강암과 분천화강암이 영남육괴를 관입하였다. 중원생대와 신원생대 동안 경기육괴에는 퇴적 작용과 화성활동이 있었지만, 영남육괴에는 이 시기의 퇴적 작용과 화성활동의 증거가 없다.

신원생대 옥천누층군이 분포하고 있는 옥천대는 고생대 태백산분지를 포함하여 옥천지향사, 옥천조산대로 불렸으며, 남서부를 옥천변성대, 태백산분지에 해당하는 북동부를 옥천비변성대로 구분하기도 하였다. 옥천누층군의 기반암은 남중국지괴에 속하는 것으로 추정되는 경기육괴이고 태백산분지의 기반암은 한중지괴에 속하는 영남육괴인 점을 고려하여 옥천변성대를 태백산분지와 구별하여 충청분지로 부르자는 의견도 있다. 옥천누층군의 황강리층은 역을 포함하는 천매암으로 규암, 화강암, 셰일, 석회암으로 이루어진 다양한 크기의 역을 포함하는 분급이 불량한 역암이 변성을 받은 것이다(그림 3.65a). 황강리층 위에 커다란 역을 포함하고 있는 1~30 m 두께의 명오리층 최하부인 금강석회암층원이 놓여 있다(그림 3.65b). 이러한 지층 배열은 신원생대 크리오스진기 '눈덩이 지구' 사건 동안 형성된 빙하 기원 지층과 같아서 황강리층은 빙하 기원 다이아믹타이트로, 금강석회암층원은 덮개 탄산염암으로 해석하기도 한다. 황강리층 하부에 놓인 변성화산암인 문주리층의 저어콘 수치연령은 약 7억 5,000만 년 전으로 신원생대 토노스기에 형성된 것으로 밝혀졌다. 그러므로 상부에 놓인

그림 3.65 신원생대 빙하 퇴적층. **(a)** 분급이 불량한 역암인 다이아믹타이트로 이루어진 황강리층(망치=약 30 cm), **(b)** 황강리층 상부인 명오리층 최하부 금강석회암층원의 석회암에 포함된 화강암 덩어리(화살표): 이 화강암 덩어리는 빙하 낙하석으로 추정되는데, 저어콘 수치연령 측정 결과 약 1억 7,000만 년 전인 쥐라기에 형성된 것으로 밝혀져 중생대 관입 암맥의 일부일 가능성도 있다(타원 안의 망치=약 30 cm)

황강리층과 금강석회암층원은 신원생대 크리오스진기에 일어난 '눈덩이 지구' 동안 형성되었을 가능성이 높다. 한반도 북부 임진강대에 분포하는 구현층군의 비랑동층도 신원생대 빙하 기원 지층으로 알려져 있다. 이러한 신원생대 빙하 기원 지층이 한중지괴에서는 거의 보고되지 않았지만, 남중국에서는 스터트 빙하기 때 형성된 창안(Changan)층과 마리노 빙하기 때 형성된 난투오(Nantuo)층을 포함한 많은 빙하 기원 지층이 난화(Nanhua)분지에서 보고되었다.

2) 고생대

고생대 동안 한반도 남부의 태백산분지에 퇴적암으로 이루어진 조선누층군과 평안누층군이 쌓였다(그림 3.66). 조선누층군은 지역에 따라 암상이 달라 태백층군, 영월층군, 문경층군, 용탄층군, 평창

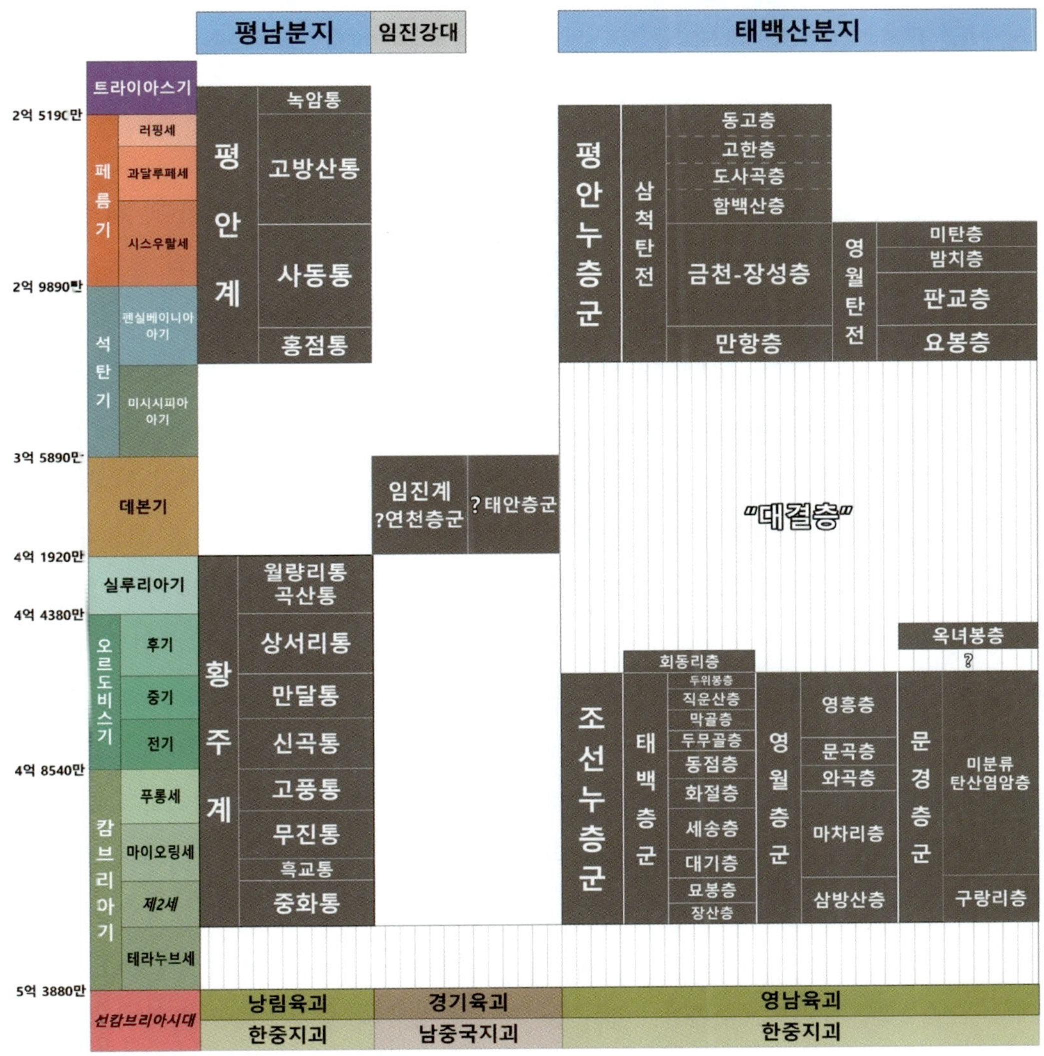

그림 3.66 한반도 고생대 층서. 실루리아기, 데본기, 트라이아스기의 수치연령은 다른 지질시대보다 절반으로 줄여서 표시하였다.

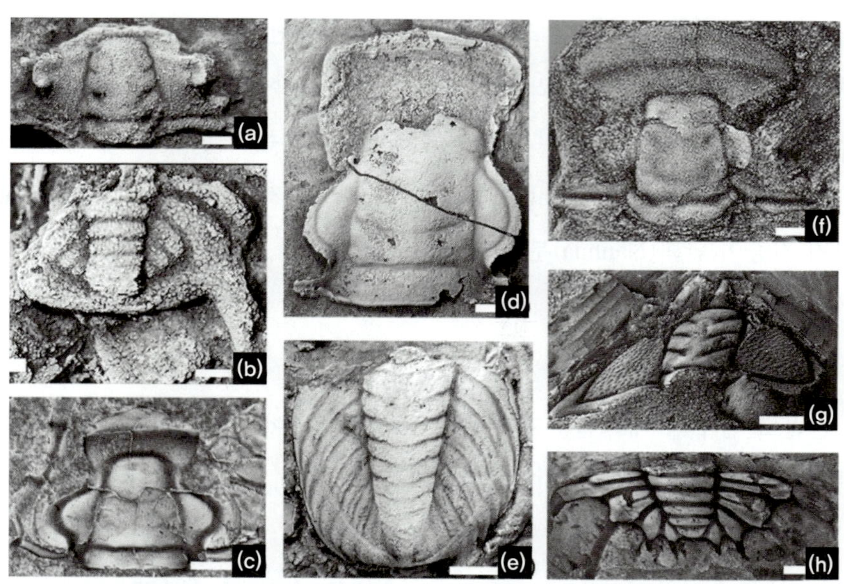

그림 3.67 조선누층군 태백층군과 영월층군에서 산출되는 대표적인 삼엽충. a, b) *Kaolishania*(태백층군 세송층), c) *Changshania*(영월층군 마차리층), d, e) *Hamashania*(태백층군 화절층), f) *Yosimuraspis*(영월층군 문곡층), g, h) *Koraipsis*(영월층군 문곡층)

층군으로 구분하는데 용탄층군과 평창층군은 태백층군의 일부로 해석하기도 한다. 태백산분지는 전지구적인 해수면 상승으로 저지대였던 영남육괴 북서 지역으로 바닷물이 들어와 형성되었다. 이 바다는 한중지괴와 곤드와나의 호주 사이에 자리했고, 수심이 200 m 미만인 얕은 내륙해(epeiric sea)로 '조선해(Joseon Sea)'라 부르기도 한다. 약 5억 2,000만 년 전 바다가 들어와 퇴적물이 쌓이는 한중지괴 지역을 한중대지(Sino-Korean platform)라 한다.

태백층군, 영월층군, 문경층군은 삼엽충과 코노돈트처럼 생층서학적으로 유용한 화석이 많이 산출되고, 연속적으로 노출되어 있는 노두가 있어 많은 연구가 진행되었다. 문경층군 구랑리층에서 약 5억 1,200만에서 5억 1,150만 년 전인 캄브리아기 제2세 제4절에 서식했던 한반도 남부에서 가장 오래된 삼엽충인 *Redlichia nobilis*가 산출된다(그림 3.28a~d). 생층서학적으로 중요한 삼엽충으로는 영월층군 마차리층에서 산출되며 캄브리아기 푸롱세 파이비절의 시작을 알리는 *Glyptagnostus reticulatus*(그림 3.13a)와 지앙산절의 시작을 알리는 *Agnostotes orientalis*, 문곡층에서 산출되며 오르도비스기 트레마독절의 시작을 알리는 *Yosimuraspis vulgaris*(그림 3.13b, 3.67f)가 있다. 고생물지리학적으로 중요한 삼엽충으로는 태백층군에서 산출되는 *Kaolishania*와 *Hamashania*, 영월층군에서 산출되는 *Changshania*, 두 층군에서 모두 산출되는 *Yosimuraspis*와 *Koraipsis*가 있다(그림 3.67g, h). 이 삼엽충들은 중국 산동과 호주에서도 산출되기 때문에 한중지괴와 호주가 지리적으로 아주 가까웠다는 사실을 알려준다.

이외에도 완족동물, 해백합, 두족류, 필석 등 다양한 종류의 무척추동물 화석이 산출된다(그림 3.68). 중기 오르도비스기 직운산층에서 산출되는 해백합(그림 3.68d, f)은 곤드와나와 그 연변부에 놓

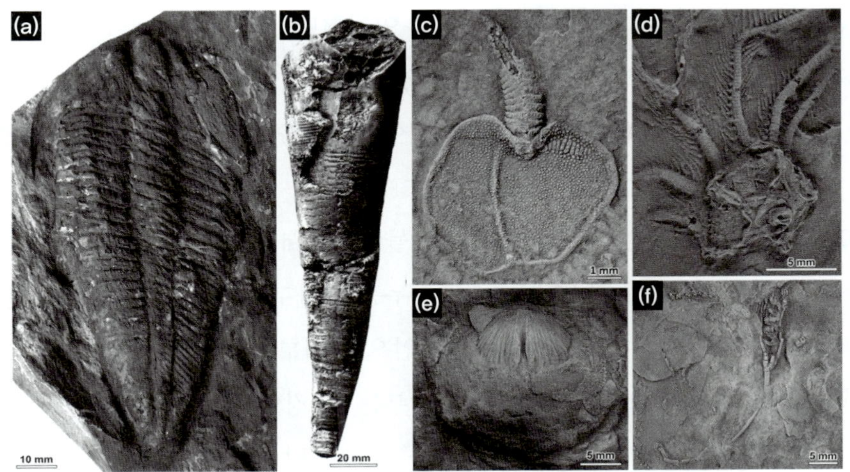

그림 3.68 태백층군에서 발견되는 다양한 무척추동물 화석들. (a) *Dolerobasilicus yokusensi*(삼엽충, 직운산층, 태백 고생대 자연사박물관 김용주 제공), (b) *Holmiceras coreanicum*(두족류, 직운산층), (c) 코뉴트(극피동물, 동점층), (d) *Goryeocrinus pentagrammos*(해백합, 직운산층), (e) *Dirafinesquina chosenensis*(완족동물, 직운산층), (f) *Ohiocrinus byeongseoni*(해백합, 직운산층)

여 있던 지역의 오르도비스기 지층에서 처음으로 보고된 종류이다. 동점층의 캄브리아기 최상부 지층에서는 현생 극피동물의 조상에 해당하는 코뉴트(cornute, 그림 3.68c)가 보고되었다.

태백층군, 영월층군, 문경층군은 주로 탄산염암으로 이루어져 있으나 쇄설성 퇴적암도 포함되어 있다(그림 3.15a). 태백층군의 장산/면산층, 묘봉층, 동점층, 영월층군의 삼방산층, 문경층군의 구랑리층은 주로 쇄설성 퇴적암으로 이루어져 있다. 구랑리층 상부에 놓이는 캄브리아기부터 중기 오르도비스기까지의 탄산염암층은 암상으로 구분하기 어려워 '미분류 탄산염암층'으로 부르고 있다.

한반도 북부의 고생대 지층은 평남분지에 분포하는 황주계로, 실루리아기 지층도 포함하고 있는 것으로 알려져 있고, 임진강대에는 데본기의 임진계가 분포하는 것으로 알려져 있다(그림 3.66). 상서리통부터 임진계에서는 후기 오르도비스기부터 데본기의 대표적인 화석인 산호, 차축조류, 완족동물, 식물이 산출된다. 이 화석들은 한중지괴의 다른 지역에서 보고되지 않았지만 남중국지괴의 동일한 시기 지층에서 보고되었다. 또한 화석이 산출되는 지층은 대부분 습곡을 받은 지역에서 소규모 노두로 분포하고 있다. 화석의 유사성과 지층 변형을 고려하여, 한반도 북부의 중기 고생대 지층이 남중국지괴의 고생대 양쯔(Yangtze) 분지 근처에서 퇴적된 후, 고생대 말 한중지괴와 남중국지괴가 충돌하면서 충상단층을 경계로 중기 오르도비스기 지층에 올라탄 것으로 해석하기도 한다. 한반도 남부에서는 지금까지 실루리아기와 데본기 화석이 보고되지 않았기 때문에 중기 고생대 동안 '대결층'이 존재하는 것으로 해석하고 있으며, 이 '대결층'은 한중지괴 전체에 걸쳐 나타나지만, 남중국지괴에서는 실루리아기와 데본기 지층이 존재한다.

약 4억 5,000만 년 전 한중지괴와 남중국지괴 사이에 있던 바다가 확장되면서 두 지괴가 분리되기 시작하였고 한중지괴는 호주로부터도 멀어지기 시작하였다. 후기 오르도비스기 화산 분출에 의해 형성된 옥녀봉층은 이러한 분리를 뒷받침하는 증거로 여겨진다. 중기 고생대 동안 한중지괴는 건조한 아열대 기후대에 놓여 있었고, 조선누층군이 쌓여 있던 한중대지는 지형의 기복이 심하지 않았던 것으로 추정된다. 따라서 약 1억 4,000만 년 동안 퇴적이나 침식이 거의 일어나지 않아 중기 고생대 '대결층'이 형성되었던 것이다.

약 3억 2,000만 년 전 태백산분지에 얕은 바다가 들어오면서 해안선 근처의 육지와 바다에 퇴적물이 쌓이기 시작하여 평안누층군이 퇴적되었다. 평안누층군 하부는 해안을 따라 발달한 삼각주, 석호, 해안 습지에 쇄설성 퇴적물이 쌓여 형성된 셰일, 사암으로 이루어져 있으며 얕은 바다 환경에서 퇴적된 석회암 층리가 다수 끼어 있고, 평안누층군의 상부는 큰 강이 흐르는 충적평야에 쌓인 쇄설성 퇴적암으로 이루어져 있다. 쇄설성 퇴적암에서는 식물 화석이 많이 발견되고(그림 3.69), 석탄층이 발달해 있으며, 평안누층군 하부의 석회암 층리에서는 평안누층군의 생층서대비에 유용한 방추충, 코노돈트, 완족동물이 산출된다(그림 3.70). 평안누층군의 퇴적은 약 2억 5,000만 년 전 한중지괴와 남중국지괴가 충돌하면서 끝나게 되었다.

고생대 말과 중생대 초, 판게아가 형성되었을 때 한중지괴와 남중국지괴도 충돌하였다(그림 3.49c). 이 충돌로 대륙지각이 지하 120 km까지 섭입되면서 최고 온도 800~700°C, 최고 압력 2.8 GPa 이

그림 3.69 평안누층군 식물 화석. (a) *Pecopteris*(나무고사리류), (b) *Sphenophyllum*(속새류), (c) *Lepidodendron*(석송류), (d) *Annularia*(속새류)

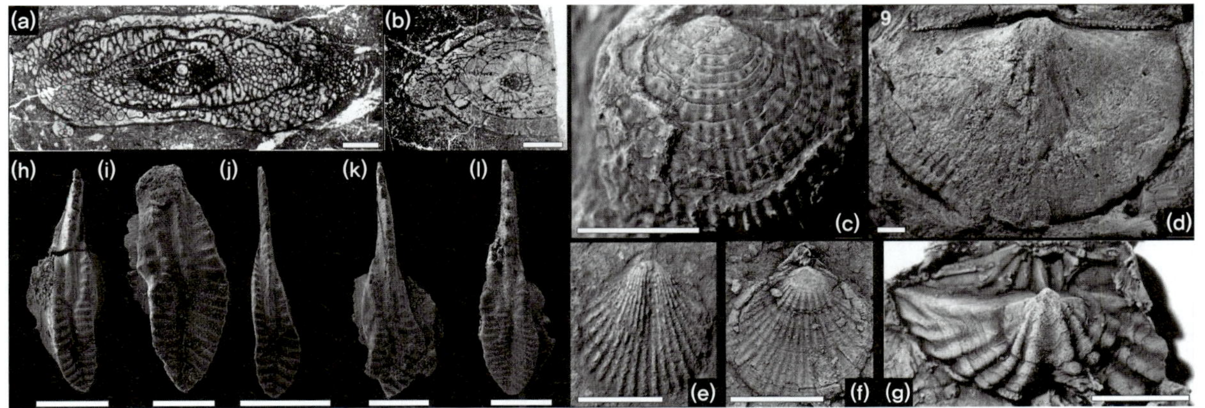

그림 3.70 평단누층군의 석회암에서 발견되는 화석. (a, b) 방추충, 밤치층, 스케일 바=1 mm: (a) *Rugosofusulina complicata*, (b) *Pseudoschwagerina paraborealis* , (c~g) 완족동물, 금천-장성층, 스케일 바=5 mm: (c) *Breileenia radiata*, (d) *Choristites paichingiensis*, (e) *Hustedia paula*, (f) *Rhipidomella parva*, (g) *Alispirifer* sp, (h~l) 코노돈트, 밤치층, 스케일 바=0.3 mm: (h) *Streptoganthodus isolatus*, (i) *Streptoganthodus cristellaris*, (j) *Streptoganthodus sigmoidalis*, (k) *Streptoganthodus fusus*, (l) *Streptoganthodus barskovi*

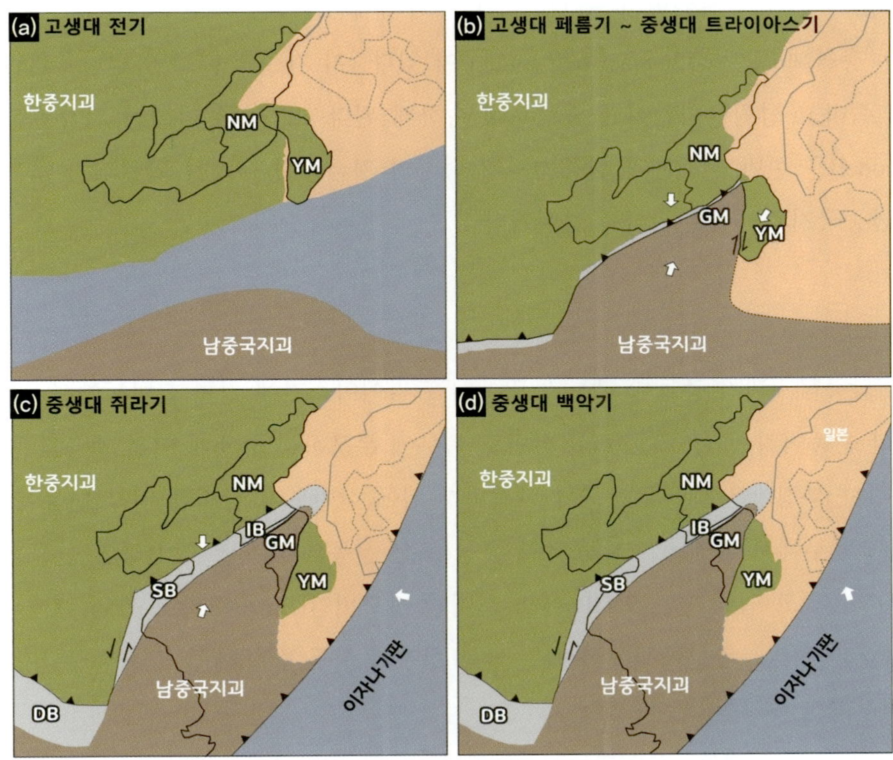

그림 3.71 한반도 형성 만입쐐기 모델. (a) 고생대 전기, (b) 고생대 페름기-중생대 트라이아스기, (c) 중생대 쥐라기, (d) 중생대 백악기. NM=낭림육괴, GM=경기육괴, YM=영남육괴, DB=친링-다비에대, SB=술루대, IB=임진강대

상의 초고압 변성 작용이 일어나 중국의 친링-다비에-술루대(Qinling-Dabie-Sulu belt)가 형성되었다. 술루대는 한중지괴와 남중국지괴가 충돌하면서 시작되어 트라이아스기에 좌수향으로 움직인 탄루단층(Tanlu fault)에 의해 친링-다비에대로부터 분리되어 북쪽에 위치하게 되었다. 중국의 친

링-다비에-술루대는 한반도의 임진강대로 연장되는 것으로 추정된다(그림 3.62, 3.71c). 영남육괴가 남서쪽으로 이동하여 낭림육괴와 영남육괴는 북동쪽으로 휘어진 만입(indented) 형태를 이루었고, 이곳으로 남중국지괴의 북동쪽 끝인 경기육괴가 쐐기 형태로 들어가서 한반도의 기본적인 형태가 완성되었다고 해석하는데, 이를 만입쐐기 모델(indented wedge model)이라 한다(그림 3.71). 경기육괴 북쪽에 자리하고 있던 해양지각이 낭림육괴 아래로 섭입한 후, 두 육괴가 충돌하면서 경기육괴 상부에 있던 퇴적암과 지각의 상부가 낭림육괴에 달라붙으면서 임진강대가 형성되었다. 경기육괴의 남쪽과 영남육괴 사이에는 우수향 주향 이동 움직임이 일어나 전단대(shear zone)가 형성되었다. 이렇게 3개의 육괴가 합쳐지면서 한반도의 기본적인 형태가 완성되었고, 한중지괴와 남중국지괴가 충돌하면서 동아시아 대륙의 기본적인 형태도 완성되었다.

한반도의 기본적인 형태가 어떻게 형성되었는가에 대한 다른 모델도 있다. 경기육괴 남서부 홍성 지역과 북동부 오대산 지역에서 최고 온도 약 835~860°C, 최고 압력 약 1.7~2.1 GPa에서 형성된 고압 변성상 광물이 발견되면서 중국의 친링-다비에-술루대가 임진강대가 아니라 경기육괴로 연장된다는 충돌대 모델(collisional belt model)이 있다. 이 가설에 따르면 영남육괴와 경기육괴는 남중국지괴에 속하고 낭림육괴만이 한중지괴에 속하게 된다. 또 다른 가설인 지각분리 모델(crustal detachment model)은 한반도 전체가 한중지괴에 속하며 지금까지 실체가 확인되지 않은 황해변환단층을 경계로 남중국지괴와 구분된다는 가설이다.

3) 중생대

한중지괴와 남중국지괴가 충돌한 페름기 말에서 트라이아스기에 걸쳐 한반도에서 일어난 조산 운동을 송림 조산 운동이라 한다(그림 3.63). 한반도 북부에 분포하는 중생대 이전 지층과 중생대 대동누층군 사이의 경사 부정합은 대동누층군이 퇴적되기 전에 한반도에 강력한 지각 변동이 있었음을 알려준다. 한반도 남부에서 발견되는 대표적인 송림 조산 운동의 기록은 임진강대 연천층군에서 최고 온도 610~700°C, 최고 압력 1.1~9 GPa에서 일어난 바로비안(Barrovian)형 광역 변성 작용이다. 고생대 조선누층군과 평안누층군에서 관찰되는 남북 방향과 북동 방향의 습곡과 충상단층은 송림 조산 운동의 구조지질학적 증거이다.

한반도 북부의 쥐라기 대동누층군과 백악기 경상누층군 사이에 일어난 지각 변동을 대보 조산 운동이라 한다(그림 3.63). 옥천대 남쪽을 따라 관찰되는 충상단층과 습곡 작용을 수반한 우수향 연성 전단 작용으로 형성된 호남전단대가 한반도 남부에서 발견되는 대보 조산 운동의 증거이다. 이러한 지각 변동은 쥐라기에 현재 태평양판의 북서쪽에 놓여 있었던 이자나기(Izanagi)판이 동아시아 대륙 밑으로 섭입하면서 일어났다(그림 3.71C). 대보 조산 운동에 의해 형성된 습곡과 충상단층은 송림 조산 운동과 유사한 방향성을 보인다.

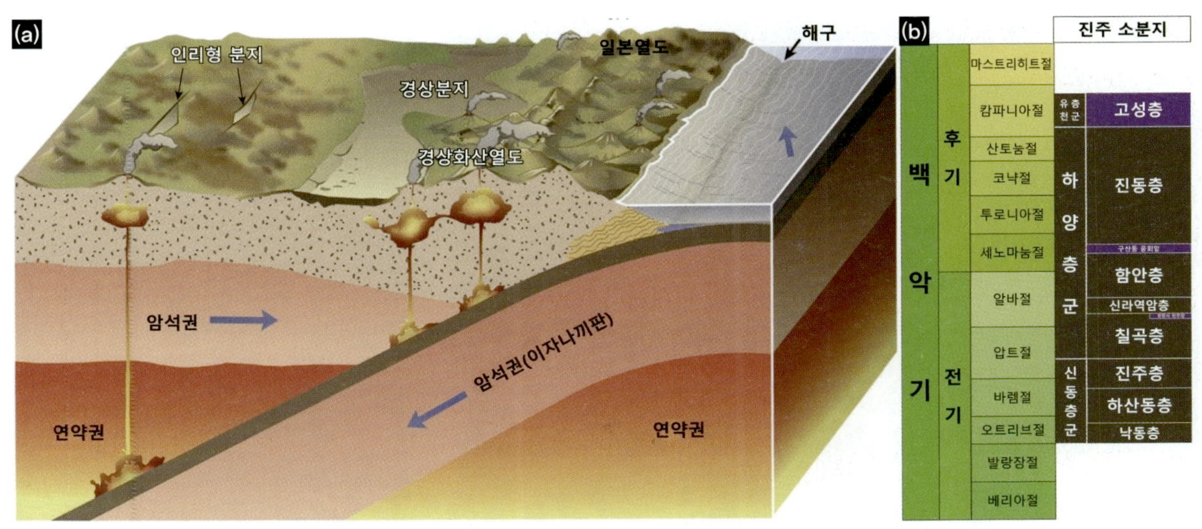

그림 3.72 **(a)** 경상화산호와 경상분지 형성 모식도, **(b)** 경상누층군(진주 소분지) 암석층서

쥐라기 갈에서 백악기 초 이자나기판이 북쪽으로 비스듬히 섭입하면서(그림 3.71d) 일본 화산열도가 생겨나기 시작하였고 한반도 남동부에는 경상화산호(Gyeongsang volcanic arc)가 생겨났다(그림 3.72a). 이자나기판이 북쪽으로 비스듬히 섭입했기 때문에 동아시아 대륙 전체에 주향 이동 움직임에 의한 인장 운동이 일어났다. 이 결과로 경상화산호의 대륙 쪽인 서쪽에 배호(back-arc) 분지인 경상분지가 형성되었고(그림 3.72a), 경상분지 바깥의 영남육괴, 옥천대, 경기육괴에도 좌수향 주향 이동단층에 의해 음성분지, 영동분지, 공주분지, 격포분지, 진안분지, 능주분지, 해남분지 같은 소규모 인리형(pull-apart) 분지가 형성되었다(그림 3.72a).

송림 조산 운동 결과 트라이아스기 말부터 쥐라기 초에 형성된 한반도 남부의 육상분지에 김포층군(경기 김포, 연천), 남포층군(충남 보령), 반송층군(충북 단양)이 퇴적되었다. 이 지층은 충적 선상지, 하천, 호수에 쌓인 역암, 사암, 셰일, 그리고 석탄층으로 이루어져 있고, 식물 화석과 곤충 화석이 많이 발견된다. 대보 조산 운동의 결과 백악기에 형성된 경상분지에는 하부로부터 신동층군, 하양층군, 유천층군으로 구분되는 경상누층군이 퇴적되었다(그림 3.15b, 3.72b). 신동층군과 하양층군은 충적 선상지, 하천, 호수 환경에 쌓인 역암, 사암, 이암, 셰일로 이루어져 있으며, 유천층군은 주로 안산암질과 우문암질 화산암과 화산쇄설성 퇴적암으로 이루어져 있다. 하양층군이 퇴적될 때에도 동쪽에 위치한 경상화산호로부터 화산 분출물과 화산쇄설성 퇴적물이 공급되었다.

백악기 퇴적암에서는 수많은 공룡, 익룡, 조류의 발자국이 발견되는데(그림 3.73a), 특히 남해안을 따라 분포하는 후기 백악기 진동층과 우항리층에서 많은 공룡 발자국이 발견된다. 전기 백악기에 형성된 진주층에서도 공룡, 익룡, 새 발자국 화석이 많이 발견된다(그림 3.73c). 또한 진주층에서는 패갑류와 등각류 같은 수생 갑각류, 바다거미와 같은 협각류, 잠자리나 파리 같은 곤충을 포함한 다양한

그림 3.73 백악기 경상누층군에서 발견되는 화석들. **(a)** 공룡 발자국 화석 (진동층, 경남 고성), **(b)** *Archaeoniscus coreaensis* (체화석, 등각류, 진주층, 경남 사천), **(c)** *Minisauripus* (생흔화석, 수각류 공룡, 진주층, 경남 사천), **(d)** *Buccinatormyia gangnami* (체화석, 파리, 진주층, 경남 진주), **(e)** *Hemeroscopus baissicus* (체화석, 잠자리, 진주층, 경남 진주), **(f)** 패갑류 (체화석, 쌍각류(갑각류), 진주층, 경남 사천)

종류의 절지동물 체화석이 발견된다(그림 3.73b, d~f).

한중지괴와 남중국지괴의 충돌과 이자나기판의 섭입에 의해 일어난 송림 조산 운동과 대보 조산 운동 그리고 경상화산호 활동과 연관이 있는 소규모 지각 변동인 불국사 변동 등에 의해 생긴 마그마가 관입하여 중생대 화강암류가 형성되었다. 페름기-트라이아스기에 형성된 송림화강암은 한반도 북부의 함북습곡대에 주로 분포하고, 한반도 남부에서는 특별한 방향성이나 지체구조구와의 연관성 없이 소규모로 분포하고 있다(그림 3.74). 대보화강암은 한반도 전역에 걸쳐 가장 넓게 분포하며, 한반도 남부에서는 옥천대와 경기육괴에 주로 분포하고 경상분지에는 거의 분포하고 있지 않다. 대보화강암은 한반도 남부에서 북동-남서 방향을 보이는 저반대(batholithic belt)를 형성하고 있다. 불국사화강암은 옥천대에 소규모로 분포하는 것을 제외하면 대부분 경상분지 내에 분포한다.

송림화강암은 한중지괴와 남중국지괴가 충돌하는 과정에서 남중국지괴의 해양지각이 섭입하면서 생성된 마그마와 충돌 이후 대륙지각이 두꺼워지면서 지각 물질이 용융되어 생성된 마그마에서 기원

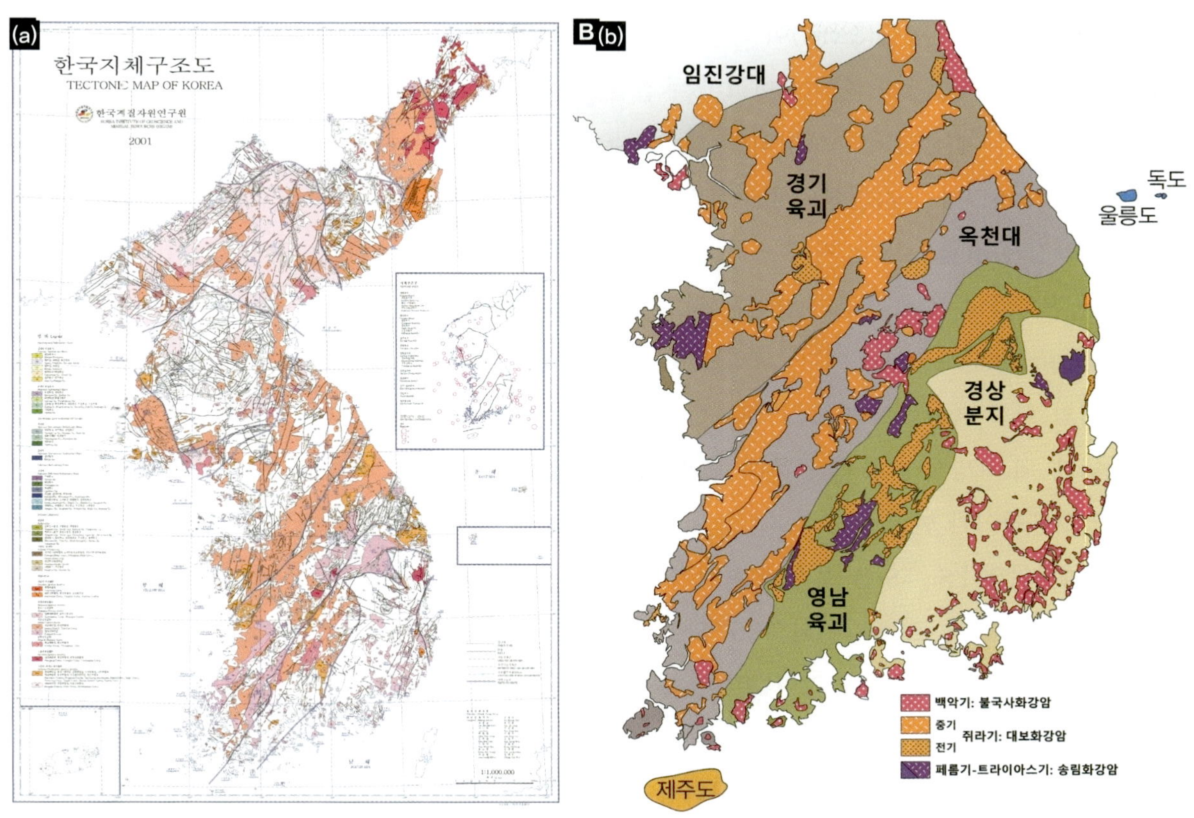

그림 3.74 중생대 화강암 분포. (a) 한반도 화강암 분포, (b) 한반도 남부의 중생대 화강암류 분포

한 것으로 추정된다. 쥐라기 대보화강암은 전기 쥐라기에는 영남육괴를 주로 관입했고 중기 쥐라기에는 경기육괴와 옥천대를 주로 관입하였다. 이러한 화강암 연대의 지리적 위치 변화는 이자나기판의 섭입 각도가 낮아지고, 해구가 대륙에 가까워지면서 영남육괴보다 내륙에 있는 옥천대와 경기육괴 밑에서 마그마가 생성된 것으로 추정된다. 한반도에 후기 쥐라기에 형성된 화강암이 없는 것은 이자나기판의 섭입 속도가 빨라지면서 섭입 각도가 아주 낮아졌거나, 발산 경계 이외 지역에서 일어난 화성 활동으로 형성된 화성암으로 이루어진 해양대지(oceanic plateau)가 섭입하였기 때문으로 추정된다.

한반도 중생대 화강암류는 칼크-알칼리 계열 마그마로부터 기원하였으며, 대보화강암과 불국사화강암은 I-형으로 구분되고 한중지괴와 남중국지괴 충돌 직후 형성된 송림화강암은 A-형으로 구분된다. 각섬암 내 알루미늄(Al^{4+}) 함량을 기준으로 화강암이 형성된 압력을 계산하여 마그마가 관입하여 화강암이 형성되는 깊이를 추정할 수 있다. 대보화강암은 압력이 0.34~0.78 Gpa 정도인 12~28 km에서, 불국사화강암은 압력이 0.28 Gpa 미만인 지하 10 km 이내에서 형성된 것으로 추정된다. 상대적으로 얕은 깊이에서 형성된 조립질 화강암인 불국사화강암에서는 결정화 작용의 마지막 단계에서 세립질의 석영과 알칼리장석이 함께 결정화된 미문상(micrographic) 조직과 휘발성 성분으로 과포화된 마그마가 상승하여 압력이 낮아지면서 휘발성 성분이 빠져나와 만든 공간에 결정이 성장한 마이아롤리틱(miarolitic) 공동(cavity)이 특징적으로 관찰된다.

한반도 중생대 화강암을 형성한 마그마는 결핍맨틀(depleted mantle)이 용융되어 생성되었거나 지각이 용융된 물질이 혼합되어 생성되었다. 스트론튬(Sr)과 니오디뮴(Nd) 동위원소비를 이용하여 어느 곳으로부터 마그마가 기원했는지 추정할 수 있다. ^{87}Sr은 방사성 동위원소인 ^{87}Rb의 붕괴로 생성되고 ^{86}Sr은 안정 동위원소이다. 지구 초기 상태를 나타내는 운석의 ^{87}Sr/^{86}Sr은 약 0.704이다. ^{87}Rb는 이온 반경과 전하량 때문에 결정의 양이온 위치에 들어가지 않고 마그마에 남으려는 경향이 있는 부조화 원소(incompatible element)이다. 그러므로 맨틀에서 현무암질 마그마가 생성되어 빠져나갈 때 ^{87}Rb는 마그마와 함께 빠져나가 맨틀의 ^{87}Rb 함량은 줄어들지만, 마그마로부터 생성된 지각의 ^{87}Rb 함량은 늘어나게 되고 방사성 붕괴를 통해 ^{87}Sr의 함량도 늘어나게 된다. 이렇게 부조화원소가 빠져나간 맨틀을 결핍맨틀이라 한다.

불국사화강암의 ^{87}Sr/^{86}Sr은 운석에 가깝기 때문에 결핍맨틀 기원 물질로부터 생성된 마그마가 관입하여 형성되었고, 대보화강암의 ^{87}Sr/^{86}Sr은 운석보다 높기 때문에 지각 기원 물질 혹은 잔류맨틀 기원 물질에 지각 기원 물질이 많이 혼합된 물질로부터 생성된 마그마가 관입하여 형성된 것으로 추정된다. ^{87}Sr/^{86}Sr은 같은 시기에 형성된 화강암일지라도 어떤 지체구조구에 위치하는가에 따라 다른 값을 보인다. 옥천대에 분포하는 불국사화강암의 ^{87}Sr/^{86}Sr이 경상분지에 분포하는 불국사화강암의 ^{87}Sr/^{86}Sr보다 높다. 이는 옥천대의 불국사화강암을 형성한 마그마가 생성될 때 지각 기원 물질이 더 많이 포함되었다는 것을 의미한다.

저어콘의 하프늄(Hf) 동위원소 분석 결과, 송림화강암을 형성한 마그마는 신시생대부터 고원생대의 기반암으로부터 기원하였으며, 대보화강암과 불국사화강암을 형성한 마그마는 고생대 후기에 대륙화산호를 따라 형성된 암석과 선캄브리아시대 기반암이 혼합된 물질로부터 기원한 것으로 추정된다.

4) 신생대

신생대에 한반도에서 일어난 가장 중요한 지질학적 사건은 동해가 열렸다는 것이다. 쥐라기 중기부터 동아시아 대륙 밑으로 섭입하던 이자나기판의 상부 암석과 퇴적물이 동아시아 대륙지각 동쪽 경계에 달라붙으면서 부가 복합체(accretionary complex)가 형성되었고, 이로부터 일본 열도가 형성되기 시작하였다(그림 3.75a). 이자나기판이 지속적으로 섭입하면서 마그마가 분출하여 백악기 후기에 대륙화산호가 형성되었다. 신생대 팔레오세에 이자나기판이 동아시아 대륙 아래로 완전히 섭입한 후, 이자나기판 동쪽에 있던 태평양판이 섭입하기 시작하였고, 에오세부터 필리핀해판이 섭입하기 시작하였다. 약 2,500만 년 전인 마이오세부터 동아시아 대륙 아래에 플룸(plume)이 상승하여 동해를 포함한 여러 개의 열곡대가 형성되면서 동해가 열리기 시작하였고, 일본 열도가 남쪽으로 이동하고 회전하면서 동해는 넓어지게 되었다. 마이오세 후기에 필리핀해판과 태평양판이 유라시아판을 북쪽

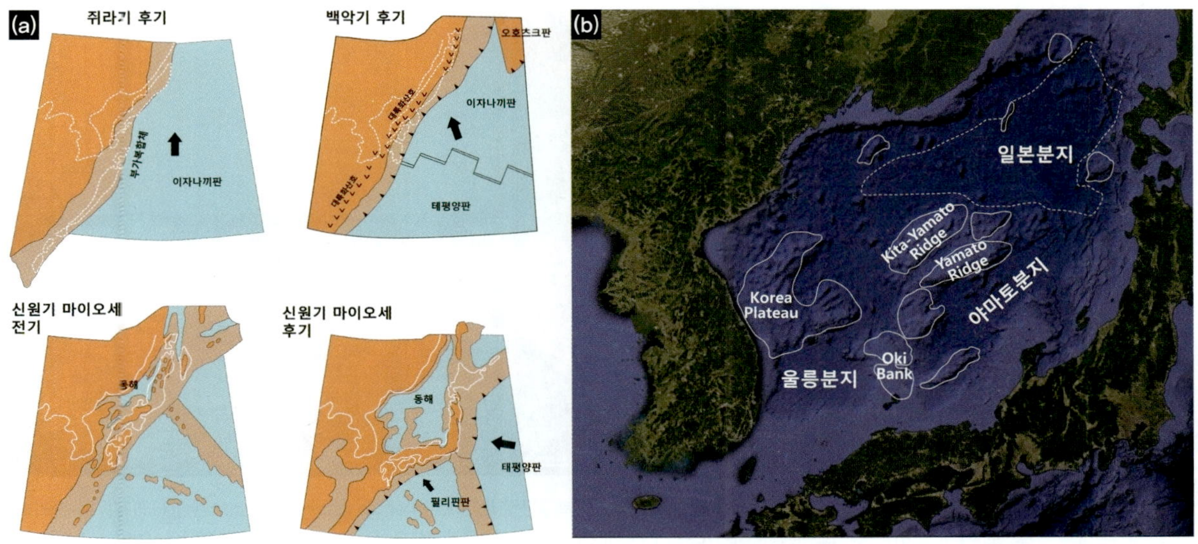

그림 3.75 (a) 중생대부터 신생대까지 일본 열도의 진화와 그에 따른 동해의 형성, (b) 현재의 동해: 점선으로 표시된 지역(일본분지)은 해양지각, 실선으로 표시된 지역은 대륙지각, 나머지 지역은 해양지각과 대륙지각의 중간 성격을 보이는 지각으로 이루어져 있다.

으로 미는 힘이 작용하기 시작하면서 동해는 더 이상 넓어지지 않게 되었고 오늘날 동해가 완성되었다. 동해 북쪽인 일본분지의 해저는 두께 약 7 km인 해양지각으로 이루어져 있으며, 남쪽인 울릉분지와 야마토분지의 해저는 두께가 약 11~15 km인 해양과 대륙지각의 중간 특징을 보이는 지각으로 이루어져 있다(그림 3.75b).

동해가 열리면서 한반도 남부에는 동해안을 따라 북평분지, 영해분지, 포항분지, 양남분지, 울산분지 같은 퇴적분지가 형성되었다. 가장 연구가 잘 이루어진 포항분지는 백악기에 형성된 경상누층군을 기반암으로 하고 있으며 동해가 열리면서 일어난 주향 이동 움직임에 의해 형성된 인리형 분지이다. 포항분지의 바다는 얕은 곳은 50 m, 깊은 곳은 최대 1,500 m에 달했던 것으로 추정된다. 육지에 바로 인접해 있었던 포항분지에는 하천 환경에서 쌓인 역암부터, 단층과 인접해 발달한 선상지 삼각주(fan delta)에서 쌓인 역암, 그리고 심해에서 퇴적된 원양성 이암으로 이루어진 연일층군이 퇴적되었다. 육지로부터 운반된 식물 잎과 규화목으로 변한 나무 기둥 그리고 바다에 서식했던 이매패류, 복족류, 거미불가사리, 성게, 곤충 같은 무척추동물, 어류 화석이 많이 산출된다(그림 3.76). 이외에도 개형충, 규조류, 방산충, 쌍편모충, 유공충과 같은 미화석도 보고되었다.

신생대에 일어난 화산활동으로 한반도 북부에 백두산이 형성되었고 남부에 제주도, 울릉도, 독도가 형성되었다. 제주도는 플라이스토세 초기인 약 188만 년 전부터 남해 대륙붕 바다 속에서 현무암과 조면암이 분출하여 형성되기 시작하였고, 동시에 서귀포층이 퇴적되었으며, 약 55만 년 전부터 육상(섬)에서 현무암질 용암이 분출하여 한라산체를 형성하였다. 10만 년 전 이후에 소규모 화산활동이 일어나 '오름'이라고 불리는 분석구, 응회구, 응회환이 형성되었다. 울릉도는 약 150만 년 전에 형성

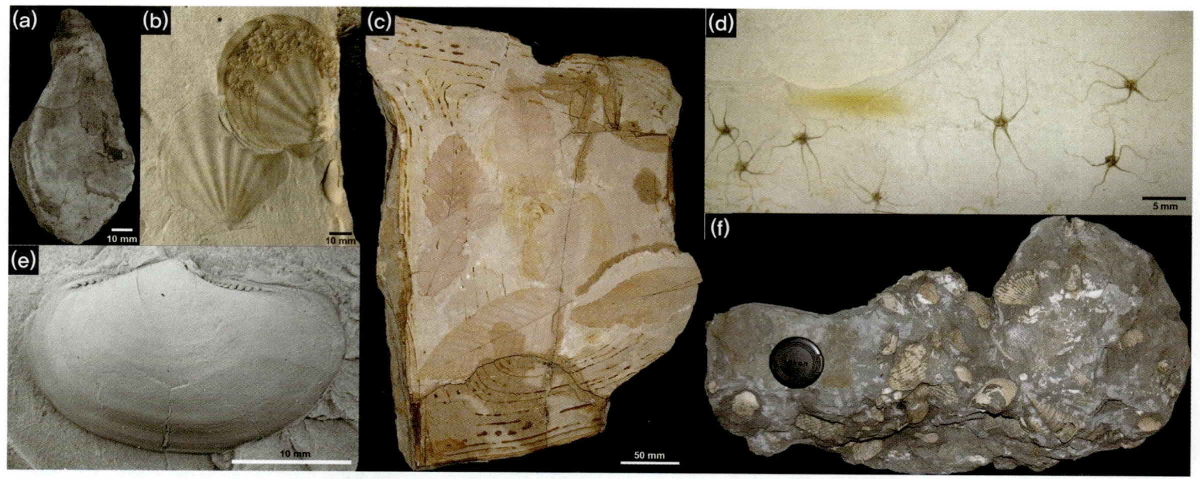

그림 3.76 신생대 화석. (a) *Crassostrea gravitesta* (연체동물 굴, 신현층, 경북 울산), (b) *Mizuopecten kimurai tiganouraensis* (연체동물 가리비, 연일층군 두호층, 경북 포항), 따개비로 추정되는 생물이 가리비 껍데기에 붙어 있다(오른쪽 표본), (c) *Carpinus* sp.(서어나무, 연일층군 두호층, 경북 포항), (d) *Ophiura* (극피동물 거미불가사리, 연일층군 두호층, 경북 포항), (e) *Portlandia* cf. *gratiosa* (연체동물 이매패류, 연일층군 두호층, 경북 포항), (f) 연체동물(경북 울산)

되기 시작하여 3,200년 전까지도 화산 분화가 있었다.

3.5 지질유산, 지질공원과 지오투어리즘

1) 지질유산과 지질공원

인간의 삶의 질이 높아질수록 자연 · 문화 · 건강 · 여행 · 취미 여가 활동 등에 대한 관심이 높아진다. 인간이 살고 있는 지구는 현재까지 우리가 아는 한 우주 속에서 평범하면서도 특별한 행성이다. 지구를 살아 있는 행성 또는 역동적인 행성이라고 하는 것은 생명이 살 수 있는 아주 특별한 조건을 가졌기 때문이기도 하지만 내부의 에너지에 의해 암석권이 움직이고 이로 인해 지각 변동이 일어나고 있기 때문이다. 한편 지표는 태양 에너지와 중력에 의한 풍화 · 침식으로 지형이 변화되고, 이 과정에서 지역과 시기에 따라 다양하고 아름다운 경관을 만들어내기도 한다. 지질유산은 지질학적으로 중요한 학술적 가치, 지형 및 경관적 가치, 역사 · 문화적 가치, 본질적 가치, 기능적 가치, 경제적 가치를 갖춘 보존 가치가 높은 곳이라 할 수 있고 이러한 곳 중에서 관련 기관의 인증 절차를 거쳐 지질공원으로 인증된다. 지질공원은 관계자들의 도움과 지역 주민들의 자발적 참여로 지오투어리즘(지질관광)으로 연결되고 있다. 우리는 이를 심미적으로 감상하고 힘든 인생의 여정 속에서 이를 통해 위로를 얻기도 한다. 이러한 위로는 현재를 살아가는 우리만 누려야 하는 것이 아니고 후손들도 함께 공유해야 하기 때문에 아름다운 자연 경관을 지속적으로 보전 · 유지해야 한다.

유네스코는 자연환경과 인류 문화유산을 보호하기 위해 세계유산(world heritage, 문화유산 · 자연유산 · 복합유산), 생물권 보전지역(biosphere reserve), 세계지질공원(global geopark)이라는 세 가지 보호 프로그램을 운영하고 있다. 이 중 세계자연유산의 경우 보호의 측면이 매우 강하여 강한 행위 제한이 따르게 되고 생물권 보전 지역도 주요 생태 지역 보호가 목적이기 때문에 일부 행위 제한에 따른 주민들의 불만이 있기도 하다. 그러나 지질공원(geopark)은 공원이라는 용어를 사용하고 있지만 기존 공원제도의 한계를 극복하기 위해 지질 명소의 직접적 훼손을 제외하고 다른 제한 사항이 없다. 지질공원과 기타 보호 지역의 특성을 비교하면 다음과 같다.

표 3.7 지질공원과 기타 보호 지역의 특성 비교

구분	세계유산	생물권 보전 지역	국립공원	지질공원
지정 목적	인류의 문화 및 자연유산 보호	생물다양성 보존	자연 생태계, 자연 및 문화 경관 보전	지질 다양성 보전
지정 대상	탁월한 보편적 가치를 지닌 곳	생물다양성 보전에 중요한 생태계와 주변 지역	보전 상태가 양호한 자연 생태계, 경관, 문화재 등이 있는 곳	지구과학적으로 중요하고 경관이 우수한 지역
보호 구역	핵심–완충–전이 지역	핵심–완충–전이 지역	용도 지구(자연 보전, 환경, 마을 지구 등)	지질 명소
보호 수준	강한 행위 제한	비교적 강한 행위 제한	강한 행위 제한	행위 제한 거의 없음
신청/운영 주체	정부(문화재청) · 지자체/정부 · 지자체	지자체/지자체	정부(환경부)/국립공원공단	지자체/지자체
자격 유지	6년마다 정기 보고서 제출	10년마다 정기 보고서 제출	10년마다 공원 기본 계획 수립	4년마다 재인증

지질유산이 가치를 가지기 위해서는 몇 가지 평가 기준을 충족해야 한다. 이를테면 대표성과 희소성이 있고, 다양성과 전형성을 가지는 학술적 가치를 갖추어야 하고 특이성과 재현 불가능성, 자연성, 심미성을 갖는 지형 및 경관적 가치를 가져야 하며 역사성, 민속성, 상징성을 갖는 역사 · 문화적 가치를 가져야 하며 규모와 온전성 면의 본질적 가치를 가져야 한다. 그리고 토양 기능과 생태 기능에 해당하는 기능적 가치를 가져야 하고 관광 자원과 지질 자원으로서의 경제적 가치도 갖추어야 하며 보전 및 관리 면에서 접근성과 편의 및 방호 시설 그리고 관리 체계를 갖추어야 한다. 이러한 지질유산은 학술적으로 뿐만 아니라 청소년을 대상으로 교육적으로 활용되고 있으며 지질, 지형, 경관, 역사 · 문화적 소재를 이용해 지질 관광과 테마 관광에 활용되고 있다. 또한 지역민이 참여하는 상품 개발과 연계 산업을 유도하면서 경제적으로 활용하고 있고, 방재 시설과 지질유산 관리 보전을 통한 지질 재해 및 지구 환경 변화에 대한 국민들의 인식을 제고하는 데 기여하고 있다.

지질공원은 1972년 지질유산(geological heritage)에 대한 인식에서부터 시작하여 점차 발전하게 되었다. 지질유산은 지질학적 가치와 중요성을 가진 보호 · 보존해야 할 자연유산의 하나이다. 따라서 이를 보존하기 위해서는 전략적 접근이 필요하게 되었다. 규제 일변도의 보존 정책은 지역 주민의 반발을 불러오기 때문에 주민이 자발적으로 참여하는 전략이 필요하게 되었는데 관광, 교육, 주민 경제를 함께 엮어 관리 · 보존하는 지질공원이라는 개념이 등장하게 된 것이다. 유럽을 중심으로 지질공원이라는 개념이 도입되고 유네스코에서 보호 지역으로 세계유산, 생물권 보전 지역 지정과 함께 자연 보전을 위한 인류의 지상 과제를 실현하기 위해 주민 친화적인 보전 정책으로서 세계지질공원 인증 제도가 도입되었다. 2004년 유네스코 국제 전문가 회의가 열리고 25개 공원으로 세계지질공원망(GGN, Global Geoparks Network)이 공식 결성되었다. 이어 중국 북경에서 제1차 세계지질공원 총회가 개최되었다. 국내에서는 제주도가 2010년 세계지질공원으로 선정되었고, 2025년 현재 7곳이 인증되었다. 국가지질공원은 2012년부터 국가지질공원 인증 제도가 시작되어 2025년 8월 현재 16개의 국가지질공원이 인증되었다.

2) 지질공원의 정의와 인증

지질공원은 두 가지 종류가 있는데, 각 국가가 인증하는 국가지질공원(national geopark)과 유네스코 세계지질공원위원회가 인증하는 세계지질공원(global geopark)이 그것이다. 우리나라 국가지질공원은 자연공원법 제2조에 '지구과학적으로 중요하고 경관이 우수한 지역으로서 이를 보전하고 교육 · 관광 사업 등에 활용하기 위하여 환경부 장관이 인증한 공원'으로 정의하고 있다. 자연공원법상 지질공원은 세 가지 요건으로 구성된다고 정의하고 있다. 즉 지질유산 우수 지역으로서의 자연적 조건, 유네스코 지질공원 3대 원칙인 보전+교육+관광에의 활용, 환경부 장관의 인증을 받아야 하는 법적 자격 요건이 그것이다. '지질공원은 지질유산을 보전, 교육, 관광에 활용하여 지역의 지속가능한 발전을 도모하는 것'으로 일정한 경계와 면적이 있으며 생물, 고고, 역사, 문화를 모두 포함하여 사람들이 관리하는 것으로 국립공원관리공단(2012)에서 정의하고 있다. 따라서 지질공원은 특별한 과학적 중요성, 희소성, 시각적인 아름다움, 교육적 가치 등을 지닌 지질유산 지역으로서 지질학적 중요성뿐만 아니라 생태학적, 고고학적, 역사적, 문화적 가치도 함께 가지고 있는 지역(유네스코 정의)을 포함하고 있으며 지역 사회 구성원이 참여하는 지속 가능한 개발 전략과 계획을 요구한다는 점에서 유네스코에서 인증하는 보호 프로그램인 세계유산, 생물권 보전 지역과 차별성이 있다(그림 3.77). 2010년 열린 제9차 유럽지질공원 회의에서는 지질공원이란 '과거로부터 배우고 익혀서 지속가능한 미래를 만드는 것'으로 표현한 바 있다.

지질공원으로 인증받기 위해서는 지질공원 조례 제정, 지질공원 육성지원위원회 구성, 주민 설명회와 공청회 개최, 지질공원 홈페이지 구축, 지질 전문가 채용, 지질공원 협력 기관 발굴 및 협약 체

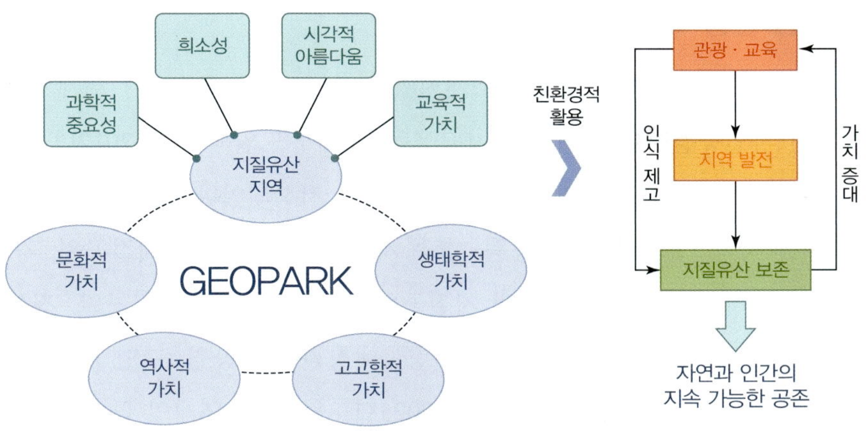

그림 3.77 지질공원의 개념

결, 지질 교육 프로그램 개발 및 운영, 지질공원 관리센터 및 안내센터 운영, 지질 탐방로 운영, 지질 명소 안내판과 랜드마크 설치, 리플릿과 홍보물 제작, 지질공원 해설사 양성 및 배치 등 국가지질공원의 인증 필수 조건을 모두 갖추어야 한다. 지질공원의 지속적 관리를 위해 해당 지방자치단체의 조직적 관리가 요구되고, 관광 수입 등으로 지역 경제 발전을 도모함으로써 지역 주민의 자발적 참여를 통해 자연환경의 보전을 유도한다.

우리나라는 자연공원법 개정(2012. 1. 29 시행)으로 국가지질공원 제도가 도입된 이래 2025년 8월까지 16개의 지질공원이 국가지질공원으로 인증되었고, 인증 절차를 진행하는 곳도 여러 곳 있다. 인증된 국가지질공원은 4년마다 재평가를 통해 재인증을 받아야 한다. 자연공원법 제36조에 제시된 지질공원의 인증 기준은 특별한 지구과학적 중요성과 희귀한 자연적 특성 및 우수한 경관적 가치를 가진 지역, 지질과 관련된 고고학적 · 생태적 · 문화적 요인이 우수하여 보전 가치가 높은 지역, 지질유산의 보호와 활용을 통하여 지역 경제 발전을 도모할 수 있는 곳, 지질공원 안에 지질 명소 또는 역사적 유물이 있으며 자연 경관과 조화되어 보존 가치가 있는 지역, 그 밖에 지질공원의 인증을 위하여 환경부 장관이 필요하다고 인정하여 고시한 사항에 적합한 곳으로 제시하고 있다. 따라서 지질공원으로 인증받기 위해서는 지구과학적으로 중요하고, 경관이 우수한 지질유산을 보유한 것을 기반으로 생태학적 · 고고학적 · 역사적 · 문화적 가치를 함께 포함하는 지역으로서 지역 사회 구성원이 참여하는 지속 가능한 개발 전략과 계획이 중요한 기준이 된다(표 3.8).

표 3.8 국가지질공원 구성 요소

구분	무생물	생물	인문	관리	사회	
구성 주체	지질	생물, 생태	고고, 문화, 역사	관리 조직	방문객	지역 주민
목적	보호 활용	보호 활용	보호 활용	관리	관광	소득 증대

3) 국가지질공원 현황

우리나라는 2003년에 지질공원의 개념이 소개되었고, 2010년에 제주도가 세계지질공원으로 처음 인증되었다. 2011년 자연공원법이 개정되어 지질공원 제도가 도입되었고, 2012년 지질공원 인증 기준(고시)과 운영 지침이 마련되면서 국가지질공원 인증이 시작되었다. 2012년 제주 지질공원, 울릉도 · 독도 지질공원을 시작으로 부산 지질공원, 청송 지질공원, 무등산권 지질공원, 강원 평화지역 지질공원, 한탄 · 임진강 지질공원, 강원고생대 지질공원, 경북동해안권 지질공원, 전북서해안권 지질공원이 인증되었고 이후 진안 · 무주 지질공원, 백령 · 대청권 지질공원, 단양 지질공원, 고군산 지질공원, 의성 지질공원, 화성 지질공원이 인증되어 2025년 8월 현재 16개의 국가지질공원이 있다(그림 3.78).

한반도는 유라시아판의 동쪽 가장자리에 위치한 작은 반도이지만 고원생대로부터 신생대에 이르는 긴 지질시대 동안 형성된 다양한 암석과 여러 지질 구조를 보여준다. 따라서 이러한 지질 자원은 지질관광 자원으로서 소중한 역할을 할 수 있을 뿐만 아니라 교육적 자료로도 매우 유익하게 활용할 수 있다. 이렇듯 국가지질공원이 인증되어 관광객 유입 효과가 이루어지고 있고, 해당 지역 브랜드 가치 상승에도 기여하고 있다. 지금까지 개발된 지질공원은 자연 경관이 뛰어나고 지질 특징을 잘 보

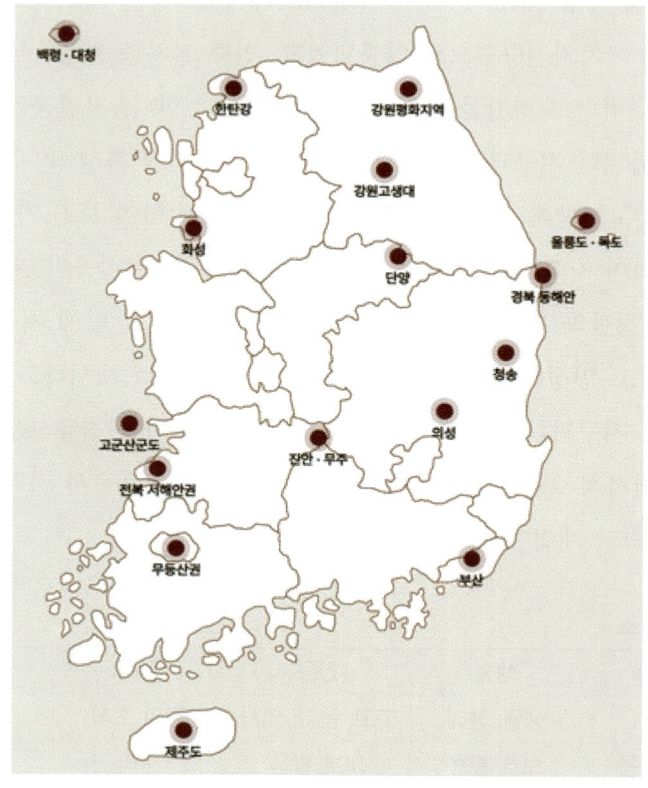

그림 3.78 국가지질공원 현황

여주는 곳이 선정되었으며 각각의 차별화된 특징을 가지고 있다. 충분한 가치가 있음에도 아직 인증되지 못한 곳이 남아 있고 일부 지역(전북 고군산군도, 경기 화성, 경북 의성, 경북 문경, 전남 해남, 전남 여수, 강원 설악권, 충남 태안 · 서산 등)이 이에 대한 관심을 가지고 인증을 준비하고 있다. 국가지질공원 사무국에서 제공하는 자료와 지질공원 안내 사이트, 16개 국가지질공원 안내 사이트, 인증 신청서(보고서)에 담긴 내용을 간추려 소개하면 다음과 같다. 단 국가지질공원별 지질 명소의 수가 많다고 해서 더 가치 있는 지질공원이라고 할 수 없고, 인증 신청 당시 요구되는 지질 명소의 수에 맞추어 선정된 결과가 반영된 것이다. 이는 재인증 절차를 거치면서 재조정되거나 변경될 수 있다.

(1) 울릉도 · 독도 국가지질공원(2012년 12월 인증)

울릉도와 독도는 460만~3,200년 전 신생대 화산활동으로 만들어졌다. 수천 년의 신비를 담고 있는 성인봉 원시림과 나리분지, 봉래폭포 등 망망대해 동해에 오롯이 솟아 있으며, 한반도와 다른 독특한 지질 명소로 인기가 높다. 울릉도는 신생대 제4기의 화산활동으로 바다에서 솟아오른 화산섬이다. 울릉도의 화산활동은 크게 5단계로 나누어진다. 현무암질 집괴암과 응회암을 분출시킨 1단계, 조면암질 및 조면안산암질 집괴암과 화산역질 응회암을 분출한 2단계, 울릉도 북부에 조면암류와 응회

그림 3.79 울릉도 · 독도 국가지질공원 지질 명소

암류를 분출시킨 3단계, 나리분지를 중심으로 조면암 및 포놀라이트질 용암을 분출하여 울릉도의 골격을 이룬 4단계, 강력한 폭발로 부석 · 화산력 · 화산재 같은 화성쇄설물을 분출하고, 칼데라형 나리분지의 퇴적층과 알봉을 형성한 5단계(19, 10.2, 8.4, 5.6 Ka 및 3.2 Ka B.P.)를 거쳐 지금의 울릉도가 만들어졌다. 울릉도는 성인봉(해발 986.7 m)을 중심으로 미륵산, 형제봉, 나리봉, 말잔등 등이 평평한 나리분지를 둥글게 에워싸고 있다.

한편 독도는 신생대 신진기에 해저 약 2,000 m에서 솟은 용암이 굳으면서 만들어졌다. 탄생 시기를 보면 독도는 울릉도보다 약 200만 년, 제주도보다는 약 340만 년 앞서 생성되었다. 지질 명소로 23곳이 선정되었는데 울릉도에는 봉래폭포, 거북바위 및 향나무 자생지, 국수바위, 버섯바위, 학포해안, 태하 해안 산책로 및 대풍감, 노인봉, 송곳봉, 용출소, 죽암 몽돌해안, 삼선암, 관음도, 죽도, 성인봉 원시림, 코끼리바위, 황토굴, 도동 해안 산책로, 저동 해안 산책로, 알봉 등 19곳, 독도에는 숫돌바위, 독립문바위, 삼형제국바위, 천장굴 등 4곳이다.

(2) 제주도 국가지질공원(2012년 12월 인증)

제주도는 섬 전체가 세계지질공원이자 화산 박물관이라고 할 정도로 독특한 화산 지형을 자랑한다. 섬 한가운데 우뚝 솟아 있는 한라산(1,950 m)과 크고 작은 오름 360여 개가 자리 잡고 있으며, 땅 아래에는 용암동굴 180여 개가 숨어 있는데, 작은 섬에 이렇게 많은 오름과 동굴이 함께 있는 경우는 세계에서도 매우 드물다. 제주 화산섬이 만들어지기 전, 이 일대는 굳지 않은 점토와 모래층이 있던 얕은 바다였다. 약 180만 년 전 바다 지하에서 약한 지층을 뚫고 마그마가 상승하면서 바닷물과 격렬하게 반응한 수성 화산활동이 일어나 수많은 응회환(분화구 경사면이 완만한 형태)과 응회구(경사면

그림 3.80 제주도 국가지질공원 지질 명소

이 급한 형태)들이 생겨났다. 이후 오랜 시간 이 화산체들이 파도에 깎이고 해양 퇴적물과 함께 섞이기를 반복하면서 서귀포층이 형성되었다. 이 서귀포층(100 m)은 제주도 지하 전체에 분포하고 있는데, 그 일부가 천지연폭포 옆에 드러나 있다.

55만 년 이후에는 용암이 분출하면서 넓은 용암 대지가 만들어졌으며, 용암이 겹겹이 쌓이면서 한라산을 중심으로 방패 모양의 순상 화산체가 형성되었다. 이후 약 1만 8,000년 최종 빙하기 이후부터 해안 지역을 중심으로 수성 화산활동이 일어나면서 성산일출봉과 송악산이 생겨났고, 약 1,000년 전 고려 문헌에 기록된 화산활동(서기 1002년, 1007년)을 마지막으로 지금의 제주도 모양이 만들어졌다. 지질 명소로는 13곳이 선정되었는데 한라산, 만장굴, 성산일출봉 응회구, 서귀포 패류화석산지, 천지연폭포, 중문-대포 주상절리대, 산방산 용암돔, 용머리 응회환, 수월봉 응회환, 우도, 비양도, 선흘 곶자왈, 교래 삼다수 마을 등이다.

(3) 부산 국가지질공원(2013년 12월 인증)

부산은 낙동정맥의 끝자락이 바다와 만나는 지점에 터를 잡고 있으며, 내륙에는 금정산과 장산 같은 해발 400~800 m의 산과 낮은 구릉 산지가 형성되어 있다. 바다와 접해 있는 곳에는 작은 반도와

그림 3.81 부산 국가지질공원 지질 명소

만, 섬이 발달하여 구불구불 굴곡이 심한 리아스식 해안의 특징을 잘 보여준다. 부산 남부는 상대적으로 낮은 지대이며, 낮은 산들이 병풍처럼 둘러싸고 있다. 너른 서부 평야 지대에는 낙동강 하구에 발달한 삼각주와 범람원이 드넓게 펼쳐져 있다.

부산 국가지질공원은 남한에서 가장 큰 퇴적 분지인 경상분지의 남동부에 포함되며, 이 경상분지는 백악기 때 한반도 동남부 지역에 형성되었다. 주요 지질 구조로는 양산단층이 관통하고 있으며, 지질의 종류는 아래로부터는 화산암류가 있고 이 화산암류 사이에 퇴적된 퇴적암과 규장질의 화산암류, 이들 암석 사이에 마그마가 들어와 형성된 화강암류와 신생대 제4기 하천에 의해 퇴적된 충적층으로 구성되어 있다. 지질 명소로 12곳이 선정되었는데 태종대, 이기대, 황령산 구상반려암, 낙동강 하구, 두송반도, 송도반도, 두도, 장산, 금정산, 백양산, 몰운대, 오륙도 등이다.

(4) 청송 국가지질공원(2014년 4월 인증)

주왕산 국립공원과 함께 원시 계곡이 수려한 절골계곡, 아침 안개와 왕버들의 풍경이 환상적인 신비감을 주는 주산지, 더울수록 얼음이 잘 어는 얼음골까지 자연 그대로의 모습을 간직하고 있는 청송은 예로부터 동쪽에 있는 불로장생의 신선 세계라 여겼다. 사방이 산지로 둘러싸인 분지 지형으로, 숲이 82%를 차지하고 있어 사계절 깨끗한 공기와 맑은 물이 흐르는 천혜의 고장이다.

청송의 지질은 지체 구조상 백악기 경상분지에 해당하는데, 원생누대부터 신생대까지 오랜 시간에

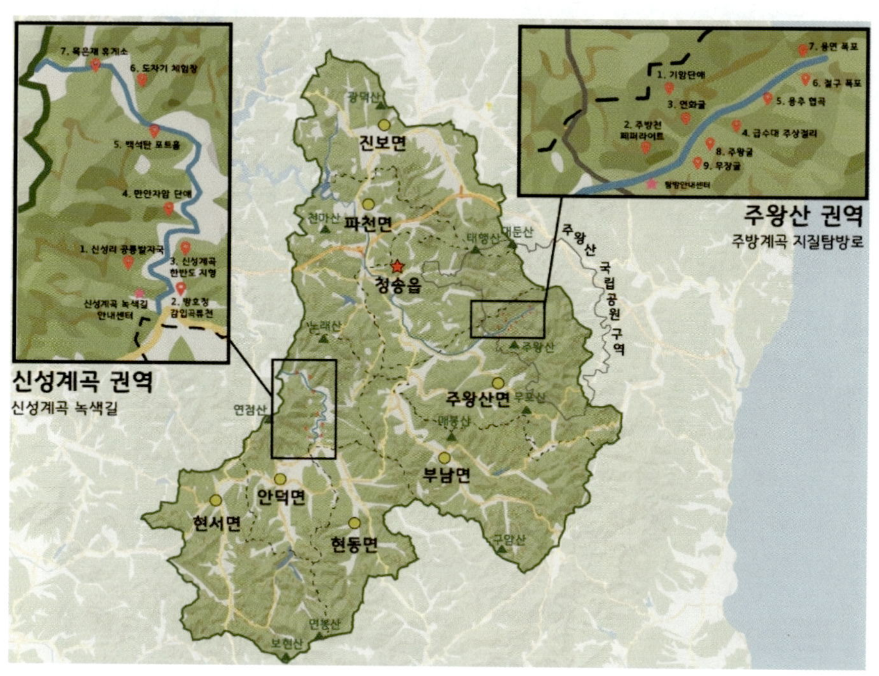

그림 3.82 청송 국가지질공원 지질 명소

걸쳐 만들어진 응회암뿐 아니라 현무암, 안산암, 유문암 같은 화성암과 이암, 셰일, 사암, 역암과 같은 퇴적암, 화강편마암 같은 변성암까지 모두 분포하고 있다. 특히 청송 절경의 정점인 주왕산은 약 7,000만 년 전 경상계 퇴적층의 약한 틈을 뚫고 나온 격렬한 화산 폭발과 함께 분출한 용암과 쏟아져 나온 화성쇄설물이 저지대를 덮어 층을 이루며 만들어졌다. 지금 남아 있는 주왕산 응회암층의 두께는 최고 350 m나 되는데, 화산 폭발 당시에 엄청난 규모의 화산재가 분출되었다는 것을 짐작해볼 수 있다. 지질 명소로는 24곳이 선정되었는데 기암단애, 주방천 페퍼라이트, 연화굴, 용추협곡, 용연폭포, 급수디 주상절리, 절골협곡, 주산지, 청송 얼음골, 법수도석, 병암 화강암단애, 나실 마그마 혼합대, 청송 자연휴양림 퇴적암층, 면봉산 칼데라, 수락리 주상절리, 방호정 감입곡류천, 신성리 공룡발자국, 만안 자암단애, 백석탄 포트홀, 파천 구상화강암, 송강리 습곡구조, 청송 구과상유문암(꽃돌), 노루용추계곡, 달기 약수탕 등이다.

(5) 강원 평화지역 국가지질공원(2014년 4월 인증)

백두대간의 허리 부근에 광활하게 펼쳐져 있는 강원 평화지역 지질공원은 깊고 울창한 숲에 다양한 야생 동식물이 사는 생명의 땅이다. 6 · 25 전쟁 때 치열한 격전을 치루면서 생태계가 무참히 파괴되었지만, 비무장지대와 민간인 출입 통제 지역을 중심으로 70여 년간 사람의 거주와 개발이 제한되면서 훼손된 생태계가 복원되는 놀라운 변화가 일어났다.

강원 평화지역 지질공원은 한반도의 동고서저 지형의 특성을 잘 보여주고 있다. 백두대간을 중심으로 서쪽의 내륙 지방으로 갈수록 경사가 완만하게 낮아지고, 동해안 쪽으로는 경사가 매우 급하다.

그림 3.83 강원 평화지역 국가지질공원 지질 명소

이것은 한반도의 기본 골격으로, 신생대 초에 동해의 해저 지각이 확장하면서 한반도가 수평으로 압력을 받아 백두대간을 중심으로 지반이 융기한 것이다. 또 이 지역은 지체 구조상 경기육괴에 포함되며, 지질은 원생누대의 변성암류, 중생대의 화강암류, 신생대의 현무암류로 구성되어 있다. 지질 명소로는 16곳이 선정되었다. 화천 지역은 곡운구곡, 비래암, 양의대 하천습지, 화천백립암 복합체, 용화산 등 5곳, 양구 지역은 두타연, 양구백토, 해안분지 등 3곳, 인제 지역은 대암산 용늪, 소양강 하안단구, 내린천 포트홀, 진부령 등 4곳, 고성 지역은 화진포, 송지호해안(서낭바위), 고성 제3기 현무암, 능파대 등 4곳을 포함하여 총 16곳이다.

(6) 무등산권 국가지질공원(2014년 12월 인증)

무등산 권역은 한반도 서남부 일대의 화산활동을 이해할 수 있는 대표 지역으로 광주, 화순, 담양

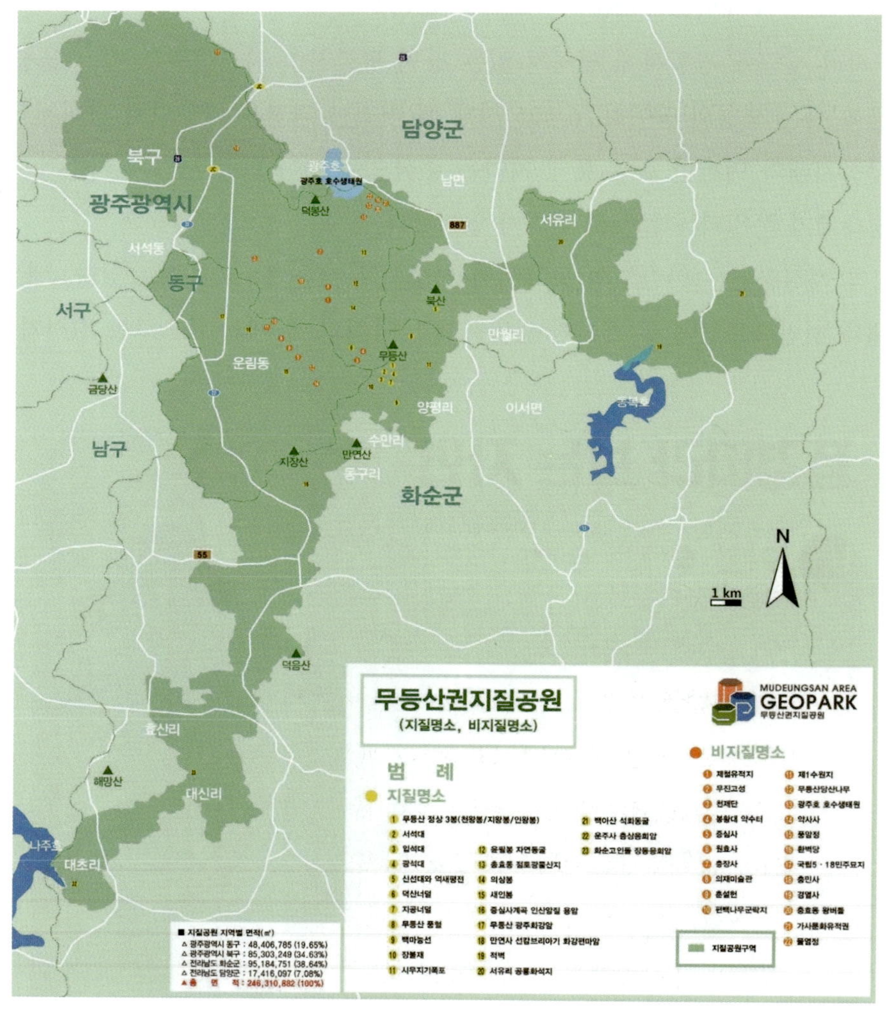

그림 3.84 무등산권 국가지질공원 지질 명소

을 중심으로 최소 세 번 이상의 화산 분화가 있었다. 백마능선이 형성된 1차 분화(8,700만 년 전), 신선대가 형성된 2차 분화(8,700~8,500만 년 전), 무등산 정상 3봉과 서석대, 입석대가 솟아오른 3차 분화(8,500만 년 전) 이후 지금의 무등산과 그 일대의 지형이 만들어졌다. 무등산의 가장 큰 특징은 산봉우리에 솟아오른 거대한 주상절리인데 무등산 정상 3봉, 서석대, 입석대, 광석대, 신선대, 덕산너덜 등에 나타나고 있다. 이 주상절리대는 해발고도 750 m 이상 높은 곳에 최소 11 km2 이상의 거대한 규모로 우뚝 솟아 있고 분포 규모, 단일 면적, 다양한 모양까지 세계 어디에서도 보기 드문 특징을 가지고 있다. 산 곳곳에 널리 분포하고 있는 암괴류(돌서렁, 너덜겅)는 국내 최대의 밀집도를 가진다.

무등산 권역의 암석은 대부분 무등산응회암인데, 이는 화산 분화 때 나온 화산재를 화산의 뜨거운 환경이 녹이고, 녹은 화산재가 다시 굳어져 만들어졌다. 이 무등산의 바위들은 빙하기 시대부터 얼고 녹기를 반복하면서 조금씩 깎이고 다듬어졌고, 바위에서 떨어져 나온 것은 너덜지대를 이루었다. 이를 통해 빙하기 후기 지구 변화의 역사와 우리나라 고기후를 연구할 수 있는 매우 의미 있는 곳이다. 지질 명소로 선정된 곳은 24곳으로 무등산 정상 3봉(천왕봉 · 지왕봉 · 인왕봉), 서석대, 입석대, 광석대(규봉 주상절리대), 신선대, 덕산너덜, 지공너덜, 무등산 풍혈, 장불재, 백마능선, 새인봉, 의상봉, 무등산 광주화강암, 시무지기폭포, 증심사 계곡 안산암질 용암, 화순 서유리 공룡 화석지, 적벽, 화순 고인돌 용결응회암, 운주사 층상응회암, 충효동 점토광물 산지, 담양 추월산 구상암, 담양 가마골, 담양습지, 금성산성 화산암군 등이다.

(7) 한탄강 국가지질공원(2015년 12월 인증)

우리나라 최초로 강을 중심으로 형성된 한탄강 지질공원은 한탄 · 임진강 지질공원으로 시작하여 세계지질공원으로 발전하면서 한탄강 지질공원으로 명명되었다. 이 지역은 화산 지형과 하천 지형의 특징이 함께 공존하면서 독특하고 아름다운 지형을 이루고 있다.

한탄강과 임진강 일대에는 원생누대의 변성암과 중생대 초기(트라이아스기)~중기(쥐라기)의 퇴적암과 화강암 등이 아주 넓게 분포하고 있다. 또 중생대 말기(백악기)~신생대 초기(고진기)의 화산암과 퇴적암 등도 일부 지역에 분포한다. 이 암석 위를 신생대 제4기의 한탄강 용암이 뒤덮었다. 옛 한탄강이 흐르던 자리의 대부분과 계곡, 낮은 평야지대를 한탄강 용암이 메워 넓은 용암대지를 만들었다. 이렇게 한탄강 용암대지가 만들어진 후 다시 오랜 세월 풍화와 침식 작용이 일어나 새롭게 운반된 퇴적물과 토양이 이 용암대지를 덮었는데, 이것을 '전곡층'이라 한다. 전곡층에는 연천 전곡리 유적과 포천 영송리 선사유적 같은 고고학적 가치가 높은 유물과 유적들이 많이 발견된다. 또 동아시아 최초로 구석기시대의 주먹도끼가 한탄강변에서 발견되었는데, 이것은 고고학 분야에서 세계적인 발견이라고 한다. 지질 명소로는 17곳이 인증되었으며 철원군 지역에 삼부연폭포, 고석정, 직탕폭포, 철원용암대지, 샘통, 용암 기원지인 평화전망대, 송대소 등 7곳, 포천시 지역에 아트밸리와 포천석,

그림 3.85 한탄강 국가지질공원 지질 명소

포천 아우라지 베개용암, 비둘기낭과 멍우리 협곡, 지장산 응회암, 화적연 등 5곳, 연천군 지역에 전곡리 유적 토층, 좌상바위, 은대리 판상절리와 습곡구조, 백의리층, 재인폭포 등 5곳이다. 그러나 세계지질공원이 되면서 남계리 주상절리, 당포성, 옹장굴, 교동 가마소, 구라이골, 백운계곡과 단층, 동막골 응회암, 차탄천 주상절리, 대교권 현무암 협곡, 고남산 자철석 광산 등이 추가되어 28곳으로 늘어났다.

(8) 강원고생대 국가지질공원(2017년 1월 인증)

강원고생대 지질공원에는 하부 고생대층인 조선누층군과 상부 고생대층인 평안누층군이 분포하고 있다. 이 퇴적암층에는 석회암과 무연탄이 분포하는 지층이 있어 우리나라 산업에 매우 중요한 에너지 자원을 공급하고 있다. 석회암은 시멘트 산업 발달에 기여했고, 석탄은 산업화와 국민의 삶을 편리하게 하는 데 큰 역할을 했다. 또 중요한 텅스텐 광산도 이곳에 자리 잡고 있다. 이 지역은 무엇보다도 고생대의 정보를 간직한 퇴적암류(태백층군, 영월층군, 용탄층군)의 표식지로서 매우 중요한 지질학적 가치가 있다. 이 고생대 지층은 5억 년의 역사를 거치면서도 잘 보존되어 있는 삼엽충, 코노돈트, 방추충, 무척추동물 등 다양한 화석이 발견되어 세계에서 그 가치가 인정되고 있다.

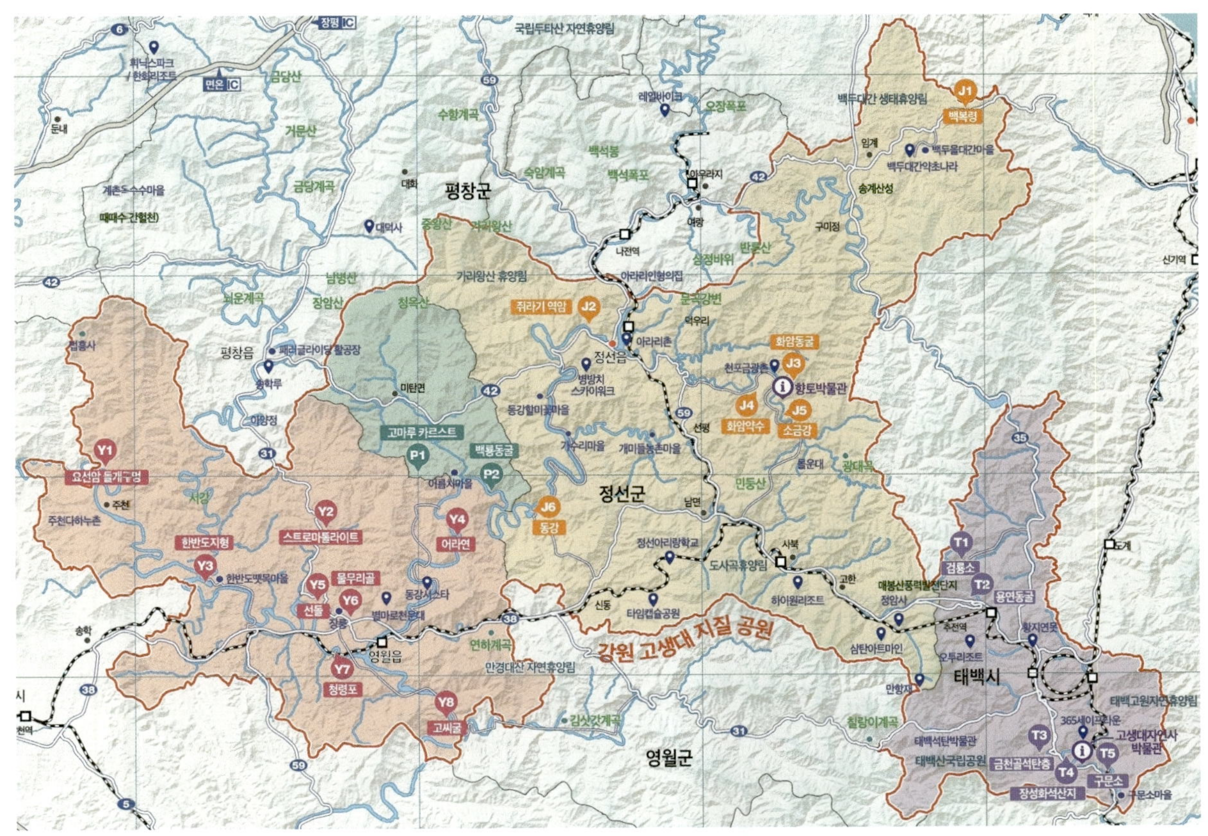

그림 3.86 강원고생대 국가지질공원 지질 명소

또 다른 특징은 우리나라에서 가장 뛰어난 감입곡류 지형이 있다는 점이다. 백두대간을 중심으로 한반도의 융기가 일어나 심하게 구부러진 산악 지역 곡류(감입곡류)가 나타나고 있는데, 정선 백복령 카르스트 지대와 평창의 고마루, 영월 한반도 지형 부근 등 곳곳에 독특한 카르스트 지형이 존재한다. 깊은 동굴 속에 신비한 아름다움을 꼭꼭 숨겨놓은 석회동굴 11곳도 이곳에서 만날 수 있다. 지질 명소로 선정된 곳은 21곳이다. 검룡소, 용연동굴, 금천골 석탄층, 장성 전기 고생대 화석 산지, 구문소 전기 고생대 지층 및 하식 지형, 요산암 돌개구멍, 건열 구조 및 스트로마톨라이트, 한반도 지형, 어라연, 선돌, 물무리골 생태습지, 청령포, 고씨굴, 고마루 카르스트 지형, 백령동굴, 백복령 카르스트 지대, 쥐라기 역암, 화암동굴, 화암약수, 소금강, 동강 등이다.

(9) 경북동해안 국가지질공원(2017년 9월 인증)

울진의 원생누대부터 시작하여 남쪽 경주의 신생대까지 전 지질시대를 아우르는 지질 다양성을 보유하고 있을 뿐만 아니라, 선사시대와 역사시대를 거치면서 조상들이 빚고 다듬은 유물과 문화재가 지질유산과 어우러져 다른 지질공원과는 다른 특성을 보이고 있다. 경북동해안 지질공원의 서쪽에는 낙동정맥이 솟아 있어 서쪽은 고도가 높고 험준하며 동쪽으로 갈수록 경사가 완만하다. 해안에는 융기로 인한 해안단구가 발달해 있으며, 큰 하천의 하구에 해빈이 형성되어 있다. 또 원생누대의 변성암류부터 중생대 퇴적암, 관입암체, 신생대 신진기의 퇴적암류까지 오랜 시간에 걸쳐 생성된 다양한 암석들이 분포하고 있다. 울진군 일대와 영덕군 일부에서는 원생누대 변성암류가, 영덕에서는 중생대 퇴적암류와 이를 관입한 화강암류와 화산암이 있고, 포항 · 경주 일대에서는 백악기 말 불국사화강암, 신생대 신진기에 형성된 퇴적암류 및 화성암류가 분포하고 있다. 지질 명소로 선정된 곳은 19곳이다. 포항 지역에 내연산 12폭포, 두호동 화석 산지, 달전리 주상절리, 구룡소 돌개구멍, 호미곶 해안단구 등 5곳, 경주 지역에는 남산화강암, 골굴암 타포니, 양남 주상절리군 등 3곳, 영덕 지역에는 철암산 화석 산지, 고래불해안, 원생누대 변성암, 영덕 대부정합, 죽도산 퇴적암, 경정리 백악기 퇴적암, 영덕 화강섬록암 해안 등 7곳, 울진 지역에는 덕구계곡, 불영계곡, 성류굴, 왕피천 등 4곳이다.

그림 3.87 경북동해안 국가지질공원 지질 명소

(10) 전북서해안 국가지질공원(2017년 9월 인증)

원생누대부터 신생대 제4기까지 생성된 암석이 곳곳에 분포하고 있어 지질 발달 과정을 관찰할 수 있는 최적의 자연 학습장이라 할 수 있다. 이 지역에서 가장 눈여겨볼 지질학적 가치는 중생대 백악기 화산암체이다. 이곳 지질 명소의 대부분을 차지하는 백악기 화산암체는 우리나라에서 일어난 백악기 화산활동의 과정과 그 전후에 나타난 다양한 화산 심성(volcano-platonic) 작용과 더불어 퇴적 작용에 관한 정보까지 고스란히 품고 있다. 원형이나 타원형 모양의 화산암체들은 우리나라 백악기-신생대 화산암류 중 화산체(칼데라)의 형태가 잘 보존되어 학술적 가치가 매우 높다.

서해를 따라 시원하게 펼쳐진 갯벌과 모래 조간대는 우리나라 서해안 해양 지질 연구의 중심지이다. 갯벌은 많은 이들의 체험학습장으로 활용하여 갯벌에서 어촌 문화를 경험하고, 갯벌 생물을 관찰하는 즐거움을 경험할 수 있고, 모래 조간대는 서해안에서 보기 드문 매우 긴 직선형 해안선을 따라서 아름다운 모래 해빈이 펼쳐진다. 뿐만 아니라 변산반도 국립공원과 선운산 도립공원, 유네스코 지정 람사르 습지와 고창 생물권 보전지역, 고인돌 세계문화유산 등 국가와 국제기구가 인정할 만큼 빼어난 자연 경관을 자랑하는 명소이다. 지질 명소는 처음에 12곳으로 시작하여 33곳으로 늘어났다. 고

그림 3.88 전북서해안 국가지질공원 지질 명소

창 지역에 소요산 용암돔, 명사십리, 고창갯벌, 병바위, 선운산, 운곡습지 및 고인돌군, 천마봉, 도솔암 마애불, 진흥굴, 명매기샘, 송계리 시생대 편마암, 구시포, 가막도, 대죽도, 움직이는 모래섬 쉐니어 등 14곳, 부안 지역에 적벽강, 채석강, 솔섬, 모항 페퍼라이트, 직소폭포, 진리 공룡알 화석지, 모항 생선뼈 광맥계, 유천리 청자 도요지, 선계폭포, 굴바위, 울금바위, 계화도 제스퍼, 계화도 역암, 소리 유변성 응회암, 치도리해안, 진리 주상절리, 진리 용머리 층간습곡, 진리 대형 횡와습곡, 대 · 소형제도 등 19곳이다.

(11) 백령 · 대청 국가지질공원(2019년 7월 인증)

백령 · 대청 지질공원은 북한의 황해남도와 12 km 떨어진 섬들로 이루어진 지질공원으로서 서해 최북단에 위치하고 있다. 백령도와 대청도, 소청도는 남한에서 관찰할 수 없는 북한의 지질 특성을 가지고 있다. 한반도에서 드물게 관찰되는 약 10억 년에서 7억 년 전 신원생대 암석이 분포하고 있으며, 우리나라에서 가장 오래된 스트로마톨라이트 화석이 발견된 지역이다. 육지에서 접근이 쉽지 않은 곳이기는 하지만 다른 지질공원에서는 볼 수 없는 지질 요소들이 많아 한 번쯤은 꼭 가보아야 할 곳이다. 지질 명소는 10곳이 인증되었다. 백령도 지역에서는 서해의 해금강이라 불리고 여러 퇴적 구조를 간직한 규암으로 이루어진 두무진, 진촌리 현무암, 사곶해변, 콩돌해안, 용트림바위와 남포리 습곡 구조 등 5곳, 대청도 지역에서는 농여해변과 미아해변, 옥죽동 해안사구, 서풍받이, 검은 이암으로 이루어진 검은낭 등 4곳, 소청도 지역에서는 하얀 대리암으로 이루어진 분바위와 스트로마톨라이트 1곳이다.

그림 3.89 백령 · 대청 국가지질공원 지질 명소

(12) 진안 · 무주 국가지질공원(2019년 7월 인증)

우리나라 내륙 지방 중 가장 중심부에서 아름다운 비경을 품고 있는 진안군과 무주군은 높은 산악지대인 진안고원에 자리 잡고 있다. 백악기 역암이 지각의 융기에 의해 형성된 진안의 마이산(687.4 m)은 우뚝 솟아오른 봉우리 2개가 말의 귀 모양을 닮은 특이한 지형이다. 진안군 북부와 동부에는 화산암으로 이루어진 운장산(1,126 m), 구봉산(1,002 m), 천반산(647 m) 등이 솟아 있다. 이렇게 높은 고원지대를 이루는 산줄기는 낙동강과 금강, 섬진강, 동진-만경강까지 4개 하천의 수계 분수령을 이루고 있다. 진안 · 무주 지질공원은 소백산지괴 형성을 알려주는 중요한 암석인 고원생대 변성암이 기저를 이루고 있고, 백악기 퇴적암과 화산암은 한반도에서 일어난 백악기 인리형 분지(양쪽에서 잡아당기는 힘에 의해 만들어져 생긴 분지) 형성 과정을 잘 보여주고 있으며, 아시아 지구조의 진화를 해석하는 데도 매우 중요한 곳이다. 암석이 풍화와 침식을 받아 만들어진 타포니와 감입곡류 하천, 계단형 폭포, 절리 내 폭포, 포트홀 등이 분포하고 있어 아름다운 경관을 이루고 있으며 지구과학 교육 장소로서도 가치가 높다. 지질 명소는 진안 지역에서 마이산, 구봉산, 천반산, 운일암반일암, 운교리 삼각주 퇴적층 등 5곳, 무주 지역에서 용추폭포, 외구천동 지구, 오산리 구상화강편마암, 적상산 천일폭포, 금강 벼룻길 등 5곳으로 총 10곳이다.

그림 3.90 진안 · 무주 국가지질공원 지질 명소

그림 3.91 단양 국가지질공원 지질 명소

(13) 단양 국가지질공원(2020년 7월 인증)

단양 지질공원은 충청권 최초의 지질공원으로서 화성암, 퇴적암, 변성암의 3대 암석이 균형적으로 분포하고 있고 한반도의 충돌대에 해당하는 지질 특성을 가지고 있다. 202개에 이르는 석회동굴과 돌리네, 카렌 등의 카르스트 지형이 발달되어 있는 것이 특징으로 고고 · 역사 · 문화 · 생태 · 지질 · 레저 · 경관 · 교육과 관련된 가치도 잘 갖추고 있다. 지질 명소는 하괴리 도담삼봉(석문), 다리안 부정합, 노동리 노동동굴, 고수리 고수동굴, 구담봉, 만천하 경관(부정합, 하안단구), 삼태산, 온달동굴, 여천리 카르스트 지형(돌리네, 테라로사), 두산 활공장(사평리역암, 하안단구), 사인암, 선암계곡 등 12곳이다.

(14) 고군산군도 국가지질공원(2023년 6월 인증)

전북 군산시에 위치한 고군산군도 지질공원은 군산 내륙지역과 해안의 고군산군도로 구성된다. 군산 내륙에는 공룡, 식물 화석 등 지질학적 명소와 근대문화를 체험할 수 있는 시간여행 마을이 조성되어 있다. 고군산군도는 10개의 유인도와 47개의 무인도로 이뤄져 있으며 천혜의 자연환경을 자랑한다. 선유 8경과 같은 수려한 경관과 대규모의 습곡, 독특한 형상의 바위들은 고군산군도의 대표적인 관광자원이다. 고군산군도는 신원생대(9억 년 전)에 해당하는 규암, 천매암 등의 변성 퇴적암과 변성 화강암, 각섬암 등이 분포하고 중생대 백악기(6500만 년 전)에 생성된 유문암과 유문각력암이

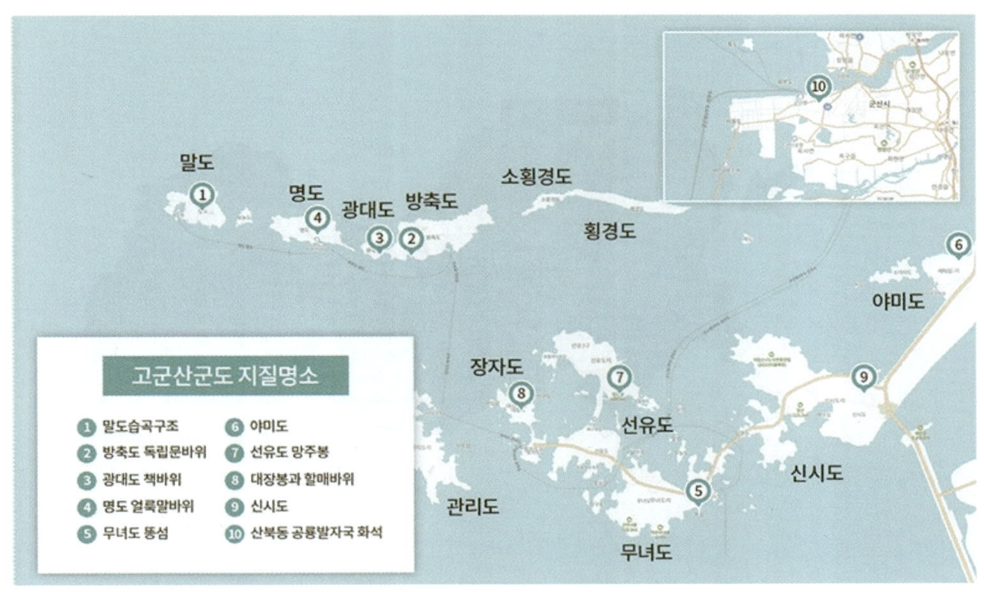

그림 3.92 고군산군도 국가지질공원 지질 명소

분포하며 이때 화산 활동으로 만들어진 대규모 습곡 등의 변형구조를 관찰할 수 있다. 특히 광대도에 형성된 쉐브론 습곡은 매우 희귀한 습곡구조이다. 또한 중생대 백악기 이암에 생성된 공룡 발자국 화석도 관찰 가능하다. 이 지역은 백악기 한반도 서해안 일대의 지구 환경을 유추할 수 있는 중요한 지역으로 평가되고 있다.

지질 명소는 산북동 공룡 발지국, 신시도, 무녀도 똥섬, 선유도 망주봉, 대장봉과 할매바위, 야미도, 방축도 독립문바위, 광대도 책바위, 명도 얼룩말바위, 말도 습곡구조 등 10곳이다.

(15) 의성 국가지질공원(2023년 6월 인증)

의성 지질공원은 중생대 백악기 한반도에서 가장 큰 호수였던 경상분지의 중심으로, 경상분지의 생성과 퇴적, 격렬한 화산활동 정보를 모두 담고 있어서 중생대 백악기의 대표 지질공원이라 할 수 있다. 선캄브리아 시대 기반암, 중생대 쥐라기 등의 암석이 일부 지역에 분포하고 나머지 대부분은 중생대 백악기 지층과 화산암이 분포하고 있다. 특히 당시 생물이나 기후를 유추할 수 있는 다양한 화석과 퇴적구조, 거대 칼데라가 특징적이다. 지질 명소는 12개소로 안계분지, 쌍호리 퇴적층, 해망산 거대견열구조, 석탑리 누룩바위, 치선리 베틀바위, 점곡퇴적층, 제오리 공룡발자국, 만천리 아기공룡발자국, 의성 구산동응회암, 의성 스트로마톨라이트, 빙계계곡, 금성산 등이다.

그림 3.93 의성 국가지질공원 지질 명소

그림 3.94 화성 국가지질공원 지질 명소

(16) 화성 국가지질공원(2024년 2월 인증)

화성 지질공원은 행정구역상 화성시 송산면, 서신면, 우정읍(도서) 지역에 해당하며, 화성시 서부 지역의 간척지, 해안가, 섬 등 다양한 지형의 지질유산 및 지오트레일을 포함한다. 이곳은 한반도의 지체구조상 경기육괴와 임진강대의 경계부에 속하며, 화성시가 포함된 서부 경기지괴는 남중국 지괴와 북중국 지괴의 충돌로 인한 초대륙 내 충돌대인 중국의 중앙조산대와의 지구조적 대비가 활발히 이루어지고 있는 지역이다. 이처럼 화성시는 한반도 및 동아시아 지각의 지구조 발달사를 이해하고 상호 대비하는 데 매우 중요한 위치를 차지한다. 이 지역은 선캄브리아시대 편마암과 편암 등의 변성암과 화강암, 고생대 석영 편암 등의 변성 퇴적암, 중생대 화강암, 퇴적암과 화산암 그리고 신생대 제4기 충적층까지 전 시대에 걸쳐 다양한 암석이 분포하고 있으며, 습곡, 단층, 암맥 등 여러가지 지형 구조를 관찰할 수 있는 훌륭한 자연학습장이다. 이러한 가치와 중요성을 인정받아 국가지질공원으로 지정되었다. 지질 명소로는 고정리 공룡알 화석산지, 우음도, 전곡항 층상응회암, 제부도, 백미리 해안, 궁평항, 국화도, 입파도 등 8곳이다.

4) 세계지질공원 현황

세계지질공원이란 단일의 통합된 지리적 영역으로서 세계적으로 지질학적 가치를 지닌 명소와 경관을 보호 · 교육 · 연구 · 지속 가능한 발전의 전인적인 개념을 가지고 자연 자원 및 문화 자원과 연계하여 이용하는 곳으로 정의된다(유네스코). 세계지질공원은 1999년 유네스코에서 공식적으로 논의가 시작되었고 2000년 유럽지질공원망(EGN, European Geoparks Network)이 결성되면서 활성화되기 시작하였다. 2001년 유네스코에서 Geopark 특별 지원이 결정되고 2004년 세계지질공원망(GGN, Global Geoparks Network, 이후 Global Network of National Geoparks로 변경되었다)이 결성되고 2010년 아태지질공원망(APGN, Asia Pacific Geoparks Network)이 결성되었으며 2015년 유네스코 정식 프로그램으로 채택되면서 유네스코가 주관하는 세계유산, 생물권 보전지역에 이어 3대 보호 프로그램에 포함되었다. 세계지질공원도 국가지질공원과 마찬가지로 4년마다 관리 및 운영 상황을 점검하고 재평가받게 된다. 2025년 5월 기준 50개국(국가간 연합형 포함)에서 229개가 세계지질공원으로 인증되었는데 우리나라의 경우 제주도 지질공원(2010년), 청송 지질공원(2017년), 무등산권 지질공원(2018년), 한탄강 지질공원(2021년), 전북서해안 지질공원(2023년), 경북동해안 지질공원(2025년), 단양 지질공원(2025년)이 세계지질공원으로 인증되었고 부산 지질공원 등 인증 절차를 진행 중인 곳도 여러 곳 있다. 나라별로 살펴보면 아이슬란드 2곳, 아일랜드 3곳, 벨기에 2곳, 룩셈부르크 1곳, 포르투갈 6곳, 스페인 18곳, 영국 10곳, 프랑스 9곳, 네덜란드 2곳, 덴마크 3곳, 독일 8곳, 이탈리아 12곳, 슬로베니아 2곳, 그리스 9곳, 크로아티아 3곳, 키프로스 1곳, 루마니아 2곳, 세르비아 1곳, 헝

그림 3.95 세계지질공원 현황(2025년)

가리 3곳, 슬로바키아 1곳, 오스트리아 3곳, 체코 1곳, 폴란드 3곳, 핀란드 5곳, 노르웨이 5곳, 스웨덴 1곳, 튀르키예 1곳, 모로코 1곳, 탄자니아 1곳, 이란 3곳, 사우디아라비아 1곳, 태국 2곳, 베트남 4곳, 필리핀 1곳, 말레이시아 2곳, 인도네시아 12곳, 중국 49곳, 한국 7곳, 북한 1곳, 일본 10곳, 러시아 1곳, 캐나다 5곳, 멕시코 2곳, 니카라과 1곳, 브라질 6곳, 에콰도르 3곳, 페루 1곳, 칠레 1곳, 우루과이 1곳 등이다. 아쉽게도 미국은 이 프로그램에 참여하지 않고 있다. 2025년 5월 기준 세계지질공원으로 인증된 현황은 그림 3.95와 같다.

5) 지오투어리즘과 교육적 이용

자신의 질적인 삶을 추구하는 현대 사회는 휴식, 휴가, 여행, 관광에 대한 수요가 계속 증가할 수밖에 없다. 우리나라 국민들 역시 국내 관광은 물론 세계 여행이 활성화된 지 오래이다. 관광에 대한 수요가 부쩍 증가하면서 지방자치단체마다 관광객을 유치하기 위해 노력하고 있다. 이는 굴뚝 없는 공장으로 지역 경제를 활성화할 수 있기 때문이다. 국제 여행 상품 중에서 70%가 유네스코 세계유산 등재 지역에 집중되어 있다고 한다. 1994년 세계자연유산으로 등재된 베트남 하롱베이의 경우 수년 만에 10배 이상 관광객이 급증했다고 한다. 세계자연유산으로 등재된 미국 그랜드 캐니언도 한 해에 500만 명 이상이 찾는 세계적 관광지이다. 우리나라의 경우 불모지였던 제주도 수월봉이 2010년 세계지질공원으로 인증된 후 방문객이 폭발적으로 증가한 대표적인 사례이다. 자연 자원을 활용한 지질관광은 지속 가능성을 중요하게 여기면서 새로운 관광산업의 트렌드로 급부상하게 될 것이다.

과거의 관광이 단순 둘러 보기식이었다면 요즘은 여러 가지 테마를 가지고 특별한 관광을 시도하는 사람들도 많아졌다. 지오투어리즘(geotourism, 지질관광)은 지질 자원을 활용한 관광이라 할 수 있다. 지오투어리즘은 아름다운 경관을 이루고 있는 지형과 지질 자원을 기반으로 생태, 환경, 문화, 역사, 고고, 미학, 유산 등이 어우러진 지역을 보존하면서 활용하는 관광이라고 정의할 수 있다. 관광 수입이 자원의 보존에 도움이 될 수 있다는 에코투어리즘(ecotourism)의 원리를 적용하여 문화 역사뿐만 아니라 독특한 가치를 포함하는 자연 여행을 의미한다. 따라서 지오투어리즘은 그 지역 땅의 경관을 보고 지질을 이해하고 그 지역의 이야기를 듣고 그 지역의 문화를 체험하며 그 지역의 땅에서 나는 먹을거리를 먹는 관광이라고 할 수 있다. 지오투어리즘 활성화를 위해서는 다양한 탐방객을 만족시킬 수 있는 스토리텔링, 지질공원 및 지오투어리즘에 대한 교육, 음식점과 숙박 · 레저 · 박물관, 관광 업체 등과의 지오투어리즘 관련 네트워크 구축, 지질공원의 취지를 지키면서 지역 주민의 소득을 창출하고 방문객의 체험 요소를 증대시키는 지오빌리지(geo-village, 체험 마을)를 활성화할 필요가 있다.

앞으로 지질학적으로 가치 있고 아름다운 경관을 자랑하는 지질 명소를 찾아, 보고 즐기고 체험하고 깨닫는 관광을 원하는 관광객이 더욱 늘어날 것으로 예상된다. 이는 지구과학의 새로운 영역이 펼쳐졌다고 할 수 있으며 따라서 지구과학자뿐만 아니라 지구과학 교육자들의 관심과 역할도 더욱 절실히 요구된다고 할 수 있다. 앞으로 지질공원을 관광 자원으로서뿐만 아니라 자연 교육장으로 활용할 수 있는 체험 교육 프로그램 개발이 더 활발히 이루어져야 하고, 교육자와 피교육자를 위한 안내서와 워크북 등의 개발과 연수가 다양하게 이루어진다면 지오투어리즘을 통해 지구과학의 대중화를 이룰 수 있을 뿐만 아니라 지구과학의 위상을 높이고 생활 속의 지구과학으로서의 인식이 더욱 증대될 것으로 생각된다.

10-02-2021 06:00:03

am image September 29, 2021, at 3:20 p.m. HST

Kilauea summit eruption in Halema'uma'u crater - October 2, 2021

STORYLINE

지구는 매우 역동적인 행성이다. 지구상에는 현재 분화 중인 화산이 100여 개에 달하며, 매년 150만 건의 크고 작은 지진이 발생한다. 이들 중 몇몇은 지표의 모습을 순식간에 극단적으로 변화시키며, 동시에 수많은 인명과 재산을 앗아가기도 한다. 역사서의 적지 않은 페이지에 지진과 화산이 인간의 죄악에 대한 신의 분노로 기재되어 있음은 어찌 보면 당연하기도 하다. 그러나 여러 과학자의 선구적인 노력은 이들을 경외의 대상에서 자연 현상으로 탈바꿈시켰다. 오늘날 인류는 지진과 화산에 대한 체계적인 관측과 합리적인 사고를 통해 지구의 내부 구조를 탐구하고, 이들이 불러올 수 있는 자연재해를 예측하고 대비하는 수준에 이르렀다. 이 장에서는 지진과 화산 현상은 물론 이를 통해 밝혀진 지구의 내부 구조를 학습한다. 또한 지진과 화산을 포함하여 지표상에 나타나는 다양한 지구조적 현상을 설명할 수 있는 판구조론에 관해 기술하고, 핵-맨틀 경계부터 지표까지를 아우르는 거대한 순환 구조를 제시하는 플룸구조론에 대해 알아보겠다.

- 4.1 지진과 지구 내부 구조
- 4.2 화산활동
- 4.3 판구조 운동과 지각 변동
- 4.4 열점과 플룸구조론

지진과 지구 내부 구조

4.1 지진과 지구 내부 구조

1) 지진의 발생

지각과 상부 맨틀로 구성된 암석권은 단단한 탄성체 매질로 알려져 있다. 이러한 암석권에는 지구 내부 요소들의 상호 작용으로 인해 다양한 형태의 응력이 작용한다. 이러한 응력 작용으로 인해 특정 지점에서 매질의 변형이 발생하고, 변형이 어느 한계점에 달하게 되면서 취성 변형과 이에 따른 매질의 탄성 복원에 의해 에너지가 방출된다. 이러한 원리로 지진의 발생을 설명하는 이론을 탄성반발설(elastic rebound theory)이라 한다. 해리 필딩 레이드(Harry Fielding Reid, 1859~1944)는 1906년 미국 샌프란시스코에서 발생한 지진 전후 뒤틀린 펜스를 보고 이러한 아이디어를 떠올렸는데, 지진을 지각에 축적된 응력(stress)이 단층면을 따라 순간적으로 방출되면서 발생한 현상이라고 주장하였다. 이러한 탄성반발설은 암석권에서 발생하는 지진의 발생 원리를 설명하는 주요 이론으로 인정받고 있다.

암석권 내에서 발생하는 지진은 주로 지구 표면의 조각난 판(plate)들의 경계에서 발생하는 판들의 상호 작용에 기인한다. 즉 여러 판들이 상대적으로 움직이면서 판의 경계를 따라 축적된 응력이 방출되며 지진이 발생한다. 관측 기술 및 관측 장비의 발달로 인해 판의 경계와 그 주변에서 발생하는 지표 변형을 인공위성, GPS, 틸트미터(tiltmeter) 등을 활용하여 측정할 수 있는데, 판 경계의 특성과 지

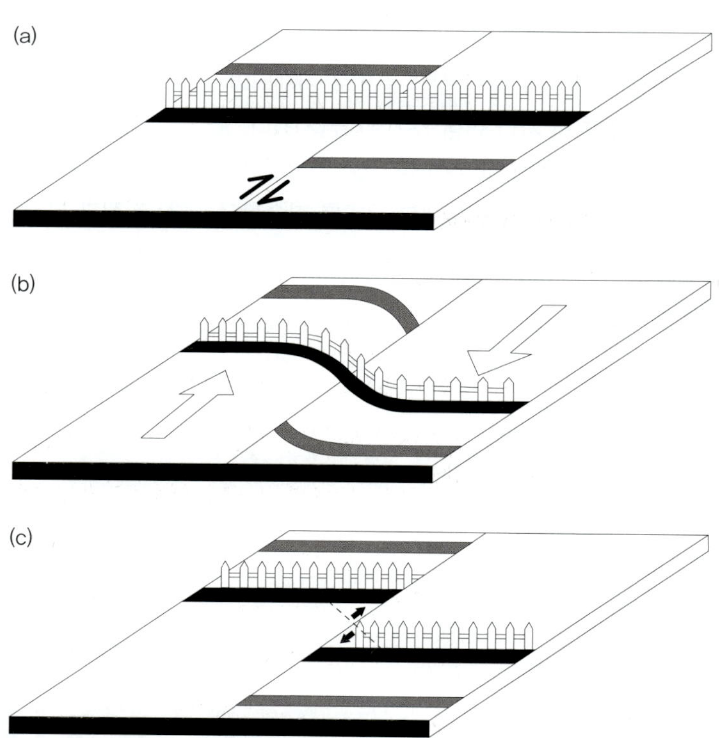

그림 4.1 탄성반발설의 모식도. 서서히 응력을 받다가 순간적으로 끊어지면서 주향이동단층이 생기며 지진이 발생하는 원리를 보여준다.

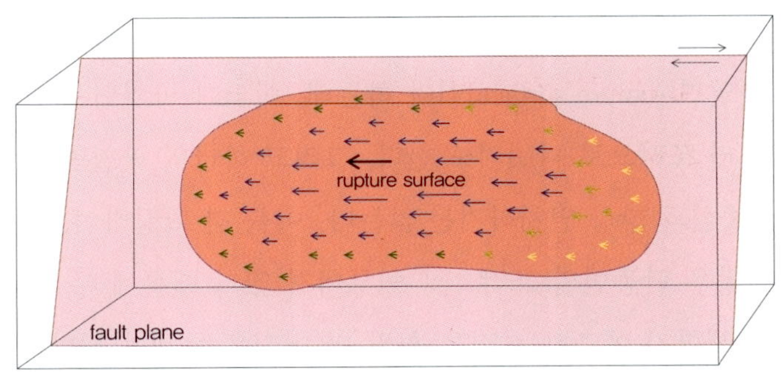

그림 4.2 단일 단층면이라 할지라도 단층면의 응력 한계가 공간적으로 다르기 때문에 실제 단층면이 움직이는 파열면의 변위는 공간적으로 다르게 나타날 수 있다.

진의 발생 빈도에 따라 지표 변형이 다양한 주기의 영년 변화로 나타나기도 하고, 지진이 발생하는 동안 동시에 생긴 **지진 동시성 변형**(co-seismic deformation)이 발생하기도 한다. 또한 지진이 발생한 지점과 상당히 떨어진 지역에서도 지표 변형이 관측되기도 하는데, 이를 통해 지진이 발생하는 동안 지하의 단층들이 얼마나 미끄러졌는지 그 변위를 추정하거나 단층면과 판의 물리적 특성을 파악하는 데 활용되기도 한다.

한편 탄성반발설을 통해 우리는 단층이 끊어지지 않고 버틸 수 있는 임계에 해당하는 응력값을 **최대 전단응력**(maximum shear stress)이라 하는데, 오랜 시간 응력이 축적되다 최대 전단응력을 초과하게 되면 단층이 움직이면서 지진이 발생한다. 이는 마치 책상에 놓인 교과서를 용수철로 잡아당겼을 때 책상과 교과서 사이의 정지마찰력보다 용수철로 교과서를 당기는 힘이 더 커지는 순간 교과서가 미끄러지며, 이러한 미끄러짐은 책상과 교과서 사이의 운동마찰력과 응력이 평형을 이룰 때까지 지속된다. 만약 책상과 교과서 사이의 정지마찰계수, 운동마찰계수, 용수철을 잡아당기는 속도가 책상과 교과서의 상대적 위치에 관계없이 항상 일정하다면 교과서가 책상 위를 미끄러지는 현상은 일정 주기를 따라 발생할 것이다. 이와 같은 맥락으로 단층면의 물리적 특성과 단층면에 가해지는 응력이 공간적으로 항상 일정하다면 지진 역시 주기적으로 발생하고, 그 재현 주기(recurrence intervals)를 바탕으로 지진을 완벽하게 예측할 수 있을 것이다.

하지만 실제로는 암석권의 불균질성으로 인해 정지마찰계수, 운동마찰계수 등을 결정하는 단층면의 물리적 특성도 공간적으로 일정하지 않으며, 단층면에 가해지는 응력도 항상 일정하지 않기 때문에, 얼마나 오랫동안 응력이 가해졌을 때 단층이 어느 정도 움직이면서 지진이 발생할지 예측하기 힘들다. 이를 바꾸어 말하면 지진이 언제 발생하는지, 지진의 규모(총 에너지 방출량)를 예측하기 힘들다는 것이다.

실제 지구는 이런 단순한 모형으로 설명하기엔 훨씬 더 복잡하다. 하나의 단층면을 가정하더라도 단층면의 물리적 특성이 공간적으로 일정하지 않기 때문에 단층면을 따라 공간적으로 응력 한계가 다르며, 단층면의 변위도 공간적으로 서로 다르게 나타난다. 단층면 내에서 변위가 발생하는 지점을 하나의 면으로 묶은 것을 **파열면**(rupture surface)이라 하는데, 이러한 파열면은 단층면의 특성에 따라 하나로 나타나기도 하고, 여러 조각으로 나뉘기도 한다. 그리고 하나의 파열면 내에서도 최대 변위가 나타나는 지점이 파열면의 중심과 항상 일치하지는 않는다. 이를 더 확장하여, 대륙 스케일의 거대한 두 판이 맞닿은 경계면은 수많은 단층면의 조각으로 이루어져 있기 때문에 두 판의 경계의 어느 지점에서 어떤 크기의 지진이 발생할지 예측하는 것은 훨씬 더 어려운 문제가 된다. 또한 각 단층의 운동이 인접 단층에 영향을 주기 때문에 지진의 발생 시기, 위치와 크기를 예측하는 것은 불가능에 가깝다.

2) 지진파의 전파

(1) 실체파

지진 발생에 의해 방출된 에너지는 주변 매질을 진동시키며 전파된다. 공간적으로 밀도가 균질한 탄성 매질을 가정하면, 매질에 가해지는 응력 방향에 대해 매질의 3차원적 변형률 매질의 **체적탄성계수**(비압축률, K, bulk modulus), **전단계수**(강성률, μ, shear modulus) 등으로 나타낼 수 있다. 체적탄성계수는 부피 변화에 대한 압력의 비를 나타내는 값으로, 정육면체 매질을 가정하면, 각 면에 수직으로 응력이 가해질 때 정육면체 매질의 부피 변화 저항도를 의미하며 일반적으로 매질 밀도의 지수 배(>1)에 비례한다.

전단계수는 전단 변형(모양 변형)에 대한 응력의 비를 나타내는 값으로, 정육면체 매질의 면에 평행한 방향으로 응력이 가해질 때, 매질의 전단 변형 저항도를 의미하며, 역시 매질 밀도의 지수 배(>1)에 비례한다.

실체파(body wave)는 매질의 부피 변화 혹은 전단 변형을 수반하며 전파되는 지진파로, 지구 내부

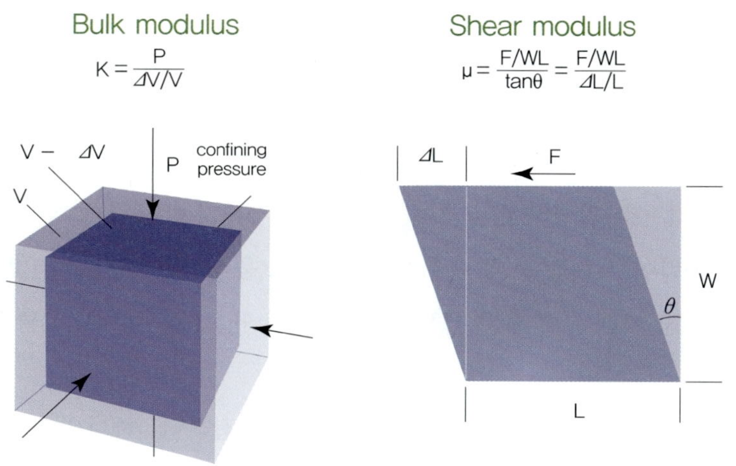

그림 4.3 체적탄성계수와 전단계수의 모식도

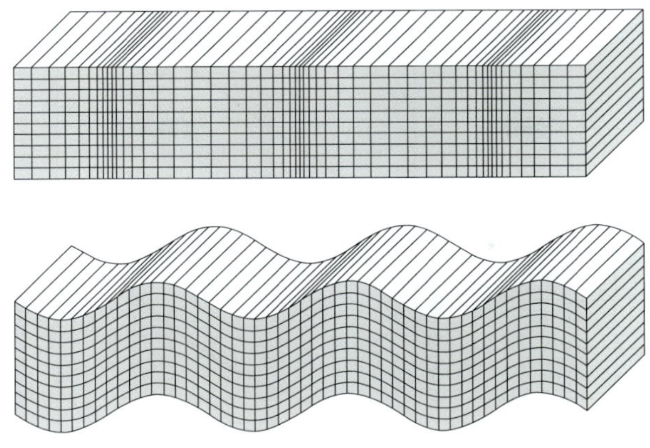

그림 4.4 수평 방향으로 전파하는 P파와 S파에 대한 매질의 진동 방향

를 통과하여 전파한다. P파(primary wave)는 가장 빠르게 전파되는 파로, 매질의 진동 방향이 파의 전파 방향과 평행한 종파로, 매질의 부피 변화와 전단 변형을 모두 수반한다. 이에 반해 두 번째로 전파되는 S파는 매질의 진동 방향이 파의 전파 방향과 수직인 횡파로, 매질의 부피 변화 없이 전단 변형만 일어난다.

파의 전파에 따른 진동 특성을 고려하여 P파와 S파의 속도를 체적탄성률과 전단계수 및 밀도에 관한 식으로 풀어내면 다음과 같다.

$$V_P = \sqrt{\frac{K + \frac{4}{3}\mu}{\rho}} \qquad V_S = \sqrt{\frac{\mu}{\rho}}$$

체적탄성률과 전단계수는 변형률에 대한 응력의 비로 모두 양수이기 때문에 P파의 속도는 S파의 속도보다 크며, S파의 속도 대비 P파의 속도의 비는 매질(암석)의 물리적 특성에 따라 지각에서는 1.6~2 근방의 값을 갖는다. 한편 전단계수는 액체와 기체에서 매우 작은 값으로 0에 수렴하기 때문에 S파는 액체나 기체 상태인 매질을 통과하지 못한다. 한편 체적탄성률과 전단계수는 매질 밀도의 지수 배에 비례하기 때문에 일반적으로 P파와 S파의 속도는 매질의 밀도에 비례한다. 따라서 암석의 고유 밀도가 높거나 밀도가 높아질 수 있는 압력 증가, 포화도 증가, 온도 감소 등의 조건에서 실체파의 속도는 증가하며 반대로 압력 감소, 공극 증가, 온도 증가 등과 같이 밀도가 낮아질 수 있는 조건에서 실체파의 속도는 감소한다.

한편 실체파가 2차원 면상에서 평면파(plane wave) 형태로 전파한다고 가정하여 실체파의 속도가 다른 두 구간(각각의 속도를 V_1, V_2라 하고, $V_1 < V_2$인 경우)을 지날 때, 속도는 파장에 비례하므로 각 층에서의 속도비(V_1/V_2)는 각 층에서 파장비(λ_1/λ_2)와 같다. 그리고 경계면에서의 겉보기 속도는 같아

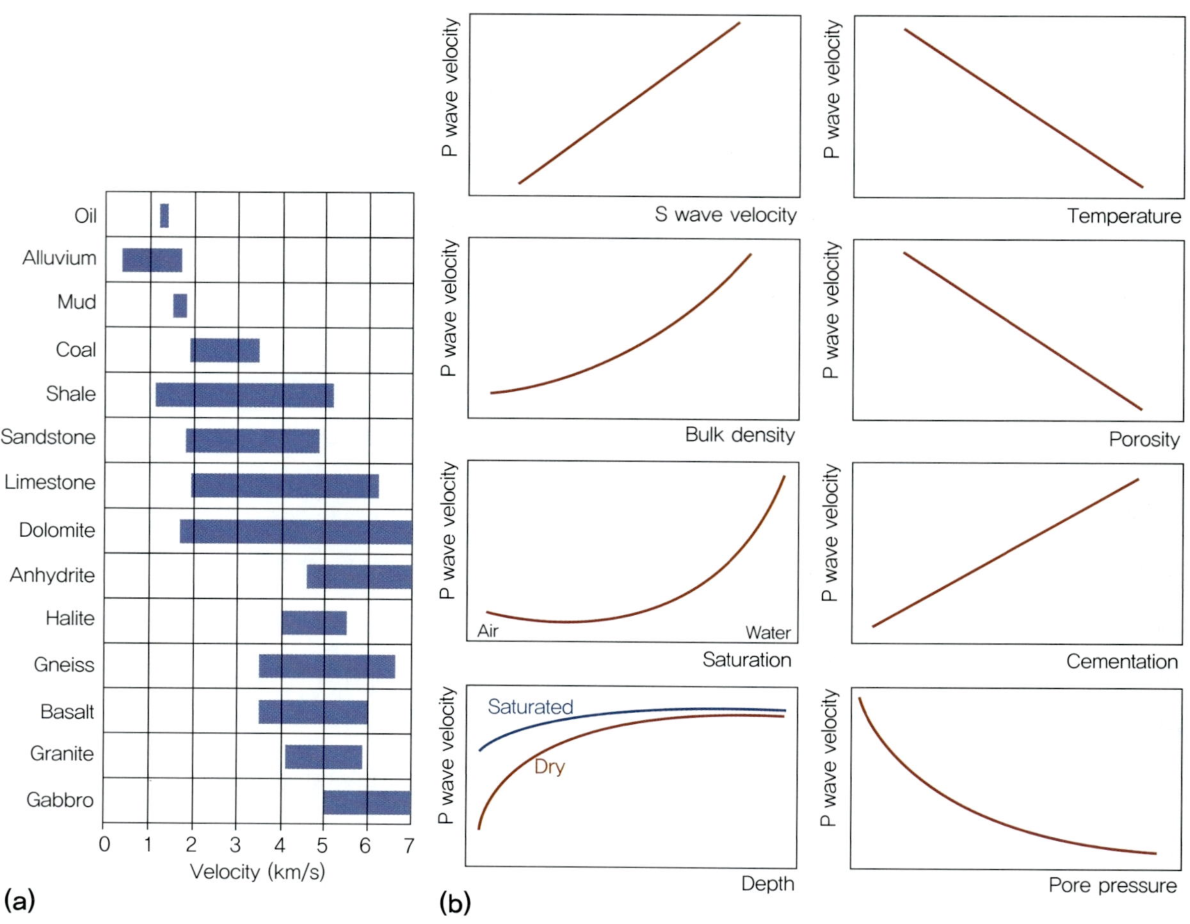

그림 4.5 매질에 따른 P파의 속도 및 물리량 변화에 따른 실체파(P파)의 속도 변화 양상

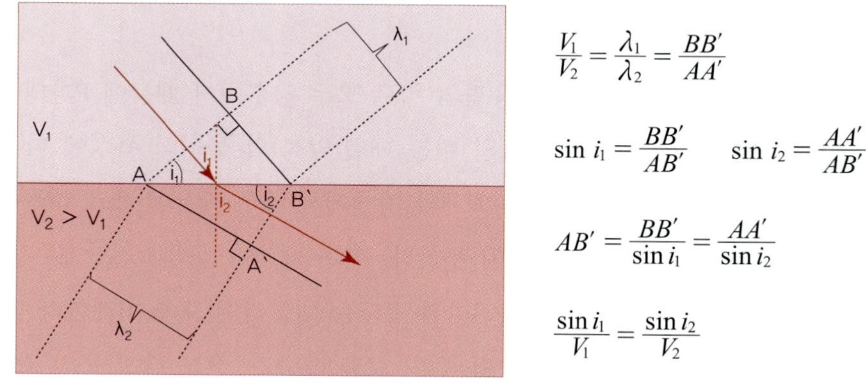

$$\frac{V_1}{V_2} = \frac{\lambda_1}{\lambda_2} = \frac{BB'}{AA'}$$

$$\sin i_1 = \frac{BB'}{AB'} \qquad \sin i_2 = \frac{AA'}{AB'}$$

$$AB' = \frac{BB'}{\sin i_1} = \frac{AA'}{\sin i_2}$$

$$\frac{\sin i_1}{V_1} = \frac{\sin i_2}{V_2}$$

그림 4.6 스넬의 법칙의 기하적 해석

야 하므로, 각 구간에서 한 파장을 이동하는 동안 경계면을 따라 이동한 거리는 같다. 이를 경계면에 수직인 법선에 대한 각 구간의 파선(ray)이 이루는 각에 대한 삼각비로 나타내면 다음과 같으며, 최종 식을 **스넬의 법칙**(Snell's law)이라 한다.

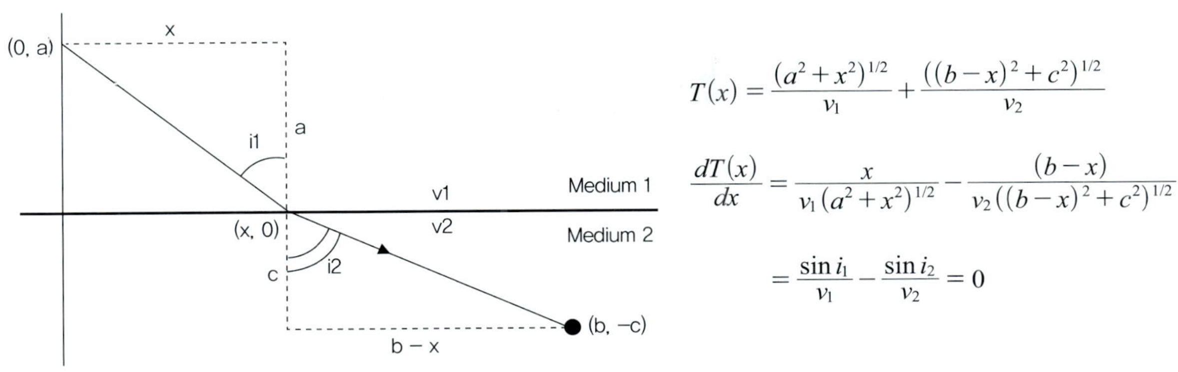

그림 4.7 스넬의 법칙의 산술적 해석

따라서 $V_1 < V_2$인 경우, $i_1 < i_2$인 관계가 성립하고, 실체파가 속도가 높은 구간으로 진입하면 경계면 방향으로 굴절하게 됨을 알 수 있다. 또한 스넬의 법칙은 페르마의 원리(Fermat's principle)에 의해 실체파의 전파 경로는 시작점에서 도착점에 가장 빠르게 도달하는 경로를 따르는 점을 고려하면, 전체 구간을 지나는 시간에 대한 함수를 파선이 경계면을 지나는 위치 x에 대한 함수로 정의하여 이를 미분하면 위와 같이 스넬의 법칙을 증명할 수 있다.

(2) 주시곡선

실체파의 속도가 밀도에 비례함과 전파 경로가 스넬의 법칙을 따르는 것을 고려할 때, 깊이에 따라 밀도가 커지는 매질, 즉 깊이에 따라 실체파의 속도가 일정하게 증가하는 매질에서 실체파의 파선 경로는 점점 얕은 방향으로 굴절하게 되어 다시 지표로 돌아오게 되며, 이때 수평적으로 이동하는 거리는 실체파의 발사각(시작점에서 경계면 혹은 지표면에 수직은 법선과 파선 경로의 접선이 이루는 각)이 작을수록, 즉 경계면 혹은 지표면에 수직 방향에 가깝게 시작되는 파선 경로를 따르는 경우에 더 커진다. 바꾸어 말하면, 속도가 더 빠른 깊은 곳을 통과할수록 수평적으로 더 멀리까지 전파한다. 이를 수평 거리와 지진파 도달 시간에 대한 함수, 즉 **주시곡선**(travel time curve)으로 나타내면 그림 4.8과 같이 기울기가 완만하게 감소하는 곡선으로 나타낼 수 있다.

만약 깊이에 따라 실체파의 속도가 급격하게 증가하는 구간이 매질 중간에 존재하는 경우, 실체파의 발사각이 상대적으로 작은 일부 파선이 발사각이 상대적으로 큰 파선보다 수평적으로 가까운 거리에 도달하는 경우가 발생한다. 이 경우 발사각에 따른 주시곡선을 이어보면 주시곡선에 휘어진 삼각형 형태의 구간이 나타나는데, 이를 **트리플리케이션**(triplication)이라 한다. 반면 깊이에 따라 실체파의 속도가 감소하는 구간이 매질 중간에 존재하는 경우, 일부 지표 구간에 파선이 도달하지 않는 경우가 발생한다. 이 경우에 주시곡선은 하나의 곡선으로 이어지지 않고 분절 형태로 나타나게 되는데, 이렇게 저속도층으로 인해 실체파가 도달하지 않는 구간을 실체파의 암영대(shadow zone)라 한다.

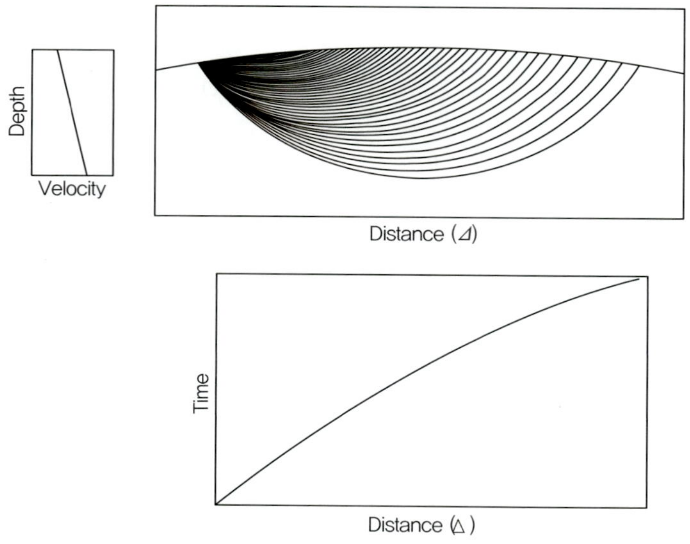

그림 4.8 깊이에 따라 실체파 속도가 증가하는 매질에서 실체파의 파선 경로 및 주시곡선

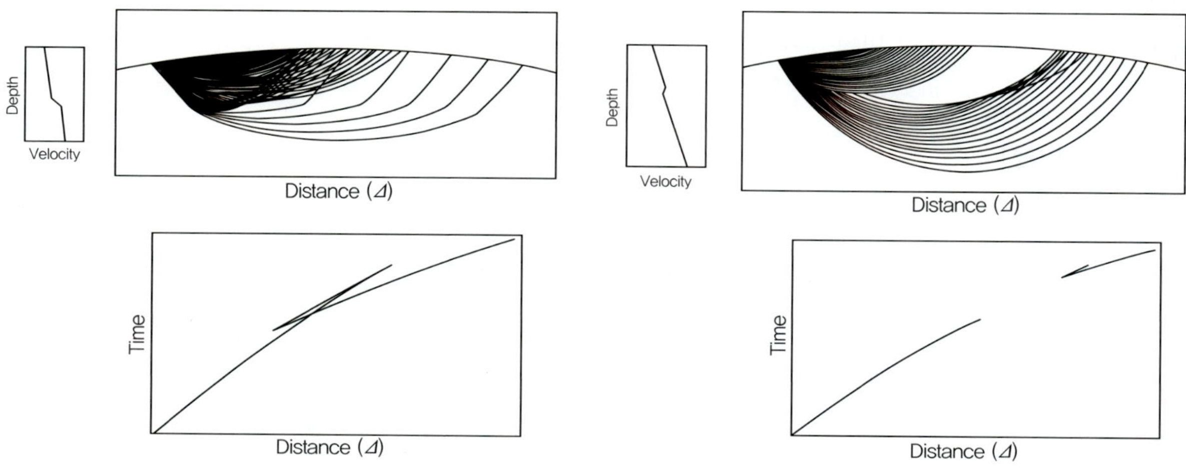

그림 4.9 깊이에 따라 실체파 속도가 급격하게 증가하는 구간이 존재하는 경우와 실체파 속도가 감소하는 구간이 존재하는 경우에 대한 실체파의 파선 경로 및 주시곡선

(3) 표면파

실체파와 달리 일부 지진파들은 지구 표면을 따라 전파되기도 하는데, 이를 **표면파**(surface wave)라고 한다. 표면파는 크게 **러브파**(Love wave)와 **레일리파**(Rayleigh wave)로 구분된다. 러브파는 수평적으로 균질하면서 깊이에 따라 속도가 증가하는 매질(혹은 구형 좌표계)에서 지표를 따라 전파하는 파의 진행 방향에 수직하면서 지표면과 수평하게만 진동하는 파이며, 수평적으로 균질한 매질에서 레일리파는 파의 진행 방향 및 수직 방향을 따라 역타원 회전을 하며 전파하는 파를 말한다. 러브파는 굴절되어 지표로 향한 실체파 중에서 지표면에서 n번 반사된 S파들 중 수평 방향으로 진동하는 파

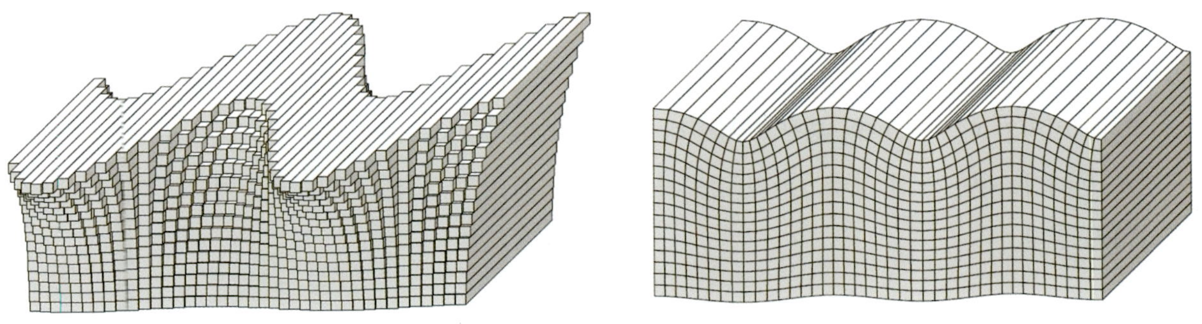
그림 4.10 수평 방향으로 전파하는 러브파와 레일리파에 대한 매질의 진동 방향 모식도

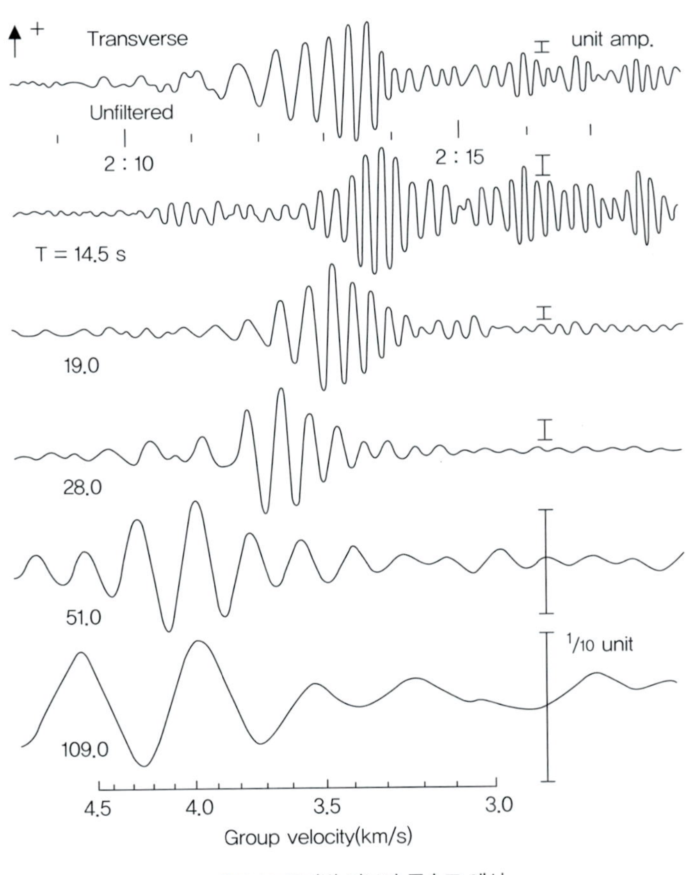

그림 4.11 주기별 러브파 군속도 예시

(SH)들의 보강 간섭을 통해 만들어진다. 레일리파의 경우는 P파와 S파의 수직 성분(SV)이 특정 각도로 지구 내부에서 지표면을 따라 입사하여 지표 경계에 갇혀(trapped) 전파되는 것을 말한다.

표면파의 전파 속도는 진동 주기가 길수록(혹은 파장이 길수록) 빠르기 때문에, 주기에 따른 속도 차이로 인해 표면파의 분산(dispersion)이 나타난다. 주기별로 분산된 파의 속도는 동일 위상의 속도를 측정하는 위상속도(phase velocity)와 분산파의 포락함수(envelope function), 파고의 속도를 측정하는 군속도(group velocity)로 측정한다. 자연 지진의 경우 표면파의 진폭이 실체파의 진폭보다 크게 나타나며, 지표면의 고밀도 혹은 단단한 구간을 지나게 되면 파의 앞선 장주기파의 속도가 빨라지며 먼저 전파해버리기 때문에 파의 분산으로 인해 합성 진폭이 감소하지만, 지표면의 저밀도 혹은 연약한 구간을 만나게 되면 앞선 장주기파의 속도가 줄어들면서 연이은 분산파들과 중첩되어 합성 진폭이 증가하게 된다.

(4) 자유진동

지구 전체를 거대한 탄성체라고 생각하면, 지구 탄성체에 응력이 가해지면 체적 변형이나 전단 변형이 발생할 수 있다. 이런 변형에 대한 탄성 복원 효과로 전 지구적인 장주기 진동이 발생하는 것을 **자유진동**(free oscillation)이라 한다. 자유진동은 기본적으로 3차원 지구 탄성체 안에 갇혀 진동하기 때문에 정상파(normal mode) 특성을 갖는다. 자유진동을 발생시키는 응력은 큰 지진, 대규모 질량 이동, 기조력, 대기나 해양에 의한 지표 압력 변화 등에 의해 유발된다. **방사상 진동**(radial oscillation)은 지구가 숨 쉬듯 체적 변형이 일어나는 경우이며, **구상 진동**(spheroidal oscillation)은 지구 원주를 따라 정상파가 발생하는 것으로 주로 레일리파와 관련이 있다. 뒤틀림 진동(toroidal oscillation)은 지구 표면이 서로 다른 방향으로 뒤틀리듯 진동하는 것으로 러브파와 관련이 있다. 이러한 자유진동들은 일반적으로 수분~수십 분 이상의 장주기 진동으로, 지구 탄성체 전체가 진동하기 때문에 지표면뿐만 아니라 지구 중심의 물리적 특성에 영향을 받으며, 이를 이용하면 거꾸로 지구 깊은 곳의 물리적 특성을 연구하는 데 사용할 수 있다. 지에본스키(Dziewonski)와 길버트(Gilbert, 1971)는 1964년 미국 알래스카에서 발생한 굿 프라이데이(Good Friday) 지진의 자유진동 주기의 분석 결과로부터 지구의 내핵은 고체라는 결론을 얻었다.

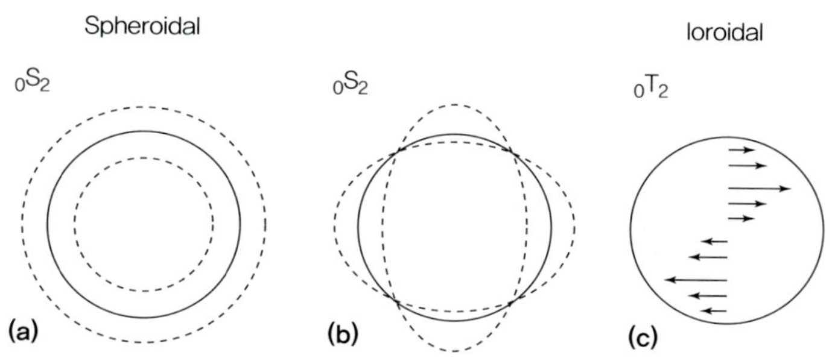

그림 4.12 방사상, 구상, 뒤틀림 진동 예시

3) 지구 내부 구조

(1) 지구 내부의 층상 구조

실체파, 표면파 및 자유진동은 지구 표면에서 지구 중심까지의 물리적 특성에 따라 전파 혹은 진동 특성이 달라지기 때문에 이러한 특성들을 사용하여 지구 내부 구조를 파악할 수 있다. 지구 내부를 통과하는 실체파들은 지구 내부 속도 변화에 따라 굴절(refraction)하거나 반사(reflection)하면서 다양한 위상(phase)의 실체파가 지표에 기록된다. 이러한 위상 기록은 속도와 주파수 정보를 포함하고 있다. 앞서 언급한 바와 같이, 지구 내부 속도 변화에 따라 굴절된 실체파의 주시곡선에 나타나는 트리플리케이션이나 암영대와 같은 특성을 활용하면, 지구 내부에서 급격한 속도 변화가 나타나는 경계면을 찾아낼 수 있다. 또한 급격한 속도 변화 경계면에서의 반사계수(reflectivity)는 두 층의 속도와 밀도 곱의 차이가 클수록 커지기 때문에 반사된 실체파의 주시 및 진폭 자료를 사용하면 사용하면 급격한 속도 변화 경계면의 깊이와 두 층의 상대적 속도 및 밀도 차이 등의 물리량을 파악할 수 있다. 이렇게 실체파를 활용해 찾아낸 지구 내부의 급격한 속도 변화 경계면을 지진파 속도 불연속면(seismic velocity discontinuity)이라고 한다.

표 4.1 실체파의 전파 경로 및 굴절, 반사에 따른 명명법

이름	설명
P	Compressional wave
S	Shear wave
K	*P* wave through outer core
I	*P* wave through inner core
J	*S* wave through inner core
PP	*P* wave reflected at surface
PPP	*P* wave reflected at surface twice
SP	*S* wave reflected at surface *P* wave
PS	*P* wave reflected at surface *S* wave
pP	*P* wave upgoing from focus, reflected at surface
sP	*S* wave upgoing from focus, converted to *P* at surface
c	Wave reflected at core–mantle boundary (e.g., *ScS*)
i	Wave reflected at inner core–outer core boundary (e.g., *PKIKP*)
P′	Abbreviation for *PKP*
P_d or P_{diff}	*P* wave diffracted along core–mantle boundary

잘 알려진 지진파 속도 불연속면에는 지각과 맨틀의 경계인 모호로비치치 불연속면(모호면, Mohorovičić discontinuity), 맨틀과 외핵의 경계인 구텐베르크 불연속면(Gutenberg discontinuity), 외핵과 내핵의 경계인 레만 불연속면(Lehmann discontinuity)이 있다. 이들 불연속면은 지구 내부를 화

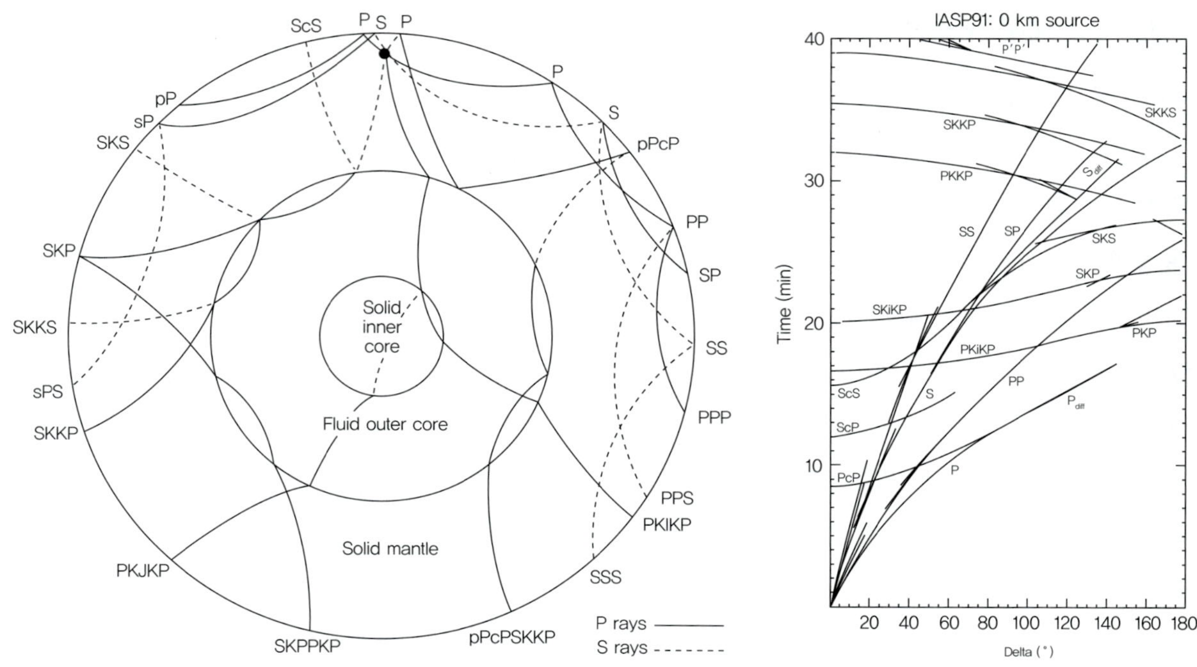

그림 4.13 각 실체파의 지구 내부 전파 경로 및 이론 모델을 바탕으로 계산된 각 위상의 주시곡선

학적으로 분류하여 지각, 맨틀, 외핵, 내핵을 고전적으로 나누는 기준이 된다. 각각의 내부 구조는 각 층의 물리적 성질 변화에 따라 더 세부적으로 나눌 수 있다.

지각은 P파의 속도가 평균 5~7 km/s 내외로, 수평적으로 현무암질 암석으로 구성된 해양지각(oceanic crust)과 화강암질 암석으로 구성된 대륙지각(continental crust)으로 나눌 수 있는데, 일반적으로 대륙지각(평균 35~40 km)이 해양지각(평균 5~15 km)에 비해 더 두껍고, 밀도는 낮으며, 지진파의 속도는 밀도가 높은 해양지각에서 더 빠르다. 일부 두꺼운 지각에는 지각을 수직적으로 나누는 콘래드 불연속면(Conrad discontinuity)이 존재하기도 하는데 콘래드 불연속면을 경계로 하는 지각의 속도 변화를 살펴보면, 모호면에서의 속도 변화는 완만하며 지각의 두께가 두꺼운 모든 대륙에서 발견되지는 않는다.

모호면에서의 급격한 속도 변화는 상부 맨틀(upper mantle)이 지각에 비해 일반적으로 더 치밀한 감람암질 암석으로 구성되어 있기 때문이다. 상부 맨틀의 P파 속도는 평균 8 km/s 내외이며, 딱딱한 상부 맨틀과 지각을 묶어 암석권(lithosphere) 혹은 판(plate)이라고 하는데, 일반적으로 암석권의 평균적인 두께는 80~200 km 정도이지만, 형성사에 따라 더 얇거나 두껍게 관측되기도 한다. 또한 두꺼운 암석권 중간에서는 MLD(Mid-Lithosphere Discontinuity)가 발견되기도 한다. 암석권 하부 약 200~400 km 깊이에 존재하는 맨틀은 구성 암석 및 온도와 압력 조건에 따라 약 1% 부분 용융되어 나타나기도 하는데 이 구간을 연약권(asthenosphere)이라 한다. 암석권과 연약권의 경계(LAB,

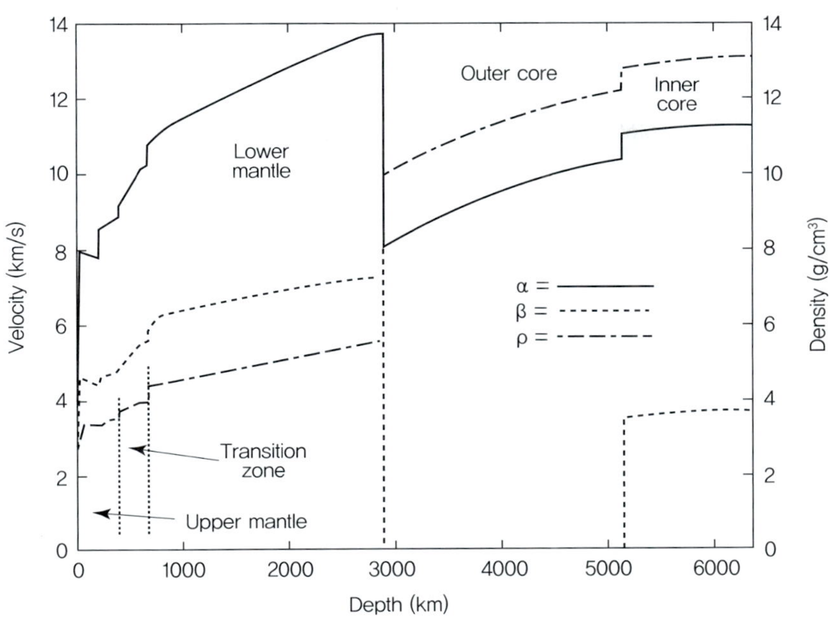

그림 4.14 지구 평균 모델(PREM, Preliminary Reference Earth Model)을 바탕으로 계산된 P파와 S파의 속도, 밀도 및 지진파 속도 불연속면

Lithosphere-Asthenosphere Boundary)에서는 부분 용융의 영향으로 지진파의 속도가 점진적으로 감소하고, 일부 소성(plasticity)을 띠기도 한다. 이러한 연약권은 전 지구적으로 존재하는 것은 아니며, 암석권의 두께가 수평적으로 급변하는 지역 하부에서 명확하게 관측되기도 한다.

연약권 혹은 두꺼운 암석권 아래 약 410 km와 660 km 부근에서는 상부 맨틀을 주로 구성하는 감람암과 휘석 등이 첨정석(spinel)과 페로브스카이트(perovskite) 등으로 상전이(transition)하면서, 밀도가 급격히 증가하고 P파의 속도가 각각 약 9 km/s, 10 km/s 이상으로 급등하는 불연속면이 존재하는데, 이러한 지하 약 410~660 km 구간을 전이대(transition zone)라 한다. 섭입대를 따라 침강한 판들이 조건에 따라 전이대 구간을 따라 길게 체류하기도 하는데 이를 스태그넌트 슬랩(stagnant slab)이라고 하며, 체류 시간이 충분히 길어지거나 누적 압축되어 전이대 아래로 하강하기도 한다.

전이대 하부에서부터 핵-맨틀 경계(CMB, Core-Mantle Boundary)인 지하 약 2,900 km 깊이의 구텐베르크 불연속면에 이르는 구간은 하부 맨틀(lower mantle)이라 한다. 구텐베르크 불연속면을 기준으로 P파의 속도가 급감하게 되는데, 이는 밀도는 높지만 액체 상태인 외핵의 전단계수가 매우 작기 때문이며, S파는 외핵을 통과하지 못하게 된다. 이러한 액체 외핵의 존재로 인해 핵-맨틀 경계에서 P파가 외핵 방향으로 굴절하여 진앙 기준 각거리 약 98°~145°에서 P파(직접파)를 관측하지 못하는 구간이 발생하게 되는데, 이를 P파 암영대라 한다. S파의 경우는 외핵을 통과하지 못하기 때문에 각거리 약 98°~180°에서 암영대가 나타난다. 한편 핵-맨틀 경계의 상부에는 평균 200 km 두께의 얇은 구간인 D″층(D-double prime layer)이 존재하며, LLSVP(Large Low-Shear-Velocity Provinces)의

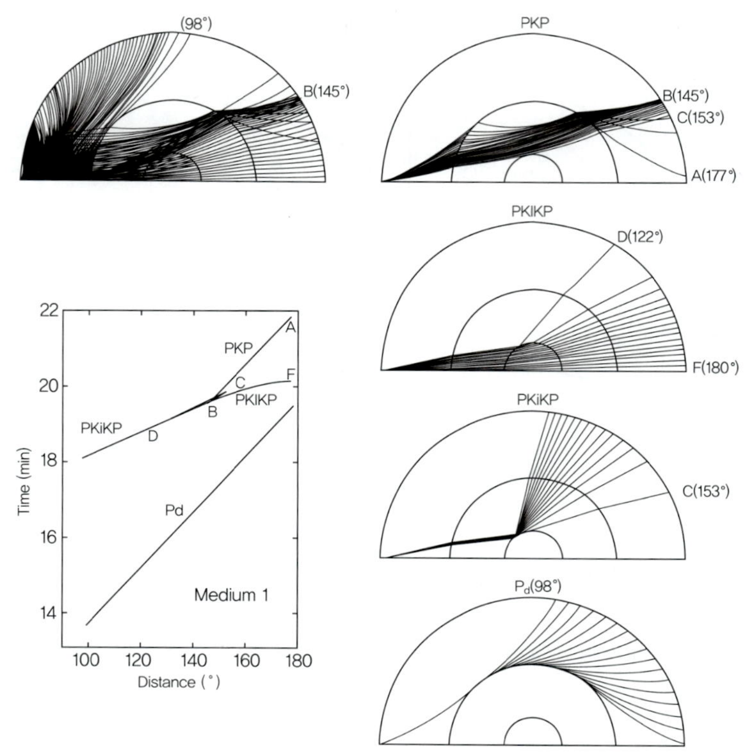

그림 4.15 맨틀, 외핵, 내핵을 통과해 다양한 경로로 전파되는 P파의 전파 경로 및 주시곡선

국지적 분포, 플룸의 상승과 하강 등으로 인해 D″층의 두께와 속도가 수평적으로 변동하기도 한다.

핵은 주로 철과 니켈의 산화물 혹은 화합물로 구성된 것으로 추정된다. 액체 외핵 중심에는 반지름 약 1,250 km의 고체 내핵이 존재한다. 고체 내핵을 지나는 P파의 속도는 최대 13 km/s 이상으로 추정된다. **내핵 경계면**(ICB, Inner-Core Boundary)에서의 급격한 지진파 속도 상승과 이방성 및 불균질성 등 공간적 복잡성으로 인해 내핵 경계면 및 내핵 내에서 지진파의 경로는 반사, 굴절, 회절 등을 통해 복잡하게 교란된다. 이로 인해 P파의 암영대에 내핵 경계에서 반사, 굴절, 회절된 파가 도달하기도 하는데 특히 내핵을 통과해 암영대에 도달한 PKIKP를 관측을 통해 잉게 레만(Inge Lehmann, 1888~1993)이 고체 내핵의 존재를 주장했다. 한편 암영대에 도달한 PKIKP(굴절), PKiKP(반사), P_d(회절)는 전파 경로가 교란되는 과정에서 에너지를 잃어 진폭이 작다.

(2) 지구 내부의 속도 구조 연구

앞서 언급한 바와 같은 다양한 지구 내부의 층상 구조와 경계면이 만들어내는 굴절, 반사, 회절 등의 영향으로 다양해진 지진파의 전파 경로가 주시곡선에 기록되면, 각 층상 구조의 두께와 속도 변화를 추정할 수 있다. 지진파가 층상 구조와 경계면을 지나면서 주시곡선에 나타나는 트리플리케이션의 시공간적 위치 및 모양 변화나 암영대와 크기 변화 등은 지구 내부 속도 구조를 파악하는 중요한 단서가 된다. 판의 경계에서 발생하는 지진과 전 세계 관측망에 기록된 지진파의 주시 정보를 취합하고, 이를 지구 평균 모델 등 이론 모델을 바탕으로 계산된 지진파의 주시 정보와 비교하여 각 위상의 도달 시간, 진폭, 시공간적 분포 등을 비교하고 그 차이를 최소화하는 모델을 찾는 과정을 통해 이론 모델을 개선할 수 있다. 다만 지진의 발생 위치 대부분이 판의 경계로 한정적이며, 지진파를 관측하기 위한 지진계가 대부분 육상에 설치되어 있기 때문에 전 지구 내부를 통과하는 지진파의 주시 정보를 취합하기 위해서는 장기간 지속적인 관측 혹은 해저에 지진계를 설치하는 등 주시 정보의 양을 늘리기 위한 노력이 필요하다.

이론 주시와 관측 주시의 평균 잔차를 사용하게 되면 수평적 속도 변화를 고려하지 않는 1차원 속도 구조 모델만을 구할 수 있다. 따라서 수평적 속도 변화를 고려한 3차원적 속도 구조 모델을 계산하기 위해서는 공간적 위치가 서로 다른 여러 지점에서 발생한 지진의 주시 정보를 다양한 방사 방향 및 거리에 대해 관측한 정보가 필요하다. 이러한 지구 내부 속도 구조 연구 방법을 3차원 주시 단층 촬영(travel time tomography)이라고 한다.

3차원 주시 단층 촬영은 전 지구적 혹은 지엽적 연구 지역에 조밀하게 설치한 **지진 관측망**(seismic network)에 기록된 **지역 지진**(local earthquake) 혹은 **원거리 지진**(teleseismic earthquake)의 실체파 주시를 측정하고, 1차원 속도 구조 혹은 비교적 저해상도의 3차원 속도 구조를 초기 모델로 설정한 뒤 이를 이용해 이론적으로 계산된 주시 자료와 관측 자료와의 잔차를 최소화하는 3차원 속도 구조 모델을 계산하는 방식이다. 다만 지진파의 전파 특성은 속도 구조 변화에 대해 비선형적인 특성이 있으며, 따라서 보다 정밀한 속도 모델 역산을 위해 파면 전파 계산(forward simulation) 및 역산(inversion)을 반복적으로(iterative update) 적용하여 속도 모델을 업데이트한다. 아울러 정확한 지진파 추적을 위

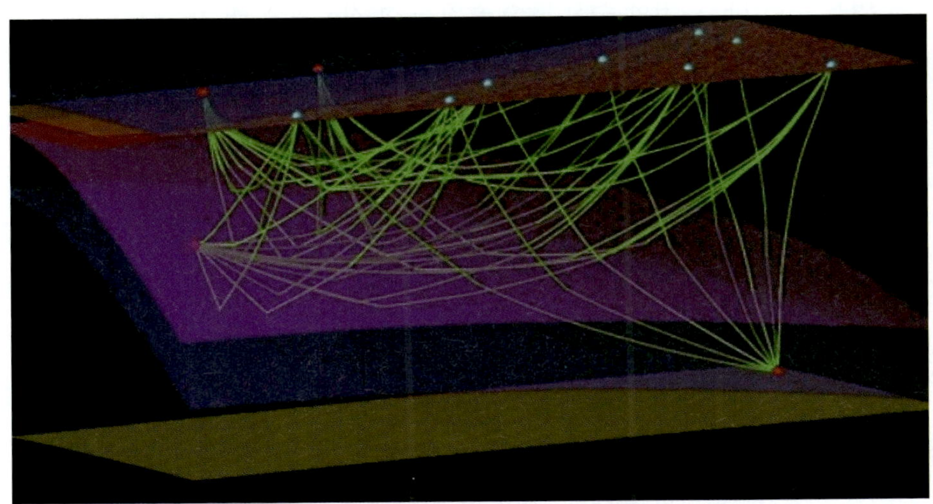

그림 4.16 3차원 속도 구조와 복잡한 경계면을 반영한 파선 추적(ray tracing)의 모식도. 연두색은 파선, 빨간색 원은 지진, 파란색 원은 지진계를 나타낸다.

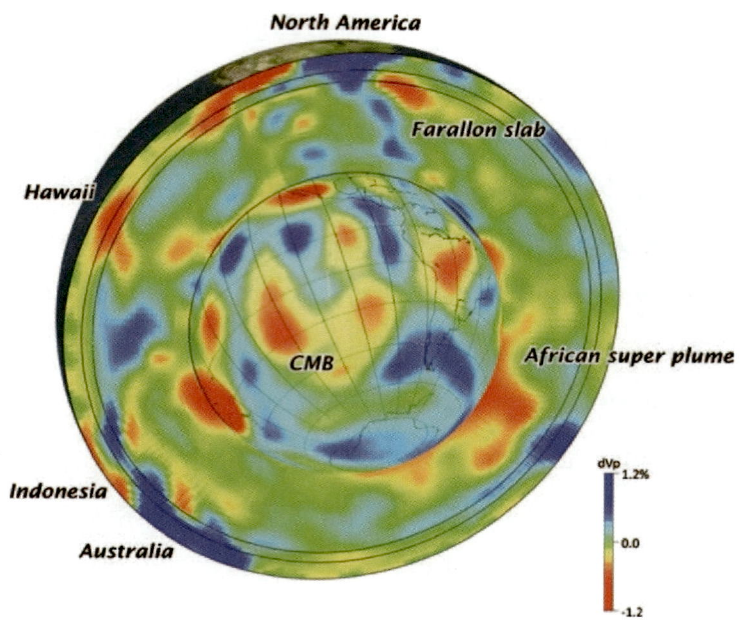

그림 4.17 3차원 주시 단층 촬영 예시. 파란색으로 나타낸 부분은 지진파의 상대속도가 빠른 구역. 빨간색으로 나타낸 부분은 지진파의 상대속도가 느린 구역

해 3차원 공간상에 주요 속도 경계면(단층면, 모호면)에 속도 격자를 추가로 도입하거나, 깊이에 따라 서로 다른 속도 격자를 설정하거나, 속도 격자와 별개로 파면 추적을 위해 조밀한 전파 그리드를 추가로 설정하는 등의 방식으로 속도 구조 모델의 3차원 공간 해상도를 향상시킬 수 있다.

한편 지진파의 주시를 정확히 측정하기 위해서는 지진의 위치와 지진 발생 시간에 대한 정확한 정보가 필요하다. 업데이트된 3차원 속도 모델을 바탕으로 지진의 위치를 재결정하고 다시 주시를 측정하는 과정을 반복적으로 수행하면 지구 내부의 속도 구조와 진원 위치의 불확실성을 고려한 최적의 속도 모델을 얻을 수 있다. 이러한 주시 단층 촬영은 전 지구적 혹은 국지적인 지구 내부 3차원 구조를 연구하는 데 가장 보편적으로 사용하는 방법 가운데 하나이다.

3차원 주시 단층 촬영 이외에 속도 경계면에서 굴절, 반사, 회절된 다양한 실체파 위상의 주시 차이로부터 속도 경계면의 반사계수(reflectivity)를 추출하는 수신함수(receiver function) 역산은 지구 내부 구조 중 특히 속도 경계면의 깊이와 속도 차이에 민감하기 때문에 속도가 다른 매질 경계면의 깊이 정보를 정확하게 구할 수 있는 장점이 있다. 이러한 특성 때문에 수신함수 분석 방법은 일반적으로 지각과 맨틀 규모에서 존재하는 모호불연속면 등 속도 경계면의 깊이 연구에 주로 이용한다. 또한 표면파의 주기별 분산 특성을 활용하는 표면파 단층 촬영이나 배경 잡음(ambient noise) 단층 촬영은 지표에서 상부 맨틀 규모에 대한 고해상도 3차원 속도 구조 모델 개발을 위해 사용되고 있으며, 위 방법들에서 획득할 수 있는 다양한 위상의 주시 및 반사계수 정보들을 통합 역산하는 **전 파장 단층 촬영**(full-wave tomography)의 새로운 지구 내부 속도 구조 연구 방법들을 통해 다양한 스케일의 고

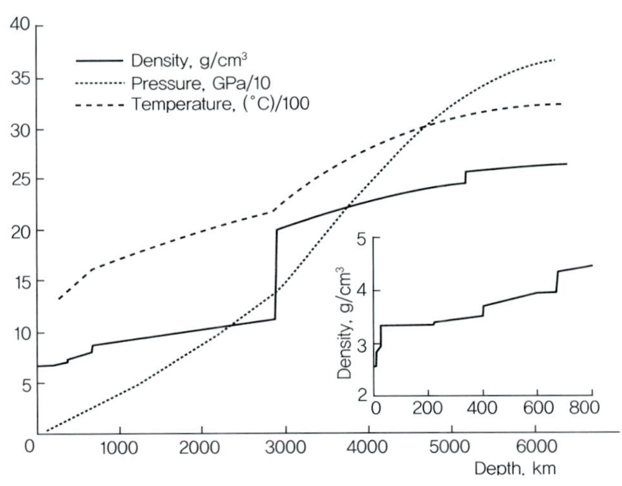

그림 4.18 깊이에 따른 지구 내부의 밀도, 압력, 온도 변화 그래프

해상도 지구 내부 속도 구조 모델이 개발되고 있다.

(3) 지구 내부 물리량

지진파의 속도 변화는 지구 내부 구조의 밀도, 체적탄성계수, 전단계수에 모두 관계하기 때문에 3차원 지구 내부 속도 구조 모델을 구했더라도 밀도 등 지구 내부의 상태를 지시하는 다른 물리량들의 정보를 바로 얻을 수는 없다. 밀도는 체적탄성계수나 전단계수 등과 같이 응력에 대한 매질의 물리적 변형이나 탄성적 거동에 관계하는 값이다. 알려진 지구의 질량과 반지름을 바탕으로 지구의 평균 밀도를 구하면 약 5.5 g/cm^{3}이다. 지표 암석의 밀도가 약 3.0 g/cm^{3}인 것을 고려하면, 이는 지구 내부의 밀도 지각에 비해 훨씬 크리라는 것을 간접적으로 보여준다. 일반적으로 밀도는 지구 내부의 속도 불연속면 경계에서 급격하게 증가하는 양상으로 나타나는데, 이는 실체파의 속도가 대체로 밀도에 비례하는 관계인 점을 고려하면 당연해 보인다. 다만 실체파의 속도는 전단계수를 고려해야 하며, 전단계수가 0에 가까운 액체 상태인 외핵에서 밀도는 급증하지만 실체파의 속도는 급감하는 것을 확인할 수 있다. 하지만 핵–맨틀 경계에서의 순간적인 불일치를 제외하면, 핵 내부에서 밀도와 실체파의 속도가 유사한 경향성을 따라 증가하는 것을 다시 확인할 수 있다.

압력의 경우 밀도가 급증하는 핵–맨틀 경계에서 기울기가 상대적으로 커지는 점을 제외하면 깊이에 따라 선형적으로 증가하는 경향을 보인다. 이는 특정 깊이의 단위 면적 위에 놓인 질량이 밀도가 급증하는 핵–맨틀 경계를 기점으로 단위 깊이를 내려갈 때 증가하는 질량 변화가 증가하는 것을 나타낸다.

지구 내부의 열원은 암석권에 존재하는 방사성 동위원소 붕괴열의 비중이 가장 크며, 물질의 상전이로 인한 잠열 방출 등이 기여할 수 있다. 지표에서 암석권 하부에 해당하는 약 200 km 구간에서 온도가 급격하게 상승하는 이유는 딱딱한 암석권 내에 방사성 동위원소 붕괴열이 생성되지만 열 전달이 주로 전도의 형태로 이루어지기 때문에 온도구배가 크게 유지되는 경향이 있다. 반면 암석권 하부에서는 주로 단열 변화에 의한 온도 상승 효과가 큰 비중을 차지하는 것으로 알려져 있다.

4) 지진 피해

(1) 규모와 진도

지진의 **규모**(magnitude)는 지진에 의해 방출되는 총 에너지양을 의미한다. 지진의 규모는 동일한 진앙 거리에서 기준 지진 진폭의 로그값과 관측 지진 진폭의 차이를 바탕으로 상대적인 규모를 측정하는 리히터 규모 관계(Richter magnitude scale)를 사용하여 쉽게 측정할 수 있지만 측정된 규모가 상대적인 값인 점과 지진의 발생 위치나 주파수 특성 등 지진원 특성이 다른 지진들 사이에서 상대적으로 측정될 경우 오차가 발생할 수 있다는 단점이 있다.

지진 규모를 각 지진에 대해 개별적으로 측정하는 방법에는 실체파나 표면파의 진폭을 진앙 거리와 함께 고려하거나 단층면의 파열 면적과 변위를 고려하는 방법이 있다. 일반적으로 규모가 작은 지진의 최대 진폭 주파수는 1 Hz 이상으로, 지진에 의해 방출되는 에너지가 1 Hz 이상인 최대 진폭 주파수에서 나타난다고 볼 수 있다. 이러한 고주파수 영역의 에너지는 상대적으로 장주기인 자유진동이나 배경진동과 쉽게 구분되지만 쉽게 산란하기 때문에 근거리에서 발생한 작은 지진의 규모를 측정할 때 주로 사용된다. 표면파 규모는 큰 지진의 규모를 측정할 때 사용하는데, 이때 최대 진폭 주파수는 18~22 s로 긴 편이다. 규모가 큰 지진일수록 장주기 성분에 에너지가 집중되며, 장주기파는 멀리까지 잘 전달되기 때문에 큰 규모 원거리 지진의 규모 평가를 위해 주로 사용된다. 아주 큰 지진의 경우는 지진에 의해 방출되는 에너지가 장주기 영역에 더 집중되기 때문에 실체파 규모나 표면파 규모 측정 방법을 사용하면 규모가 과소평가되는 경향이 있다. 따라서 규모 8 이상의 아주 큰 지진의 규모를 평가할 때는 파열된 총 단층면의 변위 측정 등을 통한 총 일(에너지 방출)의 양을 계산하여 규

실체파 규모 $$m_b = \log_{10}\left(\frac{A_p}{T}\right) + Q(\Delta, h)$$

실체파 진폭

진앙 거리, 깊이, 파의 종류에 따른 보정항

최대 진폭주기(~1Hz)

표면파 규모 $$M_s = \log_{10}\left(\frac{A_s}{T}\right) + 1.66\log_{10}(\Delta) + 3.3$$

표면파 진폭

최대 진폭주기(18~22 s)

모멘트 규모 $$M_W = \frac{2}{3}(\log_{10}M_0 - 9.1) \qquad M_0 = \mu SD$$

단층 면적

단층 변위

그림 4.19 규모 측정 방법 예시

모를 평가하게 되는데, 이를 모멘트 규모라 한다.

규모 8 이상의 아주 큰 지진은 넓은 면적의 복합적인 단층이 일정 시간 동안 불균질하게 파열되며 에너지를 방출하기도 하는데, 이런 경우 단층면은 단위 조각으로 나누어 각 단위 단층의 모멘트를 계산한 후 총 모멘트를 구하는 유한 단층 요소법(finite-fault method) 등을 사용해 규모를 결정한다.

전 세계 혹은 지역적으로 연간 발생하는 지진의 규모별 누적 발생 횟수는 일반적으로 다음과 같은 **구텐베르크-리히터**(Gutenberg-Richter) **관계식**을 따른다.

$$\log_{10} N = a + b\ M_s$$

구텐베르크-리히터 관계식에서 a, b 값은 연간 발생하는 지진의 규모별 누적 발생 횟수 히스토그램의 중점을 이은 직선의 절편과 기울기를 의미한다.

a는 총 누적 발생 횟수에 비례하는 값으로 지진 발생 빈도가 높은 판 경계부에서는 높게 나타나고, 지진 발생 빈도가 낮은 판 내부에서는 낮게 나타난다. 한편, b 값은 전 세계 평균 약 1로 유지되는 값이다. a, b 값은 지역적으로 달라질 수 있지만 시간에 대해서 지역별로 유지되는 값으로, 예를 들어 연평균에서 벗어나는 큰 지진이 발생하면 순간적으로 b 값은 감소할 수 있으나 시간이 지나면 다시 지역 평균값으로 회귀하는 경향을 보인다. a 값 역시 여진 발생 등의 이유로 증가하더라도 시간 경과에 따라 평균값으로 회귀하게 된다. 이러한 특성을 이용하는 정확한 지진 발생 위치와 시점을 특정할 수는 없지만 해당 지역의 규모별 지진의 재현 주기를 대략 추정할 수 있다.

구텐베르크-리히터 관계식을 따라 규모가 작아질수록 누적 지진 발생 횟수는 지수적으로 증가하게 된다. 한편 규모가 1 증가할 때, 방출되는 에너지의 크기는 약 32배 증가한다. 이를 바탕으로 규모별 연간 총 에너지 방출량을 계산해보면, 규모 7 이상의 지진에 의해 방출되는 에너지의 양이 90% 이

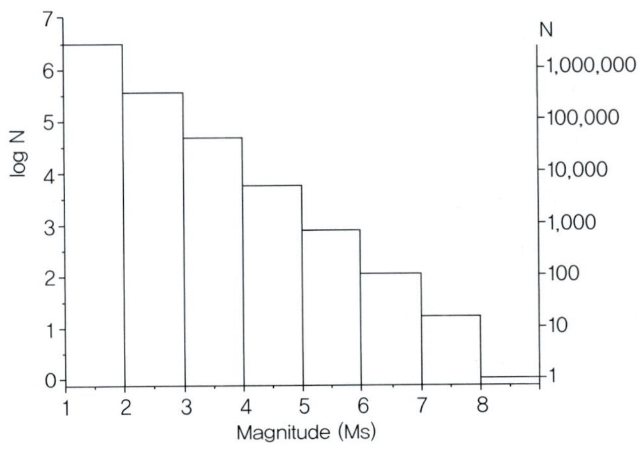

그림 4.20 연간 발생하는 지진의 규모별 누적 발생 횟수 히스토그램

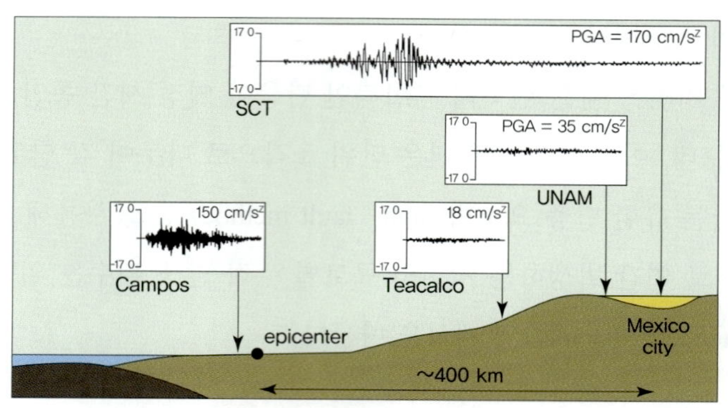

그림 4.21 멕시코 서해안에서 발생한 지진에 의해 관측소별로 기록된 최대 지반 가속도의 크기 비교

상인 것을 확인할 수 있다.

표 4.2 연간 규모별 지진 누적 발생 횟수 및 방출 에너지 총량

Earthquake magnitude	Number per year	Annual energy
≥8.0	≈1	≈100
7–7.9	17	190
6–6.9	134	45
5–5.9	1,319	14
4–4.9	≈13,000	4
3–3.9	≈130,000	1
2–2.9	≈1,300,000	0.4

규모와 달리 진도는 특정 지점에서 기록된 지진에 의한 최대 효과(최대 지반 변위, 최대 지반 속도, 최대 지반 가속도 등) 혹은 그 강도를 의미한다. 바꾸어 말하면, 지진에 의해 관측 지점에 가해지는 직접적인 지반 진동을 측정하는 것으로, 비약하면 실제 피해 정도를 예상해볼 수 있는 값이다. 따라서 최초에 방출되는 에너지 총량에 비례하고 진앙 거리에 반비례하는 값이며, 관측 지점의 물리적 상태에도 영향을 받는다. 예를 들어, 분지 지형과 같이 밀도가 낮은 층에서는 지진파의 속도가 느려지면서 분산되어 들어온 표면파 등이 중첩되어 큰 지반 가속을 유발하기도 한다. 이러한 지반 가속은 지진 피해로 직결되기 때문에 진도가 커질 수 있는 지반 요인들을 사전에 파악하는 것이 중요하다.

일반적으로 진도는 **수정 메르켈리 진도 등급**(MMI, Modified Mercalli Intensity scale)으로 나타낸다. 진도 측정의 기준은 지진계나 가속도계로 측정한 최대 지반 가속도, 최대 지반 속도를 사용한다. 진도는 실제 피해에 가까운 값이기 때문에 기기로 관측된 물리량 이외에 실제 피해 정도나 사람들이 경험한 현상들을 바탕으로 진도를 추정하기도 한다. 이를 통해 관측 장비가 마련되지 않은 곳의 진도를 산출하거나 관측 장비 측정값을 보정할 때 사용하기도 한다.

표 4.3 기상청에서 제공하는 수정 메르켈리 진도 등급(MMI) 기반 진도 등급별 현상 및 최대 가속도, 속도 관계 표

등급	진도 등급별 현상	최대 가속도 (%g=9.81 cm/sec^2)	최대 속도 (V=cm/sec)
Ⅰ	대부분 사람들은 느낄 수 없으나, 지진계에는 기록된다.	%g<0.07	V<0.03
Ⅱ	조용한 상태나 건물 위층에 있는 소수의 사람만 느낀다	0.07≤%g<0.23	0.03≤V<0.07
Ⅲ	실내, 특히 건물 위층에 있는 사람이 현저하게 느끼며, 정지하고 있는 차가 약간 흔들린다.	0.23≤%g<0.76	0.07≤V<0.19
Ⅳ	실내에서 많은 사람들이 느끼고, 밤에는 잠에서 깨기도 하며, 그릇과 창문 등이 흔들린다.	0.76≤%g<2.56	0.19≤V<0.54
Ⅴ	거의 모든 사람이 진동을 느끼고, 그릇, 창문 등이 깨지기도 하며, 불안정한 물체는 넘어진다.	2.56≤%g<6.86	0.54≤V<1.46
Ⅵ	모든 사람이 느끼고, 일부 무거운 가구가 움직이며, 벽의 석회가 떨어지기도 한다.	6.86≤%g<14.73	1.46≤V<3.7
Ⅶ	일반 건물에 약간의 피해가 발생하며, 부실한 건물에는 상당한 피해가 발생한다.	14.73≤%g<31.66	3.7≤V<9.39
Ⅷ	일반 건물에 부분적 붕괴 등 상당한 피해가 발생하며, 부실한 건물에는 심각한 피해가 발생한다.	31.66≤%g<68.01	9.39≤V<23.85
Ⅸ	잘 설계된 건물에도 상당한 피해가 발생하며, 일반 건축물에는 붕괴 등 큰 피해가 발생한다.	68.01≤%g<146.14	23.85≤V<60.61
Ⅹ	대부분의 석조 및 골조 건물이 파괴되고, 기차 선로가 휘어진다.	146.14≤%g<314	60.61≤V<154
Ⅺ	남아 있는 구조물이 거의 없으며, 다리가 무너지고, 기차 선로가 심각하게 휘어진다.	314≤%g	154≤V
Ⅻ	모든 것이 피해를 입고, 지표면이 심각하게 뒤틀리며, 물체가 공중으로 튀어오른다.		

※ 진도 등급 체계 및 현상은 '수정 메르켈리 진도 등급(MMI)'에 기반함

지진에 의해 발생하는 피해 정도는 대체로 지역의 진도 등급과 상관관계가 높지만 피해 유형에 따라 그렇지 않은 경우도 있다. 지진에 의해 발생할 수 있는 대표적인 피해 유형은 지반 진동 혹은 지반 파열을 들 수 있다. 최대 지반 진동은 일반적으로 표면파가 도달했을 때 나타나는데, 앞서 언급한 바와 같이 지반 특성에 따라 진동이 증폭되기도 한다. 진앙 혹은 단층에 가까운 곳에서는 대규모 지반 진동 및 단층 운동의 영향으로 지반 파열이 관측되기도 한다. 지반 파열의 경우 지반의 수직 혹은 수평적 변위가 발생하는 것으로, 지진의 발생 깊이가 얕고 규모가 큰 지진이 발생했을 때 관측되기도 한다. 이러한 지반 진동이나 파열은 지반 자체의 운동은 물론 건축물이나 구조물에 영향을 주어 피해를 발생시킨다. 지반 운동에 의해 전달된 에너지에 대한 건축물이나 구조물의 응답(반응)은 전달된 에너지의 크기도 중요하지만 지반의 진동 방향, 건물의 구조 등의 영향으로 작은 진동에도 큰 피해가 발생하기도 하고 반대로 큰 진동에도 건물 피해가 크지 않을 수 있다. 지반 진동이 사면에 가해지면

그림 4.22 니가타 지진에 의해 발생한 액상화 현상에 따른 피해

낙석 등을 동반한 산사태가 발생하기도 한다. 산사태는 전단응력을 비롯한 외력에 대해 사면이 버티는 정도(전단력)로 결정되는 사면 안정도가 낮아질 때 주로 발생하게 되는데, 지진은 사면에 가해지는 전단응력을 높여 안정도를 떨어뜨릴 수 있다.

물을 함유한 퇴적층에 강한 진동이 전달되었을 때 퇴적물 사이의 인력이 약해지면서 지표면이 마치 액체처럼 움직이는 **액상화**(liquefaction) 현상이 발생하기도 한다. 액상화 현상은 지반의 강도를 순간적으로 매우 약화시키기 때문에 건축물 등에 큰 피해를 줄 수 있다. 액상화 현상의 가장 대표적인 사례로 1964년 니가타 지진의 사례를 들 수 있는데, 액상화 현상이 광범위하게 발생하면서 많은 건물이 피해를 입었다. 이와 같은 직접적인 물리적 피해 외에도 가스관 파괴, 고압선의 단선 등으로 인해 발생하는 화재 등 2차 피해도 수반되며, 특히 이러한 2차 피해로 인해 병원, 도로 등 기반 시설이 마비될 경우 더 큰 피해로 이어질 수 있다.

(2) 지진 방재

지진의 발생을 분-년 단위로 예측할 수 있다면 지진 피해를 효과적으로 줄일 수 있겠지만 현재 기술로서 지진의 예측은 사실상 불가능하다. 많은 연구자가 지진 발생 전 나타날 수 있는 전조 현상을 찾기 위해 수많은 연구를 진행했지만 극소수 사례만이 지진의 전조 현상으로 여겨진다. 이마저도 모든 지진에 대해 나타나는 현상이 아니거나 정밀한 분석 후에 미시적 결과로 나타나는 것들이 많으며, 지진의 전조 현상이라고 주장한 사례들은 역사적으로 상당히 많았고 많은 주목을 받았지만 대부분 검토 이후 폐기되었다.

지진의 전조 현상으로 오인된 유명한 사례 중 하나는, 지진 전에 단층 주변에서 지진파의 속도가 증가한다는 연구이다. 이는 단층에 응력이 한계까지 쌓인 다음 방출되기 때문에 단층면과 주변 밀도 증가에 따라 지진파 속도가 점차 증가하다가 지진 발생과 함께 응력이 해소되면서 복원될 것이라는 아이디어에서 출발한다. 하지만 이러한 현상이 모든 지진의 전조로 나타나지는 않으며, 일부 지진의 발생 전에는 지진파 속도가 감소한 사례가 발견되기도 했다. 특히 지진이 발생하면 단층면의 물리적 특성이 달라질 수 있고, 이로 인해 응력 한계가 달라질 수 있기 때문에 속도 변화만으로 지진을 예측하는 것은 무리가 있다. 이외에도 지하수의 수위 변화, 라돈가스 방출, 전기 비저항 변화 등 다양한 물리량 변화를 통해 지진 전조를 찾기 위한 노력이 이어지고 있지만 지진 발생과의 상관관계가 적거나 지진 발생 전 물리량 변화의 양상이 일정하지 않은 경우가 많다.

그나마 유의미한 지진의 전조 현상은 **전진**(foreshock)이다. 전진은 본진이 발생하기 직전, 본진이 발생한 지점 인근에 발생한 지진을 의미한다. 전진 역시 본 지진이 발생하기 전에 높은 확률로 발생하기 때문에 전진을 확인할 수 있으면 지진 발생 예측에 활용할 수 있다. 1975년 2월 4일 중국 하이청에서 발생한 규모 7.4 지진의 사례를 보면, 지진 발생 직전에 발생한 여러 전진을 보고 도시의 많은 사람이 미리 대피하여 인명 피해를 막을 수 있었다. 당시 이 사건은 중국의 지진 예측 프로그램의 큰 성과로 알려졌지만 사실 전진과 특이한 전조 현상(동물의 이상행동)이 관찰됨으로써 가능한 결과물이었다. 다만 모든 지진이 연이어 발생하는 전진을 통해 예측할 수 있는 것은 아니다. 몇몇의 경우 전진이 아예 없거나 규모가 너무 작아 관측할 수 없기도 하며, 연이어 발생하는 지진이 큰 규모의 지진으로 이어지지 않기도 한다. 또한 발생한 지진이 전진인지 여부를 판단하는 것 자체도 힘들다. 1976년 중국 탕산에서 발생한 규모 7.8 지진의 경우, 앞서 언급한 하이청과 불과 200 km 떨어져 있지만 어떠한 전진도 관측되지 않았다. 그 결과 공식적으로는 25만 5,000명의 사망자가 발생하였고, 비공식적으로 추정한 사망자 수는 훨씬 더 많을 것으로 짐작된다.

개별 지진을 단기적으로 예측하기는 힘들지만 장기적인 연구를 통해 지진이 발생했을 때 특정 지역에서 지진에 의한 피해가 얼마나 클지 예측하고 대비할 수 있다면 지진에 의한 피해를 최소화할 수 있을 것이다. 이를 위해 역사지진과 계기지진의 통계적 분석, 지표의 물리적 특성 등을 통해 지진이 빈번하게 발생하거나 진동에 취약한 지역을 미리 파악하는 것이 중요하다. 또한 지진으로 인한 인명 피해는 대부분 지진에 의해 건물이 무너지며 발생하기 때문에 내진 설계를 엄격하게 적용하여 피해를 최소화하는 노력이 필요하다. 1988년 12월 7일 아르메니아에서 발생한 규모 6.8의 지진으로 2만 5,000명 이상의 사망자가 발생하였으며, 50만 명이 이상이 집을 잃었다. 반면 비슷한 규모로 1994년 1월 17일 캘리포니아 남부 노스리지에서 발생한 규모 6.7 지진의 경우, 아르메니아보다 진도가 컸음에도 지진 대비가 잘 되어 있어 사망자는 60명에 그쳤다.

(3) 유발지진

자연적으로 발생하는 응력의 누적과 해소되는 과정 외에 인간의 다양한 산업 활동으로 인해 판의 경계는 물론 판의 내부에서도 국지적인 응력 변화를 유발할 수 있으며 이러한 응력 변화의 결과로 발생하는 지진을 **유발지진**(induced earthquake), **촉발지진**(triggered earthquake) 혹은 인공지진이라 한다. 유발지진의 발생 규모는 인간이 느끼기 어려운 미규모부터 인적 · 물적 피해를 유발할 수 있는 중규모 지진까지 다양하다. 과거에는 지하 탐사, 지하자원 채취, 핵실험 등의 과정에서 인위적 폭발로 인해 큰 진동을 유발하는 것을 인공지진이라 칭했다. 이러한 인공지진은 폭발에 방사상 에너지 전파로 자연지진과 달리 P파의 진폭이 S파보다 큰 특징을 갖는다.

유발지진의 발생은 단층면의 응력 상태, 산업 활동에 의한 응력 변화도, 예를 들어 지중 저장소의 저장에 의한 무게, 지표면 및 지하의 파쇄, 물 혹은 가스의 주입과 회수에 의한 열적 및 무게, 지하 시설에의 물 주입 등 인간 활동에 의한 요인에 의해 인근 단층이 영향을 받아 움직이며 발생한다. 유발지진은 인간 활동뿐만 아니라 단층 주변 응력장의 상태, 단층면의 크기 등 환경적 요인에도 의존하며, 단층면이 클수록 그만큼 발생할 수 있는 지진의 규모가 커질 수 있다. 촉발지진 역시 인간 활동에 의한 인위적인 영향이 원인이지만 인간 활동의 영향으로 자극을 받은 공간적 범위를 크게 벗어나는 규모의 지진에 해당한다. 즉 단층에 쌓인 응력 에너지가 한계에 가까운 상태에서 인간 활동이 단층 운동을 촉발시킨 것으로, 대부분 자연적 단층 운동으로 쌓였던 에너지를 방출한다.

유발지진을 일으킬 수 있는 주요 산업 활동에는 채굴, 석유 및 가스 채취, 지열 발전 등이 있다. 해당 활동 과정에서 많은 부피의 물이나 가스, 혹은 공극이 발생할 수 있고, 이는 지하 응력장(혹은 물 주입의 경우 공급압)에 영향을 주어 지진을 발생시킬 수 있으며, 물 주입의 경우 지중 저장된 물의 알짜 부피와 지진의 발생 빈도가 상관관계가 있다고 알려져 있다. 전 세계 유발지진 발생 사례 중 가장

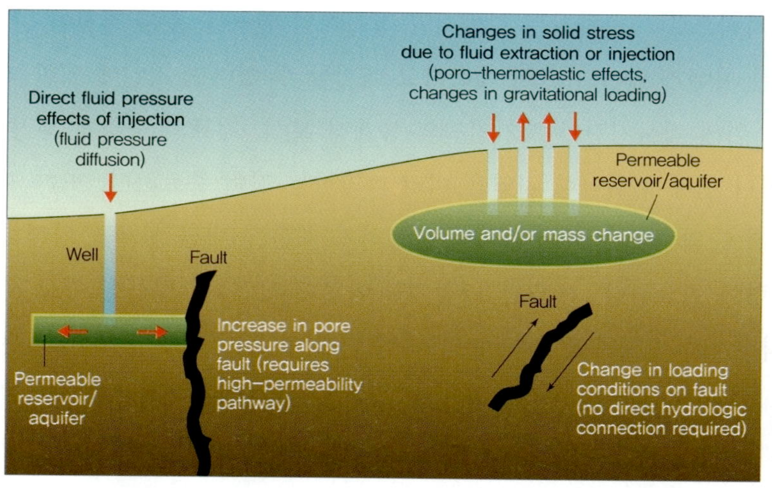

그림 4.23 직접적인 유제 압력 변화 및 간접적 응력 기여에 의한 유발지진 발생 원리

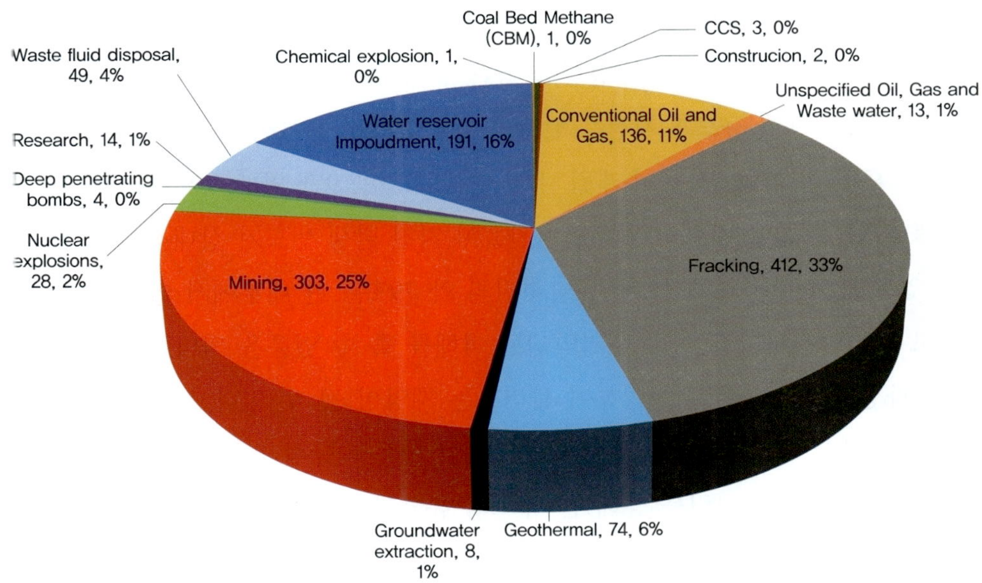

그림 4.24 유발지진 발생에 기여하는 주요 산업 활동의 비율

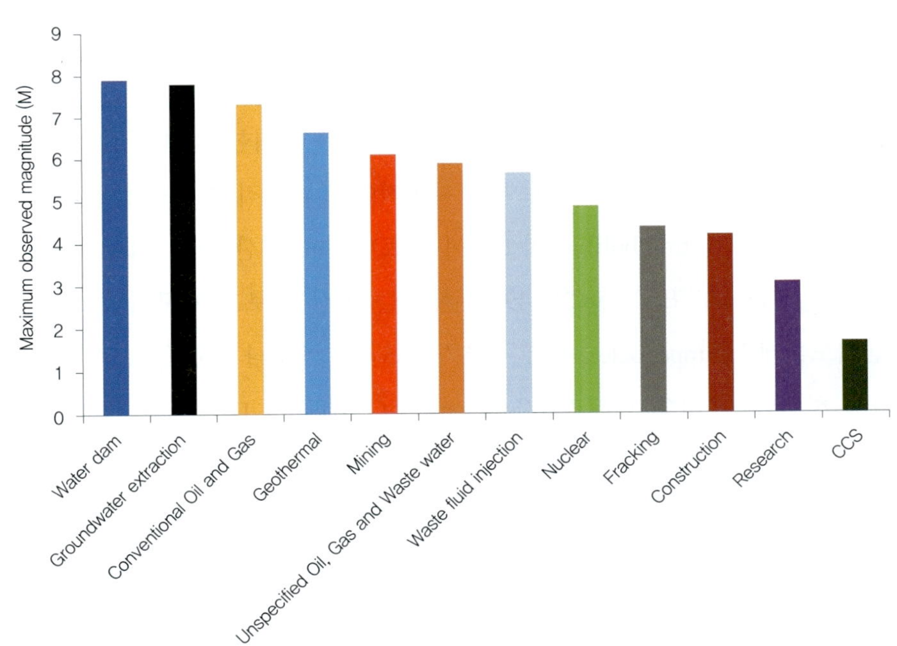

그림 4.25 주요 산업시설에 의해 발생한 지진의 최대 규모

큰 비율을 차지하는 것은 셰일가스 생산 등을 위한 수압 파쇄(fracking)에 의한 것이 33%로 가장 높고, 다음이 광산 개발과 관련한 것으로 25%에 해당한다. 이외에 대규모 댐 건설에 의한 물 저장, 석유 및 가스 생산과 관련한 것이 각각 16%, 11%이며 지열 발전에 의한 유발지진의 비율은 약 6%이다.

이러한 유발지진은 발생 빈도가 증가하고 있고, 큰 규모의 지진을 유발할 수 있다는 점에서 주목해야 한다. 미국의 경우 2000년 이후 규모 3 이상의 지진 발생 빈도가 급격히 증가하기 시작했으며 대부분 지중 오폐수 저장이나 셰일가스 생산 등 산업 활동에 의한 유발지진이었다. 2008년 중국 원촨 지역에서 발생한 규모 8 지진은 진앙에서 약 20 km 떨어진 지역에 건설된 높이 156 m의 지핑푸 댐 완공 후 물이 가득 찬 뒤 수개월 내에 발생했으며, 9만 명 이상의 사망자와 수많은 기반 시설에 피해를 입혔다. 아울러 이러한 유발지진들이 지진 발생 빈도가 상대적으로 낮은 판 내부에서 발생하고 있는 점도 주목해야 한다. 유발지진의 약 79%는 판 내부에서 발생했고, 이는 상대적으로 지진으로부터 안전하다고 여겼던 지역에도 피해를 줄 수 있음을 의미한다. 이러한 유발지진은 인간 활동 과정에서 발생한 부주의함이 불러오는 재앙이 될 수 있다. 자연지진과 달리 유발지진 발생 가능성에 대한 사전 검토를 통한 대규모 산업 활동 타당성 검증과 시설 운영 중 주변 지역에 대한 지속적인 지진 모니터링을 통해 큰 규모의 유발지진 발생을 예방할 수 있기 때문에 이를 고려한 합리적인 결정이 필요하다.

4.2 화산활동

선사시대 원시인들은 화산의 **분화**(eruption)를 보고 자연의 위대한 힘에 착잡한 반응을 보였을 것이다. 화산에 관한 지식은 고대 그리스나 로마의 사변적이고 과학적인 사조에서도 널리 알려져 있었다. 지중해에는 스트롬볼리(Stromboli)를 비롯하여 에트나(Etna), 산토리니(Santorini) 등의 활화산이 있다. 피타고라스(Pythagoras, B.C. 582?~493?)는 이들 화산을 보고 지구의 중심에는 불이 있다고 생각하였고, 엠페도클레스(Empedocles, B.C. 495?~435?)는 에트나 화산을 보고 지구의 중심은 용융 상태일 것이라고 하였다. 로마의 스트라본(Strabon, B.C. 63?~A.D. 23?)은 화산을 지하에 축적된 가스 물질의 출구라고 기술하였고, 세네카(Lucius Annaeus Seneca, B.C. 4?~A.D 65)는 화산을 지구 내부의 용융 물질이 지표와 연결되는 통관(通管)이라고 생각함으로써 이미 오늘날의 화산의 정의에 접근하였다. 서기 79년에는 이탈리아 나폴리의 유명한 베수비오(Vesuvius) 화산이 폭발적으로 대분화하여 폼페이(Pompeii) 최후의 날을 맞이하였고 당시 시가지는 전멸하였다. 박물학자인 플리니우스(Gaius Plinius Secundus, 23~79)는 분화의 양상을 자세히 기록하여 귀중한 자료를 후세에 남기기도 하였다.

이와 같이 화산은 재해를 일으켜 위험하기도 하지만, 한편으로는 지구에 관한 많은 자료를 제공하고 신비스런 호기심을 낳게도 한다. 우리는 화산을 통해 지구 내부의 상황을 대략적으로나마 간접적으로 관찰할 수 있다. 화산은 다양한 활동상을 보여주며, 지구에 존재하는 활화산의 약 95%가 지판(plate)의 경계 부근에 분포한다. 화산활동은 지판 하부의 연약권(asthenosphere) 맨틀에서 생성된 마그마 물질의 분화에 의해 일어나는 것이다. 또한 마그마는 암석권(lithosphere)에서 일어나는 재용융 작용에 의해서도 생성된다. 암석권에 구멍이나 틈이 생긴 약한 부위에서는 그 상부 지각의 하중 때문에 압착되어 마그마가 부력으로 상승하게 되고, 이 마그마의 일부가 지표까지 다다르게 되어 지표면 위로 액체 상태로 분출하는데, 이것을 용암(lava)이라고 한다.

용암이 지표 밖으로 유출되면서 일부의 휘발성 물질과 화학 성분은 바다나 대기로 방출되며 그와 동시에 바다나 대기로부터 새로운 화학 성분들이 첨가되므로, 그 근원의 마그마와 성분이 다소 달라진다. 그러나 이 같은 성분상의 차이에도 불구하고, 우리는 용암으로부터 상부 맨틀의 화학 성분과 물리적 조건에 대한 중요한 정보를 얻을 수 있다.

현재 대서양 중앙해령과 같은 확장축의 해저에 있는 연속적인 화산 벨트를 제외하고, 전 세계 도처에 분포하는 잠재적인 활동성을 가진 화산의 수는 약 1,222개이며, 이들 중 약 500여 개가 역사시대에 분화하였다. 이 화산들은 무질서하게 산재하는 것이 아니라 환태평양 지역을 따라 '불의 고리(ring of fire)'로 알려진 곳에 집중 분포하는데, 미국 캐스케이드 산맥(Cascade Range)과 알래스카(Aleutian 화산 체인)의 화산, 캄차카, 쿠릴열도, 일본의 화산, 필리핀, 인도네시아, 파푸아 뉴기니, 뉴질랜드, 남미 안데스 산맥과 중남미의 화산들이 불의 고리(그림 4.26)를 이루는 반면, 옐로스톤 화산, 하와이 화산, 백두산 등은 판 내부의 '열점(hot spot)' 위에 형성되어 있다.

과거 화산은 관찰 당시의 활동성에 따라 활화산(active volcano), 휴화산(dormant volcano), 사화산

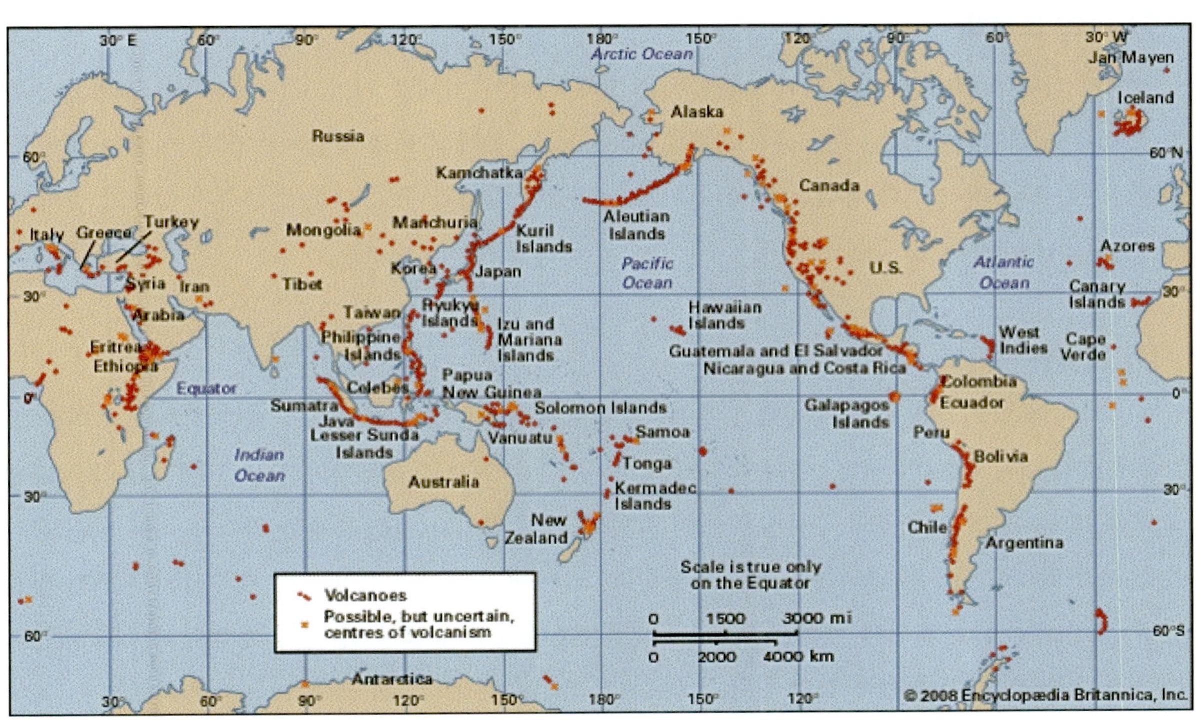

그림 4.26 활화산의 분포도. 대부분의 활화산은 불의 고리에 위치한다.

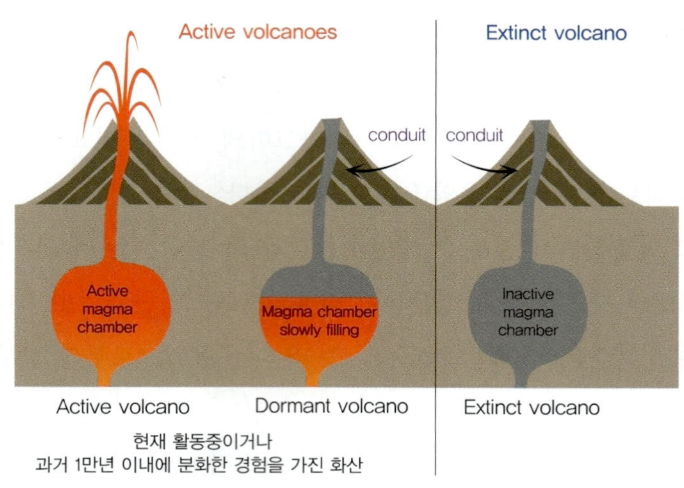

그림 4.27 화산의 활동성에 따른 분류

(extinct volcano)으로 분류하였으나 사화산이나 휴화산으로 알려진 화산체들이 갑자기 깨어나 분화하여 인류에게 인적 물적 피해를 주는 경우가 빈번하므로, 최근에는 현재 용암 분출이나 화산재 분화 등 활동을 하고 있거나 지금은 잠잠하더라도 과거 1만 년 이내에 분화 경험이 있어 앞으로 잠재적 분화 가능성을 가진 화산을 포함하여 '활화산'으로 정의하며, 지하에 열원이 없고 앞으로 분화 가능성이 없는 화산을 '사화산'이라고 한다(그림 4.27).

1) 화산 분출물

앞에서 간략히 설명한 바와 같이 화산활동은 고체 · 액체 · 기체로 되어 있는 고온의 마그마 물질이 지구 심부로 연결되어 있는 관(pipe) 또는 틈새(fissure)를 통해 지표로 방출되는 모든 현상을 말한다. 화산에서는 고온의 가스나 용암뿐만 아니라 가스로 인한 침식과 폭발 때문에 생성된 막대한 양의 화성쇄설물(pyroclastics)을 뿜어낸다.

(1) 용암류

분출하는 용암의 온도는 용융점보다 높을 수 없으며, 화학 성분과 가스의 함량에 따라서 다른데, 보통 800°C 내지 1,200°C이다. 예외가 있기는 하지만 일반적으로 현무암과 같은 고철질 용암은 대체로 온도가 높다. 녹은 용암의 유동성은 여러 요인에 의해 지배되는데, 충분한 가스가 녹아 있는 용암은 온도가 700°C 정도로 내려가도 계속 유동한다. 그러나 용암이 결정화되고, 대부분의 가스가 방출된 후 재차 유동성을 지니게 하려면 수백 도나 더 높은 온도를 필요로 한다. 즉 용암이 가스를 잃는다는 것은 고화(固化)를 뜻하는 것이 된다.

용암이 산사면이나 용암 도랑(lava stream)을 따라 흘러갈 때 이를 **용암류**(lava flow)라고 부르며,

현무암질 용암은 액체로 있는 한 완만한 경사면이라도 먼 거리까지 자유롭게 흘러내리는 경향이 있어 넓고 평탄한 현무암 대지(臺地)를 형성한다. 현무암질 용암류의 속도는 유동성과 사면의 경사에 의해 지배된다. 급경사의 골짜기를 흘러내리는 용암류는 곳에 따라 45~65 km/h에 달하는 경우도 있지만 15 km/h 정도면 비교적 빠른 편이다. 용암은 냉각 · 고화할 때 팽창하는 가스를 방출하므로 거품이 일고, 점성이 증대되어 천천히 유동하게 된다.

고철질(mafic) 용암류는 고화되기 직전에 거품 상태를 이루는가의 여부에 따라 2가지 대조적인 형태를 나타낸다. 그 하나는 덩어리 형태의 **괴상 용암**(block lava)이고, 다른 하나는 **로피 용암**(ropy lava)이라고 하는데, 이들 명칭을 각각 하와이에서 유래된 아아 용암(aa lava) 및 파호이호이 용암(pahoehoe lava)이라고도 한다. 아아 용암은 결정이 부분적으로 정출된 용암류에서 형성되는 경향이 있다. 그때 가스가 폭발적으로 급격히 방출되면 고화되어 가는 용암류의 표피는 가스의 팽창으로 인하여 거칠게 틈이 벌어진 스코리아(scoria)와 같은 기공이 많은 암괴나 화산자갈 크기의 각력(클링커, clinker)을 만든다. 파호이호이 용암은 판상으로 넓게 퍼지는 유동성이 매우 높은 용암류로서 아아 용암보다 천천히 냉각되며, 오랫동안 유동성을 유지한다. 가스는 조용히 흩어져 일부가 빠져 없어지게 되므로 최종적으로 형성되는 거품은 현미경으로 관찰할 수 있는 크기이다. 용암류의 표피는 매끈하며, 그 하부의 용암이 계속 유동함에 따라 끌려서 새끼줄 또는 밧줄(ropy) 모양의 주름이 생기게 된다(그림 4.28). 이런 종류의 용암류는 위쪽 면이나 측면이 고화되어 껍질을 형성한 후 내부의 녹은 용암은 흘러 내려 터널 모양의 공동이 형성되는데, 이것을 용암튜브라고 한다. 제주도 거문오름용암동굴계(lava tube system)의 만장굴은 유네스코 세계자연유산으로 인정된 유명한 용암튜브이다.

고철질 용암이 바다 속에서 분출하거나 육상에서 파호이호이 용암이 해안가에서 바다물 속으로, 호수 또는 하천으로 흘러 들어가면 급랭 · 고결되어 베개 모양의 베개용암(pillow lava)을 만든다. 추가령 열곡에서 한탄강으로 흘러 들어간 현무암류의 선단부에서는 베개용암이 발견된다(그림 4.29). 같은 이치로 베개용암은 대양의 중앙해령(mid-ocean ridge)에서도 형성된다.

그림 4.28 파호이호이 용암 표면 위를 흐른 아아 용암류(하와이)

그림 4.29 한탄강 베개용암

현무암이나 안산암에 발달하는 **주상절리**(columnar joint)는 정지 상태에서 고결된 판상(sheet) 용암에서 볼 수 있다. 기공이 빈약한 비현정질의 대지현무암(plateau basalt)에는 이러한 주상절리가 잘 발달해 있는 것이 특징이다. 대지현무암이 넓은 지역에 걸쳐 겹겹이 쌓이면 용암대지(lava plateau) 또는 현무암대지를 형성하게 된다. 미국의 오리건 주와 워싱턴 주에 걸쳐 발달해 있는 광활한 컬럼비아(Colombia) 대지(마이오세에서 현세), 인도의 데칸(Decan) 고원(에오세) 등은 면적이 50만 km^2 이상에 달한다. 달 표면의 '바다(lunar maria 혹은 lunar sea)'도 이와 같은 과정으로 형성된 것이다.

반면 규장질(felsic) 용암은 액체일 때라도 처음부터 점성이 매우 높으므로 멀리 흘러내리기 전에 고화되어 두꺼운 혀 모양이나 돔 형태의 암체로 된다. 최근에는 넓게 분포하는 유문암질이나 데사이트질(dacitic)의 용암류로 알려져 왔던 암층이 용결응회암(welded tuff) 또는 이그님브라이트(ignimbrite)임이 밝혀지고 있다. 이것들은 뭉게구름처럼 분출하여 팽창하는 가스에 의해 빠른 속도로 운반되는데, 이동 속도는 용암류에서 보다 빠르다. 액체 상태에서 거품 상태로의 변화에서 점성은 증대되지만 가스와 액체의 혼합물이 폭발하여 포말을 이룰 때, 점성은 급격히 저하된다.

(2) 화성쇄설물

화성쇄설물(pyroclastic materials)은 화산이 분화할 때 상승하던 마그마나 화도 주변의 기반암이 폭발과 충격파 및 가스의 침식으로 인하여 파편화된 화산 방출물로서, 기원에 따라 3가지로 분류된다.

① 본질(本質, essential): 분화하는 용암에서 고결(固結)된 것.
② 유질(類質, accessory): 이전에 분화하였던 용암 및 화성쇄설물의 파편으로 된 것.
③ 이질(異質, accidental): 화산활동 이전의 기반암으로부터 떨어져 나온 지각 구성암의 파편으로 된 것.

화성쇄설물은 고철질의 현무암질 용암에서보다 규장질이고, 휘발 성분이 많고, 점성이 높은 유문암질과 데사이트질 용암에서 더 잘 나타나는데, 그것은 현무암질 용암은 점성이 낮으므로 휘발 성분이 쉽게 방출되기 때문이다.

화성쇄설물은 암편 또는 입자의 크기에 따라 분류된다. 직경 2 mm 이하의 입자는 **화산재**(volcanic ash)이며, 화산재 중 직경이 1/16 mm 이하로 아주 미세한 것은 **화산진**(volcanic dust)이라고도 한다. 직경 2~64 mm의 것을 **화산자갈** 또는 화산력/라필리(lapilli)라 하고, 직경 64 mm 이상의 것 중에서 모가 난 것을 **화산암괴**(volcanic block), 둥글거나 타원형의 것을 **화산탄**(volcanic bomb)이라 한다(그림 4.30). 화산탄은 야구공에서 농구공 크기의 타원형, 원반형, 불규칙한 원형, 리본형, 빵껍질형 등 형태가 다양하다. 100톤이나 되는 암괴가 격렬한 폭발적 분화로 인하여 10 km 이상 날아간 예도 있다. 화산재와 특히 미세한 화산진은 엄청난 거리까지 날아간다. 1980년에 미국 세인트헬렌스(Mt. St.

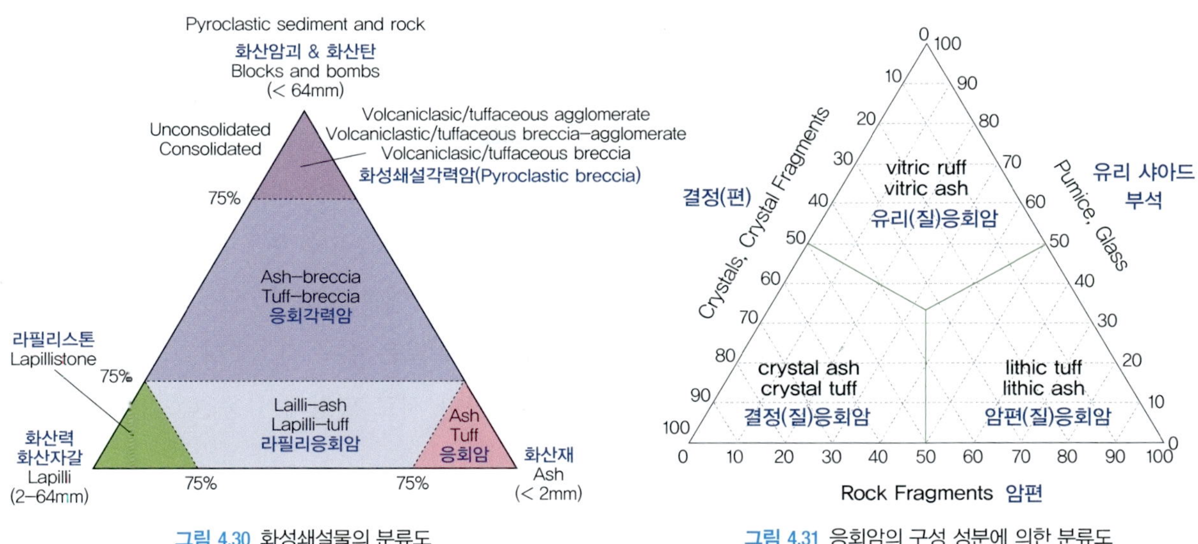

그림 4.30 화성쇄설물의 분류도

그림 4.31 응회암의 구성 성분에 의한 분류도

Helens) 화산이 분화했을 때는 화산재가 2주 동안이나 전 세계로 퍼져나간 것이 인공위성으로 탐지되었다. 946년 백두산의 폭발적인 분화 시에 성층권에서 날아간 화산재의 화산유리가 그린란드 빙하 속에서 발견되기도 하였다. 화산재로 구성된 응회암은 유리(편), 결정(편), 암편의 함량을 기준으로 유리질 응회암, 결정질 응회암, 암편질 또는 석질 응회암으로 세분할 수 있다(그림 4.31).

화구로부터 폭발성 분화에 의해 뿜어져 나온 화성쇄설물은 화구 위로 화산재, 가스, 수증기의 혼합물인 분연주(eruption column 또는 plume)를 형성하고 그 상부에는 화산재 구름을 형성하게 된다. 화산재가 탁월풍을 타고 이동하면서 풍하 측의 땅에 낙하하게 되는 것을 강하화산재(fallout ash 또는 ash fall)라고 부른다. 강하화산재는 대부분이 화산 가까이에 떨어져 퇴적층을 이룬다. 암편들은 서로 교결(膠結)되는데, 화산재처럼 작은 입자로 구성된 것을 화산응회암(volcanic tuff)이라 하고, 큰 암괴로 된 것을 화산각력암(volcanic breccia) 또는 화성쇄설각력암(pyroclastic breccia), 화도 근처에서는 집괴암(agglomerate)이라고 한다.

화산 퇴적물도 퇴적암처럼 매우 다양하며 이들 사이에는 유사점이 많다. 퇴적암처럼 굵은 암편이 먼저 가라앉고 그 위에 보다 세립의 쇄설물이 퇴적되므로 화산 퇴적층은 흔히 점이층(graded bedding)을 나타낸다. 화산 퇴적층(volcanic beds)은 흔히 분화구에서 멀어질수록 입자가 작아지는 측방분급(lateral sorting)을 보여준다. 쇄설물이 낙하할 때 부는 바람 또는 폭발성 분화 시에 분화구로부터 화산 분화 구름이 격렬하게 방사상으로 확산될 때 생성되는 화쇄난류(pyroclastic surge)에서 사구와 사층리 구조도 형성된다. 핵 폭발 장소 주변에서도 이와 유사한 층리와 사구 모양의 퇴적층이 관찰되는데 이러한 퇴적물의 형태를 자세히 연구하면, 폭발 때문에 생긴 바람의 속도 측정도 가능하다.

뜨거운 화산재나 화산진이 적운 모양의 가스와 함께 방출되면 낮은 언덕을 빠른 속도로 뒤덮는 분화의 일대 장관이 펼쳐진다. 고체 상태의 알갱이들은 뜨거운 가스 위로 떠오르므로 마찰에 의한 저항력이 낮아져 백열(白熱)의 화쇄류(pyroclastic flow) 또는 뉘에 아르당뜨(nuée ardente, 열운)를 이룬다. 1902년에 서인도제도의 마르티니크(Martinique)의 플레(Pelée) 화산에서 흘러내린 열운의 내부 온도는 800°C에 달했으며, 160 km/h의 속도로 흘러내렸다. 이를 화성쇄설류(pyroclastic flow or ash flow, 줄여서 화쇄류 또는 화성쇄설밀도류: pyroclastic density currents; PDC)라고 부르며, 이로 인하여 생피에르(St. Pierre) 마을은 폐허가 되었으며 2만 8,000명의 인명 피해를 입었다. 열운은 지면에 퇴적되어 일반적으로 분급이 매우 불량한 퇴적층을 이루고, 층리의 발달은 매우 저조하다. 그 알갱이들은 쌓인 후에도 고온을 유지하고 있어 물렁한 상태에서 다져지거나 서로 밀착되어 용결응회암 또는 이그님브라이트를 만든다.

화산쇄설물(volcaniclastic materials)은 직접적인 화산 분화 시기와 무관하게 화산으로부터 풍화 침식되어 생성된 조각난 물질을 일컫는 것으로 사용한다. 예를 들면 제주도의 수성 화산활동으로 형성된 응회암이 바다 속에서 파도에 의하여 풍화 침식되고 재이동하여 퇴적되어 서귀포층을 형성하였는데 이때 서귀포층을 화산쇄설성 퇴적층이라고 부를 수 있다.

(3) 화산가스

화산가스의 대부분은 수증기(60~90%)이다. 이 수증기의 대부분은 지하수나 화구호수 및 해수와 같은 표층수에서 유래된 것이다. 이처럼 수증기가 외부에서 기원된 것도 있지만 지각 내부에서 수소와 산소가 결합하여 생긴 물이 수증기로 분출되기도 하는데, 이 같은 물을 초생수(初生水) 또는 처녀수(處女水)라고 부른다. 외래성의 물(예: 지하수)이 화산체 아래에서 가열되어 발생하는 폭발을 수증기 폭발(steam explosion)이라 한다. 2014년 9월 27일 일본 온타케(Ontake) 화산에서 갑작스런 수증기 폭발로 실종자를 포함하여 60여 명이 사망하는 비극이 발생하였다. 폭발성 분화에서 분출된 수증기의 어느 만큼이 외래성이고, 마그마 기원은 어느 만큼인가를 추정하기란 쉬운 일이 아니다. 수증기 이외의 가스는 많은 순서대로 따지면 이산화탄소, 질소, 아황산가스(SO_2)이고, 그 밖에 소량의 수소, 일산화탄소, 황과 염소가 포함되어 있다.

이 같은 성분으로 이루어진 가스는 활동하는 용암과 분기공(噴氣孔)에서도 분출한다. 황화수소(H_2S), 염산, 황산, 그리고 철, 칼륨, 그 밖에 금속의 휘발성 염화물로 된 여러 화합물도 분출한다. 황과 염화물은 가끔 냉각된 암석의 표면에 침전되기도 한다. 염소의 일부는 바다 소금의 근원이 될 것이다. 이 밖에도 F, B, N, Ar, He 가운데 어느 하나 또는 그 이상을 더 많이 분출하는 화산이 있다.

알래스카의 카트마이(Katmai) 화산이 1912년에 폭발성 분화한 뒤 그 분기공에서 수증기가 1초에 $2.6\times10^7 l$ (100°C, 760 mmHg)나 분출하였으며, 수증기와 함께 분출된 염산은 연간 130만 톤, 불화수소 20만 톤, 산화수소가 30만 톤에 달했다. 이렇게 다량의 수분을 함유하고 있는 화산가스는 지구가 생긴 이래 오늘날의 수권과 기권을 형성하는 데 있어 큰 역할을 하였다.

1912년에 하와이 빅아일랜드 킬라우에아(Kilauea) 화산에 있는 할레마우마우(Halemaumau) 분화구 내의 용암호수의 표면이 칼데라(caldera) 바닥 약 60 m에 달했을 때 용암의 온도를 측정하였다. 23일 동안에 온도는 1,070°C에서 1,185°C로 상승하였다. 같은 기간 가스의 방출량은 점차 증대하여 온도가 최고로 되었을 때는 용암 분천(lava fountaining)의 활동도 최고조에 달했다. 용암호수 표면의 높이는 변화가 전혀 없었으므로 온도가 높아지는 이유는 상승하는 가스가 공기 중의 산소나 용암 중의 산화철(Fe_2O_3)로부터 유리된 산소와 화학 반응하여 발열하는 것으로 보인다.

마그마성 가스의 근원에 대해서는 아직도 확실한 답을 얻지 못하고 있는 실정이다. 그러나 그 해답의 일부는 이미 존재하고 있는 퇴적암과 다른 지각 암석으로부터 얻을 수 있을지 모르지만, 많은 연구에 의하면 얼마간의 가스는 지하 심부의 원천에서 유래된 것으로 생각되며 맨틀로부터의 고에너지 가스가 화산활동의 기본적 원인의 하나라는 사실을 말해준다. 격렬한 분화는 화산가스에 의해 생긴 에너지와 그 에너지의 추진력으로 인한 것이다.

2) 화산 분화의 형식

지구 내부에서 흘러나오거나 뿜어져 나온 여러 가지 화산 분출물과 퇴적물의 유형을 알게 되면 화산 분화가 여러 방법으로 일어나고, 그로 인해 생성된 결과도 다르다는 것을 알 수 있다.

지각 아래 깊은 곳에서 생성된 용융된 암석 물질인 마그마가 지표로 상승하여 지면으로 나오는 것을 화산 분화(eruption)라고 한다. 마그마가 지표로 상승할 때 압력이 낮아지면 마그마 내에 녹아 있던 가스 성분들이 활성화되어 결집하면서 화도를 따라 마그마와 함께 이동하는 과정에서 마그마들이 파편화(fragmentation)되어 조각나고, 가스 성분에 의하여 매우 빠른 속도로 굉음을 내며 화성쇄설물과 가스, 수증기가 화구를 통하여 뿜어져 나오게 되는 데 이를 폭발성 분화(explosive eruption) 또는 '화산 폭발'이라고 한다. 때때로 마그마 내의 용존 가스 성분이 완전히 탈출하지 못하고 액체 마그마 상태로 지표로 상승하면 기공이 점점 많아지고 커지면서 용암 내에 갇혀 다공질 표면을 가지게 되는데 액체 상태로 뿜어져 나오는 분화를 일류성(溢流性) · 분류성(噴流性) 분화 또는 '화산 분출'이라고 한다. 그림 4.32에서 (a) 규장질 마그마의 일류성 분화(높은 점성도 및 느린 상승 속도)에서 가스는 다공성 및(또는) 부서진 마그마를 통한 투과성 흐름에 의해 손실될 수 있으며 용암돔이나 용암류를 형성한다. (b) (서브) 플리니형 분화 동안 기포 벽은 파편 표면에서 치명적으로 파열되고, 방출된 기체는 부유 기포가 있는 점성 용융물에서 부유 화성쇄설물을 포함하는 기체 흐름으로 변화함에 따라 빠르게 팽창하며 제트와 같이 뿜어져 나오면서 폭발성 분화를 한다. (c) 낮은 점성도의 마그마가 일류성 분화를 하는 동안 부력으로 상승하는 기포의 광범위한 손실이 발생하면서 지표면 위로 용암류를 형성한다. (d) 화도관을 따라 상승하면서 기포가 부력 거품의 합체 및 축적에 이어 표면에서 파열되

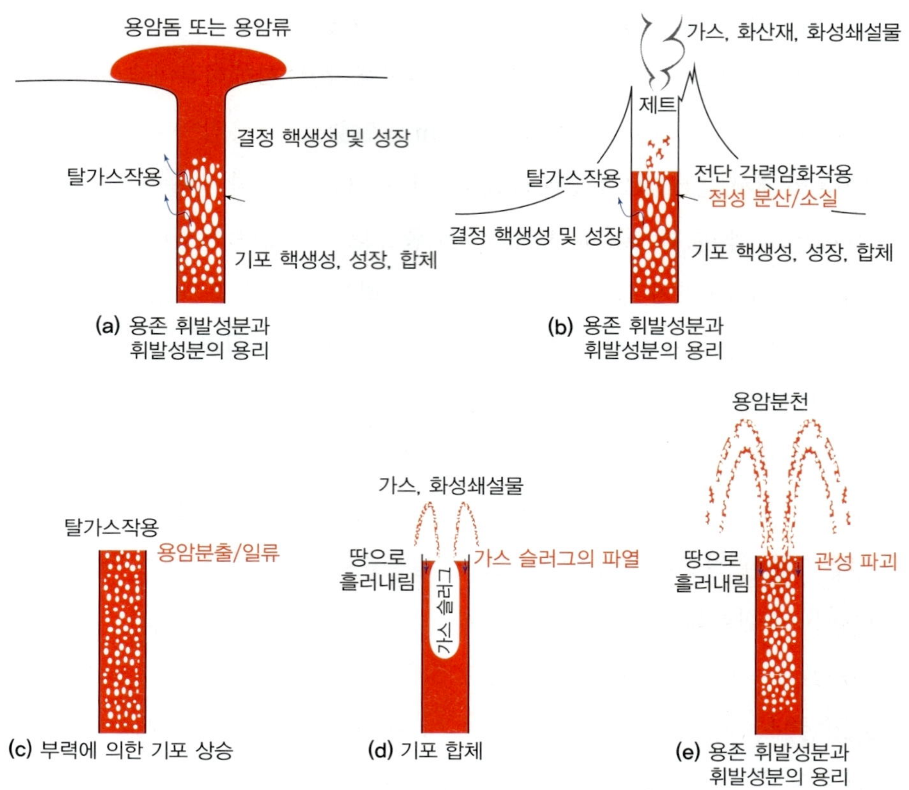

그림 4.32 분화 유형에 따른 화도관 프로세스의 개략도

면 스트롬볼리형 폭발이 발생한다. (e) 기포는 하와이형 분화에서 용융물과 결합된 상태로 남아 있으며, 이는 용암 분천과 유체역학적 파편화에 의해 특징지어진다.

마그마가 지표로 나와 축조한 언덕 또는 산체를 화산(volcano)이라고 하면, 흔히 높은 대칭적인 원추형 화산(volcanic cone)만을 생각하기 쉽다. 컬럼비아 고원을 형성하는 수십만 제곱킬로미터의 대지현무암((plateau basalt 또는 홍수현무암(flood basalt))은 원추 화산과는 아주 다른 모양을 하고 있다.

하와이 킬라우에아 화산의 분화는 용암의 유동이 느려 예측이 가능했기 때문에 인명 피해가 없었다. 그러나 1902년 플레 화산과 같은 화성쇄설물이 분화하거나, 1883년에 있었던 인도네시아 크라카타우(Krakatoa) 화산의 예나, 아이슬란드 쉬르트세이(Surtsey) 화산의 수증기 마그마성 분화(마그마가 파편화된 화성쇄설물이 지하수가 마그마에 의해 가열된 고온 · 고압의 수증기와 함께 분화)는 주민 전체를 희생시켰다. 고고학자와 해양지질학자로 구성된 연구진이 에게해에 있는 산토리니(Santorini) 화산(고대에는 테라 화산으로 명명)에 관한 역사 자료를 수집하였다. 3,600년 전인 BC 16세기에 분화한 이 화산은 크라카타우 화산을 능가하는 것 중 하나였다(그림 4.33). 이 화성쇄설물과 쓰나미 파는 동부 지중해의 넓은 지역을 파괴하였다. 그들은 미노아 문명(Minoan civilization, 일명 크레타 문명)의 수수께끼와 같은 멸망이 바로 이 천재지변 때문이라고 주장하였으며, 사라져버린 아틀란티스

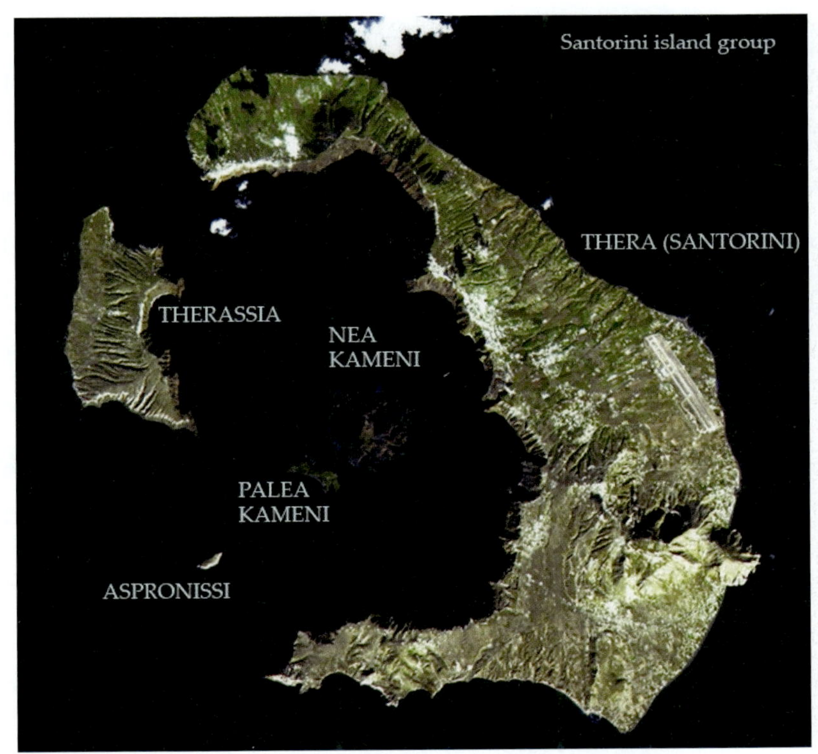

그림 4.33 3,600년 전 미노아 문명을 멸망시킨 산토리니 칼데라 화산섬

(Atlantis) 대륙의 전설도 이 분화로 인한 것으로 생각하였다.

(1) 틈새 분화

용암이나 화성쇄설물은 깊고 좁은 틈새(fissure 또는 열하(裂罅), 열극(裂隙))를 통해 분화된다. 이때의 용암은 흔히 현무암질이고, 화성쇄설물은 그보다 규장질 마그마로부터 유래된 것이다. 고온의 현무암질 용암은 분출한 후에도 오랫동안 유동성을 지니므로, 높은 화산을 형성하기보다 넓은 지역으로 넘쳐흘러 용암평원을 형성하거나 용암고원 또는 용암대지를 이루면서 멀리까지 흘러내린다. 이는 홍수현무암 또는 대지현무암이라 한다. 호주 빅토리아 주에는 1만 5,000 km2에 달하는 넓은 용암평원이 있다. 용암평원 상에 섬처럼 솟아 있는 기반암의 구릉을 스텝토(steptoe)라고 한다. 추가령 열곡에 자리잡은 철원-평강 용암평원 상에는 이 같은 스텝토가 여러 곳에서 관찰된다.

백두산을 중심으로 개마고원과 만주에 걸쳐 타원형으로 발달된 백두산 용암대지(개마고원)는 동서가 240 km, 남북이 400 km에 달한다. 이것들은 선상으로 발달한 제4기 백두산화산지대(Mt. Baekdu volcanic field)의 틈새 상에 자리 잡은 수 개의 분출구에서 분출된 것으로, 대지를 형성한 현무암층의 평균 두께는 200~300 m나 된다. 백두산 가까이에서는 두께가 500~600 m에 달하지만 멀어질수록 점점 얇아진다. 컬럼비아 고원의 대지현무암은 마이오세에 분출한 것으로 이곳의 기복은 원래 1,500

m 이상이었는데 저지대는 전부 용암류로 매몰되었으며 그 후 1,500 m 깊이의 컬럼비아 하곡이 패였다. 이 대지현무암의 평균 두께는 약 1,000 m, 총 면적은 약 13만 km^2이며, 용암 단위 하나의 두께는 15 m 내외로 수백 회의 용암 유출이 있었다.

이 밖에 세계적으로 규모가 큰 대지현무암은 남아프리카의 드라켄즈버그(Drakensberg) 고원, 남부 브라질 · 파라과이 · 우루과이 접경 지역에 발달한 파라나(Parana) 고원(75만 km^2 이상), 인도의 데칸(Deccan) 고원(50만 km^2 이상) 등이 있다. 이들 용암대지는 일반적으로 지각이 비교적 안정된 지역에 분포하는 것으로서, 대륙지각의 심부단층과 관련된 화산활동의 산물이 아닌가 하고 추측된다.

중앙해령에서 채취한 암석과 대서양의 아조레스(Azores) 제도와 같은 해령의 봉우리에서 채취된 암석은 거의 모두가 현무암으로 판명되었다. 이 현무암은 해저 확장과 관련된 틈새 분화에 기인된 것이다. 이 과정은 그 전모를 관찰할 수 없기 때문에 정확하지는 않지만 양적으로는 대륙에서 분출된 총량을 능가하는 것이다. 틈새는 해령의 정상을 따라 발달되며, 중앙 열곡과 천발지진대의 특성을 지닌다. 지구상에 있는 해령의 틈새계(fissure system)의 총 연장은 약 50만 km에 달한다. 이 틈새로부터 흘러나온 막대한 양의 현무암은 지난 200만 년 동안 형성된 지금의 모든 해양지각을 만들기에 충분한 양이다. 중앙-대서양 해령이 열점 화산과 결합하여 수면 위로 나온 화산섬인 아이슬란드에서는 틈새 분화와 해저 확장의 과정을 직접 볼 수 있다(그림 4.34). 이 섬은 대체로 현무암으로 구성되어 있으며, 규장질 용암은 얼마 되지 않는다.

여러 번의 측지 조사를 통해 아이슬란드가 장력의 상태에 있다는 사실이 밝혀졌다. 즉 틈새 계곡의 오른쪽은 유라시아판과 함께 동쪽으로, 나머지 왼쪽은 북아메리카판과 함께 서쪽으로 이동하면서 벌어지고 있다는 것이다. 이로 인해 생긴 인장 균열 때문에 하부로부터 마그마가 솟아 나와 지표면에 흘러넘치게 되는 것이다. 지질학적 기록으로 거대한 틈새를 통해 분출한 광대한 현무암 범람의 증거를 여러 곳에서 찾아볼 수 있지만 이와 같이 한 차례의 분출이 끝나면 용암은 틈새에서 거의 수직 암맥(dike)으로 고화되고, 인접 지표면에서는 거의 수평의 층을 이룬다. 다음 단계는 측방향의 확장이 일어나고 새로운 균열이 생겨서 오래된 용암류 위로 또 다른 용암이 흘러나오게 된다.

이와 같이 긴 틈새에서 반복되는 용암 분출과 국지적인 화도(火道)에서의 분출로 인하여 아이슬란드가 성장한 것이다. 해저에서는 비록 세부적으로는 다르다 할지라도 이와 유사한 과정을 거쳐 해양저 지각이 성장한다고 예상할 수 있다. 빈번하게 상승하고 분출하는 현무암은 아이슬란드에서처럼 대지보다는 틈새의 깊은 계곡에 중심을 둔 해령을 형성한다. 이 해령은 확장대에서 새로 생긴 해령과 자리바꿈을 하여 멀어지면서 점차 해양 분지로 침하한다.

본원 마그마가 현무암보다 더 규장질인 경우 용암의 틈새 분화보다 화성쇄설물의 틈새 분화가 더 쉽게 일어난다. 즉 틈새 분화로 인하여 광범위한 이그님브라이트 층이 형성된다. 미국의 네바다 주 및 그와 인접한 지역인 그레이트 분지에는 고진기(Paleogene) 초의 이그님브라이트가 약 20만 km^2에

그림 4.34 2022년 8월의 아이슬란드 파그라달스퍄들(Fagradalsfjall) 화산의 틈새 분화와 용암류

걸쳐 덮여 있으며, 그 두께는 2,500 m에 달하는 곳도 있다. 옐로스톤 국립공원에는 일련의 삼림이 광활한 이그님브라이트에 의해 묻혀 있다.

(2) 중심 분화

선상의 균열에서 일어나는 틈새 분화와는 달리, **중심 분화**(central eruption)는 원통상의 중앙 화도나 화도관으로부터 용암이나 기타 화산 분출물이 분화하는 것으로서, 이때의 분출물은 흔히 원추형 화산을 형성한다. 이들의 모양은 용암의 성질과 화산활동의 양상에 따라 다르게 나타난다(그림 4.35).

가. 아이슬란드형

물처럼 자유롭게 유동하여, 거의 수평면을 이루는 현무암질 용암을 분출하는 틈새 분화는 가스의 함유량이나 용암의 점성이 가장 낮은 유형에 속한다. 이 유형의 대표적인 예는 아이슬란드의 라키(Laki) 분화 때(1783년) 길이 25 km의 틈새를 따라 약 12 km^3의 현무암류가 565 km^2의 면적을 덮은 것이다. 틈새를 따라 작은 화산 원추구가 줄지어 형성되면서 분화가 끝났다. 이와 같은 화산의 활동상을 아이슬란드형 또는 아이슬란드상이라고 한다. 우리나라 추가령 열곡 위에 자리 잡고 있는 오리산은 아이슬란드형 분화의 최종 산물이다.

나. 하와이형

중심 화산의 분화 양상은 크게 가스의 압력과 양, 가스를 방출하는 용암의 점성에 따라 좌우되며

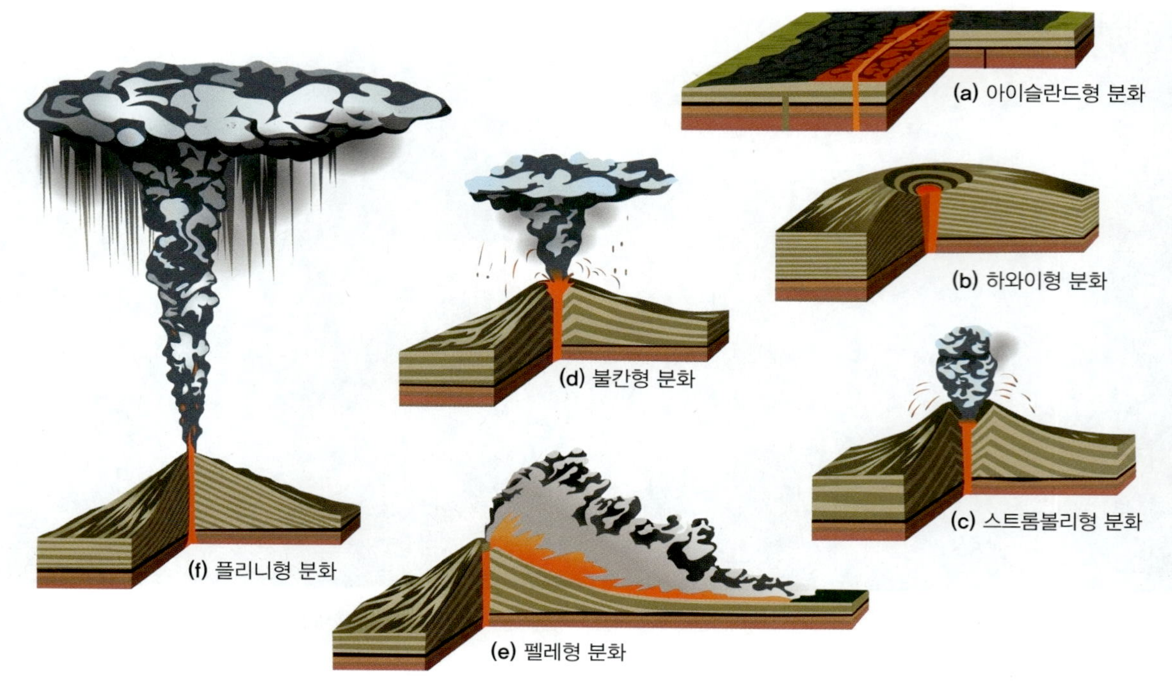

그림 4.35 화산 분화의 유형

몇 가지 유형으로 구분된다. 주로 유동성 용암을 분출하는 하와이형은 화구를 메운 용암호수 또는 틈새에서 분화하고, 가스는 일반적으로 조용히 유리된다. 그러나 가스의 돌발적인 급격한 분출로 인해 때로는 작열된 비말(물보라)이 솟아오르는 용암 분천을 나타내기도 한다. 비말의 대부분은 용암호로 떨어지며, 테프라(tephra) 퇴적물로 되는 것은 없다. 거센 바람이 불면, 녹은 용암의 알갱이들은 길게 늘어나 펠레의 머리카락(Pele's hair)이라고 하는 가늘고 긴 유리질의 실처럼 된다(pele의 어원은 하와이의 불의 신을 뜻한다). 우리나라 제주도 화산체를 형성한 초기의 화산활동상은 하와이형으로 알려져 있다.

다. 스트롬볼리형

하와이형에 비해 유동성이 낮은 용암이 화구에서 공기와 닿으면 밀폐된 가스는 발작적으로 일산(逸散)하여 율동적으로 또는 거의 연속적으로 약한 폭발을 수반한다. 붉게 달궈진 용암 덩어리가 날려 화산탄 또는 스코리아의 집합체를 형성한다. 이탈리아의 시칠리아 섬 북쪽에 있는 리파리(Lipari) 제도의 하나인 스트롬볼리 화산에서는 2~3분 내지 1시간 간격으로 작은 폭발적 분화가 반복된다. 활동이 거셀 때는 용암이 줄지어 흘러내리며 깊은 곳에서 치솟는 팽창된 가스는 화도 안의 용암을 뚫고 나와 분화구 상에 찬란한 분천(lava fountaining)을 형성한다. 이러한 스트롬볼리형 화산활동은 제주도의 분석구 오름을 형성한 화산활동으로 해석된다.

라. 불칸형

전술한 2가지에 비해 용암은 점성이 크고, 용암 표면에 얇은 껍질이 생긴 후에 폭발이 일어나 껍질이 파쇄되어 모가 난 암편을 만든다. 높이 5 km 이내의 화산재를 함유한 버섯 모양의 분연주는 검은 연기 같아 밤에는 보이지 않는다. 이때 용암의 분출과 화성쇄설물의 폭발은 스트롬볼리형처럼 번갈아 일어난다. 이탈리아 리파리 제도에 있는 불칸(Vulcano) 화산이 대표적이다.

마. 펠레형

용암의 점성은 매우 높지만 비교적 조용히 폭발하는 활동상이다. 화도에는 용암돔이 성장하여 가스의 일출을 막는다. 용암돔의 폭발과 붕괴에 의해 생성된 암편과 부석을 비롯한 세립질 쇄설물로 구성된 분출물은 공중으로 방출되지 않고 가스와 섞여서 열운(nuée ardente)이라고 하는 고온의 거대하고 밀도가 낮은 물질 덩어리를 이루면서 빠른 속도로 산사면을 흘러내린다. 이들은 맹렬하게 팽창하는 가스와 수증기 때문에 윤활성을 띠게 된다. 1902년 플레 화산 폭발 때 발생한 열운은 서인도 제도 마르티니크 섬에 있는 생피에르를 휩쓸었다. 근처 숙소에서 이를 관찰한 페렛(Frank A. Perret, 1867~1943)은 열운을 다음과 같이 설명하였다. "고온의 가스로 충전되어 있으며, 가스를 뿜어내는 파편상 용암의 고밀도 물질의 사태이다. 용암의 대부분은 잘게 파쇄되었으며, 유동성이 매우 높고, 마찰이 거의 없다. 이것은 각 입자들이 압축된 가스의 탄력에 의해 주위의 알갱이로부터 분리되어 있기 때문이다."

바 플리니형

불칸형이나 스트롬볼리형의 분화가 재차 격렬한 폭발적 분화를 일으켰을 때 이것을 베수비오상이라고 한다. 이것의 특징은 오랫동안 표면적으로는 조용하고 평온한 활동을 하는 사이에 마그마 방에 다량의 가스를 함유하게 된 마그마가 극히 빠른 속도로 격렬한 폭발을 일으키며 분화하는 것이다. 화도 안에서 폭발성 가스가 계속 흘러나오고 용암류가 산복의 틈새나 화구로부터 유출하여 화도는 아주 깊은 곳까지 텅 비어 있게 된다. 베수비오상의 가장 격렬한 분화는 때로 굉장한 가스 폭발을 일으킨다. 이때 다량의 부석(pumice)이나 화산재가 하늘 높이 분연주를 형성하며 솟아오른 다음, 화산재 구름이 바람을 타고 화산의 풍하 쪽에 집중적으로 떨어지는데 이러한 활동상을 플리니형 또는 플리니상이라고 한다. 79년에 있었던 베수비오 화산의 대분화가 그 예로서, 약 700년간의 휴식 후에 폭발한 이 분화는 약 2일간 계속되었다.

폭발성 분화에서 화산 분화의 규모는 분연주의 높이와 화산 분출물의 양으로부터 **화산 폭발 지수**(VEI, Volcanic Explosivity Index)로 나타낼 수 있다(그림 4.36). 화산 폭발 지수는 폭발성 분화의 크기를 나타내며, 0에서 8까지 9단계로 구분된다. VEI 2부터는 1등급이 올라감에 따라 분출물의 양은 10배로 늘어난다. 화산에서 용암이 흘러나오는 일류성 분화(화산 분출)가 발생하면 화산 폭발 지수는 0

VEI	Ejecta volume (bulk)	Classification	Description	Plume	Frequency	Tropospheric injection	Stratospheric injection[2]
		Examples					
0	< 10^4 m^3	Hawaiian	Effusive	< 100 m	continuous	negligible	none
		Kīlauea, Piton de la Fournaise, Erebus					
1	> 10^4 m^3	Hawaiian / Strombolian	Gentle	100 m – 1 km	daily	minor	none
		Nyiragongo (2002), Raoul Island (2006), Stromboli (continuous since Roman times to present)					
2	> 10^6 m^3	Strombolian / Vulcanian	Explosive	1–5 km	fortnightly	moderate	none
		Unzen (1792), Cumbre Vieja (1949), Galeras (1993), Sinabung (2010)					
3	> 10^7 m^3	Vulcanian / Peléan/Sub-Plinian	Catastrophic	3–15 km	3 months	substantial	possible
		Lassen Peak (1915), Nevado del Ruiz (1985), Soufrière Hills (1995), Nabro (2011)					
4	> 0.1 km^3	Peléan / Plinian/Sub-Plinian	Cataclysmic	> 10 km (Plinian or sub-Plinian)	18 months	substantial	definite
		Laki (1783), Mayon (1814), Pelée (1902), Galunggung (1982), Eyjafjallajökull (2010), Calbuco (2015)					
5	> 1 km^3	Peléan/Plinian	Paroxysmic	> 10 km (Plinian)	12 years	substantial	significant
		Vesuvius (79), Fuji (1707), Mount Tarawera (1886), Mount Agung (1963), St. Helens (1980), Mount Hudson (1991), Puyehue (2011)					
6	> 10 km^3	Plinian / Ultra-Plinian	Colossal	> 20 km	50 - 100 yrs	substantial	substantial
		Laach Lake Volcano (c. 12,900 BC), Veniaminof (c. 1750 BC), Lake Ilopango (535), Huaynaputina (1600), Krakatoa (1883), Santa Maria (1902), Novarupta (1912), Pinatubo (1991)					
7	> 100 km^3	Ultra-Plinian	Super-colossal	> 20 km	500 - 1,000 yrs	substantial	substantial
		Mazama (c. 5600 BC), Thera (c. 1620 BC), Taupo (180), Baekdu (946), Samalas (Mount Rinjani) (1257), Tambora (1815)					
8	> 1000 km^3	Ultra-Plinian	Mega-colossal	> 20 km	> 50,000 yrs[3][4]	vast	vast
		La Garita Caldera (26.3 Ma), Yellowstone (630,000 BC), Toba (74,000 BC), Taupo (25,360 BC)					

그림 4.36 화산 폭발 지수에 따른 분출물의 양, 분연주의 높이 등

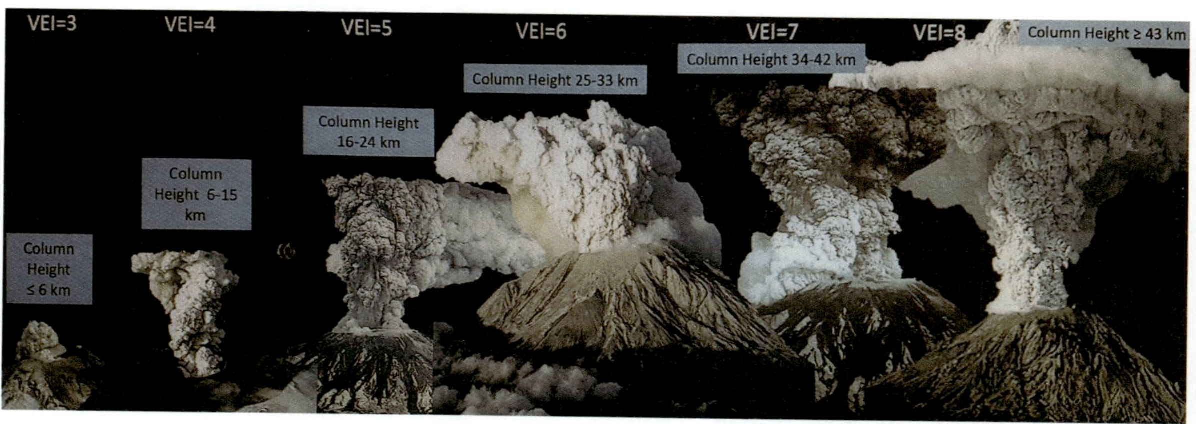

그림 4.37 화산 폭발 지수에 다른 분연주의 높이

이거나 1이다. 보통의 화산에서 통상적인 폭발성 분화가 발생하면 화산 폭발 지수는 1 또는 2가 되고, 3 이상의 분화가 발생하면 큰 규모의 화산활동으로 평가한다. 발생 빈도는 그림 4.36과 같다. 화산 폭발 지수 3일 때 화산 분출물의 양은 10^7 m^3 이상, 분연주의 높이는 6 km 이하, 화산 폭발 지수 4일 때 화산 분출물의 양은 0.1 km^3 이상, 분연주의 높이는 6~15 km, 화산 폭발 지수 5일 때 화산 분출물의 양은 1 km^3 이상, 분연주의 높이는 16~24 km, 화산 폭발 지수 6일 때 화산 분출물의 양은 10 km^3 이상, 분연주의 높이는 25~33 km, 화산 폭발 지수 7일 때 화산 분출물의 양은 100 km^3 이상, 분연주

의 높이는 34~42 km, 화산 폭발 지수 8일 때 화산 분출물의 양은 1,000 km^3 이상, 분연주의 높이는 43 km 이상으로 알려져 있다(그림 4.36, 4.37), 백두산의 946년 밀레니엄 분화 시 화산 분출물의 양은 100~150 km^3에 달하며 분연주의 높이가 25~35 km로 상승하였다고 알려져 화산 폭발 지수 7로 평가된다.

3) 원추화산 및 그와 관련된 화산 형태

하나의 화산체는 단기간에 단순한 화산활동에 의해 형성되는 경우도 있지만 대부분의 화산체는 수 년~수십 만 년의 장기간에 걸쳐 여러 번의 분화가 반복됨으로써 형성된다. 한라산 화산체의 경우도 360여 개의 단성 화산체(오름)의 활동에 의한 용암 분출과 화성쇄설물의 분화에 의해 형성되었으며, 그의 화산활동의 일생은 적어도 100만 년 이상에 달하는 것으로 짐작된다.

화산의 형태와 구조를 지배하는 인자로는 용암의 점성, 화성쇄설물과 용암의 비율이 가장 중요하며, 또한 화산의 활동상도 이와 관련된다. 이를테면 스트롬볼리상－불칸상－베수비오상의 화산활동은 전형적인 원추형 성층화산 또는 화산원추구를 형성하고, 하와이상은 낮은 돔형에 가까운 순상화산을 형성한다.

(1) 암설구

폭발성 분화에 의해 방출된 화성쇄설물이 화구를 중심으로 집적되어 생긴 원추구를 암설구(pyroclastic cone) 또는 화성쇄설구라고 한다. 암설로만 구성될 때는 산체의 경사가 보통 30° 내외이고, 높이는 200~300 m 이하로 규모가 비교적 작다. 그리고 정상에는 깔때기 모양의 분화구(crater)가 있는 것이 보통이다. 암설구가 분석으로 되어 있으면, 이것을 **분석구**(cinder cone)라고 한다. 제주도 단성 화산지대에는 오름이라고 부르는 360여 개의 단성 화산(monogenetic volcano)이 있는데, 이들 중 대부분이 분석구이며 응회환(tuff ring), 응회구(tuff cone), 소순상 화산체, 용암돔, 마르(maar) 등으로 구성된다. 이들 단성 화산체 중 가장 젊은 것은 2,000년 전 형성된 돌오름(조면암 용암돔)으로 보고되었다. 제주드는 역사시대인 서기 1002년, 1007년(고려 목종 5년, 10년)에 분화한 기록이 고려사에 남아 있다. 대부분의 분석구는 '송이'라고 부르는 **스코리아**(scoria)로 되어 있어 이것을 스코리아구라고도 한다. 규장질 화산활동에 의하여 형성된 단성 화산체가 주로 부석(pumice)의 쇄설물로 이루어지면 부석구라고 한다.

1538년에 나폴리 서쪽 전원에서 갑자기 분화가 일어났다. 불과 2~3일에 그친 불칸형 분화였는데, 분연주의 높이는 약 130 m에 달했다. 처음 방출한 것은 주위에 있는 기존암의 모가 난 암편이었지만 얼마 후 조면암질(trachytic) 화산재와 약간의 부석을 방출하였다. 멕시코 태평양 연안에 있는 바르세나(Bárcena) 화산은 1952년 8월에 분화하기 시작하였으며, 처음 12일간 분연주의 높이가 300 m까지 달한 불칸형 분화였는데, 2~3주 후에 화구는 점성이 매우 높은 용암으로 뒤덮였다. 이 용암 플러그는 12월에 들어와서 상승이 멈추어 용암은 원추구 화산의 기저부에서 바다로 흘러 들어가기 시작하였다.

화산학자가 화산의 탄생, 성장 및 죽음을 관찰하는 경우는 거의 없다. 하지만 멕시코 미초아칸의 파리쿠틴(Paricutin) 화산은 그러한 기회를 제공했다. 파리쿠틴을 생성한 분화는 1943년 2월 20일에 광활한 들판에서 분화하기 시작하여 1952년까지 계속되었다. 대부분의 분화 활동은 분화 첫해에 원추구가 기저부(해발 2,280 m)에서 336 m로 자라는 동안에 있었다. 원추구는 8년 동안 계속 성장했지만 단지 88 m만 추가되었다. 분화 활동은 둘째 날에 시작되어 분화가 끝날 때까지 계속되었다. 불덩어리, 용암 및 화산재로 인해 마을 두 곳과 수백 채의 가옥이 파괴되고 매몰되었다. 용암류는 약 25 km^2를 덮었고 부피는 약 1.4 km^3이었다. 격렬한 폭발이 빈번하고 폭발적인 분화의 마지막 6개월까지 분화 속도는 꾸준히 감소했다. 아무도 용암이나 재로 죽지 않았지만 분화와 관련된 벼락으로 3명이 사망했다.

(2) 마르

마르는 주로 마그마가 지면 아래에서 지하수와 만나 폭발성 분화를 통해 형성된 것이다. 폭발 후에 분화구 주변에 화성쇄설물들이 쌓여 분화구 주위는 낮고 밋밋한 언덕을 형성할 뿐이다. 화구는 깊이에 비해 매우 넓으며, 보통 직경이 100 m 이하, 깊이는 200 m 이하이다. 제주도 서귀포시의 하논 분화구가 대표적이다. 독일의 라인(Rhein) 지방에는 작은 마르군이 분포하고 있으며, 물이 고인 작은 호수를 형성한다. 화구의 안쪽 벽은 경사가 급하지만 바깥 사면은 4° 이하로 극히 완만하다.

(3) 용암돔 또는 용암 원추구

화산활동이 진행되는 동안 화산 밑에 저장된 가스 압력이 폭발을 일으킬 만한 힘에는 미치지 못하지만 화도에 있는 점성이 높은 용암을 화구 위로 밀어 올리기에는 충분할 수 있다. 이렇게 밀어 올려져 화구 위에 높이 솟은 용암 원추구를 플러그 돔이라고 한다. 유문암, 데사이트나 조면암처럼 SiO_2를 많이 함유하는 용암은 일반적으로 점성이 매우 높으므로 화구에서 멀리까지 흘러내리지 못한다. 따라서 이들 용암은 화구를 메우고 돔상의 화산체를 형성하는데 이것을 용암 원추구 또는 종상화산(tholoide)이라고 한다. 외형상 순상화산의 형태를 하고 있는 제주도 한라산 화산체의 정상에는 최후기의 분화로 믿어지는 백록담 조면암(Ar-Ar 연령: 3만 4,000~2만 4,000년 전)이 종상화산의 특징을 보여준다. 용암돔에는 원래 화구가 없지만 후에 폭발성 분화가 일어나면 정상에 큰 화구가 생긴다. 한라산 백록담은 좋은 예이다. 2만 5,000~2만 년 전에 조면암질 용암돔을 뚫고 백록담 조면 현무암이 폭발성 분화 및 용암 분출하여 백록담 분화구를 형성하였다. 백록담 분화구에는 1만 9,000년 전부터 분화구 호수에 퇴적물이 쌓였음이 밝혀졌다. 제주도의 산방산(395 m)은 조면암(Ar-Ar 연령:

87~80만 년 전)으로 이루어져 있는데, 전형적인 조면암질 용암돔이다.

때때로 화구 위에 높이 솟아오른 플러그 돔은 후에 일어난 폭발에 의하여 화산암첨(volcanic spine)이라고 하는 용암 기둥이 형성되기도 한다. 서인도제도의 마르티니크 섬에 있는 펠레 화산의 원추구와 화산암첨의 형성 과정은 매우 흥미로운 것이다. 이 화산은 1902년에 폭발성 분화가 있었는데, 이전에는 화구의 지름이 약 800 m, 깊이가 약 300~600 m였다. 점성이 매우 높은 용암은 화구를 메우고 솟아올라 7개월 동안 높이 300 m에 달하는 원추형 용암돔을 형성하였다. 이 원추형 용암돔의 정상부에는 높이 60 m 이상의 화산암첨이 잇달아 생겨났지만 그 후 작은 규모의 폭발에 의해 모두 파괴되었다. 하나의 큰 화산암첨이 다음 해 5월에 원추형 용암돔 위로 약 380 m나 솟아올랐지만 2~3주 후에 붕괴되어 100 m 이상 낮아졌고, 마침내 흔적을 감추었다. 1929년에서 1932년 사이에 또다시 활동이 활발해져 용암돔의 대부분은 떨어져 나가고 그곳에 화구가 형성되었다.

(4) 순상화산

유동성이 매우 높은 고철질 용암이 조용히 유출할 뿐, 폭발적 활동으로 인한 화성쇄설물의 분화가 거의 일어나지 않는 경우에는 극히 완경사(10° 이하)의 방패 모양 화산체를 만든다.

하와이 섬의 마우나 로아(Mauna Loa) 화산체는 대표적인 순상화산이다. 순상화산은 오랜 기간에 걸쳐 수십 또는 수백 회 이상에 달하는 용암류가 겹겹이 쌓여 형성된다. 따라서 용암류 하나의 두께는 6~8 m를 넘지 못한다. 마우나 로아 화산은 해수면 위의 높이만 하더라도 4,170 m이고, 화산체 저면의 직경은 약 118 km, 사면의 경사는 4~6°이다. 이 화산섬의 해저 직경은 약 200 km이며, 화산체의 정상과 해저 저면 사이의 전체 높이는 약 1만 m이다. 순상화산에서는 정상의 화구에서뿐만 아니라 산정(山頂)에서 두세 방향으로 뻗은 산 능선의 틈새에서도 용암이 다량 유출된다. 슈나이더(K. Schneider)에 의해 명명된 아스피테(aspite)는 순상화산에 해당한다.

앞서 제주도 한라산 화산체는 규모가 크고, 높이(1,950 m)에 비하여 기저부가 매우 넓으며(장경 74 km, 단경 32 km), 산사면의 경사가 매우 완만하여 일반적으로 순상 화산체의 형태를 나타낸다고 언급한 바 있다. 최근에는 하나의 순상 화산체보다는 360여 개의 독립된 소화산체인 단성화산을 가진 제주도 화산지대라고도 부른다. 화산지대(volcanic field)는 지역적인 화산활동이 일어나기 쉬운 지각의 한 영역이다. '화산지대'라고 불리는 데 필요한 화산의 종류와 수는 특별히 정의되어 있지 않다. 화산지대는 일반적으로 분석구와 같은 최대 100개 이상의 소화산체의 집단으로 구성된다. 또한 용암류도 발생할 수 있다. 그들은 단성 화산지대 또는 복성 화산지대로 산출될 수 있다.

(5) 성층화산

중간 정도의 점성을 가진 용암의 유출과 화성쇄설물의 폭발성 분화가 번갈아 일어나 교호(交

互)로 누적되어 점차 큰 화산체를 형성하는 경우에 큰 규모의 원추형 화산이 된다. 이를 **성층화산**(stratovolcano) 또는 **복성화산**(composite volcano)이라고 한다. 성층화산의 정상에는 보통 화구가 있으며, 화구의 면적은 화산체의 저면 면적에 비하여 매우 좁다. 산사면(산복)의 경사는 상부로 갈수록 급해져 최대 40°에 달하는 경우도 있다. 세계적인 대형 화산 중에는 이에 속하는 것이 많다. 대표적 예로는 베수비오(1,233 m 이탈리아), 므라피(2,949 m, 인도네시아 자바), 마욘(2,421 m, 필리핀), 후지산(3,776 m, 일본), 포포카테페틀(5,452 m, 멕시코), 코토팍시(5,978 m, 에콰도르) 등이 있다.

높이 2,000~3,000 m 이상의 성층화산 산사면에는 수많은 작은 화산이 산재하는데, 이를 측화산(flank cone)이라고 부르며, 과거 기생화산(parasitic cone)이라고 부르던 용어는 사라진 지 오래되었다. 시칠리아 섬의 에트나 화산에는 1,000개 이상의 측화산이 있다. 측화산은 흔히 종말기 화산활동의 산물이다.

2개 이상의 화산체가 겹쳐 있으면 복합화산(compound volcano)이라고 한다. 화산활동의 진행 중에 분화의 위치가 이동함으로써 몇 개의 화산체가 결합되거나 거대한 화구 안에 중앙 화구구(central cone)가 있는 화산도 이에 속한다. 에트나 화산은 전자에 속하는 복합화산이다.

(6) 칼데라

화산체의 중심부 또는 화산 가까운 지역에 원형의 요지가 있는데 이 지형을 **'칼데라'**라고 한다. 칼데라는 흔히 수직 또는 급경사의 내측벽으로 둘러싸여 있으며, 지형적으로 분화구와 혼동하기 쉽지만 분화구에 비해 훨씬 크다. 분화구의 직경은 대개 1 km를 넘지 않으나 칼데라는 50 × 20 km(타원형의 장경과 단경)에 달하는 것(수마트라의 토바 칼데라호)도 있다. 백두산 천지는 칼데라 호수이며, 한라산 백록담은 분화구 호수이다.

칼데라의 성인에 관해서는 오래전부터 몇 가지 설이 있다. 즉 함몰설, 폭발설, 침식설이다. 만일 폭발에 의해 산체가 떨어져나가 칼데라가 형성되었다면 칼데라 주위에 기존 암석의 파쇄된 암편이 퇴적되어 있어야 할 것이다. H. Williams(1941)는 세계의 대표적인 칼데라를 검토한 결과 그와 같은 퇴적물은 볼 수 없는 것이 보통이며, 만약 있다고 하더라도 칼데라 요지의 부피에 비하여 비교가 되지 않을 만큼 적은 양이라는 것을 밝혔다. 이러한 사실은 함몰설을 뒷받침하는 것으로서 대부분의 칼데라는 함몰 칼데라라는 생각을 갖게 한다. 함몰 칼데라는 화산활동의 후기에는 하부의 마그마 방이 비게 되고, 따라서 대규모 침하에 의해 형성되는데, 이 같은 붕괴는 급격하게 일어날 수도 있고 점진적이고 주기적으로 일어날 수도 있다. 칼데라에 물이 고이면 칼데라호가 된다.

미국 오리곤 주 크레이터(Crater)호의 호분(湖盆)은 높이 솟아 있던 복합 원추구가 붕괴되어 형성되었고, 직경 약 10 km의 칼데라이다(그림 4.38). 칼데라 벽의 바깥 사면상에는 빙하가 얹혀 있었다는 증거가 여럿 남아 있어 이 칼데라는 그리 오래되지 않은 시기에 생성되었음에 틀림이 없다. 빙하 퇴

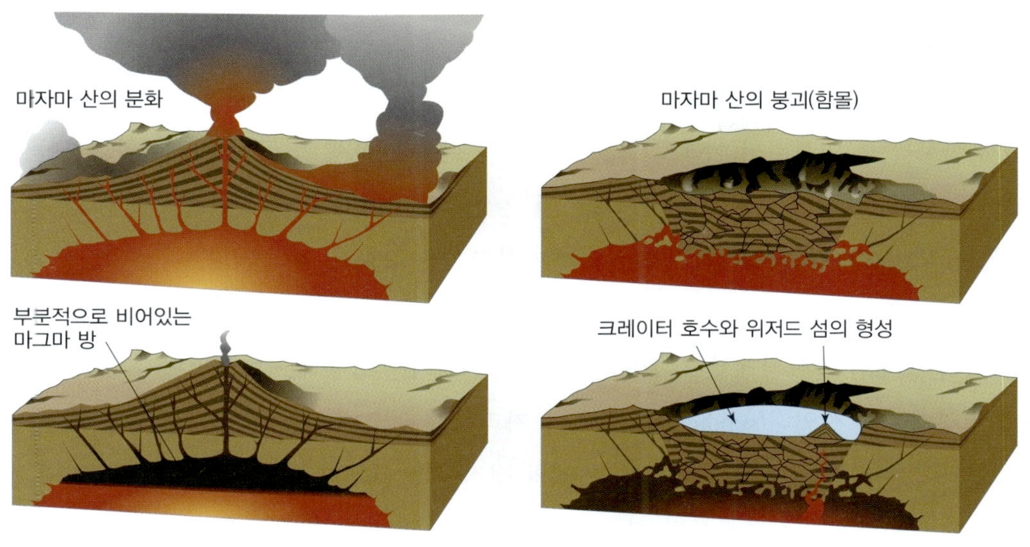

그림 4.38 미국 오리곤 주의 크레이터호 칼데라의 형성 과정

적물은 테프라와 호층을 이루고 있다. 그리고 테프라로 매몰되어 있지 않은 U자 곡이 칼데라 변두리에서 추적되는데 칼데라 벽에서 갑자기 끊긴다. 그리고 이 붕락에 수반한, 분화 때 쓰러진 나무의 탄화물로부터, ^{14}C법으로 연령(약 8,000년)을 밝힐 수 있었다. 당시 빙하로 뒤덮여 있던 구 화산체는 거의 4,000 m의 높이에 있었을 것이다. 이것은 원래의 구조 중 70 km^3 이상이 소멸되었음을 뜻한다. H. Williams(1942)는 소멸된 화산체 중 적어도 6 km^{3}는 폭발에 의해 비산했을 것으로 생각하였다. 따라서 나머지 64 km^{3}의 소멸은 침하에 의한 것으로 유추할 수 있다. 울릉도 중앙 북부에 있는 알봉 나리분지는 지름 3~4 km의 칼데라이다. 분지 내 북서쪽에는 중앙 화구구인 알봉(611 m)이 있다. 최고봉인 성인봉(983.6 m)은 외륜산(somma)의 하나로서, 울릉도 화산체는 복합화산이라고 단정할 수 있다. 침식 칼데라는 칼데라나 화구가 침식에 의해 확대된 것이다.

(7) 다이어트림

다이어트림(diatreme)은 화산 깊은 곳에서 화산가스의 폭발적인 분화로 인해 형성된 각력암으로 채워진 화도나 화도관, 즉 화도 충진 화성쇄설암을 칭하는 말이다. 수평에 가까운 퇴적암층 위에 515 m나 높이 솟아 있는 미국 뉴멕시코 주의 십록(Shiprock)은 그를 둘러싸고 있던 퇴적암이 침식에 의해서 삭박 · 노출된 다이어트림이다. 어떤 다이어트림은 상부 맨틀의 심부에서 물질이 상승하여 형성된 것도 있다. 남아프리카공화국에 있는 유명한 킴벌리(Kimberly) 다이아몬드 광상(鑛床)은 이런 유형의 다이어트림 내에 발달해 있다. 제주도 지하의 화도충진 화성쇄설암, 경상북도 어일분지 매곡 다이어트림, 월성군 녹동리의 다이어트림 등이 알려져 있다.

4) 화산의 분포와 화산활동의 특성

화산은 지각의 약대(弱帶)를 따라서 특정 지역에 줄지어 분포하며, 1만 년 이내의 분화 경험을 가진 1,350개 화산들 중 역사시대 이래로 활동이 기록된 화산과 현재 활동하고 있는 활화산만 하더라도 500여 개에 달한다. 그리고 산체가 화산으로서의 흔적이 뚜렷이 보존되어 있는 사화산의 총 수는 730여 개이다. 이 밖에 화산체의 모양을 거의 상실한 사화산은 그보다 훨씬 많다.

대부분의 화산은 지판의 경계부와 밀접한 관계를 가지고 자리 잡고 있다. 그들 가운데 15%는 지판이 벌어지는 인장대인 발산경계부에, 80%는 지판이 수렴되는 압축대, 즉 해양판이 대륙판 하부로 섭입하는 수렴경계부인 섭입대(subduction zone)에 자리하고 있으며, 나머지 5%가 지판 내부에 자리하고 있다. 화산이 자리하는 위치에 따라서 용암의 성질이나 분화의 양상이 다르다. 해저의 갈라지는 곳이나 해양 내에 있는 화산으로부터 분출하는 대부분의 용암은 현무암질 마그마에서 유래된 것이다. 해양판이 다른 해양판과 만나 섭입하는 곳에서는 현무암과 안산암이 우세하다. 해양판이 섭입되는 대륙 연변부에서는 현무암과 안산암은 물론이고, 유문암도 흔히 발견된다.

(1) 마그마의 종류와 유래

지구의 심부 수백 킬로미터 지역에 대한 현재까지의 연구 결과의 내용은 이미 여러 번 설명한 바 있다. 대륙은 마치 단단한 암석권 위에 얹혀서 뗏목처럼 떠다니는 형국이다. 대륙지각은 주로 화강암과 다른 규장질 암석으로 구성되어 있다. 해양지각은 대부분 고철질의 현무암과 반려암으로 구성되어 있으므로 해저에서는 화강암과 같은 암석을 거의 찾아볼 수 없다. 지각은 화학 조성이 갑자기 변하는 경계부인 모호-불연속면(Moho-discontinuity)에 의해서 하부의 암석권(맨틀 최상부)과 분리된다. 그 불연속면 아래에 있는 암석권은 고철질암보다 규산염(SiO_2)이 적고, 철 · 마그네슘 성분이 많은 광물(ferromagnesian minerals)을 함유하는 초고철질(ultramafic)암으로 구성되어 있다. 그 하부에는 유연하고 부분 용융된 상태의 초고철질인 연약권(asthenosphere)이 있다.

현무암은 지각 전체 부피의 약 40~43%를 차지하고, 지구 표면의 70%를 차지하는 해양지각을 구성하며, 주로 화산활동에 의해 생성된 암석이다. 현무암은 몇 가지 이유로 인하여 연약권이 부분 용융되어 생성되는 암석으로 추정된다. 즉 하와이의 킬라우에아 화산의 일생을 살펴보면 마그마가 연약권에서 수액처럼 솟아나 현무암으로 분출된 결과라는 것을 알 수 있다. 페리도타이트(peridotite)는 대체로 상부 맨틀의 대부분을 구성하는 초고철질 암석이다. 고온 · 고압 실험에서 감람암을 점차 높은 온도로 가열하면 가장 먼저 생성되는 용융 물질은 현무암질이다.

유문암처럼 화산암 중에서 SiO_2 성분을 가장 많이 함유하는 규장질 용암은 또 다른 성인에 의해 형성된 것이다. 그들의 조성이 현무암과는 다르므로 모암의 위치와 성질 또는 마그마의 진화도 다를 것이다. 그와 같은 유문암은 대륙이나 아이슬란드와 아조레스 섬에서처럼 일부 섬에서 볼 수 있지만 해양저에서는 볼 수 없다는 것이 특징이다. 유문암은 대륙지각의 화강암질암이 완전 용융됨으로써 만들어진 규장질 마그마에서 유래된다. 화강암질암이 풍화를 받아 부서져 대륙 가까운 해저에 퇴적되고, 이 퇴적물이 재용융되어 규장질 마그마를 만들기도 한다. 따라서 규장질 마그마가 형성되기에 알맞은 환경 중의 하나는 서로 충돌하는 두 지판 중의 하나가 대륙 연변부에 있는 수렴대가 되어야 할 것이다. 이곳에는 규장질 마그마를 형성하는 데 필요로 하는 모든 요소, 즉 열, 변형 작용, 다량의 화강암질 물질 등이 구비되어 있는 것이다.

규장질 용암은 현무암질 마그마의 분화에 의해서도 만들어질 수 있다. 현무암질 마그마의 결정 분화 작용을 생각해보자. 처음에 정출되는 광물은 감람석이며, 감람석은 무거워 밑으로 가라앉고, 잔류 용액은 더욱더 규장질 성분으로 된다. 분별 정출 작용(fractional crystallization)이 계속되면 새로운 압력 온도에서 여러 가지 광물이 정출된다. 따라서 각 단계별로 광물 조성을 달리하는 여러 종류의 암석이 형성될 수 있는 것이다. 이론적으로 현무암에서 안산암으로, 그리고 유문암으로 점이하는 분화 계열(differentiation series)이 가능하며, 이 같은 예는 해양의 몇몇 도서에서 관찰된 바 있다. 규장질이 가장 많은 최종 산물인 유문암(또는 화강암)이 현무암질 마그마로부터 생성될 수 있는가는 의문이지만 중간 성분의 분화물인 안산암은 해양 도서에서 발견되며, 훨씬 많이 존재하는 현무암으로부터 분화되어 형성되었다는 것은 의심의 여지가 없다. 실제로 아이슬란드의 지질학자들은 화산 분화의 주기가 길면 길수록 분출물에는 규장질이 더욱더 풍부해진다는 사실을 발견하였는데, 그 까닭은 분별 결정 작용과 침전이 이루어지는 시간이 더 길기 때문이다. 앞에서 언급한 바와 같이 안산암은 섭입하는 지판의 최상부 연약권 쐐기형 맨틀에서 유래된 맨틀 물질이 함수유체(물)가 있는 상태에서 고상선 온도의 하강으로 부분 용융되어 생길 수도 있다. 또 안산암은 대부분 현무암과 유문암의 중간적인 조성이기 때문에 규장질 마그마와 고철질 마그마의 혼합물로부터 생길 수도 있으며(마그마 혼합), 고철질 마그마에 의해 화강암질 암석이 동화 작용을 받아 생길 수도 있다.

많은 양의 안산암이 섭입대에서 존재한다는 것 이외에 아닥카이트(adakites)라고 부르는 섭입대 화산암도 알려져 있다. 최근 연구에 의하면, 섭입대에서 뜨겁고 젊은 현무암질 해양지각이 해령과 함께 연약권 안으로 비스듬히 밀려들어갈 때 부분 용융되어 형성될 수 있다는 해석이다. 연약권에서 나오는 열, 그리고 섭입대 접촉면의 마찰로 인하여 발생한 열은 용융에 필요한 열에너지의 주된 공급원이다. 따라서 얇은 해양저 퇴적물로서 규소가 풍부해진 현무암질 해양지각은 용융되어 아닥카이트질 마그마로 바뀔 수 있으며, 이 마그마는 부력에 의해 상승하여 위에 있는 호상열도의 화산으로 분화하게 될 것이다.

(2) 해령에서의 화산작용

전 세계적으로 보았을 때 현무암이 분출되는 틈새의 양상은 해령의 열곡(rifts)들과 일치한다. 분리되는 지판들 사이의 파쇄대는 연약권까지 확장되고, 많은 양의 감람암과 현무암질 마그마는 부력에 의해서 파쇄대를 따라 상승하여 새로운 암석권을 형성하게 된다. 고온의 감람암은 연약권으로부터 공급되는데, 이것이 파쇄대를 따라서 상승하므로 압력이 감소(감압 작용, decompression)하기 때문에 용융은 더욱 촉진되고 현무암의 공급은 증가된다. 이때 흘러나온 용융 물질은 해령과 화산 및 현무암질 대양저 지각, 그리고 아이슬란드와 같은 현무암질 용암대지를 형성하게 된다.

(3) 지판 내부에서의 화산작용

대부분의 화산활동은 지판의 경계부에 집중되지만 지판 내부의 화산 역시 막대한 양의 용암으로 된 화산들이다. 하나의 예로 하와이 활화산에서 시작한 후 점차 침식을 받아 소멸되어 해수에 잠기게 되는 화산 산맥으로 연결된 일련의 섬들을 들 수 있다. 이곳에서는 지진이 발생하지 않으므로(화산활동으로 지진이 생기는 하와이를 제외하고) 내지진성 해령(aseismatic ridge)이며, 이것은 해양저가 확장되는 지진성의 중앙해령과는 판구조론적인 관점에서 달리 해석되어야 한다. 제주도나 울릉도의 화산활동도 이러한 열점에 기인하는 것으로 해석되고 있다.

미국 프린스턴 대학의 제이슨 모건(Jason Morgan)과 캐나다 토론토 대학의 투조 윌슨(Tuzo Wilson)은 내지진성 해령과 대륙지각 내의 화산 발생지를 설명하기 위해 열점의 개념을 제창하였다. 판 경계부에서 판의 상호 작용의 결과로 마그마가 생성되는 화산들과는 달리 열점(화산)이란 고온의 물질이 물기둥 형태로 맨틀의 심부에서 암석권을 뚫고 올라와 화산의 중심이 되어 지표면 위로 분출되는 곳이다. 이 같은 열기둥은 아마도 맨틀에 고정되어 있을 것이며, 따라서 지판과 더불어 이동하지는 않는다. 결과적으로 열점은 지판이 그 위에서 이동함에 따라 열점에서 멀어질수록 점차 더 오래된 화산의 흔적을 남기게 된다는 것이 이들의 주장이다. 만일 열점이 맨틀에 고정되어 있다면, 열점으로부터 이동되어 간 화산의 흔적들은 지판 운동에 대한 절대속도와 방향을 측정하는 유력한 방법을 제공할 것이다.

열점이 고정되어 있다는 가설은 현재 지구물리학자들에 의해 신중히 조사되고 있다. 하와이 제도와 엠퍼러(Emperor) 제도의 성인이 열점이라는 사실은 제도의 장축 길이에 따라서 화산활동의 시대가 일정한 순서로 배열되어 있다는 것이 심해저 탐사에 의해 확인되었다.

해양저에서 형성되는 또 다른 유형은 해저에서 높이가 수 킬로미터 이상인 현무암질 해저 사화산인데, 이것은 해양판 내부에서 일반적으로 나타나는 특징이고 태평양에서만 1만 개 이상 알려져 있다. 이들은 처음에 해령 근처에서 활화산으로 생겨났다가 지판이 그것들을 이동시킴에 따라서 사화산으로 된 것이다. 이 가운데 어떤 것들은 처음에는 해수면 위로 나타나 있었는데 파도의 작용으로 침식을 받아 정상부가 편평한 원추 형태로 된 것도 있다. 해양의 암석권이 확장되어 냉각 · 수축되면서 대양저는 침강하고, 정상부가 편평한 화산들도 해수면 아래로 내려가게 된다. 이것이 평정해산 (guyots)이다.

(4) 지판이 수렴되는 곳의 화산활동

지판끼리 수렴하는 지역에서의 주요 특징 중 하나는 위에 놓인 지판의 가장자리에 생기는 해구와 평행하게 화산열도가 존재한다는 사실이다. 2개의 해양판이 수렴되는 곳에서는 대양저로부터 현무암과 안산암이 분화되어 호상열도가 형성된다. 현무암은 섭입대 위에 있는 연약권에서 유래된 것이며, 안산암은 이미 설명한 바와 같이 현무암질 지각과 하강하는 지판에 얇게 덮여 있는 대양저 퇴적물이 부분 용융되어 형성된 것이다. 필리핀과 마리아나(Mariana) 호상열도가 이 같은 유형의 예이다. 성장하는 호상열도로부터 나온 침식 물질과 화성쇄설물이 연해 지역에는 물론이고 멀리 해구까지 운반되어 퇴적되는데 이렇게 쌓인 두꺼운 물질들은 마침내 압축 · 가열되고, 관입당하면서 융기되어 새로운 대륙지각과 산맥을 형성하는 것이다. 일본을 구성하는 호상열도가 이런 과정의 초기 형태이다. 즉 후지산은 초기에 성장하는 호상열도 내에서 융기하는 원추형의 안산암 화산체 위에 축조된 현무암질 성층 화산체이다. 해양판이 그 가장자리에서 대륙을 운반하고 있는 지판에 의해 충돌하게 되면 아치형의 산맥이 대륙 연변부에 인접한 압착대에서 밀어 올려진다. 칠레–페루 해구와 그에 인접한 안데스 산맥이 대표적인 예이다.

(5) 대륙의 성장

해양저는 해령–열곡에서 확장에 의해 생성되고, 해구에서 섭입에 의해 소멸된다. 따라서 해양저 확장설의 기본 개념으로 유추하면 해양저는 매우 젊다는 것이다. 또한 대륙과 호상열도는 침식에 의해 깎이지만 침식된 물질은 너무 가벼워서 맨틀 속으로 가라앉을 수 없기 때문에 암석권에 머물러 있게 된다. 이와 같이 대륙은 그 가장자리에서 일어나는 퇴적 작용과 지판 운동에 의한 마그마 작용으로 성장하게 된다. 따라서 해양 분지는 결국 닫히게 되고, 결과적으로 대륙과 대륙의 충돌이 야기되어, 그들 사이에 있었던 호상열도와 퇴적 분지가 대륙 내부로 갇히게 되면서, 대륙의 성장이 계속되는 것이다.

5) 화산작용과 인간 생활

화산의 분화를 예측할 수 있을까? 이 문제는 오랫동안 인간의 큰 관심거리가 되어왔다. 지난 500년 동안 화산 폭발로 말미암아 약 20만 명의 인명이 희생되었다. 인구 밀도가 비교적 낮은 지역인 미국의 세인트 헬렌즈(St. Helens) 화산의 폭발적 분화로도 60명 이상의 희생자가 발생하였고, 약 15억 달러의 재산 피해가 발생했다. 화산이 분화하면 용암류, 화쇄류와 열운, 지진해일(쓰나미), 화산재와 눈 녹은 물로 범벅이 된 화산이류(라하르), 화산가스 등에 의해 순식간에 큰 피해를 입는다(그림 4.39). 킬라우

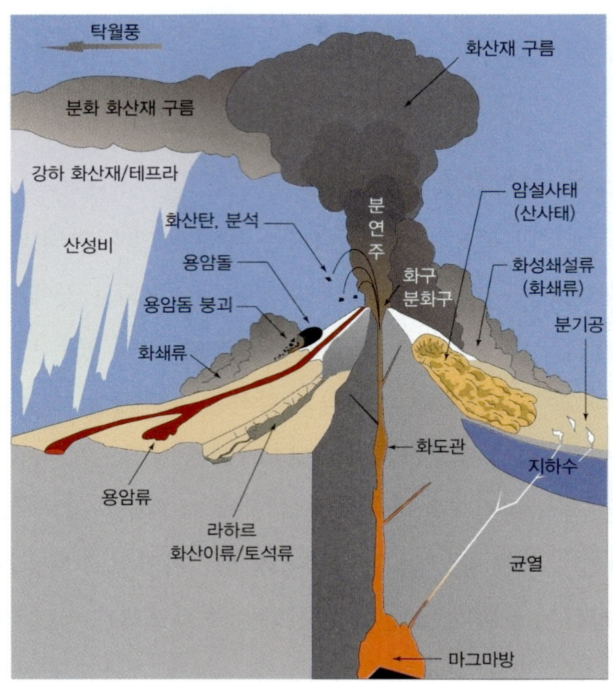

그림 4.39 화산 재해의 종류

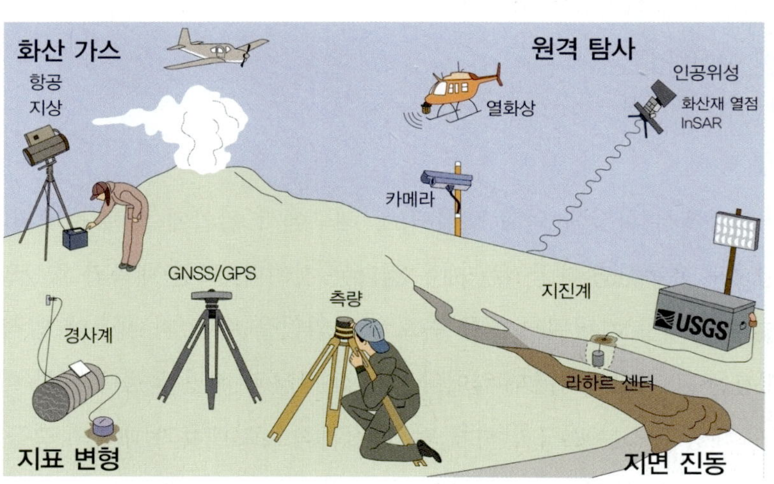

그림 4.40 화산 감시 기법들

에아와 같은 현무암을 분출하는 순상화산의 경우에는 화산 분화 전에 먼저 화산성 지진이나 지반의 경동(tilting), 미동(tremor) 등의 징조가 전조 현상으로 나타나므로 이런 전조 현상(그림 4.40)을 모니터링하여 화산에 의한 인명이나 재산 피해를 미리 예방하거나 줄일 수 있다. 분출되는 현무암질 용암은 대개 천천히 흘러내리므로 피할 수 있는 시간적 여유가 있으며, 어떤 경우에는 용암의 유로를 바꾸어 재산 피해를 막을 수도 있다. 화산의 활동을 가장 성공적으로 제어한 사례는 1973년 1월 아이슬란드의

그림 4.41 아이슬란드의 지열 발전소

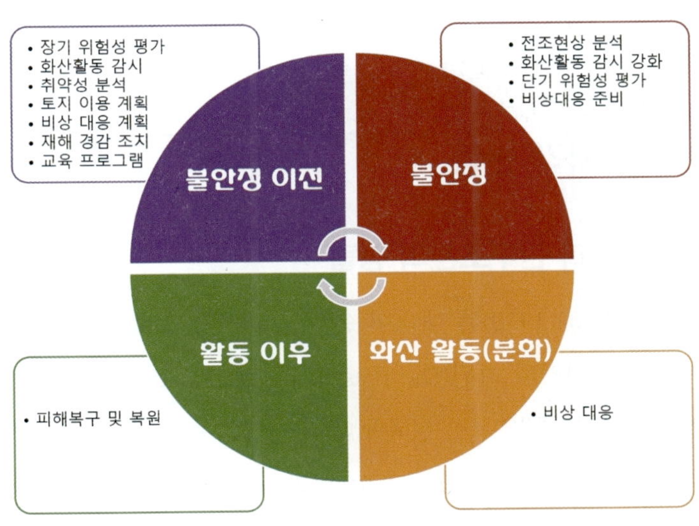

그림 4.42 화산의 대비 방법

헤이마에이(Heimaey) 섬에서 찾을 수 있다. 섬 주민들은 밀려오는 용암에 해수를 소방호스로 뿌려 용암류를 냉각시키거나 유동 속도를 줄여 용암이 주거지를 파괴하고 항구를 폐쇄시키는 것을 막았다.

가스가 많고 점성도가 높은 규장질 용암과 화성쇄설물을 분화하는 지판 경계부 화산의 경우는 특히 위험하다. 이런 화산들은 폭발적이며 폭발의 순간을 거의 예측할 수 없으므로 불가항력적이다. 그러나 지진계, 경사계, 온도 감지기, 가스 검출기, 중력장과 자기장의 변화 측정기 등을 사용하여 화산활동의 초기 단계를 짐작할 수는 있다. 세인트 헬렌즈 화산의 분화를 주기적인 화산성 지진, 미동과 가스의 분석으로 훌륭하게 예측한 사례도 있다.

화산은 파괴적인 면도 있지만 우리 생활에 이바지하는 면도 있다. 대기와 해양은 오래전의 화산작용으로 형성된 것이며, 화산 물질로 이루어진 토양은 특히 비옥하다. 중요한 화학공업의 원료들을 화산 분출물에서 얻을 수 있으며, 화산활동에 의한 열에너지는 동력원으로서 이용 가치가 점차 높아지고 있다. 아이슬란드 레이캬비크(Reykjavik)의 거의 모든 집에서는 지열 발전소(그림 4.41) 및 화산 온천에서 나오는 물을 난방에 사용하고 이탈리아, 뉴질랜드, 미국, 멕시코, 일본, 러시아 등지에서는 지열을 발전 에너지로 이용하려는 시도가 활발해지고 있다. 화산 지역은 수려한 경관뿐만 아니라 다양한 화산 현상들이 학생들의 탐방 학습장, 지질공원 등으로 인기를 끌고 있으며 특히 온천은 휴식 공간으로 활용되고 있다.

활화산을 슬기롭게 잘 활용하기 위해서는 불안정한 상태 이전에는 장기 위험성 평가, 화산활동 감시, 취약성 분석, 토지이용 계획, 비상 대응 계획, 재해 경감 조치 및 교육 프로그램이 필요하며 불안정 시에는 전조 현상 분석, 화산활동 감시 강화, 단기 위험성 평가 및 비상 대응 준비 등이 필요하다. 화산활동(분화) 시에는 비상 대응을 해야 하며, 화산활동 이후에는 피해 복구 및 복원에 주력하여야 한다(그림 4.42).

4.3 판구조 운동과 지각 변동

1) 베게너의 대륙이동설과 판구조론의 성립

베게너(Alfred Wegener, 1880~1930)는 대륙이 움직인다는 당시로서는 파격적인 학설을 1915년 출판된 그의 대표 저서 「대륙과 해양의 기원(Die Entstehung der Kontinente und Ozeane)」을 통해 세상에 소개하였다. 베게너는 세계 지도를 유심히 살펴보다 대서양의 동–서 해안선이 비슷하다는 사실을 깨닫고 이를 통해 대륙 이동의 개념을 떠올렸다고 이 책의 도입부에서 서술하였다. 그러나 이전부터 해안선의 형태에 착안해 대륙 이동을 주장한 학자들이 있었다. 영국의 철학자 베이컨(Francis Bacon, 1561~1626)은 1620년에 이미 대서양 연안 대륙들의 유사한 해안선 모양에 주목하였다. 프랑스의 지리학자인 스나이더(Antonio Snider-Pellegrini, 1802~1885)는 식물 화석 분포로 추정한 과거 대륙의 배치도를 1859년에 출판한 저서 「베일을 벗은 천지 창조의 신비(La Création et ses mystères dévoilés)」에 실었다. 그럼에도 불구하고 오늘날 우리가 대륙 이동설과 베게너를 함께 떠올리는 이유는 그가 당시까지 알려진 다양한 증거들을 종합하여 체계적인 이론으로 발전시켰기 때문이다.

베게너는 대륙들이 해양저를 가로지르며 매우 느린 속도로 움직인다고 생각했다. 또한, 이러한 움직임 때문에 대륙들은 지표를 떠돌다 먼 과거에 하나가 되었고, 그 이후 다시 분리되어 현재 위치에

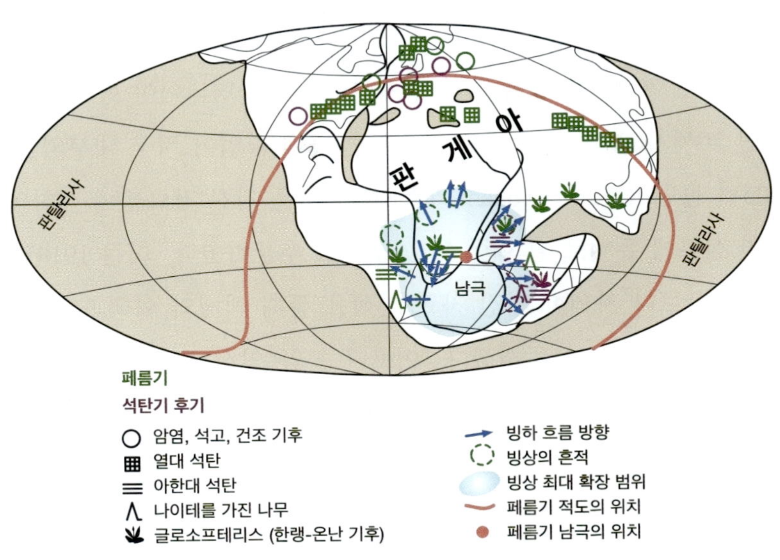

그림 4.43 판게아의 대륙 배치[Wegener(1915)에서 수정] 대륙마다 다양한 지질 및 기후 자료들이 판게아의 배치 하에서는 퍼즐처럼 잘 들어맞는다. 판게아는 대양 판탈라사(Panthalassa Ocean)에 의해 둘러싸여 있다.

도달했다고 주장하였다. 그는 중생대에 존재했던 이 거대한 단일 대륙을 모든 땅이라는 의미를 가진 그리스어 '판게아(Pangaea)'로 명명하였다(그림 4.43). 베게너의 대륙 이동설은 그때까지 밝혀지지 않았던 여러 지질학적 의문에 답을 줄 수 있었다. 예를 들어, Q1) 대규모의 습곡 산맥은 왜 대륙의 가장자리를 따라 길게 뻗어있을까? Q2) 수영을 하지 못하는 동물이 어떻게 넓은 바다를 사이에 둔 두 대륙에서 화석으로 발견될까? Q3) 따뜻하고 습한 기후에서 만들어지는 석탄 매립지가 왜 극지방 근처에서 발견될까? 대륙이 움직인다고 가정하면 이러한 물음들은 자연스럽게 해결된다. A1) 대규모 습곡 산맥은 대륙들이 모일 때 발생한 충돌의 흔적이다. A2) 멀리 떨어진 대륙들이 한때는 하나로 모여 연결된 적이 있었기 때문이다. A3) 대륙이 먼 거리를 이동하면서 다양한 기후대를 거쳐 왔기 때문이다.

대륙 이동설은 지구상에 나타나는 지형학적, 고생물학적, 지질학적 현상을 잘 설명할 수 있었다. 그러나 당시 학계의 반응은 매우 회의적이었다. 과학자들은 베게너의 주장이 자연 현상을 설명하기 위해 끼워 맞춰진 허무맹랑한 가설이라 비판하였다. 실제로 어떤 현상을 설명할 수 있는가의 여부는 가설의 옳고 그름을 판단하는 기준이 될 수 없다. 예를 들어 프톨레마이오스(Claudius Ptolemaeus, c.100~c.170)의 천동설은 비록 틀린 이론이지만, 긴 세월 동안 천문학의 근간을 이루었다. 이는 천동설이 당시 천문 관측 기술로 관찰된 천체의 운동을 훌륭히 설명할 수 있었기 때문이다. 이와는 대조적으로 훨씬 실재에 가까운 코페르니쿠스(Nicolaus Copernicus, 1473~1543)의 지동설은 오랫동안 중세 과학자들의 배척을 받았다. 지동설 역시 여러 천문 현상을 잘 설명할 수 있었지만(심지어 더 간단하고 더 명료했으며 더 정확하다), 당시의 학자들은 지구가 움직인다는 사실을 받아들일 수 없었다. 결국 뉴턴(Isaac Newton, 1643~1727)이 운동 법칙과 만유인력의 개념을 사용해 천체 운동의 메커니즘을 밝히고 나서야 천문학은 천동설로부터 완전히 벗어날 수 있었다. 이와 마찬가지로 베게너의 대륙 이동설이 학계에 받아들여지려면 대륙 운동의 메커니즘이 규명되어야 했다.

베게너가 활동하던 20세기 초는 지진 계측 기술의 발달에 힘입어 지구 내부의 구조가 조금씩 드러나던 시기였다. 1906년 올덤(Richard Oldham, 1858~1936)은 지진 자료를 분석하여 딱딱한 암석으로 이루어진 고체지구의 심부에 유체로 된 핵이 있을 것이라 추론하였다. 이는 1914년 구텐베르크(Beno Gutenberg, 1889~960)의 보다 자세한 지진 자료 분석을 통해 액체의 외핵과 고체의 맨틀 경계(심도 약 2,900 km)가 발견되면서 사실로 밝혀졌다. 이보다 조금 앞선 1909년에는 모호로비치치(Andrija Mohorovičić, 1857~1936)가 역시 지진 자료를 분석하여 대략 54 km 깊이에서 지진파의 속도가 갑자기 빨라지는 현상을 발견하였다. 그는 지각과 맨틀의 경계를 찾아낸 것이었다.

이로서 베게너는 대륙 지각이 해양 지각을 가르는 것은 물론 단단한 고체의 맨틀 위를 미끄러져 이동하는 메커니즘을 찾아야 했다. 베게너는 지구 자전에 의한 원심력이나 태양과 달에 의한 조석력으로 대륙 이동의 원동력을 설명하려고 하였다. 그러나 이러한 힘들은 대륙 지각과 해양 지각 혹은 맨틀 사이에 발생하는 마찰력에 비해 그 크기가 턱없이 작았다. 베게너는 남은 생애 동안 대륙 이동의 메커니즘을 규명하기 위해 많은 노력을 기울였지만, 해결하지 못한 채 그의 네 번째 그린란드 탐사

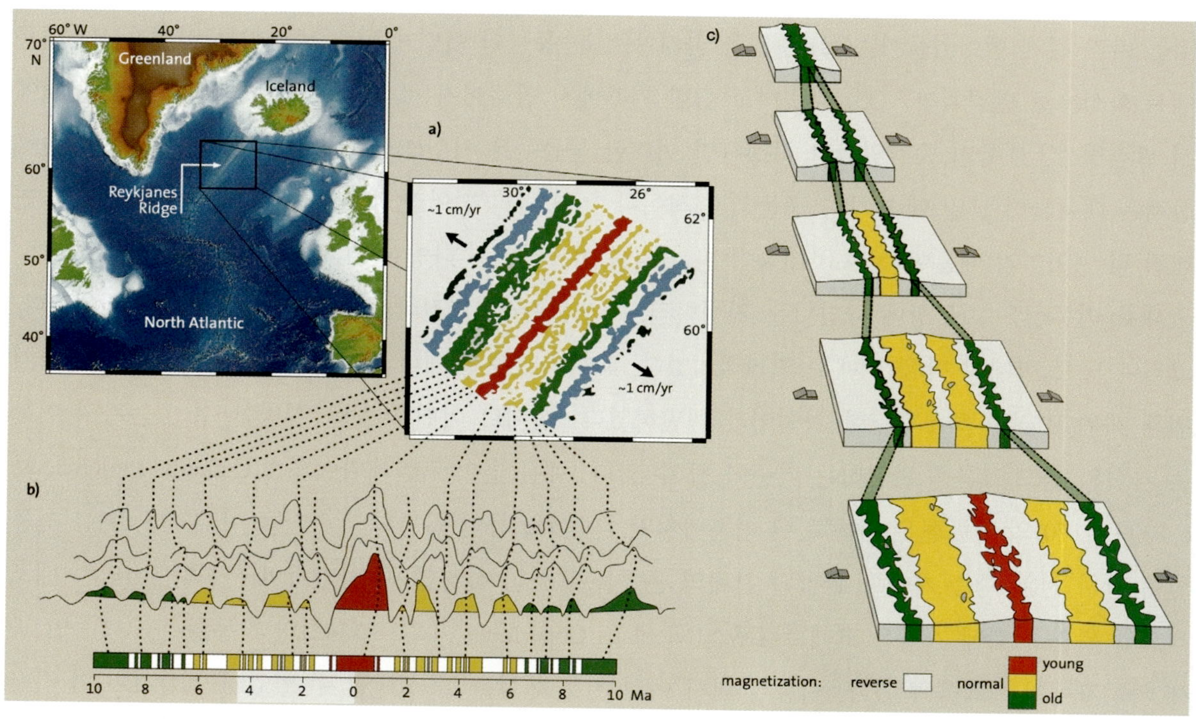

그림 4.44 (a) 레이캬네스 해령 인근 해양저에서 발견된 자기 줄무늬 패턴. (b) 해령을 가로질러 측정된 자기 이상의 세기 변화(위)와 대륙 화산암 자기 조사로 결정된 지자기 역전 이력(아래)의 비교. 색으로 표현된 영역이 정자기를 나타낸다. (c) 해령 열곡을 중심으로 대칭인 자기 줄무늬의 형성 과정

도중 실종되었다. 그리고 대륙 이동설은 학계에서 오랫동안 잊혔다.

베게너의 대륙 이동설은 1960년대 들어 다시 진지하게 논의되기 시작하였다. 빠르게 발전한 측정 기술에 의해 이를 뒷받침하는 새로운 증거들이 나타났기 때문이다. 놀라운 것은 대륙 이동설을 지지하는 가장 강력한 증거가 대륙이 아닌 해양에서 나왔다는 점이다. 1950년대 후반 대륙의 화산암을 대상으로 수행된 방사성 동위원소의 연대 추정과 고지자기 분석을 통해 지구 자기장의 극성이 불규칙한 간격으로 여러 번 역전되었다는 사실이 이미 알려져 있었다. 비슷한 시기에 수행된 해양 지자기 탐사는 해령 근처에서 양과 음의 자기 이상이 교대로 나타나는 현상을 발견하였다(그림 4.44a). 주목할 만한 것은 자기 줄무늬 패턴이 해령을 중심으로 대칭이며, 대륙 화산암으로 밝혀낸 지자기 역전 이력의 변동과도 일치한다는 사실이다(그림 4.44b). 당시의 과학자들은 자기 줄무늬와 지자기 역전 이력이 갖는 불규칙한 변동이 놀랍도록 서로 잘 일치한다는 사실을 설명해야 했다.

1963년 영국의 지구물리학자 바인(F. J. Vine, 1939~)과 매튜스(D. H. Matthews, 1931~1997), 그리고 이들과는 독립적으로 연구한 캐나다의 지질학자 몰리(L.W. Morley, 1920~2013)는 자기 줄무늬 패턴을 설명할 수 있는 획기적인 가설을 발표하였다. 해령의 열곡에서 현무암질 마그마가 분출하여 빠른 시간 내에 고화되면, 그 안에 포함된 자성 광물이 지자기 방향으로 강하게 자화된다. 그 결과, 해령과 평행하게 길고 가는 자기 띠가 확장 축을 중심으로 양쪽에 생성된다. 지자기장은 해령의 확장이 지속되는 수백만 년 동안 여러 번 역전되었기 때문에, 해령을 중심으로 대칭인 반대 극성의 자기 이상대가 교대로 형성된 것이다(그림 4.44c). 1962년 헤스(H. Hess, 1906~1969)는 상부 맨틀 대류가 상승하여 해령에서 해양 지각을 형성하며, 상승된 맨틀이 주변으로 퍼져 나가면서 지각을 움직이는 지구 내부 구조에 대한 동역학적 모형을 제안하였다. 비로소 베게너의 생각은 대륙 지각은 물론 지구의 심부를 아우르는 판구조론(plate tectonics)으로 확장되었다. 이 과정에서 판구조론은 지진대, 조산운동, 화산활동 및 변성 작용 등 대부분의 지질학 및 지구물리학적 지식과 현상에 대해 체계적인 설명을 제공할 수 있는 최신의 이론으로 발전하게 된다.

2) 판의 정의와 판 경계의 지구조적 특성

암석권과 연약권은 지구의 가장 바깥쪽을 둘러싸고 있다(4.1절 참조). 지구의 층상 구조는 거의 구형 대칭이지만, 지각과 최상부 맨틀로 구성된 암석권은 측면 방향으로 상당한 변화를 보인다. 대륙 하부에서는 암석권의 두께가 지표의 기복에 따라 대략 100~150 km 정도의 범위를 갖는다. 이에 반해, 해양 암석권은 연령에 따라 두께가 증가하며, 가장 두꺼운 지역은 약 100 km 정도에 이른다. 암석권 아래에는 대략 150 km 두께의 연약권이 위치한다. 다만 맨틀 구성 물질의 물성은 온도와 압력 조건에 의해 점진적으로 변하기 때문에, 연약권의 상한과 하한은 뚜렷한 경계를 갖지 않는다. 연약권은 암석권에 비해 강성이 낮기 때문에 이 구간에서 지진파의 속도는 감소한다. 또한 연약권은 암석권

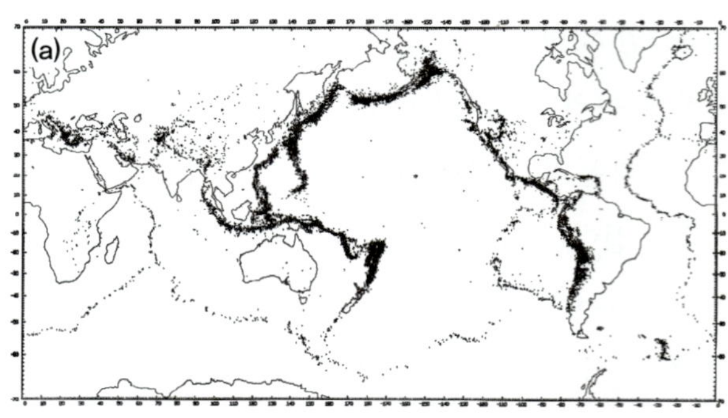

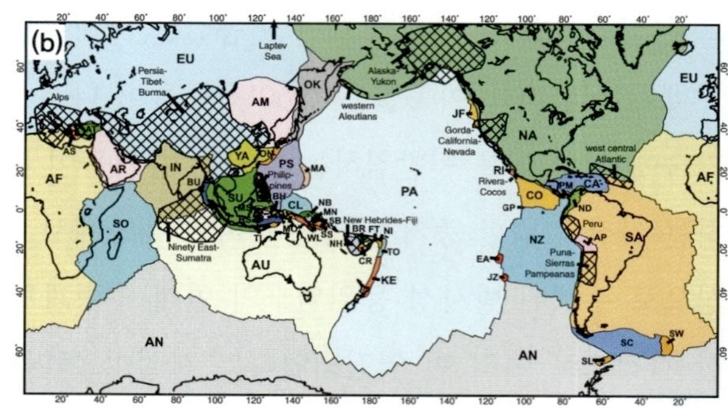

그림 4.45 **(a)** 1961년부터 1967년 사이에 발생한 약 30,000개 지진에 대한 진앙 분포도. 지진은 지진대로 명명된 특정 영역에서 주로 발생하며, 지진대는 판의 경계를 결정하는 주요 단서 중 하나이다. **(b)** PB2002 모형을 구성하는 전 세계 52개의 판 위치. 판의 명칭을 2개의 알파벳으로 표시하였다. 주요 판의 명칭은 표 4.4에서 확인할 수 있다. 격자 모양의 영역은 조산대를 나타낸다.

이나 그 하부에 위치한 중간권에 비해 가소성이 매우 뛰어나다. 연약권의 이러한 특성은 위쪽에 놓인 암석권, 즉 판이 움직일 수 있는 여건을 제공한다. 베게너는 두꺼운 대륙 지각이 얇은 해양 지각과 그 하부의 맨틀을 가르며 이동한다고 생각했다. 이 점이 바로 베게너의 대륙이동설과 현대 판구조론의 가장 큰 차이점이다.

암석권은 마치 지그소(jigsaw) 퍼즐처럼 여러 조각들로 나뉜 채 지구를 덮는다. 판(tectonic plate)이라 불리는 이 암석권 조각들은 각기 저마다의 속도와 방향으로 지속적인 움직임을 보인다. 판의 강성은 매우 높기 때문에 서로 맞물려 움직이는 판 간의 상대 운동은 주로 그 경계 지역을 따라 변형을 유발한다. 오랜 시간에 걸쳐 축적된 변형 에너지는 지진을 통해 순간적으로 방출된다. 전 세계 대부분의 지진은 지진대로 명명된 좁은 영역에서 발생하며, 때문에 진앙 분포는 판의 경계를 결정할 때 직접적인 단서를 제공한다(그림 4.45a).

판 경계 모형은 지형 기복, 지진 분포, 해양저 연령, 지반 속도 등의 전산화된 전 지구적 지구물리 관측 자료를 활용하여 결정한다. 최근의 판 경계 모형(PB2002, 그림 4.45b)은 총 52개의 판으로 구성된다. 넓이가 4.0×10^7 km^{2}가 넘는 비교적 큰 판에는 태평양판(PA), 아프리카판(AF), 남극판(AN), 북아메리카판(NA), 유라시아판(EU), 호주판(AU), 남아메리카판(SA)이 있다. 이 모형에서 가장 작은 판은 뉴기니섬 동쪽에 자리 잡은 약 8.1×10^3 km^2 넓이의 마누스판(MN)이다. 그러나 판 경계 모형에 의한 판의 구분이 절대적인 것은 아니다. 최근 빠른 속도로 발전하고 있는 우주 측지 기법을 통해 기존의 판이 더 작은 판들로 나뉠 수도 있다. 예를 들어 인도-호주판은 위성 관측으로 측정된 두 판 사이의 미묘한 속도 차이를 이용해 인도판(IN)과 호주판(AU)으로 분리되었다.

판과 판이 만나는 영역에서는 이들의 상대 운동에 따라 세 가지 유형의 판 경계가 나타난다. 첫 번째 유형은 생성 판 경계(constructive plate boundary)다(그림 4.46a). 서로 마주보는 두 판이 경계를 기준으로 멀어지기 때문에 발산 판 경계로도 불린다. 두 판이 멀어지면서 생긴 빈 공간은 새롭게 생성

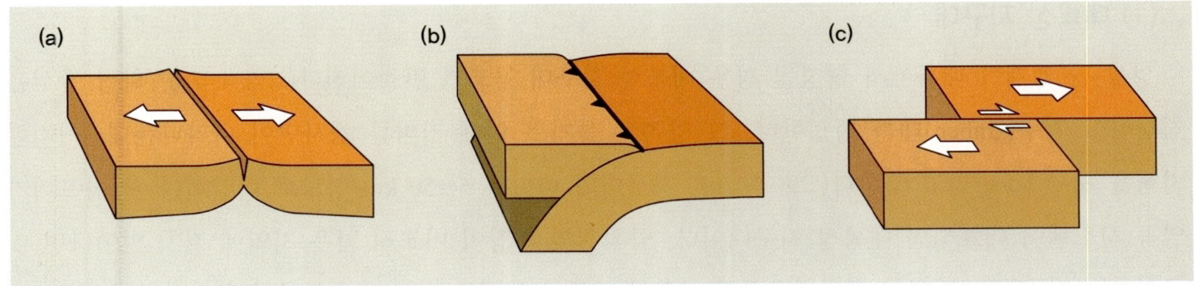

그림 4.46 세 종류의 판 경계 모형. (a) 생성 판 경계 혹은 발산 판 경계. 이곳에는 주로 해령이 위치한다. (b) 소멸 판 경계 혹은 수렴 판 경계. 이곳에는 해구가 존재한다. (c) 보존 판 경계. 이곳에는 주로 변환 단층이 존재한다.

되는 해양지각이 채운다. 확장 중심(spreading center)이라 불리는 이곳에서는 육상의 경우 대륙성 지구대(continental graben) 구조가, 해양에서는 중앙해령(mid-ocean ridge) 시스템이 형성된다. 기존의 지각은 시간이 흐르면서 확장 중심에서 점점 멀어진다. 1961년 디츠(R. Dietz, 1914~1995)는 이 과정을 해양저 확장(sea-floor spreading)이라 명명하였다.

두 번째 유형은 소멸 판 경계(destructive plate boundary)로서 서로를 향해 접근하는 두 판에 의해 형성된다(그림 4.46b). 판의 상대 운동을 고려하여 수렴 판 경계라고도 한다. 이 경계에서는 두 판 중 밀도가 더 큰 해양판이 하부로 가라앉아 섭입대(subduction zone)를 형성한다. 해구는 섭입대에서 나타나는 전형적인 지형이다. 섭입판(섭입대 부근에서 가라앉는 해양판)은 연약권-중간권 경계까지 떨어진다. 이곳에서 오랜 시간 동안 머물며 상변이를 거친 후, 다시 맨틀-핵 경계까지 가라앉는다. 섭입판은 D″층에 흡수됨으로써 맨틀 플룸에 암석권과 관련된 물질을 공급하는 역할을 한다. 이로써 지구의 표층부터 심부까지 아우르는 대규모의 물질 순환 구조가 완성된다(4.4절 참조).

세 번째 유형은 보존 판 경계(conservative plate boundary)로서 마주 보는 두 판은 서로를 지나쳐 평행하게 움직인다(그림 4.46c). 이 과정에서 판은 소멸되거나 생성되지 않는다. 이 경계를 이루는 주향이동 단층은 변류 단층이 아닌 변환 단층(transform fault)으로 구성되어 있다. 단층의 주향은 판의 상대 이동 방향과 정확히 일치하기 때문에, 판 간의 상대적인 이동 방향을 결정할 때 중요한 자료로 활용된다(그림 4.55).

앞서 소개한 세 유형의 판 경계는 비교적 좁은 지진대에 의해 정의된다. 그러나 진앙분포도(그림 4.45a)를 살펴보면 수백에서 수천 킬로미터의 영역에 걸쳐 지진이 발생하는 곳도 있다. 이처럼 폭이 넓은 지진대에 위치하는 판 경계를 때로는 확산 판 경계(diffuse plate boundary)로 분류하기도 한다. 인도판과 호주판의 경계, 북아메리카판과 남아메리칸판의 경계 그리고 누비아판과 소말리아판의 경계 등이 대표적인 예이다. 이들 판 경계에서는 마주보는 두 판의 상대 속도가 매우 느리다. 이는 두 판에 대한 오일러 회전극(4.3절 3)항 가 참조)이 판 경계에 인접해 있기 때문이다. 때문에 회전극을 중심으로 판 경계의 한쪽에서는 발산 운동이 다른 쪽에서는 수렴 운동이 발생하는 경우도 있다.

(1) 대륙성 지구대

생성 판 경계가 대륙에서 형성될 경우 대륙성 지구대 구조가 만들어진다(그림 4.47a). 확장 중심은 침강하여 지구(graben)대를 형성한다. 그 양쪽은 융기로 인해 가파른 경사면이 나타나는데, 이러한 지형을 지루(horst)라고 부른다(그림 4.47b). 지구대의 너비는 5~50 km 정도로 다양하다. 동아프리카 열곡 시스템이 대표적인 대륙성 지구대이다. 암석권의 확장이 비교적 넓은 지역에 걸쳐 일어나면 미국의 베이진-앤드-레인지 프러빈스처럼 지구와 지루가 교대로 반복되어 나타나기도 한다.

판의 확장에 의해 대략 15 km보다 얕은 심도에서는 취성(brittle) 변형이 일어난다. 이 과정은 정단

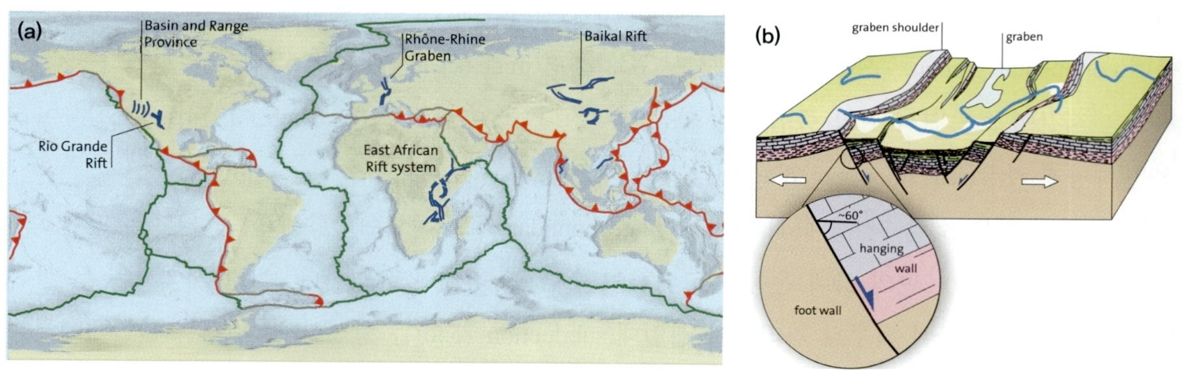

그림 4.47 (a) 비교적 연령이 낮은 대규모 지구대의 분포(푸른선). 해령시스템과 수렴 경계는 각각 초록색과 붉은색으로 표현되어 있다. (b) 장력을 받아 확장되는 지구대의 구조. 지구의 가장자리를 따라 급경사를 이루며 정단층이 형성되어 있다. 원 안은 정단층의 상반과 하반의 확대 그림

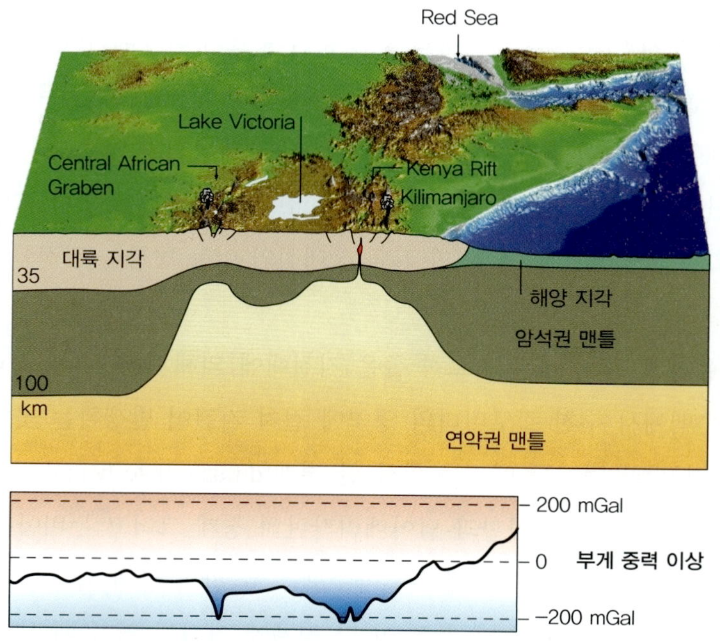

그림 4.48 (a) 동아프리카 지구대의 구조도. 중앙아프리카 열곡과 케냐 열곡에서 현저하게 얇아진 암석권을 보여준다. (b) 연약권 상승에 의한 음의 부게 중력 이상이 관측된다.

층을 유발하여 상반인 지구가 침강된다. 단층의 주향은 확장 중심의 주향과 평행하며, 약 60° 정도의 경사를 갖는다(그림 4.47b의 확대 그림). 암석권이 확장되면서 두께는 얇아지고, 이로 인해 연약권이 상승하며 지열류량은 증가한다(그림 4.48a). 연약권의 최상부 혹은 암석권의 하부에서 용융에 의해 생성된 마그마는 마그마방(magma chamber)을 형성하거나 지각의 균열을 따라 분출하여 화산 활동을 유발한다. 마그마는 맨틀에서 생성되기 때문에 현무암질의 조성을 갖는다. 경우에 따라서는 인접한 지각과 반응하거나 혹은 마그마방 내의 분별작용에 의해 다양한 조성을 나타내기도 한다. 따라서 생성 판 경계의 지구조적 환경에 따라 조성이 서로 다른 화산암 혹은 심성암이 발견된다. 대륙성 지구대가 위치한 곳은 전반적으로 음의 중력 이상이 나타난다(그림 4.48b). 이는 확장에 의해 상승한 연약권이 이에 의해 대체된 암석권 맨틀보다 낮은 밀도를 갖기 때문이다. 관입된 지역을 중심으로는 약한 양의 중력 이상이 국부적으로 중첩되어 나타난다.

(2) 중앙해령 시스템

생성 판 경계가 해양에 위치할 경우, 중앙해령(mid-ocean ridge) 시스템이 형성된다. 중앙해령은 전 세계 모든 대양에서 발견되며, 총 60,000 km가 넘는 길이의 해저 산맥을 만든다(그림 4.47a). '중앙'이라는 용어는 대양에 대한 해령의 상대적 위치와 상관없이 사용된다. 해령 열곡은 변환 단층에 의해 수십 킬로미터의 단위로 분절되어 있다. 이는 대륙성 지구대에서 잘 관찰되지 않는 특성이다. 중앙해령의 너비는 보통 1,000 km에서 4,000 km 정도이며, 해령 정상부의 수심은 대략 2,500 m 정도로 심

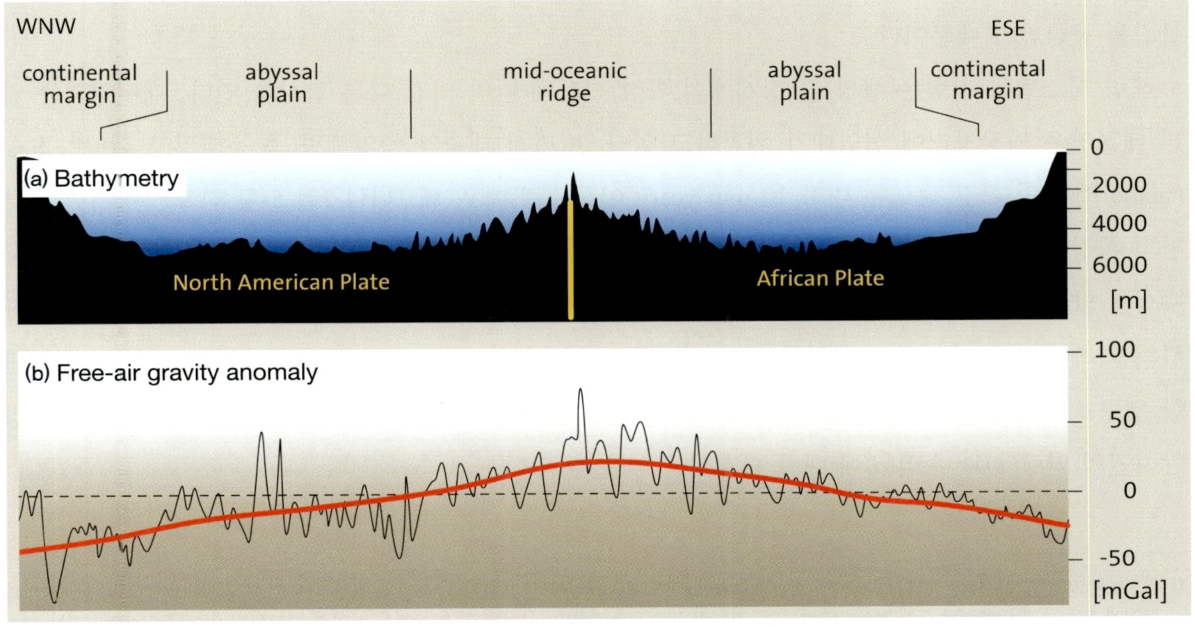

그림 4.49 (a) 대서양 중앙해령의 지형 단면도와 (b) 프리에어 중력 이상도. 해령 시스템에서는 전반적으로 양의 중력 이상이 나타난다.

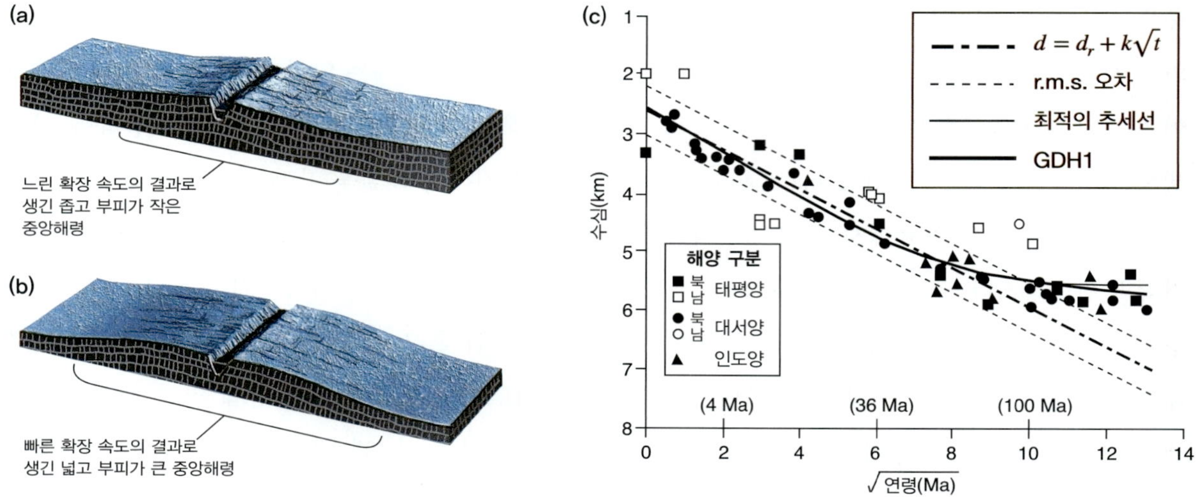

그림 4.50 (a) 판의 확장 속도가 느린 지역에서는 해령 사면의 경사가 급하다(예: Atlantic mid-ocean ridge). (b) 반면 확장 속도가 빠른 지역에는 완만한 경사가 나타난다(예: East Pacific Rise). (c) 각 대양에서 관측되는 해양지각의 연령에 따른 수심 분포와 이론 값. 가로축은 길이는 연령에 대한 제곱근으로 나타내었다.

해저 평원보다 훨씬 높은 지형을 갖는다(그림 4.49a). 이러한 고저 차이는 저밀도의 연약권이 해령 하부에 위치하기 때문이다. 해령의 하부 수 km의 심도에서 형성되는 대규모의 현무암질 마그마는 주로 감람암으로 구성된 주변의 연약권보다 대략 15% 정도 가볍고, 해양지각을 이루는 현무암이나 반려암과 비교해도 약 6% 정도 가볍다. 따라서 해령 지역은 상대적으로 차갑고 두꺼운 고밀도의 해양 암석권이 위치하는 심해저 평원에 비해 수심이 얕다. 그럼에도 불구하고 해령에서는 심해저 평원에 비해 약한 양의 프리에어 중력 이상이 관측된다(그림 4.49b). 이는 해령 지역이 상승된 연약권에 의해 맨틀 물질을 공급받기 때문이다.

해령 시스템의 지형은 생성 판 경계에의 확장 속도에 따라 약간 다른 양상을 띤다. 대서양과는 달리 태평양은 가장자리에 섭입대가 위치하고 있다. 따라서 태평양 중앙해령(즉 동태평양 해팽[1]; East Pacific Rise)의 확장 속도는 대략 10 mm year^{-1} 이상으로 매우 빠르다(4.3절 5)항 참조). 이처럼 빠른 판의 확장은 연약권에서 상승하는 맨틀 물질의 압력을 경감시킨다. 따라서 태평양 중앙해령은 평균 수심이 약 2,700 m로, 대략 2,500 m의 대서양 중앙해령에 비해 좀 더 깊은 양상을 보인다. 반면, 해령의 외측 사면은 대서양에서 훨씬 급한 경사를 보인다(그림 4.50a와 4.50b). 해양 암석권을 가장 간단한 열구조 모형인 반무한 매질로 근사하고 여기에 지각 평형의 조건을 대입하면, 다음과 같은 해양 암석권의 연령(t)과 수심(d)에 대한 관계식을 얻을 수 있다.

1) 판구조론의 정립 이전에는 지형적 특성에 따라 해령(ridge)과 해팽(rise)을 구분했지만, 둘은 동일한 지구조 과정에 의해 형성된다. 다만, 태평양에 위치한 중앙해령은 동태평양 해팽이라는 명칭이 관습적으로 많이 사용된다. 본서에서는 이를 구분하지 않고 중앙해령이라는 명칭을 사용하였다.

$$d = d_r + k\sqrt{t} \quad \text{(식 4.1)}$$

여기서 d_r은 해령 정상의 평균 수심이며, t는 백만 년 단위의 지각 연령이다. k는 열적 매개 변수와 모형의 경계 조건에 의해 결정되는 상수로서, 평균적인 값을 대입할 경우 약 360이 된다. 따라서 시간이 흘러 해양 암석권의 밀도가 증가하면 지각 평형을 이루기 위해 수심은 깊어진다. 이러한 반무한 매질 모형에 의하면 지각 연령이 증가할수록 해양 분지의 수심은 무한히 깊어진다. 그러나 심해저 평원의 수심은 대략 5,000~6,000 m 정도로 일정하다. 보다 실제에 가까운 최근의 열구조 모형(GDH1)을 사용하면, 해양저의 평균 수심에 수렴하는 다음의 관계식을 얻을 수 있다.

$$d = 2600 + 365\sqrt{t} \quad (t < 20\ \text{Ma})$$

$$d = 5651 - 2473\exp(-0.0278t) \quad (t \geq 20\ \text{Ma}) \quad \text{(식 4.2)}$$

중앙해령 시스템 사면의 경사는 해양 지각의 연령과 확장 속도에 의해 결정된다. 판의 확장 속도가 느린 지역에서는 해령 열곡에서 충분히 멀어지기 전에 아래로 가라앉고, 이에 따라 경사가 급한 사면이 만들어진다. 반면, 확장 속도가 빠르면 해양 지각이 충분히 가라앉기 전에 해령에서 멀어지므로 완만한 사면이 나타난다. 따라서, 전 세계에 분포하는 해령 시스템의 수심을 해령 열곡에서부터 떨어진 거리에 따라 도시하면 지역에 따라 다르게 나타나난다. 그러나 식 4.1과 4.2의 결과에서 알 수 있듯이, 해양 지각의 연령에 대한 수심 변화는 모든 대양에서 비슷한 경향을 보인다(그림 4.50c).

(3) 변환 단층

변환 단층(transform fault)을 경계로 접하는 두 판은 정확하게 반대 방향으로 움직인다(그림 4.51). 만약 판이 임의의 방향으로 움직인다면, 변환 단층으로 이루어진 판 경계는 매우 드물 것이다. 그러나 현존하는 판 경계 중 보존 판 경계는 나머지 두 유형의 경계와 비슷한 비율로 나타난다. 이는 판의 움직임이 변환 단층과 깊은 연관성을 가지고 있기 때문이다. '변환'이라는 용어는 변환 단층이 끝나는 지점에서 판 경계의 종류가 바뀌기 때문에 붙여진 명칭이다. 해양에서 주로 발견되는 변환 단층은 단층의 길이가 보존되는 R-R 변환 단층(해령과 해령을 잇는 변환단층, 약어의 용례는 4.3절 3)항 나 참

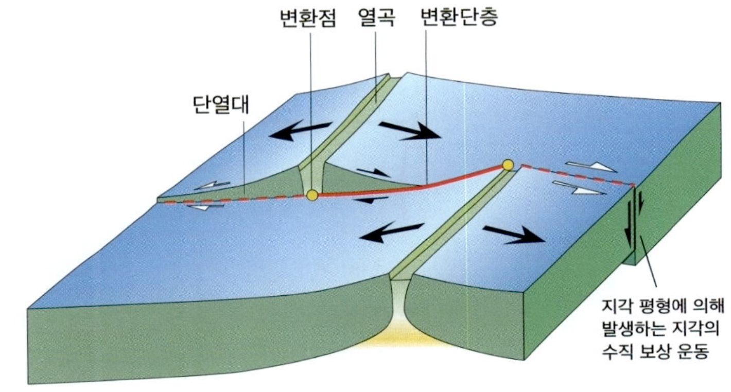

그림 4.51 변환 단층과 단열대의 구조와 배치

고)이다. R-T 변환 단층이나 T-T 변환 단층은 한 가지 경우를 제외하고는 모두 단층의 길이가 변한다(그림 4.52b~f). 대표적인 지역으로 샌안드레이어스 단층과 튀르키예의 북아나톨리아 단층 그리고 남뉴질랜드의 알파인 단층 등이 있다.

중앙해령은 R-R 변환 단층에 의해 보통 수십 킬로미터에서 최대 수백 킬로미터의 마디로 단절되어 있다. 외견상으로는 단층 운동에 의해 열곡이 분리된 후 이동하여 현재의 배치가 갖춰진 것처럼 보인다. 그러나 해령에서 새롭게 생성되는 해양 지각에 의해 열곡 마디 간의 상대적 거리가 일정하게

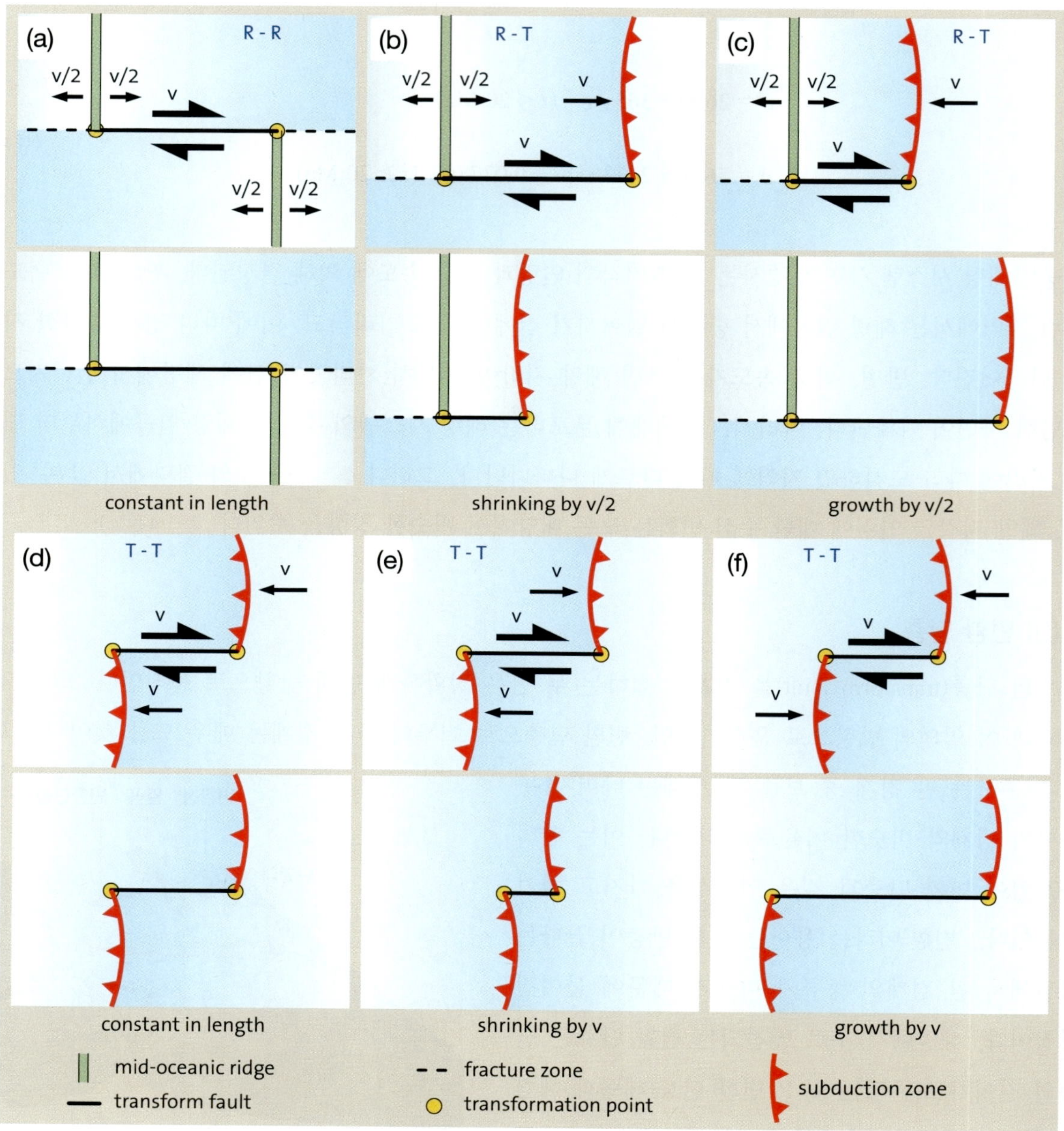

그림 4.52 변환 단층의 유형과 단층의 길이 변화

유지된다(그림 4.52a). 이 때문에 변환 단층의 끝단에서는 다른 유형의 지각 운동으로 '변환'되며, 이 너머에는 변환 단층의 과거 흔적으로 단열대(fracture zone)라고 불리는 대규모의 선구조가 발견된다(그림 4.51). 변환 단층에서 나타나는 판의 이동 패턴은 잦은 천발 지진을 유발하며, 따라서 진앙 분포와 진원기구해를 통해 그 위치와 운동 메커니즘을 확인할 수 있다. 중앙해령을 이어주는 변환 단층은 수심 변화를 통해서도 그 존재가 극명하게 드러난다. 해양판은 연령이 증가할수록 밀도가 증가하여 수심이 깊어진다(식 4.2). 따라서 변환 단층 혹은 단열대를 경계로 마주보는 두 지점은 생성 연령에 따라 혹은 해령 열곡으로부터의 거리에 따라 급격한 수심 변화가 나타날 수 있다(그림 4.51).

(4) 섭입대

두 판이 수렴하여 그 중 하나가 가라앉을 때 섭입대가 형성된다(그림 4.53a). 이때 섭입판은 항상 해양판이다. 섭입판과 연약권의 상호 작용에 의해 매우 많은 양의 마그마가 생성되며, 이에 따라 화산 열도 혹은 활동성 대륙 주변부가 형성된다.

섭입대는 크게 4가지 유형으로 분류된다. 첫 번째 유형은 두 해양판이 수렴할 때 나타나며, 상부에 남아 있는 해양판의 가장자리를 따라 화산 열도 시스템이 만들어진다(그림 4.53b). 태평

(a)

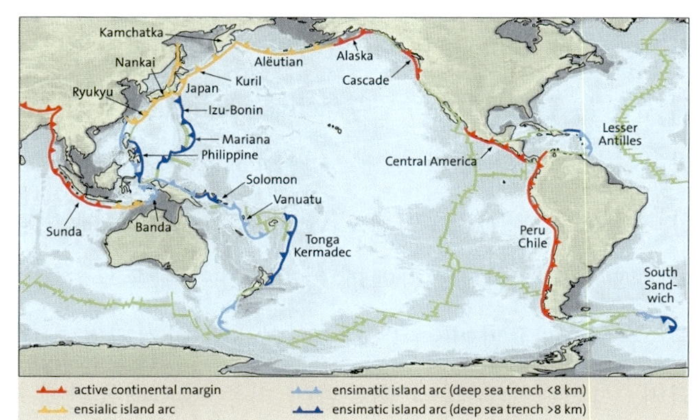

(b)

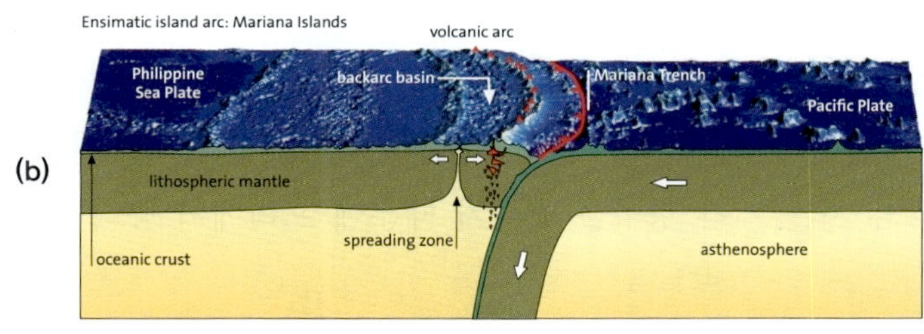

(c)

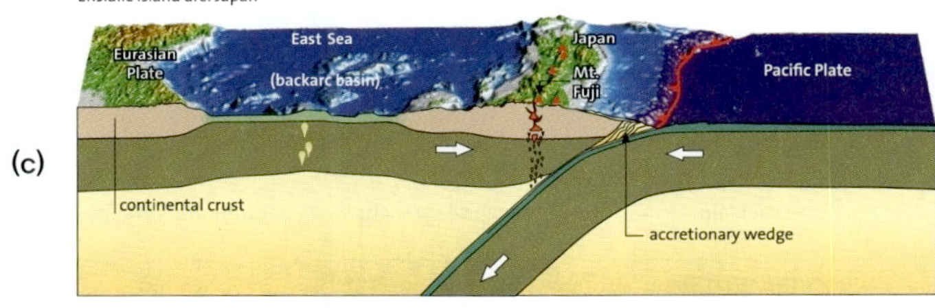

(d)

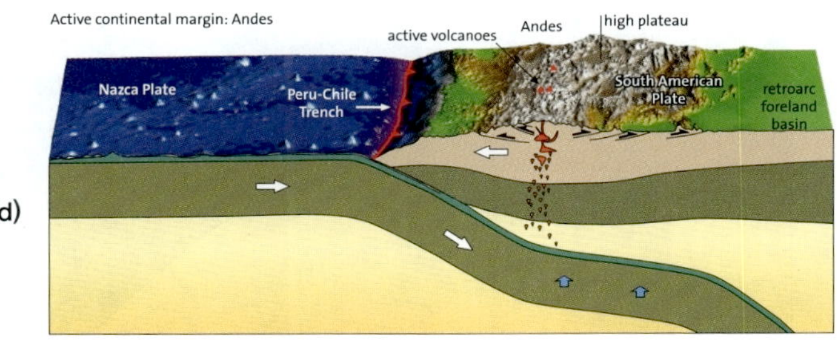

(e)

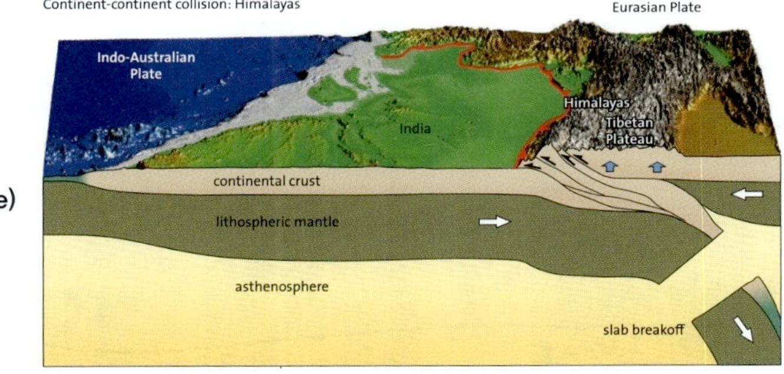

그림 4.53 섭입대의 분포와 종류

양의 마리아나 제도와 대서양의 소앤틸리스(Lesser Antilles) 제도가 대표적이다. 두 번째 유형은 해양판이 대륙판 아래로 섭입할 때 나타난다(그림 4.53c). 이 유형의 섭입대에서 형성된 화산 열도는 해양 지각에 의해 대륙판과 분리되어 있다. 대표적인 예로서 일본 열도와 순다(Sunda) 열도가 있다. 세 번째 유형은 활성 대륙 주변부(active continental margin)로서 앞서와 마찬가지로 해양판과 대륙판이 수렴하여 형성된다(그림 4.53d). 다만, 해양 지각으로 분리된 화산 열도 대신 대륙의 가장자리를 따라 화산 지형이 나타난다. 화산호(volcanic arc) 너머에 발달하는 배호분지(back-arc basin)에 바다가 위치할 수도 있다. 안데스산맥과 알라스카의 남동부 그리고 중서부 순다 섬 등이 여기에 속한다. 마지막 유형은 두 대륙판이 수렴하는 지역에서 발견된다(그림 4.53e). 해양판이 모두 섭입대 아래로 가라앉게 되면, 섭입판에 부착된 대륙판이 마주보는 대륙판에 충돌하게 된다. 대륙판은 연약권을 이루는 맨틀보다 가볍기 때문에 섭입판을 따라 가라앉을 수 없다. 결국 두 대륙판의 충돌은 중단되고 해양판 부분만 분리되어 가라앉는다. 대표적인 예로 히말라야와 알프스 산맥을 들 수 있다.

섭입대의 지구조 과정은 중력과 지열의 뚜렷한 변화를 야기한다(그림 4.54). 섭입대의 전면부와 배호 분지는 지각 평형을 이루기 때문에 프리에어 중력 이상(5.1절 참조)이 거의 나타나지 않는다. 심

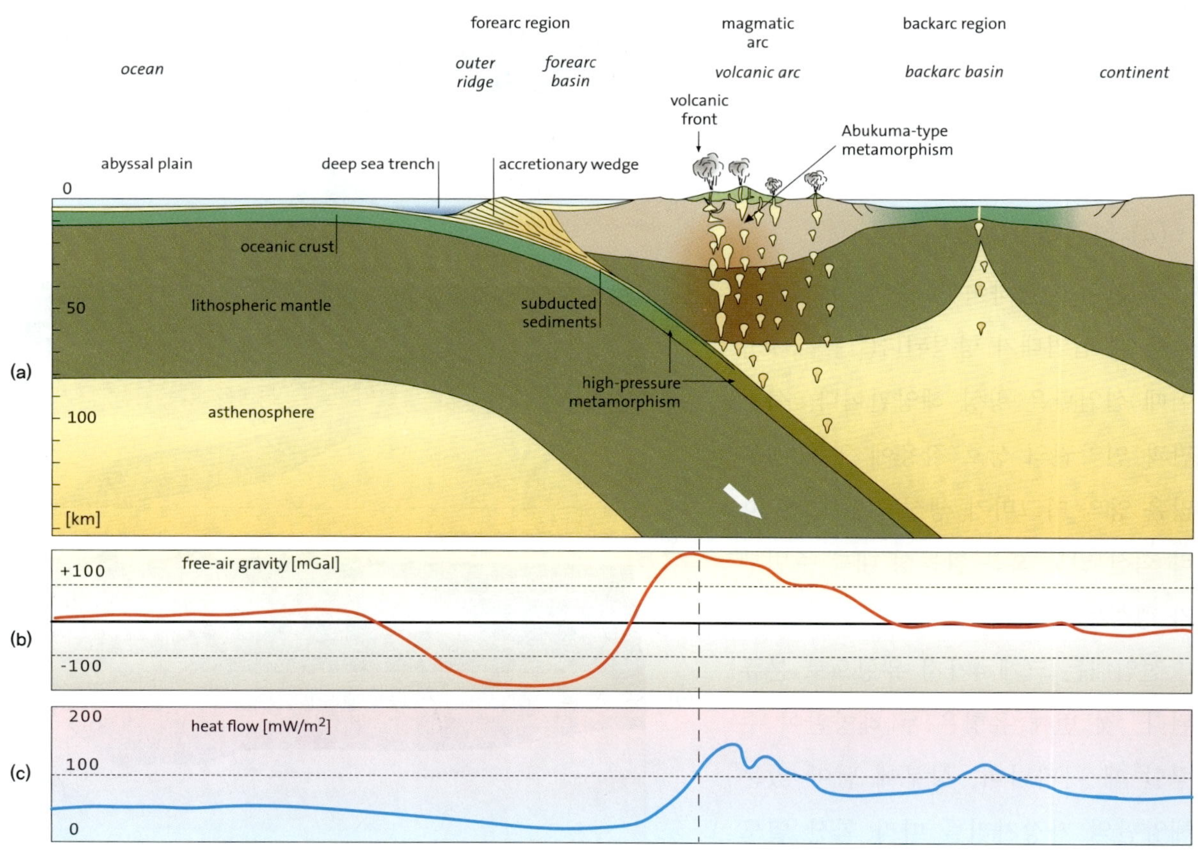

그림 4.54 (a) 섭입대의 측면 구조. (b) 섭입대에 나타나는 중력 이상 분포와 (c) 지열류량의 변화

해저 평원에서 섭입대로 다가가면 판의 휨에 의한 낮은 융기 지형(bulge)이 약한 양의 이상을 유발한다. 판의 휨이 아래쪽을 향하기 시작하는 해구에서는 강한 음의 중력 이상이 나타난다. 이는 해구를 채우는 두터운 해수층과 저밀도의 퇴적물 및 부가체(accretionary wedge) 구조에 의한 것이다. 이 이상대를 지나면 섭입판과 상부판을 아우르는 두터운 암석권에 의해 강한 양의 중력 이상이 시작된다. 하부에 연약권의 위치하여 화성 작용이 활발한 영역이 시작되면서 이러한 양의 중력 이상은 점차 상쇄되기 시작한다. 섭입대 근방의 지열류는 해양에서의 평균값보다 작은 경향을 보이나 화성활동이 활발한 지역데서는 급격히 상승한다.

3) 판 운동의 기술

(1) 오일러 회전극

강체의 구면상 움직임은 구의 중심축을 기준으로 한 회전운동으로 표현할 수 있다. 오일러(Leonhard Euler, 1707~1783)가 발견한 이 원리는 지구의 표면을 따라 나타나는 판의 상대 운동에도

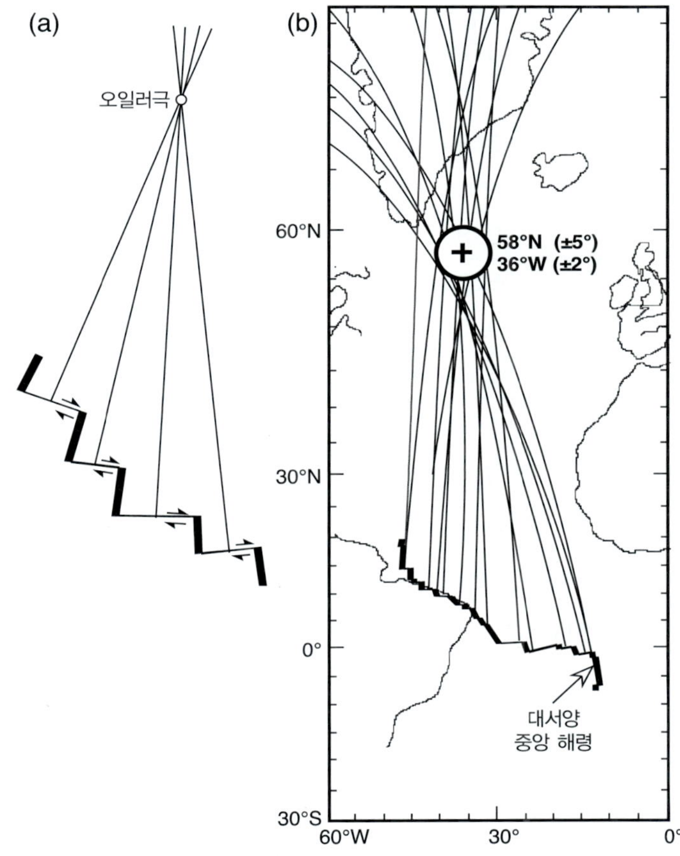

그림 4.55 (a) 변환 단층의 주향에 수직인 대원은 오일러극을 지난다. (b) 대서양 중앙해령의 변환단층으로 추정된 아프리카판과 남아메리카판 사이의 오일러극

적용이 가능하다. 하나의 판을 기준으로 한 또 다른 판의 상대적 이동 경로는 구면상 소원의 호를 따른다. 이때 기준이 되는 소원의 중심을 오일러 회전극(Euler pole of rotation, 간단히 오일러극)이라 한다. 예를 들어 오일러극이 북극점이나 남극점에 위치한다면, 판은 이동 경로는 위도선과 일치한다. 표 4.4는 GNSS 관측을 통해 밝혀진 판의 오일러극과 회전 각속도를 보여준다.

R-R 변환 단층이나 단열대(fracture zone)의 선 구조를 이용하면 간단한 작도를 통해 중앙해령을 경계로 마주보는 두 판의 오일러극을 찾을 수 있다(그림 4.55a). 변환 단층은 보존 경계이기 때문에 두 판은 서로 평행하게 움직이며, 단층의 주향도 상대 속도와 나란하다. 즉 변환 단층의 주향을 통해 두 판 사이의 상대 속도 방향을 알 수 있다. 하나의 해령 시스템에 속한 다수의 변환 단층에 대해 수직인 대원들을 그려보면 모두 한 점에서 교차한다. 이 지점이 바로 두 판 사이의 오일러극이다(그림 4.55b). 이는 위도선을 수직으로 지나는 대원의 경도선이 모두 북극점과 남극점에 모이는 것과 같은 원리이다.

표 4.4 태평양판(PA)을 기준으로 한 주요 10개 판의 오일러극 위치와 회전 각속도

판 이름	위도(°N)	경도(°E)	회전 각속도(deg/Myr)
아프리카판(AF)	59.160	−73.174	0.9270
남극판(AN)	64.315	−83.984	0.8695
북아메리카판(NA)	48.709	−78.167	0.7486
유라시아판(EU)	61.066	−85.819	0.8591
오스트레일리아판(AU)	60.080	1.742	1.0744
남아메리카판(SA)	54.999	−85.752	0.6365
소말리아판(SO)	58.789	−81.637	0.9783
나즈카판(NZ)	55.578	−90.096	1.3599
인도판(IN)	60.494	−30.403	1.1034
순다판(SU)	55.442	−72.955	1.1030

판이 구면상에서 이동하기 때문에, 판 경계에서 두 판의 상대 선속도는 위치에 따라 달라진다(그림 4.56). 판은 오일러극을 중심으로 회전하므로 판 내 모든 지점은 상대 각속도가 동일하다. 이에 반해 선속도는 오일러극과의 거리에 따라 달라진다. 예를 들어, 보존 판 경계에서는 모든 지점이 오일러극과 같은 거리만큼 떨어져 있으므로 두 판 사이의 상대 선속도가 모두 같다. 반면, 생성 판 경계나 소멸 판 경계에서는 오일러극에서 멀리 떨어진 지점일수록 상대 선속도가 증가한다. 어떤 판 경계를 사이에 두고 판 A와 판 B가 마주보고 있는 상황을 가정하자. 판 A를 기준으로 할 때, 판 B상의 특정 지점에 대한 상대 선속도 ${}_a\mathbf{v}_b$는 다음 식으로 표현된다.

$$|{}_a\boldsymbol{v}_b| = |{}_a\boldsymbol{\omega}_b \times \boldsymbol{r}| = |{}_a\omega_b \cdot r \cdot \sin\alpha| \quad \text{(식 4.3)}$$

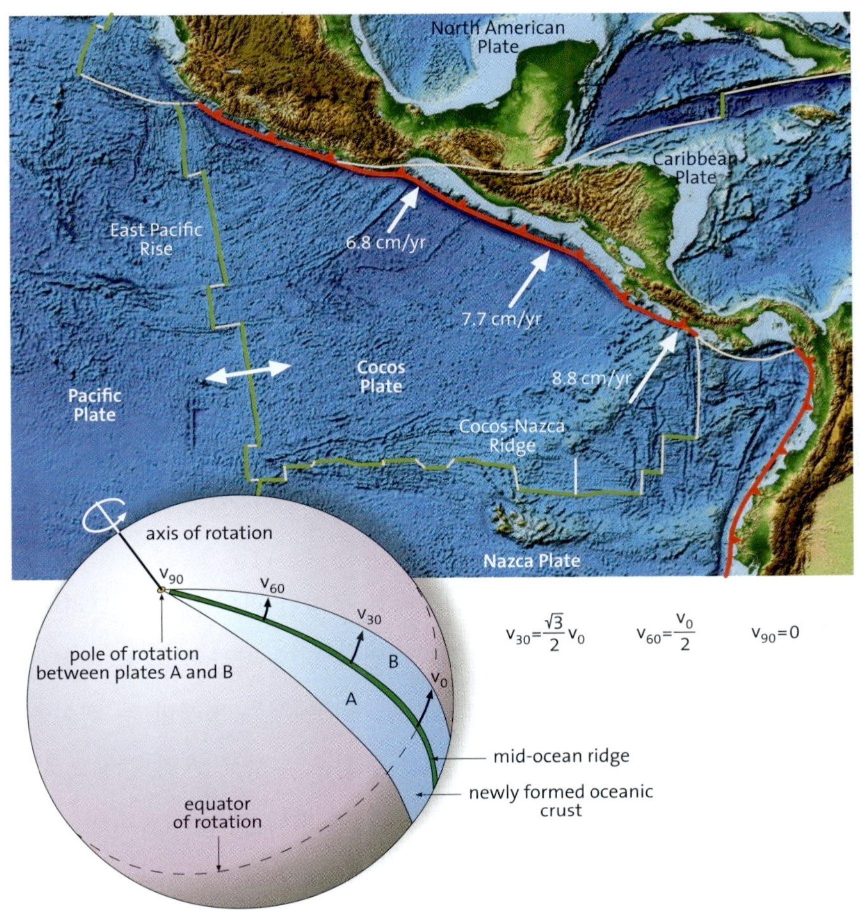

그림 4.56 오일러극과의 거리에 따라 달라지는 판 이동의 선속도

여기서 ${}_a\boldsymbol{\omega}_b$는 판 A에서 바라 본 판 B의 상대 각속도이며, α는 지구 중심에서 오일러극과 해당 지점을 가리키는 두 벡터의 사잇각이다. r은 지구의 반경이다. 만약 표 4.4에 제시된 회전 각속도를 이용하려면, rad/Myr 단위로 변환 후 식 4.3에 대입해야 한다.

(2) 판의 운동에 대한 평면상 기술

비록 판이 구형의 지표면상에서 움직이지만, 판 경계 부근의 한정된 영역에서는 평면상의 운동으로 가정할 수 있다. 지구 표면에서 판들은 서로 맞물려 움직이기 때문에, 판 운동에 의한 다양한 지구조 현상은 판 경계부에 집중된다. 따라서 판의 운동과 지구조 현상을 연계하여 분석할 때에는 판 운동을 평면상의 움직임으로 가정하는 것이 용이하다.

판의 속도는 일반적으로 판 간의 상대 속도로 표현한다. 이때, 속도 공간이라는 개념이 매우 유용하게 사용된다. 좌표 평면을 사용하여 속도 공간을 표현하면, x와 y의 좌표는 각각 동서 방향과 남북

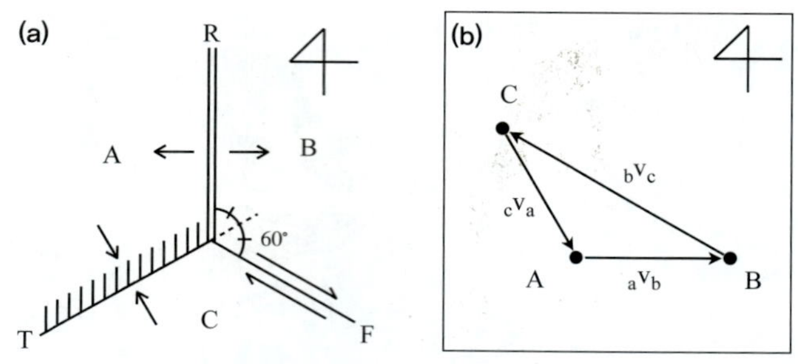

그림 4.57 (a) RTF 삼중점의 판 배열과 (b) 판 사이에 나타나는 상대 속도를 표현한 속도 공간 다이어그램

방향의 속도를 나타낸다. 따라서 임의의 판 속도는 좌표 (x, y)를 갖는 하나의 점으로 속도 공간상에 나타낼 수 있다. 다만 판의 속도는 상대 속도이므로 기준 판과 대상 판의 속도 좌표를 함께 표시해 주어야 한다.

속도 공간에 대한 이해를 돕기 위해 세 유형의 경계로 구성된 판의 배열을 고려하자(그림 4.57). 이 배열에 나타나는 세 경계는 그곳에서 발견되는 전형적인 지형에 따라 각각 R(해령, **R**idge), T(해구, **T**rench), F(변환단층, transform **F**ault)로 표시한다. 그림 4.57a에서는 평행한 두 직선을 이용해 경계 R을 표현하였다. 판 A와 판 B는 남북 주향의 경계 R을 중심으로 서로 반대 방향으로 발산한다. 판 A를 기준으로 판 B는 동쪽으로 움직이며, 이때의 상대속도는 벡터 ${}_a\mathbf{v}_b$를 사용하여 나타낼 수 있다. 반면, 판 B에서 바라본 판 A는 서쪽으로 움직이며, 이는 ${}_b\mathbf{v}_a$로 표현한다. 두 벡터는 ${}_a\mathbf{v}_b = -{}_b\mathbf{v}_a$의 관계를 갖는다. 두 판의 상대 속도를 속도 공간에 도시하면, 점 A는 점 B를 기준으로 서쪽에 놓인다(혹은, 점 B는 점 A의 동쪽에 놓인다). 이때, 두 점 사이의 거리는 ${}_a\mathbf{v}_b$ 혹은 ${}_b\mathbf{v}_a$의 크기를 가진다.

판 A와 판 C의 경계 T는 주향 N60°E의 해구로 구성되어 있다. 수렴하는 두 판 중 상부판의 경계부에 빗금을 표시하였다. 이러한 극성 표현은 판 C가 섭입하면서 판 A의 하부와 접하기 때문이다. 판 A에서 바라보면 판 C는 북서 방향(N30°W)으로 이동하며, 이를 벡터 ${}_a\mathbf{v}_c$로 나타낼 수 있다. 반면, 판 C를 기준으로 삼으면 판 A는 동일한 속력을 가진 채 반대 방향으로 움직인다. 두 판의 상대속도를 속도 공간상에 나타내면, 판 C의 상대속도를 나타내는 점 C가 점 A의 북서쪽에 위치한다. 주의할 것은 그림 4.57a는 상대 위치를, 그림 4.57b는 상대 속도를 나타낸 그림이기 때문에, 판들의 배열이 서로 다를 수 있다는 것이다.

경계 F에서 판 B와 판 C는 우수향 주향 이동 단층으로 구성된 주향 N60°W의 보존 판 경계를 중심으로 서로 접하고 있다. 앞서의 예와 마찬가지로 판 B에서 바라본 판 C의 상대 속도는 ${}_b\mathbf{v}_c$로 표현되며, 판 C를 기준으로 한 판 B의 상대 속도는 ${}_c\mathbf{v}_b$로 표현된다. 그림 4.57b에 표시된 점 B와 점 C를 잇는 선분은 벡터 ${}_b\mathbf{v}_c$와 ${}_c\mathbf{v}_b$의 크기 및 방향을 이미 정확히 반영하고 있다. 즉 세 판 사이에 나타나는 상대 속도 중 2개의 상대 속도가 알려져 있다면 나머지 하나는 자연스럽게 결정된다. 이를 식으로 표현하면 아래와 같다.

$$ {}_a\mathbf{v}_b + {}_b\mathbf{v}_c + {}_c\mathbf{v}_a = 0 \qquad \text{(식 4.4)} $$

(3) 삼중점

삼중점(triple junction)은 세 판이 만나는 지점으로서 구조지질학에서 매우 중요하게 다뤄진다. 만약 판의 형태가 임의적이라면, 한 지점에 모이는 판의 수는 일반적으로 셋일 필요가 없다. 그러나 실제로 한 지점에서 4개 이상의 판이 만나는 일은 거의 발생하지 않는다. 지표를 덮고 있는 판들이 고정되어 있다면 다수의 판들이 한 점에서 모일 수 있겠지만, 판들은 동적인 상태에 있기 때문에 삼중점이 가장 안정적인 형태이다. 이를 직관적으로 이해하기 위해 간단한 작도를 해보자. 종이 위에 임의의 직선 여러 개를 그리자(그림 4.58a). 각각의 직선은 판 경계를 의미한다. 종이에 그려진 판 경계를 살펴보면 사중점이 일반적인 형태임을 알 수 있다. 이제 하나의 직선을 고르고, 이를 변환 단층이라 가정하자. 선택된 직선을 따라 종이를 자르고, 단층의 이동 방향으로 두 종이를 움직여보자. 변환단층 위에 놓여 있던 사중점들이 모두 삼중점으로 바뀐 것을 알 수 있다(그림 4.58b).

삼중점의 안정성과 발달 과정을 이해하기 위해 필요한 단서는 삼중점 역시 판의 경계를 따라 움직

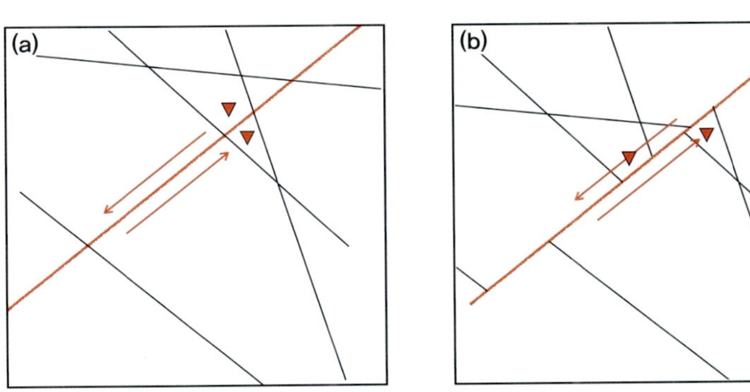

그림 4.58 사중점이 역학적으로 불안정한 이유

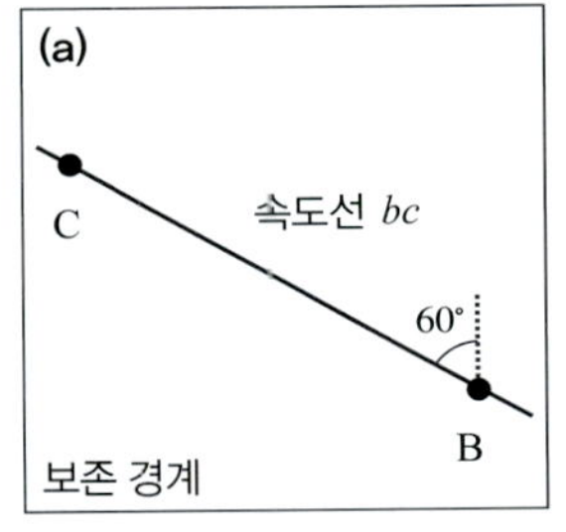

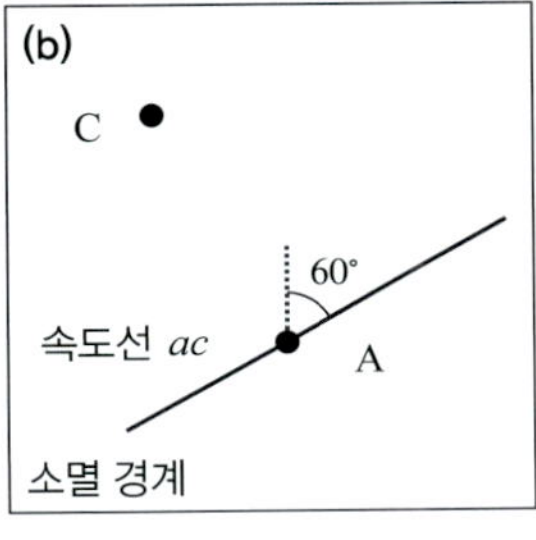

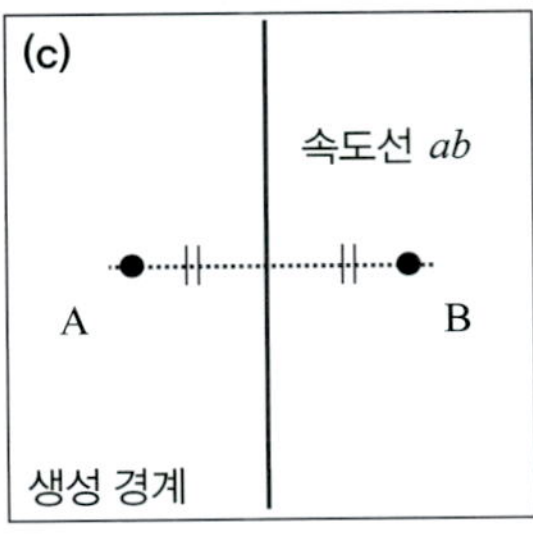

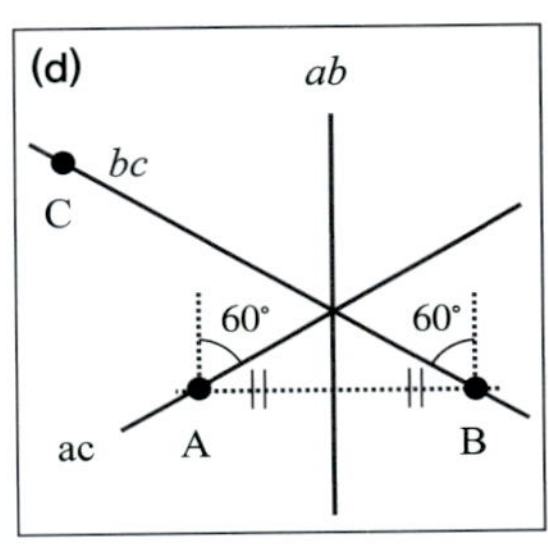

그림 4.59 (a) 보존 경계, (b) 소멸 경계, 그리고 (c) 생성 경계에서 삼중점에 대한 속도선. (d) 세 속도선에 대한 종합

인다는 것이다. 앞 절에서 세 판의 상대속도를 속도 공간에 표시했듯이, 삼중점 역시 이들과 함께 속도 공간에 표시할 수 있다. 간단한 논의를 위해 먼저 세 경계를 분리하여 개별적으로 분석해보자(그림 4.59a~c). 속도 공간에 표시된 세 판의 상대 속도 중 경계 F를 통해 만나는 점 B와 점 C를 선택하자. 예시의 판 배열과 같이(그림 4.57a) 삼중점이 존재한다면, 삼중점의 위치는 변환 단층 위에 놓인다. 만약 삼중점이 판 B(혹은 판 C)에 고정되어 있다면, 삼중점의 속도는 속도 공간에서 점 B(혹은 판 C)에 위치할 것이다(그림 4.59a). 만약 삼중점이 임의의 속도로 변환 단층을 따라 이동한다면, 삼중점의 속도는 속도 공간상에서 직선 BC(혹은 속도선 *bc*) 위 어딘가에 위치할 것이다. 즉 속도선 *bc*는 삼중점이 될 수 있는 모든 점들의 모임이 된다.

나머지 두 종류의 경계에 대해서도 동일한 방법을 적용해보자. 두 판의 경계가 해구인 경계 T를 고려해보자(그림 4.59b). 삼중점이 해구 위 어떤 지점에 고정되어 있다면, 속도 공간상에서 삼중점의 속도는 상부판의 속도와 동일한 곳에 표시된다. 즉 삼중점의 상대속도는 점 A 위에 놓인다. 만약 삼중점이 해구를 따라 이동한다면, 삼중점의 상대 속도는 속도 공간상에서 해구의 주향과 평행한 직선(속도선 *ac*)으로 나타난다. 이와 동시에 이 직선은 점 A를 지나게 된다. 마지막으로 경계 R에 존재하는 삼중점을 생각해보자(그림 4.59c). 삼중점이 해령의 열곡 위 어떤 지점에 고정되어 있고, 경계 R을 중심으로 판 A와 판 B의 확장 속도가 동일하다고 가정하자. 이 삼중점에 대한 상대속도는 상대 공간에서 점 A와 점 B의 정중앙에 위치한다. 만약 삼중점이 열곡을 따라 이동한다면, 이러한 삼중점에 대한 상대 속도는 선분 AB의 수직 이등분선(속도선 *ab*)으로 나타난다.

이제 개별적으로 다뤄진 삼중점의 상대 속도를 종합하여 RTF 유형의 삼중점에 대한 논의를 정리하자. 삼중점의 상대속도를 표현하는 3개의 속도선은 한 지점에서 만난다(그림 4.59d). 속도 공간에서 이 지점은 세 판 경계에서의 상대 속도 모두를 동시에 충족한다. 따라서 예시의 RTF 삼중점은 항상 안정하다. 속도 공간상에서 삼중점의 상대 속도가 결정되면, 이를 통해 각 판에 대한 삼중점의 이동 방향도 알아낼 수 있다. 예를 들어 판 A에서 관찰하면, 삼중점은 N60°E의 방향으로 이동한다. 판 C에서 바라보면, 삼중점은 판 B가 멀어지는 방향과 동일한 방향으로 멀어진다. 단, 그 속력은 판 B가 멀어지는 속도보다 작다.

세 속도선이 한 지점에서 만나지 않는 판 배열도 존재한다. 세 경계가 모두 변환 단층으로 이루어진 판 배열에 대해 위 방법을 적용하면 세 속도선이 한 점에 모이지 않는다. 이는 FFF 삼중점이 불안정하다는 것을 의미한다. 실제 불안정한 삼중점이 발견되기도 하지만, 판 경계의 종류나 주향의 변화를 통해 빠른 시간 내에 안정적인 상태로 전환된다. 이러한 관점에서 불안정한 삼중점은 사중점과 유사하다.

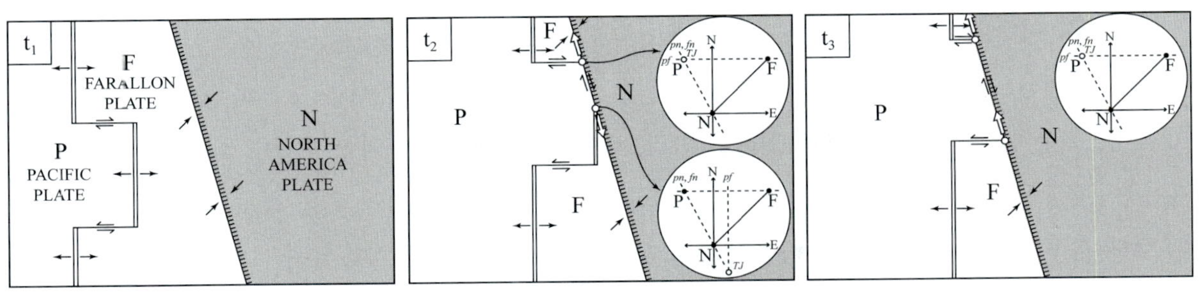

그림 4.60 패러론판(F)이 북미판(N) 아래로 섭입한다(t_1). 태평양판(P)이 북미판과 충돌하여 샌안드레이어스 단층이 성장하기 시작한다(t_2). 단층의 북서쪽 끝에 우치한 삼중점(open circle)은 북미판에 대하여 상대적으로 북서쪽(open arrow)으로 이동하며, 남동쪽의 삼중점은 남동쪽으로 이동한다. 남동쪽 삼중점에 대한 기하학적 배열이 변하면(t_3), 이 삼중점은 이동 방향을 바꿔 북서쪽으로 움직이기 시작할 것이다.

(4) 판 운동의 진화

샌안드레이어스 단층은 판 이동에 따른 삼중점의 진화를 극명히 보여준다. 브리티시컬럼비아 연안의 후안 데 푸카판과 캘리포니아만 입구의 리베라판은 패럴론판이 북미판 아래로 섭입되어 소멸되면서 남겨진 잔해이다. 과거 패러론(F)판은 태평양판(P)과 북미판(N) 사이에 위치했었고, 샌안드레이어스 단층대는 아직 존재하지 않았다(그림 4.60의 시간 t_1). 약 2,500만 년 전(25 Ma, 그림 4.60의 시간 t_2) 샌안드레이어스 단층이 생겨나면서, 북쪽과 남쪽 경계에 삼중점이 형성되었다. 북쪽의 삼중점은 변환단층－변환단층－해구(FFT)로 이루어졌으며, 남쪽의 삼중점은 해령－변환단층－해구(RFT)였다. 북쪽의 FFT 삼중점은 대륙의 가장자리를 따라 북서쪽으로 이동해갔으며, 남쪽의 RFT 삼중점은 남동쪽으로 향하였다. 이러한 삼중점의 이동은 그림 4.60b에 도시된 속도 공간 분석과 일치한다. 이러한 진행이 지속되면, 남쪽의 삼중점이 FFT 삼중점으로 전환되며, 이동 방향을 바꿔 북서쪽으로 이동하기 시작할 것이다(그림 4.60의 시간 t_3).

4) 판 운동의 원동력

판을 움직이는 에너지의 원천은 맨틀 내에 존재하는 열대류이다. 맨틀은 고온의 핵에서 흘러나온 열을 지구의 외부로 전달하는 매개체 역할을 한다. 맨틀은 비록 고체상을 갖지만, 이 구간에서 열은 전도보다 대류에 의해 효과적으로 이동한다. 해양 암석권은 단지 맨틀 대류의 상부 흐름을 구성하고 있는 한 요소에 불과하다. 즉 거시적인 규모에서 판을 움직이는 것은 맨틀 대류이다. 그러나 이러한 관점은 자동차를 움직이는 원동력이 무엇인가라는 물음에 화석 연료 혹은 축전지에 저장된 화학에너지라고 답하는 것과 유사하다. 이 물음에 대해 보다 직접적으로 답하려면 내연 기관이나 전동기의 작동 원리를 살펴봐야 한다. 본 절에서는 판에 직접적으로 작용하는 힘에 대해 먼저 알아보고, 이를 토대로 판 이동의 원동력을 토의하고자 한다. 지구의 층상 구조를 아우르는 지구 내부의 열과 구성 물질의 흐름은 4.4절에서 보다 상세히 다룰 것이다.

(1) 판에 작용하는 힘

판에 작용하는 힘은 기저 면에 작용하는 힘과 주변 경계부에 작용하는 힘으로 구분할 수 있다(그림 4.61). 일부 힘은 판의 운동을 촉진하는 반면, 다른 힘은 움직임에 대한 저항력으로 작용한다. 맨틀 대류가 판의 운동에 미치는 힘은 연약권과 암석권 사이의 점성 특성에 의해 전달되며, 따라서 두 층의 상대 속도에 따라 원동력으로 작용할 수도 있고 혹은 저항력으로 작용할 수 있다.

가. 판을 움직이는 힘

해령 발산력(ridge push, F_{RP}): 해령 발산력은 해령 부근에서 판을 확장시키는 힘이다. 이 힘은 해령의 열곡에 한정되어 작용하는 힘이 아니라, 해령 시스템의 경사면에 의해 발생한다. 해령 열곡에서 해양 암석권이 처음 만들어지면, 지각 평형에 의해 심해저 평원보다 약 2,000~3,000 m 정도 얕은 수심을 갖는다. 시간이 지나 해령에서 멀어질수록 해양 암석권의 두께는 두꺼워지고 밀도는 증가한다. 이러한 변화는 해저 지형뿐만 아니라 그 하부에도 영향을 미쳐 암석권과 연약권의 경계면이 해령에서 멀어지는 방향으로 하향 경사를 갖게 한다. 따라서 심해저 평원보다 높이 솟아 오른 해령 사면의 암석권은 경사 방향으로 미끄러져 내려가면서 해령으로부터 멀어지는 발산력을 받게 된다.

섭입판 인력(slab pull force, F_{SP}): 섭입판 인력은 섭입대에서 가라앉는 섭입판(슬랩; slab)이 연약권보다 밀도가 크기 때문에 발생한다. 이러한 밀도 대비는 연약권과의 온도 차이가 가장 큰 약 200~300 km의 심도에서 가장 극명하게 나타나며, 슬랩이 가열되어 주변 맨틀과 온도가 비슷해지는 약 700~1,000 km에서 사라진다. 섭입판 인력은 암석권의 연령이 클수록 강하지만, 섭입 속도와의 뚜렷한 비례 관계가 나타나지는 않는다.

해구 흡입력(suction force, F_{SU}): 섭입대에서 대륙판을 해구 쪽으로 끌어당기는 힘을 해구 흡입력이라 한다. 섭입대에서 슬랩은 가라앉으면서 주변 연약권을 휘젓는다. 이때 발생한 대륙 하부의 소용돌이 흐름은 대륙판을 해구쪽으로 끌어당긴다. 해양판과 대륙판과 충돌하면 해양판이 아래쪽으로 휘

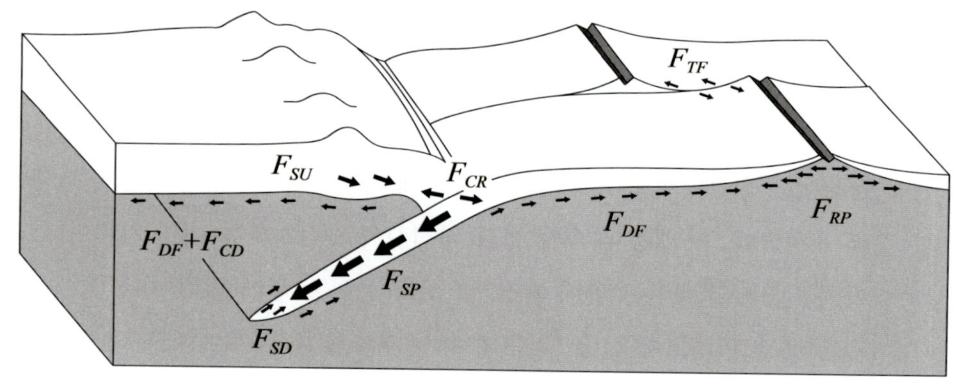

그림 4.61 판에 작용하는 힘들

면서 슬랩이 가라앉는다. 해양판의 휨에 대한 반발력으로 해양판은 해구의 반대쪽으로 이동하는데, 이를 힌지 후퇴(hinge rollback) 혹은 해구 후퇴(trench rollback)라 한다. 힌지 후퇴는 해양판 간의 충돌에서 배호 분지가 형성되는 데 중요한 역할을 한다.

나. 판에 작용하는 저항력

섭입판 항력(slab drag force, F_{SD}): 슬랩이 맨틀을 통과하면서 발생하는 항력은 섭입 속력에 비례한다. 가라앉기 시작한 슬랩은 하부 맨틀과 충돌하면서 항력은 급격히 증가한다. 아주 오랜 시간이 지난 후에야 섭입판은 하부 맨틀 아래로 가라앉게 된다.

변환 단층 저항력(transform fault resistance, F_{TF}): 해령 시스템의 변환 단층을 따라 발생하는 지진 활동은 마주보는 두 판 사이의 마찰력에 의한 것이다. 이 마찰력은 전단 응력이 항복점에 도달해 주향 이동 단층이 형성되면서 발생하기 때문에, 변환 단층 저항력과 마주보는 두 판의 상대 속도는 관련이 없다.

충돌 저항력(colliding resistance, F_{CR}): 수렴 판 경계를 따라 발생하는 천발 지진은 충돌 과정에서 발생하는 두 판의 마찰력을 나타낸다. 변환 단층 저항력의 경우와 마찬가지로 이곳에서의 충돌 저항력도 수렴 속도와 관련이 없다.

다. 그 외의 힘

맨틀 항력(mantle drag force, F_{DF}): 판 하부에 존재하는 맨틀 물질의 흐름은 판의 기저면에 맨틀 항력을 가한다. 맨틀 항력의 크기는 판의 크기에 비례한다. 만약 대류 흐름이 판의 이동 속도보다 빠르면 판은 흐름에 끌려가지만, 판의 이동 속도가 더 빠를 경우 판의 이동에 저항력으로 작용한다. 판의 이동 속도는 그 위에 놓인 대륙의 넓이에 반비례하는 경향이 있다. 이는 두꺼운 대륙 암석권이 추가적인 **대륙 항력(continental drag force, F_{CD})**을 받기 때문이다.

(2) 수동적 판 운동 모형의 한계

현대적인 판구조론이 정립되는 과정에서 판 운동의 원동력은 크게 두 가지 관점에 의해 설명되었다. 판이 수천 킬로미터 크기의 맨틀 대류 세포 위에 실린 채 맨틀 흐름에 의해 수동적으로 이동한다고 보는 것이 첫 번째 관점이다. 두 번째 관점에서 판은 자체적으로 유발된 힘에 의해 맨틀 대류에 능동적으로 참여한다. 다양한 지구물리 및 측지학적 관측 자료들이 축적되면서, 대부분의 과학자들은 전 지구적인 열적 대류와 물질 순환에 있어 판이 맡은 중요한 역할에 대해 인식하기 시작하였다. 또한, 수동적 판 운동 모형으로 설명될 수 없는 지구조 현상이 능동적 판 모형에서는 자연스럽게 이해된다는 점에서 이러한 관점의 전환이 가속되었다.

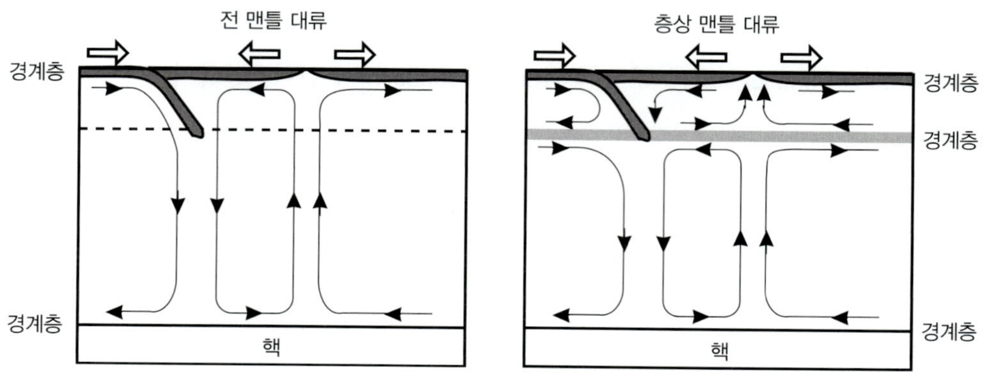

그림 4.62 맨틀 대류 모형. 전 맨틀 대류 모형에서 물질과 열의 흐름은 동일한 패턴을 갖는다. 층상의 맨틀 대류에서는 물질 흐름이 상부 맨틀과 하부 맨틀에서 불연속인 반면, 열의 흐름은 연속적이다.

수동적 판 운동 모형에서 판은 사실상 맨틀 대류 과정에 어떠한 영향도 미치지 못한다. 수면에 떠 있는 티끌을 통해 물의 흐름을 파악할 수 있는 것처럼, 판은 맨틀 흐름의 표식 역할을 할 뿐이다. 전 맨틀 대류(whole mantle convection) 모형을 가정하면, 핵–맨틀 경계(core-mantle boundary, CMB)에서 상승하는 물질 흐름은 암석권에 도달해 해령을 형성한다. 반면, 맨틀이 하강하는 곳에서는 해구가 만들어진다(그림 4.62a). 맨틀 대류가 층상의 구조를 갖는다 해도 상황은 바뀌지 않는다. CMB에서 상승하여 하부 맨틀을 통과하는 물질 흐름은 상부 맨틀과의 경계면에 도달하여 주변으로 퍼져 나간다(그림 4.62b). 이 지점에서 상부 맨틀은 아래쪽에서 올라온 뜨거운 물질 흐름에 의해 가열된다. 결국 동일한 지점에서 상부 맨틀 내의 상승 흐름이 형성되고 암석권에 도달하여 해령이 만들어진다. 즉 맨틀 대류가 어떠한 모형을 따르든 상관없이 해령과 해구의 위치는 CMB의 열류 분포에 의해 결정된다.

현재까지 알려진 맨틀의 열적 매개 변수에 열대류 이론을 적용하면 맨틀 내에서 발생하는 점성 유체 흐름의 속성을 추정할 수 있다. 일단 대류가 형성되면, 주어진 경계 조건에 의해 대류 세포의 형태가 결정된다. 암석권과 같이 단단한 덮개가 상부 경계를 이룰 경우, 추정된 맨틀 대류 세포의 종횡비(aspect ratio, 수직 길이에 대한 수평 길이의 비)는 거의 1의 수치를 갖는다. 수동적 판 운동 모형에서는 맨틀 대류 세포의 수평 규모에 의해 판의 크기가 결정된다. 층상 구조를 갖는 맨틀 대류 모형에서는 일반적으로 660 km 지진파 불연속면(4.1절 참조)을 상부와 하부 맨틀의 경계로 삼는다. 주요 판에서 해령–해구 간 평균 거리는 대략 5,000 km이기 때문에, 이 모형에서 맨틀 대류 세포의 종횡비는 1보다 훨씬 큰 값을 갖는다(표 4.5). 전 맨틀 대류 모형을 가정하면, 대류 세포의 수직 길이는 맨틀의 두께와 동일한 약 2,900 km에 불과하다. 이 모형에서 계산된 대류 세포의 종횡비도 1보다 명백히 큰 수치로 나타난다(표 4.5). 즉 수동적 판 운동 모형이 사실이라면, 현재 지표에 존재하는 큰 면적을 갖는 주요 판들은 훨씬 작은 판들로 쪼개져야 한다.

표 4.5 주요 판의 수평 길이를 사용해 추정된 맨틀 대류 세포의 종횡비. 층상 구조의 맨틀 대류 모형의 경우, 상부 맨틀과 하부 맨틀의 경계면으로 660 km 지진 불연속면을 가정한다.

판 명칭	층상 맨틀 대류 모형	전 맨틀 대류 모형
태평양판	14	3.3
북아메리카판	11	2.6
남아메리카판	11	2.6
인도판	8	2.1
나즈카판	6	1.6

맨틀 대류 세포의 종횡비에 대한 모형 실험 결과는 중앙해령 시스템의 지형에도 그대로 적용될 수 있다. 해령 열곡은 변환 단층에 의해 수십에서 수백 킬로미터의 단위로 분절된다. 만약 열곡이 맨틀 대류의 상승 지점에서 형성된다면, 대류 세포는 변환 단층에 의해 열곡이 어긋난 거리만큼 분리되어야 한다. 두 맨틀 대류 모형의 수직 스케일을 고려하면, 겨우 수십 킬로미터 길이의 너비를 갖는 대류 세포는 생성되기 어려우며, 따라서 현재와 같은 중앙해령 시스템은 형성되기 어렵다.

해령이 섭입대로 빨려 들어가 소멸되는 현상은 수동적 판 운동 모형에서는 발생할 수 없는 또 다른 현상이다(4.3절 3)항 라 참조). 해양저에 기록된 자기 줄무늬 자료를 분석하면 이러한 현상은 과거 여러 번 발생하였다. 지금으로부터 5,000만 년 전, 태평양판–패러론판 해령은 해구로부터 약 500 km 떨어진 곳에 위치했다. 2,000만 년에 걸쳐, 해령은 매우 빠른 속도로 이동하여 해구와 충돌하였다. 수동적 판 운동 모형에서 해령 하부에는 맨틀 대류의 상승 흐름이 위치하며, 해구의 아래쪽에는 하강 흐름이 존재한다. 따라서 해령과 해구가 가까워질수록 맨틀 물질의 상승 흐름과 하강 흐름은 서로 상쇄되어 맨틀 대류 세포가 소멸되어야 한다. 따라서 해령과 해구가 충돌하기 전에 패러론판의 움직임은 중지됐어야 한다. 현재 패러론 판의 대부분은 북아메리카판의 하부로 섭입되고, 규모가 작은 후안데 푸카판과 리베라판만이 그 잔해로 남아 있다.

(3) 능동적 판 운동 모형

판은 맨틀 흐름에 실려 움직이는 것이 아니라, 그 자체가 대류 세포의 일부다. 암석권은 그 아래의 맨틀과 열적 경계에 의해 구분될 뿐이다. 종종 맨틀 대류는 냄비 속 끓는 물에 비유된다. 밑바닥에서 가열된 물은 가볍기 때문에 상승하면서 대류 흐름을 만들어낸다. 수면에서 침강하는 물은 상대적으로 차고 무겁기 때문에 가라앉는 것이지, 대류의 흐름에 휩쓸려서 가라앉는 것이 아니다. 암석권은 연약권이 비해 차고 무겁다. 물의 대류와 마찬가지로 섭입대에서 판은 단지 무겁기 때문에 가라앉는다. 맨틀 대류가 판을 아래로 잡아당기는 것이 아니다. 즉 판은 판이 가진 내재적 특성에 의해 능동적으로 움직이며, 이러한 움직임은 대규모 맨틀 순환의 일환으로 나타나는 현상이다.

암석권의 매우 높은 점성을 감안하면 겨울철의 연못도 적절한 비유가 될 수 있다. 얼음이 물보다 가볍다는 점만 제외하면, 얼음으로 덮인 연못은 판 운동에 의한 지구조 현상을 훨씬 더 직관적으로 묘사한다. 끓는 물에서는 수면의 모습이 끊임없이 변하지만, 연못의 깨진 얼음 조각들은 그 모양이 일정하다. 얼음이 깨지면서 생긴 틈새로는 물이 스며든다. 지구 표면을 덮는 판에서도 비슷한 양상이 관찰된다. 판은 거의 일정한 형태를 유지하며 이들이 벌어지면 균열을 따라 마그마가 흘러나온다. 판의 일부는 연약권 아래로 가라앉으면서 나머지 부분을 수평 방향으로 잡아당긴다. 이 힘에 의해 판의 가장 약한 부분이 찢어지며, 그 틈새로 마그마가 분출한다. 이 마그마는 맨틀 대류에 의해 지구 심부에서 상승한 것이 아니다. 얼음 조각 사이로 흘러나오는 물처럼, 균열 주변의 연약권에서 생성된 마그마가 흘러나오는 것이다.

중앙해령 시스템에서는 판의 수동적 모형으로 설명될 수 없는 지구조적인 특징이 발견된다. 초기의 판구조론은 맨틀 대류가 상승하여 선형의 해령 열곡을 길게 형성하고, 그 이후 단층 운동이 열곡을 지금의 위치로 이동시켰다고 생각했다. 이러한 설명은 단층에 의해 분절된 현재의 해령 열곡 모습과 직관적으로 잘 부합하는 해석이다. 그러나 능동적인 판 이동 모형에 따르면 해령 열곡은 판 운동에 의해 발생한 균열이기 때문에, 처음부터 어긋난 채 생성되며 단층 운동은 열곡을 이동시키지 않는다(4.3절 2)항 다 참조). 분리 시점에 대한 판 운동 모형의 관점에 따라, 열곡 사이의 주향 이동 단층은 서로 반대의 극성을 나타낸다. 예를 들어, 그림 4.51과 같은 상황에서 수동적 모형은 좌수향 주향 이동 단층에 의해 열곡이 현재의 위치로 이동했다고 생각할 것이다. 반면, 능동적 모형에서는 동일한 지형을 우수향 주향 이동 단층에 의한 결과로 해석할 것이다. 실제 단층을 따라 발생하는 천발 지진에 대한 진원 기구해 분석은 능동적 판 이동 모형을 지지한다.

판 이동의 능동적 모형이 설명하는 것처럼 해령 열곡이 단지 발산하는 두 판 사이의 균열이라면, 서로 어긋나 있는 해령 열곡의 배치가 쉽게 설명된다. 발산 판 경계가 처음 형성될 때, 판은 강도가 가장 약한 부분을 따라 찢어진다. 판의 운동 방향이 찢어지는 방향과 수직이 아닐 경우, 가장 안정적인 형태로서 계단 모양의 균열이 만들어진다. 즉 판의 이동 방향과 수직인 방향으로는 열곡이 형성되고, 평행한 방향으로는 변환 단층이 만들어진다.

섭입판 인력이 판 이동의 주요 원동력이라는 사실은 섭입대 하부에서 발생하는 지진의 파형 분석을 통해서도 드러난다. 지하 깊은 곳에서는 지각에 응력이 가해질 경우 주로 연성 변형이 나타난다. 이 때문에 섭입대 이외의 지역에서 발생하는 지진의 대부분은 진원 깊이가 20 km 미만인 천발 지진이다. 반면, 섭입대에서는 차고 단단한 해양 암석권이 빠른 속도로 가라앉으면서 훨씬 더 깊은 곳에서도 지진을 유발한다. 이때 발생하는 지진은 거의 대부분 섭입각과 평행한 방향의 힘에 의해 유발된다(그림 4.63). 특히 중발 지진과 심발 지진은 서로 반대 방향(최대 인장 응력축과 최대 압축 응력축)의 응력에 의해 발생한다. 이는 맨틀과 슬랩 사이의 상대 움직임이 아닌 슬랩 자체에서 유발되는 응력에

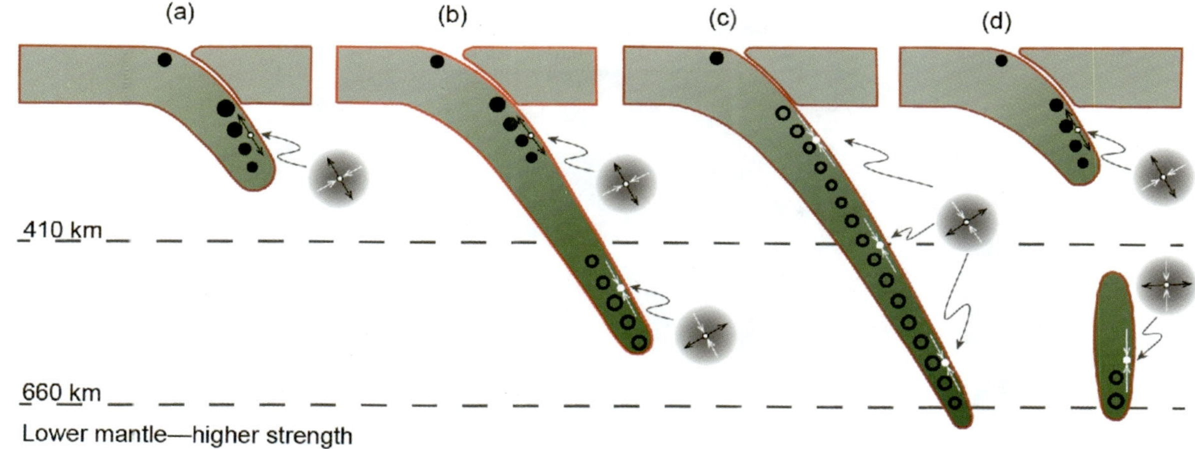

그림 4.63 섭입판 내에서 발생하는 진원기구해로부터 추정된 응력 분포. 검은점이 위치한 곳에는 장력이 작용하며, 열린원으로 표시된 곳은 압축력이 작용한다. 천부에서 섭입판 표면에 나타나는 장력은 섭입으로 인한 판의 구부러짐 때문에 발생한다. 회색 영역 내에 표시된 검은색 화살표와 흰색 화살표는 각각 중발 지진과 심발 지진에 대한 진원 기구해의 T축과 P축을 나타낸다.

의해 지진이 발생하기 때문에 나타나는 현상이다. 즉 하강하는 슬랩이 판의 나머지 부분을 잡아당길 때 발생한 인장력은 중발 지진을 유발한다(그림 4.63a). 슬랩이 더 깊이 하강하면 하부 맨틀과 충돌하며, 이 때 발생하는 압축력이 심발 지진을 일으킨다(그림 4.63b). 중발지진과 심발지진의 중간 정도의 깊이에서는 지진 발생 빈도가 현저히 줄어든다. 이는 슬랩에 가해지는 두 방향의 응력이 상쇄되거나(그림 4.63b) 혹은 슬랩의 아랫부분이 분리(그림 4.63d)되었기 때문이라 추정된다. 통가 섭입대와 같은 지역에서는 하부 맨틀에 의해 유발된 저항력이 슬랩의 모든 부분에 영향을 미쳐 압축력에 의한 지진만 발생하기도 한다(그림 4.63c).

4.4 열점과 플룸구조론

1) 열점

대부분의 화산 활동은 판 경계에 집중되어 발생하지만, 대략 5% 정도는 열점과 관련되어 있다. 일반적으로 화산 활동이 오랫동안 지속되고 국지적으로 높은 지열류량을 보이는 열적 이상 지역을 열점이라 지칭한다. 현재는 엄격한 정의에 의해 전 세계적으로 57개의 지역을 열점으로 분류한다(2021년 기준). 대륙에 위치하는 열점은 드물다. 대부분은 해양에서 발견되며, 그중 소수는 중앙해령에 자리 잡고 있다(그림 4.64). 열점이 위치한 곳의 수심은 지각 연령으로 추정된 수심보다 얕은 경향을 보

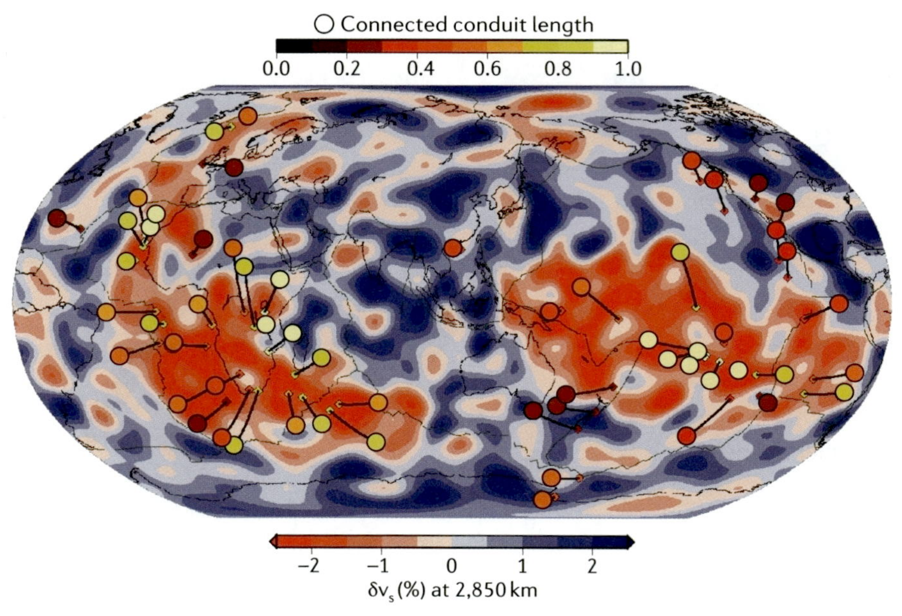

그림 4.64 현재까지 밝혀진 열점의 분포(다이아몬드)와 플룸 줄기의 길이(원). 원의 색이 밝을수록 맨틀 플룸의 뿌리가 CMB까지 내려간다. 지표 배경 색은 지진파 토모그래프에 의해 결정된 심도 2,850 km에서의 지진 전단파 속도 이상이다.

이며(식 4.2), 이러한 지각 융기는 지오이드의 교란을 유발한다. 따라서 해양 지역에 나타나는 지오이드의 이상은 열점의 분포와 높은 공간적 상관관계를 보인다. 다만, 상승된 맨틀 물질은 주변 연약권보다 온도가 높기 때문에, 교란의 일부분은 경감된다.

열점에서 생성된 마그마는 대륙 암석권에 비해 두께가 얇은 해양 암석권을 비교적 쉽게 관통하여 분출된다. 열점에 의한 화성 작용의 결과는 극단적이다. 단일 구조로서는 지구에서 가장 높은 산이 열점과 관련된 하와이의 화산 활동에 의해 형성되었다. 열점의 화성 작용은 매우 짧은 시간 내에 거대한 현무암 대지를 만들어 내기도 한다. 드넓은 데칸 고원이 형성되는 데에는 100만 년이 채 걸리지 않았다. 거대하며 광활한 분출은 넓은 영역에 걸쳐 해양 지각의 두꺼워짐을 유발한다. 온통 자바 해대(Ontong java Plateau)가 대표적인 예이다. 또한 열점에 의한 마그마 분출은 초대륙 곤드와나의 분열을 유발하였을 가능성이 매우 큰 것으로 추정된다.

열점은 오랜 기간 동안 암석권 하부의 맨틀에 고정된 채 화산 복합체를 형성한다. 시간이 지나 판이 이동하면 기존의 화산은 열점으로부터 멀어져 화산 활동이 중단된다. 화산의 높이가 낮을 경우 정상부가 수면 아래로 가라앉게 되며, 해산이나 기요가 형성되거나 이를 둘러싼 환초가 만들어지기도 한다. 인접한 지역에서는 지속적인 화산 활동에 의해 화산섬이 반복적으로 형성된다(그림 4.65a). 따라서 열점에 의해 형성되는 화산섬은 해양판의 이동 방향으로 정렬된 화산 열도(volcanic island chain)를 형성한다. 이러한 선구조는 섭입대에 형성되는 아치형의 화산 열도와는 구분된다.

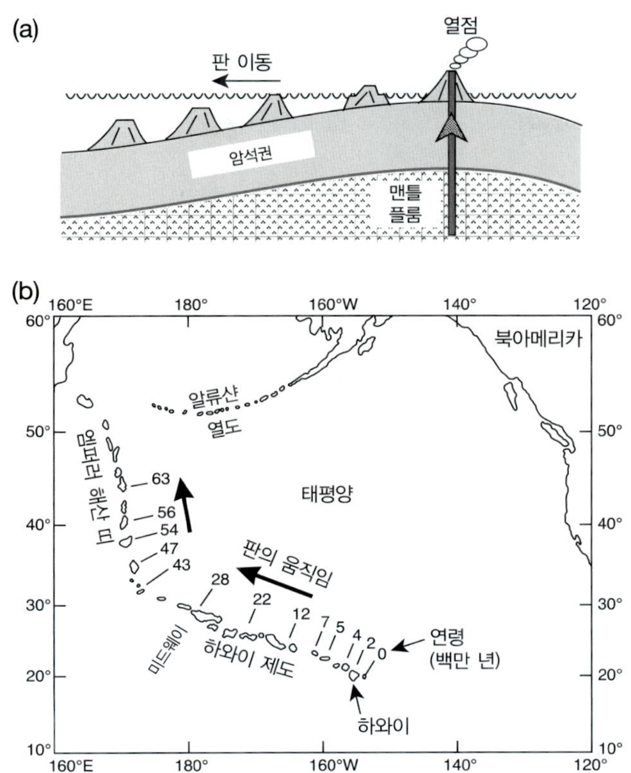

그림 4.65 (a) 해양 암석권이 열점 위를 지날 때 화산섬이 형성되는 과정. (b) 하와이-엠퍼러 제도는 태평양판이 열점 위를 지나며 형성된 화산 열도이다. 숫자는 화산섬의 연령을 나타낸다.

하와이-엠퍼러 제도는 열점과 관련된 대표적 화산 열도로서 하와이 킬라우에아 섬을 기준으로 서북서 방향으로 약 6,000 km 정도 뻗어 있다. 이곳에서 시작되는 엠퍼러 화산 열도는 북북서의 주향을 갖는다(그림 4.65b). 하와이-엠퍼러 제도에서 채취된 현무암 시료의 방사성 연대 측정 결과, 현재 화산 활동 중인 킬라우에아 섬에서 멀어질수록 화산섬의 연령이 증가한다. 이를 통해 과거 8,000만 년 동안 태평양판의 속도를 계산할 수 있다. 태평양판은 대략 4,300만 년보다 먼 과거에 북서북 방향으로 대략 6 $cm\ yr^{-1}$의 속력으로 이동하였다. 그 이후 최근 20~40 Myr 동안에는 약 10 $cm\ yr^{-1}$의 속력으로 서북서로 이동하였다.

2) 맨틀 플룸의 구조와 기원

열점과 판 경계에서는 서로 다른 메커니즘에 의해 화성암이 만들어진다. 열점에서 형성되는 현무암(OIB, Oceanic Island Basalt)은 섭입대의 안산암질 현무암은 물론 해령 열곡에서 생성되어 해양지각을 이루는 현무암(MORB, Mid-Ocean Ridge Basalt)과도 다른 화학 조성을 보인다. OIB와 MORB의 기원이 모두 최상부 맨틀에서 부분 용융된 마그마라는 점을 생각하면, 이는 매우 흥미로운 현상이

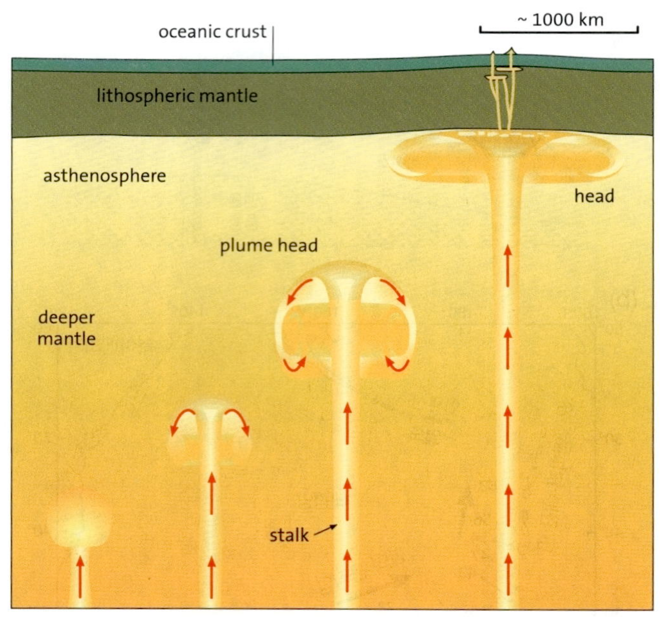

그림 4.66 맨틀 플룸의 구조. 부력에 의해 상승하는 맨틀 플룸의 형태는 재순환되는 해양 지각 물질의 포함 여부에 따라 다양한 형태로 나타날 수 있다. 대부분의 플룸은 열화학적 상승류로서 복잡한 구조를 갖는다.

다. MORB와는 달리, OIB는 섭입된 해양판이 하부 맨틀에 도달할 때 만들어지는 성분을 포함한다. 또한, OIB에는 원시 맨틀과 핵에서 기원했을 것으로 추정되는 성분들이 포함되어 있다. 이러한 지화학적 지시자들에 의해 지표의 열점 활동이 맨틀의 가장 깊은 곳과 밀접히 연관되어 있을 것이라는 추정이 가능하다.

열점 하부에는 맨틀 플룸(mantle plume)이 자리 잡고 있다. 맨틀 플룸은 열점 하부에서 수직으로 상승하는 고온의 맨틀 물질을 가리킨다. 이 개념은 판 내부에 위치한 열점의 화성 활동을 설명하기 위해 1970년대 초 모건(William J. Morgan, 1935~)에 의해 처음으로 제안되었다. 맨틀 플룸은 대략 2,900 km의 심도를 가진 CMB에서 시작하며, 수 천 만년에 걸쳐 천천히 상승해 암석권에 도달한다. 현재까지 밝혀진 바에 의하면, 전 세계적으로 18개 이상의 맨틀 플룸이 뿌리를 CMB에 위치한 D″층에 두고 있다(그림 4.64). 주변 맨틀보다 100~300°C 정도 뜨거운 맨틀 플룸은 밀도와 점성이 낮아 부력을 받는다. 이에 따라 직경이 약 150 km 정도 되는 둥근 도관 형태의 상승 흐름이 형성되지만, 심부의 높은 압력은 맨틀 플룸을 고체 상태로 유지시킨다(그림 4.66). 맨틀 플룸은 단단한 맨틀을 관통하며 상승하기 때문에 흐름의 최상부(플룸 헤드)는 버섯 형태를 띤다. 맨틀의 저항력에 의해 플룸 헤드 주변부에는 매우 느린 하강 흐름이 나타나며, 주변 맨틀 물질을 병합하면서 상대적으로 빠른 줄기 부분의 흐름에 재흡수된다.

맨틀 플룸이 심도 약 100~150 km의 암석권 하부에 도달하면, 플룸 헤드의 버섯 형태가 더욱 넓어져 직경이 약 1,000 km 정도에 이를 수 있다. 플룸 맨틀의 부력과 가열된 영역의 열적 팽창은 최대

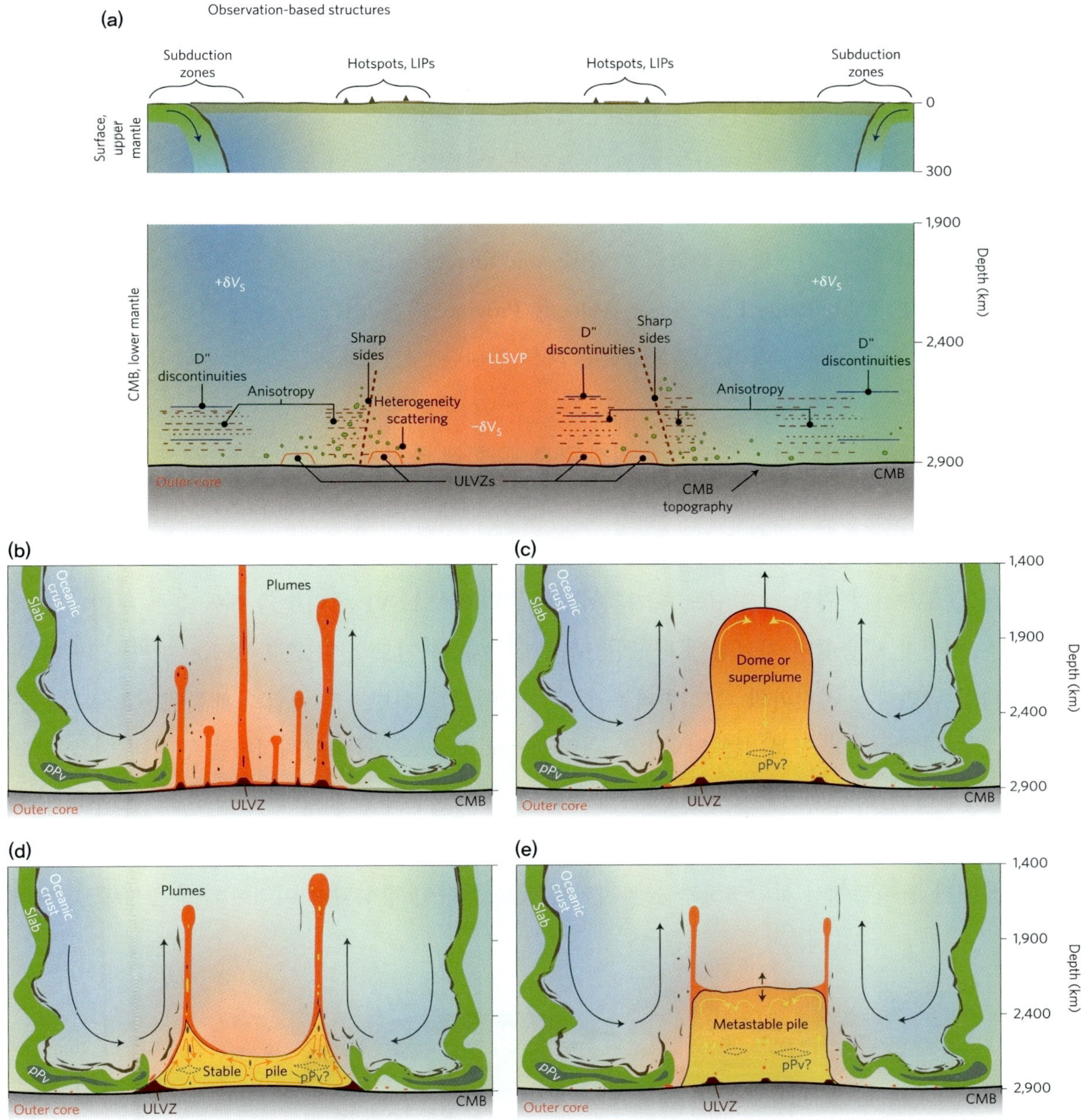

그림 4.67 관측된 LLSVP의 모습과 해석. **(a)** 지표의 지구조 특성(위쪽)과 하부 맨틀의 지진파 속도(아래쪽). **(b~e)** 관측된 LLSVP의 지진파 속도 구조를 설명하기 위한 모형. 네 경우 모두 섭입된 물질이 LLSVP 주변을 둘러싸고 있다. **(b)** 플룸 무리, **(c)** 열화학적 슈퍼 플룸, **(d)** 안정적 열화학적 더미, **(e)** 준안정성의 열화학적 더미

1,000 m에 이르는 지표 융기를 유발하기도 한다. 암석권 하부에 도달한 맨틀 플룸은 여전히 주변 연약권보다 온도가 250°C 정도 높다. 이러한 고온의 환경은 암석권 하부의 상대적으로 낮은 압력과 함께 작용하여 부분 용융을 일으킨다. 만약 맨틀의 물 함유량이 상대적으로 높다면, 부분 용융이 촉진되어 막대한 양의 마그마가 생성된다. 이렇게 형성된 마그마는 암석권을 뚫고 분출하여 열점을 형성한다.

섭입대가 위치한 지역의 심부 맨틀에서는 지진파가 주변에 비해 빠르게 전파한다(그림 4.67a의 푸른 영역). 지질학적 과거에 섭입대가 위치했던 지역에서도 비슷한 양상이 발견된다. 섭입대와 지진파 저속 영역 사이의 이러한 공간적 상관관계는 섭입한 슬랩이 주변 맨틀보다 차갑고 따라서 더 조밀하기 때문이다. 한편, 심부 맨틀에서는 지진파 속도가 상대적으로 느린 영역도 존재한다(그림 4.67a의 붉은 영역). 이들은 열점 활동이 활발한 지역이나 대규모 화성암 지대(LIP, Large Igneous Province)의 하부에 자리 잡고 있다. 지진파 단층촬영 기법(seismic tomograph)을 통해 발견된 2개의 거대한 지진파 저속도 구간(LLSVP, Large Low-Shear-Velocity Province)은 CMB면 상에서 거의 대척점에 위치한다. 하나는 태평양 하부에 자리 잡고 있으며, 다른 하나는 대서양과 아프리카의 남서부에 걸쳐 위치한다(그림 4.64의 붉은 영역).

LLSVP에 대해서는 대략적인 형태만 알려졌을 뿐, 화학적 조성이나 세부 구조, 생성 과정 등 아직까지 밝혀지지 않은 것이 많다. 초기에는 열적으로 매우 거대한 플룸에 의해 LLSVP가 나타난다고 생생각했다(그림 4.67c). 그러나 지구 내부 물질 특성을 고려한 맨틀 대류 연구에 따르면, 개별 맨틀 플룸의 크기는 LLSVP보다 훨씬 작은 규모를 가져야한다. 때문에 LLSVP는 다수의 맨틀 플룸 무리가 분해능이 낮은 지진파 단층촬영 자료상에 나타난 모습으로 해석되기도 한다(그림 4.67b). 한편, LLSVP의 경계를 따라 급변하는 지진파의 속도 변화는 열적 이상만으로 설명하기 어렵기 때문에, LLSVP를 주변 맨틀과는 화학적으로 구분되는 열화학적 더미(thermochemical pile)로 해석하는 관점이 힘을 얻고 있다. 이 경우에는 주변 맨틀과의 밀도 차이에 의해 결정되는 수직 안정도에 따라 다양한 형태의 더미가 나타날 수 있다(그림 4.67d~e). 최근의 지구 동역학적 모형 실험에 의하면 열화학적 더미 상부의 융기된 부분이나 돌출부에서 불안정도가 높아지면서 맨틀 플룸이 형성되며 이러한 부분은 주로 더미의

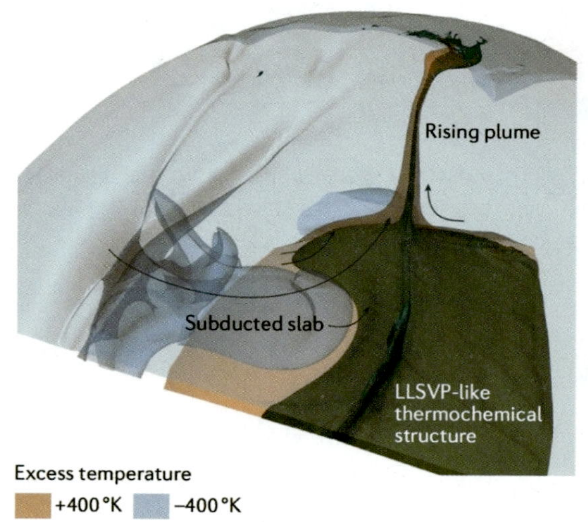

그림 4.68 LLSVP 경계를 따라 상승하는 플룸의 3D 모형. LLSVP는 주변 하부 맨틀과 대략 500 K 이상의 온도 차이를 보인다.

가장자리를 따라 나타난다고 추정된다(그림 4.68). 분명한 것은 심부 맨틀에 존재하는 이 거대한 지진파 속도 구조가 지오이드 변동과 섭입대의 배열은 물론 열점 및 LIP의 분포와도 매우 높은 관련성을 가진다는 것이다.

3) 맨틀 플룸과 판구조론

판과 플룸은 맨틀 대류의 구성 요소로서 서로 매우 다른 특성을 갖고 있다. 판은 맨틀 대류의 최상부를 이루며 차가운 열 경계 역할을 한다. 판구조론은 암석권 운동을 통해 판 경계부의 지구조 과정들을 간단하고 명료하게 설명한다. 그러나 열점 활동이나 대규모 범람 현무암 지대 등 판 경계에서 멀리 떨어진 곳의 지질 현상은 판구조론으로 쉽사리 설명되지 않는다. 맨틀 플룸 모형은 이러한 현상들에 대해 매우 유용한 관점을 제공한다. 지표에 위치한 판과는 달리, 맨틀 플룸의 대부분은 맨틀의 가장 깊고 뜨거운 곳에서 발생한다. 그렇기 때문에 초기 판구조론에서 판과 플룸은 서로 독립적으로 작동하는 맨틀 대류의 상보적 요소로 간주되었다.

맨틀과 암석권에 대한 열점 활동 혹은 맨틀 플룸의 장기적 안정성을 가정하면, 이들은 판의 움직임을 측정할 수 있는 절대 기준계 역할을 할 수 있다. 화산 열도의 배열 형태와 연대 측정으로 추정된 개별 섬들의 생성 시기를 활용하면 판의 운동 속도를 계산할 수 있으며(4.4절 1)항 참조), 이를 바탕으로 시간에 따른 과거의 판 위치를 복원할 수 있다. 이러한 가정 하에서 판 내의 모든 열점들은 하

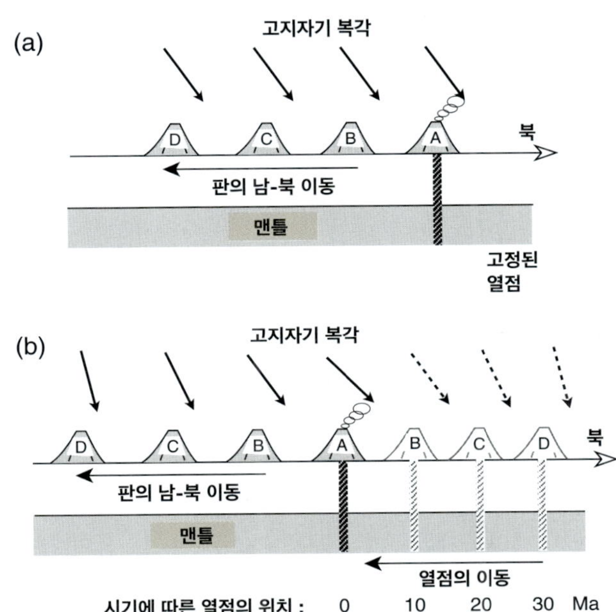

그림 4.69 열점 이동에 따른 화산 열도의 고지자기 복각 변화. (a) 열점이 고정되어 있을 경우, 화산섬들은 동일한 위도에서 형성되기 때문에 복각이 일정하다. (b) 열점이 남북 방향으로 이동하면, 화산섬의 생성 시기에 따라 복각이 변한다. 위의 두 예시에서 판은 북반구에 위치하며 남쪽 방향으로 이동한다고 가정하였다. 또한 정자기 시기를 가정하였다.

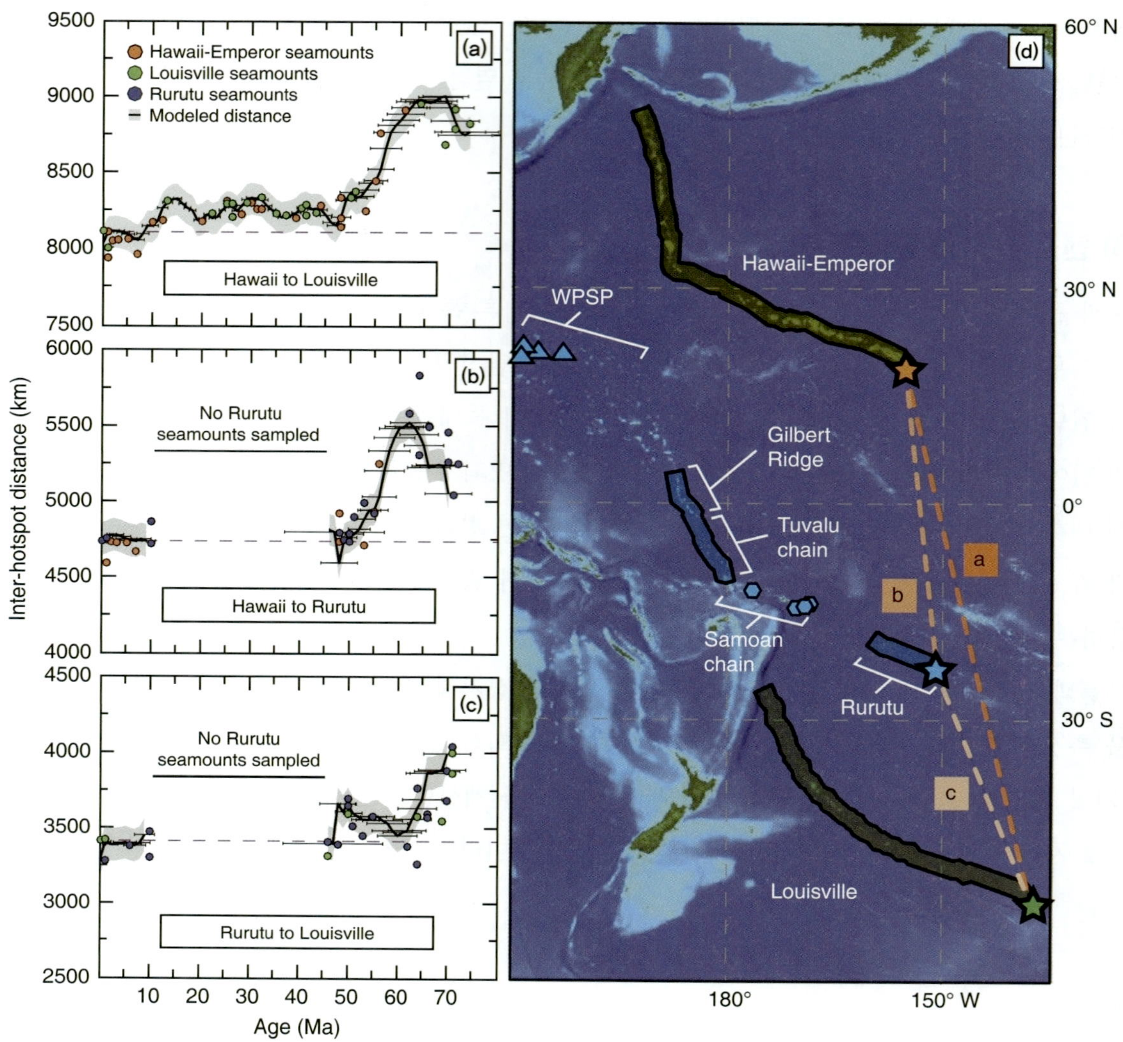

그림 4.70 시간에 따른 하와이, Louisville, Rurutu 열점 사이의 거리 변화. **(a~c)** 세 열점 간의 시간에 따른 거리 변화. **(d)** 태평양판에 대한 세 열점의 이동 궤적

나의 오일러 회전극을 중심으로 회전한다(4.3절 3)항 가 참조). 따라서 열점에 의해 형성되는 화산 열도들은 모두 동일한 형태의 궤적을 남기며, 서로 대응되는 각 지점의 화산섬들은 비슷한 생성 시기를 갖는다.

흥미로운 점은 화산섬들에서 수집된 다양한 지구물리학적 자료들이 고정된 열점을 지지하지 않는다는 것이다. 열점이 자전축으로부터 일정한 거리에 고정되어 있다면, 화산섬들의 고지자기 복각은 모두 동일해야 한다(그림 4.69a). 그러나 복각 기록들을 분석해보면, 섬의 생성 시기에 따라 그 크기가 점차 변한다. 이는 과거에 열점이 남북 방향으로 움직였음을 암시하는 강력한 증거이다(그림 4.69b). 열점의 개별적인 움직임은 동시대에 형성된 화산 열도 간의 상대 거리도 변화시킨다(그림 4.70a~c). 실제로 태평양판에 존재하는 여러 화산 열도들은 서로 다른 배치 형태를 가진다(그림 4.70d). 여기에 더해 Louisville 제도에서 가장 두드러진 변곡점에 해당하는 화산섬과 이에 대응되는 하와이-엠퍼러 제도의 화산섬은 300만 년 정도의 생성 시기 차이를 보인다.

맨틀의 활발한 대류 과정을 고려할 때 열점의 개별적인 운동은 어느 정도 예견되었다. 고지자기와 연대 측정 자료들을 종합해보면, 백악기부터 초기 신생대까지의 기간 동안 하와이의 열점은 태평양판의 다른 어떤 열점보다 빠른 속도로 이동하였다. 맨틀 플룸은 상승하면서 맨틀 대류의 수평 흐름에 의해 이류되기 때문에, 지질 시대를 거치면서 열점의 위치는 변한다. 최근 들어 지진파 토모그래프의 공간 해상도가 비약적으로 개선되면서, 맨틀 플룸의 형태가 보다 구체적으로 드러나기 시작하였다. 활동성이 큰 주요 열점 하부의 맨틀 플룸은 도관의 직경이 수백 킬로미터 이상으로 매우 넓을 것으로 추정된다. 이는 열적 물성만을 고려해 계산된 직경보다 훨씬 큰 규모이다. CMB에 뿌리를 두고 상승하는 맨틀 플룸은 열점 하부에 도달하면서 거의 수직이던 도관의 형태가 상대적으로 활발한 상부 맨틀의 대류에 의해 수평적으로 다소 편향될 수 있다.

맨틀 플룸에 대한 최신의 연구 결과들이 축적되면서 플룸과 판 사이의 연결성이 점차 명확해지고 있다. 특히, 오랜 기간에 걸쳐 반복되는 대륙의 분열과 병합은 맨틀 플룸과 판 운동 간의 관계를 잘 드러낸다. 기나긴 지질 시대 동안 지구상에 초대륙이 존재했던 시기가 적어도 세 번(콜럼비아, 로니티아, 판게아) 있었던 것으로 추정된다. 시간이 지남에 따라 초대륙에 균열이 생겨나고 이곳을 따라 새로운 해양 지각이 생성되었다. 분열되었던 대륙 조각들은 긴 시간이 흐른 후 다시 합쳐져 새로운 초대륙을 형성하였다. 수억 년 이상의 시간을 두고 반복되는 이러한 대륙의 병합과 분열을 초대륙 주기(supercontinent cycle) 혹은 현대 판구조론의 성립에 지대한 공헌을 한 캐나다의 지구물리학자 윌슨(John T. Wilson, 1908~1993)의 이름을 따 윌슨 주기(Wilson cycle)라고 부른다.

초대륙 주기 혹은 윌슨 주기의 진행에 있어서 맨틀 플룸과 판의 운동은 서로 유기적으로 작동하여 맨틀 전체의 순환 구조를 이루는 것으로 추정된다. 섭입대는 해양지각을 흡수함으로써 분산되어 있는 대륙판들을 하나로 모으는 역할을 한다(그림 4.71a). 이때 섭입된 해양 지각은 CMB까지 가라앉아 오랜 시간이 지난 후 맨틀 플룸을 구성하는 물질을 제공한다. 또한 함께 섭입된 일부 대륙 지각 기

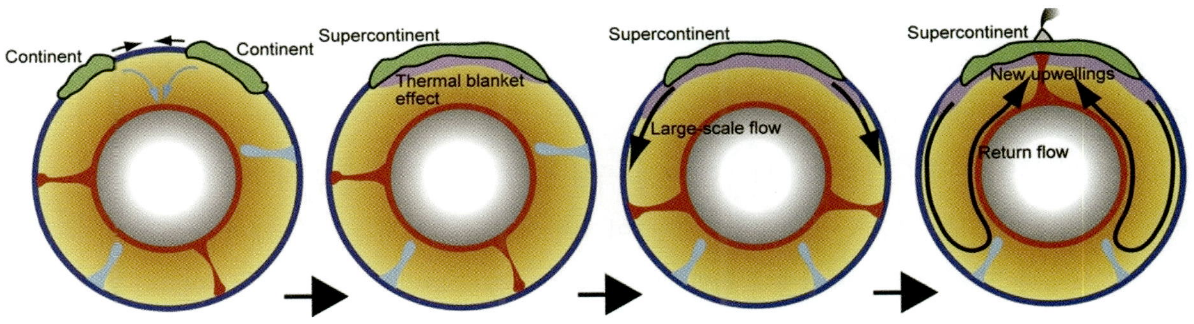

그림 4.71 대륙 병합에 의한 맨틀 순환 패턴의 변화

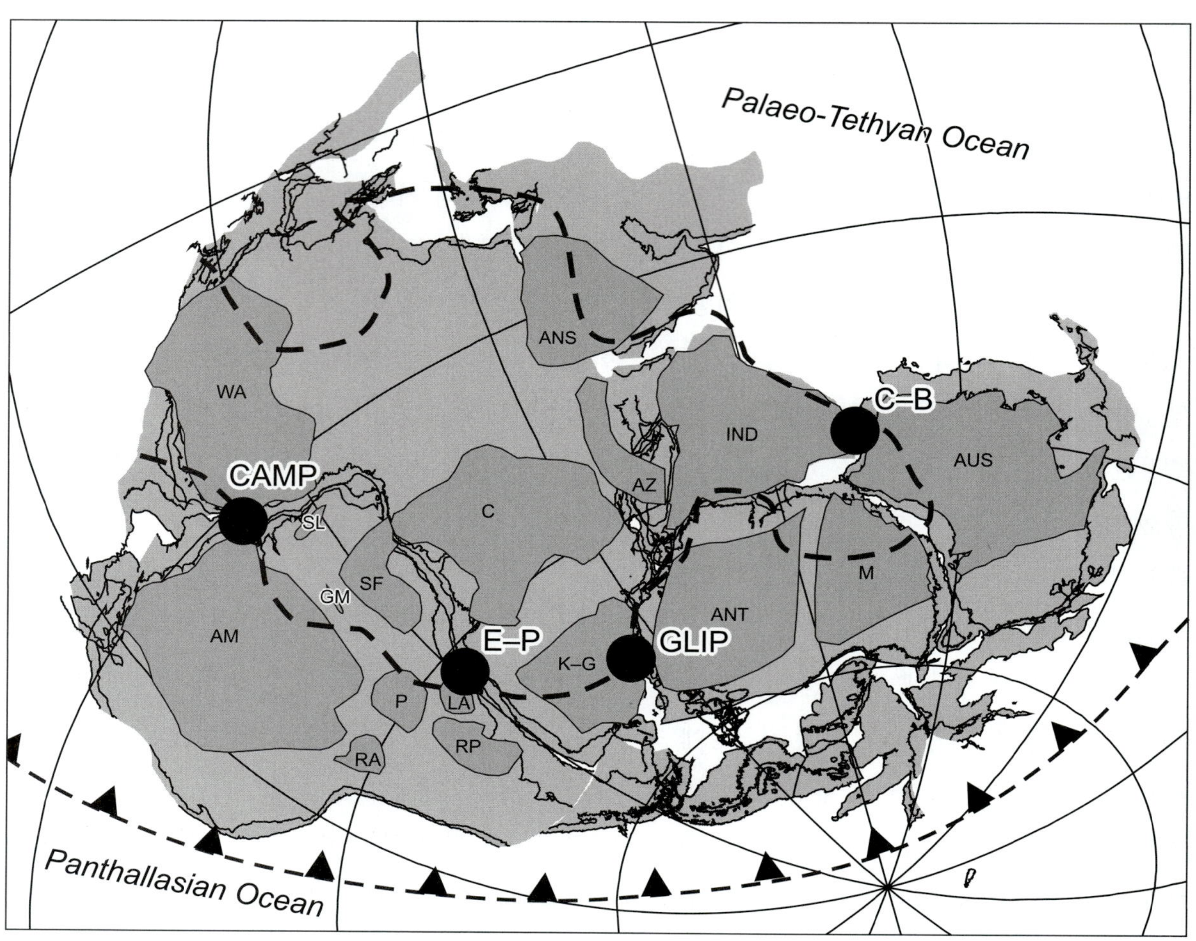

그림 4.72 복원된 1억 8,000만 년 전의 곤드와나 초대륙. 대륙 분열과 관련된 LIP의 위치가 검은색 점으로 표시되어 있다. 대륙 내의 파선은 아프리카 LLSVP의 이 당시 위치를 나타낸다.

원의 방사성 동위원소는 맨틀 전이 구간에 축적되어 상부 맨틀의 온도를 상승시킨다(그림 4.71b). '담요 효과'라고도 불리는 이 과정에 의해 초대륙 주변부로 향하는 고온의 맨틀 흐름이 넓은 영역에 걸쳐 형성된다(그림 4.71c). 상부 맨틀에서 시작된 이 흐름은 심부 맨틀을 아우르는 행성 규모의 흐름을 유발하고, 이는 다시 초대륙 하부에 축적된 과거 섭입판 잔해와 상호 작용을 통해 플룸을 형성시킨다(그림 4.71d). 그러나 보다 최근의 모형 실험에 따르면 담요 효과가 초대륙 하부의 맨틀 플룸 형성에 기여하는 정도는 크지 않으며, 오히려 맨틀 플룸을 주변 섭입판의 하강 흐름에 의해 유발되는 반송류라고 보는 시각이 힘을 얻고 있다.

초대륙의 분열이 심부 맨틀에서 발생한 맨틀 플룸에 의한 것인지, 대륙 지각의 약한 부분을 따라 발생하는 균열에 의한 것인지, 또는 이 두 현상이 복합적으로 작용하는 지에 대한 논의는 현재 진행 중이다. 확실한 것은 중생대와 신생대에 발생한 수많은 대륙성 범람 현무암들은 그 위치와 시기가 대륙 분열과 밀접하게 관련되어 있다는 점이다. 범람 현무암 지대들은 주로 대륙의 가장자리를 따라 관찰된다. 주요 판들의 과거 위치를 복원해보면, 이러한 범람 현무암 지대들은 주로 초대륙의 균열이 나타나는 곳을 중심으로 방사형 패턴의 분포를 보이며, 또한 과거의 LLSVP의 영역과도 높은 상관관계를 보인다(그림 4.72). 이를 통해 초대륙 분열에 맨틀 플룸이 상당한 영향을 미쳤을 것이라 추정할 수 있다. 플룸 헤드는 암석권의 하부에 도착하여 암석권을 가열 및 융기시키면서 초대륙에 균열을 유발하였을 것이다. 혹은 원거리 판 운동에 의해 대륙 지각의 균열이 발생하고, 이곳을 따라 형성된 맨틀 플룸이 해양 지각을 형성하였을 수도 있다.

맨틀 플룸의 상승은 해양 암석권의 동적 지형에 영향을 미칠 수 있다. 맨틀 플룸의 존재는 크고 작은 열점 팽창과 맨틀 점성 분포의 변화를 유발한다. 이들의 맥동성은 해양 순환 패턴과 심해 퇴적물 축적 속도를 변화시킬 수 있고 지역 해수면에 상당한 변화를 일으킬 수 있다. 특히 활동성이 강한 플룸은 지표를 대규모로 팽창시키고 하부 맨틀 점성에 큰 영향을 줄 수 있기 때문에, 해수면 상승에 지대한 영향을 미치며 이에 따라 향후 해수면 상승 예측에 큰 불확실성을 야기한다. 맨틀 플룸 활동은 또한 지구 표면에서 광범위한 화산 활동을 일으켜 극심한 지구 환경 교란과 대량멸종을 초래할 수도 있다. 과거 데칸 고원의 범람 현무암은 백악기−신생대 전환기(~66 Ma)의 멸종과 직접적인 관련이 있으며, 시베리아 트랩은 페름기−트라이아스기 전환기(~250 Ma) 때 가장 광범위한 대량멸종을 일으킨 것으로 추정된다. 그러나 두 경우 모두 화산 폭발의 시기와 지속 기간은 물론, 화산 분출과 멸종에 대한 연관성에 대해 여전히 많은 논란이 존재한다. 실제로 맨틀 플룸, 기후, 우연한 운석 충돌, 생물 시스템 사이에는 복잡한 되먹임 작용하며, 이들 간에 존재하는 위상 지연은 문제를 더 복잡하게 만든다. 중요한 과제는 맨틀 플룸이 기록된 완전한 연대(범람 현무암 및 해양 고원 등)를 파악하고, 이를 지구 환경, 종 멸종, 해양 산성화, 운석 영향 등에 대한 정보가 포함된 지질학적 기록(육상 퇴적물 기록 및 해양 시추 코어 등)과 연계하는 것이다. 맨틀 플룸과 지표 과정의 기록을 결합하면 장기적인 기후 변화, 대량멸종, 생물계 복원력에 미치는 영향을 포함하여 지권, 기권, 생물권 간의 상호 작용에서 맨틀 플룸의 역할을 이해할 수 있을 것이다.

STORYLINE

눈으로 볼 수는 없지만 지구에는 다양한 물리적 현상들(중력장, 자기장, 지전류, 탄성파 등)이 존재하며, 인류의 생존과 삶에 직 · 간접적으로 많은 영향을 끼친다. 중력장은 이 세상이 유지되고 만물의 공간적인 관계를 결정하는 데 필수적이고 근원적인 역할을 하며, 자기장은 태양풍(solar wind)과 우주선(cosmic ray)의 방사능 물질로부터 지구를 보호해준다. 또한 이러한 물리적 현상들을 분석하여 지하의 자원을 찾거나 오염 물질의 분포를 알아내는 등 지구 내부 탐사(지구물리 탐사)에도 응용된다. 이 장에서는 지구물리학의 주요 분야인 지구중력장 및 지구자기장과 관련된 과학적 원리 및 다양한 특성들을 살펴보고, 지구 환경을 효율적으로 이용하고 개선시키는 데 필요한 여러 지구물리 탐사 방법들을 알아본다.

- 5.1 지구중력장
- 5.2 지구자기장
- 5.3 지구물리 탐사 기술과 활용

지구물리학의 이해

5.1 지구중력장

1) 지구의 모양

지구의 표면은 70% 이상 바다로 덮여 있고, 육지는 고르지 못하고 울퉁불퉁하다. 지구의 모양은 고르지 못한 실제 지구 표면을 매끄럽고 닫힌 면으로 근사하여 표현된다. 계몽시대 이전에 생각했던 지구의 모양은 종교나 미신과 같은 비과학적인 신념에 의해 평평한 것으로 믿어졌다. 1522년 마젤란의 선원들이 지구를 일주하는 항해에 처음으로 성공한 이후 지구가 둥글다는 사실이 명백히 확고해졌다. 현재는 우주에서 촬영한 수많은 사진에서 확인되었듯이 지구의 모양을 가장 단순하게 근사하면 완벽한 구형으로 표현할 수 있다.

지구는 자전의 영향으로 적도 쪽이 부풀어 오른 모양을 가진다. 적도 부근이 부풀어 올라 구형에서 찌그러진 지구의 모양을 수학적으로 가장 잘 근사한 형태는 회전 타원체이다. 1930년에 지구물리학자와 측지학자들이 모여 그 당시 알려진 적도 반지름과 극반지름에 가장 잘 맞는 최적의 국제 기준 타원체(International Reference Ellipsoid)를 발표하였다. 1980년에 국제측량협회는 **측지 기준계**(GRS80, Geodetic Reference System)를 발표하였는데, GRS80 타원체의 적도 반지름(a)은 6,378.137 km이고 극반지름(c)은 6,356.752 km이다. 국제 기준 타원체와 같은 부피를 가지는 구를 가정하면 구의 반지름(R)은 $R=(a^2c)^{1/3}$으로 주어지는데 6,371.001 km이다. 구로 가정한 반지름에 비해 기준 타원체의 극반지름은 14.2 km 짧고 적도 반지름은 7.1 km 길다. 지구의 편평도(f)는 극반지름과 적도 반지름의 비율로 식 5.1에 의해 정해진다.

$$f=\frac{a-c}{a} \tag{식 5.1}$$

1930년에 발표한 기준 타원체의 편평도는 정확히 1/297이었지만 최근 측량한 자료를 바탕으로 현재 지구 기준 타원체의 편평도는 $f=1/298.257223563$이다.

국제 기준 타원체는 울퉁불퉁한 지구의 표면을 매끄럽게 표현하는 근사치이지만 회전 타원체를 이용하여 수학적으로 편리하게 만든 것이다. 반면 전체 지구의 평균 해수면을 가장 잘 근사하는 중력의 물리적 등퍼텐셜면을 지오이드라고 한다. 지오이드는 지구 내부의 실제 질량 분포를 반영하며, 이론적인 지구 기준 타원체의 모양과는 약간 차이를 보인다. 먼바다에서 지오이드는 조석, 해류, 바람 등과 같은 일시적인 변동을 제외하면 자유 해수면과 일치한다. 대륙에서 지오이드는 평균 해수면 위쪽의 질량에 영향을 받는다. 지구 타원체 아래쪽의 질량은 지구 중심 방향으로 인력을 미치지만, 산과 같이 인력 중심이 지구 타원체 위쪽에 놓인 질량은 위쪽 방향의 인력을 가진다. 이런 위쪽 방향의 인력은 국지적으로 지오이드가 지구 타원체 면 위쪽에 놓이게 한다. 그림 5.1에서 보듯이 지구 타원체와 지오이드 사이의 변위를 지오이드 기복(geoid undulation)이라고 한다.

지구 타원체 내부의 밀도는 균질하다고 가정하지만 실제로는 국지적인 고밀도 지역은 인력을 크게 하고, 지오이드에 해당하는 등퍼텐셜을 지구 중심에서 더 먼 쪽으로 휘게 된다. 이런 효과로 인해 지구 타원체의 초과 질량은 양의 지오이드 기복을 만든다. 반대로 지구 타원체 아래 질량 결핍은 지오이드를 지구 타원체 아래로 방향을 바꾸게 하여 음의 지오이드 기복을 만든다. 고르지 못한 지형과 불균질한 지구 내부의 질량 분포는 결과적으로 울퉁불퉁한 등퍼텐셜(지오이드)면을 가지게 한다. 인공위성 관측 자료와 지상 중력 측정 자료를 결합하여 계산한 지오이드면을 비교하면 긴 파장의 지오

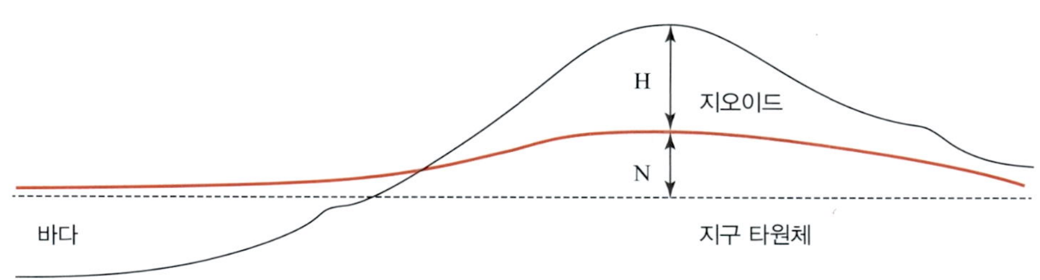

그림 5.1 지구 타원체와 지오이드. 지구 타원체 높이는 지오이드에서 지표면까지의 높이(H)와 지오이드 기복(N)인 지구 타원체에서 지오이드까지의 높이를 더한 높이이다.

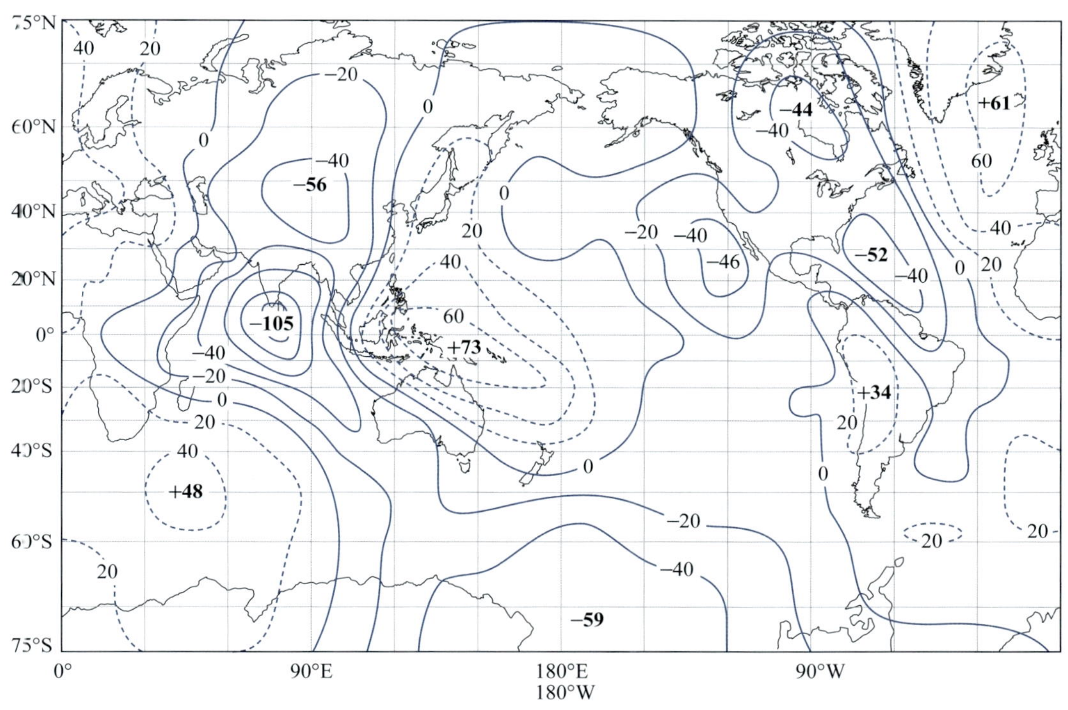

그림 5.2 기준 타원체에 대한 상대적인 지오이드 기복

이드 기복을 볼 수 있다(그림 5.2). 최대 음의 기복(−105 m)은 인도 남쪽 인도양에 나타나고, 최대 양의 기복(+73 m)은 호주 북쪽 적도 부근 태평양에 나타난다.

2) 지구의 중력

뉴턴(Sir Isaac Newton, 1642~1727)은 모든 물체는 질량에 비례하고 거리의 제곱에 반비례하는 인력을 갖는다는 만유인력의 법칙을 확립하였다. 구형인 2개의 질량체 m과 M이 거리 r만큼 떨어져 있다면 둘 사이의 인력 F는 식 5.2와 같다.

$$\vec{F} = -G\frac{mM}{r^2}\hat{r} \qquad \text{(식 5.2)}$$

식 5.2에서 기준계 원점을 질량 M의 중심에 설정하고 $\hat{r}$은 r이 증가하는 방향의 단위 벡터이다. 따라서 음수 부호는 M쪽으로 인력이 작용함을 의미한다. G는 중력 상수인데 $6.67408 \pm 0.00031 \times 10^{-11}\ \mathrm{kg^{-1}\,m^3\,s^{-2}}$이다.

지구를 구형이라고 근사하면 식 5.2로부터 지표면에서의 인력(F_g)은 식 5.3과 같이 지구 질량 E, 지구 평균 반지름 R로부터 구할 수 있다.

$$F_g = G\frac{E}{R^2} \qquad \text{(식 5.3)}$$

지구는 구형이 아니라 회전 타원체이므로 회전 타원체의 모양에 따른 인력을 계산해야 한다. 일반적으로 타원체에 의한 인력을 계산하기 위해서는 식 5.4와 같이 주어진 지구 타원체에 의한 인력 퍼텐셜을 이용한다.

$$U_g = -G\frac{E}{r}\left(1 - \sum_{n=2}^{\infty} J_n P_n(\cos\theta)\right) \qquad \text{(식 5.4)}$$

식 5.4에서 r은 중심에서 지구 타원체 표면까지의 거리이고 적도에서 극으로 갈수록 짧아진다. θ는 위도의 여각인 여위도이다. P_n은 르장드르 다항식이고, J_n은 르장드르 다항식의 상대적인 중요도를 결정하는 계수인데 두 번째 차수($n=3$)가 첫 번째 차수($n=2$)보다 10^{-3}배 작으므로 가장 큰 첫 번째 계수만을 고려하여 근사할 수 있다. 첫 번째 계수 J_2를 역학적 **형성 인자**(dynamic form factor)라 하고 현재 측정된 계수는 $J_2 = 1.0826 \times 10^{-3}$이다.

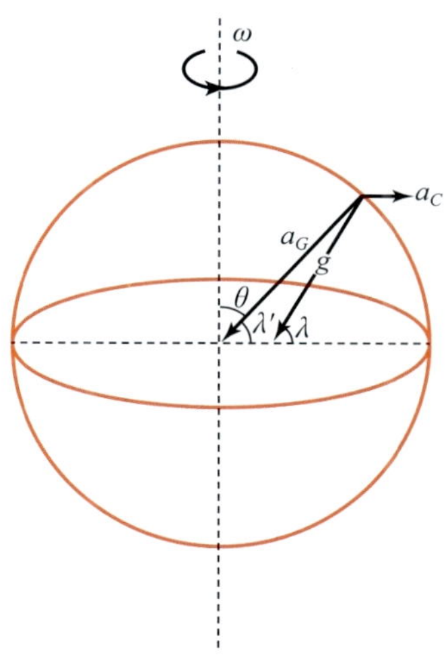

그림 5.3 중력(g)은 지구 타원체에 의한 인력(a_G)과 지구 자전에 의한 원심력(a_C)의 벡터 합이다. 지리 위도(λ)는 지심 위도(λ′)보다 약간 크다.

회전 타원체 위의 한 점에서 지구 자전에 의한 원심력(a_c)은 회전축에 떨어진 거리에 비례하므로 적도에서 최대이고 극에서 0이며 방향은 회전축에서 수직으로 멀어지는 방향이다(그림 5.3).

$$a_c = \omega^2 r\cos\theta \quad \text{(식 5.5)}$$

식 5.5에서 ω는 지구의 자전 각속도이고 r은 중심에서 지구 타원체 표면까지의 거리, θ는 여위도이다.

구형 지구에서는 위도를 모호함이 없이 결정할 수 있지만 지구 자전의 영향으로 편평해진 지구 타원체에서는 다른 방법으로 정해진다. 그림 5.3에 도시하였듯이, 지심 위도(λ')는 적도면과 지구 중심에서 주어진 지점을 연결한 반지름과의 사잇각이고 자전축과 반지름과의 사잇각(θ)과는 여각 관계이다. 반면 지리 위도(λ)는 주어진 지점에서 연직 방향으로 적도면까지 선을 그었을 때 선과 적도면과의 사잇각이고, 일반적으로 지평면을 기준으로 항성의 고도를 측량하여 결정한다. 지구 타원체 위에서 지평면은 구형 지구에서의 지평면과 다르기 때문에 지리 위도는 지심 위도에 비해 크다. 그 차이는 적도와 극에서는 0°이고 위도 45°에서 최댓값을 가지며 약 0.19°이다.

국제 기준 타원체 표면에서 지구의 중력(중력가속도)은 지구 타원체의 인력(a_G)과 자전에 의한 원심력(a_C)의 벡터 합으로 결정된다(그림 5.3). 1930년 처음 제정된 그 당시 측량된 지구의 물리적인 변수들로부터 표준 중력식은 식 5.6으로 결정되었다.

$$g_n(\lambda) = g_e(1 + \beta_1\sin^2\lambda + \beta_2\sin^2 2\lambda) \quad \text{(식 5.6)}$$

식 5.6에서 적도에서의 중력가속도 $g_e = 9.780327\ \mathrm{ms^{-2}}$과 각각의 계수는 $\beta_1 = 5.30244 \times 10^{-3}$, $\beta_2 = -5.8 \times 10^{-6}$이다. 현재 기준이 되는 세계 측지계 1984(WGS84, World Geodetic System 1984)에서는 표준 중력식을 소미글리아나가 1929년 유도한 식 5.7을 사용한다.

$$g_n(\lambda) = \frac{ag_e \cos^2\lambda + cg_p \sin^2\lambda}{\sqrt{a^2\cos^2\lambda + c^2\sin^2\lambda}} \quad \text{(식 5.7)}$$

여기서 a와 c는 지구 타원체의 긴 반지름과 짧은 반지름이고 g_e와 g_p는 적도와 극에서의 표준 중력이다. 현재 사용하는 정확한 값들은 $g_e = 9.7803253359\ \mathrm{ms^{-2}}$, $g_p = 9.8321849378\ \mathrm{ms^{-2}}$, $a = 6,378,137.00\ \mathrm{m}$, $c = 6,356,752.314\ \mathrm{m}$, $f = 1/298.257223563$이다.

중력가속도에서 사용하는 SI 단위는 $\mathrm{ms^{-2}}$인데 c.g.s 단위로는 $\mathrm{cms^{-2}}$이다. 이를 중력에 대한 연구에 기여한 갈릴레이(Galileo Galilei, 1564~1642)의 업적을 기려 Gal이라는 단위로 표시한다. 지하 밀도 변화로 인해 발생하는 미묘한 중력가속도의 차이를 나타내기 위해서는 10^{-3} Gal인 mGal 단위를 주로 사용한다.

표준 중력식으로 극 중력가속도를 계산하면 $g_p = 9.832186\ \mathrm{ms^{-2}}$이다. 수치상으로 극 중력가속도는 적도 중력가속도에 비해 약 $5.186 \times 10^{-2}\ \mathrm{ms^{-2}}$ 또는 5,186 mGal 만큼 크다. 극으로 갈수록 표준 중력이 커지는 데는 2가지 요소가 있다. 하나는 지구의 모양이 적도가 부풀어 오른 회전 타원체이므로 질량 중심에서의 거리가 적도보다 극에서 더 짧다. 따라서 더 큰 인력가속도를 가지는데, 이 차이는 약 6,600 mGal이다. 두 번째 요소는 극으로 갈수록 지표면의 한 점과 회전축과의 거리가 짧아지므로 작아지는 원심력의 변화이다. 이 효과에 의해서 극에서 3,375 mGal 정도 큰 중력가속도를 가지게 한다. 두 효과를 단순히 더하면 적도보다 극에서 9,975 mGal 정도 커야 하는데 실제 관측된 차이인 5,186 mGal보다도 크다. 이런 차이를 보이는 이유는 적도로 갈수록 부풀어 오른 초과 질량이 적도의 인력을 증가시켜 극에서 적도로 갈수록 중력이 줄어드는 효과를 감소시키기 때문이다.

3) 중력 측정

(1) 절대중력 측정

단진자의 진동 주기 T는 진자에 매달린 질량에 상관없이 진자의 길이 l과 중력가속도 g로 결정된다.

$$g = \frac{4\pi^2 l}{T^2} \quad \text{(식 5.8)}$$

식 5.8에서 중력가속도는 주기의 제곱에 반비례하므로 극에서 적도로 갈수록 중력가속도의 크기가 작아짐에 따라 진자의 주기는 길어진다. 진자의 민감도는 식 5.9로 주어지므로 1 mGal의 민감도로 절대중력을 측정하려면 0.5×10^{-6} s의 정밀도로 주기를 측정해야 한다.

$$\frac{\Delta g}{g} = -2\frac{\Delta T}{T} \quad \text{(식 5.9)}$$

최근 절대중력을 측정하는 데 자유낙하를 이용하는 방법이 가장 많이 이용된다. 정지한 물체가 시간 t 동안 자유낙하하는 거리 Z는 중력가속도 g를 포함한 식 5.10과 같다. 따라서 자유낙하하는 시간과 거리를 정확히 측정하면 절대중력 g를 정확히 결정할 수 있다.

$$g = \frac{2Z}{t^2} \quad \text{(식 5.10)}$$

그림 5.4는 자유낙하를 이용하는 중력계 중 가장 널리 사용되는 FG5 모델을 보여준다. 길이가 고정된 원통 내부에서 역반사체가 자유낙하하고 레이저를 이용한 마이컬슨 간섭계의 원리로 역반사체가 자유낙하하는 시간을 10^{-10} s의 정밀도를 측정하여 10^{-3} mGal 정밀도로 절대중력을 측정한다. 측정 정밀도를 높이기 위해 자유낙하하는 원통의 내부는 진공 상태를 유지시켜 공기에 의한 마찰 효과를 제거한다.

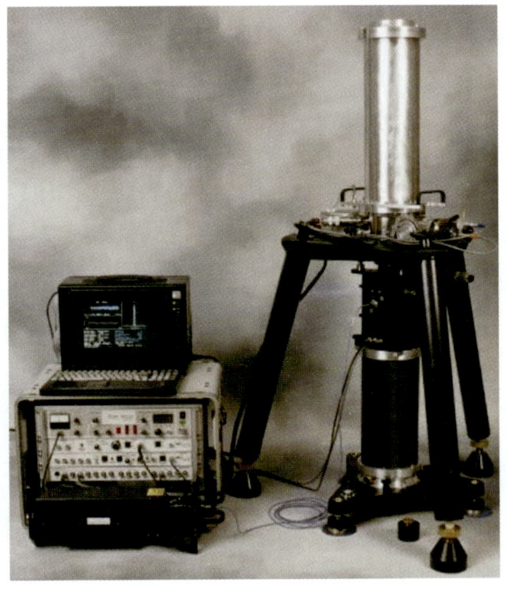

그림 5.4 자유낙하를 이용한 절대중력계(FG5)

(2) 상대중력 측정

상대중력은 중력 측정점 사이의 상대적인 변화를 측정하는 방법인데 일반적으로 민감한 저울과 동일한 원리를 가지는 용수철이 내장된 중력계를 사용한다. 용수철이 내장된 상대중력 중력계는 그림 5.5와 같은 작동 원리를 가진다. 중력 측정점의 중력 변화로 인해 중력계 내부의 용수철의 길이가 변화된다. 변화된 용수철 길이를 조절 나사로 원래 평형 위치까지 복원시키는 데 돌아간 조절 나사의 회전수를 중력가속도로 환산한다. 최신 용수철이 내장된 상대중력계는 10^{-3} mGal의 민감도로 중력가속도를 측정할 수 있다.

상대중력계로는 중력의 상대적인 변화만을 측정하므로 절대중력으로 환산하려면 절대중력을 이미 알고 있는 절대중력 기준점이 필요하다. 전 세계적으로 절대 기준점들은 서로 연결된 절대 기준 측정망을 유지하고 있고 국내에도 전국에 국토정보지리원에서 제공하는 통합 기준점으로 유지되고 있다.

용수철이 내장된 상대중력계는 용수철의 탄성계수가 시간에 따라 변하므로 같은 지점에서 상대중력을 측정해도 값이 변하는 단점이 있다. 이런 단점을 보완하기 위하여 초전도 현상을 이용하는 중력계가 활용되고 있다(그림 5.6). 초전도 현상은 극저온 상태에서 강한 자기장의 영향으로 초전도 물질이 공중 부양하는 현상인데, 공중 부양하는 기준 물체의 높이는 중력에 비례한다. 따라서 공중 부양한 높이를 전기적으로 환산하여 정밀하게 측정하면 상대중력을 결정할 수 있다. 초전도 상대중력계는 초전도 현상을 유지하기 위하여 극저온 유지 장치를 수반한다.

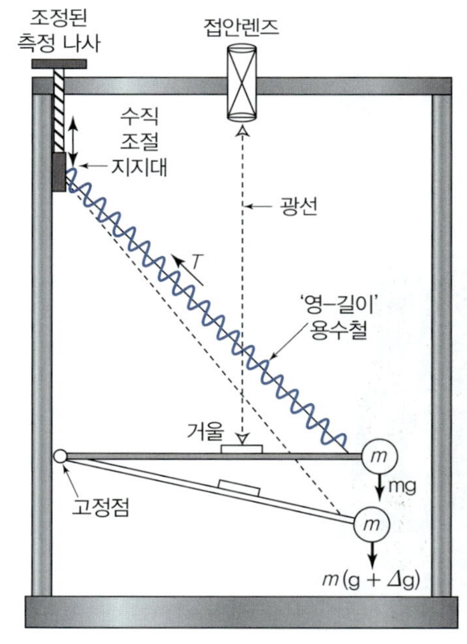

그림 5.5 용수철이 내장된 상대중력계의 작동 원리

그림 5.6 초전도 현상을 이용한 상대중력계

(3) 중력 변화율 측정

지구의 중력가속도는 거리의 제곱 법칙에 따라 지구 중심으로부터의 거리가 멀어짐에 따라 감소한다. 이로 인해 수직 방향으로 중력이 감소한다. 감소하는 비율이 수직 중력 변화율이고, 높이 1 m당 약 0.3086 mGal이다. 중력은 지구 타원체에 방사상 방향이 아니라 법선 방향으로 작용하므로 수평 중력 변화율도 존재한다. 수평 중력 변화율은 남북 방향으로 1 m당 약 0.008 mGal이다. 지형이나 지구 내부의 불균질성에 기인한 다른 인력도 중력의 수직 및 수평 변화율을 만든다. 중력 변화율의 측정 단위는 외트뵈시(Eötvös, 기호는 E)이다. 1 E는 1×10^{-9} Gal/cm의 중력가속도 변화율로 정의한다. 따라서 지표면에서 수직 중력 변화율은 약 3,086 E와 같다.

중력 변화율은 중력 변화율 측정기로 직접적으로 측정된다. 중력 변화율 측정은 광물 자원 탐사에 사용되는 중요한 방법일 뿐만 아니라 우주선에서 전 지구적인 규모의 중력장을 분석하는 데도 핵심적인 기술이다. 중력 변화율 측정기의 센서는 공통 축에 쌍으로 설치된 민감한 가속도계이다. 중력 변화율 측정기는 이동하는 운송 수단에서 중력을 측정하도록 설계되었다. 항공기의 난기류나 해양 조사에서 폭풍이 불 때 두 센서는 흔들림에 똑같이 반응한다. 두 가속도계가 동시에 똑같이 움직이기 때문에 두 가속도계의 신호 차이는 작거나 0이고, 균질한 중력장 내에서 두 가속도계는 같은 중력장을 감지한다. 그러나 한 쌍에서 하나의 센서가 다른 센서보다 교란 질량에 더 가깝다면 더 강한 인력을 느낀다. 가속도 신호의 차이를 둘 사이의 떨어진 거리로 나누면 가속도 쌍의 축에 대한 중력 변화율이 된다.

4) 중력 보정과 중력 이상

중력 이상이란 측정점 주위 환경 차이에 따른 모든 인력 차이를 보정한 표준 중력과 관측 중력의 차이이다. 따라서 중력 이상은 지하 밀도 차이에 의한 중력 효과만을 반영하고 있으므로 중력 탐사를 이용하여 지하 밀도 구조를 밝힐 수 있게 한다.

중력 탐사에서 지하 밀도 분포는 시간에 따라 일정하다고 가정한다. 반면 동일한 측정점에서 용수철을 내장한 상대중력계로 측정하면 시간에 따라 다르게 측정된다. 이것은 2가지 효과가 복합적으로 반영된다. 하나는 중력계 내의 용수철 탄성계수의 변화에 기인한다. 이를 중력계의 드리프트 효과라고 하고, 이를 보정하기 위해서는 탐사 지역 인근에 기준점을 설정하여 중력 탐사 중에 반복적으로 측정하여 중력 드리프트 곡선을 구한 후 내삽하여 보정한다. 또 하나의 시간에 따른 변화 요인은 태양과 달에 의한 기조력의 변화이다. 태양과 달의 기조력은 하루에 약 0.3 mGal 정도로 변하는데 달에 의한 효과가 태양에 의한 기조력보다 2배 정도 크다. 기조력의 변화는 측정점의 위치와 시간을 이용하여 조석 이론식으로 계산하여 보정한다.

중력 측정점은 표준 중력 기준점인 지구 타원체면이 아닌 실제 지구 표면에서 측정한다. 지구 중심에서 멀어지면서 작아지는 중력 효과를 **프리에어 효과**라고 하고, 관측 중력에서 작아지는 프리에어 효과만큼 더해준다. 프리에어 효과(FAC)는 1 m당 0.3086 mGal이다. 시간에 따른 변화를 고려한 관측 중력(g_o)에서 관측점의 위도에 해당하는 표준 중력(g_n)을 빼고 높이에 따라 작아지는 프리에어 효과를 더하면 프리에어 이상(Δg_{FA})이 얻어진다(식 5.11). 프리에어 이상은 측정점의 위도와 고도 차이에 따른 중력 변화가 보정된다.

$$\Delta g_{FA} = g_o - g_n + FAC \quad \text{(식 5.11)}$$

프리에어 보정에서는 이름에 암시하고 있듯이 표준 중력의 기준점인 지구 타원체와 중력 측정점 사이를 빈 공간이라고 가정한다. 그러나 실제 이 사이에는 지각이 채워져 있으므로 중력이 더 크게 측정된다. 부게 보정은 기준점과 측정점에 지각 평균 밀도를 가지는 무한 수평판이 있다고 가정하고 계산하여 보정한다. 부게 보정값(BC)은 $2\pi G\rho h$ 이고 중력 상수(G)와 평균 지각 밀도 2,670 kgm^{-3}을 대입하면 0.1119 hmGal이고 프리에어 보정값의 약 1/3 정도이다. 무한 수평판으로 기준점과 측정점 사이의 질량에 대한 인력을 단순하게 계산해서 보정한 중력 이상을 단순 부게 이상(Δg_{SB})이라고 한다(식 5.12).

$$\Delta g_{SB} = g_o - g_n + FAC - BC \quad \text{(식 5.12)}$$

그림 5.7에서 보듯이 무한 수평판으로 지형을 근사하는 부게 보정으로는 측정점 주변 지형의 굴곡에 따른 중력 변화를 보정하지 못한다. 무한 수평판으로 제거되지 못한 측정점보다 높은 곳의 매질은 측정점의 중력계에 중력을 작게 만든다. 측정점보다 낮은 계곡 지역은 원래 빈 공간이었으나 단순 부게 이상을 구할 때 무한 수평판으로 채워서 빼주었으므로 중력 측정점의 중력을 작게 한 효과가 있었다. 따라서 산이나 계곡에 의한 인력은 모두 중력 측정점의 중력을 작게 만드는 효과를 가지므로 실제 지형의 인력을 계산하여 지형의 효과를 단순 부게 이상에 더하여 지형 보정한다. 지형의 효과까지 모두 보정하여 측정점의 주변 환경 차이에 따른 인력 효과를 모두 보정한 중력 이상을 완전 부게 이상(Δg_{CB})이라고 한다(식 5.13).

$$\Delta g_{CB} = g_o - g_n + FAC - BC + TC \quad \text{(식 5.13)}$$

완전 부게 이상은 관측 중력에서 중력 측정점의 환경 차이에 따른 중력 변화량을 모두 보정하였으

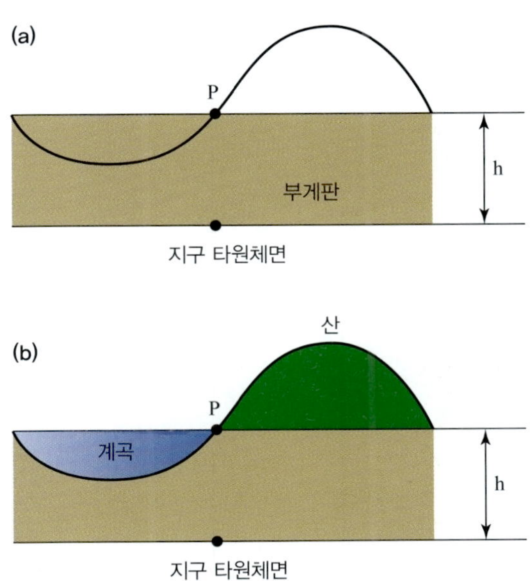

그림 5.7 중력 보정 모형. (a) 수평 무한판(부게판)으로 근사한 부게 보정, (b) 지형의 굴곡을 보정하는 지형 보정

므로 순수하게 지하 밀도 분포 차이에 기인한 중력 차이이다. 따라서 완전 부게 이상을 해석하면 지하 밀도 분포를 파악할 수 있다. 중력 보정 수행 후 얻어진 완전 부게 이상은 그 값이 기준점으로 환산되는 것이 아니라 원래 측정점 위치의 중력 이상이라는 점을 주의해야 한다.

5) 밀도 결정

광역 규고 이상의 중력 탐사에서는 부게 보정(수평판 보정)과 지형 보정을 수행할 때 사용하는 밀도는 지각의 평균 밀도인 2,670 kgm^{-3}을 일반적으로 적용한다. 소규모 중력 탐사에서는 중력 탐사 지역의 밀도를 따로 결정하여 중력 보정을 계산해야 더 정밀한 중력 이상 값을 얻을 수 있다.

중력 측정점 인근의 밀도를 결정하는 가장 간단한 방법은 직접 채취한 시료의 비중을 측정하는 것이다. 그러나 표면 암석 표본이 지하의 암석 유형을 대표하는지 확인하기 어렵고 암석 유형별로 밀도 값의 범위가 겹치는 점을 고려해야 한다(그림 5.8). 그림 5.9와 같이 일반적으로 탄성파 속도와 밀도는 경험적인 상관관계가 알려져 있다. 속도–밀도 곡선을 이용하면 대규모 지각 암석의 대략적인 평균 밀도를 계산할 수 있다. 최근에는 시추공 검층 장비의 하나인 감마–감마 검층기를 이용하여 시추공 약 15 cm 이내의 밀도를 측정하고 있다. 감마–감마 검층 장비는 감마선의 콤프턴 산란 효과를 이용하는 장비로 감마선 광자가 시추공에 인접한 원자에 느슨하게 묶인 전자와 충돌한 이후 검층기에 검출되는 감마선의 양으로부터 시추공 인근의 밀도를 결정한다. 시추공 내에서 연속적으로 중력을 측정하면 식 5.14를 이용하여 측정점 사이의 높이 차이(Δh)와 측정 중력 차이(Δg)로부터 시추공 인근 밀도를 결정할 수 있다.

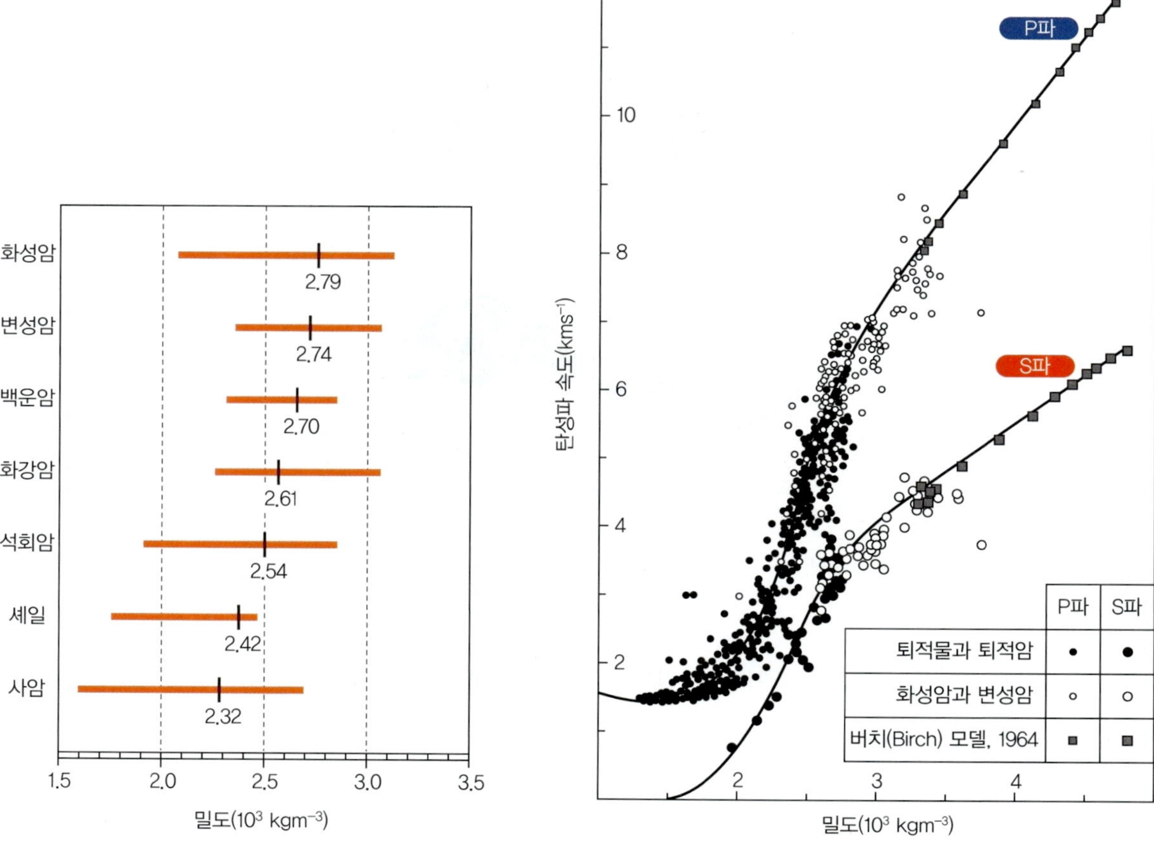

그림 5.8 일반적인 암석 유형에 따른 전형적인 평균 밀도와 범위

그림 5.9 물로 포화된 각각의 암석에 P파 및 S파 속도와 밀도의 경험 관계식

$$\rho = \left(3.683 - 11.93\frac{\Delta g}{\Delta h}\right) \times 10^3 \text{ kg/m}^3 \quad \text{(식 5.14)}$$

6) 지각 평형

부게(Pierre Bouguer, 1698~1758)는 1737~1740년에 프랑스 탐사팀을 이끌고 에콰도르에서 가장 높은 침보라소 산에서 연직선 편차를 측정하였다. 연직선 편차는 항성을 천문 측량하여 얻은 연직 방향과 주변 산맥에 수평 인력으로 편향된 연직 방향과의 차이이다. 부게는 실제 측정한 연직선 편차가 산의 인력에 의해 생길 것이라고 계산한 연직선 편차에 비해 작다는 것을 발견하였다. 히말라야 산맥 근처에서 영국 측지학자 에베레스트(George Everest, 1790~1866)가 1806년에 측정한 연직 편차도 예상한 연직 편차의 1/3 정도밖에 되지 않았다. 이런 연직 편차 이상이 나타나는 이유는 눈에 보이는 산맥의 수평 인력 때문이 아니라 산맥 아래의 낮은 밀도인 뿌리 영역(root-zone)의 존재로 설명된다. 1889년에 더튼(C. E. Dutton, 1841~1912)이 처음으로 밀도가 낮은 지형 하중의 보상을 지각 평형(isostasy)이라고 불렀다.

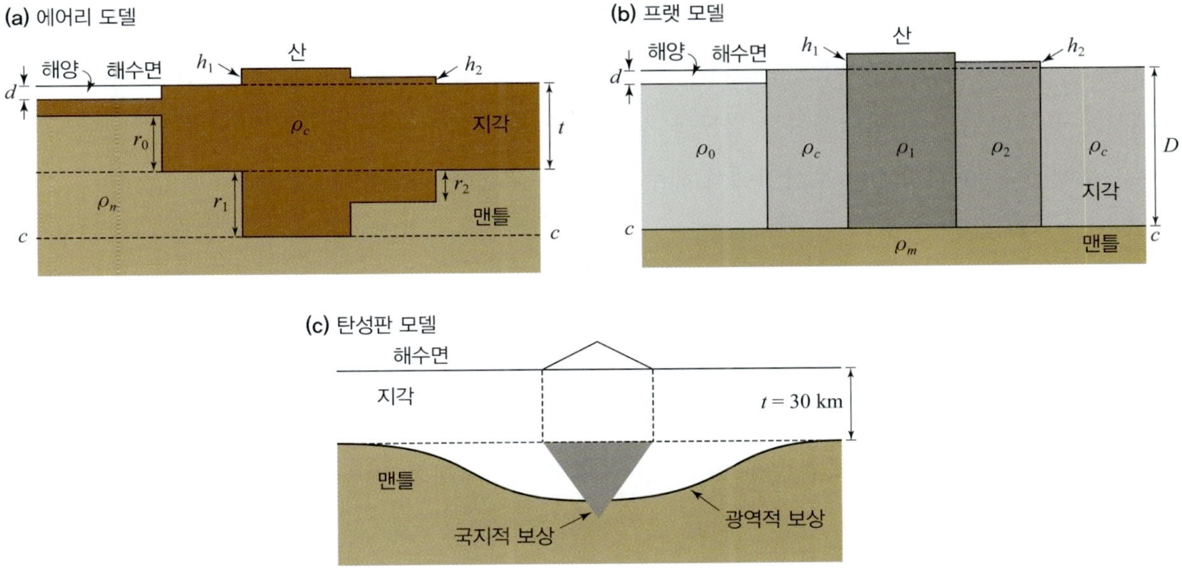

그림 5.10 지각 평형 모델. (a) 에어리 모델, (b) 프랫 모델, (c) 탄성판 모델

지각 평형은 맨틀을 기층으로 하고 해수면 위 초과 질량을 해수면 아래 낮은 밀도가 보상하는 모델을 가진다. 지각 평형 모델은 기층 위의 초과 질량에 의한 보상이 직하부에만 영향을 미치는 국지적인 지각 평형과 초과 질량이 주변 영역에도 영향을 미치는 광역적인 지각 평형으로 구분할 수 있다. 국지적 지각 평형에는 에어리 모델과 프랫 모델이 있고, 광역적 지각 평형에는 탄성판 모델이 있다.

그림 5.10a에서 보듯이 에어리 모델은 상층의 지각이 하층의 맨틀 위에 떠 있는 것으로 묘사된다. 마치 빙상이 해수에 떠 있는 것처럼 산의 높이보다 훨씬 더 깊은 두께의 뿌리를 가진다. 이때 지각과 맨틀의 밀도는 일정하다고 가정한다. 보상면에 해당하는 'c'에서 직상부의 정암압적(lithostatic) 평형을 이루고 있으므로 산의 높이가 h_1이면 산의 초과 질량을 보상하는 뿌리의 깊이 r_1은 식 5.15로 구해진다. 여기서 이때 ρ_c와 ρ_m은 각각 지각과 맨틀의 밀도이다.

$$r_1 = \frac{\rho_c}{\rho_m - \rho_c} h_1 \tag{식 5.15}$$

마찬가지로 해양에서 수심이 d인 경우 '역뿌리'의 두께 r_0는 물의 밀도(ρ_w)와 지각 및 맨틀의 밀도로 식 5.16과 같이 주어진다.

$$r_0 = \frac{\rho_c - \rho_w}{\rho_m - \rho_c} d \tag{식 5.16}$$

프랫 모델은 에어리 모델과 마찬가지로 맨틀 위에 지각이 떠 있으면서 정암압적 평형을 이루고 있지만 각 지각 블록의 밀도가 다르다고 가정한다(그림 5.10b). 보상면 'c'에서 정암압적인 평형을 이루기 위해서는 블록의 두께에 반비례하는 밀도를 가져야 한다. 따라서 산의 높이 h_i인 블록의 밀도 ρ_i는 식 5.17로 주어진다. 여기서 D는 보상면에서 해수면까지의 두께에 해당한다.

$$\rho_i = \frac{D}{h_i - D}\rho_c \qquad \text{(식 5.17)}$$

에어리와 프랫 지각 평형 모델은 초과 질량이 직하부에만 영향을 미치는 국지적 지각 평형이다. 그러나 실제 지각은 탄성을 가지고 있어 초과 질량 주위에도 영향을 미친다. 그림 5.10c와 같이 지각을 탄성판 모델로 설정하고 초과 질량에 의한 광역적인 지각 평형으로 보상하는 모델을 탄성판 모델이라고 한다.

5.2 지구자기장

자기장은 중력과 마찬가지로 볼 수도 만질 수도 없지만 자석을 금속 물체에 접근시킬 때 끌어당겨지는 느낌을 통해서 또는 전류를 코일에 흘려보낼 때 주변에 위치한 나침반의 자침이 회전하는 것을 관찰함으로써 그 존재를 알 수 있다. 지구자기장(Earth's magnetic field) 또는 지자기장(geomagnetic field)은 지구에서 나타나는 고유의 자기장으로, 범위는 지구 내부로부터 태양풍과 만나는 지구 외계까지 뻗어 있다. 지구자기장은 태양풍 또는 우주선(cosmic ray)에 의해 지구 표면으로 유입될 수 있는 고에너지 입자를 차단하여 인류를 포함한 생태계를 보호할 뿐만 아니라 많은 동물이 지구자기장을 직·간접적으로 이용하여 생활하기 때문에 지구자기장이 사라지거나 세기가 매우 약해지면 생태계의 큰 혼란이 일어날 수 있다. 미래 지구자기장의 변화를 예측하기 위해서는 지구자기장의 생성 과정을 이해하고 과거 지구자기장의 장·단기 변화를 규명하는 것이 필요하다. 이 절에서는 현재까지 관측 또는 연구를 통해 알게 된 지구자기장의 특성과 시간에 따라 나타나는 지구자기장의 변화, 생성 원리 등을 설명하고, 암석의 자기적 특성과 과거의 지구자기장 기록을 이용하여 다양한 분야에 응용하는 학문인 고지자기학에 대해 소개한다.

1) 자석과 자기장의 이용

지구자기장은 인류의 탐험 역사에서 중요한 역할을 하였다. 자기적인 현상은 고대 그리스인들에

그림 5.11 고다 중국에서 사용한 나침반(사남)을 복원한 사진. 자철석으로 만든 숟가락이 점성술 기호들이 새겨진 동판 위에 놓여 있으며 손잡이는 남쪽을 가리킨다.

의해 처음 알려졌지만 나침반은 중국인들에 의해 발명되었다. 기원전 4세기경 중국에서는 특정 물질(자철석, lodestone)이 자유롭게 회전할 수 있을 때 남북 방향을 가리킨다는 사실을 이용하여 군사들의 이동 방향을 정하거나 자연의 이치에 어울리도록 건축물을 축조하였다(그림 5.11).

서기 1190년경 유럽의 선원들이 나침반을 이용하여 방향을 읽고 항해를 하였다는 내용이 문헌에 처음으로 언급되었다. 이때부터 안전한 항해를 위하여 더욱 정확하게 방향을 읽기 위해 꾸준히 노력하였지만 한동안은 기술의 진전이 거의 이루어지지 않았는데, 그 이유는 초기 과학자들과 항해사들이 자기적인 현상의 원인을 제대로 이해하지 못하였기 때문이다. 나침반이 별들 또는 다른 천체를 가리키는 것이라는 이론이 있는가 하면, 어떤 이들은 금속을 멀리서도 끌어당길 수 있는 자성을 띠는 산이 존재한다고 믿기도 하였다. 1600년 영국의 물리학자이자 자연철학자인 윌리엄 길버트(William Gilbert, 1544~1603)는 자신의 실험 결과와 함께 수집된 자료들을 바탕으로 한 저서 『자석에 관하여(De Magnete)』를 통하여 지표에서 관측되는 지구자기장 분포와 특성을 자세히 기술하였고, "Magnus magnes ipse est glubus terrestris(지구 자체가 커다란 자석이다)."라고 결론 내렸다. 이때부터 영국 런던에서 지구자기장 방향을 체계적으로 관측하기 시작하였다.

2) 현재의 지구자기장

지구 표면에서 관측되는 지구자기장의 대부분은 지구 내부에서 유래된 것이며, 그 자력선의 분포는 지구 내부에 막대자석(쌍극자)이 존재한다고 가정하였을 때 나타나는 자력선의 분포와 대략적으로 일치한다(약 90% 정도). 쌍극자가 지구 내부에 실제로 존재하는 것은 아니며, 외핵에서 일어나는 전자기 유도 현상이 쌍극자 역할을 하는 것으로 알려져 있다. 내부 기원의 지구자기장은 쌍극자에 의한 자기장으로 설명되지 않는 성분도 포함하며, 관측되는 지구자기장에서 쌍극자 기원의 성분을 뺀 자기장 성분을 비쌍극 자기장(non-dipole field)이라 한다.

(1) 지자기 요소(geomagnetic elements)

지구자기장은 어느 지점에서나 3차원 벡터로 나타낼 수 있다(그림 5.12). 지구자기장 벡터의 세기를 전자기력(F, total intensity) 또는 총 자기력이라 하고, 그 수평 성분과 연직 성분의 세기를 각각 수평 자기력(H, horizontal intensity)과 연직 자기력(Z, vertical intensity)이라 한다. 수평 성분은 북쪽 성분(X)과 동쪽 성분(Y)으로 분해된다. 전자기력(F)과 수평 자기력(H)은 방향 정보 없이 세기만을 나타내며 북쪽 성분, 동쪽 성분, 연직 자기력은 세기와 함께 부호를 이용하여 양 방향 중 하나를 표시한다: 북(+)/남(−), 동(+)/서(−), 아래(+)/위(−). 지구자기장 벡터의 방향은 편각(D, declination)과 복각(I, inclination)을 이용하여 나타낸다. 진북과 수평 성분(나침반의 N극 방향)의 차이를 편각이라 하고 일반적으로 시계 방향으로 0~360°로 표시한다. 편각 앞에 부호 또는 방향을 표시하여 나타내기도 한다(동쪽: (+) 부호/동편각, 서쪽: (−) 부호/서편각). 예를 들어 나침반 바늘의 N극이 진북으로부터 왼쪽(서쪽)으로 20° 회전되면 편각은 340° 또는 −20° 또는 서편각 20°가 된다. 복각은 수평 성분(또는 지평면)과 지구자기장 벡터의 사잇각으로 연직으로 위를 향할 때 −90°, 수평일 때 0°, 연직으로 아래를 향할 때 +90°가 된다. 지자기 요소 중 최소 3개의 요소를 이용하면 지구자기장 벡터를 표현할 수 있으며, 이를 지구자기 3요소 또는 지자기 3요소라 한다. 현대적인 자력계가 개발되기 이전에는 수평 자기력과 편각, 복각만을 측정하여 지구자기장 벡터를 구성하였기 때문에 오래된 서적에서는 지자기 3요소를 D, I, H로 소개하기도 하지만 20세기 중반 이후 플럭스게이트 자력계(fluxgate magnetometer), 자기공명 자력계(magnetic resonance magnetometer) 등 다양한 자력계가 개발되면서

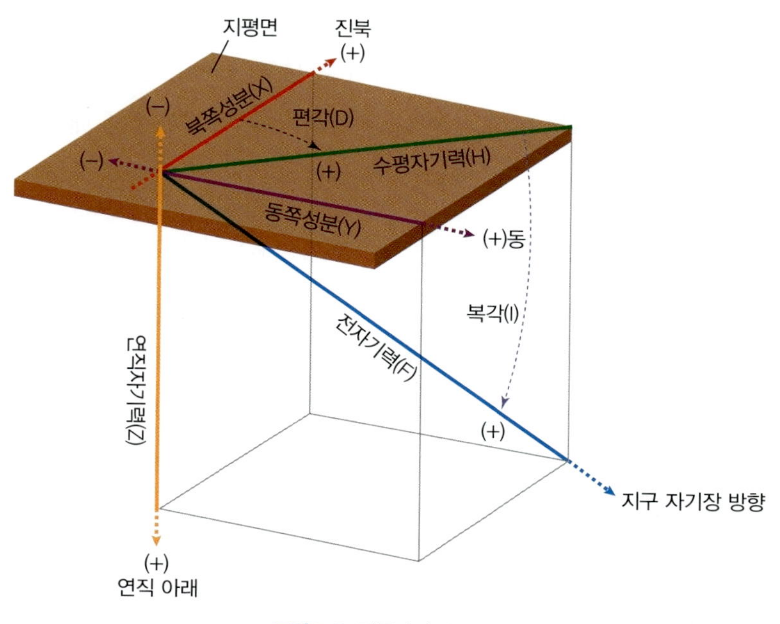

그림 5.12 지구자기 요소

전자기력을 포함한 각 성분들을 측정하기 쉬워져 현재 가장 흔히 사용되는 지자기 3요소는 D, I, F 또는 X, Y, Z이다.

(2) 지구자기장의 측정

현재 전 세계적으로 100여 개의 지구자기장 상설 관측소가 운영되고 있으며, 자료를 디지털 또는 아날로그 형태로 보관하고 그 정보를 공유한다. 국제협약에 따라 영국, 덴마크, 일본, 인도 등에 설치된 세계자료센터(World Data Center for Geomagnetism)에서 자료를 수집하고 공개하여 과학자뿐만 아니라 일반인들도 자유롭게 활용할 수 있다. 지상에 설치된 관측소 이외에도 선박 및 항공기를 이용하여 지구자기장을 규칙적으로 측정한다. 최근에는 인공위성을 이용하여 실시간으로 1분 단위로 지구자기장을 측정하여 자료센터에 송신한다. 대표적인 지구자기장 측정 인공위성으로 POGO satellites(1965~1971), MAGSAT(1979~1980), POGS(1990~1993), Ørsted(1999~), CHAMP(2000~2010), SWARM(2013~) 등이 있으며, 지구 전체에 대한 고품질 자기장 자료를 수집하여 전 지구적 모델(예: IGRF)에 주요 자료로 반영되었다. 현재 전 세계의 51개 기관과 그 산하의 120여 개 관측소들이 'INTERMAGNET'이라 불리는 첨단 관측 시스템하에서 협력하고 있으며, 우리나라도 기상청이 운영하는 청양관측소(CYG)가 참여하고 있다. 특히 미국 국립 해양대기청(NOAA, National Oceanic and Atmospheric Administration)의 산하기관인 국립환경정보센터(NCEI, National Center of Environmental Information)와 미국 지질조사소(USGS, U.S. Geological Survey), 일본 교토대학에 설치된 지자기 세계자료센터(WDC for geomagnetism, Kyoto), 영국 지질조사소(BGS, British Geological Survey) 등에서는 관측소들로부터 수집된 자료들을 이용자들이 편리하게 접근할 수 있도록 보관 및 제공한다. 지구자기장을 실제로 관측하기 이전의 지구자기장 변화는 고지자기 연구를 통하여 수집되며 대상 물질은 고고학적 물질, 화산암 및 퇴적물 등이 있다.

수집된 자료에 대해 구면 조화함수 분석을 이용하면 전체 지구에 걸친 지구자기장의 공간적 분포와 세기를 계산하고 짧은 기간 동안의 영년변화를 예측할 수 있다. 매 5년마다 5년 동안의 지구자기장의 방향과 세기 변화를 예측하는 모델을 발표하는데, '**국제표준 지자기장**(IGRF, International Geomagnetic Reference Field)'이라고 하며, 이를 계산하는 해를 에포크(epoch)라고 한다. 예를 들어 'IGRF 1990'은 1990년 1월 1일 0시의 지구자기장을 계산한 후 1995년 1월 1일 0시(1994년 12월 31일 24시)까지 5년 동안의 변화를 예측한다. 최근에는 IGRF의 세대를 이용하여 표기하는 것이 일반적이다(표 5.1). 예를 들면 'IGRF 2005'는 'IGRF-10' 또는 'IGRF 10th Generation(10세대 IGRF)'으로도 나타내며, 2005.0~2010.0(2005년 1월 1일 0시~2010년 1월 1일 0시) 기간의 지구자기장 영년변화를 예측한 것이다. 예측 모델이므로 기간이 시작되는 초반부에는 정확도가 매우 높으며 후반부로 갈수록 정확도가 다소 낮아진다. 따라서 5년이 지난 후 새로운 세대의 IGRF를 만들 때 지난 기간 동안 실제로 관측된 자료를 반영하여 소급적 보정을 하고, 그를 바탕으로 향후 5년간의 영년변화를 예측하는 모델을 수립한다. 최초의 국제표준 지자기장(IGRF 1965)은 1968년 민간 학자들의 모임인 국제지자기학 및 초고층 대기물리학협회(IAGA, International Association of Geomagnetism and Aeronomy)에 의해 발간되었다.

표 5.1 **세대별 IGRF의 유효 기간과 발표 연도.** Validity period: 모델에 의해 지구자기장이 계산될 수 있는 기간(예측 포함), Definitive period: 예측된 기간에 대한 관측 자료를 추가하여 과거 지구자기장 변화가 확정된 기간

Full name	Short name	Validity period	Definitive period	Release year
IGRF 13th generation	IGRF-13	1900.0 ~ 2025.0	1945.0 ~ 2015.0	2019
IGRF 12th generation	IGRF-12	1900.0 ~ 2020.0	1945.0 ~ 2010.0	2014
IGRF 11th generation	IGRF-11	1900.0 ~ 2015.0	1945.0 ~ 2005.0	2009
IGRF 10th generation	IGRF-10	1900.0 ~ 2010.0	1945.0 ~ 2000.0	2004
IGRF 9th generation	IGRF-9	1900.0 ~ 2005.0	1945.0 ~ 2000.0	2003
IGRF 8th generation	IGRF-8	1900.0 ~ 2005.0	1945.0 ~ 1990.0	1999
IGRF 7th generation	IGRF-7	1900.0 ~ 2000.0	1945.0 ~ 1990.0	1995
IGRF 6th generation	IGRF-6	1945.0 ~ 1995.0	1945.0 ~ 1985.0	1991
IGRF 5th generation	IGRF-5	1945.0 ~ 1995.0	1945.0 ~ 1980.0	1987
IGRF 4th generation	IGRF-4	1945.0 ~ 1990.0	1965.0 ~ 1980.0	1985
IGRF 3rd generation	IGRF-3	1965.0 ~ 1985.0	1965.0 ~ 1975.0	1981
IGRF 2nd generation	IGRF-2	1955.0 ~ 1980.0	-	1975
IGRF 1st generation	IGRF-1	1955.0 ~ 1975.0	-	1968

IGRF와는 별도로 최근에는 미국과 영국 정부의 주도하에 제작된 세계 자기장 모델(WMM, World Magnetic Model)이 다양한 분야에 이용된다. 미국 국립환경정보센터(NCEI)와 영국 지질조사소(BGS)는 공동으로 IGRF와 마찬가지로 5년마다 새로운 지구자기장 영년변화 예측 모델인 WMM을 제작하여 두 국가의 국방 업무를 위한 공식적인 자료를 제공하고 사후 관리 및 업데이트를 수행한다. 미국과 영국 정부뿐만 아니라 북대서양 조약기구(NATO, North Atlantic Treaty Organization), 국제수로기구(IHO, International Hydrographic Organization), 미국 연방항공청(FAA, Federal Aviation Administration) 등에서도 공식적으로 WMM을 사용한다. 두 모델은 구면 조화함수에서 가우스 계수를 어느 단계까지 적용하느냐의 차이는 있지만 계산된 지구자기장의 세기 및 방향은 거의 일치한다. 한편 IGRF는 과거 지구자기장 변화 자료를 포함하며 자료가 계속 누적되는 데 반해, WMM은 예측 모델만을 제공하는 점이 가장 큰 차이점이다. 따라서 과거의 지구자기장을 연구하는 경우에는 IGRF를 사용해야 하고, 현재 또는 미래의 지구자기장에 대한 정보를 원할 때는 어느 것을 선택해

도 무방하다. 이 두 모델은 지구 내부(외핵) 기원에 의한 주 지구자기장을 표현하며, 다른 기원에 의한 영향까지 고려한 모델들도 개발되었다. 확장 자기장 모델(EMM, Enhanced Magnetic Model)과 고해상도 지자기 모델(HDGM, High-Definition Geomagnetic Model), 고해상도 지자기 모델-실시간(HDGM-RT, High-Definition Geomagnetic Model-Real Time) 등은 모두 지각(암석)의 잔류 자화의 영향을 고려하고 있으며, HDGM은 외부 자기장(전리층에서의 전류 흐름 변화에 의해 발생하는 자기장)의 기본 모델을 반영한다. HDGM-RT는 지구 외부 자기장에 대한 실시간 모델을 반영한다. 이러한 모델들의 근본적인 차이는 얼마나 자주 자료를 업데이트하는가이며 IGRF, WMM, EMM은 5년에 한 번, HDGM과 HDGM-RT는 1년에 한 번 업데이트한다.

과거 지구자기장을 연구할 때 사용되는 IGRF는 1900년 이후의 자료가 국제 과학계에서 공인되었다. 그 이전의 자료는 역사적 기록물을 분석하여 제작한 모델인 gufm1이 있으며 1590~1890년 동안의 지자기 영년변화를 반영한다(Jackson et al., 2000, Four centuries of geomagnetic secular variation from historical records, Phil. Trans. Roy. Soc. Lond. A, 358, 957-990). IGRF와 gufm1을 내삽법(interpolation method)을 이용하여 연결한 모델인 'IGRF+'는 1590년 이후 현재까지 영년변화를 제공한다.

(3) 지구자기장 세기의 단위

자기장의 세기는 2가지 표현 방법이 있다. 자기장은 막대자석이 놓여 있는 공간에서 자극의 영향을 받는 주변 공간을 의미하며, 이 자기장은 주위의 다른 자극에 힘을 작용한다. 이러한 경우에 자석 주위에 나타나는 **자력선**(line of magnetic force) 또는 **자속**(magnetic flux)의 개념을 이용하여 자기장의 세기를 나타낼 수 있다. 자력선은 자극 주변에 밀집되어 있으며, 자력선의 방향이 N극에서는 바깥쪽을, S극에서는 안쪽을 향한다. 여기서 자기장의 세기를 단위 면적을 통과하는 자력선의 수로 정의하며, 자기 유도(B, magnetic induction) 또는 **자속 밀도**(magnetic flux density)라 한다. 자기 유도는 자극으로부터의 거리의 제곱에 반비례하고 **자극 강도**(pole strength)에 비례한다. 자기 유도의 단위는 SI 단위로 테슬라(T, tesla) 또는 웨버/제곱미터(wb/m^2, weber/meter^2), cgs 단위로 가우스(G, gauss)를 사용한다. 두 단위는 $1\ \text{T} = 10^4\ \text{G}$의 관계를 갖는다. 자기장 세기의 표현 방법 중 다른 하나는 Biot-Savart 법칙에 의하여 전류 주위에 생기는 **자화장**(H, magnetizing field)이며, 흔히 **자기장**(magnetic field)이라고도 한다. SI 단위로 암페어/미터(A/m, ampere/meter), cgs 단위로 에르스텟(Oe, Oersted)을 사용한다. 두 단위는 $1\ \text{A/m} = 4\pi \times 10^{-2}\ \text{Oe}$의 관계를 갖는다. 지구자기장을 연구할 때 세기는 일반적으로 자기 유도(B)로 표시되며, 실험실에서 인공적으로 전류를 이용하여 발생시키는 자화장(H)과 혼용되기도 하지만 해당하는 단위를 정확하게 사용해야 한다. 지구자기장의 세기는 과거에는 가우스 단위로 표시하였지만 현재는 일반적으로 SI 단위계인 나노테슬라(nT, nano Tesla) 또는 마이크로테슬라(μT, micro Tesla) 또는 감마(γ, gamma)로 표시한다. 평균 지구자기장의 세기는 약 50,000 nT(= 50,000 γ = 50 μT = 0.5 G)이다.

(4) 지자기극과 자극

관측된 자료의 분석을 통하여 계산된 쌍극자의 세기(자기모멘트)는 1965년 약 8×10^{22} Am^{2}에서 2020년 7.7×10^{22} Am^{2}으로 다소 감소한 것으로 나타났다. 또한 쌍극자는 지구 중심에 위치하며 지구 자전축 주변을 맴돌고 있다. 예를 들어 1900년대 중반까지는 지구 자전축과 약 11.5° 기울어져 있었고, 1960년 부근부터 자전축에 가까워져 2020년에는 약 9.3° 기울어져 있다(그림 5.13). 이러한 쌍극자를 최적 지구 중심 쌍극자(best-fitting geocentric dipole) 또는 최적 쌍극자(best-fitting dipole)라 한다. 최적 쌍극자를 연장하여 지표와 만나는 점을 지자기극(geomagnetic pole)이라 하고, 지구 중심에서 최적 쌍극자에 수직인 면이 지구 표면과 만나는 선을 지자기 적도(geomagnetic equator)라 한다. 2020년 현재 지자기 북극과 지자기 남극의 위치는 각각 80.7°N, 72.7°W와 80.7°S, 107.3°E이며 서로 지구 중심에 대하여 대칭적(antipodal)이다.

실제 지구자기장이 연직 방향을 향하는 지점(복각이 ±90°인 지점)을 자극(magnetic pole 또는 dip pole)이라 하며, 지구자기장의 방향이 지평면과 나란한 지점(복각이 0°인 지점)을 연결한 선을 자기 적도(magnetic equator)라 한다. 2020년 현재 북자극과 남자극은 각각 86.5°N, 162.9°E와 64.1°S, 135.9°E에 위치한다, 자기 적도는 곡선으로 나타나며(그림 5.13), 고정되어 있지 않고 천천히 변한다.

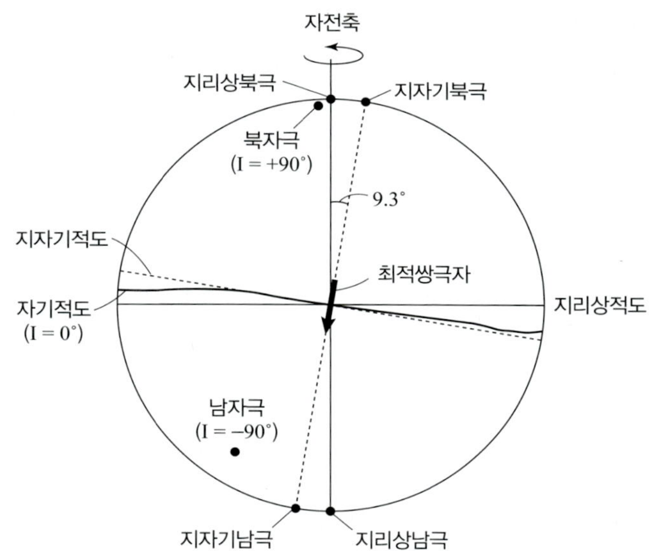

그림 5.13 IGRF-13을 이용하여 계산된 2020년 현재 지구자기장을 가장 적절하게 나타내는 최적 지구 중심 쌍극자. 지자기극과 자극, 지자기 적도, 자기 적도의 위치를 최적 쌍극자를 포함한 단면(지자기 북극, 지리상 북극, 지자기 남극, 지리상 남극을 연결한 자오선 단면) 위에 표시하였다.

자기 적도를 기준으로 북쪽에서는 복각과 연직 자기력이 + 부호를, 남쪽에서는-부호를 가지고, 자기 적도에서 멀어질수록 크기는 커진다. 만약 지구자기장이 최적 중심 쌍극자에만 기인한다면, 자극과 자기 적도는 각각 지자기극과 지자기 적도와 일치할 것이다. 그러나 자극과 지자기극의 위치는 다르며, 이러한 차이는 실제 지구자기장에 최적 쌍극자 이외의 다른 영향이 존재함을 나타낸다.

그림 5.14는 IGRF-13의 2020년 기준 편각, 복각, 전자기력의 분포를 나타낸 것이다. 편각은 북자극과 남자극을 중심으로 등편각선이 퍼져나가는 모습을 보이며, 복각은 대체로 위도에 따라 크기가 변하고 있으나 남대서양 부근에 커다란 등복각선의 휘어짐이 나타난다. 이러한 남대서양에서의 이상대는 전자기력의 분포에서도 관찰된다. 한편 남반구에서 전자기력의 최댓값은 남자극 부근에 나타나지만, 북반구에서는 북자극 주변이 아닌 시베리아 북부와 캐나다 북부에 나타난다. 최근 60여 년간 북자극이 캐나다 북부에서 시베리아 쪽으로 빠르게 이동하고 있으며, 남자극의 이동 속도에 비하여 매우 빠른 현상의 원인으로 이러한 북반구의 전자기력 분포가 관련 있는 것으로 여겨진다.

쌍극자를 지구 중심이 아닌 지점에 적절히 위치시키면, 최적 지구 중심 쌍극자에 의한 자기장보다 약간 더 실제 지구자기장에 가깝게 표현할 수 있다. 이러한 쌍극자를 **최적 편심 쌍극자**(best-fitting eccentric dipole) 또는 간단히 편심 쌍극자(eccentric dipole)라 부른다. 최적 편심 쌍극자 모델에서는

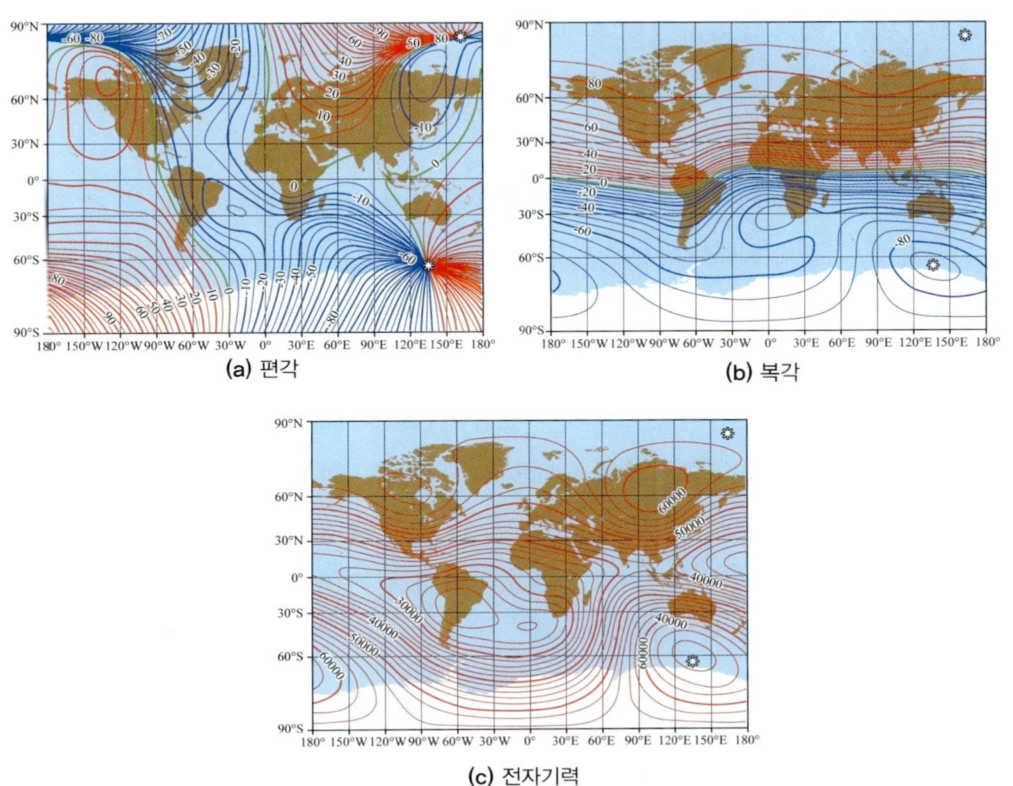

그림 5.14 2020년 지구자기장의 (a) 편각(°), (b) 복각(°), (c) 전자기력(nT). 북자극과 남자극의 위치를 흰색 별무늬로 표시하였다.(IGRF-13)

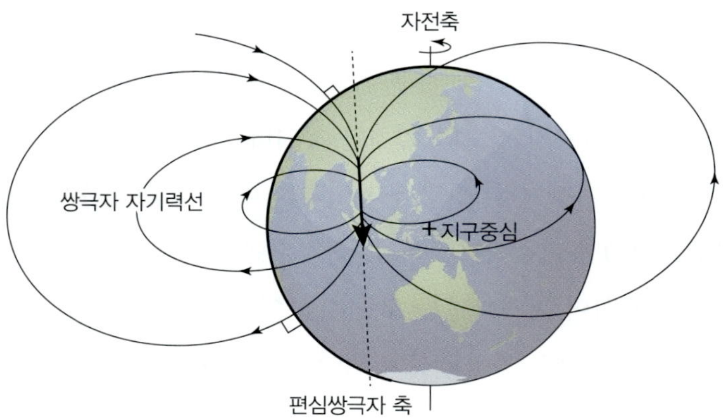

그림 5.15 편심 쌍극자 모델. 쌍극자가 지구 중심에서 벗어나 있다. 자력선이 지평면에 수직으로 들어가는 북반구와 나오는 남반구의 비대칭성을 나타내기 위하여 쌍극자의 위치와 자력선이 과장되게 표시되었다.

쌍극자가 지구 중심에 위치하지 않으므로 쌍극자의 양쪽을 연장하여 지표와 만나는 두 지점은 지구 중심에 대해 대칭이 되지 않는다(그림 5.15). 이러한 두 지점을 편심축 쌍극자 극이라 한다. 또한 편심 쌍극자에 의한 자기력선이 지평면과 수직이 되는 두 지점을 편심 쌍극자 자극(eccentric dipole dip pole)이라 한다. 편심 쌍극자 자극은 실제 자기장 복각이 ±90°인 자극과 가까운 위치에 나타난다. 지구자기장은 시간에 따라 변하므로 최적 편심 쌍극자의 중심은 1800년대 이래로 지구 중심으로부터 북서 태평양쪽으로 약 250~530 km 정도 움직여왔다.

(5) 쌍극 자기장, 비쌍극 자기장

지구자기장을 지구 내부에 위치한 하나의 쌍극자에 의해 생기는 자기장, 즉 쌍극 자기장(dipole field)으로 근사하지만, 전체 지구자기장과 쌍극 자기장 사이에는 상당한 차이가 있다. 이러한 차이를 비쌍극 자기장(non-dipole field)이라 한다. 비쌍극 자기장 분포에서 수천 킬로미터에 걸쳐 변화가 나타나고, 특정한 지리적 변화 또는 지질학적 특성과 연관성이 없다. 따라서 비쌍극 자기장은 지구 내부에 기원을 둔 것으로 생각된다. 구면 조화함수 분석(spherical harmonic analysis)을 이용하면 비쌍극 자기장과 그와 관련된 대규모 특징을 액체 상태의 외핵 바깥 경계부에 방사상으로 위치한 가상적인 8~12개의 작은 쌍극자들에 의한 자기장으로 나타낼 수 있다(그림 5.16). 이러한 방사상 쌍극자 모델은 비쌍극 자기장의 근원인 액체 상태의 외핵이 맨틀과의 경계부에서 발생하는 맴돌이(소용돌이) 전류(eddy current)에 기인한 것임을 제시한다.

3) 지구자기장의 변화

지구자기장의 세기와 방향은 시간에 따라 변화하며, 다양한 주기를 갖는다. 가장 짧은 주기를 갖는

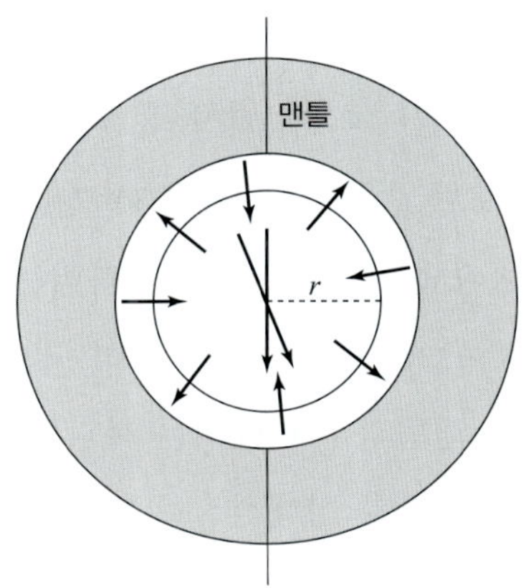

그림 5.16 지구자기장을 발생시키는 지구 중심 쌍극자와 방사상 쌍극자를 모식적으로 나타내는 모델

일변화(diurnal variation), 수년~수만 년에 걸쳐 변화하는 영년변화(secular variation), 그보다 긴 주기를 갖는 지자기 회유(geomagnetic excursion), 지자기 역전(geomagnetic reversal) 등이 있다. 최근에는 새로운 종류의 지구자기장 변화가 발견되었으며, 지자기 영년변화 충격(geomagnetic secular variation impulse)과 고고지자기 급변(archeomagnetic jerk) 등이 있다.

(1) 일변화와 자기폭풍

하루에 걸쳐 변하는 일변화는 태양으로부터 오는 고에너지 입자들의 양에 따라 전리층에서 흐르는 전류의 세기와 방향이 변하기 때문에 발생한다. 평상시에는 태양으로부터의 영향이 상대적으로 적어 자기적으로 조용한 날(Q-Days, magnetically quiet days)이 되며, 태양의 흑점 활동이 활발한 경우에는 매우 많은 고에너지 입자들이 지구에 도달하여 자기적으로 교란된 날(D-Days, magnetically disturbed days)이 된다. 자기적으로 조용한 날에는 변화가 규칙적이고 완만하여 평균 약 50 nT 정도의 진폭을 브이며, 자기 적도에서는 상대적으로 큰 200 nT의 진폭을 보이기도 한다. 밤에는 일변화가 최소가 되고 오후에 최대가 된다. 자기적으로 교란된 날에는 수백~수천 nT의 진폭으로 급격한 변화가 나타난다. 이러한 교란을 자기폭풍(magnetic storm)이라고도 하며, 수 시간~수일 동안 지속되기도 한다. 자기폭풍은 태양 흑점 활동이 극대기일 때 평소보다 매우 많은 양의 고에너지 입자들이 자기권에 전달되고 전리층에 들어와 급격한 전류의 흐름 변화를 발생시키기 때문에 발생한다. 전 세계에 위치한 자기 관측소에서는 자기폭풍의 확률을 사전에 예보함으로써 이와 관련하여 발생할 수 있는 통신 장애 및 전자 기기 작동 이상 등에 대한 대비를 할 수 있다.

(2) 영년변화

수년에서 수만 년 정도의 주기를 가지는 지구자기장의 변화를 **영년변화**(secular variation)라 한다. 그림 5.17은 IGRF-13 모델과 gufm1 모델을 종합한 IGRF + 모델로 계산된 4개 도시에서 지난 420년간 지구자기장 방향의 영년변화를 나타낸 것이다. 런던과 파리는 1600~2020년 동안 시계 방향으로 이동하고 있으며, 보스턴은 같은 시기 동안 서유럽과는 전혀 다른 모양의 시계 방향 이동 경로를 보여준다. 예를 들어 1600~1800년 동안 런던과 파리에서는 복각의 큰 변화 없이 편각이 동에서 서쪽으로 변하였지만, 보스턴에서는 편각의 변화가 상대적으로 적고 복각이 10° 정도 증가하였다. 서울의 경우 세 도시와 전혀 다른 변화 양상을 보이며, 1600~1650년 동안 복각이 감소하다가 이후 꾸준히 복각이 증가하고 편각은 서쪽으로 변해왔다. 따라서 영년변화의 특성을 정리하면, 지리적으로 가까운 지역(예: 런던과 파리)에서의 변화는 평행 이동시켜 비교할 때 정확하게 일치하지는 않지만 매우 비슷한 양상을 보이는 반면, 지리적으로 멀리 떨어진 지역 간에는 변화 양상의 차이가 크다.

영년변화는 자극 및 지자기극의 위치 변화에 의해서도 나타난다(그림 5.18). 1900년 이후 지자기 북극과 지자기 남극은 지구 중심에 대칭으로 같은 속력으로 이동하였다. 지자기 북극과 지자기 남극의 이동은 쌍극 자기장의 영년변화만을 반영하며, 각각 지리상 북극과 지리상 남극을 향해 움직이고 있어 최적 지구 중심 쌍극자가 지구 자전축 방향으로 회전하고 있음을 나타낸다. 1900~1950년 동안 거

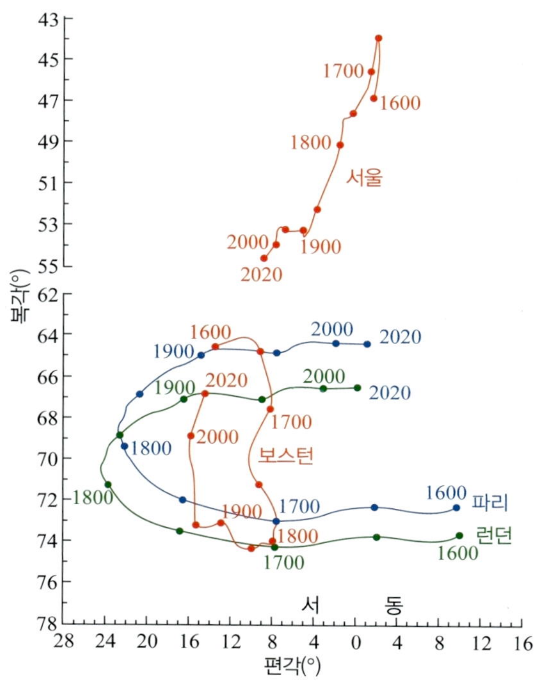

그림 5.17 IGRF−13 모델(1900~2020년)과 gufm1 모델을 종합하여 계산된 서울, 런던, 파리, 보스턴에서의 과거 420년간 지구자기장 방향의 영년변화. 1890~1900년 동안의 자료는 내삽에 의해 계산되었다.

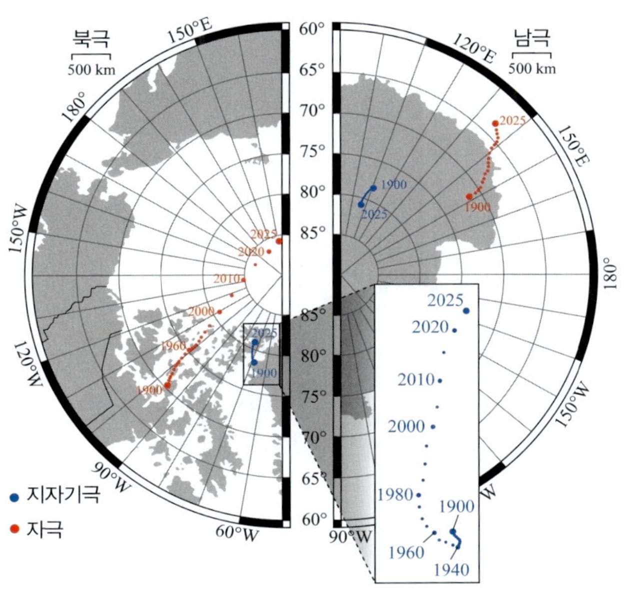

그림 5.18 IGRF-13을 이용하여 계산된 1900년 이후 지자기 북극(왼쪽, 청색), 지자기 남극(오른쪽, 청색), 북자극(왼쪽, 적색), 남자극(오른쪽, 적색)의 위치 변화. 2025년 자료는 과거 영년변화로부터 예측된 것이다.

의 제자리에서 맴돌다가 1960년 이후 상대적으로 빠른 속도로 이동하였다(그림 5.18의 상자). 자극의 이동은 이보다 더 극적이다. 북자극과 남자극은 모두 서쪽으로 이동하고 있으며, 특히 북자극은 1900년대 초반에 캐나다 북동부에 위치하였다가 점차 북서쪽으로 이동하여 2017년 10월 말경 지리상 북극과 가장 가까운 거리(약 390 km)를 지나쳐 현재는 시베리아를 향해 이동하는 중이다. 남자극도 남극 대륙으로부터 호주를 향해 북서쪽으로 이동하고 있다.

북자극과 남자극의 이동 속력을 비교하면 남자극은 1950년대를 제외하면 연간 0~15 km 정도의 속력으로 이동하였고 1960년 이후에는 10 km/yr 미만의 속력을 보이는 반면, 북자극은 1970년까지 남자극과 비슷한 속력으로 이동하다가 1990년 이후 급격하게 속력이 증가하였다(그림 5.19). 특히 2000년부터는 평균 이동 속력이 50 km/yr를 넘는 등 매우 빠르게 북서 방향으로 이동하였으며, 지리상 북극 근처를 지나자마자 속력이 감소하여 2020년 기준 약 40 km/yr의 속력으로 시베리아를 향해 이동하고 있다(그림 5.18). 북자극이 남자극보다 빠르게 이동하는 원인이 자세히 밝혀지지는 않았으나 전자기력의 분포도(그림 5.14c)에서 나타나듯이 캐나다 북부와 시베리아 북부에서 매우 강한 자기장이 관측되고 이 두 지역은 지구 중심 방향으로 들어가는 자기력선 다발이 밀집된 곳으로 여겨진다. 즉 두 지역의 자기적인 세력이 대등하다가 최근에는 시베리아 지역의 세력이 우세해지고 상대적으로 캐나다 북부 지역의 세력은 약해짐에 따라 북자극이 시베리아 방향으로 이동하는 것으로 해석된다(Livermore et al., 2020, Recent north magnetic pole acceleration towards Siberia caused by flux lobe elongation, Nature Geoscience, 13, 387-391). 이러한 현상은 남대서양 부근에서 나타나는 자기장이

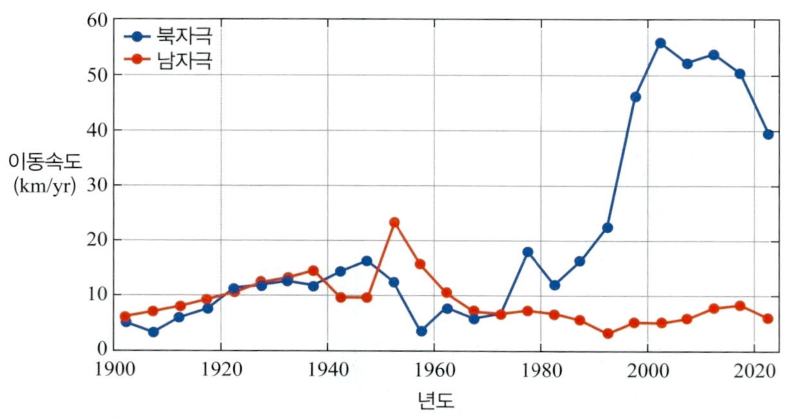

그림 5.19 지난 120년 동안 북자극과 남자극의 이동 속력

매우 약한 자기 이상대의 존재와 함께 최근 지구자기장의 쌍극 자기장 성분이 약화되는 증거로 여겨진다.

직접 관측되기 이전의 지구자기장의 영년변화는 고온에서 냉각된 물질(예: 용암 또는 가마 및 아궁이, 토기 등과 같은 고고학적 유물)과 퇴적물에 기록된 잔류 자기를 분석하여 간접적으로 얻어질 수 있으며, 역사시대 및 선사시대 동안의 영년변화를 고영년변화(PSV, Paleo-Secular Variation)라 한다. 고영년변화에 대한 연구는 고지자기학의 세부 분야 중 하나인 고고지자기학(archeomagnetism)이라 불린다. 또한 고영년변화 연구는 용암 및 고고학적 유물의 절대연령을 측정하는 데 사용되며, 관측되는 지구자기장의 영년변화가 수백 년 이내의 주기를 분석할 수 있는 데 반하여 고영년변화는 수천 년 이상 되는 긴 주기의 영년변화 특성을 밝히는 데 중요한 정보를 제공한다.

쌍극 자기장의 영년변화는 대략 수백~수천 년의 주기를 보이며, 비쌍극 자기장의 영년변화는 수천 년보다 짧은 주기를 갖는다. 또한 쌍극 자기장은 지역에 관계없이 같은 양상으로 변하는 반면 비쌍극 자기장은 일정한 규칙 없이 지역에 따라 다르게 변한다. 지난 400여 년 동안 지구자기장 기록을 관찰한 결과 지구자기장의 이상대와 같은 특징들이 서쪽으로 이동하는 것으로 나타났으며, 이를 **서편 현상**(westward drift)이라 한다. 서편 현상은 쌍극 자기장과 비쌍극 자기장 모두에서 나타나며, 비쌍극 자기장이 더 빠르게 이동하는 것으로 나타났다. 이러한 속도로 서편 현상이 지속된다면 약 2,000년이 지나면 비쌍극 자기장이 지구를 한 바퀴 회전할 것으로 예상되므로, 최소 수천 년 이상을 평균하면 비쌍극 자기장 영년변화의 효과가 제거되어 평균 지구자기장이 쌍극 자기장과 거의 일치하게 된다. 고고지자기학을 포함한 고지자기 연구를 통하여 이보다 더 긴 기간 동안의 영년변화 기록을 분석한 결과, 쌍극 자기장에 의한 지자기 북극의 위치가 과거 수천 년 동안 지리상 북극 주위에서 무질서하게 변화한 것으로 나타나며, 이들의 평균 위치를 계산하면 지리상 북극과 일치한다. 즉 평균된 지자기 북극과 지리상 북극은 통계학적으로 서로 다른 것으로 구분되지 않는다. 따라서 수만 년 이상

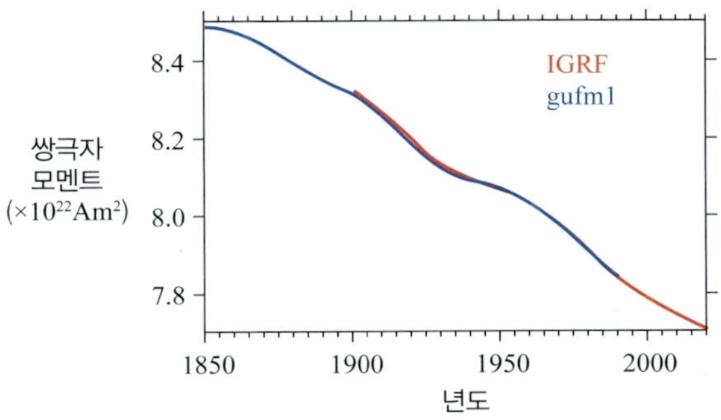

그림 5.20 1850년 이후 쌍극 자기장 세기 변화(IGRF-13 모델과 gufm1 모델을 이용하여 계산된 쌍극자의 자기모멘트를 연도별로 나타내었다.)

의 지구자기장을 평균하면, 쌍극 자기장의 영년변화도 상쇄되어 쌍극자가 지구 중심에 자전축과 나란하게 위치하였을 때 나타나는 지구자기장과 일치한다. 이러한 내용을 지구 중심축 쌍극자 가설(GAD 가설, Geocentric Axial Dipole hypothesis)이라 하며, 고지자기 연구에 가장 기본이 되는 가설이다.

영년변화는 지구자기장의 세기 변화에서도 나타난다. 쌍극 자기장의 세기는 자기장을 만들어내는 쌍극자의 자기모멘트로 표현될 수 있으며, 1850년에 약 8.8×10^{22} Am^2으로부터 1965년에 8.0×10^{22} Am^2을 지나 2020년에는 약 7.7×10^{22} Am^2으로 감소하였다(그림 5.20). 이러한 결과는 쌍극 자기장의 세기가 매년 약 0.05~0.06% 정도씩 감소한 것을 의미하며, 지구 쌍극 자기장이 이러한 속도로 계속 감소할 경우 앞으로 1,500~1,600년이 지나면 쌍극 자기장이 거의 소멸할 것으로 예상된다. 고지자기 연구에 의하면 이러한 쌍극 자기장 세기의 감소는 지구자기장의 극성이 뒤바뀌는 지구자기장 역전 현상이 일어나는 동안에 나타나는 것으로 알려져 있으며, 이와 관련된 연구가 활발하게 진행 중이다.

(3) 지구자기장 역전

20세기 초 프랑스의 베르나르 브루네스(Bernard Brunhes, 1867~1910년)에 의해 일부 용암류가 현재의 지구자기장과 반대 방향으로 자화되어 있음이 발견된 이후, 많은 과학자들에 의해 전 세계의 암석 중 절반은 현재와 같은 정자극성의 잔류 자기(정자화)를, 나머지 절반은 역자극성의 잔류 자기(역자화)를 기록하고 있음이 규명되었다. 암석의 역자화가 발견된 초기에는 물리적 또는 화학적 과정을 통해 주변의 지구자기장과 반대 방향으로 암석이 자화될 수 있다는 '자체 역전(self-reversal)'이 주요 메커니즘으로 제안되었다. 자체 역전의 원리는 다음과 같다. ① 서로 다른 퀴리온도(Curie temperature)를 가지는 두 종류의 자성 광물 A와 B를 포함한 마그마가 냉각되면서 퀴리온도가 높은 A가 먼저 외부 자기장 방향으로 자화된다. ② 온도가 더 낮아지면서 B의 퀴리온도를 지날 때, B는 이미 자화된 A에 의해 발생한 유도 자기장 방향(지구자기장과 반대 방향)으로 자화된다. ③ 만약 B의 자화 세기가 A보다 클 경우 이 암석의 자화 방향은 외부 자기장의 반대 방향이 된다. 그러나 이러한 과정이 일어날 수 있는 암석은 특정 자성 광물 두 종류를 포함한 일부 화성암으로 매우 제한적이어서 전체 암석의 절반이 역자화를 기록하는 것을 설명할 수 없었다. 또한 역자화를 기록한 암석은 화성암 및 퇴적암 등 다양하며, 특히 퇴적암의 경우 자체 역전의 메커니즘으로는 설명될 수 없다. 전 세계의 여러 지역에서 동일한 시기에 생성된 암석은 암상에 상관없이 같은 극성을 갖는 것이 지구자기장의 극성이 뒤바뀐다는 'field-reversal'의 증거가 되었다. 최근 슈퍼컴퓨터를 이용하여 지구자기장의 역전이 일어나는 과정을 성공적으로 묘사하였으며, 외핵-맨틀 경계부에서의 자기력선 다발의 변화로 나타내었다(그림 5.21, G.A. Glatzmaiers and P.H. Roberts, 1995, A three-dimensional self-consistent computer simulation of a geomagnetic field reversal, Nature, 377, 203-209). 외핵 바깥쪽에서의 자기력선은 지표에서 관찰되는 자기력선보다 훨씬 더 복잡하며, 역전 전조 기간에 중위도 부근에서 주변의 자기력선 방향과 반대 방향을 향하는 자기력선들이 불규칙하게 나타난다(그림 5.21a). 역전이 일어나는 동안에는 자기력선의 분포가 보다 불규칙적으로 변하고 쌍극자의 특성이 사라지며 여러 개의 극이 나타난다(그림 5.21b, c). 역전이 일어난 후에는 처음과는 반대 방향으로 자기력선들이 나타나고 쌍극자가 회복된 것을 볼 수 있다(그림 5.21d). 이러한 시뮬레이션 결과는 지구자기장의 발생 근원과 변화 원인으로 지구 내부를 이해하는 데 중요한 정보를 제공한다.

지구자기장의 역전 주기는 불규칙하게 변해왔으며, 짧게는 수십만 년에서 길게는 수천만 년의 주기를 보인다. 예를 들면 신생대와 후기 쥐라기~초기 백악기(약 160~123 Ma) 동안에는 20~30만 년에 한 번 정도의 역전이 일어난 반면, 중기 백악기(약 123~83 Ma) 동안에는 5,000만 년 동안 역전이 일어나지 않았다. 이를 '백악기 정자극성 슈퍼크론(KLNS 또는 CLNS, Cretaceous Long Normal-Polarity Superchron)' 또는 'Cretaceous Quiet Zone'이라 한다. 또한 상부 석탄기~페름기(약 320~250 Ma) 기간에도 지구자기장이 역전된 상태로 있었고 이를 키아만 역자극성 크론(Kiaman Long Reversed-Polarity Chron)이라 부른다. 그러나 최근에는 자세한 고지자기 연구를 통하여 두 기간 동안에도 몇 번의 역전이 발생하였을 가능성이 제시되었다. 한편 가장 최근의 역전 현상

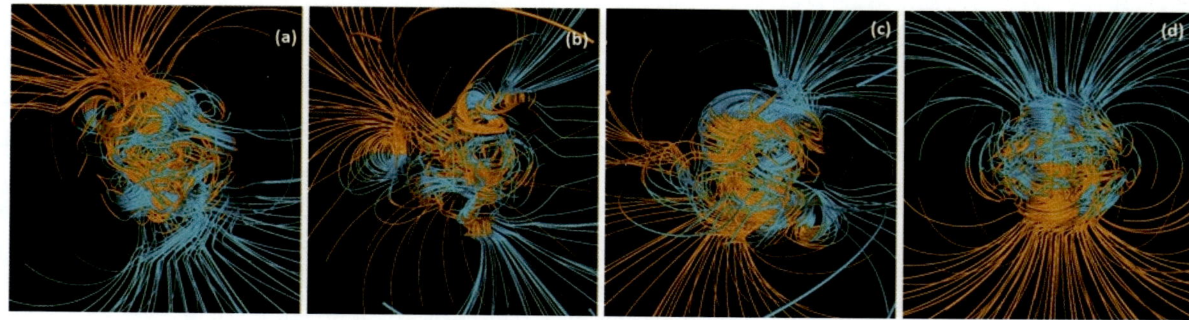

그림 5.21 슈퍼컴퓨터로 시뮬레이션한 지구자기장의 역전 현상. 외핵 바깥 경계부에서의 자력선이며, 노란색은 지구 중심 방향, 파란색은 바깥 방향으로 향하는 자력선을 나타낸다.

(Brunhes-Matuyama reversal)은 약 78만 년 전에 일어났으며, 그 직전까지 약 25만 년에 한 번씩 역전이 일어났던 점을 고려하면 이미 역전 현상이 일어날 시기가 지난 것으로 여겨진다.

지구자기장이 한 극성에서 다른 극성으로 상태가 바뀌는 과정, 즉 역전이 일어나는 동안의 과정을 지구자기장 변이(또는 극성 천이, geomagnetic transition)라 한다. 지질학적으로 매우 짧은 시간인 약 3,000년 정도에 걸쳐 일어나는 지구자기장 변이의 특성은 수천 년 동안 여러 회 분출하여 흐른 용암층이나 퇴적물의 고지자기 연구를 통하여 밝혀졌으나 자료의 수가 충분하지는 않다. 현재까지 알려진 변이 동안의 지구자기장은 세기가 평소의 약 10~20%로 감소하여 쌍극 자기장 성분이 거의 사라지고 비쌍극 자기장의 특성에 의해 변화가 나타난다. 특히 쌍극 자기장의 세기가 매우 약해진 기간 동안에는 지구자기장 방향의 변화가 급격하게 일어나는 것으로 알려졌다. 변이가 일어난 후 지구자기장의 극성이 안정되고 원래의 세기로 회복되는 데에도 수천 년 정도가 걸리기 때문에 변이가 일어나기 전의 전조 기간을 포함하면 지구자기장이 역전하는 데 대략 만 년 정도가 걸리는 것으로 생각할 수 있다. 이러한 변이 과정이 고지자기 자료에 의해 증명됨에 따라 과거부터 논쟁이 되어왔던 두 이론인 자기장 세기의 변화 없이 방향만 180° 회전한다는 이론과 자기장 세기가 감소하여 완전히 사라진 후 다시 반대 방향으로 커진다는 이론이 모두 폐기되었다. 최근 연구 결과에 따르면, 변이의 전조 기간에는 쌍극 자기장의 약화에 따라 극이 4개 또는 8개가 되는 지구자기장의 분포가 나타나며, 캐나다 북부와 남대서양 부근에서 나타나는 주변과 반대 방향의 자기력선 분포가 역전 현상의 전조일 수 있다는 주장이 있다.

쌍극 자기장의 감소가 항상 지구자기장의 역전으로 이어지는 것은 아니다. 지구자기장이 정상적인 값으로부터 멀리 벗어났다가 원래의 정상적인 상태로 되돌아오는 현상을 지구자기장 회유(geomagnetic excursion)라 한다. 일반적으로 퇴적물 또는 용암류의 잔류 자기 방향으로부터 계산한 가상 지자기극이 그 시대의 시간 평균 위치로부터 40° 이상 벗어났다가 돌아오면 지자기 회유가 일어난 것으로 정의한다. 만약 지자기 북극이 남반구까지 내려가더라도 극성이 뒤바뀐 채 계속 유지되지 않고 원래의 극성으로 돌아오면 역전이 아닌 회유로 간주한다. 일반적으로 회유가 10회 일어나면 역전이 1회 일어나는 것으로 보고되었으나 이를 뒷받침할 만큼 자료가 축적되지는 않은 상태이다. 가장 최근에 일어난 회유는 미국 모노(Mono) 호수 주변 4개 지역의 퇴적물로부터 관측된 '모노 레이크 회유(Mono Lake Excursion)'이며, 2만 5,200년 전에 시작하여 약 1,200년 동안 지속되었다. 이 회유 기간 동안 그 지역의 지구자기장 복각이 70° 이상 급격하게 변하였고, 자기장의 세기도 약했던 것으로 나타났다. 그 이전에는 프랑스의 쉐느 데 푸이(Chaine des puys) 용암류로부터 관측된 '라샹 회유(Laschamp Excursion)'와 호주의 선사시대 토착민의 주거지 내 아궁이에서 관측된 '멍고 레이크 회유(Mungo Lake Excursion)'가 있다. 라샹 회유의 연대는 처음 방사성 탄소를 이용하여 측정한 결과 약 8,730년이 제시되었고, K-Ar법에 의하여 약 2만 년이 측정되었으나 가장 최근의 열발광 연대 측

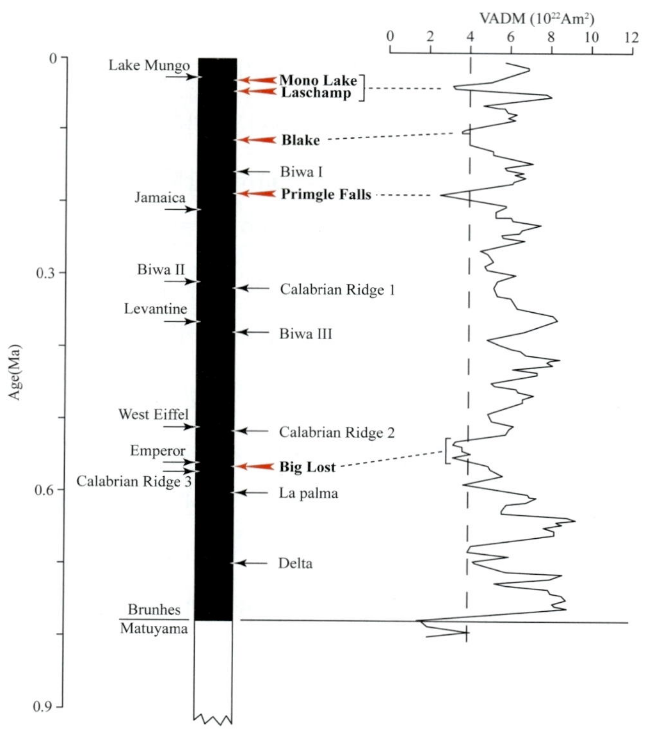

그림 5.22 마지막 지자기 역전(78만 년 전) 이후의 지자기 회유 이벤트와 지구자기장 세기(가상 쌍극자 모멘트, VADM)의 변화. 붉은색 화살표는 여러 지역에서 관측되어 인정받은 지자기 회유 이벤트를 가리킨다. 지자기 회유 이벤트와 지구자기장 세기의 급격한 감소가 시기적으로 일치하고 있다.

정(thermoluminescent dating)에 의하여 3만 4,300 ± 300년인 것으로 알려졌다. 같은 연대 측정법으로 결정된 멍고 레이크 회유의 연대도 3만 3,500 ± 4,300년이므로, 이 두 이벤트는 거의 같은 시기에 일어난 지자기 회유가 멀리 떨어진 두 곳에서 관측된 것을 의미한다. 10만 4,000~11만 7,000년 전에 일어난 '블레이크 회유(Blake Excursion)'는 대서양, 태평양, 일본, 이탈리아 등지에서 발견된 바 있다(그림 5.22). 지자기 회유는 마지막 역전이 일어난 이후에 퇴적된 호수 퇴적물의 연대 측정 및 층서대비에도 사용된다.

(4) 지자기 영년변화 충격과 고고지자기 급변

지자기 영년변화 충격(geomagnetic secular variation impulse) 또는 지자기 급변(geomagnetic jerk)은 약 100년 정도의 시간 규모에서 1~2년 동안 발생하는 급격한 지자기 변화를 의미한다. 영년변화 자료에서 지자기 변화의 2차 미분이 급격하게 변할 때 지자기 영년변화 충격이 발생한 것으로 정의하며 1925년, 1969년, 1978년, 1991년, 1999년에 발생한 것으로 보고되었다. 한편 고고지자기 급변(archeomagnetic jerk)은 수천 년 정도의 시간 규모에서 100~200년 동안 발생하는 급격한 지자기 변화를 의미한다. 지자기 변화율이 갑자기 변하는 지자기 영년변화 충격과는 달리 고고지자기 급변은 지구자기장의 방향이 급격하게 변하면서 영년변화의 속도가 최저가 되는 시기로 정의된다. 프랑스를 중심으로 한 서유럽 지역에서는 서기 200년과 1400년경에 발생한 것으로 보고되었으며, 한반도를 포함한 동아시아에서도 비록 시기는 서유럽과 다르지만 비슷한 현상이 발생하였을 가능성이 제시되었다.

4) 지구자기장의 근원

지표에서 관측되는 지구자기장은 ① 지구의 내부(외핵)에서 일어나는 전자기 유도(다이나모), ② 지구 외부의 전리층(ionosphere)과 자기권(magnetosphere)에서의 전류 변화, ③ 외부장의 변화에 의하여 지구 표면에 흐르는 지전류(magnetotelluric current), ④ 지각을 구성하는 암석의 잔류 자기 등의 영향을 받는다. 이러한 요인 중 지전류에 의한 와동 자기장(vorticity field)과 암석의 잔류 자기에 의한 2차 자기장(secondary field)의 크기는 다른 두 원인에 비하여 무시할 수 있을 정도로 매우 작다. 지구 외부에 근원을 둔 외부 자기장(external field)의 세기도 태양풍이 약한 평상시(Q-Days)에는 지구 내부에 근원을 둔 내부 자기장(internal field) 세기의 약 1/1,000 정도로 작으므로 지구자기장은 주로 내부 자기장으로 이루어진다고 이야기할 수 있고, 이를 주 자기장(main field)이라 한다. 따라서 내부 자기장의 근원이 곧 지구자기장의 가장 중요한 근원이 된다. 지구자기장의 근원에 대해서는 오랫동안 많은 과학자들의 관심을 끌어왔으며 다양한 가설들이 제시되었다. 윌리엄 길버트는 자신의 실험 결과를 바탕으로 지구 자체가 하나의 거대한 자석이라는 주장을 하였다. 그러나 고체 영구 자석에 의한 자기장설은 다음 4가지 반증에 의하여 제외될 수 있다. ① 암석 중 자화 강도가 높은 현무암이나 반려암으로만 지각을 구성한다고 가정하여도 이에 의한 자기장 세기는 지구자기장의 수 퍼센트 정도에 불과하다. ② 지구 중심부로 들어갈수록 뜨거워지는데 약 25 km 이상의 깊이에서는 맨틀이나 핵을 구성하는 강자성 물질이 자성을 유지할 수 있는 최대 온도인 퀴리온도보다 더 뜨겁기 때문에 자성을 가질 수 없다. ③ 관측된 지구자기장의 영년변화의 특징인 서편 현상은 고체지구 자석으로는 명확히 설명될 수 없다. ④ 수천만 년 동안 암석에 기록된 고지자기 자료는 지구자기장의 역전 현상을 지시하는데 지구 내부 고체 물질의 움직임에 의해서는 설명될 수 없다.

지구자기장의 근원을 설명하는 이론은 관측되는 다음의 지구자기장 특성들을 설명할 수 있어야 한다. 첫째, 지구 생성 이래 오랜 시간 동안 유지되어온 쌍극 자기장, 둘째, 비쌍극 자기장의 특성, 셋째, 지각이나 맨틀에서 일어나는 지질 현상의 시간적 규모(수백만 년 이상)에 비해 짧은 자기장의 변화 주기(수천 년), 넷째, 지구자기장의 역전 현상 등이 있다. 이러한 지구자기장 특성은 전기전도도가 높은 철과 니켈 등 금속으로 구성된 액체 상태의 외핵이 유동하면서 발생하는 전자기 유도를 이용하면 설명이 가능하다. 최근 연구에 의하면 지구자기장이 최소한 약 40억 년 전에 이미 존재하였고 지금까지 유지되었으므로 외핵의 유동도 오랜 기간 동안 지속되면서 지구자기장을 연속적으로 발생시켜야 한다. 만약 외핵의 유동이 지속되지 않았다면, 초기에 발생된 지구자기장은 수천 년 이내에 사라졌을 것이다. 외핵에서의 지구자기장 생성을 '자기유체역학 다이나모(magnetohydrodynamic dynamo) 이론' 또는 간단히 '**다이나모 이론**'으로 설명할 수 있다. 단순한 전기역학적 원반 다이나모 모델에서는 전기전도도가 매우 높은 물질로 이루어진 원반이 자기장 하에서 회전하면 원반 내의 전자들이 움직여 원반의 외부 방향으로 전류를 흐르게 한다(그림 5.23a). 이 전류를 원래의 자기장과 같은 방향의 자기장을 생성하도록 감겨 있는 코일에 통과시켜 원래의 자기장이 강화되도록 전기회로를 구성하여 'positive feedback system'을 구성한다. 이 시스템에서는 원반이 회전하는 한 전류가 계속 흐르고, 이에 따라 자기장도 지속적으로 생성된다. 다이나모가 작동하기 위한 조건은 ① 초기 자기장, ② 전기전도도가 높은 원반, ③ 전류에 의해 생성된 자기장이 원래 자기장을 강화시키는 positive feedback system, ④ 원반을 움직이게 하는 에너지 등이 충족되어야 한다. 지구 생성 당시에 이미 행성 간 자기장이 존재하였고, 지구의 외핵이 전기전도도가 높은 원반 및 positive feedback system에서의 코일 또는 회로의 역할을 하는 것으로 보인다(그림 5.23b). 실제 지구자기장의 분포에서 4개의 이상대가 관찰되는 것을 2개의 다이나모가 연결되어 있는 시스템으로 설명할 수 있으며, 2개의 다이나모의 방향 및 세기 변화에 의하여 지구자기장의 역전 현상도 설명된다.

외핵의 유동 원인은 주로 지구의 자전으로 생각된다. 그러나 지구의 자전만으로는 역전 현상이나 영년변화, 비쌍극 자기장 등을 설명하기 어렵다. 자전 이외에 외핵을 유동시킬 수 있는 원인으로는 다음과 같은 5개의 메커니즘이 제시되었다.

① 지구 내부가 점점 식어감에 따라 고체 상태의 내핵이 커지는 과정에서 액체가 고체로 전환될 때 발생하는 잠열에 의한 주변 외핵 물질의 유동.

② 액체 상태인 외핵의 구성 성분 중 무거운 성분은 중력에 의하여 내핵 쪽으로 가라앉고, 가벼운 성분은 상대적으로 맨틀 쪽으로 상승하는 과정에서 외핵을 유동(대류).

③ 지구의 세차 운동과 액체 상태인 외핵의 유동의 불일치로 인해 외핵과 맨틀 경계부에서 발생하

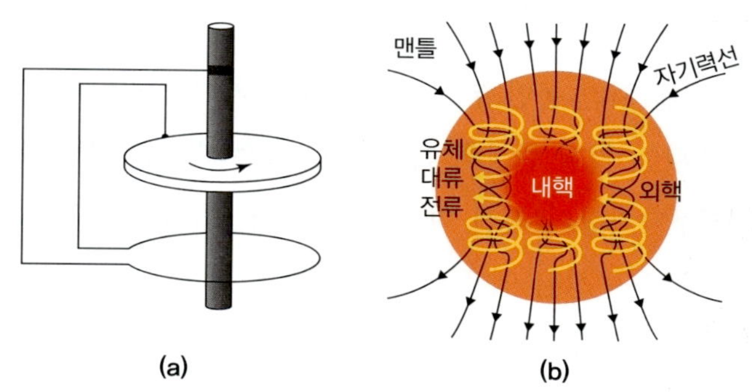

그림 5.23 (a) 전기역학적 원반 다이나모 모델, (b) 외핵 내에서 코리올리 효과에 의해 회전하는 전도성 유체의 움직임과 이로부터 생성되는 자기장을 모식적으로 나타낸 그림

는 마찰열에 의한 국지적인 외핵의 유동.

④ 외핵 쪽으로 노출된 맨틀 물질에 존재하는 방사성 동위원소의 붕괴열에 의한 주변 외핵 물질의 유동.

⑤ 판구조 운동에서 거대한 해양판의 섭입 과정에서 떨어져 나간 차가운 슬랩(slab)이 외핵−맨틀 경계 부근까지 가라앉아 주변 외핵 내의 열적 평형이 깨져서 발생하는 외핵의 유동.

지구자기장을 유지하기 위하여 대략적으로 10^{11}∼10^{12} W의 에너지가 필요한 것으로 추정되며, 이 에너지는 지구 전체 지열 에너지의 약 1/4에 해당한다. 쌍극 자기장이 오랜 기간 유지되고 영년변화하는 것은 지구의 자전 및 ①, ②번의 요인이 복합적으로 작용하는 외핵의 주 유동으로 설명되며, 비쌍극 자기장의 특성은 ③, ④번의 요인이 함께 작용하여 맨틀과 외핵의 경계부에서 발생하는 와동류(eddy currents)에 의하여 설명될 수 있다. 또한 최근 일부 고지자기 및 지진파 단층촬영, 지구 동역학 연구에 의하면 지구자기장의 역전 현상의 원인으로 ⑤번 요인이 대규모로 중위도에서 발생하는 경우가 제시되어 이에 대한 검증 연구가 진행 중이다.

5) 고지자기학

(1) 원리

과거의 지구자기장은 다양한 지질학적 물질에 의해 보존되어 있으며, 이를 자연잔류자기 또는 자연잔류자화(NRM, Natural Remanent Magnetization), 자기화석(magnetic fossil)이라 한다. 자연잔류자기를 이용하여 과거의 지구자기장 변화 및 암석의 자기적 특성을 연구하고 다양한 분야(예: 대륙의 고지리 복원, 자기층서학, 절대연령 측정, 지구 내부 동역학, 고환경 및 고기후 변화 연구 등)에 응용하는 연구 분야를 고지자기학(paleomagnetism)이라 한다. 지구자기장은 비쌍극 자기장의 영향을 포함하고 있으며, 영년변화를 하고 있기 때문에 과거의 지구자기장 분포와 현재의 지구자기장 분포는 다르다. 따라서 고지자기학에서 과거에 기록된 지구자기장의 복각을 이용하여 대륙의 고지리와 이동을 연구할 경우 특별한 전제 조건이 반드시 필요하다. 즉 비쌍극 자기장의 영향과 영년변화의 영향을 제거하기 위하여 지구자기장을 시 · 공간적으로 충분히 평균함으로써 지구자기장의 분포가 오직 지구 중심에서 자전축과 나란하게 위치한 쌍극자에 의해서만 나타난다는 '지구 중심축 쌍극자(GAD) 가설'을 만족시켜야 고지자기 복각과 위도와의 관계식($\tan I = 2 \tan\lambda$)을 이용할 수 있다. GAD 가설을 만족할 때, 북자극과 지자기 북극 모두 지리상 북극과 일치하고 자기 위도도 지리상 위도와 일치한다. 이때의 극을 고지자기극(paleomagnetic pole)이라 한다. 한편 고지자기학을 연구하기 위해서는 앞 항에서 다루었던 지구자기장의 특성뿐만 아니라 물질의 자기적 성질에 대해서도 이해가 필요하다.

(2) 물질의 자기적 성질

외부 자기장(H, 자화장)에 노출된 물질은 그 자기장에 의해 자화가 유도되며, 일부 물질은 외부 자기장이 사라지면 유도되었던 자화를 잃게 된다. 이러한 자화를 유도 자화(J_i, induced magnetization) 또는 유도 자기라 한다. 한편 어떤 물질은 외부 자기장이 사라져도 자화를 유지할 수 있는데, 이러한 자화를 잔류 자화(J_r, remanent magnetization) 또는 잔류 자기라 부른다. 외부 자기장 세기에 대한 유도 자화 세기의 비를 대자율(k, magnetic susceptibility)이라 하며, 물질의 고유한 물리적 특성 중 하나이다.

$$k = \frac{J_i}{H}$$

k는 단위 부피에 대한 값이므로 부피 대자율(volume susceptibility)이라 하고, J_i와 H의 단위가 모두 A/m이므로 SI 단위에서 k의 단위는 없다. 암석을 대상으로 할 때는 일반적으로 부피 대자율을 사용하지만, 퇴적물이나 토양과 같이 단단하게 굳지 않아 측정용 용기에 담을 때 밀도의 차이가 생길 수 있는 경우에는 부피 대자율을 밀도로 나눈 값인 질량 대자율(χ, mass susceptibility)을 사용한다.

물질의 자기적 특성은 그 물질을 구성하는 원자 내 전자의 운동에 의하여 결정된다. 전자들은 핵을 중심으로 한 궤도 운동과 스스로 회전하는 스핀 운동을 하고 있으며, 이러한 운동에 의하여 각 전자들은 자기모멘트를 갖게 되고 각각을 궤도 자기모멘트(orbital magnetic moment)와 스핀 자기모멘트(spin magnetic moment)라 부른다. 핵(양성자와 중성자)도 자기모멘트를 가지고 있지만 세기가 매우 약하여 물질의 자기적 특성에는 거의 영향을 끼치지 못한다. 자기적 특성은 크게 반자성, 상자성, 강자성(넓은 의미, ferromagnetism *sensu lato*)으로 구분되며, 넓은 의미의 강자성은 다시 좁은 의미의 강자성과 반강자성, 경사 반강자성, 페리자성 등으로 세분된다.

가. 반자성(diamagnetism)

원자 내의 전자각(전자껍질)이 완전히 채워져 있어 짝수의 전자들로 이루어진 경우 같은 수의 스핀 자기모멘트가 서로 반대 방향으로 배열되어 있어 상쇄되므로 그 크기는 0이 된다. 궤도 자기모멘트도 평상시에는 상호 대칭이 되어 0이 되지만 외부 자기장이 가해지면 렌츠의 법칙에 의하여 외부 자기장을 제거하려는 방향으로 궤도 자기모멘트를 갖도록 궤도가 바뀐다. 그러나 외부 자기장이 사라지면 유도된 자기모멘트도 소멸된다. 이러한 성질을 반자성이라 하며, 반자성 물질은 매우 작은 음의 대자율 값을 갖는다(약 -1×10^{-8} SI). 반자성 물질은 원자 자기모멘트가 없는 원자들로 구성되어 있고 석영, 방해석, 석고, 암염, 다이아몬드, 물 등이 이에 속한다. 반자성 물질의 대자율 값은 온도의 변화와 관계없이 일정하다.

나. 상자성(paramagnetism)

전자각이 완전히 채워져 있지 않고 홀수의 전자들로 구성된 원자들은 궤도 자기모멘트와 스핀 자기모멘트가 상호 완전히 소멸되지 않게 배열되어 있기 때문에 각 원자들마다 자기모멘트를 갖는다. 그러나 원자 자기모멘트들은 내부 열에너지에 의한 운동(thermal agitation)으로 일정한 방향으로 배열되지 않고 무질서하게 배열되어 원자 자기모멘트들의 벡터 합은 0이 되고 이들로 구성된 물질의 자화도 0이 된다. 이러한 물질을 상자성 물질이라 한다. 외부 자기장을 상자성 물질에 가하면 각 원자의 자기모멘트는 외부 자기장 방향으로 배열하려고 하는 동시에 원자의 열 운동이 이를 방해하여 무질서한 방향으로 만들고자 한다. 결과적으로는 매우 적은 양의 원자 자기모멘트만이 외부 자기장 방향으로 배열하여 작은 양의 대자율 값을 갖게 된다(약 $1 \times 10^{-6} \sim 1 \times 10^{-7}$ SI). 또한 주변 온도가 올라갈수록 원자의 열 운동이 활발해지므로 대자율은 그에 반비례하여 감소한다(퀴리-바이스의 법칙, Curie-Weiss law). 상자성 물질의 예로 흑운모, 휘석, 감람석, 각섬석, 석류석, 티탄철석 등이 있다.

다. 좁은 의미의 강자성(ferromagnetism *sensu stricto*)

강자성 물질의 자기모멘트는 주로 전자의 스핀 자기모멘트에 의해 생기며, 궤도 자기모멘트의 영향은 극히 적다. 강자성 물질은 고체 결정 내에 원자들이 매우 치밀하게 배열되어 있어 원자 자기모멘트들이 상호 간에 강하게 연결되어 있고 이를 'exchange coupling'이라 한다. 따라서 원자 자기모멘트들이 한 방향으로 배열되어 있어 자성을 가지며, 이를 강자성이라 한다. 강자성 물질의 온도를 증가시키면 원자들의 열 진동(thermal vibration)의 진폭이 증가하고 원자가 전자들의 운동 에너지도 증가하여 스핀 자기모멘트들의 배열이 흐트러지는 동시에, 원자들 사이의 거리가 멀어져 상호 작용도 감소하게 된다. 이러한 경우 자화의 세기는 감소한다. 원자 자기모멘트의 배열이 완전히 파괴되어 자화 세기가 0이 될 때의 온도를 퀴리온도라 하고 그 이상의 온도에서는 상자성이 된다. 강자성 물질의 예로 철, 코발트, 니켈 등이 있다.

라. 반강자성(antiferromagnetism)과 경사 반강자성(canted-antiferromagnetism)

반강자성 물질은 강자성 물질이 자화를 갖는 원리와 같지만 결정격자(lattice)에 2개의 소격자(sublattice)가 교대로 분포하고 각 소격자 내에서는 일정한 배열을 보이지만 이웃하는 소격자들은 서로 반대 방향으로 배열되어 있다(그림 5.24a). 따라서 외부 자기장이 없는 상태에서 반강자성 물질의 자화 세기는 0이 되며, 강한 외부 자기장의 영향하에서만 자기모멘트를 갖는다. 소격자 내의 자기모멘트들의 배열은 강자성에서와 마찬가지로 온도의 증가에 따라 흐트러지며 완전히 배열이 파괴되는 온도를 닐온도(Neel temperature)라 하고 그 이상의 온도에서는 상자성이 된다. 반강자성 물질의 예로 산화망간(MnO), 산화철(FeO), 산화니켈(NiO), 황화철(FeS) 등이 있다.

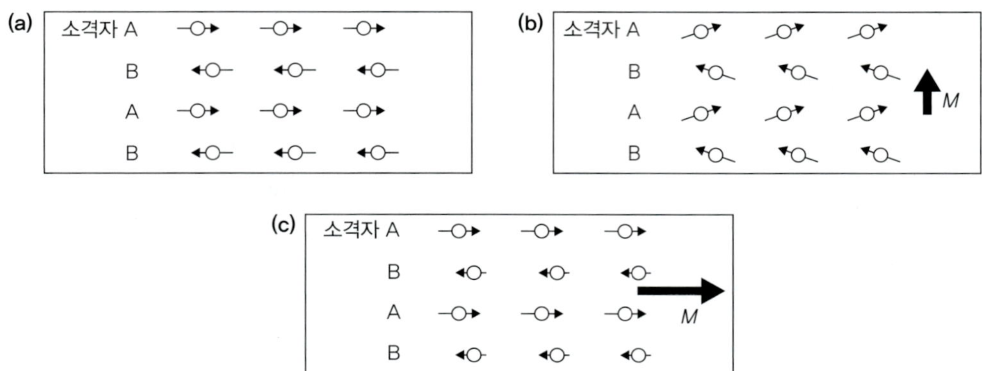

그림 5.24 (a) 반강자성 물질, (b) 경사 반강자성 물질, (c) 페리자성 물질의 결정 소격자(A와 B)에서 자기모멘트의 배열 방향과 그로 인해 생기는 자기모멘트(*M*)

이상적인 반강자성과는 다르게 소격자들의 자기모멘트가 완전히 반대 방향으로 배열되지 않고 약간 경사가 지는 경우에는 한 방향으로 작은 자화가 생긴다(그림 5.24b). 이러한 특성을 경사 반강자성이라 한다. 경사 반강자성 물질은 자화의 세기는 작지만 오랫동안 안정된 상태(잔류 자기)로 남아 있어 고지자기 연구에 활용된다. 경사 반강자성 물질의 예로 적철석(hematite, α-Fe_2O_3), 침철석(goethite, α-FeOOH) 등이 있다. 적철석과 침철석의 닐온도는 각각 680°C와 120°C이다.

마. 페리자성(ferrimagnetism)

이웃하는 소격자의 자기모멘트는 서로 반대 방향이지만 크기가 비대칭적이어서 결과적으로는 상온에서 안정한 자화(잔류 자기)를 가지며 고지자기 연구에서 가장 중요하게 취급된다(그림 5.24c). 페리자성 물질이 퀴리온도 이상으로 가열되면 상자성으로 변하고 자화를 잃게 된다. 예로 자철석(magnetite, Fe_3O_4), 마그헤마이트(자전철석, maghemite, γ-Fe_2O_3), 자류철석(pyrrhotite, Fe_7O_8), 그레이자이트(greigite, Fe_3S_4) 등이 있다. 각 페리자성 광물의 퀴리온도는 실험에 의하여 자철석 580°C, 마그헤마이트 590~675°C, 자류철석 280°C 또는 320°C인 것으로 알려졌다.

(3) 자성 광물의 자기 구역과 자화

일반 광물의 크기를 지름으로 표시하는 것과 달리 자성 광물의 입자 크기는 '**자기 구역**(magnetic domain)'이라는 개념을 이용하여 표현하며, 광물의 자기적 특성도 자기 구역 상태에 따라 달라진다. 일정한 자화를 갖는 구형의 작은 자성 광물은 표면의 절반은 양(positive)으로, 반대쪽 절반은 음(negative)으로 자화되어 있다(그림 5.25a). 이렇게 한 방향으로 자화되어 있는 영역을 자기 구역이라 한다. 자성 물질이 외부 자기장이 없는 상태에서도 자성(자화)을 유지하기 위해서는 에너지가 필요하다. 이 에너지를 정자기 에너지(magnetostatic energy)라 하는데, 자성 광물의 크기에 따라 정자기 에

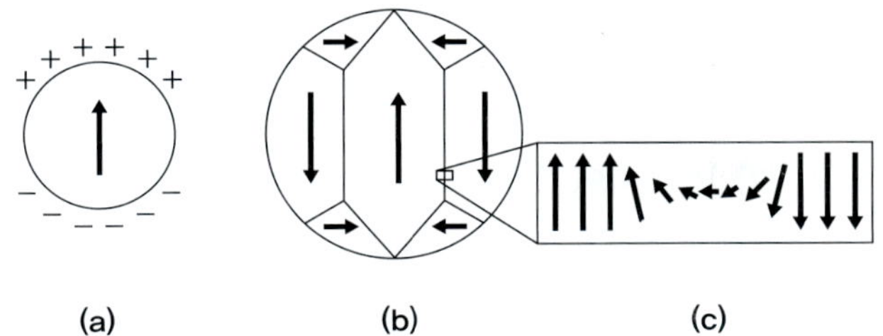

그림 5.25 (a) 일정하게 자화된 1개의 영역을 가진 자성 물질. 화살표는 포화 자화의 방향을 나타낸다. (b) 여러 개의 자기 구역으로 이루어진 자성 물질. 화살표는 각 자기 구역의 자화 방향을 나타낸다. (c) 자기 구역 벽 내에서 원자 자기모멘트 방향의 회전. 화살표는 자기 구역 벽 내에서 원자 자기모멘트의 회전 방향을 나타낸다.

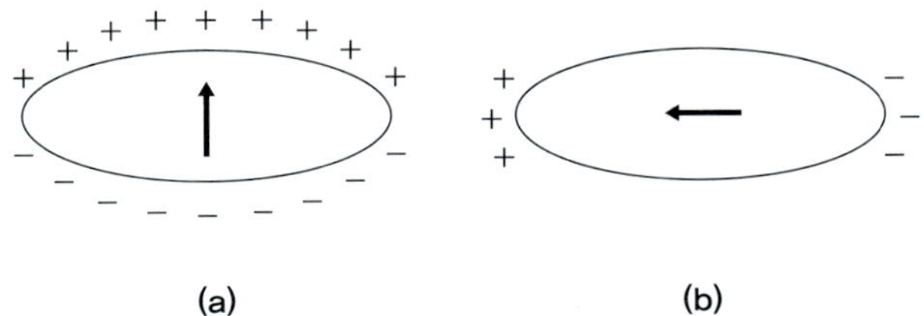

그림 5.26 한 방향으로 자화된 단자기 구역의 자성 광물. 화살표는 포화 자화의 방향을 나타낸다. (a) 단축 방향으로 자화된 신장된 형태의 자성 광물, (b) 장축 방향으로 자화된 신장된 형태의 자성 광물

너지가 달라져 이 에너지를 낮은 수준으로 유지하기 위해 자화가 일정한 방향으로 배열된 영역의 수가 달라질 수 있다. 예를 들어 결정의 성장 등으로 인해 입자 크기가 증가하면 한 방향으로 자화를 유지하기 위해 필요한 정자기 에너지가 증가하게 되며, 임계 크기를 넘게 되면 정자기 에너지의 일부를 사용하여 자기 구역 벽(domain wall 또는 bloch wall)을 만들어 자기 구역을 2개 이상으로 나누어 낮은 에너지 상태를 유지하게 된다(그림 5.25b). 자기 구역의 수가 1개인 경우를 단자기 구역(SD, single domain), 2개 이상인 경우를 다자기 구역(MD, multi-domain)이라 한다.

가. 단자기 구역(SD)

타원체의 SD 자성 광물은 자화 방향에 따라 정자기 에너지가 달라진다. 정자기 에너지가 작을수록 안정한 상태를 유지하므로 특정한 방향으로 자화가 되기 쉬우며, 이를 **형태 이방성**(shape anisotropy)이라 한다. 타원체의 자성 광물이 단축 방향으로 자화가 되면 대전된 표면이 넓어서 정자기 에너지는 크고 자기적으로 불안정하기 때문에 자화 방향이 다른 방향으로 쉽게 회전하는 반면(그림 5.26a), 장축 방향으로 자화가 되면 정자기 에너지가 작아 안정한 자화를 유지하게 된다(그림 5.26b). 따라서 장축 방향을 자화되기 쉬운 방향(easy direction), 단축 방향을 자화되기 어려운 방향(hard direction)이라 한다. 그림 5.26b와 같이 장축 방향으로 자화된 SD 자성 광물은 안정한 잔류 자화를 가지고 있기 때문에 유용한 고지자기 기록자가 된다. SD 입자의 크기는 구 또는 등방체일 때보다 길게 신장된 형태일 때 더 크게 나타나며, 일반적으로 자철석이 0.05～1 μm, 적철석이 0.03～15 μm 범위를 보인다.

나. 다자기 구역(MD)

자화되지 않은 자성 물질(예: 철은 자석에는 붙지만 철끼리는 붙지 않는다)은 자화 방향들이 서로 상쇄되도록 여러 자기 구역들이 배열되어 있다(그림 5.25b, 27a). 만약 외부 자기장이 가해지면 그 방향과 비슷한 자화 방향을 갖는 자기 구역의 영역이 넓어지며(그림 5.27b), 이는 자기 구역 벽의 이동에 의해 이루어진다. 외부 자기장이 점점 강해지면 다른 방향으로 자화된 자기 구역은 좁아지다가 결국 소멸되고 전체가 하나의 자기 구역이 된다(그림 5.27c). 이 단계에서 외부 자기장이 더 강해지면 결국 자기 구역 내의 자화 방향이 외부 자기장의 방향으로 회전하여 최대 자화(포화 자화)가 만들어진다(그림 5.27d). 이후 외부 자기장을 제거하면 자기 구역 벽이 다시 생성되고 원래의 위치로 이동하려 하지만 중간에 정자기 에너지가 최소가 되는 지점에서 멈추게 되어 잔류 자화가 생기게 된다.

SD 입자는 자기 구역 벽이 없기 때문에 자화 방향이 변하려면 자기모멘트가 회전되어야 한다. 이러한 회전을 위해서는 자기 구역 벽을 움직일 때보다 더 강한 자기장이 필요하다. 반면에 MD 입자는 약한 외부 자기장에 의해서도 쉽게 자기 구역 벽이 움직이게 되어 자화 변화가 쉽게 일어난다. 따라서 SD 입자는 자기적으로 안정한(magnetically stable or hard) 반면, MD 입자는 자기적으로 불안정한(magnetically unstable or soft) 상태이다. MD 입자 중 2~3개의 자기 구역으로 이루어진 입자들은 자기 구역 벽의 수가 적어서 이들의 자기적 특성이 안정한 단자기 구역 입자의 자기적 특성과 매우 비슷하며, 이 경우를 위단자기 구역(PSD, Pseudo-Single Domain)이라 한다. 한편 SD 입자가 가지는 자화는 영원한 것이 아니라 입자 내부의 열진동과 입자의 자기적 이방성에 의하여 내부의 정자기 에너지를 낮추는 방향으로 자화 방향이 점이적으로 회전한다. 모든 SD 입자들의 자화 방향이 시간에 따라 흐트러진 경우 결국 이 암석은 잔류 자화를 잃게 된다. 이렇게 SD 내의 자화가 스스로 다른 방향으로 회전하는 현상을 자기 이완(magnetic relaxation)이라 하며, 입자의 크기가 작을수록 온도가 높을

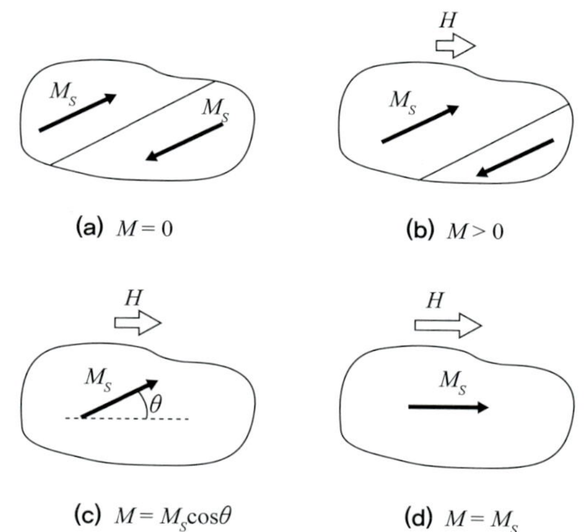

그림 5.27 2개의 자기 구역을 가진 자성 물질이 외부 자기장에 의해 자화되는 과정

수록 자기 이완 시간은 짧아진다. 입자 크기가 0.03~0.05 μm보다 작은 SD 입자로만 구성된 자성 광물은 모든 SD의 자화가 이완될 경우 마치 상자성과 같은 자기적 특성을 보인다. 이러한 상태를 초상자성(SPM, superparamagnetic)이라 한다. 페리자성 또는 경사 반강자성 SD 입자의 자화가 이완되는 데 걸리는 시간을 임계 이완시간(critical relaxation time)이라 하며 실험실에서는 100초, 고지자기 연구에서는 46억 년으로 정한다. 상온에서 임계 이완시간보다 짧은 이완시간을 갖는 자성 광물은 안정한 잔류 자화를 갖지 못한다.

일반적으로 퇴적암이나 화성암에 포함된 자성 광물은 PSD 크기의 입자가 많다. SD와 MD의 경계가 되는 크기는 자성 광물의 종류와 입자의 모양에 따라 달라진다. 포화 자화가 작은 자성 광물은 정자기 에너지도 작으므로 자기 구역 벽을 만들기 위한 에너지를 거의 갖고 있지 않다. 따라서 포화 자화가 작은 적철석은 비교적 큰 크기에도 SD를 유지할 수 있다. 한편 입자의 모양이 길게 신장된 형태의 자철석 입자는 정육면체 형태의 입자보다 정자기 에너지가 작고 자기적으로 더 안정하므로 더 큰 크기에서도 SD를 유지할 수 있다. 예를 들어 정육면체 형태의 자철석 입자는 0.1 μm까지, 신장된 형태의 자철석 입자는 1 μm까지 SD가 된다. 전자현미경 관찰로 알려진 자기 구역 벽의 두께는 0.01~0.1 μm이다. 표 5.2는 자성 광물의 입자 크기에 따른 자기 구역과 자기적 특성을 정리한 것이다.

표 5.2 자성 광물의 상대적 입자 크기에 따른 자기 구역과 자기적 특성 비교

입자 크기	← 작음		큼 →	
자기 구역	초상자성(SPM)	단자기 구역(SD)	위단자기 구역(PSD)	다자기 구역(MD)
자기적 특성	잔류 자화 없음	잔류 자화 있음 자기적으로 안정	잔류 자화 있음 자기적으로 안정	잔류 자화 있음 자기적으로 불안정

(4) 자연잔류자화

암석에 기록된 잔류 자화의 성인과 시기에 관계없이 모든 잔류 자화들의 벡터 합을 자연잔류자화(NRM, Natural Remanent Magnetization)라 한다. 암석 생성 당시에 기록된 NRM을 1차 NRM, 암석 생성 이후에 획득된 NRM을 2차 NRM이라 한다. 대부분의 고지자기 연구에서는 암석 생성 당시의 지구자기장을 복원하는 것이 목적이므로 NRM에서 2차 NRM을 분리시켜 제거하는 과정이 매우 중요하다. 대표적인 1차 NRM으로 ① 고온으로부터 냉각되며 획득하는 열잔류자화(TRM, Thermo Remanent Magnetization), ② 퇴적물이 퇴적되는 과정에서 획득하는 퇴적잔류자화(DRM, Detrital Remanent Magnetization), ③ 암석 생성 단계에서 화학적 반응으로 자성 광물이 생성되거나 변질되는 과정에서 획득하는 화학잔류자화(CRM, Chemical Remanent Magnetization) 등이 있다. 2차 NRM으로는 암석이 생성된 후 일어난 화학 작용에 의해 획득한 CRM, 번개에 노출되어 획득한 등온잔류자화

(IRM, Isothermal Remanent Magnetization), 지구자기장에 오랫동안 노출되어 획득하는 점성잔류자화(VRM, Viscous Remanent Magnetization) 등이 있다.

가. 열잔류자화(TRM)

자기장의 영향하에서 고온의 마그마가 냉각될 때 마그마에 포함된 자성 광물들이 퀴리온도를 지나면서 잔류 자화를 획득하며, 이를 TRM이라 한다. 따라서 TRM은 화성암이 생성되면서 기록하는 주요 잔류 자화이다. 그러나 자세히 살펴보면 퀴리온도를 지날 때 모든 자성 광물이 동시에 자화되는 것은 아니며, TRM이 획득되는 과정은 이보다 복잡하다. 만약 자철석을 함유한 화성암이 생성되는 경우 퀴리온도인 580°C를 지나며 냉각될 때 상자성에서 페리자성으로 변하지만, 대부분의 자철석 입자들의 이완시간은 여전히 임계 이완시간보다 짧기 때문에 안정한 잔류 자화를 기록할 수 없다. 각 입자들은 자신의 이완시간이 충분히 길어지는 온도에 도달할 때 안정한 잔류 자화를 기록하고 유지할 수 있으며, 이때 임계 이완시간보다 이완시간이 길어지는 순간의 온도를 **봉쇄온도**(blocking temperature)라 한다. 각 입자들의 모양과 크기가 다르므로 이완시간과 봉쇄온도도 입자마다 다르다. 예를 들어 SD 자철석 입자들 중에서 상대적으로 입자 크기가 작은 것은 큰 입자보다 봉쇄온도가 낮기 때문에 더 낮은 온도에서 잔류 자화를 기록한다. 따라서 마그마가 냉각될 때 자성 광물들의 퀴리온도를 지나고 각 입자들의 봉쇄온도를 지나면서 부분 열잔류자화(pTRM, partial TRM)를 기록하며, 상온이 되었을 때 모든 pTRM의 벡터 합이 TRM이 된다. 냉각 속도가 느린 심성암의 경우 pTRM들의 방향 편차가 큰 반면에 냉각 속도가 빠른 화산암은 짧은 시간 동안의 지구자기장이 기록된다. 그러므로 심성암의 TRM은 특정 지질시대의 지구자기장 정보를 반영하기에는 지나치게 오랜 기간 동안 평균되었을 가능성이 있으며, 화산암의 경우 영년변화가 제거되지 않을 정도로 짧은 시간의 지구자기장이 기록될 가능성이 있다. 일반적으로 고지자기 연구에서는 심성암보다는 화산암을 더 선호하며, 대신에 영년변화의 효과가 상쇄될 수 있도록 여러 층의 용암류에서 시료를 채취한다. 한편 고철질(mafic) 화성암이 규장질(felsic) 화성암에 비하여 자성 광물을 많이 함유하고 있으므로 고지자기 연구에 더 적합하다.

나. 퇴적잔류자화(DRM)

TRM 같은 잔류 자화를 이미 기록하고 있는 암석이 풍화 및 침식 작용에 의하여 퇴적물이 되어 공기나 수중에서 퇴적될 경우, 각 자성 광물 입자들은 가라앉는 동안 지구자기장 방향으로 배열되면서 잔류 자화를 기록한다. 이러한 과정을 거쳐 획득한 잔류 자화를 DRM이라 한다. 수중에서 자성 광물이 자기장 방향으로 배열할 때 자기 토크(magnetic torque)가 작용하는데, 이론적으로 배열하는 데 걸리는 시간은 0.012~1.2초밖에 걸리지 않는다. 그러나 실제 자연에서 관찰된 결과는 이론적인 배열

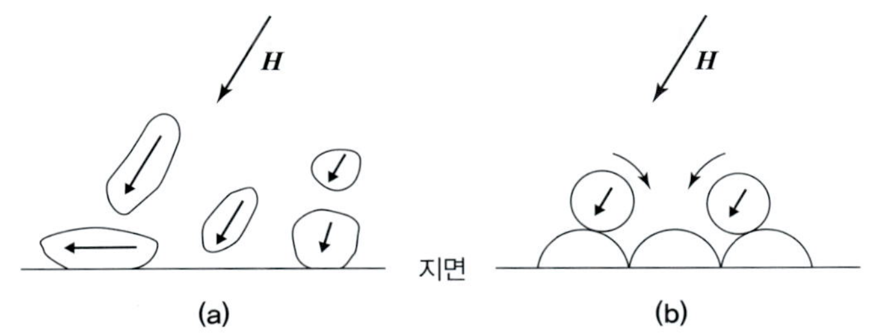

그림 5.28 복각 오차가 일어나는 원리

시간 및 배열 깊이와 많은 차이가 있어 자성 광물 입자의 배열을 방해하는 중요한 요인이 있음을 알 수 있다. 이 요인으로 브라운 운동(Brownian motion)이 제시되었으며, 입자 크기가 작은 자성 광물은 열 운동(thermal agitation)에 의하여 입자가 배열하는 데 방해를 받는다. 브라운 운동은 입자가 매우 작은 자성 광물을 함유한 퇴적물이 DRM을 기록할 때 방해하는 요인이 될 수는 있지만 입자 크기가 큰 자성 광물에는 적용할 수 없다. 실험실에서 퇴적물의 퇴적 실험 결과에 의하면 퇴적물이 획득한 DRM의 복각이 외부 자기장의 복각보다 작은 경우가 많이 나타났다. 구형이 아닌 자성 광물 입자들이 수중에서는 지구자기장 방향으로 배열되지만 바닥에 닿으면서 장축 방향이 지면과 나란하게 회전하는 경향이 있기 때문에 복각이 달라질 수 있으며 이를 **복각 오차**(inclination error 또는 inclination shallowing)라 부른다(그림 5.28a). 구형의 입자들도 물의 유동이 있거나 지면에 불규칙한 기복이 있으면 자성 광물 입자들이 물이 흐르는 방향이나 아래쪽으로 굴러서 복각 오차가 발생할 수 있다(그림 5.28b).

많은 고지자기 연구에 따르면 퇴적암에 기록된 DRM의 복각 오차가 실험실에서 관찰된 복각 오차에 비하여 적거나 없는 경향이 있다. 이러한 사실은 퇴적물의 자화 과정이 단순히 자기장에 의해 배열되면서 가라앉는 것으로 완료되는 것이 아니라, 퇴적 직후 암석이 될 때까지의 과정에서 입자들이 다시 재배열되는 과정이 포함됨을 의미한다. 이러한 과정으로 지구자기장 방향을 따라 획득되는 자화를 후기 퇴적잔류자화(PDRM, Post-Depositional Remanent Magnetization)라 한다. 따라서 PDRM이 DRM보다 우세한 경우 복각 오차가 적게 나타나며, 그 반대인 경우에는 복각 오차가 크다. 퇴적물이 고화되기 전까지 공극에서 물을 포함하는 기간이 길수록 입자들의 재배열이 더 많이 가능해져 PDRM이 잘 획득된다. 퇴적 속도가 느린 환경은 퇴적 속도가 빠른 환경보다 퇴적물이 물과 가까운 얕은 지하에 오랫동안 위치하여 PDRM 획득에 유리하다. 세립질 퇴적물은 조립질 퇴적물보다 투수율이 낮아 더 오랫동안 공극에 물을 포함하므로 PDRM 획득이 잘 된다. 생물체에 의해 교란 작용을 받은 심해저 퇴적물도 입자들의 재배열 작용에 의해 PDRM이 우세하다. 정리하면, 퇴적 속도가 느리고 세립질이며 생교란 작용(bioturbation)이 활발한 퇴적물일수록 지구자기장의 방향을 정확히 반영한다. 한편 세립질 퇴적물에는 자기적으로 안정한 SD 자성 광물이 우세하므로 MD 입자가 많이 포함된 조립질 퇴적물보다 고지자기학에 더 적합하다.

다. 화학잔류자화(CRM)

CRM은 새로운 자성 광물이 생성되거나 다른 광물이 자성 광물로 변질되면서 당시의 지구자기장 방향을 따라 기록되는 잔류 자화이다. 따라서 대부분의 화성암과 퇴적암에 기록된 CRM은 암석 생성 이후에 기록된 2차 NRM이다. 그러나 적색 퇴적암의 주 자성 광물인 적철석이 퇴적 직후에 암석으로 고화되는 과정에서 화학 작용에 의해 생성된 것이라면 1차 NRM으로 여겨진다. 많은 적색 퇴적암층에 기록된 CRM이 1차 NRM인지 2차 NRM인지 구분하는 것은 어려우며 고지자기 해석에서 오래된 논쟁거리이다.

라. 등온잔류자화(IRM)

암석이 일정한 온도(보통은 상온)에서 짧은 시간 동안 강한 직류 자기장에 노출되어 획득한 잔류 자화를 IRM이라 하며, 자연에서는 번개 등에 의해 나타난다. 암석이 번개에 기인한 IRM을 기록한 경우에는 그 주변에서 국지적으로 자화의 세기가 매우 강하고 불규칙하며 잔류 자화의 방향은 멀리 떨어진 암석과 전혀 다르기 때문에 비교적 쉽게 인지할 수 있고 해석에서 제외된다. IRM은 주로 실험실에서 인공적으로 암석에 획득시켜 그 반응으로 암석 내에 함유된 자성 광물의 종류를 추정할 수 있다. 예를 들어 낮은 자기장 단계에서 쉽게 IRM이 포화 상태에 도달하면 자철석과 같은 페리자성 광물을, 높은 자기장 단계에서도 포화되지 않고 지속적으로 IRM이 증가하면 적철석과 같은 경사 반강자성 광물을 지시한다.

마. 점성잔류자화(VRM)

자성 광물의 자화는 시간이 지남에 따라 이완되며, 이완시간은 온도가 낮을수록 길어진다. 그러나 일부 자성 광물은 상온 근처에서도 이완시간이 임계 이완시간보다 짧을 수 있기 때문에 암석이 오랜 시간 동안 지구자기장에 노출되면 이완시간이 매우 짧은 입자들의 자화가 지구자기장 방향으로 변하여 새로운 자화를 획득하는데, 이를 VRM이라 한다. 모든 암석에는 VRM이 있지만 자기적으로 매우 불안정하기 때문에 쉽게 인지하고 제거할 수 있다.

(5) 연구 과정

가. 시료 채취

영년변화 자체가 연구의 목적인 경우를 제외한 대부분의 고지자기 연구에서는 영년변화를 충분히 평균할 수 있도록 암석 시료를 채취하는 것이 필수적이다. 따라서 연구 지역과 대상 암체 또는 지층을 선정한 후에는 좁은 범위에 국한하지 말고 가능한 한 넓은 지역에서 여러 지점을 선택하는 것이 바람직하다. 좁은 지역에서만 시료를 채취하는 경우, 그 지역이 지각 변동에 의해 구조적으로 복잡하여 생기는 영향 또는 국지적인 2차 NRM 획득에 대한 여부를 확인할 수 있는 비교 대상이 없게 된다. 또한 넓은 지역에서 시료를 채취하면 영년변화의 효과를 제거할 뿐만 아니라 습곡 시험과 같은 고지자기 안정도 조사에 필요한 정보를 얻을 수 있다.

시료를 채취하는 하나의 작은 노두를 지점(site)이라 하며, 지질학적으로 짧은 시간 동안 형성된 화산암(예: 한 번에 흐른 용암층), 퇴적암의 경우에는 1개의 소층(bed)이 1개의 지점이 된다. 한 지점에서는 최소한 6개 이상의 암석 시료를 채취하여 측정값을 평균하면 지점 평균값이 되며, 이 암체가 생성되었던 당시의 지구자기장을 나타낸다. 암석 시료는 일반적으로 휴대용 시추기를 이용하여 원주형으로 채취되며, 채취 과정에서 장소와 층서적 위치, 시료의 방향(방위각, 경사각) 등을 측정하고 기록한다. 시료에도 방향을 표시하는데 이를 정향 시료라 부른다. 실험실에서 얻은 잔류 자화의 방향을 야외에서의 방향으로 보정하는 데 이 자료를 사용한다. 용암류와 퇴적암일 경우에는 층리(bedding)의 주향(strike)과 경사(dip)를 측정하여 지층이 경사되기 이전, 즉 암석 생성 당시의 방향으로 보정하는 데 사용한다. 시편(specimen)이란 원주형 시료를 실험실에서 자력계 측정에 적합하도록 일정한 크기와 모양으로 절단한 것이며 통상 직경 2.5 cm, 길이 2.2 cm로 제작한다. 1개의 시료에서 2~3개의 시편을 만들어 NRM의 균일성을 조사하기도 한다.

나. NRM 측정 및 표시, 보정

고지자기 연구에서 암석의 NRM을 측정하는 기기는 회반 자력계(spinner magnetometer)와 저온 자력계(cryogenic magnetometer 또는 SQUID rock magnetometer)가 사용된다. 회반 자력계는 시료를 회전시키면서 시료에 의해 발생되는 자기장의 변화로 유도되는 전류 세기를 측정하는 원리이다. 1개의 시료를 측정하는 데 걸리는 시간은 통상 1~2분 정도이며, 자화 세기가 1 mA/m 이상일 때 신뢰할 수 있는 결과를 얻으며, 0.1~1 mA/m인 경우 측정 시간은 증가하고 신뢰도는 감소한다. 저온 자력계는 액체 헬륨을 사용하여 초전도 현상을 이용하므로 빠르고 매우 정밀하게 잔류 자화를 측정할 수 있지만 초기 구입비와 유지비가 많이 소요된다. 통상 0.01 mA/m 이상의 세기를 갖는 자화를 측정할 수 있으며, 특히 고생대 지층에서 많이 나타나는 석회암에 대한 연구에 활용할 수 있다.

측정된 잔류 자화의 방향(편각과 복각)은 투영법을 이용하여 표시한다. 구의 중심으로부터 그린 잔류 자화의 방향 벡터가 구면과 만나는 점을 구면과 함께 수평면에 투영한다(그림 5.29). 통상 2가지 투영법이 사용되는데, 등각 투영법(equal-angle projection 또는 stereographic projection)은 구면상의 원형 분포가 투영도 상에서도 원형으로 표시되는 장점이 있지만 복각의 크기에 따라 원의 크기가 변한다는 단점이 있다. 복각이 클수록 투영도 상에서 원의 크기는 실제보다 작아진다. 등면적 투영법

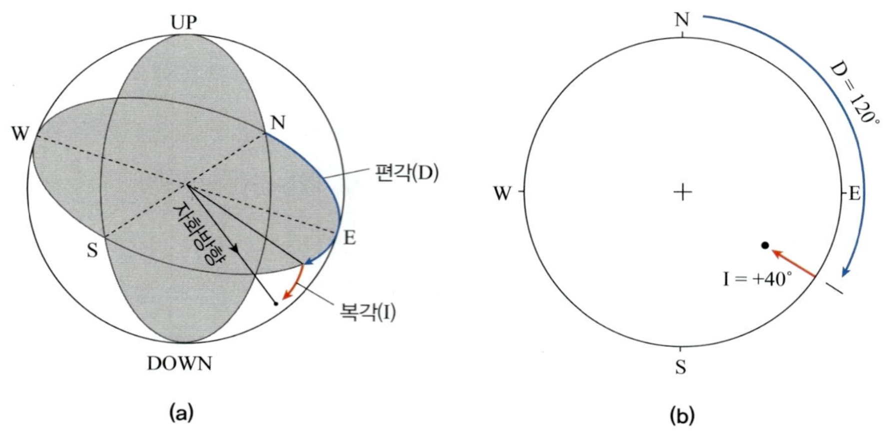

그림 5.29 자화 방향을 (a) 3차원 구면상과 (b) 등면적 투영도 상에 표시하였다. 편각은 북으로부터 시계 방향으로 호를 따라 증가하며, 복각은 원의 가장자리가 0°, 중심이 ±90°이다. 일반적으로 복각이 + 부호일 때 검은색 원으로 − 부호일 때 흰색 원으로 방향을 표시한다.

(equal-area projection 또는 schmidt projection)은 구면상의 원이 투영도 상에서 타원으로 표시되는 단점이 있지만 면적에는 변화가 없다는 장점이 있다. 대부분의 고지자기학자들은 등면적 투영법을 이용하여 잔류 자화 방향을 표시한다.

자력계는 시료에 표시된 시료 좌표계(core coordinates)를 기준으로 자화 성분을 측정하므로 진북 방향과 수평면을 기준으로 하는 지리적 좌표계(geographic coordinates)로 측정 자료를 보정해야 한다. 또한 지각 변동으로 습곡 또는 경사된 지층의 잔류 자화 방향은 지층이 경사지는 과정에서 함께 회전되었으므로 지층이 경사되기 이전, 즉 지층이 수평인 상태에서의 층서적 좌표계(stratigraphic coordinates)로 보정하여야 그 지층이 처음 형성되던 시기의 잔류 자화 방향을 구할 수 있다. 시료 좌표계 → 지리적 좌표계로 보정할 때 야외에서 측정한 시료의 방향 자료(방위각, 경사각)를 이용하며, 지리적 좌표계 → 층서적 좌표계로 보정할 때 야외에서 측정한 지층의 층리면 방향(주향, 경사)을 이용한다.

다. 고지자기 안정도에 대한 실험실 조사

실험실에서 자력계로 측정된 NRM은 일반적으로 2개 이상의 성분들로 구성되어 있다. 1차 NRM과 2차 NRM(VRM, CRM 등)의 벡터 합이 측정되었기 때문에 단계적 소자(stepwise demagnetization) 실험을 통하여 각 성분들을 분리하고 2차 NRM을 제거한 후 1차 NRM 성분만을 추출하는 것이 중요하다. 일반적으로 소자(demagnetization) 또는 자기 소거(magnetic cleaning)라 불리는 과정을 거치면서 자기적으로 불안정한 2차 NRM 성분들이 제거되고 하나의 성분만 남기 때문에 NRM 방향들의 분포를 투영도에 표시하면 소자 전보다 소자 후에 집중되어 나타난다. 소자법에는 시료에 교류 자기장을 가하고 점차 감쇄시켜 시료 내의 잔류 자화 성분을 무작위 방향으로 분산시키는 교류 소자(AF demagnetization, alternating field demagnetization) 방법과 외부 자기장이 차폐된 공간에 시료를 넣고 고온으로 가열하였다가 냉각시켜 잔류 자화 성분을 제거하는 열 소자(thermal demagnetization) 방법이 있다. 교류 소자법은 시료에 화학적 변화를 일으키지 않고 상대적으로 간편하게 수행될 수 있지만, 외부 자기장에 저항력이 매우 큰 경사 반강자성의 적철석이 주자성 광물인 암석에는 효과적이지 못하다. 반면에 열 소자법은 자성 광물의 퀴리온도 또는 닐온도까지 가열하기 때문에 모든 종류의 암석에 효과적이지만 여러 번의 가열과 냉각 과정을 거치면서 실험 도중에 시료 내에 화학 작용이 일어나 자성 광물의 변화를 초래할 가능성이 있다. 일반적으로 지점별로 대표 시료(pilot sample)를 짝수로 선정하여 두 소자법을 모두 적용한 후 보다 효과적인 방법 및 단계를 선정하여 나머지 시료에 대하여 소자 실험을 수행한다. 교류 소자법의 경우 통상적으로 12단계로 교류 자기장 세기를 증가시키며 소자시키고, 열 소자법에서는 18단계로 온도를 증가시키며 소자시킨다.

단계적 소자 실험을 수행한 후 각 소자 단계별 잔류 자화 벡터를 직교 좌표계의 벡터 다이어그램(Zijderveld diagram) 위에 나타내어 각 성분의 방향을 측정하고, 낮은 안정도 성분(low stability component)과 높은 안정도 성분(high stability component)으로 분리할 수 있다. 낮은 소자 단계에서 분리되어 나타나는 성분을 낮은 안정도 성분으로, 높은 소자 단계에서 분리되어 나타나는 성분을 높은 안정도 성분으로 부른다. 일반적으로 높은 안정도 성분이 1차 NRM일 가능성이 높지만 야외 시험을 통하여 검증되어 잔류 자화의 성인이 규명되기 전까지는 특성잔류자화(ChRM, Characteristic Remanent Magnetization)라 부른다.

라. 고지자기 안정도에 대한 야외 시험

소자 실험을 통해 얻은 ChRM 성분이 획득된 시기에 대한 정보를 얻기 위하여 다양한 야외 시험(field tests)을 수행하며 습곡 시험, 역전 시험, 역암 시험, 관입접촉 시험, 유의성 검증 등이 있다.

습곡 시험(fold test) 또는 경사 시험(tilt test)은 습곡이 관찰되는 지역에서 적용할 수 있다. 만약 지층이 형성되는 시기에 잔류 자화를 획득하였고, 그 후 어느 시기에 지층의 습곡이 일어났다면 습곡 양 날개브로부터 측정된 잔류 자화 방향들은 서로 다른 방향을 가리킬 것이다. 이 자료를 투영도에 나타내면 방향들이 분산되어 나타나지만, 야외에서 측정한 층리면의 주향과 경사를 이용하여 지층을 습곡되기 이전의 원 상태, 즉 수평 상태로 복원하면 자화 방향들은 집중될 것이다. 이렇게 습곡이나 경사된 지층을 원래의 상태로 복원하기 전(지리적 좌표계)과 후(층서적 좌표계)에 방향의 집중도가 어떻게 변하는지 조사하는 것을 습곡 시험이라 한다. 만일 지층을 경사되기 전의 원래 상태로 복원하여 방향이 더 집중되면 '습곡 시험을 통과했다'고 하며, 이는 ChRM 성분이 습곡이 일어나기 이전에 획득되었으므로 1차 NRM일 가능성이 높아지는 것으로 해석한다(그림 5.30a). 복원하였을 때 방향의 분산도가 증가하거나 집중도가 통계학적으로 충분히 증가하지 않을 경우에는 '습곡 시험을 실패했다'

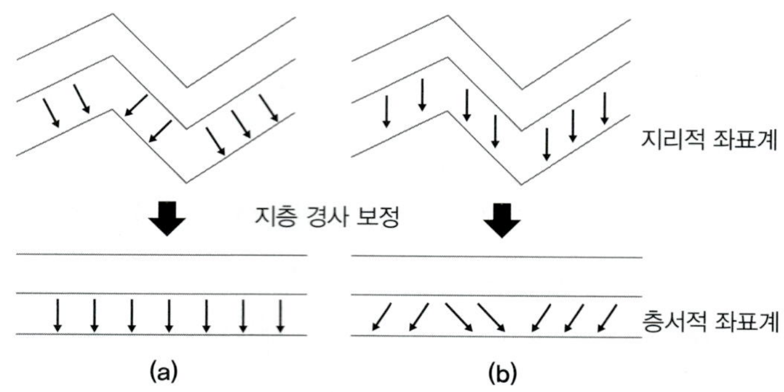

그림 5.30 고지자기 안정도에 대한 습곡 시험을 설명하는 모식도. **(a)** 습곡된 현재 상태(지리적 좌표계)에서의 자화 방향은 분산되나 지층 경사를 보정하여 지층이 수평 상태(층서적 좌표계)일 때 자화 방향이 집중되면 습곡 시험을 통과한다. **(b)** 그와 반대의 경우로 습곡 시험에 실패한다.

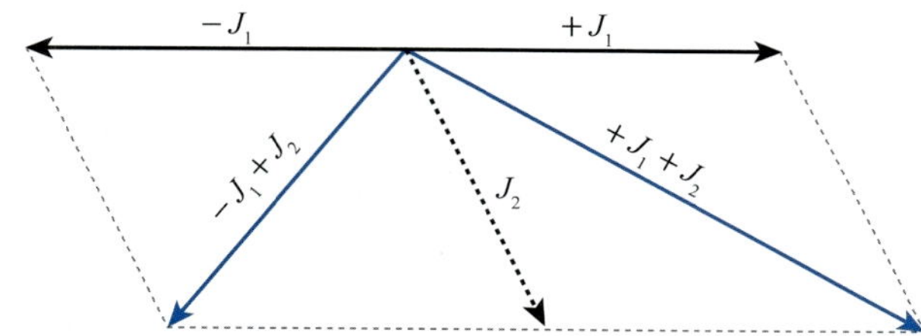

그림 5.31 고지자기 안정도에 대한 역전 시험. $+J_1$은 정자극기에 획득한 정자화 방향들의 평균이며, $-J_1$은 역자극기에 획득한 역자화 방향들의 평균으로, 서로 반평행하다. J_2는 2차 NRM으로서 제거되지 않고 남아 있으면 두 평균 방향은 서로 반평행하지 않아 역전 시험에 실패한다.

고 하며, ChRM 성분이 습곡된 이후에 획득된 것이고, 2차 NRM임을 지시한다(그림 5.30b).

영년변화를 평균한 지구자기장은 지구 중심에 위치하고 자전축과 나란한 쌍극자에 의한 자기장으로 표현된다. 그러므로 이어지는 정자극기와 역자극기에 순차적으로 형성된 지층에서 영년변화를 평균하기에 충분한 수의 지점으로부터 시료가 채취되었다면, 두 자극기에 획득한 잔류 자화의 방향은 서로 반대 방향 또는 반평행(antipode)으로 나타날 것이다. 그러나 2차 NRM이 남아 있다면 두 자극기의 잔류 자화 방향은 1차 NRM과 2차 NRM의 벡터 합이므로 서로 반평행하게 되지 않는다(그림 5.31). 만약 정자화된 지점들의 평균 자화 방향들이 역자화된 지점들의 평균 방향과 서로 반평행하면, 잔류 자화 방향들은 '역전 시험(reversal test)을 통과했다'고 한다. 역전 시험의 통과는 ChRM 방향에 2차 NRM 성분이 들어 있지 않으며, 지구자기장의 영년변화를 평균하기에 충분한 시간에 걸쳐 시료가 채취되었음을 지시한다. 더 나아가 역전 시험의 통과는 1차 NRM일 가능성을 훨씬 더 높여준다. 반대로 역전 시험에 통과하지 못한 경우에는 ChRM 성분에 2차 NRM이 완전히 제거되지 않았거나 영년변화를 평균할 만큼 충분한 시간이 평균되지 못했을 가능성이 있다.

사암층 상부에 이 암석에서 유래된 역을 포함한 역암층이 존재할 경우, 역들의 잔류 자화 방향을 조사하여 하부 사암층의 잔류 자화 획득 시기를 추정할 수 있다. 역들은 크고 무겁기 때문에 퇴적될

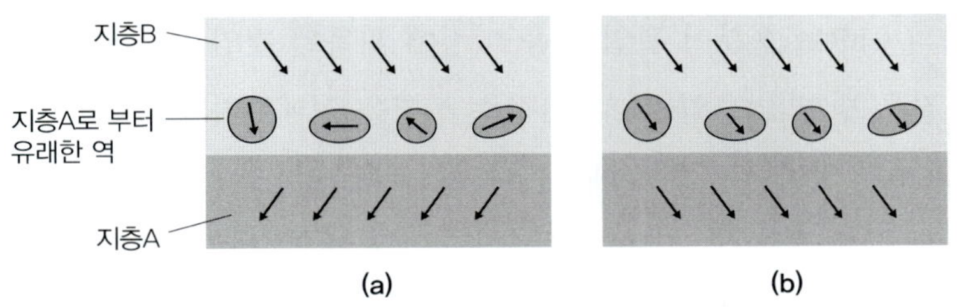

그림 5.32 고지자기 안정도에 대한 역암 시험. **(a)** 역암층 B가 형성되기 전에 하위의 지층 A가 자화되었다(역암 시험 통과). **(b)** A와 B 지층이 모두 형성된 이후 두 지층이 함께 자화되었다(역암 시험 실패).

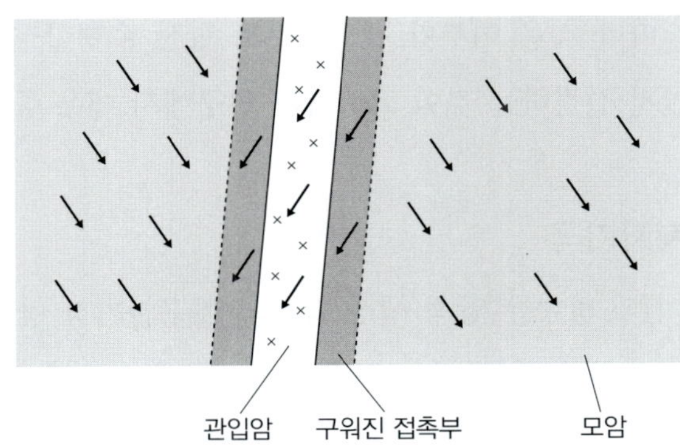

그림 5.33 고지자기 안정도의 관입접촉 시험. 구워진 접촉부의 자화 방향이 관입암의 자화 방향과 평행하고, 열적 변질을 받지 않은 모암의 자화 방향과는 다를 때 관입접촉 시험을 통과한다.

때 지구자기장 방향과 상관없이 자리를 잡는다. 따라서 만약 역들의 잔류 자화 방향이 분산되어 무작위하게 나타나면 '역암 시험을 통과했다'고 하며, 역암층 하부의 사암층이 ChRM 성분을 역암층 생성 이전에 획득하였음을 지시한다. 또한 역암 시험을 통과할 경우 역암층의 기질부에서 획득한 ChRM 성분도 1차 NRM일 가능성이 매우 높다. 만약 역암층이 형성될 때 풍화 작용으로 인하여 역에 포함된 자성 광물이 변질되었다면, 기원암(사암층)이 1차 NRM을 간직하고 있어도 역암 시험이 실패할 수 있다. 따라서 역암 시험의 통과는 1차 NRM의 가능성을 뒷받침하며, 실패했을 경우에도 경고의 의미는 있지만 기원암(사암층)의 ChRM 성분이 반드시 2차 NRM이라는 의미는 아니다.

화성암이 관입한 경우에 화성암과 주변부의 변질대(변성대), 모암의 잔류 자화 방향을 비교하면 모암의 잔류 자화 획득 시기를 알 수 있으며, 이를 관입접촉 시험(baked contact test)이라고 한다(그림 5.33). 관입암이 기존의 지층(모암)을 가열했을 때 구워진 주위의 암석과 화성암은 같은 방향의 열잔류자화를 기록한다. 모암과 화성암은 일반적으로 서로 다른 광물 조성을 가지고 있으므로, 관입암과 주변암의 잔류 자화 방향이 일치하면 화성암의 ChRM이 안정하며 1차 NRM일 가능성을 제시한다. 또한 지질시대가 관입암보다 오래된 주위 암석에 대해서 접촉부에서 멀어져 가열 효과가 없는 모암의 잔류 자화는 관임암의 자화 방향과 다를 것이다. 이런 경우 '관입접촉 시험을 통과했다'고 하고,

구워지지 않은 모암의 ChRM 성분이 관입 작용 이전에 획득된 것임을 지시한다. 반면에 관입암, 주변부, 모암이 모두 같은 방향을 보일 때 '관입접촉 시험을 실패했다'고 하며, 이 경우에는 광역적인 재자화(remagnetization)가 일어난 것으로 해석한다.

고지자기 안정도에 대한 일관성 조사는 동일한 지질시대의 서로 다른 암상의 암석들이 유사한 ChRM 방향을 보이면서, 이들 방향이 오늘날의 지구자기장 방향과 뚜렷하게 다른가를 조사하는 것이다. 현재의 지구자기장 방향과 전혀 다른 ChRM 성분이 다양한 종류의 자성 광물 또는 암석에 기록되어 있는 경우 관측된 ChRM의 방향은 1차 NRM에 의한 것으로 해석할 수 있다. 이상의 야외 시험들은 현장 및 대상 암석에 따라 적용 여부가 결정되므로 항상 수행할 수는 없지만 가능한 한 많은 시험을 적용하여 1차 NRM인지 결정하는 것이 고지자기 연구에서 매우 중요하다.

(6) 고지자기 방향과 고지자기극

평균된 잔류 자화(고지자기)의 방향은 암석 생성 당시의 지구자기장 방향대로 기록되지만 현재 지구자기장의 방향 개념과는 다르다. 고지자기 방향은 GAD 가설에 따라 수평 성분은 지리상 북극을 향하지만 지질시대를 지나면서 암석(지괴)이 회전하게 되면 고지자기의 수평 성분의 방향도 지리상 북극 방향으로부터 벗어난다. 이러한 차이를 '고지자기 편각(paleomagnetic declination)'이라 하며, 실제 자기장의 수평 성분과 진북 방향의 사잇각으로 표시되는 지구자기장의 편각과는 다르다. 만약 암석이 생성된 이후 현재까지 회전이 전혀 일어나지 않았다면 고지자기 편각은 0°가 된다. 예를 들어 어느 지괴의 시대별 고지자기 편각이 쥐라기에 50°, 백악기에 30°, 제3기에 10°로 나타났다면, 이 지괴는 쥐라기~제3기 동안에 시계 방향으로 약 40°만큼 연직축에 대하여 회전한 것으로 해석한다. 한편 고지자기 복각은 GAD 가설에 의해 지리상 위도에 의해 결정되며, 불규칙하게 나타나는 현재의 자기 복각과는 구분된다. 암석이 생성된 후 이동하여도 고지자기 복각은 생성 당시의 값을 유지하기 때문에 고지자기 복각과 위도와의 관계식($\tan I = 2\tan\lambda$)을 이용하면 과거에 대륙이 위치하였던 고위도를 알아낼 수 있다. 이 관계식에 현재 지구자기장의 복각을 대입하면 성립하지 않는다.

고지자기극은 지구자기장의 영년변화가 평균된 후 구해지는 지구 중심축 쌍극자에 의한 극이므로 충분한 시간을 평균하는 것이 중요하다. 일반적으로 고지자기극은 지리상 북극과 같은 개념으로 사용되며, 매우 드문 경우에 한해 남반구의 대륙만을 대상으로 한 연구에서는 고지자기극을 지리상 남극으로 간주하기도 한다. 어느 지점에서의 지점 평균 고지자기 방향과 지점의 위도 · 경도 정보를 이용하여 구면삼각법을 적용하면 극의 위치를 계산할 수 있는데, 한 지점의 자료이므로 영년변화가 제거되지 않아 가상 지자기극(VGP, Virtual Geomagnetic Pole)이라 부른다. 여러 가상 지자기극들을 평균하거나 여러 지점의 잔류 자화 방향들을 평균하여 계산한 극은 영년변화가 제거되었으므로 고지자기극이라 부른다. 만약 암석이 생성된 이후 그 자리에 있었다면 고지자기 방향은 변하지 않았을 것이고 고지자기극도 지리상 북극에 위치할 것이다. 하지만 판구조 운동에 의하여 대륙들은 이동하게 되므로 고지자기극은 그에 따라 같이 이동하여 마치 고지자기극이 이동하는 것 같이 보이는데 이 경로를 겉보기 극 이동 경로(APWP, Apparent Polar Wander Path)라 한다. 여러 대륙의 APWP를 비교하면 상대적으로 대륙이 이동한 경로를 알 수 있어 대륙의 고지리 복원에 이용된다. 대륙의 이동은 구면상에서 일어나기 때문에 실제로는 회전 운동으로 간주하며, 그 중심축이 지표와 만나는 점을 오일러극(Euler pole)이라 한다. 오일러극이 지괴 내부에 있으면 수평 이동이 거의 없이 연직축에 대한 회전 운동이 일어나며, 오일러극이 멀리 위치할수록 지괴는 낮은 곡률의 이동 경로를 보이게 된다. 지괴의 운동에 대한 오일러극은 겉보기극 이동 곡선을 이용하여 찾을 수 있다.

5.3 지구물리 탐사 기술과 활용

1) 어떻게 땅속 지도를 만들 수 있을까?

우리는 다양한 이유로 물체를 훼손하지 않고 그 내부를 알아볼 수 있는 방법에 대해 고민해왔다. 대표적인 것이 병원에서 MRI(자기 공명 영상, Magnetic Resonance Imaging) 검사를 통해 신체 내 환부 상태를 확인하고, X선을 활용하는 CT(컴퓨터 단층촬영, Computer Tomography)를 통해 입체적인

그림 5.34 지구를 반지름이 6,350 km인 구의 형태라 가정할 때, 겉표면적은 약 5억 1,000 km^2에 이른다. 이 넓은 곳에서 어떻게 땅속에 감추어져 있는 자원이나 에너지원을 찾을 수 있을까? 지구물리 탐사 기술이 그 가능성을 제시한다.

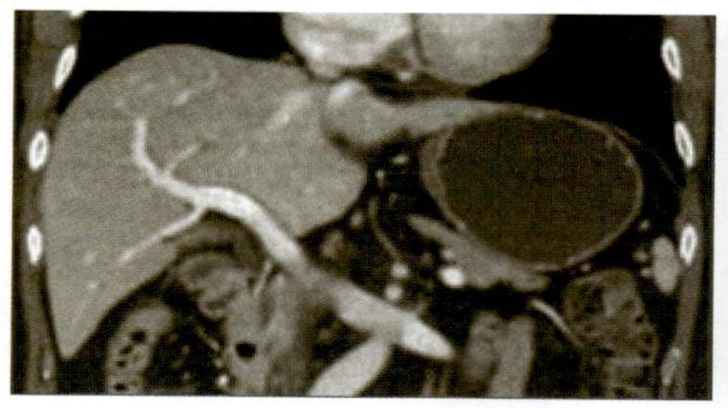 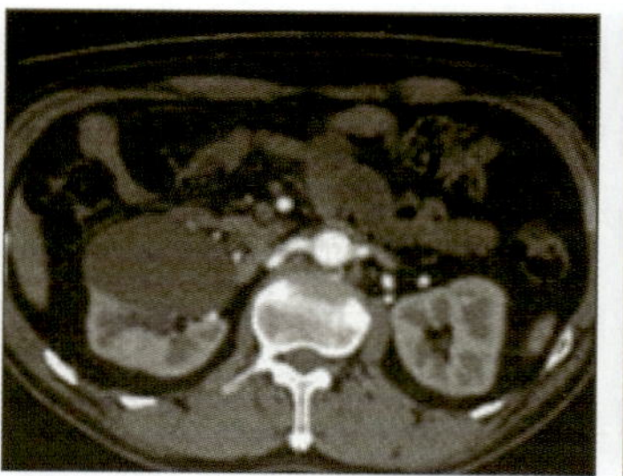 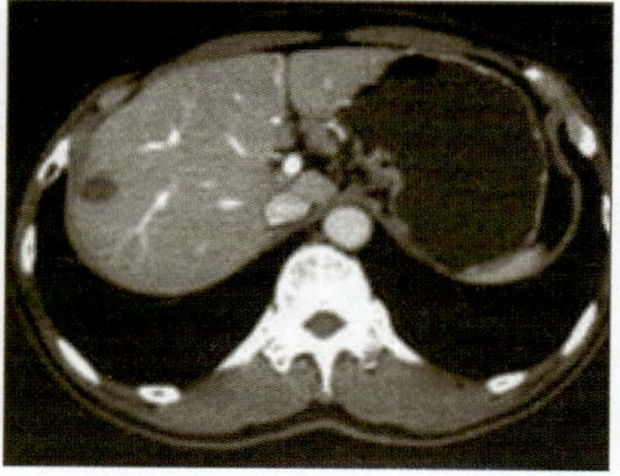

그림 5.35 X선을 신체에 투과시켜 그 흡수 차이를 컴퓨터로 재구성함으로써 인체의 단면 영상이나 3차원 입체 영상을 재구성하는 CT 사례

영상을 확보하는 것이 그 사례이다(그림 5.35).

하지만 병원의 영상의학과 같은 복잡하고 고난이도의 사례가 아니더라도 시장에서 수박을 고르기 위해 두드려본다든지, 달걀을 회전시켜 내부의 상태를 파악하는 경우도 있고, 일상생활에서 굳이 내부를 알기 위해 파손하거나 잘라내지 않고 그 상태를 파악할 수 있는 다양한 방법들이 존재한다. 예를 들어 시험자의 눈을 가려도 골프공과 축구공, 탁구공을 구별하는 것은 매우 쉽다. 이것은 어떻게 눈을 감고도 가능할까? 매우 당연하고 쉬운 이야기이지만 물체마다 가지고 있는 물리적 특성, 즉 질량 · 회전량 · 비열 · 질감 등을 이용하여 구분할 수 있고, 여기에 그 물체에 대한 경험(예: 골프공을 만져본 경험 등)이 있다면 매우 정확하게 그 물체가 무엇인지 판단할 수 있을 것이다.

지구물리 탐사 기술은 바로 이러한 물리적 특성과 지질학적 정보(경험)를 결합하여 지하의 상태를 정량적으로 파악할 수 있는 기술이다. 지구 내부를 파악할 수 있는 물리적 특성에는 무엇이 있고, 어떻게 해석할 수 있을까? 다양한 지구물리 탐사 기술에 대하여 알아보도록 하자.

그렇다면 지하의 상태를 알기 위해 어떤 물리적 특성을 활용할 수 있을까? 앞에서 언급한 바와 같이 어떤 물체의 상태를 알 수 있는 가장 간단하고 직관적인 성질은 바로 무게이다. 무게는 질량을 가지고 있는 물체가 지구와 상호 작용하는 인력의 크기를 나타낸 것으로 우리는 이를 중력이라 한다. 물체의 무게는 지구 어느 곳에서나 동일하게 측정되는 것이 아니라 중력가속도에 의해 다르게 나타날 수 있는데, 이를 이해하기 위해서는 중력의 정의를 살펴보아야 한다.

중력은 두 질량체가 서로 당기는 힘인 뉴턴의 만유인력 법칙으로 정리할 수 있으며, 다음 식과 같이 나타난다.

$$F = G\frac{mM_E}{R_E} \quad \text{(식 5.18)}$$

위 식에서 M_E는 지구의 질량이며, R_E는 지구의 반지름, m은 물체의 질량이다. 이 식에서 물체의 질량 m을 제외할 때, 이를 중력가속도 g라 부른다. 중력가속도 g는 식에서 알 수 있는 바와 같이, 지구가 완벽한 구가 아니기 때문에 측정 지점의 지구 반지름에도 영향을 받지만 주변의 밀도에 의해서도 그 값이 변하게 된다. 이러한 조건을 고려하면 지구 중심으로부터 측정 지점까지의 거리를 정확히 안다면 주변 밀도에 의한 효과를 계산할 수 있게 된다. 질량이 동일한 물체 m을 가지고 다니면서 이 지역 저 지역을 돌아다니면 무게가 다르게 나타나는데, 상대적으로 무게가 더 크게 나타나는 지역은 그렇지 않은 지역보다 중력가속도가 더 크기 때문이며, 이는 그 지역이 다른 지역에 비해 주변에 밀도가 높은 물질이 많이 분포하고 있다는 것을 의미한다(물론 이 경우 측정이 이루어지는 고도는 모두 동일하도록 보정이 이루어져야 지구 반지름의 효과가 없어진다). 이러한 원리를 이용하여 지하 구조의 밀도 분포를 추정하는 지구물리 탐사 기술이 중력 탐사이다. 그렇다면 중력가속도 외에 지구 내부를 파악할 수 있는 물리적 성질에는 무엇이 있고, 어떻게 해석할 수 있을까? 지금부터 지구자기장의 원리를 이용한 자력 탐사에 대해 알아보도록 하자.

(1) 자력 탐사의 이해를 위한 지구자기장 분포 분석

자력 탐사에 대해 이해하기 위해서는 당연히 지구자기장에 대해 이해를 하고 시작해야 한다. 지구자기장은 다른 절에서 이미 설명하고 있으므로 본 절에서는 간단히 자력 탐사 설명에 필요한 부분만 강조하고자 한다.

그림 5.36은 오로지 지구 내부의 자기적 원인을 지구 쌍극자로 가정하여 나타낸 그림으로, 지표에서의 지구자기장의 방향은 남극에서 연직으로 위를 향하고 북극에서는 아래를 향한다. 적도에서는 북쪽을 향하여 지평면과 나란한 방향을 가지고 극지방으로 갈수록 지평면과의 각도(복각)가 커진다. 한편 자기쌍극자에 의한 지구자기장의 세기는 적도에서 가장 약하고 위도가 증가할수록 증가하여 극지

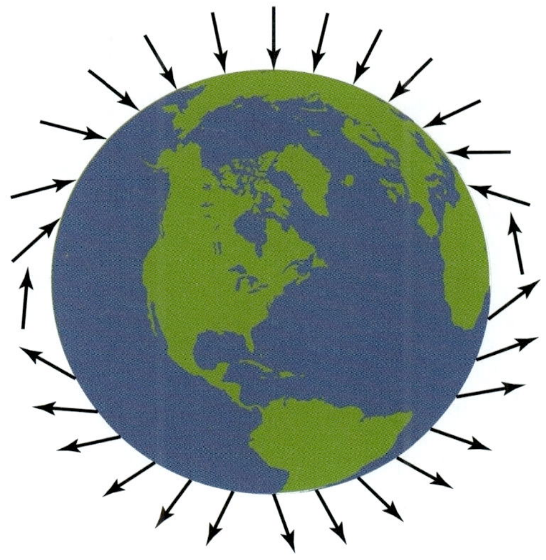

그림 5.36 자기 위도별 복각의 변화

방에서는 적도에서의 세기보다 약 2배 크다. 그러나 실제 지구자기장의 원인은 매우 다양하고 쌍극자도 아니므로 훨씬 복잡한 양상을 보이게 된다. 또한 지구 표면의 육지와 해양 분포가 복잡하여 지구자기장의 모양은 훨씬 복잡하다. 국제기구에서는 전 세계의 인증된 지구자기장 관측소 자료를 이용하여 이론적인 지구자기장 분포를 실제 자기장 관측과 연관지어 국제 표준의 지구자기장 분포를 제시하고 있으며, 이를 IGRF(International Geomagnetic Reference Field)라 하고, 자력 탐사를 수행할 때 기준으로 사용하게 된다(그림 5.14 참조). IGRF 값보다 크거나 작은 자력 값이 나타나는 지역을 자기 이상대로 볼 수 있고 그 하부에는 자기 이상을 유발하는 물체가 존재한다고 판단할 수 있다.

지구자기장이 위도별로 각기 다른 성분을 가지고 그 크기도 달라지는 효과로 인해 자력 탐사 자료의 해석은 매우 복잡하다. 실제 지하에 존재하는 이상체는 지구자기장에 의해 자체적으로 유도된 성분이 그 지역의 지구자기장 성분과 벡터적으로 합성되어 나타나므로 직관적 해석이 어려운 경우가 많다. 그러면 지하 물체에 의해 **자기 이상**(magnetic anomaly)이 나타나는 메커니즘과 그 분석에 대해 알아보자.

(2) 지하 이상체에 의한 자기장의 변화

대자율(magnetic susceptibility)은 주변 자기장에 의해 얼마나 잘 자화되는가를 나타내는 물질의 고유한 물리적 성질이다. 경험적으로 볼 때 고무나 목재보다는 철이나 금속 물질이 자화가 훨씬 잘 되므로 후자가 대자율이 더 크다고 할 수 있다. 지하에 대자율이 큰 물체가 존재할 때 지표의 자기장은 어떻게 나타나는지에 대해 그림 5.37을 이용하여 설명하고자 한다.

지하에 강자성 물체가 존재하면 그 물체는 주변의 지구자기장과 동일한 방향으로 자화가 일어난다(그림 5.37a). 이때 지하의 물체는 자연스럽게 쌍극자의 자기장 성분을 가지게 되며, 그 주변에서의 자기장 모양은 쌍극자 주변에 철가루가 늘어서는 모양(그림 5.37의 점선 참조)과 같다.

자력 탐사는 자료 해석에 있어 매우 중요한 가정을 하게 되는데, 자기장의 복잡한 성분을 모두 고려하는 것이 어렵기 때문에 관측되는 자기장의 수직 성분 크기를 해석에 주로 활용한다(아래로 향하면 +, 위로 향하면 −). 이는 향후 자기장 자료의 중요한 부분인 **자극화 변환**(RTP, Reduction to the Pole)과 연관된다.

그림 5.37b를 살펴보면 그림 5.37a의 이상체에 의한 자기장이 주변에 존재하는 지구자기장과 성분별로 합성되는 과정을 알 수 있다. 이미 존재하고 있는 점선 방향의 지구자기장이 지하 이상체에 의해 유도된 각 위치에서의 유도 자기장과 결합하게 되면 화살표가 2개로 표기된 결과물이 합성 자기장 성분으로 나타나게 된다. 이때 지하 이상체에 의한 자기장은 이상체에서 멀리 떨어질수록 크기가 약하고 직상부에서는 가장 강한 크기를 가지게 되고 그림 5.37c와 같은 결과가 나타난다.

이와 같이 자력 탐사 자료의 해석은 성분별 효과를 고려해야 하기 때문에 중위도에서는 정확하게

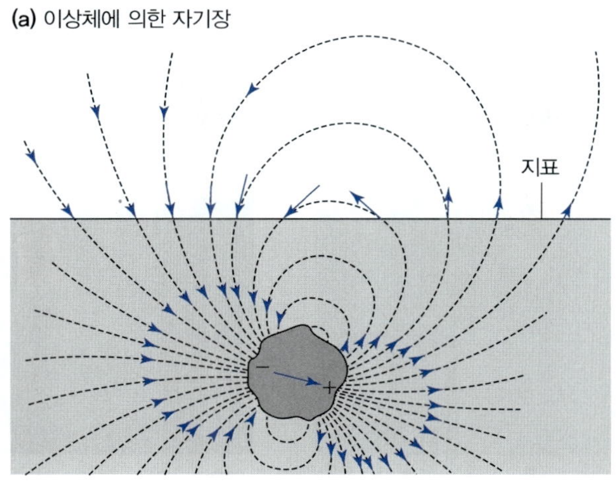

(b) 자기장의 성분별 합성

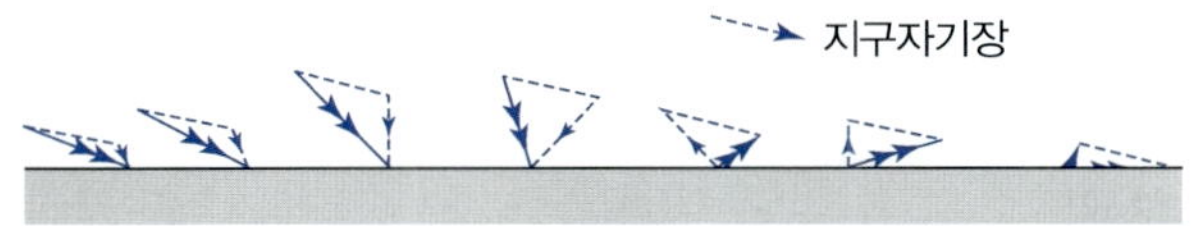

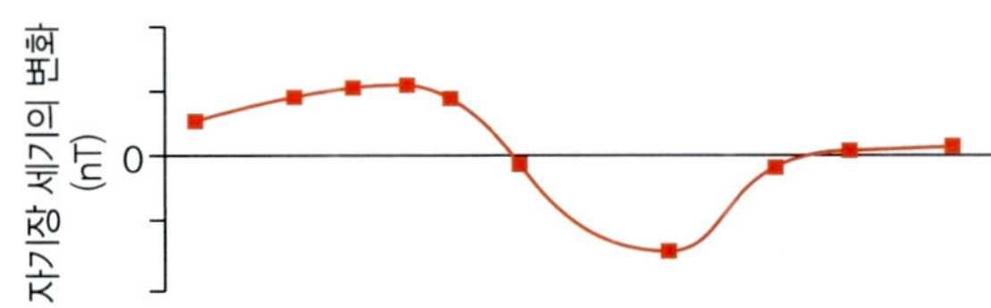

그림 5.37 지하에 강한 대자율을 가진 자기 이상체가 자화되어 있을 때 이에 의해 2차 자기장이 유도되고(a), 지표에 존재하는 지구자기장과 성분별 합성이 일어나면(b), 그림 (c)와 같은 자기 이상이 지하 이상체 인근에서 생겨나게 된다. 이때 지구자기장에 의해 유도되는 지하 이상체의 자화 방향은 지구자기장의 방향과 동일하다.

물체의 직상부에서 가장 큰 이상 값이 나타나지 않는다. 이러한 점은 해석에 있어 여러 어려움을 유발하고 직관적으로 탐사 결과를 이해하는 데 문제가 있기 때문에 자극화 변환을 수행하는 경우가 많다.

그림 5.38은 자극화 변환이 어떤 결과를 보여주는지 단적으로 나타내는 예이다. 그림 5.38a는 자기 위도 60°, 편각 23°인 지역에서 관측된 이상체 부근에서의 자기 이상이며 그림 5.38b는 이에 대해 자극화 변환을 수행한 결과이다. 자극화 변환은 탐사가 자극 지역에서 이루어진 것으로 가정할 수 있도록 위도를 변환하는 과정이며, 이는 수직 성분만을 활용하는 자력 탐사에서는 매우 중요한 처리 과정이다.

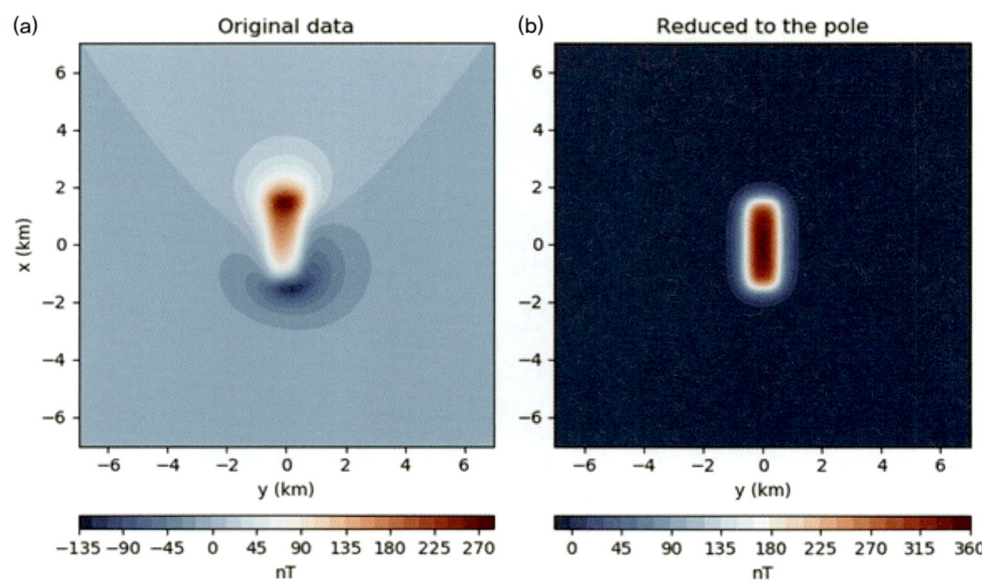

그림 5.38 자기 위도 60°, 편각 23° 지역에서 +와 − 값을 동시에 가지고 있던 이상체 직상부의 관측값 (a)가 자극화 변환에 의해 자극에서 관측된 결과로 변환된 모습이 그림 (b)이다.

(3) 자력 탐사 자료의 활용

그림 5.39a는 넓고 광활한 탐사 대상 영역을 시각적으로 나타내고 있으며, 그림 5.39b는 그림 5.39a와 비슷한 환경에서 수행한 자력 탐사 결과를 나타낸 자기 이상도이다. 앞에서 이야기한 것처럼, 지구물리 탐사는 의학계에서 사용하는 컴퓨터 단층촬영 영상과 같이 지하의 물리적 성질을 영상화할 수 있는 방법을 제공한다. 실제 그림 5.39a와 같은 영역에 대해 지하에 어떤 암석이나 경제적으로 유용한 물질이 매장되어 있는지 확인하는 것은 매우 경비가 많이 들고 힘든 일이지만, 앞에서 언급한 자력 탐사를 이용하여 전체 영역에 대한 이상도를 사진처럼 만드는 것은 크게 어렵지 않다(실제 탐사를 위해 그림과 같이 넓은 영역을 조사하기 위해서는 비행기에 자력계를 싣고 대상 영역에 대한 조사를 수

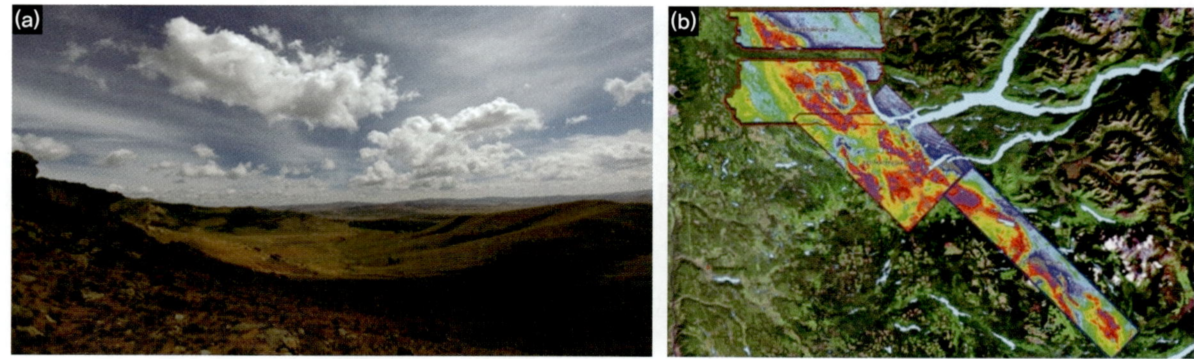

그림 5.39 광활한 지표면 하부에 어떤 지질 구조가 존재하는지 추측할 수 있는 대표적인 탐사 기술로 항공 자력 탐사가 널리 사용된다. (a) 탐사 대상 영역, (b) 항공 자력 탐사 사례

행하는 항공 탐사가 필수적이다). 그림 5.39b는 실제 탐사 결과이며 자력 자료의 역산을 통해 대자율 분포를 영상화한 결과이다. 이 그림을 이용하면 화성암의 분포를 정확하게 파악할 수 있고, 광상학적 지식과 지질학적 조사 결과를 바탕으로 유용 광물이나 기타 필요한 지하의 정보를 파악할 수 있다.

2) 지구물리 탐사 기술의 종류와 활용법

(1) 지구물리 탐사의 분류

지구물리 탐사는 탐사 기법별로 분류도 가능하지만 더 큰 범주로 구분하는 방법으로서, 지구 내부의 물리적 성질을 파악하기 위해 어떤 자료를 이용하는가로 구분하고, 이를 기준으로 수동형 탐사와 능동형 탐사로 나누게 된다.

가. 수동형 탐사

수동형 탐사는 지구 내부의 물성 파악에 있어 인위적인 에너지를 이용하지 않는 것을 말한다. 대표적인 수동형 탐사는 중력 탐사, 자력 탐사 혹은 자연적인 지진에 의해 발생된 지진파를 이용하는 경우를 예로 들 수 있다. 또한 지구 적도 주변 대기권의 뇌우(번개)나 태양풍에 의한 전자장을 활용하는 **지자기지전류 탐사**(magnetotelluric)도 수동형 탐사에 해당한다. 이중 중력 탐사와 자력 탐사는 지구를 둘러싼 물리적인 장(field)을 측정하기 때문에 **포텐셜 탐사**(potential survey)라고 불리며, 특별하게 인위적인 소스를 사용하지 않아 매우 넓은 범위를 빠르게 측정하는 것이 가능하고, 이로 인해 광역 탐사로서 조사 초반기에 많이 이용된다. 단점으로는 자연적으로 존재하는 중력장이나 자기장의 특성으로 인해 에너지가 매우 약해 주변의 잡음으로부터 신호를 정확히 분리할 수 있는 처리 기술이 확보되지 못하면 좋은 결과를 얻기 어려운 경우도 있다는 것이다. 자연적인 지진에 의한 지진원을 이용하는 지진파 탐사는 인류가 만들어낼 수 없는 크기의 강력한 소스를 제공하기 때문에 탐사 심도가 매우 깊고 전 지구적인 조사 결과를 얻을 수 있지만, 원하는 시기에 조사를 수행하는 것이 불가능하고 원하는 지역에서 자료를 얻지 못하는 경우가 많다. 또한 이론적으로 가장 깊은 곳까지 조사가 가능한 지

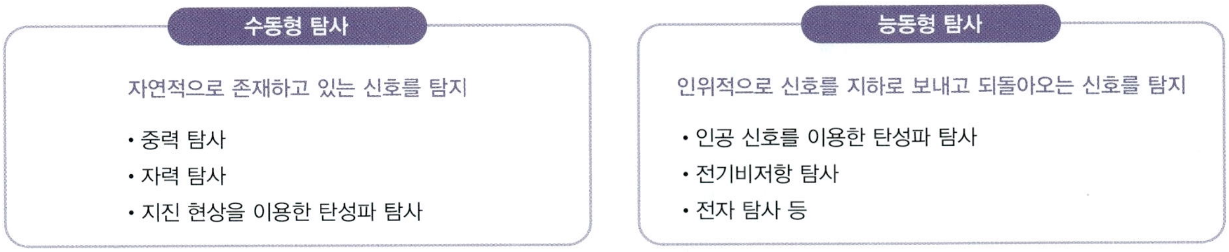

수동형 탐사	능동형 탐사
자연적으로 존재하고 있는 신호를 탐지	인위적으로 신호를 지하로 보내고 되돌아오는 신호를 탐지
• 중력 탐사 • 자력 탐사 • 지진 현상을 이용한 탄성파 탐사	• 인공 신호를 이용한 탄성파 탐사 • 전기비저항 탐사 • 전자 탐사 등

그림 5.40 수동형 탐사와 능동형 탐사에 의한 지구물리 탐사 기술의 분류. 수동형 탐사는 자연적으로 존재하는 필드를 측정하여 지구 내부 구조를 이해하며, 능동형 탐사는 인위적으로 에너지를 발생시키고 그 에너지를 지하로 투과시켜 반응을 측정함으로써 지구 내부 구조를 파악하는 방법이다.

자기지전류 탐사의 경우 자연적인 전자장을 소스로 사용하기 때문에 특히 신호대 잡음비가 낮고 뇌우가 발생하지 않으면 원활하게 신호를 확보할 수 없는 단점이 있다.

● 중력 탐사

중력가속도의 변화를 관측하여 지하의 밀도 구조를 추정하는 것을 중력 탐사라 한다. 중력은 뉴턴의 만유인력 법칙을 지구 질량과 지표에 위치한 물체의 질량 사이의 인력 관계로 정리할 수 있고, 이때 지표 물체의 질량과 상관없이 중력가속도가 변하는 요소를 관측점 주변의 밀도 관계로 정의하는 것이 탐사의 중요 원리이다.

모든 지구물리 탐사에 있어 먼저 고려해야 하는 것이 단위인데, 특히 중력 탐사에서 사용하는 중력가속도의 단위는 그 규모를 고려하여 매우 다양하게 사용되고 있다. 먼저 국제 표준 단위계(SI)로 중력가속도를 정의하면, m/s^2으로 나타낼 수 있다. 그러나 이 단위는 실제 탐사에서 사용하기에는 너무 큰 단위이다. 즉 대략적인 중력가속도를 국제 표준 단위계로 나타내면 9.8 m/s^2인데, 실제 지하 매질의 밀도에 따른 중력가속도의 변화는 10^{-4} m/s^2에서 10^{-5} m/s^2의 범위 수준에서 일어나므로 사용하기에 매우 불편하다. 이러한 점을 고려하여 MKS 단위가 아닌 cm/s^2을 채택하면, 이는 0.01 m/s^2에 해당하고 1 cm/s^2을 1 Gal이라고 정의한다. Gal은 갈릴레이를 기념하기 위한 단위이다. 그러나 언급한 바와 같이 1 Gal도 탐사에 사용하기에는 너무 큰 값이므로 실제 사용하는 것은 1 Gal을 다시 1,000등분한 mGal이라는 단위를 사용하며, 이로써 단위의 정의는 다음과 같은 관계가 된다.

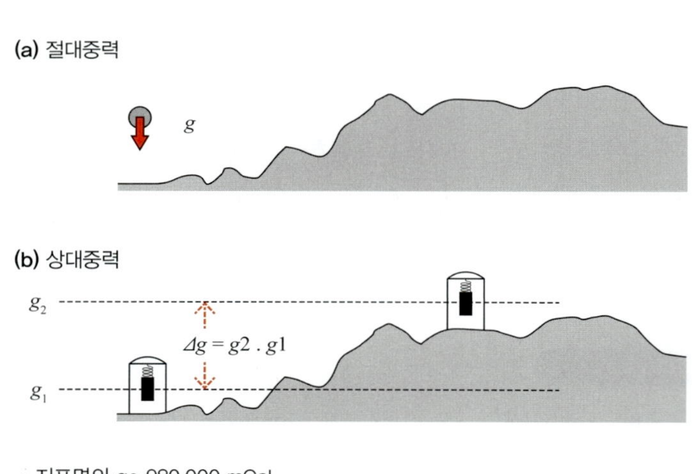

• 지표면의 g~980,000 mGal
• g값의 변화는 1 mGal 수준에서 나타남
→ 이는 g가 100만분의 1 수준의 정밀도로 측정되어야 함을 의미

그림 5.41 중력 탐사 현장에서 실제 중력가속도 값인 절대중력을 측정하는 것은 매우 어려운 일이다. 즉 지표에서 평균적인 중력가속도 값은 대략 980,000 mGal이고 위치에 따른 중력가속도의 차이는 거의 1 mGal 수준이다. 이를 극복하기 위해 중력 탐사에서는 두 지점 간의 중력가속도의 차이를 측정하는 상대중력법을 이용한다. 그림 (a)는 절대중력의 개념을 나타내며, (b)는 두 지점 간의 중력가속도 차이를 구하는 상대중력법을 나타낸다.

$$1\ \mathrm{mGal} = 10^{-3}\ \mathrm{Gal} = 10^{-5}\ \mathrm{m/s^2}$$

중력 탐사에 있어 다음으로 중요한 개념은 상대 중력가속도를 측정한다는 것이다. 즉 우리가 알고 있는 통상적인 중력가속도 9.8 $\mathrm{m/s^2}$은 절대적인 가속도를 나타내는 것인데, 과학 기술이 아무리 발달한다 하더라도 이를 직접 잴 수 있는 방법은 떨어지는 물체의 가속도를 직접 재거나 진자의 주기를 측정하는 방법 외에는 없다. 탐사의 특성상 여러 위치를 옮겨가며 중력가속도를 측정해야 하는데, 실제 중력가속도를 정확히 재는 것은 매우 어려운 일이고, 앞에서도 언급한 바와 같이 $10^{-4}\ \mathrm{m/s^2}$에서 $10^{-5}\ \mathrm{m/s^2}$의 범위로 변화하는 값을 앞서의 방법으로 정확히 측정하는 것은 매우 어려운 일이다. 이를 극복하기 위해 중력 탐사에서는 실제 중력가속도 값이 아닌, 상대적인 중력가속도를 측정하는 상대 중력 측정법을 사용하게 된다. 그렇다면 절대중력을 재는 것보다 상대적인 중력가속도의 차이를 재는 것이 훨씬 용이할까? 중력계의 원리를 살펴보면 그렇다는 것을 알 수 있다.

그림 5.42는 가장 대표적인 상대중력계로서 불안정형 중력계의 원형이라 할 수 있는 라코스테-롬버그(LaCoste-Romberg) 형식의 중력계 원리를 개념적으로 나타낸 것이다. 상대중력이 절대중력보다 측정이 용이하다는 것은 저울의 원리를 연상하면 매우 쉽다. 양팔저울은 무게를 알고자 하는 물체를 한쪽에 얹고, 이미 알고 있는 추를 한쪽에 조금씩 바꿔가면서 올려서 서로 수평을 유지할 때 그 물체의 무게를 추정할 수 있는 원리이다. 즉 미세한 차이라 할지라도 양쪽의 무게가 일치하지 않으면 한쪽으로 기울어지는 시소와 마찬가지로 평평하게 수평을 유지할 때 추의 무게를 읽으면 자연스럽게 측정하고자 하는 물체의 무게를 알 수 있는 것이다. 상대중력도 이와 동일한 원리이다. 이전의 측정점에서 수평을 맞춘 지렛대가 다음의 위치에 와서 아래쪽으로 기운다면 이는 현 지점의 중력가속도

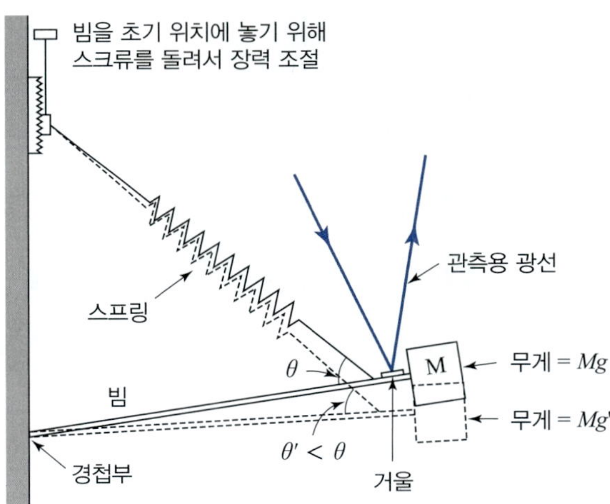

그림 5.42 대표적인 불안정형 상대중력계인 라코스테-롬버그 형식 중력계의 원리를 설명하는 모식도. 시소의 원리를 상상하면 쉽게 이해할 수 있다.

가 더 크다는 것을 의미하고, 이를 수평으로 맞추기 위해 위로 스프링을 당기는 효과만큼이 이전 측정점과 현 측정점 사이의 중력가속도 차이를 나타낸다고 할 수 있다. 이러한 방식으로 측정점을 늘려 가면 충분히 빠른 시간에 위치별 중력가속도의 차이를 구할 수 있고, 처음 측정하는 지점의 절대 중력을 안다면 계속해서 그 차이를 더해가는 방식으로 전체 지점의 절대 중력가속도를 추정할 수 있다. 참고로 우리나라에는 주요 지점마다 중력가속도의 기준점이 존재하고 이는 국토지리원에서 관리하고 있다.

중력 탐사에서 마지막으로 중요한 개념은 중력 보정이라고 할 수 있다. 앞에서도 언급한 바와 같이 중력가속도는 지구 중심으로부터의 거리에 지대한 영향을 받기 때문에 이에 대한 보정이 필수적이라 할 수 있다. 즉 지하 매질의 밀도에 변화가 없다하더라도 지구 중심으로부터의 거리가 다른 상태에서는 거리에 따른 중력가속도 감쇠가 나타나므로 지하에 이상체가 있는 것으로 오해할 수 있다. 중력 보정은 위도 보정(latitude correction), 프리에어 보정(free-air correction), 부게 보정(Bouguer correction), 지형 보정(terrain correction)이 대표적이며, 이외에도 지구 자전에 의한 기조력의 변화나 계측기 내부 물리량 변화에 따른 드리프트 보정(drift correction), 이동하는 장비에서 측정할 때 발생하는 효과에 대한 외트뵈시 보정(Eötvös correction) 등이 있다.

그림 5.43은 우리나라 동남부에 위치한 경상분지에서 측정한 중력 탐사 자료를 나타낸 것이다. 경상분지에는 양산단층이나 울산단층과 같은 대규모 단층대가 지나고 있고 다양한 화성활동의 결과로 복잡한 화성암의 분포가 나타나고 있다. 그림의 중력 자료를 통해 이러한 상황이 어떻게 나타나고 있는지 파악할 수 있다.

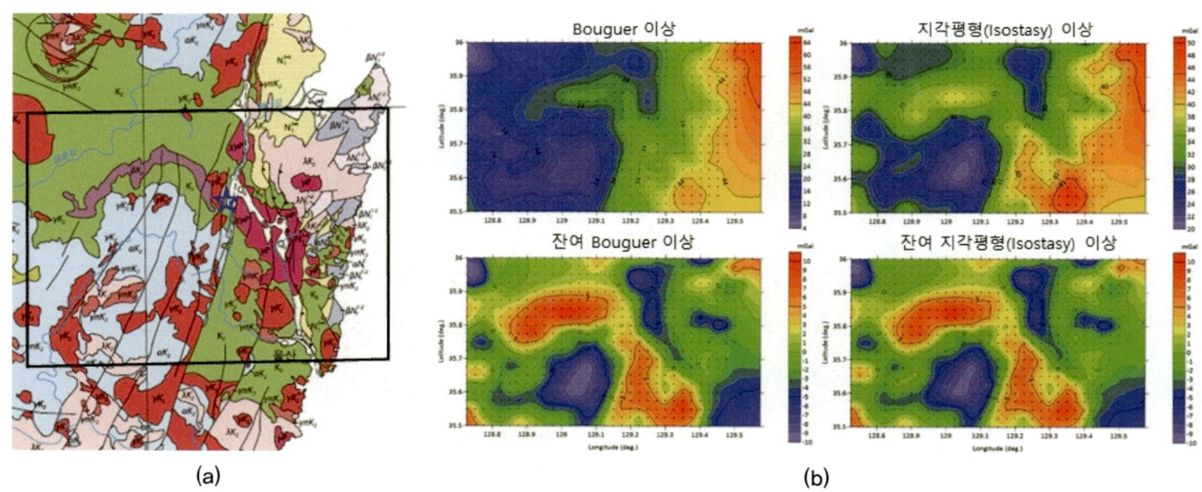

그림 5.43 경주 지진원 구역 (a) 지질도, (b) 중력 이상도

● **자력 탐사**

자력 탐사의 역사는 지구물리 탐사 분야에서 가장 오래되었고, 보편적으로 활용되어온 방법이다. 17세기에 윌리엄 길버트에 의해 지구자기장에 대한 과학적인 저술이 처음 이루어진 이후 스웨덴에서는 1640년경부터 철광상의 탐지에 자기장을 측정하는 방법을 사용하였다. 이후 나침반 수준에 머물러 있던 자력 측정 장비의 개발이 비약적인 발전을 가져오는 계기는 독일의 잠수함 유-보트로 인해 많은 피해를 보아온 연합군 측의 전략으로 자력 측정 계측에 많은 연구가 진행되면서부터이다. 이후 양성자 자력계나 플럭스게이트형 자력계가 널리 보급되면서 정밀한 자력의 측정이 가능해지고 자력 탐사는 더욱 널리 보급되었다.

자력의 변화가 이상체의 깊이에 따라 어떻게 나타나는가를 간단히 살펴보면서 지구물리 탐사 자료의 해석에 대한 대략적인 소개를 하고자 한다.

지구물리 탐사의 목표 중 하나는 지하에 매설된 이상체의 규모(크기 및 위치)를 정량적으로 파악하는 것이다. 이를 해석하기 위해서는 이상체로부터 발생된 이상 값의 양상을 정량적으로 분석하여야 한다.

그림 5.44는 중력 탐사에서 살펴보았던 경상분지 지역의 항공 자력 탐사 결과를 나타낸다. 자력 탐사는 대개의 경우 넓은 범위를 빠르게 측정하기 위해 항공기를 이용한 자력 탐사가 많이 이루어진다. 그림에서 볼 수 있는 바와 같이 자력 탐사는 화성암의 위치에 매우 민감하게 반응하고 있으며 역산 등의 정량적인 절차를 거치지 않아도 지하에 어떤 물성의 암종이 분포하고 있는지 추정이 가능하다.

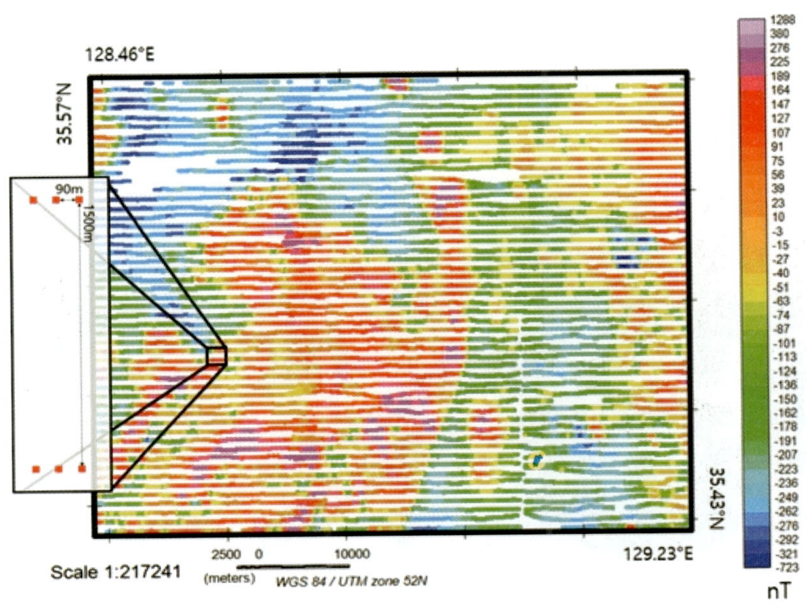

그림 5.44 경상분지 일대에서 수행한 항공 자력 탐사 결과

특히 양산단층대를 중심으로 그 변화가 잘 감지되고 있으며, 이외에도 다양한 단층과 화산대의 분포에 따른 구분이 잘 파악되는 것을 알 수 있다.

● 지자기지전류 탐사

지자기지전류 탐사는 **자기장**(magneto)과 **지전류**(telluric)를 동시에 측정하여 지구 내부의 비저항 분포를 추정하는 탐사 기법이다. 지자기지전류 탐사는 지구 주변에서 발생하는 전자기장을 이용하여 지하의 전기 비저항 분포를 확인하는 전자 탐사 기술의 일종이며, 태양에서 방출되는 장주기 전자기파와 적도 부근 뇌우에 의한 단주기 전자기파를 소스로 활용하여 심부의 전기 비저항 분포를 파악할 수 있는 기술이다.

본 탐사는 목적 자체가 심부의 비저항 정보를 얻는 데 특화되어 있으며, 공학적인 면에서는 심부의 열에너지원을 찾거나 유용 광물 탐지를 위해 활용되지만, 주로 지질 경계면에서의 저비저항대나 연약대를 찾는 데 목적이 있다. 또한 심부의 정보를 얻기 위해서는 장시간의 측정이 요구되므로 산업적 이용 목적의 탐사는 제한되는 편이지만 인류가 임의의 시기(예: 지진파를 이용한 조사는 지진이 일어나는 경우만 조사 가능)에 탐사할 수 있는 지구물리 탐사 기술 중에서 가장 깊은 곳을 조사할 수 있는 방법이기도 하다. 특장점으로는 기본적으로 1개의 포인트에서 1-D 구조 비저항 정보를 획득하는 방식이며, 다만 여러 개의 포인트 자료를 연결하여 2-D 혹은 3-D의 비저항 구조 영상화로 모델링이 가능하다. 직류를 사용하는 심부 전기 비저항 탐사와 달리, 자연적으로 존재하는 전자기파를 이용하는 전자 탐사(electromagnetic)의 일종으로 매우 깊은 탐지 가능 심도를 가지고 있다. 심부의 정보를 얻기 위해서는 장주기의 전자기파 관측이 필요하고, 이를 위해서는 관측 시간이 매우 길어지는 단점이 있다.

본 방법은 그림 5.46과 같이 x, y 방향의 전기장과 자기장을 관측하여 크로스로 비율을 계산하면 주

그림 5.45 좌측의 검은 덩어리는 전기장을 측정하는 전극에 해당(MT 탐사의 전기장 탐사 용도)하며, 가운데 붉은색 기구는 자기장을 측정하는 안테나이다. 전기장과 자기장을 각각 직각 방향으로 배치하여 주파수에 따른 비저항을 추정할 수 있다.

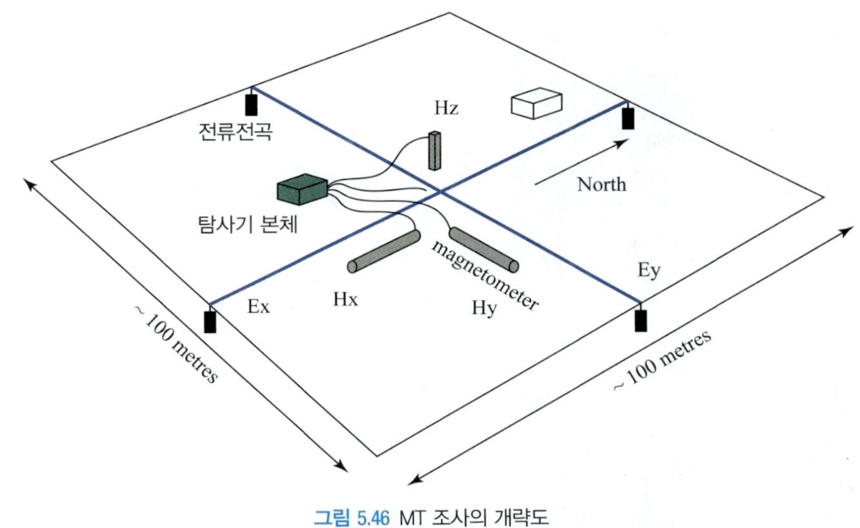

그림 5.46 MT 조사의 개략도

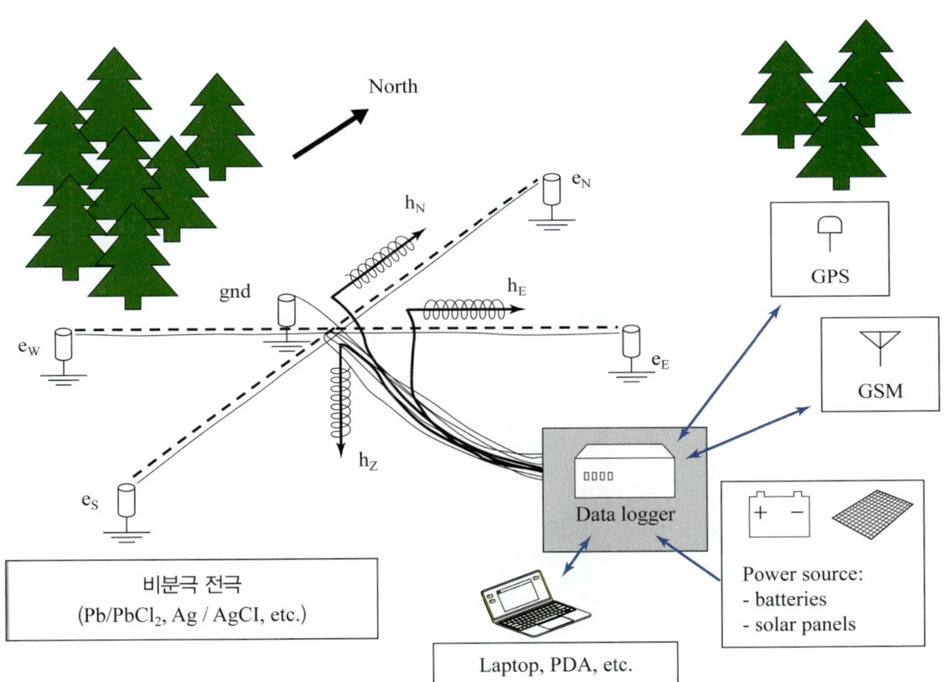

그림 5.47 MT 탐사를 위한 장비 설치 개념도

파수에 따른 특정 깊이의 전기 비저항 정보를 확보할 수 있다. 이를 바탕으로 실제 현장에서 설치하기 위해서는 그림 5.47과 같이 북쪽 방향을 기준으로 전극과 자기장 센서를 설치하는데 전기장 측정을 위한 전극 간격은 최소 50 m 이상 벌릴 것을 추천하고 있다. 또한 원격으로 측정하는 자료와의 일치성을 위해 GPS 클럭을 이용하므로 신호가 잘 수신될 수 있도록 설치해야 한다. 그림 5.48은 현장에서

그림 5.48 탐사 현장의 모습. (a) 자기장 측정용 안테나와 전기장 측정 센서, (b) 원활한 전기장 측정을 위한 센서 설치 및 접지 저항 체크, (c) MT 탐사 지점에 대한 자기장 안테나의 설치 장면, (d) 자료 획득 중의 상태

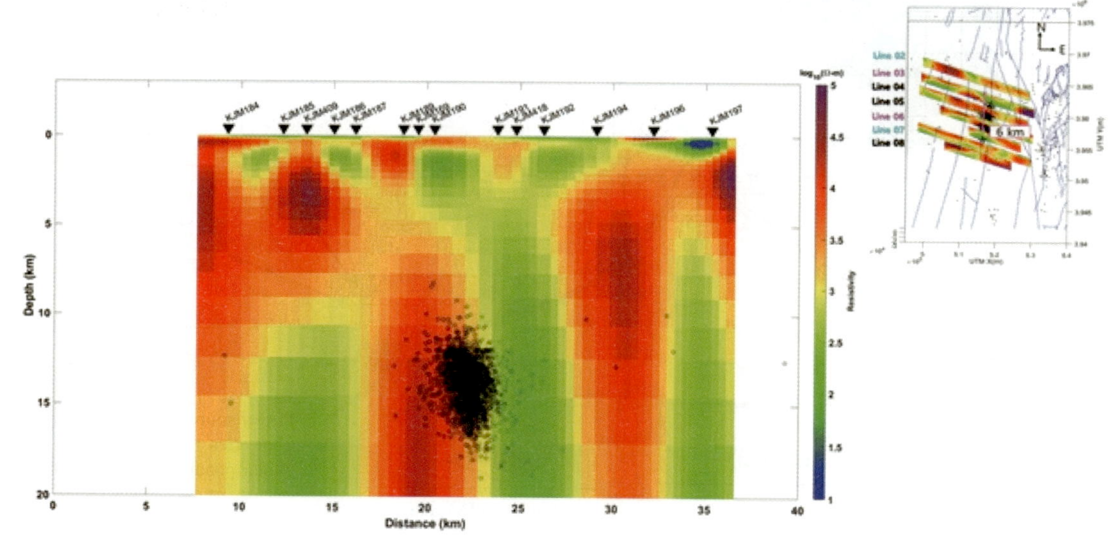

그림 5.49 경주 지진 구역에서 수행한 지자기지전류 탐사의 사례. 양산단층의 우측 경계에 지진원이 집중적으로 위치하고 있음을 확인할 수 있다.

탐사를 위해 각 센서들을 설치하고 신호 수신을 확인하는 과정을 보여주고 있다.

그림 5.49는 우리나라에서는 최초로 대단위로 수행한 MT 탐사를 통해 경주 지역에서 측정한 비저항 단면을 나타낸다. 경상분지의 주요 단층대인 양산단층과 울산단층의 경계가 확연히 나타나고 있으며 해석 깊이가 20 km에 달하는 것을 볼 수 있다.

나. 능동형 탐사

수동형 탐사의 반대 개념으로 능동형 탐사가 있다. 능동형 탐사는 인위적으로 소스(에너지)를 생성하여 원하는 시기에 원하는 장소에서 탐사를 수행할 수 있는 기법을 말하며 전기 비저항 탐사, 탄성파 탐사, 대부분의 전자 탐사, 시추공 물리 탐사 등이 이 범주에 속한다. 능동형 탐사는 소스를 컨트롤할 수 있기 때문에 매우 효율적인 탐사가 가능하지만, 자연적으로 발생하는 소스에 비해 규모가 매우 작고 영향을 미치는 범위도 매우 좁아서 국소적인 영역에 대한 탐사만 가능하다는 단점이 있다. 그러나 사용하는 에너지 소스의 여러 인자를 자유롭게 컨트롤할 수 있기 때문에 목적에 맞는 탐사를 수행할 수 있고, 상대적으로 정밀한 탐사 결과를 확보할 수 있으며, 자연적으로 존재하는 잡음과 구별이 용이하여 신호대 잡음비가 높다는 점을 장점으로 구분할 수 있다.

● 전기 비저항 탐사

대표적인 능동형 탐사인 전기 비저항 탐사는 대지 위에 전류를 흘려주는 전극을 설치하고 직류 전류를 투입하여 다양한 위치에 설치된 전위 측정용 전극에 기록된 전위차를 측정하여 지하의 전기 비저항 상태를 분석할 수 있는 기술이다. 대부분의 전기 비저항 탐사 장비는 자연적으로 존재하는 전위(SP, Self Potential, Spontaneous Potential)를 측정하여 배경 잡음을 제거하는 기능을 가지고 있다.

전기 비저항 탐사는 전류원으로부터 발생된 전류에 의해 지하 매질에 분포하는 전위의 분포를 측정하여 비저항을 추정하는 방법이다. 전위는 전기적 위치 에너지를 가리키며 전류원 부근이 가장 높고 거리가 멀어짐에 따라 그 에너지는 줄어들게 된다. 그런데 이 전기적 위치 에너지가 줄어드는 정도가 비저항의 분포에 따라 다른데 전도도가 좋은 곳에서는 에너지 감쇠가 작고, 전도도가 안 좋은 곳에서는 급격히 감쇠가 발생한다. 이런 원리를 고려하여 지표에서 두 지점 사이의 전위차 ΔV를 측

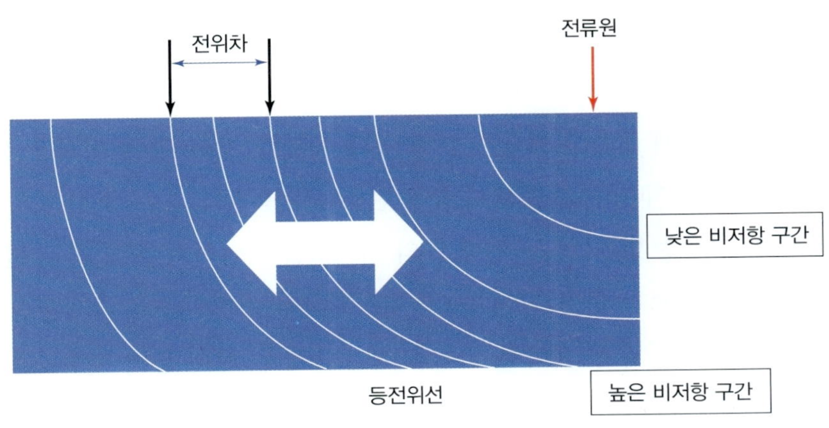

그림 5.50 지표에서 두 지점 사이의 전위차 ΔV를 측정하면 비저항이 높은 구간에서는 전위차가 많이 발생할 것이고, 전도도가 좋은 곳에서는 감쇠가 별로 없으므로 전위차가 크게 발생하지 않는다.

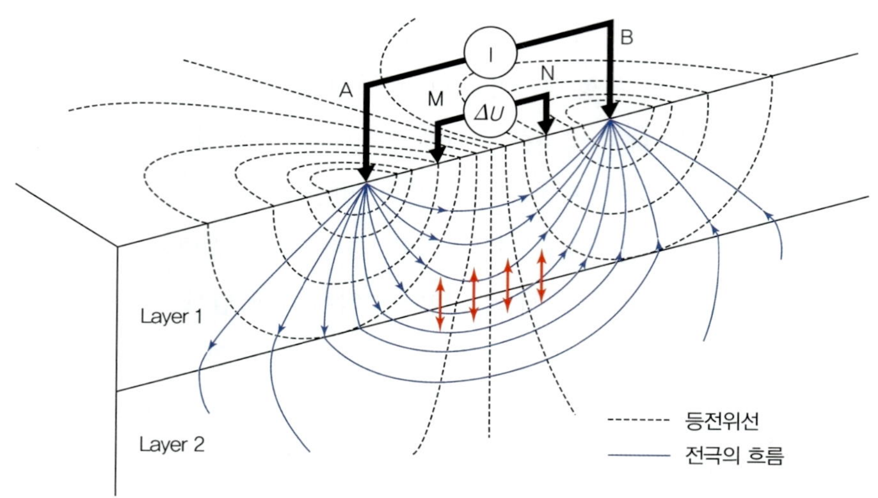

그림 5.51 2개의 층을 가지는 구조에서 관찰될 수 있는 전류의 흐름과 그에 따른 전위 분포

정하면 비저항이 높은 구간에서는 전위차가 많이 발생할 것이고 전도도가 좋은 곳에서는 감쇠가 별로 없으므로 전위차가 크게 발생하지 않을 것이다(그림 5.50).

실제 전기 비저항 탐사를 수행할 때는 그림 5.50과 같이 단극 전류원을 사용할 수 없고 양극과 음극이 함께 존재하므로 그림 5.51과 같이 설치되고 이때 지하 매질에서 발생하는 전류와 그에 따른 등전위선 분포는 매우 복잡한 양상을 보인다. 특히 전류를 흘려주는 전류 전극과 이에 의한 전위를 측정하는 전위 전극의 배치에 따라 지하의 전기 비저항을 다양한 방식으로 측정함으로써 정확도 높은 분석을 가능하게 한다. 특히 전류 전극의 간격은 전류를 흘려보내는 깊이와 연관되는데, 전류 간격이 넓을수록 더 깊은 곳까지 전류가 흐르게 되므로 이러한 조건에서 측정된 전위차는 깊은 위치의 매질에 대한 비저항과 연관된 값이 측정될 것이다.

그림 5.52는 이러한 내용을 개념적으로 나타낸 것이며, 그림 5.52a는 전류 전극이 인접할 경우 전류의 대부분이 첫 번째 층에 흐르게 되고 이때 측정된 전위차는 첫 번째 층의 비저항 특성을 반영할 것이다. 그림 5.52b는 상대적으로 그림 5.52a에 비해 훨씬 넓은 전극 간격을 가지고 있으며 전류는 더 깊은 층까지 흐르게 되므로 이때 관측된 전위차는 첫 번째 층과 두 번째 층의 비저항 정보가 혼합되어 나타나게 된다. 즉 전류 전극의 간격을 충분히 좁혀 전위차를 측정할 경우 첫 번째 층의 전기 비저항을 비교적 정확하게 알아낼 수 있지만, 두 번째 층의 비저항을 파악하기 위해 전류 전극의 간격을 충분히 넓혀도 첫 번째 층의 정보가 반영된 전위차가 측정된다. 두 번째 층의 비저항을 정확히 알기 위해서는 첫 번째 층의 비저항을 우선 파악하고 이를 기반으로 두 번째 층의 비저항을 분석하여야 한다. 하지만 전류 전극 간격이 충분히 넓혀진 상태로 측정되면 대부분의 전류가 두 번째 층으로 흐르므로 첫 번째 층의 효과는 미미하게 나타난다. 이때 첫 번째 층의 전위차는 실제 첫 번째 층의 비저

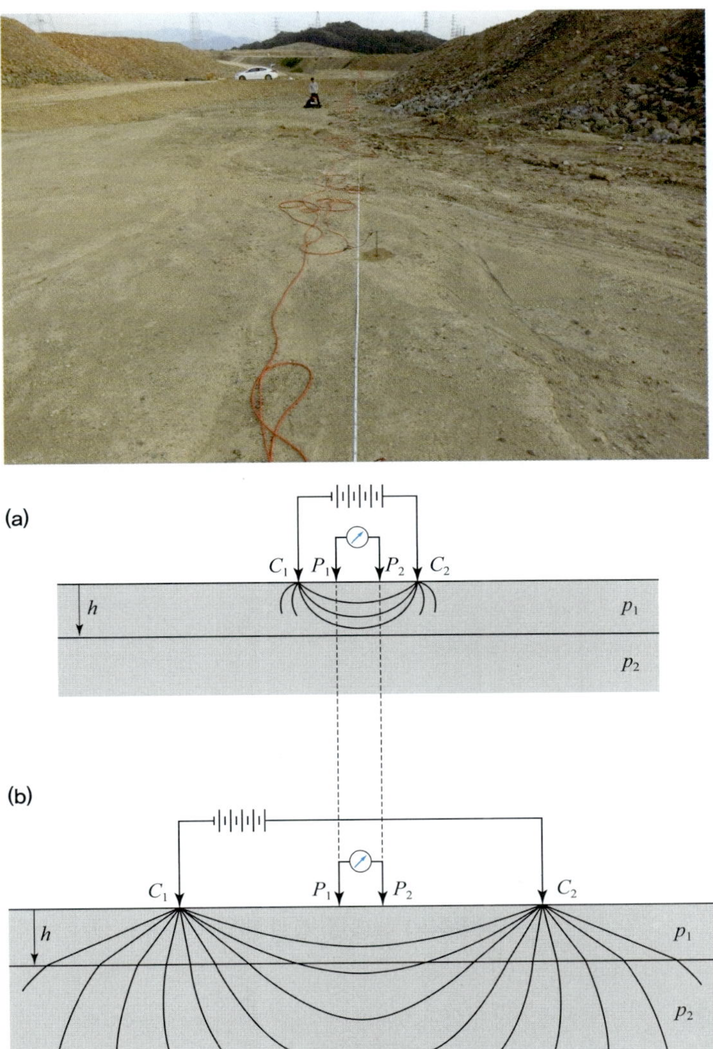

그림 5.52 전기 비저항 탐사 수행 모습과 전류 전극의 간격에 따른 전류 투과 심도 및 수직 전기 탐사의 원리. (a) 전류 전극의 간격이 좁을 경우, 전류는 대부분 첫 번째 층에 흐르게 되므로 측정되는 비저항도 첫 번째 층의 비저항과 같게 나타난다. (b) 그러나 전류 전극의 간격이 증가할수록 더 깊은 층을 통과한 전류에 의한 전위가 측정되고 이로 인해 하부층의 정보를 획득할 수 있다.

항을 반영하는 것이므로 **진비저항**(true resistivity)이라 하고, 두 번째 층을 반영하는 넓은 전류 전극에 의한 전위차는 두 번째 층만의 정보가 관측되지 않고 첫 번째 층의 정보도 반영되었으므로 **겉보기 비저항** 혹은 **가비저항**(apparent resistivity)이라 한다. 그러나 가비저항도 지하의 매질을 반영하므로 정성적인 활용이 충분히 가능하다.

그림 5.53은 전기 비저항 탐사 결과의 사례이며 발달된 파쇄대가 연속적으로 연장된 것이 잘 나타나고 있다. 또한 그림 5.54는 쓰레기 매립장의 매설물이 분포하는 양상을 전기 비저항 탐사로 확인한 것이며 침출수 등의 감시나 유출 범위 확인에 이용될 수 있음을 보인다.

기반암에 물을 함유한 파쇄대의 존재를 탐지한 사례

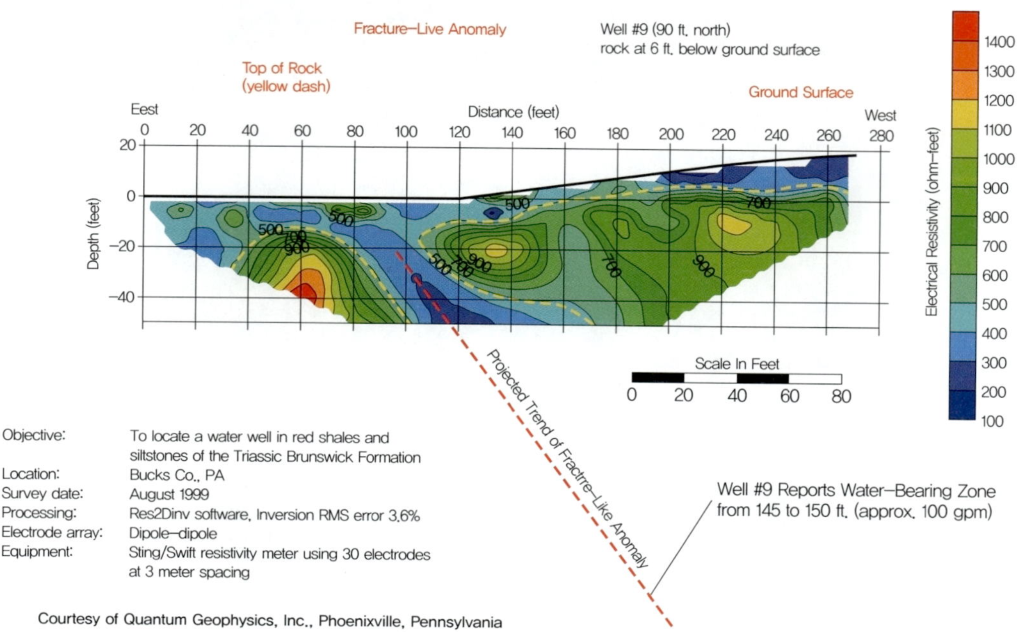

그림 5.53 파쇄대 위치 파악을 위한 전기 비저항 탐사 결과. 100피트 위치에서 저비저항대가 발달된 것이 확인되었으며 이 구조는 우측으로 연장된 것으로 보인다(Quantumn Geophysics 사의 홍보 자료).

매립장의 매립물 범위 파악

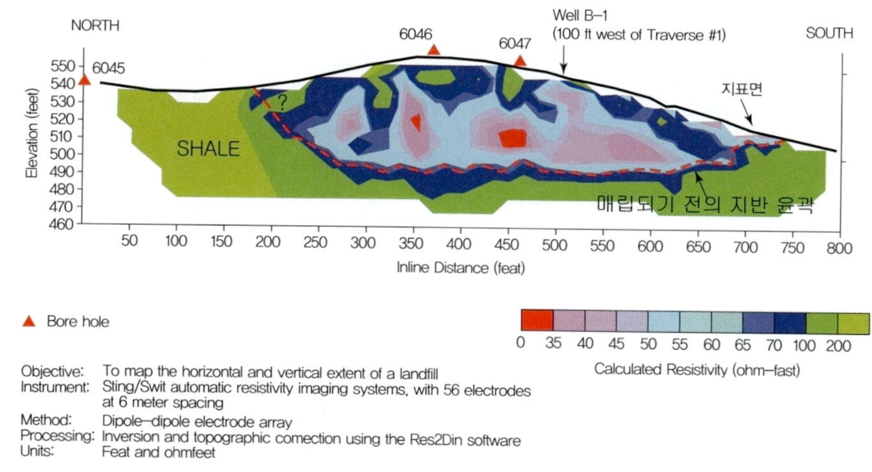

그림 5.54 쓰레기 매립장에서 수행된 전기 비저항 탐사 해석 사례. 매설물의 경계가 잘 구분되고 있으며, 매립장의 하부 경계로 다른 저비저항 지역이 나타나지 않는 것으로 보아 침출수는 발생하지 않았음을 확인할 수 있다.

● 전자 탐사

전자 탐사는 코일에서 전자파를 발생시키는 부분(Tx, transmitter)과 이 전자파에 의해 지하에서 유도된 전자장을 감지하는 코일 수신부(Rx, receiver)로 구성되며 전도도가 높은 지하의 물질을 비접촉식으로 탐지할 수 있는 장점이 있다. Tx와 Rx 사이에 버퍼 코일을 장착하여 Tx가 내보내는 1차 장을 제거함으로써 지하 이상체에 의해 순수하게 유도된 전자장을 탐지하는 것이 가능하여 상대적으로 신호대 잡음비를 높일 수 있는 방법이 있다.

전자 탐사 자료를 해석하기 위한 기본적인 법칙은 전자기장에 관한 암페어의 법칙과 패러데이 법칙을 결합한 지배 방정식을 구성하는 것에서 시작한다. 평면파가 지하(z)를 향한다고 가정하고 이를 풀면, 각각

$$E_x = E_0 \cdot e^{-az} \cdot \cos(\omega t - az) \quad \text{(식 5.19)}$$

$$H_y = H_0 \cdot e^{-az} \cdot \cos(\omega t - az) \quad \text{(식 5.20)}$$

로 편이된 전기장과 자기장의 성분을 구할 수 있고 이를 그림으로 나타내면 그림 5.55와 같다.

여기서 $\alpha = \sqrt{\frac{\omega\mu\sigma}{2}}$이고 이는 표피 심도(skin depth) δ의 역수에 해당한다. ω, μ, σ는 각각 주파수, 투자율, 전기전도도를 나타낸다. 표피 심도는 전자 탐사에서 사용 주파수와 심도를 연결짓는 중요한 인자로 사용하며 물리적인 정의는 진폭이 원래의 $\frac{1}{e}$로 줄어드는 구역을 말한다. 즉 전기전도도가 높을수록, 사용하는 주파수가 높을수록 진폭은 급격히 감소하고 표피 심도는 감소하게 된다. 이를 그림으로 나타낸 것이 그림 5.56이다. 그림에서 볼 수 있는 바와 같이 주기가 작아질수록 주파수는 커지고

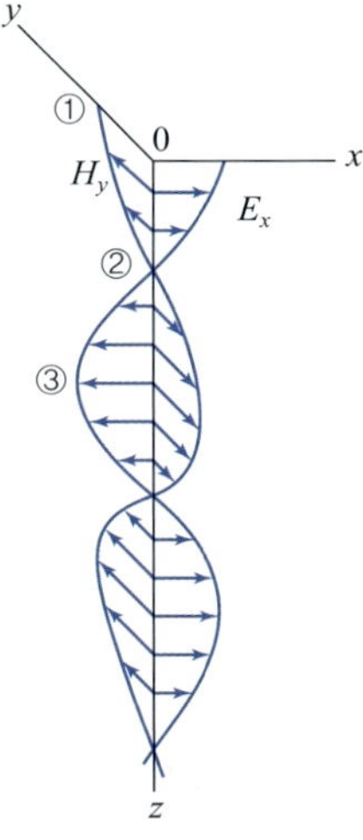

그림 5.55 수직으로 진행하는 평면파에 대한 전기장과 자기장의 편이된 진행 형태

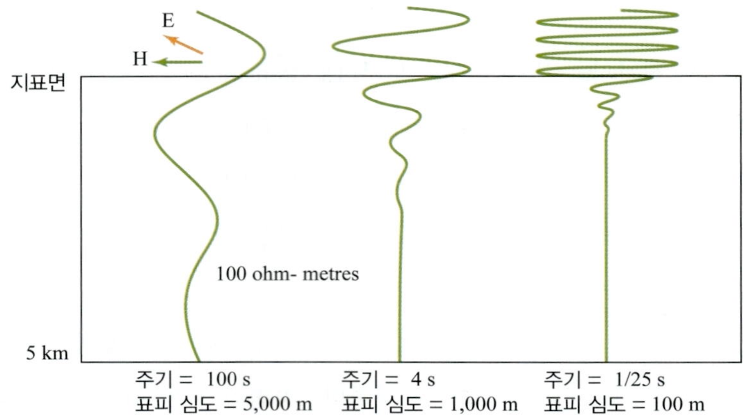

그림 5.56 비저항이 일정할 때 주기(혹은 주파수)에 따른 표피 심도의 변화

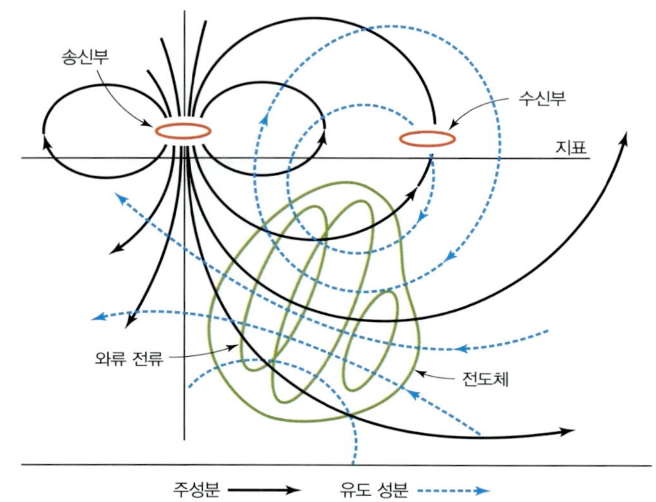

그림 5.57 송신 코일 Tx에서 발생된 전자기장이 지하에 매설된 이상체에 와류 유도 전류를 생성하고 이것이 수신 코일 Rx에 수신되는 과정을 나타낸 개념도

표피 심도가 얕아지는 것을 볼 수 있다.

전자 탐사는 다양한 방식으로 송신원과 수신원을 배치하는데, 자연적인 전자기장을 활용하는 지자기지전류 탐사를 제외하고 대부분의 경우 원형으로 코일을 감아 교류 전류를 흘려주고, 역시 동일한 방식의 코일이 감긴 수신기에 기록된 정보를 취득하는 방식으로 이루어진다. 그림 5.57과 같이 송신 코일 Tx에 교류를 흘려주면 자기장이 유도되고, 유도된 자기장은 지하의 전도성이 좋은 물체에 유도 전류를 발생시켜 이 전류에 의한 자기장이 다시 수신 코일 Rx에 감지되는 메커니즘으로 구성된다. 암페어의 법칙과 패러데이의 법칙이 반복적으로 활용된다고 이해할 수 있다.

그림 5.58은 위의 원리에 의해 실제 탐사를 수행한 과정을 보이고, 그림 5.59는 그 결과를 나타낸다.

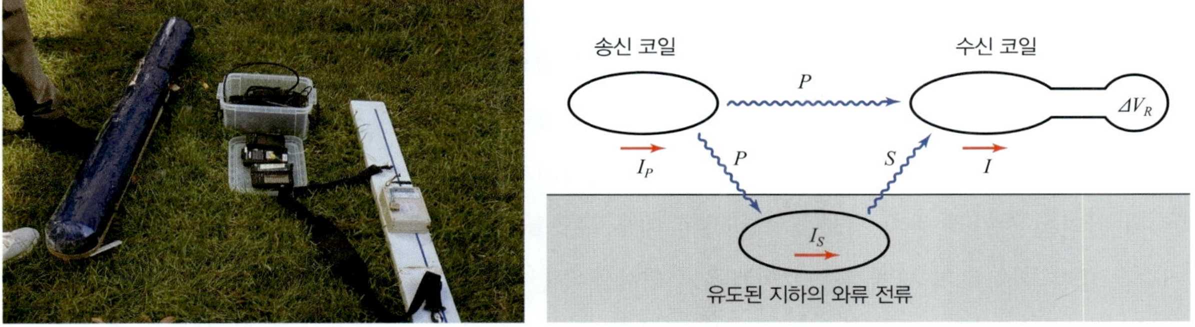

그림 5.58 전자 탐사의 기본적인 개념도와 탐사 현장. 전자 탐사는 교류를 이용하여 전자기 유도 효과를 활용하게 되는데, 전자기장을 발생시키는 Tx 코일은 지하에 존재하는 이상체에 와류 전자기장을 유발하게 되고 이를 Rx 코일에서 탐지하여 지하 이상체를 탐지하게 된다.

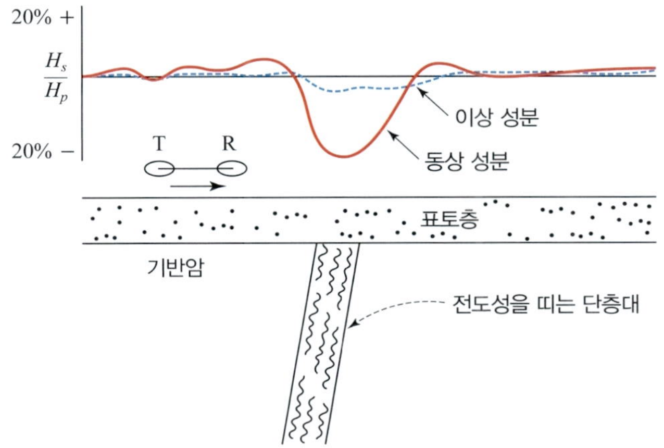

그림 5.59 앞의 그림에서 언급한 전자 탐사를 통해 획득하게 되는 결과물의 예. Tx 코일과 Rx 코일이 각각 수평으로 놓이게 되는 경우와 수직으로 놓이는 경우, 그리고 각기 다른 방향으로 놓이는 경우에 따라 분해능이 모두 다르게 나타난다.

● 탄성파 탐사

가장 중요한 능동형 탐사 기법 중 하나인 탄성파 탐사(seismic survey)는 크게 3가지로 분류할 수 있는데 석유나 가스전 탐사 등 가장 널리 쓰이는 기술로 **반사법 탐사**(seismic reflection)가 있고, 토목 현장 등에서 널리 쓰이는 **굴절법 탐사**(refraction survey), 그리고 천부 지반의 강성도(rigidity)를 측정할 수 있는 **표면파 탐사**(surface wave survey)가 있다. 그림 5.60은 탄성파를 만들어내는 탄성원(seismic source)에 의해 전파하는 과정에서 탄성원으로부터 수진기(geophone)까지 직접 전파되는 직접파(direct wave), 임계 굴절하여 두 번째 층을 통해 전파하는 굴절파(refracted wave), 반사되어 전파하는 반사파(reflected wave)로 진행하는 것을 개념적으로 나타내고 그것이 수진기에 기록될 때 시간에 따라 나타나는 양식을 보여준다. 기울기가 클수록 일정한 거리를 진행하는 데 시간이 더 오래 걸리므로 속도가 느린 것을 의미하며, 이를 통해 직접파가 굴절파보다 느리다는 것을 알 수 있다. 또한 반사파는 언제나 직접파나 굴절파보다 뒤에 관측된다는 사실도 알 수 있다. 이제 반사파를 이용하는 반사법 탐사와 굴절파를 이용하는 굴절파 탐사를 각각 간단히 살펴보자.

반사법 탐사(그림 5.59)는 전 세계 지구물리 탐사 물량의 90% 이상을 차지하는 가장 중요한 기법으로 지구물리 탐사 결과 중 가장 정확하고 정밀한 결과를 제공하는 것으로 알려져 있다. 원리는 매우 단순하여 지표에서 탄성파 에너지원이 만들어낸 탄성파가 지하에 존재하는 각각의 층에 반사되어 오는 데 걸리는 시간과 반사 강도를 이용하여 내부 구조를 판단하게 된다. 간단한 원리에 비하여 해석 기술은 매우 까다로워 세계적인 슈퍼컴퓨터 회사들이 반사파 자료 해석에 동원되기도 한다.

반사법 탐사를 비롯하여 탄성파 탐사의 원리를 이해하기 위해서는 속도 V를 가지는 층을 탄성파가 진행할 때 걸리는 시간, 즉 주행 시간에 대한 정의가 필요하다. 주행 시간은 간단한 물리 법칙에 의해 진행한 경로를 속도로 나누면 되고, 그림 5.60에서 보는 바와 같이 반사파는 그 경로를 간단히 $2\overline{SC}$로 표기할 수 있다. 이를 그 층의 속도 V로 나누면 주행 시간이 나오는데, 이를 수진기의 위치 x와 층의 깊이 h로 바꾸어 표기하면 임의의 수진기 x에 도달하는 시간 T_x를 구할 수 있다. 이 식을 다시 정리하면,

$$\frac{V_1^2 T_x^2}{4h_1^2} - \frac{x^2}{4h_1^2} = 1 \qquad \text{(식 5.21)}$$

이 되고, 여기서 V와 h는 각각 속도와 층의 깊이를 나타낸다. 이 식은 쌍곡선의 방정식에 해당하므로 반사파의 트레이스를 수진기별로 나열하여 기록하면 쌍곡선 모양이 나오게 된다. 직접파와 굴절파의 트레이스가 직선으로 나오는 것과 대비되는 양상이다.

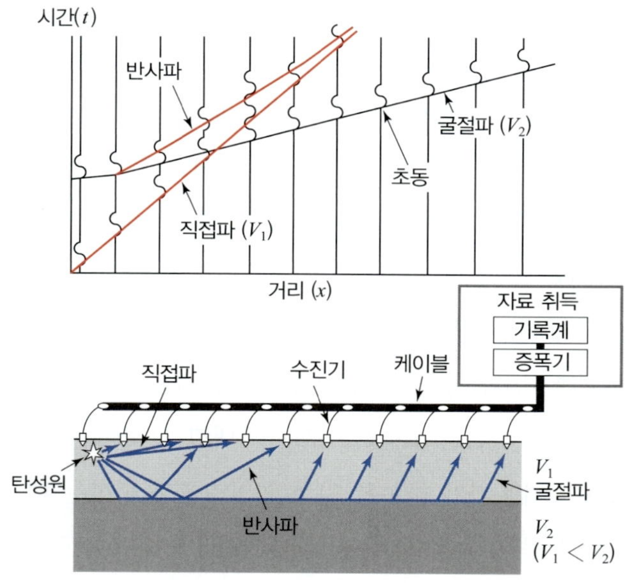

그림 5.60 탄성원으로부터 발생된 탄성파가 전파하는 과정에서 직접파, 굴절파, 반사파로 진행하는 모습의 개념도

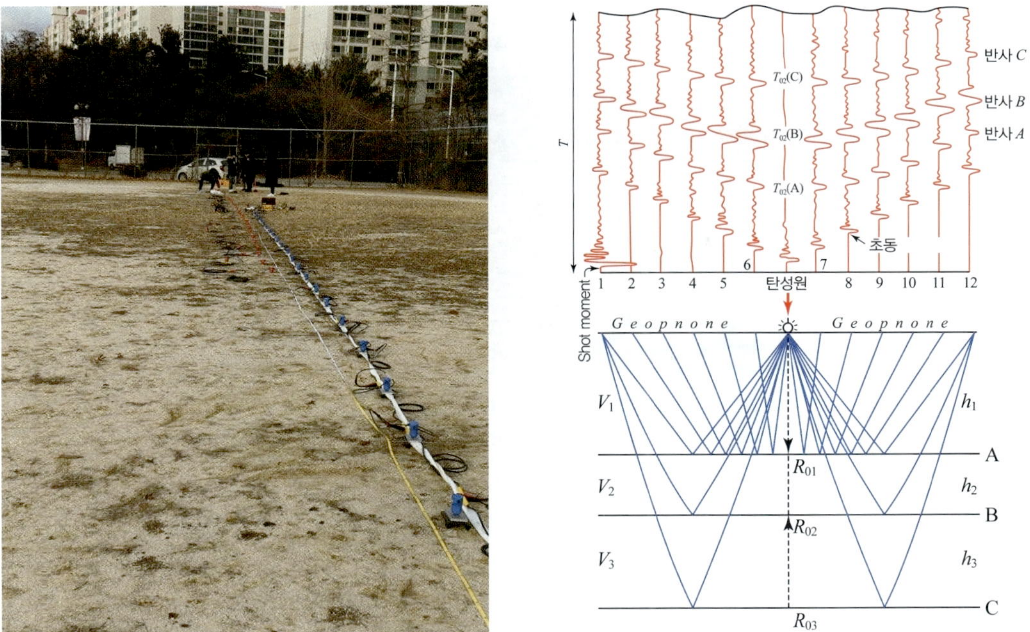

그림 5.61 반사법 탐사의 원리와 반사파 수진 기록을 나타낸 개념도. 각각 V_1, V_2, V_3의 속도를 가지는 A, B, C의 3개 층이 있는 구조에서 중앙에서 만들어진 탄성파에 의해 반사된 파가 수진기에 기록된 양상을 보이고 있다. 가장 먼저 도달하는 first arrival은 직접파 혹은 굴절파에 의한 것이며, 그보다 뒤에 나타나는 반사파들은 각 층에서 반사된 결과이다.

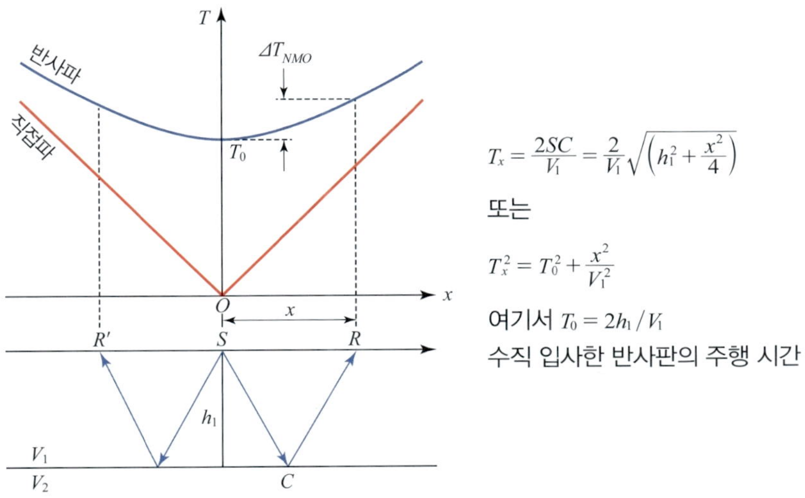

$$T_x = \frac{2SC}{V_1} = \frac{2}{V_1}\sqrt{\left(h_1^2 + \frac{x^2}{4}\right)}$$

또는

$$T_x^2 = T_0^2 + \frac{x^2}{V_1^2}$$

여기서 $T_0 = 2h_1 / V_1$

수직 입사한 반사판의 주행 시간

그림 5.62 반사파가 진행하는 경로를 해당 층의 속도로 나누면 주행 시간이 계산된다. 반사파의 경우 수진기에 기록된 반사파를 연결해보면 수식과 같이 쌍곡선 모양을 띠게 된다. 이때 소스의 직하부에서 반사되어 돌아온 반사파를 수직 입사한 반사파라 하며, 이는 쌍곡선의 꼭짓점에 나타나게 된다. 직접파와 굴절파가 직선으로 나타나는 것과 대비된다.

실제 반사법 탐사 자료를 처리하기 위해서는 그림 5.60과 같은 트레이스의 모음(gather)을 수십~수천 개까지 수행해야 하며 이를 모아 지하 구조 영상을 제작하게 된다. 반사법 자료 처리의 핵심은 같은 반사점에서 반사되어온 트레이스를 모으는 과정(CDP gather 혹은 CMP gather)이고 이를 경로에

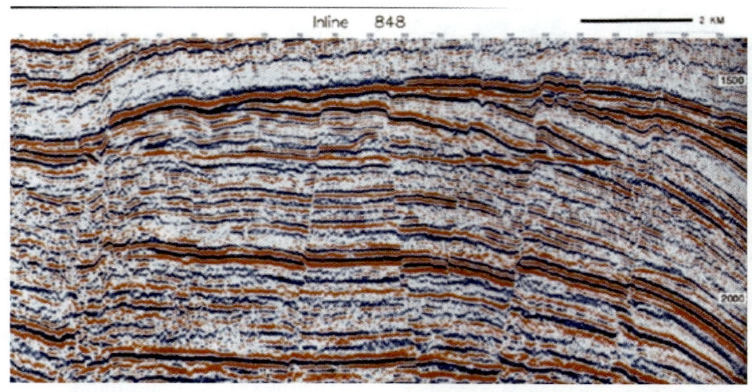

그림 5.63 수산업 위주의 산업계에 의존하고 있던 노르웨이를 일약 세계적인 산유국으로 만든 노르웨이 앞바다의 탄성파 반사법 탐사 결과 단면. 1,700 ms 깊이에서 약 7 km 길이의 bright spot이 나타나고 있으며, 이는 석유 가스전이 존재함을 직접적으로 나타낸다.

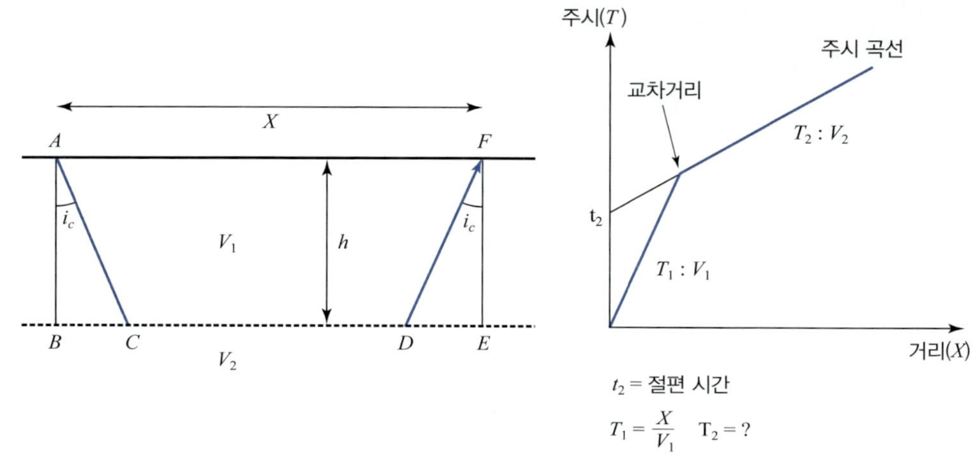

그림 5.64 굴절파 주행 시간을 이해하기 위한 개념도. 굴절파는 $A \rightarrow C \rightarrow D \rightarrow F$의 경로로 진행하며, 이때 직접파보다 먼저 도착하기 시작하는 부분에서 탄성파 트레이스에 초동으로 기록되므로, 우측과 같은 주시 곡선이 그려진다.

따른 시간 차이 효과를 보정하여(NMO, Normal Move-Out correction) 최종적으로 모든 트레이스가 겹쳐진(stacking) 지하 영상 단면을 만들게 된다. 이 과정에 반사법 자료 처리의 중요한 과정이 포함되며 층의 속도를 구하는 것이 핵심이 된다.

그림 5.63은 노르웨이 앞바다에서 수행한 탄성파 반사법 해석 자료의 해석 예이며, 1,700 ms 깊이에서 7 km 길이로 나타나는 bright spot zone이 석유 가스전의 위치를 직접적으로 나타낸다. 탄성파 탐사에서 깊이는 탄성파가 반사면까지 도달한 이후 다시 지표 혹은 해수면의 수진기로 돌아올 때까지의 시간(왕복 시간, TWT, Two-Way Travel time)으로 나타내며, 이를 깊이로 변환하기 위해서는 역필터링(deconvolution) 과정을 거쳐야 한다.

굴절파 탐사는 탄성파가 굴절하는 특성을 이용하여 층서를 결정하는 기술로서 토목 현장이나 기타 대규모 시설물의 설치를 위해 지반의 연속적인 변화를 알아보는 데 널리 쓰이는 기술이다.

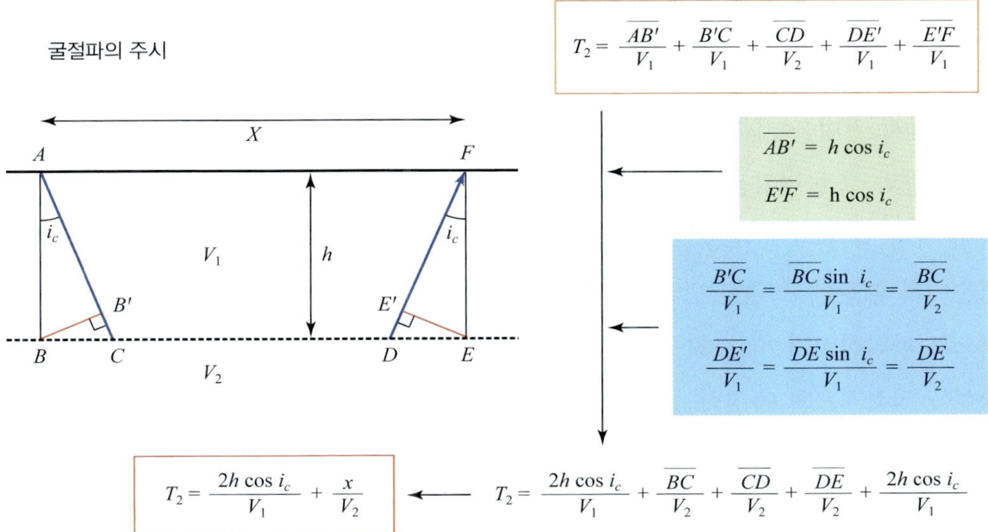

그림 5.65 그림 5.64의 결과를 확장하면 굴절파의 주시 곡선은 직선의 방정식으로 나타남을 알 수 있다.

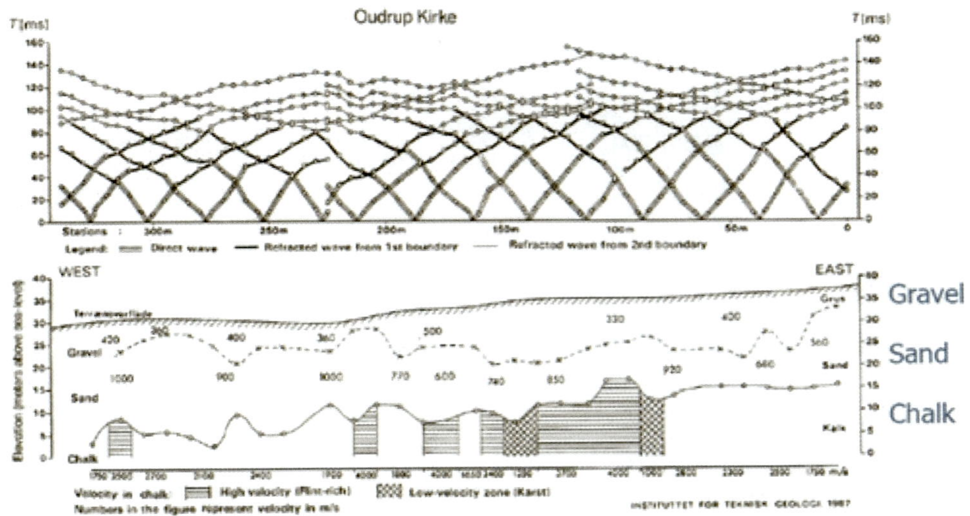

그림 5.66 여러 개의 주시 곡선을 에너지원의 위치에 맞게 도시한 후 굴절파가 나타난 층의 속도를 계산하여 아래 그림과 같은 2차원 속도 단면을 구할 수 있게 된다.

굴절법 탐사도 반사법 탐사와 마찬가지로 굴절파 진행 경로에 따른 주행 시간을 파악해야 해석이 가능해진다. 굴절파의 주시 곡선은 그림 5.64를 확장하여 그림 5.65와 같이 전개하면 굴절파의 주시 곡선은 직선의 방정식으로 나타나고, 층의 두께는 방정식의 절편에 포함되는 것을 알 수 있다. 또한 굴절파 방정식의 기울기는 굴절된 층의 속도의 역수에 해당한다. 이를 이용하여 굴절법으로 해석한 층별 속도 구조의 예를 그림 5.66에서 볼 수 있다.

(2) 방법론에 따른 지구물리 탐사의 분류

물리적 성질을 파악하기 위해 사용한 소스의 여부에 따라 탐사의 종류를 구분하기도 하지만, 표 5.3과 같이 주요 탐사 기법을 기준으로 분류하는 것도 기억할 필요가 있다. 표 5.3은 주요 탐사 기법별로 측정되는 물리량과 그 물리량을 통해 궁극적으로 알고자 하는 물리량을 나타내고 있다.

예를 들어 자력 탐사의 경우 중력 탐사와 동일하게 지구에 자체적으로 존재하고 있는 자기장을 활용하는 기술이기 때문에 포텐셜 탐사로 분류되며, 이때 측정되는 값은 자기장의 세기이다. 이를 통해 궁극적으로 파악하고자 하는 지구 내부의 물성은 이상체의 대자율이 된다. 지구물리 탐사는 지구 내부의 물성을 직접적으로 측정하는 것이 불가능하기 때문에 그 물성을 지시하는 물리량을 측정하고 측정된 결과에 대해 모델링 과정을 통해 실제 알고자 하는 물리량을 추정하는 방식을 이용하게 된다. 이러한 과정에서 지하 구조가 알려질 때 그 반응을 계산하는 순산 모델링(forward modeling)과 관측값으로부터 지하 구조를 직접 구해내는 역산 모델링(inverse modeling)으로 나뉜다.

표 5.3 지구물리 탐사 방법에 따른 측정 물리량과 그로부터 파악할 수 있는 지구 내부의 물리적 성질

지구물리 탐사 방법			지표에서 측정되는 물리적 성질	알고자 하는 지구의 물성
탄성파 탐사	자연적인 소스: 지진		지반 운동 (변위, 속도 혹은 가속도)	탄성파 속도와 감쇠 인자
	인위적인 소스	굴절파 탐사		탄성파 속도
		반사파 탐사		탄성파 속도와 밀도
포텐셜 탐사	중력 탐사		중력가속도	밀도
	자력 탐사		자기장의 세기	대자율과 잔류 자기
지각 열류 탐사			지온구배	열전도도와 지각 열류량

(3) 지구물리 탐사의 활용

지구물리 탐사는 비파괴적으로 지구 내부의 물성을 조사할 수 있는 유일한 방법이며 근래 그 활용범위가 점차 넓어지고 있는 추세이다. 지구물리 탐사 기술이 처음으로 도입된 계기인 석유 · 가스와 같은 에너지 자원 탐사부터 인공 구조물의 배면에 설치된 기물을 비파괴적으로 점검하고 모니터링하는 단계를 지나 범죄 수사, 고고학적 활용에 이르기까지 다양하게 활용되고 있다. 표 5.4는 다양한 지구물리 탐사 기법들이 어떤 용도에 적합한지를 나타내는 것으로서 가장 유용한 것으로 여겨지는 방법(P로 표기)부터, 부수적으로 활용할 수 있는 범위까지 정리한 결과이다. 예를 들어 전기 비저항 탐사는 지하 매질의 전기 비저항을 측정하고 광물자원 탐사, 지하수 조사, 대형 구조물 설치를 위한 지반 조사, 지하 공동의 탐지, 침출수의 유출 경로 등의 문제는 1차적인 주요 탐사 기법으로 활용할 수 있으며, 지하에 매설된 철재 구조물의 탐지는 2차적인 기법으로 활용 가능하다. 지구물리 탐사의 방

표 5.4 주어진 문제에 대해 지구물리 탐사를 이용하여 해결할 수 있는 우선 순위를 정리한 표. P는 가장 먼저 사용되어야 할 탐사이며, s는 보조적으로 같이 사용되는 탐사, m은 경우에 따라 적용 가능한 탐사로 분류한다.

지구물리 탐사	관련된 물리적 성질	석유 및 가스 탐사	광역 지질 탐사	광물 자원 탐사	지반 조사	지하수 탐사	지하 공동의 탐지	침출수 등의 탐지	매설 금속체 탐지	고고학적 탐사	범죄 수사 지원
중력 탐사	밀도	P	P	s	s	s	s			s	
자력 탐사	대자율	P	P	P	s		m		P	P	
굴절법 탄성파 탐사	탄성 계수, 밀도	P	P	m	P	s	s				
반사법 탄성파 탐사	탄성 계수, 밀도	P	P	m	s	s	m				
전기 비저항 탐사	비저항	m	m	P	P	P	P	P	s	P	m
자연전위 탐사	전위차			P	m	P	m	m	m		
유도 분극 탐사	비저항, 축전율	m	m	P	m	s	m	m	m	m	m
전자 탐사	전도도	s	P	P	P	P	P	P	P	P	m
VLF 탐사	전도도	m	m	P	m	s	s	s	m	m	
지표 투과 레이더 탐사	유전율, 전도도			m	P	P	P	s	P	P	P
지자기지전류 탐사	비저항	s	P	P	m	m					

법이 워낙 다양하고 측정하는 물리량도 매우 복잡할 수밖에 없기 때문에 각 탐사 기법에 대해 충분히 이해한 후 적용해야 성공률이 높아진다고 할 수 있다.

또한 지구물리 탐사 기법을 효율적으로 활용하기 위해서는 주어진 문제에 따라 각 기법들의 가탐 심도를 잘 이해하고 적절한 인자 설정을 해야 한다는 점이다. 석유 및 가스 탐사를 위한 가탐 심도는 1 km 내외까지 가능해야 하며, 오염 등의 환경공학적 문제 해결을 위해서는 수 미터에서 수십 미터 수준의 깊이에 대해 최적화된 분해능을 보여야 한다. 즉 성공적인 지구물리 탐사의 활용을 위해서는 조사하고자 하는 타깃에 대한 이해가 충분해야 효율적이고 경제적으로 탐사를 수행할 수 있다는 것이다.

다음으로 고려해야 할 것은 자료 취득의 효율성과 이에 대한 사전 계획을 철저히 세우는 것이다. 지구물리 탐사를 성공적으로 수행하기 위해서는 문제에 대한 정확한 인식부터 시작하여 현장 자료 취득을 위한 사전 설계에 이르기까지 철저한 계획을 바탕으로 처리가 되어야 한다. 워낙 다양한 탐사 방법이 존재하고 그에 따라 비용과 기간이 달라지기 때문에 계획 수립 단계에서 이에 대한 명확한 이해가 필요하다. 그림 5.67은 이러한 처리를 위해 거쳐야 할 과정을 순서도로 나타낸 것이다. 우선 주어진 문제에 대한 정확한 이해가 필수적이며, 클라이언트로부터 지원받는 경비를 예산으로 변환하고

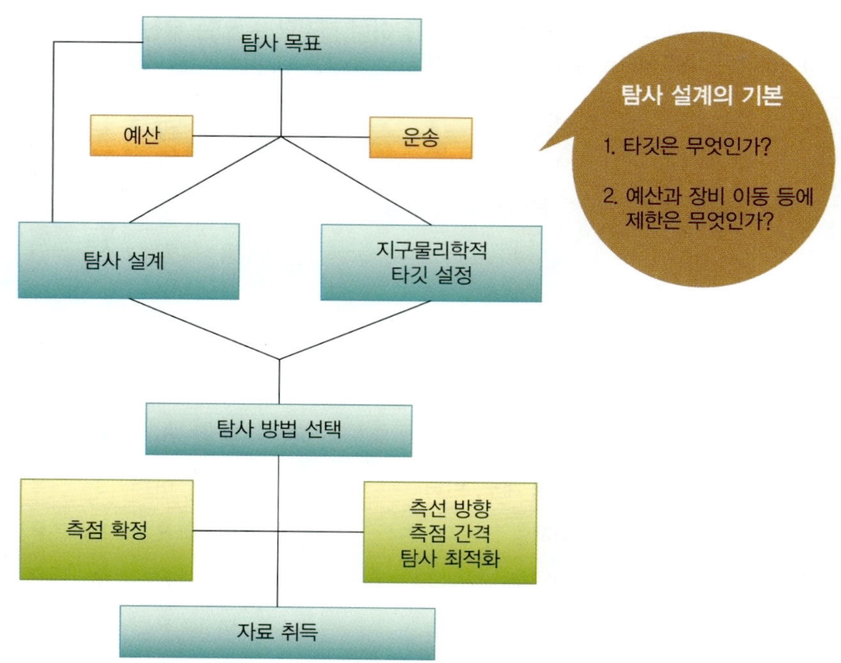

그림 5.67 현장 탐사 수행을 위한 순서 처리도. 예산과 기간에 따라 결정할 수 있는 탐사 범위가 선택되어야 하며, 이에 대한 효율적인 운영을 위한 고려가 되어야 한다.

이동 등에 대한 사전 예산을 정리한다. 이후 효율적인 문제 해결을 위한 현장 자료 취득 설계를 수행해야 하는데, 제반 여건을 모두 고려하여 탐사 방법을 결정해야 한다. 이 과정이 가장 중요한 과정으로 주어진 문제 해결을 주어진 예산과 기간 안에 완료할 수 있는 방법을 택해야 하며, 이것이 결정되면 측선에 대한 설계를 스케줄에 따라 조정하게 된다.

3) 지구물리 탐사 자료의 해석

지구물리 탐사에 있어 가장 조심해야 할 부분이 관련 방법에 대한 정확한 이해 없이 무조건적으로 자료를 취득하고 해석하려는 것이다. 앞에서도 언급한 바와 같이 지구물리 탐사를 통해 획득하는 자료는 신호의 크기가 매우 미약하고 주변 잡음에 의해 많은 영향을 받을 수 있기 때문에 많은 경험과 측정된 자료에 대한 이해를 가지고 취득을 수행해야 한다. 엉터리 값을 측정하고 그에 대한 분석을 해보아야 좋은 결과가 나올 수 없다는 것이다. 이러한 부분에 대한 이해가 충분하다면 다음으로 고려해야 할 것이 해의 비유일성 문제(non-uniqueness problem)이다. 이는 지하의 구조가 서로 다른 경우에도 그 반응은 유사하게 나올 수 있다는 의미인데 지구물리 탐사 자료를 해석함에 있어 가장 어려운 문제라고 할 수 있다. 이외에도 다양한 문제가 정확한 해석을 방해하고 있는데 이에 대해 알아본다.

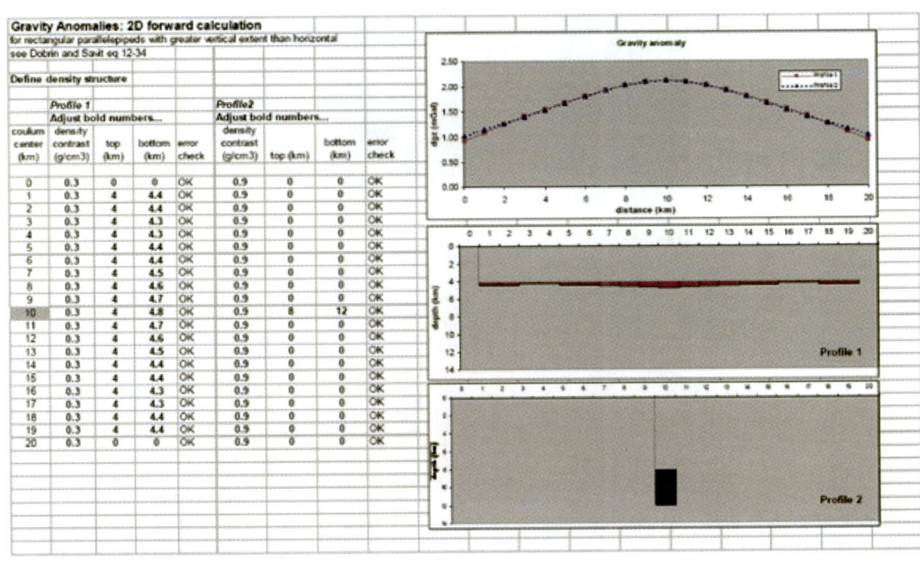

Gravity Anomalies: 2D forward calculation
for rectangular parallelepipeds with greater vertical extent than horizontal
see Dobrin and Savit eq 12-34

Define density structure

	Profile 1				Profile2			
	Adjust bold numbers...				Adjust bold numbers...			
coulum center (km)	density contrast (g/cm3)	top (km)	bottom (km)	error check	density contrast (g/cm3)	top (km)	bottom (km)	error check
0	0.3	0	0	OK	0.9	0	0	OK
1	0.3	4	4.4	OK	0.9	0	0	OK
2	0.3	4	4.4	OK	0.9	0	0	OK
3	0.3	4	4.3	OK	0.9	0	0	OK
4	0.3	4	4.3	OK	0.9	0	0	OK
5	0.3	4	4.4	OK	0.9	0	0	OK
6	0.3	4	4.4	OK	0.9	0	0	OK
7	0.3	4	4.5	OK	0.9	0	0	OK
8	0.3	4	4.6	OK	0.9	0	0	OK
9	0.3	4	4.7	OK	0.9	0	0	OK
10	0.3	4	4.8	OK	0.9	8	12	OK
11	0.3	4	4.7	OK	0.9	0	0	OK
12	0.3	4	4.6	OK	0.9	0	0	OK
13	0.3	4	4.5	OK	0.9	0	0	OK
14	0.3	4	4.4	OK	0.9	0	0	OK
15	0.3	4	4.4	OK	0.9	0	0	OK
16	0.3	4	4.3	OK	0.9	0	0	OK
17	0.3	4	4.3	OK	0.9	0	0	OK
18	0.3	4	4.4	OK	0.9	0	0	OK
19	0.3	4	4.4	OK	0.9	0	0	OK
20	0.3	0	0	OK	0.9	0	0	OK

그림 5.68 지하에 존재하는 이상체에 의한 중력 이상 효과를 계산한 결과. 프로필 1은 얕은 깊이에 넓게 펼쳐진 이상체가 존재하는 모델이며, 프로필 2는 프로필 1보다 깊은 심도에 밀도 차이가 더 큰 단일 프리즘 형상의 이상체가 존재하는 모델이다. 이 두 모델에 대한 반응은 큰 차이가 없는 것으로 나타나고 있다.

(1) 해의 비유일성 문제

그림 5.68은 아주 간단한 방법으로 중력 이상을 계산한 결과이다. 즉 지하에 다소 얕은 깊이에 넓게 펼쳐진 이상체가 존재하는 모델과 주변과의 밀도 차는 더 크고 보다 깊은 깊이에 프리즘 형태의 단일 이상체가 있다고 가정한 모델에 의해 나타날 수 있는 중력 이상을 나타낸 것이다. 해의 비유일성 문제는 지하의 이상체가 그림 5.68과 같이 서로 다른 모델에 대해서도 그에 의한 중력 이상은 거의 유사하게 관측된다는 것이다. 우리는 관측된 중력 이상으로부터 지하 구조를 추정해야 하는데, 결과적으로 관측된 중력 이상이 매우 유사하다면 두 모델 사이의 차이점을 유의미하게 구별할 수 없다는 뜻이다. 그렇다면 이러한 문제를 해결할 수 있는 방안은 무엇일까? 그것은 한 가지 이상의 지구물리 탐사를 적용하는 것이다. 즉 복합 탐사를 수행함으로써 각기 다른 이상 값을 복합적으로 분석하여 이를 해결할 수 있다.

그림 5.69는 지하에 포화된 점토층, 포화된 모래층, 그리고 불포화된 풍화 상태의 기반암이 존재할 때 각 층의 경계를 구분하는 문제에 대한 모식도이다. 이 경우 전기 비저항 탐사만을 활용한다면, 비저항의 민감도가 좋은 점토층과 모래층은 쉽게 구분할 수 있지만 전도도가 둘 다 좋지 않은 모래와 풍화된 기반암을 구별하기는 쉽지 않다. 다른 경우로 탄성파 탐사만을 수행한다면, 탄성파의 속도가 불포화대와 포화대의 경계에서 매우 민감하게 반응하기 때문에 포화된 모래층과 불포화 상태의 기반암을 쉽게 구분할 수 있지만 둘 다 포화된 상태인 점토층과 모래층을 구분하는 것은 매우 어렵다. 이런 경우, 탄성파 탐사와 전기 비저항 탐사를 동시에 적용한다면 지하에 존재하는 3개 층을 성공적으로 구분할 수 있을 것이다.

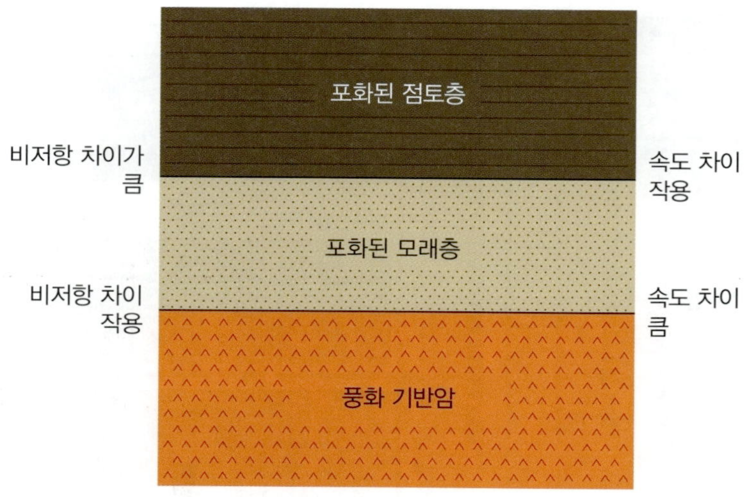

그림 5.69 해의 비유일성을 해결할 수 있는 가장 효율적인 방법은 2가지 이상의 탐사를 동시에 적용하는 것이다. 속도에 대해 민감한 포화 구역과 불포화 구역에 대해서는 탄성파 탐사를 활용하고, 비저항에 대해 민감한 점토와 모래에 대해서는 비저항 탐사를 적용하면 훌륭하게 3개의 층을 구분할 수 있다.

(2) 2차원 구조와 3차원 구조

지구물리 탐사를 성공적으로 활용하기 위해서는 조사하고자 하는 타깃에 대한 정보가 필수적이다. 즉 타깃에 대한 대략적인 정보를 구조지질학이나 퇴적학 연구 결과로부터 사전에 충분히 확보해야 성공적인 분석과 해석이 가능하다. 이는 자료 취득의 방식을 결정하는 데 매우 중요하며 예산과 탐사 기간의 결정에 직접적으로 영향을 미치게 된다.

지구물리 탐사를 수행할 때 측점을 측선 방향으로 설정하느냐 혹은 그리드 형태로 전체 영역을 커버하느냐는 계획 단계(그림 5.67)에서부터 결정하게 된다. 드물게는 현장에서 탐사를 수행하다 변경하는 경우도 있지만 측점 설계를 결정하는 것은 전체 예산이나 기간에 지대한 영향을 미치기 때문에 사전에 결정되는 경우가 대부분이다. 측점을 측선의 형태로 배치하는 경우는 지하 이상체의 구조가 주향으로는 변화가 없고 측선 방향과 깊이 방향으로만 변화하는 2차원 구조일 경우이다. 대표적인 2차원 구조는 주향이 있는 단층 구조라 할 수 있다. 이러한 구조에 대해서는 단층을 가로지르는 측선 탐사만으로도 충분히 탐사 효과를 거둘 수 있다. 그러나 지하의 이상체가 주향 방향으로도 변화가 있는 3차원 구조라면 단순히 측선 탐사로는 타깃을 탐지할 가능성이 매우 희박해지고, 설사 탐지에 성공하더라도 이상체의 규모를 산정하는 데 어려움이 있으므로, 전체 영역을 그리드로 짜서 모든 지점에서 탐사가 이루어져야 한다. 그림 5.70a는 측선 탐사의 사례를 나타내고, 그림 5.70b는 그리드 상에서 탐사가 이루어져 등고선 형태로 매핑한 결과를 비교하여 나타내고 있다. 그림 5.70a의 측선이 그림 5.70b의 $X-Y$ 측선으로 표기되어 있다. 그림 5.70b에서 볼 수 있는 바와 같이 $X-Y$ 측선으로 탐사가 이루어져도 정확한 이상체의 규모를 결정하기 위해서는 그림 5.70b 혹은 그림 5.70c와 같이 3차원적으

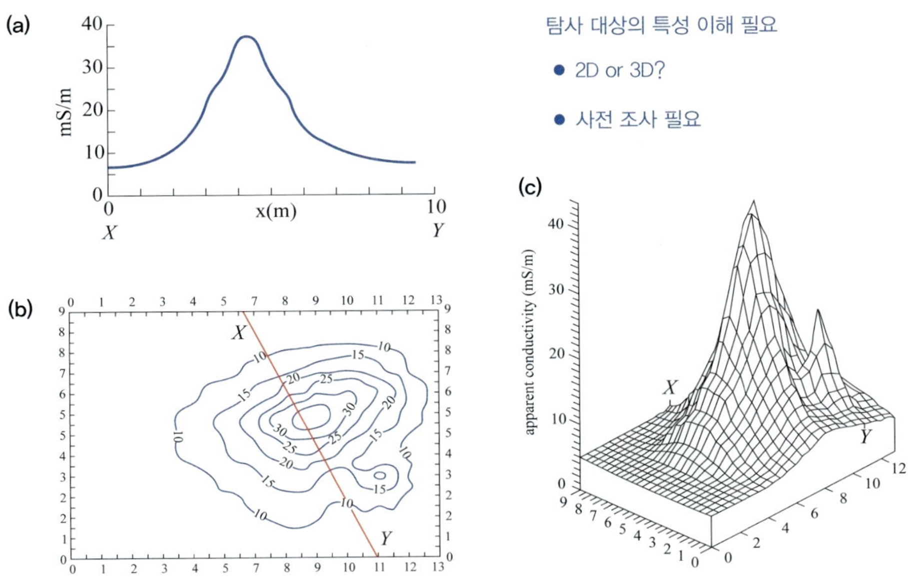

그림 5.70 측선 방향과 깊이 방향으로만 변화가 있는 2차원 구조에서는 측선 탐사로 충분히 이상체를 탐지할 수 있지만, 주향 방향까지 변화가 있는 3차원 구조에서는 그리드 탐사에 의한 매핑으로만 이상체를 정확하게 탐지할 수 있다.

로 도시할 필요가 있으며, 측선 탐사로는 정확한 해석이 불가능하다는 것을 알 수 있다.

(3) 측점 개수의 결정 – 앨리어싱 효과

앞서 언급한 바와 같이 측점을 어떻게 설정하느냐는 예산과 기간의 결정에 많은 영향을 미치는데, 구조적인 형태를 알고 그에 따른 계획을 세운다 해도 추가적으로 검토해야 할 것이 측선 혹은 그리드 상에서 측점의 밀도를 얼마나 높일 것인가 하는 문제이다. 그림 5.71은 이를 명료하게 보여준다. 그림 5.71a는 지하에 매설된 파이프에 의해 전자 탐사를 수행할 경우 나타날 수 있는 이상 반응을 모델링을 통해 나타낸 것이다. 실제 이러한 구조에 대해 탐사를 수행할 때 측점의 간격 혹은 밀도에 따라 이상적으로 나타난 그림 5.71a와는 매우 다른 결과를 보일 수 있다. 그림 5.71b는 비용 절감을 위해 10 m 당 1개의 측점이 선정된 때의 탐사 결과인데 그림에서 볼 수 있는 바와 같이 원래의 시그널을 제대로 반영하지 못하고 있다. 역시 그림 5.71c는 그림 5.71b보다 더 나쁜 결과를 보이고 있다. 그림 5.71d의 경우 측점 간격을 2 m로 줄여서 앞의 결과보다는 훨씬 좋은 반응을 탐지하였지만, 역시나 최고 변화값이 나타나는 위치를 제대로 반영하지 못하고 있다. 그림 5.71e는 가장 정확하게 원래 시그널을 복원하였지만 큰 변화가 없는 구간에서도 지나치게 측점 밀도가 높아 경제적 손해가 발생한다. 앨리어싱(aliasing) 효과는 잘못된 자료 샘플링으로 신호가 왜곡되는 현상을 나타내며, 측점 밀도가 낮아 원래 시그널을 제대로 복원하지 못하는 현상을 말한다.

이와 같이 측점 밀도에 따라 원래 신호를 복원하는 정도가 달라지는데, 이 문제는 탐사 대상인 타

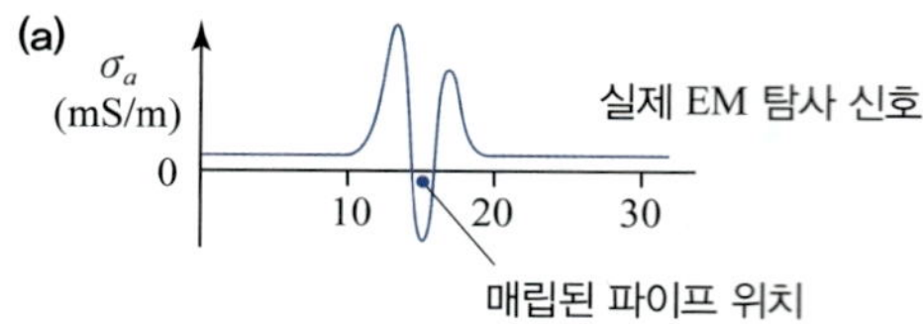

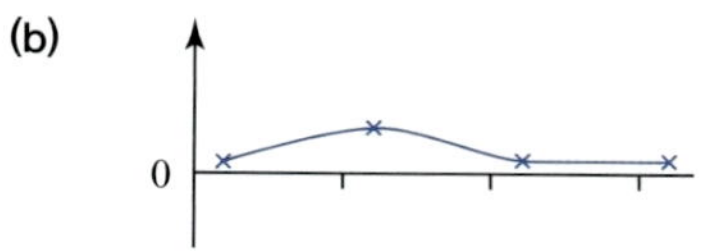

10 m 간격으로 측정할 때 발생하는 앨리어싱 효과

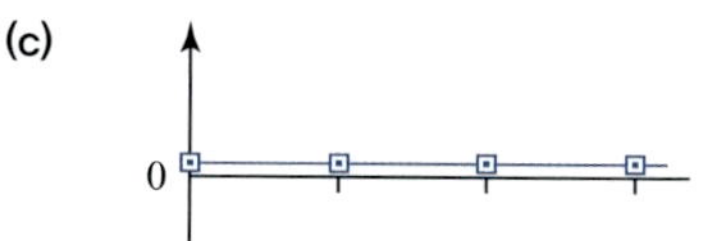

10 m 간격으로 측정할 때 발생하는 앨리어싱 효과

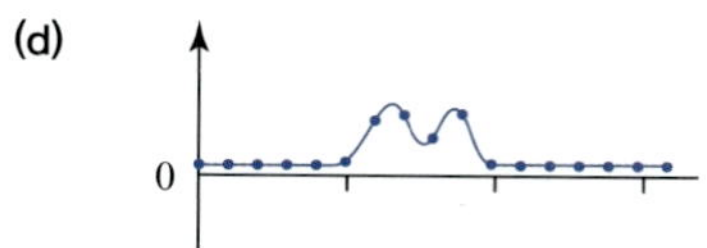

2 m 간격으로 측정할 때 발생하는 앨리어싱 효과

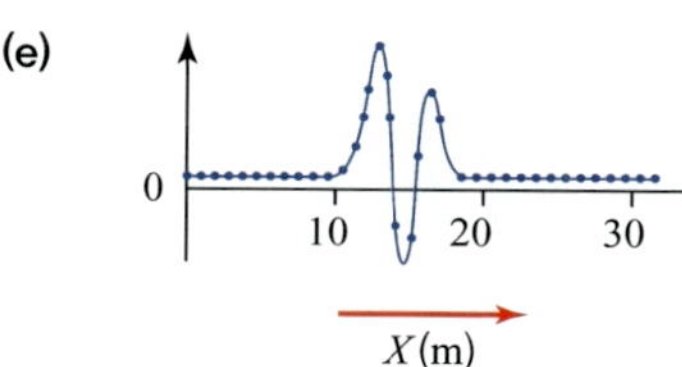

X(m)

1 m 간격으로 측정할 때 실제 결과와 유사하게 나타남

그림 5.71 측점 간격의 설정은 탐사 비용과 탐사 기간의 설정에 가장 중요한 영향을 미치는 요소이다. 반응이 나타나는 공간 주파수보다 넓게 측점 선정이 이루어지면 이상이 제대로 측정되지 않으며(b, c, d), 반응 변화가 별로 없는 곳에 측점수를 늘리면 비용과 기간이 증가한다(e의 평탄한 구간).

깃의 심도가 대략 어느 정도 파악될 경우 효율적으로 개선될 수 있다. 우리는 앞서 지하에 매설된 철재 드럼통의 케이스를 통해 이상체가 천부에 위치할수록 공간적 고주파수 성분이 많이 나타나 측점 간격을 좁혀야 할 필요가 있다는 것을 알았고, 이상체가 심부에 위치할수록 공간적으로 부드러운 양상이 나타나므로 측점을 과도하게 설정할 필요가 없다는 점을 이해하였다.

(4) 타깃에 최적화된 자료 획득

결국 지구물리 탐사 자료를 정확하게 해석하기 위해서는 타깃에 대한 정보가 많을수록 유리하다는 점을 알 수 있다. 지구물리 탐사 자료의 해석에 관한 마지막 내용도 이와 밀접한 관련이 있다.

예를 들어 클라이언트로부터 지하에 존재하는 것으로 추정되는 공동(cavity)을 탐지하여 달라는 요청을 받았을 때, 프로젝트 기획자는 계획 단계부터 이 공동의 상태에 대한 가정을 이해하고 진행해야 한다. 그림 5.72는 지하 공동의 상태가 텅 빈 상태인지, 주변은 불포화지만 공동만 포화된 상태인지, 주변도 포화되고 공동도 포화된 상태인지에 따라 겉보기 비저항이 서로 다르게 나타나는 것을 보이고 있다. 즉 텅 빈 상태의 공동은 비저항이 무한대에 가까워 매우 높은 겉보기 비저항을 보일 것이며, 주변은 불포화인데 공동만 포화된 경우 겉보기 비저항은 공동 내부의 유체로 인해 낮은 값을 보이게 될 것이다. 하지만 주변도 포화 상태이고 공동 내부도 포화되어 있다면 공동의 존재를 전기 비저항 탐사를 통해 알기 어렵게 아무런 차이도 나지 않을 것이다. 프로젝트 기획자는 이러한 상황을 예측

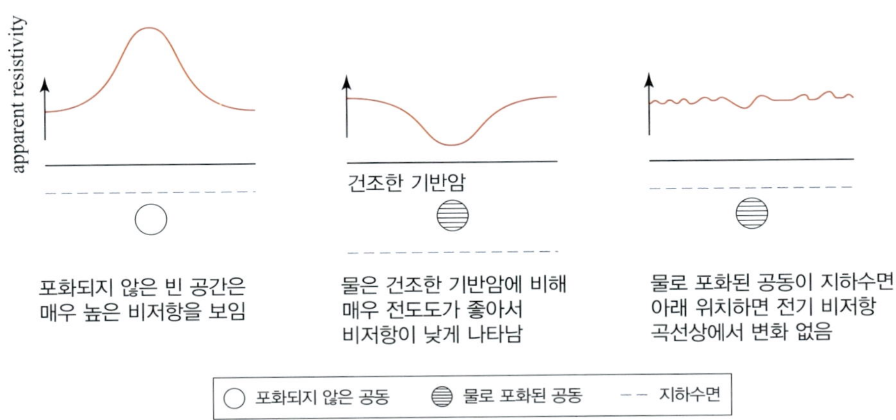

그림 5.72 탐지하고자 하는 지하의 공동이 텅 빈 상태인지, 주변은 불포화지만 공동만 포화된 상태인지, 주변도 포화되고 공동도 포화된 상태인지에 따라 그 반응은 다양하게 나타난다.

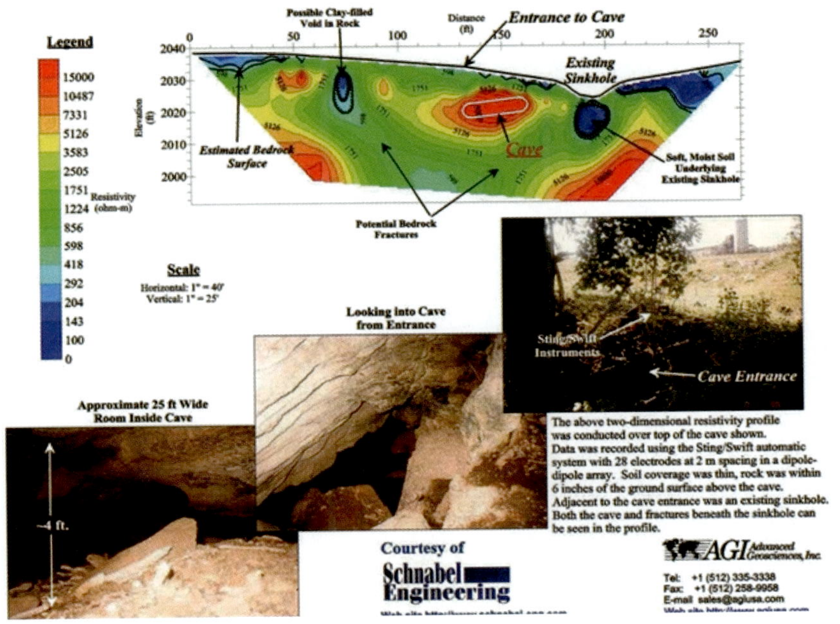

그림 5.73 지하 공동이 존재할 때 이에 대한 전기 비저항 탐사의 반응은 다양하게 나타난다. 위 그림에서 볼 수 있듯이 때로는 높게, 때로는 낮게 나타나므로 이를 구별하기 위해 복합 탐사가 수행되어야 한다(AGI 및 Schnabel Engineering 사의 홍보 자료).

하여 전기 비저항 탐사 외에 다른 탐사 기법도 복합적으로 고려해야 하며 이러한 경우를 예상한 탐사 설계가 이루어져야 한다.

그림 5.73은 실제 지하 공동이 많을 것으로 의심되는 지역에서 수행한 전기 비저항 탐사 결과와 굴착을 통해 확인한 현장 상태를 보여준다. 예상한 바와 같이 지하의 공동은 포화 상태나 주변 매질과의 물성 차이에 따라 다양한 반응을 보임을 알 수 있다.

STORYLINE

우주에서 바라본 지구는 마치 파란 구슬 같다고 해서 붙여진 이름이 '블루 마블(The Blue Marble)'이다. 지구가 푸른 행성인 이유는 지구 표면의 약 70% 이상이 해양으로 덮여 있기 때문이다. 그러므로 우리가 사는 지구(earth, 地球)를 수구(水球) 또는 해구(海球)로 부른다고 해도 과언이 아닐 것이다. 해양은 인류에게 막대한 양의 식량 및 에너지 자원을 제공하며, 지구 온난화로 발생한 열과 이산화탄소를 흡수하여 기후 변화 조절자로서 중요한 역할을 하고 있다. **이 장에서는 인류의 사회 · 경제 · 문화 자산의 원천이 되는 해양의 운동 및 변화와 관련된 다양한 과학적 원리를 알아본다.**

- 6.1 해양 관측
- 6.2 해수의 특성
- 6.3 해양 순환
- 6.4 파랑과 조석
- 6.5 해양 기후 변화
- 6.6 전 지구 해수면 변동
- 6.7 해저 지질과 해양 자원

해양의 운동 및 변화

6.1 해양 관측

1) 과거의 해양 탐사

(1) 대항해시대와 19세기의 해양 탐사

인류가 바다로 나아가기 시작한 것은 매우 오래되었다. 기원전부터 폴리네시아인들은 태평양의 크고 작은 섬들을 이동하는 방법을 터득했고, 고대 그리스와 로마 문명도 지중해를 중심으로 발달하였다. 중세시대(약 500~1450년경)에는 바이킹 이외의 유럽인 해양 탐험이 거의 이루어지지 않았으나, 대항해시대(age of discovery, age of exploration, 15세기 초반부터 18세기 중반)부터 본격적인 해양 탐험이 재개되었다. 대항해시대에는 유럽의 선박들이 전 세계 바다로 뻗어나가며 항로를 개척하고 탐험과 무역을 활성화하였다. 이 과정에서 아메리카 대륙을 발견하였으며, 유럽의 발전과 식민지 개척이 이러한 항로 발견에 따라 이루어졌다. 한편 정작 대양 항해를 위해 필수적인 수단이었던 나침반은 1200년경 중국에서 유럽으로 전해진 것이었다. 중국은 이미 당시에 대양 항해 능력이 유럽보다 훨씬 앞서 있었다. 명나라 초기 영락제의 명으로 수행된 정화(鄭和, 1371~1434)의 7차에 걸친 남방 항해는 매번 항해마다 약 200척의 선박과 2만 7,000여 명의 선원을 동원하며 인도와 아라비아를 거쳐 아프리카 북부 해안에까지 도달할 정도였다. 이후 해금(海禁) 정책을 펼친 중국은 해양 패권 경쟁에서 사라졌던 반면 포르투갈에 이어 스페인, 영국, 프랑스 등 유럽 각국은 해양으로 진출하며 크게 발전을 거듭하여 식민지를 개척할 수 있었다. 대항해시대까지의 대양 항해와 해양 탐사는 상업적 · 군사적 목적이었을 뿐, 과학적 탐사와는 거리가 멀었다.

과학적 해양 탐사는 19세기가 되어서야 비로소 시작되었다. 오늘날 생물학계를 넘어 인류의 역사를 근본적으로 바꾼 것으로 평가받고 있는 『종의 기원』을 발표한 찰스 다윈(Charles Robert Darwin, 1809~1882)이 그 유명한 진화론을 탄생시킨 배경으로 **비글호**(HMS Beagle) 탐사를 꼽는다. 사냥개 이름인 비글에서 유래한 비글호에는 1831~1836년 탐사 당시 영국 해군 소속이자 기상학자, 지질학자, 지리학자, 측량학자였던 로버트 피츠로이(Robert FitzRoy, 1805~1865) 함장이 65명의 정규 승조원 외 몇 명을 추가로 더 승선하도록 했는데, 다윈도 그중에 포함될 수 있었다. 다윈은 탐사 기간 중 갈라파고스 제도에서 수집한 표본을 남아메리카 본토의 생물상과 비교하며 진화론의 근거가 되는 표본을 수집하였다.

비슷한 시기였던 19세기, 미국 해군 장교였던 매튜 마우리(Matthew Maury, 1806~1873)는 항해 도중 불의의 사고로 부상을 입어 더는 승선 조사가 불가능해지자 1842년 미국 워싱턴의 해양관측소 소장으로 취임하고 오랜 기간 수집되었던 해류, 해저 암초의 위치, 선박 사고 등 수십만 건의 각종 기록을 과학적으로 분석하여 안전하고 빠른 수로(바닷길) 개척에 앞장서게 되었다. 멕시코 만류(혹은 걸

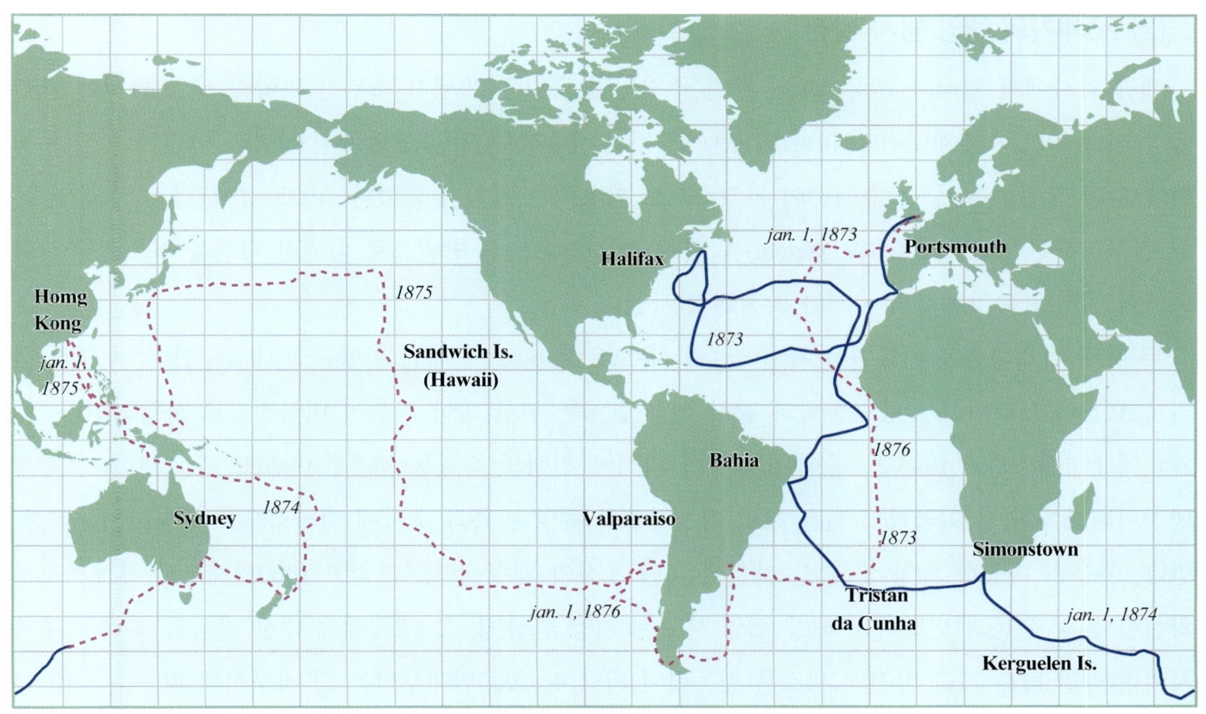

그림 6.1 챌린저호 탐사 경로(1872년 12월~1876년 5월)

프 스트림, Gulf Stream)라는 해류를 발견한 것도, 바람과 해류 사이에 상호 관련이 있음을 밝혀낸 것도, 북대서양을 가로지르는 항로와 기상도를 작성한 것도, 이에 따라 해운 회사들의 항해 일수 단축과 해난 사고 감소에 따른 비용 절감도 모두 그의 업적에 힘입은 것이다.

19세기 후반에는 본격적인 해양 조사와 과학 탐사가 시작되었다. 1872년 12월부터 1876년 5월까지 약 3년 반이라는 긴 시간 동안 이어진 **챌린저호 탐사**(HMS Challenger Expedition)를 근대 해양학의 출발점으로 평가한다. 이 챌린저호 탐사는 대서양, 인도양, 태평양을 가로질러 총 12만 5,000 km에 달하는 거리를 탐사하며 마리아나 해구의 챌린저 심연(challenger deep)과 같이 매우 깊은 곳의 존재를 알게 되었고, 4,000종 이상의 해양 생물을 발견했으며, 심해저에 존재하는 광물 덩어리(망간 단괴)도 발견하는 등 다양한 환경과 과학 데이터를 수집한 승선 조사였다(그림 6.1). 영국 왕립학회와 영국 해군은 공동으로 챌린저호 탐사 프로젝트를 진행했는데, 탐사 이후 약 15년간 총 50권의 보고서를 통해 해양을 본격적인 탐구의 대상으로 연구한 결과들을 발표하였다. 이 탐사에 참여한 화학자, 동물학자, 미술가에 이르는 다양한 학자들이 전 세계 해양을 누비며 최초의 과학적 발견들을 가능하게 했던 챌린저호 탐사는 20세기 해양학의 급속한 발전 시대를 열게 되었다. 탐사 보고서의 출판을 감독한 존 머레이(John Murray, 1841~1914)는 이 보고서를 '15~16세기의 대항해 발견 이후 지구에 대한 지식 중 가장 위대한 진보'로 묘사하였다.

(2) 20세기의 해양 탐사 발전

해양 탐사에서 영국과 프랑스보다 후발 주자였던 독일은 20세기 초부터 과학적 해양 탐사에 관심을 가졌다. 제1차 세계대전(1914~1918년) 중 독일 잠수함에 의한 연합국 수상함의 막대한 피해(무제한 잠수함 작전)는 수중음향 기술이 본격적으로 활용되는 계기가 되었다. 1925~1927년 기간 동안 독일 연구조사선 메테오르호(RV Meteor) 탐사는 수중음향 측심 방법으로 심해저 지형을 최초로 조사함으로써 대서양 중앙해령의 존재를 밝혀낸 탐사였다.

두 차례 세계대전을 치르면서 독일 잠수함 유보트(U-boat)에 대한 연합군의 대잠수함 작전(대잠전)의 중요성이 드러나고 수중음향학과 같이 해양 탐사를 위한 과학 기술이 비약적으로 향상되었다. 제2차 세계대전(1939~1945년) 중에는 해양학 지식이 전쟁의 승패를 좌우할 정도로 중요해졌고, 전후 냉전시대가 되면서 미국과 소련은 서로 경쟁적으로 해양 관측과 조사에 적극적으로 투자하기 시작하였다. 아울러 다양한 해양 및 수산 자원에 대한 조사와 개발 경쟁, 그리고 1960년대부터 세계적으로 확산한 환경 운동과 빈발하는 해양 오염 사고는 해양 환경 및 그 생태계에 대한 관심과 우려를 증폭시키며 해양 탐사 기술 발전의 새로운 원동력이 되었다. 1990년대부터는 전 지구적인 지구 온난화 등 각종 기후 문제를 비롯한 지구 환경 변화 문제가 본격적으로 대두되며 해양의 역할과 중요성이 점점 더 강조되는 가운데 해양 탐사 기술의 발전은 더욱 가속화되는 중이다.

3면이 바다로 둘러싸여 있고 북쪽은 막혀 있어 국가 생존에 필수적인 해양학을 발전시켜온 대한민국은 1960년대 유네스코와 함께 **정부간해양학위원회**(IOC, Intergovernmental Oceanographic Commission)에 본격적으로 참여하기 시작했으며, 한국해양과학위원회(현재 한국해양학위원회, KOC, Korea Oceanographic Commission), 한국해양학회(The Korean Society of Oceanography), 서울대학교 해양학과(Department of Oceanography)를 차례대로 설치하고, 쿠로시오 해류 국제 공동 조사(CSK, Cooperative Study of Kuroshio and Adjacent Regions)에 국내 과학자들을 파견하며 해양 탐사 역량을 습득 및 발전시키기 시작하였다. 열악한 여건에서 시작한 한국의 해양학 및 해양 탐사 기술은 오늘날 명실공히 세계 상위권 수준으로 빠르게 성장하였고, 탐사 범위도 한반도 연근해는 물론 극지 해역을 비롯한 대양까지 진출하고 있으며, 15개 내외 대학에서 해양학 전문가들을 양성하고 개발도상국 해양과학자들의 교육, 훈련에까지 참여하게 되었다.

2) 현재와 미래 해양 관측

(1) 21세기 유 · 무인 해양 관측 플랫폼

해양학의 필수 요소인 해양 관측은 다양한 해양 과정들에 의해 시시각각 변화하는 해양 환경을 이해하기 위해 지속적으로 수행되어야 한다. 해양 관측을 위해 활용되는 다양한 인프라 시설 중에서

그림 6.2 국내 연구조사선 사진. (왼쪽) 한국해양과학기술원 대형 연구선 이사부호, (오른쪽) 극지연구소 쇄빙연구선 아라온호

도 가장 기본이 되는 해양 관측 플랫폼은 연구 조사를 위한 선박이다. 해양 연구를 위한 전용 연구선(RV, Research Vessel) 혹은 조사선이 계속 설계 · 건조되고 있는데, 제2차 세계대전 이후, 특히 1960년대 초반부터 이러한 연구선이 크게 발전하며 다양해졌다.

오늘날 사용되고 있는 연구선들은 그 목적에 따라 크게 두 종류로 구분할 수 있다. 첫째는 관측 데이터 수집 목적 외에도 기본적인 승선 연구 활동을 포함한 다양한 과학적 연구 목적에 활용할 수 있는 '**다목적 연구선**'이다. 둘째는 특정한 과학적 임무를 수행하도록 설계 · 건조된 특수 목적의 **전용 연구선**이다. 국제공동 해양시추사업(International/Integrated Ocean Drilling Program)에 활용되는 심해시추선(drillship)은 후자의 대표적인 예이다. 전자에 해당하는 다목적 연구선은 매우 다양해서 그 크기, 기능, 운항 가능 기간, 승선 가능 인원, 선박 부착 장비와 결빙 해역 탐사 여부 등 다양한 요소를 고려하여 연구 목적에 적합한 연구선을 선택하는 것이 매우 중요하다.

국내에서도 해양학 교육에 활용되는 실습선 외에 유관 정부 기관 및 정부출연 연구소에서 운용 중인 다양한 연구선이 해양 관측에 활용되고 있다. 최근에는 한반도 연근해뿐만 아니라 태평양, 인도양, 북극해, 남극해와 같은 대양 및 남극 연안 등의 결빙해역도 탐사하기 위해 5,000톤급 대형 연구선 이사부호(RV Isabu)와 7,000톤급 쇄빙연구선 아라온호(IBRV Araon)를 다양한 해양 관측에 활용하는 중이다(그림 6.2).

오늘날에는 과학자들이 꼭 연구선을 타고 직접 해양에 찾아가지 않더라도 해양 내에 투하하거나 한 번 설치해두면 오랜 기간 머무르며 각종 데이터를 기록하는 다양한 **무인 자동 해양 관측 장비** 플랫폼들이 개발되어 활용되는 중이다. 고정형 계류(mooring) 관측 방식은 무거운 물체에 와이어, 로프 등으로 관측 장비와 양성 부력을 갖는 부이(예: 글라스볼 부이, glass ball)를 부착하여 같은 곳에 설치함으로써, 해양 내 고정된 위치의 관측 장비가 부착된 수심에서 시간에 따른 환경 변화를 기록하는 방식이다. 이동형 관측 방식은 한 번 투하하면 해류를 따라 흘러가는 부이에 관측 센서와 GPS를 부착하여 수집되는 데이터와 그 위치 정보를 전송하는 방식이다.

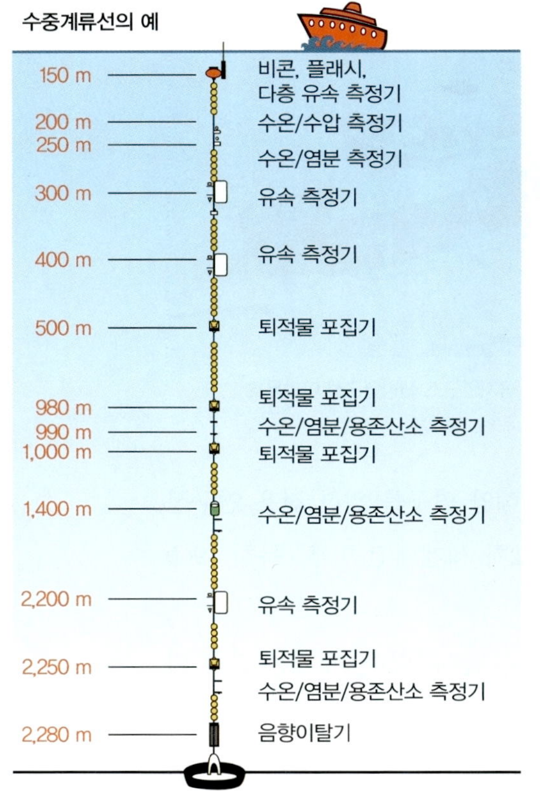

그림 6.3 계류선을 이용한 해양 관측의 예. 울릉도-독도 사이 울릉해저간극에 설치되어 운용 중인 EC1 계류선의 설계 모식도

해양 관측 방식은 고정된 위치에서 시간에 따른 변화만을 기록하는 방식인 **오일러리안**(Eulerian) 관측과 해류를 따라 이동하면서 시간과 공간에 따른 변화를 기록하는 방식인 **라그랑지안**(Lagrangian) 관측으로 구분한다. 오늘날 해양 내에 투입된 다양한 무인 해양 관측 장비 플랫폼에서 수집되는 현장 관측 데이터는 지구 주변의 다양한 고도에 떠 있는 인공위성을 이용해 간접적으로 해표면을 탐사하여 얻는 원격탐사 데이터와 함께 유엔 정부간 해양학위원회 전 지구해양관측망(GOOS, Global Ocean Observing System)과 전 지구 관측 시스템(GEOSS, Global Earth Observing System of Systems)은 물론 각 지역별 통합 지역해양관측망(ROOS, Regional Ocean Observing System)의 핵심 구성 요소가 되었다.

오일러식 해양 관측은 고정된 위치(고정점)에서 시간에 따라 변화하는 환경 변수의 시계열 데이터를 수집한다. 이 관측은 계류 관측이나 해저면에 설치한 플랫폼(bottom mounts)을 사용하는 방식이 대표적이며, 계류 관측은 다시 계류선(mooring line)의 최상부에 위치한 부이가 해표면 위에 떠 있도록 설계하는 표면계류선(surface mooring)과 부이가 수중에만 위치하여 해표면 위에 드러나지 않도록 설계하는 수중계류선(subsurface mooring)으로 구분할 수 있다. 표면계류선은 부착된 센서로부터 수집되는 데이터를 실시간으로 전송 가능하다는 장점이 있으며, 한반도 동해안 묵호 인근 해역(수심 130 m)에 1999년 최초 설치 이래 23년 이상 장기간 지속 운용 중인 동해 실시간 해양 관측 부이(ESROB, East Sea Real-time Ocean Buoy)는 그 대표적인 예이다. 수중계류선은 선박의 운항에 지장을 주지 않고, 해표면의 거센 파랑 등의 영향으로부터 자유로워서 안정적으로 장기간 운용할 수 있는 장점이 있는 반면, 인공위성을 통한 통신이 어렵기 때문에 수집되는 데이터를 실시간으로 확인하기는 어렵고 장비 회수 후에야 축적된 데이터를 한꺼번에 확인할 수 있다는 단점을 가진다. 수중계류선의 상부에는 흔히 비콘(beacon)을 장착하여 문제가 생겨 해표면에 떠오르는 경우 그 위치 정보를 전송하도록 하며, 하부에는 이동하지 못하도록 고정하기 위한 무게추와 음향이탈기(acoustic releaser)를 장착한다. 음향이탈기는 계류선에 부착된 장비 회수를 위해 선박에서 특정 신호를 보내면 체결된 잠금 장치를 풀어 무게추와의 연결을 끊고 계류선 전체를 해표면에 떠오르도록 하는 장비이다. 울릉도와 독도 사이의 울릉해저간극 중앙부(수심 2,300 m)에 1996년 최초 설치 이래 26년 이상 장기간 지속적으로 운용 중인 EC1 계류선은 수중계류선의 대표적인 예이다(그림 6.3).

라그랑지 해양 관측에 활용되는 대표적인 플랫폼으로 표층 뜰개(surface drifter)를 꼽을 수 있다. 표층 뜰개는 해표면에 떠 있는 구형의 부이와 그 아래에 부착된 끌개(drogue)로 구성되는데, 끌개는 해류를 따라 잘 이동할 수 있도록 만든 것이며 구형의 부이에서 전송하는 위치 정보의 변화로부터 그 이동 궤적을 파악하여 표층 해류를 조사하기 위한 것이다. 끌개가 위치한 수심에 따라 표층 뜰개의 이동 궤적이 나타나는 해류가 몇 미터 수심을 대표하는지 달라질 수 있으며, 국제적으로 표준화된 표층 뜰개의 경우에는 끌개의 중심 수심이 15 m가 되도록 설계한다. 표류병 같은 물체를 띄워두고 그 위치를 추적하여 표층 해류를 관측하는 시도는 오래전 시작되었으나 인공위성을 통해 경도, 위도와 같은 정확한 위치 좌표와 측정되는 환경 변수 데이터를 실시간으로 전송하는 표층 유속 프로그램(SVP, Surface Velocity Program)을 통해 표준화 · 경량화된 표층 뜰개가 전 세계 해양에 본격적으로 활용되기 시작한 것은 1980년대 이후의 일이다. 오늘날 전 지구적으로 1,500개 내외의 표층 뜰개가 운용되고 있으며, 동해를 비롯한 한반도 주변 해역에도 지속 투하되며 해양 관측에 활용되는 중이다.

또 다른 라그랑지 해양 관측 장비 플랫폼으로 중층 플로트(subsurface float)를 꼽는데, 중층 플로트는 수중에서 중성 부력을 가져 중층(혹은 심층) 해류를 타고 흘러가도록 고안된 장비이다. 초기에는 중층 해류를 따라 이동하는 중층 플로트의 수중 위치를 추적하기 위해 음파를 활용했고, 수중 청음기(hydrophone)를 부착하고 수중에서 오래 운용할 수 있는 RAFOS (Sound Fixing and Ranging, SOFAR를 반대로 표기) 플로트가 주로 사용되었다. 그러나 미국 스크립스 해양연구소(Scripps Institution of Oceanography)의 러스 데이비스(Russ Davis) 박사 등은 실시간으로 중층 플로트 데이터를 수집하기 위해 새로운 장비(ALACE, Autonomous Lagrangian Circulation Explorer)를 개발하여 1988년 그 시험 운용에 성공하였다. 이후 1996~1998년에는 이 장비에 수온 센서를 부착한 Profiling ALACE (PALACE) 2기를 반폐쇄성 해역인 동해에서 성공적으로 시험 운용했는데, 부력을 조절하여 다이빙했다가 다시 부상하며 수온, 염분의 수직 구조를 측정하고 10일마다 해표면에 떠올라 음파가 아니라 인공위성을 통해 통신하며 그 위치 및 수집 데이터를 전송하도록 고안되었다. 이후 2000년부터는 이를 표준화한 **아르고**(ARGO, Array for Real-time Geostrophic Oceanography) 플로트를 전 세계 해양에 투하하며, 국제 공동 ARGO 프로그램의 성공으로 이어지게 되었다.

중층 플로트처럼 해표면으로부터의 다이빙과 해표면으로의 부상을 반복하지만 이로부터 진화하여 날개를 부착하고 무게중심 변화를 이용해 자세를 제어함으로써 원하는 수평 방향으로 이동할 수 있도록 고안된 관측 플랫폼이 **수중 글라이더**(underwater glider)이다. 수개월 혹은 1년 이상 자동으로 다이빙과 부상을 반복하며 해양 관측 데이터를 수집 및 전송하는 임무를 수행하기 위해 수중 글라이더에서는 추진 시스템이나 높은 전력 수요 없이 오직 부력만 조절한다. 미국 우즈홀 해양연구소(Woods Hole Oceanographic Institution)의 헨리 스토멜(Henry Stommel, 1920~1992) 박사는 1989년 당시 1,000개 이상의 수중 글라이더가 전 세계 해양에서 운용되며 데이터를 수집하는 미래 해양학 비전을 제시하기도 했는데, 특히 스프레이(Spray)라는 이름의 요트로 혼자 세계 일주에 성공한 조슈아 슬로컴(Joshua Slocom)의 이름을 따서 글라이더의 이름을 슬로컴으로 명명하기도 하였다. 이후 미국 스크립스 해양연구소와 우즈홀 해양연구소가 공동으로 개발한 스프레이 글라이더 외에도 미국, 캐나다, 유럽, 일본, 중국 등 주요국에서는 다양한 종류의 수중 글라이더를 개발하였다.

이외에도 미국 리퀴드 로보틱스(Liquid Robotics)라는 회사에서는 파력선 기술을 바탕으로 파랑에 의한 상하 움직임이 글라이더에 전달되어 부착된 여러 날개의 양력으로 추진하도록 고안된 파력 글라이더(waveglider)를 개발하여 무인 해양 관측 플랫폼으로 활용하기 시작하였다. 파력의 힘으로 움직이므로 별도의 연료 공급이 필요하지 않아 장거리 운용이 가능한 해양 관측 플랫폼이다. 또 미국 세일드론(Saildrone)이라는 스타트업 회사는 2013년에 드론 요트 프로토타입 제품을 만들었다. 태양열과 풍력을 이용하는 이 무인 드론 요트는 인공지능 기술을 탑재하여 자율주행 운항과 원격조종으로 해상에서 무한히 운용할 수 있는 무인 해양 관측 플랫폼으로 활용하는 시험 운용에 성공하였다.

이처럼 다양한 현장 해양 관측 플랫폼뿐만 아니라, 오늘날에는 수많은 인공위성에 탑재된 다양한 센서를 이용하여 해표면 특성을 추출하는 원격탐사 관측 기술 개발도 활발하게 진행 중이다. 인공위성 플랫폼은 상대적으로 낮은 고도(2,000 km 이내)에서 높은 공간 분해능으로 정밀하게 해표면 관측 데이터를 수집하며 이동하는 저궤도(low earth orbit) 위성들과 고정된 지구상 위치의 높은 고도(~3만 6,000 km)에서 짧은 시간 간격으로 지속해서 해표면 관측 데이터를 수집하는 정지궤도(geo-synchronous orbit) 위성들로 구분할 수 있다. 저궤도 위성들로부터 수집되는 데이터는 해당 위성 부근의 좁은 영역에 국한되며, 다시 동일 영역을 촬영하기까지 수일에서 수십 일의 시간이 소요되는 단점이 있지만 공간적으로 고분해능의 정밀한 데이터를 수집할 수 있는 장점을 가진다. 반면 정지궤도 위성들로부터 수집되는 데이터는 상대적으로 저분해능이라는 단점이 있지만 넓은 영역 전체를 거의 연속적으로 촬영할 수 있는 장점을 가진다. 오늘날에는 다양한 인공위성 플랫폼과 그 탑재 센서들로부터 수집되는 양질의 데이터와 이를 활용하기 위한 여러 원격탐사 기술의 개발을 통해 해양 관측 능력이 비약적으로 향상되고 있다.

과학자 소개

프리드쇼프 난센
(Fridtjof Nansen, 1861~1930)

노르웨이의 탐험가, 과학자, 정치가이다. 해양학 분야에서는 자신이 직접 설계한 프람호를 타고 북극해를 항해하였고, 항해 당시 관측한 내용을 바탕으로 해류의 성질과 원인을 연구하였다. 난민 구호를 위한 난센 여권을 발행하였으며 노벨 평화상을 수상하기도 하였다.

(2) 해양 관측 센서

연구선 혹은 다양한 무인 해양 관측 장비 플랫폼에 부착하여 해양 환경 변수에 대한 직접적인 측정이 이루어지려면 센서 개발이 필수적이다. 가장 오랜 역사를 가지고 가장 흔하게 사용되고 있는 센서는 수온 센서인데, 일반적인 온도계로는 해수의 현장 온도, 수온을 측정하는 일이 어려웠다. 1920년대 노르웨이 물

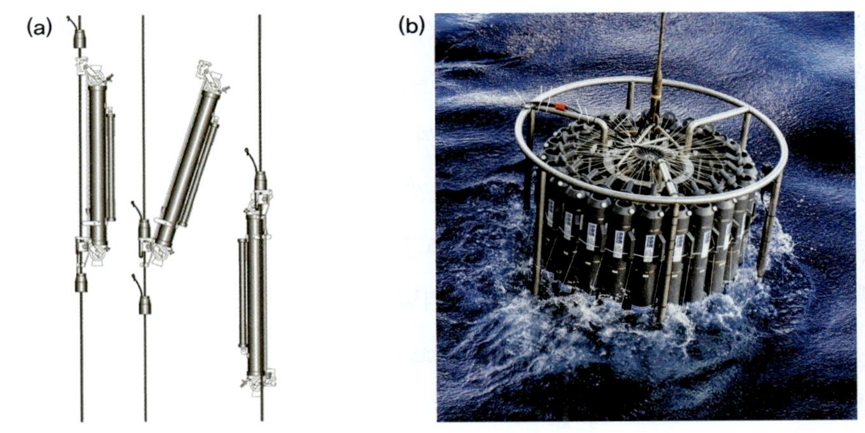

그림 6.4 (a) 전도 온도계와 난센 채수기의 작동 원리, (b) 여러 개의 니스킨 채수기가 부착된 로제트 샘플러의 모습

리 해양학자인 난센은 수중에서 특정 수심의 해수 시료를 수집하기 위해 원하는 수심에 도달했을 때 채수기(sampler)의 뚜껑을 닫아 마개를 막는 **난센 채수기**(Nansen bottle)를 고안했다(그림 6.4a). 그러나 채수된 해수 시료를 연구선 갑판까지 끌어올린 후 이미 갑판 기온으로 변화된 온도를 측정하는 것보다는 수중에서 채수 중인 시점에 그 수심에서의 수온을 측정해야 했으므로 이를 위해 전도 온도계(reversing thermometer)를 채수기에 부착하여 사용했다(그림 6.4a). 전도 온도계는 원하는 수심에 위치할 때 연구선에서 메신저를 보내면 뒤집어지도록 고안된 장치인데, 뒤집어지면 수은주의 압축부가 막히고, 중력에 의해 수은이 관 끝으로 흐르게 되어 뒤집어지기 직전의 온도를 알 수 있도록 한 것이다. 난센 채수기와 전도 온도계를 이용하여 원하는 수심에 위치했을 때 메신저를 보내 해당 수심의 해수 시료도 수집하고, 그 환경의 수온을 기록하도록 한 것이다. 최근에는 전자공학 기술 발달에 힘입어 초당 수십 회씩 매우 정밀한 온도, 압력, 전기전도도를 기록하고 연구선에서 장비를 내리고 올리는 동안 장비에 연결된 케이블을 통해 연구실 내 컴퓨터로 데이터를 전송하여 실시간으로 수심별 수온과 염분을 파악할 수 있도록 고안한 **CTD**(Conductivity-Temperature-Depth) 장비를 가장 흔하게 사용한다. 이 CTD 장비는 원하는 수심에서 아래위로 덮개를 막아 채수하도록 고안된 니스킨 채수기(niskin water sampler) 여러 개를 부착한 로제트(rosette) 샘플러와 함께 많이 사용된다(그림 6.4b).

오늘날에는 수온과 염분 등의 해수 특성뿐만 아니라 해수 유동 관측, 해수면 고도 관측, 파랑 관측, 기온, 기압, 습도 등의 해양 기상 관측 센서들도 개발되어 활용되고 있다. 해수 유동 관측은 다양한 유속계(또는 해류계)를 이용해서 이루어져 왔는데, 회전하는 로터(rotor)와 날개를 이용한 수평 유속 및 유향 측정 방식, 음파의 도플러 변이를 이용한 유속 측정 방식을 사용한다. 수중에 설치하는 유속계 외에도 연안에 고주파 레이더 안테나 송신기와 수신기를 설치하고 해표면에 반사되는 신호로부터 해수 유동과 파랑 정보를 추출하는 연안 고주파 해양 레이더(HF radar)가 사용되는 중이다. 해수면 고도는 연안에 위치하는 조위관측소(또는 검조소)에서 다양한 조위계를 사용하여 1~10분 간격으로 측정하여 조석 등에 의해 나타나는 해수면의 주기적인 오르내림을 연속 관측한다. 파랑 관측은 파고(wave height), 파주기(wave period), 파향(wave direction)을 측정하여 파랑의 특성을 파악하기 위한 것인데 초음파식, 부이식, 압력식 파고계를 사용하여 연속적인 파고, 파주기, 파향을 짧은 시간 간격으로 측정하고, 그 평균 · 최대 · 최소 등의 파랑 통계 데이터를 산출하여 이를 바탕으로 최대 파고, 최대 파주기, 유의 파고, 유의 파주기 등의 파랑 정보를 추출한다.

현장 관측 센서뿐만 아니라 다양한 인공위성 원격탐사 방법으로 광범위한 영역의 해표면 수온, 염분, 해수 유동, 해수면 고도, 해상풍, 파랑, 해색(ocean color), 해표면 엽록소 농도 등을 연속적으로 파악하기 위한 탑재 센서들도 활용되고 있다. 예를 들면 위성에 탑재된 고도계(altimeter)로부터 해표면까지의 거리를 측정하여 해수면 고도 정보를 수집하고, 산란계(scatterometer)로부터 해표면 거칠기를 측정하여 해상풍(해표면이 거칠수록 풍속이 크다) 정보를 수집하며, 해색 센서로 색상을 측정하여 해표면 엽록소 농도 정보를 수집한다.

오늘날 수온, 염분, 압력, 유속, 유향 등 해수의 물리적 특성에 대한 환경 변수들과 해수면 고도, 파랑, 해상의 기온, 기압, 풍향, 풍속, 습도 등의 해양 기상 환경 변수들의 측정은 개발된 센서들을 통해 비교적 수월하게 이루어지고 있으나 해수의 용존산소, pH, 영양염, 엽록소 등 다양한 생지화학적 특성에 대한 환경 변수들은 여전히 자동화된 센서로 정밀한 측정이 어려워 새로운 센서 개발 노력이 진행 중이다. 특히 최근에는 음향 및 광학 센서들이 활발히 개발되며, 수중 카메라와 수중 음향신호를 동시에 처리 · 분석하는 시도가 다양하게 진행 중이다.

(3) 해양 관측 데이터 통합과 국제 네트워크

연구선에서 채수기를 내려 원하는 수심에서 해수 시료를 직접 수집하고 분석하여 데이터를 얻는 전통적인 방식과 함께 다양한 해양 관측 센서를 부착한 장비를 연구선에서 운용하거나 혹은 다양한 고정형 및 이동형 무인 해양 관측 장비 플랫폼(인공위성 등 원격탐사 플랫폼 포함)에 부착한 센서를 통해 수집하는 방식으로 오늘날에는 방대한 해양 관측 데이터가 시시각각 각종 데이터 서버에 축적되는 중이다. 유엔(유네스코) 정부간해양학위원회의 전지구해양관측망(GOOS)에 집계되고 있는 결과에 따르면, 전 세계 해양에서 매일 1,000개 이상의 플랫폼으로부터 100만 건 이상의 현장 해양 관측 데이터가 수집되는 중이며, 앞으로 해양 관측 데이터양은 더욱 증가할 것으로 보인다. 이들 데이터 중에는 인공위성 통신을 통해 실시간으로 전송받는 데이터도 있지만, 수중 계류선처럼 장기간 운용 후 회수하여 수개월 혹은 1~2년 후에야 수집할 수 있는 데이터도 포함된다.

이렇게 다양한 플랫폼을 이용하여 다양한 방식으로 수집되고 있는 해양 관측 데이터는 오늘날 수없이 많은 인공위성에 부착된 센서를 통해 간접적인 방식(원격탐사)으로 측정되고 있는 해표면 관측 정보 데이터와 함께 통합되어 연안 해양 관측망(Coastal Ocean Observing System) 등 각종 통합 해양 관측망(IOOS, Integrated Ocean Observing System)을 구성한다. 전지구해양관측망 내에서도 지역해(regional sea) 프로그램들을 통해 지역해 통합 관측망을 구축하고 있는데, 한반도 주변 해역의 경우에는 동북아 해양 관측망(NEAR-GOOS, North-East Asian Regional GOOS)이 여기에 해당한다.

전지구해양관측망은 관측 플랫폼별 네트워크로 구성되는데, 가장 성공적이며 대표적인 것으로 알려진 해양 관측 네트워크로는 앞에서 언급된 아르고(ARGO) 프로그램(http://www.argo.net)을 꼽는다. 표준화된 아르고 플로트를 전 세계 해양에 투하하며 2000년부터 시작된 국제 아르고 프로그램은 당초 목표였던 3,000개를 이미 초과하여 각국에서 투하한 거의 4,000개에 육박하는 아르고 플로트가 현재 운용 중이다. 표준 아르고 플로트는 10일마다 2,000 m 수심까지 다이빙과 부상을 반복하며 수직 프로파일링을 통해 전 세계 해양(해표면부터 수심 2,000 m까지)의 수온과 염분 수직 구조를 측정하는 중이며, 수집된 각국의 데이터는 표준 국제 네트워크를 통해 품질 관리와 함께 공유 및 서비스되고 있다. 최근에는 생지화학 센서를 추가한 바이오 아르고 플로트와 더 깊은 수심까지 다이빙할 수 있는 심해 아르고 플로트도 새로 개발되어 활용되는 중이다.

아르고 프로그램이 대표적인 라그랑지 방식의 무인 해양 관측 네트워크라면 오일러식 방식의 네트워크에 해당하는 것은 오션사이트(OceanSITES, OCEAN Sustained Interdisciplinary Time-series Environment observing System; http://www.oceansites.org/)이다. 오션사이트는 아르고 네트워크와 함께 유네스코 정부간해양학위원회의 전지구해양관측망을 구성하는 핵심 요소이며, 전 세계 해양 내 핵심적인 200~300개 위치에 설치된 계류선 등의 계류 관측 장비로부터 장기간 연속적으로 수집되고 있는 해양 관측 데이터는 이 네트워크를 통해 공유되고 있다. 앞에서 언급된 울릉도와 독도 사이의 EC1 계류선도 오션사이트 네트워크에 등록되어 있다.

무인 해양 관측 네트워크뿐만 아니라 연구선을 이용하여 특정 관측선과 관측 정점에서 CTD 등을 내리고 올리며 해수 시료 분석과 함께 수집한 해양 관측 데이터도 공유하기 위해 국제 네트워크 프로그램을 운용 중인데, 1990년대 이후 WOCE (World Ocean Circulation Experiment) 프로그램과 그 후속 GO-SHIP (Global Ocean Ship-based Hydrographic Investigations Program, https://www.go-ship.org/) 프로그램이 바로 여기에 해당한다. 다양한 센서 개발에도 불구하고 여전히 해수 시료를 실험실에서 정밀 분석하지 않으면 알 수 없는 여러 환경 변수들이 존재하며, 해표면부터 해저면까지 전체 수층에 대해 최상의 품질로 가장 정밀한 해양 관측 데이터를 수집할 수 있는 방법은 여전히 과학자들이 연구선에 직접 승선하여 데이터를 수집하는 것이다. 특히 표준 아르고 플로트가 도달하지 못하는 수심 2,000 m 아래의 심해 영역이 전 세계 해양 부피의 절반 이상을 차지하는데, 연구선을 이용한 현장 관측 없이는 이를 탐사하여 양질의 데이터를 수집하는 것이 불가능에 가깝다. GO-SHIP 프로그램 이전(WOCE 프로그램)에도 1970년대 이후 대략 10년마다 전 세계 해양에 담겨 있는 해수의 특성을 조사하는 프로그램이 반복되었다. 비교를 위해 과학자들은 대양에 여러 동-서 및 남-북 관측선들을

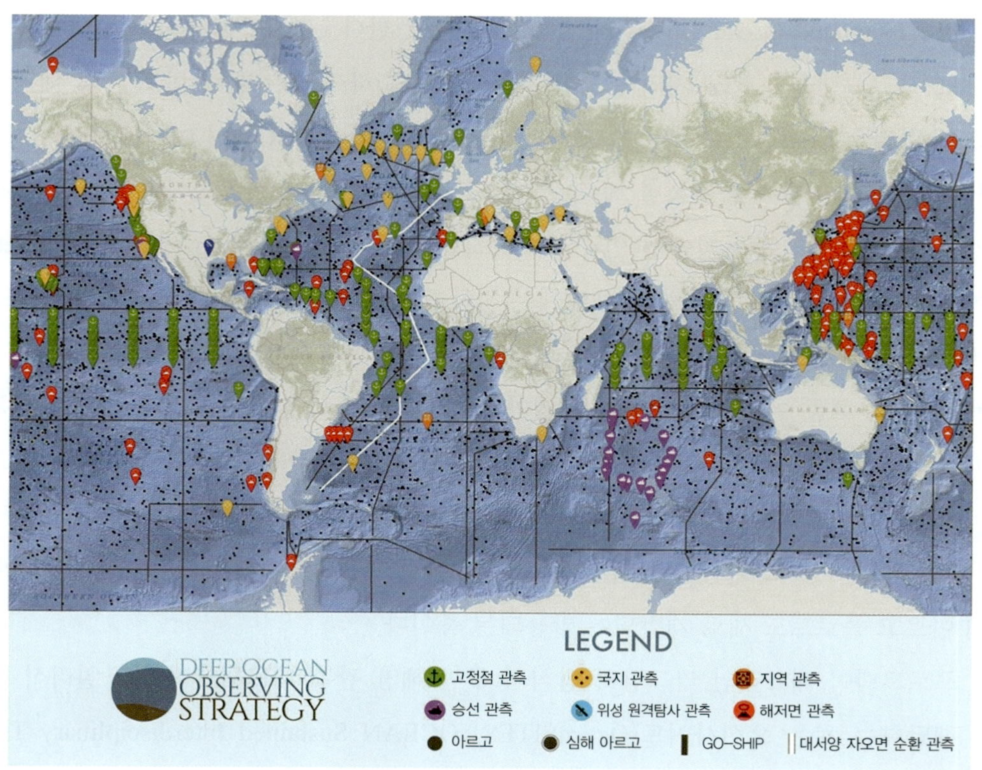

그림 6.5 심해 관측 전략(DOOS)의 심해 관측망 현황

구성하고, 각 관측선마다 고유한 관측 정점 위치를 선정했는데, 해당 관측 정점에서 약 10년마다 반복 수집된 데이터를 비교하여 기후 변화 등에 따른 장기적인 해수 특성의 변화를 조사하고 있다.

비록 대항해시대, 19세기, 20세기를 거치며 21세기부터 인류의 해양 관측 능력이 비약적으로 발전한 것은 사실이지만, 지구 표면의 3분의 2를 차지할 정도로 광활하며 깊은 심해가 대부분을 차지하고 접근성이 크게 떨어지는 거대한 해양을 대상으로 양질의 현장 관측 데이터를 수집하기 위해서는 여전히 많은 문제를 풀어야만 한다. 국제 해양 관측 커뮤니티에서는 1999년부터 10년마다 OceanObs라는 해양 관측 분야의 최대 국제회의를 개최하고 있는데(OceanObs'99, OceanObs'09, OceanObs'19), 10년 동안 인류가 노력해야 할 해양 관측 비전을 새롭게 논의하고 있다. 가장 최근 개최된 OceanObs'19에서는 오늘날의 전 지구적 해양 관측 네트워크에 존재하는 틈(gap)을 메우기 위해서는 상대적으로 관측 데이터 수집이 부족한 심해와 남반구 영역에서 데이터 수집 능력을 향상시키기 위한 논의가 있었으며, 유엔에서 최초로 선언한 〈유엔 해양과학 10년(2021~2030년)〉 기간 동안 궁극적으로 달성하려는 성과도 해양 관측 없이는 달성할 수 없음을 확인하였다. 심해 관측 전략(DOOS, Deep Ocean Observing Strategy) 비전은 이러한 노력의 중요성을 잘 보여준다(그림 6.5). 오션사이트 네트워크의 계류선 심층부에 더 많은 센서를 부착하고, 아르고 네트워크의 심해 아르고 플로트를 증가시키며, GO-SHIP 프로그램의 심해 관측을 지속해야 하는 동시에 심해 관측 능력을 향상하기 위한 새로운 기술 개발이 요구된다.

인공위성 **원격탐사** 기술도 급속히 발전하고, 각국의 위성과 그 탑재 센서들도 증가할 뿐만 아니라, 최근에는 수많은 초소형 위성(큐브위성)을 활용하는 기술도 개발되는 등 인류의 해표면 정보 추출 역량은 앞으로도 크게 향상될 것으로 전망된다. 그러나 심해 관측 능력 향상은 지속적인 노력과 새로운 해양 관측 방식의 혁신 없이 저절로 향상되기 어려울 것으로 보인다. 21세기 해양의 시대는 이제야 시작된다고 할 수 있는데, 다른 과학에서와 같이 시민과학(citizen science)이 활성화되며 과학자가 아닌 비전문가와 일반 대중이 함께 머리를 맞대고 '집단 지성'을 통해 심해 등의 해양 관측 문제를 풀어갈 시대가 곧 도래할 것으로 전망된다. 해양 관측에서도 교육(에듀케이션, education)과 즐거움 추구(엔터테인먼트, entertainment) 사이의 구분이 모호해지는 에듀테인먼트(edutainment)가 머지않아 실현될 것이다.

6.2 해수의 특성

1) 수온

수온은 해양 환경의 기본적인 열적 구조 및 운동학적 구조를 파악할 수 있는 해수의 가장 중요한 물리량 중 하나이다. 복사 에너지의 흡수 및 방출, 해수의 운동 등에 의해 수온은 시간과 장소에 따라 변하며, 일반적으로 깊이에 따라 감소한다. 태양 복사 에너지는 수심 1 m 이내에서 약 55%, 10 m에서는 84%, 100 m 이내에서 99%가 흡수된다.

수심에 따른 태양 빛의 스펙트럼 변화를 자세히 살펴보면 파장에 따라 태양 복사 에너지의 흡수율이 다르다는 것을 알 수 있다(그림 6.6). 파장이 긴 적외선 영역이 파장이 짧은 자외선 영역보다 흡수율이 크기 때문에 파란색 계열의 빛은 더 깊은 수심까지 도달할 수 있게 된다. 이렇게 빛이 흡수되는 정도를 나타내는 상수를 **흡광계수**(extinction coefficient)라고 하며, 흡광계수는 파장뿐만 아니라 바닷물이 깨끗한 정도인 투명도에 따라서도 달라진다. 순수한 물은 흡광계수가 가장 낮으며, 부유물 및 플랑크톤 등이 많아 물이 탁한 연안에서는 흡광계수가 높다. 바닷물의 색이 파랗게 보이는 이유는 광학적으로는 파장에 따른 흡광계수 및 산란의 차이로 설명할 수 있다. 기타 바다에 포함된 부유물 및 플랑크톤의 종류 등도 바다색을 결정하는 요인이다.

해양은 일반적으로 눈, 모래, 초원 등에 비해 반사율(albedo)이 매우 낮아 효율적으로 태양 복사 에너지를 흡수할 수 있다. 또한 표 6.1과 같이 태양 고도에 따른 해양 반사율은 변화가 매우 크고 해양의 거칠기에 따라서도 크게 달라진다. 흡수된 태양 복사 에너지는 수온을 높이지만, 기본적으로 해양은

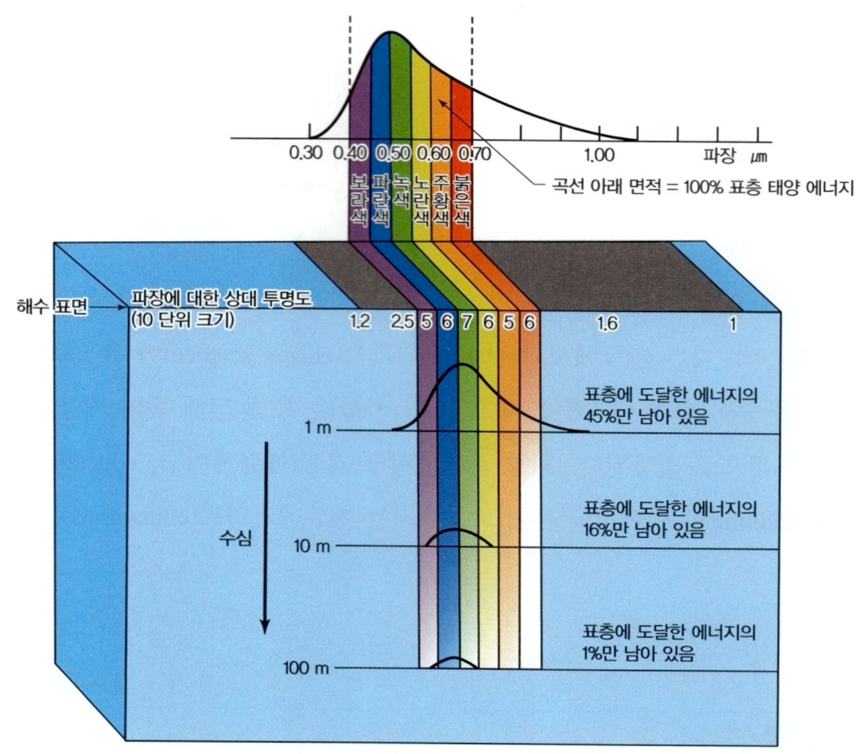

그림 6.6 수심에 따른 태양 빛의 스펙트럼 변화

표 6.1 태양의 고도에 따른 해양 반사율의 변화

고도(°)	5	15	30	60	90
반사율(%)	40	20	6	3	2

대기에 비해 비열이 크기 때문에 온도가 크게 변하지 않는다. 이는 급격한 지구 온도 변화를 막아주는 중요한 특성이며, 관련된 자세한 설명은 6.5절에 서술되어 있다.

위도와 계절에 따른 전형적인 대양의 연직 수온 프로파일(profile)은 그림 6.7과 같다. 태양 복사 에너지가 거의 들어오지 못하는 **심해층**(deep layer)은 위도와 계절에 관계없이 수온 변화가 거의 없으며 평균 0~4°C의 범위를 가지고 전체 해양의 약 75%를 차지한다. 해수에는 다양한 염류가 포함되어 있어 어는점이 0°C 이하로 내려가 일부 극지 해역의 표층 수온은 −2°C까지의 극저 온도를 나타낸다. 이러한 해역은 고밀도의 심층 수괴를 형성하고 심층 순환을 구동하기 때문에 기후 변화 등과 관련하여 매우 중요한 역할을 한다.

해양 표층에서 수온 또는 밀도가 거의 일정한 층을 **혼합층**(mixed layer)이라 하는데, 주로 중위도 및 저위도에서 뚜렷하며 고위도에서는 태양 복사가 거의 들어오지 않아 온도가 거의 일정한 심해층과 잘 구분되지 않는다. 혼합층은 해양 표층에서 난류에 의한 활발한 혼합 과정으로 발생한다. 일반적으로 바람에 의한 표층 해수의 물리적 혼합 과정이 혼합층 형성에 크게 기여하지만 표층 냉각에 의한 대류 효과, 주변의 강한 해류 및 조석 등 혼합층 형성에 기여하는 다양한 원인이 존재한다. 혼합층 깊이(MLD, Mixed Layer Depth)를 정량적으로 정의하는 방식은 매우 다양하지만, 일반적으로 10 m 밀도와 비교하여 0.125 kg/m^3 또는 0.3 kg/m^{3}까지 차이가 나지 않는 수심을 혼합층 깊이로 정의한다. 또는 10 m 수온과 비교하여 0.2°C 또는 0.5°C 낮아지기 시작하는 깊이로 정의하기도 한다. 해양학자들은 수온이 일정한 층의 깊이를 등온층 깊이(ILD, Isothermal Layer Depth)라 정의하여 혼합층과 구분하여 사용하기도 한다.

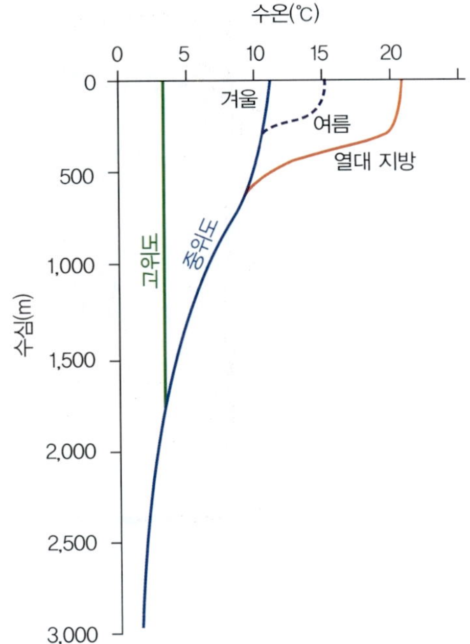

그림 6.7 대양에서의 위도와 계절에 따른 전형적인 수온 프로파일

혼합층 아래 수온이 비교적 급격히 낮아지는 구간을 **수온약층**(thermocline)이라 하며 중위도 해역에서는 영구 수온약층(permanent thermocline)과 구별되는 계절 수온약층(seasonal thermocline)도 관측된다. 수온약층은 매우 안정한 층으로 상층과 하층의 물질 및 에너지 교환을 어렵게 한다. 실제 해양에서는 해상풍, 해류, 조류, 난류, 해안선 및 담수와의 상호 작용 등 수많은 이유로 매우 다양한 수온 분포가 나타난다.

2) 염분

염분은 해수에 용해된 물질(염류)의 비율을 의미하며 정량적으로는 해수 1 kg 중에 포함되어 있는 염류의 총량을 g 단위로 나타낸 것이다. 전 지구 해양의 평균 염분은 약 35이며, 수온과 같이 염분은 시간과 장소에 따라 달라지며 해수의 상태를 나타내는 가장 기본적인 물리량 중 하나이다. 염분의 단위는 g/kg, ‰(permill), ppt(part per thousand), psu(practical salinity unit), PSS-1978(Practical Salinity Scale 1997), 무차원(unitness) 등 매우 다양하게 사용된다.

과거의 염분은 해수를 증발시키고 남은 염의 무게를 측정하여 산정하였다. 그 후에는 해수에 포함된 염류의 총량은 다르지만 염류들의 구성 비율은 일정하다는 **염분비 일정의 법칙**에 근거한 염소 적정법(S (‰)=1.80655×Cl (‰), 해수 중의 염소의 농도만 알면 총 염분량을 알 수 있다)으로 비교적 정확한 염분의 값을 측정할 수 있었다. 오늘날에는 CTD에 포함된 **전기전도도** 센서를 이용하는 실용적인 방법으로 0.002 내외의 정확도로 염분을 측정할 수 있다. 이에 따라 1981년에 발간된 유네스코 보고서에서, 국제단위계(SI, International System of Units) 규정을 적용하여 염분 단위를 퍼밀(‰)에서 **실용염분 단위**(psu) 또는 무차원(unitness)으로 바꾸는 것이 제안되었다.

전기전도도를 염분(S)으로 환산하는 경험식은 다음과 같다.

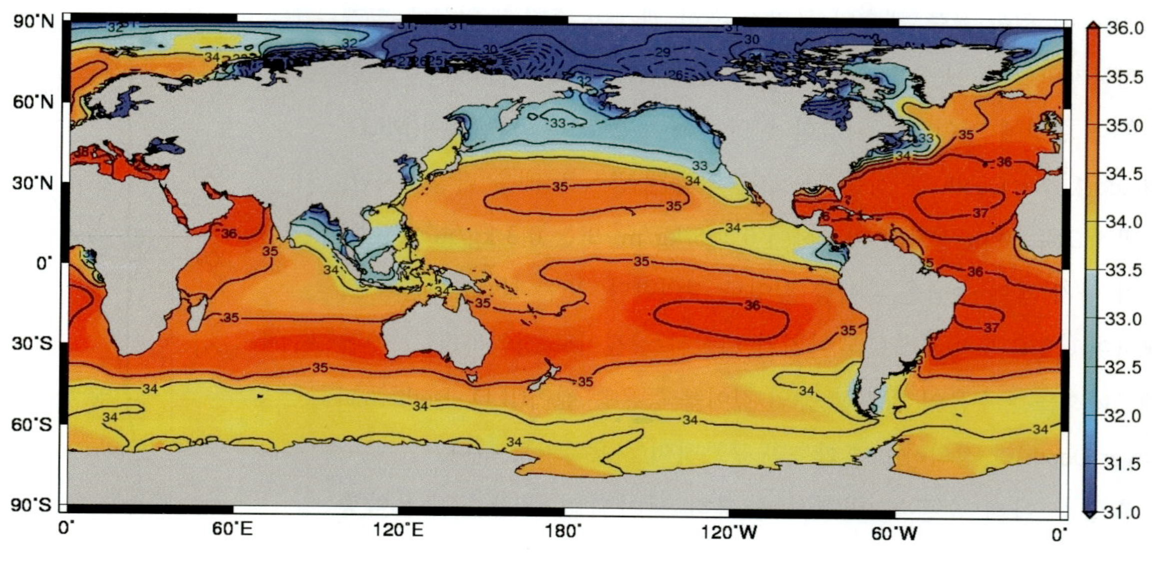

그림 6.8 전 지구 연평균 표층 염분 분포도

$$S = 0.0080 - 0.1692\,K_{15}^{1/2} + 25.3851\,K_{15} + 14.0941\,K_{15}^{2/3} - 7.0261\,K_{15}^{2} + 2.7081\,K_{15}^{5/2}$$

여기에서 K_{15}는 해수 시료의 전기전도도와 표준 KCl 용액의 전기전도도의 비율($K_{15} = \frac{\text{해수 시료의 전기전도도}}{\text{표준 } KCl \text{ 용액의 전기전도도}}$)이다. 전기전도도 비교의 기준이 되는 표준 용액은 1기압 15°C에서의 1 kg의 용액 속에 KCl 32.4356 g을 녹여 만든다. 이 식에서 K_{15} 값에 1을 대입하면 염분(S)은 35로 계산된다는 것을 확인할 수 있다.

표층 해수의 염분은 주로 증발과 강수, 연안으로부터의 담수 유입 등에 의해 결정된다. 전 지구 해양의 평균 표층 염분 분포도는 그림 6.8과 같다. 대서양이 태평양에 비해 평균 염분이 높으며, 같은 대양에서도 고압대가 위치해 증발이 더욱 활발한 30° 부근의 중위도 고압대의 염분이 높다. 저압대가 위치해 강수량이 풍부한 적도 수렴대와 한대 전선대도 상대적으로 염분이 낮고, 강물 유입이 활발한 북인도양의 벵골 만 및 우리나라의 황해를 포함한 동중국해 연안도 표층 염분이 낮다. 북극해의 경우 여름철에 많은 양의 빙하가 녹은 융빙수가 해양으로 유입되어 표층 염분이 매우 낮아진다. 반대로 해수의 결빙이 일어나는 일부 극지 해역에서는 주변 바다의 염분이 높아지기도 한다.

3) 밀도

해수의 **밀도**는 기본적으로 해양의 운동과 밀접하게 연관되기 때문에 정확한 해수의 밀도 변화를 분석하는 연구는 매우 중요하다. 해수의 밀도는 같은 조건에서 수온이 낮아질수록, 염분이 높아질수록, 수압이 커질수록 높아진다.

해수의 밀도를 정량적으로 계산하는 경험식을 **상태 방정식**(EOS, Equation Of State)이라 한다. 상태 방정식은 크게 단순 상태 방정식, 완전 상태 방정식, 열역학 상태 방정식으로 나눌 수 있다.

단순 상태 방정식은 다음과 같이 수온(T), 염분(S), 수압(P)의 변화에 따른 밀도(ρ)의 변화를 선형적으로 표현한다.

$$\rho = \rho_0 + a(T - T_0) + b(S - S_0) + k(P - P_0)$$

여기서 ρ_0, T_0, S_0, P_0는 기준이 되는 밀도, 수온, 염분, 압력 값으로 각각 1,027 kg/m^3, 10°C, 35 psu, 0 dbar 값을 사용한다. a, b, k는 각각 열팽창(−0.15 kg/m^3/°C), 염분 수축(+0.78 kg/m^3/psu), 압축(+4.5×10^{-3} kg/m^3/db) 계수이다. 비례 상수의 크기로만 판단할 때는 염분에 의한 밀도 변화가 가장 크다고 생각할 수 있으나, 실제 해양에서는 일부 극지 해역을 제외하고는 수온의 변화 폭이 염분의 변화 폭보다 크므로 밀도 변화에 수온의 영향을 우선적으로 고려한다.

실제로 해수의 밀도는 수온, 염분, 수압의 변화에 따라 선형적으로 변하지 않는다. 같은 조건에서도 온도 변화 구간에 따라 밀도가 달라지는 비율이 모두 다르며 이는 염분, 압력에서도 동일하게 적용된다. 실험실에서 수온, 염분, 압력을 변화시키면서 해수의 밀도를 측정하여 만든 근사 다항식을 완전 상태 방정식이라 하며, 1980년에 제안된 국제 상태 방정식(EOS-80, International Equation of State 1980)이 대표적이다. 이 근사식에는 총 41개의 상수가 포함되어 있으며, 밀도를 [kg/m^3] 단위로 표시한다면 소수점 둘째 자리까지의 정확도를 가진다.

2010년에는 열역학 상태 방정식(TEOS-10, Thermodynamic Equation of Seawater 2010)이 발표되었는데, 이 식은 깁스 함수(Gibbs function)에 근거하여 해수의 모든 열역학적 특성(밀도, 엔탈피, 엔트로피, 음속 등)을 경험식이 아닌 일관된 물리적 방법으로 유도하였다는 특징이 있다. 또한 기존의 전기전도도의 비율을 비교하여 산정하였던 실용염분(practical salinity, 단위 psu) 대신 이온화되지 않은 염류의 양까지 고려하는 절대염분(absolute salinity, 단위 g/kg)을 사용하면서 완전 상태 방정식보다 10배 더 정밀한 밀도 값을 얻을 수 있게 되었다.

해수에는 다양한 염류들이 포함되어 있기 때문에 해수의 밀도는 표준 상태의 순수한 물의 밀도(1,000 kg/m^3)보다 크다. 압축 효과를 고려하지 않으면 대양의 평균 밀도는 약 1,026~1,029 kg/m^{3}의 범위를 갖는다. 해양의 밀도 변화는 절댓값에 비해 그 변화 폭이 매우 작지만 이러한 작은 차이에 의해 다양한 수괴(water mass)가 형성되고 해수의 운동이 결정된다. 그러므로 해양학자들은 작은 밀도 변화를 보다 효율적으로 표시하기 위해 다음과 같이 밀도[kg/m^3] 값에서 1,000을 뺀 시그마(σ, sigma) 값을 사용한다.

$$\sigma = \rho\,(S, T, P) - 1{,}000\ [\mathrm{kg/m^3}]$$

예를 들어 밀도가 1,028.4 kg/m^{3}인 해수의 밀도를 단순히 시그마 28.4(σ = 28.4)로 표시하는 것이다.

4) 수온-염분도

수온-염분도(T-S diagram)는 해수의 고유한 물리적 특성, 성층화 정도 파악, 이동 경로 추적 및 다양한 수괴 분석 등에 유용하게 사용된다. 일정한 수온, 염분 범위를 가지며 물리적 특성이 같은 해수 덩어리를 수괴라 한다. 특정 수괴로 정의되기 위해서는 물리적으로 주변의 해수와 뚜렷하게 구별되며 비교적 넓은 영역에 분포하고 그 형성 과정이 알려져 있어야 한다. 수온과 염분은 보존성(conservative properties)이 있으므로 특정 수괴가 형성되어 이동함에 따라 그 물리적 특성이 크게 변화되거나 소멸되지 않기 때문에 수괴의 추적이 가능하다.

수온-염분도는 일반적으로 가로축은 염분, 세로축은 수온으로 표시하고 수온, 염분에 해당하는 등밀도선(isopycnal)을 같이 제공한다(그림 6.9). 등밀도선을 자세히 살펴보면 직선이 아닌 곡선의 형태임을 알 수 있으며, 이는 해수의 밀도가 수온과 염분의 변동과 선형 관계에 있지 않고 복잡한 다항식으로 표현되는 비선형 함수라는 의미이다. 등밀도선의 곡선이 휘어진 정도는 염분이 높고 수온이 낮을수록, 즉 오른쪽 아래로 갈수록 커진다.

수온-염분도를 이용하면 밀도가 같으나 수온과 염분이 서로 다른 수괴들이 혼합되어 밀도가 증가하는 카벨링(cabbeling) 현상을 효율적으로 설명할 수 있다. 그림 6.9의 수온-염분도에서는 수온과 염분은 다르지만 밀도가 1,028 kg/m^{3}로 동일한 두 해수 a, b와 이를 혼합한 새로운 수형(water type) c를 추가로 도시하였다. 혼합수 c의 수온, 염분은 직선 $\overline{ab}$ 위의 한 점에 위치하고, c의 밀도는 1,028 kg/m^{3}보다 높아진 것을 알 수 있다. 점 c는 두 해수가 같은 비율로 혼합되었다고 가정한 경우이고, 혼합 비율이 달라지면 그 위치는 달라지지만 혼합된 수온, 염분은 여전히 직선 $\overline{ab}$ 위에 있으므로 원래의 밀도보다 증가해 카벨링 현상은 그대로 발생한다는 것을 알 수 있다.

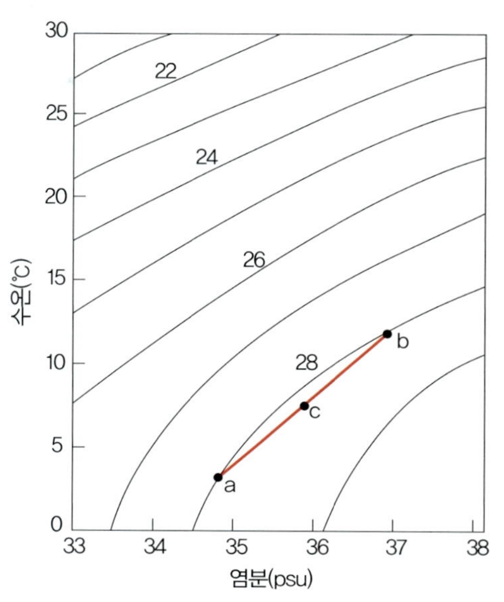

그림 6.9 수온-염분도의 예

수온-염분도에서 등밀도선은 일반적으로 압축 효과를 제거한 **잠재밀도**(σ_t, potential density)가 같은 점들을 연결하여 표시한다. 잠재밀도(σ_t)란 모든 해수를 1기압 상태의 표층으로 끌어올려 해수의 압축 효과를 제거한 밀도를 의미한다. 만일 압력 기준을 표층이 아니라 2,000 m 수심 혹은 4,000 m 수심으로 사용하는 경우에는 다음과 같이 σ_2, σ_4 등으로 나타내며 이는 주로 심층 수괴들을 분석할 때 적용한다.

$$\sigma_t = \rho(S, T, 0)$$
$$\sigma_2 = \rho(S, T, 2000)$$
$$\sigma_4 = \rho(S, T, 4000)$$

수온-염분도에서 잠재밀도(σ_t)를 사용하는 이유는 무엇일까? 예를 들어 남극해 표층 수온은 1°C, 북극해 표층 수온은 1.52°C 이고, 적도 심층 4,000 m에서의 수온은 1.52°C이며 염분은 모두 동일하다고 가정하자. 수온과 염분은 보존성이 있기 때문에 적도 심층 해수의 기원은 현장온도(T, in situ temperature)가 동일한 북극해 표층이라고 해석하는 것은 잘못된 것이다. 왜냐하면 해양은 압축성 유체이기 때문에 침강하면서 단열압축 과정을 겪어 수심에 따라 수온이 약 0.13°C/1,000 db의 비율로 증가하기 때문이다. 그러므로 심층 해수의 기원을 판단하기 위해서는 해당 수심에서의 현장온도 대신 압축 효과를 제거한 온도, 즉 **온위**(θ, potential temperature, 또는 포텐셜 온도)를 비교하여야 한다. 4,000 m 해수가 표층으로 이동한다고 가정하면 온도는 약 0.52°C 낮아져야 하므로 온위(θ)는 1°C가 되는 것이다. 그러므로 이곳에서의 심층수의 기원은 북극이 아니라 온위가 동일한 남극으로 추정할 수 있다. 간약 1.52°C의 북극 표층 해수가 4,000 m 심층으로 이동했다면 단열 압축 과정을 겪어 현장 온도는 2.04°C가 될 것이다.

6.3 해양 순환

1) 해수에 작용하는 힘

태양의 고도, 일조 시간, 통과하는 대기층의 두께, 지표의 평균 반사율 등 다양한 요인에 의해 저위도에서의 태양 복사 에너지 흡수량은 고위도보다 평균 200 W/m^2 이상 크다. 이러한 위도에 따른 태양 복사 에너지의 차이로 대기와 해양의 순환이 발생하고 에너지 재분배 과정을 거쳐 지구의 온도는 적절하게 유지되고 있다. 본 장에서는 해양 순환과 관련하여 해류를 일으키는 힘의 종류와 평형, 풍성 순환과 열염 순환 등 해양 대순환의 종류와 그 중요성에 관해 살펴보고자 한다,

뉴턴의 제2 운동 법칙인 가속도 법칙($F = ma$)은 질량(m)이 있는 모든 물체는 외력(F)이 작용한다면 속도 변화(a)가 생긴다는 것이다. 해수에도 동일한 법칙이 적용되며 해수에 작용하는 주요 외력을 다음과 같이 나눌 수 있다.

(1) 수압 경도력

단위 면적의 해수에 작용하는 압축력(compressional force)을 수압이라 하며 두 지점 간 수압의 차를 **수압 경도력(압력 경도력**, pressure gradient)이라 한다. 직각 좌표계 상에서 수압 경도력은 연직 방향과 수평 방향으로 구분할 수 있다. 해류와 같이 큰 규모의 운동은 수평 방향의 움직임에 비해 연직 방향의 움직임이 매우 작다. 또한 해양은 주로 연직 방향의 수압 차이가 중력에 의해 상쇄되는 정역학 평형(hydrostatic equilibrium) 상태를 유지하고 있다고 가정하기 때문에 수평 수압 경도력이 중요하게 고려된다.

단위 질량의 해수에 작용하는 힘$\left(\frac{F}{m}\right)$ 중 동서 방향(x)의 수평 수압 경도력은 다음과 같이 쓸 수 있다.

$$\frac{F}{m} = a = \frac{du}{dt} = -\frac{1}{\rho}\frac{\Delta P}{\Delta x} = -\frac{1}{\rho}\frac{\Delta(\rho g Z)}{\Delta x} = -g\frac{\Delta Z}{\Delta x}$$

여기서 음(−)의 부호는 해수가 수압이 증가하는 반대 방향으로 일정하게 가속된다$\left(\text{가속도 } a = \frac{du}{dt}\right)$는 뜻이다. 정역학 평형($P = \rho g Z$)을 가정한다면 그림 6.10처럼 수압 경도 방향은 해수면 경사가 높아지는 방향과 반대이다. 또한 수평 수압 경도력의 크기는 해수면 경사각에 비례하기 때문에 해수면의 절대적 높이에 상관없이 그 기울기 $\left(\frac{\Delta Z}{\Delta x}\right)$가 일정하다면 유체 내에서 어디에서든지 동일하다.

수압 경도력은 해수의 밀도 차에 의해서도 나타난다. 해수의 밀도는 수온, 염분, 수압에 의해 변하며 일부 극 지역을 제외하고 해수의 밀도에 큰 영향을 주는 요인은 수온이다. 그림 6.11과 같이 차가운 해수보다 따뜻한 해수의 등압선 간격이 큰 것을 알 수 있으며, 이로 인해 같은 수심에서 따뜻한 B쪽의 수압이 차가운 A쪽의 수압보다 높아 수평 방향으로의 수압 경도력이 생기게 된다.

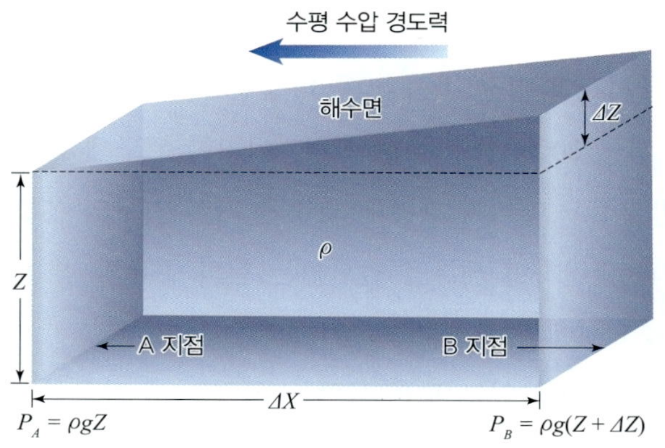

그림 6.10 수평 수압 경도력

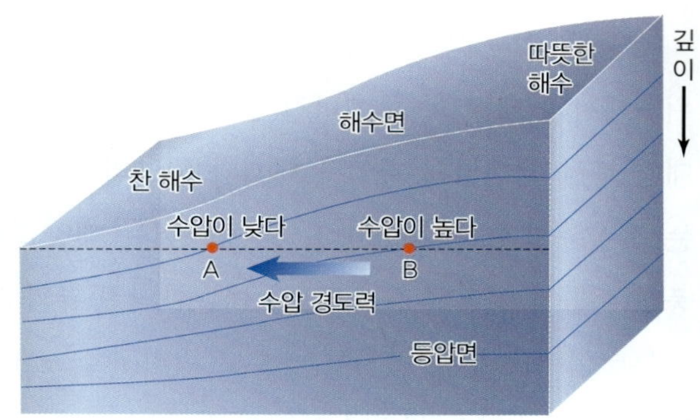

그림 6.11 밀도 차에 의한 수평 수압 경도력

(2) 전향력

앞에서 설명한 수압 경도력의 크기는 해류의 세기를 결정하고, 해수를 수압이 높은 곳에서 낮은 곳으로 이동시킨다. 그러나 해류와 같이 큰 스케일의 운동에서는 지구 자전 효과를 반드시 고려해야 한다.

물체의 방향을 바꾼다는 의미인 **전향력**(deflecting force)은 지구 자전 효과로 인해 움직이는 물체에 작용하는 겉보기 힘으로서, 이를 수학적으로 설명한 프랑스 수학자 코리올리(Gustave Gaspard de Coriolis, 1792~1843)의 이름을 따서 **코리올리 힘**(Coriolis force)이라고도 불린다.

뉴턴의 법칙은 관성 좌표계(inertial frame)에서 성립하므로, 전향력과 같은 겉보기 힘은 회전하는 지구와 같은 비관성 좌표계(non-inertial frame)에서 적용할 때 가속도를 보상하기 위해 도입하는 힘이다.

전향력은 수식적으로 매우 복잡하게 표현되지만, 단위 질량의 유체에 작용하는 동서 방향 및 남북 방향의 주요한 전향력의 성분은 다음과 같이 간단히 근사할 수 있다.

$$\frac{du}{dt} = fv$$

$$\frac{dv}{dt} = -fu$$

여기서 f는 코리올리 파라미터로 $2\Omega\sin\theta$이며 Ω는 지구 각속도($= 7.29\times10^{-5}$/s), θ는 위도를 의미한다. 식에서 알 수 있듯이 북반구에서 북쪽(v)으로 움직이는 물체는 전향력(fv)에 의해 동쪽으로의 속도 변화$\left(\frac{du}{dt}\right)$가, 서쪽($-u$)으로 움직이는 물체는 전향력($-fu$)에 의해 북쪽으로의 속도 변화$\left(\frac{dv}{dt}\right)$가 발생한다. 당연히 남반구에서는 코리올리 파라미터에서 위도(θ)가 음수(−) 값으로 사용되기 때문에 북반구와 반대 방향으로의 전향 효과가 생긴다. 즉 전향력은 북반구에서는 움직이는 물체의 오른쪽 90°, 남반구에서는 왼쪽 90°로 작용하며 그 크기는 물체의 속도 및 위도에 비례한다. 적도($\theta = 0$)에서는 전향 효과가 발생하지 않으며, 물체의 속도가 일정한 경우에는 극에서 최대가 된다.

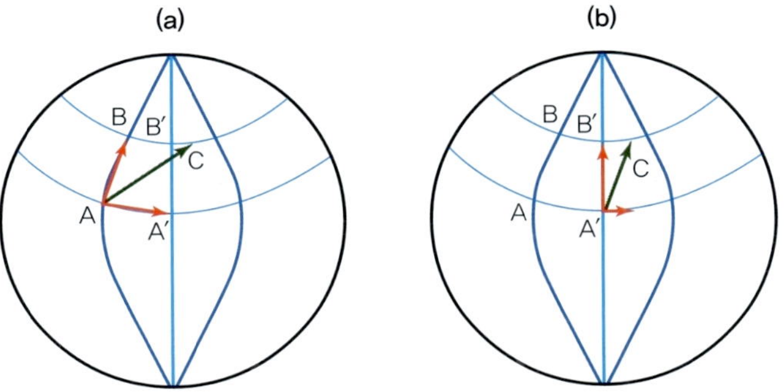

그림 6.12 북반구에서 북으로의 흐름이 있을 때 (a) 관성 좌표계와 (b) 비관성 좌표계에서의 전향력 설명

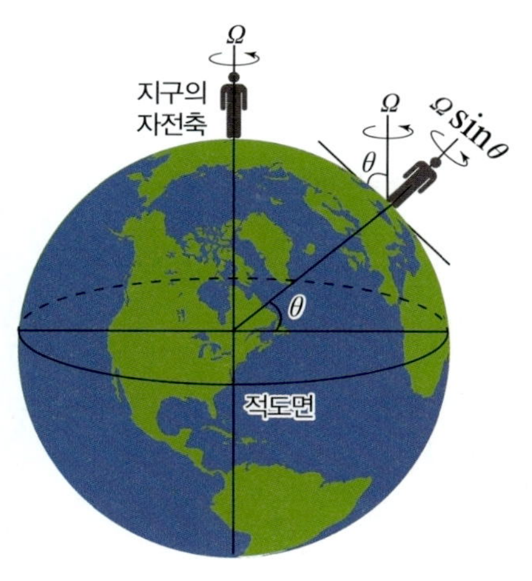

그림 6.13 위도 θ 지역에서 접평면의 회전 성분

전향력을 정성적으로 설명하기 위해서는 회전 원판, 구면에서의 벡터 표시 등 다양한 방법을 도입할 수 있다. 그림 6.12는 구면상에서 전향력을 관성 좌표계와 비관성 좌표계로 각각 나누어 설명하는 모식도의 예이다. 우주에서의 지구상의 흐름을 관찰한다면 지점 A에서 시작된 정북 방향으로의 흐름 $\overrightarrow{AB}$는 지구 자전 방향인 $\overrightarrow{AA'}$의 속도 성분과 합쳐져 $\overrightarrow{AC}$로 이동한다. 그러므로 지점 A′에서의 최종 흐름은 정북 방향인 지점 B′보다 동쪽인 C에 위치한다. 지구상에 위치해서 자전 효과를 못 느끼는 비관성계에서는 초기의 정북 방향의 흐름인 $\overrightarrow{AB}$는 지점 A′에서도 그대로 유지되어 평행 이동한 벡터 $\overrightarrow{AC}$로 표현할 수 있다. 지점 A′로 이동한 관측자에게는 $\overrightarrow{A'B'}$ 방향이 정북이기 때문에 결국 해수는 오른쪽을 편향되어 흐르게 된다. 그러므로 초록색으로 표시된 벡터의 최종 방향은 관성 좌표계 또는 비관성 좌표계에서도 모두 북반구에서는 진행 방향의 오른쪽으로 최종 편향된다고 동일하게 설명할 수 있다.

그림 6.13은 위도 θ 지역에서 지표면에 수직인 각속도 성분 $\Omega\sin\theta$를 나타낸 것이다. 회전 원판을 이용하여 전향력을 설명하기 위해서는 회전 원판을 $\Omega\sin\theta$의 각속도로 돌려야 하며, 이는 코리올리 파라미터의 절반의 크기에 해당한다. 전향력의 모든 성분을 정량적으로 설명하기 위해서는 회전 좌표계에서의 벡터를 미분하여 유도하여야 하며, 자세한 유도 과정과 결과는 지구 유체역학을 전문적으로 다루는 다양한 전공 교재들에서 확인할 수 있다.

(3) 바람 응력

해수면 위로 부는 바람은 해양 표면에 수평 방향으로 작용하는 전단력(또는 전단 응력, shearing force, shearing stress)을 발생시키며, 이를 **바람 응력**(wind stress, τ)이라 한다. 점성(viscosity)이 있는 해수는 바람 응력에 의한 운동량을 해양 내부로 전달한다.

일반적으로 바람 응력은 풍속의 제곱(U_{10}^2)에 비례하고 그 비례 상수로 **항력계수**(C_D, drag coefficient)를 사용한다. 아래 식에서 ρ_a는 대기의 밀도(약 1.3 kg/m^3)를, 풍속은 10 m 고도를 기준으로 한다.

$$\tau = \rho_a C_D U_{10}^2$$

항력계수는 평균 0~0.003 범위에서 일반적으로 풍속의 제곱에 비례해서 증가한다(그림 6.14). 그러나 풍속이 약 5 m/s 이하로 약하거나 25 m/s 이상으로 강해질 때는 풍속에 정비례해서 해수면에 운동량이 전달되지 않는다는 사실이 여러 관측 결과들을 통해 보고되고 있다.

바람 응력이 해양 내부로 전달되어 해수의 수평 운동을 일으키는 과정은 단위 두께를 가지는 해수

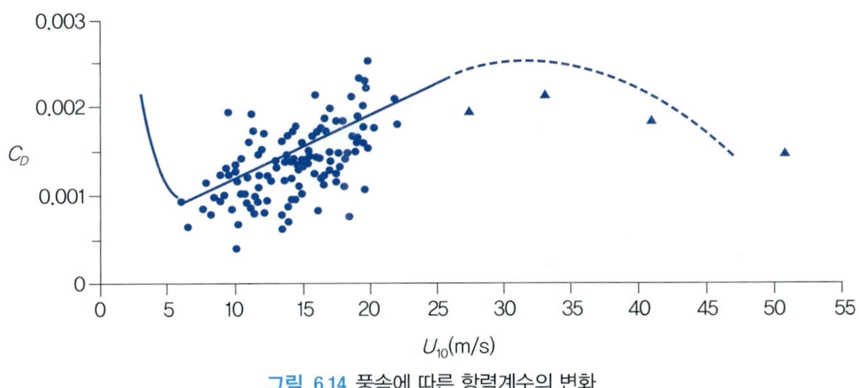

그림 6.14 풍속에 따른 항력계수의 변화

의 윗면과 아랫면에 작용하는 전단력의 차이로 표현할 수 있다.

$$\frac{du}{dt} = \frac{1}{\rho}\frac{\Delta\tau_x}{\Delta z}$$

$$\frac{dv}{dt} = \frac{1}{\rho}\frac{\Delta\tau_y}{\Delta z}$$

즉 수심에 따른 동서 방향의 전단 응력의 차이$\left(\frac{1}{\rho}\frac{\Delta\tau_x}{\Delta z}\right)$가 동서 방향의 해수의 속도 변화$\left(\frac{du}{dt}\right)$를 일으키며, 이는 남북 방향의 흐름에도 동일하게 표현될 수 있다. 전단 응력은 유체의 끈끈한 성질을 나타내는 **점성계수**(viscosity coefficient)를 사용하여 수심별 유속의 차이로 변환하여 표현할 수 있으며, 이는 바람에 의한 유속의 연직 변화를 나타내는 에크만 나선(Ekman spiral)의 해를 구할 때 사용된다.

2) 지구 자전 효과를 고려한 해양의 운동

시간에 따른 유체의 운동 변화를 유체에 작용하는 다양한 힘의 합력으로 기술한 것을 **운동 방정식**(motion of equation)이라 하고, 직각 좌표계 상에서 수평 방향의 성분을 간단히 표현하면 다음과 같다.

$$\frac{du}{dt} = -\frac{1}{\rho}\frac{\Delta P}{\Delta x} + fv + \frac{1}{\rho}\frac{\Delta\tau_x}{\Delta z} + X$$

$$\frac{dv}{dt} = -\frac{1}{\rho}\frac{\Delta P}{\Delta y} - fu + \frac{1}{\rho}\frac{\Delta\tau_y}{\Delta z} + Y$$

지난 단원 〈1) 해수에 작용하는 힘〉에서 소개했듯이 해양의 운동 변화를 일으키는 대표적인 힘은 수압 경도력, 전향력, 바람 응력이고 추가로 해양 내부에 작용하는 다양한 마찰력(X, Y) 등이 있다.

이들 중에서 해류 등 해양 대순환을 설명하고자 할 때 반드시 포함되어야 하는 힘은 전향력이고, 이러한 지구 자전 효과를 고려하여 유체의 운동을 연구하는 학문 분야를 지구 유체역학(Geophysical Fluid Dynamics)이라 부른다. 지구 유체역학에서 다루는 주요한 해양의 운동에 관해 소개하면 다음과 같다.

(1) 관성 운동

수압 경도력, 바람 응력, 마찰력 등 다른 외력이 존재하지 않는 경우 수평 방향으로 움직이고 있는 해수에 전향력만 작용한다면 해수는 북반구에서는 오른쪽, 남반구에서는 왼쪽으로 지속적으로 회전하여 결국 원 운동의 흐름이 관찰될 것이다. 이러한 운동을 **관성 운동**(inertial motion) 또는 **관성류**(inertial current)라고 한다.

관성류는 원 운동의 궤적을 보이며 그 주기는 $\frac{2\pi}{f} \simeq \frac{12^{hr}}{\sin\theta}$이다. 전향 효과가 없는 적도에서는 관성류가 정의되지 않으며(주기가 무한대), 위도 30° 지역에서는 약 24시간, 극 지역에서는 12시간의 주기를 가진다. 관성류는 주로 태풍 등과 같은 강한 바람이 분 후 외력이 사라진 상태에서 1~100 km 이내의 공간 규모에서 관측된다. 그림 6.15는 각각 1933년 8월 17일 발트 해(Baltic Sea)와 1964년 7월 29일 사르가소 해(Sargasso Sea)에서 관측된 관성 운동의 궤적을 12시간 간격으로 나타낸 것이다. 관측 수심은 각각 14 m와 617 m였으며, 북반구에 위치한 두 해역의 해수는 모두 시계 방향의 원 운동 궤적을 그리는 관성 운동을 하면서 북서 방향의 해류를 따라 이동하고 있다. 그림을 통해 고위도에 위치한 발트 해보다 저위도에 위치한 사르가소 해의 주기가 길다는 것도 확인할 수 있다.

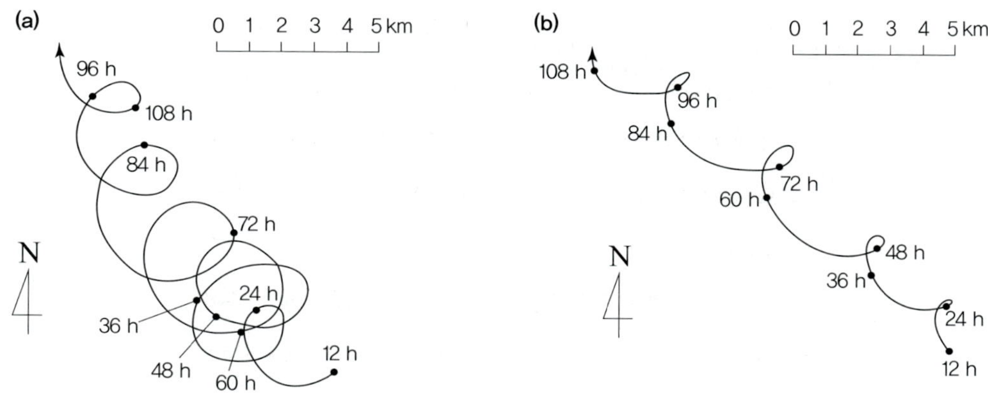

그림 6.15 (a) 발트 해와 (b) 사르가소 해에서 관측된 관성 운동

(2) 에크만 운동

노르웨이의 탐험가이자 과학자로 알려진 난센은 자신이 직접 설계하고 건조한 프람호(Fram)를 타고 북극해를 관측하던 중 빙산이 바람 방향의 오른쪽 20~40°로 이동하는 현상을 관찰하여 보고하였다. 이 현상은 스웨덴의 해양학자인 에크만에 의해 1902년 수학적으로 처음 입증되었다.

에크만 운동은 전향력과 바람 응력의 평형 관계를 이용하여 설명할 수 있으며, 지속적인 남풍이 분다는 경계 조건을 적용하면 수심(z)에 따른 유속(u, υ)의 일반해는 다음과 같이 구해진다.

$$u = V_0 e^{-\frac{\pi}{D_E}z} \cos\left(45° - \frac{\pi}{D_E}z\right)$$

$$\upsilon = V_0 e^{-\frac{\pi}{D_E}z} \sin\left(45° - \frac{\pi}{D_E}z\right)$$

위 식에서 V_0는 표층 유속, D_E는 마찰저항 심도 또는 에크만 깊이 ($D_E = \pi\sqrt{2A_Z/f}$)로 정의된다. 여기서 A_z는 연직 방향으로 작용하는 해수의 점성 계수이고 f는 코리올리 파라미터이다. 표층(z = 0)에서의 유속 성분을 구해보면 u = $V_0\cos(45°)$, υ = $V_0\sin(45°)$로 경계 조건에서 사용하였던 바람 방향(남풍)의 45° 방향임을 확인할 수 있다. 에크만 깊이($z = D_E$)에서의 유속은 $u = V_0e^{-\pi}\cos(45° - \pi)$, $\upsilon = V_0e^{-\pi}\sin(45° - \pi)$로 표층 유속보다 $e^{-\pi}$(약 1/23, 4%) 감소하며, 유향은 180° 바뀐다는 것을 알 수 있다.

에크만 운동을 정성적으로 설명하면 그림 6.16과 같다. 넓고 깊은 대양에 일정한 방향으로 지속적으로 바람이 불게 되면 지구 자전 효과에 의해 북반구에서 표층 해수는 바람 방향의 오른쪽으로 휘어져 흐른다. 해수는 점성이 있기 때문에 표층 해수의 운동량은 하층으로 전달되고 내부 마찰에 의해 연직 방향에서 유속은 지수 함수적으로 감소되나 지구 자전 효과에 의해 그 방향은 지속적으로 바뀐다. 이러한 해수의 수평 방향의 운동을 연직으로 한꺼번에 도시하면 나선형의 분포를 얻게 되는데 이를 에크만 나선(Ekman spiral)이라고 한다. 동일한 기작이 일정 깊이까지 도달하며 결국 그 층에서의 해수의 이동 방향은 표층 해수의 이동 방향과 반대가 되고, 유속도 표층 유속의 약 4% 만큼의 거의 무시할 정도를 보이는데 이 깊이를 에크만 깊이 또는 마찰 저항 심도라 한다. 표층부터 에크만 깊이까지를 에크만 층(Ekman layer) 또는 마찰층이라고 한다. 에크만 층에서의 모든 해수의 평균 이동을 에크만 수송(Ekman transport)이라고 하는데 북반구에서는 바람 방향의 오른쪽 90°, 남반구에서는 왼쪽 90°이다. 에크만 수송은 해수의 수렴과 발산 및 이에 따른 용승 및 침강 현상과 매우 관련이 깊어 해

과학자 소개

방 발프리드 에크만
(Vagn Walfrid Ekman, 1874~1954)

스웨덴 태생의 해양학자로 대표적으로 난센이 북극해 항해를 통해 얻은 취송류 관측 결과를 나선 이론을 도입하여 설명하는 등 물리해양학 분야에서 다양한 연구 성과를 올렸다.

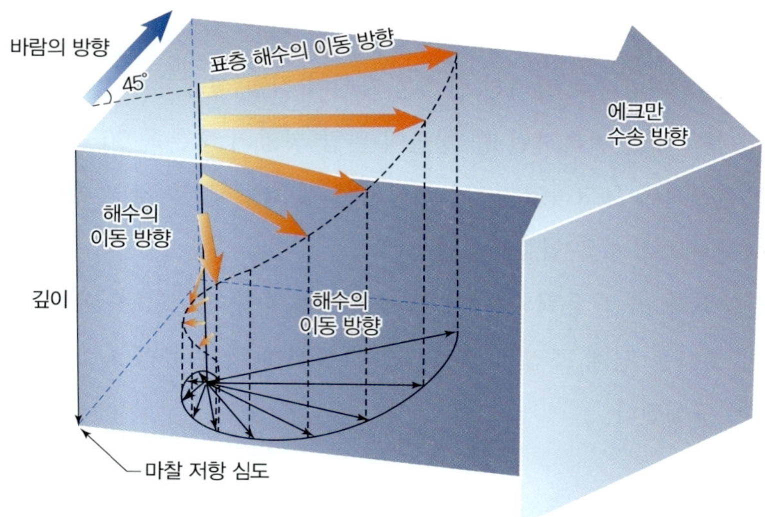

그림 6.16 에크만 나선과 에크만 수송(북반구)

수의 운동을 기본적으로 분석하는 데 필수적인 현상이다.

(3) 지형류 평형

에크만 수송의 방향은 바람 방향의 직각이고 깊이는 평균 100~200 m 상층에 국한된다. 그러나 우리가 알고 있는 대부분의 해류의 방향은 바람의 방향과 같으며 200 m 이하의 깊은 수심까지 흐르기 때문에 해류와 에크만 수송은 다른 현상이다.

대기에서 기압 경도력과 전향력이 평형을 이루어 등압선에 나란히 부는 바람을 지균풍(geostrophic wind)이라고 하는데, 해양에서도 동일 원리의 흐름인 **지형류**(geostrophic current)가 존재한다. 그림 6.17과 같이 바람이 없고 운동 변화가 없는 해양에 수압 경도력 또는 해수면 경사가 존재한다면 이 흐름은 지구 자전의 영향을 받아 편향되어 흐를 것이고, 최종 수압 경도력과 전향력이 평형을 이루는 상태를 유지할 것이다.

이를 전향력과 수압 경도력의 힘의 평형식으로 나타내고 정역학 평형을 가정한다면 다음과 같다.

$$fv = \frac{1}{\rho}\frac{\Delta P}{\Delta x} = g\frac{\Delta Z}{\Delta x}$$

$$fu = -\frac{1}{\rho}\frac{\Delta P}{\Delta y} = -g\frac{\Delta Z}{\Delta y}$$

동쪽으로 높아지는 해수면 경사$\left(\frac{\Delta Z}{\Delta x}\right)$에서 해수는 서쪽 방향의 초기 흐름이 발생하지만 전향력이

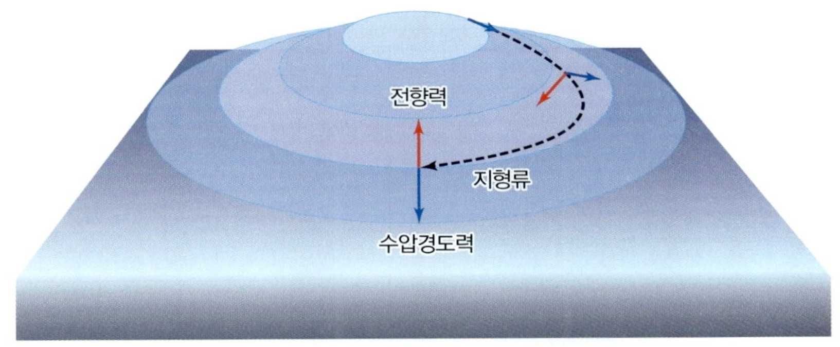

그림 6.17 지형류 평형을 이루는 과정

작용하여 북반구 기준으로 진행 방향의 오른쪽으로 편향된다. 전향력은 유속에 비례하므로 유속이 증가할수록 전향력도 커져 결국 전향력이 수압 경도력과 평형을 이루는 시점에서 북쪽 방향의 안정적인 흐름 $\left(v = \frac{1}{f\rho}\frac{\Delta P}{\Delta x} = \frac{g}{f}\frac{\Delta Z}{\Delta x}\right)$이 유지된다. 이 흐름의 크기는 결국 동서 방향의 압력$\left(\frac{\Delta P}{\Delta x}\right)$ 또는 해수면의 높이 차이$\left(\frac{\Delta Z}{\Delta x}\right)$가 클수록, 그리고 저위도일수록$\left(\frac{1}{f}\right)$크다는 것을 알 수 있다. 같은 방식으로 남쪽 방향으로 해수면이 높아질 때$\left(-\frac{\Delta Z}{\Delta y}\right)$ 해수는 북쪽 방향의 초기 흐름이 발생하지만 북반구 기준으로 진행 방향의 오른쪽으로 전향력이 작용해 결국 동쪽 방향의 지형류 $\left(u = -\frac{1}{f\rho}\frac{\Delta P}{\Delta y} = -\frac{g}{f}\frac{\Delta Z}{\Delta y}\right)$가 유지된다.

알려진 해류의 대부분은 지형류 평형을 이루고 있으며, 다양한 해류에 관한 자세한 설명은 다음 장에서 살펴볼 것이다.

3) 해양 대순환

위도에 따른 태양 복사 에너지의 차이로 적도에서는 상대적으로 온도가 높고 밀도가 작은 공기가, 극 지역에서는 온도가 낮고 밀도가 큰 공기가 존재하여 대기 대순환이 생긴다. 대기 대순환을 구성하는 무역풍, 편서풍, 극동풍이 해상에 불면서(해상풍) 해양 대순환이 발생한다. 해양 대순환은 대기 대순환과 같이 남북 방향으로 열을 재분배함으로써 전 지구 온도 분포를 현재와 같은 상태로 유지시키며 기후 조절에 큰 역할을 한다. 이러한 해양 순환은 주로 표층에서 관측된다고 해서 **표층 순환**(surface circulation)이라고 하며 그 구동력이 바람이기 때문에 **풍성 순환**(wind driven circulation)이라고 부른다(그림 6.18).

한편 태양 복사 에너지의 흡수가 매우 적은 극지 해역의 차가운 해수는 밀도가 커져 심층수를 형성한다. 이렇게 형성된 심층수는 침강한 후 해저면을 따라 전 대양으로 이동하며 순환한다. 이러한 과정을 통해 역시 고위도와 저위도 간의 열의 재분배가 일어나 지구의 열적 평형이 유지된다. 이러한 순환은 주로 심층에서 일어난다고 해서 **심층 순환**(deep circulation) 또는 수온과 염분에 의한 밀도 차

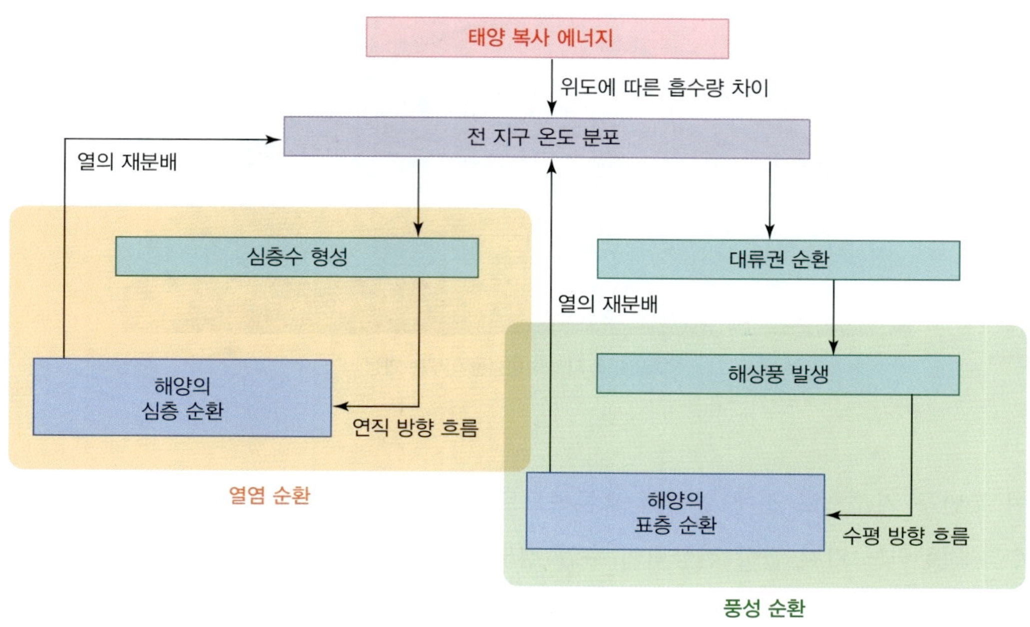

그림 6.18 해양 대순환의 과정 및 종류

이에 의해 발생한다고 해서 **열염 순환**(thermohaline circulation)이라 한다(그림 6.18).

본 장에서는 해양 대순환과 관련된 다양한 해류의 특성 및 관련된 물리적 역학에 관해 살펴보고자 한다.

(1) 아열대 및 아한대 순환

전 지구 대양에는 적도 수렴대(ITCZ, Inter Tropical Convergence Zone)를 중심으로 북동 무역풍과 남동 무역풍이 분다. 무역풍에 의해 북반구에서는 북쪽으로, 남반구에서는 남쪽으로의 에크만 수송이 발생한다. 중위도 약 45°를 중심으로는 편서풍이 부는데 이 바람은 북반구에서는 남쪽으로의, 남반구에서는 북쪽으로의 에크만 수송을 유도한다. 그러므로 결과적으로 대양의 수위는 약 30° 부근의 아열대 중앙이 높아지고 그림 6.19와 같이 아열대 해역의 남북 경계에서는 동서 방향의 지형류가 흐르게 된다. 동서 방향으로 위도에 평행하게 흐르던 해류는 각각 서쪽과 동쪽 연안에 부딪혀 남북 방향으로 나눠지며 커다란 순환을 형성하는데 이를 **아열대 순환**(subtropical circulation) 또는 **아열대 환류**(subtropical gyre)라고 한다.

그림 6.20은 전 세계 대양의 주요 해류를 도시한 것이다. 북태평양의 아열대 순환을 구성하는 해류로는 북적도 해류, 쿠로시오 해류, 북태평양 해류, 캘리포니아 해류가 있으며, 남태평양은 남적도 해류, 동오스트레일리아 해류, 남극 순환류, 페루 해류가 있다. 또한 북적도 해류, 멕시코 만류, 북대서양 해류, 카나리아 해류가 시계 방향의 북대서양 아열대 순환을 구성하고 있으며, 남대서양은 남적도

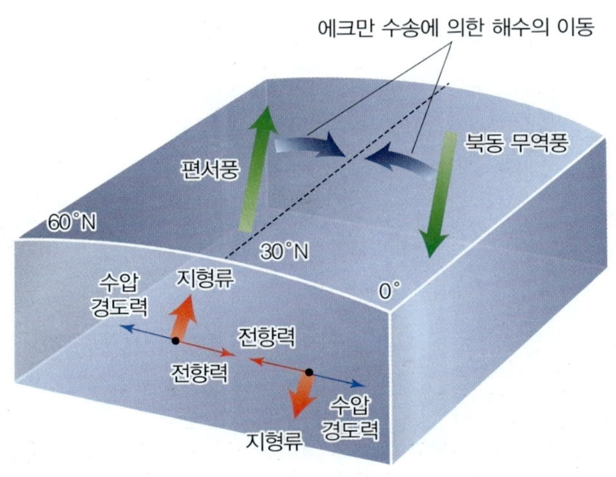

그림 6.19 북반구 아열대 해역에서의 에크만 수송과 지형류 평형

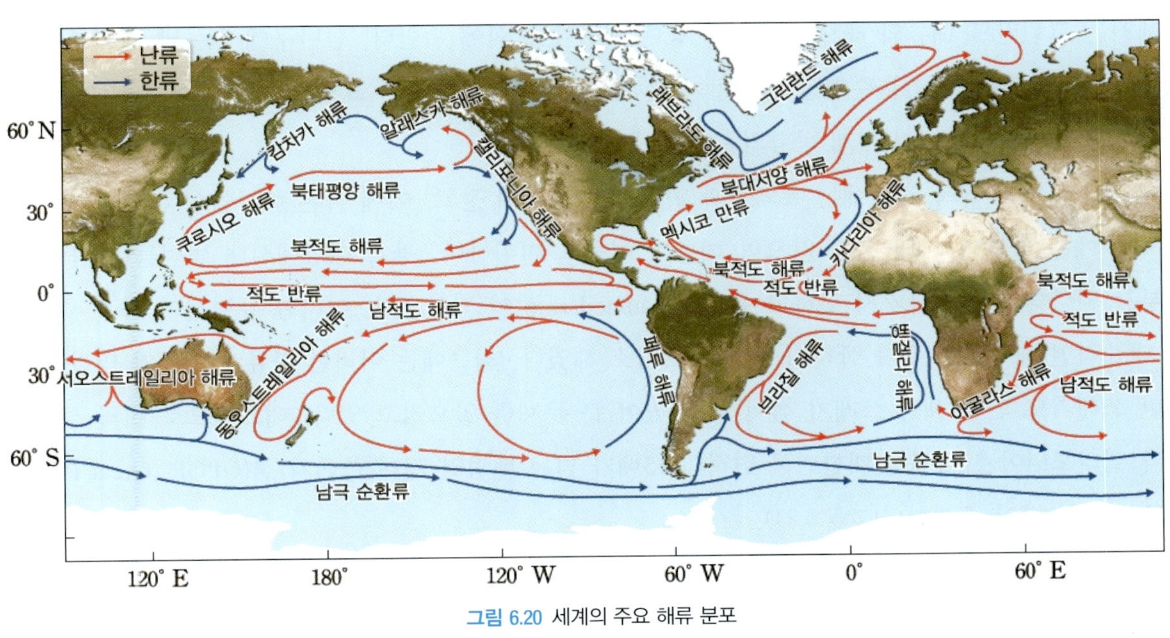

그림 6.20 세계의 주요 해류 분포

해류, 브라질 해류, 남극 순환류, 벵겔라 해류가 반시계 방향의 아열대 순환을 구성한다. 북인도양의 대부분은 더룩으로 되어 있고 대부분의 바다는 벵골 만과 아라비아 만이 차지하고 있어 대양의 성격을 가지지 않으며, 이 해역의 해류는 강한 계절풍의 영향으로 계절에 따라 해류의 방향이 반대로 나타난다. 남인도양은 남적도 해류, 아굴라스 해류, 남극 순환류, 서오스트레일리아 해류가 아열대 순환을 구성하고 있다.

편서풍과 극동풍에 의해 북반구에서는 반시계 방향의 **아한대 순환**(subpolar circulation) 또는 **아한대 환류**(subpolar gyre)도 존재하는데, 대표적으로 태평양에서는 알래스카 해류와 캄차카 해류, 대서

그림 6.21 다량의 해양 쓰레기 더미를 지나가는 요트

양에서는 그린란드 해류와 래브라도 해류 등이 아한대 순환에 속한다. 남반구에서는 남극 대륙이 크게 자리 잡고 있어 아한대 순환을 발견할 수는 없지만 일부 지형적인 요인으로 웨델 해(Weddell Sea)와 로스 해(Ross Sea)에서 시계 방향의 순환이 존재한다.

아열대 순환의 남북 경계에는 무역풍과 편서풍이 강하게 불고, 이에 따른 해류들이 존재하지만 환류 내부에는 바람이 거의 불지 않으며 해류의 이동도 미미하다. 과거 대항해시대 범선들이 환류 중앙부를 지나다가 빠져나가지 못하고 유령선(haunted ship)이 되었으며, 이러한 유령선이 자주 출몰했던 대표적인 해역이 버뮤다 삼각지 또는 사르가소 해였다. 최근에는 이러한 환류 중앙부가 인간이 배출한 쓰레기로 인한 해양 쓰레기 섬이 되고 있어 큰 문제를 일으키고 있다. 대표적으로 미국 하와이 섬과 캘리포니아 사이에는 대한민국 면적의 15배가 넘는 태평양 거대 쓰레기 섬(GPGP, Great Pacific Garbage Patch)이 존재한다(그림 6.21).

(2) 서안 강화 현상

환류 시스템을 구성하는 해류들 중 대양의 서쪽과 동쪽을 따라 흐르는 해류들의 역학적 성질은 매우 다르다. 인공위성을 통해 관측한 해양의 해면 고도 분포를 살펴보면 해면 고도가 높은 해역은 모두 순환 중심의 서쪽에 위치한다는 것을 확인할 수 있다. 그러므로 대양의 서쪽 해안(서안)에서 해수면 경사가 급해져 이에 비례하는 지형류 속도가 커지는 **서안 강화**(western boundary intensification) 현상이 발생한다. 이를 따르는 해류를 **서안 경계류**(western boundary current)라 하며 아열대 순환을 구성하는 서안 경계류로는 쿠로시오 해류, 멕시코 만류, 동오스트레일리아 해류, 브라질 해류, 아굴라스 해류 등이 있으며, 모두 폭이 좁고 깊게 강하게 흐르며 저위도의 따뜻한 해수를 수송하는 난류(warm current)의 성격을 보인다.

서안 강화 현상의 역학적 설명을 완성한 학자는 미국 출신의 해양학자인 헨리 스토멜이다. 1948년 스토멜은 「풍성 해류의 서안 강화(westward intensification of wind-driven ocean currents)」라는 논문에서 서안 경계류와 동안 경계류 사이의 비대칭성은 **베타 효과**(위도에 따른 코리올리 파라미터의 변화) 때문에 발생한다고 설명하였다. 그는 지구의 자전을 고려하지 않거나 일정한 전향력을 적용한 경우와 위도에 따른 전향력의 변화를 고려한 경우로 나누어 수치 실험을 시행하였다. 그 결과 그림 6.22와 같이 위도에 따른 전향력의 변화를 고려하였을 때 오른쪽과 같이 서안 강화 현상이 재현되는 것을 확인하였다. 그림 6.22에 표시된 유선(stream line, ψ, $u = \frac{\partial \psi}{\partial y}$, $v = -\frac{\partial \psi}{\partial x}$)은 특정 시각의 유체의 속도 벡터와 접하는 선으로 정의되며 유선이 조밀한 곳에서의 흐름은 상대적으로 빠르며 그림에서 음(−)의 값은 시계 방향의 순환을 의미한다.

서안 강화 현상의 원리를 정확히 이해하기 위해서는 유체의 회전을 설명하는 **와도(소용돌이) 방정식**(vorticity equation)을 도입하여 설명해야 하지만, 서쪽 해안과 동쪽 해안의 풍계와 위도에 따른 전향력 변화로 해류가 받는 회전력의 차이를 이용하여 정성적으로 설명하면 그림 6.23과 같다.

과학자 소개

헨리 스토멜
(Henry Melson Stommel, 1920~1992)

미국 출신의 해양학자로 서안 강화 현상을 포함한 해양 순환에 대한 다양한 역학적 원리를 정립하여 물리해양학 분야에 큰 공헌을 하였다.

만약 전향력의 크기가 일정하다면 해류가 받는 회전 성분은 무역풍과 편서풍의 변화에 의한 시계

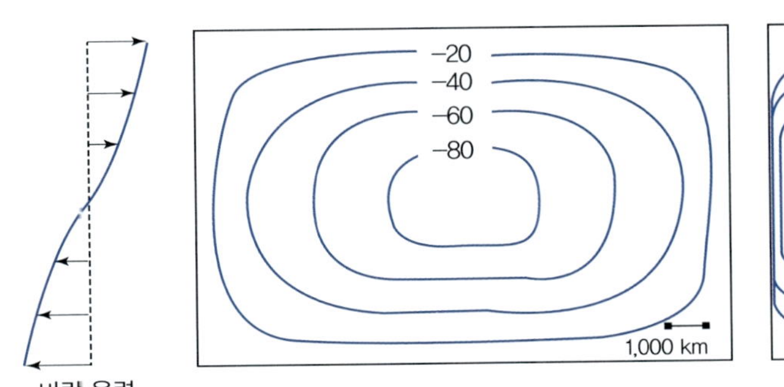

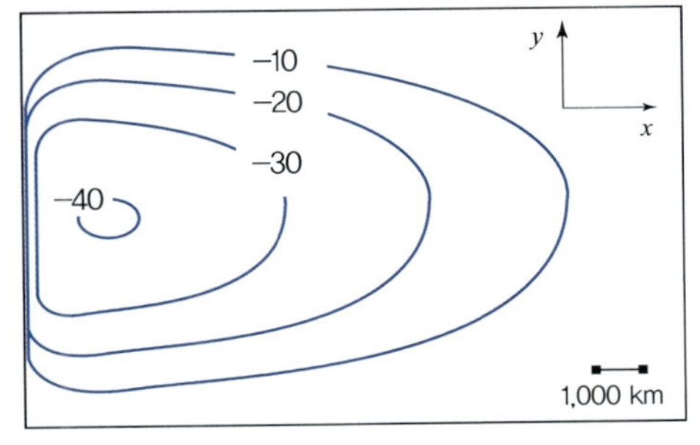

그림 6.22 북반구 중위도 해역에서의 풍계 변화에 따른 유선 함수
(좌: 지구의 자전을 고려하지 않거나 일정한 전향력을 적용한 경우. 우: 위도에 따른 전향력의 변화를 고려한 경우)

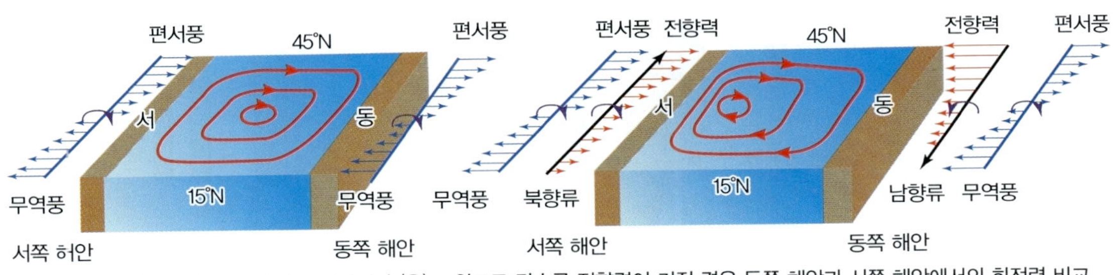

그림 6.23 전향력의 크기가 (좌) 일정하거나 (우) 고위도로 갈수록 전향력이 커질 경우 동쪽 해안과 서쪽 해안에서의 회전력 비교

방향의 성분만 있을 것이다. 그러나 전향력의 크기가 위도에 따라 증가하는 경우 서쪽 해안을 따라 북상하는 해류는 고위도로 이동함에 따라 동쪽으로 작용하는 전향력의 크기가 점점 강해져 시계 방향의 회전력이 생긴다. 반대로 북쪽에서 남쪽으로 남하하는 해류는 서쪽으로 작용하는 전향력의 세기가 점점 작아져 반시계 방향의 회전력이 생긴다. 결국 서쪽 해안에서는 바람에 의한 시계 방향의 회전력과 전향력 변화에 의한 시계 방향의 회전력이 합쳐지고 동쪽 해안은 다른 방향의 회전력이 서로 상쇄된다. 이렇게 서쪽 해안에서 강화된 회전력이 환류의 중심을 서쪽으로 이동시켜 서안 강화 현상이 생기고 이에 따라 서안 경계류와 동안 경계류 사이의 물리적 특성이 달라지는 것이다.

(3) 적도 해류계

적도 해류계를 구성하는 주요 해류로는 북적도 해류(NEC, North Equatorial Current), 남적도 해류(SEC, South Equatorial Current), 적도 반류(ECC, Equatorial Counter Current)가 있다. 적도 반류는 남적도 해류 사이에서 약하게 흐르는 남적도 반류(SECC, South Equatorial Counter Current)와 적도 수렴대인 평균 5°N~10°N 사이에서 흐르는 북적도 반류(NECC, North Equatorial Counter Current)로 구분된다. 적도 해류계를 구성하고 있는 또 하나의 중요한 해류로는 약 2°S~2°N 사이에서 300 km 정도의 폭을 가지고 수심 100~200 m 깊이에서 강하게 흐르는 적도 잠류(EUC, Equatorial Under Current)가 있다.

그림 6.24는 열대 중앙 태평양(170°W)에서 위도에 따른 동서 방향의 해류의 평균 수송량(*Sv*, 1 *Sv* = 10^6 m^3/s)을 나타낸 것이다. 그림에서 컬러로 표현된 북적도 반류(NECC), 남적도 반류(SECC), 적도 잠류(EUC) 등은 동쪽으로의 흐름을 나타내며, 그 외의 해역은 남적도 해류와 북적도 해류인 서향류를 나타낸다. 적도에서 평균 200 m 수심에 존재하는 적도 잠류의 평균 수송량은 약 31 *Sv*로 비교적 넓은 해역에 걸쳐 흐르는 북적도 해류(24 *Sv*), 남적도 해류(52 *Sv*)들과 비교할 때 그 흐름이 매우 빠르

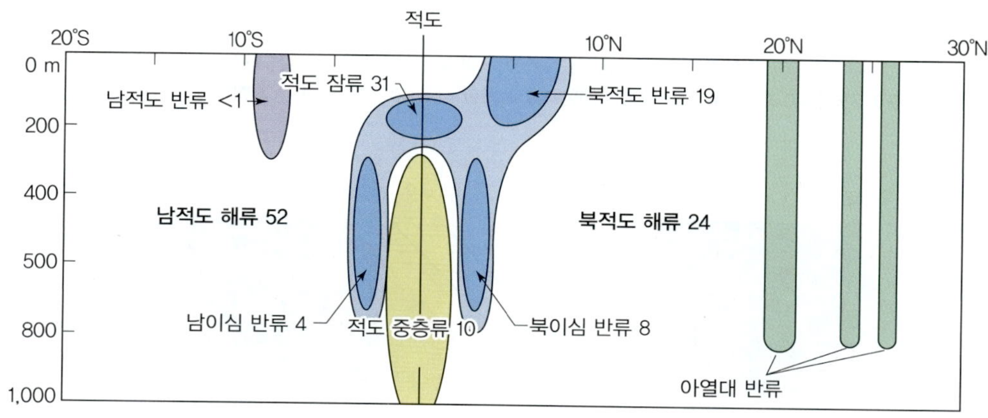

그림 6.24 적도 해류계의 분포 및 평균 수송량(Sv)

다는 것을 알 수 있다. 실제 적도 잠류의 최대 유속은 약 150 cm/s에 달하는 것으로 알려져 있다.

적도 해류계의 발생 역학을 이해하기 위해서는 코리올리 파라미터(f)의 적용 유무에 따라 적도($f = 0$)와 아적도($f \neq 0$)로 구분하여 단순화시킬 필요가 있다.

일반적으로 약 0.25° 내외의 좁은 적도 해역에서는 전향력을 무시할 수 있으므로 이 해역에서는 무역풍에 의해 취송류(wind driven(drag) current)의 성격을 지니는 남적도 해류가 방향의 변화 없이 서쪽으로 흘러 서태평양의 해수면을 높인다. 반대로 동서 방향의 수압 경도력에 의한 경사류(slope current)의 성격을 지니는 적도 잠류는 동쪽으로 흘러 적도 해상에서 무역풍이 지속되는 상황에서도 일정한 해면 경사를 유지시킬 수 있다. 상대적으로 바람의 응력이 작용하는 표면 마찰층보다 해면 경사에 의한 수압 경도력이 작용할 수 있는 수심이 깊기 때문에 경사류인 적도 잠류가 취송류인 남적도 해류보다 깊은 수심에 존재할 수 있다.

전향력을 무시할 수 없는 아적도 해역에서의 적도 해류계는 일반적으로 무역풍에 의한 에크만 수송과 이에 따른 남북 방향의 수압 경도력에 의한 지형류 평형으로 설명할 수 있다. 그림 6.25는 하와이에서 타히티까지의 관측 결과를 근거로 열대 태평양 남북 방향의 수온 분포 및 역학적 고도(dynamic topography)로 산정된 해수면 높이를 나타낸 것이다. 코리올리 부호가 바뀌는 적도를 기준으로 남동 무역풍에 의한 에크만 수송의 결과로 해수의 발산(divergence)이 일어난다. 그러므로 5°N 이남 해역에서는 적드 쪽으로 낮아지는 해수면 경사가 발생한다. 이러한 남북 방향의 해수면 경사에 의한 수압 경도력과 전향력이 평형을 이루어 남반구와 북반구 0~5°N 사이 해역에서는 모두 서쪽 방향으로 흐

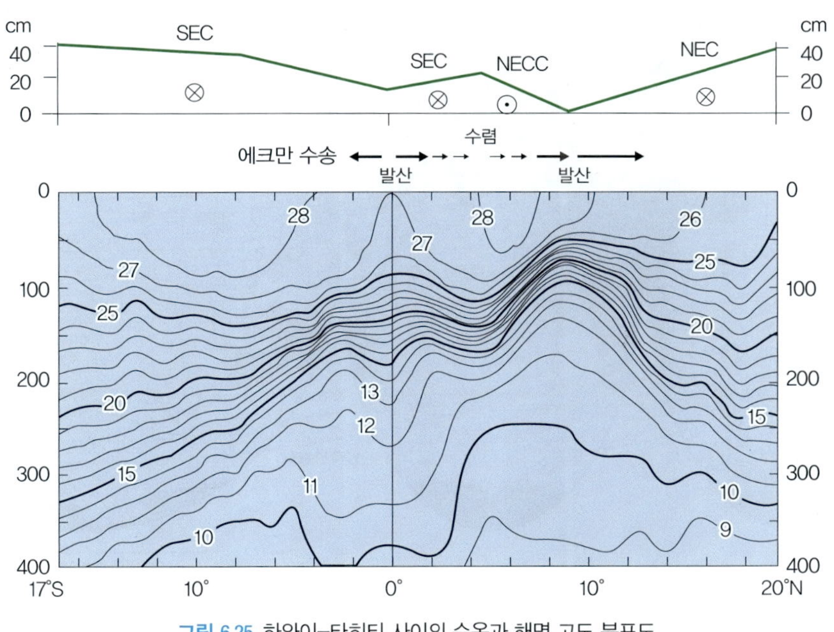

그림 6.25 하와이–타히티 사이의 수온과 해면 고도 분포도

르는 지형류, 즉 남적도 해류가 발생한다. 5~10°N에 위치한 ITCZ 남단에서는 남동 무역풍이 무풍대에 접근하여 약화됨에 따라 에크만 수송이 감소하여 해수의 수렴(convergence)이 일어나며, ITCZ 북단에서는 북동 무역풍이 무풍대에서 벗어나면서 강해져 해수의 발산이 일어난다. 따라서 수렴 해역에서는 해수면이 상승하고 발산 해역에서는 해수면이 하강하여 5~10°N 구간에서는 북쪽으로 갈수록 해수면이 낮아져 지형류 평형 관계에 의해 동향류, 즉 북적도 반류가 발생한다. 이러한 해수면 기울기는 그림 6.25의 수온 연직 단면도에서 수온약층 기울기의 반대 방향과 매우 유사함을 확인할 수 있다.

(4) 대양 간 연계 순환

그림 6.26은 전 세계 표층 순환의 또 다른 모식도로 아열대 순환, 아한대 순환 및 적도 해류계까지 잘 표현되어 있다. 주목할 점은 추가로 **대양 간 연계 순환**이 그려져 있는데, 대표적인 대양 간 연계 순환으로는 인도네시아와 그 주변 섬들 사이를 통과하며 열대 서태평양에서 동인도양으로 흐르는 해류인 인도네시아 통과류(ITF, Indonesian Through Flow)가 있다. 이 해류는 따뜻하고 염분이 낮은 해수를 태평양에서 인도양으로 수송한다. 염분이 매우 높은 홍해에서 흘러나온 홍해 유출수도 인도양으로 흐른 후 아굴라스 해류, 벵겔라 해류를 순차적으로 통과해 대서양까지 흘러간다. '하나의 바다(One Ocean)'라는 슬로건이 있듯이 대양의 모든 순환은 환류 시스템 안에서 고립된 것이 아니라 다양한 대양 간 순환 및 중규모 소용돌이(mesoscale eddy)들의 운동을 통해 열과 염분을 끊임없이 교환하

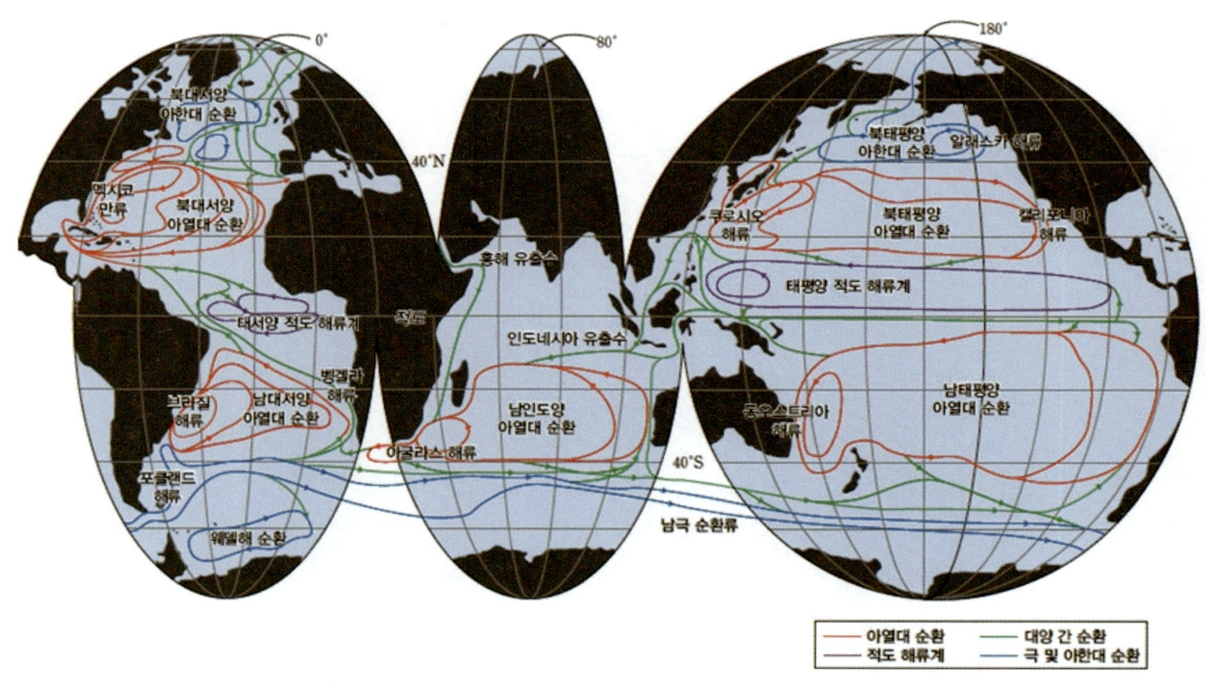

그림 6.26 전 세계 표층 순환 모식도

고 있다. 특히 이러한 대양 간 연계 순환들은 다음 장에 소개될 해양 컨베이어벨트의 중요한 부분을 차지하고 있으며 전 지구 기후 조절에 중요한 역할을 한다.

(5) 심층 순환

바람의 영향을 받지 않는 바다 깊은 곳에서도 해수의 밀도 차이에 의한 해류가 존재하며 끊임없이 이동한다. 이를 해양의 심층 순환(deep circulation)이라고 하며, 해수의 밀도는 수온과 염분에 의해 결정되므로 밀도 순환(density driven circulation) 또는 열염 순환(thermohaline circulation)이라고도 부른다.

일반적으로 영구 수온약층 아래 수심층을 크게 중층(intermediate layer), 심층(deep layer), 저층(bottom layer)으로 나눈다면 각각의 층을 구성하는 전 세계 주요 수괴들은 다음과 같다.

대표적인 **중층수**로는 북대서양 중층수, 래브라도수, 지중해 유출수, 홍해 유출수, 남극 중층수 등이 있으며 잠재 밀도(σ_θ)의 범위가 27~28 사이를 보인다(그림 6.27). 중층수보다 밀도가 더욱 큰 심층수로는 북대서양 심층수(NADW, North Atlantic Deep Water), 인도양 심층수(IDW, Indian Deep Water), 태평양 심층수(PDW, Pacific Deep Water), 남극 순환 심층수(CDW, Circumpolar Deep Water)와 노르딕해 유출수(Nordic overflow 또는 GIN Sea overflow) 등이 있다. 여기서 GIN은 그린란드(Greenlad), 아이슬란드(Iceland), 노르웨이(Norwegian) 바다의 앞 글자만 따서 만든 이름이다.

대양의 가장 심층에 위치하는 수괴는 **남극 저층수**(AABW, Antartic Bottom Water)로 수온 −0.8~0°C, 염분 34.6~34.7 범위의 고밀도 수괴로 평균 수심 4,000 m 이상 되는 해저면을 따라 태

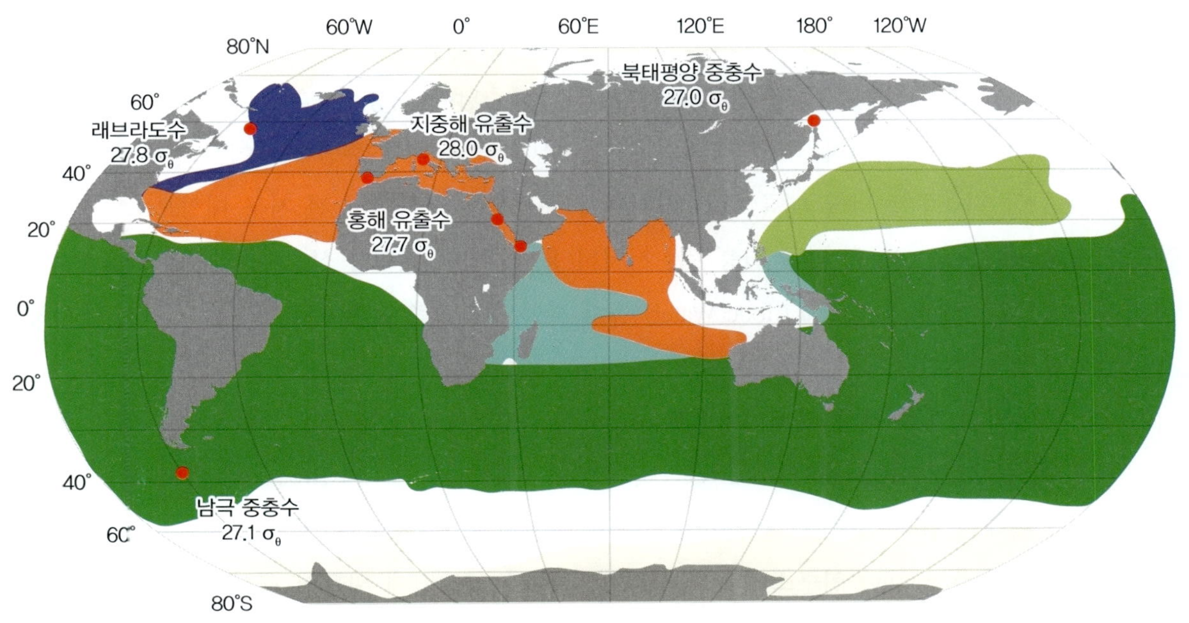

그림 6.27 대표적인 중층수 생성 지점

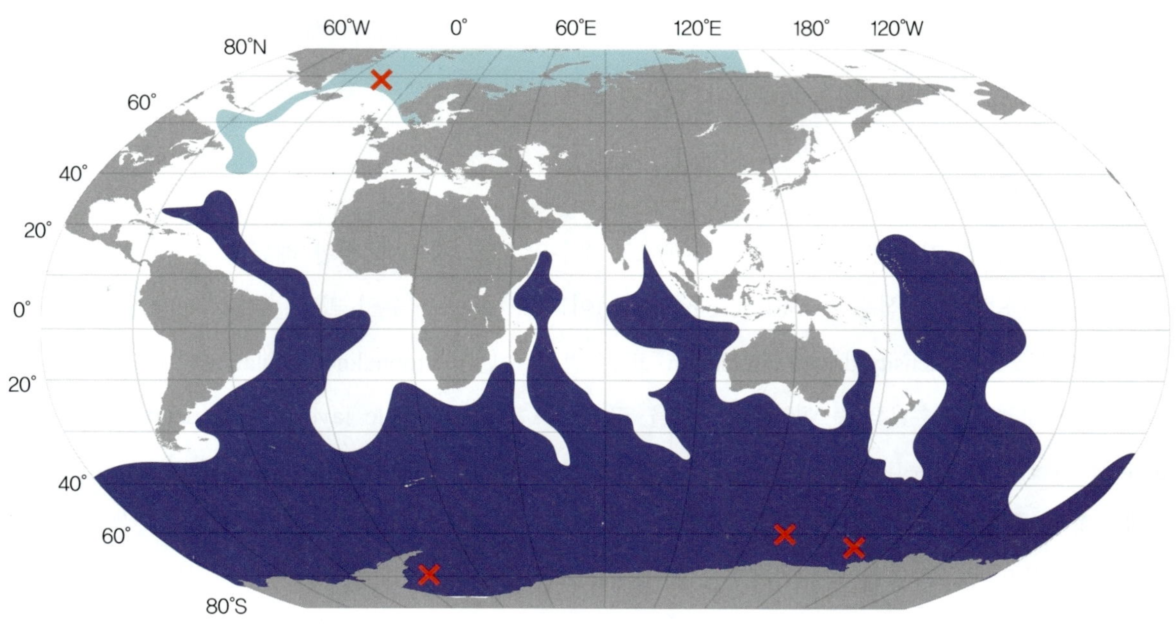

그림 6.28 대표적인 심층수 및 저층수 분포 지점

평양, 대서양, 인도양으로 퍼져 나가 전 지구를 순환한다. 남극 저층수가 형성되는 해역은 주로 남극의 웨델 해와 로스 해 부근으로 알려져 있다(그림 6.28).

(6) 컨베이어벨트 순환

해양의 심층수와 저층수는 주로 대서양 북부 그린란드 해역 및 남극 대륙 주변 해역에서 형성된다. 북대서양 그린란드 해역에서 생성되어 침강한 북대서양 심층수는 대서양 심층의 서안을 따라 남하하면서 남극 저층수와 만나게 된다. 북대서양 심층수는 남극 저층수보다 밀도가 작기 때문에 약 1,500~4,000 m 수심에 위치하면서 남극해까지 이동한다. 남극 대륙 주변 해역에서 형성되어 해저까지 침강한 남극 저층수는 남극 대륙 주위를 서에서 동으로 회전하면서 전 지구 대양으로 확장된다. 인도양 및 태평양으로 이동한 남극 저층수는 서서히 용승하면서 인도양 심층수, 태평양 심층수, 아남극 고유수(SAMW, Sub Antarctic Mode Water) 등과 혼합되어 표층 순환으로 연결되고 다시 대서양까지 북상하여 결국 그린란드 해역까지 수송된다.

이러한 일련의 여정을 **해양 컨베이어벨트**(ocean conveyor belt)라 부른다. 그림 6.29는 미국 컬럼비아 대학 라몬트-도허티(Lamont-Doherty) 연구소에서 근무하는 브로커(Broecker) 박사가 1991년 제시한 단순한 형태의 컨베이어벨트 순환이고, 그림 6.30은 최근 미국 스크립스 해양연구소(SIO, Scripps Institution of Oceanography) 연구소의 탤리(Talley) 교수가 2013년에 새롭게 제시한 3차원 형태의 대양 순환 모식도이다.

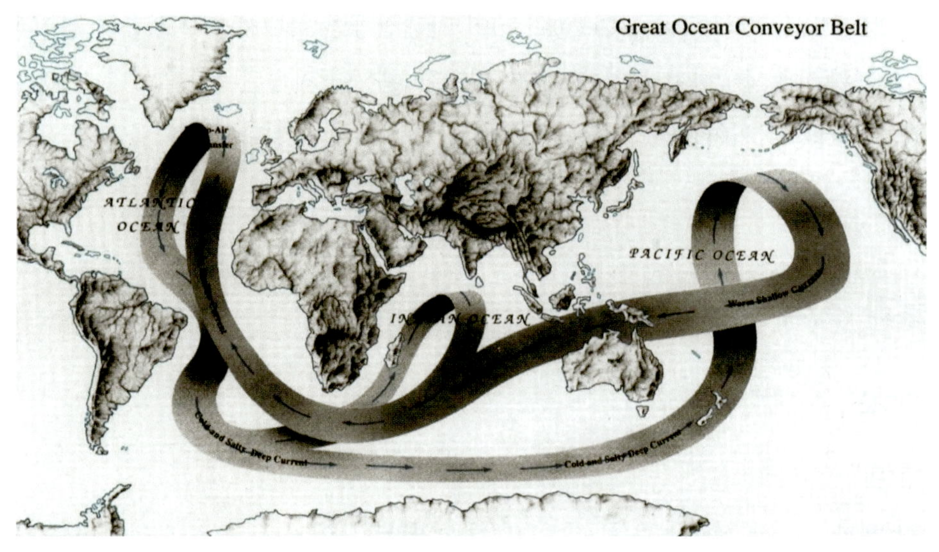

그림 6.29 해양 컨베이어벨트 순환

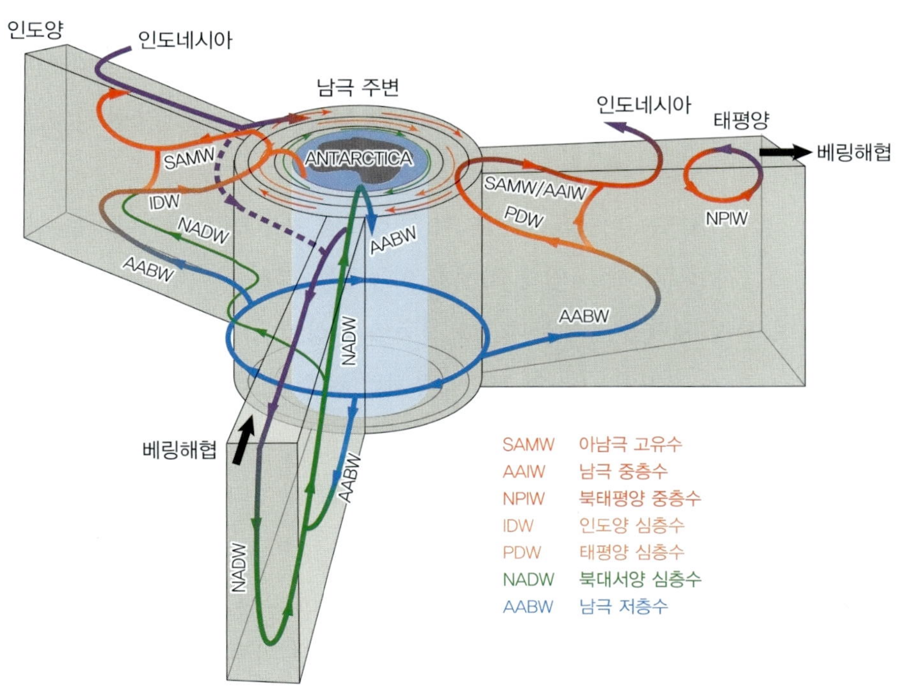

그림 6.30 3차원 대양 순환 모식도

심층 순환은 초속 1 cm 내외로 매우 느리기 때문에 대양 컨베이어벨트를 완전히 순환하는 데는 약 1,000~1,500년 정도의 매우 긴 시간이 필요하다. 그러나 해양 컨베이어벨트를 따라 바다는 전 지구로 열과 염분을 끊임없이 수송하고 있다. 최근의 연구에 따르면 기후 변화로 해양의 컨베이어벨트 순환 속도가 느려지고 있다는 가능성이 제시되고 있다. 컨베이어벨트 순환처럼 해양의 남북을 연결하는 자오면 순환(MOC, Meridional Overturning Circulation)이 약해진다면 북대서양의 표층 흐름이 약해져 저위도의 남는 열을 고위도에 공급하지 못하게 된다. 이러한 현상이 지속된다면 약 1만 1,000년 전에 같은 이유로 발생했던 영거 드라이아스기(Younger Dryas) 같은 소빙하기가 다시 찾아올 수도 있을 것이다.

6.4 파랑과 조석

1) 파랑(해파)

(1) 파의 특성

해양의 **파랑**(**해파**, ocean waves)은 바다 표면(해표면)에 보이거나 혹은 보이지 않는 물결에 대한 통칭이다. 풍파(風波, wind waves) 또는 풍랑(風浪, wind seas)은 주로 바다 위에 부는 바람(해상풍)에 의해 생성되는 해수면의 규칙적인 움직임이다. 이와 달리 지진해일(쓰나미)은 해저에서의 지진 혹은 해저 사태에 의해 만들어진 해수면의 움직임을 의미한다. 또 조석파는 태양과 달에 의한 인력 차이에 의해 생성되는 거대한 해파이다. 다양한 해파를 이해하기 위해서는 먼저 일반적인 파동 현상에 대해 생각해볼 필요가 있다.

잔잔한 수면에 던진 돌이 만드는 파동의 움직임이 물결처럼 주변으로 퍼져나가는 현상에서 이동하는 것은 파의 위상과 에너지일 뿐, 해수 입자 자체가 이동하는 것은 아니다. 해수 입자는 제자리에서 상하 · 좌우로 진동하며 특정 궤적을 그리는데, 그 진동의 위상이 주변과 서로 차이를 보이며 전파하게 된다. 즉 위상과 에너지가 전파하는 것일 뿐, 해류처럼 해수 입자의 움직임이 한쪽으로 진행하는 것은 아니라는 의미이다.

파에서 가장 높은 위치를 마루(crest), 파정(波頂), 파봉(波峯)이라 부르며, 가장 낮은 위치를 골(trough), 파저(波底), 파곡(波谷)이라 한다(그림 6.31). 골에서 마루까지의 수직적인 거리(높이 차)는 파고(波高, wave height)라고 하며, 삼각함수 정현파(sinusoidal waves)의 경우 파고가 진폭(wave amplitude)의 2배에 해당한다(그림 6.31). 골에서 다음 골까지 혹은 마루에서 다음 마루까지의 수평적인 거리는 파장(波長, wavelength)이라 한다(그림 6.31). 시간이 지남에 따라 특정 위치는 골에 해당했다가 마루에 해당했다가 다시 골에 해당하게 되는데, 골에서 다음 골까지 혹은 마루에서 다음 마루에 해당할 때까지의 시간은 파의 주기(週期, wave period)라 한다. 파고와 파장의 비는 파고비(ratio) 또는 파랑경사(wave steepness)로 부르며, 파고비 또는 파랑경사가 클수록 파장에 비해 파고가 커서 가파른 경사를 가진다.

일정 거리에 몇 개의 파가 포함되는지를 의미하는 파수(wave number)는 파장의 역수에 해당하고, 일정 시간에 몇 개의 파가 나타나는지를 의미하는 주파수(frequency)는 주기의 역수에 해당한다. 파

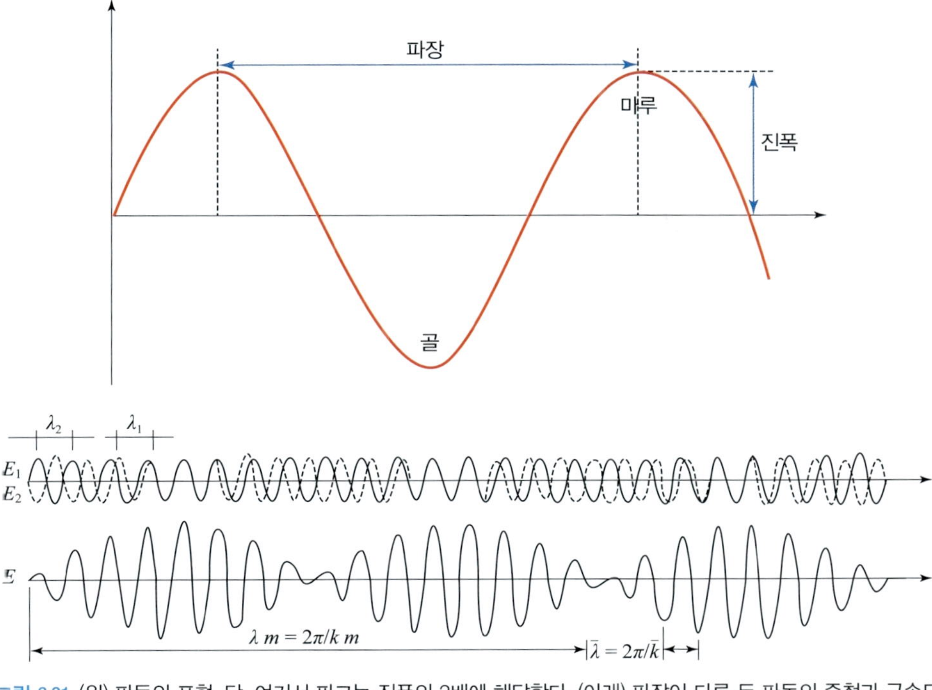

그림 6.31 (위) 파동의 표현. 단, 여기서 파고는 진폭의 2배에 해당한다. (아래) 파장이 다른 두 파동의 중첩과 군속도

의 전파 속도는 파의 위상이 이동하는 위상 속도(phase velocity)를 의미하는데, 이는 파장을 주기로 나누거나 혹은 주파수를 파수로 나눈 값에 해당한다. 파의 에너지가 이동하는 속도인 군 속도(group velocity)는 위상 속도와 구별되어 개별 파의 위상이 이동하는 속도가 아닌, 여러 파동의 군집(group)이 이동하는 속도에 해당한다(그림 6.31). 이러한 파의 위상 속도나 군 속도는 파의 위상이나 에너지가 전파하는 속도이므로 입자가 움직이는 속도(해수의 경우 유속)와는 구별된다.

(2) 대조적인 파의 개념

모든 파동의 역학적 특징은 파수와 주파수(혹은 파장과 주기) 사이의 고유한 관계로부터 알 수 있는데, 이를 분산관계식(dispersion relation)이라 부른다. 분산관계식을 통해 파의 전파 속도가 파장에 무관한 **비분산파**(non-dispersive waves)와 파의 전파 속도가 파장에 따라 달라지는 **분산파**(dispersive waves)를 서로 구분할 수 있다. 비분산파는 파장이 긴 파동과 파장이 짧은 파동이 모두 동일한 속도로 전파하는 것으로서 전파 속도가 파수 혹은 파장에 무관한 반면, 분산파는 파장이 긴 파동과 파장이 짧은 파동이 서로 다른 속도로 전파하게 된다.

파동 현상을 구분하는 다른 개념은 시간에 따라 일정 방향으로 전파하는 **진행파**(progressive waves)와 제자리에서 진동할 뿐 일정 방향으로 전파하지 않는 **정상파**(standing waves)이다. 또 해수면의 움직임으로 알 수 있는 **표면파**(surface waves)와 해양 내부 수중에서 밀도 경계면의 움직임으로 알 수 있는 **내부파**(internal waves)로 구분할 수도 있다. 파의 형태에 따라서도 파동을 구분할 수 있는데, sine 혹은 cosine과 같은 삼각함수 정현파처럼 선형적인 특성을 가지는 **선형파**(linear waves)와 그렇지 않은 **비선형파**(nonlinear waves)로 구분하는 것이 이에 해당한다. 파장에 비해 수심이 충분히 깊은 경우와 얕은 경우에 서로 다른 특성을 가지는데, 파장에 비해 수심이 깊은 곳에서의 **심해파**(deep-water waves)와 파장에 비해 수심이 얕은 곳에서의 **천해파**(shallow-water waves)로 구분한다. 심해파는 분산파에 해당하여 전파 속도가 파장에 따라 달라지고 수심에 무관하지만, 천해파는 비분산파에 해당하여 파장에 무관하고 수심이 얕을수록 전파 속도가 느린 특성을 보인다.

마지막으로 파동을 구분하는 개념 중에는 파를 유지해주는 힘인 복원력(restoring force)을 제외한 다른 힘(외력)의 작용 여부이다. 파동이 유지되기 위해서는 평형점으로 되돌리려는 복원력이 작용하고 있어야 하는데, 복원력 외에는 다른 외력이 전혀 가해지지 않은 경우의 파동은 **자유파**(free waves)로 부르고, 복원력 외에 다른 외력이 가해지는 경우의 파동은 **강제파**(forced waves)라 부른다.

(3) 기파력과 복원력

파동 현상이 유지될 수 있도록 평형 상태의 위치로 되돌아가도록 만드는 힘이 복원력인데, 이것은 파동이 생성되도록 만드는 힘인 **기파력**(wave-generating force)과 서로 구별된다. 해파의 기파력으로는 해상풍, 해저 지진, 태양과 달에 의한 인력 등을 꼽을 수 있고, 해파에 작용하는 복원력으로는 중력, 전향력, 해표면 장력 등을 꼽을 수 있다. 풍파는 해상풍에 의해 만들어지는 것이므로 해상풍이 기파력에 해당하지만, 지진해일 혹은 쓰나미(tsunami)라고 부르는 파동은 해저 지진이나 해저 사태에 의해 만들어지므로 해상풍이 기파력에 해당하지 않는다. 또 선박이 지나가면서 그 뒤에 만들어지는 선박파(ship waves)의 경우에는 기파력이 해상풍도 해저 지진도 아닌 선박 이동에 의한 힘에 해당한다. 뒤에서 다룰 조석파(tidal waves)의 경우에는 조석을 만드는 힘이 기파력에 해당한다. 기파력 중에서도 조석파를 만드는 힘은 특별히 **기조력**(tide-generating force)이라 부른다.

기파력은 서로 다르지만 수십에서 수백 미터의 파장을 가지는 풍파와 수십에서 수백 킬로미터의 파장을 가지는 지진해일은 모두 중력을 복원력으로 한다는 점에서 공통점을 가진다. 그러나 이 두 종류의 파에 비해 월등히 긴 파장을 가지는 해양의 최장파인 조석파의 경우, 기파력(기조력)과 복원력 모두 이들과 구분되어 전혀 다른 특성을 보인다. 조석파는 지구, 달, 태양 사이에 작용하는 만유인력과 원심력에 의해 생성되므로 기조력은 두 힘의 합으로 표현되어, 해상풍을 기파력으로 하는 풍파나 해저 지진을 기파력으로 하는 지진해일파와는 그 성격이 다르다. 또 중력이 복원력으로 작용하는 풍파나 지진해일파와는 달리 조석파는 만유인력과 원심력에 의해 유지되므로(따라서 자유파가 아니라 강제파에 해당한다), 복원력도 기조력과 동일하게 두 힘의 합에 해당한다.

(4) 풍랑과 너울

기파력이 해상풍인 **풍파**(wind-generated waves 혹은 wind waves)는 **풍랑**과 **너울**(swell waves 혹은 swells)로 구분한다. 풍랑은 국지적인 해상풍에 의해 만들어지는 것으로 직접적인 바람의 영향을 받는 영역에서 계속 생성되는 파랑을 의미하지만, 너울은 해상풍에 의해 생성된 후 생성된 해역으로부터 멀리 떨어진 해역까지 전파해온 것이라서 바람의 직접적인 영향권을 벗어난 영역에서 나타난다. 저기압이나 태풍 중심 부근처럼 해상풍이 강한 해역에서 생성된 풍랑은 해상풍이 약하거나 잘 불지 않는 해역으로 멀리 전파해와서 너울이 되면서 그 특성이 변화한다. 풍파는 종종 대양을 가로지르며 수천 킬로미터의 거리를 전파할 수도 있지만 해상풍이 변화하는 기상 변동의 공간 규모는 이보다 작은 경우도 많아 실제 해양에서는 풍랑뿐 아니라 너울도 흔하게 관측된다.

파장과 주기가 짧은 풍랑은 오래 지속되거나 멀리 전파하지 못하기 때문에 풍랑 중에서 오래 지속되고 멀리 전파하여 너울이 되는 파랑은 풍랑에 비해 파장과 주기가 긴 편이고 마루와 골이 둥그스름하며 해수면 변화가 완만하여 정현파(sine 혹은 cosine 함수, 따라서 선형파)의 파형을 보인다(그림 6.32). 이와 대조적으로 풍랑은 마루가 뾰족하고 파장이 비교적 짧은 비선형파의 파형에 가깝다(그림 6.32).

풍파의 파장은 대체로 100 m 내외로서 파장이 700 m를 넘는 경우는 강력한 폭풍 등에 의해 매우 드물게 나타나기 때문에 일반적으로는 지진해일이나 조석파에 비해 월등히 짧은 파장을 가진다. 너울은 풍랑이 생성된 해역에서 빠져나오는 과정에서 분산(dispersion)과 감쇄(dissipation)에 의해 무작위성(randomness)을 잃어버리기 때문에 풍랑에 비해 파주기와 파향의 범위가 좁고 좀 더 단일파에 가까운 특성을 보인다.

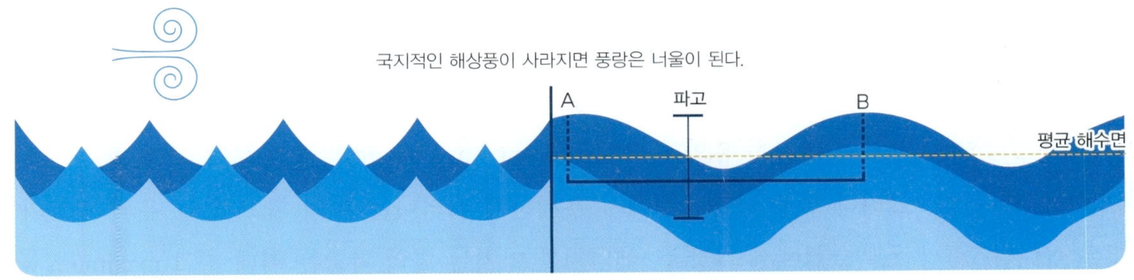

그림 6.32 풍랑과 너울

(5) 풍파의 생성, 전파, 소멸

풍파의 기파력은 해상풍이지만, 해상풍에 의해 풍랑이 발생하는 구체적인 과정은 완전하게 밝혀진 상태가 아니다. 많은 관측을 통해 잔잔한 바다나 호수 표면의 넓은 영역(취송 거리가 길다)에 강한 바람(해상풍 풍속이 크다)이 오래 지속되면(취송 시간이 길다) 파고가 증가하며 해표면이 거칠어진다. 해표면 풍랑이 생성되는 과정을 완전하게 설명하는 이론은 없지만, 최근까지의 연구에 따르면 풍랑은 풍속과 기압 변화가 상호 작용하여 대기에서 해양으로의 에너지 이동이 나타난다는 난류 이론에 부합하는 특성을 보인다. 현재까지 알려진 바에 따르면, 생성되는 풍랑의 특성(파고, 파향, 파장, 파주기)은 다음 5가지에 의해 결정된다.

① 풍속 혹은 파랑의 전파 속도에 대한 상대적인 풍속(wind speed)
② 풍향이 일정한 해상풍의 공간 거리 규모(취송 거리, fetch)
③ 취송 거리 방향과 수직인 해상풍 영향권 해역의 가로 폭(width)
④ 해상풍이 지속되는 시간(취송 시간 혹은 지속 시간, wind duration)
⑤ 수심(water depth)

특정한 풍속의 해상풍이 일정한 공간에 지속해서 불면서 파고가 점점 높아지지만, 어느 정도 이상의 파고에 도달하면 해상풍이 계속 불어도 더는 파고가 증가하지 않는다. 이처럼 해상풍에 의해 새로운 풍파가 생성되며 증가하는 파의 에너지가 쇄파(wave breaking)와 마찰로 감소하는 파의 에너지와 같아져 평형 상태가 되면서 해상풍이 지속되어도 더는 파고가 증가하지 않는 경우를 '완전히 발달한 파랑(a fully developed sea)'이라고 한다. 완전히 발달한 파랑은 해당 취송 거리의 해상풍 조건에서 이론적으로 가능한 최대의 파고를 가진다고 볼 수 있다.

실제 해표면 파랑은 파고, 파장, 주기가 다른 여러 무작위(random, 랜덤) 정현파들의 합으로 표현할 수 있는데, 선형파에 해당하는 간단한 정현파들의 합으로 과연 얼마나 실제 해양의 해표면 파랑을 사실적으로 재현할 수 있을지는 여전히 의문이지만 무수한 정현파들의 합으로 근사적인 표현이 가능한 것만큼은 사실이다. 서로 다른 주기(혹은 파장)의 정현파들 각각의 진폭으로부터 그 에너지를 스펙트럼 형태로 표현하는 것을 **파랑 스펙트럼**(ocean wave spectrum)이라고 한다. 이때 파고 순서대로 배치하여 1/3 순위의 파고의 평균은 **유의 파고**(significant wave height)라고 부르며, 흔히 해상 상태를 표현할 때 사용한다. 그러나 파랑 스펙트럼에서 우세하게 나타나는 파의 파고가 늘 유의 파고와 같은 것은 아니다. 파랑 스펙트럼에서 가장 큰 에너지를 가지는 파의 파고는 최대 파고(maximum wave height)에 해당한다. 주파수에 따른 파랑 에너지 분포를 나타내는 파랑 스펙트럼은 풍속 및 취송 거리

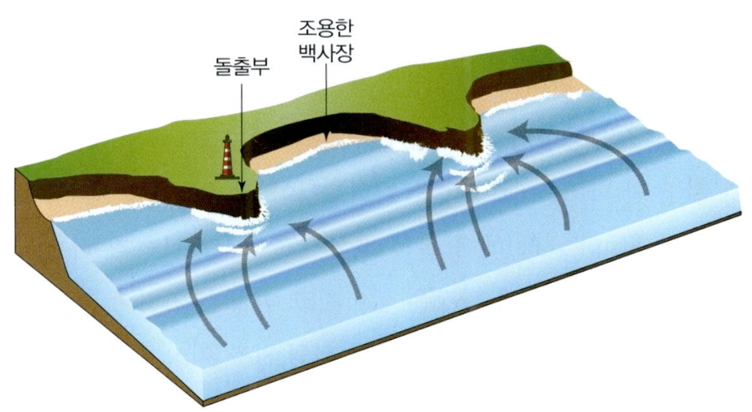

그림 6.33 파랑의 굴절에 따른 돌출부 침식과 만곡부 퇴적

에 따라 그 형태가 변화하며, 풍속이 증가할수록 최대 파고와 유의 파고 외에 우세하게 나타나는 파의 주기도 증가하는 경향을 보인다.

풍파가 일단 생성되면 전파하면서 그 공간적인 속도 차이 여부에 따라 굴절(refraction)하기도 하고, 장애물을 만나 반사(reflection)하거나 회절하기도 한다. 풍파의 굴절은 특히 천해파의 경우 두드러지는데, 파장에 비해 수심이 얕은 천해로 전파하게 되면 천해파의 특성을 가지므로 파의 전파 속도가 파장에 구관하고 수심에 의해서만 결정된다. 즉 수심이 깊은 곳에서는 더 빠른 속도로, 수심이 얕은 곳에서는 더 느린 속도로 전파하기 때문에 수심이 깊은 곳에서부터 수심이 얕은 방향으로 굴절이 일어나게 된다(그림 6.33). 또 풍랑이 전파하는 경로에 섬과 해안처럼 다른 매질의 장애물을 마주하면 반사가 일어나기 때문에, 입사각과 같은 반사각을 가지는 방향으로 전파하게 되어 파향이 바뀔 수 있다. 길게 세워진 방파제 사이의 틈이나 항만 구조물 등의 틈을 통해 파가 전파하는 경우, 파의 직접적인 진행 경로가 아닌 장애물 뒤편에도 파의 에너지가 도달하게 되는데, 이러한 현상은 회절이라 한다. 담장 건너편에 있는 사람이 보이지 않아도 말하는 소리를 들을 수 있는 이유는 음파가 담장을 넘어 회절하기 때문이다. 풍파도 이와 같은 회절 현상을 종종 볼 수 있다.

해상풍에 의해 생성된 풍파는 전파, 반사, 굴절, 회절을 겪을 수 있지만 궁극적으로는 모두 소멸한다(쇄파, wave breaking). 특히 파의 에너지 감쇄는 파장이 짧을수록(주기도 짧을수록) 더 심화하므로 풍랑에 비해 너울이 일반적으로 더 긴 파장(더 긴 주기)을 가지는 이유를 잘 설명한다. 파장이 짧은 파는 멀리까지 전파하여 너울이 되지 못하고 쉽게 감쇄되기 때문이다. 파주기가 13초 이상으로 긴(따라서 파장도 긴) 너울성 파랑은 감쇄 정도가 풍랑에 비해 매우 작지만 이러한 장파도 태평양과 같이 거대한 규모에서는 파의 에너지 감쇄를 확인할 수 있다. 긴 파장의 너울성 장파는 지구 반 바퀴에 해당하는 2만 km 이상을 전파해도 그 에너지의 절반이 남아 더 멀리까지 전파한다.

태평양을 가로질러 전파할 수 있는 것처럼, 파의 에너지 감쇄가 서서히 일어나는 너울의 경우나 반대로 완전히 발달한 파랑 조건에서 즉각적으로 파의 에너지 감쇄가 일어나는 풍랑의 경우, 모두 쇄파 과정에서 백파(whitecap)를 동반하며 난류 운동을 강화하는 특징이 있다. 흔히 수천 킬로미터 떨어져 있는 폭풍에 의해 만들어진 풍랑이 너울 형태로 해안까지 전파해올 수 있는데, 예를 들면 인도양에서 생성된 풍파가 지구 반 바퀴를 돌아 미국 캘리포니아 해안에까지 전파해온 너울도 기록된다. 그러나 해안에 이르면 쇄파대(surf zone)에서 결국 부서지고 육상으로까지 더 전파하지는 못한다. 이렇게 쇄파대에서 파가 소멸하는 과정에서 파장은 짧아지고 파고는 커지며 그 비선형성은 증가하는데, 흔히 파고비 또는 파랑경사가 0.17 이상, 파고가 수심의 80% 이상이 되면 쇄파가 잘 발생하는 것으로 알려져 있다. 쇄파는 붕괴파(spilling breakers), 권파(plunging breakers), 쇄기파(surging breakers)의 세 종류로 구분하는데, 붕괴파는 비대칭성이 강화되다가 마루 부분에 백파가 생기며 점차적으로 깨지는 형태이고, 권파는 해표면이 그 아래보다 큰 유속으로 파랑 전체를 덮으며 앞으로 넘어지는 형태이며, 쇄기파는 파랑 전체가 아니라 하부로부터 부서지기 시작하는 형태이다.

해안에서 쇄파가 일어나며 해안선과 이루는 예각 때문에 해안에 평행한 방향의 흐름이 만들어지는데, 이를 연안류(longshore current)라고 한다(그림 6.34). 연안류는 해안선과 쇄파대 사이에서 해안선에 평행한 방향으로 흐르는데, 서로 반대 방향으로 흐르는 연안류가 수렴하는 위치에서는 해안선으로부터 먼바다 방향으로 폭이 좁고 강하게 흐르는 흐름이 만들어지며, 이를 이안류(rip current)라고 한다. 해수욕장 등에서 이안류가 발생하여 휩쓸리게 되면 이를 거슬러 헤엄치려고 하지 말고 우회하여 이안류 흐름이 약하거나 없는 곳에서 해안으로 되돌아와야 한다.

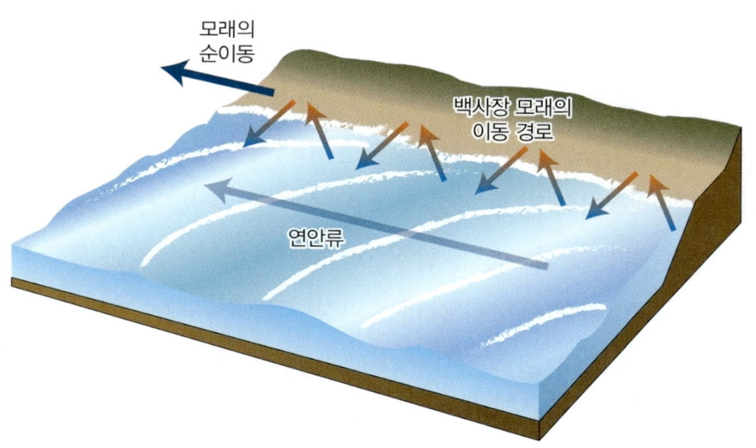

그림 6.34 파랑의 굴절과 쇄파에 의한 연안류 진행과 해빈 모래의 이동 경로와 순이동

(6) 다양한 해파의 분류

풍파 외에도 해양에서 나타나는 파동 현상은 매우 다양하며 이러한 해파는 ① 파주기에 따라, ② 기파력에 따라, ③ 역학적 전파 특성에 따라 분류할 수 있다(그림 6.35).

가. 파주기에 따른 분류

파장이 매우 짧고 주기가 0.1초에서 1초에 해당하는 단주기 중력파부터 중력과 전향력이 동시에 작용하여 즈기가 1일 이상에 달하는 장주기 조석파까지 다양한 해파를 주기에 따라 분류할 수 있다.

- **표면장력파**(capillary waves): 기파력이 해상풍인 풍파 중에서 파장이 약 2.5 cm보다 작은 파는 표면장력파로 간주하는데, 표면장력을 복원력으로 하며 주기가 0.1초 이내이다. 표면장력파는 해상풍이 불 때마다 큰 풍랑과 너울에 중첩되어 나타나고, 해상풍이 그치면 바로 사라진다. 표면중력파(surface gravity waves)와 달리 표면장력파는 파장이 짧을수록 위상 속도가 커지는 특성을 보인다. 표면장력파가 없을 때의 해수면은 거울처럼 매끈해지는데, 해표면 거칠기(마이크로파의 산란 정도)를 이용하여 인공위성 혹은 항공기 원격탐사 방법으로 해상풍을 측정하기도 한다.
- **단주기 중력파**(ultra-gravity waves): 기파력이 해상풍인 풍파 중에서 표면장력과 중력을 모두 복원력으로 하는 주기가 0.1초에서 1초 범위에 해당하는 파를 의미한다.
- (**일반**) **중력파**(gravity waves 또는 ordinary gravity waves): 기파력이 해상풍인 풍파 중에서 중력을 복원력으로 하는 주기가 1~20초 범위에 해당하는 파를 의미하며, 일반적으로 해상에서 가장 흔하게 관측되는 풍랑과 너울이 여기에 해당한다. 풍랑은 국지적인 해상풍에 의해 파의 에너지가 해수면을 통해 지속 공급되고 있는 상태에서 나타나지만, 너울은 국지적인 해상풍이 없는 상

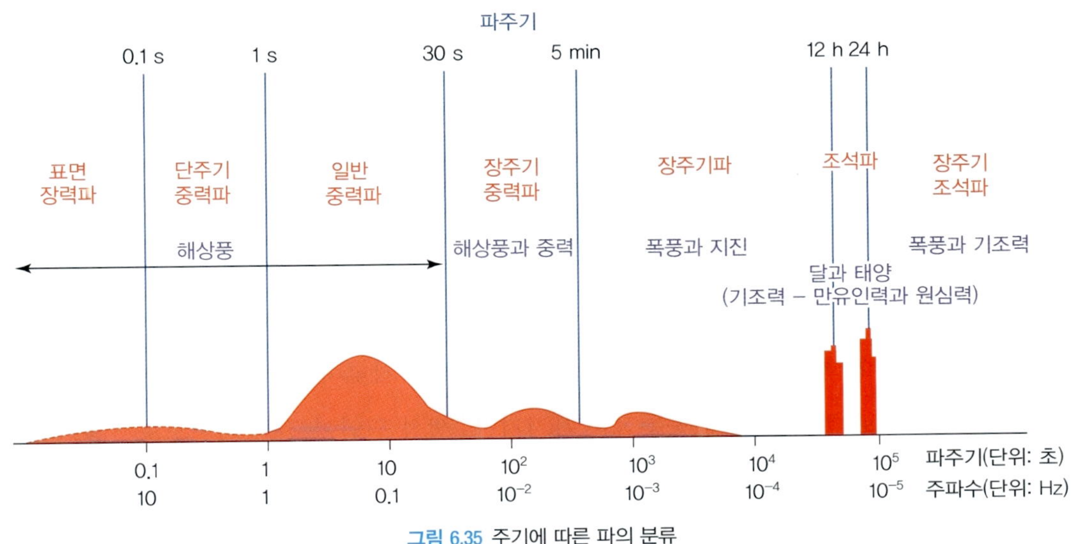

그림 6.35 주기에 따른 파의 분류

태에서 파의 에너지 공급 없이 먼 거리를 전파해오며 발견된다. 파의 에너지가 더 큰 긴 주기의 파가 더 멀리 전파하기 때문에 풍랑에 비해 너울은 대체로 주기가 긴 편이다. 좁은 의미의 해파는 주로 이러한 파랑만을 다루기도 한다.

- **장주기 중력파**(infragravity waves): 기파력이 해상풍과 해면 기압 모두에 해당하며 중력을 복원력으로 하는 파로서 그 주기는 20초부터 5분까지 범위이다.
- **장주기파**(long-period waves): 기파력이 해면 기압과 해저 지진이며 중력을 복원력으로 하는 파로서 그 주기는 5분부터 12시간까지 범위이다. 대부분의 폭풍해일(storm surge), 지진해일(쓰나미), 지형에 의해 결정되는 고유 주기의 진동과 공명(resonance)이 발생해 진폭이 커지는 정상파를 의미하는 항만부진동(seiches)이 해당된다.
- **조석파**(ordinary tidal waves): 기파력(혹은 기조력)은 만유인력과 원심력의 합이고, 전파하는 동안 복원력으로 작용하는 힘은 중력과 전향력이며, 주기는 12시간 25분(반일주기) 및 24시간 50분(일주기)이다. 평형조석론(혹은 균형조석론, equilibrium theory of tide)은 이러한 조석파 개념 없이 달, 태양, 지구의 상대적인 위치에 따라 변화하는 조석 포텐셜에 해양이 즉각적으로 반응하는 것으로 간주하는 반면 실제적인 해저 지형, 전향력, 마찰 등을 고려하는 동역학적 조석론(dynamic theory of tide)은 조석파를 통해 지역적인 조석 특성의 차이를 설명한다.
- **장주기 조석파**(혹은 **변형조석파**, transtidal waves): 기파력으로 만유인력과 원심력의 합뿐만 아니라 폭풍(storm) 등에 의한 해일도 해당하는 파로서 마찬가지로 중력과 전향력이 동시에 복원력으로 작용하고, 24시간 이상의 매우 긴 주기를 가진다.
- **내부파**(internal waves): 표면파에 비해 긴 주기를 가지며, 성층 정도에 따라 결정되는 부력주기(성층이 강할수록 짧은 주기)부터 해당 위도의 관성주기까지의 범위로 나타난다. 부력주기에 가까운 단주기 내부파의 경우 전향력보다 중력이 복원력으로 우세하게 작용하는 반면, 관성주기에 가까운 장주기 내부파는 중력과 함께 전향력도 동시에 중요한 복원력으로 작용한다. 장주기 내부파에는 근관성주기 혹은 준관성주기 내부파(near-inertial internal waves) 외에도 반일주기 혹은 일주기 내부파도 해당하는데, 조석주기로 나타나는 내부파는 내부 조석파(semi-diurnal 또는 diurnal internal tides)라 부른다.

나. 기파력에 따른 분류

수십에서 수백 미터의 파장을 가지는 풍파와 수십에서 수백 킬로미터의 파장을 가지는 지진해일은 모두 중력을 복원력으로 하는 점에서 공통점을 가지지만, 생성 원인이 전혀 다르므로 서로 다른 해파로 구분한다. 즉 풍파의 기파력은 해상풍이지만 지진해일의 기파력은 해저에서 발생하는 지진과 해저 사태 등으로 생성 원인이 서로 다르다. 기파력이 해상풍에 해당하는 풍파에는 표면장력파, 단주기 중력파, (일반) 중력파, 장주기 중력파가 포함되고, 해수면 기압 변화에 따라 폭풍해일이 발생하며, 해저 지진이나 해저 사태에 의해 지진해일이 발생할 수 있고, 항만부진동은 기압과 해상풍 등 다양한 요인에 의해 해당 지형의 고유 주기 진동이 증폭될 때 공명이 발생하여 나타날 수 있다. 또 만유인력과 원심력의 차이를 기파력(조석을 발생시키는 힘은 별도로 기조력으로 부른다)으로 하는 조석 현상에 의해 나타나는 해파는 이들과 구분하여 (일반) 조석파 및 장주기 (변형) 조석파로 부른다. 중력과 전향력을 동시에 복원력으로 하는 성층화된 해양 내부의 관성 중력파인 내부파의 경우에도 근관성주기 내부파와 내부 조석파를 주기에 따라 구분할 수도 있지만 각각 해상풍과 조석이라는 서로 다른 원인으로부터 생성되기 때문에 기파력을 통해 구분하기도 한다.

다. 역학적 전파 특성에 따른 분류

주기와 기파력 외에 해파를 그 역학적 특성에 따라 구분할 수도 있는데, 예를 들면 해상풍이라는 동일 원인으로 생성이 되더라도 서로 다른 복원력에 의해 그 역학적 전파 특성이 전혀 다르게 나타날 수 있으며, 모든 파동 현상이 고유한 분산관계식으로 표현되는 역학적 전파 특성을 가지기 때문에 그 역학적 전파 특성을 통해 해파를 분류할 수 있다. 유체 운동을 기술하는 나비어스톡스(Navier-Stokes) 방정식으로부터 특정한 해파의 경우에 적합한 가정을 적용하고 이 방정식을 근사하여 해석적으로 풀면 해당 해파의 역학적 전파 특성을 알 수 있는 분산관계식을 얻을 수 있다. 예를 들면 진폭이 작은 선형 표면파의 경우 그 분산관계식은 수심이 파장의 $\frac{1}{2}$(간혹 $\frac{1}{4}$ 기준을 사용하는 경우도 있으나 $\frac{1}{2}$ 기준을 더 광범위하게 사용한다)보다 깊은 심해파의 경우에는 주기가 길수록 파장과 파의 전파 속도(파속)가 증가하는 반면, 수심이 파장의 $\frac{1}{20}$보다 작은 천해파 경우에는 주기에 무관하고 수심이 감소할수록 파장과 파속이 감소하는 특성을 보인다(파의 굴절 부분 참조). 수심에 따라 반경이 감소하는 원 궤적의 입자 운동을 보이는 심해파와 달리 천해파의 경우에는 타원 궤적의 입자 운동을 보여 그 역학적 특성이 구분된다. 파장이 길수록 파속이 증가하는 심해파의 특성은 파장이 짧을수록 파속이 증가하는 표면장력파와 상반되는(파장이 짧을수록 파속이 증가) 역학적 특성이다.

표면파 중에서 주기가 긴 장주기 중력파, 장주기파의 경우에는 중력을 복원력으로 하며 선형파의 분산관계식을 따르는데, 서로 다른 주기에도 불구하고 표면중력파와 동일 역학적 전파 특성을 가지므로 역학적 전파 특성만으로는 구분되지 않는다. 또 파장이 긴 지진해일이나 조석파의 경우에는 풍파와 달리 심해파 특성을 가지기 어렵고, 천해파 특성만 나타난다. 예를 들면 파장이 100 m 내외인 풍파는 수심 2,000 m인 심해역에서 심해파 특성을 가지지만, 파장이 40 km 내외인 지진해일은 파장이 길어서 동일한 수심(2 km)에서도 천해파 특성을 가진다. 조석파의 경우에는 파장이 더 길고 주기가 관성주기에 근접하거나 그 이상의 주기를 가지게 되어, 중력뿐만 아니라 전향력이 동시에 중요하게 고려되므로 중력파와 구분되는 역학적 전파 특성을 보인다.

2) 조석

(1) 조위와 조차

조석에 의한 해수면 높이(고도, 수위)를 조위라고 하는데, 조위가 가장 높이 상승하였을 때를 **고조**(high tide 또는 high water) 또는 **만조**, 가장 낮게 하강하였을 때를 **저조**(low tide 또는 low water) 또는 **간조**라고 한다. 연속된 하루의 고조와 저조 사이의 해수면 높이 차이를 **조차**(tidal range)라고 한다. 하루에 두 번의 고조와 저조가 있는 **1일 2회조**(**반일주조**, semidiurnal tides라 부른다)의 평균 주기(조석 주기)는 약 12시간 25분(반태음일)이며, 하루에 한 번의 고조와 저조가 있는 **1일 1회조**(**일주조**, diurnal tides라 부른다)의 평균 주기(조석 주기)는 약 24시간 50분(1 태음일)이다(그림 6.36). 일주조가 1 태양일인 24시간이 아니라 1 태음일에 해당하는 이유는 뒤에서 설명한다. 또 실제 해양에서 흔히 볼 수 있는 일주조와 반일주조가 혼합된 형태의 조석은 **혼합조**(mixed tide)라 한다(그림 6.36). 혼합조에서는 2회의 고조와 2회의 저조가 서로 다른 조위를 보이게 되는데, 2회의 고조 중에서 조위가 더 높은 것이 고고조(higher high water), 낮은 것이 저고조(lower high water)이며, 2회의 저조 중에서 높은 것이 고저조(higher low water), 낮은 것이 저저조(lower low water)에 해당한다(그림 6.36). 또 조석 주기와 구분하여 고고조로부터 다음 고고조에 이르기까지의 시간 간격은 고고조 간격(higher high water interval), 저고조로부터 다음 저고조에 이르기까지의 시간 간격은 저고조 간격(lower high water interval)이라 한다. 이처럼 하루 중 2회의 고조나 2회의 저조가 서로 다른 조위를 보이는 현상은 **일조부등**(diurnal inequality)이라고 부른다.

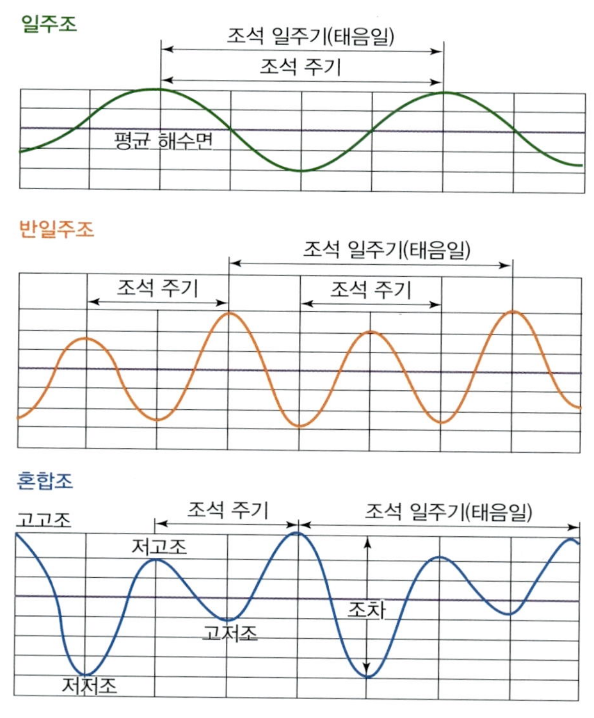

그림 6.36 일주조, 반일주조, 혼합조에 따른 조위 변화의 예

달-태양-지구 사이의 상대적인 위치에 따라 기조력이 변화하므로 조차가 커지기도 하고(**대조** 혹은 **사리**, spring tides), 작아지기도 한다(**소조** 혹은 **조금**, neap tides). 달-태양-지구가 일직선상에 위치하는 삭(초하루)과 망(보름)에는 달에 의한 기조력과 태양에 의한 기조력이 서로 보강하여 조차가 커지는 대조기(period of spring tides)가 되며, 달-태양-지구가 서로 수직으로 위치하는 상현과 하현에는 달에 의한 기조력과 태양에 의한 기조력이 서로 일부 상쇄하여 조차가 작은 소조기(period of neap tides)가 된다(그림 6.37). 조차가 커진 대조기의 조차는 대조차(spring range)라고 하며 반대로 조차가 작아진 소조기의 조차는 소조차(neap range)라고 한다.

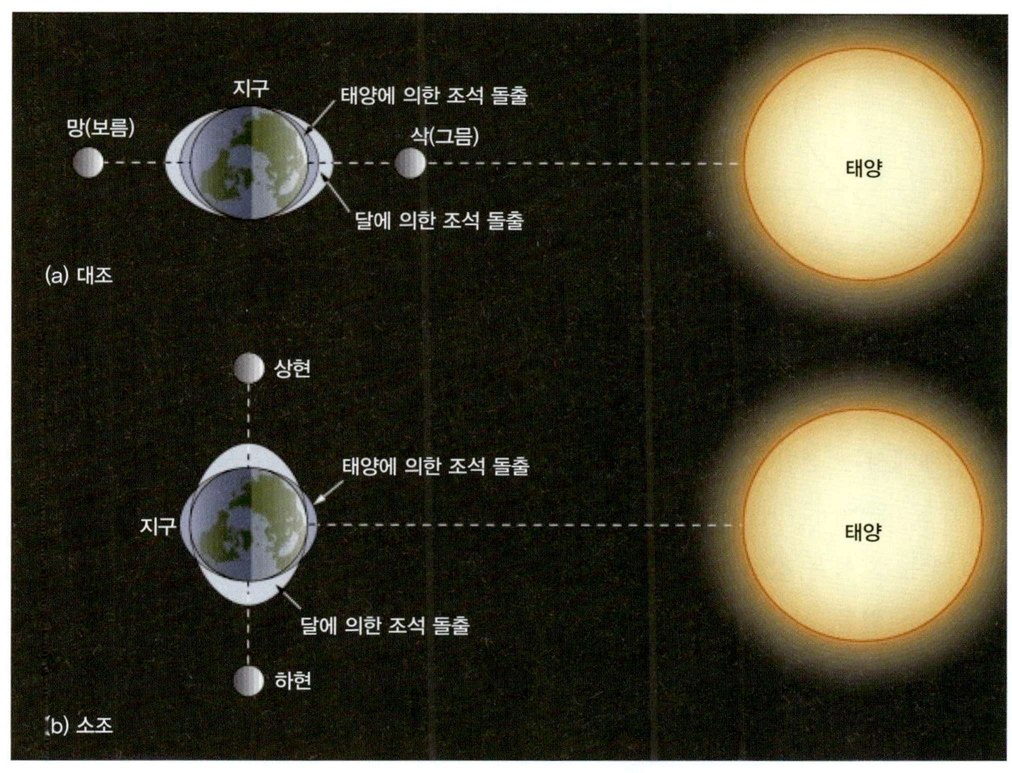

그림 6.37 달과 태양에 의한 기조력이 서로 보강 간섭을 일으키는 (a) 대조기와 상쇄 간섭을 일으키는 (b) 소조기

달－태양－지구의 상대적인 위치는 삭망월(29.53일) 주기로 나타나는 달의 위상 변화(삭－상현－망－하현－삭) 외에도 달과 지구의 공전 궤도가 완전한 원이 아니라서 나타나는 지구－달 또는 태양－지구까지의 거리 변화, 달과 지구의 공전 궤도면과 지구의 적도면이 이루는 각도 변화 등에 따라서도 기조력이 달라지기 때문에 모든 대조기에 항상 일정한 대조차를 보이는 것이 아니다. 따라서 평균 대조차보다 조차가 더 커질 때도 있고 더 작아질 때도 있다. 즉 대조평균 저조면보다 더 낮거나 대조평균 고조면보다 더 높은 조위가 발생할 수 있다는 의미이다. 어떤 해역의 가장 낮은 조위와 가장 높은 조위를 추정하여 이를 각각 약최저저조면(Approximate Lowest Low Water, LLW 혹은 저극조위)과 약최고고조면(Approximate Highest High Water, HHW 혹은 고극조위)이라고 하는데, 특히 전자는 기본 수준면(DL, Datum Level) 혹은 기준면으로 사용하여 항만시설의 계획, 설계 및 공사용 수심, 표고와 같은 항만 공사 수심의 기준이 된다. 평균 해면(MSL, Mean Sea Level), 평균 고조면(HWOMT, High Water Ordinary Mean Tide), 평균 저조면(LWOMT, Low Water Ordinary Mean Tide)을 포함한 모든 조위는 기본 수준면으로부터의 높이로 정의한다.

(2) 조류와 조류 타원

조석 현상에 의해 해수면 높이가 규칙적으로 수직 변동하는 것과 동시에 해수의 수평적인 흐름도

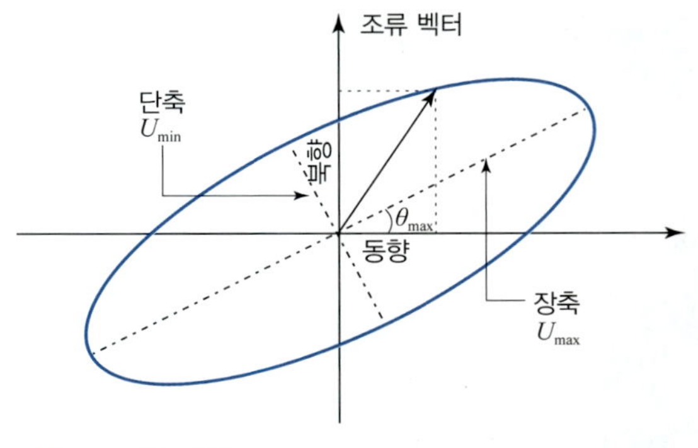

그림 6.38 조류 타원

규칙적으로 변동하는데, 밀물과 썰물이 번갈아 나타나는 등의 수평적인 해수의 흐름(유속과 유향)은 조류라고 부른다. 조류는 조석파에 의한 해수 입자의 수평 운동으로 정의할 수도 있다. 일정한 방향으로 끊임없이 흐르는 거대한 규모의 흐름인 해류와는 구분되어 조석 현상에 의해 일정한 주기(조석 주기)로 그 크기(유속)와 방향(유향)을 달리하는 조류는 기조력에 의해 유도된다.

일반적으로 수심이 깊은 대양에서는 조류가 매우 작으나 수심이 얕은 천해에서는 전반적으로 조류가 커지며, 종종 매우 강한 조류도 관측된다. 특히 협수로, 만, 해협과 수도 등에서는 단면적이 좁아지며 조류가 강해지는 특성이 있다. 조류에 의해 해안으로 밀려들어 오는 흐름은 **창조류**(**밀물**, flood tidal current), 반대로 해안에서부터 먼바다로 흘러나가는 흐름은 **낙조류**(**썰물**, ebb tidal current)라고 한다. 조위와 조차가 시간에 따라 변화하는 것처럼 창조류와 낙조류도 항상 일정한 것이 아니라 시간에 따라 그 강약 변화를 겪는데, 창조류와 낙조류 중 최대의 유속을 보이는 경우를 각각 최강 창조류(maximum flood current), 최강 낙조류(maximum ebb current)라 한다. 조차와 마찬가지로 조류 역시 소조기보다 대조기에 더 강해지는 특성을 가진다.

창조류와 낙조류 사이에 유향이 바뀌며 일시적으로 흐름이 정지된 상태는 정류 또는 정조기(혹은 게류, slack water)라고 하며, 이처럼 조류의 유향이 바뀌는 것은 전류(turn of tidal current)라고 부른다. 단 고조에서 저조 혹은 저조에서 고조로 바뀌는 기간과 전류 시간이 일치하지는 않으며, 해당 해역의 조석파 전파 특성과 위치에 따라 조위와 조류 사이의 고유한 위상차를 보이게 된다.

크기만으로 표현되는 스칼라인 조위와 달리 조류는 수평 유속 벡터로 크기와 방향을 모두 고려해야 한다. 조류의 시간 변화를 나타내기 위해 흔히 조류 벡터의 끝점을 이은 타원 형태로 표현하는데, 이를 조류 타원(tidal ellipse)이라 한다(그림 6.38). 조류 타원의 형태가 원에 가까우면(장축과 단축 비율이 1에 가까우면) 회전성 조류가 우세함을 의미하고, 그 형태가 직선에 가까우면(단축 길이가 매우 짧으면) 왕복성 조류가 우세함을 뜻한다(그림 6.38).

(3) 두 종류의 조석 이론

가. 평형조석론(균형조석론)

시도는 오래전부터 있었으나 아이작 뉴턴(Sir Isaac Newton, 1642~1727)이 만유인력의 법칙을 공식화하기 전까지는 조석 현상을 이론적으로 타당하게 설명하기 어려웠다. 뉴턴에 의해 두 물체의 질량에 비례하고 거리 제곱에 반비례하는 만유인력과 공통 질량을 중심으로 하는 원심력, 그리고 그 합으로서 기조력을 수학적으로 표현하면서부터 조석 현상을 설명할 수 있게 되었는데, 이것이 **평형조**

석론(혹은 **균형조석론**, equilibrium theory of tide)이다. 평형조석론은 지구를 평탄한 해저 지형의 해양으로만 이루어진 행성이라 가정하고, 전향력과 마찰력은 무시하며, 조석파 전파의 개념 없이 달-태양-지구의 상대적인 위치에 따라 변화하는 조석 포텐셜(tidal potential)에 해양이 즉각적으로 반응하는 것으로 간주하여 조석 현상을 다룬다.

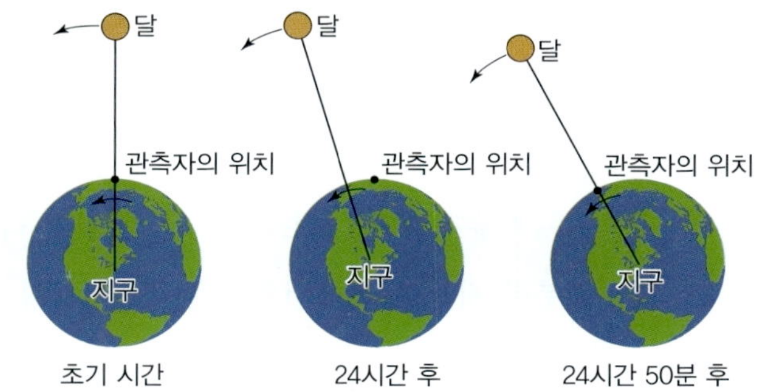

그림 6.39 1 태음일 동안 발생하는 지구의 자전과 달의 공전 모습

이렇게 단순화된 이상적인 경우의 조석 이론을 통해서도 달-태양-지구 사이의 상대적인 위치가 변화하며 나타나는 기조력에 의해 결정되는 해수면 분포 형태(조석 돌출 또는 조석 해면, tidal bulge)는 지구의 자전에 따라 정확히 1 태음일(약 24시간 50분) 동안 두 번의 고조와 저조가 발생함을 설명할 수 있다(그림 6.39, 6.40). 달의 공전 궤도면이 지구의 적도면과 이루는 각도에 따라 일조부등이 다르게 나타날 수 있으며, 위도에 따라 1 태음일 동안 일주조, 혼합조, 반일주조 중 어떤 형태가 우세할 지 여부도 달라진다(그림 6.36, 6.40). 또 달에 의한 기조력과 태양에 의한 기조력의 조합으로 1 삭망월(29.53일) 동안 두 번의 대조기와 두 번의 소조기가 반복되는 특성도 명확하게 설명된다(그림 6.37, 6.40).

지구 중심에서는 달 또는 태양에 의한 만유인력과 원심력이 크기가 같고 방향은 반대이므로 서로 상쇄되지만, 지구상 모든 위치에서 일정한 원심력과 달리 거리 제곱에 반비례하는 만유인력의 경우 지구상 달 또는 태양에 가장 가까운 위치에서는 지구 반경만큼 거리가 짧아지므로 지구 중심에서보다 만유인력이 더 커지게 되고, 반대로 지구상 달 또는 태양의 반대편에 가장 먼 위치에서는 지구 반경만큼 거리가 더 길어지므로 지구 중심에서보다 만유인력이 더 작아지게 된다. 따라서 달 또는 태양에 가장 가까운 위치에서는 만유인력이 원심력보다 커서 그 합인 기조력이 달 또는 태양 방향으로 작

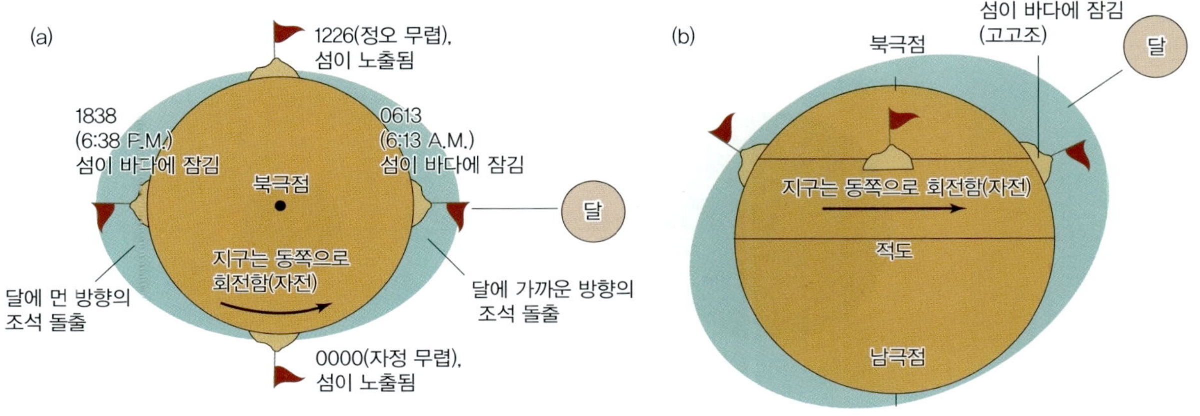

그림 6.40 (a) 조석 돌출(조석 해면) 형태와 지구의 자전에 따른 고조와 저조의 발생, (b) 달의 공전 궤도면과 지구의 적도면이 서로 평행하지 않은 경우의 일조부등(diurnal inequality) 발생 원리

용하고, 반대로 달 또는 태양에 가장 먼 위치에서는 원심력이 만유인력보다 커서 그 합인 기조력이 달 또는 태양 반대 방향으로 작용하게 된다. 따라서 기조력에 의해 지구 내의 해수는 달 또는 태양 방향과 그 반대 방향으로 부풀어 오른 조석 돌출/조석 해면 형태를 보이게 된다.

지구로부터 달 또는 태양까지의 거리를 r이라 하고, 지구의 반경을 a라 하면, 만유인력의 법칙으로부터 지구 중심에서의 만유인력(F_m)과 달 또는 태양에 가장 가까운 지표면에서의 만유인력(F_{m1})은 각각 다음과 같이 표현된다.

$$F_m = G\frac{M_m M_E}{r^2}$$

$$F_{m1} = G\frac{M_m M_E}{(r-a)^2}$$

단, 여기서 G, M_m, M_E 각각은 만유인력 상수, 달 또는 태양의 질량, 지구의 질량을 의미한다. 지구 중심에서는 원심력이 만유인력과 그 크기가 같고(방향은 정반대), 동일 크기의 원심력이 달 또는 태양에 가장 가까운 지표면에도 작용하므로 지표면에 작용하는 기조력(T)은

$$T = F_{m1} - F_m = G\frac{M_m M_E}{(r-a)^2} - G\frac{M_m M_E}{r^2} \approx G\frac{2M_m M_E a}{r^3}$$

과 같이 유도할 수 있다(그림 6.41). 즉 기조력은 거리 세제곱에 반비례하고 질량에 비례하기 때문에 달에 비해 태양의 질량이 월등히 큼(태양의 M_m은 달의 M_m보다 2.7×10^7배 크다)에도 불구하고, 거리가 훨씬 가까운 달(태양의 r은 달의 r보다 390배 크다)에 의한 기조력이 태양에 의한 기조력의 2배 이상에 달할 정도로 달의 역할이 중요하다$\left(\frac{390^3}{2.7 \times 10^7} \approx 2.2\right)$. 대조기와 소조기, 일주기, 반일주기 등의

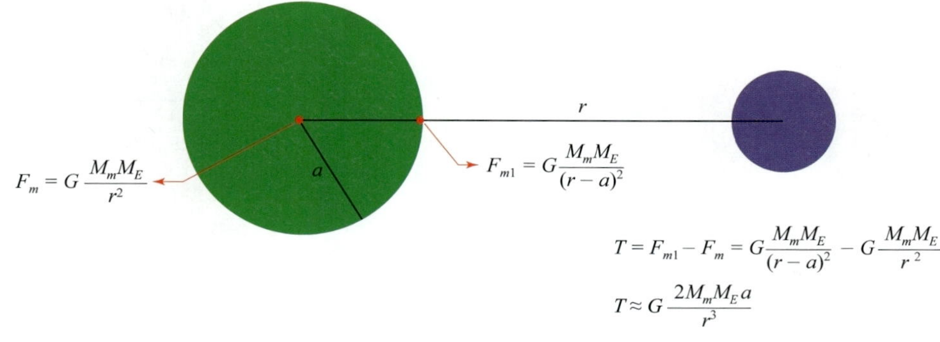

그림 6.41 기조력의 이해

조석과 관련된 개념에서 달을 기준으로 하는 주기(삭망월, 태음일)가 중요한 이유도 바로 태양에 의한 기조력보다 달에 의한 기조력이 크기 때문이다.

나. 동역학적 조석론

뉴턴의 평형조석론으로 중요한 조석 현상을 상당 부분 설명할 수 있지만, 실제 모든 해역에서 나타나는 실제 조석을 설명할 수는 없다. 평형조석론이 실제적이지 않고 단순화된 이상적인 경우를 가정하고 있기 때문이다. 이러한 평형조석론의 단점을 보완한 이론이 라플라스(Pierre-Simon, marquis de Laplace, 1749~1827)에 의해 주장된 **동역학적 조석론**(dynamic theory of tides)이다. 동역학적 조석론에서는 조석이 달-태양-지구의 상대적인 움직임에 의해 결정되는 기조력에 즉각적으로 반응하는 것이 아니라 기조력에 의해 만들어진 파동, 조석파의 전파에 따라 조석의 위상이 위치와 시간에 따라 달라질 수 있다.

조석파는 무조점(amphidromic point, 조석에 의한 조차가 없으며, 조석파가 조석 주기 동안 그 주위를 전파하여 한 바퀴 회전한다)을 중심으로 북반구에서는 반시계 방향으로, 남반구에서는 시계 방향으로 회전하며 전파하는데, 그 전파 방향은 등조시선(co-tidal lines, 조석파의 위상이 같은 점들을 연결한 선으르 등조시선 상의 모든 위치에서 동시에 고조를 경험하고 시간이 지나면 동시에 저조를 경험한다)을 수직으로 가로지르며 등조차선(co-range lines, 조석파의 진폭이 같은 점들을 연결한 선으로 등조차선 상의 모든 위치에서는 조차가 동일하다)을 따르는 방향이 된다(그림 6.42).

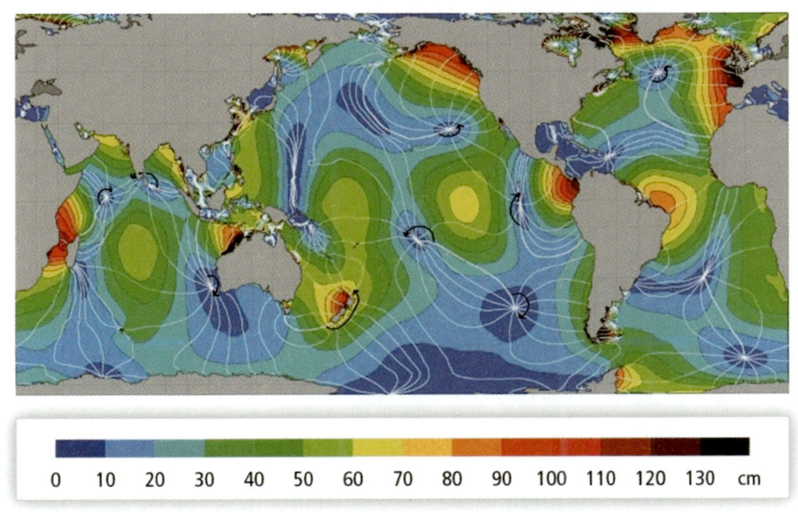

그림 6.42 등조시선(흰색 선)과 등조차선(색상)

다. 조석 관측과 조화분석, 조석형태수

조석 현상으로 나타나는 해수면 고도(조위) 변동을 연안 조위관측소에서 측정하고 있는데, 해당 위치에서 연속적으로 조위를 기록하여 언제 고조와 저조에 도달하는지(고조시 · 저조시), 조차가 어느 정도인지, 약최저저조면(기본 수주면), 평균 해수면, 약최고고조면은 얼마인지 등을 결정하여 연안 방재와 항만 공사, 선박 항행 등의 기초 자료로 사용하기 위함이다. 조위를 관측하기 위해 사용하는 장비는 해수면에 떠 있는 부표의 높이를 기록하는 방식의 부유식 조위계를 비롯하여, 해저에 설치한 압력계로부터 측정한 수압으로부터 조위를 파악하는 수압식 조위계, 레이저로 해수면까지의 거리를 측정하여 조위를 파악하는 레이저식 조위계까지 다양하다.

최근에는 인공위성에 장착된 고도계 센서를 이용하여 해표면까지의 거리를 정밀하게 측정하여 해수면 고도를 기록하는 원격탐사 방법으로도 조위 변동 특성을 관측하는 중이다. 고도계가 장착된 저궤도 위성들은 10~35일의 주기를 가지고 같은 위치에 되돌아와 해수면 고도를 기록하는데, 이 데이터로부터 반일주기와 일주기 등 조석 주기의 조위 변동 특성을 추출한다. 인공위성 고도계 데이터는 코페르니쿠스 해양 서비스(https://marine.copernicus.eu/) 등을 통해 전 세계 누구에게나 제공되고 있다.

전 세계 연안 조위관측소에서 기록되는 조위 관측 데이터는 해양 관측 네트워크 중 하나인 미국 하와이 대학 해수면센터(Sea Level Center, https://uhslc.soest.hawaii.edu/)와 영국 리버풀 평균해수면센터(Permanent Service for Mean Sea Level, PSMSL, https://psmsl.org/) 등을 통해 누구에게나 제공되고 있으며, 연안 조위관측소와 인공위성 고도계를 통해 파악할 수 있는 해역별 조위 변동 특성뿐만 아니라 장기적인 해수면 상승률 등에 대한 정보도 함께 수집할 수 있다.

조위 관측과 별도로 조류 관측을 위해서는 특정 해역의 고정된 위치에서 해수 유동을 최소 24시간 50분 이상 연속 측정해야 반일주기와 일주기 변동을 구분하므로 1태음일, 15태음일, 30태음일 연속 관측을 수행하거나 더 장기간의 관측 데이터를 연속 수집하여 조류 특성을 분석한다. 해수 유동은 계류선에 유속계를 장착하여 계류하는 방식이 가장 흔하지만, 연안에서는 육상에 설치된 고주파 해양 레이더를 이용하여 해표면의 움직임에서 파랑 정보와 해수 유동 정보를 추출하여 조류 특성을 분석하기도 한다. 측정된 해수 유동 정보로부터 특정 해역의 조류 타원을 파악하여 그 해역의 조류 특성을 알 수 있다.

평형조석론을 통해 알 수 있는 것처럼 조위와 조류 변화는 달-태양-지구의 상대적인 위치 변화에 따른 기조력 및 조석 포텐셜의 변동으로 발생하는데, 기조력과 조석 포텐셜의 변동은 여러 다양한 주기로 나타난다. 크게는 반일주조(semidiurnal), 일주조(diurnal), 그리고 장주기조(long period)의 3가지 변동 성분으로 구분하지만 각각은 다시 다양한 주기의 변동 성분들로 세분할 수 있다. 서로 다른 진폭과 위상을 가지는 여러 주기의 정현파들 합으로 조위와 조류를 표현할 수 있는데, 이러한 정현파들로의 분해를 **조화분석**(혹은 **조화분해**, tidal harmonics)이라 하고, 분해된 각각의 정현파들을 **분조**

(tidal constituent 혹은 partial tide)라 한다.

예를 들면 반일주조에 해당하는 주태음반일주조(M_2)와 주태양반일주조(S_2)는 각각 12.42시간, 12.00시간의 주기를 가지며, 일주조에 해당하는 일월합성일주조(K_1)와 주태음일주조(O_1)는 각각 23.93시간, 25.82시간의 주기를 가진다. 장주기 분조에는 태음반월주조(M_f), 태음월주조(M_m), 태음반년주조(M_{sa}) 등이 있는데, 이들의 영향력은 일반적으로 가장 큰 영향력을 미치는 주태음반일주조(M_2)의 17.2, 9.1, 8.0%에 불과하다. 상대적으로 큰 영향력을 미치는 주태음반일주조(M_2), 주태양반일주조(S_2), 일월합성일주조(K_1), 주태음일주조(O_1)의 4개 조석 성분을 주 4대 분조라고 부른다.

북대서양 연안 등 많은 해역에서 대체로 반일주조가 우세하게 나타나지만 멕시코 만(Gulf of Mexico, 미국), 마닐라 만(필리핀), 통킹 만(베트남), 인도네시아 해 등의 저위도 해역과 오호츠크 해, 세인트로렌스 만(Gulf of Saint Lawrence, 캐나다) 등 특별한 지형의 해역에서는 일주조의 영향력이 상대적으로 큰 편이다. 또 북태평양이나 인도양 연안에서는 달이 적도 상공에 위치하는 수일 동안에만 반일주조가 우세하고 회귀점 부근에 있는 기간에는 일주조가 우세하여 같은 위치에서도 시간에 따라 상대적인 영향력이 달라질 수 있다. 반일주조와 일주조의 상대적인 크기를 통해 특정 해역의 조석 특성을 나타내기 위해 주 4대 분조의 진폭을 비교하여 조석형태수(tide form number 또는 form factor)를 정의한다. 조석형태수는 2개의 일주조－일월합성일주조(K_1) 및 주태음일주조(O_1)－진폭의 합을 2개의 반일주조－주태음반일주조(M_2) 및 주태양반일주조(S_2)－진폭의 합으로 나누어 계산한다. 흔히 조석형태수가 3.0보다 크면 일주조형, 0.25보다 작으면 반일주조형, 그 사이에 해당하면 혼합형으로 구분한다.

6.5 해양 기후 변화

1) 해양의 열용량

어떤 물질의 온도를 1°C 높이는 데 필요한 열량을 **열용량**(heat capacity)이라 한다. 이는 물질의 고유한 특성인 비열(specific heat)에 그 물질의 전체 질량을 곱한 값이다. 물의 비열은 약 1 cal /(g °C) ≃ 4.18 J /(g °C)이고, 이는 건조 공기의 비열인 약 0.24 cal /(g °C) ≃ 1 J /(g °C)의 약 4배에 해당한다. 물의 비열이 큰 이유는 극성을 띠는 물 분자들이 서로 수소 결합(hydrogen bond)을 하기 때문이다.

대기의 질량(약 5.1×10^{18} kg)과 해양의 질량(약 1.4×10^{21} kg) 값을 대입하여 대기와 해양의 열용량을 비교해보면 해양의 열용량은 대기보다 약 1,000배 이상 크다는 것을 알 수 있다. 해양의 열용량이 매우 크다는 것은 대기 중의 많은 열을 흡수하고 있다는 것뿐만 아니라, 외부 에너지 변화에 의해 온도가 크게 변하지 않는다는 사실을 의미하기도 한다. 우리 몸의 온도가 36.5°C를 유지할 수 있는 이

유도 비열이 큰 물이 약 60~70%를 차지하고 있기 때문이다. 그러므로 해양은 지표나 대기에 비하여 지구 온난화에 민감하게 반응하지 않는 매우 이상적인 유체이며 지구의 온도를 안정적으로 유지시켜 주는 중요한 역할을 하고 있다. 해양은 지구 대기에 존재하는 여분의 열에너지를 담는 최대 저장고로서 지구 온도 변화를 최소화하도록 대기의 열을 흡수하고 있는 스펀지인 셈이다.

열용량과 비슷한 개념으로 특정 수심 구간에서 해양이 함유하고 있는 열에너지를 의미하는 **열함량**(heat content)은 다음 식과 같이 수온을 수심 적분한 형태로 계산할 수 있다.

$$\int_{Z_1}^{Z_2} \rho c_p T(z)\, dz$$

위 식에서 ρ는 해수의 밀도, c_p는 해수의 비열, $T(z)$는 z_1층부터 z_2층까지 연직 수온 변화를 나타낸다. 실제로 지구 온난화로 증가된 열에너지의 90% 이상은 해양 내부로 흡수되기 때문에 수심에 따른 열함량 변동은 단순히 표층 수온 변동에 비해 지구 온난화의 추세를 더욱 정확하게 반영한다.

수직적으로 적분된 단위 수평 면적당 열함량의 표준 단위는 [Jm^{-2}]이며 CTD 등 다양한 해양 관측 장비를 이용하여 수심에 따라 측정된 수온, 염분으로부터 정확한 열함량을 산출할 수 있다. 정밀한 열함량 계산을 위해서는 수온, 염분, 압력 등에 따라 달라지는 해수의 밀도와 비열의 변화도 고려해야 하지만 수온 변화에 비해 상대적으로 그 영향이 무시할 정도로 작기 때문에 밀도와 비열을 상수 또는 대상 해역의 평균값으로 사용하기도 한다.

그림 6.43은 1950년 이후의 전 지구 해양(평균 면적: 약 361,000,000 km^2)의 상층 700 m 총 열함량 변동을 나타낸 그래프이다. 해양의 열함량은 엘니뇨(El Niño), 태평양 10년 주기 변동(PDO, Pacific Decadal Oscillation) 등 자연적인 요인에 의해 끊임없이 변화한다. 그러나 중요한 점은 상층 해양의 총 열함량이 1990년대 이후 급격히 증가하고 있다는 사실이며 이러한 장주기 변화는 대기 중의 온실기체 농도 증가에 따른 온실 효과의 강화, 즉 지구 온난화 현상을 명확하게 보여준다는 것이다.

전 지구 해양의 상층 열함량 변동 그래프에서 특별히 주목해야 할 내용은 최근 2000년 초반에 잠시 열함량이 증가하지 않았던 지구 온난화 휴지기(global warming hiatus)가 존재했다는 점이다. 온난화 휴지기가 발표된 후 몇몇 학자들은 지구 온난화가 끝났다는 주장을 펼치기도 하였다. 그러나 이 기간은 해양에서 흡수한 열이 상층(약 700 m 이내)에서 심층으로 전달되는 시기였고, 이에 따라 상층의 온도 증가가 둔화된 것이라는 연구 결과들이 발표되었다. 즉 해양 상층 수온의 증가 추세는 완화되었지만 같은 기간 동안 심층의 수온은 여전히 증가했으므로 지구 온난화 자체가 중단된 것이 아닌 것이다. 오랜 기간 동안 대기 중의 증가된 열에너지는 해양 상층에서 충분히 흡수될 수 있었다. 그러나 지속적인 온난화에 의해 해양은 포화된 상층의 열을 조절하기 위해 심층으로 열을 전달해야 하는 상황에 놓인 것이다. 만약 심층 해양도 열 저장고 기능의 한계에 도달한다면 지구는 어떤 운명에 처

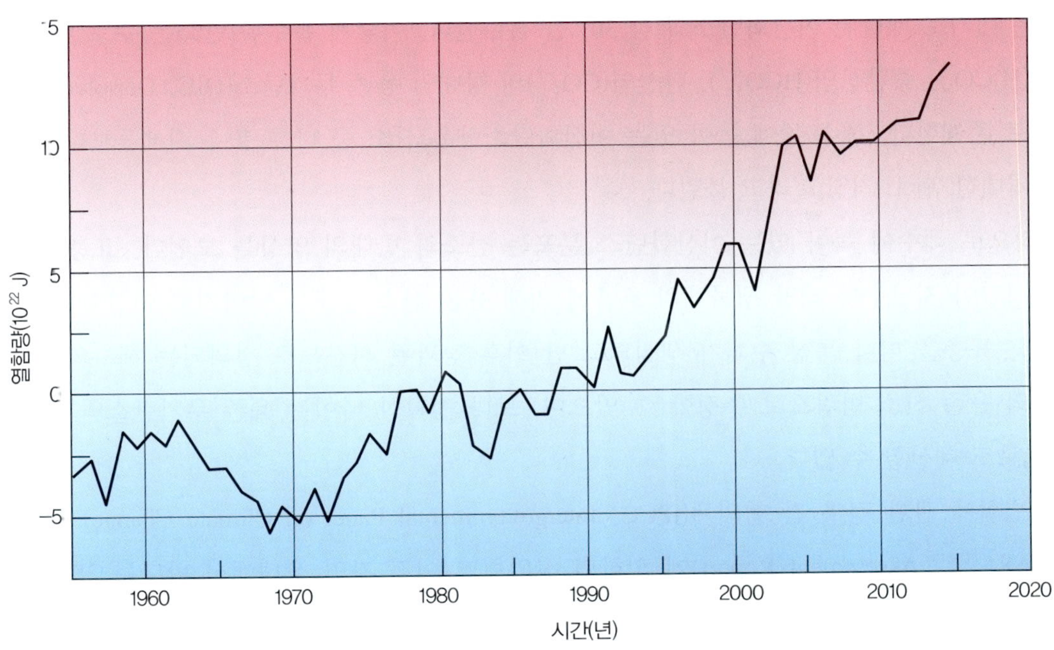

그림 6.43 1950년 이후 전 지구 해양의 열함량 변동

하게 될까?

2) 탄소 펌프

해수 중에는 다양한 기체들이 용해되어 있다. 그림 6.44는 수심에 따른 용존 산소와 이산화탄소의 농도 변화를 나타낸 것이다. 용존 산소 분포를 살펴보면 혼합층에서 그 농도가 가장 큰 것을 알 수 있다. 표층 대기로부터 산소가 유입되고 식물 플랑크톤(phytoplankton)의 광합성에 의해 산소량이 풍부해진 혼합층의 해수는 다양한 해양 순환에 의해 내부로 유입된다. 수심이 깊어짐에 따라 해양 생물들의 호흡과 박테리아에 의한 생물 사체 분해에 의해 용존 산소량이 소비되어 평균적으로 약 700~1,000 m 깊이의 수심에서 용존 산소 최소층(oxygen minimum layer)이 형성된다. 수심이 더욱 깊어질수록 수온이 낮고 수압이 커져 기체의 용해도가 커지기 때문에 용존 산소량이 다시 증가한다. 또한 심층은 산소를 많이 포함하고 있는 북대서양 및 남극해 표층에서 침강한 북대서양 심층수와 남극 저층수가 대부분을 차지하고 있어 용존 산소 농도가 높다.

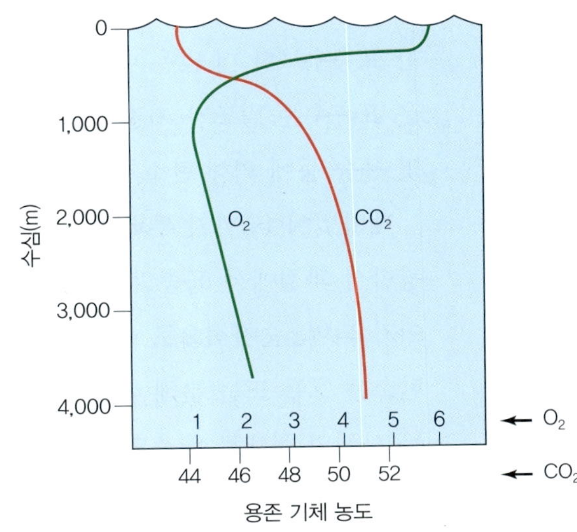

그림 6.44 수심에 따른 용존 산소 및 이산화탄소 농도(단위: mL/L)

해양은 대기로 배출된 이산화탄소의 약 30%를 흡수한다. 이렇게 흡수된 탄소는 주로 바닷물에 녹아 탄산(H_2CO_3), 중탄산염(HCO_3^{-1}), 탄산염(CO_3^{-2})의 형태인 용존 무기탄소(DIC, Dissolved Inorganic Carbon)로 존재한다. 해수 중에 녹아 있는 이산화탄소량은 산소 등 다른 용존 기체들보다 매우 높아 바다는 거대한 '탄소 저장고'라고 불린다.

일반적으로 해수에 녹아 있는 이산화탄소 분포는 산소와 반대의 양상을 보인다. 표층을 떠난 해수들은 시간이 지날수록 해양 생물체의 호흡에 의해 용존 산소 농도는 낮아지고 이산화탄소 농도는 높아진다. 표층을 떠나 특정 수괴가 생성되고 난 이후 경과된 시간으로 정의되는 해수의 나이는 해당 수괴의 용존 산소 함량으로 추정할 수 있으며, 보다 정확한 나이는 용존 무기탄소의 동위원소비($^{14}C/^{12}C$)로도 계산할 수 있다.

기후 변화에 관한 정부 간 협의체(IPCC, Intergovernmental Panel on Climate Change) 제5차 평가 보고서(AR5, 5th Assessment Report)에 의하면 산업혁명 이전 자연 상태에서 바다는 3만 8,000 Pg ($1\ Pg = 10^{15}\ g$)의 탄소를 용존 무기탄소의 형태로 저장하였다. 이 값은 생물체에서 유래한 유기탄소(organic carbon) 703 Pg보다 큰 값이며, 대기 중의 이산화탄소의 양인 589 Pg보다 약 60배나 큰 값이다.

여러 용존 기체 중에서 해수 중 녹아 있는 이산화탄소량이 유독 많은 이유는 우선 이산화탄소가 산소에 비해 화학적으로 용해도가 높다는 분자적 특성 이외에 '탄소 펌프'라고 불리는 생지화학적 과정으로 설명할 수 있다. 그림 6.44에서 알 수 있듯이 용존 이산화탄소의 농도는 수심에 따라 증가한다. 이는 물리적으로 탄소 펌프 작용에 의해 표층수의 탄소가 심해로 끊임없이 수송되어 표층의 이산화탄소 농도가 상대적으로 낮은 상태로 유지되기 때문이다. 탄소 펌프는 크게 '**용해도 펌프**(solubility pump)'와 '**생물 펌프**(biological pump)'로 구분할 수 있다.

용해도 펌프는 기체의 용해도와 관련이 있다. 대기 중의 이산화탄소 농도는 전 지구적으로 거의 균질하지만, 수온에 반비례하는 기체의 용해도 특성에 의해 고위도의 차가운 표층수가 저위도의 따뜻한 표층수보다 더 많은 이산화탄소를 녹일 수 있다. 이렇게 이산화탄소가 많이 용해된 고위도의 차가운 표층수는 밀도가 커져 심층 수괴를 형성하고 심층 순환에 의해 바다 내부로 유입된다. 해양 순환 및 용승 등에 의해 탄소가 운반되는 과정을 별도로 '**역학 펌프**(dynamic pump)'라고도 한다.

태양빛이 1%까지 투과되는 깊이로 정의되는 **유광층**(euphotic zone)에 서식하는 식물 플랑크톤들은 광합성 과정에서 표층의 이산화탄소를 흡수한다. 식물 플랑크톤은 동물 플랑크톤(zooplankton)의 먹이가 되며, 순차적으로 해양 생태계를 구성하는 상위 피라미드로 이동한다. 해양 생명체를 구성하는 탄소는 호흡 또는 분해 작용에 의해 바닷물에 다시 배출되어 광합성 등으로 재활용되지만, 배설물 또는 사체의 형태로 배출되는 유기탄소는 중력에 의해 침강하게 된다. 이러한 과정으로 표층의 이산화탄소가 심층으로 수송되어 표층수의 농도는 낮추고 심층수의 농도를 높이는 일련의 과정을 생물 펌프라 한다.

이러한 탄소 펌프 작용으로 해수 중 이산화탄소 농도는 깊은 곳은 고농도, 얕은 곳은 저농도를 유지한다. 대기 중의 이산화탄소를 흡수할 수 있는 해양의 능력은 대기와 표층수의 이산화탄소 분압차에 의해 결정되므로 탄소 펌프 작용에 의해 해양 표층의 이산화탄소 농도를 작게 유지하는 것은 매우 중요하다. 최근 기후 변화와 관련하여 해양이 이산화탄소를 얼마나 흡수 및 배출하며 그 일련의 과정은 어떻게 발생하고 변화하는지 정확히 이해하려는 노력이 점점 더 중요하게 부각되고 있다.

3) 해수면 상승

전 지구 해면 고도 변동을 이해하기 위해서는 주로 인공위성 고도계 자료와 연안 조위관측소(검조소)에 설치된 조위계(tide gauge) 자료를 사용한다. 인공위성 고도계 자료는 수 센티미터 내외의 정확성을 가지고 전 지구적으로 비교적 균질한 자료를 얻을 수 있다는 장점이 있으나, 1992년 발사된 TOPEX/Poseidon 위성 이전 기간의 자료가 존재하지 않는다는 단점이 있다.

장기 해수면 변화는 19세기부터 시작된 조위 관측 자료를 통해 파악할 수 있다. 연안 조위관측소에 기록된 시계열 조위 자료는 인공위성 자료와 다르게 해수면 자체의 변동 이외에 지각 변동에 따른 육지의 상하 운동 효과도 포함되는 상대 해면 고도를 나타낸다. 예를 들어 후빙기 조륙 운동(GIA, Glacial Isostatic Adjustment), 지반 침식 및 퇴적, 검조소 위치 변화 등 다양한 요인에 의한 지반의 상하 운동 효과가 해수면 자료에 포함될 수 있다는 사실에 유의해야 한다.

해면 고도 자체를 변동시키는 국지적 요인으로는 대기압이 낮아져(높아져) 해수면이 높아지는(낮아지는) **역기압 효과**(inverse barometer effect), 연안에서 바람 및 해류에 의한 해수의 수렴 및 발산, 조석, 파랑, 해일 등을 들 수 있다. 이러한 국지적인 단주기 해수면 변동을 제외하고 지구 온난화로 인해 지난 100여 년 동안 전 지구 해수면은 꾸준히 상승하였다. IPCC 5차 보고서에 따르면 전 지구 해수면은 평균적으로 1년에 약 1.7(1.5~1.9) mm 정도 상승했다(그림 6.45). 1901년부터 2010년까지의 평균 상승률은 약 1.7(1.5~1.9) mm/year, 1971년에서 2010년까지는 약 2.0(1.7~2.3) mm/year, 1993부터 2010년까지는 약 3.2(2.8~3.6) mm/year로 그 상승률이 증가하고 있으며, 이러한 전 지구 평균 해수면 상승 가속화는 대기 중 온실기체 증가로 인한 해양의 수온 증가 및 빙하 용융 등과 밀접히 연관되어 있다.

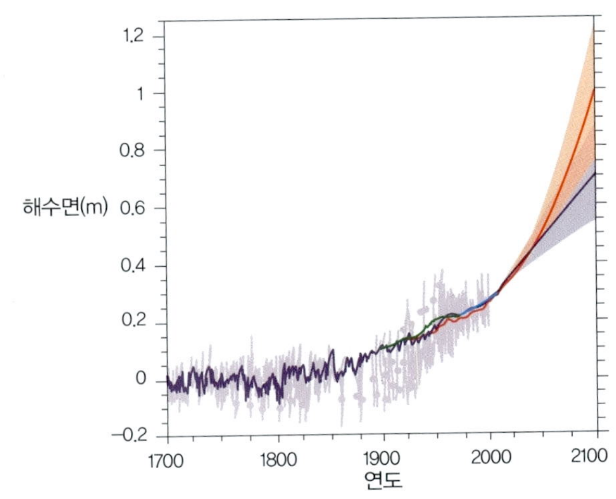

그림 6.45 고기후 자료, 검조소 자료, 인공위성 고도계 자료에서 나타난 전 지구 해수면 변동 및 2가지 미래 시나리오RCP2.6(파랑), RCP8.5(빨강)를 적용한 해수면 변동 예측 결과

지구 온난화로 인해 지구의 온도가 높아지면 2가지 대표적인 이유로 해수면이 상승한다. 첫째는 해수의 수온 증가로 인한 열팽창 효과에 의해 해수 부피가 증가하기 때문이

그림 6.46 최근 급격한 용융으로 '지구 종말의 날 빙하(Doomsday Glacier)'라 불리는 서남극에 위치한 스웨이츠 빙하(Thwaites Glacier)의 관측 모습

고, 둘째는 그림 6.46처럼 육지의 얼음이 녹아 해양으로 유입되어 해수 질량이 증가하기 때문이다. 지구에 존재하는 물 중 약 3%가 담수이고, 그중 약 70%가 얼음으로 구성되어 있으며, 97%에 해당하는 해양의 평균 수심은 약 4,000 m이다. 해수면 상승에 따른 해양 표면적 변화, 물의 상태 변화에 따른 부피 변화 등을 모두 무시한다면 지구상의 모든 육상 빙하 및 만년설이 녹아 바다로 유입되는 경우 간단한 계산에 의해 $\left(\frac{4,000}{0.97} \times 0.03 \times 0.7\right)$ 평균 해수면은 약 87 m 높아진다는 것을 알 수 있다.

해수의 열팽창 및 빙하의 용융에 의해 전 지구 평균 해수면이 꾸준히 상승하고 있다는 것은 오랜 기간 관측되고 있는 사실이며, 잘 알려진 것처럼 투발루, 몰디브, 인도네시아 등 저지대 국가들은 이미 큰 위험을 받고 있다. 그림 6.45에서는 대표적인 2가지 미래 기후 변화 시나리오(지금부터 즉시 온실기체 배출을 줄이는 경우(RCP2.6), 현재 추세로 온실기체를 계속 배출하는 경우(RCP8.5)를 적용하였을 때의 평균 해수면 예측 결과를 제시하고 있다. 위협적인 사실은 지금부터 즉시 온실기체 배출을 줄이더라도 해수면 상승은 피할 수 없다는 것이고, 2100년에는 현재보다 최소 30 cm에서 100 cm까지 평균 해수면이 높아질 것이라고 모든 예측 모델 결과들이 일관되게 제시하고 있다는 점이다. 이로 인해 인류가 해수면 상승 문제에 제대로 대응하지 못하는 경우 전 세계 곳곳에서 침수 발생, 해안 침식 가속화, 연안 생태계 변화, 해안 보호 습지의 유실, 파괴적인 폭우 발생 등이 빈번해지면 피해 규모가 급증할 것으로 예상된다.

4) 해양 산성화

해양 산성화(ocean acidification)는 대기 중의 이산화탄소가 바닷물에 녹으면서 해수의 산성도가 증가하는(pH 값이 낮아지는) 현상이다. pH는 $-\log_{10}[H^+]$로 정의되므로 pH 값의 감소는 수소 이온 농도의 증가, 즉 산성도 증가를 의미한다. 그림 6.47은 킬링 곡선(Keeling curve)으로 알려져 있는 하와이 마우나로아(Mauna Loa) 관측소에서 관측한 대기 중 이산화탄소 농도, 표층 해수의 이산화탄소 분압, 이에 따른 pH의 변동을 나타낸 것이다. 산업혁명 이후로 대기 중의 이산화탄소가 꾸준히 증가하고 있으며, 이를 표층 해수가 흡수해 pH가 줄어들고 있다는 사실을 확인할 수 있다. 실제로 산업혁명 이전 전 지구 해양의 평균 표층 pH는 8.2 정도였고, 현재는 8.1로 0.1 pH 단위만큼 산성화를 겪었다. 해양은 육상 기원 이온의 유입으로 알칼리성(염기성)을 띠고 있기 때문에 해양 산성화라는 표현은 해수의 화학적 성질이 산성(pH $<$ 7)으로 변한 것이 아니라 알칼리성이 약해진 것으로 이해해야 한다. 그러나 여기서 유념해야 할 것은 pH 값은 로그 척도이기 때문에 0.1 pH 감소는 수소 이온 농도 변화로 환산하면 약 30% 증가로 매우 큰 변화를 나타낸다는 점이다.

대기 중 이산화탄소가 바닷물에 녹으면 탄산수를 만든다($CO_2 + H_2O \leftrightarrow H_2CO_3$). 탄산수는 수소 이온($H^+$)과 중탄산 이온($HCO_3^{-1}$)으로 해리(dissociation)되고($H_2CO_3 \leftrightarrow H^+ + HCO_3^-$), 중탄산 이온은 다시 수소 이온과 탄산 이온으로 해리될 수 있다($HCO_3^- \leftrightarrow H^+ + CO_3^{2-}$). 이 과정에서 수소 이온을 생성하므로 pH가 낮아져 해양의 산성도가 높아지게 된다. 그러나 해수에 녹은 모든 이산화탄소가 탄산 이온과 수소 이온으로 해리되는 것은 아니다. 바다의 산성화가 많이 진행되면 중탄산 이온은 수소 이온과 결합하여 pH를 높여주는 역할도 한다. 즉 앞에서 설명한 중탄산 이온의 반응식은 가역 반응으로 해양의 산성도를 조절하는 중요한 역할을 하고 이러한 과정을 완충 작용(buffering)이라고 한다.

이러한 해수의 완충 작용을 고려하여 순반응식을 종합하면 아래와 같다.

$$CO_2 + H_2O + CO_3^{2-} \leftrightarrow 2HCO_3^-$$

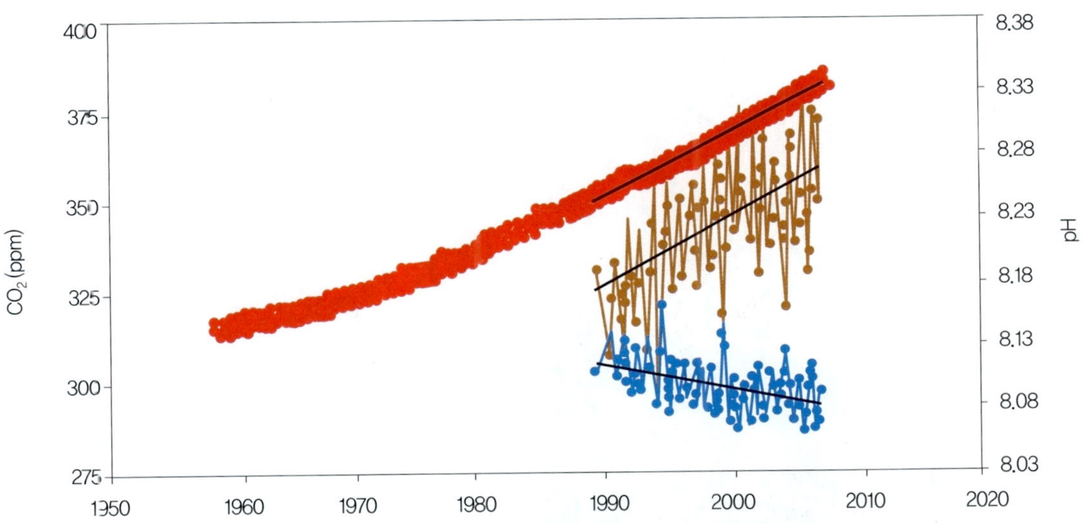

그림 6.47 하와이 섬 마우나로아 관측소에서 관측된 대기 중 이산화탄소 농도(빨간 실선), 하와이 섬 북부에 위치한 알로하 정점(station ALOHA)에서 관측된 표층수 이산화탄소 분압(갈색 실선)과 pH(파란 실선) 시계열 자료

바닷물에 녹은 이산화탄소는 결국 탄산 이온과 반응하여 중탄산 이온 분자 2개를 만든다. 중탄산 이온은 거의 중성이므로 증가해도 문제가 없으나, 알칼리성인 탄산 이온의 소모는 결과적으로 해수의 산성화를 진행시킨다.

해양 산성화가 생태계에 미치는 나쁜 영향이 바로 탄산 이온의 감소와 깊은 연관이 있다. 어패류, 석회조류, 갑각류, 산호 등 많은 종류의 해양 생물이 탄산칼슘($CaCO_3$)으로 된 골격 또는 껍질을 이루고 있다. 해양 먹이사슬 중에서 중요한 지위를 차지하고 있는 단세포 동물인 유공충, 식물 플랑크톤인 석회비늘편모조류, 동물 플랑크톤인 익족류 등도 이에 해당한다.

해수 중 탄산 이온이 줄어들면 다음 식과 같이 탄산칼슘의 생성이 어려워지고 만들어 놓은 탄산칼슘도 화학적 평형반응에 따라 더 쉽게 녹게 된다.

$$Ca^{2+} + CO_3^{2-} \leftrightarrow CaCO_3$$

즉 위의 반응은 석회질이 용해되는 왼쪽으로 진행되어 다양한 해양 생물들의 생존을 위협하게 된다. 예를 들어 해양 산성화에 의해 산호의 골격 형성이 어려워지면 산호들이 부서지기 쉬워지고 수온 상승과 같은 추가적 요인에 대한 저항력이 약해져 하얗게 죽어가는 백화 현상이 나타나기도 한다(그림 6.48). 산호는 수많은 해양 생물들의 서식지일 뿐만 아니라 해안선의 침식과 범람을 방지하며 해양 관광 자원으로 보존해야 할 매우 중요한 해양 생태계의 구성 요소라는 점을 고려할 때, 해양 산성화로 인한 산호 생태계 붕괴는 매우 심각한 문제라고 할 수 있다.

그림 6.48 백화 현상을 보이는 산호

6.6 전 지구 해수면 변동

1990년 이후 매 5~6년 간격으로 발간하고 있는 IPCC의 기후 변화 평가보고서는 과거 및 미래 기후 변화, 인류에게 미치는 영향, 완화 및 적응과 같은 기후 변화 대응을 다룬다. 주요한 기후 변화의 관측 근거는 지표면 평균 온도와 전 지구 평균 해수면 자료이다. 앞에서 소개한 산업화 이후 인간 활동에 의한 '인위적인' 전 지구 평균 해수면 변화는 주로 지구 온난화(해양 온난화 포함)로 인해 해수 열팽창 효과(부피 증가)와 빙상 소실에 의한 융빙수 유입 증가(질량 증가)의 결과이다. 그러나 인간 활동과 무관한 '자연적인' 지구 평균 해수면 변동은 과거 25만 년 이상 빙하기와 간빙기로 대표되는 오랜 지구의 역사에서 끊임없이 지속되어왔다(그림 6.49).

1) 빙하기와 간빙기

지구 빙하기와 간빙기의 주기적인 도래는 지구 공전 궤도와 태양에 관계된 지구 방위의 미세한 주기적인 변화에 의한 결과로 제시되었다. 공전 궤도와 지구 회전축의 주기적인 변화가 제3기 플라이스토세(Pleistocene) 빙하의 확장과 수축에 관계가 있다는 것이 발견되었다. 20세기 초 밀란코비치(Milutin Milankovitch, 1879~1958)는 지구 궤도와 회전축에 관한 3가지 주기적인 변화를 발견했으며, 이를 **밀란코비치 주기**라고 한다(그림 6.50).

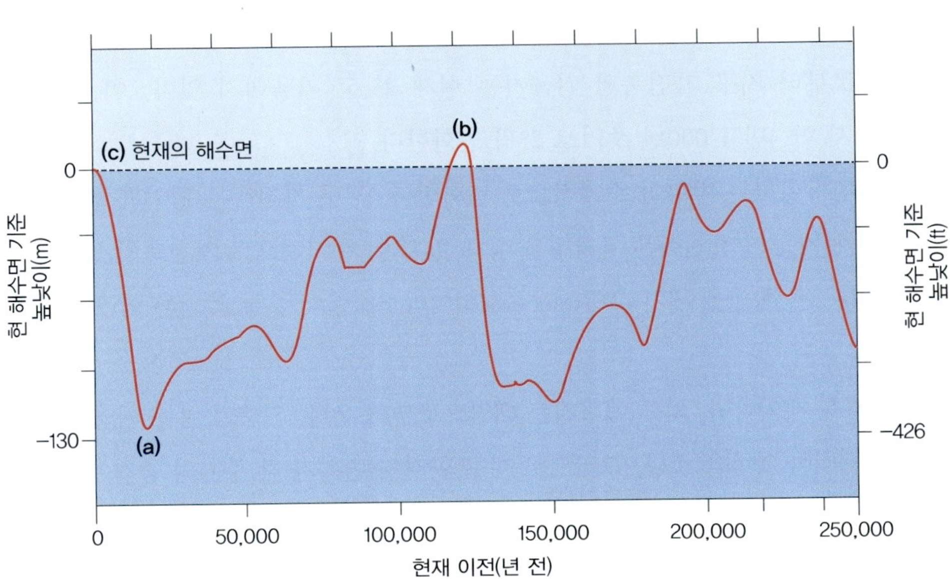

그림 6.49 해저 코어 자료로 추적한 지난 25만 년 동안의 해수면 변화. (a) 최후 최대 빙하기(LGM, Last Glacial Maximum), (b) 최후 간빙기(LIG, Last Interglacial), (c) 현재 간빙기

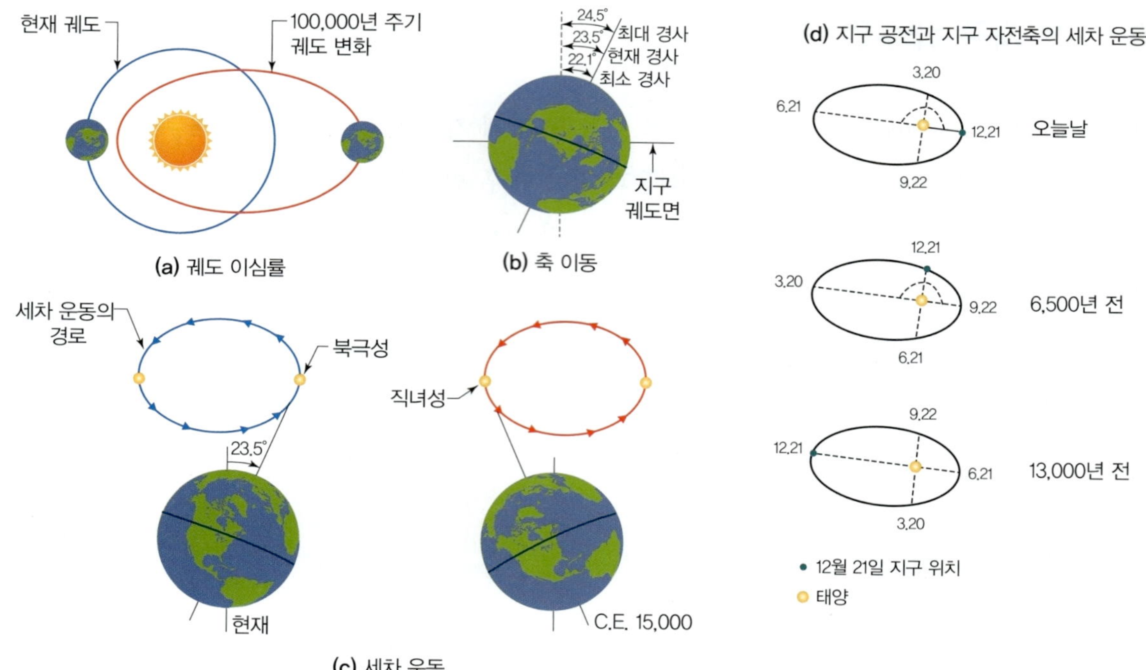

그림 6.50 (a) 지구 공전 궤도 이심률의 변화, (b) 자전축 경사의 변화, (c) 자전축 방향의 변화, (d) 지구 공전과 지구 자전축의 세차 운동

① 태양 주위를 도는 지구의 궤도는 타원형이다. 이 타원 궤도 모양을 이심률(eccentricity)로 표현한다. 이심률이 크면 타원 모양이 뚜렷해지는 반면, 이심률이 작아지면 원 모양에 가까워진다. 지구 궤도의 이심률 변화 주기는 약 10만 년이다.

② 지구 자전축의 기울기(tilt)는 주기적으로 변화한다. 지구가 태양 주위를 도는 궤도면에 직각을 이루는 선으로부터 지구 자전축의 기울기는 현재 23.5° 기울어져 있다. 이 기울기는 22.1°와 24.5° 사이에서 약 4만 1,000년 주기로 2°씩 변화한다.

③ 지구의 자전축이 향하는 방향이 주기적으로 변화한다. 지구 자전축은 팽이가 쓰러질 때의 축처럼 회전한다. 현재 지구의 자전축은 북극성을 향해 있지만, 주기적으로 자전축의 방향이 직녀성 자리로 바뀌게 된다. 이 회전을 세차 운동(precession)이라 하고, 이 운동 주기는 약 2만 6,000년이다.

지구 내부 에너지를 제외하면, 지구 에너지는 태양으로부터 온다. 지구가 받는 태양 복사 에너지의 변화는 지구 기후에 중대한 영향을 준다. 그러므로 지구 환경의 변화가 각 주기의 중첩에 따라 결정된다.

빙하가 커지고 빙하기가 도래하려면, 북반구의 여름 기온은 낮고 겨울 기온은 높아야 한다. 여름 기온이 낮아지면 겨울에 쌓인 빙하가 충분히 녹지 못하고 다음 겨울에 성장한다. 이를 북반구의 계절성이 약해진다고 표현할 수 있다. 이 경우 다음 3가지 조건이 모두 맞는 경우에 빙하기가 도래할 확

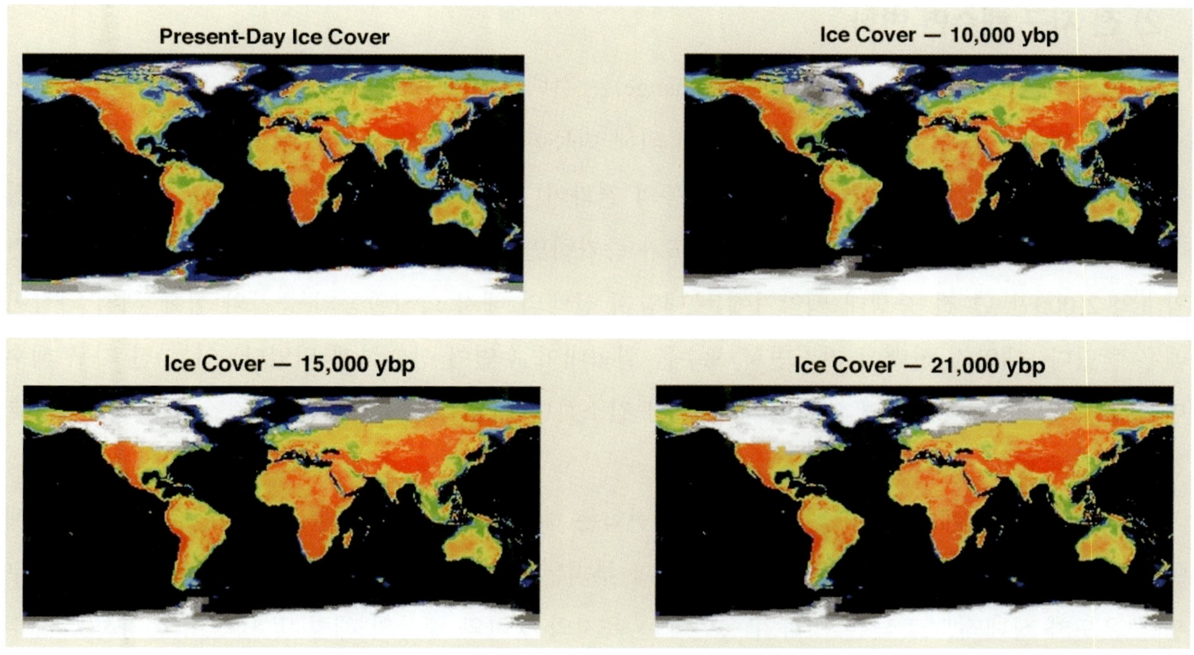

그림 6.51 현재 북극 지방의 빙하 분포와 1만, 1만 5,000, 2만 1,000년 전 빙하기 시기의 빙하 분포의 크기 비교

률이 크다. ① 이심률이 커지면서 공전 궤도가 타원형이 되며, ② 지구 자전축의 기울기 각이 작아지며, ③ 세차 운동으로 공전 중인 지구의 북반구가 태양과 가까운 지점에서 태양으로부터 멀리 기울어져 겨울철이 되고, 태양과 먼 지점일 때 태양 방향으로 가까이 기울어져 여름철이 되어야 한다. 과학자들은 지구 공전 궤도와 자전축의 작은 변화가 자연적인 태양 복사 에너지 및 위도와 계절에 따른 그 열에너지 분배에도 중요한 영향을 미치는 점을 발견하였다.

연안 지형과 대륙붕은 해수면 변화에 큰 영향을 받는다. 연안 지형은 육지와 해양이 만나는 경계부이고, 대륙붕은 경사가 완만하기 때문이다. 중생대 백악기 후기에는 해수면이 지금보다 약 300 m 정도 높아서, 대륙의 약 35% 정도가 침수되고 그에 비례해서 대륙붕의 면적도 상당히 넓었을 것으로 추정된다. 반면에 현재로부터 약 2만 년 전, 최후 빙하기에는 거대한 빙하가 육지의 넓은 지역을 덮었다(그림 6.51). 두꺼운 빙하를 만든 빙설은 해수로부터 제공되었고, 해수면은 현재보다 약 130 m 아래로 하강하였다. 대륙붕은 거의 대기에 노출되었고, 육지 면적은 현재보다 약 20% 정도 더 넓었을 것이다. 삼각주는 전진 퇴적하였고, 대륙붕의 퇴적물은 빈번해진 저탁류를 통해 대륙사면과 대륙대로 이동되었다.

2) 전 지구 해수면 변화

전 지구 해수면 변화(eustatic sea-level change)는 수백만 년 주기의 대양저 산맥 부피 변화와 수천~수십만 년 주기의 빙하기–간빙기 반복에 의해 변동한다. 대양저 산맥의 부피 변화는 대양저에 위치한 대양저 산맥에서 발생한 해저 화산활동의 결과이다. 해저 화산활동이 활발하여 해저 현무암질 마그마의 분출량이 많아지고 해저 확장 속도가 증가하면 대양저 산맥의 부피가 증가한다. 예를 들면 약 1억 2,000만 년 전 중생대 백악기에는 대양저 산맥의 해저 화산활동의 증가와 함께 해저 확장이 매우 빨랐다. 대양저 산맥이 커지면서 해수를 밀어내어 수면이 상승하게 되었다. 이는 전 지구 해수면 상승을 진행시켰다. 반면 해저 확장 속도가 감소하면 대양저 산맥의 부피가 감소하고 결과적으로 전 지구 해수면이 하강한다.

밀란코비치 주기에 기인한 빙하기–간빙기 변화는 해수의 질량과 부피를 변화시킨다. 해수량은 해양이 담고 있는 물의 양이다. 해수의 총 질량과 부피는 빙하기와 간빙기를 거치며 변화하는데, 지구 평균 온도가 상대적으로 낮은 빙하기 동안에는 육지의 빙하와 해상의 해빙 및 빙산이 증가하고 해수 총질량이 감소하는 반면, 따뜻한 시기인 간빙기 동안에는 육지의 빙하와 해상의 해빙 및 빙산이 감소하고 해수의 총 질량이 증가한다. 해수의 부피는 주로 수온 변화에 따른 열팽창 요인으로 설명된다. 빙하기 동안에는 해수의 수온이 낮아 수축하여 부피가 줄어들고 해수면이 하강하는 반면, 온난한 간빙기 동안에는 해수의 수온이 높아 팽창하여 부피가 증가하고 해수면이 상승한다. 이 요인들은 주기적으로 각각 변화하며, 그 결과 전 지구 평균 해수면 변동 그래프에서 다양한 중첩 형태로 표현된다.

그러나 이처럼 밀란코비치 주기로 설명되는 기후의 자연 변동성에 해당하는 평균 해수면 변동과는 무관하게 산업화 이후 대기 중 온실기체 농도 증가와 온실효과 강화로 나타나는 '인위적인' 기후 변화가 진행되어 왔다. 이러한 기후 변화는 오랜 지구의 역사에서 전례 없는 속도로 진행되며 앞에서 살펴본 것처럼 지난 수십 년 동안 해수면 상승을 가속화하고 있다. 최근 수십 년 동안의 전 지구 평균 해수면 상승은 해수 수온 상승에 의한 열팽창 효과와 그린란드 및 남극 대륙 빙상 소실 효과가 각각 절반씩을 설명하고 있다(표 6.2). 현재까지는 남극 대륙 빙상보다 그린란드 빙상 소실이 더 컸지만, 현재 가장 빠른 속도로 사라지고 있는 서남극 스웨이츠 빙하가 붕괴할 경우 서남극 전체 빙하가 해수로 흘러나와 소실될 수 있다. 이는 현재 해수면 상승 속도를 급증시킬 수 있어 미래 해수면 상승 예측 전망에서 가장 큰 불확실성 요인으로 남아 있다(표 6.2).

표 6.2 관측된 해수면 상승률과 여러 가지 요인에 의한 기여도

해면 수위 상승 원인	해면 수위 상승률(mm/년)	
	1961~2003	1993~2003
열팽창	0.42 ± 0.12	1.6 ± 0.5
빙하와 빙모	0.50 ± 0.18	0.77 ± 0.22
그린란드 빙상	0.05 ± 0.12	0.21 ± 0.07
남극 빙상	0.14 ± 0.41	0.21 ± 0.35
해수면 상승에 기여하는 기후 요인의 합계	1.1 ± 0.5	2.8 ± 0.7
관측된 해수면 상승	1.8 ± 0.5[a]	3.1 ± 0.7[a]
차이 (관측치로부터 기후의 기여 추정치 합계를 뺀 것)	0.7 ± 0.7	0.3 ± 1.0

표 주석 a: 1993년 이전의 자료는 조위계, 1993년 이후는 위성 고도계의 관측치이다.

3) 상대 해수면 변화와 해저 지층

상대 해수면 변화(relative sea-level change)는 전 지구 해수면 변화와 지역적인 지구조 운동에 의해 해저면이 침강 또는 융기하는 경우를 함께 고려한 것이다. 해저 지역은 각 지역의 판구조론 위치에 따라 시간이 지남에 따라 침강 또는 융기하며 그에 따라 해저면이 상하로 변화한다(그림 6.52). 또한 상대 해수면 변화에 퇴적물의 장기간 공급 등이 주요 요인으로 기여한다.

상대 해수면 변화율은 전 지구 해수면 변화율에서 지역의 장기간 침강률 또는 융기율을 빼주면 구할 수 있다. 결과 값이 상대 해수면 상승이라면 퇴적층이 쌓일 수 있는 공간이 더해진 것으로 해석하는 반면, 상대 해수면 하강이라면 퇴적층, 특히 연안 퇴적층이 침식된 것으로 해석한다(그림 6.52).

상대 해수면이 해저 지층이 형성될 당시의 기준 해수면 위로 상승하고 퇴적물이 계속 공급된다면 해저 지층은 매적 과정이 계속 진행된다(그림 6.53). 반면 상대 해수면이 하강한다면 해저 지층의 침식에 따른 부정합이 형성될 수 있다. 부정합면은 '대기 중에 노출되어 침식되거나 해저에서 침식된 증거가 있고, 상당 기간 동안 퇴적이 중단되어 상 · 하층을 구분하는 면'으로 정의할 수 있다. 상대 해수면이 하강할 때, 이미 퇴적된 미고화 퇴적물은 해수면이 하강하여 새로이 형성된 해안선까지 침식되거나 재동된다. 이러한 해퇴 침식면은 중요한 부정합이며, 상대적 해수면 하강의 증거가 된다.

상대 해수면이 상승할 때도 부정합이 형성될 수 있다. 최대 해침면 해수면이 최대로 상승하면 대기에 노출되었던 지역은 해수면 상승에 따라 침수되며, 외해 또는 심해 지역의 퇴적률은 감소한다. 해수면 상승의 영향으로 육지에서 공급되는 퇴적물이 주로 충적평야나 해안 근처에 퇴적되기 때문이다. 해수면이 안정된 후에는 퇴적물이 외해 또는 분지 중심 쪽으로 전진할 수 있으며, 이때 최대 해침면 위로 퇴적물이 쌓이면서 부정합을 형성한다.

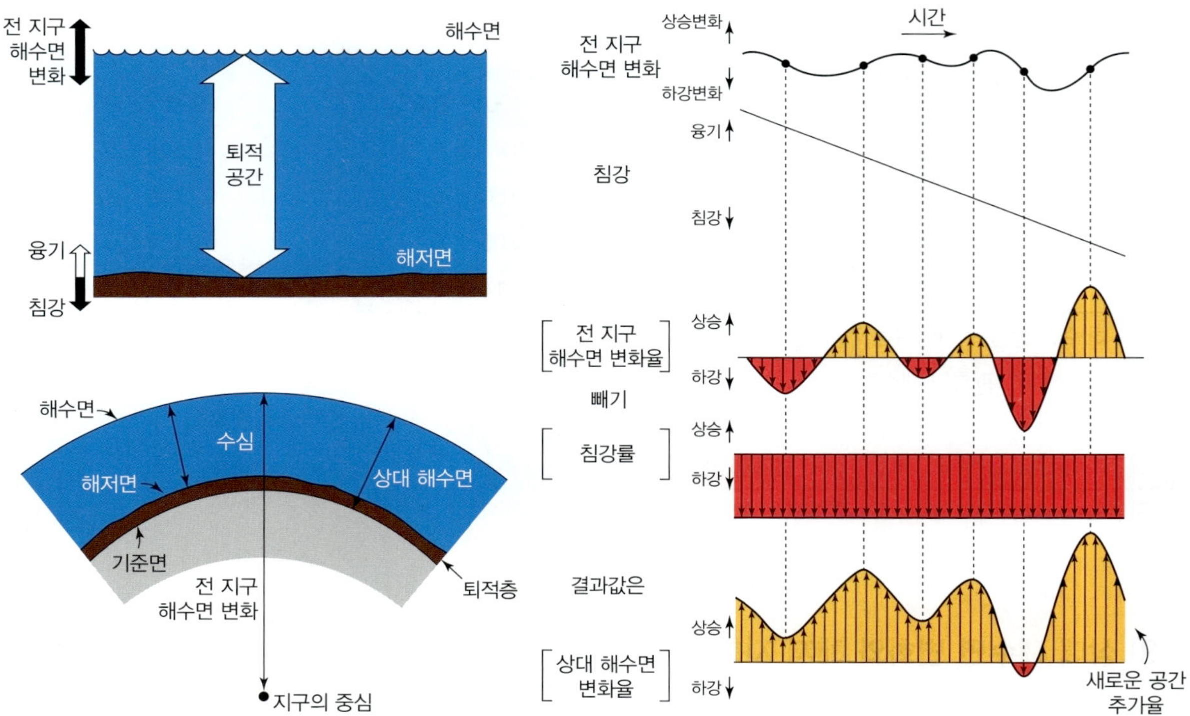

그림 6.52 전 지구 해수면 변화와 지역적인 지구조 침강에 따른 상대 해수면 변화

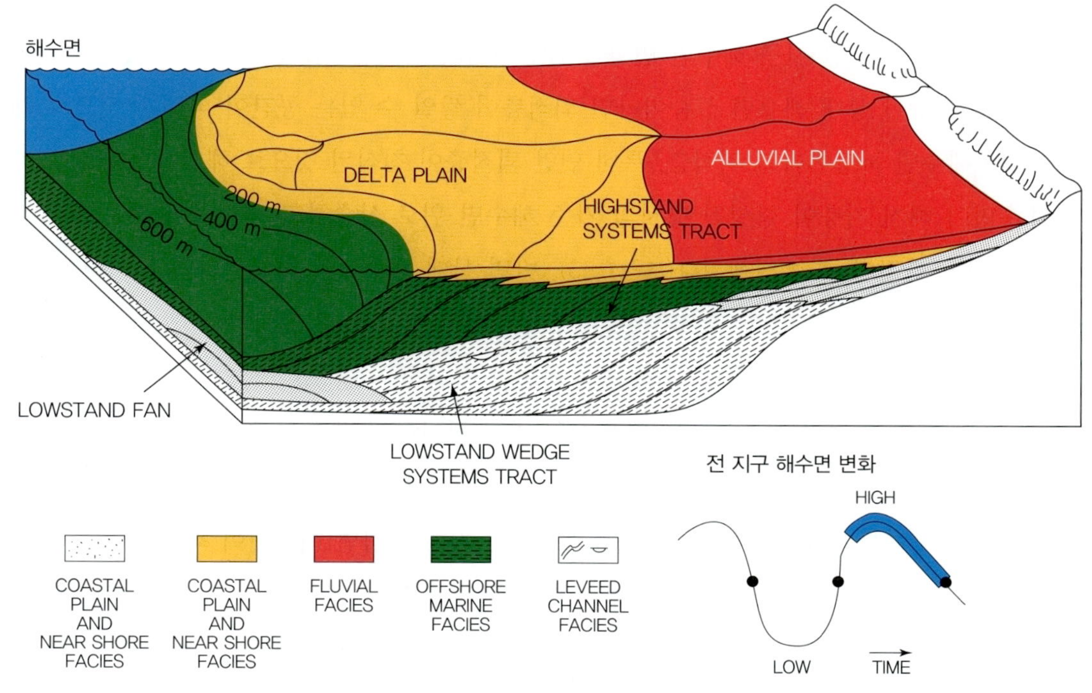

그림 6.53 해수면 변화에 따라 쌓인 해저 지층의 모형

6.7 해저 지질과 해양 자원

1) 해저 지형

인류가 과학적 탐사를 통해 해저 지형을 파악하기 이전까지 대양저의 지형은 육지의 큰 호수와 같다고 생각되었다. 대양저의 가운데가 가장 깊을 것이라는 잘못된 추측이었다. 해저 지형은 수심 측량으로 파악된다. 과거 수심 측량은 무거운 추에 방울을 달아 내려 해저 바닥에 닿는 소리(sounding)로 수심을 확인하였다. 이 방법은 한 지점의 수심 자료를 얻기 위해 너무나 많은 시간과 노력이 필요하였다. 이후 1914년 음향측심기가 미국에서 개발되었고, 1922년 미국 해군 함정인 스튜어트호(USS Stewart)가 최초로 해저의 연속 단면 자료를 얻었다. 1925~1927년 사이에 독일 연구선 미티어호(RV Meteor)가 개량된 음향측심기를 이용하여 대서양을 가로지르는 14개의 해저 지형 단면 자료를 획득하였다. 이를 통해 대서양 중앙대양저산맥이 열곡(rift valley)을 포함하는 굽이치는 해령(ridge)의 형태이며, 대서양 양쪽의 해안선과 잘 부합한다는 사실을 밝혀주었다. 1960년대까지 이런 해저 측심 자료와 해저 지형의 형성에 대한 해석이 계속되면서 판구조론(plate tectonics)이 태동되었다. 20세기 이후 과학 기술이 더욱 발전하면서, 연구선에 장착된 다중음향측심 시스템과 우주에서 운용하는 지오샛(Geosat), 토펙스/포세이돈(TOPEX/Poseidon), 제이슨 1호/2호(Jason-1, -2) 등의 인공위성을 이용하여 정밀한 해저 지형도가 만들어졌다. 이 결과, 미지의 해저에 존재하던 수많은 지형이 발견되었다.

대양저의 지형과 형성은 판구조론에 기초하여 이해하여야 한다. 판구조론에서 암석권의 판과 판

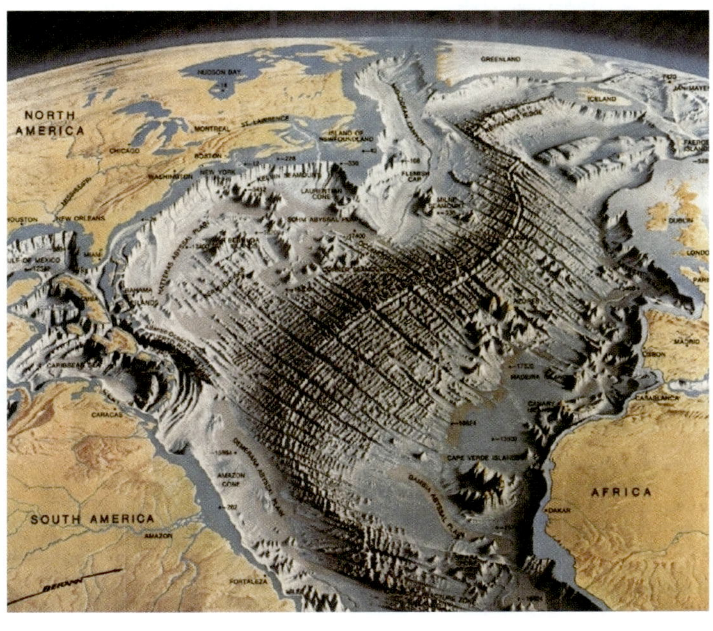

그림 6.54 대서양의 해저 지형

은 경계부에서 서로 수렴하거나 발산하며 또는 서로 수평적으로 어긋나며 이동한다. 대륙지각을 주로 구성하는 화강암(밀도 2.7 g/cm^3)은 심해저로 가면서 해양지각을 주로 구성하는 현무암(밀도 2.9 g/cm^3)으로 바뀐다. 육지와 가까운 얕은 바다의 해저는 주로 화강암질 암석의 대륙지각으로 구성되어 있다. 해저가 화강암에서 현무암으로 바뀌는 곳은 대륙지각의 끝점이며 해양지각의 시작점이다. 이 경계를 대륙 주변부와 심해저, 2개의 주된 해저 지형의 구분 기준으로 삼는다. 대륙지각의 연장으로 해수에 잠긴 부분이 대륙 주변부이고, 대륙 주변부 밖의 심해저 평원과 대양저산맥 등이 심해저이다(그림 6.54).

(1) 대륙 주변부

대륙의 주변부는 판구조 운동의 구조적 영향을 크게 받는다. 발산판 경계를 가지고 확장 중인 판에서 대륙과 해양의 경계는 **비활성형 대륙 주변부**(passive continental margin)라고 한다. 대표적인 예는 대서양과 아메리카 대륙의 경계부이다(그림 6.55). 수렴판 경계의 영향을 받는 대륙과 해양의 경계는 **활성형 대륙 주변부**(active continental margin)라고 하며, 활발한 지진과 화산활동이 특징이다. 대표적인 예는 태평양 주변 대륙 경계부이다(그림 6.55). 대륙 주변부는 **대륙붕**(continental shelf), **대륙사면**(continental slope), **대륙대**(continental rise)의 해저 지형으로 구성되며, 대륙과 심해저 평원의 사이를 연결한다.

대륙붕은 해수에 의해 잠겨 있는 얕은 대륙판의 연장 부분이다(그림 6.56). 대륙붕은 인접 육지의 연장인 셈이며, 대륙붕 퇴적층 아래에는 화강암 등의 대륙지각으로 구성된다. 이곳은 근처의 육지와 많이 유사하며, 해저 구릉과 평원, 두꺼운 퇴적층, 광물과 석유 등의 광상이 존재한다. 비활성형 대륙 주변부 대륙붕은 매우 넓게 분포하며, 경사는 1 km당 약 1.7 m 깊어지는데, 이는 배수가 잘 되는

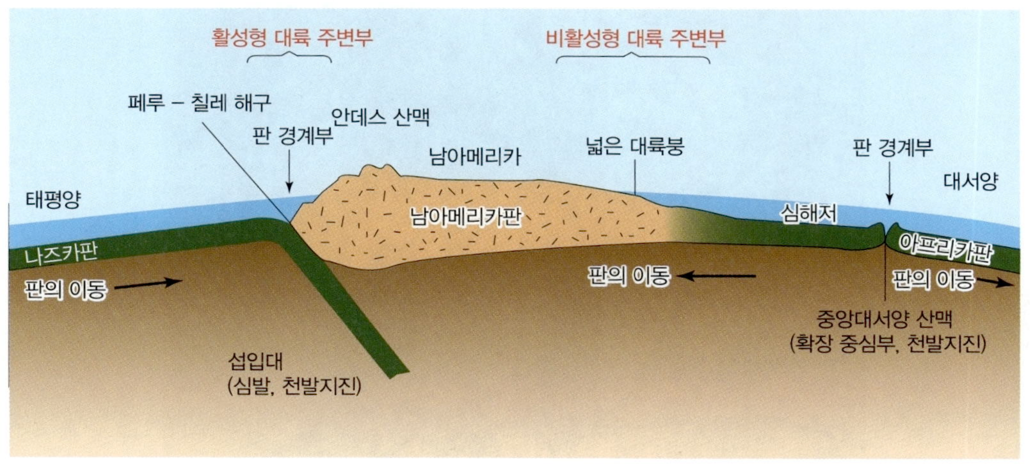

그림 6.55 대륙 주변부와 대양저

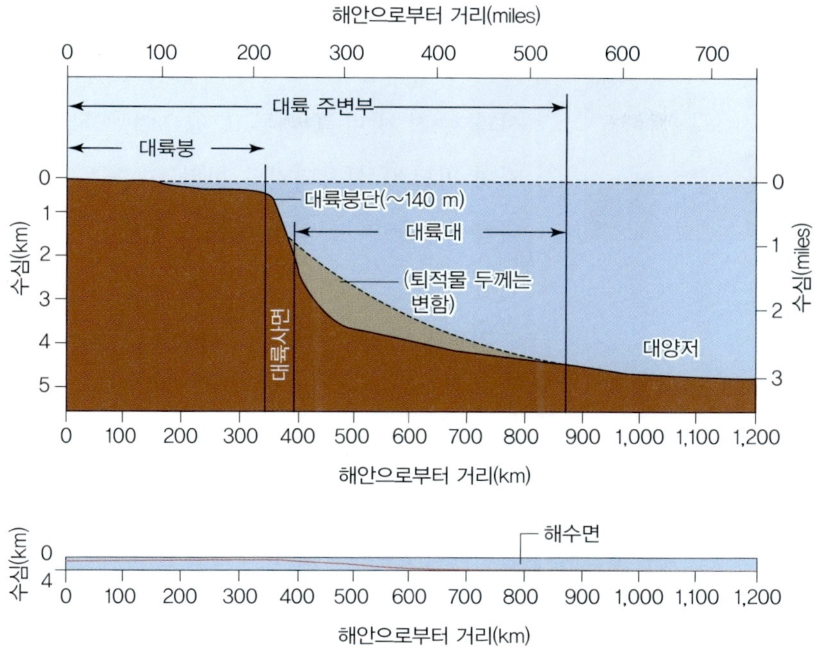

그림 6.56 비활성형 대륙 주변부의 특징

넓은 주차장보다 경사가 작은 것이다. 대서양 주위의 대륙붕은 폭이 350 km에 달하는 곳도 있으며, 대개 수심이 약 140 m 정도 되는 곳에서 급경사가 시작되면서 끝난다. 활성형의 태평양 대륙 주변부 대륙붕은 일반적으로 대서양의 대륙붕만큼 넓고 평탄하지 못하다. 활성형 대륙 주변부의 대륙붕 지형은 변화가 심해서 단층 작용, 화산활동, 지구조 변형 등에 영향을 더 많이 받는다. 대륙붕을 구성하는 물질들은 대부분 인접 대륙에서 침식되어 유입된다. 내륙으로부터 방대한 양의 퇴적물이 하천과 삼각주를 거쳐 해안으로 운반되어 오면, 대륙붕에 일시 저장했다가 저탁류를 통해 대륙사면, 해저 협곡 등을 통해 더 낮은 위치인 대륙대에 퇴적시킨다.

대륙사면은 경사가 완만하고 수심이 얕은 대륙붕이 수심이 깊은 대륙대와 심해저로 변이하는 경계부이다(그림 6.56). 일반적인 대륙사면의 경사도는 약 4° 정도이며, 이는 1 km 거리에 70 m 수심이 증가하는 경사이고, 고속도로에서 허용되는 도로의 최대 경사와 비슷하다. **대륙붕단**(shelf break)은 대륙붕의 끝점이며 대륙사면으로 급격히 변하는 곳이다. 대부분의 대륙붕단 수심은 전 세계적으로 약 140 m 정도로 일정하며, 이는 전 세계적인 빙하기 최대 하강 수심과 대체로 일치한다. **해저 협곡**(submarine canyons)은 대륙붕과 대륙사면을 가로질

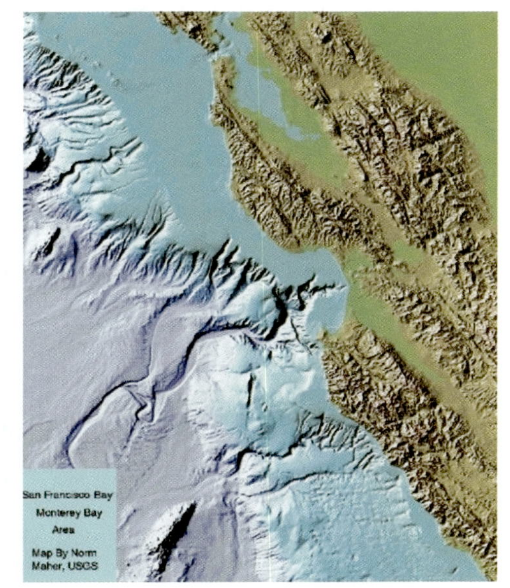

그림 6.57 미국 서부 연안의 해저 협곡

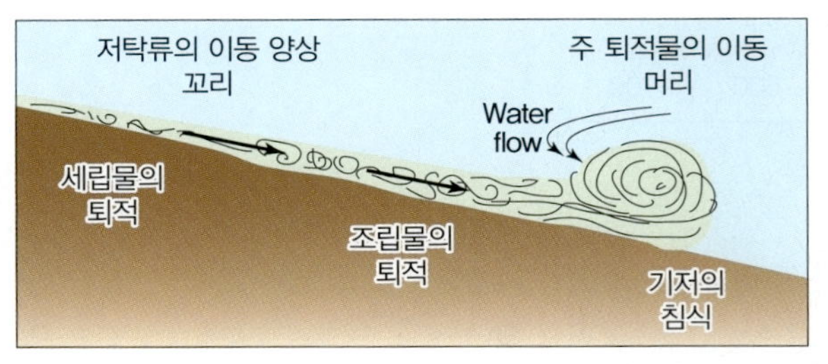

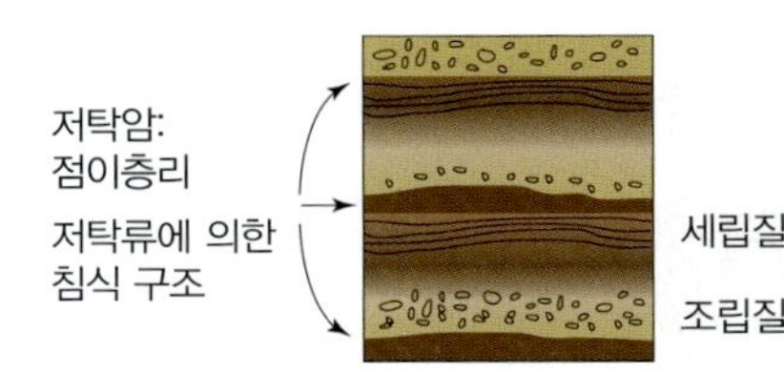

그림 6.58 저탁류의 이동 양상을 보여주는 개념도

러 심해저에서 부채꼴의 **해양저 선상지**(submarine fan) 퇴적체까지 이어진다. 해저 협곡은 일반적으로 해안선, 대륙붕단선과 수직 방향을 이루고 있으며, 일부는 해안선 인근에서 지형 발달이 시작되기도 한다(그림 6.57). 대륙사면 퇴적물은 대륙붕단을 거쳐 외해 쪽으로 운반된 대륙붕 퇴적물로 구성된다.

저탁류는 해저에서 대규모 퇴적물을 이동시키는 주요한 수단이다(그림 6.58). 육지에서 운반된 육성 기원 퇴적물은 대륙붕이나 대륙사면에 퇴적된다. 이 퇴적층은 지진이나 해저 사태 등의 원인으로 인하여 심해저로 갑자기 흘러 내려간다. 이것을 저탁류라고 하며, 모래 및 점토가 물과 뒤섞여 있어 밀도가 크므로 중력에 의해 시속 27 km까지 빠른 속도로 대륙사면 또는 해저 협곡을 따라 대륙대와 심해저로 운반되고 퇴적된다. 이 과정에서 저탁류는 주로 난류(turbulence)에 의해 퇴적물이 부유되고, 저탁류의 유속이 감소하면서 무거운 조립질 퇴적물이 먼저 퇴적되고 이후 가벼운 세립질 퇴적물이 쌓이면서 **점이층리**(graded bedding) 퇴적층을 형성한다(그림 6.58). 이 퇴적층이 암석화되면 **저탁암**(turbidite)이라고 한다.

대륙사면의 기저부에는 해양지각 위에 부채꼴 모양의 퇴적체가 쌓여 있는데(그림 6.57), 이를 대륙대라고 한다(그림 6.56). 대륙대 퇴적물은 대륙붕 퇴적물이 저탁류에 의해 대륙사면과 해저 협곡을 통해 운반된 것이다. 대륙대의 폭은 약 100 km에서 1,000 km까지 다양하게 나타나며, 대륙대의 경사는 대륙사면의 약 8분의 1 정도로 완만하다.

(2) 심해저

심해저는 지구 표면의 절반 이상을 차지한다. 대양저 중앙부에는 해양지각인 현무암이 생성되는 **대양저 산맥**이 있으며, 퇴적물이 굴곡진 해양저 기반암을 수 킬로미터 두께로 덮은 심해 평원이 있다. 심해저의 둘레에는 해구나 두꺼운 퇴적물로 둘러싸여 있다. 넓은 평원에는 섬, 구릉, 활화산이나 사화산 등이 나타나기도 한다. 대양저의 퇴적물은 지구 환경의 변화, 주변 대륙의 발달사, 상부 해수의 생물 생산성, 대양저 지각의 연령 등을 반영하며 쌓인다.

대양저 산맥(oceanic ridge)은 해양지각이 생성되는 확장 축을 따라 분출한 현무암의 해령(ridge)을 연결한 것이다(그림 6.59). 열곡(rift valley)은 발산하는 판의 경계인데, 마그마가 분출하여 현무암이 형성되며, 중앙해령의 정상부보다 상대적으로 낮은 지대이다. 대양저 산맥의 길이는 지구 둘레의 약 1.5배, 6만 5,000 km이다. 굴곡진 산맥은 퇴적물이 거의 없는 현무암질 베개용암(pillow lava)으로 구

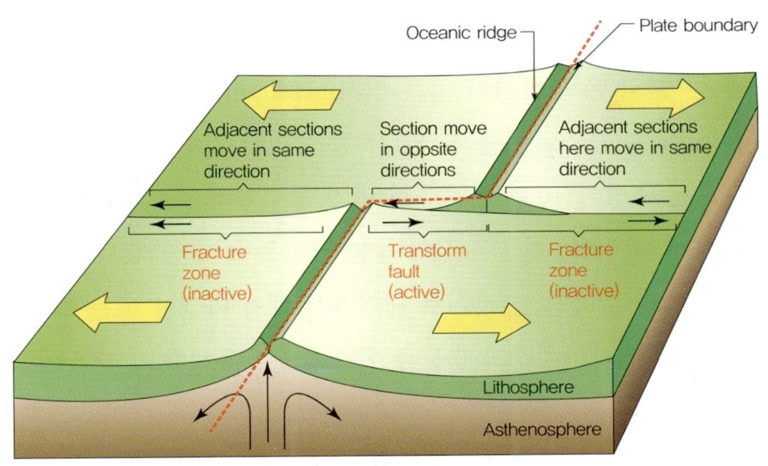

그림 6.59 대양저 열곡과 변환단층의 형성

그림 6.60 검은 연기 열수공

성되며, 심해저로부터 약 2 km 정도로 높은 고도에 있다. 판구조론에서 대양저 산맥은 판 운동의 가장 활동적인 부분이며, 대양저 산맥을 구성하는 열곡은 해저에서 암석권의 판이 새로이 생성되는 곳이다. 가장 최근에 생성된 연령이 적은 암석이 대양저 산맥의 중앙부에 있고, 중앙부에서 양쪽으로 멀어질수록 연령이 증가한다. 생성된 암석권은 중앙부에서 멀어질수록 냉각되면서 수축하고 침강한다. 중앙대양저 산맥에는 **변환단층**(transform fault)과 **단열대**(fracture zone)가 존재한다. 변환단층은 판과 판의 경계에서 나타나는 주향이동 단층이며, 대양저 산맥을 일정 간격으로 어긋나게 한다(그림 6.59). 이는 판구조론의 판이 지구라는 구면 위에서 운동하기 때문이다. 구면상 모든 운동은 회전 운동이며, 각 판이 회전하는 확장축으로부터 대양저 산맥 지점까지 거리가 다르므로 확장하는 선속도가 다르다. 변환단층이 대양저 산맥의 중앙부로부터 멀어지면 지진학적으로 비활동적인 단열대가 된다. 단열대는 변환단층의 과거 활동을 보여준다(그림 6.59).

열수공(hydrothermal vent)은 화산활동이 활발한 대양저 산맥에서 해양지각의 갈라진 틈을 통해 열수를 뿜어낸다. 분출하는 물의 온도에 따라 검은 연기(black smoker) 열수공, 흰 연기(white smoker) 열수공, 온수공(warm water vent)으로 나눌 수 있다. 검은 연기 열수공은 검은색의 광물을 함유한 약 350°C 물이 뿜어져 나오는 구멍이다(그림 6.60). 흰 연기 열수공의 열수 온도는 30°C~350°C이며, 온수공의 온수 온도는 30°C 이하이다. 깊은 수심의 높은 압력은 물이 증기로 기화하는 것을 막고 있다. 이것은 해수가 대양저 산맥의 갈라진 틈 사이로 내려가서 해저 마그마 또는 뜨거운 암석과 접촉하면서 해수가 고온으로 데워지고, 해양지각의 광물을 화학적으로 용해하고, 대류에 의해 해수가 열수공으로 다시 빠져 나온 결과이다.

해산(seamount)은 해저에서 해수면 위까지 발달하지 못하고 돌출해 있는 화산이다(그림 6.61). 대부분은 대양저 산맥의 확장 중심부에서 만들어진 화산이며, 일부는 열점(hot spot)에서 생성되었다. **평정해산**(table mount)이라고 부르기도 하는 **기요**(guyot)는 해수면 위로 노출되었던 해산이 다시 해수면

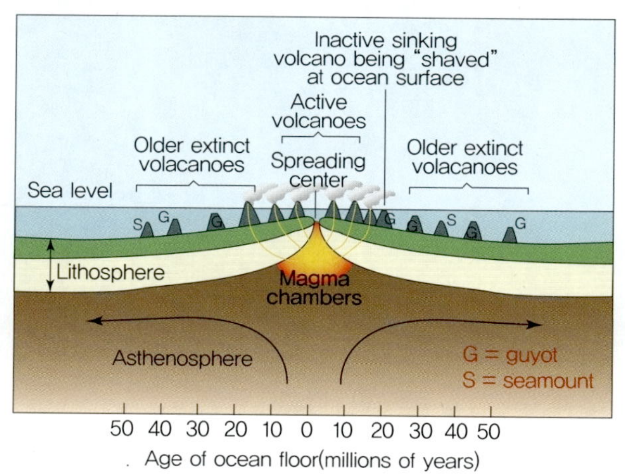

그림 6.61 기요와 해산의 형성

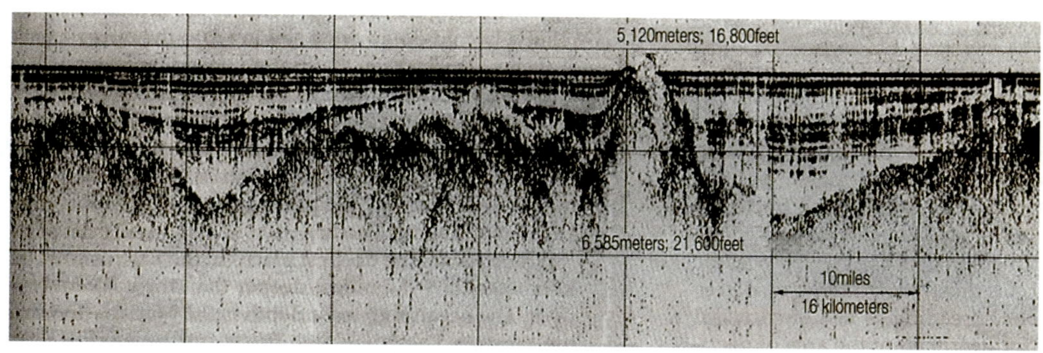

그림 6.62 대서양 심해저 평원과 기반암의 단면

그림 6.63 일본 해구와 마리아나 해구의 형태

아래로 침강하면서 파도에 의해 상부가 평평하게 침식된 해산이다(그림 6.61).

심해저 평원(abyssal plain)은 대양에서 가장 넓은 표면적을 차지하는 지형이며, 세립질 퇴적물로 덮인 평평한 해저이다(그림 6.62). 심해저 평원의 퇴적층은 저탁류가 부유시킨 세립질 퇴적물, 대기를 통해 운반된 머드 퇴적물, 생물 기원 및 수성 기원 해저 퇴적물로 구성된다. 이 평원은 현무암 기반암의 굴곡진 형태를 덮은 두께가 수 킬로미터까지 달하는 퇴적층의 평탄화 효과에 의해 형성되었다. 한편 심해 퇴적물이 현무암의 굴곡진 형태를 충분히 덮지 못하면, 평탄한 해저면에 언덕 모양인 **심해 구릉**(abyssal hill)이 나타난다(그림 6.62에 1개의 심해 구릉이 보인다).

해구(trench)는 해양판이 대륙판 아래로 섭입하며 소멸하는 지역에 위치한다. 해구의 해저는 수심이 깊은 좁고 긴 침강 해역을 만들며, 평면상에서 활처럼 구부러진 모양을 나타낸다(그림 6.63). 해구의 수심은 심해저 평원보다 약 3~6 km 더 깊으며, 태평양 마리아나 해구(Mariana trench)의 최대 수심은 약 1만 1,000 m이다. 해구 인근 지역은 지구상 가장 큰 규모의 지진과 쓰나미가 발생하는 해역이다.

2) 해저 퇴적층

해저 퇴적층은 지구의 역사책이라 부른다. 이는 상대적으로 안정된 해저 지질 환경에서 각 시기 해양 환경을 반영하는 생물체와 퇴적물이 층층이 쌓여 보존되기 때문이다. 해저 퇴적물을 수직으로 시추하여 코어 시료를 온전히 회수하면, 해저 퇴적층의 층리에 기초하여 시간에 따른 지구 환경의 변화를 추적할 수 있다. 지구과학자는 시추코어 해저 퇴적물의 해양 지질 특성과 성분 변화, 퇴적 구조, 미고생물, 지화학 특성, 물성 등을 연구하여 퇴적물의 형성 연대를 측정하고 과거 퇴적 환경 및 해양 환경을 해석한다. 또한 과거 해양과 대기의 순환, 생산성 등의 해양 환경과 지구 환경 변화 과정에 대한 연구를 수행하여 자료를 산출한다. 과거 지구의 역사를 온전히 간직한 이 자료는 지구의 미래 환경을 예측하는 중요한 자료와 모델의 입력 자료로 활용된다.

(1) 퇴적층과 퇴적물

퇴적층의 층리는 가장 일반적인 퇴적 구조로서, 층의 모양 또는 층리면에 생기는 구조를 말한다. 층이란 암질, 내부 구조 또는 조직의 차이로 인해 상하부와 구별되는 퇴적 단위를 말한다. 층(bed)과 층리(bedding)는 1 cm 이상의 두께를 갖는 층에 대해서 쓰이며, 엽층(laminae)와 엽층리(lamination)는 1 cm 미만의 두께를 갖는 층과 층리를 가리킨다. 층면 구조(bedform)는 수류의 흐름에 따라 하부 퇴적물 지면이 수력학적 평형을 이루면서 그 흐름의 상태를 대표하는 퇴적물의 층면 모양이 유지된 결과이다. 층면 구조의 종류는 퇴적물의 입도, 유속 또는 수심에 따라 변화하며, 일반적으로 연흔, 사구, 평면층, 역사구, 여울과 웅덩이로 분류된다. 연흔(ripple)은 길이 또는 파장이 수 센티미터에서 50 cm 사이이다. 사구(dune)는 파장이 50 cm 이상인 층면 구조로서, 조건에 따라 100 m 이상의 파장을 갖는다.

해양 퇴적물은 육성 퇴적물(terrigenous sediment)이 공급되는 거리에 따라 크게 **연안성 퇴적물**(neritic sediment)과 **원양성 퇴적물**(pelagic sediment)로 나눈다. 육성 퇴적물은 대륙에서 풍화 · 침식되어 바다로 공급된 자갈, 모래, 머드와 같은 쇄설성 퇴적물이다. 지표의 모든 퇴적물은 궁극적으로 중력에 의해 지표의 낮은 위치인 해저 퇴적 환경으로 이동하므로, 대부분의 육성 퇴적물은 대륙으로부터 가까운 대륙 주변부 퇴적 환경에 쌓인다. 원양성 퇴적물은 대륙으로부터 먼 거리의 대양저 해저에서 발견된다. 바람 또는 저탁류에 의해 운반된 대륙 기원 점토 혼합물과 해수 표층에 사는 규질 또는 석회질 식물 플랑크톤과 동물 플랑크톤, 어류의 사체 등 생물 기원 퇴적물(biogenous sediment)이 원양성 퇴적물의 대부분을 구성한다.

퇴적물은 각 퇴적 환경에서 쌓이면서 퇴적층을 형성하고, 각 퇴적층은 그들이 쌓일 당시의 퇴적 환경의 특징을 기록한다. 예를 들면 퇴적층의 역암은 급류 또는 강한 파랑처럼 굵은 입자들을 이동시키거나 움직일 수 있는 에너지가 큰 환경을 지시한다. 흑색 또는 암회색 셰일은 이동 에너지가 작으며 유기물이 잘 보존되는 바다 또는 호수의 중심부와 같은 퇴적 환경을 지시한다. 해양 환경에서는 파랑 · 해류 · 조류 등이 어떻게 퇴적물을 운반하고 퇴적시켰는지 관찰할 수 있고, 유체 흐름의 세기에 따른 층면 구조의 변화를 관찰할 수 있다. 또한 퇴적물은 어느 방향으로부터 유입되었으며, 그 특성은 어떻게 분포하는지를 관찰할 수 있다. 퇴적물의 운반과 퇴적 과정을 이해하고, 환경적 요소를 해석하면 퇴적 모형을 만들 수 있다. 퇴적 모형은 유사한 퇴적계의 비교 연구에 이용된다.

퇴적물의 최초 공급지는 집수역 산지의 기반암 풍화토이다. 이들 풍화 퇴적물이 산지의 좁은 계곡을 통해 운반되어 충적 평원이 시작되는 지점에 도달하면 부채꼴 모양의 충적선상지(alluvial fan) 퇴적체를 형성한다. 충적선상지를 거친 퇴적물은 하천을 통해 유수와 함께 바다로 흘러간다. 하천에서 운반된 퇴적물이 바다와 만날 때, 삼각주(delta)와 하구만(estuary) 퇴적 환경을 형성한다. 삼각주 퇴적 환경은 하천이 공급하는 퇴적물의 양이 조석 또는 파랑에 의해 외해로 분산되는 퇴적물의 양보다 많은 경우에 형성된다. 삼각주 퇴적 환경은 하천에 의해 공급된 많은 퇴적물이 일시적으로 하천과 바다가 만나는 해안에서 정체되는 구간인 셈이다. 반면 하구만 퇴적 환경은 하천이 공급하는 퇴적물의 양보다 조석 또는 파랑에 의해 분산되고 이동되는 퇴적물의 양이 많은 경우이다.

(2) 연안 퇴적층

해안(shore)은 육지와 바다의 뚜렷한 경계 지역이다. **연안**(coast)은 이 경계에서 일어나는 작용의 영향을 받는 좀 더 넓은 지역을 말한다. 해안을 포함하는 연안 환경은 바다에 대한 일차적인 경험을 시작하는 곳이다. 쇄설성 연안의 퇴적 작용은 조석, 파랑, 조류와 연안류의 세기, 퇴적물 공급량, 해수면 변화 및 지구조 운동 등과 같은 많은 요인에 의해 영향을 받는다. 그중에서 연안의 퇴적 작용과 지형은 조수 간만의 차이에 의해 가장 큰 영향을 받으며, 쇄설성 연안의 퇴적 환경을 대조차(4 m 이상, macrotidal), 중조차(2~4 m, mesotidal) 및 소조차(2 m 이하, microtidal) 지역으로 나눌 수 있다. 예를 들어 한반도 서해안은 대조차와 중조차 환경, 남해안은 중조차, 동해안은 소조차 환경이 우세하다.

가. 파랑 영향이 우세한 연안

앞에서(6.4절 파랑과 조석) 살펴본 것처럼, 천해파는 수심에 따라 그 전파 속도가 결정되어 수심이 얕아 느려지는 방향으로 굴절된다. 굴절된 해파는 상대적으로 수심이 얕은 해안 지형의 돌출부(곶)에 집중되어 침식 작용을 일으키고, 만곡부(만)에서는 분산되어 퇴적 작용을 일으킨다. 이러한 해파의 작용이 지속되면, 해안선은 최초의 불규칙한 모양의 지형과 관계없이 계속되는 돌출부 침식과 만곡부 퇴적에 따라 일직선 모양의 규칙적인 해안선으로 진화한다(그림 6.33). 또한 파랑의 쇄파 과정에서 연안을 따라 흐르는 연안류는 해빈의 모래를 이동시킨다(그림 6.34). 결과적으로 조석보다 파랑 영향이 우세한 연안은 모래 사취(sand spit)와 모래 사주(sand bar)가 해안선을 따라 길고 평행하게 발달한다. 사주가 육지와 연결되면, 육지와 사주 사이에 석호(lagoon)나 저습지를 형성한다.

해빈(beach)과 사주섬(barrier island)은 사질 퇴적물이 해안선과 평행하게, 좁고 긴 띠 모양으로 누적된 곳이다. 두 지형은 해안선과 평행하게 발달되어 있지만 해빈은 육지와 붙어 있고, 사주섬은 육지와의 사이에 석호가 있는 것이 특징이다. 사주섬은 몇 개의 조수 통로(tidal inlet)에 의해 잘려져 있다. 이와 같은 해빈과 사주섬이 성장하기 위해서는 다음 조건이 필요하다. 조립 퇴적물이 강이나 연안류 등을 통해 계속 공급되며, 조석 영향보다 파랑 영향이 커야 하며(소조차 및 중조차 환경), 해안선은 안정되어 있고, 해안의 경사가 낮은 곳이어야 한다. 해빈은 흔히 육지에서 바다 방향으로 해안선과 평행하게 발달한 세부 환경인 풍성사구(aeolian dune), 후안(backshore), 전안(foreshore), 근안(shoreface), 외안(offshore) 순으로 구성된다(그림 6.64).

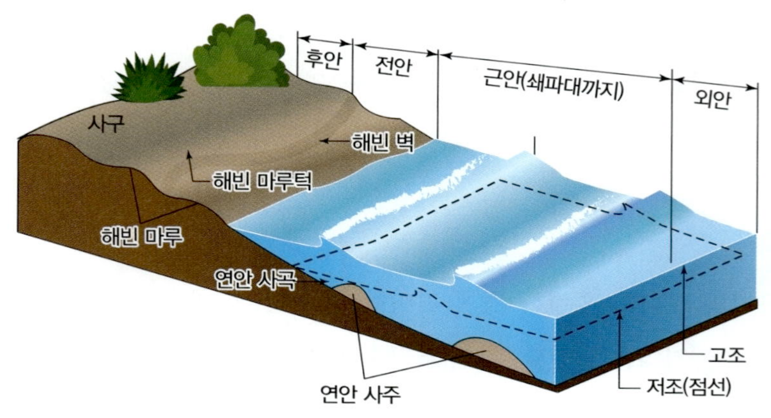

그림 6.64 전형적인 해빈의 단면

나. 조석 영향이 우세한 연안

조석 영향은 조차가 4 m 이상인 대조차 지역에서 우세하게 나타나지만, 지형 때문에 파랑 영향이 적은 지역에서는 중조차 및 소조차 환경에서도 조석 영향이 강하게 나타날 수 있다. 조간대, 염하구, 삼각주 및 대륙붕 지역은 조수, 파랑, 연안류 및 하천 작용의 상대적인 비율에 따라서 지형과 퇴적 양상이 변한다. 외해 쪽으로 열려 있는 대륙붕에서는 조차가 없는 무조점을 중심으로 북반구(남반구)에서는 반시계 방향(시계 방향)으로 조석파가 회전하며 전파한다. 조류의 수평적인 유향과 유속은 회전하는 조석파와 해안선, 수심 등 지형의 영향을 받으며 반일주기 및 일주기 동안 한 바퀴 회전한다. 조류의 유속은 수송량이 일정할 때(일정한 조차) 통과 단면적에 반비례하므로 만이나 염하구 입구와 같이 좁은 수로에서 유속이 커진다. 이것이 한반도 주변 해역 중 명량해협(울돌목)에서 가장 강한 조류가 흐르는 이유이다. 일반적으로 조류는 해안으로 가면서 수심이 얕아지면서 조차가 커지고, 통과 단면이 작아지기 때문에 해안선 근처에서 가장 강하다. 특정 지점에서 퇴적물의 전체적인 이동 방향은 밀물 및 썰물에 의해 형성되는 조류의 유속이 상대적으로 좀 더 강한 방향으로 이동된다. 연안 지역에서는 밀물 혹은 썰물이 우세한 지점이 지형에 따라 변화하므로 퇴적물의 이동은 매우 복잡한 양상을 띠게 된다.

다. 조상대 · 조간대 · 조하대

조석의 영향을 받는 해안 지역은 조석에 따른 해수면의 상대적인 위치에 따라 만조선 위에 분포하는 **조상대**(supratidal zone), 만조선과 간조선 사이의 **조간대**(intertidal zone) 및 간조선 아래의 천해에 분포하는 **조하대**(subtidal zone)의 세부 환경으로 구분된다. 조하대의 바깥에는 조류가 움직이는 조수로가 분포한다. 여기에서는 밀물과 썰물 때 조류의 방향이 바뀌며, 두 시기의 유속은 서로 다르다. 육지 쪽으로 갈수록 조수로의 유속은 줄어든다. 수로 근처의 퇴적물은 주로 조립사로 구성되어 있으며,

만조선으로 갈수록 퇴적물의 입도는 줄어든다. 조수의 영향을 받는 조간대를 저질의 종류에 따라 암반조간대, 모래조간대, 갯벌조간대로 분류한다.

3) 해양 자원

해양 자원은 물질 자원, 해양 에너지 자원, 생물 자원, 무형 자원으로 구분할 수 있다. 물질 자원은 해수 내 또는 해저에 퇴적된 유용 물질이다. 해양 물질 자원은 크게 석유 자원과 광물 자원으로 나눌 수 있다. 석유 자원은 석유, 천연가스, 가스하이드레이트(메탄 수화물) 등이다. 석유는 탄화수소 혼합물이며, 보통 액체 및 기체 상태의 원유를 말한다. 석유는 대부분 과거 유기체가 해양 퇴적물과 함께 매적된 결과이다. 매적된 퇴적층은 해저면으로부터 약 2 km 심도부터 온도와 압력이 높아지면서 탄화수소화 작용이 강해지며 석유가 생성되기 시작한다. 심도가 깊어질수록 지온이 증가하면서 메탄이 주성분인 천연가스가 주로 생성된다. 해저 자원으로서 석유와 천연가스는 전 세계 확인 매장량의 약 1/3이 대륙 주변부에 매장되어 있다. 2005년 통계 기준으로 석유는 약 35%, 천연가스는 약 30% 정도가 해양에서 공급되었으며, 지속적으로 해양 공급량이 증가하고 있다. 20세기 인류 문명은 석유를 활용하여 꽃피었다. 21세기에 들어 인류는 제한된 석유 자원에 대해 고민하였고, 이제 재생 가능한 에너지 자원을 개발하고자 노력하고 있다. 그럼에도 불구하고 인류는 석유 자원에 앞으로도 상당 기간 의지할 것으로 보인다(그림 6.65).

대한민국은 2004년 7월부터 동해 울릉분지에서 천연가스 4,100만 배럴, 초경질유 390만 배럴을 생산하면서 세계 95번째 산유국이 되었다(그림 6.66). 한국석유공사는 한반도 주변 해역의 광구에서 지속적인 석유 탐사를 수행하고 있다. 또한 미래 석유 자원으로서 가스하이드레이트가 연구되고 있다. 가스하이드레이트는 천연가스가 저온, 고압 지층 환경에서 물 분자와 결합한 고체 상태의 결정이다.

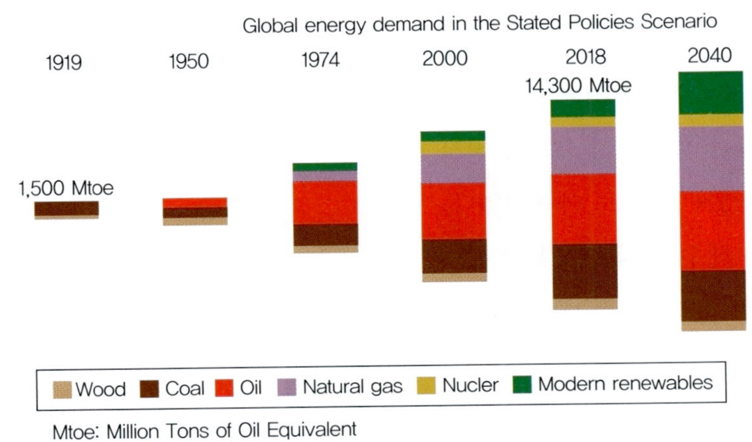

그림 6.65 세계 에너지의 과거 소비량과 전망, 국제에너지기구(IEA)의 세계 에너지 전망 2019 자료

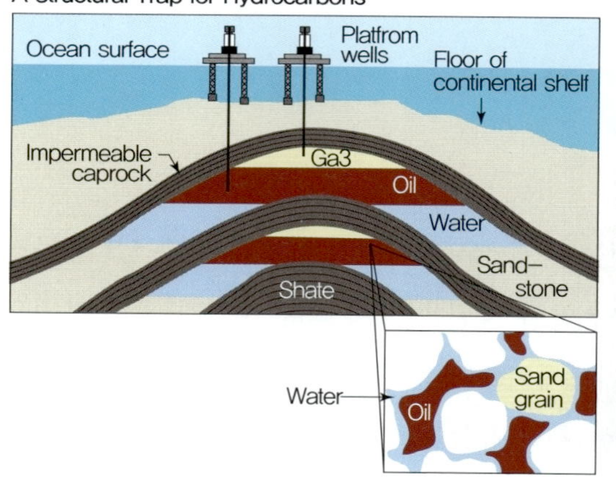

그림 6.66 석유 탐사를 위한 구조 트랩과 동해 해상에 세운 동해-1 가스전 전경. 수심 152 m 깊이까지 철재 트리를 설치하고 지상 48 m의 플랫폼을 건설했다.

그림 6.67 동해 울릉분지에서 채취한 가스하이드레이트와 연소 장면

드라이아이스와 외관상 유사하며 불타는 얼음으로 불리기도 한다. 1 m^3의 가스하이드레이트는 172 m^3의 메탄가스와 0.8 m^3의 물로 해리된다. 2007년 6월 한반도 동부의 동해 울릉분지에서 가스하이드레이트가 최초로 발견되었고(그림 6.67), 해저 시추 작업을 통해 약 6억 톤 이상의 가스하이드레이트가 동해에 매장되어 있는 것으로 예측되었다.

광물 자원으로서 해수의 염분은 무게 비율로 약 3.3~3.7% 범위(33~37 g/kg)로 존재한다. 해수를 증발시키면 식염(NaCl), 탄산칼슘($CaCO_3$), 석고($CaSO_4$), 염화마그네슘(MgCl), 황화마그네슘($MgSO_4$)과 칼륨(K) 혼합물 등을 얻을 수 있다. 전 세계적으로 금속 마그네슘의 약 50%를 해수로부터 추출하여 얻고 있으며 칼륨염, 석고, 소금의 상당량을 해수를 증발시켜 얻고 있다. 심해 평원에는 검은색의 망간단괴가 흩어져 분포하고 있다. 망간단괴는 망간, 철, 구리, 니켈, 코발트, 희토류 금속

그림 6.68 경기도 시화호 조력발전소

등의 광물을 포함하고 있다. 또한 육상 골재 자원이 고갈되면서 해양 골재 자원에 대한 의존도가 높아지고 있다. 모래와 자갈이 인간에게 필수적인 건물 건축과 토목에 사용되는 중요한 자원이기 때문이다. 현재 한반도 서해안과 남해안에서 바다 모래와 자갈이 골재 자원으로서 채취되고 있다.

해양 에너지 자원은 해상 풍력, 조력, 조류, 파력, 해수 온도차 발전 등이 있다. 육상에 비해 해상의 바람은 일정하며 해상 풍력발전기는 날개를 더 크게 제작할 수 있으므로 풍력발전은 연안 해상에서 더 효율적이다. 조차가 큰 한반도 서해안에서는 조력발전이 가능하다. 조력발전은 조위 변화에 따른 해수면 높이 차이를 이용한다. 경기도 안산시에 위치한 시화호 조력발전소는 시설용량 254 MW, 정격 낙차 5.82 m로 건설되어(그림 6.68), 2018년부터 세계 최대 규모인 연간 550 GWh를 발전하고 있다. 조류발전은 조차에 따라 조류가 강하게 흐르는 곳에 수차를 설치해 해수의 속도 에너지를 이용하여 전기를 생산한다. 조류발전을 위해 전남 진도와 해남 사이에 울돌목 시험 조류발전소가 설치되어 운용되고 있다. 심화되는 기후 위기에 따라 대기 중 온실기체 배출량을 줄여 탄소 중립을 달성하기 위한 국제 사회의 노력이 가시화되며, 전기 생산량을 장기적으로 예측할 수 있는 장점 등을 가진 해양 에너지 자원에 대한 관심이 고조되고 있다.

생물 자원으로서 어류, 갑각류 및 연체동물은 인간이 섭취하는 동물성 단백질의 15% 이상을 공급한다. 이들 해양 동물에 대한 최대 지속 가능 어획량은 연간 약 1억 1,000만 톤과 1억 5,000만 톤 사이로 추정되는데, 최근 전 세계 어획량은 최대 지속 가능 어획량의 최곳값에 도달해 있다. 전 세계는 지속 가능한 어획량 확보를 위해 이들 해양 생물의 남획을 방지하고, 조절 가능한 환경인 수중 양식과 해양 양식 산업을 발전시키고 있다. 양식 산업이 빠르게 발전하며 이미 '잡는 어획량'과 '기르는 어획량'이 대등한 수준이 되었으며, 정보통신 기술 등의 첨단 기술이 적용되며 스마트 양식 산업은 빠르게 고부가가치화하고 있어 생물 자원의 활용도 역시 증대될 것으로 기대된다.

해상 운송과 휴양은 해양이 제공하는 중요한 무형 자원이다. 전 세계 교역량의 90% 이상이 해양을 통해 운송되며, 항공 운송 등 다른 형태의 운송은 10%가 되지 않을 정도로 해상 운송은 전 세계적 물류에서 차지하는 비중이 매우 크다. 삼면이 바다로 둘러싸여 있고 북쪽 육로를 이용할 수 없어 고립된 섬과 같은 한국의 상황에서는 무형 자원으로서 해양도 중요하다. 또한 낚시, 갯벌 체험, 힐링 여행 등의 각종 휴양과 레크리에이션 활동 공간으로서의 해양 역시 활용 가치가 높다.

STORYLINE

삼면이 바다로 둘러싸인 우리나라는 매우 다양한 해양 현상들이 복합적으로 상호 작용하는 곳이다. 평균 수심이 약 1,500 m이고 가장 깊은 곳이 거의 4,000 m 이상인 동해는 표층 및 심층 순환이 모두 나타나는 작은 대양(miniature ocean)으로서 그 변동 스케일이 대양에 비해 작기 때문에 기후학적으로도 매우 중요한 연구 해역이다. 수많은 섬들로 이루어졌으며 리아스식 해안을 보이는 남해는 대마난류와 양쯔강수 유입의 변동에 큰 영향을 받는다. 한반도와 중국 사이에 위치하고 있는 황해는 수심이 낮고 조석 변동이 매우 크며 외부의 기온 변화에 민감하게 반응하는 천해의 환경적 요소를 가지고 있다. 이 장에서는 한반도 주변 해역의 지질학 · 물리학적인 다양한 특징에 관해 살펴본다.

- 7.1 해수면 변동과 해양 지질
- 7.2 수온 분포
- 7.3 염분 분포
- 7.4 해류 분포
- 7.5 동해 심층 해수와 순환
- 7.6 황해 조석 특징

한반도 주변의 해양 환경

7.1 해수면 변동과 해양 지질

1) 한반도 주변의 해수면 변동

한반도 서해안의 대표적인 홀로세(Holocene, 약 11,700년 전~현재) 상대 해수면 곡선(relative sea-level curve)은 조간대 퇴적층의 탄소 동위원소 연대 측정값과 평균 해수면 지시자에 근거하여 제시되었다(그림 7.1). 최근 서해 연안 심부시추(수십 미터 심도) 코어 퇴적물을 이용하는 석영 및 장석 광여기 루미네선스(OSL, Optically Stimulated Luminescence) 연대 측정의 결과는 홀로세 및 플라이스토세의 퇴적층 연대 측정값을 제공하고 있다. 한편 탄소 동위원소와 퇴적물 광여기 루미네선스 연대 측정 방법의 측정 가능한 최장 연대는 각각 최대 5만 년 전과 50만 년 전 정도이다. 이것은 한반도 주변의 해수면 변동에 대한 연구가 연대 측정 방법의 한계에 의해 제한될 수 있음을 의미한다.

한반도 주변 해역은 전 지구적으로 발생했던 **최후 빙하기**(LGM, Last Glacial Maximum, 약 2만 년 전)를 경험하였다. 이 시기 약 120~130 m 정도의 해수면 하강이 발생하였다. 황해의 경우, 현재 평균 수심이 약 55 m이므로 최후 빙하기 당시 거의 육지로 노출되었다(그림 7.2). 이 시기에 대한해협(남해) 연안 지역도 육상으로 노출되었고, 동해는 거대한 호수와 같았다. 이후 간빙기가 진행되면서 빙원이 녹고 해수면은 상승하기 시작했고, 연안과 대륙붕에는 다시 퇴적물이 쌓여 퇴적층을 형성하였다. 연안 및 해저 지층은 이러한 해수면 변화의 역사를 보존한다. 이러한 지층에서 해수면 높이의 간접 지시자인 조간대 퇴적층과 해안단구와 같은 대리 자료(proxy)를 분석하고 해석하여 과거의 해수면 변화를 복원한다.

예를 들면, 최근 국제적으로 **최후 간빙기**(Last Interglacial, 약 13만~8만 년 전) 동안의 해수면 고

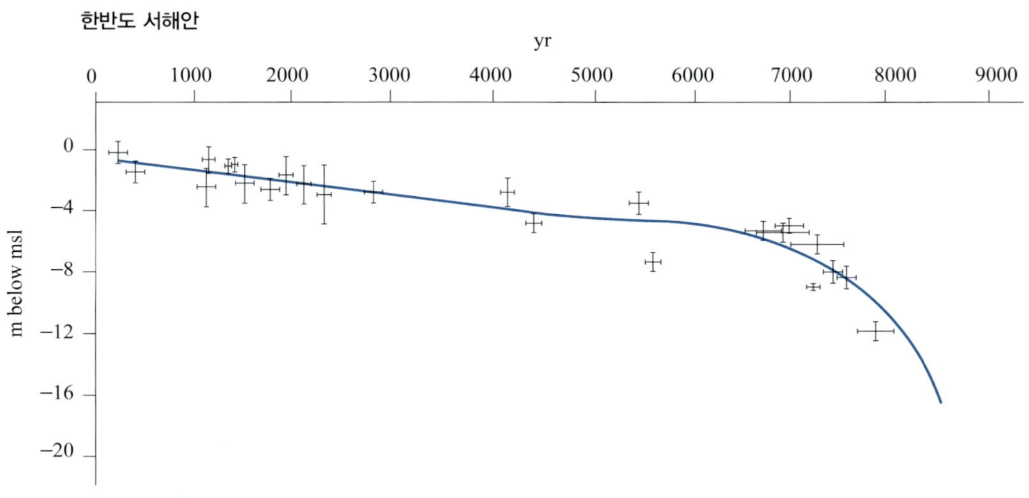

그림 7.1 한반도 서해안 퇴적층에 보존된 탄소 동위원소의 연대 측정 결과와 평균 해수면을 가리키는 퇴적상을 해석하여 복원한 서해안의 홀로세 상대 해수면 곡선(Chough et al., 2004). 평균 해수면(msl, mean sea level)

그림 7.2 최후 빙하기 시기의 한반도와 주변 해역

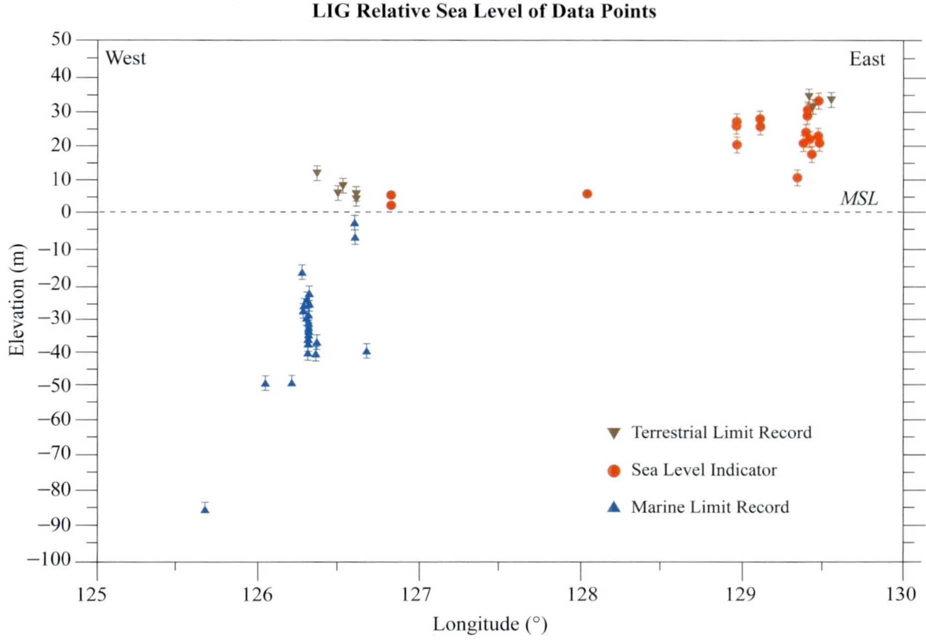

그림 7.3 최후 간빙기의 상대 해수면의 고도. 동해안의 해수면 지시자는 동해안 지괴의 융기에 기인하여 상대적으로 높게 나타난다. 서해안의 해수면 지시자가 최후 간빙기의 상대 해수면 고도를 나타내는 것으로 해석된다.

도에 대한 연구가 활발하다. 최후 간빙기 시기 최고 평균 해수면의 고도 계산을 위해 EU 과학자들이 주도하여 전 세계 과학자들이 참여하는 WALIS (World Atlas of Last Interglacial Shorelines) 국제 연구를 진행하였다. 한반도 연안의 경우, 최후 간빙기 평균 해수면 상승의 대리 자료로서 한반도 동해안과 서해안을 가로지르며 다르게 나타나는 해안 지형–해양 지질 기록이 이용되었다. 지구조 운동이 활발한 동해안은 광범위하게 융기된 해안단구로 나타난 반면, 지구조 운동이 안정적인 서해안은 조간대(tidal flat)와 리아스(rias) 해안으로 나타난다. 퇴적물 광여기 루미네선스 연대 측정 자료, 해안 지형–해양 지질 기록의 서해안–남해안 해수면 지표와 서해안, 남해안, 동해안의 해성–육성 한계 기록에 근거하여, 한반도 연안 최후 간빙기의 상대 해수면 최고 상승 기록은 현재 해수면보다 높은 +3~6 m 고도 범위를 나타낸 것으로 보고되었다(그림 7.3).

2) 한반도 주변의 해저 지형

(1) 황해의 해저 지형

한국 서해안과 중국 동해안 사이에 위치하는 **황해**(Yellow Sea)는 제주도와 양쯔강의 남쪽 입구를 잇는 가상의 선을 그어 구분되는 북쪽 바다를 가리킨다(면적 약 50만 km²)(그림 7.4). 황해의 가장 큰 특징은 평균 약 55 m로 매우 얕은 수심과 큰 굴곡이 없는 넓고 평평한 해저이다. 전 세계 해양의 평균 수심이 약 3,800 m이고, 전 세계 대륙붕의 평균 수심이 약 75 m이며, 대륙붕이 끝나고 대륙사면이 시작하는 위치인 대륙붕단의 평균 수심이 약 140 m인 점을 감안하면, 현재 황해의 얕은 수심은 매

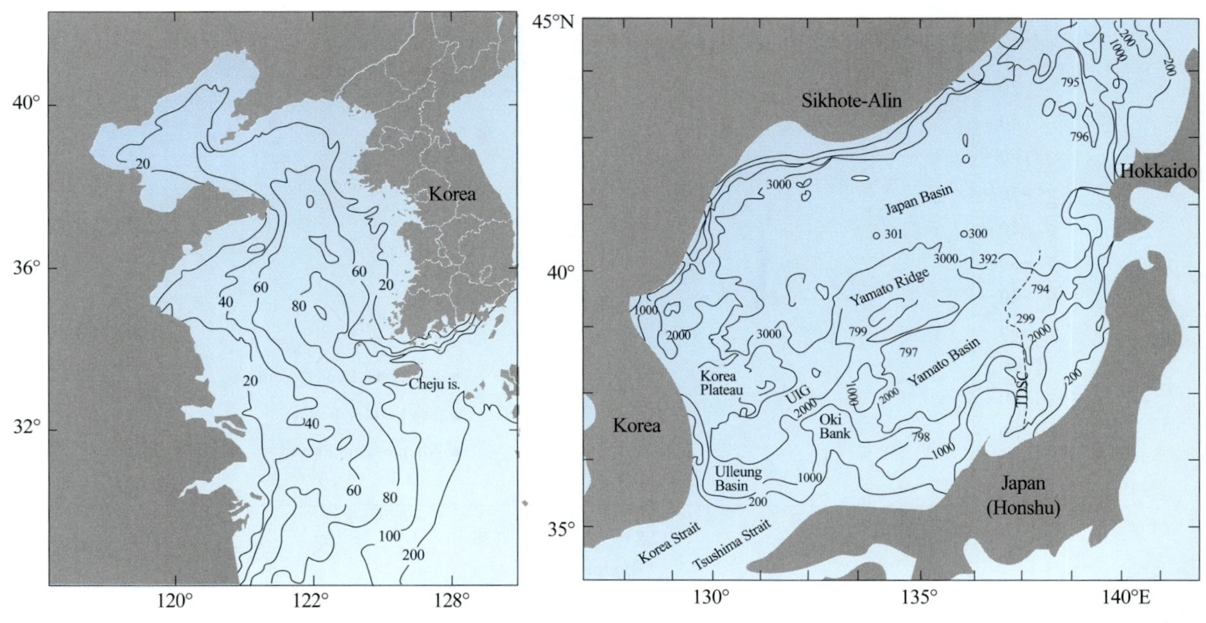

그림 7.4 한반도와 주변 해역의 해저 지형

우 특징적이다. 또한 해저 지각도 대륙지각이므로 대륙의 연장으로 볼 수 있으며, 매우 두꺼운 지층이 퇴적되어 있다. 이러한 지형적 특징을 보이는 황해를 특별히 **준대륙붕 바다**(epicontinental sea)라고 부른다. 준대륙붕 바다는 대륙붕 또는 대륙 내에 바다가 존재하고 있음을 알려준다.

황해의 서쪽에 해당하는 중국 동해안에는 고 황하(old Huanghe) 삼각주와 양쯔강 삼각주가 발달해 있다. 이들 삼각주와 해저 퇴적체는 조류, 해류에 의한 침식 과정에서 남은 퇴적체가 해저 지형을 이루어 해안선과 대체로 평행하게 존재한다. 황해의 동쪽에 해당하는 한반도 서해안에는 넓은 갯벌(tidal flat)과 만(bay), 3,300여 개의 섬들이 존재한다. 또한 황해 해저에는 조석 작용의 영향을 받는 조석 모래 언덕(tidal sand ridge)이 약 70 m보다 얕은 수심에서 넓게 분포한다.

(2) 동해의 해저 지형

동해는 유라시아 대륙의 한국, 러시아와 일본 열도에 의해 둘러싸인 반폐쇄 구조의 대륙 주변해 또는 배호 분지(back arc basin)로 알려져 있다. 평균 수심은 1,350 m이며, 최대 수심은 북동쪽에서 3,700 m이다(그림 7.4). 동해는 남서부의 울릉분지(Ulleung Basin), 남동부의 야마토분지(Yamato Basin), 북부의 일본분지(Japan Basin)로 크게 3개의 해저 분지로 구성된다. 울릉분지의 북부에는 울릉도를 포함하는 수심 약 500 m 이내로 높은 지대를 형성하는 한국대지(Korea Plateau), 울릉분지와 야마토분지를 나누는 오키뱅크(Oki Bank)가 있으며, 야마토분지과 일본분지 사이에는 야마토해령(Yamato Ridge)이 존재한다.

3) 연안 퇴적

쇄설성 연안의 퇴적 환경을 대조차(4 m 이상, macrotidal), 중조차(2~4 m, mesotidal) 및 소조차(2 m 이하, microtidal) 지역으로 나눌 수 있다. 한반도 서해안은 대조차와 중조차 환경, 남해안은 중조차, 동해안은 소조차 환경이 우세하다.

한반도 동해안은 조석 영향이 작은 소조차 연안이며 파랑 영향이 우세한 지역이다. 동해 해안을 따라 우세한 파랑이 모래 퇴적물을 이동시키며 사주(bar)가 우세한 해안 지형을 형성한다. 강원도 동해 연안에 발달한 경포호, 청초호, 영랑호 등은 사주에 의해 형성된 석호의 예이다(그림 7.5).

그림 7.5 강원도 연안의 석호와 해빈

서해 연안에는 대조차·중조차 조석에 의한 **조간대** 퇴적 환경이 발달해 있다. 조간대는 조석에 의해 침수와 대기의 노출이 주

그림 7.6 서해 연안 대조차 환경의 퇴적 환경(전북 고창군 동호리 연안)을 보여주는 위성 자료(Google)와 조간대 사진

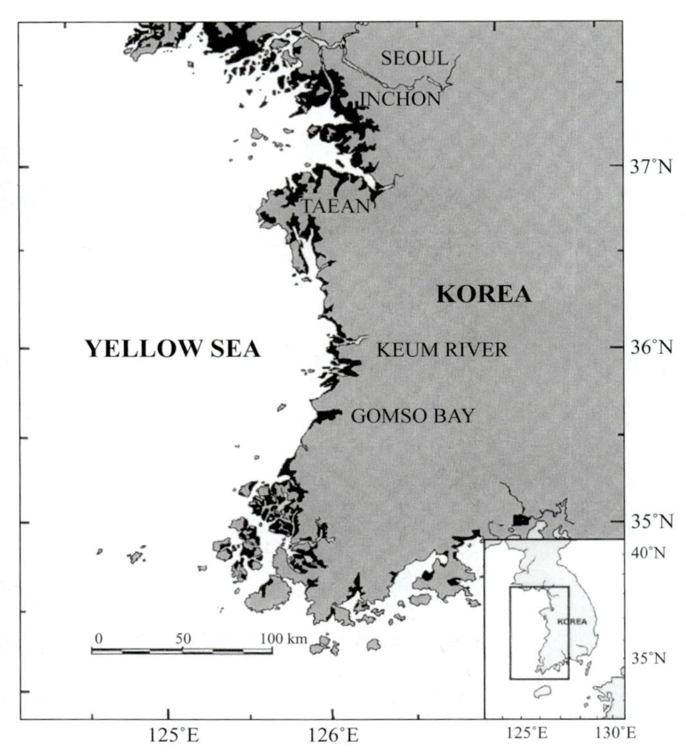

그림 7.7 한반도 서해안 및 남해안에 분포하는 갯벌(해안 검은색 표시: 갯벌)

기적으로 되풀이되는 육상과 해양의 점이지대이다(그림 7.6). 조간대는 만조선과 간조선 사이의 지역에 국한되지만 조석 주기에 따라 큰 폭으로 변화하는 환경이다.

한반도 서해안에는 **갯벌**이 우세하다(그림 7.7). 갯벌은 머드와 같은 세립질 퇴적물을 공급하는 강과 하천이 인근에 존재하며, 조수 간만의 차가 큰 완만하고 평탄한 해안에서 형성된다. 갯벌은 강한 파도 작용으로부터 보호될수록 갯벌 퇴적물은 더욱 세립화되고 더 많은 유기물을 집적시킨다. 한반도 서해안 갯벌은 캐나다의 동부 해안, 미국의 동부 해안, 북해 연안 및 아마존강 유역과 더불어 세계 5대 갯벌 지역으로 알려져 있다. 갯벌은 다양한 생물의 서식처로서 생물종의 다양성과 생물의 생산성이 높고, 오염 정화 기능의 관점에서 환경 · 생태학적으로도 중요한 조간대 퇴적 환경이다. 한반도 서해안과 남해안에는 약 2,393 km^2의 갯벌이 분포하며, 이는 국토 면적의 2.4%에 해당한다. 그중 서해안 지역에 전체 갯벌 면적의 약 83%인 1,980 km^2가 분포되어 있으며, 나머지는 남해안에 산재되어 있다(그림 7.7).

한반도 주요 강의 하구 퇴적 환경은 서해안 금강과 남해안 섬진강 등은 하구만 환경인 반면, 낙동강은 삼각주 퇴적 환경으로 해석된다. 한편 경기만으로 배출되는 한강에 대한 최근 연구는 한강의 하구 퇴적 환경을 퇴적물이 충분히 공급되는 조석이 우세한 한강 삼각주 퇴적 환경으로 해석하였다(그림 7.8).

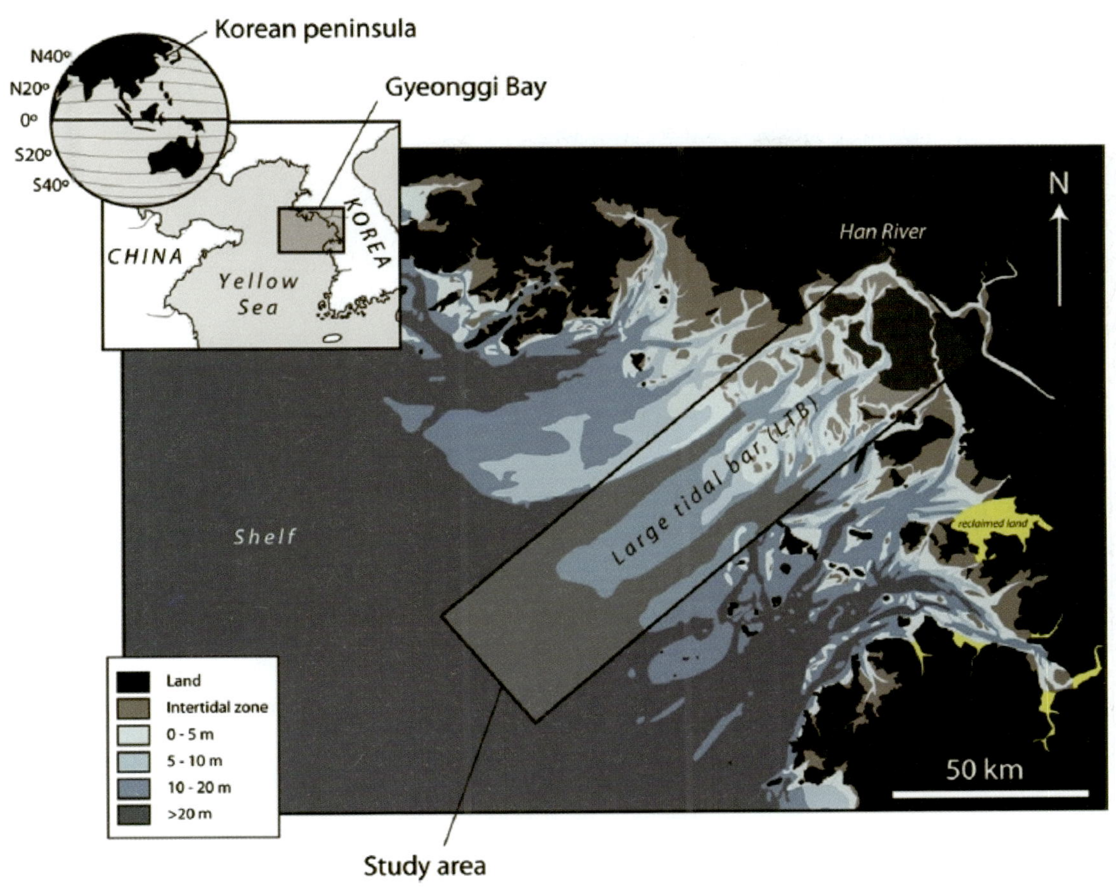

그림 7.8 한강 하구 지형

4) 표층 퇴적물

(1) 황해의 표층 퇴적물

황해는 한반도와 중국 대륙에 의해 부분적으로 둘러싸인 천해 바다(~55 m 평균 수심)이다. 제4기 동안 빙하 기원의 전 지구 해수면(glacio-eustatic sea level) 변동은 황해와 주변해의 퇴적 작용에 매우 큰 영향을 미쳤다. 한국과 중국 연안 심부시추 자료는 제4기 동안 반복되는 해침과 해퇴 환경에서 쌓인 육성층과 천해성 퇴적층이 중첩된 양상을 보여준다. 약 2만 년 전 최후 최대 빙하기 동안, 해수면은 대륙붕단 근처에 위치한 제주도 부근까지 하강하였다. 이후 이어지는 해수면 상승에 따른 해침 동안에는 대부분의 저해수면 침식곡은 초기 해침 염하구 퇴적물로 충전되고, 해침 후기 동안 형성된 해침 기원 모래 박층으로 피복되었다. 외해 지역에 넓게 분포하는 모래 박층은 홀로세 해침 동안 재동된 잔류 퇴적물로 해석된다(그림 7.9).

황해 해저로 운반되는 퇴적물은 한반도와 중국 대륙의 하천으로부터 운반된다. 한반도 남서해안 지역의 퇴적물은 매년 5.6×10^6 ton/yr의 육성 퇴적물을 배출하는 금강으로부터 기인하는 것으로 알

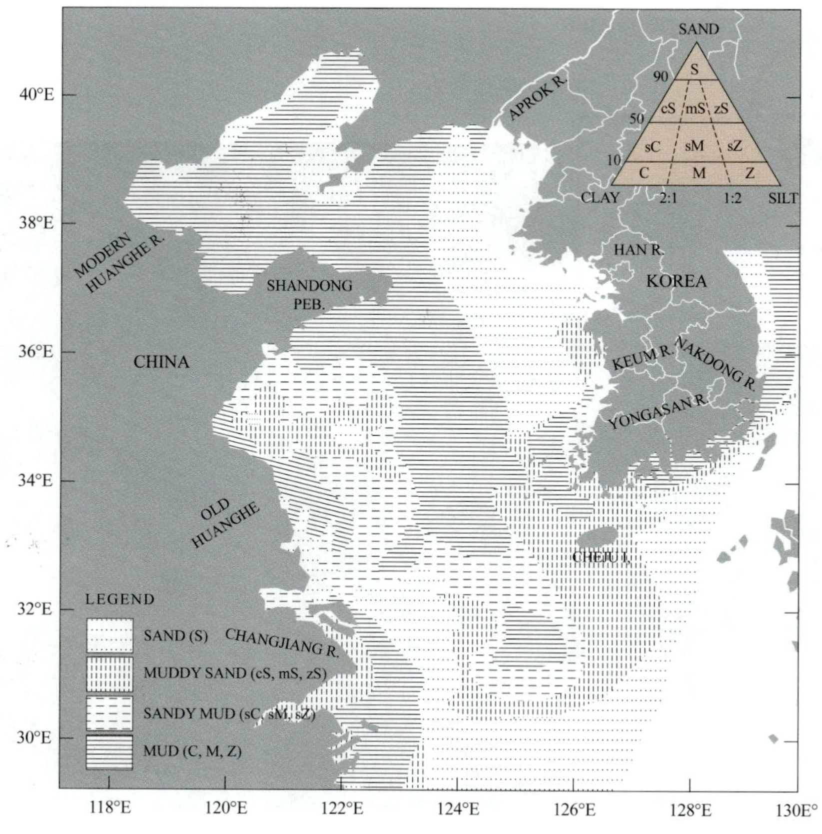

그림 7.9 황해 표층 퇴적물의 분포

려져 있다. 세립질 머드 퇴적물의 일부는 조류와 연안류를 따라 해안선과 평행하게 남쪽과 북쪽으로 이동 · 퇴적되며, 그 결과로 내해 지역에서는 세립질 머드 퇴적물의 조각형 분포가 형성되어 있다(그림 7.9).

황해의 북서쪽에서는 현재 황하가 방대한 양의 이질 퇴적물(~1.1×10^9 ton/yr)을 배출한다. 사질 퇴적물은 대체로 산둥반도 남쪽에서 우세하다(그림 7.9). 양쯔강 북쪽에는 거대한 새발자국 모양의 모래 퇴적체가 형성되어 있다. 이는 현재의 양쯔강이 남쪽 방향으로 하천 수로의 방향을 바꾸기 전에 북쪽 방향으로 배출될 당시 황해 해저에 쌓아놓은 퇴적물이다. 이 모래 퇴적체는 조류의 체질 작용에 의해 형성되었다. 이러한 모래 퇴적체 사이에 1855년 이전 고 황하(old Huanghe)에 의해 퇴적된 삼각주의 실트질 머드 퇴적체가 존재한다.

황해의 중심부는 황하로부터 배출된 실트질과 점토질 머드가 제주도 남서쪽까지 우세하다(그림 7.9). 패치상 진흙체는 양쯔강 입구의 남쪽 근안에 분포한다. 해수면 상승 과정에서 형성된 잔류 모래(relict sand)는 동중국해와 대한해협(남해)의 해저에 나타난다. 양쯔강 입구의 모래 퇴적체는 일련의 조석 언덕체(tidal ridge)를 포함하는데, 이는 홀로세 해침 모래 시트(sand sheet) 퇴적체로 해석된다.

대륙붕 바깥 부분에는 쿠로시오 해류의 체질 작용에 의해 세립질 퇴적물이 제거되어 모래 퇴적물이 우세하다.

(2) 동해의 표층 퇴적물

동해 해저 퇴적층은 저탁류 등에 의해 운반된 퇴적물, 풍성기원 또는 빙성기원 퇴적물 등이 쌓인다(그림 7.1C). 사질, 역질 퇴적물은 동해의 얕은 부분을 따라 나타나며, 그 일부는 동해의 북쪽에서 떠내려 온 유빙에 의해 운반된 것으로 판단된다. 해저 퇴적물 내 암편의 기원은 주로 화산 분출암, 화강암, 퇴적암 등으로 나타난다. 사질 퇴적물은 주로 대륙붕의 수심 70 m 이내에 한정되어 분포하지만, 대한해협의 경우에는 광범위하게 나타나기도 한다(그림 7.10). 퇴적물들은 보통 비탄산질($CaCO_3$ 함량이 대략 0.15~3.04%)이다. 탄산염암 구성이 15% 이상인 탄산염질 패각 모래는 대한해협과 일본 연안을 따라 발견된다.

심해 분지의 반원양성 퇴적물의 주성분은 동 유라시아 대륙과 일본 열도에서 기원한 육성 퇴적물이다. 또한 대마난류는 남서 방향에서 북동 방향으로 세립질 퇴적물을 이동시킨다. 원양성 퇴적물은

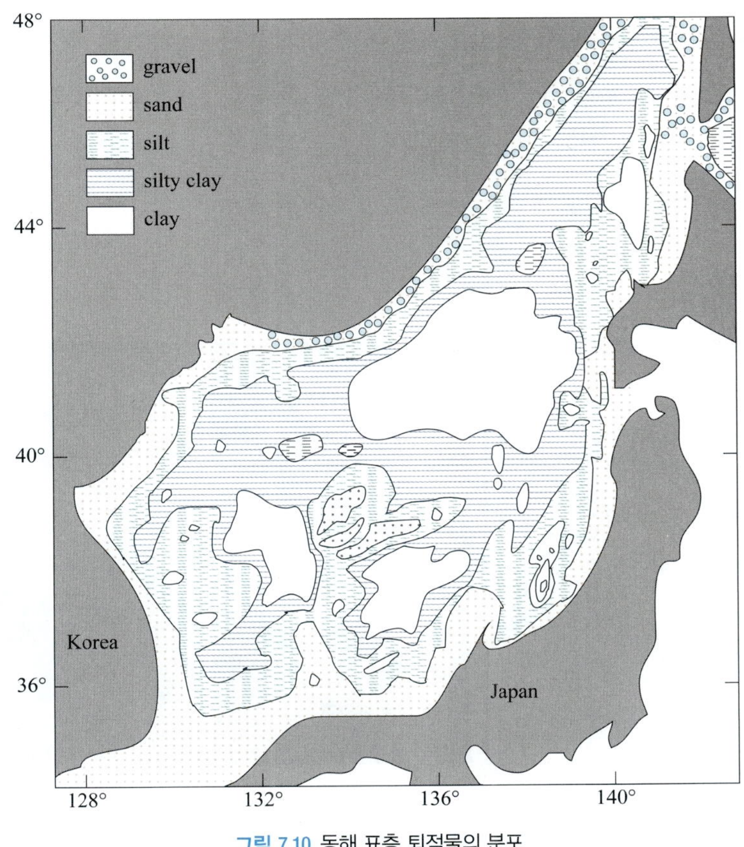

그림 7.10 동해 표층 퇴적물의 분포

규조류가 우세하며, 부수적으로 규질 편모류 등이 포함된다. 높은 산화수에 의해 심층 순환이 활발히 일어나는 동해의 심해 분지에서는 석회질 유공충 퇴적물이 드물다.

이러한 육성 및 원양성 퇴적물들은 수천만 년 동안 해저 지형의 기반암과 해저 분지에 수 킬로미터 두께로 쌓여 있다. 이러한 두꺼운 퇴적물의 존재는 연구선에서 탄성파를 쏘아 그 반사파를 분석하는 저주파 탄성파 탐사에 방해가 된다. 이는 바다가 형성될 당시 생성된 원래의 해저 지각을 간접적으로나마 파악하는 데 어려움을 준다. 또한 동해의 형성 과정을 밝히는 열쇠가 되는 해저 기반암의 특성, 즉 고지자기 이상(paleomagnetism anomaly)이나 지각의 연령과 구조 등을 정확히 밝혀내지 못한 주요한 원인이기도 하다.

7.2 수온 분포

1) 한반도 주변해 수온 측정

해수의 수온은 해양의 가장 중요한 해수의 물성 중의 하나이며 해양–대기 상호 작용을 유도하고 지구 온난화와 기후 변화에 가장 큰 영향을 주면서 지구의 열적 균형을 조절하고 있다. 한반도 주변해에서 여러 기기들을 이용하여 해수의 표층 수온을 측정하고 있는데 표층 뜰개는 수심 15~20 cm 정도의 수온을 관측한다. Argo 중층 플로트는 대양에서는 수심 약 3~5 m부터 2,000 m까지의 수온, 염분, 압력을 관측하지만, 동해에서는 해저 지형이 대양에 비하여 비교적 얕은 편이므로 플로트의 연직 관측 목표 깊이를 700~800 m로 상대적으로 작게 설정하여 운용한다(그림 7.11). 또한 CTD와 계류 부

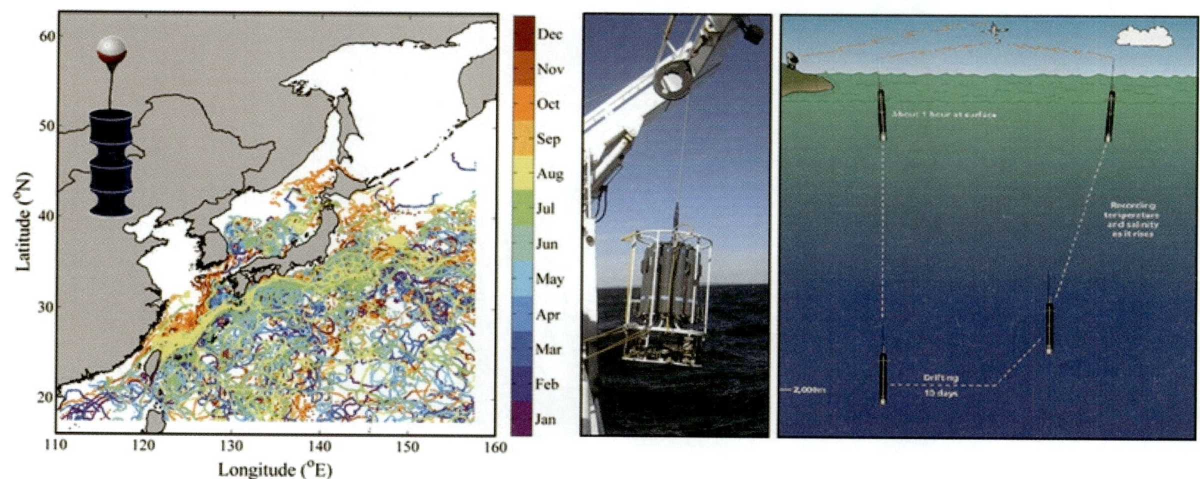

그림 7.11 해수 수온 관측 기기 예시(위성 추적 표층 뜰개, CTD, Argo 플로트)

이를 활용하여 수온을 관측한다. 극궤도 위성 및 정지궤도 위성에서 관측한 해수면 온도 자료는 넓은 해역에 대하여 동시성을 유지하면서 반복적으로 관측할 수 있는 장점이 있어서 널리 활용되고 있다.

2) 해수 표층 수온의 분포

인공위성이 관측한 해수면 온도는 전 대양에서 −2~32°C 범위에 분포한다. 순수한 물은 0°C에서 얼지만 해수는 염류와 같은 불순물을 포함하고 있어서 영하에서도 얼지 않는 해수가 존재하여 수온은 대략 −1.5°C 정도의 하한을 가진다. 수온은 일반적으로 위도에 따라 변하며 저위도에서 높고 고위도에서 낮으며, 겨울에 낮고 여름에 높은 계절에 따른 변동 특성을 보인다. 그림 7.12는 동해, 황해, 동중국해 및 북서태평양 일부를 포함한 한반도 주변해의 표층(0 m) 수온의 공간 분포를 나타낸다. 동해의 경우 장기 연평균 표층 수온은 4~19°C 범위에 분포하고 12~13°C 사이에 **극전선**이 잘 발달되어 있다. 황해와 동중국해의 수온은 11~22°C, 북서태평양은 22~26°C 범위에 분포한다.

그림 7.13은 지난 30년 동안 인공위성이 관측한 한반도 주변해 해수면 온도의 계절 분포를 나타낸다. 겨울철에는 시베리아 기단의 영향으로 북서계절풍이 강하게 불어 해수를 냉각시켜 러시아 연안과 발해만에 0°C 이하의 해수면 온도가 분포해 있다. 전체적으로 북서태평양의 수온은 20°C가 지배적이며 동해는 대한해협 입구에서 14°C이고 동해로 들어가면 해수면 온도가 하강한다. 특히 북위 40°N 부근에서 남북으로 수온이 급격히 변화하는 곳에 극전선이 동서 방향으로 길게 분포한다. 황해에서는 제주도와 중국 연안 사이의 깊은 골을 따라 황해난류가 북상하며 그 영향으로 수온이 주변보

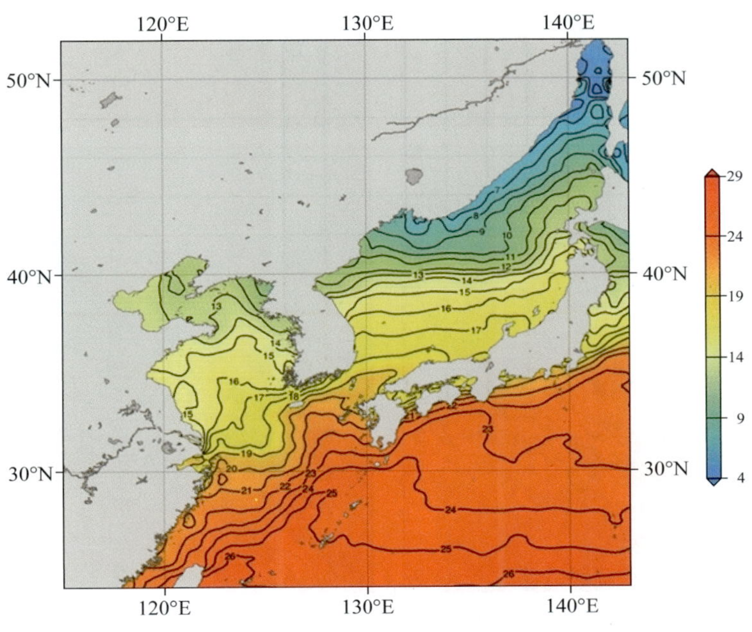

그림 7.12 한반도 주변해(동해, 황해, 동중국해, 북서태평양 일부) 표층 수온의 분포

다 높다. 반면에 중국 연안에는 냉각된 연안수의 영향으로 저온의 해수가 남동 방향으로 길게 뻗어 있어 고온인 황해난류수와 대조적으로 나타난다.

봄이 되면서 해수면은 점차 가열되고 대기로 인한 냉각이 줄어들어 해수면 온도는 점진적으로 상승한다. 동해 중앙부에서 겨울철 10°C 등온선이 40°N 이북으로 북상하였고 등온선의 간격도 겨울철에 비하여 넓어진다. 북서태평양에서는 25°C 수온이 나타나기 시작한다. 여름철 태양의 복사 에너지가 해수로 강하게 들어옴에 따라 고온의 쿠로시오 해류와 대마난류수가 점진적으로 북상하여 한반도 주변해의 해수면 온도는 17~28°C 정도로 상승하고 다른 계절에 비해 공간적으로 비교적 균일한 분포를 보인다. 가을이 되면서 대기 기온이 떨어지고 해수면이 냉각됨에 따라 해수면 온도가 다시 하강하기 시작한다. 동해 북쪽 타타르 해협에서는 3°C까지 낮은 해수면 온도가 나타나고, 동해 중앙부에서는 여름철 20~25°C를 보였던 해역이 10~15°C가 되면서 해수면에서 냉각 과정이 크게 발생하였음

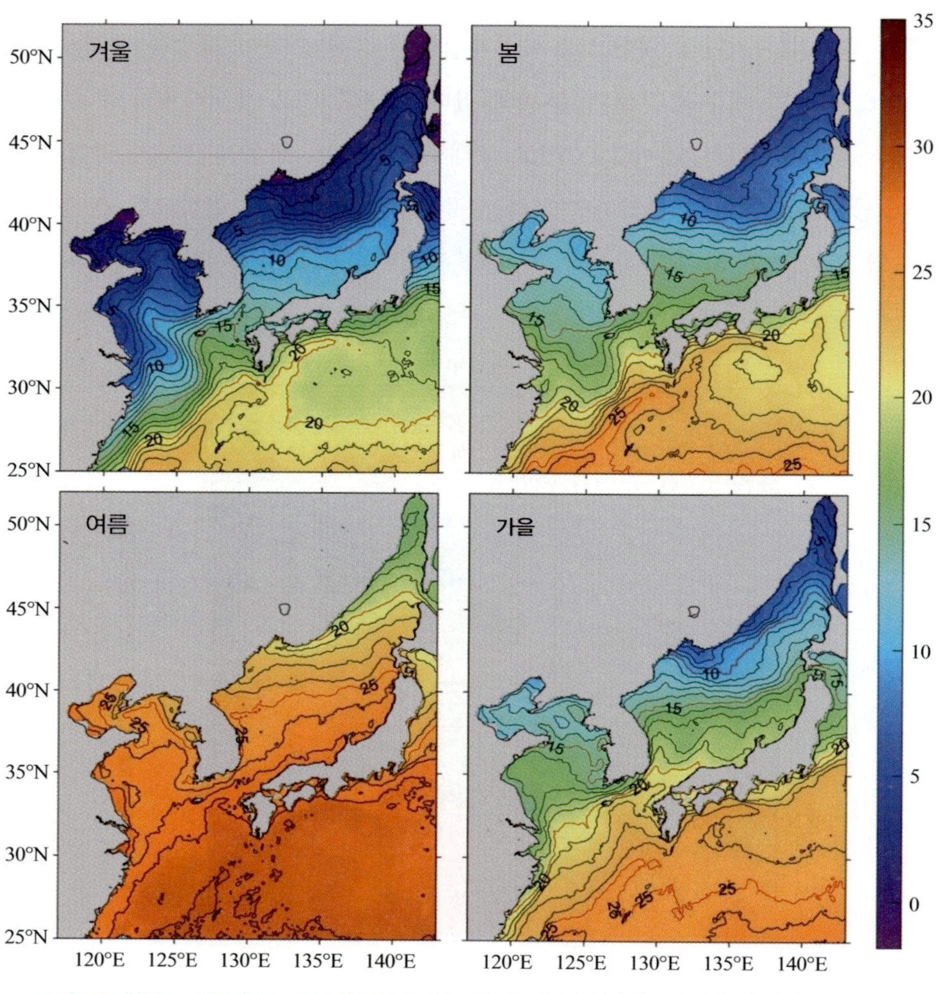

그림 7.13 한반도 주변해(동해, 황해, 동중국해, 북서태평양 일부) 인공위성 해수면 온도(°C)의 계절 분포

을 보여준다. 한반도 주변해에서 해수면 온도는 2월 중순에 최저가 되며 8월 중순 혹은 말경에 최고가 된다. 주어진 지점에서 1년 동안 변화하는 수온의 연 진폭은 해역마다 다양하며 고위도로 갈수록 시간에 따른 연간 변화의 범위가 크다. 겨울과 여름 해수면 온도를 비교해보면 동해에서 극전선 이남은 15°C 정도이고, 이북은 20°C 정도의 연간 변화를 보인다(그림 7.13).

해수 수온의 공간적 분포는 해양 표면에서의 국지 열수지, 해류의 분포, 바람에 의한 영향 등 다양한 요인에 따라 변화한다. 국지적으로 강한 해양-대기 상호 작용이 발생할 경우 공간적으로 뚜렷이 구분되는 수온의 구조를 가진다. 장기 해수면 온도 기후장에는 잘 표현되지 않지만 여름철에 남풍 계열의 바람이 불 때 동해안에서는 에크만 수송이 발생하며 외해로 일어나고 연안에는 심층의 차가운 냉수가 표층으로 올라오는 용승이 활발하게 나타난다. 이로 인하여 연안을 따라 낮은 해수면 온도가 분포하게 된다. 또한 한반도 서해안에서는 수심이 얕고 지형과 해안선이 복잡하여 조석의 조류가 강할 경우 해수의 연직 혼합이 활발하게 발생한다. 특히 여름철에 한반도 남서해안에서 이러한 혼합 과정을 통해 연직으로 균질한 냉수가 해수면에 노출되어 외해의 높은 해수면 온도와 공간적으로 큰 대비가 나타난다.

3) 해수 수온의 범위

해양의 표층은 태양 복사의 영향으로 상대적으로 높은 수온을 가지고 있지만 수온약층 아래부터 심층까지는 수온이 매우 낮다. 해양 표면부터 수천 미터인 심층까지 모두 포함하면 전 대양의 수온은 0~2°C 범위에 가장 많이 분포하고 있고, 그다음이 2~4°C 범위에 분포한다. 그림 7.14는 WOA (World Ocean Atlas) 수온 자료를 이용하여 한반도 주변해 해수 표층 수온의 범위에 따른 빈도수를 백

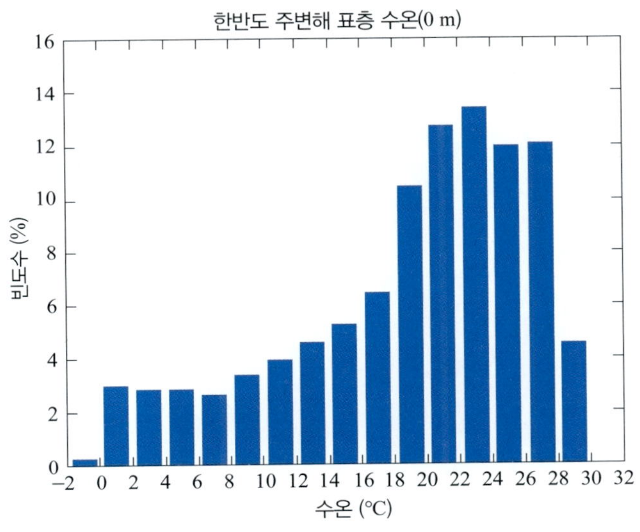

그림 7.14 한반도 주변해(동해, 황해, 동중국해, 북서태평양 일부) WOA 표층(0 m) 수온의 빈도 분포(%)

분율(%)로 나타낸 것이다. 전체적으로 −2°C에서 30°C까지 분포하며 가장 높은 빈도는 22~23°C에서 나타난다. 특이한 점은 표층이지만 −2°C에서 0°C 사이의 극저온 해수가 존재한다는 것인데, 이는 주로 동해의 타타르 해협 부근에서 나타난다.

4) 수온의 연직 분포

동해 중앙부에서 수온은 수심이 깊어질수록 감소하는데 크게 3개 층으로 나눌 수 있다. 이는 해표면에 부는 해상풍에 의한 활발한 혼합으로 수온이 연직적으로 거의 일정한 **혼합층**, 수심에 따라 수온이 급격히 감소하는 **수온약층**, 그리고 수온 변화가 매우 적은 **심해층**이다(그림 7.15). 한반도 주변해와 같은 중위도 해역에서는 혼합층이 잘 발달되어 있고, 여름철에는 계절적 수온약층이 잘 발달한다. 동해 북부 해역과 같이 겨울철 활발한 냉각 과정이 일어나는 고위도에서는 혼합층과 수온약층을 구분하기 어려울 정도로 해수 수층 전체가 거의 동일한 수온을 가지게 된다. 그림 7.15는 동해 내 특정 위치에서 1월부터 12월까지 월별 수온의 연직 분포를 보여준다. 9월에는 해수면 온도가 24°C 정도로 연직적으로 성층이 잘 발달되어 있다. 10월이 되면서 표층에서의 혼합 및 냉각 과정으로 인하여 표층 수온이 20°C로 감소하고, 11월에는 표층 수온이 17.5°C로 감소하며, 혼합층의 두께는 30 m 정도로

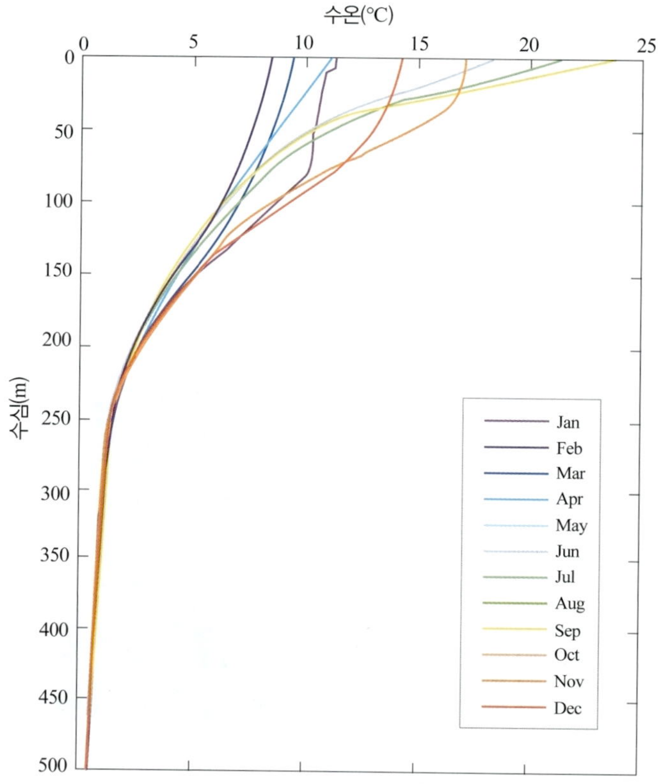

그림 7.15 동해 중앙부의 임의의 한 지점(38°N, 130°E)에서 표층(0 m)~수심 500 m까지 수온 연직 분포의 월별 변화

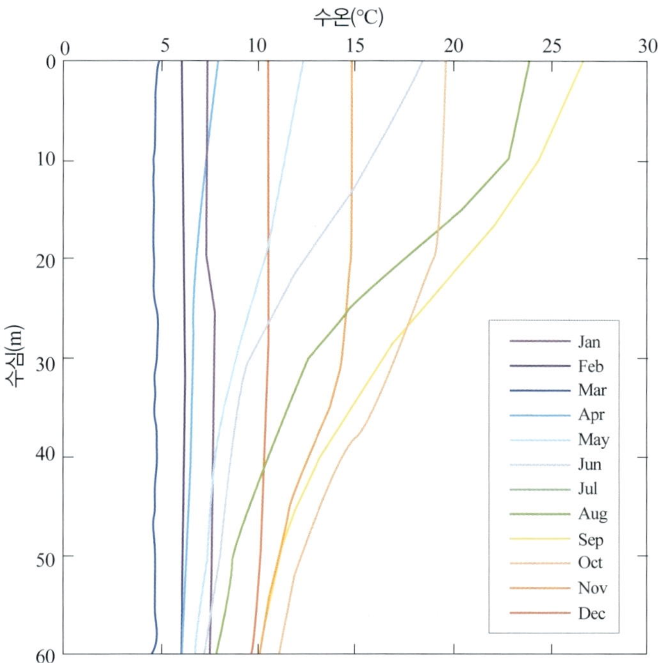

그림 7.16 황해 중부 한반도 서해안 부근 해역의 한 지점(36°N, 125°E)에서 표층(0 m)~수심 60 m까지 수온 연직 분포의 월별 변화

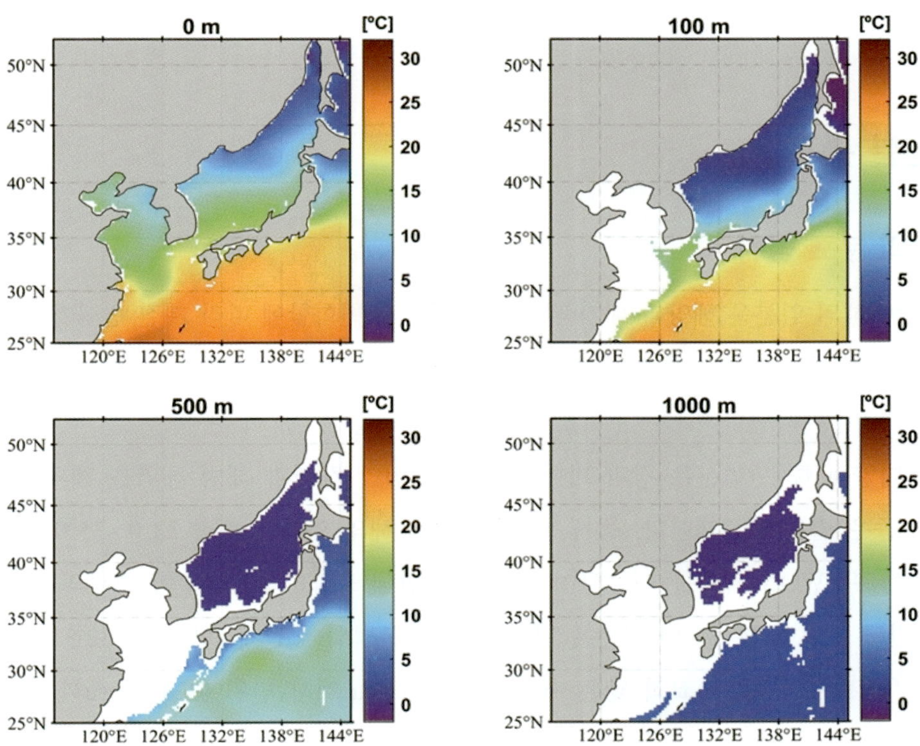

그림 7.17 한반도 주변해(동해, 황해, 동중국해, 북서태평양 일부) 깊이(0 m, 100 m, 500 m, 1,000 m)에 따른 해수 수온의 공간 분포

두꺼워진다. 겨울철 12월에서 1월과 2월로 갈수록 표층 수온이 지속적으로 감소하고 혼합층의 깊이가 더 깊어진다.

황해는 동해에 비해 수심이 매우 얕아서 바람과 같은 외력이 주어졌을 경우 해수 수온의 반응이 크게 나타난다. 그림 7.16은 한반도 서해안의 특정 위치(36°N, 125°E)에서 연직 수온 분포의 월별 변화를 나타낸다. 표층 수온은 여름철 9월에 최대가 되며 가을에 표면의 냉각이 이루어짐에 따라 수온이 점차 감소하기 시작하고 혼합층이 깊어진다. 11월에는 표층 수온(0 m)이 15°C 정도로 냉각되고 혼합층 깊이가 30 m 정도로 깊어진다. 12월이 되면서 강한 북서풍에 의한 혼합이 더 활발해져 표면부터 해저 바닥까지 수온은 11°C로 거의 균일한 분포를 보인다. 이러한 경향은 1월에서 3월까지 지속되며, 봄철에 태양 입사량이 증가하면서 표층이 가열되며 수온약층과 혼합층이 다시 발달하기 시작한다. 이와 같이 한반도 주변해에서 수온의 연직 분포는 해수 수온, 혼합층, 수온약층의 뚜렷한 계절 변동을 확실히 보여준다.

그림 7.17은 0 m, 500 m, 1,000 m, 3,000 m 수심에서의 WOA 연평균 잠재 수온의 분포를 나타낸 것이다. 표층에서 수온이 4~25°C의 범위에 분포하지만 수심이 깊어질수록 수온은 급격하게 감소한다. 100 m에서는 5~10°C 이상 수온이 급격히 감소한다. 동해에서는 500 m와 1,000 m 수심의 수온이 거의 동일하며 깊이에 따른 수온의 변화가 매우 작다.

7.3 염분 분포

1) 염분의 분포 범위

한반도 주변해의 염분은 해양과 대기 환경이 다양하게 변화함에 따라 계절 변화가 뚜렷하다. 동해, 황해, 동중국해와 북서태평양 일부에서의 염분의 분포 범위, 공간 분포, 계절 변화, 수심에 따른 변화는 다음과 같이 나타난다.

전 지구 대양의 해수 염분은 강과 바다가 만나는 연안 해역과 해빙 해역을 제외하면 34.0~35.0 psu의 매우 좁은 범위에 존재한다. 동해, 황해, 동중국해의 염분은 대략 33.0~35.0 psu 사이에 분포한다. 그림 7.18은 WOA 자료를 이용하여 한반도 주변해 표층(0 m) 해수의 염분의 빈도수를 나타낸 것이다. 한반도 주변해 표층수의 염분은 34.0~34.5 psu 범위에 전체 표면적의 32% 정도를 차지할 정도로 가장 많이 분포하며, 비교적 낮은 저염분인 33.5 psu 이하 범위에도 29 psu까지 빈도가 낮지만 나타난다.

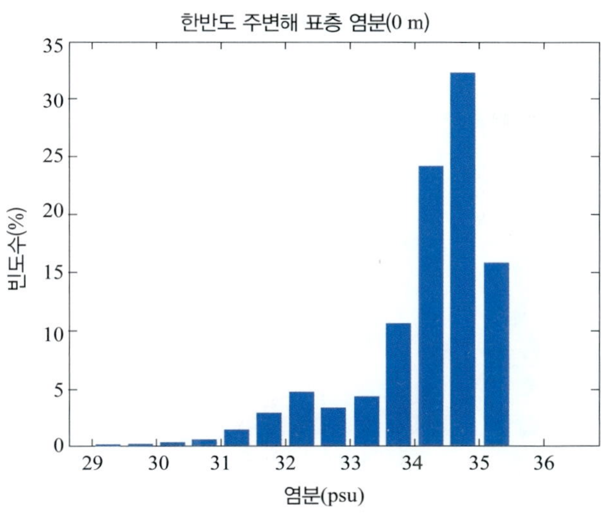

그림 7.18 한반도 주변해 해양 표층 염분(psu)의 빈도수(%) 분포

2) 염분의 공간 분포

그림 7.19는 WOA 자료를 기반으로 한 한반도 주변해 표층(0 m) 염분의 장기 평균을 보여준다. 한반도 주변해 표층 해수의 염분은 전체적으로 30.0~35.0 psu 범위에 분포한다. 고온 고염의 특성을 가진 북서태평양의 쿠로시오 해류, 동중국해와 동해의 대마난류가 존재하는 해역에는 34.0 psu 이상의 상대적으로 고염인 해수가 분포한다. 북서태평양이 34.5~35.0 psu로 가장 높은 염분을 보이고, 황해와 동중국해에는 양쯔강과 황하에서 유출된 담수의 유입으로 29.0~33.0 psu 범위의 저염분수가 분포한다. 한반도 서해안 부근의 염분은 31.5~33.0 psu 정도이며 33.5 psu 이상의 동해안 인근 해역보다 염분이 낮다. 북한 서해안과 발해만에도 염분 31 psu 이하의 저염분수가 분포한다. 동해에는 한반도 동해안 부근과 일본 연안 부근에서 33.5 psu 이하의 상대적으로 저염분 해수가 연안을 따라 분포하고, 중앙부에서는 33.5~34.0 psu 범위의 염분이 넓게 확산되어 있다. 동해 북부 48°N 이북 타타르 해협에는 아무르강의 유입으로 32.0 psu 이하의 저염분수도 존재한다.

중국 양쯔강 하구에 나타나는 29.0~31.0 psu의 저염분수는 여름철 장마 강우에 의해 강화되며 양쯔강 유출류로 동진하여 제주도와 남해안 사이의 제주해협을 통과하고 남해안까지 확산되어 한반도 남서해안의 염분 분포에도 영향을 준다. 이 양쯔강 유출류의 저염분수는 남해안을 지나 동쪽으로 더 확장하여 대한해협 서수도를 통하여 동해로 유입되기도 한다.

3) 염분의 계절 변화

일반적으로 염분의 변화는 강수량, 증발량, 강물의 유입, 다른 물성을 가진 해수의 유동에 의하여 영향을 받는다. 한반도 주변해의 표층 해수는 해류, 강수, 강물의 유입량 등 다양한 대기와 해양의 조

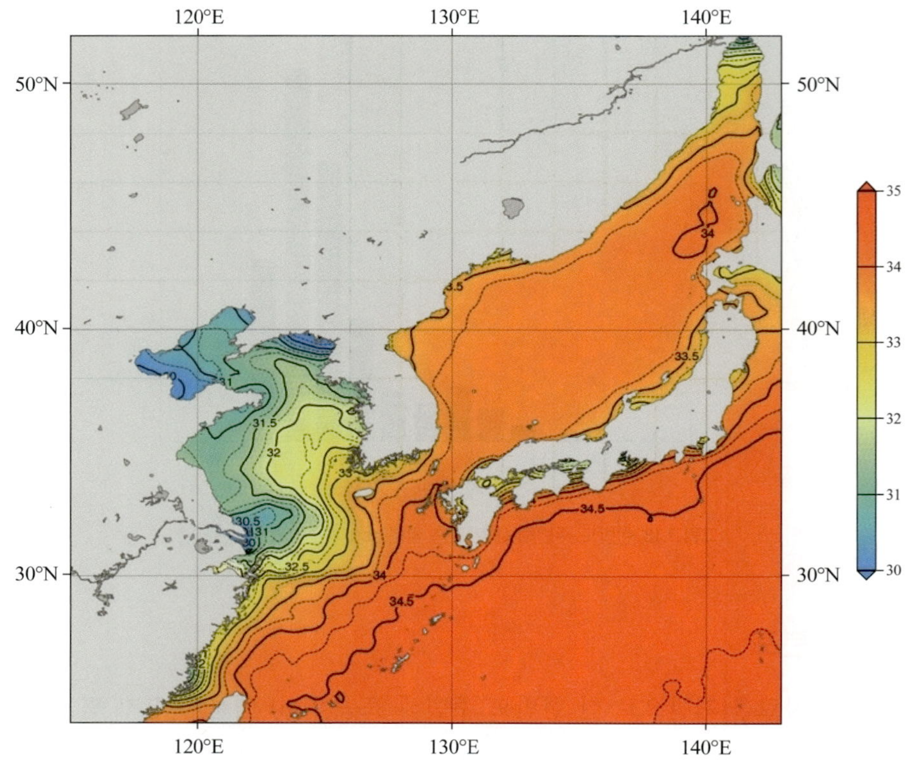

그림 7.19 한반도 주변해 해양 표층 염분(psu)의 분포

건들이 계절에 따라 변동하기 때문에 해수의 염분도 뚜렷한 계절 변화를 보인다. 여름철에는 높은 강수량으로 인하여 저염화되기도 하지만 겨울철에는 건조한 대기와 강한 바람의 영향으로 증발량이 증가하여 고염화된다. 동해 남부에서는 여름철 낙동강과 같은 하천수의 유입으로 연안 해역이 저염화된다. 또한 한반도 서해안에는 서한연안류, 동해안에는 동한난류가 발달되어 있어 해류의 시공간적 변동에 의하여 해수의 염분은 국지적으로 변화한다.

그림 7.20은 계절별 표층 염분의 분포를 나타낸다. 겨울철에는 표층 염분이 연중 가장 높게 나타나며, 34.5 psu 이상의 고염분수가 북서태평양과 동중국해에 분포하고 제주도 서쪽 연안을 포함하여 남해안, 울릉도 및 동해 전역까지 확장되어 있다. 겨울철 강한 북서풍은 해수 표면의 증발량을 증가시켜 다른 계절에 비하여 표층 염분을 상대적으로 높게 만든다. 황해, 발해만, 중국 연안, 양쯔강 유역이 동해에 비해 겨울철 염분이 현저히 낮지만 다른 계절에 비해서는 상당히 높다. 제주도 서쪽의 깊은 해저 지형을 따라 북서쪽으로 점진적으로 확장되어 있는 32.5~34.5 psu 염분의 설상 형태의 분포는 겨울철에 황해로 유입되는 황해난류의 영향을 받은 것이다.

봄철이 되면서 양쯔강 하구 부근에 겨울철보다 더 낮은 32.0 psu 이하의 저염분수가 나타나기 시작하고, 황해와 발해만 전체가 33.0 psu 이하로 염분이 감소한다. 여름에는 강수량이 증가하고 담수의

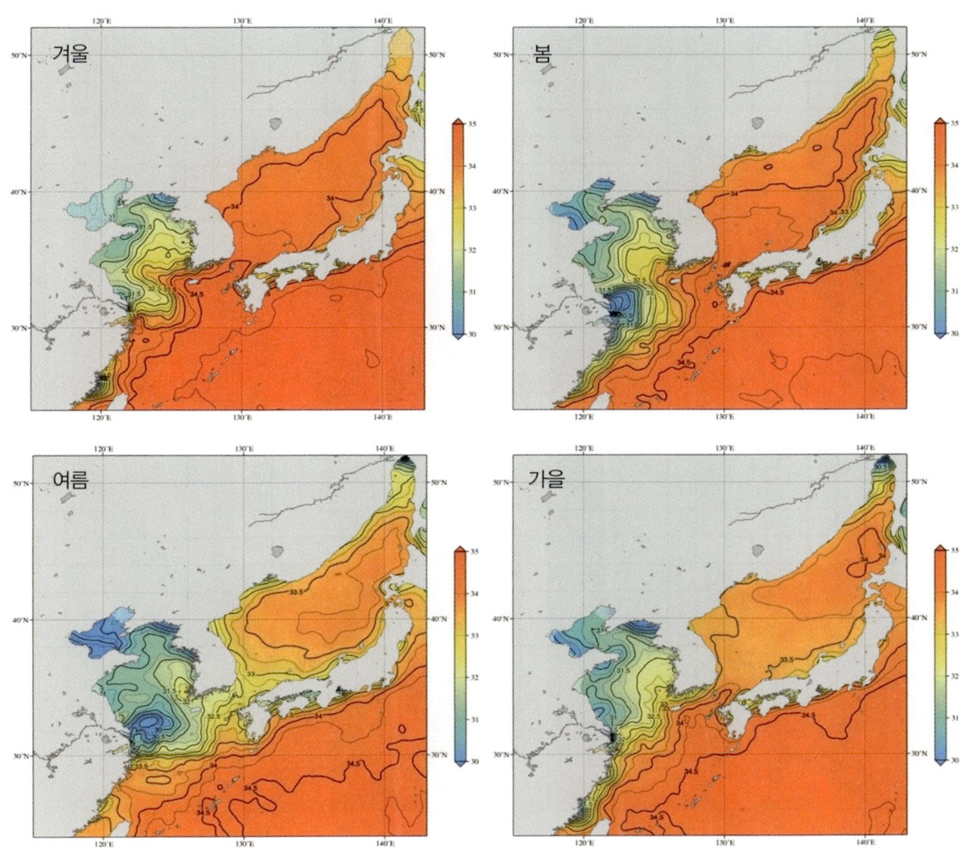

그림 7.20 한반도 주변해 해양 표층 염분(psu)의 계절 분포

유입이 증가하여 양쯔강 유역에 30.0 psu 이하의 더 낮은 저염분수가 연중 가장 강하게 나타나고, 황해 전체 해역의 염분이 31.5 psu 이하가 된다. 동해에서 한반도, 러시아, 일본 연안은 33.5 psu 이상인 중앙의 해수에 비해 33.0 psu 이하의 상대적 저염분수가 지배적이다. 가을에는 하천의 유량이 줄어들고 바람도 다시 강화되면서 고온 고염의 쿠로시오와 대마난류수의 북상 유입으로 한반도 주변해의 염분은 상승하기 시작한다. 이러한 염분의 변화는 해수의 밀도 및 성층과 관련되어 있으므로 한반도 주변해의 해수의 흐름을 유도하고 전체적인 순환에 기여한다.

4) 수심에 따른 염분의 공간 분포

그림 7.21은 해수 표면으로부터 0 m, 20 m, 100 m, 500 m 수심에서의 염분의 공간 분포를 각각 나타낸다. 수심 20 m에서 황해와 동중국해 해수의 염분은 표층에 비해 증가한다. 황해 양쯔강 부근 표층에서 31.0 psu 이하인 저염분수는 수심 20 m에서 32.0 psu로 증가한다. 황해는 수심이 얕아서 100 m 수심의 염분 분포는 제외되었다. 동해에서는 표층에서 34.5 psu 이상이던 고염분수가 10 m에서는 34.0~34.4 psu로 전반적으로 감소한다. 제주도 남쪽 해역과 동중국해의 대륙붕 해역, 그리고 일본

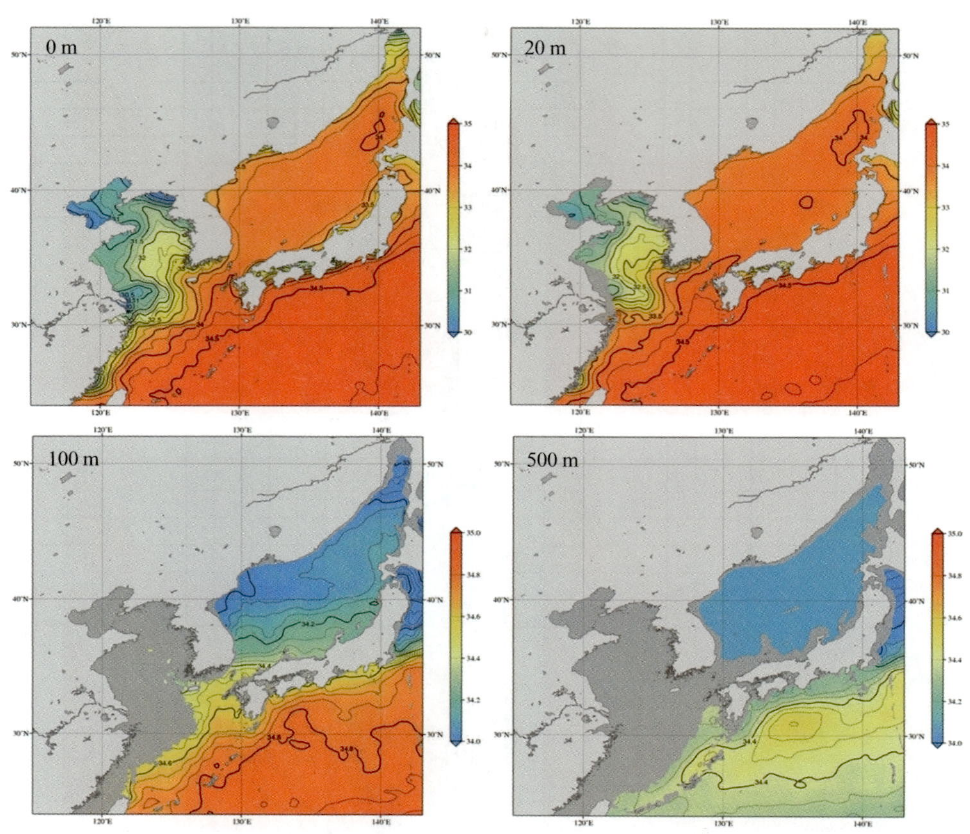

그림 7.21 한반도 주변해 해양 표층 염분(psu)의 수심(0 m, 20 m, 100 m, 500 m)에 따른 공간 분포

연안에서는 쿠로시오 해역보다 다소 낮은 34.5 psu 이하의 저염분수가 분포한다. 500 m 수심의 염분은 34.0 psu 정도로 더 감소한다.

7.4 해류 분포

1) 표층 뜰개 기반 해류

해류는 기후 변화, 열적 불균형의 조절, 어장 형성, 해양 생태계 및 해양 환경에도 큰 영향을 미치고 있다. 미국 NOAA의 AOML(Atlantic Oceanographic and Meteorological Laboratory)은 6.2절의 해양 관측 부분에서 소개한 위성 추적 표층 뜰개 자료를 이용하여 계산된 해류 자료를 배포하고 있다(http://www.aoml.noaa.gov/). 그림 7.22는 2022년 7월 25일 기준으로 전 대양에 산재해 있는 1,244개의 위성 추적 뜰개의 위치를 나타낸 것이다. 이 뜰개의 시간과 위치 자료를 활용하여 유속을 산출할 수 있고, 조류나 바람에 의한 영향을 보정하여 표층 해류를 산출해낼 수 있다. 그림 7.23은 이렇게 산

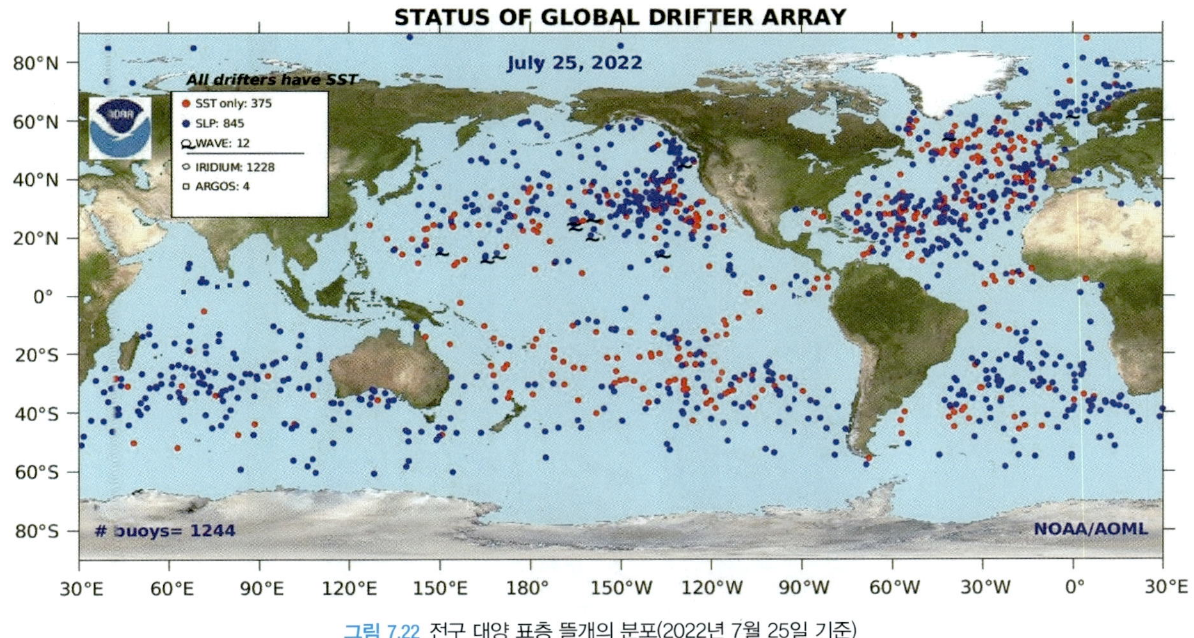

그림 7.22 전구 대양 표층 뜰개의 분포(2022년 7월 25일 기준)

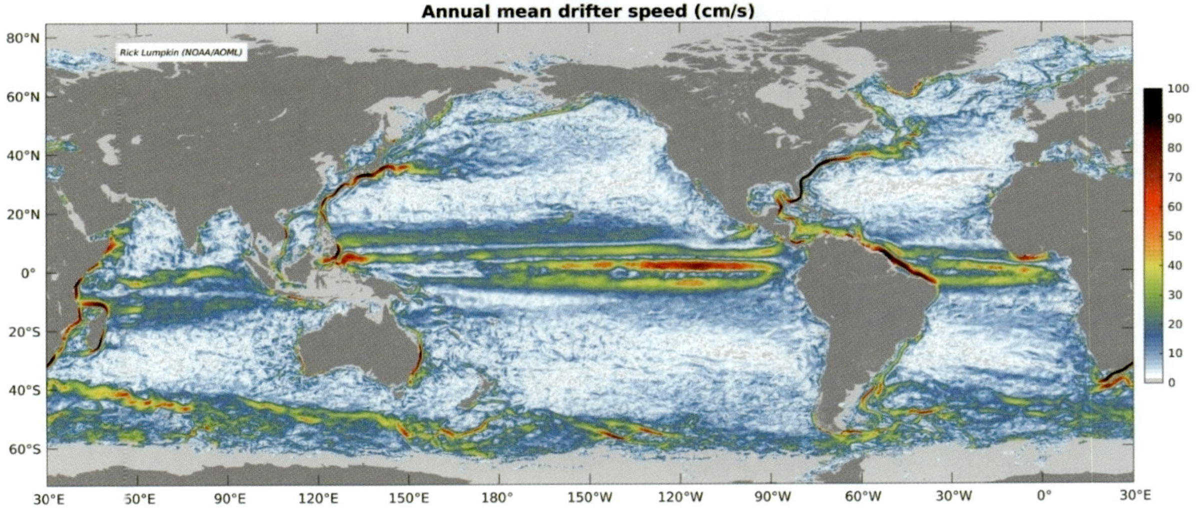

그림 7.23 인공위성 추적 표층 뜰개 자료를 이용하여 산출한 해류의 장기간 평균 유속(cm/s)

출된 전구 대양 표층 해류의 장기간 평균장을 나타낸다. 대서양의 멕시코 만류와 북서태평양의 쿠로시오 해류가 강하게 나타나며, 이를 통해서 전 세계의 해류 분포를 대략적으로 파악할 수 있다.

그림 7.24는 한반도 주변해에서 오랜 기간 표층 뜰개의 움직임을 이용하여 산출한 해류 유속의 장기간 평균장을 나타낸다. 대만 동부 해역에서부터 일본 남부 해역까지 북동진하는 쿠로시오 해류는 1.0 m/s를 초과하는 매우 강한 유속을 나타낸다. 쿠로시오 해류 주축 외에 남쪽 해역 136°E 부근에 시계 방향의 소용돌이성 순환도 잘 표현되어 있다. 대한해협을 중심으로 대마난류는 동쪽과 서쪽으로 분기

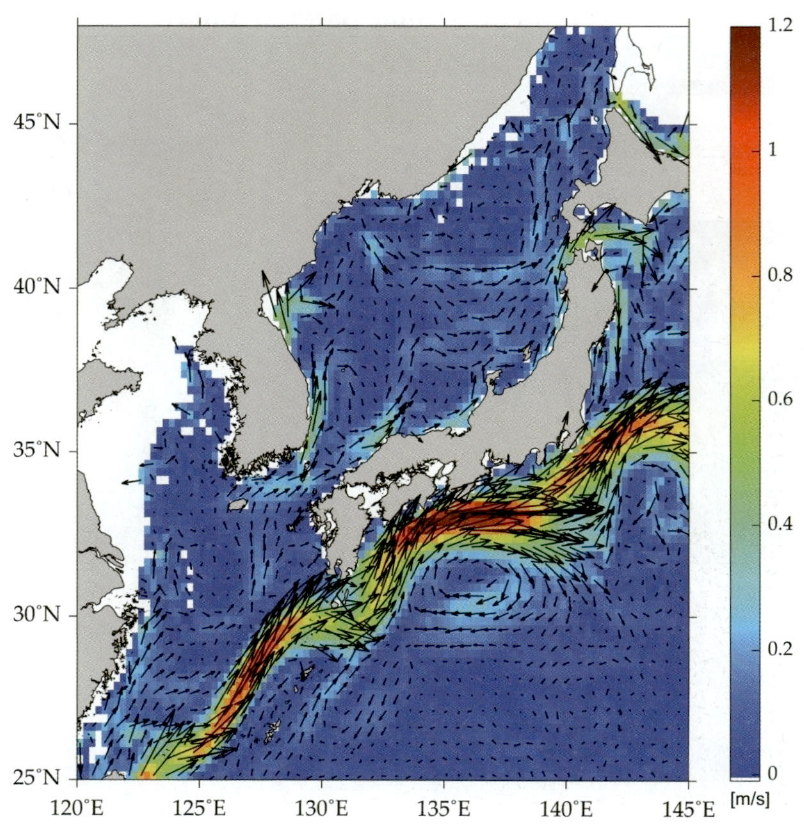

그림 7.24 위성 추적 표층 뜰개 자료를 이용해 산출한 표층 해류 벡터의 분포. 여기에서 색상은 유속, 화살표는 유속 벡터를 나타낸다.

되는 양상을 보이며, 서수도를 지나서 한반도 동해안을 따라 북상하는 동한난류는 0.5 m/s 정도의 최대 유속을 가진다. 일본 연안을 따른 대마난류도 이와 유사한 유속을 가진다. 동해 중앙부에서는 극전선을 중심으로 서쪽에서 동쪽으로 흐르는 흐름이 지배적이고, 이 중 일부는 쓰가루 해협(Tsugaru Strait)을 통해 태평양으로 유출된다. 또 일부는 북상하여 홋카이도 서해안을 따라 북상하고 소야 해협(Soya Strait)을 지나 오호츠크해로 흐른다.

2) 인공위성 고도계 기반 해류

인공위성 고도계(altimeter) 자료를 활용하여 평균 해수면, 조석, 대기압 효과, 해상 상태 등을 고려한 일련의 보정 과정을 거치면 해수면 고도를 1~2 cm 오차로 측정할 수 있다. 해수면 고도 편차를 산출하여 지형류 평형을 이용하면 해류를 산출할 수 있다. 그림 7.25는 국립해양조사원이 산출한 인공위성 고도계 자료를 이용하여 한반도 주변해와 북서태평양의 표층 해류 벡터(2022년 7월 예시)를 산출한 결과를 나타낸다. 대만 동부 해역에서 시작하여 북동쪽으로 흐르는 쿠로시오 해류가 잘 나타나 있다. 한반도 동해안을 따른 동한난류와 극전선을 따른 해류, 일본 연안을 따른 대마난류도 확인할 수

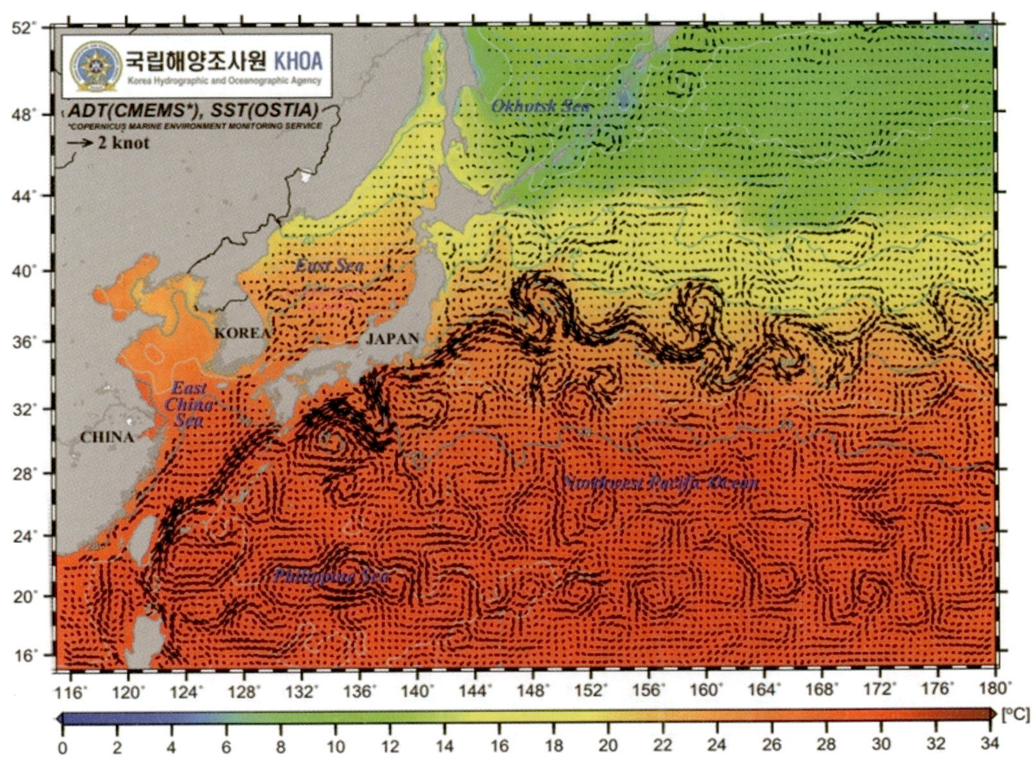

그림 7.25 2022년 7월 국립해양조사원이 제공한 위성 고도계 관측 해수면 고도 자료 기반 표층 해류 벡터의 분포 예시. 여기서 색상은 해수면 온도, 화살표는 해류 벡터를 나타낸다.

있다.

3) 과학적 지식 기반 한반도 주변해 해류도

장기간 해류의 평균적인 양상을 단순하게 선으로 도시한 그림을 **해류도**(oceanic current map) 혹은 **해류 모식도**(schematic map of oceanic current)라고 한다. 2010년부터 2018년까지 국립해양조사원과 학계의 해류 전문가들은 과학적 지식을 통합하여 한반도 주변해 해류도를 제작하였다. 그림 7.26은 이렇게 제작된 해류 모식도이며 2015 교육과정에 따라 집필된 2019년 중등학교 과학 교과서 및 지구과학 교과서에 수록되었다. '쿠로시오 해류', '오야시오 해류'와 같이 해류의 공간 규모가 크고 세기도 큰 해류는 해류명에 '해류'를 붙이고, 동해와 황해의 해류와 같이 상대적으로 작은 규모의 해류는 통상적으로 부르는 방법에 따라 '한류'와 '난류'란 용어를 사용하여 해수 특성을 나타낸다.

(1) 한반도 주변해 해류도

한반도 주변해에는 난류와 한류가 잘 발달되어 있으며 남쪽 해역으로부터 고온 고염의 해수를 동반하는 난류(쿠로시오 해류, 대마난류, 동한난류, 황해난류)와 상대적인 저온 저염분수를 가진 한류

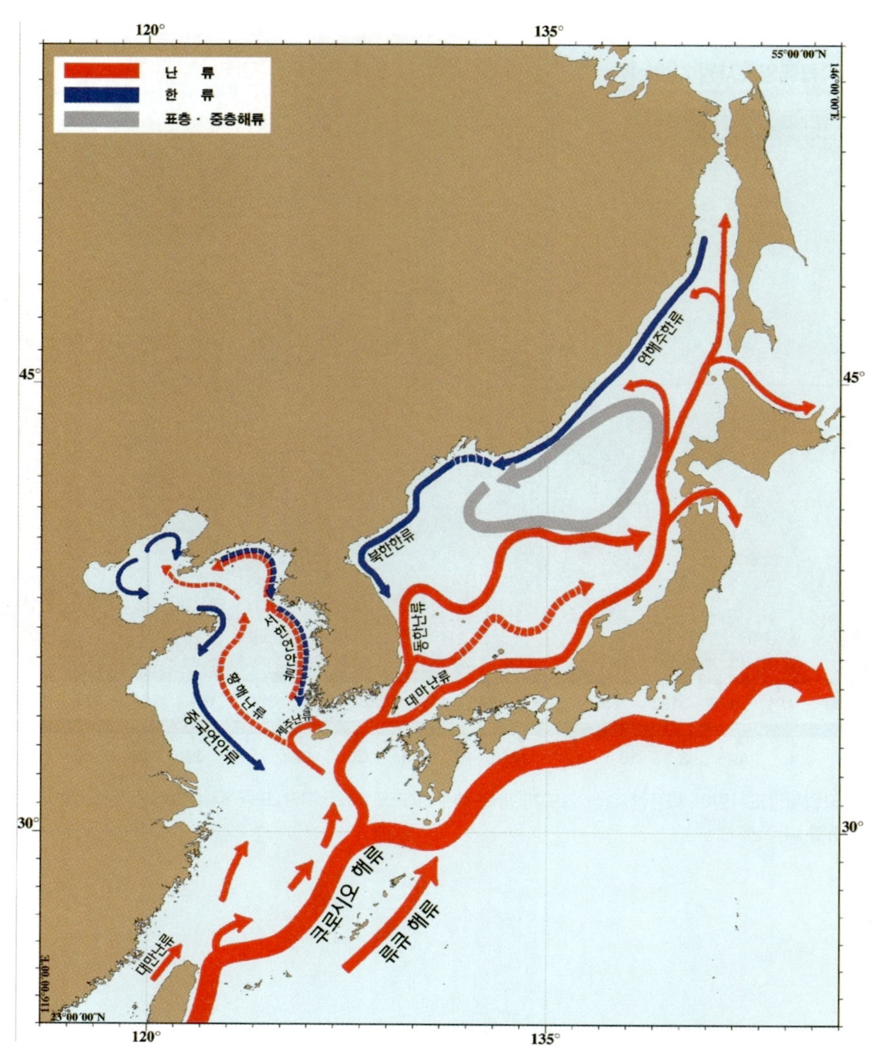

그림 7.26 과학적 지식 기반 한반도 주변해 해류도

(연해주한류, 북한한류, 중국연안류)가 있다. 한반도 서해안을 따라서 계절에 따라 북상하거나 남하하는 서한연안류도 있다. 각 해류의 정의와 주요한 특징을 요약하면 다음과 같다.

- **쿠로시오 해류**(Kuroshio Current)는 북태평양 중위도 아열대 순환의 서안 경계류로서, 북적도 해류의 일부가 필리핀 동쪽 해역을 따라 북상하다 대만과 요나구니지마(YoNagunijima) 섬 사이를 통해 동중국해로 유입된다. 이후 오키나와 협곡을 따라 북상하다가 토카라 해협(Tokara Strait)을 통과하여 북서태평양으로 유출되고 일본 남쪽 해역을 따라 북동쪽으로 흐른다. 쿠로시오 해류는 기본적으로 고온 고염분의 해수로 구성되어 있다. 류큐 해류(Ryukyu Current)는 류큐 열도의 동쪽에서 열도를 따라 흐르는 해류로 오키나와 남쪽에서 규슈 남부까지 이어지며 이 해류의 주요한 중심은 표층 아래에 있고 표층에서도 나타난다.

- **대만난류**(Taiwan Warm Current)는 남중국해의 해수와 쿠로시오 해류로부터 형성된 해류로 대만의 서쪽 해안을 따라 북상하면서 동중국해로 흐른다. 겨울철보다 여름철에 강한 난류이다.
- **대마난류**(TWC, Tsushima Warm Current)는 동중국해와 황해로부터 제주도 북쪽과 남동쪽으로 유입된 해류가 제주도 동쪽 해역에서 만나 형성된 해류로서 대한해협에서 대마도를 중심으로 서수도와 동수도로 나뉘어져 동해로 흘러들어 간다.
- 대한해협을 통과한 대마난류의 일부가 일본 서쪽 연안을 따라 북동진하는데 이를 대마난류 일본연안지류(Nearshore Branch of TWC)라 한다. 대마난류가 대한해협을 통과한 후 한반도 남동해안에서 분기되어 동쪽으로 사행하는 흐름을 대마난류 외해지류(Offshore Branch of TWC)라 하며 강한 경년 변동성을 가진다.
- **동한난류**(East Korea Warm Current)는 대마난류가 대한해협에서 대마도의 서쪽, 즉 대한해협의 서수도를 통과한 후 한반도 동해안을 따라 북쪽으로 흐르는 난류를 말하며 약 37~38°N 부근에서 북동 방향으로 이안한 후 동해 중앙을 사행한다. 동한난류의 사행 진로도 경년 변화가 크다.
- **황해난류**(Yellow Sea Warm Current)는 황해 중앙부 깊은 골의 서쪽 사면을 따라 북상하는 난류로서 겨울철에 뚜렷하게 나타나며 표층보다 저층에서 강하게 나타난다. 황해난류는 제주난류와 바로 연결되지는 않으며 상층에서 산둥반도까지 북상하고 저층에서는 발해만을 향하여 좀 더 북상한다.
- **제주난류**(Jeju Warm Current)는 제주도 남쪽의 동중국해상에서 대만난류와 쿠로시오 해류의 규슈 서쪽 분지류의 영향을 받아 형성되며 제주도를 시계 방향으로 돌아 제주해협으로 유입된다. 제주난류를 구성하는 제주난류수는 동중국해에 있는 고온 고염의 대마난류의 해수로부터 기원하였지만 양쯔강 유출류, 쿠로시오 해류 기원의 혼합수 등 복합적인 해수들로 구성되어 있다. 겨울철에 제주도의 서쪽으로 더 확장되고 여름철에는 겨울철에 비해 세기가 약해진다. 제주난류수는 여름철 제주도의 서쪽 연안 영역까지 후퇴하고, 가을에는 저층에만 출현하며 종종 동쪽 연안에서 보이기도 한다.
- **연해주한류**(Primorye Cold Current)는 동해 북부에서 위도 48~50°N 부근에서부터 43°N 정도의 러시아 블라디보스토크까지 러시아 연해주 연안을 따라서 남서진하는 해류이다. 동해 북부 타타르 해협에서 형성된 해빙이 융해하여 저온 저염의 해수 특성을 가지며 수심 1,000 m보다 얕은 대륙붕 내의 연안을 따라 남하한다. 연해주한류는 블라디보스토크 부근에서 여름철에는 지속적으로 연안을 따라 남서진하지만 겨울철에는 남하한 후 동진한다. 이러한 계절적 변동성을 나타내기 위하여 해류도에 점선으로 표시하였다.
- **북한한류**(North Korean Cold Current)는 북한 동쪽 연안을 따라 남쪽으로 흐르는 해류로 폭이 좁으며 주로 여름에 강하게 남하한다. 여름철에 강하게 발달하며 동해안 중부 이남에서는 표층 아

래에서 연안을 따라 간헐적으로 표출되기도 한다.

- **서한연안류**(WKCC, West Korea Coastal Current)는 한국의 서쪽 연안을 따라 흐르는 해류로 여름에는 북상하고 겨울에는 남하한다. 서한연안류는 계절에 따라 거의 유사한 곳에 위치하지만 서로 구분이 되도록 하기 위하여 겨울철 남하하는 한류는 한반도 서해안에 좀 더 근접하여 동쪽에 표시하고, 여름철 북상하는 난류는 외해에 위치하도록 표시한다.
- **중국연안류**(Chinese Coastal Current)는 산둥반도를 지나 중국 동쪽 연안을 따라 흐르는 해류이고, 동중국해 중국연안류(East China Sea Coastal Current)는 겨울에 중국 남동 연안을 따라 남서쪽으로 흐르는 해류이다.
- **양쯔강 유출류**(Yangtze River Discharge Flow)는 양쯔강으로부터 나오는 강물로 주변의 해수와 혼합되어 저염수를 형성하는 흐름이다. 겨울에는 대체로 중국 연안을 따라 남하하지만 여름에는 동중국해와 황해로 퍼져서 표층 해수의 물성에 영향을 주고 일부 양쯔강 유출류는 여름철에 제주해협과 제주도 남쪽을 지나 동해로 유입된다.

(2) 황해 및 동중국해 해류의 계절 변화

황해는 수심이 얕아서 해류 및 순환이 외력에 빠르게 반응하며 계절에 따른 변동도 큰 편이다. 얕은 해저 지형과 함께 겨울철에 강한 북서풍, 조류로 인한 연안에서의 활발한 혼합 과정, 조석 잔차류, 전선 등 해류의 형성과 변동에 복합적인 요소로 작용한다. 겨울철에는 황해 해표면으로 강한 북서풍이 불어와 해수가 연직적으로 잘 혼합되어 밀도가 거의 일정하여 깊이에 따른 해류의 변화가 없을 것으로 추정할 수 있다. 그러나 황해 남쪽의 중앙부의 경우 표층은 겨울철 바람으로 인한 남향류가 있지만 저층에는 북쪽으로 향하는 바람 방향에 반대되는 북서쪽으로 진행하는 난류가 있다. 이 황해난류는 여름철에는 보이지 않으며 겨울철에 황해 중앙부 깊은 골의 서쪽 사면을 따라 북서진 후 북진한다(그림 7.27). 제주 해류는 여름철에는 제주도 서해안에 매우 근접하고 겨울철에는 서쪽으로 편향된 후 다시 제주해협을 통과한다.

여름철 황해와 동중국해의 가장 특이한 흐름은 양쯔강 유출류이다. 양쯔강은 여름철 장마 기간의 집중 강수로 인하여 여름철에 가장 많이 바다로 방출되기 때문에 해류라고 간주하기는 어렵다. 그러나 이 해역의 여름철 해황에 지대한 영향을 미치며 강한 계절 변동성을 가지기 때문에 특별히 해류도에 표시하기도 한다. 양쯔강 유출류는 일반적인 난류와 한류와는 다른 특성을 가지고 있으므로 붉은색과 푸른색이 아닌 다른 색상으로 표현한다. 여름철 황해 및 동중국해의 상층 해수는 양쯔강에서 유출된 담수와 동중국해 해수와의 혼합 과정을 거친 혼합수로 구성되며 시간적 공간적 변동성이 크게 나타난다. 이를 고려하여 양쯔강 유출류는 여름철 해류도에서 작은 해류 벡터들로 표현한다.

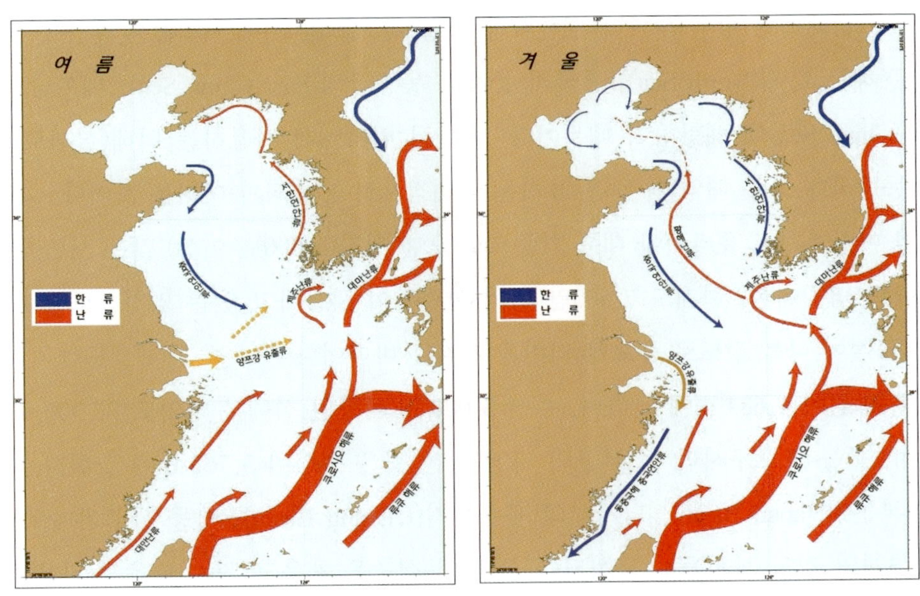

그림 7.27 과학적 지식 기반 황해와 동중국해의 여름과 겨울 해류도

7.5 동해 심층 해수와 순환

1) 동해 심층 해수

(1) 심해의 정의와 동해 심층 환경 탐사

해양학에서는 심해를 수심 2,000 m 이상의 깊은 곳으로 분류하지만, 생태적 관점에서는 빛이 부족하여 일반적으로 광합성을 할 수 없는 수심 200 m 이상의 영역 전체를 지칭하기도 한다. 심해는 빛이 잘 도달하지 못하기 때문에 광합성이 불가능하여 식물 생산이 일어나기 어려운 것으로 알려져 왔다. 식물 생산이 활발하지 않으므로 생태계의 생산자가 없어 생물이 잘 살지 못하는 것으로 생각해왔으나 실제로는 심해에도 다양한 생물이 살고 있음이 밝혀졌다. 대체로 수온은 매우 낮으며 깊은 수심 위쪽에 놓여 있는 두꺼운 해수에 의한 압력, 수압이 매우 높으므로 일반적인 관측 장비로는 심해 탐사가 불가능하고 특수한 해양 관측 장비를 사용해야만 한다. 수중에서 압력(수압)은 수심이 10 m 깊어질 때마다 약 1기압(10 dbar)씩 증가하므로 심해에 사는 해양 생물은 극단적인 압력을 견뎌야 한다.

한반도 주변 해역은 수심이 얕은 천해에 해당하는 서해안과 남해안 먼바다(각각 황해 동부와 동중국해 북부 해역에 해당한다)와 수심이 깊은 심해에 해당하는 동해안 먼바다, 동해(East Sea)로 구분할 수 있다. 동해는 명칭부터가 논쟁거리인 바다로서 일제 강점기인 1929년 국제수로기구에서 동해를 '일본해(Japan Sea)'로 공식 표기한 이래 그동안 국제적으로 일본해로 알려져 왔으나, 최근에는 국내 학계와 민간단체 반크(Vank) 등의 활약으로 국제 문건에서 동해와 일본해 병기 표기의 사용이 증가하는 추세에 있다. 상대적인 방위를 나타내는 바다 명칭(예: 동해, 서해, 남해)은 혼동을 주는데, 예를 들면 영국의 동해는 북해(North Sea), 중국의 동해는 동중국해(East China Sea), 베트남의 동해는 남중국해(South China Sea)에 해당하기 때문이다. 따라서 일각에서 사용하는 서해(실제로는 황해), 남해(실제로는 동중국해 북부 해역)와 같은 표기는 국제적으로 통용되기 어려운 것이다. 그러나 동해는 유럽의 북해와 마찬가지로 유라시아 대륙 기준으로 오랜 기간(2,000년 이상) 많은 사람들이 고유명사처럼 사용해왔던 명칭이며, 현재도 7,500만 명의 한민족이 사용하고 있는 명칭으로서 대한민국에서는 애국가 첫 구절에 나올 정도로 중요한 의미를 가지는 바다이다.

동해는 평균 수심이 1,684 m에 달하며, 수심 3,000 m 이상인 심해부 영역도 약 300,000 km^{2}에 이르는 심해이며, 북동부 오구시리 섬 부근의 가장 깊은 곳은 수심이 3,762 m에 달한다. 동해의 지형은 북부의 일본분지(Japan Basin), 남서부의 울릉분지(Ulleung Basin), 남동부의 야마토분지(Yamato Basin) 등 총 3개의 깊은 분지들로 구성된다. 동해의 심층을 채우고 있는 매우 차가운 해수는 과거 1932년 4월 2일부터 6월 26일에 걸쳐 50척의 선박을 동원한 동해 전역의 승선 조사를 통해 일본 학자 우다(M. Uda)로부터 '일본해 고유수(Japan Sea Proper Water)'로 명명되었다. 이후 국내 학자들은 이를 '**동해 고유수**(East Sea Proper Water)'로 불렀는데, 동해에서는 수심 수백 미터 아래에서 태평양에 비해 매우 차고(수온 1~2°C 이하), 고산소의 독특한 수괴가 발견되기 때문이다.

동해 전체 해수의 90% 가까이 차지하는 심층 해수가 이처럼 매우 차고 용존산소 농도가 높은 단일 수괴로 구성되어 있다는 연구 결과는 1993년 한-일-러 공동 조사 크림스 프로그램(CREAMS, Circulation Research of the East Asian Marginal Seas)이 시작되기 전까지 오랜 기간 학계의 정설로 받아들여졌다. 특히 제2차 세계대전(1941~1945년)과 한국전쟁(1950~1953년) 이후 해양 관측 기술의 급격한 발전에도 불구하고 1990년대 크림스 프로그램 이전까지는 동해 주변국들 사이의 이해관계 등에 따라 동해 전역을 대상으로 하는 체계적인 승선 조사가 이루어질 수 없었기 때문에 동해 고유수라는 단일 수괴로 구성된 동해 심층 해수에 대한 이견은 볼 수 없었다.

그러나 CTD 등의 개발로 정밀한 수온과 염분 측정이 가능해지면서, 크림스 프로그램을 통해 1990년대에 수집된 자료를 분석하여 과학자들은 동해 심층을 채우고 있는 이 냉수가 단일 수괴가 아니라 **(동해) 중앙수**(East Sea Central Water), **(동해) 심층수**(East Sea Deep Water), **(동해) 저층수**(East Sea Bottom Water)라는 적어도 3개의 다른 수괴로 구성되어 있음을 발견하였다. 0.6°C 등수온선이 위치하는 수심(약 1,500 m 수심)에는 염분이 최소에 이르는 수층이 나타나서 그 아래-위로 염분이 증가하는 수직 구조를 보이는데, 이러한 염분 최소층(deep salinity minimum layer)은 정밀한 염분 수직 구조를 측정할 수 있기 전까지 알아낼 수 없던 것이었다. 또한 동해에서 수심이 가장 깊은 북부 해역의 일본분지 내에서 수집된 수온, 염분, 용존산소의 수직 구조에서는 공통적으로 해저면 부근에 수백 미터 두께의 균질한 수층이 발견되어 그 위에 놓인 해수와 구별되는 특성을 보인다. 따라서 염분 최소층을 기준으로 그 위에 놓인 해수는 중앙수, 염분 최소층 아래로부터 해저면 부근의 균질한 수층 위까지 분포하는 해수는 심층수, 그리고 가장 아래의 균질한 수층에 위치하는 해수는 저층수로 구분한다. 용존산소 농도는 중앙수와 저층수의 경우에 상대적으로 더 높은 특성을 보이며, 그 사이에 위치하는 심층수의 경우에 가장 낮아 용존산소 최소층(deep oxygen minimum layer)이 위치한다.

과거에 동해 심층 해수가 단일 수괴로 구성된 것이라 여긴 것은 동해가 대양과 다른 특성의 바다라고 생각했기 때문인데, 실제 동해는 대양 심층에서 발견되는 염분 최소층, 용존산소 최소층 등의 대양 심층 해수 구조를 가지며, 그 외에도 상층의 극전선(polar front), 경계류(boundary current), 소용돌이(eddies)와 같은 대양의 특성을 보이기 때문에 작은 대양(miniature ocean)으로 불리기도 한다. 그러나 동해의 순환 주기는 대양에 비해 훨씬 짧아서 기후 변화 징후를 대양보다 미리 감지할 수 있어 전 세계 대양 환경 변화의 '예고편'과 같으므로 대양 연구의 전초 기지와 같이 활용되고 있다.

(2) 동해 심층 해수 특성의 변화

동해 심층 해수가 적어도 3가지 서로 다른 수괴들(중앙수, 심층수, 저층수)로 구성됨을 관측된 해수 특성으로부터 구분했지만 수온, 염분, 용존산소의 수직 구조는 시간적으로도 항상 일정하게 유지되는 것이 아니라 끊임없이 변화하고 있는 것으로 알려졌다. 특히 지구 온난화로 표현되는 기후 변화와 관련하여 동해에서도 표층 수온이 빠르게 증가하고 있는데, 이처럼 표층 수온이 증가하면서 표층 냉각에 의한 밀도 증가가 충분하지 않아 심층 해수 생성이 활발하지 못하게 되므로 심층으로의 산소 공급이 원활하지 못해 심층의 용존산소 농도가 감소하게 된다. 실제로 과거 수십 년 동안 수집된 수온과 용존산소 관측 자료로부터 동해 심층의 장기적인 온난화(수온 증가) 및 저산소화(용존산소 감소) 추세를 볼 수 있다. 일부 일본 해양과학자들은 한때 이러한 장기 용존산소 감소 추세에 근거하여 100년 이내에 동해가 완전히 무산소 환경으로 변하게 될 것이라는 충격적인 전망을 하였다.

그러나 국내 해양과학자들은 동해가 무산소 환경으로 변할 것이라는 이 같은 전망에 반론을 제기하였다. 이들의 전망이 동해의 역동성을 고려하지 않았기 때문이다. 동해는 100년 이내로 대양에 비해 매우 짧은 순환 주기를 가지고 있어서 저층수의 산소가 완전하게 고갈되기 전에 산소가 풍부한 다른 수괴가 재생성될 것임을 주장한 것이다. 실제로 1950년대 이후 지난 수십 년 동안 심층 해수 전체적으로 장기간에 걸쳐 수온이 지속 상승하고 있는 것(따라서 등수온선은 점점 깊어진다)과는 대조적으로 용존산소는 수심에 따라 급격히 감소하거나 반대로 서서히 감소 혹은 오히려 증가하기도 하는 등 수직적으로 구조적인 변화를 나타냈다. 국내 해양과학자들을 중심으로 1990년대에 중앙수의 부피와 용존산소 농도가 증가했고, 저층수의 부피와 용존산소 농도는 빠르게 감소했다가, 2000년대 이후에는 다시 중앙수의 부피와 용존산소 농도가 빠르게 감소하면서 저층수의 부피와 용존산소 농도 감소는 눈에 띄게 둔화했음이 밝혀졌다(그림 7.28). 이것은 중앙수가 잘 생성되고 심층수가 잘 생성되지

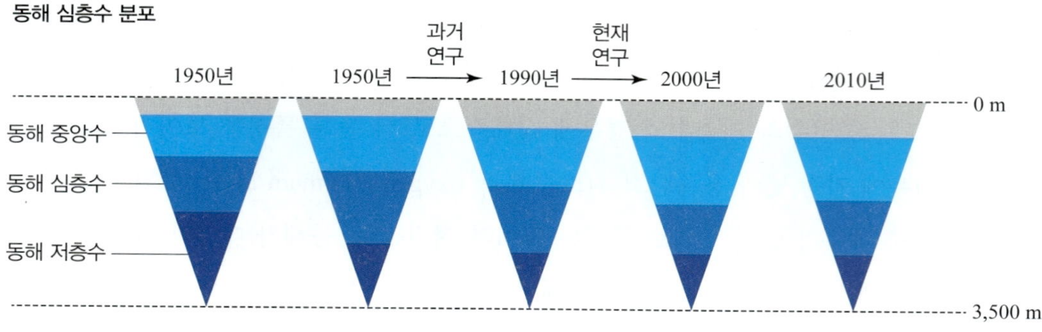

그림 7.28 동해 심층 해수 분포의 시간 변화

않았던 1990년대에 비해 2000년대 이후에는 동해 북부 러시아 연안 대륙붕 해역에서 겨울철 해표면 냉각과 해빙 형성에 따른 염분 방출(brine rejection 또는 brine injection) 과정에 의해 생성된 고밀도의 표층 해수가 동해 북부의 대륙사면을 따라 일본분지 심층까지 혼합되며 저층수를 원활히 생성했기 때문이다. 이처럼 동해의 심층 해수 구성은 일정한 것이 아니라 역동적인 순환 변동에 따라 계속 변화하는 중이다(그림 7.28).

2) 동해 해수의 순환

(1) 동해 유출입 해수 수송량과 표층 순환

동해는 수심이 200 m 이내로 얕고 폭이 비교적 좁은 대한해협, 쓰가루 해협, 소야 해협, 타타르 해협을 통해서만 외부와 연결된 반폐쇄성해(semi-enclosed sea)로서 동중국해로부터의 해수 유입과 태평양으로의 해수 유출은 상층으로만 국한되어 매우 제한적이다. 대한해협을 통과하여 동중국해로부터 동해로 유입하는 해수 수송량은 평균적으로 약 2 Sv(1 Sv = $10^6\ m^3s^{-1}$) 정도로 알려져 있는데, 타타르 해협을 통해 오호츠크해와 교환하는 수송량은 무시할 정도로 작으며, 쓰가루 해협과 소야 해협을 통해 태평양으로 유출되는 해수 수송량은 각각 1.6~1.8, 0.2~0.4 Sv로 알려져 있다. 대한해협을 통해 동해로 유입된 상층의 고온 고염분수(대마난류수)는 일부 동한난류에 의해 한반도 동해안을 따라 북쪽으로 수송되었다가 다시 이안 및 울릉도 부근에서 사행하는 해류를 따라 동쪽으로 수송되며, 대한해협으로부터 외해지류와 일본 연안지류에 의해서도 수송되어 극전선 남쪽의 동해 남부 해역 전체적으로 영향을 미친다. 극전선 북쪽의 동해 북부 해역 표층에서는 일본분지를 따르는 반시계 방향의 순환이 우세하며, 러시아와 북한 연안을 따라 흐르는 연해주한류와 북한한류에 의해 남서쪽 및 남쪽으로 저온 저염분수가 수송된다(그림 7.26).

(2) 반시계 방향으로 흐르는 동해 심층 순환과 독도 심층 해류

해협을 통한 해수 유출입, 해표면을 통한 해양-대기 열과 담수 교환, 그리고 해상풍에 의한 취송류가 우세하게 작용하는 표층 해수 순환과 대비되는 심층 해수 순환은 해저 지형과 밀접하게 관련되어 있다. 이론적으로도 지구 자전 효과와 해저 마찰 효과를 고려하는 경우 북반구(남반구)에서는 수심이 얕은 해역을 오른쪽(왼쪽)에 두고 등수심선을 따라 반시계(시계) 방향의 심층 순환이 우세하게 나타난다. 실제로 1990년대 크리스 프로그램을 통해 심층 계류 유속 관측이 이루어지기 시작하고, 이후 여러 후속 관측 프로그램들의 지원으로 동해 곳곳의 심층에서 계류 유속 관측 자료가 수집되었는데, 이러한 심층 유속 자료의 장기 평균 및 수치 모델 자료 분석 등을 통해 일본분지를 따르는 반시계 방향 순환이 심층에서도 뚜렷하게 나타남을 확인했고, 울릉분지와 야마토분지 가장자리에서도 각각의 반시계 방향 순환이 존재함을 알게 되었다(그림 7.29).

특히 울릉도와 독도 사이에 존재하는 깊은 수로인 울릉 해저간극(Ulleung Interplain Gap)은 심층에서 일본분지와 울릉분지를 연결하는 유일한 통로인데, 그 서부(울릉도 쪽)에서는 일본분지로부터 울릉분지로의 폭이 넓고 약한 유입 흐름이, 그 동부(독도 쪽)에서는 울릉분지로부터 일본분지로의 폭이 좁고 강한 유출 흐름이 우세함이 장기 유속 관측 자료로부터 밝혀졌다. 이때 독도 부근 심층에서 울릉분지로부터 유출하는 좁은 폭의 강한 북향류 흐름은 2000년대 초반에 국내 과학자들에 의해 최초로 발견되어 국제적으로 **독도 심층 해류**(Dokdo Abyssal Current)로 명명되었다(그림 7.30). 일반적으로 새로운 해류를 정의하기 위해서는 지속성과 방향성이 분명해야 하는데, 독도 심층 해류는 수개월 이상

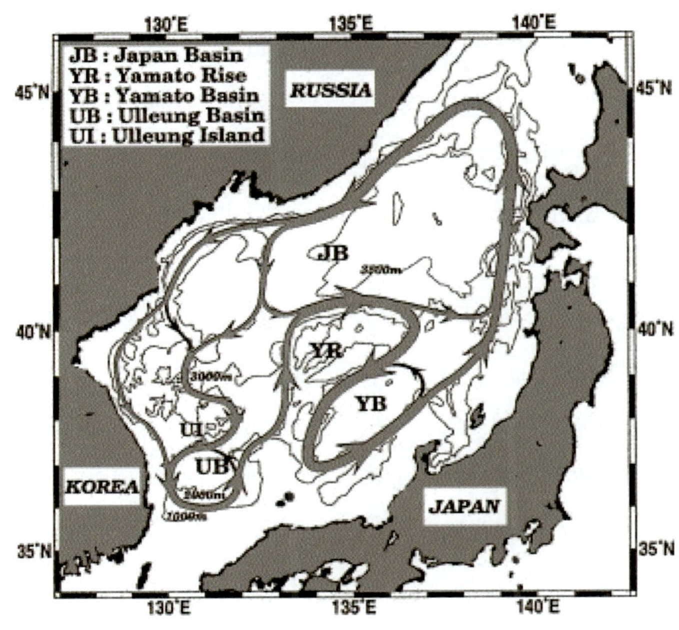

그림 7.29 동해 심층 순환 모식도

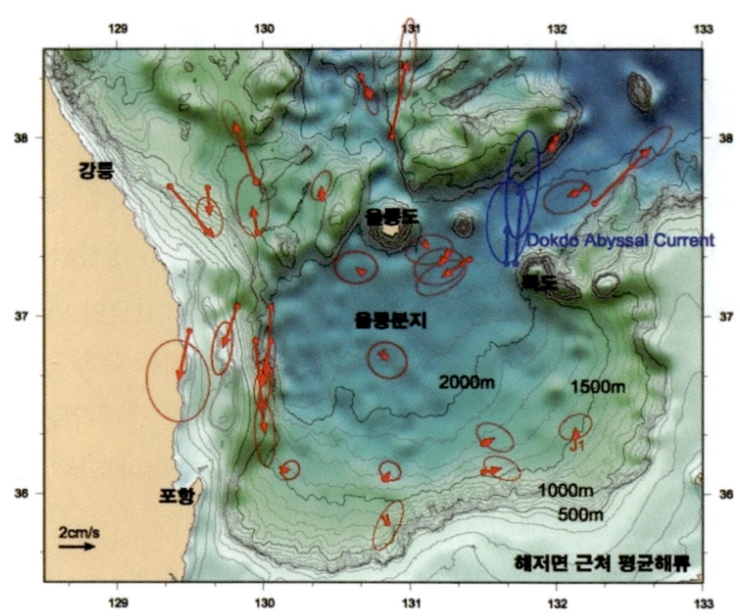

그림 7.30 동해 남서부 해역(울릉분지) 해저면 부근의 심층 평균 유속 벡터(화살표) 관측 결과. 독도 서부 심해에서 북향하는 폭이 좁고 강한 독도 심층 해류(파란색)를 볼 수 있다. 단, 여기서 타원은 시간에 따른 유속과 유향의 변동 범위를 나타낸다.

지속적으로 유의미한 세기의 북향류를 확인하여 이들을 만족하므로 해류로서 정의될 수 있었다. 독도 서부의 심층에서는 독도 심층 해류의 존재로 인해 수심이 깊어 해저면에 더 가까워질수록 유속이 증가하는 독특한 특성도 발견되었다.

(3) 동해 자오면 순환과 10년 규모 변동

독도 심층 해류는 항상 일정한 세기로 흐르는 것이 아니라 여러 다양한 시간 규모로 그 강약이 변동하는 점을 알게 되었는데, 이것은 반시계 방향으로 순환하는 동해 심층 순환 또한 강약 변동이 존재함을 시사한다. 실제로 최근 연구 결과는 동해 북부 해역에서의 심층 해수 생성과 남북 및 상하로 수송되는 동해 내부 **자오면 순환**(meridional overturning circulation) 구조가 일정하지 않고 10년 규모로 크게 변동함을 보여준다. 즉 1990년대 후반에는 저층수보다 중앙수 생성이 더 활발하고 중층에서의 남향류가 두드러져 중층과 심층에서 서로 구분되는 2개의 순환셀(circulation cell)이 우세한 자오면 순환 구조를 보였으나, 2000년대에는 중앙수 생성보다 저층수 생성이 다시 활성화되며 해저면 부근의 심층에서 남향류가 두드러지는 1개의 순환셀이 우세한 자오면 순환 구조로 변동했다(그림 7.31). 이후 2010년대에는 다시 2개의 순환셀이 우세한 이중 순환 구조로 변화하며 동해 내에서 10년 규모의 자오면 순환 변동이 존재함을 알게 되었다. 이러한 자오면 순환 구조의 변동은 대체로 100년 이내라고 알려진 동해의 순환 주기 역시 순환셀 구조에 따라 달리할 수 있음을 의미하며, 동해의 해수 순환뿐만 아니라 산소, 탄소, 영양염 등 생지화학적 순환(biogeochemical cycle)의 변동에도 중요한 시사

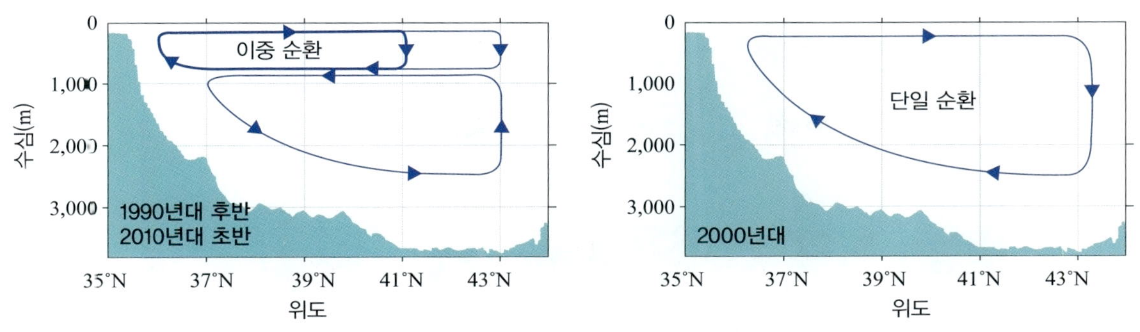

그림 7.31 동해 자오면 순환의 10년 규모 변동

점을 남긴다.

7.6 황해 조석 특징

밀물 때 잠기고 썰물 때 노출되는 지역인 조간대(intertidal zone, tidal flat)는 지질 특성에 따라 암반 조간대, 모래 조간대, 갯벌 조간대로 구분한다. 그중 모래나 점토 입자가 평탄한 지형에 넓게 펼쳐 있는 곳을 갯벌이라고 한다. 한반도 연안에 발달한 갯벌은 캐나다 동부 연안, 미국 동부 조지아 연안, 남아메리카 아마존 유역 연안, 유럽의 북해 연안과 함께 세계 5대 갯벌로 꼽히고 있으며 2021년 7월에 유네스코 세계유산 목록에 'Getbol, Korean Tidal Flats'란 이름으로 등재되었다. 갯벌에는 식물 플랑크톤을 포함하여 다양한 저서생물들이 살고 있으며, 육지에 의해 유입된 오염 물질의 정화, 철새 이동 경로, 염전을 통한 소금 생산, 해일 및 홍수 피해 조절, 막대한 양의 탄소 저장 등 해양학적, 생태학적, 환경학적으로 보존해야 할 매우 가치 있는 곳이다.

한반도 남서해안에는 동해안과 다르게 갯벌 등 다양한 조간대가 넓게 분포하고 있으며, 한국판 모세의 기적이라 불리는 바다 갈라짐 현상도 자주 관찰된다(그림 7.32). 이러한 이유는 기본적으로 조수간만의 차가 매우 크기 때문이다.

국내에서 조위관측소(검조소)를 설치하고 관리하며 조석을 관측하고 예보를 담당하는 기관은 국립해양조사원(http://khoa.go.kr)이다. 그림 7.33은 국립해양조사원에서 제공하는 조위 자료 중 대표적으로 서해안 3개, 동해안 1개 연안 지역에서의 8월 12일(음력 7월 15일) 하루 동안의 조석 변동을 나타낸 그래프이다.

음력 7월 15일같이 달의 위상이 망(보름)일 때는 달과 태양에 의한 기조력의 합력이 최대가 되는 대조(사리) 기간이며, 이 시기에 인천은 최대 925 cm의 조차가 나타났다. 반면에 인천과 위도가 비슷

그림 7.32 전라남도 신안 갯벌

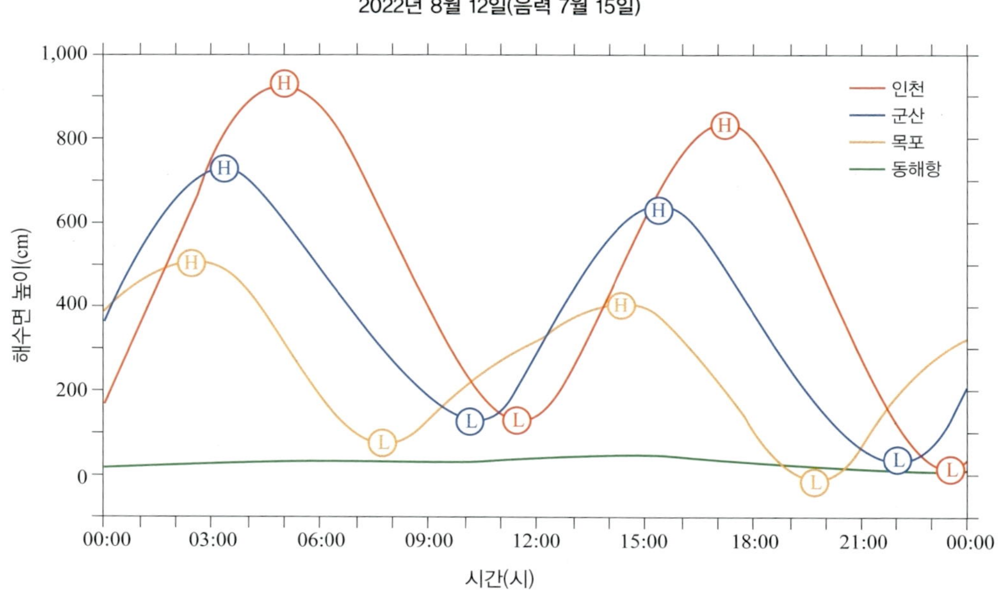

그림 7.33 2022년 8월 12일(음력 7월 15일) 인천, 군산, 목포, 동해항의 조석 변동

한 동해항은 고조(만조)와 저조(간조)의 구분이 뚜렷하지 않은 수 센티미터 이내로 매우 낮은 조차를 보인다. 인천과 같이 서해안에 위치하는 군산, 목포에서도 평균 4~6 m의 대조차를 보이며, 고조 또는 저조가 나타나는 시기가 목포, 군산, 인천 순으로 나타나 서해안을 따라 남쪽에서 북쪽으로 전파하는 조석파의 존재를 확인할 수 있다.

동일 위도에서 조차가 다르며, 동일 경도에서 조시가 다른 현상들은 평형조석론으로는 설명할 수 없으며, 〈6.4 파랑과 조석〉 단원에서 살펴본 동역학적 조석론의 조석파 전파 개념을 도입해야만 설명 가능하다. 태평양으로부터 한반도 동해안과 서해안 부근 해역으로 전파되는 조석파는 동해와 황해 내에서 다른 전파 특성을 보인다. 상대적으로 좁은 폭의 대한해협을 통과하고 급격한 수심 변화를 겪으며 동해로 유입된 **조석파**는 에너지가 급격히 분산되지만, 만의 형태를 띠며 수심이 얕고 완만한 해저면을 갖는 황해에서는 조석 에너지가 집중되어 진폭이 커진다. 이러한 해안선 및 해저 지형 차이로 인해 조석파가 변형되면서 동해와 황해의 조석 형태가 매우 달라진다. 황해로 유입된 조석파는 무조점을 중심으로 반시계 방향으로 회전하는 **켈빈파**(Kelvin waves)의 성격을 띤다. 황해의 동쪽 연안에 위치한 한반도 서해안에서는 남쪽에서부터 북쪽으로 조석파가 진행하게 되어 약 3~5시간의 차이를 두고 남서쪽 해안의 목포에서 인천까지 순차적으로 고조 또는 저조가 나타나게 되는 것이다.

그림 7.34는 수치 모델로 모의된 우리나라 주변 해역의 반일주조(M_2) 성분의 등조시도와 등조차도이다. 황해 및 동중국해에서는 황해 남서부, 산둥반도와 경기만 사이의 황해 중부, 보하이만 북동부와 남서부에 총 4개의 무조점이 존재하며, 동해는 남서부 대한해협 근처에 1개의 무조점만이 존재한다. 북반구에서의 조석파는 켈빈파의 형태로 무조위점을 중심으로 반시계 방향으로 회전하며 전파된다. 그러므로 고조 또는 저조의 시기가 한반도 남해안을 따라 동쪽에서 서쪽으로(부산에서 목포 방향으로), 서해안을 따라 남쪽에서 북쪽으로(목포에서 인천 방향으로) 순차적으로 나타나는 것을 등조시선 분포르부터 확인할 수 있다. 또한 황해 중부의 무조점은 중국 쪽으로 치우쳐 있기 때문에 무조점에서 멀어질수록 조차가 커지는 특성을 고려하면 한반도 서해안이 중국 동해안보다 조차가 크다는 사실도 확인할 수 있다. 이것은 동중국해로부터 한반도 서해안을 따라 황해 내부로 북진하는 조석파

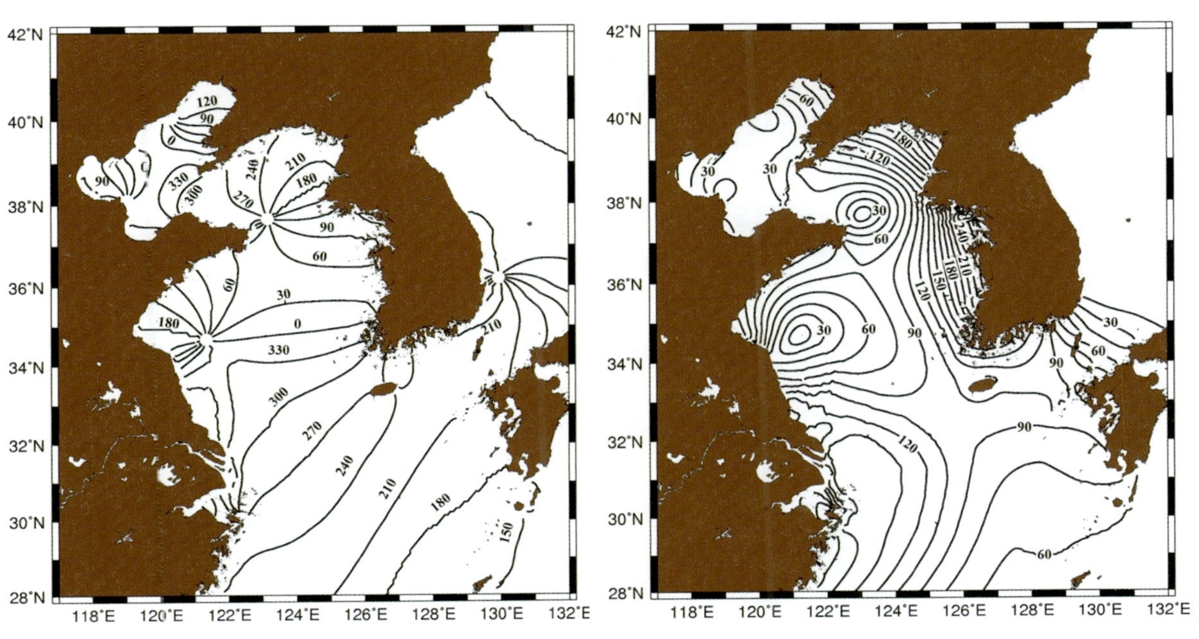

그림 7.34 우리나라 주변 해역의 반일주조(M_2) 성분의 (좌) 등조시도와 (우) 등조차도

의 진폭에 비해 황해 내부로부터 중국 동해안을 따라 동중국해로 남하하는 조석파의 진폭이 마찰 등의 영향으로 작아진 이유 때문으로 알려져 있다.

한반도 서해안의 조차가 큰 이유를 그 해역의 **항만부진동**(seiches)과 같은 고유진동 주기의 **공명**(**공진**, resonance) 현상으로도 설명할 수 있다. 예를 들어 수심이 10 m이고 만의 길이가 100 km인 경기만에서 파장이 만의 길이의 4배인 정상파(standing waves)를 가정한다면 고유진동 주기는 약 11시간 $\left(T = \frac{L}{\upsilon} = \frac{L}{\sqrt{gh}} \simeq \frac{400,000\ m}{\sqrt{10\ ms^{-2} \times 10\ m}} = 40,000\ s \simeq 11\ hr\right)$으로 계산된다. 이는 조석의 반일주기와 비슷해 이 해역에서는 조석과 고유진동 간의 공명 현상으로 조차가 커질 수 있는 물리적 조건이 조성되는 셈이다.

STORYLINE

대기는 기후시스템을 감싸는 얇은 층으로 우주 공간과 기후시스템 사이의 상호 작용이 이루어지는 곳이다. 기후 변화의 원인인 태양 복사와 지구 복사 세기가 대기에서 조절된다. 뿐만 아니라, 기후시스템 내에서 에너지, 운동량, 물질 등이 재분배된다. 다른 권역에 비해 대기에서 물리량의 재분배가 신속한 까닭은 바로 바람의 속력이 크기 때문일 것이다. 공기의 운동인 바람은 작용하는 힘에 따라 여러 종류로 나타난다. 바람의 수렴/발산은 결국 날씨 변화를 유도하여 다양한 구름과 강수 현상을 만든다. 여기에는 날씨의 재료인 수증기가 핵심 역할을 한다. 이 장에서는 평균적인 구조, 대기 안정도 및 열역학적 특징, 구름 발생, 바람의 종류 등을 살펴본다. 복사 에너지 수지와 기후 변화 등은 다음 장에서 다룰 것이다.

- 8.1 대기권의 구조
- 8.2 대기 중의 물
- 8.3 대기 열역학
- 8.4 구름과 강수
- 8.5 바람
- 8.6 기상역학적 기술

대기의 관측적 특징

8.1 대기권의 구조

수백 킬로미터, 특히 수십 킬로미터 높이에 집중되어 있는 대기는 약 6,400 km의 반지름인 지구를 둘러싼 얇은 껍질 같아 보인다(그림 8.1). 이 얇은 껍질 안에서 수많은 물질과 에너지의 순환 등이 이루어지며, 우리가 경험하는 수많은 기상 현상이 일어난다.

1) 기압

지구의 특정 지역, 특정 고도에서 그 위에 있는 대기의 무게로 인한 힘이 나타난다. 단위 면적당 이러한 대기가 누르는 힘을 **기압**(air pressure) 또는 **대기압**(atmospheric pressure)이라고 한다. 기압의 단위는 파스칼(Pa)로 이를 식으로 나타내면 다음과 같다.

$$p\,[\mathrm{Pa}] = \frac{F}{A} = \frac{mg}{A} \qquad \text{(식 8.1)}$$

여기서 p는 기압, F는 힘, A는 면적이며, m은 질량, g는 중력가속도이다.

지구의 지표면에서의 기압인 지면 기압은 전 대기의 무게로 인한 단위 면적당 힘이 된다. 해수면 고도에서의 기압은 **표준 기압**이라고 하며 다음과 같다.

$$101325\ \mathrm{Pa} = 1013.25\ \mathrm{hPa} = 1013.25\ \mathrm{mb} = 76\ \mathrm{cmHg}$$

그림 8.1 지구의 대기

hPa은 Pa의 100배에 해당하는 단위이며, mb는 hPa과 같은 크기의 단위, cmHg는 수은기압계로 기압을 측정했을 때 수은주의 높이를 나타내는 단위이다.

지구는 반지름 6,400 km의 완전한 구이며 중력가속도는 9.8 ms^{-2}, 전 지구 평균 기압이 표준 기압과 같다고 가정한다면 식 8.1을 이용하여 지구를 둘러싼 전체 대기의 질량을 다음과 같이 계산할 수 있다.

$$101325\,[\mathrm{Pa}] = \frac{m\,[\mathrm{kg}] \times 9.8\,[\mathrm{ms}^{-2}]}{4\pi\,(6400000\,[\mathrm{m}])^2}$$

$$m \approx 5.3 \times 10^{18}\ \mathrm{kg}$$

눈에 보이지 않고 실제 무게가 없는 것으로 느껴지지만, 지구를 둘러싼 전 대기의 총질량은 약 5.3×10^{18} kg 혹은 약 5,300조 톤이라는 엄청난 수치에 달한다.

2) 화학적 조성

지구의 대기는 대부분 질소(N_2)와 산소(O_2)로 구성되어 있으며, 아르곤(Ar), 수증기(H_2O), 이산화탄소(CO_2) 등 소량의 기타 기체도 포함하고 있다(표 8.1). 질소는 전체의 78%, 산소는 21%가량을 차지하고 있으며, 이는 대기의 대부분에 해당한다. 질소, 산소, 아르곤 등의 **영구기체**는 시간에 따라 변화하지 않으며 대기 중에서 일정한 비율을 항상 유지하고 있다. 물론 일정한 비율을 유지하고 있다고 해서 생성과 소멸이 일어나지 않는다는 것을 의미하지는 않는다. 생성과 소멸은 끊임없이 일어나고 있지만, 균형을 이루고 있어 대기 중에서 차지하고 있는 비율이 시간에 따라 변화하지 않는 것처럼 보인다.

표 8.1 **지표면 부근 대기의 조성**

영구기체			변량기체			
기체	기호	%(건조 공기)	기체(입자)	기호	%	농도(ppm*)
질소	N_2	78.08	수증기	H_2O	0~4	
산소	O_2	20.95	이산화탄소	CO_2	0.041	410
아르곤	Ar	0.93	메탄	CH_4	0.00018	1.8
네온	Ne	0.0018	아산화질소	N_2O	0.00003	0.3
헬륨	He	0.0005	오존	O_3	0.000004	0.04**
수소	H_2	0.00006	에어로졸(먼지, 검댕 등)	PM	0.000001	0.01~0.15
제논	Xe	0.000009	염화불화탄소	CFC	0.00000001	0.0001

*100만 개의 공기 분자 중에 들어 있는 기체 분자의 개수를 의미한다.

**고도 11~50 km의 성층권에서의 값은 5~12 ppm이다.

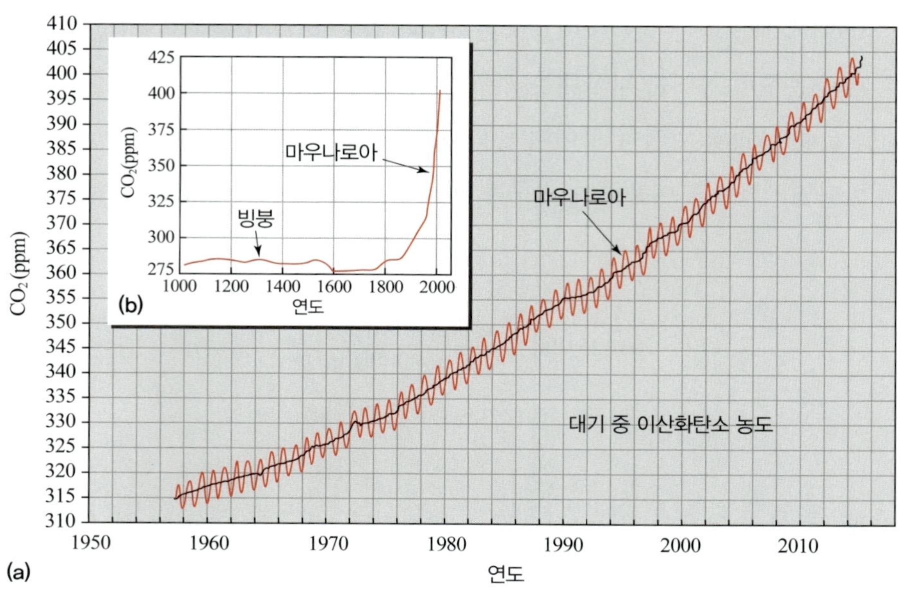

그림 8.2 (a) 마우나로아 관측소에 측정한 1958~2015년까지의 대기 중 이산화탄소 농도(ppm). 검정 선은 연 평균치이며, 빨간색 선은 계절별 변화를 보여준다. (b) 지난 1,000년 동안 남극의 빙붕과 마우나로아에서 관측한 이산화탄소의 농도(ppm)

수증기, 이산화탄소, 메탄(CH_4) 등의 **변량기체**는 시간에 따라 크게 변화한다. 특히 수증기는 장소와 시간에 따른 변화량이 매우 크며, 다른 영구기체에 비해 양은 적지만, 지구 대기권의 일기 현상과 에너지 수지에 있어서 매우 중요한 역할을 한다. 수증기는 온실 효과를 일으켜 지표면 온도를 상승시키는 온실기체 중 하나이다. 하지만 수증기는 대부분 자연적으로 발생하기 때문에 인간 활동에 의한 **지구 온난화**에 있어서는 다른 변량기체에 비해 중요한 역할을 하고 있지 않다.

이산화탄소, 메탄, 아산화질소(N_2O), 오존(O_3), 염화불화탄소(CFC) 등의 변량기체는 시간에 따라 변화하며, 수증기와 마찬가지로 **온실효과**(greenhouse effect)를 일으키는 **온실기체**이다. 특히 이 기체들은 인간 활동에 의해 농도가 크게 변화하기 때문에 지구 온난화에 있어서 매우 중요한 역할을 하고 있으며, 최근 농도가 크게 증가하고 있어 많은 문제가 되고 있다. 그림 8.2는 대기 중 이산화탄소 농도가 하와이 마우나로아(Mauba Loa) 관측소에서 최초로 측정된 1958년 이래 거의 30%나 상승한 것을 보여주고 있다. 남극의 빙붕(ice cores)에서 추정된 이산화탄소 농도는 1000년 이후 약 280 ppm으로 안정되어 있다가 산업혁명 이후 급격하게 증가하였다. 현재 이산화탄소 농도는 연간 약 0.5%(2.0 ppm)씩 증가하고 있는 가운데, 과학자들은 현재의 약 405 ppm에서 금세기 말에 가면 750 ppm에 근접할 것이라고 예상한다.

3) 연직 구조

대기 중의 공기는 지구의 중력으로 인해 지표면 근처에 가장 많이 집중되어 있다. 아래로 끌어당기

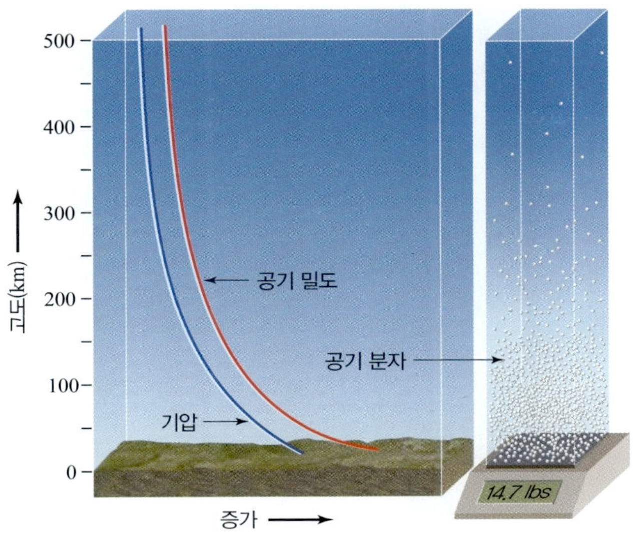

그림 8.3 고도에 따른 공기 밀도와 기압의 변화

는 중력에 의해 공기 분자들은 압축되고, 그 결과 일정한 부피 내의 공기의 질량은 많아지며 공기 밀도(air density)는 커지게 된다. 일정 고도 위의 공기가 많을수록 압축 효과는 더 크기 때문에 낮은 고도에 더 많은 공기가 위치하게 되고 공기 밀도는 더 크다. 따라서 밀도는 지표에서 가장 크고 올라갈수록 작아진다. 그림 8.3을 보면 지표 가까이 있는 공기는 압축되기 때문에 지표에서 올라갈수록 급격히 감소하다가 감소 정도가 점점 작아지는 것을 알 수 있다. 이를 고도에 따라 지수적으로 감소한다고 한다. 고도에 따른 밀도의 변화에 따라 특정 고도 위에 있는 공기의 무게로 정의되는 기압도 밀도와 마찬가지로 높이에 따라 지수적으로 감소한다(그림 8.3).

고도에 따라 지수적으로 감소하는 기압은 다음과 같이 표현된다.

$$p \simeq p_0 e^{-\frac{z}{H}} \quad \text{(식 8.2)}$$

여기서 p_0는 기준 높이에서의 기압을 말하며 보통 해면 고도에서의 기압을 의미한다. z는 고도, H는 **규모 고도**(scale height)이다. 규모 고도는 기압이 $1/e$로 감소되는 고도를 의미하며,

$$H = \frac{RT}{g} \quad \text{(식 8.3)}$$

로 정의된다. 여기서 R은 **기체상수**(= 287 $\mathrm{Jkg^{-1}K^{-1}}$), T는 온도이다. 보통 100 km 이하 고도의 대기에서는 규모 고도가 약 7~8 km의 값을 가지며 높은 고도로 올라갈수록 규모 고도의 값은 작아진다.

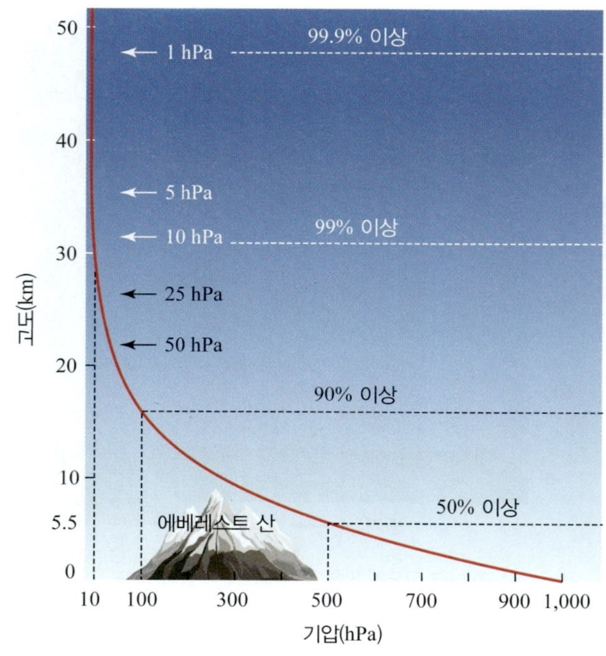

그림 8.4 높이에 따른 기압의 변화

식 8.2를 사용하면 공기의 양에 따른 대략적인 고도를 계산할 수 있다. 전 대기의 50%는 약 5.5 km, 90%는 약 16 km, 99%는 약 32 km, 99.9%는 약 48 km 고도 아래에 분포하고 있다(그림 8.4).

고도에 따라 기온이 감소하는 정도를 **기온 감률**(lapse rate)이라 하며, 다음과 같이 정의된다.

$$\Gamma = -\frac{dT}{dz} \quad \text{(식 8.4)}$$

기온 감률의 부호, 즉 고도에 따른 기온의 증가 또는 감소에 따라 대기를 대류권(troposphere), 성층권(stratosphere), 중간권(mesosphere), 열권(thermosphere)의 4개 층으로 나눌 수 있다(그림 8.5). 지표면에서부터 약 11 km 고도까지를 대류권이라고 하며 대류권에서는 태양광선에 의해 가열된 지표면이 그 위에 있는 대기의 온도를 높여주기 때문에 기온이 고도에 따라 감소하는 양의 기온 감률이 나타난다. 대류권에서는 기온이 평균적으로 약 6.5°C/km씩 감소하고, 이것은 위도에 따른 기온 변화율보다 약 1,000배나 크다. 이러한 기온 감률은 고도, 위치, 계절, 날씨에 따라 일정하지 않으며 경우에 따라서는 고도가 높아질수록 오히려 기온이 올라가는 **기온 역전**(temperature inversion)이 나타나기도 한다. 기온 역전은 지표의 복사냉각, 지표에 발생하는 **한랭이류**, 고기압 중심의 공기의 침강에 의해 생기는 경우가 있다. 대류권에서는 고도에 따른 기온의 감소로 대류(convection) 현상이 잘 발생하며, 수증기의 대부분은 대류권에 존재한다. 그로 인해 지구에서 나타나는 구름, 강수 등을 포함한 거

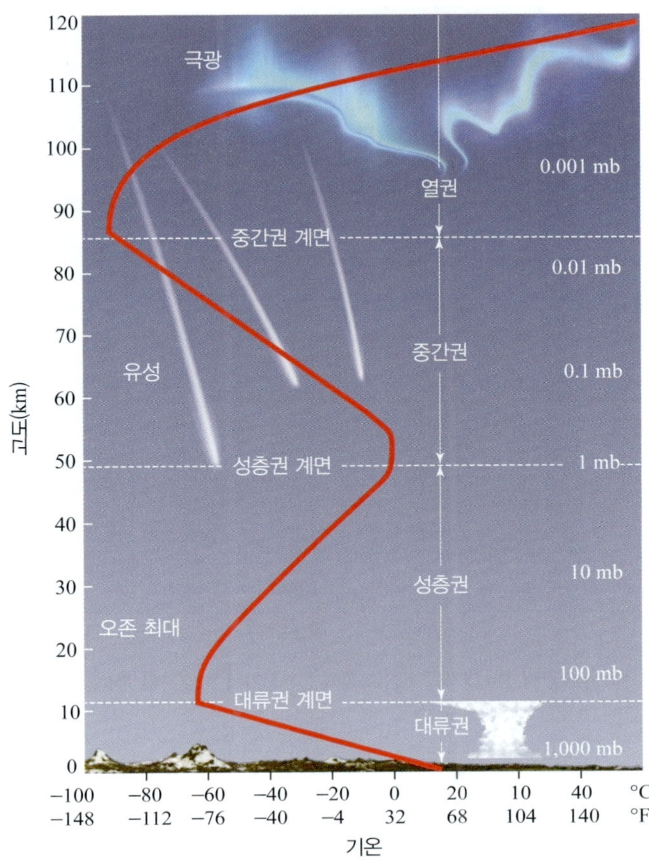

그림 8.5 기온의 변화율에 따른 대기권의 층상 구조

의 모든 기상 현상은 대류권에서 발생한다.

고도 11 km를 넘으면 더 이상 기온이 감소하지 않고 거의 0의 기온 감률이 나타나는데 이 고도를 **대류권 계면**(tropopause)이라 하고 이 고도 위부터는 성층권이 시작된다. 대류권 계면의 높이는 일정치 않고 적도 지역 상공에서는 보통 더 높고 극 지역 상공으로 갈수록 낮아진다. 또한 여름에는 대류권 계면이 높아졌다가 겨울에는 낮아진다. 대류권 계면에서는 50 m/s 이상의 강한 서풍이 불고 있는데, 이를 **제트류**(jet stream)라 한다.

성층권은 고도에 따라 기온이 상승하는 기온 역전이 나타난다. 이 기온 역전에 의해 성층권 내의 대기가 안정화되어 대류 현상이 일어나지 않는다. 성층권에서 기온 역전이 일어나는 이유는 성층권에서 존재하고 있는 **오존층** 때문으로, 오존이 강력한 자외선(UV, ultraviolet rays)을 흡수하여 대기를 가열한다. 오존은 20~30 km 고도에서 최대로 나타나지만, 고도가 높아질수록 공기가 희박하여 오존에 의한 가결이 효과적으로 일어나기 때문에 높이 올라갈수록 기온이 상승한다.

고도 50 km에 다다르면 더 이상 기온이 상승하지 않고 그 위로 다시 기온이 감소하기 시작하는데, 이때의 고도를 **성층권 계면**(stratopause)이라 하고, 그 위에는 중간권이 위치하고 있다. 중간권에서는

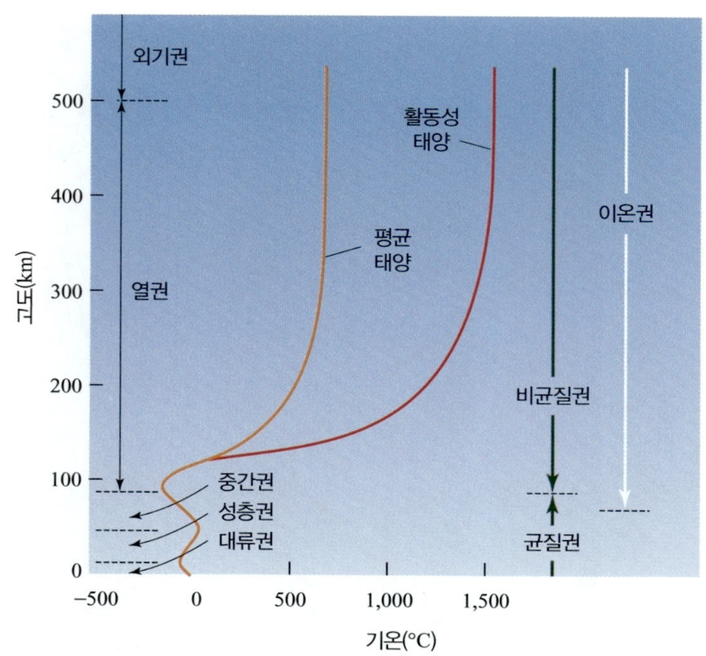

그림 8.6 기온의 변화율(빨간색 선), 대기의 조성(초록색 선), 전기적 특성(하얀색 선)에 따른 대기의 층상 구조

다시 기온이 감소하기 시작한다. 대류권과 마찬가지로 대류 현상이 발생하지만, 수증기가 거의 없어 기상 현상은 발생하지 않는다.

중간권은 약 80 km 고도까지 분포하며 80 km 고도의 **중간권 계면**(mesopause) 위로 열권이 위치한다. 중간권 계면은 대기권에서 가장 기온이 낮은 고도이며, 평균 기온이 −90°C에 달한다. 열권에서는 산소 분자들이 태양광선의 에너지를 흡수하여 대기의 온도를 올리기 때문에 고도에 따라 기온이 상승한다. 열권에는 공기가 매우 희박하여 적은 양의 태양 에너지로도 500°C 이상의 높은 기온을 야기할 수 있으며 태양이 활동적인 시기(낮)에는 1,500°C에 달하는 기온이 나타난다(그림 8.6). 기온이 높기는 하지만 뜨겁다고 느껴지지는 않을 것이다. 공기가 매우 적어 노출된 피부 등에 부딪혀 뜨겁다고 느낄 정도의 열을 전달하지는 않기 때문이다. 열권의 극지방에서는 태양에서 날아오는 대전 입자가 대기와 반응하여 나타나는 발광 현상인 극광 또는 오로라가 발생한다. 열권 위에는 **외기권**(exosphere)이 위치하고 외기권은 지구 대기권의 꼭대기 한계이며 우주 공간으로 이어진다.

지금까지 기온의 변화율에 근거해 대기권의 연직 구조를 살펴보았다. 대기는 대기의 조성에 따라 **균질권**(homosphere)과 **비균질권**(heterosphere)으로도 나눌 수 있다(그림 8.6). 고도 80 km까지 대류권, 성층권, 중간권을 포함하는 균질권에서는 공기가 잘 혼합되어 표 8.1의 질소, 산소, 아르곤, 이산화탄소 등의 주요 기체들의 대기 조성이 일정하여 어느 높이의 공기든지 평균 분자량은 거의 똑같다. 그러나 수증기, 이산화탄소, 오존 등의 변량기체는 균질권 내에서 높이에 따라 상당히 변동한다. 열권의 밑부분부터 대기권 꼭대기까지의 비균질권에서는 공기의 혼합 작용보다는 확산 작용이 크게 일어

그림 8.7 낮과 밤 동안의 이온권과 AM 라디오 전파 원리

나서 산소와 질소 같은 무거운 기체들은 높이에 따라 급격히 감소하고, 수소와 헬륨 같은 가벼운 기체들은 상대적으로 높은 고도에 위치하게 된다.

대기에서는 **이온권**(ionsphere) 또는 **전리층**이라 불리는 이온과 자유 전자가 상당히 밀도 높게 분포되어 있는 층이 고도 60 km 상공에서부터 대기권 꼭대기에 걸쳐 나타난다. 이 이온권은 대부분 열권에 포함되어 있다. 이온권은 장거리 무선 통신에 중요한 역할을 한다. 이온권은 D층, E층, F층으로 나뉘며, 낮에는 D, E, F층 모두 존재하지만 밤에는 F층만 존재한다. D층은 AM 라디오파는 반사시키지만, 반사시킴과 동시에 흡수함으로써 라디오파를 크게 약화시킨다. 그러나 밤에는 D층이 사라져 상대적으로 적게 흡수되는 F층에서 반사된 라디오파는 멀리 이동할 수 있게 된다(그림 8.7).

4) 오존층

오존은 주로 대류권의 오존과 성층권의 오존으로 나뉜다. 대류권의 오존은 오염 물질 중 하나로 태양광선이 있을 때 광화학 반응을 통해 형성되는 **광화학 스모그**(photochemical smog)의 주성분이다. 오존은 불쾌한 냄새를 가진 기체로 눈과 호흡기의 점막을 자극하여 천식, 기관지염 등 만성질환을 악화시키는 유해 물질이다. 오존 형성은 오염된 대기에서 자외선이 이산화질소(NO_2)를 광분해하여 일산화질소(NO)와 산소 원자(O)로 분리시키면서 시작된다.

$$NO_2 + h\upsilon(\lambda < 0.430\ \mu m) \rightarrow NO + O \qquad \text{(식 8.5)}$$

이렇게 생성된 산소 원자는 제3의 분자 M이 있을 때, 산소 분자와 결합하여 오존을 생성한다.

$$O_2 + O + M \rightarrow O_3 + M \qquad \text{(식 8.6)}$$

생성된 오존은 일산화질소와 결합함으로써 파괴될 수 있다.

$$O_3 + NO \rightarrow NO_2 + O_2 \qquad \text{(식 8.7)}$$

다시 자외선에 의해 이산화질소가 일산화질소와 산소 원자로 분해되는 식 8.5의 과정이 일어나고 위 과정이 반복된다. 이러한 반응이 반복될 때, 일산화질소 중 일부가 오존을 분해하지 않고 다른 기체들과 결합하게 되면 오존이 파괴되지 않아 오존의 농도가 높아질 수 있다. 자동차나 공장에서 불완전 연소되어 배출된 탄화수소가 각종 기체와 반응하여 분자를 형성할 때 이 같은 상황이 발생할 수 있다. 일산화질소가 오존을 그대로 둔 채 생성된 분자들과 결합하여 이산화질소 및 다른 화합물을 형성하고 결국 오존 농도가 높아지게 된다.

대기 중 오존의 약 90%는 성층권에 존재하기 때문에, 일반적으로 **오존층**이라 함은 성층권의 오존을 의미한다. 중위도 상공에서는 그림 8.8과 같이 오존이 분포하고 있다. 성층권에서 오존은 20~30 km에 걸쳐 많은 양이 분포하고 있으며 약 25 km 상공에서 최대 농도인 약 12 ppm이 나타난다. 성층권의 오존은 해로운 자외선으로부터 지구 생명체를 보호하는 역할을 하고 있다. 자외선 중 파장이 짧은 0.20~0.29 μm의 UV-C는 염색체 변이를 일으키고, 단세포 유기물을 죽이며, 각막에 손상을 입

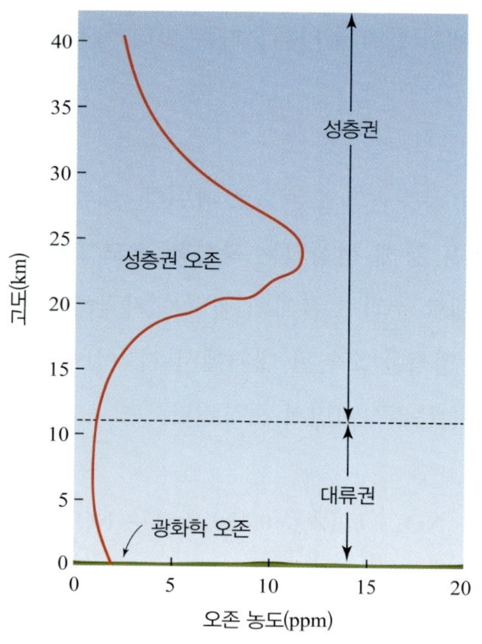

그림 8.8 중위도 상공의 오존 평균 분포

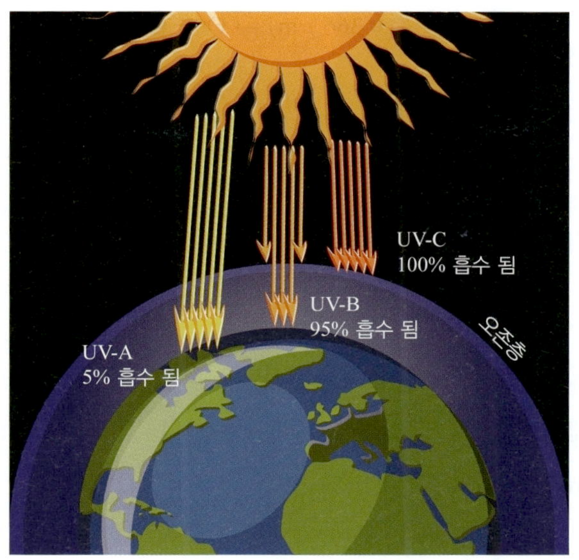

그림 8.9 UV-A, UV-B, UV-C의 오존층에 의한 흡수 정도

힐 정도로 매우 해롭다. 하지만 UV−C는 성층권 오존에 의해 거의 다 흡수된다(그림 8.9). 0.29~0.32 μm의 UV−B는 오존층에 많은 양이 흡수되고 소량이 지표면에 도달한다. 이 UV−B는 피부를 태워 화상을 입히고 때로는 피부암을 일으킬 정도의 에너지를 가지고 있다. 0.32~0.40 μm의 UV-A는 피부를 살짝 그을릴 정도이며 오존층에 거의 흡수되지 않고 지표면에 도달한다.

오존은 성층권에서 산소 원자와 산소 분자가 결합함으로써 자연적으로 생성된다. 먼저 산소 분자가 자외선에 의해 광분해되어 2개의 산소 원자로 나뉜다.

$$O_2 + h\upsilon(\lambda < 0.242\ \mu m) \rightarrow 2O \quad \text{(식 8.8)}$$

이렇게 생성된 산소 원자는 또 다른 산소 분자, 그리고 제3의 물질 M과 같이 반응하여 오존을 형성한다.

$$O + O_2 + M \rightarrow O_3 + M \quad \text{(식 8.9)}$$

여기서 M은 보통 질소 분자와 산소 분자이며, 화학 반응 시 발생하는 에너지를 흡수하는 역할을 한다. 식 8.3과 8.9의 과정을 통해 오존이 생성된다. 생성된 오존은 자외선을 흡수하여 다시 산소 원자와 산소 분자로 광분해된다.

$$O_3 + h\upsilon(\lambda < 0.366\ \mu m) \rightarrow O_2 + O + \text{Energy} \quad \text{(식 8.10)}$$

이 과정에서 발생하는 에너지가 성층권을 데우는 역할을 한다. 오존은 산소 원자와 반응하여 2개의 산소 분자를 만들면서 소멸된다.

$$O_3 + O \rightarrow 2O_2 \quad \text{(식 8.11)}$$

식 8.10과 8.11의 과정을 통해서는 오존이 소멸된다. 오존이 생성되는 과정과 소멸되는 과정에서 자외선을 흡수하여 지표면에 자외선이 도달하지 못하도록 한다. 식 8.8~11의 오존의 생성과 소멸의 전 과정을 **채프먼 순환**(Chapman cycle)이라고 한다.

성층권 오존은 자연적인 생성과 소멸 과정을 거치면서 일정한 농도를 유지할 수 있다. 하지만 인간 활동에 의해 배출된 화학 물질이 성층권으로 올라가 오존층을 파괴하게 된다. 오존층의 파괴는 특히 남극 상공에서 심각하게 일어나며 그 결과로 **오존홀**(ozone hole)이 생기기에 이르렀다(그림 8.10).

오존을 파괴하는 다양한 화학 물질 중에는 염화불화탄소도 포함된다. 염화불화탄소는 자외선을 흡수하여 염소(Cl)를 생성하고, 이 염소가 순환 촉매 반응을 일으켜 오존을 파괴한다.

$$CFCl_3 + h\upsilon(0.19 < \lambda < 0.22\ \mu m) \rightarrow CFCl_2 + Cl \quad \text{(식 8.12)}$$

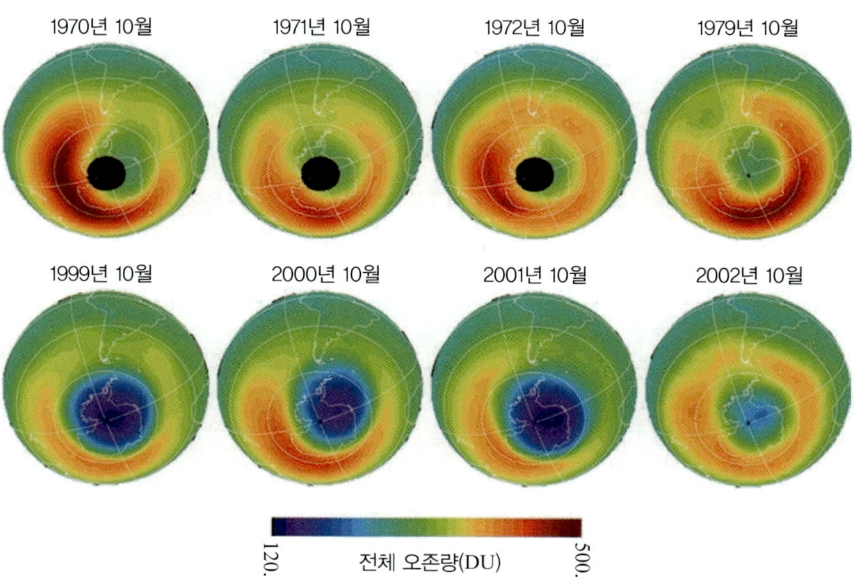

그림 8.10 위성에 의해 관측된 1970년부터 2002년까지 10월 남극 상공의 오존 분포. 보라색에 가까울수록 오존 농도가 낮은 것을 의미한다. 1970, 1971, 1972년의 작은 검정색 원은 결측으로 인해 자료가 없는 것이다.

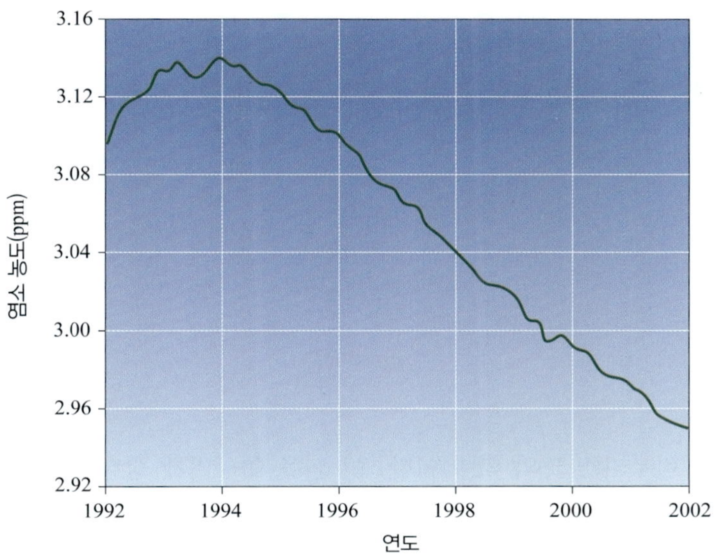

그림 8.11 전 지구 대기 중 염소의 평균 농도 변화

$$CF_2Cl_2 + h\upsilon(0.19 < \lambda < 0.22\ \mu m) \rightarrow CF_2Cl + Cl \quad \text{(식 8.13)}$$

식 8.12와 8.13으로 생성된 염소는 식 8.11의 오존–산소 순환의 반응에 촉매로 작용해 오존의 파괴를 가속화시킨다.

$$Cl + O_3 \rightarrow ClO + O_2 \quad \text{(식 8.14a)}$$

$$ClO + O \rightarrow Cl + O_2 \quad \text{(식 8.14b)}$$

$$\text{Net (식 8.14a + 식 8.14b)}: O_3 + O \rightarrow 2O_2 \quad \text{(식 8.15)}$$

식 8.15에서 볼 수 있듯이, 염소는 식 8.11의 반응을 촉진하는 역할을 하고, 소멸되지 않는 것을 알 수 있다. 이렇게 오존을 파괴하고 다시 생성된 염소 원자 하나가 오존 분자 10만 개를 제거한 뒤에야 다른 물질과 결합해 파괴가 멈춘다는 추산도 나와 있다. 이에 국제사회는 1987년에 염화불화탄소의 사용을 금지하는 **몬트리올 의정서**(Montreal Protocol)에 서명했다. 그 결과로 대기 중 염소의 농도는 꾸준히 감소하고 있는 추세이다(그림 8.11). 하지만 이미 배출된 염화불화탄소는 성층권에서 수십 년간 머무르며 오존층을 파괴하고 있어, 과학자들은 2050년이 되어야 성층권의 오존 농도가 1980년 이전 수준으로 되돌아갈 것이라고 예상하고 있다.

5) 정역학 평형

대기의 상태는 압력, 온도, 밀도의 값에 의해 결정된다. 이 변수들은 이상기체에 대해 다음과 같은 식으로 표현된다.

$$p = \rho RT \qquad \text{(식 8.16a)}$$

또는

$$p\alpha = RT \qquad \text{(식 8.16b)}$$

여기서 ρ는 밀도, α는 비부피(밀도의 역수)이다. 이 식을 이상기체 상태 방정식이라고 부른다. 이상기체는 구성 분자의 부피가 거의 0이며, 분자들 사이에 작용하는 힘이 없고 상호 작용하지 않는다는 점에서 실제기체와는 다르다. 하지만 일반적인 대기 상태에서는 이상기체와 실제기체가 크게 다르지 않기 때문에 대기는 이상기체 상태 방정식을 따른다고 할 수 있다.

공기는 기압의 차이로 발생하는 **기압 경도력**(pressure gradient force, 기압 경도력에 대해서는 8.6절 기상역학적 기술 단원에서 자세히 다룬다)에 의해 공기가 많은 쪽(고기압)에서 공기가 적은 쪽(저기압)으로 이동한다. 상공으로 올라갈수록 기압은 지수적으로 감소(그림 8.14)하기 때문에, 연직 방향의 기압 경도력은 항상 위쪽으로 강하게 작용한다. 위쪽으로의 강한 기압 경도력에도 불구하고 공기는 우주 공간으로 빠져나가지 않는다. 이는 위로 작용하는 기압 경도력이 아래로 작용하는 중력과 거의 균형을 이루고 있기 때문이다. 이러한 연직 방향에서의 기압 경도력과 중력의 균형을 **정역학 평형**(hydrostatic equilibrium)이라고 한다. 공기가 정역학 평형 상태에 있을 때, 공기에 작용하는 연직 방향의 순 힘이 없기 때문에 순 연직 가속도는 0이 된다. 대기는 대부분의 시간 동안 심지어 공기가 서서히 일정한 속도로 상승 또는 하강할 때조차도 순간적인 정역학 평형 상태를 유지한다. 그러나 심한 뇌우나 토네이도 등 매우 큰 연직 가속도가 있는 경우에는 정역학 평형이 성립하지 않는다.

다음 그림 8.12와 같이 정역학 평형 상태에 있는 공기에 가해지는 중력과 연직 방향 기압 경도력의 균형은 다음과 같이 표현된다.

$$-dp = \rho g dz \qquad \text{(식 8.17a)}$$

또는

$$\frac{dp}{dz} = -\rho g \qquad \text{(식 8.17b)}$$

위 식을 **정역학 방정식**(hydrostatic equation)이라고 한다. 지구의 한 지점의 높이 z인 곳에 대해 z부

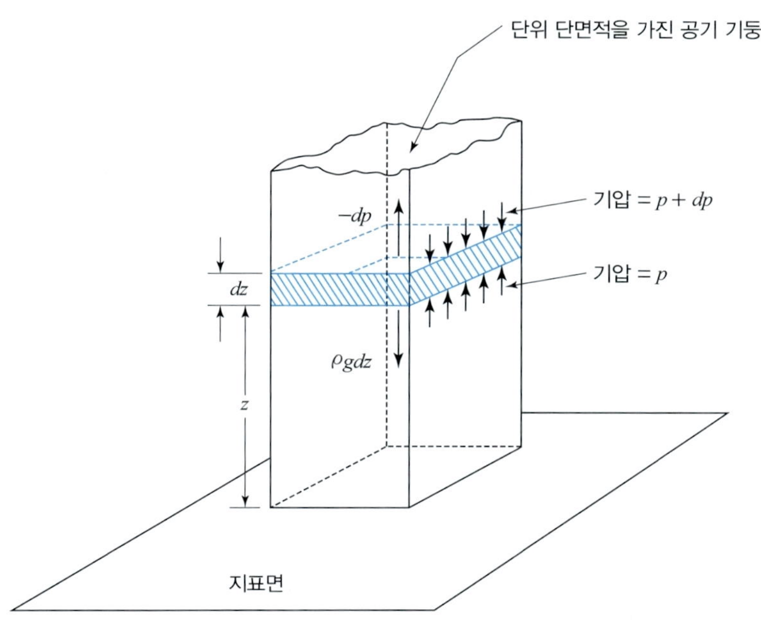

그림 8.12 정역학 평형을 나타내는 그림. 작은 화살표는 공기층에 가해지는 힘을 나타낸다. 아래쪽으로 가해지는 중력(ρgdz)에 의한 힘과 위쪽으로 가해지는 기압 차이($-dp$)로 인한 힘이 균형을 이루고 있다.

터 대기 꼭대기까지 식 8.17a를 적분하면 다음과 같다.

$$-\int_{p(z)}^{p(\infty)} dp = \int_{z}^{\infty} \rho g dz \qquad \text{(식 8.18)}$$

대기 꼭대기에서의 기압은 0이므로($p(\infty) = 0$) 이를 정리하면,

$$p(z) = \int_{z}^{\infty} \rho g dz \qquad \text{(식 8.19)}$$

가 된다. 식 8.19는 특정 높이 z에서의 기압은 그 위에 있는 단위 면적의 수직 공기 기둥의 무게와 같다는 것을 수식으로 보여주고 있다(8.1절 1)항 참조).

특정 고도에서의 **지오퍼텐셜**(ϕ, geopotential)은 1 kg의 공기 덩어리를 중력에 대항하여 해면으로부터 특정 고도까지 올리는 데 필요한 일로 정의된다. 지오퍼텐셜의 단위는 J kg^{-1} 또는 m^2s^{-2}을 사용한다. 고도 z에 있는 공기 1 kg에 가해지는 중력은 중력가속도 g와 같다. 따라서 1 kg 공기 덩어리를 z에서 $z + dz$까지 들어올리는 데 필요한 일은 gdz이며, 이는 다음과 같이 표현된다.

$$d\phi = gdz \quad \text{(식 8.20)}$$

식 8.20을 고도 0에서 z까지 적분하면,

$$\phi(z) = \int_0^z gdz \quad \text{(식 8.21)}$$

이 되고, 식 8.21의 양변에 전 지구 평균 중력 g_0(≡ 9.80665 ms^{-2})를 나누어 정규화시켜서 m 단위의 **지오퍼텐셜 고도**(Z, geopotential height), 즉 지위 고도를 구할 수 있다.

$$Z = \frac{1}{g_0}\int_0^z gdz = \frac{\phi(z)}{g_0} \quad \text{(식 8.22)}$$

기하학적인 고도 z와 비교하여, **지위 고도**는 에너지가 중요한 역할(예: 종관 규모, 대규모 대기 운동)을 하는 대부분의 대기과학 분야에서 연직 좌표로 사용된다. 표 8.2에서 기하학적인 고도와 지위 고도는 하층 대기에서는 거의 비슷하지만 상층으로 올라갈수록 그 차이가 커지는 것을 볼 수 있다.

표 8.2 중위도 40° 지역에서의 기하학적 고도, 지위 고도, 중력가속도의 값

z (km)	Z (km)	g (ms^{-2})
0	0	9.81
1	1.00	9.80
10	9.99	9.77
100	98.47	9.50
500	463.6	8.43

식 8.20에 식 8.17b와 식 8.16a를 대입해서 정리하면,

$$d\phi = gdz = -\frac{1}{\rho}dp = -\frac{RT}{p}dp = -RTd\ln p \quad \text{(식 8.23)}$$

가 된다. 식 8.23을 z_1부터 z_2에 대해서 적분하고, 식 8.22를 사용하여 지위 고도 형태로 정리하면 다음과 같이 표현된다.

$$\phi(z_2) - \phi(z_1) = g_0(Z_2 - Z_1) = -R\int_{p_1}^{p_2} T d\ln p = R\int_{p_2}^{p_1} T d\ln p \tag{식 8.24}$$

식 8.24와 p_1과 p_2 사이의 평균 온도 $\langle T \rangle$를 다음과 같이 정의하면,

$$\langle T \rangle = \left[\int_{p_2}^{p_1} d\ln p\right]^{-1} \int_{p_2}^{p_1} T d\ln p \tag{식 8.25}$$

대기층 두께 Z_T를 구하는 **측고 공식**(hypsometric equation)을 구할 수 있다.

$$Z_T = Z_2 - Z_1 = \frac{R\langle T \rangle}{g_0} \ln\left(\frac{p_1}{p_2}\right) \tag{식 8.26}$$

식 8.3의 규모 고도를 사용하면, 식 8.26은 다음과 같이 더 간단히 표현된다.

$$Z_T = H\ln\left(\frac{p_1}{p_2}\right) \tag{식 8.27}$$

두 기압면 사이에 있는 대기층의 두께는 그 기압면 사이의 평균 온도에 비례한다. 똑같은 기압 차이가 있을 때, 따뜻한 공기층이 차가운 공기층보다 두껍다. 식 8.27에서 고도 0인 지표면과 특정 고도 사이의 두께를 고려하여, 그 고도의 높이를 구하는 식으로 나타낼 수 있다.

$$Z = H\ln\left(\frac{p_0}{p}\right) \tag{식 8.28}$$

식 8.27을 특정 고도에서의 기압에 대해 정리하면 다음과 같으며, 이는 기압의 연직 변화를 나타낸 식 8.2와 동일하다.

$$p(Z) = p(0)e^{-\frac{Z}{H}} \tag{식 8.29}$$

8.2 대기 중의 물

대기 중의 물은 눈에 보이지 않는 기체인 수증기, 액체인 물과 고체인 얼음의 형태로 존재한다. 대기 중의 물은 시간과 장소에 따라 크게 다르며, 날씨와 밀접한 관계가 있다. 물은 끊임없이 형태가 변화하며 순환하고 있다. 이를 **물 순환** 또는 **수문 순환**(hydrological cycle)이라고 한다(그림 8.13). 지표면과 바다의 물은 증발(evaporation)을 통해 수증기 형태로 대기로 유입되며, 대기 중의 수증기는 응결(condensation)되어 구름이 되고, 이 구름 입자들은 성장하고 커져서 강수(precipitation)로 다시 지표면과 바다로 들어간다. 특정 시간과 장소에서는 증발과 강수로 인한 물의 양이 동일하지 않지만, 장기간 동안 지구 전체를 고려하면 증발과 강수의 양이 거의 같으며, 이로 인해 지구상에는 물의 평형이 유지된다.

1) 증발, 응결 및 포화

대기 중의 수증기가 포화되는 과정을 좀 더 쉽게 이해하기 위해 그림 8.14와 같이 용기 안에 담겨진 물을 살펴보자. 액체 상태인 물은 증발하여 수증기가 되어 공기 중으로 들어가고, 기체 상태인 수증기는 응결하여 물로 들어간다. 초기 상태에서는 증발되는 분자수가 응결되는 분자수보다 많기 때문에 물은 조금씩 줄어들고, 공기 중의 수증기는 조금씩 많아진다. 이러한 상태에 있는 공기를 **불포화**(unsaturated)되었다고 한다. 용기의 뚜껑을 덮으면 일정 시간이 지난 후에 증발되는 분자수와 응결되는 분자수가 같아지면서 균형을 이룬다. 증발과 응결은 계속 일어나지만, 공기 중의 수증기량은 더 이상 변하지 않으며, 이러한 상태에 있는 공기를 **포화**(saturated)되었다고 한다.

그림 8.13 수문 순환

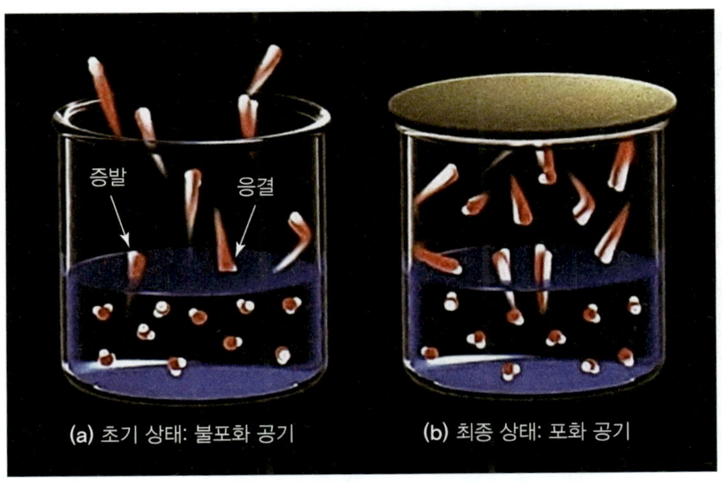

그림 8.14 (a) 불포화 공기와 (b) 포화 공기에서의 물과 수증기의 증발과 응결

공기의 무게로 인해 기압이 발생하는 것처럼, 공기 중에 수증기가 존재하면 수증기가 가하는 압력이 발생한다. 이때 수증기가 가하는 압력을 **수증기압**(e, vapor pressure)이라고 한다. 수증기량이 많아지면 수증기압이 높아지고, 수증기량이 적어지면 수증기압도 낮아지기 때문에 대기 중의 수증기량을 나타내는 데 수증기압을 사용한다. 수증기압의 단위는 일반적으로 기압의 단위인 hPa을 사용한다. 그림 8.14b에서처럼 포화된 상태에서의 수증기압은 **포화 수증기압**(e_s, saturation vapor pressure)이라고 한다.

포화 상태에서 기온이 올라가면 더 많은 물의 증발이 일어나게 되고, 더 많은 수증기가 공기 중에 존재하는 상황에서 증발과 응결이 균형을 이루면서 포화 수증기압도 증가하게 된다. 즉 포화 수증기압은 기온의 함수가 되는 것이다. 물과 마찬가지로 얼음에서도 포화 수증기압은 존재한다. 같은 조건에서 물에 비해 얼음의 분자 간 결합력이 크기 때문에 수증기로 변하기 어려워 상대적으로 얼음 주변의 수증기량이 적어 포화 수증기압은 작다. 기온에 따른 물과 얼음의 포화 수증기압은 다음과 같은 근사식으로 표현된다.

$$\text{물에서의 포화 수증기압: } e_s = 6.1078e^{\left(\frac{17.27T}{T+237.3}\right)} \qquad \text{(식 8.30)}$$

$$\text{얼음에서의 포화 수증기압: } e_{si} = 6.1078e^{\left(\frac{21.875T}{T+265.5}\right)} \qquad \text{(식 8.31)}$$

여기서 물과 얼음의 포화 수증기압의 단위는 hPa이며, 기온의 단위는 °C이다. 위 식은 근사식의 하나로서 실제로는 포화 수증기압을 계산하는 데 있어서 여러 방법에 의한 다양한 근사식이 있다. 포화 수증기압은 그림 8.15와 같이 기온에 따라 지수적으로 변화한다. 10°C에서 물의 포화 수증기압은 약

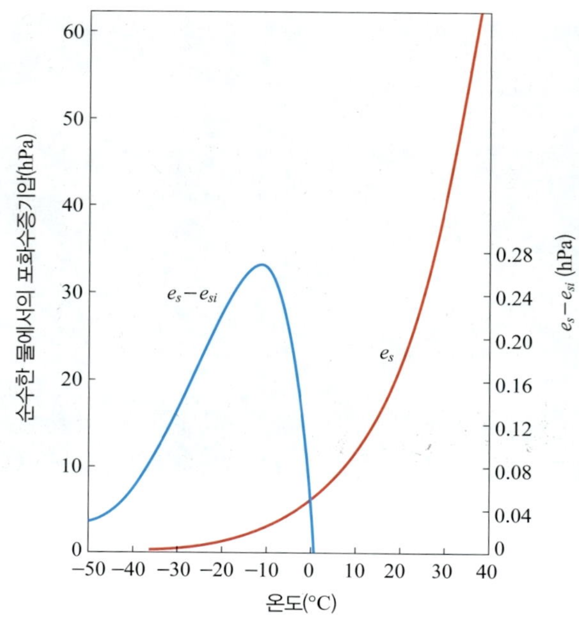

그림 8.15 온도에 따른 포화 수증기압의 변화(빨간색 선)와 물과 얼음 표면에서의 포화 수증기압의 차이(파란색 선)

12 hPa이지만, 30°C에서는 약 42 hPa로 매우 크게 증가하는 것을 알 수 있다. 0°C 이하에서는 물(정확히는 과냉각수적이다)과 얼음의 포화 수증기압의 변화를 볼 수 있는데, 약 −10°C에서 물과 얼음의 포화 수증기압의 차이가 가장 크게 나타난다.

2) 습도

습도(humidity)는 대기 중의 수증기량을 나타내는 용어이다. 습도를 나타내는 데에는 다양한 방법이 있으며, 앞서 설명한 수증기압도 그중 하나이다. **절대습도**(AH, Absolute Humidity)는 공기 1 m^3당 포함된 수증기량을 g으로 나타낸 습도의 척도이며 다음과 같이 수증기압과 온도로 계산될 수 있다.

$$\mathrm{AH} = 217\frac{e}{T}[\mathrm{g/m^3}] \quad \text{(식 8.32)}$$

여기서 온도는 절대온도(단위: K)를 사용한다. 공기는 기압이나 기온이 변하면 부피가 변하기 때문에 같은 양의 공기에 같은 양의 수증기가 있다고 하더라도 절대습도는 공기의 부피가 변화함에 따라 매우 크게 변화한다.

공기의 부피 대신 질량을 사용하여 **비습**(q, specific humidity)과 **혼합비**(w, mixing ratio)가 정의된다. 비습은 공기 1 kg당 포함된 수증기량을 g으로 나타내고, 혼합비는 건조 공기(dry air) 1 kg당 포함된 수증기량을 g으로 나타낸다. 대기 중에서 수증기가 완전히 제거된 공기를 건조 공기라 하고, 수증기가 포함된 공기를 습윤 공기(moist air)라 한다. 습윤 공기는 건조 공기와 수증기로 구성되어 있다. 비습과 혼합비는 다음과 같이 기압과 수증기압으로 계산될 수 있다.

$$q = 0.622\frac{e}{p}[\mathrm{kg/kg}] = 622\frac{e}{p}[\mathrm{g/kg}] \tag{식 8.33}$$

$$w = 0.622\frac{e}{p-e}[\mathrm{kg/kg}] = 622\frac{e}{p-e}[\mathrm{g/kg}] \tag{식 8.34}$$

식 8.33과 8.34를 비교하면 대기 중에서 비습이 항상 혼합비보다 약간 작지만, 기압에 비해 수증기압이 매우 작아 비습과 혼합비는 거의 같다. **포화 혼합비**(w_s, saturation mixing rate)는 포화된 공기에서의 혼합비를 의미하며, 식 8.34에서 e 대신 e_s를 사용하여 정의된다.

일상생활에서 가장 많이 사용하는 일반적인 습도는 **상대습도**(RH, Relative Humidity)를 의미하는 경우가 많다. 상대습도는 대기 중 실제 수증기량 대신 공기가 얼마나 포화에 근접해 있는지를 알려준다. 상대습도는 특정 온도와 압력에서 포화에 필요한 최대 수증기량 대비 실제 수증기량이 얼마나 있는지를 %로 나타낸 개념이다. 공기의 상대습도가 100% 미만이면 **불포화**라고 하며, 100%인 경우는 포화, 100%를 넘는 경우는 **과포화**(supersaturation)라고 한다. 상대습도는 포화 수증기압(e_s) 대비 수증기압(e)의 비율, 또는 포화 혼합비(w_s) 대비 혼합비(w)로도 정의된다.

$$RH[\%] = \frac{e}{e_s}\times 100 = \frac{w}{w_s}\times 100 \tag{식 8.35}$$

상대습도는 공기 중의 수증기량의 변화로 인해 e 또는 w가 변하거나 기온의 변화로 인해 e_s 또는 w_s가 변할 때 변한다. 상대습도는 수증기량의 변화에 비례하고, 기온의 변화에는 반비례한다. 그림 8.16은 상대습도와 기온의 일변화를 보여준다. 보통 하루 중 실제 수증기량의 변화는 기온의 변화로 인한 포화 수증기압의 변화에 비해 작은 경향이 있다. 그래서 하루 중 상대습도의 변화는 기온의 변화와 대체로 반대 경향을 보인다.

일정한 기압의 특정 기온 T에서 기온이 계속 내려간다고 가정해보자. 기온이 내려가면 포화 수증기압이 줄어들기 때문에 상대습도는 계속 올라가게 된다. 기온이 계속 내려가서 상대습도가 100%가 되면 포화가 되고 응결이 일어나게 되는데, 이때의 기온을 **이슬점**(T_d, dew point)이라고 한다. 공기 중의 수증기량이 적을수록 기온이 더 많이 내려가야 포화가 일어날 것이고, 반대로 수증기량이 많다면 기온이 약간만 내려가도 포화가 일어날 것이다. 즉 상대습도가 낮을수록 기온과 이슬점의 차이는 커지고, 상대습도가 높으면 기온과 이슬점은 크게 차이가 나지 않을 것이다. 일정한 기압일 때, 특정

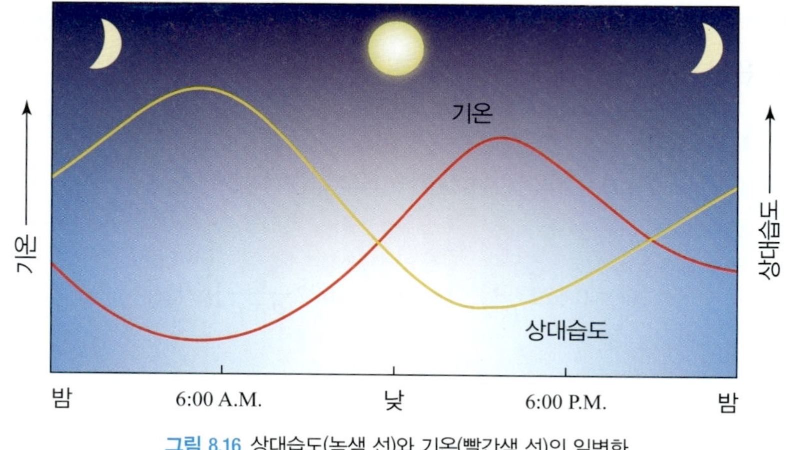

그림 8.16 상대습도(녹색 선)와 기온(빨간색 선)의 일변화

기온 T에서의 수증기압(또는 혼합비)은 이슬점에서의 포화 수증기압(또는 포화 혼합비)과 같으므로 상대습도를 구하는 식 8.36은 다음과 같이 표현될 수 있다.

$$RH[\%] = \frac{e_s(T_d,\ p)}{e_s(T,\ p)} \times 100 = \frac{w_s(T_d,\ p)}{w_s(T,\ p)} \times 100$$

(식 8.36)

습구온도(T_w, wet-bulb temperature)는 주어진 대기 상태에서 증발을 통해 열을 빼앗김으로써 도달할 수 있는 최저 냉각온도이다. 일반적으로 습구온도는 **건습구온도계**를 사용하여 측정한다. 상대습도가 100%인 경우 온도계를 감싼 천에서 증발이 일어나지 않아 습구온도가 기온(건구온도)과 같고, 상대습도가 낮을수록 증발로 많은 열을 빼앗기기 때문에 습구온도 역시 낮아진다. 100% 미만의 상대습도에서 습구온도는 기온보다 낮고, 이슬점보다 높다. 습도가 낮을수록 기온과 습구온도의 차이, 습구온도와 이슬점의 차이는 커진다. 상대습도가 100%인 경우 기온, 습구온도, 이슬점이 모두 같다.

3) 잠열

모든 물질은 일반적으로 고체 · 액체 · 기체 상태로 나누어지고, 그 상이 변하는 동안 열을 흡수하거나 방출한다. 이때 흡수 또는 방출되는 열을 **잠열**(latent heat) 또는 **숨은열**이라고 한다. 상변화가 일어나는 동안에는 열의 흡수 또는 방출에 따라 주변 온도를 내리거나 올리게 되며, 흡수 또는 방출된 모든 열이 상변화에 사용되기 때문에 물질 자체의 온도는 변화하지 않는다.

그림 8.17에서 보여주듯이 얼음이 물로 융해(fusion 또는 melting), 물이 수증기로 증발(evaporation), 얼음이 수증기로 승화(sublimation)될 때 에너지를 흡수하여 주변을 냉각시킨다. 반면에 수증기가 물로 응결(condensation), 물이 얼음으로 결빙(freezing), 수증기가 얼음으로 침적(deposition)될 때에는

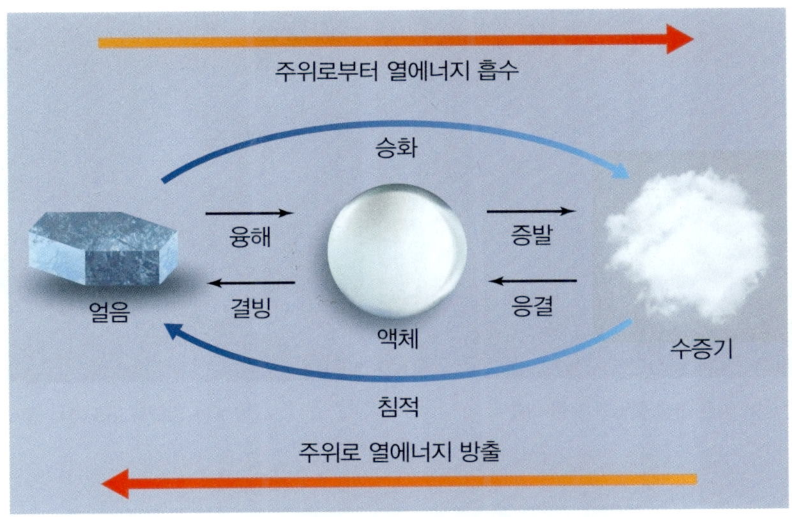

그림 8.17 물의 상변화와 관련된 열의 흡수와 방출

에너지를 방출하여 주변을 가열시킨다. 0°C에서 얼음 1 g이 물로 융해되는 데 필요한 열을 융해열(heat of fusion)이라 하며 그 값은 약 80 cal/g 정도 된다. 0°C에서 물 1 g이 얼음으로 결빙되면서 방출하는 열인 결빙열(heat of freezing)은 약 80 cal/g으로 융해열과 정확히 같다. 0°C에서의 증발열(heat of evaporation)과 응결열(heat of condensation)은 약 600 cal/g이다. 0°C에서 얼음 1 g이 수증기로 승화될 때의 승화열(heat of sublimation)은 융해열과 증발열의 합인 약 680 cal/g이 되며, 수증기가 얼음이 될 때에는 이와 같은 약 680 cal/g의 침적열(heat of deposition)을 방출한다. 1기압에서 물이 끓는 온도인 100°C에서의 증발열과 응결열은 약 540 cal/g으로, 0°C에서의 값보다 작다.

4) 이슬과 서리

맑고 바람이 없는 밤부터 이른 아침까지 지표면 근처는 지구 복사로 인한 **복사냉각**(radiative cooling) 때문에 급속히 냉각된다. 기온이 내려가서 이슬점에 다다르면, 대기 중에 있는 수증기가 응결되기 시작한다. 이렇게 응결된 수증기가 나뭇잎, 풀잎 등에 물방울로 맺히게 되는데, 이를 이슬(dew)이라고 한다(그림 8.18). 이슬이 생긴 후에 기온이 계속 내려가서 영하가 되면 이슬이 얼게 되어 언 이슬(frozen dew)이 만들어진다(그림 8.19). 복사냉각으로 고도가 높아질수록 기온이 올라가는 **역전층**(inversion layer)이 지표 근처에 만들어지기 때문에 수십 센티미터 상공보다 지표면에 가까운 풀잎에 이슬이 더 잘 맺히게 된다.

이슬은 맑고 바람이 없을 때 만들어지기 쉽다. 구름이 낀 흐린 날에는 구름이 지표면에서 방출된 지구 복사를 흡수하여 다시 지구로 재방출하는 온실 효과를 일으킬 수 있다. 온실 효과에 의해 기온이 맑은 날에 비해 덜 떨어지게 되고 이슬점까지 냉각이 일어나지 않을 수 있다. 그리고 바람이 많이

그림 8.18 이른 아침 풀잎에 맺힌 이슬

그림 8.19 영하의 온도에서 얼어 만들어진 언 이슬

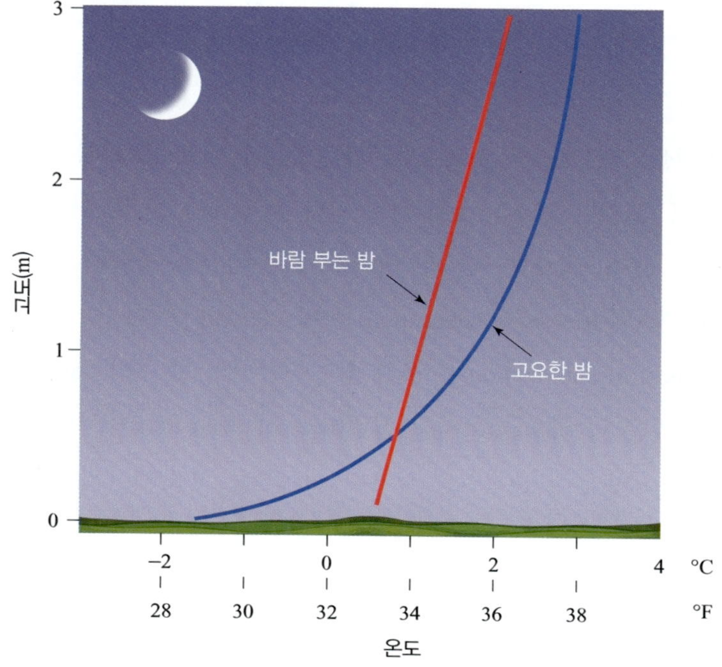

그림 8.20 고요한 밤과 바람 부는 밤 동안의 고도에 따른 기온의 변화

불게 되면, 역전층이 형성되어 있는 상황에서 상대적으로 기온이 낮은 지표 근처의 공기와 기온이 높은 상공의 공기가 효과적으로 섞여 지표면 근처의 기온이 올라가게 된다(그림 8.20). 이 때문에 기온이 이슬점까지 내려가기 힘들어 이슬이 생성되지 않게 된다. 따라서 이른 새벽에 이슬이 맺혀 있다는 사실은 지난밤에 날씨가 매우 맑아 구름이 없었고 바람이 거의 불지 않고 고요했었다는 것을 알려준다.

추운 겨울 맑고 바람이 불지 않는 아침에 기온이 매우 급격하게 떨어져 0 °C보다 낮은 온도의 이슬점에 도달했을 때는 수증기가 물로 변하는 응결을 거치지 않고 바로 얼음이 되는 침적이 일어난다. 이 과정에서 물방울 형태의 이슬 대신 하얀 색 빙정 형태의 서리(frost)가 만들어진다(그림 8.21). 이때 서리가 만들어지는 영하의 이슬점을 서리점(frost point)이라고 한다. 서리는 눈과 비슷한 모양을 하고 있어서 언 이슬(그림 8.19)과는 쉽게 구분된다.

5) 안개

안개(fog)는 이슬과 유사하게 대기 중의 수증기가 응결하여 물방울로 변하면서 눈에 보이는 현상을 말한다. 상대습도 100% 미만의 불포화 상태의 공기가 포화되면서 안개가 생성된다. 공기의 포화는 일반적으로 냉각 또는 수증기의 증가로 만들어질 수 있다.

이른 새벽 밤 동안 복사냉각으로 형성된 안개를 **복사안개**(radiation fog) 또는 땅 근처에 형성된다고 하여 땅안개라 한다. 복사안개는 지표 부근의 얇은 습윤 대기층이 상대적으로 건조한 대기 밑에 깔리는 구름 없는 밤에 가장 잘 만들어진다. 지표면이 냉각되어 바로 위의 공기도 냉각되며 역전층이 만들어진다. 지표 부근이 냉각됨에 따라 바로 위의 습윤 대기층은 급속도로 포화되어 안개가 형성된다. 밤이 길수록 복사냉각 시간이 길어져 안개의 발생이 더욱 빈번해진다. 따라서 복사안개는 늦가을과 겨울철 육지에서 자주 발생한다. 차가운 공기는 무거워 계곡 바닥에 쌓이기 때문에 산악 지역 저지대의 계곡에서 복사안개를 많이 볼 수 있는데, 이를 **골안개**(valley fog)라고 한다(그림 8.22). 복사냉각으로 차가워진 지표면 근처에 발생한 복사안개는 일반적으로 태양이 뜨고 지표면이 가열되어 역전층이 소멸되면서 같이 소멸된다.

따뜻하고 습윤한 공기가 차가운 지표 위를 지날 때 이 공기가 이슬점까지 냉각되어 포화되면서 **이류안개**(advection fog)가 만들어질 수 있다. 해안가에서 멀리 떨어진 따뜻한 바다 위에서 수증기가 공급되고 데워진 공기가 상대적으로 차가운 해안가의 바다 또는 지표면 위로 이류되면 공기가 하부로부터 냉각되어 포화에 이를 수 있다. 그림 8.23은 미국 샌프란시스코 금문교 주변에 이류안개가 짙게 끼어 있는 것을 보여준다. 해안에서 내륙으로 부는 바람에 의해 내륙으로 이동함에 따라 지표면에 가까운 안개는 흩어지고 윗부분만 낮게 뜬 회색 구름 형태로 남아 태양을 가리게 된다. 더 내륙으로 들

그림 8.21 추운 겨울 아침에 내린 서리

그림 8.22 이른 아침 계곡에 낀 복사안개

그림 8.23 미국 샌프란시스코 금문교를 통과하는 이류안개

그림 8.24 산 중턱에 낀 활승안개

(a) 복사안개

(b) 이류안개

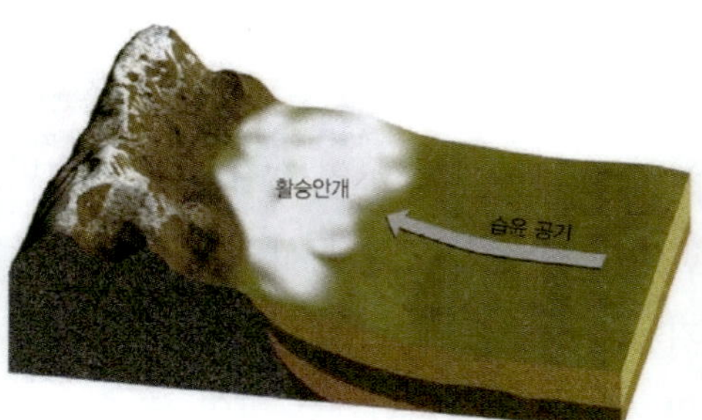

(c) 활승안개

그림 8.25 (a) 복사안개, (b) 이류안개, (c) 활승안개의 발생 원리

어가면 더운 공기를 만나 이 낮은 구름도 사라져버린다.

충분한 습기를 가진 습도가 높은 공기 덩어리가 산의 경사면을 타고 올라갈 때 생기는 안개를 **활승안개**(upslope fog)라 한다. 공기 덩어리가 산의 경사면을 타고 올라갈 때 주변의 기압이 낮아지기 때문에 팽창을 하게 되는데, 이때 팽창을 하면서 에너지를 소모한 공기 덩어리의 온도는 낮아지게 된다. 공기 덩어리가 계속 상승하면서 냉각되면 포화에 이르게 되고 상당히 높은 고도에서 안개를 형성한다(그림 8.24).

그림 8.25는 복사안개, 이류안개, 활승안개의 발생 원리를 시각적으로 보여주고 있다. 이류안개는 습윤 공기가 바람에 의해 상대적으로 찬 바다 또는 지표면 위로 이동할 때 생기는 반면, 복사안개는 공기의 수평적인 이동 없이 비교적 안정된 조건에서 형성된다. 이와 달리 활승안개는 공기의 수직적인 이동에 의해 형성된다. 복사안개, 이류안개, 활승안개는 공기의 이동 특성은 다르지만 모두 공기의 냉각으로 인한 포화가 원인이 되어 형성되는 안개이다.

찬 공기가 따뜻한 수면 위로 이동할 때, 수면으로부터 물이 증발하여 수증기가 대기로 공급된다. 수증기의 공급에 의해 포화됨에 따라 안개가 생성되는데, 이렇게 생성된 안개를 **증발안개**(evaporation fog)라 한다. 추운 날 수영장이나 온천과 같은 따뜻한 물 위에서 김처럼 보인다 하여 증발안개를 **김안**

그림 8.26 천연 온천 위에 형성된 증발안개

표 8.3 기온에 따른 포화 혼합비의 변화

기온(℃)	포화 혼합비(g/kg)
−20	0.8
−15	1.2
−10	1.8
−5	2.6
0	3.8
5	5.5
10	7.8
15	10.8
20	15

개(steam fog)라고도 한다(그림 8.26). 증발안개가 생성될 때 따뜻한 수면에 접한 대기 하층은 급속히 가열되고, 이는 대기를 불안정하게 만들어 안개 생성을 방해한다. 따라서 증발안개가 발생하려면 기온과 수온의 차가 상당히 커야 하고, 수면으로부터 높지 않은 고도에 역전층이 있어 대기 하층이 안정되어 있어야 한다. 그래서 겨울철 수온이 꽤 높은 노천 온천에서 증발안개가 잘 생성된다.

대기가 차고 습한 상황에서 내리는 상대적으로 따뜻한 비가 안개를 만들어 낼 수 있다. 찬 공기층에서 따뜻한 빗방울이 떨어지면 빗물의 일부는 공기 속으로 증발한다. 이 과정으로 공기가 포화되고 안개가 생길 수 있다. 이러한 안개는 보통 온난전선이 오기 직전 또는 한랭전선이 지나간 직후 차고 얇은 대기층에서 나타나며, 이를 **전선안개**(frontal fog)라 한다.

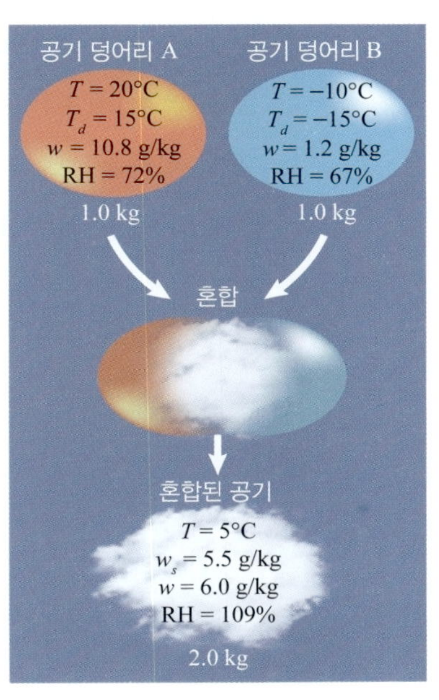

그림 8.27 불포화된 두 공기 덩어리 A, B의 혼합으로 포화 공기 덩어리가 만들어지는 과정

냉각 또는 수증기의 증가 외에 단순히 불포화 공기의 혼합으로 공기가 포화되어 안개가 생성될 수 있다. 그림 8.27과 같이 공기 덩어리 A와 B를 생각해보자. 공기 덩어리 A의 온도는 20°C, 혼합비는 10.8 g/kg이고 공기 덩어리 B의 온도는 −10°C, 혼합비는 1.2 g/kg이다. 표 8.3에 따르면, 20°C와 −10°C에서의 포화 혼합비는 각각 15 g/kg과 1.8 g/kg이다. 따라서 공기 덩어리 A와 B의 상대습도를 구하면,

$$RH_A[\%] = \frac{10.8\ \text{g/kg}}{15\ \text{g/kg}} \times 100 = 72\% \qquad \text{(식 8.37)}$$

$$RH_B[\%] = \frac{1.2\ \text{g/kg}}{1.8\ \text{g/kg}} \times 100 \approx 67\% \qquad \text{(식 8.38)}$$

이 된다. 두 공기 덩어리 모두 상대습도가 100% 미만이기 때문에 불포화 공기이다. 이제 두 공기 덩어리의 질량이 같다고 가정하고 섞어보자. 혼합된 공기의 온도와 혼합비는 각각 5°C, 6 g/kg이 된다. 표 8.3을 이용하여 혼합된 공기의 상대습도를 구해보면,

$$RH[\%] = \frac{6\ \text{g/kg}}{5.5\ \text{g/kg}} \times 100 \approx 109\% \quad \text{(식 8.39)}$$

가 된다. 상대습도가 100%가 넘기 때문에 공기가 섞인 후 포화되었다는 것을 알 수 있다. 냉각 또는 수증기의 추가 없이 단순히 불포화 공기 덩어리를 혼합했음에도 불구하고 혼합된 공기는 포화되었다. 이러한 과정을 통해 앞서 설명한 냉각 또는 수증기의 증가가 없는 상황에서 혼합에 의해 안개가 생성될 수 있다.

그림 8.28은 불포화 공기의 혼합에 의해 안개(또는 구름)가 생성되는 원리를 보여준다. 기온에 따른 포화 혼합비(또는 포화 수증기압)의 변화가 선형적이지 않고, 기온이 올라갈수록 가파르게 증가하는 곡선 형태를 보이기 때문에 포화 혼합비 곡선 아래의 불포화 공기 덩어리 A, B가 혼합에 의해 포화 혼합비 곡선 위의 포화(정확히는 과포화)된 공기 덩어리가 되고, 안개 또는 구름이 생성될 수 있는 것이다.

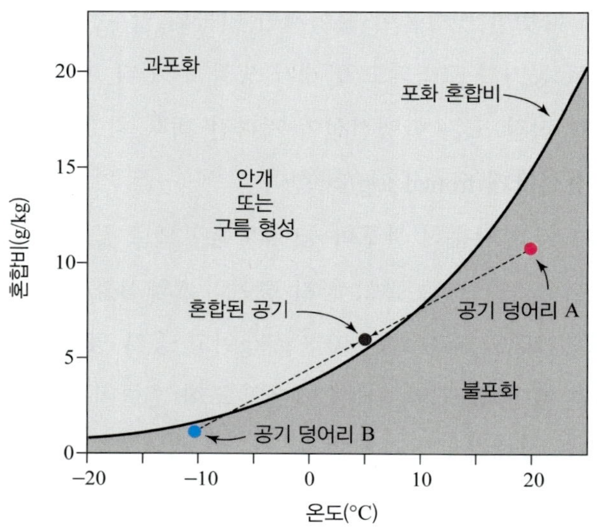

그림 8.28 기온에 따른 포화 혼합비의 변화. 불포화된 두 공기 덩어리 A, B의 혼합으로 포화 공기 덩어리가 만들어진다.

8.3 대기 열역학

대기 열역학은 아주 작은 구름을 만드는 미세 과정에서부터 전 지구 규모의 대기 대순환에 이르기까지 다양한 과정에 있어서 중요한 역할을 하고 있다. 대기 중에서 열과 에너지가 전달되는 과정을 다루며, 이를 통해 대기의 단열 과정, 안정도, 에너지 순환 등을 열역학적인 관점에서 살펴본다.

1) 열역학 제1법칙

닫힌 계로 열이 가해진다면, 이 열은 그 계 자체의 에너지가 변화하거나 그 계가 외부로 일하는 데 쓰일 것이다. 즉 가해진 열(Q, thermal energy)은 내부 에너지(U, internal energy)의 변화와 한 일(W, external work)의 합으로 표현된다. 이를 **열역학 제1법칙**(the first law of thermodynamics)이라고 한다. 열역학 제1법칙에 따르면, 닫힌 계에서 에너지의 형태는 달라지더라도 총에너지는 보존된다. 대기 열역학에서는 닫힌 계를 단위 질량의 공기 덩어리에 적용하여 상승 또는 하강의 연직 운동을 하는 공기 덩어리에 대해 열에너지, 주위와 주고받는 일, 그리고 내부 에너지 변화 사이의 관계를 설명하는 데 이 법칙을 주로 사용한다. 또한 대기 열역학에서는 많은 경우 공기 덩어리에 가해진 열이 없는 상황을 가정하여, 주고받는 일과 내부 에너지의 변화에 초점을 맞추어 공기 덩어리의 열역학적 운동에 대해 분석한다. 이러한 상황을 **단열 과정**(adiabatic process)이라 하며, 반대로 열에너지의 입출입이 있는 상황을 **비단열 과정**(diabatic process)이라고 한다.

열역학 제1법칙은 다음과 같이 표현된다.

$$dQ = dU + dW \quad \text{(식 8.40)}$$

식 8.40을 공기 덩어리의 질량으로 나누어 단위 질량당 각 항의 식으로 정리하면,

$$dq = du + dw \quad \text{(식 8.41)}$$

가 된다. q, u, w는 각각 단위 질량당 열에너지, 내부 에너지, 일을 의미한다. 공기 덩어리가 주위와 주고받는 일은 공기 덩어리의 팽창 또는 수축으로 인한 부피의 변화에 기인한다. 일과 부피의 변화 사이의 관계를 이해하기 위해 그림 8.29와 같이 실린더에 들어 있는 물질이 팽창하는 상황을 가정해보자.

팽창하는 물질이 가한 힘(F)에 의해 힘의 방향으로 일정 거리(dx)만큼 움직였을 때, 이 물질이 한 일은 가한 힘과 이동 거리의 곱과 같다.

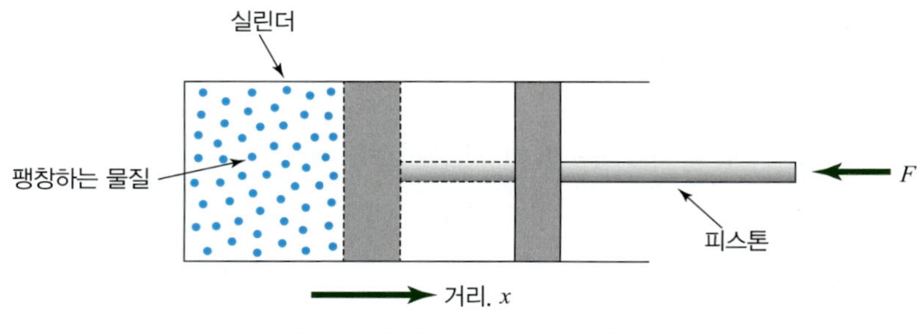

그림 8.29 실린더에 들어 있는 물질의 팽창

$$dW = Fdx \tag{식 8.42}$$

기압(p)은 단위 면적(A)당 힘이고, 면적과 이동 거리의 곱은 부피 변화(dV)이므로 식 8.42를 다음과 같이 나타낼 수 있다.

$$dW = pAdx = pdV \tag{식 8.43}$$

식 8.43을 단위 질량의 공기 덩어리에 적용하면,

$$dw = p\frac{dV}{m} = pd\left(\frac{1}{\rho}\right) = pd\alpha \tag{식 8.44}$$

가 된다. 식 8.44를 식 8.41에 대입하면 공기 덩어리의 부피 변화를 나타내는 열역학 제1법칙의 다른 형태를 얻을 수 있다.

$$dq = du + pd\alpha \tag{식 8.45}$$

줄의 법칙(Joule's law, 정확히는 줄의 제2법칙)은 이상기체의 내부 에너지가 부피와 압력과는 무관하고 오로지 온도에만 의존한다는 법칙이다. 즉 내부 에너지는 온도만의 함수이며 온도가 일정한 상황에서는 부피와 압력이 변하더라도 내부 에너지는 변하지 않으며 온도 변화에 의해서만 내부 에너지의 변화가 일어난다.

단위 질량의 물질의 온도를 1°C 올리는 데 필요한 열에너지를 **비열**(specific heat)이라고 한다. 부피 변화가 없는 상황에서의 비열은 **정적 비열**(C_v, specific heat at constant volume)이라고 하며, 압력 변화가 없는 상황에서는 **정압 비열**(C_p, specific heat at constant pressure)이라고 한다. 정적 비열과 정압 비열은 그 정의에 따라 다음과 같이 표현된다.

$$C_v = \left(\frac{dq}{dT}\right)_{v_{\text{constant}}} \quad \text{(식 8.46)}$$

$$C_p = \left(\frac{dq}{dT}\right)_{p_{\text{constant}}} \quad \text{(식 8.47)}$$

식 8.45가 부피 변화가 없는 상황에서는 $dq = du$이기 때문에, 식 8.46의 정적 비열은 다음과 바꿔 쓸 수 있다.

$$C_v = \left(\frac{du}{dT}\right)_{v_{\text{constant}}} \quad \text{(식 8.48)}$$

줄의 법칙에 따라 내부 에너지는 오로지 온도만의 함수이므로, 식 8.48로부터 $du = C_v dT$임을 알 수 있으며, 이를 식 8.45에 대입하면,

$$dq = C_v dT + p d\alpha \quad \text{(식 8.49)}$$

가 된다. 식 8.49는 정적 비열과 온도로 표현되는 열역학 제1법칙의 다른 형태이다.

비부피 항을 포함한 이상기체 상태 방정식 8.16b를 미분하면,

$$p d\alpha + \alpha dp = RdT \quad \text{(식 8.50)}$$

와 같이 되고, 이를 식 8.49에 대입하면 다음과 같다.

$$dq = C_v dT + RdT - \alpha dp \quad \text{(식 8.51)}$$

압력 변화가 없는 상황에서 식 8.51은

$$dq = C_v dT + RdT \quad \text{(식 8.52)}$$

로 정리되고, 식 8.47과 식 8.52로부터

$$C_p = C_v + R \tag{식 8.53}$$

이 된다는 것을 알 수 있다. 식 8.53을 식 8.51에 대입하면 다음의 정압 비열과 온도로 표현되는 열역학 제1법칙을 구할 수 있다.

$$dq = C_p dT - \alpha dp \tag{식 8.54}$$

2) 단열 과정

앞서 설명한 바와 같이 단열 과정은 가해지는 열 또는 빠져나오는 열 없이 공기 덩어리의 압력, 부피, 온도 등의 물리적 상태가 변하는 것을 말한다. 열의 변화가 없기 때문에 식 8.49와 식 8.54에서 dq가 0이 된다.

$$C_v dT = -pd\alpha = -pd\left(\frac{1}{\rho}\right) \tag{식 8.55}$$

$$C_p dT = \alpha dp \tag{식 8.56}$$

대기 열역학에서는 일반적으로 공기 덩어리가 단열 과정 상황에서 상승, 하강의 연직 운동을 하는 것을 주로 다룬다. 공기 덩어리가 단열적으로 상승할 때, 기압이 감소($dp < 0$)하여 공기 덩어리는 팽창($d\alpha > 0$)하는데 이를 **단열 팽창**(adiabatic expansion)이라고 한다. 단열 팽창하기 때문에 식 8.55와 식 8.56에 의해서 온도가 감소($dT < 0$)하는 **단열 냉각**(adiabatic cooling)이 일어난다. 반대로 공기 덩어리가 단열적으로 하강할 때에는 공기 덩어리의 부피가 줄어드는 **단열 압축**(adiabatic compression)과 온도가 올라가는 **단열 가열**(adiabatic heating)이 일어난다. 그림 8.30은 이러한 단열 과정에서의 상승과 하강 운동에 의한 부피와 온도의 변화를 잘 보여주고 있다.

각각 다른 고도에 위치하고 있는 공기 덩어리의 온도와 주변 환경의 온도를 비교하여 그 공기 덩어리가 상승할지 하강할지 판단할 수 있다. 이는 8.3절 4)항에서 후술할 대기의 안정도를 판정하는 데에 있어 매우 중요하다. 하지만 공기 덩어리는 상승 또는 하강 운동을 할 때 온도가 변화하기 때문에 열역학적으로 공기 덩어리의 온도를 다루기 위해서는 **온위**(θ, potential temperature)라는 개념이 사용된다. 공기 덩어리의 온위는 공기 덩어리가 위치하는 기압 p에서 표준기압 p_0(일반적으로 1,000 hPa)

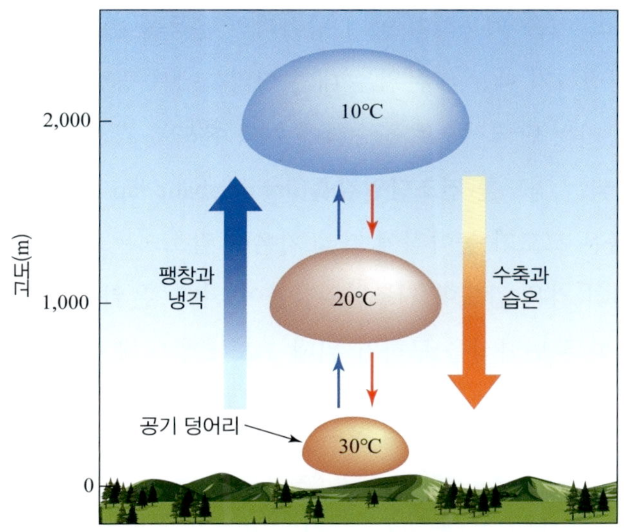

그림 8.30 단열 과정에서 공기 덩어리의 상승과 하강에 의한 부피와 온도의 변화

까지 단열적으로 이동시켰을 때의 온도로 정의된다. 식 8.56에 이상기체 상태 방정식 8.16b를 대입하고 (p_0, θ)에서 (p, T)까지 적분하면 다음과 같이 정리된다.

$$\frac{C_p}{R}\int_{\theta}^{T}\frac{dT}{T}=\int_{p_0}^{p}\frac{dp}{p} \qquad \text{(식 8.57)}$$

양변의 적분을 계산하면,

$$\frac{C_p}{R}\ln\left(\frac{T}{\theta}\right)=\ln\left(\frac{p}{p_0}\right) \qquad \text{(식 8.58)}$$

가 되고, 식 8.58을 θ에 대해서 정리하면 다음의 온위식을 구할 수 있다.

$$\theta = T\left(\frac{p_0}{p}\right)^{R/C_p} \qquad \text{(식 8.59)}$$

여기서 기체상수 $R = 287\ \mathrm{JK^{-1}kg^{-1}}$이고 정압 비열 $C_p = 1,004\ \mathrm{JK^{-1}kg^{-1}}$이므로, $R/C_p \approx 0.286$이 된다. 식 8.59를 **푸아송 방정식**(Poisson's equation)이라고 부른다.

온위는 공기 덩어리를 단열적으로 p_0까지 이동시켜 얻은 값이기 때문에, 온위는 공기 덩어리가 단열 과정에서 운동을 한다면 변하지 않고 보존된다. 따라서 단열 과정을 가정한다면 공기 덩어리는 등온위면을 따라서 운동하고, 이를 이용하여 공기 덩어리의 운동을 손쉽게 추적할 수 있다. 대기의 많은 과정은 단열 과정에 근접하기 때문에 온위는 대기 열역학에서 굉장히 중요하고 유용한 개념이다.

그림 8.30에서와 같이 공기는 단열적으로 상승함에 따라 온도가 감소한다. 포화되지 않은 공기가 상승함에 따라 온도가 감소되는 정도를 **건조단열감률**(dry adiabatic lapse rate)이라고 한다. 식 8.4에서 설명한 바와 같이 **기온 감률**은 고도가 높아짐에 따라 기온이 감소되는 정도로 정의되는데, 단열적인 상황에서 고도가 높아질 때의 기온 감률이 건조단열감률이 된다. 온위를 나타내는 식 8.59의 양변에 로그(ln)를 취하고, 고도에 따른 변화식을 구하기 위해 고도 z에 대해 미분하면 다음과 같이 나타낼 수 있다.

$$\frac{d}{dz}(\ln\theta)=\frac{d}{dz}(\ln T)+\frac{d}{dz}\left(\frac{R}{C_p}\ln p_0\right)-\frac{d}{dz}\left(\frac{R}{C_p}\ln p\right) \quad \text{(식 8.60)}$$

p_0은 고도에 따라 변하지 않는다는 것을 고려하고, 정역학 방정식 8.17b와 이상기체의 상태 방정식 8.16a를 이용하여 식 8.60을 기온 감률에 따라 정리하면,

$$-\frac{dT}{dz}=\frac{g}{C_p}-\frac{T}{\theta}\frac{d\theta}{dz} \quad \text{(식 8.61)}$$

가 된다. 단열적으로 상승할 때 온위는 변하지 않기 때문에, $\frac{d\theta}{dz}=0$이 되고, 이때의 기온 감률이 건조단열감률 Γ_d가 된다.

$$\Gamma_d \equiv -\frac{dT}{dz}=\frac{g}{C_p} \quad \text{(식 8.62)}$$

식 8.62에 중력가속도 $g=9.81\ \mathrm{ms^{-2}}$, 정압 비열 $C_p=1{,}004\ \mathrm{JK^{-1}kg^{-1}}$을 대입하면 $\Gamma_d \approx 0.0098\ \mathrm{Km^{-1}}$ 또는 $9.8\ \mathrm{Kkm^{-1}}$이 된다. 즉 포화되지 않은 공기는 고도가 1 km 상승함에 따라 약 9.8 K씩 온도가 내려가게 된다.

3) 습윤 대기의 열역학

수증기가 포함된 불포화 공기 덩어리는 단열 상승하면서 건조단열감률에 따라 냉각된다. 계속 상승함에 따라 기온은 계속 내려가고 포화에 이르면 공기 덩어리에 포함된 수증기가 물방울로 응결(또는 얼음으로 침적)되기 시작한다. 이때 응결이 시작되는 고도를 상승응결고도(LCL, Lifting

Condensation Level)라고 한다. **상승응결고도**부터는 잠열의 방출이 일어나기 때문에(8.2절 3)항 참조), 이 잠열로 인해 단열 상승하는 공기 덩어리의 냉각 정도가 감소하게 된다. 이와 같이 포화된 공기의 응결로 인해 잠열이 방출되는 단열 과정을 **포화단열 과정**(saturated adiabatic process) 또는 **습윤단열 과정**(moist adiabatic process)이라고 하며 이때의 기온이 변화하는 정도를 **포화단열감률**(Γ_s, saturated adiabatic lapse rate) 또는 **습윤단열감률**(moist adiabatic lapse rate)이라고 한다. 잠열 때문에 냉각 정도가 감소하기 때문에 항상 포화단열감률은 건조단열감률보다 작다.

잠열로 인해 새로운 열이 발생하였지만, 그 열도 공기 덩어리를 데우는 데 사용되었기 때문에 공기 덩어리의 시스템 안에 포함되어 있으므로 단열 과정이라고 볼 수 있다. 또한 공기 덩어리가 다시 하강한다면 물방울의 증발이 일어나고 기온이 원래 초기의 상태로 돌아갈 수 있기 때문에 포화단열 과정 및 건조단열 과정은 **가역적**(reversible) **과정**이 된다. 하지만 단열 상승하면서 포화된 공기 덩어리에서 응결된 물방울이 떨어져 공기 덩어리 밖으로 나가는 상황까지 고려한다면, 물방울이 일부의 열을 갖고 나가므로 엄밀하게 말하면 단열 과정이 되지 않는다. 이를 가짜 단열 과정이라는 의미의 **위단열 과정**(pseudoadiabatic process)이라고 하며 이때의 기온 감률을 **위단열감률**(pseudoadiabatic lapse rate)이라고 한다. 물방울이 떨어져 나갔기 때문에 처음의 공기 덩어리 질량과 달라지고 열도 일부 소실되었기 때문에 공기 덩어리가 다시 하강한다고 해도 원래 초기 상태로 돌아갈 수 없다. 그러므로 위단열 과정은 **비가역적**(inreversible) **과정**이 된다. 실제 대기에서는 공기 덩어리에서 수증기가 차지하는 부분이 매우 적어 응결된 물방울이 가지고 나가는 열도 매우 적다. 따라서 포화단열감률과 위단열감률은 거의 같은 값으로 취급되며 다음과 같이 정의된다.

$$\Gamma_s \equiv \Gamma_d \frac{[1 + L_c w_s/(RT)]}{[1 + 0.622 L_c^2 w_s/(C_p R T^2)]} \qquad \text{(식 8.63)}$$

여기서 L_c는 **응결열**(8.2절 3)항 참조) 또는 **응결잠열**(latent heat of condensation), w_s는 포화 혼합비(8.2절 2)항 참조)를 의미한다. 식 8.63으로부터 온도가 높을수록 포화 혼합비가 클수록 Γ_s의 값은 작아짐을 알 수 있다. Γ_s의 값은 따뜻하고 습한 대류권 하층에서 ~4 Kkm^{-1}, 대류권 중층에서 ~6–7 Kkm^{-1} 정도가 된다.

단열 상승하는 불포화 공기 덩어리는 건조단열감률에 따라 상승하다 상승응결고도에서 응결이 시작되며 이후 포화단열감률(또는 위단열감률)을 따라 상승한다. 응결된 물방울이 비가 되어 떨어지고, 계속해서 상승하면 모든 수증기가 응결되어 물방울로 떨어지며 결국 공기 덩어리는 수증기가 없는 건조 공기가 된다. 이 건조 공기를 건조단열적으로 1,000 hPa까지 하강시켰을 때의 온도를 온위와 비교되는 개념인 상당온위(θ_e, equivalent potential temperature)라고 한다. **상당온위**를 구하는 과정에서 상승응결고도까지 건조단열감률을 따라 냉각되고, 건조 공기가 될 때까지 포화단열감률을 따라 냉각된 후, 1,000 hPa까지 건조단열감률을 따라 가열되기 때문에 상당온위는 항상 온위보다 크거나 같다. 상당온위는 열역학 방정식 8.54와 온위식 8.59, 수증기 변화에 따른 에너지 변화 $dq=-L_c dw_s$를 사용하면 다음과 같은 상당온위에 대한 식을 구할 수 있다.

$$\theta_e \simeq \theta \exp\left(\frac{L_c w_s}{C_p T}\right) \quad \text{(식 8.64)}$$

식 8.64에 따르면, 수증기가 없을 경우($w_s=0$) 상당온위는 온위와 같으며, 수증기가 많아질수록 상당온위는 지수적으로 커지게 된다.

4) 대기 안정도

그림 8.31은 **정적 안정도**(static stability)를 도식화한 그림이다. 그림에서 붉은 원은 원래의 위치에 있는 물체를, 점선 원은 특정한 힘에 의해 이동된 후의 물체를 나타낸다. 그림 8.31a의 A, B에 있는 물체는 다시 원래의 위치로 돌아가려고 하는데, 이러한 경우를 **정적 안정**(static stability)하다고 한다. 그림 8.31b에서의 물체는 원래 위치로 돌아가지 못하고 점점 원래 위치에서 멀어지는데 이를 **정적 불안정**(static instability)이라고 한다. 물체의 이동이 없는 그림 8.31c에서와 같은 경우는 **중립**(neutral stability)이라고 한다. 그림 8.31d에서 A에 있는 물체는 원래의 위치로 돌아가려 하고, B에 있는 물체는 원래의 위치에서 멀어지려고 한다. 이와 같이 조건에 따라 안정하기도 불안정하기도 한 경우를 **조건부 불안정**(conditionally instability)이라고 한다.

대기의 정적 안정도는 연직 운동을 하는 공기 덩어리의 온도를 주위 온도와 비교하여 판단할 수 있다. 공기 덩어리의 온도가 주위 온도보다 높은 경우 공기 덩어리는 양의 **부력**(buoyancy)를 받아 상승하려고, 반대로 온도가 낮은 경우는 음의 부력을 받아 하강하려고 한다. 온도가 같은 경우는 아무런 부력을 받지 못해 제자리에 있으려고 한다. 공기 덩어리가 부력을 받아 상승 또는 하강할 때 원래 위치로 돌아가려 하는지 또는 멀어지려 하는지를 고려하여 대기의 정적 안정도를 판단하게 된다.

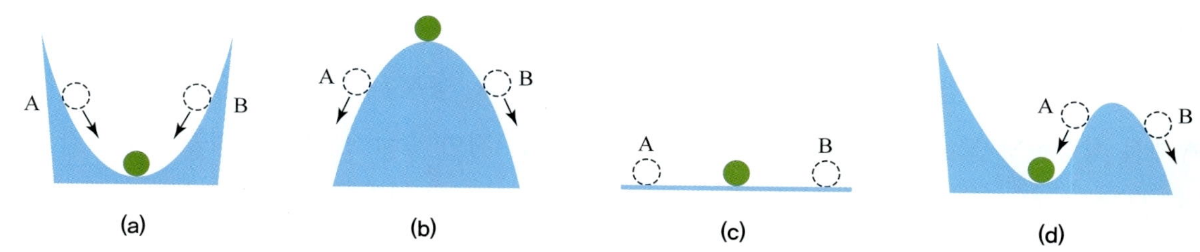

그림 8.31 정적 안정도를 나타내는 도식도. (a) 정적 안정, (b) 정적 불안정, (c) 정적 중립, (d) 조건부 불안정을 나타낸다.

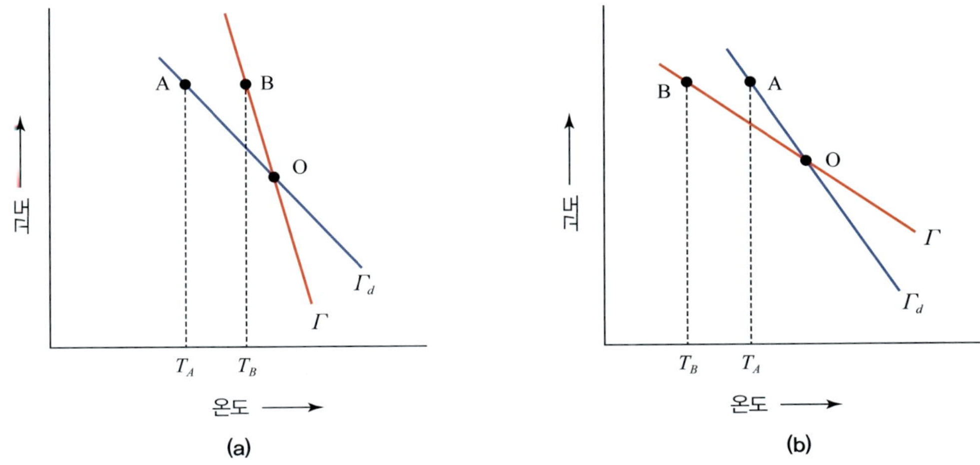

그림 8.32 불포화 공기의 강제 상승에 따른 (a) 정적 안정, (b) 정적 불안정 상황

불포화 공기는 연직 운동을 할 때 건조단열감률 Γ_d를 따라서 움직인다. 따라서 건조단열감률을 **환경기온감률**(Γ, environmental lapse rate)과 비교하여 불포화 공기의 정적 안정도를 판단할 수 있다. 그림 8.32a에서 초기 상태 O에 있던 불포화 공기 덩어리는 강제 상승에 의해 건조단열감률을 따라 A로 이동하게 되고 온도는 T_A가 된다. 주위 기온은 환경기온감률을 따라 B 위치의 T_B가 된다. $T_A < T_B$이기 때문에 공기 덩어리는 주변보다 무거워 다시 원래 위치로 돌아가려 한다. 이 경우 대기는 정적 안정 상태에 있다. 환경기온감률이 건조단열감률보다 작아서($\Gamma < \Gamma_d$) 고도 상승에 따른 온도 감소가 작으면 대기는 안정하며, 더 나아가 음의 환경기온감률 상태인 역전층에서는 대기가 더욱더 안정하다. 그림 8.32b는 정적 불안정 대기를 보여준다. 초기 상태 O에 있던 불포화 공기 덩어리의 온도는 강제 상승에 의해 A에서의 T_A가 되고, 주위 기온은 B 위치의 T_B가 된다. $T_A > T_B$이기 때문에 공기 덩어리는 양의 부력을 받아 더 높이 올라가려 한다. 따라서 환경기온감률이 건조단열감률보다 큰 상황($\Gamma > \Gamma_d$)에서 대기는 불안정해진다. 결과적으로 지표면이 냉각되어 환경기온감률이 작아질수록 대기는 안정해지고, 반대로 지표면이 가열되어 환경기온감률이 커질수록 대기는 불안정해진다.

식 8.61을 건조단열감률과 환경기온감률을 사용하여 정리하면 다음과 같다.

$$\frac{T}{\theta}\frac{d\theta}{dz} = \frac{g}{C_p} - \left(-\frac{dT}{dz}\right) = \Gamma_d - \Gamma \qquad \text{식 8.65}$$

식 8.65에서 절대온도 단위를 사용한 온도 T와 온위 θ는 항상 0보다 크기 때문에, 고도 상승에 따른 온위 변화는 건조단열감률과 환경기온감률의 차에 비례한다. 정적 안정인 경우, $\Gamma < \Gamma_d$이므로 고도 상승에 따라 온위는 커지며($\frac{d\theta}{dz} > 0$), 정적 불안정인 경우는 $\Gamma > \Gamma_d$이고, 고도에 따른 온위 변화는 0

보다 작다($\frac{d\theta}{dz} < 0$). 건조단열감률과 환경기온감률이 같을 때는($\Gamma = \Gamma_d$), 고도 변화에 따라 온위는 변하지 않고 일정($\frac{d\theta}{dz} = 0$)하며 이 대기는 정적 중립 상태에 있다.

공기 덩어리가 포화되었다면, 이 공기 덩어리의 온도는 포화단열감률에 따라 변한다. 건조단열감률 대신 포화단열감률을 사용하는 것 외에 나머지는 앞서 설명한 불포화 공기 덩어리에 대한 안정도 판단과 유사하다. 즉 환경기온감률이 포화단열감률보다 작으면($\Gamma < \Gamma_s$) 대기는 안정하고, 환경기온감률이 포화단열감률보다 크면($\Gamma > \Gamma_s$) 대기는 불안정하다. 만약 환경기온감률과 포화단열감률이 같다면($\Gamma = \Gamma_s$) 포화 공기 덩어리에 대해 대기는 중립이다.

포화단열감률은 건조단열감률보다 작기 때문에, 환경기온감률이 포화단열감률보다 작은 경우($\Gamma < \Gamma_s < \Gamma_d$), 공기의 포화 여부와 상관없이 대기는 항상 안정하며 이를 **절대 안정**(absolutely stable) 대기라고 한다. 반면에 환경기온감률이 건조단열감률보다도 큰 경우($\Gamma_s < \Gamma_d < \Gamma$)는 불포화 공기, 포화 공기 모두에 대해서 항상 불안정하고 이를 **절대 불안정**(absolutely unstable) 대기라고 한다.

일반적인 대기에서의 환경기온감률은 종종 포화단열감률과 건조단열감률 사이에 놓여 있다($\Gamma_s < \Gamma < \Gamma_d$). 이 경우 불포화 공기 덩어리일 경우 안정하고, 포화 공기 덩어리일 경우 불안정하다. 이와 같은 상황이 **조건부 불안정**이며, 공기 덩어리의 포화 여부에 따라 안정도가 달라진다. 그림 8.33과 같은 조건부 불안정 상황에서 초기 상태 O에 있던 불포화 공기 덩어리는 강제 상승에 의해 건조단열감률을 따라 *A*로 이동하게 된다. 건조단열감률을 따라 냉각된 불포화 공기 덩어리는 *A*에서 포화가 되며 응결된다. 이때의 고도는 상승응결고도(LCL)이며, 이 **상승응결고도**에서부터 포화단열감률을 따라 상승하며 공기 덩어리가 냉각된다. *B*에 이르러 공기 덩어리의 온도와 주위 온도는 같아지게 되

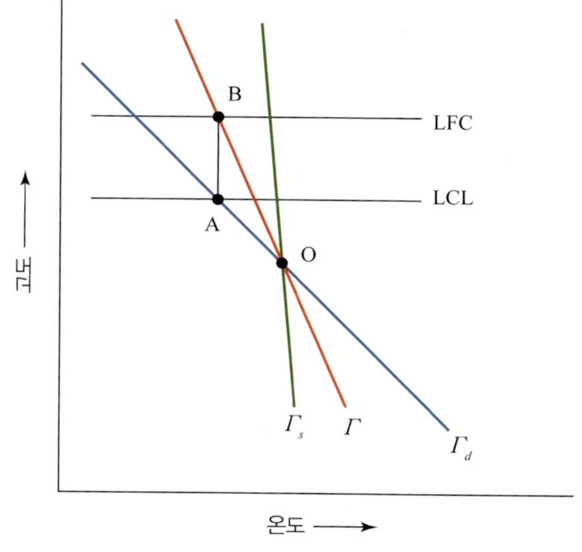

그림 8.33 조건부 불안정 상황

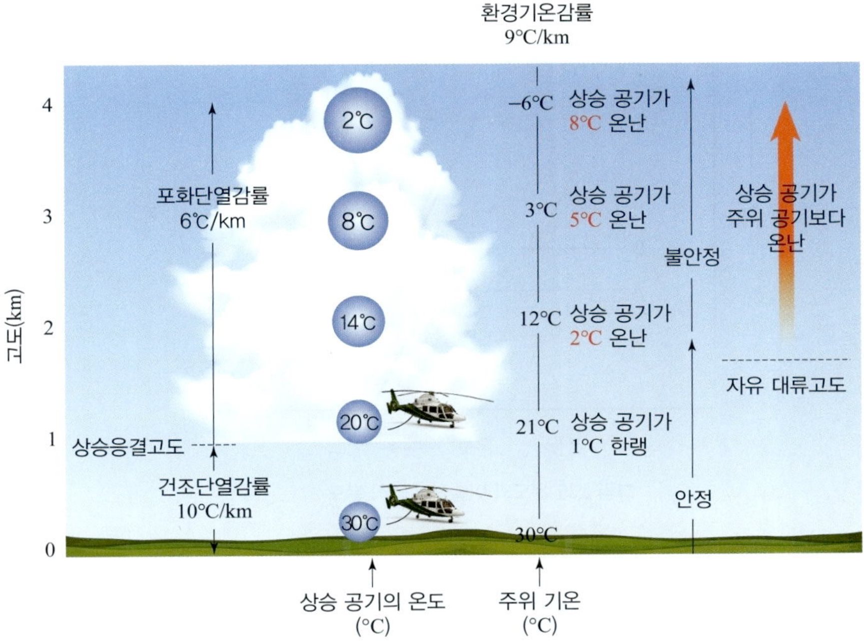

그림 8.34 조건부 불안정 대기의 예시. 강제 상승 후 상승 응결고도와 자유 대류고도를 거쳐 구름이 형성되는 과정을 나타내고 있다.

며 이 이후부터는 공기 덩어리의 온도가 주위보다 높아지게 된다. 공기 덩어리의 온도가 높기 때문에 양의 부력을 받아 공기 덩어리가 더 이상 강제 상승이 아닌 스스로 상승할 수 있게 되는데, 이때의 고도를 **자유 대류고도**(LFC, Level of Free Convection)라고 한다.

강제적으로 단열 상승한 공기 덩어리는 상승응결고도에서 포화가 되어 수증기가 물방울로 변하며 구름을 형성할 수 있다. 하지만 상승응결고도에서도 여전히 공기 덩어리의 온도가 주위 온도보다 낮은 안정 대기이므로 형성된 구름은 수평으로 확산되어 비교적 얇은 층을 이루며 구름 바닥과 구름 꼭대기가 모두 평평한 모습으로 나타날 것이다. 강제 상승하던 공기 덩어리의 온도는 자유 대류고도에 이르러 비로소 주위 온도보다 높아지므로 자유로운 대류 활동으로 인해 수직으로 발달한 구름이 형성될 수 있다. 그림 8.34는 환경기온감률, 건조단열감률, 포화단열감률을 각각 9°C/km, 10°C/km, 6°C/km로 가정한 조건부 불안정 대기의 예시를 보여준다. 강제 상승하는 불포화 공기 덩어리는 1 km의 상승 응결고도에서 포화에 이르고, 이 고도부터 구름이 형성된다. 계속 강제 상승하던 공기 덩어리의 온도는 2 km의 고도에 이르기 전에 주위 온도보다 높아지고 자유 대류고도가 나타난다. 자유 대류고도 이후에는 불안정 대기 상황에서 구름이 수직으로 발달하게 된다.

대기의 안정도는 대기층 내 수증기의 연직 분포에 따라 결정될 수도 있다. 그림 8.35의 대기층 A–B의 A에서는 온도와 이슬점의 차가 작기 때문에 수증기가 많다. 따라서 상대습도가 높아 금방 포화에 이를 수 있다. 하지만 B에서는 수증기가 적어 포화가 잘 일어나지 않는다. 이와 같이 수증기의 연직 분포가 다르게 나타나는 대기층을 상승시켰을 때 대기 안정도의 변화가 나타날 수 있다.

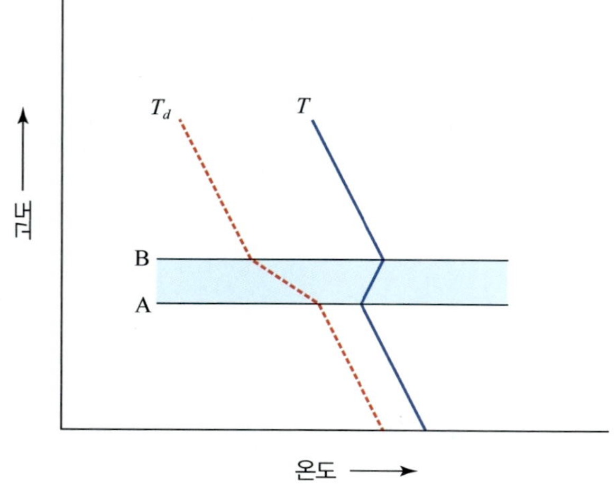

그림 8.35 온도와 이슬점의 연직 분포

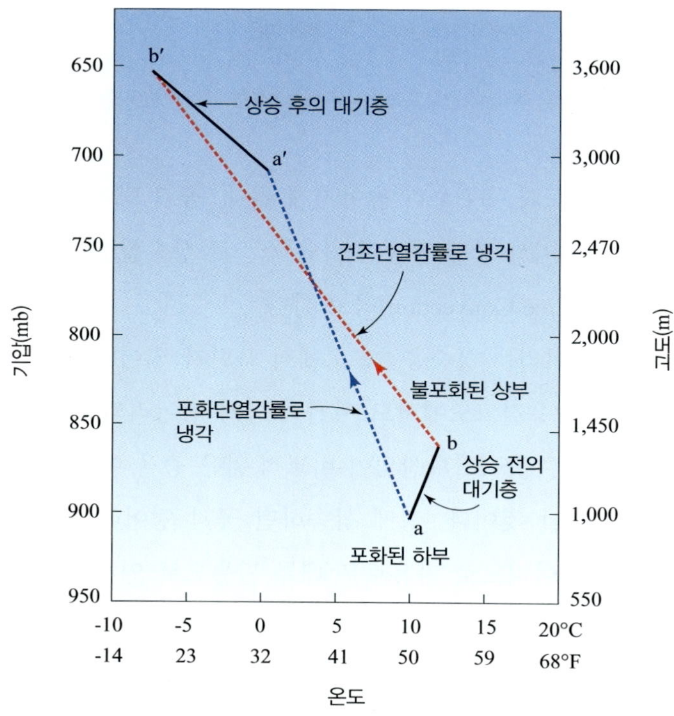

그림 8.36 대류 불안정. 대기층 a–b의 하부는 포화, 상부는 불포화 상태이다.

그림 8.36의 대기층 a-b는 고도에 따라 온도가 상승하는 역전층으로 절대 안정 상태에 있다. 그림 8.35의 A-B와 유사하게 a-b의 하부는 포화되어 있고, 상부는 불포화 상태라고 가정하자. 대기층 a-b를 강제 상승시킨다면, 하부는 포화단열감률을 따라 천천히 냉각되고, 상부는 건조단열감률을 따라 급격히 냉각된다. 상승 후의 대기층 a′-b′은 기온 감률이 매우 큰 절대 불안정 상태가 된다. 이와 같이 대기층이 상승하기 전에는 안정한 상태였다가 상승 후에 불안정한 상태가 되는 불안정을 **대류**

불안정(convective instability) 또는 **위치 불안정**(potential instability)이라고 한다. 대류 불안정은 다음과 같이 상당온위 θ_e의 연직변화율이 0보다 작을 때 또는 습구온도감률 Γ_w가 포화단열감률 Γ_s보다 클 때 나타난다.

$$\text{대류 불안정: } \frac{d\theta_e}{dz} < 0 \text{ 또는 } \Gamma_w > \Gamma_s \quad \text{(식 8.66)}$$

$$\text{대류 안정: } \frac{d\theta_e}{dz} > 0 \text{ 또는 } \Gamma_w < \Gamma_s \quad \text{(식 8.67)}$$

8.4 구름과 강수

앞서 8.2절에서 살펴본 바와 같이 대기 중 수증기 형태로 존재하던 물은 상대습도(relative humidity) 100%에 도달하여 포화(saturated) 상태가 되면 응결이 일어날 수 있다. 하지만 실제 대기 중에서 응결은 액체 또는 고체 상태 물에 대해 과포화(supersaturated) 상태(상대습도가 100%를 초과하는 상태)일 떠 발생한다. 수증기가 응결하기 위해서는 표면이 필요한데, 지면 근처에서는 창문, 나뭇잎 등이 표면 역할을 할 수 있지만 상층에서는 오직 **구름 응결핵**(cloud condensation nuclei)이라 불리는 작은 입자간이 그러한 역할을 할 수 있다. 이렇게 수증기의 응결을 통해 만들어진 **구름 물방울**(cloud droplet)은 성장하여 **빗방울**(raindrop)이 된다. 이 절에서는 수증기가 응결하여 구름 물방울이 되고, 구름 물방울이 성장하여 빗방울이 되는 과정에 대해 자세히 살펴볼 것이다.

1) 구름 물방울의 성장 과정

앞서 언급한 것처럼 대기 중 수증기가 응결하기 위해서는 구름 응결핵이 필요하다. 그래야만 하는 이유를 더 명확하게 이해하기 위해 구름 응결핵이 존재하지 않는 특수한 상황을 가정하여 수증기의 응결 과정(homogeneous nucleation of condensation)을 살펴보도록 하자.

$$\Delta E = A\sigma - nV(\mu_v - \mu_l) \quad \text{(식 8.68)}$$

식 8.68은 어떤 일정 온도 T와 일정 압력 p 하에서 물방울의 형성에 필요한 순 에너지를 나타낸다. V는 초기 물방울 부피, A는 초기 물방울 면적, σ는 증기–액체 경계면(vapor-liquid interface)을 만드는데 필요한 단위 면적당 에너지, μ_v, μ_l은 각각 증기와 액체 상태에서의 분자당 깁스 자유 에너지(Gibbs free energy), n은 단위 부피당 액체 상태 물 분자 개수(number concentration)를 나타낸다.

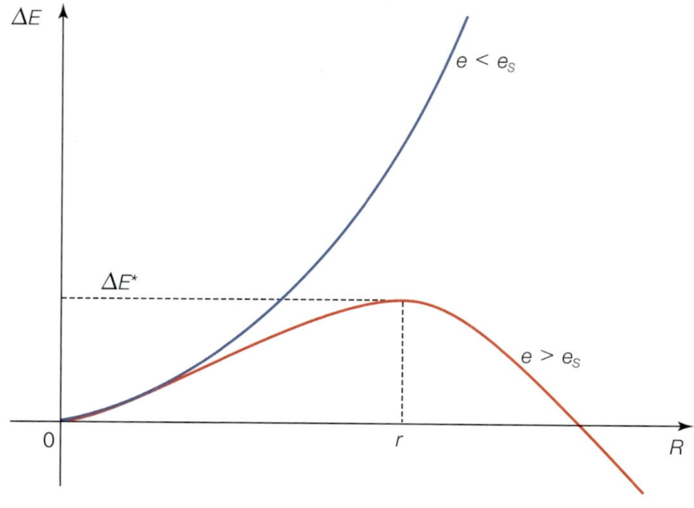

그림 8.37 물방울의 반지름에 따른 ΔE

$$\mu_v - \mu_1 = kT\ln\left(\frac{e}{e_s}\right) \tag{식 8.69}$$

응결에 따른 분자당 깁스 자유 에너지는 식 8.69와 같이 나타낼 수 있는데, k는 볼츠만 상수(Boltzmann constant), e, e_s는 온도 T에서의 평평한 물 표면에 대한 수증기압, 포화 수증기압을 각각 나타낸다.

앞서의 두 수식을 정리하면 물방울 형성에 필요한 순 에너지를 다음과 같이 나타낼 수 있다.

$$\Delta E = 4\pi R^2\sigma - \frac{4}{3}\pi R^3 nkT\ln\frac{e}{e_s} \tag{식 8.70}$$

이를 기반으로 불포화 상태($e < e_s$)와 과포화 상태($e > e_s$)에서의 물방울 반지름에 대한 ΔE를 그래프로 나타내면 그림 8.37과 같다. 즉 불포화 상태에서는 물방울의 반지름이 커지면 커질수록 계의 ΔE도 지속적으로 증가하게 된다. 일반적으로 계는 그 에너지를 감소시켜 평형 상태로 가려는 경향이 있으므로, 불포화 상태에서는 물방울의 성장이 어렵다는 사실을 쉽게 알 수 있다. 즉 설령 수증기의 충돌에 의해 우연히 물방울이 만들어지더라도 계가 평형 상태로 가려는 경향에 따라 금방 증발하게 되는 상황과 같다고 할 수 있다. 이에 반해 포화 상태에서는 특정 반지름 r을 넘어서면 계의 ΔE가 지속적으로 감소하게 된다. 즉 물방울이 특정 반지름 r보다 작으면 불포화 상태에서와 마찬가지로 다시 증발해버리지만, 만약 물방울이 특정 반지름 r보다 커지면 증발하지 않고 계속 성장할 수 있다. 왜냐하면 물방울이 성장해야 ΔE를 감소시킬 수 있기 때문이다. 한편 물방울이 특정 반지름 r인 경우에는

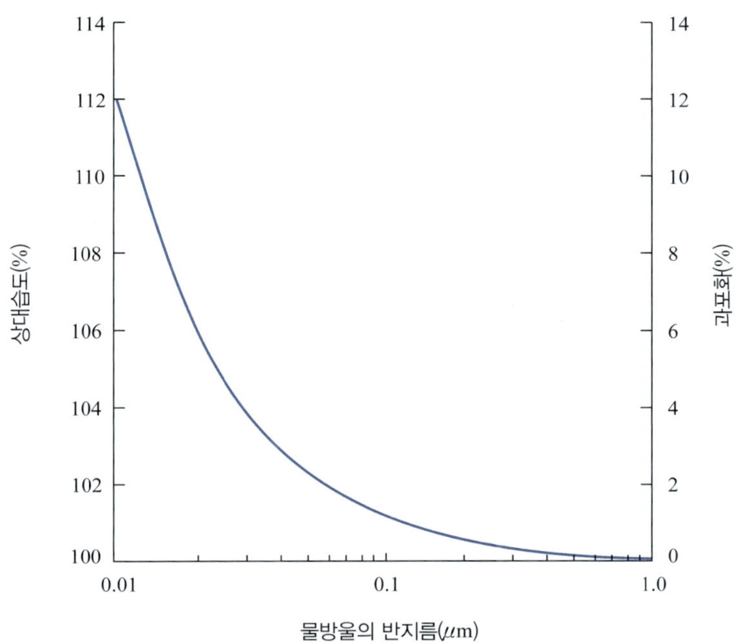

그림 8.38 물방울의 반지름에 따른 불안정한 평형 상태에 이르게 하는 상대습도

성장하지드 증발하지도 않는 불안정한 평형 상태(unstable equilibrium)에 있을 것이다.

이러한 특정 반지름 r을 나타낸 수식을 **켈빈 방정식**(Kelvin's equation)이라 부르며, 다음과 같다.

$$r = \frac{2\sigma}{nkT\ln\frac{e}{e_s}} \quad \text{(식 8.71)}$$

식 8.71을 이용하면 물방울의 반지름에 따른 불안정한 평형 상태에 도달하게 하는 상대습도를 계산할 수 있으며, 그림 8.38과 같이 그래프로 나타낼 수 있다. 그래프에서 알 수 있듯이 물방울의 반지름이 1 μm인 경우에는 불안정한 평형 상태에 이르기 위해 필요한 상대습도가 약 100.12%인 것에 반해 물방울의 반지름이 0.01 μm인 경우에는 상대습도가 약 112%가 되어야 한다. 일반적으로 자연 상태 구름에서 단열 상승에 의한 과포화는 수 %에 불과하다. 즉 구름 응결핵이 없는 순수한 대기에서 과포화에 의해 구름 물방울이 만들어지는 것은 불가능하다.

따라서 자연 상태에서 구름 물방울이 만들어지기 위해서는 구름 응결핵이 필요하다. 구름을 제외한 대기 중에 떠다니는 고체 또는 액체 상태의 입자를 **에어로졸**(aerosol)이라 부르며, 특히 친수성(hydrophilic) 에어로졸이 구름 응결핵 역할을 할 수 있다. 이러한 수증기의 응결 과정(heterogeneous nucleation of condensation)을 간단히 살펴보자. 예를 들어 0.1 μm의 구름 응결핵의 표면에 얇은 수막이 형성된 경우, 1% 정도 초과의 과포화만으로도 구름 물방울이 성장할 수 있다.

한편 물에 용해되는(soluble) 구름 응결핵은 표면장력(surface tension)에 해당하는 σ를 낮추는 역할을 하여 순수한 물에 비해 물방울의 반지름이 작을 때 불안정한 평형 상태에 도달할 수 있다. 이와 같은 용액에 대한 구름 물방울의 성장 과정을 좀 더 자세히 살펴보면 다음과 같다. 식 8.72는 **라울의 법칙**(Raoult's law)에 따라 순수한 물 근처에서의 포화 수증기압과 용액 근처에서의 포화 수증기압의 비를 구하는 수식이다.

$$\frac{e_s'}{e_s} = f \tag{식 8.72}$$

e_s는 순수한 물방울 근처에서의 포화 수증기압, e_s'은 용액 물방울 근처에서의 포화 수증기압, f는 순수한 물의 몰분율(mole fraction)을 나타내며, 용액 내 순수한 물의 몰수를 전체 용액(순수한 물과 녹은 용질)의 몰수로 나눈 값으로 정의된다. 식 8.72를 물의 분자량(M_ω), 용질의 분자량(M_s), 용액의 밀도(ρ'), 용질의 질량(m)에 관한 식으로 나타내면 다음과 같다.

$$\frac{e_s'}{e_s} = \left[1 + \frac{imM_\omega}{M_s\left(\frac{4}{3}\pi r^3 \rho' - m\right)}\right]^{-1} \tag{식 8.73}$$

식 8.73을 이용하여 순수한 물에 대한 켈빈 방정식을 용액에 대한 켈빈 방정식으로 변환하여 다음과 같이 정리할 수 있다.

$$\frac{e_s'}{e_s} = \left[\exp\frac{2\sigma'}{n'kTr}\right]\left[1 + \frac{imM_\omega}{M_s\left(\frac{4}{3}\pi r^3 \rho' - m\right)}\right]^{-1} \tag{식 8.74}$$

단, σ'과 n'은 각각 용액에 대한 증기-액체 경계면(vapor-liquid interface)을 만드는 데 필요한 단위 면적당 에너지와 단위 부피당 물 분자의 개수를 나타낸다. 식 8.74를 이용해 용액 물방울의 특정 반지름 r에 대한 상대습도를 그래프로 나타낼 수 있는데, 이를 **쾰러 곡선**(Köhler curve)이라 부른다. 그림 8.39는 동일한 질량의 2가지 서로 다른 종류의 용질에 대한 쾰러 곡선을 나타낸다. 그래프를 살펴보면 물방울의 성장 초기에는 순수한 물에 대한 불안정한 평형 상태의 상대습도보다 훨씬 낮은 상대습도에서도 불안정한 평형 상태에 도달한다는 사실을 확인할 수 있다. 또한 물방울이 성장함에 따라 용액의 농도가 낮아지면서 켈빈 곡선(그림 8.38)의 효과가 점점 커지다가 결국에는 순수한 물에 대한 상대습도와 같아진다는 사실도 확인할 수 있다.

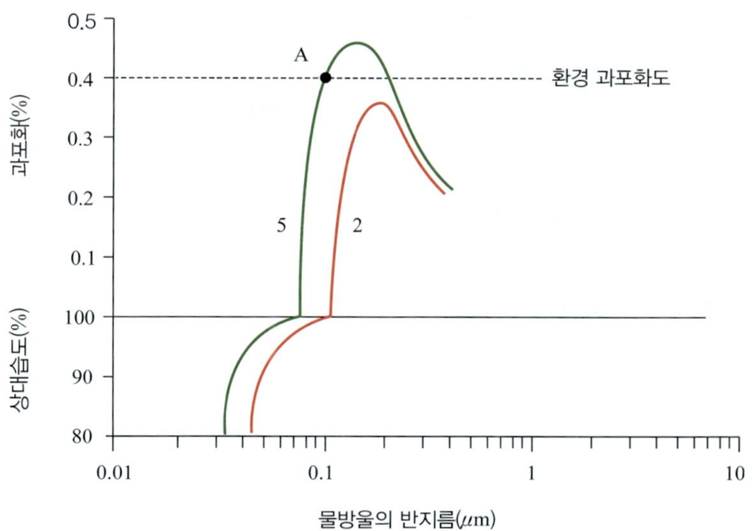

그림 8.39 용질 2번(10^{-19} kg의 염화나트륨)과 5번(10^{-19} kg의 황산암모늄)에 대한 물방울의 반지름에 따른 불안정한 평형 상태에 이르게 하는 상대습도 및 과포화도

그림 8.39에서의 2가지 용질에 대한 물방울의 성장에 대해 좀 더 살펴보자. 용질 2번의 경우, 환경의 과포화도가 0.4%인 경우에 쾰러 곡선의 정점에 해당하는 과포화도가 환경의 과포화도보다 낮기 때문에 물방울이 지속적으로 성장할 수 있다. 이처럼 쾰러 곡선의 극값을 지나서 성장하는 물방울은 활성화되었다(activated)고 한다. 반면, 용질 5번은 물방울이 성장하다가 A지점에서 멈추어 환경의 과포화도가 변하지 않는 한 더 이상 커지지도 작아지지도 않게 된다. 이와 같은 상태를 활성화되지 않았다(unactivated)고 하며 보통 짙은 **안개 물방울**(haze droplet)을 형성한다.

2) 구름의 종류

구름은 형태와 고도에 따라 분류할 수 있다. 구름의 형태는 권운 형태(cirriform), 적운 형태(cumuliform), 층운 형태(stratiform)로 분류할 수 있다. 권운 형태는 얇고 흰 특징을 보인다. 적운 형태는 편평한 구름 밑면과 솟아오른 둥근 천장이 특징이다. 층운 형태는 하늘 대부분 또는 전체를 덮는 홑이불 같은 특성을 보인다. 고도에 따라서는 **상층운**(high clouds), **중층운**(middle clouds), **하층운**(low clouds), 연직으로 발달하는 구름(clouds with vertical development)으로 분류할 수 있다. 보통 상층운은 6,000 m 이상, 중층운은 2,000~6,000 m, 하층운은 2,000 m 이하의 고도에 위치하는 것으로 보지만, 이러한 기준 고도는 위도에 따라 달라진다. 한편 연직으로 발달하는 구름은 정의상 별도의 기준 고도를 적용하기 어렵다.

구름의 형태와 고도를 조합하면 구름의 종류를 세분화할 수 있다(그림 8.40). 상층운부터 살펴보면 **권운**(cirrus), **권적운**(cirrocumulus), **권층운**(cirrostratus)으로 분류할 수 있다. 권운은 가장 흔한 상층운

그림 8.40 지면으로부터의 고도, 연직 발달에 기반한 기본 구름 종류

으로 바람에 날려 얇고 긴 깃털 같은 형태를 띤다. 일반적으로 맑은 날 관측된다. 권적운은 권운에 비해서는 자주 관측되지 않는데 하나하나의 작고 둥근 하얗게 부풀어 오른 덩이 형태가 모여 있거나 줄지어 서 있는 형태를 띤다. 권층운은 종이처럼 얇게 펴진 형태의 구름으로 때때로 하늘 전체를 덮는다. 너무 얇기 때문에 권층운이 존재하더라도 해나 달이 뚜렷하게 보일 수 있다. 구름 내부의 얼음 결정이 빛을 굴절시켜 때때로 **무리**(halo)를 만들기도 한다. 사실 권층운은 너무 얇기 때문에 직접 눈에 보이지 않고 무리를 관측함으로써 그 존재를 알 수 있는 경우도 있다. 두꺼운 권층운은 저기압 폭풍의 전면부에서 자주 관측되며, 특히 중층운이 뒤이어 관측되는 경우에는 12시간에서 24시간 이내의 비나 눈을 예측하는 데 활용될 수 있다.

중층운에는 **고적운**(altocumulus)과 **고층운**(altostratus)이 있다. 고적운은 회색의 부풀어 오른 덩이 형태를 띠며, 권적운과 더불어 때때로 양떼구름이라 불리기도 한다. 보통 고적운의 몇몇 부분은 다른 부분에 비해 더 어두운 특성을 갖는데, 이를 통해 권적운과 고적운을 구분 지을 수 있다. 또한 고적운의 개별 구름 덩이는 권적운에 비해 더 크다. 한편, 작은 성 모양의 고적운은 구름이 있는 고도에서 상승 기류가 존재함을 의미한다. 따뜻하고 습한 여름 아침에 이러한 고적운이 존재하는 경우, 때때로 늦은 오후에 뇌우가 발생할 수 있다. 고층운은 회색 또는 청회색을 띠는 구름으로, 종종 전체 하늘을 뒤덮는다. 고층운의 얇은 부분을 통해서는 해 또는 달이 둥근 원반 형태로 희미하게 비치기도 한다.

두꺼운 권층운은 때때로 얇은 고층운과 혼동되기도 하는데 회색 빛깔, 고도, 해의 희미함 정도는 고층운을 권층운과 구별하는 좋은 기준이다. 고층운은 넓은 지역에 상대적으로 지속적인 강수를 일으키는 중위도 저기압 폭풍의 전면부에서 자주 관측된다. 고층운은 아주 드물게 약한 눈 또는 비를 동반하기도 한다.

하층운에는 **난층운**(nimbostratus), **층적운**(stratocumulus), **층운**(stratus)이 있다. 난층운은 어두운 회색을 띠며, 지속적인 강수와 관련되어 있다. 강수 강도는 보통 약하거나 중간 정도이며, 잘 발달된 적운이 난층운에 겹쳐져 있지 않는 한 호우를 일으키지 않는다. 난층운은 자주 고층운과 혼동되는데, 난층운이 일반적으로 두꺼운 고층운보다 더 어두운 회색을 띤다. 층적운은 열을 지은 낮고 울퉁불퉁한 개별 구름으로 구성된다. 일몰 즈음에 적운의 잔해가 퍼지면서 자주 형성된다. 층적운의 색깔은 밝은 회색에서 어두운 회색까지 다양하게 분포한다. 상대적으로 낮은 구름 바닥의 고도와 더 큰 개별 구름 덩이로 고적운과 구별할 수 있다. 층운은 균질한 회색빛 구름으로 자주 전체 하늘을 뒤덮는다. 일반적으로 층운은 강수를 동반하지 않지만, 종종 박무 또는 이슬비를 동반한다. 난층운이나 고층운과 혼동되기도 하지만 난층운에 비해 균질하고 비를 동반하지 않는 특성, 고층운에 비해 더 낮고 더 어두운 회색이라는 점에 근거하여 구별할 수 있다.

연직으로 발달하는 구름에는 **적운**(cumulus), **적란운**(cumulonimbus)이 있다. 적운은 대부분의 사람에게 익숙한 형태로, 평평한 바닥과 솟아오른 천장을 가진 떠다니는 솜 덩어리 형태를 띤다. 하얀색에서 밝은 회색을 띠며, 층적운과는 달리 개별 구름 덩이가 서로 멀리 떨어져 있다. 또한 적운은 꼭대기가 돔 또는 타워 형태를 띠지만, 층적운은 꼭대기가 평평한 편이다. 적운은 맑은 날씨와 관련되어 있어 **갠날적운**(fair-weather cumulus)이라 불린다. 따뜻한 여름 아침에 발생한 갠날적운은 오후까지 연직 방향으로 더 성장하여 콜리플라워 모양의 **웅대적운**(cumulus congestus)이 될 수 있다. 웅대적운에서는 소나기 형태의 강수가 발생한다. 웅대적운이 연직 방향으로 지속적으로 발달하면 적란운이 된다. 적란운의 바닥은 보통 600 m보다 높지 않지만 꼭대기는 대류권 계면까지 닿는다. 적란운은 보통 호우와 함께 때때로 천둥, 번개, 토네이도를 동반한다. 한편 앞서 8.2절 5)항에서 살펴본 안개는 구름의 밑면이 지면 또는 지면과 매우 근접한 구름으로 정의할 수 있다. 즉 근원적으로 구름과 안개는 동일한 현상으로 볼 수 있다.

3) 강수의 성장 과정

보통의 구름 물방울은 지름이 0.02 mm로 작아서, 약 0.04 km hr^{-1}의 속도로 매우 천천히 지면으로 떨어진다. 만약 3,000 m 고도의 구름에서 구름 물방울이 떨어져 지면에 닿으려면 약 3일 이상이 걸린다는 계산이 나온다. 또한 구름 물방울은 구름 바닥을 벗어나는 순간 불포화 상태의 환경에 진입하게 되므로 땅에 닿기 전에 증발해버린다. 따라서 구름 물방울이 지면에 닿기 위해서는 더 크게 성장해야 한다. 하지만 지름 2 mm 빗방울로 성장하기 위해서는 구름 물방울 100만 개가 필요하다. 응결에 의한 구름 물방울의 성장 속도는 구름 물방울의 반지름이 커짐에 따라 줄어들기 때문에 응결만으로는 구름 물방울이 빗방울로 성장하는 것을 설명할 수 없다.

구름 물방울의 빗방울로의 성장 과정은 **충돌-병합 과정**(collision-coalescence process)과 **빙정 과정**(ice-crystal process)의 2가지로 설명할 수 있다. 구름 꼭대기 온도가 −15°C보다 높은 따뜻한 구름에서는 충돌-병합 과정(그림 8.41)이 강수를 발생시키는 데 중요한 역할을 한다. 동일한 구름 내에서도 구름 응결핵 크기의 차이, 구름과 주변 건조한 환경 사이의 **난류 혼합**(turbulent mixing) 등에 의해 구름 물방울의 크기가 서로 다를 수 있다. 구름 물방울의 낙하 속도는 중력과 공기 저항이 같아질 때까지 가속될 수 있는데, 이를 **종단 속도**(terminal velocity)라 한다. 종단 속도는 큰 구름 물방울일수록 더 빠르다. 결과적으로 더 큰 물방울이 더 빨리 떨어져 작은 물방울과 충돌하면서 합해진다. 구름 내부에서는 하강 기류와 함께 상승 기류도 존재하는데, 상승하는 경우에는 작은 물방울이 더 빨리 상승하여 큰 물방울과 충돌하여 병합될 수 있다. 강한 상승 기류를 갖는 두꺼운 구름 내에서는 구름 물방울이 구름 내에서 체류할 수 있는 시간이 길어져 구름 물방울이 빗방울로 충분히 성장할 수 있다. 예를 들어 층운은 보통 500 m 정도의 깊이와 0.1 ms^{-1}보다 약한 상승 기류를 갖는데, 이러한 조건하에서는 구름 물방울이 상대적으로 짧은 시간 동안 구름 내에서 성장하여 지름이 약 0.2 mm 정도밖에 커질 수 없다. 만약 층운 아래의 환경이 매우 습하다면 이슬비 형태의 비가 내릴 수 있겠지만, 그렇지 않다면 지면에 닿기 전에 증발해버릴 것이다.

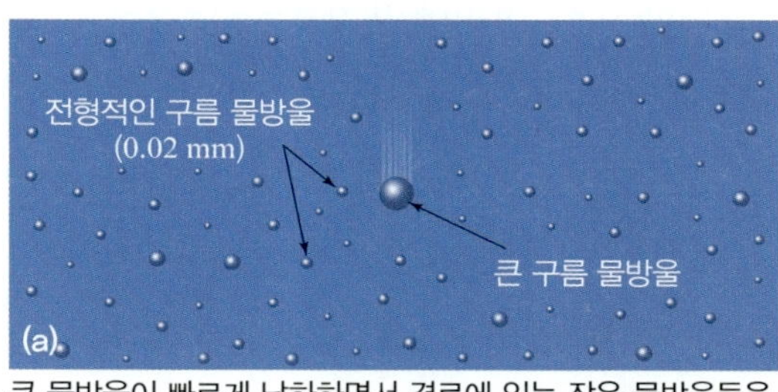

큰 물방울이 빠르게 낙하하면서 경로에 있는 작은 물방울들을 병합하면서 성장한다.

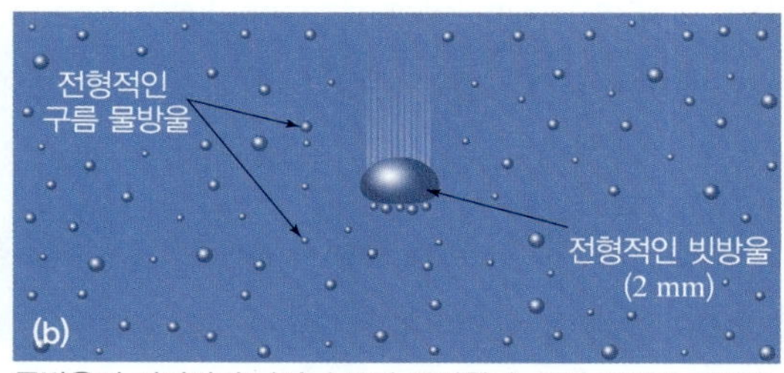

물방울이 커지면서 낙하 속도가 증가한다. 이와 동시에 공기의 저항도 커지게 되어 물방울이 납작해진다.

빗방울이 4 mm 크기로 성장하면, 바닥이 움푹하게 들어간다.

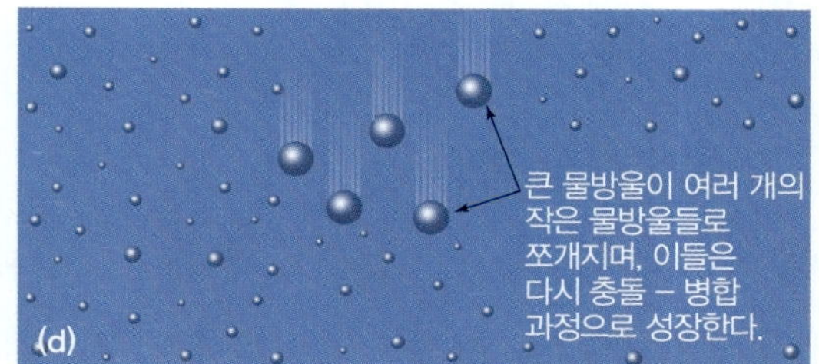

빗방울은 크기가 5mm를 넘어서면서 움푹 들어간 곳이 커져, 도넛 모양으로 변했다가 결국 여러개의 물방울로 쪼개진다.

그림 8.41 충돌–병합 과정 개요도

지면에 닿는 빗방울의 지름이 약 5 mm보다 더 큰 경우는 거의 없다. 빗방울이 커지면서 종단 속도가 빨라짐에 따라 마찰 저항(frictional resistance)은 증가한다. 이는 빗방울의 바닥을 평평하게 만드는데, 빗방울의 지름이 4 mm에 도달하면 그림 8.41c에서 볼 수 있는 것처럼 빗방울의 바닥이 움푹 파이게 된다. 빗방울이 5 mm보다 커지면 빗방울이 깨지지 않게 유지하는 물의 표면장력이 공기의 마찰 항력(frictional drag)보다 작아진다. 이에 따라 움푹 파인 부분이 거의 폭발적으로 커지면서 도넛 형태의 링을 형성한 뒤 바로 작은 빗방울로 부서지게 된다. 또한 큰 빗방울이 다른 큰 빗방울과 충돌하는 경우에 합체된 빗방울 내에 발생한 진동에 의해 빗방울이 더 작은 빗방울로 찢어질 수 있다. 결과적으로 5 mm보다 큰 빗방울은 지면에 거의 도달할 수 없게 된다.

빙정 과정은 결빙 온도보다 낮은 구름 내에서 얼음 결정과 구름 물방울이 공존하는 경우의 성장 과정이다. 빙정 과정을 이해하기 위해서는 0°C 아래에서도 액체 상태로 존재하는 **과냉각수**(supercooled water)에 대해 이해할 필요가 있다. 물이 얼기 위해서는 우선 결빙 온도까지 냉각이 되어서 물 분자의 움직임이 느려져야 한다. 그다음 물 분자는 얼음 결정이 되기 위해 서로 엉겨 붙어야 하는데, 이는 더 많은 에너지의 손실을 필요로 한다. 사실 순수한 물은 −40°C까지도 얼지 않을 수 있는데, 이처럼 0°C 이하에서도 얼지 않은 액체 상태 물을 과냉각수라 부른다. 과냉각수는 작은 충격을 가하면 바로 얼게 되는데, 얼음과 비슷하게 생긴 대기 중에 떠다니는 고체 입자와의 접촉이 그러한 충격을 가할 수 있다. 이러한 입자를 **결빙핵**(freezing nuclei)이라 한다. 결빙핵은 대기 중에 흔치 않기 때문에 약 −15°C까지는 대개 효과적으로 작동하지 않는다. 따라서 대부분의 구름이 0～−15°C 사이에는 오직 과냉각수만으로 구성되며, −15～−40°C 사이에는 과냉각수와 얼음 결정으로 구성된다. 한편 −40°C 미만의 구름은 얼음 결정만으로 구성된다.

빙정 과정에서 얼음 결정과 과냉각수의 공존이라는 상태는 매우 중요하다. 영하에서 포화 수증기압은 액체 상태 물의 표면보다 얼음 결정 표면에서 더 낮다. 처음 얼음 결정과 과냉각수는 각각 평형 상태에 있었을 것이다. 하지만 동일한 온도하에서 과냉각수 표면에서의 수증기압이 얼음 결정 표면에서의 수증기압보다 높아 수증기 분자가 과냉각수에서 얼음 결정으로 이동(확산)하게 된다(그림 8.42). 이에 따라 과냉각수 주변의 수증기압이 하강하면서 평형 상태가 깨짐에 따라 과냉각수가 증발하여 다시 평형 상태를 맞추게 된다. 얼음 결정으로 이동한 수증기는 얼음 결정으로 침적(deposition)되므로 앞서와 같은 수증기의 이동이 반복되면서 과냉각수가 얼음 결정의 수증기 공급원이 되어 얼음 결정의 성장을 돕게 된다.

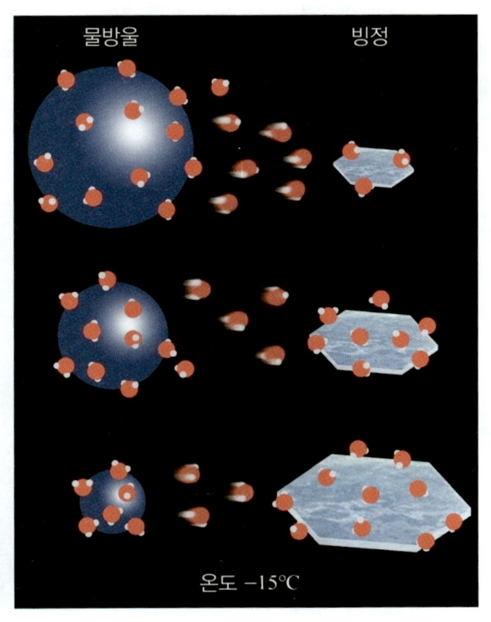

그림 8.42 얼음 결정 과정 개요도

얼음 결정이 더 커지게 되면 얼음 결정이 과냉각수와 충돌하면서 과냉각수가 얼음 결정에 얼면서 붙게 되는데 이를 결착(accretion)이라 부른다. 이렇게 성장한 얼음이 떨어지면서 물방울과 충돌하면 파열되거나 쪼개져 작은 얼음 조각(ice particle)이 된다. 더 차가운 구름에서는 부서지기 쉬운 얼음 결정이 다른 얼음 결정과 충돌하여 더 작은 얼음 조각이 되어 수백 개의 과냉각수와 접촉하여 얾으로써 많은 얼음 결정을 만들어낼 수 있다. 이들 얼음 결정은 떨어지면서 병합되거나 서로 붙어서 얼음 결정의 집합체인 눈송이(snowflake)를 형성하여 강수를 발생시킨다.

4) 강수의 형태

강수는 대기의 상태에 따라 다양한 형태로 지면에 내릴 수 있는데, 여기서는 강수의 다양한 형태에 대해 살펴보고자 한다. 우선 기상학에서 **비**(rain)는 액체 상태의 물로 지름이 적어도 0.5 mm 이상인 것을 의미한다. 대부분의 비는 일반적으로 호우를 내릴 수 있는 적란운으로부터 기원한다. 지름이 0.5 mm보다 작은 경우는 **이슬비**(drizzle)로 분류되는데, 보통 층운 또는 난층운에서 내린다. 지면에 닿을 수 있을 정도의 가장 작은 물방울을 포함하는 강수는 **박무**(mist)라 한다. 박무는 너무 작아서 물방울이 떠다니는 것처럼 보이며, 그 영향은 거의 감지할 수 없는 수준이다. 박무는 안개와 매우 닮았는데, 기상학에서 안개는 시정이 1 km 미만일 때로 정의되며, 박무는 1 km 이상일 때로 정의된다. 한편 강수는 구름을 벗어나 불포화 공기에 진입하면 증발하기 시작하는데, 대기의 습도나 빗방울의 크기에 따라서 강수가 지면에 닿기도 전에 완전히 증발하는 경우도 있다. 이런 현상은 **꼬리구름**(virga)이라는 형태로 관측된다(그림 8.43).

눈(snow)은 눈송이 또는 눈송이의 집합체 형태의 강수이다. 눈은 온도에 따라 성질이 조금 다른데 매우 낮은 온도에서는 그림 8.44와 같은 개별 눈송이로 구성되어 가볍고 솜털 같은 느낌의 눈이 내린다. −5°C보다 따뜻한 경우에는 눈송이가 서로 엉겨 붙어 일반적으로 크고 수분이 많은 눈으로 내리게 된다. 지면 근처의 얇은 층의 기온이 영상인 경우에는 눈이 완전히 녹진 않지만 매우 젖은 상태로

그림 8.43 꼬리구름의 모습

그림 8.44 다양한 모양의 얼음 결정

그림 8.45 우박의 단면 사진

내리게 된다. 대기 조건에 따라서는 눈송이가 작은 과냉각수와 부딪히면서 계속 성장해 부드러운 얼음 알갱이 모양의 **싸락눈**(graupel)이 될 수 있다. 싸락눈은 보통 닿으면 쉽게 깨진다.

우박(hɛil)은 지름 5 mm 이상의 딱딱하고 둥근 형태 혹은 불규칙한 덩어리 형태로 내린다. 우박은 적란운에서 내리며 보통 강한 뇌우에서 만들어진다. 싸락눈이나 작은 입자들이 결착할 수 있는 씨앗 역할을 한다. 우박이 골프공 크기로 성장하기 위해서는 구름 내에서 5~10분 정도 체류해야 한다. 우박은 구름 내에서 위아래로 왕복하며 성장하게 된다. 영하의 구름 상부에서는 과냉각수와 충돌하면서 급격한 결빙에 의해 기포들이 우박 내에 잔존하여 불투명한 얼음 띠를 만들며 성장하는데, 이를 **마른 성장**(dry growth)이라 부른다. 반면 영상의 구름 하부에서는 물방울들과 충돌하여 표면이 코팅되었다가 우박이 다시 영하의 구름 상부로 올라가면서 천천히 얼게 되어 기포가 빠져나가 투명한 얼음 띠를 형성한다. 이를 **젖은 성장**(wet growth)이라 부른다. 그림 8.45에서 마른 성장과 젖은 성장에 따른 우박의 단면을 확인할 수 있다.

진눈깨비(sleet)는 반투명한 얼음 알갱이로 이루어진 강수 형태이며, **어는 비**(freezing rain)는 과냉각수로 구성된 강수 형태이다. 진눈깨비와 어는 비 모두 지면 근처에 빙점하(subfreezing)의 층이 존재하는 온난전선을 따라 자주 관측된다. 두 형태의 강수 모두 눈으로 시작되지만, 진눈깨비는 중간에 얇은 따뜻한 층을 만나 녹았다가 두꺼운 빙점하의 층으로 들어서면서 다시 얼어 형성되는 반면, 어는 비는 중간에 두꺼운 따뜻한 층을 만나 녹았다가 얇은 빙점하의 층에 들어서서 과냉각 상태로 얼기 전에 떨어져 바닥에 닿자마자 얼면서 형성된다. 어는 비는 닿자마자 얼어 두꺼운 얼음 코팅을 만들어내는데(그림 8.46a), 지면이 매우 미끄러워지는데다 나무나 전신주를 부러뜨리기도 하는 등 매우 위험한 형태의 강수이다. 한편 어는 비와 비슷한 메커니즘으로 형성되는 상고대라는 현상이 있는데(그림 8.46b), 표면 온도가 영하인 물체에 과냉각 안개 또는 구름 물방울이 얼어서 형성된다. 바람이 부는 경우에는 물체가 바람을 맞은 부분에만 상고대가 형성되기도 한다.

그림 8.46 (a) 어는 비, (b) 상고대 사진

8.5 바람

바람은 수평 방향의 기압 차이에 의해 기압이 높은 쪽에서 낮은 쪽으로 공기에 힘이 작용하여 발생한다. 앞서 8.1절에서 본 것처럼 기압은 간단히 말해 주어진 고도에서 그 위에 쌓여 있는 공기의 무게이다. 공기는 압축성이 있기 때문에 기압은 고도가 올라감에 따라 처음에는 빠르게 감소하다가 점점 천천히 감소하는 특성을 보인다. 즉 연직 방향으로 기압 차이가 발생한다. 그렇다면 수평 방향의 기압 차이는 왜 발생하는가? 또한 바람은 고기압에서 저기압으로 바로 흐르지 않는데, 수평 방향의 기압 차이에 의한 힘 외에 어떤 힘이 바람에 작용하는가? 본 절은 앞서의 두 질문에 대한 답을 찾아가는 과정이 될 것이다.

1) 기압 경도력

앞서 언급한 것처럼 바람은 수평 방향의 기압 차이에 의한 힘에 의해 발생한다. 이러한 힘을 연직 방향의 기압 차이에 의한 힘인 **연직 방향 기압 경도력**(vertical pressure gradient force)과 구분하여 **수평 방향 기압 경도력**(horizontal pressure gradient force)이라 한다. 수평 방향 기압 경도력이 발생하는 원인을 살펴보기 위해 다음과 같이 간단한 공기 기둥 모형을 가정해보자.

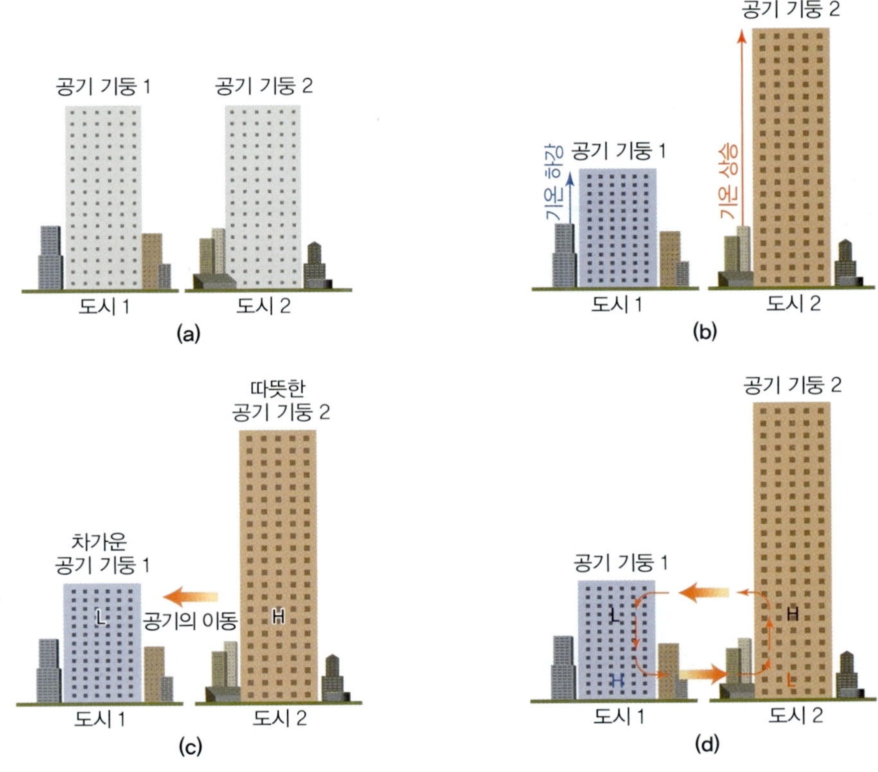

그림 8.47 바람의 생성 과정 개요도

① 공기의 밀도가 상하층에서 일정하다.

② 공기 기둥의 넓이가 변하지 않는다.

③ 공기 기둥 내외로 공기가 자유롭게 드나들 수 없다.

그림 8.47은 위의 공기 기둥 모형을 이용해 수평 방향의 기압 차이가 발생하고, 공기가 흐르는 과정을 보여주는 개요도이다. 단계별로 살펴보면 우선 도시 1과 도시 2 지역에 지면 기압은 같은 상태에서 도시 1의 기온은 하강하고, 도시 2의 기온은 상승한다. 이에 따라 도시 1의 공기는 밀도가 증가하고, 도시 2의 공기는 밀도가 감소한다. 공기 기둥의 질량이 변하지 않으므로 지면 기압은 변하지 않는 상태에서 기압은 도시 1에서 도시 2보다 고도에 따라 더 빠르게 감소하게 된다. 즉 지면을 제외한 동일 고도끼리 비교할 때, 도시 1의 기압이 도시 2의 기압보다 상대적으로 저기압이 된다. 이러한 기압 차이로 인해 도시 2에서 도시 1로 바람이 불게 된다. 공기의 이동에 따라 도시 1 위에는 공기가 쌓여 지면에서 도시 2에 비해 상대적으로 고기압이 형성된다. 반대로 도시 2 위에서는 공기가 빠져나가 지면에서 도시 1에 비해 상대적으로 저기압이 형성된다. 이에 따라 지면에서는 도시 1에서 도시 2로 바람이 불게 된다. 도시 1의 하층에서 공기가 빠져나감에 따라 생기는 공간을 채우기 위해 도시 1의

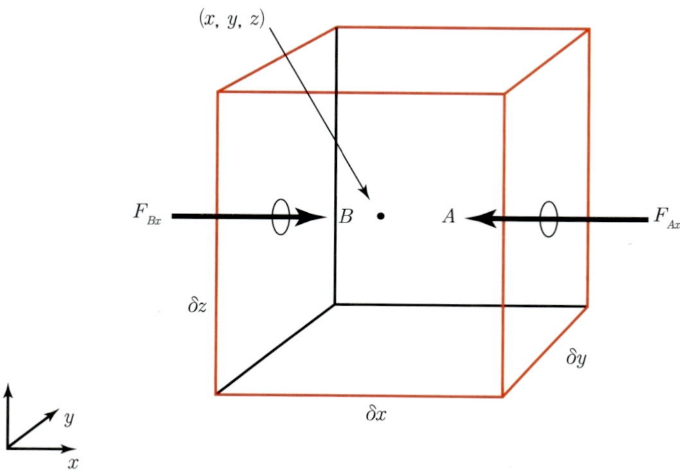

그림 8.48 공기 덩어리에 작용하는 기압 경도력의 유도

상층에서 아래로 공기가 하강하게 된다. 도시 2는 상층에서 공기가 빠져나감에 따라 하층에서 위로 공기가 상승하게 된다. 즉 간단한 모형에서 확인할 수 있는 것처럼 수평 방향의 기온 차이가 수평 방향의 기압 차이를 유발하고, 이러한 수평 방향 기압 차이가 바람을 만들어낸다고 할 수 있다. 이런 형태의 **열적 순환**(thermal circulation)은 **전구 규모**(global scale)에서도 찾아볼 수 있는데, 이에 대해서는 제9장에서 좀 더 자세히 살펴볼 것이다.

기압 경도력을 수식으로 다음과 같이 유도할 수 있다. 그림 8.48과 같은 직육면체의 공기 덩어리가 있다고 하자. 공기 덩어리의 각 면은 안쪽 방향으로 압력에 면적을 곱한 것만큼 힘을 받는다. 따라서 면 A에서 받는 힘은 식 8.75처럼 나타낼 수 있다.

$$F(A) = p\left(x - \frac{\delta x}{2}, y, z\right)\delta y\, \delta z \qquad \text{(식 8.75)}$$

이 힘은 x 방향으로 작용하며, $p(x, y, z)$는 공기 덩어리 중심에서의 기압을 나타낸다. 면 B에서 받는 힘도 다음과 같이 비슷하게 나타낼 수 있다.

$$F(B) = -p\left(x + \frac{\delta x}{2}, y, z\right)\delta y\, \delta z \qquad \text{(식 8.76)}$$

면 B에 작용하는 힘은 x 방향에 대해 반대 방향이다. x 방향으로 작용하는 힘은 $F(A)$와 $F(B)$밖에 없으므로 x 방향의 기압에 의한 순 힘(net force)은 다음과 같다.

$$F_x = \left[p\left(x - \frac{\delta x}{2}, y, z \right) - p\left(x + \frac{\delta x}{2}, y, z \right) \right] \delta y \, \delta z \tag{식 8.77}$$

공기 덩어리 중심에서의 기압 p에 대해 x 방향으로 테일러 전개를 하되 2차항 이상의 고차항을 무시하면 면 A와 면 B에서의 기압은 다음과 같이 바꾸어 나타낼 수 있다.

$$P\left(x + \frac{\delta x}{2}, y, z \right) = p(x, y, z) + \frac{\delta x}{2} \left(\frac{\partial p}{\partial x} \right)$$

$$P\left(x - \frac{\delta x}{2}, y, z \right) = p(x, y, z) - \frac{\delta x}{2} \left(\frac{\partial p}{\partial x} \right) \tag{식 8.78}$$

따라서 x 방향의 기압에 의한 힘을 다음과 같이 구할 수 있으며, 유사한 방법으로 y, z 방향에 대한 힘도 다음과 같이 나타낼 수 있다.

$$F_x = -\frac{\partial p}{\partial x} \partial x \, \partial y \, \partial z$$

$$F_y = -\frac{\partial p}{\partial y} \partial x \, \partial y \, \partial z$$

$$F_z = -\frac{\partial p}{\partial z} \partial x \, \partial y \, \partial z \tag{식 8.79}$$

식 8.79에서 $\delta x \delta y \delta z = \delta V$로 부피라는 사실과 뉴턴의 운동 법칙($F = ma$)을 적용하면 다음과 같이 나타낼 수 있다.

$$\frac{F_x}{m} = -\frac{1}{\rho} \frac{\partial p}{\partial x}$$

$$\frac{F_y}{m} = -\frac{1}{\rho} \frac{\partial p}{\partial y}$$

$$\frac{F_z}{m} = -\frac{1}{\rho} \frac{\partial p}{\partial z} \tag{식 8.80}$$

식 8.80에 따르면 밀도가 일정한 경우 x, y, z 방향으로의 단위 질량당 힘은 오직 **기압 경도**(pressure gradient)에만 의존적이라는 사실을 알 수 있다.

2) 전향력과 마찰력

앞서 배운 것처럼 바람은 기압 경도력에 의해 생성된다. 만약 바람에 작용하는 힘이 기압 경도력밖에 없다면 바람은 고기압에서 저기압으로 똑바로 불 것이다. 하지만 실제로는 **전향력**(coriolis force)이 작용하여 바람은 고기압에서 저기압으로 똑바로 불지 않게 된다. 전향력은 우리가 자전하는 지구상에서 바람을 관측하기 때문에 발생하는 **관성력**(inertial force)의 하나이다. 북반구에서는 운동 방향의 오른쪽 수직으로 작용하며, 남반구에서는 운동 방향의 왼쪽 수직으로 작용한다. 수식으로는 다음과 같이 유도할 수 있다.

$$\frac{D\mathbf{u}}{Dt} = -2\Omega \times \mathbf{u} \qquad \text{(식 8.81)}$$

u는 회전 좌표계상에서의 풍속을 나타내며, **Ω**는 지구의 자전 각속도를 나타낸다. 그림 8.49의 예시는 북반구의 상황으로, 주어진 조건에서 전향력의 방향이 운동 방향의 오른쪽 직각으로 작용함을 확인할 수 있다. 이 힘을 지구상의 수평면(곡면)상에 정의된 좌표계로 나타내면 $2\Omega\sin\phi$와 같으며, ϕ는 위도를 나타낸다. 일반적으로 대기과학에서 이야기하는 전향력은 바로 이 성분을 지칭한다.

전향력의 특징적인 점은 ① 바람을 생성 · 가속 · 감속시키지 않고 바람의 방향만 바꿀 수 있다는 점, ② 풍속이 일정하더라도 극에서 가장 크고 적도 쪽으로 갈수록 작아진다는 점, ③ 풍속이 강할수록 세진다는 점, ④ 작은 규모의 운동에서는 중요하지 않다는 점이다.

기압 경도력과 전향력이 균형을 이루는 바람을 **지균풍**(geostrophic wind)이라 한다. 그림 8.50에서 볼 수 있는 것처럼 기압 경도력에 의해 바람이 점차 가속되면서 전향력이 강해지다가 결국 기압 경도력과 전향력이 균형을 이루는 상태에 도달하게 되는데, 이때의 바람이 지균풍이다.

그림 8.50에서 확인할 수 있는 것처럼 엄밀히 말해 지균풍은 마찰이 없고, 등압선 분포가 직선에 가

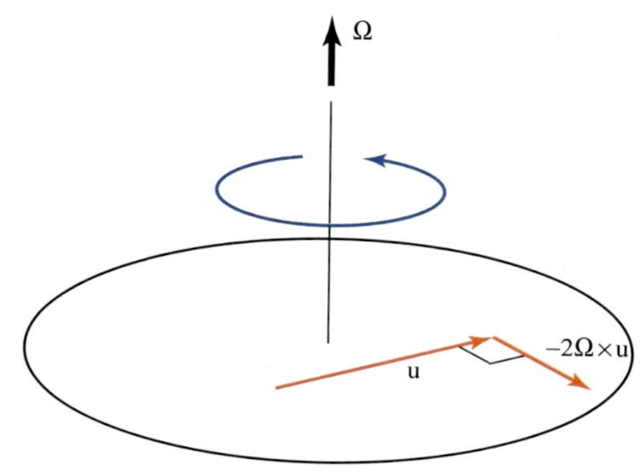

그림 8.49 반시계 방향으로 회전하는 좌표계상에서 움직이는 물체에 작용하는 전향력의 방향

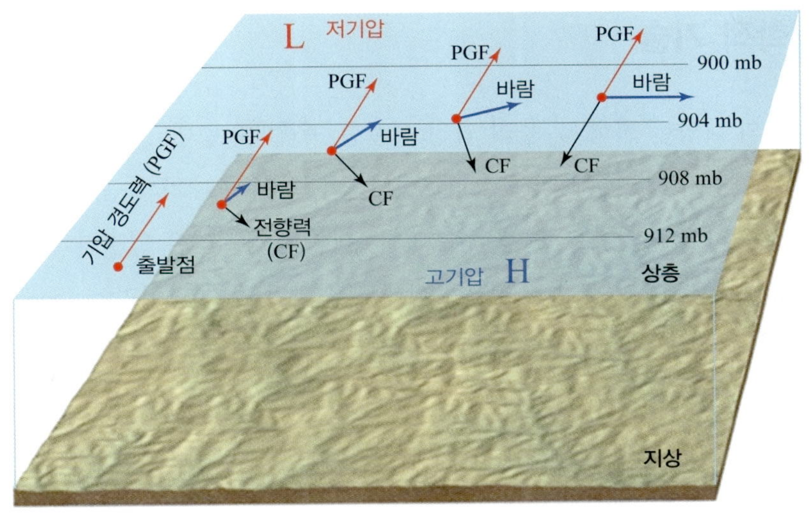

그림 8.50 지균풍의 형성 과정

까우며, 등압선 간격이 거의 일정할 때 부는 직선 형태의 바람이다. 왜냐하면 곡선 형태의 바람이 불기 위해서는 **구심력**이 필요하기 때문이다. 이때 구심력은 기압 경도력과 전향력 사이의 차이로부터 기인하므로 곡선 형태의 바람에서는 기압 경도력과 전향력이 균형을 이루지 않는다. 이러한 형태의 바람을 **경도풍**(gradient wind)이라 부른다. 한편 기압 경도력만 구심력으로 작용하는 경우와 전향력만 구심력으로 작용하는 경우의 바람을 각각 **선형풍**(cyclostrophic wind), **관성풍**(inertia wind)이라 한다.

바람에 작용하는 또 다른 힘은 **마찰력**이다. 마찰력은 풍속을 약하게 하여 결과적으로 전향력도 감소시킬 수 있다. 상층의 바람에는 마찰력이 거의 작용하지 않지만 지상 근처로 갈수록 영향력이 커진다. 여기서는 지균풍에 마찰력을 적용하여 바람에 마찰력이 작용하면 어떤 변화가 생기는지 살펴보고자 한다. 앞서 간단히 설명한 것처럼 지균풍에 마찰력이 작용하게 되면 풍속이 느려지게 되며, 이에 따라 기압 경도력이 전향력보다 커져 바람이 고기압에서 저기압 쪽으로 움직이게 된다. 결과적으로 기압 경도력, 전향력, 마찰력이 균형을 이루는 상태에 도달하게 되어 그림 8.51처럼 바람이 고기압에서 저기압 쪽으로 사선 방향으로 각도를 가지고 불게 된다. 이는 지상풍의 특징으로, 동일한 기압 경도력하에서는 마찰력이 크면 클수록 바람의 방향과 등압선이 이루는 각도는 더 커지며 풍속은 더 느려진다.

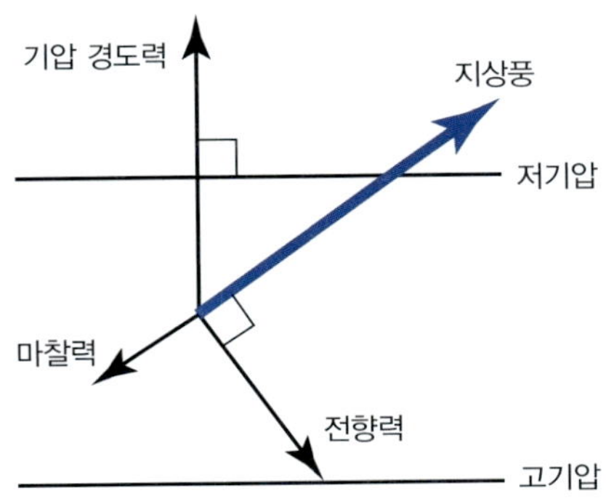

그림 8.51 지균풍에 마찰력이 작용한 경우, 힘의 균형과 바람의 흐름

8.6 기상역학적 기술

앞서 우리는 대기의 다양한 화학 및 물리 과정(오존층, 응결 및 증발, 구름 및 강수의 성장)뿐만 아니라 대기의 움직임(안정도, 바람)에 대해 살펴보았다. 이 중 특히 대기의 움직임은 운동량, 질량, 에너지 보존 개념을 이용하여 수식으로 표현할 수 있다. 대기의 움직임은 일정한 질량(fixed mass)을 갖는 매우 작은(infinitesimal) 불가분(indivisible)의 상태로 정의된 **공기 덩어리**(air parcel) 개념으로 표현 가능하다. 즉 대기의 움직임은 공기 분자 하나하나의 움직임이 아닌 공기 덩어리 내의 평균적인 분자 움직임으로 정의된다고 이해할 수 있다. 본 절에서는 보존 법칙에 근거하여 유도된 공기 덩어리의 움직임에 대한 **지배 방정식**(governing equation)에 대해 알아보고, 이를 기반으로 대기의 움직임에 대한 다양한 수식을 살펴볼 것이다.

1) 운동 방정식

운동량 보존으로부터 유도되는 운동 방정식의 근원은 뉴턴의 운동 법칙 제2법칙인 가속도의 법칙이다. 즉 "운동량의 변화량은 그 물체에 가해진 합력의 크기 및 방향과 같다"는 것이다. 이를 수식으로 나타내면 다음과 같다.

$$\frac{D}{Dt}(m\vec{V}) = \sum \vec{F} \qquad \text{(식 8.82)}$$

여기서 m은 공기 덩어리의 질량, $\vec{V}$는 공기 덩어리의 속도, $\vec{F}$는 공기 덩어리에 가해진 힘을 나타낸다. 즉 공기 덩어리에 가해지는 힘을 모두 안다면 운동 방정식을 완성시킬 수 있다. 공기 덩어리에 가해지는 힘에는 만유인력, 기압 경도력, 마찰력, 전향력, 원심력이 있다. 만유인력, 기압 경도력, 마찰력은 관성좌표계에서 실제로 존재하는 힘으로 **기본 힘**(fundamental force)에 해당한다. 전향력, 원심력은 회전하는 지구상에서 공기 덩어리의 움직임을 관측하기 때문에 발생하는 **겉보기 힘**(apparent force)에 해당한다. 이를 수식으로 표현하면 다음과 같다.

$$\frac{D\vec{V}}{Dt} = -\frac{1}{\rho}\nabla p - 2\vec{\Omega} \times \vec{V} + \vec{g} + \vec{F_r} \qquad \text{(식 8.83)}$$

여기서 $\vec{V}$는 공기 덩어리의 속도, ρ는 공기 덩어리의 밀도, p는 기압, $\vec{\Omega}$는 지구의 자전 각속도, $\vec{g}$는 중력, $\vec{F_r}$은 마찰력을 나타낸다. 각항의 물리적 의미를 살펴보면 좌항은 공기 덩어리의 가속도, 우항 첫 번째 항은 기압 경도력, 우항 두 번째 항은 전향력, 우항 세 번째 항은 중력, 우항 네 번째 항은 마찰력을 각각 나타낸다. 특히 중력은 만유인력과 원심력의 합력으로 적도에서 가장 작고, 양극으로 갈수록 커진다.

앞서의 운동 방정식은 실제 지구가 구형이기 때문에 발생하는 **곡률 효과**(curvature effect)를 고려하지 않았음에도 불구하고, 여전히 마찰력과 같은 **비선형 항**(nonlinear term)을 내재하고 있어 정확한 해를 구하기가 매우 어렵다. 이러한 비선형 항은 배제하거나 선형 항으로 근사할 수 있는데, 여기서는 **규모 분석**(scale analysis)을 통해 비선형 항이 제거되는 과정을 간단히 소개하고자 한다. 규모 분석은 상대적으로 작은 항을 무시하여 식을 간략화하는 것으로 여기서는 중위도 종관규모 운동에 맞추어 규모 분석을 시행하였다. 규모 분석을 시행하기 위해서는 해당 규모의 운동에서 각 변수의 평균적인 크기가 주어지고, 이를 이용해 각항 간의 차수를 비교하여 상대적으로 낮은 차수의 항을 제거하는 과정을 거치게 된다. 중위도 **종관 규모**에서 각 변수의 크기는 표 8.4와 같다.

표 8.4 종관규모 운동에서 각 변수의 평균적인 규모

변수	규모
수평 속도	$10\ \mathrm{m\ s^{-1}}$
연직 속도	$0.01\ \mathrm{m\ s^{-1}}$
수평 거리	$10^6\ \mathrm{m}$
깊이	$10^4\ \mathrm{m}$
수평 기압 변화	$10^3\ \mathrm{m^2 s^{-2}}$
연직 기압 변화	$10^5\ \mathrm{m^2 s^{-2}}$
시간	$10^5\ \mathrm{s}$
코리올리 매개변수	$10^{-4}\ \mathrm{s^{-1}}$
운동점성계수	$10^{-5}\ \mathrm{m^2 s^{-1}}$
지구 반지름	$10^7\ \mathrm{m}$
연직 밀도항과 수평 섭동항 비	10^{-2}

표 8.4에 근거하여 규모 분석을 수행하면 앞서 배운 지균 균형과 정역학 평형에 관한 식을 얻을 수 있다. 여기서 가속도항만 살리면 다음과 같이 수평 및 연직 운동 방정식을 나타낼 수 있다.

단, $f \equiv 2\Omega\sin\phi$로 전향력에 관한 항으로 코리올리 매개변수를 나타낸다.

$$\frac{du}{dt} = -\frac{1}{\rho}\frac{\partial p}{\partial x} + fv$$

$$\frac{dv}{dt} = -\frac{1}{\rho}\frac{\partial p}{\partial y} - fu$$

$$\frac{dw}{dt} = -\frac{1}{\rho}\frac{\partial p}{\partial z} - g \quad \text{(식 8.84)}$$

2) 연속 방정식

질량 보존 개념을 이용해 공기 덩어리의 지배 방정식 중 하나인 **연속 방정식**을 유도할 수 있다. 질량 보존은 간단히 예를 들어 설명하면 물이 비압축성을 지닌다고 가정할 때 어떤 관의 한쪽으로 유입시킨 물의 양과 반대쪽으로 유출되는 물의 양이 동일하다는 개념과 같다. 이 개념을 좀 더 일반화하여 그림 8.52와 같이 고정된 부피의 직육면체를 가정하여 연속 방정식을 유도할 수 있다.

이 고정된 지점에서 시간에 따른 질량의 변화는 총질량의 유입량에서 유출량을 뺀 것과 같다. 질량의 유입량과 유출량을 동서 · 남북 · 연직 방향에 대해 각각 구한 뒤 합하면 총질량의 유입량에서 유출량을 뺀 것과 같다. 동서 방향의 유입량과 유출량을 수식으로 나타내면 각각 다음과 같다.

$$I = \left[\rho u - \frac{\partial}{\partial x}(\rho u)\frac{\delta x}{2}\right] \times \delta y \delta z$$

$$O = \left[\rho u + \frac{\partial}{\partial x}(\rho u)\frac{\delta x}{2}\right] \times \delta y \delta z \quad \text{(식 8.85)}$$

따라서 동서 방향의 순 유입량을 다음과 같이 표현할 수 있다.

$$I - O = -\frac{\partial}{\partial x}(\rho u)\,\delta x \delta y \delta z \quad \text{(식 8.86)}$$

남북 방향과 연직 방향도 같은 방법으로 구할 수 있다. 따라서 연속 방정식은 다음과 같이 정리할 수 있다.

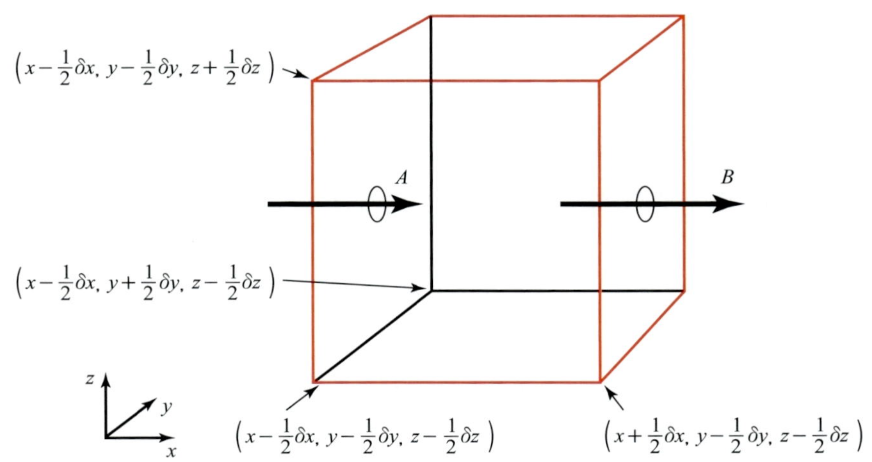

그림 8.52 고정된 부피의 직육면체에 동서 방향으로의 흐름이 있는 경우

$$\frac{\partial \rho}{\partial t}\delta x\delta y\delta z = -\left(\frac{\partial \rho u}{\partial x} + \frac{\partial \rho v}{\partial y} + \frac{\partial \rho w}{\partial z}\right)\delta x\delta y\delta z$$

$$\therefore \frac{\partial \rho}{\partial t} = -\left(\frac{\partial \rho u}{\partial x} + \frac{\partial \rho v}{\partial y} + \frac{\partial \rho w}{\partial z}\right) \quad \text{(식 8.87)}$$

여기서 ρ는 공기의 밀도, u, v, w는 각각 동서 · 남북 · 연직 풍속을 나타낸다. 연속 방정식도 운동 방정식처럼 종관규모 운동에 대해 규모 분석하면 다음과 같이 간략화할 수 있다.

$$\frac{\partial u}{\partial x} + \frac{\partial v}{\partial y} + \frac{\partial w}{\partial z} + w\frac{d}{dz}(\ln \rho_0) = 0 \quad \text{(식 8.88)}$$

$\rho_0 = f(z)$는 공기의 밀도가 연직 방향에만 의존함을 의미한다. 식 8.88로부터 종관규모 운동에서 연직 운동을 고려하지 않은 순수한 수평 운동에서는 대기가 마치 비압축성 유체처럼 움직인다는 사실을 알 수 있다.

3) 열역학 방정식

열역학 방정식은 에너지 보존 개념으로부터 유도된 지배 방정식으로 앞서 8.3절 1)항에서 배운 열역학 제1법칙과 같으며, 다음과 같은 수식으로 나타낼 수 있다.

$$c_v\frac{dT}{dt} = \frac{dq}{dt} - p\frac{d\alpha}{dt} \quad \text{(식 8.89)}$$

열역학 방정식의 다양한 적용은 8.3절에서 대부분 다루어졌으므로 여기서는 열역학 방정식을 종관규모로 규도 분석한 결과만 간단히 살펴본다.

$$\left[\frac{\partial T'}{\partial t} + u\frac{\partial T'}{\partial x} + v\frac{\partial T'}{\partial y}\right] + w(\Gamma_d - \Gamma) = 0 \quad \text{(식 8.90)}$$

여기서 T'은 어떤 층의 평균 온도에 대한 **섭동**(perturbation)을 의미하며, Γ_d, Γ는 각각 건조단열감률, 환경감률을 나타낸다. 식 8.90에 따르면 종관규모 운동에서 어떤 지점의 온도 섭동항의 시간에 따른 변화율은 온도 섭동의 수평 이류와 연직 온도 이류에 의해 결정된다.

4) 연직 좌표 변환

지금까지 대기의 지배 방정식을 연직 방향이 고도로 정의된 좌표계에서 살펴보았다. 하지만 실제 연직 방향은 고도 외에 대기에서 단조적으로 증감하는 모든 변수(기압, 온위 등)로 다양하게 정의될 수 있다. **등고도 좌표계**가 아닌 연직 방향이 다른 변수로 정의된 좌표계를 쓰는 경우, 저마다의 장점이 있다. 대표적인 예로 **등압 좌표계**의 경우 질량 보존, 지균 균형과 관련된 식에서 밀도항이 사라져 단순화가 가능하며, 일기도 분석에서 등압면상의 **등온선**은 **등온위선**과 일치하므로 온도 분석에도 용이하다. 여기서는 여러 가지 변수에 대한 좌표계를 모두 살펴보기보다는 일반적인 연직 좌표 변환 방법에 대해서 소개하고자 한다.

등고도 좌표계에서 표현된 $\psi(x, y, z, t)$라는 변수는 어떤 임의의 다른 연직 방향으로 정의된 변수(ζ)에 관한 형태인 $\psi(x, y, \zeta, t)$로 표현할 수 있다. 이 두 형태 사이의 관계식은 다음과 같이 수식적으로 나타낼 수 있다.

$$\left(\frac{\partial\psi}{\partial x}\right)_\zeta = \left(\frac{\partial\psi}{\partial x}\right)_z + \left(\frac{\partial z}{\partial x}\right)_\zeta \frac{\partial\psi}{\partial z} \tag{식 8.91}$$

식 8.91은 동서 방향에 대한 식으로, x 대신 y를 넣어주면 남북 방향에 대한 관계식이 된다. 이와 함께 ψ에 대한 전미분을 편미분으로 전개한 식은 다음과 같이 쓸 수 있다.

$$\frac{d\psi}{dt} = \left(\frac{\partial\psi}{\partial t}\right)_{x,\,y,\,\zeta} + \vec{V}_H \cdot \nabla_\zeta \psi + \frac{d\zeta}{dt}\frac{\partial\psi}{\partial\zeta} \tag{식 8.92}$$

식 8.92에서 ζ 대신 변환하고자 하는 변수로 바꾸어 등고도 좌표계에서의 지배 방정식에 대입하면 해당 좌표계에서의 지배 방정식을 유도할 수 있다.

5) 대기의 운동학적 표현

대기의 **운동학**(kinematics)이란 유체 흐름의 성질을 다루는 것으로, 여기서는 **자연 좌표계**(natural coordinates)에서 유체 흐름의 기초적인 운동학 성질을 다루고자 한다. 수평 바람장은 모두 x와 y의 함수이므로 다음과 같은 형태로 나타낼 수 있다.

$$\frac{\partial u}{\partial x}, \frac{\partial u}{\partial y}, \frac{\partial v}{\partial x}, \frac{\partial v}{\partial y}$$

앞서 4개 미분항을 2개씩 묶을 경우, 가능한 합과 차의 모든 미분 조합은 다음과 같다.

$$\frac{\partial u}{\partial x}+\frac{\partial v}{\partial y}\equiv D$$

$$\frac{\partial u}{\partial x}-\frac{\partial v}{\partial y}\equiv F_1$$

$$\frac{\partial v}{\partial x}+\frac{\partial u}{\partial y}\equiv F_2$$

$$\frac{\partial v}{\partial x}-\frac{\partial u}{\partial y}\equiv \zeta$$

(식 8.93)

D는 **발산**(divergence), F_1은 **늘림 변형**(stretching deformation), F_2는 **시어 변형**(shear deformation), ζ는 **소용돌이도**(vorticity)로 정의된다. 각 미분 조합을 시각적으로 쉽게 이해하기 위해 원점에서 u, v를 x, y 방향에 대해 각각 테일러 전개하고, 2차항 이상의 고차항을 제거하면 다음과 같이 쓸 수 있다.

$$u-u_0=\frac{\partial u}{\partial x}x+\frac{\partial u}{\partial y}y$$

$$v-v_0=\frac{\partial v}{\partial x}x+\frac{\partial v}{\partial y}y$$

(식 8.94)

위 식은 앞서 4개의 미분 조합에 대한 식으로 다음과 같이 표현할 수 있다.

$$u-u_0=\frac{1}{2}(D+F_1)x-\frac{1}{2}(\zeta-F_2)y$$

$$v-v_0=\frac{1}{2}(\zeta+F_2)x+\frac{1}{2}(D-F_1)y$$

(식 8.95)

$u_0=0$, $v_0=0$이라 가정하고, 원하는 미분 조합의 값만 1 또는 -1로 두고, 나머지 미분 조합의 값은 0으로 두면 수평 방향에 대한 u, v의 함수를 구할 수 있다. 이를 기반으로 각각의 흐름을 나타내면 그림 8.53과 같다. 그림 8.53에서 확인할 수 있는 것처럼 소용돌이도는 유체의 회전 정도를 나타내며, 발산은 유체가 모이고 퍼지는 정도를 표현할 수 있다. 한편 늘림 변형이나 시어 변형은 전선의 발달과 관련이 있다.

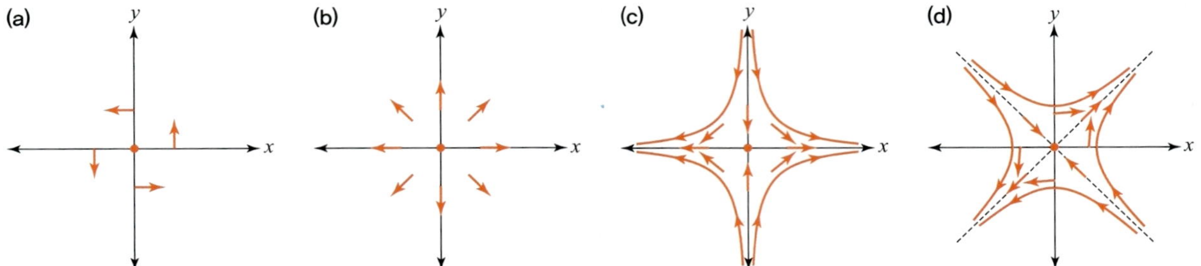

그림 8.53 4개 미분 조합의 흐름 (a) 순수한 양의 소용돌이도, (b) 순수한 양의 발산, (c) 순수한 양의 늘임 변형, (d) 순수한 양의 시어 변형

6) 소용돌이도 방정식

앞서 배운 소용돌이도는 유체의 회전 정도를 나타내는데, 운동 방정식에 기반하여 소용돌이도가 시간에 따라 어떻게 변하는지를 유도할 수 있다. 이렇게 유도된 방정식을 **소용돌이도 방정식**이라 부르며, 다음과 같이 수식으로 표현된다.

$$\frac{D}{Dt}(\zeta+f)=-(\zeta+f)\left(\frac{\partial u}{\partial x}+\frac{\partial v}{\partial y}\right)-\left(\frac{\partial w}{\partial x}\frac{\partial v}{\partial z}-\frac{\partial w}{\partial y}\frac{\partial u}{\partial z}\right)+\frac{1}{\rho^2}\left(\frac{\partial \rho}{\partial x}\frac{\partial p}{\partial y}-\frac{\partial \rho}{\partial y}\frac{\partial p}{\partial x}\right) \quad \text{(식 8.96)}$$

좌항은 **상대 소용돌이도**(relative vorticity)와 **행성 소용돌이도**(planetary vorticity)의 합인 **절대 소용돌이도**(absolute vorticity)의 시간에 따른 변화율을 나타낸다. 여기서 상대 소용돌이도는 앞서 배운 것처럼 지구상에서 유체 자체의 회전 정도를 나타내며, 행성 소용돌이도는 지구 자전에 따른 소용돌이도를 나타낸다. 우항의 첫 번째 항은 소용돌이도 **발산항**(divergence term), 두 번째 항은 **기울임항**(tilting term), 세 번째 항은 **솔레노이드항**(solenoid term)을 각각 나타낸다. 수평 흐름이 발산인 경우 시간에 따른 절대 소용돌이도는 감소하며, 수렴인 경우에는 증가한다. 기울임항은 수평 방향의 소용돌이도가 수평 방향으로 일정하지 않은 연직 속도 분포로 인해 기울어지면서 연직 방향의 소용돌이도를 만드는 경우이다. 솔레노이드항은 밀도와 기압의 수평 방향 변화의 차이에 의해 생성되는 소용돌이도로 **경압대기**(baroclinic atmosphere)에서만 존재하며 **순압대기**(barotropic atmosphere)에서는 없다. 경압대기는 밀도가 x, y, z의 함수인 반면, 순압대기에서는 밀도가 z만의 함수이다.

소용돌이도 방정식도 종관규모 운동에 대해 규모 분석을 하면 다음과 같이 간략화할 수 있다.

$$\frac{D_h}{Dt}(\zeta+f)=-(\zeta+f)\left(\frac{\partial u}{\partial x}+\frac{\partial v}{\partial y}\right),\ \text{where}\ \frac{D_h}{Dt}\equiv\frac{\partial}{\partial t}+u\frac{\partial}{\partial x}+v\frac{\partial}{\partial y} \quad \text{(식 8.97)}$$

즉 종관규모 운동에서 공기 덩어리의 수평 운동을 따르는 절대 소용돌이도의 변화율은 수평 운동에 의한 수렴 또는 발산에 의한 절대 소용돌이도의 집중 또는 희석 정도와 같다고 할 수 있다. 고정된 위도에서 동일한 양의 수렴이 지속될 경우, 상대 소용돌이도는 계속 증가하고, 절대 소용돌이도도 커져 더 빠른 속도로 상대 소용돌이도가 커질 수 있는 반면, 동일한 양의 발산이 지속될 경우에는 상대 소용돌이도가 점차 작아져 $\zeta \rightarrow -f$에 도달하게 되면 절대 소용돌이도가 0이 되므로 아무리 강한 발산이 지속되더라도 절대 소용돌이도는 0에서 더 이상 작아지지 않는다.

한편 대규모 흐름에 있어서 가장 중요한 형태의 파동은 **로스비파**(Rossby wave) 또는 **행성파**(Planetary wave)이다. 점성이 없는 일정한 깊이의 순압 유체에서 로스비파는 위도에 따른 **코리올리 매개변수**의 변화에 대한 절대 소용돌이도 보존 운동으로 볼 수 있다. 더 일반적으로 경압 유체에서 로스비파는 위치 소용돌이도 경도의 존재로 인한 위치 소용돌이도 보존 운동으로 볼 수 있다. 여기서는 순압 유체에서의 로스비파의 움직임에 대해 **순압 소용돌이도 방정식**을 이용하여 간단히 살펴보고자 한다.

순압 소용돌이도 방정식에 **β-plane 근사**를 적용하면 다음과 같이 식으로 정리할 수 있다.

$$\left(\frac{\partial}{\partial t} + u\frac{\partial}{\partial x} + v\frac{\partial}{\partial y}\right)\zeta + \beta v = 0 \quad \text{(식 8.98)}$$

여기서 $\beta \equiv \dfrac{\partial f}{\partial y}$로 정의된다. 식 8.98을 다음과 같이 기본 상태(basic state)를 가정하고, **유선함수**(stream function)를 정의하여 유선함수에 대해 선형화할 수 있다.

$$u = \bar{u} + u'$$

$$v = v'$$

$$\zeta' = \frac{\partial v'}{\partial x} - \frac{\partial u'}{\partial y}$$

$$u' = -\frac{\partial \psi'}{\partial y}$$

$$v' = -\frac{\partial \psi'}{\partial x}$$

$$\zeta' = \nabla^2 \psi' \quad \text{(식 8.99)}$$

위 가정과 정의하에서 유선함수에 대한 선형화된 식은 다음과 같다.

$$\left(\frac{\partial}{\partial t}+\bar{u}\frac{\partial}{\partial x}\right)\nabla^2\psi' + \beta\frac{\partial\psi'}{\partial x} = 0 \quad \text{(식 8.100)}$$

식 8.100으로부터 다음과 같은 **분산 관계**(dispersion relation)를 구할 수 있다.

$$\nu = \bar{u}k - \frac{\beta k}{k^2+l^2},\ where\ \psi' = \mathrm{Re}[\psi \exp(i(kx+ly-\nu t))] \quad \text{(식 8.101)}$$

식 8.101 분산 관계로부터 구한 순압 로스비파의 **위상속도**, **군속도**는 각각 다음과 같다.

$$c - \bar{u} = -\frac{\beta}{k^2+l^2}$$

$$c_{gx} = \bar{u} - \beta\frac{(l^2-k^2)}{(k^2+l^2)} \quad \text{(식 8.102)}$$

만약 $\bar{u}=0$, $l\rightarrow 0$인 조건이라면 순압 로스비파는 서진하게 된다. $\bar{u}=\frac{\beta}{k^2+l^2}$인 경우에는 순압 로스비파가 정체하며, $\bar{u} > \frac{\beta}{k^2+l^2}$ 이면 동진하게 된다. 즉 고정된 위도에서 $\bar{u} > 0$, $l\rightarrow 0$인 경우, 순압 로스비파는 k가 작아질수록 동진할 수 있다. 즉 단파일수록 동진하고, 장파일수록 정체하거나 서진할 수 있다. 군속도의 경우, $k > l$이면 동진하고, $k < l$이면 서진한다.

한편, 등온위면에서 **켈빈의 순환 정리**를 정의하고, 이를 정리하면 다음과 같이 **에르텔 위치 소용돌이도**(Ertel potential vorticity)를 유도할 수 있다.

$$P \equiv -g\frac{\partial\theta}{\partial p}(\zeta_\theta + f) = \text{const.} \quad \text{(식 8.103)}$$

등온위면에서는 밀도가 압력만의 함수이므로 에르텔 위치 소용돌이도가 보존된다는 사실은 순압

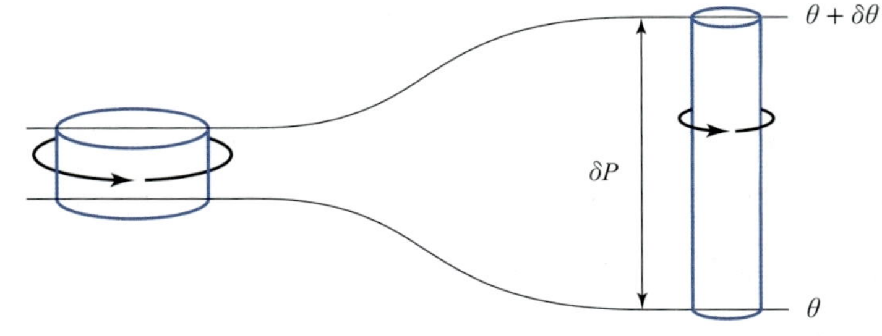

그림 8.54 등온위면 사이에서 공기 덩어리의 이동

대기뿐만 아니라 경압대기에서도 일괄적으로 적용할 수 있다. 식 8.103으로부터 그림 8.54처럼 고정된 위도에서 어떤 공기 덩어리가 오른쪽으로 이동함에 따라 정적 안정도가 작아지면 위치 소용돌이도를 보존하기 위해 상대 소용돌이도가 증가함을 알 수 있다.

에르텔 위치 소용돌이도는 비압축성 유체를 가정하면 다음과 같이 더 간단하게 나타낼 수 있다.

$$\frac{\zeta_\theta + f}{h} = \text{const.} \tag{식 8.104}$$

h는 유체의 깊이를 나타낸다. 식 8.104로부터 만약 유체의 깊이에 변화가 없다면 위치 소용돌이도 보존으로 인해 서풍의 경우 남북으로 휠 수 없는 반면, 동풍의 경우에는 남북으로 쉽게 휠 수 있다는 사실을 알 수 있다(그림 8.55).

유체의 깊이가 변하는 경우에는 남북으로 긴 산맥을 넘어가는 흐름이 있다고 했을 때 서풍은 산맥을 넘어간 이후 파동을 만들어내는 반면, 동풍은 그렇지 않다는 사실을 알 수 있다(그림 8.56).

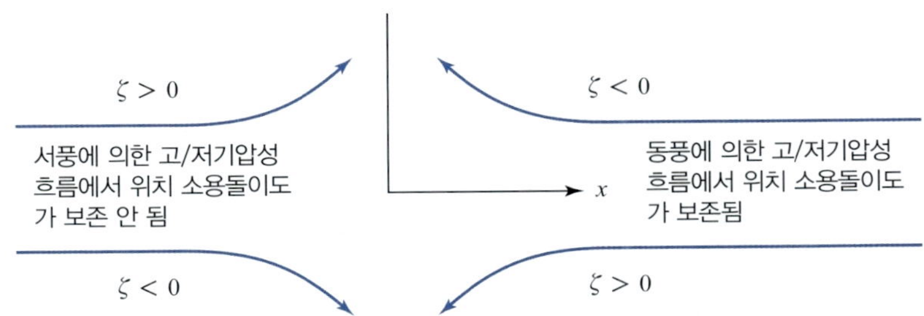

그림 8.55 유체의 깊이가 일정한 경우, 서풍과 동풍에서의 위치 소용돌이도 보존과 공기의 흐름

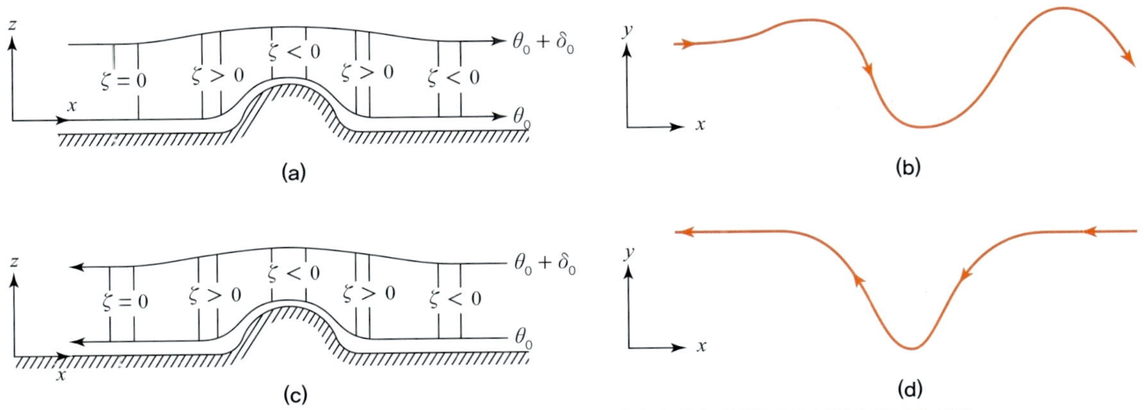

그림 8.56 유체의 깊이가 변하는 경우, 서풍과 동풍에서의 위치 소용돌이도 보존과 공기의 흐름

7) 온도풍

온도풍은 다음 수식과 같이 서로 다른 등압면(또는 등고도면) 사이의 지균풍의 차이로 정의된다.

$$u_T = u_{\text{upper}} - u_{\text{lower}}$$

$$v_T = v_{\text{upper}} - v_{\text{lower}} \tag{식 8.105}$$

아래첨자의 upper, lower는 각각 상층, 하층을 의미한다. **온도풍**은 지균풍 공식을 변형하여 다음과 같이 두 등압면 사이의 수평 방향의 온도경도의 함수로 나타낼 수 있다.

$$\vec{V_T} = -\frac{R_d}{f}\int_{P_{\text{lower}}}^{P_{\text{upper}}} (\hat{k} \times \nabla_p)\, T d\ln p \tag{식 8.106}$$

두 등압면 사이의 온도를 두 등압면 사이의 평균 온도 $\langle T \rangle$로 대체하면 다음과 같이 두 등압면 사이의 지위 차이에 대한 식으로 변형 가능하다.

$$\vec{V_T} = \frac{1}{f}\hat{k} \times \nabla_p \left[\int_{\phi_{\text{lower}}}^{\phi_{\text{upper}}} d\phi\right] \tag{식 8.107}$$

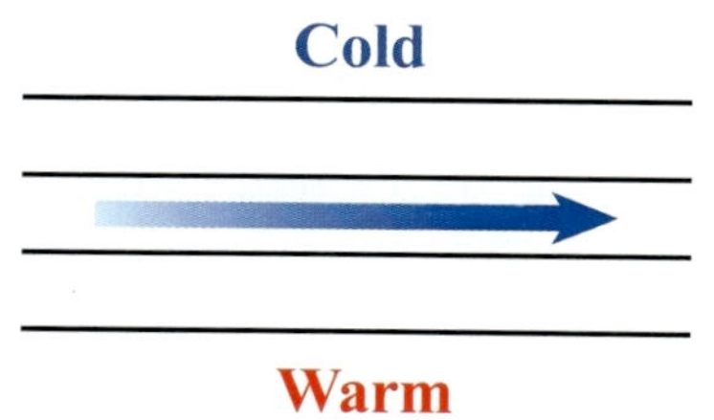

그림 8.57 북반구에서 온도풍의 흐름과 등온선 관계

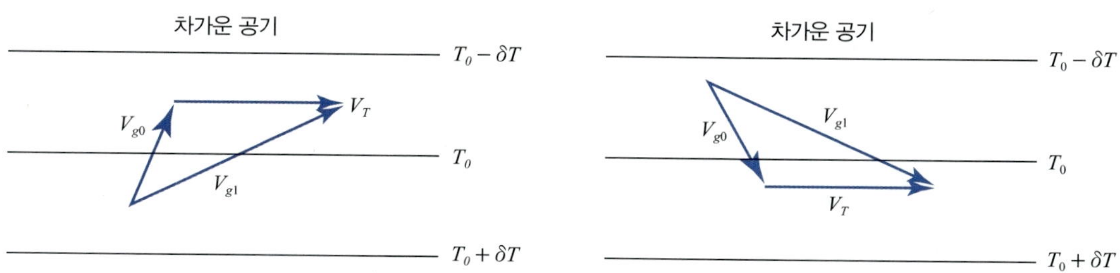

그림 8.58 북반구에서 순전이 있는 경우(좌), 반전이 있는 경우(우)의 상하층의 지균풍 흐름과 온도풍

즉 온도풍은 주어진 두 층 사이 온도의 수평 경도 또는 지위 차이의 수평 경도로 정의 가능하다. 이는 앞서 8.1절 5)항에서 배운 측고 방정식 개념과 같은 것으로 두 등압면 사이의 층 두께는 곧 두 층 사이의 평균 온도에 비례한다. 식 8.107로부터 온도풍은 그림 8.57처럼 북반구에서는 항상 저온 지역을 왼편에 두고 등온선 또는 등층 두께선에 평행하게 분다는 사실을 알 수 있다.

한편 온도풍 개념을 이용하면 어느 한 지점의 하층 지균풍이 상층 지균풍으로 갈수록 어느 방향으로 회전하는지만 알면 해당 지점의 온도이류를 판정할 수 있다. 고도가 상승함에 따라 지균풍이 시계 방향으로 회전하는 것을 **순전**(veering)이라 하는데, 이때는 그림 8.58에서처럼 **온난이류**가 발생해야 함을 알 수 있다. 반면 고도가 상승함에 따라 지균풍이 반시계 방향으로 회전하는 것을 **반전**(backing)이라 하며 이때는 그림 8.58에서 확인할 수 있는 것처럼 **한랭이류**가 발생한다.

8) 유선과 유적

유적(trajectory)은 유한한 시간 동안 공기 덩어리가 지나간 길을 의미하며, **유선**(streamline)은 순간적인 속도에 평행한 선을 의미한다. 즉 유적은 **라그랑지안 방법**에 의해 공기 덩어리를 따라가면서 그 궤적을 표현한 것인 반면, 유선은 **오일러리안 방법**에 의해 어떤 특정 시점에 각 지점에서 유속을 의미한다. 유적과 유선의 관계는 자연 좌표계를 이용해 유도할 수 있다.

자연 좌표계란 유체의 진행 방향이 $\hat{s}$ 벡터로 정의되고, $\hat{s}$ 벡터에 왼쪽 수직한 벡터를 $\hat{n}$ 벡터로 정의되는 좌표계로 유체의 흐름을 직관적으로 이해하는 데 유리하다(그림 8.59).

자연 좌표계에 근거하여 유적의 곡률 반경 R_t, 유선의 곡률 반경 R_s, 풍향의 변화 ψ 사이의 관계식을 구하면 다음과 같다.

$$\frac{\partial \psi}{\partial t} = V\left(\frac{1}{R_t} - \frac{1}{R_s}\right) \quad \text{(식 8.108)}$$

위 관계식으로부터 풍향의 국지 변화율이 없으면, 유적과 유선은 항상 일치함을 알 수 있다. 하지만 일반적으로 중위도 종관계는 동쪽으로 이동하므로 시간에 따라 고기압, 저기압 시스템이 이동하여

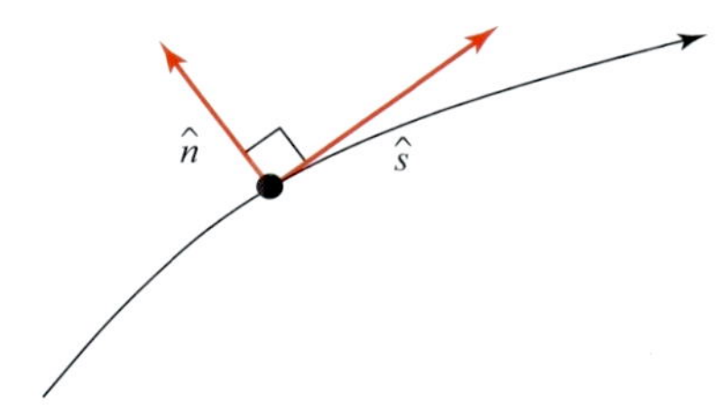

그림 8.59 자연 좌표계 정의

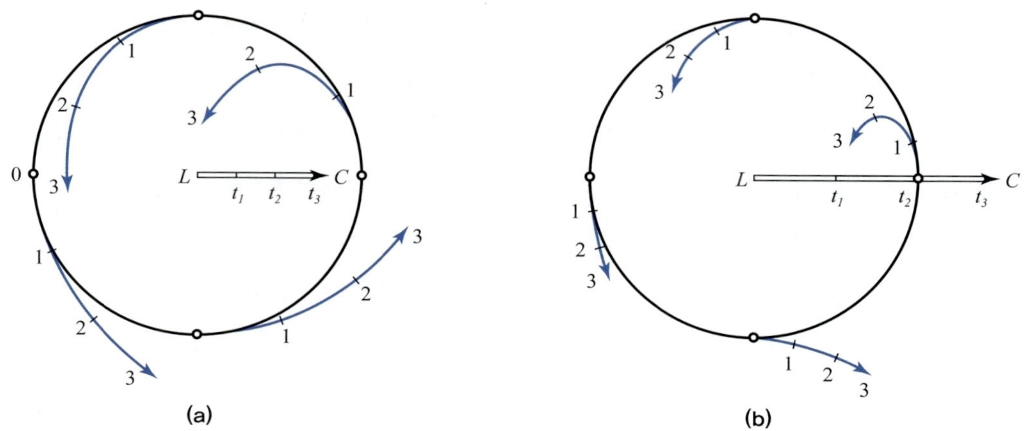

그림 8.60 유적과 유선의 흐름 차이. (a) 저기압의 이동 속도가 풍속보다 느린 경우, (b) 저기압의 이동 속도가 풍속보다 빠른 경우

국지 바람의 풍향이 시간에 따라 변하므로 유적과 유선은 일치하지 않는다. 예를 들어 저기압이 변형 없이 일정한 속도로 동쪽으로 이동하는 경우, 유적과 유선의 차이는 그림 8.60에서 확인할 수 있다.

STORYLINE

우리는 다양한 생명체가 살고 있는 지구의 대기는 태양계 다른 행성의 대기와 다르다는 것을 알고 있다. 기온과 바람, 날씨 현상으로 알 수 있는 지구 대기의 끊임없는 움직임을 일으키는 에너지의 근원은 무엇일까? 저위도 지표면 기온은 상대적으로 따뜻한데, 고위도로 갈수록 기온이 낮아지는 이유는 무엇일까? 위도에 따른 지구 표면 공기의 온도를 결정하는 중요한 과정은 대기의 에너지 전달이다. 태양으로부터 방출되어 지구에 도달하는 태양 복사와 지구에서 방출되는 지구 복사, 지구 대기의 다양한 조성 물질들의 역할을 종합적으로 이해하여야 대기의 에너지 전달 과정을 설명할 수 있다. 특히 우리가 일상에서 경험하는 비, 눈, 안개 등과 같이 상태가 다른 물 분자는 지구의 중요한 특성이다. 이 장에서는 기본적인 복사 개념과 함께 중위도 날씨 시스템, 전 지구적인 문제인 강화된 온실 효과에 의한 지구 온난화에 따른 기후 변화, 이에 따른 이상 기상, 기후 변동, 기후시스템의 피드백 과정을 살펴본다.

- 9.1 복사 에너지
- 9.2 열대에서 극으로의 에너지 수송
- 9.3 중위도 날씨 시스템
- 9.4 대기 경계층과 대기 오염
- 9.5 기후 변화
- 9.6 기후시스템 내의 여러 과정들

대기 중 에너지 평형

9.1 복사 에너지

1) 태양 복사와 지구 복사

지구에서의 열(에너지) 전달은 대류와 전도, 잠열 효과 외에도 복사(radiation)에 의하여 이루어진다. 온도를 가진 모든 물체는 그 온도에 해당하는 복사 에너지를 방출한다. 복사는 전기적인 파장과 자기적인 파장으로 구성된 **전자기파**(electromagnetic waves), 즉 파동의 형태로 에너지를 방출하여 전달하는 것을 총칭하는 용어이다. 복사는 파장에 따라 감마선, X선, 자외선, 가시광선, 적외선, 마이크로파, 라디오파 등과 같이 불리는 이름이 정해져 있다. 특정 파장의 전자기파 파동의 진폭은 전달되는 에너지의 양과 비례한다.

태양에서 방출되는 복사는 가시광선 영역에 가장 많은 에너지를 가지고 있어 **단파 복사**라 불리며, 지구 표면에서 방출하는 복사는 적외선 영역에서 에너지가 커 **장파 복사**라 불린다. 물체 표면에서 방출되는 복사는 물체 표면의 온도에 따라 특징적인 파장별 에너지 분포를 보인다. 태양과 지구에서 방출되는 각각에 대한, 파장에 따른 단위 면적당 복사 에너지의 세기인 **복사 강도**(또는 분광 조사 강도, spectral irradiance)는 그림 9.1과 같다. 파장별 복사 에너지의 세기(강도)는 단위 면적, 단위 시간당 모든 파장에서 방출되는 복사 에너지의 크기로 표현되었으며, 이는 단위 파장당 복사 에너지속(flux)이라 할 수 있다. **태양 복사**와 **지구 복사**의 곡선의 형태는 유사하나 방출되는 총 에너지의 양은 지구 복사 에너지가 태양 복사 에너지에 비하여 매우 작아 약 16만 배 차이가 난다. 또한 복사 에너지 강도의 최댓값이 나타나는 파장에서도 큰 차이를 보인다. 지구 복사 에너지 강도의 최댓값은 태양에 비하여 훨씬 더 긴 파장 영역에서 나타난다.

태양은 넓은 파장 영역에서 복사를 방출하지만, 대부분은 4 μm 이하의 파장에 해당하는 영역에서 에너지 속의 형태로 복사 에너지를 방출하므로 단파 복사라 칭한다. 단파 복사는 감마선(파장이 0.0001 μm 이하), X선(0.0001~0.01 μm 영역), 자외선(0.01~0.4 μm), 가시광선(0.4~0.7 μm), 근적외선(0.7~4.0 μm)의 5개 영역으로 구분할 수 있다. 감마선은 원자핵의 배치에 영향을 주며, X선은 전자 분포에 영향을 준다. 자외선은 태양 복사 에너지의 7%를 차지하며 전자 분포에 영향을 미치고, 인체에 유해하지만 비타민 D를 형성한다. 가시광선은 태양 복사 에너지의 44%를 차지하며 보라색에 가까울수록 파장이 짧고, 빨간색에 가까울수록 파장이 길다. 단파 복사에서 가장 긴 파장을 갖는 근적외선은 태양 복사 에너지의 37%를 차지한다. 태양 복사 에너지의 11%를 차지하는 원적외선은 4 μm~0.001 m의 파장 영역을 가지며, 원자 배열에 영향을 준다(진동과 회전 에너지). 마이크로파(0.001~1 m), TV파(1~10 m), 라디오 단파(10~100 m), AM 라디오 단파(100 m 이상)는 태양 복사 에너지의 단 1%만을 차지한다. 태양의 최대 복사 강도는 가시광선 영역에서 나타난다. 근적외선은 원자 배열에 영향을 주어 진동과 회전 등의 에너지로 전환된다. 자외선은 파장의 길이에 따라 다

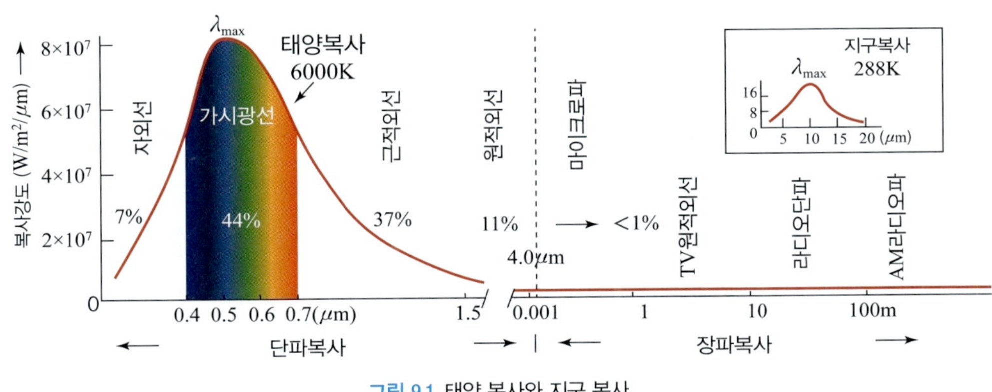

그림 9.1 태양 복사와 지구 복사

시 UV-C, UV-B, UV-A 3개 영역으로 소분된다. 자외선은 인체에 멜라닌을 형성시켜 일부 자외선을 흡수할 수 있도록 하는데, 자외선 장기 노출에 의하여 악성 피부암인 멜라노마(흑색종)를 진단받은 사람은 전 세계적으로 매년 약 30만 명 이상으로 추산된다.

지구 복사의 대부분은 장파 복사이다. 주로 4~100 μm의 범위에 복사 강도가 집중되어 있다. 지구 복사 중 최대 복사 강도는 약 10 μm 부근에서 나타나지만, 이는 지표면과 대기의 온도에 따라 달라질 수 있다(그림 9.1).

2) 복사 법칙

모든 물체는 전자기파(빛 등)의 복사를 흡수하고 방출하는 능력이 있다. 물체에 입사하는 복사는 표면 물질에 따라 다른 파장의 빛을 흡수 또는 반사한다. 여러 물질 중에 입사하는 모든 파장의 복사를 완전하게 흡수하고, 모든 파장의 빛을 완전하게 방출하는 가상의 물질을 **흑체**(black body)라고 정의한다. 지구와 태양은 거의 흑체에 가깝다. 복사 에너지와 온도와의 관계를 규정하는 다음 4가지 복사 법칙은 복사에 의한 열 전달의 개념을 이해하는 데 필수적이다.

특정 온도(T)를 가진 태양과 같은 흑체 표면에서 방출되어 진공 상태를 통과해 입사하는 특정 파장(λ)당 태양 복사 에너지를 측정한다고 하자. 흑체에서 방출하는 복사에 대해 지구 표면에서 측정한 복사 에너지의 세기(강도)는 단위 파장당 단위 **입체각**(solid angle)당 복사 에너지속(단위 면적당 단위 시간당 복사 에너지)으로 표현된다. 이와 같은 흑체 방출 단색 복사 강도는 단색 복사 휘도라고도 불리며, 다음의 **플랑크 법칙**(Planck's law)을 따른다.

$$I(\lambda, T) = \frac{2hc^2}{\lambda^5} \frac{1}{\exp(\frac{hc}{\lambda kT}) - 1}$$

여기서 $h(=6.62617 \times 10^{-34}$ J sec)는 플랑크 상수이고, $k(=1.38066 \times 10^{-23}$ JK^{-1})는 **볼츠만 상수**이다. 진공 속 빛의 속도인 $c(=2.99793 \times 10^{8}$ m sec^{-1})는 진동수(ν)와 $c=\lambda\nu$의 관계식을 만족한다. 이 식은 단위 면적에 단위 시간 동안 단위 입체각당 단위 파장당 입사하는 복사 에너지를 나타낸다. 즉 플랑크 법칙은 온도와 파장의 함수로 흑체가 방출하는 복사 에너지의 입사 강도 분포를 수식으로 표현하고 있으며, 물질이 방출하는 복사 에너지와 구분하기 위하여 흑체의 경우 $I(\lambda, T)$를 $B(\lambda, T)$ 또는 $B_\lambda(T)$로 표시하기도 한다. 그림 9.1의 태양 복사 에너지 스펙트럼인 $I_S(\lambda, T=6,000$ K)는 6,000 K에 해당하는 파장별 흑체 복사 강도의 분포로, 태양을 흑체로 고려한 것이다.

태양과 지구가 흑체라 가정하면, 이들에서 근원한 단위 면적당 방출하는 복사의 에너지(E)에도 큰 차이가 있다. 흑체의 온도가 높을수록 최대 에너지가 방출되는 파장은 짧아지며, 온도가 높은 흑체는 온도가 낮은 흑체보다 모든 파장에서 더 많은 에너지를 방출하며, 이는 **슈테판-볼츠만 법칙**(Stefan-Boltzmann's law)을 따른다.

$$E=\sigma T^4$$

여기서 σ는 **스테판-볼츠만 상수**($\sigma=5.67 \times 10^{-8}$ Wm$^{-2}K^{-4}$)이다. E는 복사속으로 단위 면적당 단위 시간당 흑체가 방출하는 복사 에너지에 해당하며, 이는 흑체의 표면 온도(T)의 4제곱에 비례한다. 스테판-볼츠만 법칙은 흑체 표면에서 상향으로 방출하는 단색 복사 강도를 위쪽 반구 모든 방향에 대해 적분하여 단색 복사속을 구한 후, 모든 파장에 대해 적분한 결과와 일치한다. 이는 흑체 표면에서 위쪽 반구 모든 방향으로 방출된 총 에너지를 의미한다. 태양과 지구 표면의 평균 온도를 각각 6,000 K와 288 K라고 하면, 표면에서 방출되는 단위 면적당 에너지양을 구할 수 있다.

일반적으로 행성이 받는 복사 에너지와 행성이 방출하는 복사 에너지가 평형을 이루고 있다. 여기서 흑체의 방출 에너지가 최대가 되는 파장은 다음과 같이 빈의 변위 법칙으로 계산할 수 있다.

$$\lambda_{\max}=\frac{a}{T}$$

여기서 $a=2,898$ μmK이다. **빈의 변위 법칙**(Wien's displacement law)은 특정 온도에서 흑체로부터 방사된 최대 복사 에너지 강도를 보이는 파장에 대한 관계, 즉 최대 에너지 파장은 온도에 반비례하는 관계를 알려준다. 이는 플랑크 곡선의 극점 $(\frac{dB_\lambda}{d\lambda}=0)$ 에 해당한다. 빈의 변위 법칙을 이용하거나 플랑크 곡선의 극점을 구하면, 표면 온도가 6,000 K인 태양의 최대 복사는 약 0.5 μm의 파장에서, 지구는 10 μm에서 나타남을 알 수 있다.

열역학 평형(복사 에너지 평형)이 유지되는 경우에는 주어진 파장(λ)과 온도(T)에 대한 물체(물질)의 복사 **흡수율**(a_λ)은 복사 **방출률**(ϵ_λ)과 같다는 것이 실험 결과와 함께 이론가들에 의해 1900년경에 정립되었다. 이는 주어진 온도에서 특정 파장에 대한 어떤 물체의 흡수율은 방출률과 같다($a_\lambda = \epsilon_\lambda$)는 복사 법칙으로 통용된다. 이 복사 법칙은 **키르히호프의 법칙**(Kirchhoff's law)이다. 여기서 ϵ_λ가 1이면 흑체이고, $0 < \epsilon_\lambda < 1$이면 회색체가 된다. 키르히호프의 법칙은 좋은 흡수체(물질)가 좋은 방출체라는 것을 의미한다.

실제 대기는 조성 성분이 균질한 이상기체로 고려해도 크게 문제가 되지 않지만, 현실 대기에서는 수없이 많은 기체들이 혼합되어 있고, 수직적으로 층층이 쌓여 있는 상태임을 이해하여야 한다. 따라서 실제 대기에 복사 법칙을 적용하기 위해서는 대기를 조성하는 각 기체의 복사 파장별 흡수율, 산란 함수, 자체 재복사 등에 관한 과학적 정보가 필요하다. 지난 반세기 동안 많은 연구를 통해 이미 이러한 자료가 쌓였고, 계속해서 연구를 통해 업데이트되고 있다. 대기를 높이에 따른 층으로 나누어 태양 복사, 지구 복사, 층별 대기 복사에 실제 복사 법칙을 적용하여 대기의 층별 투과율, 흡수율, 반사율을 수치적으로 계산하고 있다. 대기에서의 파장별 복사 변화의 계산은 지표면 복사 변화의 계산 및 인공위성, 라이다, 라디오미터 등의 원격탐사 관측 자료를 해석하는 데 이용되고 있다.

3) 복사 수지

지구 대기에 입사하는 에너지는 태양에서 근원한 복사 에너지이다. 한편 지구 **대기 꼭대기**(TOA, Top of Atmosphere)에서 우주로 방출되는 에너지 역시 복사 에너지이다. 여기서 TOA라는 대기과학 이해를 돕기 위한 용어를 사용한 이유는 생명체가 존재할 수 있도록 한 지구 대기의 중요성을 강조하기 위한 것이다. 지질학적인 시간 규모뿐만 아니라 기후학적인 시간 규모에서 태양 표면의 평균 온도는 급격하게 변하지 않기 때문에, 태양계 행성 중의 하나인 지구의 복사 에너지도 다른 행성처럼 지표면에 입사하는 복사와 지표면에서 방출하는 복사는 평형을 이루고 있다. 만일 지구 대기로 입사하는 에너지가 더 많아지거나 우주로 방출되는 에너지가 더 많아진다면, 지구의 온도는 지속적으로 상승하거나 하강하여야 한다. 그러나 지구에 입사하는 복사 에너지와 지구로부터 방출되는 복사 에너지는 큰 변화 없이 평형(또는 균형)을 이루고 있다. 이 복사 에너지 평형 관계를 정량적으로 살펴보기 위해 **지구 복사 수지**(earth radiation budget)를 직접 관측하여 추정할 수 있다. 지구 복사 수지는 지구 열수지라고도 불린다. 지구 복사 수지를 이해하기 위해서는 지구로 입사하는 태양 복사 에너지에 대한 정량적인 개념부터 이해하여야 한다.

단위 시간 동안 태양 복사의 입사 방향에 수직한 지구 TOA의 단위 면적에 도달하는 평균 태양 복사 에너지 플럭스를 지구의 **태양상수**(S_E)라 한다. 그림 9.2에 제시된 태양-지구 모식도를 바탕으로, S_E는 다음과 같이 구할 수 있다. 태양이 단위 면적당 방출하는 에너지(E_S)는 태양의 평균 표면 온도

(T_{Sun})를 고려하면 $\epsilon\sigma T_{Sun}^4$이다. 흑체(방출률 = 1)인 태양 표면에서 방출하는 총 에너지는 태양 광도(L)라 부르며, 평균 반지름이 R_S인 태양 표면적은 $4\pi R_S^2$이므로 $L = \sigma T_{Sun}^4 \times 4\pi R_S^2$이다. 여기서 R_S는 약 696,340,000 m이고, T_{Sun}은 5,780 K, σ는 5.67×10^{-8} Wm^{-2} K^{-4}이므로 L은 대략 3.856×10^{-26} W로 계산된다. 태양 표면에서 방출된 복사가 진공의 우주 공간을 통과하여 r (1 AU = 1.5×10^{11} m)만큼 떨어진 구면에 도달했을 때, 태양상수를 고려하면 그 구면에서의 태양 복사 총 에너지는 $4\pi r^2 \times S_E$이다. 이 값은 태양 광도와 같으므로, $S_E = \sigma T_{Sun}^4 \times (\frac{R_S}{r})^2 = 1,364$ Wm^{-2}이다.

이제 태양의 평균 반경과 표면 온도를 각각 6.96×10^5 km, 6,000 K라 하자. 이때에는 S_E가 1,367 Wm^{-2}이 된다. 평균 반지름이 R_E(약 6.371×10^3 km)인 지구의 TOA에 평균적으로 단위 면적당 흡수되는 태양 에너지(I_E)는 태양상수(S_E)로부터 지구 표면적을 고려하여 다음과 같이 계산된다.

$$\pi R_E^2 S_E = 4\pi R_E^2 I_E, \quad I_E = 341.75 \text{ Wm}^{-2}$$

만약 흑체인 지구의 평균 알베도(albedo, 반사율)를 α%라고 하면, 실제 평균 반지름이 R_E인 지구는 이 태양상수에서 α%만큼 에너지를 흡수하지 못하여 $\pi R_E^2 S_E(1 - \alpha/100)$만큼 흡수한다. 지구의 TOA에 평균적으로 단위 면적당 흡수되는 태양 에너지(I_E)는 태양상수(S_E)로부터 지구 표면적을 고려하면, $\pi R_E^2 S_E(1 - \alpha/100) = 4\pi R_E^2 I_E$의 관계가 성립한다. 지구의 **알베도**는 약 0.306 정도로 지구에 입사하는 태양의 총 복사 에너지양의 약 31% 정도를 반사하고 있으므로, 실제 지구가 흡수하는 태양 에너지는 다음과 같다.

$$\pi R_E^2 S_E (1 - 0.3) = 4\pi R_E^2 I_E, \quad I_E = 239.2 \text{ Wm}^{-2}$$

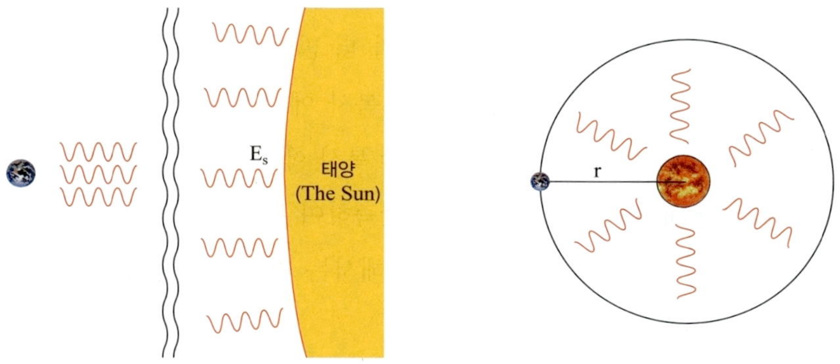

그림 9.2 태양 복사가 지구에 도달하는 과정의 모식도. 태양의 반지름(R_S)은 지구(R_E)에 비해 매우 크지만, 지구는 태양으로부터 매우 멀리 떨어져 있다($r = 1.5 \times 10^{11}$ m(1 AU)). 지구의 표면에 위치한 관찰자의 입장에서 태양은 하늘에 떠 있는 작은 원으로 보이게 된다. 왼쪽 그림과 같이 매우 멀리 떨어진 태양으로부터 방출되어 지구 대기권 꼭대기에 도달하는 태양 복사는 지구에 대해 평형 복사광(parallel radiation beam)으로 여겨진다.

알베드만을 고려한 이 값은 대기에서 발생하는 여러 물리 과정을 고려한 것은 아니다. 지구에 생명체가 살 수 있도록 도움을 주는 지구 대기는 높이에 따라 특별한 온도의 수직 분포를 보이며 다양한 성분들로 구성된다. 지구 대기를 구성하는 주요 기체 분자는 태양 복사의 산란을 유발하고, 특정 기체는 기체의 특성에 따라 다양한 파장의 태양 복사를 흡수한다. 대기 중 **에어로졸**(구름과 미세먼지 등)은 크기와 구성 성분에 따라 태양 복사를 흡수하거나 산란 또는 반사를 유발한다. 이와 같이 대기는 구성 성분에 따라 산란 · 흡수 · 반사 · 굴절 등과 같은 물리 과정을 유발시키고 있어 대기의 복잡성으로 인해 지구 복사 수지의 정확한 추정이 쉽지 않다. 이러한 어려움으로 인해 지구 복사 수지의 수치는 문헌에 따라 약간의 차이를 보인다. 최근의 연구 결과들을 바탕으로 그림 9.3에 100단위의 태양 복사 에너지가 지구 TOA에 도달한 경우에 대한 지구 복사 수지를 정량적인 수치로 제시하였다. 이를 이용하면 지구 표면(지표면)의 평균 온도(T_s)를 쉽게 추정할 수 있다.

최근의 열수지는 급격한 지구 온난화로 변화하는 도중으로 생각할 수 있겠지만 여기서는 일단 대기와 지표면에서 복사(열) 균형이 이루어져 있는 상태로 가정하자. 평균 온도 T_s인 지표면에서 방출하는 복사 에너지 플럭스는 적외 영역의 복사이며, 슈테판-볼츠만의 법칙에 따라 $\epsilon\sigma T_s^4$이다. 복사 평형 상태인 최근의 자료에 바탕을 둔 대기와 지표면에서의 열 전달을 정량적으로 살펴보면 다음과 같다.

대기는 총 154단위의 에너지(열)를 받고 있다. 대기가 받은 열을 과정별로 나누면, 태양 복사에 의해 21단위, 잠열과 전도에 의해 각각 19와 4단위, 지표면 적외 영역 장파 복사에 의하여 110단위를 받고 있음을 확인할 수 있다. 이 열에 의해 대기의 온도가 결정되며, 이에 따라 대기는 우주와 지구로 각각 61(58 + 3), 96만큼의 적외 복사로 에너지를 전달하고 있다. 지표면에서의 열 균형은 태양 복사에 의하여 45(직달 산란 25와 분산 산란 20)단위와 대기에 의하여 96단위의 에너지를 받고 있어 총 141단위만큼을 받아 복사와 잠열, 전도(주로 대류)에 의하여 대기와 우주로 열을 돌려보내 평형을 이룬다. 여기서 평형 상태의 지표면 적외 장파 복사에 의한 열 전달은 118단위로 이에 해당하는 $\epsilon\sigma T_s^4$을 이용하면 다음과 같이 T_s를 추정할 수 있다.

열 균형이 이루어진 지표면(흑체로 가정)에서 복사에 의하여 110단위의 지구 복사(열 복사)를 방출한다는 것으로부터 계산되어질 수 있다. 즉 다음의 T_s와 관련한 복사 균형 관계식이 지표에서 성립한다.

$$341.75\ \mathrm{Wm^{-2}} \times \frac{118}{100} = \epsilon\sigma T_s^4$$

따라서 $T_S = \left[\dfrac{341.74\ \mathrm{Wm^{-2}} \times (118/100)}{1 \times (5.67 \times 10^{-8}\ \mathrm{Wm^{-2}K^{-4}})}\right]^{1/4} \simeq 298\ \mathrm{K}$로 계산된다.

추정된 복사 수지를 이용하면, 위와 같이 지표면 평균 기온을 추정할 수 있다. 반면 알베도만을 고려하여 대기의 물리 과정에 대한 고려가 없는 경우에 지표면의 온도(T_s)는 239 $\mathrm{Wm^{-2}} = \epsilon\sigma T_s^4$의 관계

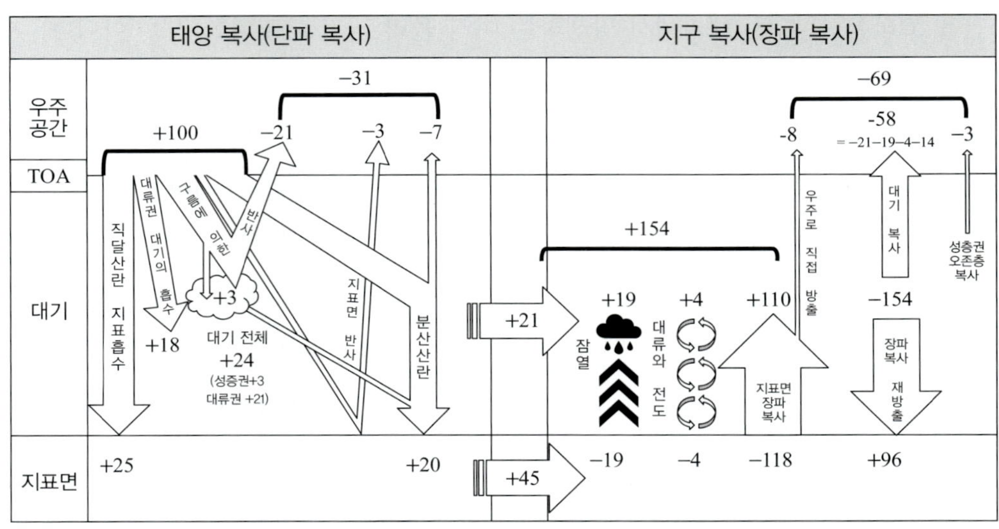

그림 9.3 지구의 복사 수지. 에너지 수지 평형 상태에 있는 지구의 대기와 지구 표면에서 추정한 평균 에너지 플럭스로 우주 공간에서 입사하는 태양 복사, 지표면과 대기에서 방출하는 지구 복사, 대기 중 물리 과정에 의한 열 전달에 따른 에너지 플럭스(화살표는 복사 플러스의 전달을 의미)

에 의해 T_s는 약 255 K로 계산된다. 이때의 온도는 섭씨 −18°(화씨 0°)에 해당한다. 대기의 존재에 의한 효과의 고려 여부에 상관없이 앞에서 계산한 온도는 복사 평형을 가정하였기에 **복사 평형 온도**라고 할 수 있다. 지구 대기의 효과를 무시하고 복사 평형을 가정하여 구한 지표면의 온도를 지구의 **유효 복사 온도**라고도 한다.

앞에서 계산된 유효 복사 온도는 인간과 포유류가 살기에는 매우 추워 지구 대기의 존재의 중요성을 여기에서 알 수 있다. 특히 대기의 존재는 지표면으로 복사를 재방출하는 효과를 발휘하여, 생명체의 생존에 적합한 지표면의 온도와 환경을 유지하는 데 큰 역할을 하고 있음을 주목하자. 이를 지구 대기의 **온실효과**(greenhouse effect)라 부른다. 온실효과에 대한 보다 자세한 설명은 9.1절 3)항에 제시하였다. 온실효과는 지구 탄생 이후 이산화탄소와 수증기 등의 지표면 배출로 인하여 지속되어 왔으며, 최근 급격하게 강화된 온실효과는 인간 활동에 의한 **온실기체들**(GHGs, Green-House Gases)의 심각한 배출 증가에 의한 것이다.

지구는 구형이고 자전축이 23.5° 기울어져 있기 때문에 태양 복사 에너지양을 이야기할 때는 일평균 또는 연평균과 같이 기간 평균 개념을 염두에 두어야 한다. 계절별로 유입되는 태양 복사 에너지는 그림 9.4에서 볼 수 있는 바와 같이 하루 중 태양이 비추는 총시간(일조시간)의 위도별 차이, 단위 면적당 받는 일중 최대 복사 에너지양의 위도별 차이, 위도별 육지와 해양의 분포의 차이 등에 따른 지표면 태양 복사 흡수율이 다를 것임을 확인할 수 있다. 특정 위도 지역에 입사하는 태양 에너지의 계절에 따른 위도별 일 중 최댓값과 일평균 값에 대해 살펴보자. 단위 면적당 단위 시간당 입사하는 일 최대 태양 복사량은 적도에서는 봄과 가을 정오에 최곳값이 나타나며, 지구 자전축이 23.5° 기

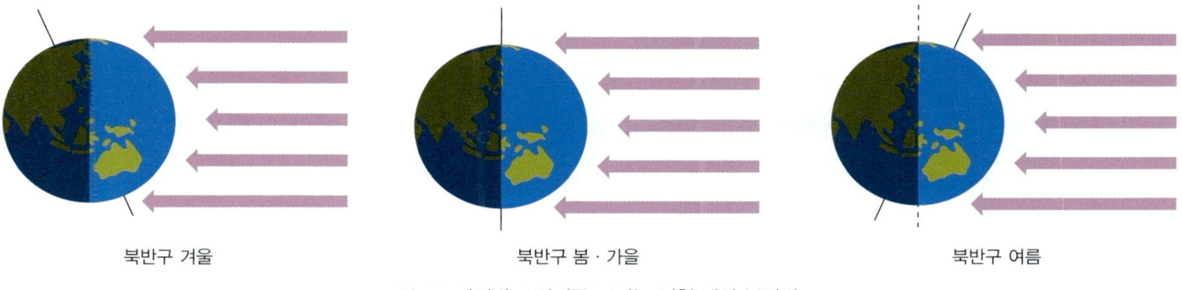

그림 9.4 계절별로 차이를 보이는 평형 태양 복사광

울어져 있어 여름(겨울)에는 북반구(남반구) 북위 23.5°에 나타나며 이 위도대를 연결한 선을 북회귀선(남회구 선)이라 부른다. 낮의 길이는 적도에서는 항상 하루 24시간 중 12시간임을 확인할 수 있다. 물론 보다 정확한 계절별 태양 복사 에너지를 산정하기 위해서는 지구의 공전 궤도의 **이심률**에 따라 북반구 겨울철(여름철)이 근일점(원일점)으로 지구는 태양에 가장 가깝(멀)기 때문에, 태양 복사 에너지는 남반구 여름철(겨울철) 태양 복사 에너지의 최대 입사량이 북반구 여름철(겨울철)보다 더 크다(작다)는 면도 고려하여야 한다. 이러한 지식은 태양 에너지양과 일조시간을 바탕으로 특정 위치에서 주어진 시간에 가용한 태양 에너지를 추정 가능하게 하기 때문에 태양광 시스템 설계의 기초 자료가 된다. 하지만 연평균 복사 균형에서는 지구의 자전축이 기울어져 있기 때문에 발생하는 계절 효과를 생각하지 않아도 됨을 주지하자.

실제의 예를 들면 위도 36°N에 위치한 어느 지역(예: 세종시)의 아파트 옥상 위에 태양광 패널을 설치할 계획이 있다고 가정하자. 계절에 따라 다양한 태양 복사 강도를 고려할 때 태양광 패널이 최대량의 태양 복사를 받을 수 있도록 태양 전지판의 기울기 각도를 어떻게 조정해야 할까? 태양열 난방 패널은 태양광선에 수직으로 위치할 때 최대 태양 복사를 받으므로, 패널을 광선에 수직으로 위치하도록 놓아야 한다. 최대 태양 복사가 가능한 가장 작은 영역에 입사하도록 하기 위함이다. 북반구가 태양 쪽으로 기울어지는 여름철 태양 복사는 북반구로 거의 직접 입사하므로, 이는 태양 복사가 지붕 위로 직접 입사한 것임을 의미한다. 북반구가 태양에서 멀어지는 겨울철 태양 복사가 북반구를 향해 비스듬히 떨어지며, 이는 태양 복사가 지붕 위로 비스듬하게 떨어짐을 의미한다. 따라서 태양광 패널이 최대 효율을 가지기 위해서는 태양 복사와 최대한 수직이 되도록 패널을 기울여야 하므로, 비용이 크게 들지 않고 안정적이라면 태양광에 따라 패널의 각도가 조절될 수 있다면 좋을 것이다.

4) 온실효과

앞의 3)항에서 정량적인 수치를 이용하여 에너지 균형과 지표면 온도에 대해 설명한 바와 같이, 지구 대기가 없다는 가정하에 알베도를 상수로 놓고 계산한 지구의 복사 평형 관계로부터 얻을 수 있는 복사 평형 온도(유효 복사 온도)는 약 255 K(−18°C)이다. 그러나 실제 대기의 효과를 고려한 최근의 지표면 복사 평형 온도는 평균 289 K(16°C)로서 34°C나 높다. 지구 표면의 평균 온도는 약 289 K로 이에 해당하는 흑체 복사를 방출하고 있다고 볼 수 있다. 이와 같이 평균 알베도만을 고려한 복사 평형 온도와 실제 지표면 온도를 사용해서 지구의 방출률을 구하면 약 0.60이 된다. 이것은 지표면이 방출하는 복사 에너지 중 60%만을 우주 공간으로 되돌려 보낸다는 것을 뜻한다. 잔여분인 40%의 에너지는 대기에 의하여 지표면 부근에 축적되어 있는 셈인데, 이것을 온실효과라 한다.

지구 대기의 온실 효과는 그림 9.3에서 정량적으로 확인할 수 있지만, 이를 단순화하면 그림 9.5와 같다. 지구 대기를 지표면 위의 하나의 대기층으로 간주하여 지구 대기의 존재 유무에 따라 지표면의 복사 평형 온도를 계산하면 온실효과를 간단하게 이해할 수 있다. 앞에서 계산한 바와 같이 지구 대기가 없을 경우 지표면 복사 평형 온도는 약 255 K이며, 적외 복사를 흡수하고 방출하는 단순 대기가 한 층으로 존재한다고 가정하여 대기와 지표면의 복사 평형 관계를 연립 방정식으로 묶어 대기의 방출률에 0.77을 대입하면 지표면 복사 평형 온도를 구할 수 있으며 약 288 K로 계산된다. 대기에서의 잠열과 대류, 전도, 구름의 효과 등을 고려하지 않은 결과이지만, 적외 복사를 흡수하여 재방출하는 대기의 존재가 33 K의 지표면 복사 평형 온도 상승을 보여준다.

이러한 온실효과는 대기 중 수증기(H_2O), 이산화탄소(CO_2), 아산화질소(N_2O), 메탄(CH_4), 오존(O_3), 할로겐화 탄소화합물(halocarbons: 프레온 가스들(CFCs), HFCs, PFCs 등), 육불화 황(SF_6) 등에 의하여 일어난다. 이 기체들은 지구 대기에 입사하는 특정 파장의 태양 복사 에너지도 흡수하므로 온실효과를 이야기할 때는 태양 복사 에너지의 효과까지 고려하는 것이 필요할 것이다.

온실가스 각 단일 기체가 이산화탄소에 비하여 상대적으로 얼마만큼 온실효과에 기여할 수 있는지 정량적으로 평가할 수 있다. 이러한 온실가스 각각의 상대적인 온실효과 기여도는 **지구 온난화 지수**(GWPs, Global Warming Potentials)라 부르며, 보통 기체가 배출된 후 약 100년 동안 이 기체가 대기 중에 잔류하며 복사 강제력에 미치는 영향을 적분하여 산정한다. 하지만 각각의 온실가스마다 복사 강제력과 대기 중에 체류하는 체류 기간이 다르기도 하고, 각 온실기체가 온실효과에 미치는 영향이 독립적이지 않고 상호 유기적이기도 하여 완전하게 정량화하기는 쉽지 않다. 또한 화석연료를 사용하는 인간 활동은 온실가스를 배출할 때 냉각 효과를 유발하는 다양한 에어로졸(aerosol, 미세먼지 포함)과 에어로졸의 **전구물질들**(precursors)도 동시에 배출한다. 따라서 특정 온실가스에 따른 온실효과 정도를 정량화하기 위해서는 직접적인 영향과 동시에 간접적인 영향도 함께 고려하여야 한다. 예를 들면, 전기를 생산하는 석탄 화력발전소에서는 CO_2의 배출 외에도 **이산화황**(SO_2) 및 각종 입자상 에어로졸인 **블랙카본**과 **질산화물**(NO_x) 등을 동시에 배출한다. 발전소 연돌(굴뚝)에서 배출된 CO_2는 온실가스로 대기 중에서 적외 복사를 흡수하고 지표면으로 적외 복사를 재방출하는 직접 효과를 발휘하지만, SO_2의 경우에는 물에 매우 잘 녹는 성질을 가지고 NO_x와 함께 습윤 공기의 물방울에서 에어

그림 9.5 지구에서 온실효과가 나타나는 과정

로졸(초미세먼지)을 형성하여 태양 복사를 차단함으로써 냉각효과를 가진다. 또한 발전소에서 배출된 NO_x는 주변의 **휘발성 유기화합물**(VOCs)과 함께 태양 복사에 의하여 O_3를 생성(2차 생성)하여 **스모그**를 유발하지만 온실효과도 가중하게 된다. 이처럼 화석연료를 사용하는 인간의 산업 활동에 의하여 대기 중으로 배출되는 물질들은 직접 효과와 동시에 간접 효과를 유발하게 되므로 이를 정량적으로 평가하기가 쉽지 않다.

한편 적외 복사를 가장 효과적으로 흡수하는 수증기는 상변화가 가능하여 주변 환경(온도와 습도)에 따라 기체-액체-고체 상태로 존재할 수 있다. 지구 온난화로 지표면 부근 공기의 온도가 오르면 지표면 해양 · 강 · 호수 · 습지 등의 수면으로부터 수증기의 증발이 더 활발해지게 되어 대기 중 수증기가 증가할 것이다. 증가된 수증기는 온실효과를 더욱 강화할 것이지만, 수증기의 증가는 태양 복사를 반사하는 구름양 변화와 초미세먼지 생성을 유발한다. 수증기를 단순히 온실가스로만 여겨서는 안 되는 것이다. 수증기가 응결하여 발생한 구름의 경우에도 상층운, 중층운, 고층운과 같이 높이에 따라 구름의 모양과 구름 속의 수적 또는 **빙정**(ice crystal)과 같은 구성이 다르다. 구름은 종류에 따라 **복사 강제력**과 지표면 기온에 미치는 영향이 복잡하다.

인간에 의한 온실효과의 강화, 달리 말하면 산업혁명 이후의 급격한 지구 온난화 현상의 이해는 어렵다. 하지만 2022년 발표된 UN **IPCC**(International Panel for Climate Change)의 **여섯 번째 평가보고서**(AR6, Sixth Assessment Report)에서는 최신의 대기과학 및 지표면 물리 과정이 집대성된 전 세계 주요 연구기관에서 개발한 **지구시스템 모델**(earth system model) 결과들을 총체적으로 수집 · 분석하여 대기 중 존재하는 다양한 구성 물질들의 온실효과와 냉각효과, 이들의 상호 작용에 대한 정량적인 결과물을 집대성하였다. 즉 온실효과에 기여하는 직접 효과뿐만 아니라 간접 효과의 정량적인 결과물이 어느 정도 나온 현실이다(그림 9.6).

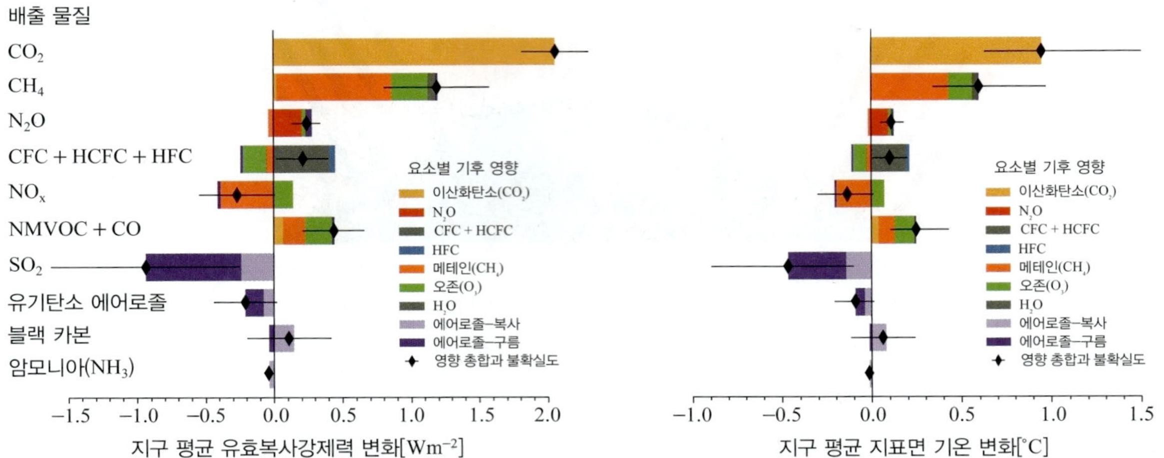

그림 9.6 전 세계 여러 기관이 개발한 최신의 지구시스템 모형을 이용하여 1750년부터 2019년까지 대기 중으로 배출된 물질 각각에 의한 지구 평균 유효 복사 강제력의 변화와 같은 기간 그 물질에 의한 지표면 기온의 변화(IPCC AR6 참조). 지구를 전산유체역학 기술과 대기–해양–지면–식생–해빙 역학/물리 과정을 수치적 해석하여 재현하는 최신의 지구시스템 모형을 이용한 과거 기후 모의 결과들의 분석을 통해, 온실기체의 직접 효과 외에도 구름과 2차 생성 에어로졸 · 오존을 통한 간접 효과가 정량적인 평균과 함께 불확실 범위의 값이 계산되어 제시되어 있다.

9.2 열대에서 극으로의 에너지 수송

1) 에너지 순환

지구는 구형이고 자전축이 23.5° 기울어져 있기 때문에 일평균 또는 연평균과 같이 기간 또는 시간 평균하여 살펴보면 위도별로 단위 면적당 받는 태양 복사 에너지양이 다르다(그림 9.4). 태양 에너지는 기본적으로 더운 저위도 지방에서 많이 흡수되고 추운 고위도 지방에서는 적게 흡수된다. 저위도 지방에서는 에너지가 남고, 고위도에서는 부족하게 된다. 이러한 에너지 불균형을 해소하기 위해 **대기 순환**이 발생한다. 즉 태양 복사 에너지의 지구 위도별 부등 가열로 인해 대기 순환이 일어나 열과 수증기가 이동되면서 저위도에서 고위도로 에너지가 수송된다. 이것을 **에너지 순환**(energy cycle)이라고 한다. 그러나 대기만으로는 충분한 에너지 수송이 이루어지지 못하는데, 그 나머지를 해양이 수송하게 된다.

지구 대기의 꼭대기(TOA)와 지표면에서 우주로부터 입사하는 태양 복사와 우주로 방출하는 지구 복사의 대략적인 에너지양은 그림 9.7과 같다. 저위도 지역의 에너지 과잉과 고위도 지역의 에너지 부족으로 대기와 해수에 의하여 열수송이 발생한다. 대기 중의 열수송은 다음 항에서 구체적으로 설명하는 대기 대순환으로 이해할 수 있으며, 해양에서의 열수송은 **해양 순환**으로 이해할 수 있다.

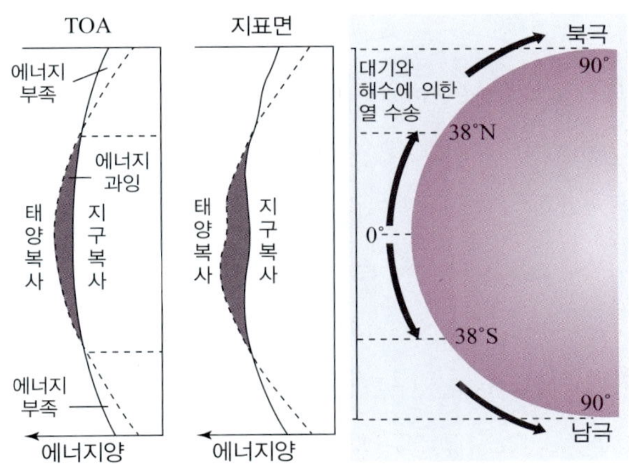

그림 9.7 TOA와 지표면에서의 위도별 열수지

2) 대기 대순환

대기의 운동은 대기에 작용하는 여러 가지 힘(기압 경도력, 중력, 원심력, 마찰력, 가열, 냉각 등)과 유체역학적 불안정에 의해 발생된다. 대기의 운동 규모는 힘의 공간 · 시간적 규모와 대기의 역학적 특성에 따라 달라진다. 작게는 수 밀리미터 정도의 난류 운동으로부터 크게는 지구 전체 규모의 운동까지 존재하는데, 전지구 규모의 열적 순환을 대기 대순환이라고 한다. **대기 대순환**(atmospheric general circulation)이란 대기권에서 일어나고 있는 대규모 대기 운동의 총체이다.

대규모 대기 순환에 대한 이론은 영국 과학자 **해들리**(G. Hadley, 1685~1744)에 의해 최초로 제안되었다. 해들리는 **무역풍**은 적도 지방에 국한된 것이 아니라 극지방까지 연결되어 있으며 적도 지방의 가열된 공기가 상승하여 극지방으로 이동함에 따른 반류(counter flow)의 성격을 띠고 적도를 중심으로 남 · 북반구가 대칭을 이루고 있다고 하였다. 즉 대기권에는 적도와 극을 연결하는 축대칭의(남북－연직의 단면이 경도에 관계없이 동일) 거대한 순환 세포가 있다고 보았다.

실제에 가까운 **평균 자오면(남북 방향) 순환**의 구조를 밝힌 것은 **페렐**(W. Farrel, 1817~1891)의 이론이었다. 평균 자오면 순환은 하나가 아닌 3개의 순환 세포로 이루어져 있음을 보였다(3개의 순환 세포 중 적도 지방의 순환 세포를 해들리 순환, 중위도의 간접 순환을 **페렐 순환** 세포라고 한다). 그는 지구의 자전 효과로 인하여 적도에서 위도 30°까지는 서풍, 위도 30°에서 극까지는 동풍이 불 것이라고 설명하였다.

그러나 지구 표면은 남반구와 북반구가 서로 다른 조건을 유지하고 있기 때문에, 평균적인 태양 에너지의 입사가 적도를 기준으로 남북이 대칭을 이루고 있다 하더라도 평균 자오면 순환은 비대칭의 구조를 갖는다. 대류권의 평균 자오면 순환은 2개의 직접 세포와 1개의 간접 세포로 이루어져 있다. 직접 세포는 지표면 온도가 높은 위도에서는 상승 기류, 온도가 낮은 위도에서는 하강 기류로 이루어진, 직접

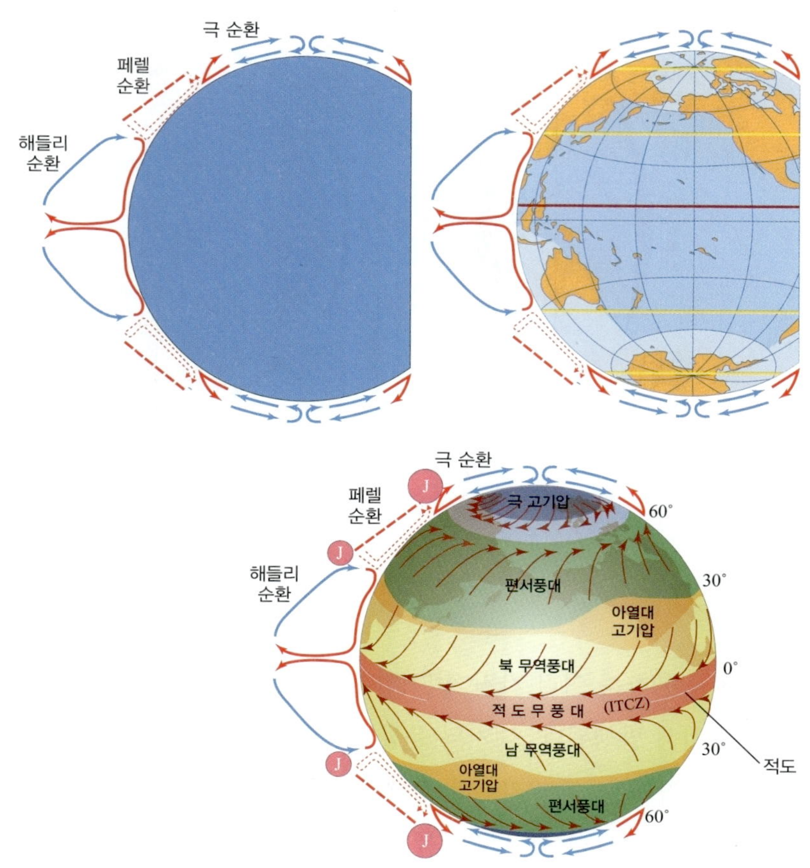

그림 9.8 대기 대순환 모형. 지표면의 성질이 일정한 상황에서의 대기 대순환 모형으로부터 지구의 해양과 대륙의 분포를 고려한 모형이 존재한다.

적으로 열적인 원인에 의해 구동되는 순환 세포이다. 2개의 직접 세포 중 저위도에 존재하는 해들리 순환 세포는 지표면 가열에 의하여 밀도가 낮아진 공기가 상승하며 단열 팽창에 의하여 낮아진 온도로 인하여 수증기가 응결하고, 이때 발생하는 **숨은열**(latent heat)에 의해 더 강한 상승에 의하여 유지된다. 또 하나의 직접 세포는 극지방에 존재하는데, 이것은 해들리 순환 세포와는 달리, 주로 지표면의 차등 복사 냉각에 따른 음의 부력(negative buoyancy)에 의해 유지되며 이를 **극 순환**(polar cell)이라 한다. 간접 세포는 중위도 지방에 존재하는데, 극지방의 직접 순환 세포와 마찬가지로 해들리 순환에 비해 매우 약하다.

간접 세포는 단순한 부력에 의한 것이 아니라 중위도 지방의 **경압 불안정파**에 의해 유지된다. 따라서 경압 불안정파가 존재하지 않는다면, 해들리가 최초로 제안했던 것처럼 평균 자오면 순환은 적도와 극을 연결하는 거대한 하나의 순환 세포로 이루어졌을 것이다(이 경우에도 강한 순환은 저위도 지방에 집중적으로 나타난다).

시간과 경도(동서)에 대해 평균된 **유선함수**(stream function)의 위도-고도 분포로부터 적도에서 상승과 위도 30° 부근의 하강인 해들리 순환 세포와 함께 중위도 지역에서의 페렐 순환 세포를 확인할 수 있다(그림 9.9). 시간과 공간(위도)에 대해 평균된 유선 함수의 연직 프로파일로부터 에너지의 이동

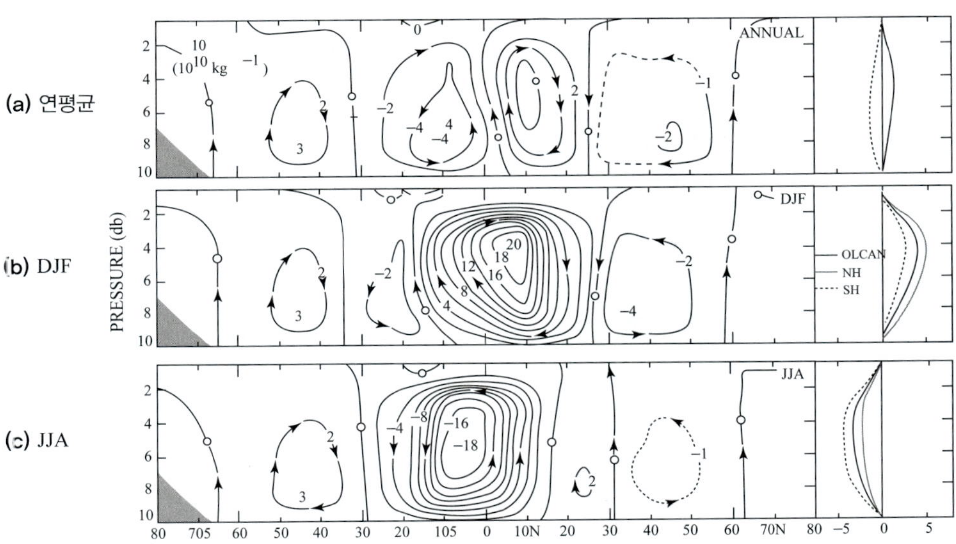

그림 9.9 동서 평균 자오면 순환. 적도에서 극지역(위도 80°)까지 시간–동서 평균된 유선 함수와 전지구(globe), 북반구(NH), 남반구(SH)에 대해 평균된 높이별 유선 함수의 연직 프로파일. (a) 연평균, (b) 겨울철(DJF), (c) 여름철(JJA) 분포

방향을 짐작할 수 있을 것이다. 그림 9.9a의 연평균 유선 함수는 해들리 순환과 패렐 순환 방향을 보여주고 있다. 특히 북반구 해들리 순환은 시계 방향 순환인 양의 유선 함수로 나타나며, 남반구는 이와 반대임을 확인할 수 있다. 겨울철(DJF)과 여름철(JJA)에 대해서 해들리 순환 세포 상승부의 이동을 확인할 수 있다.

3) 경압 불안정 파동

끊임없이 움직이는 대기의 운동은 앞에서 설명한 것처럼 시간과 공간 규모에 따라 불리는 명칭이 다르다. 예를 들면 난류와 작은 소용돌이 같이 1 km 이하의 수평 규모인 **미규모**, 해륙풍과 산곡풍, 뇌우(thunderstorm)와 같이 수 킬로미터에서 수백 킬로미터의 수평 규모를 가지는 **중간 규모**, 태풍이나 고(저)기압과 같은 **종관 규모**, 편서풍 파동과 계절풍, 대기 대순환과 같이 방대한 **지구 규모**가 있다. 다양한 규모의 대기 순환은 각각 다른 순환과 상호 작용을 한다. 이는 궁극적으로 위도 및 지면 성질에 따른 지상 온도의 차이에 따른 에너지 불균형을 해소하기 위해 에너지를 전달하는 과정으로 볼 수 있을 것이다.

대기의 수직적인 구조 측면에서 살펴보면, 특이한 날씨 현상이 보이지 않는 대기는 **정역학적(hydrostatic) 균형**을 이루며 수직적으로 안정 성층을 이루고 있다. 하지만 지구에 입사하는 태양 복사 에너지 플럭스의 위도에 따른 차이(남북의 차등 가열)는 수평적으로 지표면 기온의 남북 방향 차이(남북 온도 경도)를 만들어낸다. 이러한 남북 방향의 온도 경도는 '높이에 따른 동서 방향 풍속의 변화(연직 시어, vertical shear)'와 균형을 이루고자 한다. 이와 같은 바람의 연직 시어와 남북 온도 경도

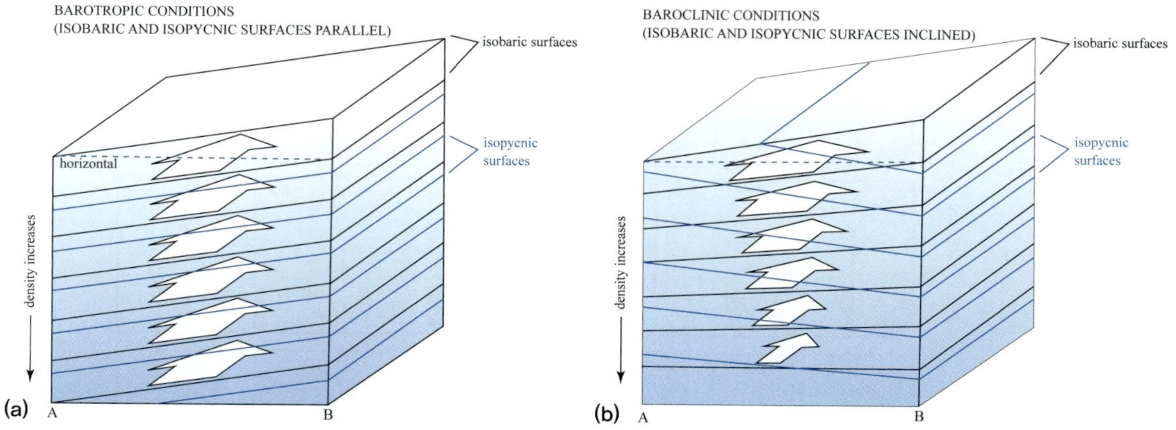

그림 9.10 순압과 경압 조건을 설명하는 모식도. 밀도(density)는 아래 방향으로 증가하고, 유체의 흐름의 방향과 크기는 화살표로 표현되어 있으며, 등밀도면(isopycnic)은 파란색으로 등압면은 검은색으로 표현되어 있다. 순압 유체의 경우 밀도는 압력만의 함수임을 그림에서 확인할 수 있다.

의 세기는 비례 관계를 보이며, 이는 **온도풍 균형**(thermal wind balance)으로 설명된다. 온도풍에서의 바람은 지균풍의 연직 시어를 의미함을 주지하여야 한다. 이렇듯 수평 온도 차이에 의한 수직 시어를 보이는 대기는 **경압**(baroclinic) 조건에 놓여 있다고 할 수 있다.

경압 조건은 유체를 표현하는 물리 변수인 밀도 · 온도 · 압력을 이용하여 설명하며, 일반적으로 대기에 대해서는 대기의 밀도가 온도와 압력의 함수로 작용하는 경우를 말한다. 유체의 **순압**(barotropic)과 경압 조건은 그림 9.10을 참조하면 이해할 수 있다. 경압 대기의 경우 높이에 따라 풍속의 증가가 보인다. 이 경우 등압면 상에서 밀도의 차이는 온도의 차이로 볼 수 있으므로, **온도풍 관계**에 의한 바람의 연직 시어(vertical shear)의 증가와 같은 결과이다. 중위도 지역의 대기는 경압 대기에 해당하며, 온도 경도가 작은 적도 지역의 대기는 순압 대기인 경우가 많다. 물론 경압의 정도는 계절에 따라 다르게 나타난다.

경압 대기의 경우 남북 방향 온도 경도와 동서 방향의 대기 흐름(동서류)의 연직 시어 사이의 균형은 평균적으로는 만족하고 있다. 하지만 어떤 불안정한 조건을 가질 때 불안정파가 발생한다. 이를 **경압 불안정파**(baroclinic unstable waves)라고 한다. 남북 온도 경도가 강화하게 되면, 온도풍 균형으로부터 벗어나는 불안정한 조건이 생성된다. 예를 들면 북반구에 대한 남북 온도 경도 강화의 경우에는 극지역이 더욱더 냉각되거나, 극지역의 매우 차가운 공기가 남쪽으로 이동하게 되는 경우, 따뜻한 아열대 공기가 북쪽으로 유입되는 경우이다. 남북 온도 경도가 강화하게 되면 증가된 온도 기울기를 해소하려는 불안정이 동서류를 통해 나타나게 된다. 이는 입체적인 구조로 이해하여야 하는데, 온도 경도의 증가는 위치 에너지의 증가이며, 증가된 위치 에너지는 **요란**(disturbance)의 운동 에너지로 전환하게 되는 것이다.

경압 불안정을 다른 한편으로 이해하기 위하여 중위도 저기압의 발달 과정을 살펴보자. 초기 요란

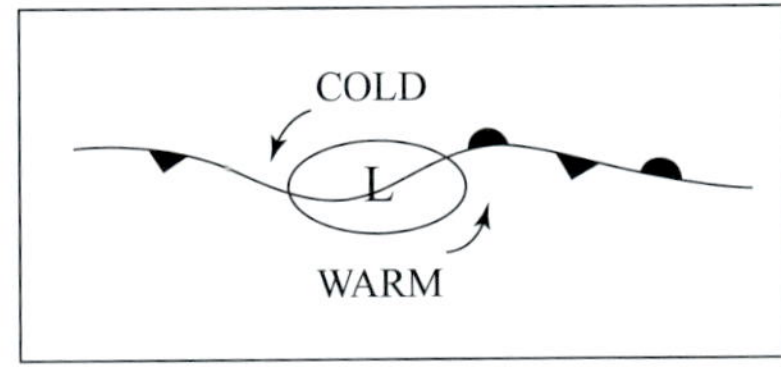

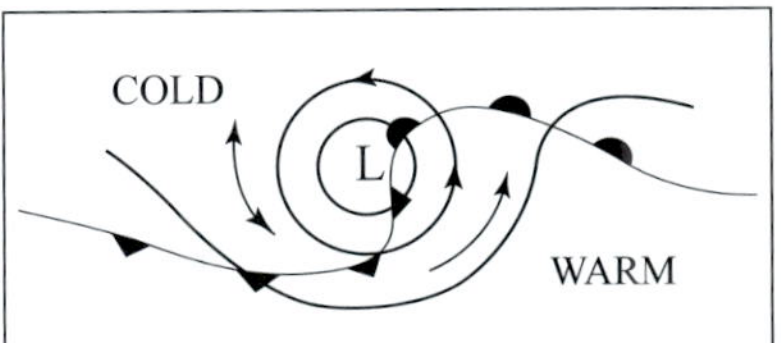

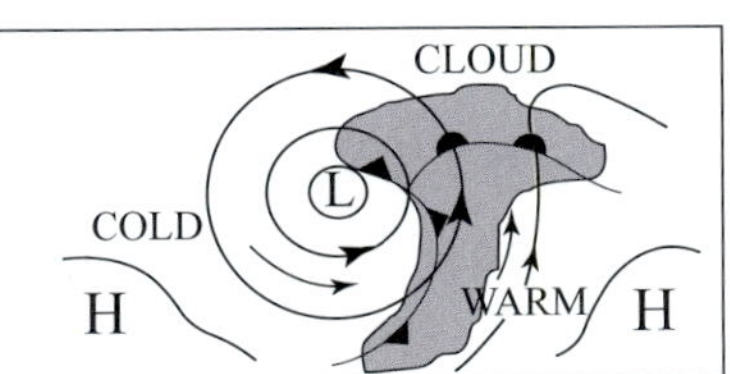

그림 9.11 발달하는 북반구 중위도 저기압을 통한 경압 불안정. 한랭전선과 온난전선이 연관되어 차가운 공기와 뜨거운 공기가 이류되며 경압 불안정이 강화된다. 넓은 지역의 구름과 강우는 저기압의 성숙기에 해당하는 오른쪽 그림에서 확인할 수 있다. 이 모식도는 대류권 하부 대략 850 hPa 면에 해당한다.

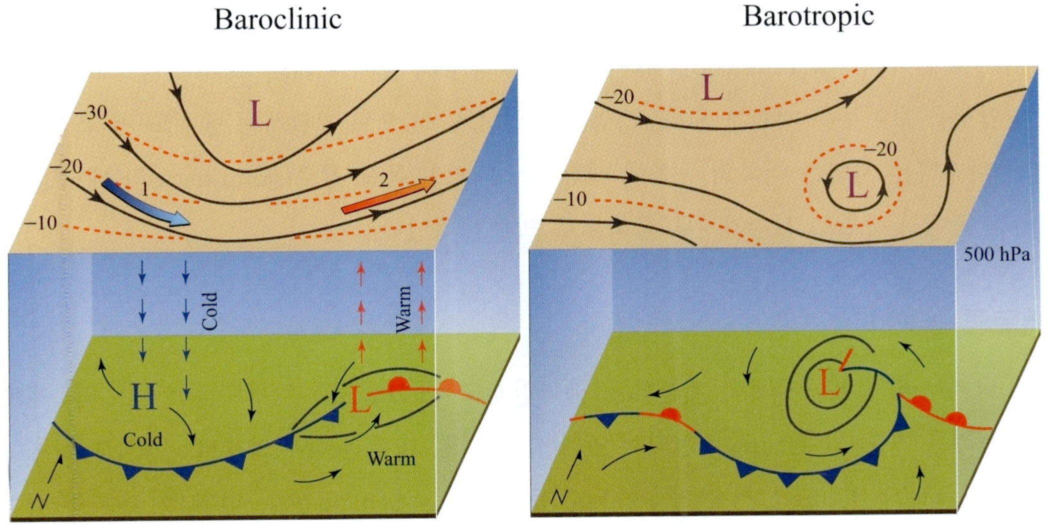

그림 9.12 발달하는 지상 저기압과 연관된 상층 경압 불안정파와 최대로 발달한 직후의 상층과 중심이 수직으로 연결된 순압 상태의 대기. 상층 일기도의 빨간 점선은 등온선이다.

으로부터 발달하는 북반구의 저기압은 초기에는 북쪽의 찬 공기와 남쪽의 따뜻한 공기를 이류시킨다. 시간이 지나며 저기압 특정 지역의 온도 경도가 강화되며 한랭전선과 온난전선이 확실하게 나타난다(그림 9.11의 중간 그림). 전선면 지역은 온도 경도가 매우 크며 상부에 더 빠른 바람을 유도한다. 이 과정은 **저기압**을 더 성장하게 하여 그림 9.11에 오른쪽 그림에 해당하는 성숙 단계에 이르도록 한다. 이것이 경압 불안정에 의한 저기압의 성장이다.

기상 일기도에서 보이는 **중위도 저기압**은 대류권 상층까지의 대기와 연결되어 있다. 500 hPa 일기도에서 살펴볼 수 있는 등지위고도선의 삼각함수 형태의 파동은 **로스비파**(Rossby waves)에 해당하며, 로스비파는 다양한 파장의 파들로 이루어져 있다. 상대적으로 짧은 파장을 가지는 파의 경우 등온선과 나란하지 않고 교각을 보이게 되는 지역이 나타나면, 이 지역에 **경압성**(baroclinicity)이 있다. 그림 9.12의 왼쪽 그림과 같이 상층의 경압성을 보이는 파동이 경압 불안정파에 해당한다. 이와 같이 발달하는 경압 불안정파는 **유효 위치 에너지**(available potential energy)가 **운동 에너지**로 전환되는 과정을 포함한다. 이러한 에너지 전환은 따뜻한(차가운) 공기가 북(남)으로 이동하면서 수직적으로 상승(하강)하며 발생하는 것이다. 경압적으로 불안정한 상태에서 이와 같은 공기의 수직 이동은 자발적으로 발생하게 된다. 경압 불안정파는 열과 운동량을 남북으로 혼합시키는 것을 비롯하여 대기 대순환에 있어서 매우 중요하며, 또한 중위도에서 주요한 날씨 현상의 원천으로 작용한다.

경압 불안정파의 활동은 동서(같은 위도선에서의 경도 변화) 방향으로도 큰 변화를 보인다. 이는 경압 불안정파가 발생하는 기본 상태인 편서풍과 남북 온도 경도가 지면의 분포에 따라 동서 방향으로도 불균일하기 때문이다. 경압 불안정파의 활동이 강한 곳은 대체적으로 편서풍이 강한 지역(대륙의 동쪽)과 일치한다. 중위도 경압 불안정파의 경우, 지상 저기압의 중심이 상층으로 갈수록 서쪽으로 기울어지게 된다(westward tilting). 이러한 저기압 중심의 높이에 따라 서쪽 방향으로 기울어진 기울기가 경압성을 보여주는 지표가 된다. 경압성(경압 불안정)으로 발달하는 중위도 저기압의 최대 중심 기압이 나타나는 지역은 대륙의 동쪽에 해당하는 태평양 **폭풍 경로**(storm track)와 대서양 폭풍 경로로, 이 두 곳에서 중위도 강수가 기후학적으로 크게 나타난다.

4) 제트류

기상청 날씨누리 홈페이지에서 제공하는 분석일기도 중 200 hPa 일기도를 살펴보면, **제트류**(jet stream, **제트기류**)가 녹색 점으로 표현되어 있다(그림 9.13). 대류권 상부 200 hPa 등압면 상에 보이는 제트류는 75 knots(약 38 ms^{-1}, 시속 약 136 km) 등풍속선(isotach) 내부를 의미하여 빠른 바람 영역으로 jet streak이라고도 한다. 제트류는 긴 축을 형성하여 흐르는 좁은 범위에 집중된 강한 수평류로 기술되기도 한다. 하지만 실제 대류권 상부 제트류는 일반적으로 250 hPa 고도에서 잘 나타나며, 전 지구를 감싸며 둘러싼 강한 바람의 띠이다. 그 크기는 폭 수천 킬로미터, 수직 두께는 5 km 이하이며, 남북으로 구불거리는 모양이 극적으로 잘 보이는 동시에 수직적으로도 상하로 움직이고 있다. 대류권 및 성층권의 제트류는 수천 킬로미터의 축을 형성하고 있으며, 흐름에 직각인 방향의 범위는 수백 킬로미터에 이른다. 제트류에서는 상대적으로 좁은 범위에 강한 흐름이 집중되어 있으므로 풍속의 수평 및 연직 시어(horizontal and vertical shear)가 매우 크다. 앞에서 설명한 경압 불안정파는 상층 제트류와도 3차원적으로 밀접하게 연관되어 중위도 대기에 큰 영향을 미친다.

대류권 상부 대기에 이처럼 주변보다 훨씬 빠른 바람이 존재하는 경우, 그 위치에 따라 대류권 상층 제트, 성층권과 중간권을 포함하는 중층 대기 제트, 대류권 **하층 제트**로 부른다. 대기 대순환 모형에서 보이는 제트는 대류권 상층의 제트류이다. 일반적으로 제트류는 대류권 상층 제트류를 의미한다. 제트류를 역학적으로 이해하기 위하여 보통 그림 9.14의 모식적 표현이 많이 사용된다. 등지위고도선이 좁은 지역에서는 **기압 경도력**이 크므로 바람이 빠르다. 일기도 상에서도 제트류가 나타나는 구역에서는 등지위고도선이 주변보다 조밀함을 확인할 수 있다. 등기압면 상에서 보이는 제트류

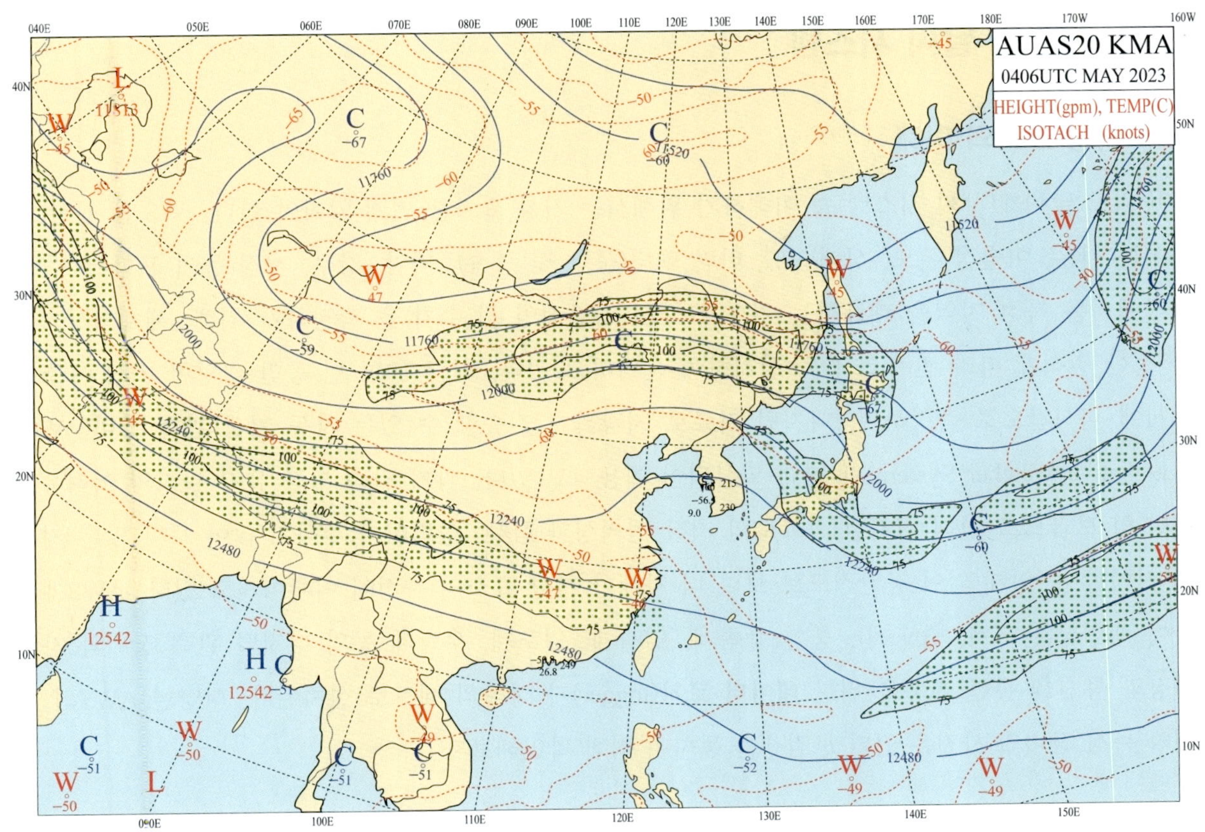

그림 9.13 기상청 날씨누리 홈페이지에서 제공하는 200 hPa 일기도에서 보이는 제트기류 지역(75 knots 이상의 바람)

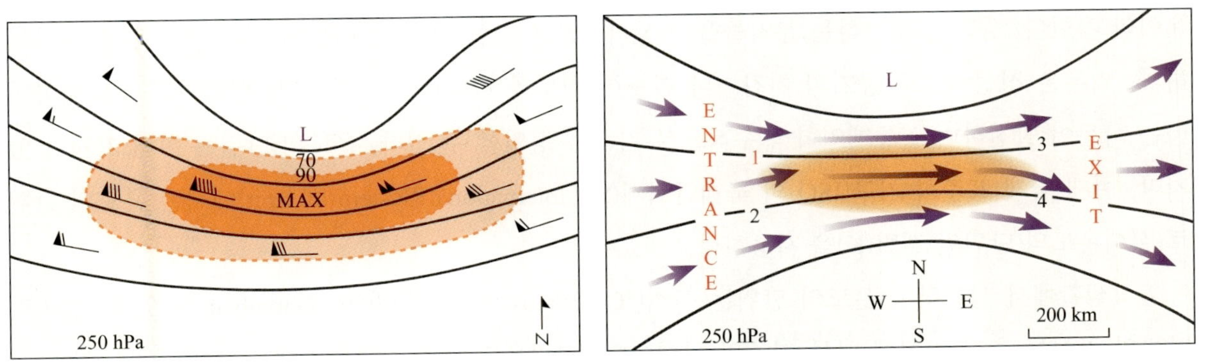

그림 9.14 250 hPa 일기도에서 확인할 수 있는 제트류의 강한 바람 구역. 실선으로 표시한 등지위고도선과 점선으로 표시한 등풍속선(좌측). 대칭적 기압 분포에서의 제트류 모식도(우측). 제트류의 입구와 출구를 표시한다.

의 입구와 출구에서는 바람의 가속과 감속이 각각 발생하고 있다. 바람의 가속과 감속에 따른 대기의 수평 운동으로 공기의 수렴과 발산이 발생하게 된다. 대기를 지배하는 **지배 방정식계**(governing equation system)를 이용한 대기과학 수식을 이용하여 설명하게 되면, 이러한 과정을 더 잘 이해할 수 있을 것이다. 이에 대한 설명은 고학년 대기과학 수업에서 자세히 다루게 될 것이다.

9.3 중위도 날씨 시스템

1) 기상 요소의 이해

중위도 날씨계(날씨 시스템)를 이해하기 위해서는 기상 요소를 먼저 알아야 한다. 주요한 기상 요소에는 기온, 이슬점 온도, 상대습도, 바람 벡터(풍향 및 풍속), 기압, 강우, 시정 등이 포함된다. 기상청에서는 특정 지역을 대표하는 기상 요소의 정량적인 값(수치)을 측정하기 위해, 세계기상기구가 정한 원칙에 따라 관측 노장을 설치하여 운영하고 있다. 최근 10여 년 동안 다양한 기상 요소를 동시에 실시간으로 측정하여, 디지털 자료로 저장하여 전송할 수 있는 **자동 기상 관측 장비**(AWS, Automative Weather System)가 널리 확산되어 이용되고 있다. 과거 관측 노장 유지 관리의 어려움은 AWS의 보급으로 인해 디지털 자료로의 저장 편의성과 함께, 인력이 상주하지 않아 보다 많은 지점에 설치할 수 있게 되어 공간적으로 보다 더 자세한 기상 요소의 측정이 이루어지고 있다. AWS에는 간이 백엽상(온도계, 습도계), 풍향 풍속계, 일사계, 일조계, 우량계 등의 디지털 관측 장비와 자료 저장과 통신을 통한 전송을 위한 **데이터 로거**(logger)가 하나의 세트로 설치된다. 다양한 AWS의 형태와 측정 장비의 사진은 인터넷 검색을 통하여 직접 확인해보자.

(1) 기온, 이슬점 온도, 상대습도

대기를 구성하는 기체(원자와 분자)의 평균 운동 에너지를 수치적으로 정량화하여 나타낸 것을 기온이라고 한다. 공기를 구성하는 분자들을 이상기체로 생각할 수 있기 때문에 이와 같은 설명이 가능하다. 기온은 정성적으로 공기의 차갑거나 따뜻한 정도를 나타내기도 하지만, 열역학과 통계역학이라는 학문이 발전하며 열통계역학적 수식으로 기온을 정의할 수 있다. 온도의 단위는 여러 가지가 있지만, 현재 국제 표준화 기구(ISO)의 국제단위계(SI, International System of Unit)에서는 온도의 단위로 절대온도의 단위인 켈빈(K)을 사용한다.

일상생활에서 사용하는 온도의 단위는 섭씨(°C, celsius) 또는 화씨(°F, fahrenheit)가 있다. 섭씨와 화씨의 차이는 측정 방법에 따른 기준의 차이이다. 섭씨온도는 해수면 기압(또는 1 atm 대기압)에서 물의 어는점을 0°C, 끓는점을 100°C로 정의하여 100개 눈금을 사용하며, 화씨온도는 물의 어는점을 32°F, 끓는점을 212°F로 정의하여 180개 눈금을 사용한다. 섭씨온도(C)를 화씨온도(F)로 나타내기 위해 다음의 변환 관계식이 이용된다.

$$\text{섭씨온도 } C = (5/9) \times (F - 32)$$

앞의 관계로부터 섭씨 1도는 화씨보다 180/100 = 1.8배 크다는 것을 알 수 있다.

절대영도(absolute zero)에서는 원자나 분자들이 최소 에너지를 가질 때의 온도로 정의되며 섭씨로는 −273.15°C로 나타낸다. 절대영도에서 이론상 입자의 열적 운동은 없다. 절대영도 개념을 나타내기 위해 (−)가 없는 온도 표기법이 도입되었는데, 이를 절대온도(K, Kelvin)라고 하며 섭씨온도에 273.15를 더한 값으로 나타낸다.

$$\mathrm{K} = 273.15 + \mathrm{C}$$

공기 온도의 측정은 공기 자체의 온도를 측정하여야 하므로, 지구 표면 대기의 지상 기온은 측정에 유의하여야 한다. 기상학에서는 온도계를 **백엽상**(百葉箱) 내부에 위치하게 하여 온도를 측정한다. 물론 기온은 인간이 느끼는 공기의 온도를 대표하기 위하여 심장 높이에 해당하는 약 1.5 m(1.25~2.0 m 사이)에 온도계를 놓는 것을 권장한다. 백엽상은 각종 측정 도구가 기상 현상이나 외부 복사 플럭스에 직접적으로 영향을 받지 않도록 흰색의 표면을 가지며, 주변 공기가 원활하게 통풍될 수 있도록 만들어져 있다. 즉 복사 에너지 영향을 최소로, 알베도는 최대로 하며, 열 축적을 방지하기 위해 공기가 통풍되도록 한다. 직사광선이 닿지 않도록 문은 북쪽으로 낸다.

지상 기온의 일변화는 지표면의 온도 변화와 밀접하게 관련되어 있다. 해가 뜨면서 증가하는 태양 에너지를 흡수하여 가열된 지표는 대기에 더 커진 복사 에너지로 열 전달을 하기 때문이다. 따라서 백엽상에서 측정하는 지상의 기온은 태양에 의한 복사 에너지와 지구 표면에서 방출하는 복사 에너지의 차이에 의하여 그 온도가 결정되는 것이다. 지상의 기온은 일 최고 기온과 일 최저 기온의 차이인 일교차를 보인다. 사막은 밤과 낮의 기온차가 크기 때문에 일교차가 크며, 습윤한 지역은 일교차가 작게 나타난다. 습윤 지역에서 자주 발생하는 엷은 안개와 구름이 태양 복사를 차단하여 최고 기온을 낮추고, 대기 중의 수증기가 지구의 적외선을 흡수해 지상으로 재복사하여 지상 기온을 높이므로 최저 기온이 높아진다. 큰 호수나 강 또는 바다 가까이에 있는 도시는 내륙 지역보다 일교차가 작다.

체감 온도(sensible temperature)는 인체가 느끼는 온도를 정량적 수치로 나타낸 지수이며, 바람이 강할수록 낮아진다. 바람이 불면 피부 근처 따뜻한 공기층이 빨리 흩어져 사라지게 되므로 찬 공기가 직접 피부에 닿게 되어 열손실이 커져 피부 내부의 체온까지 떨어뜨리는 상황이 된다. 체감 온도는 공식을 이용하여 여러 가지 방법으로 산출될 수 있으며, 우리나라 기상청에서는 2001년 8월 캐나다 토론토에서 열린 Joint Action Group for Temperature Indices 회의에서 새롭게 발표된 체감 온도식을 사용하고 있다.

$$\text{체감 온도} = 13.12 + (0.6215 \times T) - 11.37^{0.16} + (0.3965V^{0.16} \times T)$$

T = 기온(°C)

V = 지상 10 m 풍속(km hr^{-1})

체감 온도에 따라 우리 인체에 증상이 나타나게 된다. 저체온증은 체온이 정상보다 낮게 내려가 정신과 신체 기능이 빠른 속도로 와해되는 현상을 말한다.

이슬점 온도(dew-point temperature)는 **상대습도**(RH, Relative Humidity)와 연계하여 이해할 수 있다. 습도가 높을수록 기온과 이슬점 온도 사이의 차이는 작아진다. 기온과 이슬점 온도의 차이인 $T - T_d$는 **노점편차** 또는 **습수**(dew point depression)라고도 한다. RH와 T, T_d는 수식으로도 표현할 수 있다. 일기도에서 $T - T_d$ 값을 바탕으로 습윤 구역을 표시한다. 중등 교육과정을 통하여 건구온도계와 습구온도계를 이용한 습도 계산에 대해 선행적으로 학습하였으므로 이에 대한 설명은 생략하도록 한다. 상대습도는 다음의 식으로 표현된다.

$$RH = \frac{e}{e_s(T)} \times 100\%$$

여기서 e는 공기 중에 포함된 수증기의 부분 압력(수증기압)으로 $p(H_2O)$로 쓰기도 한다. $e_s(T)$는 포화된 공기의 **수증기압**(**포화 수증기압**)으로 $p^*(H_2O)$로 쓰기도 한다. $e_s(T)$는 포화 수증기압이 온도의 함수임을 나타낸다. 포화 수증기압은 어떻게 구할 수 있을까? 개념적으로 접근하면, 포화 수증기압은 표면이 평평한 물로부터의 수증기 증발과 공기로부터 물로 응결되는 과정이 평형 상태일 때의 물 표면 바로 근처 공기의 수증기압에 해당한다. 따라서 포화 공기는 평평한 물표면 바로 근처의 공기로, 주변 기상 환경의 영향이 없는 상태로 일정 시간이 지나 수증기의 응결과 증발이 평형 상태인 공기를 의미한다. 이러한 포화의 개념으로부터 공기의 온도가 높아질수록 공기 중에 더 많은 수증기가 존재하여야 포화가 됨을 알 수 있어 포화 수증기압은 온도의 함수라는 말을 이해하게 된다.

상대습도가 100%인 공기는 포화 상태인 공기를 말한다. 다르게 표현하자면, **포화 공기**라는 의미는 수증기가 충분히 공급될 수 있는 상황에서 증발로 인한 수증기 유입이나 응결로 인한 수증기 유출이 평형 상태인 공기를 말한다. 따라서 공기 속에 존재할 수 있는 수증기는 유한하며, 그 최댓값이 정의될 수 있다. 온도와 포화 수증기압 사이의 관계는 액체 · 기체 · 고체 상태의 수증기를 삼중점을 가지는 그래프(삼중점에 대해서는 일반화학 교재를 참조)로 이해하면 더욱 편리할 것이다.

실제 대기 중의 수증기를 포함한 공기를 **습윤 공기**라고 말하며, 수증기를 많이 포함할수록 밀도가 낮아지게 된다. 실제 대기에는 상승 운동에 의한 **단열 냉각**이나 야간의 **복사 냉각**에 의하여 온도가 낮아지므로 포화 또는 **과포화**($e \geq e_s$)에 도달한다.

(2) 풍속 및 풍향

수평 바람은 수평 방향의 기압 차이에 의한 힘, 즉 기압이 높은 쪽에서 낮은 쪽으로 공기에 힘인

기압 경도력이 작용하여 발생한다. 바람은 벡터로 방향과 크기인 풍향과 풍속으로 표현한다. 바람을 측정하는 장비로는 풍향계와 풍속계가 전통적으로 이용되었고, 기술의 발전과 함께 음파를 이용하는 초음파 풍향, 풍속계가 점차 확대되고 있다.

정역학적 균형을 이루는 이론적인 대기에서는 연직 방향의 바람을 크게 언급하지 않고 있다. 하지만 연직 방향의 바람인 공기의 연직 운동은 날씨 현상과 연관되어 상승 운동과 하강 운동으로 표현하며, 구름과 강우 현상과 밀접하게 연관되어 있어 중요한 기상 요소가 된다. 공기의 연직 운동 발생으로 구름이 생성되는 4가지 경우에 대해 이미 중등 교육에서 학습한 바 있다. 공기의 연직 운동 발생의 원인에 대해서는 역학과 열역학 이론을 바탕으로 정리해볼 필요가 있다.

(3) 기압

대기의 압력은 기압으로, 단위 면적 위의 공기 전체의 무게이다. 대기의 압력은 **대기압**(atmospheric pressure) 또는 **기압**(air pressure)이라고도 한다. 기압의 정의를 이용한 기압의 측정은 수은 기둥의 높이로 측정하거나 아네로이드(aneroid) 기압계를 이용할 수 있다. 기압은 압력의 정의로부터 단위 면적의 지면 위에 작용하는 수직적으로 쌓여 있는 공기 전체의 무게, 즉 중력에 의하여 누르는 힘을 의미한다. 기압의 단위는 파스칼(Pa)이다. 수은주의 높이가 76 cm에 해당하는 기압이 1기압이며, 이는 높이가 약 10 m인 물기둥의 무게이다. 평균 해수면의 기압을 1,013.25 hPa이라고 하면, 1 m^2 면적을 가진 지면 위에 있는 사람은 10,132.5 kg의 공기가 누르고 있다고 할 수 있다. 바닷가에 위치한 사람을 약 10톤의 공기가 누르고 있다는 것을 상상해본 적이 있을까?

2) 고 · 저기압 시스템

북반구 지상 저기압에서는 반시계 방향으로 바람이 불어 들어와 중심에서 수렴에 의한 상승 기류가 나타나고, 지상 고기압에서는 시계 방향으로 바람이 불어 나가 중심에서 발산에 의한 하강 기류가 나타난다(그림 9.15). **지상 기압계**에서 보이는 수렴과 발산은 지면 마찰 효과에 의한 감속으로 이해

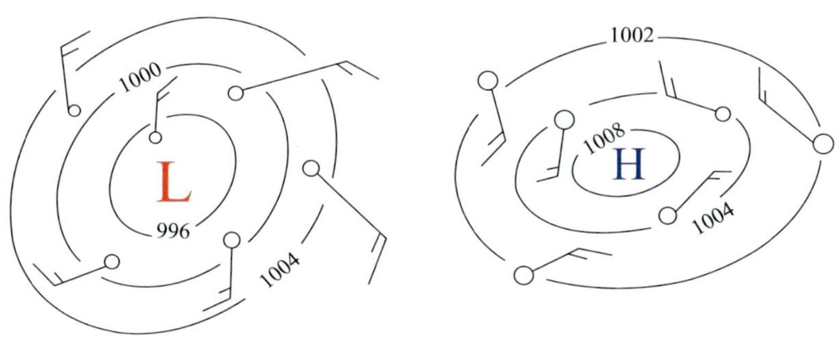

그림 9.15 북반구 지상 저기압과 고기압

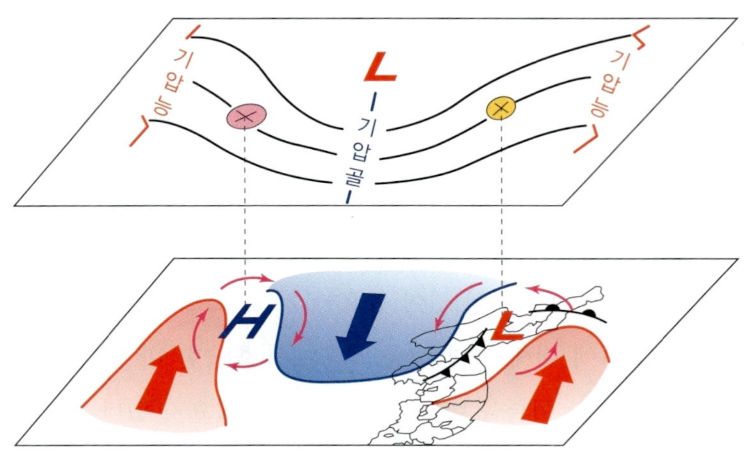

그림 9.16 상층의 파동과 연관된 지상 저기압과 고기압

할 수 있다. 그러나 마찰이 지속적으로 나타나는 지상에서 저기압이 어떻게 급격하게 발달하는지는 설명할 수 없다. 발달하는 **중위도 기압계**를 설명하기 위해서는 먼저 지상의 저압이나 고압 영역을 상층 일기도에서 보이는 기압골(ridge)이나 기압릉(trough)과 연관하여 3차원적으로 생각해야 한다(그림 9.16). 따라서 중위도 날씨에 영향을 주는 저기압은 하나의 시스템으로 이해하여야 하므로 **저기압 시스템**(저기압계)이라고 부른다. 앞서 경압 불안정파에 대한 설명도 이를 염두에 두고 있음을 주지하자. 기상청 일기도에서 일반적인 확인되는 전선을 동반한 중위도 저기압계는 수평적으로 1,000 km 정도의 규모를 가지고 있다. 작은 규모의 중규모 저기압계에 대해서는 여기서는 자세히 다루지 않는다.

우리나라에 영향을 주는 고기압과 저기압의 기압계는 기단 형태의 **시베리아 고기압**과 **북태평양 고기압**, 상층 경압 불안정파와 연관되어 성장 발달하는 종관 규모의 중위도 기압계, 서로 다른 두 기단의 경계면에서의 불안정에 의한 **중규모 대류계**, 태풍과 같은 **열대 저기압**이 있다. 계절에 따른 기단과 열대 저기압, 지형 효과에 의한 국지적 영향을 제외하면 우리나라의 매일 매일의 날씨 변화는 경압 불안정파에 의하여 발달하는 이동성 저기압의 영향을 많이 받는다. 따라서 대부분의 중위도 고·저기압 시스템은 이동성 고기압계와 저기압계를 말한다.

3) 편서풍 파동

자전하는 구형의 지구 위에 놓인 공기 덩어리가 단열 과정으로 운동할 경우, **잠재 소용돌이도**(potential vorticity, 또는 **잠재와도**) 총량을 보존하며 운동하게 된다. 서풍의 바람을 따라, 즉 지면보다 빠른 상층의 흐름을 따라 움직이는 상층의 공기 덩어리는 자신이 가진 잠재 소용돌이도를 보존하기 위한 방향으로 움직이고 있다고 말할 수 있다. 이것이 상층 흐름이 남북 방향 움직임을 보이는 이유이다. 즉 "지면보다 빠른 서풍의 풍향을 보이는 공기가 남북으로 요동하는 파(wave)의 형태를 나타내는 이유는 잠재 소용돌이도를 보존하는 과정이다"라고 다시 이야기할 수 있다. 이때 형성된 파동은 뱀의 이동 형태(사행)를 나타내며 이를 총칭하여 **편서풍 파동**이라 한다. 또 다른 편서풍 파동의 예로는 중위도에서 서풍의 공기 기둥이 산을 넘어간 이후 파동 형태의 운동을 보이게 되면 이를 편서풍 파동이라고도 부른다. 그림 9.16의 상층에 보이는 경압 불안정파도 편서풍 파동으로 볼 수 있다. 물론 상층의 제트류도 편서풍 파동과 연관되어 있으며, 빠른 바람을 등풍속선으로 연결하면 사행하는 3차원 파동의 형태를 보임을 확인할 수 있다.

편서풍 파동에서 반시계 방향의 회전 흐름을 보이는 기압골 부근은 강한 양의 **소용돌이도**를 가지고 있다. 반대로 시계 방향 회전 흐름의 기압골 부근에서 강한 음의 소용돌이도가 나타난다. 편서풍 파동은 하층의 기압계와 3차원적으로 연결되어 있다.

4) 상층 제트류와 고 · 저기압 시스템

고기압이나 저기압을 파동 현상으로 생각할 때, 저기압에서의 공기 덩어리는 양의 소용돌이 값을 가지게 되며, 고기압에서는 음의 소용돌이 값을 가진다고 생각할 수 있다. 본 절에서는 이와 같은 **선형 파동 이론**을 바탕으로 중위도 지역 날씨에 크게 영향을 주는 중위도 저기압의 발생에 대해 이론적으로 간단하게 살펴본다.

1947년 차니(J. G. Charney, 1917~1981)는 경압 불안정에 따른 중위도 고 · 저기압 시스템(기압계)의 발생에 더한 선형 이론을 제시하였다. 기본적인 원리는 어떤 유체가 흐르는 경우 **연직 방향 바람 시어**가 존재하면 이 유체는 현재의 상태를 유지하지 못하고 파동을 발생시켜 에너지 평형에 도달하도록 만든다는 것이다. 기본 상태(basic state) 내에 연직 시어를 가지는 경압 대기에 발생한 경압파는 태양열의 부등 가열에 따른 지구상 남북 방향 기온 분포에 의한 **유효 위치 에너지**(available potential energy)를 파동 양상을 지니는 **에디 퍼텐셜 에너지**로 전환하고, 결국 자신의 운동 에너지로 전환하여 사용한다. **에디 유효 운동 에너지**(eddy available kinetic energy)를 가지게 된 경압파는 중위도 지방의 평균류, 흔히 제트류라고 불리는 강풍대에 에너지를 전달하면서 자신은 소멸한다. 경압파에 관련된 대부분의 에너지가 이런 형태로 변환된다. 일부 에너지는 공기 중 마찰이나 기타 열에너지로 변화되지만, 그 양은 미미하다. 따라서 제트류로 표현되는 상층 대기 중 평균류는 사실상 경압파의 존재가 이를 유지시키고 있다고 볼 수 있다. 이를 다르게 이야기하면 아무리 수평 기온 경도가 강하다 하더라도 수평 기온 경도와 관련된 에너지가 자동적으로 운동 에너지로 전환되지 못함을 의미하며, 이 전환 과정에 경압파가 깊숙하게 작용하고 있음도 의미한다.

제트류를 다시 한 번 설명하면 중위도 지방 250 hPa 부근에서의 대류권 상부 대기에는 서에서 동으로 부는 강한 바람의 강풍대(强風帶)가 나타나며, 상층 일기도에서 이러한 강풍 영역이 확인된다(그림 9.13). 제트류는 대체로 위도에 평행하나 강물이 굽이치는 것처럼 남북 방향과 연직 방향으로 사행한

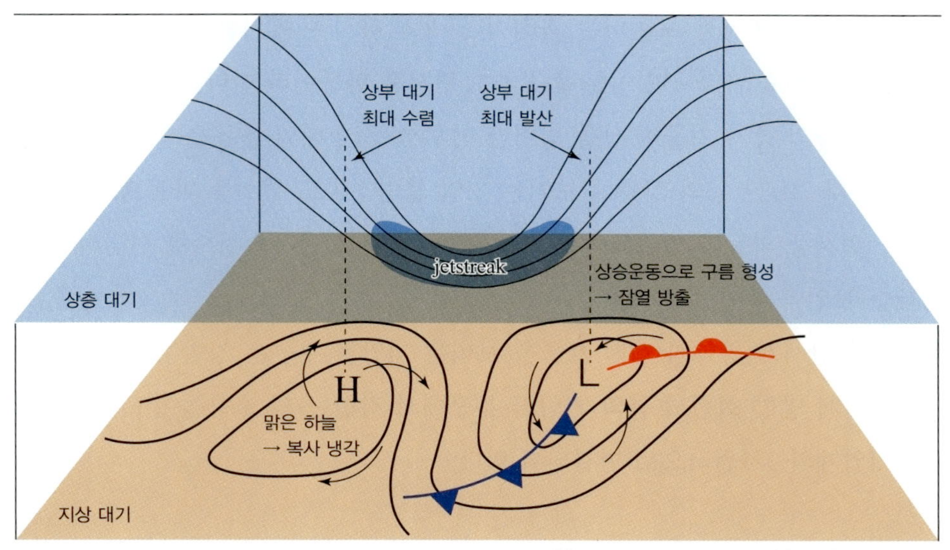

그림 9.17 상층 등기압면에서 보이는 강풍대의 제트류와 연관된 지상 저기압과 고기압

다. 극 제트의 경우, 겨울에는 남쪽으로 이동하여 북위 30° 부근에, 여름철에는 북쪽으로 이동하여 북위 약 50°에 위치한다. 그림 9.17은 북반구 중위도 지역에서 상층 제트류와 지상 고 · 저기압의 발달 관계를 나타낸 모식도이다. 상층 대기의 실선은 **등지위고도선**으로 저압성 회전을 보이는 부분과 지상의 고기압계와 저기압계의 연관성을 볼 수 있다. 그림에서 상층 저압부의 축에 해당하는 **기압골**에 제트류가 나타나고 있다. 기압골의 동쪽에서는 저기압성 회전에서 고기압성 회전으로 바뀌는 부분의 곡률에 의한 **발산** 효과와 제트류 출구 북쪽의 발산 효과가 합쳐져 강한 발산을 보이게 된다. 상층의 이러한 발산은 하층 공기를 연직적으로 끌어올려 지면 기압을 낮추게 되며, 하층의 저기압 형성에 더 좋은 조건을 준다. 이와 같이 상층에 의하여 저기압이 생성될 경우 지면 마찰 효과에 의하여 하층 공기는 **수렴**하며 모여들게 되어 **상승 운동**이 발생한다. 지상의 저기압은 상층의 기압골 동쪽에 위치하는 동시에 지표면이 주변보다 온도가 높은 지면 가열이 발생하고 있는 상태라면 더욱 잘 발달하는 조건인 것이다. 상층과 하층의 공기가 연직 상승 운동으로 연결될 때, 지면의 습윤 공기가 과포화에 도달하며 구름이 형성되며 발생하는 숨은열에 의한 주변 공기의 가열도 무시할 수 없다. 이러한 수증기의 응결은 공기의 밀도를 더 낮추게 되어 상승 운동을 더욱더 강하게 만드는 힘으로 작용하기 때문이다.

지상 고기압계는 상층 기압골의 서쪽 발산 지역과 연계되어 하강 기류가 존재한다. **하강 기류**는 응결이 없는 맑은 하늘을 의미한다. 이러한 맑은 하늘은 야간에 복사 냉각을 유도하며 온도의 하강으로 하층 대기에 안정층인 **역전층**도 형성할 수 있다. 지상 고기압계의 공기는 바깥으로 발산한다.

상층의 기압골과 제트류는 하층의 중위도 종관 규모 고 · 저기압계의 생성, 발달과 강하게 연관되어 있다. 또한 상 · 하층의 수렴 및 발산을 통한 연직 운동이 상층 기압골과 고 · 저기압계가 하나의 순환세포를 이루고 있다는 점도 주지하여야 할 중요한 관점이다.

5) 기단과 전선

기단(air mass)이란 성질이 일정한 거대한 공기 덩어리로 정의된다. 이때 성질이 일정하다는 것의 정의는 주로 기온과 습도가 주어진 고도에서 수평적으로 비슷함을 의미하며, 거대하다는 것은 수천 킬로미터 정도 수평 범위를 가진다는 뜻이다. 대규모 공기 덩어리가 일정한 성질을 가지기 위해서는 기단이 생성되는 지역의 지표는 넓은 범위에 걸쳐 일정한 성질을 가져야 한다. 따라서 생성 지역은 평지일 필요가 있다. 또한 공기가 한 지역에 오랫동안(약 1주) 정체하면서 동질화하기 위해서는 바람이 약해야 한다. 즉 이러한 조건을 만족시키는 지역은 주로 고기압이 지배적인 지역이다. 겨울에는 고위도의 평지, 여름에는 저위도의 해양이나 사막 지역에서 형성된다.

기단은 발생 지역에서 타 지역으로 이동하면서 변질되어 기단의 영향 아래에 있는 지역의 날씨도 변질시킨다. 기존 기단은 타 기단과 혼합되면서 주로 온도와 수증기 함량이 변한다. **전선**(front)은 기단과 기단 사이에서, 또는 같은 기단 내에서 변질된 기단과 덜 변질된 기단 간에 형성되는 경계선 혹은 경계면이다. 이러한 온도와 습도의 경계는 수평·수직적으로 연결하면 **전선면** 또는 **전선역**이라고 부르는 면을 볼 수 있다. 전선면을 따라 강수 등의 기상 현상이 발생한다. 전선은 형성 원인에 따라 한랭전선, 온난전선, 정체전선, 폐색전선 등으로 나누어 설명하며 동반되어 나타나는 날씨에서도 차이가 보인다.

우리나라에 영향을 주는 전선을 동반한 중위도 저기압이 발달하는 전형적인 상황은 그림 9.18과 9.19에 도식화하여 제시하였다. 상층과 하층의 기압계 형태 및 하층 대기의 전선과 연관하여 풍향과 기압, 온도, 생성되는 구름 종류 등을 정리할 수 있다. 높이에 따른 바람 방향(풍향)의 변화와 저기압 중심의 위치 등도 유심히 살펴보아야 한다. 중위도 저기압의 강수는 중심부의 공기가 상승하는 지역 외에도 전선면을 따라 상승하는 습윤 공기가 응결하여 구름이 형성되기 때문에 전선 주변에서도 강

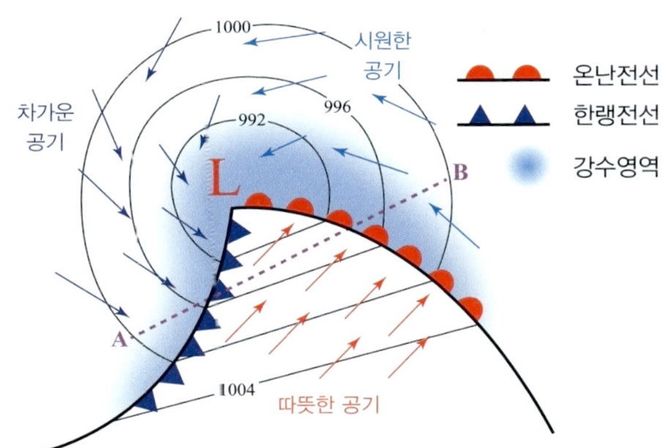

그림 9.18 우리나라 날씨에 영향을 주는 전형적인 지상 중위도 저기압의 등압선과 바람, 전선의 형태

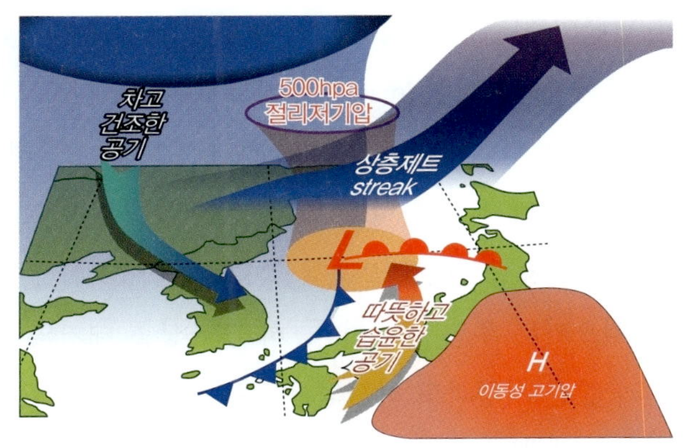

그림 9.19 겨울철 상층 대기와 연관되어 우리나라 동해상에서 급격히 발달하는 저기압의 3차원 모식도

수 현상이 발생한다.

지상 저기압 남서쪽에 위치한 **한랭전선**(cold front)은 한랭한 기단이 온난한 기단의 하층으로 파고들 때 생성된다. 강수 현상은 주로 지상 한랭전선의 후면에 나타난다. 한랭전선 후면에서 불어 들어오는 지상의 바람은 북서풍 계열이며, 상층의 경압 불안정파(편서풍 파동)를 따라 부는 바람은 남서풍 계열로 높이에 따라 반시계 방향으로 회전하는 형태를 띤다(그림 9.18). 온난한 기단이 한랭한 기단 상공으로 타고 흘러가는 현상을 추월이라고 하며, 이 경우에 생성되는 전선이 **온난전선**(warm front)이다. 한랭전선보다 완만한 연직 경사면을 가지므로, 구름이 전선 전면 방향으로 더 넓은 범위에 걸쳐 나타난다. 이 온난전선은 지상 저기압의 남동쪽에 위치하며, 남서풍 계열의 바람이 불게 된다.

우리나라 동해 상공의 공기는 겨울철에도 따뜻한 수온이 유지되어 상대적으로 따뜻하지만, 대륙은 매우 차가운 공기가 지배한다. 만약 **이동성 고기압**이 일본 남쪽에 위치하고 이 고기압의 서쪽이나 북쪽 가장자리를 따라 저기압이 남서에서 북동쪽으로 이동한다면, 저기압 중심의 남쪽에서 저기압 중심 방향(북동쪽)으로 따뜻하고 습한 공기가 이동한다. 저기압 중심이 동해상에 위치하면, 해상으로부터 충분한 잠열 흡수가 가능하다. 대륙에서 차가운 기류가 편서풍을 타고 서에서 동으로 이동하기 때문에 동해상에 위치한 저기압을 중심으로 서쪽과 동쪽의 기온 차이는 매우 커진다. 즉 경압 불안정이 강해지고 동해상에 위치한 저기압의 상승 기류는 강화되어 중심 기압이 낮아진다. 이때 대류권 중층(500 hPa 부근)에 차가운 공기를 가진 기압골, 특히 **절리 저기압**이 이동해 온다면 저기압은 **회전력**이 더해지면서 더욱 급격히 발달한다. 특히 동해상은 수평뿐만 아니라 수직적으로도 큰 기온 차이가 동시에 발생하기 때문에 저기압이 급격하게 발달하기 좋은 지역이다. 이렇게 급격하게 발달하는 저기압은 **기상학적인 폭탄**(meteorological bomb)이라 불리는 세계적으로도 강력한 저기압으로 성장하는 것을 볼 수 있다.

6) 몬순

쾨펜의 기후 구분에서 사용된 **몬순**(monsoon)이란 용어는 계절풍의 의미로 그 어원은 계절을 의미하는 아라비아어의 'mausium'에서 유래되었다고 한다. 일반적으로 연 변화와 관련된 날씨 변화 중에서 열대나 아열대 지방의 계절적인 변화를 지칭하는 데 많이 쓰인다. 몬순은 육지와 해양의 열용량 차이에 의해 계절에 따라 대기 순환 형태가 다르게 나타나는 현상이다. 다시 말하면 대륙과 대양의 비열(비열용량, 단위 질량당 열용량) 차이에서 기인한 대륙과 대양 상공의 기온의 차이가 **몬순 순환**을 일으키는 주된 원인이다. 하지만 상층 대기의 거대한 흐름인 제트류, 히말라야 산맥과 티베트 고원과 같은 지형과도 연관되어 있음을 주지하여야 한다.

겨울철에는 차가운 대륙상의 공기가 냉각되어 지표면 부근에서는 강력한 고기압을 형성한다. 한반도 겨울철 날씨에 큰 영향을 미치는 **시베리아 고기압**이 좋은 예이다. 대륙에 고기압이 발달하면 주위

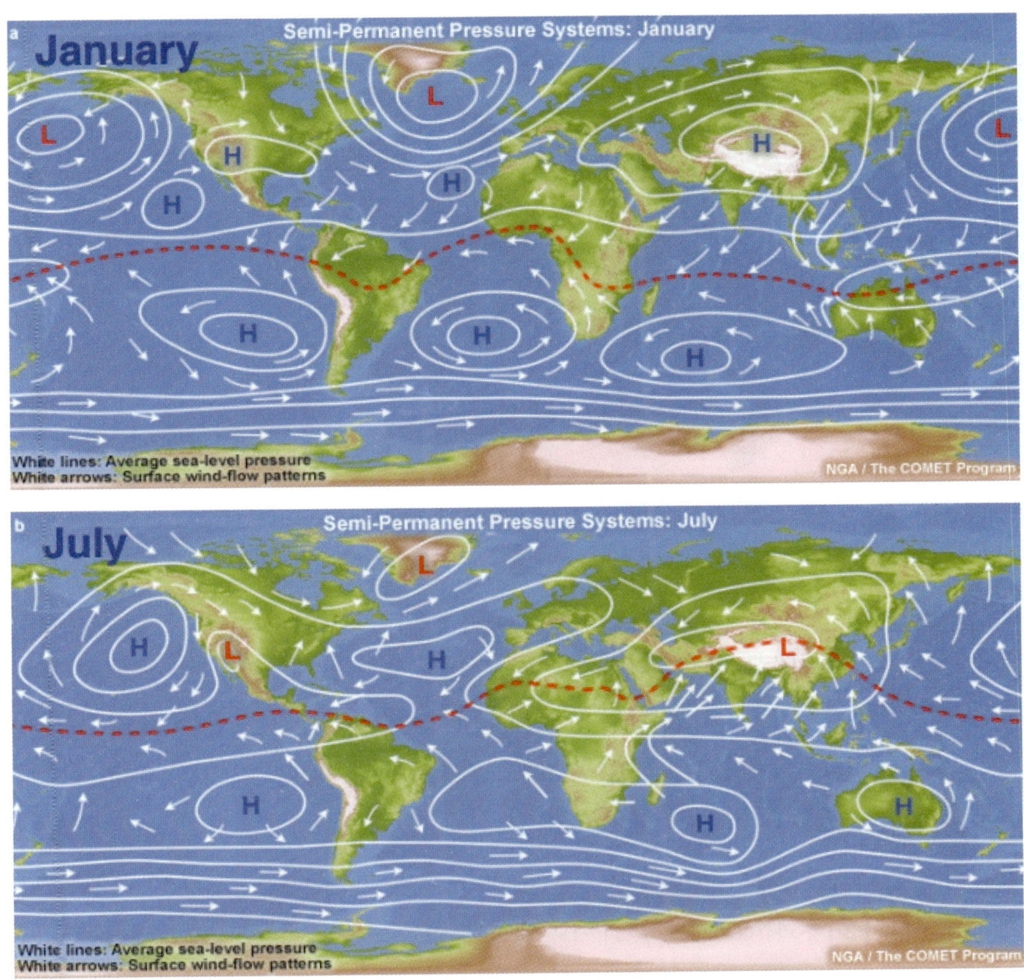

그림 9.20 1월(위)과 7월(아래)의 전형적인 기압계(기단)와 바람 벡터의 전 세계 분포

에 위치한 한반도에서는 북서풍이, 동남아시아에서는 북동풍이 나타나게 된다. 따라서 고기압 중심에 대한 상대적인 위치에 따라 각 지역의 바람 특성이 달라진다. 이는 그림 9.20과 같은 전 지구에 대한 전형적인 기압 분포와 이에 따른 풍향을 살펴보면 이해가 쉬울 것이다. 북반구가 겨울인 1월의 아시아 대륙에는 시베리아 고기압이, 북태평양의 고위도 지역에는 **알류산 저기압**이 위치한다. 겨울철 **북태평양 고기압**이 크게 자리 잡고 있어 기압의 배치는 인도와 동아시아 지역 **주풍**(prevailing wind)의 방향을 지배한다. 여름철 아시아 대륙에는 저기압이 자리 잡게 되며, 북태평양 고기압이 매우 크게 성장하여 동아시아까지 진출하게 되어 주풍에 변화가 생긴다. 이와 같은 계절에 따른 지상 기압 배치와 지상의 풍향 변화가 몬순 순환의 주된 원인이다. 몬순 순환은 경도에 따른 대기 운동(동서 방향 운동)을 강화하여 대륙 동쪽에서의 몬순 계절 변화가 서쪽보다 더 뚜렷하게 나타난다.

몬순 순환은 연중 나타나는 계절 변화지만 몬순도 기후학적으로 장기적인 변동성을 보인다. 최근의 기후 변화와 연관되어 나타나는 몬순의 변동성은 대기의 수분 함량, 지면 식생, 토지 사용, 대기

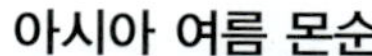

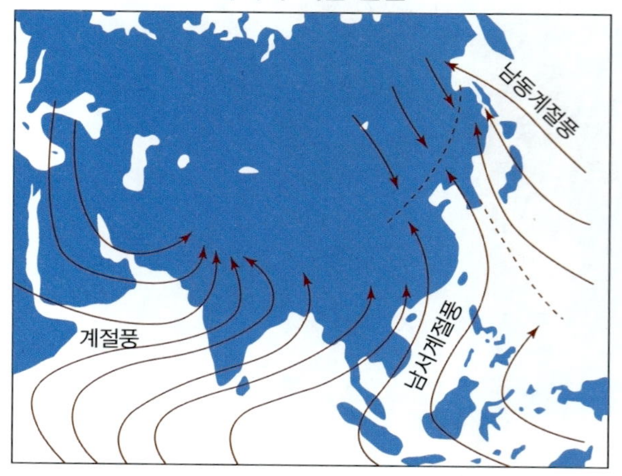

아시아 겨울 몬순

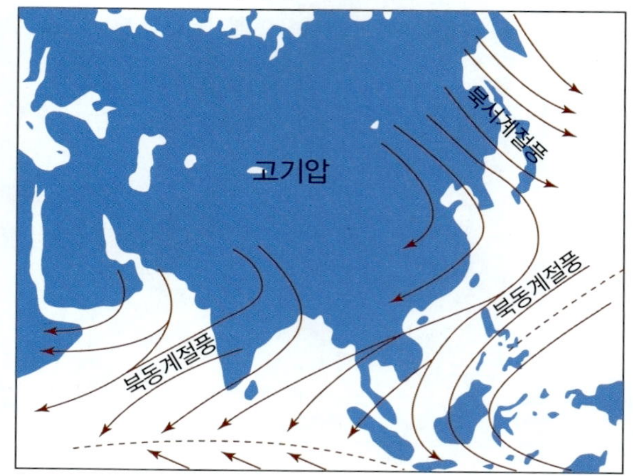

그림 9.21 아시아의 여름 몬순(좌)과 겨울 몬순(우). 화살표로 표시된 바람으로 아시아 지역 계절풍대의 여름과 겨울 변화를 살펴볼 수 있다.

중 에어로졸 농도, 해수의 대류, 증발, 연직 혼합 등의 변화에 따른 대륙과 대양 상공 대기의 온도 대비(대륙-대양 기온 대비)의 변동과 연관되어 있다. 몬순 영향 지역에서는 연간 총 강수량의 많은 부분을 몬순 강수가 차지한다. 만약에 대기의 온도가 지속적으로 올라가는 상황을 가정하면 대기 중 수분이 증가하게 되어 바다에서 육지로 수송되는 수증기량의 증가를 불러오게 되는데 이것은 호우 가능성을 증가시킨다. 또한 온난화로 인한 지구 대규모 순환의 변화는 몬순 순환의 세기와 범위에 영향을 주게 되고, **토지 이용**과 에어로졸도 대기와 육지에 흡수되는 태양 복사에 영향을 줄 수 있어 육지-바다 온도차를 조절할 잠재력을 가진다.

몬순 기후는 겨울에는 대륙에서 대양으로, 여름에는 대양에서 대륙을 향하여 부는 계절풍에 의한 기후로서 여름에는 고온 다습하고 비가 많으며, 겨울철에는 맑고 추운 날이 많다. 아시아의 계절풍대는 적도 지역의 열대 계절풍대와 중위도 지역의 **온대 계절풍대**로 나누어진다. 열대 계절풍은 인도와 동남아시아에서 전형적으로 나타나고, 온대 계절풍은 우리나라를 포함한 동아시아 지역에서 나타난다(그림 9.20, 그림 9.21). 우리나라의 경우 겨울철 시베리아 고기압과 알류산 저기압의 발달로 서고동저형 기압 배치로 인한 북서 계절풍이 탁월하지만 여름철에는 남동 또는 남서 계절풍이 탁월한 편이고 겨울에 비해 풍향이 일정하지는 않다.

7) 태풍

대기에는 공간적인 크기 규모는 다르지만, 다양한 종류의 소용돌이가 있다. 지구를 감싸 도는 로스비파(행성파)로부터 종관 규모 중위도 저기압, 중규모 저기압, 강한 소용돌이인 토네이도, 매우 작은 규모의 운동장의 흙먼지가 회전하며 올라가는 회오리바람까지 모두 소용돌이이다. 본 항에서는 종관 규모보다 작지만 수평 규모가 수백 킬로미터에 달하는 거대한 소용돌이인 태풍에 대해 살펴본다. 태풍은 열대 해양에서 발달하는 강한 **열대 저기압**(열대 사이클론, tropical cyclone)이다. 열대 저기압은 최대 순간 풍속에 따라 4개의 발달 단계로 세분된다. 최대 순간 풍속이 17 ms^{-1} 미만인 열대 저기압은 **열대 저압부**(TD, Tropical Depression)로, 최대 풍속이 17~24 ms^{-1}이면 **열대 폭풍**(TS, Tropical Storm)으로, 24~32 ms^{-1}이면 강한 열대 폭풍(STS, Severe Tropical Storm)이라 불린다. 최대 풍속이 33 ms^{-1} 이상인 열대 저기압을 **태풍**(TY, TYphoon)이라고 한다. 강한 바람을 동반한 열대 저기압은 지역에 따라 각기 다른 이름으로 불린다. 북서 태평양에서는 태풍(Typhoon), 북중미에서는 **허리케인**(Hurricane), 인도양과 남반구에서는 **사이클론**(Cyclone)으로 불린다. 그림 9.22에 태풍이 주로 발생하는 지역과 발생 시기, 이동 경로가 제시되어 있다. 태풍은 전향력 효과가 미미한 남북위 5° 이내에서는 거의 발생하지 않으며, 일반적으로 우리나라에 영향을 미치는 태풍은 7~10월 사이에 발생한다.

열대 저기압은 상승 운동하는 소용돌이 집합체인 **열대 요란**(tropical disturbance)으로부터 시작되는데, 이 초기 요란은 구름들이 산발적인 형태를 띠고 있다. 이러한 초기 요란의 구름이 조직화하면 지름이 수백 킬로미터에 달하는 적운대류 구름 무리로 발달하여 그 형태를 인공위성 영상을 통해 확인할 수 있다. 높은 해수면 온도의 열대 해역 상공의 하층 대기에는 고온 다습한 상태의 수증기가 수직적으로 조건부 불안정 상태로 하층에 갇혀 있어 열대 요란이 발생하기 좋은 조건이다. 열대 요란은 수천 킬로미터의 파장을 가지고 서쪽으로 전파하는 **편동풍 파동**(easterly waves) 또는 **몬순 기압골**

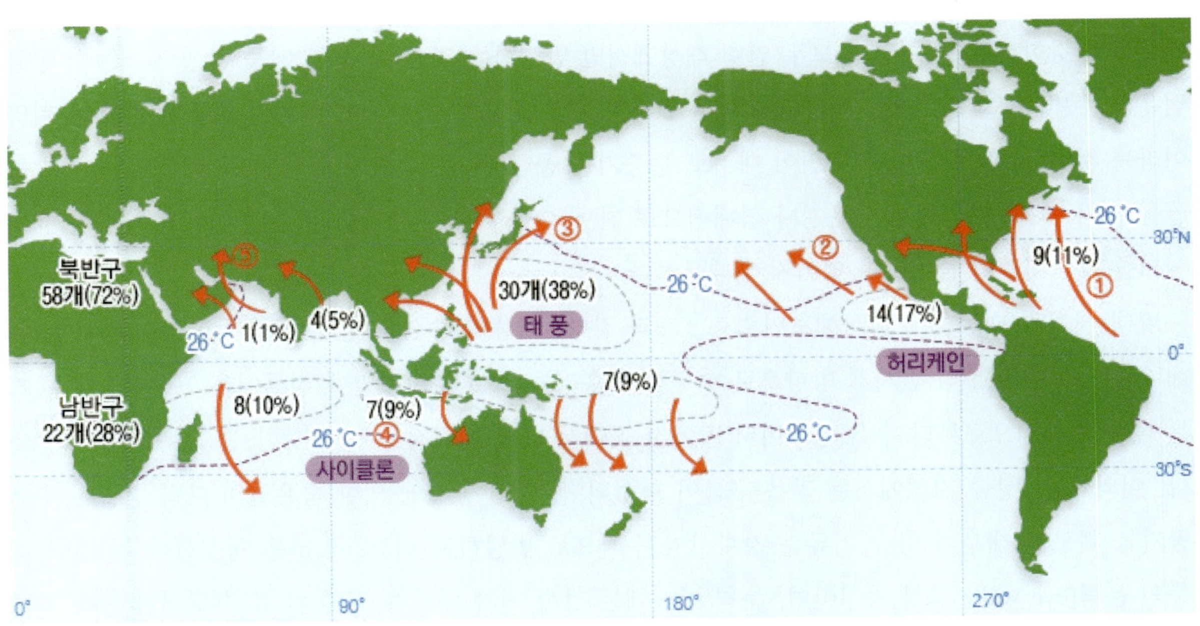

그림 9.22 태풍이 주로 발생하는 지역과 이동 경로(기상청 자료). ① 북대서양 서부, 서인도제도 부근, ② 북태평양 동부, 멕시코 앞바다, ③ 북태평양 동경 180°의 서쪽에서 남중국해, ④ 인도양 남부(마다가스카르에서 동경 90°까지 및 오스트레일리아 북서부), ⑤ 벵골만과 아라비아해, ①②③ 지역은 7~10월에 많이 발생, ④⑤ 지역은 4~6월과 9~12월에 많이 발생

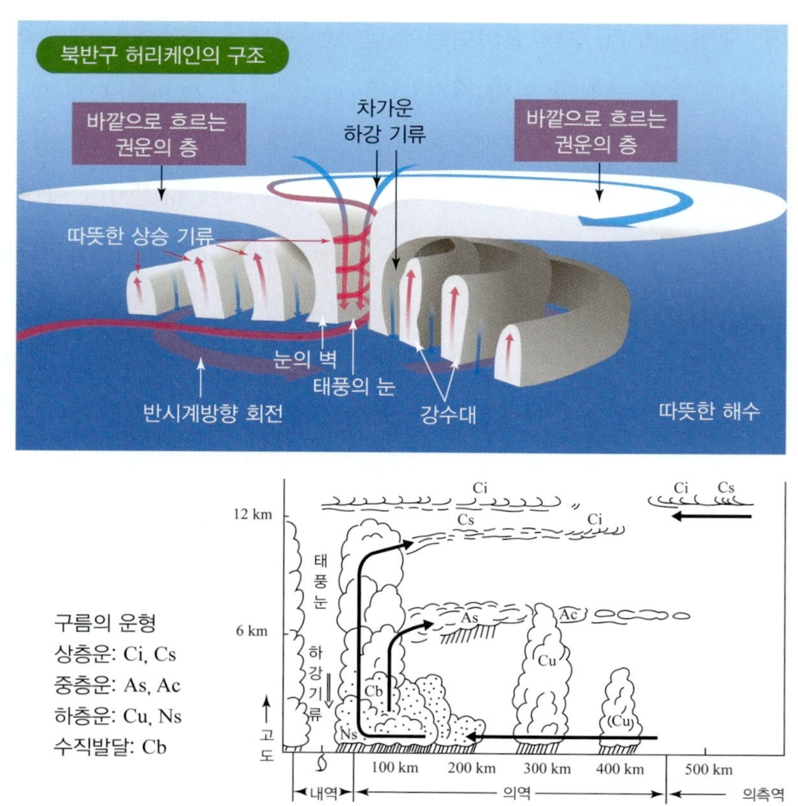

그림 9.23 태풍의 수직 구조와 태풍 구름의 다양한 종류(운형). 수직적으로 발달하며 눈과 눈벽이 명확해진 태풍의 구조

(monsoon trough)의 존재와 연관되어 발생한다. 하지만 열대 요란 중 일부만이 태풍으로 발달한다. 태풍급의 강한 열대 저기압이 모두 열대 해상에서만 발생하는 것은 아니다. 태풍 발생 지역들의 공통점은 해수면 온도가 25.5°C 이상(과거에는 26~27°C 이상으로 받아들여졌다)인 따뜻한 해수면 지역이라는 것이다. 이 따뜻한 해수면이 대기로 수증기를 공급해주는 수증기 공급원(즉 태풍의 에너지 공급원)이기 때문이다. 태풍이 육지나 상대적으로 찬 해수면 위에서 소멸하는 주된 이유는 태풍을 유지시켜줄 에너지원이 줄어들며 없어지기 때문이다.

열대 저기압 태풍을 모형화해보면 그림 9.23과 같다. 태풍의 중심을 향해 수증기를 많이 함유한 열대 기류가 주위로부터 반시계 방향으로 회전하며 흘러들어온다. 하지만 몰려들어온 고온다습한 공기는 태풍의 중심으로부터 수십 킬로미터 떨어진 곳에서 나선형 회전을 하며 강한 상승 운동을 하게 된다. 이와 같은 상승 지역에서는 많은 구름이 형성되며, 이때 응결에 의한 **숨은열**의 다량 방출이 주변 공기를 빠르게 데우며 상승 기류를 강화시켜 수직으로 발달하는 적란운(Cb)을 형성한다. 이것이 태풍의 **눈벽**(eye wall) 형성 과정이며, 눈벽 아래에는 강한 비가 내린다. 수증기 응결에 의한 상승 기류의 강화가 몇 번이고 되풀이되면서 태풍은 점점 강해지게 된다. 태풍의 중심에는 하강 기류가 존재하여 바람이 약하고 구름이 적은 구역이 있으며 이것을 태풍의 눈이라고 한다. 눈의 크기는 보통 지름이 20~50 km 정도이지만 큰 것은 지름이 100 km나 되는 것도 있다. 태풍에 존재하는 구름은 하층운, 중층운, 상층운 모두 나타나고 있다.

우리나라로 접근해오는 태풍의 기온, 기압, 풍속, 강수 등의 수평 및 수직 분포를 살펴보는 것은 의미가 있다. 열대에서 생성된 태풍의 구조를 기본으로 이해한 후, 과거 우리나라에 접근한 태풍 사례를 조사하고, 당시 태풍의 진로에 따라 내가 사는 지역의 기상 요소가 어떻게 바뀌었는지 조사하여 태풍 접근 시의 진로에 따른 기상 영향을 이해하도록 노력해보자.

그림 9.22에서 보이는 바와 같이 북태평양 서쪽 열대 지역에서 발달한 태풍이 북서진하는 이유는 무엇일까? 태풍의 이동 방향은 해수면 온도가 높은 쪽으로 이동하는 것이 가장 중요할 것이지만, 역학적 관점에서 중요하게 여겨지는 2가지는 위도에 따른 **코리올리 효과**의 변화 정도와 태풍 중심에서 비대칭적인 풍속의 변화이다. "구형의 지구가 자전하기 때문에 발생하는 코리올리 효과는 위도에 따라 커지지만, 그 커지는 정도는 고위도에서 훨씬 크다(**베타 효과**)"는 점과 지상 근처에서 태풍 중심을 향해 불어 들어오는 바람이 중심에 대해 대칭이 아니라는 점으로부터 힌트를 얻을 수 있다. 비대칭 바람에 대해 살펴보면, 태풍이 존재하는 지역의 **주풍**(또는 **탁월풍**)의 방향과 태풍의 반시계 방향 회전 바람 사이의 상호 보완이냐 상쇄냐를 따져보아야 한다는 것이다. 지상 위 상층풍의 흐름과 태풍 중심으로 불어 들어오는 바람이 합성되어 풍속이 변화한다. 여기서는 보다 자세한 설명을 제시하지 않았기에 대기역학에 대한 지식이 쌓인 후 스스로 이해하도록 노력하는 것이 필요하다.

8) 중위도 기상 예보

기상 예보는 기상 실황의 관측과 관측 자료의 실시간 분석으로부터 시작된다. 기상 관측 자료는 기상 실황 전문으로 전 세계가 공유하고 있다. 기상 실황 전문은 관측 노장과 상층 대기를 측정하는 **라디오존데**(radiosonde 또는 GPSsonde)라고도 불리는 바람 측정이 포함된 **레윈존데**(rawinsonde)의 현장관측(in-situ measurement)된 기상 정보이며 일기예보를 위한 분석 일기도 제작의 기초 자료로 사용된다. 최근 기상청에서 제공하는 분석 일기도는 실시간 관측 자료를 이용(자료 동화)하여 지구 대기를 지배하는 방정식계를 시·공간적으로 수치 적분하는 **전 지구 시스템 모델**과 **지역 모델**과 같은 **수치 모형**의 분석 결과를 이용하여 제작된 것이다. 현재의 수치 모형은 **레이더**, **기상 위성**, **라디오미터** 등과 같은 **원격**(remote)**탐사** 자료까지도 자료 동화에 이용하고 있다. 따라서 기상 예보를 수행하는 기상예보관은 분석 일기도의 해석에 경험이 많을 뿐 아니라 레이더와 위성 자료와 같은 원격탐사 자료를 동시에 효율적으로 이용하는 전문가이다.

(1) 기상전문

전 세계 지상과 해상에 분포되어 있는 기상 관측 지점에서는 범지구적으로 동일 시각에 동일 기상 요소를 관측하여, **국제 기상전문 형식**(WMO에 의한 국제적 협약) 전문으로 만든다. 기상전문은 범지구적으로 공유될 필요가 있으므로 표준화되어 있다. 기상 자료 교환을 위해 **WMO**(세계기상기구) 주도하에 만들어진 국제적 표준 형식을 국제 기상전문 형식이라고 한다. 관측으로부터 생산된 기상전문은 **기상 통신망**(GDP 시스템, Global Data-Processing System)을 이용하여 전송되고 전 세계가 공유한다. 기상전문의 수집과 배포를 수행하는 기상통신센터는 세계기상통신센터(WMC: 워싱턴, 모스크바, 멜버른), 지역기상통신센터(RMC: 도쿄 등 26개소), 국가기상통신센터(NMC: WMO 회원국)로 나누어 관리되고 있다.

국제 기상전문 형식에 따라 디지털 숫자화되어 있는 기상전문의 종류는 매우 다양하지만, 넓게 보면 **지상 종관기상실황** 전문과 **고층기상실황** 전문으로 구분된다. 기상전문은 먼저 지상과 상층 일기도의 관측 지점에 전문기입 모델에 따라 기입된다. 각 관측 지점에 기입된 기압과 기온 등의 주요 기상 요소의 분석된 수치 값의 등치선을 바탕으로 일기도가 묘화된다.

(2) 일기도

우리나라 기상청 홈페이지에서 제공하는 일기도는 **분석일기도**라고도 불린다. 분석일기도를 이용한 기상 분석과 예측을 위해 시간과 3차원 공간을 고려한 날씨 분석과 예측을 위하여 여러 대기의 층에 대한 **기본 일기도**와 **보조 일기도**가 생산되어 제공된다. 기본 일기도는 **표준 등압면** 일기도인 925, 850, 700, 500, 300, 200, 100 hPa 등압면에 대해서 오전과 오후 9시, 즉 12시간 간격으로 생산된다. 850 hPa 표준 등압면은 하층 대류권의 온도 이류 · 수분 분포 · 저기압의 위치 등을, 500 hPa은 대기 파동의 크기와 이동 · 경압성 등을, 300 또는 200 hPa 등압면은 대류권 상층 상태, 제트류의 이동 등을 보여준다. 500 hPa 등압면은 주로 날씨가 일어나는 대류권의 중간 정도 높이에 해당하므로 대류권 날씨계의 대체적인 상태를 이해하는 데 매우 중요한 일기도이다. 상층 일기도들은 대기를 3차원으로 분석할 수 있는 정보이며, 매 12시간마다 제공되므로 종관 규모 운동계의 4차원 상태를 제공한다.

대기의 상태를 역학적으로 보다 정확하고 과학적으로 이해하기 위해 위의 표준 등압면 일기도 외에도 역학 변수와 이 변수들의 2차 미분을 계산하여 일기도에 묘화함으로써 예측에 더 많은 대기의 정보들을 얻을 수 있다. 이와 같은 보조 일기도로 사용하는 변수들은 **소용돌이도**(vorticity), **연직 속도**(vertical velocity), **온도 이류**(temperature advection), **상당 온위**(equivalent potential temperature) 등이 있으며, 시간에 따른 변화를 쉽게 이해할 수 있도록 이와 같은 일기도들의 시간 차이를 나타내는 편차도도 있다.

여기서 주지해야 할 것으로 같은 고도면 대신 등압면 상에 상층 일기도를 작성하는 데에는 개념적인 이해 측면과 함께 수치 이론적인 측면에 큰 장점이 있기 때문이다. 대기의 운동이 대체로 정역학

T_gT_g	$T_xT_xT_x$ or $T_nT_nT_n$	C_H	E or E'sss	
	TTT	C_M	PPPP	
W	ww	N	PPP	a
	$T_dT_dT_d$	C_LN_h h	W_1W_2	GG
	$T_wT_wT_w$	$P_wP_wH_wH_w$	RRR/t_R	

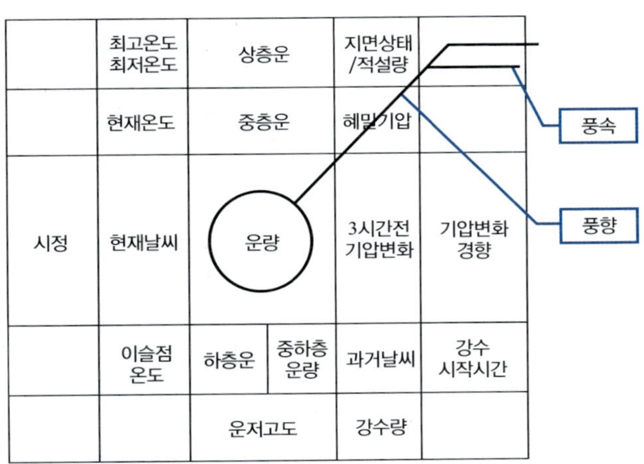

그림 9.24 지상 종관기상실황전문 기입 모델. 중심의 원 주변의 기상 요소의 기호(좌)와 그 해석(우)

적인 과정으로 일어난다고 가정할 때, 고층 대기의 흐름은 압력이 일정한 고도를 따르는 경향을 이용한 것이다. 지형이 아주 복잡하거나 높지 않으면 고층의 기압은 지형에 크게 좌우되지 않기 때문에 지상의 복잡한 지형과 고도 등을 감안할 때 등압면에서의 대기 상태를 표현하는 것은 매우 유리하다. 따라서 등압면 상에서 고도가 높은 곳과 낮은 곳의 차이는 그 등압면 이하의 공기의 온도가 높고 낮음과 매우 밀접하게 된다. 등압면 상에서 일기 분석을 수행하는 또 다른 장점은 지배 방정식계의 주요 비선형항이 사라지게 된다는 점으로, 수치해를 구하는 수치 모형의 결과를 적용할 때도 편리하다.

(3) 지상 종관기상실황

지상 기상 관측소로부터 얻어진 기상 요소가 포함된 전문을 일기도에 기입할 때는 전문기입 모델(그림 9.24)이라고 하는 표준이 정해져 있다. 해당 관측소를 나타내는 직경 약 2.5 mm 정도의 작은 원 주위에 기상 요소의 수치 값을 기입한다. 전문기입 모델에 들어갈 기상 요소는 다양하며, 숫자로 기호화(code, 코드)되어 있는 것을 해석하여 정확하게 기입하여야 한다. 이러한 전문 형식은 WMO 주도하에 만들어진 국제적 표준 형식이다. 예를 들면 그림 9.25에 전운량(N), 기압 변화 경향(a), ww(현재 날씨), W_1, W_2(과거 날씨), 상층운/중층운/하층운 구름 종류에 대한 전문 기입 기호를 제시하였다.

(4) 보조 일기도

일기예보를 수행하기 위해 보조 일기도는 중요한 보조 자료이다. 보조 일기도에는 소용돌이, 상승류와 하강류, 수렴과 발산, 수분속, 유선, 습수, 층후뿐 아니라 대류 불안정을 나타내는 여러 지표들, K-Index나 SSI, Lifted Index 등이 포함된다. 여기서는 분석 일기도 각각에 대해 자세히 다루지는 않

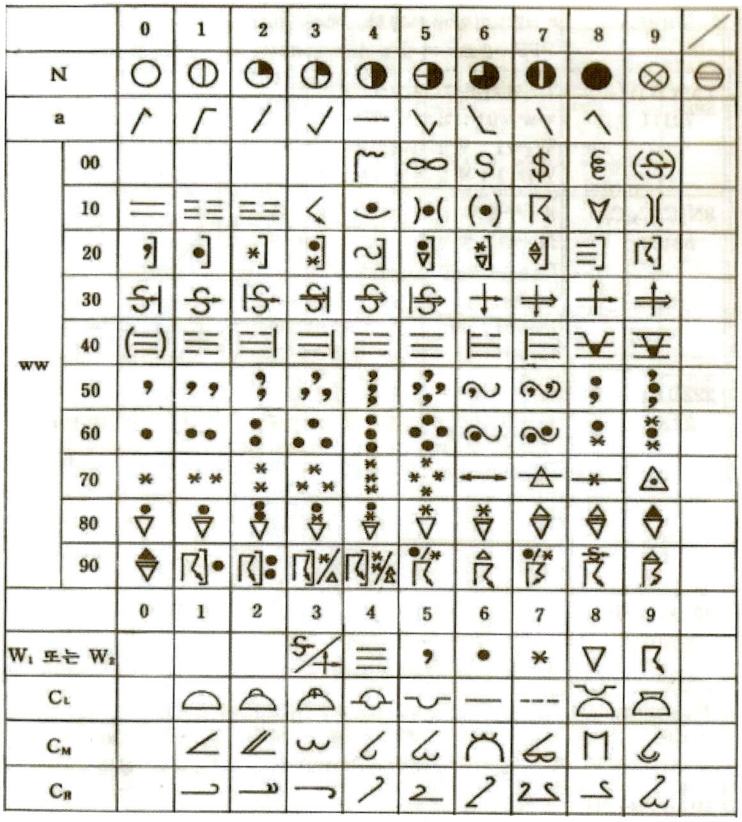

그림 9.25 전문기입 모델에 기입될 주요 전문 기호

고 종류만을 제시하였다. 기상청 홈페이지를 방문하여 분석 일기도를 검색하면, 하루 두 번 제공하는 기본 일기도 외에도 보조 일기도를 확인할 수 있다.

9.4 대기 경계층과 대기 오염

우리는 제8장에서 대기권을 연직 기온 변화에 따라 대류권, 성층권, 중간권, 열권으로 나눌 수 있었다(그림 8.5). 이들은 연직으로 갈수록 기온이 증가하느냐 혹은 감소하느냐로 구분하였다. 또 다르게 대기를 지표면 영향의 유무로 나눌 수 있다. 지표면에 맞닿아 있는 대류권 하부를 **대기 경계층**(atmospheric boundary layer)이라 부르는데, 이곳은 지표의 영향을 크게 받는다. 이 절에서는 대기 경계층의 특징과 현상에 대해 살펴보고자 한다.

1) 대기 경계층과 난류

대기 경계층은 지표면(육지와 해양)의 영향을 직접적으로 받은 층으로서, 그 두께는 1~2 km로 시간과 장소에 따라 변한다(그림 9.26). 지표에서 대기로 향하는 숨은열과 느낌열은 대기 경계층을 통하여 수송된다. 이들 에너지의 연직 수송은 경계층의 기온이나 수증기의 연직 구조를 변화시킨다. 여기에 대기 경계층에서 발생하는 불규칙하고 소규모 운동인 **난류**(turbulence)가 중요한 역할을 한다. 난류는 경계층뿐만 아니라 자유대기에서도 발생한다. **자유대기**(free atmosphere)에서 난류는 연직 운동이 강한 대류운, 제트기류에 동반된 강한 바람 시어, 산악에 의해 발생하는 산악파 등으로부터 생성된다.

난류는 기온, 수증기, 운동량 등의 물리량을 혼합시키므로 대기 경계층의 난류는 대기오염 물질을 효율적으로 **분산**(dispersion)시켜 오염 농도를 떨어뜨린다. 오염 농도에 영향을 주는 또 다른 요인은 대기 안정도이다. 그림 9.26에서 볼 수 있듯이 대기 경계층 상부에 **모자 역전**(capping inversion)이 있다. 역전층은 공기의 연직 운동을 억제하기에 모자 역전은 경계층의 오염 물질이 자유대기로 유출되는 것을 방해한다. 만약 모자 역전의 고도가 낮아진다면(즉 경계층의 두께가 얇아진다면), 오염 물질이 확산되는 공간이 축소될 것이다. 결과적으로 동일한 양의 오염 물질이 배출되더라도 오염 농도는 높아질 것이다.

난류에 의한 에너지의 연직 수송 과정은 냄비의 물을 끓이는 것과 같은 일상의 경험으로 이해할 수 있다. 바닥에 열을 가한 냄비에서 물이 끓기 시작하면 바닥에서 뜨거운 물이 물 표면으로 상승하고 동시에 표면의 차가운 물이 바닥으로 내려간다. 이때 상승과 하강하는 물의 흐름은 어지럽고 불규칙적이며, 냄비의 물을 온통 휘저어 섞어놓게 된다. 이 과정으로 열은 냄비 바닥에서부터 표면까지 이동하고, 결과적으로 물 전체의 온도는 100°C 정도로 균일해질 것이다.

이와 유사하게 태양빛이 지표면을 가열하고 있는 대기 경계층을 생각해보자. 지표 부근의 기온이 올라가면서 따뜻한 공기 덩어리가 생성된다. **열기포**(thermal)라 불리는 이 따뜻한 공기 덩어리는 경계층 꼭대기 부근까지 상승한다. 이때 경계층 상층에 있는 찬 공기 덩어리가 지표까지 하강하는데, 이런

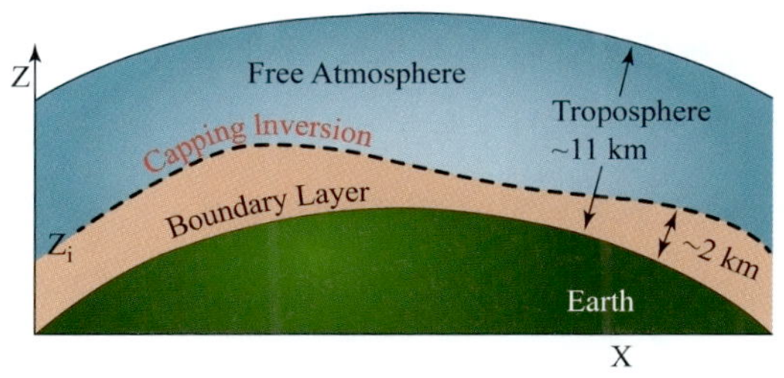

그림 9.26 대기 경계층은 대류권 하부에서 지표면과 접하고 있는 층이다. 대기 경계층 바깥의 대류권은 자유대기라 불리며 이들 사이에는 안정한 층(모자 역전)이 있다. 대체로 경계층에는 난류가 활발하게 발달한다.

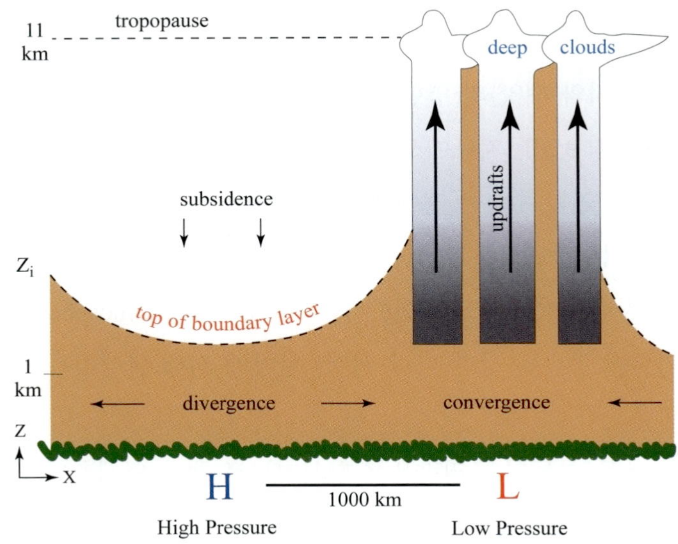

그림 9.27 자유대기의 고기압(H)과 저기압(L)에 의한 대기 경계층의 변화를 간략히 나타내었다. z_i는 혼합층 높이(혹은 대기 경계층 꼭대기)를 가리킨다.

하강은 따뜻한 공기 덩어리 상승을 보상하는 흐름으로 이해할 수 있다. 열기포는 작은 규모(~100 m)의 **소용돌이**(혹은 **에디**, eddy) 흐름으로 나타난다. 위에서 언급한 끓는 냄비 속과 같이 열기포의 소용돌이는 대기 경계층 내부를 불규칙한 흐름으로 가득 채운다. 이때 따뜻한 공기 덩어리는 상승하고, 찬 공기 덩어리는 하강한다. 이 결과로 열이 연직 수송되어 경계층 상층부는 따뜻해지고 지표 부근은 냉각된다. 만약 상승 혹은 하강하는 도중에 공기 덩어리 기온이 바뀌지 않는다면 경계층 기온은 일정해질 것이지만, 실제 기온은 **건조단열감률**(1 km당 10°C 감소)로 감소한다. 이 과정은 이어지는 항에서 설명하겠다. 때론 열기포는 경계층을 뚫고 자유대기 속으로 상승하면서 뇌우로 더욱 성장하기도 한다. 그리고 이러한 뇌우는 에너지, 수증기, 운동량, 화학 물질 등을 대류권 꼭대기나 심지어 성층권 하부에까지 수송한다(그림 9.27). 여기서는 경계층에 한정하여 설명하고자 한다.

2) 난류 혼합

경계층 내부에서 수증기 또한 소용돌이치는 난류 연직 혼합을 통해 지표 부근에서 상층으로 수송된다. 이것은 잘 혼합된 경계층에서 비습이 연직으로 거의 일정한 값을 갖도록 만든다. 더 나아가 난류에 의한 운동량의 연직 혼합은 경계층의 풍속을 변화시킨다. 빠른 풍속의 공기 덩어리와 느린 공기 덩어리의 혼합으로 운동량이 서로 교환되면 공기 덩어리들은 동일한 풍속을 가질 것이다. 물론 이때의 풍속은 지균풍보다 작을 것이다(지균풍보다 약한 바람을 **아지균풍**(subgeostrophic wind)이라 한다. (그림 9.28)).

여기서 지상풍에 작용하는 마찰력의 기원을 좀 더 근본적으로 이해할 수 있다. 우리는 8.5절 2)항

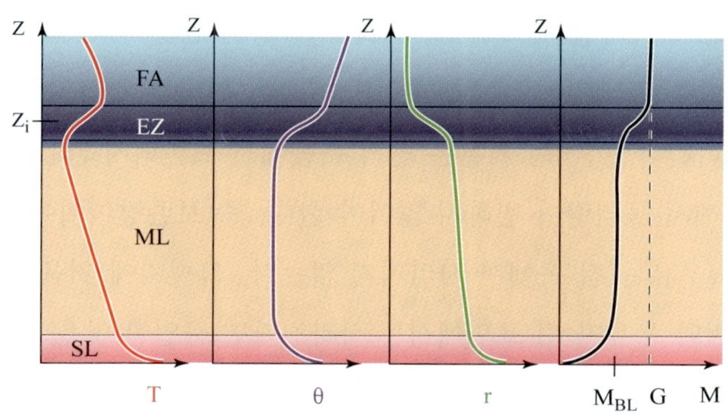

그림 9.28 태양 가열에 따른 난류가 잘 발달할 때의 대류 경계층의 연직 구조. G는 지균 풍속, M_{BL}은 경계층의 평균 풍속을 나타낸다.

에서 마찰력은 풍속을 약하게 하고 풍향이 (등압선을 가로지르며) 고기압 방향으로 향하게 만드는 것을 알았다. 우리는 거의 습관적으로 마찰력의 기원을 무질서한 분자 운동에서 찾는 경우가 많다. 그렇기에 지상풍에 작용하는 마찰력의 기원을 거친 지표면과 공기 분자들의 충돌에서 찾는다(이로 인해 발생하는 힘을 점성력이라 한다. 그리고 점성력은 지표 부근의 수 밀리미터 정도에서 주로 작용한다(한국기상학회 2016, 7쪽)). 그러나 바람에 작용하는 마찰력의 기원을 분자 운동과 연관시키는 것은 올바른 접근이 아니다. 풍속은 공기 분자 운동에 의해서도 약해지지만 그 변화 정도는 앞서 이야기한 난류 혼합에 의해 풍속의 감소보다는 훨씬 작다. 따라서 대기과학의 대부분 논의에서는 공기 분자 운동은 대체로 고려하지 않는다. 커피에 우유를 넣고 (분자 운동에 의해) 확산되기를 기다리기보다는 (소용돌이를 만들기 위해) 휘젓는 것이 훨씬 효율적이다. 정리하자면, 지상풍에 작용하는 마찰력은 난류 혼합에 의해 발생하는 것이지 분자 운동에 의한 것이 아니라는 것에 유의해야 한다. 물론 공기 분자 과정에 의해 결국에는 대규모 운동 에너지가 열(혹은 내부 에너지)의 형태로 **소산**(dissipation)된다. 그러므로 궁극적으로는 분자 운동 과정이 대규모 대기 순환에 영향을 미친다는 것을 부정할 수는 없을 것이다.

그림 9.28에서 한낮의 태양 복사로 발생한 난류에 의해 경계층의 대부분에서 혼합층이 발달하는 것을 알 수 있다. 이때의 경계층을 **대류 경계층**(convective boundary layer)이라 한다. 지표 부근에는 매우 큰 기온 경도를 가진 **지표층**(~100 m 두께)이 있다. 지표층은 대류 경계층의 10% 정도를 차지하는데, 이것은 야간에 매우 강한 안정층이 발달한 경우에도 비슷하다(다음 항 참조). 지표층에서는 온위, 혼합비, 바람 또한 급격히 변하고 있다. 자유대기와 경계층 사이에는 매우 강한 안정층인 **유입 영역**(entrainment zone)이 나타난다. 흔히 **혼합층 두께**(z_i)는 유입 영역이 나타나는 높이를 가리킨다. 혼합층에서 온위는 고도에 따라 일정하다. 앞서 설명한 바와 같이 난류 혼합에 의해 온위가 균질해지기 때문이다. 마찬가지로 비습과 풍속도 균질하다. 반면에 기온은 연직으로 감소하고 있다. 기온과 온위의 관계($\theta = T(p_s/p)^{R_d/c_p}$)를 고려하면 여기서 기온감률은 건조단열감률을 갖는 것을 알 수 있다. 왜 기

온은 다른 변수와는 다르게 나타날까?

앞에서 우리는 연직으로 움직이는 공기 덩어리의 기온이 변하는 것을 알았다. 즉 상승하면 기온은 감소하고, 하강하면 올라간다. 이처럼 기온은 연직 운동에서 보존되지 않는다. 혼합에 의해 균질해지기 위해서는 운동에 대해서 물리량이 변하지 않아야 한다. 즉 **보존량**이어야 한다. 예를 들어, 커피에 우유를 넣고 섞을 때에 우유는 컵 속에서 사라지지 않는다. 그렇기에 처음과 끝에 균일한 맛을 느낄 수 있게 잘 혼합된다. 만약 우유가 컵 표면에서는 사라진다면 균일한 맛을 느낄 수 없을 것이다.

기온과 다르게 온위는 건조단열 과정에서 보존된다(8.3절 2)항 참조). 그렇기에 그림 9.28에서 볼 수 있듯이 혼합층에서 균질하다. 비습은 고도에 따라 약간 감소하는 것으로 나타나는데 이것은 토양이나 식물의 증발산과 자유대기로부터 건조한 공기의 유입을 고려했기 때문이다. 운동량 또한 힘들과 점성에 의한 분산이 없다고 한다면 보존될 것이므로 혼합층의 풍속은 일정하다. 화학 반응을 고려하지 않는다면 오존과 같은 오염 물질도 균질하게 분포할 것을 알 수 있다. 그러므로 대기 경계층의 평균 오염 물질의 농도는 혼합층의 높이에 크게 좌우된다.

3) 경계층의 일변화

태양이 지평선에 가까워지면 열기포 생성이 감소한다. 밤이 깊어지면서 지표면은 적외 복사 방출로 냉각된다. 이후 지표 온도가 기온보다 낮아지면서 난류는 점차 소멸된다. 바람에 의한 난류 발생을 고려하지 않는다면 지표 부근부터 혼합층이 사라지면서 안정한 층이 생성된다. 때론 기온이 연직으로 증가하는 역전층이 생성되기도 한다. 야간에 생성되는 이 안정한 층을 **안정 경계층**((stable boundary layer 혹은 야간 경계층(nocturnal boundary layer))이라 한다. 안정 경계층 하부에는 기온이 급격히 감소하는 지표층이 나타나는데, 지표층은 앞서 언급한 바와 같이 안정 경계층의 약 10% 정도를 차지한다. 그리고 안정 경계층과 모자 역전층 사이 구역을 **잔류층**(residual layer)이라 하는데, 이 층은 지표면 냉각의 영향을 직접 받지 않으므로 앞서 한낮에 보였던 혼합층 특징을 가지고 있다. 즉 기온은 여전히 건조단열감률로 감소하며 중립의 안정도를 보인다(그림 9.29).

이러한 경계층의 일변화는 이상적인 경우로서 실제는 상황에 따라 달라진다는 점에 유의할 필요가 있다. 가령 하루 중 어떤 시간이냐에 상관없이, 겨울철 한랭 이류가 따뜻한 호수나 바다 위로 이류하는 것과 같이 지표 온도가 대기보다 높다면 대류에 의해 혼합층이 발달할 것이다. 반면에 차가운 지표면으로 불어오는 온난 이류는 그림 9.29와 같은 구조를 만들 것이다.

그림 9.30은 맑은 날 경계층 구조의 일변화를 간략하게 요약한 것이다. 먼저 지표층의 높이가 경계층(즉 대류 경계층과 안정 경계층)에 약 10% 정도인 점이 눈에 띈다. 그리고 한낮의 혼합층이 태양 복사로 인한 지표 가열과 대류에 의해 발생하는 것을 알 수 있다. **야간 경계층**의 두께는 주간의 혼합층보다 훨씬 작다는 것도 볼 수 있다.

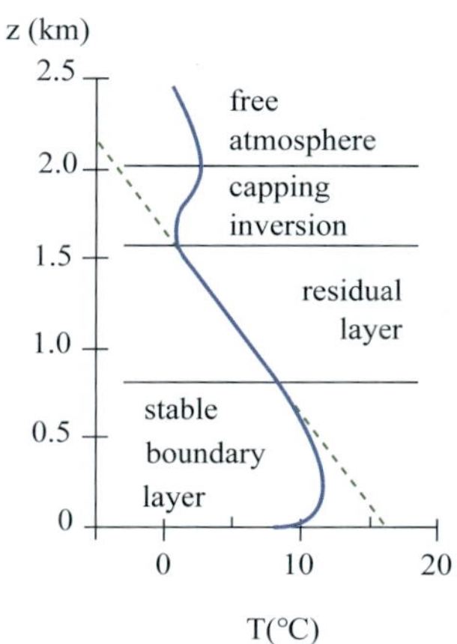

그림 9.29 밤에 전형적으로 나타나는 경계층의 연직 기온 분포와 구조. 지표 부근에서 기온이 급격히 증가하는 지표층을 볼 수 있으며, 점선은 건조단열감률을 나타낸다. 장파 복사에 의한 지표 냉각이 발생하는, 구름이 없고 건조한 날의 특징이다. 고도 값은 특별한 의미를 갖지 않으며 실제는 시간과 장소 등에 따라 다르다.

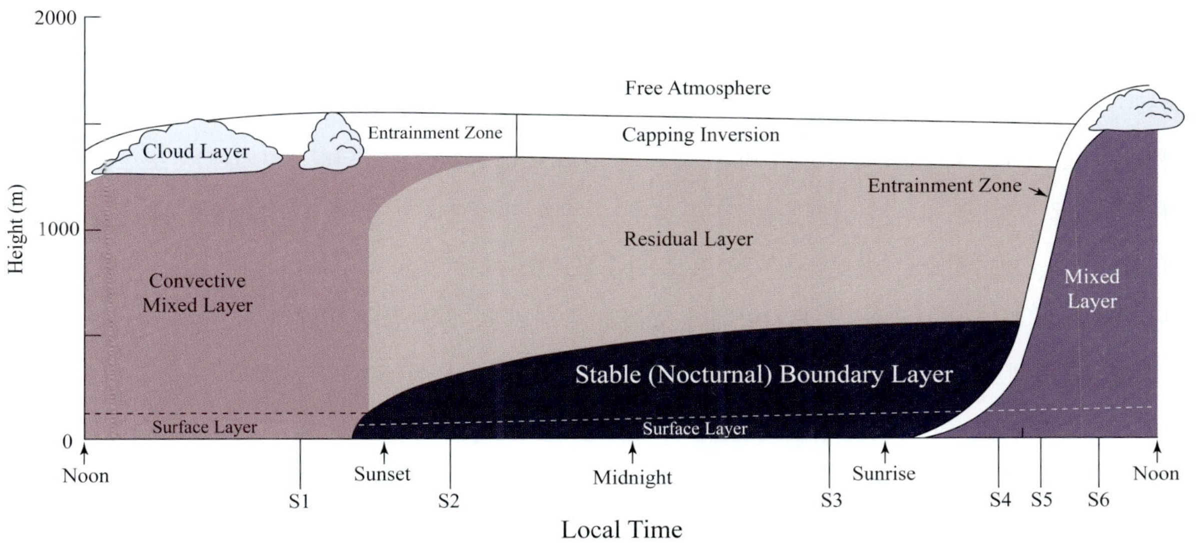

그림 9.30 고기압 지역에서 전형적으로 볼 수 있는 경계층 구조의 일변화. 낮에 발달하는 대류 혼합층, 야간에 지표 부근의 안정 경계층과 혼합층의 일부가 이루는 잔류층의 변화를 나타내고 있다.

앞서 우리는 바람의 영향을 고려하지 않았다. 지표면 가열과 더불어 바람은 난류를 발생시키는 또 다른 요인이다. 난류가 지표 부근의 공기를 연직으로 휘저어 열을 효율적으로 재분배시키고, 기온을 건조단열감률 분포로 만든다는 것을 이미 살펴본 바 있다(앞서 8.2절 4)항에서 비슷한 논의를 하였다). 그러므로 바람 부는 날에는 그림 9.29와 같은 지표 역전층이 발생하기 어렵다. 바람에 의한 열의 재분배는 추위에 의한 농작물의 냉해를 막는 데 이용된다. 냉해가 예상되면 커다란 프로펠러를 이용하여 공기를 연직으로 섞어주는데(그림 9.31), 이를 통해 따뜻한 상층 공기와 차가운 지표 공기를 혼합시켜 열을 지표로 수송시키므로 지표 기온을 상승시키는 것이다. 이와 함께 냉해를 예방하는 다른 방

그림 9.31 공기를 연직으로 혼합시키는 프로펠러 장치. 난류를 발생시켜 지표 부근의 기온을 올리는 데 사용된다. 이를 통해 농작물의 냉해를 방지한다.

법들이 『Ahrens and Henson』(2019, 73쪽)에 설명되어 있으니 참조하길 바란다. 아울러 〈구름속의 산책(A Walk in The Clouds)〉(1995)이라는 제목의 영화도 좋은 예시가 된다. 거기에는 포도밭이 서리 피해를 입을 위험에 처하자 날개옷을 입고 춤추는 듯한 몸짓으로 따뜻한 공기를 포도에 전달하는 장면이 나온다. 과학적으로 이것은 날갯짓으로 난류를 발생시켜 열을 재분배하는 것으로 이해할 수 있다. 비슷하게 바람이 부는 날은 **복사안개**가 발생하기 어려울 것을 쉽게 이해할 수 있다. 이 원리는 온도를 낮출 때에도 적용된다. 에어컨과 선풍기를 함께 켜면 효율이 높아지는 것이 그중 하나이다. 이러한 예들은 학생들의 흥미를 유발하는 데 도움이 될 만한 것들이다.

4) 경계층의 바람

이제 경계층의 바람 분포를 좀 더 살펴보자. 바람은 지상에서 배출된 오염 물질의 수송과 분산에 중요한 역할을 한다. 앞서 활발한 **난류 혼합**으로 생성된 대류 경계층에서는 바람이 높이에 따라 일정하고 지균풍보다 약하다는 것을 알았다. 그렇다면 난류가 약한 야간의 바람 분포는 어떤 모습일까? 그림 9.32a는 맑은 날 육지의 전형적인 바람 분포의 일변화이다. 태양이 지면을 비추기 시작한 후 오전 9시에 얇은 혼합층(약 300 m 두께)이 발달하는 것을 볼 수 있다. 이후 오후 3시가 되면 혼합층이 깊어지면서 풍속이 약해지는데(예: 500 m 고도의 바람을 비교), 이것은 난류 혼합에 따른 마찰력이 작용하기 때문이다. 여기까지는 앞에서 논의한 바와 일치한다. 그런데 태양이 지고난 후, 난류가 점차 사라지면서 경계층의 풍속은 점차 강해지고 있다. 더 나아가 오전 3시에는 지균풍보다 더 강한 바람(supergeostrophic wind, **초지균풍**)이 나타나는 점이 독특하다. 이런 강한 상층 바람과는 다르게 지

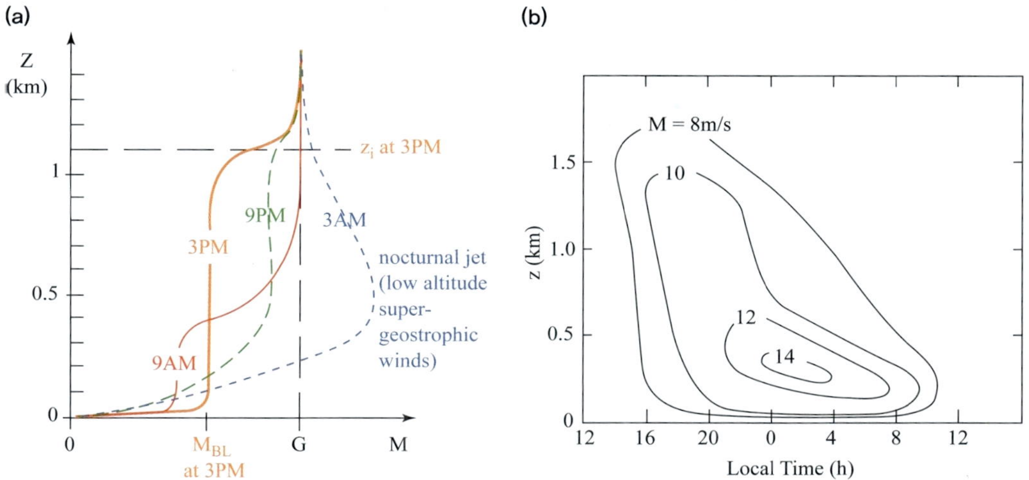

그림 9.32 (a) 맑은 날 육지에서 볼 수 있는 전형적인 바람 분포의 일변화. G는 지균 풍속, M_{BL}은 오후 3시의 혼합층 평균 풍속이다. 새벽 3시에 지균풍보다 강한 야간 제트가 발생하는 것을 볼 수 있다. (b) 어떤 지역에서 관측된 시간에 따른 연직 바람 분포

표 부근의 바람은 한낮(오후 3시)에 비해 약하다. 다시 말해 새벽에는 지상 바람이 잠잠한데, 경계층 상층은 바람이 매우 강하다는 것이다. 이와 같이 야간 경계층 상층에서 매우 강하게 부는 바람은 **야간 제트**(nocturnal jet)라 한다. 혹은 대류권 계면 부근의 제트와는 달리 하층에서 나타나므로 **하층 제트**(low-level jet)라고도 한다. 관측에 따르면 야간 제트는 보통 수백 미터 고도에서 10~20 m/s의 풍속으로 나타난다(그림 9.32b).

야간 제트가 발생하는 메커니즘은 우리의 수준으로도 어느 정도 이해할 수 있다. 앞서 논의한 바와 같이 밤이 깊어지면서 지표 부근에서 안정 경계층이 발달하게 된다. 이때 난류는 소멸된다. 난류 혼합이 마찰력을 발생시키므로 마찰력 또한 사라진다. 즉 경계층 상층의 바람은 더 이상 지표의 영향(즉 마찰력)을 받지 않게 되므로 결과적으로 강한 바람이 발생하게 된다. 지표 역전층이 있을 때는 지면의 영향에서 더욱 멀어지기에 강풍이 두드러지게 나타난다(Davies, 2000). 이것은 야간에 바람이 강해지는 까닭을 알 수 있게 한다. 그러나 그림 9.32a의 오전 3시와 같이 지균풍보다 더 강한 바람이 발생하는 것을 이해하기엔 부족하다. Stull(1988)은 이에 대한 원인으로 **경압성**(baroclinicity), 전선(fronts), 해륙풍 및 산곡풍, 그리고 **관성 진동**(inertial oscillation) 등의 영향을 들고 있다. 이들은 난류 감소와 함께 작용하면서 야간 제트 강화를 유도한다고 한다. 자세한 메커니즘은 Stull(1988)의 12.5절에 소개되어 있다.

야간 제트는 대기 오염 물질을 빠르게 수송하기도 하며 **뇌우**(thunderstorm)에 수증기를 효과적으로 공급하기도 한다. 야간 제트와 같이 하층에서 나타나는 강한 바람은 많은 양의 수증기를 공급하므로 강한 비를 가져온다. 이때 상층 제트와 연관된 발산에 따른 상승 운동이 함께 나타나면서 호우 발생을 유도한다. 이러한 까닭에 낮보다는 야간 제트에 의한 수증기 수송이 두드러지는 새벽에 호우가 주

로 발생하는 특징이 있다(기상청, 2011).

이제까지 우리는 주간의 혼합층과 야간의 안정층의 바람 분포에 대해 살펴보았다. 이제 경계층의 맨 바닥에 있는 지표층으로 눈을 돌려보자(그림 9.30). 우리는 대부분의 삶을 지표층에서 보낸다. 건축물, 다리, 굴뚝 등이 지표층 안에 건설된다. 그러므로 지표층의 바람 분포는 우리에게 큰 영향을 미친다.

관측에 따르면 정적 중립 상태인 지표층에서 바람은 로그함수 형태로 분포하는 것으로 알려졌다. 안정하거나 불안정한 상태일 때는 중립인 경우에 비해 다소 차이가 있지만 여전히 로그함수 형태로 나타난다. 그림 9.33은 안정도에 따른 지표층의 연직 바람 분포를 보여주고 있다. 안정할 때는 더욱 선형적으로 나타나며, 지표 부근은 중립에 비해 약하고 지표층 상층에는 강한 바람(초지균풍)이 나타난다. 그리고 불안정한 경우는 지표 부근에서 중립일 때보다 더 강한 바람이 나타나는데, 이는 연직 운동량 수송에 의한 결과이다. 식 9.1은 안정할 때의 지표층 바람 분포를 나타낸다. 여기서 u_*는 **마찰 속도**(friction velocity)이며 보통 0.3 m/s의 크기를 갖는다. 그리고 k는 **폰 카르만 상수**(von Karman constant)로서 0.4 정도이다. z_0는 **거칠기 길이**로서 바람의 속력이 0인 높이를 의미하며, 지표의 물리적 특성에 의해 달라진다. z_0는 바다 위에서 0.0002 m, 초지 위는 0.03 m, 과수원은 0.5 m, 도시는 1 m, 산악 지역은 수십 미터 정도이다(Stull, 1988; 2017). 식 9.1의 이론적 유도 과정은 한국기상학회(2016)에 소개되어 있다.

$$u(z) = \frac{u_*}{k} \ln\left(\frac{z}{z_0}\right) \quad \text{(식 9.1)}$$

식 9.1로부터 u_1과 u_2를 각각 z_1과 z_2의 풍속이라 할 때,

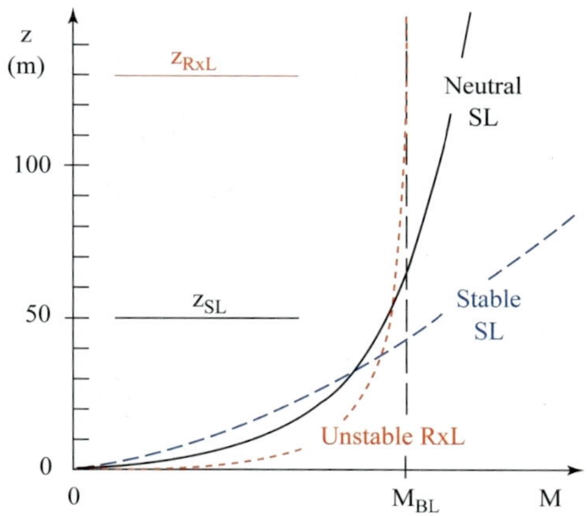

그림 9.33 지표층의 전형적인 연직 바람 분포. 여기서 z_{SL}은 안정할 때의 지표층 고도를, z_{RxL}은 대류 불안정이 강할 때의 지표층 고도를 가리킨다(그림 9.30에서 지표층의 높이가 변하는 것에 주목).

$$u_2 = u_1 \frac{\ln(z_2/z_0)}{\ln(z_1/z_0)} \quad \text{(식 9.2)}$$

로 나타낼 수 있다. 식 9.2는 어떤 고도에서 측정된 바람을 이용하여 다른 고도의 풍속을 추정하는 데 이용될 수 있다. 예를 들어 구름 낀 어느 날 과수원에 10 m 고도의 풍속계에서 바람이 5 m/s로 측정되었다고 할 때, 25 m 높이의 굴뚝에서 부는 풍속을 구해보자. 이때의 안정도는 구름 낀 하늘로부터 중립이라 할 수 있으므로, 식 9.1을 이용할 수 있다. 그리고 과수원의 거칠기 길이는 $z_0 = 0.5$ m이므로 고도 25 m의 풍속은 $u_2 = 5\ \text{m/s} \times \frac{\ln(25/0.5)}{\ln(10/0.5)} = 6.53\ \text{m/s}$이다. 중립이 아닌 경우의 연직 바람은 그림 9.33을 통해 예상할 수 있듯이 식 9.1이 약간 변형되어 나타난다(Stull 1988; 2017).

5) 난류 운동 에너지와 오염 물질의 분산

지금까지 설명한 경계층의 특징들은 주로 난류가 원인이 되어 발생한 것임을 알 수 있다. 태양 복사로 지표가 가열되면 난류가 발생하고, 반면에 지표 복사 냉각으로는 난류가 점차 소멸되었다. 앞에서 분명하게 언급되지는 않았지만, 이에 덧붙여 난류는 **바람 시어**(wind shear)에 의해서도 발생한다. 난류 에너지는 작은 규모로 전달되며 결국은 분자 점성에 의해 열로 소멸된다. 이것은 일기예보를 최초로 시도한 Richardson(1922)의 다음 문구에서 잘 표현되고 있다.

"Big whirls have little whirls that feed on their velocity, and little whirls have lesser whirls and so on to viscosity - in the molecular sense."

그러므로 난류가 시간에 따라 일정하게 유지되고 있다면(즉 정상 상태에 있다면), 지속적인 난류 생성이 있다는 것을 의미한다. 이제 경계층 난류 운동 에너지의 증감을 결정하는 요인을 살펴보자. 평균에서 벗어나 있는 불규칙하고 빠르게 변하는 성분을 난류로 간주할 수 있다. 즉 3차원 바람(u, v, w)과 온위(θ)의 난류 성분(u', v', w', θ'. 또한 이들을 **에디**(eddy)라 부르기도 한다)은

$$u' = u - \overline{u}$$
$$v' = v - \overline{v}$$
$$w' = w - \overline{w}$$
$$\theta' = \theta - \overline{\theta}$$

로 표현된다. 여기서 $\overline{u}$, $\overline{v}$, $\overline{w}$, $\overline{\theta}$는 평균을 나타낸다.

경계층을 지배하는 운동 방정식에서 레이놀즈 평균한 운동 방정식을 뺀 후 정리하면(한국기상학회, 2016; Stull, 1988), 단위 질량의 공기에 대한 **난류 운동 에너지**(TKE, Turbulent Kinetic Energy)의 식을 다음과 같이 구할 수 있다.

$$\frac{\partial(TKE)}{\partial t} = A + S + B + Tr - \epsilon \tag{식 9.3}$$

여기서 $TKE = (\overline{u'^2} + \overline{v'^2} + \overline{w'^2})/2$이고, A는 난류 운동 에너지의 이류 항, S는 바람 시어에 의한 생성 항, B는 부력에 의한 생성 혹은 소멸 항, Tr은 난류 운동에 의한 수송과 기압 변화에 의한 재분배 항이고, 끝으로 ϵ은 분자 점성에 의한 난류 운동 에너지가 열로서 **소산**(dissipation)되는 것을 나타낸다.

이류 항은 다음과 같이 나타나는데,

$$A = -\overline{u}\frac{\partial(TKE)}{\partial x} - \overline{v}\frac{\partial(TKE)}{\partial y} - \overline{w}\frac{\partial(TKE)}{\partial z}$$

평균 바람에 의해 난류 에너지가 이류되는 것을 가리키며, 에너지가 높은(낮은) 곳에서 바람이 불어와서 난류 에너지가 증가(감소)하게 된다. 바람 시어에 의한 난류 생성 항은

$$S = -\overline{u'w'}\frac{\partial\overline{u}}{\partial z} - \overline{v'w'}\frac{\partial\overline{v}}{\partial z}$$

와 같이 표현된다. 난류 운동량속($\overline{u'w'}$와 $\overline{v'w'}$)과 평균류의 연직 시어($\partial\overline{u}/\partial z$와 $\partial\overline{v}/\partial z$)는 서로 부호가 반대이다. 따라서 평균류 시어가 있는 경우에 항상 난류가 생성되는 것을 의미하며 기계적 생성 항으로도 불린다. 보통 지상의 풍속이 클수록 연직 바람 시어가 크다고 할 수 있다. 따라서 우리가 느끼기에 강한 바람이 분다면 **기계적 난류**가 활발히 생성되는 상황임을 추정할 수 있다. 이 항은 수평 바람 시어에 의한 항(예를 들어 $-\overline{u'v'}(\partial\overline{u}/\partial y)$와 같은)들도 포함한다. 그러나 여기서는 가장 기여율이 큰 연직 바람 시어만을 고려하였다.

부력에 의한 생성 혹은 소멸 항은

$$B = \frac{g}{\overline{\theta}}\overline{w'\theta'}$$

로 표현된다. 기계적 생성 항과 비슷하게 여기서도 연직 열속만을 고려하였다. 이 항은 대류 활동이

활발한 불안전한(즉 $d\theta/dz < 0$) 경계층에서는 열속이 연직 방향으로 향하게 되어(즉 $\overline{w'\theta'} > 0$) 난류가 생성되는 것을 나타낸다. 반면에 정적으로 안정한 대기에는 열속이 지표로 향하면서 난류 발생이 줄어든다. 앞에서 언급한 주간에 지표 가열에 따른 난류의 발생과 야간의 복사 냉각에 의한 난류 감소를 이끄는 항이 바로 이것이다. 따라서 일반적으로 B는 맑은 날 주간에는 양의 부호를, 야간에는 음의 부호를 갖는다.

난류 운동 에너지는 난류 그 자체에 의해서 이류될 수 있으며, 난류를 만들 수 있는 기압의 섭동 또한 난류 운동 에너지를 재분배시킨다. 식 9.3의 Tr이 바로 이와 같은 난류 운동 에너지의 수송과 재분배를 담당하는 항이다. 분자 운동에 의한 난류 소산을 가리키는 ϵ은 난류 에너지가 열로서 전환되는 것을 나타내며, 다음 식에서 보듯이 항상 양의 값을 갖는다.

$$\epsilon \approx \frac{(TKE)^{3/2}}{L_\epsilon}$$

여기서 L_ϵ은 소산 길이 규모인데, 소산되는 난류의 크기를 나타낸다. 따라서 규모가 작을수록 강하게 소산되는 것을 알 수 있다. 난류는 궁극적으로 열로서 사라지는데, 난류 소산에 의한 가열은 기온을 변화시키기에는 매우 작은 값을 갖는다.

만약 정적으로 안정하다면 음의 부력은 난류 발생을 억제할 것이다. 그런데 여기에 바람 시어가 있다면 기계적 난류는 생성될 것이다. 즉 B는 음수이고, S는 양수이다. 이들 두 항의 비를 **속 리처드슨 수**(R_f, flux Richardson number)라고 한다.

$$R_f = -\frac{B}{S}$$

정적으로 불안정할 경우 R_f는 음수, 중립일 때는 0, 안정할 때는 양수가 된다. 여기서 유의할 점은 **층류**(laminar flow)가 난류로 변하는 기준이 되는 리처드슨 수는 대략 0.25 정도인 것이다($R_f < 0.25$). 또한 속 리처드슨 수를 변형하여 **기울기 리처드슨 수**, **총체 리처드슨 수**를 정의할 수 있다. 자세한 사항은 Stull(1988)을 참조하기 바란다.

이제 대기 오염 물질의 분산(dispersion)에 대해 살펴보자. 대기 경계층에서 배출된 오염 물질은 바람(평균류)에 수송되거나, 난류에 의해 깨끗한 공기와 섞이면서 퍼진다(분산된다). 이들 두 과정은 보통 동시에 일어난다. 예를 들어 굴뚝에서 나온 연기가 바람을 타고 이동하면서 점차 연기의 폭이 넓어지는 것을 본 적이 있을 것이다. 여기서 이동(혹은 이류)과 폭의 증가(혹은 분산)는 각각 평균류와 난류에 의한 것이다. 이들 2가지 과정은 오염 농도에 크게 영향을 주게 된다.

평균류에 의한 오염 물질의 수송으로 풍하측의 오염 농도가 높아질 것을 예상할 수 있다. 그런데 많은 서적들에서 바람이 강할 때 오염 농도가 낮아진다고 서술하고 있다(예: 안중배 등, 2016의 그림 13.14). 이런 설명은 약간의 오해를 불러올 수 있다. 즉 '강한 바람에 의해 오염 물질이 수송되는데 왜 농도가 낮아질까'라는 의문이 든다. 오해는 평균류에 의한 수송과 난류에 의한 분산을 명확히 서술하지 않는 데 있다. 앞서 언급한 바와 같이 수송은 오염 물질의 이류를, 분산은 주위 공기와 섞이면서 퍼지는 것을 나타낸다. 따라서 수송은 바람의 평균 속도에 좌우될 것이다. 그런데 대체로 경계층에서 풍속이 크면 기계적 난류 발생도 활발하다. 즉 강한 바람은 오염 물질을 효율적으로 수송시키면서, 동시에 주위의 깨끗한 공기와 활발히 섞이게 한다. 결국 약한 바람일 때에 비해 오염 농도를 낮추게 된다.

난류에 의한 오염 물질의 퍼지는(분산되는) 정도는 난류 바람의 표준편차(σ, standard deviation)에 달려 있다. 즉 $\sigma_z = (\overline{w'^2})^{\frac{1}{2}}$이 클수록 연직 방향으로 오염 물질은 잘 분산된다. 수평과 연직 방향의 표준편차가 동일하다면 각각의 방향으로 분산되는 정도가 같을 것이다. 이것을 염두에 두면 정적 안정도에 따른 연기의 모습을 쉽게 이해할 수 있을 것이다. 그림 9.34는 **부채형**(fanning), **원추형**(coning), **환상형**(looping)의 연기 모습과 연직 방향과 y 방향의 바람의 표준편차를 관련지어 나타내고 있다. 여기서 평균류는 x 방향으로 분다고 설정하였다. 다른 형태의 굴뚝 연기(상승형, 훈증형, 구속형)와 연직 기온 분포와의 관계는 한국기상학회(2021)에 제시되어 있다.

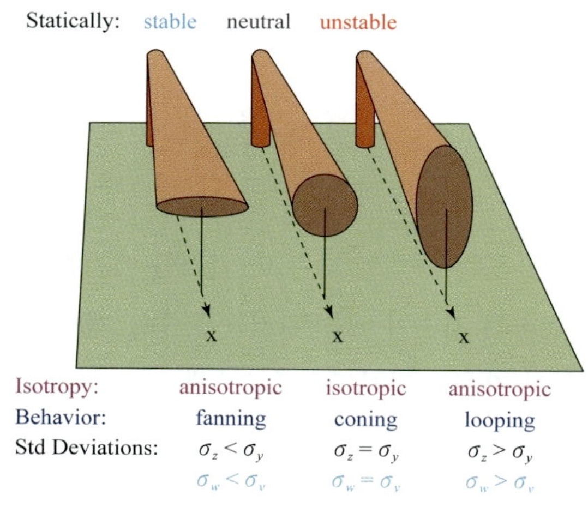

그림 9.34 정적 안정도에 따른 연기 모양. 평균 바람이 x 방향으로 불 때, 수평과 연직 방향 바람 편차의 표준편차(즉 σ_y와 σ_z)가 그 방향으로 연기가 분산되는 정도를 결정해준다. 중립인 안정도에서 난류가 등방성을 띨 때는 각 방향으로 분산되는 정도가 동일하므로 연기는 원추형 모양으로 분산된다.

9.5 기후 변화

유래 없는 폭염이나 폭우를 겪을 때마다 **기후 변화**의 심각성을 실감한다. 지구촌 곳곳에서 자연 재해의 빈도와 강도가 증가하고 있다. 기후 변화는 어느 정도 자연적으로 발생한 것이지만, 최근의 해수면 상승, 극지 빙하의 사라짐, 슈퍼 태풍의 발생, 강한 열파 발생 등의 원인으로 인위적 온실기체 증가에 따른 온난화를 지목하고 있다. 이제 기후 문제는 인류의 생존과 직결되는 것으로 받아들여지고 있다. 기후 위기에 대응하기 위해 과학자들은 미래 기후를 예측하고 있으며, 기후 변화와 연관된 이상 현상들의 발생 과정을 탐구하고 있다. 이 절에서는 기후 변화를 일으키는 자연적 요인과 인위적 요인, 미래 기후 변화를 살펴본다.

1) 자연적 기후 과정들

인류가 기후에 적극적으로 영향을 주게 된 기간은 불과 100여 년 정도이다. 그 이전 수백만 년 동안 인간 조상은 진화 과정에서 기후의 영향을 받았을 것이다. 초기 문명의 번영과 붕괴에도 자연적 기후 변화에 영향을 받았다고 한다. 그렇다면 인위적 온실기체가 대기로 배출되면서 기후를 바꾸기 시작한 이전에 기후 변화는 어떤 과정으로 발생한 것일까?

우리는 앞서 9.1절에서 간단한 모형을 통해 복사 평형 상태의 지구 기온을 결정짓는 요소에 대해 살펴보았다. 만약 지구에 도달하는 태양 일사가 변화한다면 지구의 복사 수지도 거기에 맞추어 변할 것이다. 우리가 경험하는 계절 변화도 여름에 많은 양의 일사를 받을 수 있도록 지구가 위치하기 때문이다. 물론 겨울에는 작은 양의 일사를 받는다. 천문학자인 **밀란코비치**(Milutin Milankovitch, 1879~1958)는 1920년대에 기후 변화의 원인으로 지구 공전 궤도의 **이심률 변화**, **자전축 기울기 변화**, **세차 운동** 등에 주목하였다(그림 9.35). 이와 같은 지구 궤도 변화로 지구에 도달하는 태양 복사량이 달라지고 그 결과로 지구 기후 변화가 나타난다는 것이다.

그림 9.36은 궤도 변화를 나타내는 식을 이용하여 계산된 결과를 보여준다(구체적 식은 Stull(2017) 참조). 이심률이 대략 10만 년 주기로 변동하는 것을 볼 수 있다. 현재 이심률은 약 0.0167이며, 앞으로 10만 년 동안은 큰 변화가 없을 것으로 보인다. 자전축 경사는 22.1°~24.5° 사이를 약 4만 1,000년 주기로 변한다. 현재는 약 23.439°이며, 점차 작아지고 있다. 자전축 경사는 **태양 고도** 변화를 통해 **일사량** 변화를 가져온다. 따라서 경사각이 클수록 여름과 겨울이 큰 차이를 보인다. 경사각이 작을수록 **빙하기**가 나타날 확률이 높아지는데, 이는 여름 기온이 낮아져 빙하가 덜 녹기 때문이다. 세차 운동으로 자전축 기울기 또한 약 2만 3,000년 주기로 바뀐다. 이 변화로 현재는 북반구 여름에 태양-지구 거리가 가장 멀고, 겨울에 가깝다. 향후 1만 1,000년 후에는 그 반대가 될 것이다. 그림 9.36은 빙하와 심해 퇴적물에서 얻은 빙하기 발생 시기가 매 10만 년 주기로 나타나며 이는 이심률 변화와 대응된

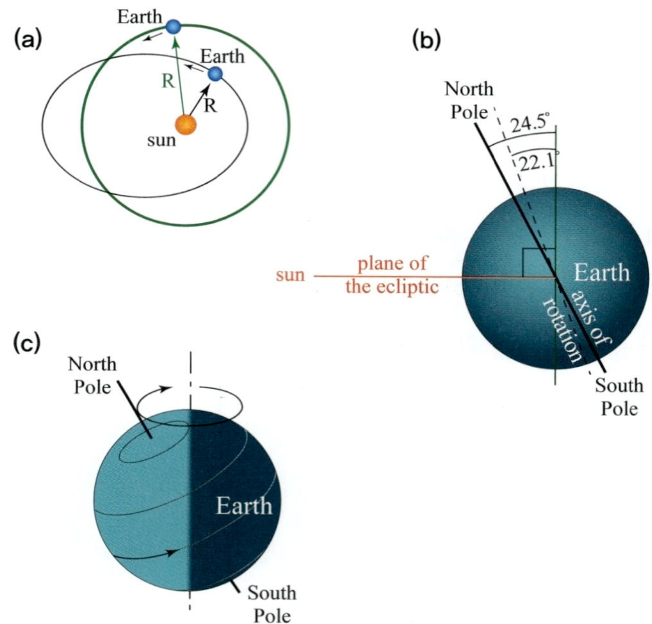

그림 9.35 밀란코비치 주기를 일으키는 3가지 지구 궤도상의 변화. **(a)** 이심률(약 10만 년 주기), **(b)** 자전축 경사(약 4만 1,000년 주기), **(c)** 세차운동(약 2만 3,000년 주기)

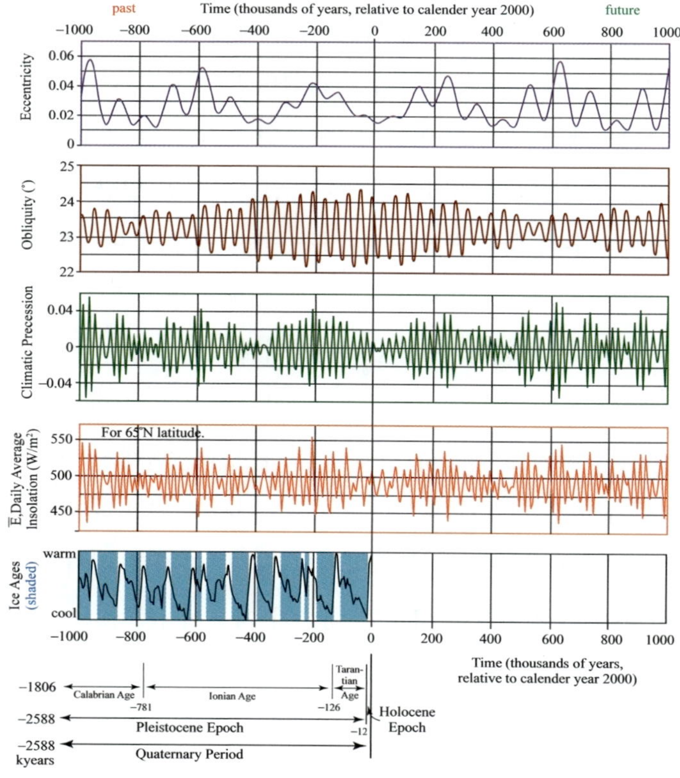

그림 9.36 과거와 미래의 밀란코비치 주기 시계열과 65°N에 도달하는 일평균 일사량. 빙하와 퇴적물 코어에서 복원된 기온 변화. 파란색 음영은 빙하기를 나타낸다.

다는 것을 보여준다. 또한 이와 함께 4만 1,000년과 2만 3,000년 주기성도 빙하의 발달 및 쇠퇴와 상응된다고 한다. 이들은 밀란코비치 주기가 수만 년 주기의 기후 변화와 연관됨을 보여주는 증거이다.

문제) ㅈ 구–태양 사이의 거리는 약 3.3% 정도 변한다. 이 변화로 나타나는 지구 복사 평형 온도의 변화는?

풀이) 복사 평형 온도(T_e)와 지구–태양 거리(R)의 관계: $T_e^4 \propto R^{-2}$

이 식에 로그를 취하고 미분하여 정리하면, $\frac{dT_e}{T_e} = -\frac{1}{2}\frac{dR}{R}$

따라서 기온은 약 4 K 변한다(~1.65%).

그림 9.36의 빙하와 퇴적물 코어와 같이 과거 기후를 간접적으로 추정하는 데 사용되는 자료를 **기후지시자**(proxy data)라고 한다. 기후지시자는 물리적 · 생물학적 · 화학적 특성이 그때의 기온이나 습도와 관련되는 것을 이용한다. 예를 들어, 해수에는 원자량이 18인 산소(^{18}O)와 16인 산소(^{16}O)가 존재한다. 바닷물이 증발할 때에는 가벼운 ^{16}O가 잘 증발한다. 따라서 빙하기에는 ^{16}O가 증발하여 빙하 속에 남아 있게 되고 바다에는 ^{18}O가 풍부해진다. 따라서 침적물 속에 ^{18}O가 많다면 그때의 기후는 추웠을 것으로 추정된다. 이외에도 나무 나이테, 꽃가루, 과거 문서, 화석, 종유석 등이 기후지시자로 활용된다.

자연적 기후 변화를 일으키는 또 다른 요인은 태양 에너지 방출의 변화이다. 태양 상수로 불리는 대기 꼭대기에 도달하는 태양 복사량은 대략 1,361 Wm^{-2}이다(9.1절에서는 1,364 Wm^{-2}를 사용하였다.). 인공위성 관측에 의하면 태양 상수는 1,358~1,363 Wm^{-2} 사이를 변동한다고 한다(그림 9.37). 그림 9.37에서 태양 상수는 11년 주기로 변하는 것을 볼 수 있다. 이것은 태양 흑점 주기(9.5~11년)와 대응되는데, 흑점이 많을수록 태양 방출 에너지가 크다. 그런데 흑점 변화에 따른 태양 방출 에너지 변화량은 약 0.1%(~1 Wm^{-2}) 정도로 작다. 따라서 현재 진행되는 기후 변화와 직접적 관련성은 없는 것으로 간주된다.

그런데 태양 복사의 장기적 변동은 기후와 연관이 크다는 주장이 있다. 여기에서 **몬더 극소기**(Maunder minimum, 1645~1715)라 불리는 흑점이 거의 관측되지 않았던 시기와 **소빙기**(little ice age)가 거의 일치하는 것이 가장 흥미롭다. 몬더 극소기에 태양 복사량은 지금보다 약 0.2%(~0.7 Wm^{-2}) 정도

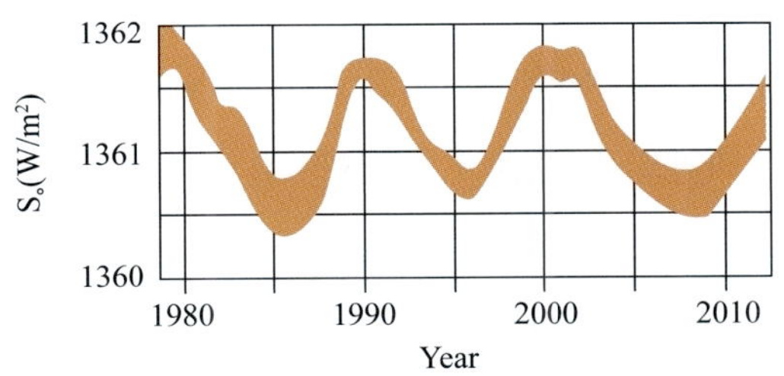

그림 9.37 대기 꼭대기에서 측정한 연평균 총 태양 복사량(태양 상수) 변화

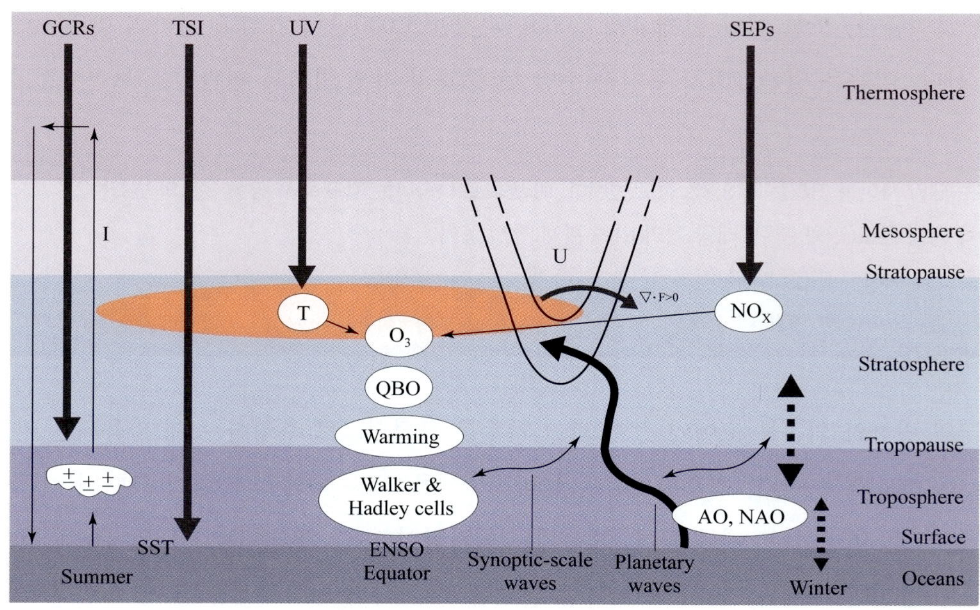

그림 9.38 태양이 기후에 영향을 미치는 과정

낮았다고 추정된다(Lean and Rind, 1998). 조선시대 기근도 소빙기 시기에 집중되어 발생하였다고 한다(이태진, 1996).

태양과 기후와의 연관성을 설명하는 몇 가지 가설은 다음과 같다. ① 태양 복사량이 많아지면 열대 해수면을 가열시켜 증발과 강수량 증가로 **해들리** 및 **워커 순환**, **ENSO** 등에 영향을 준다. ② 태양 자외선 복사의 증가로 열대 성층권 온도가 증가하고 남북 기온 경도가 커진다. 이로 인해 성층권 극소용돌이와 대기 파동의 변화로 지표 기압 변동(예: NAO, North Atlantic Oscillation)이 나타난다. ③ 태양 복사량이 증가하면 우주에서 유입해오는 **은하 우주선**(galactic cosmic ray)의 세기가 약해진다. 은하 우주선은 구름 응결핵을 생성시키므로 이 경우 구름양이 감소하고 기후를 온화하게 만든다. 그림 9.38은 이들 과정을 요약한 것으로, 자세한 설명은 Haigh and Cargill(2015)을 참조하기 바란다.

자연적 기후 변화를 일으키는 또 다른 과정은 대륙의 이동에 따른 지표면의 변화를 들 수 있다. 이에 따라 해륙의 분포가 바뀌고 몬순 및 해양 순환의 변화, 산맥의 형성에 따른 로스비파 및 제트의 변화 등이 기후에 영향을 줄 것이다. 끝으로 화산 폭발 또한 기후 변화를 초래하는 중요한 요소이다. 대기 중으로 유입된 화산재는 태양빛을 차단하여 지표 온도를 낮춘다. 분출된 이산화황(SO_2) 가스는 황산 에어로졸로 바뀌어 장기간 태양빛을 차단하게 된다. 결과적으로 2~3년 동안 지구 기온 하강이 나타나기도 한다(이를 volcanic winter라 하는데, **핵겨울**(nuclear winter)과 유사한 변화를 겪는다는 뜻이다). 화산 폭발에 따른 기후 변화로 가장 잘 알려진 것은 1815년 인도네시아 탐보라 화산과 1991년 필리핀 피나투보 화산을 들 수 있다(그림 9.39). 특히 탐보라 화산 폭발 다음 해인 1816년은 북반구

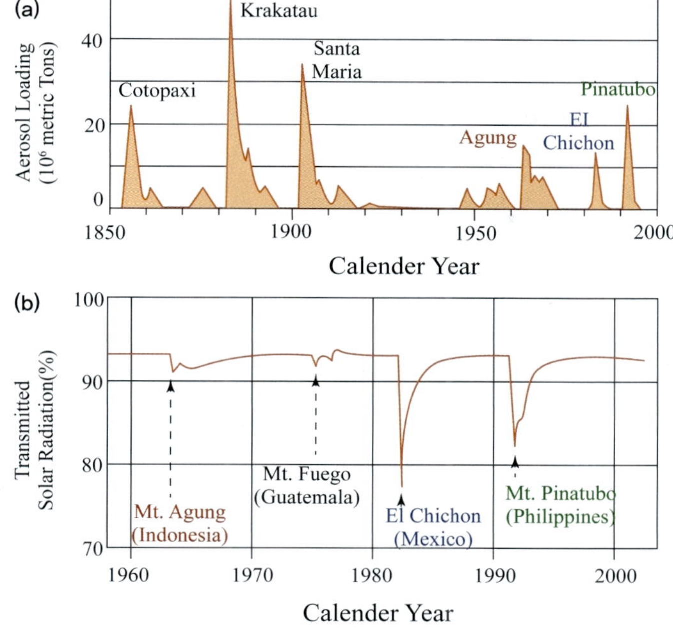

그림 9.39 화산 분출에 따른 대기 중 에어로졸과 태양 복사량의 변화. 마우나로아에서 관측한 결과

의 기온이 매우 낮아서 '**여름이 없는 해**(Year Without Summer)'라 불린다. 이때 농작물이 자라지 않고 가축의 폐사로 북반구 전역에 기근이 들었다. 어떤 연구는 소빙기의 원인으로 집단적 화산 폭발을 들고 있다(Miller et al., 2012). 여기서 한 가지 의문이 든다. 화산 폭발에 의한 대기 중 에어로졸과 화산재의 체류 시간이 그렇게 길지 않은데, 어떻게 수세기에 걸친 소빙기가 유지되었나하는 것이다. 이에 대한 과정으로 Miller et al.(2012)은 해빙-해양 되먹임 작용을 들고 있다. 즉 화산 폭발로 기온이 감소하고, 북극 해빙이 확장하면서 알베도 증가로 기온 감소가 발생하는 양의 되먹임이 작용한 것으로 추정하고 있다.

2) 인위적 기후 변화

산업혁명 이후 인류는 온실기체와 에어로졸을 대량으로 배출하여 대기의 화학 성분을 변화시켰다. 이산화탄소의 경우 1850년 285.5 ppm에서 2019년 409.9 ppm으로 증가하였다. 메탄(CH_4)과 아산화질소(N_2O) 또한 증가하였다. 이것은 인류 생존을 위협하는 결과를 가져왔다. 지구는 이전보다 뜨거워졌으며 폭염, 가뭄, 홍수 등 극한 기상 및 기후 현상이 세계 곳곳에서 더 빈번하게 발생하고 있다. **기후 변화에 관한 정부 간 협의체**(IPCC, Intergovernmental Panel on Climate Change)가 발간한 **제6차 평가보고서**(AR6)에 따르면 산업화 이전(1850~1900년)에 비해 2011~2020년의 전 지구 지표 온도는 1.09°C 상승했다고 한다(그림 9.40). 이러한 기온 상승은 지난 2,000년 동안 일어나지 않았던 것이다.

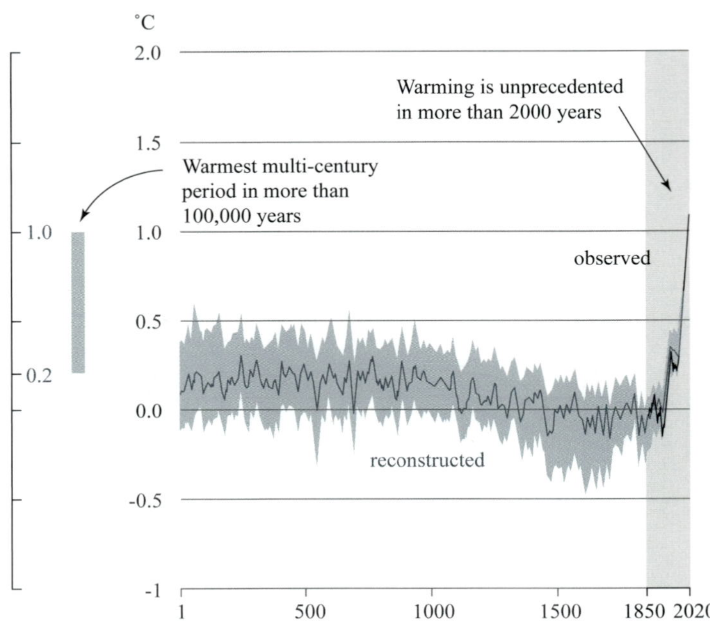

그림 9.40 전 지구 표면 10년 평균 온도 시계열로서 1850~1900년 평균에 대한 편차를 나타낸 것이다. 1850~2020년 동안은 관측 기온이며, 그 이전에는 기후지시자를 이용하여 복원한 것이고, 음영은 신뢰 구간(90%)을 나타낸다. 최근은 지난 10만 년 동안 가장 온난한 시기인 것을 볼 수 있다.

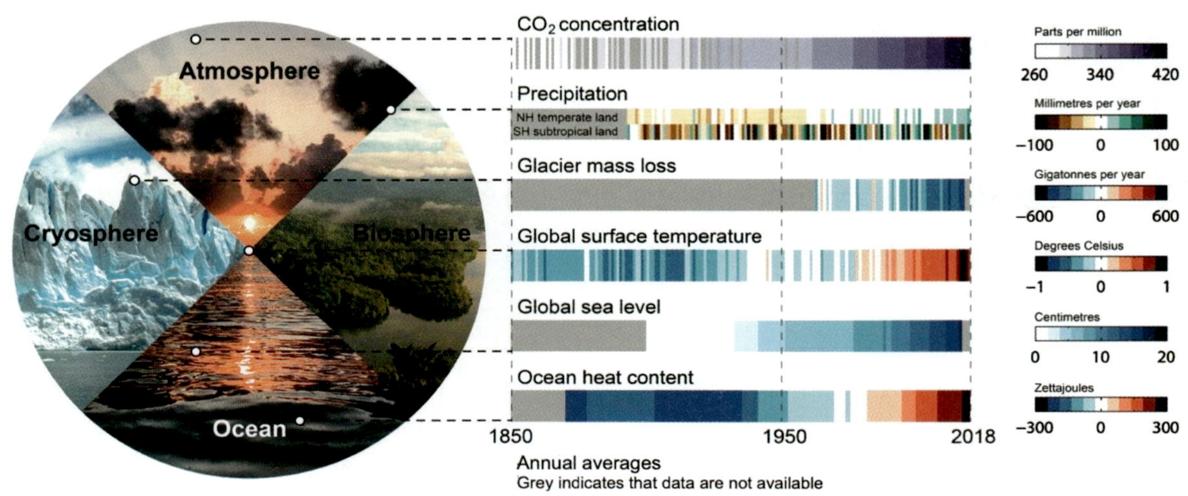

그림 9.41 기후시스템의 1850~2018년 동안의 변화. 대기권 · 생물권 · 해양 · 빙권의 변화를 나타내고 있으며, CO_2 농도와 빙하 소실량을 제외한 값들은 특정 기간의 평균값에 대한 편차이다. 평균값의 기간은 기온과 강수: 1961~1990, 해수면 높이: 1900~1929, 해양 열용량: 1961~1990이다.

현재의 지구 온난화를 부정할 만한 관측 증거는 없다고 여겨진다.

온난화가 진행되면서 기후시스템의 다른 권역도 전반적으로 변화가 진행되고 있다(그림 9.41). 해양 또한 뜨거워지고 있으며, 빙하가 사라지면서 해수면이 상승하고 있다. 해양의 산성도는 증가하고 용존 산소량은 감소하고 있다. **물 순환**(hydrological cycle)도 지표와 대기 사이의 교환이 점차 강해지는 방향으로 변하고 있다. 지역에 따른 강수량의 변동성은 커졌는데, 북반구 육지 강수량은 증가하였고 아열대 건조 지역의 강수량은 감소하고 있다.

앞서 살펴본 기후 변화를 일으키는 자연적 요인들을 고려할 때, 최근의 지구 온난화가 과연 인간 활동에 의해 초래된 것일까라는 의문이 든다. 최근의 기후 변화가 인간 활동에 기인하였다는 증거는 무엇일까? 먼저 앞서 보인 관측 자료를 들 수 있다. 최근의 빠른 CO_2 증가가 지난 80만 년 동안 일어나지 않았으며, **기온 증가율** 또한 지난 2000년 동안 어느 시기보다 가파르다. 이것만 가지고는 태양 변화에 의한 영향일 가능성이나 기후시스템이 내재하고 있는 **내부 변동성**(internal variability) 때문임을 배제하기 어려울지도 모른다. 그러나 연구에 의하면 태양에 의한 지구 기온 상승은 약 0.07°C 정도이고, 그나마 1960년 이전에 기여한 것이라 한다(Lean and Rind, 2008). 앞서 언급한 바와 같이 산업혁명 이전보다 기온이 약 1°C 증가하였으므로 온난화에 대한 태양의 영향은 7% 정도라 할 수 있다.

가장 확신을 가질 수 있는 증거는 **기후 모델**을 이용한 과거 기후 재현 실험 결과를 들 수 있다. 여러분은 매일의 일기예보를 생산하기 위해 슈퍼컴퓨터를 이용한다는 것을 들었을 것이다. 이때 수치예보 모델을 컴퓨터로 수행하여 1주일 정도의 날씨와 태풍 진로 등을 예보한다. 비슷한 모델을 기후 변화 예측에도 사용한다. 기후 모델은 **기후시스템** 변화를 지배하는 법칙을 컴퓨터 프로그램화하여 기후 변화를 예측해낸다. 최신 기후 모델은 대기뿐만 아니라 해양, 해빙, 생물권 등의 변화를 고려하고 있다. 이를 통해 **해양-대기의 상호 작용**, 이산화탄소가 해양 및 생물에 의해 흡수되는 과정, 그리고 대기 중 **에어로졸**에 의한 복사와 구름의 변화 등을 포함하여 기후 변화를 모의하는 것이다. 그림

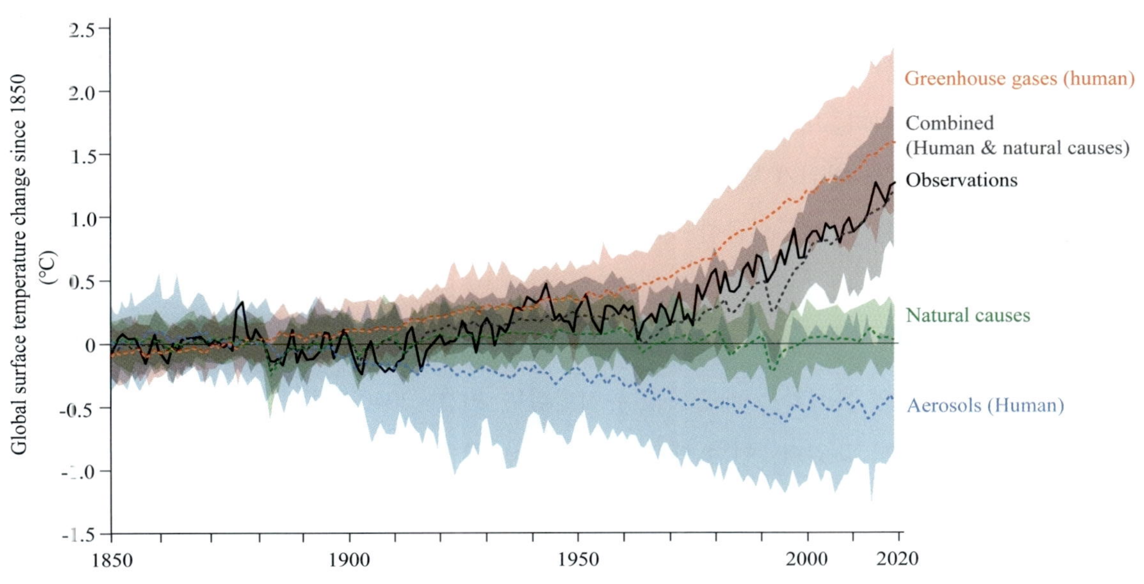

그림 9.42 기후 모델을 이용한 과거 기후 재현 실험의 결과. 인위적 요인과 자연적 요인을 함께 고려할 때 관측과 가장 유사한 기온 분포를 모의하고 있다. 기온은 1850~1900년 연평균에 대한 상댓값이다. 각 색깔의 선들은 여러 모델들의 앙상블 평균을 나타내며, 음영은 모델들의 5~95% 범위를 나타낸다.

9.42는 기후 모델을 이용하여 1850~2020년 동안의 전 지구 기온을 재현한 결과를 보여준다. 여기서 기후 모델은 각기 4가지 다른 구성으로 수행되었는데, 온실기체 증가만을 고려하거나(빨간색), 자연적 변동만을 고려한 것(녹색), 인위적으로 배출된 에어로졸만을 고려한 것(파란색), 끝으로 인위적 변동과 자연적 변동을 함께 고려한 것(회색) 등이다. 주목할 것은 인위적 요인과 자연적 요인을 함께 고려했을 때 관측된 온난화 정도와 가장 가깝게 모의하고 있다는 것이다. 태양과 화산 분출 등의 자연적 변동으로는 관측 기온 변화를 재현하지 못하며, 인위적 에어로졸은 기온 냉각을 초래하고 있음을 볼 수 있다. 이 결과로 우리는 지구 온난화가 온실기체의 증가 때문이라는 것에 확신을 가질 수 있다.

인간 활동에 기인한 기후 변화는 재앙적인 날씨 현상을 일으키고, 생태계에 악영향을 주며, 식량 생산의 감소 및 감염병 확산 등 사회 · 경제 전반에 걸쳐 심각한 피해를 줄 것으로 보인다. 따라서 기후 변화로 인한 피해를 최소화하기 위한 적절한 정책을 마련하기 위해서는 기후 변화를 일으키는 각각의 요소들이 어느 정도 기온 증가에 기여하는지를 먼저 이해해야 할 것이다. 그림 9.43은 기후 변화를 일으키는 요인들의 기여 정도를 나타내고 있다. 주목할 점은 인간 활동이 모두 기온 증가를 가져오지 않는 것이다. 우리가 배출한 온실가스만으로는 관측된 증가량보다 더 많은 1.5°C 증가를 가져오는 것으로 나타난다. **황산 에어로졸**은 대표적으로 기온을 감소시키고 있다. 이것은 황을 포함한 연료가 연소될 때 배출되어 생성된다. 황산 에어로졸은 대기 중에서 태양빛을 반사하여 지표를 냉각시킨다. 또한 **구름 응결핵**으로 작용하여 구름의 반사도를 증가시키거나 구름이 더 오래도록 대기 중에 머물도록 하여 지표를 냉각시킬 수 있다고 한다. 동아시아의 황산 에어로졸 농도는 다른 지역에 비해 큰 편에 속한다. 따라서 이 지역의 황산 에어로졸에 따른 냉각 효과는 클 것으로 생각된다. 만약 이산화황 배출을 줄인다면 황산 에어로졸 농도의 감소로 인해 기온이 오를 것이 예상되므로, 온난화 억제를 위해서는 이에 대한 고려가 반드시 필요할 것이다. 이를 위해서는 정교한 대기화학 과정을 포함하는 기후 모델이 필요하다. 또한 황산 에어로졸의 복사 강제력에 대한 불확실성이 매우 크므로(그림 9.43에서 이산화황의 에러 범위가 넓은 것을 볼 수 있다), 동아시아 **온난화율**(warming rate)을 결정하는 기후 프로세스에 대한 연구가 시급한 것으로 보인다.

3) 미래 기후 변화

기후 모델은 현 수준의 온실가스 배출량을 유지한다면 2021~2040년 동안에 기온이 1.5°C 이상 상승하게 될 것으로 예상하고 있다. 이런 예측은 지난 2018년에 나온 「지구 온난화 1.5°C」 특별보고서(https://www.ipcc.ch/sr15/)에서 제시한 1.5°C 상승 시점인 2030~2052년보다 앞당겨진 것이다. 기후 변화는 이제 지구 환경뿐만 아니라 인류 생존을 위협하는 가장 강력한 위험 요인으로 간주되고 있다.

따라서 미래 기후 변화를 예측하는 일은 무엇보다 시급하다. 이를 위해서는 온실가스, 에어로졸, **토지 이용 변화** 등을 미리 설정해야 한다. IPCC는 단계에 따라 **배출량 시나리오**들을 발전시켜

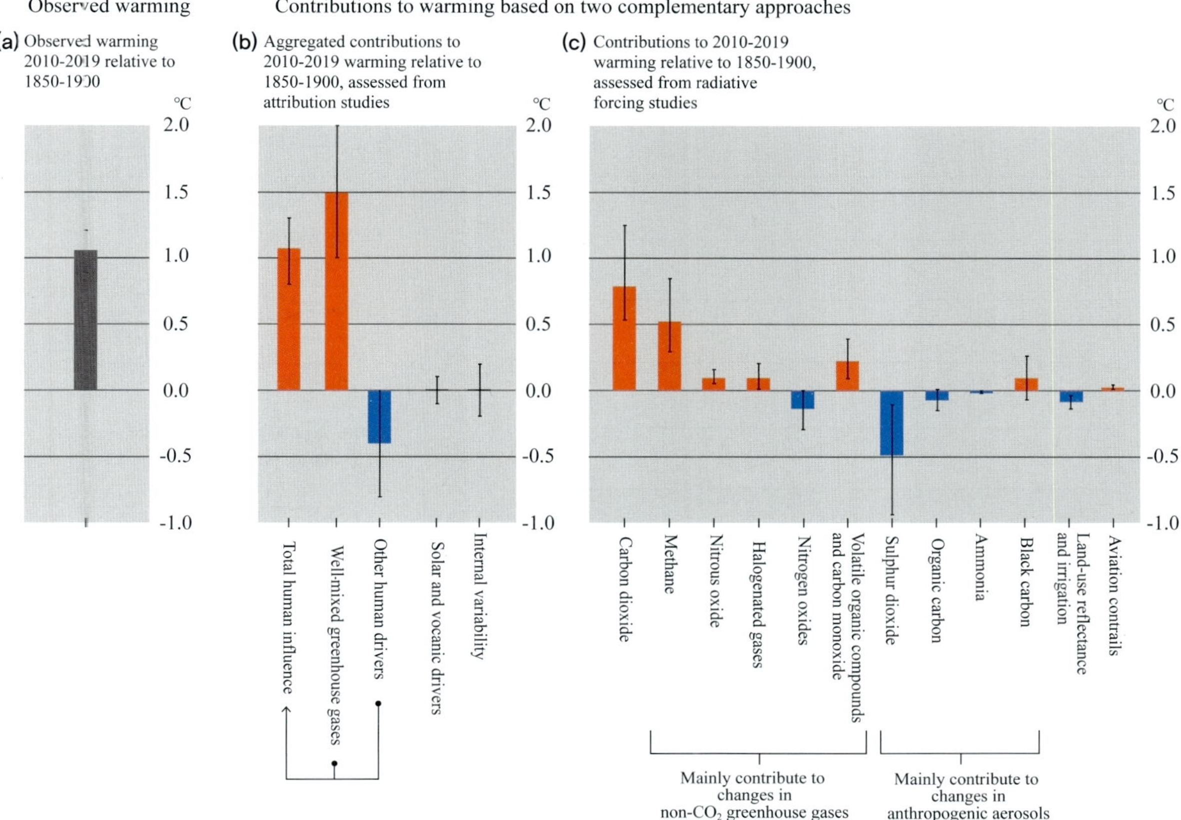

그림 9.43 과거 1850~1900년에 비해 최근 2010~2019년의 기온 증가량에 각 요소들의 기여 정도. (a) 과거에 비해 최근의 기온 증가량(약 1.1℃). (b) 관측과 기후 모델들을 이용한 전체 인위적 요소에 의한 기온 증가, 온실가스에 의한 증가, 에어로졸과 오존 그리고 토지 이용에 의한 감소, 태양과 화산에 의한 변화, 내부 변동성에 의한 변화를 나타냄. (c) 여러 가스들, 에어로졸, 토지 이용, 비행운 등이 기온 변화에 기여하는 정도를 보여줌. Whisker들은 (a), (b), (c)에서 각각 90% 이상, 66% 이상, 90% 이상의 신뢰수준 범위를 나타낸다.

왔다. 최신 AR6 보고서에서 다루는 시나리오는 각각 높은 그리고 매우 높은 온실가스 배출을 가정한 SSP3-7.0과 SSP5-8.5, 중간 정도의 온실가스 배출인 SSP2-4.5, 배출을 억제하는 SSP1-2.6, SSP1-1.9 등이 있다(지난 단계에서는 대표 농도 경로인 RCP2.6, RCP4.5, RCP6.0, RCP8.5 등이 있었다). 여기서 SSP는 **공통사회 경제 경로**(shared socio-economic pathways)를 의미하며 첫 번째 숫자는 경로 번호이다. 그리고 '-' 이후 숫자는 2100년의 **복사 강제력**(W/m^2)을 의미한다. 그러므로 SSP5-8.5는 다섯 번째(fossil-fueled development) 시나리오로서 2100년에 대기 꼭대기에서 8.5 W/m^2 순복사(하향 복사-상향 복사)를 가정한다. 즉 온실가스 증가가 마치 태양 복사 에너지가 대기 꼭대기에 더 강하게 도달하는 것과 상응함을 가리킨다. 그림 9.44는 5개 SSP 시나리오들의 온실가스 변화를 보여준다. SSP3-7.0과 SSP5-8.5는 각각 2100년과 2050년에 CO_2 배출량이 2015년의 2배가 됨을 알 수 있다. 그리고 SSP2-4.5는 21세기 중반까지 현재와 거의 유사한 CO_2 배출량을 보인다. SSP1-1.9와 SSP1-2.6은 2050년 이후에 CO_2 배출량이 net zero를 지나 음수의 배출량을 갖는 것을

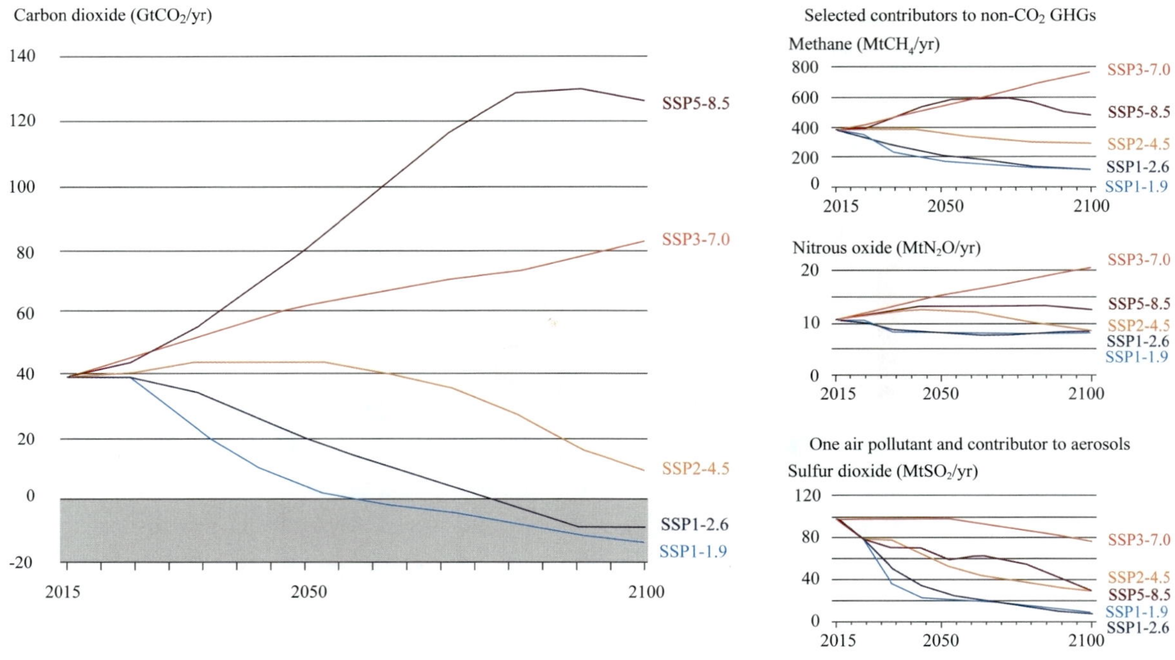

그림 9.44 5개 SSP 시나리오에 따른 CO_2, CH_4, N_2O, SO_2의 배출량 변화

나타낸다. 여기서 배출량이 음수라는 것은 인위적 배출량보다 CO_2 제거량이 더 높다는 의미이다.

수십 개의 기후 모델이 이들 시나리오에 따라 다양한 미래 전망을 산출해내고 있다. 표 9.1은 전 지구 표면 온도의 예측 결과이다. 매우 낮은 온실가스 배출 시나리오(SSP1－1.9)에서 2081~2100년의 기온은 1850~1900년 동안보다 1.0~1.8°C 높을 것으로 내다보았다. 중간 정도 배출 시나리오인 SSP2-4.5인 경우는 2.1~3.5°C, 매우 높은 배출량 시나리오인 SSP5-8.5인 경우는 3.3~5.7°C 높다고 예측된다. 지표 온도가 2.5°C 이상 증가한다면 이 정도 온난화는 과거 300만 년 동안 일어나지 않았던 수준이다.

표 9.1 시나리오별로 예측된 전 지구 지표 기온 증가(기준: 1850~1900년 평균)

시나리오	21세기 전반기, 2021–2040		21세기 중반기, 2041–2060		21세기 후반기, 2081–2100	
	최적 추정치 (℃)	90% 신뢰구간 (℃)	최적 추정치 (℃)	90% 신뢰구간 (℃)	최적 추정치 (℃)	90% 신뢰구간 (℃)
SSP1－1.9	1.5	1.2 ~ 1.7	1.6	1.2 ~ 2.0	1.4	1.0 ~ 1.8
SSP1－2.6	1.5	1.2 ~ 1.8	1.7	1.3 ~ 2.2	1.8	1.3 ~ 2.4
SSP2－4.5	1.5	1.2 ~ 1.8	2.0	1.6 ~ 2.5	2.7	2.1 ~ 3.5
SSP3－7.0	1.5	1.2 ~ 1.8	2.1	1.7 ~ 2.6	3.6	2.8 ~ 4.6
SSP5－8.5	1.6	1.3 ~ 1.9	2.4	1.9 ~ 3.0	4.4	3.3 ~ 5.7

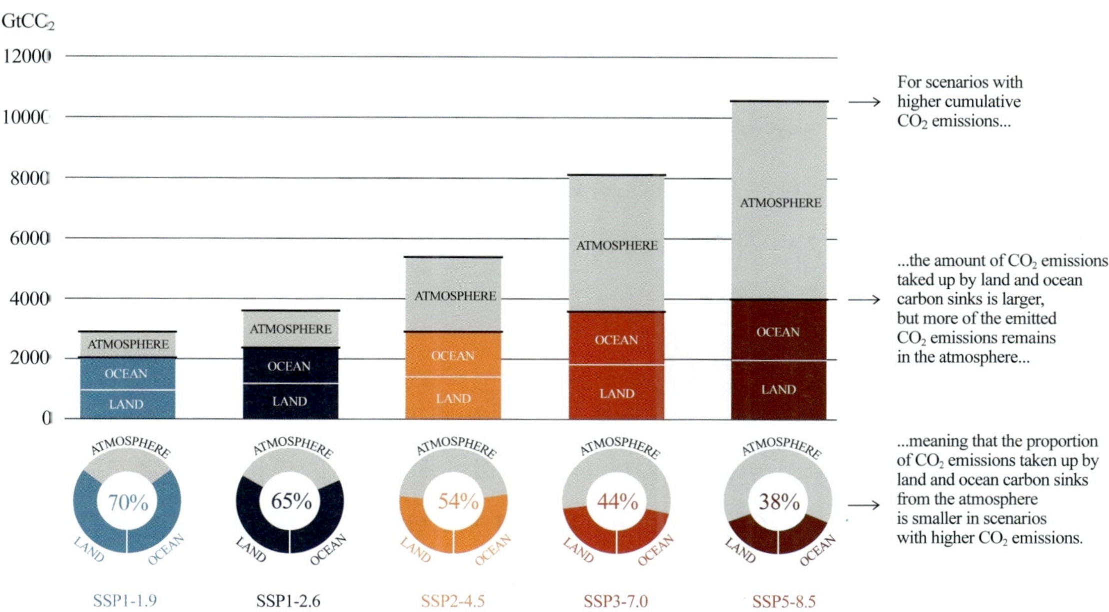

그림 9.45 육지와 해양이 흡수하는 CO_2 양과 비율을 각 시나리오에 따라 나타내었다. 회색은 대기에 머무르는 CO_2를 의미한다.

이처럼 기후 모델은 온실가스의 증가에 대한 미래 기후를 모의하고 있지만 기후시스템의 프로세스들에 대한 **불확실성**이 여전히 존재한다. 초기의 기후 모델은 매우 단순한 과정만이 고려되었다. 모델이 발전하면서 구름과 해양 순환, 에어로졸, 대기화학 과정 및 탄소 순환 등이 추가되어 이들이 기후에 미치는 영향을 분석할 수 있게 되었다(https://archive.ipcc.ch/publications_and_data/ar4/wg1/en/figure-1-2.html 참조). 현재 육지와 해양은 인류가 배출한 이산화탄소의 절반을 흡수한다. 여전히 흡수원으로 작용하지만 기온 상승이 지속될 경우에는 육지와 해양의 이산화탄소 흡수량은 감소할 것으로 전망되고 있다(그림 9.45). 그러나 기후 모델에 포함되지 않는 탄소 순환 프로세스들(습지, 영구동토층, 산불, 해양 생지화학 과정 등)을 고려하게 된다면 이들이 여전히 탄소 흡수원으로 작용할지는 의문이다.

9.6 기후시스템 내의 여러 과정들

기후시스템은 다양하고 복잡한 과정으로 이루어진다. 예를 들어 기온이 상승하면 대기 중 수증기가 증가한다. 이 증가된 수증기는 온실기체로 작용하여 기온을 더욱 상승시킬 수 있다. 반면에 하층운량의 증가로 **반사도**가 높아져 기온이 감소할 가능성도 있다. 이러한 과정을 **되먹임**이라 한다. 되먹임 과정들은 서로 복잡하게 얽혀 있기에 기후시스템이 결과적으로 어떻게 변화해 가는지를 완전히 이해하지는 못하고 있다. 이런 복잡성 때문에 기후시스템은 외부의 영향(즉 온실가스나 황산 에어로졸 변화)이 없더라도 스스로 다양한 형태의 변동이 일어난다(예: 여름철 강수량이 매년 동일하지 않고 변화하고 있다). 따라서 우리가 경험하고 있는 기후 변화는 **내부 변동성**(혹은 자연 변동성)과 **인위적 강제력**에 의한 반응이 섞여 있다. **기후 변화 탐지**(detection)와 **원인 규명**(attribution)을 위해서는 이들의 상대적 기여도를 파악하는 일은 매우 중요하다. 이 절에서는 기후시스템의 되먹임 이론과 기후 시스템이 내재하고 있는 여러 자연 변동성을 살펴본다.

1) 되먹임

되먹임(feedback)은 어떤 시스템에 초기 변화를 가했을 때 일련의 과정을 거친 결과가 다시 초기 변화에 영향을 주면서 시스템의 변화를 가져오는 것을 의미한다. 이때 초기 변화가 증폭되기도 하고 억제되기도 한다. 초기 변화가 증폭되는 되먹임을 **양의 되먹임**(positive feedback), 억제되는 것을 **음의 되먹임**(negative feedback)이라고 한다. 마이크를 스피커 가까이에 두었을 때 울림이 일어나는 것은 양의 되먹임의 좋은 예이다.

그림 9.46은 입력(Δin)이 어떤 되먹임 과정(F)을 거쳐 출력(Δout)되는 것을 보여주며, 이들의 관계는 다음 식으로 나타낼 수 있다.

$$\Delta\text{out} = r_0 \cdot [\Delta\text{in} + F \cdot \Delta\text{out}] \qquad \text{(식 9.4)}$$

여기서 r_0는 입력과 출력의 기울기이며, 되먹임 과정이 없을 때(즉 $F=0$)는

$$\Delta\text{out} = r_0 \cdot \Delta\text{in} \qquad \text{(식 9.5)}$$

가 된다. 식 9.4를 정리하면,

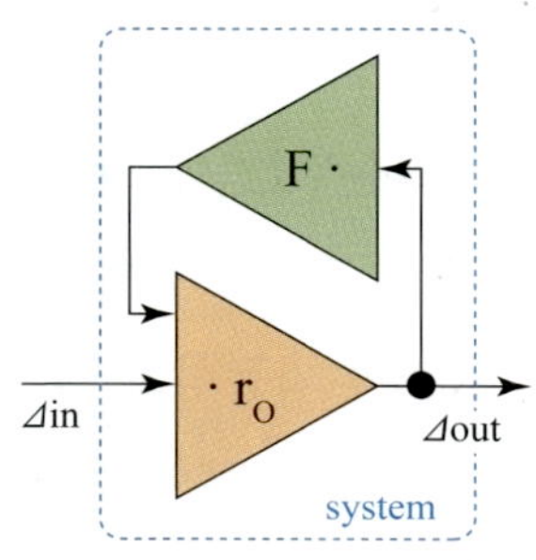

그림 9.46 되먹임 과정의 구성. 자세한 의미는 본문에 제시

$$\Delta\text{out} = r_0 \cdot \Delta\text{in} + f \cdot \Delta\text{out} \quad \text{(식 9.6)}$$

으로 나타낼 수 있으며, $f = r_0 \cdot F$를 feedback factor라 한다.

이후 식 9.6을 Δout으로 정리하면,

$$\Delta\text{out} = \frac{1}{(1-f)} \cdot r_0 \cdot \Delta\text{in} \quad \text{(식 9.7)}$$

가 된다. 이를

$$\Delta\text{out} = r \cdot \Delta\text{in} \quad \text{(식 9.8)}$$

으로 식 9.5와 유사하게 표현할 수 있으며, 여기서 $r = G \cdot r_0$이고, $G = \frac{1}{1-f}$이다. 즉 r은 되먹임 과정에 의한 입력과 출력의 비($r = \Delta\text{out}/\Delta\text{in}$)를 의미한다.

이제 지표 온도 변화(ΔT)에 위 논의를 적용하면,

$$\Delta T = \frac{1}{(1-\lambda_0 F)} \cdot \lambda_0 \cdot \Delta Q = \frac{1}{(1-f)} \cdot \lambda_0 \cdot \Delta Q = \frac{\Delta T_0}{(1-f)} \quad \text{(식 9.9)}$$

가 되며, λ_0는 되먹임이 없을 때 기후 강제력의 변화(ΔQ)에 대한 **기온 변화율**이다. 여기서 ΔT_0는 되먹임이 없을 때 강제력의 변화(ΔQ)에 의한 기온 변화를 가리킨다. λ_0는 0.266 K/(Wm^{-2})의 값을 가지며, 아래와 같이 유도할 수 있다. 즉 되먹임이 없다면 태양 복사와 지구 복사가 평형을 이루므로 **스테판-볼츠만 법칙**에 의해

$$R_0 = \sigma T_e^4$$

이고, 이 식을 미분하여 정리하고, 현재 관측 값 $T_e = 255$ K(복사 평형 온도), $R_0 = (1-A)S_0/4 = 240.2$ Wm^{-2}(단위 면적당 지표에 도달하는 에너지), $A = 0.3$(알베도), $S_0 = 1,361$ Wm^{-2}(태양 상수) 등을 고려하면,

$$\lambda_0 = \frac{dT_e}{dR_0} = \frac{1}{4\sigma T_e^3} = \frac{T_e}{4R_0} = 0.266\ \text{K}/(\text{Wm}^{-2}) \quad \text{(식 9.10)}$$

이다. 이것은 시스템의 고유 성질인 r_0(식 9.5)에 해당한다. 이 식이 표현하는 과정을 때론 음의 되먹임으로 생각할 수 있는데, 기온의 증가로 인해 우주로 방출하는 적외 복사 에너지가 증가하여 기온을 감소시키기 때문이다. 따라서 종종 **스테판-볼츠만 되먹임**, **스테판-볼츠만 반응**, **적외 복사**(IR, Infrared Radiative) **되먹임**, **플랑크 반응**, **흑체 반응** 등으로 불린다.

gain(G)은,

$$G = \frac{\Delta T}{\Delta T_0} = \frac{1}{1-f} \quad \text{(식 9.11)}$$

로 나타낸다. 그러므로 $f < 0$이면, 음의 되먹임($G < 1$)이고 시스템 반응이 감쇄된다. $0 < f < 1$이면 양의 되먹임($G > 1$)이며 반응이 증폭된다. 기후시스템 내에는 여러 되먹임 과정이 있으므로, 이들이 서로 영향을 주지 않는다면(전 지구와 같이 넓은 영역에서는 이 가정이 잘 들어맞는다),

$$G = \left[1 - \sum_{i=1}^{N} f_i\right]^{-1}$$

로 나타낼 수 있다. 여기서 f_i는 i번째 feedback factor를 의미한다.

이제 되먹임 과정의 수학적 표현을 나타냈으므로, 이를 적용하여 구체적인 되먹임 과정을 이해할 준비를 갖추었다. 먼저 **얼음-알베도 되먹임**(ice-albedo feedback)이 복사량 변화와 함께 지표 기온 변화를 일으키는 경우를 생각해보자. 온난화에 의해 얼음이 녹으면 **알베도**가 감소하고 더 많은 양의 태양 복사가 지표나 해양에 흡수되어 지표 온도를 상승시킬 것이다. 이 과정을 포함한 지표 기온의 변화는

$$\Delta T_0 = \lambda_0 \Delta R_0 + f \Delta T_e \quad \text{(식 9.12)}$$

로 표현된다. 여기서 f를 찾는 것이 필요한데, 이를 위해서 먼저 지표 기온이 태양 상수와 알베도에 의해 변한다고 하고(즉 $T_e = T_e(S_0, A)$) 이의 미분꼴인 $dT_e = \frac{\partial T_e}{\partial S_0} dS_0 + \frac{\partial T_e}{\partial A} dA$ 를 출발점으로 하여 전개하면,

$$\Delta T_e = \frac{T_e}{4R_0} \Delta R_0 + \frac{cT_e}{4(1-A)} \Delta T_e \quad \text{(식 9.13)}$$

를 유도할 수 있다. 식 9.13의 자세한 유도 과정은 Stull(2017) 21장에 소개되어 있다. 이를 식 9.12와

비교하면, λ_0를 나타낸 식 9.10을 재확인하는 것과 동시에

$$f = \frac{cT_e}{4(1-A)} \tag{식 9.14}$$

임을 알 수 있다. 여기서 $c = \frac{\Delta A}{\Delta T} = 0.01\text{K}^{-1}$이며, 현재 관측된 알베도 변화와 지표 기온 변화의 비를 의미한다.

그리고 식 9.11을 이용하면 gain은

$$G = \frac{4(1-A)}{4(1-A) - cT_e} \tag{식 9.15}$$

임을 알 수 있다. 이를 이용하여 식 9.8의 형태로 나타내면,

$$\Delta T_e = \lambda \Delta R_0 \tag{식 9.16}$$

이며, $\lambda = \frac{(1-A)\,T_e}{R_0[4(1-A) - cT_e]} = 2.75\ \text{K}/(\text{Wm}^{-2})$이며 이것은 얼음-알베도 되먹임이 포함될 때의 **기후 민감도**를 뜻한다. 즉 얼음-알베도 되먹임에 의해서 반응이 증폭되는 **양의 피드백**이 있음을 나타낸다. 태양 흑점 변화에 의해 태양 상수가 1 Wm^{-2} 정도 변한다고 한다면, $\Delta R_0 = 0.175\ \text{Wm}^{-2}$이고, 기온 변화는 $\Delta T_e = 2.75\ \text{K}/(\text{Wm}^{-2}) \times 0.175\ \text{Wm}^{-2} = 0.48\ \text{K}$이다. 이것은 되먹임을 고려하지 않는 기온 변화(즉 0.266 K)보다 더 큰 값이다(그림 9.47). 주의할 점은 여기서 구한 λ는 이상적인 상황을 가정한 것이고, 기후시스템을 재현하는 전구 기후 모델 모의 결과를 통해 얻은 값은 0.27~2.97 $\text{K}/(\text{Wm}^{-2})$ 정도라 한다. 지난 수십 년 동안 고위도 지역의 기온 상승은 다른 지역에 비해 매우 두드러지게 나타났는데(그림 9.48), 이는 얼음-알베도 되먹임 과정의 결과로 이해될 수 있다.

이외에도 여러 가지 되먹임이 있는데, 표 9.3은 CO_2 농도를 2배로 증가시킨 기후 모델 실험을 통해 얻은 값들을 나타내고 있다.

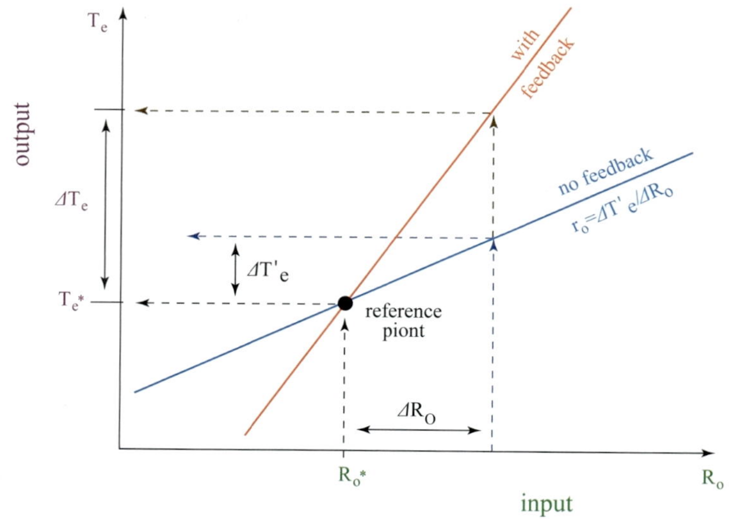

그림 9.47 되먹임 과정이 포함될 때와 그렇지 않을 때의 기후 반응. ΔR_0의 복사 에너지 변화에 의해서 각각 ΔT_e와 $\Delta T'_e$의 기온 변화를 가져오는 것을 나타내고 있다.

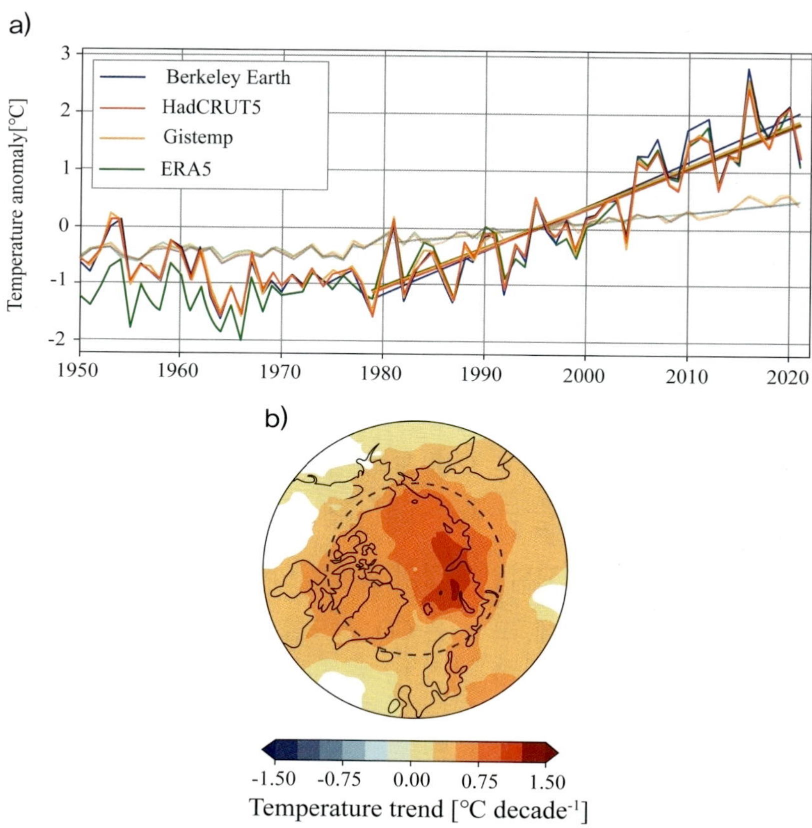

그림 9.48 **(a)** 4가지 관측 자료를 이용한 연평균 기온 편차의 시계열이며, 굵은 선은 북극 지역(66.5°~90°N), 얇은 선은 전 지구를 나타낸다. **(b)** 1979~2021년 동안의 기온 경향성으로 4가지 관측 자료의 평균을 나타낸다. 북극 지역의 기온 증가가 두드러지게 나타나는 것을 볼 수 있다.

표 9.3 여러 되먹임 관련 변수들. (+) 양의 되먹임, (−) 음의 되먹임을 나타낸다.

되먹임 과정	F $(\mathrm{Wm^{-2}})/\mathrm{K}$	$f=\lambda_0 \cdot F$	$G=\dfrac{1}{(1-f)}$	$\lambda = G \cdot r_0$ $(\mathrm{K}/(\mathrm{Wm^{-2}}))$
IR Radiative (−) · black body Earth · realist c Earth				 $r_0=0.27$ $r_0=0.31$
Water vapor (+)	1.6±0.3	0.50	1.98	0.61
Lapse rate (−)	−0.6±0.4	−0.19	0.84	0.26
Cloud (+)	0.3±0.7	0.09	1.1	0.34
Surface albedo (+)	0.3±0.1	0.09	1.1	0.34

2) 내부 변동 혹은 자연 기후 변동

우리는 앞서 **외부 강제력**(태양 복사와 화산 폭발 등)에 의한 기후시스템의 반응을 살펴본 바 있다. 이 밖에도 기후시스템은 대기와 해양 등의 상호 작용에 의해 일어나는 변동성을 갖는다. 예를 들어, 겨울철 북반구 월 평균 500 hPa 고도장의 장기간 변화는 몇 가지 공간 패턴으로 분해할 수 있다. 그림 9.49는 **북대서양 진동**(NAO, North Atlantic Oscillation) 패턴을 보이고 있다. 북극 지역과 중위도 대서양/지중해의 반대 부호가 나타나고 있다. 그림의 편차는 북극이 음의 편차, 중위도가 양의 편차를 보이는 NAO 양의 위상인 것을 보여준다. NAO 음의 위상은 해면 기압의 부호가 역전된다(즉 북극이 양, 중위도가 음). 이 주기적인 기압계의 변동 현상은 유럽과 북미의 겨울철 날씨에 큰 영향을 준다. NAO 양의 위상일 때는 **제트기류**가 평년에 비해 북쪽으로 치우치고 유럽과 미국은 온화한 날씨가 나타난다

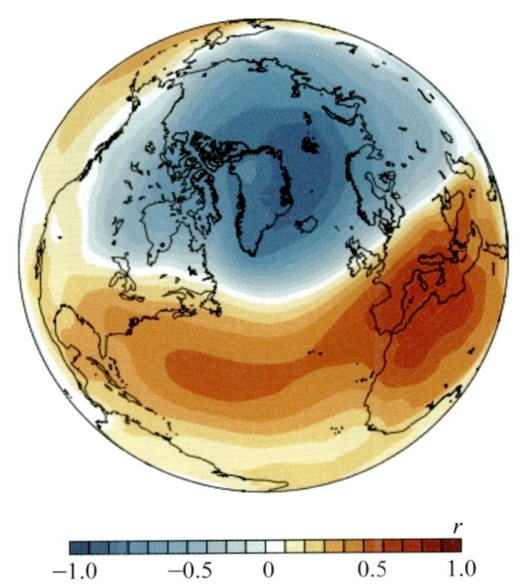

그림 9.49 북대서양 진동을 나타내는 해수면 기압 편차

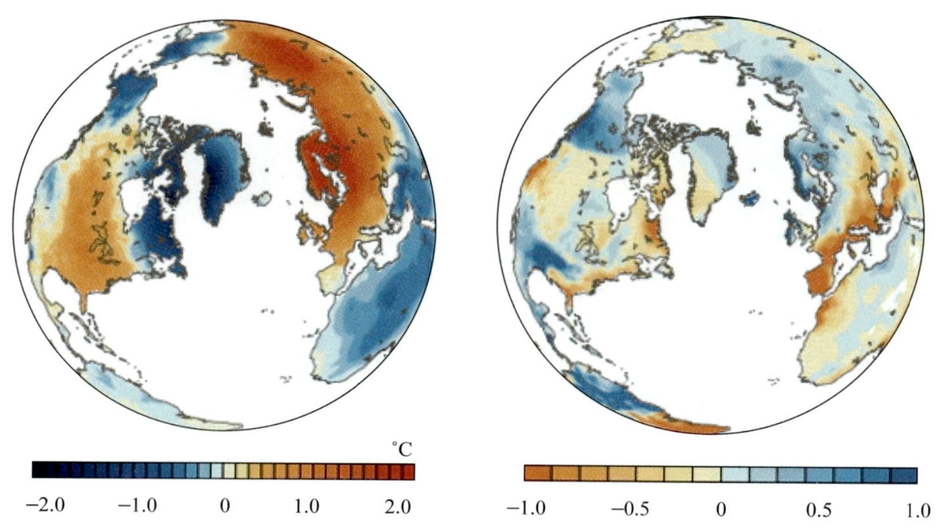

그림 9.50 북대서양 진동이 양의 위상일 때의 기온 및 강수 편차

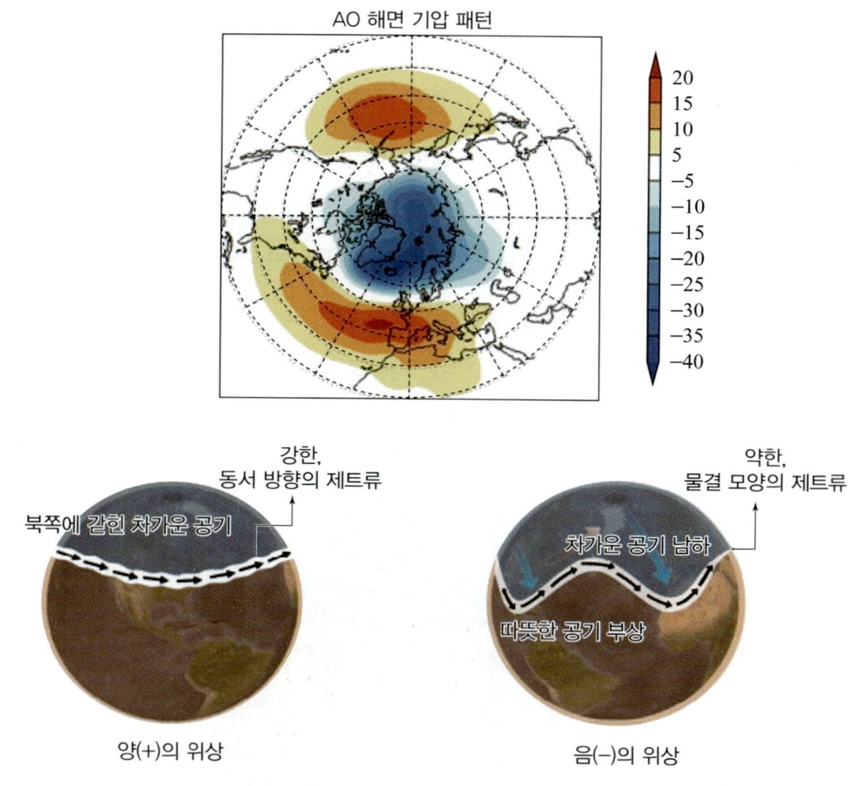

그림 9.51 북극 진동의 해면 기압 패턴, 양과 음의 위상 시 제트류와 한기 확장 범위

(그림 9.50). 그리고 북유럽은 평년보다 강수량이 증가하지만, 지중해 지역은 건조해진다. NAO 음의 위상일 때는 유럽과 미국에 한파가 빈번하게 발생하고, 지중해에서 폭풍우 발생 빈도가 늘어난다.

좀 더 북극에 다가가면, 북극과 중위도 북태평양-대서양 사이의 기압이 반대로 진동하는 **북극 진**

동(AO, Arctic Oscillation)이 나타난다(그림 9.51). 양의 AO 시기에는 북극의 낮은 기압과 중위도의 높은 기압에 의해서 북극을 둘러싼 **북극 소용돌이**(polar vortex)가 평소보다 강해진다. 이 때문에 북극의 차가운 공기가 극지에 갇혀 우리나라 등의 중위도는 평년보다 온화한 기후가 나타난다. 반대로 음의 AO 시기에는 북극 소용돌이가 약해지고 북극의 찬 공기가 중위도로 침범할 가능성이 높아진다. 동시에 어떤 지역은 따뜻한 공기가 고위도로 이류되어 따뜻한 기후가 나타나기도 한다.

앞서 소개한 NAO와 AO뿐만 아니라, 기후시스템에서는 다양한 자연 변동성들이 존재한다. 표 9.4는 대표적인 변동들을 소개하고 있으며, 그림 9.52는 각 지수의 시계열을 나타내는데, 시간에 따른 위상 및 진폭의 변화를 볼 수 있다. 가장 친숙한 **엘니뇨/남방 진동**(ENSO, El Niño/Southern Oscillation)은 다음 3)항에서 따로 소개한다.

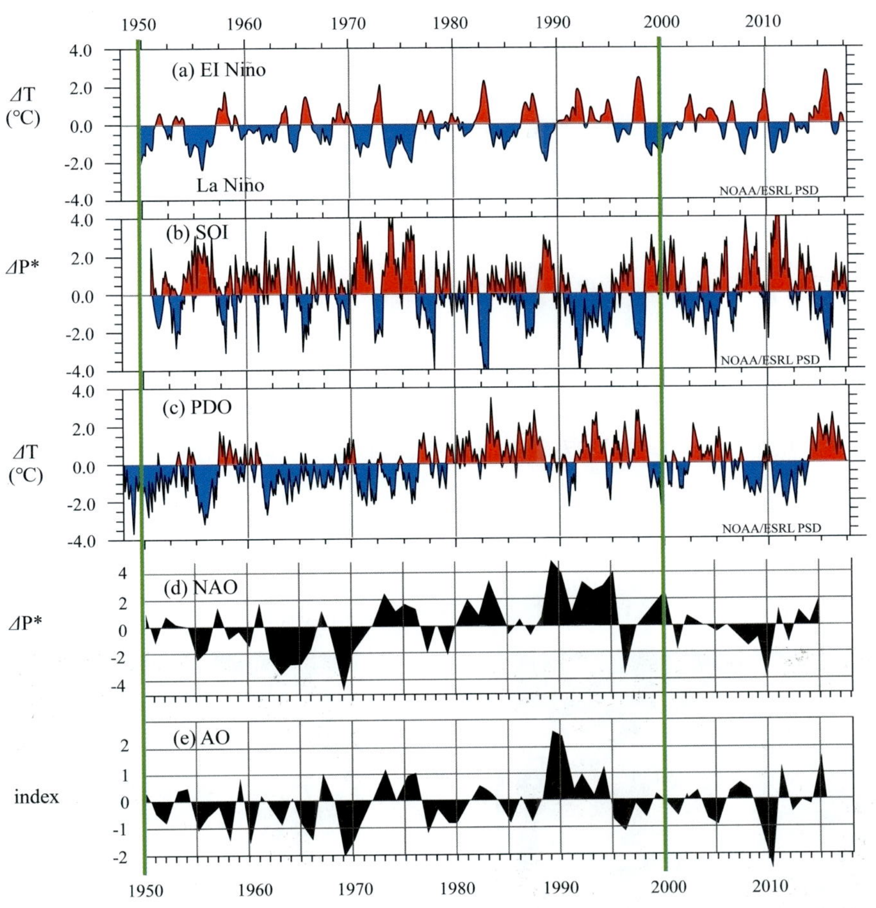

그림 9.52 여러 자연 변동성들을 나타내는 지수들로서 각각의 정의는 다음과 같다. El Nino 지수는 NINO3.4 지역의 해수면 온도 편차를 평균. Southern Oscillation(SO) 지수는 타이티와 다윈의 해수면 기압 편차. Pacific Decadal Oscillation(PDO) 지수는 북위 20° 북쪽의 태평양 해수면 온도의 가장 주된 변동 모드. North Atlantic Oscillation(NAO) 지수는 아조레스 해변 기압과 아이슬란드 해면 기압의 차이(이때 정규화한 해면 기압 사용). Arctic Oscillation(AO) 지수는 겨울철 북반구 해면 기압의 가장 주된 변동 모드. 이들 지수로 각 자연 변동성의 진동 주기와 진폭의 변화를 엿볼 수 있다.

표 9.4 여러 기후 변동들의 특징

NAME	Period (yr)	Key place	Key variable
El Niño	2–7	Tropical Pacific	Sea surface temperature
Southern Oscillation	2–7	Tropical Pacific	Sea level pressure
Pacific Decadal Oscillation (PDO)	20~30	Extra-tropical Pacific	Sea surface temperature
North Atlantic Oscillation (NAO)	variable	Northern Atlantic	Sea level pressure
Arctic Oscillation (AO)	variable	Northern Hemisphere	Sea level pressure
Madden-Julian Oscillation (MJO)	30~60 days	Tropical Indian & Pacific	Convection, winds, precipitation

3) 엘니뇨와 남방 진동(ENSO)

엘니뇨는 중앙 및 동태평양의 해수면 온도가 평균보다 0.5~4°C 높은 때를 말한다. 보통 이 따뜻한 바닷물은 종종 6개월에서 2년 정도 지속된다. 특히 동태평양 지역은 열대 태평양에서 가장 해수면 온도가 낮은 지역인데, 이는 무역풍이 차가운 바닷물을 깊은 곳으로부터 표면으로 **용승**(upwelling)시키기 때문이다. 반면에 서태평양은 지구 전체에서 가장 바닷물의 온도가 높은 곳이다. 따라서 적도의 해수면 온도는 서쪽은 온도가 높고(~29°C) 동쪽은 낮은(~24°C) 분포를 나타낸다. 서태평양의 온난 해수가 있는 영역은 **온난 해수역**(warm pool)이라 한다. 동태평양의 차가운 영역은 혀와 같은 모양이라 하여 **한랭혀**(cold tongue) 지역이라 부른다. 엘니뇨 시기의 태평양 해수면 온도 편차는 그림 9.53a와 같이 중앙 및 동태평양에 양의 해수면 온도가 나타난다. 반면에 라니냐는 한랭혀가 평상시보다 더 강화된다. 그림 9.53b는 엘니뇨 이후 1년이 지난 뒤의 해수면 온도 편차를 나타낸다. 중태평양과 동태평양의 음의 해수면 편차를 볼 수 있다.

적도 위의 온도 변화를 통해 엘니뇨/라니냐와 연관된 표층 수온 변화를 좀 더 명확히 알 수 있다. 엘니뇨 시기에 서태평양 온난 해수역의 변화는 크지 않음을 알 수 있다(그림 9.54). 비슷하게 라니냐

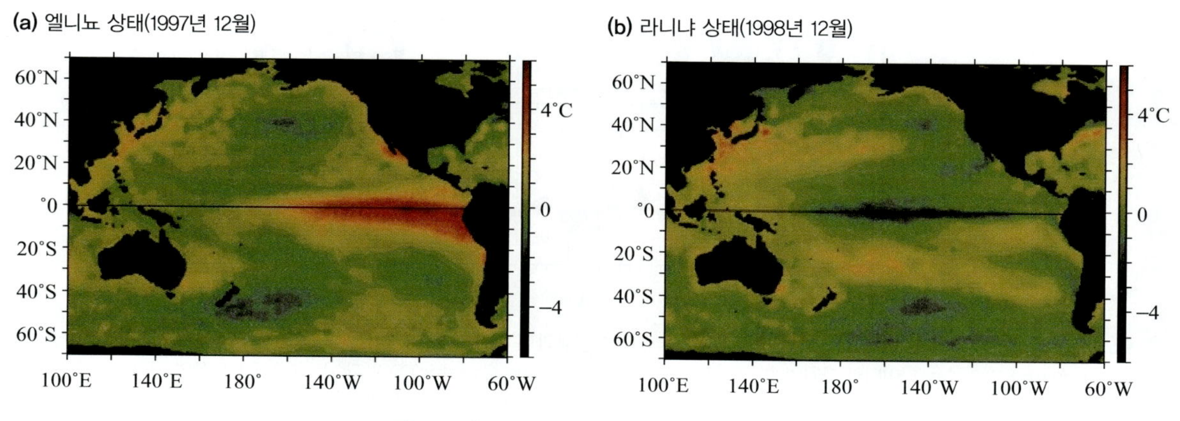

그림 9.53 엘니뇨와 라니냐 시기의 해수면 온도 편차

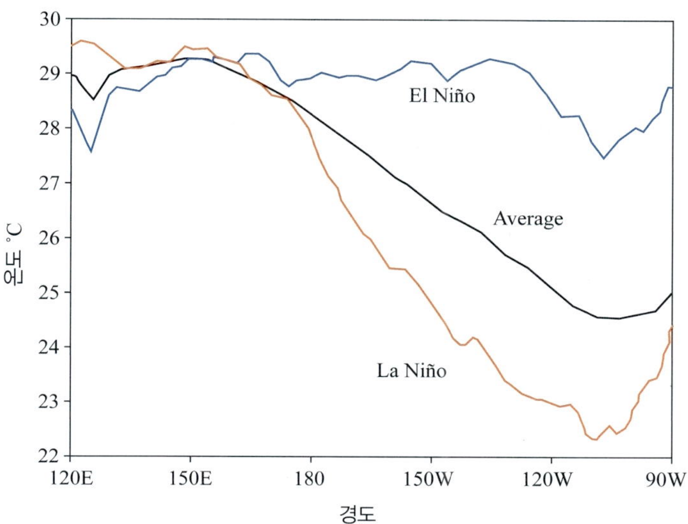

그림 9.54 적도 태평양의 평균 해수면 온도 분포

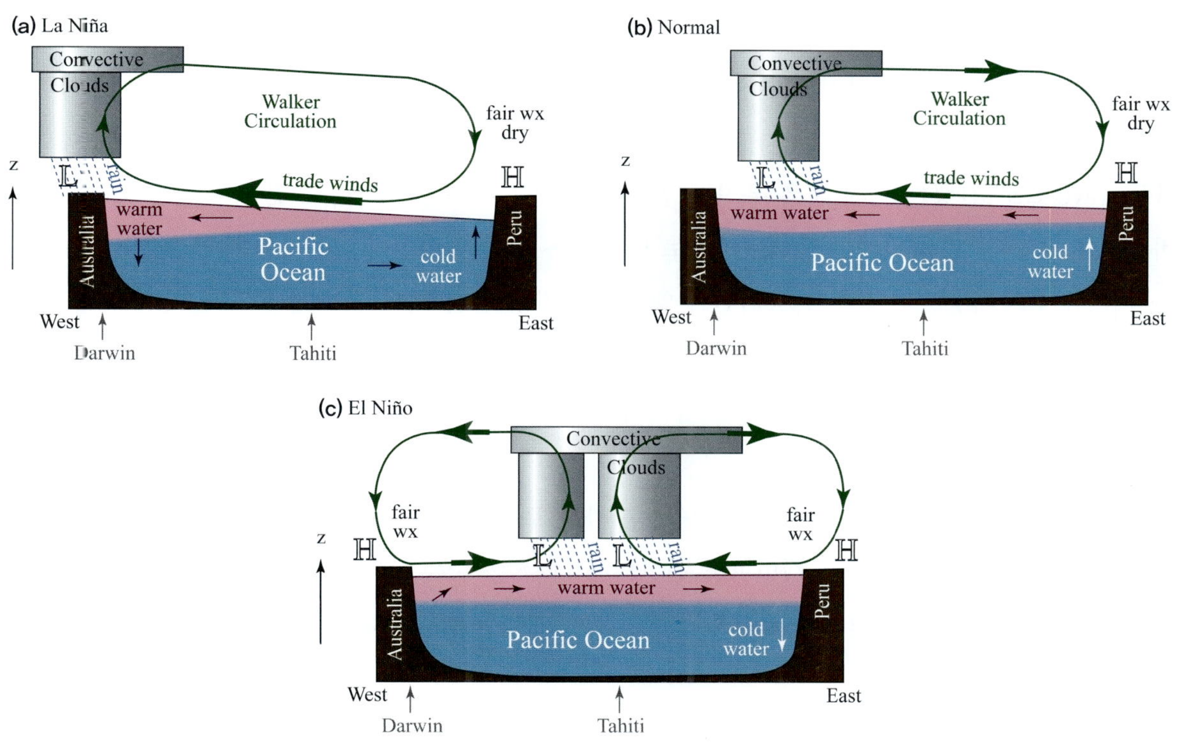

그림 9.55 엔소에 따른 워커 순환, 수온 분포, 대류 활동, 용승, 표층 해류의 변화를 보인다.

시기에도 서태평양의 표층 수온은 큰 변화가 없다. 그러나 중앙-동태평양에서는 큰 변동이 있음을 알 수 있다. 따라서 엘니뇨/라니냐 변동을 파악하기 위해서는 이 지역의 수온 변화를 지속적으로 감시할 필요가 있다(그림 9.55).

엘니뇨/라니냐가 번갈아 나타나기 위해서는 동태평양의 해수면 온도 편차의 크기를 증가시키는 상황에서 무엇인가 반대 방향으로 향하게 하는 것이 작용해야 한다. 다시 말하면 엘니뇨가 발생하여 동태평양의 해수면 온도가 증가하고 있을 때 이것을 감소시키는 무엇이 작용하여 해수면 온도를 감소시키고 결국 라니냐가 발생하도록 유도해야 한다. 이런 음의 되먹임이 바로 엔소(ENSO)의 본질일 것이다.

먼저 양의 해수면 온도가 발생하여 크게 자라게 되는 과정은 쉽게 이해된다. 이것은 무역풍과 해수면 온도 사이에 일어나는 **양의 되먹임**이다. 동태평양에 양의 **해수면 온도 편차**가 생기기 시작하면서 **무역풍**이 약화된다. 무역풍이 약하게 불면 평상시 동태평양에서 있는 용승이 약해진다. 이것은 해수면 온도를 높이게 되어 무역풍이 더욱 약해진다. 이 과정은 양의 해수면 온도를 계속 상승시키는 결과를 일으킨다. 여기서 엘니뇨에 대한 가장 중요한 질문을 던질 수 있다. 대기-해양의 양의 되먹임 과정은 어떻게 멈추게 되는가? 즉 해수면 온도 편차는 왜 계속 발달하지 못하고 사라지게 되는 **음의 되먹임**의 원인은 무엇인가? 이를 설명하는 이론들은 **지연진동자 이론**, **재충전/방전 이론**, **서태평양 진동자**와 **이류-반사 진동자 이론** 등이 있다.

이 가운데 가장 널리 알려진 **지연진동자 이론**에 대해 살펴본다. 무역풍이 약화되면 서태평양의 바닷물이 동태평양으로 흘러갈 것이다. 이때 동쪽으로 흘러가는 바닷물은 (그냥 흘러가는 것이 아니라) **파동**(wave)으로 진행한다. 이것은 우리가 연못에 커다란 바위를 던지면 수면에 물결이 퍼지는 것과 비슷하다. 무역풍이 약화되면 동태평양으로 이동하는 파동이 생긴다. 이 파동은 용승을 약화시키는 역할을 하여 동태평양의 수온을 올리면서 엘니뇨가 발생한다. 이때 적도에서 약간 벗어난 지점에서는 용승을 강화시키는 파동이 생성된다. 즉 수온이 낮은 파동이다(그림 9.56). 이 파동은 서쪽으로 진행한다. 동쪽으로 전파하여 엘니뇨를 발생시키는 파동은 **켈빈파**(Kelvinwave)이며, 서쪽으로 진행하는 파는 **로스비파**(Rossby wave)이다.

서쪽으로 진행하는 음의 해수면 온도 편차를 가진 로스비파는 태평양 서쪽 경계를 이루는 대륙에 부딪치게 된다. 부딪친 후에는 켈빈파도 전환되어 다시 동쪽으로 이동하여 엘니뇨를 소멸시키고 라니냐를 발생시킨다. 이후 비슷한 과정을 통하여 라니냐에서 엘니뇨로 전환된다(그림 9.57). 이런 과정

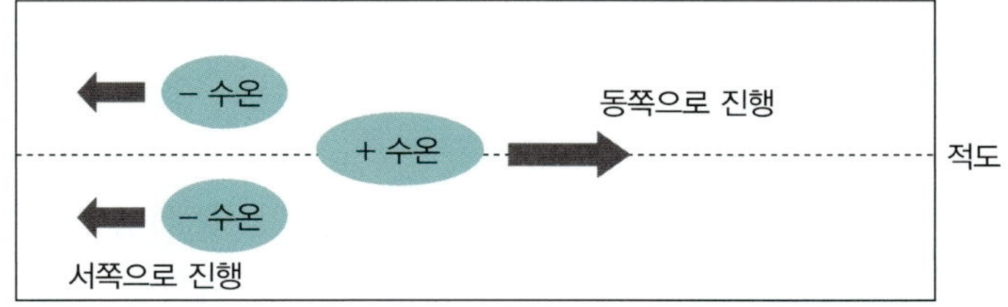

그림 9.56 무역풍의 약화로 생성되는 적도 해양의 파동들. 양의 해수면 온도 편차를 갖는 파동(Kelvin wave)은 동쪽으로 진행하여 엘니뇨를 생성시킨다. 반면에 음의 해수면 온도 편차를 가진 파동(Rossby wave)은 서쪽으로 진행하여 대륙에서 반사된다.

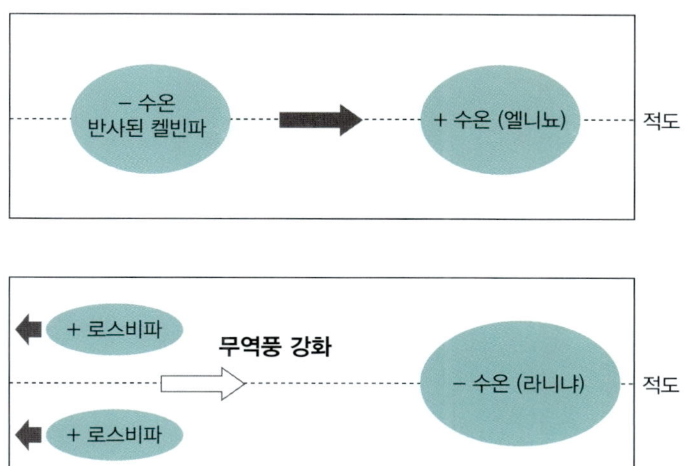

그림 9.57 엘니뇨에서 라니냐로 전환되는 메커니즘. (위) 서태평양에서 반사된 음의 해수 온도 편차를 가진 켈빈파가 동쪽으로 진행하여 발달하고 있는 엘니뇨를 소멸시킨다. (아래) 엘니뇨가 소멸되고 라니냐가 발달하면서 무역풍이 강화되고 이때 서태평양에서는 양의 해수면 온도 편차를 가진 로스비파가 생성된다. 이 로스비파가 다시 서태평양에서 반사되어 라니냐를 소멸시키고 엘니뇨를 생성시킨다.

을 통하여 엘니뇨는 생성하고 발달하고 소멸하는 과정을 반복하여 **엘니뇨 지수** 시계열(그림 9.52a)이 나타난다. 그리고 대기-해양의 상호 작용의 특징이 변할 때 엘니뇨의 강도나 주기 등이 변하게 될 것이다. 예를 들어 **무역풍**이 평균적으로 강해지거나 약해진다면 해양의 평균 용승이 강해지거나 약해져 결국 엘니뇨에 영향을 줄 것이다. 해양의 파동이 엘니뇨 변동에 중요한 영향을 미치므로 해양의 변화 또한 엘니뇨를 변화시키는 요인이 될 수 있다.

STORYLINE

태양계는 태양을 비롯하여 8개의 행성과 그들이 거느리고 있는 위성, 수많은 소행성, 혜성, 유성, 그리고 미세한 행성 간 입자들로 구성되어 있다. 태양계에 관한 과거 연구는 주로 지상에서의 관측에 의존할 수밖에 없었지만, 최근 반세기에 걸쳐 활발히 이루어진 우주 탐사선의 눈부신 활약에 힘입어 태양계에 관련된 방대한 자료가 확보되었으며, 이를 바탕으로 태양계의 새로운 모습이 드러나게 되었다. 이 장에서는 우주 탐사선의 활동을 통해 새롭게 밝혀진 자료를 중심으로 우리 태양계의 모습을 재조명하고자 한다. 태양계에 관한 새로운 관측 사실은 궁극적으로 태양계와 지구의 기원을 밝히는 데 중요한 정보를 제공할 것이며, 이와 함께 지구에 존재하는 생명체의 기원을 밝혀줄 매우 중요한 단서를 제공할 수 있을 것이라고 기대한다.

태양은 지구에서 활용되는 대부분의 에너지 근원이며, 지구 위의 생명체가 존재할 수 있게 하였다. 스페이스 에이지 이후 지구 위의 인류 삶이 우주 공간으로 확장되어 태양의 역할은 더 중요해졌다. 흑점으로 대표되는 태양의 자기 활동은 인간을 둘러싼 여러 활동에 제약을 주었다. 항성으로서 표준 별인 태양을 이해하고, 태양 활동에 따른 우주 기상(우주 환경)의 변화에 대한 대비를 준비할 필요가 있다.

- 10.1 천체의 움직임
- 10.2 달과 행성
- 10.3 태양계의 소천체
- 10.4 외계 행성계와 우주생물학
- 10.5 태양
- 10.6 우주 환경
- 10.7 연구와 탐사

태양과 태양계

10.1 천체의 움직임

1) 좌표계

천체의 거리는 지상의 어떤 대상의 거리보다 매우 멀기 때문에 지상의 관측자로서 천체의 거리에 대한 정보를 얻는 것이 매우 힘들다. 이 때문에 천체의 거리에 대한 정보를 무시하고, 모두 같은 거리에 있다고 가정하여 천구를 정의한다. 즉 관측자를 중심으로 모든 천체가 분포하고 있는 반경이 무한대인 가상의 구면을 **천구**(天球, celestial sphere)라 정의한다.

일반적으로 3차원 공간상의 한 점의 위치를 표시하기 위해서는 3개의 좌표 값이 필요하다. 그림 10.1에서 보는 것처럼 점 P는 직교 좌표계에서는 $P(x, y, z)$로 나타낼 수 있다. 또는 $P(r, \theta, \phi)$와 같이 2개의 각과 원점으로부터의 거리를 사용하여 극 좌표계로 나타낼 수 있다. 천구상에 분포하고 있는 천체의 위치를 표시할 때도 이와 같은 개념으로 좌표계를 정의한다. 다만 앞에서 정의하였듯이 천구는 관측자를 중심으로 반경이 무한한 구이고 모든 천체는 이 천구면에 놓여 있다고 하였으므로 원점으로부터의 거리를 나타내는 r 좌표 성분이 불필요하게 된다. 따라서 수학에서 사용하는 좌표계와는 달리 천체의 위치를 표시하기 위해 사용되는 좌표계는 $P(\theta, \phi)$와 같이 2개의 각으로만 정의하며, 이 2개의 각을 어떻게 택하느냐에 따라 다양하게 정의할 수 있다. 여기에서는 가장 기본적인 지평 좌표계와 적도 좌표계만을 구체적으로 언급하고자 한다.

(1) 지평 좌표계

관측자의 지평면을 기준면으로 하고, 두 각 (θ, ϕ)를 각각 (h, A)에 대응시킨 것이 **지평 좌표계**(horizontal coordinate system)이다. 가장 단순한 좌표계로, 지상의 관측자 관점에서 천체의 위치를 표시하는 좌표계이다. 이 좌표계의 기준이 되는 면은 관측자의 지평면이며 사용되는 인자는 그림 10.2에서 볼 수 있듯이 **고도**(altitude, h)와 **방위각**(azimuth, A)이다. 방위각은 지평면을 따라 북점(남점을 기

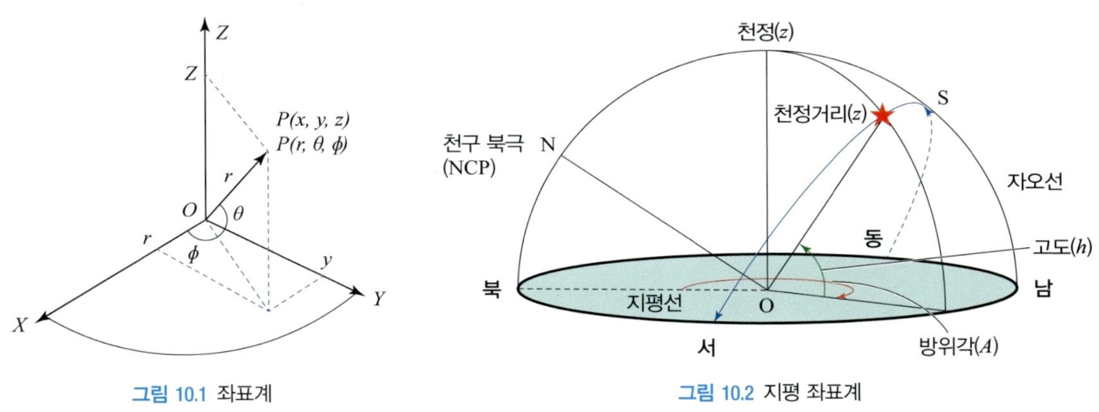

그림 10.1 좌표계

그림 10.2 지평 좌표계

준으로 측정하는 경우도 있다)에서 동쪽으로 측정하여 0°에서 360°까지로 표시한다. 고도는 천체가 지평면과 이루는 각을 측정한 것이며, 방위각은 **천정**(zenith)에서 천구를 따라 그을 수 있는 많은 대원들 중에서 천체를 지나는 대원이 지평선과 만나는 점과 기준점 사이의 각도이다. 고도는 보통 0°에서 ±90°로 나타낸다. 경우에 따라서 h 대신 **천정거리**(zenith distance) z로 나타내는 경우가 있는데, 천정거리는 그림 10.2에서 보듯이 관측자의 천정(Z)에서 대원을 따라 그 별까지 잰 각으로 정의한다. 따라서 $h = 90 - z$의 관계가 성립한다. 일반적으로 방위각의 기준점은 북점이며, 북점에서 동쪽으로 측정한 각도를 나타낸다(간혹 남점을 기준으로 측정한다). 천체들의 겉보기 운동(예를 들어 해가 동쪽에서 떠서 남중하고 다시 서쪽으로 지는 경우)은 지구의 자전축을 따라 움직이므로 한 천체의 위치를 표시하는 경우, 시간에 따라 그 좌표(고도와 방위각)가 달라지므로 지평 좌표계는 천체의 고유한 위치를 표시하는 좌표계로 사용하기에는 불편하다.

(2) 적도 좌표계

가장 일반적으로 사용되는 좌표계로, 지구의 자전을 고려한 좌표계이다. 지구의 자전축을 연장하여 천구와 만나는 점을 **천구 북극**(NCP, North Celestial Pole)과 **천구 남극**(SCP)이라 한다. 자전축에 수직이며 천구의 중심을 지나는 평면이 천구와 만나 만드는 대원을 **천구 적도**(celestial equator)라 한다. 천구 북극과 천구 남극을 연결하는 무수한 대원들 가운데 관측자의 천정을 지나는 대원을 **자오선**(meridian circle)이라 한다.

천체의 위치는 천구 적도를 따라 24시간으로 구분한 **적경**(RA, Right Ascension, a)과 천구 적도면과 천체가 이루는 각도인 **적위**(Dec, Declination, δ)로 나타낸다. 적경의 기준점은 **춘분점**(vernal equinox, γ)이며, 춘분점에서 동쪽으로 잰 각도를 시 · 분 · 초 단위로 표시한다. 춘분점은 황도와 백도가 만나는 교점 중에서 승교점에 해당하는 위치이며 춘분날 태양이 위치하는 천구상의 한 점이다. 적위의 기준은 천구 적도이며, 천구 적도를 0°로 설정하고 북쪽으로는 + 부호를, 남쪽으로는 − 부호를 부여한다. 관측자의 위도는 천구 적도와 천정이 이루는 각이며, **시간각**(HA, Hour Angle)은 자오선과 천체를 지나는 대원이 천구 적도와 만나는 점과 이루는 각으로, 동에서 서(시계 방향)로 측정한다. 이 좌표계의 문제점은 적경의 기준인 춘분점이 세차 운동 때문에 매년 50″씩 서쪽으로 이동한다는 것이다(물론 천구 북극도 이동한다). 이 때문에 적경과 적위는 그 좌표의 기준 연도가 함께 제시된다.

어떤 천체의 고도는 천체가 자오선에 왔을 때 가장 높거나(상방 정중) 가장 낮다(하방 정중). 그림 10.3에서 천체가 자오선에 왔을 때의 최대 고도는 $\xi = \phi + 90° - \delta$로 주어지며, 최소 고도는 $\eta = \phi - (90° - \delta)$가 된다. 최소 고도의 경우 음의 고도가 나타나는 경우가 있는데, 이는 지평선 아래로 내려가 보이지 않음을 의미한다. 적위가 큰 별의 경우 지구의 자전에 상관없이 항상 극 주위에서 맴도는 것을 볼 수 있는데 이런 별들을 **주극성**(circumpolar stars)이라 한다. 그림 10.3을 참고하면

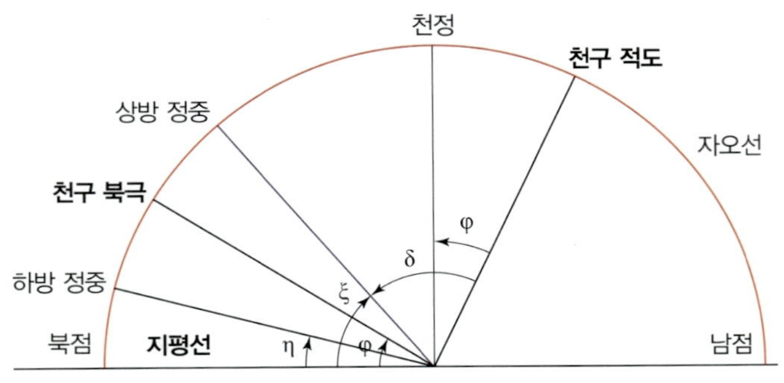

그림 10.3 자오면 상에서의 천체의 고도

주극성의 조건은 $90° - \delta < \phi$가 될 것이다. 한편 천구 적도와 남점이 이루는 각($90° - \phi$)과 적위의 부호 규칙을 적용하면 $\phi - 90° < \delta < 90° - \phi$ 범위에 있는 별들은 지구의 자전에 따라 뜨고 지는 **출몰성**(equatorial stars)이 될 것이다. 그리고 적위가 $\phi - 90°$보다 작은 천체의 경우 관측이 불가하며, 이러한 천체를 **항몰성**이라 한다.

(3) 황도 좌표계(ecliptic coordinate system)

태양계에 있는 천체들은 주로 황도 근처에서 운동하므로, 적도 좌표계로 위치를 표시하는 것보다는 황도를 기준으로 좌표를 설정한 황도 좌표계가 유용하다. 춘분점에서 황도를 따라 측정한 각도 **황경**(ecliptic longitude, λ)과 황도면을 기준으로 수직 방향으로 측정한 각도인 **황위**(ecliptic latitude, β)를 사용한다.

(4) 은하 좌표계(galactic coordinate system)

우리 은하 내에 있는 천체들의 위치나 분포를 나타낼 때 유용한 좌표계로, 은하수의 가운데를 지나는 은하면을 따라 측정하는 **은경**(galactic longitude, l)과 이 천체가 은하면과 이루는 각도인 **은위**(galactic latitude, b)로 천체의 위치를 나타낸다. 은경의 기준점은 우리 은하의 중심이 있는 궁수자리 방향이다.

2) 일주 운동

천체는 천구상에서 어떻게 움직일까? 우리는 천구상에서 천체의 운동을 나타내기 위해 이들의 위치를 표시하기 위한 좌표계를 설정하였으며, 기준점과 기준면 등을 정의하였다. 천구상에서 천체의 운동 중 가장 두드러진 것은 모든 천체가 동쪽에서 떠서 서쪽으로 지는 운동을 하고 있다는 것이다. 이 운동은 매일 반복되는 운동이므로 **일주 운동**(diurnal motion)이라고 한다. 일주 운동은 지구의 자

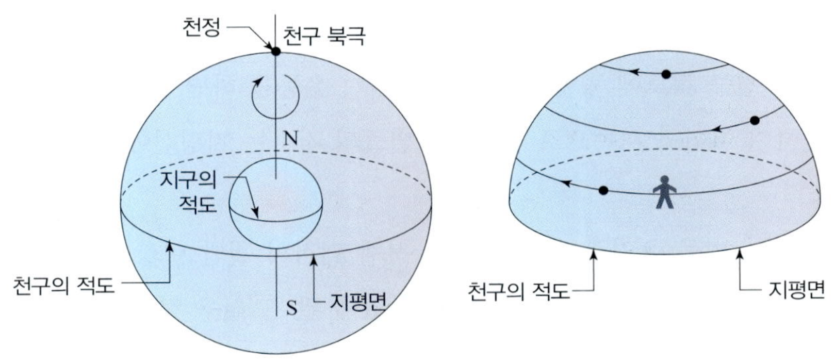

그림 10.4 북극에서의 일주 운동 모습

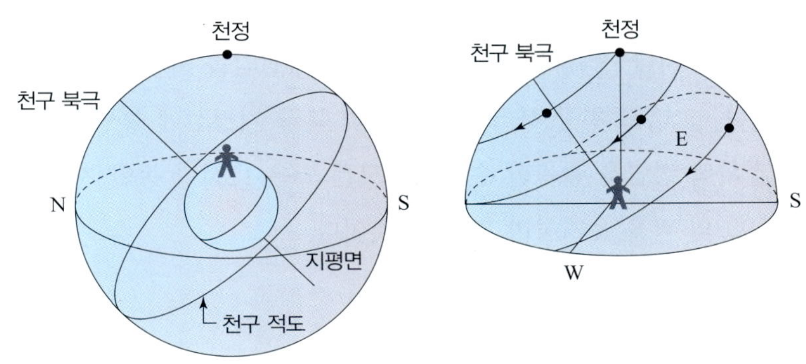

그림 10.5 북위 35° 지역의 관측자에 대한 일주 운동

전 때문에 나타나는 상대적인 운동이므로 지구상의 모든 관측자는 이 운동을 경험할 수 있다. 일주 운동의 형태는 관측자의 위치가 어디냐에 따라, 다시 말해 관측자의 위도에 따라 다르게 나타난다.

만약 관측자가 북극(즉 위도가 북위 90°)에 있다고 가정하자(그림 10.4). 그러면 바로 머리 위의 천정에 천구 북극이 오게 된다. 다행히 북반구의 관측자는 천구 북극에 매우 가까이 위치한 북극성을 통해 천구 북극의 위치를 파악할 수 있다. 천정과 90°를 이루는 면이 지평면이며, 천구 북극과 90°를 이루는 면이 적도면이라고 하였으므로 이 경우 적도면과 지평면이 일치하게 된다. 별들의 일주 운동이 항상 적도면과 평행하게 움직이므로 북위 90°에 있는 관측자는 그림 10.4처럼 모든 별이 지평선과 평행한 방향으로 움직이며 결코 뜨거나 지지 않는다.

이제 관측자는 북극에서 남쪽으로 조금씩 내려옴에 따라 천구의 북극은 천정으로부터 북쪽으로 조금씩 멀어지고 천구 적도의 가장 끝점은 남쪽 지평선으로부터 조금씩 위로 올라오게 된다. 북극에서 약 55° 정도 남쪽으로 떨어져 있는 지역까지 내려오게 되면 천구 북극은 천정으로부터 약 55° 정도 떨어지게 되고, 그 지역의 위도(즉 천구 북극의 고도)는 35°가 된다(그림 10.5).

이곳의 관측자에게 천구 북극은 북쪽 지평선으로부터 35° 고도에 있다. 지평선으로부터 천구 북극의 위치를 찾게 되면 지표면 상에서 우리의 위도를 알 수 있다. 지구 적도는 북극으로부터 90° 떨어져 있으므로 천구 적도는 자오선을 따라 남쪽 지평선으로부터 90° − 35° = 55°의 위치에 있다. 별들은 하늘의 동편에서 뜨고 천구 적도에 평행한 원호를 그리며 운동을 하면서 관측자의 자오선을 지날 때 최고의 고도에 도달하며 이어서 서쪽으로 진다. 이 별들의 경로는 지평선에 대하여 55°의 각을 이룬다.

북반구의 관측자인 경우, 별들이 일주 운동을 하는 전체 궤적의 절반 이상을 관측할 수 있으므로 천구 적도 북쪽의 천체들은 지평선 위에 12시간 이상 떠 있게 된다. 천구 적도의 천체들은 12시간 동안 떠 있고, 그보다 남쪽의 천체들은 12시간 짧은 시간 동안 관측될 것이다. 반대로 남반구의 관측자에게는 이와 반대되는 현상이 일어날 것이다.

마지막으로 적도의 관측자에게 보이는 하늘의 모습을 알아보자. 위도가 0°인 적도에서 천구 적도는 정확히 동점에서 천정을 지나 정확히 서점을 연결하는 대원임을 확인할 수 있다. 즉 지평면과 천구 적도는 수직을 이룬다. 그리고 천구 북극은 관측자의 북쪽 지평선에 놓인다. 여기서 관측자는 모든 별의 일주 운동을 정확히 절반을 관측할 수 있고, 모든 별은 12시간 동안 지평선 위에 떠 있다. 이 별들은 지평선에 대해 90°의 각을 유지하며 뜨고 질 것이다.

3) 태양의 움직임

(1) 연주 운동과 황도대

천구상에서 태양이 이동하는 경로를 **황도**(ecliptic)라고 한다. 하늘을 가로질러 태양은 이 황도를 따라 1년이라는 기간 동안 동쪽으로 조금씩 움직여 천구를 돈다. 이 운동을 태양의 연주 운동이라고 부른다. 태양의 연주 운동은 다름 아닌 지구의 공전 운동이 천구상에 투영된 것이므로 천구상에서 나타나는 태양의 운동은 바로 지구의 공전에 기인하는 것이라고 할 수 있다.

연주 운동은 태양이 황도상에 놓인 별자리를 조금씩 이동하는 것으로 관측할 수 있는데, 이처럼 태양이 이동하는 황도상에 놓인 12개의 별자리를 **황도 12궁**(zodiac)이라고 하며, 태양의 이동을 쉽게

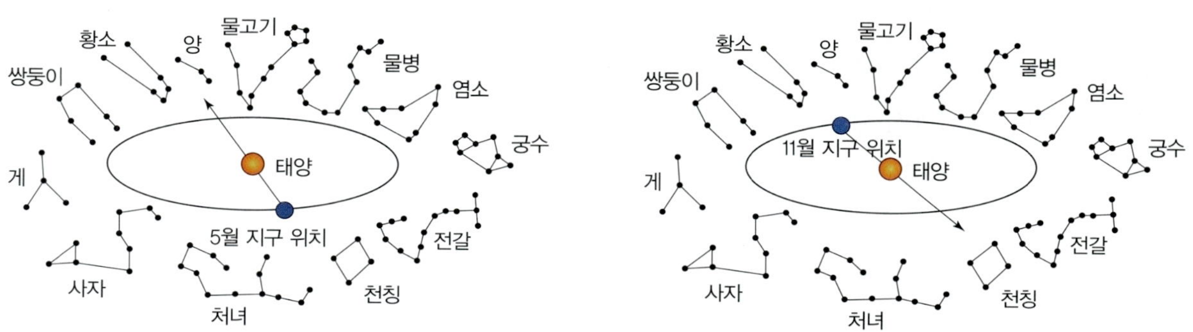

그림 10.6 태양의 연주 운동. 지구가 태양 주변을 동전하는 동안 태양은 상대적으로 황도를 따라 황도대에 놓인 별자리 사이를 움직인다. 황도는 천구상에 반영된 지구 궤도이다.

알 수 있도록 대략 한 달에 1개의 별자리를 이동하는 것을 기준으로 구성하였다. 따라서 그림 10.6에서 볼 수 있는 것처럼 지구가 태양 주변을 공전함에 따라 상대적으로 태양이 황도대에 놓여 있는 별자리 사이를 서서히 이동하는 것처럼 보인다.

예컨대 그림 10.6에서 볼 수 있는 것처럼 태양이 5월경에는 황소자리 부근에 있으며 지구가 공전하여 11월경이 되면 정반대 위치이므로 천칭자리 부근에 오게 된다. 태양이 떠 있는 낮 동안에는 하늘이 밝아 태양 주변의 별들을 볼 수 없으므로 태양이 위치한 황도대의 별자리는 사실상 관측할 수 없지만, 그 반대쪽 별자리는 밤 동안 제대로 관측할 수 있을 것이다. 계절에 따라 다른 별자리들이 보이는 이유는 바로 이 때문이다.

지구가 태양을 1회 공전하는 데 걸리는 시간은 1**항성년**(sidereal year)으로, 365.25636일(=365일 6시간 9분 9.5초)이다. 그러나 지구 중심 좌표계인 적도 좌표계에서 춘분점을 기준으로 측정하는 **1회귀년**(tropical year)은 365.24219일(=365일 5시간 48분 45.2초)이다. 1회귀년이 1항성년보다 약 20분 정도 짧은 이유는 지구가 태양을 공전하는 동안 세차 운동 때문에 춘분점이 서쪽으로 약 50″ 이동하기 때문이다. 황도는 천구의 적도와 약 23.5°의 경사를 이루고 있으므로 태양은 1년 동안 적위가 −23.5°(**남회귀선**, tropic of capricorn)에서 +23.5°(**북회귀선**, tropic of cancer)로 변화한다. 한밤중에도 태양을 볼 수 있는 범위를 북(남)극권이라 하며, 그 지방의 위도가 대략 66.5°(남극권은 −66.5°)보다 극 쪽 지역을 말한다. 이 극 지역에서는 태양이 주극성이 되므로 항상 지평선 위에 떠 있는 태양을 볼 수 있다. 그러나 지구 대기의 굴절 현상 때문에 이 위도보다 약간 아래쪽 지역에서도 하지(남반구의 경우 동지) 밤에 태양을 볼 수 있으며, 춘분과 추분에는 남극과 북극에서 모두 태양을 볼 수 있다.

(2) 지구의 계절 변화

지구의 타원 궤도 운동 때문에 지구가 근일점에 있을 때와 원일점에 있을 때 태양의 복사 에너지가 약간 변화하지만, 실제로 그 변화는 매우 작으며 만약 이러한 이유로 계절의 변화가 생긴다고 한다면 남반구와 북반구의 계절은 같아야 할 것이다. 하지만 북반구가 겨울일 때 남반구는 여름이 된다는 것을 상기한다면 계절 변화는 다른 원인 때문에 생기는 것이라 할 수 있다.

실제로 계절의 변화는 태양으로부터의 거리 차이에 의한 효과보다는 태양빛의 입사각이 태양 복사 에너지양의 변화를 크게 좌우하기 때문이다. 지표면에 입사되는 태양 복사의 플럭스 밀도의 변화는 다음 3가지 요인에 의해 결정된다. 태양의 고도, 태양이 떠 있는 시간의 길이, 지구 대기에 의한 소광이 그것이다. 태양의 고도는 지구의 자전축이 공전면과 23.5° 정도 기울어져 있고, 지구가 구형이기 때문에 지구상의 위도에 따라 다르게 나타남을 알고 있다. 또한 태양이 떠 있는 시간 역시 위도에 따라 다르게 나타난다. 이러한 효과들이 계절의 변화를 일으키는 근본적인 요인이 된다.

4) 달의 움직임

지구의 유일한 자연 위성인 달은 주변의 별들에 비해 매우 빠른 속도로 운동한다. 달은 24시간 동안 천구상에서 무려 13°(달의 각지름의 26배 정도)나 이동한다. 이것은 달의 각지름이 0.5°인 것을 생각할 때 1시간에 0.5°씩 이동한다는 것은 달이 엄청난 속도로 움직임을 알 수 있게 한다. 달의 이러한 빠른 운동은 천문학사에서 중요한 역할을 하였다. 수천 년 동안 달의 운동은 역법의 기초가 되어왔다. 뉴턴은 지구 주위를 도는 이러한 달의 운동으로부터 중력 법칙을 발견할 핵심적인 정보를 얻기도 하였다.

(1) 달의 동주기 자전

달의 1회 공전주기 동안 달을 자세히 관측해보면, 우리는 달의 같은 면만 바라보고 있음을 알게 된다. 지구에서 보이는 달의 표면은 나라마다 약간 다르지만 달 위의 남자, 진주목걸이를 한 여인, 떡방아를 찧는 토끼 등으로 불리어 왔다. 여기서 우리는 달이 자전을 하는 동시에 지구 주위를 공전하며 그 주기가 서로 같다는 것을 짐작할 수 있다(그림 10.7). 달은 배경에 있는 별에 대해 동쪽으로 움직이며 27.323일마다 같은 위치로 돌아온다. 이것을 **항성월 주기**(sidereal period)라고 한다.

(2) 위상과 삭망월

우리가 바라보는 달의 면은 항상 같지만 늘 쟁반같이 둥근 달로 보이는 것은 아니다. 달은 처음 초승달에서 상현달, 그리고 보름달을 거쳐 하현달, 다시 초승달로 돌아온다. 이렇게 달이 제 모습들을 규칙적으로 바꾸는 데 걸리는 시간은 29.53일이며 이 시간 주기를 달의 **삭망월 주기**(synodic period)라고 한다.

달의 **위상**(phase)은 태양이 달을 어떤 각도에서 비추는가와 지구, 달, 태양의 상대적 위치에 따라 달라진다. 그림 10.8은 달이 지구 주위를 공전함에 따라 달의 모습이 어떻게 다르게 보이는지를

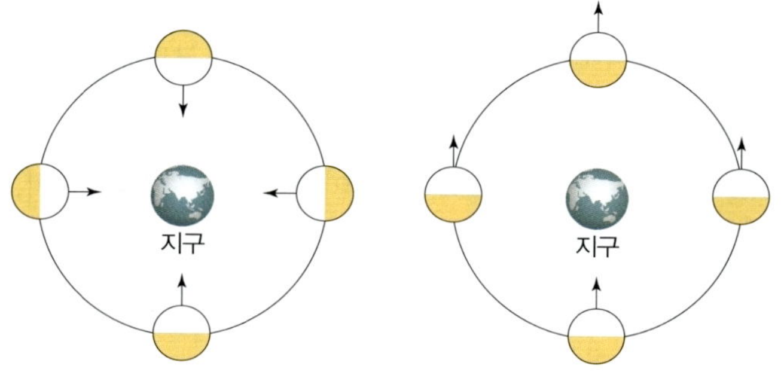

그림 10.7 달의 동주기 자전. 달은 자전주기와 공전주기가 일치하므로 항상 같은 면만 보게 된다. 만약 달이 자전을 하지 않는다면 오른쪽 그림처럼 달의 모든 부분을 볼 수 있을 것이다.

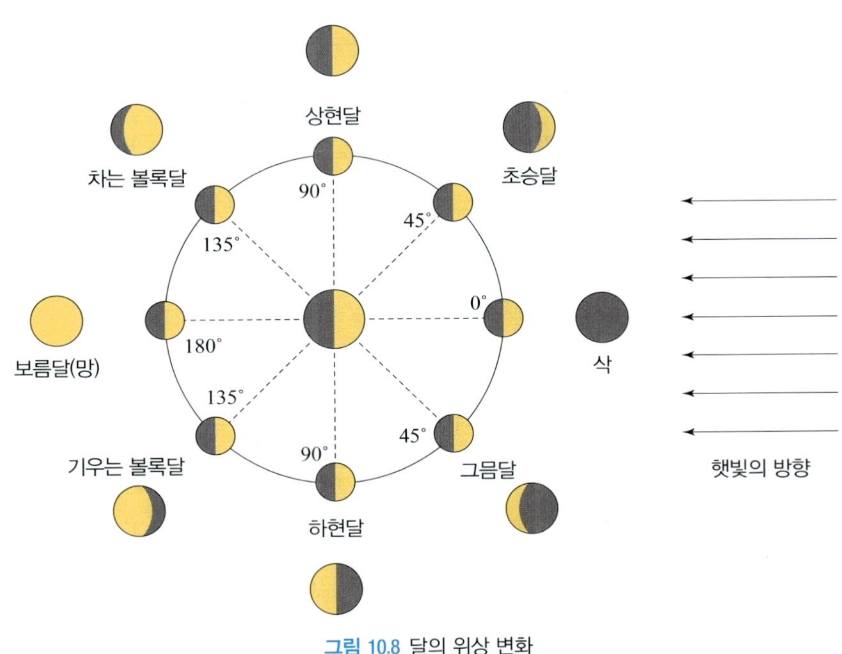

그림 10.8 달의 위상 변화

나타낸다. 달이 태양 근처에 있을 때는 달의 매우 좁은 부분만 태양빛을 받게 된다. 사실 달과 태양 사이의 각이 작을수록 달 표면의 작은 부분에서 반사된 빛을 보게 된다. 태양과의 각거리, 즉 이각(elongation)이 90° 미만일 때 달의 반 이상이 가려져 초승달로 보인다. 달은 구형이므로 빛이 비추는 부분과 그림자 진 곳의 경계가 둥글게 굽어져 그림과 같이 보이게 된다.

삭(new moon)은 삭망월의 시작이다. 태양과 달이 이루는 각이 0°일 때를 말하며, 달이 태양을 가리는 일식(solar eclipse)이 일어날 수 있다. 태양과 일직선에 놓인 달이 태양을 가리고 그 그림자가 지구의 표면 어느 부분에 닿으면 그 지역 사람들은 태양을 볼 수 없게 된다. 태양과의 이각이 90°인 경우 지구에서는 달의 절반을 볼 수 있다. 이때의 달을 **현**(quarter phase)이라 하는데, 이 표현은 달의 회합주기(삭망월) 중 1/4 지점에 와 있기 때문이다. 초승달에서 시작한 달의 위상은 1주일 후에는 지구에서 볼 수 있는 총 표면의 1/2을 보게 되는데 이를 **상현**(first quarter)이라고 부른다.

태양과 달이 이루는 각이 커질수록 우리가 볼 수 있는 달의 표면은 더욱 넓어지게 된다. 그러므로 달과 태양이 이루는 각도가 90°를 넘으면 달 표면의 절반(1/2) 이상이 지구에서 보인다(반달과 보름달 사이). 이러한 달을 **볼록달**(凸月, gibbous phase)이라 부르는데, 여기서 gibbous는 달이나 행성 등의 모양을 묘사할 때 쓰는 표현으로, 반원보다 볼록한 상태를 의미한다. 태양에서 180°에 있을 때 우리는 **보름달**을 보게 된다. 때로는(1년에 두 번 정도) 태양과 달이 정확히 직선상에 오게 되는 경우가 있는데, 이때 지구의 그림자가 달을 가리게 되어 월식(lunar eclipse)이 일어난다.

초승달(또는 그믐달)과 볼록달에 대해 부가적인 설명이 필요할 때도 있다. 볼 수 있는 달의 부분이 시간이 지남에 따라 커질 때 우리는 '달이 차오른다'고 표현한다. 반대로 시간이 지날수록 달의 표면이 적게 보이는 경우, '달이 기운다'고 한다. 따라서 삭에서 상현달로 가는 초승달의 경우 차오르는 달이 되겠고, 반대로 하현에서 삭으로 가는 사이의 그믐달인 경우 기우는 달이 된다. 마찬가지로 상현에서 보름(망)으로 가는 볼록달의 경우는 차는 볼록달, 반대로 보름(망)에서 하현으로 가는 볼록달은 기우는 볼록달이라고 부른다.

(3) 일식과 월식

달이 지구 주위를 공전하는 과정에서 태양과의 상대적인 위치 변화 때문에 달의 위상이 체계적으로 바뀌는 것을 알았다. 달의 공전 과정에서 태양－지구－달이 일직선상에 놓이는 경우가 발생하게 되는데 이 경우에 지구의 그림자가 달에 드리워져 달이 어둡게 보이거나, 태양－달－지구의 순서로 일직선에 놓이게 되어 달이 태양을 가리게 되는 현상이 발생할 수 있다. 전자의 경우를 **월식**(lunar eclipse), 후자의 경우를 **일식**(solar eclipse)이라고 한다. 이처럼 한 천체가 그 뒤에 놓인 다른 천체를 가리어 보이지 않게 되는 현상을 식이라고 부른다.

달의 위상에 대한 그림을 보면 마치 매월 일식이나 월식이 일어나야 할 것 같다. 그러나 사실상 식은 1년에 기껏해야 두 번밖에 일어나지 않는다. 달의 궤도를 잘 보면 그 이유를 알 수 있다. 그림 10.9에 나타낸 것처럼 달의 궤도는 지구의 공전 궤도에 대해 5° 정도 기울어져 있다. 식이 일어나려면 달이 정확히 황도면을 지날 때, 그 위상은 삭이나 망이어야 한다. 그러나 대개 달이 황도면과 교차할 때 그 위상은 보름달이나 초승달이 아니어서 식이 일어나지 않는다.

지표면에 형성된 달의 그림자는 중심 부분에 매우 어두운 본영(本影)과 그 주변부에 이보다 덜 어두운 반영(半影)으로 구분할 수 있다. 지구상의 관측자가 본영 안에 있으면 태양이 전부 달에 가려지는 개기일식이 일어나고, 반영 안의 관측자는 태양의 일부가 달에 가려지는 부분일식을 경험하게 된다. 달은 지구 주위를 타원 궤도로 공전하고 있으므로 지구와의 거리가 일정하지 않다. 지구에서 달까지의 거리가 멀어져서 본영이 지구의 표면까지 미치지 못하는 때가 있는데 그러한 경우에 본영의

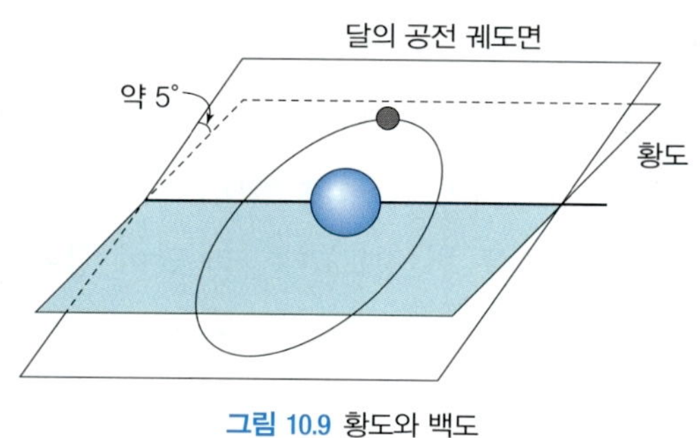

그림 10.9 황도와 백도

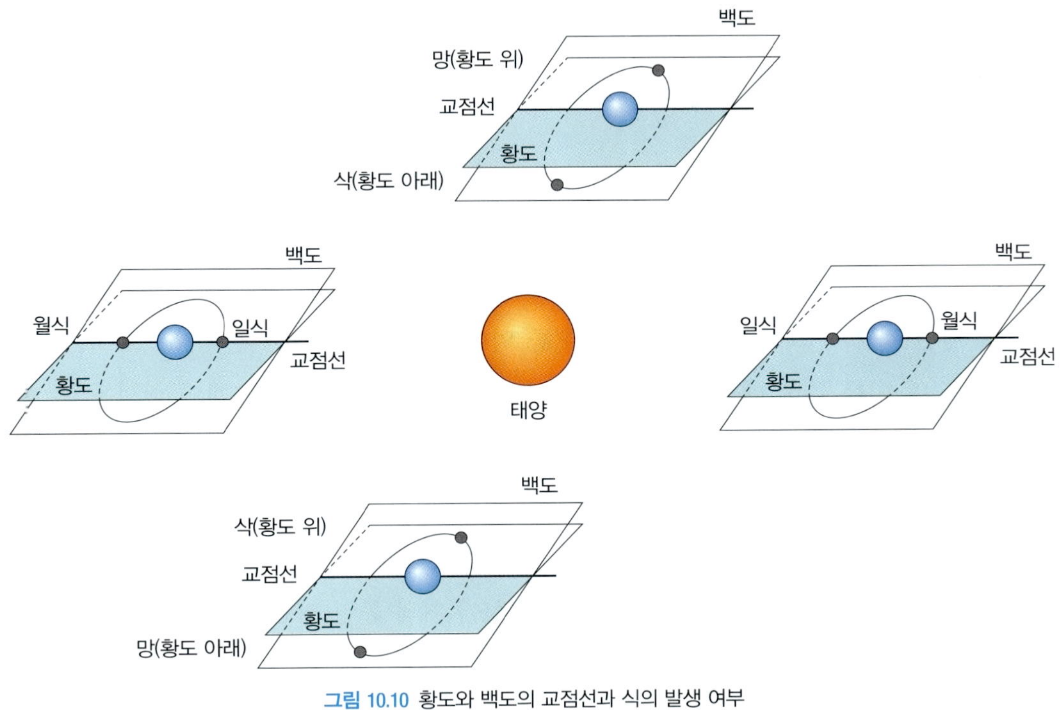

그림 10.10 황도와 백도의 교점선과 식의 발생 여부

원뿔이 연장된 곳에서는 태양이 달의 주위를 둘러싼 것 같은 금환일식이 일어난다.

1년 동안 태양과 지구의 공전면 위쪽에서 내려다본다고 가정하면, 달의 공전면의 경사는 항상 대략 같은 방향으로 놓여 있다. 달의 공전면의 경사 방향이 일정한 반면, 태양에 대한 달과 지구의 위치는 계속해서 변한다. 그러므로 달이 보름달일 때 황도의 아래에 있으면 그로부터 6개월 후에는 황도의 위에 오게 된다. 달은 한 달에 두 번씩 황도와 교차하지만 그때마다 달은 완전한 망이나 삭의 위상이 아닐 것이다. 달의 궤도가 기울어진 것으로부터 1년에 최대한 두 번만의 식이 일어나는 이유를 알 수 있다(그림 10.10).

5) 행성의 움직임

태양계 내의 거리를 측정하고 나타내는 데 주로 사용되는 단위는 지구와 태양 사이의 거리를 기준으로 정의하였다. 즉 태양과 지구 사이의 평균 거리를 **1천문단위**(AU, Astronomical Unit)로 정의하는데, 이는 149,597,870 km이다. 이 정의에 따르면 태양부터 지구까지의 실제 평균 거리는 1.000000031 AU이다. 참고로 1 AU는 1.5812507×10^{-5} 광년이며 4.8481368×10^{-6} 파섹이다.

천구상에서 별들에 대하여 동쪽으로 이동해 가는 천체들이 여러 개 있다. 그 천체들은 일반적인 항성과 달리 우리 태양계에 속해 있는 천체들이다. 또한 이들이 천구상에서 별들에 대하여 동쪽으로 이동하는 것은 지구가 태양 주위를 공전하기 때문에 지구의 공전이 반영된 상대 운동으로 나타난다. 따라서 항상 동쪽으로 움직이지 않고 경우에 따라 거꾸로 움직이기도 하고, 그 이동 속도 역시 일정하지 않다.

(1) 행성의 겉보기 운동

천구상에서 별들 사이를 움직이는 천체를 처음으로 인지한 것은 역사적으로 매우 오래되었으며, 고대로부터 이러한 천체를 '움직이는 별'이란 뜻으로 행성이라 불렀다. 행성을 뜻하는 'planet'은 그리스어에서 유래된 것으로 그리스에서는 '방랑자'를 의미했다고 한다. 우리는 맨눈으로도 이 행성들을 관측할 수 있으며 이를 통해 배울 것도 많이 있다. 지구에서는 맨눈으로 5개의 행성을 볼 수 있으며 이들은 각각 수성, 금성, 화성, 목성, 토성이다.

태양계의 행성들은 모두 황도에 대하여 7° 이내의 작은 경사각으로 공전하고 있다. 그 공전 방향 역시 모두 같고 지구의 공전 방향과 같다. 그림 10.11은 황도에서 바라본 태양계 행성들의 궤도 경사각을 보여주는 모식도이며, 이를 통해 보면 모든 행성이 거의 동일 평면상에서 공전하고 있다고 보아도 무방할 정도임을 확인할 수 있다. 그림 10.11에서 북극성을 가리키는 화살표는 23.5° 기울어져 있는데 그것은 지구 자전축이 황도면에 대해 23.5° 기울어져 있기 때문이다.

행성들의 운동이 이렇게 균일한 방향으로 거의 동일 평면에서 일어남에도 불구하고 실제 지구상의 관측자에게 보이는 행성의 운동은 매우 불규칙하고 복잡하게 움직이는 것처럼 보이는 이유는 무엇일까? 지구상의 관측자가 관측하는 행성의 운동은 앞에서도 말했듯이 지구의 공전이 반영된 행성의 상대적인 운동이므로 두 행성 사이의 여러 관계, 즉 궤도에서의 상대적 위치, 각 행성의 공전 속도 등에 따라 다양하고 복잡한 운동으로 보이게 된다. 이러한 행성의 운동을 행성의 **겉보기 운동**(apparent motion)이라고 한다. 겉보기 운동에서는 천체들의 거리는 상관하지 않고, 지구에 대한 방향 변화만 고려한다. 이러한 겉보기 운동의 이해를 통해 태양계 행성들의 실제 운동을 이해하게 된 것이다.

그림 10.12는 2003년 화성의 겉보기 운동을 그린 것이다. 화성의 위치는 2003년 7월부터 한 달마다 점으로 찍어 표시하였으며, 역행의 시작점(2003년 8월 1일)과 끝점(2003년 10월 1일)도 함께 보여주고 있다. 대개 행성들은 별들에 대해 동쪽으로 조금씩 움직여 간다. 그러나 때로는 행성이 동쪽으로

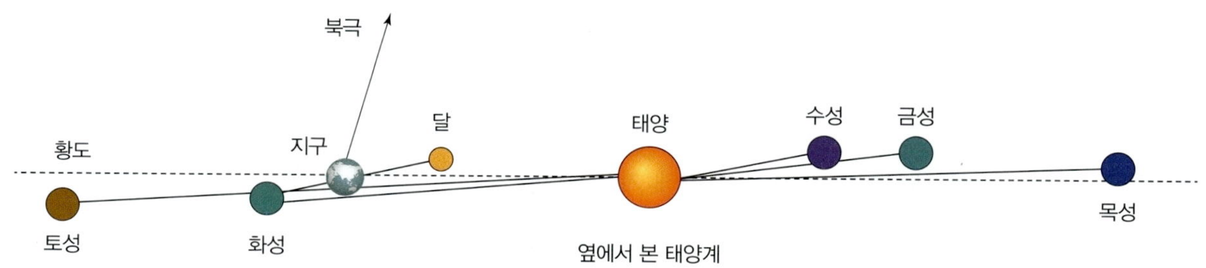

그림 10.11 태양계 행성의 공전 궤도면이 황도와 이루는 각을 보여주는 모식도. 거리는 실제 비율과 다르다.

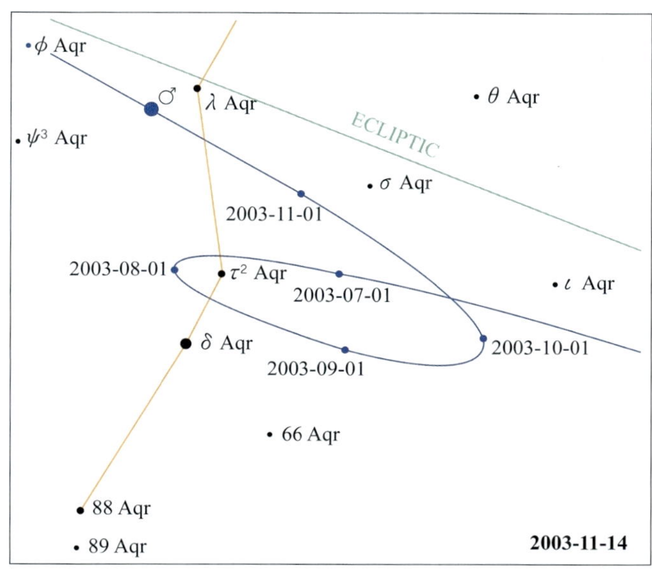

그림 10.12 화성의 겉보기 운동 경로. 2003년 8월부터 10월 사이에 역행 운동을 하고 있음을 볼 수 있다.

이동하는 속도가 점점 줄어들면서 잠시 멈춰 섰다가 방향을 바꾸어 몇 주 또는 몇 달이고 서쪽으로 이동해 가는 것이다. 그리고 서쪽으로 움직여 가던 것을 멈추었다가 다시 방향을 틀어 동쪽으로 움직여 간다. 즉 행성은 별들에 대해 그림 10.12와 같이 고리 모양의 궤적을 그리며 천구상을 이동해 가는 겉보기 운동을 보인다.

행성이 이처럼 서쪽에서 동쪽으로 움직여 가는 것을 **순행**(prograde motion)이라 하고, 방향을 전환하여 동쪽에서 서쪽으로 움직이는 것을 **역행**(retrograde motion)이라고 한다. 행성의 겉보기 운동이 이처럼 복잡하게 나타나는 까닭은 무엇인지 알아보자.

(2) 내행성의 겉보기 운동

지구 궤도 안쪽에 있는 금성이 그림 10.13과 같이 태양 주위를 돌면서 P_1의 위치에 있을 때 지구가 E_1 위치에서 금성을 바라본 천구상의 위치가 P_1'이라고 하자. 금성의 공전 각속도는 지구의 공전 각속도보다 크다. 따라서 지구에서 바라본 금성의 위치는 P_1'에서 동쪽으로 이동한 P_2'가 된다. 이제 그림에서 표시한 것처럼 금성이 P_3에서 P_7까지 움직이는 동안 지구에서 바라본 금성의 운동 궤적은 P_3'에서 P_7'과 같이 나타나게 됨을 알 수 있다. 결국 천구상의 멀리 있는 별들을 기준해서 볼 때 지구에서 본 금성의 천구상 겉보기 위치는 P_1'에서 P_3'까지는 서쪽에서 동쪽으로 이동하다가, $P_3' \to P_5'$ 동안은 동쪽에서 서쪽으로 이동하고, 그 후 $P_5' \to P_7'$ 동안은 다시 서쪽에서 동쪽으로 이동한다. 즉 금성이 태양 주위를 일정한 방향으로 공전하더라도 지구에서 볼 때는 금성이 천구상에서 순행하다가 잠시 역행을 한 후 순행을 하게 된다. 여기서 순행 방향은 행성의 공전 방향과 일치한다. 겉보기 운동의 방향이 바

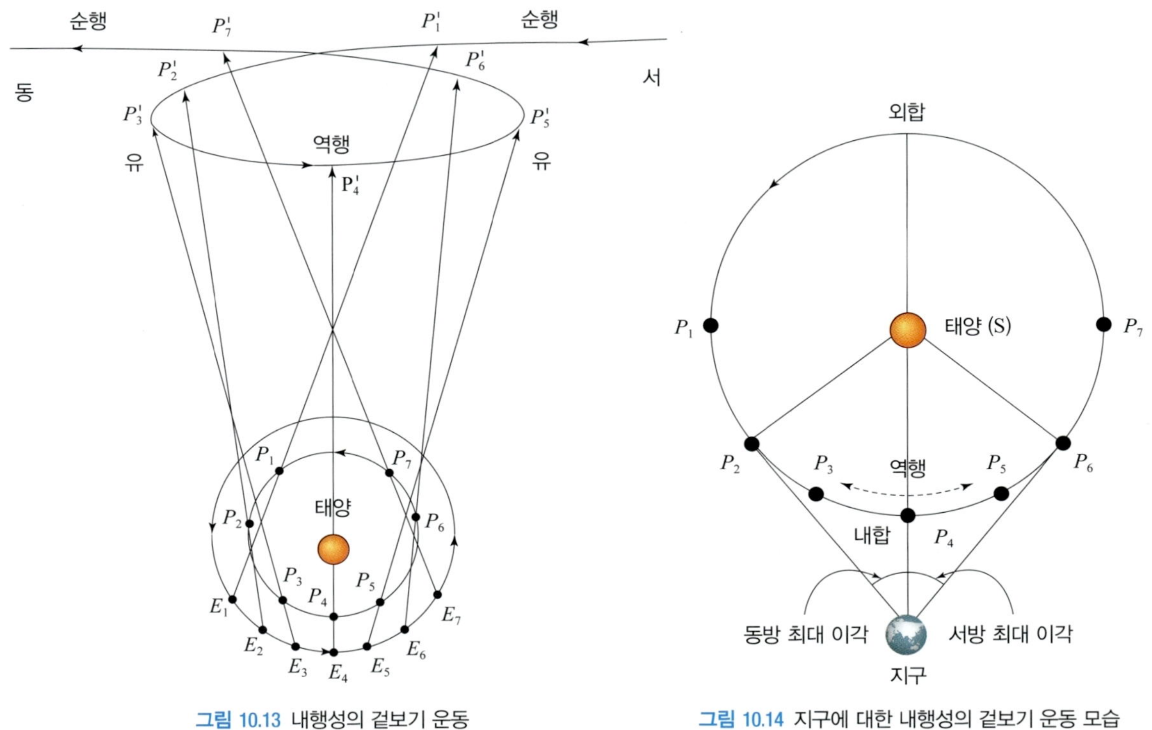

그림 10.13 내행성의 겉보기 운동

그림 10.14 지구에 대한 내행성의 겉보기 운동 모습

뀌는 P_3'과 P_5' 때를 **유**(留, stationary points)라고 한다.

관측자를 궤도의 한 곳에 고정하고 관측자에 대한 금성의 위상과 궤도에서의 위치를 살펴보면 그림 10.13과 같다. 행성이 태양과 이루는 각(또는 각거리)을 태양에 대한 **이각**(elongation)이라고 부른다. 그림 10.13을 보면, 지구와 태양에 대한 금성의 위치는 P_1에서 점차 각거리가 증가하여 P_2에서 최대 각거리를 가지는 동방 최대 이각 점에 이른 후 다시 각거리가 감소하여 태양, 금성, 지구가 황도면 상에서 직선상에 놓이는 내합에 이른다. 이후 각거리가 증가하면서 P_6에서 서방 최대 이각에 이른 후, 다시 각거리가 감소하면서 태양 반대쪽 위치에서 외합이 된다.

지구에서 바라볼 때, 금성이나 수성과 같은 내행성은 태양에서 일정한 각거리 이상 멀어지지 않는다. 수성이 태양으로부터 28° 정도 떨어져 있을 때 또는 금성이 48° 정도 멀어져 있을 때, 이들 행성은 태양에서 가장 멀리 떨어져 있는 순간이다. 이러한 경우 내행성이 **최대 이각**(greatest elongation)의 위치에 있다고 한다.

내행성이 최대 이각의 위치에 있을 때, 행성의 최대 이각으로부터 간단히 그 행성의 궤도 반경이 얼마인지를 알 수 있는 좋은 단서를 제공한다. 즉 그림 10.14의 P_2 또는 P_6의 위치에서 금성은 최대 이각이 된다. 이 상황은 지구에서 금성을 바라보는 시선이 금성의 궤도와 접하게 되는 경우이므로 태양–금성–지구가 이루는 각이 직각이 되어 최대 이각 ϵ_{max}에서 금성의 궤도 반경 r을 구할 수 있다. 즉 $r = \sin\epsilon_{max}$가 된다.

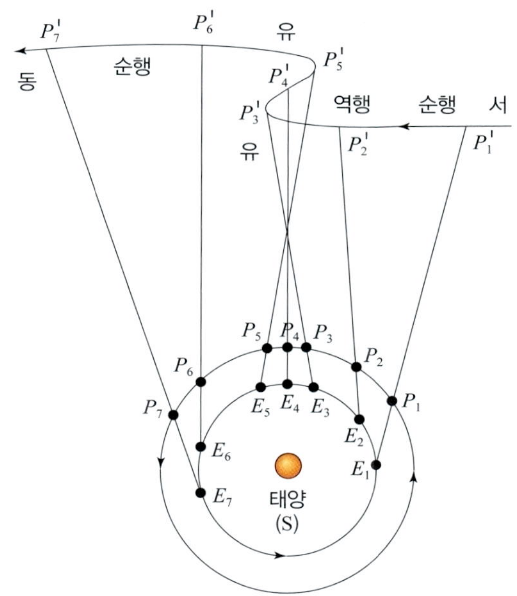

그림 10.15 외행성의 겉보기 운동

금성이 지구에 대하여 천구상에서 역행할 때는 그림 10.14에서 보듯이 내합 부근이다. 동방 최대 이각 점에서 내합으로 올 때는 금성이 초저녁 서쪽 하늘에서 보이고 고도가 낮아질수록 금성은 역행하게 된다. 내합을 지난 후에는 금성이 새벽녘 동쪽 하늘에서 보이고, 고도가 높아지면서 역행을 지나 순행으로 이동한다. 내합일 때는 금성이 태양 쪽을 향하므로 지상에서는 금성을 관측할 수 없다. 지구는 1시간에 15°씩 자전하므로 금성이 최대 이각의 위치에 오게 되면 약 3시간 정도 관측할 수 있다. 수성은 태양에 가까이 있으므로, 최대 이각이 28° 정도이다. 이때 지상에서 1시간 이상 관측이 가능하지만, 태양의 강한 빛 때문에 수성을 관측하는 것은 그리 쉬운 일이 아니다.

(3) 외행성의 겉보기 운동

지구 궤도 밖에 있는 외행성 중에서 화성을 예로 들어 겉보기 운동을 살펴보자. 지구의 공전 각속도가 화성의 공전 각속도보다 크기 때문에 지구에서 화성을 볼 때 화성의 겉보기 운동은 그림 10.15와 같이 나타난다. 화성의 역행은 황도면 상에서 태양−지구−화성이 일직선으로 배열되는 충의 위치 부근에서 일어나며 자정에 천정 부근에서 화성이 관측된다. 그리고 화성이 태양과 이루는 이각이 직각이 되는 위치를 구(guadrature)라고 부르며, 이 위치에서 화성은 순행한다.

(4) 회합주기

회합주기(synodic period)는 일반적으로 한 행성에 대한 다른 행성의 상대적 운동의 주기를 말한다. 그림 10.16에서 행성 E와 V의 평균 공전 각속도를 각각 ω_E와 ω_V라고 하면 행성 V가 행성 E보다 태양

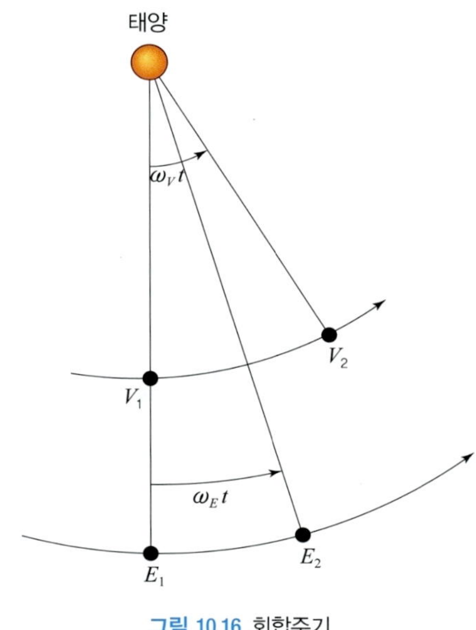

그림 10.16 회합주기

에 더 가까우므로 $\omega_V > \omega_E$이다. 행성 E에 대한 상대 각속도를 ω라고 한다면 $\omega = \omega_V - \omega_E$이다. 이들의 상대 운동 주기를 회합주기라고 정의했으므로, 상대 각속도로 1회 공전하게 되는 기간이 회합주기 S가 된다. 다시 말하면 $S = 2\pi/\omega$이다. 행성 E와 행성 V의 공전주기를 각각 P_E와 P_V라고 두면

$$P_E = 2\pi/\omega_E$$

$$P_V = 2\pi/\omega_V$$

이므로 회합주기는

$$\frac{1}{S} = \frac{1}{P_V} - \frac{1}{P_E}$$

또는

$$S = \frac{P_E P_V}{|P_E - P_V|}$$

가 된다.

위의 식은 회합주기의 일반적인 관계식으로서 지구의 경우 외행성과 내행성 모두에 적용된다. 지구에 대한 다른 행성의 운동을 고려할 때 지구의 공전주기 P_E에 비해 다른 행성의 공전주기 P_V가 아

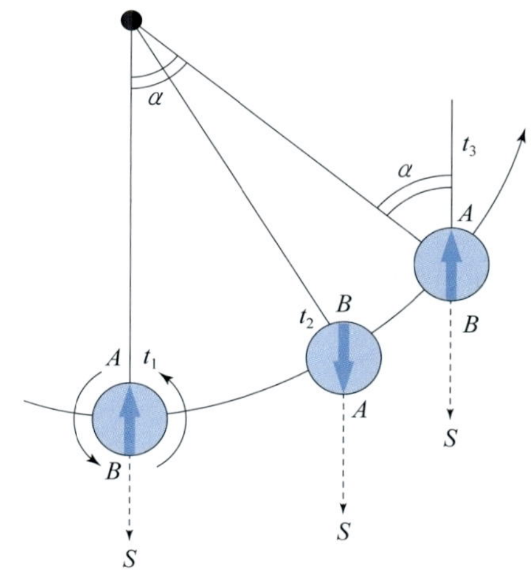

그림 10.17 항성일과 태양일

주 클 경우 $S \simeq P_E$이므로 회합주기는 지구의 공전주기와 비슷해진다. 예를 들어 매우 멀리 있는 왜소행성 명왕성의 회합주기는 366.7일로 지구의 공전주기와 비슷하다. 지구에 대해 회합주기가 가장 긴 것은 화성으로 779일이고, 가장 짧은 것은 수성으로 회합주기가 115.9일이다.

(5) 자전주기

무한히 멀리 있는 천구상의 한 점이 행성의 표면에 고정된 위치에 대하여 남중한 후 지구가 자전하여 다시 남중하는 데 걸리는 시간을 이 행성의 1항성일이라 하고, 이를 행성의 자전주기라 한다. 한편 태양을 기준으로 하여 행성 표면에 고정된 한 점에서 태양이 남중하고 지구가 자전하여 다시 남중하는 데 걸리는 시간을 1태양일이라 한다. 행성의 태양일과 항성일 사이의 관계는 두 행성의 공전주기에 관련된다.

그림 10.17에서 시간 t_1일 때 행성은 P_1 위치에 있고 이때 행성 표면에 고정된 화살표 AB는 태양과 일직선을 이루고 또 B점은 무한히 멀리 있는 가상적인 천체 S를 향하고 있다. 행성의 자전과 공전 방향이 같은 경우 시간 t_2 때는 행성이 궤도를 따라 P_2 위치로 이동하고 이때 A점이 가상 천체 S를 향하게 된다. 시간 t_3 때는 P_3 위치에서 행성이 천체 S에 대해 한 번 자전하여 B점이 다시 천체 S를 향하게 된다. 그러나 A점은 태양으로부터 각 α만큼 떨어져 있고, 이 각은 t_1에서 t_3 동안 궤도를 따라 이동한 각거리와 같다. 즉 시간 t_3에서 행성은 가상의 천체 S에 대해 360° 회전하고, 태양에 대해서는 $360° - \alpha$만큼 회전한 셈이다.

P를 행성의 공전주기, D와 D'을 각각 행성의 항성일과 태양일이라고 하면

$$\frac{1}{D'} = \frac{1}{D} - \frac{1}{P}$$

또는

$$D' = \frac{PD}{P - D}$$

또는 공전과 자전의 방향이 서로 반대인 경우(예: 금성)에는

$$D' = \frac{PD}{P + D}$$

가 된다.

예를 들면 금성의 공전주기는 $P=224.7$일, 자전주기는 $D=244.3$일이고 자전은 공전과 반대 방향이다. 따라서 금성의 태양일은 117일이다. 금성에서는 태양이 떠서 지는 데 걸리는 시간은 약 59일로서 두 달 정도의 시간이다. 지구의 경우는 공전주기가 365.2422평균 태양일이고, 1항성일이 0.9972695평균 태양일($23^h56^m04^s$)이므로 1태양일은 1평균 태양일이 된다.

6) 케플러 법칙

코페르니쿠스가 태양을 중심에 둔 우주 체계를 처음으로 발표하였지만, 그는 그때까지도 아리스토텔레스의 완전무결한 우주관에서 벗어나지 못하고 있었다. 즉 태양 주변을 돌고 있는 모든 행성의 궤도를 원 궤도로 고수하였으며 행성의 궤도 반경에 대한 합당한 과학적 해석을 내리지 못하였다. 코페르니쿠스는 금성의 최대 이각을 관측하여 금성의 공전 반경을 구하였다. 원 궤도를 가정한다면, 간단한 기하학의 원리를 이용하여 금성의 궤도 반경을 알아낼 수 있다. 이러한 시도는 코페르니쿠스가 아무런 의심 없이 원 궤도를 믿고 있었음을 보여주는 예라고 할 수 있다.

코페르니쿠스의 단순하면서도 설명력이 뛰어난 태양 중심설에 매료된 튀코 브라헤(Tycho Brahe, 1546~1601)는 그의 가설을 관측을 통해 입증하기 위해 정밀한 관측을 시도하였다. 즉 별의 시차를 측정하여 지구가 태양 주변을 공전한다는 사실을 밝히고자 했다. 그러나 그의 시도는 실패하였다. 그 이유는 시차가 너무 작아서 당시의 관측 기술로는 측정할 수 없었기 때문이었다.

비록 시차를 측정하는 데는 실패했지만, 그는 자신의 관측 자료를 보다 체계적으로 분석하고자 하였다. 그러나 수학적인 재능이 부족해 자료의 처리에 어려움이 많았고, 당시 수학적 재능이 뛰어난 케플러를 고용하게 된다. 브라헤가 사망한 뒤 비로소 케플러는 방대한 관측 자료를 마음껏 접할 수 있었다. 그는 처음으로 화성의 궤도를 결정하기 위한 작업에 착수하여 뛰어난 수학적 재능을 발휘해 화성의 공전 궤도 반경을 구하게 된다.

(1) 3가지 경험 법칙

케플러는 자신이 구해낸 화성의 궤가 원 궤도가 아님을 알고 계산 과정에 오류가 있었는지 여러 차례 다시 반복하여 검토한다. 그는 자신의 방법에 오류가 없음을 확신하게 되고, 결국 화성은 원 궤도를 돌고 있지 않음을 알게 된다. 좀 더 많은 시간을 들여 수학적인 해석을 수행하여, 마침내 화성의 궤도가 타원임을 확신하기에 이른다. 이것이 케플러가 찾아낸 행성 운동의 첫 번째 법칙이다. 즉 모든 행성은 태양을 초점으로 하는 타원 궤도를 그린다. **타원의 법칙**으로 알려진, 어쩌면 매우 단순해 보이는 이 법칙은 사실 매우 중요한 의미를 포함하고 있다. 즉 이 법칙 하나만으로도 완전무결한 조화로운 천상의 세계라는 행성의 운행에 관한 아리스토텔레스의 교의는 완전히 막을 내리게 된다. 타원 궤도의 경우 궤도 반지름이 일정하지 않고 규칙적으로 변한다. 따라서 궤도 반지름이 가장 짧을 때의 위치를 근일점, 반대로 가장 멀 때를 원일점이라고 한다. 또한 궤도 반지름의 길이의 변화 정도를 이심률로 나타내는데 이는 태양이 위치한 초점과 타원 궤도 중심 사이의 거리를 궤도 반지름의 평균값과의 비로 나타내며 이를 **이심률**(eccentricity)이라고 정의한다.

첫 번째 법칙과 같이 발표된 두 번째 법칙은 소위 **면적속도 일정의 법칙**이라는 것이다. 즉 같은 시간 동안 궤도 반경이 쓸고 지나가는 면적은 서로 같다는 법칙이다. 그림 10.18에서 보는 것처럼 행성이 A에서 B로 이동하는 데 걸리는 시간과 C에서 D로 이동하는 데 걸리는 시간이 같다고 할 때, 그 궤도 반경이 쓸고 지나가는 면적은 두 경우 모두 같다는 것이다. 이 법칙에서 여러분은 궤도 반경이 짧으면 행성의 공전 속도가 빨라지고 반대로 궤도 반경이 크면 공전 속도가 느려진다는 사실을 바로 알아차릴 것이다.

이 2가지 법칙은 1608년에 발표된 것이다. 이로부터 무려 10년의 세월이 지난 후에야 세 번째 법칙이 발표된다. 세 번째 법칙은 **조화의 법칙**이라 부른다. 즉 공전주기의 제곱은 공전 반경의 세제곱에 비례한다는 법칙이다. 행성 운동에 이와 같은 조화로움이 존재한다는 것이 그 당시로는 신비롭기만 하였다. 아무런 연관성이 없어 보이는 공전주기와 평균 공전 반경 사이에 어떤 관계가 성립한다는 것

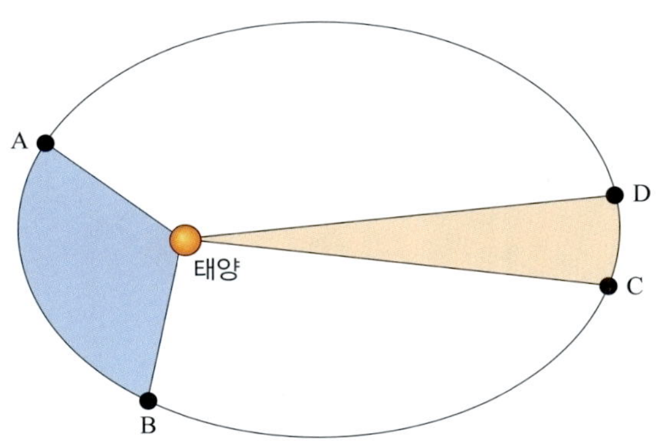

그림 10.18 케플러의 면적속도 일정의 법칙

은 케플러의 위대한 수학적 재능과 분석력 덕분이라고 할 수 있다.

(2) 물리적 의미

무려 20년에 걸친 긴 연구의 결과로 이룩한 행성 운동에 관한 케플러의 3가지 경험 법칙은 그동안 믿어왔던 행성 운동의 개념을 완전히 바꾸어놓게 되고, 천체역학의 새로운 장을 열게 되었다. 그러나 케플러 자신도 자신이 찾아낸 법칙에 숨겨진 자연의 오묘한 원리를 알지 못하였다. 위대한 물리학자인 뉴턴이 케플러의 법칙을 과학적으로 설명한 최초의 인물이라 할 수 있다.

케플러의 법칙에 내포된 의미는 무엇일까? 타원의 법칙과 면적속도 일정의 법칙이 시사하는 바는 행성의 운동은 중심력장에서의 운동이라는 것이다. 즉 행성의 운동에 작용하는 힘은 항상 중심 방향으로만 작용하고 있으며, 각운동량이 보존되는 운동을 한다는 것이다. 그림 10.19에서 보는 것처럼 행성이 P에서 일정한 시간(Δt) 후에 태양 S를 초점으로 공전하여 Q로 이동하였다. 만약 이 행성이 아무런 힘을 받지 않는다면 다시 같은 Δt 시간 후에 이 행성은 R′ 위치에 오게 된다. 그러면 만약 Δt를 매우 작게 하면 선분 PQ와 선분 QR′은 같다. 그러나 실제로 행성은 R′의 위치로 움직인 것이 아니라 R의 위치로 이동하였다. 따라서 이 행성의 운동에는 2가지 성분의 운동이 포함되어 있다. 즉 Q에서 R′으로 움직인 관성 운동과 R′에서 R로 움직이게 한 어떤 힘이 작용한 성분으로 나눌 수 있다.

케플러의 두 번째 법칙에 의하면 삼각형 SPQ의 면적과 삼각형 SQR의 면적은 같다. 한편 선분 PQ와 선분 QR′이 같으므로, 삼각형 SPQ의 면적은 또한 삼각형 SQR′과 같다. 공통의 밑변 SQ를 가진 삼각형 SQR과 삼각형 SQR′의 면적은 같으므로 선분 RR′은 선분 SQ와 평행하게 된다. 따라서 행성이 R′에서 R로 움직이는 데 작용한 힘은 중심 방향, 즉 QS 방향으로 작용하였다는 것을 알게 된다. 이처럼 행성의 운동에 관여하는 힘은 오직 궤도 반경과 평행한 중심 방향으로만 작용하는데 이러한 힘을 중심력이라고 한다. 따라서 타원의 법칙과 면적속도 일정의 법칙은 중심력장에서의 운동을 의미한다.

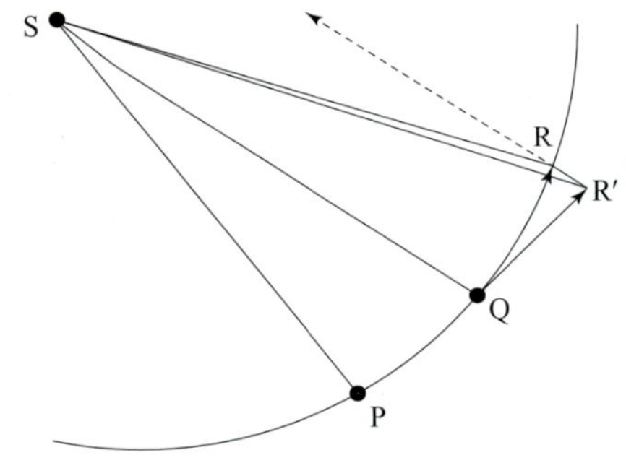

그림 10.19 케플러 법칙의 이해

7) 뉴턴 역학

케플러의 세 번째 법칙인 조화의 법칙에는 어떤 물리적 의미가 숨어 있을까? 이 물음에 대한 답은 뉴턴의 역학 이론을 통해 얻어졌다. 잘 알다시피 뉴턴은 움직이는 물체의 운동 상태를 기술하기 위한 기본적인 법칙을 발표하고 모든 물체 사이에 만유인력이 작용한다는 사실을 밝혔다. 즉 뉴턴이 발표한 3가지 기본 역학 법칙은 관성의 법칙, 힘과 가속도의 법칙, 그리고 작용 반작용의 법칙 이 3가지이다. 뉴턴의 3가지 역학 법칙과 별도로 모든 물체 사이에는 서로 끄는 힘이 작용하며 그 힘의 형태는 거리의 제곱에 반비례하며 두 물체의 질량의 곱에 비례한다는 법칙이 성립하는데, 이를 만유인력의 법칙이라 부른다.

이 만유인력의 법칙은 모든 경우에 예외 없이 적용되는 것이므로 태양을 중심으로 공전하는 행성들의 운동 특성 또한 설명할 수 있어야만 할 것이다. 관측 자료를 해석하여 얻어낸 케플러의 경험 법칙들은 뉴턴의 이론적인 유도 과정을 통해서 완전히 설명되었다.

다음 그림 10.20과 같이 질량이 각각 m_1과 m_2인 두 물체가 질량 중심 C에 대하여 a_1과 a_2의 거리에서 v_1과 v_2의 궤도 속도로 원 운동을 한다면, 이들이 원 운동을 하는 데 필요한 구심력은 각각

$$F_1 = \frac{m_1 v^2_1}{a_1} = \frac{4\pi^2 m_1 a_1}{p^2},\ F_2 = \frac{m_2 v^2_2}{a_2} = \frac{4\pi^2 m_2 a_2}{p^2}$$

가 된다. 여기에서 P는 공전주기를 나타낸다. 이 구심력은 바로 두 물체 사이에 작용하는 만유인력에 기인하는 것이므로 $F_1 = F_2 = G\frac{m_1 m_2}{a^2}$로 쓸 수 있다. 여기에서 G는 만유인력 상수이고, $a = a_1 + a_2$이다. 그리고 $F_1 = F_2$이므로 $a_1/a_2 = m_2/m_1$의 관계가 성립하므로 공전 반경 a_1 또는 a_2는 각각

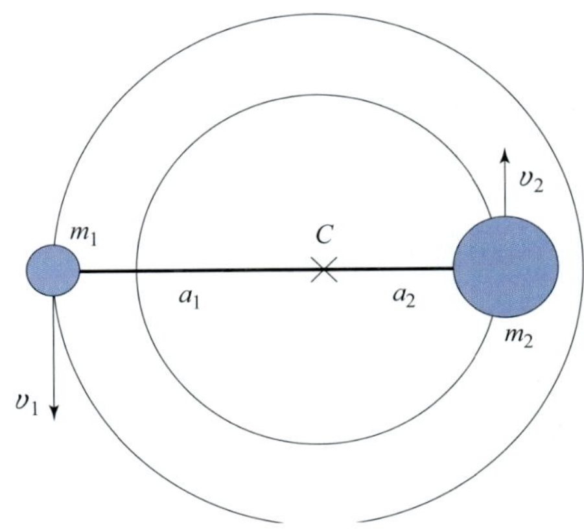

그림 10.20 물체 m_1, m_2의 중력장에서의 운동

$$a_1 = \frac{m_2 a}{m_1 + m_2},\ a_2 = \frac{m_1 a}{m_1 + m_2}$$

로 나타낼 수 있다. 따라서 앞의 식들을 이용하여 케플러의 세 번째 경험 법칙(조화의 법칙)

$$P^2 = \frac{4\pi^2}{G(m_1 + m_2)} \cdot a^3$$

을 얻는다.

즉 공전주기의 제곱은 평균 공전 반경의 세제곱에 비례한다는 케플러의 세 번째 법칙이 의미하는 것은 중심력이 어떤 형태인가를 알려주는 것이라고 할 수 있다. 다시 말해 행성의 타원 운동을 지배하는 중심력의 형태는 거리의 제곱에 반비례하며, 바로 이 힘의 근원은 만유인력이라는 것이다. 따라서 케플러가 찾아낸 3가지 경험 법칙은 행성의 운동에 관한 모든 정보가 들어 있는 것이라고 할 수 있다. 케플러의 법칙이 더욱 그 진가를 발하는 이유는 3가지 법칙 모두 관측 자료의 철저한 분석에 바탕을 둔 것이며, 이론적 모형이나 가설을 도입하지 않은 경험 법칙이라는 것에 있다.

케플러의 법칙을 응용하여 다양한 태양계 천체의 공전주기나 평균 궤도 반경을 알아낼 수 있다. 태양계의 경우 행성이나 소행성 그리고 혜성처럼 태양을 중심으로 공전하는 천체의 경우에는 지구의 공전주기와 공전 반경을 단위로 사용한다면, 위의 식을 다음과 같이 간단하게 고칠 수 있다.

$$P^2 = \frac{1}{M} \cdot a^3$$

여기에서 P는 [년]을, a는 [AU]를, 그리고 M은 태양 질량을 단위로 측정한다. 예컨대 공전주기가 76년인 핼리 혜성의 평균 궤도 반경은 $M=1$이므로 $\sqrt[3]{P^2} \approx 17.9$ AU이다.

케플러 법칙은 중력이 작용하여 서로 공전하고 있는 모든 천체의 운동을 설명하는 데 사용될 수 있으며, 이를 응용하여 궤도 운동을 하는 천체의 질량을 구하는 데 사용된다. 예를 들어 쌍성의 경우 관측을 통하여 공전주기와 궤도 반경을 알아낸다면 이들 쌍성계를 이루고 있는 항성들의 질량 합을 구할 수 있으며, 만약 스펙트럼 관측을 통하여 공전에 의한 시선 속도의 비를 알 수 있다면, 쌍성을 이루는 두 별의 질량을 각각 알아낼 수 있다. 이 외에도 케플러 법칙의 응용 범위는 무궁무진하다. 인공위성의 고도와 공전주기의 관계를 이용하여 위성의 궤도를 결정하거나, 목성 위성의 공전을 이용하여 목성의 질량을 구하는 것 등이 대표적인 예라고 할 수 있다.

10.2 달과 행성

1) 달의 구조와 기원

달의 표면은 그림 10.21에서 볼 수 있는 것처럼 충돌 크레이터가 많고 밝게 보이는 오래된 **고지대**(highlands)와 충돌 크레이터가 상대적으로 적은 **바다**(maria)로 크게 구분할 수 있다. 달의 고지대와 바다에서는 표면 암석의 종류가 다르다는 것을 알고 있다. 고지대는 사장석이 풍부한 암석으로 되어 있고, 바다는 대부분 현무암으로 구성되어 있다. 고지대를 구성하는 암석의 나이는 38.5억 년에서 45.3억 년 정도로 매우 오래되었고 그 기원은 일반적으로 달이 형성된 직후, 달의 마그마 바다(magma ocean)와 관련되어 있다고 생각된다.

아폴로 계획으로 가지고 돌아온 달의 암석 분석을 통해 달의 바다를 구성하고 있는 현무암은 KREEP 현무암으로 부르는 칼륨(K), 희토류 원소(REE), 그리고 인(P)이 풍부한 것이고, 그 절대연대는 약 40억 년으로, 오래전부터 만들어진 것이다. KREEP 현무암에는 고지대에서 유래한 파편이 포함되어 있다. 달의 바다가 형성되는 과정은 먼저 거대한 충돌 크레이터가 만들어지고, 그 이후에 발생한 화산활동으로 분출한 현무암에 의해 크레이터의 낮은 바닥을 채우며 만들어진다. 바다의 현무암은 대체로 40억 년보다 젊고 지구의 현무암과 비교해서 철과 티타늄이 풍부한 것이 많다. 이러한 조성의 현무암은 용암 때의 점성률이 대단히 낮은 것으로 알려져 있다. 달의 바다에서는 이러한 용암이 그 낮은 점성률에 따라 화산 지형을 만들고 있다.

달의 바다에서 관찰되는 용암이 흘러 만들어진 용암류 중에는 길이가 1,000 km 이상에 달하는 것도 있지만, 두께는 수십 미터 정도로 측정되고 있다. 이러한 용암류는 태양광의 입사각이 낮을 때 얻

그림 10.21 달의 전면 고해상도 사진. 상대적으로 어두운 부분이 바다 지역이다.

은 사진으로만 포착되므로 달의 저지대에서 극히 한정된 곳에서만 볼 수 있지만, 실제로는 좀 더 광범위하게 분포되어 있을 것으로 생각된다. 이러한 용암류의 분포 면적의 크기는 용암의 분출량이 많은 고분출성과 점성이 낮은 저점성이라는 분화 특성으로 설명할 수 있다.

사행 릴(sinuous rilles)은 발견 당시 물이 흘렀던 흔적이라고 생각되기도 했었지만 현재는 용암이 흐른 길, 즉 용암 채널이라는 것으로 의견이 모아지고 있다. 이러한 채널 중에는 천제 길이 100 km 이상, 폭 1 km 이상, 깊이 수백 미터가 되는 것도 있다. 이 채널의 일반적인 구조는 용암 분출이 시작된 상류 지역은 주로 깊은 웅덩이로 되어 있는 것이 많고, 하류 쪽으로 내려옴에 따라 가늘고 얕게 된다.

크레이터와 바다 외에 달에서 볼 수 있는 지형으로 돔(domes)은 저지, 고지 양쪽에 존재하는 최대 지름 수십 킬로미터, 최고 수백 미터에 달하는 완만한 지형이고, 원형 또는 타원형을 하고 있다. 산맥(mountain ranges)은 지구의 산맥과는 달리 모두 크레이터의 외륜 부분이 연결되어 형성된 것으로 지질학적 활동과는 무관한 것이다. 또한 선형 릴(linear rilles)과 주름진 능선(wrinkle ridges)으로 구분되는 줄무늬 구조의 지형을 볼 수 있다. 선형 릴은 평평한 바닥면과 깎아지른 듯 가파른 측면을 가진 최대 길이 수백 킬로미터, 최대 폭 수 킬로미터 이상에 달하는 도랑이고, 단층 작용으로 생긴 지구대(graben)로 해석할 수 있다. 주름진 능선은 바다를 중심으로 해서 존재하는 최대 길이 수백 킬로미터, 최대 폭 수 킬로미터 이상, 최고 수백 미터에 달하는 높은 능선 구조이고, 바다의 중심 가까이에 위치하는 것들이 많이 발견된다. 이러한 지형은 분지에 분출된 용암이 퇴적 또는 침강하여 형성되었다고 여겨진다.

달의 생성 기원에 대해서는 여러 가지 이론이 있지만, 충돌설이 가장 설득력이 있는 생성 이론이라 할 수 있다. 충돌설은 태양계 형성 과정에서 원시 지구가 생성될 무렵 가상의 천체가 지구와 비스듬히 충돌하면서 지구 맨틀 물질의 상당량이 이탈되어 나가면서 지금의 달이 만들어졌다는 가설이다. 이 이론은 최근 컴퓨터를 이용한 시뮬레이션 실험과 지질학적 증거 등 다양한 자료를 바탕으로 여러 가지 관측 자료를 잘 뒷받침하는 등 가장 유력한 가설로 굳어지고 있을 뿐 아니라 관측으로도 충돌설을 지지하는 증거들을 많이 확보하였다.

대표적인 것으로는 지구 쪽으로 치우쳐 비대칭적으로 분포하는 달의 맨틀과 핵 등 내부 구조를 들 수 있다. 그리고 달의 내부에 존재하는 방사성 물질의 분포가 비대칭적인 것도 강력한 증거가 될 수 있다. 또한 달의 평균 밀도가 지구 맨틀 물질의 평균 밀도와 유사한데 이 역시 지구와 비스듬한 충돌을 일으킬 때 주로 맨틀 물질이 대부분 떨어져 나갔기 때문으로 생각되며, 달의 금속 핵이 매우 작은 이유 역시 같은 맥락으로 설명된다.

앞에서 언급한 달의 생성 기원론의 결과로 얻은 사실을 비롯해 달과 지구의 암석 샘플의 연대 측정 자료, 여러 가지 지질학적 방법으로부터 추론한 달의 생성 시기는 지구와 거의 동시라고 봐야 할 것으로 판단된다. 물론 달이 제3의 천체와의 충돌에 의해 지구의 맨틀 물질이 떨어져 나온 후 이들이 뭉쳐져 형성된 것이라고 본다면 지구보다 조금 늦게 형성된 것으로 볼 수 있지만, 이 시기는 태양계 형성의 매우 초기 시절이라고 판단되고, 이 정도의 미미한 차이는 지구의 나이 45억 년에 비하면 매우 작은 차이이므로 두 천체의 나이 차이는 없다고 봐도 무방할 것이다.

지구의 위성인 달은 태양으로부터의 거리는 지구와 같지만, 질량이 매우 작으므로 액체 상태의 물은 달 표면에 존재할 수 없다. 또한 수증기 역시 태양 복사에 쉽게 분해되어 수소 기체는 즉시 달의 중력권을 이탈해버리기 때문에 기체 상태의 물 역시 존재할 수 없다. 그러나 1960년대부터 고체 상태의 물, 즉 얼음은 존재할 것이라는 추측을 해왔다. 달의 극지방에 있는 태양빛이 전혀 들지 않는 충돌 구덩이 깊숙한 바닥에는 고체 상태의 물이 존재할 가능성이 충분히 있으며 희박한 달 표면의 대기 중에서도 미량의 물이 검출되기도 하였다.

달의 극지방에 암석에 포획된 상태가 아닌 자유로운 물의 얼음이 존재할 것이라는 여러 가지 증거들 – 예컨대 화학 결합에 참여하고 있는 수소의 존재 – 이 비록 확정적이지는 않지만 많이 확보되었다. 2008년 11월에 인도의 달 탐사선 찬드라얀 1호로부터 100 km 상공에서 분리된 충돌체에 의한 달 표면 낙하 충돌 실험이 있었다. 이 탐사 장비에 장착된 물을 감지하는 센서에는 약 25분 정도 낙하하는 동안 달 표면의 희박한 대기에 대한 총 650회의 질량분석기 관측이 이루어졌다. 이후 2009년 9월 찬드라얀 1호의 ISRO 탐사 장비는 물을 발견하였으며, 반사된 태양빛의 스펙트럼에서 수산기에 의해 형성된 흡수선을 찾았다.

바로 직후 미국 NASA는 달 탐사선 LCROSS가 달의 극지방에 있는 크레이터 충돌 실험을 통해 상당한 양의 수산기를 검출하였으며 이는 순수한 물의 얼음 결정에 가까운 것으로 믿어지는 물질을 포획하고 있는 암석의 존재를 지시하는 것이라고 해석하였다. 결정적으로 2010년 3월 인도의 찬드라얀 1호는 달의 북극 지역에 있는 40개의 충돌 크레이터의 영원히 빛이 들지 않는 어두운 바닥에 총 6억 톤 정도의 물의 얼음이 존재할 것이라는 추정치를 내놓았다(그림 10.22).

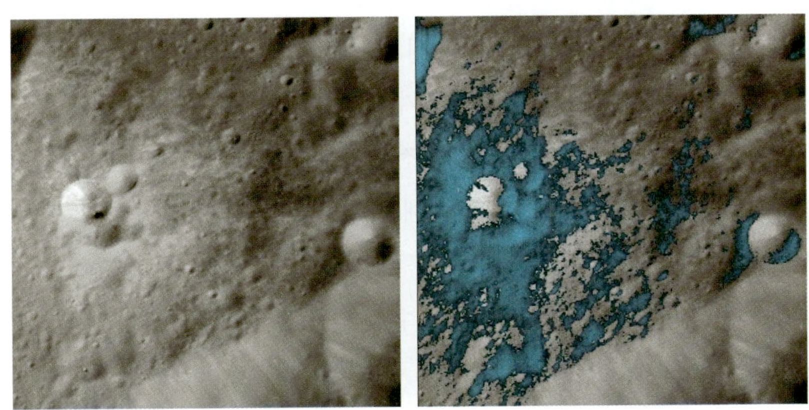

그림 10.22 달 뒷면의 물을 포함한 광물의 분포를 보여주는 찬드라얀 1호의 사진. 오른쪽 사진의 푸른색 부분이 물을 포획하고 있는 암석의 분포 지역을 나타낸다.

2) 태양계를 구성하는 천체의 일반적 특징

태양계는 8개의 행성을 필두로 다양한 종류의 소천체로 구성되어 있다. 1930년 클라이드 톰보(Clyde Tombaugh, 1906~1997)가 발견한 명왕성(Pluto)은 궤도 이심률, 궤도 경사각, 기타 물리적 특성에서 지구형 행성이나 목성형 행성과 많은 부분에서 차이가 존재하여 행성으로 분류하는 것에 대한 이견이 있었으며, 1990년대 이후 해왕성보다 바깥쪽에 분포하는 **해왕성 초월 천체**(TNOs, Trans-Neptunian Objects) 또는 **카이퍼대 천체**(KBOs, Kuiper Belt Objects)들이 발견되었고, 이들 중 일부는 명왕성보다 크다. 따라서 새로운 행성을 추가하여 행성의 수를 증가시킬 것인가, 아니면 명왕성을 행성의 지위에서 탈락시켜 행성 및 기타 천체들의 정의를 간략하게 할 것인가가 논란이 되었고, 2006년 체코 프라하에서 개최되었던 국제천문연맹 총회에서 명왕성을 왜소행성이라는 새로운 그룹에 포함시키고, 행성에 대한 정의를 다음과 같이 확정하였다.

행성(planets)은 우선 태양을 중심으로 공전을 해야 한다. 그리고 자체 중력이 강체력을 극복하여 정역학적 평형 상태의 구에 가까운 형태를 가지고 있을 정도로 커야 하며, 마지막으로 자신의 공전 궤도 주변의 물질을 깨끗하게 청소하여 부근의 다른 천체에 대하여 지배적인 위치에 있어야 한다. 이 정의에 따르면 행성의 범주에 속하는 것으로는 수성, 금성, 지구, 화성, 목성, 토성, 천왕성, 해왕성 등 모두 8개이며 명왕성은 해왕성과 궤도가 겹치므로 해왕성이 지배적인 위치에 있어 행성의 범주에서 제외된다.

왜소행성(dwarf planets)은 새롭게 도입된 태양계 소천체에 대한 정의로, 먼저 행성과 같이 태양을 중심으로 공전을 하는 천체이며 자체 중력이 충분히 커서 구형에 가까운 형태를 가지고 있지만, 공전 궤도상에서 지배적인 위치에 있지 못하는 천체로서 위성이 아닌 것으로 정의하였다. 이 정의에 따르면 행성에서 제외된 명왕성이 이 범주에 속하며, 이외에도 세레스와 같이 큰 소행성이나 일부 몸집이 큰 TNOs가 왜소행성의 범주에 속한다고 볼 수 있다.

한편 태양계 **소천체**(minor planets)는 태양 주위를 공전하며 위성이 아닌 나머지 모든 천체를 지칭하는 것으로, 이 범주에 속하는 천체로는 대부분의 소행성, TNOs, 혜성, 운석 등 행성이나 왜소행성 그리고 위성에 속하지 않는 대부분의 태양계 천체가 이 범주에 속한다.

마지막으로 **위성**(satellites)은 주 천체 주위를 공전하며, 위성과 주 천체의 질량 중심이 지구와 달의 경우처럼 주 천체 내부에 존재하는 경우가 이에 해당된다. 반면에 명왕성과 그 위성 카론은 질량 중심이 주 천체 내부에 있지 않은 경우는 쌍성계로 구분하여 위성과는 다른 범주로 구분하고 있다.

행성은 모두 8개로서 태양에서 가까운 순서로 수성, 금성, 지구, 화성의 4개를 지구와 그 성질이 흡사한 **지구형 행성**(terrestrial planets)이라 하는데, 이들은 비교적 밀도가 큰 물질로 구성되어 있으며, 느리게 자전하여 주기가 1일 이상이며, 거느리고 있는 위성의 수가 적다. 반면에 목성, 토성, 천왕성, 해왕성을 목성과 그 성질이 유사한 **목성형 행성**(jovian planets)이라 부르는데, 이들은 질량이 크고, 밀도가 낮으며, 자전 속도가 빠르고, 많은 위성을 거느리고 있다. 이들 행성의 기본적인 특성을 표 10.1에 수록하였다. 행성의 크기는 지구형 행성의 경우 대략 수천 킬로미터, 목성형 행성의 경우 수만 킬로미터이며, 가장 큰 목성의 경우라도 태양 크기의 1/10에도 미치지 못함을 알 수 있다.

각 행성의 물리적 성질은 상당한 차이를 보이지만 이들의 운동학적 특성은 놀라울 만큼 공통점이 많다. 즉 모든 행성은 태양을 초점으로 원에 가까운 타원 궤도를 그리며 동일한 방향으로 공전하고, 금성과 천왕성을 제외한 나머지 행성의 자전도 공전과 같은 방향이다. 또한 공전 궤도면도 지구의 공전면과 거의 같은 평면(대부분 5° 이하의 경사)상에 놓여 있다. 행성이 거느리고 있는 위성도 거의 모두 같은 방향으로 공전한다. 이러한 특성을 가지게 된 이유에 대해서는 태양계 탄생 과정과 연관하여 생각하면 설명할 수 있다.

지구형 행성과 목성형 행성의 가장 큰 차이점은 화학적 조성 및 밀도라고 볼 수 있다. 지구형 행성의 경우는 밀도가 물의 5배 정도 되지만 목성형 행성은 물의 밀도와 비슷하거나 낮다. 특히 토성의 밀도는 0.7 g/cm^{3}에 불과하다. 따라서 목성형 행성은 구성 물질이 수소나 헬륨 등 비교적 가벼운 원소로 이루어져 있으며, 표면 역시 단단한 고체가 아니라 액체 상태의 덩어리라고 생각된다.

표 10.1 행성의 기본 자료

태양계 행성	거리 (km)	반경 (km)	질량 (지구=1)	밀도 (g/cc)	자전주기 (일)	공전주기 (년)	평균 온도 (K)	적도에 대한 궤도 경사각	황도에 대한 궤도 경사각
수성	5.79(7)	2,439	0.0553	5.43	58.65	0.24	100~700	2.00°	7.00°
금성	1.08(8)	6,051	0.8149	5.25	−243.01	0.62	700	177.3°	3.39°
지구	1.50(8)	6,378	1.0000	5.52	1.00	1.00	250~300	23.45°	0.00°
화성	2.28(8)	3,393	0.1074	3.95	1.03	1.88	120~390	25.19°	1.85°
목성	7.78(8)	71,492	317.938	1.33	0.41	11.86	110~150	3.12°	1.31°
토성	1.43(9)	60,268	95.181	0.69	0.43	29.46	95	26.73°	2.49°
천왕성	2.87(9)	25,559	14.531	1.29	−0.72	84.01	58	97.86°	0.77°
해왕성	4.50(9)	24,764	17.135	1.64	0.80	164.79	56	29.6°	1.77°

* 평균 거리에서 괄호 안의 숫자는 10의 거듭제곱을 나타낸다. 즉 5.79(7)=5.79 × 10^7

* 자전주기에서 음의 값은 공전과 반대 방향의 자전을 의미한다.

(1) 행성의 내부 구조

행성의 내부 구조는 화학적 조성, 밀도, 온도, 그리고 압력의 분포로 결정된다. 지구형 행성의 내부 구조는 지구와 같이 층상 구조를 가지고 있으리라 생각되지만, 지구와 같은 구조는 아니다. 수성이나 화성의 경우 중심부 온도가 물질이 녹을 수 있는 온도에 도달할 만큼 본체의 질량이 크지 않으

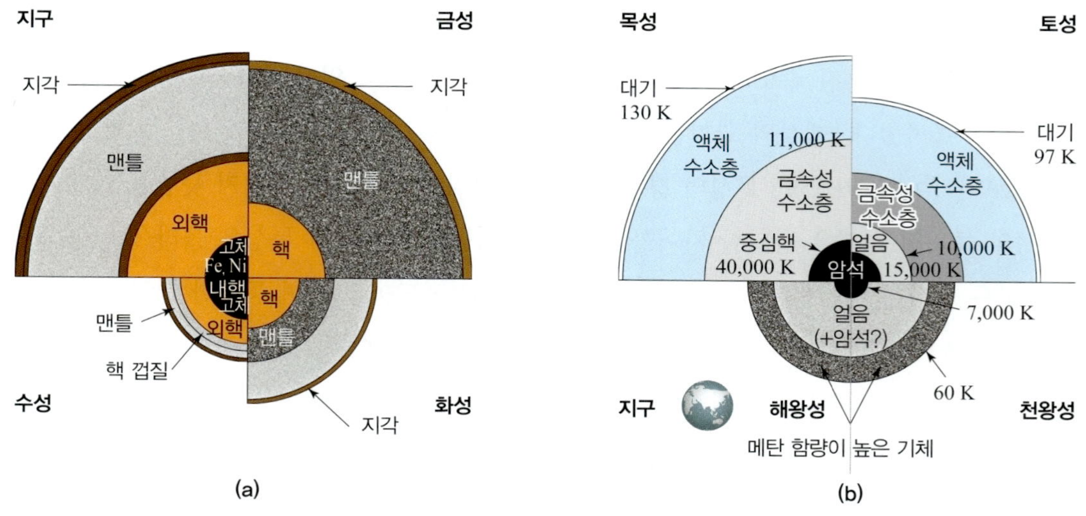

그림 10.23 행성의 내부 구조 모식도. (a) 지구형 행성, (b) 목성형 행성

므로 거의 균일한 화학 조성을 가지고 있거나 매우 단순한 층상 구조를 하고 있으리라 생각된다. 한편 지구와 비슷한 질량을 가진 금성은 지구와 흡사한 층상 구조를 가지고 있다.

목성형 행성은 주로 수소와 헬륨으로 구성된 매우 두꺼운 내부를 가지고 있으며, 중심부에는 암석질의 핵이 존재할지도 모른다. 목성형 행성을 구성하는 수소와 헬륨은 액체 상태로 내부에 존재하며, 목성과 토성의 깊은 내부에는 금속 수소층이 존재할 수 있음이 예측되었다. 금속 수소는 매우 고압(300만 기압) 상태에 놓인 수소 분자가 전자와 양성자로 분리되어 자유롭게 흘러 다닐 수 있는 상태가 되어서 마치 전기가 통하는 금속과 같은 성질을 보이게 되는 상태를 일컫는다. 이론적 계산에 의하면 목성의 중심에서 약 1만 4,000 km부터 4만 6,000 km까지는 금속 수소 상태에 있을 것으로 생각된다. 목성보다 질량이 작은 토성은 중심에 가까운 부분에만 금속 수소층이 있을 것으로 추측된다. 천왕성과 해왕성은 쌍둥이라고 불릴 만큼 유사한 특징을 가지고 있다. 따라서 내부 구조도 매우 흡사할 것으로 예상된다. 두 행성 모두 중심에 암석질의 핵이 있고 그 밖을 얼음이 두껍게 감싸고 있으며, 최외각을 액체 상태의 수소 분자층이 덮고 있다.

(2) 행성의 표면

지구의 표면이나 나머지 지구형 행성 표면의 본질적인 구조는 서로 유사하다고 볼 수 있다. 지각 형성의 3가지 과정 즉 운석 충돌, 화산활동, 판구조 운동이 지구뿐만 아니라 다른 지구형 행성에도 중요한 역할을 했음이 틀림없다. 그러나 각 행성의 크기와 밀도 그리고 대기압과 표면 온도의 차이와 같은 행성의 물리량 차이와 대기와 물의 유무에 따른 풍화와 침식 작용으로 인해 서로 상당한 표면 모습의 차이를 보여주고 있을 뿐이다.

목성형 행성의 표면과 대기는 지구형 행성의 경우와 매우 다른 모습을 보인다. 목성형 행성은 액상의 표면이므로 충돌 화구나 화산의 흔적은 전혀 찾아볼 수 없지만 빠른 자전과 연관된 표면의 줄무늬, 소용돌이 구조 등 흥미로운 모습을 볼 수 있다. 목성의 경우 **대적점**이라 불리는 거대한 소용돌이는 2만 km에서 5만 km 크기(지구보다 더 크다!)로 19세기에 처음 관측된 이래 지금까지 위치, 모양, 크기, 선명도 등의 변화를 보이며 계속 관측되고 있다. 목성에 접근한 보이저 탐사선은 매우 세밀한 목성 사진을 보내왔는데, 대적점 주변에 매우 작은(약 30 km) 규모의 소용돌이가 복잡하게 얽혀 있는 와류 지역이 존재함을 보여주었다. 비록 목성의 대적점보다 규모는 작지만(수백 킬로미터) 토성 역시 유사한 소용돌이를 가지고 있음이 보이저 1호의 사진으로 밝혀졌고, 해왕성의 표면에도 소위 '검은 점'이 있음이 판명되었다.

(3) 행성의 대기와 자기권

천체가 대기를 가질 조건을 결정하는 요인은 천체의 표면 온도와 천체의 질량이다. 표면 온도는 대기에 존재하는 분자의 운동 속도를 결정하며, 질량은 반경과 결합하여 천체에서 이탈할 수 있는 최소 속도(이탈 속도)를 결정한다. 대기에 존재하는 기체는 원시 행성 내부에 포획된 기체가 화산 폭발, 지각의 틈 등을 통해 분출되어 대기를 만들지만 행성의 질량이 충분히 크면 대기를 유지할 수 있고, 질량이 작으면 일시적으로는 대기가 존재할 수 있지만 곧바로 천체의 중력권을 이탈하게 되므로 영구적인 대기를 갖지 못한다. 천체의 질량이 같더라도 온도가 낮으면 가벼운 기체 분자까지 대기에 잡아둘 수 있지만 온도가 높으면 기체의 운동 속도가 천체의 이탈 속도를 능가하게 될 것이고, 따라서 대기를 가질 수 없을 것이다. 수성의 경우 태양에서 매우 가까운 거리에 있으므로 표면 온도가 높아 영구대기를 갖지 못하지만 수성보다 질량이 작은 토성의 위성인 타이탄은 매우 짙은 대기가 있다. 또 자기장의 존재도 천체의 대기를 유지하는 데 매우 중요한 역할을 한다. 화성과 같이 천체 전체에 걸친 자기장이 존재하지 않아 자기권이 없는 경우 대기가 태양풍에 노출이 되고 태양풍의 영향으로 대기의 분자가 우주 공간으로 이탈하게 된다.

암석형 천체의 경우 대기의 기체는 화산활동으로 천체 내부에 있던 기체가 분출된 것이다. 지구의 화산이 폭발할 때 분출이 되는 기체의 50~80%는 수증기이며, 나머지는 이산화탄소, 질소, 약간의 황화수소 등 황 성분을 포함한 기체들이다. 지구형 행성들의 경우 유사한 성분을 가질 것으로 생각된다. 그러나 그림 10.24에서 볼 수 있듯이 지구형 행성의 대기 주성분은 매우 다르다. 금성과 화성은 이산화탄소가 95~97%를 차지하는 주성분이지만 지구는 질소와 산소로 된 대기를 지니고 있다. 이와 같은 큰 차이를 보이는 이유는 물의 존재로 추정한다. 지구는 금성보다 온도가 낮아 수증기가 액체 상태로 존재할 수 있었고, 따라서 대기 중의 이산화탄소를 녹여 석회암으로 만들었다. 또 수중에 생명체가 존재하게 됨으로써 이산화탄소를 흡수하여 산소를 만들고, 또 오존층을 만들었을 것이다. 오

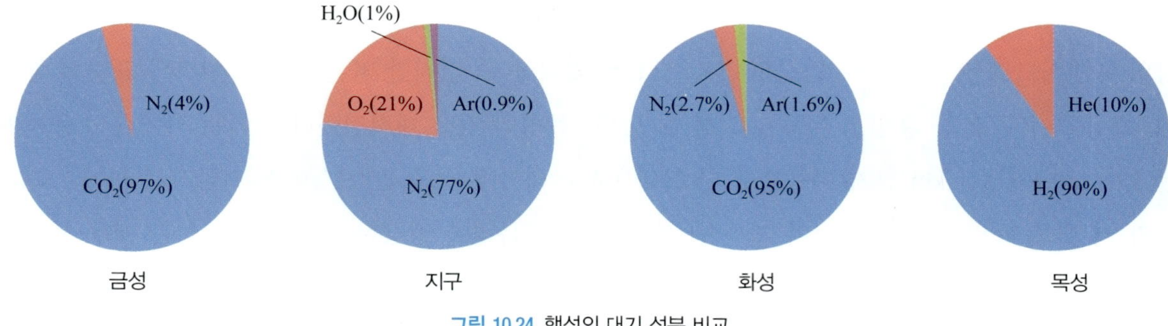

그림 10.24 행성의 대기 성분 비교

존층은 태양의 자외선을 차단하여 수증기가 분해되는 것을 막았을 것이다.

자기권은 행성의 최외각 경계 지역으로, 행성 자기장의 세기와 태양풍의 세기에 의해 크기가 결정된다. 금성과 화성은 자기장을 가지고 있지 않아 자기권을 형성하지 못하며, 나머지 행성들은 자기권을 형성한다. 수성과 지구의 자기극성 방향과 목성형 행성의 자기극성 방향은 반대이다. 지질학적 연구에 의하면 지구 자기장의 방향은 수차례 바뀌었다. 수성과 천왕성, 해왕성의 자기장 중심은 행성의 중심에서 크게 벗어나 있으며, 지구와 목성의 자기장 축은 자전축과 약 10° 기울어져 있고, 토성은 자전축과 일치한다. 천왕성과 해왕성의 자기장 축은 자전축과 각각 59°, 47° 기울어져 있다.

지구와 수성의 자기장은 철과 니켈 성분이며 액체 상태인 외핵에 의해 유지되며, 목성과 토성은 금속성 수소층이, 천왕성과 해왕성은 물, 암모니아, 메탄의 혼합물이 자기장을 유지한다. 수성의 자기장 세기는 지구의 1% 정도이며, 목성의 자기장 세기는 대기압이 1기압이 되는 구름의 상층부에서 약 4.0~13.0 G 정도로 이는 지구 자기장 세기의 14배에 이른다. 토성의 자기장은 목성의 1/20 정도의 세기를 가지고 있고, 천왕성은 평균 0.24 G 정도이며, 해왕성은 0.14 G 정도로 알려져 있다.

(4) 고리 구조

행성 탐사선의 활동은 행성 자체의 탐사뿐만 아니라 행성 주변에도 눈을 돌려 많은 새로운 사실을 우리에게 알려주었다. 이들 가운데 가장 주목할 만한 발견은 목성형 행성이 모두 고리를 가지고 있다는 사실이었다. 특히 고리의 발견은 목성형 행성의 공통적인 성질로 인정될 만큼 중요한 발견일 뿐 아니라 이들의 복잡한 구조는 천체역학의 새로운 이론적 연구의 괄목할 만한 성장을 가져왔다.

보이저 1호는 목성 주위를 돌고 있는 얇은(약 30 km 두께) 고리를 발견했다. 이 고리는 매우 얇아 세심한 이미지 처리를 통해 확인되었으며, 고리 입자의 밀도도 낮아 거의 투명하며 고리를 구성하고 있는 입자들도 크기가 약 3 μm 정도로 매우 미세하다. 이들의 광학적 특성이나 화학적 조성은 적외선 사진 분석을 통하여 석질의 미립자일 것이라고 추측하고 있을 뿐, 구체적인 것은 알려지지 않았다.

토성의 고리는 매우 잘 발달한 구조이며, 지구에서도 쉽게 확인된다. 지구에서 관측되는 고리는

A, B, C 3개지만 보이저의 근접 촬영 사진에서 보면 고리마다 또다시 수백 개의 가는 고리로 구성되어 있음을 알 수 있다. 이 가운데 A 고리는 매우 넓게 하나의 고리로 퍼져 있지만 B와 C 고리는 수백 개 또는 1,000여 개의 가는 고리가 얽혀서 매우 복잡한 미세 구조를 보인다. 대표적인 고리의 폭은 7만 km에 달하지만 두께가 매우 얇아서 불과 20 m 정도밖에 되지 않는다. A 고리와 B 고리 사이에는 카시니 간극이라 부르는 빈틈이 보이는데, 실제로 이 지역에도 약 20개의 가는 고리가 있음이 알려졌다. 적외선 관측 자료를 이용하여 고리의 구성 성분을 알아본 결과, 고리를 구성하고 있는 물질은 대부분 얼음 덩어리 또는 얼음에 둘러싸여 있는 암석 덩어리로 판명되었다. 고리 물질의 크기는 평균 1 m 정도지만 작은 것은 수 센티미터에서 큰 것은 수십 미터에 달한다.

천왕성의 고리는 지상의 관측에서 우연히 그 존재가 확인된 바 있지만, 보이저 2호의 관측에서 모두 11개의 고리를 확인했다. 토성과 비슷한 크기의 고리 물질이 5 km에서 100 km의 폭을 가지고 3개의 군으로 나뉘어 돌고 있다. 해왕성의 고리는 보이저 2호가 최초로 관측하였는데, 매우 신비로운 구조로 되어 있다. 비교적 두껍고 밝은 2개의 고리 사이에 매우 희미한 3개의 고리가 존재하며, 마치 매듭이 있는 것처럼 고리 물질의 분포가 매우 불규칙적이다. 태양계 행성들의 이러한 놀라운 모습은 앞으로 계속해서 연구되고 새롭게 해석될 것이다.

3) 지구형 행성

(1) 수성(Mercury)

태양계에서 가장 안쪽에 있는 행성으로, 다른 행성들보다 공전 궤도의 이심률이 크고(이심률 $e=0.206$), 황도에 대한 궤도 경사각도 7°로 매우 큰 값을 가지고 있다. 수성의 공전주기는 87.96일이며 자전주기는 58.65일로, 자전주기와 공전주기의 비가 2:3의 공명 상태에 있다. 자전과 공전이 동일한 방향이기 때문에 1수성일은 2수성년에 해당한다. 수성의 평균 밀도는 5.43 g/cm^{3}로 지구 다음으로 밀도가 높은 행성이며, 자체 중력에 의한 압축 효과를 제거하면 가장 밀도가 높은 행성이다. 수성의 65%는 금속을 많이 함유한 핵으로 구성되어 있다.

수성 탐사선 메신저(Messenger)호가 2011년 3월부터 2015년 4월까지 약 4년간의 관측을 통해 수성에 대한 다음과 같은 사실을 알게 되었다. 수성은 태양 가까이에 있는 작은 행성으로 영구적인 대기는 없지만 표면에서 증발하였거나 화산의 분화구에서 분출하였을 것으로 추정이 되는 수소, 헬륨, 나트륨, 칼륨, 칼슘, 실리콘 등으로 구성된 외기권(exosphere)이라고 부르는 희박한 대기가 있다.

그림 10.25에서 볼 수 있는 것처럼 수성의 표면은 달처럼 운석 구덩이가 매우 많다. 다만 달에는 운석 구덩이가 없는 지역을 찾기 어렵지만 수성에는 운석 구덩이들 사이에 평원이 펼쳐져 있다. 운석 구덩이를 가로질러 길게 뻗은 단층과 같은 급경사 지형이 있으며, 이 지형은 수성의 핵이 냉각되며

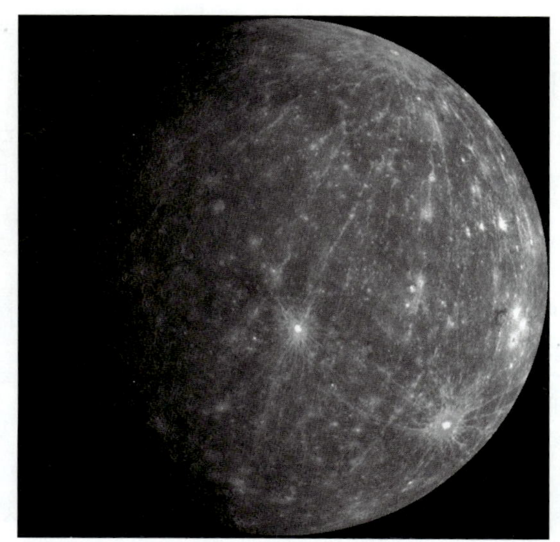

그림 10.25 메신저호가 촬영한 수성의 모습

수축되어 만들어졌을 것으로 추정한다. 수성에서 가장 큰 운석 충돌 분지인 칼로리스 분지(Caloris basin)는 약 39억 년 전에 형성되었다고 추정되며, 중심부에는 방사상으로 뻗은 골짜기가 200개 이상 있고, 분지 가장자리에는 동심원 형태의 골짜기가 존재한다. 그리고 이 분지의 남쪽 가장자리에는 여러 개의 사화산이 존재한다.

1991년 아레시보 전파망원경 관측에서 전파의 반사도가 매우 높은 점들이 북극에 존재하는 것을 발견하였고, 메신저호 관측을 통해 북극과 남극의 운석 충돌 구덩이는 태양빛이 전혀 비치지 않는 곳이 존재하며 수소의 초과가 보이는 것을 확인하였고, 이를 얼음에서 해리되어 분출되는 수소에 의한 것으로 해석하여 얼음이 있는 것으로 추정하고 있다. 표면을 구성하는 원소의 조성비도 조사하였는데 수성 표면에는 휘발성 원소인 나트륨, 칼륨, 황, 염소 등이 풍부하며 규소는 전체에 걸쳐 일정한 함량을 보이지만 화산활동과 관련된 마그네슘과 알루미늄은 분포가 상당히 다르다. 수성 표면의 화학 조성비는 지구형 행성과 비슷하며 휘발성 원소의 함량에서 달과 매우 다르므로, 수성은 거대 충돌로 형성되어 거의 핵만 남게 된 천체가 아니라 원시 태양계 성운에서 콘드라이트와 같은 운석 물질에 의해 형성되었을 것이다. 그러나 휘발성 물질인 황은 많지만 철과 산소의 함량이 낮으므로 수성은 지구보다 산소가 적은 물질에서 만들어졌다.

(2) 금성(Venus)

금성은 밤하늘에서 볼 수 있는 천체 중에서 달 다음으로 가장 밝고, 지구와 가장 가까운 행성이며, 지구와 비슷한 크기의 행성이다. 금성은 짙은 구름층을 가지고 있어 금성의 표면은 직접 볼 수 없다. 하지만 반사율이 높은 구름층 때문에 금성은 매우 밝게 빛난다.

그림 10.26 구소련의 금성 탐사선 베네라 13호가 촬영한 금성의 표면 모습

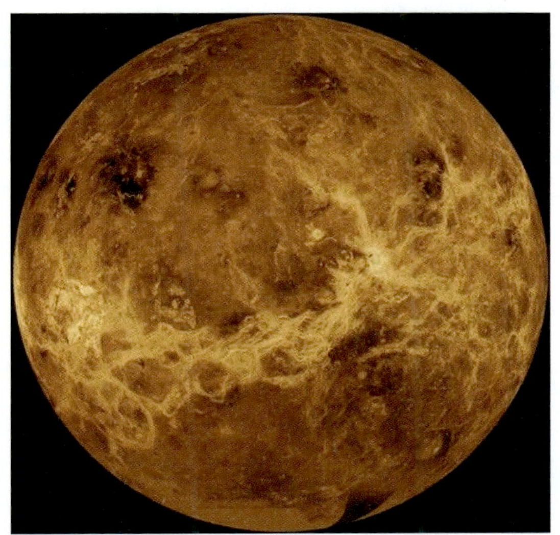

그림 10.27 마젤란 탐사선의 레이더 관측으로 만든 금성 표면 지도

금성의 자전 방향은 공전 방향과 반대이며, 만약 반시계 방향의 자전을 기준으로 생각한다면 금성의 자전축은 177° 기울어졌다고 표현할 수 있다. 자전주기도 243일로 매우 길다. 자전주기와 공전주기의 비는 5:4이다. 매우 긴 자전주기와 역전된 자전 방향은 금성 형성 초기에 큰 충돌이 있었음을 암시한다. 그림 10.26은 구소련의 금성 탐사선 베네라(Venera) 13호가 촬영한 금성의 표면 사진으로, 황량한 사막과 같은 모습을 보여준다.

그림 10.27은 미국의 금성 탐사선 마젤란의 레이더 관측으로 만든 금성 지도와 몇몇 특징적인 지형을 보인 것이다. 금성의 지형은 표면의 60%가 평균 반지름 ±500 m 이내로, 지표의 기복이 매우 적다. 표면의 20%는 95기압, 온도 465°C인 저지대 평원이며 70%는 완만한 기복이 있는 고지대 평원, 고지대로 불리며 나머지 약 10%는 41기압, 온도 374°C인 고원이다. 아프로디테 고지를 가로지르는 7,400 km 길이의 디아나 협곡이 금성의 적도를 따라 이어지고 있다. 이슈타르 고지대는 티베트 고원보다 2배 정도 넓은 고지로, 그 동쪽에 금성 최고의 화산인 맥스웰 산이 있다. 아프로디테 고지는 금

성의 적도 부근에 위치하고, 아프리카 크기의 절반 정도이며, 고지를 가로질러 침강 지형인 협곡이 있다.

금성에는 지름이 1.4 km 이상인 운석 구덩이가 약 1,000개 있으며, 다중 환상 구조를 뚜렷이 보여주는 미드(Mead)가 가장 큰 운석 구덩이이다. 이들의 특징은 짙은 대기층 때문에 높은 구덩이 벽을 형성하지 못하며, 분출물이 멀리 가지 못하고, 2차 구덩이를 형성하지 못한다.

(3) 화성(Mars)

화성은 태양으로부터 지구 바로 바깥 궤도를 돌고 있는 행성으로, 달 다음으로 많은 탐사가 이루어진 행성이다. 철 성분을 많이 함유한 표토 때문에 붉은색을 띠고 있으며(그림 10.28), 화성의 대기압은 약 600 Pa 정도로 지구 대기압의 약 0.6%밖에 되지 않는다. 화성의 붉은색으로 인해 서양에서는 전쟁의 신으로, 동양에서는 대화(大火)로 불렸다.

화성의 낮은 대기압으로 인해 화성의 표면에는 액체 상태의 물이 존재하지 않으며, 지각 밑에 얼음의 형태로 존재할 것으로 추정되지만 2006년 12월에는 마스 글로벌 서베이어(Mars Global Surveyor)가 화성의 두 계곡에서 물이 흐르는 흔적을 발견하였다. 화성의 표면 지형의 특징은 북반구와 남반구가 뚜렷한 차이를 보인다는 것이다. 북반구에는 태양계의 어디에서도 볼 수 없는 거대한 화산 고원인 타르시스(Tharsis) 화산 지대가 있으며, 나머지 지역은 평균 표고보다 훨씬 낮은 저지대 평원이 있다. 반면 남반구의 경우 오래된 지형의 고지대이지만 가장 낮은 지역인 헬라스(Hellas) 운석 충돌 분지가 있다. 타르시스 화산 지대는 거대한 용암 분출로 형성되었으며, 운석 구덩이의 밀도로부터 약 30억 년 전에 형성되었을 것이라고 본다.

그림 10.28 HST가 촬영한 화성

타르시스 화산 지대의 서쪽에 태양계에서 가장 큰 화산인 올림푸스 산(Olympus Mons)이 있으며, 이 화산 지대의 중앙에는 지구의 어떤 산보다 높은 산들이 3개나 있다. 이들은 대부분 순상 화산으로, 맨틀의 열점 위에 존재한다. 타르시스 화산 지대의 동쪽에 태양계에서 가장 큰 협곡인 매리너 협곡은 동서 길이가 약 4,000 km, 가장 넓은 곳의 폭은 약 120 km, 가장 깊은 곳은 약 7 km이다. 남반구 고지대에 있는 헬라스 분지는 주변보다는 약 9 km, 평균 반경보다 약 6 km 낮은 화성에서 가장 낮은 지형이다. 운석 구덩이가 매우 많이 존재하며, 따라서 약 40억 년 전에 형성된 것으로 추정한다.

화성에는 과거에 물이 흘렀던 흔적들을 많이 발견할 수 있으며, 일부 지역에서는 지하수의 용출에 의한 엄청난 홍수의 흔적을 볼 수 있다. 이러한 흔적으로 추정할 수 있는 물은 화성 지각 아래에 있는 영구 동토층과 극관(그림 10.29)에 존재한다. 양극 주변의 영구 동토층에 있는 얼음이 액체 상태인 물로 변한다면 화성 전체를 11 m 깊이로 덮을 수 있는 양이라고 한다. 운석 구덩이 유티(Yuty)와 같은 유출 구덩이는 운석 충돌로 녹은 영구 동토층의 얼음이 액체 상태로 암석 파편과 섞여서 흘러내린 모

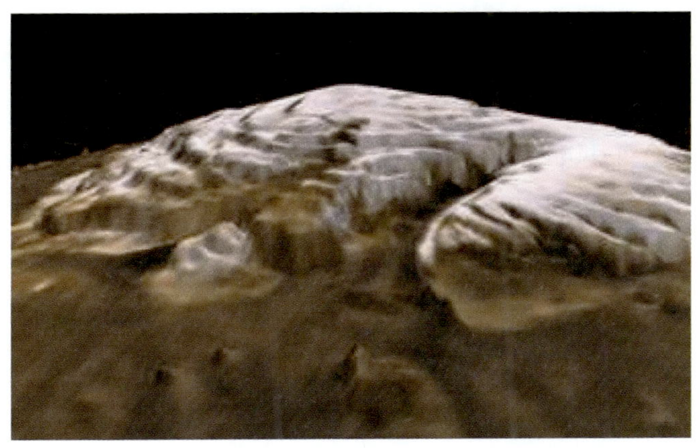

그림 10.29 화성의 극관

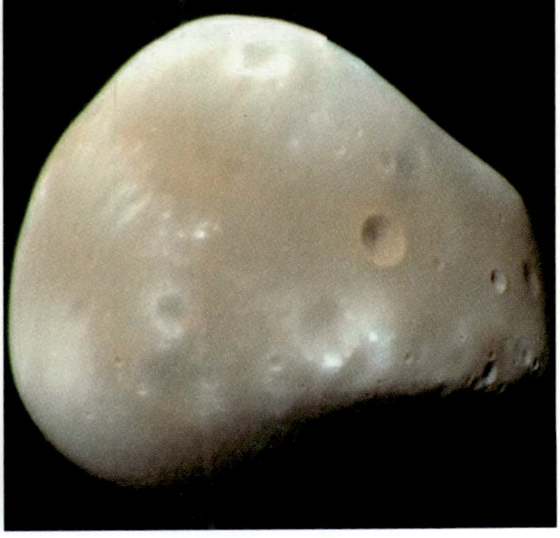

그림 10.30 화성의 위성 포보스(좌)와 데이모스(우)

습으로 보인다. 이러한 충돌 구덩이를 꽃잎 무늬 크레이터라고 부르며, 화성에서만 특징적으로 발견된다. 이 때문에 화성의 지표면 아래에는 물이 얼어 있는 영구 동토층이 존재할 것이라고 본다.

화성에는 포보스(Phobos, 크기: 27×21 km)와 데이모스(Deimos, 크기: 15×12 km)라는 작은 위성이 있다. 포보스의 공전주기는 약 7시간 30분으로, 화성의 자전주기보다 짧다. 이 때문에 포보스는 서쪽에서 떠서 동쪽으로 진다. 공전주기가 화성의 자전주기보다 긴 데이모스는 동쪽에서 떠서 서쪽으로 진다. 이들 작은 위성들은 소행성이 화성에 포획되었을 가능성도 있지만, 이들 두 위성은 모두 화성의 적도 상공을 원 궤도로 돌고 있으므로 단정적으로 말하기는 어렵다.

4) 목성형 행성

(1) 목성(Jupiter)

목성은 밤하늘에서 볼 수 있는 천체 중에서 세 번째로 밝은 천체이며, 태양계에서 가장 큰 행성이다. 목성의 반지름은 지구의 11배이며, 질량은 지구의 약 320배에 달한다. 공전주기는 11.86년으로, 대략 1년에 황도 12궁 별자리를 1개씩 옮겨 다닌다고 볼 수 있다. 이러한 이유로 동양에서는 목성을 시간을 나타내는 별인 세성(歲星)이라 한다.

목성은 자전주기가 매우 짧으며, 태양과 마찬가지로 위도에 따라 자전주기가 다르다. 빠른 자전과 기체로 된 대기 때문에 적도 반지름과 극 반지름의 차이가 매우 크다. 목성은 여러 개의 줄무늬가 있으며, 상승하는 대기와 하강하는 기체의 온도 차이, 풍향의 약전 등의 이유로 여러 색을 띤 줄무늬를 만들고 있다.

그림 10.31 보이저 1호가 촬영한 목성

목성은 매우 많은 위성을 거느리고 있으며, 그중 4개는 달과 비슷하거나 큰 위성들로 갈릴레이가 망원경을 통해 처음 발견하였다. 갈릴레오 위성 중에서 가장 안쪽에 있는 이오는 달보다 약간 크며, 태양계 내 천체 중에서 화산활동이 가장 활발한 위성으로 보이저 탐사선과 갈릴레오 탐사선, 카시니 탐사선이 지나가는 동안에도 화산 폭발이 관측되었다. 화산활동의 에너지 원천은 목성의 강력한 조석력과 궤도 공명 관계에 있는 유로파의 섭동이다. 보이저 탐사선의 관측을 통해 수백 개의 칼데라가 발견되었지만 운석 구덩이는 발견하지 못하였다. 이오에는 매우 희박한 대기가 존재하지만 시간과 공간에 자라 크게 변화하며, 주로 화산 폭발로 분출된 기체들이다.

이오 바로 바깥에 있는 위성인 유로파(Europa)는 달보다 약간 작으며 분광 관측을 통해 물 분자와 산소 분자의 존재를 확인하였다. 목성의 강력한 조석력 작용으로 내부의 화산활동이 있을 것으로 추정되며, 이 화산활동으로 인해 약 수 킬로미터 두께의 얼음으로 덮인 유로파의 표면지각 아래에 약 100 km 두께의 물로 된 바다가 있을 것으로 추정된다. 유로파 표면의 줄무늬는 목성의 강력한 중력에 의해 생긴 틈으로 용암이 흘러나온 것으로 생각되며, 운석 구덩이가 거의 없는 것으로 보아 지각은 매우 젊다.

가니메데(Ganymede)는 태양계에서 가장 큰 위성으로, 직경은 행성인 수성보다도 크다. 그러나 밀도가 수성보다 훨씬 낮아 질량은 수성의 절반 정도이다. 가니메데의 검은 부분은 얼음지각 위에 많은 미세 운석이 충돌한 운석 구덩이가 많은 오래된 지형이다. 반면에 반사도가 높아 밝은 지역은 많은 홈과 능선이 있으며, 이러한 지형은 지구의 지판 운동과 같은 지각 운동에 의해 약 30억 년 전에 형성된 것으로 추정한다. 가니메데는 태양계 위성들 중에서 유일하게 자기권을 가지고 있으며, 목성의 자기장과 상호 작용한다.

칼리스토(Callisto)는 가니메데와 유사하지만 가니메데에 비해 운석 구덩이가 훨씬 많으며, 단층과 같은 지형은 보이지 않는다. 칼리스토에 있는 발할라 분지는 운석의 충돌로 부분적으로 녹았다가 융기 부분이 내려가기 전에 굳어져 동심원 형태의 침강 지형을 만든 것으로 생각된다. 칼리스토는 핵과 맨틀의 분화가 잘 일어나지 않은 위성으로 추정한다.

이들 갈릴레오 위성은 모두 목성의 적도면에 존재하며, 밀도는 안쪽의 이오가 가장 높고, 가장 바깥쪽의 칼리스토가 가장 낮은 체계적 변화를 보여준다. 이들 위성은 목성과 함께 만들어졌을 것으로 추정하며, 목성의 형성 과정도 작은 태양계 형성 과정과 같은 과정을 밟았을 것으로 추정한다. 목성 외곽에 존재하며 적도면을 공전하지 않는 대부분의 불규칙 위성들은 목성의 중력장에 포획된 소행성으로 추정한다.

(2) 토성 (Saturn)

매우 발달된 고리를 가진 행성으로, 고리를 처음 본 갈릴레이는 “토성에는 귀가 있다”고 묘사할 정도로 고리의 존재에 대하여 인지하지 못했고, 처음에는 위성으로 생각하였다. 토성의 대기는 목성과 마찬가지로 줄무늬를 가지고 있지만 목성만큼 뚜렷하게 구분되지는 않는다. 토성에도 강력한 폭풍이 있지만 목성의 대적점이나 해왕성의 검은 점과 같은 소용돌이는 보이지 않는다. 태양계에서 두 번째로 큰 행성이지만 밀도는 행성들 중에서 가장 낮다.

토성에도 자기장이 있으며, 극에서는 오로라도 관측되었다. 지구나 목성의 자기장 축은 자전축과 약 11° 정도 기울어져 있지만 토성의 자기장 축은 자전축과 나란하다. 토성에는 최근에 공인된 위성 62개를 포함하면 총 145개의 위성이 있지만 타이탄(Titan)을 제외하면 모두 크기가 작다. 태양계에서 두 번째로 큰 위성인 타이탄은 매우 두꺼운 대기가 있다. 지상의 분광 관측을 통해 예전부터 대기가 존재한다는 사실을 알고 있었으며, 허블 우주 망원경의 근적외선 관측 및 전파 관측을 통해 대륙과 액체 탄화수소로 된 호수와 같은 지형이 있을 것으로 추정하였다.

토성 탐사선인 카시니가 토성에 접근하면서 투하한 탐사 장비인 하위헌스가 타이탄의 표면 사진과 함께 여러 측정 결과들을 보내주었다. 타이탄의 표면은 지구의 사막과 유사한 모래로 덮인 지형이 관찰된다. 하지만 지구의 사막과는 다른 탄화수소 입자로 뒤덮인 수 센티미터 크기의 얼음 입자이며, 유체가 흐르는 수로와 같은 지형이 존재하는 등 매우 다양한 지형을 보여준다. 타이탄의 표면 기압은 1.6기압으로, 지구의 대기보다 10배 정도 많은 공기 분자가 있다. 타이탄은 중력이 약하기 때문에 대기층의 높이는 지구의 2배 정도가 된다. 고도가 약 20 km 되는 위치에 메탄 구름층이 있지만 예상했던 것보다 밀도가 낮으며, 그 원인으로 액화된 메탄이 비가 되어 지표로 되돌아가기 때문으로 생각된다. 이외에도 타이탄에는 화산활동으로 추정되는 현상과 매우 많은 수의 호수, 운석 충돌 구덩이 등이 존재한다.

토성 탐사선 카시니는 지름이 520 km밖에 되지 않는 위성인 엔셀라두스(Enceladus)에서 수증기 등으로 구성된 희박한 대기를 검출하였다. 비록 온도는 낮지만 작아서 대기를 유지할 수 없으므로,

그림 10.32 카시니 탐사선이 촬영한 토성

그림 10.33 엔셀라두스의 표면(왼쪽)과 얼음, 수증기의 분출 모습(오른쪽)

대기에 공기 분자를 공급할 수 있는 특별한 메커니즘이 있음을 알 수 있다. 그림 10.33의 왼쪽은 계곡과 같은 줄무늬가 많은 표면 지형을 보여주는 것으로 판구조 운동과 같은 지질학적 활동이 활발하게 일어나고 있음을 시사한다. 오른쪽 사진은 얼음, 물, 유기 분자가 수백 킬로미터 높이로 간헐천처럼 분출하는 모습이다. 엔셀라두스가 이처럼 활동적인 이유는 토성의 강한 조석력과 바깥쪽에 있는 위성인 디오네(Dione)와의 2:1 공명 현상으로 생각된다. 또 엔셀라두스는 반사능이 99%로, 태양계 천체 중에서 가장 반사도가 높은 천체이다.

포에베(Phoebe)와 같은 역행 위성은 카이퍼대에 있던 천체가 포획되어 위성이 되었다고 생각된다. 이 위성은 엔셀라두스와 반대로 반사도가 6%밖에 되지 않으며, 운석 충돌 구덩이가 매우 많고, 얼음의 흔적이 있다. 평균 밀도는 1.6 g/cm^{3}로 암석질을 많이 함유하고 있을 것으로 생각된다.

(3) 천왕성(Uranus)

천왕성은 육안 관측이 아닌 망원경이라는 도구를 사용하여 발견한 행성이다. 천왕성의 최대 밝기는 5.5등급으로 맨눈으로 관측할 수 있지만 너무 어두워서 행성으로 인지하지는 못하였을 것이다. 1781년 허셜(Friedrich William Herschel, 1738~1822)은 성운 또는 혜성처럼 보이는 특이한 천체를 발견하였고, 후속 관측을 통해 새로운 행성임을 알았다. 천왕성의 각 크기는 3.6″밖에 되지 않기 때문에 작은 망원경으로는 행성임을 인지하기 어렵다.

그림 10.34는 1986년 보이저 2호가 촬영한 사진으로 아무런 특징적인 모습을 볼 수 없다. 그러나 허블 우주 망원경으로 관측한 사진에서는 위도에 따른 구름의 분포를 나타내는 줄무늬와 구름의 소용돌이로 추정되는 밝은 점, 천왕성의 테 등을 볼 수 있다. 천왕성의 자전축은 공전면에 대해 약 98° 정

그림 10.34 보이저 2호가 촬영한 천왕성

도 기울어져 있으며, 따라서 계절의 변화도 매우 긴 주기를 갖는다. 또 천왕성의 자기장 축은 자전축과 60° 정도 기울어져 있을 뿐만 아니라 중심도 천왕성의 중심과 어긋나 있다.

천왕성에는 지금까지 알려진 27개의 위성이 있는 데, 안쪽의 13개는 고리들 사이에 있는 작은 위성들이며, 중간 크기를 갖는 5개의 규칙적인 위성이 있고, 외곽에 9개의 불규칙한 위성이 있다. 5개의 중간 크기 위성들은 모두 천왕성의 조석력에 의해 동주기화되어 있다. 이들 중에서 가장 작은 미란다(Miranda)는 타원형 줄무늬로 된 오보이드(ovoids)라는 지형이 있다. 이 타원형 줄무늬 지형은 단층 작용 때문에 얼음 용암이 분출되어 형성한 것으로 생각된다. 미란다의 활동적인 지질 현상은 천왕성의 조석력과 다른 위성과의 공명 현상으로 추정한다.

(4) 해왕성(Neptune)

천왕성의 궤도를 조사하던 과정에서 태양의 중력과 다른 큰 행성의 섭동을 고려하더라도 이론적으로 계산한 궤도에서 벗어남을 알았다. 이들은 천왕성의 궤도 운동에 영향을 줄 수 있는 또 다른 행성의 존재를 예측하였고, 1846년 갈레(Johann Gottfried Galle, 1812~1910)가 해왕성을 발견하였다. 해왕성의 최대 밝기는 7.8등급으로, 맨눈으로는 볼 수 없는 밝기여서 해왕성의 발견은 인간의 지적 능력의 소산이라 할 수 있다.

해왕성은 천왕성과 쌍둥이라고 불릴 수 있을 정도로 유사하다. 해왕성의 장반경은 30 AU이며, 공전주기는 165년으로, 발견한 이후 겨우 태양을 한 바퀴 돌았다. 1989년 8월에 보이저 2호가 처음으로 해왕성을 탐사하였다. 해왕성에는 목성의 대적점과 같은 검은 반점(대흑반)이 존재하며, 지름은 약 3

만 km로, 지구의 2배 정도이다. 해왕성의 자기장 축도 천왕성의 자기장 축과 마찬가지로 자전축과 큰 각도(46°)로 기울어져 있고, 천왕성의 중심에서 크게 벗어나 있다.

해왕성에는 달의 3/4 크기를 갖는 큰 위성인 트리톤(Triton)이 있다. 이 위성은 해왕성 둘레를 시계 방향으로 공전하는 역행 위성이다. 역행하는 경우 조석력의 영향으로 점차 행성에 접근하게 되며, 약 1억 년 후에 해왕성과 충돌할 것이라고 한다. 보이저 2호의 관측에 의하면 트리톤 표면의 온도는 37 K로 매우 낮으며, 매우 희박한 질소 대기가 존재한다. 보이저 2호는 트리톤의 표면에서 질소 기체가 뿜어 나오는 화산과 같은 활동적인 현상을 관측하였으며, 이는 내부의 열원으로 기화된 질소의 분출로 관측된 희박한 질소 대기와 관련이 있다. 트리톤의 역행 공전은 이 위성이 해왕성과 함께 만들어지지 않았고, 카이퍼대 천체가 해왕성에 포획되었을 가능성이 있다고 생각된다.

10.3 태양계의 소천체

지구상에 존재하는 생명체의 과거 역사를 이해하기 위하여 과학자들은 가능한 한 먼 과거의 화석이 필요하다. 이와 마찬가지로 태양계의 초기 역사를 짜 맞추기 위하여 우리는 역시 우주 화석이 필요하게 된다. 태양계의 기원에 관한 질문에 답을 구하고자 할 때 행성들은 거의 아무런 도움을 줄 수 없다. 운석이 난타하여 표면이 녹아내리고, 판구조 운동 때문에 표면이 변형되어 탄생에 관한 증거를 이미 대부분 잃어버렸기 때문이다. 따라서 행성들로부터 태양계의 초기 역사를 유추하는 것은 마치 어른의 도습으로부터 탄생의 상황을 알아보려는 것만큼이나 어려운 일이다. 결과적으로 우리는 태양계 탄생 과정에서 살아남은 작은 천체들이 제공하는 증거에 관심을 돌려야 한다.

천문학자들은 행성보다 작은 태양계 천체들을 **소천체**(minor planets)로 분류하고, 임의로 이들을 두 집단으로 구분하였다. **소행성**(asteroids)은 작은 암석질 천체로서 약간의 휘발성 물질을 함유하고 있다. 이들은 지구형 행성과 크기에 있어서 근본적으로 다르며, 이들 중에서 규모가 큰 일부 소행성은 **왜소행성**(dwarf planets)이라 불리기도 한다. **혜성**(comets)은 물과 다른 휘발성 물질이 고체 알갱이와 함께 얼어붙은 얼음 덩어리이다. 혜성은 그들이 태양 근처에 접근했을 때 가장 눈에 잘 띄고, 잠시 주변에 대기와 먼지와 가스로 이루어진 긴 꼬리를 형성한다. 최근 들어 천문학자들은 혜성과 소행성의 중간 정도 특성을 가진 천체를 발견했지만 소천체의 구분 영역은 여전히 기억하기 쉽게 이 두 가지로 되어 있다.

1) 소행성

(1) 소행성의 발견과 분포

대부분의 소행성 궤도는 **소행성대**(asteroidal belt)라고 불리는 화성과 목성 궤도 사이에 있다. 소행성은 너무 작고 어두워서 망원경 없이는 볼 수 없다. 따라서 최초의 발견은 성능이 좋은 망원경이 개발된 19세기가 지나서야 이루어졌다. 당시 천문학자들은 화성과 목성 궤도 사이에 또 다른 행성이 존재해야만 한다고 생각하였고, 이 행성을 찾는 데 혈안이 되어 있었다. 1801년 이탈리아의 천문학자 피아치(Giuseppe Piazzi, 1746~1826)는 그가 발견한 최초의 소행성 세레스가 바로 실종된 행성일 것으로 믿었는데, 이 소행성은 태양으로부터 2.8 AU 떨어진 궤도를 그린다. 그러나 이듬해 또 다른 조그마한 천체가 비슷한 궤도에서 발견되었고, 1804년과 1807년에 2개가 더 발견되었다. 화성과 목성 사이에는 단일 행성이 없다는 것은 확실히 밝혀졌지만 지름이 1,000 km가 되지 않는 작은 천체들의 집단이 존재한다는 것을 새롭게 알게 되었다.

현재까지 약 50만 개 소행성의 궤도가 알려져 있으며, 적외선 관측 등을 통해 약 2억 개 정도가 검출되었다. 이들 중에서 100 km 이상의 지름을 가진 소행성은 200개 이상이다. 가장 큰 소행성은 약 1,000 km의 지름을 가진 세레스이다. 팔라스와 베스타는 약 500 km의 지름을 가지고 있으며, 지름 250 km 이상인 소행성들을 표 10.2에 수록하였다. 크기가 작아질수록 소행성의 개수는 급격히 증가하며, 현재까지 알려진 소행성의 질량을 모두 합쳐도 달의 질량보다 작다.

모든 소행성은 다른 행성과 마찬가지로 서에서 동으로 태양 주변을 공전한다. 그리고 공전 궤도면은 지구나 다른 행성과 비슷한 평면에 놓여 있다. 태양으로부터 2.2에서 3.3 AU 사이에 소행성들이 많이 퍼져 있는 지역이 있는데, 이 지역을 소행성대라고 부른다. 이 지역에 분포하고 있는 소행성들의 공전주기는 3.3에서 6년 사이이다. 75% 이상의 소행성이 이 소행성대에 속해 있다.

1917년 일본의 천문학자 히라야마는 몇 개의 소행성이 비슷한 궤도를 가진 집단이나 가족을 이룬다는 것을 발견했다. 그는 이 집단이나 가족이 큰 소행성의 폭발로 쪼개지거나 혹은 두 소행성의 충돌로 부서진 것이라고 했다. 현재 서로 조금씩 다른 위치에서 관측되는 조그만 소행성들은 원래 같은 모체에서 분리되어 조금씩 다른 속도 차이에 의해 조금 흩어진 것들이라고 본다. 그러한 가족은 수십 개가 있다. 그리고 큰 가족의 구성원들은 물리적으로 비슷한 성질을 가지는 것으로 보아 그들이 같은 모체에서부터 생성된 조각이라고 생각하게 되었다.

(2) 소행성의 종류

소행성은 구성 성분에 따라 명백하게 구분된다. 대부분의 소행성은 석탄처럼 반사율이 3~4% 정도로 어둡다. 일부 소행성들은 반사율이 달보다 조금 큰 15~20%에 달하는 것들이 있으며, 어떤 것은

표 10.2 **거대한 소행성**

이름	발견 연도	장반경(AU)	직경(km)	구분
세레스	1801	2.77	940	C
팔라스	1802	2.77	540	C
베스타	1807	2.36	510	*
히게이아	1849	3.14	410	C
인터암니아	1910	3.06	310	C
다비다	1903	3.18	310	C
시벨르	1861	3.43	280	C
유로파	1868	3.10	280	C
실비아	1866	3.48	275	C
주노	1804	2.67	265	S
싸이키	1852	2.92	265	M
파티엔티아	1899	3.07	260	C
유프로시네	1854	3.15	250	C

C=탄질, S=석질, M=철질
* 베스타는 매우 특이한 화산암의 표면을 가지고 있다.

무려 60%의 반사율을 가진 것도 있다.

어두운색의 소행성은 분광 연구에 의하면 규소와 유기 탄소 화합물이 혼합된 원시 소행성(태양계 생성으로부터 화학적으로 변화하지 않은 소행성)으로 판명되었다. 가장 큰 2개의 소행성인 세레스와 팔라스는 소행성대 바깥쪽에 분포하고 있는 대부분과 마찬가지로 원시 소행성이다. 대부분의 원시 소행성들은 탄소 성분이 많이 함유되어 있는 C-형 소행성으로 구분하는데, 원시 소행성 가운데 몇몇 개는 다른 광물질을 포함하고 있는 것이 확인되었다.

두 번째로 많은 소행성 집단은 S-형 소행성이라 부르는데, 여기서 S는 석질 성분을 의미한다. 주노와 가스프라 같은 소행성이 이 범주에 속한다. 이러한 소행성에는 탄소 성분의 물질이 결핍되어 있고 대신에 규소의 스펙트럼 특성이 잘 나타나며 표면 반사율도 상당히 높게 나타난다.

세 번째 소행성 집단은 앞의 두 집단에 비해 개수가 매우 적으며, 주로 금속 성분을 많이 함유한 M-형 소행성이다. 금속성 소행성은 석질 소행성보다 전파를 잘 반사시키므로 레이더를 이용하면 존재를 쉽게 확인할 수 있다. 만약 우리가 이러한 소행성을 안전한 방법으로 가져올 수만 있다면 철을 비롯한 다양한 산업용 금속을 전 세계에 공급할 수 있을 것이다. 실제로 캐나다의 서드베리에 있는 세계 최대 광산의 철과 니켈은 10억 년 전에 충돌한 소행성으로부터 나오는 것이다.

금속 성분을 많이 함유한 M-형 소행성과 더불어 몇몇 소행성들은 초기 단계에서 녹은 흔적과 분화된 흔적을 보인다. 이들은 달과 화성 등에서 볼 수 있는 것처럼 화산으로 인해 형성된 평원과 같은 현무암질의 표면을 가지고 있다. 베스타라는 커다란 소행성은 바로 이러한 범주에 속한다. 왜 오직 몇몇 소행성만이 이러한 과정을 겪었는지 아직 구체적으로 알려지지 않았다.

(3) 소행성을 가까이한 탐사선

목성을 탐사할 목적으로 발사된 갈릴레오 탐사선은 아이다와 가스프라라고 불리는 2개의 소행성 가까이를 통과하도록 계획되었다. 가스프라는 첫 번째 목표로서 플로라 소행성 가족의 구성원이며, 따라서 그 소행성 가족을 만든 모체의 충돌로 생겨난 것으로 생각된다(그림 10.35). 이 소행성은 S-형 소행성으로 분류되었으며 밝기의 변화 주기로부터 이 소행성의 자전주기가 7시간이라는 것을 알아냈다.

갈릴레오 탐사선에 탑재된 사진기는 가스프라의 크기가 16 km이고, 엄청난 충돌의 결과로 매우 불규칙한 모습임을 보여주었다. 세밀한 사진을 분석하면 표면에 있는 충돌 구덩이의 개수를 셀 수 있으며, 따라서 이 소행성의 표면이 형성된 시기를 추정할 수 있다. 비교적 듬성듬성한 충돌 구덩이의 분포로부터 과학자들은 이 소행성의 나이가 2억 년 정도밖에 되지 않았다는 결론을 내렸다. 다시 말해 플로라 소행성 가족을 형성한 충돌이 약 2억 년 전에 일어났다는 것이다.

두 번째 목표였던 아이다는 길이가 56 km 정도인 S-형 소행성이다(그림 10.35). 이 소행성은 가스프라보다 훨씬 많은 수의 충돌 구덩이를 가지고 있으므로 가스프라보다 훨씬 먼저 생성되어 충돌에 시달려왔음을 암시한다. 갈릴레오가 아이다 곁을 지나가면서 알아낸 것 가운데 가장 놀랄 만한 것과 과학적으로 가장 중요한 사실은, 이 소행성의 주위를 공전하는 위성을 발견했다는 것이다. 댁틸(Dactyl)로 명명된 이 위성은 비록 1.5 km 정도의 지름을 가진 작은 것이긴 하지만 댁틸은 몇몇 중요

그림 10.35 다양한 소행성의 모습

한 사실을 과학자들에게 알려주었다. 예컨대 케플러의 법칙을 이용하여 아이다의 질량과 밀도를 알 수 있다. 아이다로부터 100 km 거리에서 공전하고 공전주기가 24시간 정도라는 사실로부터 아이다의 밀도가 대략 2.5 g/cm^{3}임을 알 수 있는데, 이는 충돌로 생성된 것이 아닌 원시 소행성의 밀도와 비교적 좋은 일치를 보인다. 아이다는 화학 조성이 원시 상태의 물질로 구성되었다는 결론을 내렸다. 이로부터 다른 S－형 소행성도 원시 물질로 구성되었다고 추측할 수 있는데, 댁틸이 발견되기 이전에는 과학자들 사이에 큰 논쟁거리였다.

1996년에 NASA는 소행성을 고속으로 통과하는 것이 아니라 스치도록 지나가는 궤도를 가진 탐사선을 발사하였다. 목표는 가스프라와 크기가 비슷한 에로스이다(그림 10.35). NEAR (Near Earth Asteroid Rendezvous)라고 불리는 이 임무는 나중에 슈메이커 탐사선으로 명명되었다. 슈메이커호는 1999년에 에로스에 도착하여 약 1년 동안 표면의 세밀한 지도를 제작하고 표면의 화학적 조성과 밀도를 매우 정밀하게 조사하였으며, 에로스의 표면에 성공적으로 착륙을 시도하였다.

돈(Dawn)은 NASA의 소행성 탐사선으로, 2007년 9월 27일 발사되었다. 탐사 목표는 소행성대에서 가장 질량이 큰 두 소행성인 베스타와 왜소행성 세레스를 탐사하는 것이다. 돈 탐사선은 소행성대에 있는 가장 큰 두 천체를 연구하도록 설계되었다. 이는 태양계 형성 과정에 대한 질문에 답하기 위함이며, 또한 이온 엔진의 적합성을 테스트하기 위한 목적도 있다. 세레스와 베스타는 매우 대조적인 원시 소천체로 전자는 차갑게 얼어붙은, 얼음이 많은 원시 천체이며 후자는 이와 반대로 암석질의 천체로 얼음 성분이 매우 적은 소천체이다. 두 천체는 태양계에 있는 지구형 행성과 얼음 천체의 형성 과정을 이어주는 중요한 단서를 제공할 것으로 기대하였다. 이를 통해 지구형 행성이 어떤 조건에서 물을 보존할 수 있는가에 대한 과학적 이해 또한 제공할 것이다.

DART (Double Asteroid Redirection Test, 쌍소행성 방향 전환 실험)는 지구와 충돌할 확률이 높은 소행성 중에서 운동학적인 효과로 지구를 빗나가게 할 수 있는지 확인하는 테스트를 위해 발사된 우주선이다. 목적은 위성을 가진 소행성의 위성을 우주선으로 충돌시켜 파괴함으로써 운동학적인 효과로 지구를 비켜나가게 할 수 있는지 확인하고, 향후 충돌 가능성을 계산하는 것이다. 실제 충돌은 지난 2022년 9월 26일에 성공적으로 일어났으며, 충돌 장면은 지상 망원경과 레이더 그리고 우주 망원경 등에서 관측되어 그 결과를 분석하고 있다.

2) 혜성

혜성은 아주 오랜 고대로부터 관측되어왔다. 황홀한 모습 때문에 모든 고대 문명사에서 기록을 찾을 수 있다. 그러나 실제로 대부분 혜성의 모습은 그리 장관이 아니라 오히려 달보다 어둡고 작게 보이며, 달보다 인상적인 특징을 가지고 있지도 않다. 그럼에도 혜성이 우리에게 인상적인 천체로 기억에 남는 이유는 달처럼 흔히 쉽게 볼 수 있는 천체가 아니며, 그 독특한 형태가 사람들을 매료시키기 때문이 아닌가 한다.

혜성은 얼음 덩어리로 되어 있어서 태양에 접근함에 따라 대기를 형성하고 어둡고 뿌연 꼬리가 뒤로 뻗쳐진다. 달이나 행성들과는 달리 대부분의 혜성은 예측할 수 없는 시기에 출현하는데, 이 때문에 혜성이 흔히 공포와 미신의 영감을 불러일으켰다. 이들은 보통 며칠 또는 몇 달 정도만 시야에 보이다 사라지고 만다. 혜성은 우리 태양계에서 원시적인 물질이 가장 잘 보존된 천체로 생각하고 있다. 우연히 어떤 천문학적 요인에 의해 태양계 안쪽으로 끌려 들어오기 이전까지 차갑고 어두운 태양계 변두리 지역에 모여 있던 이러한 얼음 덩어리는 우리에게 45억 년 전에 태양계를 만든 초기 물질을 접할 수 있도록 해준다.

(1) 혜성의 궤도

뉴턴은 혜성이 매우 일그러진 타원 궤도를 그린다고 처음으로 제안한 사람이다. 뉴턴의 동료였던 핼리(Edmund Halley, 1656~1742)는 이러한 생각을 발전시켜 1705년 24개의 혜성 궤도를 목록으로 만들어 출판하였다. 특히 그는 1531년, 1607년, 1682년에 나타난 밝은 혜성의 궤도가 상당히 유사해 이들이 같은 혜성으로서 76년의 주기로 돌아오는 혜성일 것으로 생각하고, 그 혜성이 1758년 무렵에 다시 나타날 것이라고 예상하였다. 그의 예언대로 그 혜성이 다시 나타났고 그의 업적을 기념하여 핼리 혜성이라고 부르게 되었다.

오늘날 매년 5개에서 10개 정도의 혜성이 새롭게 발견되고 있다. 이들 대부분은 전혀 인식하지 못할 정도로 어두워서 사진 건판상에서만 확인이 가능할 정도이다. 그러나 몇 년 간격으로 맨눈으로도 쉽게 관측할 수 있을 만큼 밝은 혜성이 나타난다. 근래에 밝게 보였던 혜성은 1996년 3월에 나타난 하쿠다케, 그리고 1997년 4월에 보인 헤일-밥 혜성 등이 있다. 21세기에 들어와서는 2007년에 나타

표 10.3 잘 알려진 혜성

이름	주기	중요성
1577년 대혜성	장주기	튀코 브라헤가 혜성이 달보다 멀리 있음을 밝힘
1843년 대혜성	장주기	기록에 남은 가장 밝은 혜성으로 낮에도 관측 가능
1910년 일광 혜성	장주기	20세기(지금까지)의 가장 밝은 혜성
웨스트	장주기	1976년에 핵이 여러 조각으로 쪼개짐
하쿠다케	장주기	1996년 지구에서 불과 1,500만 km 거리를 통과
헤일-밥 혜성	장주기	1997년 4월에 매우 밝게 보일 것으로 예상
스위프트-터틀	133년	페르세우스자리 유성우의 모혜성
핼리	76년	최초의 주기 혜성으로 1986년 탐사선에 의해 조사
비에라	6.7년	1846년에 쪼개진 후 보이지 않음
자코비니-지너	6.5년	우주선으로 탐사된 최초의 혜성(1985년)
엥케	3.3년	가장 짧은 주기 혜성
슈메이커-레비 9	변화	1992년 여러 조각으로 쪼개짐, 1994년 목성과 충돌

난 맥노트(McNaught) 혜성이 있다(표 10.3).

(2) 혜성의 핵

혜성을 볼 때 우리가 보는 것은 태양빛을 반사하는 먼지와 가스로 구성된 일시적인 대기이다. 이러한 작은 천체는 탈출 속도가 매우 작아서 대기는 금방 사방으로 흩어져버리고, 즉시 어디에선가 새로운 가스와 먼지가 다시 공급되어 대기를 구성한다. 바로 이 물질의 공급처가 중심에 있는 혜성의 핵인데, 일반적으로 주변을 감싸고 있는 훨씬 넓게 퍼져 있는 대기에 묻혀 보이지 않는다. 이 핵이 원시 태양계 물질의 파편이고 대기와 꼬리 물질의 공급자인 혜성의 본체인 것이다.

혜성의 핵은 작고 어두워 관측하기가 어렵다. 핵의 크기를 측정하는 것조차 문제이다. 우리가 직접적인 방법으로 혜성 핵의 크기를 잰 것은 1986년 가까운 거리에서 핼리 혜성을 통과한 3개의 탐사선에 의해 이루어졌다. 그 가운데 특히 조토(Giotto)라는 탐사선이 1986년 3월 14일 무려 핵에 605 km까지 근접하여 핼리 혜성 핵의 장축이 10 km 그리고 단축이 6 km라고 측정했으며 증발한 기체 구름 속에서 어렴풋이 보이는 핵의 모습을 성공적으로 촬영하였다.

혜성의 핵은 지름이 수 킬로미터 정도로 얼음과 암석 부스러기의 혼합체인데, 마치 흙이 섞여 있는 '더러운 눈 덩어리' 같다고 생각하면 된다. 태양열을 받아 꼬리와 머리에서 증발하는 수증기를 비롯한 휘발성 가스의 성분은 관측을 통해 분석할 수 있지만 증발하지 않는 비휘발성 성분에 대하여는 확실히 모른다. 1986년에 핼리 혜성과 조우한 탐사선에 먼지를 검출하는 검출기를 장착하였다. 이러한 조사를 통해 혜성의 '더러운 눈 덩어리'에서 '더러운' 물질의 주를 이루고 있는 입자는 원시 소행성의 구성 성분과 같은 태양계 생성 당시의 탄화수소와 규소 성분의 암석이라고 추정하였다.

(3) 혜성의 대기

우리가 혜성을 관찰할 때 보는 것은 태양열에 의해 얼음 덩어리가 증발해 생긴 기체 구름이다. 혜성이 많은 시간을 보내는 소행성대를 넘어선 곳에서는 이러한 얼음 덩어리가 단단한 고체 상태로 얼어 있다. 그러나 혜성이 태양에 접근함에 따라 가열되기 시작한다. 만약에 물이 혜성 핵의 주된 구성 성분이라고 본다면, 약 200 K의 온도에서 상당한 양이 증발하게 되는데, 이는 혜성이 대략 화성 궤도보다 조금 먼 거리까지 근접했을 때이다. 물이 수증기가 되어 증발하면서 다시 그 속에 갇혀 있던 고체 입자들이 함께 방출된다.

혜성은 태양에 접근해옴에 따라 계속해서 열에너지를 흡수한다. 흡수된 에너지는 주로 물질의 증발에 사용되고 일부는 표면 가열에 사용된다. 혜성의 대기는 핵에서 분출된 가스와 이들이 분출될 때 함께 쓸려 나온 먼지와 고체 입자들로 구성된다. 가스의 주성분은 물(핼리 혜성의 경우 약 80%), 몇 퍼센트의 이산화탄소 및 일산화탄소로 구성되어 있고, 이외에 탄화수소 등 미량의 가스들로 구성되어 있다.

대부분 혜성은 태양에 접근함에 따라 꼬리가 점차 발달한다. 혜성의 꼬리는 기본적으로 대기의 연장으로서, 대기의 성분과 같은 가스와 고체 알갱이로 되어 있다. 16세기 초에 이미 혜성의 꼬리가 진행 방향에 대해 반대쪽에 생기지 않고, 태양의 반대쪽으로 생긴다는 사실을 인식했었다. 뉴턴은 혜성의 머리로부터 나오는 가스가 태양빛의 반발력에 의해 태양 반대쪽으로 밀린다는 제안을 하였는데, 이 생각은 현대의 관점과 유사하다.

(4) 혜성의 기원

비록 혜성이 태양계의 한 구성원이라 하더라도, 관측에 의하면 이들은 초기에는 태양계의 외곽 먼 곳에서 오는 것으로 보인다. 혜성들의 궤도를 추적하여 이들의 출발 지역을 추정해보면 약 5만 AU의 거리임을 알 수 있다. 대부분의 혜성마다 출발점의 거리가 비슷한 것을 처음으로 지적한 사람은 오르트(Jan Hendrik Oort, 1900~1992)였는데, 그는 이처럼 혜성을 공급해주는 원시 얼음 덩어리들이 모여 있는 저장소를 **혜성 구름**(comet cloud)이라고 불렀다. 천문학자들은 1~10만 AU 거리에 있는 오르트의 혜성 구름에 약 1조 개의 혜성이 있다고 추측한다.

한편 천문학자들은 해왕성 궤도 바깥에 있는 또 다른 혜성의 발생지를 알아내었다. 50~1,000 AU의 비교적 가까운 곳에 위치한 이 혜성 저장고는 처음으로 제안한 천문학자의 이름을 따서 **에지워스-카이퍼대**(Edgeworth-Kuiper belt)라고 불리는 납작한 원판 형태를 하고 있다. 최근까지 지상 관측 및 우주 망원경을 이용한 관측을 통해 에지워스-카이퍼대에서 온 것으로 보이는 천체가 수백 개 발견되었다. 이들은 추측하건대 주성분은 얼음 덩어리일 것이지만 너무 어두워서 정확한 크기나 화학적 특성을 밝히기 위해서는 아직 더 많은 연구가 필요한 상황이다.

3) 유성과 운석

(1) 유성

지구 대기권 밖에서 유성체가 지구 중심에 대한 지심속도 11 km/sec 이상으로 진입하여, 대기의 마찰로 녹아 증발하면서 빛을 내는 것을 **유성**(meteors)이라 하고, 타고 남은 잔해가 지상에 떨어진 것을 **운석**(meteorites)이라고 한다. 대체로 유성은 지상 70~115 km 상공에서 관측되며, 달이 없는 날 5등급보다 밝은 유성은 평균적으로 시간당 약 10개 정도 관측된다. 유성체가 타면서 지나간 밝은 빛줄기를 유성꼬리(train)라 하는데, 크기에 따라 0.001초에서 긴 것은 수분까지 지속된다.

유성은 주로 개별적으로 나타나는 **간헐 유성**(sporadic meteor)으로 이들이 전체 유성의 80% 정도를 차지한다. 일부 유성의 경우 하늘의 특정 지역에서 방사상 방향으로 나타나는데, 이를 **유성우**(meteor shower)라 한다. 유성우는 대부분 혜성과 관련이 있으며, 혜성이 궤도 운동을 하며 뿌려놓은 먼지들이 있는 지역을 지구가 지나갈 때 한꺼번에 대기권으로 진입하여 발생하는 것이다. 유성우의 이름은 방사점이 속한 별자리의 이름을 부여한다. 예컨대, 매년 11월 11~13일 사이에 사자자리 유성우(Leonids)가 관측되며, 이 유성우는 템플 혜성과 관련이 있다.

유성체의 크기는 1 μm에서 수 미터의 범위에 있으며, 질량은 10^{-6} g에서 10^{6} g에 걸쳐 분포한다. 그리고 1년 동안 지구에 유입되는 유성의 총질량은 약 4만 톤 정도로, 하루에 평균 100톤 정도 유입된다. 질량이 100 kg 이상 되는 유성체가 지구 대기권으로 진입하면 대기 속에서 강한 빛을 내며 타기 때문에 대낮에도 볼 수 있을 정도인 −5등급까지 밝아지는데, 이러한 유성을 **화구**(fireball)라 한다. 유성체의 지구 대기 진입 속도는 11.2~72 km/sec의 범위에서 관측된다. 지구의 평균 공전 속도가 30 km/sec임을 고려하면 유성체의 속도는 평균 42 km/sec이다.

(2) 운석

운석이 떨어지는 것을 직접 보거나 소리를 듣고 찾아낸 것을 **회수 운석**이라 하고, 언제 떨어졌는지 모르지만, 우연히 찾아낸 운석을 **발견 운석**이라 한다. 유성은 낙하 도중 대기의 심한 마찰로 인해 유체가 한 방향으로 흐른 모습이나 유리질 같은 매끄러운 표면을 보인다. 큰 운석이 지상에 떨어지면 큰 운석 구덩이를 만든다. 그러나 지구의 경우 지각의 융기 · 침강 · 침식 등의 다양한 지각 활동에 의해 운석 구덩이들이 사라져 달이나 수성에서와 달리 운석 구덩이가 많지 않다.

운석은 탄소나 규소를 많이 함유한 **석질 운석**(stony meteorite), 철과 니켈을 많이 함유한 **철질 운석**(iron meteorite), 철-니켈의 합금과 규산염 광물을 함유한 **석철질 운석**(iron stony meteorite)이 있다. 낙하 운석의 비율은 철질 운석 6%, 석철질 운석 1%, 석질 운석 93%이지만, 발견 운석의 비율은 철질 운석이 50%, 석철질 운석이 5%, 석질 운석이 45%이다. 이는 전형적인 선택 효과에 의한 분포이다. 탄질 운석이라고 불리는 원시 운석으로는 검고 둥근 반점이 있는 **콘드라이트**(chondrite)와 둥근 반점이 없는 **아콘드라이트**(achondrite)가 있다. 콘드라이트는 물과 탄소 화합물을 포함한 휘발성 성분을 포함하고 있으며, 일부는 물이 있는 상황에서 만들어진 것이다.

어두운색을 띠며 탄소를 많이 함유한 석질 운석의 한 종류로 **탄질 콘드라이트**(carbonaceous chondrite)는 매우 희귀하며 물과 휘발성 물질, 유기 분자를 풍부하게 함유하고 있어 매우 중요하다. 이 운석은 상온 정도로 가열이 되어도 사라지며, 원시 태양계에서 행성이 형성되었던 초기 동안의 물리적 상태나 물리적 과정에 대한 가장 직접적인 정보를 제공하는 중요한 운석이다. 콘드라이트 운석에서 발견되는 작고 둥근 형태의 유리질 구상체를 **콘듈**(chondrule)이라 하며, 결정체가 아닌 유리질이 되기 위해서는 수 시간의 짧은 시간 내에 냉각이 되어야 한다. 이와 같은 유리질 구상체가 만들어진 가설로 태양 인근에 있던 물질이 태양풍이나 물질 분출로 인하여 외곽으로 분출되어 빠르게 냉각되고, 여기서 암석의 일부로 포함되었다고 한다.

철질 운석이나 석철질 운석, 석질 운석 중 아콘드라이트는 원시 행성 또는 소행성 내부에서 분화 과정을 거쳐 만들어졌고, 유사 천체들끼리의 충돌에서 파괴되어 운석이 된 것으로 생각된다. 철질 운석은 원시 행성 또는 소행성의 핵에서, 석철질 운석은 액체 핵과 암석질 맨틀의 경계 근처인 원시 행성 내부에서 만들어졌을 것으로 추정된다. 아콘드라이트는 현무암이나 심성암과 유사하며, 유리질 구상체가 없고, 휘발성 원소가 적다. 이들은 원시 행성의 지각이나 내부에서 용융 또는 재결정 과정을 통해 만들어졌거나 콘드라이트가 가열되어 유리질 구상체가 녹아 제거되며 휘발성 원소가 없어진 운석이다.

지구에 유입되는 운석의 크기와 빈도를 지구에 위험을 주는 정도로 구분하여 나타내고 있다. 보통 유성에 해당하는 1 mm 크기의 운석은 매 30초당 1개씩 유입되며, 1 m 크기의 운석은 매년 1개 정도, 1908년 시베리아의 퉁구스카 지역에 떨어진 것으로 생각되는 크기의 운석은 수천 년에 1개꼴로 유입되며, 배린저 운석 구덩이를 만들 수 있는 직경 100 m 정도 크기의 운석은 1만 년에 1개 정도, 지구상에 핵겨울을 유발할 수 있는 크기의 운석은 수십만 년에 1개, 지구상 모든 핵무기의 폭발력과 맞먹는 직경 수 킬로미터 크기의 운석은 수십만 년에 1개꼴로 유입되며, 지구상 모든 생명체의 대량멸종을 유발하는 수십 킬로미터 크기의 운석은 1억 년에 1개 정도 유입된다.

4) 태양계의 기원

태양계는 **원시 태양운**(protosolar nebula)이라고 불리는 기체와 티끌로 구성된, 서서히 회전하는 구름 덩어리가 중력 수축 과정을 거쳐 만들어진 것이다. 태양계가 태어난 모체인 원시 태양운을 현재 직접 찾을 길이 없으므로 태양계 생성 이론의 타당성을 입증할 길은 없지만, 태양계가 한때 구름의 형태를 하고 있었음을 현재 태양계의 특징에서 확인할 수는 있다. 따라서 태양계 전반에 관한 관측 특징을 정리하는 것이 태양계 형성을 이해하는 시발점이 된다.

태양계의 생성 기원에 관한 이론은 1755년 칸트의 성운설을 시작으로 하여, 1796년에는 라플라스가 행성은 붕괴하는 태양의 적도로부터 튕겨 나온 가스 고리에 의하여 형성되었다는 이론으로 발전하여 현대적인 이론으로 이어지고 있다. 그러나 칸트나 라플라스의 가설이 나오기 이전부터 태양계 생성에 관한 다양한 이론들이 제기되어 왔다. 이들 가운데 데카르트는 와동설을 제안하였는데, 이는 태양이 에테르라는 매질 속을 운동하는 과정에서 매질과의 마찰에서 태양의 물질이 떨어져 나와 이것이 응결하여 행성을 만들었다는 가설이다. 이 가설은 에테르의 존재가 부정되면서 자연스럽게 사라졌지만, 최초의 과학적 사유에 바탕을 둔 태양계 생성 이론이라는 데 의의가 있다. 그 후 1745년에 뷰퐁은 혜성과 태양의 근접 조우에 의한 조석력 때문에 태양의 물질이 공간으로 분출되고 이것이 식어서 응고된 것이 행성이라는 충돌 이론을 제안하였지만, 혜성의 크기가 태양의 물질을 끌어당기기에는 너무 작다는 사실 등이 이 이론의 모순점으로 제기되었다. 그 후 조석설 또는 충돌설로 불린 이 이론은 혜성의 충돌 대신에 항성 충돌 이론으로 바뀌면서 1905년 몰톤, 1917년 진스에 의하여 발전하였다. 그러나 이러한 이론들은 현재 태양계의 여러 관측 사실들을 역학적으로나 통계적으로 설명하기에는 적합하지 않은 것이었다.

오늘날의 천문학에서는 과거 라플라스나 칸트가 주장했던 이론을 새롭게 수정 · 보완한 이론이 태양계의 생성을 밝혀주는 이론으로서 정립되고 있다. 이 이론을 **미행성 응집설**(accumulation theory)이라 부르는데 이에 의하면 태양계를 이루고 있는 태양과 행성들은 가스와 티끌로 이루어진 성간운으로부터 형성되었다는 것이다. 보다 상세한 항성 생성 과정은 11장의 별의 형성 과정을 참고하기 바란다.

태양계를 이룬 성간운은 우리 은하의 나선팔에 존재하던 거대 성간운이 초신성 폭발로 압축되고 중력 수축되면서 분열된 작은 성간운 중의 하나일 것으로 생각된다. 그 증거로 지구에서 우라늄과 같은 원소가 발견되는 것을 들 수 있다. 이러한 중원소는 우주에서 초신성 폭발이 있을 때만 만들어진다. 이렇게 분열된 성간운은 수소가 약 73.6%, 헬륨이 24.8%, 기타 원소가 1.6% 정도로 이루어져 있었다. 이 성간운을 원시 태양운이라고 한다.

이 원시 태양운은 자체 중력에 의해 수축하면서 천천히 회전하게 된다. 회전하며 수축하는 원시 태양운에는 크게 세 가지 힘이 작용하고 있는데, 성운의 회전축 방향으로는 자체 중력과 가스압이 작용하고, 회전축에 수직인 방향으로는 자체 중력, 가스압뿐만 아니라 원심력이 추가로 작용하게 된다. 따라서 태양계 성운은 회전축 방향으로는 수축이 순조롭게 진행되지만, 회전축에 수직인 방향으로는 원심력의 방해를 받아 수축이 잘 일어나지 못한다. 결국 원시 태양운은 전체적으로 중심 방향으로는 물질이 많이 모여 불룩하고, 주변은 물질이 넓게 퍼진 원반 모양을 이룬다. 원반 모양의 중심 부분은 자체 중력에 의하여 계속 수축하여 원시 태양을 형성하여 오늘날과 같은 태양으로 진화해간다.

원시 태양운이 수축하면서 중력 에너지는 빛이나 열에너지로 전환되는데, 일부는 적외선 복사의 형태로 성운 밖으로 방출되지만, 일부 에너지는 성운 온도를 높이는 데 쓰인다. 따라서 성운 원반의 중심부는 온도가 높고, 주변부로 갈수록 온도가 낮다. 태양계의 성운이 원반을 형성하면서 힘의 평형을 이루어 안정된 상태가 되고, 온도 또한 안정된 분포를 이룬다.

원시 태양의 초기 수축 단계에서는 기체가 약 2,000 K의 높은 온도를 가지게 되므로, 원시 태양운에 있던 성간 티끌들은 거의 모두 녹아 기체 상태로 돌아간다. 시간이 지나 원시 태양 바깥에 있던 기체들이 서서히 식으면 기체 상태로 있던 중원소들이 다시 승화하여 응결하기 시작한다. 일반적으로 금속성이나 암석질 원소는 높은 온도에서 응축되지만, 물이나 휘발성 원소는 낮은 온도에서 응축한다. 이러한 응축 순서는 이론적 계산의 추론에서 알려진 것으로서 운석의 성분 연구 및 구조의 연구 결과와 잘 일치하고 있다. 따라서 온도에 따라 응축되는 티끌 입자의 원소가 다르다. 이는 성운 원반의 위치에 따라 원소의 구성을 달리하는 티끌 입자가 응축된다.

한편 응축된 티끌 입자는 원시 태양계 성운 원반의 적도면으로 낙하하면서 성장하여 큰 티끌 입자를 이루고, 결국 이들은 태양계 성운의 원반 적도면에 티끌층을 형성한다. 이 당시 원시 태양운의 상태는 오늘날 토성의 고리면과 비슷했을 것이다. 이 티끌층으로 성장한 티끌 입자들이 계속 낙하하면서 밀도가 증가하면 티끌층은 중력적으로 불안정해져 분열하게 된다. 이러한 중력 불안정은 티끌층의 밀도가 고르지 않기 때문에 생기는 것으로, 티끌층 밀도가 주변보다 높으면, 그 부분은 자체 중력에 의하여 수축하게 되어, **미행성**(planetesimals)이 생성된다. 이런 미행성체의 크기는 약 10 km 정도이고, 질량은 10^{19} g 정도로 오늘날 소행성이나 혜성의 핵이 한때는 태양계를 가득 메우고 있던 미행성의 잔해라고 생각된다.

미행성들은 원시 태양의 주변을 공전하면서 서로 충돌하여 파괴되거나 합체되는데, 이러한 충돌이 거듭되면서 질량이 큰 원시 행성으로 성장하게 된다. 성간운이 수축해서 원시 태양이 될 때까지의 시간은 대략 100만 년쯤으로 보인다. 그리고 티끌의 응축 과정은 약 1만 년, 티끌의 낙하로 인한 티끌층의 형성까지는 약 1,000년이 걸린 것으로 보인다. 그러나 티끌층이 분열되어 미행성체가 생성될 때까지는 약 10년 정도밖에 걸리지 않는다. 전체적인 시간의 척도로 보면 극히 일순간에 일어난 사건에 불과하다. 하지만 미행성체가 충돌하여 원시 행성으로 성장하기까지는 1,000만 년에서 1억 년이 걸린다고 한다. 그전까지의 과정과 비교해볼 때 상당히 오랜 시간이 소요되는 셈이다. 미행성의 수는 지구 궤도 부근에만도 약 100억 개가 존재하였고 원시 태양계 전체에 걸쳐서는 약 10조 개는 되었을 것으로 생각된다.

원시 태양운에서 미행성이 성장하는 동안 중심부의 원시 태양은 점점 뜨거워진다. 태양의 복사는 앞으로 탄생할 행성들의 성질을 결정하는 중요한 역할을 한다. 즉 태양 가까운 곳에서 생성되는 행성들은 강한 태양 복사의 영향으로 휘발성 물질이 대부분 제거된 채 무거운 성분의 원소를 주축으로 응집하여 오늘날 지구형 행성이라고 불리는 밀도가 큰 고체 덩어리의 행성을 만든다. 반면에 태양에서 멀리 떨어진 곳에서 형성되는 행성들은 태양의 복사가 미치지 못하므로 수소나 헬륨과 같은 휘발성 물질이 그대로 응집할 수 있으므로 밀도가 낮고 액체 상태의 목성형 행성이 만들어지게 되었다.

현대적인 태양계 생성 이론에서 가장 주목할 만한 것은 바로 이러한 이론이 보편적인 가설에 바탕을 두고 있다는 점이다. 즉 미행성 응집설이 오로지 태양과 태양계의 형성만을 설명하는 것에 그치지 않고, 다른 별의 생성 과정도 이러한 이론으로 설명할 수 있다는 말이다. 따라서 우리는 다른 별의 주변에서도 태양계와 비슷한 행성들의 탄생을 기대할 수 있으며, 그 관측 증거는 이미 상당히 많이 확보되었다. 한 걸음 더 나아간다면 지구와 유사한 조건을 갖춘 행성이 존재할 수도 있으며, 그곳에서도 어쩌면 지구와 같은 문명이 존재하고 있을지도 모를 일이다.

10.4 외계 행성계와 우주생물학

지구 이외의 행성에 생명체가 존재할 것인가 하는 문제는 인류의 오래된 궁금증 중 하나일 것이다. 최근 많은 외계 행성계가 발견되면서 어쩌면 지구와 유사한 환경을 가지고 있는 외계 행성이 존재할 것이며, 그들의 진화 역사가 지구가 겪어온 진화 과정과 크게 다르지 않다고 본다면 지구와 같은 생명체를 품고 있을지도 모를 일이다. 이처럼 외계 생명의 연구는 천문학의 핵심 연구 주제로 자리 잡고 있으며 이와 관련된 많은 연구가 이루어지고 있다.

지구상에 언제 생물이 탄생했는지 아직 자세히 밝혀진 바는 없다. 호주 서부의 에이펙스 처트(Apex cherts)층에서 발견된 생물 화석이 알려져 있으며, 그린란드의 이수아(Isua)라는 곳에서 볼 수 있는 37억 년 전의 검은 지층은 대량의 유기물을 포함하고 있어 생물의 흔적이라는 주장이 제기되고 있다. 지구가 태어난 것은 46억 년 전이지만 탄생 직후는 낙하하는 미행성 때문에 지표는 격렬한 폭격을 당하여 고온 상태로 용융되어 있었던 마그마 바다(magma ocean) 시대인 것이다. 마침내 폭격이 줄어들어 온도가 떨어져서 그때까지 두꺼운 대기를 만들었던 탄산가스와 수증기 중에, 수증기가 뜨거운 비가 되어 지상으로 내려와 단숨에 원시 바다를 만들었다. 약 40억 년 전에 있었던 일이었을 것으로 추측된다. 생물은 그 후 곧바로 태어난 것이 아닐까 생각된다. 당시 바다의 온도는 100°C를 훨씬 넘어(당시 대기의 높은 기압 아래에서는 물의 끓는점이 높았다) 대기 중에 산소 분자는 존재하지 않았다. 그래서 지구의 최초 생물은 산소를 싫어하며 높은 기온을 좋아하는 혐기성에 **호열균**(thermophilic bacteria) 종류였다고 한다.

지구 생물체로부터 얻은 생명의 특징을 간단히 정리하면 다음과 같다. ① 자신과 남을 구별한다. 즉 세포막으로 막의 내부와 외부를 구분하여 독립적인 개체로서 존재함을 나타낼 수 있다. ② 신진대사를 함으로써 그것이 없다면 활동할 수 없을뿐더러 생명도 유지할 수 없다. ③ 복제는 가장 눈에 띄는 생물의 작용이다. 복제를 만들어 계속 퍼져 나간다는 것은 물질로서 생각해보면 놀랄 만한 일이다. 또한 ④ 복제의 '실수'를 통해 진화하여 새로운 형태가 등장하고, 환경에 적응하며 더욱더 퍼져 나가게 된다. 이 복제의 실수에 의한 진화가 없었다면 다양한 생물은 태어나지 못했을 것이다. 이러한 정의는 지구 생명체로부터 얻어낸 것이므로 외계 생명에게도 적용될 수 있는지는 의문이다.

생명의 중요한 특징으로서 생물의 진화는 긴 시간에 걸쳐 서서히 일어난다는 것이다. 그리고 진화는 환경에 맞춰 진행한다는 점을 강조할 수 있다. 지구 생물의 놀랄 만한 다양성은 시간이 낳았다고 해도 과언이 아니다. 그 진화는 적자생존 · 자연선택이라는 다윈의 이론이 나타내듯이, 그야말로 환경이 방향성을 결정했다. 지구의 생물은 지구 환경에 특화된 생물이다. 지구 이외의 다른 태양계 행성의 환경에 특화된 생물들이 발견되지 않았다.

원핵세포는 매우 작고 단순한 생물이다. 최초의 생물은 유전자를 보호하는 핵막이나 복잡한 세포

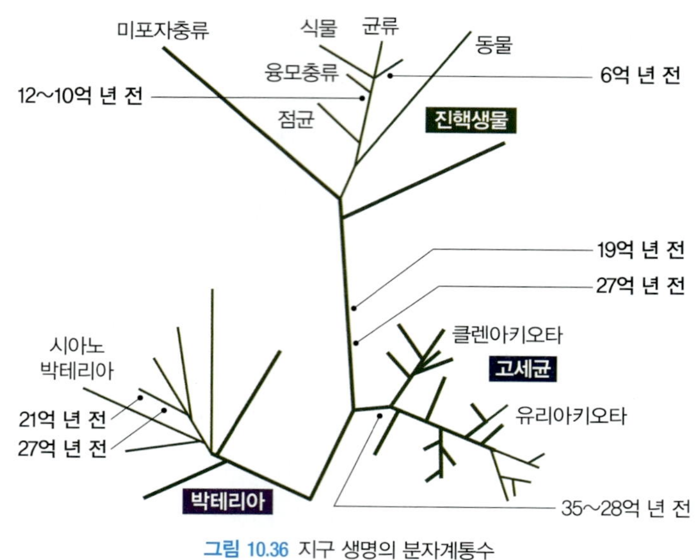

그림 10.36 지구 생명의 분자계통수

조직을 갖추지 못한 작은 **원핵세포**(prokaryotic cells)였다. **진핵세포**(eukaryotic cells)는 거대하며 복잡하고, 이전의 원핵세포와 비교할 때 그 구조의 복잡성이 완전히 다른 차원의 생물이다. 동식물과 같은 대형 생물은 이 진핵세포가 다시 수억 수조 개로 뭉쳐 생긴 다세포생물이다. 다세포생물의 세포 하나하나는 전체의 지령에 따라 형태를 바꿔 활동하고는 죽어가는데 각자가 독립된 생명체라 할 수 있다.

생물의 세계는 DNA의 분자 분석을 근거로 그림 10.36에 보인 것과 같은 분자계통수의 형태로 생명체 서로 간의 차이점을 정량적으로 나타낸다. 우리에게 익숙한 동물, 식물 등의 커다란 생물은 진핵세포 생물의 나뭇가지 끄트머리에 모두 모여 있다는 사실에 놀라게 된다. 다시 한 번 말하지만, 각 선의 길이는 DNA의 차이의 정도를 나타낸다. DNA의 변화는 어떤 확률로 자연히 일어나는 복제 실수의 축적이므로 DNA의 변화량은 다시 말해 진화에 걸린 시간의 길이를 나타내는 것이다. 이렇게 보면 지구의 생물은, 우리 눈에는 전혀 띄지 않는 미세한 균류와 단세포생물이 단연 주인공이라 할 수 있다. 가장 오래된 생물의 흔적은 **고세균**(archaea)과 **진성 세균**의 분기(分岐)에 가까운 부근에서 볼 수 있다. 아직 공기에 산소가 없고, 온도도 높았던 환경 속에서 태어난 생물의 직계 자손인 것이다.

지구상 생물 진화 역사의 주된 항목을 살펴보자. 먼저 진핵생물이 나타나기 전까지 십수 억 년 걸렸다는 사실, 그 후로도 또한 단세포생물의 시대가 10억 년 이어지고 있다는 사실에 주목하기를 바란다. 이처럼 진화는 천천히 일어나는 변화지만, 진화가 진행될수록 늘어나는 다양성 때문에 진화의 속도는 더욱 빨라지게 된다. 그리고 광합성의 시작 역시 생명의 생존 조건에서 매우 중요하게 작용한다. 대기 중에 O_2가 풍부하게 있는 것은 지구의 특징으로, 옛날 원핵세포인 박테리아균류가 광합성을 함으로써 만들어낸 것이라는 사실은 잘 알려져 있다. 산소는 반응성이 좋은 격렬한 물질로서 높은 반응 에너지를 생산한다. 산소의 높은 에너지는 돌아다니며 에너지를 소비하는 동물에게는 꼭 필요하지만, 초기의 지구 생물은 산소가 있으면 죽는 혐기성 생물이었으므로 산소 분자의 생성은 지구 생물에 있어서 제1의 멸망 위기라고 일컬어진다. 산소를 싫어해 지하로 숨은 생물도 있었다(지금까지도 많이 살아남아 있다). 오히려 산소를 이용해 에너지를 만드는 원핵세포도 등장해 그것을 미토콘드리아로 삼아 산소의 에너지를 이용하기 시작한 것이 바로 동물이다. 동물은 산소 없이는 움직이며 에너지를 소비할 수 없다. 특히 인간은 산소를 대량 소비하는 뇌라는 사치스러운 기관을 발달시켰다.

생명의 지속과 생존에 대한 또 다른 중요한 요소는 몇 번이고 멸종의 위기에 가까이 다가갔다는 것이다. 고생대 선캄브리아기 이래 6억 년의 동물 화석에서, 이 동안에 일어난 생물의 **대량멸종**(mass extinction)과 동물의 다양성 변화를 살펴보면 6억 년의 시간 동안 다섯 차례의 대량멸종이 일어났었다. 특히 고생대와 중생대 사이의 페름기－트라이아스기 사이에(P－T 경계라고 부른다) 매우 심각한 멸종이 있었다. 그 원인을 명확히는 모르지만, 후보로서는 대륙 이동에 따른 격렬한 화산활동 등을 꼽을 수 있다. 공룡이 멸종한 6,500만 년 전의 대멸종은 거대한 운석의 충돌이 원인이 아닐까 여겨진다. 대멸종 때마다 동물의 주인공이 바뀐 사실에도 주목해보자. 그것은 환경 변화로 인해 수많은 생물종이 사라지면, 대신 새로운 생물종이 새로운 적응성을 활용해 번성하기 때문이다.

대량멸종이 반복된 사실이 가리키듯 지구 환경은 오랜 세월, 지금 우리가 생각하는 것 이상으로 엄청난 변화를 되풀이해왔다. 과거 6억 년 동안 탄소 기체의 농도 변화를 살펴보면, 탄소 기체의 농도가 증가하면 기온 역시 증가해왔음을 알 수 있다. 그리고 현재 탄소 기체의 농도는 과거 6억 년 중 가장 낮은 상태이다. 고생대 후반에도 꽤 낮아져 있다. 탄소 기체를 늘리는 요인으로는 화산활동이나 높은 온도, 줄이는 요인은 식물의 번성이나 낮은 온도 등인데, 이러한 기온과 탄소 기체 농도의 큰 변화의 원인은 아직 명확히 알 수 없다. 어찌 되었든 지구는 과거 변동을 계속해왔으며 생물은 끈질기게 살아남아 왔다는 것이다.

지금까지 지구 생명체의 발생과 진화 등에 관하여 논하면서 생명의 일반적인 특징을 살펴보았다. 그렇다면 우리가 가지고 있는 지구 생명의 특징을 바탕으로 지구 밖 외계 생명의 존재 여부에 대하여 간단히 알아보고자 한다. 우선 태양계의 여러 행성과 그들의 위성 중에서 생명 현상을 발견할 가능성이 큰 것으로는 오랫동안 생명의 존재가 거론되었던 화성이 가장 유력하다고 할 수 있다. 이 행성의 경우에는 과거에 물이 표면에 흘렀음을 보여주는 여러 가지 증거들이 발견되었고, 현재에도 지하에는 영구 동토층이 형성되어 있을 것으로 알려져 있어 생명체의 존재가 가장 유력하다고 보고 있다. 이처럼 생명체의 존재 여부를 따지기 위해서는 물의 존재가 가장 먼저 고려되어야 할 요소이며, 이와 함께 산소 대기의 형성 역시 진화된 생명체의 존재를 암시하는 중요한 요소라 할 수 있다.

목성형 행성의 위성 중에서는 가장 유력한 후보로서 토성의 위성인 타이탄을 들 수 있을 것이다. 이 위성에는 메탄으로 구성된 두꺼운 대기층이 형성되어 있으며, 표면에는 메탄의 바다가 있으며 비와 바람이 부는 등 기상 현상이 나타나고 있음을 알 수 있다. 이러한 조건은 초기 지구의 대기와 유사한 환원성 대기이기에 생명의 발생에 대한 실험장으로서 중요한 가치가 있을 것으로 생각된다. 목성의 위성 유로파와 엔세라두스 등에서도 액체 상태의 물이 표면의 두꺼운 얼음층 아래 존재할 것으로 믿어지며 역시 생명을 기대할 수 있는 좋은 후보 천체라고 할 수 있다.

이 밖에 물을 많이 가지고 있는 천체로는 혜성을 들 수 있다. 탐사에 의하면 혜성 꼬리 물질의 약 80% 정도가 수증기이며 다양한 유기물 역시 포함되어 있음을 알아냈다. 이는 혜성의 얼음 덩어리에 포획되어 있을지 모르는 원시 생명체의 씨앗과 같은 모종의 유기물이 지구에 유입되어 지구 생명으로 진화하게 되었다는 생각을 가능하게 해준다. 혜성뿐 아니라 지구에 유입된 원시 운석 역시 내부에 포획된 물과 유기물 성분이 발견되었으며, 이들의 존재는 생명 현상이 비록 지구에만 국한된 것이 아니라 범우주적인 것임을 보여주는 단서라고 할 수 있다.

앞에서 기술했듯이 생물은 물질로서 보자면 무척 특이하고 새로운 존재이다. 그러나 인간은 최근 더 새로운 일을 시작했다. 지식의 공유와 축적이다. 그것은 여타 생물이 행하는 것처럼 본능에 의해서가 아니라 언어와 문자, 즉 정보 교환을 통해 행하는 앎의 공유와 축적이다. 인간이라는 종 전체가 지식을 재빠르게 공유하여 시간과 공간을 넘어 전달해간다. 이렇게 공유와 축적된 앎을 바탕으로 인류 전체로서 똑똑하게 행동해갈 수 있다면, 생물로서 전혀 새로운 지평을 열게 될 것이다.

어쩌면 모든 지구 생명과는 달리 생명 분류 계통수의 '제4의 도메인'이 되어가고 있는 인간은 자기 스스로와 그 막대한 행동이 만들어내고 있는 위험성이나 장래에 미칠 영향을 어떻게 이해하고, 어떻게 지혜롭게 문명을 유지 · 보존시켜 나갈 수 있을지 인류 문명의 장래에 깊이 연관된 과제이다.

10.5 태양

1) 항성으로서의 태양

(1) 특징

태양은 지구와 1 AU 떨어져 있으며, 지구의 공전 궤도가 타원이기 때문에 1월 초 근일점에 있을 때 가장 가깝고 7월 초 원일점에 있을 때 가장 멀다. 태양을 출발한 빛은 약 8분 20초 후에 지구에 도착한다. 태양은 지구상의 생명체를 유지하기 위한 빛과 열의 유일한 원천이다. 지구에 도착한 태양 복사 에너지는 식물의 광합성에 이용되고 지구상 생명체의 생존에 필요한 에너지를 공급한다. 지구에 도달한 태양 복사 에너지의 지표면 부등가열은 지구의 날씨와 기후를 만든다. 최근 문제가 되고 있는 지구 온난화 등 기후 변화 연구에 있어서 중요한 역할을 하는 것으로 여겨진다. 실제로 17세기에 흑점의 활동이 매우 약했던 몬더 극소기에 해당하는 기간 동안 유럽을 중심으로 한 세계 전역에서 소빙하기가 있었다(764페이지).

표 10.4 태양의 기본 물리량

반지름	69만 6,000 km, 각지름 0.5°(지구의 109배)
질량	2×10^{30} kg (지구의 33만 배), 태양계 전체 질량의 약 99.86%
평균 밀도	1,400 kg/m^3
태양-지구 거리	1억 4,960만 km(1 AU)
분광형	G2V인 주계열성
표면 온도	5,860 K
절대등급	+4.83
겉보기 등급	−26.74(시리우스의 130억 배)
은하 중심으로부터 거리	2만 4,000~2만 6,000광년
은하 회전 주기	2억 2,500만~2억 5,000만 년 (은하계 북극 방향에서 볼 때 시계 방향)
우주 배경복사에 대한 속도	컵자리 또는 사자자리 방향으로 370 km/s
은하 내 위치	오리온 팔의 안쪽 경계를 따라서 회전

태양은 전자기 복사에 대해서 불투명하기 때문에 태양 내부를 눈으로 직접 볼 수는 없다. 태양진동학에서는 태양 내부를 관통하는 음파를 이용하여 태양 내부 구조를 분석하고 시각화한다. 이로써 확인한 항성 구조와 진화에 대한 이론에 따르면, 태양은 약 46억 년 전에 탄생하였으며 앞으로 약 50억 년을 주계열성 단계에서 지낼 수 있다.

표 10.5 태양의 구성 성분

원소	총원자수(%)	총질량(%)
H	91.2	71.0
He	8.7	27.1
O	0.078	0.97
C	0.043	0.40
N	0.0088	0.096
Si	0.0045	0.099
Mg	0.0038	0.076
Ne	0.0035	0.058
Fe	0.0030	0.14
S	0.0015	0.040

태양은 중심핵에서 초당 6억 톤의 수소를 헬륨으로 바꾸는 수소 핵융합 반응으로 에너지를 생성한다. 표 10.5는 태양에서 가장 많은 원소 10가지를 나열한 것이다. 태양은 플라스마 상태인 유체로 이루어져 있고, 대부분 수소와 헬륨, 그 밖에 철을 비롯하여 산소, 탄소, 네온 등으로 구성되어 있으며 중원소가 풍부한 항성 종족 I에 속하는 별이다.

일반적인 천체 망원경과 달리 태양을 관측할 때 확대 기능을 위해 초점거리가 긴 망원경을 사용하고, 낮에 이용되기 때문에 지열에 의한 대류로 인해 시상이 나쁜 경우가 많다. 이를 해결하기 위해 태양 망원경은 보통 높은 탑 위나 호수에 지어지기도 한다. 경통이 긴 망원경인 경우 경통 내부의 대류를 줄이기 위해 경통을 진공으로 만들거나 헬륨 기체를 채우기도 한다. 코로나 관측을 위해 태양 광구를 가릴 수 있는 **코로나그래프**(coronagraph)를 장착하기도 한다.

전통적인 태양 망원경으로는 1924년부터 태양의 분광선을 관측한 아인슈타인 타워(Einstein Tower), 맥매스－피어스 망원경(McMath-Pierce Solar Telescope), 스웨덴 진공 태양 망원경(Swedish Vacuum Solar Telescope) 등이 있고, 최근 태양 망원경으로는 유럽 태양 망원경(European Solar Telescope)과 하와이에 설치된 다니엘 이노우에 태양 망원경(Daniel K. Inouye Solar Telescope, DKIST－이전 명칭은 진보된 기술의 태양 망원경(Advanced Technology Solar Telescope)) 등이 있다.

가. 차등자전

태양의 자전주기는 적도에서 약 25.06일, 극에서 약 35일로 극보다 적도에서 더 빠르게 자전하는 차등회전을 한다(그림 10.37). 위치에 따라 회전 각속도가 다른 회전으로 태양 내부에서 발생하는 대류와 질량 이동의 원인이 된다. 전형적인 흑점의 위치인 위도 26°의 자전주기인 25.38일을 평균적인 의미로 사용한다. 지구가 태양을 돌면서 태양을 바라보는 위치가 변하기 때문에 적도상에서 우리 눈

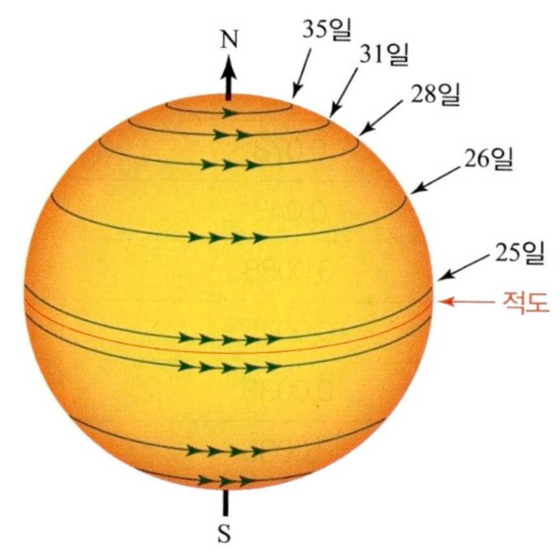

그림 10.37 위도별 태양의 자전주기. 극 지역은 대략 34~38일마다 한 바퀴, 적도 지역은 24~25일마다 한 바퀴 회전한다.

에 보이는 겉보기 자전주기(synodic period)는 약 27일이다. 태양에서 강체회전층과 차등회전층 경계인 타코클라인에서 발생하는 강력한 층밀림(shear)은 자기장을 생성하는 다이나모 이론에서 중요한 역할을 한다.

바텔스의 회전수(Bartels' rotation number)는 태양의 평균 자전주기 27일마다 태양의 겉보기 회전수를 나타내는 숫자로서 태양 활동의 반복되는 양상을 추적할 때 종종 사용한다. 바텔스(Julius Bartels, 1899~1964)가 1832년 2월 8일부터 임의로 할당하였다.

나. 주연 감광

주연 감광(limb darkening)은 태양면을 관측할 때 태양면 중심에서 가장자리로 갈수록 어둡게 보이는 현상이다(그림 10.38). 에너지가 만들어지는 태양의 중심부에서 멀어질수록 밀도가 작아지고 온도가 낮아지기 때문에 나타난다. 주연 감광이 일어나는 정도를 정확히 알게 되면 태양을 포함한 항성 대기에서 높이에 따른 온도 분포를 관측적으로 결정할 수 있다.

태양면의 가장자리를 볼 때, 태양면의 중심을 볼 때와 같은 깊이를 볼 수 없다. 태양의 내부(혹은 하층 대기)는 밀도가 높아 불투명해서 우리가 볼 수 있는 최대 한계가 있기 때문이다. 안개가 끼면 멀리 볼 수 없는 것과 같은 이유이다. 결과적으로 우리가 볼 수 있는 태양 영역은 태양면 중심에서 가장자리로 갈수록 증가한다. 그림 10.38에서처럼 항성 대기의 밀도가 일정하다고 하더라도 주연 감광 현상을 잘 설명할 수 있다. 실제로는 별의 바깥으로 갈수록 밀도가 감소하기 때문에 이 효과가 더욱 두드러지게 된다.

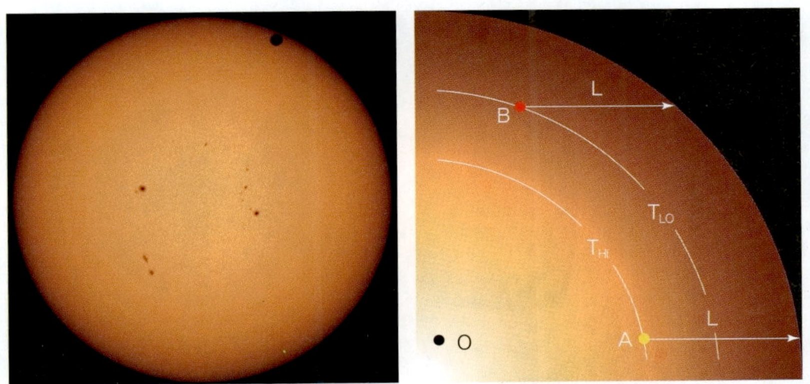

그림 10.38 **(좌)** 2012년 금성이 태양면을 통과할 때의 모습. 흑점과 더불어 태양면의 중심부에서 바깥으로 갈수록 어둡게 보이는 주연 감광 현상을 확인할 수 있다. **(우)** 주연 감광이 발생하는 원리. '대기'의 밀도가 일정하다고 가정하면 우리가 볼 수 있는 태양 반지름은 태양면 중심에서 가장자리로 갈수록 증가한다. 한편 온도는 태양의 바깥으로 갈수록 낮아지기 때문에 태양면 중심부를 보는 것이 태양면 가장자리를 볼 때보다 더 뜨거운 깊은 곳을 보는 결과가 된다.

다. 태양 중성미자 문제

태양 내부는 밀도가 높아서 핵에서 만들어진 광자가 태양 광구까지 닿는 데에는 오랜 시간이 걸린다. 흡수와 재방출을 거듭해 표면에 나오는데 광자는 한 번에 겨우 수 밀리미터 정도를 이동한다. 한편 핵융합 반응으로 방출되는 중성미자는 물질과 거의 상호 반응하지 않아 태양에서 즉시 탈출할 수 있다. 1960년대부터 태양 중심에서 생성된 중성미자를 관측하려는 노력이 계속 시도되어왔다. 1초당 1 m^2 면적의 지구를 수십억 개의 중성미자가 통과하지만 중성미자는 물질과 상호 작용을 거의 하지 않아 검출기 탐지가 어렵다. 하지만 다양한 실험으로 중성미자 검출에 성공하였다. 그런데 관측된 태양 중성미자의 개수는 태양의 전통적인 천문학적 관측 결과를 잘 설명하는 모든 표준 태양 모형(standard solar model)에서 나온 예측량의 1/3 정도에 불과했다. 태양의 표준 모형이 잘못되었을 가능성을 조사하였지만 이미 태양 표준 모형은 태양진동학의 검증을 거친 것이었다. 태양 중성미자의 관측치가 이론적 예측과 불일치하는 것을 **태양 중성미자 문제**(solar neutrino problem)라고 한다. 초기에 입자물리학자들은 중성미자의 질량이 없다는 표준 모형을 수정하는 데 매우 소극적이었지만, 후에는 전자 중성미자(ν_e, electron neutrino)가 움직이는 중에 뮤온 중성미자(ν_μ, muon neutrino)와 타우 중성미자(ν_τ, tau neutrino)의 상태로 변환한다는 중성미자 진동(neutrino oscillation)을 도입함으로써 관측 결과를 합리적으로 해석할 수 있게 되었다. 입자물리학의 표준 모형 발전에 기여한 공로를 인정받아 데이비스(Ray Davis)와 고시바(Masatoshi Koshiba)가 2002년에, 가지타(Takaaki Kajita)와 맥도널드(Arthur McDonald)가 2015년에 각각 노벨 물리학상을 받았다.

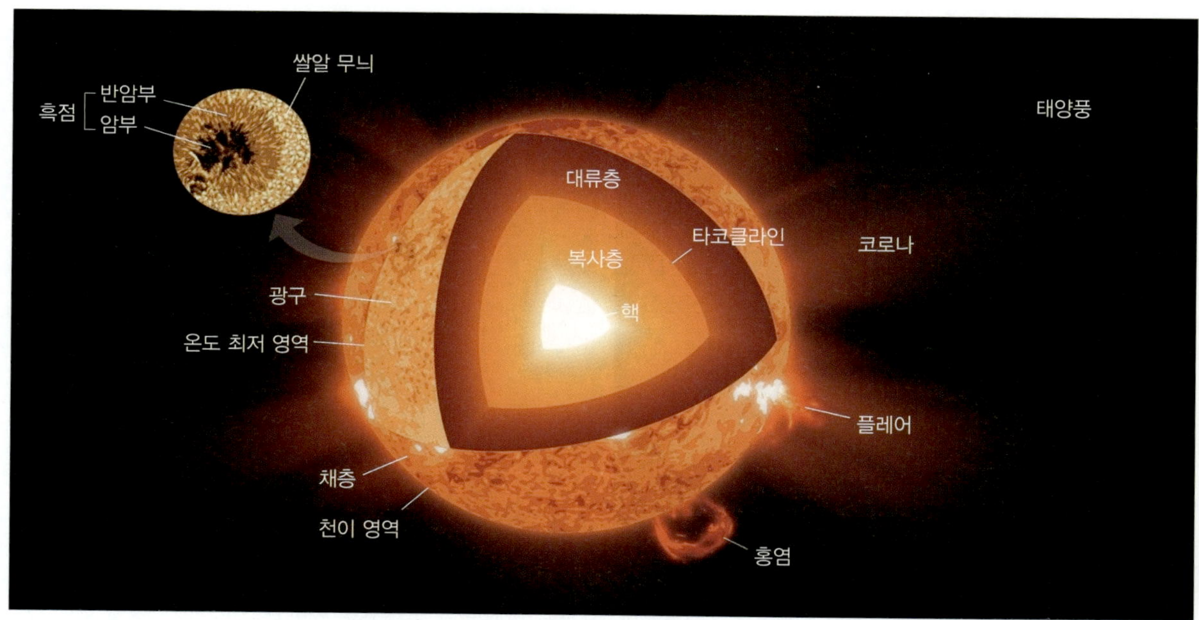

그림 10.39 태양의 구조. 구조와 현상은 축척에 따라 제시

(2) 구조

가. 핵

태양진동학적 분석에 따르면 중심핵 부분은 그 위에 위치한 복사층보다 빠르게 자전하고 있다. 태양은 대부분 **양성자−양성자 연쇄반응**(proton-proton chain)의 수소 핵융합 반응으로 수소가 헬륨으로 변환되면서 에너지를 생성한다. 태양 내부에서 소량의 헬륨이 **CNO 순환**(CNO cycle)으로 만들어진다. 태양 중심에서 반지름 24% 지점까지 태양 에너지의 99%가 생산되고 반지름 30% 지점에서 핵융합 작용은 거의 완전히 멈춘다.

표 10.6 태양의 표준 모형

영역	안쪽 반지름(km)	온도(K)	밀도(kg/m^3)	정의되는 특성
핵	0	15,000,000	150,000	핵융합에 의한 에너지 생성
복사층	200,000	7,000,000	15,000	전자기 복사에 의한 에너지 전달
대류층	496,000*	2,000,000	150	대류에 의한 에너지 이동
광구	696,000*	5,800	2×10^{-4}	전자기 복사의 탈출하여 볼 수 있는 태양의 영역
채층	696,500*	4,500	5×10^{-6}	차가운 저층 대기
천이 영역	698,000*	8,000	2×10^{-10}	온도의 급격한 증가
코로나	706,000*	3,000,000	10^{-12}	뜨겁고 저밀도의 상층 대기
태양풍	10,000,000	>1,000,000	10^{-23}	태양 물질이 우주 공간으로 흘러 나와 태양계를 휩쓴다.

* 이 반지름은 정확하게 결정된 광구 반지름에 의한 값이다. 인용된 바깥쪽 반지름은 대략적인 값이다.

나. 복사층

복사층의 태양 내부 물질은 온도가 매우 높고 밀도가 큰 상태로 압축되어 있다. 복사층 하단에서 최상층으로 올라가면서 온도는 700만 K에서 200만 K까지 내려가고 밀도는 2×10^4 kg/m^{3}에서 200 kg/m^{3}로 떨어진다. 이러한 조건은 열적 대류는 전혀 일어나지 않는 반면, 중심핵의 뜨거운 열을 바깥으로 전달하는 열 복사를 가능하게 한다.

다. 대류층

표면에서부터 20만 km 깊이에 이르는 태양 바깥층에서는 밀도가 낮아지고 온도가 내려가 내부 열에너지를 복사로 밖으로 전달하지 못하게 된다. 반면 대류가 일어날 조건이 만족되기 때문에 상승류가 뜨거운 물질을 태양의 표면까지 올려 보내는 열적 대류가 발생한다. 이동한 물질이 표면에서 열을 발산하고 식으면 물질은 다시 대류층 바닥으로 가라앉고, 복사층 상층부에서 열을 재공급받는 과정이 반복된다. 이곳을 **대류층**이라고 부르는데 대류층에서 일어나는 상승류가 태양 표면에 쌀알 무늬와 초대형 쌀알 무늬를 형성한다.

라. 타코클라인(tachocline)

복사층과 대류층 사이에 있는 전이층으로 복사층의 단일회전과 대류층 차등회전 사이의 주도권 변화가 일어나는 곳이다. 수평층이 주변에 있는 다른 수평층으로 계속해서 미끄러져 들어가는 곳이다. 이 유체 운동은 복사층 바로 위 대류층에서 일어나는데, 대류층 하단부일수록 움직이는 정도가 줄어들면서 대류층 최하단부에서는 복사층의 성질과 비슷해진다. 다이나모 작용에 의해 태양의 자기장이 만들어지는 곳이라고 생각되는 지역이다.

마. 광구

광구는 우리 눈이 보는 태양 표면이다. 하지만 고체의 표면과는 다른 개념이며 태양이 가시광선에 대해 불투명해지는 층에 해당한다고 보아야 한다. 즉 광구보다 아래 층은 불투명도가 높아 볼 수 없고, 광구보다 높은 곳에서는 빛이 우주로 자유롭게 뻗어나간다. 광구의 가스 밀도는 복사를 불투명하게 만들 정도로 크지 않기 때문에 광구는 흑체에 가까운 연속 복사를 방출한다. H^- 이온의 낮은 이온화 에너지로 인해 연속적인 흡수 및 방출이 발생하게 되어 가시광선 영역의 연속 스펙트럼이 형성된다.

① 쌀알 무늬

태양 대류층에는 다양한 규모의 대류 세포가 존재한다고 알려져 있다. 이 중 가장 작은 규모의 대류 세포들이 **쌀알 무늬**(granulation)이다. 쌀알 무늬보다 훨씬 크며 잘 알려진 대류 세포들은 초대형 쌀알 무늬이다. 쌀알 무늬는 광구를 구성하는 대표적 특징으로 고해상도 백색광 태양 영상에서 보이는 쌀알(granule) 같은 수많은 대류 세포들의 무늬이다(그림 10.40). 쌀알 무늬는 태양의 대류층 상단에서 만들어진 대류 세포들이 밖에 있는 광구까지 침투하여 만들어내는 현상이다. 쌀알 무늬는 밝은 쌀알들과 그를 둘러싼 어두운 경계(lane)들로 이루어졌다. 평균적으로 쌀알 중심부는 경계 부분보다 약 20% 정도 밝다. 각 쌀알의 중심부는 대류의 상승부에 해당하며 온도가 높은 플라스마가 솟아오

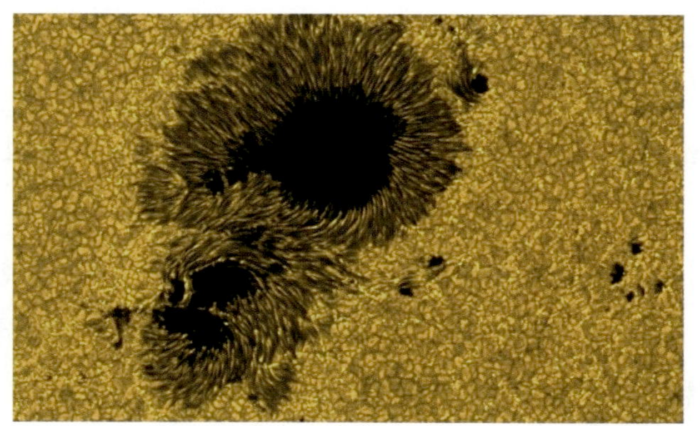

그림 10.40 대류에 의해 만들어진 태양 흑점 주변의 쌀알 무늬

르기 때문에 밝게 보인다. 반면 개개 쌀알의 어두운 경계 부분은 대류의 하강부에 해당하며 에너지를 방출하여 온도가 낮아진 플라스마 때문에 어둡게 보인다. 쌀알의 지름은 약 1,500 km이며, 각각의 세포는 10분 정도 유지된다. 쌀알의 평균적인 수평 성분 속도와 수직 성분 속도는 모두 1~2 km/s 정도이다.

② 초대형 쌀알 무늬

태양 표면의 도플러 속도 관측에 의해 알려진 큰 규모의 대류 현상이다(그림 10.41). 쌀알 무늬의 경우 방사상 성분(혹은 표면에 대해 수직한 성분)의 속도가 큰 것이 특징인 것과 달리 **초대형 쌀알 무늬**(supergranulation)는 수평 성분의 속도가 큰 것이 특징이다. 수평 성분의 속도는 쌀알 무늬의 속도보다 작은 수백 m/s 정도이고 수직 성분의 속도는 30 m/s 정도이다. 지름은 약 3만 km 정도이며 수명은 하루 정도인 것으로 알려져 있다.

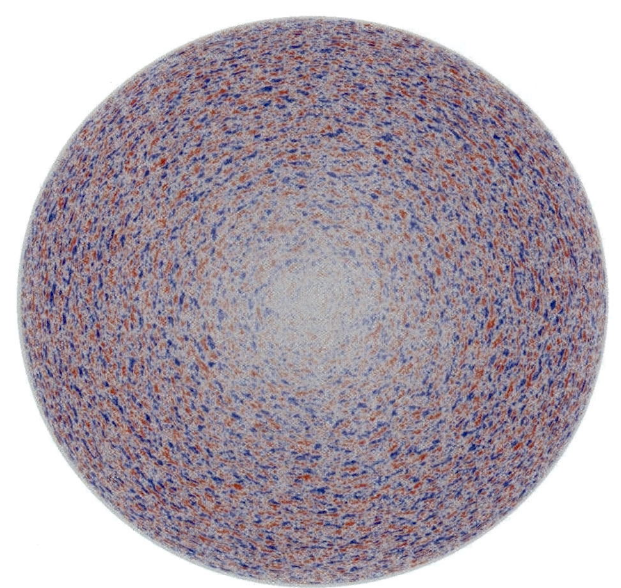

그림 10.41 소호(SOHO) 위성이 관측한 초대형 쌀알 무늬. 표면에 대한 수직 속도 성분이 작기 때문에 태양면 중심부에서 시선 방향의 속도 성분이 작게 나타나고 있다. 파란색과 붉은색은 청색이동과 적색이동 속도 성분을 나타낸다. 각각의 모양이 초대형 쌀알 무늬에 해당한다.

2) 태양의 대기

광구보다 고도가 높은 곳은 대기의 온도 혹은 밀도에 따라 크게 온도 최저 영역(temperature minimum region), 채층, 천이 영역, 코로나, 태양권으로 나눌 수 있다(그림 10.42). 태양에서 가장 차가운 층은 광구 위 약 500 km 지점으로 온도는 약 4,100 K이다. 극저온층 위 2,000 km에 걸쳐 방출선과 흡수선들이 강하게 나타나는 부분을 **채층**(chromosphere)이라고 부른다. 일식 중 광구가 가려지면 채층 특유의 불그스름한 빛깔이 뚜렷하게 보인다. 이 색상은 채층 스펙트럼을 지배하는 Hα(적색) 방출선 때문이다. 채층과 코로나 층에서 스피큘과 홍염을 관측할 수 있다. 몇 분마다 작은 태양폭풍이 일어나며, **스피큘**(spicule)로 알려진 뜨거운 물질의 제트를 태양 대기 상층부로 방출한다. 이 길고 얇은 물질의 스파이크는 태양의 표면을 약 100 km/s의 속도로 떠나 광구 위 수천 킬로미터에 이른다.

채층 위로 약 200 km 두께의 **천이 영역**(transition region)이 있는데, 천이 영역 최하단에서 상단까지 온도는 2만 K에서 100만 K까지 급격히 치솟는다. 이 급격한 온도 상승의 원인은 천이 영역 내에서 헬륨이 완전히 전리되어 플라스마의 복사 냉각을 크게 떨어뜨리기 때문이다. **코로나**(corona)는 태양에서 확장되어 나온 최외곽 대기로 태양 본체보다 부피면에서 훨씬 더 크다. 코로나는 연속적으로 우주 공간으로 확장되어 태양풍을 형성하며 이는 태양계 전체를 채우고 있다. 태양 표면에서 매우 가까운 저층 코로나 입자의 개수 밀도는 약 10^{15}~10^{16} m^{-3}이다. 코로나와 태양풍의 평균 온도는 약 100만~200만 K이지만, 가장 뜨거운 영역의 온도는 800만~2,000만 K이다. 코로나에 있는 원자들이 광구의 원자들보다 더 많은 전자를 잃었기 때문에 새로운 선이 생겨나 원자의 내부 전자 구조와 스펙트럼은 광구에 있는 원자와 이온의 구조와 스펙트럼과는 상당히 다르다. 코로나의 높은 온도로 코로나

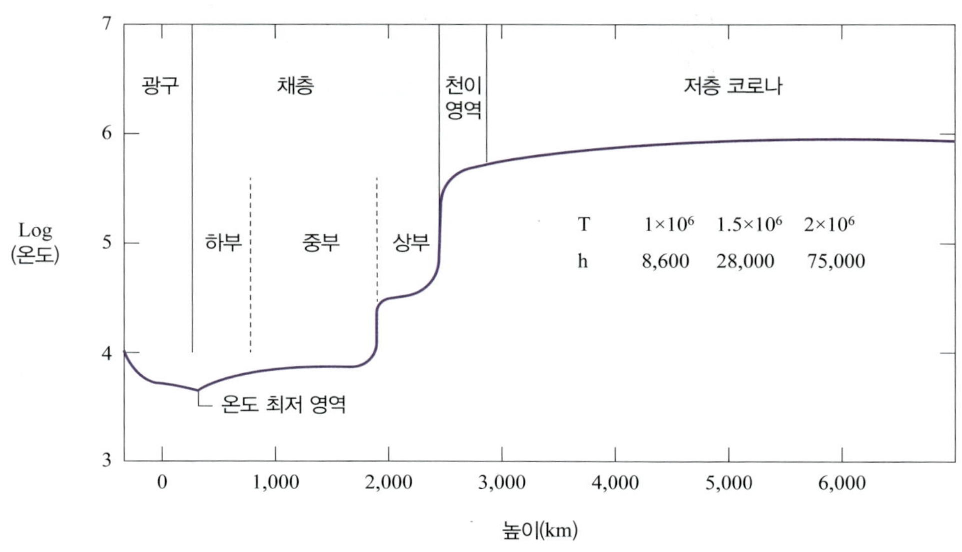

그림 10.42 태양 상부 대기층의 온도 분포

에서 확인된 철 이온의 스펙트럼선은 13개 전자를 잃은 것으로 광구에서 1~2개 전자를 잃은 철 이온선과 비교된다.

(1) 태양 스펙트럼

태양 스펙트럼(solar spectrum)은 가시광을 포함한 모든 전자기파를 포함하고 있다. 태양 중심핵에서 일어나고 있는 수소 핵융합 반응이 대기에 열을 공급해주고 있어서 우리가 관측하는 모든 빛은 태양의 대기에서 나온다. 대기는 복사 방출로 열을 잃지만, 그만큼 내부에서 열을 공급하기 때문에 거의 일정한 온도를 유지하면서 지속적으로 빛을 방출할 수 있다. 수소 핵융합 반응에서 생성된 감마선 광자는 주변 물질에 의해 흡수되므로 대기에 도달할 수 없고 흡수와 방출을 반복하는 과정에서 복사 에너지는 가시광 광자들의 형태로 광구에 도달한다. 태양 광구의 유효 온도는 약 5,860 K로서, 태양 스펙트럼을 구성하는 가시광과 근적외선을 방출한다. 자외선은 채층에서, 자외선 중에서 에너지가 높은 극자외선과 엑스선 등의 전자기파는 코로나에서 방출된다. 채층과 코로나에서는 이외에도 적외선과 전파를 방출한다. 극자외선과 엑스선은 온도가 100만 K 이상인 코로나에서 방출된다. 특히 자기 재연결 등의 과정으로 플라스마 가열이 활발하게 이루어지는 활동 영역에서 강하게 방출된다(그림 10.43).

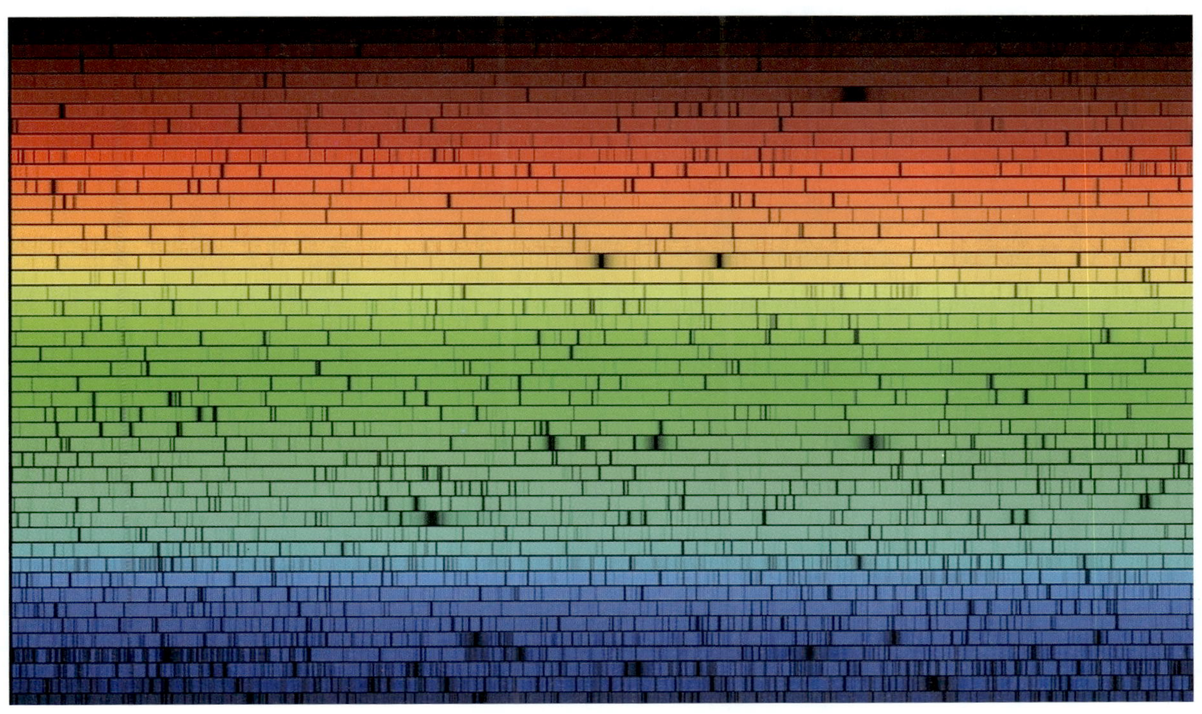

그림 10.43 고해상도 태양 스펙트럼

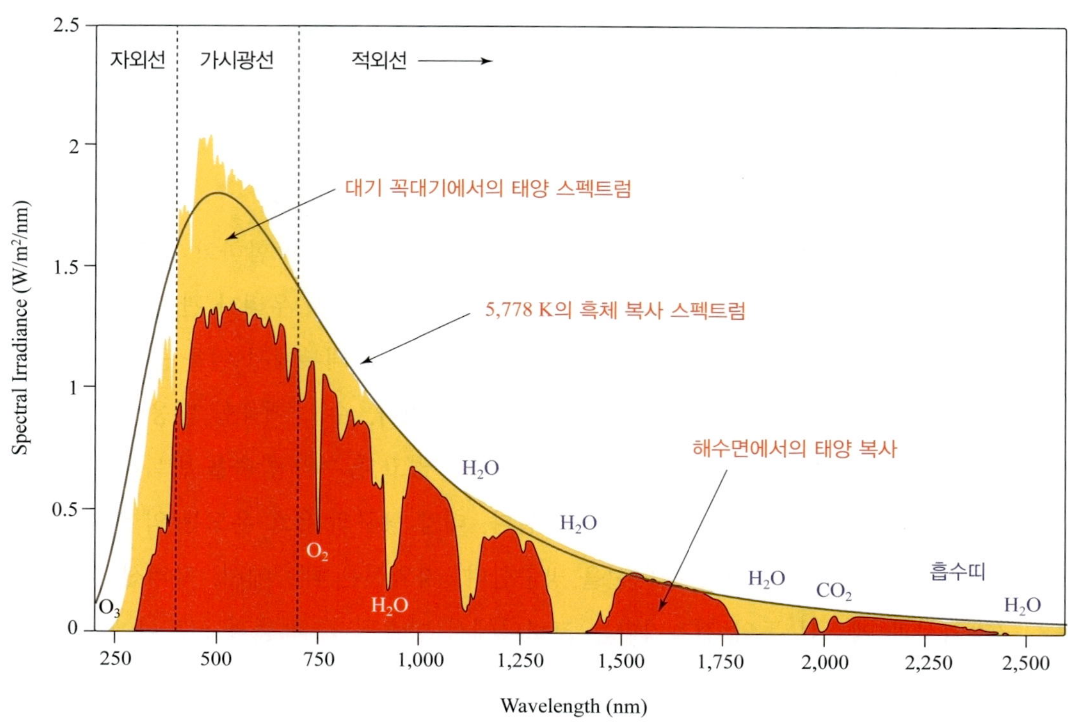

그림 10.44 지구 대기 상층부에 도달한 태양 스펙트럼(노란색)과 대기를 통과한 후 해면에 도달한 태양 스펙트럼(빨간색). 비교를 위해 5,778 K 흑체가 복사하는 열적 복사(실선)를 함께 나타냈다.

가. 연속 스펙트럼

태양의 광구에서 가시광선과 적외선 영역의 **연속 스펙트럼**을 만드는 가장 중요한 것은 전자가 중성 수소 원자와 반응하여 만들어진 수소 음이온(H^-)이다. H^-은 전리 에너지가 0.754 eV로 낮은 편이어서(중성 수소의 전리 에너지는 13.6 eV이다) 구속-자유, 자유-자유 천이로 태양의 광구에서 연속 스펙트럼의 근원이 된다. 그림 10.44에서 볼 수 있듯이 400~500 nm와 1,600 nm 부근에서 태양빛의 세기가 흑체 복사보다 약간 세다. 이것은 H^-의 흡수가 작아지기 때문에 태양 내부의 고온층에서 나온 빛을 보고 있기 때문이다. 800 nm 부근은 흑체 복사와 태양빛이 대략 같은데, 이 영역에서는 H^-의 흡수가 많아 온도가 낮은 층에서 방출되는 빛밖에 보이지 않는다는 것을 나타낸다.

나. 프라운호퍼선

흑체 복사 스펙트럼과 유사한 연속 스펙트럼 위에 수많은 검은 흡수선이 나타나는 흡수 스펙트럼이다. 주로 광구에서 만들어지는 이 흡수선들은 프라운호퍼선(Fraunhofer lines)이라 부른다. 태양의 가시광선 스펙트럼에서 이러한 어두운 선의 존재는 1802년 울러스턴에 의해 처음 관찰되었으며, 이후 프라운호퍼가 이를 독립적으로 재발견하여 체계적인 연구와 정밀한 파장 측정을 수행하였다. 이러한 공헌을 기려 그의 이름을 따 프라운호퍼선이라 불린다(그림 10.45). 프라운호퍼가 정한 기호로 C,

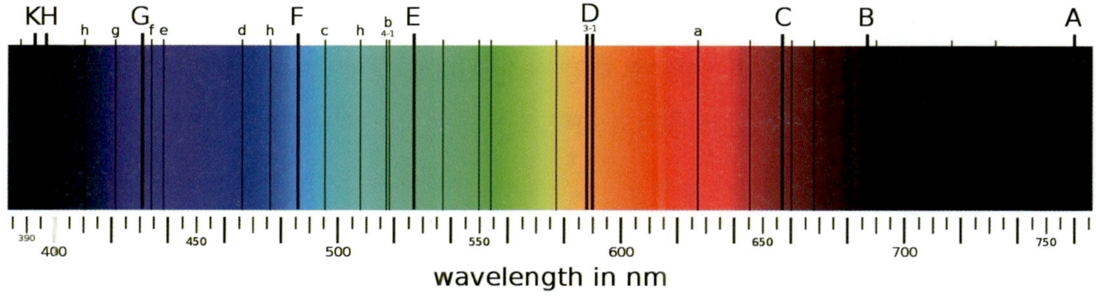

그림 10.45 프라운호퍼선

F, G는 수소의 발머 알파, 베타, 감마에 해당하고, D_1과 D_2는 나트륨 2중선이다. H선과 K선은 Ca 이온 2중선이다. 프라운호퍼가 발견한 570여 개 선들을 포함하여 293.5 nm와 877.0 nm 사이에서 2만 개 이상의 흡수선들이 확인되고 있다.

다. 전파

태양은 지구 밖에 존재하는 전파원 중에서 가장 강한 전파원이다. 태양에서 방출되는 전파 복사는 태양 활동이 활발하던 시기에 해당하는 1930년 중반에 처음으로 관측되었다. 1942년 조용한 태양에서도 전파가 방출된다는 것이 확인되고 나서 1946년에 본격적인 태양 전파 연구가 체계적으로 시작되었다. 조용한 광구에서 나오는 열적 전파 외의 것은 흑점이나 플라쥐 상부의 활동 지역과 관련이 있다. 태양 전파 복사가 태양 대기의 상층으로부터 방출되기 때문에 가시광선으로 본 태양과는 대조적으로 전파로 본 태양에서는 강한 주연 증광 현상을 보인다. 전파 복사는 태양 대기에 존재하는 자유 전자에 의해서 차단되기 때문에 태양 표면에서 방출된 전파는 태양 대기를 쉽게 빠져나갈 수 없다. 한편 파장이 짧은 전파일수록 쉽게 빠져나갈 수 있으므로 밀리미터파의 전파 관측은 좀 더 깊은 대기층의 모습을, 긴 파장에서의 전파 관측은 상층 대기의 모습을 보인다. 예를 들어, 10 cm 전파 복사는 채층의 상층 대기층에서 방출되며 1 m 전파 복사는 코로나에서 방출된다. 특히 센티미터 파장에서 태양으로부터 오는 방출선은 주로 활동 지역에 의한 것이다. 파장이 10.7 cm인 전파 관측 값으로 태양 활동 지수를 삼는 것은 활동 지역에서 자기장에 갇힌 코로나 플라스마의 자외선 방출량과도 상관관계가 좋기 때문이다.

라. 극자외선과 엑스선

플레어는 모든 파장대의 전자기파를 방출하기 때문에 플레어 관측은 가시광선 영역 외에도 전파, 자외선, 극자외선, 엑스선 등 다양한 파장대에서 이루어진다. 코로나의 평균 온도는 수백만 K로 극자외선이나 엑스선 영역의 전자기파를 방출하기 때문에 채층이나 코로나를 관측할 때 극자외선이나 엑스선 우주 망원경을 활용한다. 태양 전파의 경우와 마찬가지로 고에너지 복사의 원천은 열적 복사와 비열적 복사이다. 고에너지 복사의 양은 총 태양 복사에 비해 상대적으로 적지만 지구 고층 대기에 미치는 영향은 크다. 태양 자외선은 성층권의 화학 조성을 변화시키는 주요 원인이고, 전리권의 온도와 전기 전도도에도 영향을 미친다.

(2) 태양풍

별의 상층 대기에서 흘러나가는 플라스마를 항성풍이라고 하며, 별의 종류에 따라 항성풍은 속도나 분출량이 다르다. 태양은 만기형 주계열성으로서, 고온의 자기화된 코로나에서 태양풍이 나온다. 태양의 가장 바깥 대기인 코로나에서 시작해서 행성 간 공간으로 나아가는 플라스마의 흐름이 **태양풍**(solar wind)이다. 태양풍의 속도 크기에 따라 250~400 km/s 내외 정도이면 **느린 태양풍**, 400~800 km/s 정도이면 **빠른 태양풍**이라고 한다. 폭발적으로 방출되는 코로나 질량 방출도 급격하게 변화하는 태양풍의 한 종류이다. 빠른 태양풍과 느린 태양풍은 속도뿐만 아니라 여러 가지 플라스마의 물리적 특성이 서로 다르다(표 10.7). 이러한 차이는 빠른 태양풍과 느린 태양풍의 가열 및 가속 기작이 서로 다르고, 이들이 발생하는 지역이 다를 수 있다는 것을 보여준다. 태양풍은 행성 간 공간을 지나면서 지구 자기장 및 행성 자기장을 교란시킨다.

표 10.7 속도에 따른 태양풍의 물리적 특성

플라스마 특성	빠른 태양풍	느린 태양풍
유속(flow speed)	400~800 km/s	250~400 km/s
양성자 개수밀도(proton number density at 1 AU)	3.0 cm^{-3}	10.7 cm^{-3}
양성자 온도(proton temperature at 1 AU)	2.3×10^5 K	3.4×10^4 K
전자 온도(electron temperature at 1 AU)	1×10^5 K	1.3×10^5 K
화학 조성(chemical composition)	광구(photospheric)	코로나(coronal)
발생 영역(source region)	코로나 구멍	스트리머, 활동 영역

태양풍을 구성하고 있는 플라스마는 행성 간 공간을 진행하는 동안 행성 간 자기장의 자기력선에 묶여 있다. 즉 플라스마가 **자기력선에 동결**(frozen-in)되어 있다. 따라서 태양풍이 발생하는 지역의 플라스마 특성에 따라 태양풍의 물리적 특성이 결정된다. 율리시스(Ulysses) 위성이 목성으로 가기 위한 힘을 얻기 위해 태양으로부터 0.5~5 AU 거리를 두고 태양의 양극을 수개월에 걸쳐 통과한 적이 있다. 율리시스 위성의 태양풍 플라스마 직접 관측을 통해 태양 극지방에서는 빠른 태양풍이 불어나오고 태양 적도 영역에서는 느린 태양풍이 불어나온다는 것을 확인하였다(그림 10.46). 또한 흑점 극소기와 흑점 극대기에 두 번의 위성 관측을 통하여 코로나 구멍이 극지방에 발달되고 자기장이

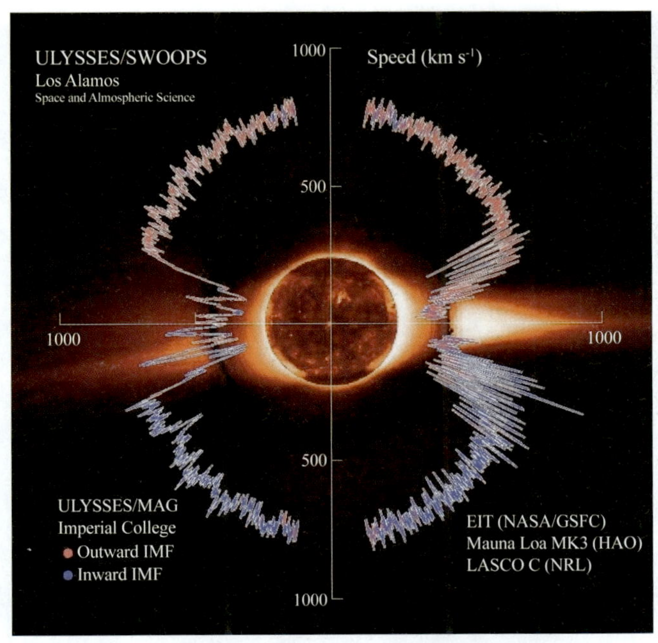

그림 10.46 율리시스 위성의 태양풍 관측 결과. 실선은 태양풍의 속도 분포를 나타내며, 실선의 색은 각각 행성 간 자기장의 방향이 태양의 북극(N)과 남극(S) 중 어느 방향을 향하는지를 보여준다. 왼쪽은 흑점 극소기의 1차 탐사 결과이며 오른쪽은 흑점 극대기의 2차 탐사 결과이다. 양극의 태양풍 속도는 적도 지역에 비하여 훨씬 빠르고 수개월에 걸쳐 비교적 일정하고 공간적으로도 균일하다.

쌍극자 모양으로 잘 발달되는 흑점 극소기에는 빠른 태양풍과 느린 태양풍이 잘 구분되어 발달하며, 저위도의 활동 영역이 태양의 고위도까지 발달되는 흑점 극대기에는 빠른 태양풍과 느린 태양풍이 서로 섞여서 나타나는 것을 확인하였다. 이러한 관측을 통하여, 빠른 태양풍은 태양 극지방에 발달된 열린 자기장 구조의 코로나 구멍에서 발생되고, 느린 태양풍은 적도 지역의 **헬멧 스트리머**(helmet streamer) 또는 활동 영역 가장자리의 닫힌 자기장 구조와 열린 자기장 구조가 연결되는 지역에서 발생되는 것으로 알려져 있다.

태양권(heliosphere)은 태양에서 나오는 플라스마인 태양풍과 태양 자기장이 지배하는 공간이다(그림 10.47). 태양에 의해 생성된, 태양의 영향을 직접적으로 받는, 태양을 감싸고 있는 거대한 거품 같은 공간이다. 태양권 바깥 성간 공간에서 들어오는 **은하 우주선**(galactic cosmic ray)의 일부는 태양권 자기장에 의해 저지당한다. 따라서 태양권 내부의 은하 우주선의 양은 외부에 비해 적고, 태양의 흑점 주기에 따라 변한다.

1977년 발사된 보이저 1호와 보이저 2호는 각각 2012년 8월 25일과 2018년 11월 5일에 태양에서 약 120 AU 떨어진 태양권 계면을 통과했다. 이 지점을 통과하면서 검출된 은하 우주선의 양이 급작스럽게 증가했다고 한다. 태양권 계면은 태양풍에서 기원한 플라스마와 항성 간 공간에서 기원한 플라스마의 경계이기 때문에, 이제 보이저호는 태양권을 탈출해 항성 간 공간을 탐험하고 있다.

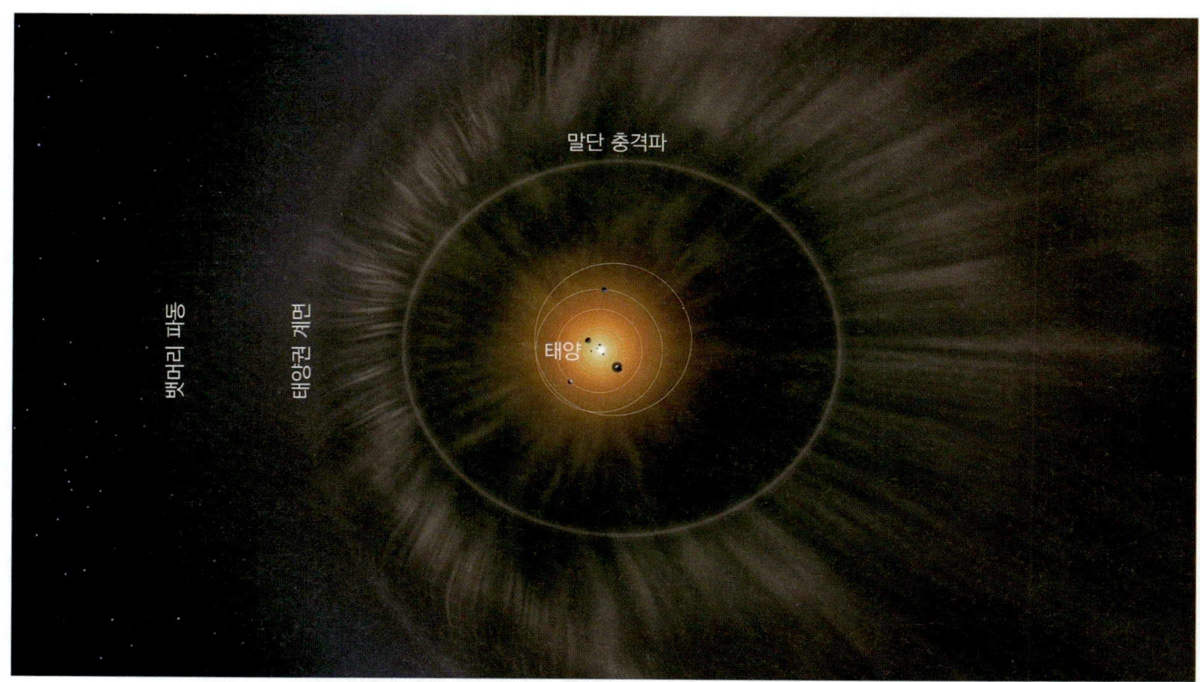

그림 10.47 성간 공간과 상호 작용하는 태양권

3) 태양의 자기장

(1) 태양 흑점

태양 흑점(sunspot)은 백색광으로 본 태양 원반(광구)에 나타나는 검은 점이다. 망원경 발명 전부터 알려져 있었고 17세기 초 망원경의 도입 이후 꾸준하게 관측되어왔다. 흑점은 대개 지구보다 크며, 지름이 3,600~5만 km로 평균 크기는 1만 km 정도이다. 단순히 둥근 모양도 있지만 비대칭 모양이 많다. 크기가 어느 정도 되는 흑점은 기본적으로 가장 어두운 중심부의 **암부**와 그 주변을 감싸고 있는 반쯤 어두운 **반암부**로 구성되어 있지만, 암부와 반암부만 있는 것도 간혹 관측되며 크기가 매우 작은 흑점인 반암부가 없는 **미소 흑점**(pore)도 최근 발견되었다. 종종 반암부만 보이는 흑점도 있다.

암부는 매우 어두워 보이지만 주변 밝기의 10% 정도의 빛은 내고 있다. 암부가 어두운 것은 온도가 3,700 K 정도로 표면 온도가 주변 광구보다 약 1,500 K 정도 낮기 때문이다. 온도가 낮은 것은 자기장이 강해서 대류에 의한 열 전달이 활발하지 못하기 때문이다. 내부에서부터 표면까지 열을 전달하는 것은 기체의 대류 운동이다. 그런데 흑점에는 강한 자기장이 존재해 기체를 붙들어 매고 있으므로 유체의 운동을 방해한다. 따라서 흑점에서 대류는 정상적으로 일어나지 못하며, 열은 내부에서 충분히 공급되지 못한다. 자기장 세기는 2,000~4,000가우스로 흑점이 클수록 자기장 더 세다. 흑점이 없는 태양 정온 영역의 평균 자기장 세기가 1가우스 정도이고, 지구 적도 지표면에서 지자기 세기가 0.5가우스임을 고려하면 흑점의 자기장이 얼마나 강한지 짐작할 수 있다. 흑점 중심에서 자기장의

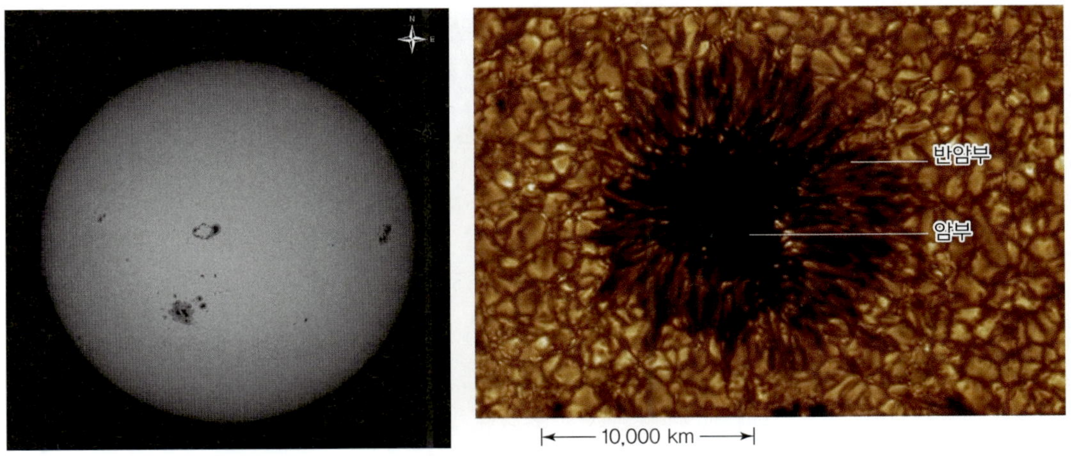

그림 10.48 백색광 태양 사진과 흑점. **(좌)** 태양은 원반 모양이고, 그 원반 위에는 크고 작은 흑점들이 있다. 태양이 지구의 100배가량임을 생각해보면 여기 보이는 큰 흑점들은 지구보다 훨씬 큼을 알 수 있다. **(우)** 흑점의 고해상도 영상은 흑점과 둘러싸고 있는 쌀알무늬를 잘 보여준다.

세기가 가장 강하고, 방향은 수직이다. 중심에서 멀어지면서 자기장은 세기가 약해지고, 방향은 수직에서 멀어지게 된다. 반암부에서는 자기장이 거의 수평 방향이다. 흑점의 자기장 세기는 **제만 효과**(Zeeman effect)로 측정된다.

흑점수는 개별 흑점수나 흑점군의 수로 표시되는데 **국제 태양 흑점수**(international sunspot number), 상대 태양 흑점수(relative sunspot number), 울프 흑점수(Wolfs sunspot number)라고 부른다. 흑점수(Z)는 $Z = k(S + 10G)$로 표시된다. 여기에서 k는 관측자와 관측 조건에 따라 달라지는 상수이고, S는 개별 흑점수, G는 흑점군의 수이다. 대개 흑점은 생긴 후 1주일 이내에 사라진다. 하지만 매우 큰 흑점은 수개월씩 살아남는다. 흑점은 대부분 태양 적도 주변과 위도 $\pm 30°$ 사이 지역에서 생긴다.

흑점은 종종 반대 극을 갖는 쌍이나 무리를 이루어 나타난다. 태양 흑점의 극성은 태양 표면에 대해 자기장이 어느 방향으로 향하는지 나타낸다. 일반적으로 내부로부터 자기력선이 나오는 지점을 'N'(away)으로, 광구 아래로 들어가는 지점을 'S'(toward)로 표시한다. 태양의 자기력선은 흑점 쌍의 한 구성원(N)을 통해 표면에서 나오고 다른 구성원(S)을 통해 태양으로 재진입한다(그림 10.49). 자기 극성은 북반구와 남반구가 서로 반대로 배열되어 있다. 이런 쌍극자군의 구조는 두 쌍극자를 잇는 루프 모양으로 자기장이 태양 표면에서 부상한 것으로 이해할 수 있다. 이런 고리를 따라서 뜨거운 플라스마가 흐른다면 루프 홍염(loop prominence)으로 관측될 것이다. 쌍극성 흑점군은 가장 질서 있게 출현하며 쌍극성 흑점군의 출현 위도 빈도, 극성의 동서 배치는 태양 주기에 따라 결정된다.

태양 흑점은 태양 활동 중에 가장 오랫동안 인류에게 알려진 대표적인 태양 활동이다. 흑점과 주변 지역은 자기 활동이 활발하고 근지구 우주 환경에 영향을 끼치는 플레어, 홍염 분출, 코로나 질량 방출과 같은 태양 폭발 현상이 발생하는 **활동 영역**(active region)이라고 부른다. 동서양을 막론하고 사

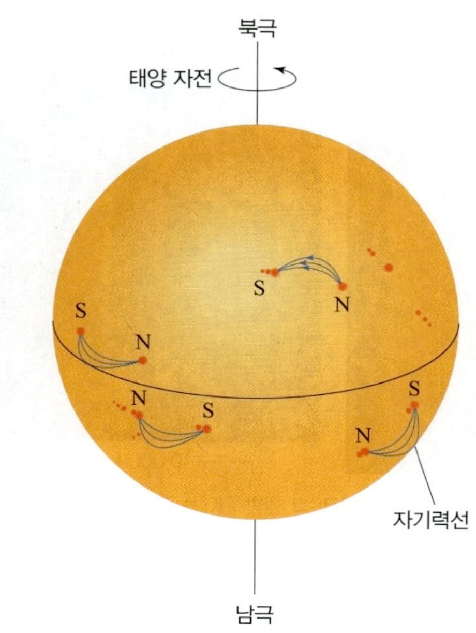

그림 10.49 흑점의 극성. 태양의 자기력선은 만약 북반구의 태양 흑점 쌍의 한 구성원을 통해 표면에서 나오고(away) 다른 구성원을 통해 태양으로 들어간다(toward)고 하면, 남반구는 그 반대의 극성 배열을 갖게 된다.

람들은 오래전부터 맨눈으로 흑점을 관측해왔으며, 현재 알려진 가장 오래된 흑점 관측 기록은 기원전 28년에 이루어진 중국의 관측 기록이다. 우리나라에서는 『삼국사기』에 흑점 관측으로 추정되는 기록을 찾아볼 수 있으며, 매우 분명한 흑점 기록들은 『고려사』와 『증보문헌비고』에 나온다. 1105년 기록부터 시작해 모두 35개의 흑점 기록이 있다. 흥미로운 것은 흑점을 크기에 따라 자두, 달걀, 복숭아, 배로 구분해 기록했다는 점이다. 가령 1151년 기록에는 "해에 흑자(흑점)가 있는데 크기는 달걀만 했다"라고 했다. 1370년 『고려사』 기록을 보면 당시에 흑점 출현은 왕의 허물 때문이라고 여겨졌음을 알 수 있다.

망원경을 이용한 최초의 흑점 관측은 1610년경 영국, 네덜란드, 독일, 이탈리아에서 동시에 이루어졌다. 그중 가장 잘 알려진 것은 갈릴레이(Galileo Galilei, 1564~1642)의 흑점 관측이다. 갈릴레이는 망원경 관측 자료를 분석하여 흑점이 수성과 같이 태양 주위를 도는 천체가 아니라 태양 표면에 붙어 있으면서 태양의 자전과 더불어 움직이는 태양 안의 형체임을 보였다. 1774년 윌슨(Alexander Wilson, 1714~1786)은 흑점이 분화구처럼 주변보다 내려앉은 곳임을 밝혔고, 1851년 슈바베(Heinrich Schwabe, 1789~1875)는 흑점수가 약 10년 주기로 변한다는 것을 처음 발표했다. 1857년 캐링턴(Richard Carrington, 1826~1875)은 고위도 흑점이 저위도 흑점에 비해 자전 주기가 길다는 것을, 그다음 해에는 흑점의 위도 분포와 변화 특성을 발표했다. 1892년 헤일(George Ellery Hale, 1868~1938)은 분광 태양 사진기(spectroheliograph)를 개발하여 흑점의 Hα 단색광 사진을 처음 찍었으며, 이로부터 흑점이 자석과 같은 것이라고 추정했다. 헤일은 실제로 1907년 제만 효과를 이용해 흑점이 강한 자기장 지역임을 입증했다.

(2) 흑점 주기

태양의 활동성을 나타내는 지수인 태양 흑점의 수가 약 11년을 주기로 증가하고 감소하는 것을 **흑점 주기**(태양 주기, 태양 활동 주기)라고 부른다(그림 10.50). 과학자들은 흑점군에 포함된 것으로 추정하는 보이지 않는 작은 흑점들의 수와 실제로 보이는 큰 흑점들의 수를 합한 울프 흑점수를 사용한다. 한 주기 동안 흑점수가 최대인 시기를 **흑점 극대기**라 하는데 흑점이 자주, 많이 관측되며 태양 폭발도 자주 일어난다. 흑점을 보기 힘들어지며 흑점수가 최소인 시기를 **흑점 극소기**라고 하는데, 심지어 흑점이 전혀 나타나지 않는 날도 많다. 흑점 극소기에는 태양 폭발이 덜 일어난다. 흑점수는 태양 자기장의 강도를 반영한다. 흑점수가 변하면 또 지구에 입사되는 태양 복사 에너지, 지자기 지수, 은하 우주선의 양도 변한다. 흑점의 수는 대략 11년 주기로 변하지만 자세히 보면 흑점의 변화 양상은 주기에 따라 다르다. 그림 10.50을 보면 최대 흑점수가 주기에 따라 크게 달라짐을 쉽게 알 수 있다. 뿐만 아니라 흑점 주기도 변한다. 평균은 11년 정도지만, 9년밖에 안 되는 짧은 주기도 있고 13년보다 긴 주기도 있었다. 흑점 주기를 설명하기 위하여 과학자들은 태양 대류층의 자전과 대류 운동이 태양 자기장을 재생해낸다는 다이나모 이론을 연구하고 있다.

흑점의 주기성은 1843년 슈바베가 처음 보고하였다. 흑점수는 거의 11년 주기로 증가하였다가 감소하는 것을 반복하였지만, 17세기에 흑점이 실질적으로 오랜 기간 관측되지 않은 기간이 있다. 이 기

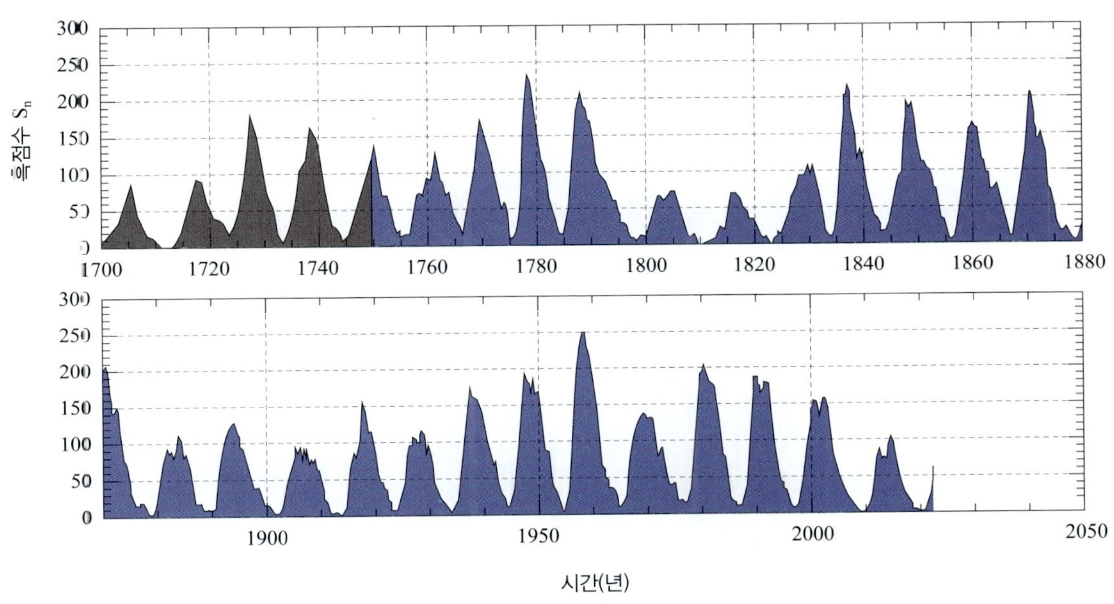

그림 10.50 흑점 주기 모습을 뚜렷하게 보여주는 흑점수의 연평균 자료. 1749년까지는 연평균 흑점수(검정색)와 1749년부터 현재까지의 13개월 이동 평균 흑점수(파란색)

간을 **몬더 극소기**(Maunder minimum)라고 한다. 이와 유사한 스푀레르 극소기가 15세기에 있었으며 그 밖의 극소기 기간이 여러 차례 있었다고 추정하고 있다. 울프(Rudolf Wolf, 1816~1893)는 이 주기적 변화를 연구하기 위해 과거 흑점 자료를 분석하고 흑점수를 체계적으로 셀 수 있는 공식을 마련하

몬더 극소기

몬더 극소기는 1645년부터 1715년까지 천문학자들이 기록한 태양 흑점수가 극도로 적었던 시기이다. 흑점 연구의 기념비적 업적을 남긴 몬더 부부(Annie Russell Maunder와 Edwad Walter Maunder)의 이름을 따서 명명한 특별한 기간이다(그림 10.51). 미국 천문학자인 존 에디(John A. Eddy, 1931~2009)는 1976년 〈사이언스〉지에 '몬더 극소기' 라는 제목의 논문을 발표하여 70년 동안 태양 활동이 거의 멈추었다고 널리 알렸다. 흥미롭게도 몬더 극소기는 돌튼 극소기(Dalton minimum, 약 1790~1830년까지 혹은 약 1796~1820년까지), 스푀레르 극소기(Spörer minimum, 약 1460~1550년까지)와 더불어 평균 기온보다 낮았던 유럽의 소빙기와 겹친다. 일반적으로 흑점이 많을 때, 주변보다 밝은 백반수가 많아져서 지구로 입사되는 에너지는 전체적으로 약간 높아지게 되며, 결과적으로 지구 대기의 온도를 높인다고 알려져 있다. 흑점이 없던 몬더 극소기 때는 복사 에너지 총량이 예년보다 낮아서 지구의 기온이 평년 기온보다 낮았을 것이다. 몬더 극소기를 포함한 태양 활동의 광범위 극소기는 평균 기온보다 낮은 소빙기와 시기적으로 대략 일치한다.

우리나라의 경우 『증보문헌비고』나 『조선왕조실록』과 같은 고문헌에 기록된 천재지변을 보면 이 몬더 극소기 동안 현종 재위 기간의 '경신 대기근(1670~1671)'과 숙종 재위 기간의 '을병 대기근(1695~1696)' 등의 대기근이 있었다. 경신 대기근 때는 조선 전체가 흉년의 피해를 입었으며 당시 조선 인구 1,200~1,400만 명 중 30~40만 명이 굶어 죽었다고 한다. 현종 때 대동법 논쟁을 야기한 기근과 지진, 역병, 냉해, 수해 등 천재가 있었던 이 시기 역시 범세계적 소빙기의 한 모습이라고 할 수 있겠다. 하지만 기후 변화를 오로지 태양 활동만으로 설명하기에는 부족한 점이 많다. 화산활동과 구름의 생성에 관한 되먹임 현상(feedback), 인류의 경제 활동에 의한 온실 기체 배출, 기후 자체의 역학적 작용 등 지구의 장주기 기후 변화를 설명하기 위해서는 서로 얽혀 있는 여러 요소들이 빚어내는 다양한 결과들을 고려해야 하기 때문이다.

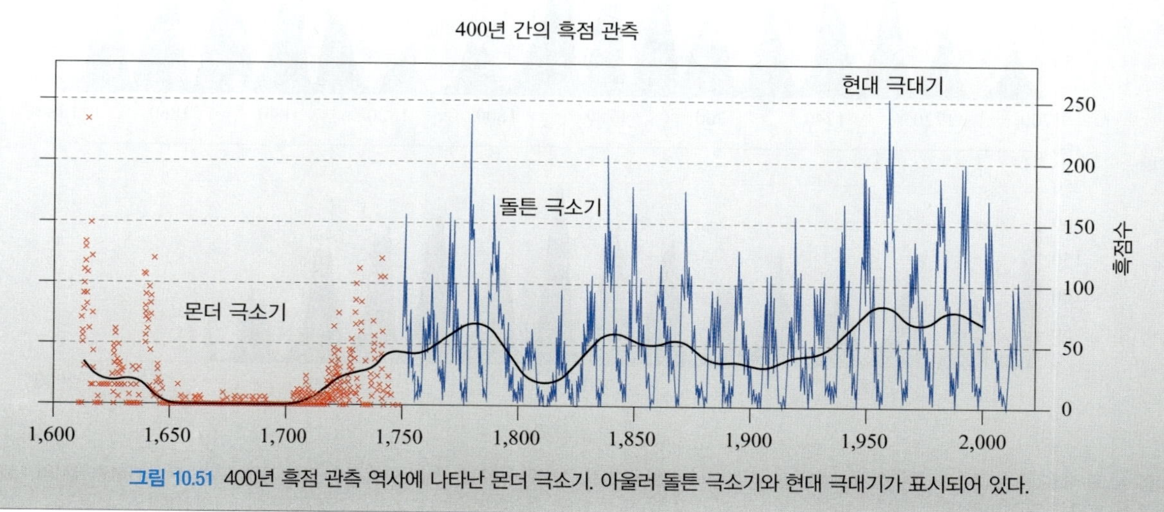

그림 10.51 400년 흑점 관측 역사에 나타난 몬더 극소기. 아울러 돌튼 극소기와 현대 극대기가 표시되어 있다.

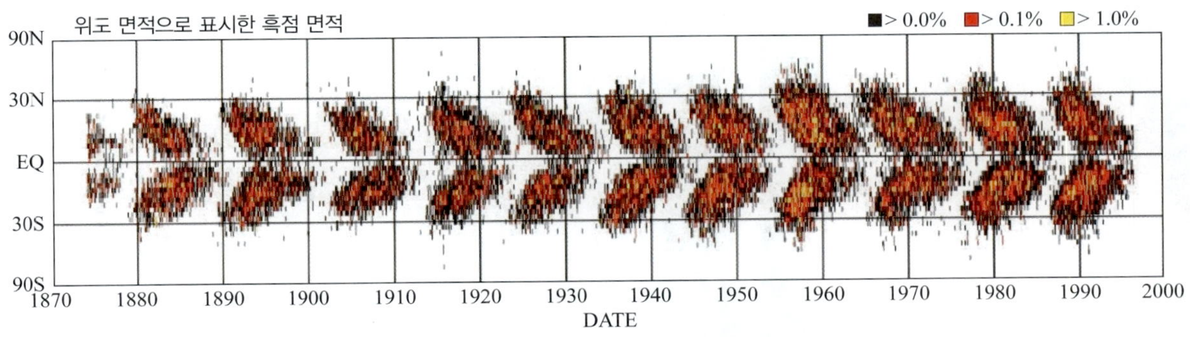

그림 10.52 태양 흑점의 면적과 발생 위치를 시간에 따라 나타낸 나비도. 색은 흑점 면적이 태양 원반 면적에 대해 차지하는 비율을 나타낸다. 나비도를 보면 태양 흑점의 극대기 때 태양 흑점의 발생 위치가 10°인 반면 극소기 때는 0° 주변과 30° 주변에서 겹치게 나타남을 알 수 있다.

였다. 이를 울프 흑점수라고 한다. 울프의 전통을 따라 1755년부터 1766년 주기를 첫 번째 주기로 정하여 현저까지 사용하고 있다. 2019년부터 현재까지는 흑점 주기 25에 해당한다.

모든 흑점의 출현 위도를 출현 시각에 따라 점으로 표시하면, 나비 모양의 그림 10.52(**흑점나비도, butterfly sunspot diagram**)가 된다. 흑점수의 주기적 변화는 그에 상응하는 자기장의 변화를 반영한다. 활동 주기가 시작될 때 흑점은 위도 ±40° 정도에서 보이기 시작한다. 주기가 진행됨에 따라 흑점은 적도에 더욱 가깝게 이동한다. 주기가 끝날 무렵 적도 지방에 흑점이 여전히 있을 때 새로운 주기의 흑점이 ±40° 정도에서 나타나기 시작한다. 새로운 주기에 속한 흑점들은 지난 주기에 속한 흑점과 반대되는 극성을 갖는다(반대쪽 반구에 있는 흑점도 마찬가지로 반대 극성을 갖는다). 이어지는 11년 주기 사이에 극성이 바뀌기 때문에 엄밀하게 말하자면 태양의 자기 활동 주기는 헤일 주기로 정의된 22년이다. 헤일은 태양 흑점의 원인이 강한 자기장이라는 것을 처음으로 밝혔다. 뿐만 아니라 그는 흑점 주기 동안 태양의 특정 반구에서 선도 흑점의 극성이 늘 동일하다는 것, 다른 반구에서는 선도 흑점의 극성이 반대라는 것, 다음 주기가 되면 선도 흑점의 극성이 반대가 된다는 것을 발표하였다. 이를 고려하면 흑점 주기는 11년이 아니라 22년이 되는 셈이다.

4) 태양의 활동

태양 흑점은 태양 활동의 대표 현상이다. 흑점과 주변 지역은 자기 활동이 활발해서 **활동 영역**(active region)이라고 부른다. 활동 영역은 근지구 우주 환경에 영향을 끼치는 플레어, 홍염 분출, 코로나 질량 방출과 같은 태양 폭발 현상이 발생하는 지역이다.

(1) 홍염

홍염(prominence)은 태양 대기의 하층인 광구나 채층에서 태양 대기의 바깥 부분인 코로나 영역에

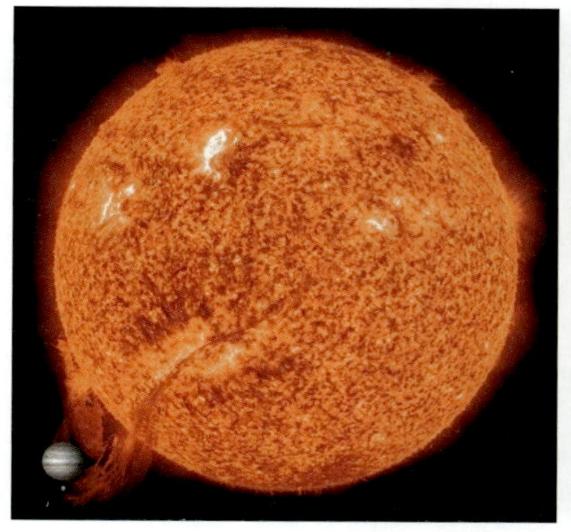

그림 10.53 루프 형태의 홍염(지구, 목성과 크기 비교)

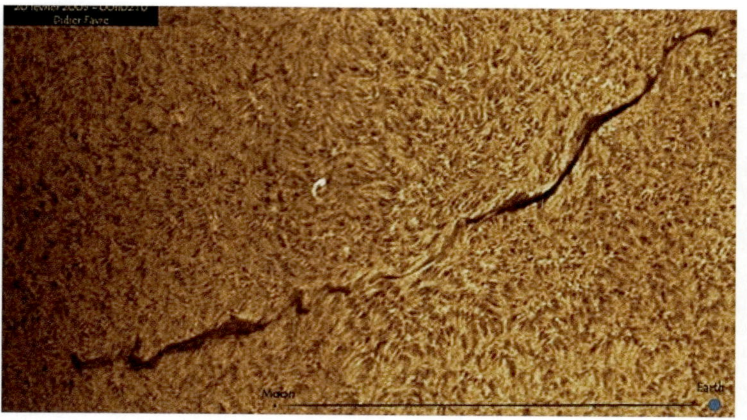

그림 10.54 필라멘트. 밝은 태양면을 배경으로 홍염이 나타나면 검은 필라멘트로 관측된다.

해당하는 외곽으로 크게 뻗어 나와 안정적인 상태를 유지하는 플라스마 구조이다(그림 10.53). 홍염은 성분과 온도가 채층과 유사하기 때문에 특정한 필터가 없다면 개기일식 때 홍염을 가장 잘 관측할 수 있다. 이때 달에 의해 가려진 태양 원반 바깥에 붉은색을 띠는 얇은 층, 곧 채층이 보이는 데 종종 이 채층보다 더 높은 곳에 구름처럼 밝게 보이는 붉은색 구조물이 보인다. 개기일식이 없는 경우에는 Hα 필터나 Ca II H선 또는 K선 필터를 장착하면 구조를 잘 관측할 수 있다. 태양 원반상에 있는 홍염은 태양 원반보다 어둡게 보이며, 대개 기다란 모습을 갖는 **필라멘트**(filament)로 관측된다(그림 10.54). 필라멘트는 분출에 의해 소멸되는데, 흥미롭게도 분출은 언제나 위 방향으로만 일어나며, 모든 플레어는 필라멘트와 연관이 있다. 어떤 경우 홍염은 루프 형태를 갖기도 하는데 수일 혹은 수개월까지 구조가 유지되기도 한다. 홍염은 수십만 킬로미터까지 확장되어 물질을 1,000 km/s의 속도로 분출하기도 한다. 이렇게 홍염은 종종 코로나 질량 방출로 이어진다. 거의 모든 플레어가 홍염과 관련이 있다는 점에서 홍염의 구조와 진화는 자기 재연결 현상으로 설명할 수 있다.

물리적으로 홍염은 채층과 특징이 유사하여, 밀도는 광구보다 낮지만 코로나보다 높고, 온도는 광구보다 높지만 코로나보다 낮다. Hα 필터로 관측하면 특징을 잘 볼 수 있는 이유이다. 코로나에 비해 밀도가 높고 온도가 낮기 때문에 코로나 영역까지 확장된 홍염은 중력적으로 불안정하다. 코로나 영역까지 뻗어 나온 홍염은 수일에서 수주, 심지어 수개월 동안 유지되기도 하는데, 불안정 상태에서 그렇게 긴 시간 동안 어떻게 형태를 유지할 수 있는지에 대해 현재까지 알려진 연구 결과에 의하면 자기장이 코로나 내부에서 홍염의 움직임과 형태를 결정하는 중요한 역할을 하는 것으로 보인다. 즉 자기장이 강한 광구에 흑점이 발생하고 흑점 위로 자기력선이 연결되어 고리 모양의 자기력선을 따라 플라스마들이 홍염을 구성한다고 생각한다(그림 10.55).

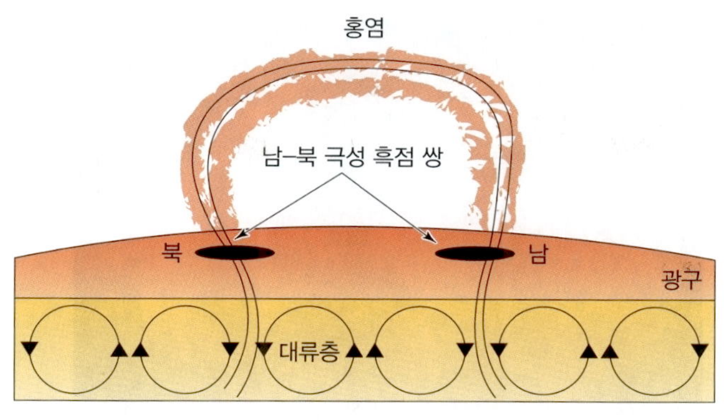

그림 10.55 자기력선과 홍염

(2) 플라쥐와 백반

흑점과 플라쥐는 모두 활동 영역에 존재한다. **플라쥐**(plage)는 채층 영상에서 Hα 필터나 Ca II 필터로 관측하면 흰 구름처럼 보이는 밝은 지역으로 수명이 수일 정도이다(그림 10.56). 플라쥐는 흑점만큼은 아니지만 강한 자기장이 태양 표면에 뿌리를 내리고 있는 지역이다. 플라쥐는 흑점 주위에서 보이거나 흑점이 없는 부분에서 보인다. 플라쥐가 언제나 흑점과 함께 관측되는 것은 아니다.

플라쥐 지역을 백색광으로 관측하면 밝은 형체인 **백반**(facula)이 보인다. 즉 플라쥐는 채층 현상이고, 이 플라쥐 지역의 광구 현상이 바로 백반이다. 백반은 백색광 태양 영상에서 주변보다 밝은 점들이 무리지어 나타나는 지역이다. 흑점이 주변보다 어두운 것과 대조된다. 주로 흑점과 함께 나타나며 자기력선이 집중되어 있는 흑점 주변 활동 영역에서 발생한다(그림 10.57). 태양면 중심부보다는 주변부에서 쉽게 관측된다. 백반은 흑점과 마찬가지로 태양 활동성에 따라 그 발생 빈도가 변하는데 흑점 수가 많을수록 백반의 수도 증가한다. 백반은 태양 상수의 변화를 결정하는 중요한 양이기도 하다.

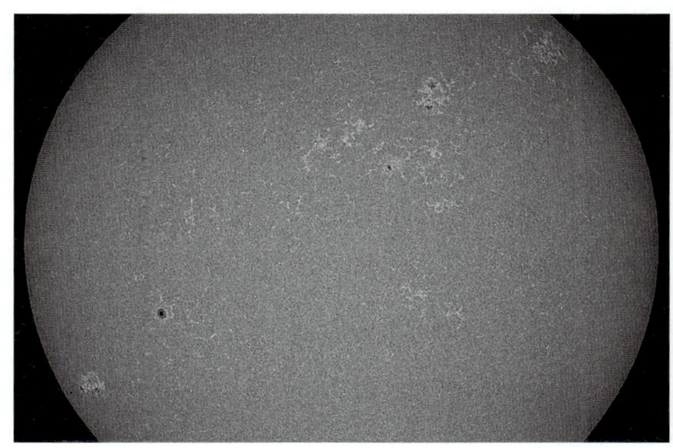

그림 10.56 Ca II 필터를 이용해 자외선 영역에서 촬영한 태양 영상. 플라쥐가 흰 구름 모양으로 잘 보인다. 검게 보이는 것은 흑점이다.

그림 10.57 태양 표면에서 관측되는 태양 흑점과 백반

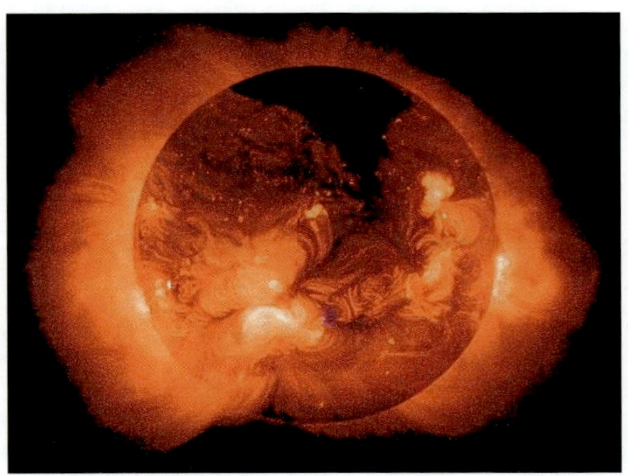

그림 10.58 요코 위성의 엑스선 망원경이 촬영한 태양의 모습. 북쪽의 극 코로나 구멍이 어둡게 보인다.

(3) 코로나 구멍

코로나 구멍(coronal hole)은 자외선이나 엑스선으로 태양을 보았을 때 어둡게 보이는 영역이다(그림 10.58). 코로나 구멍의 플라스마는 빠른 태양풍의 형태로 행성 간 공간으로 쉽게 빠져나가기 때문에 주변보다 밀도(압력)와 온도가 낮다. 코로나 구멍은 출현 위도에 따라 크게 극 코로나 구멍(polar coronal hole)과 적도 코로나 구멍(equatorial coronal hole)으로 분류한다.

코로나 구멍은 여러 파장에서 관측이 가능하다. 극자외선 영역에서 코로나 구멍은 주변에 비하여 어둡게 보인다. 채층 현상인 필라멘트도 극자외선에서 어둡게 보이지만 일반적으로 코로나 구멍에 비하여 가늘고 긴 형태를 이루어 쉽게 구분된다. HeI 10830 영상에서는 코로나 구멍이 주변 지역에 비하여 밝게 보인다. 가시광선으로 찍은 사진에서는 코로나 구멍을 확인하기 힘들다. 그러나 개기일식과 같이 태양면을 가리고 보면 코로나 구멍 상부 대기의 모습을 눈으로 볼 수 있다. 극 코로나 구멍의 상부는 헬멧 스트리머가 위치한 곳보다 어둡게 보이고 여러 가닥의 곧고 얇은 선을 따라 밝은 부분이 분포하는 것처럼 보이는데 이는 자기력선이 비교적 균일하게 뻗어 있기 때문이다. 극 코로나 구멍이나 가장자리의 적도 코로나 구멍은 태양면 중심에 위치한 적도 코로나 구멍보다 밝다.

(4) 플레어

플레어(flare)는 1초에서 1시간 미만의 시간 동안 밝기가 급격히 증가하였다가 천천히 감소하는 현상이다. 플레어에서는 흑점 부근 대기에 축적된 자기 에너지가 **자기 재연결**(magnetic reconnection)로 순식간에 발산해 짧은 시간에 폭발적으로 방출되어 강렬하게 빛나는 현상이다.

플레어가 발생할 때 주변 플라스마는 수천 만도까지 가열되며 밝게 빛난다. 대략 10분 정도의 시간 동안 플레어에서는 수백 배 증가한 엑스선과 자외선이 방출된다. 사실상 플레어는 모든 파장대의 전

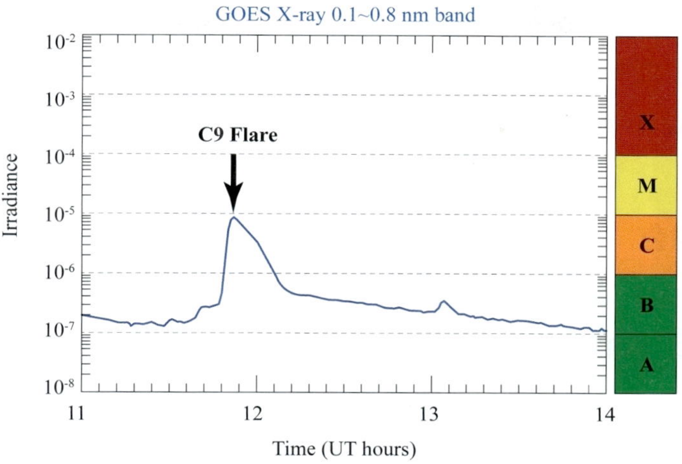

그림 10.59 2010년 5월 5일 11시부터 13시 사이에 GOES 위성이 관측한 C9 플레어의 엑스선 플럭스 값을 나타낸 그래프

자기파를 방출하기 때문에 플레어 관측은 전파, 가시광, 자외선, 극자외선, 엑스선 등 다양한 파장대에서 이루어진다. 전파의 파장대에서 플레어는 여러 가지 유형으로 관측된다. 플레어가 발생하면 태양의 고에너지 입자의 방출도 급격히 증가한다. 플레어의 등급은 엑스선 플럭스의 최댓값을 써서 정한다. 플레어는 지구 근처 GOES(Geostationary Operational Environmental Satellite) 위성에서 측정한 엑스선의 최대 플럭스에 따라 A, B, C, M, X등급으로 구분한다(그림 10.59). 각 등급은 이전 등급에 비해 최대 플럭스가 10배 차이나며, 최고 등급인 X등급의 경우 최소 플럭스가 10^{-4} W/m^2 단위이다. 하나의 등급에는 선형 단위로 1에서 9까지의 세부 등급이 존재한다. 상대적으로 강한 M 및 X등급의 경우는 지구에 영향을 줄 수 있다.

일반적으로 지상에서 플레어를 관측하기 위해서는 Hα 파장을 이용한다. 위성 관측 이전 플레어 분류는 Hα 스펙트럼 관측에 기초했다. 이 방법은 플레어의 면적 크기와 빛의 세기(광도)를 모두 고려하였다. 전파를 이용하여 플레어를 관측할 수 있으며 10 MHz에서 약 400 GHz 에너지 대역을 이용한다.

플레어 발생은 자기장의 급격한 변화와 깊은 관련이 있으며, 플레어 폭발의 에너지원은 흑점 부근에 축적된 자기 에너지이다. 서로 반대 방향을 향하는 자기장들이 상호 작용하고 소멸하면서 새로운 자기력선으로 재연결되는데, 플레어는 이러한 과정을 통하여 자기 에너지가 하전 입자의 운동 에너지 및 복사 에너지로 전환되며 급격히 외부로 방출되는 것이다. 태양 플레어의 발생 빈도는 11년 주기를 가지는 흑점 주기와 관련이 있다. 태양 활동이 활발할 때에는 하루에도 수차례 강력한 플레어가 발생하고, 태양 활동이 활발하지 않을 때에는 한 주 동안에 한 번도 일어나지 않는 경우도 있다. 강한 플레어는 흔히 코로나 질량 방출과 밀접한 관계를 가지고 있는 것으로 알려져 있다.

강력한 플레어는 지구상의 통신과 위성 운용에 직접 영향을 끼친다. 또 플레어에 의해 방출되는 고에너지 전자기파(엑스선과 자외선)는 지구의 전리권을 교란시켜 지상에서 방출된 단파 무선통신을 방해하는 델린저 현상이 발생한다. 또한 플레어 발생은 지구의 열권을 가열 팽창시키는데, 이로 인하여 대기 밀도가 증가하게 되고 대기 항력(drag)이 급격히 증가하게 된다. 특별히 저궤도 위성(수백 킬로미터 고도)은 이러한 대기 항력의 영향을 받아 고도가 감소되고 인공위성의 수명이 줄어들기도 한다.

(5) 코로나 질량 방출

코로나 질량 방출(CME, coronal mass ejection)은 태양에서부터 행성 간 공간으로 폭발적으로 분출되는 가스 구름 형태의 플라스마와 자기장을 말한다. 그림 10.60과 같이 태양 코로나 영역을 관측하는 백색광 코로나 그래프에서 밝게 분출되는 구름 형태로 관측되며, 수십 km/s에서 수천 km/s의 속도로 행성 간 공간으로 뿜어져 나간다. 주로 태양 플레어, 홍염/필라멘트의 분출 현상과 함께 발생된다. 태양 자기장에 축적된 자기 에너지가 빠르게 열 또는 운동 에너지로 변환되면서, 자기력선과 플라스마가 분출되는 현상으로 알려져 있다.

코로나 질량 방출은 행성 간 공간을 빠른 속도로 이동하며, 방출된 자기 구름 속 입자들은 하루나 이틀 안에 지구에 도달한다. 행성 간 공간에서 충격파를 일으켜 태양 고에너지 입자를 발생시키거나 지구 자기장과 충돌하여 지자기 폭풍을 발생시키는 등 우주 기상의 변화를 일으키는 주요 원인 중 하나이다. 태양 활동 주기에 따라 태양 흑점 극대기에 발생 빈도가 높고, 흑점 극소기에는 발생 빈도가 낮다.

코로나 질량 방출은 태양 흑점과 그 주변 지역인 활동 영역에서 발생하는 플레어, 혹은 활동 영역 및 정온 영역의 홍염, 필라멘트와 같은 물질의 분출 현상과 함께 나타나며, 태양의 자기 에너지가 자기 재연결에 의해 운동 에너지 형태로 방출되는 것으로 알려져 있다. 자기 구조와 자기 에너지의 세

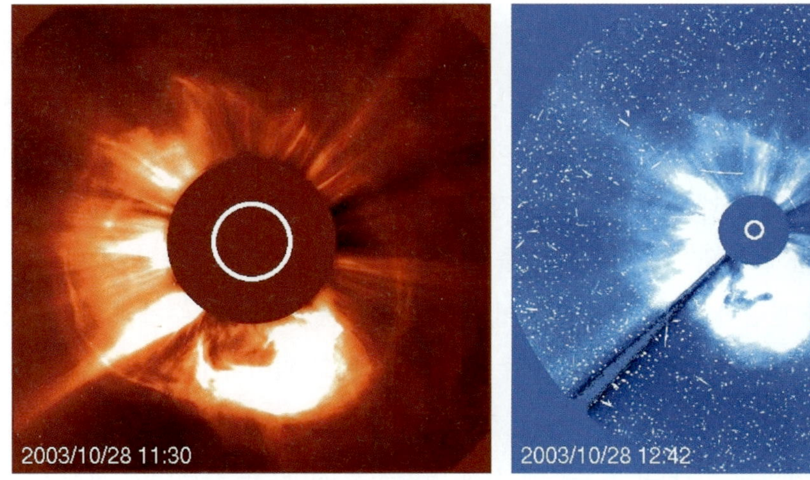

그림 10.60 2003년 10월 28일 SOHO/LASCO C2/C3에서 관측된 헤일로 코로나 질량 방출 영상. 코로나 질량 방출 각 크기가 360° 전체에서 원형으로 보인다.

기에 따라 자기력선과 자기력선에 묶여 있는 플라스마가 태양 코로나의 자기장을 벗어나 행성 간 공간으로 방출되면 코로나 질량 방출이 관측된다. 특히 활동 영역의 자기 재연결에 의한 에너지 분출 현상의 경우에는 플라스마의 가열에 의해 플레어도 함께 발생한다.

행성 간 공간으로 분출된 행성 간 코로나 질량 방출은 속도와 방향에 따라 수 시간에서 수일 뒤에 지자기권에 도달한다. 코로나 질량 방출이 지구 자기장과 충돌할 경우, 이들의 자기장 방향에 따라 지구 자기장과 자기 재연결되어 지자기 폭풍을 일으키기도 한다. 지자기 폭풍은 지구 자기장을 교란시키고 오로라를 발생시키는 등 우주 기상의 변화를 일으킨다. 특히 지구 방향으로 분출되는 헤일로 코로나 질량 방출은 지자기 폭풍을 일으키는 가장 큰 원인으로 알려져 있다.

10.6 우주 환경

1) 행성 간 자기장

일반적으로 태양에서 생성된 자기력선은 태양 표면에 뿌리를 둔 루프 형태를 띠지만 코로나 구멍에서 행성 간 공간으로 뻗어나간 후 돌아오지 않는 자기장을 **행성 간 자기장**(interplanetary magnetic field)이라고 한다. 행성 간 자기장은 태양에 뿌리를 둔 자기장으로서 태양풍에 실려 행성 간 공간을 휩쓸며 태양에서 멀어지기 때문에 전체적으로는 발레리나의 치마와 같은 모양이 된다. 코로나 구멍의 하전 입자들은 자기력선을 따라 빠른 속도로 방출되어 태양풍을 형성한다. 또 태양이 약 27일에 한 번 자전하기 때문에 태양에서 방출된 자기력선은 황도의 북극에서 내려다보면 나선 모양을 가지게 되고 이것을 **파커 나선**(Parker spiral)이라고 부른다. 행성 간 자기장은 태양 자기장과 마찬가지로 태양 흑점 주기에 따라 변하는데, 그 자기 쌍극자(dipole) 방향이 22년 주기로 바뀐다.

태양풍의 특별한 형태인 코로나 질량 방출이 운반하는 행성 간 자기 구름은 특이한 행성 간 자기장이다. 태양 표면에서의 자기장 세기는 큰 흑점 중심의 경우 수천 가우스 정도이고 지구 근처에서는 10 nT 전후로 줄어든다. 코로나 질량 방출이 태양에서 방출되어 행성 간 공간에 이르면 우리는 이것을 **행성 간 코로나 질량 방출**(ICME, interplanetary coronal mass ejection)이라 부르고 지구 근처에 도달했을 때 내부 자기장 세기는 50 nT를 넘기도 하며, 속도가 빠른 ICME의 경우 진행 방향 전면에 충격파가 발생하게 된다. ICME는 내부 자기장의 특성에 따라 다음과 같이 2가지 유형으로 분류한다. 태양에서 방출된 CME가 플럭스 로프(flux rope) 모양인 경우에는 그에 대응하여 자기장의 방향이 회전하는 **자기 구름**(magnetic cloud)이라 부르고, 나머지 경우에는 **분출물**(ejecta)이라고 부른다.

2) 자기권

쌍극자 형태의 지구 자기장은 태양풍 및 행성 간 자기장과의 상호 작용으로 낮 쪽(dayside) 자기장은 압축된 형태, 밤 쪽(nightside) 자기장은 길게 늘어진 꼬리 형태를 띠는 비대칭 모양이다. **자기권**(magnetosphere)의 크기는 태양 활동의 정도에 따라 변화하고, 자기권 최외곽 경계층인 자기권 계면의 위치로 가늠할 수 있다. 낮 쪽 자기권 계면의 태양 직하점은 평균적으로 지구 반지름의 10배 정도 지점에 위치하며, 밤 쪽 자기권 계면은 지구 반지름의 수십 배 지점에 위치한다. 태양 활동이 활발할 때 자기권 계면이 이보다 안쪽으로, 심지어 정지 궤도 영역 이내까지 위치하고 자기권의 전체적인 크기도 줄어든다(그림 10.61).

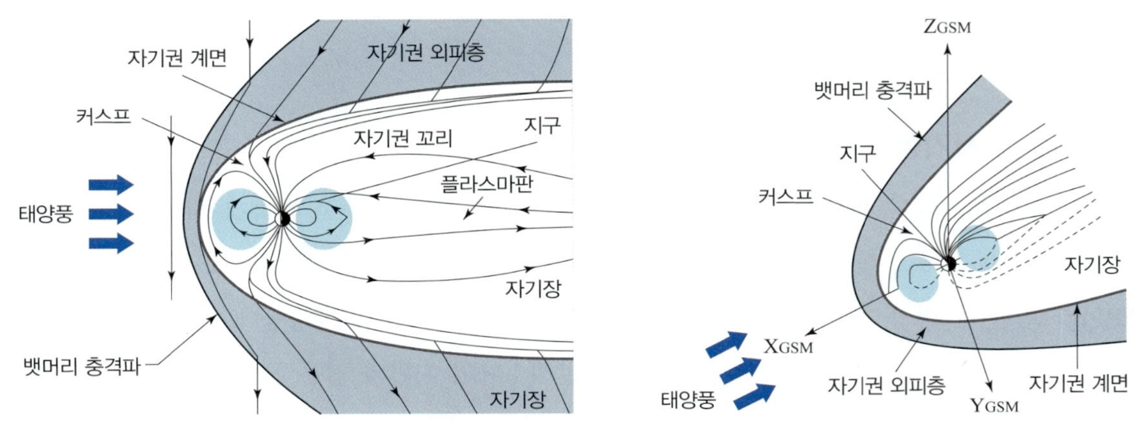

그림 10.61 지구 자기권의 3차원 구조

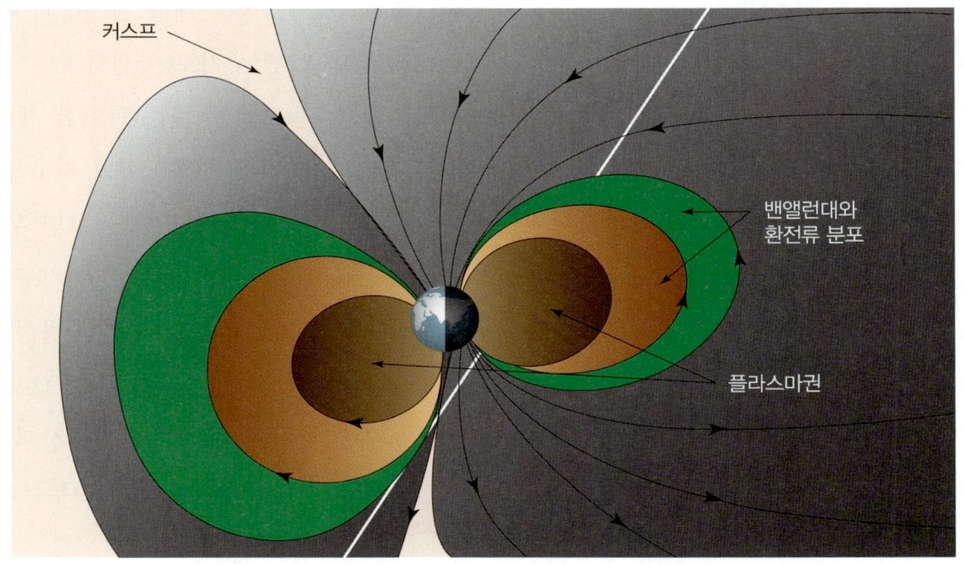

그림 10.62 대전 입자의 에너지에 따른 자기권 내 영역 구분

지구 자기권은 자기장의 구조뿐만 아니라 에너지에 따른 대전 입자의 분포에 의해서도 그 영역을 분류할 수 있다. 지구 반지름의 2~7배 영역에 MeV의 에너지에 해당하는 입자들이 갇혀 있는 **밴앨런대**(Van Allen radiation belt), 지구 반지름의 3~8배 영역에 keV의 에너지에 해당하는 입자들이 갇혀 있는 **환전류**(ring current), 이온권으로부터 지구 반지름의 4배 이내 영역에 존재하는 전자볼트의 에너지에 해당하는 입자들이 존재하는 **플라스마권**(plasmasphere)으로 나눌 수 있다. 이들 세 지역은 서로 영역이 겹쳐 분포한다(그림 10.62).

3) 태양 활동

태양 활동(solar activity)은 주로 자기장과 연관되어 태양에서 일어나는 현상이나 변화들을 총체적으로 이르는 말이다. 태양 표면에서 주기적으로 혹은 일시적으로 변하는 자기장의 세기 변동은 결과적으로 태양 흑점, 플레어, 홍염, 코로나 질량 방출, 태양풍, 태양 고에너지 입자 방출 등을 포함한 다양한 형태의 태양 활동을 일으킨다. 태양 활동에 따라 태양 스펙트럼도 변화한다. 가장 중요한 태양 활동의 주기성은 흑점수 변화에 따른 11년 주기성이며, 이보다 짧거나 긴 주기로도 태양 활동이 변하고 있다. **F10.7 지수**로 알려진 10.7 cm 전파 방출선의 세기는 1947년부터 기록되었으며 전반적으로 태양의 활동성 지수로 매우 유용하다. 공식적으로 F10.7 지수는 매일 정오에 도미니언 전파천문대(DRAO, Dominion Radio Astrophysical Observatory)에서 측정된다. 엑스선 복사나 극자외선 복사도 태양 활동과 밀접하게 관련되어 있다. 태양 흑점으로 대표되는 태양의 자기 활동은 코로나와 태양풍 특성을 결정지을 뿐 아니라 자기 폭풍 및 부폭풍, 오로라 등 우주 기상 현상을 야기하는 중요한 요인이다.

태양 고에너지 입자(SEP, solar energetic particles)는 플레어나 코로나 질량 방출 등의 태양 활동으로 가속되어 높은 에너지를 갖게 된 입자들이다. 태양 고에너지 입자는 전자, 양성자, 중이온 등으로 구성되어 있고 강한 플레어 및 고속 코로나 질량 방출로 인한 자기 재연결이나 충격파에 의해 수십 keV에서부터 GeV까지의 에너지로 가속되며 수 시간 이내에 지구까지 도달한다. 우주 유영을 하는 우주비행사들과 극항로를 이용하는 승무원 그리고 승객들이 태양 고에너지 입자로 인한 방사능에 노출될 수 있다. 인공위성 작동에 영향을 주거나 손상을 입히기도 하고 관측 자료에 잡음으로 작용할 수도 있다. 태양 고에너지 입자는 인공위성의 전자 부품이나 태양 전지판에 피해를 입힌다. **전자 기기의 비트값이 변하는 오류 현상**(SEU, single event upset)을 야기해 관측 자료에 손상을 주기도 한다. 또 태양의 자기 활동이 활발할 때 태양권으로 진입하는 은하 우주선의 양이 감소하는 양상을 보인다. 이에 따라 지구의 자기권으로 들어오는 은하 우주선 입사량을 조절하는 역할을 하게 된다. 지구 대기로 들어오는 은하 우주선의 경우 단순히 11년 주기로 그 양이 조절되는 것이 아니고 극성을 고려한 22년 주기에 따라 입사되는 양상이 달라진다고 한다. 한편 지구에 축적된 우주선 잔해를 추적하면 먼 과거의 태양 활동 정도를 복원할 수도 있다. 이로써 태양의 흑점 주기와 고기후와의 관계도 어느 정도 복원할 수 있게 되었다. 구름이 형성되기 위해서는 응결핵이 필요하다. 지구 대기에 투입된 은하 우주선이 대기에 있는 중성 원자들을 전리시켜 더 효과적인 응결핵으로서 작용하게 한다고 한다. 당연하게도 지구 구름양이 11년 주기로 변조됨에 따라 태양 복사를 반사시키는 반사도(albedo)가 11년 주기로 달라진다고 주장하는 연구들이 진행되고 있다.

태양 활동성은 태양 표면을 덮는 흑점의 면적과 백반의 면적 등을 변화시킨다. 이에 따라 태양에서 방출되어 지구 대기 꼭대기에 도달하는 총 태양 조도(TSI, total solar irradiance)를 변화시킨다. 1978년 위성 관측이 시작되고서야 총 태양 조도가 시간에 따라 변한다는 것이 알려졌으며 태양 활동 주기 동안 흑점 극대기 때 약 0.073% 정도 더 증가한다고 알려졌다. 흑점 때문에 적게 나오는 에너지를 상쇄하고도 남을 큰 에너지가 백반과 플라쥐 등에서 방출되기 때문이다. 태양에서 방출되는 짧은 파장의 복사는 태양 복사 총량에 비해 적지만 지구의 고층 대기와 자기권에 미치는 영향은 가시광선보다 크다. 따라서 지구의 기후뿐 아니라 지구의 자기권에도 큰 영향을 미친다. 따라서 태양빛의 파장에 따른 분광 태양 조도(SSI, spectral solar irradiance)가 지구의 열수지에 영향을 준다는 주장도 최근 지구 온난화와 관련해서 대두되고 있다.

4) 오로라

오로라(aurora)는 우주에서 지구로 유입되는 전자들이 고층 대기의 원자 혹은 분자들과 충돌하여 빛을 내는 현상이다. 지구 자기력선을 따라 대기로 낙하하는 전자가 대기 중 원자 혹은 분자들과 충

그림 10.63 오로라

돌하면 기체 입자가 들뜬 상태가 되는데, 이렇게 들뜬 전자가 원래의 바닥 상태로 돌아가면서 빛을 방출하게 되는 것이다. 충분히 많은 충돌이 발생할 경우 우리 눈이 감지할 만한 다량의 빛을 방출하게 되지간 태양빛에 비해 매우 약하기 때문에 육안으로는 주로 야간 시간에 관측 가능하다.

남반구와 북반구 고위도 지방에서 주로 나타나며 각각 남극광 또는 북극광이라 부르기도 한다. 오로라는 고도 100～320 km 사이에서 주로 발생하며 자극(북반구의 경우 지구 자전축에서 캐나다 쪽으로 약 11° 벗어난다)을 중심으로 약 20° 떨어진 위도대에 주로 분포한다. 태양 활동이 활발할 때는 남쪽으로 치우쳐 약 40°까지 오로라가 분포한다. 오로라 관측으로 유명한 곳은 알래스카, 캐나다, 스칸디나비아 일대이다. 그중 가장 유명한 곳은 캐나다의 옐로나이프로 8월 중순부터 9월 말까지, 그리고 11월 중순부터 4월 중순까지가 가장 어둡고 맑은 하늘로 오로라 관측을 위한 최적의 장소로 알려져 있다.

오로라를 육안으로 관측할 때 녹색 오로라를 많이 보게 된다. 이는 우리 눈에 가장 민감한 파장인 557.7 nm에 해당하는 빛을 가장 많이 내기 때문이다. 다양한 색상의 오로라가 가능한 이유는 대기로 낙하하는 하전 입자가 대기 중에서 서로 다른 기체들과 충돌하기 때문이다. 고도 약 200 km 이상에서는 가장 흔한 산소 원자와의 충돌에 의해 붉은색 오로라를 나타낸다. 100 km 이하에서는 질소 분자와의 충돌로 보라색 오로라를 나타낸다. 100～200 km 사이에서는 산소 원자와 질소 분자와의 충돌에 의해 파란색 및 녹색, 심지어 자외선도 방출한다.

오로라는 지구뿐만 아니라 목성, 토성, 천왕성, 해왕성에서도 흔히 관측된다. 이들은 모두 고유의 자기장과 대기를 가지고 있다. 목성의 오로라는 파이오니어 10호, 11호 및 보이저호에 실린 분광기와 카메라에 의해 1970년대에 처음으로 관측되었다. 보이저호가 1980년에 토성에서, 보이저 2호가 천왕성과 해왕성에서 1986년과 1989년에 각각 오로라를 관측하였다. 한편 태양계 행성 중 금성, 화성에는 자기장이 존재하지 않는다고 알려져 있었지만, 2004년에 화성 익스프레스호와 2012년 금성 익스프레스호에 의해 화성과 금성에서도 오로라가 처음으로 관측되었다. 이 중 목성 오로라의 규모가 가장 크다. 목성의 오로라 발생 원인은 목성의 위성 이오에서 화산 폭발로 방출된 하전 입자들이

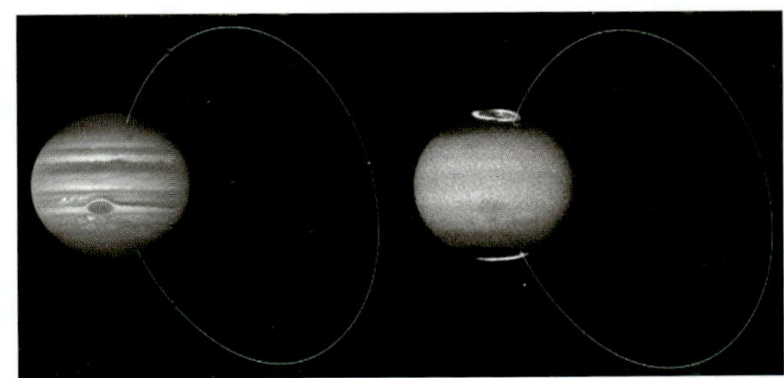
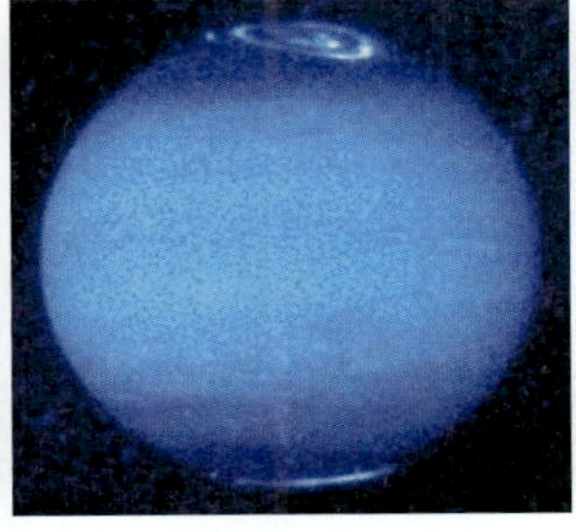
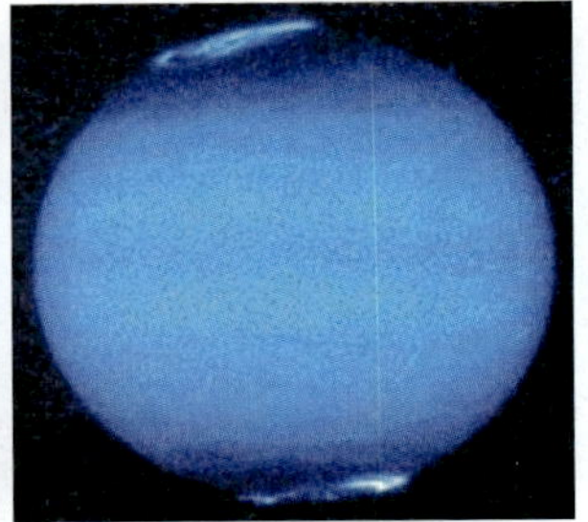

그림 10.64 허블 우주 망원경에서 관측한 목성 오로라

목성의 자기력선을 따라 목성 대기로 낙하하며 대기의 기체 성분과 충돌하면서 발생하는 것으로 알려져 있다. 이는 이오의 움직임에 따라 목성 오로라의 밝은 지역도 함께 이동한다는 사실로부터 발견하였다.

5) 부폭풍과 지자기 폭풍

자기권 부폭풍(이하 '부폭풍')은 플레어 등의 영향으로 지구 자기권에 태양에서 입사되는 입자들의 에너지가 누적되면 지구 자기권 꼬리(magnetotail)에서 폭발적으로 에너지가 방출되는 현상이다. 부폭풍은 근지구의 매우 좁은 영역에서 시작하지만 불과 수분 안에 자기권 및 전리권의 전 영역에 걸쳐 다양한 현상을 일으킨다. 잘 알려져 있는 오로라가 부폭풍이 동반하는 현상이다.

알래스카 대학의 아카소후 슌이치(Syun-Ichi Akasofu)는 국제지구물리관측년(1957~1958년) 기간 동안 지상의 전천 카메라를 이용하여 관측한 다량의 오로라 영상으로 전 지구적 오로라 변화 양상을 설명하면서, 1964년 **오로라 부폭풍**(auroral substorm)이라는 개념을 처음 소개하였다. 부폭풍은 흔히 스톰이라 부르는 지자기 폭풍보다 훨씬 작은 규모이며, 지자기 폭풍 발생 여부와 상관없이 흔히 발생한다. 또한 태양 활동의 규모와 상관없이 자주 발생한다. 부폭풍의 근본적인 원인에 대해서는 아직까지 전문가들 사이에서 의견 일치가 이루어지지 않은 상황이다.

태양 활동에 의해 직접적으로는 지구 자기장 자체를 급격하게 변화시킬 수도 있는데 전류권 계면(magnetopause)에 동압력이 작용하면 지구 자기권이 수축하고, 지구 자기장에 영향을 주는 환전류에 영향을 끼쳐 지구 자기장이 급격히 감소하는 **지자기 폭풍**(geomagnetic storm)이 발생한다. 지상에서 잰 자기장의 남북 방향 수평 성분(H 성분)이 수 시간 동안 급격히 감소한 후에, 길게는 며칠에 걸쳐 천천히 회복된다. 이러한 효과는 지자기 적도 근처에서 가장 분명하게 나타난다.

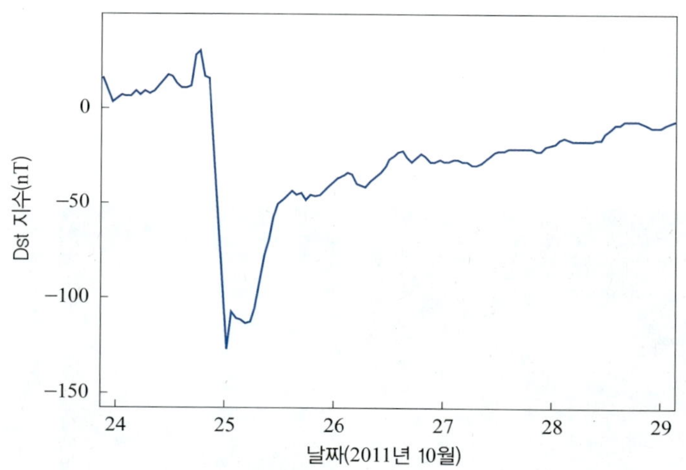

그림 10.65 지자기 폭풍의 발생을 알리는 Dst 지수 변화의 대표적인 예

지자기 폭풍을 정량화하기 위해 적도 부근에서 발생되는 환전류에 의한 지자기장 변화를 나타내는 지수로서 **Dst 지수**를 사용한다. 적도 부근 지자기 관측소에서 관측한 수평 성분(H)의 1시간 평균값이다. 지자기 폭풍이 발생하면 Dst 지수로 표현되는 지상 자기장 수평 성분의 감소는 지구 근접 공간에 고리 모양으로 존재하는 환전류의 증가 때문이다. 보통 Dst 지수가 수십 nT 수준으로 감소하는 경우라면 약한 지자기 폭풍으로 여기며, 수백 nT 수준으로 감소하면 강력한 지자기 폭풍으로 여긴다. 그림 10.65에 보인 예에서는 Dst 값이 최대 −110 nT 미만으로까지 내려간 중형 지자기 폭풍에 해당한다.

6) 우주 기상

우주 기상(space weather)은 우주 또는 지상 기술 시스템의 작동과 안정성, 인간의 삶과 건강에 영향을 미칠 수 있는 태양, 태양풍, 자기권, 전리 권, 열권의 물리적 조건들을 아울러 이르는 말이다. 전리권, 열권으로부터 자기권, 나아가 지구 근처의 우주 공간이 태양풍과 행성 간 자기장의 영향을 받는 전자기파와 입자의 환경을 **우주 환경**(space environment)이라고 한다. 우주 기상은 이 우주 환경의 변화 및 그 연관 현상을 포함하는 포괄적 의미로 사용되고 있다(그림 10.66).

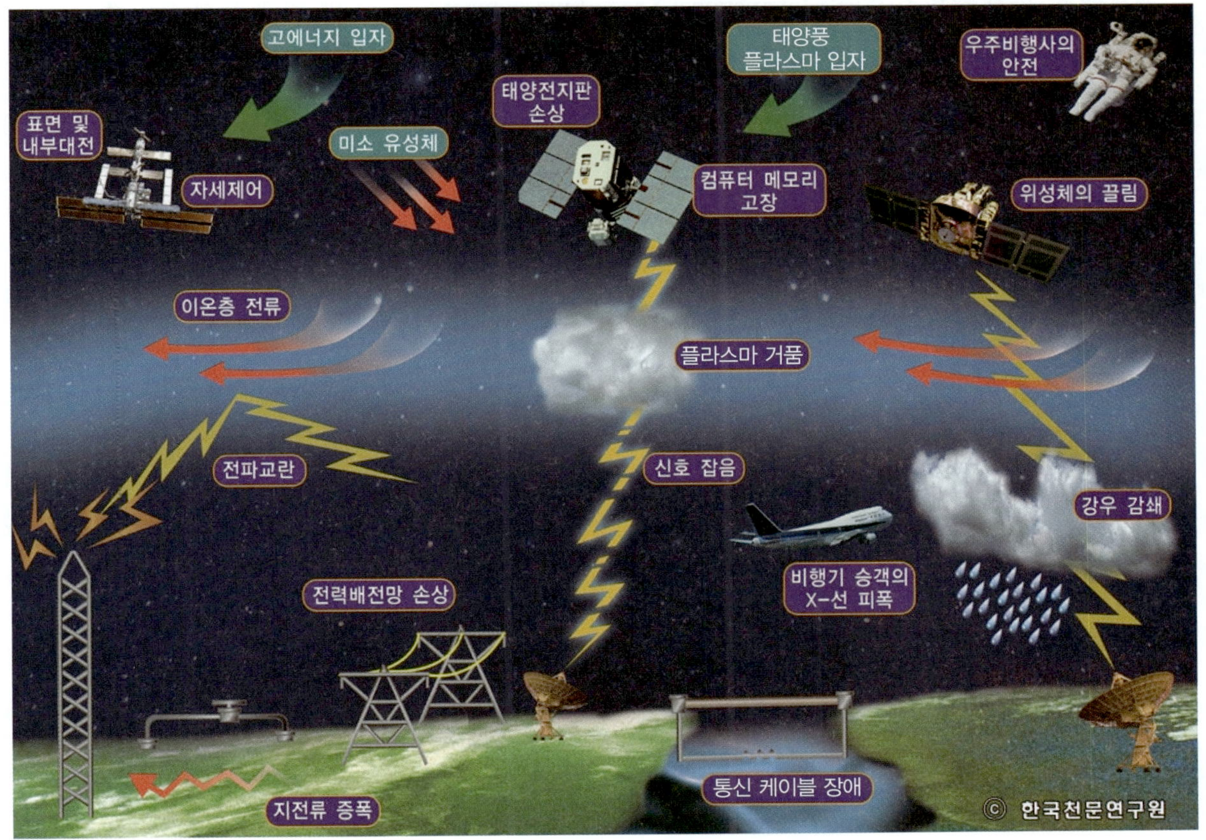

그림 10.66 우주 기상의 영역과 그 효과

우주 기상에 중요한 태양 요소는 자외선 및 엑스선 영역의 고에너지 전자기파 복사, 그리고 주로 양성자와 전자로 구성된 태양 고에너지 입자, 희박한 플라스마로 구성되어 있으며 태양 자기장을 행성 간 공간으로 운반하는 태양풍이다. 태양의 고에너지 전자기파는 지구 대기와, 태양풍은 지구 자기장과 상호 작용하여 전리권과 자기권이라는 독특한 환경을 만든다. 태양에서 발생하는 플레어와 코로나 질량 방출 등의 폭발 현상은 엄청난 양의 전자기파와 고에너지 입자들을 방출하여 우주 환경의 급격한 변화를 일으킨다. 우주 환경의 변화는 위성 및 무선 통신, 위성체, 위성 궤도 그리고 지상 전력 시스템 등과 같이 우주 공간 및 지상에 설치된 최첨단 기기의 성능과 신뢰성에 영향에 미칠 뿐만 아니라 우주비행사 및 비행 승무원의 안전을 위협한다. 우주 기상 관련 주요 현상은 지자기 폭풍, 부폭풍, 밴앨런대의 활성화, 전리권 교란 및 산란, 오로라, 코로나 질량 방출, 행성 간 충격파, **태양 고에너지 입자 방출 현상**(solar proton event) 등이다. 세계 여러 나라는 국가 기관을 지정해 우주 기상을 예보하고 있다. 정량적 예보를 위해 세계 보편적으로 쓸 수 있는 **우주 기상 활동도 지수**(**RSG**)가 도입되었다. 태양 엑스선 복사(Radiation), 태양 입자 복사(Solar particles) 그리고 지자기 활동(Geomagnetic activity) 등 3가지 영역으로 구분하고, 각 영역별로 활동 단계를 정의해 예보에 사용하고 있다.

국제 우주 환경 서비스(ISES, International Space Environment Service)에 의해 세계 각국의 우주 기상 예보센터가 협력 관계를 형성하고 있다. ISES의 임무는 우주 기상 영향을 최소화하기 위해 우주 환경 정보의 신속한 교환, 우주 기상 관측과 자료 처리를 위한 방법의 표준화, 관측과 통계 자료를 정기적으로 제공하여 전 세계에 걸친 우주 환경의 실시간 관측과 예보를 촉진하고 장려하는 것이다. ISES는 미국, 호주, 캐나다, 일본, 인도, 중국 및 유럽 여러 국가의 우주 기상 기관에 의해 구성되어 있고 이들은 ISES로 우주 기상 예보라는 공동의 목표를 추구함과 동시에 각국의 사정에 맞는 우주 기상 서비스 및 연구 활동을 수행하고 있다.

우주 기상 서비스가 잘 조직화되어 있는 미국은 해양대기청(NOAA) 산하 우주기상예보센터(SWPC, Space Weather Prediction Center)와 미 공군은 우주 기상 자료 생산, 수집, 자료 센터 운용, 연구 지원 및 예 · 경보 업무를 공동으로 수행하고 있으며 관련 자료 및 정보의 교환 등 매우 밀접하게 상호 협력하고 있다. 특히 NOAA/SEC은 NASA와 같은 주요 우주 관련 정부 기관뿐만 아니라 일반인들에게도 우주 기상 서비스를 제공하고 있다. 우리나라는 2011년 ISES에 가입한 국립전파연구원 우주전파센터에서 우주 기상 예보 서비스를 운영하고 있다.

10.7 연구와 탐사

태양계 및 태양에 대한 우주 탐사는 미국항공우주국(NASA)과 유럽우주국(ESA)에 의해 주도적으로 진행되었다. 다수의 우주 탐사가 진행되었고 그중 역사적이고 주요한 연구 성과를 얻은 우주 탐사 미션을 소개한다. 더 자세한 정보는 NASA(https://www.nasa.gov/missions)와 ESA(https://www.esa.int/ESA/Our_Missions)에서 찾을 수 있다.

1) 태양계 관측 위성(태양권 탐사선)

(1) 파이오니어 10호와 11호

1972년에 발사된 파이오니어(Pioneer) 10호와 1973년 발사된 파이오니어 11호는 목성과 토성을 근접 통과하면서 여러 가지 새로운 발견을 하였다. 파이오니어 10호는 해왕성을 통과하였고 2003년 지구와 마지막 교신을 하였다. 2009년 현재 태양으로부터 100 AU 떨어진 곳을 지났을 것으로 예상된다. 파이오니어 11호는 1995년 태양으로부터 44.7 AU 지점에서 지구와 통신이 끊어졌다. 하지만 지금도 태양권 밖을 향해 계속 날아가고 있을 것이며, 2022년 현재 태양에서 약 102 AU 지점에 위치할 것으로 예상된다.

(2) 보이저 1호와 2호

보이저(Voyager) 1호는 현재까지 운용 중인 NASA가 제작한 태양계 무인 성간 탐사선(interstellar probe)이다. 보이저 계획에 따라 1977년 9월 5일에 발사되었으며, 1979년 3월 5일에 목성, 1980년 11월 12일에 토성을 지나가면서 이 행성들과 그 위성들에 관한 많은 자료와 사진을 전송했다. 1989년 본래 임무를 마친 뒤에는 새로이 보이저 프로그램의 일부인 보이저 성간 임무(Voyager Interstellar Mission)를 수행하고 있다. 보이저 2호는 1977년 8월 20일에 발사되어 1979년 7월 9일 목성, 1981년 8월 26일 토성, 1986년 1월 24일 천왕성, 1989년 2월 해왕성을 지나가면서 이들 행성과 위성에 관한 많은 자료와 사진을 전송하였다. 보이저 1호는 2004년 12월에 말단 충격을 거치고 94 AU 지점의 태양권 덮개에 도달했으며, 2014년 7월에 100 AU 지점, 보이저 2호는 2018년 12월에 100 AU 지점에 도달하여 태양권을 벗어났다. 보이저 1호와 2호는 2030년까지는 지구와 통신할 수 있을 것으로 예상된다.

(3) 뉴허라이즌스

뉴허라이즌스(New Horizons)는 명왕성과 그 위성을 탐사하기 위해 2006년 발사된 탐사선이다. 2015년 7월 14일에 명왕성을 통과하였고, 2019년 1월 1일 소행성 2014 MU69에 가장 가까이 근접했다. 이후 2038년에는 태양으로부터 100 AU 떨어진 곳에 위치할 예정이다. 태양권 덮개를 탐사하고 2047년 태양권 계면에 도착할 예정이다.

(4) 성간 경계 탐사선

성간 경계 탐사선(IBEX, Interstellar Boundary Explorer)은 태양계와 성간 공간 사이의 경계를 측량할 목적으로 2008년에 발사된 작은 인공위성이다. 근지점과 원지점까지의 거리가 각각 8만 6,000 km와 26만 km인 매우 찌그러진 타원 궤도를 돌면서 고에너지 중성 원자(ENA, energetic neutral atom)에서 나오는 빛을 모으고 있다. 이 고에너지 중성 원자는 태양계 경계에서 태양풍 입자와 성간물질의 상호 작용으로 생성되는 입자들이기 때문에 전통적인 관측 방법으로는 관측이 어렵다.

(5) 루시

목성 궤도에 있는 소행성 탐사 임무를 최초로 맡은 루시(Lucy)가 2021년 11월 16일 발사되었다. 루시는 12년 동안 태양계 메인 벨트 소행성 1개와 트로이 소행성군 7개 등 8개에 대한 탐사 임무를 맡는다. 루시가 탐사할 트로이 소행성군은 목성과 토성 등이 형성된 이후 지난 45억 년간 거의 변하지 않은 원시 상태 그대로인 것으로 추정되고 있다. 루시가 계획대로 목적지에 안착하면 목성 궤도 위에서 태양 주위를 공전하는 트로이 소행성군을 탐사하는 첫 우주선이 된다. 이번 탐사 임무를 통해 태양계 형성 과정과 지구 생명체 탄생에 관한 새로운 통찰력을 얻을 수 있을 것으로 예상하고 있다. 루시는 소행성들 표면으로부터 400 km 이내의 거리에 접근해 탑재한 관측 기기와 대형 안테나를 이용해 소행성의 구성 물질, 질량, 밀도, 크기, 온도 등에 대한 자료를 수집할 계획이다. 루시는 2025년 4월 화성과 목성 사이에 있는 '도널드요한슨' 소행성을 근접해 지나가며 첫 임무를 수행한 뒤 2027년 8월부터 목성과 같은 궤도를 돌고 있는 트로이 소행성군 7곳을 탐사한다. 탐사선은 태양광과 지구 중력을 이용해 이동하며, 예상 이동 거리는 63억 km에 달한다. 탐사선 이름 '루시'는 1974년 발견된 300만 년 전 원시 인류 화석 오스트랄로피테쿠스 아파렌시스의 애칭에서 따왔다. 당시 오스트랄로피테쿠스 아파렌시스 화석을 발굴하던 연구팀이 자주 듣던 비틀스 노래 'Lucy in the sky with diamonds'에서 만들어진 애칭이다.

2) 태양 관측 위성

태양에서 방출되는 감마선, 엑스선, 자외선을 관측하기 위해서는 지구 대기 밖에서 운용되는 인공위성을 활용해야 한다. 지구 대기를 투과하는 가시광선이라 하더라도 대기에 의한 시상의 영향을 받지 않기 위해 우주에 있는 인공위성을 이용해 관측하기도 한다. 또한 태양에서 나오는 입자와 전자기장을 우주 공간에서 직접 측정할 때도 인공위성을 사용한다.

태양 관측 위성(solar satellite)은 지구 중심 궤도를 도는 위성과 태양 중심 궤도를 도는 위성이 있다. 대부분의 태양 관측 위성은 지구 중심 궤도를 도는 위성이며 파커 솔라 프로브나 솔라 오비터는 태양 중심 궤도를 도는 위성으로 태양 탐사선이다. 한편 소호나 에이스는 태양-지구 간의 중력이 평형을 이루는 L1 라그랑주 점을 중심으로 궤도 운동을 하는 위성들이다.

태양을 관측하기 위한 첫 번째 우주 탐사선은 나사의 파이오니어 5, 6, 7, 8, 9호였다. 파이오니어 9호는 특별히 1983년까지 10년 이상 관측 자료를 전송하기도 하였다. 이외에도 행성 탐사선들이 태양 관측을 시도했다. 1980년 태양 극대 임무 위성(SMM, Solar Maximum Mission)이 발사되어 태양 극대기 때 고에너지 광자를 관측하였다. 1991년 일본의 요코 위성이 엑스선 영역에서 태양을 관측하여 태양에 대한 우리의 이해를 한층 끌어올렸다. 미국과 유럽의 합작품인 소호가 1995년에 발사되어 태양진동학적 관측까지 수행하고 있으며, 2007년에 발사된 일본 히노데 위성과 2010년에 발사된 태양동역학 관측소가 후속 관측을 잇고 있다. 쌍둥이 위성인 스테레오가 2006년에 발사되어 태양을 입체적으로 감시하고 있으며 코로나 질량 방출 등의 현상을 연구하고 있다.

스카이랩(Skylab, 1973~1979년)은 최초의 유인 우주정거장이다. 1973년 5월부터 9개월 동안 세 차례의 유인 임무를 수행하여 각각 수주일 동안 우주비행사들이 스카이랩에 머물렀다. 스카이랩은 Apollo Telescope Mount(ATM)라는 장비 패키지를 탑재하였는데, 다양한 파장에서 태양을 연구할 수 있도록 설계되었으며 코로나그래프, 연엑스선(soft X-ray) 망원경, 연엑스선 분광기, 자외선 분광기, 극자외선 분광기를 포함한다. 우주비행사가 직접 태양의 특정한 현상을 향하여 장비를 조작할 수 있고 스카이랩을 발사한 지 거의 20년 후까지 이때 관측한 자료가 분석되었다. 이후 플레어, 활동 영역, 코로나 구멍 등 많은 태양 현상 연구에 기여하였다.

오에스오(OSO, Orbiting Solar Observatory)는 1962년부터 1975년까지 저궤도에 연속적으로 올려진 태양 관측 위성으로서 주목적은 자외선과 엑스선에서 태양 활동 주기를 관측하는 것이다. 1호에서 8호까지 성공적으로 임무를 수행하였다. 솔라 맥시멈 미션(Solar Maximum Mission, 1980~1989년)은 태양 플레어를 연구하기 위해 설계되었으며 태양이 흑점 극대기에 더 밝다는 사실을 발견하였다. 히노토리(Hinotori, 1981~1991년)는 1981년 발사된 일본의 태양 관측 위성으로 연엑스선 분광기와 경엑스선(hard X-ray) 영상 관측 장치를 탑재하여 5,000만°C에 이르는 고온의 현상을 관측하였으며 이후로도 일본은 태양의 엑스선 관측에 많이 기여하게 된다.

요코(Yohkoh, 1991~2001년)의 주임무는 플레어의 고에너지 현상을 연구하기 위한 연엑스선/경엑스선 대역에서 태양 전면(full-disk) 영상과 활동 영역의 고분해능 영상을 얻는 것이었다. 1991년 발사되었으며, 4개의 관측기를 탑재하였다. 연엑스선 망원경(SXT, Soft X-ray Telescope)은 사입사(grazing incidence) 망원경으로 3~60 Å 범위에서 엑스선 영상을 관측한다. 태양 전면과 보다 작은 시야에 대한 관측이 가능하며 다른 에너지 영역에 해당하는 여러 필터를 사용하여 플라스마의 온도를 진단할 수 있다. 경엑스선 망원경(HXT, Hard X-ray Telescope)은 15~100 keV까지 4개의 에너지 대역에서 0.5초 간격으로 태양 전면 영상을 얻을 수 있다. 광대역 분광기(WBS, Wide-Band Spectrometer)는 연엑스선, 경엑스선, 감마선 분광 영상을 얻을 수 있다. 엑스선 결정 분광기(BCS, Bragg Crystal Spectrometer)는 FeXXIV, CaXIX, SXV와 같은 수소형 이온의 분광선을 연구할 수 있다.

트레이스(TRACE, Transition Region and Coronal Explorer, 1998~2010년)는 미세 구조 자기장과 플라스마 구조의 연관성을 조사하기 위하여 설계되었으며 광구, 천이 영역, 코로나에 이르는 태양 대기의 높은 공간 분해능과 시간 분해능의 관측 자료를 얻는 것이 목표이다. 트레이스 위성은 1998년 4월에 발사되었고 30 cm 구경의 망원경이 장착되어 있으며 주경과 부경의 4분면에 4가지 극자외선과 자외선 관측을 위한 코팅이 되어 있다. 반사경의 분할 코팅은 6,000°C에서 1,000만°C의 범위에서 선택된 온도에 대해, 동일한 크기의 완벽하게 정렬된 영상을 얻게 해준다. 관측하는 파장은 철 이온의 171, 195, 284 Å, 라이먼알파, CIV 1550 Å, UV 연속선의 1600 Å과 1700 Å, 백색광 5000 Å이다.

코로나스-에프(CORONAS-F, Complex Orbital near-Earth Observations of Solar Activity, 2001~2005년)는 플레어나 태양 내부 구조를 이해하기 위한 목적으로 발사된 러시아의 태양 관측 위성이다. 2001년 7월 31일 발사되었고 500 km 고도의 극궤도 위성이다. 엑스선 스펙트로미터, UV 관측 장비, 라디오미터, 코로나그래프, 전면 관측을 위한 포토미터 등 15개 관측 장비를 싣고 있다. 코로나스 시리즈의 두 번째 위성이며 첫 번째 코로나스는 1994년 3월 발사되어 2001년까지 활동하였다. 세 번째 위성은 코로나스-포톤(CORONAS-FOTON)이라는 명칭으로 2009년 발사되었지만 2010년에 위성을 잃어버렸다. 전반적으로 코로나스 시리즈에 대한 관련 정보가 많지 않다.

소호(SOHO, Solar and Heliospheric Observatory, 1995년~)는 스카이랩 이래로 가장 포괄적이며 정교한 위성이다. 무려 12개의 관측 장비를 탑재하여 태양의 내부에서 태양풍까지 연구할 수 있다. 주된 과학 목적은 다음과 같다. ① 태양진동학(helioseismology) 기술을 활용한 태양 내부 연구. ② 채층, 천이 지역, 코로나 등 태양 대기 연구 및 코로나 가열 연구. ③ 직접 측정(in-situ measurement)을 통한 태양풍과 그의 가속 과정 연구. 태양진동학 연구를 위해 GOLF, VIRGO, MDI가 활용된다. 태양 대기의 원격 관측을 위해 SUMER, CDS, UVCS와 같은 분광기와 극자외선 영상 관측기(EIT), LASCO 코로나그래프, SWAN이 탑재되었다. 그리고 우주에서 태양풍의 직접 측정을 위해 CELIAS, COSTEP, ERNE가 활용된다. 태양 진동, 코로나 질량 방출, 극자외선, 태양풍 관측에서 이미 많은 과학적 성과에 기여하였다. 소호는 ESA와 NASA의 공동 프로젝트로 1995년 12월 2일 발사되어 1996년 2월 14일에 지구와 태양의 중력이 평형을 이루는 L1 라그랑주 점에 도달하였다. 소호는 이러한 좋은 위치에서 태양을 24시간 관측할 수 있다. 1998년에는 지구와의 교신 실패로 3개월간 관측이 수행되지 못하였지만 곧 복구되었다.

에이스(ACE, Advanced Composition Explorer, 1997년~)는 1997년 8월 25일 발사되어 1997년 12월 12일에 L1 라그랑주 점에 도달하였다. 주목적은 코로나, 행성 간 공간, 성간 매질에서 원소와 동위원소 함량을 결정하는 것이다. 이러한 목적을 위하여 9개의 측정기들을 탑재하고 있는데 태양풍에 대한 실시간 관측 자료는 미해양대기청(NOAA)에 제공되어 태양 폭풍을 경고하고, 예보 기술을 개선하는 데 활용된다.

레시(RHESSI, Reuven Ramaty High Energy Solar Spectroscopic Imager, 2003년~)는 2003년 발사된 NASA의 태양 관측 위성으로 플레어에서 입자 가속과 에너지 방출을 연구하기 위한 목적을 가지고 있다. 푸리에 합성(Fourier synthesis) 경엑스선 및 감마선 영상 분광기를 갖추고 있으며 3 keV의 연엑스선에서 20 MeV의 감마선까지 넓은 분광 범위에 걸쳐 플레어의 고분해능 및 높은 분광 분해능의 영상을 관측할 수 있다. 100 keV에서는 2각분(arc minute)의 공간 분해능을, 1 MeV에서는 36각분의 공간 분해능을 가진 태양 전면 영상을 얻을 수 있고 시간 분해능은 최고 10 ms이다.

히노데(Hinode, 2006년~)는 요코의 후속으로 2006년 9월 발사된 일본의 태양 관측 위성으로 ESA, NASA와 공동으로 개발 · 운영되고 있다. 태양 코로나와 자기장의 상호 작용을 이해하기 위해 광학, 극자외선, 엑스선 장비로 구성되어 50 cm 구경의 태양 광학 망원경(SOT, Solar Optical Telescope), 극자외선 영상 분광기(EIS, EUV Imaging Spectrograph), 엑스선 망원경(XRT, X-Ray Telescope)을 탑재하고 있다. 태양 고분해능 관측 연구에 크게 기여하였다.

스테레오(STEREO, Solar Terrestrial Relations Observatory, 2006년~)는 태양 궤도를 도는 쌍둥이 탐사선(A, B)으로 구성되어 있으며 하나(스테레오-A)는 지구 안쪽 궤도로 궤도 속도가 지구보다 빠르며, 다른 하나(스테레오-B)는 지구 바깥 궤도로 지구보다 궤도 속도가 느리다. 코로나 질량 방출과 같은 태양 폭풍과 태양 활동을 지구, 스테레오-A, B 세 방향에서 관측하여 입체적으로 현상을 이해하기 위한 목적을 가지고 있다. 2006년 10월에 발사되었다. 다음과 같은 탑재체들이 실려 있다. ① SECCHI(Sun Earth Connection Coronal and Heliospheric Investigation)는 EUV 영상 관측기(EUVI), 2개의 코로나그래프(COR1, COR2), 태양-지구 간 공간을 관측하는 2개의 태양권 영상 관측기(HI1, HI2) 이렇게 5개의 카메라를 갖추고 있다. ② IMPACT(In-situ Measurements of Particles and CME Transients)는 고에너지 입자를 연구하고 태양풍 전자와 행성 간 자기장의 3차원 분포를 연구한다. ③ PLASTIC(Plasma and Supra-Thermal Ion Composition)은 양성자, 알파 입자, 무거운 이온의 플라스마 특성을 연구한다. ④ SWAVES(STEREO/WAVES)는 태양에서 지구 궤도까지 전파하는 태양 전파 폭발을 연구한다. 스테레오-B는 2014년 10월 1일 복합적인 기기 이상으로 통신이 두절되어 이후 관측은 이루어지지 않았다.

에스디오(SDO, Solar Dynamics Observatory, 2010년~)는 Living With a Star(LWS) 프로그램의 일부이다. 인류에 직접 영향을 주는 태양-지구 관계에 대한 과학적 이해를 주목적으로 한다. 고분해능으로 여러 파장에 대한 관측을 수행하여 태양이 지구와 근지구 우주 공간에 미치는 영향을 이해하고자 하는 것이다. 즉 태양 자기장이 생기고 구조화하는 과정을 이해하고 어떻게 자기장의 축적된 에너지가 태양풍, 고에너지 입자, 태양 복사의 형태로 태양권과 근지구 공간으로 방출되는가를 이해하는 것이다. 2010년 2월에 발사되었다. 궤도는 지구 정지 궤도이다. 다음의 장비들을 탑재하고 있다. ① HMI(Helioseismic and Magnetic Imager) 태양 전면에 대한 시선 방향 자기장과 벡터 자기장을 측정할 수 있다. ② EVE(EUV Variability Experiment) 향상된 분광 분해능으로 태양의 극자외선 복사를 측정한다. ③ AIA(Atmospheric Imaging Assembly) 태양 전면에 대한 채층과 코로나에 걸쳐, 온도로는 2만°C에서 2,000만°C까지 이르는 범위를 10개의 채널로 관측한다. 4 K×4 K CCD를 사용하며 관측 시간 간격은 12초, 픽셀 분해능은 0.6각초에 해당한다. 관측 파장은 백색광, 1700, 1600, 304, 171, 193, 211, 335, 94, 131 Å이다. 우리나라에서는 한국천문연구원이 NASA와 협력하여 한국 에스디오 데이터센터를 구축하여 운영하고 있다.

아이리스(IRIS, Interface Region Imaging Spectrograph, 2013년~)는 2013년 6월에 발사되었다. 기본적으로 고분해능(공간 분해능 0.3각초, 분광 분해능 1 Å 이하)의 고속 영상 분광기이다. 1초에 하나의 영상을 관측할 수 있다. 주목적은 태양 대기의 에너지가 어떻게 활성화되는지 이해하는 것이다. 최신의 수치 실험과 고분해능의 UV 영상 분광기의 관측 자료를 활용하여 연구한다. 채층과 천이 지역을 연구하기 위하여 높은 공간 분해능(0.33~0.4각초)과 시간 분해능(1~2초)의 UV 분광 자료와 영상 자료를 얻는다. 이러한 중간 영역(채층과 천이 지역)은 태양에서 나오는 비복사(non-radiative) 에너지가 열과 복사선으로 바뀌는 지역이고 자기장과 플라스마가 비등한 에너지를 가지고 있어 매우 동적인 영역이다. 또한 이 중간 영역의 연구는 태양에서 코로나, 태양권까지 에너지 흐름을 이해하는 데 크게 기여할 것이다.

파커 솔라 프로브(Parker Solar Probe)는 태양 반경의 8.5배까지 접근하여 태양의 코로나를 조사하는 태양 탐사선으로 2018년 8월 12일 발사되었다. 낮은 코로나까지 날아가는 첫 번째 우주선으로 태양 코로나 자기장의 구조와 동역학을 관측하며 코로나와 태양풍이 어떻게 가열되고 가속되는지 이해하는 데 도움을 줄 것이다. 파커 솔라 프로브는 반복적으로 금성의 중력에 도움을 받아 궤도 근일점을 점차 감소시켜 태양 반지름의 8.5배에서 태양을 여러 번 통과하도록 설계되었다. 극단적인 태양의 복사에 견딜 수 있도록 차폐 장치를 활용하고 이 차폐 장치는 1,377°C의 고온에도 견딜 수 있다. 우주선의 전력을 담당하는 태양 전지판도 이중 시스템으로 구성되어 주 태양 전지판은 0.25 AU까지 활용되고 더 가까운 곳에서는 훨씬 작은 2차 태양 전지판이 활용된다. 파커 솔라 프로브는 7년에 걸쳐 7차례의 금성 근접 통과를 포함하여 총 24번 궤도를 돌게 된다. 과학 임무는 7년 중 우주선이 태양에 가장 근접하게 되는 기간에 집중될 것이다. 태양 근처에서는 강한 태양 복사 환경에 의해 우주선의 대전 효과나 전자 장비 손상, 통신 두절이 있을 수 있으므로 궤도는 이심률이 큰 타원 궤도로 태양 근처에서 머무는 시간이 짧게 설계되었다.

솔라 오비터(Solar Orbiter)는 ESA가 개발하여 2020년 2월 10일에 미국 플로리다에서 발사되었다. 솔라 오비터는 내부 태양권과 발생 초기의 태양풍을 상세히 측정하고 태양의 극 지역을 근접 측정한다. 그래서 어떻게 태양이 태양권을 생성하고 유지하는지에 대한 질문에 답을 제시하고자 한다. 솔라 오비터는 태양 반경의 60배까지 접근하여 태양을 관측하고 매 5개월마다 태양에 접근하여 가장 근접했을 때는 흡사 지구의 정지 궤도처럼 태양 대기의 같은 지역을 수일 동안 관측한다. 따라서 강력한 태양 플레어나 분출 현상을 일으키는 태양 대기에서의 자기 활동(magnetic activity) 과정을 관측할 수 있을 것이다. 또한 미국의 파커 솔라 프로브와 공조 관측을 통하여 태양의 코로나에 대한 직접 측정도 수행한다. 솔라 오비터는 태양권에 대한 직접(in-situ) 측정 장비는 물론 엑스선 영상 분광기나 코로나그래프와 같은 원격 관측을 위한 장비를 같이 탑재할 예정이다.

3) 행성 탐사선의 임무

행성 탐사선에는 해당 천체를 가까이 지나쳐 가는 근접 통과(flyby) 임무와 주변 궤도를 선회하여 인공위성이 되는 궤도선(orbiter) 임무, 상대적으로 작은 과학 장비를 서서히 표면으로 내려보내 고도에 따른 대기의 특성 등을 기록하는 탐사정(probe) 임무, 표면으로 곧장 낙하시키는 표면 충돌(impactor, hard-landing) 임무, 역추진하며 표면에 천천히 내려앉아 착륙지 주변을 살피는 연착륙(lander, soft-landing) 임무, 표면에서 이동하면서 관측하는 탐사차(rover) 임무 등이 있다. 탐사정 임무는 일반적으로 낙하산을 펼쳐 서서히 하강하면서 관측 임무를 수행하는데, 대기가 희박한 천체에서는 빠른 속도로 추락해버리기 때문에 제한적으로 쓰인다.

수성은 근접 통과 및 궤도 선회(orbiter) 방식의 탐사가 이루어졌고, 금성은 근접 통과, 궤도 선회, 탐사정 낙하(probe), 연착륙, 표면 충돌(경착륙)과 같은 매우 다양한 방식으로 탐사되었다. 화성은 탐사가 가장 많이 이루어진 행성이다. 근접 통과, 궤도 선회, 연착륙, 표면 충돌은 물론이고 탐사차 방식이 동원되어 탐사되었다.

목성형 행성은 지구로부터 거리가 매우 멀고, 많은 위성들을 거느리고 있으며, 탐사선이 착륙할 지각이 없으므로 연착륙이나 표면 충돌 방식의 탐사가 불가능하고, 대신에 필요에 따라 탐사정 낙하의 방식으로 대기를 탐사한다. 목성과 토성 탐사에는 근접 통과, 궤도 선회, 탐사정 낙하 방식이 쓰였다. 이들보다 더 멀리 있는 천왕성과 해왕성 탐사에는 근접 통과 방식의 탐사만이 이루어졌다.

1977년 발사된 보이저 1호와 2호는 1979년 목성에 접근해 목성과 4대 위성을 근접 탐사했다. 이후 보이저 1호는 토성과 타이탄으로, 보이저 2호는 토성과 천왕성, 해왕성 탐사에 나선 뒤 이제는 둘 다 태양권 계면을 벗어나 끝없는 항해를 이어가고 있다. 보이저호는 목성의 대적반을 비롯, 대기에서 나타나는 다양한 변화를 관측했다. 과학자들은 이로써 고도에 따른 대기의 온도와 수직 구조, 조성비를 알아냈으며, 지구에서 보는 것과 비슷한 오로라와 번개를 목격했다. 위성 이오에서는 놀랍게도 9개가 넘는 활화산이 발견되었는데, 화산에서 나온 분출물이 지구의 활화산보다 수십 배 빠른 속도로 수백 킬로미터 상공까지 솟아올랐다. 이러한 화산활동은 목성뿐만 아니라 주변을 도는 위성 유로파와 가니메데까지 가세해 복합적으로 이오에 조석력을 미치기 때문이다. 유로파 표면에서는 원인 모를 다양한 줄무늬 모양의 지형이 발견되었다. 가니메데가 토성의 가장 큰 위성인 타이탄보다 크다는 사실도 보이저 관측으로부터 밝혀진 사실이다. 과학자들은 그 밖에도 보이저 임무로 여러 작은 위성들을 찾아냈고 목성에 고리가 있는 사실도 확인했다.

1989년에는 목성을 향해 갈릴레오(Galileo) 탐사선이 출발했다. 목성까지 가는 동안 금성과 지구, 그리고 2개의 소행성을 근접 비행했으며, 1994년에는 슈메이커-레비 9(Shoemaker-Levy 9) 혜성이 목성에 충돌하는 장면을 목격하기도 했다. 이 탐사선은 목성 대기의 화학 조성을 분석하고 구름의 주성분이 암모니아임을 밝혀냈다. 목성 대기가 이오의 화산-플라스마 활동과 상호 작용하는 것을 확인했으며 유로파, 가니메데, 칼리스토의 얼음 표면 아래에 있을지도 모르는 바다의 존재 가능성을 제시했다. 목성 고리를 이루는 입자들의 기원을 밝히고, 자기장의 크기와 구조에 대해서도 탐사했다. 2003년 갈릴레오 탐사선은 다른 위성들과의 충돌을 피하기 위해 목성 대기 속으로 진입, 불타 없어지면서 임무를 마감했다.

현재 목성 주위에는 2011년 발사된 주노(Juno) 탐사선이 궤도를 돌고 있다. 2016년 7월부터 목성의 대기와 중력장, 자기장을 자세히 관측해 지구로 자료를 보내오고 있다. 2023년에는 목성의 위성들을 탐사하는 주스(JUICE, Jupiter Icy Moon Explorer) 탐사선이 발사되었다.

STORYLINE

밤하늘을 수놓은 수많은 별은 인류에게 끊임없는 상상의 나래를 펼치게 해주었다. 동시에 별은 다양한 핵반응을 통해 막대한 에너지와 헬륨보다 무거운 원소를 우주에 공급해주고 있다. 우리 인류가, 그리고 모든 생명체가 탄생하고 살아가기 위해서는 별로부터 나오는 자유 에너지가 필요하고 탄소, 질소, 산소, 인, 철과 같은 다양한 원소가 꼭 있어야 하므로 별은 상상력의 원천일 뿐 아니라 생명의 근원과 같은 존재라 할 수 있다. 또한 별이 우주 공간으로 방출하는 에너지와 다양한 원소는 은하의 물리적 · 화학적 진화를 이끈다. 이 장에서는 별이 탄생하는 성간물질의 특성을 알아보는 것을 시작으로, 별이 어떻게 생성되고 진화하며 죽음에 이르는지 살펴본다. (사진: 용골 분자운(Carina Nebula)의 제임스 웹 우주망원경(James Webb Space Telescope) 이미지.)

- 11.1 복사와 전달
- 11.2 별의 관측
- 11.3 성간물질
- 11.4 별의 탄생
- 11.5 별 내부의 물리적 과정들
- 11.6 별의 진화를 결정하는 원칙들
- 11.7 주계열성의 성질 및 진화
- 11.8 주계열 이후의 진화
- 11.9 초신성, 신성, 킬로노바
- 11.10 별과 물질의 순환

11 별의 탄생과 진화

11.1 복사와 전달

1) 전자기파의 대기 투과

우리의 눈은 가시광선에 반응하기 때문에 일상에서는 '빛'을 가시광선에 국한하여 사용하는 경우가 잦다. 그러나 천문학 또는 넓게 자연과학에서는 '빛'을 전하의 가속도로 발생하는 전자기파로 정의하고 사용한다. 전자기파는 파장대(주파수대, 에너지대)가 매우 넓으며, 가시광선은 전자기파의 극히 일부분에 해당한다. 그림 11.1은 전자기파의 구분과 각 영역의 에너지, 주파수, 파장 범위를 보여주고 있다. 가시광선의 긴 파장인 빨간색보다 에너지가 작은 쪽, 즉 주파수가 낮고, 파장이 긴 전자기파가 적외선, 전파 등에 해당한다. 반대로 가시광선의 짧은 파장인 보라색보다 에너지가 큰 쪽, 즉 주파수가 높고, 파장이 짧은 전자기파 영역이 자외선, 엑스선, 감마선이 되겠다.

이러한 전자기파는 대기에 의한 반사, 흡수, 산란으로 모두 지표면까지 도달하지는 않는다. 대기를 통과하여 지표면에 도달하는 전자기파 영역은 가시광선, 근적외선의 일부 영역, 그리고 전파에 해

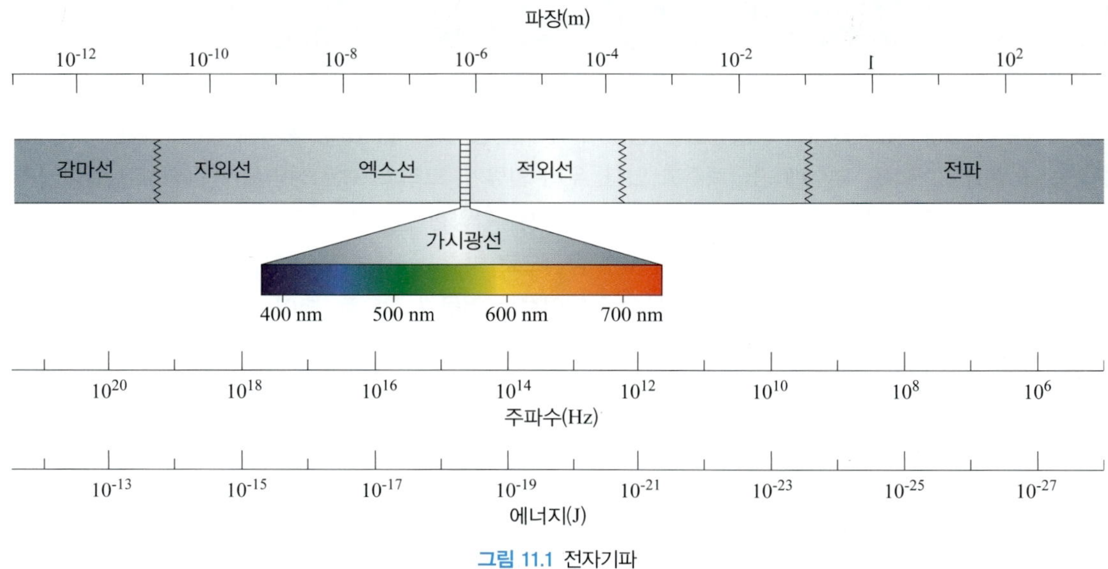

그림 11.1 전자기파

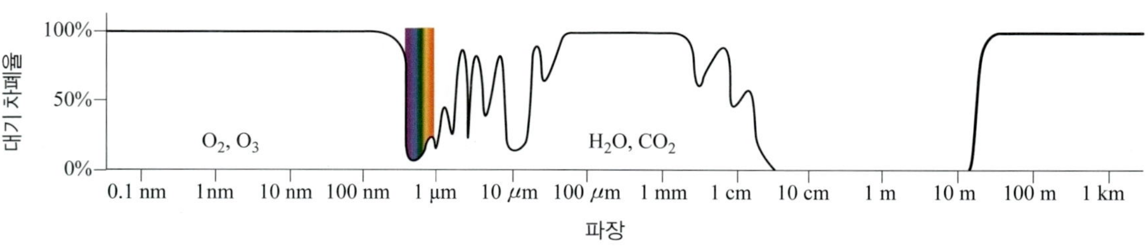

그림 11.2 대기 차폐율

당한다. 매우 짧은 파장의 감마선, 엑스선, 자외선 등은 대부분 대기권 상층부의 작은 입자, 오존 분자, 산소 분자, 질소 분자에 의해 흡수되거나 산란되고 적외선은 대기의 물 분자와 이산화탄소 분자에 의해 주로 흡수된다. 매우 긴 파장의 전파는 대기의 전리층(이온층)에 의해 차단된다. 그림 11.2는 전자기파가 파장별로 지구 대기에 의해 차폐되는 비율을 나타내고 있다. 가시광선, 그리고 근적외선과 전파의 일부 영역에서 대기가 투과되는 것을 확인할 수 있다.

2) 흑체 복사

태양이나 용광로와 같이 온도가 1,000°C 이상으로 매우 높은 대상을 제외하면, 우리가 일상의 사물을 본다는 것은 해당 사물의 표면에서 반사된 빛(전자기파)에 반응한 것이다. 반사를 하지 않고 입사하는 전자기파를 모두 흡수하는 가상의 물체를 흑체(blackbody)라 부른다. 우리가 보는 물체의 색깔은 반사되는 빛에 의해 결정되는데 흑체는 모든 전자기파를 흡수하므로 검은 것이다. 흑체는 온도에 따라 플랑크 함수에 따르는, 주파수에 대한 일정 분포의 에너지를 방출한다.

흑체 복사의 특성을 살펴보기에 앞서 복사 에너지를 나타내는 물리량의 정의와 단위를 살펴보자.

- **광도**(L, luminosity) $\Delta E = L\Delta t$ 단위 시간에 방출되는 에너지 [L] = [J/s] = [W]
- **플럭스**(F, flux) $\Delta E = F\Delta t\Delta A$ 단위 시간, 단위 면적당 에너지 [F] = [J/s/m^2]
- **플럭스밀도**(F_ν, flux density) $\Delta E = F_\nu\Delta t\Delta A\Delta\nu$ 단위 시간, 단위 면적, 단위 주파수당 에너지 [F_ν] = [J/s/m^2/Hz]
- **강도**(I_ν, intensity) $\Delta E = I_\nu\Delta t\Delta A\Delta\nu\Delta\Omega$ 단위 시간, 단위 면적, 단위 주파수, 단위 입체각당 에너지 [I_ν] = [J/s/m^2/Hz/sr]

위에 나열된 물리량의 정의와 단위가 다른 것을 확인하기 바란다. 특히 이 중 플럭스밀도와 강도의 차이를 주의 깊게 볼 필요가 있다. 우선 플럭스와 플럭스밀도의 정의에는 단위 면적이라는 조건이 있기 때문에 플럭스(밀도)는 광원으로부터의 거리의 제곱에 반비례한다. 광원으로부터 단위 시간당 방출되는 같은 양의 에너지가 거리가 멀어질수록 거리의 제곱에 비례하여 커지는 구 면적($4\pi r^2$)에 고루 분포해야 함을 생각하기 바란다. 강도(intensity)의 정의에도 단위 면적이 포함되어 있다. 그러나 플럭스(밀도)와 다르게 단위 입체각이라는 조건이 추가되어 있다. **입체각**은 투영 면적을 거리의 제곱으로 나눈 것으로 단위는 스테라디안(steradian)이고, 투영 면적이 모든 방향을 덮었을 경우 4π에 해당한다. 따라서 일정한 투영 면적을 갖는 광원을 바라볼 때 광원까지의 거리가 멀어질수록 광원의 입체각은 거리의 제곱에 반비례하여 작아지게 된다. 광원으로부터의 거리가 멀어질수록 플럭스밀도는 거리의 제곱에 반비례하여 작아지지만, 동시에 광원의 입체각도 거리의 제곱에 반비례하여 작아지므로 단위 입체각에 포함되는 광원의 투영 면적은 커지게 된다. 이 두 효과로 인해 복사 강도는 플럭스(밀도)와 다르게 거리에 관계없이 일정한 물리량이 된다.

흑체의 복사 에너지를 주파수에 따라 나타내는 플랑크 함수는 복사 에너지의 강도를 나타낸다.

$$B_\nu(T) = \frac{2h\nu^3}{c^2}\frac{1}{\exp(h\nu/k_B T) - 1}$$

위의 플랑크 함수는 단위 시간, 단위 면적, 단위 주파수, 단위 입체각당 에너지를 나타내고 있다. 이에 대응하여 단위 주파수 대신 단위 파장으로도 표현할 수 있다. 즉 단위 시간, 단위 면적, 단위 파장, 단위 입체각당 에너지를 나타내는 플랑크 함수는 다음과 같다.

$$B_\lambda(T) = \frac{2hc^2}{\lambda^5}\frac{1}{\exp(hc/k_B\lambda T) - 1}$$

일반적으로 단위 주파수에 대한 플랑크 함수가 사용되고 있으며 두 값은 $\nu B_\nu(T) = \lambda B_\lambda(T)$의 관계에 있다.

흑체 복사는 온도에 따라 주파수별(또는 파장별) 복사 강도가 결정되고 온도가 높을수록 최대의 복사 강도를 나타내는 주파수가 높아진다(또는 파장이 짧아진다). 이를 **빈의 변위 법칙**(Wien's displacement law)이라 한다. 그리고 온도가 높은 흑체는 온도가 낮은 흑체에 비해 전체 주파수(또는 파장) 영역에서 더 강한 복사를 낸다. 온도에 따라 흑체 복사의 강도를 나타내는 그림 11.3을 확인하기 바란다. 흑체의 온도가 3 K일 경우는 복사 강도(B_ν)가 약 200 GHz (파장~1.5 mm)에서 최대가 되지만, 6,000 K일 경우는 약 3.5×10^{14} Hz (파장~860 nm)에서 최대가 된다. 그리고 온도가 높은 흑체의 플랑크 곡선이 온도가 낮은 플랑크 곡선과 만나지 않으며 전체 주파수 범위에서 복사 강도 값이 큰 것을 볼 수 있다.

$$\nu_{max}/T = 5.879 \times 10^{10}\ [\text{Hz K}^{-1}]$$

$$\lambda_{max}T = 2.898 \times 10^{-3}\ [\text{m K}]$$

흑체 복사를 나타내는 플랑크 함수는 강도가 최대가 되는 주파수(또는 파장)에서 먼 주파수(또는 파장) 영역에서는 보다 간단한 함수로 근사된다. 주파수가 높은 구역($\nu \gg kT/h$)에서는 **빈 근사**(Wien approximation)인 $B_\nu \approx \frac{2h\nu^3}{c^2}e^{-h\nu/kT}$ 로, 낮은 구역($\nu \ll kT/h$)에서는 **레일리-진스 근사**(Rayleigh-Jeans

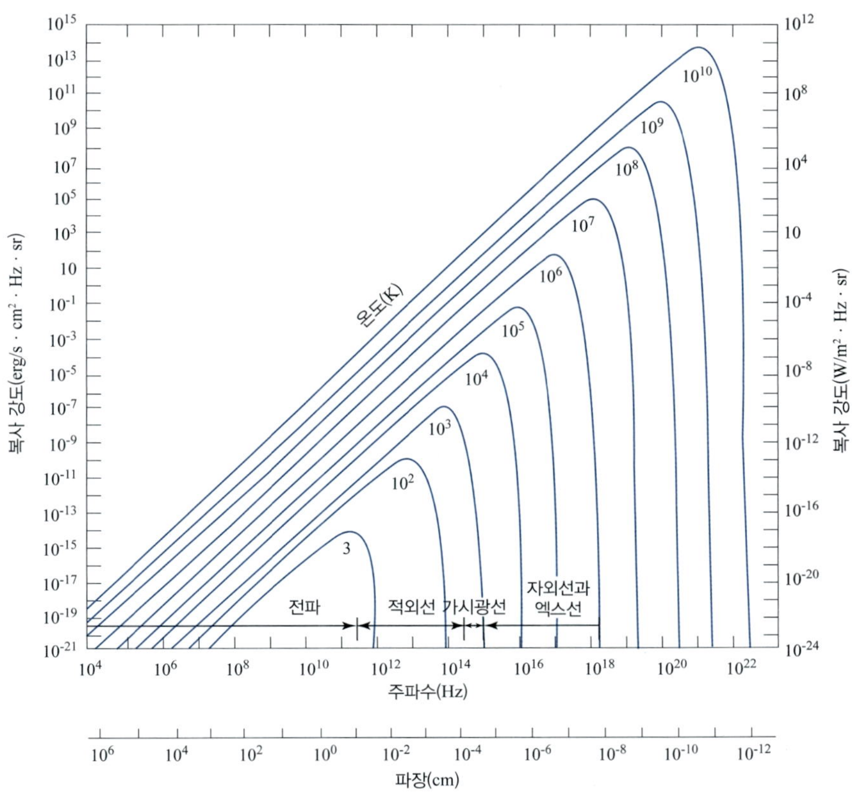

그림 11.3 흑체의 주파수에 따른 복사 강도

approximation)인 $B_\nu \approx \frac{2kT}{\lambda^2}$로 표현된다.

흑체 복사의 복사 강도를 한 방향(입체각 π)을 고려하고 전 주파수 범위에서 적분하게 되면 단위 시간당, 단위 면적당 에너지에 해당하는 플럭스를 유도할 수 있다. 이는 온도의 4제곱에 비례함을 볼 수 있으며 이를 **스테판-볼츠만 법칙**이라 한다.

$$F = \int \pi B_\nu d\nu = \sigma T^4$$

$$\sigma = 2\pi^5 k^4 / 15c^2 h^3.$$

이 값은 플럭스(단위 시간, 단위 면적당 에너지)이고 에너지 밀도(단위 부피당 에너지)를 나타내는 경우는 다음과 같이 변환된다.

$$u = aT^4$$

$$a = 4\sigma/c = 8\pi^5 k^4 / 15c^3 h^3.$$

3) 천이선 복사

흑체 복사가 전 주파수 범위에서 에너지를 방출하는 **연속선 복사**(continuum)의 대표적인 형태라면 특정 주파수의 좁은 범위에서만 에너지가 방출되거나 흡수되어 나타나는 것을 **선복사**라 한다. 선복사는 원자, 이온, 분자 내 에너지 준위의 변화에 의해 발생한다.

보어의 원자 모델을 사용하여 원자의 에너지 준위와 에너지 준위의 변화에 따른 천이선을 알아보자. 원자는 중심에 양전하를 갖는 원자핵이 위치하고 주위에 전자가 에너지 준위에 따라 분포(orbital)가 달라지는 구조를 하고 있다. 고전적으로는 양전하의 원자핵 주위를 음전하의 전자가 궤도 운동하는 것으로 이해했다. 그러나 이러한 해석은 전하를 갖는 입자가 가속 운동을 하게 되면 전자기파로 에너지를 잃어 해당 궤도를 유지할 수 없다는 점에서 받아들이기 어려웠다. 닐스 보어(Niels Bohr, 1885~1962)는 이를 극복하기 위해 각운동량이 특정 값(quanta)의 배수가 되는 궤도에서는 에너지를 잃지 않고 궤도를 유지할 수 있다고 가정했다. 이러한 가정에 기반하여 보어는 수소 원자에서 발생하는 전자 천이선(electronic transitions)을 성공적으로 설명한다.

보어의 가정대로 에너지를 잃지 않는, 각운동량이 $h/2\mathrm{r}=\hbar$의 배수인 전자의 원 궤도(반지름 r)를 가정하면 $m_e \mathrm{y} r = n\hbar$가 된다. 그리고 이 위치의 전자($-e$ 전하)는 원자핵의 전하($+Ze$)에 의한 전기적 인력을 구심력으로 원 운동을 한다고 하자. 전기장 상수 $k=1/4\mathrm{r}\mathrm{e}_0=8.99\times10^9\ \mathrm{N\cdot m^2/C^2}$이라 하면 이는 $m_e \mathrm{y}^2/r=(kZe)e/r^2$로 나타낼 수 있다. 앞의 각운동량과 구심력의 식에서 y를 소거하고 r을 나타내는 식으로 정리하면 다음과 같은 결과를 얻는다.

$$r=\frac{n^2\hbar^2}{kZe^2 m_e}$$

보어의 가정에 의하면 이 궤도에서는 전자가 에너지를 잃지 않고 원자핵 주위를 공전하는 것을 기억하기 바란다. 이 궤도에서 전자가 갖는 에너지는 다음과 같이 계산할 수 있다.

$$E=\frac{1}{2}m_e v^2-\frac{kZe^2}{r}=-\frac{k^2Z^2e^4m_e}{2n^2\hbar^2}$$

이는 $n=1, 2, 3, \cdots$에 해당하는 궤도의 에너지 준위를 나타내는 것으로 수소 원자($Z=1$)의 경우는 다음과 같다.

$$E(n)=-\frac{k^2e^4m_e}{2\hbar^2}\frac{1}{n^2}=-R'\frac{1}{n^2},\ \text{여기서}\ R'=2.18\times10^{-18}\ \mathrm{J}=13.6\ \mathrm{eV}$$

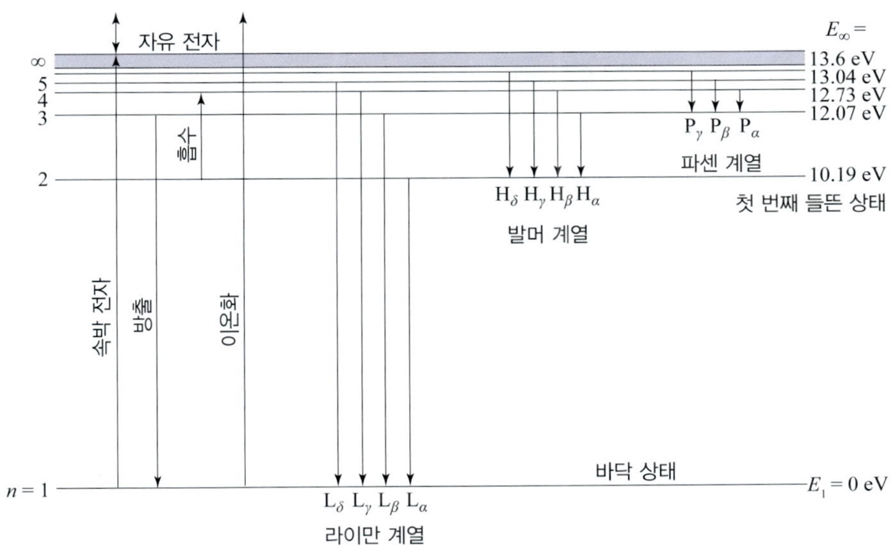

그림 11.4 수소 원자의 에너지 준위와 천이선

수소 원자에서 전자가 에너지가 가장 낮은 경우인 주양자수 $n = 1$일 경우는 −13.6 eV로 속박(bound)되어 있는 상태이다. 그리고 이 속박 상태를 벗어나기 위해서는 $\Delta E = E(\infty) - E(1) = 13.6$ eV의 에너지가 필요한 것이다. 바닥 상태인 $E(n = 1)$를 기준으로 에너지 준위를 나타낸 모습은 그림 11.4와 같다. 높은 에너지 준위에서 낮은 에너지 준위로 떨어질 경우(되가라앉음, de-excitation)는 두 준위의 에너지 차에 해당하는 광자를 방출하게 된다. 반대로 두 준위의 에너지 차에 해당하는 광자를 흡수하게 되면 낮은 에너지 준위에서 높은 에너지 준위로 들뜨게 된다(들뜸, excitation). 이렇게 에너지 준위가 바뀌는 것을 **천이**(transition)라 한다. 낮은 에너지 준위의 양자수 n에 따라 천이선 계열을 라이만 계열($n = 1$), 발머 계열($n = 2$) 등으로 부른다. 그리고 각 계열에서 천이되는 양자수 차에 따라 알파($\Delta n = 1$), 베타($\Delta n = 2$) 등으로 나타낸다. 예를 들어 $n = 2$에서 $n = 1$로 떨어지는 천이선은 라이만 알파 방출선에 해당한다.

수소 원자의 천이선은 앞서 살펴보았듯이 에너지 준위가 전자들의 에너지 상태에 따라 결정되고 이 에너지 상태가 변하면서 광자를 방출 또는 흡수하는 **전자 천이선**(electronic transition)이다. 이온의 에너지 준위와 전자 천이선도 원자와 비슷하게 나타낼 수 있다. 특히 전자(또는 외곽 전자)를 하나만 갖는 이온의 경우는 에너지 준위의 값들은 다르지만 수소 원자의 경우와 매우 비슷하게 표현된다.

분자의 경우는 전자 천이선과 함께 **진동 천이선**(vibrational transition)과 **회전 천이선**(rotational transition)이 존재한다. 이는 원자와 다르게 복수의 원자핵이 있고 이 원자핵들 사이의 진동과 회전에 따라 분자의 에너지 상태가 달라지기 때문이다. 전자 천이선에 비해 진동 천이선은 약 1/100의 에너지를, 회전 천이선은 약 1/10,000의 에너지를 갖는다. 따라서 전자 천이선은 자외선과 가시광선 영역에 분포하고 진동 천이선은 중적외선 영역에, 회전 천이선은 밀리미터의 전파 영역에 주로 분포한다.

원자, 이온, 분자가 들뜨게 되는 경우는 에너지 준위 차에 해당하는 광자를 흡수하는 경우(radiative excitation)와 다른 입자와의 충돌로 에너지를 얻게 되는 경우(collisional excitation)이다. 높은 에너지 준위로 들뜬 입자는 대체로 짧은 시간($t \sim 10^{-8}$초) 안에 자발적으로 낮은 에너지 준위로 되낮아지면서 광자를 방출한다(spontaneous de-excitation). 또는 낮은 에너지 준위까지의 에너지 차에 해당하는 광자에 의해 유도 천이를 일으키면서 광자를 방출하기도 한다(stimulated de-excitation). 광자를 방출하는 대신 충돌하는 다른 입자에 에너지를 전달하면서 되낮아지기도 한다(collisional de-excitation).

4) 복사 전달

앞에서 연속선 복사의 대표적인 예인 흑체 복사와 입자의 에너지 준위 간 천이에 의해 천이선이 발생할 수 있음을 알아보았다. 이제 이렇게 발생한 복사가 매질에서 전달되는 것을 살펴보자. 편의를 위해 단일 주파수의 전자기파만 고려하자.

복사 강도 I_ν의 전자기파가 두께 ds인 매질을 통과하는 경우, 복사 강도에 비례하여 매질에 의해 **소광**(흡수와 산란)된다. 매질에 의한 흡수로 시선 방향의 복사가 감소하게 되고 매질에 의한 산란도 시선 방향의 복사를 흩뿌리기에 시선 방향의 복사를 감소시킨다. 동시에 매질은 해당 주파수의 복사에 에너지를 더하기도 한다. 이러한 복사 강도의 감소와 증가를 고려하면 두께가 ds인 매질을 통과할 때 복사 강도의 변화를 다음과 같은 식으로 나타낼 수 있다. 산란의 경우는 시선 방향의 복사뿐만 아니라 다른 방향의 복사도 고려해야 하기 때문에 흡수만 고려하자.

$$dI_\nu = -\alpha_\nu I_\nu ds + j_\nu ds$$

여기서 α_ν를 **흡수 계수**, j_ν를 **방출 계수**라 한다. 첫 번째로 흡수를 전혀 하지 않고 방출만 하는 매질

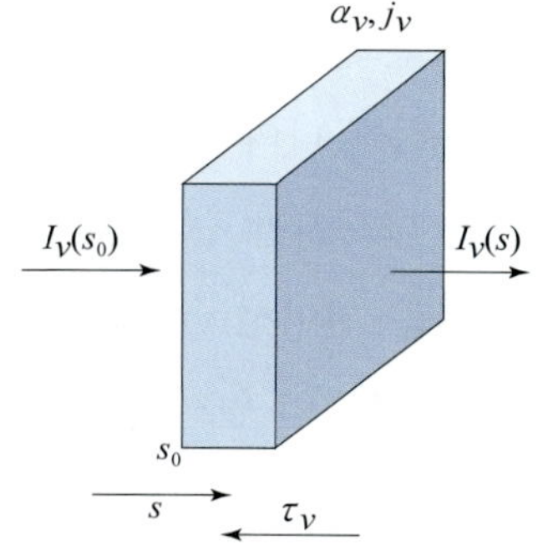

그림 11.5 매질을 통과하는 복사의 모식도

을 가정하자. 이때 $\alpha_\nu = 0$이므로 $dI_\nu = j_\nu ds$가 되며 매질의 시작점을 $s = s_0$라 하면 매질을 통과한 후의 복사 강도는 다음과 같아진다. 매질에 의한 흡수가 없는 경우이므로 매질 전의 복사 강도에 매질의 방출 계수 크기에 따라 복사 강도가 증가되는 점을 알 수 있다.

$$I_\nu(s) = I_\nu(s_0) + \int_{s_0}^{s} j_\nu(s')\,ds'$$

두 번째로 매질에 의해 흡수만 일어나는 경우를 가정해보자. 이때에는 방출 계수 $j_\nu = 0$이므로 $dI_\nu = -\alpha_\nu I_\nu ds$가 된다. 마찬가지로 매질의 시작점을 $s = s_0$라 하고 매질을 통과한 후의 복사 강도를 계산하면 다음과 같다. 매질 전의 복사 강도가 지수함수로 감소하는 것을 볼 수 있다.

$$I_\nu(s) = I_\nu(s_0)\exp\left[-\int_{s_0}^{s} \alpha_\nu(s')\,ds'\right]$$

이 지수함수의 지수에 해당하는 값을 **광학적 깊이**(optical depth) τ_ν로 정의한다.

$$\tau_\nu = \int_{s_0}^{s} \alpha_\nu(s')\,ds'$$

광학적 깊이($d\tau_\nu = \alpha_\nu ds$)로 복사 전달식을 새로 쓰면 다음과 같다. **원천함수**(source function) $S_\nu = j_\nu / \alpha_\nu$도 새로이 정의했다. 그리고 다음 식에서 쉽게 볼 수 있듯이 광학적 깊이는 단위가 없는 값이다.

$$\frac{dI_\nu}{d\tau_\nu} = -I_\nu + S_\nu$$

이제 매질의 흡수와 방출이 모두 있는 경우를 생각해보자. 이 경우에는 위의 미분 방정식을 풀면 되는데, 머질의 원천함수가 위치에 따라 달라지지 않고 일정하다고 가정하면 다음과 같은 형태로 정리된다.

$$I_\nu(s) = I_\nu(s_0)e^{-\tau_\nu} + S_\nu(1 - e^{-\tau_\nu})$$

매질을 통과한 복사 강도 $I_\nu(s)$는 매질 전의 복사 강도 $I_\nu(s_0)$가 매질의 광학적 깊이를 지수로 하는 지수함수로 감소된 양(우변의 첫째 항)과 매질의 원천함수가 더해진(우변의 둘째 항) 형태가 된다. 매질의 원천함수도 매질 자체의 광학적 깊이로 그 강도가 약해지고 있는 것$(1-e^{-\tau_\nu})$을 볼 수 있다. 원천함수의 가장 대표적인 것이 흑체 복사인 플랑크 함수(B_ν)이다.

복사 전달의 이해를 넓히기 위해 이제 광학적 깊이가 매우 작을 때와 매우 클 때의 특수한 경우를 살펴보자. 우선 광학적 깊이가 얕을 때(optically thin), 즉 $\tau_\nu \ll 1$인 경우에는 $e^{-\tau_\nu} \approx 1-\tau_\nu$로 근사된다. 이를 앞의 식에 대입하여 정리하면 다음과 같다.

$$I_\nu(s) = I_\nu(s_0)(1-\tau_\nu) + \tau_\nu S_\nu$$

광학적 깊이에 의한 영향이 선형으로 나타나는 것을 확인할 수 있다. 특히 매질에 입사하는 복사 강도를 무시할 수 있는 경우$(I_\nu(s_0)=0)$에는 관측되는 복사 강도가 매질의 광학적 깊이에 비례하여 증가한다.

광학적 깊이가 깊을 때(optically thick, $\tau_\nu \gg 1$)는 $e^{-\tau_\nu} \approx 0$이므로 $I_\nu(s) = S_\nu$가 된다. 즉 매질 뒤쪽의 복사는 완전히 사라지고, 매질의 원천함수에 의한 복사만 관측하게 되는 것이다. 이를 앞에서 살펴본 광학적 깊이가 얕고 배경 복사를 무시할 수 있을 때와 비교해보면 광학적 깊이 $\tau_\nu=1$이 되는 지점의 복사와 같음을 알 수 있다. 광학적 깊이가 깊을 때는 광학적 깊이가 1이 되는 깊이까지의 표면만 보게 되는 것이다.

그림 11.6 안개 길. 그림의 가장자리에 있는 가까운 나무는 안개의 광학적 깊이가 얕은 경우를 보여주고 있으며, 중앙에 있는 길의 끝은 광학적 깊이가 깊은 경우를 보여준다. 광학적 깊이가 깊어 길의 끝이 보이지 않고 안개만 보인다.

11.2 별의 관측

1) 천문학에서의 거리 파섹

앞에서 우리는 천문학에서 사용하는 거리 단위로 태양과 지구의 평균 거리로 정의되는 천문단위(AU)를 살펴보았다. 천문단위는 태양계 또는 행성계의 규모에서 편하게 사용되는 거리 단위지만 별과 별 사이의 거리와 그보다 큰 규모를 나타내기에는 너무 작다. 이에 천문학에서는 보다 큰 거리 단위인 **파섹**(pc, parsec)을 사용한다. 1파섹은 연주시차(parallax)가 1각초(arc-second)가 되는 거리로 정의된다. 그림 11.7에서 볼 수 있듯이, 가까운 거리의 별은 멀리 있는 배경 별에 대해 그 위치가 달라진다. 달라지는 위치(각도)의 절반이 **연주시차**에 해당한다. 즉 파섹은 1 AU를 기선으로 하는 삼각시차법으로 거리를 정의하는 것이다.

$$\frac{1}{d} = \tan(\theta) \approx \theta$$

위 식에서 탄젠트는 각이 매우 작을 때 각의 값으로 근사되는 점을 사용했다. 그리고 θ는 라디안으로 표현된 것이다. 1 radian = 57.3° = (57.3 × 3600)″ = 206265″이므로 이를 각초로 변환하면 다음과 같다.

$$\frac{1}{d} = \frac{\pi''}{206265}$$

$$d = \frac{206265}{\pi''}[\text{AU}] = \frac{1}{\pi''}[\text{pc}]$$

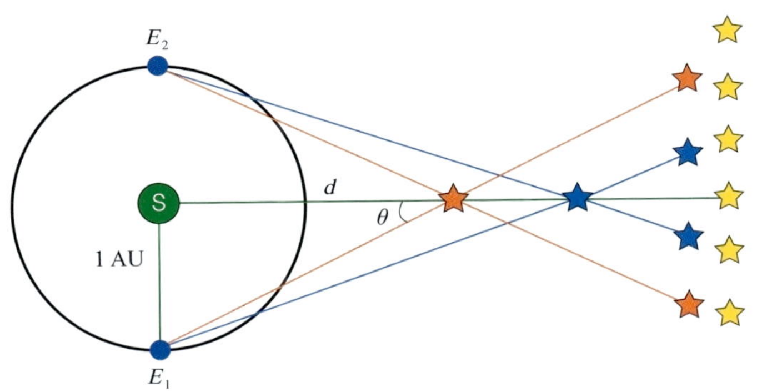

그림 11.7 연주시차와 파섹

연주시차(π'')가 1각초일 때의 거리를 1파섹으로 정의했고 1파섹은 206,265 AU에 해당함을 기억하기 바란다. 그리고 대상 천체까지의 거리는 연주시차에 반비례하여 커지는 것을 확인할 수 있다.

가장 가까운 별인 프록시마(알파 센타우리 C)의 연주시차가 0.77각초이므로 태양을 제외한 모든 별의 연주시차는 이보다 작다. 그리고 프록시마까지의 거리는 파섹으로 1/0.77 = 1.3 pc이 된다. 1파섹은 3.26광년이므로 이 거리는 4.24광년에 해당한다.

천체까지의 거리 정보는 다양한 물리량을 결정하는 데 필요하고 삼각시차법을 이용한 거리 측정은 천문학에서 가장 기본적인 거리 측정 방법으로서 다양한 거리 측정법의 기반이 된다. **히파르코스 미션**(Hipparcos mission, https://www.cosmos.esa.int/web/hipparcos/home)은 1989년부터 약 3.5년 동안 겉보기등급 9등급보다 밝은 12만 개에 육박하는 별의 연주시차를 약 1밀리각초의 정확도까지 측정하여 거리를 제공했다. 그리고 최근 2013년 말에 시작된 **가이아 미션**(Gaia mission, https://www.esa.int/Science_Exploration/Space_Science/Gaia)은 히파르코스보다 약 200배 향상된 정확도로 2만 배에 해당하는 20억 개에 육박하는 별의 위치를 제공하고 있다.

2) 별의 등급

별의 밝기는 등급(magnitude)을 사용하여 나타낸다. 고대 그리스의 천문학자였던 히파르코스(Hipparchus, 160~127 BC)는 밤하늘의 별 중에서 가장 밝은 별을 1등성으로, 겨우 보이는 어두운 별을 6등성으로 하여 1~6등성으로 분류했다. 이러한 정성적인 분류는 1856년 포그슨(Norman Robert Pogson, 1829~1891)에 의해 5등급의 차이가 100배의 밝기 차이에 해당하도록 정량화되었다.

$$100^{\left(\frac{m_1-m_2}{5}\right)}=\frac{F_2}{F_1}$$

별1이 밝기 F_1의 1등급($m_1=1$) 별이고 별2가 밝기 F_2의 6등급($m_2=6$) 별일 경우 위의 식은 $F_1=100F_2$임을 나타낸다. 그리고 1등급 차는 $100^{1/5}\approx 2.5$배, 2등급 차는 $100^{2/5}\approx 6.3$배, 3등급 차는 $100^{3/5}\approx 16$배, 4등급 차는 $100^{4/5}\approx 40$배 차이에 해당한다.

양 변에 로그를 취하면 다음과 같이 나타낼 수 있다.

$$m_1-m_2=-2.5\log\left(\frac{F_1}{F_2}\right)$$

지구에서 밝기가 다르게 관측되는 두 별이 같은 거리에 있다면 단위 시간당 방출하는 에너지(광도)가 다른 경우가 된다. 다른 한편, 동일한 광도를 내는 두 별일지라도 거리가 멀어지면 거리의 제곱으로 밝기가 어두워지므로 거리와 등급의 관계식도 다음과 같이 유도할 수 있다.

$$F \propto \frac{1}{d^2}$$

$$m_1 - m_2 = -2.5 \log\left(\frac{d_2^2}{d_1^2}\right) = 5 \log\left(\frac{d_1}{d_2}\right)$$

특히 별을 10 pc에 위치시켰을 때의 등급을 **절대등급**(M)이라 하고 일반적으로 대문자를 사용하여 나타낸다. 이에 반하여 관측되는 등급을 **겉보기등급**(m)이라 한다.

$$m - M = 5 \log\left(\frac{d}{10}\right) = 5 \log(d) - 5$$

위 식에서 $m - M$이 거리의 함수로 나타남을 볼 수 있다. 이를 **거리지수**라 한다.

모든 파장(감마선, 엑스선, 자외선, 가시광선, 적외선, 전파 등)의 광자를 동시에 검출할 수 있는 관측 기기는 없으므로, 별로부터 오는 에너지를 모든 파장에서 관측하여 등급을 정할 수는 없다. 대신 제한된 파장 범위에서 관측을 수행하게 된다. 우리 눈도 가시광선 영역, 특히 약 550 nm 영역에 민감하다. 사진 건판의 경우 이보다 짧은 가시광선 영역에 민감하다. 일반적으로 관측 기기 앞에 필

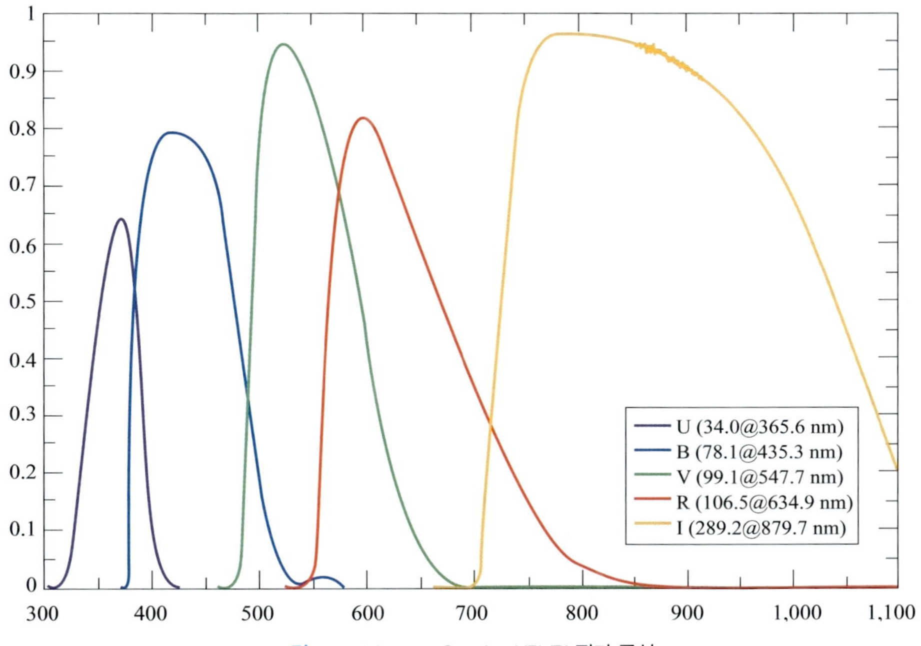

그림 11.8 Johnson–Cousins UBVRI 필터 곡선

터를 위치시켜 관측하는 파장대를 특정지어 관측한다. 그림 11.8은 Johnson-Cousins UBVRI 필터 곡선을 나타내고 있다. 그림 안의 글상자에서 필터의 최대 투과 파장과 필터 폭도 확인할 수 있다. U 필터는 자외선 영역을, B 필터는 사진 건판의 민감한 영역에 해당하는 파란색 파장대를, V 필터는 우리 눈이 가장 민감한 영역 부근에 해당한다. 이에 더하여 빨간색 파장대의 R과 적외선 영역의 I 필터의 투과 특성도 볼 수 있다. 일반적으로 특정 필터로 관측하여 결정된 등급을 나타내기 위해 등급의 아래첨자에 필터를 표기한다. 예를 들어 m_B, m_V 등으로 나타낸다.

3) 쌍성계

우리의 별인 태양은 현재까지 홑별로 알려져 있지만 많은 별은 둘 또는 그 이상의 별이 서로 중력적으로 상호 작용하며 궤도 운동하는 **쌍성** 또는 다중성으로 알려져 있다. 태양과 비슷한 질량의 별 중 50% 이상의 별이 쌍성으로 알려져 있다. 홀로 존재하는 천체의 경우 질량을 알아낼 방법이 없으나 쌍성은 별의 구조와 진화 등을 연구하는 데 꼭 필요한 별의 질량이나 크기와 같은 물리적 특성을 궤도 특성으로부터 계산할 수 있게 한다.

쌍성은 별의 위치 변화(측성학), 별의 주기적인 운동 상태 변화(분광학), 또는 별의 주기적인 밝기 변화(측광학)로부터 발견되고 물리량을 추정할 수 있다.

(1) 안시 쌍성계

쌍성계를 이루는 두 별의 주기적인 위치 변화를 측정할 수 있는 쌍성계를 **안시 쌍성계**라 한다. 지상 관측의 경우 관측 분해능은 망원경 구경의 크기에 의한 회절 한계($\propto \lambda/D$)보다는 일반적으로 관측 장소의 대기 요동에 의한 시상(>~1각초)에 의해 제한된다. 따라서 쌍성의 주기적인 위치 변화를 관측할 수 있는 쌍성계는 두 별의 간격이 상대적으로 큰 경우이다. 두 별 사이의 거리가 크므로 이러한 쌍성계는 긴 공전주기를 갖게 되어 장주기 쌍성이기도 하다. 그림 11.9a는 약 80여 년에 걸친 시리우스 쌍성계의 위치를 보여주고 있다. 쌍성계는 그 질량 중심이 고유 운동을 하는 와중에 질량 중심을 중심으로 두 별의 위치가 주기적으로 변하는 형태로 관측된다. 질량이 큰 별을 고정시키고 질량이 작은 별의 위치를 나타낸 궤도를 **겉보기 상대 궤도**(그림 11.9b)라 하는데 이때 큰 별의 위치가 타원의 초점에 위치하지 않는다. 이로부터 궤도면의 기울기를 추정할 수 있어 쌍성의 실제 궤도를 알아낼 수 있다. 그러므로 안시 쌍성 관측으로부터 공전주기 P와 두 별 사이 간격의 각크기를 측정한 후, 거리를 별도의 방법으로 알아내게 되면 궤도 장반경(a)을 계산할 수 있다. 주기와 궤도 장반경을 알게 되므로 케플러 제3법칙에 의해 두 별의 질량 합을 알 수 있게 된다($M_1 + M_2 = a^3/P^2$). 그리고 질량 중심에서 각 별까지의 거리비로부터 질량비도 알 수 있다($M_1a_1 = M_2a_2$, 여기서 $a_1 + a_2 = a$). 질량의 합과 비를 알게 되므로 최종적으로 두 별 각각의 질량(M_1, M_2)까지 계산할 수 있다.

안시 쌍성계에서는 별의 질량을 계산할 수 있기 때문에 별의 질량과 광도와의 관계를 연구할 수 있다. 주계열성의 경우 별의 광도는 질량의 멱함수 형태임이 알려졌다.

$$\frac{L}{L_\odot} = \left(\frac{M}{M_\odot}\right)^\alpha$$

0.43 $M_\odot$보다 질량이 작은 별에서는 $\alpha \approx 2.3$, 태양과 비슷한 질량의 별에서는 $\alpha \approx 4$, 질량이 큰 별에서는 $\alpha \approx 3$의 관계에 있다. 별의 광도가 질량에 따라 매우 민감하게 변하는 것을 알 수 있다. 별의

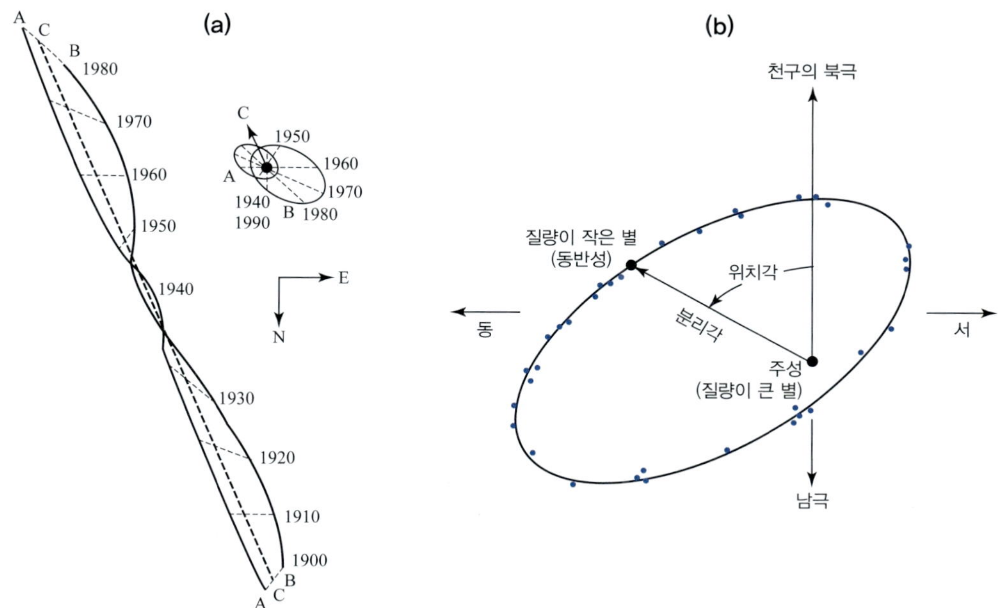

그림 11.9 (a) 약 80여 년에 걸친 시리우스 쌍성계의 위치 (b) 안시 쌍성계의 겉보기 상대 궤도

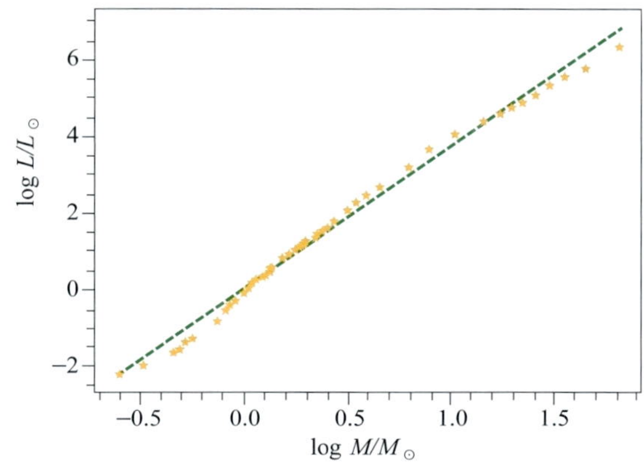

그림 11.10 주계열성의 질량–광도 상관관계. 별표(★)는 주어진 질량에서 관측적으로 측정된 주계열성 광도의 평균값을 주고 있으며, 파선은 $L \propto M^{3.8}$에 해당하는 기울기를 나타낸다.

질량 범위가 대략 0.08 $M_\odot$~100 $M_\odot$인 반면 광도는 10^{-4} $L_\odot$~10^6 $L_\odot$의 넓은 범위에 걸쳐 나타나게 된다.

(2) 분광 쌍성계

분광 쌍성계는 두 별의 간격이 작아 분리되어 관측되지는 않으나 도플러 효과에 의해 주기적으로 변하는 두 그룹, 또는 한 그룹의 별 스펙트럼의 흡수선이 관측되는 쌍성계를 일컫는다. 두 별의 간격이 작으므로 공전주기가 짧은 쌍성계이다. 가장 간단한 형태로 두 별이 질량 중심을 중심으로 원형 궤도를 공전하고 공전면이 시선 방향에 나란한 경우를 살펴보자.

속도 곡선으로부터 공전주기(P)와 두 별의 공전 속도(V, υ)를 측정하여 질량 중심으로부터 두 별까지의 거리 R, r를 계산할 수 있다. 그리고 속도비로부터 별의 질량비도 알 수 있다.

$$R = \frac{VP}{2\pi} \qquad r = \frac{\upsilon P}{2\pi}$$

$$\frac{M}{m} = \frac{r}{R} = \frac{\upsilon}{V}$$

궤도 장반경 a = R + r이므로 케플러 제3법칙으로부터 두 별의 질량합도 얻을 수 있다.

$$M + m = \frac{a^3}{P^2}$$

두 별의 질량비와 질량합을 알게 되므로 두 별의 질량을 각각 계산할 수 있다. 이렇게 두 별이 질량 중심 주위의 원형 궤도를 공전하고 그 공전면이 시선 방향에 나란한 경우에는 안시 쌍성의 경우처럼 두 별의 질량을 각각 계산할 수 있지만 이는 매우 드물고 특수한 경우이다. 일반적으로 분광 쌍성

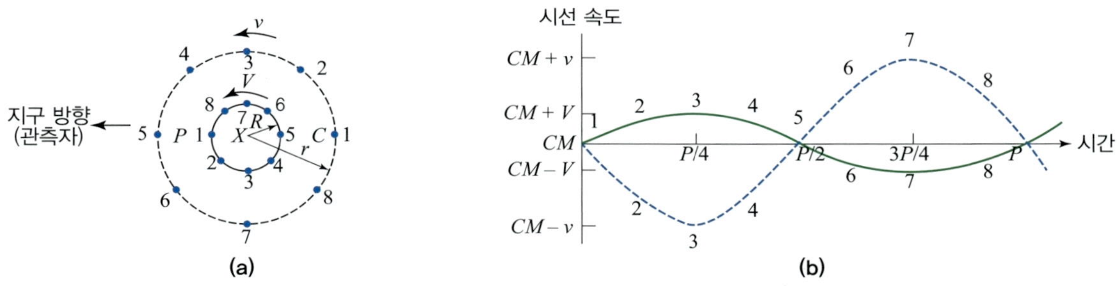

그림 11.11 분광 쌍성계와 속도 곡선. (a) 궤도 경사각이 90°인 원 궤도에서 주성 P와 동반성 C가 질량 중심 X 주위를 돌고 있는 모습. 주성과 동반성은 늘 마주보게 된다. (b) 질량 중심이 일정한 속력 CM으로 태양에서부터 멀어지고 있다. 주성과 동반성이 질량 중심 주위를 각각 V와 v의 속력으로 궤도 운동을 한다. 이러한 운동이 주기 P로 반복된다.

의 경우는 공전면이 시선 방향에 대해 기울어진 정도를 알기 힘들다. 게다가 쌍성계의 한 별이 다른 별에 비해 가시광선 영역에서 압도적으로 밝을 경우 더 밝은 별의 스펙트럼만 관측되는 경우가 많다.

(3) 식 쌍성계

쌍성의 공전 궤도면이 시선 방향과 비슷하면 두 별 중 한 별이 다른 별을 가리는 식 현상이 일어나고 이로부터 쌍성계의 밝기 변화가 발생한다. 이를 **식 쌍성계**라 하고 다음과 같은 조건이 필요하다. 그림 11.12에서 볼 수 있듯이 두 별 사이의 간격을 ρ, 공전면과 시선 방향의 사잇각을 ϕ, 두 별의 반지름을 R과 r이라 했을 때, 식이 일어날 조건은 $\rho \sin\phi < R+r$이 됨을 알 수 있다. 특히 $\rho \sin\phi < R-r$이 될 때는 개기식이 일어날 수 있다.

식이 일어나면 쌍성계의 밝기가 달라진다. 밝기 곡선은 쌍성의 궤도 모양 및 크기, 공전 궤도면의 시선 방향에 대한 기울기, 두 별의 상대적인 크기 비, 두 별의 유효 온도 차 등에 따라 달라진다. 그림 11.13을 통해 식 쌍성의 경우 계산 가능한 물리량이 무엇인지 살펴보자. 이 예에서는 크기가 작은 별의 유효 온도가 큰 별보다 더 높은 경우이다. 작은 별이 큰 별 앞에 위치하여 큰 별을 가릴 때와 뒤에 위치하여 가려질 때 모두 식 쌍성계 전체로 보면 감소하는 면적은 같다. 그러므로 두 경우 밝기의 감

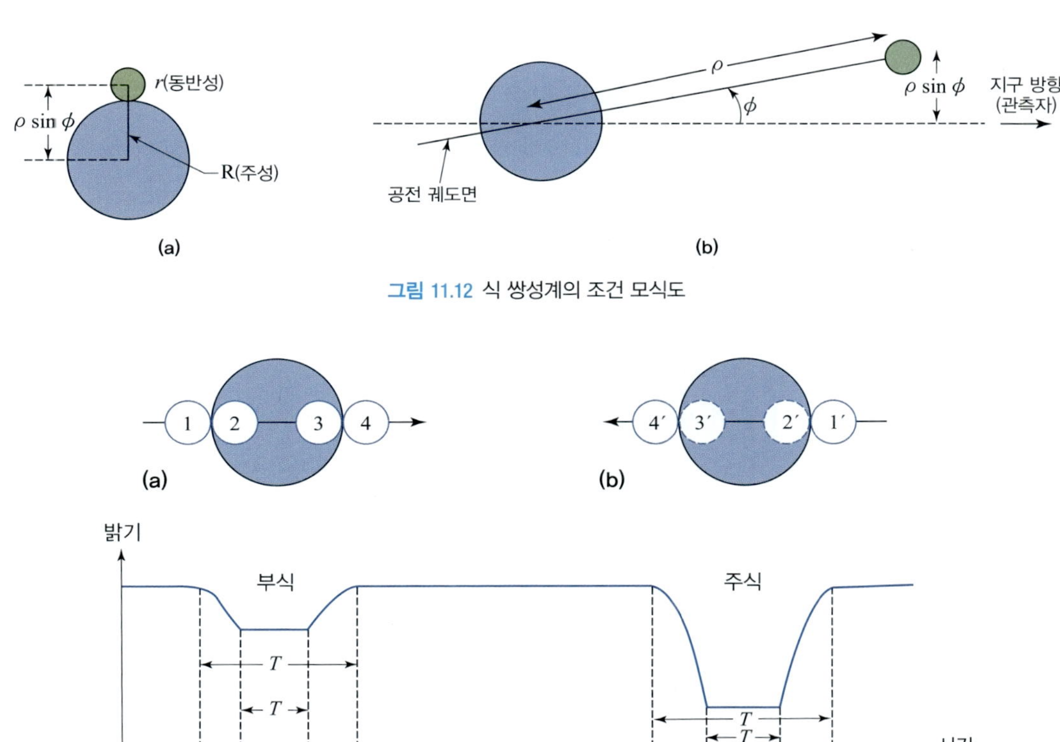

그림 11.12 식 쌍성계의 조건 모식도

그림 11.13 식 쌍성계와 밝기 곡선

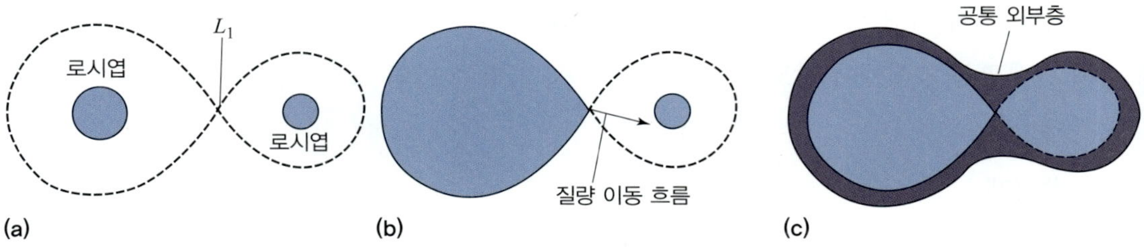

그림 11.14 근접 쌍성의 3가지 경우

소비는 별의 유효 온도비의 4제곱에 해당한다($(T_l/T_s)^4$). 온도가 높은 작은 별이 온도가 낮은 큰 별에 의해 가려질 때 밝기가 가장 크게 감소하며 이를 **주식**(primary eclipse)이라 하고 반대의 경우를 **부식**(secondary eclipse)이라 한다. 밝기 곡선에서 밝기가 변하는 형태와 시간으로부터 별의 크기를 계산할 수 있다.

$$2r = v(t_2 - t_1) = v(t_4 - t_3)$$

$$2(r + R) = v(t_4 - t_1)$$

여기서 공전 속도(v)는 식 쌍성의 밝기 곡선으로 알 수는 없으나 장반경(a)으로 나타내어지므로 ($v = 2\pi a/P$) 두 별의 크기를 장반경에 대한 비로 구할 수 있다. 식 쌍성이 분광 쌍성으로도 관측된다면(**식분광 쌍성**) 도플러 효과로 공전 속도를 구할 수 있으므로 두 별의 크기까지 계산할 수 있게 된다. 또한 분광 쌍성에서는 공전 궤도면이 시선 방향에 대해 기울어진 정도를 구하기 어렵지만 식 쌍성의 밝기 곡선 형태로부터 그 기울기를 추정할 수 있다. 식분광 쌍성은 속도 곡선과 밝기 곡선으로부터 두 별의 개별 질량과 크기를 계산할 수 있어 별의 밀도까지도 얻을 수 있는 것이다.

공전주기가 매우 짧은 쌍성은 두 별 사이의 거리가 매우 가까운 **근접 쌍성**으로 두 별이 연결되는 접촉 쌍성까지 생각할 수 있다. 쌍성계에서 두 쌍성의 유효 중력이 0이 되는 지점을 찾아보면 8자 모양이 된다. 8자 모양의 각 영역은 한 별의 중력이 효과적으로 작용하는 지역으로 **로시엽**(Roche lobes)이라 부른다. 두 별의 대기가 이 지점에 미치지 않는 경우는 **분리 쌍성**, 하나의 별만 미치는 경우는 **준분리 쌍성**, 둘 다 미치는 경우는 **접촉 쌍성**으로 구분한다.

4) 별의 스펙트럼

태양에서 보았듯이 별은 광구가 있고 광구 위쪽으로 별의 대기가 있다. 광구로부터의 연속선 복사는 상대적으로 온도가 낮은 대기의 기체에 의해 흡수되어 별의 스펙트럼에 다양한 흡수선을 만든다. 흡수선은 별의 화학 조성뿐만 아니라 대기의 온도와 밀도에 의해 상대적인 세기가 달라진다. 각각의 원자와 분자에는 고유의 에너지 준위들이 있고 온도에 따라 에너지 준위별로 분포하는 입자의 개수비가 달라진다. 온도가 높을수록 높은 에너지 준위에 분포하는 입자의 개수가 늘어난다.

1863년 세키(Angelo Secchi, 1818~1878)는 별의 스펙트럼을 대략 구분하고 분광형을 정의했다. 이후 다양한 분광형의 분류가 시도되었으나 오늘날까지 사용되고 있는 분광형은 1910년에 채택된 것으로 하버드 천문대의 캐넌(Annie Cannon, 1863~1941)과 그의 동료들에 의한 것이다. 그들은 약 40만 개에 이르는 별의 분광형을 분류하고 헨리 드레이퍼 목록(Henry Draper Catalogue)에 발표했다. 이 **하버드 분광 분류계**는 수소 발머 흡수선의 세기에 따라 알파벳 A부터 P까지 구분했다. 이후 별의 온도에 따라 O, B, A, F, G, K, M의 순서로 재배치되었다. 그리고 각 분광형은 0~9까지 세분화된다. 태양의 분광형은 G2에 해당한다.

수소 발머 흡수선이 유효 온도가 약 10,000 K인 A0에서 최대가 되고, 그보다 온도가 높은 O형과 B형 별에서 약해지는 이유는 온도가 너무 높아 수소가 이온화되기 때문이다. 수소가 이온화되면 수소 발머 흡수선을 낼 수 있는 에너지 준위인 n = 2에 전자가 존재할 수 없다. 그보다 온도가 낮아

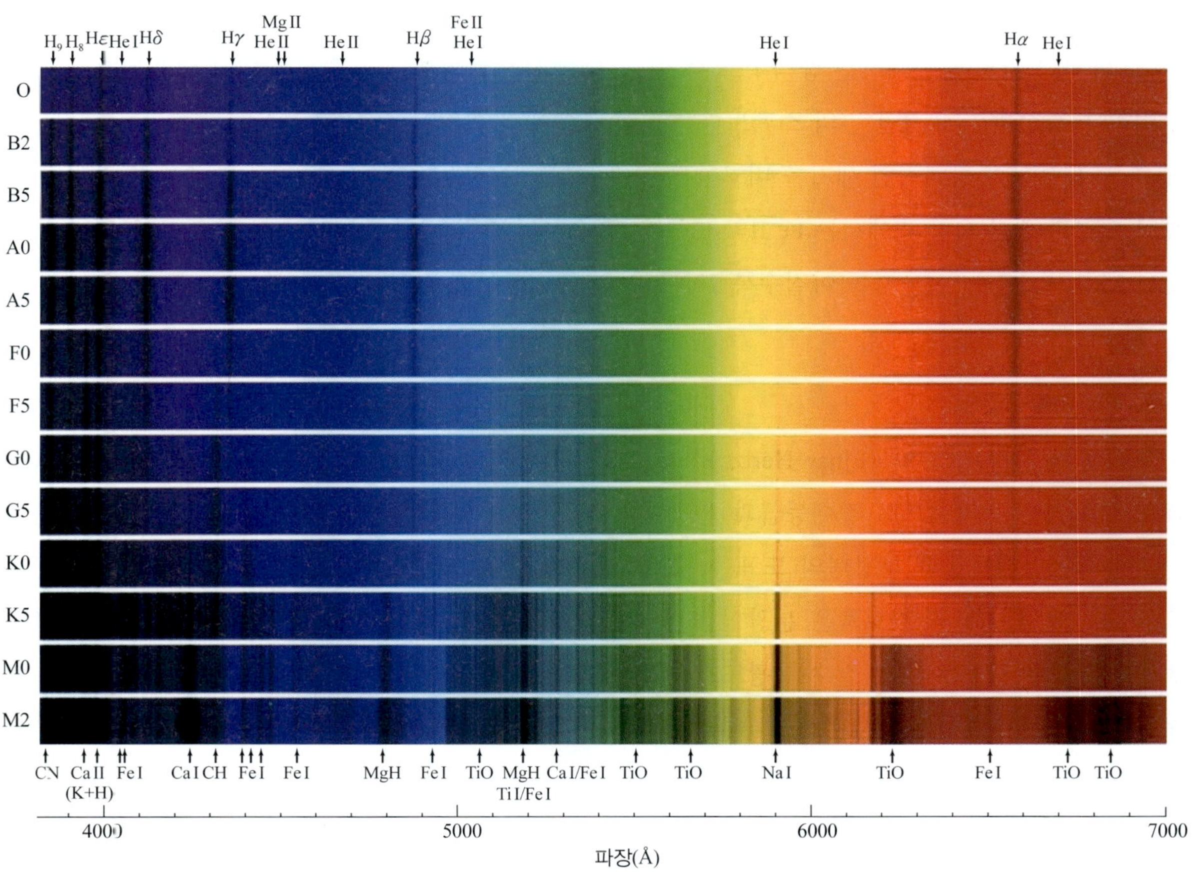

그림 11.15 분광형에 따른 별의 스펙트럼 예

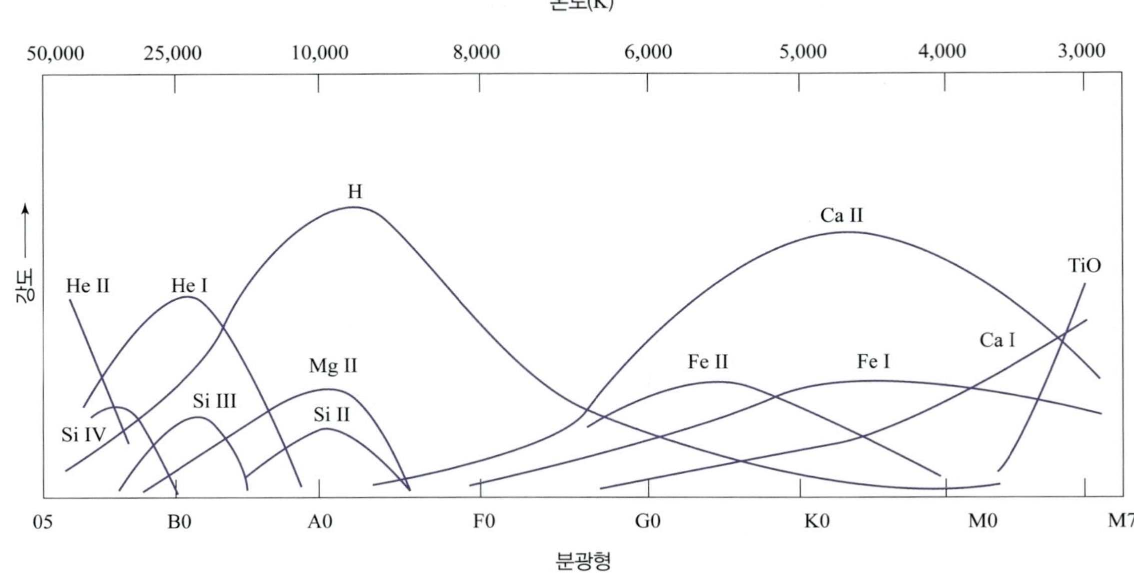

그림 11.16 온도와 분광형에 따른 흡수선의 상대적인 세기

질수록 이온화되지 않은 중성수소의 비율은 증가하지만 아울러 발머선을 만들 수 있는, 즉 전자가 $n = 2$ 에너지 준위에 존재하는 중성수소 수 역시 감소하여 수소 발머 흡수선은 약해지게 된다.

여러 분광형의 대표적인 별의 스펙트럼은 그림 11.15에서 확인할 수 있다. 그리고 그림 11.16은 온도에 따른 흡수선의 상대적인 세기를 비교한 것이다. 예를 들어 A형 별에서는 수소의 흡수선이 가장 강하고 태양과 같은 G형 별에서는 Fe II와 Ca II의 흡수선이 가장 강하게 나타나게 된다. 그보다 온도가 낮은 M형 별에서는 온도가 낮아질수록 TiO 분자의 흡수선이 점점 강해진다.

5) H-R도

1911년에 헤르츠스프룽(Ejnar Hertzsprung, 1873~1967)과 1913년에 러셀(Henry Norris Russell, 1877~1957)은 독자적으로 절대등급과 분광형의 도표에서 별이 특정 지역에 분포하는 것을 발견했다. 이러한 절대등급과 분광형의 도표를 **헤르츠스프룽-러셀도**, **H-R도**, 또는 **색등급도**라고 부른다(그림 11.17). H-R도의 가로축은 분광형 또는 온도이며 왼쪽으로 갈수록 온도가 높아진다. 세로축은 절대등급 또는 광도로 위로 갈수록 광도가 커진다. H-R도에서 별들은 왼쪽 위에서 오른쪽 아래로 띠 형태로 많이 분포한다. 이를 **주계열**(main sequence)이라 부른다. 별의 진화 과정에서 수소 핵융합을 하면서 가장 오랜 시간을 보내는 단계에 해당한다.

세로축의 물리량인 광도는 $L = 4\pi R^2 F = 4\pi R^2 \sigma T^4$으로 온도가 같은 별의 경우에는 별의 반지름(R)이 클수록 커진다. H-R도 상에서 같은 분광형의 주계열성보다 광도가 큰 별은 주계열성보다 큰 거성,

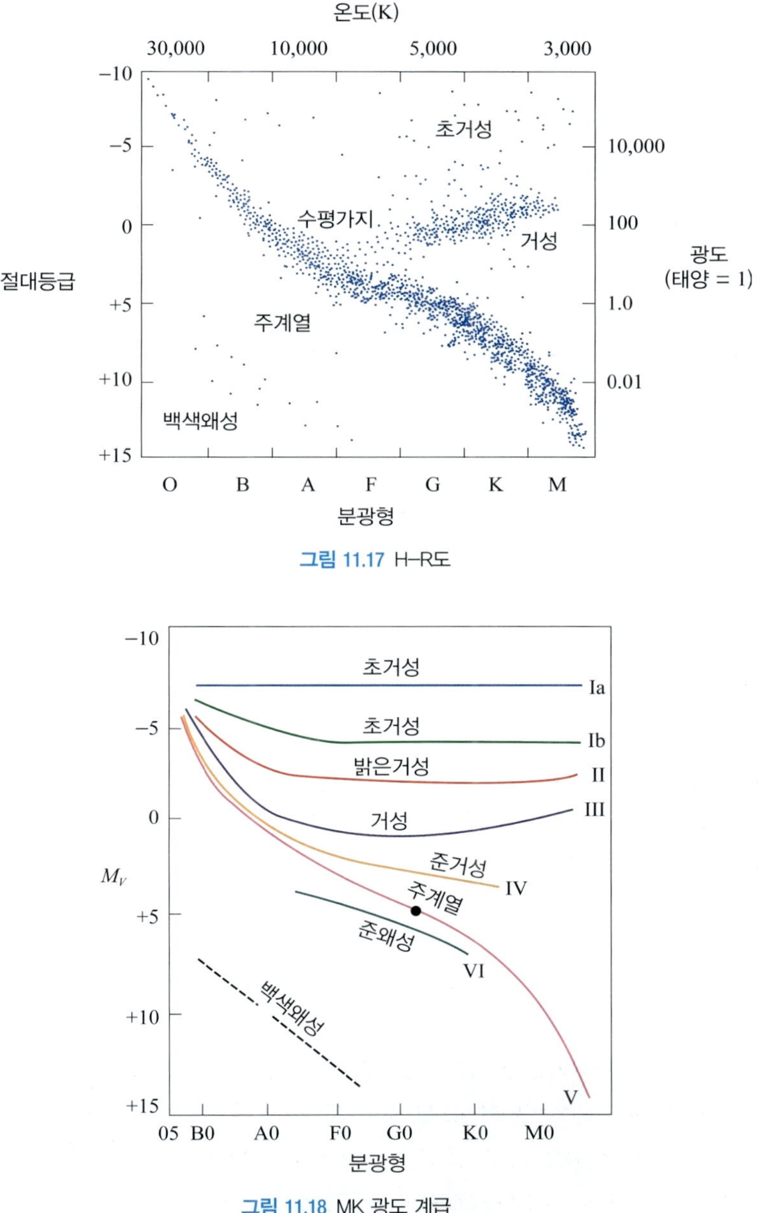

그림 11.17 H–R도

그림 11.18 MK 광도 계급

또는 초거성이 되는 것이다. 반면 온도가 높지만 광도가 매우 작은 백색왜성의 경우는 이름에서도 알 수 있듯이 크기가 매우 작은 별이다. 분광형에 더하여 광도 계급을 나타내면 별의 H-R도 상에서의 위치를 특정할 수 있다. 1937년 요크 관측소(Yerkes observatory)의 모건(Morgan)과 키난(Keenan)은 **광도 계급**을 6개로 구분했다(MK 광도 계급 또는 요크 광도 계급). 그림 11.18에서 볼 수 있듯이 광도 계급은 로마 숫자로 표기하고 주계열성의 경우가 V에 해당한다. 그러므로 태양의 경우는 G2 V가 된다.

11.3 성간물질

별과 별 사이(성간)는 비어 있는 공간이 아니라 다양한 물질이 다양한 물리적 상태로 존재한다. 이를 통칭하여 **성간물질**이라 한다. 성간물질의 구성 성분에는 우선 먼지, 가스, 우주선(cosmic rays) 등이 있다. 그리고 별과 성간물질 자체로부터 방출된 다양한 파장의 전자기파(광자)도 존재한다. 성간물질 자체 질량에 의한 중력장이 형성되어 있는 공간이기도 하고 자기장도 존재한다.

1) 성간 먼지

성간 먼지는 성간물질 질량의 약 1% 정도를 차지한다. 참고로 성간물질의 대부분의 질량은 성간 가스 형태로 존재한다. 성간 먼지는 이렇게 작은 질량비로 존재하지만 여러 중요한 역할을 한다. 은하수를 보면 별들로 이루어진 밝은 띠 사이사이에 검은 지역이 있음을 알 수 있다. 이는 온도가 낮고 밀도가 상대적으로 높은 지역으로 성간 먼지에 의해 뒤쪽의 별빛이 소광되었기 때문이다. 이를 **암흑성운**이라 부른다. 성간의 먼지는 빛을 소광시켜 별을 더 어둡게, 그리고 더 붉게 보이도록 만든다. **소광**(extinction)은 흡수(absorption)와 산란(scattering)을 포함한다. 산란도 시선 방향으로 이동하던 빛을 흩뿌려 시선 방향으로 향하는 복사 강도를 감소시킨다는 것을 상기하자.

겉보기등급과 절대등급의 차이는 거리 지수라 했다. 소광이 있을 경우는 별이 더 어둡게 보이므로 겉보기등급이 거리에 의한 영향보다 더 커지게 된다. 등급의 관계식에서 이를 **소광 등급**(A_V)이라 한다. 소광은 빛의 파장에 따라 달라지며 다음 식에서는 대표적으로 안시 등급에서의 소광을 나타냈다.

그림 11.19 암흑성운의 예-버나드 68

$$m_V - M_V = 5\log(d) - 5 + A_V$$

소광 등급과 광학적 깊이(τ_ν)의 관계는 다음과 같이 얻을 수 있다. 복사 전달식에서 광학적 깊이가 τ_ν인 매질을 통과하게 되면 복사 강도는 광학적 깊이를 지수로 하는 지수함수의 형태로 감소한다.

$$I_\nu = I_{\nu,0}\, e^{-\tau_\nu}$$

그리고 주어진 주파수(파장)에서 광학적 깊이가 있을 때의 등급(M_ν)에서 없을 때의 등급($M_{\nu,\,0}$)을 뺀 것이 소광 등급이므로 다음과 같이 나타낼 수 있다.

$$A_\nu = M_\nu - M_{\nu,\,0} = -2.5\log\left(\frac{I_\nu}{I_{\nu,\,0}}\right) = -2.5\,[\log(e)]\,(-\tau_\nu) = 1.086\,\tau_\nu$$

소광 등급은 광학적 깊이의 1.086배에 해당함을 알 수 있다. 한편 광학적 깊이는 흡수 계수와 거리의 곱으로 정의($d\tau_\nu = -\alpha_\nu ds$)되므로 성간의 흡수 계수가 일정하다고 가정하면, 즉 성간의 먼지 특성이 일정하다고 가정하면 소광 등급은 거리에 비례하게 된다. 우리은하면에서는 안시 등급에서 약 1 등급/kpc의 소광이 발생하는 것으로 알려져 있다.

소광은 짧은 파장에서 더 크게 발생하므로 별빛을 어둡게 하면서 동시에 관측되는 빛을 붉게 만든다. 이를 **성간적색화**(interstellar reddening)라 한다. 별의 색을 색지수로 나타낼 수 있는데, 소광이 커질수록 색지수가 붉은색을 나타내는 값으로 변하게 된다. **색지수**(CI, Color Index)는 두 파장에서의 등급 차이로, 일반적으로 사진 건판이 가장 잘 반응하는 B필터의 등급에서 안시 등급(V)을 뺀 것으로 정의한다. 그리고 이 값은 분광형이 A0인 베가성에서 0이 된다($CI = 0$). 짧은 파장에서 더 크게 일어나는 소광으로 B등급이 상대적으로 더 크게 증가하게 되고, 따라서 소광이 있을 때의 색지수는 없을 때보다 커진다. 이렇게 소광에 의해 색지수가 커지는 정도를 **색초과**(CE, Color Excess)라 한다.

색지수 $CI = m_B - m_V = M_B - M_V$

색초과 $CE = CI$(소광이 있을 때) $-$ CI(소광이 없을 때)

소광 등급은 해당 파장에서 소광에 의해 별빛이 어두워지는 정도를 나타내고, 색초과는 두 파장 중 짧은 파장에서 상대적으로 소광이 얼마나 더 심하게 발생하는지를 나타낸다. 이 둘은 먼지의 특성과 성간물질의 밀도에 따라 관계가 달라지는데, 우리은하의 확산 기체(diffuse gas)에서는 평균적으로 $A_V = 3.1\ CE$를 보인다.

그림 11.20 반사성운의 예 – 마귀할멈 성운

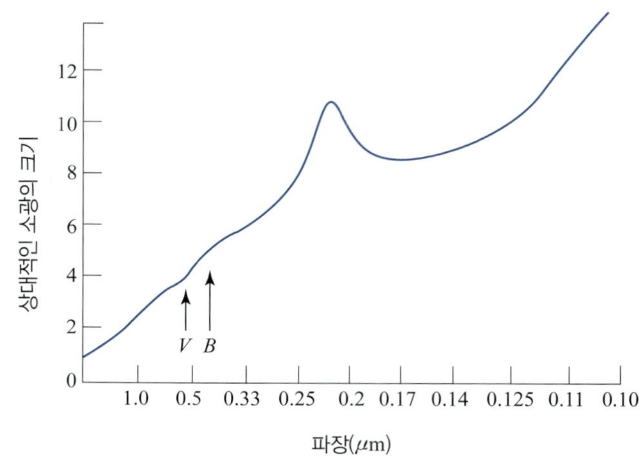

그림 11.21 일반적인 성간 소광 곡선(여러 방향에 대한 값을 평균한 것)

때로는 먼지들이 시선 방향 뒤쪽의 별빛을 소광시키는 대신 시선 방향에서 벗어나 있는, 근처의 별빛을 산란시켜 보이기도 한다. 이렇게 근처의 별빛을 산란(반사)시키는 성운을 **반사성운**이라 한다. 짧은 파장의 빛이 더 잘 산란되므로 반사성운은 대체로 파란빛을 띤다.

넓은 파장 범위에서의 소광 곡선은 성간 먼지의 특성을 알려준다. 그림 11.21에서 파장이 짧아질수록 소광이 커지는 것을 볼 수 있다. 특히 0.2 μm 지점의 소광 극대점은 약 0.02 μm 크기의 흑연 입자에 의한 것으로 알려져 있다. 그 밖에 소광 곡선으로부터 성간에는 매우 작은(0.005~0.01 μm) 규산염 입자, 구형의 흑연, 얼음, 다환 구조의 방향성 탄화수소(polycyclic aromatic hydrocarbons) 등 매우 다양한 먼지가 존재하는 것을 알 수 있다.

2) 성간 가스

성간 가스는 성간물질에서 대부분의 질량을 차지하고 이온 가스, 원자 가스, 분자 가스 등으로 다양하게 존재한다. 조성은 약 70%가 수소, 약 28%가 헬륨이고 헬륨보다 무거운 원소는 2%에 불과하다. 수소가 대부분을 차지하므로 수소가 이온화될 수 있는 조건을 고려해보면 성간에서 가스들의 존재 형태를 이해할 수 있다. 수소의 이온화 에너지는 13.6 eV로 91.2 nm보다 짧은 파장의, 에너지가 높은 광자에 의해 이온화될 수 있다. 이러한 광자를 충분히 방출하는 별은 온도가 1만 K보다 높은 분

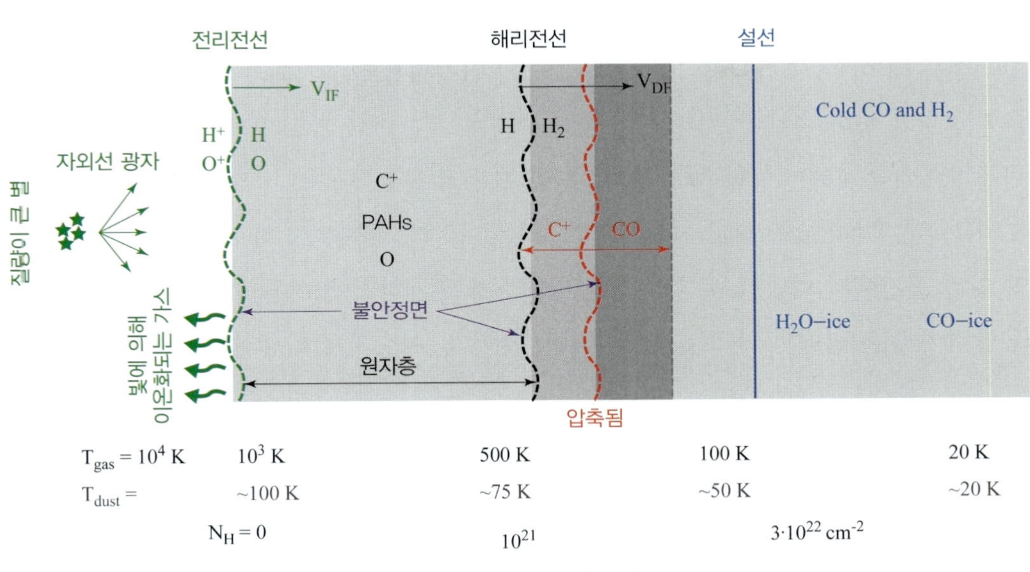

그림 11.22 광해리 구간의 모식도

광형 O와 B형 별이다. 따라서 OB형 별 주위에 전리된 수소의 영역이 형성되는데 이를 **H II 영역**[1]이라 부른다. H II 영역의 크기는 중심에 있는 별로부터 시간당 방출되는 고에너지 광자의 개수와 전자와 이온의 재결합률의 평형으로 결정되므로 중심 별의 질량이 클수록, 전자와 이온의 밀도가 작을수록 크다. 이렇게 수소가 전리되는 구형을 **스트룀그렌 구**(Strögren sphere)라 한다. H II 영역은 0.01 pc보다 작은 크기(초밀집 H II 영역, hyper-compact H II regions)에서부터 0.5 pc보다 큰 것(classical H II regions)까지 다양하게 관측되고, 그 크기에 따라 이름(hyper-compact, ultra-compact, compact, and classical H II regions)을 붙이고 있다.

H II 영역은 대체로 분자운 내에 위치하는데 전리된 영역 바로 바깥쪽에는 가스가 원자 상태로 존재하며 이 영역을 **광해리 구간**(photo-dissociation region)이라 한다. 수소를 이온화시킬 정도로 에너지가 높은 광자는 전리 영역에서 모두 소모되어 없지만 분자를 해리시킬 정도의 에너지를 갖는 자외선이 있어 수소와 산소는 원자로 존재하고 이온화 에너지가 낮은 탄소는 이온(C^+)으로 존재한다. 다환 방향족 탄화수소(PAHs, Polycyclic Aromatic Hydrocarbons)도 분포한다. 이 영역은 바깥쪽의 분자운으로 연결된다.

성간물질에서 수소 원자 가스는 온도가 5,000 K이고 개수밀도가 약 0.6/cm^3인 고온의 희박한 상태

---

1) H II는 H^+를 나타내는 표현이다. 중성수소는 H I으로 나타낸다. 다른 원소들에서도 중성 원자는 로마 숫자 I, 이온화되었을 때 II, 전자 2개를 잃었을 때 III 등으로 표기한다. 예를 들어 O^{++}는 O III로 나타낸다.

또는 온도가 100 K이고 개수밀도가 약 30/cm^3인 저온이고 상대적으로 밀도가 높은 상태로 발견된다. 다양한 온도와 밀도 대신 이렇게 두 상태로 존재하는 것은 성간물질에서 발생하는 다양한 가열과 냉각 기작을 고려했을 때 이 두 조건에서 수소 원자 가스가 안정적으로 유지되기 때문으로 이해하고 있다.

분자운은 밀도가 높아 광해리를 시킬 수 있는 복사가 차단되고 온도가 낮은 지역으로 가스가 분자 형태로 안정적으로 존재하는 영역이다. 분자운의 온도는 수십 K 정도로 매우 낮고 개수밀도는 100/cm^3부터 밀도가 높은 분자핵(molecular cores)은 10^6/cm^3에 이른다. 분자운이 바로 별이 탄생하는 지역이다.

성간의 열린 공간에서 다양한 물리적 조건의 가스가 존재하기에 이들의 압력 평형을 생각해보자. 주위보다 압력이 높은 상태의 가스는 팽창하게 될 것이다. 이상기체의 상태 방정식은 다음과 같다.

$$P = nkT$$

여기서 P는 가스의 압력, n은 가스 입자의 개수밀도, k는 볼츠만 상수, T는 가스의 온도이다. 즉 가스의 압력은 개수밀도와 온도의 곱에 비례함을 볼 수 있다($P \propto nT$). 개수밀도와 온도의 곱을 비교하면 상대적인 압력의 크기를 비교할 수 있는 것이다. 예를 들어 앞에서 언급된 고온과 저온의 수소 원자는 압력 평형 상태에 있다. 두 상태에서의 온도와 개수밀도 곱(5,000 K × 0.6/cm^3와 100 K × 30/cm^3)이 모두 3,000 K/cm^3가 되는 것을 확인할 수 있다. 반대로 작고 밀집된 형태의 H II 영역(hyper compact, ultra compact, compact H II regions)은 높은 압력으로 팽창하는 가스에 해당한다.

3) 성간물질에서의 에너지 평형

성간물질은 먼지와 가스 외에도 다양한 기원의 전자기파로 채워져 있다. 그림 11.23은 각 파장별로

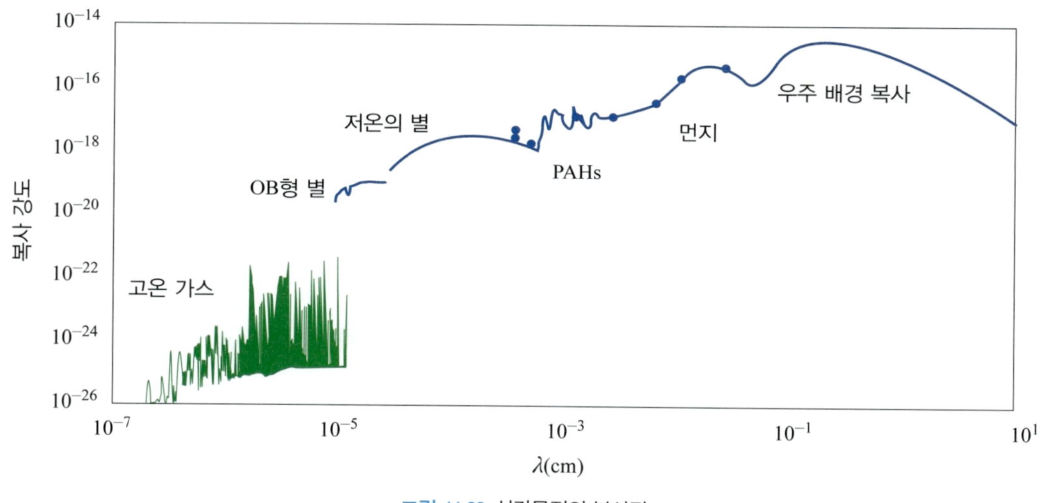

그림 11.23 성간물질의 복사장

성간물질의 복사장 강도를 가장 크게 기여하는 천체와 함께 나타내고 있다. 밀리미터 전파 대역에서는 우주 배경 복사가, 적외선은 먼지로부터, 근적외선에서는 다환 방향족 탄화수소의 복사가 크게 기여하는 것을 볼 수 있다. 가시광선 영역에서는 별로부터의 복사가 주가 된다. 수소를 이온화시키는 91.2 nm 지점에서는 복사 강도가 급감하며 그보다 높은 에너지 영역에서는 매우 높은 온도에서의 금속선들이 복사의 주된 기원이 된다. 그리고 성간물질에는 우주선(cosmic rays)도 분포하고 있고 중력장과 자기장도 존재한다. 한 가지 주목할 점은 이렇게 다양한 에너지가 서로 비슷한 크기로 평형을 이루고 있다는 점이다(표 11.1). 이러한 에너지는 서로 영향을 주고받으며 평형을 이루고 있는 것으로 생각된다. 예를 들어 별 탄생이 많아지면 별로부터의 복사와 분출류로 성간물질의 난류가 강해지고 온도가 높아진다. 그리고 성간물질의 강해진 난류와 높은 온도는 별 탄생률을 감소시키는 결과를 초래한다.

표 11.1 성간물질에서의 에너지 평형

구성 성분	u (eV cm^{-3})
우주 배경 복사 (T_{CMB} = 2.725 K)	0.265
먼지로부터의 원적외선	0.31
별빛 ($h\nu$ < 13.6 eV)	0.54
열역학적 에너지 (3/2)nkT	0.49
난류 역학적 에너지 (1/2) ρv^2	0.22
자기장 에너지 $B^2/8\pi$	0.89
우주선	1.39

11.4 별의 탄생

성간물질에서 분자운을 제외한 대부분의 지역에서는 1 cm^3 부피 속에 수소 원자 1개 또는 그보다 낮은 밀도를 갖는다. 그리고 성간물질은 대부분 수소와 헬륨으로 구성되어 있다. 이에 반해 지구의 평균 밀도는 약 5.5 g/cm^{3}이고 물의 밀도도 약 1 g/cm^{3}이다. 물의 밀도를 입자의 개수밀도로 환산하면 약 3×10^{22}/cm^{3}에 해당한다. 그리고 지구 대기에는 질소가 가장 많고 지각에는 산소, 규소, 알루미늄 순으로 가장 많이 존재한다. 성간물질과 비교하면 원소의 조성과 밀도의 변화가 가히 극적이라 할 수 있다. 성간물질에서 어떻게 별과 행성이 생성되기 시작하는지 알아보자.

1) 중력 불안정

분자운 내에 밀도가 높은 반지름 R인 구형의 가스체를 고려해보자. 이 구체 내에는 N개의 수소 분자가 있고 자체 중력으로 묶여(bound) 평형 상태를 유지하고 있다고 가정하자. 이러한 상태를 만족시키기 위해서는 수소 분자의 전체 운동 에너지(K 또는 E_i)가 중력 에너지(U 또는 E_g)의 절반에 해당해야 한다. 이를 **비리얼 정리**(virial theorem)라 한다. 비리얼 정리의 유도는 11.6절에서 볼 수 있다.

$$2\,E_i + E_g = 0$$

이때, $E_i \approx NkT$(k: 볼츠만상수, T: 구형 가스체의 온도)로, $E_g \approx -GM^2/R$(G: 중력상수, M: 구형 가스체의 질량)로 나타낼 수 있다. 그리고 모든 입자가 수소 분자라고 가정하면 $N = M/2m_H$이므로, 다음과 같은 관계식을 얻게 된다.

$$\frac{kT}{m_H} \approx \frac{GM}{R}$$

밀도(ρ)가 일정할 때 전체 질량을 밀도로 나타내면 $M = (4\pi/3)\rho R^3$이므로, 최종적으로 주어진 온도와 밀도에서 평형 상태에 있게 되는 분자운의 크기는 다음과 같이 표현된다.

$$R = \left(\frac{kT}{m_H G\rho}\right)^{\frac{1}{2}} \propto \left(\frac{T}{\rho}\right)^{\frac{1}{2}}$$

온도가 낮을수록, 밀도가 높을수록 평형 상태에 있는 분자운의 크기는 작아진다. 이 크기를 **진스 크기**(Jeans[2] length)라 한다. 주어진 온도와 밀도에서 진스 크기보다 큰 분자운은 불안정하여 중력적으로 수축, 붕괴하게 된다. 주어진 밀도에서 이 진스 크기에 해당하는 질량을 **진스 질량**이라 하고 $M = (4\pi/3)\rho R^3$로 계산할 수 있다. 온도가 10 K, 밀도가 10^{-15} kg/m^{3}인 분자운에서 진스 크기는 약 0.1 pc이 되고, 진스 질량은 태양 질량(1 $M_\odot$) 정도 된다.

중력적으로 불안정하여 수축할 때 이에 대응하는 힘이 없다면 자유낙하하듯이 수축이 발생할 것이다. 이렇게 수축하는 시간 척도를 계산해보자. 앞서 진스 크기를 계산했듯이 크기 R인 구형의 가스체를 가정하자. 그리고 이 구체의 중심을 하나의 초점으로 하고 표면의 한 점을 또 다른 초점으로 하는, 이심률이 거의 1에 가까운 길쭉한 타원 궤도를 고려하자. 그러면 이 타원의 장반경(a)의 2배가 가스 구체의 반지름(R)에 해당되고($R = 2a$), 구체의 질량은 다음과 같이 타원 궤도의 장반경으로 표현된다.

---

2) 영국의 물리학자 제임스 진스 경(Sir James Jeans, 1877~1946)은 가스운에서 중력 붕괴가 나타나는 과정을 연구하여 중력적으로 수축하게 되는 경우가 중력이 압력차에 의한 힘보다 커질 때임을 보였다.

$$M = \frac{4}{3}\pi R^3 \rho = \frac{32}{3}\pi a^3 \rho$$

케플러 제3법칙($P^2 = (4\pi^2/GM)a^3$)으로부터 타원 궤도의 주기도 계산할 수 있다.

$$P = \left(\frac{3\pi}{8G\rho}\right)^{\frac{1}{2}}$$

처음에 이 길쭉한 타원 궤도가 구체의 반지름에 걸쳐 있는 것으로 가정했으므로, 가스 구체의 표면에서 중심으로 이동하는 시간인 중력 수축의 시간 척도는 타원 궤도 주기의 절반에 해당한다.

$$t_{ff} = \frac{1}{2}P = \left(\frac{3\pi}{32G\rho}\right)^{\frac{1}{2}}$$

분자운에는 난류와 자기장처럼 중력에 대응하는 힘이 존재하므로 별이 형성되는 시간 척도는 앞에서 유도한 자유낙하처럼 수축하는 시간 척도보다 길게 된다. 중력 상수와 밀도의 곱의 역수에 제곱근을 취하면 시간의 차원이 되는 것을 확인하기 바란다. 앞서 유도한 진스 크기는 온도의 제곱근과 이 **자유 수축 시간 척도**의 곱으로 볼 수 있다. 또한 온도의 제곱근은 음파의 속도이다. 따라서 진스 크기는 음파가 자유 수축 시간 척도 동안 진행한 거리에 해당한다. 정보의 전달은 음파의 속도로 진행하므로, 다시 말하면 진스 크기는 자유 수축 시간 척도 내에서 서로 상호 작용할 수 없는 크기의 하한값을 의미한다.

별이 분자운의 중력 수축과 붕괴로 형성될 때 2가지 큰 문제점이 발생한다. 하나는 각운동량이 보존되므로 수축하면서 회전 속도가 너무 빨라져 별의 크기 정도까지 수축하지 못하게 되는 점과 수축으로 예상되는 자기장의 세기가 너무 크다는 문제점이다. 회전 속도는 자기 제동 효과(magnetic braking)와 쌍극분출류가 각운동량을 외부로 전달시켜 감소하는 것으로 받아들여지고 있다. 자기장의 세기는 양극 분산(ambipolar diffusion) 기작으로 감소하거나 자기장의 에너지가 열에너지 형태로 방출(ohmic dissipation)되는 것으로 이해하고 있다.

2) 원시성 시스템

중력 불안정으로 형성된 **원시성** 또는 **원시 항성**은 주위로부터 물질이 강착(accretion)하면서 성장하여 핵융합 반응을 하는 주계열성으로 진화해 나간다. 이 과정에서 원시성 주위에는 원반(disk), 쌍극분출류(bipolar outflow), 외부층(envelope) 등이 형성되고 이러한 구조를 통틀어 **원시성 시스템**

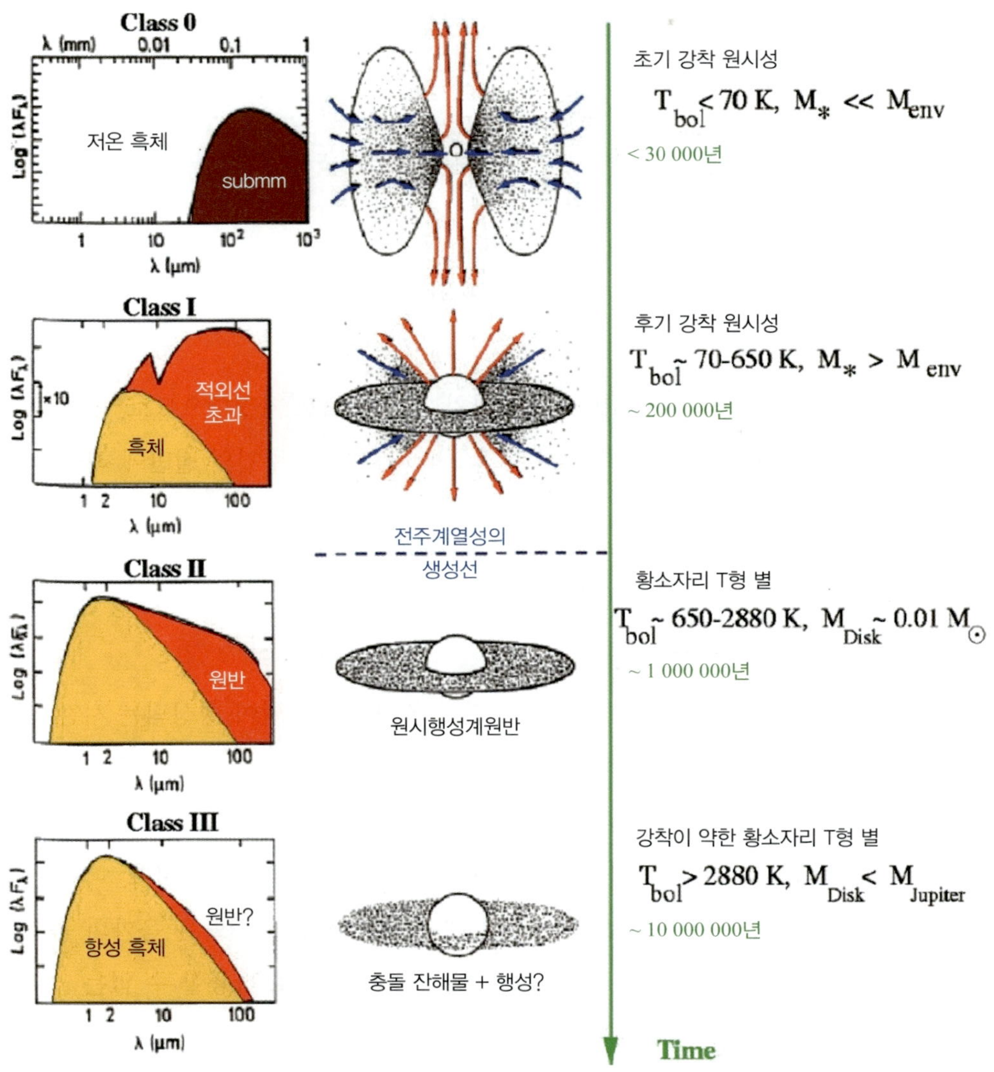

그림 11.24 원시성 시스템의 스펙트럼 에너지 분포와 모식도

(protostellar system), 또는 **어린 항성 천체**(young stellar object)라 부른다. 이 진화 과정에 있는 원시성 시스템은 Class 0, I, II, III의 4단계로 구분된다(그림 11.24).

최초에 Class I부터 III단계는 파장 2 μm와 20 μm에서의 플럭스밀도 기울기로 구분되었다. 그림에서 볼 수 있듯이 원시성 시스템으로부터의 복사는 온도가 높은 원시성으로부터의 복사와 온도가 낮은 원시성 주위의 외부층과 원반으로부터의 복사로 구성된다. 이 두 복사 성분의 상대적인 크기에 따라 파장 2 μm와 20 μm에서의 플럭스밀도 기울기, 즉 분광지수(spectral index)가 달라지게 된다. 그림에서 파장과 플럭스밀도가 모두 로그로 표현되어 있어 기울이가 멱함수의 지수에 해당한다. 주위 물질의 질량이 큰 **Class I** 원시성 시스템에서는 20 μm에서 플럭스밀도가 크므로 양의 지수를 나타내는 반면 원시성 자체의 복사가 큰 **Class III**에서는 음의 지수가 되는 것을 볼 수 있다. **Class II**에서는

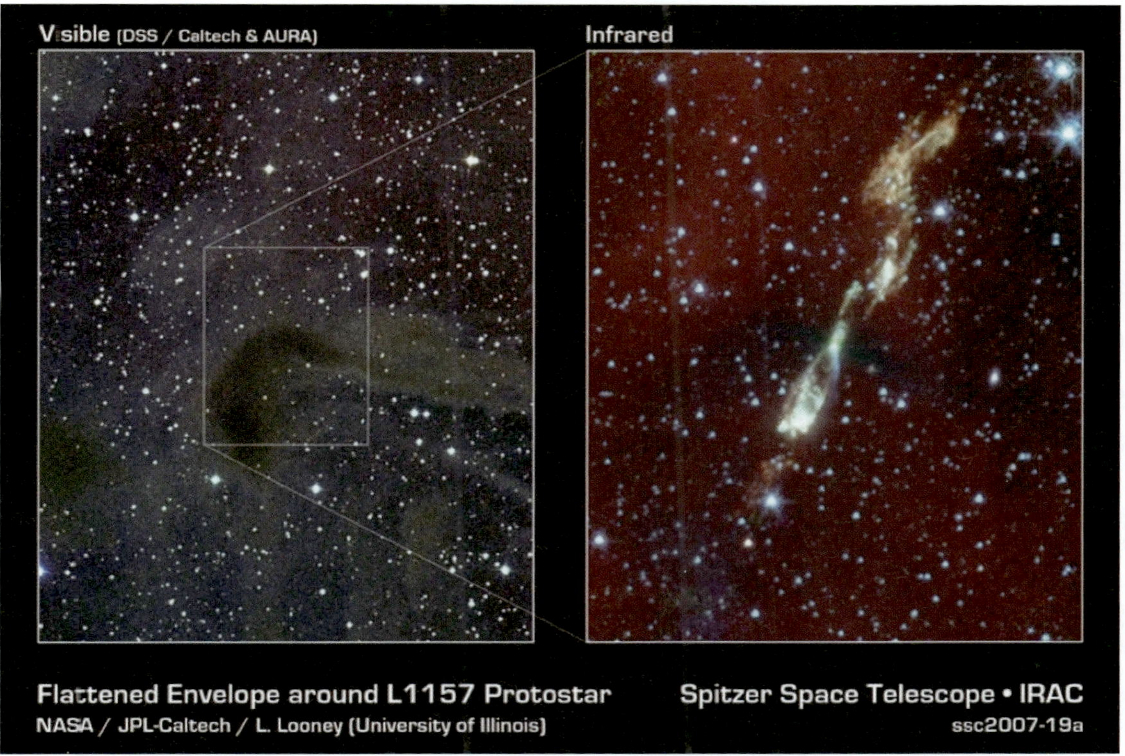

그림 11.25 Class 0 단계에 있는 원시성 시스템의 예. L1157은 Class 0 원시성 시스템으로 광학 관측(왼쪽)으로는 암흑성운으로 보이지만 적외선 관측(오른쪽)으로는 쌍극분출류와 이 분출이 외부층에 만든 원뿔 모양의 구멍으로 새어나오는 빛을 볼 수 있다.

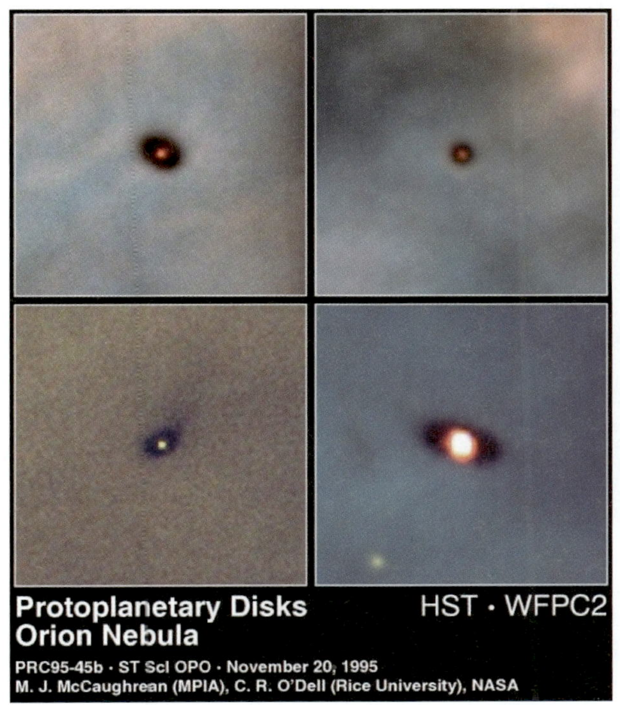

그림 11.26 Class II 원시성 시스템의 원반(원시행성계원반)이 광학 관측에서 배경의 빛을 차단하여 만든 실루엣 형태로 나타난 것을 볼 수 있다.

그림 11.27 원시행성계원반 HL Tau를 전파간섭계 ALMA로 관측한 이미지. 원반의 먼지로부터 방출되는 열복사를 관측한 것으로 각각 7개의 밝은 고리와 어두운 고리가 보인다. 어두운 고리는 먼지가 없는 위치로 원시 행성이 궤도 운동을 하면서 주위의 먼지를 병합한 결과로 이해할 수 있다.

지수가 0에 가깝게 된다. Class I에서 III까지 구분된 후, 중심의 원시성이 외부층에 싸여 보이지 않아 20 μm 파장에서도 관측이 되지 않는 초기의 원시성 시스템이 발견되었고 **Class 0**라 명명되었다.

Class 0는 외부층의 질량이 중심의 원시성보다 크고 높은 강착률과 함께 쌍극분출류가 잘 발달되어 있다. Class I은 외부층의 질량이 중심의 원시성의 질량보다 작게 줄어들고 강착과 쌍극분출이 감소한 원시성 시스템이다. 외부층의 물질이 쌍극분출류에 의해 흩어지거나 중심의 원시성으로 강착되어 거의 사라지게 되면 원시성 주위의 원반이 드러나게 되는데 이 단계가 Class II 원시성 시스템에 해당한다. 이를 **황소자리 T형 별**(T Tauri star)이라고도 부른다. 원시성 주위에 형성되어 있는 원반에서 행성이 만들어지므로 이 단계의 원반을 **원시행성계원반**(protoplanetary disk)으로 부르기도 한다. Class III에서는 원반이 암석체의 충돌로 생성된 먼지로 구성되고 작은 질량으로 존재하게 된다. 이 단계의 원시성 시스템이 강착이 약한 황소자리 T형 별(weak T Tauri star)에 해당한다. 가시광선에서는 Class II 단계에 있는 원시성 시스템부터 관측되기 시작하여 이 지점이 HR도 상에서는 전주계열성의 생성선(birthline for pre-main sequence stars)으로 알려져 있다.

3) 외계행성

원시성 시스템의 중심에 있는 원시성이 수축하면서 중심 온도가 수천만 도에 이르게 되면 수소의 핵융합 반응이 시작되어 주계열성이 된다. 그리고 그 주위에는 행성들이 형성되어 행성계를 이룬다. 이렇게 태양이 아닌 별 주위를 공전하는 행성을 **외계행성**(exoplanet)이라 부른다. 2022년 9월 기준으로 5,000여 개의 외계행성이 발견되었다.[3]

외계행성을 발견하는 방법에는 여러 가지가 있지만 시선 속도 측정법, 성면 횡단법, 미세 중력렌즈, 직접 촬영법 등의 방법이 주로 사용되고 있다. **시선 속도 측정법**은 분광 쌍성의 경우와 매우 유사하다. 별 주위에 행성이 있으면 별과 행성의 질량 중심을 별이 공전하게 된다. 공전면이 시선 방향에 수직하지 않다면 공전 속도의 시선 방향 성분으로 인한 도플러 효과로 별의 스펙트럼이 주기적으로 적색이동과 청색이동을 나타낸다. 분광 쌍성의 경우와 다른 점은 이 경우에는 하나의 별 스펙트럼만이 관측된다. 적색이동과 청색이동으로부터 시선 방향 속도의 변화 주기와 크기를 구할 수 있고, 이러한 속도 곡선으로부터 행성의 질량을 추정할 수 있다.

성면 횡단법은 식 쌍성의 경우와 매우 유사하다. 외계행성의 공전 궤도면이 시선 방향과 일치하거나 가까우면 별빛을 가리는 식 현상이 발생한다. 별빛의 주기적인 변화로부터 행성의 크기를 추정할 수 있다. 시선 속도 측정법과 성면 횡단법은 별에 가까운 행성을 발견하는 데 유리하다.

---

3) 지금까지 발견된 외계행성 정보를 제공하는 대표적인 사이트로 미국 NASA(https://exoplanets.nasa.gov/)와 유럽 사이트(http://exoplanet.eu/)가 있다.

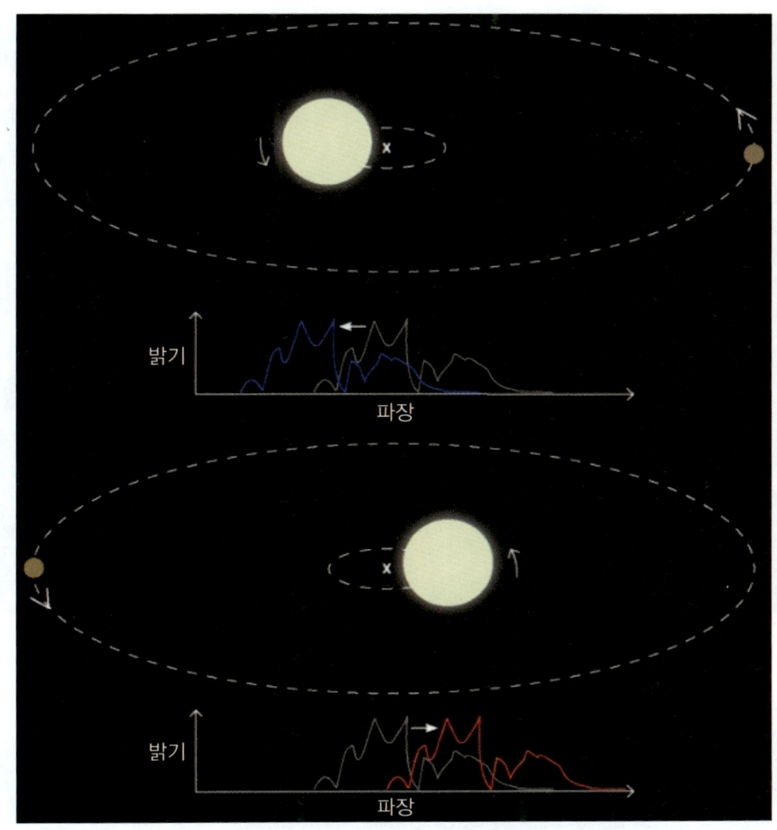

그림 11.28 시선 속도 측정법의 모식도. 행성의 중력에 의해 별이 시선 방향에서 다가오거나 멀어짐에 따라 별로부터의 스펙트럼이 청색이동 또는 적색이동하게 된다.

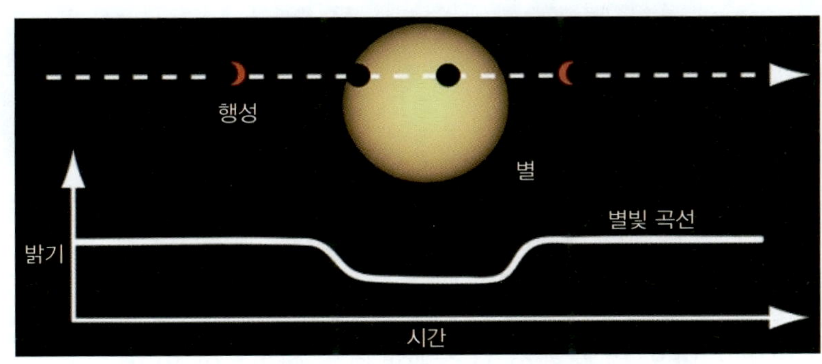

그림 11.29 성면 횡단법의 모식도. 외계행성이 별을 가리면서 밝기가 감소하게 된다.

미세 중력렌즈는 질량체가 빛을 휘어 렌즈 역할을 하는 일반 상대론적 현상을 이용한다. 천구상에서 상대적으로 가까운 별이 배경 별에 대해 이동하는데 배경 별 방향에 매우 가깝게 위치하게 되면 배경 별의 별빛을 중력렌즈 현상으로 증가시킨다. 이때 렌즈 역할을 하는 가까운 별에 행성이 특정 위치에 있으면 배경 별의 별빛 증가 양상에 추가적인 스파이크가 생긴다. 이를 토대로 행성의 존재를

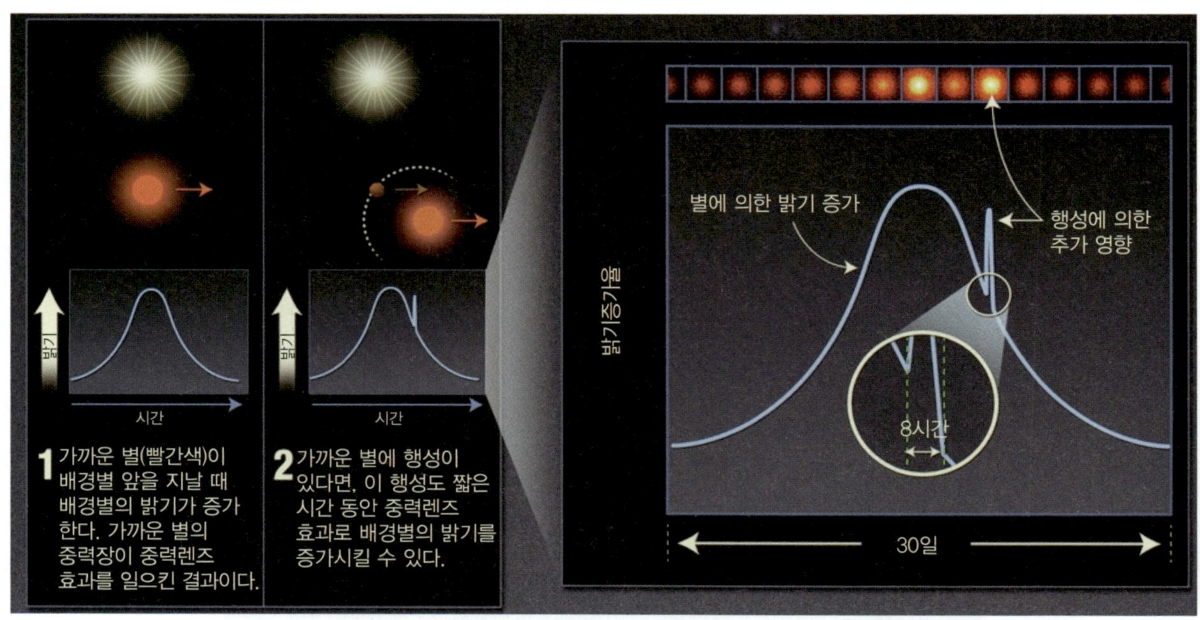

그림 11.30 미세 중력렌즈 모식도

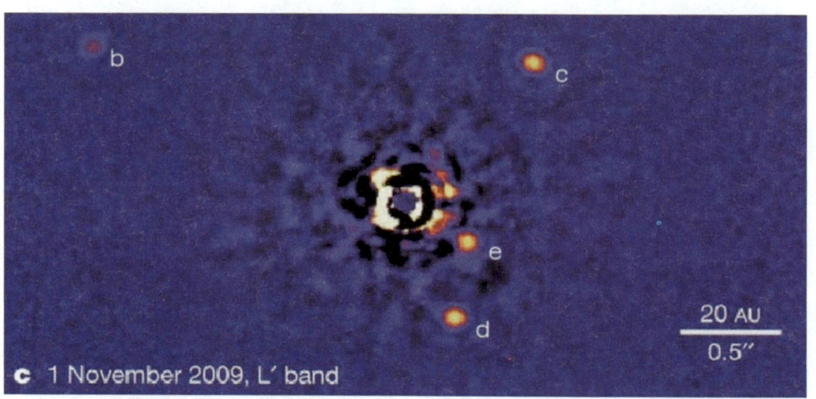

그림 11.31 직접 촬영법으로 발견된 HR 8799의 외계행성계. 중심의 별빛은 코로나그래프로 가려져 약간의 잔상만 남아 있다.

발견할 수 있다. 이 방법은 많은 별을 계속 관측해야 하는 어려움이 있지만 외계행성이 별로부터 다소 떨어져 있는 경우에도 발견할 수 있는 장점이 있다.

직접 촬영법은 외계행성을 직접 관측하는 방법이다. 쉽게 들릴 수 있지만 별빛의 극히 일부분만을 반사하며 희미하게 그 존재를 드러내고 있는 외계행성을 관측하기 위해서는 강한 별빛을 코로나그래프로 잘 가려야 한다. 지금까지 10여 개의 외계행성이 촬영되었으며 가장 대표적인 외계행성계 이미지는 HR 8799(그림 11.31)로 4개의 목성형 행성이 발견되었다. 성면 횡단법과 직접 촬영법은 외계행성의 발견을 넘어 외계행성의 대기 조성과 구름까지도 연구할 수 있는 수단을 제공한다.

4) 질량이 큰 별의 탄생

질량이 큰 별(예: 태양 질량의 8배보다 큰 별)의 형성 과정은 앞서 기술한 태양 질량 정도의 별 형성 과정에 비해 잘 알려져 있지 않다. 질량이 큰 별을 수치 모의실험으로 연구하기 위해서는 상대적으로 짧은 시간 간격으로 빈번하게 계산해야 하는 어려움이 있다. 이는 큰 질량으로 형성된 강한 중력장 속에서 물질들이 크게 가속되기 때문이다. 그리고 질량이 큰 별의 개수가 적어 우리로부터 멀리 있고, 동시에 여러 별이 군집하여 함께 생성되므로 관측으로 연구하는 데에도 어려움이 따른다.

질량이 큰 별은 근적외선에서도 암흑성운으로 보이는 **적외선 암흑성운**(IRDCs, Infrared Dark Clouds)에서 형성되는 것으로 알려져 있다. 이 암흑성운은 개수밀도가 $n \sim 10^6/cm^3$로 높고 질량은 $100 \sim 1,000\ M_\odot$에 이른다. 암흑성운 내에서 밀도가 상대적으로 높은 지역에서 중력 수축으로 별 형성이 시작되면 온도가 수백 K로 높아지고 광도도 증가하게 된다. 이 온도에 이르면 먼지 표면에서 생성되고 얼어붙어 있던 다양한 분자들이 가스로 승화된다. 그래서 복잡하고 다양한 분자가 관측되는데 이러한 천체를 **고온 분자핵**(HMOs, Hot Molecular Cores)이라 부른다. 계속된 수축으로 중심의 온도가 수천만 K에 이르면 수소 핵융합 반응이 시작된다. 태양 질량 정도의 별과 다르게 질량이 큰 별에서는 이 단계까지의 진화 속도가 빨라 주위에 여전히 두터운 외부층, 즉 분자운 속에 있게 된다. 질량이 큰 별인 분광형 O형과 B형 별은 수소를 전리시킬 수 있는 고에너지 광자를 방출하므로 주위의 수

그림 11.32 적외선 암흑성운 IRDC G11.11−0.12(뱀 성운). 스피처 우주망원경으로 관측된 근적외선 이미지(왼쪽)에서도 암흑성운으로 관측된다. 허셜 우주망원경의 원적외선 이미지(오른쪽)에서는 방출선으로 관측된다.

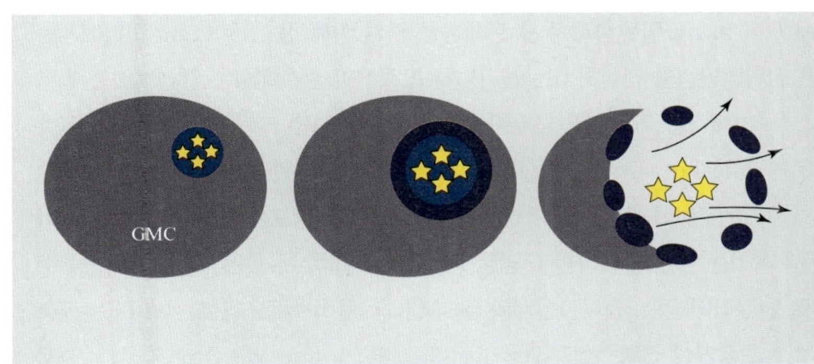

그림 11.33 질량이 큰 별의 탄생과 H Ⅱ 영역의 팽창과 분자운의 와해 모식도(예: H Ⅱ 영역 Gum 29의 이미지)

전파천문학

전파 기술자 칼 잰스키(Karl Jansky, 1905~1950)는 미국의 벨 전화 회사에서 장거리 통신 시 발생하는 잡음을 연구하던 중 이 잡음이 우리은하 중심부로부터 기인하는 것을 발견한다. 1932년에 우주로부터의 전파를 최초로 관측한 것이다. 이 소식을 접한 그로트 레버(Grote Reber, 1911~2002)는 자신의 집 마당에 전파망원경을 건설하여 우주 전파 지도를 작성하고 태양으로부터의 전파도 관측한다. 그리고 제2차 세계대전 중에 발달한 레이더 기술이 전후 전파망원경에 활용되기도 했다. 1944년과 1950년대에는 21 cm 수소선이 헨드릭 반 데 헐스트(Hendrik van de Hulst, 1918~2000)에 의해 예측되고 여러 연구 그룹에 의해 관측되면서 **전파천문학**이 본격적으로 자리매김하게 된다. 100년도 안 되는 짧은 역사에도 불구하고 오늘날 전파천문학은 서브밀리미터(예: ALMA, Atacama Large Millimeter/submillimeter Array)부터 6 m 파장대(예: SKA, Square Kilometer Array)까지 관측하여 별 탄생 지역, 펄서, 퀘이사, 우주 배경 복사 등 여러 분야의 연구에 폭넓게 기여하고 있다.

그림 11.34 칼 잰스키의 최초의 전파망원경(왼쪽)과 그로트 레버의 전파망원경(오른쪽)

오늘날 광학망원경은 수백만 개 이상의 화소를 갖는 CCD로 넓은 범위의 이미지를 얻지만 안테나 하나로 관측하는 단일경 전파망원경은 안테나로 들어오는 전파신호로부터 하나의 자료값을 얻는다. 이미지를 만들기 위해서는 안테나의 지향점을 옮기면서 관측한 후 등고선을 작성해야 한다. 안테나의 초점에 전자기파를 받아 모으는 혼(horn)을 여러 개 위치시킬 수도 있지만 혼의 크기가 관측하는 전자기파의 파장에 따라 커져야 하기 때문에 개수가 매우 제한된다. 예를 들어 전파에서 가장 짧은 파장에 해당하는 (서브)밀리미터 파장에서 16개의 혼을 배치한 수신기가 제작되어 활용되고 있다. 그리고 우주 전파는 매우 약하기 때문에 수신기에는 증폭기가 필수로 포함되어 있다.

전파 관측은 관측하는 전자기파의 파장이 길어 좋은 분해능(분해각 $\theta \sim \lambda/D$)을 얻기 위해서는 상대적으로 큰 안테나가 필요하다. 예를 들어 $\lambda = 500$ nm에서 $D = 10$ cm 망원경과 같은 분해능을 얻기 위해서는 $\lambda = 1$ mm 전파에서는 $D = 200$ m 안테나가 필요하다. 이렇게 큰 전파망원경을 건설하기는 불가능하므로 전파 관측에서는 간섭계의 원리를 활용한 **전파간섭계**가 널리 활용되고 있다. 두 안테나를 거리 d 만큼 떨어뜨려놓고 관측하면 크기 d인 안테나로 관측할 때의 분해능을 얻을 수 있다. 이때 관측 영역(field of view)은 안테나 하나의 크기로 결정된다($\theta_{FOV} \sim \lambda/D$). 전파간섭계에서 관측되는 구조의 크기는 한 쌍을 이루는 안테나 사이의 거리에 따라 제한되고 감도는 안테나 개수가 많아질수록 높아진다. 그러므로 전파간섭계 관측에서는 많은 안테나를 다양한 거리로 배치할수록 좋은 이미지를 얻을 수 있다. 한 장소에 많은 안테나가 광케이블로 연결되어 있는 전파간섭계와 달리 안테나들이 독립적으로 위치하여 정확한 관측 시각을 함께 기록하는 전파간섭계를 **초장기선 전파간섭계**(very long baseline interferometer)라 부른다. 전자의 대표적인 경우가 아타카마 대형 (서브)밀리미터 전파간섭계(ALMA)이고 후자의 대표적인 경우가 우리나라의 한국우주전파관측망(KVN, Korean VLBI Network)과 사건의 지평선 망원경(EHT, Event Horizon Telescope)이라 할 수 있다.

그림 11.35 아타카마 대형 (서브)밀리미터 전파간섭계

거대 마젤란 망원경

거대 마젤란 망원경(GMT, Giant Magellan Telescope)은 2022년 현재 칠레 아타카마 사막 지역의 라스 캄파나스 정상에 건설 중인 차세대 대형 망원경으로 그레고리안식 광학-적외선 망원경이다. 8.4 m 직경의 거울 7개로 구성되어 전체적으로 직경 25.4 m 망원경의 집광력을 제공한다. 주경과 마찬가지로 7개의 거울(각각의 직경 1.05 m)로 구성된 부경에는 초당 2,000번의 속도로 표면을 변형시켜 대기의 난류 영향을 없애는 적응 광학 시스템이 적용된다. 관측 기기는 총 10개까지 부착될 수 있으며 관측 가능한 파장 범위는 320 nm에서 25 μm에 이른다. 현재 개발되고 있는 관측 기기는 총 4개로 GMT Consortium Large Earth Finder (G-CLEF), GMT Multi-object Astronomcial and Cosmological Spectrograph (GMACS), GMT Integral-Field Spectrograph (GMTIFS), GMT Near-IR Spectrograph (GMTNIRS)이다.

우리나라를 포함한 5개국(한국, 미국, 호주, 이스라엘, 브라질)의 여러 대학과 기관이 건설과 기기 개발에 참여하고 있으며, 2029년에 관측을 시작할 수 있을 것으로 예상된다.

그림 11.36 완공된 거대 마젤란 망원경의 예상도. 부경의 일부분이 주경에 비친 모습도 볼 수 있으며 빨간색 안전모를 쓴 사람의 모습에서 그 크기를 가늠할 수 있다.

소 분자를 해리시키고 전리시킨다(H II 영역). 1개의 수소 분자가 2개의 양성자와 2개의 전자로 쪼개지면서 압력이 급격히 증가하게 되는 것이다. 따라서 H II 영역은 작은 크기였다가 점점 팽창하고 분자운 구조 자체를 와해시키기도 한다(그림 11.33).

11.5 별 내부의 물리적 과정들

1) 핵반응

별 내부의 핵반응(nuclear reaction)에 따른 에너지 생성은 별의 주된 에너지원이다. 수소 연소, 헬륨 연소, 탄소 연소, 산소 연소 등 별의 진화 단계에 따라 발생하는 다양한 형태의 핵합성 과정은 지구와 인체를 구성하는 다양한 원소의 기원을 설명하는 데에도 중요한 역할을 한다.

양성자 하나가 원자핵인 수소를 제외하면 모든 원자핵은 핵자인 양성자와 중성자로 구성되어 있다. 양성자의 개수를 **원자번호**(기호로는 Z), 양성자와 중성자 개수의 합을 **질량수**(기호로는 A)라고 부른다. 원소의 정체성은 원자번호가 결정하며 원자번호가 같지만 질량수가 다른 원소들을 동위원소라 부른다. 원자핵 내부의 핵자들은 강한 핵력에 의해 묶여 있다. 일반적으로 원자들은 질량수가 원자번호의 두 배가 될 때(즉 $A \approx 2Z$) 가장 안정한 상태에 있다. 원자핵의 이름을 X라 할 때, 그림 11.37과 같이 원자번호는 왼쪽 아래첨자, 질량수는 왼쪽 위첨자로 표시하는 것이 일반적이다.

예를 들어 $Z = 6$이고 $A = 12$인 탄소는 ${}^{12}_{6}C$로 표시된다. 원자의 정체성은 원자의 기호로 알 수 있으므로 원자번호는 생략하고 ${}^{12}C$처럼 질량수만 표기하는 경우도 많다.

핵반응을 통해 방출되는(혹은 흡수되는) 에너지는 반응에 참여한 원소들과 반응 후에 생성된 원소들의 정지질량 에너지(rest mass energy)의 차이에 해당한다. 예를 들어 정지질량이 m_A와 m_B인 원소 A와 B가 핵반응에 참여하여 정지질량 m_C와 m_D인 C와 D라는 원소를 생성했을 경우 방출되는(혹은 흡수되는) 에너지는 $\Delta E = (m_A + m_A)c^2 - (m_C + m_D)c^2$에 해당한다. 이렇게 정지질량 에너지가 핵반응 전후로 달라지는 이유는 원자핵 내부 핵자들이 강한 핵력에 의해 붙들려 있는 세기를 결정하는 결합 에너지가 원소에 따라 다르기 때문이다. 따라서 ΔE는 각 원소들의 결합 에너지의 차이에 해당하는 값

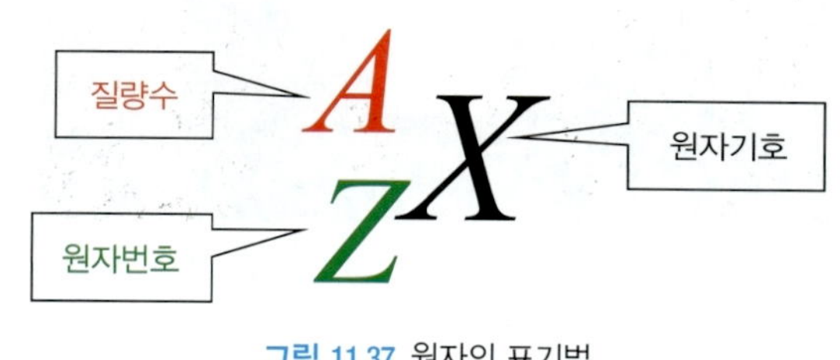

그림 11.37 원자의 표기법

이기도 하다(즉 원소 X의 원자핵 결합 에너지를 E_X라 할 경우 $\varDelta E=(E_C+E_D)-(E_A+E_B)$에 해당한다. 참고로 원자핵 하나의 결합 에너지는 음의 값을 갖는다).

만일 $\varDelta E>0$일 경우 핵반응은 에너지를 방출하며 이를 발열 반응(exothermic reaction)이라 부른다. 반면에 $\varDelta E<0$일 경우 핵반응은 에너지를 흡수하며 이를 흡열 반응(endothermic reaction)이라 한다. 철보다 가벼운 원소가 융합하여 더 무거운 원소를 생성하는 반응은 일반적으로 발열 반응에 해당하며 수소 핵융합 반응이 대표적인 예이다.

핵반응의 속도는 온도에 매우 민감하다. 아울러 핵융합 반응에 참여하는 원소의 원자번호가 높을수록 원자핵 사이에 작용하는 전자기력에 따른 척력이 커지기에 핵반응을 위해 필요한 온도도 높아진다. 예를 들어 별 내부에서 헬륨의 핵반응이 발생하기 위한 온도는 수억 K에 해당하며 수소 핵융합이 발생하는 수천만 K에 비해 10배가 높다.

(1) 수소 연소

수소 연소(hydrogen burning)는 수소의 원자핵인 양성자 4개가 결합하여 헬륨의 원자핵을 만드는 과정이다($4{}^1_1\mathrm{H}\rightarrow{}^4_2\mathrm{He}$). 하지만 양성자 4개가 동시에 충돌하여 헬륨을 만들 수 있는 확률은 매우 낮으며 헬륨의 생성을 위해서는 핵반응이 다양한 연쇄 반응을 거칠 필요가 있다. 대표적으로는 **양성자-양성자 연쇄반응**(pp chain)과 **CNO 순환**(CNO cycle)이 있다. 별 내부의 온도가 1.9×10^7 K보다 낮을 경우에는 양성자-양성자 연쇄 반응이 우세하게 발생하며 더 높은 온도에서는 CNO 순환의 역할이 더 우세해진다. 주계열성의 질량이 대략 태양의 1.2배 이하일 경우 중심의 온도가 1.9×10^7 K보다

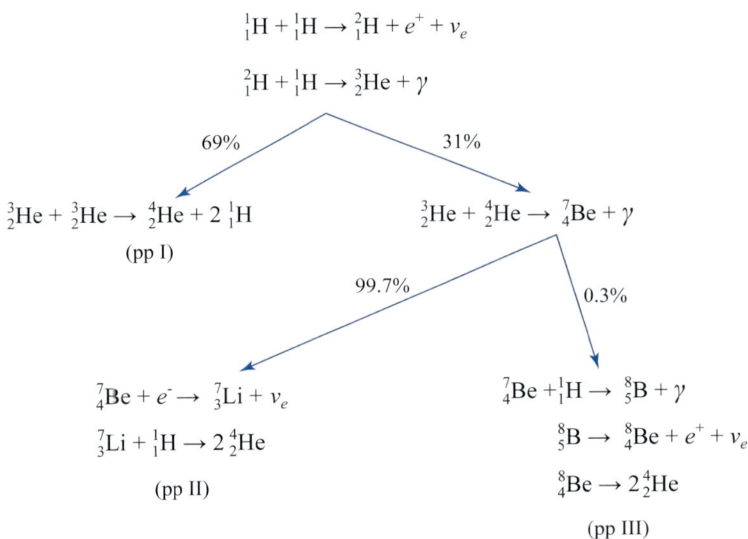

그림 11.38 양성자-양성자 연쇄 반응의 도식도. 그림에서 e^-와 e^+는 각각 전자와 양전자, ν_e는 전자 중성미자, γ는 광자를 의미한다. 연쇄 반응의 각 경로에 나타난 숫자는 태양 중심부에서 헬륨의 생성을 위한 각 경로의 기여도를 나타낸다.

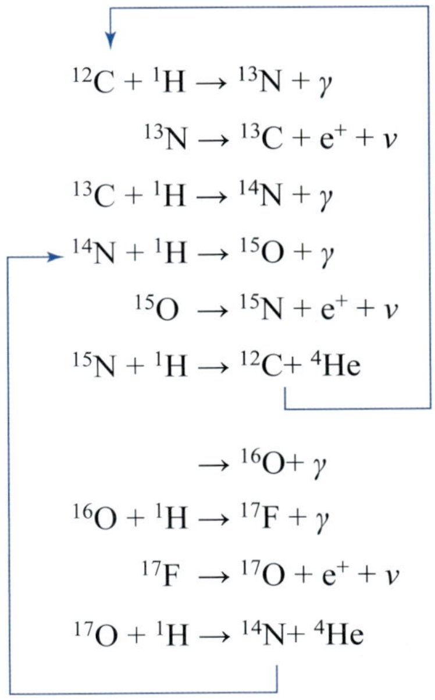

$${}^{12}\mathrm{C}+{}^1\mathrm{H}\rightarrow{}^{13}\mathrm{N}+\gamma$$
$${}^{13}\mathrm{N}\rightarrow{}^{13}\mathrm{C}+\mathrm{e}^++\nu$$
$${}^{13}\mathrm{C}+{}^1\mathrm{H}\rightarrow{}^{14}\mathrm{N}+\gamma$$
$${}^{14}\mathrm{N}+{}^1\mathrm{H}\rightarrow{}^{15}\mathrm{O}+\gamma$$
$${}^{15}\mathrm{O}\rightarrow{}^{15}\mathrm{N}+\mathrm{e}^++\nu$$
$${}^{15}\mathrm{N}+{}^1\mathrm{H}\rightarrow{}^{12}\mathrm{C}+{}^4\mathrm{He}$$
$$\rightarrow{}^{16}\mathrm{O}+\gamma$$
$${}^{16}\mathrm{O}+{}^1\mathrm{H}\rightarrow{}^{17}\mathrm{F}+\gamma$$
$${}^{17}\mathrm{F}\rightarrow{}^{17}\mathrm{O}+\mathrm{e}^++\nu$$
$${}^{17}\mathrm{O}+{}^1\mathrm{H}\rightarrow{}^{14}\mathrm{N}+{}^4\mathrm{He}$$

그림 11.39 CNO 순환의 경로들

낮으면 양성자-양성자 연쇄 반응이 중요한 역할을 한다. 그보다 더 무거운 별의 경우 중심 온도가 상대적으로 높기에 CNO 순환을 통해 수소 연소가 발생한다.

그림 11.38은 양성자-양성자 연쇄 반응의 3가지 경로를 보여주고 있다. 이 중 pp I 연쇄 반응은 pp II 나 pp III 연쇄 반응에 비해 온도가 상대적으로 낮은 상황에서 중요한 역할을 한다. 태양의 경우 각 연쇄 반응의 상대적 중요도는 pp I이 69%, pp II가 31%에 해당하며 pp III의 기여는 미미하여 무시할 만하다.

그림 11.39는 CNO 순환의 경로들을 보여준다. CNO 순환은 탄소, 질소, 산소가 일종의 촉매 역할을 하기에 CNO의 총량에는 변화가 없으며 양성자와의 연쇄적 결합을 통해 결과적으로는 양성자 4개가 결합하여 헬륨 1개가 생성된다. 그림 11.39에 나온 CNO 순환의 다양한 반응에서 네 번째에 표시된 반응($^{14}N + {}^{1}H \rightarrow {}^{15}O + \gamma$)이 가장 느리게 진행되어 병목 현상을 일으킨다. 그 결과 CNO 순환이 진행되면 탄소와 산소의 대부분이 질소로 바뀌게 된다. 즉 CNO의 총량은 변하지 않지만 CNO 순환을 통해 탄소와 산소의 양은 감소하고 그만큼 질소의 양은 증가한다. 이런 CNO 순환의 특성은 질소의 기원을 설명하는 데 중요한 역할을 한다.

CNO 순환은 질량이 태양의 1.2배 이상인 주계열성의 중심부에서 중요한 역할을 한다. 태양처럼 가벼운 별 내부에서도 주계열이 끝난 이후 적색거성 가지와 점근거성 가지 단계에서 수소껍질 연소가 일어나는 영역의 온도는 상대적으로 높기에 이곳에서도 CNO 순환이 발생한다.

(2) 헬륨 연소

헬륨 연소(helium burning)는 헬륨 3개가 결합하여 탄소를 만드는 과정으로 별 내부의 온도가 대략 1억 K가 넘어설 때 발생하기 시작한다. 헬륨의 원자핵은 흔히 알파 입자라고 불리므로 이 반응은 3중 알파 반응이라 불리기도 한다. 이 반응은 먼저 헬륨 2개가 결합하여 베릴륨의 동위원소인 ^{8}Be을 만들고 ^{8}Be이 다시 헬륨과 결합하여 탄소를 만드는 과정을 따른다.

$$^{4}He + {}^{4}He \leftrightarrow {}^{8}Be$$

$$^{4}He + {}^{8}Be \leftrightarrow {}^{12}C + \gamma$$

참고로 ^{8}Be은 반감기가 8×10^{-11}초에 불과한 매우 불안정한 원소이기에 탄소가 만들어지기 위해서는 ^{8}Be이 만들어진 직후 바로 헬륨과 결합해야 한다. ^{8}Be의 매우 짧은 반감기에도 불구하고 이 반응이 비교적 효율적으로 발생할 수 있는 이유는 탄소의 원자핵에 이 반응을 촉진시킬 수 있는 공명 에너지 준위가 존재하기 때문이다.

이렇게 생성된 탄소는 다시 헬륨과 결합하여 산소를 만들 수 있다.

$$^{12}C + ^{4}He \rightarrow ^{16}O + \gamma$$

따라서 헬륨 연소의 최종 결과물은 탄소와 산소이다.

(3) 기타 핵반응들

질량이 큰 별 내부에서는 헬륨 연소 이후 탄소, 산소 등 무거운 원소들 역시 핵반응에 참여한다. 탄소 연소는 별 중심의 온도가 8억 K에 달했을 때 발생하며 네온과 마그네슘을 생성한다. 네온 연소는 15억 K 정도에서 발생하며 산소와 마그네슘을 생성한다. 약 20억 K에서 발생하는 산소 연소는 주로 규소와 황을 만든다. 규소와 황의 핵반응은 별의 중심 온도가 35억 K에 달했을 때 발생하며 최종적으로 철을 생성한다.

2) 별 내부의 에너지 전달

정역학적 평형 상태에 있는 별은 중심으로 갈수록 밀도와 온도가 높기에 내부 에너지도 중심으로 갈수록 높아진다. 따라서 별 내부의 에너지는 안에서 밖으로 전달되는 것이 일반적이며 에너지 전달의 방식으로는 **복사**(radiation)와 **대류**(convection)가 있다.

별 내부에서 광자가 다른 입자와 충돌하지 않고 자유롭게 움직일 수 있는 거리, 즉 **평균 자유행로**(mean free path)는 다음과 같이 주어진다.

$$l = \frac{1}{n\sigma} = \frac{1}{\rho\chi} \qquad \text{(식 11.1)}$$

여기서 n은 물질의 개수밀도이고 σ는 광자와 입자 간에 발생하는 충돌의 단면적, ρ는 밀도, 그리고 χ는 **불투명도**에 해당한다. 불투명도는 $\chi = n\sigma/\rho$로 정의되며 단위는 $m^2\ kg^{-1}$로서 단위 질량당 충돌 단면적에 해당한다. 태양의 평균 밀도는 대략 $\rho = 1{,}400\ kg\ m^{-3}$이고 전자 산란에 의한 불투명도 값은 $\chi = 0.04\ m^2\ kg^{-1}$이기에 이에 해당하는 평균 자유행로는 1.8 cm 정도임을 알 수 있다. 따라서 별 내부의 복사에 의한 에너지 전달은 확산 과정(diffusion process)으로 근사될 수 있으며, 효율성은 대류에 비해 현저히 떨어진다.

대류는 별 내부의 에너지가 복사에 의해서는 충분히 효율적으로 전달되지 못하여 물질의 거시적인 순환이 발생하는 경우에 발생한다. 핵반응에 의한 에너지 생성이 좁은 영역에서 급격하게 발생하는 경우, 혹은 불투명도가 상대적으로 높은 경우 대류가 발생할 수 있는 조건이 마련된다. 대류는 역학적인 물질의 순환을 통해 에너지를 전달하기에 복사에 의한 에너지 전달에 비해 그 속도가 매우 빠르다.

태양 내부에서 발생하는 양성자-양성자 연쇄 반응은 온도에 대한 민감도가 상대적으로 낮고 ($\epsilon_n \propto T^4$) 에너지 생성이 비교적 넓은 영역에 걸쳐 발생하기에 복사에 의한 에너지 전달이 가능하다. 반면에 태양보다 1.2배 이상 무거운 별 중심에서 발생하는 CNO 순환은 온도에 매우 민감하기에 ($\epsilon_n \propto T^{12}$) 중심부의 매우 좁은 영역에서 많은 에너지가 생성되고 결과적으로 대류가 발생한다. 한편으로 질량이 태양의 0.45배 이하인 M형 별은 온도가 전반적으로 낮고 별 내부의 불투명도가 높기에 별 전체에서 대류가 발생한다.

대류의 또 다른 중요한 역할은 물질의 섞임이다. 대류는 순환을 통해 다른 영역에 있는 원소들을 서로 섞는 효과를 낳는다. 대류가 발생한 영역의 화학 조성은 물질 간의 섞임을 통해 균일해지는 것이 일반적이다.

11.6 별의 진화를 결정하는 원칙들

별의 진화는 다음 3가지 원칙에 의해 결정된다.

① 별은 정역학적 평형 상태에 있다.
② 별은 음의 열용량을 갖는다.
③ 별은 빛으로 에너지를 잃는다.

별의 진화에 관하여 상세한 내용을 살펴보기 전에 각각의 원칙이 어떤 의미를 갖는지 살펴보기로 하겠다.

1) 정역학적 평형

별은 질량이 크기에 자체 중력이 강하게 작용하며 동시에 물질의 온도와 밀도가 높기에 내부의 압력도 높다. 별의 바깥쪽에서 중심부로 갈수록 온도와 밀도가 높아지기에 압력의 크기도 중심으로 갈수록 커진다. 별 내부에 있는 물질은 표면에서 중심으로 작용하는 힘인 중력과 중심에서 표면으로 향하는 차등압력을 동시에 느끼게 될 것이다.

정역학적 평형(hydrostatic equilibrium)은 별 중심부로 향하는 중력과 내부의 물질이 만들어내는 차등압력이 서로 균형을 이루고 있는 상태이다. 별이 다양한 형태의 진동을 겪기는 하지만 그 진폭은 일반적으로 별의 크기에 비해 미미하기에 별이 정역학적 평형 상태에 있다는 가정은 합리적이다.

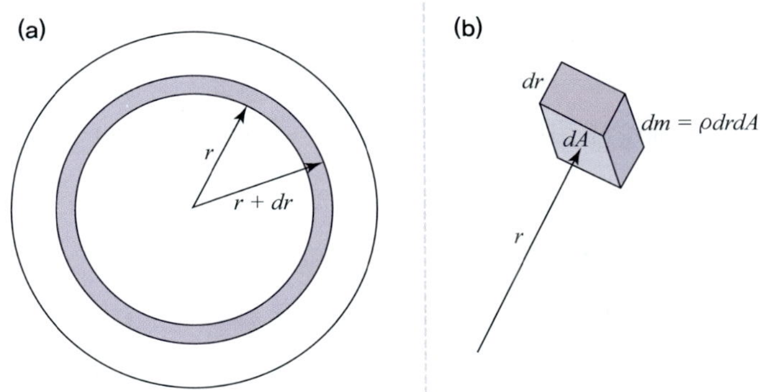

그림 11.40 (a) 반경이 r이고 두께가 dr, 밀도가 ρ인 구형의 껍질, (b) 껍질에 위치한 질량이 dm이고 밑면의 넓이가 dA인 점질량

그림 11.40에서 예시로 보여준 바와 같이, 별 중심으로부터의 r 만큼 떨어진 곳의 껍질을 생각해보자. 이 껍질의 두께가 dr이고 이곳의 밀도가 ρ라고 하자. 이 껍질 위에 위치한 점질량을 고려해보자. 점질량에 해당하는 극미한 부분의 밑쪽의 면적이 dA라면 질량은 $dm = \rho drdA$로 주어질 것이다. 이 껍질 부분까지 포함된 영역의 총질량을 M_r이라고 한다면 점질량에 작용하는 중력은 $F_g = -GM_r dm/r^2$으로 주어질 것이다. 이 점질량에 밑에서부터 작용하는 차등압력은 $F_P = P(r)dA - P(r + dr)dA = dPdA$로 주어진다. 여기서 $P(r)$은 반경 r에서의 압력을 의미한다. 정역학적 평형 상태에서는 $F_g = F_P$의 관계가 성립한다. 이로부터 우리는 다음과 같은 정역학적 평형 방정식을 유도할 수 있다.

$$\frac{dP}{dr} = -\frac{GM_r\rho}{r^2} \qquad \text{(식 11.2)}$$

위 식의 왼쪽은 압력의 기울기를 나타내며 오른쪽은 단위 부피당 작용하는 중력에 해당한다.

태양과 같은 별 내부 물질의 상태는 이상기체로 매우 잘 기술될 수 있다. 따라서 압력 P는 다음과 같은 방정식으로 주어질 수 있다.

$$P = nkT = \frac{\rho kT}{\mu m_u} \qquad \text{(식 11.3)}$$

여기서 n은 입자의 개수밀도이며 k는 볼츠만 상수($k = 1.380649 \times 10^{-23}\ \mathrm{m^2\,kg\,s^{-2}\,K^{-1}}$), T는 온도, m_u는 원자 질량 단위($m_u = 1.660538921 \times 10^{-27}$ kg)이다. 또한 μ는 입자의 **평균 분자량**이라 불리는 물리량으로서 $\rho = \mu m_u n$의 관계를 갖는다. 즉 μm_u는 기체를 구성하는 입자 하나의 평균 질량에 해당한다.

별은 내부의 압력과 온도가 높기에 수소를 비롯한 모든 원소들은 대부분 이온화된 상태로 존재한다. 물질을 구성하는 원소들의 원자번호와 질량수의 평균값이 각각 Z와 A라면 중성 원소의 평균 분자량은 $\mu = A$인 반면, 이온화된 물질의 경우 입자 하나의 평균 질량을 계산할 때 자유전자들도 고려해야 하기 때문에 평균 분자량은 $\mu = A/(Z+1)$라는 값을 갖게 된다. 예를 들어 어떤 기체가 중성수소로 구성되어 있다면 $\mu = 1$에 해당할 것이며 수소가 이온화되어 있다면 입자의 개수가 2배로 늘어나기에 $\mu = 0.5$가 될 것이다. 태양의 경우는 수소, 헬륨, 중원소의 질량비가 대략 0.7, 0.28, 0.02이며 내부의 모든 원소는 이온화되어 있기에 이에 해당하는 평균 분자량은 대략 $\mu = 0.62$이다. 태양 중심이 수소 핵반응을 통해 수소가 모두 헬륨으로 바뀌면 평균 분자량은 $\mu = 1.34$로 증가할 것이다.

식 11.3으로 표현되는 정역학적 평형으로부터 우리는 별의 중심 온도를 대략적으로 유추해볼 수 있다. 별의 평균 밀도는 대략 $\rho \sim M/R^3$이고 별 표면의 압력은 중심에 비해 무시할 만큼 약하기에 별 중심의 압력을 P_c라고 한다면 $dP/dr \sim P_c/R$로 근사할 수 있다. 따라서 별 중심의 온도 T_c는 대략적으로 다음과 같은 값을 갖게 된다.

$$T_c = \frac{\mu m_u P_c}{k\rho_c} \sim \frac{G\mu m_u M}{kR} = 1.4 \times 10^7 \left(\frac{M}{M_\odot}\right)\left(\frac{R}{R_\odot}\right)^{-1}\left(\frac{\mu}{0.62}\right) K \qquad \text{(식 11.4)}$$

여기서 $M_\odot$과 $R_\odot$은 각각 태양의 질량과 반경을 나타낸다. 태양 실제 중심 온도는 1.5×10^7 K로서 위에서 대략적으로 구한 값과 비교적 잘 일치한다.

2) 비리얼 정리와 별의 열용량

비리얼 정리는 주어진 물질계의 내부 에너지, 운동 에너지, 위치 에너지 간의 상관관계를 기술하는 정리이다. 정역학적 평형 상태에 있는 별의 경우 물질의 거시적인 움직임에 따른 운동 에너지는 무시할 만큼 작기에 비리얼 정리는 내부 에너지와 중력 에너지 간의 상관관계로 환원될 수 있다.

이 관계는 식 11.3 방정식, 즉 정역학적 평형 방정식으로부터 구할 수 있다. 이 방정식 양변에 반경 r인 구의 부피 $V = (4/3)\pi r^3$을 곱하면 다음과 같다.

$$\frac{4}{3}\pi r^3 dP = -\frac{4}{3}\pi r^3 \frac{GM_r}{r^2}\rho dr \qquad \text{(식 11.5)}$$

이 방정식의 좌변을 중심에서부터 표면까지 적분하면 다음과 같은 관계를 얻는다.

$$\int_{P_c}^{P_s} \frac{4}{3}\pi r^3 dP = \int_{P_c}^{P_s} VdP = PV\big|_{r=0}^{r=R_*} - \int PdV = -\int PdV = -\frac{2}{3}E_i$$

여기서 E_i는 별의 내부 에너지이다. 별 중심의 부피는 0이며 별 표면의 압력은 0이기에 부분 적분의 첫째 항은 0이 되어 최종적으로는 압력에 대한 적분만 남게 된다. 이상기체의 경우 압력 P와 내부 에너지 밀도 u는 서로 $P=(2/3)u$라는 상관관계를 갖기에 압력에 대한 적분은 결국 내부 에너지에 2/3를 곱한 형태의 값이 된다.

식 11.5의 오른쪽 항의 적분으로부터 우리는 다음과 같이 중력 에너지를 얻게 된다.

$$\int_{r=0}^{r=R_*} -\frac{4}{3}\pi r^3 \frac{GM}{r^2}\rho dr = \int_{r=0}^{r=R_*} -\frac{1}{3}\frac{GM}{r}4\pi r^2 \rho dr = -\frac{1}{3}E_g$$

따라서 우리는 내부 에너지와 중력 에너지 간에 다음과 같은 관계를 얻게 되며 이 관계는 정역학적 평형 상태에 있는 별의 비리얼 정리에 해당한다.

$$2E_i = -E_g \qquad \text{(식 11.6)}$$

다시 말해 정역학적 평형 상태에 있고 이상기체로 구성된 별의 중력 에너지의 절댓값은 내부 에너지의 2배라는 의미이다.

비리얼 정리로부터 우리는 별의 총 에너지(E_t)도 다음과 같이 구할 수 있다.

$$E_t = E_i + E_g = \frac{1}{2}E_g = -E_i \qquad \text{(식 11.7)}$$

즉 별의 총 에너지는 중력 에너지의 50%, 혹은 내부 에너지의 음수 값을 갖는다는 의미이다. 총 에너지가 음수인 이유는 별이 중력에 의해 묶여 있기 때문이다. 위 식은 별의 열용량도 음의 값을 갖는다는 사실을 암시한다. 예를 들어 별의 총 에너지에 ΔE_t만큼의 변화가 생긴다면 그에 따른 별의 내부 에너지 변화는 다음과 같게 될 것이다.

$$\Delta E_i = -\Delta E_t \qquad \text{(식 11.8)}$$

만일 별 내부에 에너지가 새롭게 공급되어 총 에너지가 증가하면 별의 내부 에너지는 오히려 감소하며, 반대로 별에서 에너지가 손실되어 총 에너지가 감소하면 별의 내부 에너지는 증가한다는 의미이다. 이는 우리가 일상생활에서 경험하는 물질의 성질과는 반대이다.

예를 들어 물에 열을 가하면 물의 온도가 증가할 것이며 물이 열을 잃으면 물의 온도가 떨어진다.

별의 경우는 반대로, 별에 에너지를 가하면 내부 온도가 떨어지고, 별이 에너지를 잃으면 내부 온도가 증가한다. 그 이유는 다음과 같다. 별 내부에 에너지 공급이 가해지면 순간적으로 별 내부의 압력이 높아지므로 정역학적 평형을 유지하기 위해서는 별이 팽창해야 한다. 이때 공급된 에너지보다 더 많은 양의 내부 에너지가 별의 팽창에 소모되어 별의 온도는 떨어진다. 반대로 별이 에너지를 잃으면 정역학적 평형을 유지하기 위해 수축하게 되고 이때 중력 에너지는 감소하며(중력 에너지의 절댓값은 증가) 내부 에너지는 증가하여 온도가 올라가게 된다.

별이 이렇게 음의 열용량을 갖는 것은 주계열에 있는 별처럼 물질이 이상기체 상태에 있는 경우에 잘 적용되는 현상이다. 하지만 백색왜성이나 중성자별처럼 축퇴된 물질로 이루어진 별은 양의 열용량을 갖는다.

3) 빛에 의한 에너지 손실

별은 밝게 빛난다. 즉 별은 복사(radiation)의 형태로 에너지를 잃어버린다. 별의 밝기 혹은 별의 광도(L)는 따라서 다음과 같이 별이 에너지를 잃어버리는 속도, 즉 에너지 손실률에 해당한다.

$$L = -\frac{dE_t}{dt} \qquad \text{(식 11.9)}$$

식 11.7로부터 우리는 다음과 같이 별의 밝기를 내부 에너지나 중력 에너지의 변화량으로도 나타낼 수 있다.

$$L = \frac{dE_i}{dt} = -\frac{1}{2}\frac{dE_g}{dt} \qquad \text{(식 11.10)}$$

이 방정식은 별이 에너지를 잃을 때마다 차등압력과 중력이 균형을 유지하기 위해서 수축하며 그에 따라 내부 에너지는 증가하고 중력 에너지는 감소한다는 사실을 보여준다. 이때 내부 에너지의 변화량은 중력 에너지 변화의 1/2에 해당한다. 달리 표현한다면, 별이 수축할 때 감소한 중력 에너지의 50%는 복사의 형태로 방출되며 나머지 50%는 내부 에너지를 증가시키는 데 사용된다.

별이 에너지를 잃을 때 수축하는 현상을 **열수축**(thermal contraction)이라고 부른다. 열수축은 사과가 땅에 떨어지는 것과 같은 동역학적(dynamical)인 과정이 아니라는 점을 기억하는 것이 중요하다. 열수축은 별이 에너지를 잃을 때 그에 맞추어 새롭게 정역학적 평형 상태를 찾아가는 과정에서 발생하는 현상이며, 식 11.10에 따른 별의 구조 변화의 시간은 별의 총 에너지와 에너지 손실률이 결정한다.

식 11.10을 유도할 때 우리는 아직 별 내부에서 핵반응에 의해 에너지가 생성된다는 사실을 고려하지 않았다. 따라서 식 11.10은 원시성(protostar)과 같이 내부의 에너지원이 없는 별이 순수하게 중력 수축에 의해 빛나는 단계에서 잘 적용될 수 있다.

수소 핵융합 가능성이 알려져 있지 않았던 20세기 초에는 별의 에너지원으로서 열수축을 진지하게 고려하곤 하였다. 이 경우, 별이 갖고 있는 에너지를 모두 소진하는 데 걸리는 시간은 대략 다음과 같이 별의 총 에너지의 절댓값을 에너지 손실률로 나눈 값으로 주어질 것이며 이 시간을 흔히 **열적 시간 척도**(thermal timescale), 혹은 **켈빈-헬몰츠 시간 척도**(Kelvin-Helmholtz timescale)라 부른다.

$$\tau_{\rm KH} = \frac{|E_{\rm t}|}{L} \approx \frac{GM^2}{2LR} = 1.5\times 10^7 \left(\frac{M}{M_\odot}\right)\left(\frac{R}{R_\odot}\right)^{-1}\left(\frac{L}{L_\odot}\right)^{-1} {\rm yr} \qquad (식\ 11.11)$$

위 식에서 알 수 있듯 열수축에 의해 태양이 현재의 광도를 유지할 수 있는 시간은 1,500만 년에 불과하며 20세기 초에 지질학이나 생물학적으로 추정하였던 수십억 년이라는 지구의 나이와는 크게 차이가 났기에 태양계의 나이에 관한 커다란 논쟁이 있었다.

별의 온도와 밀도 사이에는 어떤 상관관계가 있는지 비리얼 정리로부터 살펴보자. 별의 평균 온도와 평균 밀도를 각각 $\overline{\rm T}$와 $\overline{\rho}$라고 하자. 별의 내부 에너지는 $E_{\rm i} = (3/2)Mk\overline{\rm T}/(\mu m_u)$로 주어지며 중력 에너지는 $E_{\rm g} = -\alpha GM^2/R$이기에 $M = (4\pi/3)\overline{\rho}R^3$으로부터 다음과 같은 관계식을 얻을 수 있다. 여기서 α는 별 내부 밀도 분포에 따라 결정되는 상수이다.

$$\overline{T} = \frac{\alpha\mu m_u G}{3k}\left(\frac{4\pi}{3}\right)^{1/3} M^{2/3}\,\overline{\rho}^{1/3} \qquad (식\ 11.12)$$

즉 별이 정역학적 평형 상태에 있을 때 평균 온도와 평균 밀도는 $\overline{\rm T} \propto \overline{\rho}^{1/3}$의 관계를 유지한다.

원시성과 같이 열수축을 하는 별의 경우 역시 마찬가지이다. 별 형성 영역에서 정역학적 평형에 도달한 원시성이 일단 만들어지면 켈빈-헬몰츠 시간 동안 서서히 수축하며 식 11.12에 주어진 관계를 유지하는 방식으로 온도와 밀도가 증가할 것이다.

열수축의 결과로 중심부의 온도가 수소 연소가 시작될 만큼 높아지면(태양의 경우는 약 1,400만 K), 열수축이 멈추고 주계열 단계가 시작된다. 핵반응이 활성화되고 나면 열적 수축이 멈추는 이유는 다음과 같다. 핵반응에 의한 에너지 생성률을 $L_{\rm n}$이라고 하자. 이를 고려하면 식 11.9와 11.10은 다음과 같이 바뀌게 된다.

$$\Delta L = L - L_n = -\frac{dE_t}{dt} = \frac{dE_i}{dt} = -\frac{1}{2}\frac{dE_g}{dt} \qquad (식\ 11.13)$$

즉 별의 표면에서 빛으로 방출되는 에너지의 손실은 별 중심에서 일어나는 핵반응에 따른 에너지 생성으로 보충될 수 있다. 만일 $\Delta L = 0$이면 핵반응으로 생성되는 에너지와 복사로 인해 잃어버리는 에너지가 균형을 이루는 상황이기에 별 전체로서는 에너지 손실이 없는 상태와도 같으며 별은 팽창도 수축도 하지 않고 원래의 상태를 유지하게 될 것이다.

만일 $\Delta L > 0$이면 빛에 의한 에너지 손실률이 핵반응에 따른 에너지 생성률보다 높기에 별은 에너지를 잃는 상황이다. 이 경우, 별은 열수축을 하며 온도가 증가할 것이다. 온도가 증가하면 핵반응에 의한 에너지 생성률(L_n)이 증가하여 ΔL은 다시 감소할 것이다. 반면에 $\Delta L < 0$이면 핵반응에 따른 에너지 생성률이 별의 광도보다 크기에 별은 에너지를 얻게 되며 따라서 별은 팽창하여 온도가 떨어질 것이다. 온도가 떨어지면 L_n이 감소하여 ΔL은 다시 증가할 것이다.

따라서 별은 $\Delta L = 0$이 되는 방식, 즉 빛으로 잃어버리는 에너지와 핵반응으로 생성되는 에너지가 서로 균형을 이루는 방식으로 스스로를 조절하게 된다. 이렇게 에너지 손실과 생성이 균형을 이루어 $L = L_n$을 유지하는 상태를 **열평형**(thermal equilibrium) 상태라 부른다. 별 중심부에서 수소 연소가 일어나고 있는 주계열성이 이렇게 열평형을 이루고 있는 상태에 있다. 주계열에 있는 별은 따라서 열수축을 겪지 않으며 내부의 온도도 급격히 변하지 않는다.[4)]

11.7 주계열성의 성질 및 진화

별은 일생의 90% 정도를 수소 연소 단계에서 보낸다. 따라서 H-R도에서 가장 많이 관측되는 별은 주계열성들이다. 주계열성은 그림 11.17이 보여주듯 H-R도에서 광도와 표면 온도 사이에 일정한 상관관계를 보여주고 있다. 아울러 앞(그림 11.10)에서 언급했듯이 주계열성은 질량-광도 사이에도 다음과 같은 상관관계를 보여주는 특징이 있다.

$$\left(\frac{L}{L_\odot}\right) = \left(\frac{M}{M_\odot}\right)^\alpha \qquad \text{(식 11.14)}$$

질량이 대략 60 $M_\odot$ 이하인 별에서는 $\alpha = 3.0 \sim 3.8$ 정도의 값을 갖는다.[5)] 따라서 주계열성의 광도는 질량에 매우 민감하다. 예를 들어 질량이 태양의 2배인 별의 광도는 태양보다 6,000배 이상 밝다. 주계열성의 절대광도를 알 경우 위 관계로부터 우리는 별의 질량을 유추할 수 있다.

---

4) 하지만 다음 장에서 설명하였듯이 수소 연소로 인해 별 내부의 화학적 조성이 바뀌게 되고 이에 따라 온도는 조금씩 증가한다.

5) 질량이 더 커질 경우 α값은 점점 작아지며 별의 질량이 너무 커서 광도가 에딩턴 한계 광도에 도달할 경우 $\alpha = 1$에 수렴한다.

그림 11.41에서 우리는 H-R도 상에서 주계열성이 어떻게 진화하는가를 볼 수 있다. 주계열성 중심부에서는 수소 연소가 진행되고 있기에 수소는 지속적으로 감소하고 헬륨은 증가한다. 이상기체의 압력은 식 11.3에서 주어진 바와 같이 $P = nkT = \rho kT/(\mu m_u)$이며 수소가 감소하고 헬륨이 증가함에 따라 평균 분자량(μ)이 증가하기에 밀도와 온도가 일정하다면 압력은 감소하게 된다. 따라서 별이 정역학적 평형 상태를 유지하기 위해서는 수소가 헬륨으로 바뀌어 감에 따라 중심의 온도가 점점 증가해야 한다. 주계열상에서 별의 광도는 이로 인해 서서히 증가하여 수소 연소가 모두 끝나는 시점에서는 시작 시점에 비해 2배 이상 밝아진다.

그림 11.41을 보면 질량이 태양과 같거나 더 작을 경우 주계열상에서 대부분 표면 온도가 꾸준히 증가하는 반면 질량이 더 큰 경우에는 표면 온도가 초기에는 지속적으로 감소한다. 이렇게 표면 온도 변화의 양상이 질량에 따라 달라지는 이유는 태양 질량의 1.2배 이상인 별에서는 CNO 순환이, 그 이

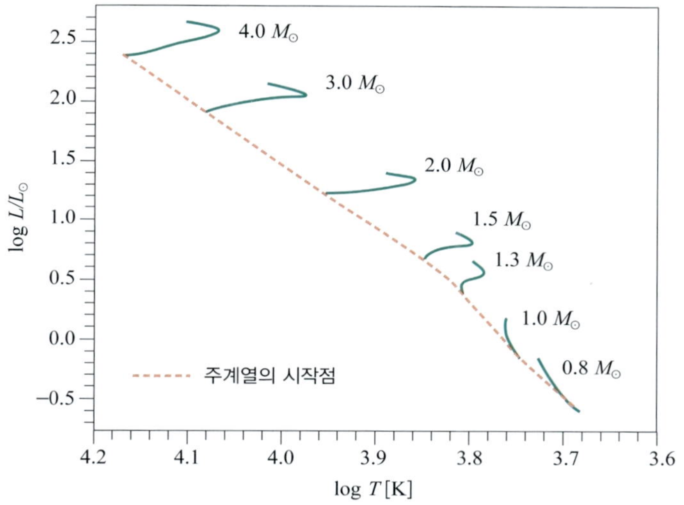

그림 11.41 H-R도 상에서 주계열성의 진화. 주계열의 시작점은 점선으로 표시되어 있으며 각각의 진화 경로에는 해당 별의 질량이 표시되어 있다.

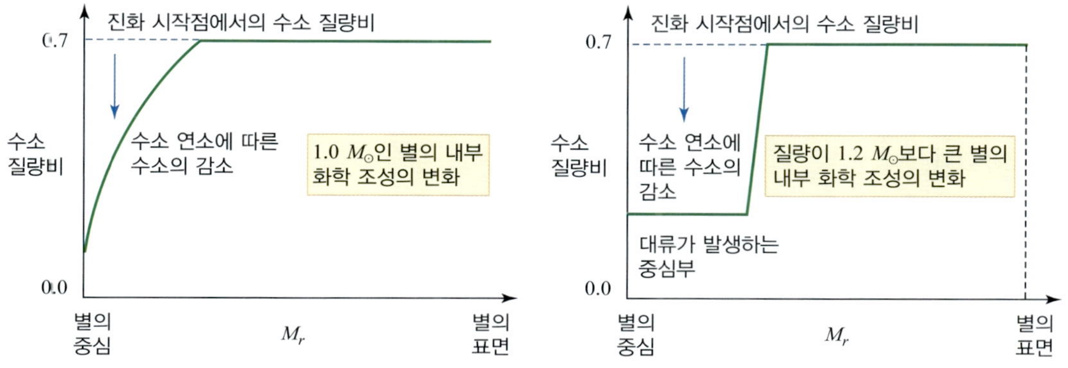

그림 11.42 수소 연소에 따른 별 내부에서의 수소 질량비의 변화. 왼쪽은 태양 질량에 해당하는 별의 경우, 오른쪽은 질량이 태양의 1.2배 이상인 별의 사례를 브여주고 있다.

하인 별에서는 양성자-양성자 연쇄 반응이 수소 연소에서 주된 역할을 한다는 사실에 기인한다.

태양과 같은 주계열성의 경우 수소 연소가 주로 양성자-양성자 연쇄 반응에 의해 발생하며 중심부의 에너지 전달은 복사(radiation)에 의해 이루어진다. 수소 연소는 온도가 가장 높은 중심에서 가장 빠른 속도로 발생하며 바깥으로 갈수록 온도가 낮아지면서 더 느리게 발생하기에 화학적 조성은 그림 11.42에서 도식적으로 보여준 바와 같이 연속적인 변화를 보인다.

태양 질량의 1.2배 이상인 주계열성 중심부에서는 대류(convection)가 발생한다. 그림 11.42에서 예시로 보여주고 있듯이 내부 영역에서는 대류의 효과로 화학 조성이 균일하기에 대류가 발생하지 않는 바깥쪽 포피층과의 경계에서는 화학 조성이 불연속적으로 변한다. 대류가 발생하는 중심핵의 평균 분자량은 수소 연소가 진행됨에 따라 서서히 증가하기에 이 부분의 온도도 그에 따라 서서히 증가한다.

주계열의 나이는 사용 가능한 에너지를 에너지 손실률인 광도(L)로 나눈 값에 해당한다. 수소 핵융합으로 사용 가능한 에너지는 수소의 정지질량 에너지 총량에 비례하기에 $f_n\phi Mc^2$으로 주어질 수 있다. 여기서 f_n은 별 전체 질량 중 수소 핵융합에 실제로 참여하는 부분의 비율을 의미한다. 태양의 경우 $f_n = 0.1$ 정도의 값을 갖는다. 반면에 ϕ는 핵융합 반응에 참여하는 수소의 정지질량 중 복사 에너지로 전환되는 부분의 비율이며 대략 $\phi \approx 0.007$인 값을 갖는다. 따라서 주계열의 나이 $\tau_{\rm ms}$는 다음과 같다.

$$\tau_{\rm ms} = f_n\phi\frac{Mc^2}{L} \approx 10^{10}\left(\frac{M}{M_\odot}\right)\left(\frac{L}{L_\odot}\right)^{-1}\text{yr}. \qquad \text{(식 11.15)}$$

식 11.14와 식 11.15로부터 우리는 별의 주계열 나이와 질량 사이에 다음과 같은 상관관계를 얻는다.

$$\tau_{\rm ms} \approx 10^{10}\left(\frac{M}{M_\odot}\right)^{-2.8}\text{yr}.\ (\alpha = 3.8\text{인 경우})^{6)} \qquad \text{(식 11.16)}$$

따라서 주계열성의 수명은 질량에 민감하다. 태양의 주계열 수명이 100억 년이라면 질량이 태양의 10배인 별의 주계열 수명은 1,600만 년에 불과하다. 반면 태양 질량의 0.9배 미만이 되면 주계열의 수명은 우주의 나이를 넘어선다. 따라서 주계열 이후의 진화는 태양 질량의 0.9배 이상인 경우만 논의하도록 하겠다.

---

6) 식 11.14의 α값은 질량에 따라 다르며 특히 질량이 매우 클 경우 $\alpha = 1$에 수렴한다. 따라서 질량이 매우 커질 경우 경우 주계열의 나이는 특정 값(대략 200만 년)에 수렴하게 된다.

11.8 주계열 이후의 진화

주계열 이후의 진화 양상은 태양 질량의 8배를 기점으로 나뉜다. 질량이 더 작은 경우는 주계열 이후 적색거성 가지, 점근거성 가지, 그리고 행성상성운 단계를 거쳐 백색왜성으로 일생을 마감하는 반면 더 두거운 별은 진화의 마지막 단계에서 초신성으로 폭발한 후 중성자별을 남기거나 블랙홀로 붕괴한다.

1) 작거나 중간 질량의 별: 태양 질량의 8배 이하

주계열이 끝나는 시점의 별 중심에는 헬륨핵(helium core)이 형성된다. 수소 연소를 갓 마친 주계열 직후의 중심 온도는 수천만 K에 불과하기에 헬륨 핵반응이 일어나기에는 너무 낮다. 중심에서 생성되는 에너지가 없고 복사에 의한 에너지 손실만 발생하는 상황이기에 헬륨핵은 열수축을 겪으며 중심의 온도와 밀도는 서서히 증가한다. 헬륨핵과 수소 포피 경계의 온도도 따라서 증가하여 수소 연소가 활성화된다(그림 11.43). 이를 **수소껍질 연소**라 부른다.

이 단계에서 발생하는 또 다른 특이한 현상은 수소 포피의 팽창이다. 주계열 이후의 단계에서 중심핵은 수축하지만 수소 포피는 팽창하는 현상은 별에서 일반적으로 발견된다. 만일 중심핵이 수축하지 않고 반대로 팽창하면 수소 포피가 수축하기도 한다. 즉 중심핵과 수소 포피가 팽창하거나 수축하는 양상은 항상 반대라는 의미이다. 이런 현상은 주계열 이후 단계의 별에서 보편적으로 발생하기에 흔히 **거울 원리**(mirror principle)라 부른다.

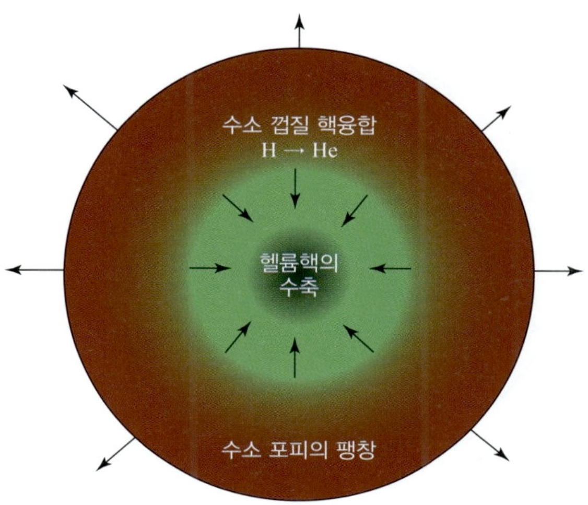

그림 11.43 주계열 직후 헬륨핵이 수축하고 수소 포피는 팽창하며 수소껍질 연소가 활성화되는 단계

전자 축퇴압

양자역학적으로 전자는 2개의 스핀 상태를 가질 수 있는데, 파울리의 배타 원리에 따르면 하나의 에너지 준위에 스핀이 동일한 2개의 전자가 동시에 존재할 수 없다. 따라서 하나의 에너지 준위에 오직 2개의 전자만이 동시에 있을 수 있다. 온도가 매우 낮거나 밀도가 매우 높은 환경에서는 낮은 에너지 준위에 수용 가능한 만큼의 전자들이 다 채워지면 나머지 전자들은 어쩔 수 없이 더 높은 에너지 준위를 차곡차곡 채워 나가야만 하는 상황이 발생할 수 있다. 이상기체의 경우에 비해 많은 전자들이 매우 높은 에너지 준위에 놓인 상황이기에 전자가 만들어내는 압력도 매우 강해진다. 이를 전자 축퇴압이라 부른다.

헬륨핵의 열적 수축에 따른 별의 진화 과정은 질량에 따라 다르게 진행되기에 작은 질량($0.9\ M_\odot < M < 2.0\ M_\odot$)과 중간 질량($2.0\ M < M < 8.0\ M_\odot$) 두 경우로 나누어 살펴보겠다.

(1) 작은 질량의 별($0.9\ M_\odot < M < 2.0\ M_\odot$)

헬륨핵이 수축하면 밀도와 온도가 점진적으로 높아진다. 헬륨핵 표면에 위치한 수소껍질의 온도 역시 점점 올라가며 그에 따른 수소껍질 연소의 에너지 생성률도 커지기에 광도 역시 서서히 증가한다. 반면 수소 포피층은 점진적으로 팽창하여 표면의 온도는 떨어진다. 이 단계를 **준거성 가지**(sub-giant branch)라 부른다(그림 11.44).

헬륨핵이 좀 더 수축하면 중심의 밀도가 매우 높아지면서 **전자 축퇴압**이 기체 압력보다 더 중요해지는 시점에 도달한다. 그림 11.45에서는 질량이 작은 별이 이 단계에서 중심의 온도와 밀도가 증가하

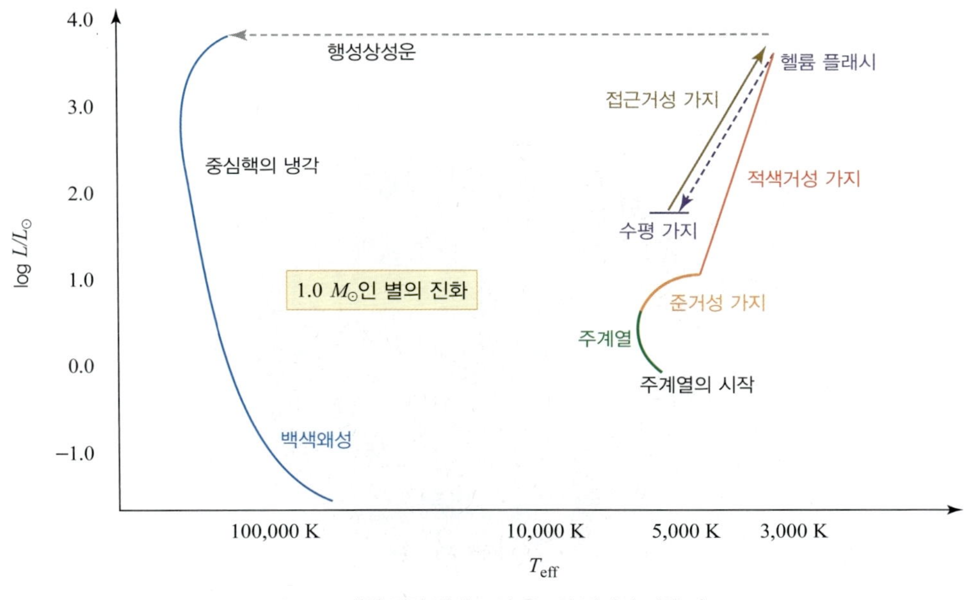

그림 11.44 태양 질량 별의 표면 온도와 밝기의 진화 경로

여 전자 축퇴 영역에 들어가는 모습을 도식적으로 보여준다(보라색 선). 이때 헬륨핵은 전자 축퇴압과 중력이 서로 균형을 이루고 있는 상태가 되며, 그 성질은 내부 물질이 모두 전자 축퇴되어 있는 백색왜성과 유사해진다. 백색왜성의 특징 중 하나는 질량이 클수록 크기가 작아져 밀도가 더 높아진다는 점이다. 마찬가지로 전자 축퇴 상태에 이른 헬륨핵의 반경도 질량이 커질수록 작아진다.

헬륨핵이 전자 축퇴 상태에 도달한 상황에서도 헬륨핵과 수소 포피 경계에 있는 수소껍질에서는 핵융합을 통해 지속적으로 수소가 헬륨으로 바뀌고 있고 그에 따라 헬륨핵의 질량은 점진적으로 증가한다. 그 결과 헬륨핵의 반경은 수축하고 수소껍질의 온도는 올라가기에 수소껍질 연소 따른 에너지 생성도 급격히 증가하여 표면의 밝기는 태양의 1,000배 이상으로 증가한다(그림 11.44). 이때 수소껍질의 온도는 2,000만 K 이상으로 양성자－양성자 연쇄 반응보다는 CNO 순환이 지배적으로 발생한다. 이 단계를 **적색거성 가지**(RGB, Red Giant Branch)라 부른다.

적색거성 가지 단계에서 헬륨핵의 질량과 밀도가 증가함에 따라 중심부의 온도가 올라가 1억°C 가까이 도달하면 헬륨핵반응이 시작된다. 앞서 11.6절에서 설명하였듯이 주계열성과 같이 물질이 이상기체인 경우, 별 중심에서 에너지가 급격히 생성되면 중심부가 팽창하면서 에너지가 소모되며 온도가 떨어진다. 하지만 전자 축퇴압의 세기는 온도에 의존하지 않고 전자 밀도에 의해 결정되므로 급격한 핵융합 에너지 생성은 압력에 변화를 일으키지 않는다. 따라서 핵융합 에너지는 기체의 내부 에너

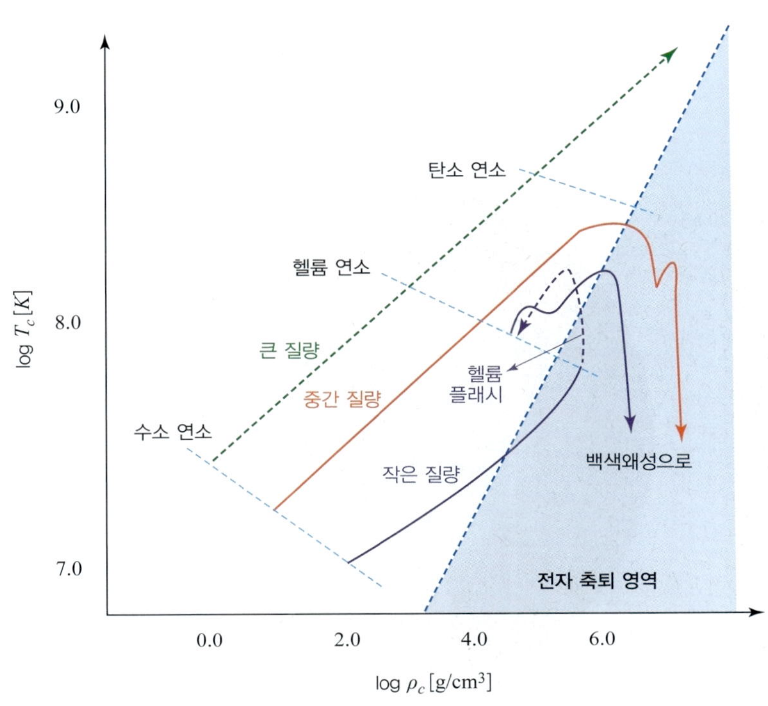

그림 11.45 질량에 따른 별의 중심 밀도와 중심 온도의 진화 경로

지를 높이는 데에만 사용되어 온도를 급격히 증가시킨다. 이는 다시 핵융합 에너지 생성의 증가로 이어지며 온도를 더욱 높인다. 결국 헬륨핵반응의 속도는 기하급수적으로 급격히 증가하여 폭발적으로 에너지가 생성되며 이를 **헬륨 플래시**(helium flash)라 부른다.

일단 헬륨 플래시가 발생하면 헬륨핵 전체가 열핵 폭발(thermonuclear explosion)을 겪기에 밀도는 급격히 낮아지고 전자의 축퇴는 풀리게 되어 이상기체 상태로 바뀌게 된다. 거울 원리에 따라 중심핵이 헬륨 플래시에 의해 팽창할 때 수소 포피는 수축하여 표면의 온도는 올라간다. 또한 헬륨핵이 팽창하면 수소 포피와의 경계에 위치한 수소껍질의 온도가 내려가기에 수소 연소가 급격히 약해지고 이로 인해 별 표면의 밝기도 급격히 어두워진다(그림 11.44). 그 이후 헬륨핵은 이상기체 상태에서 열평형 상태에 도달하여 안정적으로 헬륨 연소가 지속된다. 이 단계를 **수평 가지**(horizontal branch)라 부른다.

수평 가지 단계는 중심의 헬륨이 다 소진될 때까지 지속되며 그 이후 중심은 탄소-산소핵으로 바뀌게 된다. 이때 탄소-산소핵의 온도는 수억 K 정도에 머물러 있어 탄소 연소가 발생하기에는 너무 낮다. 따라서 탄소-산소핵은 열수축을 겪으며 중심의 밀도와 온도는 그에 따라 서서히 증가한다. 밀도의 증가는 결국 전자 축퇴로 이어진다(그림 11.45). 이때 탄소-산소핵과 헬륨껍질의 경계에서는 헬륨 연소가 활성화되며(**헬륨껍질 연소**) 헬륨껍질과 수소 포피층의 경계에서는 수소 연소도 활발해진다.

헬륨 연소로 인해 탄소-산소핵의 질량은 점진적으로 증가하며 이에 따라 전자 축퇴된 탄소-산소핵의 반경은 감소한다. 헬륨껍질과 수소껍질의 온도는 탄소-산소핵이 수축할수록 증가하며 그에 따른 헬륨껍질/수소껍질 핵융합 에너지 증가로 인해 별의 전체 밝기도 태양의 수천 배로 증가한다. 반면 중심부의 수축은 거울 효과에 의해 수소 포피의 팽창으로 이어지며 표면의 온도는 다시 낮아진다.

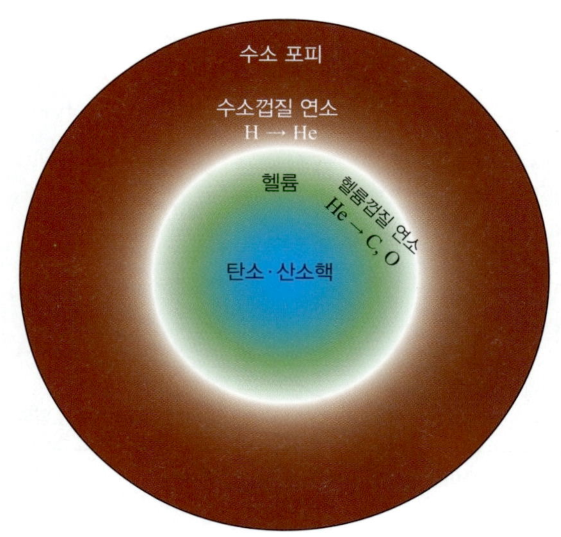

그림 11.46 점근거성 가지 별의 내부 구조

이 단계를 **점근거성 가지**(AGB, Asymptotic Giant Branch)라 부른다(그림 11.44, 11.46).

점근거성 가지에서 발생하는 헬륨껍질 핵반응은 종종 불안정한 방식으로 일어나며 수소 포피는 격렬한 맥동을 겪는다. 맥동 단계에서는 헬륨껍질 연소에서 생성된 탄소가 대류에 의해 수소 포피로 전달되어 별 표면의 탄소 함량비가 점진적으로 높아진다. 그리고 수소껍질에서 탄소가 수소와 결합하여 많은 양의 질소가 새롭게 생성되며 이 질소 역시 대류에 의해 수소 포피 전체에 전달된다.

점근거성 가지 별은 중성자 포획 핵합성이 발생하는 곳이기도 하다. 헬륨껍질 연소에서 생성된 탄소가 대류에 의해 수소 포피의 물질과 섞이면 탄소의 동위원소인 ^{13}C가 만들어질 수 있는데, ^{13}C는 다시 헬륨과 결합하여 산소로 합성되는 과정에서 자유중성자가 방출된다. 이 자유중성자들은 철과 결합하기 시작하면서 철보다 무거운 중원소들 일부가 생성된다. 대표적인 예로는 몰리브덴, 스트론튬, 이트륨 등이 있다. 이렇게 자유중성자의 포획을 통한 핵합성을 **중성자 포획 핵합성**(neutron-capture nucleosynthesis)이라 부른다.

다른 한편에서 맥동의 과정에서 많은 양의 표면 물질이 별의 외곽으로 휩쓸려 나가게 된다. 별 주변에 쌓이게 된 물질의 온도가 대략 2,000 K 이하로 떨어지면 많은 양의 먼지가 만들어진다. 이렇게 생성된 먼지는 별 주변의 불투명도를 높이기에 복사압이 강해지며 결국 강한 항성풍이 발생한다. 이를 통해 별은 수소 포피를 잃어버리게 되고 그 안에 포함되어 있는 많은 양의 탄소와 질소, 그리고 중성자 포획 핵합성을 통해 만들어진 각종 중원소가 우주 공간으로 흩뿌려지게 된다.

수소 포피를 잃어버리고 남은 중심핵의 표면 온도는 이때 수십만 K에 달하며 여기서 방출되는 많은 양의 자외선은 별에서 방출된 주변 물질을 이온화시키기 시작한다. 이 단계를 **행성상성운**(planetary nebla)이라 부른다. 그림 11.47에서 제임스 웹 우주망원경이 촬영한 행성상성운의 하나인 고리성운의 모습을 볼 수 있다.

그림 11.47 제임스 웹 우주망원경으로 관찰한 고리성운. 행성상성운의 하나로서 중심에서 밝게 빛나는 별 왼쪽에 백색왜성이 위치해 있다.

주계열부터 행성상성운에 이르기까지 각 단계에서 별이 머무는 진화 시간은 표 11.2에 정리되어 있다.

표 11.2 태양과 질량이 같은 별의 각 단계별 진화 시간

단계	진화 시간
주계열	100억 년
준거성 가지	18억 년
적색거성 가지	4.4억 년
수평 가지	1억 년
점근거성 가지	1,000만 년
행성상성운	1만 년

중심핵은 서서히 식어가며 **백색왜성**이 된다. 백색왜성의 크기는 지구 정도지만 질량은 태양 질량의 0.6배 정도로 평균 밀도는 2.5×10^9 kg m^{-3}에 달한다. 즉 물방울 하나의 공간에 1톤 이상의 질량이 들어갈 정도로 밀도가 높은 천체이다. 백색왜성은 내부에 에너지원이 없고 전자 축퇴압에 의해 자체의 중력을 버틸 수 있기에 중력 수축을 하지도 않는다. 따라서 고립된 상황에 홀로 있을 경우 복사로 내부의 에너지를 잃어버리며 차가워지고 밝기도 서서히 어두워지는 운명을 맞이한다.

(2) 중간 질량의 별($2.0\ M_\odot \leq M \leq 8.0\ M_\odot$)

중간 질량 별의 주계열 이후의 진화는 작은 질량의 경우와 유사하다. 즉 ① 헬륨핵이 열적 수축을 겪으며 밀도와 온도가 높아지고, ② 헬륨핵과 수소 포피 경계의 온도가 높아져 수소껍질 연소가 활성화되고 여기서 생성된 에너지는 별을 밝아지게 하며, ③ 수소 포피는 팽창하여 표면 온도가 내려가 적색거성이 된다.

질량이 작은 별과 차이가 있다면, 그림 11.45의 주황색 경로가 보여주듯 헬륨핵 중심부의 온도가 상대적으로 높은 상태를 유지하기에 전자 축퇴에 이르지는 않는다. 따라서 작은 질량의 경우와는 달리 헬륨 플래시는 발생하지 않고 수평 가지 단계로 진입하지도 않으며 헬륨핵은 이상기체 상태에 머무르며 안정적으로 헬륨 연소가 진행된다. 헬륨 연소 단계 초기에는 적색거성의 상태로 머물지만 중간에 수소 포피가 잠시 수축하여 청색거성이 되었다가 얼마 후 다시 적색거성으로 되돌아오는 블루 루프(blue loop) 현상이 중간 질량의 별에서는 흔하게 발생한다(그림 11.48).

헬륨 연소 단계가 끝나면 탄소-산소로 구성된 중심핵은 열수축을 겪으며 중심의 밀도는 증가하여 전자 축퇴의 영역에 도달한다(그림 11.45의 주황색 경로). 헬륨껍질 연소와 수소껍질 연소도 활성화되면서 별의 광도는 증가하고 수소 포피는 더욱 팽창하여 별은 점근거성 가지 단계로 진입한다(그림 11.48). 이때부터의 진화는 질량이 작은 별의 경우와 유사한 방식으로 진행되며 결국 행성상성운을

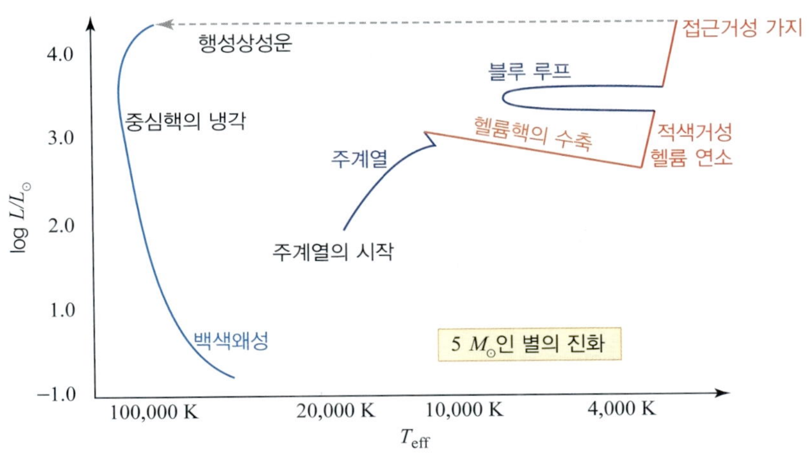

그림 11.48 중간 질량 별의 표면 온도와 밝기의 진화 경로

거쳐 백색왜성으로 일생을 마감한다.

2) 질량이 큰 별(태양 질량의 8배 이상)

질량이 큰 별의 중심부는 상대적으로 높은 온도를 유지하기에 철핵이 만들어지기 전까지는 중심부가 전자 축퇴되지 않는다(그림 11.45에서 초록색). 따라서 주계열 이후 핵반응은 헬륨 연소, 탄소 연소, 네온 연소, 산소 연소를 거쳐 규소 연소에 이르기까지 안정적으로 진행되며 최종적으로는 철핵이 만들어지는 단계로 이어진다.

주계열 직후 헬륨핵은 열수축을 겪으며 중심의 온도와 밀도는 높아지고 중심 온도가 2억 K에 달하면 헬륨 연소가 시작된다. 이 과정에서 수소껍질 연소가 활성화되며 수소 포피는 급격히 팽창하여 표면 온도는 4,000 K 정도로 낮아지며 **적색초거성**(red supergiant)으로 진화한다(그림 11.49). 질량이 대략 태양의 25배 이하인 경우 무거운 별은 적색초거성으로 나머지 일생을 마감하게 된다.

반면 질량이 더 큰 별의 경우($25\ M_\odot \le M \le 50\ M_\odot$) 적색초거성 단계에서 발생하는 항성풍이 매우 강하여 수소 포피를 다 잃어버리고 중심의 헬륨핵만 남게 된다(그림 11.50). 이렇게 수소 포피를 다 잃어버린 헬륨성은 표면 온도가 수만 K에서 10만 K에 달하며 스펙트럼에서는 강한 헬륨 방출선이 관찰되는데 이런 별을 흔히 **볼프-레이에별**(Wolf-Rayet star)이라 부른다. 질량이 대략 태양의 50배 이상인 별의 경우는 주계열이 끝난 직후 수소 포피가 격렬한 맥동을 겪으며 항성풍이 강하게 발생하는 **밝은 청색변광성**(luminous blue variable)으로 진화하게 되며 이 단계에서 수소 포피를 빠르게 잃어버리기에 적색초거성으로 진화하지 못하고 바로 볼프-레이에별로 진화하게 된다. 우리은하에서 발견된 별 중 가장 질량이 큰 별은 **NCG 3603-B**로서 질량이 태양의 132배에 달한다. 이렇게 태양보다 100배 이상 무거운 별들 역시 우리은하에서는 밝은청색변광성 단계를 거쳐 볼프-레이에별로 진화하게 된다.

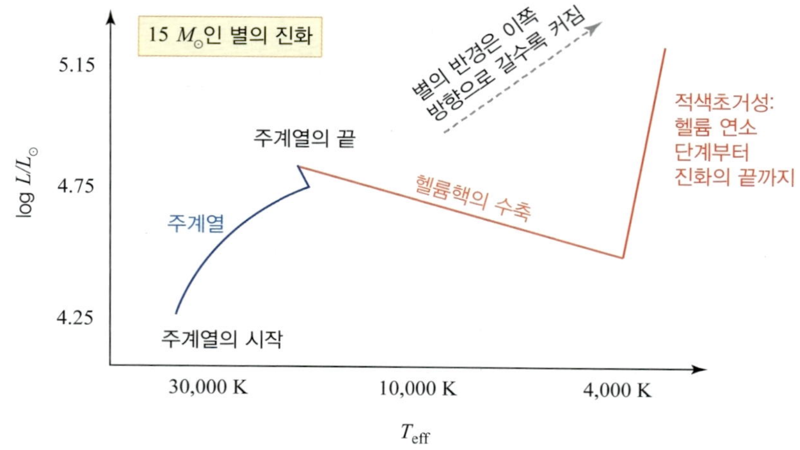

그림 11.49 질량이 태양의 15배인 별의 표면 온도와 밝기의 진화 경로

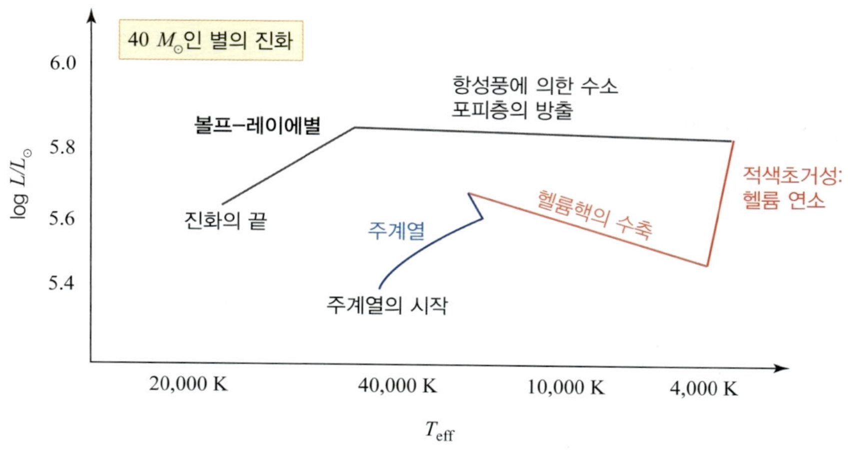

그림 11.50 질량이 태양의 40배인 별의 표면 온도와 밝기의 진화 경로

중심부에서 헬륨을 다 소진하고 남은 탄소-산소핵은 다시 열적 수축을 겪게 되고 중심의 온도가 8억 K에 달하면 탄소 연소가 시작되며 탄소의 대부분은 네온으로 바뀌게 된다. 탄소 연소가 끝나면 중심에 생성된 네온핵이 수축하고 중심 온도가 15억 K가 되면 네온 핵반응을 통해 중심핵은 대부분 산소로 바뀌며 일부는 마그네슘이 된다. 네온 연소가 다 끝난 이후 네온핵이 수축하여 중심 온도가 20억 K에 달하면 산소 핵반응을 통해 산소가 대부분 규소와 황으로 바뀌게 된다. 산소 연소가 끝난 이후 규소와 황으로 구성된 핵이 수축하여 중심 온도가 35억 K에 달하면 규소 핵반응이 시작되어 중심부가 대부분 니켈, 철, 코발트 등 철 종족(iron group) 원소로 바뀌게 된다. 이렇게 형성된 철핵의 밀도는 매우 높기에 전자들이 축퇴되기 시작한다. 그림 11.51에서 볼 수 있듯 이때 별의 중심에서부터 철→규소→산소→네온→탄소→헬륨→수소층이 순차적으로 형성되어 있기에 이를 흔히 양파 구조라 부르기도 한다.

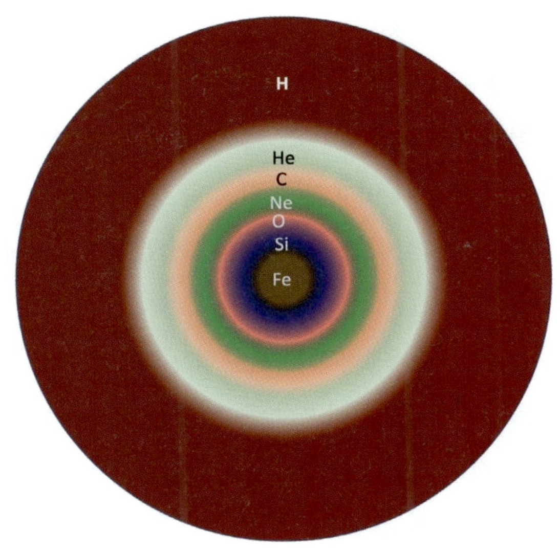

그림 11.51 무거운 별의 최종 진화 단계에서의 내부 구조

표 11.3에는 질량이 태양의 15배인 별의 진화 단계에 따른 중심 온도와 진화 시간이 정리되어 있다. 주계열에서 보내는 시간이 1,100만 년이며 나머지 200만 년 정도를 헬륨 연소 단계에서 보낸다. 그 이후의 시간은 매우 짧아서 탄소 연소가 2,000년, 네온 연소와 산소 연소는 수년, 마지막 규소 연소는 18일 정도면 끝나게 된다.

철은 매우 안정한 원소로서 별 내부의 일반적인 환경에서는 다른 원소와 결합하여 더 무거운 원소를 만들지 못한다. 따라서 철핵 중심에서는 핵반응이 발생하지 않는다. 반면, 철핵과 규소껍질의 경계에서 발생하는 규소껍질 연소를 통해 새롭게 생성되는 철 종족 원소들은 지속적으로 철핵 위에 쌓이게 되어 철핵의 질량은 증가한다. 철핵의 질량이 **찬드라세카르 한계 질량**에 도달하면 철핵은 중력 붕괴를 겪는다.

철핵의 중력 붕괴가 발생하면 중심부의 온도와 밀도가 매우 높아지므로 모든 원소들은 양성자와 중성자로 광분해된다. 밀도가 높은 상황이기에 대부분의 양성자는 다시 전자와 결합하여 중성자로

표 11.3 질량이 태양의 15배인 별의 진화 단계에 따른 중심 온도와 진화 시간

단계	중심 온도	진화 시간
수소 연소(주계열)	3,500만 K	1,100만 년
헬륨 연소	1억 8,000 K	200만 년
탄소 연소	8억 3,000 K	2,000년
네온 연소	16억 K	0.7년
산소 연소	19억 K	2.6년
규소 연소	33억 K	18일

바뀐다. 결과적으로 철핵은 밀도가 10^{17} kg m^{-3} 이상인 원시 중성자별(proto-neutron star)이 되며, 중성자의 축퇴압과 중력이 균형을 이루는 상황에 놓이게 된다. 반면 철핵 위쪽에 위치해 있던 별 포피의 물질은 중력에 의해 원시 중성자별 쪽으로 빠르게 낙하한다. 철핵이 원시 중성자별로 바뀌는 과정에서 많은 양의 중성미자가 방출되는데 이때 방출되는 중성미자의 총 에너지는 약 10^{46} J에 달한다. 중성미자의 일부가 원시 중성자별로 낙하하는 물질들에게 충분히 많은 에너지를 전달할 경우 **초신성 폭발**이 발생할 수 있다.

관측으로부터 유추되는 초신성의 운동 에너지는 평균적으로 10^{44} J이기에 중성미자의 총 에너지 중 1% 정도만 사용할 수 있어도 초신성 폭발에 성공할 수 있다는 의미이다. 초신성 폭발이 발생하면 폭발한 물질은 주변에 있는 성간물질과 충돌하면서 에너지와 운동량을 공급한다. 반면 중심부의 원시 중성자별은 식어가면서 **중성자별**로 남게 된다.

반면 낙하하는 물질의 중력 에너지가 중성미자로부터 전달받은 에너지보다 우세할 경우 초신성 폭발은 일어날 수 없다. 이 경우 포피 물질은 계속 중력에 의해 낙하하여 원시 중성자별 위에 급격히 쌓이게 되고 원시 중성자별의 질량은 증가한다. 원시 중성자별의 질량이 대략 태양 질량의 2.5배에서 3배 이상이 될 경우 중성자 축퇴압은 더 이상 중력을 이기지 못하고 **블랙홀**로 붕괴하게 된다. 이렇게 블랙홀은 초신성 폭발이 실패할 경우 형성되는 것이 일반적이다. 하지만 예외적으로 드물게 별의 포피 물질들이 많은 양의 각운동량을 가지고 있을 경우 블랙홀 주변에 강착원반을 형성하면서 **감마선 폭발체**(gamma-ray burst)와 같은 특이한 폭발 현상을 일으킬 수도 있다.

찬드라세카르 한계 질량

찬드라세카르 한계 질량은 전자 축퇴압과 중력이 서로 균형을 이루어 정역학적 평형 상태에 머물 수 있는 질량의 최댓값을 의미한다. 이 한계 질량을 넘어설 경우 전자 축퇴압은 더 이상 중력과 균형을 이룰 만큼 강하지 못하므로 중력 붕괴(gravitational collapse)가 발생하게 된다. 전자 축퇴압의 세기는 전자의 밀도와 상관관계가 있고, 별 내부의 전자 개수는 구성 성분인 원소의 종류에 따라 달라지기에 찬드라세카르 한계 질량도 구성 원소에 따라 조금씩 차이가 난다. 탄소와 산소로 구성된 백색왜성의 경우 이 한계 질량은 대략 태양의 1.4배에 해당하며 철핵의 경우는 대략 태양 질량의 1.28배 정도이다.

초신성 폭발 후 중심에 남겨진 **중성자별**은 질량이 태양의 1.4배 정도이지만 반경은 10 km에 불과한 고밀도 천체이다. 중성자별이 강한 자기장을 가지고 있을 경우 자기장의 쌍극자(dipole) 방향으로 강한 전파를 방출할 수 있다. 중성자별의 자전축과 자기장의 쌍극자(dipole) 축이 서로 일치하지 않는 경우가 일반적인데 이로 인해 전파는 중성자별 자전 주기에 맞추어 주기적으로 관찰될 수 있고, 이를 흔히 **펄사**(pulsar)라 부른다(그림 11.52). 펄사의 자기장은 일반적으로 10^{11}~10^{13} 가우스 범위에 있으며 주기는 짧게는 수백분의 1초에서 길게는 수초에 달한다. 가끔 일반적인 펄사에 비해 10배에서 100배

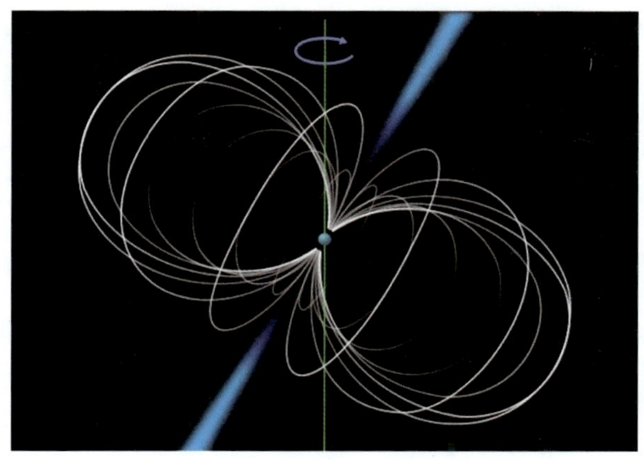

그림 11.52 펄사의 도식도

이상 강한 자기장을 지닌 것도 발견되는데 이렇게 자기장이 유달리 강한 중성자별은 흔히 **마그네타**(magnetar)라 불린다. 무거운 별이 폭발하고 남긴 초신성 잔해에서는 중성자별이 발견되는 것이 일반적이다. 대표적인 예로는 Cas A 초신성 잔해와 게성운 초신성 잔해가 있다.

11.9 초신성, 신성, 킬로노바

별의 폭발인 초신성은 밝기가 태양의 수천만 배에서 100억 배에 달하는 매우 밝은 현상이다. 초신성의 지속 기간은 짧게는 20일에서 길게는 150일에 달한다. 초신성 폭발은 우리은하에서 평균적으로 50년에 한 번꼴로 발생해온 것으로 추정된다.

초신성은 폭발 기작에 따라 크게 두 종류로 나뉜다. 첫 번째는 앞서 설명하였듯이 질량이 큰 별의 철핵이 중성자별로 중력 붕괴할 때 발생하는 경우로서 이를 흔히 **핵붕괴 초신성**(core-collapse

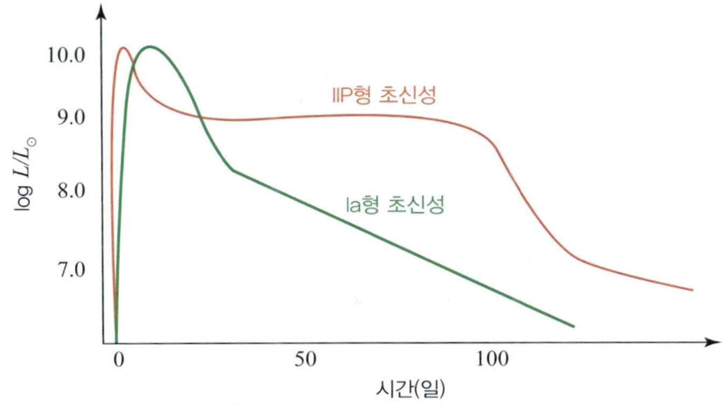

그림 11.53 초신성의 광도 곡선. IIP형 초신성과 Ia형 초신성의 경우가 도식적으로 나타나 있다.

supernova)이라 부른다. 핵붕괴 초신성의 60% 이상은 모체성이 많은 양의 수소 포피를 간직한 적색초거성의 상태로 폭발한다. 이 경우 스펙트럼에서는 강한 수소 방출선이 검출되며 수소 포피의 영향으로 광도 곡선은 100일에 걸쳐 일정한 밝기를 유지하는 플래토 형태를 보이는데 이를 **IIP형 초신성**이라 부른다(그림 11.53). 여기서 II는 초신성의 관측적 분류 체계에서 수소선이 발견된 경우를 의미하며 P는 플래토를 뜻한다. 만일 항성풍이나 쌍성계에서 발생한 질량 손실을 통해 수소 포피층을 잃어버린 상태에서 폭발할 경우 수소선이 보이지 않기에 I형 초신성으로 분류되며, 세부적으로는 스펙트럼에 강한 헬륨 흡수선이 나타날 경우 **Ib형**, 헬륨선이 발견되지 않으며 약한 규소 흡수선이 보일 경우 **Ic형**으로 분류된다.

핵붕괴 초신성은 은하 내에서 주변의 성간물질에 에너지와 운동량을 전달하며 별 형성의 역사에 큰 영향을 끼친다. 또한 핵붕괴 초신성을 통해 많은 양의 산소, 마그네슘, 네온, 규소, 황, 인, 그리고 철 종족 원소들이 우주 공간으로 흩어지며 우주의 화학적 진화에도 중요한 역할을 한다.

초신성의 또 다른 중요한 폭발 기작은 백색왜성의 열핵 폭발(thermonuclear explosion)이다. 이를 **Ia형 초신성**이라 부른다. Ia형 초신성의 스펙트럼에서는 수소선과 헬륨선이 보이지 않으며 그 대신 강한 규소의 흡수선이 관찰되는 것이 특징이다.

그림 11.54 백색왜성이 Ia형 초신성으로 폭발하는 2가지 주요 경로. 왼쪽은 2개의 백색왜성이 쌍성계를 이루고 있다가 중력파에 의해 궤도 에너지를 잃고 충돌하는 경우이다. 오른쪽은 주계열성, 준거성별이나 거성별, 혹은 헬륨성과 쌍성계를 이루면서 질량을 전달받아 찬드라세카르 한계 질량에 도달하여 폭발하는 경우이다.

Ia형 초신성이 발생할 수 있는 방식은 다양하다(그림 11.54). 한 가지 가능성은 백색왜성이 또 다른 백색왜성과 서로 공전하며 쌍성계를 형성하고 있다가 중력파에 의해 공전 궤도 에너지를 잃게 되면서 서로 충돌하여 열핵 폭발을 일으키는 경우이다. 또 다른 가능성은 백색왜성이 다른 별(주계열성, 준거성별, 적색거성, 혹은 헬륨성)과 쌍성계를 이루고 있는 경우이다. 이들 동반성이 빠른 속도로 수소나 헬륨으로 구성된 물질을 백색왜성으로 전달할 경우 중력 에너지의 방출로 인해 백색왜성 표면의 온도가 증가하게 되고, 백색왜성 표면에 강착된 수소와 헬륨은 안정적인 핵반응을 통해 탄소와 산소로 바뀌게 된다. 결과적으로 백색왜성의 질량은 증가한다. 백색왜성이 결국 찬드라세카르 한계 질량에 도달하게 되면 급격한 중력 수축을 겪으며 중심부의 밀도가 높아져 폭발적인 탄소의 열핵 폭발이 일어나게 된다.

Ia형 초신성은 철, 니켈, 코발트를 포함하는 철 종족 원소의 기원을 설명할 때 빼놓을 수 없는 중요한 역할을 한다. Ia형 초신성 폭발의 원인인 백색왜성의 열핵 폭발은 탄소의 핵융합에서부터 시작하여 결국 철 종족 원소를 합성하게 되는데 이때 생성되는 철 종족 원소의 질량은 태양 질량에 맞먹는다. 우주에 존재하는 철 종족 원소의 60% 정도는 Ia형 초신성을 통해, 나머지 40% 정도는 핵붕괴 초신성에서 합성되었을 것으로 추정된다.

아울러 Ia형 초신성은 중요한 거리 측정 도구이며 우주의 가속팽창 발견에 핵심적인 역할을 했다. Ia형 초신성의 광도 곡선은 그림 11.53에 주어진 예와 같이 처음에는 점진적으로 밝아졌다가 다시 점진적으로 어두워지는 형태를 갖는다. 우리은하 주변에서 발생하는 Ia형 초신성에서는 최대 광도가 높을수록 더 천천히 어두워지며 최대 광도가 낮을수록 더 빨리 광도가 감소하는 뚜렷한 상관관계가 발견된다. 따라서 Ia형 초신성의 최대 밝기로부터 광도가 떨어지는 속도를 측정하면 이로부터 역으로 최대 광도의 절댓값을 추정할 수 있으며 겉보기 밝기와 비교함으로써 초신성이 발생한 곳까지의 거리를 측정하는 것이 가능하다.

Ia형 초신성뿐 아니라 **신성 폭발**(nova explosion)의 기원도 백색왜성에 있다. 신성의 밝기는 태양의 만 배에서 10만 배 정도로, 초신성에 비해 훨씬 어둡고 지속 시간은 수일에서 수십 일로 다양하다. 신성 폭발은 질량이 비교적 작은 주계열성과 백색왜성이 쌍성계를 이루고 있는 상황에서 주로 발생한다. 이때 동반성으로부터 백색왜성으로 물질이 전달되면, 주로 수소로 구성된 동반성의 물질은 백색왜성 표면에 서서히 쌓이게 된다. 표면에 쌓인 물질의 질량이 어느 시점에서 일정 한계를 넘어서면 불투명도가 증가하고 백색왜성 내부로부터 표면으로 전달되는 복사 에너지를 흡수하여 수소 물질의 온도가 증가하게 된다. 온도가 1,000만 °C 이상에 달하면 결국 수소 핵반응이 발생하게 된다. 이때 백색왜성 표면에 쌓인 수소의 밀도는 매우 높아 전자 축퇴의 상태에 있기 때문에 수소 핵반응은 폭발적으로 진행된다. 이를 신성 폭발이라 부른다. Ia형 초신성 폭발이 백색왜성 전체가 거대한 열핵 폭발에 참여하는 현상이라면, 신성 폭발은 오직 백색왜성 표면에 쌓인 물질에서만 발생하는 소규모 폭발이다. 신성 폭발은 초신성에 비해 훨씬 더 자주 발견되며 우리은하에서는 1년에 10번꼴로 관측된다.

최근에 발견된 또 다른 중요한 폭발 현상으로는 **킬로노바**(kilonova)가 있다. 킬로노바는 신성에 비해 약 1,000배가 밝으며 지속 시간은 1주일 이내로 매우 짧다. 킬로노바는 중성자별 2개가 짧은 주기의 궤도에서 서로 공전하다가 **중력파**를 통해 서서히 궤도의 에너지를 잃어버려 충돌할 때 발생하는 현상이다. 2개의 중성자별이 충돌할 때 대부분의 물질은 블랙홀로 붕괴한다. 하지만 외곽에서 높은 에너지를 지닌 물질들은 격렬한 핵융합 반응에 참여하여 폭발을 일으키며 킬로노바로 관측된다. 킬로노바는 2017년에 처음 발견되었으며 중성자별 충돌 시 발생한 중력파도 함께 검출된 바 있다.

킬로노바 폭발을 일으키는 물질에는 중성자별에서 방출된 많은 자유중성자가 포함되어 있기에 **중성자 포획 핵합성**(neutron-capture nucleosynthesis)이 활발하게 발생하며 이를 통해 금과 백금을 포함한 다양한 중원소들이 생성된다. 킬로노바는 따라서 점근거성열 별과 더불어 철보다 무거운 원소의 기원을 설명하는 데 중요한 역할을 한다.

11.10 별과 물질의 순환

그림 11.55에는 가벼운 별과 무거운 별, 초신성, 킬로노바 등을 통한 원소의 기원 과정이 요약되어 있다. 그림 11.56에는 주기율표 상에서 각 원소의 천문학적인 기원이 다양한 색으로 표시되어 있다. 가벼운 별은 탄소 및 질소의 기원과 몰리브덴, 스트론튬, 이트륨 등 일부 철보다 무거운 중원소의 생

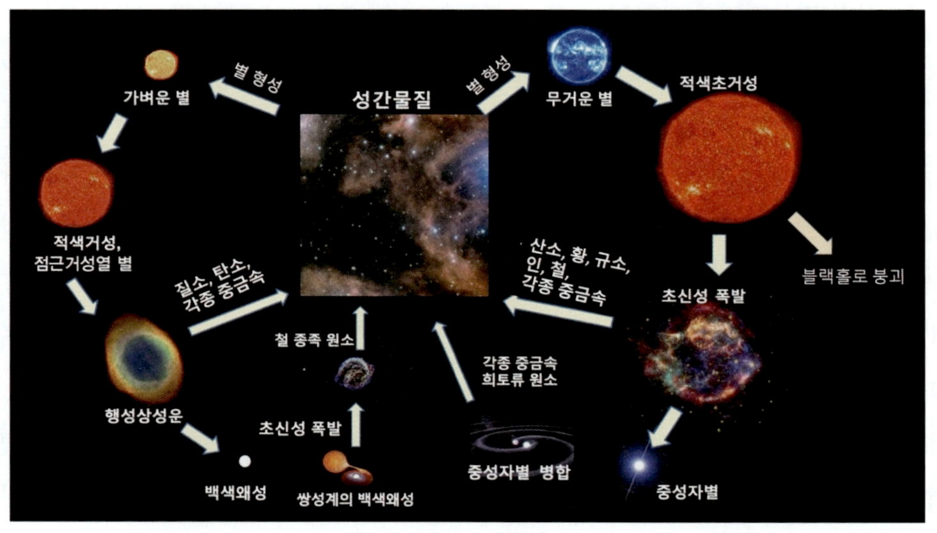

그림 11.55 별과 물질의 순환

성에 중요한 역할을 한다. 백색왜성의 폭발인 Ia형 초신성은 철, 니켈, 코발트 등 철 종족 원소의 생성에 큰 기여를 하며 무거운 별과 무거운 별의 폭발인 핵붕괴 초신성은 산소, 마그네슘, 네온, 규소, 황 등의 기원에 주된 역할을 한다. 중성자별 충돌은 철보다 무거운 금, 백금, 각종 희토류 원소, 우라늄 등 다양한 원소의 기원을 설명해줄 수 있다.

수소와 헬륨으로만 구성되었던 빅뱅 직후의 바리온 물질은 이렇게 별과의 순환을 통해 화학적인 진화를 겪게 되며 시간이 지날수록 헬륨보다 무거운 중원소의 함량비가 점점 증가하게 된다. 따라서 다양한 별에 담겨 있는 원소들의 함량비를 분석함으로써 우리은하의 역사를 재구성할 수 있다. 별에 의한 원소의 생성은 우주 역사의 관점에서 행성과 생명의 기원을 이해할 때 빼놓을 수 없는 중요한 요소이다.

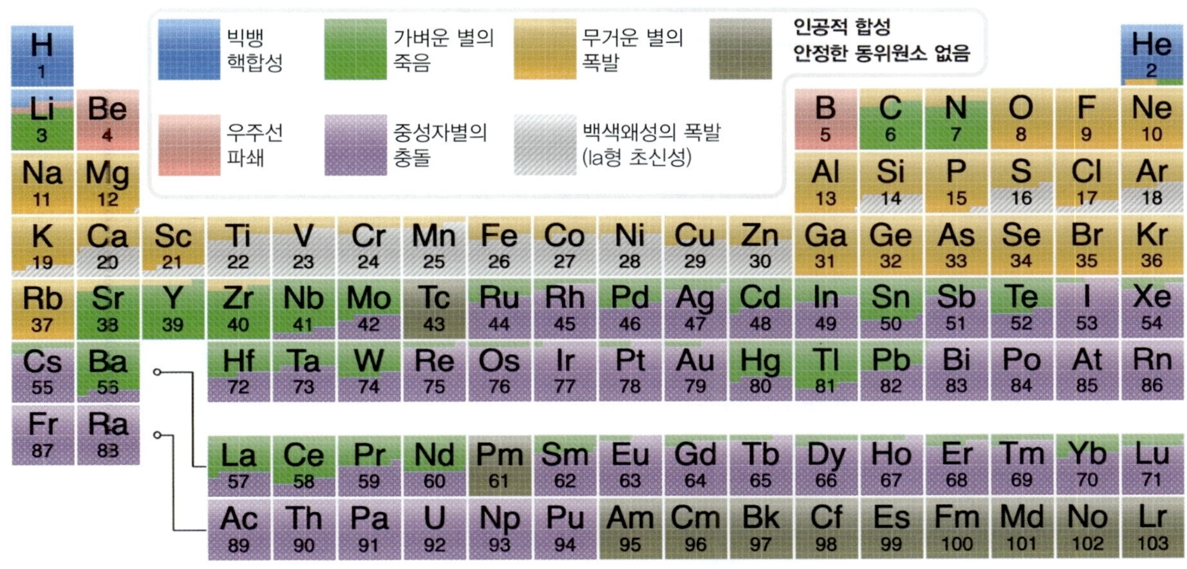

그림 11.56 주기율표와 각 원소의 천문학적인 기원

중력파

일반상대성 이론에 따르면 질량을 지닌 물체 주변의 시공간에는 곡률이 생긴다. 이러한 물체가 움직이면 곡률의 요동에 따른 파동이 발생하며 이 파동은 빛의 속도로 진행한다. 이러한 시공간의 파동을 **중력파**(gravitational wave)라 부르며 중력파에 의해 전달되는 에너지를 **중력 복사**(gravitational wave radiation)라 부른다.

중력파는 그 세기가 매우 미미하여 일상생활에서는 경험할 수 없다. 하지만 백색왜성, 중성자별, 블랙홀과 같이 고밀도 천체는 표면 중력이 매우 강하기에 경우에 따라 지구상에서도 검측 가능한 수준의 강한 중력파를 생성할 수 있다. 대표적인 예가 고밀도 천체가 쌍성계를 이루며 매우 짧은 주기로 서로 공전하고 있는 경우이다. 쌍성계가 중력파를 방출하면 에너지를 잃어버리므로 궤도와 주기가 점점 짧아지게 되며 결국에는 서로 충돌하게 된다(그림 11.57).

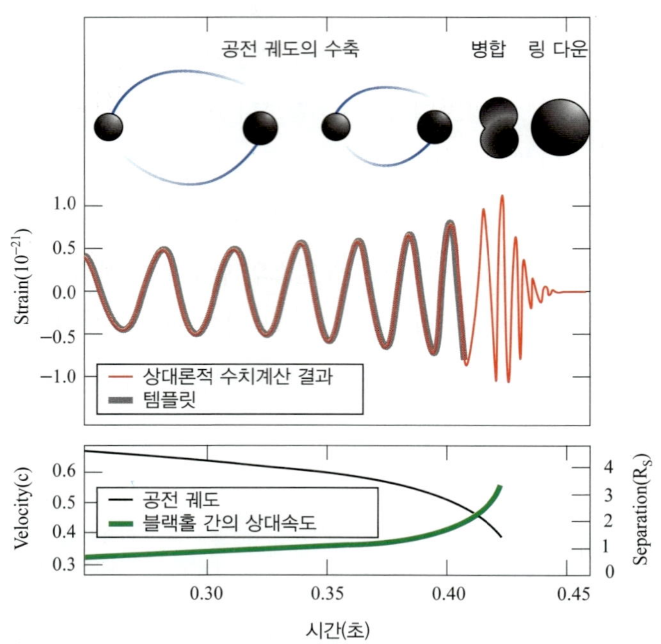

그림 11.57 2개의 블랙홀이 짧은 주기로 공전하면서 방출하는 중력파의 시간에 따른 변화 모습이 위 패널에 도식적으로 묘사되어 있다. 블랙홀 쌍성계는 중력 복사를 통해 에너지를 잃어버리면서 궤도가 짧아지게 되고 그에 따라 중력파의 파장은 짧아지고 파동의 진폭은 커지게 된다. 2개가 결국 충돌하여 하나로 병합하면 중력파는 더 이상 방출되지 않는다. 아래 패널의 초록색 선은 시간에 따른 블랙홀의 상대적인 속도 변화를 빛의 속도 단위로 보여주고 있고, 회색 선은 쌍성 궤도의 시간에 따른 변화를 블랙홀의 슈바르츠실트 반경의 단위로 보여주고 있다.

현재 중력파의 검출은 레이저 간섭계를 이용한 거대 시설을 통해 진행되고 있으며 대표적인 중력파 검출기로는 LIGO(Laser Interferometer Gravitational−Wave Observatory), VIRGO, KAGRA가 있다. 2개의 블랙홀이 충돌할 때 발생한 중력파의 첫 발견은 2015년 9월 14일에 이루어졌고, 2개의 중성자별 충돌에 의한 중력파는 2017년 8월 17일에 처음 발견된 바 있다. 2022년 현재까지 중력파 검출은 100회 가깝게 이루어졌는데 대부분은 블랙홀 충돌에 의한 것이었고 그중 일부는 중성자별−중성자별 충돌, 혹은 중성자별−블랙홀 충돌에 따른 것이었다.

중력파를 이용한 중력파천문학은 전자기파를 통해 천체에 관한 정보를 얻어온 전통적인 방식을 벗어나 우주의 새로운 창을 열었다는 데 의미가 있다. 앞으로 더욱 많은 중력파 관측을 통해 블랙홀과 중성자별의 질량 분포를 정확하게 추정할 수 있을 것으로 기대하고 있다. 또한 중력파 검출기의 성능이 더욱 향상될 경우 초신성 폭발 시 발생하는 중력파, 백색왜성 쌍성계, 혹은 백색왜성의 충돌에서 발생하는 중력파 등도 검출할 수 있을 것이다. 중력파천문학의 발전을 통해 백색왜성, 중성자별, 블랙홀의 생성 및 초신성 폭발을 탐구하는 항성진화 이론은 새로운 국면을 맞이하게 될 것이다.

STORYLINE

고대로부터 인류가 하늘을 올려다보면서 떠올렸던 근본적인 질문은 우리를 둘러싼 이 모든 것, 바로 '우주'가 어떻게 시작되었으며, 어떻게 변화할 것인가 하는 것이었다. 20세기 초반 천문학의 눈부신 발전을 거쳐 우리가 속해 있는 우주에 대한 보다 과학적인 인식에 도달하게 되면서, 지구의 관측자들은 태양이 속한 동시에 많은 별로 구성된 우리은하 외에도 우주에 수많은 은하가 존재함을 인지하게 되었다. '은하'는 우주를 구성하는 기본 요소이며 별, 기체, 암흑물질 등 은하의 구성 성분이 어떻게 상호 작용하는지에 대한 연구는 우주의 역사를 완전히 기술하는 데 필요한 정보를 제공한다. 현대우주론에서는 우주를 물질과 빛, 혹은 기타 구성 성분과 이들을 담은 시공간, 그리고 이들을 연결하고 지배하는 물리 법칙의 합으로 정의한다. 이론의 개발, 다양한 관측 기술과 계획을 통한 관측 프로그램 수행, 수치 모의실험 등의 수단으로 오늘날 우리는 우주의 시작과 현재까지의 진화 과정, 그리고 미래를 이해하고자 노력하고 있다.

(사진: 제임스 웹 우주망원경이 촬영한 은하단 SMACS 0723 근적외선 이미지.)

- 12.1 우리은하
- 12.2 외부은하
- 12.3 은하 집단과 거대 구조
- 12.4 우주론

은하와 우주

12.1 우리은하

1) 우리은하의 크기와 구조

지구상의 어느 위치에서든 밤하늘이 충분히 어두운 곳에서 눈을 어둠에 적응시키면 하늘을 가로지르는 활 형태의 은하수를 볼 수 있다. 칼 세이건이 『코스모스』에서 소개한 칼라하리 사막 쿵 족의 우주관에 따르면, 인류는 거대한 짐승의 뱃속에 살고 있으며 은하수는 밤을 지탱하는 거대한 짐승의 등뼈라고 생각되었다. 한국에서는 예로부터 은하수를 용이 사는 강이라고 하여 '미리내'라는 이름으로 불렀다. 여러 문화권에서 은하수가 언급되고 특별한 명칭으로 불린다는 사실은 오래전부터 사람들이 우리가 사는 행성과 우주에 대해 깊은 관심을 가지고 하늘을 관찰해왔다는 것을 말해준다.

1600년대 초 갈릴레이는 망원경을 사용해 낱별을 분해하여 관찰하고, 희고 뿌옇게 보이는 **은하수**가 사실 수많은 별로 이루어진 구조임을 소개하였다. 현대의 우리는 카메라로 오랜 시간 촬영하여 은하수의 모습을 사진으로 남길 수 있다. 그림 12.1은 각각 겨울(왼쪽)과 여름(오른쪽)에 보현산과 소백산에서 촬영한 은하수의 모습이다. 겨울철에 비해 여름철 밤하늘에서 관측된 은하수의 모습이 훨씬 밝고, 단위 면적당 별의 개수밀도가 더 큰 것을 볼 수 있다. 특히 여름철 은하수의 별이 많은 부분 사이에는 먼지에 의해 검게 보이는 띠가 뚜렷하게 관측된다.

태양 역시 수많은 별 중 하나라고 생각한다면, 우리는 태양이라는 별 주변의 행성에 거주하는 관측자이며, 은하수의 존재를 포함해 관측되는 현상으로부터 실제 별의 공간적 분포를 추정할 수 있다. 그림 12.2a와 같이 별들이 균일하게 분포한 구형의 계 중심에 위치한 어느 한 별의 관측자가 바라보는 하늘을 상상해보자. 이 관측자가 어떤 시선 방향을 채택하더라도 관측되는 별의 개수밀도는 동일할

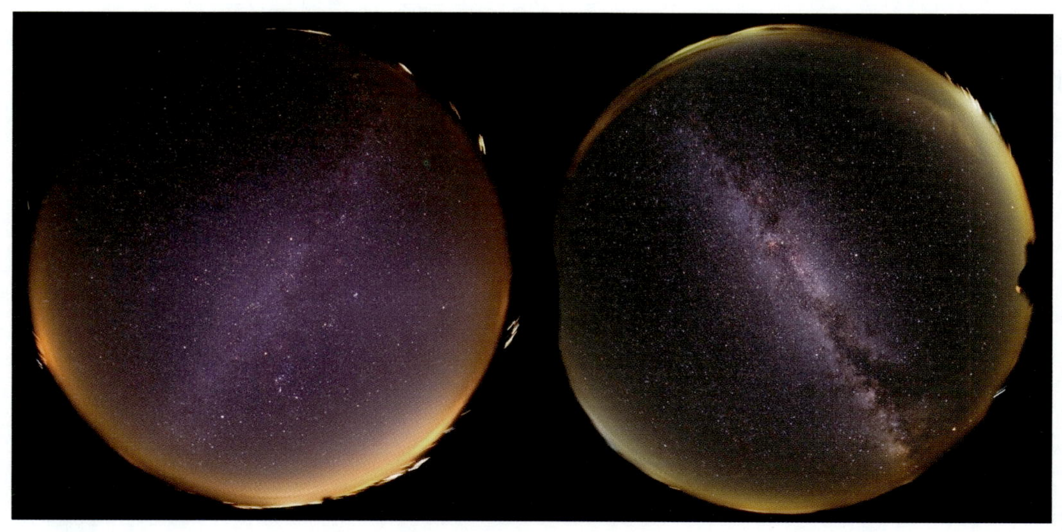

그림 12.1 겨울 은하수(왼쪽, 1999년 2월 보현산 촬영)와 여름 은하수(오른쪽, 2001년 7월 소백산 촬영)의 비교(촬영: 사진작가 권오철)

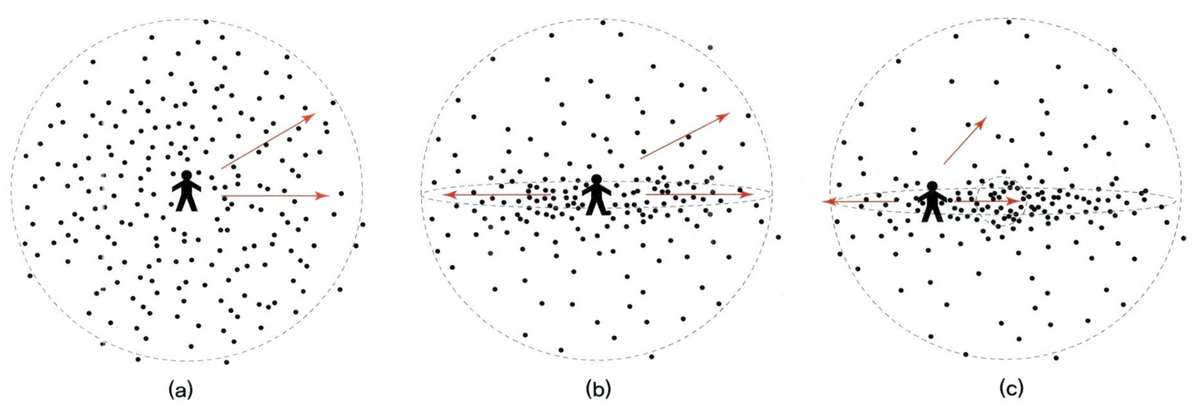

그림 12.2 별의 공간적 분포와 관측자의 위치가 다른 3개의 은하 모형 모식도

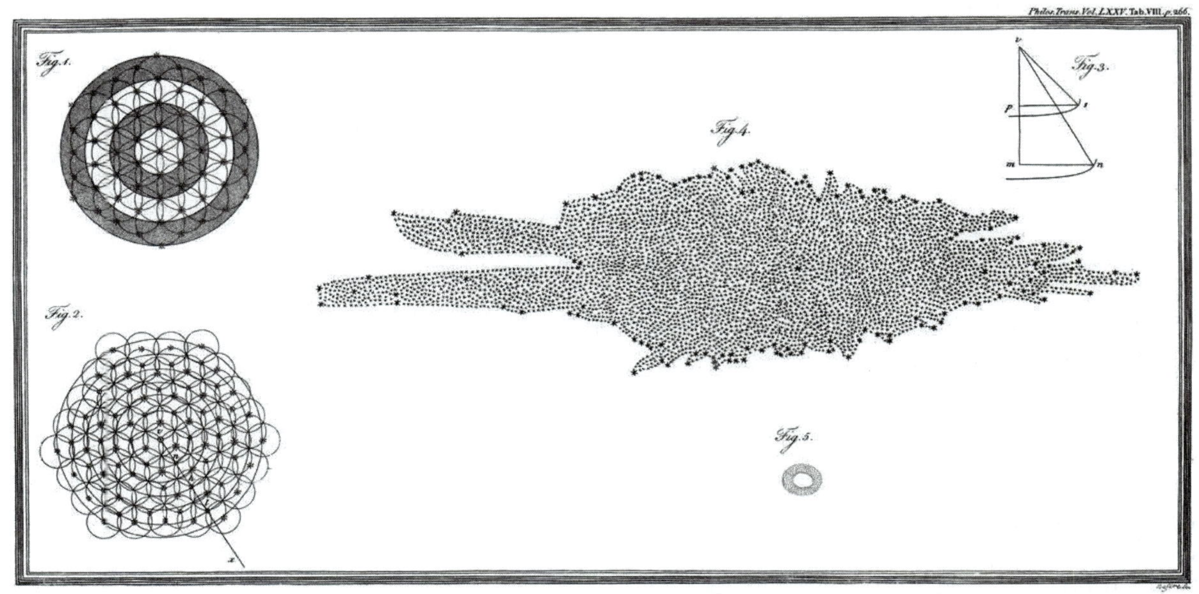

그림 12.3 허셜이 1785년 그의 책에서 제시한 우리은하의 형태. 중앙의 검은 점은 관측자의 위치이다.

것이다. 그러나 그림 12.2b와 같이 구형의 항성계 중앙에 별이 집중된 원반이 포함되어 있다면, 원반의 중심에 위치한 관측자는 원반과 나란한 시선 방향에서는 별의 개수밀도가 다른 방향에 비해 많다고 인지하기 때문에 하늘에서는 별이 띠 형태로 밀집되어 있는 현상을 관측하게 될 것이다. 즉 은하수가 관측되기 때문에 우리는 태양이 포함된 '**우리은하**'가 별들이 밀집된 납작한 원반을 포함한 구조일 것이라고 추론할 수 있다. 또한 그림 12.2c는 관측자가 은하의 중심에 위치하지 않고, 은하 중심 부근에 별이 더 많이 뭉쳐진 구조가 존재할 때 관측자가 은하 중심을 바라보느냐 그 반대를 바라보느냐에 따라 은하수의 형태가 달라질 수 있음을 보여준다. 이렇게 모형을 만들어 관측될 밤하늘의 모습이 어떻게 달라질 것인지 생각해본다면 현재 우리 태양-지구가 우리은하에서 상대적으로 어떤 위치에 놓여 있는지를 짐작할 수 있을 것이다.

우리은하의 형태와 크기에 대한 논의의 역사는 1700년대로 거슬러 올라간다. 허셜(William Herschel, 1738~1822)은 1785년 출판한 그의 책『하늘의 구조에 대하여(On the Construction of The Heavens)』에서, 별 계수법(star gages)을 사용하여 관측에 기반한 우리은하의 형태 모형을 제시하였다. 은하 내 별의 개수밀도 분포가 균일하고 망원경이 우리은하에 속한 모든 별을 분해해서 관측할 수 있다고 가정한다면, 별의 등급에 대한 고려 없이도 시선 방향별로 달라지는 별의 개수밀도를 이용해 은하의 가장자리와 관측자 사이의 거리를 구할 수 있다. 이러한 방법으로 허셜은 우리은하의 모습이 납작하고 길쭉하게 늘려진 형태이며, 가지와 같은 구조도 보인다고 추정하였다(그림 12.3). 1900년대 초 캅테인(Jacobus Kapteyn, 1851~1922)은 등급에 따른 별의 개수를 세고, 별의 고유 운동을 이용한 거리 추정법을 적용해 대략적인 우리은하의 크기를 추정하였다. 캅테인의 우리은하 모형은 지름이 약 17 kpc, 가장 두꺼운 부분의 두께가 약 3 kpc인 납작한 타원체로, 태양은 중심에 매우 가까이(0.6 kpc 정도) 위치하였다. 작은 크기와 중심 부근에 위치한 관측자라는 은하 모형의 특성은 성간소광을 고려하지 않은 결과였다. 이후 섀플리(Harlow Shapley, 1885~1972)가 맥동변광성을 이용해 구상성단까지의 거리를 구하고 그 분포로부터 우리은하의 크기가 약 100 kpc, 태양이 은하 중심으로부터 15 kpc가량 떨어져 있다고 주장하였다. 섀플리의 은하 모형은 캅테인의 은하 모형에 비해 약 10배 정도 큰데, 이것은 현대적으로 추정하는 우리은하의 크기에 비해서도 약 3배 가까이 큰 값이다. 항성 헤일로에 위치한 구상성단을 사용했기 때문에 성간소광을 크게 고려할 필요가 없었다는 것이 섀플리에게는 유리한 점이었지만, 한편으로는 맥동변광성의 광도에 대한 영점 보정에 오차가 있었다면 이것이 크기 추정에 영향을 미칠 수 있었던 것이다. 섀플리 은하 모형의 특징 중 하나는 관측자인 우리가 우리은하의 중심이 아닌 외곽부에 위치함을 제안하였다는 것이고, 이는 코페르니쿠스의 태양중심설과도 어느 정도 의미가 통하는 결론이었다.

오늘날 정리된 모형에 따르면, 우리은하는 은하 형태 분류상 보통~만기형에 가까운 막대나선은하(SBbc)로 분류되고, 지름이 약 30 kpc인 **항성 헤일로**(stellar halo)와 **원반**(disk)으로 구성되어 있다. 태양계는 우리은하의 원반 부근에 위치하며, 은하 중심으로부터 약 8.3 kpc 떨어져 있다. 항성 헤일로는 상대적으로 중원소 함량이 낮고 나이가 많은 낱별과 구상성단으로 구성되어 있다. 원반은 성간물질이 집중된 얇은 원반(thin disk, 두께 300 pc 내외)과 별들로 구성된 두꺼운 원반(thick disk, 두께 2 kpc 내외)으로 구분할 수 있으며, 별과 성간물질의 움직임으로 미루어 회전하고 있는 것으로 알려져 있다. 우리은하를 측면에서 보면, 원반의 중심부에는 별이 뭉쳐져 있는 것처럼 보이는 **중앙 팽대부**가 존재함을 확인할 수 있을 것이다. 정면에서 보면, 다른 많은 나선은하들처럼 중앙 팽대부로부터 뻗어 나온 **나선팔**을 관측할 수 있을 것이다. 중앙 팽대부는 막대(bar) 형태를 하고 있다고 생각된다. 2003년 발사된 스피처(Spitzer) 우주망원경은 소광의 영향을 적게 받는 중적외선 관측을 수행해 우리

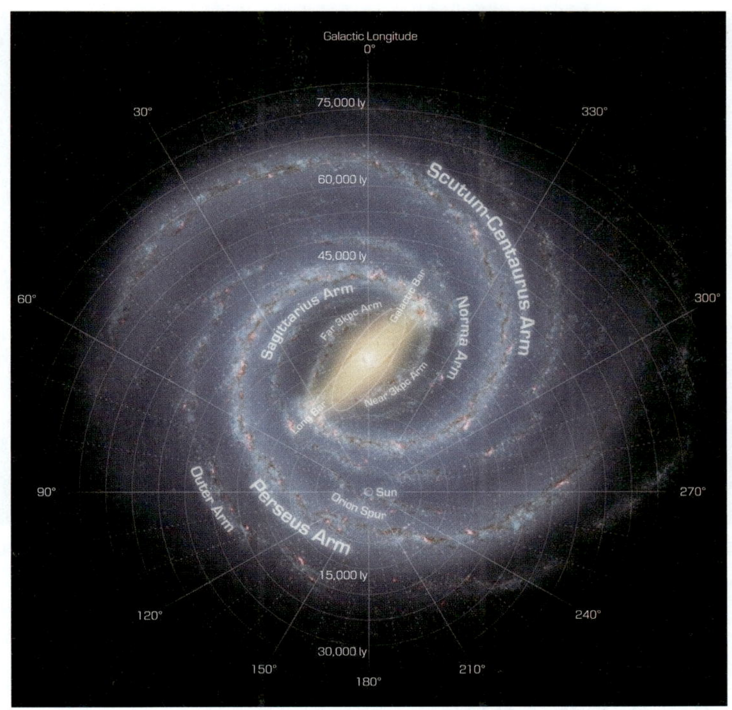

그림 12.4 스피처 우주망원경 관측 결과를 이용해 표현한 우리은하 구조 상상도(정면에서 본 모습). 태양은 은하 중심으로부터 약 2만 7,000광년(8.3 kpc) 거리에 있고, 중앙 팽대부는 길쭉한 막대(galactic bar) 모양이다. 중앙 팽대부에서는 크게 2개의 주된 팔(페르세우스 팔, 방패자리–센타우르스 팔)이 뻗어 나오고, 그 외에 자잘한 팔 구조가 존재한다. 이 그림에는 태양에서 은하 중심을 향하는 방향을 기준으로(0°) 시계 반대 방향으로 증가하는 은경이 표시되어 있다.

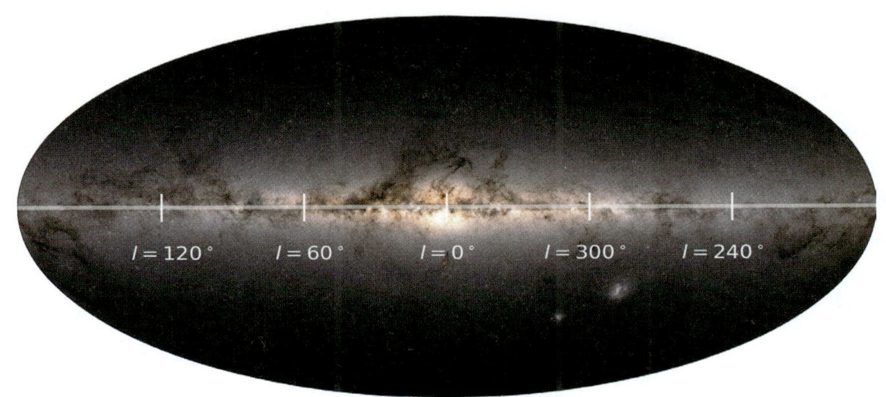

그림 12.5 가이아 우주망원경에서 관측한 약 17억 개 별의 밝기와 색을 사용해 작성한 전천 지도. 밝은 부분은 밝은 별의 개수밀도가 높은 영역, 어두운 부분은 밝은 별이 드물게 보이는 영역을 가리킨다. 납작한 수평 구조는 은하 원반의 모습을 보여주고, 은하면의 검은 부분에는 성간 먼지가 분포한다. 오른쪽 아래의 두 밝은 점은 우리은하의 위성 은하인 대마젤란은하와 소마젤란은하이다. 수평 방향으로 은경(l) 방향이 표시되어 있는데, l = 0°가 우리은하 중심에 해당한다.

은하의 구조와 크기를 제안하였고(그림 12.4), 2013년 발사된 가이아(Gaia) 관측 위성은 정밀한 측성(astrometry, 천체의 좌표를 측정하는 연구) 자료를 통해 별까지의 거리와 움직임, 별의 표면 온도 등을 측정하여 우리은하의 3차원 지도를 제작하고 있다(그림 12.5, 12.6).

그림 12.6 가이아 망원경으로 관측한 별의 개수밀도(왼쪽)를 우리은하 모식도(그림 12.4)에 겹쳐 그린 그림(오른쪽). 태양 주변에서 별이 많이 관측되었으며, 은하 중심에 막대의 형태가 뚜렷하게 드러난다.

2) 우리은하 내 별의 종족과 분포

우리은하 내에서 천체의 위치를 표현할 때는 은경, 은위로 구성된 **은하 좌표계**를 사용하는 것이 편리하다(그림 12.7). **은경**(l, galactic longitude)은 은하 중심을 향하는 방향을 기준으로 은하 북극에서 내려다보았을 때 시계 반대 방향으로 증가하도록 정의하며, 0~360° 사이의 값을 가진다. **은위**(b, galactic latitude)는 은하 원반과 나란한 은하면을 기준으로 북극과 남극 방향으로 갈수록 절댓값이 증가하도록 정의하며, −90 ~ +90° 범위의 값을 가진다.

그림 12.8은 은하 좌표계로 나타낸 산개성단과 구상성단의 위치 분포이다. 산개성단은 주로 은하면 부근에 위치하는 반면, 구상성단은 은하 중심으로부터 항성 헤일로에 이르기까지 구형으로 분포하고 있음을 확인할 수 있다. 1940년대에 바데(Walter Baade, 1893~1960)는 나선팔 부근에는 조기형 스펙트럼을 가진 별과 산개성단이 많고 중앙 팽대부에는 구상성단이 많다는 사실에 근거하여 별을 종족 Ⅰ과 종족 Ⅱ라는 2개의 집단으로 구분할 것을 제안하였다. 항성 종족의 구분에 사용되는 주된 기준은 별의 스펙트럼, 즉 화학 조성(**금속 함량**)이다. 헬륨보다 무거운 원소를 천문학에서는 관습적으로 금속(metal)이라 부르며, 중원소의 질량 비율(Z)은 수소의 질량 비율 X, 헬륨의 질량 비율 Y를 1에서 뺀 값이다. 태양과 태양계 천체들을 관측했을 때 추정되는 태양의 금속 함량($Z_{\odot}$)은 약 0.02이고, 은하 내 별들의 금속 함량 범위는 태양의 10^{-2}배부터 수 배에 이르기까지 다양하다. **종족 Ⅰ**은 금속 함량이 높은(metal-rich) 별로 금속 함량이 태양의 약 10% 이상인 별들, **종족 Ⅱ**는 금속 함량이 태양의 10% 이하인 별들을 가리킨다(구분 기준인 10%는 명확히 규정된 것은 아니다). 중원소는 별의 내부에서 핵융합을 통해 만들어지고 별의 죽음을 통해 다시 성간물질에 배출되므로, 금속 함량이 높은 별은

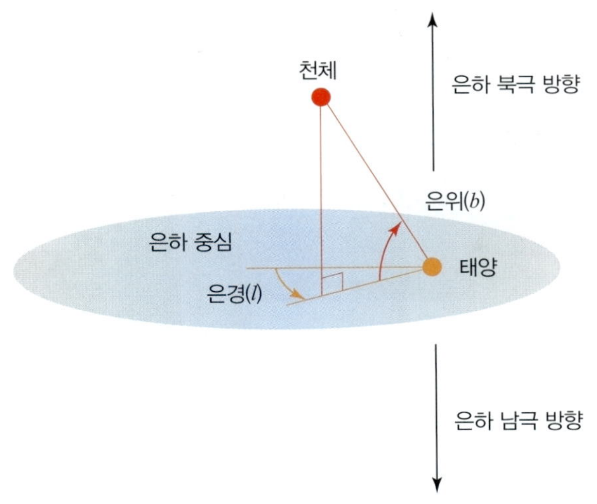

그림 12.7 은하 좌표계의 정의

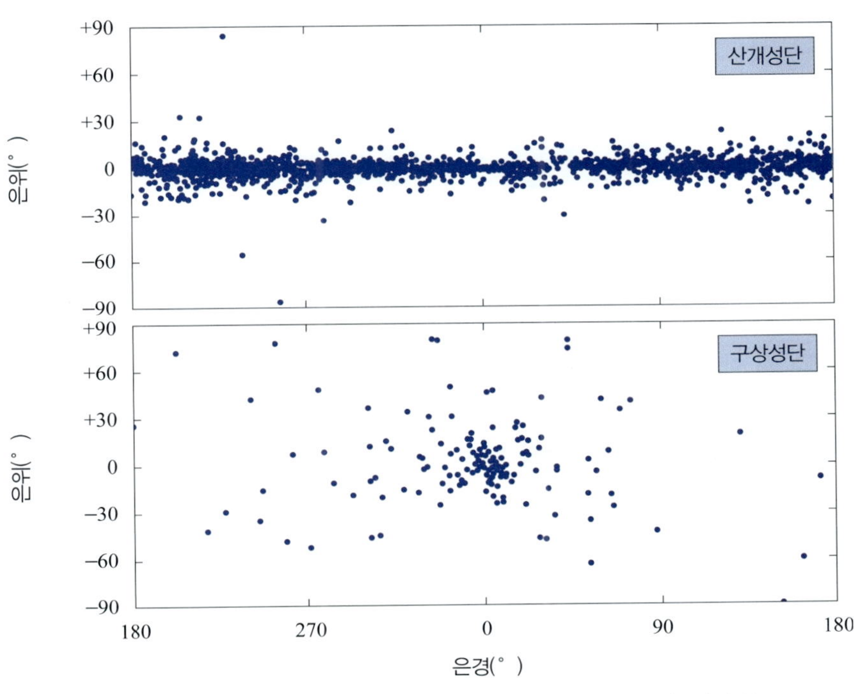

그림 12.8 은하 좌표계로 나타낸 우리은하 내 산개성단(위)과 구상성단(아래)의 분포

이전 세대의 별에 의해 화학적 진화를 겪은 성간물질을 원료로 비교적 최근에 만들어졌을 가능성이 높을 것이다. 즉 종족 I 별들은 종족 II 별에 비해 상대적으로 나이가 어리다. 이외에도 관측되는 운동학적 특성(상대속도)에 차이가 있어서 종족 I 별은 주로 원반에서 원 궤도로 은하 중심을 공전하는 데 반해, 종족 II 별은 항성 헤일로에 위치하여 다양한 방향의 궤도면에서 이심률이 큰 타원을 그리며 움직인다.

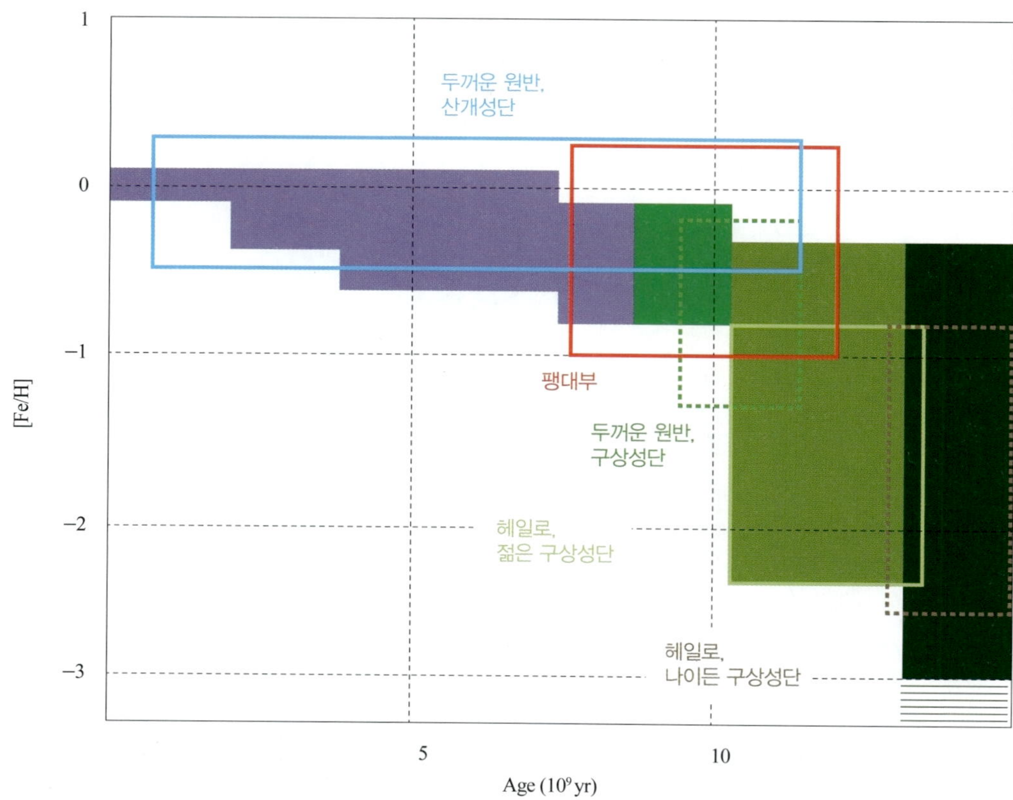

그림 12.9 우리은하 내 위치에 따른 구성 별들의 나이와 금속 함량 분포. 금속 함량은 [Fe/H]로 표현하였는데, [Fe/H]는 수소에 대한 철 원자의 개수 비를 태양에 대한 상대값으로 나타내어 로그를 취하여 나타낸 것이다. 즉, [Fe/H]=0은 금속 함량이 태양과 같고, [Fe/H]=−1은 금속 함량이 태양의 약 1/10이라 할 수 있다.

그림 12.9는 우리은하의 원반, 팽대부, 헤일로에 위치한 별의 나이와 금속 함량 분포를 나타낸 것이다. 원반에 위치한 산개성단과 구상성단의 나이 분포를 비교하면 구상성단과 달리 산개성단은 어린 성단들이 다수 존재하고, 평균적으로 금속 함량도 더 높다. 원반에 위치한 구상성단보다 헤일로에 위치한 구상성단들의 평균 나이가 더 많고, 금속 함량은 더욱 낮다. 은하에서의 위치와 별의 나이, 금속 함량이 관계가 있다는 사실은 우리은하가 형성된 과정에 대한 힌트를 준다.

3) 우리은하의 회전

만약 은하 원반이 강체처럼 회전한다면, 별의 회전 선속력은 은하 중심으로부터의 거리에 비례하여 증가하며, 원반에서 별들의 상대 위치는 고정되어 있을 것이다. 그렇지 않고 대부분의 별의 회전 선속력이 같거나 오히려 은하 중심으로부터 멀어지면서 감소한다면(**차등회전**), 별들의 상대 위치는 바뀌게 될 것이다(그림 12.10). 관측자인 우리가 보기에 어떤 별들은 우리로부터 뒤처지기도 하고, 어떤 별들은 우리를 앞질러 가기도 할 것이다. 별의 움직임을 관측할 때는 실제 속도를 시선 방향에 나란한 성분(시선 속도)과 수직한 성분(접선 속도)으로 나누어서 확인하게 된다. 차등회전을 가정하고

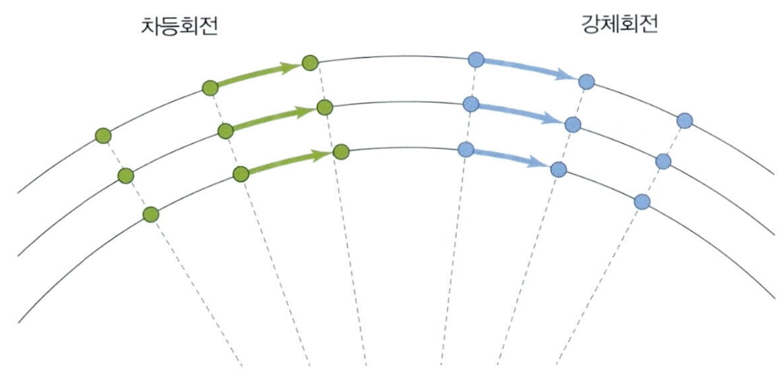

그림 12.10 차등회전(초록색)과 강체회전(파란색)의 비교. 강체회전에서는 은하 중심으로부터의 거리에 무관하게 회전 각속도가 일정하여 은하 원반에서 천체의 상대적 위치가 변하지 않는다. 차등회전할 경우는 은하 중심에서 가까울수록 회전 각속도가 커서 천체의 상대적 위치에 엇갈림이 생긴다.

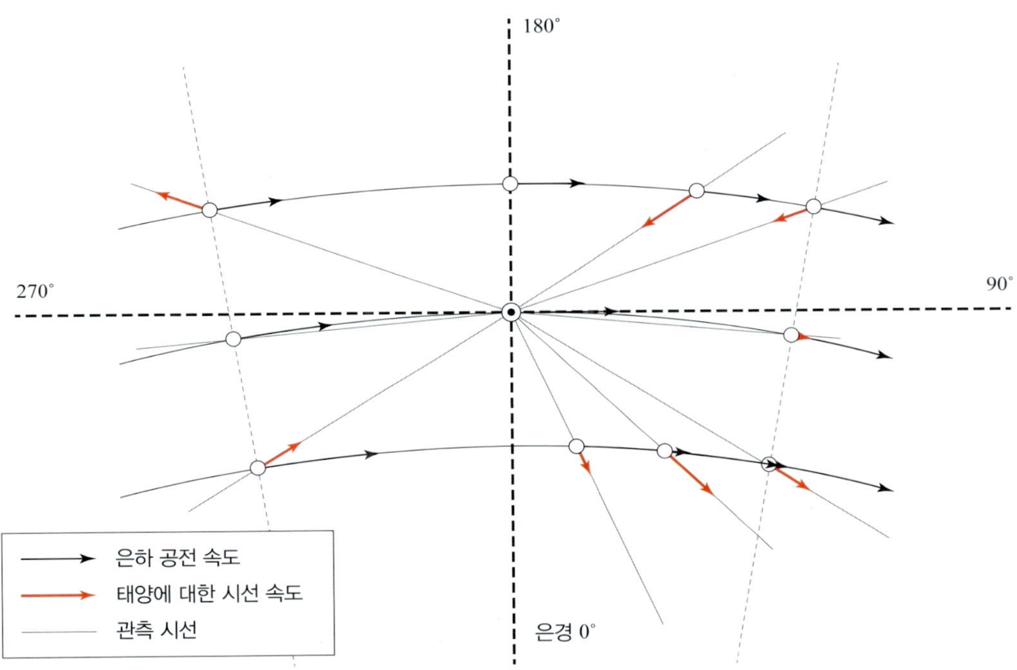

그림 12.11 은하 원반의 차등회전을 가정할 때, 은경에 따른 천체의 시선 속도 변화를 보여주는 그림. 각 천체가 은하를 공전하는 속도는 검은색 화살표로, 터양(⊙)에 대한 상대속도의 시선 방향 성분은 빨간색 화살표로 표시하였다.

관측하는 은경 방향에 따라 시선 속도, 접선 속도가 어떻게 달라질 것인지 추론해보자.

그림 12.11에서는 태양 근방에 위치한 천체들의 은하 공전 선속력이 원반의 바깥쪽으로 갈수록 감소하는 차등회전을 한다고 가정하였다. 공전 선속도에서 태양의 속도 벡터를 빼면 태양에 대한 상대속도를 구할 수 있는데, 각 천체를 보는 시선 방향을 결정하면 상대속도는 시선 방향 성분(시선 속도)과 이에 수직한 성분(접선 속도)으로 분해할 수 있다. 은하 중심 방향($l=0°$)과 그 반대 방향($l=180°$)에서는 시선 속도가 0이다. 은경이 0~90°인 방향에서 천체들은 태양으로부터 멀어지게 되고, 반대로

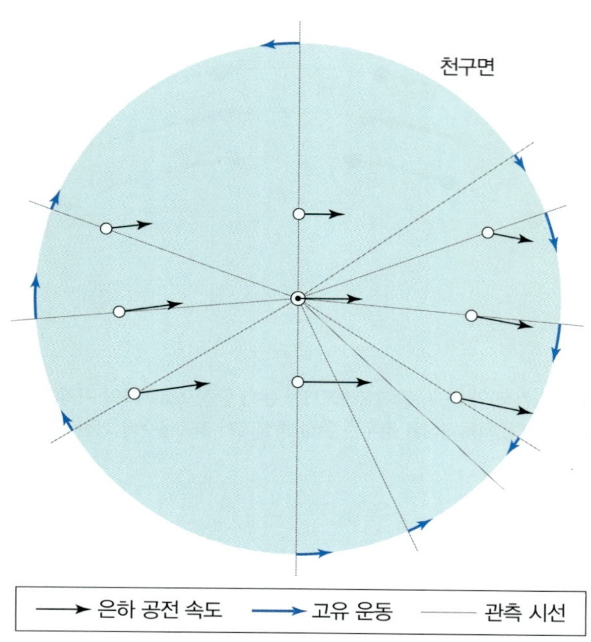

그림 12.12 은하 원반의 차등회전을 가정하고 은경에 따른 천체의 고유 운동 변화를 보여주는 그림. 접선 속도를 천구면에 투영하면 고유 운동(파란색 화살표)을 얻게 된다.

90~180°에서는 천체들이 태양에 가까워지는 방향으로 움직인다. 시선 속도의 값에는 관측자로부터의 거리가 포함되는데, 이를 제거하면 같은 거리만큼 떨어진 천체의 시선 속도는 은경의 함수로, 주기가 180°인 사인곡선으로 나타날 것임을 추론할 수 있다.

접선 속도 또한 비슷한 경향을 보일 것이다. 그림 12.12는 그림 12.11과 동일한 상황에서 태양에 대한 상대 접선 속도를 구하고, 이를 천구면에 투영했을 때의 상황을 보여준다. 은경 0°와 180°에서의 고유 운동 값은 서로 같고, 90°와 270°에서의 고유 운동 값도 서로 같다. 은경 0°와 90°에서의 고유 운동 방향(부호)은 반대이다. 1920년대 초 오르트(Jan Hendrik Oort, 1900~1992)는 이와 같은 추론에 근거하여 태양에서 가까운 별들의 운동을 관측하고 분석함으로써 우리은하가 차등회전한다는 결론에 도달하였다. 오늘날 우리는 매우 많은 별을 이용해 이러한 분석이 타당하다는 것을 확신하고 있다(그림 12.13). 시선 속도와 접선 속도의 사인곡선을 맞추기 위한 진폭 계수를 이용하면 은하 중심에 대한 관측자(태양)의 회전 각속도를 구할 수 있으며, 태양 부근에서 회전 속력이 어떻게 변하는지에 대한 힌트도 얻을 수 있다. 이러한 정보는 우리은하의 운동학적 특성을 이해하고 질량을 추정하는 데 유용하게 활용된다.

우리은하의 원반에 집중된 성간물질은 대부분 중성수소(H I) 상태로 존재한다. 중성수소의 바닥 준위는 양성자와 전자의 스핀 각운동량과 그에 대응하는 자기 쌍극자 모멘트에 의해 2개의 에너지 상태로 나뉜다. 양성자와 전자의 스핀 방향이 같을 때는 높은 에너지를, 반대일 때는 낮은 에너지를 가진

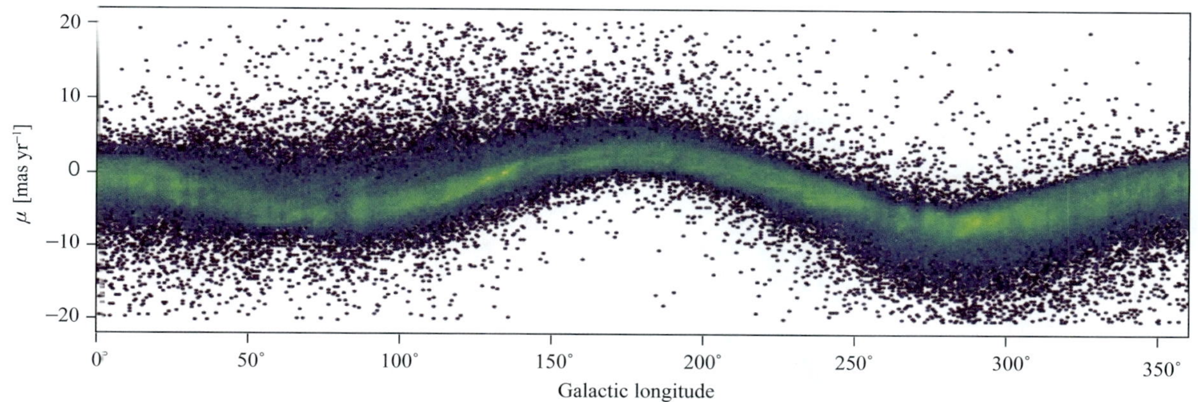

그림 12.13 가이아 관측 위성으로 측정한 은경에 따른 B형 별의 고유 운동(μ). 고온의 B형 별은 나이가 상대적으로 어려 나이가 많은 별들처럼 임의의 운동 성분을 가지지 않고 주로 원반의 회전을 따르기 때문에 이러한 연구를 수행하기 유리하다. 만약 G형 별처럼 나이가 많은 별로 동일한 그래프를 그린다면 분산이 커져서 위와 같이 뚜렷한 패턴은 찾아보기 힘들 것이다.

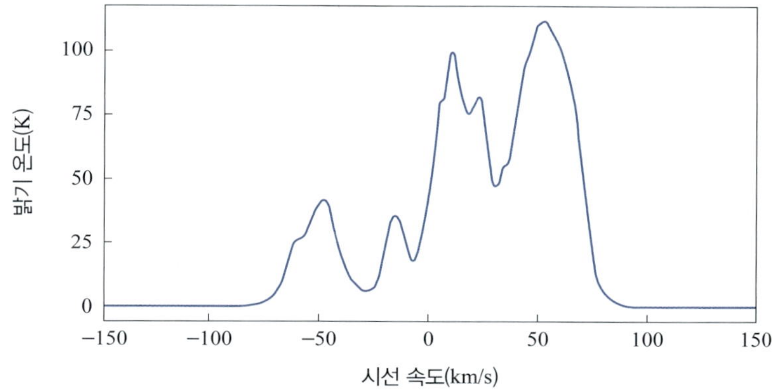

그림 12.14 은경 50°, 은위 0° 방향으로 관측한 H I 선 윤곽

다. 두 준위의 차이는 5.9×10^{-6} eV로, 높은 에너지 준위에서 낮은 에너지 준위로의 천이가 이루어지면 파장이 21 cm(혹은 진동수가 1,420 MHz)인 복사를 방출하게 된다. **21 cm 선**은 성간 먼지의 영향을 거의 받지 않기 때문에 원반의 구조를 파악하는 데 중요한 역할을 한다. 관측자료로부터 다양한 거리에 위치한(은하 중심으로부터 떨어진 거리가 다른) H I 구름들은 앞의 분석처럼 다양한 시선 속도를 갖는데, 이 때문에 특정한 시선 방향(은경)에서 관측되는 **H I 선 윤곽**(line profile)에는 여러 개의 신호 봉우리(peak)가 나타난다. 관측되는 H I 스펙트럼(그림 12.14)은 여러 개의 중성수소 구름이 방출하는 복사가 겹쳐진 것으로, 시선 속도에 의해 결정되는 파장(진동수), 중성수소 구름의 밀도 및 질량에 의해 결정되는 세기가 다른 여러 성분이 합쳐져 나타난다.

전파천문학의 발전에 힘입어 1950년대에는 은하면에 대한 21 cm 관측 자료 탐사 자료가 확보되었고, 이 자료에 근거하여 오르트 등은 은하면에서의 중성수소 분포도를 발표하였다. 중성수소 분포도는 성간물질이 원반에 균일하게 분포하고 있는 것이 아니라 나선팔과 같은 구조를 따라 밀집되어 있

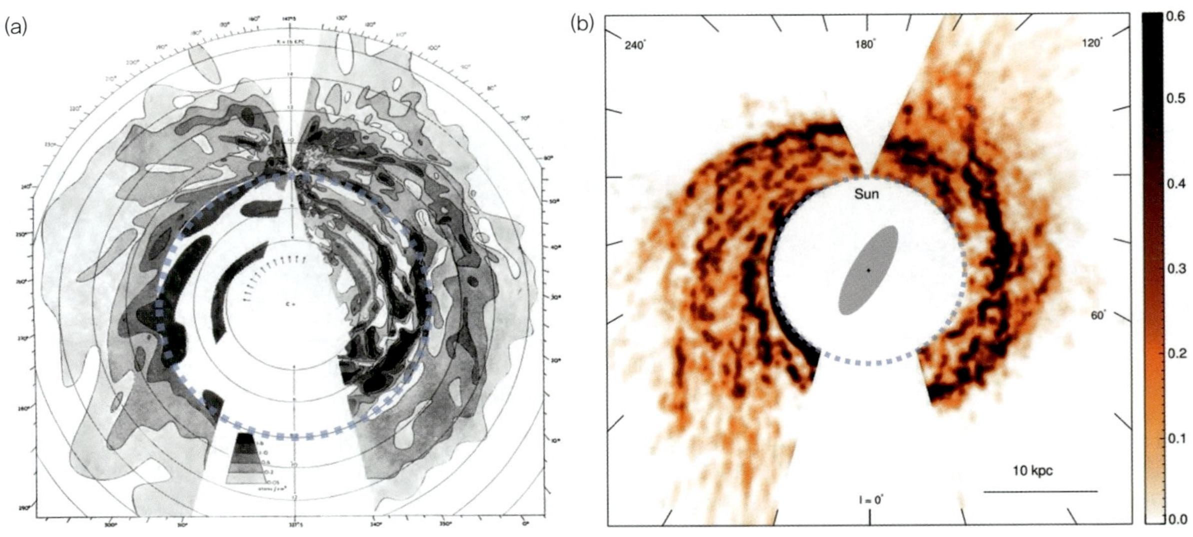

그림 12.15 **(a)** 라이덴-파크스 탐사로부터 얻은 우리은하의 중성수소 분포. 진한 색이 밀도가 높은 지역을 나타낸다. **(b)** 라이덴-아르젠틴-본 탐사로 얻은 우리은하 원반의 태양계 바깥 부분 중성수소 분포

다는 것을 보여주었다. 나선팔을 추적할 수 있는 도구로 생각되는 대상들로는 H II 영역, 분자(H_2) 구름, 젊은 별로 구성된 OB 성협, 어린 산개성단 등 다양한 천체가 있으며, 이들의 분포를 조사하고 각 천체까지의 거리를 구하여 보완함으로써 나선팔 구조에 대한 연구가 지속되고 있다. 현재 우리가 이해한 바에 따르면 우리은하는 잘 정의된 소수의 나선팔을 가지고 있다. 그림 12.15는 1958년과 2017년에 작성한 H I 분포도를 비교하여 보여준다.

중성수소 관측으로 우리은하의 **회전 속력 곡선**(회전곡선)을 구할 수 있다. 원반이 차등회전할 때 각속도는 은하 중심 부근으로 갈수록 커지므로, 특정한 시선 방향(은경)에서 관측되는 여러 H I 구름 중 가장 큰 각속도를 가지는 대상은 시선 방향이 해당 대상의 공전 궤도에 접하게 되는 경우이다. H I 구름의 시선 속도는 H I 구름의 회전 각속도와 태양의 회전 각속도 차이에 비례하므로, 회전 각속도가 가장 클 때 시선 속도 값 역시 가장 크게 관측된다. 따라서 그림 12.14와 같이 다양한 은경에 대해 얻은 선 윤곽에서 시선 속도의 최댓값을 읽고(주어진 그림에서는 50 km/s), 이에 해당하는 H I 구름이 은하 중심으로부터 떨어진 거리를 태양과 은하 중심 사이의 거리, 은경의 함수로 구하면, 우리은하의 회전 속력을 은하 중심으로부터 떨어진 거리 r의 함수 $V(r)$로 구해낼 수 있다. 다른 천체를 사용할 때에 비해, H I 관측을 이용한 회전곡선 연구는 대상의 정확한 위치와 거리를 알지 못하는 경우에도 적용할 수 있다는 장점이 있다. 21 cm 관측 외에도 분자구름을 활용하는 방법(CO 관측), 전리수소 영역을 이용하는 방법, 세페이드 변광성을 활용하는 방법 등 여러 상호 보완적인 방법을 사용할 수 있다. 그림 12.16은 이러한 다양한 방법을 사용하여 구한 우리은하의 회전곡선이다. 표시된 관측 자료는 1970년대부터 2000년대까지의 관측 결과들을 모은 것이다.

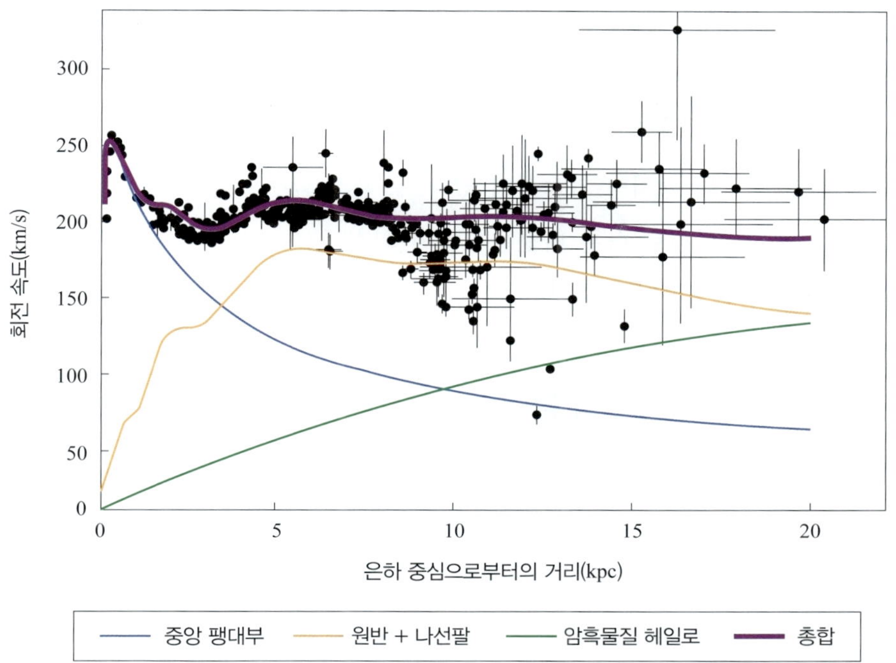

그림 12.16 우리은하의 회전곡선. 점은 관측 자료이며, 파란색과 노란색 선은 각각 중앙 팽대부, 원반과 나선팔의 질량 분포를 가정했을 때 예상되는 회전곡선이다. 초록색 선은 암흑물질 헤일로의 질량 분포가 회전곡선에 기여할 것으로 예상되는 부분이며, 파란색과 노란색, 초록색의 총합은 보라색 선으로 표시되어 있다.

우리은하의 중심 근처에서는 중심으로부터의 거리에 따라 회전 속력이 가파르게 증가하지만, 약 0.3 kpc 이후로는 속력이 급격히 감소하는 구간이 있으며, 태양의 위치인 8 kpc 부근에서는 회전 속력이 거의 일정하게 나타난다. 우리은하 중심부는 단단히 뭉쳐진 구조이기 때문에 강체와 유사하게 회전하여 가장 중심부에서는 회전 속력이 증가하는 구간이 존재한다고 여겨진다. 이후로는 대부분의 질량이 중심 부근에 몰려 있기 때문에 케플러 회전과 유사하게 궤도가 증가하면서 회전 속력이 감소하는 구간이 보인다. 원반의 회전을 만들어내는 구심력이 공전 궤도 안쪽에 위치한 질량에 의한 만유인력이라고 한다면, 회전 속력 $V(r)$은 중심으로부터의 거리 r과 질량 분포 $M(r)$로부터 다음과 같이 유도할 수 있다.

$$\frac{V^2(r)}{r} = G\frac{M(r)}{r^2}$$

대부분의 질량이 중심 부근에 존재한다는 것은 질량 분포 $M(r)$을 상수로 간주할 수 있다는 뜻이고, 이때 $V(r) \propto r^{-1/2}$, 즉 중심으로부터 멀어질수록 회전 속력이 감소할 것이라는 예상을 하게 된다. 그림 12.16의 파란색 선은 이러한 예상을 보여준다. 그러나 관측 자료는 이와 다르게 나타나므로, 관측 자료를 설명하기 위해 중심 부근에 집중된 질량 외에 다른 질량의 분포를 도입할 필요성이 등장한다.

원반과 나선팔의 물질 분포도 고려할 필요가 있지만, 약 10 kpc 이후로도 회전 속력이 일정하거나 증가하고 있다는 사실은 별이나 기체처럼 눈에 보이는 물질의 분포만으로는 설명할 수 없는 부분이 있다는 점을 알려준다. 즉 우리은하는 항성 헤일로보다 10배 가까이 무거운, 눈에 보이지 않는 물질로 구성된 **암흑물질 헤일로** 안에 위치할 가능성이 있다. 은하의 회전곡선은 암흑물질의 존재와 그 분포에 대한 힌트를 제공하며, 실제로 다른 나선은하들의 회전곡선에서도 우리은하와 비슷하게 은하 바깥 부분에서 회전 속력이 일정하거나 증가하는 것을 확인할 수 있다.

4) 우리은하의 중심부 – 초대질량 블랙홀

우리은하의 중심에는 **궁수자리 A**(Sgr A: 17 h 45 m 40.04 s, −29 d 00 m 28.12 s)라 불리는 복합 전파원이 있다. Sgr A는 Sgr A east, Sgr A west, Sgr A* 등 세부 구조로 나뉘며, 우리은하 중심부에서 별 생성, 초신성 폭발, 블랙홀의 부착원반에서 방출되는 복사가 열적 복사 혹은 싱크로트론 복사의 혼합 상태로 방출된다. Sgr A*는 매우 밀집된 전파원으로, 적외선과 X선에서도 밝게 빛난다.

1995년부터 Sgr A* 주변 별들의 움직임을 관측하는 관측 프로젝트가 시작되었다. 약 1″×1″에 해당하는 좁은 영역에서 개별 별을 분해해 관측해야 했기 때문에 대기의 시상을 보정할 수 있는 적응 광학계를 이용해 근적외선에서 관측을 수행하여 시간에 따른 별의 위치 변화를 추적하였다. 그림 12.17은 Sgr A* 주변 별들의 움직임을 25년간 관측해 측정된 위치(점으로 표시)로부터 궤도(선으로 표시)를 계산해 보여주고 있다. 이 중 가장 공전 주기가 짧은 S0−2 별의 경우 경우 공전 주기가 약 16년, 궤도 장반경이 970 AU로 확인되었다. 케플러 3법칙과 궤도 요소를 활용하면 중심부 질량을 추정할 수 있다. 이를 통해 Sgr A*가 태양 질량의 400만 배에 달하는 질량을 가진 **초대질량 블랙홀**(supermassive black hole)이라는 것을 밝혀낼 수 있었다.

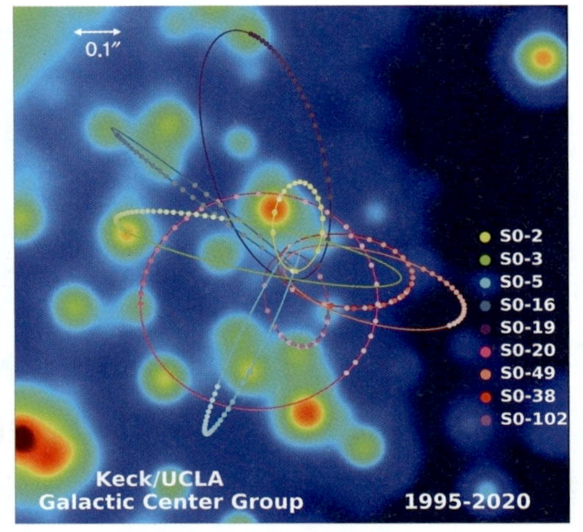

그림 12.17 우리은하 중심 1″ 이내에 위치한 별들의 움직임과 공전 궤도

2022년에는 전파간섭계를 활용하여 우리은하 중심부에 위치한 초대질량 블랙홀의 영상이 얻어졌다. 우리은하 중심의 블랙홀 영상은 2019년 얻어진 거대 타원은하 M87 중심의 블랙홀 영상과 매우 비슷한 형태로, 이러한 고분해능 영상 데이터는 블랙홀 주변에서의 기체의 움직임, 중심부 블랙홀과 은하의 형성을 이해하는 데 큰 도움을 줄 것으로 기대된다.

12.2 외부은하

1) 외부은하의 발견

우리은하의 크기 측정에 대한 허셜의 논의 즈음부터, 한편으로는 이즈음에 제작된 큰 망원경으로 별이 아닌 성운(nebula)이라 불리는 희미한 천체들의 목록화가 진행되었다. 이 중 많은 숫자의 성운들은 나선팔이 있으며 형태가 비슷했는데, 이 사실로 미루어볼 때 이들은 같은 종류의 천체일 것으로 생각되었다. 나선성운의 정체로 유력했던 가설 2가지는 첫째, 이들이 우리은하와 비슷하게 많은 별로 구성된 독립된 섬우주라는 것, 둘째, 우리은하 안에 위치한 회전 원반으로 별이 만들어지기 전 단계라는 것이었다. 가설의 진위를 가리는 데는 나선성운까지의 거리와 우리은하의 크기가 필요함을 짐작할 수 있다. 1920년 섀플리와 커티스(Herber Doust Curtis, 1872~1942)가 참여한 '우주의 규모에 대한 대논쟁'은 바로 이러한 내용에 대한 토의로 구성되었다. 섀플리는 구상성단 내 맥동변광성을 사용해 우리은하의 크기를 100 kpc으로 크게 추정한 한편, 태양이 우리은하 내 중심에 있지 않음을 주장하였다. 커티스는 캅테인의 모형에서 주장한 대로 우리은하의 크기가 10 kpc, 태양은 은하 중심 근방에 있음을 주장하였다. 안드로메다성운과 같은 나선성운의 정체에 대해 커티스는 이들이 우리은하 바깥에 위치한 우리은하 규모의 천체라고 하였으며, 섀플리는 나선성운이 우리은하 내의 천체라고 하였다. 이후 몇 년 뒤 허블은 안드로메다성운에서 세페이드 변광성을 발견하고 변광성의 주기-광도 관계를 이용해 안드로메다성운까지의 거리를 추정하였다. 안드로메다성운은 섀플리가 주장한 우리은하의 크기보다 훨씬 멀리 있는 천체로 드러났고, 나선성운은 우리은하와 유사한, 우리은하 바깥에 위치한 천체임이 알려졌다. 이후 성운은 **은하**(galaxy)라는 이름을 얻게 되었고, 은하는 우주를 구성하는 명실상부한 기본 요소의 지위를 차지하였다. 현대적인 의미에서 은하는 별(항성), 성간물질, 블랙홀, 암흑물질 등이 중력으로 묶여 있는 거대한 천체를 가리키는 단어이다.

2) 형태에 따른 은하의 분류

외부은하를 연구하기 위한 첫 단계는 여러 대상을 적절한 기준으로 분류하는 것이다. 허블은 1920

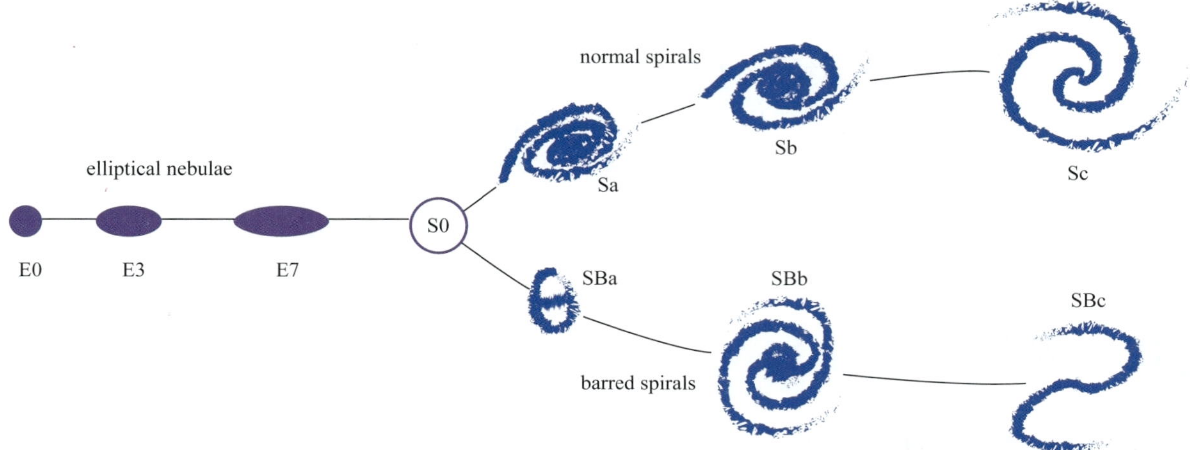

그림 12.18 허블의 은하 분류 체계. 소리굽쇠와 비슷한 구조를 하고 있어 허블의 소리굽쇠 모형(Hubble's tuning fork)이라고도 불린다.

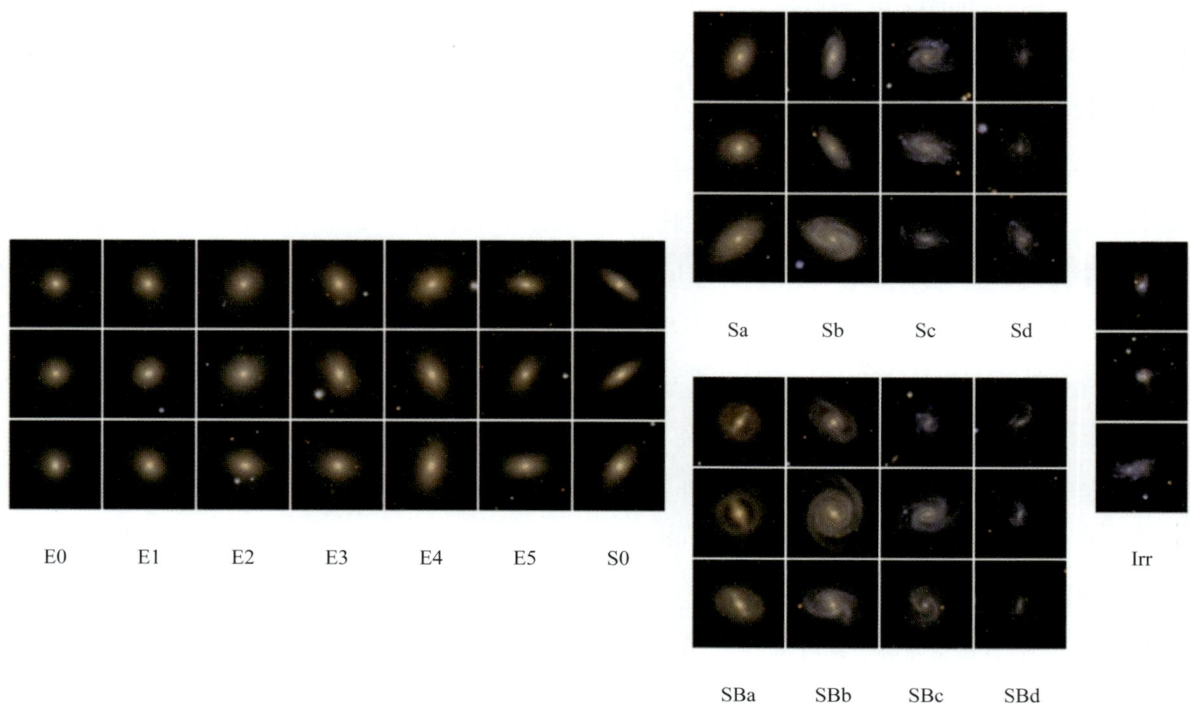

그림 12.19 허블의 은하 분류 체계에 따라 실제 은하를 분류한 예시. 타원은하와 나선은하는 그 형태도 다르지만 평균적인 색지수도 다르다. 같은 분류 내에서도 독특한 특징이 있는 개별 은하도 발견된다.

년대부터 윌슨산 천문대의 60인치, 100인치 반사망원경으로 얻은 외부은하(성운)의 건판 사진을 이용해 형태에 따른 분류 체계를 구성하기 시작하였다. 그림 12.18은 1936년 출판된 허블의 저서『성운의 왕국(Realm of the Nebulae)』에서 제안한 분류 체계로, 오늘날까지도 여전히 형태에 따른 은하 분류의 기준으로 간주된다. 이 체계의 기준에 들어맞지 않는 불규칙은하를 포함하여, 은하는 타원은하

(elliptical galaxy), 나선은하(spiral galaxy), 불규칙은하(irregular galaxy)의 세 그룹으로 분류된다. 그림 12.19는 실제 은하 사진을 **허블의 분류 체계**를 이용해 분류한 결과 예시를 보여준다.

소리굽쇠처럼 생긴 허블의 분류 체계 왼쪽에는 밋밋하고 둥글게 생긴 **타원은하**, 오른쪽에는 원반과 나선팔이 있는 **나선은하**가 위치한다. 타원은하는 타원의 장축(a)과 단축(b)의 길이비에 따라 E0, E1, ⋯, E7로 나뉘는데, En 집단에 대해서는 $\frac{b}{a} = 1 - \frac{n}{10}$ 의 관계가 성립한다. 즉 E0은 장축과 단축의 길이가 동일하여 천구면에 투영된 모습이 완전히 구형인 은하이고, E7로 갈수록 상대적으로 길쭉하고 납작한 형태의 은하이다. 나선은하는 우리은하와 같이 중앙 팽대부와 원반의 합으로 구성된 은하로, 팽대부의 모양에 따라 팽대부가 둥근 정상나선은하(S 혹은 SA)와 막대 형태인 막대나선은하(SB)로 구분된다. 각각은 나선팔이 감긴 정도에 따라 Sa, Sb, Sc 혹은 SBa, SBb, SBc 등 추가로 분류할 수 있다. Sa에서 Sc로 갈수록 팽대부는 상대적으로 왜소해지고 원반의 상대적 밝기가 증가하며, 나선팔은 더 열린 형태(느슨하게 감긴 상태)로 변화한다. 나선은하의 분류에서는 Sa와 Sb의 중간 단계인 Sab, Sc보다 더욱더 팔이 열린 상태인 Sd 등이 사용되기도 한다. S와 SB 뒤에 붙는 a, ab, b, bc, c 대신 +, 0, − 등 다양한 표기 방식이 제안되기도 했으나, 알파벳 소문자를 사용한 표기가 지금까지도 가장 자주 활용되며 사용된다.

이후 1960년대에 이르러 드보클레르(Gerard de Vaucouleurs, 1918~1995), 샌디지(Allan Sandage, 1926~2010) 등은 타원은하와 나선은하의 교차로 부근에 두 분류의 특징을 공유하는 **렌즈형은하**(S0) 분류를 추가할 것을 제안하였다. S0 은하는 성간물질이 거의 없고 나선팔이 없는 점은 타원은하에 가깝지만, 납작한 원반을 가지고 있는 점은 나선은하에 가깝다. 타원은하와 렌즈형은하는 일반적인 사진만으로는 구별하기 어려울 수 있다. 때문에 **표면밝기**의 변화를 살펴보아야 한다. 타원은하나 나선은하 팽대부의 경우는 중심으로부터의 거리(r)에 따라 표면밝기가 급격히 감소하지만($\exp\left[-\left(\frac{r}{r_0}\right)^{1/4}\right]$에 비례) 나선은하의 원반에서는 상대적으로 완만히 지수함수를 따라 감소하기 때문에($\exp\left(-\frac{r}{r_0}\right)$에 비례), 표면밝기 분포가 후자를 따를 경우 렌즈형은하로 판단할 수 있다. 허블이 제안한 형태 분류 체계가 은하의 진화 순서를 나타내는 것은 아니지만, 천문학자들은 관습적으로 타원은하와 렌즈형은하를 묶어서 조기형 은하(early type galaxy)라는 명칭으로, 나선은하를 만기형 은하(late type galaxy)라는 명칭으로 부르곤 한다.

나선은하의 원반에는 원반의 중력 불안정에 의해 형성되었을 것으로 추정되는 나선팔이 존재한다. 나선팔은 중앙 팽대부의 양쪽 끝에서 시작해 바깥으로 뻗어 나가며 2개의 대칭적인 팔로 이루어진 경우, 여러 개의 비교적 큰 나선팔이 있는 경우, 양털 모양의 자잘한 팔이 있는 경우 등 다양한 종류가 있다(그림 12.20). 사진에서도 관찰되지만 나선팔 주변에서는 종종 성간 먼지의 띠를 확인할 수 있다. 나선팔은 은하의 역학적·화학적 진화에 중요한 역할을 한다. 과거에는 나선팔이 별이나 성운으로 구성된 직접적인 구조라고 생각되었다. 은하의 차등회전 때문에 안쪽에 있는 별과 성운이 바깥쪽에 있는 별과 성운보다 앞서 나가게 되고, 자연스럽게 나선팔과 같은 형태가 만들어질 것이기 때문이

그림 12.20 다양한 나선팔의 종류

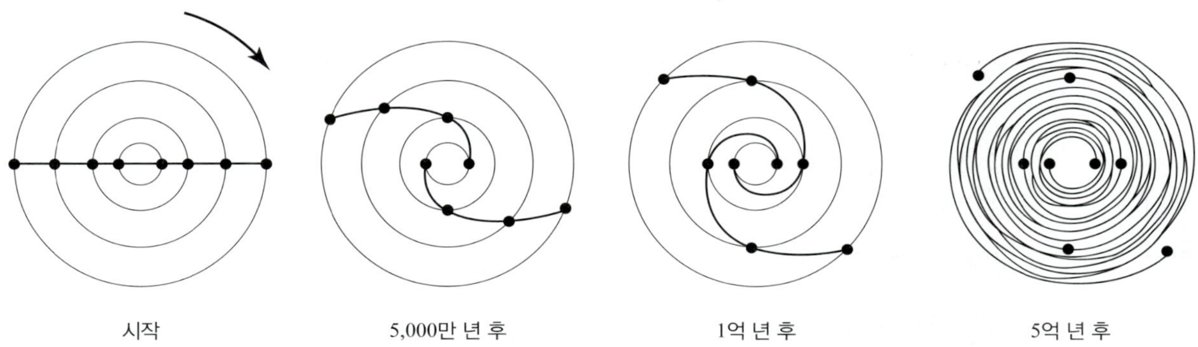

그림 12.21 나선팔이 차등회전에 의해 형성되는 모습. 그림과 같이 나선팔이 별, 성운 등 물질로 이루어졌을 경우 차등회전에 의해 자연스럽게 나선 구조가 발달하기는 하지만 짧은 시간 안에 지나치게 많이 감기는 문제가 발생한다. 따라서 나선팔이 물질로 이루어진 것이 아니라 밀도의 파동이라고 이해할 필요가 있다.

다. 그러나 안쪽과 바깥쪽의 회전 각속도 차이는 기대보다 커서 짧은 시간 내에 팔의 감김 정도가 지나치게 복잡해지는 결과가 발생한다(그림 12.21). 거의 모든 나선은하에서 나선팔이 보인다는 사실은 나선팔의 수명이 매우 길다는 것을 의미하고, 이러한 현상을 물질로 이루어진 팔로는 설명할 수 없었다. 대신 등장한 설명이 **밀도파**(density wave) 이론으로, 나선팔은 물질로 이루어진 구조가 아니라 회전 원반에 나타나는 밀도의 파동이라고 해석하는 방식이다. 나선팔의 존재를 교통 체증이 있을 때 정체 구간에 비유해 설명해보자. 정체 구간에 위치한 자동차는 계속해서 바뀌지만 정체 자체는 존재하고, 흐름에 따라 정체 구간은 조금씩(자동차보다 훨씬 느린 속도로) 이동한다. 나선팔에서도 나선팔을 이루는 별과 성운은 계속해서 바뀌지만 팔 구조는 존재하며, 나선팔의 패턴 속도는 별의 공전 각속도보다 더 느리다. 밀도파 덕분에 성간물질의 밀도가 증가하고 별의 생성을 유도할 수 있기에 새롭게 태어난 젊은 별은 나선팔을 따라 분포한다. 광도가 큰 O, B형은 수명이 짧아 대개 나선팔에 국한되어 관측되는데, 그 때문에 나선팔은 푸르고 밝게 보인다.

타원은하는 나선팔과 같은 특이한 구조가 보이지 않는 단순한 모양을 하고 있다. 타원은하에는 차가운 성간물질도 흔하지 않다고 알려져 있다. 타원은하 내의 성간물질은 대개 X선을 방출하는 고온(100만 K 이상)의 기체 형태로 존재하기 때문에 별 생성을 유도하기 어렵다. 질량이 작은 타원은하 중에는 성간물질의 냉각이 일어나 푸르게 보이는 특이한 타원은하도 발견된다. 타원은하는 나선은하에 비해 광도 범위가 넓어 절대등급(혹은 질량)에 따라 왜소타원은하, 타원은하, 거대타원은하 등으로 구별된다. 거대타원은하 중 일부를 **cD 은하**로 별도 명명하기도 하는데, 이들은 대개 은하단의 중심 근처에서 발견되며 매우 크고 퍼진 항성 헤일로를 가진다. cD 은하는 모든 은하 중 가장 큰 대상이라고 할 수 있고, 중심에서는 여러 개의 은하핵이 보이는 경우가 있다. 이로 미루어 cD 은하는 무거운 은하가 주변의 은하들을 집어삼켜 그 병합의 결과로 만들어진 것이라고 생각된다. 이렇게 타원은하는 우주의 역사에 따라 은하의 성장을 이해하는 데 중요한 역할을 한다.

무거운 타원은하를 구성하는 별들의 움직임은 일정한 평면에서의 회전이 아니라 다양한 임의 궤도 운동으로 설명되는데, 이들이 만들어내는 역학적 압력에 의해 전체 은하의 형태가 둥글게 유지된다. 이러한 상태를 회전이 지배적인(rotation-dominated) 계가 아니라 속도분산(dispersion-dominated) 계라고 부른다. 가벼운 타원은하의 경우에는 은하의 전체적인 회전이 확인되기도 하지만, 원반을 가진 나선은하에 비해서는 회전 속도가 훨씬 느리다. 나선은하에서 회전 속력이 은하의 질량을 추정하는 데 사용될 수 있는 것처럼, 타원은하에서도 스펙트럼에서 속도분산을 측정하여 은하의 질량을 추정할 수 있다.

일반적인 은하들보다 100배 이상 가벼운(즉 작고 어두운) 은하들이 다수 발견되는데, 이들은 **왜소은하**(dwarf galaxy)로 분류된다. 별 질량이 작으면서 암흑물질 질량과 별 질량의 비가 다양하기 때문에, 특히 우주론적 연구에서 암흑물질의 분포에 기반한 구조 형성을 추적하는 데 유용하게 활용된다. 왜소은하도 형태 혹은 다른 특징에 따라 왜소타원은하(dE, dwarf elliptical), 왜소구형은하(dSphs, dwarf spheroidal), 왜소나선은하(dS, dwarf spiral), 왜소불규칙은하(dIrr, dwarf irregular), 청색밀집왜소은하(BCD, blue compact dwarf) 등 세부적으로 분류할 수 있다. 개체에 따라 별 형성 역사는 다양하다. 왜소타원은하와 왜소구형은하를 구성하는 별은 나이가 많고, 청색밀집왜소은하는 크기가 매우 작으며 최근에 태어난 별이 많아 색이 푸르다. 한편 밝기가 어두우면서도 크기가 커서 표면밝기가 낮은 낮은표면밝기은하(LSB, low surface brightness galaxy)도 존재한다. 최근 발견되고 있는 초확산은하(UDG, ultra diffuse galaxy)는 크기가 정상 은하와 비슷하면서 표면밝기가 훨씬 더 어두운 천체이다. 새로운 관측 기기의 개발과 탐사 프로그램의 기획으로 앞으로 우리가 발견할 천체의 다양성은 더 증가할 전망이다.

3) 은하의 관측과 물리량

은하를 대표하는 물리량에는 크기와 광도, 질량 등이 있다. 이들을 알아내기 위해서는 무엇보다도 은하까지의 거리가 필요하다. 충분히 가까운 은하의 경우, 우리은하 내에서 거리를 측정하는 여러 수단을 그대로 적용할 수 있는데, 맥동변광성을 활용하거나 분해된 별을 활용하는 것이 그 예이다. 먼 은하에 대해서는 은하의 적색이동과 우주 모형을 활용해 얻은 거리를 사용하는 것이 보편적이다. 은하 자체도 거리를 측정하여 우주 모형을 제한하기 위한 수단으로 활용될 수 있다. 거리와 독립적으로 관측될 수 있는 물리량 중 광도와 좋은 상관관계를 가진 물리량은 은하를 표준 촉광으로 사용할 수 있게 한다. 예를 들면 나선은하의 회전 속력은 절대등급과 상관관계가 있는데, 이를 **툴리-피셔 관계**(Tully-Fisher relation)라고 한다. 회전 속력으로부터 질량을 추정할 수 있고, 질량이 클수록 별을 많이 포함하고 있어 광도가 커지므로 이러한 척도 관계(scaling relation)가 존재할 수 있는 것이다. 타원은하는 회전보다는 속도분산이 지배적인 항성계인데, 역시 속도분산이 클수록 광도가 크다는 경험관계(**페이버-잭슨 관계,** Faber-Jackson relation)가 있다. 타원은하 중심부의 속도분산과 평균 표면밝기, 타원은하의 물리적 크기를 직교좌표계의 세 축으로 삼으면, 관측되는 타원은하의 특성은 하나의 평면으로 기술되며 이를 **기본 평면**(fundamental plane)이라고 한다. 기본 평면의 존재로 인해 (거리와 관계없이 측정할 수 있는) 표면밝기, 속도분산이라는 관측 정보로부터 타원은하의 크기를 추정할 수 있으며, 이를 관측된 각크기와 비교하면 타원은하까지의 거리를 구할 수 있다. 이와 같이 개별 은하의 특성에 기반하여 은하는 거리 지표(distance indicator)로 활용된다.

점 광원(point source)으로 보이는 별과 달리 은하는 퍼진 광원(extended source)으로 관측되어, 명확한 바깥 경계를 정의하기 어렵다. 낮은 표면밝기 구조를 검출할 수 있는 망원경으로 관측한다면 볼 수 있는 은하의 크기가 커지기도 하고, 영상에서 표현되는 밝기 스케일을 조절하면 보이는 크기가 다르게 인식되기도 한다. 따라서 정량적으로 은하의 크기를 정의하는 방법이 고안되었다. 이를테면 은하 전체 광도의 절반을 포함하는 범위까지를 은하의 **유효 반지름**(effective radius)으로 정의할 수 있다. 영상에서 은하의 중심을 정의하고 중심으로부터의 거리에 따라 표면밝기 변화 경향을 적절한 함수(지수함수 등)로 맞출 수 있다면, 중심으로부터 거리를 늘려가며 적분을 수행하여 유효 반지름을 구할 수 있다. 왜소타원은하는 크기가 0.1 kpc에 불과하고 일반적인 타원은하의 크기는 수십 kpc인데, 특히 cD 은하의 헤일로는 수백 kpc까지 확장되어 있다. 나선은하의 크기 범위도 광도에 따라 1~수십 kpc 사이이다.

광도에 따른 천체의 개수밀도 분포를 **광도함수**라고 한다. 여러 종류의 천체에 대해 광도함수를 추정할 수 있다. 은하의 경우, 광도함수는 어떤 은하 집단의 특징을 기술하고 비교하는 연구에 활용된다. 이를테면 형태에 따라 분류했을 때 타원은하와 나선은하의 광도함수를 서로 비교할 수도 있고, 특정 적색이동 범위에 있는 은하들의 광도함수를 구함으로써 적색이동에 따라 은하들의 광도 및 개수밀도가 어떻게 변화하는지 연구할 수도 있다. 한편 여러 개의 필터에서 은하의 등급과 색을 얻은 뒤, 항성종족합성모델과 비교하면 광도에 비례하는 질량, 즉 별 질량(stellar mass)을 추정할 수 있다.

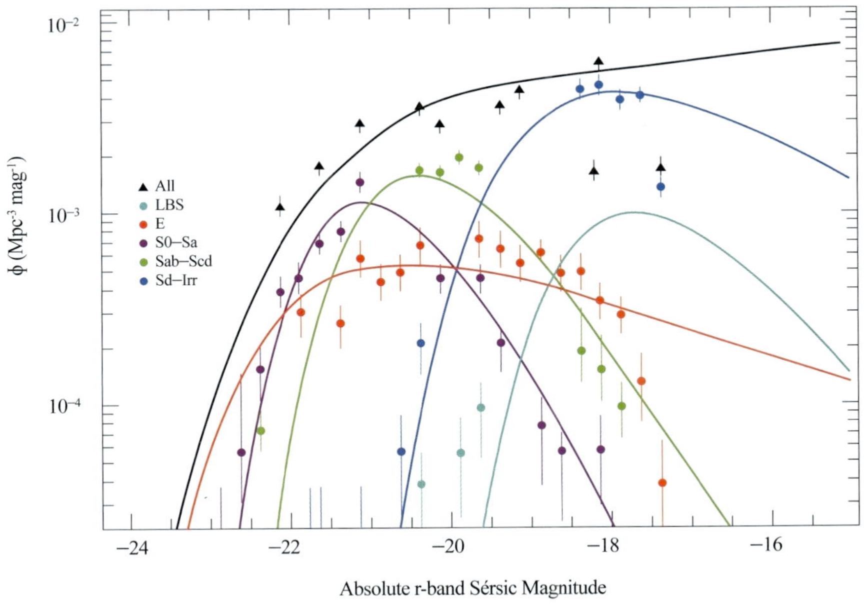

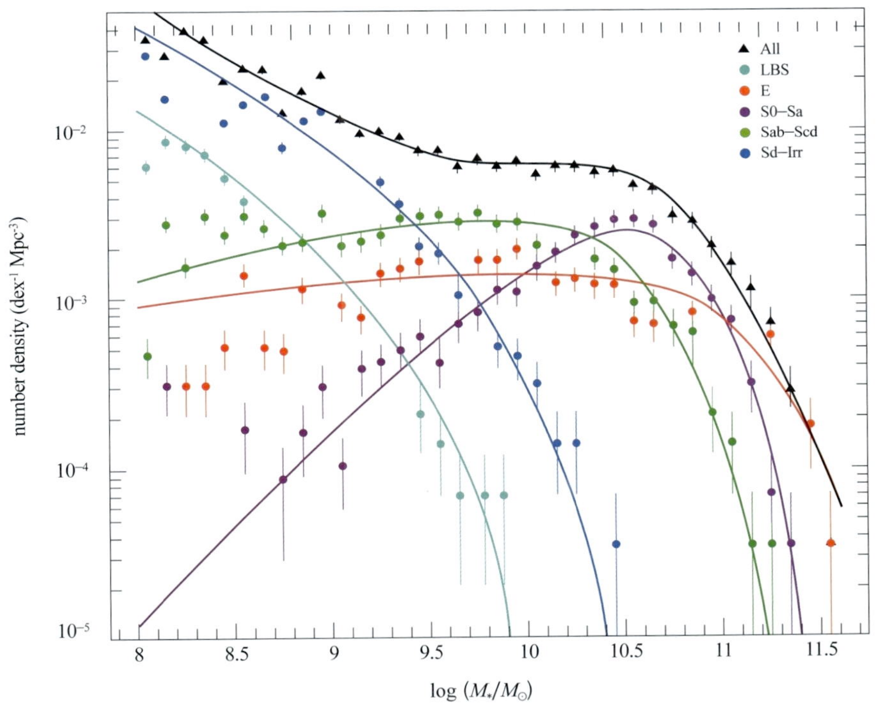

그림 12.22 (위) 가까운 은하(0.025 < z < 0.06)의 형태에 따른 광도함수. 관측된 자료에 해석적인 형태의 함수(셰터함수, Schechter function)를 맞춰서 그렸다. 타원은하(빨간색)는 만기형 나선은하 혹은 불규칙은하(파란색)에 비해 밝은 은하들이 많다. 중간형 나선은하(연두색)는 만기형 나선은하에 비해 어두운 쪽에서 개수가 급격히 줄어든다. (아래) 가까운 은하의 형태에 따른 질량함수. 광도함수를 거의 반전시켜놓은 것 같은 형태로 보이는데, 질량함수 전체를 적분하면 타원은하(빨간색), 렌즈형은하와 Sa은하(보라색), Sb 이후 은하(연두색, 파란색, 하늘색) 집단이 거의 1:1:1로 가까운 우주의 별 질량을 차지하고 있음을 확인할 수 있다.

이렇게 얻은 개별 은하의 별 질량으로부터 은하집단의 **질량함수**를 광도함수와 동일한 방법으로 구할 수 있다. 그림 12.22는 가까운 은하들을 형태에 따라 분류했을 때, 하위 집단별 광도함수와 (별)질량함수를 나타낸 것이다. 전체 은하들에 대한 광도함수와 질량함수는 하위 집단별 함수의 총합으로 표현되어 있다.

별 질량을 광도로 나누면 (별) **질량-광도비**라는 값(M/L_*, stellar mass-to-light ratio)을 얻게 되는데, 이 값의 기준은 태양 질량과 태양 광도의 비($M_\odot/L_\odot$)이다. 즉 태양의 경우 질량-광도비는 1이다. 주계열성의 질량과 광도 관계를 상기해보면 O, B, A형 등 무거운 주계열성의 질량-광도비는 1보다 작고, K형 등 가벼운 주계열성의 질량-광도비는 1보다 클 것이라 짐작할 수 있을 것이다. 은하와 같이 별의 집단을 대상으로 하여 질량-광도비를 구할 때는 집단을 구성하는 별의 질량과 광도를 전부 합산하여 나누기 때문에, 은하에서 항성 종족이 유형별로 얼마나 많은 비중을 차지하고 있는지가 필요하다. 가벼운 별의 개수가 많으므로 일반적으로 은하의 별 질량-광도비는 1~10 사이의 값을 갖는다. 최근에 별 생성이 있었던 은하의 경우, 젊은 별이 광도에 기여하는 비중이 커서 별 질량-광도비가 별 생성이 없는 은하에 비해 상대적으로 작다. 은하를 구성하는 성분에는 별 외에도 성간물질이 있으므로 별과 성간 기체 등의 움직임으로부터 회전, 속도분산 등 운동학적 특성에 대한 정보를 얻으면 은하의 총질량을 구할 수 있을 것이다. 나선은하의 경우 앞서 우리은하의 회전곡선으로부터 질량을 추정하는 과정을 설명한 바 있고, 타원은하의 질량은 스펙트럼의 흡수선 선폭이 증가한 정도로부터 속도분산을 구한 다음 비리얼 정리를 가정하여 구할 수 있다. 이렇게 구한 질량을 광도로 나누면 질량-광도비(M/L)를 얻는다(이 값은 앞의 별 질량-광도비와 다르다). 표면밝기가 26.5 mag/arcsec^{2}인 지점까지의 거리로 정의한 반지름(Holmberg radius) 내에서 측정한 질량-광도비는 불규칙은하에서 1, Sa 은하에서 10 정도로 1~10의 값을 가진다. 그런데 흥미로운 것은 나선은하의 경우 회전곡선에 따르면 바깥쪽에서도 속도가 반지름에 상관없이 일정하게 유지된다는 것으로, 이는 반지름을 크게 잡으면 잡을수록 질량이 점점 더 커짐을 의미한다. 반면 바깥으로 갈수록 표면밝기가 감소하기 때문에 광도의 증가는 미미하고, 따라서 고려하는 범위를 넓히면 넓힐수록 M/L 비는 증가하게 된다. 이러한 사실은 은하의 바깥 부분에 눈에 보이지 않는 **암흑물질**(dark matter)이 다수 존재함을 알려준다.

은하에서 방출되는 복사 에너지는 은하를 구성하는 세부 요소들이 물리적인 기작에 따라 방출하는 복사 에너지들의 합이다. 그림 12.23은 3개의 우리은하 바깥 천체에 대해 어떤 파장에서 얼마만큼의 에너지가 방출되는지를 비교하여 그린 것이다. 이러한 그림을 파장에 따른 에너지 분포(SED, Spectral Energy Distribution)라고 부른다. 가장 위에 제시된 천체 Arp220은 두 은하가 충돌하여 병합하는 중인 특이은하로, 적외선 광도가 매우 큰 은하(ULIRG, Ultra-Luminous Infrared Galaxy)이다. 이 은하에서 방출되는 에너지를 파장에 따라 살펴보면 가시광 영역(광학 영역)과 원적외선 영역에서 크게 2개의 봉우리가 존재한다. 가시광 영역은 은하를 구성하는 별들이 방출하는 흑체 복사, 원적외

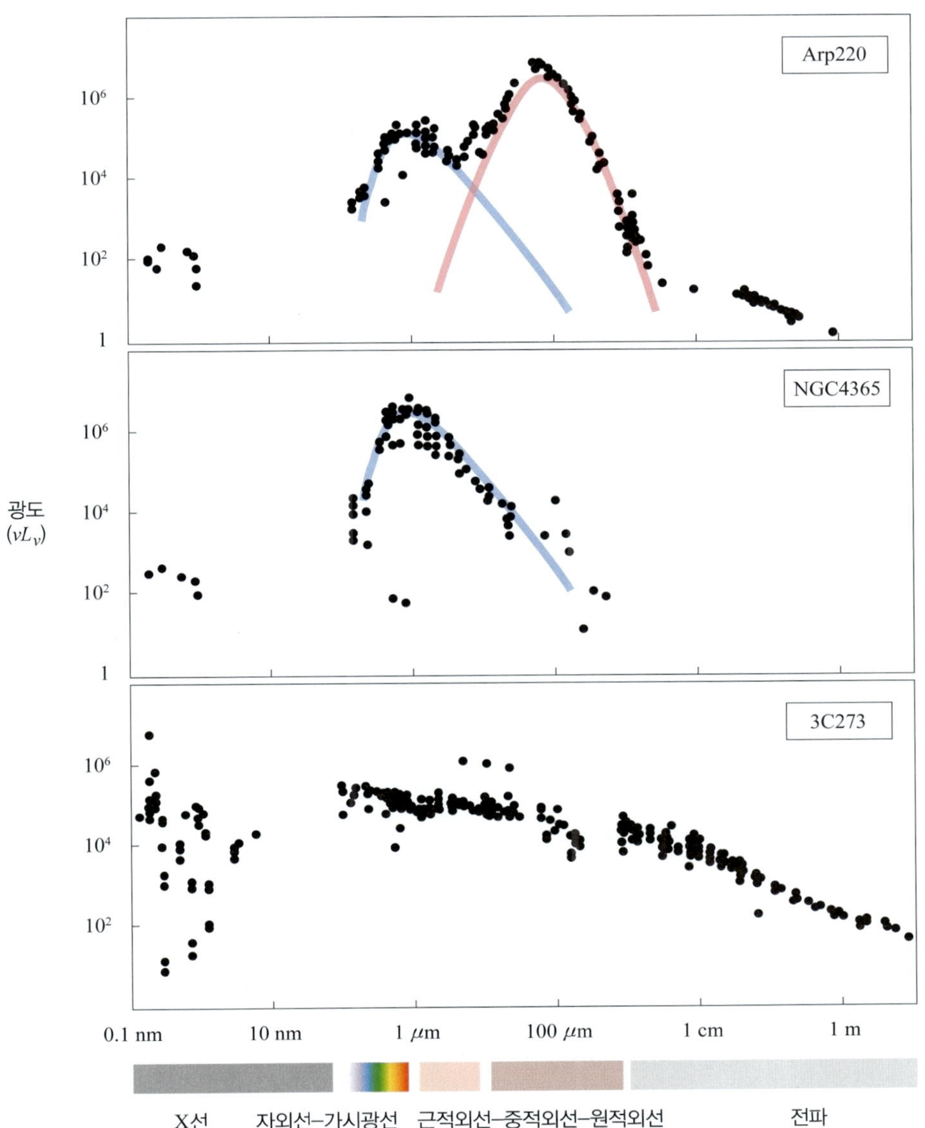

그림 12.23 위로부터 Arp220, NGC4365, 3C273의 파장에 따른 에너지 분포. 맨 아래에 파장대역의 명칭을 표기하였다. 세로축 광도는 임의 단위로 표기되었으며, 눈금 간격은 100배 차이를 나타낸다. 가로, 세로 모두 로그 스케일로 제시하였다.

선 영역은 은하 내의 성간 먼지들이 별의 복사를 받아 낮은 온도(수십 K)로 데워져 방출하는 흑체 복사로 설명할 수 있다. X선과 전파 영역에서도 은하 내의 성간운 지역에서 방출되는 비열적 복사가 일부 존재하지만, 그 양은 가시광이나 원적외선 영역에 비해 매우 작은 편이다. 가운데 NGC4365는 처녀자리 은하단에 속한 타원은하로, 원적외선에서 거의 에너지가 나오지 않는다는 사실이 이 은하에 성간 먼지가 거의 존재하지 않음을 보여준다. 3C273은 위의 두 천체와 매우 다르게 가시광과 원적외선 외에드 X선과 전파 영역에서 방출되는 에너지가 총 광도의 상당한 비중을 차지한다. 이러한 대상은 일반적인 은하와 구별되는 활동은하(active galaxy)로 분류한다. 활동은하의 경우 별과 먼지가 방출하는 열적 복사 이상으로 은하 중심부 초대질량 블랙홀 주변의 부착원반에서 나오는 열적 복사와 싱크로트론 복사와 같은 비열적 복사가 두드러진다. 활동은하에 대해서는 다음 항목에서 더 자세히 설명하고자 한다.

4) 활동은하

외부은하 천체의 스펙트럼은 그 천체의 물리적 특성에 대해 추론할 수 있는 첫 번째 통로였다. 1940년대에 세이퍼트(Carl K. Seyfert, 1911~1960)는 중심부에 매우 밀집된 밝은 핵이 있고 스펙트럼에서 선폭이 넓은 방출선이 보이는 나선은하를 다수 찾아냈다. 이러한 천체들은 **세이퍼트은하**(Seyfert galaxy)라고 불렸다. 이후 이들을 연구한 결과 중심부의 매우 좁은 영역에서 상대적으로 많은 에너지가 나온다는 점, 자외선이나 X선, 적외선 등에서의 광도가 크다는 점, 변광한다는 점 등의 특성이 발견되었고 이러한 특성의 일부 혹은 전체를 공유하는 천체들의 목록이 점점 늘어났다. 대부분의 세이퍼트은하는 나선은하이며, 타원은하에서 세이퍼트은하의 특징이 나타나는 경우는 드물다. 세이퍼트은하의 스펙트럼에서는 금지선(예: [O III], [N II] 등)과 허용선(예: 수소 발머선)의 플럭스비가 일반적인 나선은하의 경우와는 차이가 있다. 물론 모든 세이퍼트은하의 스펙트럼이 동일한 것은 아니었기 때문에, 스펙트럼에 근거해 세이퍼트은하를 세부적으로 분류하자는 아이디어가 제시되었다. 제1형 세이퍼트은하는 수소 발머선의 선 윤곽을 보았을 때 선폭이 수백~수천 km/s로 넓은 성분이 존재하는 은하들이고, 제2형 세이퍼트은하는 넓은 선폭 성분이 거의 존재하지 않는 은하들이다. 이후 이 두 유형의 중간 정도에 위치할 것이라고 생각되는 1.2, 1.5, 1.8, 1.9 등의 유형이 추가로 제안되기도 하였다. 오늘날 우리는 세이퍼트은하가 활동은하 전체 종족 중에서 상대적으로 활동은하핵의 광도가 작은 그룹이라고 생각하고 있다.

그렇다면 상대적으로 활동은하핵의 광도가 큰 그룹은 무엇일까? 전천 전파 탐사를 통해 발견된 밝은 전파원에 대한 광학 후속 관측 도중 1963년 3C273이라는 천체가 주목받게 된다. 이 천체는 광학 영상에서 분해되지 않은 점광원, 즉 별과 같은 모양으로 보였다. 스펙트럼을 얻어보니 적색이동이 $z = 0.158$로 (당시로서는) 매우 멀리 떨어진 천체로 확인되었는데, 그럼에도 불구하고 밝게 보인다는 점은 이 천체의 광도가 매우 크다는 증거였다. 더군다나 이 천체는 변광을 한다는 특징이 있었고, 변광이 일어나는 시간 규모는 1년 미만이어서 에너지가 주로 생성되는 영역의 크기 자체가 1광년 이하로 매우 작게 추정되었다. 즉 작은 영역에서 대량의 에너지를 만들어낼 수 있는 특이한 천체였다. 이러한 에너지를 만들어낼 수 있는 기작으로 제안된 것이 무거운 천체로 형성된 깊은 퍼텐셜 우물로 물질이 유입되는 과정인데, 매우 무거운 블랙홀이 천체의 중심에 있을 때 블랙홀로 떨어지는 물질의 중력 결합 에너지가 콤프턴 산란, 자외선~적외선에서의 열적 복사, 싱크로트론 복사 등을 통해 다양한 파장에서의 전자기 복사를 방출한다는 것이다. 별과 비슷하게(quasi-stellar) 분해되지 않은 전파원

(radio source)이라는 의미에서 이러한 천체는 **퀘이사**(quasar)라는 명칭을 얻게 되었다. 이들은 광도가 크고 X선, 적외선, 전파 등에서 플럭스 초과가 나타나며 흔히 변광한다. 이후 비슷한 천체를 다수 발견하면서 이러한 천체들이 전파에서 밝은(radio-loud) 대상과 전파에서 밝지 않은(radio-quiet) 대상으로 구별될 수 있음이 알려졌다. 그리하여 이 대상을 일컫는 보다 합리적인 용어는 QSO(Quasi-Stellar Object)로 생각된다. 그러나 여전히 천문학자들은 (전파에서 밝지 않은 경우에도) 퀘이사라는 용어를 QSO와 혼용하고 있다.

퀘이사는 우주에서 가장 밝은 천체 중 한 종류로, 광도가 크기 때문에 멀리 있어도 관측할 수 있어 초기 우주를 연구하는 데 활용된다. 우주의 거대 구조를 탐색하거나, 은하 간 물질의 연구를 하기 위한 배경 천체로서의 역할을 하거나, 중력렌즈 시간 지연을 통한 거리 지표로 사용되기도 한다. 우주의 역사를 통틀어 중심부의 초대질량 블랙홀의 형성 과정, 모은하와 중심부 블랙홀의 공진화(co-evolution) 또한 활발히 연구되고 있다.

이외에도 활동은하의 세부 종류에는 블레이자, 전파은하 등이 있다. **블레이자**(blazar)는 도마뱀자리 BL 천체(BL Lac object), 가시광격변퀘이사(OVV quasar, Optically Violent Variable quasar)를 포함하며 전파, 가시광, 자외선에서 짧은 시간 규모(수십 분~수 일)의 변광이 나타나고 다른 활동은하들과 다르게 스펙트럼에서 방출선이 보이지 않는다. **전파은하**는 10^{33} W 이상의 전파 에너지를 방출하는 은하로, 대개 중심핵에서 양쪽 방향으로 전파를 방출하는 한 쌍의 밝은 **로브**(lobe)가 대칭적으로 관측된다. 로브들은 좁은 **제트**(jet)로 연결되어 있는데, 이는 활동은하핵에서 방출된 물질이 로브로 이동하는 모습을 보여준다. 제트와 로브의 모양은 전파 영상에서 다양한 형태로 나타나 전파 영상에서 중심부와 바깥쪽 중 어느 방향이 더 밝은지, 제트의 대칭성이 어떤지 등의 기준으로 전파은하를 분류하기도 한다. 가까운 전파은하 중에는 무거운 타원은하가 많은 편이다. 그림 12.24는 전파은하 허

그림 12.24 활동은하 허큘리스 A의 가시광선(배경의 컬러 사진), X선(분홍색), 전파(파란색) 영상을 겹쳐서 나타낸 것. 가시광선 영상에 따르면 이 은하는 둥근 형태의 타원은하이다. X선 영상에서는 중심부 초대질량 블랙홀로 물질이 유입되면서 발생한 에너지로 가열된 수백만 K의 기체가 확인되고, 전파 영상에서는 제트를 따라 물질 이동이 관찰된다. 제트는 수백 kpc 이상까지 뻗어 있다.

큘리스 A (Hercules A)의 가시광, X선(분홍색), 전파(파란색) 영상을 겹쳐 나타낸 것이다.

다양하게 분류되는 활동은하들이 동일한 종류의 천체들인지 혹은 완전히 다른 천체들인지 이들의 에너지원은 무엇이며 중심핵의 성장이 **모은하**(host galaxy)와는 어떤 관계가 있는지 등은 흥미로운 연구 주제이다. 1980년대부터 제안된 **활동은하핵 통일 모형**(unified model of active galactic nuclei)은 활동은하들이 실제로는 동일한 구조를 가지고 있지만, 관측자의 시선 방향에 따라 관측적 특성이 다르게 나타난다고 설명하는 모형이다. 그림 12.25는 활동은하핵 통일 모형에서 설명하는 활동은하핵의 기본 구조를 보여준다. 중심에는 초대질량 블랙홀이 있고, 중력에 의해 유입된 기체들이 수백 AU 정도 규모의 **부착원반**을 형성한다. 부착원반에 수직한 방향으로는 광속에 가까운 속력으로 상대론적 제트가 분출된다. 중심 가까이에는 빠르게 움직이는 기체 덩어리들이 큰 속도 분포로 인해 선폭이 넓은 방출선을 형성하는 영역(BLR, Broad Line Region)이 존재하고, 이 영역을 차가운 기체와 먼지의 조합인 **토러스**(torus)가 둘러싸고 있다. 도넛 모양인 토러스의 반지름은 대략 1~10 pc이다. 제트 방향으로 0.1 pc 이내에 넓은 폭 방출선 영역이 분포한다면, 10~100 pc 이상의 멀리 떨어진 영역에 원뿔과 비슷한 형태로 이온화 에너지가 전달되는 곳이 형성되고, 이곳에서 밀도가 낮고 느리게 움직이는 기체 덩어리들은 비교적 선폭이 좁은 방출선을 형성한다(NLR, Narrow Line Region).

관측자의 시선 방향이 활동은하핵을 측면에서 보는 형태라면, 불투명한 토러스가 중심의 초대질량 블랙홀, 부착원반, 넓은 폭 방출선 영역을 가려서 보이지 않는다(그림 12.25a). 하지만 좁은 폭 방출선

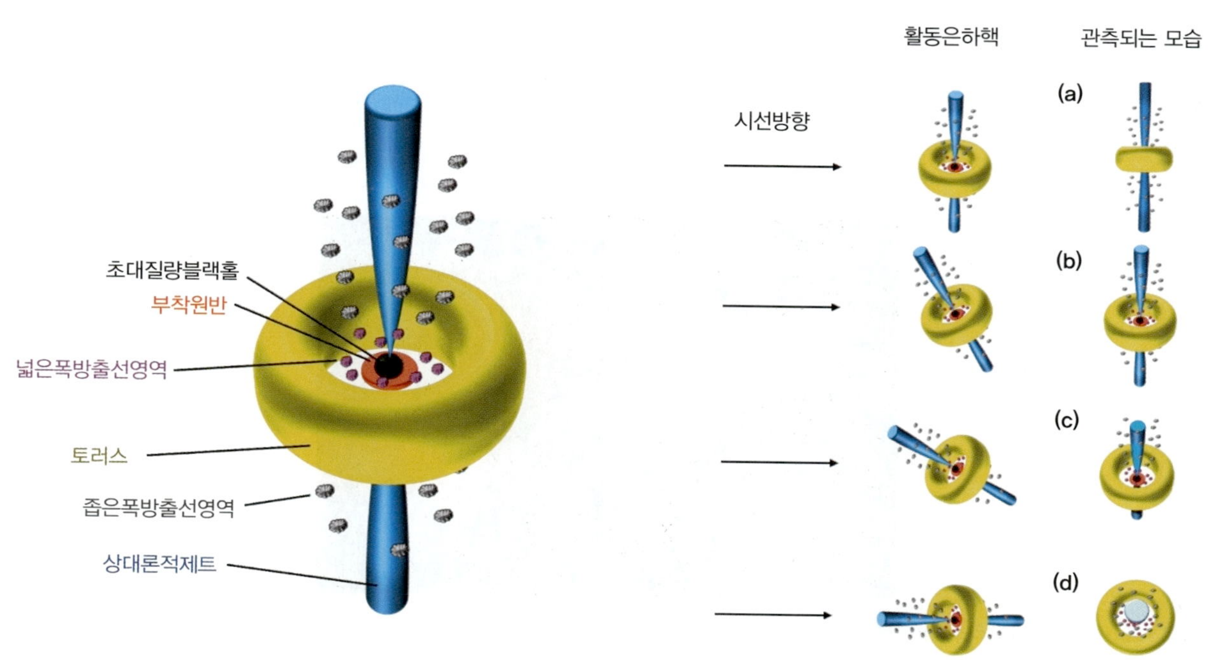

그림 12.25 활동은하핵 통일 모형(왼쪽)과 시선 방향에 따라 달라지는 관측되는 모습의 변화(오른쪽)

영역에서 나오는 방출선이나 상대론적 제트에 의한 싱크로트론 복사는 관측할 수 있다. 제2형 세이퍼트은하와 같이 넓은 폭 방출선이 보이지 않는 활동은하핵이 이러한 상황에 해당한다. 한편 시선 방향과 제트가 이루는 각이 90°보다 작아지면(그림 12.25b, c) 넓은 폭 방출선 영역이 관측될 수 있어서 제1형 세이퍼트은하와 같은 스펙트럼을 보일 것이다. 시선 방향과 제트가 나란할 경우(그림 12.25d) 관측자는 상대론적 제트를 정면에서 보게 되는데, 이때는 제트의 복사가 빠르게 변광하는 것을 관측할 수 있을 것이다.

5) 은하들의 후퇴와 우주의 팽창

나선성운이 외부은하라는 사실이 알려지기 전에 슬라이퍼(Vesto Slipher, 1875~1969)는 나선성운에 대한 스펙트럼 관측을 통해 이들이 대부분 (+)의 시선 속도를 가지고 있음을, 즉 대부분의 나선성운이 우리로부터 멀어지고 있음을 보고하였다. 나선성운에서 관측되는 스펙트럼선은 실제 관측되어야 하는 파장보다 더 긴 파장에서 관측되었는데, 이를 **적색이동**되었다고 표현한다. 또한 얼마나 이동했는지를 **적색이동** z로 기술하는데, 관측되어야 하는 파장(정지 좌표계에서의 파장이라고도 한다)을 λ_0, 실제로 관측된 파장을 λ라고 할 때 적색이동 z는 다음과 같이 정의된다.

$$z \equiv \frac{\lambda - \lambda_0}{\lambda_0}$$

파동이 관측될 때의 파장이 방출 당시의 파장과 달라지는 이유는 파동을 방출하는 파원과 관측자의 상대적인 이동(도플러 효과) 때문이다. 파동의 속도와 파원-관측자 사이의 상대속도에 따라 적색

적색이동과 우주의 팽창

우주가 팽창할 경우 공간 속을 통과하는 빛의 파장도 늘어나게 되는데, 그렇다면 은하 스펙트럼에서 관측되는 적색이동은 실제로 은하의 이동과 도플러 효과 때문에 생겨나는 것이 아니라(도플러 적색이동, Doppler redshift), 우주의 팽창이라는 큰 효과 때문에 생겨난 것(우주론적 적색이동, cosmological redshift)이라고 할 수 있다. 은하가 관측되는 지금 시점의 우주 크기가 1, 은하에서 빛이 방출된 과거 시점의 우주 크기가 a라고 한다면 빛의 파장 비 $\lambda : \lambda_0 = 1 : a$이므로, 적색이동은 은하에서 빛이 방출되었을 때의 우주 크기에 대해 정보를 가지고 있다.

$$a = \frac{1}{1+z}$$

즉 우리가 '적색이동이 큰 은하를 관측한다'는 것은 '우주의 크기가 지금보다 작을 때 빛을 방출한 은하를 관측한다'는 것으로 우주의 과거를 본다고 할 수 있다.

이동 값이 결정되는데, 상대론적인 효과를 고려하지 않는다면 $z = \frac{v}{c}$이다. v는 관측자에 대한 천체의 속도, c는 빛의 속력에 해당한다. 다르게 말하면 시선 속도 v는 $v = cz$로 구할 수 있다.

허블은 시선 속도와 은하까지의 거리가 서로 비례한다는 사실을 알아냈고, 이러한 관측 사실을 설명하려면 우주의 팽창이 필요하다고 제안하였다. 은하들이 공간에 붙잡혀 있는 상태에서 우주 공간 자체가 커진다면, 은하와 은하 사이의 거리도 우주의 크기에 비례하여 멀어진다. 그리고 관측자에게 더 멀리 있었던 은하는 가까웠던 은하에 비해 같은 시간에 더 많이, 거리에 비례하여 더 빨리 멀어지게 된다. 우주가 늘 일정한 크기를 유지하는 것이 아니라 팽창하고 있다는 사실은 우주의 과거와 미래에 대한 이론적 설명의 고안에 자극제가 되었다.

르메트르(Georges Lemaître, 1894~1966) 역시 허블이 사용했던 슬라이퍼의 시선 속도 자료와 은하까지의 거리를 비교하여 독립적으로 '은하까지의 거리와 시선 속도는 비례하므로, 우주는 팽창하고 있다'는 결론을 도출하였다. 2018년 국제천문연맹(IAU, International Astronomical Union) 총회에서는 이러한 점을 고려하여 '허블의 법칙'이라 불리던 거리-시선 속도의 비례 관계를 '**허블-르메트르 법칙**'으로 지칭할 것을 권유하기로 결의하였다. 허블-르메트르 법칙은 시선 속도 v, 은하까지의 거리를 d라 할 때 다음 식으로 간단히 표현할 수 있다. 이때 비례계수 H_0는 **허블상수**라 불린다.

$$v = H_0 d$$

우주의 팽창은 자연스럽게 시간을 거슬러 올라가면 모든 것들이 더 가까이 있었을 것이라는, 어쩌면 한 점에 모여 있었을 수 있다는 추론을 하게 한다(이 점은 우주의 어느 한 지점을 의미하는 것이 아니라 우주 자체가 시작되는 것을 의미한다). 만약 팽창 속력이 일정했다면, 시선 속도의 크기는 거리를 시간으로 나누어 얻을 수 있으므로 H_0는 같은 곳에서 출발한 두 은하가 현재 거리 d만큼 멀어지기까지 걸린 시간의 역수가 된다. 시간 $1/H_0$을 **허블시간**이라고 하며, 허블시간으로부터 대략적인 우주의 나이 규모를 짐작할 수 있다. 실제로 팽창 속력은 우주의 역사를 통틀어 일정하지 않았지만, 더 정밀한 식을 사용하여 우주의 시간적 · 공간적 규모를 계산할 때에도 H_0는 반드시 필요한 기본 상수 중 하나이다. 그림 12.26은 허블의 1929년 논문에 제시된 그림으로, H_0의 값은 약 500 km s^{-1} Mpc^{-1}이다. 이 값을 대입해 계산한 허블시간은 약 20억 년에 불과한데, 이렇게 되면 우주의 나이가 지구와 태양계의 나이보다도 더 짧다는 모순이 발생한다. 이러한 모순의 원인은 당시 사용된 은하들까지의 거리가 지나치게 가깝게 측정되었기 때문으로, 여기서 우리는 허블상수를 구할 때는 천체까지의 거리를 측정하는 수단이 매우 중요함을 알 수 있다.

천체까지의 거리를 측정하기 위한 수단으로는 다양한 천체의 물리적 특성을 이용하는 여러 가지 방법이 있다. 천체의 물리적 특성에 따라 표준 촉광(standard candle)을 이용하는 방법, 표준 자

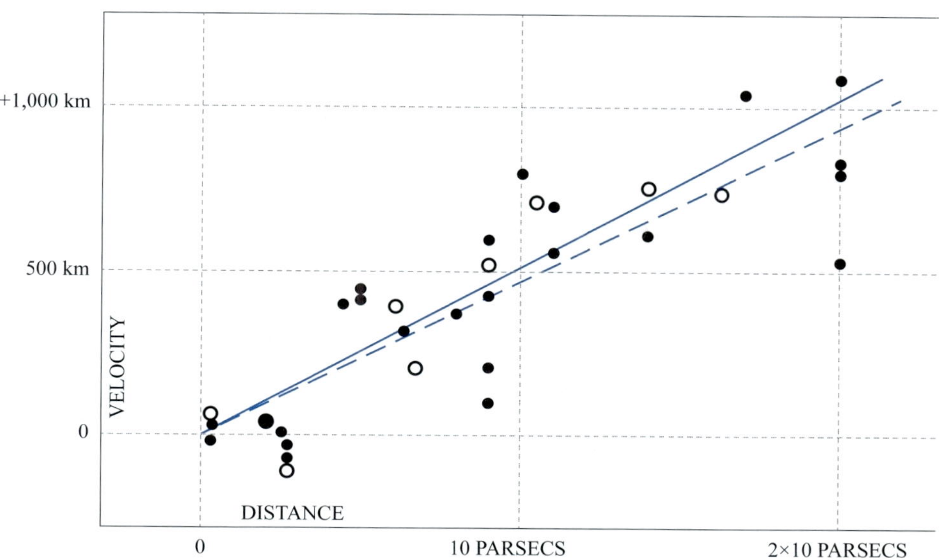

그림 12.26 허블의 1929년 논문에서 제시된 거리-속도 관계 그림. 이 그림에서는 y축(속도)의 단위가 km/s가 아닌 km로 잘못 기재되어 있었다. 검은색 원은 개별 은하, 흰색 원은 거리와 방향을 기준으로 은하를 그룹별로 분류했을 때의 평균치를 나타내며, 이로부터 추정한 거리-속도 관계는 각각 실선과 점선으로 표시되어 있다.

(standard ruler)를 이용하는 방법, 그 외의 방법 등으로 구별해볼 수 있다. 가장 먼저 **표준 촉광**을 이용하는 방법은 절대밝기가 알려진 광원의 겉보기밝기를 측정하고, 절대등급과 겉보기등급의 차이인 **거리지수**(Distance Modulus, $DM \equiv m - M = 5\ \log d - 5$)를 사용하여 거리를 구하는 방법이다. 유명한 표준 촉광으로는 세페이드변광성과 같은 맥동변광성, Ia형 초신성, 가장 밝은 적색거성(TRGB, Tip of the Red Giant Branch), 은하 등이 있다. 맥동변광성의 주기-광도 관계, 광도곡선의 모양을 맞추었을 때 Ia형 초신성의 최대 밝기 일관성, 분해된 적색거성 가지에서 가장 밝은 별의 등급이 일정하다는 점, 은하에서 거리와 독립적으로 측정될 수 있는 물리량과 광도 사이의 상관관계 등이 이들을 표준 촉광으로 사용할 수 있는 근거이다.

한편 **표준 자**를 이용하는 방법은 실제 물리적 크기가 알려진 대상의 각지름을 측정하여 각지름과 거리, 실제 크기 사이의 기하학적 관계를 이용하는 방법이다. 타원은하의 척도 관계를 활용하거나 거대 구조를 비롯한 은하들의 분포로부터 추정할 수 있는 초기 우주에서 물질 형성 규모에 관한 정보 등이 표준 자로 활용되고 있다.

최근 중력파의 관측을 활용한 거리 측정 방법이 새롭게 제안되었다. 2개의 밀집 천체가 병합하면서 발생하는 중력파가 검출될 때, 파동의 위상 진화로부터 쌍성계까지의 거리를 추정할 수 있다. 파동의 진폭이 거리가 멀어질수록 감소함을 활용하기 때문에 이를 표준 사이렌(standard siren) 방법이라고 부르기도 한다. 이 방법은 표준 촉광이나 표준 자를 사용하는 방법과는 다른 독립적인 방법으로 주목을 받고 있다. 또한 중력렌즈를 활용하여 거리를 추정하기도 한다. 무거운 은하나 은하단 뒤에 위치한 퀘이사는 앞쪽 천체가 중력렌즈 역할을 하기 때문에 여러 개의 상으로 분리되어 관측된다. 여러 개의 상에서 관측되는 변광 현상은 중력렌즈에 의한 공간의 왜곡으로 인해 약간의 시차를 두고 관측자에게 도달하는데, 이렇게 중력렌즈를 통과한 퀘이사의 변광곡선 간에 존재하는 시차를 이용해서도 거리를 추정할 수 있다(중력렌즈 시간 지연 방법).

천문 탐사(astronomical sky surveys)

일반적으로 천문 관측이라고 하면 특정한 천체(예: 행성, 항성, 은하)를 겨냥하여 망원경과 검출기 등 기기를 이용해 대상에 대한 정보를 획득하는 행위를 떠올리게 된다. 이러한 지향관측(targeted observation)과 달리 탐사관측(survey observation)이란 특정 대상에 국한되지 않고 하늘의 일정 영역을 훑어가며 수행하는 관측을 말한다. 탐사관측을 활용하면 연구 대상 선택의 편향성(bias)을 줄인 통계적으로 유의미한 데이터를 획득할 수 있다. 예컨대 우리은하의 형태와 구조, 우주 거대 구조 등을 추적할 때 관측 데이터에 편향이 있다면 올바른 추론을 하기 어려울 것이다. 또한 탐사관측은 기존에 미처 알려지지 않았던 새로운 종류의 천체를 발견하고 연구할 기회가 된다. 예를 들어 새로운 X선 우주망원경을 설계하여 발사하고 탐사관측을 수행한다면 이전에 관측되었던 것과 다른 종류의 X선원을 찾아낼 수 있을 것이며, 중적외선 우주망원경으로 탐사관측을 수행한다면 우주 초기의 고적색이동은하가 정지 좌표계에서 방출한 자외선~가시광선 복사를 검출함으로써 최초의 은하와 별을 찾아낼 수 있을 것이다. 최근 늘어나고 있는 시간 차원(time domain) 탐사관측과 같은 설계를 통해서는 일시적으로 등장하는 천체 현상(astronomical transient event)을 검출하여 특이한 천체물리학적 현상을 연구할 수 있다.

이렇게 탐사관측에서는 천문학자들이 얻고자 하는 정보를 특정 체계하에서 방대하게 얻어내는 것이 목표이므로, 탐사관측 전략은 획득하고자 하는 정보의 종류에 따라 결정된다. 하나의 파장대로 수행하면서 깊은 영상을 얻는 것, 다양한 파장대에서 다파장 탐사(multi-wavelength survey)를 수행하는 것, 분광 자료를 획득하여 거리, 화학 조성 등에 대한 체계적인 데이터베이스를 구축하는 것 등 다양한 목표가 있을 수 있다. 다음 표는 다양한 영역의 정보에 따라 수립 가능한 탐사 전략을 보여준다.

표 12.1 천문 탐사 전략과 목표

분광측광학적 영역	• 플럭스(등급): (다양한 필터에서) 천체의 등급 측정 • 스펙트럼: (다양한 파장에서) 천체의 스펙트럼 획득 • 편광: 편광 정도 측정
형태적 영역	• 분해능: 높은 공간분해능 자료로 천체의 영상 획득 • 표면밝기: 표면밝기가 낮은 부분에서의 영상 획득
위치적(측성학적) 영역	• 좌표: 천체의 좌표(와 좌표 변화) 측정, 궤도 요소 등 운동 계산
시간 영역	• 시간에 따른 등급, 스펙트럼 변화: 변광 측정 • 일시적 천체 현상 검출

탐사관측의 대상이 되는 영역 크기는 하늘에서 수백 제곱각분($arcmin^2$)에 해당하는 아주 작은 영역(예: GOODS, Great Observatories Origins Deep Survey)부터 전천(예: 2MASS, 2-Micron All Sky Survey)에 이르기까지 다양하다. 탐사에 활용되는 시간이 제한되어 있음을 생각한다면, 넓은 영역을 관측할 때의 목표는 얕거나 적당한 깊이(즉 한계

등급이 크게 어둡지 않은 정도)의 데이터를 획득하는 것이고, 좁은 영역을 관측할 때의 목표는 매우 깊은 데이터를 획득하는 것이 된다. 이러한 방식으로 다양한 깊이(depth)와 넓이(area coverage)를 보이는 탐사들, 특히 넓고 얕은 탐사와 좁고 깊은 탐사가 공존하는 형태를 웨딩케이크 구조라고 부르고, 전통적으로 천문학적인 탐사관측 계획을 수립할 때 기본 원리로 삼는다. 은하와 우주를 연구하는 데 활용된 몇몇 천문 탐사관측 프로그램의 사례는 다음과 같다.

- **팔로마 전천 탐사**(POSS, Palomar Observatory Sky Survey)

1950년대 남부 캘리포니아에 위치한 팔로마 천문대에서는 1.2 m 새뮤얼 오친-슈미트 망원경에 부착된 사진 건판을 이용해 북반구 하늘에 대한 탐사를 수행하였다. 이후 1970년대에 남반구 하늘에 대해 이와 유사한 탐사가 오스트레일리아의 UK 슈미트 망원경으로 수행되었고, 1980년대에 다시 팔로마 천문대에서 북반구 하늘 탐사가 3가지 파장대에서 수행되었다. 이후로는 천문 관측 수단이 사진 건판에서 광전측광, 디지털 방식으로 변화했기 때문에 팔로마 천문 탐사 자료는 사진을 이용한 천문 관측의 마지막 유산이라고 볼 수 있다. 이들 자료는 건판 스캔을 통해 디지털화되어 공개되어 있는데, 장기간의 변광 등 천체의 특성을 연구하는 데 귀중한 자료이다. 아벨(George Abell, 1927~1983)은 팔로마 전천 탐사를 통해 얻은 사진에서 은하가 밀집된 영역을 눈으로 찾아 2,000여 개가 넘는 은하단의 목록을 작성하였다.

- **CfA 적색이동 탐사**(CfA Redshift Survey)

1970년대 말에서 1990년대 초까지 하버드-스미스소니언 천체물리연구소에서 수행한 탐사관측 프로그램으로, 은하의 적색이동을 측정함으로써 우주의 3차원 지도를 제작하는 것이 목적이었다(그림 12.34). 이 탐사 프로그램을 통해 공동, 장성 등 우주 거대 구조의 다양한 형태가 처음으로 드러났다.

- **슬론 디지털 전천 탐사**(Sloan Digital Sky Survey)

2000년부터 뉴멕시코의 2.5 m 광학 망원경으로 수행되고 있는 측광 · 분광 탐사관측 프로젝트로, 지금까지도 몇 가지 단계를 거쳐 다양한 자료를 수집하고 있다. 가장 첫 단계인 SDSS-I에서는 u, g, r, i, z 등 5개의 필터를 사용해 하늘의 영상을 얻고, 목록화한 천체 중 분광 후속 관측 대상을 선정하여 은하와 퀘이사 등의 스펙트럼을 얻었다. 이후 SDSS-II에서는 이전의 관측을 계속해 나가면서도 우리은하의 구조 연구를 위해 별의 스펙트럼 탐사관측을 수행하고 초신성을 탐색하였고 이어진 SDSS-III와 SDSS-IV에서도 동일하게 관측을 수행하되 은하의 공간 분포 지도를 작성하는 적색이동 범위를 넓혀 초기 우주의 바리온 음향 진동에 대해 힌트를 줄 수 있는 자료를 획득하였다. SDSS-IV에서는 은하에 대해 공간적으로 분해된 스펙트럼을 얻을 수 있는 분광 탐사 전략도 추가되었다. 2020년 시작된 SDSS-V에서는 더욱 많은 우리은하 내의 별, 초대질량 블랙홀을 가진 은하들, 가까운 은하들에 대한 탐사가 진행되고 있다. 2023년까지 데이터 공개가 총 18차례 진행되었는데, 전체 하늘의 약 1/3에 대한 영상 자료, 그리고 100만 개가 넘는 은하의 스펙트럼이 공개되었다.

- **적외선 천문위성 전천 탐사**(Infrared Astronomical Satellite all Sky Survey)

1983년 발사된 적외선 천문위성(IRAS, Infrared Astronomical Satellite)은 적외선 파장대에서 전천 탐사를 수행한 최초의 우주망원경으로 12, 25, 60, 100 μm로 약 9개월에 걸쳐 모든 하늘을 관측하였다. 이러한 중적외선~원적외선 파장대는 지구 대기의 영향으로 지상 관측이 불가능하기 때문에 IRAS 위성의 전천 탐사를 통해 기존에 전혀 알 수 없었던 적외선이 강한 천체들이 우리은하 내, 그리고 외부은하 천체 중에서 다수 검출되었다. 적외선 총 광도가 특히 큰 은하들은 매우 밝은 적외선 은하(ULIRG, Ultra-luminous Infrared Galaxies)라는 명칭으로 명명되었으며, 이들은 초기 우주에서 은하의 진화를 연구하는 데 유용하게 활용된다. IRAS의 성공은 이후로 이어진 모든 적외선 우주망원경(ISO, 스피처, 와이즈, 허셜 등)의 기반을 마련해주었다.

- **전파 탐사**(FIRST, Faint Images of the Radio Sky at Twenty-Centimeters)

FIRST는 대형 간섭계(VLA, Very Large Array)로 1990년대부터 2000년대에 걸쳐 수행된 북반구 하늘에 대한 20 cm 파장대 탐사관측 프로젝트이다. FIRST가 탐사한 하늘은 전체 하늘의 약 25%로, 슬론 디지털 전천 탐사와 대부분 겹치기 때문에 전파은하와 같은 활동은하핵을 연구하는 자료가 된다.

- GOODS(The Great Observatories Origins Deep Survey)

NASA는 1990년부터 2003년까지 '위대한 천문대(Great Observatories)'라는 명칭으로 총 4개의 우주망원경을 제작하였다. 이들은 발사된 순서에 따라 허블 우주망원경(1990), 콤프턴 감마선 망원경(1991), 찬드라 X선 망원경(1999), 스피처 우주망원경(2003)인데, GOODS는 이 위대한 천문대 중 가시광~근적외선 파장대(일부 자외선 포함)의 허블 우주망원경, X선 파장대의 찬드라 망원경, 중적외선~원적외선 파장대의 스피처 망원경을 이용해 하늘의 작은 영역에 대한 아주 깊은 데이터를 얻는 것을 목표로 기획된 대표적인 심우주 다파장 탐사관측 프로그램이다. 관측 대상은 천구의 북반구와 남반구에 각각 GOODS-North, GOODS-South라는 명칭이 붙여진 약 150 arcmin^{2}에 해당하는 영역으로 선정되었다. 우주망원경의 고분해능과 좋은 감도라는 강점으로 인해 이 영역에서는 적색이동이 6 이상인 아주 초기 우주의 은하, 퀘이사들이 발견되었고 그 외에도 우주의 나이가 더 어렸을 때의 은하 집단 형성, 초기 은하의 형태 및 질량 등 물리량 진화 등의 연구가 여전히 활발히 이어지고 있다. GOODS 이후로도 이 위대한 천문대들이 참여한 심우주(deep field) 탐사 프로그램들이 더 늘어났는데, 천구의 적도 부근에 위치한 COSMOS 등이 그 예이다. 2020년 제임스 웹 우주망원경이 발사되면서 기존 심우주 탐사 영역들에는 새로운 근적외선~중적외선 파장대의 데이터가 추가되어 초기 은하에 대한 우리의 이해를 도울 것으로 예상된다.

12.3 은하 집단과 거대 구조

1) 은하군과 은하단

은하들의 공간 분포를 결정하는 것은 자연의 기본 힘 중, 큰 규모에서 효과적인 중력이다(물론 은하가 우주 초기에 어느 위치에서 처음 생겨났는지도 중요하다). 중력에 의해서 은하들이 서로 가까워지고 결국 모이게 되는데, 은하들이 모이는 가장 작은 규모가 바로 은하군(galaxy group)과 은하단(galaxy cluster)이다. **은하군**은 은하들이 수 개부터 수십 개까지 모여 있는 집단(그림 12.27), **은하단**은 은하들이 수백 개 이상 모여 있는 집단이다. 눈에 보이지 않는 암흑물질도 은하들과 함께 은하군과 은하단을 구성하는데, 암흑물질 질량까지 모두 포함하면 은하군은 보통 태양 질량 단위로 10^{12}~10^{13} $M_\odot$, 은하단은 10^{14}~10^{15} $M_\odot$ 정도의 질량을 갖는다.

우리은하는 은하군과 은하단 중 은하군에 속해 있는데, 이 집단을 특별히 **국부 은하군**(Local

그림 12.27 대표적인 은하군인 스테판 5중주의 가시광 영상

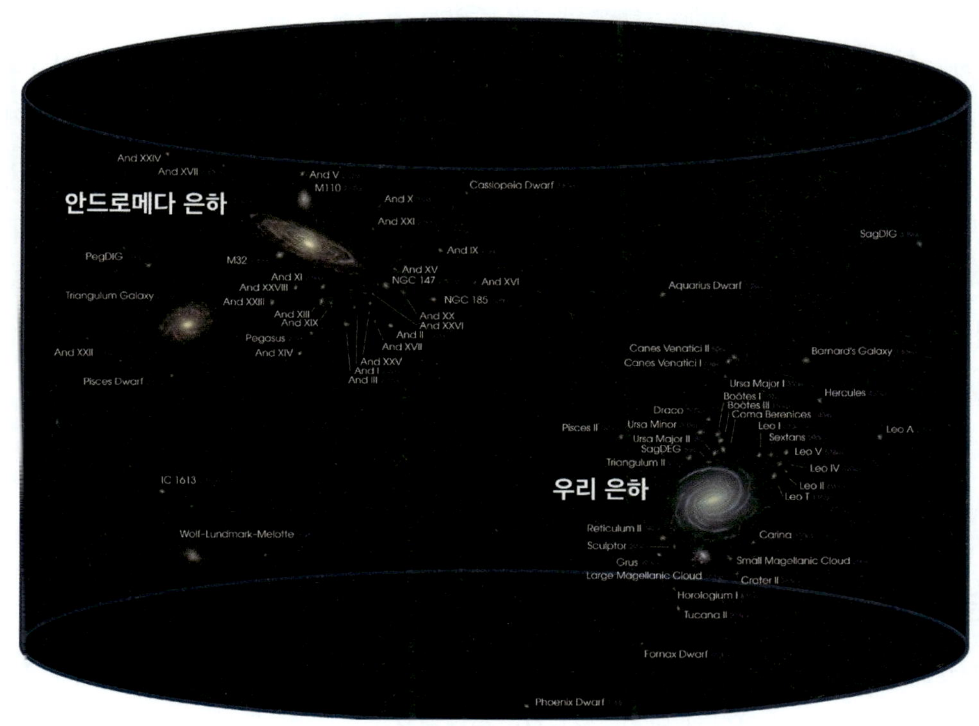

그림 12.28 우리은하를 포함한 국부 은하군 내 은하들의 분포

Group)이라고 부른다. 국부 은하군의 지름은 3 Mpc 정도로 100여 개의 은하들이 속해 있으며(그림 12.28), 총질량은 $\sim 3.5\times10^{12}\ M_{\odot}$이다. 국부 은하군에서는 우리은하와 안드로메다은하가 질량이 둘 다 $\sim 10^{12}\ M_{\odot}$로 엇비슷하면서 가장 큰 은하이며, 나머지 은하들은 대부분 왜소은하에 해당한다. 우리

그림 12.29 은하단 아벨 2218의 가시광 영상. 중력렌즈 현상으로 인해 은하단 뒤쪽에 위치한 은하들의 모습이 여러 개의 호를 그리며 뒤틀려 보인다.

그림 12.30 2개의 은하단이 충돌하고 있는 총알은하단(1E 0657–56)의 가시광 영상. 파란색은 중력렌즈 분석을 통해 구한 암흑물질의 분포를, 빨간색은 X–선 관측을 통해 구한 뜨거운 가스의 분포를 보여준다.

은하와 안드로메다은하는 서로의 중력 때문에 가까이 다가가고 있는데(현재 약 110 km s^{-1}의 상대속도로 다가가고 있다), 50억 년 후에는 결국 하나의 은하로 합쳐질 것으로 예상된다.

한편 은하단은 우주에서 자체 중력으로 묶인(self-bounded) 가장 큰 천체로, 우주 팽창의 효과를 이겨내고 중력적으로 뭉친 천체에 해당한다. 은하단의 반지름은 일반적으로 1.5 Mpc보다 비슷하거나 크며, 그 안에는 암흑물질과 은하, 온도가 10^7 K 정도 되는 뜨거운 기체 등 3가지 성분이 자리 잡고 있다. 은하단의 총질량은 약 $10^{14} \sim 10^{15}\ M_\odot$인데, 이 중 암흑물질이 80~85%, 은하가 1~2%, 뜨거운 가스가 5~15% 정도를 차지한다. 은하단의 경우, 좁은 영역에 큰 질량이 모여 있다 보니 **중력렌즈**[1](gravitational lens) 현상을 일으키는 경우가 많은데, 이 때문에 같은 시선 방향의 은하단 뒤편에 있는 은하들의 영상이 은하단 질량에 의해 호(arc) 형태로 과장되거나 왜곡되어 관측되기도 한다(그림 12.29). 보통 이 3가지 성분은 은하단 내에서 잘 섞여 있는데, 총알은하단(bullet cluster)처럼 두 은하단이 충돌하는 경우에는 그림 12.30처럼 각 성분이 분리되어 보이기도 한다.

2) 초은하단

초은하단(supercluster of galaxies)은 은하단보다 큰 규모로 수십 개의 은하단과 은하군으로 이루어진 구조이다. 은하군이나 은하단과 달리 은하들이 중력적으로 느슨하게 묶여 있으며, 크기가 보통 수십 Mpc에 달한다. 우리은하가 속한 국부 은하군도 더 큰 규모인 **국부 초은하단**(Local Supercluster)에 속해 있다. 국부 초은하단은 크기가 약 33 Mpc으로 100여 개의 은하군과 은하단이 모여 있으며 이

1) 중력렌즈란 질량을 가진 천체가 근처 시공간을 휘게 하여 렌즈와 같은 역할을 하는 현상을 말한다.

그림 12.31 국부 은하군을 포함하는 국부 초은하단 내 은하들의 분포

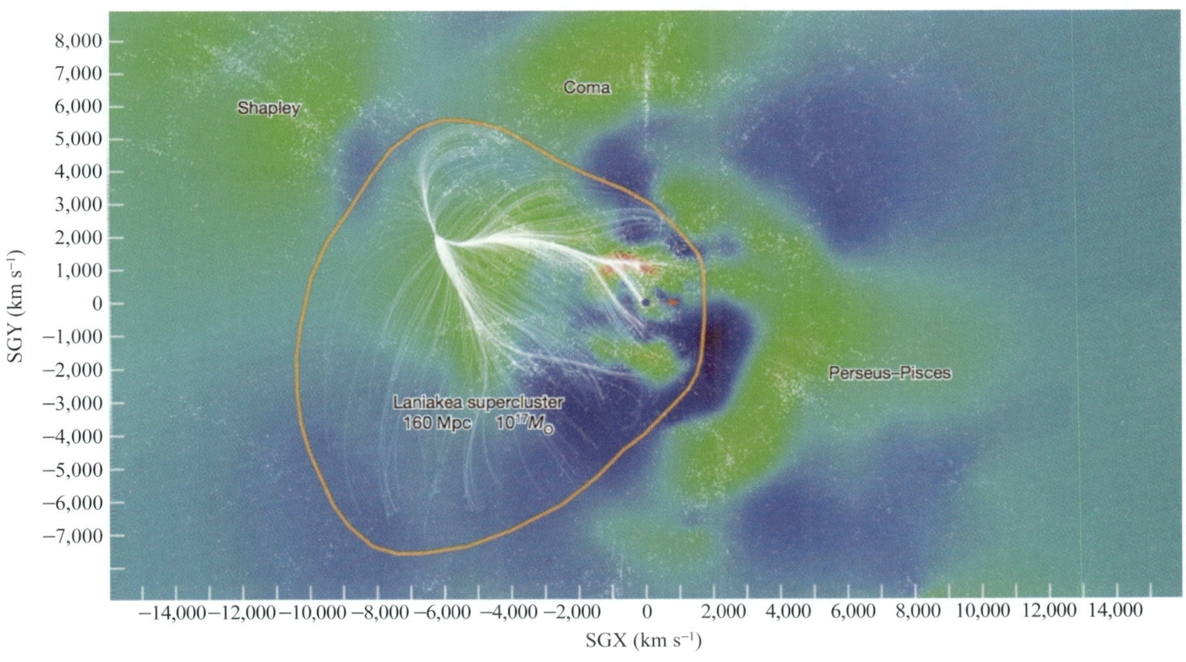

그림 12.32 라니아케아 초은하단의 모습. 하얀색 점들은 은하를 의미하며, 은하들의 밀도는 색깔로 표시된 등고선으로 표시되어 있다. 파란색 점이 우리은하의 위치이며, 화살표는 초은하 좌표계(supergalactic coordinate system)의 X–축(SGX) 방향을 가리킨다. 하얀색 선들은 각 은하들의 속도 흐름(velocity flow stream)을 의미하며, 각 끝 쪽에 주황색 선은 라니아케아 초은하단의 경계를 의미한다.

그림 12.33 컴퓨터 수치 모의실험에서 찾아낸 은하들의 3차원 분포(왼쪽 위)로부터 필라멘트(오른쪽 아래), 장성(왼쪽 아래), 공동(오른쪽 위) 구조를 찾아낸 예

초은하단에서 질량이 가장 큰 처녀자리 은하단($M_{\text{처녀자리은하단}} \sim 6 \times 10^{14}\ M_{\odot}$)의 이름을 따서 처녀자리 초은하단으로 불리기도 했다(그림 12.31). 초은하단은 은하군이나 은하단과 달리 중력적으로 단단히 묶인 구조가 아니어서 경계를 명확하게 정의하기 어렵다. 국부 초은하단의 경계도 마찬가지인데, 최근 가까운 은하들의 속도 자료를 분석함으로써 초은하단의 경계를 좀 더 물리적으로 정하려는 노력이 있었다. 이렇게 새로 정의된 경계에 따른 구조를 **라니아케아[2] 초은하단**(Laniakea Supercluster)이라고 하며, 크기는 무려 160 Mpc에 총질량은 $\sim 10^{17}\ M_{\odot}$ 정도이다(그림 12.32).

3) 우주 거대 구조

은하단보다 큰 규모에서 은하의 분포를 살펴보면 어떤 형태를 이루면서 분포하는 것을 알 수 있는데, 이러한 은하들의 공간 분포를 **우주 거대 구조**(large-scale structures in the universe)라고 한다. 은하들이 좁은 영역에 많이 모여 있는 곳은 앞서 언급한 것처럼 은하단 또는 은하군이라고 하고, 은하들이 없는 영역은 **공동**(void), 은하들이 선처럼 쭉 연결된 구조는 **필라멘트**(filament), 벽 또는 면처럼 연결된 구조는 **장성**(wall)이라고 부른다. 은하들의 분포를 보면 이런 구조들을 모두 포함하면서 마치 거미줄처럼 연결되어 있다고 해서 우주 거대 구조를 우주의 거미줄(cosmic web)이라고도 부른다(그림

2) 라니아케아(laniakea)는 하와이 말로 무한한 하늘(immense heaven)을 의미한다.

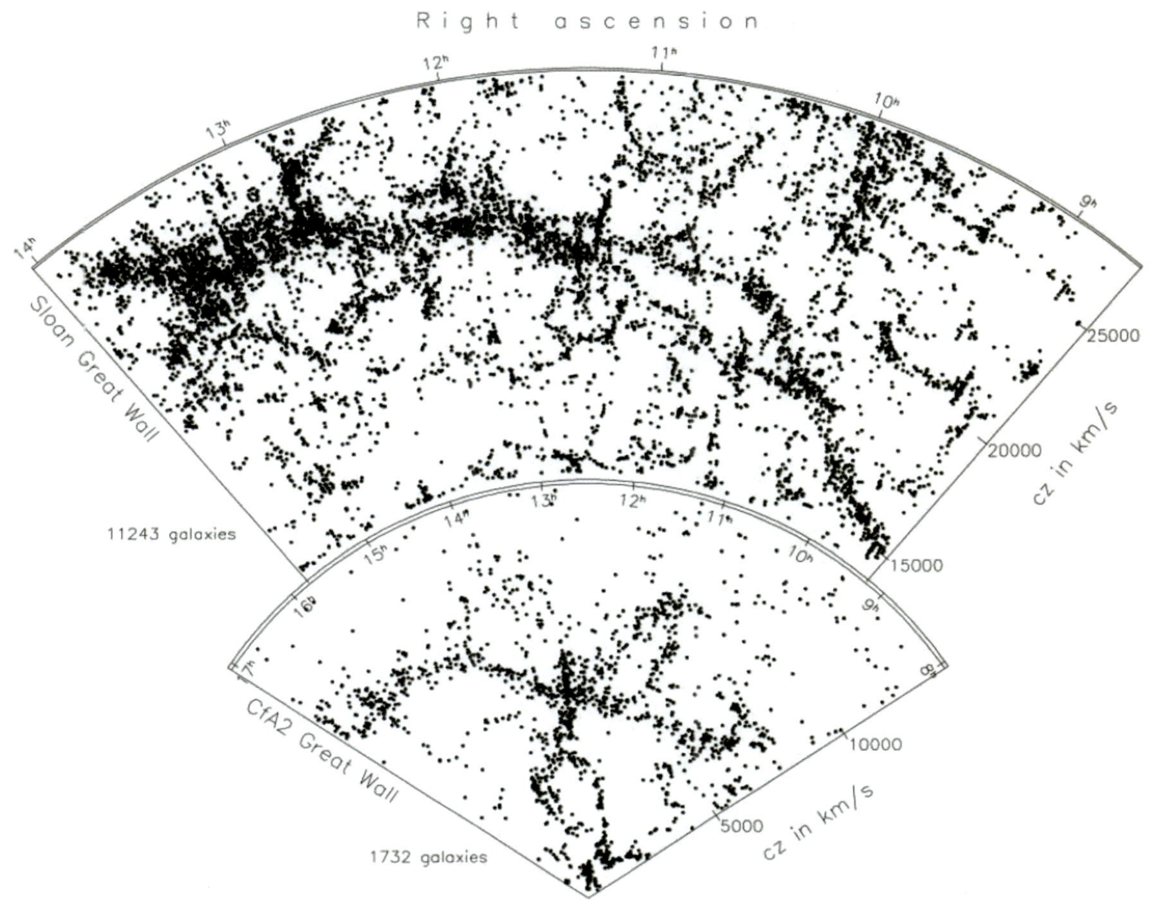

그림 12.34 CfA 적색이동 탐사에서 찾은 CfA 장성(아래쪽 부채꼴에서 속도 $cz \sim 8{,}000$ km s^{-1}를 가진 은하들이 적경 17 h에서 9 h까지 쭉 이어진 구조)과 슬로언 디지털 천문 탐사에서 찾은 슬로언 장성(위쪽 부채꼴에서 속도 $cz \sim 25{,}000$ km s^{-1}를 가진 은하들이 적경 14 h에서 9 h까지 쭉 이어진 구조)의 모습. 점 하나는 은하 하나를 의미하며 관측자는 부채꼴의 맨 아래 꼭짓점에 위치한다.

12.33). 실제 슬로언 디지털 하늘 탐사(Sloan Digital Sky Survey)와 같이 은하들의 3차원 분포를 연구하기 위한 관측 자료를 살펴보면 은하들의 분포에서 다양한 구조를 쉽게 확인할 수 있다(그림 12.34).

은하들의 3차원 분포 양상, 즉 우주 거대 구조는 우주론 및 은하 형성 연구에 다양하게 활용될 수 있다. 예를 들면 그림 12.35에서 보듯이 관측에서 얻은 은하들의 분포(그림 12.35b)를 뜨거운[3] 암흑물질(hot dark matter, 그림 12.35a)과 차가운 암흑물질(cold dark matter, 그림 12.35c) 이론의 은하 분포 예측과 비교하면 차가운 암흑물질 이론이 관측을 더 잘 설명하는 것을 알 수 있다. 물론 최신 연구에서는 그림 12.36처럼 좀 더 복잡하고 다양한 우주론 계수와 물리적 조건을 바탕으로 한 우주론적 수치 모의실험의 가상 은하들을 실제 관측된 은하들의 분포와 비교하는 작업을 한다. 이 비교를 통해 수치 모의실험에서 사용되었던 여러 가지 우주론 계수들 중에서 어떤 조합이 관측된 은하들의 분포를 가장

3) 암흑물질이 뜨겁거나 차갑다고 하는 것은 빛의 속도에 비해서 꽤 빨리 또는 천천히 움직인다는 것을 의미한다.

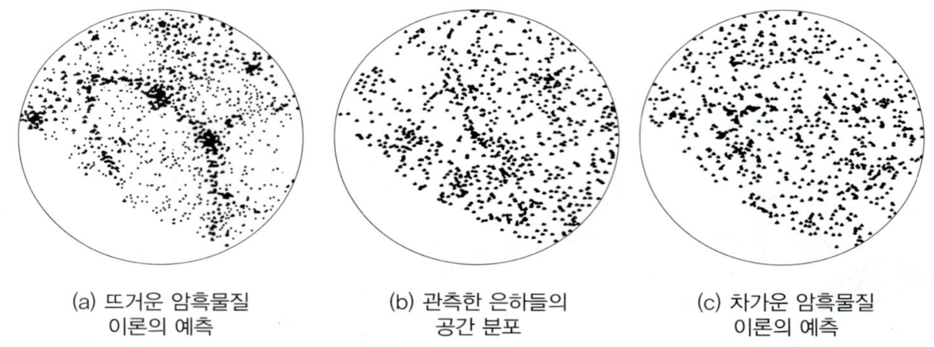

그림 12.35 관측한 은하들의 공간 분포**(b)**와 비교해서 뜨거운 암흑물질**(a)**과 차가운 암흑물질**(c)** 이론의 공간 분포 예측

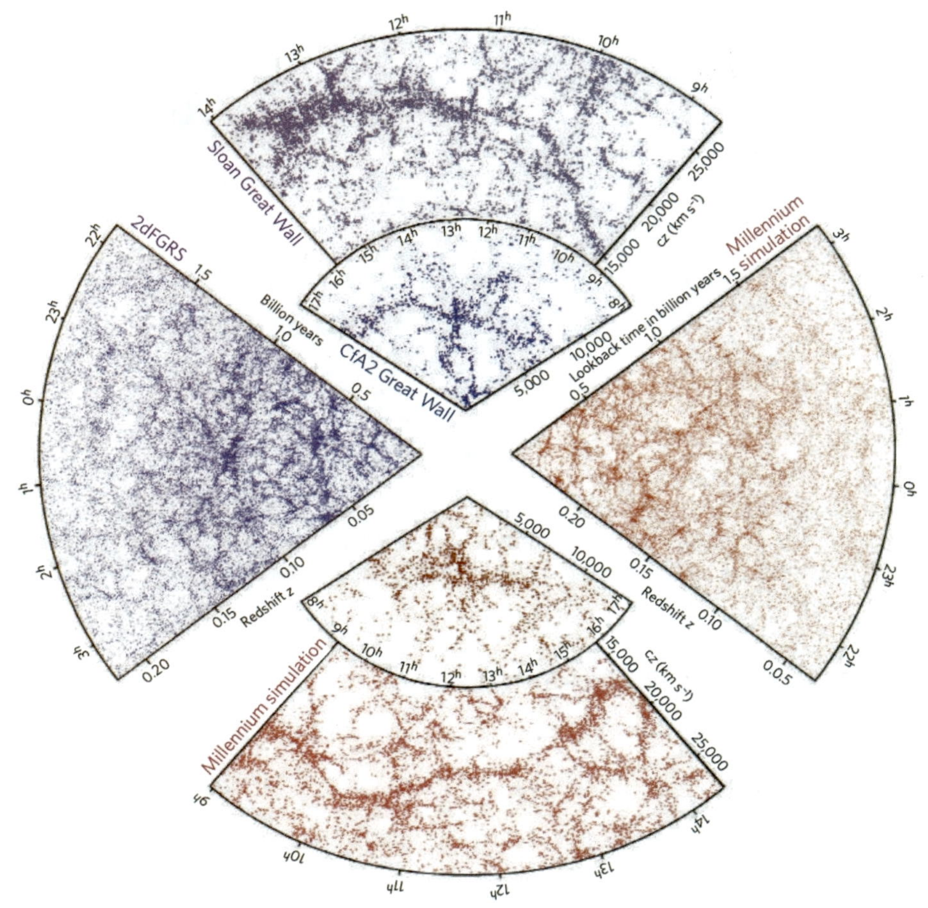

그림 12.36 관측에서 얻은 은하들의 분포(위쪽과 왼쪽 부채꼴)와 컴퓨터 수치 모의실험에서 얻은 가상 은하들의 분포(오른쪽과 아래쪽 부채꼴)의 비교

잘 설명하는지 알아내고, 그 우주론 계수의 값이나 물리적 조건(예: 차가운 암흑물질)들을 정확히 알아낼 수 있다. 여기서 주의할 점은 가상 은하들의 분포를 관측한 은하들의 분포와 완벽히 똑같아지도록 만드는 것이 중요한 게 아니라(물론 관측한 우주를 그대로 재현하려는 수치 모의실험도 있다) 은하 분포의 통계적인 특성을 얼마나 비슷하게 만들 수 있는지가 중요하다는 것이다.

은하 형성 및 우주론 연구를 위한 수치 모의실험

과학 연구는 보통 이론에서 예측한 것을 실험을 통해 검증하는 식으로 진행된다. 천문학에서는 실험실에서 진행되는 실험 대신 주로 다양한 망원경을 이용한 관측을 진행하고, 이 관측 자료를 분석해 이론의 예측과 비교하게 된다. 다만 관측이 계속해서 복잡해지면서 이론에서 관측과 비교 가능한 예측치를 도출해내는 것도 점점 복잡해지고 있다. 따라서 최근에는 이론을 바탕으로 한 정교한 컴퓨터 수치 모의실험(numerical simulation)을 수행하고, 그로부터 가상의 관측 자료를 생성하고, 이것을 관측과 직접 비교를 통해 은하 형성 및 우주론에 관련된 이론을 검증한다.

이런 수치 모의실험은 행성 및 별 형성이나 블랙홀을 포함한 은하 중심 등 관심 있는 천체에 맞는 해상도나 입자의 개수를 이용해 진행되는 경우가 많다. 이 중에서도 가장 큰 규모의 실험이 바로 우주론적 수치 모의실험으로, 관측 가능한 우주의 크기를 모두 재현하는 것을 목표로 삼고 있다. 따라서 가능한 큰 부피를 가능한 좋은 분해능으로 실험하려다 보니 슈퍼컴퓨터를 사용하는 경우가 많다. 1970년대 시작된 우주론적 수치 모의실험에서는 비교적 이해가 쉽고 관측과 비교하기 쉬운 은하들의 큰 규모 공간 분포를 재현하기 위해 주로 암흑물질 입자들과 그들의 중력 상호 작용만을 고려한 수치 실험을 진행했다(이 실험에서 은하에 대응되는 것을 암흑물질 입자들이 뭉친 암흑물질 헤일로라라고 한다). 이런 실험들은 그림 12.36처럼 은하들의 큰 규모 분포를 잘 재현함으로써, 수치 모의실험에 사용된 표준 우주 모형의 우주론 계수 및 물리적 조건들이 꽤 잘 정립되어 있다는 것을 보여주었다.

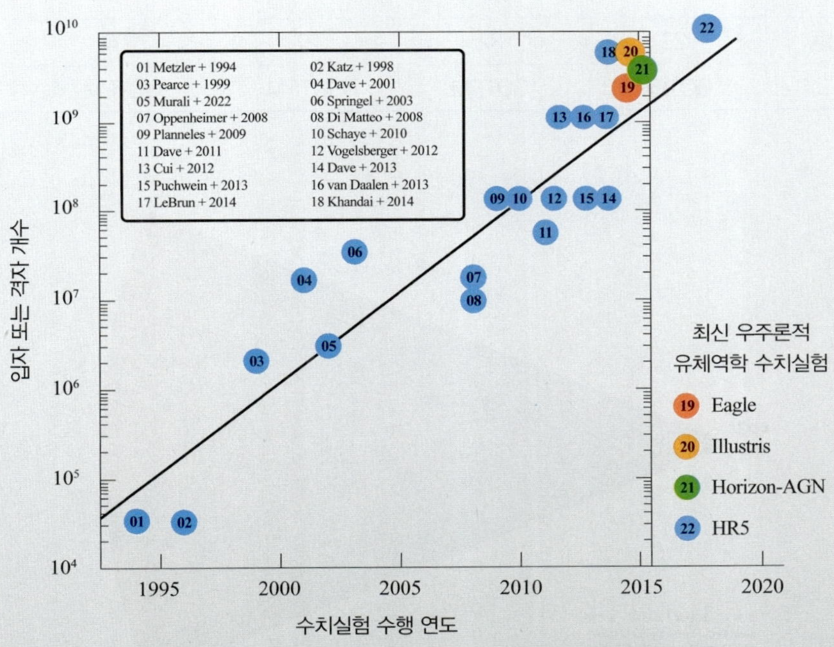

그림 12.37 우주론적 유체역학 수치실험 수행 연도에 따른 입자 또는 격자 개수

2000년대 들어 암흑물질 이외의 성분(보통 중입자라고 하는데, 별이나 가스 등을 포함하는 용어로도 사용된다)도 포함한 모의실험이 진행되기 시작하였다. 가스가 별을 만드는 과정이나 초신성과 블랙홀이 은하에 끼치는 영향(이것을 보통 초신성 · 블랙홀 되먹임이라고 한다)을 포함하는 이런 우주론적 유체역학 수치실험이 본격화되면서 우주를 대변하는 큰 실험 상자에 은하 내 작은 규모의 물리 현상까지 들여다볼 수 있는 작은 분해능을 갖는 실험을 수행하려는 많은 노력이 있었다(그림 12.37). 이런 실험들은 관측 가능한 은하 빛이 암흑물질과 가스로부터 어떻게 별이 생성되

어서 발현되는지 등의 은하 형성에 관한 이론도 포함하기 때문에 우주론 및 은하 형성 연구에 아주 유용하게 활용되고 있다. 이런 우주론적 수치 모의실험의 대표적인 예로는 일러스트리스-티엔지(Illustris-TNG), 허라이즌-에이지엔(Horizon-AGN) 등이 있는데, 국내에서도 고등과학원 연구진이 주축이 되어 한국과학기술정보연구원의 슈퍼컴퓨터를 활용한 세계 최고 수준의 허라이즌 런(Horizon Run) 수치 모의실험이 진행되어 왔다. 그림 12.38은 허라이즌 런 실험을 통해 재현된 우주의 시간에 따른 구조 형성 모습을 보여주고 있으며, 다음 표는 허라이즌 런 실험을 위한 여러 가지 물리적 조건들이 시간에 따라 어떻게 변화했는지를 보여준다.

표 12.2 허라이즌 런 수치 모의실험의 시간에 따른 사양 변화

	HR1	HR2	HR3	HR4	HR5
실행 연도	2009	2010	2010	2015	2021
종류	암흑물질만 고려	암흑물질만 고려	암흑물질만 고려	암흑물질만 고려	암흑물질과 유체역학 고려
상자 크기[4] (cMpc)	9417	10285	15450	4436	1049
암흑물질 입자 개수	4120^3	6000^3	7210^3	6300^3	$\sim 7.8 \times 10^9$ (그 외 별, 블랙홀, 가스 포함)
시작 적색이동	23	32	27	100	200
컴퓨터 코드	GOTPM	GOTPM	GOTPM	GOTPM	RAMSES

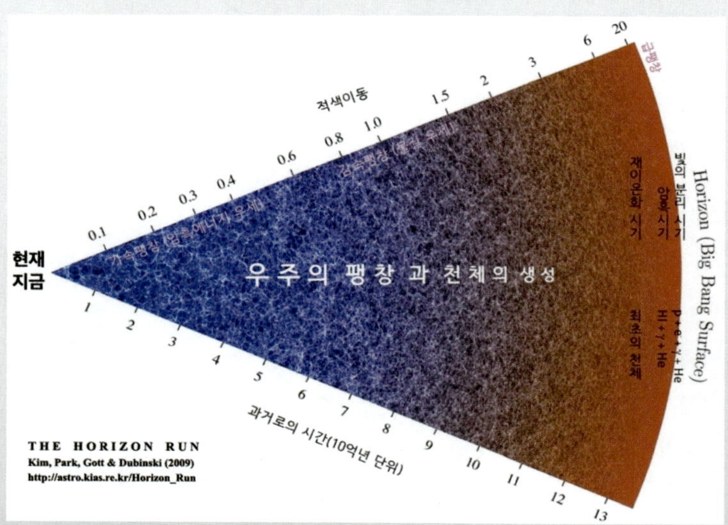

그림 12.38 허라이즌 런 수치 모의실험으로 재현한 우주의 시간에 따른 구조 형성 모습

4) 상자 크기의 단위 cMpc의 c는 comoving에서 온 것으로 공변 거리 단위를 의미한다. 공변 거리는 천체의 거리를 정의할 때 우주 팽창에 의한 효과를 제거한 거리를 의미하며, 우주의 팽창에 따라 변하게 되는 어떤 천체까지의 실제 거리는 고유 거리(proper distance)라고 한다.

12.4 우주론

1) 올버스의 역설과 우주의 크기

우리가 살고 있는 우주는 끝이 있을까? 또 우주가 팽창한다는데 어떤 점을 중심으로 팽창하는 것일까? 우주에 대해 고민해본 사람이라면 누구라도 한 번쯤은 생각해보았을 질문이다. 비슷한 고민을 옛날 사람들도 했는데, 이것을 과학적인 문제로 처음 진지하게 제기한 사람은 1826년 하인리히 올버스(Heinrich Olbers, 1758~1840)라고 할 수 있다.

먼저 우주의 크기와 나이가 무한하고, 시간에 따라 변하지 않는 상태로 별이 가득 차 있다고 생각해보자. 이때 지구의 관측자가 하늘의 어느 방향을 보아도 항상 어떤 별이든지 시선 방향에 들어올 수밖에 없을 것이다(그림 12.39). 물론 가까운 별을 보는 쪽 하늘은 매우 밝을 것이고, 멀리 있는 별을 보는 쪽 하늘은 상대적으로 어둡게 보일 수 있다. 그러나 멀리 볼수록 시선 방향에 들어오는 영역의 부피는 더 커지기 때문에 더 많은 별을 볼 수 있어서, 각 별의 밝기가 어두워도 그 밝기의 합은 충분히 클 것이다. 즉 하늘의 어느 방향을 보든 그 밝기는 별의 평균 밝기 정도로 밝아야 하는데, 실제 밤하늘은 그렇지 않고 어둡다는 것이 문제이다. 이것을 **올버스의 역설**이라고 부른다.

이 역설의 해결책은 바로 가정에 문제가 있다는 것이었다. 이 지적은 작가로 잘 알려진 에드거 앨런 포(Edgar Allan Poe, 1809~1849)에 의해 그가 죽기 직전인 1948년 처음 제기되었다. 그는 밤하늘이 어두운 이유가 우주의 나이가 무한하지 않기 때문이라고 지적하였다. 우리가 어떤 천체를 본다는 것 또

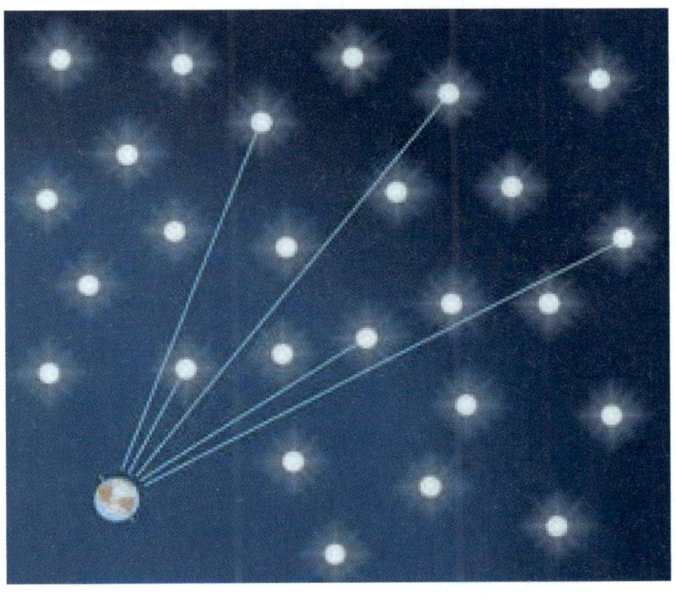

그림 12.39 만약 우주가 무한하고 별들로 가득 차 있다면 어느 방향을 보든 별을 볼 수 있을 것이고, 밤하늘은 어둡게 보이지 않아야 할 것이다. 이것이 올버스의 역설이다.

는 관측한다는 것은 천체에서 나온 빛이 빛의 속도로 달려와 우리 눈까지 도달하는 것이다. 그런데 빛의 속도는 30만 km/s로 유한하기 때문에 우리가 관측한 빛은 그 천체를 보는 현재에 방출된 게 아니라 달려온 시간만큼 이전에 방출된 빛이다. 즉 멀리 있는 천체를 볼수록 그 천체가 현재보다 더 이전 시간에 보였던 모습, 즉 초기 우주 때의 모습을 보게 된다는 것이다. 따라서 밤하늘이 어둡다는 것은 우주의 나이가 유한해서 볼 수 있는 우주 영역의 한계가 존재한다는 것이다. 한 단계 더 나아가 우주의 나이가 유한하다는 것은 우주의 시작, 즉 대폭발(또는 빅뱅)이 있었다는 것을 암시한다. 또한 이 설명은 **관측 가능한 우주**(observable universe)라는 개념도 자연스럽게 내포한다. 즉 실제 물리적 우주는 공간적으로 훨씬 클 수 있지만, 우리가 빛을 이용해 관측 가능한 우주의 크기는 우주의 나이(현대 표준 우주론에 따르면 138억 년)에 의해 제한된다는 것이다. 주의할 점은 관측 가능한 우주의 실제 크기는 단순히 빛의 속도에 우주의 나이를 곱한 138억 광년이 아니다. 우주가 팽창하고 있기 때문에 138억 년 전에 광자를 방출한 곳의 현재 위치는 약 3.4배를 곱해 우리로부터 470억 광년 거리만큼 떨어져 있다.

2) 대폭발 우주론

12.2절 5)항에서 설명한 대로 우리는 슬라이퍼, 르메트르, 허블과 같은 여러 천문학자 덕분에 우주가 현재 팽창하고 있다는 사실을 알고 있다(허블-르메트르 법칙). 그렇다면 우주의 시간을 거꾸로 돌리면 어떻게 될까? 아마도 은하와 은하 사이가 계속해서 가까워질 것이다. 이 생각을 처음으로 진지하게 한 사람은 조르주 르메트르였다. 이것이 우주의 시작이 있었다는 **대폭발 우주론**의 기본 생각이 되었고, 흔히 빅뱅[4](big bang) 우주론이라고 불린다. 여기서 주의할 점은 우주의 어떤 위치 또는 한 점에서 폭발이 있었던 것이 아니라 대폭발이 있을 때 시간과 무한한 공간이 같이 시작되었다는 점이다. 그러나 우주의 시작이 있었다는 것과는 다른 생각을 가진 학자들도 있었다. 그들은 우주가 시작도 끝도 없이 항상 일정한 모습을 유지한다는 이론을 제안했는데, 이것을 **정상 우주론**(steady-state cosmology)이라고 한다. 1950년대와 1960년대 두 이론이 선의의 경쟁을 하다가 많은 관측적 증거들이 대폭발 우주론의 예측과 일치함에 따라 대폭발 우주론이 학계의 주요 이론으로 자리 잡았다. 대폭발 우주론을 지지하는 근거로는 다음과 같은 것들이 있다.

(1) 우주배경복사

우주 탄생 직후 우주는 광자, 양성자, 전자 등의 기본 입자들로 가득 찬 밀도와 온도가 매우 높은 상태였다(그림 12.40). 이때 광자는 전자와 부딪혀 계속 산란되므로 자유롭게 진행하지 못한다(양성자

---

4) 흥미롭게도 빅뱅이라는 이름은 대폭발 우주론과 경쟁 이론이었던 정상 우주론의 지지자인 프레드 호일(Fred Hoyle)이 라디오 쇼에서 우주가 갑자기 빵(big bang)하면서 생겨났냐면서 비꼬는 말에서 유래되었다.

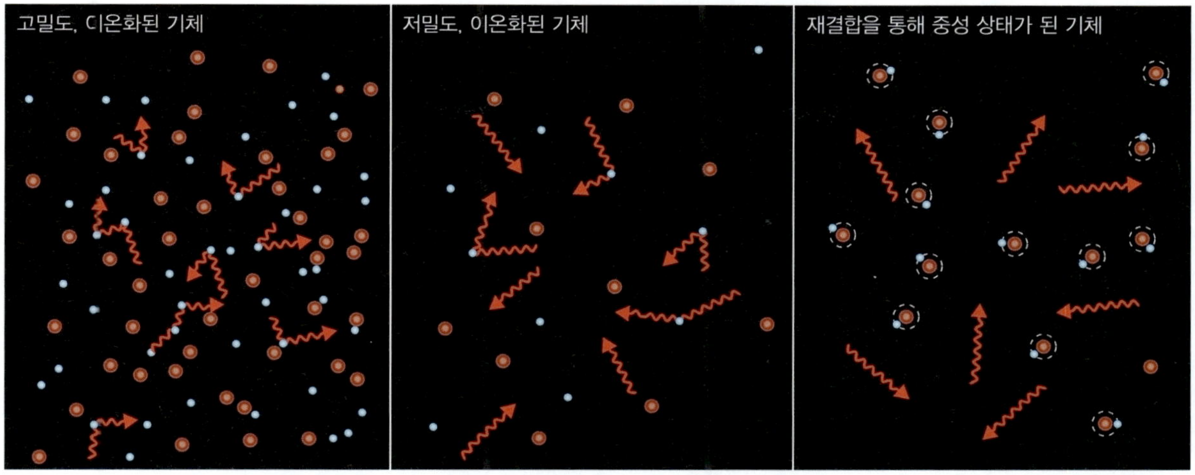

그림 12.40 우주 초기에는 양성자(빨간 원), 전자(파란 원), 광자(빨간 화살표)가 밀도와 온도가 높은 상태로 모여 있었다(왼쪽). 이때는 광자가 전자들과 계속 산란을 겪으면서 자유롭게 진행하지 못한다. 우주가 팽창함에 따라 온도와 밀도가 낮아지면서 광자가 전자와 산란을 일으킬 확률이 줄어든다(가운데). 이후 전자가 양성자와 결합을 통해 수소 원자를 만들게 되면서 광자가 자유롭게 이동할 수 있게 되었고(오른쪽), 이렇게 빠져나온 빛이 바로 우주배경복사이다.

는 상대적으로 질량이 커서 천천히 움직이므로 광자를 산란시킬 확률이 낮다). 우주가 팽창함에 따라 온도와 밀도가 낮아지면서 광자가 전자에 의해 산란을 겪을 확률이 줄어든다. 그 후 전자가 양성자와 결합을 통해 수소 원자를 만들게 되면서 광자가 자유롭게 빠져나올 수 있게 되었고, 이 빛이 바로 **우주배경복사**이다. 따라서 우주배경복사는 마지막 산란면(last scattering surface)에서 방출된다고도 한다. 이때 우주의 나이는 약 38만 년이었고, 온도는 절대온도로 3,000 K 정도였다. 이 우주배경복사는 방출 당시의 우주 온도에 맞는 흑체 복사를 내게 되는데, 우주가 팽창함에 따라 그 빛의 파장이 늘어나 현재는 절대온도 2.7 K 정도의 흑체 복사에 해당하는 빛으로 검출된다(주로 전파 영역에서).

우주가 대폭발에서 시작했다면 이런 배경 복사가 우주를 가득 채우고 있다는 생각을 1948년 조지 가모프(George Gamow, 1904~1968)가 처음 제기했지만 많은 사람들이 기억하지 못하였다. 그러다 1960년대 프린스턴 대학의 로버트 디키(Robert Dicke, 1916~1997)와 제임스 피블스(James Peebles, 1935~)가 가모프의 연구를 모른 채 우주배경복사를 다시 예측하게 되었고, 우여곡절 끝에 근처 벨 연구소(Bell Lab)의 펜지어스(Arno Allan Penzias, 1933~)와 윌슨(Robert Woodrow Wilson, 1936~)이 1965년에 그 복사를 처음으로 관측하였다[5]. 이후 1992년 코비(COBE) 인공위성 망원경의 관측 자료로부터 현재 우주에서 관측한 우주배경복사가 2.735 ± 0.010 K 온도를 갖는 흑체 복사를 매우 잘 따른다는 것(그림 12.41)과 하늘의 위치에 따라서 그 온도가 약 1/100,000 K 다르다는 것을 알게 되었다[6]. 그 후 2001년에 발사된 더블류맵(WMAP, Wilkinson Microwave Anisotropy Probe) 위성과 2009년

5) 펜지어스와 윌슨은 이 발견으로 1978년 노벨 물리학상을 수상하였다.
6) 이 2가지 발견을 이끈 존 매더(John Mather)와 조지 스무트(George Smoot)는 2006년 노벨 물리학상을 수상하였다.

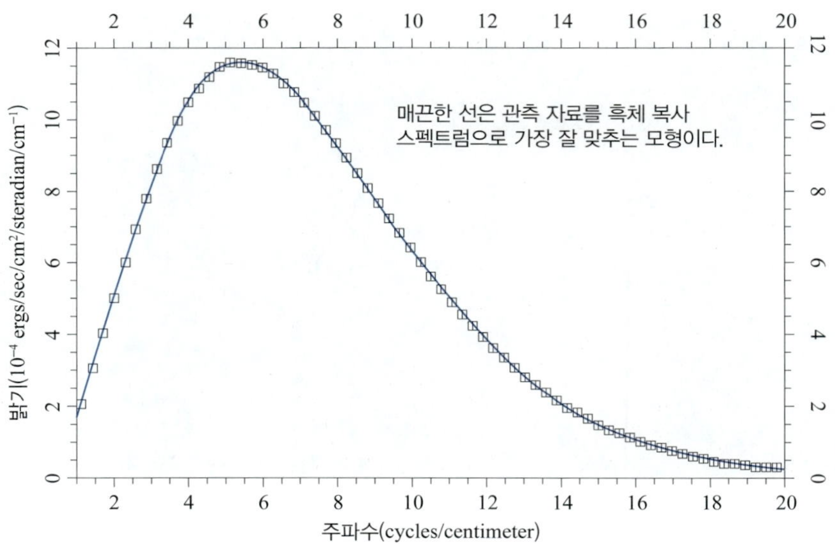

그림 12.41 코비 인공위성 망원경으로 얻은 우주배경복사의 스펙트럼(주파수에 따른 밝기). 사각형은 관측 자료, 곡선은 절대온도 2.735 K를 갖는 흑체 복사 스펙트럼을 나타낸다.

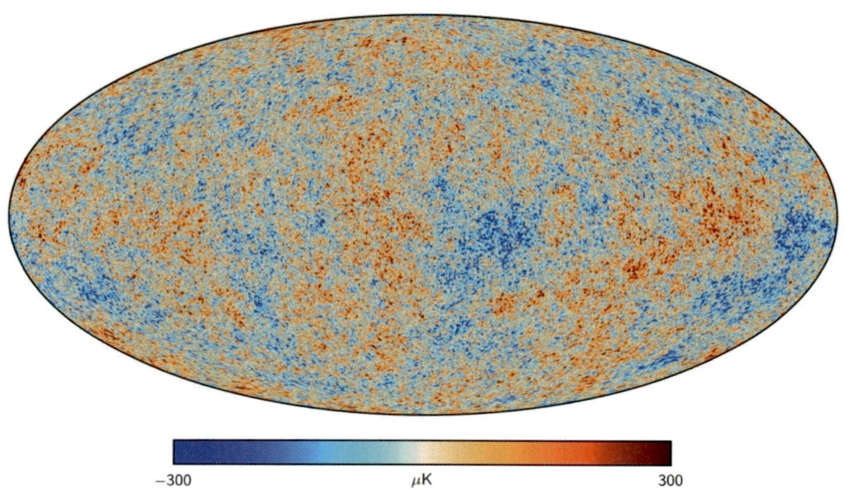

그림 12.42 플랑크 위성이 관측한 우주배경복사의 온도 요동 지도. 빨간색은 우주배경복사 평균 온도보다 높은 지역, 파란색은 평균 온도보다 낮은 지역을 의미한다.

에 발사된 플랑크(Planck) 위성 덕분에 더욱 정교한 우주배경복사 지도를 얻을 수 있게 되었고(그림 12.42), 이 자료를 분석함에 따라 우주 모형과 관련된 여러 우주론 계수(예: 우주의 곡률)를 정밀하게 측정할 수 있게 되었다. 그림 12.43에서 볼 수 있듯이 온도가 주변보다 높은 빨간 점들과 낮은 파란 점들이 많이 보이는데, (실제로는 복잡한 내용이 담겨 있긴 하지만) 간단히 빨간 점들은 주변보다 밀도가 높은 지역으로 생각할 수 있다. 이런 배경 복사의 온도 차이는 초기 우주 물질들의 밀도 차이를 의미하며, 밀도가 높은 지역에서는 그 중력으로 인해 결국 물질이 계속 모여들어 은하를 형성하게 된

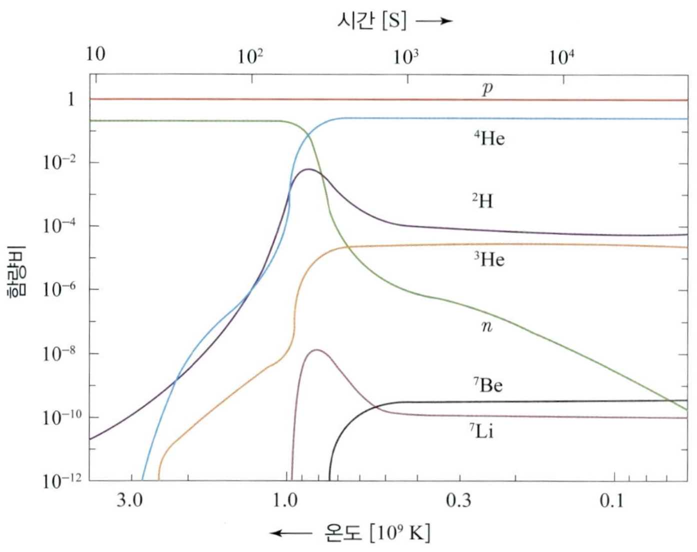

그림 12.43 대폭발 이후 시간에 따른 각 원소의 질량 비율

다. 즉 우주배경복사의 온도 요동은 은하와 같은 우주의 여러 천체를 만들어내는 씨앗과도 같다고 할 수 있다. 이렇게 우주배경복사와 천체 형성의 관련성을 제대로 설명한 것을 포함하여 물리학적 우주론의 기틀을 마련한 공로로 제임스 피블스는 2019년 노벨 물리학상을 수상하였다.

(2) 빅뱅 핵합성(big bang nucleosynthesis)과 원소의 질량 비율

원소들은 밀도와 온도가 매우 높은 환경에 놓이게 되면 계속된 충돌을 겪으면서 더 무거운 원소로의 합성이 순차적으로 진행된다. 이런 핵합성이 일어나기 위해서는 원자핵들 사이의 전자기력에 의한 척력(클롱 장벽, Coulomb barrier)을 이겨낼 만큼 큰 에너지를 가질 수 있도록 높은 온도가 필요하다. 따라서 우주의 원소 함량비를 조사하면 그 원소들이 만들어졌을 당시의 물리적 조건을 유추할 수 있게 된다. 수소보다 무거운 원소들은 우주 초기 또는 별의 내부에서 생성될 수 있는데, 대폭발 이론에 따르면 우주의 첫 3분 동안에 우주가 천천히 식어가면서 다음과 같은 핵합성 과정이 진행된다고 알려져 있다. p, n, γ는 각각 양성자, 중성자, 광자를 의미한다.

$$p + n \rightarrow {}^2H + \gamma$$

$$p + {}^2H \rightarrow {}^3He + \gamma$$

$${}^2H + {}^2H \rightarrow {}^3He + n$$

$${}^2H + {}^2H \rightarrow {}^3H + p$$

$${}^3He + {}^2H \rightarrow {}^4He + p$$

$${}^3H + {}^2H \rightarrow {}^4He + n$$

이런 핵합성 과정은 ^4He를 넘어 무거운 원소로 순차적으로 진행되며, 원자량(atomic weight)이 5와 8인 원소는 불안정해서 거의 생성되자마자 붕괴하게 된다. 그 결과 아주 적은 양의 리튬(Li, 원자핵이 양성자 3개와 중성자 3개로 이루어진 ^6Li과 양성자 3개와 중성자 4개로 이루어진 ^7Li 두 종류 모두)과 베릴륨(원자핵이 양성자 4개와 중성자 3개로 이루어진 ^7Be)까지만 생성된다(그림 12.43). 대폭발 이후 3분 정도의 시간이 지나면 밀도와 온도가 낮아져 더 이상 핵합성 과정이 이루어지지 않는다. 우주에 존재하는 ^7Be보다 무거운 원소들은 별 내부에서 생성될 것으로 기대해야 한다(11.5절 참조).

이런 순차적인 물리적 과정을 조지 가모프와 동료들이 처음으로 제안했는데, 대폭발 이론을 바탕으로 예측한 가벼운 원소들의 함량비가 실제 관측과 어느 정도 일치함에 따라 이 핵합성 결과가 대폭발 이론을 지지하는 증거가 되었다. 양성자와 중성자가 생성되는 시점의 우주 온도에서 중성자와 양성자의 개수비를 열적 평형을 가정하고 계산할 수 있으며, 핵합성 시기까지 각 입자의 개수 변화를 추적하면 핵합성 시기에는 양성자와 중성자의 개수비가 약 7:1일 것으로 생각된다. 수소와 헬륨핵에 포함된 양성자와 중성자 개수를 고려하면, 수소와 헬륨의 질량비가 약 3:1이 될 것으로 추정할 수 있다. 실제로 낮은 금속 함량을 가진 천체를 관측한 결과 원시 헬륨(primordial He)의 질량비가 약 0.24 부근으로 나타나 **빅뱅 핵합성** 모형을 뒷받침해주고 있다.

3) 급팽창 이론

1970년대 대폭발 이론은 많은 관측적 증거에 의해 지지를 받았지만 몇 가지 문제가 남아 있었다. 대표적인 2가지는 우주의 평탄성(flatness) 문제와 지평선(horizon) 문제이다.

첫 번째로 **평탄성 문제**는 현재 관측되는 우주의 곡률이 0에 가까워 우주가 기하학적으로 평탄해 보이는데, 이 곡률을 갖기 위해서 우주 내 에너지 밀도가 특별한 값이 되도록 미세 조정(fine-tuning)된 것처럼 부자연스럽게 보인다는 것이다. 평탄한 2차원 평면에서는 삼각형 내각의 합은 어느 위치에서든 180°가 된다. 그런데 지구와 같이 휘어진 구의 표면에서 삼각형 내각의 합을 계산하면 상황에 따라 180°가 아닌 270°가 되기도 한다(예: 적도상의 두 점과 극 지점을 잇는 삼각형). 이렇게 공간이 휘어진 정도를 곡률이라고 하는데, 다양한 곡률을 가진 공간이 있을 수 있다. 우리가 살고 있는 3차원 공간에서도 비슷한 생각을 할 수 있다. 일반상대성 이론에 따르면 어떤 위치에서 시공간이 휘어진 정도는 그 근처 물질과 에너지의 양에 관계된다. 이 생각을 우주로 확장해보면 우주의 곡률이라는 것은 그 안에 담긴 물질과 에너지의 양에 따라 결정된다. 즉 물질과 에너지의 양이 너무 많으면 양의 곡률을 갖는 우주(보통 닫힌(closed) 우주라 한다), 너무 적으면 음의 곡률, 즉 열린(open) 우주가 된다. 이 물질과 에너지의 양을 밀도계수(우주의 밀도와 임계밀도의 비) Ω(오메가로 읽고 현재 시점의 경우는 Ω_0)로 표현할 수 있는데(여기서 0은 현재 우주에서의 값을 의미한다), Ω가 1이 되는 경우, 즉 우주의 밀도가 임계밀도(critical density)에 해당하는 경우에 우주는 기하학적으로 평탄한 공간을 갖게 된

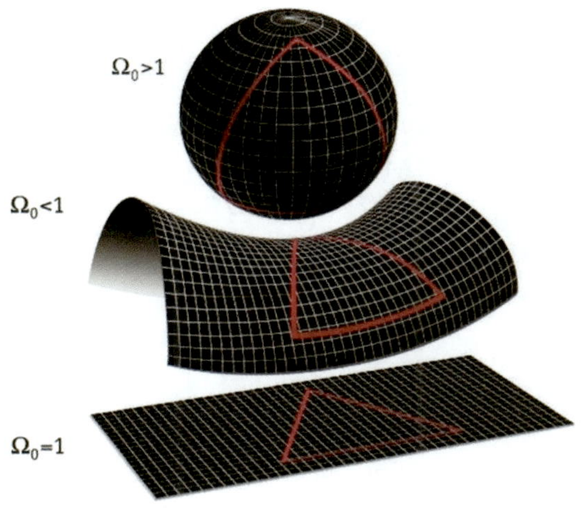

그림 12.44 밀도계수 Ω에 따른 우주 공간의 휘어진 모습. 위로부터 닫힌 우주, 열린 우주, 평탄한 우주

다(그림 12.44). 지금까지의 관측 결과에 따르면 현재 우리 우주는 곡률이 지극히 0에 가까운 평탄한 우주라는 것이 알려져 있다.

우주의 팽창을 기술하는 **프리드만 방정식**(Friedmann equation)(12.4절 5)항 참조)을 정리하면, 곡률은 밀도계수의 역수와 1의 차이에 우주의 밀도(ρ), 그리고 우주의 크기를 표현하는 척도 인자(a)의 제곱을 곱한 항($(\Omega^{-1}-1)\rho a^2$)으로 결정된다. 그런데 우주가 팽창하면서 그 크기가 증가하면 밀도는 부피(척도 인자의 3제곱)에 반비례하여 감소하므로, 과거로 거슬러 올라가면 ρa^2 값이 현재보다도 훨씬 컸을 것이다. 즉 현재 곡률이 0에 매우 가까우려면 우주의 시작 시점 근처에 밀도계수가 1에 매우 가까워야 하는데, 그 정확도가 지금 우주가 팽창한 만큼을 고려하여야 한다는 뜻이다. 만약 우주가 팽창을 통해 시작 시점 대비 10^{60}배 더 커졌다면, 현재 우주가 평탄하기 위해서는 시작 시점 밀도의 정확도가 10^{-60} 수준이어야 한다. 인간이 만들어낸 장비 중 어떠한 것도 이 정도의 정밀도를 가질 수는 없다(중력파 검출은 10^{-22} 정도의 정밀도를 요구한다). 초기 우주가 이 정도로 정밀하게 미세 조정이 되어 있다는 것은 놀라운 동시에 납득하기 어려운 부분이다. 따라서 많은 사람들이 이것이 단순한 우연의 일치인지, 아니면 물리적인 원인이 있는 것인지 궁금했고, 이것을 우주의 평탄성 문제라고 한다.

두 번째로는 **지평선 문제**가 있다. 그림 12.42에서 본 우주배경복사 지도를 보면 하늘에서 정반대 방향에 위치한 곳이라 하더라도 온도 차이가 거의 나지 않고 비슷한 복사가 검출된다. 대폭발 우주론에서 제안한 우주배경복사 방출 시점은 우주의 나이가 약 38만 년일 때로, 이때 우주의 지평선 크기는 대략 33만 광년에 해당했을 것이다. 즉 당시 서로 33만 광년 이내에 위치했던 지점들만이 정보를 교환하여 동일한 온도의 열적 평형 상태에 있을 수 있었을 것이라는 뜻이다. 현재 관측자인 우리 입장에서 우주배경복사가 방출되던 시점의 우주 지평선 크기는 하늘에서 약 2° 정도로, 각거리가 2° 이상 떨어진 두 지점은 우주배경복사의 정보를 서로 교환할 수 없었다. 그럼에도 불구하고 전 하늘에서 비

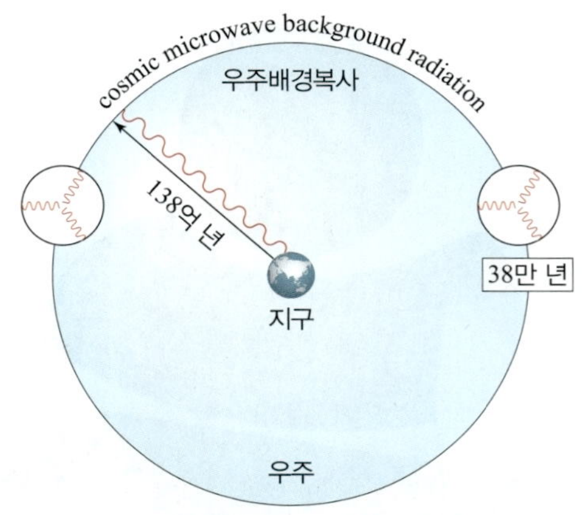

그림 12.45 하늘에서 위치에 따른 우주배경복사. 우주의 나이가 38만 년 정도일 때 우주배경복사가 방출되었는데, 하늘의 서로 다른 두 지점은 빛이 38만 년 동안 달려갈 수 있는 거리보다 서로 멀리 떨어져 있어서 비슷한 온도를 꼭 가져야 할 이유가 없다. 이것을 지평선 문제라고 한다.

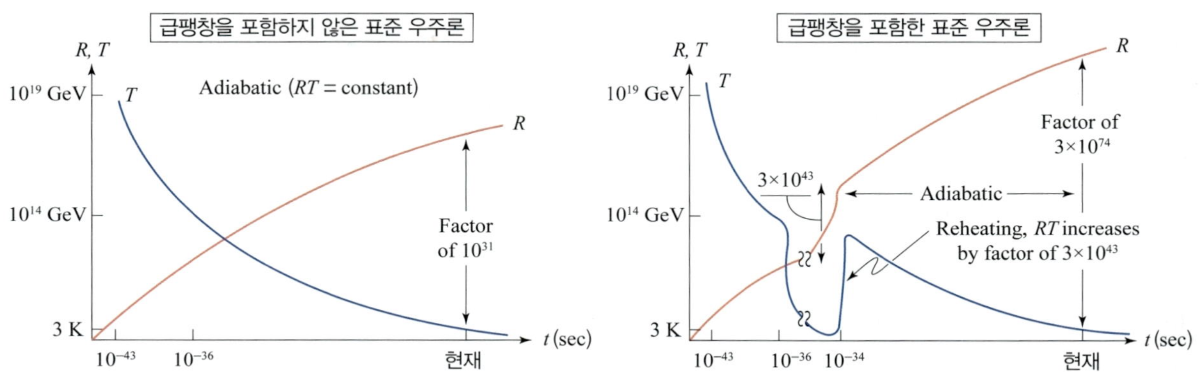

그림 12.46 (왼쪽) 급팽창을 고려하지 않았을 때 시간에 따른 우주의 크기 척도(R) 및 온도(T)의 변화. (오른쪽) 급팽창을 고려했을 때의 경우

슷한 온도의 흑체 복사가 검출된다는 점은 매우 수상하며(그림 12.45), 이를 지평선 문제라고 부른다.

1970~1980년대 등장한 **급팽창**(inflation) **이론**은 이러한 문제를 해결할 수 있는 간단한 아이디어를 제시하였다. 급팽창 이론의 핵심은 우주가 생성된 후 약 10^{-36}초부터 10^{-32}초 동안에 급격하게 팽창했다는 것이다. 급팽창 이론에 따르면 급팽창을 시작할 우주 나이 10^{-36}초에는 현재 관측 가능한 우주의 크기가 양성자의 크기(약 10^{-15} m)보다 10^{35}배 정도 작았다가 1 m 정도의 크기로 급격하게 커졌고, 그 이후로는 지금의 팽창률에 따라 우주가 팽창하고 있다(그림 12.46). 공기가 없는 쭈글쭈글한 풍선이 공기를 가득 담아 극단적으로 커지면 원래의 풍선면의 곡률이 얼마이든 간에 팽창한 뒤에는 표면이 거의 평면에 가깝게 보이듯이, 급팽창을 통해 우주가 급격히 커지면 원래의 임계밀도에 의존하지 않고 팽창 이후의 곡률을 0에 가깝게 만들 수 있어 첫 번째 제시된 평탄성 문제가 해결 가능하다. 또한 우주 나이 10^{-36}초에는 관측 가능한 우주의 크기가 10^{-58}광초(빛이 1초 동안 가는 거리 30만 km의 10^{-58}배)밖에 되지 않아서 우주의 온도가 엇비슷해질 만큼 서로 빛을 교환할 충분한 시간이 있기 때문

에, 이들 정보를 이미 교환한 상태라는 것으로 두 번째 지평선 문제도 해결할 수 있다.

한편 우주 초기에 자연의 4가지 기본 힘(중력, 전자기력, 약한 핵력, 강한 핵력)이 통합되어 있을 때 대칭성의 붕괴로 자기 홀극(예: 자석이 한쪽 극만을 갖는)이 자연스럽게 예측되지만 현재는 전혀 관측되고 있지 않다는 문제도 있었다. 이 자기 홀극 문제도 급팽창 이론으로 해결될 수 있는데, 급팽창 동안 자기 홀극과 같이 이전에 존재하던 물질들은 모두 사라지고 급팽창 이후 재가열 과정을 통해 새로운 물질들이 생겨서 (자기 홀극이 없는) 다시 뜨거운 우주가 된다고 설명한다.

이렇게 간단한 아이디어로 제시된 문제를 해결할 수 있을 것으로 기대되는 급팽창 이론은 아직까지 관측을 통해 직접적인 검증이 이루어지지 않았다. 관측적인 검증 방법으로 가장 유력한 것 중 하나는 우주배경복사에서 편광(polarization)을 관측하는 것이다. 급팽창으로 인한 급격한 시공간의 변화는 중력파(gravitational wave)를 만들어내게 된다. 그 신호는 매우 약해 직접 검출은 힘들지만 우주배경복사의 편광을 통해 존재를 추론할 수 있다. 우주배경복사는 그 광자가 전자와 마지막 산란을 겪으면서 약 10% 정도 편광되어 있는 것으로 알려져 있다. 이 편광의 양상은 소용돌이 형태인 B-모드와 그렇지 않은 형태의 E-모드로 나뉠 수 있는데, 급팽창으로 인한 중력파 때문에 발생하는 편광은 B-모드만 가능하다. 따라서 우주배경복사의 B-모드 편광을 관측하게 된다면 급팽창 이론을 검증할 수 있는 좋은 도구가 될 것이고, 현재 많은 관측 연구가 진행 중이다.

지금까지 논의한 내용을 바탕으로 우주의 역사를 재구성해보면 그림 12.47과 같다. 현재로부터 약 138억 년 전 대폭발로 인해 우주의 시공간이 생겨났고, 급팽창 시기를 거치면서 급격한 팽창을 겪었다. 그 후 양성자와 전자의 결합을 통해 원자가 만들어지면서 38만 년 정도에 우주배경복사가 자유롭

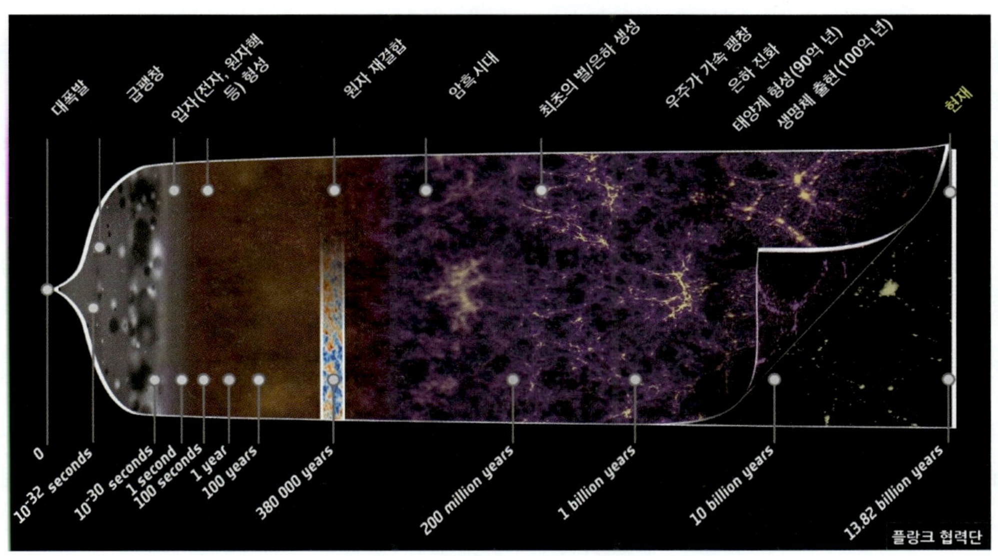

그림 12.47 대폭발 우주론에 따른 우주의 역사

게 빠져나올 수 있었다. 그 후 (대부분이 수소인) 기체들이 모여 최초의 별과 은하들이 만들어지고, 은하들이 모여서 더 큰 규모의 우주 거대 구조를 이루고, 우주의 나이가 100억 년 정도 되었을 때 지구에서 생명체가 출현하였다.

많은 관측 사실을 잘 설명하도록 이렇게 재구성된 우주의 역사는 **표준 우주 모형**(standard cosmological model)이라는 것을 기반으로 한다. 이 표준 우주 모형을 다른 말로 조화 모형(concordance cosmology)이라고도 하는데, 말 그대로 여러 관측 결과들이 조화롭게 잘 일치하기 때문이다. 이 표준 모형은 일반상대성 이론을 기반으로 하며, 이 모형에 따르면 우주는 138억 년(오차는 0.4억 년에 불과하다!) 전에 무한한 크기로 생겨나서 영원히 팽창하게 된다. 그 안에는 암흑에너지, 암흑물질, 중입자라 부르는 보통의 물질, 중성미자 등이 담겨 있고 큰 규모에서 보았을 때는 균질하고 등방한데, 작은 규모에서는 우주 초기의 밀도 요동에서 성장한 천체들이 자리 잡고 있다. 구성 성분을 반영하여 표준 모형은 간단히 **ΛCDM 모형**(Lambda Cold Dark Matter, 우주 상수가 있는 차가운 암흑물질 모형)이라고 불리고 있다.

4) 암흑물질과 암흑에너지

우주는 여러 가지 물질 또는 에너지로 이루어져 있다. 물질의 질량(m)은 아인슈타인의 유명한 식, $E=mc^2$에 따라서 에너지(E)로 변환될 수 있기 때문에(여기서 c는 빛의 속도) 물질과 에너지는 같은 방식으로 취급될 수 있다. 한편 물질은 중입자(baryon)와 비중입자(non-baryon)로 나뉠 수 있다. 물리학의 정의에 따르면 중입자는 양성자나 중성자처럼 쿼크(quark) 3개로 이루어진 질량이 꽤 큰 입자만을 의미하는데, 보통 천문학에서는 렙톤(lepton)에 해당하는 전자까지를 모두 포함해서 얘기한다.

앞서 논의한 대폭발 이론에 따르면, 우리는 초기 우주 때 만들어지는 가벼운 원소의 함량을 계산할 수 있다. 그것을 포함해 우주에 있는 원소의 양을 모두 계산해본 결과, 흥미롭게도 우주를 평탄하게 만드는 데 필요한 임계밀도에 훨씬 못 미치는 양이었다. 따라서 사람들은 우리가 알고 있는 원소 이외에 우주 밀도에 기여할 수 있는 또 다른 물질 또는 에너지가 있지 않을까 하는 생각을 진지하게 고민하기 시작하였다. 이것의 대표적인 예가 앞에서 언급한 암흑물질이다. 1933년 츠비키(Fritz Zwicky, 1898~1974)가 머리털자리은하단 내 은하들의 운동 분석을 위한 속도분산을 측정하고 비리얼 정리를 이용해서 은하단의 질량을 계산하였는데, 이 질량은 은하단을 구성하는 은하의 총 광도로부터 추정한 값보다 훨씬 컸다. 이에 근거하여 츠비키는 은하단 내 은하들을 중력적으로 붙잡아두기 위해서는 눈에 보이지 않는 물질, 즉 **암흑물질**이 있어야 한다고 처음 제안하였다. 그 후 베라 루빈(Vera Rubin, 1928~2016)은 은하 회전곡선 분석을 통해 은하 회전을 지탱하기 위해 암흑물질이 필요하다는 것을 확인하였다(그림 12.48).

최근에는 중력렌즈 현상을 통해서도 암흑물질의 존재가 많이 받아들여지고 있는 상황이다. 중력렌

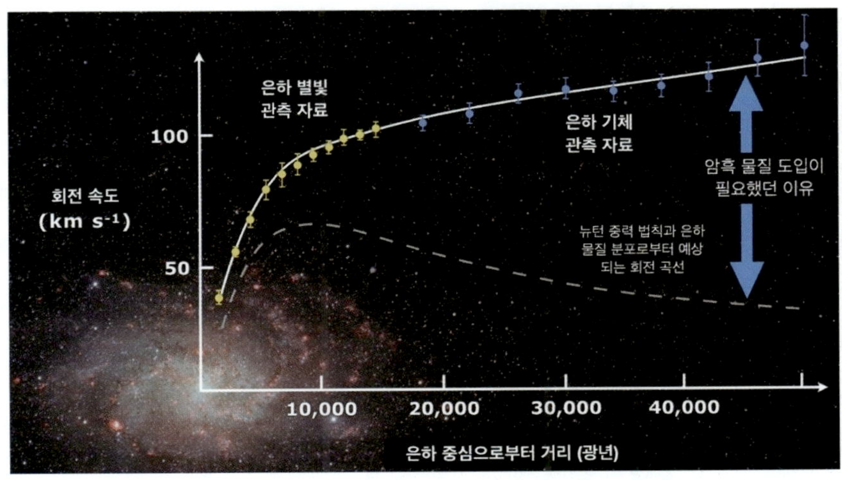

그림 12.48 은하 회전 속도 곡선의 예. 은하 별빛과 가스 관측 자료에서 얻은 회전곡선(실선)은 뉴턴 중력 법칙과 은하 내 물질 분포로부터 예상되는 곡선(점선)에 비해 거의 항상 크다. 이 차이를 눈에 보이지 않는 질량, 즉 암흑물질을 도입함으로써 설명할 수 있다.

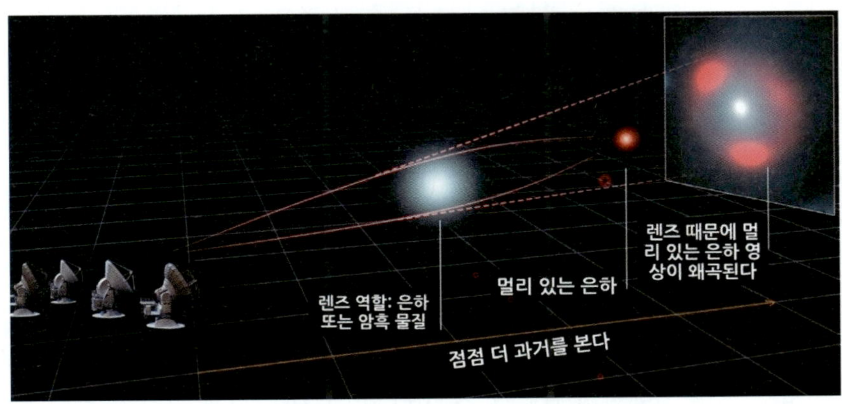

그림 12.49 중력렌즈 현상. 멀리 있는 은하가 같은 시선 방향 앞쪽에 놓인 천체(은하나 암흑물질 같은 질량을 갖는 어떤 천체)가 그 중력에 맞는 렌즈 역할을 함으로써 여러 개의 상을 갖게 된다.

즈 현상이란 질량에 의해 주변 시공간이 변형되면서 빛의 경로가 바뀌고, 이에 따라 앞쪽에 있는 질량이 더 뒤에 있는 천체를 비추는 렌즈와 같은 역할을 하여 같은 시선 방향에서 렌즈 뒤 천체의 영상이 왜곡되어 보이는 것을 가리킨다(그림 12.49). 렌즈의 세기, 즉 영상이 여러 개로 보이는지 여부와 왜곡된 정도 등에 따라 강한 중력렌즈(보통 은하가 렌즈 역할)와 약한 중력렌즈(보통 은하단이 렌즈 역할)로 분류되기도 한다. 중력렌즈 관측자료를 분석한 결과, 먼 은하의 상을 왜곡시키는 데 필요한 렌즈의 질량이 렌즈 역할을 하는 천체의 눈에 보이는 질량보다 거의 항상 크게 나타나고, 이는 암흑물질의 존재를 뒷받침하는 증거이다. 은하단과 같은 천체가 렌즈 역할을 하는 경우에는 렌즈를 통과해 전달되는 배경 천체들의 영상으로부터 암흑물질의 공간 분포를 직접 얻을 수 있고(그림 12.30), 이렇게 얻어진 암흑물질의 분포는 기체나 별의 분포와는 종종 다르게 나타나기도 한다.

입자물리학에서도 보통의 물질과 중력만으로 상호 작용하는 비중입자 물질의 필요성이 제기되면서, 암흑물질의 존재는 학계에서 진지하게 다루어지고 있다. 예전에는 갈색왜성(brown dwarf)과 같이 거의 빛을 내지 않는 천체(즉 중입자로 이루어진)를 암흑물질의 후보로 생각했으나 최근에는 윔프(WIMP, Weakly Interacting Massive Particle)나 액시온(axion) 같은 비중입자 기본 입자를 유력한 후보로 생각하고 있다. 그러나 츠비키가 암흑물질의 존재를 처음 제안한 지 거의 90년이 되도록 그 정체는 아직 밝혀지지 않은 상황이다.

한편 우주 팽창은 그 안의 물질들의 중력으로 인해 점점 느려질 것으로 예상되었다. 그러나 놀랍게도 현재는 그 팽창이 오히려 가속되고 있다는 사실이 알려짐에 따라서 그 가속 팽창의 원인이 무엇인지에 관심이 쏠리게 되었다. 현재 가장 널리 받아들여지는 설명에 따르면, 중력의 인력과는 달리 척력 역할을 하는 **암흑에너지**가 우주 공간에 퍼져 있어 우주 팽창을 가속시킨다고 생각하고 있다. 암흑에너지가 어떻게 도입된 것인지는 다음과 같이 살펴볼 수 있다. 먼저 우주의 크기를 나타내는 척도인자(scale factor) $a(t)$의 가속도$\left(\frac{d^2a}{dt^2} = \ddot{a}\right)$는 아인슈타인의 장 방정식(field equation)을 우주에 적용하면 다음과 같이 얻을 수 있다.

$$\frac{\ddot{a}}{a} = -\frac{4\pi G}{3}\left(\rho + \frac{3p}{c^2}\right) + \frac{\Lambda}{3}$$

여기서 ρ는 밀도를, p는 압력을, Λ는 **우주 상수**(cosmological constant)를 의미한다. 밀도와 압력은 0보다 크기 때문에 우주가 가속 팽창하기 위해서는(즉 a의 가속도가 0보다 크기 위해서는) Λ가 어느 정도 큰 양수가 되어야 우변 전체가 0보다 클 수 있다. 따라서 이것이 바로 가속 팽창을 설명하기 위해 우주 상수가 필요한 이유이며, 이 우주 상수의 물리적 의미를 암흑에너지에서 찾고자 하는 것이다. 본래 우주 상수는 시간에 따라 변하지 않는 우주를 만들기 위해(즉 Λ가 적당한 양수가 되어 우변을 0으로 만들어버리는 경우) 아인슈타인이 1917년 처음 도입했던 것인데, 당시에는 우주가 팽창하고 있다는 관측 결과 때문에 그 도입이 철회되었다. 1980년대부터 여러 천문학적 관측 결과를 설명하기 위해 우주 상수 재도입에 대한 필요성이 조금씩 제기되었는데, 1998년 제 Ia형 초신성 관측 결과 덕분에 우주의 가속 팽창, 즉 우주 상수의 존재가 현재 정설로 받아들여졌다. 최근에는 우주 거대구조의 연구 결과를 포함한 다양한 관측 결과로 인해 우주 상수의 존재가 널리 받아들여지고 있지만, 여전히 우주 상수가 필요 없을 수도 있다는 다른 의견도 존재한다.

그렇다면 도대체 암흑에너지는 무엇일까? 암흑에너지의 정체에 대해서는 다양한 이론이 존재하는데, 가장 단순한 것은 진공 에너지 모형이다. 진공은 아무것도 없고, 아무 일도 일어나지 않는 곳처럼 보이지만 양자역학에 따르면 그렇지 않다는 것이 알려져 있다. 위치와 운동량에 관한 하이젠베르

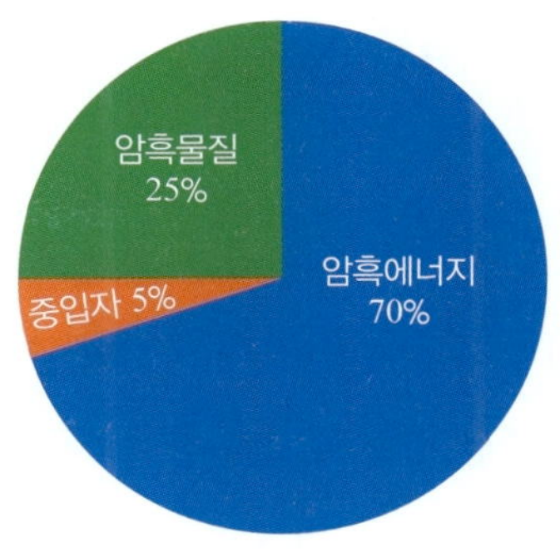

그림 12.50 우주의 에너지 밀도 구성비

크(Werner Heisenberg, 1901~1976)의 불확정성 원리에 따라 작은 규모에서는 입자와 반입자가 계속하여 생성과 소멸을 거치는 물질 요동이 계속 생겨난다. 이 가상의 입자와 반입자는 소멸하면서 진공에서 잠시 빌려온 에너지를 그 공간에 남기며, 이 에너지가 바로 진공 에너지이다. 따라서 진공 에너지는 공간이 있기만 하면 생겨날 수 있는 것이며, 공간의 부피가 증가하면 그에 비례하여 커진다(물론 에너지 밀도는 일정하다). 진공 에너지는 음의 압력을 갖는 것으로 알려져 있는데, 이 때문에 중력과는 달리 척력을 발휘해 우주 팽창을 가속시킨다. 아쉽게도 진공 에너지의 정확한 값은 아직 제대로 계산되지 못한 상태인데, 현재까지의 추정에 따르면 우주의 가속 팽창을 설명하는 데 필요한 값보다 10^{120}배나 더 크다고 알려졌다. 즉 암흑에너지의 물리적인 해석으로 진공 에너지가 좋은 후보가 되지만, 정량적으로는 문제가 있다는 것이다. 여러 가지 추가 이론의 도입으로 이 차이가 줄어들고 있긴 하지만 아직까지 명확한 해결책이 제시되지 못한 상황이다.

표준 우주 모형인 ΛCDM 모형에서 현재 우주를 구성하는 성분의 비를 살펴보면 그림 12.50과 같이 암흑에너지가 전체 에너지 밀도의 약 70%, 암흑물질이 25%, 중입자가 5%를 차지한다. 각 성분의 비율은 우주의 시간이 흘러감에 따라서 계속 변하지만, 모든 구성 성분 밀도의 총합은 항상 그 시점에 우주를 평탄하게 만드는 임계밀도에 해당한다.

5) 우주의 운명

우주가 시간에 따라 어떻게 변화하는지, 우주 전체의 팽창 등 크기 변화를 기술하는 식을 **프리드만 방정식**이라고 부른다. 프리드만 방정식은 우주가 균질하고 등방하다는 가정하에 아인슈타인의 일반상대성 이론에서 사용되는 장 방정식을 이용하면 유도할 수 있는데, 본 책에서는 유도 과정을 직접 다루지 않는다. 프리드만 방정식은 독립적인 2개의 식으로 구성되어 있는데, 앞서 우주 척도 인자의 시간에 대한 2차 미분항을 기술하는 식과 1차 미분항을 기술하는 다음의 식이 바로 그것이다.

$$\left(\frac{\dot{a}}{a}\right)^2 = \frac{8\pi G}{3}\rho - \frac{k}{a^2}$$

이 식에서 $a(t)$는 우주의 크기에 비례하는 척도 인자로 관측자가 존재하는 현재 시점 t_0에서 그 크기가 $a(t_0) = 1$로 정의된다. G는 중력 상수 $G = 6.673 \times 10^{-8}$ cm^3 g^{-1} s^{-2}, k는 공간의 곡률을 나타낸다. ρ는 우주에 포함된 물질 및 에너지 등 구성 성분의 밀도이다. 곡률이 0이면 평탄한 우주라고 하였으므로, 이 방정식으로부터 우주를 평탄하게 하기 위한($k = 0$으로 만들기 위한) **임계밀도** ρ_{crit}를 다음과 같이 계산할 수 있다.

$$\rho_{\text{crit}} = \frac{3H^2}{8\pi G}$$

H는 **허블 계수**라고 하는데, 척도 인자의 시간에 대한 미분값을 척도 인자로 나누어 $H \equiv \dot{a}/a$로 정의된다. 따라서 허블 계수 H는 우주의 팽창률을 의미하며, a가 시간의 함수이므로 우주의 어느 시점에서나 정의할 수 있는 동시에 시간에 따라서도 변하는 양이다(즉 우주의 팽창 속도는 우주의 역사를 통틀어 달라질 수 있다). 특별히 현재 우주에서 계산된 팽창률은 허블 상수(Hubble constant) H_0라 부르고, 이 값은 12.2절 5)항에서 설명한 대로 은하들의 거리와 후퇴 속도의 관계에서 얻어지는 기울기를 포함한 다양한 방법으로 구할 수 있다. 최근 연구 결과에 따르면 허블 상수의 값 범위는 H_0 = 68 – 73 km s^{-1} Mpc^{-1}로, 개별 측정치들의 측정 오차는 매우 줄어들었지만 측정 방법에 따른 체계적 오차가 발견되어 이 부분을 해결하기 위한 이론적 · 관측적 논의가 지속되고 있다.

우주를 구성하는 다양한 성분들이 차지하는 양을 임계밀도의 단위로 표시하면 유용한데, 이것을 밀도계수(density parameter)라고 한다. 이때 고려하는 우주의 성분은 물질(m, matter), 복사(r, radiation), 우주 상수(Λ, cosmological constant)로, 각각 다음과 같이 쓸 수 있다.

$$\Omega_m = \rho_m/\rho_{\text{crit}}$$

$$\Omega_r = \rho_r/\rho_{\text{crit}}$$

$$\Omega_\Lambda = \rho_\Lambda/\rho_{\text{crit}}$$

이 3가지의 합은 $\Omega_{\text{total}} = \Omega_m + \Omega_r + \Omega_\Lambda$가 되고, 우주 공간의 곡률에 해당하는 계수를 $\Omega_K = \Omega_{\text{total}} - 1$로 정의할 수 있다. 위 세 밀도계수의 합, Ω_{total}이 1보다 크면 우주는 양의 곡률을 갖는 닫힌 우주가 되고, 1보다 작으면 음의 곡률을 갖는 열린 우주, 1이면 평탄한 우주가 된다. 현대우주론의 표준 우주

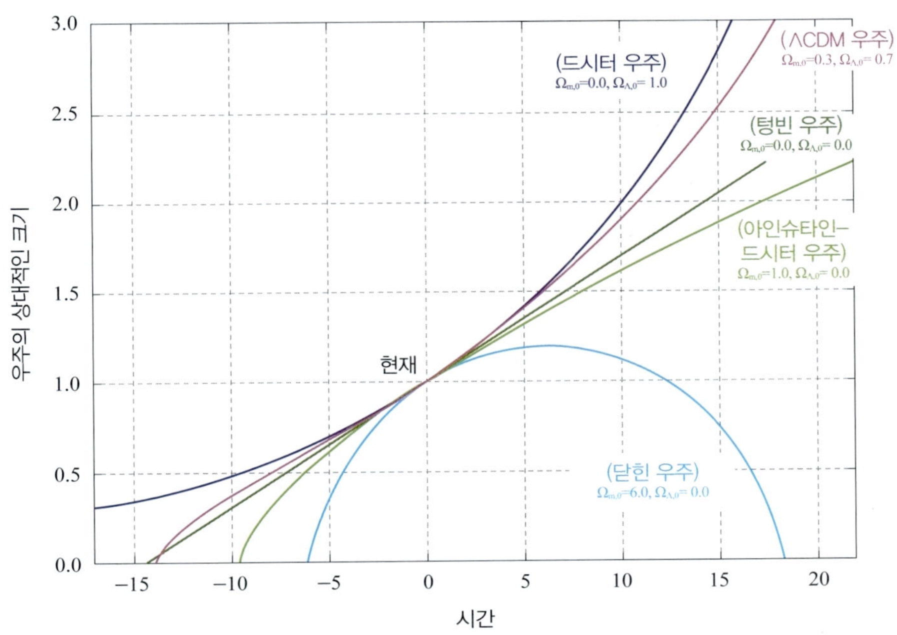

그림 12.51 우주론 계수($\Omega_{m,0}$, $\Omega_{\Lambda,0}$)에 따른 우주의 팽창 양상. 여기서 아래첨자 0은 현재 시점에서 계산된 계수를 나타낸다는 의미이다. 현대우주론의 표준 모형의 계수($\Omega_{m,0} = 0.3$, $\Omega_{\Lambda,0} = 0.7$)에 따르면 우주는 영원히 팽창한다(빨간 곡선).

모형에 따르면 $\Omega_{m,0} = 0.3$, $\Omega_{\Lambda,0} = 0.7$을 갖는데, 여기서 아래첨자 0은 현재 시점에서 계산된 계수를 나타낸다. $\Omega_{m,0}$은 다시 일반 물질과 암흑물질의 기여에 따라 $\Omega_{m,0} = \Omega_{\text{중입자},0} + \Omega_{\text{암흑물질},0} = 0.05 + 0.25$로 나뉠 수 있다(그림 12.50). 바로 이 성분들의 조합이 우주 팽창의 과거, 현재, 미래의 운명을 결정한다(그림 12.51).

예를 들어 아인슈타인-드시터 우주는 물질(m)로만 구성된 우주이며 곡률이 0인 평탄한 우주이다($\Omega_m = 1$). 물질의 밀도는 우주가 팽창함에 따라 그 부피($\propto a^3$)에 비례하여 감소하므로, 프리드만 방정식은 다음과 같이 정리할 수 있다.

$$\left(\frac{\dot{a}}{a}\right)^2 \propto \frac{1}{a^3}$$

이러한 형태를 만족하기 위해 척도 인자가 시간에 따라 어떻게 변할지 $a(t) \propto t^x$로 가정하고 차수 x를 구해보면 양쪽의 차수를 동일하게 맞춤으로써 $x = \frac{2}{3}$를 얻을 수 있다. 따라서 그림 12.51에서 볼 수 있듯이 이러한 우주에서는 시간이 흐르면서 계속해서 우주의 크기가 커진다.

구성 성분이 물질이 아니라 복사인 경우는 우주가 팽창하면서 그 밀도가 a^{-3}에 비례하여 변화하는 것이 아니라 a^{-4}에 비례하게 되는데, 이는 공간의 부피가 늘어날 뿐만 아니라 빛의 파장이 우주 팽창에 비례하여 늘어나 에너지가 감소하기 때문이다. 또 우주 상수의 경우 a와 무관하게 그 크기가 유지된다고 가정하거나 다른 방식으로 밀도가 변화한다고 가정하여 계산할 수 있을 것이다. 이렇게 구성 성분과 곡률을 고려하여 프리드만 방정식의 우변을 결정하면 시간에 따른 우주의 크기 변화, 즉 우주의 운명을 예측할 수 있다. 현대우주론 표준 모형의 계수($\Omega_{m,0} = 0.3$, $\Omega_{\Lambda,0} = 0.7$)에 따르면, 우주는 평탄한 우주이면서 앞으로 영원히 팽창할 것이다.

참고문헌(사진 및 그림출처)

고체지구과학

- 국가지질공원 홈페이지 자료, 2022, http://www.koreageoparks.kr
- 제주도 지질공원 홈페이지, 2022, http://geopark.jeju.go.kr
- 울릉도 · 독도 국가지질공원 홈페이지, 2022, http://www.ulleung.go.kr/geo/kr
- 부산 국가지질공원 홈페이지, 2022, http://geopark.busan.go.kr
- 강원평화지역 국가지질공원 홈페이지, 2022, http://www.koreadmz.kr
- 청송 유네스코 세계지질공원 홈페이지, 2022, http://csgeop.kr
- 유네스크 무등지오파크 홈페이지, 2022, http://geopark.gwangju.go.kr
- 한탄강 지질공원 홈페이지, 2022, http://www.hantangeopark.kr
- 강원 고생대 국가지질공원 홈페이지, 2022, http://www.paleozoicgp.com
- 경북 동해안 국가지질공원 홈페이지, 2022, http://www.geotourism.or.kr
- 전북 서해안 국가지질공원 홈페이지, 2022, http://www.jwcgeopark.kr
- 백령 · 대청 국가지질공원 홈페이지, 2022, http://bdgeopark.kr
- 진안 · 두주 국가지질공원 홈페이지, 2022, http://www.jmgeopark.kr
- 단양 국가지질공원 홈페이지, 2022, http://www.koreadmz.kr
- 유네스코 홈페이지 자료, 2022, http://www.unesco.org
- 세계지질공원 홈페이지 자료, 2022, http://www.globalgeopark.org
- https://commons.wikimedia.org/wiki/File:Brunhes_geomagnetism_western_US.png
- Wikipedia Commons: https://commons.wikimedia.org/w/index.php?curid=553022
- www.stratigraph.org/ICSchart/ChronostratChart2021-10Korean.pdf
- en.wikipedia.org/wiki/Nicolas_Steno#/media/File:Niels_stensen.png
- simple.wikipedia.org/wiki/James_Hutton#/media/File:Hutton_James_portrait_Raeburn.jpg
- ko.m.wikipedia.org/wiki/%ED%8C%8C%EC%9D%BC:William_Smith_(geologist).jpg
- en.wikipedia.org/wiki/Charles_Lyell#/media/File:Charles_Lyell00.jpg
- ko.m.wikipedia.org/wiki/파일:Miller-Urey_experiment-en.svg 수정
- Google Earth 캡처
- en.wikipedia.org/wiki/William_Smith_geologist)#/media/File:Geological_map_Britain_William_Smith_1815.jpg
- en.wikipedia.org/wiki/Perisphinctes#/media/File:Perisphinctes_ammonite.jpg
- en.wikipedia.org/wiki/Graptolithina#/media/File:TetragraptusfruticosusBendigonian.jpg
- commons.wikimedia.org/wiki/File:Nummulite_Naturhistorisches_Museum_Basel_27102013.jpg
- en.wikipedia.org/wiki/Pecten_(bivalve)#/media/File:Pecten_maximus_Pilgermuschel.jpg
- en.wikipedia.org/wiki/Siccar_Point#/media/File:Siccar_Point_red_capstone_closeup.jpg
- www.ediacaran.org/uploads/2/1/5/5/21556876/3404490_orig.jpg
- upload.wikimedia.org/wikipedia/commons/6/6f/Ediacaran_GSSP_-_closeup.JPG
- commons.wikimedia.org/wiki/File:Human-Skeleton.jpg
- www.sciencephoto.com/media/547392/view/didymograptus-graptolite-fossil

- jgi.doe.gov/csp-2021-100-diatom-genomes
- en.wikipedia.org/wiki/Radiolaria#/media/File:Spherical_radiolarian.jpg
- en.wikipedia.org/wiki/Lingulata#/media/File:LingulaanatinaAA.JPG
- www.deviantart.com/paleoguy/art/Burgess-Shale-Biota-812394380
- en.wikipedia.org/wiki/Ediacaran_biota#/media/File:Life_in_the_Ediacaran_sea.jpg
- en.wikipedia.org/wiki/Specimens_of_Archaeopteryx#/media/File:Archaeopteryx_lithographica_(Berlin_specimen).jpg
- upload.wikimedia.org/wikipedia/commons/2/23/Mammoth_Tragedy_at_La_Brea_Tar_Pits_%285463657162%29.jpg
- www.nationalgeographic.com/magazine/article/dinosaur-nodosaur-fossil-discovery
- en.wikipedia.org/wiki/Lyuba_%28mammoth%29#/media/File:Mammuthus_primigenius_(baby_woolly_mammoth)_(Late_Pleistocene,_42_ka;_Yamal_Peninsula,_Siberia,_Russia)_1_(34834312015).jpg
- en.wikipedia.org/wiki/New_Jersey_amber#/media/File:Brownimecia_clavata_AMNH-NJ667_holotype_01.jpg
- upload.wikimedia.org/wikipedia/commons/0/09/Smilodon_californicus_saber-toothed_tiger_%28La_Brea_Asphalt%2C_Upper_Pleistocene%3B_Rancho_La_Brea_tar_pits%2C_Los_Angeles%2C_southern_California%2C_USA%29_1_%2815420357246%29.jpg
- en.wikipedia.org/wiki/Petrified_Forest_National_Park#/media/File:Fossilized_wood_at_Petrified_Forest.jpg
- spiritrockshop.com/dinosaur-bone-slabs/
- en.wikipedia.org/wiki/History_of_Earth#/media/File:Geologic_Clock_with_events_and_periods.svg 수정
- en.wikipedia.org/wiki/Giant-impact_hypothesis#/media/File:Artist's_concept_of_collision_at_HD_172555.jpg
- en.wikipedia.org/wiki/Hadean#/media/File:Jack_Hills_detrital_zircons_BSE_micrographs.jpg
- www.deviantart.com/efabo/art/Isua-Greenstone-Belt-Greenland-829175941
- www.scientificpsychic.com/etc/timeline/atmosphere-composition.gif 수정
- upload.wikimedia.org/wikipedia/commons/5/5a/Rodinia_900Ma.jpg?1657175930229
- static01.nyt.com/images/2019/12/17/science/02TB-SNOWBALLEARTH1/02TB-SNOWBALLEARTH1-jumbo-v2.jpg?quality=75&auto=webp
- www.snowballearth.org/slides/Ch4-2.jpg
- eweb.furman.edu/~wworthen/bio440/evolweb/precamb/gryp2.jpg
- en.wikipedia.org/wiki/Dickinsonia#/media/File:DickinsoniaCostata.jpg
- en.wikipedia.org/wiki/Spriggina#/media/File:Spriggina_Floundensi_4.png
- en.wikipedia.org/wiki/Pteridinium#/media/File:Pteridinium.JPG
- en.wikipedia.org/wiki/Charnia#/media/File:Charnia.png
- en.wikipedia.org/wiki/Tribrachidium#/media/File:Tribrachidium.jpg
- en.wikipedia.org/wiki/Cyclomedusa#/media/File:Cyclomedusa.jpg
- www.ediacaran.org/uploads/2/1/5/5/21556876/from-alcheringa_orig.jpg
- en.wikipedia.org/wiki/Kimberella#/media/File:Kimberella_quadrata.jpg
- commons.wikimedia.org/wiki/File:Phanerozoic_Climate_Change.svg 참조
- burgess-shale.rom.on.ca/fossil-gallery/main-gallery
- www.coralreefcare.com/uploads/KoraalHomePage.jpeg

- alchetron.com/cdn/rudists-9abed478-1311-4cde-898d-dd2386ceea9-resize-750.jpeg
- www.digitalatlasofancientlife.org/wp-content/uploads/2019/11/Archaeocyathid-banner-1200x675.png
- Wikipedia Commons: https://commons.wikimedia.org/w/index.php?curid=553022
- Wikipedia Commons: https://commons.wikimedia.org/wiki/File:Brunhes_geomagnetism_western_US.png
- Wikipedia Commons: https://commons.wikimedia.org/wiki/File:Outer_core_convection_rolls.jpg)을 바탕으로 자체 제작
- 강원고생대지질공원, 2016, 영월군 · 정선군 · 태백시 · 평창군.
- 조규성, 김정빈, 조성욱, 양우헌, 정덕호, 권창우, 박경진, 홍덕표, 2016, 고창군과 부안군 일대의 지질유산과 지질명소. 지질학회지, 52(5), 691-707.
- 전북발전연구원, 2014, 국가(세계)지질공원 인증을 위한 전략 연구.
- 김광호, 도성재, 1999, 고지자기학. 아르케, 서울, 330 p.
- 남기수, 김종헌, 2016, 진주 지역의 하부 백악계 진주층에서 산출된 *Hemeroscopus baissicus* Pritykina, 1977 (Hemeroscopidae)의 복원 및 고생태적 의미. 지질학회지, 52, 105-112.
- 민경덕, 서정희, 권병두, 2002, 기초지구물리학, 도서출판 우성, 491 p.
- 안건상, 2018, 광물의 이해, 조선대학교 출판부, 388 p.
- 안건상, 2019, 암석학개론, 북스힐, 458 p.
- 윤일희, 박경애, 김철희, 김성수, 안덕근, 안경진 역, 2012, 지구시스템과학 2. 1st Edition, 북스힐.
- 윤일희, 최수인, 박수인, 경재복, 안건상, 김종헌 역, 2012, 지구시스템과학 1, 1st Edition, 북스힐.
- 임형래, 엄주영, 오주원 역, 2023, 기본 지구물리학, 3판, 시그마프레스, 306 p.
- 전북대학교, 2013, 전라북도 세계지질공원 추진을 위한 논의 자료집.
- 정창식, 김남훈, 2012, 남한 지역 현생 화강암류의 연대측정 결과 정리. 암석학회지, 21, 173-192.
- 환경부, 2015, 제3회 국가지질공원 심포지엄 자료집.
- 한국환경정책평가연구원, 2010, 지질공원.
- 조규성, 박경진, 2020, 진안-무주 국가지질공원의 안내 표지판에 제시된 용어에 대한 학생들의 이해도 분석. 한국지구과학회지, 41(5), 520-530.
- 최덕근, 2009, 태백산분지 삼엽충 화석군과 한반도의 전기 고생대 고지리·고환경 복원에서 그들의 중요성. 한국고생물학회지, 25, 129-148.
- 최덕근, 2014, 한반도 형성사. 서울대학교출판문화원, 292 p.
- 국가지질공원사무국, 2017, 한국의 지질공원.
- 조형성, 강희철, 김종선, 정대교, 백인성, 임현수, 최태진, 김현주, 노열, 조규성, 허민, 신승원, 2019, 한국의 지질유산 분포와 가치평가:전라권. 암석학회지, 28(4), 319-345.
- Agangi, A., Hofmann, A., Rollion-Bard, C., Marin-Carbonne, J., Cavalazzi, B., Large, R., and Meffre, S., 2015, Gold accumulation in the Archaean Witwatersrand Basin, South Africa—Evidence from concentrically laminated pyrite. Earth Science Reviews, 140, 27-53.
- Alken, P., Thébault, E., Beggan, C.D., Amit, H., Aubert, J., Baerenzung, J., Bondar, T.N., Brown, W.J., Califf, S., Chambodut, A., Chulliat, A., Cox, G.A., Finlay, C.C., Fournier, A., Gillet, N., Grayver, A., Hammer, M.D., Holschneider, M., Huder, L., Hulot, G., Jager, T., Kloss, C., Korte, M., Kuang, W., Kuvshinov, A., Langlais, B., Léger, J.-M., Lesur, V., Livermore, P.W., Lowes, F.J., Macmillan, S., Magnes, W., Mandea, M., Marsal, S., Matzka, J., Metman, M.C., Minami, T., Morschhauser, A., Mound, J.E., Nair, M., Nakano, S., Olsen, N., Pavón-Carrasco, F.J., Petrov, V.G., Ropp, G., Rother, M., Sabaka, T.J., Sanchez, S., Saturnino, D., Schnepf, N.R., Shen,

X., Stolle, C., Tangborn, A., Tøffner-Clausen, L., Toh, H., Torta, J.M., Varner, J., Vervelidou, F., Vigneron, P., Wardinski, I., Wicht, J., Woods, A., Yang, Y., Zeren Z., and Zhou, B., 2021, International Geomagnetic Reference Field: the thirteenth generation. Earth, Planets and Space, 73, 49.

• Antcliffe, J.B., Jessop, W., and Daley, A.C., 2019, Prey fractionation in the Archaeocyatha and its implication for the ecology of the first animal reef systems. Paleobiology, 45, 652-675.

• Arnould, M., Coltice, N., Flament, N., and Mallard, C., 2020, Plate tectonics and mantle controls on plume dynamics, Earth and Planetary Science Letters, 547, 116439, ISSN 0012-821X.

• Augustin, L., et al., 2004, Eight glacial cycles from an Antarctic ice core. Nature, 429, 623-628.

• Barnes, R.T., Raymond, P.A., and Casciotti, K.L., 2008, Dual isotope analyses indicate efficient processing of atmospheric nitrate by forested watersheds in the northeastern U.S. Biogeochemistry, 90, 15-27.

• Bell, E.A., Boehnke, P., Harrison, T.M., and Mao, W.L., 2015, Potentially biogenic carbon preserved in a 4.1 billion-year-old zircon. Proceedings of the National Academy of Sciences, 112, 14518-14521.

• Berner, R.A., 2006, GEOCARBSULF: A combined model for Phanerozoic atmospheric O_2 and CO_2. Geochimica et Cosmochimica Acta, 70, 5653-5664.

• Berner, R.A. and Kothavala, Z., 2001, GEOCARB III: a revised model of atmospheric CO_2 over Phanerozoic time. American Journal of Science, 301, 182-204.

• Bigeleisen, J. and Mayer, M.G., 1947, Calculation of equilibrium constants for isotopic exchange reactions. The Journal of Chemical Physics, 15, 261-267.

• Binkley, D., Sollins, P., and McGill, W.B., 1985, Natural abundance of nitrogen-15 as a tool for tracing alder-fixed nitrogen. Soil Science Society of America Journal, 49(2), 444-447.

• Bottrell, S.H. and Raiswell, R., 2000, Sulphur isotopes and microbial sulphur cycling in sediments. In Riding, R.E. and Awramik, S.M. (eds.) Microbial sediments. Berlin, Heidelberg: Springer Berlin Heidelberg, 96-104.

• Braun, J., 2010, The many surface expressions of mantle dynamics. Nature Geoscience, 3, 825-833, doi:10.1038/ngeo1020.

• Bryan, S. and Ernst, R., 2008, Revised definition of Large Igneous Provinces (LIPs), Earth-Science Reviews, 86, 1-4, 175-202, ISSN 0012-8252.

• Chen, J., 2016, Lower-mantle materials under pressure, Science, 351, 122-123, doi:10.1126/science.aad7813.

• Cho, M., Kim, H., Lee, Y., Horie, K., and Hidaka, H., 2008, The oldest (ca. 2.51Ga) rock in South Korea: U-Pb zircon age of a tonalitic migmatite, Daeijak Island, western Gyeonggi massif. Geosciences Journal, 12, 1-6.

• Choi, D.K., 2019, Evolution of the Taebaeksan Basin, Korea: I, early Paleozoic sedimentation in an epeiric sea and break-up of the Sino-Korean Craton from Gondwana. Island Arc, 28, e12275.

• Choi, D.K. and Park, T.-Y.S., 2017, Recent advances of trilobite research in Korea: Taxonomy, biostratigraphy, paleogeography, and ontogeny and phylogeny. Geosciences Journal, 21, 891-911.

• Chough, S.K., 2013, Geology and Sedimentology of the Korean Peninsula. Elsevier, 363 p.

• Chough, S.K., Kwon, S.-T., Ree, J.-H., and Choi, D.K., 2000, Tectonic and sedimentary evolution of the Korean peninsula: a review and new view. Earth-Science Reviews, 52, 175-235.

• Chough, S.K., Shinn, Y.J., and Yoon, S.H., 2018, Regional strike-slip and initial subsidence of Korea Plateau, East Sea: tectonic implications for the opening of back-arc basins. Geosciences Journal, 22, 533-547.

• Chough, S.K. and Sohn, Y.K., 2010, Tectonic and sedimentary evolution of a Cretaceous continental arc-

backarc system in the Korean peninsula: New view. Earth-Science Reviews, 101, 225-249.
- Clayton, R.N., O'Neil, J.R., and Mayeda, T.K., 1972, Oxygen isotope exchange between quartz and water. Journal of Geophysical Research, 77(17), 3057-3067.
- Coltice, N., Gérault, M., and Ulvrová, M., 2017, A mantle convection perspective on global tectonics. Earth-Science Reviews, 165, 120-150, ISSN 0012-8252.
- Conrad, C.P. and Lithgow-Bertelloni, C., 2004, The temporal evolution of plate driving forces: Importance of "slab suction" versus "slab pull" during the Cenozoic, J. Geophys. Res., 109, B10407, doi:10.1029/2004JB002991.
- Cooper, R.A., Nowlan, G.S., and Williams, S.H., 2001, Global Stratotype Section and Point for base of the Ordovician System. Episodes, 24, 19-28.
- Costanzo, S.D., O'donohue, M.J., Dennison, W.C., Loneragan, N.R., and Thomas, M., 2001, A new approach for detecting and mapping sewage impacts. Marine pollution bulletin 42(2), 149-156.
- Cox, A. and Hart, R., 2009, Plate Tectonics; How It Works, Blackwell Scientific Publications, ISBN: 978-1-444-31421-2.
- Cox, A., 1968, Lengths of geomagnetic polarity intervals. Journal of Geophysical Research, 73(10), 3247-3260.
- Craig, H., 1957, Isotopic standards for carbon and oxygen and correction factors for mass-spectrometric analysis of carbon dioxide. Geochimica et cosmochimica acta 12(1-2), 133-149.
- Craig, H., 1961, Isotopic variations in meteoric waters. Science, 133, 1702-1703.
- Dansgaard, W., 1964, Stable isotopes in precipitation. Tellus 16, 436-468.
- Doucet, L.S., et al., 2020, Coupled supercontinent-mantle plume events evidenced by oceanic plume record: Geology, 48, 159-163, doi:10.1130/G46754.1.
- Durka, W., Schulze, E.D., Gebauer, G., and Voerkeliust, S., 1994, Effects of forest decline on uptake and leaching of deposited nitrate determined from ^{15}N and ^{18}O measurements. Nature, 372, 765-767.
- El Albani, A., Bengtson, S., Canfield, D.E., Riboulleau, A., Bard, C.R., Macchiarelli, R., Pemba, L.N., Hammarlund, E., Meunier, A., Mouele, I.M., Benzerara, K., Bernard, S., Boulvais, P., Chaussidon, M., Cesari, C., Fontaine, C., Chi-Fru, E., Ruiz, J.M.G., Gauthier-Lafaye, F., Mazurier, A., Pierson-Wickmann, A.C., Rouxel, O., Trentesaux, A., Vecoli, M., Versteegh, G.J.M., White, L., Whitehouse, M., and Bekker, A., 2014, The 2.1 Ga old Francevillian biota: biogenicity, taphonomy and biodiversity. PLOS One, 9, e99438.
- Evans, D.A.D., 2009, The palaeomagnetically viable, long-lived and all-inclusive Rodinia supercontinent reconstruction. Geological Society, London, Special Publications, 327, 371-404.
- Faccenna, C., Becker, T., Holt, A., and Brun, J., 2021, Mountain building, mantle convection, and supercontinents: Holmes (1931) revisited. Earth and Planetary Science Letters, 564, 116905, ISSN: 0012-821X.
- Farquhar, G.D., 1983, On the nature of carbon isotope discrimination in C_4 species. Functional Plant Biology, 10(2), 205-226.
- Faure, G. 1998, Principles and Applications of Geochemistry, 2e. Upper Saddle River, NJ: Prentice-Hall.
- Foulger, G., 2010, Plates vs. Plumes: A Geological Controversy. Wiley-Blackwell, ISBN: 978-1-4051-6148-0.
- Fowler, C., 2005, The Solid Earth. 2nd Edition, Cambridge University Press, ISBN: 0-521-89307-0.
- French, S. and Romanowicz, B., 2015, Broad plumes rooted at the base of the Earth's mantle beneath major hotspots. Nature, 525, 95-99, doi:10.1038/nature14876.
- Frisch, W., Meschede, M., and Blakey, R., 2011, Plate Tectonics; Continental Drift and Mountain Building.

Springer-Verlag, Berlin, Heidelberg, ISBN: 978-3-540-76503-5.

- Fry, B., 1988, Food web structure on Georges Bank from stable C, N, and S isotopic compositions. Limnology and oceanography, 33(5), 1182-1190.
- Furnes, H., Dilek, Y., and de Wit, M., 2013, Precambrian greenstone sequences represent different ophiolite types. Gondwana Research, 27, 649-685.
- Garnero, E., McNamara, A., and Shim, S., 2016, Continent-sized anomalous zones with low seismic velocity at the base of Earth's mantle. Nature Geoscience, 9, 481-489, doi:10.1038/ngeo2733. Figure 2.
- Garnero, E., McNamara, A., and Shim, S.H., 2016, Continent-sized anomalous zones with low seismic velocity at the base of Earth's mantle. Nature Geosci., 9, 481-489, doi:10.1038/ngeo2733.
- Gerya, T., Stern, R., Baes, M., Sobolev, S., and Whattam, A., 2015, Plate tectonics on the Earth triggered by plume-induced subduction initiation. Nature, 527, 221-225, doi:10.1038/nature15752.
- Glatzmaiers, G.A., and Roberts, P.H., 1995, A three-dimensional self-consistent computer simulation of a geomagnetic field reversal. Nature, 377, 203-209.
- Gonnermann, H.M. and Manga, M., 2013, Dynamics of magma ascent in the volcanic conduit. In Fagents, S.A., Gregg, T.K.P., and Lopes, R.M.C. (eds.), Modeling Volcanic Processes. Cambridge Univ Press, pp. 55-84, 10.1017/cbo9781139021562.004.
- Habicht, K.S. and Canfield, D.E., 1997, Sulfur isotope fractionation during bacterial sulfate reduction in organic-rich sediments. Geochimica et Cosmochimica Acta, 61(24), 5351-5361.
- Hallam, A, 1992, Phanerozoic Sea-Level Changes. Columbia University Press, 260 p.
- Haq, B.U. and Al-Qahtani, A.M., 2005, Phanerozoic cycles of sea-level change on the Arabian Platform. GeoArabia, 10, 127-160.
- Haq, B.U. and Schutter, S.R., 2008, A chronology of Paleozoic sea-level changes. Science, 322, 64-68.
- Hermann, A., Martinec, J., and Stichler, W., 1978, Study of snowmelt-runoff components using isotope measurements. In Colbeck, S.C. and Ray, M. (eds.), Modeling of Snow Cover Runoff. U.S. Army Cold Regions Research and Engineering Laboratory, Hanover.
- Hillet, R., Campbell, H., Davies, G., and Griffiths, R., 1992, Mantle Plumes and Continental Tectonics, Science, 256, 186-193, doi:10.1126/science.256.5054.186.
- Hoefs, J., 2009, Stable Isotope Geochemistry. 6e. Berlin, Springer.
- Hoffman, P.F. and Schrag, D.P., 2000, Snowball Earth. Scientific Amercian, 282, 68-75.
- Hoffman, P.F. and Schrag, D.P. 2002, The snowball Earth hypothesis: testing the limits of global change. Terra Nova, 14, 129-155.
- Holland, H.D., 2006, The oxygenation of the atmosphere and oceans. Philosophical Transactions of the Royal Society, B, 136, 903-915.
- Hong, J., Choh, S.-J., Park, J., and Lee, D.-J., 2017, Construction of the earliest stromatoporoid framework: Labechiid reefs from the Middle Ordovician of Korea. Palaeogeography, Palaeoclimatology, Palaeoecology, 470, 54-62.
- Jackson, A., Jonkers, A.R.T., and Walker, M.R., 2000, Four centuries of geomagnetic secular variation from historical records. Philosophical Transactions of the Royal Society of London, Series A, 358(1768), 957-990.
- Javaux, E.J. and Lepot, K., 2018, The Paleoproterozoic fossil record: Implications for the evolution of the biosphere during Earth's middle-age. Earth-Science Reviews, 176, 68-86.
- Jiang, Z., Li, S., Liu, Q., Zhang, J., Zhou, Z., and Zhang, Y., 2021, The trials and tribulations of the Hawaii

hot spot model. Earth-Science Reviews, 215, 103544, ISSN: 0012-8252.

- Jung, H., Koh, D.C., Kim, Y.S., Jeen, S.W., and Lee, J., 2020, Stable isotopes of water and nitrate for the identification of groundwater flowpaths: A review. Water, 12(1), 138.
- Kawabe, I., 1978, Calculation of oxygen isotope fractionation in quartz-water system with special reference to the low temperature fractionation. Geochimica et Cosmochimica Acta, 42, 613-621.
- Kendall, C. and Doctor, D.H., 2003, Stable isotope applications in hydrologic studies. In James I.D., Heinrich, D.H., and Karl, K., Turekian. Turekian Treatise on Geochemistry, 5, 319-364, Amsterdam, Elsevier.
- Kendall, C. and McDonnell, J.J., 1998, Isotope Tracers in Catchment Hydrology. Amsterdam, Elsevier Science B.V.
- Kendall, C., Elliott, E.M., and Wankel, S.D., 2007, Tracing anthropogenic inputs of nitrogen to ecosystems. Stable isotopes in ecology and environmental science, 375-449.
- Kendall, C. and McDonnell, J.J., 2012, Isotope tracers in catchment hydrology. Elsevier.
- Khramov, A.V., Nam, G.-S., and Vasilenko, D.V., 2019, First long-proboscid flies (Diptera: Zhangsolvidae) from the Lower Cretaceous of South Korea. Alcheringa, 44, 160-168.
- Kim, D.H. and Choi, D.K., 2000, *Jujuyaspis* and associated trilobites from the Mungok Formation (Lower Ordovician), Yongwol, Korea. Journal of Paleontology, 74, 1031-1042.
- Kim, H., Cho, S.-H., Lee, D., Jung, Y.-Y., Kim, Y.-H., Koh, D.-C., and Lee, J., 2015, Old Water Contributions to a Granitic Watershed, Dorim-cheon, Seoul. Journal of soil and groundwater environment, 20, 34-40.
- Kim, K.S., Lockley, M.G., Lim, J.D., and Xing, L., 2019, Exquisitely-preserved, high definition skin traces in diminutive theropod tracks from the Cretaceous of Korea. Scientific Report, 9, 2039.
- Klaus, J. and McDonnell, J.J., 2013, Hydrograph separation using stable isotopes: Review and evaluation. Journal of Hydrology, 505, 47-64.
- Koehler, I., Konhauser, K., and Kapper, A., 2010, Role of microorganisms in banded iron formations, In Barton, L.L., Mandl, M., and Loy, A. (eds), Geomicrobiology: Molecular and Environmental Perspectives. Springer, 309-324.
- Konrad, K., Anthony, A., Koppers, A., Steinberger, B., Finlayson, V., Konter, J., and Jackson, M. 2018, On the relative motions of long-lived Pacific mantle plumes. Nature Communications, 9, 854, DOI: 10.1038/s41467-018-03277-x.
- Koppers, A.A.P., Becker, T.W., Jackson, M.G., et al., 2021, Mantle plumes and their role in Earth processes. Nat Rev Earth Environ, 2, 382-401, doi: 10.1038/s43017-021-00168-6.
- Krause, A.J., Mills, B.J.W., Zhang, S., Planavsky, N.J., Lenton, T.M., and Poulton, S.W., 2018, Stepwise oxygenation of the Paleozoic atmosphere. Nature Communications, 9, 4081.
- Lee, D.-C., Byun, U.H., Kwon, Y.K., Keehm, Y., Jeong, G.Y., and Yi, K., 2020, *Manchuriophycus*-like elliptical cracks in thin mudstones intercalated with lacustrine sandstone: Intrastratal crack formation in water-saturated sediments. Sedimentary Geology, 408, 105769.
- Lee, D.-C. and Chatterton, B.D.E., 2005, Protaspid ontogeny of *Bolaspidella housensis* (Order Ptychopariida, Class Trilobita), and other similar Cambrian protaspides. Transactions of the Royal Society of Edinburgh: Earth Sciences, 96, 21-41.
- Lee, J., 2017, A review on hydrograph separation using isotopic tracers. Journal of the Geological Society of Korea, 53, 339-346 (in Korean with English abstract).
- Lee, S., Choi, D.K., and Shi, G.R., 2010, Pennsylvanian brachiopods from the Geumcheon-Jangseong

Formation, Pyeongan Supergroup, Taebaeksan Basin, Korea. Journal of Paleontology, 84, 417–443.

- Lee, S.-B., Lefebvre, B., and Choi, D.K., 2005, Latest Cambrian cornutes (Echinodermata: Stylophora) from the Taebaeksan Basin, Korea. Journal of Paleontology, 79, 139–151.
- Lerch, F.J., Klosko, S.M., Laubscher, R.E., and Wagner, C.A., 1979, Gravity model improvement using Geos 3 (GEM 9 and 10), J. Geophys. Res., 84(B8), 3897–3916, doi:10.1029/JB084iB08p03897.
- Li, Z.X., Bodganova, S.V., Collins, A.S., Davidson, A., de Waele, B., Ernst, R.E., Fitzsimons, I.C.W., Fuck, R.A., Gladkochub, D.P., Jacobs, J., Karlstrom, K.E., Lu, S., Natapov, L.M., Pease, V., Pisarevsky, S.A., Thrane, K., and Vernikovsky, V., 2008, Assembly, configuration, and break-up history of Rodinia: A synthesis. Precambrian Research, 160, 179–210.
- Li, Z-X. and Zhong, S., 2009, Supercontinent-superplume coupling, true polar wander and plume mobility: Plate dominance in whole-mantle tectonics. Physics of the Earth and Planetary Interiors, 176, 3-4, 143–156, ISSN 0031-9201.
- Livermore, P.W., Finlay, C.C., and Bayliff, M., 2020, Recent north magnetic pole acceleration towards Siberia caused by flux lobe elongation. Nature Geoscience, 13, 387–391.
- Lowrie, W. and Fichtner, A., 2020, Fundamentals of Geophysics. 3rd Edition, Cambridge University Press, ISBN: 978-1-108-71697-0.
- Lowrie, W., 2007, Fundamentals of Geophysics. 2nd Edition, Cambridge University Press, ISBN: 978-0-521-67596-3, 250 p.
- Lu, G., Zhao, L., Chen, L., Wan, B., and Wu, F.Y., 2021, Reviewing subduction initiation and the origin of plate tectonics: What do we learn from present-day Earth? Earth Planet. Phys., 5(2), 123–140. doi:10.26464/epp2021014.
- Ludwig, W.J., Nafe, J.E., and Drake, C.L., 1970, Seismic refraction. In Maxwell, A.E. (ed.), The Sea. Vol. 4, Wiley-Interscience, New York, 53–84.
- Lyell, C., 1855, A manual of elementary geology (Fifth edition). London, John Murray, pp. i-xvi, 1–655.
- Maberly, S.C., Raven, J.A., and Johnston, A.M., 1992, Discrimination between ^{12}C and ^{13}C by marine plants. Oecologia, 91, 481–492.
- MacAvoy, S.E., Macko, S.A., and Garman, G.C., 1998, Tracing marine biomass into tidal freshwater ecosystems using stable sulfur isotopes. The Science of Nature, 85, 544–546.
- Mariotti, A., 1983, Atmospheric nitrogen is a reliable standard for natural ^{15}N abundance measurements. Nature, 303(5919), 685–687.
- McDonnell, J.J., Bonell, M., Stewart, M.K., and Pearce, A.J., 1990, Deuterium variations in storm rainfall: implications for stream hydrograph separation. Water Resources Research, 26, 455–458.
- Merlivat, L., Botter, R., and Nief, G., 1963, Fractionnement isotopique au cours de la distillation de l'eau. Journal de Chimie Physique, 60, 56–59.
- Mills, B.J.W., Krause, A.J., Scotese, C.R., Hill, D.J., Shields, G.A., and Lenton, T.M., 2019, Modelling the long-term carbon cycle, atmospheric CO_2, and Earth surface temperature from late Neoproterozoic to present day. Gondwana Research, 67, 172–186.
- Mitchell, R.N., Zhang, N., Salminen, J. et al., 2021, The supercontinent cycle. Nat Rev Earth Environ, 2, 358–374, doi:10.1038/s43017-021-00160-0.
- Oh, Y., Lee, D.-C., Lee, S., Lee, S.-B., Hong, P.S., and Hong, J., 2022, Palaeobiogeography of the family Nisusiidae (Cambrian rhynchonelliform brachiopods) using the 'area-transition count' method and

systematic revision of Korean species. Papers in Palaeontology, 8, e1420.

- Ohte, N., Sebestyen, S.D., Shanley, J.B., Doctor, D.H., Kendall, C., Wankel, S.D., and Boyer, E.W., 2004, Tracing sources of nitrate in snowmelt runoff using a high-resolution isotopic technique. Geophysical Research, 31, L21506.
- Park, H. and Lee, D.-C., 2023, *Goryeocrinus pentagrammos* n. gen. n. sp. (Rhodocrinitidae; Diplobathrida), the first record of camerate crinoid from the Middle Ordovician (Darriwilian) of South Korea (East Gondwana). Journal of Paleontology, 97, 386-394.
- Park, H., Lee, S.-B., Woo, J., and Lee, D.C., 2022, The first Middle Ordovician and Gondwanan record of the cincinnaticrinid crinoid *Ohiocrinus byeongseoni* n. sp. from South Korea: biostratigraphy, paleobiogeography, and taphonomy. Journal of Paleontology, 96, 939-949.
- Peace, A., Phethean, J., Franke, D., Foulger, G., Schiffer, C., Welford, J., McHone, G., Rocchi, S., Schnabel, M., and Doré, A., 2020, A review of Pangaea dispersal and Large Igneous Provinces - In search of a causative mechanism. Earth-Science Reviews, 206, 102902, ISSN 0012-8252.
- Peng, S., Babcock, L.E., Robison, R.A., Lin, H., Rees, M.N., and Saltzman, M.R., 2004, Global Standard Stratotype-section and Point (GSSP) of the Furongian Series and Paibian Stage (Cambrian). Lethaia, 37, 365-379.
- Pérez, T., Trumbore, S.E., Tyler, S.C., Davidson, E.A., Keller, M., and De Camargo, P.B., 2000, Isotopic variability of N_2O emissions from tropical forest soils. Global Biogeochemical Cycles, 14(2), 525-535.
- Pérez, T., Trumbore, S.E., Tyler, S.C., Matson, P.A., Ortiz - Monasterio, I., Rahn, T., and Griffith, D.W.T., 2001, Identifying the agricultural imprint on the global N_2O budget using stable isotopes. Journal of Geophysical Research: Atmospheres, 106(D9), 9869-9878.
- Petit, J.R., Jouzel, J., Raynaud, D. et al. (19 authors), 1999, Climate and atmospheric history of the past 420,000 years from the Vostok Ice Core, Antarctica. Nature, 399, 429-436.
- Prokoph, A., Shields, G.A., and Veiser, J., 2008, Compilation and time-series analysis of a marine carbonate $\delta^{18}O$, $\delta^{13}C$, $^{87}Sr/^{86}Sr$ and $\delta^{34}S$ database through Earth history. Earth-Science Reviews, 87, 113-133.
- Rau, G.H., Sweeney, R.E., and Kaplan, I.R., 1982, Plankton ^{13}C:^{12}C ratio changes with latitude: differences between northern and southern oceans. Deep Sea Research Part A. Oceanographic Research Papers, 29(8), 1035-1039.
- Rayleigh, J.W., 1896, Theoretical considerations respecting the separation of gases by diffusion and similar processes. The London, Edinburgh, and Dublin Philosophical Magazine and Journal of Science, 42 (259), 493-498.
- Riding, R., 2006, Microbial carbonate abundance compared with fluctuations in metazoan diversity over geological time. Sedimentary Geology, 185, 229-238.
- Sage, R.F. and Monson, R.K., 1999, C4 plant biology. Elsevier.
- Sagong, H. and Kwon, S.-T., 2005, Mesozoic episodic magmatism in South Korea and its tectonic implication. Tectonics, 24, TC5002.
- Savin, S.M. and Lee, M., 1988, Isotopic studies of phyllosilicates. Reviews in Mineralogy 19, 189-223.
- Schopf, J.M., 2000, Solution to Darwin's dilemma: Discovery of the missing Precambrian record of life. Proceedings of the National Academy of Sciences of the Unites States of America, 97, 6947-6953.
- Schopf, J.M., Kitajima, K., Spicuzza, M.J., Kudryavtsev, A.B., and Valley, J.W., 2018, SIMS analyses of the oldest known assemblage of microfossils document their taxon-correlated carbon isotope compositions.

Proceedings of the National Academy of Sciences, 115, 53-58.

- Schopf, J.M., Kudryavtsev, A.B., Czaja, A.D., and Tripathi, A.B., 2007, Evidence of Archean life: Stromatolites and microfossils. Precambrian Research, 158, 141-155.
- Schulz, K.J., DeYoung, J.H., Seal, R.R., and Bradley, D.C., 2017, Critical mineral resources of the United States—Economic and environmental geology and prospects for future supply. U.S. Geological Survey Professional Paper, 1802:797.
- Scotese, C.R., 2021, An atlas of Phanerozoic paleogeographic maps: the seas come in and the seas go out. Annual Review of Earth and Planetary Sciences, 46, 679-728.
- Seo, J.H., Yoo, B.C., Villa, I.M., Lee, J.H., Lee, T., Kim, C., and Moon, K.J., 2017, Magmatic-hydrothermal processes in Sangdong W-Mo deposit, Korea: Study of fluid inclusions and ^{39}Ar-^{40}Ar geochronology. Ore Geology Reviews, 91, 316-334.
- Shields, G.A. and Mills, B.J.W., 2017, Tectonic controls on the long-term carbon isotope mass balance. Proceedings of the National Academy of Sciences, 114, 4318-4323.
- Sklash, M.G. and Farvolden, R.N., 1979, The role of groundwater in storm runoff. Journal of Hydrology, 43, 45-65.
- Smith, B.N. and Epstein, S., 1971, Two categories of $^{13}C/^{12}C$ ratios for higher plants. Plant physiology, 47(3), 380-384.
- Stanley, S.M., Ries, J.B., and Hardie, L., 2010, Increased production of calcite and slower growth for the major sediment-producing alga Halimeda as the Mg/Ca ratio of seawater is lowered to a "Calciate Sea" level. Journal of Sedimentary Research, 80, 6-16.
- Steinberger, B. and O'Connell, R., 1998, Advection of plumes in mantle flow: implications for hotspot motion, mantle viscosity and plume distribution. Geophysical Journal International, 132, 2, 412-434, 10.1046/j.1365-246x.1998.00447.x.
- Storey, B., Vaughan, A., and Riley, T., 2013, The links between large igneous provinces, continental break-up and environmental change: evidence reviewed from Antarctica. Earth and Environmental Science Transactions of the Royal Society of Edinburgh, 104, 1, 17-30, doi:10.1017/S175569101300011X.
- Tackley, P., 2000, Mantle Convection and Plate Tectonics: Toward an Integrated Physical and Chemical Theory. Science, 288, 2002-2007, doi:10.1126/science.288.5473.2002.
- Taira, A., 2001, Tectonic evolution of the Japanese Island arc system. Annual Reviews of Earth and Planetary Sciences, 29, 109-134.
- Taylor, S., Feng, X., Kirchner, J.W., Osterhuber, R., Klaue, B., and Renshaw, C.E., 2001, Isotopic evolution of a seasonal snowpack and its melt. Water Resources Research, 37, 759-769.
- Thode, H.G., Monster, J., and Dunford, H.B., 1961, Sulphur isotope geochemistry. Geochimica et Cosmochimica Acta, 25(3), 159-174.
- Thorarinsson, S., 1954, The tephra-fall from Hekla on March 29th 1947. In Einarsson T., Kjartansson, G., and Thorarinsson, S. (eds.), The Eruption of Hekla 1947-48, II. Soc. Sci. Islandica, Reykjavík, 3, 1-68.
- Trendall, A.F., 2002, The significance of iron-formation in the Precambrian stratigraphic record. Special Publications of International Association of Sedimentologists, 33, 33-66.
- Turcotte, D. and Schubert, G., 2014, Geodynamics, 3rd Edition. Cambridge University Press, ISBN: 978-0-521-18623-0, 372 p.
- Unterweger, M.P., Coursey, B.M., Schima, F.J. and Mann, W.B., 1980, Preparation and calibration of the 1978

National Bureau of Standards tritiated-water standards. The International Journal of Applied Radiation and Isotopes, 31(10), 611-614.

- Urey, H., 1947, The thermodynamic properties of isotopic substances. Journal of the Chemical Society (London) 1947, 562-581.
- Wang, Q., Wang, Y., Qi, Y., Wang, X., Choh, S.-J., Lee, D.-C., and Lee, D.-J., 2017, Revised conodont and fusuline biostratigraphy of the Bamchi Formation (Pyongan Supergroup) at the Bamchi section, Yeongwol and the Carboniferous-Permian boundary in South Korea. Alcheringa, 42, 245-258.
- Wilde, S.A., Valley, J.W., Peck, W.H., and Graham, C.M., 2001, Evidence from detrital zircons for the existence of continental crust and oceans on the Earth 4.4 Gyr ago. Nature, 409, 175-178.
- Yoshida, M. and Santosh, M., 2011, Supercontinents, mantle dynamics and plate tectonics: A perspective based on conceptual vs. numerical models. Earth-Science Reviews, 105, 1-2, 1-24, ISSN: 0012-8252.
- Yun, C.-S., 2011, Ordovician cephalopods from the Jigunsan Formation, Taebaek-Yeongwol. Korea. Journal of the Paleontological Society of Korea, 27, 149-259.
- Yurtsever, Y. and Gat, J.R., 1981, Atmospheric waters. In Gat, J.R. and Gonfiantini, R. (eds.), Stable Isotope Hydrology: Deuterium and Oxygen-18 in the Water Cycle. Technical Report Series 210, 103-142. Vienna: IAEA.
- Zhavoronkov, N.M., Uvarof, O.V., and Sevryugova, N.N., 1955, Primenenie Mechenykh. Atomov Anal. Khim. Akad. Nauk. USSR, 223-233.

유체지구과학 해양

- 공주대학교 해양물리연구실, https://sites.google.com/site/oceanknu/
- 국립수산과학원, https://www.nifs.go.kr/
- 국립해양조사원, https://www.khoa.go.kr/
- 서울대학교 위성해양학연구실, https://seoul.snu.ac.kr/
- 서울대학교 해양환경관측연구실, http://ool.snu.ac.kr/
- 한국교육과정평가원, https://www.kice.re.kr/
- 한국석유공사, https://www.knoc.co.kr/
- 한국수자원공사, https://www.kwater.or.kr/
- 한국지질자원연구원, https://www.kigam.re.kr/
- 한국해양과학기술원, https://www.kiost.ac.kr/
- IPCC 평가 보고서, https://www.ipcc.ch/
- NOAA 해양 기후 평균장, https://www.ncei.noaa.gov/products/world-ocean-atlas/
- World Energy Outlook 2019, https://www.iea.org/reports/world-energy-outlook-2019/
- https://gctbooks.miracosta.edu/oceans/chapter11.html
- https://earthsky.org/space/quarter-moon-earth-at-perihelion-and-neap-tide/
- https://en.wikipedia.org/wiki/Infragravity_wave#/media/File:Munk_ICCE_1950_Fig1.svg
- https://explorersweb.com/doomsday-glacier-expedition/
- https://www.joongang.co.kr/article/22495397#home
- https://www.stormgeo.com/products/s-suite/s-routing/articles/why-douglas-sea-state-3- should-be-eliminated-from-good-weather-clauses/

- 고철환, 2001, 한국의 갯벌, 서울대학교 출판부, 1073 p.
- 남성현, 김윤배, 박종진, 장경일, 2014, 글로벌 무인해양관측 네트워크 현황과 전망, 한국해양학회지, 19(3), 202-214.
- 박경애, 이재연, 강창근, 김창신, 2020, 중등학교 과학 및 지구과학 교과서 조경 수역 및 어장에 관한 오개념 분석, 한국지구과학회지, 41(5), 504-519.
- 박경애, 이재연, 박재진, 이은일, 변도성, 강분순, 정광영, 2020, 2015 개정 교육과정 기반 중등학교 과학 및 지구과학 교과서의 통합 해류도 분석, 한국지구과학회지, 41(3), 248-260.
- 박경애, 손유미, 2020, 전구 대양의 극저 해수면 온도 공간 분포와 지구과학 교과서 데이터 시각화 분석, 한국지구과학회지, 41(6), 599-610.
- 박정재, 2021, 기후의 힘, 바다출판사, 351 p.
- 손영백, 정섬규, 황재동, 오현주, 김상현, 유주형, 조진형, 2018, 무인해상자율로봇(Waveglider)을 이용한 해양관측 현황, 대한원격탐사학회지, 34(2), 419-429.
- 이석우, 1992, 한국근해해상지, 집문당, 334 p.
- 이용준, 박수인, 이진경, 장헌영, 김연구, 장유순, 2015, 고등학교 지구과학 I, 교학사. 207 p.
- 이태욱, 박수인, 이용준, 이진경, 장헌영, 김연귀, 장유순, 2015, 고등학교 지구과학 II, 교학사. 223 p.
- 임병준, 장유순, 2016, 한반도 주변 해역 해수면 및 수온, 염분의 선형 추세 분석을 위한 종합 회귀 도표 개발, 한국해양학회지, 21(2), 67-77.
- 장유순, 2022, 해양학 및 지구물리학 실험, 공주대학교 출판부. 154 p.
- 장유순, 2021, 적도 해류계 분석 및 엘니뇨 시기의 변동에 관한 논의: 중등 교육 현장의 관련 오개념을 중심으로, 한국지구과학회지, 42(3), 296-310.
- 장유순, 2015, 전지구 해양 재분석 자료 비교 분석, 한국해양학회지, 20(2), 102-118.
- 장유순, 2015, ODV를 이용한 한반도 주변 해역의 수온 염분 분포도 작성에 관한 실험 프로그램의 개발과 적용, 한국지구과학회지, 36(4), 367-389.
- 장유순, 2012, 전지구 수온 및 염분 자료 품질 관리에 관한 논의, 한국지구과학회지, 33(6), 554-566.
- 한국지구과학회, 2009, 지구과학 개론, 교학연구사. 818 p.
- Broecker, W.S., 1991, The great ocean conveyor. Oceanography, 4(2), 79-89.
- Chough, S.K., 2013, Geology and Sedimentary of the Korean Peninsula, London, Elsevier, 363 p.
- Chough, S.K., Chun, S.S., and Shin, Y.J., 2004, Depositional processes of late Quaternary sediments in the Yellow Sea: a review. Geosciences Journal, 8, 211-264.
- Chough, S.K., Lee, H.J., and Yoon, S.H., 2000, Marine Geology of Korean Seas, Elsevier, Amsterdam, 313 p.
- Clark, W.C. (ed.), 1982, Carbon Dioxide Review: 1982, Oxford University Press, New York. 469 p.
- Cummings, D.I., Dalrymple, R.W., Choi, K., and Jin, J.H., 2016, The Tide-dominated Han River Delta, Korea, Elsevier, Amsterdam, 376 p.
- Doney, S.C., Fabry, V.J., Feely, R.A., and Kleypas, J.A., 2009, Ocean Acidification: The other CO2 problem. Annu. Rev. Mar. Sci., 1, 169-192.
- Garrison, T., 저, 이상룡, 강효진, 김대철, 이동섭, 이재철, 정익교, 허성회 역, 2021, 제7판, 해양학, 센게이지러닝코리아(주). 606 p.
- Johnson, G.C., and Lumpkin, R.L. (ed.), 2021: Global Oceans [in "State of the Climate in 2020"]. Bull. Amer. Meteor. Soc., 102(8), S143-S198, https://doi.org/10.1175/ BAMS-D-21-0083.1.
- Knauss J.A., 저, 안희수, 오임상 역, 1998, 물리해양학, 시그마프레스. 323 p.
- Knauss, J.A., and Garfield, N. 저, 조양기, 최병주, 남성현, 조영헌 역, 2019, 물리해양학, 시그마프레스. 333 p.
- Lee, H., and Nam, S., 2021, EC1, long and continuous mooring time series from 1996 to 2020. SEANOE,

https://doi.org/10.17882/78916.

- Levin, L.A., Bett, B.J., Gates, A.R., Heimbach, P., and Weller, R.A., 2019, Global Observing Needs in the Deep Ocean. Frontiers in Marine Science, 6, 241, https://doi.org/10.3389/fmars.2019.00241.
- Lim, B.,-J., Chang, Y.,-S., and Cho., Y.,-K., 2023, Effects of stepwise tidal flat reclamation on tidal evolution in the East China and Yellow Sea, Environment Research Letter, 18:104041, https://doi.org/10.1088/1748-9326/acf729.
- Lutgers, F.K., and Tarbuck, E.J. 저, 김경렬, 김동희, 박창범, 전종갑, 조문섭 역, 2003, 제3판, 지구시스템의 이해, 박학사. 647 p.
- Meehl, G., Arblaster, J., Fasullo, J. et al., 2011, Model-based evidence of deep-ocean heat uptake during surfacetemperature hiatus periods. Nature Climate Change 1, 360-364. https://doi.org/10.1038/nclimate1229.
- Oceanography, 2016, An invitation to marine science by T. Garrison and R. Ellis, Cengage Learning, 9th edition. Cengage Learning. 646 p.
- Park, J.-H., Kim, S., and Nam, S., 2018, ESROB, mooring time series since 1999. SEANOE, https://doi.org/10.17882/57744.
- Ryang, W.H., Simms, A.R., Yoon, H.H., Chun, S.S., and Kong, G.S., 2022, Last interglacial sea-level proxies in the Korean Peninsula: Earth System Science Data, 14, 117-142.
- Roemmich, D., Alford, M.H., Claustre, H., Johnson, K., and Yasuda, I., 2019, On the future of ARGO: A global, full-depth, multi-disciplinary array. Frontiers in Marine Science, 6, 439, https://doi.org/10.3389/fmars.2019.00439.
- Senjyu T., Shin, H.-R., Yoon, J.-H., Nagano, Z., An, H.-S., Byun, S.-K., and Lee, C.-K., 2005, Deep flow field in the Japan/East Sea as deduced from direct current measurements, Deep Sea Research Part II: Topical Studies in Oceanography, 52(11-13), 1726-1741,
- SEPM Photo CD-3 to 6, Oceanography 1 to 4,, (ed.) Scholle, P.A., 1996, SEPM Society for Sedimentary Geology, www.sepm.org.
- Stewart R.H., 2008, Introduction to Physical Oceanography, Texas A&M University. 345 p.
- Stommel, H., 1948, The Westward Intensification of Wind-driven Ocean Currents. Transactions, American Geophysical Union, 29(2): 202-206.
- Talley, L.D., 2013. Closure of the Global Overturning Circulation Through the Indian, Pacific, and Southern Oceans: Schematics and Transports. Oceanography, 26(1), 80-97.
- Talley L.D., Pickard, G.L., Emery, W.J., and Swift, J.H., 2011, Descriptive physical oceanography, 6th edition, Academic Press, 560 p.
- Trujillo A.P., H.V. Thurman 저, 이상룡 등 역, 2012, 최신해양과학, 시그마프레스. 610 p.
- Thompson, G.R., and Turk, J. 저, 윤일희, 최성희, 박수인, 경재복, 안건상, 조규성, 김종헌 역, 2012, 지구시스템 과학 I, 센게이지러닝코리아(주). 355 p.
- Thompson, G.R., and Turk, J. 저, 윤일희, 박경애, 김철희, 김성수, 안덕근, 안경진 역, 2012, 지구시스템 과학 II, 센게이지러닝코리아(주). 290 p.
- Wilgus, C.K., Hastings, B.S., Posamentier, H.W., Van Wagoner, J., Ross, C.A., Kendall, C.G.St.C., 1988, Sea Level Changes: An Integrated Approach. SEPM SP. 42, 407 p.
- Yoo, D.G., Lee, G.S., Kim, G.Y., Kang, N.K., Yi, B.Y., Kim, Y.J., Chun, J.H., and Kong, G.S., 2016, Seismic stratigraphy and depositional history of late Quaternary deposits in a tide-dominated setting: An example

from the eastern Yellow Sea, Marine and Petroleum Geology, 73, 212-227.
- Yoon, S.T., Chang, K.I., Nam, S., et al., 2018, Re-initiation of bottom water formation in the East Sea (Japan Sea) in a warming world. Scientific Reports, 8, 1576, https://doi.org/10.1038/s41598-018-19952-4.

유체지구과학 대기

- 기상청, 2011, 필수예보요소 활용법과 정의, 2011년 손에 잡히는 예보기술. 67 p.
- 민경덕, 민기홍, 2012, 대기환경과학 6판, 센게이지러닝, 445 p.
- 민경덕, 2007, 대기환경과학 4판, ㈜시그마프레스, 404 p.
- 안중배, 김준, 류찬수, 박선기, 서명서, 이화운, 정일웅, 정형빈, 2016, 대기과학 제13판. ㈜시그마프레스. 536 p.
- 이태진, 1996, 소빙기(1500-1750) 천변재이 연구와 〈조선왕조실록〉, global history의 한 장. 역사학보, 149, 203-236.
- 한국기상학회, 2016, 대기역학. ㈜시그마프레스. 512 p.
- 한국기상학회, 2021, 알기 쉬운 대기과학. ㈜시그마프레스. 385 p.
- Ahrens, C.D., and Henson, R., 2018, Meteorology Today: An Introduction to Weather, Climate, and the Environment (12th edition), 656 p.
- Chen, D., et al., 2021, Framing, Context, and Methods. In Climate Change 2021: The Physical Science Basis. Contribution of Working Group I to the Sixth Assessment Report of the Intergovernmental Panel on Climate Change. Cambridge University Press, Cambridge, United Kingdom and New York, NY, USA, pp. 147-286, doi:10.1017/9781009157896.003.
- Davies, P.A., 2000, Development and mechanisms of the nocturnal jet. Meteorol. Appl. 7, 239-246.
- Eyring, V., et al., 2021, Human Influence on the Climate System. In Climate Change 2021: The Physical Science Basis. Contribution of Working Group I to the Sixth Assessment Report of the Intergovernmental Panel on Climate Change Cambridge University Press, Cambridge, United Kingdom and New York, NY, USA, pp. 423-552, doi:10.1017/9781009157896.005.
- Haigh, J.D., and Cargill, P., 2015, The sun's influence on climate. Princeton University Press. 207 pp.
- Holton, J.R., and Hakim, G.J., 2012, An Introduction to Dynamic Meteorology (5th edition), Academic Press, 552 p.
- https://en.wikipedia.org/wiki/File:FullMoon2010.jpg#/media/File:FullMoon2010.jpg
- IPCC, 2021, Summary for Policymakers. In: Climate Change 2021: The Physical Science Basis. Contribution of Working Group I to the Sixth Assessment Report of the Intergovernmental Panel on Climate Change. Cambridge University Press. In Press.
- Jin. F.-F., 1997, An equatorial ocean recharge paradigm for ENSO. Part I: Conceptual model. Journal of Atmospheric Science , 54, 811-829.
- Lean, J., and Rind, D., 1998, Climate forcing by changing solar radiation. Journal of Climate 11, 3060-3094.
- Lutgens, F., Tarbuck, E., and Herman, R., 2018, The Atmosphere: An Introduction to Meteorology (14th edition), 512 p.
- Marshall, J., and Plumb, A., 2007, Atmosphere, Ocean and Climate Dynamics: An Introductory Text, Academic Press, 344 p.
- Martin, J.E., 2006, Mid-Latitude Atmospheric Dynamics: A First Course, Wiley, 336 p.
- Miller, G. H., et al., 2012, Abrupt onset of theLittle Ice Age triggered by volcanism and sustained by sea-

ice/oceanfeedbacks. Geophys. Res. Lett., 39, L02708, doi:10.1029/2011GL050168.
- Picaut, J., Masia, F., and du Penhoat, Y., 1997, An advective-reflective conceptual model for the oscillator nature of the ENSO, Science , 227, 663-666.
- Rantanen et al., 2022, The Arctic has warmed nearly four times faster than the globe since 1979. Communications Earth & Environment, 3, doi:10.1038/s43247-022-00498-3.
- Richardson, L.F., 1922, Weather prediction by numerical process. Cambridge Univ. Press. p66.
- Stull, R.B., 1988, An Introduction to Boundary Layer Meteorology. Kluwer Academic Pub., Boston.
- Stull, R.B., 2017, Practical Meteorology: An Algebra-based Survey of Atmospheric Science-version 1.02b. Univ. of British Columbia. 940 pp. ISBN 978-0-88865-283-6. Available at https://www.eoas.ubc.ca/books/Practical_Meteorology/
- Suarez, M.J., and Schopf P.S., 1988, A delayed action oscillator for ENSO, Journal of Atmospheric Science. 45, 3283-3287.
- Trenberth, K.E., 1997, The definition of El Niño. Bulletin of the American Meteorological Society , 78, 2771-2777.
- Wallace, J.M., and Hobbs, P.V., 2006, Atmospheric Science: An Introductory Survey (2nd edition), Academic Press, 504 p.
- Weisberg, R.H., and Wang, C., 1997, A western Pacific oscillator paradigm for the El Niño-Southern Oscillation. Geophysical Research Letters , 24, 779-782.

천체지구과학

- 한국천문연구원, https://www.kasi.re.kr/kor/index
- 한국천문학회 천문학백과사전(김경찬, 이지원, 장헌영, 오수연 작성 자료) 및 박형민 개인 자료, http://wiki.kas.org/index.php/
- Atacama Large Millimeter/submillimeter Array, https://www.almaobservatory.org
- Giant Magellan Telescope, https://giantmagellan.org
- Goddard Space Flight Center, https://www.nasa.gov/goddard/
- Hinode/JAXA, https://darts.isas.jaxa.jp/solar/hinode/
- John T. Clarke and Gilda E. Ballester (University of Michigan), https://umich.edu/
- John Trauger and Robin Evans (Jet Propulsion Laboratory), https://www.jpl.nasa.gov/
- JWST 관측 사진, https://science.nasa.gov/mission/webb/multimedia/images/
- NASA, https://solarscience.msfc.nasa.gov/feature3.shtml
- NASA/IBEX/Adler Planetarium, https://ibex.princeton.edu/planetaria/ibex-planetarium-show
- NASA/ESA, https://www.nasa.gov/, https://www.esa.int/
- NASA/MSFC Hathaway, http://solarscience.msfc.nasa.gov/feature1.shtml
- NASA/ARC Hathaway, https://solarscience.msfc.nasa.gov/images/bfly.gif
- N. A. Sharp (NOAO/NSO/Kitt Peak FTS/AURA/NSF), https://nso.edu/
- Palomar Observatory/Caltech, https://sites.astro.caltech.edu/palomar/homepage.html
- Solar Influences Data Analysis Center (SILSO), http://sidc.be/silso
- SST/Royal Swedish Academy of Sciences, https://www.kva.se/en/

• 강혜성 외 공역, 2015, 천문학 및 천체물리학, Cengage Learning, p. 652
• 강혜성 외 공역, 2019, 기본천문학, 시그마프레스, p.620
• 송인옥 외 공역, 2020, 우주생물학, 시그마프레스, p.356
• 이시우, 안병호, 1997 태양계 천문학, 서울대학교 출판부, p.596
• 한국지구과학회, 2005, 지구과학개론, 교학연구사, p.818
• 홍승수, 1984, A Practical Approach to Astrophysics, 민음사, p.310
• Bruce T. Draine, 2011, Physics of the Interstellar and Intergalactic Medium, Princeton series in astrophysics
• Carroll, B. W., and Ostlie, D. A., 2006, An Introduction to Modern Astrophysics. Addison-Wesley, Boston, USA
• Grupen, C., 2020, Astroparticle Physics. Springer, Berlin, Germany
• Seeds, M. A., and Backman, D., 2017, Horizons: Exploring the Universe. Cengage Learning, Boston, USA
• Tielens, A.G.G.M., 2005, Physics and Chemistry of the Interstellar Medium, University of Cambridge Press, Cambridge, UK
• White, S. D. M., 1986, The evolution of large-scale structure. Inner Space/Outer Space: The Interface between Cosmology and Particle Physics. University of Chicago Press, Chicago, USA
• Zeilik, M. & Gregory, S. A., 1998, Introductory Astronomy and Astrophysics, 4th edition, Saunders College Pub.
• https://upload.wikimedia.org/wikipedia/commons/8/89/Chandrayaan1_Spacecraft_Discovery_Moon_Water.jpg
• https://photojournal.jpl.nasa.gov/jpeg/PIA11364.jpg
• https://web.archive.org/web/20081116050143if_/http://www.mentallandscape.com/C_Venera13_Camera2.jpg
• https://d2pn8kiwq2w21t.cloudfront.net/original_images/jpegPIA00104.jpg
• https://d2pn8kiwq2w21t.cloudfront.net/original_images/jpegPIA01249.jpg
• https://mars.nasa.gov/system/resources/detail_files/3241_PIA13163-full2.jpg
• https://mars.nasa.gov/system/content_pages/main_images/65_moons.jpg
• http://photojournal.jpl.nasa.gov/catalog/PIA00358
• https://images-assets.nasa.gov/image/PIA11141/PIA11141~large.jpg?w=1920&h=929&fit=clip&crop=faces%2Cfocalpoint
• https://science.nasa.gov/wp-content/uploads/2023/07/PIA11133.jpg?w=2048&format=webp
• https://science.nasa.gov/_ipx/animated_true&w_2048&f_webp/https://images-assets.nasa.gov/image/PIA18182/PIA18182~orig.jpg%3Fw=1720%26h=1720%26fit=clip%26crop=faces%252Cfocalpoint
• https://photojournal.jpl.nasa.gov/catalog/PIA11364
• https://photojournal.jpl.nasa.gov/catalog/PIA10368&http://marsprogram.jpl.nasa.gov/mro/gallery/press/20090309a.html
• https://en.wikipedia.org/wiki/Limb_darkening#/media/File:2012_Transit_of_Venus_from_SF.jpg
• https://commons.wikimedia.org/wiki/File:Limb_darkening_layers.svg#/media/File:Limb_darkening_layers.svg
• https://commons.wikimedia.org/wiki/File:172197main_NASA_Flare_Gband_lg-withouttext.jpg
• https://en.wikipedia.org/wiki/Sunlight#/media/File:Solar_spectrum_en.svg
• https://en.wikipedia.org/wiki/Fraunhofer_lines#/media/File:Fraunhofer_lines.svg
• https://upload.wikimedia.org/wikipedia/commons/2/28/Sunspot_Numbers.png
• https://en.m.wikipedia.org/wiki/File:Atmospheric_electromagnetic_opacity.svg

- https://old.aip.de/en/research/facilities/stella/instruments/data/johnson-ubvri-filter-curves
- https://www.astro.princeton.edu/~burrows/classes/204/stellar.atmospheres.HR.pdf
- https://rpubs.com/Papercut/HRdiagram
- https://en.wikipedia.org/wiki/Barnard_68
- https://en.wikipedia.org/wiki/Reflection_nebula
- https://link.springer.com/chapter/10.1007/978-3-031-29003-9_15
- https://www.esa.int/ESA_Multimedia/Images/2019/02/Detecting_exoplanets_with_radial_velocity
- https://exoplanets.nasa.gov/resources/280/light-curve-of-a-planet-transiting-its-star/
- https://exoplanets.nasa.gov/resources/53/extrasolar-planet-detected-by-gravitational-microlensing/
- https://lweb.cfa.harvard.edu/~qzhang/images/G11.11.jpg
- https://www.ipac.caltech.edu/2mass/gallery/gum29atlas.jpg
- https://www.nrao.edu/archives/items/show/32732
- https://public.nrao.edu/gallery/grote-rebers-first-radio-telescope/
- https://blog.kwonochul.com/231
- https://www.spitzer.caltech.edu/image/ssc2008-10b1-the-milky-way-galaxy-annotated
- https://www.cosmos.esa.int/web/gaia/dr3-where-do-the-stars-go-or-come-from
- https://sci.esa.int/web/gaia/-/61460-revealing-the-galactic-bar
- https://www.esa.int/Science_Exploration/Space_Science/Gaia/Gaia_starts_mapping_our_galaxy_s_bar
- https://www.cosmos.esa.int/web/gaia/dr3-where-do-the-stars-go-or-come-from
- https://galacticcenter.astro.ucla.edu/images.html
- https://en.wikipedia.org/wiki/File:NASA-Galaxy-NGC-2775-20200702.jpg
- https://en.wikipedia.org/wiki/NGC_1232#/media/File:NGC_1232.jpg
- https://en.wikipedia.org/wiki/NGC_1566#/media/File:Potw1422a.jpg
- https://www.astronomynotes.com/ismnotes/s8.htm
- https://chandra.si.edu/photo/2014/archives/more.html#herculesa
- http://wiki.kas.org/index.php/활동은하핵통일모형
- https://commons.wikimedia.org/wiki/File:Gravitational_lensing_of_distant_star-forming_galaxies_%28schematic%29.jpg
- https://en.m.wikipedia.org/wiki/File:06-Local_Group_%28LofE06240%29.png
- https://en.wikipedia.org/wiki/Laniakea_Supercluster#/media/File:07-Laniakea_(LofE07240).png)
- https://www.esa.int/ESA_Multimedia/Images/2013/03/Planck_CMB
- https://www.esa.int/ESA_Multimedia/Images/2013/03/Planck_history_of_Universe_zoom
- ALMA partnership, Brogan, C.L., Perez, L. M., et al. 2015, The 2014 ALMA Long Baseline Campaign: First Results from High Angular Resolution Observations toward the HL Tau Region, The Astrophysical Journal Letters, 808, L3
- André, P. 2002, in EAS Publications Series, Vol. 3, EAS Publications Series, ed. J. Bouvier & J.-P. Zahn, 1-38
- Baumgardt, H., Hilker, M., Sollima, A., & Bellini, A., 2019, Mean proper motions, space orbits, and velocity dispersion profiles of Galactic globular clusters derived from Gaia DR2 data, Monthly Notices of the Royal Astronomical Society, 482, 5138
- Dias, W. S., Monteiro, H., Moitinho, A., et al. 2021, Updated parameters of 1743 open clusters based on Gaia DR2, Monthly Notices of the Royal Astronomical Society, 504, 356

• Freeman, K. & Bland-Hawthorn, J., 2002, The New Galaxy: Signatures of Its Formation, Annual Review of Astronomy and Astrophysics, 40, 487
• Gott, J. R., Juric, M., Schlegel, D., et al., 2005, A Map of the Universe. The Astrophysical Journal, 624, 463-484
• Kelvin, L. S., Driver, S. P., Robotham, A. S. G., et al. 2014, Galaxy And Mass Assembly (GAMA): ugrizYJHK Sérsic luminosity functions and the cosmic spectral energy distribution by Hubble type, Monthly Notices of the Royal Astronomical Society, 439, 1245
• Koo, B.-C., Park, G., Kim, W.-T., et al. 2017, Tracing the Spiral Structure of the Outer Milky Way with Dense Atomic Hydrogen Gas, Publications of the Astronomical Society of the Pacific, 2017, 094102
• Lee, J., Shin, J., et al., 2021, The Horizon Run 5 Cosmological Hydrodynamical Simulation: Probing Galaxy Formation from Kilo- to Gigaparsec Scales. The Astrophysical Journal, 908, 11
• Marois, C., Zuckerman, B., Konopacky, Q. M., Macintosh, B., & Barman, T. 2010, Nature, 468, 1080
• Mather, J. C., Cheng, E. S., Eplee, R. E., et al., 1990, A Preliminary Measurement of the Cosmic Microwave Background Spectrum by the Cosmic Background Explorer (COBE) Satellite. Astrophysical Journal Letters, 354, 37
• McComas, D.J., Elliott, H.A., Schwadron, N.A., et al. 2003, The three-dimensional solar wind around solar maximum, Geophysical Research Letters, 30(10), 1517
• Moffett, A. J., Ingarfield, S. A., Driver, S. P., et al. 2016, Galaxy And Mass Assembly (GAMA): the stellar mass budget by galaxy type, Monthly Notices of the Royal Astronomical Society, 457. 1308
• Looney, L. W., Tobin, J. J., and Kwon, W. 2007, A Flattened Protostellar Envelope in Absorption around L1157, The Astrophysical Journal Letters, 670, 131
• Oh, K., Choi, H., Kim, H.-G., Moon, J.-S., Yi, S., 2013, Demographics of Sloan Digital Sky Survey Galaxies along the Hubble Sequence, The Astronomical Journal, 146, 151
• Oort, J. H., Kerr, F. J., & Westerhout, G. 1958, The galactic system as a spiral nebula, Monthly Notices of the Royal Astronomical Society, 118, 379
• Sofue, Y., Honma, M., & Omodaka, T. 2009, Unified Rotation Curve of the Galaxy -- Decomposition into de Vaucouleurs Bulge, Disk, Dark Halo, and the 9-kpc Rotation Dip --, Publications of the Astronomical Society of Japan, 61, 227
• Sousbie, T., 2011, The persistent cosmic web and its filamentary structure - I. Theory and implementation. Monthly Notices of the Royal Astronomical Society, 414, 350-383
• Springel, V., Frenk, C. S., and White, S. D. M., 2006, The large-scale structure of the Universe. Nature, 440, 1137-1144
• Tully, R., Courtois, H., Hoffman, Y. et al., 2014, The Laniakea supercluster of galaxies. Nature, 513, 71-73

찾아보기

ㄱ

가비저항 419
가수분해 139
가역적 과정 589
가이아 미션 804
간조 484
간헐 유성 744
감마선 폭발체 852
강도 795
강제파 476
갠날적운 601
갯벌 524
거대 마젤란 망원경 829
거대 충돌설 199
거리지수 805, 887
거울 원리 843
거칠기 길이 668
건습구온도계 576
건조단열감률 588, 662
겉보기등급 805
겉보기 비저항 419
겉보기 상대 궤도 806
겉보기 운동 708
겉보기 힘 612
결빙핵 603
결정 32
결층 176
경도풍 611
경압 640
경압대기 618
경압 불안정파 638, 640
경압성 641, 667
계절 효과 47
고도 698
고도 효과 47
고생물학 190
고세균 750
고온 분자핵 827
고용체 28
고적운 600
고조 484
고지대 719
고층기상실황 658
고층운 600
곡률 효과 613
골안개 579
공기 덩어리 612
공동 894
공명 554
공유 결합 29
공진 554
공통사회 경제 경로 681
과냉각수 603
과포화 575, 646
관성력 610
관성류 460
관성 운동 460
관성 진동 667
관성풍 611
관측 가능한 우주 900
광도 795
광도 계급 813
광도함수 878
광 등급 814
광체 122
광충작용 196
광학적 깊이 801
광해리 구간 817
광화학 스모그 563
괴상 33
괴상 용암 295
구름 물방울 595
구름 응결핵 595, 680
구상 진동 276
구심력 611
구텐베르크 – 리히터 관계식 285
국부 은하군 890
국부 초은하단 892
국제 기상전문 형식 658
국제 우주 환경 서비스 784
국제 태양 흑점수 767
국제표준 지자기장 371
군속도 620
굴식 148
굴절법 탐사 423
궁수자리 A 872
권곡빙하 158
권운 599
권적운 599
권층운 599
규모 284
규모 고도 559
규모 분석 613
균질권 562
균형조석론 487
극 순환 638
극전선 529
근접 쌍성 810
금속 결합 29
금속 함량 864
급팽창 이론 906
기계적 난류 670
기권 6
기단 651
기본 일기도 658
기본 평면 878
기본 힘 612
기상 위성 657
기상 통신망 658
기상학적인 폭탄 652
기압 556, 647

기압 경도 609
기압 경도력 568, 608, 642, 647
기압골 650
기온 감률 560, 588
기온 변화율 685
기온 역전 560
기온 증가율 679
기요 510
기울기 리처드슨 수 671
기울임항 618
기조력 476
기체상수 559
기파력 476
기후 모델 679
기후 민감도 687
기후 변화 673
기후 변화에 관한 정부 간 협의체 677
기후 변화 탐지 684
기후시스템 679, 683
기후지시자 675
김안개 580
꼬리구름 604

ㄴ

나선은하 875
나선팔 862
낙조류 486
낙하 148
난류 661
난류 운동 에너지 670
난류 혼합 602, 666
난센 채수기 445
난층운 601
남극 저층수 471
남북 방향 순환 637
남회귀선 703
내부 변동성 679, 684
내부파 476, 482
내핵 11
내핵 경계면 280
너울 477
노점편차 646
뇌우 667
눈 604
눈덩이 지구 209
눈벽 656
느린 태양풍 764
늘림 변형 617

ㄷ

다목적 연구선 441
다이나모 이론 386
다이아몬드 광상 130
다이어트림 311
단애면 148
단열 가열 586
단열 과정 583
단열 냉각 586, 646
단열대 509
단열 압축 586
단열 팽창 586
단일 사슬형 30
단주기 중력파 481
단파 복사 626
대결층 178
대기 경계층 660
대기 꼭대기 629
대기 대순환 637
대기 순환 636
대기압 556, 647
대기 열역학 583
대량멸종 751
대류 833
대류 경계층 663
대류권 계면 561
대류 불안정 594
대류층 757
대륙대 506
대륙붕 506
대륙붕단 507
대륙사면 506
대륙 항력 339
대마난류 543
대만난류 543
대양 간 연계 순환 470
대양저 산맥 508
대자율 406
대적점 725
대조 484
대폭발 우주론 900
데이터 로거 644
독도 심층 해류 549
독립 사면체 30
돌러라이트 65
동결쐐기 작용 137
동결작용 195
동물군 천이의 원리 175
동역학적 조석론 489
동한난류 543
동해 523, 546
동해 고유수 546
동해 내부 자오면 순환 550
되먹임 683
되먹임 순환 고리 24
두부 침식 149
등고도 좌표계 616
등압 좌표계 616
등온선 616
등온위선 616
등지위고도선 650

ㄹ

라그랑지안 442
라그랑지안 방법 623
라니아케아 894
라디오미터 657
라디오존데 657
라울의 법칙 598
러브파 274
레시 789

레원존데 657
레이더 657
레일리-진스 근사 796
레일리파 274
렌즈형은하 875
로브 883
로스비파 619, 641, 694
로시엽 810
로피 용암 295

ㅁ

마그네타 853
마그마-열수 광상 130
마그마 유체 132
마르 308
마른 성장 605
마식 148
마찰력 611
마찰 속도 668
만조 484
맨틀 항력 339
면적속도 일정의 법칙 715
명왕누대 199
모은하 884
모자 역전 661
목성형 행성 723
몬더 극소기 675, 770
몬순 652
몬순 기압골 655
몬순 기후 654
몬순 순환 652
몬트리올 의정서 567
무리 600
무역풍 637, 694, 695
무인 자동 해양 관측 장비 441
물 순환 572, 678
미규모 639
미라화작용 195
미세 중력렌즈 825
미소 흑점 766
미행성 748
미행성 응집설 747
밀도 452
밀도파 876
밀란코비치 673
밀란코비치 주기 499
밀물 486

ㅂ

바다 719
바람 시어 669
바람 응력 458
바르한 사구 156
바텔스의 회전수 755
박무 604
반데르발스 결합 29
반사도 683
반사법 탐사 423
반사성운 816
반암부 766
반일주조 484
반전 623
발견 운석 745
발산 617, 650
발산항 618
밝은청색변광성 849
방사상 진동 276
방사성 동위원소 57
방사성 핵종 57
방위각 698
방정식, 와도(소용돌이) 467
방출 계수 800
방출률 629
배경멸종 222
배출량 시나리오 680
백반 773
백색왜성 848
백엽상 645
밴앨런대 779
베타 효과 467, 657
변량기체 558
변성 28
변성 광상 130
변성 유체 133
변형조석파 482
변환단층 509
변환 단층 저항력 339
별사구 157
보름달 705
보조 일기도 658
보존량 664
복각 오차 395
복사 833
복사 강도 626
복사 강제력 635, 681
복사 냉각 646
복사냉각 577
복사면체 30
복사안개 579, 666
복사층 757
복사 평형 온도 632
복성화산 310
볼과 베개 구조 87
볼록달 705
볼츠만 상수 628
볼프-레이에별 849
봉쇄온도 394
부력 590
부식 810
부착원반 884
부채형 672
북극 소용돌이 691
북극 진동 690
북대서양 진동 689
북태평양 고기압 648, 653
북한한류 543
북회귀선 703
분광 쌍성계 808
분리 쌍성 810
분배계수 46

분산 661
분산 관계 620
분산파 475
분석구 307
분석일기도 658
분쇄 123
분자운 818
분조 490
분출물 777
분화 292
불꽃 구조 87
불연속면 178
불투명도 833
불포화 572, 575
불확실성 683
블랙카본 634
블랙홀 852
블레이자 883
비 604
비가역적 과정 589
비균질권 562
비글호 438
비단열 과정 583
비리얼 정리 820
비분산파 475
비선형파 476
비선형 항 613
비습 574
비열 584
비활성형 대륙 주변부 506
빅뱅 핵합성 904
빈 근사 796
빈의 변위 법칙 628, 796
빗방울 595
빙력토평원 103
빙실 지구 218
빙정 635
빙정 과정 602
빙하기 673
빙하성 유수 퇴적평야 103
빠른 태양풍 764

ㅅ

사 광상 130
사리 484
사막포도 156
사이클론 655
사주 153
사취 153
사층리 84
삭 705
삭망월 주기 704
산업 광물 123
산화 작용 139
삼각주 전면 103
삼각주 평원 103
3차원 망상형 30
상 122
상당 온위 658
상당온위 589
상대 소용돌이도 618
상대습도 575, 646
상대연령 167
상대 해수면 변화 503
상승 운동 650
상승응결고도 589, 592
상층운 599
상태 방정식 453
상현 705
색등급도 812
색지수 815
색초과 815
생물권 6
생물 펌프 494
생층서학 178
서브알칼리암 계열 73
서안 강화 466
서안 경계류 466
서태평양 진동자 694
서편 현상 380
서한연안류 544
석영질 사암 92
석질 운석 745
석철질 운석 745
석화작용 196
선광 123
선복사 798
선캄브리아시대 197
선형파 476
선형 파동 이론 649
선형풍 611
선회층리 88
섭동 615
섭입판 인력 338
섭입판 항력 339
성간물질 814
성간적색화 815
성면 횡단법 824
성층권 계면 561
성층화산 310
세이퍼트은하 882
세차 운동 673
셰일 93
소광 800, 814
소빙기 675
소산 663, 670
소용돌이 662
소용돌이도 617, 649, 658
소용돌이도 방정식 618
소용돌이 방정식 467
소조 484
소천체 722, 737
소행성 737
소행성대 738
소호 788
속 리처드슨 수 671
솔라 오비터 791
솔레노이드항 618
수권 6
수렴 650

수문 순환 572
수소껍질 연소 843
수압 경도력 456
수온 449
수온 약층 9
수온약층 451
수온 – 염분도 454
수정 메르켈리 진도 등급 286
수중 글라이더 443
수증기압 573, 646
수치 모형 657
수치연령 167
수평 가지 846
수평 바람 646
수평 방향 기압 경도력 606
수평 퇴적의 원리 174
수화 작용 139
순압 640
순압대기 618
순압 소용돌이도 방정식 619
순전 623
순차층서학 178
순행 709
숨은열 576, 638, 656
슈테판 – 볼츠만 법칙 628
스넬의 법칙 272
스모그 635
스카이랩 787
스코리아 307
스테레오 789
스테판 – 볼츠만 되먹임 686
스테판 – 볼츠만 반응 686
스테판 – 볼츠만 법칙 685, 797
스테판 – 볼츠만 상수 628
스트룀그렌 구 817
스피큘 760
슬라이드 87
슬럼프 87
습구온도 576
습도 574
습수 646
습윤 공기 646
습윤단열감률 589
습윤단열 과정 589
시간각 699
시간층서단위 182
시베리아 고기압 648, 652
시생누대 201
시선 속도 측정법 824
시어 변형 617
시원한 초기 지구 200
식분광 쌍성 810
식 쌍성계 809
신성 폭발 855
실용염분 단위 451
실체파 270
심층수 546
심층 순환 463
심해 구릉 511
심해저 508
심해저 평원 511
심해층 9, 450, 532
심해파 476
싱크홀 162
싸락눈 605
쌀알 무늬 758
쌍성 806
썰물 486
쏠레아이트 계열 73

ㅇ

아라고나이트 바다 220
아르고 443
아열대 순환 464
아열대 환류 464
아이리스 790
아지균풍 662
아콘드라이트 745
아한대 순환 465
아한대 환류 465
안개 물방울 599
안시 쌍성계 806
안정 경계층 664
알류산 저기압 653
알베도 630, 686
알칼리암 계열 73
암부 766
암석권 10, 213
암석층서학 178
암석화 28
암흑물질 880, 908
암흑물질 헤일로 872
암흑성운 814
암흑에너지 910
압력 경도력 456
애추 148
애추사면 148
액상화 288
야간 경계층 664
야간 제트 667
양성자 – 양성자 연쇄반응 757, 831
양의 되먹임 684, 694
양의 피드백 687
양쯔강 유출류 544
어는 비 605
어린 항성 천체 822
얼음 – 알베도 되먹임 686
에너지 순환 636
에디 662, 669
에디 유효 운동 에너지 649
에디 퍼텐셜 에너지 649
에르텔 위치 소용돌이도 620
에스디오 789
에어로졸 597, 631, 679
에이스 789
에지워스 – 카이퍼대 744
에크만 운동 461
엘니뇨 692
엘니뇨/남방 진동 691
엘니뇨 지수 695

여름이 없는 해 677
여섯 번째 평가보고서 635
역기압 효과 495
역전층 577, 650
역점이층리 85
역학 펌프 494
역행 709
연속 방정식 614
연속선 복사 798
연속 스펙트럼 762
연안 513
연안성 퇴적물 512
연약권 10
연주시차 803
연직 방향 기압 경도력 606
연직 방향 바람 시어 649
연직 속도 658
연해주한류 543
열기포 661
열대 요란 655
열대 저기압 648, 655
열대 저압부 655
열대 폭풍 655
열수공 510
열수 광상 130
열수축 838
열역학 방정식 615
열역학 제1법칙 583
열염 순환 25, 464
열용량 491
열적 순환 608
열적 시간 척도 839
열평형 840
열함량 492
염분 451
염분비 일정의 법칙 451
엽층리 84
영구기체 557
영년변화 378
영장류 226
오로라 780
오르도비스기 생명다양성 대급증 사건 221
오에스오 787
오일러리안 442
오일러리안 방법 623
오존층 561, 564
오존홀 566
온난이류 623
온난전선 652
온난 해수역 692
온난화율 680
온대 계절풍대 654
온도 이류 658
온도풍 622
온도풍 관계 640
온도풍 균형 640
온도 효과 47
온실기체 558
온실기체들 632
온실 지구 218
온실효과 558, 632
온약층 532
온위 455, 586
올버스의 역설 899
와도 방정식 467
왜소은하 877
왜소행성 722, 737
외계행성 824
외기권 562
외부 강제력 689
외핵 11
요란 640
요코 787
용승 692
용식 148
용암류 294
용해도 펌프 494
용해 작용 139
우량 효과 47
우리은하 861
우박 605
우주 거대 구조 894
우주 기상 783
우주 기상 활동도 지수 784
우주배경복사 901
우주 상수 910
우주 환경 783
운동 방정식 459
운동 에너지 641
운동 인자 43
운동학 616
운석 744
웅대적운 601
워커 순환 676
원거리 지진 281
원격탐사 449, 657
원반 862
원생누대 205
원시성 821
원시성 시스템 821
원시 태양운 746
원시 항성 821
원시행성계원반 824
원양성 퇴적물 512
원인 규명 684
원자번호 830
원천함수 801
원추형 672
원핵세포 750
월식 706
위단열감률 589
위단열 과정 589
위상 704
위상속도 620
위성 722
위치 불안정 595
윌슨 주기 213
유 710
유광층 494

유발지진 290
유선 623
유선함수 619, 638
유성 744
유성우 744
유의 파고 478
유입 영역 663
유적 623
유효 반지름 878
유효 복사 은도 632
유효 위치 에너지 641, 649
은경 700, 864
은위 700, 864
은하 873
은하군 890
은하단 890
은하수 860
은하 우주선 676
은하 좌표계 864
음과 양의 되먹임 순환 고리 24
음의 되먹임 684, 694
응결열 589
응결잠열 589
의사단괴 87
이각 710
이동성 고기압 652
이류–반산 진동자 이론 694
이류안개 579
이산화황 634
이슬비 604
이슬점 575
이슬점 온도 646
이심률 633, 715
이심률 변화 673
21 cm 선 869
이온 결합 29
이온 교환 139
이온권 563
이중 사슬형 30
이질암 93
인위적 강제력 684
일사량 673
일사량 풍화 138
일식 706
1일 1회조 484
1일 2회조 484
일조부등 484
일주 운동 700
일주조 484
1천문단위 707
임계밀도 912
입체각 627, 795

ㅈ

자극 강도 373
자극화 변환 406
자기 구름 777
자기 구역 390
자기권 778
자기권 부폭풍 782
자기극성대 182
자기대 182
자기력선에 동결 764
자기 모멘트 37
자기 이상 406
자기장 373, 414
자기 재연결 774
자기층서학 178
자동 기상 관측 장비 644
자력선 373
자속 373
자속 밀도 373
자연 좌표계 616
자오선 699
자유대기 661
자유 대류고도 593
자유 수축 시간 척도 821
자유진동 276
자유파 476
자전축 기울기 변화 673
자화장 373
잔류 광상 130
잔류층 664
잠열 576
잠재밀도 454
잠재 소용돌이도 648
잠재와도 648
장성 894
장주기 조석파 482
장주기 중력파 482
장주기파 482
장파 복사 626
재결정작용 196
재충전/방전 이론 694
저기압 641
저기압 시스템 648
저면 구조 86
저조 484
저층수 546
저탁류 508
저탁암 508
적경 699
적도 해류계 468
적란운 601
적색거성 가지 845
적색이동 885
적색초거성 849
적외 복사 되먹임 686
적외선 암흑성운 827
적운 601
적위 699
적응방산 221
전구 규모 608
전구물질들 634
전기전도도 451
전단계수 270
전략 광물 124
전리층 563
전삼각주 103
전선 651

전선면 651
전선안개 581
전선역 651
전용 연구선 441
전자 기기의 비트값이 변하는 오류 현상 779
전자기파 626
전자 천이선 799
전자 축퇴압 844
전 지구 시스템 모델 657
전 지구 해수면 변화 502
전진 289
전파은하 883
전 파장 단층 촬영 282
전향력 457, 610
절대등급 805
절대 불안정 592
절대 소용돌이도 618
절대습도 574
절대 안정 592
절리 저기압 652
점근거성 가지 847
점성계수 459
점이적 178
점이층리 84, 508
접촉 쌍성 810
정마그마 광상 130
정벽 33
정부간해양학위원회 440
정상 우주론 900
정상파 475
정압 비열 584
정역학 방정식 568
정역학적 균형 639, 647
정역학 평형 568
정적 불안정 590
정적 비열 584
정적 안정 590
정적 안정도 590
정합적 178
젖은 성장 605
제6차 평가보고서 677
제만 효과 767
제주난류 543
제트 883
제트기류 642, 689
제트류 561, 642
조간대 514, 523
조건부 불안정 590, 592
조금 484
조상대 514
조석파 482, 553
조차 484
조하대 514
조화분석 490
조화분해 490
조화의 법칙 715
종관 규모 613, 639
종단 속도 602
종사구 156
종족 I 864
종족 II 864
주계열 812
주극성 699
주상절리 296
주시곡선 273
주식 810
주연 감광 755
주풍 653, 657
준거성 가지 844
준대륙붕 바다 523
준분리 쌍성 810
줄의 법칙 584
중간권 11
중간권 계면 562
중간 규모 639
중국연안류 544
중규모 대류계 648
중력렌즈 892
중력파 481, 856
중립 590
중성자별 852
중성자 포획 핵합성 847, 856
중심 분화 303
중앙수 546
중앙 팽대부 862
중위도 기압계 648
중위도 저기압 641
중층수 471
중층운 599
증발 광상 130
증발안개 580
지각분리 모델 236
지구 규모 639
지구 복사 626
지구 복사 수지 629
지구시스템과학 2
지구시스템 모델 635
지구 온난화 558
지구 온난화 지수 634
지구형 행성 722
지권 6
지균풍 610
지배 방정식 612
지배 방정식계 643
지상 기압계 647
지상 종관기상실황 658
지역 모델 657
지역 지진 281
지연진동자 이론 694
지오퍼텐셜 569
지오퍼텐셜 고도 570
지위 고도 570
지자기지전류 탐사 409
지자기 폭풍 782
지전류 414
지진 관측망 281
지진 동시성 변형 269
지질시대 166
지질연대단위 182

지층수 132
지평선 문제 905
지평 좌표계 698
지표층 663
지형류 462
직접 촬영법 826
진동 천이선 799
진비저항 419
진성 세균 750
진스 질량 820
진스 크기 820
진핵세포 750
진행파 475
질량 – 광도비 880
질량보존 방정식 53
질량수 830
질량함수 880
질산화물 634
짐 구조 87
짐 볼 87

ㅊ

차등회전 866
찬드라세카르 한계 질량 851
창조류 486
채층 760
채프먼 순환 566
챌린저호 탐사 439
천구 698
천구 남극 699
천구 북극 699
천구 적도 699
천수 132
천이 799
천이 영역 760
천정 699
천정거리 699
천해파 476
철질 운석 745
체감 온도 645
체적탄성계수 270
초대질량 블랙홀 872
초대형 쌀알 무늬 759
초신성 폭발 852
초은하단 892, 894
초지균풍 666
촉발지진 290
총체 리처드슨 수 671
최대 이각 710
최대 전단응력 269
최적 편심 쌍극자 375
최후 간빙기 520
최후 빙하기 520
춘분점 699
출몰성 700
충돌대 모델 236
충돌 – 병합 과정 602
충돌 자극 87
충돌 저항력 339
측고 공식 571
측방 연속성의 원리 174
측방 침식 149
측지 기준계 356
층류 671
층상 철광상 130
층상형 30
층서대비 183
층서학 169
층운 601
층적운 601
침전 28

ㅋ

카르스트 지형 162
카이퍼대 천체 722
칼데라 310
칼크알칼리 계열 73
캄브리아기 대폭발 221
켈빈 방정식 597
켈빈의 순환 정리 620
켈빈파 553, 694
켈빈 – 헬몰츠 시간 척도 839
코로나 760
코로나 구멍 774
코로나그래프 754
코로나스 – 에프 788
코로나 질량 방출 776
코리올리 매개변수 619
코리올리 효과 657
코리올리 힘 457
콘듀 745
콘드라이트 745
쾰러 곡선 598
쿠로시오 해류 542
퀘이사 883
키르히호프의 법칙 629
킬레이트화 작용 140
킬로노바 856

ㅌ

타원은하 875
타원의 법칙 715
타코클라인 755
탁월풍 657
탄질 콘드라이트 745
탄화작용 196
태양 752
태양 고도 673
태양 고에너지 입자 779
태양 고에너지 입자 방출 현상 784
태양 관측 위성 787
태양권 765
태양 복사 626
태양상수 629
태양 스펙트럼 761
태양 중성미자 문제 756
태양풍 764
태양 활동 779
태양 흑점 766
태풍 655

토러스 884
토지 이용 654
토지 이용 변화 680
툴리 – 피셔 관계 878
트레이스 788
트리플리케이션 273

ㅍ

파동 694
파랑 474
파랑 스펙트럼 478
파섹 803
파쇄 123
파식와 152
파열면 270
파커 나선 777
파커 솔라 프로브 790
펄사 852
페그마타이트 광상 130
페렐 637
페렐 순환 637
페이버 – 잭슨 관계 878
편동풍 파동 655
편서풍 파동 649
평균 분자량 835
평균 자오면 순환 637
평균 자유행로 833
평정해산 510
평탄성 문제 904
평형상수 46
평형조석론 486
포물형 사구 157
포텐셜 탐사 409
포화 572
포화 공기 646
포화단열감률 589
포화단열 과정 589
포화 수증기압 573, 646
포화 혼합비 575
폭풍 경로 642
폰 카르만 상수 668
표면밝기 875
표면장력파 481
표면파 274, 475
표면파 탐사 423
표준 기압 556
표준 등압면 658
표준 우주 모형 908
표준 자 887
표준 촉광 887
표준화석 176
표층 순환 463
푸아송 방정식 587
풍랑과 너울 477
풍성 순환 463
풍식와지 156
풍파 477
풍화 작용 137
프리드만 방정식 905, 911
프리에어 효과 364
플라스마권 779
플라쥐 773
플랑크 반응 686
플랑크 법칙 627
플럭스 795
플럭스밀도 795
플레어 774
피아메 65
필라멘트 772, 894

ㅎ

하강 기류 650
하방 침식 149
하버드 분광 분류계 811
하층운 599
하층 제트 642, 667
한랭이류 560, 623
한랭전선 652
한랭혀 692
항력계수 458
항만부진동 554
항몰성 700
항성년 703
항성월 주기 704
항성 헤일로 862
해구 511
해구 흡입력 338
해들리 637, 676
해령 발산력 338
해류도 541
해류 모식도 541
해산 510
해수 132
해수면 온도 편차 694
해식애 152
해안 513
해양 – 대기의 상호 작용 679
해양 산성화 496
해양 순환 636
해양저 선상지 508
해양 컨베이어벨트 472
해왕성 초월 천체 722
해저 협곡 507
해파 474
핵겨울 676
핵붕괴 초신성 853
행성 722
행성 간 자기장 777
행성 간 코로나 질량 방출 777
행성상성운 847
행성 소용돌이도 618
행성파 619
허리케인 655
허블 계수 912
허블 – 르메트르 법칙 886
허블상수 886
허블시간 886
허블의 분류 체계 875
헤르츠스프룽 – 러셀도 812
헬륨껍질 연소 846

헬륨 플래시 846
헬멧 스트리머 765
현 705
현생누대 212
형광분석기 71
형성 인자 358
형태 이방성 391
혜성 737
혜성 구름 744
호열균 749
혼합비 574
혼합조 484
혼합층 9, 450, 532
혼합층 두께 663
홍염 771
화구 745
화산력 65
화산암괴 296
화산자갈 296
화산재 296
화산진 296
화산탄 296
화산 폭발 지수 305
화성 28
화성쇄설물 296
환경기온감률 591
환상형 672
환전류 779
환형 30
활동 영역 767, 771
활동은하핵 통일 모형 884
활성형 대륙 주변부 506
활승안개 580
황경 700
황도 702
황도 12궁 702
황산 에어로졸 680
황소자리 T형 별 824
황위 700
황해 522
황해난류 543
회귀년 703
회수 운석 745
회전력 652
회전 속력 곡선 870
회전 천이선 799
회합주기 711
휘록암 65
휘발성 유기화합물 635
흑점 극대기 769
흑점 극소기 769
흑점나비도 771
흑점 주기 769
흑체 627
흑체 반응 686
흡광계수 449
흡수 계수 800
흡수율 629
희유금속 124
히파르코스 미션 804

기타

cD 은하 877
Class 0 824
Class I 822
Class II 822
Class III 822
CNO 순환 757, 831
colliding resistance 339
continental drag force 339
CTD 445
Dst 지수 783
ENSO 676
F10.7 지수 779
Giant Magellan Telescope 829
H I 선 윤곽 869
H II 영역 817
H－R도 812
Ia형 초신성 854
Ib형 854
Ic형 854
IIP형 초신성 854
IPCC 635
mantle drag force 339
NCG 3603－B 849
ridge push 338
RSG 784
slab drag force 339
slab pull force 338
suction force 338
transform fault resistance 339
WMO 658
ΛCDM 모형 908
β － plane 근사 619